国家出版基金项目
NATIONAL PUBLICATION FOUNDATION

上册

三峡库区水环境污染综合治理

周怀东　刘来胜　王雨春　等 编著

Comprehensive Control of Water Environment Pollution in Three Gorges Reservoir Area

化学工业出版社
·北京·

内容简介

三峡水库是对我国水安全保障具有极其重要意义的国家淡水资源战略储备库，其战略地位重要，生态作用关键，保障三峡水库的水环境质量对广大长江下游沿江地区的供水安全和生态健康具有十分重大的现实意义。本书分为上、下两册，共 5 篇 28 章，针对三峡水库蓄水初期和达到 175m 水位两个阶段显著不同的水环境特点，从理论认知、治理技术、智慧管理、工程实践、总结建议五个方面，系统梳理了 15 年来关于三峡水库的研究工作成果，全方位展示了在基础理论突破、环境问题解析、关键技术创新、技术集成方案提出、智能运行管理平台构建等方面取得的重要成果，可为今后三峡流域水环境保护、污染防治规划制定提供重要科技支撑。

本书具有较强的系统性、全面性、专业性与参考价值，可为从事流域水环境，尤其是三峡流域污染控制与修复工作的工程技术人员、科研人员、管理人员等提供技术指导和案例借鉴，也可供高等学校环境类、生态类及相关专业师生参阅。

图书在版编目（CIP）数据

三峡库区水环境污染综合治理：上、下册 / 周怀东等编著. —北京：化学工业出版社，2023.12

ISBN 978-7-122-44581-0

Ⅰ.①三… Ⅱ.①周… Ⅲ.①三峡水利工程-水污染防治 Ⅳ.①X524

中国国家版本馆CIP数据核字（2023）第242298号

责任编辑：刘　婧　刘兴春　　　　装帧设计：韩　飞
责任校对：杜杏然

出版发行：化学工业出版社
（北京市东城区青年湖南街13号　邮政编码100011）
印　　装：北京建宏印刷有限公司
787mm×1092mm　1/16　印张157¼　字数3832千字
2024年6月北京第1版第1次印刷

购书咨询：010-64518888　　　　售后服务：010-64518899
网　　址：http://www.cip.com.cn
凡购买本书，如有缺损质量问题，本社销售中心负责调换。

定　　价：998.00元（上、下册）　

《三峡库区水环境污染综合治理》
编委会

前言

党中央、国务院高度重视长江经济带生态环境保护工作，习近平总书记多次对长江经济带生态环境保护工作做出重要指示，在2018年4月26日主持召开的深入推动长江经济带发展座谈会上，再次阐释了“共抓大保护、不搞大开发”的战略思想。三峡水库作为连接长江上游及长江中下游的重要枢纽，战略地位重要、生态作用关键，是维系和调控长江流域生态健康的主要环节，是对我国水安全保障具有极其重要意义的国家淡水资源战略储备库，其水质安全状态关系到库区、长江中下游流域及南水北调东线几亿人的生活与生产用水。然而，随着三峡库区经济发展提速、城市化水平的不断提高，城市污水和垃圾排放量日益增加；三峡及上游流域点、面源污染排放显著；三峡库区蓄水导致水流减缓，水华频发；三峡水库不同季节大幅度水位变动，消落区生态功能退化。综上，加快推进保障三峡水库的水环境综合治理，对长江经济带供水安全和水生态环境健康具有重大的现实意义。

基于三峡水库水环境和水生态问题诊断，以及水质安全保障的科技需求，按照“理论认知—技术突破—整体集成”的基本思路，“十一五”和“十二五”期间，国家水体污染控制与治理科技重大专项在三峡流域设置了“三峡水库水污染防治与水华控制技术及工程示范（2009ZX07104）”和“三峡水库水污染综合防治技术与工程示范（2012ZX07104）”两个项目来进行关键技术研发和示范应用。三峡项目下设12个课题，分别为：三峡水库水环境演化与水环境问题诊断研究、三峡水库次级支流污染负荷削减技术研究与示范、三峡水库消落带生态保护与水环境治理关键技术研究与示范、三峡水库优化调度改善水库水质的关键技术研究课题、三峡水库支流水华成因及控藻关键技术研究与工程示范、三峡水库主要污染物总量控制方案与综合防治技术集成研究、不同水位运行下水环境问题诊断及安全保障研究、库区小流域磷污染综合治理及水华控制研究与示范、三峡库区及上游流域农村面源污染控制技术与工程示范、三峡库区小江汉丰湖流域水环境综合防治与示范、基于三峡水库及下游水环境改善的水库群联合调度关键技术研究与示范、三峡库区水生态环境感知系统及平台业务化运行。

本书系统梳理了历经15年持续的关于三峡水库的研究工作，全方位展示了在基础理论突破、环境问题解析、关键技术创新、技术集成方案提出、智能运行管理平台构建等方面取得的重要成果。针对三峡水库蓄水初期（“十一五”期间）和达到175m水位（“十二五”期间）两个阶段显著不同的水环境特点，从理论认知、治理技术、智慧管理、工程实践、总结建议五个方面，全面分析了三峡水库水环境问题及三峡水库水环境污染治理的主要环节；深度解析了三峡超大型水库蓄水运用初期水环境演变机理；系统归纳了在消落带生态保护与生态修复、次级支流污染负荷削减、水华综合防控、磷污染治理、农村面源污染控制、工业点源磷污染控制等方面形成的关键技术；详细介绍了三峡流域水环境数据库的构建和信息管理平台的建立，为今后三峡流域水环境保护、污染防治规划制定提供了重要科技支撑。

本书是在三峡项目12个课题相关研究成果总结和凝练的基础之上整理成稿。15年来，项目团队几百人呕心沥血，风雨兼程，汇聚成册，仅在此表达对他们辛勤付出的诚挚感谢和崇高敬意。本书撰写过程中得到了项目团队成员的鼎力支持，也有幸得到了王浩院士、吴丰昌院士、夏军院士和黄国和院士的悉心指导。本书由三峡项目首席科学家周怀东负责统筹协调，项目各课题研究团队鼎力支持，三峡项目秘书刘来胜负责全书统稿和整编，劳天颖、宁珍、吴雷祥、张盼伟、周洋、张剑楠、林琳、王珏、郭世浩、姚思雨、李圣杰、程娜、高继军、王启文、卞戈亚、王典等参与了部分资料整理和书稿校核工作，在此对他们付出的辛勤劳动一并表示感谢。

限于作者水平，加之时间仓促，对三峡流域的诸多科学问题认识还不够深刻和全面，书中难免有不妥和疏漏之处，恳请广大读者提出宝贵建议并予以批评指正！特别需要表达的是，由于研究工作体量较大、历程较长，对相关成果及文献资料的吸收和引用难免挂一漏万，敬请谅解。

作者

2023年6月

目录

第一篇　理论认知篇

第三篇　智慧管理篇

第四篇 工程实践篇

第一篇 理论认知篇

第 1 章 绪论

1.1 三峡流域自然环境特征

1.1.1 地理位置

长江三峡水利枢纽工程是世界上最大的水利枢纽工程，其位于长江西陵峡中段、湖北省宜昌市三斗坪镇，地理位置为 E105°44′ ～ 111°39′，N28°32′ ～ 31°44′，下游距葛洲坝水利枢纽 38km，控制流域面积达 100 万平方千米，多年平均径流量为 4510 亿立方米。三峡水库是我国特大型水库，正常蓄水位 175m（黄海高程，以下若无特别说明均为黄海高程），总库容 393 亿立方米，其中防洪库容 221.5 亿立方米，淹没陆地面积 632km^2，其中，重庆市淹没的陆地面积为 471km^2，占 75%。三峡库区东起湖北省宜昌市，西至重庆市江津区，涉及湖北省宜昌市夷陵区、秭归县、兴山县、巴东县 4 个县（区），重庆市巫山县、巫溪县、奉节县、云阳县、开州区、万州区、忠县、石柱县、丰都县、武隆区、涪陵区、长寿区、江津区 13 个区（县）以及主城区的 9 个区（包括渝中区、南岸区、江北区、沙坪坝区、北碚区、大渡口区、渝北区、巴南区、九龙坡区），共 22 个县（市、区）。

1.1.2 地形地貌

三峡库区地处我国地势第二级阶梯的东缘，跨越川、鄂中低山峡谷和川东平行岭谷低山丘陵区，北靠大巴山，南依云贵高原，处于大巴山断褶带、川东褶皱带和川鄂湘黔隆起褶皱带三大构造单元交会处。沿江以奉节县为界，两端地貌特征迥然不同。奉节县以东为川鄂边境山地，奉节县以西属于四川盆地边缘的东部，主要是以侏罗系碎屑岩为主组成的低山丘陵宽谷地形，整体地形高差悬殊，东西部海拔高程 500 ～ 900m，中间海拔高程 1000 ～ 2500m，山高坡陡，河谷深切。库区主要地貌类型有中山、低山、丘陵、台地、平坝等，垂直差异大，层状地貌明显，山脉从奉节一带高程近 1000m，至长寿区附近逐渐降至 300 ～ 500m，东段主要为震旦系至三叠系碳酸盐岩组成的川鄂山地，一般高程

800 ～ 1800m；地势南北高、中间低，从南北向河谷倾斜的地貌，构成以山地、丘陵为主的地形状态，分别占库区总面积的 74.0%、21.7%；坡地面积大，地貌类型区域分类明显，表现为山多河多，山脉连绵起伏，河流纵横交错。

三峡库区地面坡度分为 4 个坡度级：

① 坡度在 25° 以上的陡坡地面积约占全库区面积的 30.19%；

② 坡度在 15° ～ 25° 的土地面积约占全库区面积的 31.28%；

③ 坡度在 7° ～ 15° 的缓坡地面积约占全库区面积的 24.69%；

④ 坡度在 0° ～ 7° 的平缓地面积约占全库区面积的 13.84%。

就总体特征而言，三峡库区平坝、平缓土地比例小，主要分布在 1000m 以下的河谷阶地、台地、岩溶低中山的槽谷和洼地、低山及低中山山麓，以及向斜谷地。坡度在 7° ～ 15° 和 15° ～ 25° 的缓坡和斜坡土地在三峡库区分布最为广泛，面积也最大，占库区面积的 55.97%。

1.1.3　气候气象

三峡库区属于亚热带季风性湿润气候，具有四季分明、冬暖春早、夏热伏旱、秋雨多、相对湿度大、云雾多和风力小等特征。库区每年有雾日达 30 ～ 40d，无霜期 300 ～ 340d，库区年平均气温 14.9 ～ 18.5℃，并且西部地区温度高于东部，长江左右两岸气象站点温度偏高，远离长江左右两岸的气象站点则温度偏低。因受地形影响气候垂直变化十分明显，海拔每升高 100m 平均气温就降低 0.4 ～ 0.6℃。

三峡库区降水丰富，各监测站点年平均降水量常年超过 1000mm，一般在 1045 ～ 1140mm，且各区域差异显著，以万州区最大，达 1228mm，秭归县最小，为 1001.3mm。三峡库区降水空间分布相对均匀，时间分布不均，主要集中在 4 ～ 10 月，约占全年降水量的 80%，且 5 ～ 9 月常有暴雨出现。根据中国气象局规定，降水日数为日降水量 ≥ 0.1mm 的降雨日数，三峡库区降水日数较多，各地降水日数基本介于 100 ～ 170d，几乎每 2 ～ 3d 一场雨，由西向东大致是“多—少—多”的分布格局。

三峡库区及其周边地区山地多，丘陵、盆地、河谷交错，地势东高西低，受独特的地理环境影响，各站点的年平均相对湿度差异显著，变化范围为 70% ～ 98%。各站点的年平均风速差异显著，变化范围为 0.7 ～ 2.3m/s，其中綦江与利川两站点间的年平均风速相差最大为 1.6m/s。库区的平均风速季节变化较小，其中春夏两季风速相当，为 1.4m/s；冬季最小，为 1.2m/s。

1.1.4　水文水系

三峡工程正常蓄水位为 175m 时，库区水域面积为 1084km^2，总库容为 393 亿立方米，其中防洪库容为 221.5 亿立方米。三峡库区江河纵横、水系发达，库区长江干流段自重庆江津区花红堡入湖北宜昌市三斗坪，总长约 660km，河道平均坡降 0.23%，落差 56m，最宽处 1500m，最窄处 250m；众多支流形成库区的重要水域，仅重庆市内流域面积大于 1000km^2 汇入三峡水库的河流就有 38 条，其中嘉陵江和乌江是库区最大的两条支流，除此之外，小江（又名澎溪河）、大宁河是库区较大支流，流域面积分别为 5172.5km^2、

$4200km^2$；香溪河则是湖北省内最大支流，流域面积为 $3095km^2$。

三峡库区主要支流情况见表 1-1 和表 1-2。

表1-1 三峡库区主要支流统计

地区	编号	河流名称	流域面积/km^2	库区境内长度/km	年均流量/(m^3/s)	入长江口位置	距三峡大坝距离/km
江津区	1	綦江	4394	153	122	顺江	654
九龙坡区	2	大溪河	195.6	35.8	2.3	铜罐驿	641.5
巴南区	3	一品河	363.9	45.7	5.7	渔洞	632
	4	花溪河	271.8	57	3.6	李家沱	620
渝中区	5	嘉陵江	157900	153.8	2120	朝天门	604
江北区	6	朝阳河	135.1	30.4	1.6	唐家沱	590.8
南岸区	7	长塘河	131.2	34.6	1.8	双河	584
巴南区	8	五布河	858.2	80.8	12.4	木洞	573.5
渝北区	9	御临河	908	58.4	50.7	太洪岗村	556.5
长寿区	10	桃花溪	363.8	65.1	4.8	长寿河街	528
	11	龙溪河	3248	218	54	羊角堡	526.2
涪陵区	12	梨香溪	850.6	13.6	13.6	蔺市	506.2
	13	乌江	87920	65	1650	麻柳嘴	484
	14	珍溪河	—	—	—	珍溪	460.8
丰都县	15	渠溪河	923.4	93	14.8	渠溪	459
	16	碧溪河	196.5	45.8	2.2	百汇	450
	17	龙河	2810	114	58	乌杨	429
	18	池溪河	90.6	20.6	1.3	池溪	420
忠县	19	东溪河	139.9	32.1	2.3	三台	366.5
	20	黄金河	958	71.2	14.3	红星	361
	21	汝溪河	720	11.9	11.9	石宝镇	337.5
万州区	22	瀼渡河	269	37.8	4.8	瀼渡	303.2
	23	苎溪河	228.6	30.6	4.4	万州城区	277
云阳县	24	小江	5172.5	117.5	116	双江	247
	25	汤溪河	1810	108	56.2	云阳	222
	26	磨刀溪	3197	170	60.3	兴河	218.8
	27	长滩河	1767	93.6	27.6	故陵	206.8
奉节县	28	梅溪河	1972	112.8	32.4	奉节	158
	29	草堂河	394.8	31.2	8	白帝城	153.5
巫山县	30	大溪河	158.9	85.7	30.2	大溪	146
	31	大宁河	4200	142.7	98	巫山	123
	32	官渡河	315	31.9	6.2	青石	110
	33	抱龙河	325	22.3	6.6	埠头	106.5

续表

地区	编号	河流名称	流域面积/km²	库区境内长度/km	年均流量/(m³/s)	入长江口位置	距三峡大坝距离/km
巴东县	34	神农溪	350	60	20	官渡口	74
秭归县	35	青干河	523	54	19.6	沙镇溪	48
	36	童庄河	248	36.6	6.4	邓家坝	42
	37	吒溪河	193.7	52.4	8.3	归州	34
	38	香溪河	3095	110.1	47.4	香溪	32
	39	九畹溪	514	42.1	17.5	九畹溪	20
	40	茅坪溪	113	24	2.5	茅坪	1
	41	泄滩河	88	17.6	1.9	—	—
	42	龙马溪	50.8	10	1.1	—	—
宜昌市	42	百岁溪	152.5	27.8	2.6	偏岩子	—
	43	太平溪	63.4	16.4	1.3	太平溪	—

表1-2　三峡库区丰平枯各支流流量

序号	支流名称	距三斗坪距离/km	年均流量/(m³/s)	枯水期/(m³/s)	平水期/(m³/s)	丰水期/(m³/s)
1	朝阳河	590.8	1.6	0.7	1.44	2.62
2	长塘河	584.0	1.8	0.82	1.72	2.8
3	五布河	573.5	12.4	5.67	11.95	19.43
4	御临河	556.5	50.7	23.52	45.73	82.79
5	桃花溪	528.0	4.8	2.21	4.29	7.77
6	龙溪河	526.2	54	25.06	48.7	88.18
7	梨香溪	506.2	13.6	5.55	10.88	24.42
8	乌江	482.8	1291	444	1471.3	1957.5
9	渠溪河	459.0	14.8	6.87	13.35	24.17
10	碧溪河	450.0	2.2	1.02	1.98	2.58
11	龙河	429.0	58	26.62	56.14	91.3
12	池溪河	420.0	1.3	0.6	1.16	2.11
13	东溪河	366.5	2.3	1.05	2.21	3.59
14	黄金河	361.0	14.3	6.65	13.84	22.51
15	汝溪河	337.5	11.9	5.52	10.73	19.4
16	瀼渡河	303.2	4.8	2.22	4.31	7.81
17	苎溪河	277.0	4.4	2.06	4	7.23
18	小江	247.0	116	53.82	104.6	189.4
19	汤溪河	222.0	56.2	26.08	50.69	91.77

续表

序号	支流名称	距三斗坪距离/km	年均流量/(m^3/s)	枯水期/(m^3/s)	平水期/(m^3/s)	丰水期/(m^3/s)
20	磨刀溪	218.8	60.3	27.68	58.37	94.91
21	长滩河	206.8	27.6	12.8	24.89	45.07
22	梅溪河	158.0	32.4	15.03	29.22	52.91
23	草堂河	153.5	8	3.69	7.18	12.99
24	大溪河	146.0	30.2	13.86	29.23	47.53
25	大宁河	123.0	98	45.47	88.4	160
26	官渡河	110.0	6.2	2.88	5.59	10.12
27	抱龙河	106.5	6.6	3.05	5.94	10.74
28	神农溪	74.0	20	9.28	18.04	32.66
29	青干河	48.0	19.6	9.09	17.68	32
30	童庄河	42.0	6.4	3.87	7.52	13.62
31	吒溪河	34.0	8.3	2.96	5.77	10.45
32	香溪河	32.0	47.4	21.99	42.75	77.4
33	九畹溪	20.0	17.5	8.12	15.78	28.58
34	茅坪溪	1.0	2.5	1.16	2.26	4.08

三峡库区径流量丰富，年径流量主要集中在汛期，入库多年平均径流量2692亿立方米，出库多年平均径流量4292亿立方米。库区天然河川径流量多年平均为405.6亿立方米，径流系数为0.56，其中，地下径流量为84.33亿立方米，占河川径流量的21%。

三峡库区水位年变幅大，各河段因河道形态等特征不同，年内水位变幅达30～50m。库区河道洪峰陡涨陡落，汛期水位日上涨可达10m，水位日降落可达5～7m。库区河道水面比降大、水流湍急，平均水面比降约为0.2%，急流滩处水面比降达1%以上。峡谷段水流表面流速洪水期可达4～5m/s，最大达6～7m/s，枯水期为3～4m/s。

三峡区间流域呈东西向狭长带状分布，云阳县以上各支流水系大多呈羽毛状，并大体与干流平行；云阳县以下各支流水系则大多呈树枝状，并大体与干流正交。长江从江津区冬笋坝进入三峡流域后，在重庆市附近有大支流嘉陵江汇入，其流域面积为157900km²，年平均径流量达704亿立方米；在涪陵区附近有较大支流乌江汇入，其流域面积为86976km²，年平均径流量达539亿立方米。流域内支流水系均较短，流域面积在100km²以上的支流有100余条，流域面积在500km²以上的支流有31条，流域面积在1000km²以上的支流有19条。北岸支流依次有大洪河（由御临河与东河组成）、龙溪河、渠溪河、黄金河、小江、汤溪河、梅溪河、大宁河、沿渡河、香溪河、黄柏河；南岸有木洞河、龙河、磨刀溪、长滩河、大溪河、清港河等主要支流。这些支流均以降水补给为主，大部分由南向北或由北向南汇入长江。

三峡区间流域面积56127km²，区间内流域面积沿长江干流自上而下的变化情况如下：

① 寸滩—清溪场，干流河长129km，其间流域面积16262km²，占三峡区间流域面积

的 29.1%，平均每千米干流河长受水面积 126km²；

② 清溪场—万州区，干流河长 192km，其间流域面积 9026km²，占三峡区间流域面积的 16.1%，平均每千米干流河长受水面积 47km²；

③ 万州区—奉节，干流河长 127km，其间流域面积 12830km²，占三峡区间流域面积的 22.9%，平均每千米干流河长受水面积 101km²；

④ 奉节—三斗坪，干流河长 166km，其间流域面积 14604km²，占三峡区间流域面积的 26.1%，平均每千米干流河长受水面积 88km²；

⑤ 三斗坪—宜昌，干流河长 44km，其间流域面积 3405km²，占三峡区间流域面积的 6.1%，平均每千米干流河长受水面积 77km²。

三峡水库江河纵横、水系发达，有次级河流 400 多条。除嘉陵江和乌江外，区域内还有流域面积 1000km² 以上的支流 19 条，其中重庆市境内 16 条、湖北省境内 3 条，主要有香溪河、大宁河、梅溪河、汤溪河、磨刀溪、小江、龙河、龙溪河、御临河等。

① 香溪河位于湖北省西部，长江北岸，全长 97.3km，流域范围为 E110°25′ ～ 111°06′、N30°57′ ～ 31°34′，流域面积 3099km²，流经湖北兴山县与秭归县，河口距离三峡大坝 29km，是靠近三峡大坝的首条大型支流。香溪河发源于神农架，上游入流有东西两大源头，其中东源在神农架林区骡马店，全长 64.5km，东西支在兴山县响滩村汇合，而后由北向南，在秭归县香溪河镇注入长江。高岚河为香溪河最大支流，于库湾中游峡口镇汇入香溪河。香溪河整体走向为自北向南，但在与长江干流交汇区河口转为西南方向，与由西向东的水库干流成 45° 夹角，成为流向干流上游的反向交汇出口，其特殊的河口走向为干流水体进入支流提供充足动力，使得香溪河库湾受干流倒灌强度影响显著强于其他支流。

② 大宁河发源于陕西省平利县的中南山麓，穿行于巴山和巫山的峡谷之中，横贯重庆所属巫溪、巫山两县，在巫山县巫峡口注入长江，全长约 250km。大宁河流经巫山县截断山脉，形成秀丽的滴翠峡、巴雾峡及龙门峡三峡，峡谷长约 50km。

③ 梅溪河位于重庆市奉节县，全长约 30km，宽 30 ～ 50m，水深 4m，水流平缓，河水清澈见底。

④ 汤溪河是重庆市云阳县境内长江一级支流，河长约 90km，属山溪性河流。

⑤ 磨刀溪发源于石柱县东部，流经湖北省利川市、重庆市万州区，属长江上游右岸水系。河长 183km，流域面积 3170km²，多年平均流量 42m³/s，自然落差 1100m。

⑥ 小江是三峡水库左岸流经重庆市域的一级支流，全长 182.4km，流域面积 5172.5km²，其中自开州区新城至河口云阳县的中、下游河段长 76.4km，落差仅 95.5m，河流比降十分缓慢（仅 0.125%），成为三峡库尾的回水淹没区，开州区境内淹没面积达 58km²，枯水期发电消落和汛期退水将形成落差达 30m、面积达 45.17km² 的消落带，并集中在开州区移民新城附近开阔的浅丘平坝区域。

⑦ 澎溪河位于四川盆地东部边沿，大巴山西南麓，大部在重庆市开州区、云阳县境内，流域面积 5200km²，河长 180km，天然落差近 1600m，平均坡降约 0.872%。

⑧ 龙溪河上游称高滩河，发源于梁平区西山文家沟，汇合小沙河、七间河等大小支流 158 条，流经明达、礼让、仁贤、和林、云龙、荫平等镇乡，在荫平镇陈家沟出县境流入垫江县。主流长 60km，平均宽度 35 ～ 40m，水深 3.5m，流速 0.3m/s ；支流长 299km。

⑨ 御临河发源于四川省大竹县四方山系，上至长寿区称沱镇接纳幺滩河，下到渝北

区洛碛镇箭沱村与江北区五宝镇新山村之间的长江口。御临河流域面积约为3914km²，位于三峡水库库尾区域，与龙河和龙溪河相同，其回水区面积极小，回水区上端集水区域占据了流域的绝大部分。

1.2 三峡水库运行特征

1.2.1 水库基本特征

三峡工程是世界最大规模的水利枢纽工程，许多指标都突破了世界水利工程的纪录，三峡工程的基本特征参数见表1-3。

表1-3 三峡工程基本特征参数

项目	单位	蓄水初期	正常运行期
大坝坝高	m	185	
总库容	10^9m^3	39.3	
防洪库容	10^9m^3	22.15	
正常蓄水位	m	156	175
防洪限制水位	m	135	145
百年一遇洪水最高库水位	m	162.3	166.9
百年一遇洪水最大下泄流量	m^3	56700	56700
千年一遇洪水最高库水位	m	170	175
千年一遇洪水最大下泄流量	m^3	73000	69800
电站装机容量	MW	22400	22400
多年平均发电量	$10^8kW·h$	≥900	

2003年6月，三峡水库蓄水至135m，进入围堰发电期；同年11月，水库蓄水至139m。水库在围堰发电期的运行水位为135m（汛限水位）至139m（围堰挡水期汛末蓄水位）。2006年10月，三峡水库蓄水至156m，较初步设计提前一年进入初期运行期。运行初期水位为144m（汛限水位）至156m（初期蓄水位）。2008年汛后，实现试验性蓄水至172.89m，进入试验蓄水期，2009年试验性蓄水至171.43m。2010年10月，成功蓄水至175m，从此之后，三峡水库逐步转为高水位正常运行期。三峡水库的水位流量变化过程如图1-1所示。

由于三峡水库转入正常运行阶段后的运行年份较短，水位调度资料不翔实，所以以往的研究对于三峡水库实际多年的调度情况与理论估计存在一定差别，主要体现在：

① 对汛前水位消落的时间和速率估计不准；

② 对汛后蓄水期到达高水位的时间，以及水库维持在175m左右运行的时间估计不准。

因此本书综合2011～2017年的水位变化资料，认为三峡水库实际的调度运行阶段可以划分为汛前消落期、汛期、汛后蓄水期和枯水运行期4个阶段。

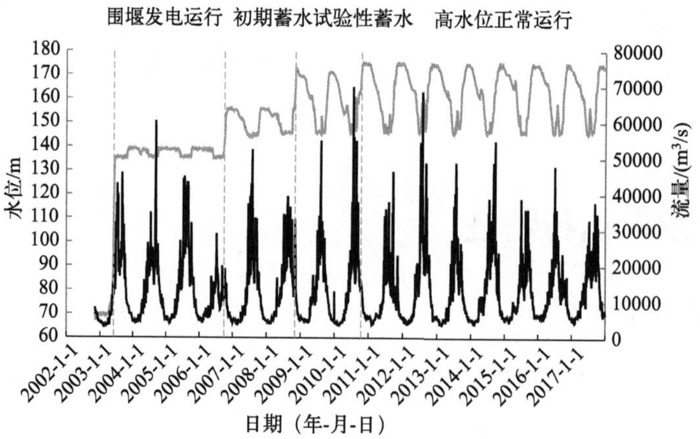

图1-1　三峡水库水位流量变化

——三峡上游水位　——入库流量

（1）汛前消落期

从1月上旬至6月上旬为汛前消落期。在这一阶段内，水库水位从173.07m逐渐下降至151.94m。这一阶段根据水库水位下降速率，又可以划分为两个不同的阶段：第一个阶段，从1月上旬至3月下旬，水位从173.07m下降到164.00m，下降速率为0.11m/d；第二个阶段，从4月上旬至6月上旬，水位从163.63m下降到148.35m，下降速率为0.31m/d，水位的下降速率是上一个阶段的3倍。

（2）汛期

从6月中旬至9月上旬为汛期。在这一阶段内，水库水位在145.00～153.70m之间波动。进入7月之后，由于汛期来水流量较大，7月中下旬水位会提升至150.00m左右。随着主汛期过后，三峡水库水位会在8月稍微回落。

（3）汛后蓄水期

根据《三峡水库优化调度方案》（水建管〔2009〕519号），三峡水库兴利蓄水应不早于9月15日，所以从9月中旬至10月下旬为汛后蓄水期。在这一阶段内，水库水位从160.00m以0.35m/d的速率上升到173.93m。

（4）枯水运行期

从11月上旬至12月下旬为枯水运行期。在这一阶段内，水库水位在173.60～175.00m之间波动。虽然水库水位在这一时段内有降落的趋势，但是水位降幅很小，仅为0.02m/d，远远低于汛前消落期的水位下降速率。

1.2.2　水库生态系统特征

从水体类型来看，水库是一种介于河流和湖泊间的半人工半自然水体，兼具河流与湖泊生态系统的特征，但与其存在较大的差异性。水库生态系统主要受到地理位置、流域特征、水动力学特征的影响。三峡水库生态系统的基本特征主要表现在以下几个方面。

(1)水库混合特征

水库修建后动水环境变为静水环境，引起一系列物理、化学及生物变化。其中，最突出的是水温结构变化，进而影响水库混合特征及分层特征。

三峡水库处于亚热带季风区，冬暖夏凉，气温年变幅较小。河流多年平均各月水温基本保持在 10℃。由于水温基本上可以保持在 4℃以上，所以，三峡水库运行后，从混合的频率特征来看，属于暖单季回水型水库，水库年内一般出现一次温度变化导致的水体垂向的对流混合，即夏季增温，水柱出现水温层化，秋季表层水温下降导致对流，冬季水柱混合趋于均匀。

(2)水库分层特征

三峡水库属河道型的季调节水库，夏季形成水温越层的时间不多；支流夏季形成水温越层的机会多一些，表面水温高，深层水温低。除了洪水期间，湖底营养元素在夏季难以混合上行。

从混合程度来看，库区的大部分区域水深较大，以 175m 水位计，水库平均深度为 36m，靠近坝前的区域则更深。因此，库区具有温度分层的条件。如果形成较稳定的分层条件，就会产生接近深水湖泊的有利于藻类停留生长的情况。根据相关研究成果，三峡水库属于弱分层型水库，大部分支流混合条件比干流要弱，更具有湖泊特征。

(3)生态空间异质性特征

根据水库的形态结构、吞吐流特征，一般情况下水库由水库入水口到大坝可依次分为河流区、过渡区和湖泊区。各区域的流速、水力滞留时间不同，营养盐及污染物的循环转化特征亦相应不同。

由于三峡水库属于峡谷地形，从干流生态空间异质性来看，近坝干流段的横向流速分布的差异不是很大；近坝前的部分区域（5～7km）可能出现岸边的（包括小的库汊）低速、静水、回流区，具有出现富营养化问题的水动力条件；其他干流区域出现问题的可能性较小。从支流来看，三峡水库支流较多、情况复杂，无明显地域性分类，整体上类似湖泊特征的支流多于近似河流特征的支流。

1.3 三峡梯级水库群概况

近年来，随着三峡水库上游溪洛渡和向家坝 2 座水库的建成，形成了长江流域溪洛渡 - 向家坝 - 三峡 3 座梯级水库群的新格局，通过 3 座水库的联合调度进而实现长江流域水资源的合理调配，为改善库区及下游水环境提供了新的思路和可能。

(1)向家坝水库

向家坝水库是金沙江干流梯级开发的最下游一级，坝址左岸位于四川省宜宾市，右岸位于云南省水富市，坝址上距溪洛渡河道里程为156.6km、下距宜宾市33km，距宜昌直线距离为700km。向家坝水库控制流域面积45.88万平方千米，占金沙江流域面积的97%。向家坝水库的开发任务以发电为主，同时改善通航条件，负责防洪和拦沙，兼顾灌溉，并具有为上游梯级溪洛渡电站进行反调节的作用。水库死水位、防洪限制水位均为370m，正常蓄水位、设计洪水位均为380m，校核洪水位381.86m，坝顶高程384m，防洪库容、调节库容均为9.03亿立方米，具有季调节性能。水库设计安装8台单机额定容量75万千瓦（最大容量80万千瓦）机组，额定总装机容量600万千瓦（最大容量640万千瓦）。向家坝水库于2012年10月下闸蓄水，10月底首台机组发电，2013年7月5日蓄至死水位370m，9月12日首次蓄至正常蓄水位380m，具备正常运行条件。2014年7月10日，向家坝水库最后一台机组正式投产运行。向家坝水库属河道型水库，水库面积95.6km^2，回水长156km，水库淹没涉及四川、云南2个省，宜宾市、凉山州、昭通市3个市州，叙州区、屏山县、雷波县、水富市、绥江县、永善县6个区县。

（2）溪洛渡水库

溪洛渡水库是我国“西电东送”的骨干电源点，是长江防洪体系中的重要工程。工程位于四川省雷波县和云南省永善县境内金沙江干流上，该梯级上接白鹤滩电站尾水，下与向家坝水库相连。溪洛渡水电站控制流域面积45.44万平方千米，占金沙江流域面积的96%。多年平均径流量4570m^3/s，多年平均悬移质年输沙量2.47亿吨，推移质年输沙量182万吨。溪洛渡水库设计开发任务以发电为主，兼顾防洪，此外还有拦沙、改善库区及下游河段通航条件等综合利用效益。工程开发目标一方面用于满足华东、华中、南方等区域经济发展的用电需求，为国民经济的可持续发展提供电能支撑；另一方面，兴建溪洛渡水库是解决川渝防洪问题的主要工程措施，配合其他措施，可使川渝河段沿岸的宜宾、泸州、重庆等城市的防洪标准显著提高。同时，与下游向家坝水库在汛期共同拦蓄洪水，可减少进入三峡水库的洪量，增强三峡水库对长江中下游的防洪能力，在一定程度上缓解长江中下游防洪压力。水库死水位540m，防洪限制水位560m，正常蓄水位600m，设计洪水位604.23m，校核洪水位609.67m，坝顶高程610m，防洪库容46.5亿立方米，调节库容64.6亿立方米，具有不完全年调节能力。电站左、右岸各安装9台单机额定容量70万千瓦（最大容量77万千瓦）机组，额定总装机容量1260万千瓦（最大容量1386万千瓦）。溪洛渡水库于2013年5月下闸蓄水，6月23日首次蓄至死水位540m，7月首批机组发电，12月8日蓄至560m。2014年汛后首次蓄至正常蓄水位600m，工程具备正常运行条件。

1.4 三峡库区污染概况

因三峡及上游流域点、面源污染排放显著，同时水库蓄水导致水库水流减缓，水位抬升淹没了部分土地，导致出现部分支流水体富营养化问题突出、消落区生态功能退化等生态环境问题。

1.4.1 三峡库区及上游水体污染严重

近年来，三峡库区及上游水体污染呈上升趋势，水体中总氮（TN）、总磷（TP）、重金属和化学需氧量（COD）较2000年有明显增加，部分河、塘、库及次级河流受到氮、磷污染，富营养化严重，重金属含量超标。长江干流水质基本保持稳定，但长江次级河流的情况比较差，经对71条次级河流178个断面监测，监测结果达到水域功能的只有41.6%，比2002年蓄水前下降了3.4%，次级河流蓄水后在回水区水质有所下降，部分河流出现Ⅴ类、劣Ⅴ类水质断面。

以重庆市为例，农村生活以及农业生产的污染问题在三峡库区水环境中显得格外突出，农村水环境污染日益严重，库区沿江已形成狭长的污染带。生活污水直接排放、农田化肥的大量使用、农村畜禽养殖的高速发展在三峡水库区周围蓄积了大量的养分物质，随侵蚀泥沙进入江河、塘库。研究表明，农业非点源污染物对水体污染的等标污染负荷比分别为COD5.76%、TN 52.18%、TP 42.06%，主要污染物是TN和TP；各类农业非点源污染源对水体污染的等标污染负荷比为畜禽粪尿41.51%、生活污染21.05%、化肥污染33.21%、渔业污染4.23%。可见主要污染源是畜禽粪尿、化肥污染、生活污染三大类。同时水库池塘肥水养鱼也加剧了人工水域的营养负荷，导致塘坝、水库、河道富营养化问题日益突出。例如，2006年乌江麻柳嘴断面的TN为0.00～4.00mg/L，部分月份和断面的粪大肠菌数为11000～240000个/L，乌江武隆白马段断面的TN为1.36～10.92mg/L；嘉陵江大溪沟、磁器口和北温泉的TN为0.00～2.55mg/L，粪大肠菌数为14000～160000个/L；长江盐码头、鸭嘴石、下岩寺、望龙门、铜罐驿、桐园、苏家（忠县）、晒网坝、培石、米市、连二碛、九条河、黄草峡、红光桥、寸滩、白公祠、白帝城、清溪场的TN为0.00～3.08mg/L，总粪大肠菌数为10900～240000个/L。这些数字说明该地区的水质大部分超过了Ⅲ、Ⅳ、Ⅴ类地表水标准，受到了严重的污染。另外，次级河流也受到比较严重的污染，2006年，重庆市58条主要次级河流122个监测断面中，有27.9%的监测断面不能满足水域功能要求，超标污染指标以有机污染为主。

1.4.2 三峡库区及上游农村面源污染问题突出

随着三峡大坝的建成、水库水域面积的增大、库区移民绝大部分就地安置及库区人口的增长，人地矛盾更加突出，土地的承载负荷不断增大，人们通过大量使用化肥和农药增加土地产出，通过实施畜禽规模养殖提高经济收入，以农用化学品、畜禽粪污、生活污水及生活垃圾为主要内容的农村面源污染日趋突出，直接影响到了库区整体环境质量，阻碍了库区农业及区域社会经济的可持续发展，危及了城乡居民的生存环境与人类健康。其主要表现如下。

（1）农用化学品投入量大、利用率低、流失量大，是农业面源污染的主要来源

三峡水库蓄水后，淹没了大量的耕地、河滩地、园地、林地及鱼塘等土地资源，且被

淹没的耕地一般都是有机质含量和生产力高的一级耕地。库区农业在耕地减少后，为缓解粮食供应压力，必将大量增施化肥农药，增加单位面积的粮食产量，导致大量化肥农药进入地表水环境，造成的不仅是污染指标超标，还会产生污染物的协同作用，降低水体质量和使用功能，并直接对库区水生态系统构成危害，农田径流污染对库区水质的影响将越来越突出。调查显示，自 2003 年三峡库区开始蓄水到 2010 年，化肥农药施用总量呈逐年上升趋势。在万州、涪陵、开州、云阳、石柱五区县，化肥施用折纯量 2003 年和 2010 年分别达到 520.6kg/hm^2（1hm^2=10^{4}m^2）和 558.1kg/hm^2，远远超过发达国家为防止化肥对水体造成污染而设置的安全上限（225kg/hm^2）。农药施用折纯量也由 12.2kg/hm^2 增加到 13.4kg/hm^2，农膜平均使用量由 69.5kg/hm^2 增加到 75.3kg/hm^2。万州区粮食种植面积由 2003 年的 15.1 万公顷减少到 2010 年的 12.3 万公顷，化肥施用量由 3.53 万吨增加到 3.84 万吨，净增达 0.31 万吨，农膜的使用量也增加了 53t。综合各地实验结果，每年农田养分被植物利用的部分很少，氮肥的利用率仅为 30% ～ 35%，磷肥为 10% ～ 20%，钾肥为 35% ～ 50%。剩余的养分通过各种途径，如径流、淋溶、反硝化、吸附和侵蚀等进入环境和流入水体，导致水体丧失应有功能。在开县（2016 年撤县，设开州区），农民乱施滥用农药严重，用于治稻瘟病的三环唑、稻瘟灵被当作广谱杀菌剂来防治水稻纹枯病，用于防治油菜田中杂草的除草剂被用来防治小麦田中的杂草；在柑橘上，农药年用量高达 10kg/ 亩（1 亩 =666.7m^2）。同时由于施用技术不到位，农药着靶率低，除 20% 的农药喷到农作物上外，其余 80% 的农药流失到田地和水中，造成农药污染环境。

（2）畜禽养殖粪便无害化处理率低，直接排放量大，是水体有机物污染的重要来源

2003 ～ 2010 年，库区畜禽养殖总量变化不大，但集约化畜禽养殖业迅速发展，规模化养殖场数量不断增加。畜禽养殖业由农民个体家庭饲养逐步走向集约化、工厂化养殖，而且越来越集中在城市周围。由于畜禽养殖的饲养方式、养殖规模和分布区域发生了巨大变化，畜禽养殖业的环境污染总量、污染程度和分布区域也随之变化。从养殖场产生大量的有机污染物和氮、磷等，随每天冲洗的污水流入河道、湖泊，造成水体污染、河水变臭，对环境造成严重污染。万州、涪陵、开县、云阳、石柱五区县调查显示，生猪养殖数量在 50 头以上的规模化养殖场由 2003 年的 4471 家增加到 2010 年的 6948 家，其中养猪数量在 500 ～ 999 头的规模化养殖场由 293 家增加到 600 家，1000 头以上的规模化养殖场由 352 家增加到 627 家。大部分规模化养殖场没有粪污处理设施，粪便直接排入水体，一些养殖场由于种养脱节，畜禽粪便的资源化利用率十分低，还有一些地方畜禽粪便的利用远远超过土地的环境容量，使大量的畜禽粪便流入水体，经过整治，有好转趋势。如开县 2003 年全县 50 头生猪以上规模化养殖场达 2000 个，粪便无公害化处理率不到 40%，2010 年全县 50 头生猪以上规模化养殖场为 2006 个，60% 进行了无公害化处理。

（3）农村生活污水、生活垃圾处理率低，直接排放量大，是农村脏乱差现象的污染源

由于三峡库区人口集中，农村居民人粪尿、生活污水、生活垃圾排放量大，但处理率却很低，农村生活污水处理率不到 10%，生活垃圾的无害化处理率仅为 10% 左右。根

据开县2010年监测统计，全县137.9万农村人口每天产生的生活垃圾达685t，年产垃圾246600t，年产污水量644.3万吨。涪陵区2010年普查的结果，在全区82.14万农业人口中，有下水有处理设施的人口仅占农村常住人口的1.16%，有下水无处理设施的人口占农村常住人口的21.62%，其他均为无下水排放。由于大多数农村交通不便，缺乏有序的管理，同时大部分农民文化水平不高，环保意识低下，随意倾倒生活垃圾、肆意排放生活污水已是司空见惯的事情，造成农村部分地区蚊蝇猖獗、臭气熏天、污水横流的现象十分严重。

（4）农作物秸秆产生量大，资源化利用率低

调查显示，三峡库区每年农作物秸秆产生总量约为850万吨，每年夏秋两季大量的秸秆堆放在田间地头，得不到及时妥善处理。有些直接焚烧或抛弃于农田，造成农田秸秆面源污染。涪陵区2010年调查秸秆的去向，结果表明，田间焚烧占18.5%、丢弃占3.9%、还田占16.9%、秸秆堆肥占0.4%、其他占60.3%，如果还田、秸秆堆肥算为秸秆利用，利用率仅为17.3%。一些地方将农作物秸秆作为日常生活燃料，秸秆燃烧产生浓烟，污染大气环境，危害人民群众的身体健康，同时也是产生火灾的隐患。

三峡库区上游农村面源污染主要是量大面广的农村生活源、种植肥料源、养殖排放源、农业生产废弃物源，其污染物特点为营养性物质（氮、磷）和有机物（COD）。根据四川省人口、农作物播种面积、化肥施用量、生猪存栏量等面源相关因素地域密度或单位面积负荷分布分析，高密度、高负荷区均位于四川省东部紧邻三峡库区的区域，处在嘉陵江流域（含嘉陵江干流及其主要一级支流涪江、渠江）中下游和岷江流域中下游及沱江流域，即四川盆地平原丘陵区。四川盆地平原丘陵区产生的农业-农村面源污染（COD、TN、TP）负荷是嘉陵江、长江上游干流流域面源污染负荷主要组成部分。在四川盆地平原丘陵区许多3、4级河流和溪沟水环境营养型污染明显，严重威胁农村环境质量和饮用水安全。

近年来调查表明，三峡库区主要次级河流总体水质较差，富营养程度普遍偏高，根据对16条次级河流的39个断面的调查监测，有84.6%的断面TN浓度达到富营养化程度，53.8%的断面TP浓度达到富营养化程度，少数次级河流的水华现象也较严重。根据中国工程院“三峡库区及其上游水污染防治战略咨询”项目研究报告成果（2008年完成），三峡库区上游三江流域（乌江、嘉陵江、长江上游干流）的面源负荷贡献在面源入库总负荷中占绝对优势，其中，长江上游干流贡献最大，在各类面源负荷中占58%～76%；其次是嘉陵江，对COD、TN、TP负荷贡献较大，分别占18%、23%和20%。

随着三峡库区及长江上游广大农村地区的城市化进程和产业结构调整，预计流域的排污量将进一步增大。为此，加强库区农业面源污染防控，切实改善库区农村生态环境，大力发展库区循环农业，对维护长江水资源安全，构建环境友好、城乡和谐的库区新农村具有十分重要的意义。

1.4.3 三峡库区及上游部分支流已产生水华

三峡库区蓄水后，次级河流水体局部河段回水段流速显著降低、水体自净能力下降，纳污容量降低，局部回水区域水质与底质恶化，显现出浮游生物种类减少而个体密度加

大，鱼类减少甚至死亡等水体富营养化征兆或暴发潜势。近两年的监测结果表明，龙溪河、小安溪河、濑溪河、梁滩河、苎溪河、龙宝河、五桥河、梅溪河等许多库区次级河流污染严重。主要超标污染物中，TP、TN浓度普遍偏高，为藻类生长提供了充足的营养盐，水体富营养化潜势较高。由于三峡水库次级河流的开放性特征，次级河流水体富营养化程度存在较明显的地域、区域分异现象，其回水区富营养化的状态或潜势相对更为严重，许多河流入江回水区曾一度出现了长度从几百米到上千米不等的水华带。水华的暴发不仅对河流水生态系统造成很大破坏，而且由于其生物物种具有毒性，严重影响工农业及生活用水的供水质量。

1.5 三峡水库运行期问题诊断

长江是我国的第一大河，发源于青藏高原唐古拉山东段霞舍日阿巴山东麓的高山沼泽，流经青海、西藏、云南、四川、重庆、湖北、湖南、江西、安徽、江苏、上海11省（自治区、直辖市），于上海的崇明岛以东汇入东海，全长约6300km，总流域面积达180万平方千米，多年平均径流量约9600亿立方米，水量居世界第三。通常习惯性地将长江干流分为上游河段、中游河段及下游河段。上游河段自发源地至宜昌，长约4504km，控制流域面积达100万平方千米，该河段主要特点为山区峡谷深，水位落差大，水流流速急，有雅砻江、岷江、嘉陵江、乌江等主要支流。中游河段从宜昌至江西省湖口，长约955km，控制流域面积68万平方千米，以平原地貌为主，河道比降逐渐减缓，其间与众多支流、湖泊相连具有比较复杂的江湖关系。湖口到入海口为下游段，长938km，流域面积12万平方千米，该段江水比较平缓，主要支流有青弋江、水阳江、太湖水系和巢湖水系。

长江上游流域水能资源丰富，是我国重要的水电基地。目前已建和在建的大型水电站较多。金沙江下游到湖北宜昌1000多千米的长江干流已建有葛洲坝、三峡、溪洛渡、向家坝电站，规划建设有白鹤滩、乌东德、小南海电站等。

三峡水库自2003年蓄水以来，在防洪、发电、航运、供水等方面产生了巨大的社会效益和经济效益，库区丰富的资源、独特的自然特征、复杂的人地关系和严峻的生态环境态势使其正成为全球区域生态环境变化研究的热点地区。不可否认，三峡水库在造福长江流域的同时，在一定程度上改变了库区及长江中下游河道自然发展规律，改变了原有河流生境条件，河流连续性遭到破坏，原河流生态系统演变为水库生态系统。库区流态和流速变化改变了水环境的物理和化学条件，从而影响污染物在水体中的降解、扩散和转化等净化过程，降低了污染物水环境容量，使得库区支流水体倒灌形成库湾，富营养化时有发生。随着三峡大坝的建成，三峡库区经济发展提速，城市化水平不断提高，城市污水和垃圾排放量日益增加，突发水污染事件存在更大的不确定性。一方面，突发水污染事件发生地点的水体特征、污染物特性、事件发生时的气象条件等环境因素以及事件污染物迁移转化过程等不确定因素，决定了其具有不可预见性、偶然性和不确定性等特点，也直接决定了污染事件的影响范围及程度。另一方面，在突发水污染事件的应急处理过程中，需要明确水体污染物的影响程度和范围，对于敏感水域（如生活饮用水取水点、生态敏感区）需要明确污染物浓度何时到达该区域，到达该区域时浓度的峰值为多少，污染物超标浓度持续时间为多久，污染物浓度何时降至安全范围等。入库水流挟带泥沙大量淤积在库区，导致库区逐年泥沙淤积消耗水库库容；而水库长期“清水下泄”必然带来下游河床冲刷。这种冲刷态势不仅改变了长江中下游的江湖关系，威胁长江干堤的防洪安全及航运畅通。在三峡水库现行调度规程下，下游河道诸多生态环境需求也确实难以满足。例如：人为调控水库出库流量过程带来的对天然来流过程的“平坦化”作用大大影响了长江流域洄游性鱼类产卵繁殖；洞庭湖、鄱阳湖等通江湖泊湖区面积受三峡水库汛末蓄水过程及人类活动影响缩减幅度较大，湖区湿地生态系统退化，生物多样性受到严重威胁；长江河口连续多年盐水入侵造成河口地区枯水期居民取用水安全受到威胁同样是现状水库调度过程难以解决的生态环境问题之一。

党中央、国务院高度重视长江经济带生态环境保护工作，习近平总书记多次对长江经济带生态环境保护工作做出重要指示，在2018年4月26日主持召开的深入推动长江经济带发展座谈会上，再次阐释了“共抓大保护、不搞大开发”的战略思想。三峡水库是连接长江上游及长江中下游的重要枢纽，战略地位重要、生态作用关键，是维系和调控长江流域生态健康的主要环节。三峡水库总库容393亿立方米，是对我国水安全保障具有极其重要意义的国家淡水资源战略储备库，三峡水库水质安全关系到库区、长江中下游流域及南水北调东线几亿人的生活与生产用水，保障三峡水库的水环境质量对广大长江下游沿江地区的供水安全和生态健康具有十分重大的现实意义。

第 2 章 三峡库区污染负荷估算与特征

2.1 三峡库区工业点源源强特征

2.1.1 重庆段工业污染源数量及其分布特征

为考察三峡库区重庆段工业污染源分布情况，将占主要污染物因子（COD、NH_3-N）排放负荷 80% 的企业纳入调查范围，2008 ～ 2010 年分别调查了 2708 家、3322 家及 2998 家企业，而 2011 ～ 2014 年分别调查了 1666 家、1619 家、1646 家及 1709 家企业。

从区域看，工业源主要分布在重庆主城区。2008 年重庆主城区的企业数为 1889 家，占库区总数的 69.77%；2009 年 1922 家，占库区总数的 57.86%；2010 年 1106 家，占库区总数的 36.9%；2011 年 373 家，占库区总数的 22.38%；2012 年 345 家，占库区总数的 21.31%；2013 年 316 家，占库区总数的 19.20%；2014 年 463 家，占库区总数的 27.09%。按区县统计，2008 年工业污染源数量排名前 5 的区县是沙坪坝区、九龙坡区、南岸区、渝北区、北碚区，总共 1490 家，占库区的 55.04%；2009 年排名前 5 的区县有沙坪坝区、渝北区、南岸区、北碚区、开县，总共 1581 家，占库区的 47.59%，在 2008 年的基础上，少了九龙坡区，增加了开县；2010年排名前5的区县有涪陵区、九龙坡区、开县、渝北区、万州区，总共 1110 家，占库区的 37.03%，在 2009 年的基础上少了沙坪坝区、南岸区、北碚区，增加了涪陵区、九龙坡区、万州区；2011 年工业污染源数量排名前 5 的区县是涪陵区、开县、万州区、江津区、长寿区，总共 744 家，占库区的 44.7%；2012 年工业污染源数量排名前 5 的区县是涪陵区、万州区、开县、江津区、长寿区，总共 738 家，占库区的 46.1%；2013 年排名前 5 的区县是涪陵区、万州区、开县、长寿区、江津区，总共 706 家，占库区的 46.72%；2014 年排名前 5 的区县是涪陵区、万州区、开县、长寿区、江津区，总共 734 家，占库区的 42.45%。

2004 年，重庆市人民政府印发了《关于加快实施主城区环境污染安全隐患重点企业搬迁工作的意见》，到 2014 年，先后组织 6 批 200 余家企业实施环境污染和安全隐患企业大规模搬迁工作，并不断提高主城区企业落地门槛，成为 2008 ～ 2014 年重庆三峡库区工业源分布呈现从主城区向渝西片区（涪陵区、长寿区、江津区）、渝东北片区（万州区、开县）迁移转变趋势的主要原因。

库区工业污染源行业分布比较集中。试验性蓄水阶段纳入调查的38个大行业中，2008年污染源数量排名前10的行业总计有污染源1779家，占总数的65.71%；2009年2614家，占总数的78.69%；2010年2549家，占总数的85.03%。正常蓄水后纳入调查的34个大行业中，2011年污染源数量排名前10的行业总计有污染源1367家，占总数的82.05%；2012总计有污染源1296家，占总数的80.05%；2013年污染源数量排名前10的行业总计有污染源1299家，占总数的78.92%；2014年污染源数量排名前10的行业总计有污染源1379家，占总数的80.69%。

三峡库区试验性蓄水阶段，2008年工业污染源数量排名前10的行业是交通运输设备制造业，农副食品加工业，通用设备制造业，纺织业，非金属矿物制品业，金属制品业，饮料制造业，纺织服装、鞋、帽制造业，塑料制品业，煤炭开采和洗选业。2009年工业污染源数量排名前10的行业是交通运输设备制造业、煤炭开采和洗选业、非金属矿物制品业、农副食品加工业、通用设备制造业、饮料制造业、化学原料及化学制品制造业、金属制品业、电气机械及器材制造业、纺织业，与2008年相比，少了纺织服装、鞋、帽制造业和塑料制品业，增加了化学原料及化学制品制造业、电气机械及器材制造业。2010年工业污染源数量排名前10的行业是非金属矿物制品业、农副食品加工业、饮料制造业、煤炭开采和洗选业、交通运输设备制造业、化学原料及化学制品制造业、通用设备制造业、金属制品业、纺织业、食品制造业，与2009年相比，少了电气机械及器材制造业，增加了食品制造业。

三峡库区正常蓄水后，2011年工业污染源数量排名前10的行业是农副食品加工业、饮料制造业、非金属矿物制品业、煤炭开采和洗选业、交通运输设备制造业、化学原料及化学制品制造业、通用设备制造业、金属制品业、纺织业、食品制造业。2012年工业污染源数量排名前10的行业是煤炭开采和洗选业，化学原料及化学制品制造业，化学纤维制造业，酒、饮料和精制茶制造业，医药制造业，农副食品加工业，纺织业，食品制造业，汽车制造业，非金属矿物制品业。2013年工业污染源数量排名前10的行业是煤炭开采和洗选业，化学原料及化学制品制造业，农副食品加工业，化学纤维制造业，酒、饮料和精制茶制造业，汽车制造业，医药制造业，食品制造业，纺织业，非金属矿物制品业。2014年工业污染源数量排名前10的行业是煤炭开采和洗选业，酒、饮料和精制茶制造业，化学原料及化学制品制造业，化学纤维制造业，汽车制造业，医药制造业，食品制造业，农副食品加工业，纺织业，非金属矿物制品业。

工业源主要集中在长江干流，与试验性蓄水阶段相比，正常蓄水后，三峡库区工业污染源数量大幅减少。2008年，长江干流工业污染源数量为1787家，占库区总数的66%；嘉陵江867家，占库区总数的32%；乌江54家，占库区总数的2%。2009年，长江干流工业污染源数量为2325家，占库区总数的70%；嘉陵江930家，占库区总数的28%；乌江66家，占库区总数的2%。2010年，长江干流工业污染源数量为2338家，占库区总数的78%；嘉陵江510家，占库区总数的17%；乌江150家，占库区总数的5%。2011年，长江干流工业污染源数量为1033家，占库区总数的62%；嘉陵江516家，占库区总数的31%；乌江117家，占库区总数的7%。2012年长江干流工业污染源数量为1040家，占库区总数的64%；嘉陵江480家，占库区总数的30%；乌江98家，占库区总数的6%。

2013 年长江干流工业污染源数量为 1087 家，占库区总数的 66%；嘉陵江 461 家，占库区总数的 28%；乌江 98 家，占库区总数的 6%。2014 年长江干流工业污染源数量为 1136 家，占库区总数的 67%；嘉陵江 498 家，占库区总数的 29%；乌江 75 家，占库区总数的 4%。

2.1.2 重庆段工业源废水和污染物排放特征

2.1.2.1 总体排放情况

2008 ～ 2014 年三峡库区工业污染源废水、COD 以及 NH_3-N 的排放量和排放强度分别见表 2-1、表 2-2 和图 2-1。试验性蓄水阶段，库区工业污染源废水排放量超过 1.5 亿吨，COD 和 NH_3-N 排放量分别超过 4 万吨和 3000t。库区在正常蓄水后，各级政府开展造纸、纺织等重点行业深度治理项目 15 项，实现 200 多家落后企业结构关停，在实现污染减排的同时推进了区域产业升级。工业污染源废水排放量逐步下降到 1 亿吨左右，降低了 35% 左右，COD 和 NH_3-N 分别降低了 50% 左右。

工业废水、COD 和 NH_3-N 排放强度逐年降低，但工业产值增加，表明库区生产力水平提高，同时清洁生产和环境保护力度加大，污染物排放量降低。此外，COD 的排放量和排放强度年度变化趋势与工业废水排放量和排放强度相似，可推测工业废水中主要污染物是 COD。

表2-1　2008 ~ 2014年三峡库区工业污染源废水、COD以及NH_3-N排放量

年度	废水排放量/万吨	COD 排放量/t	NH_3-N 排放量/t
2008	15327.82	53133.49	3807.66
2009	15757.60	50956.73	3557.81
2010	15400.95	42927.12	3326.36
2011	13408.18	36154.62	2486.84
2012	12269.73	25216.78	2091.76
2013	11147.35	21218.91	1527.16
2014	11526.07	21326.75	1512.16

表2-2　2008 ~ 2014年三峡库区工业产值以及工业污染源废水、COD和NH_3-N排放强度

年度	工业产值/亿元	废水排放强度/(吨/万元)	COD 排放强度/(千克/万元)	NH_3-N 排放强度/(千克/万元)
2008	3270.30	4.687	1.625	0.116
2009	3863.29	4.079	1.319	0.092
2010	4453.98	3.458	0.964	0.075
2011	4213.22	3.182	0.858	0.059
2012	4509.01	2.721	0.559	0.046
2013	4621.23	2.412	0.459	0.033
2014	4948.06	2.329	0.431	0.031

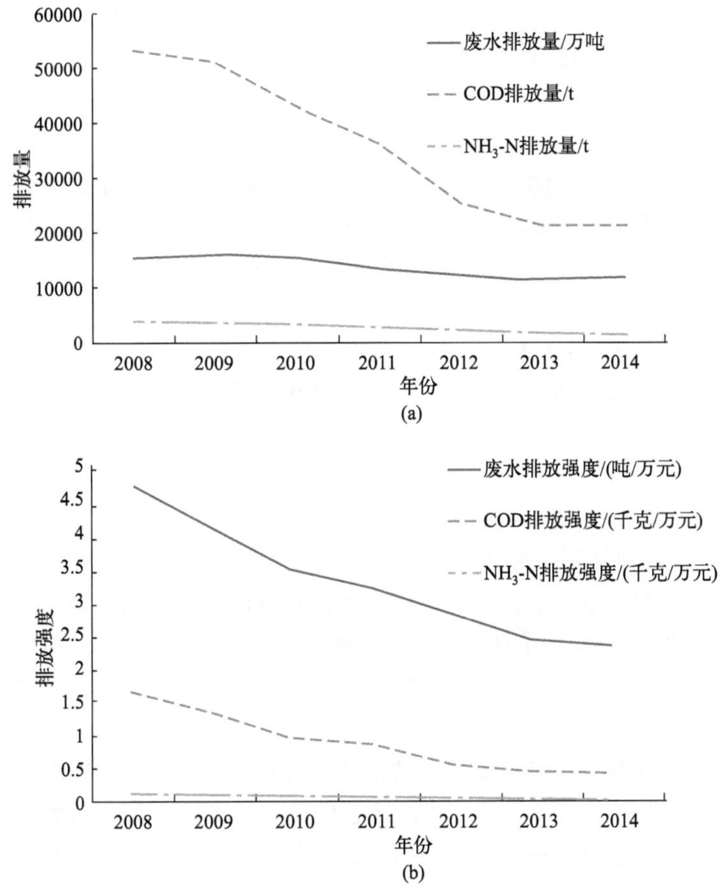

图2-1 2008～2014年三峡库区工业污染源废水、COD、NH_3-N排放量和排放强度

2.1.2.2 废水排放区域分布特征

试验性蓄水阶段，工业废水排放主要集中在长寿区、江津区、九龙坡区、涪陵区、沙坪坝区、渝北区、巴南区和万州区等工业发达的区县。重庆主城废水排放占库区总排量的比重相对较大，但总体呈逐年递减的趋势。试验性蓄水阶段，重庆主城区 2008 年、2009 年和 2010 年排放的废水分别为 7570.68 万吨、7151.23 万吨和 5838.84 万吨，占库区总排量的 49.39%、45.38% 和 37.91%。正常蓄水后，库区工业废水排放主要集中在长寿区、万州区、涪陵区、江津区、九龙坡区等工业发达的区县，重庆主城废水排放占库区排放总量的比重相对较大。

2008 年，废水排放量排名前 5 的区县是长寿区、九龙坡区、江津区、涪陵区、沙坪坝区，累计排放废水 7546.78 万吨，占库区总排量的 49.24%。废水排放最少的 5 个区县是巫溪县、渝中区、云阳县、忠县、巫山县，累计排放废水 712.65 万吨，占库区总排量的 4.65%。废水排放最多的长寿区比排放最少的巫溪县多排 2079.69 万吨。

2009 年，废水排放量排名前 5 的区县是长寿区、江津区、九龙坡区、渝北区、巴南区，累计排放废水 7461.66 万吨，占库区总排量的 44.72%。废水排放最少的 5 个区县是渝中区、忠县、巫溪县、云阳县、武隆县（2016 年撤县设区，为武隆区），累计排放废水 968.51 万吨，占库区总排量的 4.88%。废水排放最多的长寿区比排放最少的渝中区多排 1974.06 万吨。

2010 年，废水排放量排名前 5 的区县是长寿区、江津区、万州区、九龙坡区、涪陵区，累计排放废水 8767.28 万吨，占库区总排量的 56.93%。废水排放最少的 5 个区县是渝中区、奉节县、云阳县、丰都县、巫溪县，累计排放废水 354.51 万吨，占库区总排量的 2.3%。废水排放最多的长寿区比排放最少的渝中区多排 2438.39 万吨。

2011 年，废水排放量排名前 5 的区县是长寿区、万州区、江津区、涪陵区和九龙坡区，累计排放废水 9079 万吨，占库区总排量的 67.7%。废水排放量最少的 5 个区县是渝中区、奉节县、云阳县、武隆县和开县，累计排放废水 290 万吨，占库区总排量的 2.16%。

2012 年，废水排放量排名前 5 的区县是长寿区、万州区、涪陵区、江津区、九龙坡区，累计排放废水 7630 万吨，占库区总排量的 62.19%。废水排放最少的 5 个区县是丰都县、云阳县、忠县、武隆县、奉节县，累计排放废水 368.1 万吨，占库区总排量的 3.0%。

2013 年，废水排放量排名前 5 的区县依然是长寿区、万州区、涪陵区、江津区、九龙坡区，累计排放废水 6617 万吨，占库区总排量的 59.36%。废水排放最少的 5 个区县依然是丰都县、云阳县、忠县、武隆县、奉节县，累计排放废水 308.76 万吨，占库区总排量的 2.77%。

2014 年，废水排放量排名前 5 的区县依然是长寿区、万州区、涪陵区、江津区、九龙坡区，累计排放废水 6852.5 万吨，占库区总排量的 59.45%。废水排放最少的 5 个区县是丰都县、云阳县、忠县、巫溪县、奉节县，累计排放废水 412.6 万吨，占库区总排量的 3.58%。

2.1.2.3 COD排放区域分布特征

试验性蓄水阶段，三峡库区工业废水 COD 排放主要集中在涪陵区、长寿区、江津区、渝北区、九龙坡区、沙坪坝区、万州区。重庆主城区 2008 年 COD 排放 16765.63t，占库区排放总量的 31.55%，2009 年 COD 排放 15048.39t，占总排量的 29.53%，2010 年 COD 排放 13376.93t，占库区总排量的 31.36%。

正常蓄水后，库区工业废水 COD 排放主要集中在涪陵区、万州区、江津区、长寿区、丰都县。重庆主城区 2011 年 COD 排放量为 4764.8t，占库区总排量的 13.2%，2012 年排放 COD 3429.08t，占库区总排量的 13.6%，2013 年排放 COD 3055.34t，占库区总排量的 14.4%，2014 年排放 COD 3182.60t，占库区总排量的 14.9%。

2008 年，COD 从高到低排放累计占比达 65% 的区县是涪陵区、长寿区、江津区、丰都县、渝北区、九龙坡区、沙坪坝区，共排放 COD 36712.89t，占库区总排量的 69.1%。

2009 年，COD 从高到低排放累计占比达 65% 的区县是涪陵区、长寿区、江津区、丰都县、渝北区、万州区、九龙坡区，在 2008 年的基础上少了沙坪坝区，增加了万州区，共计排放 COD 34098.36t，占库区总排量的 66.92%。

2010 年，COD 排放从高到低累计占比达 65% 的区县是涪陵区、万州区、江津区、大渡口区、长寿区、九龙坡区、沙坪坝区、开县，共计排放 COD 28474.37t，占库区总排量的 66.33%，在 2009 年的基础上少了丰都县、渝北区，增加了大渡口区、开县和沙坪坝区。

2011 年，COD 排放量排名前 5 位的依次是涪陵区、万州区、长寿区、江津区、丰都县，共排放 COD 24696t，占库区总排量的 68.3%。排放最少的 5 个区县是渝中区、云阳县、北碚区、江北区、巴南区，累计排放 COD 1171t，占库区总排放量的 3.23%。

2012 年，COD 排放量排名前 5 位的依次是涪陵区、万州区、江津区、长寿区、丰都县，共排放 COD 17310t，占库区总排量的 68.6%。排放最少的 5 个区县是忠县、大渡口区、奉节县、云阳县、巴南区，累计排放 COD 1136.44t，占库区总排放量的 4.51%。

2013 年，COD 排放量排名前 5 位的仍然是涪陵区、万州区、江津区、长寿区、丰都县，共排放 COD 14196t，占库区总排量的 66.9%。排放最少的 5 个区县是大渡口区、奉节县、忠县、云阳县、巴南区，累计排放 COD 910.51t，占库区总排放量的 4.29%。

2014 年，COD 排放量排名前 5 位的仍然是涪陵区、万州区、江津区、长寿区、丰都县，共排放 COD 14078.4t，占库区总排量的 66.0%。排放最少的 5 个区县是大渡口区、奉节县、忠县、云阳县、南岸区，累计排放 COD 1075.4t，占库区总排放量的 5.04%。

2.1.2.4 氨氮排放区域分布特征

2008～2010 年，三峡库区试验性蓄水阶段，NH_3-N 排放主要集中在涪陵区、九龙坡区、长寿区、江津区、万州区。2008 年排放 NH_3-N 共计 823.53t，占库区总排量的 21.63%，2009 年排放 NH_3-N 1093.59t，占库区总排量的 30.74%，2010 年排放 NH_3-N 1579.88t，占总排量的 47.5%，呈逐年递增的趋势。然而，2011～2014 年，正常蓄水后，库区 NH_3-N 排放主要集中在万州区、涪陵区、江津区、长寿区、九龙坡区。

2008 年，NH_3-N 排放从高到低累计占比达 65% 的区县是长寿区、涪陵区、丰都县、九龙坡区，共计排放 NH_3-N 2759.3t，占库区总排量的 72.47%。排放最少的 5 个区县是渝中区、巫山县、奉节县、巫溪县、武隆县，累计排放 NH_3-N 38.1t，占库区总排放量的 1%。

2009 年，NH_3-N 排放从高到低累计占比达 65% 的区县是丰都县、江津区、九龙坡区、涪陵区、长寿区，共计排放 NH_3-N 3895.49t，占库区排放总量的 73.42%。在 2008 年的基础上增加了江津区。排放最少的 5 个区县是巫山县、渝中区、巫溪县、奉节县、忠县，累计排放 NH_3-N 33.38t，占库区总排量的 0.94%。

2010 年，NH_3-N 排放从高到低累计占比达 65% 的区县是万州区、九龙坡区、巴南区、江津区、涪陵区，共计排放 NH_3-N 2312.58t，占库区总排量的 69.52%。在 2009 年的基础上少了丰都县、长寿区，增加了万州区、巴南区。排放最少的 5 个区县是渝中区、奉节县、巫山县、巫溪县、江北区，累计排放 NH_3-N 25.91t，占库区总排量的 0.78%。

2011 年，NH_3-N 排放量前 5 位依次是万州区、江津区、长寿区、涪陵区及九龙坡区，共排放 NH_3-N 2054.88t，占库区总排量的 82.6%。排放最少的 5 个区县是渝中区、巫山县、北碚区、巫溪县、云阳县，累计排放 NH_3-N 28.4t，占库区总排放量的 1.12%。

2012 年，NH_3-N 排放量前 5 位依次是万州区、涪陵区、江津区、长寿区、九龙坡区，共排放 NH_3-N 1623.5t，占库区总排量的 77.6%。排放最少的 5 个区县是巫溪县、忠县、奉节县、巴南区、云阳县，累计排放 NH_3-N 48.90t，占库区总排放量的 2.34%。

2013 年，NH_3-N 排放量前 5 位依然是万州区、涪陵区、江津区、长寿区及九龙坡区，共排放 NH_3-N 1154t，占库区总排量的 75.6%。排放最少的 5 个区县依次是南岸区、奉节县、云阳县、巴南区、忠县，累计排放 NH_3-N 32.22t，占库区总排放量的 2.11%。

2014 年，NH_3-N 排放量前 5 位依然是万州区、涪陵区、江津区、长寿区及九龙坡区，共排放 NH_3-N 1144.3t，占库区总排量的 75.7%。排放最少的 5 个区县依次是南岸区、奉节县、云阳县、巫溪县、忠县，累计排放 NH_3-N 37.99t，占库区总排放量的 2.51%。

2.1.2.5　废水排放强度区域分布特征

图 2-2 和图 2-3 分别显示了 2008 ～ 2010 年和 2011 ～ 2014 年重庆库区各区县和主城区各区工业废水排放强度对比。由图 2-2 和图 2-3 可见，2008 年有 15 个区县高于平均水平，7 个区县低于平均水平。废水排放强度排名前 5 的区县是奉节县、巫山县、石柱县、丰都县、巫溪县，废水排放强度分别为 37.30 吨 / 万元、36.48 吨 / 万元、31.43 吨 / 万元、28.26 吨 / 万元、28.15 吨 / 万元。

2009 年，有 14 个区县高于平均水平，8 个区县低于平均水平。废水排放强度排名前 5 的区县是奉节县、武隆县、巫溪县、石柱县、丰都县。

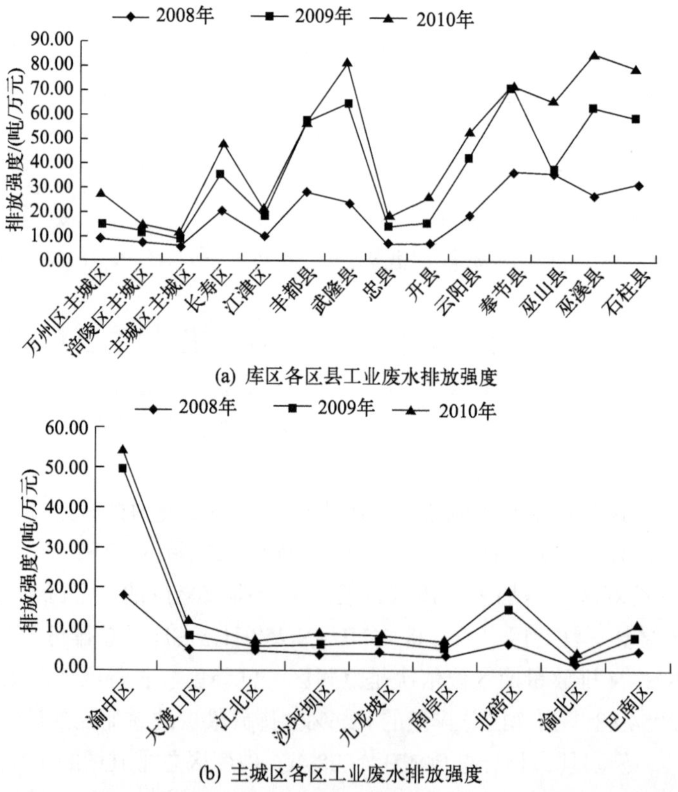

(a) 库区各区县工业废水排放强度

(b) 主城区各区工业废水排放强度

图2-2　2008～2010年重庆库区各区县和主城区各区工业废水排放强度对比

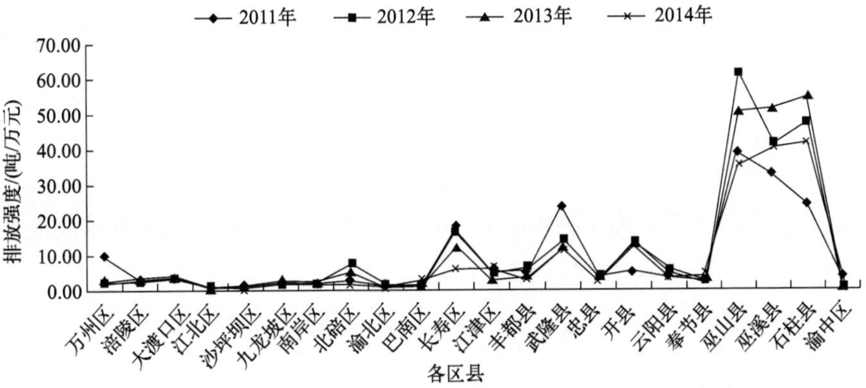

图2-3 2011～2014年重庆库区各区县和主城区各区工业废水排放强度对比

2010 年，有 13 个区县的排放强度高于平均水平，9 个区县低于平均水平。废水排放强度排名前 5 的区县是巫溪县、武隆县、石柱县、奉节县、巫山县。

2011 年，有 13 个区县高于平均水平，9 个区县低于平均水平。废水排放强度排名前 5 的区县是巫山县、巫溪县、石柱县、武隆县以及长寿区，其废水排放强度分别为 38.84 吨 / 万元、32.67 吨 / 万元、24.03 吨 / 万元、23.56 吨 / 万元、17.92 吨 / 万元。

2012 年，有 12 个区县高于平均水平，9 个区县低于平均水平。废水排放强度排名前 5 的区县是巫山县、石柱县、巫溪县、长寿区以及武隆县，其废水排放强度分别为 62.16 吨 / 万元、48.02 吨 / 万元、42.71 吨 / 万元、16.61 吨 / 万元、14.32 吨 / 万元。

2013 年，有 12 个区县高于平均水平，9 个区县低于平均水平。废水排放强度排名前 5 的区县是石柱县、巫溪县、巫山县、开县、长寿区，废水排放强度分别为 54.51 吨 / 万元、51.38 吨 / 万元、50.99 吨 / 万元、13.04 吨 / 万元、12.55 吨 / 万元。

2014 年，其中有 15 个区县高于平均水平，6 个区县低于平均水平。废水排放强度排名前 5 的区县是石柱县、巫溪县、巫山县、开县、武隆县，废水排放强度分别为 41.70 吨 / 万元、40.07 吨 / 万元、35.26 吨 / 万元、11.38 吨 / 万元、11.77 吨 / 万元。

总的来看，试验性蓄水阶段，武隆县、丰都县、奉节县、巫山县、巫溪县和石柱县等废水排放强度较高，且自 2008 年到 2010 年，随着经济发展，各区县废水排放强度呈逐年升高趋势。正常蓄水后，大部分区县工业废水排放强度显著减少，特别是武隆县、丰都县、奉节县等，而巫山县、巫溪县和石柱县有一定减少，但幅度不大，表明这些区县环保力度还需加大。分析重庆主城区废水排放可知，试验性蓄水阶段渝中区废水排放强度最高，其次是北碚区。正常蓄水后，北碚区废水排放强度跃居重庆主城区第一，大渡口区紧随其后。但是，重庆主城区废水排放强度较试验性蓄水阶段降低一个量级。表明正常蓄水后，重庆主城区限制废水排放力度加大，较好地保障了三峡水库 175m 正常蓄水的外源输入条件。

2.1.2.6 COD排放强度区域分布特征

图 2-4 和图 2-5 分别显示了 2008 ～ 2010 年和 2011 ～ 2014 年重庆库区各区县和主城区各区工业废水中 COD 排放强度对比。

由图 2-4 和图 2-5 可见，2008 年有 14 个区县高于平均水平，8 个区县低于平均水平。COD 排放强度排名前 5 的区县是巫溪县、丰都县、石柱县、武隆县、云阳县，排放强度分别为28.01千克/万元、21.13千克/万元、11.78千克/万元、9.99千克/万元、9.01千克/万元。

2009 年，有 13 个区县高于平均水平，9 个区县低于平均水平。COD 排放强度排名前 5 的区县是巫溪县、武隆县、丰都县、石柱县、云阳县。

2010 年，有 13 个区县高于平均水平，9 个区县低于平均水平。COD 排放强度排名前 5 的区县是巫溪县、武隆县、丰都县、石柱县、云阳县。

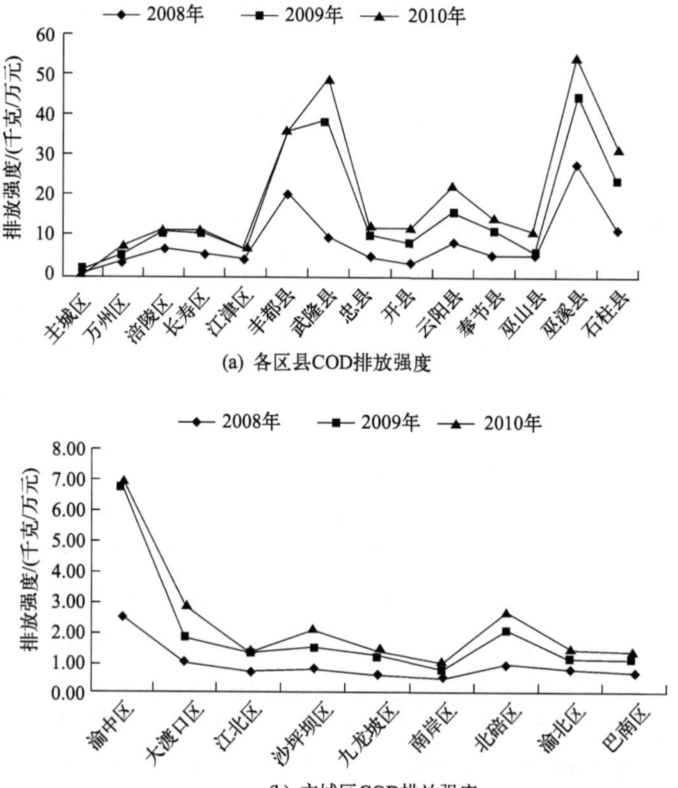

(a) 各区县COD排放强度

(b) 主城区COD排放强度

图2-4　2008～2010年重庆库区各区县和主城区各区工业废水中COD排放强度对比

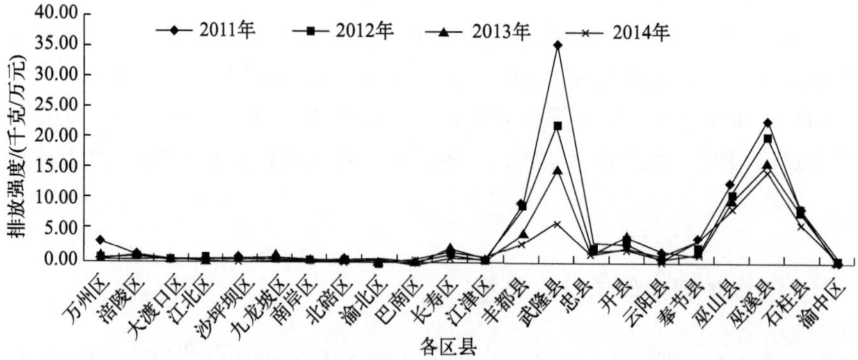

图2-5　2011～2014年重庆库区各区县和主城区各区工业废水中COD排放强度对比

2011 年，有 13 个区县高于平均水平，9 个区县低于平均水平。废水排放强度排名前 5 的区县是武隆县、巫溪县、巫山县、丰都县以及石柱县，其废水排放强度分别为 35.59 千克 / 万元、22.75 千克 / 万元、13.15 千克 / 万元、9.159 千克 / 万元、8.82 千克 / 万元。

2012 年，有 14 个区县高于平均水平，7 个区县低于平均水平。废水排放强度排名前 5 的区县是武隆县、巫溪县、巫山县、石柱县、丰都县，废水排放强度分别为 22.98 千克 / 万元、20.33 千克 / 万元、11.40 千克 / 万元、8.79 千克 / 万元、8.49 千克 / 万元。

2013 年，有 14 个区县高于平均水平，7 个区县低于平均水平。废水排放强度排名前 5 的区县是巫溪县、武隆县、巫山县、石柱县、丰都县，废水排放强度分别为 16.17 千克 / 万元、15.24 千克 / 万元、10.39 千克 / 万元、8.10 千克 / 万元、5.01 千克 / 万元。

2014 年，有 13 个区县高于平均水平，8 个区县低于平均水平。废水排放强度排名前 5 的区县是巫溪县、巫山县、武隆县、石柱县、丰都县，废水排放强度分别为 15.11 千克 / 万元、8.80 千克 / 万元、6.48 千克 / 万元、6.23 千克 / 万元、3.17 千克 / 万元。

总的来看，正常蓄水后，各区县 COD 排放强度显著降低。COD 排放强度较大的丰都县在正常蓄水后降低幅度最大，此外，武隆县和巫溪县也有明显下降。正常蓄水后，重庆主城区渝中区废水排放量减少，且自 2011 年后渝中区没有工业污染源，故 COD 排放强度显著降低。整体来看，重庆主城区废水中 COD 排放强度较试验性蓄水阶段降低一个量级。

2.1.2.7 NH_3-N排放强度区域分布特征

图 2-6 和图 2-7 分别显示了 2008 ～ 2010 年以及 2011 ～ 2014 年重庆库区各区县和主城区各区工业废水中的 NH_3-N 排放强度对比。

由图 2-6 和图 2-7 可见，2008 年有 10 个区县高于平均水平，12 个区县低于平均水平。NH_3-N 排放强度排名前 5 的区县是丰都县、长寿区、石柱县、云阳县、涪陵区。

2009 年，有 10 个区县高于平均水平，12 个区县低于平均水平。NH_3-N 排放强度排名前 5 的区县是丰都县、石柱县、云阳县、长寿区、武隆县。

2010 年，有 10 个区县高于平均水平，12 个区县低于平均水平。NH_3-N 排放强度排名前 5 的区县是丰都县、石柱县、云阳县、巫溪县、武隆县。

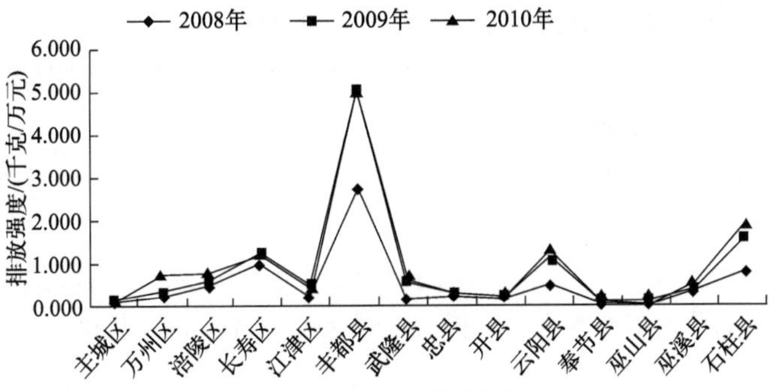

(a) 各区县NH_3-N排放强度

图2-6

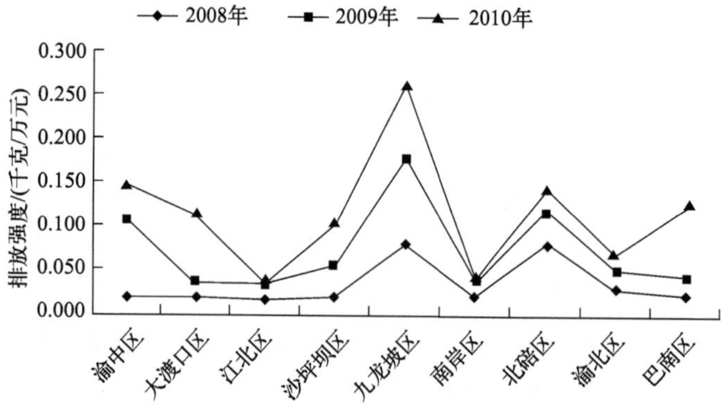

(b) 主城各区NH_3-N排放强度

图2-6　2008～2010年重庆库区各区县和主城区各区工业废水中NH_3-N排放强度对比

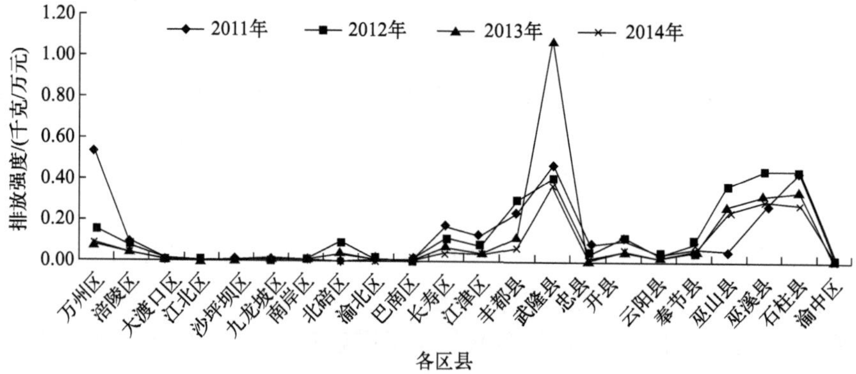

图2-7　2011～2014年重庆库区各区县和主城区各区工业废水中NH_3-N排放强度对比

2011 年，有 10 个区县高于平均水平，12 个区县低于平均水平。NH_3-N 排放强度排名前 5 的区县是万州区、武隆县、巫溪县、丰都县、长寿区。

2012 年，有 12 个区县高于平均水平，9 个区县低于平均水平。NH_3-N 排放强度排名前 5 的区县是巫溪县、石柱县、武隆县、巫山县、丰都县。

2013 年，有 12 个区县高于平均水平，9 个区县低于平均水平。NH_3-N 排放强度排名前 5 的区县是武隆县、石柱县、巫溪县、巫山县、丰都县。

2014 年，有 12 个区县高于平均水平，9 个区县低于平均水平。NH_3-N 排放强度排名前 5 的区县是武隆县、巫溪县、石柱县、巫山县、万州区。

总的来看，正常蓄水后各区县 NH_3-N 排放强度为试验性蓄水阶段的 1/5 左右；NH_3-N 排放强度较大的丰都县在正常蓄水后降低幅度最大。此外，石柱县也下降较多。试验性蓄水阶段，重庆主城区九龙坡区 NH_3-N 排放强度较高，正常蓄水后显著降低，北碚区跃升为重庆主城区排名第一位；整体来看，重庆主城区废水中 NH_3-N 排放强度较试验性蓄水阶段降低一个量级。

2.1.2.8 工业废水排放量流域分布特征

2011 ～ 2014 年库区三江工业废水排放流域分布见图 2-8。

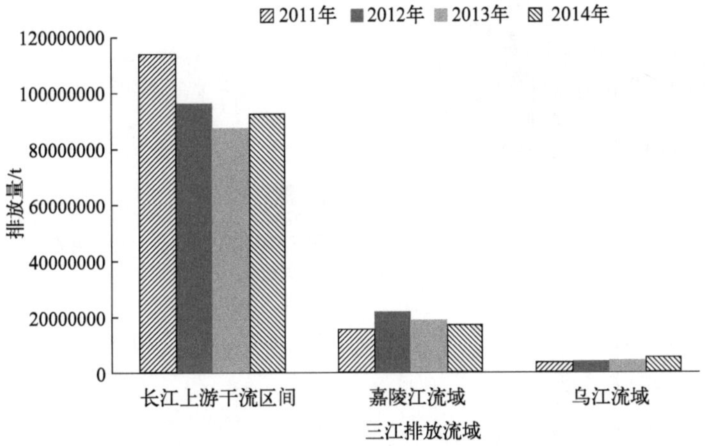

图2-8 2011～2014年库区三江工业废水排放流域分布

由图 2-8 可见，工业废水排放主要集中在长江干流，年度差异较小，基本趋于稳定。除此之外发现，长江干流的工业废水排放量是嘉陵江的 4 倍左右，乌江的 20 倍以上。

2.1.2.9 COD排放量流域分布特征

2008 ～ 2014 年库区长江、嘉陵江以及乌江的 COD 排放流域分布见图 2-9。COD 排放主要集中在长江干流，约占总量的 85%。2008 ～ 2010 年排入长江干流的 COD 在三江中的比重变化不大，排入嘉陵江的 COD 在三江中的比重呈逐年上升趋势，排入乌江的 COD 在三江中的比重呈逐年下降的趋势。

2008 年，库区有 45239.86t COD 排入长江干流，占库区排放总量的 85.14%，排入嘉陵江的有 5587.7t，占库区排放总量的 10.52%，排入乌江的有 2305.93t，占库区排放总量的 4.34%。

2009 年，库区有 43550.90t COD 排入长江干流，占库区排放总量的 85.47%，排入嘉陵江的有 5844.64t，占库区排放总量的 11.47%，排入乌江的有 1561.2t，占库区排放总量的 3.06%。

2010 年，库区有 36692.24t COD 排入长江干流，占库区排放总量的 85.48%，排入嘉陵江的有 5030.13t，占库区排放总量的 11.71%，排入乌江的有 1204.76t，占库区排放总量的 2.81%。2010 年，接纳 COD 最多的 5 条次级河流分别是澎溪河 2205.87t，占库区总排量的 5.14%；涪江 1997.54t，占库区总排量的 4.65%；龙河 1771.56t，占库区总排量的 4.13%；綦江 1584.29t，占库区总排量的 3.69%；龙溪河 835.55t，占库区总排量的 1.95%，这 5 条河累计接纳 COD 8394.8t，占库区排放总量的 19.56%。

2011 年，库区有 32224.86t COD 排入长江干流，占库区 COD 排放总量的 89.13%，有 2288.28t COD 排入嘉陵江，占库区 COD 排放总量的 6.33%，有 1641.47t COD 排入乌江，占库区 COD 排放总量的 4.54%。

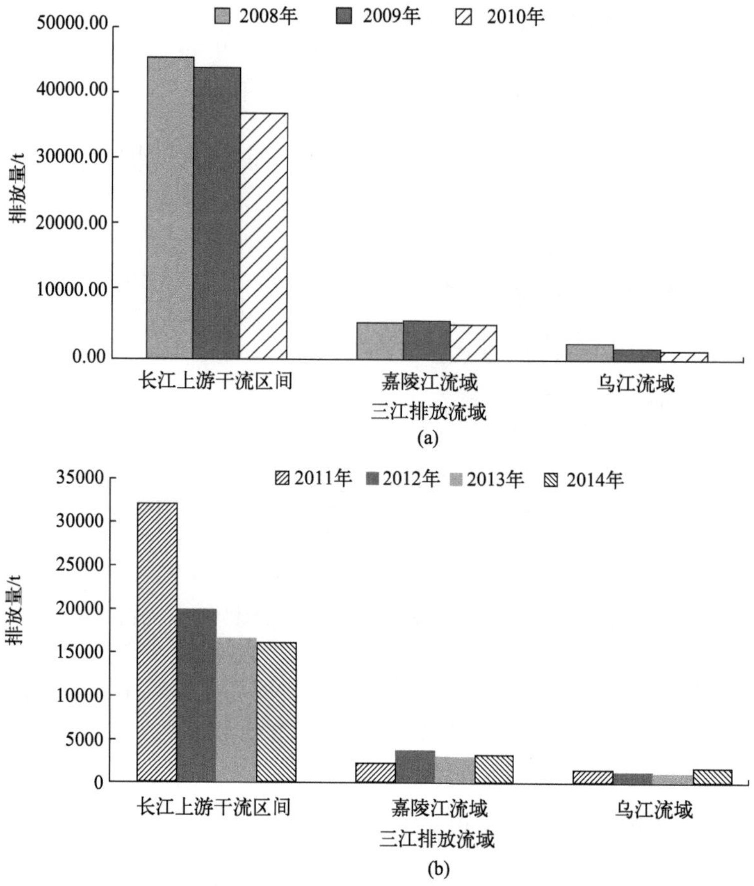

图2-9 2008～2014年库区三江COD排放流域分布

2012 年，库区有 19972.14t COD 排入长江干流，占库区 COD 排放总量的 79.20%，有 3838.53t COD 排入嘉陵江，占库区 COD 排放总量的 15.22%，有 1406.10t COD 排入乌江，占库区 COD 排放总量的 5.58%。

2013 年，库区有 16712.74t COD 排入长江干流，占库区 COD 排放总量的 78.76%，有 3233.15t COD 排入嘉陵江，占库区 COD 排放总量的 15.24%，有 1273.03t COD 排入乌江，占库区 COD 排放总量的 6.0%。

2014 年，库区有 16043.02t COD 排入长江干流，占库区 COD 排放总量的 75.22%，有 3445.45t COD 排入嘉陵江，占库区 COD 排放总量的 16.16%，有 1838.28t COD 排入乌江，占库区 COD 排放总量的 8.62%。

与试验性蓄水阶段相比，正常蓄水后库区三江流域 COD 排放量显著降低。

2.1.2.10 NH_3-N排放量流域分布特征

2008 ～ 2014 年库区三江 NH_3-N 排放流域分布见图 2-10。NH_3-N 排放也主要集中在长江干流，排入长江干流和嘉陵江的 NH_3-N 在三江中的比重均呈逐年递增的趋势，2010 年排入长江干流和嘉陵江的 NH_3-N 占库区总排量的 97.97%。排入乌江的 NH_3-N 在三江中的比重呈逐年下降的趋势，在 2010 年仅占总排量的 2.03%。

2008 年，库区有 3124.72t NH_3-N 排入长江干流，占库区排放总量的 82.06%；排入嘉陵江的 NH_3-N 有 235.57t，占库区排放总量的 6.19%；排入乌江的 NH_3-N 有 447.37t，占库区排放总量的 11.75%。

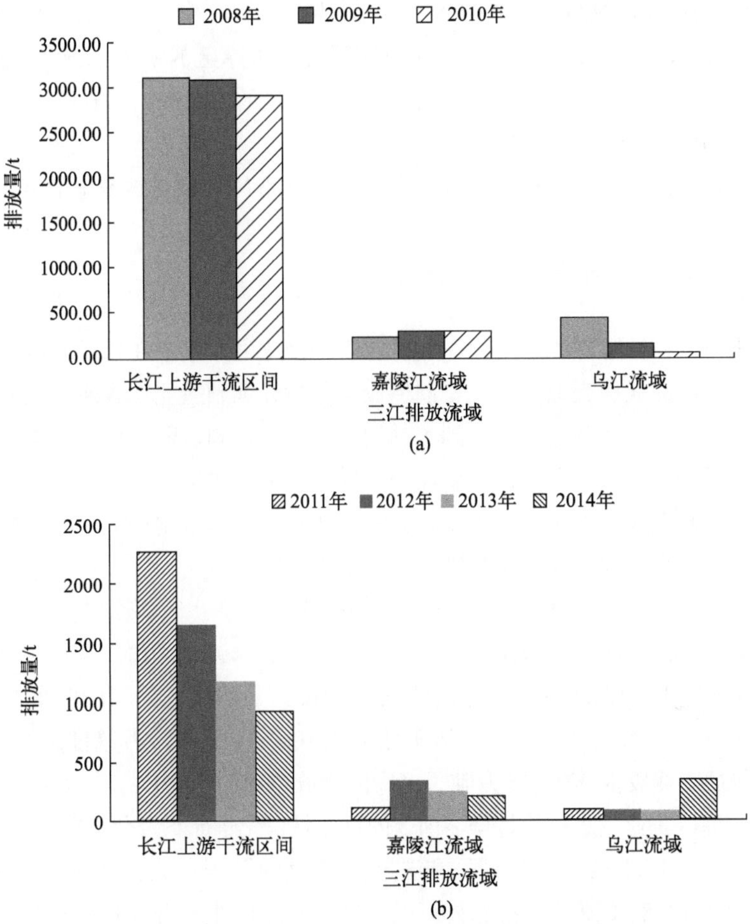

图2-10 2008～2014年库区三江NH_3-N排放流域分布

2009 年，库区有 3084.86t NH_3-N 排入长江干流，占库区排放总量的 86.71%；排入嘉陵江的 NH_3-N 有 322t，占库区排放总量的 9.05%；排入乌江的 NH_3-N 有 150.96t，占库区排放总量的 4.24%。

2010 年，库区有 2928.54t NH_3-N 排入长江干流，占库区排放总量的 88.04%；排入嘉陵江的 NH_3-N 有 330.31t，占库区排放总量的 9.93%；排入乌江的 NH_3-N 有 67.49t，占库区排放总量的 2.03%。

2011 年，库区有 2279.10t NH_3-N 排入长江干流，占库区 NH_3-N 排放总量的 91.65%；有 115.54t NH_3-N 排入嘉陵江，占库区 NH_3-N 排放总量的 4.65%；有 92.19t NH_3-N 排入乌江，占库区 NH_3-N 排放总量的 3.70%。

2012 年，库区有 1662.45t NH_3-N 排入长江干流，占库区 NH_3-N 排放总量的 79.47%；有 335.50t NH_3-N 排入嘉陵江，占库区 NH_3-N 排放总量的 16.04%；有 93.81t NH_3-N 排入乌江，占库区 NH_3-N 排放总量的 4.49%。

2013 年，库区有 1178.98t NH_3-N 排入长江干流，占库区 NH_3-N 排放总量的 77.20%；有 257.50t NH_3-N 排入嘉陵江，占库区 NH_3-N 排放总量的 16.86%；有 90.68t NH_3-N 排入乌江，占库区 NH_3-N 排放总量的 5.94%。

2014 年，库区有 942.22t NH_3-N 排入长江干流，占库区 NH_3-N 排放总量的 62.31%；有 217.77t NH_3-N 排入嘉陵江，占库区 NH_3-N 排放总量的 14.40%；有 352.17t NH_3-N 排入乌江，占库区 NH_3-N 排放总量的 23.29%。

与试验性蓄水阶段相比，正常蓄水后库区三江流域 NH_3-N 排放量显著降低。

2.1.2.11　工业废水排放量行业分布特征

从行业来看，在试验性蓄水阶段库区工业废水排放主要集中在化学原料及化学制品制造业、造纸及纸制品业、交通运输设备制造业、化学纤维制造业、煤炭开采和洗选业、纺织业、医药制造业、食品制造业、农副食品加工业、饮料制造业。而在正常蓄水后，库区工业废水排放行业分布略有调整，主要集中在煤炭开采和洗选业，化学原料及化学制品制造业，化学纤维制造业，农副食品加工业，酒、饮料和精制茶制造业，医药制造业，纺织业，食品制造业，汽车制造业，非金属矿物制品业。

2008 年，库区工业废水排放量排名前 5 的行业分别是：化学原料及化学制品制造业 3631.78 万吨，占总排量的 23.69%；水的生产和供应业 1497.72 万吨，占总排量的 9.77%；交通运输设备制造业 1476.27 万吨，占总排量的 9.63%；煤炭开采和洗选业 1439.14 万吨，占总排量的 9.39%；黑色金属冶炼和压延加工业 1001.34 万吨，占总排量的 6.53%。这 5 个行业累计排放工业废水 9046.25 万吨，占库区排放总量的 59.01%。

2009 年，库区工业废水排放量排名前 5 的行业是：化学原料及化学制品制造业 2488.78 万吨，占总排量的 15.79%；煤炭开采和洗选业 1902.04 万吨，占总排量的 12.07%；交通运输设备制造业 1288.21 万吨，占总排量的 8.18%；水的生产和供应业 1158.39 万吨，占总量的 7.35%；化学纤维制造业 1072.98 万吨，占总排量的 6.8%。这 5 个行业累计排放工业废水 7910.40 万吨，占库区排放总量的 50.19%。

2010 年，库区工业废水排放量排名前 5 的行业是：化学原料及化学制品制造业 3341.45 万吨，占总排量的 21.70%；造纸及纸制品业 1578.87 万吨，占总排量的 10.25%；交通运输设备制造业 1243.63 万吨，占总排量的 8.08%；化学纤维制造业 1215.50 万吨，占总排量的 7.89%；煤炭开采和洗选业 1185.66 万吨，占总排量的 7.70%。这 5 个行业累计排放工业废水 8565.11 万吨，占库区排放总量的 55.62%。

2011 年，库区工业废水排放量排名前 5 的行业分别是：煤炭开采和洗选业 5016.12 万吨，占总排量的 37.41%；化学原料及化学制品制造业 2121.30 万吨，占总排量的 15.82%；化学纤维制造业 893.96 万吨，占总排量的 6.67%；纺织业 651.24 万吨，占总排量的 4.86%；农副食品加工业 605.10 万吨，占总排量的 4.51%。这 5 个行业累计排放工业废水 9287.72 万吨，占库区排放总量的 69.27%。

2012 年，库区工业废水排放量排名前 5 的行业分别是：煤炭开采和洗选业 4738.47 万吨，占总排量的 38.62%；化学原料及化学制品制造业 1709.63 万吨，占总排量的 13.93%；化学纤维制造业 755.73 万吨，占总排量的 6.16%；农副食品加工业 712.85 万吨，占总排量的 5.81%；酒、饮料和精制茶制造业 526.35 万吨，占总排量的 4.29%。这 5 个行业累计排放工业废水 8443.03 万吨，占库区排放总量的 68.81%。

2013 年，库区工业废水排放量排名前 5 的行业分别是：煤炭开采和洗选业 4335.4 万吨，占总排量的 38.89%；化学原料及化学制品制造业 1467.07 万吨，占总排量的 13.16%；农副食品加工业 969.83 万吨，占总排量的 8.7%；化学纤维制造业 625.39 万吨，占总排量的 5.61%；酒、饮料和精制茶制造业 546 万吨，占总排量的 4.9%。这 5 个行业累计排放工业废水 7943.69 万吨，占库区排放总量的 71.26%。

2014 年，库区工业废水排放量排名前 5 的行业分别是：煤炭开采和洗选业 4099.38 万吨，占总排量的 35.57%；化学原料及化学制品制造业 1417.48 万吨，占总排量的 12.30%；食品制造业 823.24 万吨，占总排量的 7.14%；化学纤维制造业 629.27 万吨，占总排量的 5.46%；电力、热力生产和供应业 625.41 万吨，占总排量的 5.43%。这 5 个行业累计排放工业废水 7594.78 万吨，占库区排放总量的 65.90%。

2.1.2.12 COD排放量行业分布特征

试验性蓄水阶段，库区 COD 排放主要集中在农副食品加工业、造纸及纸制品业、化学原料及化学制品制造业、饮料制造业、纺织业、黑色金属冶炼和压延加工业、煤炭开采和洗选业、交通运输设备制造业、医药制造业和食品制造业。而在正常蓄水后，库区 COD 排放主要集中在农副食品加工业、煤炭开采和洗选业、化学原料及化学制品制造业、饮料制造业、纺织业、食品制造业、医药制造业、化学纤维制造业和汽车制造业。

2008 年，COD 排放量排名前 5 的行业是：农副食品加工业 18127.19t，占总排量的 34.13%；化学原料及化学制品制造业 7969.24t，占总排量的 15%；饮料制造业 6846.86t，占总排量的 12.89%；交通运输设备制造业 3901.99t，占总排量的 7.35%；纺织业 2699.07t，占总排量的 5.08%。这 5 个行业累计排放 COD 39544.35t，占总排量的 74.45%。

2009 年，COD 排放量排名前 5 的行业是农副食品加工业 14435.66t，占总排量的 28.33%；化学原料及化学制品制造业 7393.27t，占总排量的 14.51%；饮料制造业 5541.33t，占总排量的 10.87%；交通运输设备制造业 3356.84t，占总排量的 6.59%；纺织业 3220.43t，占总排量的 6.32%。这 5 个行业累计排放 COD 33947.53t，占总排量的 66.62%。

2010 年，COD 排放量排名前 5 的行业是农副食品加工业 12598.74t，占总排量的 29.35%；造纸及纸制品业 5275.98t，占总排量的 12.29%；化学原料及化学制品制造业 4173.42t，占总排量的 9.72%；饮料制造业 4098.12t，占总排量的 9.55%；纺织业 3379.73t，占总排量的 7.87%。这 5 个行业累计排放 COD 29525.99t，占库区排放总量的 68.78%。

2011 年，COD 排放量排名前 5 的行业是农副食品加工业 11187.49t，占总排量的 30.94%；

煤炭开采和洗选业6694.97t，占总排量的18.52%；酒、饮料和精制茶制造业3543.35t，占总排量的9.80%；化学原料及化学品制造业3366.35t，占总排量的9.31%；纺织业3072.62t，占总排量的8.50%。这5个行业累计排放COD 27864.78t，占库区排放总量的77.07%。

2012年，COD排放量排名前5的行业是农副食品加工业7901.87t，占总排量的31.33%；煤炭开采和洗选业4649.72t，占总排量的18.44%；化学原料及化学制品制造业2676.01t，占总排量的10.61%；酒、饮料和精制茶制造业2347.15t，占总排量的9.31%；纺织业1634.34t，占总排量的6.48%。这5个行业累计排放COD 19209.09t，占总排量的76.17%。

2013年，COD排放量排名前5的行业是农副食品加工业6557.45t，占总排量的30.90%；煤炭开采和洗选业4178.55t，占总排量的19.69%；化学原料及化学制品制造业2273.85t，占总排量的10.72%；酒、饮料和精制茶制造业1762.21t，占总排量的8.31%；食品制造业1281.50t，占总排量的6.04%。这5个行业累计排放COD 16053.56t，占总排量的75.66%。

2014年，COD排放量排名前5的行业是食品制造业5376.74t，占总排量的25.21%；煤炭开采和洗选业4450.61t，占总排量的20.87%；化学原料及化学制品制造业2736.25t，占总排量的12.83%；烟草制品业1676.45t，占总排量的7.86%；酒、饮料和精制茶制造业1090.11t，占总排量的5.11%。这5个行业累计排放COD 15330.16t，占总排量的71.88%。

2.1.2.13 NH_3-N排放量行业分布特征

试验性蓄水阶段，库区NH_3-N排放主要集中在农副食品加工业、造纸及纸制品业、化学原料及化学制品制造业、饮料制造业、纺织业、黑色金属冶炼和压延加工业、煤炭开采和洗选业、交通运输设备制造业、医药制造业、食品制造业。正常蓄水后，库区NH_3-N排放主要集中在化学原料及化学制品制造业、农副食品加工业、饮料制造业、医药制造业、纺织业、食品制造业、汽车制造业、化学纤维制造业。

2011年，NH_3-N排放量排名前5的行业分别是化学原料及化学制品制造业1016.56t，占总排量的40.88%；农副食品加工业685.52t，占总排量的27.57%；酒、饮料和精制茶制造业154.07t，占总排量的6.20%；纺织业144.53t，占总排量的5.81%；医药制造业101.32t，占总排量的4.07%。这5个行业累计排放NH_3-N 2102.00t，占总排量的84.53%。

2012年，NH_3-N排放量排名前5的行业分别是化学原料及化学制品制造业712.05t，占总排量的34.04%；农副食品加工业631.80t，占总排量的30.20%；酒、饮料和精制茶制造业158.65t，占总排量的7.58%；医药制造业124.24t，占总排量的5.89%；纺织业102.33t，占总排量的4.89%。这5个行业累计排放NH_3-N 1729.07t，占总排量的82.60%。

2013年，NH_3-N排放量排名前5的行业分别是化学原料及化学制品制造业492.14t，占总排量的32.22%；农副食品加工业485.95t，占总排量的31.82%；酒、饮料和精制茶制造业106.90t，占总排量的7.00%；医药制造业79.13t，占总排量的5.18%；纺织业58.74t，占总排量的3.85%。这5个行业累计排放NH_3-N 1222.86t，占总排量的80.07%。

2014年，NH_3-N排放量排名前5的行业分别是化学原料及化学制品制造业370.51t，占总排量的24.50%；食品制造业345.63t，占总排量的22.86%；黑色金属冶炼和压延加工业303.70t，占总排量的20.08%；烟草制品业86.68t，占总排量的5.73%；医药制造业

53.00t，占总排量的 3.50%。这 5 个行业累计排放 NH_3-N 1159.52t，占总排量的 76.67%。

2.1.2.14 废水排放强度行业分布特征

2011 ～ 2014 年库区主要行业废水排放强度见图 2-11。

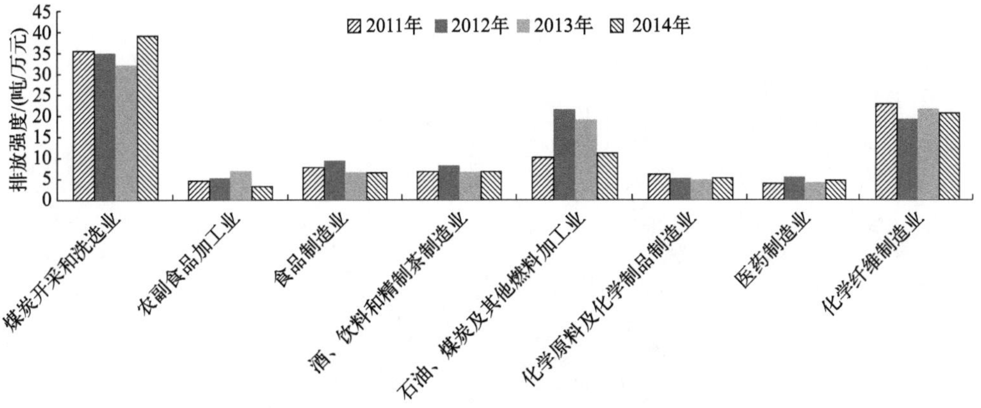

图2-11 2011～2014年库区主要行业废水排放强度

由图 2-11 可见：

2011 年，废水平均排放强度为 3.182 吨 / 万元，纳入调查的 37 个行业中，有 12 个行业高于库区平均水平，25 个行业低于库区平均水平。废水排放强度排名前 5 的行业是煤炭开采和洗选业，化学纤维制造业，电力、热力生产和供应业，纺织业，石油、煤炭及其他燃料加工业，分别为 35.55 吨 / 万元、22.68 吨 / 万元、19.86 吨 / 万元、12.02 吨 / 万元、10.18 吨 / 万元。

2012 年，废水平均排放强度为 2.721 吨 / 万元，纳入调查的 34 个行业中，有 10 个行业高于库区平均水平，24 个行业低于库区平均水平。废水排放强度排名前 5 的行业是煤炭开采和洗选业，石油、煤炭及其他燃料加工业，化学纤维制造业，食品制造业，酒、饮料和精制茶制造业，分别为 35.14 吨 / 万元、21.44 吨 / 万元、19.30 吨 / 万元、9.25 吨 / 万元、8.21 吨 / 万元。

2013 年，废水平均排放强度为 2.412 吨 / 万元，纳入调查的 34 个行业中，有 12 个行业高于库区平均水平，22 个行业低于库区平均水平。废水排放强度排名前 5 的行业是煤炭开采和洗选业，化学纤维制造业，石油、煤炭及其他燃料加工业，酒、饮料和精制茶制造业，食品制造业，分别为 32.24 吨 / 万元、21.69 吨 / 万元、18.80 吨 / 万元、6.81 吨 / 万元、6.51 吨 / 万元。

2014 年，废水平均排放强度为 2.329 吨 / 万元，纳入调查的 36 个行业中，有 13 个行业高于库区平均水平，23 个行业低于库区平均水平。废水排放强度排名前 5 的行业是煤炭开采和洗选业，化学纤维制造业，石油、煤炭及其他燃料加工业，烟草制品业，酒、饮料和精制茶制造业，分别为 39.12 吨 / 万元、20.51 吨 / 万元、11.23 吨 / 万元、8.52 吨 / 万元、

6.73 吨 / 万元。

2.1.2.15　COD排放强度行业分布特征

2011 ～ 2014 年库区主要行业 COD 排放强度见图 2-12。

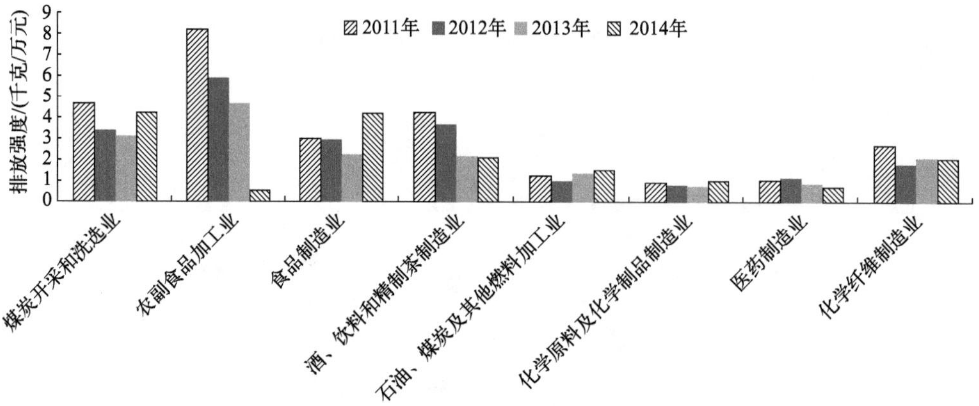

图2-12　2011～2014年库区主要行业COD排放强度

由图 2-12 可见：

2011 年，COD 平均排放强度为 0.858 千克 / 万元，纳入调查的 37 个行业中，有 12 个行业高于库区平均水平，25 个行业低于库区平均水平。COD 排放强度排名前 5 的行业是农副食品加工业，纺织业，煤炭开采和洗选业，酒、饮料和精制茶制造业，食品制造业，分别为 8.24 千克 / 万元、5.67 千克 / 万元、4.74 千克 / 万元、4.26 千克 / 万元、3.02 千克 / 万元。

2012 年，COD 平均排放强度为 0.559 千克 / 万元，纳入调查的 34 个行业中，有 11 个行业高于库区平均水平，23 个行业低于库区平均水平。COD 排放强度排名前 5 的行业是农副食品加工业，酒、饮料和精制茶制造业，煤炭开采和洗选业，食品制造业，皮革、毛皮、羽毛及其制品和制鞋业，分别为 5.894 千克 / 万元、3.66 千克 / 万元、3.45 千克 / 万元、3.00 千克 / 万元、2.37 千克 / 万元。

2013 年，COD 平均排放强度为 0.459 千克 / 万元，纳入调查的 34 个行业中，有 12 个行业高于库区平均水平，22 个行业低于库区平均水平。COD 排放强度排名前 5 的行业是农副食品加工业，煤炭开采和洗选业，食品制造业，酒、饮料和精制茶制造业，皮革、毛皮、羽毛及其制品和制鞋业，分别为 4.64 千克 / 万元、3.17 千克 / 万元、2.28 千克 / 万元、2.20 千克 / 万元、1.32 千克 / 万元。

2014 年，COD 平均排放强度为 0.43 千克 / 万元，纳入调查的 36 个行业中，有 15 个行业高于库区平均水平，21 个行业低于库区平均水平。COD 排放强度排名前 5 的行业是非金属矿采选业，煤炭开采和洗选业，食品制造业，烟草制品业，酒、饮料和精制茶制造业，分别为 5.61 千克 / 万元、4.25 千克 / 万元、4.23 千克 / 万元、2.87 千克 / 万元、2.12

千克 / 万元。

2.1.2.16 NH_3–N排放强度行业分布特征

2011 ～ 2014 年库区主要行业 NH_3-N 排放强度见图 2-13。

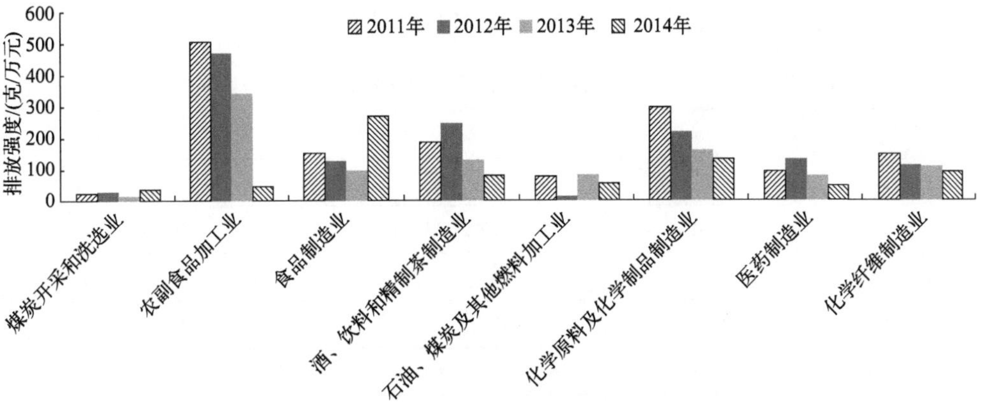

图2–13 2011～2014年库区主要行业NH_3–N排放强度

由图 2-13 可见：

2011 年，NH_3-N 平均排放强度为 59.01 克 / 万元，纳入调查的 37 个行业中，有 11 个行业高于库区平均水平，26 个行业低于库区平均水平。NH_3-N 排放强度排名前 5 的行业是农副食品加工业，化学原料及化学制品制造业，纺织业，电力、热力生产和供应业，酒、饮料和精制茶制造业，分别为 504.66 克 / 万元、298.61 克 / 万元、266.65 克 / 万元、252.83 克 / 万元、184.75 克 / 万元。

2012 年，NH_3-N 平均排放强度为 46.13 克 / 万元，纳入调查的 34 个行业中，有 10 个行业高于库区平均水平，24 个行业低于库区平均水平。NH_3-N 排放强度排名前 5 的行业是农副食品加工业，酒、饮料和精制茶制造业，化学原料及化学制品制造业，皮革、毛皮、羽毛及其制品和制鞋业，医药制造业，分别为 468.54 克 / 万元、245.97 克 / 万元、219.90 克 / 万元、146.52 克 / 万元、131.71 克 / 万元。

2013 年，NH_3-N 平均排放强度为 33.05 克 / 万元，纳入调查的 34 个行业中，有 11 个行业高于库区平均水平，23 个行业低于库区平均水平。NH_3-N 排放强度排名前 5 的行业是农副食品加工业，酒、饮料和精制茶制造业，化学原料及化学制品制造业，医药制造业，皮革、毛皮、羽毛及其制品和制鞋业，分别为 343.84 克 / 万元、162.37 克 / 万元、133.35 克 / 万元、81.05 克 / 万元、63.37 克 / 万元。

2014 年，NH_3-N 平均排放强度为 30.56 克 / 万元，纳入调查的 36 个行业中，有 13 个行业高于库区平均水平，23 个行业低于库区平均水平。NH_3-N 排放强度排名前 5 的行业是食品制造业、黑色金属冶炼和压延加工业、烟草制品业、化学原料及化学制品制造业、化学纤维制造业，分别为 271.69 克 / 万元、223.70 克 / 万元、148.48 克 / 万元、135.54 克 /

万元、92.97 克 / 万元。

2.1.3　湖北段工业源废水和污染物排放特征

考察三峡库区 2011 ～ 2014 年湖北段工业污染源分布情况，2011 年调查企业 46 家，2012 年调查企业 46 家，2013 年调查企业 68 家，2014 年调查企业 68 家。2011 ～ 2014 年三峡库区湖北段工业污染源废水、COD、NH_3-N 排放量见表 2-3。

表2-3　2011 ~ 2014年库区湖北段工业污染源废水、COD、NH_3-N排放量

项目	年份	区县		合计
		巴东县	秭归县	
调查企业数 /家	2011	36	10	46
	2012	36	10	46
	2013	43	25	68
	2014	43	25	68
废水排放量 /万吨	2011	79.33	16.17	95.50
	2012	83.55	14.68	98.23
	2013	92.31	36.28	128.59
	2014	91.75	36.05	127.80
COD 排放量 /t	2011	428.13	86.12	514.25
	2012	417.90	90.15	508.05
	2013	454.52	158.65	613.17
	2014	450.52	156.84	607.36
NH_3-N 排放量 /t	2011	13.21	6.25	19.46
	2012	13.44	5.78	19.22
	2013	15.51	9.12	24.63
	2014	15.37	9.06	24.43

由表 2-3 可见，由于调查数量较少，2011 年和 2012 年秭归县工业污染源废水、COD、NH_3-N 排放量明显低于巴东县；2013 年和 2014 年秭归县调查企业数量增多，工业污染源废水、COD、NH_3-N 排放量也增多，但年际差异不大。

与重庆段相比，湖北段工业污染源废水、COD、NH_3-N 排放量明显较低，主要由经济发展水平差异所致。

2.1.4　库首、库腹、库尾工业源废水和污染物排放特征

库首指大坝到巫山之间的区域，包括巴东县、兴山县、秭归县和夷陵区；库腹指巫山

县至长寿区之间的区域，包括涪陵区、武隆县、丰都县、石柱县、忠县、万州区、开县、云阳县、奉节县和巫山县；库尾指长寿区至江津区之间的区域，包括江津区、大渡口区、巴南区、九龙坡区、渝中区、渝北区、江北区、沙坪坝区、南岸区、北碚区。

2011 ～ 2014 年库首、库腹、库尾工业废水排放量见图 2-14。由图 2-14 可见，2011 年，库首、库腹、库尾工业废水排放量分别为 123.06 万吨、4460.95 万吨、8947.23 万吨，分别占库区工业废水排放量的 0.91%、32.97%、66.12%；2012 年，库首、库腹、库尾工业废水排放量分别为 117.38 万吨、4444.54 万吨、7825.19 万吨，分别占库区工业废水排放量的 0.95%、35.88%、63.17%；2013 年，库首、库腹、库尾工业废水排放量分别为 128.59 万吨、4366.38 万吨、6780.96 万吨，分别占库区工业废水排放量 1.14%、38.72%、60.14%；2014 年，库首、库腹、库尾工业废水排放量分别为 127.80 万吨、3788.74 万吨、7737.33 万吨，分别占库区工业废水排放量的 1.10%、32.51%、66.39%。

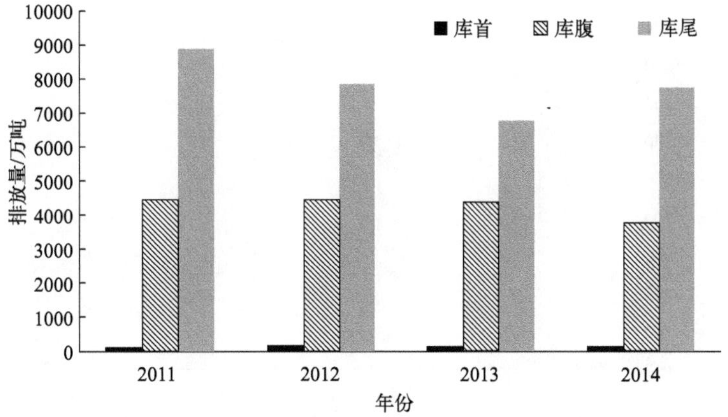

图2-14 2011～2014年库首、库腹、库尾工业废水排放量

2011 ～ 2014 年库首、库腹、库尾 COD 排放量见图 2-15。由图 2-15 可见，2011 年，库首、库腹、库尾 COD 排放量分别为 922.56t、23130.38t、13024.24t，分别占库区 COD 排放量的 2.49%、62.38%、35.13%；2012 年，库首、库腹、库尾 COD 排放量分别

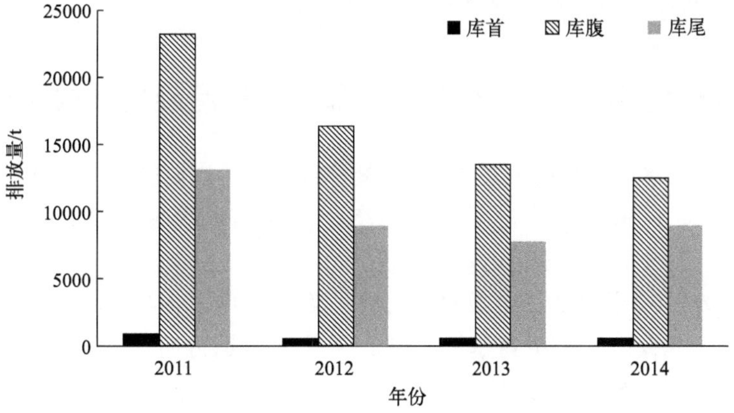

图2-15 2011～2014年库首、库腹、库尾COD排放量

为604.19t、16285.72t、8931.05t，分别占库区COD排放量的2.34%、63.07%、34.59%；2013年，库首、库腹、库尾COD排放量分别为613.17t、13427.49t、7791.42t，分别占库区COD排放量的2.81%、61.50%、35.69%；2014年，库首、库腹、库尾COD排放量分别为607.36t、12433.04t、8893.71t，分别占库区COD排放量的2.77%、56.68%、40.55%。

2011 ～ 2014 年库首、库腹、库尾 NH_3-N 排放量见图 2-16。由图 2-16 可见，2011 年，库首、库腹、库尾 NH_3-N 排放量分别为 32.54t、1542.05t、944.79t，分别占库区 NH_3-N 排放量的 1.29%、61.21%、37.50%；2012 年，库首、库腹、库尾 NH_3-N 排放量分别为 26.95t、1345.18t、746.58t，分别占库区 NH_3-N 排放量的 1.27%、63.49%、35.24%；2013 年，库首、库腹、库尾 NH_3-N 排放量分别为 25.63t、979.27t、547.89t，分别占库区 NH_3-N 排放量的 1.65%、63.07%、35.28%；2014 年，库首、库腹、库尾 NH_3-N 排放量分别为 25.43t、925.36t、586.80t，分别占库区 NH_3-N 排放量的 1.66%、60.18%、38.16%。

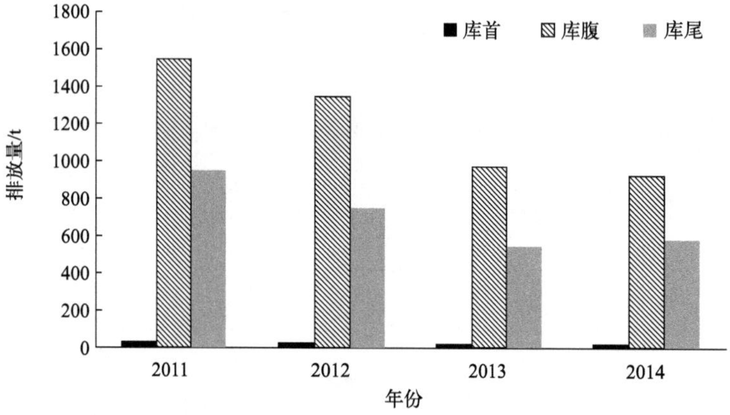

图2-16 2011～2014年库首、库腹、库尾NH_3-N排放量

总体看来，库腹、库尾工业废水和污染物排放量较大，2011 ～ 2014 年排放量均占库区总量的 97.19% 以上，其中，库腹工业废水排放总量占库区排放总量的 35.02%，COD 和 NH_3-N 排放总量占库区排放总量的比例分别为 60.91%、61.99%，这说明近年来库腹是库区工业污染物的主要排放地，且排放浓度相对较高。

2.1.5 三峡库区不同运行水位工业源废水和污染物排放特征

三峡库区不同水位运行期主要对应于三峡水库 4 个不同调度运行阶段，分别为 175m 正常蓄水运行期、145m 天然水位运行期、175m → 145m 落水期和 145m → 175m 蓄水期。2008 ～ 2014 年三峡库区水位变化如图 2-17 所示。

2008 ～ 2014 年不同水位工业废水排放量见表 2-4。由表 2-4 可知，2008 年，145m 天然水位运行期、145m → 175m 蓄水期、175m 正常蓄水运行期、175m → 145m 落水期工业废水排放量分别为 5081.28 万吨、1595.77 万吨、2351.67 万吨、6299.10 万吨；2009 年，145m 天然水位运行期、145m → 175m 蓄水期、175m 正常蓄水运行期、175m → 145m 落水

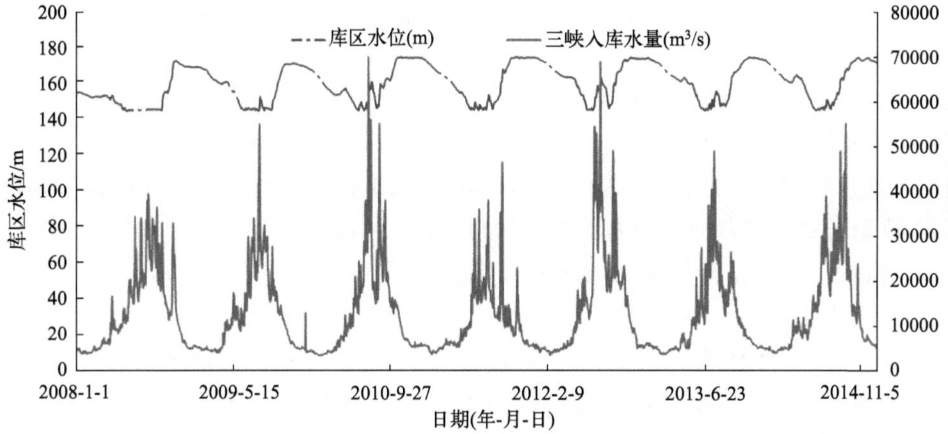

图2-17 2008~2014年三峡库区水位变化示意

期工业废水排放量分别为4101.29万吨、1942.72万吨、4705.69万吨、5007.89万吨；2010年，145m天然水位运行期、145m→175m蓄水期、175m正常蓄水运行期、175m→145m落水期工业废水排放量分别为6244.77万吨、2236.30万吨、2700.44万吨、4219.44万吨；2011年，145m天然水位运行期、145m→175m蓄水期、175m正常蓄水运行期、175m→145m落水期工业废水排放量分别为2608.17万吨、2167.35万吨、2938.78万吨、5693.88万吨；2012年，145m天然水位运行期、145m→175m蓄水期、175m正常蓄水运行期、175m→145m落水期工业废水排放量分别为2413.72万吨、1475.05万吨、2950.10万吨、5430.86万吨；2013年，145m天然水位运行期、145m→175m蓄水期、175m正常蓄水运行期、175m→145m落水期工业废水排放量分别为2321.09万吨、1649.20万吨、2321.09万吨、4855.97万吨；2014年，145m天然水位运行期、145m→175m蓄水期、175m正常蓄水运行期、175m→145m落水期工业废水排放量分别为1547.34万吨、2684.15万吨、2178.90万吨、5115.68万吨。

表2-4 2008～2014年不同水位工业废水排放量 单位：万吨

年份	145m 天然水位运行期	145m→175m 蓄水期	175m 正常蓄水运行期	175m→145m 落水期
2008	5081.28	1595.77	2351.67	6299.10
2009	4101.29	1942.72	4705.69	5007.89
2010	6244.77	2236.30	2700.44	4219.44
2011	2608.17	2167.35	2938.78	5693.88
2012	2413.72	1475.05	2950.10	5430.86
2013	2321.09	1649.20	2321.09	4855.97
2014	1547.34	2684.15	2178.90	5115.68

2008～2014年不同水位工业COD排放量见表2-5。由表2-5可知，2008年，145m天然水位运行期、145m→175m蓄水期、175m正常蓄水运行期、175m→145m落水期工业COD排放量分别为17614.12t、5531.71t、8151.99t、21835.68t；2009年，145m天

然水位运行期、145m→175m 蓄水期、175m 正常蓄水运行期、175m→145m 落水期工业 COD 排放量分别为 13262.71t、6282.34t、15217.22t、16194.47t；2010 年，145m 天然水位运行期、145m→175m 蓄水期、175m 正常蓄水运行期、175m→145m 落水期工业 COD 排放量分别为 17406.07t、6233.25t、7526.95t、11760.85t；2011 年，145m 天然水位运行期、145m→175m 蓄水期、175m 正常蓄水运行期、175m→145m 落水期工业 COD 排放量分别为 7032.82t、5844.17t、7924.30t、15353.33t；2012 年，145m 天然水位运行期、145m→175m 蓄水期、175m 正常蓄水运行期、175m→145m 落水期工业 COD 排放量分别为 4960.68t、3031.53t、6063.05t、11161.53t；2013 年，145m 天然水位运行期、145m→175m 蓄水期、175m 正常蓄水运行期、175m→145m 落水期工业 COD 排放量分别为 4418.18t、3139.24t、4418.18t、9243.31t；2014 年，145m 天然水位运行期、145m→175m 蓄水期、175m 正常蓄水运行期、175m→145m 落水期工业 COD 排放量分别为 2863.04t、4966.50t、4031.63t、9465.57t。

表2-5 2008～2014年不同水位工业COD排放量 单位：t

年份	145m 天然水位运行期	145m→175m 蓄水期	175m 正常蓄水运行期	175m→145m 落水期
2008	17614.12	5531.71	8151.99	21835.68
2009	13262.71	6282.34	15217.22	16194.47
2010	17406.07	6233.25	7526.95	11760.85
2011	7032.82	5844.17	7924.30	15353.33
2012	4960.68	3031.53	6063.05	11161.53
2013	4418.18	3139.24	4418.18	9243.31
2014	2863.04	4966.50	4031.63	9465.57

2008～2014 年不同水位工业 NH_3-N 排放量见表 2-6。由表 2-6 可知，2008 年，145m 天然水位运行期、145m→175m 蓄水期、175m 正常蓄水运行期、175m→145m 落水期工业 NH_3-N 排放量分别为 1262.27t、396.41t、584.19t、1564.79t；2009 年，145m 天然水位运行期、145m→175m 蓄水期、175m 正常蓄水运行期、175m→145m 落水期工业 NH_3-N 排放量分别为 926.01t、438.63t、1062.47t、1130.70t；2010 年，145m 天然水位运行期、145m→175m 蓄水期、175m 正常蓄水运行期、175m→145m 落水期工业 NH_3-N 排放量分别为 1348.77t、483.01t、583.25t、911.33t；2011 年，145m 天然水位运行期、145m→175m 蓄水期、175m 正常蓄水运行期、175m→145m 落水期工业 NH_3-N 排放量分别为 483.74t、401.98t、545.06t、1056.06t；2012 年，145m 天然水位运行期、145m→175m 蓄水期、175m 正常蓄水运行期、175m→145m 落水期工业 NH_3-N 排放量分别为 411.49t、251.47t、502.94t、925.86t；2013 年，145m 天然水位运行期、145m→175m 蓄水期、175m 正常蓄水运行期、175m→145m 落水期工业 NH_3-N 排放量分别为 317.98t、225.94t、317.98t、665.26t；2014 年，145m 天然水位运行期、145m→175m 蓄水期、175m 正常蓄水运行期、175m→145m 落水期工业 NH_3-N 排放量

分别为 203.00t、352.15t、285.86t、671.15t。

总体看来，175m → 145m 落水期工业源废水和污染物排放量最大，145m → 175m 蓄水期工业源废水和污染物排放量最小。

表2-6 2008 ~ 2014年不同水位工业NH_3-N排放量　　单位：t

年份	145m 天然水位运行期	145m→175m 蓄水期	175m 正常蓄水运行期	175m→145m 落水期
2008	1262.27	396.41	584.19	1564.79
2009	926.01	438.63	1062.47	1130.70
2010	1348.77	483.01	583.25	911.33
2011	483.74	401.98	545.06	1056.06
2012	411.49	251.47	502.94	925.86
2013	317.98	225.94	317.98	665.26
2014	203.00	352.15	285.86	671.15

2.2 三峡库区城市生活点源特征

2.2.1 产生量及排放量核算方法

城镇生活污水及污染因子产生量根据城镇常住人口以及人均排污系数估算。2008 ~ 2014 年三峡库区城镇生活污水及污染因子产生量计算参数根据重庆市及各地城市建设总体规划，结合各地实际情况及长江三峡工程生态与环境监测系统污染源（工业和生活污染）监测重点站近年工作成果进行确定，见表 2-7。

表2-7 2008 ~ 2014年城镇生活污水及污染因子产生量计算参数

城镇等级	人均产生污水量 /[L/(人·d)]	产污系数/[g/(人·d)]			
		COD	NH_3-N	TN	TP
重庆主城区	250	74.0	7.0	10.4	0.9
区县城市	170	43.5	4.8	7.2	0.9
乡镇	96	28.0	2.5	3.7	0.45

计算出城镇生活污水主要污染物产生量后，扣除城镇生活污水处理厂削减量即可得到最终排入流域的污染物负荷量（排放量）。

2.2.2 总体排放情况

2008 ～ 2014 年三峡库区城镇生活污水及污染因子排放量见表 2-8。

表2-8 2008 ~ 2014年三峡库区城镇生活污水及污染因子排放量

年度	生活污水产生量/万吨	污水处理厂/座	污水处理量/万吨	污水处理率/%	COD/t	NH_3-N/t	TN/t	TP/t
2008	64386.91	78	47646.31	74%	93644.61	11537.98	16815.58	1243.23
2009	65783.43	83	50653.24	77%	91024.63	11474.98	14652.50	1192.22
2010	67859.69	90	54287.75	80%	89781.62	11421.00	13727.00	1124.21
2011	69876.12	103	60093.46	86%	86986.65	11329.98	13056.67	1108.21
2012	72858.31	107	64115.31	88%	83506.38	11023.77	12764.34	1079.50
2013	73557.46	112	65466.14	89%	81862.75	10795.19	12416.90	1064.66
2014	74085.73	116	66677.16	90%	81187.84	10610.58	12226.62	1035.42

注：夷陵区城市生活污水排入坝下，不在库区统计范围内。

由表 2-8 可见，试验性蓄水阶段，三峡库区城镇生活污水产生量低于 6.79 亿吨，污水处理厂少于 90 座，污水处理量低于 5.43 亿吨，污水处理率低于 80%，COD、NH_3-N、TN 和 TP 等污染因子的排放量分别高于 8.97 万吨、1.14 万吨、1.37 万吨、0.112 万吨。

正常蓄水后，三峡库区城镇生活污水产生量逐年增到 7.41 亿吨，污水处理厂逐年增加到 116 座，污水处理量逐年增加到 6.67 亿吨，污水处理率逐年增加到 90%，而 COD、NH_3-N、TN 和 TP 等污染因子的排放量分别逐年降低到 8.12 万吨、1.07 万吨、1.23 万吨、0.104 万吨以下。

与试验性蓄水相比，正常蓄水后，三峡库区城镇生活污水产生量增加了 9.13%，污水处理厂增加了 28.89%，污水处理量提高了 22.84%，污水处理率提高了 12.5%，COD、NH_3-N、TN 和 TP 等污染因子的排放量分别降低了 9.48%、6.14%、10.22%、7.14%。

这表明，正常蓄水后，随着城镇化进程的加快，污染物的产生量也有所增加。但由于三峡库区环境保护力度加大，污水处理设施的投入增加，城镇生活污水得到有效治理，污染因子排放量反而呈现出逐年降低的趋势。

2.2.3 COD排放区域分布特征

试验性蓄水阶段，COD 排放主要集中在万州区、巴南区、江津区、北碚区、涪陵区、开县和长寿区等区域。重庆主城区 2008 年、2009 年和 2010 年 COD 分别排放 30979.15t、30416.46t 和 29665.74t，分别占库区排放总量的 33.08%、33.42% 和 33.04%。

正常蓄水后，COD 排放主要集中在万州区、巴南区、江津区、北碚区、涪陵区、开县和长寿区等区域。重庆主城区 2011 年 COD 排放 28742.22t，占库区排放总量的 33.04%，2012 年 COD 排放 27597.53t，占库区排放总量的 33.05%，2013 年 COD 排放 27317.69t，占库区排放总量的 33.37%，2014 年，COD 排放 27092.47t，占库区排放总量的 33.37%。

2008 年，库区 COD 排放量为 93644.61t。COD 排放量排名前 5 位的区县是万州区 11412.21t、江津区 9886.10t、巴南区 9518.40t、涪陵区 7781.94t、北碚区 7767.57t，共计 46366.22t，占库区排放总量的 49.51%。COD 排放量最低的 5 个区县是巴东县 458.04t、秭

归县 464.93t、兴山县 685.26t、大渡口区 887.31t、武隆县 968.28t，累计排放 3463.82t，占库区排放总量的 3.70%。

2009 年，库区 COD 排放量为 91024.63t。COD 排放量排名前 5 位的区县是万州区 11190.12t、巴南区 9552.10t、江津区 9406.71t、北碚区 7599.97t、涪陵区 7564.22t，共计 45313.12t，占库区排放总量的 49.78%。COD 排放量最低的 5 个区县是巴东县 445.23t、秭归县 454.72t、兴山县 666.09t、大渡口区 820.69t、武隆县 941.19t，累计排放 3327.92t，占库区排放总量的 3.66%。

2010 年，库区 COD 排放量为 89781.62t。COD 排放量排名前 5 位的区县是万州区 11037.31t、江津区 9574.16t、巴南区 9125.75t、涪陵区 7460.92t、北碚区 7456.73t，共计 44654.87t，占库区排放总量的 49.74%。COD 排放量最低的 5 个区县是秭归县 349.88t、巴东县 439.15t、兴山县 656.99t、大渡口区 809.48t、武隆县 928.33t，累计排放 3183.83t，占库区排放总量的 3.55%。

2011 年，库区 COD 排放量为 86986.65t。COD 排放量排名前 5 位的区县是万州区 10693.71t、江津区 9276.10t、巴南区 8841.66t、涪陵区 7228.66t、北碚区 7224.60t，共计 43264.73t，占库区排放总量的 49.74%。COD 排放量最低的 5 个区县是秭归县 338.99t、巴东县 425.48t、兴山县 636.54t、大渡口区 784.29t、武隆县 899.43t，累计排放 3084.73t，占库区排放总量的 3.55%。

2012 年，库区 COD 排放量为 83506.38t。COD 排放量排名前 5 位的区县是万州区 10265.96t、江津区 8905.06t、巴南区 8488.00t、涪陵区 6939.51t、北碚区 6935.61t，共计 41534.14t，占库区排放总量的 49.74%。COD 排放量最低的 5 个区县是秭归县 325.43t、巴东县 403.66t、兴山县 615.08t、大渡口区 752.91t、武隆县 863.46t，累计排放 2960.54t，占库区排放总量的 3.55%。

2013 年，库区 COD 排放量为 81862.75t。COD 排放量排名前 5 位的区县是万州区 10052.09t、巴南区 8611.16t、江津区 8519.54t、涪陵区 6794.94t、北碚区 6791.12t，共计 40768.85t，占库区排放总量的 49.80%。COD 排放量最低的 5 个区县是秭归县 318.65t、巴东县 395.25t、兴山县 598.35t、大渡口区 737.23t、武隆县 845.47t，累计排放 2894.95t，占库区排放总量的 3.54%。

2014 年，库区 COD 排放量为 81187.84t。COD 排放量排名前 5 位的区县是万州区 9969.22t、巴南区 8540.17t、江津区 8449.30t、涪陵区 6738.92t、北碚区 6735.13t，共计 40432.74t，占库区排放总量的 49.80%。COD 排放量最低的 5 个区县是秭归县 316.02t、巴东县 391.99t、兴山县 593.42t、大渡口区 731.15t、武隆县 838.50t，累计排放 2871.08t，占库区排放总量的 3.54%。

总体看来，由于库区建成投入使用的城镇污水处理厂增多以及运行逐年正常化，从试验性蓄水初期的 2008 年至正常蓄水后的 2014 年，COD 排放量削减了 12456.77t，削减率达 13.30%，较好地限制了正常蓄水后的外源条件。

2.2.4 NH_3-N排放区域分布特征

试验性蓄水阶段，NH_3-N 排放主要集中在九龙坡区、万州区、江津区、巴南区、北碚区、涪陵区、沙坪坝区和南岸区等区域。重庆主城区 2008 年、2009 年和 2010 年 NH_3-N 分别排放 5598.53t、5576.77t 和 5577.40t，分别占库区排放总量的 48.52%、48.60% 和 48.83%。

正常蓄水后，NH_3-N 排放主要集中在九龙坡区、万州区、江津区、巴南区、北碚区、涪陵区、沙坪坝区和南岸区等区域。重庆主城区 2011 年 NH_3-N 排放 5537.95t，占库区排放总量的 48.88%；2012 年 NH_3-N 排放 5385.03t，占库区排放总量的 48.85%；2013 年 NH_3-N 排放 5267.37t，占库区排放总量的 48.79%；2014 年，NH_3-N 排放 5183.91t，占库区排放总量的 48.86%。

2008 年，库区 NH_3-N 排放量为 11537.98t。NH_3-N 排放量排名前 5 位的区县是九龙坡区 1073.48t、万州区 987.39t、江津区 883.37t、巴南区 750.81t、北碚区 676.17t，共计 4371.22t，占库区排放总量的 37.89%。NH_3-N 排放量最低的 5 个区县是武隆县 126.58t、巫溪县 128.72t、巴东县 139.92t、巫山县 145.38t、秭归县 154.39t，累计排放 694.99t，占库区排放总量的 6.02%。

2009 年，库区 NH_3-N 排放量为 11474.98t。NH_3-N 排放量排名前 5 位的区县是九龙坡区 1062.62t、万州区 992.94t、江津区 871.55t、巴南区 746.71t、北碚区 676.37t，共计 4350.19t，占库区排放总量的 37.91%。NH_3-N 排放量最低的 5 个区县是武隆县 125.88t、巫溪县 128.02t、巴东县 133.71t、巫山县 139.15t、秭归县 144.58t，累计排放 671.34t，占库区排放总量的 5.85%。

2010 年，库区 NH_3-N 排放量为 11421.00t。NH_3-N 排放量排名前 5 位的区县是九龙坡区 1067.59t、万州区 982.27t、江津区 874.41t、巴南区 743.20t、北碚区 689.12t，共计 4356.59t，占库区排放总量的 38.15%。NH_3-N 排放量最低的 5 个区县是秭归县 123.13t、武隆县 125.29t、巫溪县 127.42t、巴东县 135.50t、巫山县 143.90t，累计排放 655.24t，占库区排放总量的 5.74%。

2011 年，库区 NH_3-N 排放量为 11329.98t。NH_3-N 排放量排名前 5 位的区县是九龙坡区 1054.13t、万州区 980.40t、江津区 867.44t、巴南区 737.28t、北碚区 683.62t，共计 4322.87t，占库区排放总量的 38.15%。NH_3-N 排放量最低的 5 个区县是秭归县 122.14t、武隆县 124.29t、巫溪县 126.40t、巴东县 137.39t、巫山县 142.76t，累计排放 652.98t，占库区排放总量的 5.76%。

2012 年，库区 NH_3-N 排放量为 11023.77t。NH_3-N 排放量排名前 5 位的区县是九龙坡区 1024.61t、万州区 952.94t、江津区 843.16t、巴南区 716.63t、北碚区 664.48t，共计 4201.82t，占库区排放总量的 38.12%。NH_3-N 排放量最低的 5 个区县是秭归县 117.72t、巫溪县 122.86t、武隆县 126.81t、巴东县 133.55t、巫山县 137.79t，累计排放 638.73t，占库区排放总量的 5.79%。

2013 年，库区 NH_3-N 排放量为 10795.19t。NH_3-N 排放量排名前 5 位的区县是九龙坡区 1003.53t、万州区 933.34t、江津区 825.81t、巴南区 713.89t、北碚区 650.81t，共计 4127.38t，占库区排放总量的 38.23%。NH_3-N 排放量最低的 5 个区县是秭归县 116.28t、巫溪县 120.33t、武隆县 128.33t、巴东县 130.80t、巫山县 134.95t，累计排放 630.69t，占库区排放总量的 5.84%。

2014 年，库区 NH_3-N 排放量为 10610.58t。NH_3-N 排放量排名前 5 位的区县是九龙坡区 982.77t、万州区 909.61t、江津区 813.66t、巴南区 671.57t、北碚区 651.24t，共计 4028.85t，占库区排放总量的 37.97%。NH_3-N 排放量最低的 5 个区县是武隆县 116.59t、巫溪县 118.56t、秭归县 124.57t、巴东县 128.88t、巫山县 132.97t，累计排放 621.57t，占库区排放总量的 5.86%。

总体看来，重庆主城区 NH_3-N 排放量较大，2008 ～ 2014 年排放量均占库区排放总量的 48.50% 以上。由于库区城镇污水处理设施投入加大以及运行逐年正常化，从试验性蓄水初期的 2008 年至正常蓄水后的 2014 年，NH_3-N 排放从 11537.98t 降到了 10610.58t，降幅达 8.04%，较好地限制了正常蓄水后的外源条件。

2.2.5 TN排放区域分布特征

试验性蓄水阶段，TN 排放主要集中在九龙坡区、沙坪坝区、万州区、南岸区、江津区、巴南区、渝北区、渝中区和涪陵区等区域。重庆主城区 2008 年、2009 年和 2010 年 TN 分别排放 9236.37t、8007.86t 和 7522.34t，分别占库区排放总量的 54.93%、54.65% 和 54.80%。

正常蓄水后，TN 排放主要集中在九龙坡区、沙坪坝区、万州区、南岸区、江津区、巴南区、渝北区、渝中区和涪陵区等区域。重庆主城区 2011 年 TN 排放 7174.03t，占库区排放总量的 54.95%；2012 年 TN 排放 7040.55t，占库区排放总量的 55.16%；2013 年 TN 排放 6854.02t，占库区排放总量的 55.20%；2014 年 TN 排放 6762.06t，占库区排放总量的 55.31%。

2008 年，库区 TN 排放量为 16815.58t。TN 排放量排名前 5 位的区县是九龙坡区 1455.01t、沙坪坝区 1413.27t、万州区 1305.22t、南岸区 1065.88t、江北区 1063.86t，共计 6303.24t，占库区排放总量的 37.48%。TN 排放量最低的 5 个区县是巫溪县 175.42t、武隆县 177.58t、秭归县 191.50t、巴东县 216.05t、石柱县 218.17t，累计排放 978.72t，占库区排放总量的 5.82%。

2009 年，库区 TN 排放量为 14652.50t。TN 排放量排名前 5 位的区县是九龙坡区 1247.85t、沙坪坝区 1231.48t、万州区 1146.91t、南岸区 931.38t、江北区 927.01t，共计 5484.63t，占库区排放总量的 37.43%。TN 排放量最低的 5 个区县是巫溪县 152.85t、武隆县 154.74t、巴东县 174.73t、秭归县 176.87t、石柱县 179.54t，累计排放 838.73t，占库区排放总量的 5.72%。

2010 年，库区 TN 排放量为 13727.00t。TN 排放量排名前 5 位的区县是九龙坡区 1167.77t、沙坪坝区 1153.69t、万州区 1084.47t、南岸区 872.55t、江北区 868.46t，共计 5146.94t，占库区排放总量的 37.49%。TN 排放量最低的 5 个区县是巴东县 133.69t、巫溪县 143.20t、武隆县 144.96t、石柱县 168.20t、巫山县 186.26t，累计排放 776.31t，占库区排放总量的 5.66%。

2011 年，库区 TN 排放量为 13056.67t。TN 排放量排名前 5 位的区县是九龙坡区 1129.76t、沙坪坝区 1097.35t、万州区 1022.00t、南岸区 829.94t、江北区 826.05t，共计 4905.10t，占库区排放总量的 37.57%。TN 排放量最低的 5 个区县是巫溪县 136.20t、武隆县 137.89t、秭归县 148.70t、巴东县 155.70t、石柱县 159.99t，累计排放 738.48t，占库区排放总量的5.66%。

2012年，库区TN排放量为12764.34t。TN排放量排名前5位的区县是九龙坡区1117.17t、沙坪坝区1075.41t、万州区1001.56t、江北区813.34t、南岸区809.53t，共计4817.01t，占库区排放总量的37.74%。TN排放量最低的5个区县是秭归县113.32t、巫溪县123.68t、武隆县135.13t、巴东县152.58t、石柱县156.79t，累计排放681.50t，占库区排放总量的5.34%。

2013年，库区TN排放量为12416.90t。TN排放量排名前5位的区县是九龙坡区1077.79t、沙坪坝区1046.88t、万州区974.99t、南岸区791.77t、江北区788.05t，共计4679.48t，占库区排放总量的37.69%。TN排放量最低的5个区县是秭归县113.24t、巫溪县123.40t、武隆县131.54t、巴东县148.53t、石柱县152.63t，累计排放669.34t，占库区排放总量的5.39%。

2014年，库区TN排放量为12226.62t。TN排放量排名前5位的区县是九龙坡区1058.59t、沙坪坝区1028.22t、万州区957.61t、南岸区787.72t、江北区777.66t，共计4609.8t，占库区排放总量的37.70%。TN排放量最低的5个区县是秭归县111.22t、巫溪县118.25t、武隆县129.20t、巴东县145.89t、石柱县149.91t，累计排放654.47t，占库区排放总量的5.35%。

总体看来，重庆主城区TN排放量较大，2008～2014年排放量均占库区总量的54.50%以上。从试验性蓄水初期的2008年至正常蓄水后的2014年，TN排放量从16815.58t降到了12226.62t，降幅达27.29%。这说明近年来库区城镇污水处理力度加大，较好地控制了正常蓄水后的外源污染。

2.2.6　TP排放区域分布特征

试验性蓄水阶段，TP排放主要集中在九龙坡区、沙坪坝区、万州区、南岸区、渝北区、巴南区、江北区、江津区和渝中区等区域。重庆主城区2008年、2009年和2010年TP分别排放685.48t、657.35t和614.85t，分别占库区排放总量的55.14%、55.14%和54.69%。

正常蓄水后，TP排放主要集中在九龙坡区、万州区、江津区、巴南区、北碚区、涪陵区、沙坪坝区和南岸区等区域。重庆主城区2011年TP排放611.03t，占库区排放总量的55.14%；2012年TP排放591.78t，占库区排放总量的54.82%；2013年TP排放586.41t，占库区排放总量的55.08%；2014年，TP排放569.55t，占库区排放总量的55.01%。

2008年，库区TP排放量为1243.23t。TP排放量排名前5位的区县是九龙坡区117.77t、沙坪坝区105.80t、万州区98.49t、南岸区79.17t、渝北区75.73t，共计476.96t，占库区排放总量的38.36%。TP排放量最低的5个区县是武隆县13.15t、秭归县13.16t、巫溪县14.04t、石柱县15.26t、兴山县15.27t，累计排放70.88t，占库区排放总量的5.70%。

2009年，库区TP排放量为1192.22t。TP排放量排名前5位的区县是九龙坡区103.35t、江北区85.57t、万州区83.49t、巴南区83.00t、沙坪坝区81.46t，共计436.87t，占库区排放总量的36.64%。TP排放量最低的5个区县是武隆县12.61t、秭归县12.62t、巴东县13.54t、石柱县14.64t、巫溪县15.55t，累计排放68.96t，占库区排放总量的5.78%。

2010 年，库区 TP 排放量为 1124.21t。TP 排放量排名前 5 位的区县是沙坪坝区 95.67t、九龙坡区 92.45t、万州区 88.16t、南岸区 71.59t、江北区 71.26t，共计 419.13t，占库区排放总量的 37.28%。TP 排放量最低的 5 个区县是武隆县 11.89t、巫溪县 12.89t、石柱县 13.80t、秭归县 13.90t、兴山县 14.71t，累计排放 67.19t，占库区排放总量的 5.98%。

2011 年，库区 TP 排放量为 1108.21t。TP 排放量排名前 5 位的区县是九龙坡区 96.07t、沙坪坝区 94.31t、万州区 86.90t、南岸区 70.57t、江北区 70.24t，共计 418.09t，占库区排放总量的 37.73%。TP 排放量最低的 5 个区县是巫溪县 10.73t、武隆县 11.72t、秭归县 11.73t、石柱县 13.61t、兴山县 14.50t，累计排放 62.29t，占库区排放总量的 5.62%。

2012 年，库区 TP 排放量为 1079.50t。TP 排放量排名前 5 位的区县是沙坪坝区 93.98t、九龙坡区 93.67t、万州区 84.73t、南岸区 68.81t、江津区 68.05t，共计 409.24t，占库区排放总量的 37.91%。TP 排放量最低的 5 个区县是秭归县 10.45t、巫溪县 10.47t、武隆县 11.43t、石柱县 13.26t、巫山县 14.69t，累计排放 60.30t，占库区排放总量的 5.59%。

2013 年，库区 TP 排放量为 1064.66t。TP 排放量排名前 5 位的区县是九龙坡区 92.03t、沙坪坝区 89.39t、万州区 83.25t、南岸区 67.61t、江北区 67.29t，共计 399.57t，占库区排放总量的 37.53%。TP 排放量最低的 5 个区县是巫溪县 10.28t、武隆县 11.23t、秭归县 11.28t、石柱县 13.03t、兴山县 13.89t，累计排放 59.71t，占库区排放总量的 5.61%。

2014 年，库区 TP 排放量为 1035.42t。TP 排放量排名前 5 位的区县是九龙坡区 89.53t、沙坪坝区 86.97t、万州区 81.99t、南岸区 66.77t、江北区 65.47t，共计 390.73t，占库区排放总量的 37.74%。TP 排放量最低的 5 个区县是巫溪县 10.26t、武隆县 10.93t、秭归县 11.32t、石柱县 12.68t、兴山县 13.51t，累计排放 58.70t，占库区排放总量的 5.67%。

总体看来，重庆主城区 TP 排放量较大，2008 ～ 2014 年排放量均占库区总量的 54.50% 以上。从试验性蓄水初期的 2008 年至正常蓄水后的 2014 年，TP 削减了 207.81t，削减率达 16.72%。这说明近年来库区城镇污水处理力度加大，较好地控制了正常蓄水的外源条件。

2.2.7 库首、库腹、库尾生活污染源排放特征

（1）库首、库腹、库尾生活污水产生量

2008 ～ 2014 年库首、库腹、库尾生活污水产生量见图 2-18。

由图 2-18 可见：

① 2008 年，库首、库腹、库尾生活污水产生量分别为 2478.45 万吨、19356.31 万吨、42552.15 万吨，分别占库区生活污水产生量的 3.85%、30.06%、66.09%；

② 2009 年，库首、库腹、库尾生活污水产生量分别为 2553.21 万吨、19755.35 万吨、43474.86 万吨，分别占库区生活污水产生量的 3.88%、30.03%、66.09%；

③ 2010 年，库首、库腹、库尾生活污水产生量分别为 2612.13 万吨、20342.37 万吨、44905.19 万吨，分别占库区生活污水产生量的 3.85%、29.98%、66.17%；

④ 2011 年，库首、库腹、库尾生活污水产生量分别为 2689.75 万吨、21076.43 万吨、46109.94 万吨，分别占库区生活污水产生量的 3.85%、30.16%、65.99%；

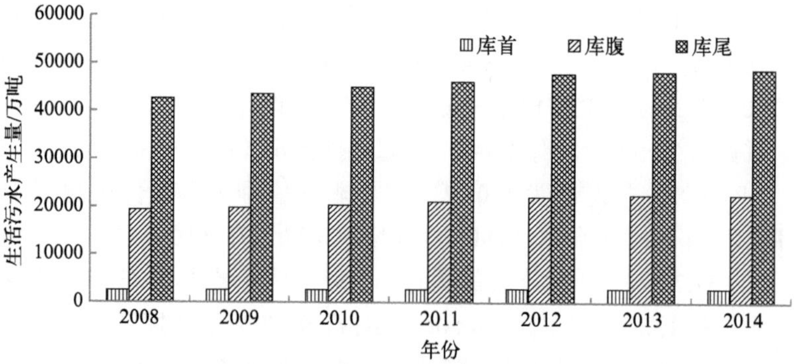

图2-18　2008～2014年库首、库腹、库尾生活污水产生量

⑤ 2012 年，库首、库腹、库尾生活污水产生量分别为 2911.41 万吨、22135.46 万吨、47811.44 万吨，分别占库区生活污水产生量的 4.00%、30.38%、65.62%；

⑥ 2013 年，库首、库腹、库尾生活污水产生量分别为 2855.14 万吨、22492.27 万吨、48210.06 万吨，分别占库区生活污水产生量的 3.88%、30.58%、65.54%；

⑦ 2014 年，库首、库腹、库尾生活污水产生量分别为 2883.41 万吨、22555.64 万吨、48646.69 万吨，分别占库区生活污水产生量的 3.89%、30.45%、65.66%。

（2）库首、库腹、库尾生活污水处理量

2008 ～ 2014 年库首、库腹、库尾生活污水处理量见图 2-19。

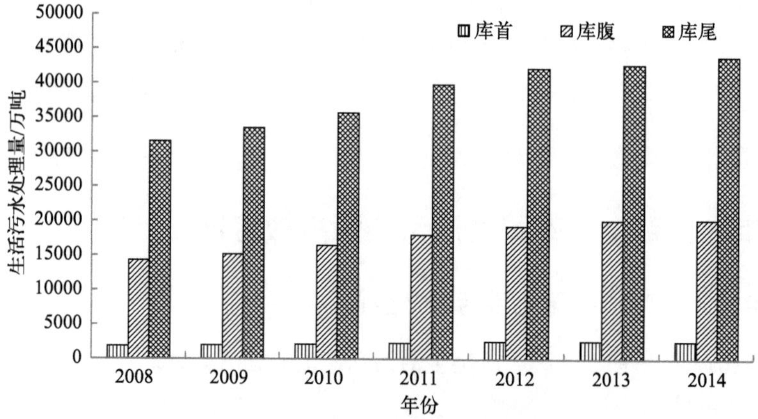

图2-19　2008～2014年库首、库腹、库尾生活污水处理量

由图 2-19 可见：

① 2008 年，库首、库腹、库尾生活污水处理量分别为 1842.06 万吨、14267.02 万吨、31537.23 万吨，分别占库区生活污水处理量的 3.87%、29.94%、66.19%；

② 2009 年，库首、库腹、库尾生活污水处理量分别为 1961.80 万吨、15199.30 万吨、33492.14 万吨，分别占库区生活污水处理量的 3.87%、30.01%、66.12%；

③ 2010 年，库首、库腹、库尾生活污水处理量分别为 2097.71 万吨、16484.89 万吨、

35705.15 万吨，分别占库区生活污水处理量的 3.86%、30.37%、65.77%；

④ 2011 年，库首、库腹、库尾生活污水处理量分别为 2313.19 万吨、18018.99 万吨、39761.29 万吨，分别占库区生活污水处理量的 3.85%、29.98%、66.17%；

⑤ 2012 年，库首、库腹、库尾生活污水处理量分别为 2596.24 万吨、19310.65 万吨、42208.42 万吨，分别占库区生活污水处理量的 4.05%、30.12%、65.83%；

⑥ 2013 年，库首、库腹、库尾生活污水处理量分别为 2641.07 万吨、20139.80 万吨、42685.27 万吨，分别占库区生活污水处理量的 4.03%、30.76%、65.21%；

⑦ 2014 年，库首、库腹、库尾生活污水处理量分别为 2595.07 万吨、20210.07 万吨、43872.02 万吨，分别占库区生活污水处理量的 3.89%、30.31%、65.80%。

（3）库首、库腹、库尾生活污水中 COD 排放量

2008 ～ 2014 年库首、库腹、库尾生活污水中 COD 排放量见图 2-20。

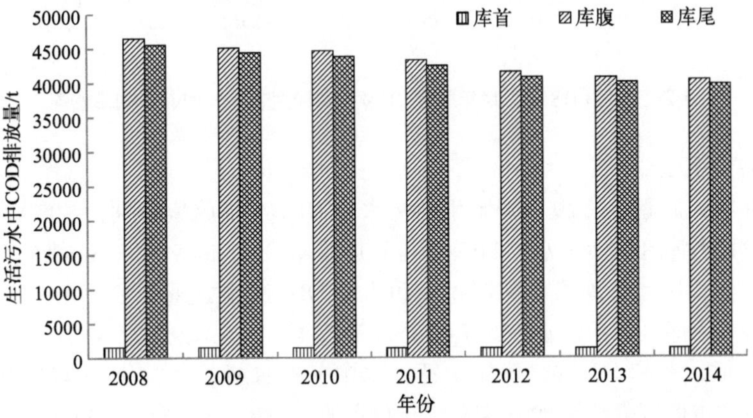

图2-20 2008～2014年库首、库腹、库尾生活污水中COD排放量

由图 2-20 可见：

① 2008 年，库首、库腹、库尾生活污水中 COD 排放量分别为 1608.24t、46476.73t、45559.64t，分别占库区生活 COD 排放量的 1.72%、49.63%、48.65%；

② 2009 年，库首、库腹、库尾生活污水中 COD 排放量分别为 1566.04t、45072.37t、44386.22t，分别占库区生活 COD 排放量的 1.72%、49.52%、48.76%；

③ 2010 年，库首、库腹、库尾生活污水中 COD 排放量分别为 1446.02t、44594.96t、43740.64t，分别占库区生活 COD 排放量的 1.61%、49.67%、48.72%；

④ 2011 年，库首、库腹、库尾生活污水中 COD 排放量分别为 1401.00t、43206.69t、42378.96t，分别占库区生活 COD 排放量的 1.61%、49.67%、48.72%；

⑤ 2012 年，库首、库腹、库尾生活污水中 COD 排放量分别为 1344.16t、41471.42t、40690.80t，分别占库区生活 COD 排放量的 1.61%、49.66%、48.73%；

⑥ 2013 年，库首、库腹、库尾生活污水中 COD 排放量分别为 1312.24t、40614.28t、39936.22t，分别占库区生活 COD 排放量的 1.61%、49.61%、48.78%；

⑦ 2014 年，库首、库腹、库尾生活污水中 COD 排放量分别为 1301.43t、40279.44t、

39606.97t，分别占库区生活 COD 排放量的 1.60%、49.61%、48.78%。

（4）库首、库腹、库尾生活污水中 NH_3–N 排放量

2008 ～ 2014 年库首、库腹、库尾生活污水中 NH_3-N 排放量见图 2-21。

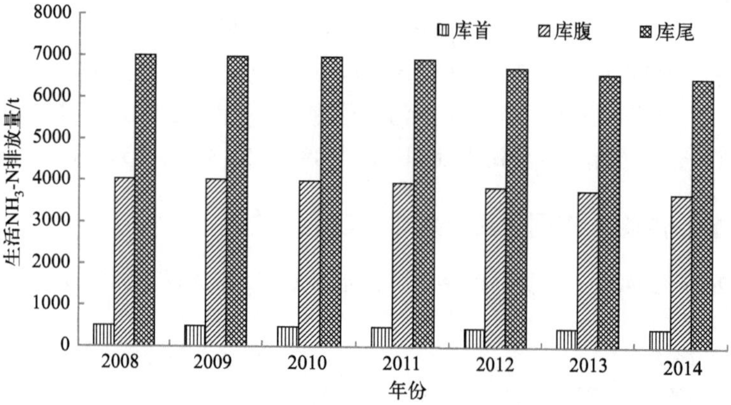

图2-21　2008～2014年库首、库腹、库尾生活污水中NH_3–N排放量

由图 2-21 可见：

① 2008 年，库首、库腹、库尾生活污水中 NH_3-N 排放量分别为 508.17t、4027.96t、7001.84t，分别占库区生活污水中 NH_3-N 排放量的 4.40%、34.91%、60.69%；

② 2009 年，库首、库腹、库尾生活污水中 NH_3-N 排放量分别为 485.56t、4014.00t、6975.42t，分别占库区生活污水中 NH_3-N 排放量的 4.23%、34.98%、60.79%；

③ 2010 年，库首、库腹、库尾生活污水中 NH_3-N 排放量分别为 470.33t、3984.18t、6966.49t，分别占库区生活污水中 NH_3-N 排放量的 4.12%、34.88%、61.00%；

④ 2011 年，库首、库腹、库尾生活污水中 NH_3-N 排放量分别为 469.55t、3944.45t、6915.97t，分别占库区生活污水中 NH_3-N 排放量的 4.14%、34.82%、61.04%；

⑤ 2012 年，库首、库腹、库尾生活污水中 NH_3-N 排放量分别为 455.41t、3843.90t、6724.46t，分别占库区生活污水中 NH_3-N 排放量的 4.13%、34.87%、61.00%；

⑥ 2013 年，库首、库腹、库尾生活污水中 NH_3-N 排放量分别为 447.02t、3768.93t、6579.25t，分别占库区生活污水中 NH_3-N 排放量的 4.14%、34.91%、60.95%；

⑦ 2014 年，库首、库腹、库尾生活污水中 NH_3-N 排放量分别为 440.44t、3693.65t、6476.49t，分别占库区生活污水中 NH_3-N 排放量的 4.15%、34.81%、61.04%。

（5）库首、库腹、库尾生活污水中 TN 排放量

2008 ～ 2014 年库首、库腹、库尾生活污水中 TN 排放量见图 2-22。

由图 2-22 可见：

① 2008 年，库首、库腹、库尾生活污水中 TN 排放量分别为 652.95t、5240.07t、10922.55t，分别占库区生活污水中 TN 排放量的 3.88%、31.16%、64.96%；

② 2009 年，库首、库腹、库尾生活污水中 TN 排放量分别为 561.53t、4606.60t、9484.37t，分别占库区生活污水中 TN 排放量的 3.83%、31.44%、64.73%；

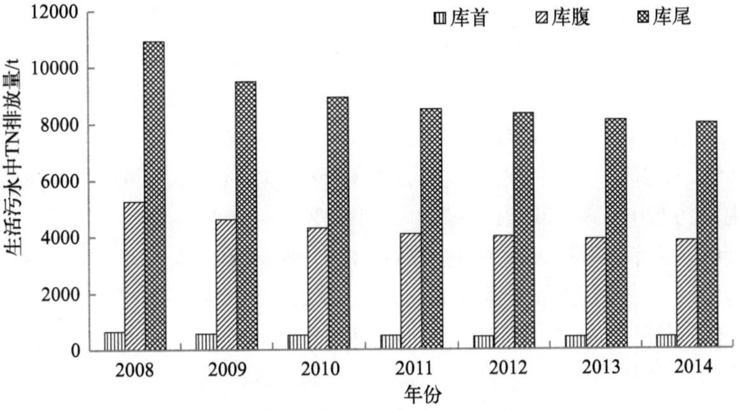

图2-22　2008～2014年库首、库腹、库尾生活污水中TN排放量

③ 2010 年，库首、库腹、库尾生活污水中 TN 排放量分别为 516.70t、4296.59t、8913.71t，分别占库区生活污水中 TN 排放量的 3.76%、31.30%、64.94%；

④ 2011 年，库首、库腹、库尾生活污水中 TN 排放量分别为 491.46t、4077.26t、8487.94t，分别占库区生活污水中 TN 排放量的 3.76%、31.23%、65.01%；

⑤ 2012 年，库首、库腹、库尾生活污水中 TN 排放量分别为 449.23t、3986.92t、8328.18t，分别占库区生活污水中 TN 排放量的 3.52%、31.23%、65.25%；

⑥ 2013 年，库首、库腹、库尾生活污水中 TN 排放量分别为 440.24t、3883.17t、8093.50t，分别占库区生活污水中 TN 排放量的 3.55%、31.27%、65.18%；

⑦ 2014 年，库首、库腹、库尾生活污水中 TN 排放量分别为 432.39t、3811.03t、7983.20t，分别占库区生活污水中 TN 排放量的 3.54%、31.17%、65.29%。

（6）库首、库腹、库尾生活污水中 TP 排放量

2008 ～ 2014 年库首、库腹、库尾生活污水中 TP 排放量见图 2-23。

由图 2-23 可见：

① 2008 年，库首、库腹、库尾生活污水中 TP 排放量分别为 45.67t、392.11t、805.45t，分别占库区生活污水中 TP 排放量的 3.67%、31.54%、64.79%；

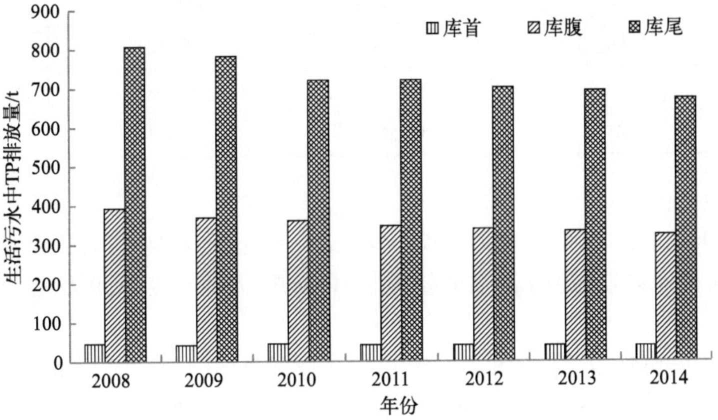

图2-23　2008～2014年库首、库腹、库尾生活污水中TP排放量

② 2009年，库首、库腹、库尾生活污水中TP排放量分别为41.75t、369.15t、781.32t，分别占库区生活污水中TP排放量的3.50%、30.96%、65.54%；

③ 2010年，库首、库腹、库尾生活污水中TP排放量分别为44.20t、359.86t、720.15t，分别占库区生活污水中TP排放量的3.93%、32.01%、64.06%；

④ 2011年，库首、库腹、库尾生活污水中TP排放量分别为41.60t、346.85t、719.76t，分别占库区生活污水中TP排放量的3.75%、31.30%、64.95%；

⑤ 2012年，库首、库腹、库尾生活污水中TP排放量分别为40.59t、338.21t、700.71t，分别占库区生活污水中TP排放量的3.76%、31.33%、64.91%；

⑥ 2013年，库首、库腹、库尾生活污水中TP排放量分别为39.89t、332.33t、692.44t，分别占库区生活污水中TP排放量的3.75%、31.21%、65.04%；

⑦ 2014年，库首、库腹、库尾生活污水中TP排放量分别为39.15t、323.59t、672.68t，分别占库区生活污水中TP排放量的3.78%、31.25%、64.97%。

总体看来，库腹、库尾生活源废水和污染物排放量较大。2008～2014年，库首、库腹、库尾生活污水产生量和处理量均逐步增加，但COD、NH_3-N、TN、TP排放量逐步减少，且生活污水处理量增加幅度明显大于生活污水产生量，说明自2008年以来库区生活污水处理设施不断完善。

2.2.8 不同运行水位生活污染源排放特征

（1）不同水位生活污水产生量

2008～2014年不同水位生活污水产生量见表2-9。

表2-9　2008～2014年不同水位生活污水产生量　　单位：万吨

年份	145m 天然水位运行期	145m→175m 蓄水期	175m 正常蓄水运行期	175m→145m 落水期
2008	21344.70	6703.29	9878.54	26460.37
2009	17121.71	8110.29	19644.91	20906.51
2010	27515.71	9853.60	11898.69	18591.70
2011	13592.34	11295.04	15315.31	29673.42
2012	14332.78	8758.92	17517.85	32248.76
2013	15316.07	10882.47	15316.07	32042.84
2014	9945.76	17252.84	14005.25	32881.89

由表2-9可知：

① 2008年，145m天然水位运行期、145m→175m蓄水期、175m正常蓄水运行期、175m→145m落水期生活污水产生量分别为21344.70万吨、6703.29万吨、9878.54万吨、26460.37万吨；

② 2009年，145m天然水位运行期、145m→175m蓄水期、175m正常蓄水运行期、175m→145m落水期生活污水产生量分别为17121.71万吨、8110.29万吨、19644.91万吨、20906.51万吨；

③ 2010 年，145m 天然水位运行期、145m → 175m 蓄水期、175m 正常蓄水运行期、175m → 145m 落水期生活污水产生量分别为 27515.71 万吨、9853.60 万吨、11898.69 万吨、18591.70 万吨；

④ 2011 年，145m 天然水位运行期、145m → 175m 蓄水期、175m 正常蓄水运行期、175m → 145m 落水期生活污水产生量分别为 13592.34 万吨、11295.04 万吨、15315.31 万吨、29673.42 万吨；

⑤ 2012 年，145m 天然水位运行期、145m → 175m 蓄水期、175m 正常蓄水运行期、175m → 145m 落水期生活污水产生量分别为 14332.78 万吨、8758.92 万吨、17517.85 万吨、32248.76 万吨；

⑥ 2013 年，145m 天然水位运行期、145m → 175m 蓄水期、175m 正常蓄水运行期、175m → 145m 落水期生活污水产生量分别为 15316.07 万吨、10882.47 万吨、15316.07 万吨、32042.84 万吨；

⑦ 2014 年，145m 天然水位运行期、145m → 175m 蓄水期、175m 正常蓄水运行期、175m → 145m 落水期生活污水产生量分别为 9945.76 万吨、17252.84 万吨、14005.25 万吨、32881.89 万吨。

（2）不同水位生活污水处理量

2008 ～ 2014 年不同水位生活污水处理量见表 2-10。

表2-10 2008 ~ 2014年不同水位生活污水处理量 单位：万吨

年份	145m 天然水位运行期	145m→175m 蓄水期	175m 正常蓄水运行期	175m→145m 落水期
2008	15795.08	4960.44	7310.12	19580.68
2009	13183.72	6244.92	15126.58	16098.02
2010	22012.57	7882.88	9518.95	14873.36
2011	11689.41	9713.74	13171.17	25519.14
2012	12612.85	7707.85	15415.70	28378.91
2013	13631.31	9685.40	13631.31	28518.13
2014	8951.18	15527.56	12604.72	29593.70

由表 2-10 可知：

① 2008 年，145m 天然水位运行期、145m → 175m 蓄水期、175m 正常蓄水运行期、175m → 145m 落水期生活污水处理量分别为 15795.08 万吨、4960.44 万吨、7310.12 万吨、19580.68 万吨；

② 2009 年，145m 天然水位运行期、145m → 175m 蓄水期、175m 正常蓄水运行期、175m → 145m 落水期生活污水处理量分别为 13183.72 万吨、6244.92 万吨、15126.58 万吨、16098.02 万吨；

③ 2010 年，145m 天然水位运行期、145m → 175m 蓄水期、175m 正常蓄水运行期、175m → 145m 落水期生活污水处理量分别为 22012.57 万吨、7882.88 万吨、9518.95 万吨、14873.36 万吨；

④ 2011 年，145m 天然水位运行期、145m → 175m 蓄水期、175m 正常蓄水运行期、175m → 145m 落水期生活污水处理量分别为 11689.41 万吨、9713.74 万吨、13171.17 万吨、25519.14 万吨；

⑤ 2012 年，145m 天然水位运行期、145m → 175m 蓄水期、175m 正常蓄水运行期、175m → 145m 落水期生活污水处理量分别为 12612.85 万吨、7707.85 万吨、15415.70 万吨、28378.91 万吨；

⑥ 2013 年，145m 天然水位运行期、145m → 175m 蓄水期、175m 正常蓄水运行期、175m → 145m 落水期生活污水处理量分别为 13631.31 万吨、9685.40 万吨、13631.31 万吨、28518.13 万吨；

⑦ 2014 年，145m 天然水位运行期、145m → 175m 蓄水期、175m 正常蓄水运行期、175m → 145m 落水期生活污水处理量分别为 8951.18 万吨、15527.56 万吨、12604.72 万吨、29593.70 万吨。

（3）不同水位生活污水中 COD 排放量

2008 ～ 2014 年不同水位生活污水中 COD 排放量见表 2-11。

表2-11　2008 ～ 2014年不同水位生活污水中COD排放量　　单位：t

年份	145m 天然水位运行期	145m→175m 蓄水期	175m 正常蓄水运行期	175m→145m 落水期
2008	31043.83	9749.30	14367.39	38484.09
2009	23691.34	11222.21	27182.70	28928.38
2010	36404.60	13036.78	15742.53	24597.70
2011	16920.69	14060.86	19065.57	36939.54
2012	16427.48	10039.02	20078.04	36961.84
2013	17045.39	12111.20	17045.39	35660.76
2014	10899.19	18906.76	15347.84	36034.06

由表 2-11 可知：

① 2008 年，145m 天然水位运行期、145m → 175m 蓄水期、175m 正常蓄水运行期、175m → 145m 落水期生活污水中 COD 排放量分别为 31043.83t、9749.30t、14367.39t、38484.09t；

② 2009 年，145m 天然水位运行期、145m → 175m 蓄水期、175m 正常蓄水运行期、175m → 145m 落水期生活污水中 COD 排放量分别为 23691.34t、11222.21t、27182.70t、28928.38t；

③ 2010 年，145m 天然水位运行期、145m → 175m 蓄水期、175m 正常蓄水运行期、175m → 145m 落水期生活污水中 COD 排放量分别为 36404.60t、13036.78t、15742.53t、24597.70t；

④ 2011 年，145m 天然水位运行期、145m → 175m 蓄水期、175m 正常蓄水运行期、175m → 145m 落水期生活污水中 COD 排放量分别为 16920.69t、14060.86t、19065.57t、36939.54t；

⑤ 2012 年，145m 天然水位运行期、145m → 175m 蓄水期、175m 正常蓄水运行期、

175m → 145m 落水期生活污水中 COD 排放量分别为 16427.48t、10039.02t、20078.04t、36961.84t；

⑥ 2013 年，145m 天然水位运行期、145m → 175m 蓄水期、175m 正常蓄水运行期、175m → 145m 落水期生活污水中 COD 排放量分别为 17045.39t、12111.20t、17045.39t、35660.76t；

⑦ 2014 年，145m 天然水位运行期、145m → 175m 蓄水期、175m 正常蓄水运行期、175m → 145m 落水期生活污水中 COD 排放量分别为 10899.19t、18906.76t、15347.84t、36034.06t。

（4）不同水位生活污水中 NH_3-N 排放量

2008 ～ 2014 年不同水位生活污水中 NH_3-N 排放量见表 2-12。

表2-12 2008 ～ 2014年不同水位生活污水中 NH_3-N 排放量 单位：t

年份	145m 天然水位运行期	145m→175m 蓄水期	175m 正常蓄水运行期	175m→145m 落水期
2008	3824.92	1201.21	1770.21	4741.64
2009	2986.64	1414.72	3426.77	3646.84
2010	4630.98	1658.39	2002.59	3129.04
2011	2203.91	1831.42	2483.28	4811.36
2012	2168.61	1325.26	2650.52	4879.37
2013	2247.77	1597.10	2247.77	4702.56
2014	1424.43	2470.96	2005.84	4709.35

由表 2-12 可知：

① 2008 年，145m 天然水位运行期、145m → 175m 蓄水期、175m 正常蓄水运行期、175m → 145m 落水期生活污水中 NH_3-N 排放量分别为 3824.92t、1201.21t、1770.21t、4741.64t；

② 2009 年，145m 天然水位运行期、145m → 175m 蓄水期、175m 正常蓄水运行期、175m → 145m 落水期生活污水中 NH_3-N 排放量分别为 2986.64t、1414.72t、3426.77t、3646.84t；

③ 2010 年，145m 天然水位运行期、145m → 175m 蓄水期、175m 正常蓄水运行期、175m → 145m 落水期生活污水中 NH_3-N 排放量分别为 4630.98t、1658.39t、2002.59t、3129.04t；

④ 2011 年，145m 天然水位运行期、145m → 175m 蓄水期、175m 正常蓄水运行期、175m → 145m 落水期生活污水中 NH_3-N 排放量分别为 2203.91t、1831.42t、2483.28t、4811.36t；

⑤ 2012 年，145m 天然水位运行期、145m → 175m 蓄水期、175m 正常蓄水运行期、175m → 145m 落水期生活污水中 NH_3-N 排放量分别为 2168.61t、1325.26t、2650.52t、4879.37t；

⑥ 2013 年，145m 天然水位运行期、145m → 175m 蓄水期、175m 正常蓄水运行期、175m → 145m 落水期生活污水中 NH_3-N 排放量分别为 2247.77t、1597.10t、2247.77t、4702.56t；

⑦ 2014 年，145m 天然水位运行期、145m → 175m 蓄水期、175m 正常蓄水运行期、175m → 145m 落水期生活污水中 NH_3-N 排放量分别为 1424.43t、2470.96t、2005.84t、4709.35t。

（5）不同水位生活污水中 TN 排放量

2008 ～ 2014 年不同水位生活污水中 TN 排放量见表 2-13。

表2-13 2008～2014年不同水位生活污水中TN排放量 单位：t

年份	145m 天然水位运行期	145m→175m 蓄水期	175m 正常蓄水运行期	175m→145m 落水期
2008	5574.48	1750.66	2579.92	6910.51
2009	3813.66	1806.47	4375.68	4656.68
2010	5566.02	1993.24	2406.93	3760.82
2011	2539.79	2110.53	2861.74	5544.61
2012	2511.02	1534.51	3069.02	5649.79
2013	2585.44	1837.02	2585.44	5409.01
2014	1641.38	2847.30	2311.33	5426.61

由表2-13可知：

① 2008年，145m天然水位运行期、145m→175m蓄水期、175m正常蓄水运行期、175m→145m落水期生活污水中TN排放量分别为5574.48t、1750.66t、2579.92t、6910.51t；

② 2009年，145m天然水位运行期、145m→175m蓄水期、175m正常蓄水运行期、175m→145m落水期生活污水中TN排放量分别为3813.66t、1806.47t、4375.68t、4656.68t；

③ 2010年，145m天然水位运行期、145m→175m蓄水期、175m正常蓄水运行期、175m→145m落水期生活污水中TN排放量分别为5566.02t、1993.24t、2406.93t、3760.82t；

④ 2011年，145m天然水位运行期、145m→175m蓄水期、175m正常蓄水运行期、175m→145m落水期生活污水中TN排放量分别为2539.79t、2110.53t、2861.74t、5544.61t；

⑤ 2012年，145m天然水位运行期、145m→175m蓄水期、175m正常蓄水运行期、175m→145m落水期生活污水中TN排放量分别为2511.02t、1534.51t、3069.02t、5649.79t；

⑥ 2013年，145m天然水位运行期、145m→175m蓄水期、175m正常蓄水运行期、175m→145m落水期生活污水中TN排放量分别为2585.44t、1837.02t、2585.44t、5409.01t；

⑦ 2014年，145m天然水位运行期、145m→175m蓄水期、175m正常蓄水运行期、175m→145m落水期生活污水中TN排放量分别为1641.38t、2847.30t、2311.33t、5426.61t。

(6) 不同水位生活污水中TP排放量

2008～2014年不同水位生活污水中TP排放量见表2-14。

表2-14 2008～2014年不同水位生活污水中TP排放量 单位：t

年份	145m 天然水位运行期	145m→175m 蓄水期	175m 正常蓄水运行期	175m→145m 落水期
2008	412.14	129.43	190.74	510.92
2009	310.30	146.99	356.03	378.90
2010	455.84	163.24	197.12	308.00
2011	215.57	179.14	242.90	470.61
2012	212.36	129.78	259.55	477.81
2013	221.68	157.51	221.68	463.78
2014	139.00	241.13	195.74	459.56

由表 2-14 可知：

① 2008 年，145m 天然水位运行期、145m → 175m 蓄水期、175m 正常蓄水运行期、175m → 145m 落水期生活污水中 TP 排放量分别为 412.14t、129.43t、190.74t、510.92t；

② 2009 年，145m 天然水位运行期、145m → 175m 蓄水期、175m 正常蓄水运行期、175m → 145m 落水期生活污水中 TP 排放量分别为 310.30t、146.99t、356.03t、378.90t；

③ 2010 年，145m 天然水位运行期、145m → 175m 蓄水期、175m 正常蓄水运行期、175m → 145m 落水期生活污水中 TP 排放量分别为 455.84t、163.24t、197.12t、308.00t；

④ 2011 年，145m 天然水位运行期、145m → 175m 蓄水期、175m 正常蓄水运行期、175m → 145m 落水期生活污水中 TP 排放量分别为 215.57t、179.14t、242.90t、470.61t；

⑤ 2012 年，145m 天然水位运行期、145m → 175m 蓄水期、175m 正常蓄水运行期、175m → 145m 落水期生活污水中 TP 排放量分别为 212.36t、129.78t、259.55t、477.81t；

⑥ 2013 年，145m 天然水位运行期、145m → 175m 蓄水期、175m 正常蓄水运行期、175m → 145m 落水期生活污水中 TP 排放量分别为 221.68t、157.51t、221.68t、463.78t；

⑦ 2014 年，145m 天然水位运行期、145m → 175m 蓄水期、175m 正常蓄水运行期、175m → 145m 落水期生活污水中 TP 排放量分别为 139.00t、241.13t、195.74t、459.56t。

总体看来，175m → 145m 落水期生活污水和污染物排放量最大，145m → 175m 蓄水期生活污水和污染物排放量最小。

2.3 三峡库区面源特征

2.3.1 农药使用及流失情况

表 2-15 为 2008 ～ 2014 年三峡库区农药使用及流失量。由表 2-15 可见，试验性蓄水阶段，库区施用农药折存量呈先增加后减少的趋势，其折存量介于 532.1 ～ 699.4t 之间，均值为 608.2t。农药流失量也呈先增加后减少的趋势，其流失量介于 35.0 ～ 45.6t 之间，均值为 39.7t。其中，有机磷类农药流失量所占比重较大，均超过流失总量的 60%。

表2-15 2008 ～ 2014年三峡库区农药使用及流失量① 单位：t

年份	施用农药折存量	农药流失量	有机磷类农药流失量	有机氮类农药流失量	菊酯类农药流失量	其他类农药流失量
2008	532.1	35.0	22.6	5.4	2.3	4.6
2009	699.4	45.6	27.7	7.9	3.4	6.6
2010	593.2	38.4	23.2	6.0	2.2	7.0
2011	701.8	44.9	26.2	7.2	2.5	9.0
2012	701.3	44.5	25.5	5.0	2.9	11.1
2013	645.8	41.2	23.9	3.0	2.5	11.8
2014	619.9	40.3	23.6	3.0	2.4	11.5

① 调查区域为江津区、巴南区、渝北区、长寿区、武隆县、涪陵区、丰都县、石柱县、忠县、开县、万州区、云阳县、奉节县、巫山县、巫溪县、巴东县、秭归县、兴山县、夷陵区。

正常蓄水后，库区施用农药折存量以及农药流失量呈逐年减少的趋势。施用农药折存量介于619.9～701.8t之间，均值为667.2t。农药流失量介于40.3～44.9t之间，均值为42.7t。

除其他类农药流失量呈逐年增加的趋势以外，试验性蓄水阶段至正常蓄水后，施用农药折存量、农药流失量、有机磷类农药流失量、有机氮类农药流失量和菊酯类农药流失量总体均呈先增加后降低的趋势。

2.3.2 化肥使用及流失情况

表2-16为2008～2014年三峡库区化肥使用及流失量。如表2-16所列，试验性蓄水阶段，库区施用化肥折存量、化肥流失量、氮肥流失量、磷肥流失量均呈先增加后减少的趋势。施用化肥折存量介于13.89～16.00t之间，均值为14.65t。化肥流失量介于1.13万～1.43万吨之间，均值为1.27万吨。

表2-16 2008～2014年三峡库区化肥使用及流失量① 单位：万吨

年份	施用化肥折存量	化肥流失量	氮肥流失量	钾肥流失量	磷肥流失量
2008	14.07	1.25	1.02	0.06	0.18
2009	16.00	1.43	1.11	0.07	0.25
2010	13.89	1.13	0.87	0.08	0.18
2011	15.50	1.23	0.93	0.10	0.20
2012	15.70	1.25	0.94	0.08	0.23
2013	13.60	1.11	0.87	0.05	0.19
2014	13.41	1.08	0.85	0.05	0.18

① 调查区域为江津区、巴南区、渝北区、长寿区、武隆县、涪陵区、丰都县、石柱县、忠县、开县、万州区、云阳县、奉节县、巫山县、巫溪县、巴东县、秭归县、兴山县、夷陵区。

正常蓄水后，库区施用化肥折存量、化肥流失量、氮肥流失量、钾肥流失量以及磷肥流失量呈总体减少的趋势。施用化肥折存量介于13.41万～15.70万吨之间，均值为14.50万吨。化肥流失量介于1.08万～1.25万吨之间，均值为1.17万吨。

因此，三峡库区在正常蓄水后，各区县的化肥使用总量以及流失总量均呈微弱减少的趋势。

2.3.3 农村生活污水及生活垃圾污染排放特征

表2-17和表2-18为2008～2014年三峡库区农村生活污水污染物排放量以及农村生活垃圾中TN和TP排放量。

由表2-17和表2-18可见，试验性蓄水阶段和正常蓄水后，无论是农村生活污水中的COD、NH_3-N、TN以及TP排放量，还是农村生活垃圾中的TN以及TP排放量，均呈逐年减少并趋于稳定的趋势。这与近年人口城镇化、农村人口减少有关。

表2-17 2008 ~ 2014年三峡库区农村生活污水污染物排放量① 单位：t

年份	COD	NH_3-N	TN	TP
2008	24357.86	236.80	580.12	73.66
2009	24122.03	234.50	574.50	72.94
2010	22769.51	221.35	542.29	68.85
2011	21273.83	206.81	506.67	64.33
2012	21004.52	204.20	500.25	63.52
2013	20881.98	203.00	497.33	63.15
2014	20733.01	201.56	493.79	62.70

① 调查区域为江津区、巴南区、渝北区、长寿区、武隆县、涪陵区、丰都县、石柱县、忠县、开县、万州区、云阳县、奉节县、巫溪县、巫山县。

表2-18 2008 ~ 2014年三峡库区农村生活垃圾中TN和TP排放量① 单位：t

年份	TN	TP	年份	TN	TP
2008	496.66	98.62	2012	428.28	85.04
2009	491.85	97.66	2013	425.78	84.54
2010	464.27	92.19	2014	422.74	83.94
2011	433.77	86.13			

① 调查区域为江津区、巴南区、渝北区、长寿区、武隆县、涪陵区、丰都县、石柱县、忠县、开县、万州区、云阳县、奉节县、巫溪县、巫山县。

2.3.4 零散养殖污染物排放量

表 2-19 为 2008 ～ 2014 年三峡库区零散养殖污染物排放量。

表2-19 2008 ~ 2014年三峡库区零散养殖污染物排放量 单位：t

年份	COD	NH_3-N	TN	TP
2008	8085.49	1302.70	253.79	432.78
2009	7814.90	1259.52	246.05	427.62
2010	7671.79	1245.09	238.90	415.42
2011	7542.14	1224.37	234.90	408.47
2012	7433.06	1197.81	233.50	421.58
2013	7332.20	1187.35	228.73	396.05
2014	7196.20	1168.51	213.09	389.73

由表 2-19 可见，试验性蓄水阶段，库区零散养殖污染物排放量呈逐年减少的趋势。其中，COD 介于 7671.79 ～ 8085.49t 之间，均值为 7857.39t；NH_3-N 介于 1245.09 ～ 1302.70t 之间，均值为 1269.10t；TN 介于 238.90 ～ 253.79t 之间，均值为 246.25t；TP 介

于 415.42 ～ 432.78t 之间，均值为 425.27t。

正常蓄水后，库区零散养殖污染物排放量也呈逐年减少的趋势。其中，COD 介于 7196.20 ～ 7542.14t 之间，均值为 7375.90t；NH_3-N 介于 1168.51 ～ 1224.37t 之间，均值为 1194.51t；TN 介于 213.09 ～ 234.90t 之间，均值为 227.56t；TP 介于 389.73 ～ 421.58t 之间，均值为 403.96t。

试验性蓄水阶段至正常蓄水后，库区零散养殖污染物排放量都呈逐年降低的趋势。这可能与随着城市化进程的加快，农村人口减少，导致零散养殖数量变少有关。

2.3.5　城市面源污染物排放量

通过参阅相关文献和研究成果，并结合三峡库区的山区地形、道路状况等实际情况，本书采用 1997 ～ 2003 年国务院三峡建设委员会办公室水库管理司负责组织实施的“三峡水库水污染控制研究”中推荐的方法对城市地表径流污染负荷进行估算，结果见表 2-20。

表2-20　三峡库区城市面源（降雨径流）污染物排放量　单位：t

年份	COD	NH_3-N	TN	TP
2008	18114.96	122.35	531.96	75.22
2009	17450.98	117.86	512.46	72.46
2010	18690.49	126.23	548.86	77.61
2011	19515.23	131.80	573.08	81.03
2012	19951.68	134.75	585.90	82.84
2013	20520.88	138.59	602.61	85.21
2014	23251.55	157.04	682.80	96.55

试验性蓄水阶段，除 2009 年因降雨量较小引起排放量较小外，三峡库区城市面源 COD 排放量、NH_3-N 排放量、TN 排放量以及 TP 排放量总体呈先降低后增加的趋势。正常蓄水后，三峡库区城市面源 COD 排放量、NH_3-N 排放量、TN 排放量以及 TP 排放量均呈逐年增加的趋势。

与试验性蓄水阶段相比，正常蓄水后，三峡库区随着经济的发展，城市建设加快，城镇化率不断提高。城市面源 COD 排放量、NH_3-N 排放量、TN 排放量以及 TP 排放量均明显增加。

2.3.6　氮、硫湿沉降

2.3.6.1　湿沉降监测

（1）监测点位

巴南区监测点、涪陵区监测点和万州区监测点。

（2）监测时间

2012 年 1 月～ 2016 年 12 月。

（3）监测频率

各点都以降水事件为单位进行采样分析，即逢雨必测。

（4）监测项目

监测项目有 NH_4^+、NO_3^-、SO_4^{2-}、雨量等。

（5）样品的采集及保存

1）采样方法、仪器名称及型号

巴南、涪陵、万州监测点均使用自动采样器进行降水采集，采样方法、仪器名称及型号见表 2-21。

表2-21 采样方法、仪器名称及型号

采样点位	采样方法	仪器名称及型号
巴南	自动采样	日本小笠原产酸雨自动采样器
涪陵	自动采样	日本小笠原产酸雨自动采样器
万州	自动采样	日本小笠原产酸雨自动采样器

2）样品的采集及保存

利用自动采样装置和经过培训合格的专门人员，于每场降水开始时采集降水的全过程样品，样品过滤后装入聚乙烯塑料瓶，置于冰箱中 4℃保存。

（6）分析方法、仪器名称及型号

监测所采用的分析方法、仪器名称及型号列于表 2-22。

表2-22 分析方法、仪器名称及型号

监测项目	分析方法	仪器名称及型号
NO_3^-、SO_4^{2-}	IC	DX-500
NH_4^+	IC	DX-120

（7）降水监测的 QA/QC

1）校准曲线和回归方程

用 IC 法进行降水离子组分分析时，依据降水环境监测国家标准要求，每次均做 5 个浓度点的校准曲线，各点浓度值依据重庆地区降水离子组分的范围确定，各分析项目校准曲线的相关系数 $r \geqslant 0.999$，在分析样品之前首先分析外控样，在外控样合格后才能进行样品分析。

2）平行双样和加标回收率

进行降水样品离子组分分析时，按实际样品量的5%做平行双样和加标回收测定，对各个样品的阴离子和各个样品的阳离子进行加标回收率测定，结果显示回收率在84%～113%之间。对各个样品的阴离子和各个样品的阳离子进行平行双样测定，结果显示相对偏差在0%～5.9%以内。上述降水离子组分平行双样和加标回收率的分析结果符合降水环境监测国家标准相应的指标要求。

3）样品采集量

对同一场降水，在样品采集的同时进行了雨量监测，由样品采集量和降水量比较可知样品采集的完整性，按降水监测国家标准的要求，样品采集量和降水量的比值应大于90%。巴南点实际降水样品采集量大于90%的占96%，涪陵点大于90%的占94%，万州点大于90%的占98%。

4）仪器最低检出限的测定

根据降水监测国家标准的要求，对测定离子组分的仪器应进行最低检出限的测定，重庆站对分析离子组分的离子色谱仪每年都要进行最低检出限的测定，其结果都是合格的。

5）湿沉降监测的QA/QC结果

综上所述重庆站各监测点的QA/QC普遍较好，同时反映出重庆站降水监测（分析）数据的全面性和可靠性。

（8）氮、硫湿沉降的年通量

通过湿沉降输入到巴南、涪陵、万州等地区中的氮、硫年通量计算见式（2-1）、式（2-2）：

$$\text{氮沉降年通量}(\mathrm{kg/hm^2})=0.01\sum_{i=1}^{n}c_{i(\mathrm{N})}V_i \tag{2-1}$$

式中　$c_{i(\mathrm{N})}$——雨水样品 i 中氮的浓度，mg/L；

V_i——雨水样品 i 的降水量，mm；

0.01——单位换算系数。

$$\text{硫沉降年通量}(\mathrm{kg/hm^2})=0.01\sum_{i=1}^{n}c_{i(\mathrm{S})}V_i \tag{2-2}$$

式中　$c_{i(\mathrm{S})}$——雨水样品 i 中硫的浓度，mg/L；

V_i——雨水样品 i 的降水量，mm；

0.01——单位换算系数。

2.3.6.2　湿沉降监测结果

2012年1月～2016年12月，巴南点、涪陵点、万州点分别采集降水样品379个、392个、368个。各监测点降水的氮、硫湿沉降年通量和年降雨量见表2-23～表2-25。

表2-23 巴南点降水的氮、硫湿沉降年通量和年降雨量

年份	NH_4^+-N/(kg/hm²)	NO_3^--N/(kg/hm²)	TIN/(kg/hm²)	SO_4^{2-}-S/(kg/hm²)	降雨/mm
2012	135.3	14.0	149.3	150.5	802.4
2013	104.8	12.9	117.7	117.3	602.4
2014	105.5	17.8	123.3	148.0	924.5
2015	185.8	13.9	199.7	103.7	806.4
2016	285.3	32.2	317.5	201.5	1020
平均	163.3	18.2	181.5	144.2	831.1

注：TIN指总无机氮。

表2-24 涪陵点降水的氮、硫湿沉降年通量和年降雨量

年份	NH_4^+-N/(kg/hm²)	NO_3^--N/(kg/hm²)	TIN/(kg/hm²)	SO_4^{2-}-S/(kg/hm²)	降雨/mm
2012	205.3	26.5	231.8	217.2	933.5
2013	245.6	58.9	304.5	250.3	788.6
2014	324.9	40.7	365.6	383.3	1345.3
2015	466.1	49.5	515.6	347.7	1385.7
2016	325.8	50.0	375.8	430.3	1101.2
平均	313.5	45.1	358.7	325.8	1110.9

表2-25 万州点降水的氮、硫湿沉降年通量和年降雨量

年份	NH_4^+-N/(kg/hm²)	NO_3^--N/(kg/hm²)	TIN/(kg/hm²)	SO_4^{2-}-S/(kg/hm²)	降雨/mm
2012	294.9	23.3	318.2	238.1	1218.4
2013	294.3	46.2	340.5	183.0	1178.6
2014	453.3	63.6	516.9	473.8	1546.4
2015	488.1	51.5	539.6	410.6	1173.7
2016	135.8	14.6	150.4	142.4	1209.4
平均	333.3	39.8	373.1	289.6	1265.3

由表 2-23 ～表 2-25 可知，氮、硫湿沉降年通量与降雨量呈正相关，其中巴南点、涪陵点、万州点氮、硫湿沉降年通量及降雨量综合性最大值分别出现在 2016 年、2015 年、2014 年。总体而言，按点位来看，氮、硫湿沉降年通量及降雨量的大小顺序是万州点＞涪陵点＞巴南点，越接近库首，降雨量及氮、硫湿沉降年通量越有升高的趋势。

2.4 三峡库区流动污染源特征

2.4.1 船舶运输

表 2-26 为 2008 ～ 2014 年三峡库区船舶运输情况。

表2-26　2008～2014年三峡库区船舶运输情况

年份	船舶数量/艘	航运载客量/万人	货物吞吐量/万吨	年份	船舶数量/艘	航运载客量/万人	货物吞吐量/万吨
2008	8000	444	6196	2012	8215	—	—
2009	8400	554	8374	2013	7937	—	—
2010	8073	—	—	2014	8106	—	—
2011	8301	—	—				

如表2-26所列，试验性蓄水阶段，三峡库区船舶数量介于8000～8400艘之间，均值为8157艘，总体先增加后趋于平稳。

正常蓄水后，三峡库区船舶数量呈趋于平稳，数量介于7937～8301艘之间，均值为8140艘。

2.4.2　船舶油污水

表2-27为2008～2014年三峡库区船舶油污水排放情况。

表2-27　2008～2014年三峡库区船舶油污水排放情况

年份	油污水			石油类/t
	产生量/万吨	处理量/万吨	达标排放量/万吨	
2008	41.20	39.06	33.96	37.87
2009	41.30	39.5	32.60	37.40
2010	48.13	46.94	38.72	41.18
2011	49.59	47.08	40.05	46.25
2012	51.02	48.71	43.77	46.75
2013	50.01	48.70	46.51	56.2
2014	50.32	48.65	44.62	56.8

如表2-27所列，试验性蓄水阶段，库区油污水产生量、处理量、达标排放量以及石油类排放量总体呈增加的趋势。其中油污水的产生量增加了17%左右，均值为43.54t。

正常蓄水后，库区船舶油污水产生量以及处理量趋于稳定。油污水产生量在49.59万～51.02万吨之间，均值为50.24万吨。船舶油污水达标排放量以及石油类排放量呈逐年增加的趋势。

2.4.3　船舶生活污水

表2-28为2008～2014年三峡库区船舶生活污水污染物排放情况。

如表2-28所列，试验性蓄水阶段，三峡库区船舶生活污水产生量、COD排放量、TN排放量以及TP排放量总体变化幅度较小。

表2-28 2008 ~ 2014年三峡库区船舶生活污水污染物排放情况

年份	生活污水产生量/万吨	COD排放量/t	TN排放量/t	TP排放量/t
2008	404.6	719.3	342.7	51.7
2009	399.7	716.6	338.5	51.1
2010	400.5	718.0	339.2	51.2
2011	388.9	697.3	329.4	49.7
2012	397.1	711.2	336.0	50.7
2013	393.8	543.4	192.5	43.4
2014	393.5	542.6	191.8	44.2

正常蓄水后，三峡库区船舶生活污水产生量、COD排放量、TN排放量以及TP排放量呈先增加后减少的趋势。结果表明，近年来库区船舶生活污水的处理效率得到有效提高。

2.4.4 船舶生活垃圾

表2-29为2008～2014年三峡库区船舶生活垃圾产生和接收量。

表2-29 2008 ~ 2014年三峡库区船舶生活垃圾

年份	船舶垃圾产生量/万吨	船舶垃圾接收量/t	年份	船舶垃圾产生量/万吨	船舶垃圾接收量/t
2008	2.9	8584	2012	6.2	7416.7
2009	3.0	—	2013	6.0	6771
2010	6.4	—	2014	4.9	6865
2011	4.9	8821.7			

如表2-29所列，2008～2010年，试验性蓄水阶段，库区船舶生活垃圾产生量呈逐年增加的趋势，其值介于2.9万～6.4万吨之间，均值为3.8万吨。

2011～2014年，正常蓄水后，库区船舶生活垃圾产生量以及船舶垃圾接受量总体呈逐年减少的趋势，其产生量在4.9万～6.2万吨之间，均值为6.0万吨。

2.5 三峡库区内源特征

2.5.1 三峡库区沉积物营养盐空间变化特征

2.5.1.1 沉积物总氮变化特征

（1）干流沉积物总氮的分布特征

干流表层沉积物TN含量的沿程变化见图2-24。

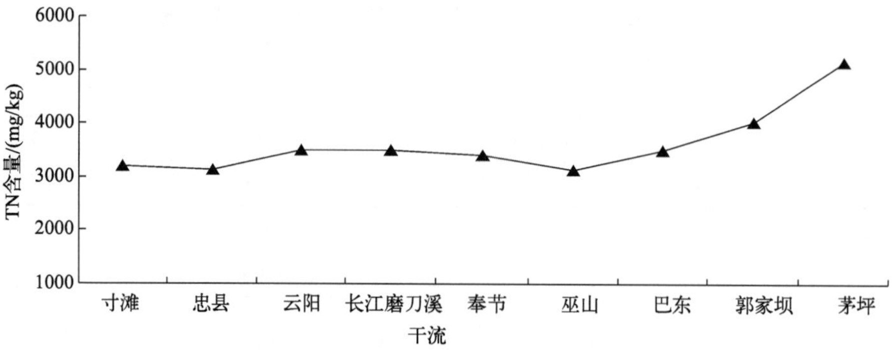

图2-24　三峡库区干流表层沉积物TN含量的沿程变化

由图 2-24 可见，长江寸滩至巫山河段各采样点的表层沉积物 TN 含量有所波动但变化幅度不大；从巫山至茅坪，干流表层沉积物的 TN 含量由 3139.33mg/kg 逐渐增大，到茅坪时 TN 含量达 5151.02mg/kg，增长幅度超过 50%。因此，库首地区干流库湾水体存在富营养化风险。

（2）支流沉积物总氮分布特征

三峡库区典型支流库湾沉积物 TN 分布特征见图 2-25。

由图 2-25 可见：

① 香溪河库湾沉积物 TN 的平均含量为 3771.52mg/kg，各处表层沉积物的 TN 含量为 3616.32mg/kg（上游）、3144.75mg/kg（中游）和 4082.78mg/kg（河口），表现为“中间低，两头高”的趋势，其中河口含量与长江干流的含量（郭家坝：4028.75mg/kg）基本持平。

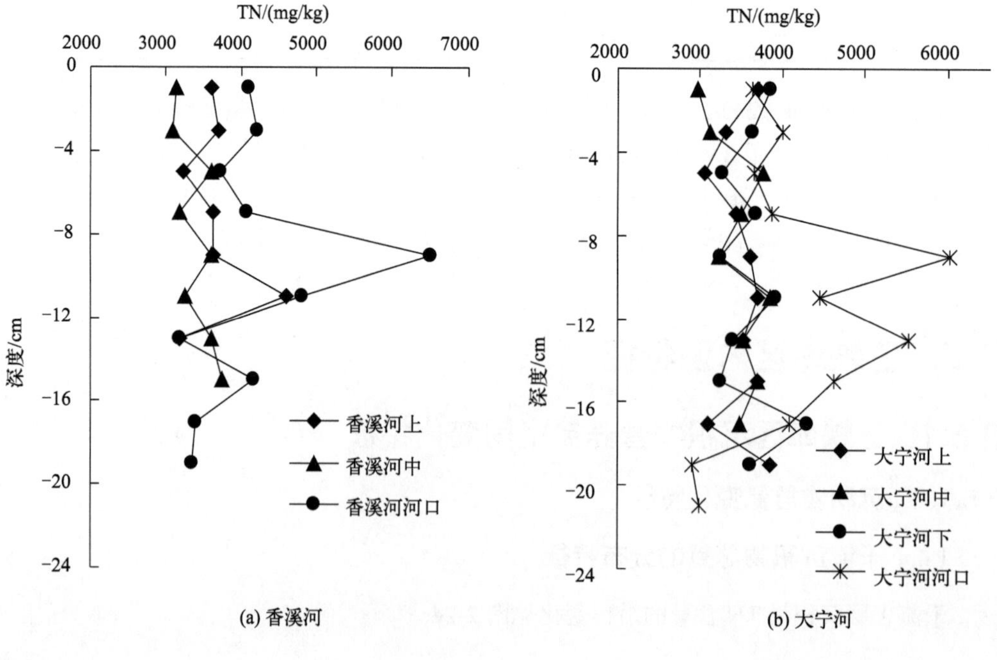

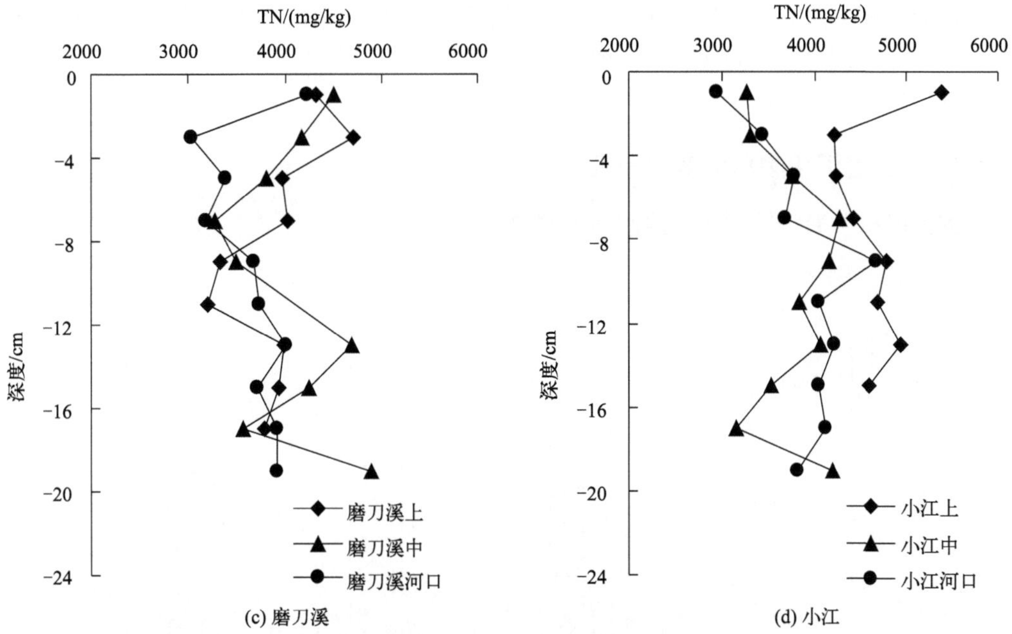

图2-25 三峡库区典型支流库湾沉积物TN分布特征

② 大宁河库湾沉积物 TN 的平均含量为 3704.31mg/kg，表层沉积物 TN 的沿程分布也表现为“中间低，两头高”趋势，分别为 3708.97mg/kg（库湾上游）、2976.72mg/kg（库湾中游）、3848.26mg/kg（库湾下游）和 3632.73mg/kg（河口）。

③ 磨刀溪库湾三处采样点表层沉积物 TN 含量差别不大。在垂直方向上，随着深度的增大，三处沉积物 TN 均呈“先减小后增大”的变化趋势。

④ 小江库湾表层沉积物 TN 含量从库湾上游往库湾下游沿程递减。库湾上游表层沉积物 TN 含量为 5386.31mg/kg，远高于河口表层含量（2936.28mg/kg）。

2.5.1.2 沉积物总磷变化特征

（1）干流沉积物总磷变化特征

寸滩到茅坪段表层沉积物 TP 含量沿程变化趋势如图 2-26 所示。

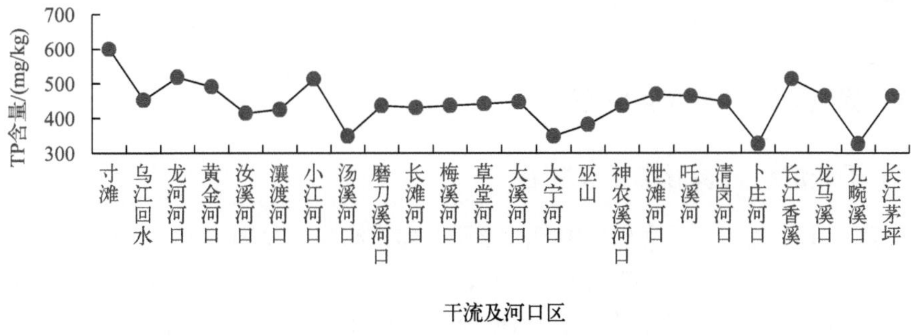

图2-26 三峡库区干流及河口区沉积物中TP含量沿程变化趋势

由图 2-26 可见，寸滩到茅坪段表层沉积物 TP 含量沿程变化幅度较大。最大值出现在寸滩，TP 含量达到 600mg/kg；最小值出现在卜庄河口，TP 含量为 327mg/kg。多数区域 TP 含量介于 327 ～ 600mg/kg 之间。

（2）支流沉积物总磷变化特征

支流沉积物 TP 平均含量变化特征见图 2-27。

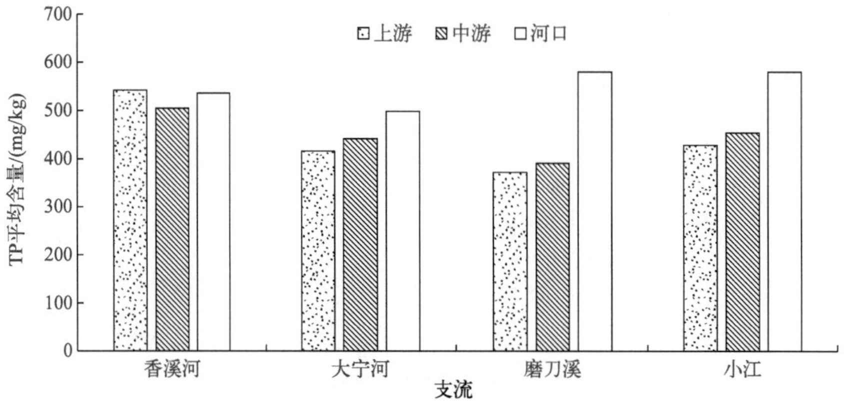

图2-27 支流沉积物TP平均含量变化特征

由图 2-27 可见，香溪河、大宁河、磨刀溪和小江沉积物 TP 的平均含量分别为 527mg/kg、452mg/kg、448mg/kg 和 488mg/kg，沉积物 TP 平均含量的大小顺序为香溪河＞小江＞大宁河＞磨刀溪。

① 香溪河沉积物 TP 最大值出现在上游，最小值出现在中游；从上游到河口，呈“中间低，两头高”的变化趋势，香溪河库湾基本遵循“随沉积物深度增加，TP 含量逐渐减少”的趋势特征，而长江香溪 TP 含量随深度略有增加。

② 大宁河沉积物 TP 最大值出现在河口，最小值出现在上游；从上游到河口，呈沿程递增的变化趋势，但表层沉积物沿程递增。

③ 磨刀溪沉积物 TP 最大值出现在河口，最小值出现在上游；从上游到河口，呈沿程递增的变化趋势。

④ 小江沉积物 TP 最大值出现在河口，最小值出现在上游；从上游到河口，呈沿程递增的趋势。

2.5.1.3 沉积物磷形态变化特征

（1）干流沉积物磷形态变化特征

三峡库区干流及河口区沉积物中各形态磷含量沿程变化见图 2-28。

由图 2-28 可见，磷赋存形态以无机磷（IP）为主，主要赋存形态是钙结合态磷（HCl-P），磷在沉积物中存在形态由高到低顺序为 HCl-P ＞ NaOH-P（铁铝结合态磷，俗称 Al-P）＞ Res-P（残渣态磷）＞ BD-P（可还原态磷，俗称 Fe-P）＞ NH_4Cl-P（弱吸附态磷）。

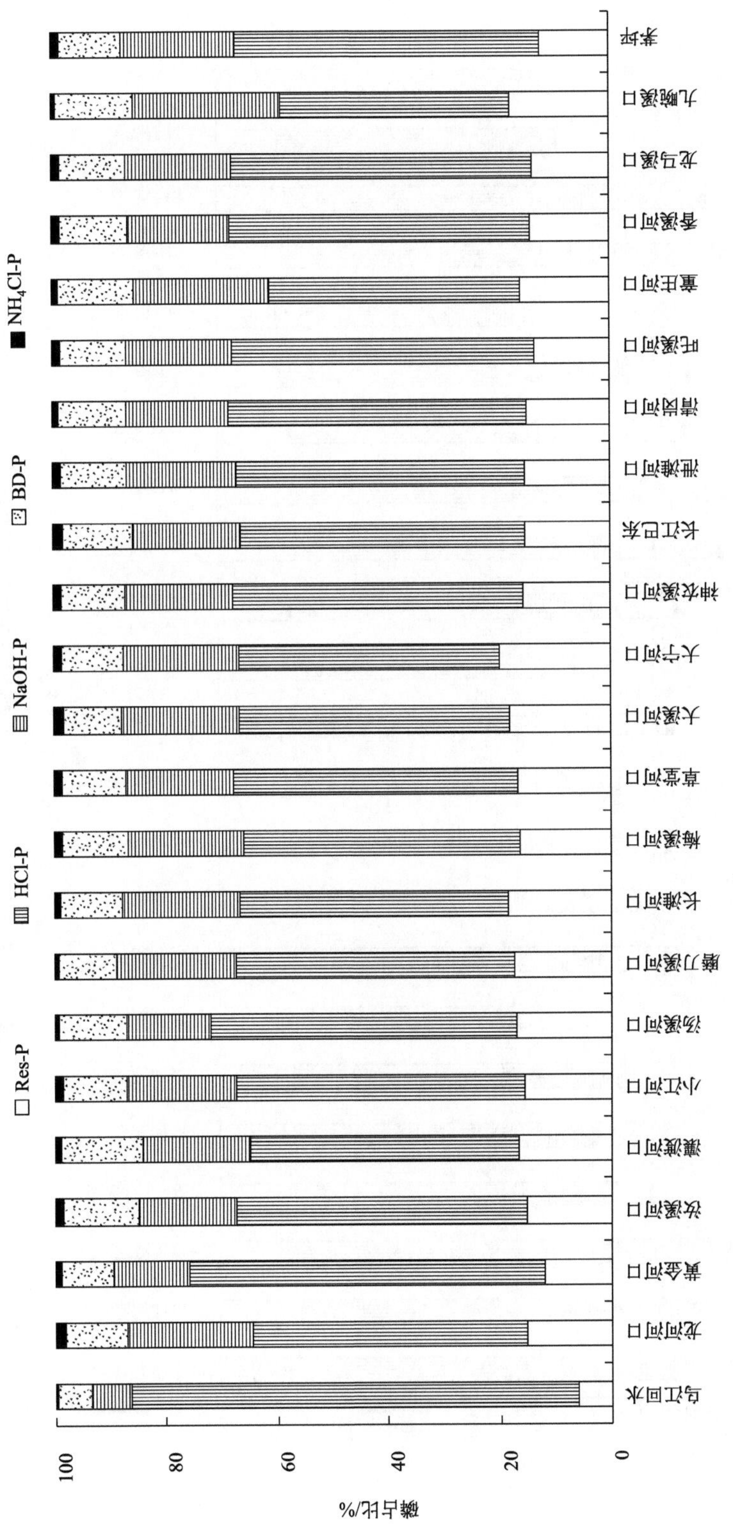

(a) 三峡库区干流

各形态磷占比

图2-28

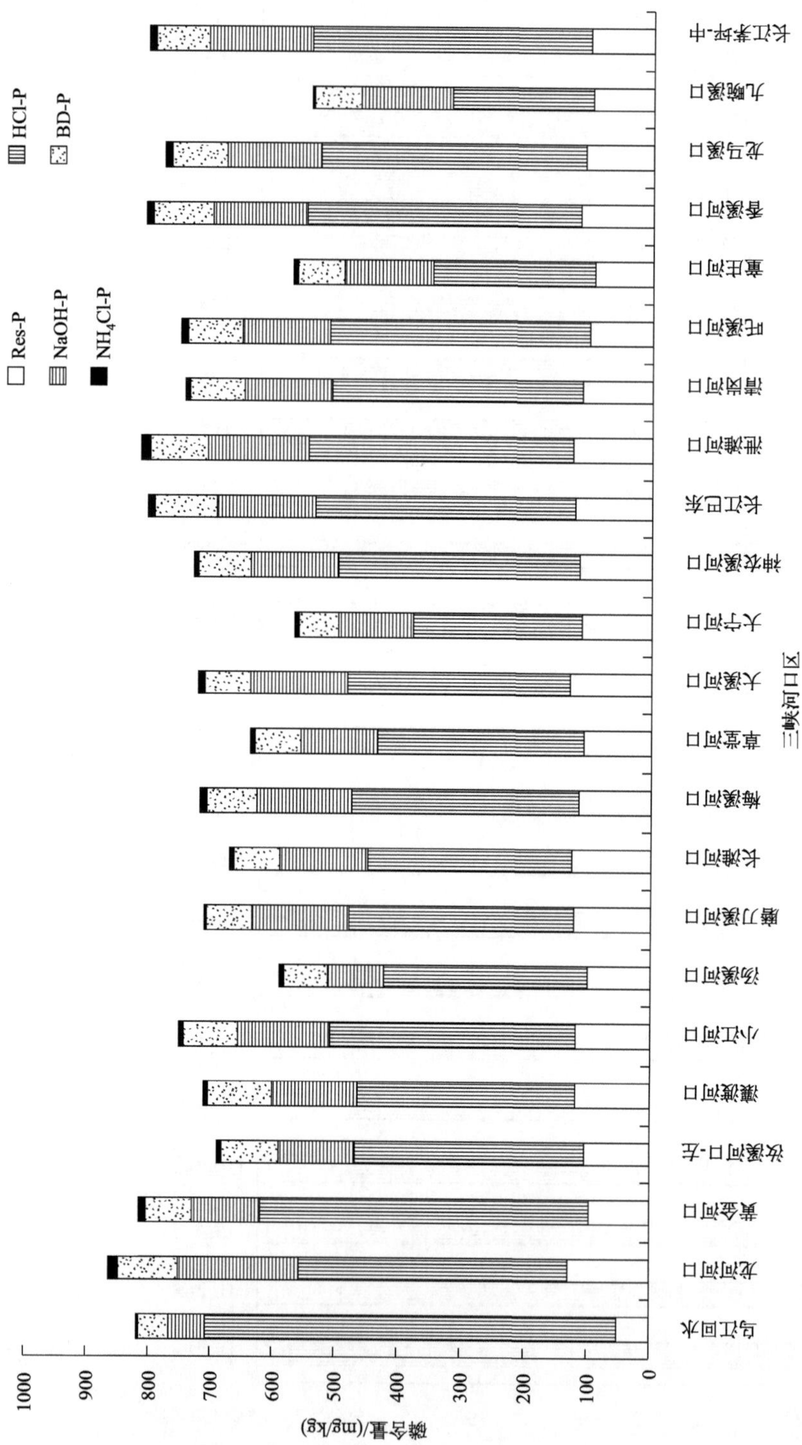

(b) 各形态磷含量

图2-28 三峡库区干流及河口区沉积物中各形态磷沿程变化

(2)支流沉积物磷形态变化特征

香溪河、大宁河、磨刀溪以及小江沉积物中各形态磷含量沿程变化分别见图2-29～图2-32。

香溪河磷赋存形态以无机磷(IP)为主，主要赋存形态是钙结合态磷(HCl-P)，磷在沉积物中存在形态由高到低顺序为HCl-P > NaOH-P > BD-P ≈ Res-P > NH_4Cl-P。各形态磷占TP的百分含量有相似的变化规律。

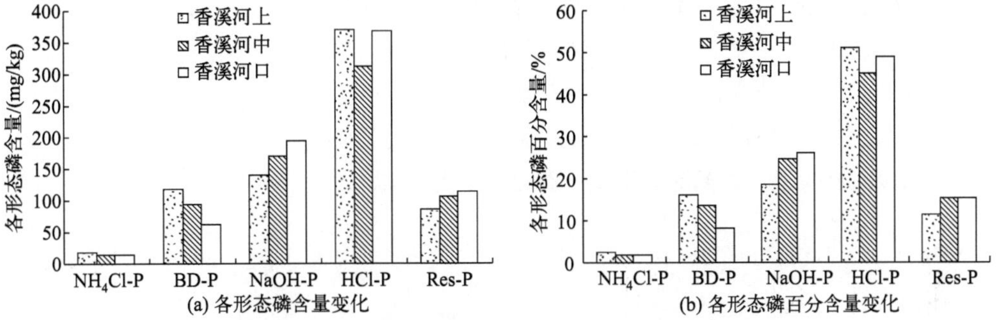

图2-29 香溪河沉积物中各形态磷含量沿程变化

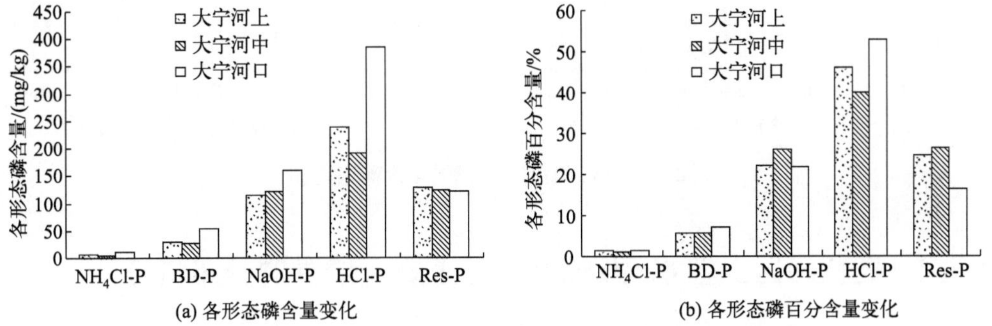

图2-30 大宁河沉积物中各形态磷含量沿程变化

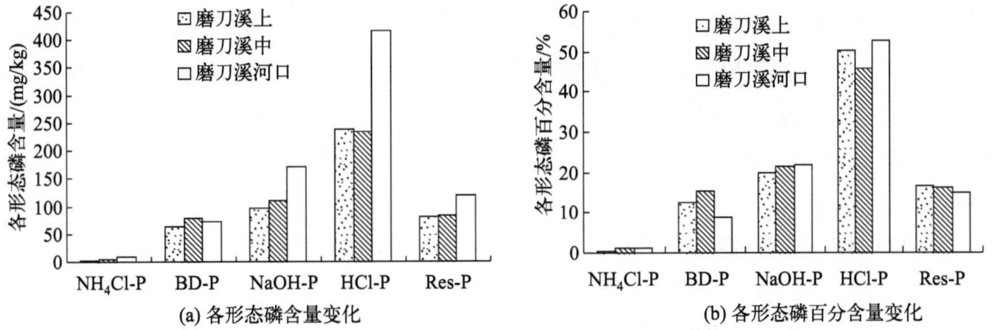

图2-31 磨刀溪沉积物中各形态磷含量沿程变化

大宁河磷赋存形态以无机磷（IP）为主，主要赋存形态是钙结合态磷（HCl-P），磷在沉积物中存在形态由高到低顺序为 HCl-P ＞ NaOH-P ＞ Res-P ＞ BD-P ＞ NH_4Cl-P。

磨刀溪磷赋存形态以无机磷（IP）为主，主要赋存形态是钙结合态磷（HCl-P），磷在沉积物中存在形态由高到低顺序为 HCl-P ＞ NaOH-P ＞ Res-P ＞ BD-P ＞ NH_4Cl-P。

小江磷赋存形态以无机磷（IP）为主，主要赋存形态是钙结合态磷（HCl-P），磷在沉积物中存在形态由高到低顺序为 HCl-P ＞ NaOH-P ＞ BD-P ＞ Res-P ＞ NH_4Cl-P，但小江上游为 HCl-P ＞ BD-P ＞ NaOH-P ＞ Res-P ＞ NH_4Cl-P。

干流和支流沉积物不同磷形态含量由大到小如下。

① HCl-P 含量：干流＞香溪河＞磨刀溪≈小江＞大宁河；

② NaOH-P 含量：香溪河＞磨刀溪＞干流＞大宁河＞小江；

③ Res-P 含量：大宁河＞香溪河＞干流＞磨刀溪＞小江；

④ BD-P 含量：香溪河＞小江＞磨刀溪＞干流＞大宁河；

⑤ NH_4Cl-P 含量：香溪河＞干流≈磨刀溪＞大宁河＞小江。

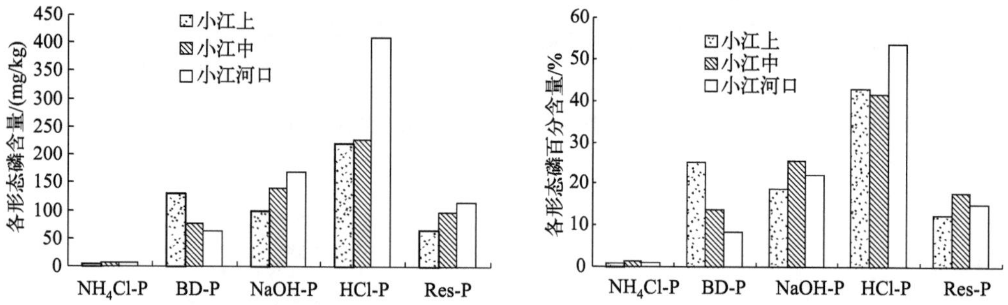

(a) 各形态磷含量变化　　(b) 各形态磷百分含量变化

图2-32　小江沉积物中各形态磷含量沿程变化

2.5.2　三峡库区上覆水-孔隙水界面上氮、磷素的分布特征

2.5.2.1　界面上氮素的垂向分布特征

三峡库区干支流上覆水 - 孔隙水中氮素测定结果见图 2-33、图 2-34。

由图 2-33 和图 2-34 可知，香溪河库湾上覆水以硝氮为主，平均占溶解性 TN 的 95% 以上；孔隙水则是氨氮成分占绝对优势，香溪河库湾三处采样点的孔隙水虽然含有一定量的硝氮，但是其硝氮与氨氮之和占溶解性 TN 的 99% 以上；上覆水和孔隙水中亚硝氮的含量很低，接近最低检测限值。因此，本章不再对溶解性 TN 和亚硝氮进行讨论（特殊情况除外）。

从测试结果来看，研究区域内干支流沉积物孔隙水中溶解性 NH_4^+ -N 的浓度明显高于水体中的浓度；而溶解性 NO_3^- -N 的浓度变化正好相反，水体要远高于孔隙水。所有上覆水中 NO_3^- -N 和 NH_4^+ -N 的垂直含量稳定，变化不大。氮素在上覆水及孔隙水中的平均含量见表 2-30。

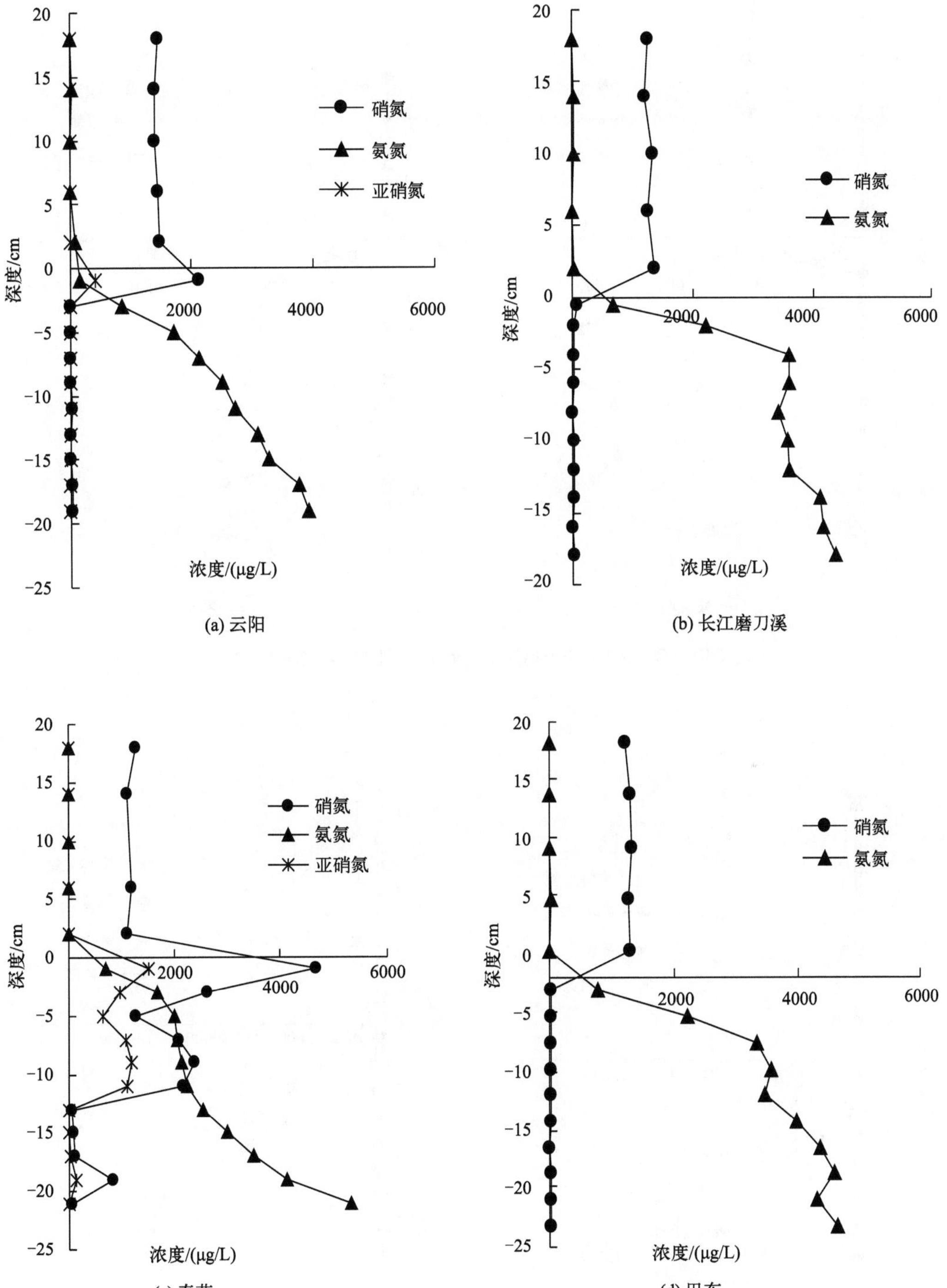

(a) 云阳

(b) 长江磨刀溪

(c) 奉节

(d) 巴东

图2-33

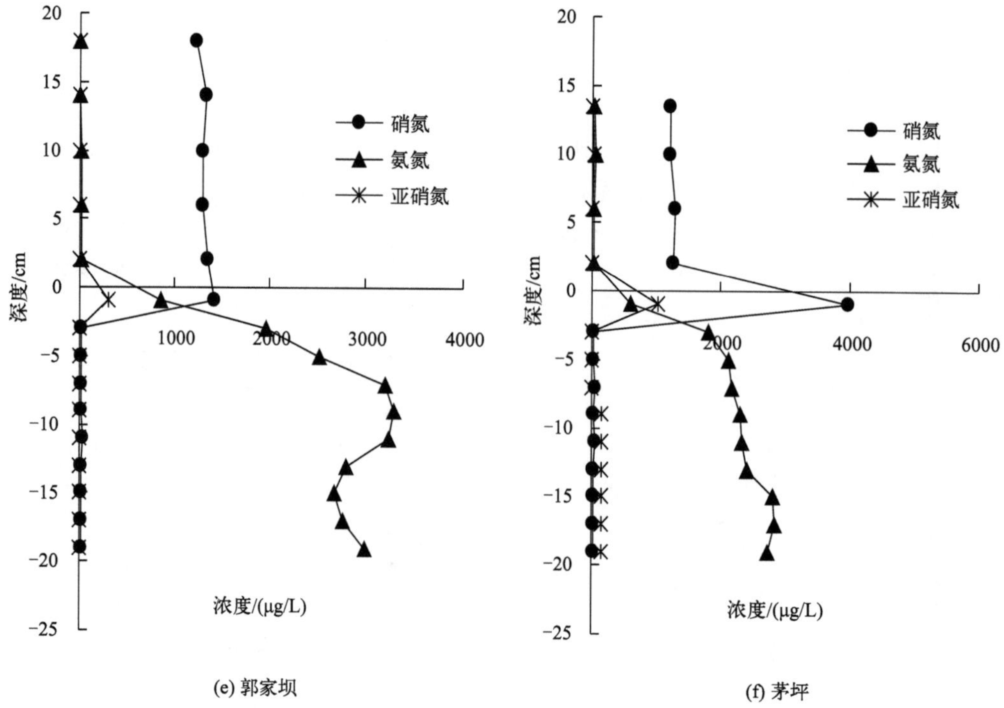

图2-33 氮素在三峡库区干流上覆水-孔隙水中的分布特征

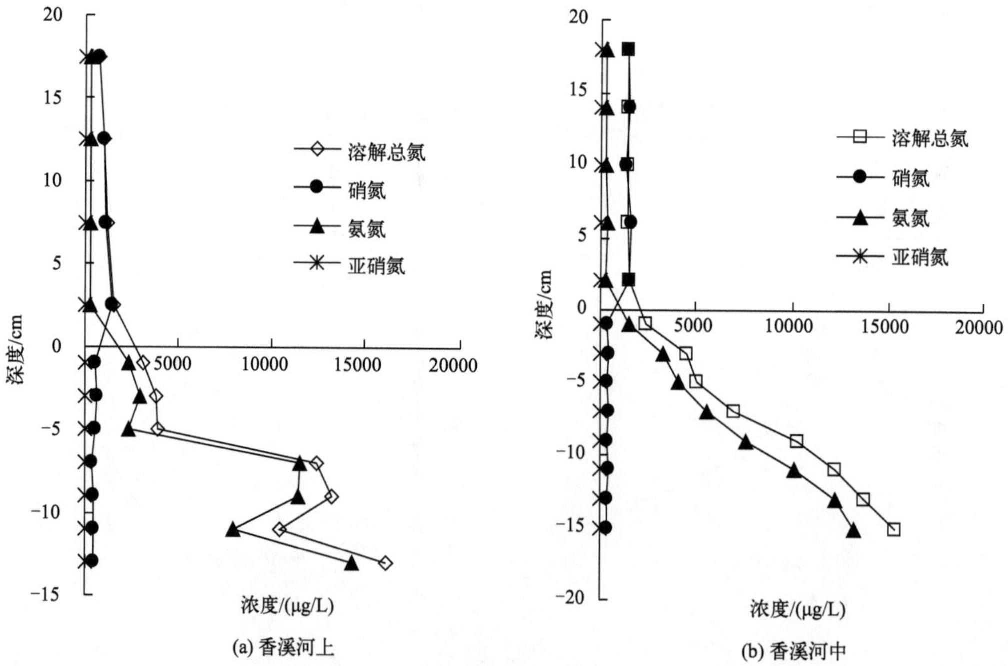

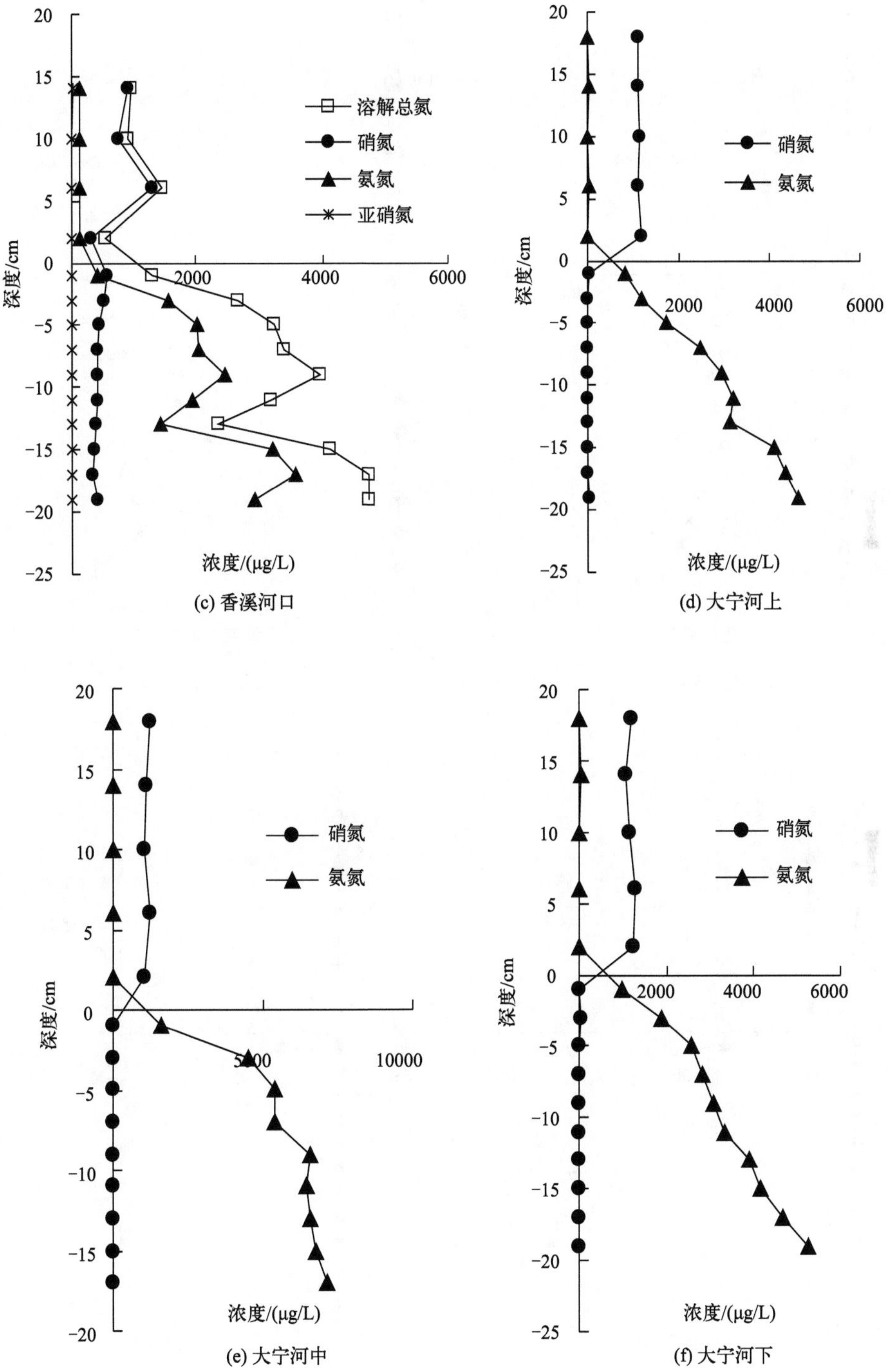

图2-34

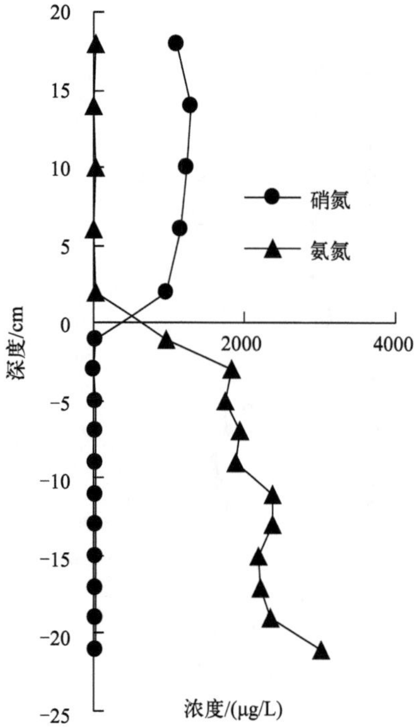

(g) 大宁河口

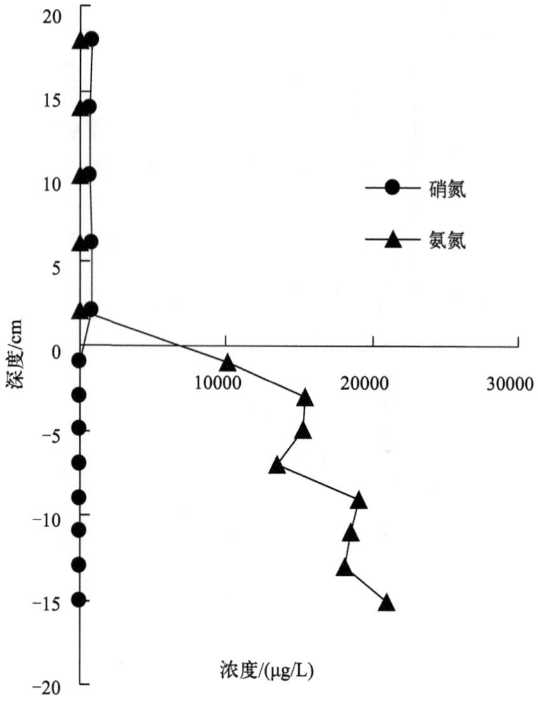

(h) 小江上

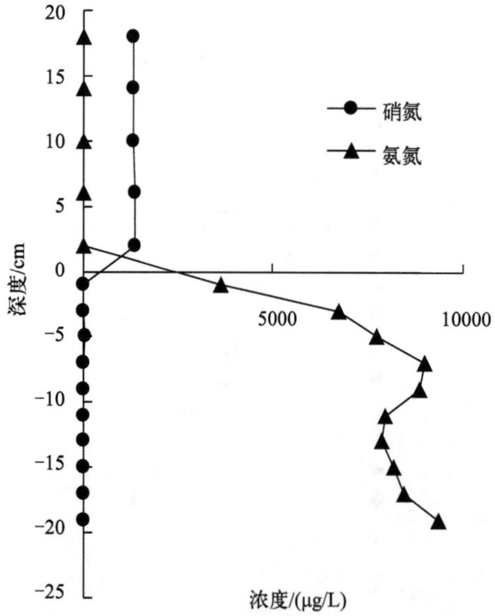

(i) 小江中

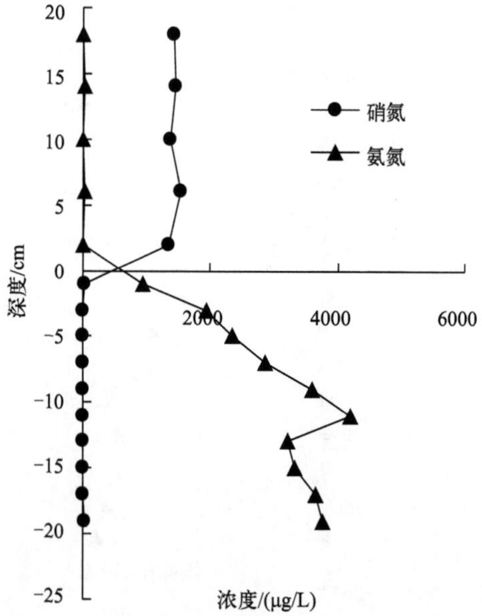

(j) 小江河口

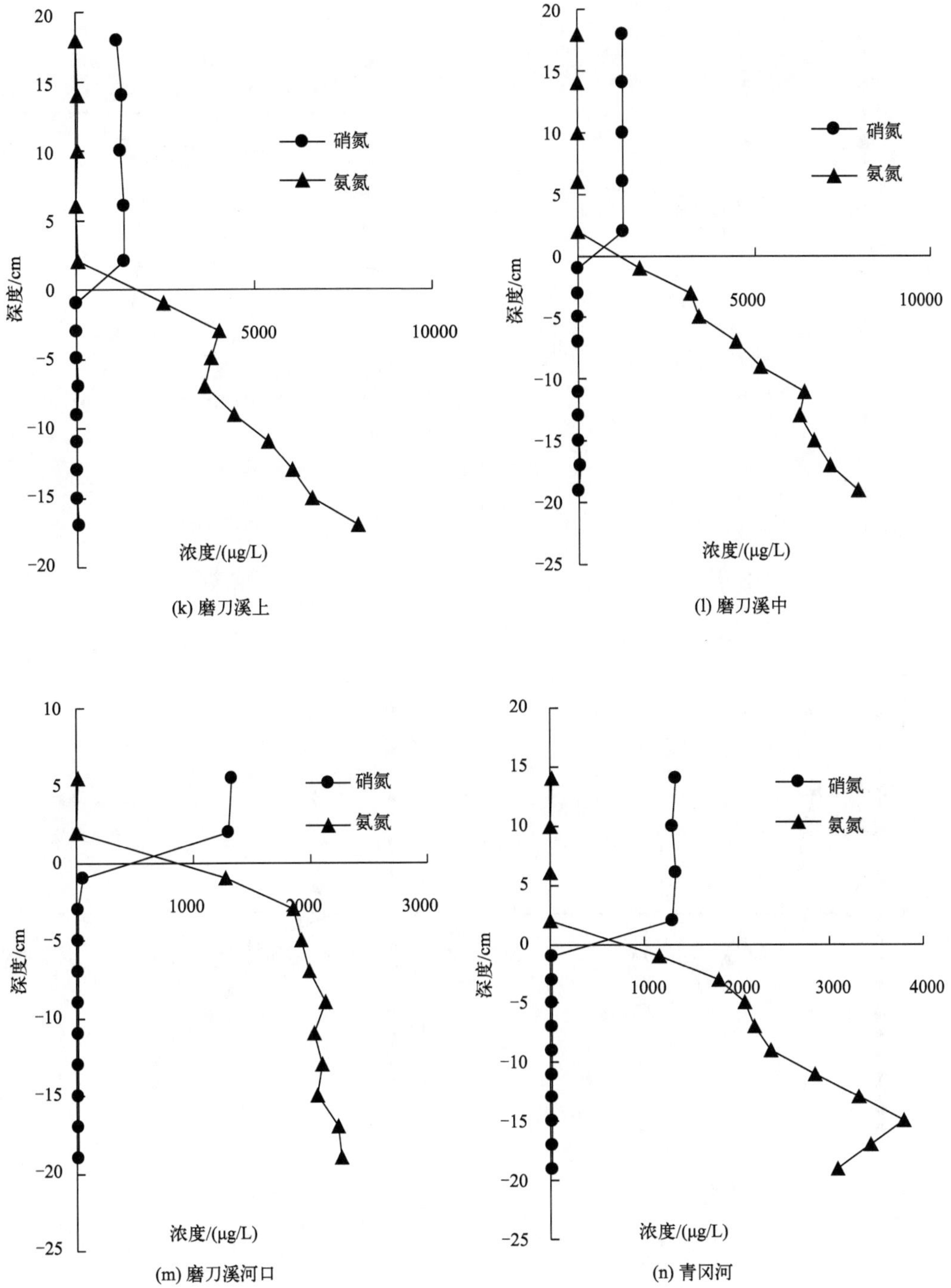

图2-34

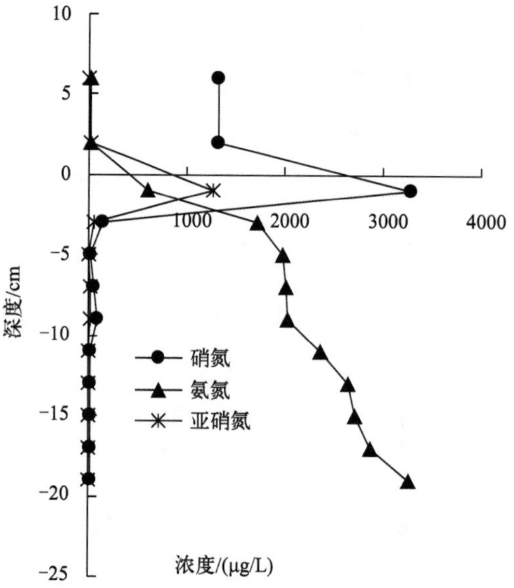

(o) 溪河

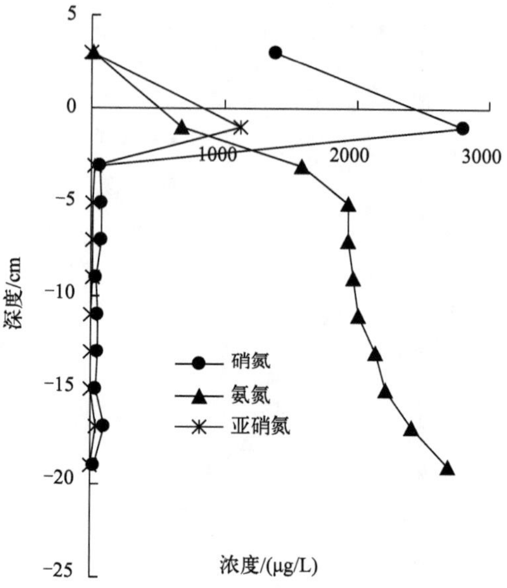

(p) 童庄河

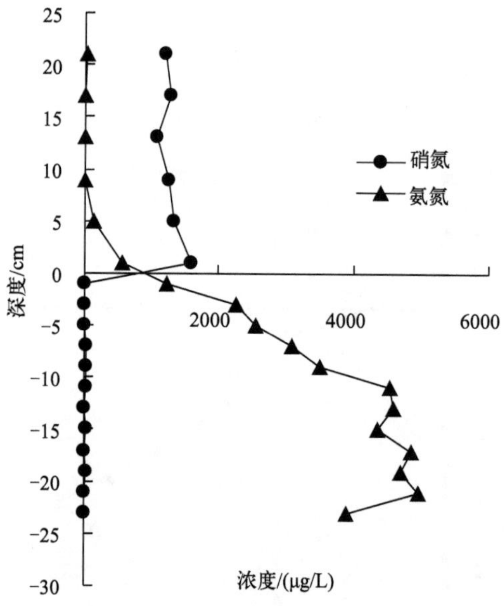

(q) 草堂河

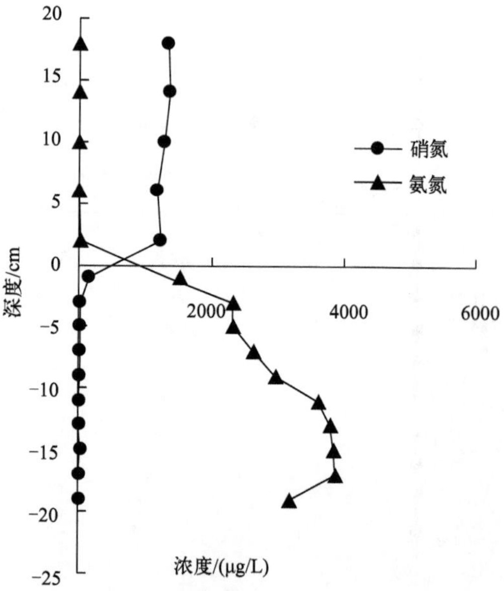

(r) 汤溪河

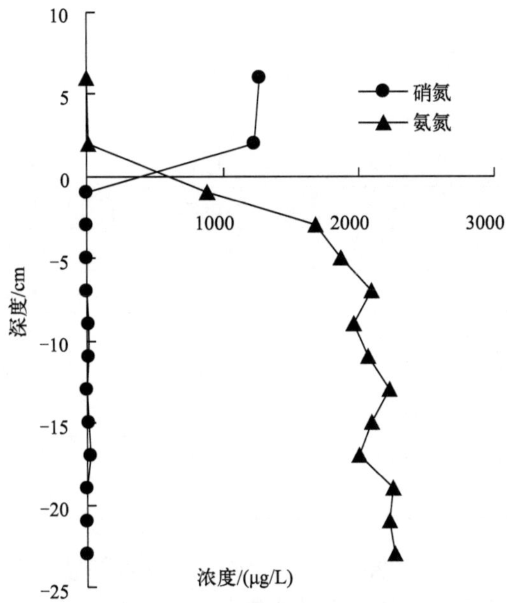

(s) 梅溪河

图2-34 氮素在三峡库区各个支流上覆水-孔隙水中的分布特征

表2-30 氮素在上覆水及孔隙水中的平均含量 单位：μg/L

采样点		上覆水		孔隙水	
		NO_3^-	NH_4^+	NO_3^-	NH_4^+
干流	忠县	—	—	16.84	2120.97
	云阳	1436.29	26.41	222.58	2419.32
	长江磨刀溪	1284.29	19.61	23.72	3326.98
	奉节	1166.58	10.24	1482.53	2669.19
	巴东	1288.59	8.80	16.76	3524.67
	郭家坝	1302.03	13.84	162.43	2638.17
	茅坪	1246.25	36.50	424.01	2218.16
支流	小江上	746.19	18.41	12.33	16359.76
	小江中	1328.99	12.11	14.89	7791.38
	小江河口	1431.26	13.95	10.42	2982.10
	汤溪河口	1269.23	14.79	33.70	2983.75
	梅溪河上	1264.04	30.66	16.05	4894.15
	梅溪河中	1293.80	11.77	16.78	5248.60
	梅溪河口	1311.46	12.38	18.96	1986.35
	大宁河上	1129.57	18.47	16.47	2858.06
	大宁河中	1143.79	12.64	18.29	5606.91

续表

采样点		上覆水		孔隙水	
		NO_3^-	NH_4^+	NO_3^-	NH_4^+
支流	大宁河下	1190.46	12.10	14.72	3268.27
	大宁河口	1159.52	19.87	19.41	2088.48
	神农溪河口	—	—	14.72	2034.32
	青冈河口	1324.52	8.16	18.12	2608.59
	吒溪河口	1330.27	13.93	368.28	2228.01
	童庄河口	—	—	334.54	1959.47
	香溪河上	1053.03	253.63	489.12	7559.68
	香溪河中	1469.83	272.44	383.32	7228.67
	香溪河口	808.21	128.61	426.01	2156.96

从表 2-30 可见，大部分沉积物孔隙水中 NO_3^- -N 含量都显著低于相应的上覆水，可达两个数量级的差别并在垂向上维持低含量的状态，奉节等个别采样点的表层孔隙水出现异常的增大，再突然降低至很低的含量水平。对于孔隙水中 NO_3^- -N 异常的采样点，实验分析时补充分析了 NO_2^- -N，发现这些采样点孔隙水中 NO_2^- -N 也出现了相应的异常，暗示这些沉积物中氮素可能存在强烈的形态转化等地球化学作用。沉积物中的氮循环包括氨化（矿化）、硝化、反硝化、NO_3^- 的氨化等一系列复杂的生物地球化学反应。一般认为，NO_2^- -N 发生于氮转化过程的过渡阶段。已有研究结果表明，能够释放中间产物 NO_2^- -N 的过程主要有：NO_3^- 的同化还原过程、NH_4^+ 的氧化过程（即硝化作用过程）和 NO_3^- 异化还原过程（主要是反硝化作用）。研究中 NO_2^- -N 出现异常，可能是一种或者多种作用过程造成的。

三峡库区沉积物 - 水界面附近上覆水和孔隙水中溶解性 NH_4^+ -N 和 NO_3^- -N 的垂直分布出现“突变性”变化，说明在沉积物 - 水界面上发生着剧烈的氮循环作用，并暗示了循环过程中在浓度梯度的作用下，孔隙水中的 NH_4^+ -N 向上覆水迁移而 NO_3^- -N 则是从上覆水向沉积物迁移。

2.5.2.2 界面上磷素的垂向分布特征

三峡库区干支流沉积物上覆水和孔隙水中 PO_4^{3-} -P 含量垂直分布见图 2-35 和图 2-36。

总体而言，上覆水 PO_4^{3-} -P 含量较孔隙水低，支流河口上覆水和孔隙水中 PO_4^{3-} -P 含量略高于干流。对于上覆水，干流云阳、小江河口和汤溪河口 PO_4^{3-} -P 含量随深度增加有较大波动，其他采样点 PO_4^{3-} -P 含量几乎表现为均匀上升状态。对于孔隙水，长江干流磨刀溪、奉节和巴东以及支流小江河口、磨刀溪河口和童庄河口含量变化波动较小，浓度随深度略有上升；其他干支流样点在表层 10cm 内，PO_4^{3-} -P 含量随深度出现较大的跳跃式上升和下降过程。上覆水和孔隙水中 PO_4^{3-} -P 浓度在垂向上的差异，表明沉积物 - 水界面的 PO_4^{3-} -P 含量存在较高的浓度梯度，沉积物向上覆水有释放的趋势。从云阳到茅坪，干流样点上覆水和孔隙水中 PO_4^{3-} -P 含量沿程均先增大后减小，但上覆水含量最大值出现在郭家坝，PO_4^{3-} -P 含量为 18.01μg/L，孔隙水含量最大值出现在奉节，含量为 26.36μg/L。比较干支流 15 个采样点的 PO_4^{3-} -P 含量，干流上覆水 PO_4^{3-} -P 含量值域为 6.23 ～ 18.01μg/L，孔隙水的含量值域为 9.01 ～ 26.36μg/L；支流上覆水 PO_4^{3-} -P 含量值域为 6.25 ～ 26.25μg/L，孔隙水的含量值域为 9.59 ～ 29.79μg/L。

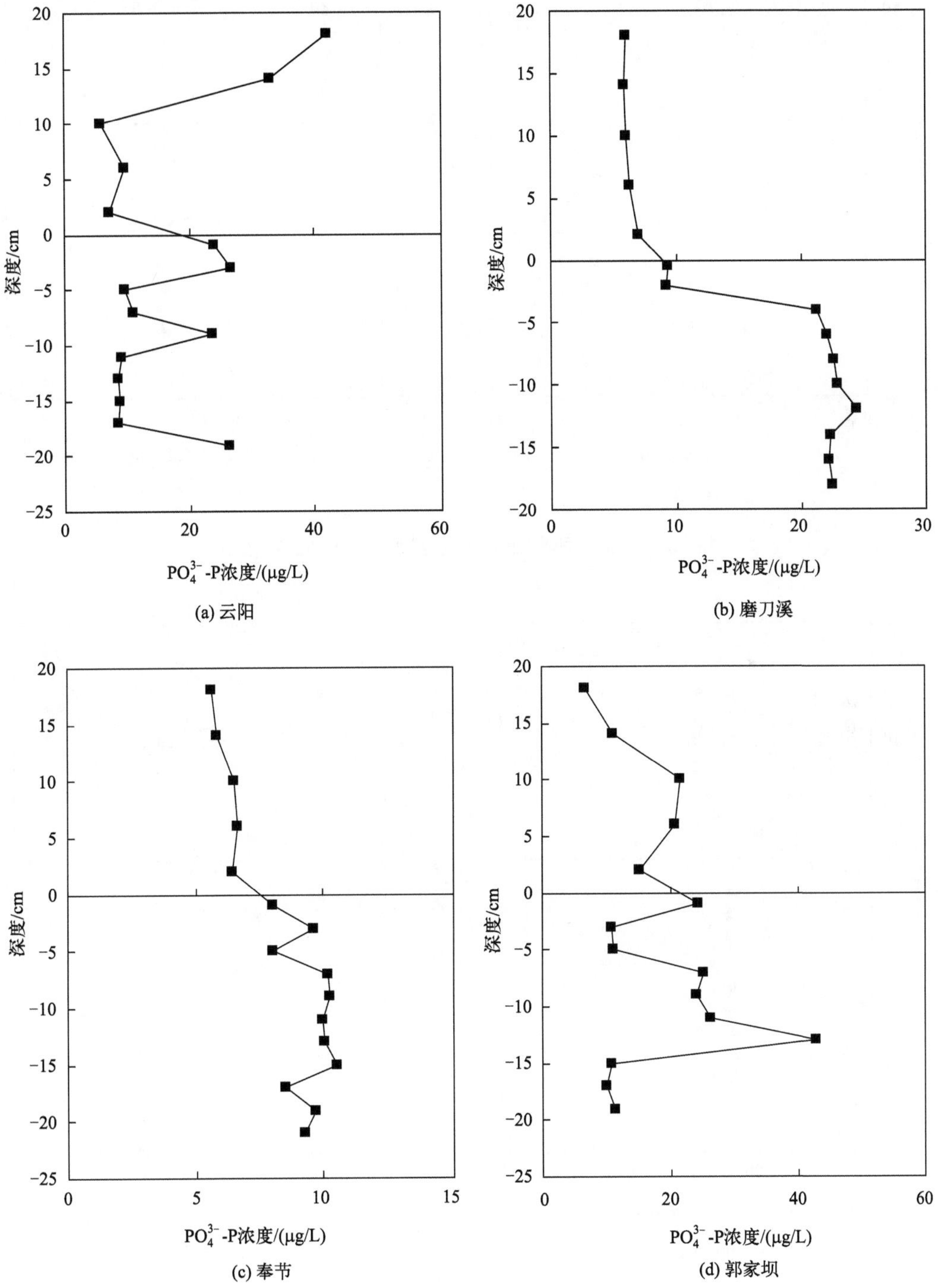

(a) 云阳　(b) 磨刀溪　(c) 奉节　(d) 郭家坝

图2-35

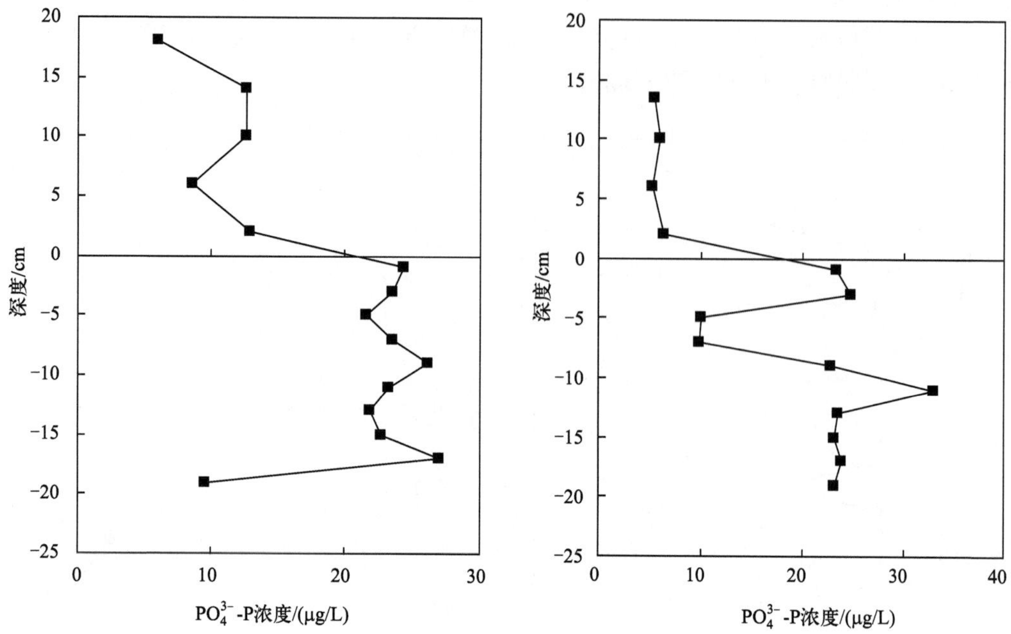

(e) 巴东　　(f) 茅坪

图2-35 干流不同样点沉积物-水界面 PO_4^{3-}-P的垂直变化

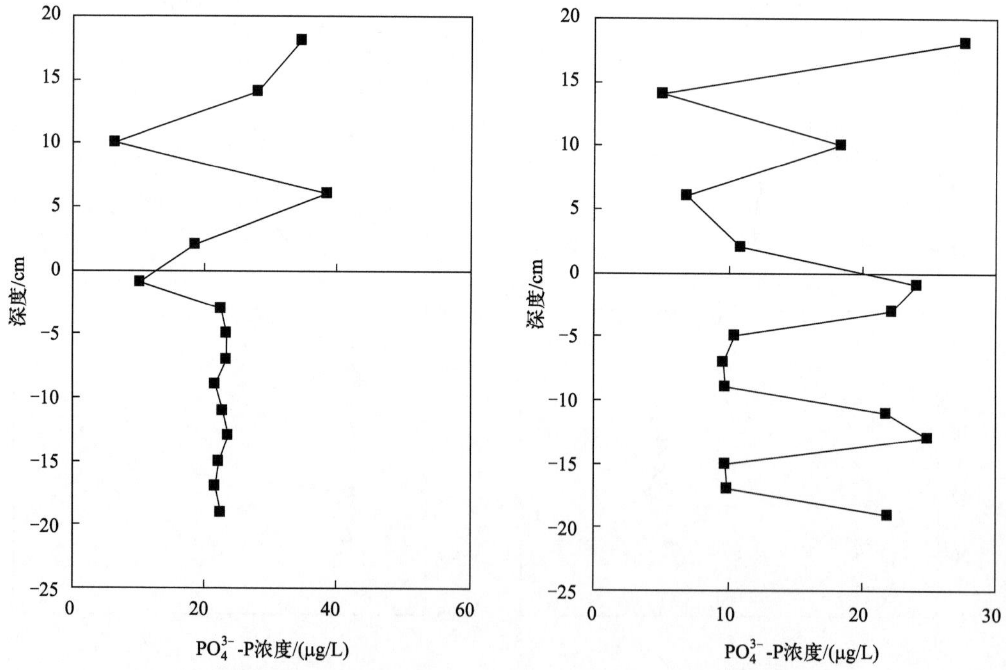

(a) 小江河口　　(b) 汤溪河口

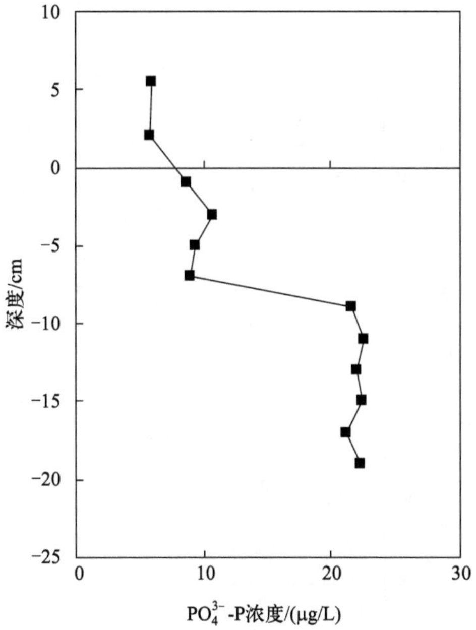

(c) 磨刀溪河口

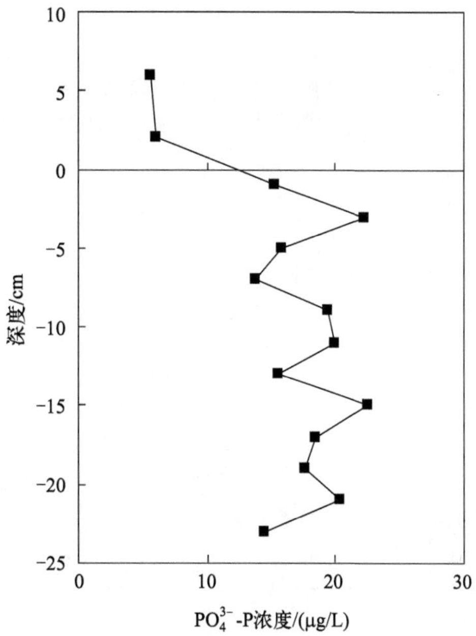

(d) 梅溪河口

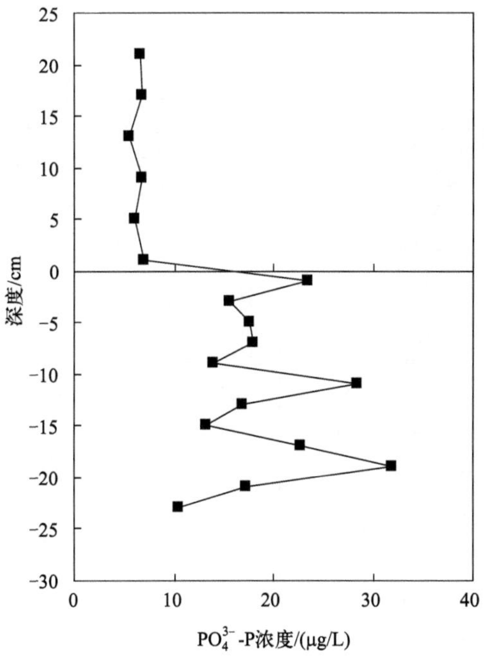

(e) 草堂河口

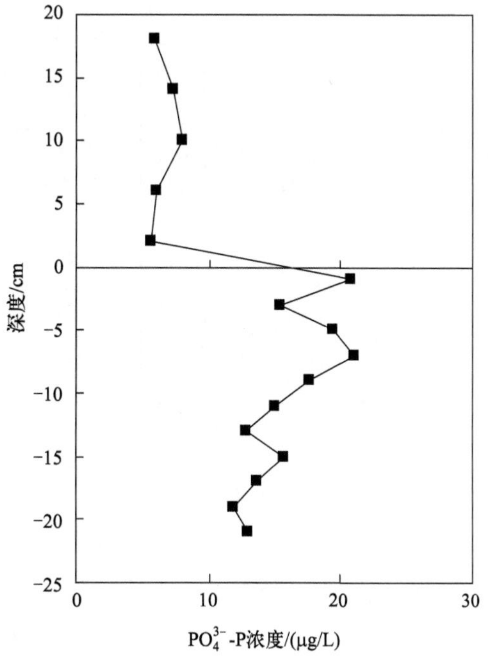

(f) 大宁河口

图2-36

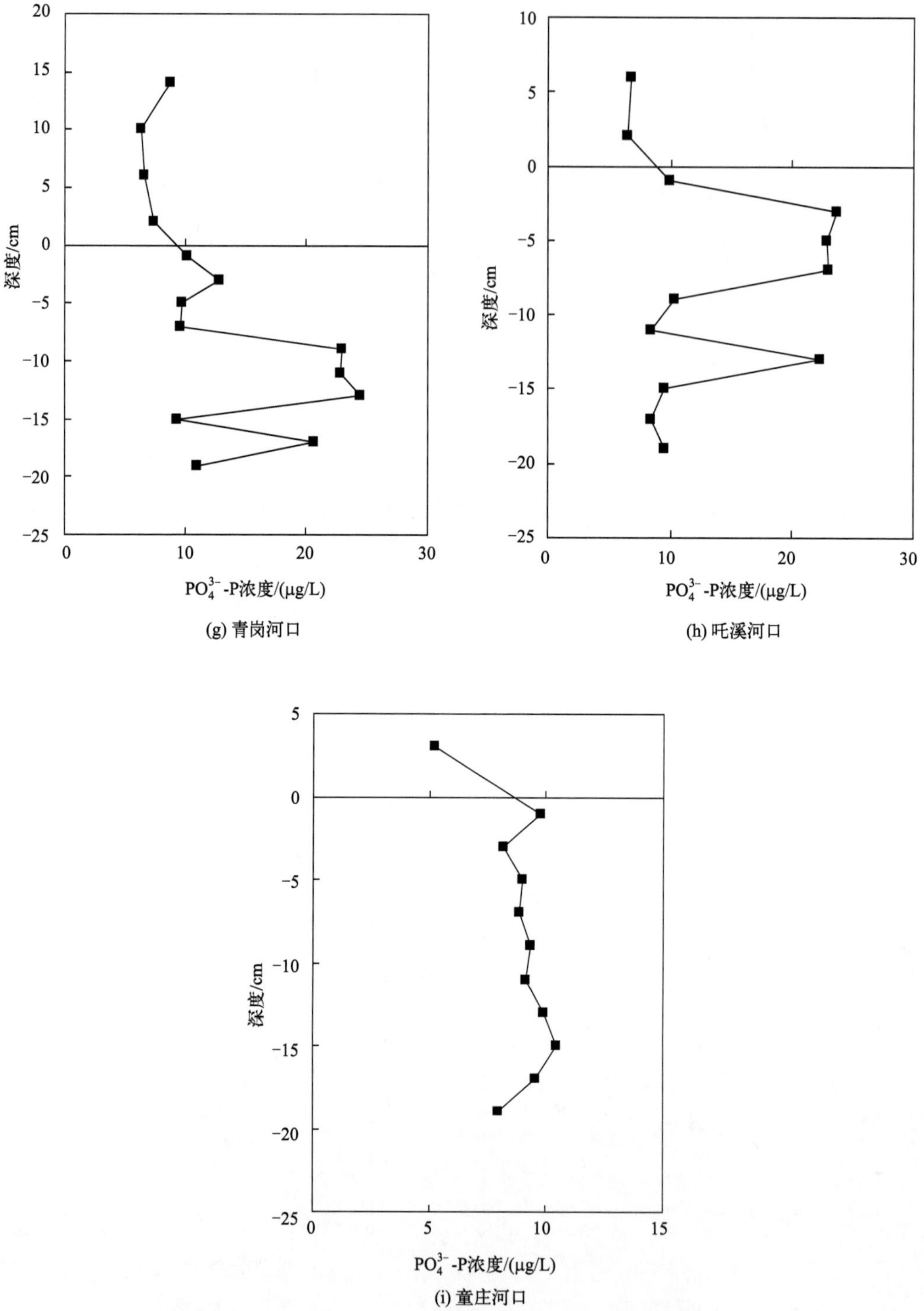

图2-36　支流不同样点沉积物-水界面 PO_4^{3-}-P的垂直变化

2.5.3 三峡库区内源释放通量估算

2.5.3.1 沉积物-水界面氮、磷素的释放通量

计算沉积物 - 水界面上物质交换通量的方法主要有间隙水扩散模型法、表层底泥模拟法、质量衡算法、柱状芯样模拟法以及水下原位模拟法等。三峡水库属于深水水库，扰动作用相对较小，可以认为分子扩散是沉积物溶解组分通过孔隙水向上覆水体迁移的最主要方式。本节采用间隙水扩散模型法来估算氮素、磷素在沉积物 - 水界面上的交换通量。沉积物孔隙水中的分子扩散过程可用菲克第一定律（Fick first law）计算，沉积物溶质的释放通量（释放速率，J_s）的基本计算公式表达如下式：

$$J_s = -\phi D_s \frac{dc}{dx}\Big|_{x=0} \tag{2-3}$$

式中 J_s——沉积物溶质释放通量，mg/(cm^2 · a)；

ϕ——表层沉积物的孔隙度；

$\frac{dc}{dx}\Big|_{x=0}$——沉积物孔隙水中溶质的最大浓度梯度，是根据溶质的浓度分布剖面按任意点的线性回归方程计算得到的，进行线性拟合时可以将孔隙水以及底层上覆水中的营养盐含量对深度进行指数或者直线拟合，并按照拟合所得的回归方程对深度 x 进行求导，从而求出 $\frac{dc}{dx}\Big|_{x=0}$；

D_s——沉积物中溶质的分子扩散系数，cm^2/s。

由于 D_s 包括弯曲度的影响，在实际工作中沉积物弯曲度的测量非常困难。根据 Ullman 研究所得到的 D_s 与孔隙度之间的经验关系式来求得：

$$\begin{cases} D_s = \phi D_0 & \phi < 0.7 \\ D_s = \phi^2 D_0 & \phi \geqslant 0.7 \end{cases} \tag{2-4}$$

式中 D_0——营养盐在理想状态下的扩散系数。

Lermen 对此做出了研究并得到 D_0 的经验值，其值见表 2-31。

表2-31 物质的理想扩散系数 单位：10^{-6}cm^2/s

温度	NO_3^-	NH_4^+	PO_4^{3-}
18℃	1.1	16.8	—
25℃	19.0	19.8	6.12

（1）界面上氮素释放通量

三峡库区的沉积物可能吸收上覆水中的 NO_3^-，同时向上覆水释放 NH_4^+，对氮素同时具有“汇”与“源”的作用效应。估算沉积物 - 上覆水界面上的物质迁移通量是研究内源负荷的重要内容。计算出三峡库区干流沉积物中氮素的释放通量，结果见表 2-32、图 2-37。

表2-32　干流沉积物 NH_4^+-N 释放通量排序

采样点	NH_4^+-N /[mg/(m²·a)]	排序	NO_3^--N /[mg/(m²·a)]	NO_2^--N /[mg/(m²·a)]
卜庄河口	400.23	1	−513.44	10.29
吒溪河口	283.09	2	−329.61	84.36
梅溪河口	271.26	3	−88.72	−0.49
磨刀溪河口	192.94	4	−52.18	1.47
香溪河口	181.07	5	−63.64	5.17
汤溪河口	155.35	6	−50.61	−1.49
茅坪-中	132.31	7	−125.26	−1.28
草堂河口	127.28	8	−33.71	−0.19
青岗河口	122.84	9	−68.84	−0.38
巴东	89.72	10	−91.23	−0.61
奉节	75.46	11	−38.65	−0.95
大宁河口	49.77	12	−24.18	−1.07

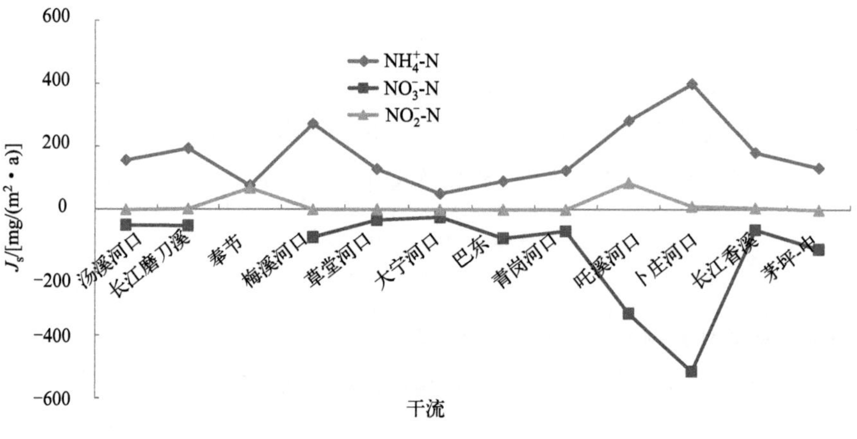

图2-37　干流氮素释放强度

从表 2-32、图 2-37 可见，干流沉积物表现为 NH_4^+ -N 的源，弱的 NO_2^- -N 源以及 NO_3^- -N 的汇，响应于沉积物 - 水界面的硝化和反硝化作用和过程。NH_4^+ -N 的释放强度排序依次为卜庄河口＞吒溪河口＞梅溪河口＞磨刀溪河口＞香溪河口＞汤溪河口＞茅坪 - 中＞草堂河口＞青岗河口＞巴东＞奉节＞大宁河口，与 NO_3^- -N 的汇大体上呈现负相关。

支流沉积物中氮素各季节释放通量的时空特征见表 2-33。

由表 2-33 可见，各季节，支流沉积物同样表现为 NH_4^+ -N 的源，弱的 NO_2^- -N 源以及 NO_3^- -N 的汇；小江、磨刀溪、大宁河和香溪河沉积物氮素释放（NH_4^+ -N）在不同季节均呈现出下游低、中上游高的趋势；在梅溪河中，沉积物氮素释放（NH_4^+ -N）以夏季最强，春季和秋季则相近。

表2-33 支流沉积物氮素释放通量的时空特征

河流	采样点	J_s /[mg/(m²·a)]			采样季节
		NH_4^+-N	NO_3^--N	NO_2^-N	
小江	小江上	697.96	−86.47	−0.59	春季
	小江中	481.73	−60.03	−0.93	
	小江下	193.75	−119.54	−0.46	
	小江河口	145.57	−138.31	0.52	
磨刀溪	磨刀溪上	354.19	−43.25	−0.67	夏季
	磨刀溪中	302.56	−35.23	−0.53	
	磨刀溪下	261.26	−18.14	−0.49	
	磨刀溪河口	215.73	−58.63	0.73	
梅溪河	梅溪河中	271.26	−52.97	−3.54	春季
	梅溪河中	356.19	−44.57	−0.62	夏季
	梅溪河中	269.48	−65.73	−2.25	秋季
	梅溪河中	233.28	−88.70	−0.56	冬季
大宁河	大宁河上	211.68	−101.07	2.13	秋季
	大宁河中	85.33	−18.14	−0.9	
	大宁河下	43.28	−15.81	−0.5	
	大宁河口	98.66	−35.23	0.84	
香溪河	香溪河上	560.01	−61.57	0.55	冬季
	香溪河中	519.92	−87.72	3.34	
	香溪河下	143.65	−43.81	−0.37	
	香溪河口	126.39	−108.83	5.65	

注：表中交换通量的负值表示沉积物吸收氮素，正值则表示沉积物释放氮素。

（2）界面上磷素释放通量

离子在孔隙水中的扩散服从菲克第一定律，将孔隙水上端扰动层的 3 ～ 4cm 以及界面向上覆水 5cm 左右处的 PO_4^{3-} -P 含量对深度进行指数拟合。根据拟合所得表达式对深度 x 进行求导，求出沉积物 - 水界面处的 dc/dx。从指数拟合结果看，15 个断面除个别采样点外，拟合效果均较好（$r > 0.82$）。根据实验所测定的表层沉积物（0 ～ 4cm）孔隙度 ϕ，运用菲克第一定律计算出相应点位的 PO_4^{3-} -P 释放通量 J_s，见表 2-34、图 2-38。

表2-34　干流 PO_4^{3-} -P释放通量

采样点	J_s/[mg/(m²·a)]	排序	采样点	J_s/[mg/(m²·a)]	排序
梅溪河口	2.318	1	青岗河口	0.767	9
汤溪河口	2.078	2	草堂河口	0.731	10
云阳	1.947	3	大宁河口	0.714	11
茅坪-左	1.824	4	磨刀溪河口	0.614	12
巴东	1.74	5	卜庄河口	0.503	13
茅坪-中	1.537	6	奉节	0.144	14
吒溪河口	1.513	7	郭家坝	−0.607	15
茅坪-右	1.28	8			

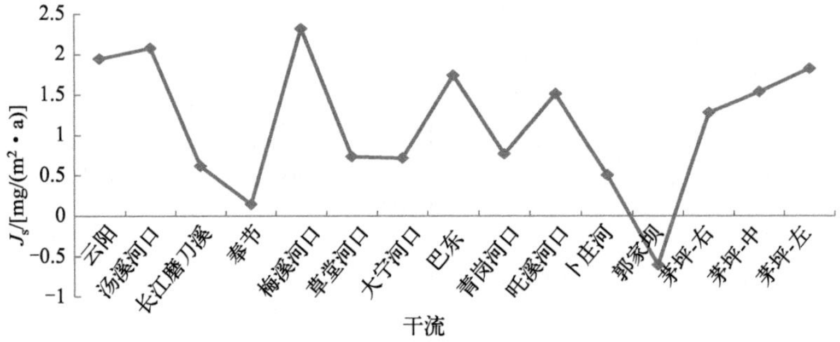

图2-38　干流 PO_4^{3-} -P释放通量

由表2-34、图2-38看出，干流沉积物均表现为水体的 PO_4^{3-} -P源，沉积物 PO_4^{3-} -P释放强度顺序为梅溪河口＞汤溪河口＞云阳＞茅坪-左＞巴东＞茅坪-中＞吒溪河口＞茅坪-右＞青岗河口＞草堂河口＞大宁河口＞磨刀溪河口＞卜庄河口＞奉节＞郭家坝。其中茅坪三个点的释放通量接近，而郭家坝呈现的弱汇特征则反映了高磷含量香溪河沉积物输入的影响。在沉积物 PO_4^{3-} -P释放强度最大的梅溪河口，释放通量约是最弱的奉节的通量的16倍。

不同支流磷素释放强度的时空特征见表2-35。

表2-35　不同支流磷素释放强度的时空特征

河流	采样点	NH_4^+ -N J_s/[mg/(m²·a)]	采样季节
小江	小江上	0.932	春季
	小江中	0.172	
	小江下	0.731	
	小江河口	−0.573	
磨刀溪	磨刀溪上	1.353	夏季
	磨刀溪中	1.172	
	磨刀溪下	1.463	
	磨刀溪河口	1.682	

续表

河流	采样点	NH_4^+-N	采样季节
		J_s/[mg/(m²·a)]	
梅溪河	梅溪河中	-0.109	春季
	梅溪河中	0.318	夏季
	梅溪河中	0.213	秋季
	梅溪河中	0.275	冬季
大宁河	大宁河上	0.256	秋季
	大宁河中	-0.277	
	大宁河下	-0.095	
	大宁河口	0.803	
香溪河	香溪河上	0.923	冬季
	香溪河中	1.248	
	香溪河下	0.588	
	香溪河口	1.214	

注：表中交换通量的负值表示沉积物吸收磷素，正值则表示沉积物释放磷素。

由表 2-35 可见，梅溪河沉积物夏季呈现出磷的源，而春季和秋季则表现为汇；其他河流的沉积物在不同季节总体表现为磷的源。从释放强度上看，磨刀溪夏季磷释放最强，其次是香溪河冬季，小江春季、大宁河秋季以及各季节梅溪河均较弱。

2.5.3.2 沉积物–水界面氮、磷元素的扩散对水体氮、磷元素的贡献

假设分子扩散是沉积物营养元素迁移的主要途径，库区水体混合均匀，可以估算出沉积物孔隙水营养元素在沉积物 - 水界面的扩散迁移对上覆水体的影响程度 a。

$$a=\frac{J_s T_W}{ch} \tag{2-5}$$

式中 a——溶质扩散对上覆水体的贡献率，%；

J_s——溶质在水土界面上的释放通量；

T_W——库区水体的滞留时间；

h——水深；

c——上覆水中溶质的平均浓度。

三峡水库的水位调度情况，只考虑冬季水库在 175m 时的内源负荷特征，滞留时间记为 3 个月，估算中默认库区不同点位水体的停留时间接近相同。

（1）氮素的扩散对水体氮素的贡献

根据表 2-35 以及式（2-5）计算出沉积物孔隙水氮素在沉积物 - 水界面的扩散迁移对上覆水体的贡献率，结果见表 2-36。

表2-36 三峡库区沉积物-水界面氮素的扩散对上覆水体的贡献率

采样点		贡献率 *a*/%	
		NO_3^-	NH_4^+
干流	磨刀溪河口	−0.009	2.236
	奉节	−0.096	2.809
	巴东	−0.029	4.180
	郭家坝	−0.012	3.236
	茅坪	−0.025	4.087
支流	小江上	−0.063	21.804
	小江中	−0.057	50.218
	小江下	−0.052	6.370
	小江河口	−0.048	2.887
	磨刀溪河口	−0.014	3.764
	梅溪河上	−0.018	20.320
	梅溪河中	−0.021	10.157
	梅溪河口	−0.025	13.044
	大宁河上	−0.009	1.601
	大宁河中	−0.026	11.331
	大宁河下	−0.019	6.259
	大宁河口	−0.026	3.256
	青冈河口	−0.017	4.894
	吒溪河口	−0.079	6.446
	香溪河上	−0.038	1.318
	香溪河中	−0.031	1.070
	香溪河口	−0.016	0.337

由表2-36可见，三峡库区沉积物-水界面NO_3^--N的迁移扩散对上覆水体的影响很小，可以忽略不计。NH_4^+-N的迁移扩散则对上覆水体有较大影响，其中干流NH_4^+-N迁移扩散的贡献率相对比较低，而支流NH_4^+-N的迁移扩散对上覆水体的贡献率相对较高。NH_4^+-N扩散对各处上覆水体的贡献率最大的支流是小江，贡献率分别为上游21.804%、中游50.218%、下游6.370%、河口2.887%，可见小江是三峡库区氮素的重要来源之一。NH_4^+-N的迁移扩散在支流的高贡献率，暗示其为三峡库区支流库湾暴发水华灾害的一个潜在因素。

（2）磷素的扩散对水体磷素的贡献

计算三峡库区沉积物-水界面磷素的扩散对上覆水体的贡献率，结果见表2-37。三峡库区沉积物-水界面PO_4^{3-}-P的扩散对上覆水体的影响较小，只有−0.012%～0.150%。在郭家坝和小江河口表现为“汇”，贡献率分别为−0.009%和−0.012%，在其他区域表现为

"源"，贡献率为0.009%～0.150%。这可能是由于三峡水库水体滞留时间较短，水深较大，正磷酸盐的界面扩散对上覆水体的影响较小。东风水库和乌江渡水库的研究也有类似的结论，沉积物是 PO_4^{3-} -P 的"源"，冬季对上覆水体的贡献率分别为 2.800% 和 4.200%。山仔水库冬季各点位的沉积物磷对水体营养贡献大小在 2.300% ～ 6.700% 之间。

表2-37 三峡库区沉积物-水界面 PO_4^{3-} -P的扩散对上覆水体的贡献率

采样点		贡献率 a/%
干流	云阳	0.103
	长江磨刀溪	0.023
	奉节	0.009
	巴东	0.069
	郭家坝	–0.009
	茅坪	0.052
支流	小江河口	–0.012
	汤溪河口	0.056
	磨刀溪河口	0.038
	梅溪河口	0.150
	草堂河口	0.044
	大宁河口	0.062
	青岗河口	0.035
	吒溪河口	0.031
	童庄河口	0.028
山仔水库	日溪	6.700
	七里	4.200
	库心	3.860
	大坝	2.300
东风水库		2.800
乌江渡水库		4.200

2.5.4 三峡库区泥沙淤积形态与沉积通量

三峡水库作为目前世界上最大的河谷型水库之一，迄今已运行了 20 年左右。像世界上其他水库一样，自设计阶段起库区泥沙淤积问题一直受到广泛关注。水库泥沙淤积带来的潜在工程与环境问题包括：a. 由于水位的抬升造成回水区及上游逆源堆积，从而对上游防洪及航运条件产生不良影响，这一环境负效应在水库建成后最早出现；b. 水体中泥沙的长期冲蚀，特别是在多沙河流，造成水电设施的磨损；c. 库区泥沙长期淤积使得库容减小，水库的防洪功能减弱，这一问题在水库运行后期逐渐突出。长江属多沙河流，多年平均含沙量＞ 1kg/t，迄今为止世界上在类似多沙河流建库的成功范例还鲜有报道。三峡库区泥沙淤积问题无论是在工程设计还是运行管理方面都是巨大的挑战。

长江流域处于东亚季风影响区，洪季（5 ～ 10 月）水、沙通量可分别占年通量的 70% 和 87%。枯水季节泥沙通量仅占约 13%。针对流域这一季节性水文特征及多年来葛洲坝水库运行的经验，三峡水库运行采用“蓄清排浊”方案，以取得水力发电和航运效益最大化与泥沙淤积量最小化的平衡。从 2003 年开始试运行至今，三峡水库带来了显著的社会效益和经济效益，特别是在近年来几次多年不遇的洪水过程，均发挥了良好的纳洪削峰功能。

从已有的泥沙监测结果来看，2003 ～ 2006 年，入库悬移质泥沙总量约 7 亿吨，库区悬移质淤积总量 4.41t，年平均淤积 1.10 亿吨，排沙比约 37%，“蓄清排浊”方案已取得一定成效。

按传统水库的淤积模式，即在库尾与变动回水区淤积最厚，形成类似河口三角洲堆积体并向坝前逐渐减薄。根据传统的水库数学模型计算表明，在三峡水库运行初期的 30 年，淤积三角洲尚未推进到坝前，坝区泥沙淤积对发电与通航建筑物的正常运行影响较小。若按静库容与现有泥沙淤积速率的物质平衡估算，现有的调度方案可保障水库在运行 100 年以后防洪库容仍可大于 80%，调节库容可保留 90% 以上。

然而，三峡水库在形态上为独特的狭窄河谷型水库，长宽比接近 600。此外，水库的运行方式也与传统水库有很大差别，“蓄清排浊”的方案使得洪、枯季动力条件差异显著。在这种条件下，三峡水库的淤积形态是否与传统水库一致，会影响对水库安全与运行效果的进一步评估。尽管目前已在坝前及库尾等关键部位建立众多地形长年连续观测断面，但库区地貌复杂，峡谷与宽缓地形交错，关键断面观测不足以代表整个库区的情况，有必要对库区泥沙淤积现状做全面的评估，认识三峡库区的淤积模式，为进一步实现三峡水库运行与调度的科学管理提供理论基础。

2.5.4.1 研究方法与数据

本书在三峡库区开展水文与沉积地质综合调查，调查范围从重庆朝天门至三峡大坝前，在库区干流共获取 32 个横向断面综合资料与一个连续纵断面资料数据。所使用的调查方法包括：

① 浅地层剖面走航数据，获取沉积物剖面图像数据，并进行后期校正与数字化处理。使用 Edgetech-i512 浅地层剖面仪，采用低频高穿透模式，结合 DGPS 定位技术。

② ADCP（多普勒流速流向仪，300K）走航观测，结合 DGPS 定位，获取库区水体水文剖面参数。

③ 沉积物底质采样，并对沉积物样品进行激光粒度分析。

④ 水体悬浮颗粒物浓度测量，采用传统六点法采水样，样品过滤后烘干称重，计算悬浮颗粒物浓度。

从数据结果看，Edgetech-i512 浅地层剖面仪对细颗粒沉积物（粉砂 - 黏土粒级）穿透效果好，从坝前到长寿大多数剖面可探测到库区蓄水前的基岩或砾石质底界面，穿透深度 ＞ 40m，仅在坝前（大坝至太平溪）的深弘主槽内，由于沉积物厚度较大，且槽底沉积物类型为粗颗粒砂砾质沉积，无法完全穿透。因此本书中根据浅地层剖面数据讨论的沉积物淤积厚度及据此估算的沉积通量为细颗粒沉积物沉积量，相当于悬移质组分。长寿区至重庆市，沉积物类型为粗砂至砾石沉积，穿透效果较差。此外，本书研究工作因为经费与时间限制，仅限于库区干流区域，未涉及库区内众多支流库湾的淤积情况，因此所估算的淤积总量应比通过入库与出库悬移质平衡法估算出的总量低，但本书内容基本可代表库区干流细颗粒沉积物的淤积形态。

2.5.4.2 三峡水库泥沙淤积形态与沉积通量

三峡工程实施前，库区底床由峡谷区的基岩，以及峡谷间开阔区域的粗砂或砾石滩组成。蓄水后，库区水流变缓，沉积细化明显。由于声波的传播速率在不同性质沉积物中的差异，在二者界面上形成较强的反射信号，根据反射层深度，可估算工程后沉积厚度，并根据沉积厚度与覆盖范围估算不同部位的沉积量。

根据淤积特征不同，我们将库区初步分为坝区、库首区、库中区以及库尾区。坝区，即由坝址至西陵峡口，长约 13km；库首区，即西陵峡口至万州；库中区，即万州区至长寿区；库尾区，即长寿区至重庆市。

坝区，从坝址至西陵峡口整个区域都有沉积物覆盖，由泥质沉积物组成，含少量粉砂（图 2-39）。沉积层内部具有水平 - 平行沉积构造，为静水至缓流沉积环境特征。主槽与两翼皆未见槽状侵蚀构造。主槽宽 200 ～ 300m，槽内沉积厚度 30 ～ 40m，最大深泓处无法穿透。两翼沉积物厚度可达 10 ～ 12m，平均厚度 10m，覆盖宽度为 1 ～ 1.5km。估算坝区细颗粒沉积总量为（2.02 ～ 2.34）x 10^8t。据长江泥沙公报资料（2006 ～ 2007 年），通过逐年水库实测水下地形资料对比，坝上深泓处最大淤积深度达 53.9m。与浅地层沉积剖面对比分析表明，深泓底部 14 ～ 24m 沉积层应为蓄水首个水文年冲积形成的，混有大量粗颗粒砂砾的难穿透沉积物，其分布范围仅限于深槽底部。其上覆为之后静水 - 缓流沉积物。从地层沉积剖面可大致分辨出 4 ～ 5 层由于不同季节沉积物粒级组成不同而形成的分层，每个分层内浅色层（沉积物相对粗）相对较厚而深色高反射层（细粒沉积物）较薄，分别代表每年洪水期与枯水期不同时期。

库首区域，西陵峡口至万州区（290km），主要由深而窄的峡谷组成，峡谷区无沉积物覆盖，底部为“V”形基岩（图 2-40）。仅在峡谷间的开阔谷间地带有少量细颗粒沉积覆盖。

图2-39 坝区横断面

其厚度在东部归州等地可达10m，向西渐变薄到万州等地的3m，平均厚度约5m。干流横断面方向，沉积物主要覆盖于两翼及主槽，主槽较厚，向两翼逐渐减薄，覆盖宽度平均约500m。主要沉积物覆盖区包括归州、奉节、云阳以及万州等峡谷间开阔区域。与坝区一样，沉积物具有季节分层，可见静水至缓流沉积环境形成的水平-平行沉积构造特征。这一区域沉积物覆盖范围约为63km，约占本区域干流总长度的22%。库首区域的沉积物总量估算为2.05×10^8～2.37×10^8t（见表2-38）。其余78%区域为“V”形基岩峡谷，无沉积物覆盖。

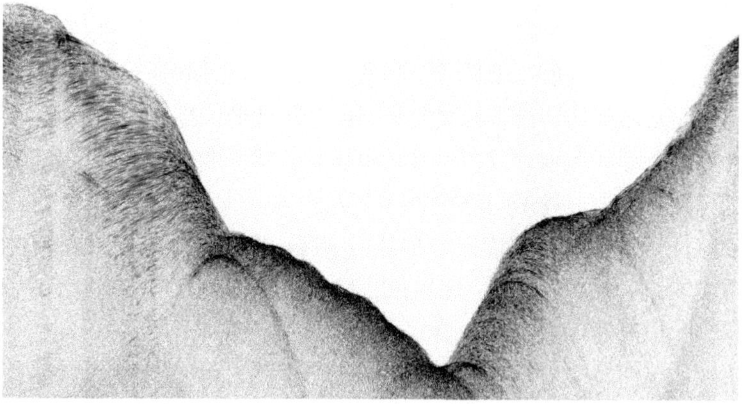

(a) 库首“V”形河谷剖面特征（无沉积物覆盖，由基岩组成）

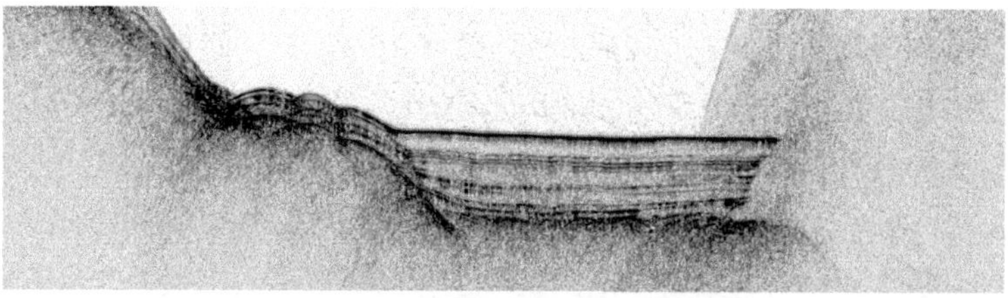

(b) 库首“U”形河谷宽缓断面沉积物剖面

图2-40　库首“V”形河谷剖面特征及“U”形河谷宽缓断面沉积物剖面

表2-38　沉积通量的估算

区域	长度/km	沉积物覆盖长度/km	平均宽度/m	平均厚度/m	体积/10^6m^3	沉积量/10^6t
坝区	13	13	1200	10	156	202～234
西陵峡下口至万州区	287	63	500	5	158	205～237
万州区至长寿区	225	31	200	3	19	25～29
长寿区至重庆市	74	—	—	—	—	—
总计	599	107	—	—	333	432～500

注：沉积积干容重按1.3～1.5g/cm^3（考虑到沉积后压实效应）。

万州区至长寿区的库区中部（225km），水深90～50m（坝区水位约170m）。在这一区域，细颗粒沉积物仅出现在“U”形河谷地区，分布在水深20～50m的河谷两翼淹没台地上，在干流主槽内沉积较少（见图 2-41）。沉积物厚度平均约 3m，覆盖宽度平均 200m。细颗粒沉积物覆盖区的干流河段主要为丰都、石宝寨、忠县等区域，长度超过 31km。而在“V”形峡谷地带，同样没有细颗粒沉积物。库区中部细颗粒沉积物总量为 $0.25 \times 10^8 \sim 0.29 \times 10^8$t。

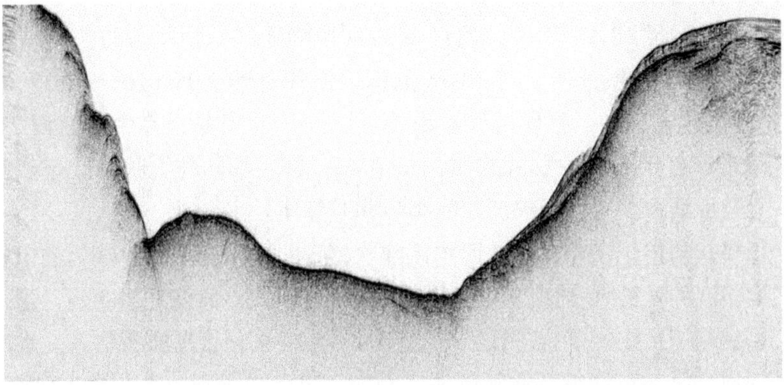

图2-41　库区中部典型断面（右侧台地上细颗粒沉积物覆盖，主槽左侧为粗砂砾堆积）

库尾区，长寿区至重庆市库区干流河床由基岩与粗砂 - 砾石滩组成，水深为 20 ～ 50m。除少数边滩区域，在浅地层剖面的工作深度内未发现细颗粒沉积物覆盖。根据河床形态分析，粗砂与砾石的堆积在不同区域使槽底河床抬升 2 ～ 6m（见图 2-42）。由于未发现三峡工程后沉积物堆积与工程前沉积物界面，无法根据单个航次的地层剖面资料估算粗粒组沉积物堆积量。然而，从现有资料看，库尾区域粗颗粒底推移质的堆积造成的河床抬升显著，需要进一步监测。

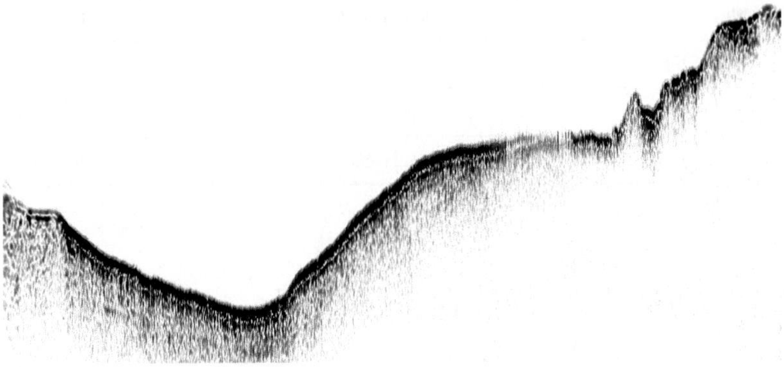

图2-42　库尾中部典型断面（右侧台地上细颗粒沉积物覆盖，主槽左侧为粗砂砾堆积）

根据对不同区域的估算，至 2009 年末，三峡库区干流细颗粒组分沉积物淤积总量为 $4.2 \times 10^8 \sim 4.7 \times 10^8$t，这一总量要低于根据水文站入库总量与出库总量的差值所估算的库区淤积总量。这是由于：一方面，蓄水初期 2003 年 6 ～ 12 月间，第一个水文年库区淤积量大约 1.3×10^8t 泥沙与粗颗粒混合，堆积于深槽底部，这部分泥沙由于方法本身局限，无法估算；另一方面，本书的调查仅限于干流淤积情况，库区发育的众多小型支流长期以来由于其水沙输入量较小，一直未受关注，但其深切河谷在干流蓄水顶托下深达 100 ～ 50m，纵深几千米至十余千米的静止水体，其对泥沙的捕获量不容忽视，这也是造成估算值较平衡总量偏低的重要原因。

就目前结果来看，本书基本揭示了库区淤积主要成分细颗粒泥沙的淤积分布情况。三峡库区干流泥沙淤积极不均衡，研究区近 600km 的干流河段，有泥沙覆盖河段仅为 107km，占总长的不足 18%。库区内超过 80% 河段为无沉积物覆盖的“V”形基岩峡谷。值得注意的是，坝区，坝址向上游 13km 范围内淤积量达 2.05×10^8 ～ 2.37×10^8t（见表 2-38），除深泓快速充填外，整体沉积速率接近 2m/a。也就是说在库区面积 2% ～ 3% 的范围内淤积量占库区干流淤积总量的 40% ～ 45%。其余细颗粒沉积物散布于峡谷间开阔河谷，且向上游逐渐减少。粗颗粒沉积物则堆积于库尾。

这一淤积模式与传统水库典型的回水区与库尾形成三角洲堆积。甚至类似长江的河谷型水库科罗拉多河的米德湖水库，皆为传统水库推进模式。值得注意的是，这一不均衡淤积形态下，过去基于传统经验推进模式与基于库容量 - 淤积量平衡所估算的水库使用寿命与泥沙问题的模型结果可能需要重新评估，例如，以目前沉积速率，在水库运行 50 ～ 70 年后泥沙淤积高度可能到达主要排沙孔，给水库正常运行带来潜在威胁。

2.5.4.3 三峡水库沉积物营养盐埋藏量

根据实测沉积物埋藏量和沉积物中 TN、TP 含量，估算出整个三峡库区中不同部位沉积物中营养盐埋藏量，如表 2-39 所列。

表2-39 沉积物中营养盐埋藏量

区域	TN/万吨	TP/万吨
坝区	104.1～120.5	9.1～10.5
西陵峡下口至万州	64.3～74.4	8.6～10
万州至长寿	7.8～9.1	1.3～1.5
总计	176.2～204	19～22

2.6 不同水位阶段三峡库区外源特征

2.6.1 COD排放量

2002 ～ 2014 年 COD 排放量年际变化可见表 2-40。

（1）蓄水前 COD 排放量

2002 年，蓄水前，主要统计三峡库区工业废水、城镇生活污水以及船舶生活污水中的 COD 排放量，其排放总量为 93346t。

表2-40 2002～2014年COD排放量年际变化 单位：t

年份	工业废水	城镇生活污水	规模化畜禽养殖	农村生活污水	零散养殖	船舶生活污水	城市面源	合计
2002	9436	83500	—	—	—	410	—	93346
2003	24087	86700	—	—	—	423	—	111210
2004	24279	99647	—	—	—	465	—	124391
2005	56100	98650	—	—	—	484	—	155234
2006	57468	102758	—	24521	—	692	—	185439
2007	55258	95756	—	24448	—	1201	—	176663
2008	53133	93645	—	24358	8085	719	18115	198055
2009	50957	91025	15825	24122	7815	717	17451	207912
2010	42927	89782	17786	22770	7672	718	18690	200345
2011	36155	86987	16698	21274	7542	697	19515	188868
2012	25217	83506	20123	21005	7433	711	19952	177947
2013	21982	81863	19773	20882	7332	543	20521	172896
2014	22084	81188	18784	20733	7196	543	23252	173780

（2）试验性蓄水139m阶段COD排放量

2003～2004年，试验性蓄水139m阶段，主要统计库区工业废水、城镇生活污水以及船舶生活污水中的COD排放量。其中，工业废水以及城镇生活污水COD排放量呈逐年增加的趋势。其COD排放总量介于111210～124391t之间，均值为117801t，呈逐年增加的趋势。

（3）试验性蓄水156m阶段COD排放量

2005～2007年，试验性蓄水156m阶段，主要统计库区工业废水、城镇生活污水、农村生活污水以及船舶生活污水中的COD排放量。其中，工业废水以及城镇生活污水COD排放量呈先增加后减少的趋势，而船舶生活污水排放量呈逐年增加的趋势。其COD排放总量介于155234～185439t之间，均值为172445t，呈先增加后减少的趋势。

（4）试验性蓄水172～175m阶段COD排放量

2008～2010年，试验性蓄水172～175m阶段，主要统计库区工业废水、城镇生活污水、规模化畜禽养殖、农村生活污水、零散养殖、船舶生活污水以及城市面源中的COD排放量。其中，工业废水、城镇生活污水、农村生活污水以及零散养殖排放量呈逐年减少的趋势，规模化畜禽养殖排放量呈逐年增加的趋势，而城市面源排放量呈先减少后增加的趋势。其COD排放总量介于198055～207912t之间，均值为202104t，呈逐年减少的趋势。

（5）正常蓄水后COD排放量

2011～2014年，正常蓄水后，主要统计库区工业废水、城镇生活污水、规模化畜禽养殖、农村生活污水、零散养殖、船舶生活污水以及城市面源中的COD排放量。其中，工业废水呈先减少后增加的趋势，城镇生活污水、农村生活污水、零散养殖排放量呈逐年减少的趋势，城市面源排放量呈逐年增加的趋势，而规模化畜禽养殖和船舶生活污水呈先增加后减少的趋势。其COD排放总量介于172896～188868t之间，均值为178372t，总体变化趋势不明显。

不完全统计结果表明，COD外源源强从大到小的顺序为城镇生活源＞工业源、农村生活污水、规模化畜禽养殖、城市面源＞零散养殖＞船舶污水。试验性蓄水阶段，三峡库区COD排放总量呈逐年增加的趋势，这主要归因于工业废水和城镇生活污水中COD未得到有效控制。相反，正常蓄水后，三峡库区COD排放量呈稳中有降的趋势，表明库区生产力水平有所提高，同时清洁生产和环境保护力度的加大，使污染排放量降低。

2.6.2　NH_3-N排放量

2002～2014年NH_3-N排放量年际变化见表2-41。

表2-41　2002～2014年NH_3-N排放量年际变化　　单位：t

年份	工业废水	城镇生活污水	规模化畜禽养殖	农村生活污水	零散养殖	城市面源	合计
2002	440	7646	—	—	—	—	8086
2003	849	9576	—	—	—	—	10425
2004	1451	9827	—	—	—	—	11278
2005	4328	10665	—	—	—	—	14993
2006	4014	11265	—	238	—	—	15517
2007	4074	11649	—	238	—	—	15961
2008	3808	11538	—	237	1303	122	17008
2009	3558	11475	3102	235	1260	118	19748
2010	3326	11421	2801	221	1245	126	19140
2011	2487	11330	2211	207	1224	132	17591
2012	2091	11024	2428	204	1198	135	17080
2013	1620	10795	2656	203	1187	139	16600
2014	1604	10611	2523	202	1169	157	16266

（1）蓄水前NH_3-N排放量

2002年，蓄水前，主要统计三峡库区工业废水以及城镇生活污水NH_3-N排放量，其排放总量为8086t。其中城镇生活污水排放量占其排放总量的比重较大，达94.6%左右。

（2）试验性蓄水 139m 阶段 NH_3-N 排放量

2003 ～ 2004 年，试验性蓄水 139m 阶段，主要统计库区工业废水以及城镇生活污水 NH_3-N 排放量。工业废水和城镇生活污水排放量呈逐年增长的趋势。其 NH_3-N 排放总量介于 10425 ～ 11278t 之间，均值为 10852t，呈缓慢增加的趋势。

（3）试验性蓄水 156m 阶段 NH_3-N 排放量

2005 ～ 2007 年，试验性蓄水 156m 阶段，主要统计库区工业废水、城镇生活污水以及农村生活污水 NH_3-N 排放量。其中，城镇生活污水排放量呈明显增加的趋势，工业废水排放量呈先降低后微升的趋势，而农村生活污水排放量相对平稳。其 NH_3-N 排放总量介于 14993 ～ 15961t 之间，均值为 15490t，呈逐年递增的趋势。

（4）试验性蓄水 172 ~ 175m 阶段 NH_3-N 排放量

2008 ～ 2010 年，试验性蓄水 172 ～ 175m 阶段，主要统计库区工业废水、城镇生活污水、规模化畜禽养殖、农村生活污水、零散养殖以及城市面源 NH_3-N 排放量。其中，工业废水、城镇生活污水、规模化畜禽养殖、农村生活污水以及零散养殖排放量呈逐年减少的趋势，而城市面源排放量呈先减后增的趋势。其 NH_3-N 排放总量介于 17008 ～ 19140t 之间，均值为 18632t，呈逐年增加的趋势。

（5）正常蓄水后 NH_3-N 排放量

2011 ～ 2014 年，正常蓄水后，主要统计工业废水、城镇生活污水、规模化畜禽养殖、农村生活污水、零散养殖以及城市面源 NH_3-N 排放量。其中，规模化畜禽养殖排放量呈先增加后减少的趋势，工业废水、城镇生活污水、农村生活污水以及零散养殖排放量呈逐年降低的趋势，而城市面源排放量呈逐年增加的趋势。其 NH_3-N 排放总量介于 16266 ～ 17591t 之间，均值为 16884t，呈逐年减少的趋势。

不完全统计结果显示，NH_3-N 外源源强从大到小的顺序为城镇生活源＞规模化畜禽养殖＞工业源＞零散养殖＞农村生活污水＞城市面源。2002 ～ 2009 年间三峡库区 NH_3-N 排放总量呈逐年增加的趋势，2009 年后呈缓慢减少的趋势。与试验性蓄水阶段相比，正常蓄水后库区排放总量呈逐年减少的趋势，这主要归因于环保力度的加大，有效地削减了工业废水和城镇生活污水中 NH_3-N 的排放。同时，库区农村人口数量的减少，也使得农村生活污水 NH_3-N 排放量逐年降低。

2.6.3 TN排放量

2002 ～ 2014 年 TN 排放量年际变化见表 2-42。

（1）蓄水前 TN 排放量

2002 年，蓄水前，主要统计库区城镇生活污水、氮肥流失量以及船舶生活污水 TN 排放量，其排放总量为 27696t。

表2-42 2002 ~ 2014年TN排放量年际变化 单位：t

年份	城镇生活污水	规模化畜禽养殖	氮肥流失量	农村生活污水	农村生活垃圾	零散养殖	船舶生活污水	城市面源	合计
2002	18642	—	9000	—	—	—	54	—	27696
2003	18836	—	8000	—	—	—	—	—	26836
2004	19349	—	—	—	—	—	—	—	19349
2005	19986	—	—	—	—	—	55	—	20041
2006	18942	—	9000	584	500	—	103	—	29129
2007	17981	—	11100	582	498	—	278	—	30439
2008	16816	—	10200	580	497	254	343	532	29222
2009	14653	5854	11100	575	492	246	339	512	33771
2010	13727	6932	8700	542	464	239	339	549	31492
2011	13057	7629	9300	507	434	235	329	573	32064
2012	12764	9521	9400	500	428	234	336	586	33769
2013	12417	8438	8700	497	426	229	193	603	31503
2014	12227	8016	8500	494	423	213	192	683	30748

（2）试验性蓄水 139m 阶段 TN 排放量

2003 ～ 2004 年，试验性蓄水 139m 阶段，由于统计数据缺失较多，仅统计三峡库区城镇生活污水和氮肥流失 TN 排放量。结果表明，其 TN 排放总量介于 19349 ～ 26836t 之间，均值为 23093t，呈逐年减少的趋势。

（3）试验性蓄水 156m 阶段 TN 排放量

2005 ～ 2007 年，试验性蓄水 156m 阶段，主要统计库区城镇生活污水、氮肥流失、农村生活污水、农村生活垃圾以及船舶生活污水 TN 排放量。其中，城镇生活污水排放量呈逐年减少的趋势，氮肥流失量和船舶生活污水呈逐年增加的趋势，而农村生活污水以及农村生活垃圾排放量相对稳定。其 TN 排放总量介于 20041 ～ 30439t 之间，均值为 26536t，呈逐年增加的趋势。

（4）试验性蓄水 172 ~ 175m 阶段 TN 排放量

2008 ～ 2010 年，试验性蓄水 172 ～ 175m 阶段，主要统计库区城镇生活污水、规模化畜禽养殖、氮肥流失、农村生活污水、农村生活垃圾、零散养殖、船舶生活污水以及城市面源 TN 排放量。其中，规模化畜禽养殖以及城市面源 TN 排放量呈逐年增加，城镇生活污水、农村生活污水、农村生活垃圾、零散养殖以及船舶生活污水排放量呈逐年递减的趋势，而氮肥流失先增后减。其 TN 排放总量介于 29222 ～ 33771t 之间，均值为 31495t，呈先增后减的趋势。

（5）正常蓄水后 TN 排放量

2011 ～ 2014 年，正常蓄水后，主要统计库区城镇生活污水、规模化畜禽养殖、氮肥流失、农村生活污水、农村生活垃圾、零散养殖、船舶生活污水以及城市面源 TN 排放量。其中，城市面源排放量呈逐年增加的趋势，城镇生活污水、农村生活污水、农村生活垃圾以及零散养殖排放量呈逐年减少的趋势，而规模化畜禽养殖、氮肥流失及船舶生活污水呈先增后减的趋势。其 TN 排放总量介于 30748 ～ 33769t 之间，均值为 32021t，呈先增后减的趋势。

不完全统计结果显示，TN 外源源强从大到小的顺序为城镇生活源＞氮肥流失＞规模化畜禽养殖＞城市面源＞农村生活污水＞农村生活垃圾＞零散养殖＞船舶污水。三峡库区 TN 排放总量 2002 ～ 2014 年间呈现先增减交错，后趋于降低的变化趋势。考虑试验性蓄水阶段有漏项，总体而言，库区正常蓄水后 TN 排放总量有下降趋势。这表明随着生产力的提高，三峡库区的 TN 治理取得了一定效果。

2.6.4 TP排放量

2002 ～ 2014 年 TP 排放量年际变化见表 2-43。

表2-43 2002 ~ 2014年TP排放量年际变化 单位：t

年份	城镇生活污水	规模畜禽养殖	磷肥流失量	农村生活污水	农村生活垃圾	零散养殖	船舶生活污水	城市面源	合计
2002	1386	—	—	—	—	—	1	—	1387
2003	1412	—	—	—	—	—	3	—	1415
2004	1406	—	—	—	—	—	—	—	1406
2005	1432	—	—	—	—	—	6	—	1438
2006	1425	—	1800	74	99	—	17	—	3415
2007	1359	—	1900	74	99	—	37	—	3469
2008	1243	—	1800	74	99	433	52	75	3776
2009	1192	418	2500	73	98	428	51	72	4832
2010	1124	899	1800	69	92	415	51	78	4528
2011	1108	1227	2000	64	86	408	50	81	5024
2012	1080	1532	2300	64	85	422	51	83	5617
2013	1065	1206	1900	63	85	396	43	85	4843
2014	1035	1145	1800	63	84	390	44	97	4658

（1）蓄水前 TP 排放量

2002 年，蓄水前，主要统计三峡库区城镇生活污水以及船舶生活污水。TP 排放量为 1387t，主要归因于城镇生活污水的大量排放。

（2）试验性蓄水 139m 阶段 TP 排放量

2003 ～ 2004 年，试验性蓄水 139m 阶段，由于数据缺失较多，主要统计库区城镇生活污水以及船舶生活污水 TP 排放量。其中，城镇生活污水氮排放量呈逐年减少的趋势。TN 排放量由 1415t 减少为 1406t，均值为 1411t。

（3）试验性蓄水 156m 阶段 TP 排放量

2005 ～ 2007 年，试验性蓄水 156m 阶段，主要统计库区城镇生活污水、磷肥流失量、农村生活污水、农村生活垃圾以及船舶生活污水 TP 排放量。其中，磷肥流失以及船舶生活污水排放量呈逐年增加的趋势，城镇生活污水排放量呈逐年减少的趋势，而农村生活污水以及农村生活垃圾排放量相对稳定。其 TP 排放总量介于 1438 ～ 3469t 之间，均值为 2774t。

（4）试验性蓄水 172 ~ 175m 阶段 TP 排放量

2008 ～ 2010 年，试验性蓄水 172 ～ 175m 阶段，主要统计库区城镇生活污水、规模化畜禽养殖、磷肥流失、农村生活污水、农村生活垃圾、零散养殖、船舶生活污水以及城市面源 TP 排放量。其中，规模化畜禽养殖 TP 排放量呈逐年增加的趋势，城镇生活污水、农村生活污水、农村生活垃圾以及零散养殖 TP 排放量呈逐年减少的趋势，磷肥流失 TP 排放量呈先增加后减少的趋势，城市面源 TP 排放量呈先减少后增加的趋势，而船舶生活污水 TP 排放量相对稳定。其 TP 排放总量介于 3776 ～ 4832t 之间，均值为 4379t。

（5）正常蓄水后 TP 排放量

2011 ～ 2014 年，正常蓄水后，主要统计库区城镇生活污水、规模化畜禽养殖、磷肥流失、农村生活污水、农村生活垃圾、零散养殖、船舶生活污水以及城市面源 TP 排放量。其中，城市面源 TP 排放量呈逐年增加的趋势，城镇生活污水以及农村生活垃圾 TP 排放量呈逐年减少的趋势，规模化畜禽养殖、磷肥流失、零散养殖以及船舶生活污水 TP 排放量呈先增加后减少的趋势，而农村生活污水 TP 排放量相对稳定。其 TP 排放总量介于 4658 ～ 5617t 之间，均值为 5035t，呈先增加后减少的趋势。

不完全统计结果显示，TP 外源源强从大到小的顺序为磷肥流失＞城镇生活源＞规模化畜禽养殖＞零散养殖＞城市面源＞农村生活垃圾＞农村生活污水＞船舶污水。2002 ～ 2012 年间，三峡库区 TP 排放总量呈逐年增加的趋势，2012 年后呈逐年减少的趋势。与试验性蓄水阶段相比，正常蓄水后的 TP 排放总量表现出先增后减的趋势。这说明，环保治理力度的加强，使三峡库区 TP 污染增强的趋势得到了有效控制。

第 3 章 三峡水库水环境特征演变趋势

3.1 不同运行水位下干流水质变化特征

3.1.1 干流水质变化对比分析

3.1.1.1 年度水质类别

2011 ～ 2015 年三峡库区干流 5 个代表断面年度水质类别以Ⅱ～Ⅲ类为主，除清溪场出现Ⅳ类外，其余 4 个代表断面年度水质类别均稳定为Ⅱ～Ⅲ类（见图 3-1）。寸滩和沱口断面年度水质类别稳定达到Ⅲ类，官渡口和太平溪断面 2011 年年度水质类别为Ⅱ类，其余年份稳定达到Ⅲ类；清溪场断面因 TP 年均值超标，2011 ～ 2013 年年度水质类别为Ⅳ类，2014 ～ 2015 年水质好转，年度水质类别均达到Ⅲ类。

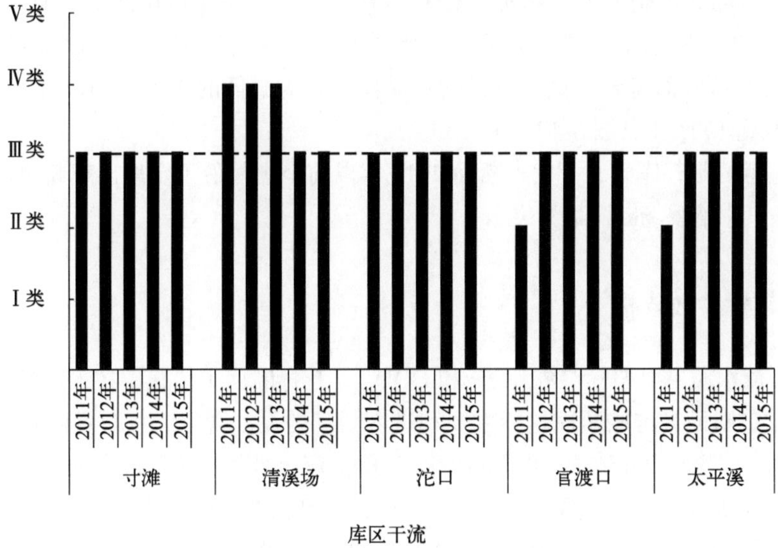

图3-1 库区干流代表断面年度水质类别构成

总体来看，库区干流 5 个代表断面年度水质类别以Ⅱ～Ⅲ类为主，符合或优于Ⅲ类的断面频次比例为 88%，其中Ⅱ类占比 8%，Ⅲ类占比 80%；超标的Ⅳ类占比 12%。库区干流代表断面每年符合或优于Ⅲ类的年度水质类别比例均达到 80% 以上，2014 年和 2015 年全库干流代表断面年度水质均符合Ⅲ类水质标准，仅 2011～2013 年清溪场断面因 TP 超标致使该断面水质类别达Ⅳ类标准（见图 3-2）。

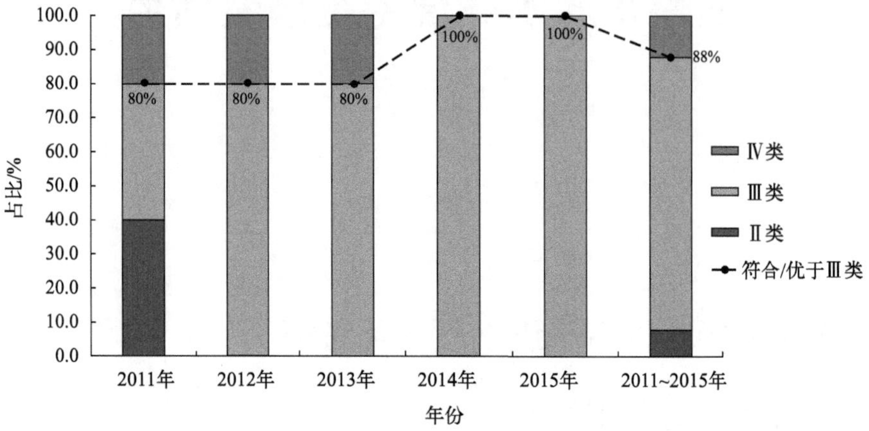

图3-2　库区干流代表断面年度水质类别总体比例构成

3.1.1.2　月度水质类别

对库区 5 个干流断面全年 12 个月，每月进行水质类别评价分析表明：全库 5 个代表断面 5 年 300 个测次的评价结果统计，三峡库区干流水质月度水质类别以Ⅱ～Ⅲ类为主（见图 3-3），符合或优于Ⅲ类的断面频次比例为 84.6%，其中Ⅱ类占比 21.1%，Ⅲ类占比 63.5%；超标的Ⅳ类、Ⅴ类和劣Ⅴ分别占比 13.4%、1.6% 和 0.4%，共计占比 15.4%。2011～2014 年，库区干流代表断面月度水质总体呈现出略下降后又逐步好转的趋势，2012 年全库干流断面符合或优于Ⅲ类的断面比例降为最低的 73%，2014 年上升到 93%，2015 年上升到 100%（见图 3-4）。

值得注意的是，库区 5 个代表断面 2013 年以前个别月份不定期出现超出Ⅲ类水质标准的情况，其中清溪场断面最为突出。

3.1.1.3　超标参数分析

库区干流水质主要超标参数为 TP 和 COD_{Mn}，超标断面主要集中在入库断面和库中的清溪场和沱口断面，这些断面超标主要和进入长江的泥沙含量大、与悬浮物密切相关的 TP 和 COD_{Mn} 含量增大导致部分断面 TP 和 COD_{Mn} 超出Ⅲ类水质标准有关。位于三峡水库上游的清溪场断面、入库断面寸滩以及库中的沱口断面 TP 超标现象较多，位于库下游的官渡口和太平溪断面 TP 超标现象较少。清溪场断面 COD_{Mn} 较寸滩断面和沱口断面超标现象多，官渡口断面和太平溪断面 COD_{Mn} 未出现超标现象。

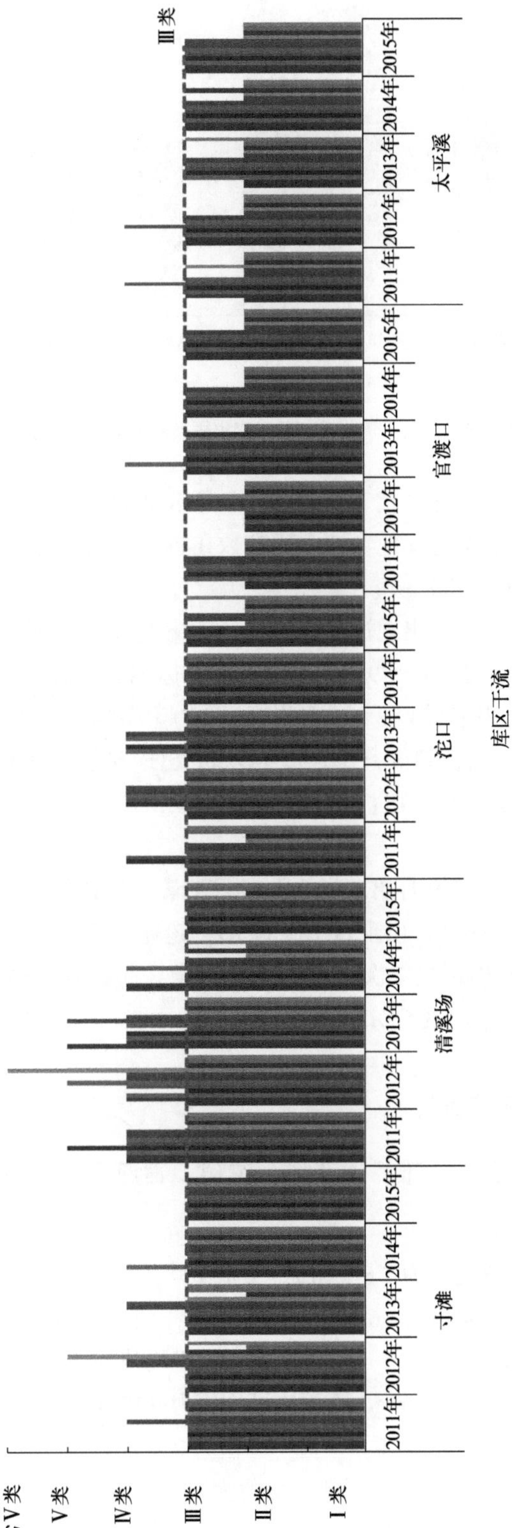

图3-3 库区干流代表断面月度水质类别构成（每年从左至右分别为1~12月）

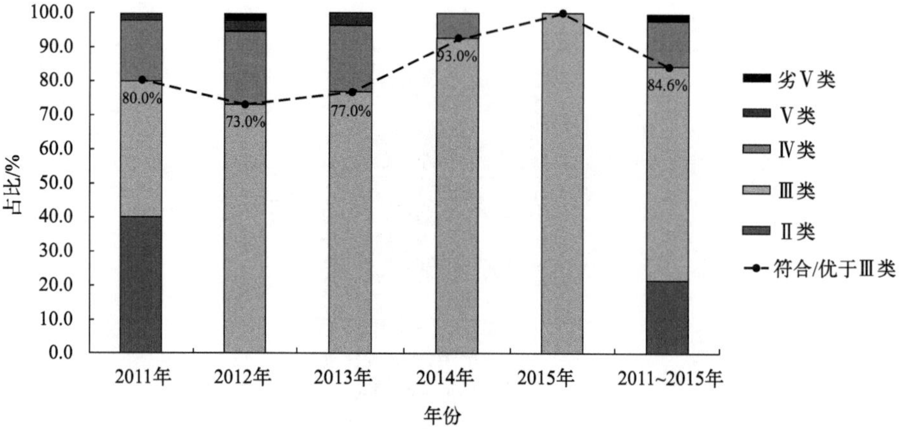

图3-4 库区干流代表断面月度水质类别总体比例构成

2011～2015年库区干流5个代表断面1～9月出现TP超标，7月和9月库中游及以上断面出现COD_{Mn}超标现象，其他参评水质参数在各月份均未超标。超标月份及月度水质类别和超标倍数见图3-5和图3-6。

清溪场断面TP在1～9月出现过超标现象，TP超标水质类别为Ⅳ～劣Ⅴ类，超标倍数为0.07～1.04；寸滩3月、7～9月出现过TP超标现象，TP超标水质类别为Ⅳ～Ⅴ类，超标倍数为0.05～0.89；沱口3～8月出现过TP超标现象，TP超标水质类别为Ⅳ类，超标倍数为0.05～0.45；官渡口3月出现过1次TP超标现象，TP超标水质类别为Ⅳ类，超标倍数为0.05；太平溪5月出现过2次TP超标现象，TP超标水质类别为Ⅳ类，超标倍数为0.01～0.05。

清溪场断面COD_{Mn}7月和9月出现过3次超标现象，COD_{Mn}超标水质类别为Ⅳ类，超标倍数为0.08～0.32；寸滩7月出现过1次COD_{Mn}超标现象，超标水质类别为Ⅳ类，超标倍数为0.09；沱口7月出现过1次COD_{Mn}超标现象，超标水质类别为Ⅳ类，超标倍数为0.22；官渡口和太平溪未出现COD_{Mn}超标现象。

3.1.1.4 主要参数特征值统计

（1）2011年库区干流寸滩、清溪场、沱口、官渡口、太平溪5个断面各参数含量统计

① pH值各断面月均值变幅为7.8～8.2，干流平均值为8.0；

② 溶解氧各断面月均值变幅为6.6～10.2mg/L，干流平均值为8.2mg/L；

③ 五日生化需氧量变幅为0.7～1.0mg/L，干流平均值为0.9mg/L；

④ 氨氮变幅为＜0.05～0.27mg/L，干流平均值为0.12mg/L；

⑤ COD_{Mn}变幅为1.3～6.5mg/L，干流平均值为2.2mg/L；

⑥ TP变幅为0.07～0.32mg/L，干流平均值为0.15mg/L；

⑦ 汞变幅为＜0.00001～0.00005mg/L，干流平均值＜0.00001mg/L；

⑧ 镉变幅为＜0.0010～0.0016mg/L，干流平均值＜0.0010mg/L；

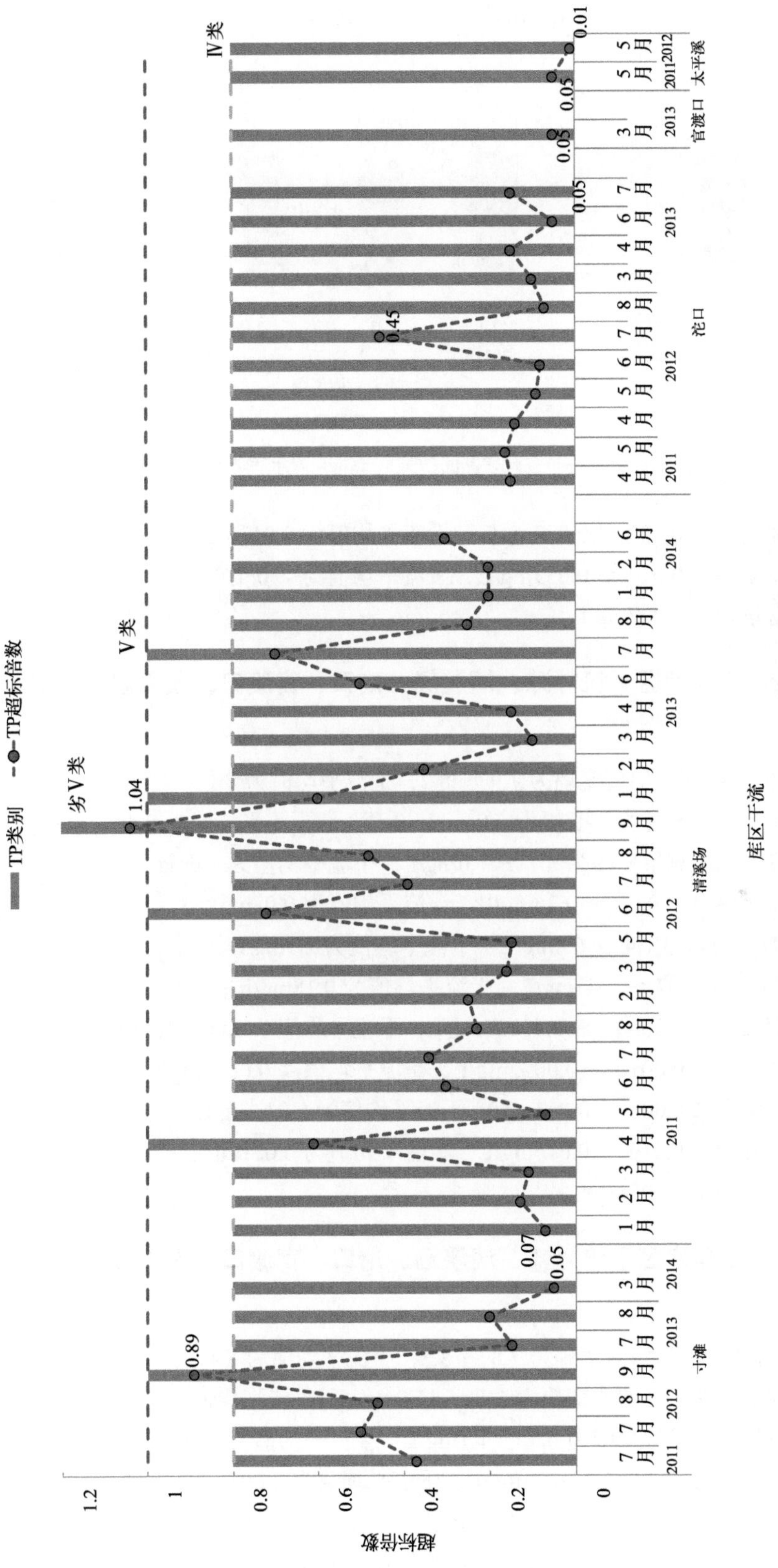

图3-5 库区干流各代表断面TP超标月度水质类别及超标倍数

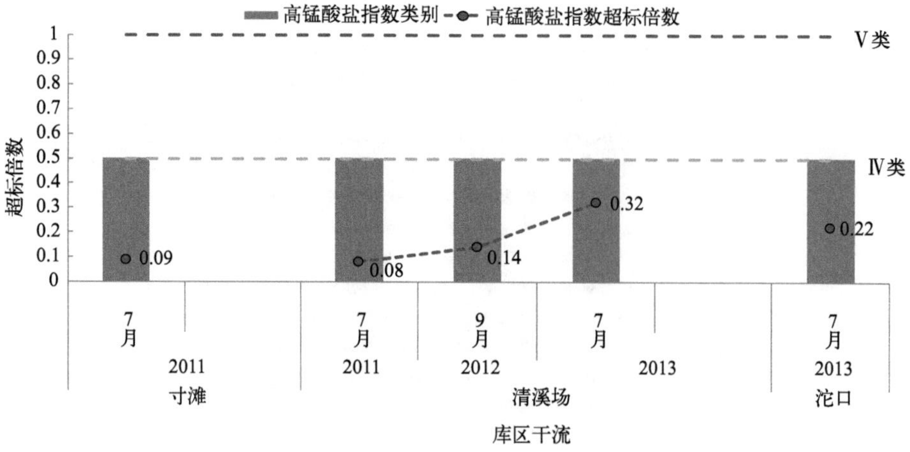

图3-6 库区干流各代表断面COD_{Mn}超标月度水质类别及超标倍数

⑨ 铜变幅为＜ 0.005 ～ 0.029mg/L，干流平均值为 0.012mg/L；
⑩ 铅变幅为＜ 0.010 ～ 0.039mg/L，干流平均值为＜ 0.010mg/L；
⑪ 砷含量均＜ 0.007mg/L。

（2）2012 年库区干流寸滩、清溪场、沱口、官渡口、太平溪 5 个断面各参数含量统计

① pH 值各断面月均值变幅为 7.9 ～ 8.2，干流平均值为 8.1；
② 溶解氧各断面月均值变幅为 6.0 ～ 10.2mg/L，干流平均值为 8.4mg/L；
③ 五日生化需氧量变幅为 0.7 ～ 1.0mg/L，干流平均值为 0.9mg/L；
④ 氨氮变幅为＜ 0.05 ～ 0.26mg/L，干流平均值为 0.08mg/L；
⑤ COD_{Mn} 变幅为 1.4 ～ 6.8mg/L，干流平均值为 2.5mg/L；
⑥ TP 变幅为 0.07 ～ 0.41mg/L，干流平均值为 0.18mg/L；
⑦ 汞变幅为＜ 0.00001 ～ 0.00005mg/L，干流平均值＜ 0.00001mg/L；
⑧ 镉变幅为＜ 0.0010 ～ 0.0022mg/L，干流平均值＜ 0.0010mg/L；
⑨ 铜变幅为＜ 0.005 ～ 0.043mg/L, 干流平均值为 0.013mg/L；
⑩ 铅变幅为＜ 0.010 ～ 0.046mg/L，干流平均值为 0.011mg/L；
⑪ 砷含量均＜ 0.007mg/L。

（3）2013 年库区干流寸滩、清溪场、沱口、官渡口、太平溪 5 个断面各参数含量统计

① pH 值各断面月均值变幅为 7.8 ～ 8.2，干流平均值为 8.1；
② 溶解氧各断面月均值变幅为 6.1 ～ 11.0mg/L，干流平均值为 8.4mg/L；
③ 五日生化需氧量变幅为 0.7 ～ 1.1mg/L，干流平均值为 0.9mg/L；
④ 氨氮变幅为＜ 0.025 ～ 0.24mg/L，干流平均值为 0.09mg/L；
⑤ COD_{Mn} 变幅为 1.3 ～ 7.9mg/L，干流平均值为 2.3mg/L；
⑥ TP 变幅为 0.06 ～ 0.34mg/L，干流平均值为 0.16mg/L；

⑦ 汞变幅为< 0.00001 ～ 0.00003mg/L，干流平均值< 0.00001mg/L；
⑧ 镉变幅为< 0.0010 ～ 0.002mg/L，干流平均值< 0.0010mg/L；
⑨ 铜变幅为< 0.005 ～ 0.013mg/L，干流平均值为< 0.005mg/L；
⑩ 铅变幅为< 0.010 ～ 0.021mg/L，干流平均值为 0.005mg/L；
⑪ 砷含量均< 0.007mg/L。

(4) 2014 年库区干流寸滩、清溪场、沱口、官渡口、太平溪 5 个断面各参数含量统计

① pH 值各断面月均值变幅为 8.0 ～ 8.2，干流平均值为 8.1；
② 溶解氧各断面月均值变幅为 7.8 ～ 8.8mg/L，干流平均值为 8.4mg/L；
③ 五日生化需氧量变幅为 0.8 ～ 1.2mg/L，干流平均值为 1.0mg/L；
④ 氨氮变幅为 0.036 ～ 0.134mg/L，干流平均值为 0.097mg/L；
⑤ COD_{Mn} 变幅为 1.6 ～ 2.4mg/L，干流平均值为 2.1mg/L；
⑥ TP 变幅为 0.13 ～ 0.17mg/L，干流平均值为 0.15mg/L；
⑦ 汞月均值保持为< 0.00001mg/L，干流平均值< 0.00001mg/L；
⑧ 镉月均值保持为< 0.0010mg/L，干流平均值< 0.0010mg/L；
⑨ 铜变幅为< 0.005 ～ 0.007mg/L，干流平均值为< 0.005mg/L；
⑩ 铅变幅为< 0.010 ～ 0.014mg/L，干流平均值为< 0.010mg/L；
⑪ 砷含量均< 0.007mg/L。

(5) 2015 年库区干流寸滩、清溪场、沱口、官渡口、太平溪 5 个断面各参数含量统计

① pH 值各断面月均值变幅为 7.7 ～ 8.6，干流平均值为 8.1；
② 溶解氧各断面月均值变幅为 6.1 ～ 9.9mg/L，干流平均值为 8.2mg/L；
③ 五日生化需氧量变幅为 0.7 ～ 1.2mg/L，干流平均值为 0.9mg/L；
④ 氨氮变幅为 0.010 ～ 0.201mg/L，干流平均值为 0.074mg/L；
⑤ COD_{Mn} 变幅为 1.3 ～ 3.7mg/L，干流平均值为 2.0mg/L；
⑥ TP 变幅为 0.07 ～ 0.17mg/L，干流平均值为 0.12mg/L；
⑦ 汞月均值保持为< 0.00001 ～ 0.00002mg/L，干流平均值< 0.00001mg/L；
⑧ 镉月均值保持为 <0.0010 ～ 0.0020mg/L，干流平均值 <0.0010mg/L；
⑨ 铜变幅为< 0.005 ～ 0.008mg/L，干流平均值为< 0.005mg/L；
⑩ 铅变幅为< 0.010 ～ 0.017mg/L，干流平均值为< 0.010mg/L；
⑪ 砷含量均< 0.007mg/L。

3.1.1.5 干流水质状况比较分析

(1) 年度水质类别变化对比分析

库区干流水质总体较好，寸滩、沱口、官渡口和太平溪 4 个断面水质维持较好，年度水质类别保持在Ⅱ～Ⅲ类；清溪场水质略差，年度水质类别为Ⅲ～Ⅳ类。

具体来看，寸滩和沱口断面 2011 ～ 2015 年年度水质类别一直稳定为Ⅲ类，官渡口和太平溪断面年度水质类别由 2011 年的Ⅱ类上升并稳定到 2012 ～ 2015 年的Ⅲ类；清溪场断面水质虽略差，但年度水质类别由 2011 ～ 2013 年的Ⅳ类转为 2014 ～ 2015 年的Ⅲ类（详见图 3-7）。

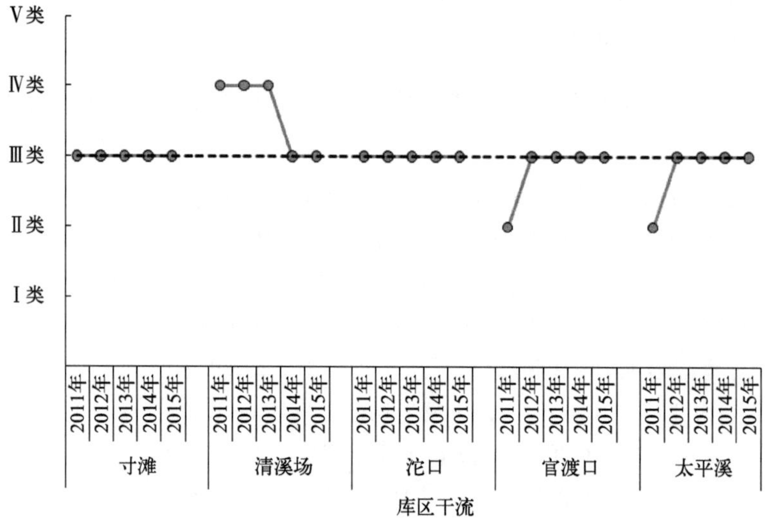

图3-7　库区干流代表断面年度水质类别对比

（2）年度水质参数变化对比分析

对 TP、COD_{Mn}、NH_3-N、铜特征参数做浓度年度均值统计分析，以分析库区干流 5 个代表断面水质参数的变化情况，从图 3-8 ～图 3-11 可以看出：整体上看，库区干流 TP、COD_{Mn} 在空间沿程上呈现出由库上游至库下游逐渐降低的趋势，时间尺度上呈现出 2012 年略增高之后逐步下降的趋势。氨氮在空间沿程上呈现出库上游至库下游总体变化不大，库首略有降低的趋势，时间尺度上呈现出 2012 年下降之后略有升高的趋势。铜在空间沿程上呈现出由库上游至库下游逐渐降低的趋势，时间尺度上呈现出 2012 年略增高之后急速下降的趋势。

3.1.2　干流水质变化趋势分析

3.1.2.1　不同水位调度期水质特征分析

（1）三峡水库 175m 蓄水位运行特征

三峡水库是典型的河道型水库，综合考虑防洪、发电、航运和排沙等要求，三峡水库 175m 正常蓄水位一般采用图 3-12 所示的调度运行方式：每年的 5 月末～ 6 月初，为腾出防洪库容，坝前水位降至汛期防洪限制水位 145m；汛期 6 ～ 9 月，水库一般维持 145m 低水位运行，水库下泄流量与天然相同。在遇大洪水时，根据下游防洪需要，水库拦洪蓄水，蓄水位抬高，洪峰过后，仍降至 145m 运行。汛期末 10 月，水库蓄水，下泄流量有所减少，水位逐步升高至 175m。12 月～次年 4 月，水库尽量维持在高水位运行。4 月末以前水位最低不低于 155m，以保证发电水头和上游航道必需的航深。至 5 月进一步降低蓄水位。

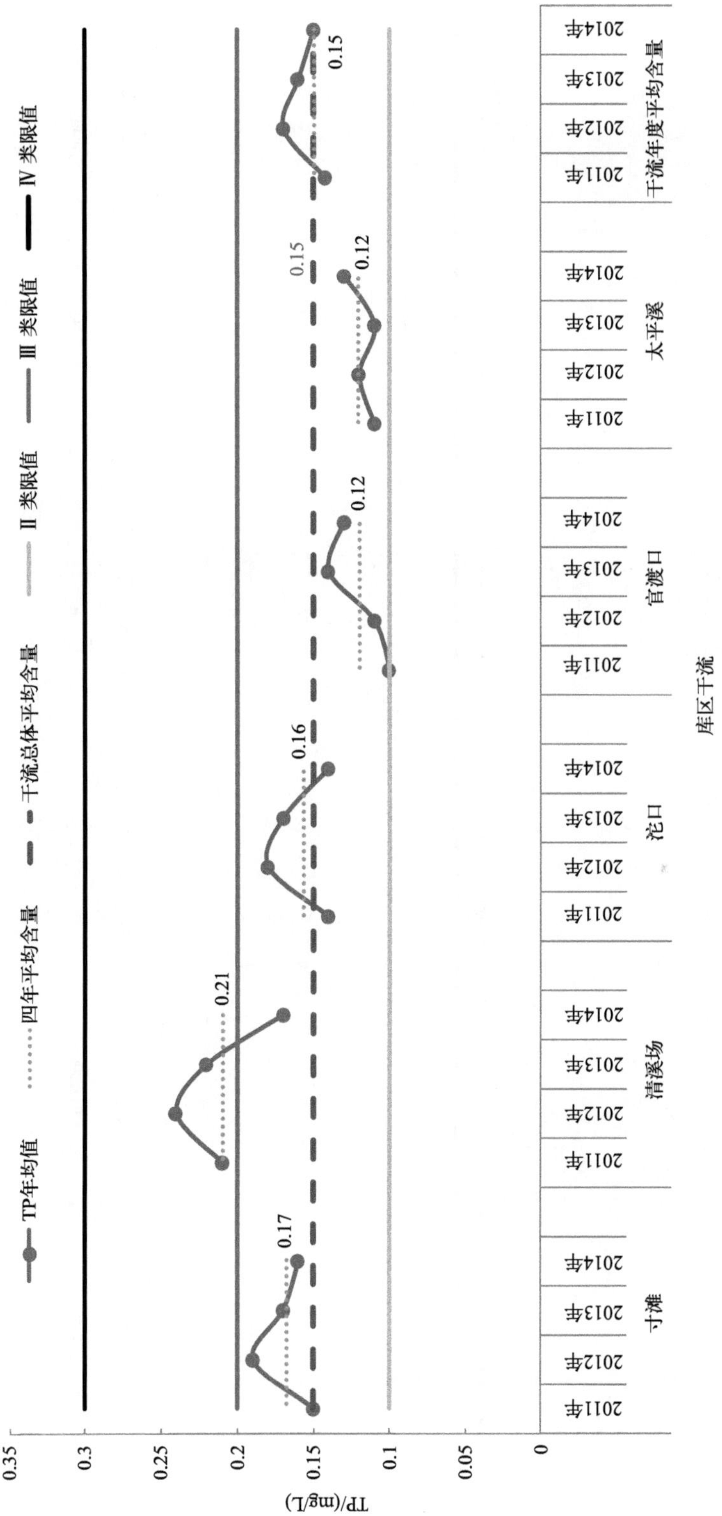

图3-8 库区干流代表断面TP年均值变化特征统计图

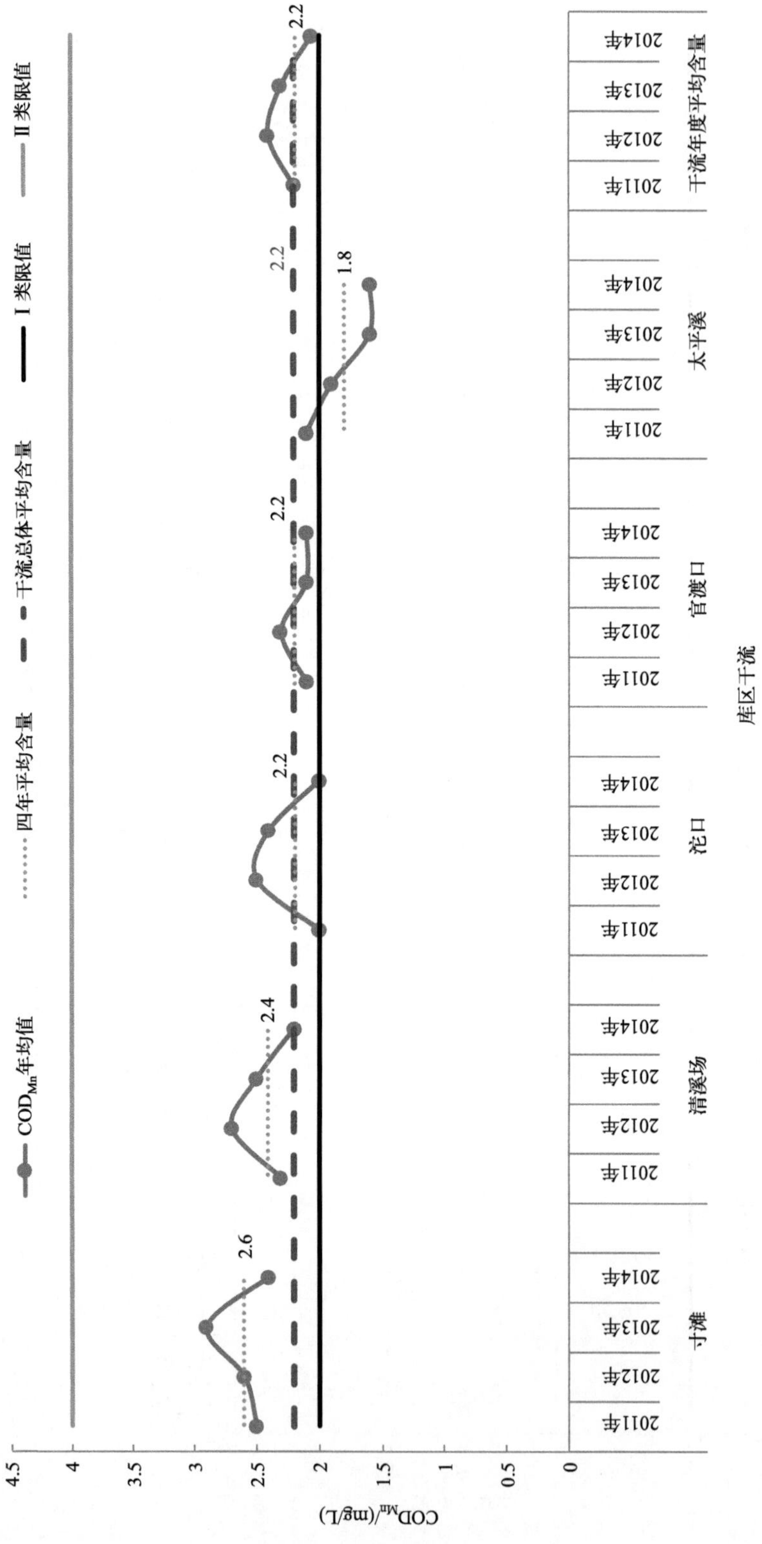

图3-9　库区干流代表断面COD_{Mn}年均值变化特征统计图

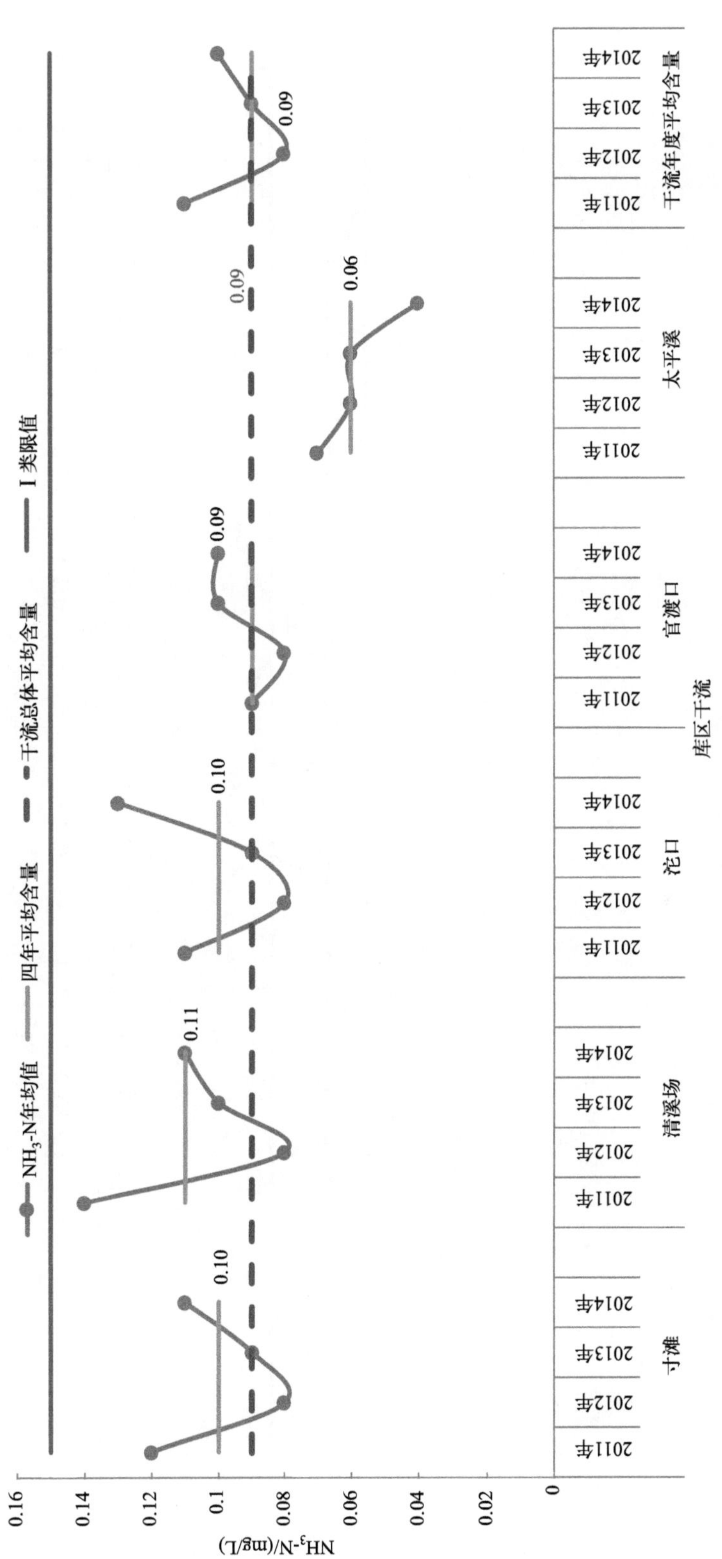

图3-10 库区干流代表断面NH_3-N年均值变化特征统计图

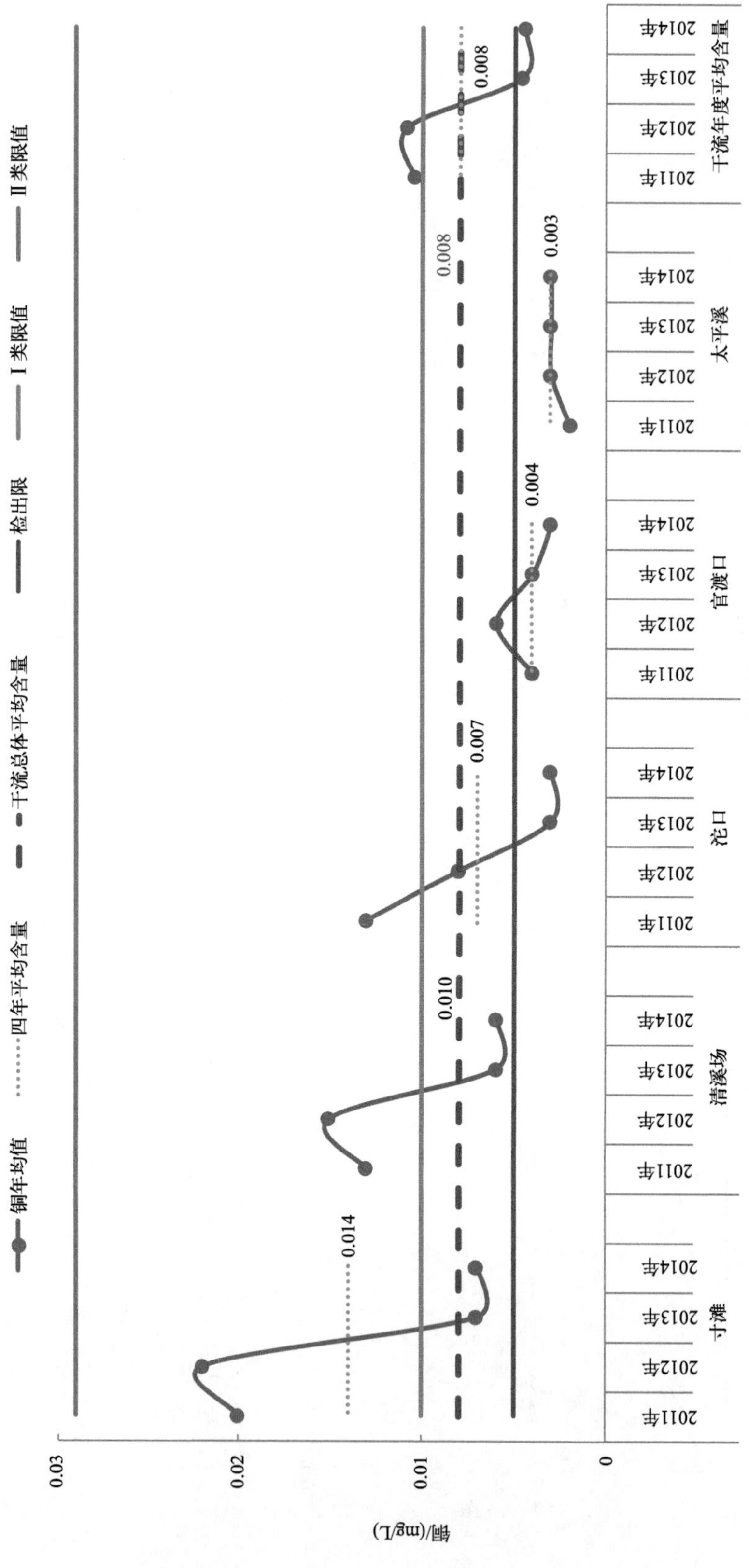

图3-11　库区干流代表断面铜年均值变化特征统计图

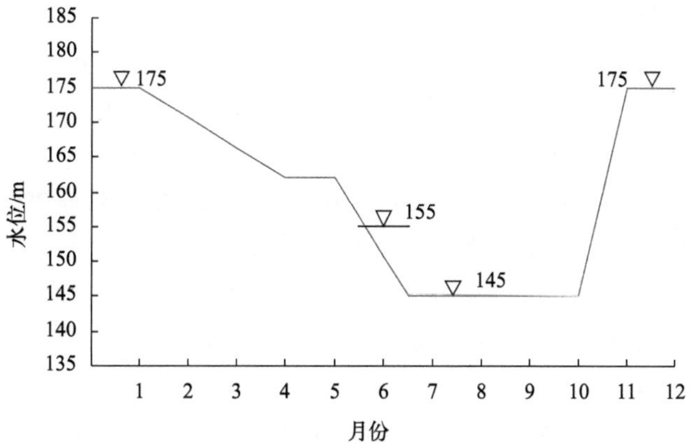

图3-12 三峡水库175m蓄水位调度运行方式

根据以上三峡水库蓄水运行图分析，三峡水库在175m正常调度运行期时，会经历水位高（坝前控制水位175m）至水位低（坝前控制水位145m）两个高低水位转化过程。为进一步分析这两个调水时段水库干流水质状况，本节将重点对比分析这两个时段的水质类别和典型参数变化情况，因此根据三峡水库175m正常调度过程，选取代表月份划分两个时间段，初步选取每年的7～9月作为低水位调度期代表月份，该时段坝前水位基本均控制在145m；选取每年的11～12月作为高水位调度期代表月份，该时段坝前水位基本均控制在175m。

（2）不同水位调度期水质类别对比分析

对5个代表断面高低两个水位调度期水质类别单月和总体水质评价表明：总体上库区干流高水位调度期（11～12月）水质状况明显好于低水位调度期（7～9月），但高低两个调度期均以Ⅱ～Ⅲ类水为主（详见图3-13）。

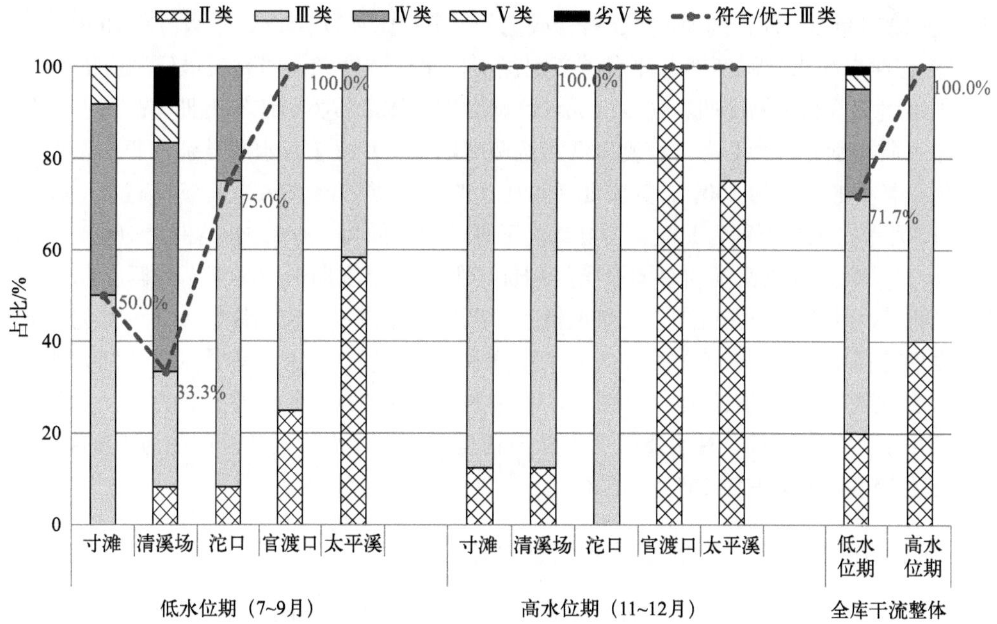

图3-13 干流代表断面高低水位调度期单月水质类别比例构成

1）库区干流整体来看

由全库干流单月评价结果统计分析可见，高水位调度期5个代表断面水质类别均符合Ⅱ～Ⅲ类，符合或优于Ⅲ类水的比例为100%，其中Ⅱ类占比40%，Ⅲ类占比60%；低水位调度期5个代表断面水质类别为Ⅱ～劣Ⅴ类，符合或优于Ⅲ类水的比例为71.7%，其中Ⅱ类、Ⅲ类、Ⅳ类、Ⅴ类和劣Ⅴ类分别占比20%、51.7%、23.3%、3.3%和1.7%。

2）各代表断面单月或分年度调度期总体评价结果

统计分析表明：库区干流代表断面高水位调度期水质类别优于低水位调度期。

① 寸滩高水位调度期总体水质类别优于低水位调度期，同时高水位调度期单月水质类别也明显优于低水位调度期。寸滩低水位调度期总体水质类别评价为Ⅲ类或Ⅴ类；高水位调度期总体水质类别评价为Ⅲ类。寸滩低水位调度期7～9月单月水质类别为Ⅲ～Ⅴ类，符合或优于Ⅲ类的比例为50%，其中Ⅲ类占比50%、Ⅳ类占比41.7%、Ⅴ类占比8.3%；寸滩高水位调度期11～12月单月水质类别为Ⅱ～Ⅲ类，符合或优于Ⅲ类的比例为100%，其中Ⅱ类占比12.5%、Ⅲ类占比87.5%。

② 清溪场高水位调度期总体水质类别优于低水位调度期，同时高水位调度期单月水质类别也明显优于低水位调度期。清溪场低水位调度期总体水质类别评价为Ⅲ～Ⅴ类；高水位调度期总体水质类别评价为Ⅲ类。清溪场低水位调度期7～9月单月水质类别为Ⅱ～劣Ⅴ类，符合或优于Ⅲ类的比例为33.3%，其中Ⅱ类占比8.3%、Ⅲ类占比25%、Ⅳ类占比50%、Ⅴ类占比8.3%、劣Ⅴ类占比8.3%；清溪场高水位调度期11～12月单月水质类别为Ⅱ～Ⅲ类，符合或优于Ⅲ类的比例为100%，其中Ⅱ类占比12.5%、Ⅲ类占比87.5%。

③ 沱口高水位调度期总体水质类别优于低水位调度期，同时高水位调度期单月水质类别也优于低水位调度期。沱口低水位调度期总体水质类别评价为Ⅲ～Ⅳ类；高水位调度期总体水质类别评价为Ⅲ类。沱口低水位调度期7～9月单月水质类别为Ⅱ～Ⅳ类，符合或优于Ⅲ类的比例为75%，其中Ⅱ类占比8.3%、Ⅲ类占比66.7%、Ⅳ类占比25%；沱口高水位调度期11～12月单月水质类别为Ⅲ类，符合或优于Ⅲ类的比例为100%，Ⅲ类占比100%。

④ 官渡口高水位调度期总体水质类别优于低水位调度期，同时高水位调度期单月水质类别也优于低水位调度期。官渡口低水位调度期总体水质类别评价为Ⅲ类；高水位调度期总体水质类别评价为Ⅱ类。官渡口低水位调度期7～9月单月水质类别为Ⅱ～Ⅲ类，符合或优于Ⅲ类的比例为100%，其中Ⅱ类占比25%、Ⅲ类占比75%；官渡口高水位调度期11～12月单月水质类别为Ⅱ类，符合或优于Ⅲ类的比例为100%，Ⅱ类占比100%。

⑤ 太平溪高水位调度期总体水质类别优于低水位调度期，同时高水位调度期单月水质类别也略优于低水位调度期。太平溪低水位调度期总体水质类别评价为Ⅱ～Ⅲ类；高水位调度期总体水质类别评价为Ⅱ类。太平溪低水位调度期7～9月单月水质类别为Ⅱ～Ⅲ类，符合或优于Ⅲ类的比例为100%，其中Ⅱ类占比58.3%、Ⅲ类占比41.7%；太平溪高水位调度期11～12月单月水质类别为Ⅱ～Ⅲ类，符合或优于Ⅲ类的比例为100%，其中Ⅱ类占比75%、Ⅲ类占比25%。

（3）不同水位调度期特征参数含量对比分析

对三峡水库5个干流代表断面2个调度期TP、COD_{Mn}、NH_3-N和Pb 4个特征参数含量比较分析表明（见图3-14～图3-17）：

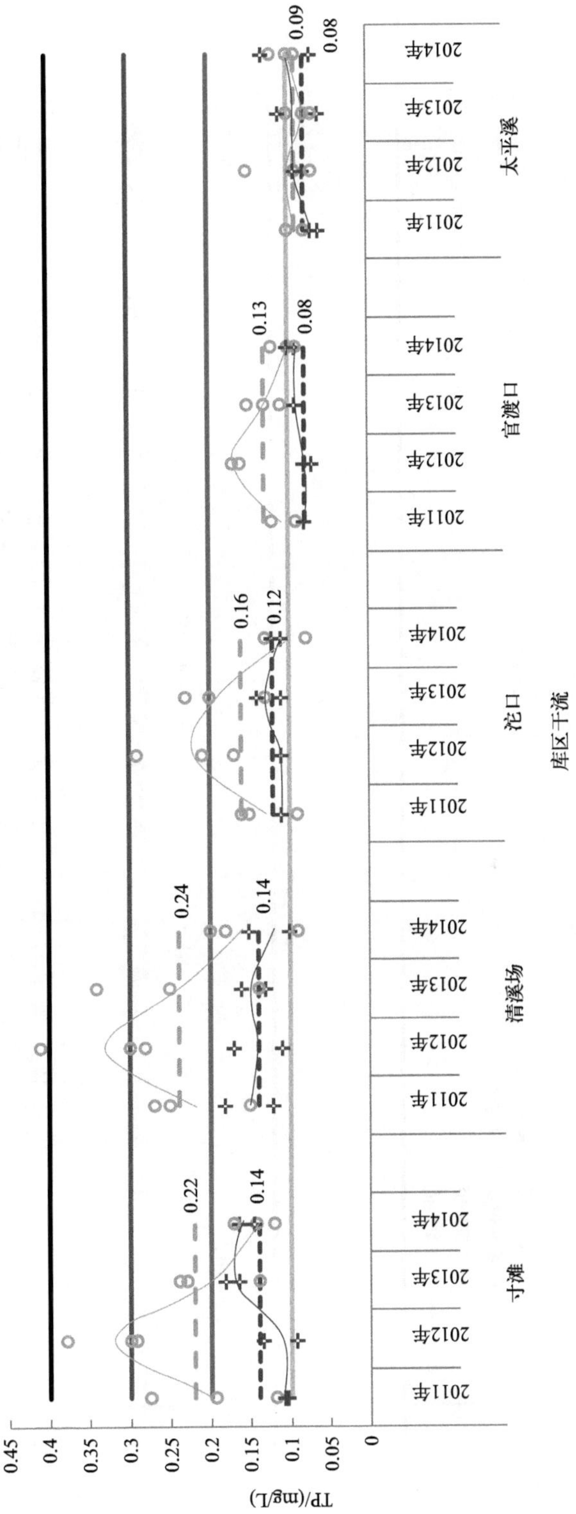

图3-14 干流代表断面高低水位调度期TP含量对比

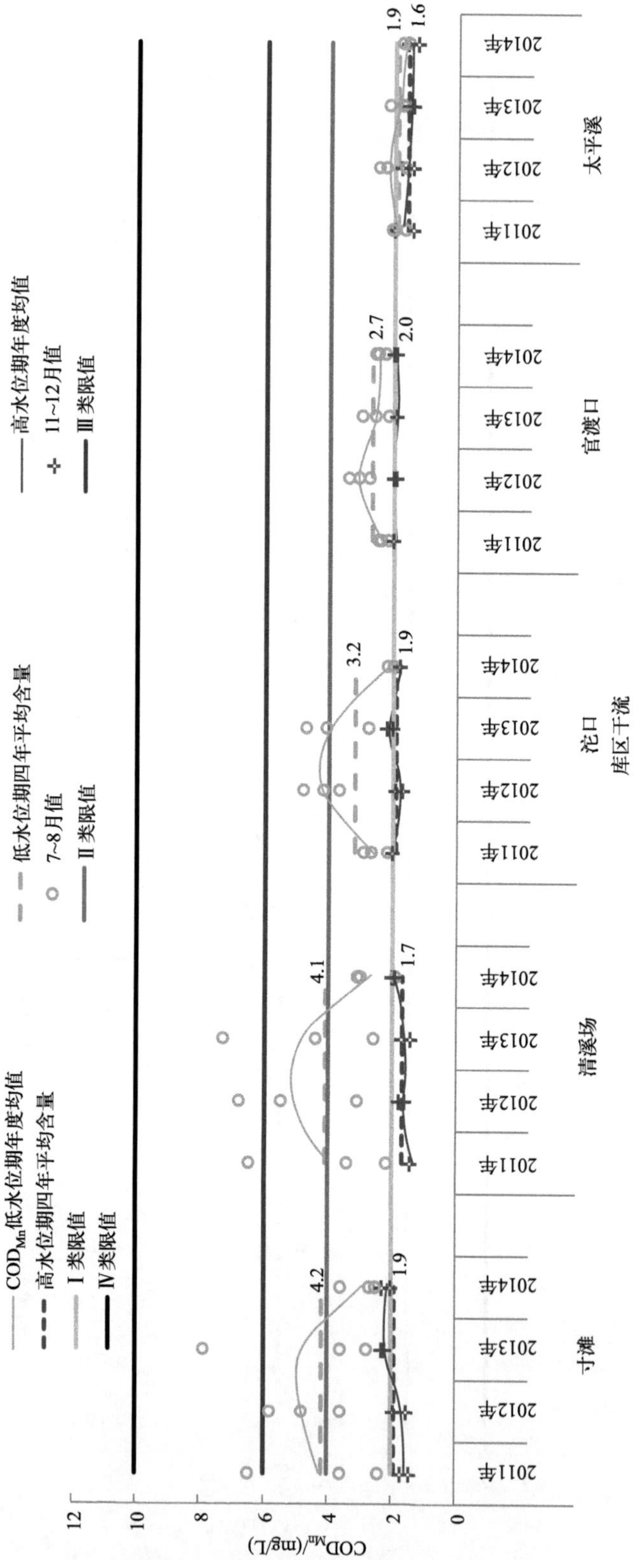

图3-15　干流代表断面高低水位调度期COD_{Mn}含量对比

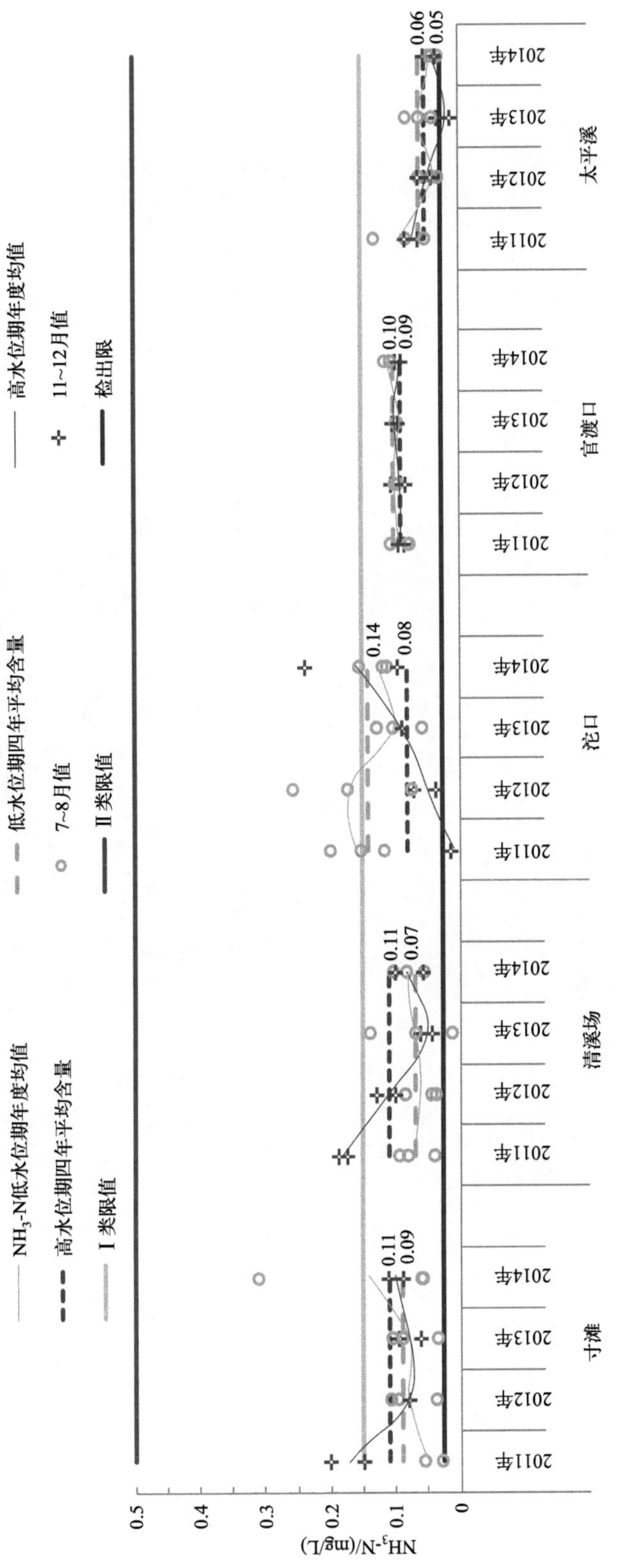

图3-16 干流代表断面高低水位调度期NH_3-N含量对比

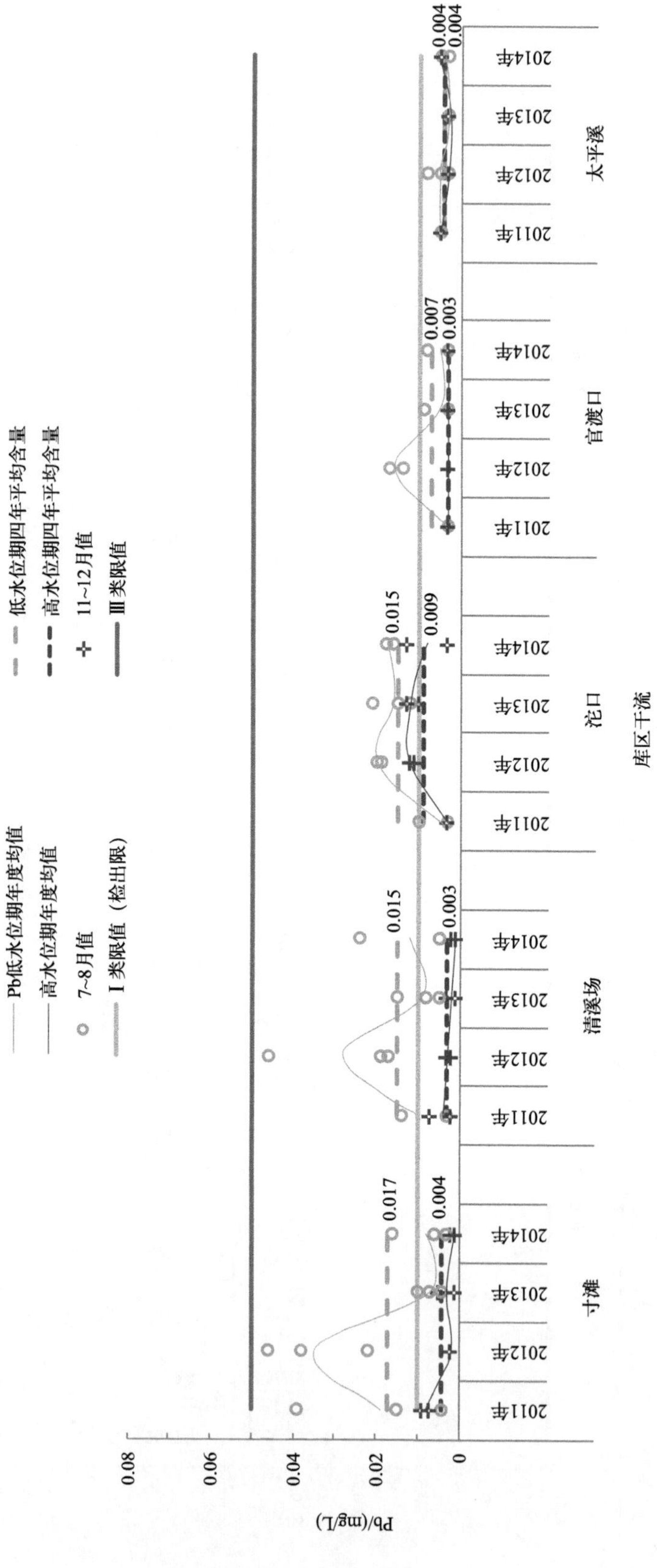

图3-17 干流代表断面高低水位调度期Pb含量对比

整体上看，库区干流 TP、COD_{Mn}、NH_3-N 和 Pb 等水质参数含量低水位调度期（7 ～ 9 月）略高于高水位调度期（11 ～ 12 月）；空间上看低水位调度期 TP、COD_{Mn} 和 Pb 呈现出沿程降低趋势，NH_3-N 变化不大；高水位期 TP 呈现出沿程降低趋势，COD_{Mn}、NH_3-N 和 Pb 变化不大。

① TP 在高低水位调度期空间沿程上均呈现出由库上游至库下游逐渐降低的趋势，时间尺度上呈现出 TP 含量低水位调度期（7 ～ 9 月）总体略高于高水位调度期（11 ～ 12 月）的趋势。寸滩、清溪场、沱口、官渡口、太平溪低水位调度期 TP 四年平均含量分别为 0.22mg/L、0.24mg/L、0.16mg/L、0.13mg/L 和 0.09mg/L，分别对应高于同断面高水位调度期 TP 四年平均含量 0.14mg/L、0.14mg/L、0.12mg/L、0.08mg/L 和 0.08mg/L。

② COD_{Mn} 在低水位调度期空间沿程上均呈现出由库上游至库下游逐渐降低的趋势，高水位调度期空间沿程上变化不大；时间尺度上呈现出 COD_{Mn} 含量低水位调度期（7 ～ 9 月）总体略高于高水位调度期（11 ～ 12 月）的趋势。寸滩、清溪场、沱口、官渡口、太平溪低水位调度期 COD_{Mn} 四年平均含量分别为 4.2mg/L、4.1mg/L、3.2mg/L、2.7mg/L 和 1.9mg/L，分别对应高于同断面高水位调度期 TP 四年平均含量 1.9mg/L、1.7mg/L、1.9mg/L、2.0mg/L 和 1.6mg/L。

③ NH_3-N 在高低水位调度期空间沿程上均变化不大；时间尺度上 NH_3-N 在高低水位调度期的不同断面互有高低。寸滩和清溪场低水位调度期 NH_3-N 四年平均含量分别为 0.09mg/L 和 0.07mg/L，低于同断面高水位调度期 TP 四年平均含量 0.11mg/L；沱口低水位调度期 NH_3-N 四年平均含量为 0.14mg/L，高于高水位调度期 NH_3-N 四年平均含量 0.08mg/L；官渡口和太平溪低水位调度期 NH_3-N 四年平均含量分别为 0.10mg/L 和 0.06mg/L，与高水位调度期 NH_3-N 四年平均含量 0.09mg/L 和 0.05mg/L 相当。

④ Pb 在低水位调度期空间沿程上均呈现出由库上游至库下游逐渐降低的趋势，高水位调度期空间沿程上变化不大；时间尺度上呈现出 Pb 含量低水位调度期（7 ～ 9 月）总体略高于高水位调度期（11 ～ 12 月）的趋势。寸滩、清溪场、沱口、官渡口、太平溪低水位调度期 Pb 四年平均含量分别为 0.017mg/L、0.015mg/L、0.015mg/L、＜ 0.010mg/L 和＜ 0.010mg/L，分别对应高于或相当于同断面高水位调度期 TP 四年平均含量＜ 0.010mg/L。

3.1.2.2 不同历史蓄水期干流水质特征分析

三峡水库开展了 4 次不同蓄水位的蓄水进程，分别为 135m 蓄水（2003 年）、156m 蓄水（2006 年）、175m 试验性蓄水（2008 年开始）及 175m 蓄水（2010 年开始）。随着蓄水进程的开展，库区水文情势发生了明显改变。为反映三峡水库不同蓄水位阶段干流的主要水质特征，对三峡库区干流 5 个代表断面寸滩、清溪场、沱口、官渡口、太平溪开展阶段分析研究。本节 135m 蓄水前（1998 ～ 2002 年），指 2003 年蓄水以前时段；135m 蓄水位（2004 ～ 2005 年），指 2003 年 135m 蓄水后至 2006 年 156m 蓄水之前的时段；156m 蓄水位（2007 年代表年），指 2006 年 156m 蓄水后至 2008 年开始试验性蓄水之前的时段；175m 试验性蓄水位（2009 年代表年），指 2008 年开始试验性蓄水后至 2010 年正式蓄水至 175m 之前的时段；175m 蓄水位（2011 ～ 2015 年），指 2010 年后正式开展并每年正常达到 175m 蓄水的时段。

上述不同蓄水期时间段划分详见表 3-1。

表3-1 三峡水库不同历史蓄水期时间段划分

年份	时期划分	蓄水期	蓄水位
1998年之前	蓄水前	135m蓄水前	＜135m
1998			
1999			
2000			
2001			
2002			
2003	蓄水前和蓄水后过渡年	135m蓄水年	第一次达到135m
2004	蓄水后初期运行期	135m蓄水位	可以稳定到达135m
2005			
2006		156m蓄水年	第一次达到156m
2007		156m蓄水位	可以稳定到达156m
2008		175m试验蓄水年	第一次冲刺175m
2009		175m试验性蓄水位	第二次冲刺175m
2010		175m正式蓄水年	第一次达到175m
2011	蓄水后高水位常态运行期	175m蓄水位	可以稳定到达175m
2012			
2013			
2014			
2014年之后			

（1）水质类别变化比较

参照《地表水环境质量标准》（GB 3838—2002），选取 pH 值、溶解氧、COD_{Mn}、五日生化需氧量、氨氮、TP、铜、铅、镉、汞、砷、石油类 12 项参评项目，采用单因子评价法对不同蓄水位干流代表断面进行年度水质类别评价，评价结果分析表明：

蓄水后干流水质总体上趋好，总体上库区干流断面符合（或优于）Ⅲ类水质标准的比例蓄水后较蓄水前有所提高。寸滩、沱口、官渡口和太平溪断面在蓄水后不同蓄水位阶段年度水质稳定在Ⅱ～Ⅲ类；清溪场断面在 175m 蓄水位运行期，除因 TP 超标情况增多致使水质状况略有下降出现Ⅳ类水外，其他蓄水位阶段均稳定在Ⅲ类。

1）对库区干流 5 个代表断面不同蓄水位整体年度水质类别评价结果的对比分析

135m 蓄水前，库区干流断面总体年度水质类别以Ⅱ～Ⅲ类为主，占比 80.0%，超标的Ⅳ类仅占比 20%，水质尚好；蓄水后，135m 蓄水位、156m 蓄水位和 175m 试验性蓄水位三个阶段，年度水质变好且相对保持稳定，总体年度水质均为Ⅱ～Ⅲ类，占比 100%；175m

蓄水位运行期，总体上看库区干流断面年度水质状况较其他蓄水位有所下降，Ⅱ～Ⅲ类水质类别占比 85.0%（Ⅳ类占比 15%），但符合（或优于）Ⅲ类水质标准的比例仍高于蓄水前的 80%，水质略有下降的主要原因是清溪场断面在 175m 蓄水位运行期的前三年因 TP 超标情况增多致使年度水质类别下降为Ⅳ类，但其他干流断面仍均保持稳定的Ⅱ～Ⅲ类。

2）各代表断面不同蓄水位年度水质类别评价结果自身对比分析

① 寸滩断面蓄水前年度水质类别为Ⅲ～Ⅳ类，蓄水后各蓄水位年度水质类别均为Ⅲ类，年度水质类别符合（或优于）Ⅲ类水的比例蓄水前为 60%，蓄水后四个蓄水位阶段均上升至 100%；

② 清溪场断面蓄水前年度水质类别为Ⅲ～Ⅳ类，蓄水后的 135m 蓄水位、156m 蓄水位、175m 试验蓄水位阶段年度水质类别均为Ⅲ类，175m 蓄水位运行期水质类别为Ⅲ～Ⅳ类，年度水质类别符合（或优于）Ⅲ类水的比例蓄水前为 60%，蓄水后四个蓄水位阶段先上升后略降，分别为 100%、100%、100% 和 25%；

③ 沱口断面蓄水前年度水质类别为Ⅲ～Ⅳ类，蓄水后各蓄水位年度水质类别为Ⅱ～Ⅲ类，年度水质类别符合（或优于）Ⅲ类水的比例蓄水前为 80%，蓄水后四个蓄水位阶段均上升至 100%；

④ 官渡口断面在蓄水前和蓄水后各水位阶段年度水质类别均为Ⅱ～Ⅲ类，符合（或优于）Ⅲ类水的比例蓄水前和蓄水后各阶段均为 100%；

⑤ 太平溪断面蓄水前年度水质类别为Ⅲ～Ⅳ类，蓄水后各蓄水位年度水质类别为Ⅱ～Ⅲ类，年度水质类别符合（或优于）Ⅲ类水的比例蓄水前为 80%，蓄水后四个蓄水位阶段均上升至 100%。

（2）水质影响因子浓度变化比较

对库区干流蓄水后的 135m 蓄水位（2004 ～ 2005 年）、156m 蓄水位（2007 年）、175m 试验性蓄水位（2009 年）和 175m 蓄水位（2011 ～ 2014 年）4 个阶段 480 个断面次月度水质数据进行统计分析和评价，其中有 94 个断面次的水质类别属于Ⅳ～劣Ⅴ类，主要超标项目依次为 TP、COD_{Mn}、石油类、铅，镉和汞也偶有超标，超标率分别为 17.1%、4.0%、2.1%、1.7%、0.4% 和 0.4%。TP、COD_{Mn}、石油类、铅 4 个主要超标参数在 135m 蓄水位、156m 蓄水位、175m 试验性蓄水位和 175m 蓄水位 4 个阶段的超标倍数详见表 3-2。

表3-2　蓄水后库区干流代表断面不同蓄水位月度超标参数及超标倍数统计表

断面	超标参数	135m蓄水位	156m蓄水位	175m试验性蓄水位	175m蓄水位
寸滩	TP	0.3～0.85	0.2～0.7	0.35～1.15	0.05～0.89
	COD_{Mn}	0.1	—	0.1～0.23	0.09～0.32
	石油类	0.2	0.2～0.8	0.8	—
	铅	0.1～0.14	—	—	—
	镉	0.1	—	—	—
	汞	—	—	0.4	—

续表

断面	超标参数	135m蓄水位	156m蓄水位	175m试验性蓄水位	175m蓄水位
清溪场	TP	0.05～0.8	0.3～0.8	0.05～0.7	0.06～1.04
	COD_{Mn}	0.07～0.13	0.27	0.12～0.22	0.08～0.22
	石油类	0.4	—	1.6	—
	铅	0.2～0.78	—	—	—
	镉	0.12	—	—	—
	汞	—	—	1.9	—
沱口	TP	0.05～0.35	—	1.15	0.05～0.45
	COD_{Mn}	—	0.67～0.87	1.1	—
	石油类	1.2～3.8	—	—	—
	铅	0.1～0.24	—	0.02	—
官渡口	TP	0.25	0.65	—	0.05
	石油类	0.2～1	—	—	—
太平溪	TP	0.1	0.15	—	0.01～0.05

注：超标倍数以Ⅲ类水质标准计算。

蓄水后各蓄水位代表年三峡水库干流超标水质因子超标情况呈现出由上游至下游沿程减轻的趋势，上游寸滩和清溪场断面超标参数较多，出现过TP、COD_{Mn}、石油类、铅、镉和汞超标的情况；中游的沱口断面只出现TP、COD_{Mn}、石油类、铅超标的情况；下游的官渡口断面出现TP和石油类超标情况；坝前的太平溪断面只出现TP超标的情况。

TP、COD_{Mn}、石油类、铅、镉和汞等参数的浓度变化范围统计见表3-3，不同蓄水位阶段各参数年均浓度相差不大，月均浓度变幅较大。

① TP 135m蓄水位月均浓度变化范围为0.04～0.37mg/L，干流年均值为0.14mg/L；156m蓄水位月均浓度范围为0.04～0.36mg/L，干流年均值为0.11mg/L；175m试验性蓄水位月均浓度范围为0.04～0.44mg/L，干流年均值为0.13mg/L；175m蓄水位月均浓度范围为0.06～0.41mg/L，干流年均值为0.16mg/L。

② COD_{Mn}135m蓄水位月均浓度变化范围为1.4～6.8mg/L，干流年均值为2.8mg/L；156m蓄水位月均浓度范围为1.2～11.2mg/L，干流年均值为2.6mg/L；175m试验性蓄水位月均浓度范围为1.2～12.6mg/L，干流年均值为2.6mg/L；175m蓄水位月均浓度范围为1.3～7.9mg/L，干流年均值为2.2mg/L。

③ 石油类135m蓄水位月均浓度变化范围为＜0.01～0.24mg/L；156m蓄水位月均浓度范围为＜0.01～0.09mg/L；175m试验性蓄水位月均浓度范围为＜0.01～0.13mg/L；175m蓄水位月均浓度范围为＜0.01～0.05mg/L；前三个阶段干流年均值均为0.02mg/L，蓄水后干流年均值为0.01mg/L。

④ 铅135m蓄水位月均浓度变化范围为＜0.010～0.062mg/L，干流年均值为0.016mg/L；156m蓄水位月均浓度范围为＜0.010～0.042mg/L，干流年均值为0.012mg/L；175m试验

性蓄水位月均浓度范围为< 0.010 ~ 0.051mg/L，干流年均值为 0.011mg/L；175m 蓄水位月均浓度范围为< 0.001 ~ 0.046mg/L，干流年均值为 0.008mg/L。

⑤ 镉 135m 蓄水位月均浓度变化范围为< 0.001 ~ 0.006mg/L，干流年均值为 0.002mg/L；156m 蓄水位月均浓度范围为< 0.001 ~ 0.004mg/L，干流年均值为 0.001mg/L；175m 试验性蓄水位月均浓度范围为< 0.001 ~ 0.004mg/L，干流年均值为 0.001mg/L；175m 蓄水位月均浓度均< 0.0001 ~ 0.002mg/L，干流年均值 0.0005mg/L。

⑥ 汞 135m 蓄水位月均浓度变化范围为< 0.00005 ~ 0.00010mg/L，干流年均值为< 0.00005mg/L；156m 蓄水位月均浓度范围为< 0.00005 ~ 0.00020mg/L，干流年均值为 0.00007mg/L；175m 试验性蓄水位月均浓度为< 0.00005 ~ 0.00029mg/L，干流年均值为< 0.00005mg/L；175m 蓄水位月均浓度为< 0.00001 ~ 0.00050mg/L，干流年均值为< 0.00005mg/L。

表3-3 不同蓄水位库区干流代表断面超标参数特征均值统计表 单位：mg/L

时段	TP		COD_{Mn}		石油类	
	年均值	月均值范围	年均值	月均值范围	年均值	月均值范围
135m蓄水位	0.14	0.04～0.37	2.8	1.4～6.8	0.02	＜0.01～0.24
156m蓄水位	0.11	0.04～0.36	2.6	1.2～11.2	0.02	＜0.01～0.09
175m试验性蓄水位	0.13	0.04～0.44	2.6	1.2～12.6	0.02	＜0.01～0.13
175m蓄水位	0.16	0.06～0.41	2.2	1.3～7.9	0.01	＜0.01～0.05
年均值范围	0.11～0.16		2.2～2.8		0.01～0.02	
月均值变幅	0.04～0.44		1.2～12.6		＜0.01～0.24	
时段	铅		镉		汞	
	年均值	月均值范围	年均值	月均值范围	年均值	月均值范围
135m蓄水位	0.016	＜0.010～0.062	0.002	＜0.001～0.006	＜0.00005	＜0.00005～0.00010
156m蓄水位	0.012	＜0.010～0.042	0.001	＜0.001～0.004	0.00007	＜0.00005～0.00020
175m试验性蓄水位	0.011	＜0.010～0.051	0.001	＜0.001～0.004	＜0.00005	＜0.00005～0.00029
175m蓄水位	0.008	＜0.001～0.046	0.0005	＜0.0001～0.002	＜0.00005	＜0.00001～0.00050
年均值范围	0.008～0.011		0.0005～0.002		＜0.00005～0.00007	
月均值变幅	＜0.001～0.062		＜0.001～0.006		＜0.00005～0.00200	

3.2 不同运行水位下支流水质变化特征

3.2.1 支流水质变化对比分析

（1）支流总体水质状况

对 2011 ～ 2015 年每年开展监测的断面评价结果表明（见图 3-18）:

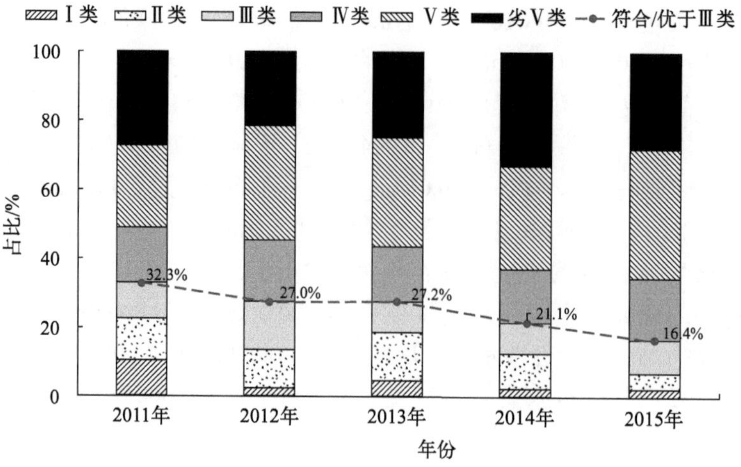

图3-18　2011～2015年支流断面水质类别比例构成比较

① 2011 ～ 2015 年库区支流水质均较差，以Ⅳ～劣Ⅴ类为主，每年 2/3 以上的支流断面均超标，水质符合或优于Ⅲ类水标准的断面不足 1/3。所有的监测支流均存在断面超标的现象，有的支流甚至连续 5 年监测的所有断面均为Ⅴ～劣Ⅴ类水，如珍溪河和苎溪河。

2011 年监测 28 条支流 99 个断面，评价结果显示仅 1/3 的断面水质达标，支流水质以Ⅳ～劣Ⅴ类为主，其中劣Ⅴ类水最多（占 27%）；2012 年监测 28 条支流 100 个断面，评价结果显示略多于 1/4 的断面水质达标，支流水质以Ⅳ～劣Ⅴ类为主，其中Ⅴ类水最多（占 34%）；2013 年监测 28 条支流 92 个断面，评价结果显示略多于 1/4 的断面水质达标，支流水质以Ⅳ～劣Ⅴ类为主，其中Ⅴ类水最多（占 32%）；2014 年监测 18 条支流 57 个断面，评价结果显示略多于 1/5 的断面水质达标，支流水质以Ⅳ～劣Ⅴ类为主，其中劣Ⅴ类水最多（占 33%）；2015 年监测 17 条支流 61 个断面，评价结果显示不到 1/5 的断面水质达标，支流水质以Ⅳ～劣Ⅴ类为主，其中Ⅴ类水最多（占 38%）。

② 2011 ～ 2015 年支流水质呈下降趋势，2015 年较 2014 年以及 2014 年较 2013 和 2012 年水质均略有下降。库区支流总体水质类别比例构成的比较表明，支流断面符合Ⅰ～Ⅲ类水的比例由 2011 年的 33% 降为 2012 年和 2013 年的 27% 以及 2014 年的 21% 和 2015 年的 16%，分别下降 6 个、12 个和 17 个百分点；Ⅳ类水比例五年内变化不大，2015 年与 2011 年仅升高了 2 个百分点；而较差的Ⅴ类水的比例 2015 年较 2014 年上升了 8 个百分点，较 2011 年则上升了 13 个百分点，增加幅度比较明显；劣Ⅴ类水的比例 2015 年较 2014 年仅下降了 5 个百分点，而较 2011 年则没有明显变化。

（2）各支流水质状况

三峡水库各支流根据河流大小，在不同水域分别布设 2 ～ 7 条监测断面，水质相对较差和较好支流列表见表 3-4。

① 2011 ～ 2015 年三峡水库每年监测的所有支流均出现超标断面，但超标的程度不同，差异也较大，断面超标比例为 25% ～ 100%，说明库区各支流水质状况差异较大。据统计 2011 ～ 2015 年各支流超标的断面比例范围分别为 25% ～ 100%、33.3% ～ 100%、33.3% ～ 100%、33.3% ～ 100%、66.7% ～ 100%。

表3-4 2011～2015年水质好差相对比较表

年份	水质相对较差支流数（支流全部断面均超标）	水质相对较好支流数（60%以上的支流断面符合或优于Ⅲ类）	监测支流数
2011	6条：御临河、珍溪河、瀼渡河、苎溪河、神女溪、童庄河	5条：龙河、大溪河、抱龙河、神农溪、青干河	28条：御临河、龙溪河、黎香溪、珍溪河、渠溪河、龙河、池溪河、东溪河、黄金河、汝溪河、瀼渡河、苎溪河、小江、汤溪河、磨刀溪、长滩河、梅溪河、草塘河、大溪河、大宁河、抱龙河、神农溪、神女溪、青干河、童庄河、吒溪河、香溪河、九畹溪
2012	10条：御临河、珍溪河、池溪河、汝溪河、瀼渡河、苎溪河、梅溪河、草堂河、童庄河、吒溪河等	3条：黎香溪、大溪河、青干河	28条：御临河、龙溪河、黎香溪、珍溪河、渠溪河、龙河、池溪河、东溪河、黄金河、汝溪河、瀼渡河、苎溪河、小江、汤溪河、磨刀溪、长滩河、梅溪河、草塘河、大溪河、大宁河、抱龙河、神农溪、神女溪、青干河、童庄河、吒溪河、香溪河、九畹溪
2013	9条：珍溪河、池溪河、黄金河、汝溪河、瀼渡河、苎溪河、梅溪河、抱龙河、香溪河	2条：大宁河、大溪河	28条：御临河、龙溪河、黎香溪、珍溪河、渠溪河、龙河、池溪河、东溪河、黄金河、汝溪河、瀼渡河、苎溪河、小江、汤溪河、磨刀溪、长滩河、梅溪河、草塘河、大溪河、大宁河、抱龙河、神农溪、神女溪、青干河、童庄河、吒溪河、香溪河、九畹溪
2014	10条：香溪河、童庄河、梅溪河、小江、苎溪河、池溪河、汝溪河、东溪河、珍溪河及朱衣河	1条：汤溪河	18条：御临河、珍溪河、龙河、池溪河、东溪河、汝溪河、苎溪河、小江、汤溪河、磨刀溪、长滩河、朱衣河、梅溪河、大宁河、神农溪、青干河、童庄河、香溪河
2015	9条：香溪河、童庄河、梅溪河、磨刀溪、苎溪河、池溪河、汝溪河、东溪河、珍溪河	0条	17条：御临河、珍溪河、龙河、池溪河、东溪河、汝溪河、苎溪河、小江、汤溪河、磨刀溪、长滩河、梅溪河、大宁河、神农溪、青干河、童庄河、香溪河
出现5年	2条：珍溪河、苎溪河	0条	17～28条
出现4年	4条：童庄河、池溪河、梅溪河、汝溪河	0条	—
出现3年	2条：瀼渡河、香溪河	1条：大溪河	
出现2年	2条：御临河、东溪河	1条：青干河	
出现1年	8条：神女溪、草堂河、吒溪河、黄金河、抱龙河、小江、朱衣河、磨刀溪	6条：龙河、抱龙河、神农溪、黎香溪、大宁河、汤溪河	

② 2011年水质较差支流为御临河、珍溪河、瀼渡河、苎溪河、神女溪、童庄河6条，支流所有取样监测的断面均超标，其中珍溪河、瀼渡河、苎溪河3条支流均为劣Ⅴ类；童庄河为Ⅴ～劣Ⅴ类；神女溪为Ⅳ～Ⅴ类；御临河为Ⅳ类。2011年水质相对较好支流为龙河、大溪河、抱龙河、神农溪、青干河5条支流，每条支流均有60%以上的监测断面符合Ⅰ～Ⅲ类水，无劣Ⅴ类水断面，但仍存在Ⅳ～Ⅴ类水断面。

③ 2012 年水质较差支流为御临河、珍溪河、池溪河、汝溪河、瀼渡河、苎溪河、梅溪河、草堂河、童庄河、吒溪河 10 条，支流所有取样监测的断面均超标，其中珍溪河、池溪河、瀼渡河、苎溪河 4 条支流均为劣Ⅴ类；汝溪河为Ⅴ～劣Ⅴ类；草堂河、吒溪河为Ⅴ类；御临河、梅溪河、童庄河为Ⅳ～Ⅴ类。2012 年水质相对较好支流为黎香溪、大溪河、青干河 3 条，每条支流均有 60% 以上的监测断面符合Ⅰ～Ⅲ类水，无劣Ⅴ类水断面，但仍存在Ⅳ～Ⅴ类水断面。

④ 2013 年水质较差支流为珍溪河、池溪河、黄金河、汝溪河、瀼渡河、苎溪河、梅溪河、抱龙河、香溪河 9 条，支流所有取样监测的断面均超标，其中珍溪河、汝溪河、苎溪河 3 条支流均为劣Ⅴ类；瀼渡河、梅溪河、香溪河 3 条支流为Ⅴ～劣Ⅴ类；池溪河、黄金河 2 条支流均为Ⅴ类；抱龙河 1 条支流为Ⅳ～Ⅴ类。2013 年水质相对较好支流为：大宁河、大溪河 2 条，每条支流均有 60% 以上的监测断面符合Ⅰ～Ⅲ类水，但仍存在Ⅴ类或劣Ⅴ类水断面。

⑤ 2014 年水质较差支流为香溪河、童庄河、梅溪河、小江、苎溪河、池溪河、汝溪河、东溪河、珍溪河及朱衣河 10 条，支流所有取样监测的断面均超标，其中香溪河、池溪河、苎溪河、珍溪河 4 条支流均为劣Ⅴ类；梅溪河 1 条支流均为Ⅴ类；汝溪河、东溪河、朱衣河 3 条支流为Ⅴ～劣Ⅴ类；童庄河、小江 2 条支流为Ⅳ～Ⅴ类。2014 年水质相对较好支流为汤溪河 1 条，有 60% 以上的监测断面符合Ⅰ～Ⅲ类水，但仍存在劣Ⅴ类水断面。

⑥ 2015 年水质较差支流为香溪河、童庄河、梅溪河、磨刀溪、苎溪河、池溪河、汝溪河、东溪河、珍溪河 9 条，支流所有取样监测的断面均超标，其中梅溪河 1 条支流为Ⅳ～劣Ⅴ类；汝溪河 1 条支流为Ⅴ类；香溪河、童庄河、磨刀溪、苎溪河、池溪河、东溪河及珍溪河 7 条支流为Ⅴ～劣Ⅴ类。2015 年无水质相对较好支流，所有支流水质均较差，监测断面符合Ⅰ～Ⅲ类水的比例均不超过 34%。

⑦ 2011 ～ 2015 年期间水质多年相对较好的支流较少（60% 以上的支流断面符合或优于Ⅲ类），主要有大溪河和青干河，其中大溪河 3 年水质相对较好，青干河有 2 年水质相对较好，仅有 6 条支流有 1 年水质相对较好。

⑧ 2011 ～ 2015 年期间水质相对较差的河流较多（支流全部断面均超标），珍溪河和苎溪河水质最差，连续 5 年水质较差；水质 4 年出现较差状况的支流有 4 条，包括童庄河、池溪河、梅溪河、汝溪河；出现 3 年和 2 年水质较差的支流也均有 2 条，出现 1 年水质较差状况的支流达到了 8 条。

（3）支流水质超标因子分析

三峡水库支流水质参评因子 12 项，对各断面每项参数的平均值均进行单因子评价，2011 ～ 2015 年三峡库区入库支流监测断面超标因子分析表明（见图 3-19）：

① 三峡库区支流出现的水质超标参数为 TP、COD_{Cr}、COD_{Mn}、NH_3-N、pH 值、溶解氧和石油类，其中石油类和溶解氧为偶发性不稳定超标污染物，石油类仅 2011 年和 2013 年出现，溶解氧仅 2014 年出现过一次（苎溪河，3.1mg/L，Ⅳ类）。库区支流无重金属和毒物挥发酚超标污染发生。

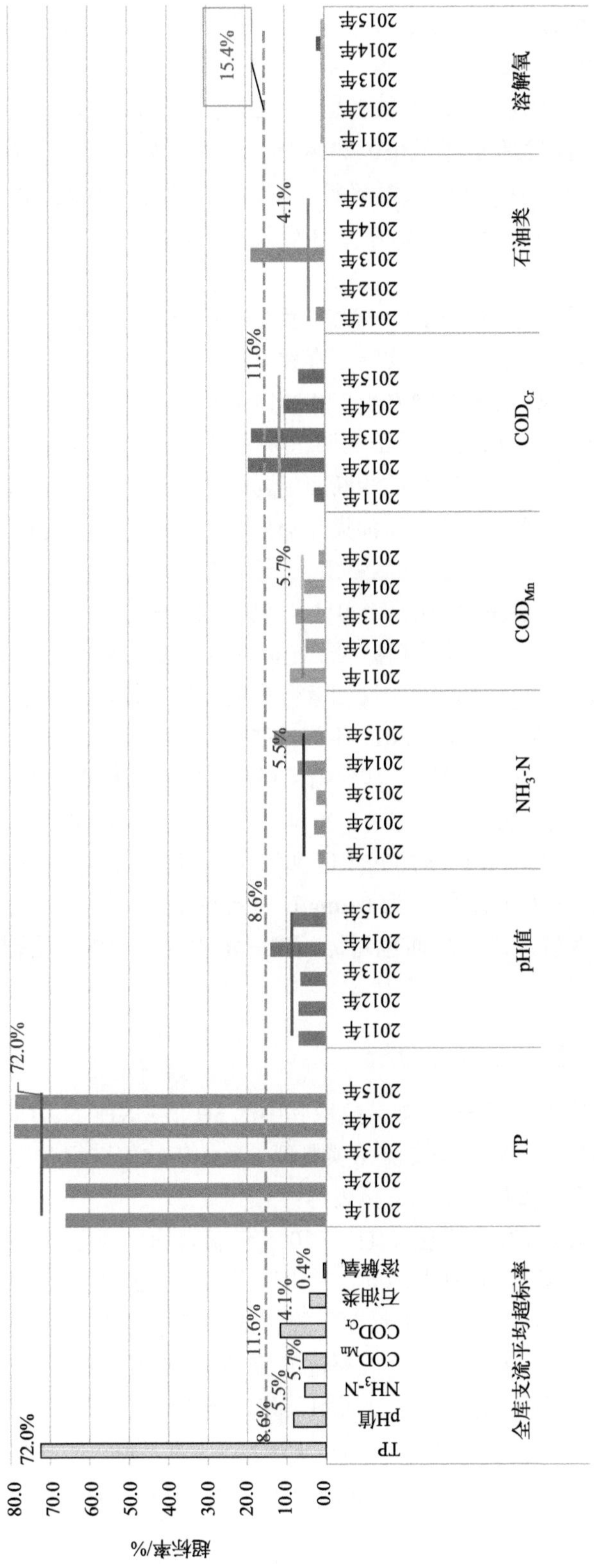

图3-19 2011~2015年支流超标因子比较（直线为平均超标率，虚线为全库综合超标率）

2011 年，库区主要支流出现超标的参数有 TP、COD_{Mn}、pH 值、COD_{Cr}、石油类、NH_3-N，库区支流无重金属及挥发酚超标污染。2012 年，库区主要支流出现超标的参数有 TP、COD_{Cr}、pH 值、COD_{Mn}、NH_3-N，库区支流无重金属、挥发酚及石油类超标污染。2013 年，库区主要支流出现超标的参数有 TP、COD_{Cr}、石油类、COD_{Mn}、pH 值、NH_3-N，库区支流无重金属、挥发酚超标污染。2014 年，库区主要支流出现超标的参数有 TP、COD_{Cr}、COD_{Mn}、pH 值、NH_3-N 以及溶解氧，库区支流无重金属超标污染。2015 年，库区主要支流出现超标的参数有 TP、COD_{Cr}、COD_{Mn}、pH 值以及 NH_3-N，库区支流无重金属超标污染。

② 三峡库区支流总体表现为以 TP 营养盐为代表以及以 COD_{Cr}、COD_{Mn}、NH_3-N 等综合性耗氧有机物为代表的超标污染，支流不存在重金属污染和毒物酚的污染，石油类污染在 2011 年和 2013 年出现，之后的 2014 年和 2015 年均未再出现，但仍然需要引起关注。COD_{Mn}、COD_{Cr} 和 NH_3-N 三项超标因子表明三峡库区支流的综合有机物存在一定污染。pH 超标主要是 pH 值略大于 9，部分监测断面呈弱碱性，部分断面藻类繁殖旺盛，大量吸收水中二氧化碳，打破了水解平衡。石油类在部分断面超标，表明支流船舶航运存在一定的油污染。

③ TP 是三峡库区主要超标因子。2011 ～ 2015 年 TP 超标率均超过了 60%，其中 2013 ～ 2015 年均超过了 70%，其他超标因子超标率不超过 20%，大多数不超过 10%。

④ TP 是影响支流水质类别的决定性因素，支流断面总体水质类别分析表明 TP 对水质类别超标的贡献率达 65% 以上（2011 年为 65.7%，2012 年为 65%，2013 年为 71.7%，2014 年为 79.4%，2015 年为 81.3%），其他因子对超标类别的净贡献率不超过 16%（2011 年为 1%，2012 年为 8%，2013 年为 1%，2014 年为 15%，2015 年为 16%）。但 TP 的影响应辩证看待，由于占大多数样本的回水区和河口断面按更严格的湖库 TP 超标标准评价（湖库和河流Ⅲ类评价限值分别为 0.2mg/L 和 0.05mg/L，湖库是河流Ⅲ类评价限值的 1/4），使得 TP 浓度值不高的断面也超标，在一定程度上影响了支流水质类别比例的构成。

（4）支流水质典型参数变化分析

三峡水库支流水质参评因子 12 项，选取其中的 pH 值、NH_3-N、COD_{Mn}、TP、COD_{Cr} 以及石油类作为典型参数，对每条支流每项典型参数的年均值进行评价，2011 ～ 2015 年三峡库区入库支流典型参数年际变化分析表明：

① 三峡库区监测的所有支流在 2011 ～ 2015 年期间均出现过 TP 浓度超标情况，所有支流整体均值均劣于湖库 TP Ⅲ类标准，其中珍溪河、池溪河、汝溪河、瀼渡河、朱衣河、苎溪河、吒溪河以及香溪河情况最差，绝大部分年份均值均超过湖库 TP 标准Ⅴ类限值，达到湖库 TP 标准劣Ⅴ类标准（或超过河流 TP 标准Ⅲ类限值）。苎溪河、吒溪河、香溪河、池溪河、珍溪河、瀼渡河、汝溪河、朱衣河 2011 ～ 2015 年 TP 均值分别达到 0.53mg/L、0.43mg/L、0.36mg/L、0.30mg/L、0.28mg/L、0.27mg/L、0.23mg/L、0.23mg/L，相对较高；其他支流 TP 均值均低于 0.20mg/L（即河流 TP 标准Ⅲ类限值 / 湖库 TP 标准Ⅴ类限值）。

② 三峡库区各支流在 2011 ～ 2015 年期间，珍溪河、渠溪河、池溪河、黄金河、苎

溪河以及吒溪河偶有年份COD_{Mn}浓度值超过Ⅲ类标准，其中池溪河在2014年以及吒溪河在2011年超过Ⅴ类限值，达到劣Ⅴ类标准，COD_{Mn}浓度分别为16.1mg/L和22.6mg/L。其他支流年均值优于Ⅲ类标准。而2011～2015年除吒溪河COD_{Mn}整体浓度值高于Ⅲ类限制，达到9.8mg/L，其他支流均符合或优于Ⅲ类。

③ 三峡库区各支流在2011～2015年期间COD_{Cr}浓度值年际变化各异，其中珍溪河、龙河、汤溪河、磨刀溪、长滩河、大溪河、大宁河、抱龙河、神农溪、神女溪、香溪河以及九畹溪较好，各年份以及整体均值均优于Ⅱ类标准。而御临河、东溪河、黄金河、汝溪河、苎溪河、小江、梅溪河、青干河、童庄河以及吒溪河均有年份COD_{Cr}浓度均值超过Ⅲ类限制，其中御临河（2012年COD_{Cr}值为55mg/L）、池溪河（2014年COD_{Cr}值为52mg/L）、童庄河（2011年COD_{Cr}值为45mg/L）和吒溪河（2013年COD_{Cr}值为60mg/L）甚至出现过超过Ⅴ类限值，达到劣Ⅴ类的情况。2011～2015年COD_{Cr}整体均值除池溪河、黄金河、苎溪河、童庄河以及吒溪河劣于Ⅲ类外，其他支流均符合或优于Ⅲ类标准。

④ 三峡库区支流在2011～2015年期间NH_3-N值绝大部分都在Ⅱ类限值以下，除苎溪河NH_3-N浓度明显偏高，且大部分年份均超过Ⅴ类限值外（2011年NH_3-N值为2.21mg/L、2013年NH_3-N值为2.72mg/L、2014年NH_3-N值为2.85mg/L、2015年NH_3-N值为2.34mg/L），其他支流各年度NH_3-N浓度均优于Ⅲ类。2011～2015年整体NH_3-N浓度苎溪河超过Ⅴ类限值，浓度达到2.27mg/L，其他支流均较好，低于Ⅱ类限值。

⑤ 三峡库区支流除大溪河在2011年石油类浓度达到4.86mg/L，超Ⅴ类限值外，其他支流石油类浓度在2011～2015年期间年际变化幅度非常小，仅龙溪河（2013年石油类浓度为0.07mg/L）、珍溪河（2013年石油类浓度为0.06mg/L）、黄金河（2013年石油类浓度为0.13mg/L）、汝溪河（2013年石油类浓度为0.07mg/L）、抱龙河（2013年石油类浓度为0.08mg/L）以及吒溪河（2013年石油类浓度为0.06mg/L）偶有年份出现过略劣于Ⅲ类标准的情况，其他绝大部分年份支流石油类浓度均符合或优于Ⅲ类标准。2011～2015年石油类浓度仅大溪河由于2011年出现极大值（4.86mg/L）导致整体均值超标达到劣Ⅴ类，黄金河略高于Ⅲ类标准，石油类浓度为0.06mg/L，其他支流整体均值均符合或优于Ⅲ类标准。

⑥ 三峡库区各支流在2011～2015年期间pH值变化幅度均较小，仅珍溪河与池溪河偶有年份超过限值，最高达到9.5，其他支流均在限制之内，且2011～2015年整体均值仅有珍溪河略微超限，pH值达到9.2，其他支流均较好。

3.2.2 支流水质变化趋势分析

水库蓄水后，支流水质监测逐步完善和常态化。本节依据长江流域水环境监测中心2003年以来，开展多次的"三峡水库蓄水期水环境质量状况专项调查"和"三峡水库不同蓄水位库区支流库湾富营养化专项调查研究"成果，以及2011～2015年支流水质监测调查成果，对库区支流水质状况进行长时间系列比较分析。

为客观反映蓄水运用期三峡水库支流水质的变化情况，选择与蓄水前相同的8条支流（香溪、大宁河、梅溪河、长滩河、磨刀溪、汤溪河、小江和龙河）在2003～2015年期间，每年 3 ～ 4 月同期的水质监测结果进行对比分析，以保证支流水质变化分析的可比性。各支流均选择上游来水、回水中段和支流河口三个代表断面的水质监测数据进行统计分析。除个别支流某些年份有少数回水中段断面未监测外，基本上 8 条支流三个不同区段断面监测数据齐全。评价参数 pH 值、溶解氧、COD_{Mn}、NH_3-N 和 TP 5 项参数；TP 上游来水采用河流标准，其他断面用湖库标准。

3.2.2.1　蓄水前支流水质特征

三峡水库蓄水前，库区的水质监测以干流为主，支流只针对部分支流河口开展水质监测工作。2003 年 4 月在 135m 蓄水前，对库区香溪河、大宁河、梅溪河、长滩河、磨刀溪、汤溪河、小江、龙河 8 条流域面积大于 $1000km^2$ 的支流河口进行了蓄水前的水质本底调查监测。以下对此次水质监测结果开展分析评价工作，以分析支流蓄水前的水质状况。参照《地表水环境质量标准》(GB 3838—2002)，选取 pH 值、溶解氧、COD_{Mn}、NH_3-N 和 TP 5 项参数，采用单因子评价法进行评价（TP 采用河流标准），评价结果表明：

① 蓄水前约 90% 的调查支流河口水质符合或优于Ⅲ类水标准，水质较好。其中 66.7% 的支流河口水质类别为Ⅱ类，Ⅲ类占比 22.2%，Ⅴ类占比 11.1%(见图 3-20)。龙河、汤溪河、磨刀溪、长滩河、梅溪河和大宁河水质为Ⅱ类，小江水质为Ⅲ类，香溪河水质为Ⅴ类。蓄水前支流水质主要影响因子为 TP，香溪河即为 TP 超标。

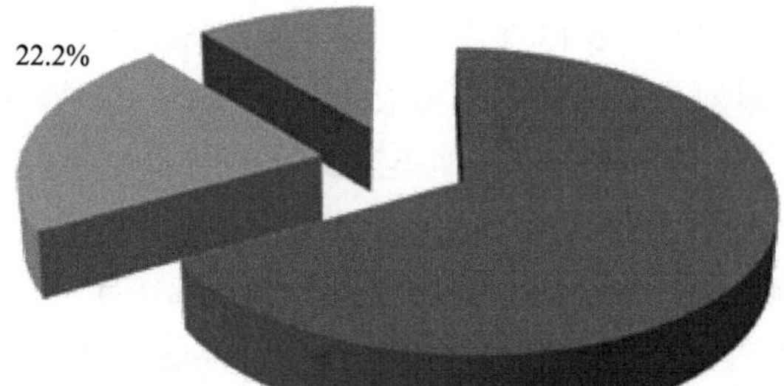

图3-20　蓄水前支流河口水质类别构成

② 蓄水前库区支流河口 pH 值变幅为 7.1 ～ 8.3，磨刀溪最低，龙河最高；溶解氧含量变幅为 7.3 ～ 9.5mg/L，梅溪河和大宁河最低，香溪河最高；COD_{Mn} 值变幅为 1.1 ～ 5.2mg/L，龙河最低，小江最高；TP 含量变幅为 0.02 ～ 0.35mg/L，小江最低，香溪最高；NH_3-N 值变幅为 0.05 ～ 0.94mg/L，龙河和长滩河最低，小江最高（见表 3-5）。

表3-5　库区支流河口各参数均值范围统计表

参数	pH 值	含量/(mg/L)			
		溶解氧	COD_{Mn}	NH_3-N	TP
河口断面均值范围	7.1～8.3	7.3～9.5	1.1～5.2	0.05～0.94	0.02～0.35

3.2.2.2 蓄水后初期运行期支流水质特征

(1)水质类别构成

参照《地表水环境质量标准》(GB 3838—2002),选取 pH 值、溶解氧、COD_{Mn}、NH_3-N 和 TP 5 项参数,采用单因子评价法进行评价(TP 来水断面采用河流标准,其他断面采用湖库标准),评价结果分析如下。

① 蓄水后初期运行期(2004 ~ 2010 年)支流水质总体较差,Ⅳ~劣Ⅴ类断面测次比例达 52.7%。支流断面水质类别Ⅳ类占比最高,达到 29%;其次为Ⅱ类,占比 21.3%;再次为Ⅲ类,为 17.8%;Ⅰ类和劣Ⅴ类均不足 10%。

② 蓄水后初期运行期(2004 ~ 2010 年)库区各支流间水质类别比例构成差异较大。龙河和大宁河水质相对较好,符合(或优于)Ⅲ类标准的断面测次比例为 58.8% 和 79.2%;小江和香溪河水质相对较差,符合(或优于)Ⅲ类标准的断面测次比例最低,为 30.4% 和 21.7%;汤溪河、梅溪河、磨刀溪和长滩河水质状况相当,符合或优于Ⅲ类标准的断面比例分别为 45.0%、47.6%、47.6 和 50.0%。各支流水质类别具体构成如下。

磨刀溪、汤溪河、香溪河和小江没有Ⅰ类断面,符合Ⅱ类、Ⅲ类、Ⅳ类、Ⅴ类、劣Ⅴ类的断面测次比例分别为:磨刀溪 28.6%、19.0%、23.8%、19.0%、9.5%;汤溪河 30.0%、15.0%、30.0%、20.0%、5.0%;香溪河 13.0%、8.7%、34.8%、21.7%、21.7%;小江 21.7%、8.7%、43.5%、17.4%、8.7%。

大宁河和梅溪河没有劣Ⅴ类断面,符合Ⅰ类、Ⅱ类、Ⅲ类、Ⅳ类、Ⅴ类的断面测次比例分别为:大宁河 25.0%、16.7%、37.5%、16.7%、4.2%;梅溪河 14.3%、9.5%、23.8%、38.1%、14.3%。

龙河和长滩河所有水质类别均有覆盖,符合Ⅰ类、Ⅱ类、Ⅲ类、Ⅳ类、Ⅴ类、劣Ⅴ类的断面测次比例分别为:龙河 5.9%、35.3%、17.6%、11.8%、17.6%、11.8%;长滩河 20.0%、20.0%、10.0%、30.0%、15.0%、5.0%。

③ 各断面水质类别评价中 TP 是主要超标参数,超标次数为 88 次,超标比例为 52.1%;pH 值和 COD_{Mn} 偶有超标,超标次数各 3 次,超标比例仅为 1.8%,其余参评参数含量基本符合或优于Ⅲ类标准。

(2)参数含量水平

蓄水后初期运行期(2004 ~ 2010 年)库区各支流参数含量水平统计见表 3-6。

表3-6 蓄水后初期运行期8条支流典型参数浓度特征统计表

支流	pH值	含量/(mg/L)			
		溶解氧	COD_{Mn}	NH_3-N	TP
龙河	8.2(7.9~9.3)	10.9(8.2~16.7)	3.7(1.4~20.5)	0.11(0.05~0.47)	0.15(0.02~1.05)
小江	8.1(7.8~8.9)	9.4(6.9~13.8)	2.6(1.5~4.8)	0.11(0.05~0.31)	0.12(0.01~0.35)
汤溪河	8.2(7.9~8.7)	8.9(6.7~11.9)	1.7(1.2~4.3)	0.07(0.05~0.35)	0.12(0.02~0.88)
磨刀溪	8.3(7.8~9.4)	10.0(7.9~18.7)	2.5(1.5~4.9)	0.12(0.05~0.32)	0.09(0.03~0.21)

续表

支流	pH值	含量/(mg/L)			
		溶解氧	COD_{Mn}	NH_3-N	TP
长滩河	8.1(7.9～8.6)	9.1(7.5～10.9)	1.6(0.9～2.6)	0.07(0.05～0.15)	0.08(0.01～0.32)
梅溪河	8.2(7.9～9.0)	9.9(7.9～14.8)	2.4(1.3～7.1)	0.08(0.05～0.29)	0.07(0.01～0.15)
大宁河	8.1(7.7～8.5)	9.5(7.5～14.4)	1.6(0.9～3.3)	0.08(0.05～0.30)	0.04(0.01～0.12)
香溪河	8.2(7.8～9.0)	10.1(7.6～13.0)	1.8(1.2～2.8)	0.06(0.05～0.21)	0.16(0.04～0.60)
均值范围	8.1～8.3	8.9～10.9	1.6～3.7	0.05～0.12	0.04～0.16
支流变幅	7.7～9.4	6.7～18.7	0.9～20.5	0.05～0.47	0.01～1.05

注：表中数字为均值，括号中数字表示范围，后同。

① 库区支流各参数变幅水平为：pH值变幅为7.7～9.4，溶解氧变幅为6.7～18.7mg/L，COD_{Mn}变幅为0.9～20.5mg/L，NH_3-N变幅为0.05～0.47mg/L，TP变幅为0.01～1.05mg/L。

② 库区支流各参数均值变化范围为：pH值为8.1～8.3，溶解氧为8.9～10.9mg/L，COD_{Mn}为1.6～3.7mg/L，NH_3-N为0.05～0.12mg/L，TP为0.04～0.16mg/L。蓄水后初期运行期8条支流pH值特征分析见图3-21。

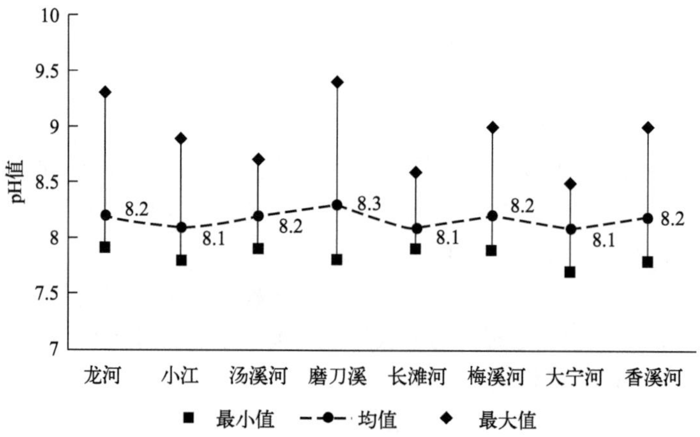

图3-21　蓄水后初期运行期8条支流pH值特征统计

③ 蓄水后初期运行期8条支流中，龙河和香溪河TP浓度整体较高，分别为0.15mg/L和0.16mg/L，小江和汤溪河TP浓度居中，为0.12mg/L，其他支流TP浓度均小于0.1mg/L。

④ 龙河、小江和磨刀溪NH_3-N浓度整体高于其他支流，分别为0.11mg/L、0.11mg/L和0.12mg/L，其他支流NH_3-N平均浓度均低于0.1mg/L，但所有支流总体均值均优于Ⅲ类。

⑤ 各支流pH值变化幅度较小，均在8.2附近。

⑥ 溶解氧整体浓度龙河最高，为10.9mg/L，汤溪河最低，为8.9mg/L，其他支流溶解氧浓度均在10mg/L左右。

⑦ COD_{Mn}整体浓度龙河最高，为3.7mg/L，最低为长滩河和大宁河，浓度为1.6mg/L。8条支流溶解氧浓度特征统计见图3-22。

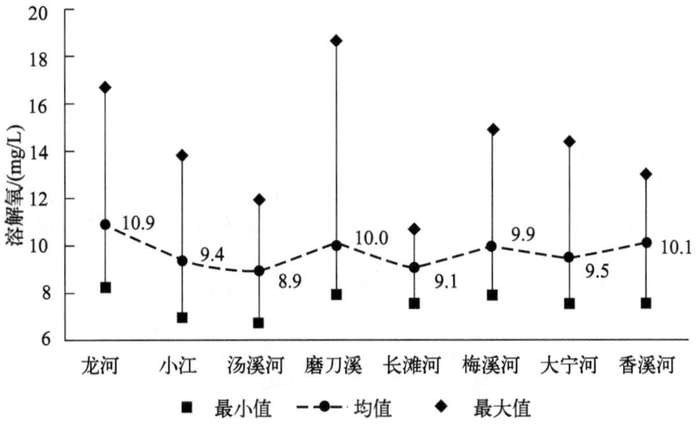

图3-22 蓄水后初期运行期8条支流溶解氧浓度特征统计

3.2.2.3 蓄水后高水位常态运行期支流水质特征

(1)水质类别构成

参照《地表水环境质量标准》(GB 3838—2002),选取 pH 值、溶解氧、COD_{Mn}、NH_3-N 和 TP 5 项参数,采用单因子评价法进行评价(TP 来水断面采用河流标准,其他断面采用湖库标准),评价结果分析如下:

① 蓄水后高水位常态运行期(2011 ~ 2015 年)支流水质总体较差,Ⅳ~劣Ⅴ类断面测次比例达 69.8%。支流断面水质类别Ⅴ类占比最高,达到 33.5%;其次为Ⅲ类,占比 16.8%;再次为劣Ⅴ类,为 16.2%; Ⅰ类占比不足 3%。

② 蓄水后高水位常态运行期(2011 ~ 2015 年)库区各支流间水质类别比例构成差异较大。大宁河、龙河、汤溪河和长滩河水质相当,符合(或优于)Ⅲ类标准的断面测次比例依次为 41.7%、52.0%、44.4%、42.1%;磨刀溪、香溪河和小江水质相对较差,符合(或优于)Ⅲ类标准的断面测次比例较低,为 20.0%、14.3% 和 24.0%;梅溪河水质最差,符合或优于Ⅲ类标准的断面比例仅为 5.0%。各支流水质类别具体构成如下。

磨刀溪、汤溪河和长滩河没有Ⅰ类断面,符合Ⅱ类、Ⅲ类、Ⅳ类、Ⅴ类、劣Ⅴ类的断面测次比例分别为:磨刀溪 15.0%、5.0%、20.0%、50.0%、10.0%;汤溪河 22.2%、22.2%、22.2%、22.2%、11.2%;长滩河 26.3%、15.8%、10.5%、36.8%、10.5%。

梅溪河没有Ⅰ类和Ⅲ类断面,符合Ⅱ类、Ⅳ类、Ⅴ类和劣Ⅴ类的断面测次比例分别为 5.0%、20.0%、60.0%、15.0%。

小江没有Ⅰ类和Ⅱ类断面,符合Ⅲ类、Ⅳ类、Ⅴ类和劣Ⅴ类的断面测次比例分别为 24.0%、24.0%、36.0%、16.0%。

香溪河没有Ⅱ类断面,符合Ⅰ类、Ⅲ类、Ⅳ类、Ⅴ类和劣Ⅴ类的断面测次比例分别为 7.1%、7.1%、3.6%、32.1%、50.0%。

大宁河和龙河所有水质类别均有覆盖,符合Ⅰ类、Ⅱ类、Ⅲ类、Ⅳ类、Ⅴ类、劣Ⅴ类的断面测次比例分别为:大宁河 4.2%、16.7%、20.8%、41.6%、12.5%、4.2%;龙河 4.0%、12.0%、36.0%、20.0%、24.0%、4.0%。

③ 各断面水质类别评价中 TP 是主要超标参数，超标次数为 125 次，超标比例为 69.8%；pH 值和 COD_{Mn} 偶有超标，超标次数分别为 4 次和 7 次，超标比例仅为 2.2% 和 3.9%，其余参评参数含量基本符合或优于Ⅲ类标准。

（2）参数含量水平

蓄水后高水位常态运行期（2011 ～ 2015 年）库区各支流参数含量水平统计见表 3-7。

表3-7　蓄水后高水位常态运行期8条支流典型参数浓度特征统计表

支流	pH值	含量/(mg/L)			
		溶解氧	COD_{Mn}	NH_3-N	TP
龙河	8.1 (7.9～8.3)	10.0 (9.0～11.4)	2.0 (0.7～16.6)	0.07 (0.05～0.25)	0.09 (0.01～0.33)
小江	8.3 (7.8～9.3)	11.7 (9.0～24.4)	3.3 (1.6～8.2)	0.16 (0.05～0.81)	0.13 (0.03～0.37)
汤溪河	8.1 (7.9～8.4)	10.1 (9.0～12.0)	1.6 (0.8～2.1)	0.08 (0.05～0.20)	0.09 (0.04～0.22)
磨刀溪	8.2 (8.0～8.9)	10.5 (9.2～12.8)	2.0 (1.4～8.0)	0.07 (0.05～0.18)	0.11 (0.01～0.23)
长滩河	8.2 (7.9～8.5)	10.7 (9.3～14.9)	1.9 (0.9～7.3)	＜0.05 (0.05～0.14)	0.14 (0.02～0.94)
梅溪河	8.4 (7.9～9.1)	11.3 (9.6～16.9)	3.0 (1.3～17.7)	0.05 (0.05～0.11)	0.18 (0.05～0.83)
大宁河	8.2 (7.9～8.5)	10.2 (8.7～11.0)	1.4 (0.8～1.7)	＜0.05 (0.05～0.12)	0.07 (0.02～0.21)
香溪河	8.3 (8.0～9.1)	10.9 (9.5～17.0)	1.7 (1.0～6.5)	＜0.05 (0.05～0.16)	0.36 (0.01～1.34)
均值范围	8.1～8.4	10.0～11.7	1.4～3.3	0.05～0.16	0.07～0.36
支流变幅	7.8～9.3	8.7～24.4	0.7～17.7	0.05～0.81	0.01～1.34

① 库区支流各参数变幅水平为：pH 值变幅为 7.8 ～ 9.3，溶解氧变幅为 8.7 ～ 24.4mg/L，COD_{Mn} 变幅为 0.7 ～ 17.7mg/L，NH_3-N 变幅为 0.05 ～ 0.81mg/L，TP 变幅为 0.01 ～ 1.34mg/L。

② 库区支流各参数均值变化范围为：pH 值为 8.1 ～ 8.4，溶解氧为 10.0 ～ 11.7mg/L，COD_{Mn} 为 1.4 ～ 3.3mg/L，NH_3-N 为 0.05 ～ 0.16mg/L，TP 为 0.07 ～ 0.36mg/L。

③ 蓄水后高水位常态运行期整体 pH 值各条支流基本一致，最低为龙河和汤溪河 8.1，最高为梅溪河 8.4；溶解氧整体浓度各支流差别也不大，最高为小江，均值为 11.7mg/L，最低为龙河，均值为 10mg/L。

④ 蓄水后高水位常态运行期 COD_{Mn} 整体浓度各支流差异较大，最高为小江，浓度为 3.3mg/L，最低为大宁河，浓度为 1.4mg/L，相差超过一倍；NH_3-N 整体浓度除小江为 0.16mg/L 略高外，其他支流均未超过 0.1mg/L。

⑤ 蓄水后高水位常态运行期各条支流 TP 整体浓度均较高，均超过Ⅲ类限值，其中大宁河、龙河、汤溪河相对较低，未超过 0.1mg/L，而其他支流浓度均超过 0.1mg/L，其中香溪河最高，TP 均值浓度为 0.36mg/L。

3.2.2.4 不同历史蓄水期支流水质变化比较分析

（1）水质类别比例变化

对蓄水前、蓄水后初期运行期、蓄水后高水位常态运行期支流整体水质类别比例构成的对比分析表明：蓄水后支流水质类别总体变差，其中蓄水后高水位常态运行期较蓄水后初期运行期支流水质类别总体变差。

① 蓄水前支流水质以较好的Ⅱ～Ⅲ类为主（两者占比达 88.9%），符合或优于Ⅲ类的水质断面占比 88.9%；蓄水后初期运行期支流水质以较差的Ⅳ～Ⅴ类为主（占比达 52.7%），符合或优于Ⅲ类的水质断面占比下降为 47.4%；蓄水后高水位常态运行期支流水质同样以较差的Ⅳ～Ⅴ类为主（占比进一步上升达到 69.8%），符合或优于Ⅲ类的水质断面占比下降为 30.2%。

② 由于蓄水前各支流仅为支流河口数据评价结果，因此将蓄水后初期运行期和蓄水后高水位常态运行期支流按支流河口单独做类别评价，进一步开展与蓄水前水质类别构成比例对比分析表明：支流河口同比显示蓄水后支流水质更差。蓄水后初期运行期和蓄水后高水位常态运行期支流河口水质仍以较差的Ⅳ～Ⅴ类为主，占比进一步上升，达到 78.2% 和 97.4%，符合或优于Ⅲ类的水质断面占比下降为 21.7% 和 2.6%。

③ 8 条支流整体统计，蓄水后初期运行期（2004 ～ 2010 年）以及蓄水后高水位常态运行期（2011 ～ 2015 年）水质符合或优于Ⅲ类标准的断面比例范围为 34.3% ～ 69.6% 和 25.8% ～ 37.8%，较蓄水前（2003 年）的 88.9% 明显降低，水质变差。其中蓄水后高水位常态运行期符合或优于Ⅲ类标准的断面比例平均为 30%，较蓄水后初期运行期的 47% 进一步降低，说明支流总体上在蓄水后高水位常态运行期（2011 ～ 2015 年）水质状况进一步下降。

④ 对蓄水后（2004 ～ 2015 年）库区支流年际间水质类别的进一步详细变化比较表明：蓄水初期支流水质短暂趋好之后呈现逐年下降趋势，2004 年蓄水运用初期支流水质较蓄水前下降，2005 年水质状况有所上升，符合或优于Ⅲ类水质标准的断面比例从 55.2% 上升到 69.6%；2006 ～ 2010 年，该比例呈现下降趋势，分别为 47.6%、50.0%、47.4%、37.5%、34.3%；而在 2011 ～ 2015 年蓄水后高水位常态运行期，除 2011 年该比例较 2010 年有所上升外，2012 ～ 2015 年，符合或优于Ⅲ类水质标准的断面比例进一步下降，分别为 30.0%、28.9%、25.8% 和 27.3%。分析其原因，可能与库区香溪河、大宁河、梅溪河、长滩河、磨刀溪、汤溪河、小江、龙河 8 条支流均在蓄水淹没范围内，随着蓄水水位的不断抬升，由于受干流回水顶托和淹没地区的土壤浸出影响较大，水质有一定程度下降。

（2）典型参数含量变化比较

比较蓄水前、蓄水后初期运行期以及蓄水后高水位常态运行期库区 8 条主要支流河口的 pH 值、溶解氧、COD_{Mn}、NH_3-N 和 TP 等参数含量水平（见表 3-8）：支流河口 NH_3-N 蓄水后浓度降低较大，pH 值和溶解氧初期运行期和高水位运行期较蓄水前，依次有所上升，COD_{Mn} 含量蓄水前后变化不明显；TP 在蓄水前和蓄水后初期运行期基本稳定，而在蓄水后高水位常态运行期含量则有所上升，均值较蓄水前和蓄水后初期运行期上升了 40%。

表3-8　不同历史蓄水期支流典型参数浓度特征统计表

时段		pH值	含量/(mg/L)			
			溶解氧	COD_{Mn}	NH_3-N	TP
蓄水前		7.7 (7.1～9.3)	8.6 (7.3～9.6)	2.4 (1.4～5.2)	0.19 (0.05～0.94)	0.10 (0.02～0.35)
蓄水后	初期运行期	8.2 (7.7～9.4)	9.8 (6.7～18.7)	2.6 (0.9～20.5)	0.09 (0.05～0.47)	0.10 (0.01～1.05)
	高水位常态运行期	8.3 (7.8～9.3)	10.9 (8.7～24.4)	2.4 (0.7～17.7)	0.09 (0.05～0.81)	0.14 (0.01～1.34)

蓄水前、蓄水后初期运行期和蓄水后高水位常态运行期pH值、溶解氧、COD_{Mn}和NH_3-N含量基本符合或优于Ⅲ类标准，pH值和COD_{Mn}在蓄水后初期运行期和蓄水后高水位常态运行期偶有超标，超标率均在4%以下。pH值在蓄水后较蓄水前有所上升，由蓄水前的7.7上升到蓄水后初期运行期的8.2和高水位常态运行期的8.3；溶解氧浓度在蓄水前整体均值为8.6mg/L，在蓄水后有所上升，初期运行期均值为9.8mg/L，高水位常态运行期均值浓度进一步上升为10.9mg/L，较蓄水前分别上升了14%和27%；NH_3-N浓度在蓄水后整体较蓄水前有所下降，蓄水前整体浓度均值为0.19mg/L，而蓄水后的两个阶段浓度均值均下降为0.09mg/L，下降了53%；COD_{Mn}浓度蓄水前后基本保持稳定，整体均值分别为蓄水前2.4mg/L、蓄水后初期运行期2.6mg/L、蓄水后高水位常态运行期2.4mg/L。

TP是影响水质评价的主要因子。蓄水运行期（2004～2010年）支流河口TP浓度基本保持稳定，均值变化范围为0.07～0.17mg/L，除2010年较蓄水前2003年上升了0.07mg/L外，其他年度均在0.10mg/L上下浮动，与蓄水前变化不大；而蓄水后高水位常态运行期（2011～2015年）支流TP浓度较前两个阶段有明显的上升趋势，阶段整体均值从0.10mg/L上升到了0.14mg/L，增加了40%。

3.2.2.5　支流主要污染物分布特征分析

限于支流水质历史资料的缺乏，本节选取了资料较为齐整和较长时段的御临河、大宁河、小江和香溪河4条重点支流的支流河口断面开展季度水质评价工作，评价参数包括pH值、溶解氧、COD_{Mn}、BOD_5、NH_3-N、TP、铜、铅、镉、汞、砷和石油类12项参数，以分析库区支流主要常规污染物在各断面以及各季度超标分布状况。共统计分析上述4个断面，2004～2014年11年间176个评价次的各参数超标率（见图3-23），评价分析结果表明：

TP为库区支流河口主要超标因子，石油类偶有超标。4条支流的河口断面均出现过TP超标现象，御临河口断面和小江河口断面蓄水初期运行期出现过石油类超标现象；各个季度均出现超标现象。

① TP为库区支流河口的主要超标因子，全年4条支流河口各时段均出现超标情况；石油类偶有超标，只在御临河口和小江河口有个别超标情况。

TP超标率最高，为库区支流河口主要污染物，超标率达93.2%，在4条支流河口均出现超标情况，且超标情况基本相当。石油类超标情况较少，超标率为1.7%，仅御临河口和小江河口出现个别超标情况，御临河口断面石油类超标要略多于小江河口断面。

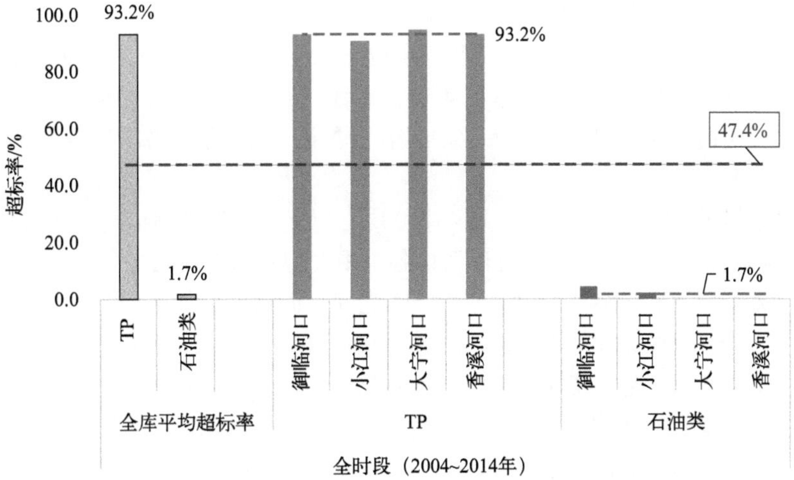

图3-23 库区支流全时段（2004～2014年）季均值统计超标率空间对比

② 对蓄水后初期运行期（2004 年第 1 季度～ 2010 年第 4 季度）和蓄水后高水位常态运行期（2011 年第 1 季度～ 2014 年第 4 季度）两个时期 4 条支流河口断面超标率季度统计分析表明（见图 3-24）：高水位常态运行期较蓄水初期运行期支流超标率略有升高，全库支流综合超标率由初期运行期的 46.9% 上升为高水位常态运行期的 49.2%。

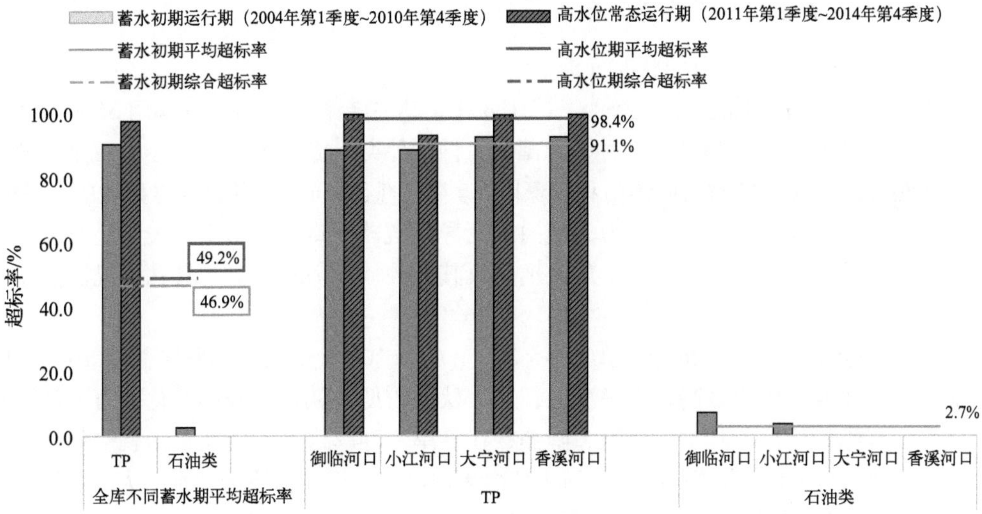

图3-24 库区支流不同蓄水期季均值统计超标率空间对比

整体上看高水位常态运行期 TP 比初期运行期超标率略有增加，在高水位常态运行期超标率平均为 98.4%，初期运行期超标率平均为 91.1%，随着三峡水库水位提升，TP 在库区支流有上升趋势；石油类超标状况减轻明显，高水位常态运行期未出现石油类超标。TP 超标在初期运行期和高水位常态运行期的 4 条支流河口断面均有出现，且高水位常态运行期 TP 超标率均略有升高；而石油类超标仅出现在初期运行期的御临河口断面和小江河口断面，高水位常态运行期支流河口均未超标。

③ 对三峡水库蓄水后初期运行期和高水位常态运行期 4 条支流河口断面按不同季度统计超标率，对比分析表明：三峡水库 4 条支流河口断面超标时段在第 1 季度～第 4 季度均有分布，初期运行期和高水位常态运行期第 1 季度～第 4 季度各季度均有 TP 或石油类超标。

主要超标因子 TP 在第 1 季度～第 4 季度均有超标，石油类超标集中在初期运行期第 2 季度和第 4 季度。总体上看 4 条支流河口各个季度超标率大体相当，高水位常态运行期第 1 季度～第 4 季度超标率在 11.7% ～ 12.5% 之间，而初期运行期第 1 季度～第 4 季度超标率在 10.3% ～ 12.5% 之间。高水位常态运行期超标率整体上看略高于初期运行期，其中第 1 和第 3 季度超标率较初期运行期略有上升，而第 2 和第 4 季度则保持不变。

蓄水后初期运行期各季度超标率排序为：第 2 季度（12.5%）≈第 4 季度（12.5%）＞第 1 季度（11.2%）＞第 3 季度（10.3%）；高水位常态运行期各季度超标率排序为：第 1 季度（12.5%）≈第 2 季度（12.5%）≈第 4 季度（12.5%）＞第 3 季度（11.7%）。因此支流河口第 3 季度相对超标率较低，超标情况较少。

3.3 不同运行水位下干支流浮游生物分布特征

3.3.1 浮游植物分布特征分析

（1）干支流 2011 年藻类分布状况分析

1）干流 2011 年藻类分布状况分析

2011 年三峡水库干流共发现藻类 6 门 104 种，其中硅藻门 50 种、绿藻门 35 种、蓝藻门 12 种、裸藻门 4 种、甲藻门 2 种、隐藻门 1 种，种类组成如图 3-25 所示。就全年藻类丰富度而言，种数最多的为硅藻门和绿藻门，其次为蓝藻门，三者合占总种数的 93.3%，其他种类相对较少。藻类常见种为硅藻门的变异直链藻、奇异菱形藻、美丽星杆藻、尖针杆藻、克罗脆杆藻，绿藻门的单角盘星藻及其变种，双射盘星藻、具孔盘星藻点纹变种等。

2011 年全年生物量（细胞）介于 4×10^3 ～ 6.4×10^5 个 /L 之间，平均 1.1×10^5 个 /L。就季节变化而言，冬季最高，春季次之，夏、秋季较低；就优势种群变化而言，硅藻在四季均占有优势地位，其次是绿藻、隐藻，在冬季、春季占有一定比重；就空间变化而言（图 3-26），整体上官渡口断面最高，其次为沱口，寸滩及清溪场差别不大。由以上分析可见，三峡库区干流整体藻类生物量不高，但时空差异显著，硅藻在四季均占有较大比重，为干流的优势种群。

2）支流 2011 年藻类分布状况分析

2011 年三峡水库支流共发现 6 门 94 种，结构组成如图 3-27 所示。硅藻门种类最多，为 37 种，占总数的 39.4%；其次为绿藻门 34 种，占 36.2%；其他 4 门较少，合占 24.5%。浮游植物常见种有硅藻门的颗粒直链藻、变异直链藻、颗粒直链藻最窄变种、尖针杆藻等，绿藻门的单角盘星藻及其变种、空球藻等，蓝藻门的苍白微囊藻、博恩颤藻等，甲藻门的甲藻等。浮游植物种类多样，多样性丰富。

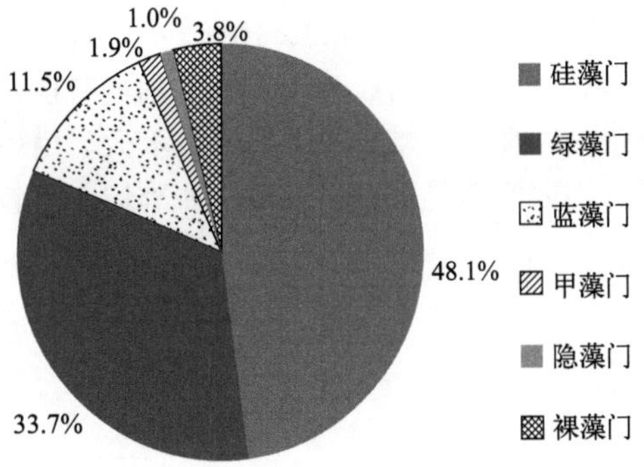

图3-25　2011年三峡库区干流藻类种数组成图

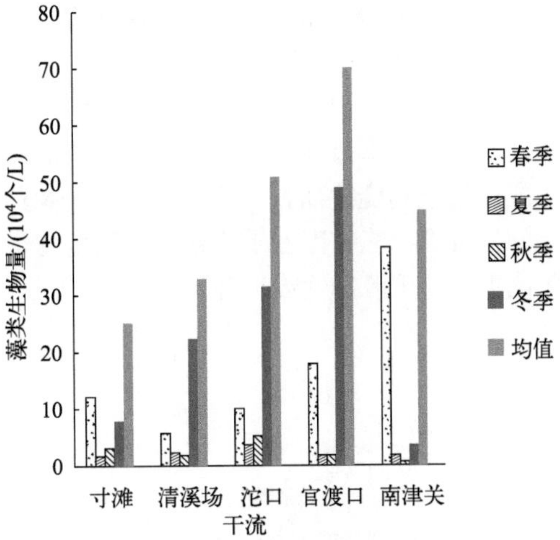

图3-26　2011年三峡库区干流藻类生物量空间分布

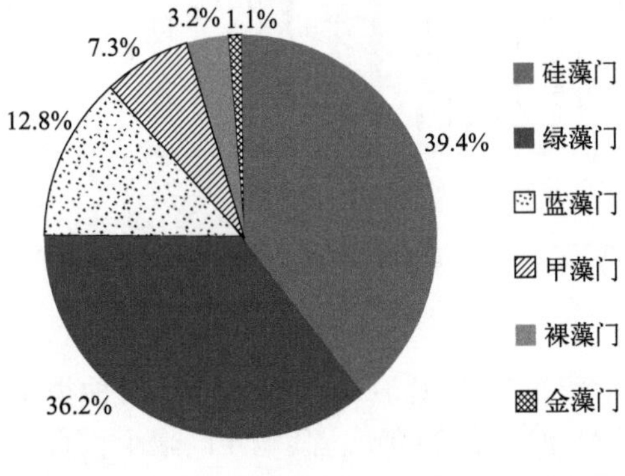

图3-27　2011年三峡库区支流藻类种类组成图

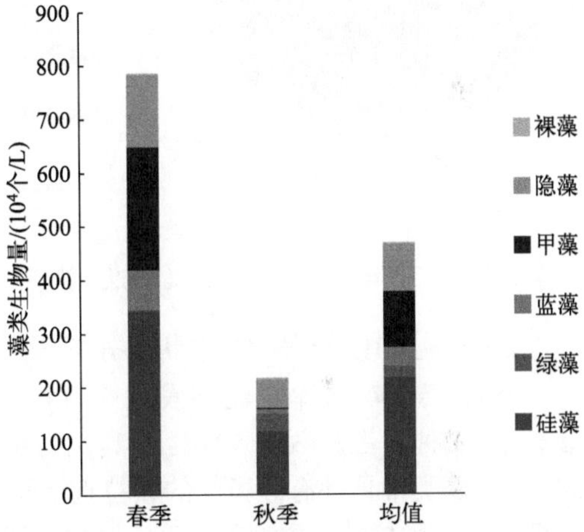

图3-28　2011年三峡库区支流藻类生物量季节分布

生物量介于 10^3 ～ 10^8 个 /L 之间，平均生物量 4.7×10^6 个 /L。全年生物量平均组成如图 3-28（书后另见彩图）所示，其中硅藻生物量（以数量计）占 46.5%，为优势种群；其次为甲藻，占 22.3%；蓝藻、绿藻及隐藻也占有相当比重。就种群结构变化而言，春季硅藻、甲藻和隐藻占有较大比重；秋季硅藻占有较大比重，可见硅藻在整体上仍为优势种群。

（2）干支流 2012 年藻类分布状况分析

1）干流 2012 年藻类分布状况分析

2012 年三峡水库干流共发现藻类 6 门 76 种，其中硅藻门 41 种、绿藻门 20 种、蓝藻门 9 种、甲藻门 3 种、裸藻门 2 种、隐藻门 1 种，种类组成如图 3-29 所示。就全年藻类丰富度而言，种数最多的为硅藻门和绿藻门，其次为蓝藻门，三者合占总种数的 92.0%，其他种类相对较少。藻类常见种为硅藻门的变异直链藻、奇异菱形藻、尖针杆藻、克罗脆杆藻、中型脆杆藻、双生双楔藻、草鞋形波缘藻、椭圆波缘藻、黄埔水涟藻、美丽星杆藻、华彩双菱藻，绿藻门的单角盘星藻、具孔盘星藻，双射盘星藻、具孔盘星藻点纹变种，隐藻门的卵形隐藻等。

2012 年全年生物量介于 $1.0 \times 10^4 \sim 1.6 \times 10^8$ 个 /L 之间，平均 4.0×10^6 个 /L。就季节变化而言，春季最高，夏、秋、冬季较低；就优势种群变化而言，硅藻在四季均占有优势地位；就空间变化而言（图 3-30），整体上沱口断面最高，寸滩及清溪场差别不大。由以上分析可见，三峡库区干流整体藻类生物量不高，但时空差异显著，硅藻在四季均占有较大比重，为干流的优势种群。

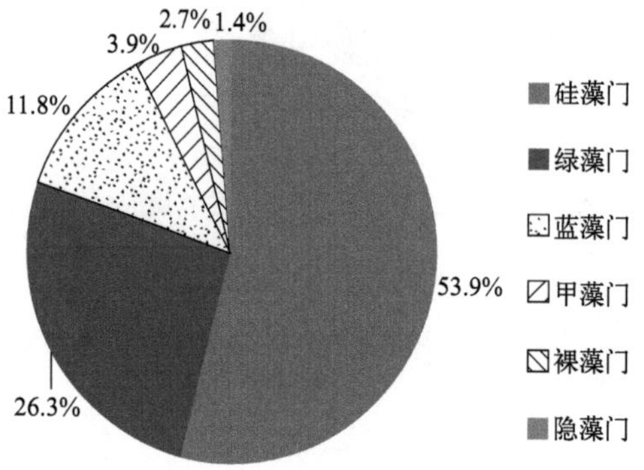

图3-29　2012年三峡库区干流藻类种数组成图

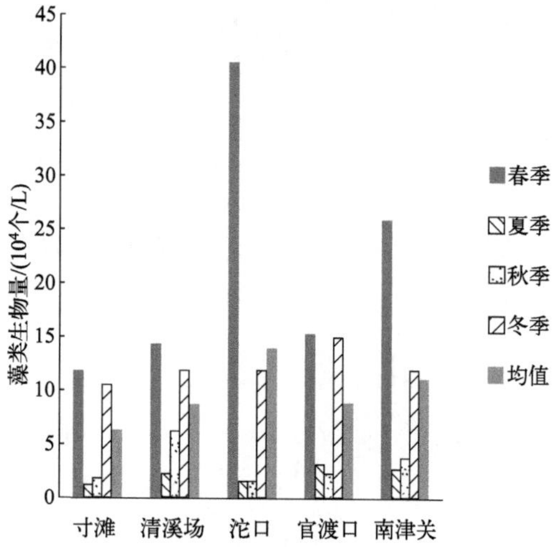

图3-30　2012年三峡库区干流藻类生物量空间分布

2）支流 2012 年藻类分布状况分析

2012 年三峡水库支流共发现 6 门 62 种，结构组成如图 3-31 所示。硅藻门种类最多，为 31 种，占总数的 50.0%；其次为绿藻门 18 种，占 29.0%；其他 4 门较少，合占 21.0%。藻类常见种有硅藻门的颗粒直链藻、变异直链藻、颗粒直链藻最窄变种、美丽星杆藻、克罗脆杆藻、中型脆杆藻、肘状针杆藻、尖针杆藻、奇异菱形藻等，绿藻门的单角盘星藻及其变种、空球藻等，蓝藻门的多育颤藻、弱细颤藻等，甲藻门的甲藻等。浮游植物种类多样，多样性丰富。

生物量介于 $10^3 \sim 10^{10}$ 个 /L 之间，平均生物量 3.0×10^8 个 /L。全年生物量平均组成如图 3-32 所示，其中蓝藻生物量（以数量计）占 98.3%，为优势种群。就种群结构变化而言，春季硅藻、绿藻占有较大比重；秋季蓝藻占有较大比重。

（3）干支流 2013 年藻类分布状况分析

1）干流 2013 年藻类分布状况分析

2013 年三峡水库干流共发现藻类 6 门 101 种，其中硅藻门 47 种、绿藻门 24 种、蓝藻门 18 种、甲藻门 6 种、裸藻门 2 种、隐藻门 4 种，种类组成如图 3-33 所示。就全年藻类丰富度而言，种数最多的为硅藻门和绿藻门，其次为蓝藻门，三者合占总种数的 88.1%，其他种类相对较少。藻类常见种类主要有硅藻门的直链藻、小环藻、等片藻、星杆藻、脆杆藻、针杆藻、舟形藻、桥弯藻、菱形藻、双菱藻，绿藻门的盘星藻、新月藻和栅藻，蓝藻门的颤藻和微囊藻以及甲藻门的多甲藻、角甲藻等。

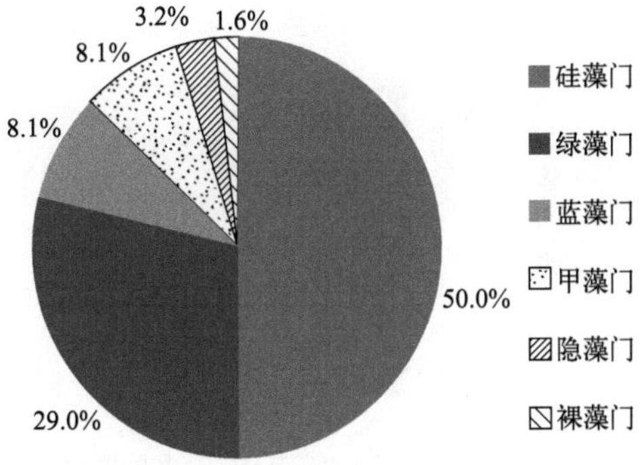

图3-31 2012年三峡库区支流藻类种类组成图

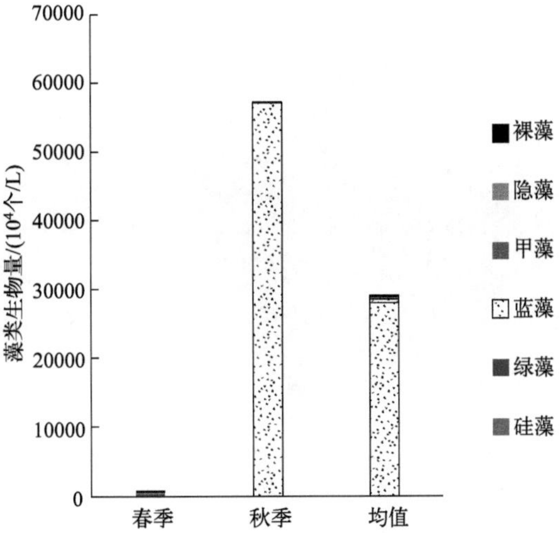

图3-32 2012年三峡库区支流藻类生物量季节分布

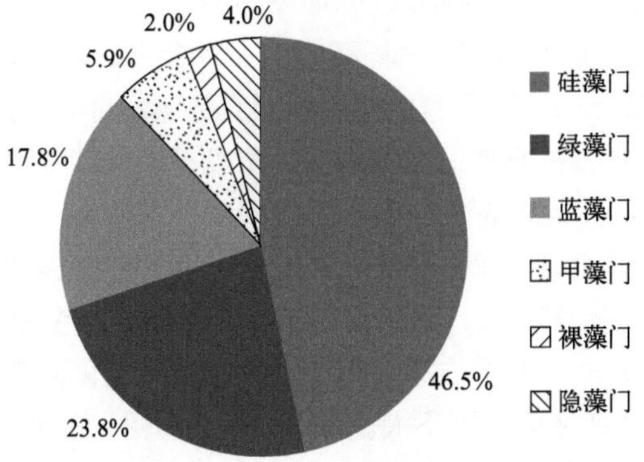

图3-33 2013年三峡库区干流藻类种数组成图

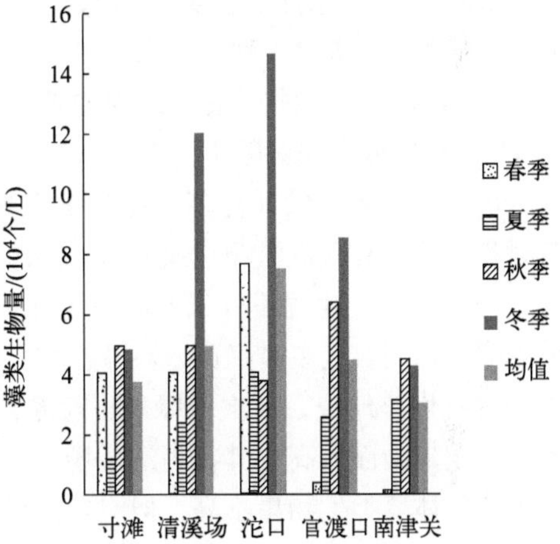

图3-34 2013年三峡库区干流藻类生物量空间分布

2013 年全年生物量介于 4.0×10^3 ～ 1.7×10^5 个 /L 之间，平均 4.9×10^4 个 /L。全年生物量平均组成如图 3-34 所示，就季节变化而言，冬季最高，春、夏、秋季较低；就优势种群变化而言，硅藻在四季均占有优势地位；就空间变化而言，整体上沱口断面最高，其余断面差别不大。由以上分析可见，三峡库区干流整体藻类生物量不高，但时空差异显著，硅藻在四季均占有较大比重，为干流的优势种群。

2）支流 2013 年藻类分布状况分析

2013 年三峡水库支流共发现 5 门 52 种，结构组成如图 3-35 所示。其中硅藻门 27 种、绿藻门 10 种、蓝藻门 9 种、甲藻门 4 种、隐藻门 2 种。藻类常见种有蓝藻门的泥泞颤藻，绿藻门的水绵，硅藻门的变异直链藻、颗粒直链藻最窄变种、美丽星杆藻、克罗脆杆藻、肘状针杆藻、尖针杆藻、奇异菱形藻等。浮游植物种类多样，多样性丰富。

生物量介于 6.0×10^3 ～ 5.4×10^8 个 /L 之间，平均生物量 2.9×10^7 个 /L，其中硅藻生物量（以数量计）占 54.5%，为优势种群，如图 3-36。

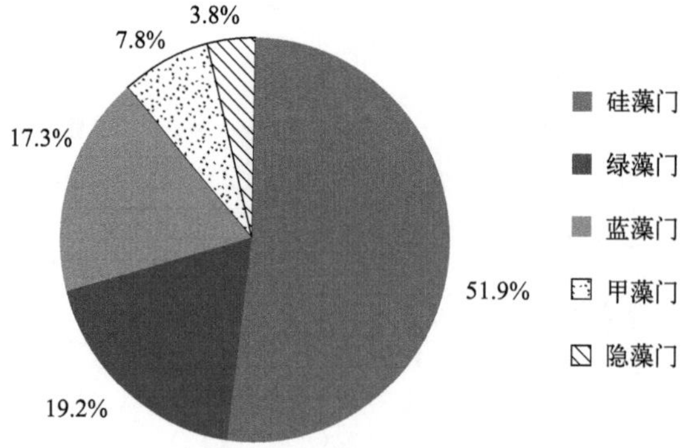

图3-35 2013年三峡库区支流藻类种类组成

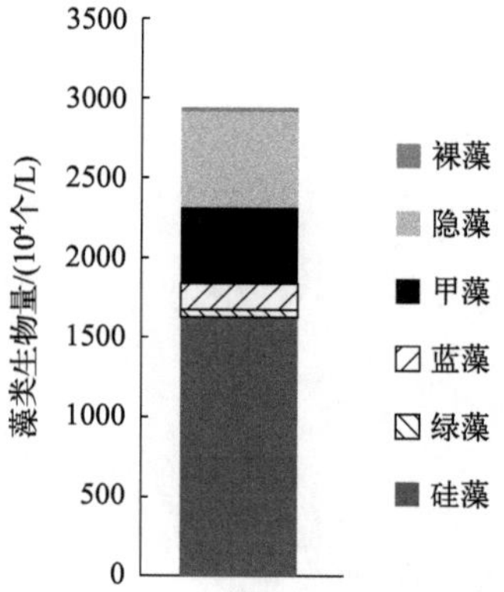

图3-36 2013年三峡库区支流藻类生物量对比

（4）干支流 2014 年藻类分布状况分析

1）干流 2014 年藻类分布状况分析

2014 年三峡水库干流共发现藻类 6 门 107 种，其中硅藻门 48 种、绿藻门 40 种、蓝藻门 13 种、裸藻门 1 种、甲藻门 3 种、隐藻门 2 种，种类组成如图 3-37 所示。就全年藻类丰富度而言，种数最多的为硅藻门和绿藻门，其次为蓝藻门，三者合占总种数的 94.4%，其他种类相对较少。藻类常见种为硅藻门的变异直链藻、变异直链藻、奇异菱形藻、美丽星杆藻、尖针杆藻、克罗脆杆藻、膨胀桥弯藻，绿藻门的单角盘星藻及其变种，双射盘星藻、具孔盘星藻点纹变种，隐藻门的卵形隐藻等。

2014 年全年生物量介于 4×10^3 ～ 1.5×10^5 个 /L 之间，平均 4.9×10^4 个 /L，如图 3-38。就季节变化而言，冬季最高，春季次之，夏、秋季较低；就优势种群变化而言，硅藻在四季均占有优势地位，其次是绿藻、隐藻，在冬季、春季占有一定比重；就空间变化而言，整体上沱口断面最高，其次为清溪场，寸滩及南津关差别不大。由以上分析可见，三峡库区干流整体藻类生物量不高，但时空差异显著，硅藻在四季均占有较大比重，为干流的优势种群。

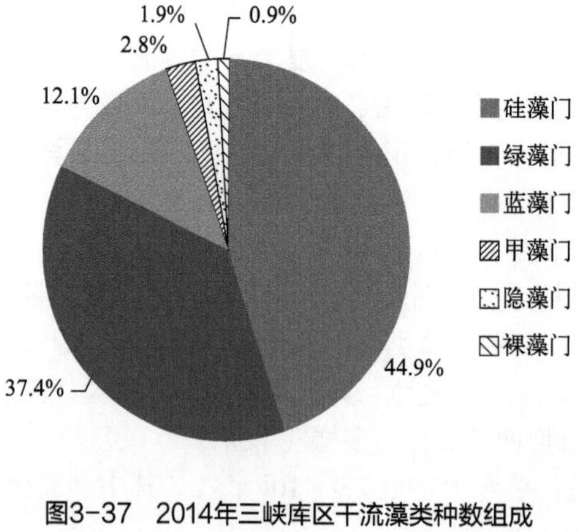

图3-37 2014年三峡库区干流藻类种数组成

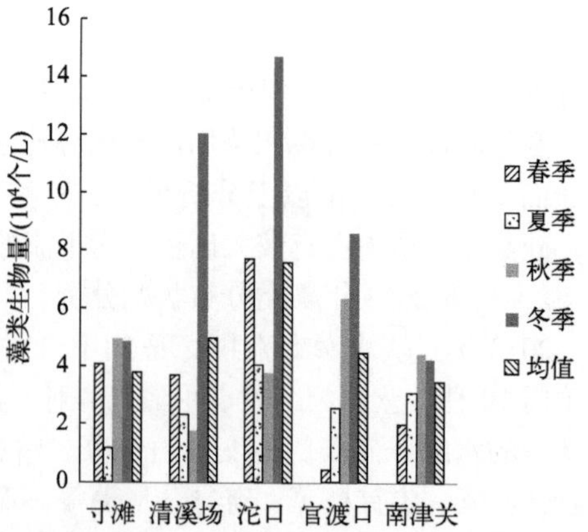

图3-38 2014年三峡库区干流藻类生物量空间分布

2）支流 2014 年藻类分布状况分析

2014 年三峡水库支流浮游植物种类多样，多样性丰富，常见种有硅藻门的颗粒直链藻、变异直链藻、颗粒直链藻最窄变种、尖针杆藻等，绿藻门的单角盘星藻及其变种、空球藻等，蓝藻门的苍白微囊藻、博恩颤藻等，甲藻门的甲藻等。

生物量介于 $2.0\times10^3\sim6.6\times10^7$ 个 /L 之间，平均生物量 4.3×10^6 个 /L。春秋两季生物量平均组成如图 3-39 所示，其中春季甲藻生物量（以数量计）占 42.6%，为优势种群；其次为隐藻，占 36.7%；秋季蓝藻生物量占 52.6%，为优势种群；其次为硅藻，占 32.4%。

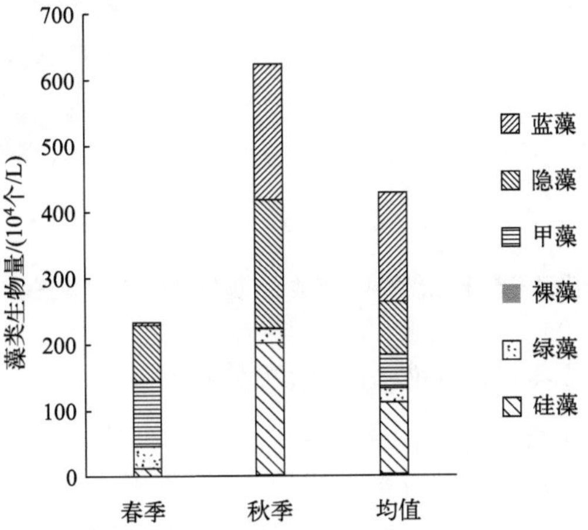

图3-39 2014年库区支流藻类生物量季节分布图

3.3.2 浮游动物分布特征分析

（1）干支流 2011 年浮游动物分布状况分析

1）干流 2011 年浮游动物分布状况分析

2011 年干流共发现浮游动物 4 类 86 种（属），具体组成见图 3-40，可见种类最丰富的为轮虫，占总种数的 46.5%，其他三类差别不大。常见种类原生动物有普通表壳虫、大口表壳虫、锥形似铃壳虫等，轮虫有螺形龟甲轮虫、曲腿龟甲轮虫、矩形龟甲轮虫、萼花臂尾轮虫、广布多肢轮虫等，枝角类有脆弱象鼻溞、僧帽溞以及尖额溞、盘肠溞等，桡足类中剑水蚤和哲水蚤幼体较为常见。浮游动物生物量介于 0 ～ 28003 个 /L 之间，全年平均 1129 个 /L。生物量组成上原生动物为绝对优势种群，占有生物量的 98.9%（以数量计，如图 3-41 所示）。

2）支流 2011 年浮游动物分布状况分析

2011 年支流共发现浮游动物 4 类 81 种，其中，轮虫种类最多，占总种数的 51.9%，其次为枝角类，占 19.8%，原生动物占 16.0%，桡足类最少，为 12.3%。常见原生动物有普通表壳虫、盘状匣壳虫、坛状曲颈虫等，轮虫有角突臂尾轮虫、萼花臂尾轮虫、蒲达臂尾轮虫、曲腿龟甲轮虫、矩形龟甲轮虫、螺形龟甲轮虫、西氏晶囊轮虫等，枝角类有脆弱象鼻溞、长额象鼻溞及僧帽溞等，桡足类有大量哲水蚤及剑水蚤幼体。支流浮游动物生物量在 0 ～ 96003 个 /L 之间，全年平均 5342 个 /L。生物量组成上原生动物为优势种群，占有生物量的 79.3%（以数量计），桡足类仅占 0.1%。

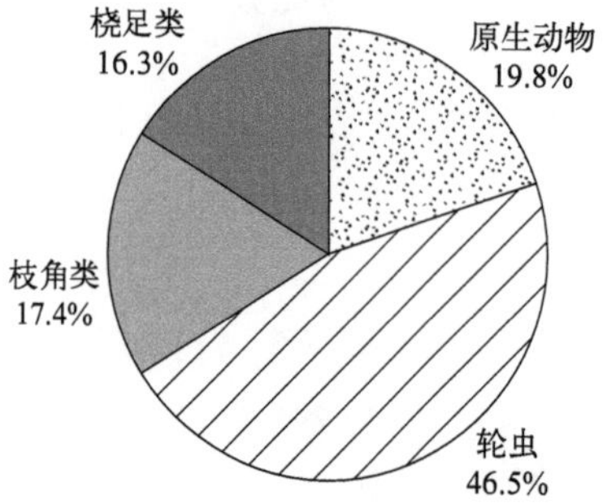

图3-40　2011年三峡库区干流浮游动物种类组成

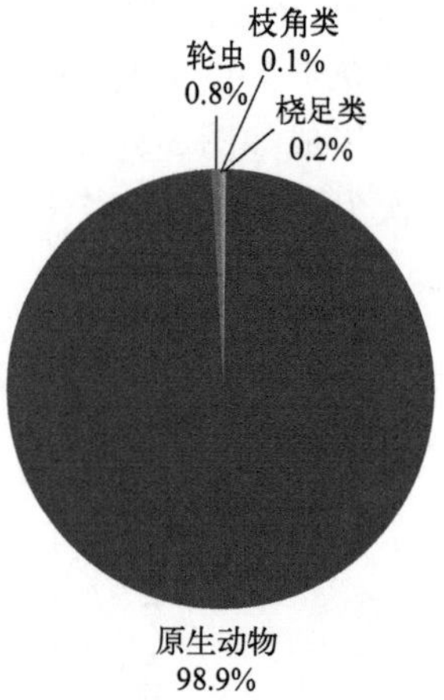

图3-41　2011年三峡库区干流浮游动物生物量组成

（2）干支流 2012 年浮游动物分布状况分析

1）干流 2012 年浮游动物分布状况分析

2012 年干流共发现浮游动物 50 种（属），其中，种类最丰富的为轮虫，占总种数的 38.0%，其次为桡足类，占 28.0%。常见种类原生动物有普通表壳虫、中华拟铃壳虫、尖顶砂壳虫等，轮虫有螺形龟甲轮虫、西氏晶囊轮虫、曲腿龟甲轮虫、萼花臂尾轮虫等，枝角类有脆弱象鼻溞、僧帽溞以及尖额溞、盘肠溞等，桡足类以剑水蚤和哲水蚤幼体较为常见。浮游动物生物量介于 0 ～ 6000 个 /L 之间，全年平均 968 个 /L。生物量组成上原生动物为优势种群，占有生物量的 96.7%（以数量计）。

2）支流 2012 年浮游动物分布状况分析

2012 年支流共发现浮游动物 4 类 58 种，浮游动物种类组成如图 3-42 所示。轮虫种类最多，占总种数的 48.3%，其次为枝角类，占 25.8%，桡足类占 13.8%，原生动物最少，为 12.1%。常见原生动物有坛状曲颈虫等，轮虫有盘状鞍甲轮虫、唇形叶轮虫、矩形龟甲轮虫、螺形龟甲轮虫、角突臂尾轮虫、萼花臂尾轮虫、西氏晶囊轮虫、长肢三肢轮虫、长肢多肢轮虫等，枝角类有脆弱象鼻溞、长额象鼻溞、僧帽溞等，桡足类有哲水蚤无节幼体、剑水蚤无节幼体、剑水蚤桡足幼体等。支流浮游动物生物量 0 ～ 213001 个 /L 之间，全年平均 2141 个 /L。生物量组成上原生动物为优势种群，占有生物量的 82.3%（以数量计，见图 3-43）。

（3）干支流 2013 年浮游动物分布状况分析

2013 年干流共发现浮游动物 41 种（属），具体组成见图 3-44，可见种类最丰富的为轮虫和桡足类，均占总种数的 29.3%；其次为原生动物，占 22.0%。常见种类原生动物有普通表壳虫、瓶沙壳虫、中华拟铃壳虫、尖顶砂壳虫等，轮虫有异趾同尾轮虫、螺形龟甲轮虫、西氏晶囊轮虫、曲腿龟甲轮虫、萼花臂尾轮虫等，枝角类有脆弱象鼻溞、僧帽溞以及尖额溞、盘肠溞等，桡足类中剑水蚤和哲水蚤幼体较为常见。浮游动物生物量介于0～6000个/L之间，全年平均612个/L。生物量组成上原生动物为优势种群，占有生物量的89.9%（以数量计，图3-45）。

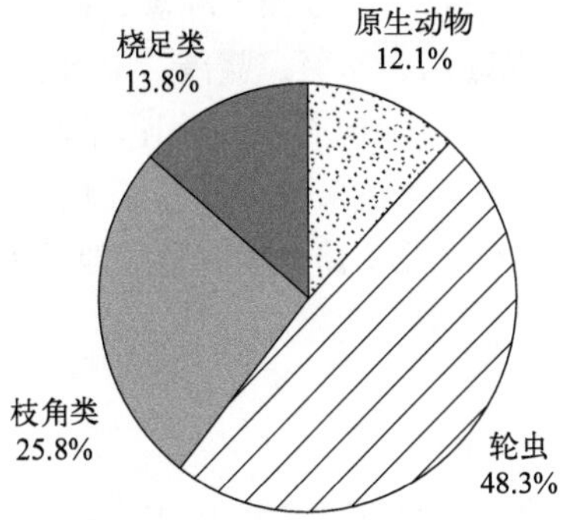

图3-42 2012年三峡库区支流浮游动物种类组成

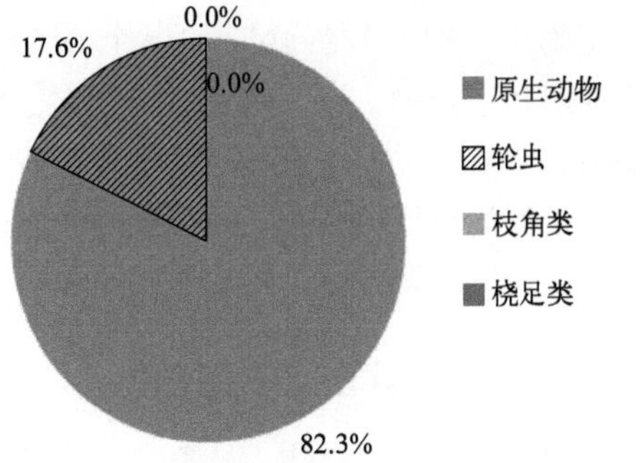

图3-43 2012年三峡库区支流浮游动物生物量组成

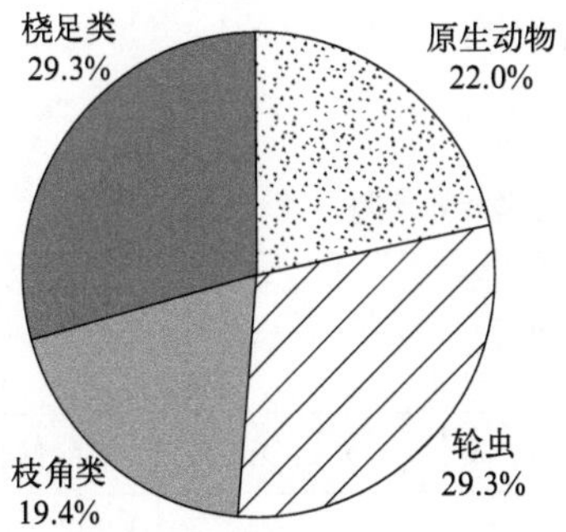

图3-44 2013年三峡库区支流浮游动物种类组成

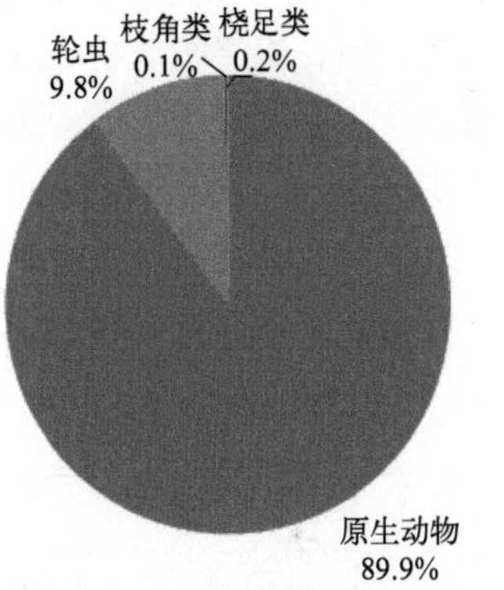

图3-45 2013年三峡库区支流浮游动物生物量组成

（4）干支流2014年浮游动物分布状况分析

1）干流2014年浮游动物分布状况分析

2014年干流共发现浮游动物90种（属），其中，种类最丰富的为轮虫，占总种数的50.0%；其次为枝角类，占18.9%。常见种类原生动物有普通表壳虫、瓶沙壳虫、中华拟铃壳虫、尖顶砂壳虫等，轮虫有异趾同尾轮虫、螺形龟甲轮虫、西氏晶囊轮虫、曲腿龟甲轮虫、萼花臂尾轮虫等，枝角类有脆弱象鼻溞、僧帽溞以及尖额溞、盘肠溞等，桡足类以剑水蚤和哲水蚤幼体较为常见。浮游动物生物量介于0.05～6000个/L之间，全年平均612个/L。生物量组成上原生动物为优势种群，占有生物量的89.9%（以数量计）。

2）支流2014年浮游动物分布状况分析

2014年支流常见原生动物有普通表壳虫、坛状曲颈虫等，轮虫有曲腿龟甲轮虫、矩形龟甲轮虫、螺形龟甲轮虫、角突臂尾轮虫、萼花臂尾轮虫、西氏晶囊轮虫、长肢三肢轮虫、长肢多肢轮虫等，枝角类有脆弱象鼻溞、长额象鼻溞、僧帽溞等，桡足类有哲水蚤无节幼体、剑水蚤无节幼体、剑水蚤桡足幼体等。支流浮游动物生物量在0～22919个/L之间，全年平均3498个/L。生物量组成上原生动物为优势种群，占有生物量的69.9%（以数量计）。

3.3.3 浮游生物变化特征分析

（1）三峡水库干流浮游植物

发现硅藻、绿藻、蓝藻、甲藻、隐藻、裸藻6门百余种，以硅藻、绿藻、蓝藻为主，平均生物量（细胞）在10^4～10^6个/L之间；支流发现硅藻、绿藻、蓝藻、甲藻、隐藻、裸藻6门几十余种，以硅藻、绿藻为主，平均生物量在10^6～10^8个/L之间；干流藻类种类要略多于支流，但支流藻类数量明显高于干流100余倍。干流藻类生物多样性较支流丰富，但干流流速相对较大，藻类数量较低；支流水流相对平缓，藻类生物量一般较大，因此有可能短时暴发式过量生长形成“水华”。

（2）三峡水库干流浮游动物

发现轮虫、原生动物、枝角类、桡足类4门几十余种，以轮虫、原生动物为主，平均生物量在600～1100个/L之间；支流发现轮虫、原生动物、枝角类、桡足类4门几十余种，以轮虫、原生动物为主，平均生物量在2000～5300个/L之间；干流浮游动物种类与支流相当，但支流浮游动物数量明显高于干流2～5倍。干流流速相对较大，浮游动物数量较低；支流水流相对平缓，浮游动物生物量一般较大。

三峡水库干支流浮游生物特征对比见表3-9。

表3-9 三峡水库干支流浮游生物特征比较

浮游植物						
年份	干流			支流		
	种类组成	主要类型	生物量/(个/L)	种类组成	主要类型	生物量/(个/L)
2011	6门104种	硅藻、绿藻、蓝藻	4×10^3～6.4×10^5之间，平均1.1×10^5	6门94种	硅藻、绿藻	10^3～10^8之间，平均4.7×10^6
2012	6门76种	硅藻、绿藻、蓝藻	1.0×10^4～1.6×10^8之间，平均4.0×10^6	6门62种	硅藻、绿藻	10^3～10^{10}之间，平均3.0×10^8
2013	6门101种	硅藻、绿藻、蓝藻	4.0×10^3～1.7×10^5之间，平均4.9×10^4	5门52种	硅藻、绿藻、蓝藻	6.0×10^3～5.4×10^8之间，平均2.9×10^7
2014	6门107种	硅藻、绿藻、蓝藻	4×10^3～1.5×10^5之间，平均4.9×10^4	—	硅藻、绿藻	2.0×10^3～6.6×10^7之间，平均4.3×10^6
浮游动物						
年份	干流			支流		
	种类组成	主要类型	生物量/(个/L)	种类组成	主要类型	生物量/(个/L)
2011	4类86种	轮虫、原生动物	0～28003之间，平均1129	4类81种	轮虫、原生动物	0～96003之间，平均5342
2012	4类50种	轮虫、原生动物	0～6000之间，平均968	4类58种	轮虫、原生动物	0～213001之间，平均2141
2013	4类41种	轮虫、桡足类、原生动物	0～6000之间，平均612	—	—	—
2014	4类90种	轮虫、枝角类、原生动物	0～6000之间，平均612	—	轮虫、原生动物	0～22919之间，平均3498

3.4 三峡水库支流富营养化及水华分布特征

3.4.1 支流年度富营养化状况特征分析

3.4.1.1 支流富营养化评价方法

采用环境保护部推荐的《湖泊（水库）富营养化评价方法及分级技术规定》对库区支流水体富营养化状况进行评价。以叶绿素 a（Chla）、总磷（TP）、总氮（TN）、透明度（SD）、高锰酸盐指数（COD_{Mn}）为富营养化状况评价指标，各指标营养状态指数计算公式为：

$$TLI(Chla)=10\times(2.5+1.086\ln[Chla]) \tag{3-1}$$

$$TLI(TP)=10\times(9.436+1.624\ln[TP]) \tag{3-2}$$

$$TLI(TN)=10\times(5.453+1.694\ln[TN]) \tag{3-3}$$

$$TLI(SD)=10\times(5.118-1.94\ln[SD]) \tag{3-4}$$

$$TLI(COD_{Mn})=10\times(0.109+2.661\ln[COD_{Mn}]) \tag{3-5}$$

式中，叶绿素 a（Chla）单位为 mg/m^3；透明度（SD）单位为 m；其他指标单位均为 mg/L。

采用归一法计算各指标权重，各参数与基准参数 Chla 的相关系数见表 3-10，各指标权重计算公式如下式：

$$w_i=\frac{r_{ij}^2}{\sum_{i=1}^{m}r_{ij}^2} \tag{3-6}$$

式中 r_{ij}——第 j 种参数与基准参数 Chla 的相关系数；

m——评价参数的个数。

表3-10 各项指标与叶绿素a相关关系

参数	Chla	TP	TN	SD	COD_{Mn}
r_{ij}	1	0.84	0.82	−0.83	0.83
r_{ij}^2	1	0.7056	0.6724	0.6889	0.6889

注：引自金相灿等著的《中国湖泊环境》，表中r_{ij}源自中国26个主要湖泊调查数据的统计结果。

采用0～100的系列连续数字对库区支流水体营养状态进行分级、评价，分级标准为：TLI(∑)＜30，贫营养；30≤TLI(∑)≤50，中营养；TLI(∑)＞50，富营养；50＜TLI(∑)≤60，轻富营养；60＜TLI(∑)≤70，中富营养；TLI(∑)＞70，重富营养。在同一营养状态下，指数值越高，其营养程度越重。

3.4.1.2 支流富营养化状况评析

2011～2015 年对三峡水库 16～28 条支流开展的富营养化监测结果表明：

（1）库区支流普遍为中营养和富营养等级

其中春季富营养以轻富营养为主，其次为中营养，还出现个别重富营养情况，如2011年的吒溪河、2012年的珍溪河和2014年的池溪河；秋季以中营养和轻富营养为主，个别支流出现中富营养，如2013年竺溪河、2014年的珍溪河和竺溪河，未出现重富营养支流。

（2）春季库区支流富营养化维持较高水平

富营养化的支流2011～2015年每年占比32.1%～58.6%，平均占比44.0%；其中2013年富营养化支流比例最高，达到58.6%，但未出现重富营养化支流。

（3）秋季库区支流富营养化变化较大

富营养化的支流2011～2015年每年占比0%～58.9%，平均占比27.9%；2012年秋季未出现富营养化支流，但2014年富营养化支流占比达到最高的58.9%。

（4）每年库区支流富营养化基本情况

1）2011年的春、秋季对库区支流调查的评价结果

评价结果表明：

① 春季（2011年3～4月），28条支流中有15条处于中营养状态，占53.6%，6条处于轻富营养状态，占21.4%，6条处于中富营养状态，占21.4%，1条处于重富营养状态，占3.6%；

② 秋季（2011年9～10月），26条支流中有20条处于中营养状态，占76.9%，6条处于轻富营养状态，占23.1%。

2）2012年的春、秋季对库区支流调查的评价结果

评价结果表明：

① 春季（2012年3～4月），28条支流中有19条处于中营养状态，占67.9%，5条处于轻富营养状态，占17.9%，3条处于中富营养状态，占10.7%，1条处于重富营养状态，占3.5%；

② 秋季（2012年9～10月），26条支流全部处于中营养状态。

3）2013年的春、秋季对库区支流调查的评价结果

评价结果表明：

① 春季（2013年3月），29条调查支流中，九畹溪、童庄河、神女溪、大宁河、磨刀溪等12条支流处于中营养状态，约占总数的41.4%，香溪河、神农溪、抱龙河、梅溪河等12条支流处于轻富营养状态，约占41.4%，吒溪河、苎溪河、汝溪河、黄金河和珍溪河这5条支流处于中富营养状态，占17.2%；

② 秋季（2013年9月）调查的17条支流中，童庄河、香溪河、青干河、神农溪、大宁河等12条支流处于中营养状态，占70.6%，梅溪河、汝溪河、池溪河与珍溪河处于轻富营养状态（23.5%），苎溪河处于中富营养状态（5.9%）。

4）2014年的春、秋季对库区支流调查的评价结果

评价结果表明：

① 春季（2014 年 3 月），18 条调查支流中，香溪河、童庄河、大宁河、梅溪河等 11 条处于中营养状态，占 61.1%，青干河、汝溪河和朱衣河 3 条支流处于轻富营养状态，占 16.7%，神农溪、苎溪河和东溪河 3 条支流处于中富营养状态，占 16.7%，池溪河处于重富营养状态，占 5.6%；

② 秋季（2014 年 9 月），17 条调查支流中，香溪河、童庄河、大宁河、神农溪河等 7 条处于中营养状态，占 41.2%，青干河、梅溪河和磨刀溪等 8 条支流处于轻富营养状态，占 47.1%，苎溪河和珍溪河 2 条支流处于中富营养状态，占 11.8%。

5）2015 年的春季对库区支流调查的评价结果

评价结果表明：16 条调查支流中，香溪河、童庄河、大宁河、神农河等 9 条处于中营养状态，占 56.3%，青干河、梅溪河、苎溪河和池溪河等 7 条支流处于轻富营养状态，占 43.7%。

（5）支流富营养化状况比较

选取童庄河、香溪河、青干河、神农溪、大宁河、梅溪河、长滩河、磨刀溪、汤溪河、小江、苎溪河、汝溪河、东溪河、池溪河、珍溪河和御临河 16 条支流，比较其 2011 ～ 2015 年的营养水平，可以看到：

① 所监测的库区 16 条支流的营养水平，从季节上整体表现为春季高于秋季，春季富营养状态所占比例分别为 50.0%（2011 年）、37.5%（2012 年）、62.5%（2013 年）、37.5%（2014 年）、43.8%（2015 年），秋季富营养状态所占比例分别为 25.0%（2011 年）、0.0%（2012 年）、25.0%（2013 年）、62.5%（2014 年）。

② 所监测的库区 16 条支流的营养水平，从空间分布上整体表现为库区上游支流偏高，苎溪河、汝溪河、东溪河、池溪河、珍溪河和御临河 6 条支流的营养水平总体上以富营养为主，而其他 10 条支流营养水平总体上以中营养为主。

③ 所监测的库区 16 条支流的营养水平，从年际变化上整体表现为处于富营养水平的支流逐渐增多，从 2011 年的 12 条增加到 2014 年的 16 条。

就库区支流水体来看，其 TP 和 TN 的均值都超过了国际公认的富营养化阈值（TP 0.02mg/L，TN 0.2mg/L）。有研究表明低氮磷比值有利于蓝绿藻，特别是固氮蓝藻的生长与暴发。按照 Val H. Smith 的理论，当 TN/TP 值＞ 29 时，蓝绿藻水华将很难出现；库区大部分支流水体的 TN/TP 值＜ 29，说明支流蓝绿藻水华发生风险较大，且水体中磷的增长速度快于氮，这些都将对水体富营养化的加重起到促进作用。

3.4.2 支流水华发生特征分析

蓄水后支流水华时有发生，据长江流域水环境监测中心不完全统计（表 3-11），发生大范围水华现象的次数分别为 2011 年 18 起、2012 年 31 起、2013 年 29 起、2014 年 14 起、2015 年（春季）7 起；发生水华河流占监测河流的比例分别为 33.3%（2011 年春秋季）、57.4%（2012 年春秋季）、63.0%（2013 年春秋季）、40.0%（2014 年春秋季）、43.8%（2015 年春季）。

三峡库区水华的时段分布呈现明显的季节变化，春季为水华高发期，秋季偶有发生。

水华发生区域多出现在库区支流回水段、河口及库湾地区。春季藻类以硅藻、甲藻为主要优势种。水华发生期间藻类细胞密度 >10^7 个 /L，水色依据“水华”发生时优势藻种的不同变化显著，多呈浅黄绿色、黄绿色、红褐色、酱油色等。

表3-11　支流“水华”发生事件不完全统计

时间	发生次数	发生水华比例	发生水华河流
2011年(春秋2季)	18起	33.3%	童庄河、吒溪河、草堂河、梅溪河、长滩河、磨刀溪、小江、汝溪河、黄金河、东溪河、渠溪河、珍溪河、香溪河、龙河
2012年(春秋2季)	31起	57.4%	香溪河、童庄河、吒溪河、青干河、神农溪、抱龙河、大宁河、草塘河、梅溪河、小江、苎溪河、瀼渡河、汝溪河、黄金河、东溪河、龙河、渠溪河、珍溪河、黎香溪、龙溪河、御临河
2013年(春秋2季)	29起	63.0%	梅溪河、长滩河、磨刀溪、汤溪河、苎溪河、汝溪河、东溪河、珍溪河、草堂河、池溪河、黄金河、香溪河、童庄河、吒溪河、青干河、渠溪河、小江、神农溪、黎香溪、御临河、抱龙河
2014年(春秋2季)	14起	40.0%	香溪河、青干河、神农溪、大宁河、梅溪河、磨刀溪、小江、苎溪河、汝溪河、龙河、东溪河、池溪河
2015年(春季)	7起	43.8%	童庄河、神农溪、大宁河、梅溪河、小江、汝溪河、珍溪河

3.5　三峡水库有机污染物及藻毒素含量特征

3.5.1　农药含量分析

2012 年 3 月和 2013 年 3 月共开展了 2 次三峡水库干支流水中有机磷和有机氯农药含量调查监测工作，干流监测断面为寸滩、清溪场、沱口、官渡口、太平溪 5 个，支流监测 29 条，共取样分析干流样品 7 个，支流样品 94 个。

分析结果表明：三峡库区干支流水中均未检出有机磷和有机氯农药，且方法的检出限值远低于《地表水环境质量标准》（GB 3838—2002）对各类有机磷和有机氯农药组分的限值要求。

3.5.2　微量有机物含量分析

2013 年 9 月开展了 1 次三峡水库干支流水中多环芳烃和多氯联苯微量有机物含量调查监测工作，监测干流断面官渡口 1 个，支流香溪河、梅溪河、小江、龙河 4 条，取样分析干流样品 1 个，支流样品 10 个。

分析结果表明：三峡库区干支流水中均未检出多环芳烃和多氯联苯；支流中仅梅溪河检出 1 次多环芳烃萘（0.2μg/L），小江检出 2 次多环芳烃萘（0.19μg/L 和 0.17μg/L），但均低于《生活饮用水卫生标准》（GB 5749—2022）对多环芳烃总量 2μg/L 的限值要求；其他支流多环芳烃和所有支流多氯联苯均未检出，且方法的检出限值远低于《生活饮用水卫生标准》(GB 5749—2022)对各类多环芳烃和多氯联苯总量限值要求。

3.5.3 藻毒素含量分析

2013年9月开展了1次三峡水库支流水中微囊藻毒素含量调查监测工作，对童庄河、神农溪、梅溪河、磨刀溪、小江、苎溪河6条支流开展取样监测工作，取样分析样品6个。

分析结果表明：三峡库区支流水中均未检出微囊藻毒素，且方法的检出限值远低于《地表水环境质量标准》(GB 3838—2002)对微囊藻毒素组分1μg/L的限值要求(见表3-12)。

表3-12 检出限及标准含量限值

农药类型	序号	农药组分	检出限DL /(mg/L)	环境质量标准限值 (GB 3838—2002)/(mg/L)
有机磷农药	1	敌敌畏	1.0×10^{-4}	0.05
	2	乐果	1.0×10^{-4}	0.08
	3	甲基对硫磷	1.0×10^{-4}	0.002
	4	马拉硫磷	1.0×10^{-4}	0.05
	5	对硫磷	1.0×10^{-4}	0.003
有机氯农药	6	α-六六六	1.0×10^{-6}	0.05
	7	β-六六六	1.3×10^{-6}	0.05
	8	γ-六六六	0.6×10^{-6}	0.05
	9	δ-六六六	4.9×10^{-6}	0.05
	10	p,p'-DDE	1.0×10^{-6}	0.001
	11	p,p'-DDD	3.5×10^{-6}	0.001
	12	o,p'-DDT	2.8×10^{-6}	0.001
	13	p,p'-DDT	2.0×10^{-6}	0.001
微量有机物类型	**序号**	**有机物组分**	**检出DL /(μg/L)**	**生活饮用水卫生标准限值(总量) (GB 5749—2022)/(μg/L)**
多环芳烃	1	萘	0.15	2
	2	苊	0.12	
	3	二氢苊	0.09	
	4	芴	0.12	
	5	菲	0.13	
	6	蒽	0.10	
	7	荧蒽	0.16	
	8	芘	0.12	
	9	苯并蒽	0.12	
	10	䓛	0.13	

续表

微量有机物类型	序号	有机物组分	检出DL /(μg/L)	生活饮用水卫生标准限值(总量)(GB 5749—2022)/(μg/L)
多环芳烃	11	苯并[*b*]荧蒽	0.16	2
	12	苯并[*k*]荧蒽	0.18	
	13	苯并[*a*]芘	0.12	
	14	茚并[1,2,3-*cd*]芘	0.14	
	15	二苯并[*a,h*]蒽	0.16	
	16	苯并[*g,h,i*]苝	0.12	
多氯联苯	17	一氯联苯	0.02	0.5
	18	二氯联苯	0.02	
	19	三氯联苯	0.02	
	20	四氯联苯	0.02	
	21	五氯联苯	0.02	
	22	六氯联苯	0.02	
	23	七氯联苯	0.02	
	24	八氯联苯	0.02	

第 4 章 三峡库区生态环境遥感解译分析

4.1 三峡库区生态环境遥感监测方法

4.1.1 遥感影像预处理

信息提取标准化预处理分为卫星影像采集、波段反射率计算、大气纠正、地形光谱纠正、云标识、正射纠正、数据融合、自然区划分幅、标准化处理影像等步骤（图 4-1）。

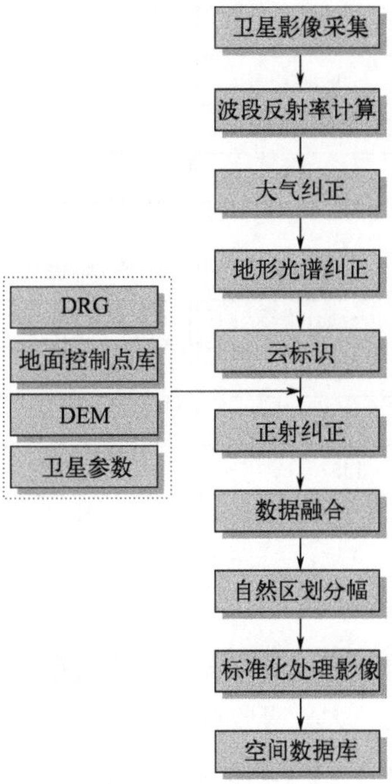

图4-1 三峡库区标准影像预处理作业流程

DRG—数字格栅地图；DEM—数字高程模型

4.1.1.1　波段反射率计算

影像各波段的辐射能力不一样，直接利用DN值进行定量分析会有一定的误差，可通过各波段反射率计算来反演真正下垫面质地特征。

以Landsat TM数据为例，Landsat TM5的λ波段（1～7波段）的反射系数R_λ公式如下：

$$R_\lambda = \frac{\pi \times L_\lambda}{\mathrm{ESUN}_\lambda \times \cos\theta \times d_r} \tag{4-1}$$

$$L_\lambda = \frac{L_{max} - L_{min}}{255} \times \mathrm{DN} + L_{min} \tag{4-2}$$

$$d_r = 1 + 0.033\cos\left(\mathrm{DOY}\frac{2\pi}{365}\right) \tag{4-3}$$

式中　DN——波段通道中记录的值；

L_{max}和L_{min}——见表4-1；

L_λ——上行辐射；

ESUN_λ——下行辐射（表4-2）；

θ——太阳入射角；

d_r——日地天文单位距离；

DOY——儒略日，即影像获取时间到1月1日的天数。

表4-1　TM5的L_{max}和L_{min}值

波段	L_{min}/[W/(m²·sr·μm)]	L_{max}/[W/(m²·sr·μm)]	波段	L_{min}/[W/(m²·sr·μm)]	L_{max}/[W/(m²·sr·μm)]
1	−1.500	152.100	5	−0.370	27.190
2	−2.800	296.800	6	1.238	15.600
3	−1.200	204.300	7	−0.150	14.380
4	−1.500	206.200			

表4-2　TM5的ESUN_λ值

波段	ESUN_λ	波段	ESUN_λ
1	1957	4	1047
2	1829	5	219.3
3	1557	6	74.52

4.1.1.2　大气纠正

由于大气条件在水平方向的不一致性，形成大气散射和大气吸收的差异性。散射过程改变了入射光线的传播方向，大气吸收削弱了光线的能量。散射分为分子散射及瑞利（Rayleigh）散射和气溶胶散射及Mie散射。分子散射是由大气中的氮和氧分子引起的。分子散射主要受入射波长的影响，随入射波长的增加而迅速减弱。气溶胶散射主要依赖气溶胶的类型、气溶胶的折射率和气溶胶分子的大小。大气吸收是由大气分子和气溶胶引起的。大气分子吸收是由二氧化碳和水蒸气引起的，三峡地区的水蒸气作用比较明显，尤其薄雾很常见。

采用 Erdas ATCOR2 的大气变化模型，重点对水汽和气溶胶造成的能见度变化进行纠正，通过屏幕交互式输入参数阈值，确定水汽和云量的边界和光学深度。

大气纠正是一个复杂的处理过程，它随大气组成、大气垂直剖面的不同而有差异，如果利用地面气象资料，因气象站点分布的局限性，只能利用插值获取区域的大气组成与结构条件，而无法获得实时的、基于像元的大气条件。一般大气纠正有两种方法：一种是基于大气条件的绝对纠正方法；另一种是基于影像的相对纠正方法。第一种方法纠正准确，但参数获取难度较大，一般适合影像范围大、气象条件均一的情况；第二种方法纠正简单，但定量性差，对气象条件不均一的情况有利。三峡库区分子气溶胶很大，分布不均一，影像的大气纠正需要两个步骤：对区域或影像范围采用统一的气象参数进行纠正；对影像范围内雾较多的地方，单独进行相对纠正。

遥感数据的大气辐射传输选择在 MODTRAN4（moderate resolution atmospheric transmittance and radiance code）下进行模拟计算。MODTRAN4 改进了瑞利散射和复折射率的计算精度，增加了 DISORT 计算太阳散射贡献的方位角相关选项，并且将 7 种 BRDF 模型引入其中。MODTRAN4 还对几个重要的基础数据库加以更新，使计算的精度得到很大提高。

在实际的大气纠正计算中，采用式（4-4）：

$$L(\mu_v)=L_0(\mu_v)+\frac{\rho_t}{1-\rho_t S}F_{\mathrm{d}}T(\mu_v) \tag{4-4}$$

其中，

$$F_{\mathrm{d}}=\mu_{\mathrm{s}}F_0T(\mu_{\mathrm{s}})$$

$$T(\mu_v)=\mathrm{e}^{-\tau/\mu_v}+t'_{\mathrm{d}}(\theta_v)$$

式中 $L(\mu_v)$——传感器接收到的辐射亮度；

$L_0(\mu_v)$——路径辐射项；

F_{d}——太阳下行总辐射；

F_0——大气层顶的太阳辐照度；

$T(\mu_v)$——传感器和目标之间的透过率；

$\mathrm{e}^{-\tau/\mu_v}$——直射透过率；

$t'_{\mathrm{d}}(\theta_v)$——散射透过率。

在已知的观测条件（太阳和传感器的几何参数、大气廓线、地表反射率等）下，设定一组 ρ_t 值以及相应的传感器高度，通过 MODTRAN4 模拟得到一组辐射亮度 $L(\mu_v)$ 代入方程，再经过简单的代数运算就可以求出大气纠正所需的参数（路径辐射项、透过率、大气半球反照率和太阳下行总辐射）。其中，地表反射率和相应传感器高度设置见表 4-3。

表4-3 地表反射率和相应传感器高度设置

大气纠正中的地表反射率和相应传感器高度设置模拟次数	1	2	3	4	5
地表反射率	0	0.1	0.2	0.1	0.2
传感器高度和地面高程/km	705	705	705	1550	1550

将传感器接收的辐射亮度和MODTRAN4模拟的大气纠正参数代入下列方程就可以进行波段数据的大气纠正：

$$\rho_t = \frac{L(\mu_v) - L_0(\mu_v)}{F_d T(\mu_v) + S[L(\mu_v) - L_0(\mu_v)]} \tag{4-5}$$

（1）气溶胶类型选取

气溶胶的大小和结构影响着散射强度和散射方式。气溶胶受下垫面因素影响较大，不同的气溶胶类型可以通过环境要素的选择确定下来。

Erdas ATCOR2有3类气溶胶选择方式：

① 干旱、适中、标准、湿润、潮湿；

② 海洋、乡村、城市、沙漠；

③ 低纬、中纬、高纬。

例如：midlatitude winter: u=0.85（gcm^{-2}）

fall（autumn）: u=1.14（gcm^{-2}）

US Standard: u=1.42（gcm^{-2}）

midlatitude summer: u=292（gcm^{-2}）

tropical: u=4.11（gcm^{-2}）

目前，对于TM和SPOT数据，无法获取同步拍摄的大气条件，只能通过多年平均该地区的气溶胶确定使用的大气纠正模型，对于局部的大气突变条件，通过屏幕交互式的方式单独提取处理，但这种处理会出现“边缘”效应。因为下垫面大气廓线的复杂性和多变性，在实际应用中很难获取实时匹配的大气条件，通常采用简化的模式。

（2）参考样本选取

大气纠正是基于标准地物光谱对比进行光谱校正的原理，通常利用纯净水体或高密度深色植被（针叶林）作为参照标准。这需要在影像上找到明显的水体或高密度深色植被进行对比。选取方法见方法1和方法2，阈值 T_1 和 T_2 是用户交互式选择的参数。三峡地区以高密度深色植被针叶林作为参考样本。通常稳定的红波段（TM波段3）的深色植被反射率为1.5%～3.0%。

方法1：RVI＞阈值 T_1

RVI=NIR/RED，为比值植被指数。其中，NIR为近红外光波段反射率；RED为可见光波段反射率。

方法2：DN＜ $\mu_{NIR} - T_2 \times \sigma_{NIR}$

其中，μ_{NIR}、σ_{NIR} 分别为近红外波段的均值和标准差。

方法1是针对高植被指数，包括阔叶林和作物；方法2是基于低反射率的植被指数。

（3）云、雾范围确定

云和雾的确定是基于帽穗转换生成的。水汽的确定为方法3和方法4合并形成，云层的确定通过方法5实现，分别对云与雾进行标识，雾可以通过纠正反演真实光谱特征。分子散射系数随着光谱波段变长而快速减小。

$$\sigma_m = \frac{c}{\lambda^4}(1+\cos^2\theta) \tag{4-6}$$

式中 θ——入射与散射夹角；

λ——光谱波段；

σ_m——分子散射系数。

方法 3：DN > $\mu_{NIR}-T_3\times\sigma_{NIR}$

μ_{NIR}、σ_{NIR} 分别为帽穗转换图像水汽波段的均值和标准差，帽穗转换方程为：

$$TC=0.846\times TM1-0.464\times TM3 \tag{4-7}$$

在方法 3 中包括类似于城市的高亮度值，需要加以去除。

方法 4：DN > $\mu_{RED}-T_4\times\sigma_{RED}$

方法 5：DN > $\mu_1-T_5\times\sigma_1$

其中，μ_1、σ_1 分别为 TM 波段 1 的均值和标准差。

（4）大气纠正效果

经过大气纠正后的地表反射率与未经过大气纠正的表观反射率之间的对比分析。在可见光波段（460 ～ 700nm）对大气中气溶胶的影响给予了去除，大部分光谱值减小了。而在红外波段与近红外波段的变化不大，在红外和热红外波段的水汽影响得到一定去除，水汽含量高的地区影像 DN 值降低了。林地与水体的变化比较类似，在可见光和红外光部分光谱的 DN 值减小了；建设用地在蓝波段减小了，而在其他波段却增大了，耕地的变化处于以上类型的中间，可见光降低明显，如表 4-4 所列。

表4-4 大气纠正前后影像DN值的变化

土地覆被类型	TM 波段	纠正前DN值	纠正后DN值	变化/%
水体	1	92	25	−73
水体	2	46	45	−2
水体	3	75	86	15
水体	4	42	51	21
水体	5	11	5	−55
水体	6	134	119	−11
水体	7	7	0	−100
林地	1	70	4	−94
林地	2	30	15	−50
林地	3	33	17	−48
林地	4	83	104	25
林地	5	71	58	−18
林地	6	142	138	−3
林地	7	21	22	5

续表

土地覆被类型	TM波段	纠正前DN值	纠正后DN值	变化/%
建设用地	1	97	52	–46
建设用地	2	50	75	50
建设用地	3	68	110	62
建设用地	4	74	146	97
建设用地	5	94	141	50
建设用地	6	154	171	11
建设用地	7	48	109	127
耕地	1	78	16	–79
耕地	2	38	28	–26
耕地	3	46	45	–2
耕地	4	93	127	37
耕地	5	114	106	–7
耕地	6	146	146	0
耕地	7	42	57	36

利用参考样本进行对比，确定影像的水平能见度和光学深度，再利用非线性方程转换成能见度指数，通过气象参数、气溶胶类型、太阳高度角和数字高程模型（DEM）完成大气纠正，见图 4-2（书后另见彩图）。

(a) 大气纠正前　　(b) 大气纠正后效果

图4-2　大气纠正前后的效果图

4.1.1.3　地形光谱纠正

在山区，特别是在坡度大的三峡地区，地形对光谱的作用影响不可忽视，它最终影响着土地覆被自动分类的精度。向阳坡得到更强的太阳光，阴坡则得到较少的太阳光，更多的是天空光的反射，传感器因此而得到不同的反射光，在陡峭的地形上还会形成太阳光在坡面上的多次反射，导致不同的光线强度，故山区的影像光照条件是复杂的。对于不同地形上的地类划分，应做影像的光谱投影纠正，将不同地形上的光线强度投影到地平面上的光线强度。它涉及坡度、坡向、太阳高度角、太阳方位角、传感器高度角和传感器方位角。纠正或消除方法采用 Lambertian 模型：

$$L(\lambda,e)=L_{\mathrm{n}}\lambda\cos i \tag{4-8}$$

$$\cos i=\cos(90°-\theta_{\mathrm{s}})\times\cos\theta_{\mathrm{n}}+\sin(90°-\theta_{\mathrm{s}})\times\sin\theta_{\mathrm{s}}\times\cos(\phi_{\mathrm{s}}-\phi_{\mathrm{n}}) \tag{4-9}$$

式中 L——光谱辐射值；

λ——波长；

e——坡度；

L_{n}——I=0 时的光谱辐射值；

i——入射角；

θ_{s}——太阳高度角；

θ_{n}——地表坡度；

ϕ_{s}——太阳方位角；

ϕ_{n}——地表方位角。

利用上述方法，对 TM 数据进行地形光谱纠正，从图 4-3（书后另见彩图）可以看出，纠正前后光谱值发生了变化，阴坡的光谱与阳坡的光谱更加接近了，地形的效果不明显了，阴阳坡的差异减小了，主要表现在 0.75 ～ 0.90μm、1.55 ～ 1.75μm 的波谱范围内（见图 4-4），纠正后的植被光谱曲线特征更加明显，阴坡的归一化植被指数（NDVI）反而大于阳坡。通过地形的光谱纠正，对于山区的植被分类的精度可以大大提高，减小光谱信息的混合和错误，但在阴影部分地形纠正仍然纠正不了，该部分数据需要利用掩模技术，提取出来后单独处理。

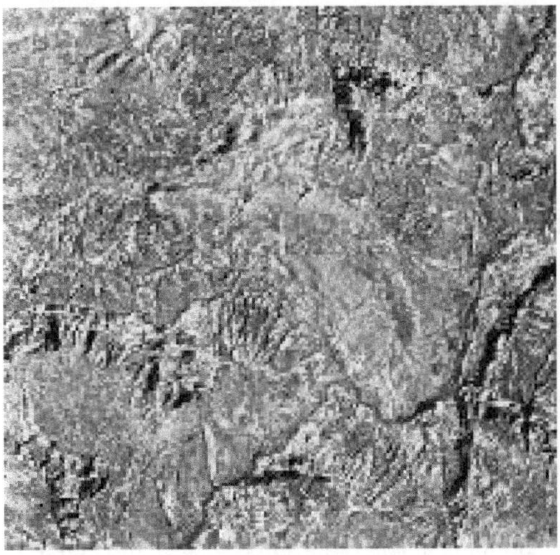

(a) 纠正前影像

(b) 纠正后影像

图4-3 地形光谱纠正前后效果

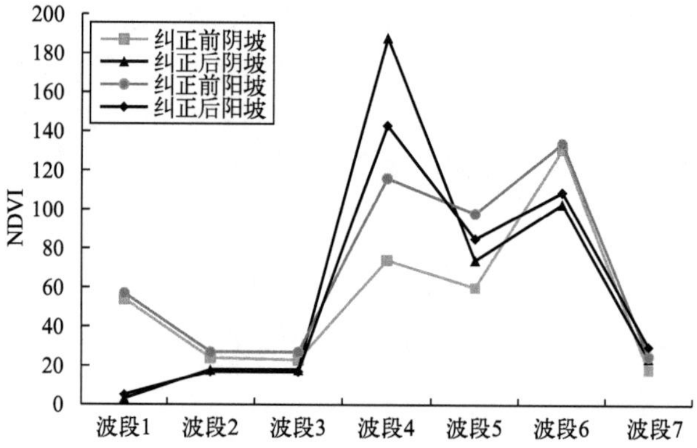

图4-4　三峡库区灌木林地形纠正后的光谱变化

4.1.1.4　正射纠正

（1）影像畸变

三峡库区地形高差多达2000m，平均相对高差为300～500m，属于山地、高山地，地形变化对影像的影响不可忽视，尤其对TM数据的影响，因地形影响最大水平误差可达到250m。

TM、IRS为点阵成像方式，SPOT为线阵成像方式，为两类不同的成像方式，前者的光谱信息稳定些，后者的空间位置稳定些。在传感器入射角为零的情况下只有中心线无变形，向两旁变形增加，若有入射角存在则零下点无变形，向两旁变形增加。地球曲率的变化在影像的边缘会产生误差放大的效果。通过正射纠正可以消除投影造成的变形，即高差造成的误差。经过正射纠正的影像才能进行无缝镶嵌拼接。

（2）数字高程模型生成

影响数字正射影像数据几何精度的最主要因素是数字高程模型（DEM）的质量。DEM的密度和精度对数字正射影像数据的几何纠正过程非常关键，高质量的DEM由等高线、高程点和三维断裂线组成。DEM三维点的密度和间隔取决于地形的起伏程度和精度要求，地形起伏大，三维点的密度就大，间隔就小，而在平坦地区，三维点的密度就小，间隔就大。如果地形高程线性变化，如河流、湖泊、山脊、公路、台地、大堤、挡土墙等，则在DEM中必须引入三维断裂线。

本书采用的DEM是从1：50000地形图上的等高线采集生成的，DEM网格大小为10m×10m，高程精度为平地4m，高山19m。

（3）GCP选择

GCP为正射纠正的地面控制点，通过控制点的选择，将参考图像与原始图像联系在一起进行纠正。参考图像以扫描后生成的1：50000数字栅格图（DRG）为基准，GCP在DRG上选取，GCP的选择要考虑到地形图因年代的变化而产生的地物变化、地形图表示方法和不同要素制作的精度。

本次 GCP 选择遵照以下原则：

① 均匀分布于图像，最小空间距离要大于 5km；

② 固定的标志点，最好为 10 年以上不变的点，如桥梁、水库大坝、十字路口、水渠、建筑等标志，尽量不要选择水系（体）、植被等。

（4）1：50000 GCP 数据库建设

为了进行三峡遥感动态监测工作，需要建立地面控制点库，以便进行几何纠正使用。将参考图像的 GCP 文件保存下来，生成 48 带 GCP 数据和 49 带 GCP 数据，与纠正好的参考影像一起组成地面控制点库。

在三峡库区 1：50000 DRG 上选取 GCP，建立地形图 15km × 15km 和 10km × 10km 的网格，在平原地区，确保每个 15km × 15km 网格内输入一个 GCP，在高山地区，确保每个 10km × 10km 网格内输入一个 GCP。将 GCP 按 1：250000 地形图的范围进行文件存储。命名为 GCP+1：250000 地形图名。建立 TM、SPOT 等数据轨道与 1：250000 地形图对应的检索图。通过 GCP 数据库的建立，每次纠正使用统一的 GCP 数据，保证纠正系统均方根误差（RMSE）的一致性。

（5）正射纠正

在 ERDAS 中导入 GCP 数据库，在原始影像上查找与参考图像对应的 GCP，并输入同地区 1：50000 DEM。正射纠正要考虑传感器扫描方式、入射角大小、入射角方向、地球表面曲率。考虑到下一步的全色波段数据与多光谱数据融合，全色波段数据与多光谱数据在同地区的几何纠正的精度必须严格保持一致才能保证数据融合的质量。为此，在正射纠正之后，以多光谱数据为参考影像对全色波段影像进行二维二次纠正，使二类数据达到空间上的数据匹准。

4.1.1.5 数据融合

数据融合有多种方法，例如红绿蓝（RGB）、强度色度饱和度（IHS）、算术组合（arithmetic combinations）、布朗维转换（Brovery transformation）、主成分分析（PCA）等。

主成分分析法可以最大限度地保存多光谱的信息，对源数据破坏较小。本书采用主成分法进行数据融合，将多光谱进行主成分提取，将全色波段数据与主成分数据进行置换，再进行反主成分处理，生成高分辨率的多光谱数据。

4.1.1.6 影像裁切、去云

（1）影像裁切

在影像数据正射纠正后，进行数据整理。利用行政界线数据去除界线以外的数据，在景与景之间的数据保留 1km 宽的数据重复部分，以便数据镶嵌进行对比。黑白数据与多光谱数据分别进行处理。

（2）影像去云

三峡库区地处高山峡谷，长年阴雨多雾，一景数据内很难避免有云的数据，故有云的数据需要临近期数据的修补。主要考虑成片云层的处理，对朵云不进行处理，因为朵云对视觉效果影响不大。云层修补采用光谱识别与影像替代的方法解决。黑白数据采用对云层进行屏幕交互式光谱域值探测方法。在对云层标识后，对替代影像与原始影像进行边缘光谱匹配，保证局部镶嵌后边界光谱的一致性。

4.1.2　土地覆被遥感监测

本书采用2002年、2007年、2012年、2016年RapidEye高分辨率遥感数据完成1：50000库区土地利用/覆被的监测。空间辅助数据参与数据分析，以提高信息分辨和提取的精度，涉及三峡库区1：50000数字高程数据、1：250000土壤类型数据等。

本书采用面向对象的信息提取技术进行库区土地覆被遥感监测。该项技术方法在分类算法过程中，既考虑了目标的光谱特征，又考虑了目标的几何特征，将影像处理成栅格与矢量两种属性，对光谱、几何、空间相关特征进行分析，同时分割影像，生成不同尺度的对象，分析不同尺度下各个对象的特征与差异，使分类具有拟人性、透明性、可操作性，从而进一步提高精度。

现有信息提取方法主要有自动与人工两种方法，其中自动又分为监督分类与非监督分类两大类。非监督分类有Isodata分类法，派生出进阶式合并法（progressive generalization）、增强式分类法（classification through enhancement）、后处理调节法（post-processing adjustments）；监督分类有最大似然法、箱式分类法、最短距离法、决策树（专家系统）法（decision trees）、神经网络法（neural networks）、混合模型法（mixture modelling）、模糊分类法（fuzzy classification）。人工分类的精度较高，但其过程极其烦琐和漫长、人为随意性强、影像细微变化不易识别、人工分类后的拓扑处理和图幅接边问题较多。自动分类可以大大提高工作效率、客观性强、划分精细，但其弊端也是显而易见的，精度不够高，尤其是细分的分类系统，目前的自动分类在10～30m尺度上划分总体精度一般在60%～75%之间。非监督分类速度快、简单、信息真实，但有不确定性。监督分类时间长、复杂、信息综合、类型明确。自动分类基于光谱划分的栅格处理方法，人工作业主要是基于光谱与目标几何特征进行的矢量勾绘方式生成的。单一的人工勾绘或自动分类都存在一定的问题，工作量过大或精度不高，而两者相结合，可在一定程度上解决上述矛盾，减少工作量，并能提高分类精度。

4.1.2.1　样点采集

采样地点和样本点数取决于遥感影像的解析力及区域的大小、通达性和复杂程度。遥感解析力决定了各土地覆被类型的样本数，区域大小决定了采样方式。通过样点选择反映区域的土地覆被特征。样点的选择主要取决于区域的环境分层、影像的解析力，保证每类环境层、对象层有样点的分布。基于环境要素的复杂性和分散性，复杂的环境需要更多的样点。

整个野外采样工作基本上沿公路两旁 2km 视觉范围内的地物采样（见图 4-5），野外采样与标定在车载全球定位系统（GPS）和屏幕勾绘中实现。利用 ARCGIS 的 GPS 工具实现导航定位，在 ARCMAP 矢量点文件中将在室内布设的采样点输入属性，生成采样点分布图和相应的属性表。在野外逐点进行标定，并将描述的信息填写在野外采样表和矢量属性表中。GPS 使用的是 TM 底图，在检索和到达采样地物时利用空间相对关系确定地块的准确位置（GPS 有一定误差），并在样点库中输入属性信息，依据野外调查表的内容进行一一描述和照相。

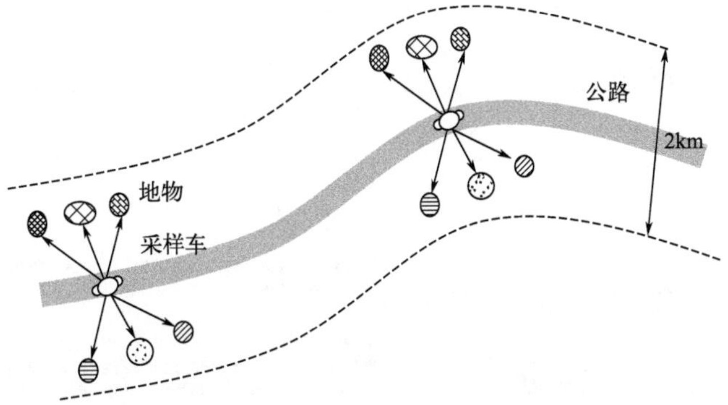

图4-5 土地覆被野外采样点与采样方式

解译标志库是为决策树建立提供划分指标、阈值设定等主要信息。解译标志库以采样区为单元，建立各类型的信息标志库。解译标志库建立平台以 eCognition 软件为支撑，以预处理后数据层和派生信息为基础，提取采样点的解译信息，全国大约 200 个解译标志库，每个库存贮在每个分区块的分类数据工程文件包中，格式为 .drp。

将采样区内的数据导入 eCognition 后，利用软件的 Sampling 工具，在影像上按空间位置分类选取采样点的影像和辅助数据的信息，生成最终分类需要的 24 类参数的采样点图谱信息（图 4-6）。采样点视窗可以显示每个采样点各参数的阈值范围、频率、方差。若具有同样时间邻近采样区的影像，其采样点图谱可以共享，参与决策树建立的分析。

4.1.2.2 面向对象的分类技术

面向对象的分类技术是基于人类大脑认知事物过程的方式，大脑通过颜色、纹理和形状综合对象信息进行判别、认识。相对于单个像元，将光谱近似的影素合并成对象，使影像对象携带了更多的非光谱属性，包括空间信息、空间关系信息，如对象大小、方差、长宽比、形状指数、朝向、邻近关系、包容关系、方向关系、距离关系等，从对象上提取的非光谱信息结合光谱信息分类可提高分类精度。

面向对象的分类技术的实现是通过非监督分类、监督分类两次处理过程完成。非监督分类的目的是实现像素转为对象的过程，是依据光谱的同质性聚类，分割成适合反映地类几何特征的尺度，通过一次分类获取具有几何特征和空间特征的对象组合，这些对象层具有双重特征，即光谱与几何特征（见图 4-7，书后另见彩图），根据这些信息，进一步分类、提取信息。因为不同的尺度反映不同的景观，不同的景观下识别不同的地类。利用多

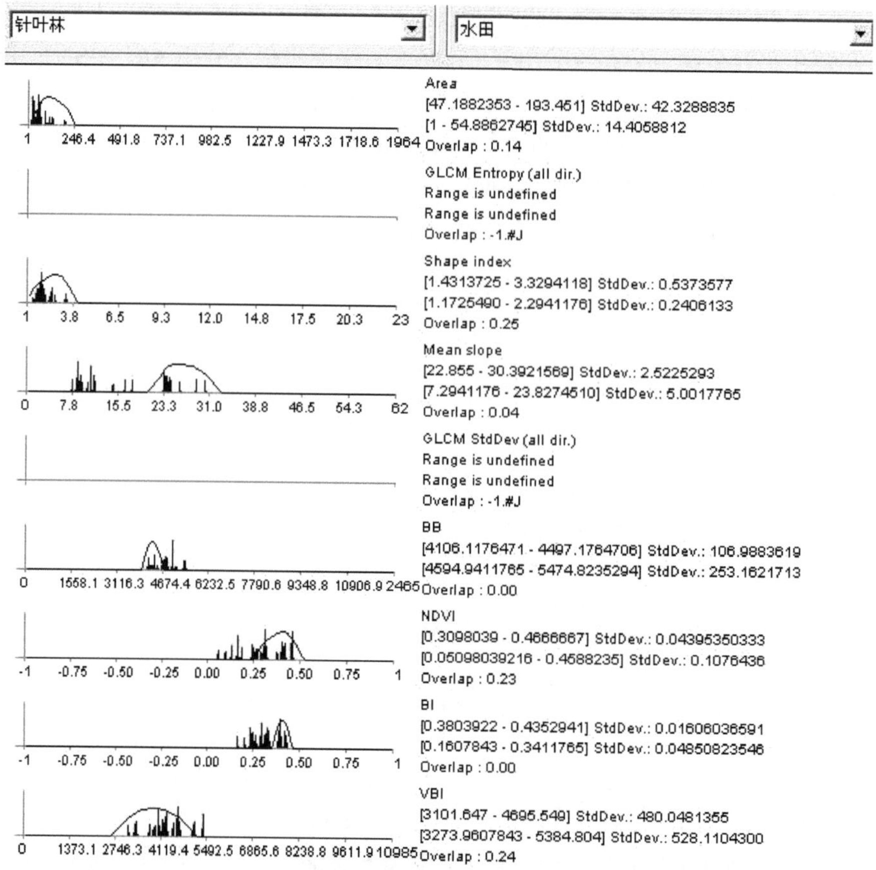

图4-6　土地覆被样点图谱库

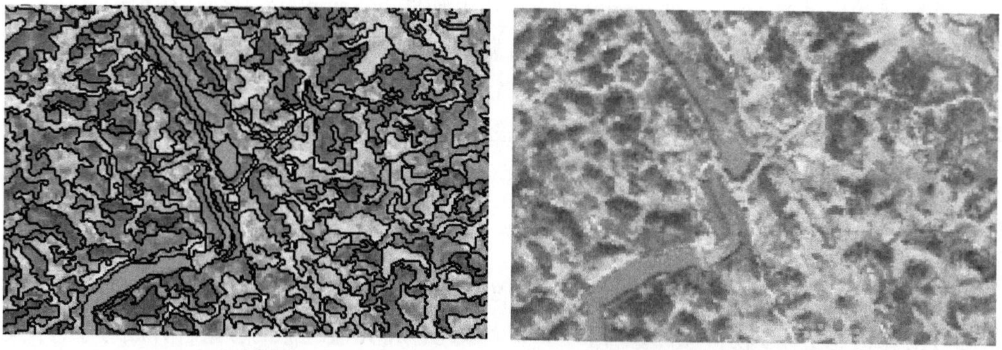

(a) 对象级　　(b) 像素级

图4-7　对象级与像素级分类基本单元对比

尺度的分割对象数据层构建影像对象的层次网络，它同步地以不同空间分辨率表达了影像信息。影像对象连成了网，每一个影像对象“知道”它的左右（邻域），它的上层对象和它的下层对象，这就是所谓对象的纹理信息和空间组合信息的表达。进行分类时，最重要的就是编辑各类型的描述，可以通过直接在类别层次结构中训练样本类型来修改该类型的描述，也可以通过建立解译标志库样本生成分类知识库来编辑类型描述；然后进行基于知识库的决策树分类或其他分类算法；最后各个层的分类结果叠加到一幅图像上，形成最终的分类结果。多尺度分割技术的应用，弥补了单个对象层各土地覆被类型精度不一致的缺陷。而基于对象的影像分割比基于像素分割的效果要好，面向对象的分类技术适合于高辨率的影像分类，因为它的几何信息更加丰富，但该技术需要更多的专业知识才能发挥有效作用。

4.1.2.3 土地覆被信息提取流程

1：50000 土地覆被信息提取流程为空间数据层建立、分类指标划分、专题信息提取、专题信息后处理 4 个方面（见图 4-8）。其中专题信息提取是整个过程的关键，直接影响到最终结果。本书土地覆被信息主要用于后期的水土流失与面源污染分析，因此土地覆被类型主要分为乔木林、灌木林、种植园地、水田、旱地、草地、水体、居民地、其他建设用地、未利用土地 10 种类型，在统计分析时，将乔木、灌木、草地看成自然植被，水田、旱地、种植园地看成农业用地，居民地和其他建设用地看成人工表面。

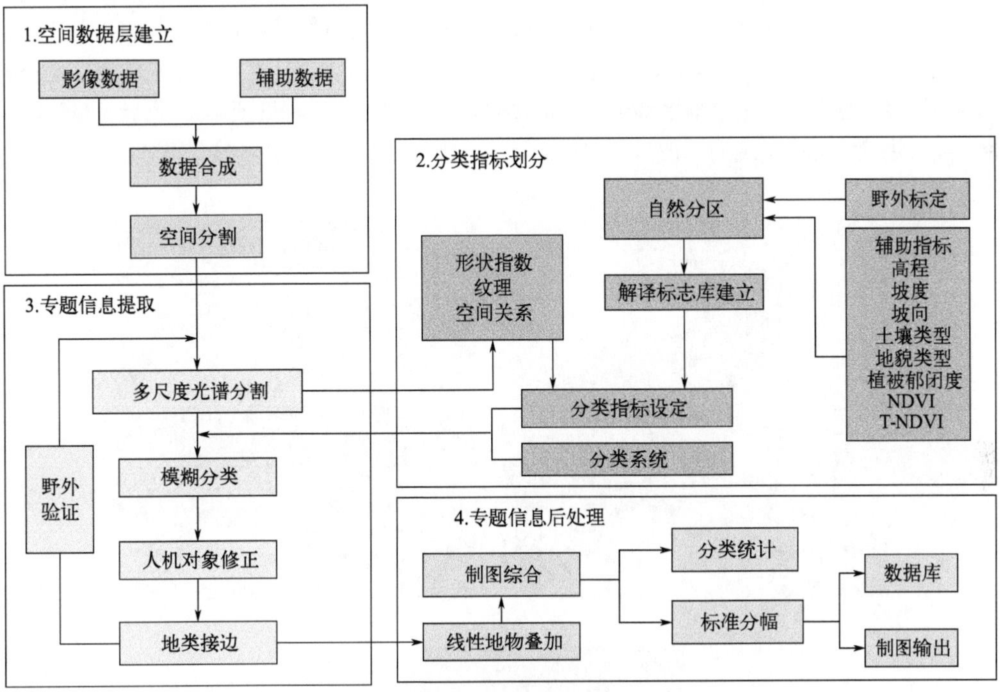

图4-8 土地利用信息提取技术流程

NDVI—归一化植被指数；T-NDVI—转换型归一化植被指数

（1）空间数据层建立

空间数据层建立是信息提取的数据准备，通过数据规范化处理，形成统一的数据层。处理过程包括空间数据合成和空间数据分区两个流程。生成 10m 融合的 7 个影像数据，将 8 个环境辅助数据层空间分辨率、辐射分辨率“拉伸”到与影像数据一致，并合成 15 个空间数据层。合成后的数据量很大，需要进行数据分区、切割处理，空间数据切割和分区大小依赖于数据处理的速度和接边的效率，在三峡库区以每块空间数据量不超过 200Mbit 为最优分区大小。

（2）分类指标划分

分类指标划分是信息提取的标准与手段，不同的分类体系获取不同的应用目标对象，采用不同的划分指标、分类方案得到不同的分类精度。该部分处理工作包括野外标定、解译标志库建立、分类指标设定。将野外采集的样本分类、整理，并与 4 波段影像数据、8 类辅助数据进行空间配准，提取样点的影像光谱分布、环境属性特征，建立分区的解译标志库。因为各地类的某些解译标志是相同的或近似的，对其进行分类时，还要进行一次对解译标志的筛选，选择适合划分唯一地类的分类指标、分类的光谱边界条件。同时，利用影像的多尺度光谱分割对象，统计各地类的对象几何参数和空间关系，利用这些参数指标进行辅助分类。

（3）专题信息提取

专题信息提取是信息提取的核心部分。土地覆被分类方法采用面向对象、模糊识别、决策树集成技术进行专题提取，并辅助人工解译。分类方法采用基于面向对象的决策树分类方法，即多尺度分割、决策树分类。分类采用 Definiens 公司 5.0 图像处理软件，将可利用的影像数据集、参数数据集、辅助数据集合成总的数据层，参与数据分类。根据三峡库区地类景观的破碎度，建立适合三峡地区地类大小的多个尺度分割对象层（见图 4-9，书后另见彩图），一方面，去除分类中出现的“椒盐”现象；另一方面，提取对象的几何特征与空间特征。

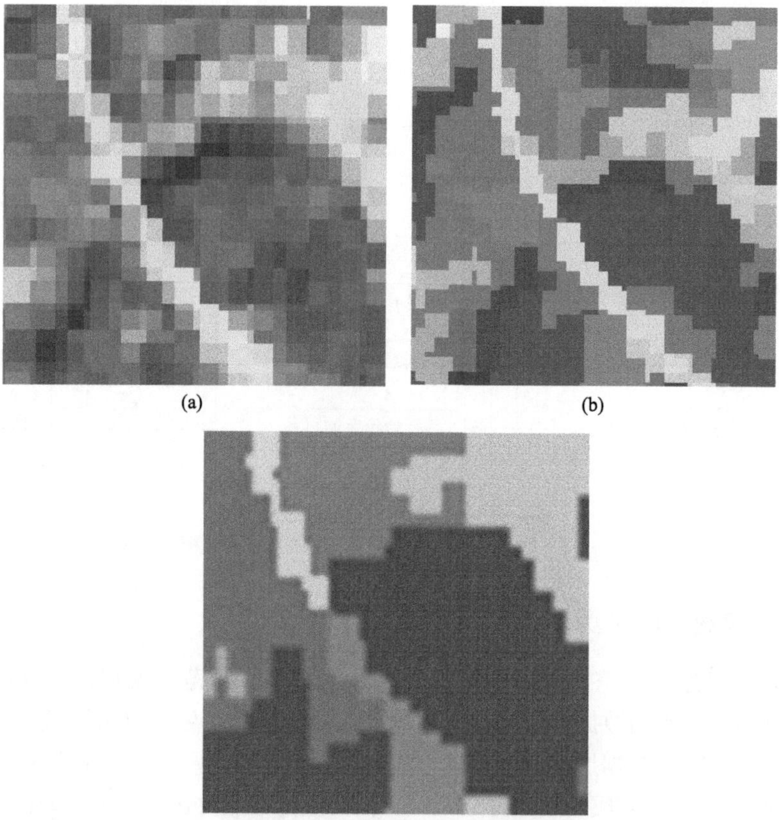

(a)　(b)　(c)

图4-9　基于不同土地覆被类型的多尺度分割

通过对象的解译标志库和样本训练，建立分类决策树的指标与决策树结构。为减小分类误差，决策树建立采取最短建树、最大类型划分的原则。利用多层度的层间谱系隶属关系、层内空间关系、对象内部几何关系，提取对象的面积、长度、宽度、周长、形状指数（长 / 宽比、周 / 宽比、偏心率等）、方向、对称性、尺度关系。通过结构对象的均值、方差、极值光谱信息进行对象的类型隶属的判别，通过决策树的分级进行类型的不断提纯，最终达到单个类别划分的结果。手工修改是在自动分类的基础上进一步完善，提高精度。

多尺度光谱分割基于不同土地覆被特征划分。在不同尺度上进行不同类型的分类，对每一地类建立类型划分标准，建立决策树，逐一分类。三峡库区分割数量为建设用地级、植被级和水体级三个尺度，尺度的大小是根据三峡库区各地类影像光谱直方图方差、地类光谱重叠大小、图斑大小、形状进行划分的，不同地类有不同的特征。三峡库区地类复杂，混合像元较多，加上未去除大气纠正部分的影像信噪比降低了，分割尺度不能太大。最难划分的类型为建设用地，以最小的尺度 15 为划分尺度，林地与旱地其次，分割尺度为 20，比较容易划分的水体设为 25 尺度。并以专家修改对象的方式修改错分的地类。通过对象的接边、分区存储、最小单元等后处理完成土地覆被监测。

（4）专题信息后处理

专题信息后处理完成专题信息提取后的数据整理与统计数据处理，开展线性地物叠加、制图综合、标准分幅、分类统计。

4.1.3 植被覆盖度遥感监测

植被覆盖度遥感监测总体技术流程如图 4-10 所示。

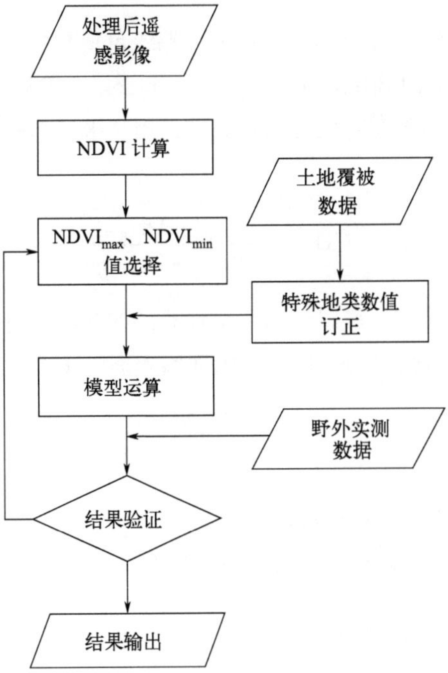

图4-10 植被覆盖度遥感监测总体技术流程

（1）像元二分模型

图像中的一个像元实际上可能由多个组分构成，每个组分对遥感传感器所观测到的信息都有贡献，因此可以将遥感信息分解建立像元分解模型，并利用此模型估算植被覆盖度。像元二分模型假设像元由两部分构成，即植被覆盖地表和无植被覆盖地表，所得到的光谱信息也是由这两个组分因子线性合成，它们各自的面积在像元中所占比率即为各因子的权重，其中植被覆盖地表占像元的百分比即为该像元的植被覆盖度。

根据上述像元二分模型的原理，可以得到：

$$S = F_c S_{veg} + (1 - F_c) S_{soil} \tag{4-10}$$

式中　S——传感器所观测到的信息；

S_{veg}——纯植被覆盖地表所贡献的信息；

S_{soil}——完全无植被覆盖地表所贡献的信息；

F_c——植被覆盖度。

经过变换就可以得到植被覆盖度的计算公式：

$$F_c = \frac{S - S_{soil}}{S_{veg} - S_{soil}} \tag{4-11}$$

式中，S_{veg} 和 S_{soil} 两个参数代表了植被与土壤纯像元所反映的遥感信息，采用这个计算模型可以在很大程度上削弱大气、土壤背景等因素对计算植被覆盖度的影响，只要把这两个参数确定了，就可以通过上述公式求得植被覆盖度。

（2）植被指数计算

植被指数是一种无量纲的辐射测度，用来反映绿色植被的相对丰度及其活动，其中以归一化植被指数（normalized difference vegetation index，NDVI）应用最为广泛，而且经过验证，植被指数与植被覆盖度有较好的相关性，用它来计算植被覆盖度是合适的。

NDVI 的计算公式是：

$$\mathrm{NDVI} = \frac{\mathrm{DN}_{NIR} - \mathrm{DN}_{RED}}{\mathrm{DN}_{NIR} + \mathrm{DN}_{RED}} \tag{4-12}$$

根据前面的像元二分模型，可以认为一个像元的 NDVI 值是由绿色植被部分贡献的信息与无植被覆盖部分贡献的信息组合而成，因而由上面的植被覆盖度计算模型可得：

$$F_c = \frac{\mathrm{NDVI} - \mathrm{NDVI}_{soil}}{\mathrm{NDVI}_{veg} - \mathrm{NDVI}_{soil}} \tag{4-13}$$

式中　NDVI_{veg}——纯植被像元的 NDVI 值；

NDVI_{soil}——完全无植被覆盖像元的 NDVI 值。

（3）最大值和最小值的确定

对于不同区域、不同时相的影像，植被覆盖度最大值、最小值的取值存在两种情况：

假设可以近似地取 $F_{c,max}$=100%、$F_{c,min}$=0% 时，则 $NDVI_{soil}=NDVI_{min}$、$NDVI_{veg}=NDVI_{max}$。

由于影像中噪声以及其他一些特殊因素（如富营养化的水体）的存在，NDVI 的最大值与最小值并不能直接取 NDVI 图像中的最大值和最小值，而应当根据影像的大小、清晰度以及所在区域环境等具体情况确定其置信区间，置信度主要根据影像的具体情况来确定，并通过多次试验性的计算和分析，确定 NDVI 的最大值与最小值。

在本书中，选择使用年均植被覆盖度作为植被覆盖度因子的表现形式。

4.2 三峡库区景观格局演变特征

4.2.1 三峡库区流域提取

本书研究范围涉及多个地理概念，包括三峡库区、三峡水库、三峡流域等。由于三峡库区相比三峡水库和三峡流域只是一个特殊的行政地理概念，在三峡水库开展相关水文过程研究时并不能与水文过程相对应。由于三峡流域范围太大，基本相当于整个长江上游（长江上游指的是长江源头至宜昌段，控制流域约为 $10^6 km^2$，而三峡流域指的是长江源头至三峡大坝段，小于长江上游流域），在三峡水库的相关研究中，大多以三峡库区为主要研究对象。

4.2.1.1 三峡库区

三峡库区是指受长江三峡工程淹没的地区，并有移民任务的 20 个县（市）。库区地处四川盆地与长江中下游平原的接合部，跨越鄂中山区峡谷及川东岭谷地带，北屏大巴山，南依川鄂高原。它包含了长江流域因三峡水电站的修建从而被淹没的湖北省宜昌市所辖的夷陵区、秭归县、兴山县及恩施土家族苗族自治州所辖的巴东县；重庆市所辖的巫山县、巫溪县、奉节县、云阳县、开州区、万州区、忠县、涪陵区、丰都县、武隆区、石柱县、长寿区、渝北区、巴南区、江津区及重庆核心城区（包括渝中区、北碚区、沙坪坝区、南岸区、九龙坡区、大渡口区和江北区）。从不同行政级别来看，三峡工程淹没涉及了 20 个区县里的 277 个乡镇、1680 个村、6301 个组，从水文过程的角度来看，三峡库区所涵盖的 20 个区县并不都属于三峡水库流域范围，例如湖北省巴东县的南部区域，其水流汇入清江，于宜都陆城汇入长江，属于长江中游流域。

4.2.1.2 三峡水库

三峡水库是三峡水电站建成后蓄水形成的人工湖泊，总面积 $1084km^2$，范围涉及湖北省和重庆市的 21 个县市，库区受淹没影响人口共计 84.62 万人，搬迁安置的人口有 113 万人。175m 正常蓄水位高程，总库容 $3.93\times10^{10}m^3$。

4.2.1.3　三峡水库流域

本书研究对象为三峡水库水环境问题，因此从机理过程考虑研究区需要以水文流域为研究对象。三峡水库水面面积高达 1084km²（水位在 175m 时），其水文集水面积基本与长江上游近似（长江上游是指长江源至宜昌段汇水区域）。在通常情况下，为研究方便，陆地对三峡水库的影响研究集中在三峡库区范围内，因此在本书中选择三峡库区范围较近的流域作为主要研究对象。

基于地形数据采集分水线（分水岭），即可获得流域面积。在本书中，地形数据选择 ASTER GDEM（先进星载热发射和反射辐射仪全球数字高程模型）数据，数据精度为 30m，水文流域提取选择镶嵌于 ArcGIS 的 ArcSWAT（SWAT 模型软件，soil and water assessment tool）模块，收集长江上游的地形数据，同时将长江上游地区按照三峡水库特征（大坝和尾水段）、长江干流分段（沱沱河、通天河、金沙江、长江）以及其他重要支流进行流域提取，干流由长江水源至宜昌段分为沱沱河段流域、通天河段流域（沱沱河出口至通天河出口段，即通天河集水区域减去沱沱河流域，以下其他均同理）、金沙江段流域（不含雅砻江流域）、宜宾至三峡水库尾水端段流域（不含岷江、沱江、赤水河流域）、三峡水库流域（不含嘉陵江、乌江流域）、三峡大坝至宜昌段流域；主要支流流域包括汇入金沙江的雅砻江流域，汇入宜宾至三峡水库的岷江、沱江、赤水河流域，汇入三峡水库的嘉陵江、乌江流域。

三峡水库集水区域与长江上游区域十分接近，三峡大坝至宜昌市之间的集水区域仅仅占整个长江上游面积的 0.38%（表 4-5）。三峡水库是三峡大坝建成后蓄水形成的在长江干流上的人工湖泊，总面积 1084km²，因此，选择三峡大坝至三峡水库蓄水至 175m 后影响到的干流最尾端为区间，提取水文集水区域，包括的区域有三峡水库流域、嘉陵江流域和乌江流域，占整个长江上游集水面积的 29.89%，而三峡尾水端以上长江干流流域包括沱沱河、通天河、金沙江、宜宾至三峡尾水端以及重要的支流雅砻江、岷江、沱江、赤水河集水面积，占整个长江上游流域面积的 69.72%。

表 4-5　长江上游不同区域的集水面积

流域	汇水面积/10^4km²	占长江上游面积百分比/%
沱沱河	6.35	6.19
通天河	11.92	11.61
金沙江	19.84	19.33
宜宾至三峡水库尾水端	1.88	1.83
三峡水库	5.96	5.81
三峡大坝至宜昌段	0.39	0.38
雅砻江	13.16	12.82
岷江	13.70	13.34
沱江	2.87	2.80

续表

流域	汇水面积/10^4km^2	占长江上游面积百分比/%
赤水河	1.85	1.80
嘉陵江	16.00	15.59
乌江	8.72	8.50
长江上游	102.63	100

嘉陵江、乌江与长江干流一起被称为三峡水库上游来源的“三江”。嘉陵江和乌江的回水水域上端的集水面积占整个支流流域面积的99%以上（嘉陵江，99.82%；乌江，99.62%），回水区尾端远离三峡大坝，因此，三峡水库范围内的这两条大支流的尾水端水体水源可以看作上游的来水。

在本书中，将三峡水库范围内47条支流和回水干流段的两岸第一道山脊线区域称为“三峡水库流域”，以区别之前的大量研究中将三峡水库内的流域直接简化为三峡库区的处理。

通过比较三峡库区（20个行政区县）与三峡水库内主要支流流域在面积上的重合区域（表4-6），可以将三峡水库主要支流流域分为4类：

① 支流流域完全位于三峡库区，如太平溪、梅溪河、汤溪河等；

② 支流流域大部分位于三峡库区，如香溪河、神农溪、大宁河、大溪河、磨刀溪、小江、龙河等；

③ 支流流域主要在三峡库区范围外，如龙溪河、乌江、御临河、嘉陵江、綦江等处于三峡库尾的支流，尤其是较大的支流嘉陵江、乌江，库区内所占流域的面积分别只有1.14%和5.20%；

④ 支流流域在三峡库区范围内，但由于支流入水口改道至三峡库区范围外，如茅坪河，其入水口改至三峡大坝下，考虑到研究的方便，在做三峡水库流域分析时，仍旧将茅坪河流域计算在内。

表4-6 三峡水库主要支流流域在三峡库区内的面积

流域	集水区面积/km^2	库区内面积/km^2	库区内占集水区面积百分比/%
茅坪河	132.71	119.35	89.93
太平溪	26.09	26.09	100.00
百岁溪	150.03	150.03	100.00
九畹溪	574.54	501.43	87.28
龙马溪	44.87	44.87	100.00
香溪河	3196.79	2315.53	72.43
童庄河	254.17	253.40	99.70
叱溪河	395.86	395.86	100.00
青干河	770.61	768.28	99.70
泄滩河	87.20	87.20	100.00

续表

流域	集水区面积/km²	库区内面积/km²	库区内占集水区面积百分比/%
板桥河	125.01	125.01	100.00
神农溪	1040.69	821.54	78.94
万福河	303.18	271.64	89.60
冷水溪	178.85	163.74	91.55
三溪河	270.70	270.70	100.00
抱龙河	329.93	189.48	57.43
官渡河	338.04	335.18	99.15
大宁河	4538.63	4479.49	98.70
大溪河	1650.80	1604.12	97.17
草堂河	396.53	396.53	100.00
梅溪河	1751.59	1751.59	100.00
朱衣河	152.53	152.53	100.00
长滩河	1321.54	719.90	54.47
磨刀溪	3059.70	2307.97	75.43
汤溪河	1597.47	1597.47	100.00
小江	5273.06	4957.46	94.01
苎溪河	272.08	272.05	99.99
五桥河	49.66	49.66	100.00
瀼渡河	219.37	219.37	100.00
汝溪河	723.76	449.44	62.10
黄金河	930.00	713.58	76.73
东溪河	144.45	144.45	100.00
池溪河	85.74	85.74	100.00
龙河	2760.65	2756.22	99.84
碧溪河	164.87	164.87	100.00
渠溪河	907.77	890.99	98.15
珍溪河	67.99	67.99	100.00
乌江	87194.84	4529.95	5.20
梨香溪	925.48	754.02	81.47
龙溪河	3283.22	978.93	29.82
桃花溪	367.90	367.74	99.96
御临河	3913.84	958.62	24.49
五布河	886.34	784.37	88.50
长塘河	84.86	84.86	100.00
朝阳河	133.39	133.39	100.00
嘉陵江	159991.27	1824.05	1.14

续表

流域	集水区面积/km^2	库区内面积/km^2	库区内占集水区面积百分比/%
花溪河	271.25	271.25	100.00
一品河	364.57	347.29	95.26
綦江	7114.34	1686.13	23.70
干流及其他小支流	7971.52	7971.27	100.00

在统计时，库区内占集水区面积百分比在99%以上但小于100%的流域，表明流域可能也在整个三峡库区范围内，但受到GDEM精度影响，流域提取分水线时超出库区1～2个像元，这些流域包括靠近库首地区的童庄河、青干河，靠近库中地区的官渡河、苎溪河，靠近库尾地区的龙河、桃花溪，这些流域可以看作完全处于三峡库区范围内。

三峡库区涵盖19个行政区县和重庆主城区部分，不在三峡水库集水区的区域主要包括三峡大坝以下的集水区域、入水口改至三峡坝下的茅坪河流域、巴东南部汇流至清江的部分区域。本书为了更好地结合三峡库区和三峡水库流域，既从流域角度讨论三峡水库水土流失问题，又将主要研究重心放在三峡库区范围内，不考虑乌江、嘉陵江、茅坪河流域，只考虑表4-6中其他支流流域和干流及其他小支流的集水区域，面积约为59471km^2，与三峡库区面积（57800km^2）相当。

为了更好地从流域角度讨论三峡库区生态环境演变下的水土流失和面源污染变化，选择几条重要的典型支流作为分析对象，本书选择三峡水库中的香溪河（库首第一条大支流）、童庄河（干流右侧）、大宁河（重庆境内距库首最近的一条大支流）、梅溪河（库中奉节注入长江的大支流）、朱衣河（流域面积小，受城镇变化影响较大）、磨刀溪（库中干流右侧）、小江（消落区面积占库区消落区总面积的15.9%，是消落区面积最大的支流流域，也是除嘉陵江和乌江外，三峡水库内注入的最大支流）、龙河（库尾地形陡峭的大支流，干流右侧）、龙溪河（库尾地形平坦的大支流，典型的农业为主的流域）、御临河（库尾，受主城区影响）10条支流流域作为分析对象。

4.2.2 三峡库区流域景观格局现状及演变特征

在本书中，生态环境的演变主要通过景观类型（土地利用方式）的组成、空间配置和植被的生长状况（植被覆盖度）进行表征。

4.2.2.1 景观类型组成现状

三峡区域地形呈东西低、中间高的特征，中部地带海拔多数在600m以上，沿江地带海拔相对较低，从江边向两边海拔增高，随着海拔的升高，植被呈草地、灌丛、森林变化分布特点，三峡库区中部大部分地带为草地、灌丛，只在该区的库区边界地带有乔木分布，而库区的两头为缓丘地带。太阳辐射影响植被的光合作用和生物量的积累，三峡库区的年均太阳辐射呈现东高西低的规律。年均太阳辐射从西部的80kcal/cm^2到东部的110kcal/cm^2（1kcal=4.186kJ），东部地区得到更多的日照，植被以乔木林、灌丛林为主，生物量高。受水汽的影响，在长江及支流的两岸，多以灌丛林分布为主。万州区以西和沿江地带的年均温较高、积温时间长、无霜期长的特征，有利于多作物生长，是库区的主要高产田。人为活动影响土地资源也主要体现在这一地区的耕地上，在云阳县以西和夷陵区东南缓坡地带，地势平坦、热量高，1/2 土地开垦为耕地，而在万州区以东的 700m 以下的河谷地带，发展以种植橘子、脐橙为主的果园，特别是奉节县、秭归县的太阳辐射高，该地区柑橘品质要优于其他地区。

三峡水库流域土地利用的格局具有多样性，具体表现在以下几个方面。

（1）三峡库区西部川东平行岭谷缓丘农耕区

范围包括云阳县以西的库区大部分、夷陵区东南部。海拔在 600m 以下，年均温在 15℃以上，土地覆被的主要特征以高产的水田、旱地为主；耕地面积平均占区域面积的 45%，其中水田占耕地面积的 50%，大部分水田分布在此区域。该区域地势平坦，土地肥沃，大部分坡度在 15° 以下，适合耕作。在三峡库区范围以外的龙溪河流域和御临河流域地势平坦，农业用地比重较高。

（2）三峡库区中部高山丘陵农林复合区

范围包括云阳县、开州区、奉节县、巫山县、巫溪县、巴东县、石柱县、武隆区。海拔在 600m 以上居多，年均温在 15℃以下，多以高山、台地地貌构成，除开州区北部、巫溪县北部坡度较大外，其他地带坡度在 15° ～ 25° 之间，土地利用的特征以灌丛、草地分布为主，在台地和沟谷地带分布坡耕地及林果复合种植地带。

（3）三峡库区东部高山峡谷原始森林区

包括巫山县北部、巴东县的北部、秭归县、兴山县，海拔高度与中部地区相当，但地形陡峭、垂直地带性强，坡度 25° 以上占区域面积的 40%，土地覆被的主要特征以林地为主，耕地只占 15% 左右，人为扰动痕迹相对较少。

表 4-7 为三峡水库流域 2015 年土地利用方式组成的统计结果，可以看到，自然植被占整个研究区面积的 66%，其中以林地为主，约为 40%，草地最少，只有不到 6%；人工植被即农业用地占据了整个研究区面积约 28%，其中以旱地为主，园地只占整个研究区面积的 2.50%；人工建设用地约占整个三峡水库流域面积的 2.40%，略低于水体面积。

表 4-7 三峡水库流域 2015 年土地利用方式组成

土地利用类型	面积/hm^2	比例/%	土地利用类型	面积/hm^2	比例/%
林地	1789141.95	39.84	草地	533429.82	5.62
灌丛	1211372.64	21.04	水体	95542.56	2.43
园地	293456.70	2.50	居民地	36749.25	1.50
水田	591396.12	6.11	其他建设用地	6186.06	0.90
旱地	946149.75	19.74	未利用土地	7793.19	0.32

注：$1hm^2=10000m^2$。

根据子流域进行分流域统计，结果见表 4-8。

表4-8 2015年分流域土地利用类型百分比组成 单位：%

流域	林地	灌丛	园地	水田	旱地	草地	水体	居民地	其他建设用地	未利用土地
茅坪河	54.30	19.03	1.91	3.81	12.49	1.47	0.27	2.69	3.09	0.93
太平溪	58.75	18.80	1.57	0.23	13.45	1.15	4.86	0.25	0.92	0.00
百岁溪	56.72	30.65	1.61	0.20	7.65	0.83	1.63	0.11	0.55	0.04
九畹溪	55.97	19.91	0.70	2.01	18.48	1.45	0.53	0.46	0.46	0.04
龙马溪	44.70	37.93	0.16	0.08	11.21	3.36	0.27	1.24	0.87	0.18
香溪河	56.50	31.34	0.54	0.48	7.53	1.55	1.05	0.25	0.63	0.12
童庄河	45.86	26.90	2.43	0.25	15.67	3.58	2.95	0.67	1.43	0.25
吒溪河	44.37	33.73	3.14	0.09	12.70	2.93	1.62	0.33	0.87	0.24
青干河	53.44	22.17	0.07	0.32	18.43	2.76	1.22	0.50	0.89	0.19
泄滩河	38.07	38.67	0.00	0.01	17.12	4.49	0.80	0.30	0.54	0.01
板桥河	28.55	38.16	0.00	0.43	24.32	5.59	0.91	1.12	0.73	0.19
神农溪	50.13	28.70	0.79	0.72	12.75	4.43	1.01	0.41	0.78	0.28
万福河	46.94	25.70	0.05	3.58	20.54	1.42	0.48	0.37	0.69	0.23
冷水溪	41.24	36.37	0.17	1.22	17.29	1.36	0.89	0.36	0.99	0.10
三溪河	37.73	34.05	0.00	0.64	23.04	1.71	0.49	0.53	1.45	0.36
抱龙河	51.03	25.22	1.92	8.54	10.20	1.43	0.73	0.35	0.42	0.16
官渡河	36.89	32.31	0.06	1.54	24.67	2.16	0.64	0.70	0.88	0.16
大宁河	38.99	40.19	0.12	0.56	12.98	4.62	1.14	0.45	0.60	0.35
大溪河	42.16	33.86	0.03	0.97	17.11	4.05	0.67	0.52	0.48	0.14
草堂河	32.24	35.44	1.83	0.68	22.08	3.51	1.89	0.46	1.47	0.41
梅溪河	33.08	40.80	0.18	0.31	19.20	4.18	1.41	0.27	0.42	0.17
朱衣河	30.18	28.86	2.89	0.26	17.56	11.16	2.21	2.29	2.44	2.17
长滩河	46.10	23.33	0.01	5.42	16.96	6.54	0.94	0.35	0.31	0.05
磨刀溪	41.54	26.04	0.09	5.18	18.28	7.13	0.88	0.38	0.40	0.09
汤溪河	34.77	36.67	0.04	0.28	19.23	7.28	1.13	0.22	0.31	0.07
小江	35.98	20.90	0.71	5.34	25.32	8.04	2.06	0.74	0.67	0.23
苎溪河	36.62	18.89	0.20	5.79	26.20	4.93	1.29	2.72	2.54	0.81
五桥河	16.44	22.71	1.61	13.66	24.00	2.33	1.15	9.54	7.19	1.37
瀼渡河	26.19	26.37	0.40	9.93	27.69	5.24	2.60	0.15	1.43	0.00
汝溪河	49.21	10.81	0.01	4.56	28.89	4.60	0.87	0.68	0.35	0.01
黄金河	46.79	5.28	0.92	4.60	35.95	3.68	1.13	1.18	0.44	0.03

续表

流域	林地	灌丛	园地	水田	旱地	草地	水体	居民地	其他建设用地	未利用土地
东溪河	34.53	7.79	0.14	6.96	40.10	4.07	2.23	1.30	1.92	0.95
池溪河	30.25	3.18	0.13	5.45	53.49	3.89	1.32	1.85	0.44	0.00
龙河	51.63	15.52	0.06	3.67	19.10	6.80	0.71	1.47	0.90	0.16
碧溪河	22.35	3.02	0.02	7.91	59.64	2.40	1.68	2.50	0.44	0.03
渠溪河	39.81	4.92	0.09	4.99	43.60	3.27	1.20	1.66	0.46	0.00
珍溪河	27.26	5.76	0.00	7.85	49.93	4.02	2.50	1.95	0.73	0.00
梨香溪	43.98	8.25	0.08	9.12	30.41	5.06	1.36	1.34	0.35	0.04
龙溪河	31.54	5.19	2.19	24.35	30.43	2.03	2.49	1.41	0.33	0.04
桃花溪	21.94	5.00	1.88	28.65	20.79	11.01	2.39	6.06	2.04	0.24
御临河	37.96	10.89	0.11	16.92	26.35	4.40	1.44	0.88	0.51	0.54
五布河	48.24	9.38	0.05	6.96	26.14	5.62	0.89	2.09	0.51	0.13
长塘河	25.35	9.33	0.00	7.20	7.36	20.11	1.22	12.74	13.38	3.30
朝阳河	34.73	12.36	0.00	8.62	11.52	22.63	0.28	3.76	5.40	0.72
花溪河	33.43	9.52	0.04	8.15	15.50	16.13	1.18	9.72	3.39	2.95
一品河	48.98	12.54	0.05	6.71	17.62	9.97	0.72	2.16	1.18	0.07
綦江	50.90	14.05	0.19	9.03	15.14	8.07	0.98	1.09	0.34	0.21
干流第一道山脊线	27.53	14.43	0.60	4.98	27.33	8.07	9.05	4.87	2.33	0.81

由表 4-8 中分流域统计结果可以看到，城镇化程度最高的流域包括黄金河、朝阳河、朱衣河、瀼渡河等小型支流流域，主要分布在库中库尾区域，水体不仅受到面源污染影响，生活生产污染源也对水体水质产生胁迫。农业用地程度最高的流域主要分布在库尾库中区域，农业用地比例超过 50% 的支流包括龙溪河、桃花溪、池溪河、珍溪河、碧溪河，农业用地比例在 30% ～ 50% 之间的支流流域包括小江、汝溪河、五布河、苎溪河、瀼渡河、梨香河、黄金河、五桥河、干流第一道山脊线、东溪河、渠溪河、御临河等。林灌草等自然植被所占比例超过 80% 的支流流域包括大溪河、大宁河、香溪河、叱溪河、泄滩河、龙马溪、百岁溪；林灌草比例在 75% ～ 80% 之间的支流流域包括汤溪河、太平溪、九畹溪、童庄河、青干河、冷水溪、抱龙河、梅溪河、长滩河等，整个研究区的林灌草平均比例为 66.65%。

4.2.2.2　蓄水前后景观类型比例变化

统计分析三峡水库流域不同时间节点土地利用组成情况，其中，2002 年为蓄水前；2007 年为初步运行期，蓄水位 156m；2012 年为试运行期，蓄水位 175m。由表 4-9 可以看到，自然植被占比逐步增长，但增长幅度较小，主要还是自然植被中不同土地利用类型的相互演替转换，尤其是草地所占比例随着蓄水有所减少；人工植被即农业用地所占比例随着蓄水过程持续减少，表现最明显的水田持续减少，而园地种植则处于持续增长的趋势，旱地呈现波动的趋势，与研究区内出现果园种植取代旱地种植有所关系。此外，随着城镇化进程的加快，人工表面面积也表现出持续增长的趋势，其中 2007 ～ 2012 年之间城镇化增长速度最快。

表4-9 三峡水库流域土地利用方式组成变化 单位：%

土地利用类型	2002年	2007年	2012年	2015年
林地	32.46	40.07	38.75	39.84
灌丛	21.98	17.16	21.59	21.04
园地	1.06	1.74	2.31	2.50
水田	10.73	9.05	6.47	6.11
旱地	21.43	20.57	21.23	19.74
草地	9.68	7.67	4.96	5.62
水体	1.73	1.85	2.32	2.43
居民地	0.67	1.13	1.49	1.50
其他建设用地	0.11	0.20	0.76	0.90
未利用土地	0.14	0.55	0.12	0.31

三峡水库流域景观类型变化见图 4-11。从蓄水前的 2002 年至蓄水至 175m 水位后的 2012 年，自然植被比例增加了约 1.18%，达到了 65.30%，10 年间的增长率总计为 1.84%，而 2012 ～ 2015 年间，自然植被比例增加了 1.20%，3 年间的增长率与之前 10 年比例相近，平均增长速率是之前 10 年的 3 倍多。而农业用地方面，蓄水前的 2002 年至 175m 蓄水后的 2012 年，所占比例减少了 3.21%，10 年间的减少率为 9.66%，而 2012 ～ 2015 年间，农业用地所占比例减少了 1.66%，3 年间的减少率为 5.53%，平均减少速率也远高于三峡工程建设期间的 10 年。建设用地上，蓄水前的 2002 ～ 2012 年所占比例共增加了 1.47%，10 年间增长率为 188.46%，是城镇化建设迅速兴起的阶段，而 2012 ～ 2015 年所占比例增加了 0.15%，3 年间增长率为 6.67%，城镇化建设速率开始减缓。蓄水前后水体变化较为明显，2002 ～ 2015 年共增加了 0.7%，增长率为 40.46%。

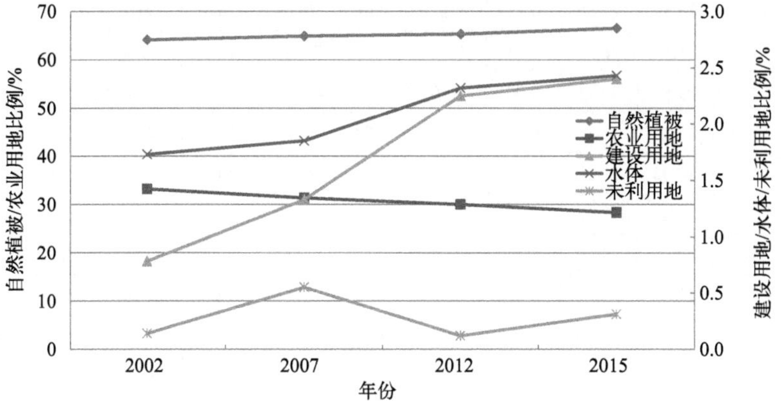

图4-11 三峡水库流域景观类型变化

由表4-10可以看到，蓄水前的2002年至蓄水175m后的2012年，自然植被增长面积占整个支流流域面积超过6%的支流流域包括五桥河、茅坪河、青干河、万福河、龙河、汝溪河、童庄河、梅溪河、梨香溪、板桥河、冷水溪、黄金河、汝溪河；而自然植被减少面积占整个支流流域面积超过3%的支流流域包括池溪河、碧溪河、草堂河、干流第一道山脊线、长塘河、长滩河、三溪河、朱衣河、花溪河，减少的自然植被面积主要用于城镇化建设以及农业用地增长（碧溪河、草堂河、长滩河、三溪河等）。整体上看，农业用地所占比例在减少，其中减少面积占支流流域面积超过8%的支流流域有长塘河、五桥河、茅坪河、童庄河、桃花溪、青干河、龙河、板桥河、梨香溪、万福河；农业用地面积增长的支流流域有池溪河、碧溪河、长滩河、草堂河、汤溪河、百岁溪、三溪河和小江，尤其是小江、汤溪河流域面积较大，农业用地所占比例的增长意味着农业非点源污染量的增长，对水环境产生了一定的负面作用。而蓄水前后的建设用地面积方面，所有的支流流域均呈现增长的趋势，这表明虽然水库蓄水淹没了部分建设用地，但蓄水后的库区流域城镇化建设进程加快，其中2002年与2012年相比，增长的建设用地面积占整个支流流域面积超过2%的支流流域有长塘河、花溪河、朝阳河、干流第一道山脊线、桃花溪、碧溪河、朱衣河、五布河、五桥河、池溪河、珍溪河、茅坪河、龙马溪、龙河、渠溪河、板桥河，这些支流流域是三峡水库流域中城镇化建设速度最快的区域，也是受到人类高强度活动产生污染物影响较高的区域，是水污染胁迫程度较高的支流流域。

表4-10　蓄水前后三峡水库流域景观类型组成变化分流域统计　　单位：%

流域	蓄水前(2002年)						175m水位蓄水后(2012年)					
	林灌	草地	农业用地	建设用地	未利用地	水体	林灌	草地	农业用地	建设用地	未利用地	水体
茅坪河	63.86	1.40	31.78	2.71	0.03	0.23	71.26	1.76	21.25	4.79	0.72	0.22
太平溪	71.17	3.28	25.14	0.10	0.31	0.00	74.35	1.18	18.46	1.27	0.00	4.74
百岁溪	82.22	4.13	12.60	0.14	0.29	0.63	82.98	0.83	14.01	0.62	0.03	1.54
九畹溪	74.91	0.89	23.81	0.12	0.00	0.27	75.60	1.60	21.22	1.04	0.03	0.52
龙马溪	71.30	14.51	13.90	0.17	0.12	0.00	82.14	3.49	11.77	2.24	0.12	0.23
香溪河	83.49	2.27	12.79	0.30	0.20	0.95	87.54	1.64	8.84	0.85	0.09	1.03
童庄河	56.09	9.57	33.16	0.29	0.30	0.60	69.34	3.15	22.64	1.87	0.22	2.79
吒溪河	65.33	13.85	19.68	0.15	0.13	0.86	75.09	2.63	19.61	1.00	0.13	1.55
青干河	59.57	11.19	28.33	0.14	0.13	0.63	75.43	2.97	18.78	1.53	0.10	1.19
泄滩河	57.17	19.88	22.18	0.00	0.10	0.67	76.25	4.92	17.04	0.99	0.00	0.80
板桥河	50.68	15.50	33.11	0.12	0.02	0.58	66.54	5.93	24.43	2.14	0.07	0.89
神农溪	70.79	10.02	18.27	0.06	0.20	0.66	78.70	4.68	14.16	1.20	0.21	1.04
万福河	58.64	8.25	32.47	0.19	0.17	0.28	72.45	1.58	24.25	1.17	0.06	0.48
冷水溪	68.47	3.91	27.15	0.16	0.04	0.27	77.17	1.46	19.54	0.88	0.06	0.90
三溪河	65.78	10.43	23.21	0.09	0.15	0.33	70.86	1.96	24.54	2.03	0.12	0.49
抱龙河	70.63	5.86	22.89	0.07	0.19	0.35	75.70	1.54	21.35	0.64	0.05	0.73
官渡河	49.74	18.29	31.16	0.18	0.10	0.54	69.15	2.39	26.37	1.39	0.05	0.64
大宁河	67.47	15.94	15.52	0.34	0.11	0.63	78.22	4.63	14.82	1.01	0.23	1.08

续表

流域	蓄水前(2002年)						175m水位蓄水后(2012年)					
	林灌	草地	农业用地	建设用地	未利用地	水体	林灌	草地	农业用地	建设用地	未利用地	水体
大溪河	65.84	13.33	20.00	0.33	0.11	0.40	74.51	4.10	19.67	1.00	0.09	0.62
草堂河	46.54	28.45	23.14	0.46	0.30	1.10	66.04	3.59	26.65	1.68	0.30	1.74
梅溪河	52.46	17.75	28.46	0.30	0.19	0.84	72.83	4.17	20.97	0.66	0.10	1.26
朱衣河	55.45	14.13	27.84	1.11	0.25	1.22	56.38	9.92	26.16	3.75	1.52	2.26
长滩河	66.94	11.59	20.52	0.28	0.22	0.43	68.38	5.97	24.47	0.66	0.04	0.47
磨刀溪	58.74	10.29	29.72	0.38	0.08	0.80	66.76	7.06	24.59	0.74	0.05	0.80
汤溪河	62.11	17.35	18.90	0.27	0.34	1.04	69.78	7.10	21.43	0.51	0.05	1.12
小江	51.10	14.85	31.81	0.78	0.11	1.35	56.27	8.16	32.67	0.97	0.08	1.84
苎溪河	48.05	11.73	35.67	3.91	0.13	0.51	55.27	5.25	34.15	3.99	0.25	1.09
五桥河	31.54	0.40	57.33	6.71	3.24	0.78	39.41	3.57	45.41	9.23	1.00	1.37
瀼渡河	38.85	15.86	42.04	0.35	0.15	2.75	52.21	5.35	39.01	0.95	0.00	2.48
汝溪河	51.60	6.09	41.20	0.31	0.00	0.81	59.80	4.72	33.59	1.02	0.00	0.87
黄金河	45.21	4.50	48.90	0.36	0.02	1.01	52.11	3.79	41.23	1.73	0.02	1.11
东溪河	41.87	6.45	49.55	0.91	0.03	1.18	42.45	4.25	48.24	2.83	0.06	2.18
池溪河	50.13	2.88	46.59	0.00	0.14	0.26	29.98	3.83	62.39	2.50	0.00	1.30
龙河	58.14	8.26	32.50	0.27	0.07	0.76	66.51	6.97	23.45	2.33	0.10	0.64
碧溪河	40.90	4.76	52.68	0.17	0.00	1.50	25.21	2.56	67.08	3.52	0.04	1.59
渠溪河	35.47	7.18	56.20	0.44	0.00	0.71	44.43	3.42	48.51	2.50	0.00	1.15
珍溪河	32.94	1.99	64.22	0.67	0.00	0.18	32.62	4.26	57.77	2.87	0.00	2.47
梨香溪	46.92	3.55	48.22	0.26	0.01	1.05	51.75	5.39	39.76	1.95	0.05	1.09
龙溪河	29.60	4.13	63.12	0.81	0.01	2.32	36.39	2.09	57.45	1.70	0.03	2.35
桃花溪	30.60	2.42	63.80	1.54	0.07	1.57	26.60	11.91	53.50	5.51	0.24	2.24
御临河	47.09	2.49	48.62	0.42	0.04	1.34	48.62	4.38	44.30	1.24	0.04	1.42
五布河	53.72	7.13	37.99	0.39	0.09	0.69	56.94	5.96	33.19	2.96	0.09	0.87
长塘河	46.79	1.63	45.35	5.79	0.00	0.44	42.86	1.13	26.19	27.84	0.00	1.98
朝阳河	55.44	3.95	38.22	2.36	0.00	0.03	53.90	3.81	32.36	9.86	0.00	0.08
花溪河	49.48	1.73	43.83	4.26	0.02	0.67	46.35	1.71	37.31	13.44	0.00	1.19
一品河	63.48	1.22	34.26	0.75	0.00	0.28	63.82	1.27	31.71	2.74	0.00	0.46
綦江	63.05	3.69	32.16	0.37	0.16	0.57	64.08	3.84	29.92	1.12	0.15	0.90
干流第一道山脊线	40.59	12.04	38.28	2.50	0.30	6.29	41.87	6.00	36.16	6.87	0.26	8.85

4.2.2.3 蓄水前后景观类型空间配置变化

（1）不同景观类型的水流路径距离变化

Mayor 等基于水流实际路径构建了衡量物质迁移能力的 Flowlength 指数，其基本假设是迁移路径与水流路径中地形、植被覆盖、土地利用类型相关，基于土地利用类型（源权重）与植被覆盖（迁移权重）构建的权重路径长度用于判断物质的迁移能力，但其只适用于比较同样尺寸大小的样地、坡面和流域，或是比较同一样地、坡面或流域在不同降雨特征下的迁移能力，对于不同尺度大小的研究对象，简单地比较 Flowlength 指数并不能解释研究对象物质平均迁移能力。随着蓄水过程的进行，三峡水库水面面积增加，整体流域平均入河距离也将缩短，由地形数据直接计算得到，在蓄水前，以 135m 水位为基准，三峡水库流域平均水流路径入河距离约为 2240m，而在蓄水初期的 156m 水位时，三峡水库流域平均水流路径入河距离约为 2228m，蓄水水位达到 175m 后，三峡水库流域平均水流路径入河距离约为 2196m。由于三峡水库的蓄水，水面增加，流域内污染物更容易进入受纳水体，流域平均入河距离相比蓄水前减少了约 44m。

在此基础上，统计了不同景观类型水流路径距离的变化，见表 4-11。以农业用地为例，随着蓄水的进行，农业用地的平均水流路径距离有所增长，蓄水后，在流域整体水流路径距离减小、农业用地面积减小的情况下，减少的农业用地主要处于相对离水体较近的区域，有利于控制面源污染物的迁移，减少面源污染物进入水体的机会。而以对污染物迁移“阻碍”功能最强的草地为例，虽然草地所占比例有所减少，但从水流路径距离的变化规律来看，减少的草地主要分布在离水体较远的区域，从空间分布的角度看来，这种变化趋势有利于对污染物迁移的控制。

表4-11　三峡水库流域不同景观类型的水流路径距离变化　　单位：m

景观类型	2002年	2007年	2012年	2015年
林地	2453.73	2442.68	2378.71	2371.54
草地	2091.33	2109.67	2045.60	2032.64
农业用地	2039.66	1995.64	2023.52	2045.02
硬地表面	1505.82	1601.26	1706.28	1693.28
其他	1812.08	2076.92	1321.59	1557.49

（2）不同景观类型的平均坡度变化

表 4-12 统计了三峡水库流域中不同景观类型的平均坡度在 4 个时间节点的变化情况，随着蓄水的进行持续减少的农业用地、草地类型，其平均坡度也同样表现为减小的趋势，这表明，减少的草地和农业用地主要位于坡度相对较高的区域。从农业用地的角度看来，有利于控制农田面源污染和水土流失的发生，但从草地的角度来看，由于其演化为灌丛或林地，对于面源污染和水土流失的迁移过程影响不大。

表4-12　三峡水库流域不同景观类型的平均坡度变化　　单位：°

景观类型	2002年	2007年	2012年	2015年
林地	21.83	21.88	21.80	21.90
草地	20.16	20.43	18.49	17.50
农业用地	13.08	12.58	12.87	12.59
硬地表面	9.67	9.10	10.74	10.50
其他	18.70	21.76	17.84	13.46

4.2.3 植被覆盖度变化

对比分析三峡水库主要支流流域2002年（蓄水前）、2007年（初步运行期，蓄水位156m）、2012年（试运行期，蓄水位175m）、2015年（正常运行期，蓄水位175m）的植被覆盖度空间分布情况，得出植被覆盖度较高的区域主要是自然植被比重较高的区域，尤其是林地比重较高的区域，从流域角度出发，植被覆盖度较高的主要为地形陡峭的支流流域，如香溪河、神农溪等库首大型支流。

统计计算了4个时间节点的平均植被覆盖度变化情况，并选择了10条支流流域进行了统计分析，由表4-13可以看到，不论是整个三峡水库流域还是各条支流，2012年的植被覆盖度均为最低。而从空间分布上也可以看到，库首库中地区的植被覆盖度显著高于库尾支流流域。

表4-13 三峡水库及支流流域4个时间节点植被覆盖度变化

流域	2002年	2007年	2012年	2015年
香溪河	74.86	76.81	69.46	73.00
童庄河	70.61	75.32	66.81	71.80
大宁河	73.88	76.48	67.60	72.18
梅溪河	73.79	77.60	67.17	73.76
朱衣河	72.23	74.82	69.70	73.68
磨刀溪	72.58	74.37	68.63	75.87
小江	71.31	74.17	65.78	75.76
龙河	75.69	75.07	69.07	76.37
龙溪河	70.57	72.32	66.24	71.12
御临河	68.68	72.65	67.51	71.08
三峡水库流域	68.98	71.31	64.89	70.10

4.3 三峡库区景观格局变化的水环境效应

4.3.1 三峡水库流域水土流失强度变化

4.3.1.1 RUSLE模型及水土流失强度等级划分

通用土壤流失方程（the universal soil loss equation，USLE）是美国农业部建立的经验统计模型，是当前应用最广泛的模型。RUSLE（the revised universal soil loss equation）模型是美国农业部于1997年在通用土壤流失模型的基础上修订建立并正式实施的一种适用范围更广的修正模型，是全世界应用最广泛的水土流失模型，其形式如下：

$$A = R \times K \times LS \times C \times P \tag{4-14}$$

式中 A——预测土壤侵蚀量，主要指由降雨和径流引起的坡面细沟或细沟间侵蚀的年均土壤流失量；

R——降雨侵蚀力，反映降雨引起的土壤流失的潜在能力；

K——标准小区条件下的土壤可蚀性，是衡量土壤抗蚀性的指标，用于反映土壤对侵蚀的敏感性；

LS——地形因子，其中 L 为坡长因子，S 为坡度因子，二者合起来表示在其他条件不变的情况下，某个确定坡长和坡度的表面上土壤流失量和标准径流小区典型坡面上土壤流失量的比值；

C——覆盖和管理因子，用来衡量植被覆盖和经营管理对土壤侵蚀的抑制作用；

P——水土保持措施因子，即采取水土保持措施后的土壤流失量与顺坡种植土壤流失量的比值。

（1）*R* 因子

本书采用基于日降雨量来计算的降雨侵蚀力模型，该方法可直接计算逐年半月降雨侵蚀力，由于日降雨和次降雨不是一一对应的关系（一日降水可能对应一次降雨、多次降雨或一次降雨的一部分），直接以日雨量估算日侵蚀存在困难，但如果选择以半月为时段步长合并后会大大减小次降雨与日降雨无法一一对应的概率。

日降雨量侵蚀力模型公式如下：

$$M_i = \alpha \times \sum_{j=1}^{k} D_j \times \beta \tag{4-15}$$

$$\beta = 0.8363 + \frac{18.144}{P_{d12}} + \frac{24.455}{P_{y12}} \tag{4-16}$$

$$\alpha = 21.586 \times \beta^{-7.1891} \tag{4-17}$$

式中 M_i——第 i 个半月时段的侵蚀力值；

k——该半月时段内的天数；

D_j——半月时段内第 j 天的日雨量，要求日雨量达到 12mm（侵蚀性降雨最小阈值），否则以 0mm 计算；

α，β——反映了区域降雨特征；

P_{d12}——日降雨量 12mm 的次降雨平均降雨量；

P_{y12}——日降雨量 12mm 的年均降雨量。

对于每个站点的参数 α、β，需要用到多年的降雨数据计算，而降雨侵蚀力因子 R 则既可以用多年平均代表，也可以计算具体的某一年。

本书选择了流域范围内及周边共 30 个降雨观测站，依据 1954 ～ 2015 年日降雨得到 30 个降雨站的 α、β，并结合 2002 ～ 2015 年的日降雨数据得到不同年份的降雨侵蚀力（表 4-14）。

在此基础上，利用 ArcGIS 中的 kriging 插值分析分别得到研究区流域的 2002 ～ 2015 年逐年的降雨侵蚀力 R 空间分布结果。

表4-14 选择降雨站点降雨侵蚀力参数及2002～2015年降雨侵蚀力

单位：MJ·mm/（hm²·h·a）

台站名称	α	β	2002年	2003年	2004年	2005年	2006年	2007年	2008年	2009年	2010年	2011年	2012年	2013年	2014年	2015年
万源	2.592	1.343	2748.52	4946.01	4168.38	4381.41	3201.73	3339.57	3642.76	3103.92	4417.96	5091.16	3212.17	2952.85	3662.25	2646.18
安康	1.065	1.520	658.36	1158.85	854.77	1230.42	626.62	964.23	1260.05	775.27	1592.31	1234.95	1047.94	669.21	957.10	828.54
陨西	0.872	1.563	756.72	968.64	827.54	1225.51	664.38	668.46	737.92	689.03	1104.71	600.91	629.24	673.50	675.27	422.22
房县	0.586	1.652	443.93	494.23	585.93	799.92	355.70	553.24	551.01	432.51	586.52	486.01	556.82	442.76	647.85	552.56
老河口	0.797	1.582	827.70	743.96	788.73	1215.50	584.92	755.56	831.35	674.97	777.00	400.92	476.72	414.79	588.33	467.51
枣阳	1.197	1.495	894.35	964.69	1201.29	2147.55	915.29	1285.59	1174.99	881.28	827.95	615.50	955.92	707.32	1055.79	735.78
阆中	1.874	1.405	1810.93	2478.44	1912.00	1556.13	1386.36	2226.28	2275.24	2113.36	1922.79	2662.17	2032.03	2813.25	1502.96	2254.97
巴中	2.052	1.387	1560.73	3124.30	2265.23	2666.30	2316.47	2530.81	2461.07	2405.28	2884.05	3440.54	2519.13	2228.22	2483.84	1829.72
达县	1.512	1.447	1468.98	2073.03	3002.74	2626.96	1670.55	2796.36	2468.29	1828.13	1403.32	2178.96	1773.63	2465.66	2733.55	1679.30
奉节	1.152	1.503	1728.80	1838.58	1420.24	1019.90	881.37	1431.14	1485.00	1359.28	908.21	1623.18	901.63	952.19	1312.01	1048.47
巴东	1.110	1.511	1269.49	1326.18	1395.12	1301.53	1005.83	2021.23	1579.28	929.69	1367.28	1335.74	1099.59	1303.54	1533.49	1401.83
钟祥	1.313	1.476	1657.64	1400.56	1360.81	1136.50	1146.00	2376.53	1860.82	1192.53	1223.16	902.88	620.01	1848.61	905.79	1222.97
遂宁	1.490	1.450	1828.78	1730.04	919.79	1641.89	648.20	1443.32	1282.57	1536.45	1716.00	1192.90	1675.16	2382.13	1677.32	1731.77
南充	1.529	1.445	1700.10	1813.25	1339.88	1588.28	1043.31	2066.29	1954.46	1243.31	1589.83	1529.49	2006.40	1413.25	1729.49	1871.59
梁平	1.085	1.516	1352.88	1335.28	1255.19	1595.96	981.85	1525.90	1783.45	1235.95	1483.14	1613.89	1312.92	1683.62	2234.25	1213.42
万县	1.027	1.527	1151.39	1758.30	1500.73	1230.14	1079.23	1442.37	1104.02	1417.43	1106.37	1695.08	1034.05	1440.49	1534.61	1165.98

续表

台站名称	α	β	2002年	2003年	2004年	2005年	2006年	2007年	2008年	2009年	2010年	2011年	2012年	2013年	2014年	2015年
恩施	1.251	1.486	1838.79	1502.18	1678.76	1586.94	1141.60	2830.95	2840.06	1656.45	1581.92	1738.61	1598.46	1756.64	2030.79	1605.53
五峰	1.073	1.518	1688.94	1722.51	1568.84	1420.87	921.88	1821.59	1684.87	1456.23	1346.07	1266.05	1280.23	1545.86	1410.76	1375.56
宜昌	1.132	1.507	2182.93	1463.54	1219.02	1259.63	990.02	1566.26	1771.87	1664.71	1656.18	1258.43	990.02	1929.54	1264.75	1357.23
荆州	1.289	1.480	2106.89	1379.46	1576.01	1112.50	1551.78	1325.08	1374.69	1319.74	1551.40	1079.68	1379.08	1637.84	1365.92	2016.43
内江	1.523	1.446	1495.65	1019.71	1054.29	1498.96	1025.66	1614.80	1539.26	1041.74	1918.74	875.90	1867.42	1703.12	1812.80	1802.45
重庆沙坪坝	0.955	1.543	1550.61	1004.60	1116.63	967.30	787.32	1568.15	803.24	1273.48	1039.98	719.07	1131.37	1086.26	1591.00	1561.51
涪陵	0.783	1.586	1059.69	1051.61	1149.65	916.42	658.58	957.17	1005.76	594.71	617.57	896.41	887.09	722.94	1120.82	1296.16
来凤	1.086	1.516	1355.26	1520.84	1771.35	1364.31	1191.82	1646.10	1389.33	911.02	2006.39	1031.67	1313.78	1742.71	1342.42	1553.76
纳溪	0.698	1.612	901.55	698.43	935.29	744.77	452.24	735.32	675.37	464.27	749.04	539.96	551.88	870.40	962.39	1000.63
桐梓	0.673	1.620	751.76	635.14	574.48	770.85	799.76	638.08	594.34	864.01	589.21	417.50	681.17	387.93	1040.42	698.63
叙永	0.654	1.627	845.47	523.00	920.22	695.77	597.64	750.95	699.17	567.33	648.78	366.92	532.78	784.44	884.17	1073.00
习水	1.175	1.499	2103.82	1668.86	2303.60	1338.54	1615.13	1784.25	1732.81	1102.30	1865.64	1085.91	1793.24	1249.57	1414.29	1397.91
酉阳	0.762	1.592	1157.63	803.02	954.96	697.32	413.10	841.49	899.62	439.43	789.91	738.34	616.37	1054.59	1434.56	881.78
湄潭	0.933	1.548	1221.80	1035.48	1229.89	752.24	1240.15	1017.42	1276.40	1007.02	1093.25	780.26	1008.61	462.93	1358.73	1085.89

（2）*L* 因子

地形因子分为坡长因子 *L* 与坡度因子 *S*，其中 *L* 因子通过水文分析，坡长定义为地面上一点沿水流方向到其流向起点的最大地面距离在水平面上的投影长度。结合水流起点和水流方向数据，沿流向追踪每个格网单元到起点的最大累计水流长度即是该格网到坡顶的坡长。

ArcGIS 9.3 中编写 AML 程序演示提取过程，如图 4-12 所示。

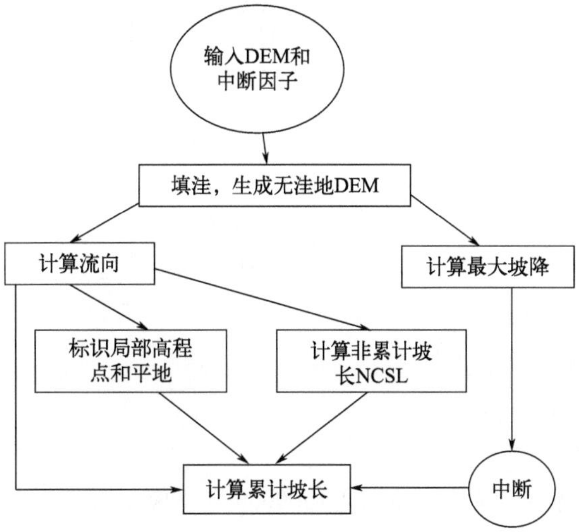

图4-12 *L*因子的计算流程

实际地形中，当坡度降低到一定程度时会发生由侵蚀到沉积的转变，在这里用中断因子来表现。中断因子定义为格网单元对应的坡度值与其上游流向方向的格网单元坡度比值的临界值，这一比值反映了当前格网坡度相对于上游格网坡度的减小程度，若当前格网与上游格网坡度比值小于中断因子，则水流到此产生沉积，坡面结束。可见中断因子越小，对坡度减小的程度要求越高。中断因子通常由熟悉研究区特征的专家确定，当无法得到研究区中断因子的相关研究结果时也可以采用 Hickey 方法提供的默认值，坡度＞ 5% 的中断因子设为 50%，即当格网单元坡度小于其上游格网单元坡度的 50% 时，中止坡长累加，以中止点为起点重新开始累加计算。对于坡度小于 5% 的情况，为了表现缓坡水流搬运能力较弱，坡度的微小降低就可能导致沉积出现，将中断因子设为 70%，即格网单元坡度小于其上游单元坡度的 70% 时就中止坡长累加。

（3）*S* 因子

研究区地形陡峭，*S* 因子则采用刘宝元等修正的基于陡坡的坡度计算公式：

$$S=\begin{cases}10.8\sin\theta+0.03 & \theta<5^\circ \\ 16.8\sin\theta-0.5 & 5^\circ\leqslant\theta<10^\circ \\ 21.9\sin\theta-0.96 & \theta\geqslant10^\circ\end{cases} \tag{4-18}$$

式中 *S*——坡度因子；

θ——坡度，（°）。

（4）*K* 因子

Williams 等在 EPIC 模型中，发展了土壤可蚀性因子 *K* 的估算方法，使其应用更简便，只要有土壤有机碳和土壤颗粒组成资料，即可估算 *K* 值，更适用于我国的情况，尤其是缺少大量小区观测结果的情况。

$$K=\left\{0.2+0.3\exp\left[0.0256\mathrm{SAN}\left(1-\mathrm{SIL}/100\right)\right]\right\}\left(\frac{\mathrm{SIL}}{\mathrm{CLA}+\mathrm{SIL}}\right)^{0.3}\left[1.0-\frac{0.25C}{C+\exp\left(3.72-2.95C\right)}\right]\left[1.0-\frac{0.7\mathrm{SN}_1}{\mathrm{SN}_1+\exp\left(-5.51+22.9\mathrm{SN}_1\right)}\right] \quad (4\text{-}19)$$

其中，

$$\mathrm{SN}_1=1-\frac{\mathrm{SAN}}{100}$$

式中　SAN——砂粒含量，%；

SIL——粉粒含量，%；

CLA——黏粒含量，%；

C——土壤有机碳含量，%。

本书根据国家土壤普查数据插值 1∶1000000 图（像元大小为 1km）土壤组成、有机质含量计算 *K* 值。

（5）*C* 因子

植被覆盖 - 作物管理（*C*）因子表征所有植被特征，如植被类型、作物种植顺序、生产力水平、生长季节长短、栽培措施、作物残余物管理等因素对土壤侵蚀的综合影响。尽管 *C* 值的计算涉及不同因子的综合作用，但随着研究的深入，学者们构建了相对成熟的算法，在我国，应用较广的包括蔡崇法等建立的 *C* 值与植被覆盖度之间的回归方程：

$$C=0.6508-0.3436\lg c \quad (4\text{-}20)$$

式中　*c*——植被覆盖度，当 $c>78.3\%$ 时 C=0，而 c=0 时 C=1。

（6）*P* 因子

P 因子通常考虑的水土保持措施则主要包括等高耕作、等高带状种植、梯田等方式。*P* 因子是降雨侵蚀动力的抑制因子，其取值范围均在 0 ～ 1 之间，由于在一个水文周期内（年），*P* 因子均可能处于动态变化中，因此，选用能基本反映 *P* 差异的土地利用类型来确定 *P* 值（表 4-15）。

表4-15　不同土地利用类型 *P* 值

土地利用	林地	灌木	草地	园地	水田	旱地	水体	建设用地	未利用土地
P 值	1	1	1	0.12	0.03	0.55	0	0	1

根据2002年、2005年、2007年、2010年、2012年、2015年土地利用结果得到2002～2015年水土保持措施因子 *P* 的空间分布，由于土地利用结果变化幅度较小，因此在本书中，2002～2003年采用2002年土地利用结果，2004～2005年采用2005年土地利用结果，2006～2008年采用2007年土地利用结果，2009～2010年采用2010年土地利用结果，2011～2013年采用2012年土地利用结果，2014～2015年采用2015年土地利用结果。

综合上述RUSLE模型中各个因子的计算方法，本书RUSLE模型所用到的技术数据源及分析方法总结于表4-16中。考虑到地形数据和土壤质地变化幅度较小，在本书中，各个时间节点的 *K*、*L*、*S* 因子认为是不变的，侵蚀模数的变化主要是因为降雨侵蚀力因子 *R*、植被覆盖-作物管理因子 *C*、水土保持措施因子 *P* 三个因子发生了变化，即受到降雨量、植被覆盖度和土地利用方式三个要素的影响。一般认为，植被在降雨量增加的情况下，长势会更好，植被覆盖度相应会增加，可以假设为，降雨侵蚀力因子增加的情况下，*C* 因子会趋于减小，而 *P* 因子则更多地受到人类活动的影响，包括城镇化（增加硬地表面）、水库淹没（增加水体）、退耕还林还草（自然植被增加，相应农业用地减少）、农业种植方式（水田、旱地、园地的种植比例）的变化等。

表4-16 本书RUSLE模型采用数据源及分析方法

因子	方法	参数	数据源
R	日降雨量侵蚀模型	日降雨量	中国气象数据网
K	EPIC模型	土壤质地，有机碳	中国土壤科学数据库
C	经验公式	年均植被覆盖度	NDVI产品(MODIS)，像元二分法
L	RUSLE模型自带算法	地形数据	ASTER GDEM数据
S	陡坡公式	坡度数据	DEM数据生成坡度
P	经验公式	土地利用	多源遥感影像，监督分类

RUSLE模型计算可以得到每个像元的侵蚀模数，根据水利部颁布的《土壤侵蚀分类分级标准》（SL 190—2007）中水力侵蚀强度分级标准（表4-17），根据侵蚀模数得到研究区（对应标准中的“西南土石山区”）的土壤侵蚀强度分级情况。

表4-17 水力侵蚀强度分级

级别	平均侵蚀模数/[t/(km²·a)]	级别	平均侵蚀模数/[t/(km²·a)]
微度侵蚀	＜500	强烈侵蚀	5000～8000
轻度侵蚀	500～2500	极强烈侵蚀	8000～15000
中度侵蚀	2500～5000	剧烈侵蚀	＞15000

4.3.1.2 三峡水库流域水土流失强度等级变化

根据4.3.1.1部分中各因子时空分布情况，利用RUSLE模型计算得到三峡水库流域2002～2015年平均侵蚀模数结果（图4-13）。

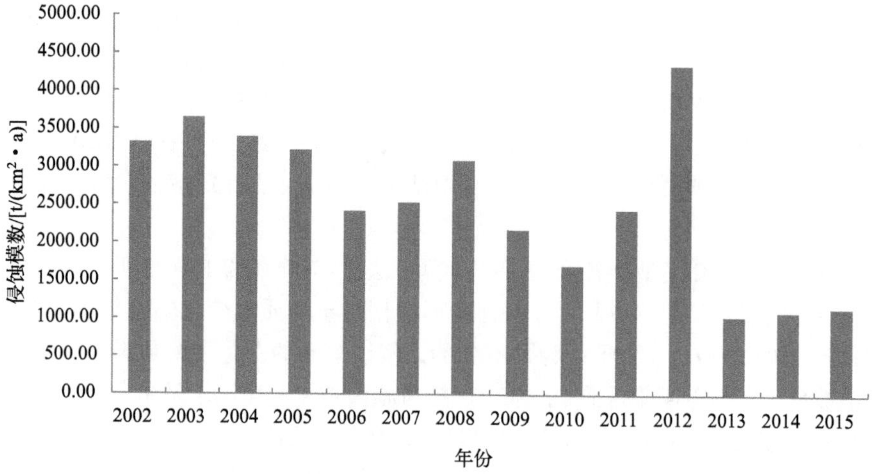

图4-13　三峡水库流域2002～2015年平均侵蚀模数

由图4-13可以看到，三峡水库流域水土流失的平均侵蚀模数呈现波动减小的趋势，但在2012年，侵蚀模数出现一个极端的峰值，与当年的植被生长状况较差、植被覆盖度较低有关。从水土流失的风险等级方面看，三峡水库流域在2002～2005年、2007～2008年、2012年平均侵蚀模数都达到了中度侵蚀强度，而在2006年、2009～2011年、2013～2015年平均侵蚀模数则保持在轻度侵蚀强度水平，尤其是2013～2015年，平均侵蚀模数明显低于以前。

图4-14为三峡水库流域水土流失等级组成变化情况（书后另见彩图），可以看到，中度侵蚀及以下等级（中度侵蚀、轻度侵蚀、微度侵蚀）所占比例呈现波动增长趋势，除了2012年所占比例明显低于其他年份，在蓄水至175m水位后的2013～2015年，三峡水库流域的水土流失强度等级中微度侵蚀和轻度侵蚀所占的比例之和超过了80%。而在蓄水初期，两者所占的比例之和只在70%左右，不考虑植被生长状况极差的2012年的话，可以得到随着水库初步蓄水的完成，流域水土流失强度随着自然植被比例增加（退耕还林还草）、人工表面比例增加（城镇化），呈现出变好的趋势，即高强度等级所占比例持续减少，低强度等级所占比例不断增加。

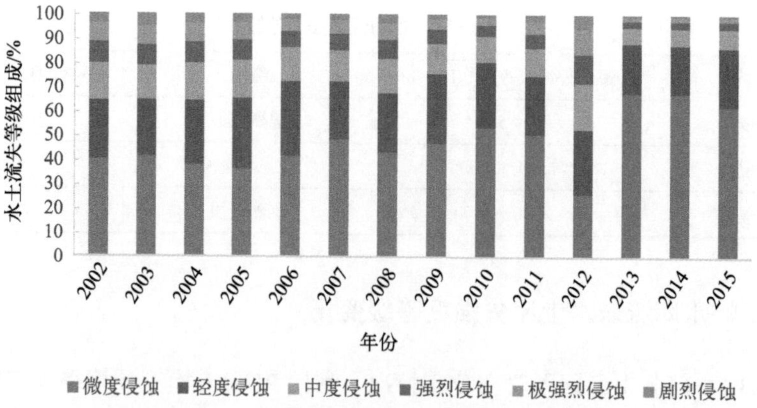

图4-14　三峡水库流域水土流失等级组成变化

可以将 RUSLE 模型中的 S、L、K 三个因子看成完全的自然属性，一般来说难以改变；而 R、C 两个因子主要与降雨相关，可以看成是影响区域侵蚀模数的自然因子；水土保持措施因子 P 主要由人为活动决定，在本书中 P 值由土地利用方式决定，在六个因子中可以看作人为因子。

表 4-18 为基于侵蚀模数的三峡水库流域土壤侵蚀等级分布，可以看到流域侵蚀模数的年际变化主要与自然因子相关，其中植被覆盖度和降雨呈正相关关系，一般说来，降雨量增加，降雨侵蚀力因子相应增大，而随着降雨量增长的植被覆盖度计算得到的 C 因子会相应减小。在本书中可以看到，相比于降雨因子，植被覆盖 - 作物管理因子起到了更为关键的作用。而强烈侵蚀及以上级别的侵蚀级别所占比例则完全受到了自然因子的支配作用，三个级别均与自然因子呈显著的正相关。水土保持措施由土地利用方式决定，虽然蓄水前后流域土地利用方式发生了较大变化，但各种土地利用方式的变化率相对整体流域来说并不大。由于三峡水库流域的土地利用方式变化主要表现为：林草地、水体、人工表面呈现增加的趋势，农业用地减少。从水土保持措施因子角度看，林草地的增加和农业用地的减少会使得因子值增大，而人工表面和水体面积的增加，会使得因子值减小，因此，土地利用方式的改变对水土保持因子的贡献有正有负，整体上表现出略有增加的趋势，即从水土保持措施因子的角度出发，更有利于水土流失的发生。

表4-18 基于侵蚀模数的三峡水库流域土壤侵蚀风险等级分布

年份	微度侵蚀/%	轻度侵蚀/%	中度侵蚀/%	强烈侵蚀/%	极强烈侵蚀/%	剧烈侵蚀/%	自然背景($S\times L\times K$)	自然因子($R\times C$)	人为因子(P)	侵蚀模数/[t/(km²·a)]
2002	40.17	24.27	15.17	8.85	7.62	3.92	1.73	3417.41	0.76	3322.56
2003	41.19	23.52	14.02	8.39	7.79	5.09		3524.58	0.76	3647.33
2004	37.85	26.69	15.24	8.71	7.49	4.01		3782.51	0.76	3393.70
2005	36.21	29.22	15.51	8.44	7.00	3.62		3230.26	0.77	3223.33
2006	41.57	30.87	13.87	6.72	4.93	2.03		2413.34	0.77	2415.41
2007	48.34	23.96	12.91	6.85	5.42	2.52		3194.52	0.77	2530.81
2008	43.09	24.55	14.04	7.94	6.76	3.63		3424.66	0.77	3084.34
2009	46.89	28.73	12.43	5.90	4.26	1.79		2517.20	0.78	2175.63
2010	53.44	27.13	10.65	4.63	3.04	1.10		2275.97	0.78	1701.88
2011	50.70	24.14	11.42	6.00	4.96	2.76		2526.99	0.78	2435.08
2012	26.07	26.72	19.21	11.82	10.56	5.61		3628.88	0.78	4343.39
2013	67.70	20.53	6.83	2.71	1.66	0.57		1584.12	0.78	1037.45
2014	67.66	19.98	6.98	2.86	1.83	0.68		1719.89	0.79	1099.31
2015	62.36	24.29	7.88	3.03	1.81	0.62		1815.48	0.79	1150.78

4.3.1.3 典型支流流域水土流失强度等级分布

在有代表性的 10 条支流流域水土流失强度等级解析方面，选择了以 RUSLE 模型估算的侵蚀模数为基础的水土流失强度等级结果进行分析。支流出水口离大坝的距离由近至远依次为香溪河、童庄河、大宁河、梅溪河、朱衣河、磨刀溪、小江、龙河、龙溪河和御临河。

（1）香溪河

香溪河位于湖北省西部，全长 97.3km，是流经湖北兴山与秭归的最大河流。香溪河发源于神农架，有东西二源：东源在神农架林区骡马店，叫东河或深渡河，全长 64.5km；西源在大神农架山南，叫西河或白沙河，河长 54km；东西两河在兴山县高阳镇昭君村前的响滩汇合后，始称香溪河。人们习惯上就把从响滩到秭归香溪镇这一段，称作香溪河。如果按照这种说法计算，香溪河全长只有 33km，流经兴山境内 21km，流经秭归县境内 12km，于香溪镇东侧注入长江。

从三峡库区行政区县来看，香溪河由于发源于神农架林区，流域的上游部分在三峡库区范围以外，根据地形数据对香溪河流域所做的分析来看，香溪河上游在三峡库区范围以外的部分占整个香溪河流域的 27.57%，即超过 1/4 的部分不在三峡库区范围内，因此，在分析香溪河等重要的支流时，只考虑三峡库区的分析是不够的。香溪河流域的平均坡度达到了 25.78°，远高于三峡水库流域的平均坡度（18.46°），在所有的 47 条支流中，平均坡度仅低于神农溪（27.23°）、童庄河（26.57°）、大宁河（26.46°）、抱龙河（26.20°）、龙马溪（25.98°）5 条支流流域。香溪河流域面积 3196.79km^2，是三峡水库自大坝向上的第一条大支流，位于干流的北侧，由于香溪河离大坝较近，因此回水区范围较大，但由于流域发源地较远，因此，回水区上端范围以上的集水区面积仍远大于回水区的集水区域。

图 4-15 为香溪河流域 2002 ～ 2015 年水土流失等级组成变化情况（书后另见彩图），可以看到，蓄水初期，微度侵蚀和轻度侵蚀所占比例之和在 60% ～ 75% 之间。在 2007 ～ 2011 年间，二者所占比例之和在 70% 左右波动；在 2012 年，和整体流域相似，二者比例之和低于 50%；在 2013 ～ 2015 年，二者比例之和超过了 80%，甚至接近 90%，这与香溪河流域自然植被比例高及其植被覆盖度较高有关，虽然香溪河流域地形陡峭，但由于植被长势良好，使得水土流失侵蚀模数低于三峡水库流域平均水平。

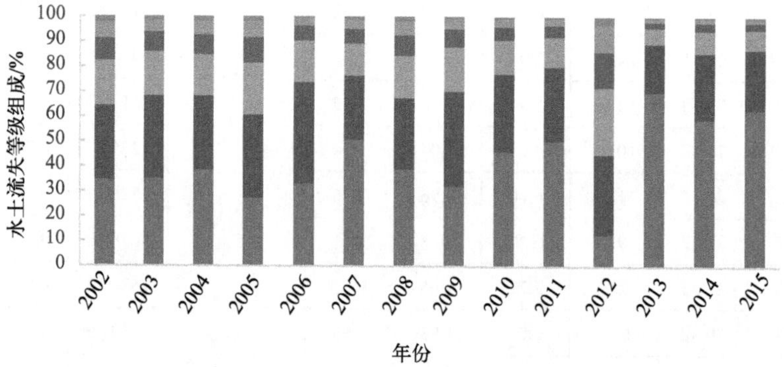

图4-15　香溪河流域水土流失等级组成变化

香溪河流域相对三峡水库流域整体来说，地形陡峭，有利于水土流失的发生，从自然背景和人为因子的角度看均有利于水土流失的发生，但自然因子方面，香溪河流域降雨侵蚀力因子和植被覆盖 - 作物管理因子均低于三峡水库流域平均水平，因此，香溪河流域水土流失强度低于三峡水库的平均水平。从不同的影响要素来看，自然因子，即降雨侵蚀力与植被覆盖 - 作物管理因子的波动性较大，是影响不同年份之间变化的主要驱动因子。相比于三峡水库流域，香溪河流域降雨侵蚀力与植被覆盖 - 作物管理因子表现为持续低于三峡水库流域平均水平。

表 4-19 为基于侵蚀模数的香溪河流域土壤侵蚀风险等级分布统计结果，与整个三峡水库流域相比，香溪河流域强烈侵蚀及以上级别的侵蚀等级比重高于研究区平均水平，2002 年、2007 年的侵蚀模数低于同时段整体流域，但 2009 年、2010 年、2014 年侵蚀模数高于同时段整个研究区，从因子分析可以看到，虽然香溪河流域自然因子均显著小于研究区平均水平，但自然背景要素和人为因子平均值显著高于流域平均水平，但二者比例整体变化不大。相比于 2010 年和 2014 年，香溪河流域 2002 年和 2007 年的自然因子相比整个研究区更有利于水土流失的减少。

从时间变化的角度看，2012 年的水土流失风险最为严重，侵蚀模数最大，与 2012 年降雨量较小、植被生长状况较差有关。

从土地利用角度来看（见表 4-20），香溪河流域自然植被所占比例接近 90%，且表现出自然植被持续增加，人工植被即农业用地比例持续减少，水体面积和人工表面持续增长，这主要受到蓄水过程（水面增加）、退耕还林还草（自然植被增加、人工植被减少）、城镇化（人工表面增加）等过程的影响。

表4-19 基于侵蚀模数的香溪河流域土壤侵蚀风险等级分布

年份	微度侵蚀/%	轻度侵蚀/%	中度侵蚀/%	强烈侵蚀/%	极强烈侵蚀/%	剧烈侵蚀/%	自然背景 ($S\times L\times K$)	自然因子 ($R\times C$)	人为因子 (P)	侵蚀模数 /[t/(km²·a)]
2002	34.76	29.70	17.99	9.01	6.39	2.15	2.82	1350.70	0.92	2796.42
2003	35.16	33.15	17.63	7.94	4.88	1.25		1156.87	0.92	2386.78
2004	38.56	29.56	16.69	7.95	5.43	1.81		1236.11	0.92	2507.00
2005	27.41	33.30	20.90	10.08	6.55	1.76		1381.63	0.92	2936.33
2006	33.24	40.62	16.56	6.10	2.92	0.54		912.91	0.91	1958.62
2007	50.74	25.80	12.93	5.78	3.65	1.10		1020.05	0.91	1821.36
2008	38.95	28.47	17.14	8.27	5.51	1.66		1299.79	0.91	2499.09
2009	31.95	38.09	17.94	7.25	3.89	0.89		1052.44	0.92	2236.94
2010	46.12	31.21	13.45	5.40	3.06	0.76		920.14	0.92	1738.90
2011	50.25	29.87	11.96	4.63	2.55	0.75		805.63	0.93	1585.29
2012	12.76	32.21	26.78	14.59	10.64	3.02		1686.03	0.93	4138.30
2013	69.94	19.57	6.37	2.34	1.33	0.46		575.84	0.93	901.73
2014	58.98	26.79	8.98	3.21	1.61	0.44		635.46	0.94	1166.78
2015	63.04	24.12	7.96	2.85	1.56	0.47		629.32	0.94	1070.40

表4-20 香溪河流域土地利用组成变化 单位：%

年份	自然植被	农业用地	水体	硬地表面	其他
2002	85.76	12.79	0.95	0.30	0.20
2005	87.04	11.49	0.95	0.37	0.15
2007	87.90	10.63	0.95	0.41	0.11
2010	88.56	10.04	1.00	0.30	0.11
2012	89.18	8.84	1.03	0.85	0.09
2015	89.40	8.55	1.05	0.88	0.12

（2）童庄河

童庄河又名窑湾溪，为长江一级支流，处长江三峡河段的西陵峡南侧，行政区域位于湖北省西部的秭归县南部。童庄河发源于宜昌市长阳县与秭归县交界的云台荒东麓，至郭家坝镇西侧的卜庄河处注入长江，全长 36.6km。龙潭河为童庄河的主要支流，于观音阁处从右岸汇入，长 8.5km。

童庄河发源于位于库区的秭归县和库区外的长阳县交界处，虽然童庄河流域并不全部都处于三峡库区范围内，但根据地形数据生成流域结果来看，童庄河流域在三峡库区范围以外的面积只占流域总面积的 0.3%，因此，可以将童庄河流域看成全部位于三峡库区范围以内。

从三峡水库 47 条支流流域提取来看，童庄河流域的平均坡度达到了 26.57°，远高于三峡水库流域的平均坡度（18.46°），仅次于神农溪。童庄河流域面积 254.17km²，流域的出水口和香溪河流域出水口南北相对，是库首区域长江南岸重要的支流，也是自大坝向上第一条比较大（流域面积＞ 200km²）且基本全部位于库区范围内的支流流域。童庄河流域虽然距大坝较近，但由于童庄河的上中游段坡降较大，因此，童庄河流域中回水区上端以上的集水区域面积也远大于回水区范围内的集水区域。

图 4-16 为童庄河流域 2002 ～ 2015 年水土流失等级组成变化情况（书后另见彩图），可以看到，蓄水初期，微度侵蚀和轻度侵蚀所占比例之和在 30% ～ 50% 之间。在 2006 ～ 2011 年间，二者所占比例之和在 60% 左右波动；而在 2012 年，和整体流域相似，二者比例之和在 30% 左右；2013 ～ 2015 年，二者比例之和在 70% 左右，这低于三峡水库的平均水平，这与童庄河流域地形陡峭、降雨侵蚀力因子较高、农业用地比例较高（植被覆

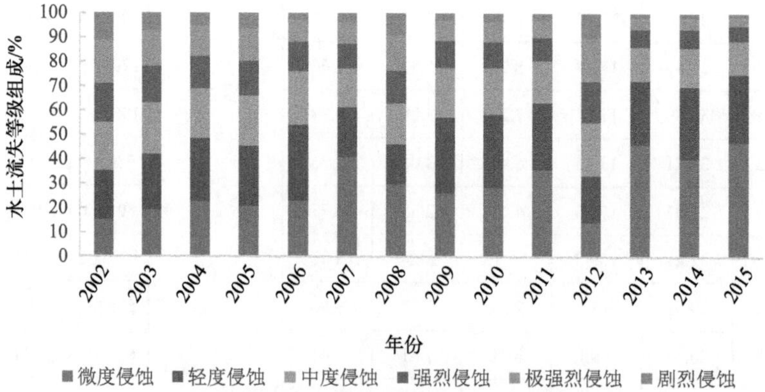

图4-16 童庄河流域水土流失等级组成变化

盖度低于自然植被）有关。综上，童庄河流域水土流失侵蚀模数高于三峡水库流域平均水平。

表 4-21 为基于侵蚀模数的童庄河流域土壤侵蚀风险等级分布统计结果，与整个三峡水库流域相比，童庄河流域强烈侵蚀及以上级别的侵蚀等级比重高于研究区平均水平，不同时间段流域的平均侵蚀模数均显著高于同时段整体流域。从因子分析可以看到，虽然童庄河流域自然因子均略小于研究区平均水平，但自然背景要素和人为因子平均值显著高于流域平均水平。

表 4-21 基于侵蚀模数的童庄河流域土壤侵蚀风险等级分布

年份	微度侵蚀/%	轻度侵蚀/%	中度侵蚀/%	强烈侵蚀/%	极强烈侵蚀/%	剧烈侵蚀/%	自然背景 ($S\times L\times K$)	自然因子 ($R\times C$)	人为因子 (P)	侵蚀模数 /[t/(km²·a)]
2002	15.29	20.05	19.75	16.17	17.72	11.01	2.84	3422.16	0.79	6633.57
2003	19.20	22.90	21.15	15.04	14.70	7.01		2892.66	0.79	5287.77
2004	22.85	25.76	20.51	13.34	12.20	5.33		2696.50	0.79	4516.53
2005	20.86	24.69	20.67	14.11	13.41	6.26		2837.09	0.74	4894.74
2006	23.11	31.13	22.07	12.00	9.11	2.59		2038.56	0.74	3555.61
2007	41.04	20.38	16.13	10.02	8.72	3.70		2311.77	0.72	3356.76
2008	29.96	16.36	16.75	13.59	14.47	8.88		3325.35	0.72	5428.64
2009	26.29	31.06	20.52	10.93	8.41	2.78		2248.49	0.78	3441.28
2010	28.56	30.10	19.32	10.55	8.34	3.13		2303.46	0.78	3428.08
2011	36.13	27.43	17.25	9.45	7.11	2.63		1768.06	0.82	2979.03
2012	14.39	19.18	21.85	16.93	17.54	10.10		2984.27	0.82	6405.72
2013	46.30	26.25	14.01	7.05	4.89	1.50		1560.54	0.82	2187.90
2014	40.35	29.79	15.93	7.65	4.82	1.46		1459.89	0.86	2305.31
2015	47.05	28.31	13.74	6.10	3.72	1.08		1348.73	0.86	1909.06

从时间变化的角度看，2002 年的水土流失风险最为严重，侵蚀模数最大，处于剧烈侵蚀等级高达 11.01%。

从土地利用变化的角度上看（表 4-22），童庄河流域自然植被所占比例总体呈增长态势，人工植被即农业用地比例总体呈下降态势，尤其是在蓄水至 175m 后的 2010 年以后。此外，水体面积和人工表面持续增长，这主要受到蓄水过程（水面增加）、退耕还林还草（自然植被增加、人工植被减少）、城镇化（人工表面增加）等过程的影响。

表 4-22 童庄河流域土地利用组成变化　　单位：%

年份	自然植被	农业用地	水体	硬地表面	其他
2002	65.66	33.16	0.60	0.29	0.30
2005	64.70	33.26	1.48	0.46	0.11
2007	63.64	33.31	1.96	1.09	0.00
2010	70.55	25.60	2.61	0.97	0.26
2012	72.49	22.64	2.79	1.87	0.22
2015	76.34	18.36	2.95	2.10	0.25

（3）大宁河

大宁河发源于陕西省平利县的中南山麓，穿行于巴山和巫山的云岩峡谷之中，横贯重庆所属巫溪、巫山两县，在巫山县巫峡口注入万里长江，全长250多千米。大宁河流经巫山县大昌，截断山脉，形成秀丽的滴翠峡、巴雾峡及龙门峡三峡，峡谷长约50km，即为著名的旅游景点——小三峡。

大宁河由于发源于陕西境内，和香溪河一样，大宁河流域也并不全部都处于三峡库区范围内，但根据地形数据生成流域结果来看，大宁河流域在三峡库区范围以外的只占大宁河整个流域面积的1.3%。

大宁河流域面积较大，约为4538km²，在三峡水库的主要支流中（嘉陵江和乌江除外），流域面积仅次于綦江和小江，而大宁河流域的平均坡度为26.46°，在三峡水库主要支流中坡度也仅低于神农溪（27.23°）和童庄河（26.57°）。大宁河回水区较大，但流域也较大，因此回水区上端以上集水面积也远大于回水区段集水面积。

图4-17为大宁河流域2002～2015年水土流失等级组成变化情况（书后另见彩图），可以看到，蓄水初期，微度侵蚀和轻度侵蚀所占比例之和在50%～60%之间。在2007～2011年间，二者所占比例之和在60%左右波动；在2012年，和整体流域相似，二者比例之和在30%左右；2013～2015年，二者比例之和在80%左右，低于三峡水库的平均水平，这与大宁河流域地形陡峭、降雨侵蚀力因子较高有关。因此，大宁河流域水土流失侵蚀模数高于三峡水库流域平均水平。

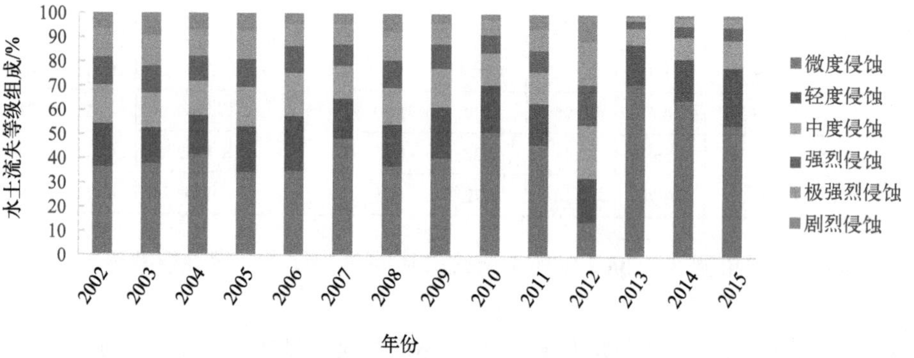

图4-17 大宁河流域水土流失等级组成变化

表4-23为基于侵蚀模数的大宁河流域土壤侵蚀风险等级分布统计结果，与整个三峡水库流域相比，大宁河流域强烈侵蚀及以上级别的侵蚀等级比重显著高于研究区平均水平，且侵蚀模数也远高于整个研究区，虽然自然因子条件较好，但自然背景条件恶劣，容易发生水土流失。

从时间变化的角度看，2012年的水土流失风险最为严重，侵蚀模数最大，与2012年植被长势较差有关，剧烈侵蚀等级所占比例高达10.86%。

从土地利用变化的角度上看（见表4-24），大宁河流域自然植被与人工植被呈现波动变化的特征，从蓄水前后看，蓄水后自然植被所占比例略有增加，而农业用地所占比例则略有减少。此外，水体面积和人工表面持续增长，这主要受到蓄水（水面增加）和城镇化（人工表面增加）等过程的影响。

表4-23 基于侵蚀模数的大宁河流域土壤侵蚀风险等级分布

年份	微度侵蚀/%	轻度侵蚀/%	中度侵蚀/%	强烈侵蚀/%	极强烈侵蚀/%	剧烈侵蚀/%	自然背景($S\times L\times K$)	自然因子($R\times C$)	人为因子(P)	侵蚀模数/[t/(km²·a)]
2002	36.55	17.75	16.04	11.59	11.58	6.49	2.84	1998.77	0.91	4363.16
2003	37.86	14.88	14.27	11.32	12.61	9.06		2401.13	0.91	5127.87
2004	41.65	16.14	14.20	10.41	10.80	6.81		2074.41	0.91	4264.11
2005	34.47	18.74	16.37	11.61	11.65	7.16		2029.50	0.91	4620.55
2006	34.93	22.73	17.88	10.96	9.46	4.03		1619.18	0.92	3610.97
2007	48.52	16.56	13.38	8.88	8.28	4.37		1629.99	0.92	3225.25
2008	37.08	17.15	15.34	11.29	11.72	7.42		2180.00	0.92	4619.38
2009	40.56	21.02	16.08	9.91	8.62	3.80		1570.90	0.91	3309.59
2010	51.19	19.73	13.22	7.44	6.01	2.41		1250.49	0.91	2421.30
2011	46.19	17.24	12.96	8.80	8.86	5.96		1932.94	0.90	3801.88
2012	14.47	18.17	21.81	16.89	17.81	10.86		2919.00	0.90	6692.93
2013	71.33	16.50	6.97	2.91	1.75	0.53		656.50	0.90	981.55
2014	64.87	17.28	9.06	4.43	3.20	1.15		902.44	0.91	1470.96
2015	54.57	23.92	11.44	5.27	3.54	1.26		1135.17	0.91	1746.40

表4-24 大宁河流域土地利用组成变化　　单位：%

年份	自然植被	农业用地	水体	硬地表面	其他
2002	83.40	15.52	0.63	0.34	0.11
2005	83.78	13.93	0.65	0.32	1.33
2007	84.09	12.62	0.66	0.30	2.32
2010	83.98	13.80	1.10	0.91	0.21
2012	82.86	14.82	1.08	1.01	0.23
2015	83.80	13.66	1.14	1.05	0.35

(4)梅溪河

梅溪河是奉节城东的一条河流，为长江北岸的一条支流，发源于巫溪县万倾池，上百公里弯弯曲曲宽窄不一的河道分布在奉节境内，两岸植被茂盛，沿江景色秀丽，清澈见底的江水平缓而下，在奉节老县城附近注入长江，古称西瀼水或西瀼溪，也有叫大瀼水者。

梅溪河由于发源于巫溪县境内，因此，梅溪河流域全部位于三峡库区范围内，梅溪河流域面积约为1752km²，是三峡水库支流中两条面积大于1000km²且全部位于三峡库区范围内的支流之一（另外一条支流为汤溪河，流域面积约为1597km²），是所有全部位于三峡库区范围内的流域面积最大的支流。

梅溪河流域平均坡度为21.81°，高于三峡水库流域的平均坡度（18.46°），但与库首区域的香溪河、童庄河、神农溪等相比，坡度略小。梅溪河的出口位于长江三峡最上游的瞿塘峡附近，因此，回水河段较短，回水段以上区域的集水面积也远大于回水河段的集水区域。

图 4-18 为梅溪河流域 2002 ～ 2015 年水土流失等级组成变化情况（书后另见彩图），可以看到，蓄水初期，微度侵蚀和轻度侵蚀所占比例之和在 50% ～ 60% 之间。在 2007 ～ 2011 年间，二者所占比例之和波动幅度变大，在 60% ～ 80% 之间波动；在 2012 年，和整体流域相似，二者比例之和在 30% 左右；2013 ～ 2015 年，二者比例之和均在 80% 以上，甚至在 2013 年达到了 90% 以上，与三峡水库的平均水平相当。

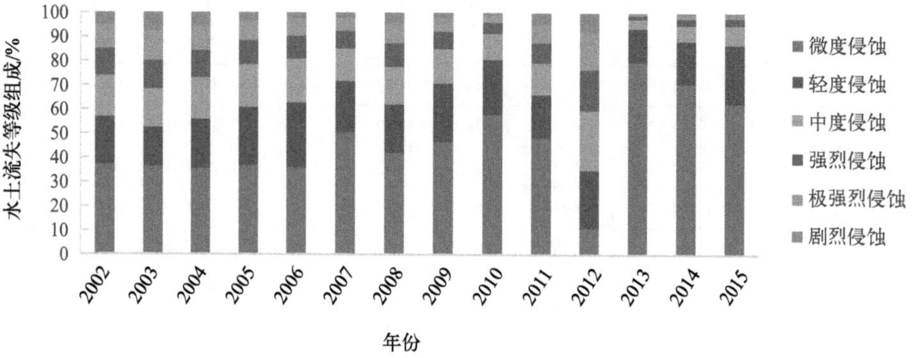

图4-18　梅溪河流域水土流失等级组成变化

表 4-25 为基于侵蚀模数的梅溪河流域土壤侵蚀风险等级分布统计结果，与整个三峡水库流域相比，梅溪河流域强烈侵蚀及以上级别的侵蚀等级比重显著高于研究区平均水平，且流域平均侵蚀模数均高于整个研究区平均水平（除了 2007 年略低于研究区平均水平），虽然梅溪河流域自然因子条件优于研究区平均水平，但自然背景条件恶劣，水保措施较差，容易发生水土流失。

表4-25　基于侵蚀模数的梅溪河流域土壤侵蚀风险等级分布

年份	微度侵蚀/%	轻度侵蚀/%	中度侵蚀/%	强烈侵蚀/%	极强烈侵蚀/%	剧烈侵蚀/%	自然背景 ($S \times L \times K$)	自然因子 ($R \times C$)	人为因子 (P)	侵蚀模数 /[t/(km²·a)]
2002	37.26	19.67	17.18	11.09	9.90	4.90	2.28	2244.17	0.83	3835.21
2003	36.47	16.24	15.76	11.83	12.03	7.67		2810.68	0.83	4774.61
2004	35.63	20.35	17.20	11.18	10.12	5.53		2355.81	0.84	4062.15
2005	36.95	23.98	17.63	10.06	8.04	3.35		1894.87	0.84	3238.11
2006	36.06	26.61	18.19	9.66	7.09	2.39		1712.49	0.86	2925.92
2007	50.57	21.29	13.50	7.16	5.39	2.09		1540.76	0.86	2297.84
2008	42.18	19.95	15.60	9.75	8.46	4.06		2104.86	0.86	3338.49
2009	46.48	24.45	14.23	7.29	5.35	2.20		1566.89	0.87	2395.26
2010	57.82	22.99	10.63	4.64	2.98	0.94		1056.67	0.87	1513.34
2011	48.41	17.96	13.12	8.37	7.65	4.49		2092.89	0.88	3215.32
2012	11.12	23.99	24.61	16.98	15.62	7.69		3178.43	0.88	5776.66
2013	79.96	13.67	4.00	1.43	0.74	0.20		493.59	0.88	542.94
2014	70.81	17.52	6.75	2.71	1.66	0.55		776.46	0.89	957.10
2015	62.51	24.49	8.01	2.91	1.61	0.46		830.55	0.89	1082.80

从时间变化的角度看，2012 年的水土流失风险最为严重，侵蚀模数最大，与 2012 年植被长势较差有关，剧烈侵蚀等级所占比例高达 7.69%。

从土地利用角度上看（表 4-26），梅溪河流域自然植被所占比例均在 70% 以上，且表现出自然植被持续增加，人工植被即农业用地比例持续减少，水体面积和人工表面持续增长，这主要受到蓄水过程（水面增加）、退耕还林还草（自然植被增加、人工植被减少）、城镇化（人工表面增加）等过程的影响。

表4-26 梅溪河流域土地利用组成变化 单位：%

年份	自然植被	农业用地	水体	硬地表面	其他
2002	70.21	28.46	0.84	0.30	0.19
2005	73.20	24.91	0.87	0.27	0.76
2007	75.64	22.01	0.89	0.24	1.23
2010	78.16	19.95	1.27	0.52	0.12
2012	77.01	20.97	1.26	0.66	0.10
2015	78.06	19.68	1.41	0.68	0.17

（5）朱衣河

朱衣河位于奉节县城西部朱衣镇附近，是长江北岸受三峡水库蓄水影响明显的较小河流之一，形成了显著的内陆湖，其出水口邻近梅溪河和草堂河出水口，均处于奉节县城附近。由于朱衣河起源于奉节县内，根据地形数据生成的流域分布特征，朱衣河流域全部位于三峡库区范围内。

朱衣河流域平均坡度为 23.81°，高于三峡水库流域的平均坡度（18.46°）。流域面积只有约 153km²，河流较短，由于其显著的内陆湖形成特征，其回水区上端以上的集水区域与回水区内集水区域面积相当。朱衣河流域是本书选择的 10 条典型支流中最小的支流流域，也是唯一一条回水区上端以上集水区域与回水区内集水区域相当的支流。

图 4-19 为朱衣河流域 2002 ～ 2015 年水土流失等级组成变化情况（书后另见彩图），可以看到，蓄水初期，微度侵蚀和轻度侵蚀所占比例之和在 30% ～ 60% 之间。在 2007 ～ 2011 年间，二者所占比例之和呈现增长趋势，由 50% 增长至 70% 左右；在 2012 年，

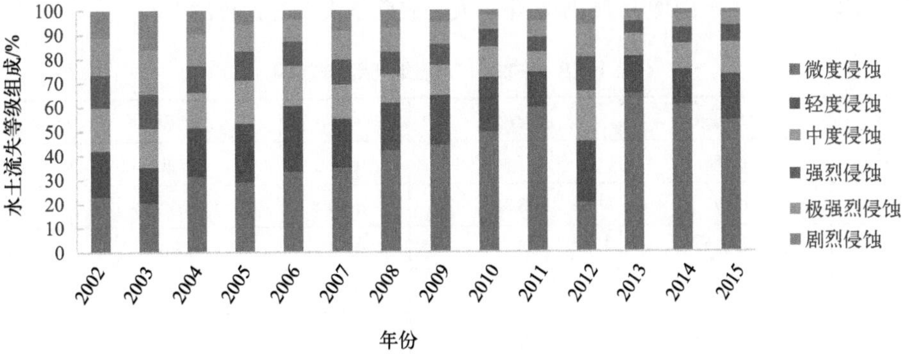

图4-19 朱衣河流域水土流失等级组成变化

和整体流域相似，二者比例之和在40%左右；2013～2015年，二者比例之和均在70%以上，甚至在2013年达到了80%以上，但低于三峡水库的平均水平。

表 4-27 为基于侵蚀模数的朱衣河流域土壤侵蚀风险等级分布统计结果，与整个三峡水库流域相比，朱衣河流域强烈侵蚀及以上级别的侵蚀等级比重显著高于研究区平均水平，且侵蚀模数也远高于整个研究区，相比于整个流域，朱衣河流域不仅自然背景条件恶劣，自然因子也更有利于水土流失的发生。

表4-27　基于侵蚀模数的朱衣河流域土壤侵蚀风险等级分布

年份	微度侵蚀/%	轻度侵蚀/%	中度侵蚀/%	强烈侵蚀/%	极强烈侵蚀/%	剧烈侵蚀/%	自然背景($S\times L\times K$)	自然因子($R\times C$)	人为因子(P)	侵蚀模数/[t/(km²·a)]
2002	23.23	18.88	17.82	13.72	15.26	11.09	2.48	3786.78	0.83	6251.02
2003	20.61	14.66	16.05	14.34	18.34	16.00		4717.79	0.83	8059.25
2004	31.45	20.03	14.69	11.20	13.02	9.60		3678.29	0.81	5328.07
2005	29.00	24.28	17.80	12.09	11.19	5.63		2845.54	0.81	4241.56
2006	33.46	27.10	16.63	10.10	8.90	3.81		2410.81	0.78	3428.71
2007	34.94	20.22	14.05	10.55	11.79	8.45		3760.18	0.78	4876.68
2008	42.14	19.62	12.01	9.15	10.02	7.06		3712.30	0.78	4161.98
2009	44.27	20.46	12.58	8.65	9.01	5.03		3422.32	0.79	3440.25
2010	49.63	22.71	12.56	7.22	5.79	2.09		2393.49	0.79	2306.77
2011	59.71	14.75	8.26	6.01	6.69	4.58		3057.55	0.77	2881.43
2012	20.32	25.40	20.57	14.19	13.40	6.11		3395.73	0.77	4823.02
2013	65.24	15.71	9.17	5.02	3.72	1.13		1900.86	0.77	1523.80
2014	60.67	14.74	10.70	6.48	5.33	2.07		2339.51	0.82	2075.27
2015	54.43	18.90	13.21	6.98	4.86	1.62		2094.46	0.82	2084.39

从时间变化的角度看，2003 年的水土流失风险最为严重，侵蚀模数最大，与 2003 年自然因子和人为因子均最高有关，其中剧烈侵蚀等级所占比例高达 16.00%。

从土地利用角度来看（表 4-28），朱衣河流域自然植被所占比例接近 70%，且表现出自然植被基本稳定，人工植被即农业用地波动比较大，水体面积和人工表面持续增大，这主要受到蓄水过程（水面增大）、城镇化（人工表面增大）等过程的影响。

表4-28　朱衣河流域土地利用组成变化　　单位：%

年份	自然植被	农业用地	水体	硬地表面	其他
2002	69.58	27.84	1.22	1.11	0.25
2005	67.99	28.36	1.40	1.82	0.44
2007	66.69	28.78	1.54	2.40	0.60
2010	70.36	21.94	2.29	3.47	1.94
2012	66.30	26.16	2.26	3.75	1.52
2015	70.19	20.70	2.21	4.73	2.17

（6）磨刀溪

磨刀溪发源于石柱县东部，流经湖北省利川市、重庆万州区，在云阳县新津口汇入长江上游右岸，属于长江上游右岸水系。河长约 170km，自然落差 1100m，流域面积约 3060km²。由于磨刀溪流经湖北省利川市，因此流域部分区域位于三峡库区范围以外，根据地形数据生成流域结果来看，磨刀溪流域在三峡库区范围以外的面积占流域总面积的 24.6%，与香溪河流域的比例相近，不同的是，香溪河流域中位于三峡库区范围以外的主要是流域上游发源地，而磨刀溪流域位于三峡库区范围以外的区域主要是磨刀溪干流东侧部分区域。磨刀溪流域出水口与汤溪河流域出水口南北相对，是云阳与奉节之间重要的支流。

磨刀溪流域的平均坡度为 19.60°，略高于本书中三峡水库流域的平均坡度（18.46°）。流域出水口处于三峡水库库中区域，回水河段较短，回水区上端以上的集水区域也远大于回水区段集水区域。

图 4-20 为磨刀溪流域 2002 ～ 2015 年水土流失等级组成变化情况（书后另见彩图），可以看到，蓄水初期，微度侵蚀和轻度侵蚀所占比例之和在 60% 左右。在 2006 ～ 2011 年间，二者所占比例之和在 60% ～ 85% 之间波动变化；而在 2012 年，和整体流域相似，二者比例之和在 50% 左右；2013 ～ 2015 年，二者比例之和均在 90% 左右，与三峡水库的平均水平相当。

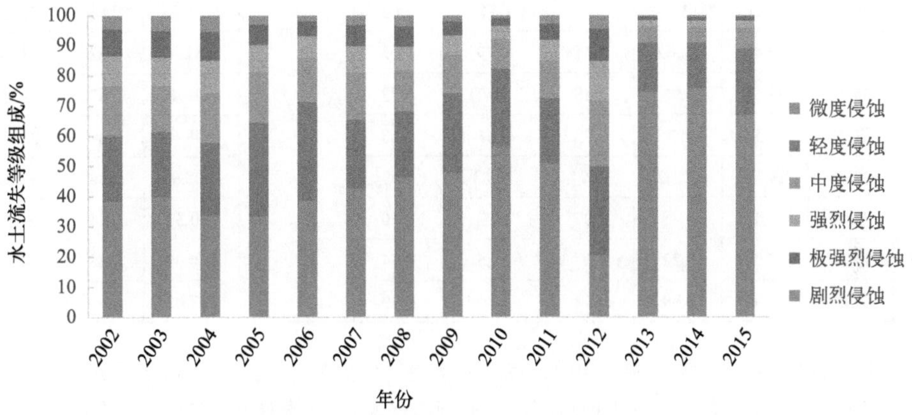

图4-20 磨刀溪流域水土流失等级组成变化

表 4-29 为基于侵蚀模数的磨刀溪流域土壤侵蚀风险等级分布统计结果，与整个三峡水库流域相比，磨刀溪流域强烈侵蚀及以上级别的侵蚀等级比重均高于研究区平均水平，2002 年、2007 年的侵蚀模数高于同时段整体流域，2012 年的侵蚀模数略低于整体流域平均水平，而 2015 年磨刀溪流域强烈侵蚀及以上级别的侵蚀等级比重低于研究区平均水平，侵蚀模数也远低于整体流域平均水平。相比于整个流域，磨刀溪流域不仅自然背景条件恶劣，自然因子也更有利于水土流失的发生。

从时间变化的角度看，磨刀溪流域中 2012 年的水土流失风险最为严重，侵蚀模数最大，与 2012 年降雨量较小，植被生长状况较差有关。

从时间变化的角度来看，磨刀溪流域 175m 蓄水后的 2015 年强烈侵蚀级别以上的比例小于之前的 3 个时间节点，且微度侵蚀所占比例也达到了将近 70%，这是由于磨刀溪流域内 2015 年的平均植被覆盖度最高，达到了 75%，且自然植被所占比例最高，农业用地所占比例最低，水体和硬化表面所占比例同样最高。2012 年的水土流失风险等级虽然略优于蓄水前的 2002 年，但略差于蓄水初期的 2007 年，2012 年与蓄水前的 2002 年相比，虽然植被覆盖度略低，但土地利用方式的改变（自然植被增加、农业用地减少、硬化表面增加）使得 2012 年的水土流失风险优于 2002 年，而 2012 年的水土流失风险等级差于 2007 年的主要原因在于 2012 年的植被覆盖度显著低于 2007 年，尤其是微度侵蚀所占比例方面，2012 年的比例远远低于其他三个时间节点。

表 4-29　基于侵蚀模数的磨刀溪流域土壤侵蚀风险等级分布

年份	微度侵蚀/%	轻度侵蚀/%	中度侵蚀/%	强烈侵蚀/%	极强烈侵蚀/%	剧烈侵蚀/%	自然背景 ($S \times L \times K$)	自然因子 ($R \times C$)	人为因子 (P)	侵蚀模数 /[t/(km^2·a)]
2002	38.33	21.90	16.31	10.04	8.84	4.58	2.00	2521.48	0.79	3604.18
2003	39.87	21.69	15.16	9.46	8.68	5.13		2587.97	0.79	3710.75
2004	33.67	24.25	16.66	10.43	9.56	5.43		2707.26	0.80	3958.82
2005	33.49	30.99	16.87	8.82	6.93	2.90		2042.55	0.80	3007.66
2006	38.75	32.50	14.77	7.05	5.09	1.84		1574.30	0.81	2376.57
2007	42.62	22.97	15.51	8.78	7.04	3.09		2199.21	0.81	2928.15
2008	46.33	21.96	13.48	7.82	6.78	3.63		2141.23	0.81	2913.94
2009	47.89	26.40	12.62	6.36	4.79	1.93		1581.82	0.82	2186.67
2010	56.70	25.55	9.98	4.28	2.70	0.78		1101.40	0.82	1438.38
2011	51.07	21.54	12.35	6.79	5.61	2.63		1909.67	0.84	2593.46
2012	20.48	29.53	21.92	12.91	10.63	4.53		2708.97	0.84	4228.62
2013	74.44	16.45	5.48	2.07	1.17	0.40		760.35	0.84	848.59
2014	75.85	15.06	5.23	2.07	1.25	0.54		744.69	0.85	881.86
2015	67.00	21.97	6.89	2.46	1.30	0.39		827.02	0.85	931.44

从土地利用角度上看（表 4-30），磨刀溪流域自然植被所占比例接近 75%，且表现出自然植被持续增加，人工植被即农业用地比例持续减少，水体面积和人工表面持续增长，这主要受到蓄水过程（水面增加）、退耕还林还草（自然植被增加、人工植被减少）、城镇化（人工表面增加）等过程的影响。

表 4-30　磨刀溪流域不同土地利用组成变化　　单位：%

年份	自然植被	农业用地	水体	硬地表面	其他
2002	69.03	29.72	0.80	0.38	0.08
2005	70.54	27.38	0.73	0.39	0.95
2007	71.78	25.47	0.68	0.40	1.67
2010	74.57	24.07	0.78	0.53	0.06
2012	73.82	24.59	0.80	0.74	0.05
2015	74.70	23.55	0.88	0.77	0.09

（7）小江（澎溪河）

三峡区间左岸支流小江，古称容水、巴渠水、彭溪水、清水河、叠江，是川江中自乌江汇口以下流域面积最大的一级支流，位于四川盆地东部边沿，大巴山西南麓，大部在重庆市开州区、云阳县境内。小江右岸的支流南河发源于四川省达州市开江县广福镇的凤凰山，小江右岸另一支流浦里河发源于铁凤山脉西北的梁平县（现梁平区）城东乡响鼓村七里坡，因此小江流域也并不全部位于三峡库区范围内，根据地形数据生成流域结果来看，位于三峡库区范围以外的区域占整个流域的 6%。小江流域面积约为 5273km²，是三峡水库范围内除嘉陵江、乌江之外最大的支流流域，由于嘉陵江、乌江为长江的一级支流，回水区与整个流域相比可以忽略。因此，在本书所选择的研究区中，小江流域是研究区内面积最大的支流流域。与香溪河和大宁河相似，小江流域中处于库区范围以外的主要是上游发源地部分区域。

小江流域的平均坡度为 18.83°，与整个三峡水库平均水平相当，在周期性蓄水过程中，小江流域内的消落区范围最广，小江流域回水区上端的集水区域虽然远大于回水区范围的集水区域，但小江流域的回水区范围内的集水区域同样是研究区支流内最大的。

图 4-21 为小江流域 2002 ～ 2015 年水土流失等级组成变化情况（书后另见彩图），可以看到，蓄水初期，微度侵蚀和轻度侵蚀所占比例之和在 50% 左右。在 2006 ～ 2011 年间，二者所占比例之和在 50% ～ 70% 之间波动变化；在 2012 年，和整体流域相似，二者比例之和在 30% 左右；2013 ～ 2015 年，二者比例之和在 70% ～ 90% 之间变化，略低于三峡水库的平均水平。

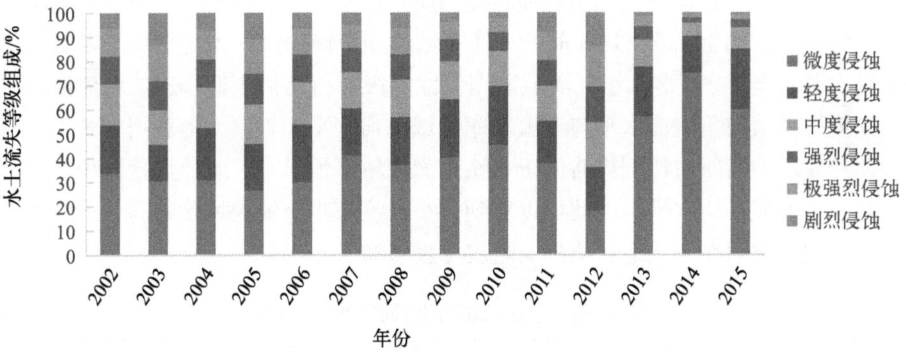

图4-21 小江流域水土流失等级组成变化

表 4-31 为基于侵蚀模数的小江流域土壤侵蚀风险等级分布统计结果，与整个三峡水库流域相比，小江流域 2002 年、2007 年、2012 年强烈侵蚀及以上级别的侵蚀等级比重显著高于研究区平均水平，但 2015 年低于研究区平均水平，从平均侵蚀模数上看，小江流域在 2002 年、2007 年、2012 年也显著高于整体流域平均水平，但由于 2015 年自然因子的减小，使得小江流域侵蚀模数平均水平低于流域整体平均水平。相比于香溪河、大宁河、朱衣河流域，小江流域自然背景要素较低，但仍略高于流域整体的平均水平。

从时间变化的角度看，小江流域中 2012 年的水土流失风险最为严重，侵蚀模数最大，与 2012 年降雨量较小、植被生长状况较差有关。

表4-31　基于侵蚀模数的小江流域土壤侵蚀风险等级分布

年份	微度侵蚀/%	轻度侵蚀/%	中度侵蚀/%	强烈侵蚀/%	极强烈侵蚀/%	剧烈侵蚀/%	自然背景 ($S \times L \times K$)	自然因子 ($R \times C$)	人为因子 (P)	侵蚀模数 /[t/(km²·a)]
2002	36.55	17.75	16.04	11.59	11.58	6.49	1.84	3393.71	0.78	4438.79
2003	37.86	14.88	14.27	11.32	12.61	9.06		5021.54	0.78	6749.21
2004	41.65	16.14	14.20	10.41	10.80	6.81		3929.44	0.78	4775.51
2005	34.47	18.74	16.37	11.61	11.65	7.16		4818.74	0.78	6096.91
2006	34.93	22.73	17.88	10.96	9.46	4.03		3442.88	0.78	4407.49
2007	48.52	16.56	13.38	8.88	8.28	4.37		3391.40	0.77	3731.85
2008	37.08	17.15	15.34	11.29	11.72	7.42		3687.77	0.77	4305.83
2009	40.56	21.02	16.08	9.91	8.62	3.80		2891.01	0.78	3146.23
2010	51.19	19.73	13.22	7.44	6.01	2.41		2420.15	0.78	2513.03
2011	46.19	17.24	12.96	8.80	8.86	5.96		4306.87	0.79	5002.75
2012	14.47	18.17	21.81	16.89	17.81	10.86		4964.55	0.79	7404.21
2013	71.33	16.50	6.97	2.91	1.75	0.53		2178.00	0.79	1889.10
2014	64.87	17.28	9.06	4.43	3.20	1.15		1355.07	0.79	892.58
2015	54.57	23.92	11.44	5.27	3.54	1.26		1526.36	0.79	1248.93

由表4-31可以看到，小江流域中的强烈侵蚀及以上级别所占的比例高于三峡水库流域的平均水平，尤其是强烈侵蚀和极强烈侵蚀所占比例，在不同的时间节点都高于整体研究区的平均水平，而蓄水至175m前，小江流域剧烈侵蚀等级所占比例高于三峡水库流域平均水平，蓄水至175m后，小江流域剧烈侵蚀等级所占比例则低于三峡水库流域平均水平。小江流域的植被覆盖度水平与三峡水库流域平均水平相近，土地利用方式中，自然植被、水体和硬地表面所占比例均略低于三峡水库流域平均水平，农业用地面积所占比例略高于三峡水库流域平均水平，因此可以看到，小江流域水土流失风险略高于三峡水库流域平均水平的主要原因在于土地利用方式组成（表4-32）。

表4-32　小江流域不同土地利用组成变化　　单位：%

年份	自然植被	农业用地	水体	硬地表面	其他
2002	65.95	31.81	1.35	0.78	0.11
2005	64.73	33.14	1.36	0.71	0.07
2007	63.73	34.22	1.37	0.65	0.03
2010	64.73	32.49	1.83	0.87	0.08
2012	64.44	32.67	1.84	0.97	0.08
2015	64.92	31.37	2.06	1.41	0.23

从不同时间节点的变化规律可以看到：与三峡水库流域土壤侵蚀等级变化规律不同，小江流域的极强烈侵蚀和剧烈侵蚀强度等级所占比例持续减少，由于2012年的植被覆盖度偏

低，强烈侵蚀强度有所增加，表明该区域侵蚀强度最高两个等级的区域主要是坡耕地种植，随着流域内的农业用地面积逐步减少，极强烈侵蚀强度和剧烈侵蚀强度均呈减小的趋势。

从土地利用角度上看（见表 4-32），小江流域自然植被所占比例接近 65%，蓄水前后变化不大，人工植被即农业用地比例也呈波动变化特征，水体面积和人工表面持续增长，这主要受到蓄水过程（水面增加）、城镇化（人工表面增加）等过程的影响。

（8）龙河

龙河发源于鄂渝交界处的重庆市石柱土家族自治县黄水国家森林公园冷水乡李家湾七曜山南麓，在群峦叠翠的峡谷间穿行 164km，天然落差 1263.3m，其中在石柱境内有 104km，是丰都境内最大的河流，河水穿越石柱和丰都两县 20 多个乡镇，在“鬼城”丰都县城对岸的王家渡注入浩浩荡荡的长江。龙河流域发源地位于三峡库区范围内的石柱县与湖北交界处，因此，龙河流域基本全部位于三峡库区范围内，根据地形数据生成的水文流域结果可以看到，龙河流域 99.84% 的面积处于三峡库区范围内，考虑到地形数据的精度和行政边界数据的精度，基本上可以将龙河流域看成是三峡库区范围内的支流流域。

龙河流域面积约为 2761km²，是库尾较大的 4 条支流（除去嘉陵江和乌江）之一，也是库尾 4 条大支流（龙河、龙溪河、御临河、綦江）中离大坝最近的支流。龙河流域平均坡度为 19.17°，略高于三峡水库流域平均坡度，也是库尾区域 4 条大支流中平均坡度最大的。龙河流域的回水河段很短，回水区上端以上集水面积占整个流域的绝大部分，这不仅与龙河流域在库尾区域有关，也与龙河流域上游部分地形陡峭有关。

图 4-22 为龙河流域 2002 ～ 2015 年水土流失等级组成变化情况（书后另见彩图），可以看到，蓄水初期，微度侵蚀和轻度侵蚀所占比例之和在 70% ～ 85% 左右。在 2006 ～ 2011 年间，二者所占比例之和在 70%～90% 之间波动变化；在 2012 年，和整体流域相似，二者比例之和在 60% 左右；2013 ～ 2015 年，二者比例之和均高于 90%，高于三峡水库的平均水平。

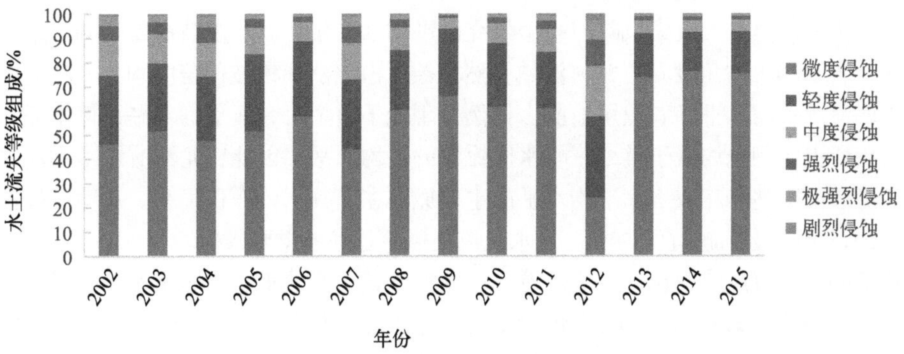

图4-22　龙河流域水土流失等级组成变化

表 4-33 为基于侵蚀模数的龙河流域土壤侵蚀风险等级分布统计结果，与整个三峡水库流域相比，龙河流域强烈侵蚀及以上级别的侵蚀等级比重在不同时间段均显著低于研究区平均水平，且侵蚀模数也小于整体流域平均水平。虽然龙河流域自然背景和人为因子均高于三峡水库流域平均水平，但自然因子远好于研究区整体平均水平。

表4-33 基于侵蚀模数的龙河流域土壤侵蚀风险等级分布

年份	微度侵蚀/%	轻度侵蚀/%	中度侵蚀/%	强烈侵蚀/%	极强烈侵蚀/%	剧烈侵蚀/%	自然背景($S \times L \times K$)	自然因子($R \times C$)	人为因子(P)	侵蚀模数/[t/(km²·a)]
2002	46.17	28.67	14.27	6.13	3.73	1.03	1.99	1637.48	0.80	1921.51
2003	51.82	27.95	12.16	4.77	2.65	0.66		1419.00	0.80	1551.27
2004	47.72	26.65	13.84	6.34	4.16	1.30		1734.37	0.82	2003.69
2005	51.70	31.90	10.74	3.62	1.72	0.33		1134.15	0.82	1295.00
2006	57.67	31.17	7.88	2.25	0.90	0.13		832.13	0.85	959.90
2007	44.11	28.91	14.98	6.67	4.21	1.12		1728.24	0.85	2055.52
2008	60.39	24.67	9.26	3.45	1.81	0.43		1153.08	0.85	1174.14
2009	66.02	27.82	4.42	1.18	0.47	0.08		825.65	0.84	916.66
2010	61.53	26.50	8.01	2.56	1.17	0.22		945.71	0.84	975.55
2011	61.01	23.33	9.32	3.64	2.11	0.59		1170.94	0.84	1242.10
2012	24.10	33.60	20.80	10.78	7.93	2.79		2335.26	0.84	3365.39
2013	73.76	18.25	5.25	1.71	0.84	0.19		802.60	0.84	676.50
2014	76.04	16.37	4.81	1.65	0.87	0.26		701.62	0.85	651.80
2015	75.39	17.36	4.81	1.51	0.73	0.19		745.87	0.85	624.15

从时间变化的角度看，龙河流域中2012年的水土流失风险最为严重，侵蚀模数最大，与2012年降雨量较小、植被生长状况较差有关。

由表4-33可以看到，2015年龙河流域中的强烈侵蚀及以上级别所占的比例略高于三峡水库流域的平均水平，但蓄水后的2007年和2012年强烈侵蚀及以上级别所占比例低于三峡水库流域平均水平，蓄水前的2002年，龙河流域强烈侵蚀及以上级别的风险等级则明显高于三峡水库流域平均水平。这表明龙河流域的水土流失风险变化优于整个三峡水库流域平均水平，但水土流失风险与整个研究区平均水平相当。从植被覆盖度和土地利用方式组成（表4-34）的角度看，龙河流域自然植被所占比例和植被覆盖度均大于相应时段的三峡水库流域平均水平，农业用地所占比例显著低于整个研究区平均水平，但水面和建设用地面积所占比例也均低于整个三峡水库流域的平均水平，因此，龙河流域水土流失风险较高的等级高于整个三峡水库平均水平的主要原因在于其水体面积很小。从微度侵蚀角度上看，2015年的比例超过了50%，是水土流失风险趋好的重要指标。

从不同时间节点的变化规律可以看到：龙河流域与三峡水库流域土壤侵蚀等级变化规律不同，龙河流域蓄水后的2009年，水土流失风险等级较高的强烈侵蚀等级以上所占的比例最低。龙河流域的回水区较小，受到蓄水的直接影响也相对较小，因此，龙河流域的土地利用方式组成变化规律也与整个三峡水库流域变化有所不同，尤其是水体变化不大。蓄水前后自然植被、农业用地、硬地表面变化趋势与整个水库流域基本相同，但龙河流域在蓄水前后的2002～2007年变化幅度较大，2007年后除了城镇化过程使得硬地表面显著增高外，自然植被和农业用地变化并不明显。因此，2007年后的时段，影响流域水土流失风险等级组成的主要要素为植被覆盖度因子。

从土地利用角度上看（表 4-34），龙河流域自然植被所占比例接近 75%，蓄水后显著高于蓄水前，但蓄水后变化不大，人工植被即农业用地比例表现为相反的变化特征，而人工表面持续增长，这主要受到城镇化（人工表面增加）等过程的影响。

表4-34　龙河流域不同土地利用组成变化　　单位：%

年份	自然植被	农业用地	水体	硬地表面	其他
2002	66.39	32.50	0.76	0.27	0.07
2005	70.66	27.81	0.67	0.47	0.37
2007	74.16	23.98	0.60	0.64	0.62
2010	73.45	24.65	0.75	1.06	0.09
2012	73.48	23.45	0.64	2.33	0.10
2015	73.94	22.82	0.71	2.37	0.16

（9）龙溪河

龙溪河起源于重庆梁平区境内，经垫江、忠县至重庆长寿区进入长江。河流主流长 60km，其中著名的长寿湖则位于龙溪河流域中。

由于梁平区不属于三峡库区，因此龙溪河流域也并不全部位于三峡库区范围内，根据地形数据生成流域结果来看，位于三峡库区范围以外的区域占整个流域的 70.18%。龙溪河流域的平均坡度为 8.51°，远低于研究区平均水平，是本书研究的 47 条支流流域中地形最平缓的流域之一，坡度仅高于桃花溪流域（与龙溪河毗邻），与长塘河流域相近，这些坡度较小的流域也均为库尾地区的支流流域。

龙溪河流域面积约为 3283km²，是库尾区域较大的支流之一，由于流域出水口处于库尾区域，回水区上端的集水面积占据了流域的绝大部分，回水区段很小，可以认为受到三峡水库蓄水影响较小，但从污染物发生迁移的水文过程出发，龙溪河流域仍然是三峡水库的重要支流。

图 4-23 为龙溪河流域 2002 ～ 2015 年水土流失等级组成变化情况（书后另见彩图），可以看到，与其他支流流域变化相比，龙溪河流域微度侵蚀和轻度侵蚀强度所占比例之和变化不大，维持在 90% 左右，在整体流域水土流失最严重的 2012 年，二者所占比例仍高于 80%，从整体上看，龙溪河流域水土流失强度远低于三峡水库的平均水平。

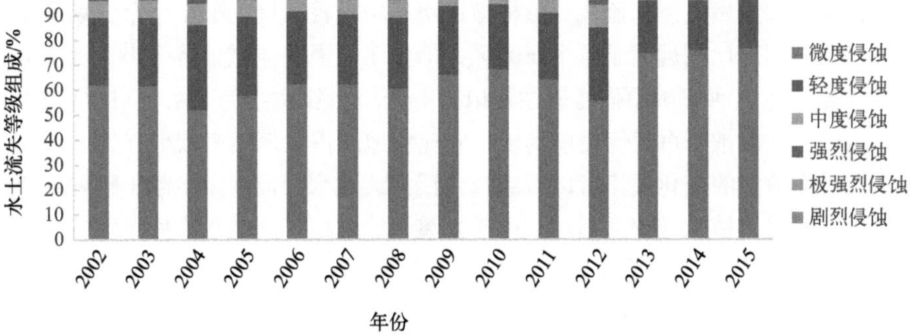

图4-23　龙溪河流域水土流失等级组成变化

表 4-35 为基于侵蚀模数的龙溪河流域土壤侵蚀风险等级分布统计结果，与整个三峡水库流域相比，龙溪河流域强烈侵蚀及以上级别的侵蚀等级比重在不同时间节点均显著低于研究区平均水平，且侵蚀模数也小于整体流域平均水平。这主要与龙溪河流域自然背景远优于整体三峡水库流域平均水平，人为因子同样优于整体研究区平均水平有关，虽然龙溪河流域自然因子水平略高于整体研究区平均水平，但侵蚀模数仍远小于三峡水库流域平均水平。

表 4-35 基于侵蚀模数的龙溪河流域土壤侵蚀风险等级分布

年份	微度侵蚀/%	轻度侵蚀/%	中度侵蚀/%	强烈侵蚀/%	极强烈侵蚀/%	剧烈侵蚀/%	自然背景 $(S \times L \times K)$	自然因子 $(R \times C)$	人为因子 (P)	侵蚀模数 /[t/(km²·a)]
2002	62.09	27.15	6.77	2.44	1.29	0.27	0.63	3956.79	0.55	966.71
2003	61.73	27.58	6.92	2.40	1.17	0.20		3946.83	0.55	946.09
2004	52.16	34.12	8.44	3.09	1.76	0.43		4862.41	0.56	1254.45
2005	57.80	31.84	6.82	2.23	1.09	0.21		3834.89	0.56	991.96
2006	62.36	29.45	5.72	1.69	0.69	0.09		3000.70	0.58	821.71
2007	62.27	28.25	6.37	2.02	0.94	0.16		3766.25	0.58	886.38
2008	60.49	28.53	7.12	2.41	1.20	0.24		4124.18	0.58	983.58
2009	66.02	27.82	4.42	1.18	0.47	0.08		2908.47	0.57	694.72
2010	68.14	26.29	4.08	1.05	0.37	0.06		2775.63	0.57	644.32
2011	64.21	26.74	6.01	1.92	0.93	0.18		3615.80	0.56	844.72
2012	55.60	29.61	8.94	3.48	1.96	0.40		4045.11	0.56	1232.37
2013	74.61	21.36	3.01	0.71	0.28	0.03		2632.79	0.56	484.35
2014	75.74	20.21	2.93	0.74	0.32	0.06		2938.98	0.57	481.57
2015	76.40	20.39	2.43	0.55	0.20	0.04		2657.58	0.57	436.33

从时间变化的角度看，龙溪河流域中 2012 年的水土流失风险最为严重，侵蚀模数最大，与 2012 年降雨量较小、植被生长状况较差有关。

由表 4-35 可以看到，龙溪河流域水土流失风险在 4 个时间节点均明显优于整个三峡水库流域平均水平，尤其是剧烈侵蚀等级所占比例上，龙溪河流域均低于 1%，而在微度侵蚀所占比例上，虽然龙溪河流域自然植被比例和植被覆盖度均低于整个三峡水库流域的平均水平，农业用地比例远高于整个研究区，但由于龙溪河流域地势平坦，水土流失风险较小。蓄水后，龙溪河流域中强烈侵蚀及以上等级所占比例约为 4%，且持续减少，这与龙溪河流域中自然植被所占比例缓慢增加、农业用地所占比例缓慢较少有关。

从不同时间节点的变化规律可以看到：龙溪河流域水土流失风险趋于转好，而微度侵蚀所占比例主要受到植被覆盖度影响，由于龙溪河流域位于三峡水库库尾区域，与三峡水库蓄水本身关系不大，尤其是水体面积变化不大，2007 年后城镇化进程也不快。龙溪河流域农业用地所占比例很高，但随着时间有所降低，而自然植被所占比例不到 40%，随着时间有增长的趋势。

从土地利用角度上看（见表 4-36），龙溪河流域自然植被所占比例接近 40%，且表现出自然植被持续增加，人工植被即农业用地比例持续减少，水体面积变化不大，人工表面持续增长，这主要受到退耕还林还草（自然植被增加、人工植被减少）、城镇化（人工表面增加）等过程的影响。

表4-36　龙溪河流域不同土地利用组成变化　单位：%

年份	自然植被	农业用地	水体	硬地表面	其他
2002	33.73	63.12	2.32	0.81	0.01
2005	35.51	60.97	2.29	1.22	0.01
2007	36.96	59.21	2.26	1.55	0.01
2010	38.61	57.72	2.40	1.24	0.03
2012	38.47	57.45	2.35	1.70	0.03
2015	38.76	56.97	2.49	1.74	0.04

（10）御临河

御临河发源于四川省大竹县四方山系，上至长寿区称沱镇接纳幺滩河，下到渝北区洛碛镇箭沱村与江北区五宝镇新山村之间的长江口，约 50km。

由于御临河发源于三峡库区范围以外，御临河流域中超过 75% 的区域位于三峡库区范围以外，御临河流域的平均坡度为 11.58°，远低于研究区平均水平。

御临河流域面积约为 3914km²，位于三峡水库库尾区域，与龙河和龙溪河相同，其回水区面积极小，回水区上端集水区域占据了流域的绝大部分。

图 4-24 为御临河流域 2002 ～ 2015 年水土流失等级组成变化情况（书后另见彩图），可以看到，蓄水初期，微度侵蚀和轻度侵蚀所占比例之和在 70% ～ 85% 之间。在 2006 ～ 2011 年间，二者所占比例之和在 70% ～ 90% 之间波动变化；在 2012 年，和整体流域相似，二者比例之和仅在 70% 左右；2013 ～ 2015 年，二者比例之和在 90% 左右，高于三峡水库的平均水平。

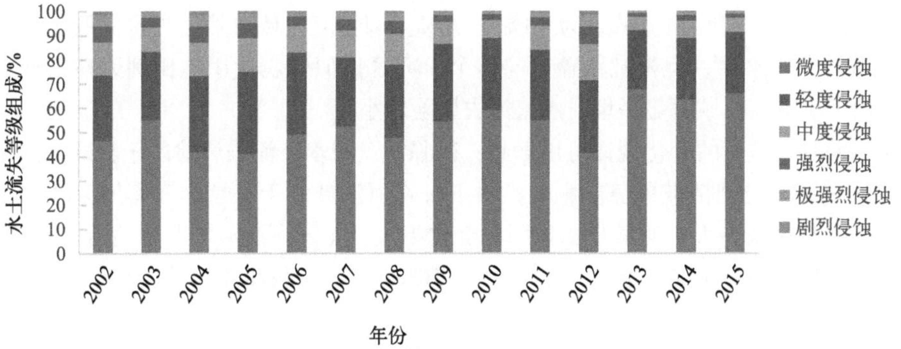

图4-24　御临河流域水土流失等级组成变化

表 4-37 为基于侵蚀模数的御临河流域土壤侵蚀风险等级分布统计结果，与整个三峡水库流域相比，御临河流域强烈侵蚀及以上级别的侵蚀等级比重在不同时间节点均显著低

于研究区平均水平，且侵蚀模数也小于整体流域平均水平。这主要与御临河流域自然背景远优于整体三峡水库流域平均水平，人为因子同样优于整体研究区平均水平有关，虽然御临河流域自然因子水平高于整体研究区平均水平，但侵蚀模数仍远小于三峡水库流域平均水平。

表4-37　基于侵蚀模数的御临河流域土壤侵蚀风险等级分布

年份	微度侵蚀/%	轻度侵蚀/%	中度侵蚀/%	强烈侵蚀/%	极强烈侵蚀/%	剧烈侵蚀/%	自然背景($S \times L \times K$)	自然因子($R \times C$)	人为因子(P)	侵蚀模数/[t/(km²·a)]
2002	46.49	27.17	13.69	6.68	4.56	1.41	2.84	4414.47	0.66	2104.99
2003	55.10	28.25	10.25	3.89	2.07	0.43		3008.05	0.66	1328.59
2004	41.99	31.32	13.86	6.70	4.60	1.52		4687.67	0.67	2198.70
2005	41.27	33.86	13.89	6.14	3.85	0.99		3927.88	0.67	1987.11
2006	49.16	33.88	10.99	3.88	1.84	0.26		2766.08	0.68	1358.66
2007	52.41	28.47	11.23	4.57	2.66	0.65		3367.91	0.68	1527.52
2008	47.77	30.21	12.81	5.36	3.12	0.73		3887.17	0.68	1720.08
2009	54.50	32.17	8.94	2.89	1.31	0.20		2552.54	0.68	1132.44
2010	59.12	29.77	7.54	2.35	1.05	0.17		2264.84	0.68	985.03
2011	54.97	29.04	9.95	3.69	1.96	0.39		2888.91	0.68	1282.62
2012	41.61	29.90	15.03	7.19	4.84	1.44		3845.02	0.68	2238.88
2013	67.70	24.58	5.47	1.52	0.63	0.10		2209.21	0.68	712.66
2014	63.58	25.31	7.17	2.42	1.24	0.29		2736.27	0.69	952.56
2015	66.03	25.45	5.82	1.71	0.79	0.20		2337.58	0.69	790.49

从时间变化的角度看，御临河流域中 2012 年的水土流失风险最为严重，侵蚀模数最大，与 2012 年降雨量较小、植被生长状况较差有关。

由表 4-37 可以看到，御临河流域水土流失风险在 4 个时间节点均明显优于整个三峡水库流域平均水平，尤其是剧烈侵蚀等级所占比例上，御临河流域只占约 1%，而在微度侵蚀所占比例上，御临河流域中为 40% ～ 70%。御临河流域自然植被比例低于整个三峡水库流域的平均水平，但植被覆盖度与整个研究区近似，农业用地比例远高于整个研究区，但由于御临河流域地势平坦，水土流失风险较小。

从不同时间节点的变化规律可以看到：御临河流域水土流失风险趋于转好，而微度侵蚀所占比例主要受到植被覆盖度影响，由于御临河流域位于三峡水库库尾区域，与三峡水库蓄水本身关系不大，尤其是水体面积变化不大。龙溪河流域农业用地所占比例较高，随着时间有所降低，而自然植被所占比例在 50% 左右，随着时间有逐步增长的趋势（表 4-38）。

从土地利用角度上看（见表 4-38），御临河流域自然植被所占比例接近 50%，且表现出自然植被持续增加，人工植被即农业用地比例持续减少，水体面积变化不大，人工表面持续增长，这主要受到退耕还林还草（自然植被增加、人工植被减少）、城镇化（人工表面增加）等过程的影响。

表4-38　御临河流域不同土地利用组成变化　　单位：%

年份	自然植被	农业用地	水体	硬地表面	其他
2002	49.58	48.62	1.34	0.42	0.04
2005	50.56	47.53	1.33	0.56	0.02
2007	51.36	46.64	1.33	0.67	0.01
2010	53.30	44.31	1.43	0.88	0.07
2012	53.00	44.30	1.42	1.24	0.04
2015	53.25	43.39	1.44	1.39	0.54

（11）支流流域比较分析

由图 4-25（书后另见彩图）可以看到，除了龙溪河流域以外，其他 9 个支流流域的侵蚀模数变化均呈现出波动的变化趋势，在 2012 年达到显著峰值（朱衣河 2012 年侵蚀模数与 2007 年相当），而 2013 ～ 2015 年，侵蚀模数再次显著降低。从变化幅度上看，库尾地区的龙河、龙溪河、御临河侵蚀模数变化相对较小，这与该区域地形相对平坦、自然背景值（$S\times L\times K$ 三因子乘积）较低有关；而库首地区年际变化大，这与该区域地形陡峭、自然背景值较大有关，此外，库首地区自然植被比例较高，自然植被的生长状况（植被覆盖 - 作物管理因子 C）对侵蚀模数产生显著影响。在蓄水前，侵蚀模数较高的支流流域除童庄河外，主要包括朱衣河、小江、大宁河、梅溪河等库中支流流域，而库首的香溪河流域侵蚀模数相对偏低，这与该流域上游源自神农架林区，自然植被所占比例最高，蓄水前已经在 85% 以上有关，而蓄水至 175m 水位后香溪河流域自然植被进一步增加，已接近 90%。

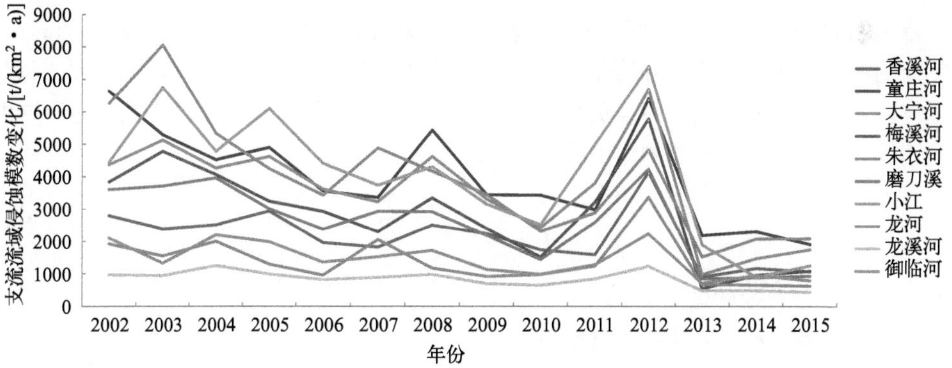

图4-25　不同支流流域侵蚀模数变化

从土地利用的角度比较不同支流流域，可以发现，虽然库尾区域的自然植被比例较低，但侵蚀模数却显著小于库首库中支流，但随着库首地区自然植被生长状况变好，两个区域间的侵蚀模数差异也显著变小，这表明在三峡水库流域中自然植被的分布比较合理，在水土流失风险极大的库首地区以自然植被为主，而在风险较小的库尾地区，则以人工植被为主。由于库首地区年际侵蚀模数变化大，是水土流失治理需要重点关注的区域。

根据上述分析结果得到：

① 基于 RUSLE 模型计算得到的侵蚀模数以及根据侵蚀模数进行的水土流失风险等级评估结果可以看到，三峡水库流域蓄水前的平均侵蚀模数达到了 3322.56t/（km^2・a），而最近的 2015 年监测结果显示，平均侵蚀模数只为蓄水前的 1/3，为 1150.78t/（km^2・a），但从不同的年份结果来看，虽然蓄水至 175m 水位后的 2011 ～ 2015 年水土流失侵蚀模数低于之前，但在 2012 年，由于当年的植被生长状况较差，植被覆盖度显著低于其他年份，因此虽然年降雨量最低，但估算得到的流域平均侵蚀模数远高于其他年份，达到了 4343.39t/（km^2・a）。

② 不同支流流域在年份上变化相对一致，均在 2012 年达到最大，但库首库中区域支流变化显著高于库尾，是水土流失治理需要重点关注的区域。

③ 空间差异方面，由于库首库中支流流域自然背景有利于水土流失的发生，其侵蚀模数也明显高于库尾流域，直至自然植被生长状况极佳的 2013 年后，区域间的侵蚀模数差异才相对变小。

4.3.2　三峡水库流域面源污染负荷变化

4.3.2.1　面源污染输出系数法估算

非点源污染主要是随着地表及地下径流经过复杂的迁移和转化过程而对受纳水体产生污染，与水文循环以及气象条件密切相关。大部分的非点源污染机理模型都以水文模型为基础，与元素形态转移转换等过程进行集成，得到综合性的机理模型。机理模型涉及的参数众多，过程复杂，在大尺度流域应用时会受到一定的限制，而经验模型基于常年实测数据进行统计模拟，属于黑箱模型，该类型的模型以输出系数法为代表，主要是利用土地利用方式等资料进行分类，经过多年实验观测或统计回归分析，决定各种土地利用类型的输出系数。

输出系数法直接建立土地利用、土地覆盖与受纳水体非点源污染年负荷量间的关系，将复杂的非点源污染形成过程简化，从而降低了对污染物在流域内迁移转化过程监测数据的依赖性，亦为流域非点源污染负荷量估算提供了一种有效方法。输出系数法对不同的土地利用、土地覆盖采用不同的输出系数，计算公式为：

$$L' = \sum_{i=1}^{n} E_i A_i I_i + P \tag{4-21}$$

式中　L'——营养盐的输出量；

E_i——第 i 种营养源的输出系数；

A_i——第 i 类土地利用类型的面积或第 i 种牲畜的数量；

I_i——第 i 种营养物输入量；

P——降雨输入的营养物数量。

基于土地利用类型输出系数法可以得到研究区面源污染风险分布情况，不同土地利用方式输出系数见表 4-39，但由于牲畜数据一般来自以行政单元为单位的统计数据，因此可以大致得到某一行政单元的单位面积输出系数。在本书中，选择龙天渝等研究中选择的大型牲畜牛、猪和羊，其 TN 输出系数分别为 16.266kg/(头・a)、0.587kg/(头・a) 和 0.388kg/(头・a)，TP 输出系数为 0.443kg/（头・a)、0.041kg/（头・a）和 0.014kg/（头・a)。

表4-39 不同土地利用方式输出系数 单位：kg/(hm²·a)

项目	城镇用地	旱田	园地	水田	草地	林地	未利用地
TN负荷	13	15	15	15	6	2.5	11
TP负荷	1.8	2.3	2.3	2.3	0.8	0.15	0.2

土地利用方式是通过多源遥感影像进行解析提取，是数字化的栅格数据，在流域中，每一个栅格均对应有值，而牲畜数据来源于社会经济统计数据，是以一个行政县的数据为基础单元，为了将土地利用类型的输出系数与牲畜单元的输出系数相结合，需要将两种数据进行融合。由于最终的目标是估算每个流域单元的面源污染负荷，所以需要将行政边界的统计数据融入流域中，考虑到牲畜的养殖伴随着居民居住地，本书首先通过土地利用遥感监测统计了每个行政县的居民用地面积，然后将行政县内的牲畜贡献非点源污染负荷分配到居民用地，即得到不同行政区县的居民用地单位面积上的牲畜面源污染负荷，最后再统计每个支流流域中涵盖的不同区县的居民用地面积，与基于土地利用方式贡献的输出系数相乘，则得到支流流域的面源污染总和，与支流对应流域面积相除即可得到每个支流流域单位面积的面源污染负荷值。

4.3.2.2 三峡水库流域面源污染变化

为了和水土流失评估的年份匹配，面源污染变化评估也选择了2002～2015年作为研究时段，土地利用数据是本书中面源污染负荷输出系数法模型最重要的参数，为了保证面源污染负荷数据的连续性，也需要连续的土地利用数据，考虑到年际变化的局限，选择了6个年份时间节点反演土地利用数据，包括2002年（蓄水前，在输出系数法应用中代表2002年、2003年）、2005年（建设初期，在输出系数法应用中代表2004年、2005年）、2007年（156m蓄水位，第一阶段，在输出系数法中代表2006年、2007年、2008年）、2010年（首次蓄水至175m，在输出系数法应用中代表2009年、2010年）、2012年（175m试验性蓄水阶段，在输出系数法应用中代表2011年、2012年、2013年）、2015年（正常运行期，在输出系数法应用中代表2014年、2015年）。而牲畜数据则来自库区各区县的2002～2015年统计年鉴或社会经济发展报告。

由于牲畜数据难以精确到具体像元，土地利用输出部分面源污染负荷与土地利用数据完全匹配，为了更直观地反映三峡水库流域面源污染的空间分布，本书选择以支流流域为单位进行显示与分析。

基于土地利用单元输出系数法的面源TN分布在不同时间节点上的分布大致一致，这与研究区土地利用幅度变化不大有关，具体分布表现为：

① 万州至重庆主城区之间为TN值较高的分布区域，库首区域由于农业用地面积所占比例较小，TN负荷显著低于库尾区域；

② 龙溪河流域和御临河流域由于农业用地较多，在空间上表现为三峡水库流域TN负荷最高的区域；

③ 库尾的綦江等支流流域负荷呈现降低的趋势，但在空间上主要还是表现为库首至库尾单位面积TN负荷递增的趋势，在库中至库尾区域，干流右侧负荷低于左侧支流流域，

这与研究区内城镇与耕地主要分布在江左侧有关；

④ 库首地区 TN 负荷较高的区域主要处于干流和主要支流较近的区域，表明在该区域虽然农业用地面积较小，但主要分布在离河流较近的区域。

基于土地利用单元输出系数法的面源 TP 分布与 TN 分布基本一致，表现为：

① 库尾尤其是万州至重庆主城区之间为 TP 值较高的分布区域，库首区域由于农业用地面积所占比例较小，TP 负荷显著低于库尾区域；

② 龙溪河流域和御临河流域由于农业用地较多，在空间上表现为三峡水库流域 TP 负荷最高的区域；

③ 不论是单位面积 TN 还是 TP，香溪河流域平均负荷最低，这与香溪河流域自然植被比重高达 90% 有关；

④ 支流流域单位面积 TN 和 TP 负荷分布相对一致，与支流流域面源污染负荷主要由土地利用方式贡献有关。

结合统计数据中的牲畜数据和土地利用单元输出系数统计，得到了三峡水库流域在蓄水前、初步蓄水期、175m 蓄水位试运行期和正常运行期的 TN、TP 负荷总量变化情况，见表 4-40。

表 4-40 基于输出系数法的三峡水库流域 TN、TP 负荷变化　　单位：t/a

年份	TN				TP			
	土地利用单元	牲畜单元	总和	单位面积	土地利用单元	牲畜单元	总和	单位面积
2002	40245.28	13566.60	53811.88	9.76	5201.54	630.39	5831.93	1.06
2003	40245.28	13511.48	53756.76	9.75	5201.54	614.31	5815.85	1.06
2004	39490.28	12877.24	52367.52	9.50	5033.35	579.62	5612.97	1.02
2005	39490.28	13074.94	52565.22	9.54	5033.35	600.66	5634.01	1.02
2006	39166.72	12960.61	52127.33	9.46	4961.27	617.68	5578.95	1.01
2007	39166.72	14190.24	53356.96	9.68	4961.27	660.26	5621.53	1.02
2008	39166.72	10366.49	49533.21	8.99	4961.27	497.89	5459.16	0.99
2009	38015.51	11670.45	49685.96	9.02	4735.53	549.04	5284.57	0.96
2010	38015.51	11705.92	49721.43	9.02	4735.53	568.64	5304.17	0.96
2011	38368.94	12382.99	50751.93	9.21	4792.59	592.63	5385.22	0.98
2012	38368.94	13457.79	51826.73	9.40	4792.59	614.27	5406.86	0.98
2013	38368.94	13456.85	51825.79	9.40	4792.59	646.35	5438.94	0.99
2014	37606.85	14209.57	51816.42	9.40	4635.43	671.43	5306.86	0.96
2015	37606.85	14211.90	51818.75	9.40	4635.43	665.22	5300.65	0.96

由表 4-40 可以看到，基于输出系数法的三峡水库流域 TN、TP 负荷变化趋势表现为波动减小的趋势，由于牲畜单元贡献在 2008 ～ 2010 年间明显少于蓄水前，但随着蓄水至 175m 水位后，牲畜单元贡献呈现逐渐增加的趋势，年际变化趋势主要表现为：

① TN 负荷方面，2008 ～ 2010 年明显小于其他年份，而在蓄水至 175m 后的 2012 ～ 2015 年变化不大，表现为牲畜增加的负荷与土地利用单元减少的负荷相当。土地利用单

元所贡献的 TN 负荷在蓄水前 2002 ～ 2015 年，呈现逐渐减少的特征，但牲畜单元贡献呈现波动变化，在蓄水至 175m 后，牲畜负荷呈现增加趋势。

② TP 负荷方面，虽然 2008 ～ 2010 年也较小，但由于土地利用单元贡献量较大，这 3 个年份的总量和其他年份相当，而且土地利用变化对 TP 负荷的减少贡献相对 TN 更高。由于不同土地利用方式和牲畜类型的组成，对应的 TN、TP 系数并不呈固定比例关系，因此，TN、TP 在具体的变化规律上存在一定的差异。

三峡水库流域 TN、TP 面源负荷组成分别如图 4-26、图 4-27 所示。

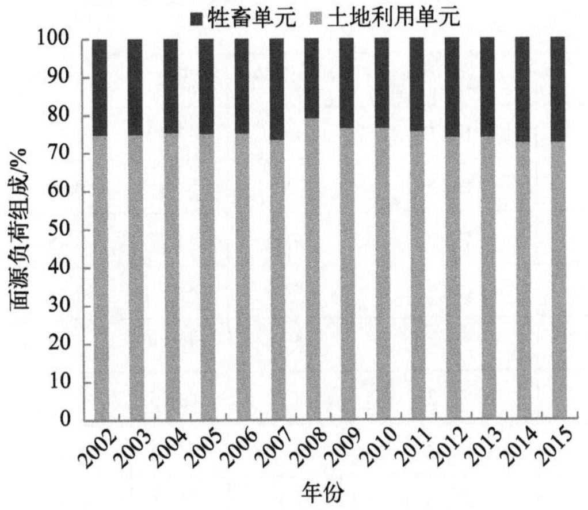

图4-26　三峡水库流域TN面源负荷组成

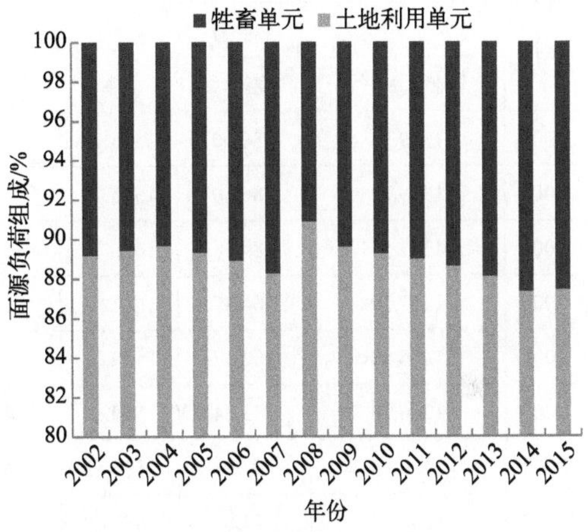

图4-27　三峡水库流域TP面源负荷组成

由图 4-26 和图 4-27 可以看到，在三峡水库流域，土地利用单元贡献的 TN 占整体 TN 负荷的 75% 左右，而对于 TP，土地利用单元贡献所占的比例更高，在 85% 以上。

以 2015 年为例，通过对长江上游（朱沱）、嘉陵江（北碚）、乌江（涪陵）干流水质观测结果，使用水文分割线方法，以枯水期作为基流点源，以汛期水位减去基流得到 2015 年长江上游、嘉陵江、乌江流域面源污染负荷贡献。其中 TN 方面，长江上游来源 25.52 万吨、嘉陵江来源 6.59 万吨、乌江来源 6.43 万吨，分别占整个三峡水库 TN 面源污染来源的 58.4%、15.1% 和 14.7%，本书中的三峡水库流域只占 TN 总负荷来源的 11.8%。TP 方面，长江上游来源 4.84 万吨、嘉陵江来源 0.57 万吨、乌江来源 0.45 万吨，分别占整个三峡水库 TP 面源污染来源的 75.8%、8.9% 和 7.0%，本书中的三峡水库流域占 TP 总负荷来源的 8.3%。由此可以看到，对于三峡水库而言，不论是 TN 还是 TP，主要面源来源于长江上游，而本书中三峡水库范围内的流域贡献与嘉陵江、乌江流域相当，其中 TN 负荷低于其他两条大支流，而 TP 贡献高于乌江流域，低于嘉陵江流域。

4.3.2.3　典型支流面源污染负荷

与水土流失强度等级分布一样，选择了 10 条支流流域 2002 ～ 2015 年面源污染负荷变化进行了分析。

（1）香溪河

由表4-41可以看到，从单位面积TN、TP负荷上看，香溪河流域只是三峡水库流域平均水平的1/2左右，这与香溪河流域处于库首地形陡峭的区域，发源于人迹稀少的神农架林区有关，因此，自然植被所占比重大，牲畜密度偏小，从而单位面积的TN、TP负荷偏小，而且相比于三峡水库整体流域，香溪河流域牲畜单元贡献的TN、TP比重也同样偏小。

表4-41　基于输出系数法的香溪河流域TN、TP负荷变化　　单位：t/a

年份	TN				TP			
	土地利用单元	牲畜单元	总和	单位面积	土地利用单元	牲畜单元	总和	单位面积
2002	1389.13	186.60	1575.73	4.93	142.80	11.00	153.80	0.48
2003	1389.13	186.60	1575.73	4.93	142.80	7.81	150.61	0.47
2004	1317.57	289.18	1606.75	5.03	130.58	14.35	144.93	0.45
2005	1317.57	304.37	1621.94	5.07	130.58	15.29	145.87	0.46
2006	1286.90	282.37	1569.27	4.91	125.35	18.20	143.55	0.45
2007	1286.90	283.74	1570.64	4.91	125.35	18.10	143.45	0.45
2008	1286.90	307.53	1594.43	4.99	125.35	19.59	144.94	0.45
2009	1268.67	344.67	1613.34	5.05	122.06	21.79	143.85	0.45
2010	1268.67	348.34	1617.01	5.06	122.06	22.01	144.07	0.45
2011	1243.19	388.43	1631.62	5.10	117.31	23.83	141.14	0.44
2012	1243.19	394.46	1637.65	5.12	117.31	24.18	141.49	0.44
2013	1243.19	451.76	1694.95	5.30	117.31	27.29	144.60	0.45
2014	1233.15	474.87	1708.02	5.34	115.34	28.56	143.90	0.45
2015	1233.15	506.53	1739.68	5.44	115.34	30.29	145.63	0.46

从时间变化的角度看，基于输出系数法的TN负荷中，土地利用单元贡献的总量逐步减少，这与香溪河流域自然植被逐渐增加、农业用地逐步减少有关，而牲畜单元贡献的总量逐步增加，这与研究区牲畜养殖量逐步增加有关，而且由于牲畜单元贡献的增加量大于土地利用单元的减少量，从而在TN总负荷上，香溪河流域呈现出逐步增加的趋势。而在TP负荷上，土地利用单元和牲畜单元贡献总量变化规律与TN一致，但由于土地利用单元的减少量和牲畜单元的增加量相差不大，在TP总负荷上变化不大，而且蓄水后的3个时间节点的总量均小于蓄水前的2002年。

（2）童庄河

由表4-42可以看到，从单位面积TN、TP负荷上看，童庄河流域低于三峡水库流域平均水平，这与童庄河流域自然植被所占比重较大有关，相比于三峡水库整体流域，童庄河流域牲畜单元贡献的TN、TP占总量的比重偏小。

表4-42 基于输出系数法的童庄河流域TN、TP负荷变化 单位：t/a

年份	TN				TP			
	土地利用单元	牲畜单元	总和	单位面积	土地利用单元	牲畜单元	总和	单位面积
2002	180.71	25.42	206.13	8.11	23.67	1.27	24.94	0.98
2003	180.71	25.42	206.13	8.11	23.67	0.51	24.18	0.95
2004	181.04	25.42	206.46	8.12	23.20	0.76	23.96	0.94
2005	181.04	25.42	206.46	8.12	23.20	1.27	24.47	0.96
2006	181.18	26.56	207.74	8.17	23.00	1.79	24.79	0.98
2007	181.18	27.02	208.20	8.19	23.00	1.82	24.82	0.98
2008	181.18	27.77	208.95	8.22	23.00	1.88	24.88	0.98
2009	158.71	32.01	190.72	7.50	18.79	2.18	20.97	0.83
2010	158.71	31.05	189.76	7.47	18.79	2.17	20.96	0.82
2011	152.58	34.31	186.89	7.35	17.64	2.40	20.04	0.79
2012	152.58	34.46	187.04	7.36	17.64	2.41	20.05	0.79
2013	152.58	41.71	194.29	7.64	17.64	2.74	20.38	0.80
2014	140.57	44.22	184.79	7.27	15.48	2.85	18.33	0.72
2015	140.57	47.92	188.49	7.42	15.48	3.02	18.50	0.73

从时间变化的角度看，基于输出系数法的TN负荷中，土地利用单元贡献的总量表现出减少的趋势，尤其是蓄水至175m后的2012年和2015年，这与童庄河流域自然植被逐渐增加、农业用地逐步减少有关，而牲畜单元贡献的总量逐步增加，这与童庄河流域牲畜养殖量逐步增加有关，但由于牲畜单元贡献的增加量小于土地利用单元的减少量，从而在TN总负荷上，童庄河流域呈现出减少的趋势。而TP负荷上，土地利用单元、牲畜单元以及总的贡献量变化规律与TN基本一致，土地利用单元和总量呈现减少的趋势，牲畜单元贡献逐步增加。

（3）大宁河

由表4-43可以看到，从单位面积TN、TP负荷上看，大宁河流域远低于三峡水库流域平均水平，这与大宁河流域自然植被所占比重较大有关，相比于三峡水库整体流域，大宁河流域牲畜单元贡献的TN、TP占总量的比重稍小。

表4-43 基于输出系数法的大宁河流域TN、TP负荷变化 单位：t/a

年份	TN				TP			
	土地利用单元	牲畜单元	总和	单位面积	土地利用单元	牲畜单元	总和	单位面积
2002	2324.36	465.25	2789.61	6.15	269.67	24.56	294.23	0.65
2003	2324.36	465.25	2789.61	6.15	269.67	24.56	294.23	0.65
2004	2295.88	423.99	2719.87	5.99	255.03	22.79	277.82	0.61
2005	2295.88	451.05	2746.93	6.05	255.03	23.91	278.94	0.61

续表

年份	TN				TP			
	土地利用单元	牲畜单元	总和	单位面积	土地利用单元	牲畜单元	总和	单位面积
2006	2283.68	463.91	2747.59	6.05	248.76	24.39	273.15	0.60
2007	2283.68	493.75	2777.43	6.12	248.76	25.63	274.39	0.60
2008	2283.68	364.35	2648.03	5.83	248.76	21.21	269.97	0.59
2009	2101.16	411.24	2512.40	5.54	223.57	23.20	246.77	0.54
2010	2101.16	438.58	2539.74	5.60	223.57	24.49	248.06	0.55
2011	2167.40	467.39	2634.79	5.81	235.02	25.69	260.71	0.57
2012	2167.40	507.55	2674.95	5.89	235.02	27.35	262.37	0.58
2013	2167.40	523.04	2690.44	5.93	235.02	28.18	263.20	0.58
2014	2111.25	554.97	2666.22	5.87	224.03	29.56	253.59	0.56
2015	2111.25	582.80	2694.05	5.94	224.03	30.80	254.83	0.56

从时间变化的角度看，基于输出系数法的 TN、TP 负荷中，土地利用单元贡献的总量逐步减少，这与大宁河流域自然植被逐渐增加、农业用地逐步减少有关，而牲畜单元贡献的总量逐步增加，这与大宁河流域牲畜养殖量逐步增加有关，但由于牲畜单元贡献的增加量小于土地利用单元的减少量，因此大宁河流域的整体 TN、TP 贡献量逐步减少。

(4) 梅溪河

由表 4-44 可以看到，从单位面积 TN、TP 负荷上看，梅溪河流域略低于三峡水库流域平均水平，这与梅溪河流域自然植被所占比重较大有关，相比于三峡水库整体流域，梅溪河流域牲畜单元贡献的 TN、TP 占总量的比重稍大。

从时间变化的角度看，基于输出系数法的 TN、TP 负荷中，土地利用单元贡献的总量逐步减少，这与梅溪河流域自然植被逐渐增加、农业用地逐步减少有关，而蓄水至 175m 后牲畜单元贡献的总量同样低于蓄水前，这与梅溪河流域牲畜养殖量随着蓄水进行后有所减少有关，由于两个重要的 TN、TP 负荷均表现为减少的趋势，因此梅溪河流域的整体 TN、TP 贡献量逐步减少。值得注意的是，梅溪河流域在蓄水至 175m 后的 2015 年，牲畜单元贡献的 TN、TP 负荷均高于 2012 年。

表4-44　基于输出系数法的梅溪河流域TN、TP负荷变化　　单位：t/a

年份	TN				TP			
	土地利用单元	牲畜单元	总和	单位面积	土地利用单元	牲畜单元	总和	单位面积
2002	1196.55	263.41	1459.96	8.34	154.85	12.75	167.60	0.96
2003	1196.55	263.41	1459.96	8.34	154.85	12.75	167.60	0.96
2004	1129.68	254.84	1384.52	7.90	141.74	12.52	154.26	0.88
2005	1129.68	252.92	1382.60	7.89	141.74	12.43	154.17	0.88
2006	1101.02	240.50	1341.52	7.66	136.12	12.02	148.14	0.85

续表

年份	TN				TP			
	土地利用单元	牲畜单元	总和	单位面积	土地利用单元	牲畜单元	总和	单位面积
2007	1101.02	265.78	1366.80	7.80	136.12	13.09	149.21	0.85
2008	1101.02	209.32	1310.34	7.48	136.12	11.34	147.46	0.84
2009	939.04	229.23	1168.27	6.67	108.09	11.98	120.07	0.69
2010	939.04	230.90	1169.94	6.68	108.09	11.79	119.88	0.68
2011	963.91	238.51	1202.42	6.86	112.39	12.09	124.48	0.71
2012	963.91	250.63	1214.54	6.93	112.39	12.59	124.98	0.71
2013	963.91	261.90	1225.81	7.00	112.39	13.10	125.49	0.72
2014	940.31	273.74	1214.05	6.93	107.66	13.60	121.26	0.69
2015	940.31	285.44	1225.75	7.00	107.66	14.11	121.77	0.70

（5）朱衣河

由表4-45可以看到，从单位面积TN、TP负荷上看，朱衣河流域略低于三峡水库流域平均水平，这与朱衣河流域自然植被所占比重略高于三峡水库流域平均水平，而农业用地比例较低有关，相比于三峡水库整体流域，朱衣河流域牲畜单元贡献的TN、TP占总量的比重稍小。

表4-45 基于输出系数法的朱衣河流域TN、TP负荷变化 单位：t/a

年份	TN				TP			
	土地利用单元	牲畜单元	总和	单位面积	土地利用单元	牲畜单元	总和	单位面积
2002	103.19	26.86	130.05	8.53	13.14	1.28	14.42	0.95
2003	103.19	26.86	130.05	8.53	13.14	1.28	14.42	0.95
2004	108.50	26.12	134.62	8.83	13.94	1.27	15.21	1.00
2005	108.50	25.59	134.09	8.79	13.94	1.24	15.18	1.00
2006	110.78	23.79	134.57	8.82	14.28	1.18	15.46	1.01
2007	110.78	26.49	137.27	9.00	14.28	1.30	15.58	1.02
2008	110.78	20.90	131.68	8.63	14.28	1.11	15.39	1.01
2009	98.18	22.87	121.05	7.94	11.52	1.17	12.69	0.83
2010	98.18	22.61	120.79	7.92	11.52	1.13	12.65	0.83
2011	105.61	23.31	128.92	8.45	12.88	1.16	14.04	0.92
2012	105.61	24.22	129.83	8.51	12.88	1.19	14.07	0.92
2013	105.61	25.45	131.06	8.59	12.88	1.25	14.13	0.93
2014	98.16	26.46	124.62	8.17	11.46	1.29	12.75	0.84
2015	98.16	27.53	125.69	8.24	11.46	1.34	12.80	0.84

从时间变化的角度看，基于输出系数法的 TN 负荷贡献中，蓄水前的 2002 年土地利用单元贡献低于蓄水后的 2007 年和 2012 年，高于蓄水后的 2015 年，而蓄水至 175m 水位之前的牲畜单元贡献的总量高于 175m 蓄水后的 2012 年和 2015 年。与库首其他支流流域也不同，朱衣河流域城镇化程度较高，虽然也表现为农业用地逐步减少，但 TN 负荷总量变化表现为初步蓄水时的 2007 年最高，2014 年最低，蓄水前的 2002 年稍高于蓄水至 175m 的 2012 年。TP 负荷的变化规律和原因与 TN 基本一致。

（6）磨刀溪

由表 4-46 可以看到，从单位面积 TN、TP 负荷上看，磨刀溪流域略低于三峡水库流域平均水平，这与梅溪河流域自然植被所占比重较大、城镇化程度较低有关，相比于三峡水库整体流域，梅溪河流域牲畜单元贡献的 TN、TP 占总量的比重更大。

表4-46　基于输出系数法的磨刀溪流域TN、TP负荷变化　　单位：t/a

年份	TN				TP			
	土地利用单元	牲畜单元	总和	单位面积	土地利用单元	牲畜单元	总和	单位面积
2002	2056.33	1037.69	3094.02	10.11	264.28	48.28	312.56	1.02
2003	2056.33	1037.69	3094.02	10.11	264.28	48.28	312.56	1.02
2004	1941.42	887.16	2828.58	9.24	239.80	41.42	281.22	0.92
2005	1941.42	951.25	2892.67	9.45	239.80	43.99	283.79	0.93
2006	1892.17	928.90	2821.07	9.22	229.31	42.27	271.58	0.89
2007	1892.17	977.73	2869.90	9.38	229.31	43.93	273.24	0.89
2008	1892.17	547.17	2439.34	7.97	229.31	28.44	257.75	0.84
2009	1808.18	641.37	2449.55	8.01	221.26	31.78	253.04	0.83
2010	1808.18	671.02	2479.20	8.10	221.26	32.83	254.09	0.83
2011	1836.80	701.10	2537.90	8.29	225.96	33.89	259.85	0.85
2012	1836.80	731.46	2568.26	8.39	225.96	35.03	260.99	0.85
2013	1836.80	770.46	2607.26	8.52	225.96	36.61	262.57	0.86
2014	1802.83	803.70	2606.53	8.52	219.45	37.89	257.34	0.84
2015	1802.83	838.37	2641.20	8.63	219.45	39.24	258.69	0.85

从时间变化的角度看，基于输出系数法的 TN、TP 负荷中，土地利用单元贡献的总量逐步减少，这与磨刀溪流域自然植被逐渐增加、农业用地逐步减少有关，而且蓄水至 175m 后的 2012 年、2015 年的牲畜单元贡献低于蓄水前的 2002 年和蓄水初期的 2007 年，因此，从整体上看，TN、TP 负荷均表现为随着蓄水的进行，总量呈现逐渐减少的趋势，但蓄水至 175m 后的 2012 年牲畜单元贡献量最低，使得 2015 年的 TN 负荷总量要略高于 2012 年。

（7）小江（澎溪河）

由表 4-47 可以看到，从单位面积 TN、TP 负荷上看，小江流域略高于三峡水库流域平均水平，这与小江流域农业用地所占比重略高于三峡水库流域平均水平有关，相比于三峡水库整体流域，小江流域牲畜单元贡献的 TN、TP 占总量的比重稍大。由于小江流域是三峡水库中支流（嘉陵江、乌江除外）面积最大的河流，因此小江流域贡献了整个研究区TN、TP负荷的1/10。

表4-47 基于输出系数法的小江流域TN、TP负荷变化 单位：t/a

年份	TN				TP			
	土地利用单元	牲畜单元	总和	单位面积	土地利用单元	牲畜单元	总和	单位面积
2002	3826.12	1549.01	5375.13	10.19	498.98	75.26	574.24	1.09
2003	3826.12	1549.01	5375.13	10.19	498.98	75.26	574.24	1.09
2004	3870.31	1462.05	5332.36	10.11	506.04	69.06	575.09	1.09
2005	3870.31	1519.52	5389.83	10.22	506.04	72.25	578.29	1.10
2006	3889.25	1547.49	5436.74	10.31	509.06	72.43	581.49	1.10
2007	3889.25	1737.07	5626.32	10.67	509.06	80.14	589.20	1.12
2008	3889.25	1018.94	4908.19	9.31	509.06	53.78	562.84	1.07
2009	3779.12	1173.35	4952.47	9.39	484.34	59.79	544.13	1.03
2010	3779.12	1204.78	4983.90	9.45	484.34	60.48	544.82	1.03
2011	3801.04	1265.86	5066.90	9.61	487.93	62.75	550.68	1.04
2012	3801.04	1353.27	5154.31	9.77	487.93	66.00	553.93	1.05
2013	3801.04	1421.32	5222.36	9.90	487.93	68.91	556.84	1.06
2014	3758.88	1502.28	5261.16	9.98	476.95	72.05	549.00	1.04
2015	3758.88	1580.01	5338.89	10.12	476.95	75.13	552.08	1.05

从时间变化的角度看，基于输出系数法的TN负荷贡献中，初步蓄水的2007年土地利用单元贡献最高，其次为蓄水前的2002年，蓄水至175m水位后，土地利用单元贡献TN开始减少，与此对应的牲畜单元贡献量同样为2007年最高，其次为2002年，2012年最低。TN负荷2007年最大，2008年最小。TP负荷中土地利用和牲畜单元贡献变化与TN负荷相同，但在总负荷方面2015年要略低于2012年。

（8）龙河

由表4-48可以看到，从单位面积TN负荷上看，龙河流域略高于三峡水库流域平均水平，虽然在土地利用方式上，龙河流域自然植被所占比例较高，农业用地所占比例较低，但由于龙河流域的牲畜单元贡献较大，从而使得龙河流域单位面积TN高于三峡水库流域平均水平。虽然龙河流域牲畜单元贡献的TP负荷较高，但由于自然植被比例较高，单位面积TP负荷仍低于三峡水库流域平均水平。

表4-48 基于输出系数法的龙河流域TN、TP负荷变化 单位：t/a

年份	TN				TP			
	土地利用单元	牲畜单元	总和	单位面积	土地利用单元	牲畜单元	总和	单位面积
2002	1927.34	882.77	2810.11	10.18	250.84	31.92	282.76	1.02
2003	1927.34	882.77	2810.11	10.18	250.84	31.92	282.76	1.02
2004	1703.85	833.34	2537.19	9.19	210.97	30.25	241.22	0.87

续表

年份	TN				TP			
	土地利用单元	牲畜单元	总和	单位面积	土地利用单元	牲畜单元	总和	单位面积
2005	1703.85	856.22	2560.07	9.27	210.97	31.17	242.14	0.88
2006	1608.07	852.55	2460.62	8.91	193.87	31.34	225.21	0.82
2007	1608.07	880.86	2488.93	9.02	193.87	34.00	227.87	0.83
2008	1608.07	799.68	2407.75	8.72	193.87	29.29	223.16	0.81
2009	1663.21	965.87	2629.08	9.52	204.79	34.12	238.91	0.87
2010	1663.21	1058.27	2721.48	9.86	204.79	36.93	241.72	0.88
2011	1658.82	1125.59	2784.41	10.09	204.11	38.94	243.05	0.88
2012	1658.82	1165.29	2824.11	10.23	204.11	40.16	244.27	0.88
2013	1658.82	1221.14	2879.96	10.43	204.11	41.93	246.04	0.89
2014	1640.19	1266.23	2906.42	10.53	200.26	43.34	243.60	0.88
2015	1640.19	1314.00	2954.19	10.70	200.26	44.84	245.10	0.89

从时间变化的角度看，基于输出系数法的TN、TP负荷中，龙河流域土地利用单元贡献的总量中蓄水前的2002年明显高于蓄水后的3个时间节点，但在2007年的负荷最低，这与2007年龙河流域的自然植被比例最高有关，而随着蓄水过程的进行，虽然农业用地所占比例逐步减少，但伴随着城镇化过程，硬地表面增加，使得2012年和2015年的负荷高于2007年。

（9）龙溪河

由表4-49可以看到，从单位面积TN、TP负荷上看，龙溪河流域远高于三峡水库流域平均水平，这主要与龙溪河流域农业用地比例远高于三峡水库流域平均水平有关；此外，在农业区，牲畜单元的贡献也比较大。

表4-49 基于输出系数法的龙溪河流域TN、TP负荷变化 单位：t/a

年份	TN				TP			
	土地利用单元	牲畜单元	总和	单位面积	土地利用单元	牲畜单元	总和	单位面积
2002	3582.49	980.55	4563.04	13.90	509.64	45.81	555.45	1.69
2003	3582.49	980.55	4563.04	13.90	509.64	45.81	555.45	1.69
2004	3486.23	1046.41	4532.64	13.81	493.11	46.27	539.38	1.64
2005	3486.23	1008.51	4494.74	13.69	493.11	45.84	538.95	1.64
2006	3444.97	998.56	4443.53	13.53	486.02	45.46	531.48	1.62
2007	3444.97	1224.79	4669.76	14.22	486.02	53.30	539.32	1.64
2008	3444.97	774.24	4219.21	12.85	486.02	39.08	525.10	1.60
2009	3354.77	852.76	4207.53	12.82	469.31	42.51	511.82	1.56
2010	3354.77	922.19	4276.96	13.03	469.31	45.60	514.91	1.57
2011	3358.32	1017.92	4376.24	13.33	470.08	49.08	519.16	1.58

续表

年份	TN				TP			
	土地利用单元	牲畜单元	总和	单位面积	土地利用单元	牲畜单元	总和	单位面积
2012	3358.32	1097.52	4455.84	13.57	470.08	52.04	522.12	1.59
2013	3358.32	1209.03	4567.35	13.91	470.08	56.25	526.33	1.60
2014	3345.35	1299.27	4644.62	14.15	466.87	59.63	526.50	1.60
2015	3345.35	1394.83	4740.18	14.44	466.87	63.21	530.08	1.61

从时间变化的角度看，基于输出系数法的TN负荷中龙溪河流域土地利用单元贡献的总量随着蓄水的进行逐步减少，但由于牲畜单元的贡献呈现增长的趋势，使得龙溪河流域TN的总负荷表现为：蓄水前的2002年最高（农业用地比例最高），但随着蓄水进行，TN呈现持续增长趋势（牲畜单元贡献持续增长）。而对于TP，由于土地利用单元贡献的减少和牲畜单元贡献的增长相差不大，表现在总量上的特征为：蓄水前的2002年总量最高，蓄水后持续减少，但差异较小。

（10）御临河

由表4-50可以看到，从单位面积TN负荷上看，御临河流域高于三峡水库流域的平均水平，这主要与御临河流域农业用地所占比例高于三峡水库流域平均水平，且牲畜单元贡献量也稍高于三峡水库流域的平均水平有关。

表4-50 基于输出系数法的御临河流域TN、TP负荷变化 单位：t/a

年份	TN				TP			
	土地利用单元	牲畜单元	总和	单位面积	土地利用单元	牲畜单元	总和	单位面积
2002	3475.35	944.66	4420.01	11.29	477.97	48.19	526.16	1.34
2003	3475.35	944.66	4420.01	11.29	477.97	48.19	526.16	1.34
2004	3411.87	832.43	4244.30	10.84	467.12	43.75	510.87	1.31
2005	3411.87	925.82	4337.69	11.08	467.12	47.36	514.48	1.31
2006	3384.66	1000.36	4385.02	11.20	462.47	50.13	512.60	1.31
2007	3384.66	1102.56	4487.22	11.47	462.47	53.56	516.03	1.32
2008	3384.66	655.12	4039.78	10.32	462.47	33.44	495.91	1.27
2009	3314.86	794.30	4109.16	10.50	449.59	38.66	488.25	1.25
2010	3314.86	839.22	4154.08	10.61	449.59	39.60	489.19	1.25
2011	3327.36	882.71	4210.07	10.76	451.81	40.23	492.04	1.26
2012	3327.36	891.25	4218.61	10.78	451.81	40.29	492.10	1.26
2013	3327.36	915.46	4242.82	10.84	451.81	41.23	493.04	1.26
2014	3306.61	929.22	4235.83	10.82	445.22	41.59	486.81	1.24
2015	3306.61	945.59	4252.20	10.86	445.22	42.09	487.31	1.25

从时间变化的角度看，基于输出系数法的 TN 负荷中，御临河流域土地利用单元贡献的 TN 负荷呈现持续减少的趋势。而对于 TP 负荷，由于牲畜单元的贡献呈现减少的趋势，使得御临河流域表现为随着蓄水的进行，TP 负荷持续减少。

（11）流域比较分析

由图 4-28 与图 4-29（书后另见彩图）可以看到，龙溪河、御临河单位面积的 TN、TP 负荷均显著高于其他支流，这不仅表现在土地利用单元贡献高于其他支流，牲畜单元负荷同样较高；此外，龙河、磨刀溪和小江支流流域中牲畜单元负荷同样较高。

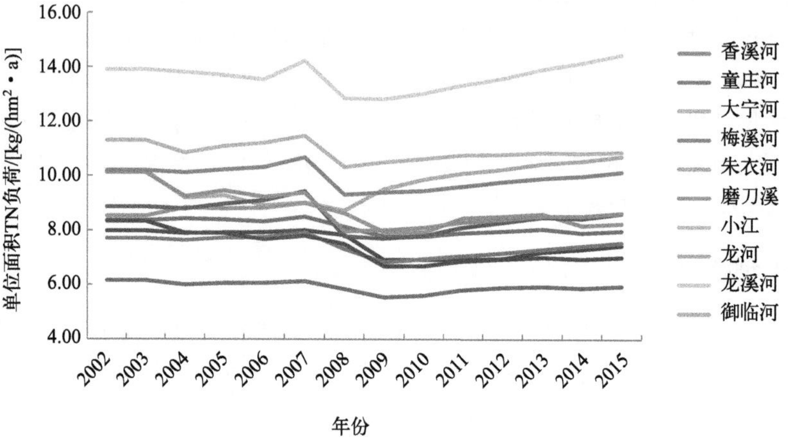

图4-28　支流流域TN面源负荷变化

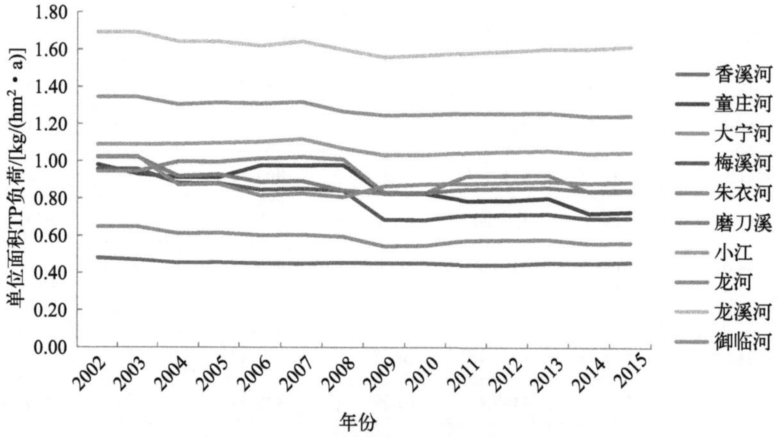

图4-29　支流流域TP面源负荷变化

从空间分布上看，库尾支流流域单位面积面源污染负荷高于库中库首地区，而库首地区由于地形陡峭，农业用地较少，对应的牲畜单元负荷贡献也小于库尾区域。但从时间变化上看，牲畜单元贡献较大的流域由于牲畜贡献的变化，会呈现显著的波动变化。

大部分流域的 TN 负荷在 175m 蓄水后呈现增长趋势，而 TP 负荷则低于蓄水前，2013 年后则变化不大。

通过上述分析结果可以得到以下主要结论：

① 基于输出系数法的面源污染负荷估算结果表明，不管是 TN 还是 TP 负荷，三峡水库流域中，库首区域支流单位面积面源污染负荷最低，其次为库中干流右侧支流，库尾支流单位面积面源污染负荷最高；

② 土地利用单元贡献的 TN 占整体 TN 负荷的 75% 左右，而对于 TP，土地利用单元贡献所占的比例更高，高于 85%，与土地利用单元贡献在空间上的分布相似，牲畜单元贡献也表现为库尾库中高于库首地区；

③ 依据水文线分割法得到上游三江来源 TN、TP 负荷分别为 38.54 万吨和 5.86 万吨，占三峡水库面源污染来源的 88.2% 和 91.7%，而上游三江区域汇水面积约是三峡水库流域的 16 倍，因此虽然上游三江区域单位面积贡献污染负荷低于三峡水库流域，但由于流域面积远大于三峡水库流域，结果显示三峡水库水质主要受到上游三江的污染物来源影响，水库流域内主要影响回水区上端水质。

陆域生态环境的演变对水环境的影响主要表现在两个方面：一方面是景观格局变化引发的水土流失变化，使得泥沙等颗粒物进入水体程度发生变化；另一方面是景观格局的变化使得非点源污染源强和污染物进入水体能力发生变化，从而对水环境产生影响。

生态环境演变的水环境效应分析可以通过两种方式开展研究：第一种是分析生态环境演变对水环境的重要生态过程的影响，即生态环境演变对水土流失和面源污染的影响；第二种分析方法是直接通过水环境与生态环境参量建立关联，分析生态环境参量与水质之间的关联。

而从水环境的响应结果进行分析，同样可以通过两个方面开展研究工作：一方面需要从整个三峡水库的角度来探讨水华发生的关键区域与对应的支流流域生态环境演变之间的关联，既需要从大尺度开展陆域遥感观测，也需要对水质展开遥感观测；另一方面需要通过对断面开展水质现场监测，解析每个断面对应的集水区景观格局与水环境之间的关联。

4.3.3 生态环境演变的水环境效应

4.3.3.1 生态环境演变的水土流失效应

从水土流失 RUSLE 模型来看，影响水土流失侵蚀模数的主要包括降雨、地形、植被覆盖、水保措施、土壤背景等要素。从 6 个因子的计算源和机理来看，地形因子中的坡度因子 S 和坡长因子 L、土壤背景的土壤可蚀性因子 K 3 个因子可以看成是完全的自然属性，是难以改变的（坡改梯可以看成是水保因子 P 的改变）；降雨因子 R 以及与降雨因子呈显著正相关的植被覆盖 - 作物管理因子 C，可以看成是可改变的自然因子，其中 C 也受到人为的影响，如退耕还草、退耕还林等工程的进行，但这只是改变了自然植被和人工植被的比例，自然植被的植被覆盖度则主要受到降雨的影响；水土保持措施因子 P 则主要受人为活动的影响，从本书的方法介绍来看主要体现在土地利用方式的改变（坡改梯等数据难以在空间上获取），既包括自然植被和人工植被之间的变换，也包括人工植被之间的变换（园地、旱地和水田之间的变换）。

（1）自然背景

在自然背景部分，三峡水库库首地区尤其是支流的上游区域，更有利于水土流失的发生，这与该区域地形陡峭有关，但在一定的时间尺度，这些因子很难发生大规模变化。

（2）自然因子

由于降雨的不可控，降雨侵蚀力因子和植被覆盖 - 作物管理因子的年际变化一般被认为是自然因子发生了变化，植被覆盖度虽然受到降雨的影响，但也被认为是生态环境演变的重要表现形式之一。本书选择 2002 年（蓄水前）、2007 年（蓄水至 156m）、2012 年（蓄水至 175m 后）、2015 年（正常运行期）4 个时间节点进行分析。

其中，2012 年自然因子更有利于水土流失的发生，但与 2002 年、2007 年相比只是略微增加，而 2015 年自然因子更有利于水土流失的减少。

考虑到植被因子受到降雨影响很大，自然因子部分可以单独对降雨侵蚀力因子进行分析，图 4-30 为库区范围内长江干流由库首至库尾的 6 个降雨站点可侵蚀降雨量 1998 ～ 2015 年变化情况。

选择 2002 年、2007 年、2012 年、2015 年作为 4 个时间节点，从选择的年份中有效降雨总量分布来看，有以下分布特征：

① 库首地区，以宜昌站作为代表，2002 年最高，2007 年次之，2012 年最低，2015 年相比 2012 年有所增加。

② 库中地区，以巴东、奉节、万州站作为代表，2007 年最高（奉节除外），2012 年最低，2002 年与 2015 年相当（奉节 2002 年有效降雨量显著高于其他相应年份）。

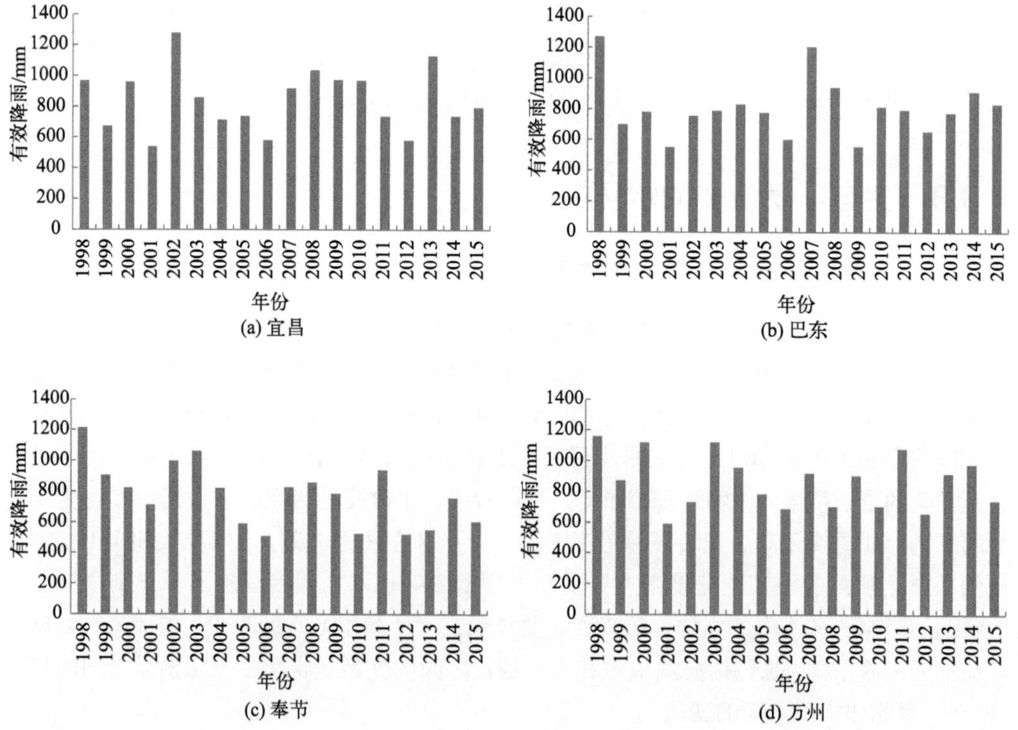

(a) 宜昌　(b) 巴东　(c) 奉节　(d) 万州

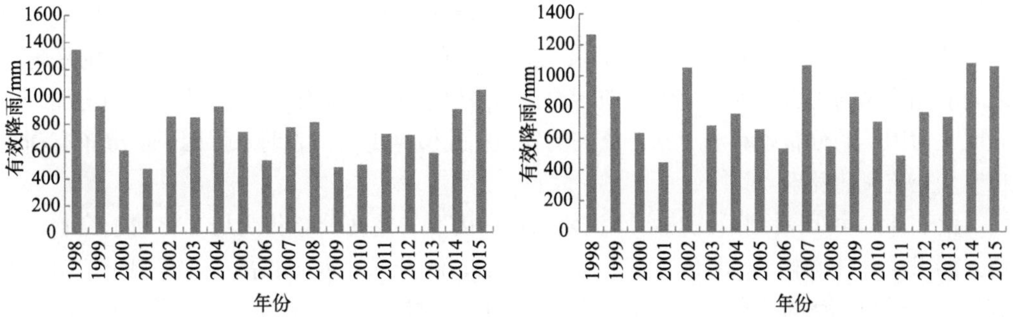

(e) 涪陵　　(f) 沙坪坝

图4-30　三峡流域内6个站点的有效降雨（日降雨量≥12mm）总量年际变化

③ 库尾地区，以涪陵、沙坪坝站作为代表，其中两个站点的有效降雨均为2012年最低，涪陵站2015年高于2002年与2007年，沙坪坝站2002年、2007年、2015年三个年份有效降雨量相当。

此外，为了匹配其他年份的对应参数，选择的时间节点有时并不具有显著代表性，如宜昌站2002年、巴东站2007年、沙坪坝站2002年和2007年显著高于本站其他年份或邻近年份。因此，计算得到的侵蚀模数会受到所选年份影响，在时间序列上，降雨并不具有完全的周期性特征。

在三峡水库流域中，由于背景因子和人为因子随着时间变化幅度极小，对水土流失变化影响最大的是自然因子，即降雨侵蚀力以及植被覆盖 - 作物管理因子。而由图4-31可以看到，二者乘积主要与植被覆盖 - 作物管理因子呈显著负相关，即植被覆盖度越高，从而植被覆盖 - 作物管理因子越低，二者乘积越低，但降雨侵蚀力因子则并没有表现出同样的变化特征，二者的乘积并未显著体现出降雨侵蚀力越大，二者乘积越大的变化特征。

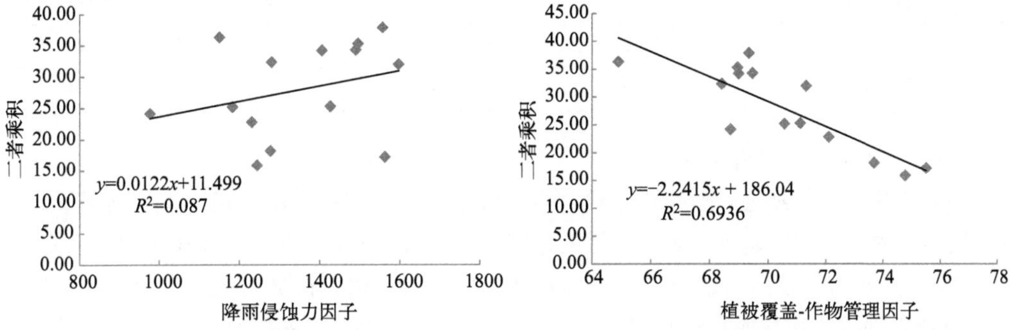

(a) 降雨侵蚀力因子与自然因子　　(b) 植被覆盖-作物管理因子与自然因子

图4-31　植被覆盖-作物管理因子、降雨侵蚀力因子与二者乘积关联

（3）人为因子

人为因子在本书中对侵蚀模数的影响较小，这也与整个区域自然植被比例超过60%，差异性比自然因子如侵蚀性降雨和植被覆盖度的空间差异小有关。在不考虑自然因子的前提下，在一定的地理背景条件下判别了水保因子在空间上的分布变化情况，假如较大的水

保因子值分布在比较大的 *SLK* 值区域，则会贡献更大的侵蚀模数和风险等级。因此，可以采用 *SLKP* 平均（指的是 4 个因子乘积的平均值）与 *SLK* 平均与 *P* 平均相乘的平均值之间的比值来判别水保因子空间分布状况，如果比值越高，越有利于侵蚀模数的增加，则表明人为因子的分布越有利于水土流失的发生；比值越小，则表明水保因子的分布有利于控制水土流失的发生。

由表 4-51 可以看到，三峡水库流域的水保因子的空间分布状况趋于有利于控制水土流失的发生，在选择的 10 条典型支流流域中看，随着三峡水库的蓄水，有利于控制水土流失的水保因子空间分布变化主要发生在香溪河、童庄河、大宁河、梅溪河、朱衣河、磨刀溪、龙河等流域，不利于控制水土流失的水保因子空间分布变化则主要发生在小江、御临河、龙溪河等流域。从空间分布上看，相比于整个三峡水库流域，不利于控制水土流失的水保因子空间分布变化则主要发生在御临河和龙溪河流域，在 10 条支流流域中，水保因子空间分布最有利于控制水土流失的流域为香溪河流域，其次为梅溪河流域。

表4-51 水保因子空间分布状况的年际变化

流域	2002年	2007年	2012年	2015年
香溪河	1.038	1.042	1.030	1.031
童庄河	1.080	1.146	1.077	1.065
大宁河	1.034	1.040	1.049	1.046
梅溪河	1.053	1.048	1.043	1.044
朱衣河	1.076	1.100	1.096	1.083
磨刀溪	1.078	1.073	1.056	1.060
小江	1.105	1.121	1.121	1.125
龙河	1.085	1.069	1.073	1.073
龙溪河	1.367	1.363	1.384	1.385
御临河	1.263	1.254	1.250	1.247
三峡水库流域	1.149	1.145	1.146	1.144

通过上述分析可以得到：

① 流域侵蚀模数的年际变化主要与自然因子相关，在本书中，相比于降雨因子，植被覆盖-作物管理因子起到了更为关键的作用，在降雨较少的年份，由于植被覆盖度降低，使得侵蚀模数仍旧较高，这与采用面蚀判断标准较为一致。将降雨侵蚀力因子和植被覆盖-作物管理因子均看成是自然因子，在本书中可以看到强烈侵蚀及以上级别的侵蚀所占比例则完全受到了自然因子的支配作用，强烈侵蚀、极强烈侵蚀、剧烈侵蚀均与降雨侵蚀力因子和植被覆盖-作物管理因子的乘积呈显著的正相关。

② 将 RUSLE 模型中的 6 个因子划分为 3 种类型，包括由土壤和地形决定的自然背景因子（*S*、*L*、*K*），由降雨及其相应的植被覆盖度决定的自然因子（*R*、*C*），以及由土地利用方式决定的人为因子（*P*）。可以看到，在空间上，自然背景因子和人为因子较高的区域主要位于库首及库中区域，这主要与库首及库中区域地形陡峭、自然植被所占比例较高有关，而自然因子的变化则没有明显的空间规律，这与降雨发生的随机性有关，在不同的

年份，降雨的空间分布不同，受其影响的植被覆盖 - 作物管理因子空间分布同样不同，但相比于降雨侵蚀力因子，植被覆盖 - 作物管理因子对最终结果的贡献更大。

③ 由上综述，在本书涉及的研究区内，生态环境演变的水土流失效应主要体现在植被生长状况变化方面，自然植被的植被覆盖度降低，将显著地增加水土流失强度和流域侵蚀模数。

4.3.3.2 生态环境演变的面源污染效应分析

结合三峡水库流域土地利用方式的变化特征和图 4-32 中面源污染负荷变化特征进行相关分析。在本书中，从土地利用方式输出和牲畜排泄两个角度统计了流域 TN、TP 的变化趋势，从总量上看，整个三峡水库流域的 TN、TP 负荷表现为逐步减少，但牲畜的贡献量在不同的年份有所波动，因此，在整个三峡水库流域，影响 TN、TP 负荷变化最主要的还是土地利用方式的改变，有利于减少 TN、TP 负荷的措施主要为自然植被逐步增长，农业用地逐步减少，但蓄水后随着城镇化的发展，则不利于 TN、TP 负荷的减少。同一流域中牲畜单元 TN、TP 负荷变化并不一致，这与不同的流域中不同牲畜类型变化规律有关。

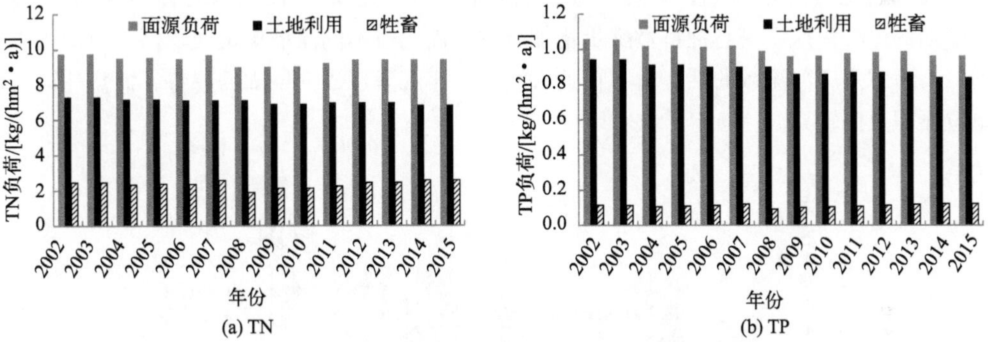

图4-32 三峡流域单位面积TN、TP负荷变化

生态环境演变的面源污染负荷变化主要体现在土地利用方式的改变，其中自然植被的增加可以减少流域面源污染负荷，但水库的淹没和城镇化的发展，同样会增加流域面源污染负荷，综合分析表明，在三峡水库流域，退耕还林还草造成的自然植被比重增加对流域面源污染负荷的“减少”作用高于水库淹没和硬地表面增加对流域面源污染负荷的“增加”作用。

4.3.3.3 生态环境演变的水质效应

（1）流域尺度

由前文中的水土流失侵蚀模数与面源污染负荷计算得到了库首地区不同支流的面源污染与水土流失情况，从空间上来看，选择了香溪河、童庄河、大宁河、梅溪河、朱衣河、磨刀溪和小江作为分析对象（图 4-33），结合支流以叶绿素 a 浓度为代表的营养等级评估结果开展关联分析。

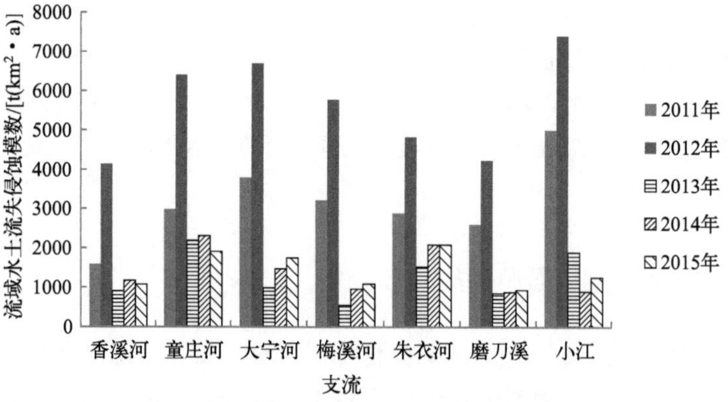

图4-33　不同支流水土流失侵蚀模数变化

从时间变化上看，2012年后水土流失侵蚀模数显著变小，除了童庄河和小江流域，其余支流的水土流失侵蚀模数呈现出略为增长的趋势，但与2011年相比，均有明显的减少。比较2013～2015年不同流域的平均水土流失侵蚀模数来看，依次为：童庄河＞朱衣河＞大宁河＞小江＞香溪河＞梅溪河＞磨刀溪。

面源污染负荷方面（图4-34），从2011年开始，大部分流域表现出面源污染负荷缓慢增加的过程，这主要与牲畜贡献量增加有关，而比较不同流域单位面积污染负荷可以看到，不考虑童庄河流域的话，由库首的香溪河至小江呈现逐渐增加的趋势，而童庄河流域单位面积负荷较高。

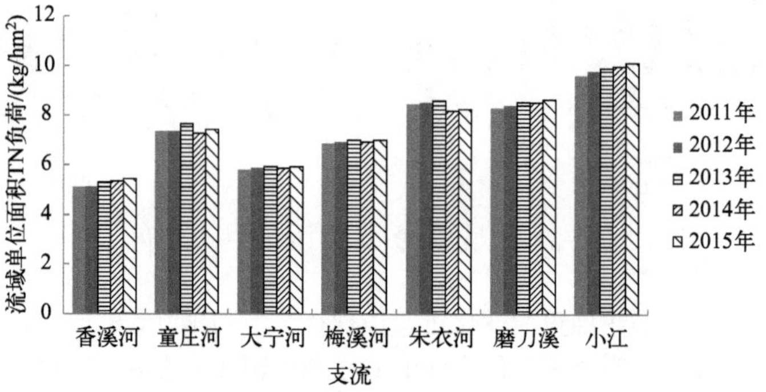

(a) TN

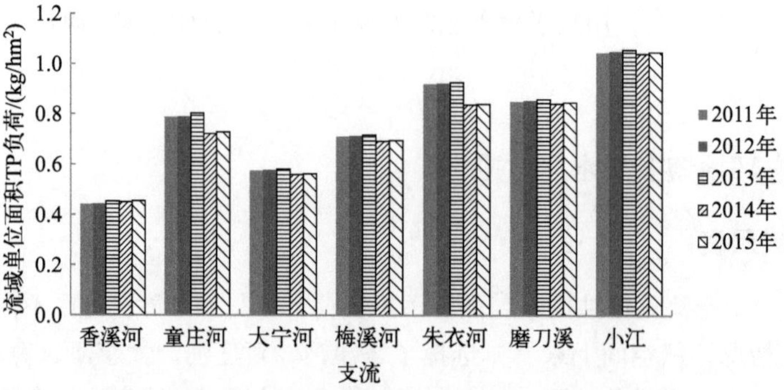

(b) TP

图4-34　支流单位面积面源污染负荷变化

因此，从生态环境演变的角度来看，蓄水至 175m 水位后，由于自然植被的逐渐增加，农业用地的减少以及城镇化的加快，水土流失侵蚀量呈现减少的趋势，但与具体年份的植被生长状况（植被覆盖度）有关，除了 2012 年，蓄水后三峡水库流域植被覆盖度同样显著高于蓄水前，但具体年份呈现波动变化特征，与当年的降雨等自然条件相关。此外，同样由于土地利用组成方式的改变，由土地利用方式贡献的面源污染负荷持续减少，但由于随着城镇化以及社会经济的发展，牲畜养殖量有所增加，而由牲畜增加贡献的面源污染负荷“增量”大于土地利用方式贡献的面源污染负荷“减量”，面源污染负荷呈现出略有增加的趋势。

在上述 7 条支流中，通过比较不同流域的水质状况（高营养等级出现频次）可以发现，在上述支流中，大宁河、磨刀溪水体营养级别最高，其次为香溪河、小江，其余支流状况尤其是奉节附近的梅溪河、朱衣河优于其他大支流。在水质状况营养等级较高的香溪河流域，水土流失量和单位面积面源污染负荷却均表现为较低的程度，这表明从空间上看，以叶绿素 a 为代表的支流水质状况不仅与流域单位面积污染物来源有关，同样与不同流域之间的水文水动力条件状况有关。

为了反映支流在不同年份之间的差异，分别统计了不同支流 2011 ～ 2016 年间支流水体营养等级出现频次情况，如表 4-52 ～表 4-57 所列。

表4-52 2011年不同支流水体营养等级出现频次 单位：次

营养等级	香溪河	童庄河	大宁河	梅溪河	朱衣河	磨刀溪	小江
贫营养	—	—	—	—	1	—	—
中营养	2	2	3	7	5	3	4
轻富营养	—	2	1	1	2	1	2
中富营养	2	—	3	1	—	1	—
重富营养	—	—	—	—	—	1	2
共观测次数	4	4	7	9	8	6	8

表4-53 2012年不同支流水体营养等级出现频次 单位：次

营养等级	香溪河	童庄河	大宁河	梅溪河	朱衣河	磨刀溪	小江
贫营养	1	1	1	1	3	1	1
中营养	4	4	2	5	4	—	3
轻富营养	2	—	2	1	—	—	2
中富营养	—	—	1	1	—	—	1
重富营养	—	—	1	—	—	—	—
共观测次数	7	5	7	8	7	1	7

表4-54 2013年不同支流水体营养等级出现频次 单位：次

营养等级	香溪河	童庄河	大宁河	梅溪河	朱衣河	磨刀溪	小江
贫营养	—	—	—	1	1	—	—
中营养	2	2	4	3	7	1	2
轻富营养	1	4	4	6	2	—	1

续表

营养等级	香溪河	童庄河	大宁河	梅溪河	朱衣河	磨刀溪	小江
中富营养	4	2	2	—	1	—	4
重富营养	2	—	1	—	—	—	—
共观测次数	9	8	11	10	11	1	7

表4-55　2014年不同支流水体营养等级出现频次　单位：次

营养等级	香溪河	童庄河	大宁河	梅溪河	朱衣河	磨刀溪	小江
贫营养	1	1	1	1	1	—	1
中营养	2	3	2	6	5	—	4
轻富营养	3	2	4	1	—	1	2
中富营养	—	—	—	—	—	—	—
重富营养	—	—	—	—	—	—	—
共观测次数	6	6	7	8	6	1	7

表4-56　2015年不同支流水体营养等级出现频次　单位：次

营养等级	香溪河	童庄河	大宁河	梅溪河	朱衣河	磨刀溪	小江
贫营养	—	—	—	—	—	—	—
中营养	2	3	1	2	2	—	—
轻富营养	3	2	5	2	2	—	1
中富营养	—	1	—	1	—	2	4
重富营养	1	—	1	—	—	1	—
共观测次数	6	6	7	5	4	3	5

表4-57　2016年不同支流水体营养等级出现频次　单位：次

营养等级	香溪河	童庄河	大宁河	梅溪河	朱衣河	磨刀溪	小江
贫营养	—	—	—	—	—	—	—
中营养	—	—	—	2	1	—	1
轻富营养	2	2	2	3	—	1	3
中富营养	1	1	1	1	—	—	2
重富营养	—	—	1	—	—	—	1
共观测次数	3	3	4	6	1	1	7

根据表4-52～表4-57，可以看出：

① 2011年的观测结果表明，富营养等级频次超过50%的支流有大宁河，香溪河、童庄河、磨刀溪、小江出现富营养等级频次为50%，其中小江出现了2次重富营养等级，磨刀溪出现了1次。富营养等级出现频次最低的为奉节县城入江的梅溪河、朱衣河。

② 2012年的观测结果表明，富营养等级频次超过50%的支流只有大宁河，其中大宁

河出现了 1 次重富营养等级。与 2011 年相比，富营养等级出现频次明显降低。

③ 2013 年的观测结果表明，除了朱衣河和磨刀溪，其余所有的支流富营养等级频次均超过了 50%，其中香溪河出现了 2 次重富营养等级，大宁河出现了 1 次。与 2011 年和 2012 年相比，富营养等级出现频次明显增加。

④ 2014 年的观测结果表明，只有大宁河富营养等级频次均超过了 50%，香溪河富营养等级频次为 50%，没有任何支流出现重富营养等级，与 2013 年相比，营养等级状况有所改善。

⑤ 2015 年的观测结果表明，所有支流富营养等级频次均超过了 50%，并且有 3 条支流（香溪河、大宁河、磨刀溪）监测到重富营养等级，与 2014 年相比，富营养等级出现频次明显增加，与 2013 年结果相当。

⑥ 2016 年的观测结果表明，除了朱衣河，其余所有支流富营养等级频次均超过了 50%，并且有 2 条支流（大宁河、小江）监测到重富营养等级，与 2015 年相比，富营养等级出现频次有所增加。

综合年际变化来看，2012 年水体监测到富营养等级频次最低，可能与当年库首地区的降雨量少，污染负荷进入水体量较少有关；而 2013 年水体富营养等级频次显著增加，与当年的面源污染负荷有所增长有关；而随着 2015 年至今，水体富营养等级出现频次持续增长，可能与支流内营养物质不断累积有关，需要引起重视。

从不同流域单位面积 TN、TP 负荷的绝对大小来看，小江、磨刀溪流域负荷最高，而香溪河、大宁河相对较低，尤其是库首区域，香溪河流域负荷显著低于南岸的童庄河、青干河流域，但在最高营养等级频次统计结果上看，香溪河发生富营养化的频次却高于童庄河和青干河，并高于库中的梅溪河和草堂河，但梅溪河和草堂河发生富营养化的频次却低于其他支流。这表明，影响支流是否发生富营养化并不完全取决于流域面源污染负荷，同样与流域水体其他形态有关，如水温、流速、水深逆温层等。从时间变化上来看，2013 年是各个支流 TN、TP 负荷较高的年份，从水质遥感监测结果上看，2013 年也是 2011 ～ 2016 年间水体发生富营养化等级频次较高的年份，这表明，从时间变化的角度来看，流域单位面积面源污染负荷越高，水体富营养化发生频次也越高。

相比于其他支流流域，库首的第一条大支流香溪河流域不论是水土流失强度还是面源污染负荷，均低于三峡水库流域平均水平以及库中和库首的其他支流，但从遥感监测以及地面观测到的以叶绿素 a 为例的水质结果看来，香溪河是三峡水库支流中富营养等级出现频次最高的支流之一，因此，判断不同支流水体是否出现富营养等级以上的水质，不仅仅取决于支流流域的面源污染和水土流失强度，也与该支流的水体水文水动力条件相关。

因此，从生态环境演变的角度来看，蓄水至 175m 水位后，由于自然植被的逐渐增加、农业用地的减少以及城镇化的加快，水土流失侵蚀量呈现减少的趋势，但与具体年份的植被生长状况（植被覆盖度）有关。除了 2012 年，蓄水后三峡水库流域植被覆盖度同样显著高于蓄水前，但具体年份呈现波动变化特征，与当年的降雨等自然条件相关。此外，同样由于土地利用组成方式的改变，由土地利用方式贡献的面源污染负荷持续减少，但由于随着城镇化以及社会经济的发展，牲畜养殖量有所增加，而由牲畜增加贡献的面源污染负荷“增量”大于土地利用方式贡献的面源污染负荷“减量”，面源污染负荷呈现出略有增加的趋势。

在本书中，不同支流水质状况与支流对应的面源污染负荷、水土流失程度并没有显著的相关性，但从单条支流的水质状况上来看，随着面源污染负荷的增加，水质呈现出变差的趋势。

（2）支流尺度（断面）

为了反映支流流域生态环境演变对水质的影响，特选择 3 条支流 21 个断面开展水质观测，并依据不同断面提取断面对应的集水区域，分析集水区域景观格局与水质之间的关联。

选择香溪河（XX）、神农溪（SN）、小江（XJ）3 条支流共 21 个断面（香溪河 9 个断面；神农溪 7 个断面；小江 5 个断面）进行流域提取，其中由于同一条支流上大多数断面存在着上下游对应关系，因此不同断面所控制的集水区域也存在着相互包含的关系。以香溪河支流为例，XX01 断面为支流出水口处，XX02 ～ XX09 等断面控制的集水区域均处于 XX01 断面控制集水区域范围内。

1）景观类型组成及空间分析

针对 3 条支流 21 个监测断面分别对应的集水区域开展景观类型组成统计分析，并以水流路径距离为空间变量，提取 100m、250m、500m、1000m 和 2000m 范围内的景观类型组成。由于本书中开展的水质观测时段为 2012 ～ 2015 年，因此，分别对应 2012 年和 2015 年展开了时间变化分析。

由表 4-58 可以看到，神农溪中 SN03 处于其中一条支流中，景观类型组成与神农溪中其他断面集水区景观类型组成有明显的差异，而香溪河中 XX07 断面同样处于其中一条支流中，也与香溪河其他断面集水区范围内景观类型组成比例存在显著差异，小江依次由下游至上游的 5 个断面均处于干流中，景观类型组成只存在较小的差异。对比 3 条支流，香溪河流域内林灌地百分比最高，而农业用地比例和草地比例较低；神农溪流域林灌地百分比略低于香溪河，草地略高，农业用地比例高于香溪河，建设用地比例稍高于香溪河；而小江林灌地百分比明显低于另外两条支流，而草地比例最高，农业用地比例显著高于另外两条支流，超过了 30%，城镇化程度也远高于另外两条支流。

表4-58 2012年21个观测断面对应景观类型组成 单位：%

断面对应集水区	林灌地	草地	农业用地	水体	建设用地	未利用地
SN01	78.88	4.60	14.14	0.99	1.18	0.21
SN02	80.36	4.26	13.33	0.86	1.01	0.19
SN03	55.57	10.65	29.12	1.40	3.22	0.04
SN04	84.22	3.29	11.03	0.79	0.60	0.08
SN05	73.43	6.68	16.79	0.67	1.76	0.67
SN06	84.75	3.24	10.77	0.60	0.56	0.08
SN07	87.70	3.08	8.28	0.51	0.39	0.05
XX01	87.63	1.63	8.80	0.98	0.85	0.09
XX02	88.01	1.61	8.59	0.84	0.85	0.09

续表

断面对应集水区	林灌地	草地	农业用地	水体	建设用地	未利用地
XX03	88.31	1.56	8.44	0.78	0.82	0.09
XX04	89.00	1.74	7.65	0.73	0.80	0.08
XX05	89.32	1.66	7.47	0.69	0.77	0.08
XX06	90.67	1.40	6.64	0.62	0.61	0.06
XX07	87.07	1.07	10.22	0.73	0.80	0.09
XX08	90.73	1.18	6.64	0.66	0.73	0.05
XX09	91.49	1.63	6.09	0.42	0.32	0.04
XJ01	56.27	8.16	32.67	1.84	0.97	0.08
XJ02	56.43	8.14	32.71	1.73	0.94	0.06
XJ03	56.37	8.08	32.97	1.57	0.96	0.06
XJ04	57.69	7.80	32.03	1.45	0.97	0.06
XJ05	60.19	8.12	29.19	1.40	1.03	0.07

由表4-59可以看到，3条支流中2015年的景观类型组成与2012年相比，变化规律略有不同，其中神农溪流域的林灌地和农业用地比例呈增长趋势，而草地比例明显减少，建设用地比例变化不大；而香溪河流域的林灌地同样呈现略有增长的趋势，而农业用地和草地比例减少，建设用地比例变化不大；小江林灌地比例增长最大，而农业用地比例明显减少，草地有所减少，而建设用地比例明显增长，表明在2012～2015年间，相比另外两条支流，小江流域城镇化增长趋势明显偏高。但整体上流域之间景观类型仍存在显著差异，香溪河林灌地比例最高，小江流域农业用地建设用地比例最高，神农溪流域介于二者之间，与香溪河流域更接近。

表4-59　2015年21个观测断面对应景观类型组成　　单位：%

断面对应集水区	林灌地	草地	农业用地	水体	建设用地	未利用地
SN01	79.01	4.34	14.24	0.97	1.16	0.28
SN02	80.48	4.03	13.39	0.83	1.01	0.26
SN03	55.51	10.00	29.96	1.43	2.93	0.18
SN04	84.25	3.14	11.13	0.78	0.58	0.11
SN05	73.85	6.27	16.64	0.51	1.89	0.83
SN06	84.79	3.10	10.85	0.60	0.55	0.12
SN07	87.76	2.97	8.33	0.50	0.37	0.07
XX01	87.91	1.53	8.56	1.00	0.88	0.12
XX02	88.17	1.49	8.50	0.85	0.86	0.12
XX03	88.46	1.45	8.34	0.80	0.84	0.11
XX04	89.16	1.64	7.54	0.74	0.83	0.10
XX05	89.48	1.57	7.35	0.71	0.80	0.09
XX06	90.82	1.33	6.50	0.63	0.64	0.07

续表

断面对应集水区	林灌地	草地	农业用地	水体	建设用地	未利用地
XX07	87.19	0.96	10.19	0.75	0.79	0.12
XX08	90.84	1.10	6.53	0.68	0.79	0.06
XX09	91.72	1.61	5.88	0.44	0.31	0.05
XJ01	56.88	8.04	31.37	2.06	1.41	0.23
XJ02	57.06	8.03	31.43	1.94	1.37	0.16
XJ03	57.00	7.98	31.69	1.76	1.41	0.16
XJ04	58.36	7.72	30.70	1.62	1.44	0.16
XJ05	60.55	8.01	28.40	1.49	1.39	0.16

不同水流路径距离范围内的景观类型组成情况统计如下。

① 2012 年和 2015 年 100m 距离范围景观类型组成分别见表 4-60 和表 4-61。

表4-60　2012年100m距离范围景观类型组成　　单位：%

流域	林灌地	草地	农业用地	水体	建设用地	未利用地
XX01	59.17	2.77	13.58	20.46	3.41	0.61
XX02	61.69	2.75	13.88	17.58	3.47	0.62
XX03	64.14	2.89	12.05	16.71	3.63	0.59
XX04	65.50	2.90	12.23	15.39	3.41	0.56
XX05	66.56	2.74	12.43	14.66	3.07	0.54
XX06	69.53	2.17	12.34	13.30	2.30	0.37
XX07	59.53	2.16	19.57	15.21	2.79	0.74
XX08	69.79	2.30	11.06	14.27	2.30	0.27
XX09	73.50	1.41	14.07	9.10	1.72	0.20
XJ01	36.00	7.02	27.48	26.26	3.00	0.23
XJ02	37.01	7.22	28.52	24.07	3.05	0.13
XJ03	39.19	7.33	29.31	20.89	3.16	0.11
XJ04	41.20	6.68	30.33	18.39	3.28	0.12
XJ05	46.50	7.24	26.64	16.09	3.37	0.16
SN01	60.13	4.82	14.42	17.95	2.56	0.11
SN02	62.54	4.69	15.03	15.09	2.53	0.12
SN03	55.09	5.69	4.79	32.44	1.90	0.10
SN04	66.62	2.63	14.89	14.33	1.43	0.11
SN05	56.83	12.26	17.24	9.84	3.59	0.24
SN06	69.14	2.57	15.43	11.40	1.35	0.11
SN07	72.59	1.98	14.12	9.77	1.41	0.13

表4-61 2015年100m距离范围景观类型组成

单位：%

流域	林灌地	草地	农业用地	水体	建设用地	未利用地
XX01	58.72	2.53	12.94	21.06	3.94	0.82
XX02	61.15	2.49	13.39	18.24	3.89	0.84
XX03	63.80	2.66	11.53	17.33	3.92	0.76
XX04	65.19	2.67	11.78	15.99	3.75	0.63
XX05	66.34	2.53	11.97	15.23	3.37	0.57
XX06	69.26	2.00	11.96	13.84	2.57	0.36
XX07	58.80	1.81	19.07	15.88	3.43	1.00
XX08	69.56	2.12	10.70	14.74	2.64	0.24
XX09	73.22	1.31	13.75	9.77	1.74	0.21
XJ01	34.95	6.33	24.61	29.91	3.68	0.51
XJ02	35.91	6.49	25.54	27.95	3.76	0.36
XJ03	38.31	6.61	26.44	24.37	3.95	0.32
XJ04	40.42	6.07	27.51	21.53	4.12	0.35
XJ05	46.11	6.65	25.20	17.45	4.15	0.44
SN01	60.40	4.34	14.39	18.14	2.52	0.21
SN02	62.77	4.23	15.02	15.20	2.56	0.22
SN03	55.38	5.13	4.74	33.07	1.48	0.20
SN04	66.26	2.44	14.91	14.63	1.50	0.26
SN05	58.77	10.83	16.78	10.34	3.05	0.22
SN06	68.87	2.40	15.46	11.57	1.44	0.27
SN07	72.50	1.80	14.02	9.87	1.50	0.31

与各自整体流域相比，在100m范围内，香溪河、小江流域建设用地比例显著偏高，而神农溪流域建设用地稍微偏高，小江流域100m范围内的农业用地比例明显高于整体流域，而香溪河流域农业用地明显低于整体流域，神农溪流域在农业用地比例上相差不大，林灌草比例上，三条支流在100m范围内所占比例均低于整体流域。

② 2012年和2015年250m距离范围景观类型组成分别见表4-62和表4-63。

表4-62 2012年250m距离范围景观类型组成

单位：%

流域	林灌地	草地	农业用地	水体	建设用地	未利用地
XX01	76.82	2.52	11.95	6.15	2.14	0.42
XX02	78.06	2.48	11.62	5.29	2.13	0.41
XX03	79.21	2.80	10.39	5.07	2.15	0.39
XX04	79.90	2.74	10.31	4.64	2.03	0.37
XX05	80.39	2.62	10.30	4.41	1.91	0.36
XX06	82.70	2.07	9.57	4.00	1.40	0.27

续表

流域	林灌地	草地	农业用地	水体	建设用地	未利用地
XX07	76.87	1.51	14.83	4.58	1.83	0.38
XX08	83.36	2.17	8.60	4.28	1.45	0.14
XX09	84.20	1.53	10.29	2.79	1.02	0.17
XJ01	46.78	7.69	33.57	9.11	2.63	0.22
XJ02	47.20	7.69	33.99	8.42	2.58	0.12
XJ03	48.30	7.46	34.08	7.39	2.65	0.11
XJ04	49.68	6.87	34.03	6.63	2.68	0.12
XJ05	54.80	7.03	29.32	6.05	2.66	0.14
SN01	72.39	4.97	14.51	6.10	1.93	0.10
SN02	74.01	4.54	14.37	5.21	1.79	0.07
SN03	61.03	9.39	16.64	10.65	1.97	0.31
SN04	78.82	2.09	13.20	4.66	1.16	0.07
SN05	60.61	12.83	19.60	4.31	2.53	0.11
SN06	80.09	1.99	13.20	3.56	1.09	0.07
SN07	83.31	1.36	11.24	3.01	1.00	0.08

表4-63　2015年250m距离范围景观类型组成　单位：%

流域	林灌地	草地	农业用地	水体	建设用地	未利用地
XX01	70.32	2.50	12.29	11.05	3.15	0.69
XX02	71.93	2.43	12.37	9.53	3.05	0.70
XX03	73.84	2.70	10.63	9.06	3.15	0.61
XX04	74.74	2.66	10.71	8.37	2.99	0.53
XX05	75.48	2.53	10.77	7.97	2.77	0.48
XX06	78.01	2.00	10.38	7.23	2.07	0.31
XX07	69.75	1.53	17.09	8.37	2.49	0.77
XX08	78.59	2.14	9.34	7.69	2.09	0.16
XX09	80.47	1.38	11.32	5.18	1.45	0.20
XJ01	43.18	7.17	28.47	16.84	3.81	0.54
XJ02	43.82	7.24	29.09	15.71	3.78	0.36
XJ03	45.45	7.13	29.39	13.78	3.92	0.34
XJ04	47.12	6.54	29.75	12.23	4.01	0.36
XJ05	52.32	6.76	26.52	10.15	3.84	0.41
SN01	68.82	4.48	14.26	10.00	2.23	0.21
SN02	70.66	4.21	14.43	8.37	2.15	0.17

续表

流域	林灌地	草地	农业用地	水体	建设用地	未利用地
SN03	60.65	6.84	11.25	19.18	1.71	0.36
SN04	75.01	2.15	13.53	7.80	1.31	0.19
SN05	61.60	11.60	18.52	5.34	2.74	0.19
SN06	76.84	2.05	13.70	5.98	1.23	0.20
SN07	79.99	1.41	12.06	5.05	1.26	0.23

与100m范围内景观类型组成相比，250m范围内，香溪河、小江、神农溪流域建设用地比例稍微降低；农业用地比例方面，香溪河比例稍微降低，小江明显增高，神农溪比例变化不大；3条支流流域的林灌地比例稍微增高。

③ 2012年和2015年500m距离范围景观类型组成分别见表4-64和表6-65。

表4-64 2012年500m距离范围景观类型组成 单位：%

流域	林灌地	草地	农业用地	水体	建设用地	未利用地
XX01	76.82	2.52	11.95	6.15	2.14	0.42
XX02	78.06	2.48	11.62	5.29	2.13	0.41
XX03	79.21	2.80	10.39	5.07	2.15	0.39
XX04	79.90	2.74	10.31	4.64	2.03	0.37
XX05	80.39	2.62	10.30	4.41	1.91	0.36
XX06	82.70	2.07	9.57	4.00	1.40	0.27
XX07	76.87	1.51	14.83	4.58	1.83	0.38
XX08	83.36	2.17	8.60	4.28	1.45	0.14
XX09	84.20	1.53	10.29	2.79	1.02	0.17
XJ01	46.78	7.69	33.57	9.11	2.63	0.22
XJ02	47.20	7.69	33.99	8.42	2.58	0.12
XJ03	48.30	7.46	34.08	7.39	2.65	0.11
XJ04	49.68	6.87	34.03	6.63	2.68	0.12
XJ05	54.80	7.03	29.32	6.05	2.66	0.14
SN01	72.39	4.97	14.51	6.10	1.93	0.10
SN02	74.01	4.54	14.37	5.21	1.79	0.07
SN03	61.03	9.39	16.64	10.65	1.97	0.31
SN04	78.82	2.09	13.20	4.66	1.16	0.07
SN05	60.61	12.83	19.60	4.31	2.53	0.11
SN06	80.09	1.99	13.20	3.56	1.09	0.07
SN07	83.31	1.36	11.24	3.01	1.00	0.08

表4-65 2015年500m距离范围景观类型组成 单位：%

流域	林灌地	草地	农业用地	水体	建设用地	未利用地
XX01	77.28	2.37	11.25	6.24	2.36	0.50
XX02	78.34	2.30	11.18	5.39	2.29	0.50
XX03	79.39	2.64	9.99	5.16	2.36	0.45
XX04	80.06	2.58	9.99	4.73	2.24	0.40
XX05	80.54	2.47	9.99	4.50	2.12	0.37
XX06	82.84	1.95	9.26	4.09	1.61	0.25
XX07	77.26	1.32	14.31	4.69	1.92	0.50
XX08	83.35	2.04	8.36	4.38	1.70	0.16
XX09	84.64	1.48	9.80	2.87	1.05	0.16
XJ01	47.25	7.42	30.80	10.40	3.56	0.56
XJ02	47.70	7.46	31.24	9.74	3.50	0.38
XJ03	48.85	7.22	31.29	8.65	3.62	0.36
XJ04	50.34	6.65	31.16	7.78	3.69	0.38
XJ05	54.94	6.68	27.78	6.74	3.46	0.40
SN01	72.88	4.49	14.57	5.95	1.89	0.22
SN02	74.51	4.09	14.45	5.02	1.77	0.17
SN03	62.00	7.64	17.59	10.86	1.62	0.29
SN04	78.99	1.81	13.17	4.69	1.12	0.21
SN05	62.23	11.87	20.12	3.25	2.42	0.11
SN06	80.26	1.71	13.16	3.59	1.07	0.22
SN07	83.46	1.11	11.15	3.06	0.99	0.24

与250m范围内景观类型组成相比，500m范围内，香溪河、小江、神农溪流域建设用地比例稍微降低；农业用地比例方面，香溪河比例稍微降低，小江增长至接近整体流域水平，神农溪比例稍微增高；3条支流流域的林灌地比例稍微增高。

④ 2012年和2015年1000m距离范围景观类型组成分别见表4-66和表4-67。

表4-66 2012年1000m距离范围景观类型组成 单位：%

流域	林灌地	草地	农业用地	水体	建设用地	未利用地
XX01	81.50	2.22	11.09	3.34	1.59	0.26
XX02	82.51	2.18	10.60	2.86	1.58	0.26
XX03	83.32	2.46	9.63	2.74	1.61	0.24
XX04	83.78	2.40	9.55	2.51	1.53	0.23
XX05	84.23	2.27	9.42	2.39	1.46	0.22
XX06	86.34	1.76	8.47	2.17	1.10	0.16

续表

流域	林灌地	草地	农业用地	水体	建设用地	未利用地
XX07	81.89	1.30	12.74	2.47	1.35	0.24
XX08	86.72	1.83	7.79	2.32	1.25	0.10
XX09	87.42	1.35	8.92	1.50	0.71	0.10
XJ01	49.62	7.80	34.75	5.54	2.10	0.19
XJ02	49.90	7.79	35.01	5.16	2.03	0.11
XJ03	50.65	7.53	35.02	4.60	2.09	0.11
XJ04	51.94	7.02	34.62	4.20	2.11	0.11
XJ05	56.78	7.03	29.97	3.96	2.13	0.13
SN01	74.75	4.66	15.29	3.58	1.61	0.11
SN02	76.35	4.20	14.88	3.08	1.44	0.06
SN03	56.51	11.17	23.52	6.01	2.61	0.18
SN04	81.23	1.86	13.08	2.78	0.98	0.06
SN05	62.19	11.44	21.72	2.50	2.09	0.07
SN06	82.11	1.77	13.01	2.12	0.93	0.06
SN07	85.61	1.21	10.61	1.78	0.73	0.06

表4-67 2015年1000m距离范围景观类型组成 单位：%

流域	林灌地	草地	农业用地	水体	建设用地	未利用地
XX01	81.99	2.10	10.47	3.39	1.74	0.32
XX02	82.75	2.03	10.31	2.91	1.69	0.31
XX03	83.49	2.32	9.34	2.79	1.77	0.28
XX04	83.94	2.26	9.31	2.55	1.68	0.25
XX05	84.39	2.15	9.18	2.43	1.62	0.24
XX06	86.49	1.67	8.20	2.21	1.27	0.16
XX07	82.18	1.14	12.47	2.52	1.38	0.31
XX08	86.71	1.74	7.60	2.37	1.46	0.12
XX09	87.83	1.30	8.50	1.55	0.73	0.10
XJ01	50.33	7.60	32.36	6.28	2.88	0.53
XJ02	50.67	7.63	32.65	5.91	2.80	0.35
XJ03	51.45	7.36	32.64	5.31	2.90	0.35
XJ04	52.83	6.85	32.14	4.85	2.96	0.37
XJ05	57.06	6.76	28.68	4.38	2.77	0.34
SN01	75.00	4.24	15.52	3.46	1.58	0.20

续表

流域	林灌地	草地	农业用地	水体	建设用地	未利用地
SN02	76.63	3.80	15.08	2.94	1.42	0.14
SN03	57.21	10.03	24.22	6.12	2.27	0.16
SN04	81.37	1.64	13.13	2.76	0.95	0.15
SN05	63.01	10.51	22.50	1.90	2.01	0.07
SN06	82.26	1.54	13.03	2.10	0.91	0.16
SN07	85.81	1.02	10.55	1.75	0.71	0.16

与500m范围内景观类型组成相比，1000m范围内，香溪河、小江、神农溪流域建设用地比例稍微降低；农业用地比例方面，香溪河比例稍微降低，小江增长至接近整体流域水平，神农溪比例稍微偏高；3条支流流域的林灌地比例稍微偏高。

⑤ 2012年和2015年2000m距离范围景观类型组成分别见表4-68和表4-69。

表4-68　2012年2000m距离范围景观类型组成　　单位：%

流域	林灌地	草地	农业用地	水体	建设用地	未利用地
XX01	84.50	1.92	10.38	1.83	1.20	0.16
XX02	85.23	1.88	9.96	1.57	1.20	0.16
XX03	86.19	2.05	8.88	1.51	1.21	0.15
XX04	86.47	2.00	8.84	1.38	1.16	0.14
XX05	86.94	1.87	8.62	1.32	1.11	0.14
XX06	88.75	1.46	7.65	1.18	0.86	0.11
XX07	84.41	1.24	11.82	1.34	1.04	0.14
XX08	88.76	1.54	7.35	1.25	1.02	0.08
XX09	89.70	1.14	7.76	0.83	0.50	0.06
XJ01	52.16	7.93	34.92	3.33	1.52	0.14
XJ02	52.35	7.90	35.08	3.11	1.47	0.09
XJ03	52.61	7.72	35.27	2.80	1.51	0.09
XJ04	53.93	7.29	34.57	2.58	1.53	0.09
XJ05	58.10	7.29	30.41	2.49	1.59	0.11
SN01	76.29	4.34	15.85	1.95	1.38	0.19
SN02	77.73	3.86	15.36	1.68	1.23	0.14
SN03	56.68	13.34	24.16	3.47	2.25	0.10
SN04	82.51	2.00	12.99	1.53	0.82	0.14
SN05	66.79	8.88	20.90	1.33	1.87	0.22
SN06	83.22	1.90	12.79	1.17	0.78	0.14
SN07	86.92	1.45	10.01	0.98	0.56	0.08

表4-69 2015年2000m距离范围景观类型组成 单位：%

流域	林灌地	草地	农业用地	水体	建设用地	未利用地
XX01	84.91	1.83	9.93	1.86	1.28	0.19
XX02	85.42	1.75	9.79	1.59	1.25	0.19
XX03	86.35	1.94	8.70	1.54	1.31	0.18
XX04	86.63	1.89	8.68	1.41	1.24	0.16
XX05	87.08	1.78	8.45	1.34	1.20	0.15
XX06	88.91	1.39	7.43	1.20	0.96	0.11
XX07	84.61	1.12	11.71	1.36	1.02	0.18
XX08	88.84	1.45	7.19	1.27	1.15	0.09
XX09	90.03	1.11	7.43	0.85	0.50	0.07
XJ01	52.95	7.77	33.05	3.71	2.13	0.39
XJ02	53.18	7.77	33.22	3.50	2.07	0.26
XJ03	53.44	7.59	33.42	3.16	2.13	0.26
XJ04	54.81	7.19	32.65	2.90	2.18	0.27
XJ05	58.52	7.11	29.34	2.66	2.11	0.26
SN01	76.46	4.02	16.07	1.89	1.31	0.25
SN02	77.91	3.56	15.57	1.61	1.17	0.19
SN03	57.04	12.67	24.64	3.52	2.01	0.12
SN04	82.59	1.82	13.09	1.53	0.78	0.20
SN05	67.34	8.26	21.42	1.01	1.73	0.23
SN06	83.31	1.72	12.86	1.16	0.74	0.20
SN07	87.06	1.31	10.01	0.97	0.53	0.12

与1000m范围内景观类型组成相比，2000m范围内，香溪河、小江、神农溪流域建设用地比例稍有偏低，但仍高于流域整体中所占比例；农业用地比例方面，香溪河比例稍微降低，小江增长至高于整体流域水平，神农溪比例也增长至高于流域平均水平，这表明小江和神农溪流域中，农业用地在1000～2000m范围内所占比重明显高于流域平均水平；3条支流流域的林灌地比例稍微偏高。

香溪河流域不同水流路径范围内景观类型组成变化如图4-35所示。由图4-35可以看到，香溪河流域农业用地、建设用地、草地所占比例随水流路径范围的增加比重降低，表明在香溪河流域中，农业用地、建设用地等对水体污染产生正面影响的景观类型主要分布在离水体较近的区域。同样，草地也主要分布在离水体较近的地区，对随径流而产生的污染物迁移能起到一定的养分截留作用。林灌地主要分布在海拔较高的区域，从整体流域上看，主要分布在离水体较远的区域。

神农溪流域不同水流路径范围内景观类型组成变化如图4-36所示。由图4-36可以看到，与香溪河流域不同，神农溪流域建设用地所占比例随水流路径范围的增加比重降低，

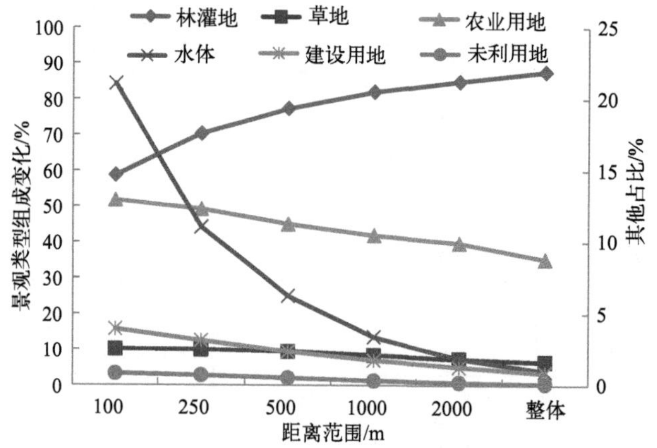

图4-35　香溪河流域不同水流路径范围内景观类型组成变化

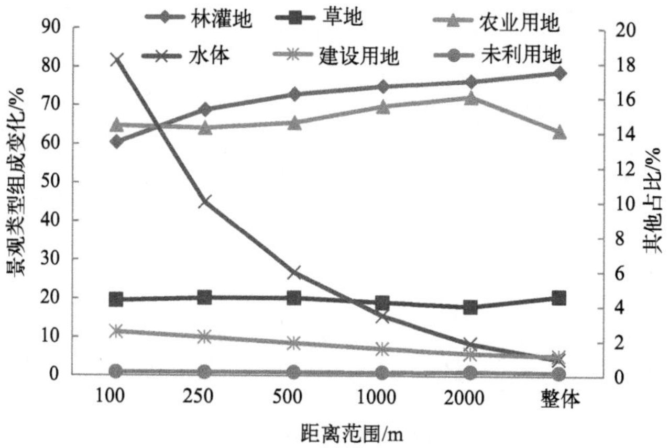

图4-36　神农溪流域不同水流路径范围内景观类型组成变化

表明在香溪河流域中，建设用地主要分布在离水体较近的区域。农业用地所占比例最高值为2000m范围内，表明在神农溪流域，农业用地主要分布在水流路径距离在1000～2000m的区间范围内，远离水体的农业用地农业面源污染物进入水体的能力也相对较弱，有利于农业面源污染的控制。而草地类型所占比例虽然变化不大，但整体流域的比例略高于其他不同距离范围内，表明在神农溪流域，草地大量分布在2000m距离以外的区域，草地对养分迁移截留的效益不能完全体现出来。林灌地方面，和香溪河流域相同，主要分布在远离水体的区域。

小江流域不同水流路径范围内景观类型组成变化如图4-37所示。由图4-37可以看到，小江流域建设用地所占比例随水流路径范围的增加比重降低，且主要分布在离水体水流路径距离范围1000m以内，尤其是250m以内。农业用地比重随着水流路径距离范围的增大而升高，表明农业用地主要分布在流域水流路径距离500m以外，尤其是1000m以外。草地也同样表现出随距离增大而比重升高的趋势，表明草地主要部分在远离水体的区域，同样对于污染物迁移过程中养分截留作用不利，和香溪河、神农溪流域相同，小江流域的林灌地也主要分布在远离水体的区域。

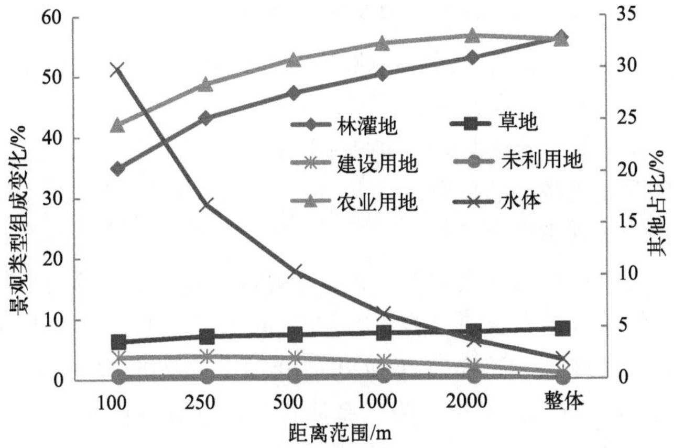

图4-37 小江流域不同水流路径范围内景观类型组成变化

3 条典型支流不同景观类型空间分布情况总结于表 4-70 中。

表4-70 3条典型支流不同景观类型空间分布情况

流域	林灌地	草地	农业用地	建设用地
香溪河	远离水体	近水体，250m 以内	近水体，250m 以内	近水体，250m 以内
神农溪	远离水体	远离水体，2000m 以外	1000～2000m 之间	近水体，250m 以内
小江	远离水体	远离水体	远离水体，1000m 以外	近水体，250m 以内

从景观类型组成情况看，香溪河流域的自然植被比例最高，建设用地比例最低，但从空间配置上看，香溪河流域对水体水质胁迫程度最高的农业用地和建设用地均主要分布在近水体区域，水流路径距离在 250m 以内；而小江流域的建设用地和农业用地比例最高，其中的农业用地则主要分布在 1000m 水流路径距离以外的区域，对水体污染贡献相对较小，但由于农业用地在整体流域所占比例超过 30%，就算是 100m 水流路径距离以内，农业用地比例也高达 24%，这表明，小江流域的农业用地分布从空间均匀性上是远离水体，但由于量大，对水体污染的威胁仍高于其他两条支流。

2）源汇景观负荷对比指数

由源汇景观负荷对比指数（LWLI）的计算公式［式（4-22）］，分别统计了不同断面集水区范围内不同源汇景观类型所占百分比、权重和洛伦茨曲线累积的面积，其中景观类型中，林灌地、草地分别为“汇”景观，由于草地对地表污染物迁移的截留作用高于林灌丛，因此权重赋值中，根据相关文献，林地赋值 0.5，草地赋值 1.0。而建设用地、农业用地和未利用土地为“源”景观，权重赋值如下，建设用地赋值 1.0，农业用地赋值 0.7，未利用地赋值 0.2。

$$\mathrm{LWLI} = \lg\left[\sum_{i=1}^{m}(S_i W_i P_i) / \sum_{j=1}^{n}(S_j W_j P_j)\right] \tag{4-22}$$

式中 W_i——“源”景观的权重；

W_j——“汇”景观的权重；

S_i——第 i 种“源”景观面积累积曲线组成的不规则三角形面积；

S_j——第 j 种“汇”景观面积累积曲线组成的不规则三角形面积；

P_i——第 i 种“源”景观类型的面积百分比；

P_j——第 j 种“汇”景观类型的面积百分比；

m——“源”景观类型的总数；

n——“汇”景观类型的总数。

源汇景观负荷对比指数的含义表明，指数值越高，越有利于非点源污染过程的发生，对水体污染产生的胁迫也越大。通过表 4-71 和表 4-72 可以看到，小江的源汇景观负荷对比指数值最高，香溪河最低，而 2012 年和 2015 年的比较分析可以看到，与 2012 年相比，2015 年小江和香溪河的指数值略有下降，而神农溪指数值略有升高，这表明，香溪河流域、小江流域的景观格局优化有利于非点源污染的控制，而神农溪的景观类型组成和空间配置变化则不利于非点源污染的控制。抛开部分支流内的小支流，其余分布在主要支流河道的不同断面的指数值变化表明，由上游至下游，指数呈增长趋势，表明在流域的下游区域，景观类型的组成及其空间配置不利于非点源污染的控制，水体污染的风险越高。

表4-71　2012年不同断面集水区源汇景观负荷对比指数计算结果

流域	源1	源2	源3	汇1	汇2	LWLI
SN01	0.1051	0.0129	0.0004	0.3885	0.0431	0.2743
SN02	0.1004	0.0113	0.0003	0.3960	0.0391	0.2573
SN03	0.1723	0.0219	0.0003	0.2874	0.1226	0.4740
SN04	0.0842	0.0071	0.0002	0.4176	0.0253	0.2064
SN05	0.1362	0.0180	0.0008	0.3466	0.0805	0.3629
SN06	0.0824	0.0066	0.0002	0.4209	0.0246	0.2002
SN07	0.0640	0.0047	0.0001	0.4376	0.0216	0.1498
XX01	0.0687	0.0110	0.0003	0.4279	0.0179	0.1793
XX02	0.0665	0.0109	0.0003	0.4309	0.0176	0.1731
XX03	0.0654	0.0105	0.0003	0.4327	0.0169	0.1696
XX04	0.0589	0.0103	0.0003	0.4369	0.0188	0.1524
XX05	0.0576	0.0099	0.0003	0.4389	0.0177	0.1484
XX06	0.0509	0.0076	0.0002	0.4472	0.0141	0.1274
XX07	0.0803	0.0100	0.0003	0.4251	0.0120	0.2073
XX08	0.0502	0.0091	0.0001	0.4468	0.0143	0.1288
XX09	0.0498	0.0045	0.0001	0.4524	0.0125	0.1171
XJ01	0.2358	0.0125	0.0002	0.2715	0.0805	0.7061
XJ02	0.2364	0.0120	0.0001	0.2724	0.0802	0.7050
XJ03	0.2381	0.0123	0.0001	0.2729	0.0791	0.7120
XJ04	0.2322	0.0125	0.0001	0.2797	0.0756	0.6892
XJ05	0.2075	0.0131	0.0002	0.2967	0.0771	0.5906

表4-72 2015年不同断面集水区源汇景观负荷对比指数计算结果

流域	源1	源2	源3	汇1	汇2	LWLI
SN01	0.1061	0.0124	0.0005	0.3894	0.0402	0.2771
SN02	0.1011	0.0110	0.0005	0.3969	0.0364	0.2597
SN03	0.1768	0.0196	0.0003	0.2884	0.1155	0.4867
SN04	0.0849	0.0067	0.0003	0.4179	0.0237	0.2081
SN05	0.1376	0.0174	0.0009	0.3500	0.0747	0.3671
SN06	0.0830	0.0064	0.0003	0.4213	0.0231	0.2017
SN07	0.0643	0.0044	0.0002	0.4380	0.0205	0.1502
XX01	0.0661	0.0116	0.0004	0.4297	0.0169	0.1748
XX02	0.0654	0.0113	0.0003	0.4318	0.0163	0.1720
XX03	0.0644	0.0110	0.0003	0.4335	0.0157	0.1685
XX04	0.0578	0.0110	0.0003	0.4378	0.0176	0.1517
XX05	0.0565	0.0106	0.0003	0.4397	0.0167	0.1475
XX06	0.0496	0.0084	0.0002	0.4481	0.0134	0.1262
XX07	0.0797	0.0099	0.0003	0.4260	0.0106	0.2058
XX08	0.0491	0.0101	0.0002	0.4473	0.0134	0.1290
XX09	0.0477	0.0045	0.0001	0.4539	0.0122	0.1125
XJ01	0.2248	0.0178	0.0006	0.2747	0.0791	0.6874
XJ02	0.2256	0.0173	0.0004	0.2759	0.0791	0.6854
XJ03	0.2273	0.0178	0.0004	0.2763	0.0779	0.6928
XJ04	0.2210	0.0182	0.0004	0.2833	0.0747	0.6690
XJ05	0.2010	0.0174	0.0004	0.2986	0.0757	0.5848

3）水质观测

课题组分别于 2012 年和 2015 年对香溪河、小江、神农溪共 21 个断面开展了连续 12 个月的水质观测，水质分析指标主要包括总氮（TN）、总磷（TP）、叶绿素 a（Chla）等，在年度分析中，可以按照水位分为高水位枯水期、汛期和蓄水泄水水位变化期，其中高水位枯水期为 11 月～次年 2 月，汛期为 6～8 月，3～5 月和 9～10 月为蓄水泄水水位变化期。

分别统计 2012 年和 2015 年不同水位阶段 21 个断面的水质平均值，结果如表 4-73 和表 4-74 所列。

表4-73 2012年不同水位运行阶段断面水质

断面	叶绿素a	TN	TP	叶绿素a高	TN高	TP高	叶绿素a低	TN低	TP低	叶绿素a变	TN变	TP变
SN01	1.51	1.20	0.16	1.21	1.29	0.14	2.01	1.23	0.17	1.45	1.11	0.17
SN02	0.54	1.31	0.14	0.47	1.45	0.12	0.65	1.47	0.14	0.52	1.10	0.15

续表

断面	叶绿素a	TN	TP	叶绿素a高	TN高	TP高	叶绿素a低	TN低	TP低	叶绿素a变	TN变	TP变
SN03	1.13	1.19	0.13	0.62	1.47	0.11	2.43	1.15	0.14	0.75	0.98	0.13
SN04	1.62	0.96	0.11	0.75	1.27	0.10	4.10	0.80	0.13	0.84	0.80	0.11
SN05	1.69	0.90	0.10	0.69	1.19	0.09	4.33	0.83	0.11	0.90	0.70	0.10
SN06	1.78	0.86	0.09	0.67	1.13	0.08	4.58	0.88	0.11	0.98	0.62	0.08
SN07	0.97	0.61	0.06	0.43	0.76	0.06	2.36	0.57	0.07	0.56	0.51	0.06
XX01	7.04	1.69	0.10	0.56	1.70	0.11	16.64	1.77	0.07	6.32	1.63	0.11
XX02	10.13	1.72	0.10	0.63	1.66	0.11	19.56	1.80	0.06	12.55	1.72	0.12
XX03	5.54	1.63	0.10	0.45	1.62	0.11	17.44	1.80	0.06	2.48	1.54	0.12
XX04	8.57	1.55	0.12	0.80	1.55	0.11	14.57	1.73	0.12	11.85	1.41	0.12
XX05	9.07	1.48	0.12	0.93	1.50	0.11	13.00	1.63	0.14	14.25	1.34	0.12
XX06	15.47	1.53	0.14	1.26	1.58	0.11	22.08	1.56	0.17	22.87	1.48	0.14
XX07	22.07	1.46	0.14	2.14	1.56	0.11	35.31	1.38	0.18	32.09	1.42	0.13
XX08	29.94	1.48	0.14	5.18	1.59	0.12	57.82	1.39	0.12	40.76	1.41	0.17
XX09	17.02	1.46	0.12	5.19	1.60	0.13	3.86	1.35	0.03	34.37	1.42	0.16
XJ01	0.77	1.69	0.05	66.01	2.73	0.10	32.18	1.68	0.12	32.78	1.94	0.10
XJ02	0.51	1.81	0.05	47.36	2.15	0.10	36.80	1.23	0.03	30.37	1.61	0.05
XJ03	0.54	2.18	0.04	52.49	2.61	0.10	31.39	1.21	0.03	28.95	1.80	0.05
XJ04	1.25	1.30	0.03	17.35	1.54	0.12	13.81	1.16	0.05	11.56	1.29	0.06
XJ05	1.52	0.91	0.03	5.05	1.35	0.11	25.55	1.44	0.03	14.42	1.28	0.05

注：1. 无后缀代表全年平均，高代表高水位枯水期平均，低代表汛期平均，变代表蓄水泄水水位变化期。

2. 表中数据叶绿素a单位为mg/m³，TN和TP单位为mg/L。

表4-74　2015年不同水位运行阶段断面水质

断面	叶绿素a	TN	TP	叶绿素a高	TN高	TP高	叶绿素a低	TN低	TP低	叶绿素a变	TN变	TP变
SN01	1.62	2.02	0.12	0.94	2.39	0.14	1.31	2.00	0.10	2.34	1.74	0.11
SN02	1.72	1.75	0.11	0.79	1.78	0.11	1.58	1.90	0.11	2.54	1.63	0.10
SN03	3.00	1.82	0.10	1.50	1.62	0.10	6.64	1.99	0.15	2.00	1.88	0.08
SN04	4.72	1.56	0.09	1.87	1.68	0.08	6.26	1.18	0.11	6.08	1.68	0.07
SN05	7.34	1.46	0.07	1.38	1.58	0.08	11.31	1.22	0.09	9.73	1.49	0.05
SN06	6.30	1.38	0.06	1.43	1.59	0.07	13.82	1.39	0.09	5.69	1.21	0.05
SN07	12.05	1.30	0.07	2.11	1.55	0.07	29.67	1.31	0.12	9.42	1.09	0.05
XX01	8.73	1.82	0.09	0.52	2.00	0.10	8.44	1.48	0.06	15.46	1.88	0.10
XX02	9.97	1.86	0.11	1.01	1.84	0.11	14.93	1.84	0.11	14.17	1.90	0.11

续表

断面	叶绿素a	TN	TP	叶绿素a高	TN高	TP高	叶绿素a低	TN低	TP低	叶绿素a变	TN变	TP变
XX03	8.02	1.78	0.11	0.97	1.93	0.11	15.68	1.48	0.10	9.06	1.84	0.12
XX04	20.67	1.99	0.21	1.15	1.97	0.14	29.64	2.14	0.33	30.89	1.91	0.18
XX05	32.14	1.82	0.25	1.81	1.69	0.14	15.01	1.78	0.37	66.69	1.96	0.27
XX06	42.15	1.91	0.28	8.06	1.77	0.16	15.01	1.78	0.37	85.70	2.10	0.31
XX07	6.35	1.89	0.16	1.79	1.70	0.18	5.09	2.16	0.17	10.77	1.88	0.14
XX08	30.09	1.67	0.16	3.50	1.76	0.14	1.88	1.32	0.15	68.28	1.82	0.19
XX09	23.28	1.54	0.28	3.33	1.86	0.14	0.80	1.44	0.32	52.72	1.35	0.38
XJ01	1.96	1.86	0.11	11.42	1.65	0.13	20.09	1.68	0.09	11.88	1.73	0.11
XJ02	3.80	1.94	0.10	14.39	1.94	0.17	32.82	1.81	0.08	18.54	1.89	0.11
XJ03	3.65	1.59	0.08	9.37	1.80	0.10	10.56	1.60	0.08	7.96	1.65	0.09
XJ04	4.37	1.61	0.08	10.52	1.61	0.15	84.97	1.40	0.09	39.49	1.52	0.10
XJ05	5.00	1.55	0.08	11.43	1.86	0.13	88.10	1.57	0.09	41.23	1.63	0.10

注：1. 无后缀代表全年平均，高代表高水位枯水期平均，低代表汛期平均，变代表蓄水泄水水位变化期。

2. 表中数据叶绿素a单位为mg/m³，TN和TP单位为mg/L。

由表4-73和表4-74可以看到，相比于TN、TP含量，叶绿素a浓度变化呈现显著的季节性特征，汛期和蓄水泄水水位变化期要显著高于高水位枯水期，不同支流不同时段的TN、TP含量变化也不一样，以小江为例，除了支流出水口库湾外，其他断面均表现出高水位枯水期TN、TP浓度高于蓄水泄水水位变化时期，汛期浓度最低；神农溪的TN浓度同样表现出这种差异，但TP却表现出汛期浓度最高，水位变化期浓度最低；而香溪河由于离三峡大坝最近，受回水区影响最大，离支流出口较近的库湾断面表现出高水位枯水期浓度最高，汛期浓度最低，而香溪河上游TP浓度显著高于其他河段，与支流流域内存在TP点源污染源（磷矿）有关，时间上，汛期TP浓度最高，这与支流流域内TP污染源强度高于干流补给有关。

香溪河作为离大坝最近的支流，受回水段影响较大，虽然上游神农架林区自然植被比重较高，但一方面由于香溪河存在磷矿等重要点源污染源，另一方面在回水段水位发生变化时，由于香溪河上游存在大量大坝，在蓄水位处于较低水位时，175m回水段区域难以得到上游水质较好的水流补给，使得回水区尾端叶绿素a浓度显著高于其他区域，这也表明在一定的营养元素保证下，几乎静止的水面是叶绿素a浓度高发的源泉。

而从时间的变化来看，2015年香溪河、神农溪的断面中TN、TP含量高于2012年，而小江流域变化不大。从TP浓度的变化上看，2015年香溪河支流上游TP浓度高达0.3mg/L，已经成为水体富营养化发生的主导因子。

4）相关分析

由于库首香溪河流域上游来水被大量截留，基于自然流域水文过程的景观格局分析难以阐述香溪河流域水质较差的原因，因此，在做景观格局与水质的关联分析时选择了小江、神农溪支流12个断面2012年和2015年的景观格局与对应水质进行分析，最后选择香溪河支流单独开展景观格局与水质关联分析。

Ⅰ. 小江、神农溪。利用 SPSS 20.0 软件皮尔逊相关分析法，分别得到小江和神农溪断面水质与对应景观格局指数的相关系数，其中每个水质指标均分为 3 个水位运行期以及年度 4 个变量进行统计分析。

各景观指标与不同时段 TN 浓度相关系数变化如图 4-38 所示。由图 4-38 可以看到，在小江与神农溪中，不同时段的 TN 浓度均与不同范围内的林灌地百分比呈负相关，且在汛期和高水位枯水期均达到了统计意义上的显著性，通过比较不同空间范围内的相关系数可以看到，离水体越近的区域林灌地比例越高，TN 浓度越低，相关系数（绝对值）越大。草地由于在所有的空间范围内所占比重较低，与 TN 浓度呈正相关，但没有达到显著性。此外汛期时段的断面 TN 含量与流域农业用地达到了显著正相关，表明在汛期，由于支流水质受到干流回水影响最小，受到支流本身流域上游污染来源影响最大，而农业用地比例在该时段与水体 TN 浓度相关程度最高，也说明了陆域不同景观类型中，农业用地可能是水体 TN 含量的主要影响因素，而且相关系数随着距离的增加而减小，更表明了近水体的农业用地是水体 TN 的最主要贡献源。

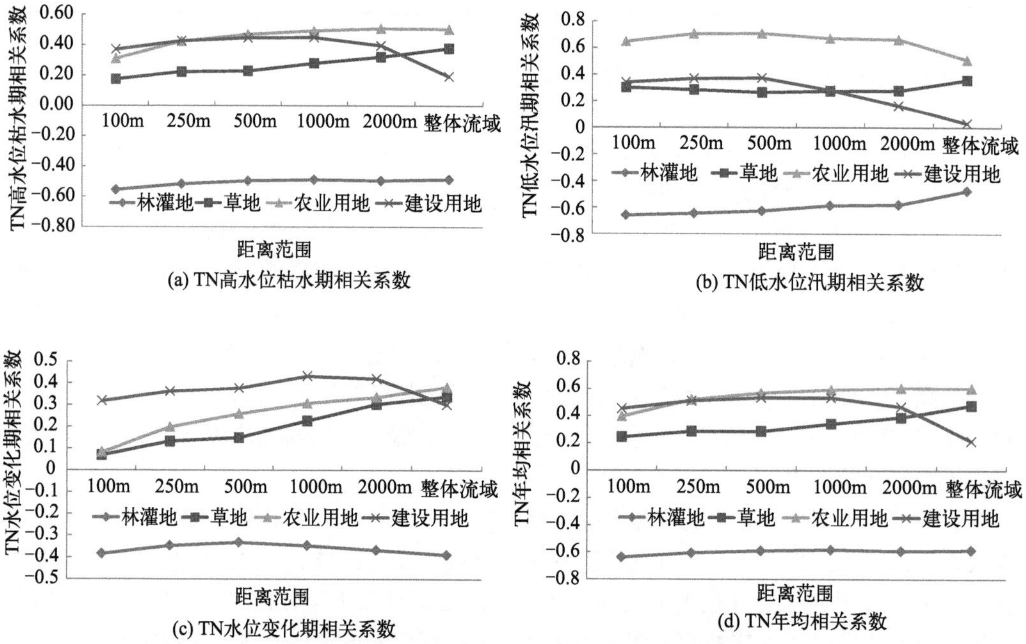

图4-38　各景观指标与不同时段TN浓度相关系数变化

各景观指标与不同时段 TP 浓度相关系数变化如图 4-39 所示。由图 4-39 可以看到，与 TN 指标不同，在不同的水位运行期间，TP 浓度与景观类型组成的关系不同，在高水位枯水期和水位变化期，TP 浓度与农业用地比例呈显著的负相关，而在高水位枯水期中林灌地比例与 TP 呈显著正相关，其他土地利用类型与 TP 相关系数较小，这与以往研究的结果不符，可能是这个时段支流水体 TP 与土地利用的组成和空间配置关联不大，主要受到其他诸如干流补给、点源、自然背景或内源污染等影响。而在汛期，这种相关关系完全不同，2000m 以内的建设用地比例与水体 TP 浓度呈显著的正相关，且随着离水体距离越近，相关性越强，表明在汛期近水体的建设用地是水体 TP 的主要贡献源，而整体流域建设用地比例与 TP 相关性不强，这表明，超过离水体 2000m 区域的建设用地对水体 TP 的贡献不大，表明在自然植被比重较高的流域 TP 浓度偏低，这与以往的研究结果相符。

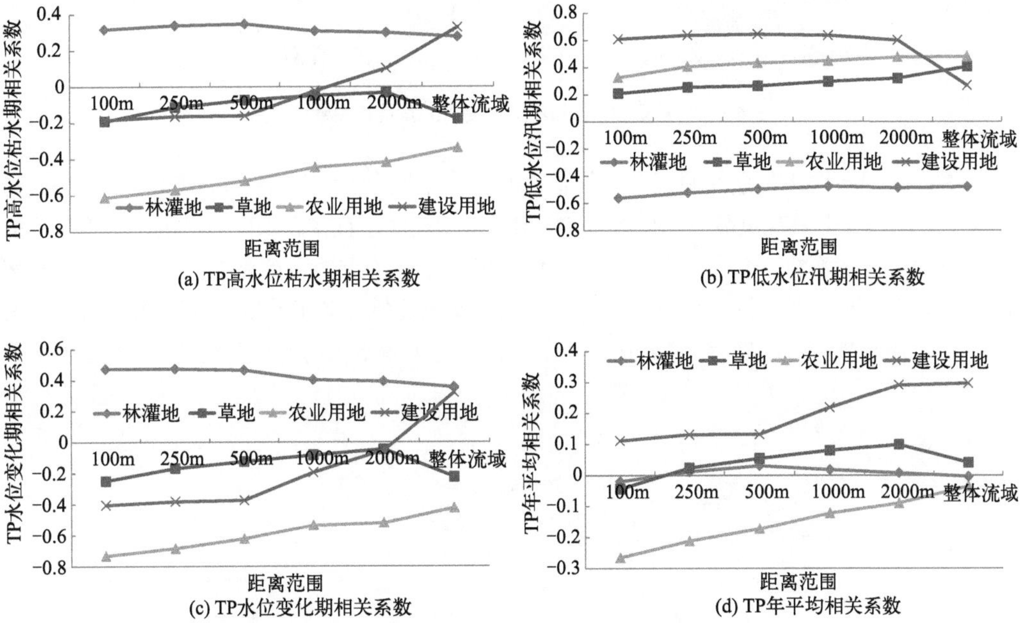

图4-39 各景观指标与不同时段TP浓度相关系数变化

一般说来，叶绿素 a（Chla）浓度存在显著的季节性特征，不仅与水体营养元素浓度有关，也与其他如气象要素（降雨、风速）、水文（流速、水温）等有关，因此，叶绿素 a 浓度与景观要素的关联性主要受营养元素的间接影响。通过图 4-40 可以看到，高水位枯水期内，叶绿素 a 浓度与景观要素之间相关性较小，而在汛期和水位变化期，农业用地比例与叶绿素 a 浓度呈显著的正相关，而林灌地比例与叶绿素 a 浓度呈显著的负相关，这与景观要素与 TN、TP 的相关关系一致，表明了在两条支流中，叶绿素 a 浓度还是与 TN、TP 浓度存在显著关联，表明支流水体的营养元素水平并未到达叶绿素 a 浓度超过 $10mg/m^3$ 的充要条件，在现有的营养元素水平下，并不一定导致水华发生。

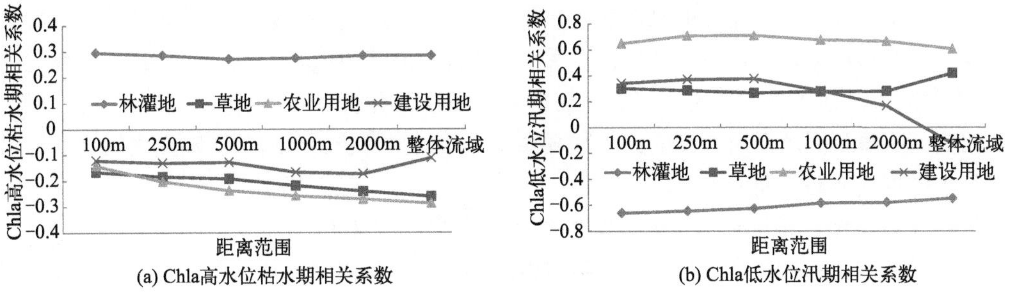

图4-40

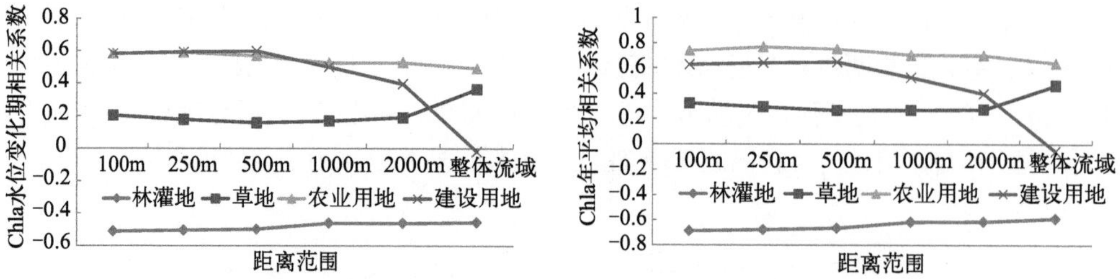

(c) Chla水位变化期相关系数　　(d) Chla年平均相关系数

图4-40　各景观指标与不同时段Chla浓度相关系数变化

图 4-41 是不同水位期间源汇景观负荷对比指数与水质之间的相关系数变化，可以看到，在各个时段，源汇景观负荷对比指数与 TN 均呈正相关性，且在高水位枯水期、汛期以及年平均均达到了显著性，而在汛期和水位变化期以及年平均方面，指数也与叶绿素 a 呈显著正相关，这表明，在无特殊点源以及水电工程的支流流域，源汇景观负荷对比指数可以很好地指示水体 TN 浓度和叶绿素 a 浓度。对于 TP，源汇景观负荷对比指数难以做出解释。

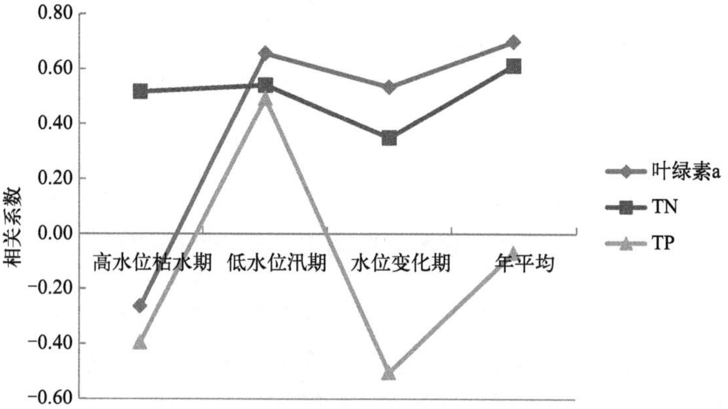

图4-41　源汇景观负荷对比指数与水质之间的相关系数变化

Ⅱ. 香溪河。香溪河作为三峡水库离库首最近的一条大支流，是水体受到干流回流影响程度最大的流域之一，香溪河发源于神农架林区，高程变化大，流域本身是以自然植被占绝大多数（超过 90%）的受人类干扰较小的流域，但由于在香溪河的上游同样存在大量的梯级小电站，人为地切割了水流，导致在回水区尾端以上区域常出现水流断流或静止的现象，这也导致了该流域的水体水质在与其他支流流域进行比较时，不能简单地以流域本身景观类型组成进行论述。此外，在香溪河支流存在大型磷矿开发，也导致了香溪河的 TP 浓度高于其他支流，这也不能通过简单的景观格局分析进行解析。本书尝试通过对香溪河支流本身不同断面所控制的集水区域景观格局进行解析，分析不同断面之间水质与对应集水区景观格局之间的关联。

各景观指标与不同时段 TN 浓度相关系数变化如图 4-42 所示。由图 4-42 可以看到，在高水位枯水期和水位变化期香溪河流域内断面水体 TN 浓度与建设用地尤其是近水体建设用地比例呈显著的正相关关系，而在汛期相关性虽然为正，但达不到显著性水平，同时

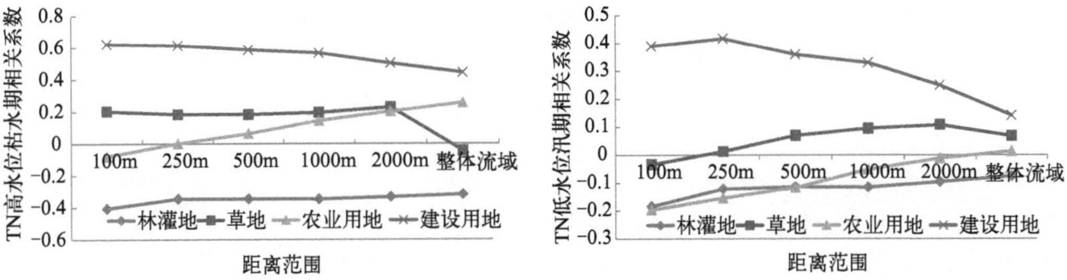

(a) TN高水位枯水期相关系数

(b) TN低水位汛期相关系数

(c) TN水位变化期相关系数

(d) TN年平均相关系数

图4-42 各景观指标与不同时段TN浓度相关系数变化

段林灌地比例与TN浓度呈负相关，但没达到显著性水平，其他如农业用地和草地比例在流域内较低，与TN浓度相关性也不强。

各景观指标与不同时段 TP 浓度相关系数变化如图 4-43 所示。由图 4-43 可以看到，TP 浓度在分时段与所有的景观类型组成均无较强的相关关系，而年平均水平下，TP 浓度与林灌地比例呈正相关性。

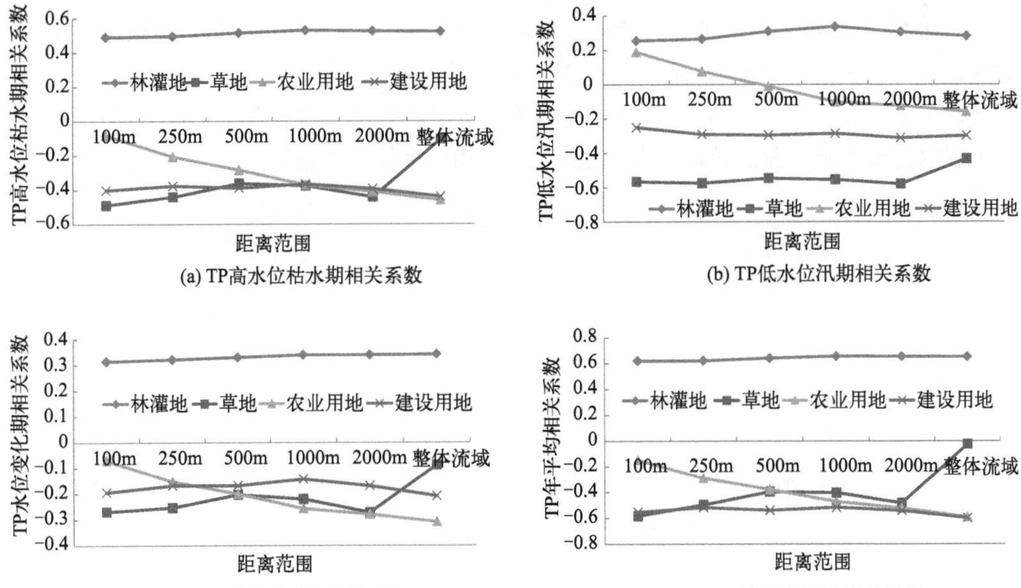

(a) TP高水位枯水期相关系数

(b) TP低水位汛期相关系数

(c) TP水位变化期相关系数

(d) TP年平均相关系数

图4-43 各景观指标与不同时段TP浓度相关系数变化

各景观指标与不同时段 Chla 浓度相关系数变化如图 4-44 所示。由图 4-44 可以看到，与 TP 浓度与林灌地呈正相关一样，叶绿素 a 浓度也与林灌地在高水位枯水期和汛期呈显著正相关，这同样与香溪河上游河段污染物难以稀释，水流流速几乎静止有关，为藻华的发生提供了便利的条件。

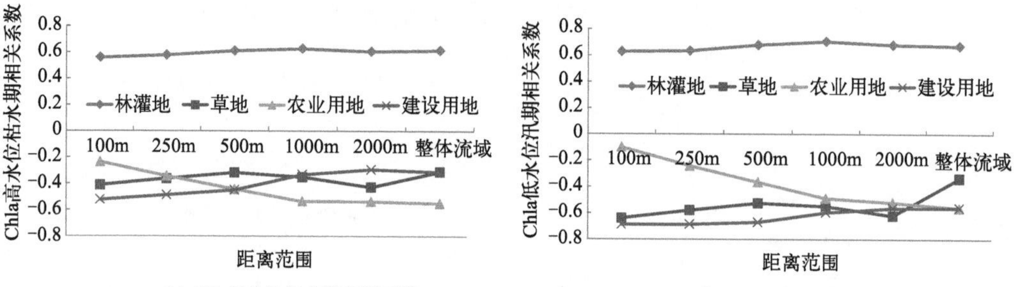

(a) Chla高水位枯水期相关系数　　(b) Chla低水位汛期相关系数

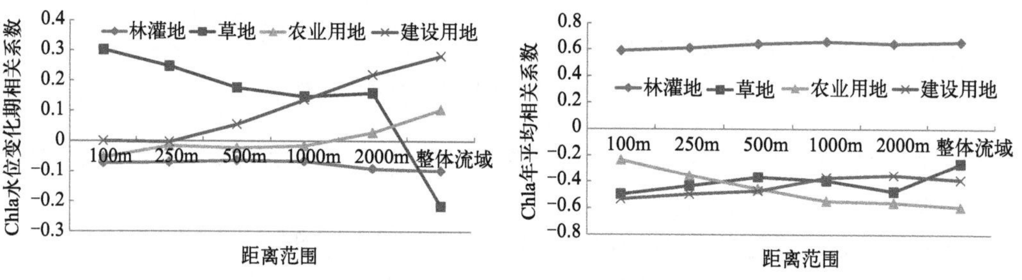

(c) Chla水位变化期相关系数　　(d) Chla年平均相关系数

图4-44　各景观指标与不同时段Chla浓度相关系数变化

图 4-45 是不同水位期间源汇景观负荷对比指数与香溪河不同断面水质之间的相关系数变化，可以看到，在各个时段，源汇景观负荷对比指数与 TN 均呈正相关，但均未达到显著性水平，而叶绿素 a 和 TP 浓度则与指数基本呈负相关，这表明在有特殊点源以及水电工程的支流流域，源汇景观负荷对比指数难以指示水体水质指标。

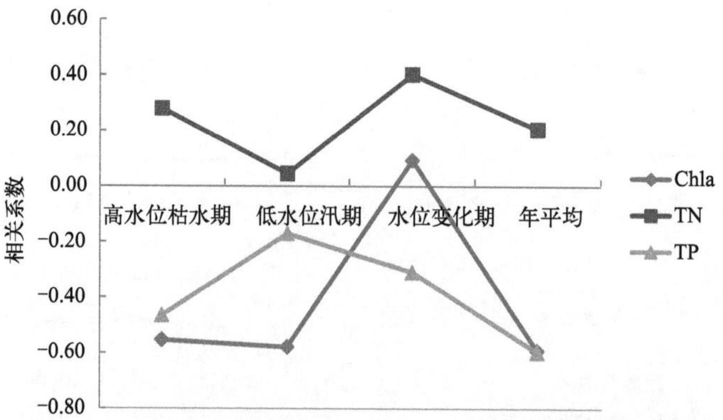

图4-45　源汇景观负荷对比指数与香溪河不同断面水质之间的相关系数变化

5）小结

① 针对水体 TN 指标，农业用地尤其是近水体的农业用地是 TN 的主要决定因子，但在水位变化期间和高水位枯水期，由于干流来水的补给，农业用地对 TN 的影响程度显著降低，而在汛期，则与 TN 产生显著正相关关系；林灌草比例与 TN 指标呈显著负相关，离水体越近，相关性越强。而在香溪河（受到上游截水影响）流域中，建设用地是 TN 的主要决定因子。水质与景观要素的相关分析表明，近水体景观要素对 TN 的影响强度较大。

② 与 TN 不同，TP 与景观要素的关联性不强，只有在支流流域非点源污染占据主导优势的汛期，2000m 以内的建设用地比例与水体 TP 浓度呈显著的正相关，而在整体流域中相关性较弱，这表明，超过离水体 2000m 区域内的建设用地对水体 TP 的影响很小。在香溪河中，由于点源以及水流截流等影响，TP 与各景观要素的组成关系不大。

③ 在汛期和水位变化期，农业用地比例与叶绿素 a 浓度呈显著的正相关，而林灌地比例与叶绿素 a 浓度呈显著的负相关，这和景观要素与 TN 相关关系一致，而在香溪河流域中，则不存在这样的关系，这主要与香溪河上游来水被截有关。

④ 基于源汇景观分类的负荷对比指数结果同样能较好地表征断面 TN、叶绿素 a 浓度的高低，而在特殊的水文流域如香溪河中，则难以进行表征分析。

4.4 三峡库区水质遥感动态监测与评估

4.4.1 叶绿素a浓度反演模型

传统的水质监测通过人工采集水样进行实验室分析，采用单一参数评价法或多参数的综合评价法进行水质评价。传统方法可以精确获得众多水质指标，但需要开展大量野外观测，耗费大量人力和物力，而且分析成本较高。为获得高精度的水质评价结果，往往需要连续观测以获得一定区域内水质参数的动态变化，传统观测方法更显力不从心。随着分析仪器的发展，部分水域陆续建立无人值守观测站，实现了长期、连续、自动观测，但这类观测站多分布于少部分水域，观测结果仅能反映观测站周围小区域内的水质情况，对于流域内大面积水体的总体水质信息，传统的观测方法显然无法满足要求。遥感技术的快速发展，给内陆水体水质监测和评价提供了新思路。水质遥感监测可以反映水质在空间和时间上的分布和变化规律，弥补了常规水质监测的不足，具有监测范围广、速度快、成本低以及便于进行长期动态监测的优势，因而可以为内陆水体水质监测与管理提供及时、全面的信息。

自 20 世纪 70 年代初期，遥感技术逐渐应用到陆地水体的研究中，并逐步从单纯的水域识别发展到对水质参数进行遥感监测、制图和预测。随着遥感技术的不断发展和对水质参数光谱特征及算法研究的不断深入，监测方法经历了分析方法、经验方法、半经验方法的发展过程。多种遥感数据，包括 Landsat MSS/TM，SPOT、MODIS，NOAA/AVHRR 以及各种航空高光谱数据，如 AVIRIS、CASI、AISA 等，广泛地应用于水质遥感监测研究。遥感监测水质从定性逐渐发展到定量，通过遥感可监测的水质参数种类逐渐增加，包括叶绿素 a、悬浮物、黄色物质、透明度、TP、TN、pH 值等，反演精度也在不断提高。目前，国内外专家就影响内陆水体光学性质的叶绿素 a、悬浮物和黄色物质三种主要物质，进行了大量的遥感监测方法研究，提出了多种反演算法，这些算法在大洋Ⅰ类水体的水质参数反演中已经取得比较令人满意的结果，形成了诸多业务化的标准算法，而在Ⅱ类水体中的应用研究成果也有不少，但受制于内陆水体光学特性复杂性，目前还没有形成较高精度。遥感监测研究所涉及的水质参数还包括水温、透明度、TP、TN、pH 值等，但是相关研究较少。

水质反演模型是指水质参数与光谱信息之间的数学关系，从模型构建的角度，可以将水质与光谱之间的分析方法分为经验方法、半经验方法、分析方法以及综合法等。

（1）经验方法

经验方法是通过建立实测水质参数值与光谱特征波段之间的统计关系进行相应水质参数的反演，该方法是一种简单、易用的模型，但需要大量的实时采样数据作为基础，模型缺乏可推广性。经验方法主要针对光谱分辨率较低的多光谱数据，如 Landsat-TM、HJ-1A/B 等，也有部分针对高时间分辨率的高光谱数据，如 MODIS 等，所选用的数学构造方法主要包括单波段法、组合波段法、指数法等，由于模型构建简单，除了应用到常有的叶绿素 a、悬浮物和黄色物质外，也应用到了 TN、TP、COD_{Cr}、BOD、藻华区域、水质综合指标等反演上，如 Vignolo 等根据 Landsat-TM7 影像构建了不同波段与水质综合指标之间的关联，通过反演得到了区域水质分布状况；陈云等根据 CBERS-02 卫星 CCD 数据构建 NDVI 与蓝藻水华发生区域之间的关联，从而提取区域蓝藻水华；安如等以太湖、巢湖为研究区，以 Hyperion 和 HJ-1A 卫星 HSI 高光谱数据以及实测水质浓度数据为实验数据，引入归一化叶绿素指数（NDCI），对水体的高光谱叶绿素 a 浓度估算进行分析研究。

经验方法简单，在具备足够多的地面观测数据时，可用于区域水质综合评价以及水华区域识别，因此该方法也可用于匹配有水质地面观测的区域。

（2）半经验方法

半经验方法则是在水质参数光谱特征分析的基础上，利用遥感数据的特征波段或波段组合与同步水质参数之间建立统计关系。

半经验方法的基础是光谱和水质的同步观测，因此该方法用到的卫星遥感数据主要为高光谱数据，但也有部分将观测光谱进行积分，从而得到多光谱波段与水质之间的关联。与经验法相同，半经验法的关键也是建立波段或波段组合与水质指标之间的关联，因此，该方法也可同样应用于多种水质指标的反演上。例如，马荣华和戴锦芳利用太湖梅梁湾附近水体的实测光谱和实测水质参数，分析得到叶绿素 a 浓度与 706nm 附近反射峰的位置是指示叶绿素 a 浓度最敏感的变量，并建立了反射峰位置与叶绿素 a 浓度的指数关系；李云亮等根据太湖地面实测高光谱数据以及同步水质参数数据，对比分析了三波段模型、两波段模型、反射峰位置法、一阶微分法 4 种方法用于估算太湖叶绿素 a 浓度的精度，并最终将反演模型应用到 Meris 影像反演叶绿素 a 上，得到了较好的效果。

与经验方法相似，半经验方法简单，对特定水体通常可以获得较好的模拟精度，但这两种方法也存在明显的缺点：最优波段或波段组合的选择是基于统计分析的结果，具有一定的随机性，所构建的模型也无法进行完善的理论解释；同时模型对地面实测数据的质量较为敏感，实测数据的准确性和代表性很大程度上影响了模型的精度及应用；模型的外推能力较弱，对较大面积水体进行经验/半经验模型空间外推，或进行相同水体不同时间段水质参数的变化分析时，经验和半经验方法往往难以获得合理的结果。

（3）分析方法

分析方法是基于生物光学模型，即以光在水体中的辐射传输过程为基础，通过水中辐射传输模型来确定水体中各组分与水体反射率光谱之间的关系，然后通过反射关系由水体反射率光谱计算水体各组分的含量。

$$R(0,\lambda)=f\times\frac{b_{\mathrm{b}}(\lambda)}{a(\lambda)+b_{\mathrm{b}}(\lambda)} \tag{4-23}$$

式中 $R(0,\lambda)$——水表面在波长为 λ 时的向上辐照度与向下辐照度的比值；

$a(\lambda)$——波长为 λ 时的吸收系数，是水体中各组分（包括纯水、浮游植物、非色素悬浮物和溶解性有机质）在 λ 处吸收系数之和，其值可以在实验室内利用分光光度计测量得到；

$b_{\mathrm{b}}(\lambda)$——波长为 λ 时的后向散射系数，可以通过仪器现场测量或对水样进行实验室分析测量其散射相函数，进而计算散射系数；

f——与光照条件有关的参数，其取值在 0.12 ～ 0.56 之间，也可根据经验模型计算。

由于海洋水体开阔，影响光学特性的物质组成简单，因此，国内外目前针对海洋SeaWiFS的表观光学量和固有光学量的观测和分析比较成熟。而内陆水体由于物质组成较为复杂，限制了生物光学模型方法在内陆水体中的应用，虽然国内外研究者投入了大量精力建立针对内陆湖泊的生物光学模型，也在不同地区获得了结果，如俄罗斯的贝加尔湖、美国的安大略湖、中国的太湖与青海湖。但受到星载影像的时空分辨率的限制，难以将模型应用推广到其他水域中。

相比经验和半经验模型方法，分析方法由于有相对明确的理论基础，对水质参数的光谱吸收特征解释性强，对实地观测数据的依赖较弱，因而有更高的稳定性和外推性。目前分析方法应用还不广泛，主要原因在于其机理的复杂性，在水体辐照度反演以及水质参数特征光谱获取方面存在比较大的难度。

（4）综合法

综合法是指针对水体水质的时空异质性，针对不同时段和区域水体采用不同的分析方法构建水质反演模型，这类方法具有明确的针对性，可以比较好地应用到水体水质变异较大的区域，但同样由于针对性太强，难以在缺少地面观测数据的基础上选择对应的反演模型，如何根据水质进行分时段分区同样对遥感观测结果产生重大影响，因此综合切换方法适用于有明显水质分区的区域。

目前国内外利用遥感技术进行水质参数反演的方法仍以经验和半经验分析方法为主，所建立的水质参数浓度值与遥感波段反射率值之间的统计关系在各个研究区均得到了较好的应用，但由于经验和半经验方法缺乏对光在水体中辐射传输过程的解释，模型的稳健性较差，加上 MODIS 数据空间分辨率较低以及 TM 数据重访周期较长等限制，经验与半经验方法往往不适合进行空间和时间尺度上的外推；CASI、ALI、AISA 等航空高光谱遥感数据在水质监测中得到应用，其更高的光谱分辨率可以捕捉水体精细的光学特性，从而可以进行更高精度的水质参数反演，同时也有利于基于地面实测光谱数据所建立反演算法的空间外推，但已有研究多是小区域内的实验性研究，影像覆盖范围较小，在实际应用中并不广泛。

内陆水体水质遥感监测在实际应用方面主要还是受限于遥感影像的时间分辨率较低、水质反演模型的精度和可拓展较差，因此，水质遥感监测的下一步发展方向既需要从卫星传感器角度开发专用的内陆水色传感器，也需要从遥感反演机理模型着手，更深入地了解各种水质指标的光学特性。总之，在水质遥感监测取得的既有成果基础上，针对目前遥感水质监测存在的不足，面向流域水质遥感监测服务和管理，水质遥感监测需要从遥感数据的处理方法、新型高光谱和高分辨率遥感数据的应用、水体光学特性的机理、水质参数精细化反演分析方法、水质参数多时相遥感监测与地面站网人工监测数据结合方法以及结合数据传输系统建立快速评价与响应等方面进行深入研究，以促成遥感技术在这一领域的推广与应用。

水环境遥感监测在监测手段和应用上具有面积大、成本低等优势，但对于特定的水体，尤其是三峡水库这种类似于河流性质的大面积水体，需要选择既具有高时间分辨率，又具有高空间分辨率的遥感影像，十分困难。此外，三峡水库具有重要的特征是航运，两岸陡峭形成的峡谷风、阴影以及航运对水平面的影响，也使得现场的水体光谱测定十分困难，尤其是要建立一个适用于整个三峡水库水面的遥感反演模型。支流流域水面较窄且两岸陡峭形成的阴影区域更大，干流水面较宽但水质较为均一，这都为建立三峡水库水质的遥感观测模型造成了巨大困难。

因此，在本书中，拟通过收集高时间分辨率的环境卫星影像，和多个团队开展的支流干流的定期水质观测进行匹配，建立一个相对可靠的经验性的水质反演模型，为三峡水库水质的时空差异识别提供依据。

1）水样采集分析

水样采用多联 Niskin（或类似的卡盖式）采样器采集分层样，水样在现场过滤、分离、封装、保存，按实验目的进行预处理（如酸化、固定、生物抑制），及时运回实验室后分析测试。其中主要的分析指标包括 TN、TP、叶绿素 a 和悬浮物浓度。监测频率为每月 1 次。

2）水质遥感反演

和太湖、巢湖等水面宽阔的内陆水体不同，三峡水库的水面存在以下显著特征。

① 水体两岸陡峭，不管是干流区域还是支流区域，尽管可以对遥感影像做正射校正，但由于拍摄角度会造成水体阴影区域，是不适合做水质定量反演的，既不适应于水质反演模型构建的地面观测，也不适应于已经构建的水质模型对水质的反演。

② 干流水面狭长，除了坝前区域水面宽度超过 1000m 外，其他干流区域水面宽度基本都低于 1000m，从坝前至库尾重庆主城区干流约长 645km，其特殊的形状使得对应的遥感影像难以保证整体水域能在同一时相被观测到，这主要是因为能保证时相的 modis 影像由于空间分辨率较低（最优为 250m）难以应用于三峡水库的水质遥感反演，能保证空间分辨率的 Landsat（空间分辨率为 30m），也难以保证三峡水库不同区域的同一时

相，其中 Landsat 卫星的运行周期为 16d，三峡水库区域所处的轨道号不能保证水库在同一时相都被拍摄（最理想的情况差异也为 16d）。国产 HJ 卫星由于轨道号对应的区域大小不同，且因为在时相上远优于 Landsat 卫星（综合考虑 HJ-1A 和 HJ-1B，HJ 卫星的运行周期为 1d），因此在部分时段可以覆盖三峡水库绝大部分水域，但时段上没有必然的规律。

③ 根据地面观测，支流是水华发生的主要区域，相应的干流水域一般叶绿素 a 浓度偏低，但悬浮物浓度较高，因此，要构建模型，需要同时匹配有干流（较低值）和支流（较高值）的观测数据。而支流相比干流更加陡峭，选择地面观测点既需要保证其符合叶绿素 a 浓度较高值范畴，同样需要水面较宽的区域，如支流汇水口处大库湾等。

根据三峡水库的实际水质和水面特征，本书选择了 2013 ～ 2014 年多次多支流观测数据作为地面观测，以配合遥感影像构建模型。

2013 ～ 2014 年根据遥感影像与实测数据进行匹配，2013 ～ 2014 年水质观测点位分布如图 4-46 所示（书后另见彩图）。水质采样时间及对应影像状况见表 4-75。

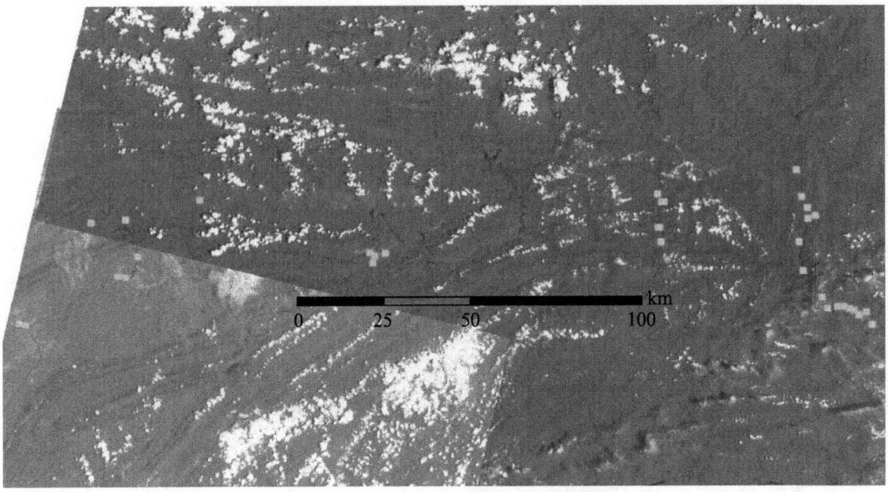

图4-46 2013～2014年水质观测点位分布

表4-75 水质采样时间及对应影像状况

区域	采样时间	影像时间	采样点数
香溪河及坝前干流	2013-1-15	2013-1-14	8
	2013-4-15	2013-4-15	7
	2013-6-15	2013-6-15	5
	2013-7-14	2013-7-12	5
	2013-9-15	2013-9-15	7
	2014-7-21	2014-7-21	18
	2014-8-15	2014-8-14	7

续表

区域	采样时间	影像时间	采样点数
朱衣河	2013-1-16	2013-1-14	4
	2013-5-24	2013-5-22	2
	2013-6-6	2013-6-4	2
	2013-6-12	2013-6-12	2
	2013-10-7	2013-10-9	4
小江	2014-7-23	2014-7-21	5
苎溪河	2013-9-18	2013-9-16	3
	2013-10-16	2013-10-14	3
	2014-10-22	2014-10-22	3
汝溪河	2013-9-23	2013-9-22	4
	2014-10-20	2014-10-22	4

2014 年 7 月 21 ～ 22 日于坝前、香溪河开展水质与光谱同步观测工作，并对应有 7 月 21 日 HJ 卫星影像。2014 年 7 月水质观测点分布如图 4-47 所示（书后另见彩图）。

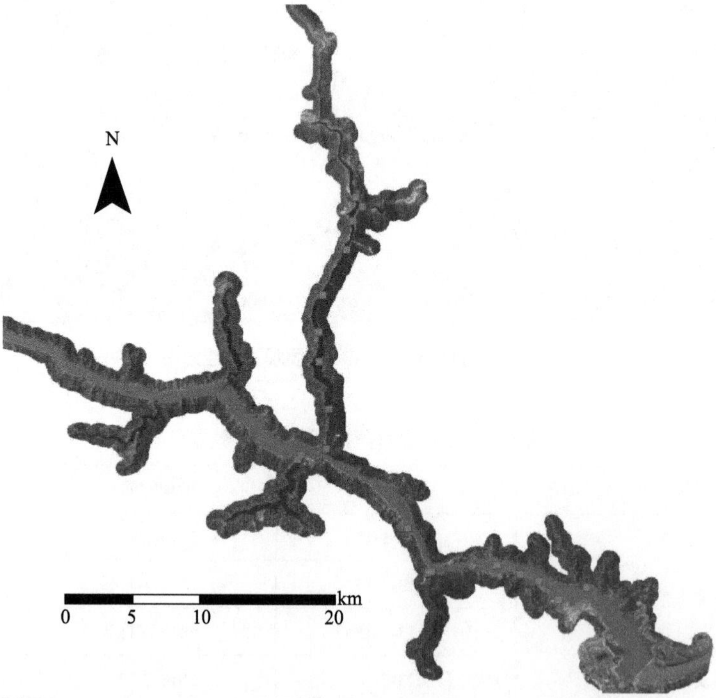

图4-47　2014年7月水质观测点分布

通过三峡各支流水质的现场观测，结合收集的环境卫星影像，建立光谱与水质之间的关联。与本书研究内容相关的水质实地观测贯穿全年，共开展了 18 次水质观测，以保证所建立模型的适用性，通过时相匹配较好（误差：±2d）的实际观测数据与影像不同波段反射率建立叶绿素 a 和悬浮物遥感反演模型，其中针对叶绿素 a 的实际观测数据为 93 个，通过文献的查询，对叶绿素 a 浓度及其对数值与相关变量［*b*1、*b*2、*b*3、*b*4、*b*4/*b*3、*b*4/*b*2、NDVI、*b*2–*b*4、*b*4–*b*3、*b*3–*b*1、*b*3/（*b*1+*b*4）、*b*2/（*b*1+*b*4）］进行数理统计，得到的最优模型见图 4-48。

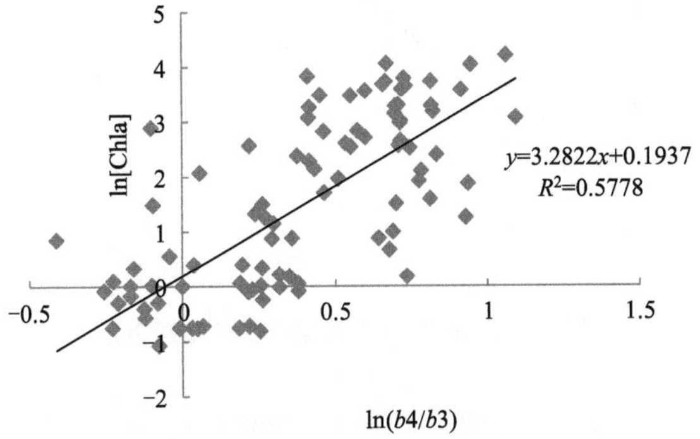

图4-48 叶绿素a反演模型

经过统计分析，叶绿素 a 浓度的对数值和第 4 波段与第 3 波段的比值的对数值相关性最高，由统计回归公式换算得到叶绿素 a 浓度的反演模型：

$$[\text{Chla}]=1.2412\times\left(\frac{\text{HJ4}}{\text{HJ3}}\right)^{3.2822} \tag{4-24}$$

式中 HJ3、HJ4——环境卫星影像第 3、第 4 波段的反射率。

选择使用 2015 年和 2016 年遥感监测结果与对应时间较吻合的地面观测数据对模型精度做进一步评估，选择的数据包括 2015 年 12 月 18 日香溪河 5 个断面（对应影像为 12 月 17 日），2016 年 1 月 25 日朱衣河段库湾、长江干流各 2 个断面（对应影像为 1 月 24 日），2016 年 4 月 26 日小江 4 个断面（对应影像为 4 月 28 日），8 月 14 日香溪河口（对应影像为 8 月 16 日），共 14 个数据（表 4-76）。

表4-76 叶绿素a反演模型验证

实测值	24.17	28.33	4.25	26.85	79.76	28.62	0.79	0.37	0.36	0.56	0.57	0.85	1.74	2.04
模拟值	21.21	25.34	7.87	36.36	61.19	45.4	2.2	2.0	1.84	1.28	2.0	3.3	3.18	3.89

遥感监测模型的精度并不高，但考虑到应用到了跨年份、不同时相和空间分布点的实际观测数据，识别三峡水库水体叶绿素 a 差异是完全可信的（图 4-49）。

对缺少实测地面数据时相的影像进行反演，为了保证数据的可比较性和可靠性，在每一景影像水体提取的前提下去除船体等噪声影响，并去除每一景影像对应的水体岸边 2 个像元（60m），以避免混合像元对反演结果的干扰。

参照“湖泊、水库富营养化评价方法及分级技术规定”，采用叶绿素 a 单指数法对水库水质进行富营养化程度评价，其中叶绿素 a 指数营养等级评价指标为：

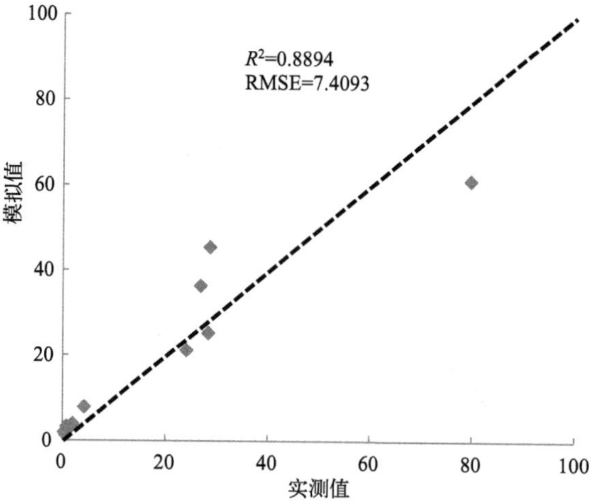

图4-49　叶绿素a浓度反演模型精度验证

$$TLI(Chla)=10\times(2.5+1.086\ln[Chla])\qquad(4\text{-}25)$$

并根据指数结果参照营养状态分级判断：

TLI（∑）< 30	贫营养
30 ≤ TLI（∑）≤ 50	中营养
TLI（∑）> 50	富营养
50 < TLI（∑）≤ 60	轻富营养
60 < TLI（∑）≤ 70	中富营养
TLI（∑）> 70	重富营养

在同一营养状态下，TLI 值越高，其营养程度越高。

为了更好地对比叶绿素 a 浓度在不同时段不同水域的差异，依据上述评判标准得到了三峡水库以叶绿素 a 浓度为单指标评估的水体营养级别分布状况，由于存在部分噪声数据，对反演数据进行了降噪处理，出现 5 个像元以下的高营养等级，视为噪声进行去噪处理。

受制于三峡水库水体的特殊性以及研究区气候等多个因素的干扰，现阶段还难以开展其他诸如透明度、可溶性有机物等参数的研究。一方面透明度与光照强度显著相关，在单日内都存在显著差异，卫星扫过的时间难以和观测时间较好对应；另一方面可溶性有机物在多光谱光学特征上并不明显，需要引入高光谱影像，但在现阶段三峡水库区域，难以获取大面积高光谱影像数据，尤其难以构建符合不同水位运行阶段不同水面的相对适用性较广的模型，有待卫星的进一步多样化和其他方式方法的引入，再开展相关研究工作。

4.4.2　175m蓄水位前叶绿素a浓度时空分布

基于叶绿素 a 浓度和悬浮物浓度的遥感反演模型，对蓄水前后水库较宽水面展开了遥感观测，为保证最终反演的结果中不存在混合像元，在对每一景影像水体提取后，再去除每一景影像对应的水体岸边 2 个像元（60m），以避免混合像元对反演结果的干扰；此外，对提取水体中出现的桥和船只也做挖去处理。

三峡水库首次蓄水至 175m 为 2010 年底，因此完整的蓄水、泄水、低水位运行等周期性水文年从 2011 年开始。在本书中，水质的遥感监测时段为 2003 ～ 2016 年，因此将 2003 ～ 2010 年监测作为蓄水前观测结果，完整的水文年观测结果为 2011 ～ 2016 年。

可观测的水域中首次出现富营养状态是在 2008 年 5 月 19 日的梅溪河和草堂河库湾，第二次为 2009 年 7 月 25 日，可观测的较大范围的富营养状态水域是在 2010 年 3 ～ 5 月的香溪河、草堂河、梅溪河等支流水域，以轻富营养级别状态为主，但在 5 月 23 日，库首区域的香溪河、童庄河、吒溪河等，出现大面积水域呈现重富营养级别状态。同样，在蓄水阶段的 9 月 17 日，香溪河、大宁河、梅溪河、童庄河等支流水域呈现重富营养级别状态，而库中的汤溪河、磨刀溪、小江等支流水质较好，以贫营养和中营养级别为主。但在 10 月 5 日，库首区域支流以贫营养和中营养级别为主，库中的梅溪河、汤溪河、磨刀溪、小江出现大面积水域呈现中富营养及以上级别。第一次蓄水接近 175m 水位的 11 月，不同支流水质均以贫营养和中营养级别为主。

总结规律如下：

① 2008 年以前观测的三峡水库干流与支流均为贫营养或中营养级别。首次出现轻富营养级别水域时，为 2008 年的 5 月。

② 大面积水域呈现富营养级别时为 2010 年的 3 ～ 5 月，汛期过后的首次蓄水过程中的 9 ～ 10 月，库首、库中不同支流均呈现出富营养级别状态，但时间不一致。随着蓄水的进行，首先是库首的支流水域呈现富营养级别状态，此后叶绿素 a 浓度降低，而库中支流出现大面积富营养级别水域，蓄水到 175m 后的冬季，库首库中水域均以贫营养和中营养级别为主。

4.4.3 175m蓄水位后叶绿素a浓度时空分布

从三峡水库的计划运行模式（图 4-50，书后另见彩图）来看，每年的低水位应该在 5 月末至 6 月初，低水位运行期为汛期的 6 ～ 9 月，蓄水至最高水位一般为 11 月，12 月～次年 4 月为较高水位运行，虽然 1 ～ 4 月出库量大于入库量，处于泄水期，但水位保证在 155m 以上，5 月开始进一步泄水至 145m。

三峡水库于 2010 年 11 月 2 日第一次蓄水至 175m 水位，因此，完整的蓄水泄水运行周期可以看作是从 2011 年开始。水库水位由于上游来水或下游需水在不同的年份均有相应的调整，总体上看来，根据三峡水库的水位周期性变化（图 4-50，书后另见彩图）可以将水文年分为以下 4 个阶段。

（1）汛前消落期（泄水期）

由最高水位下降至最低水位，一般为每年的 12 月中下旬～次年 6 月，时间持续近半年。

（2）汛期

由于汛期上游来水的影响，水位并非一直维持在 145m，本书中汛期主要指泄水至 145m 后至显著蓄水过程之间的时段，一般为每年的 6 月中下旬～ 8 月下旬，时间持续约 2 个月。

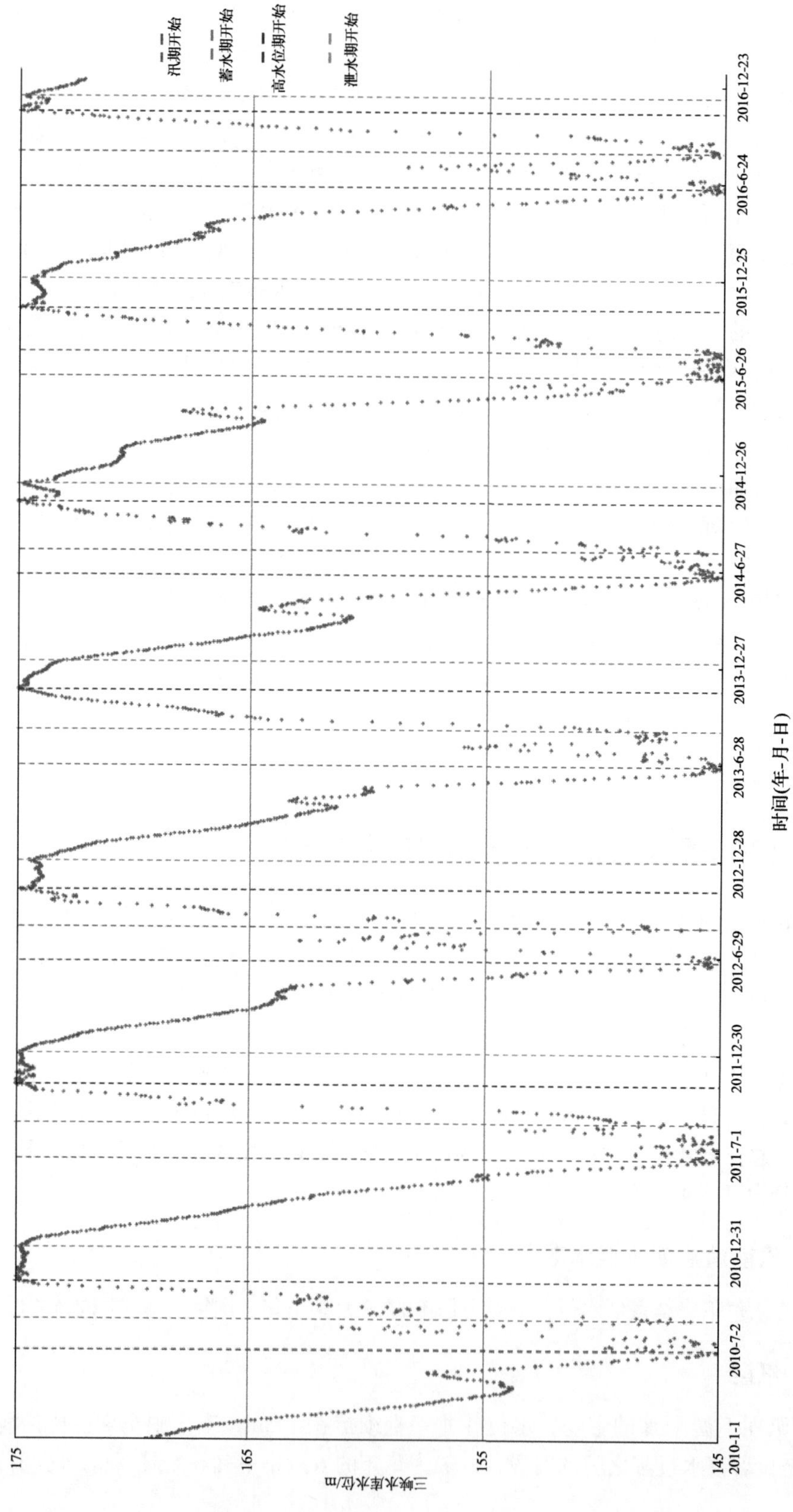

图4-50　2010～2016年三峡水库水位变化

（3）蓄水期

入库流量显著大于出库流量的过程，从低水位的 145m 蓄水至 175m，一般为每年的 8 月中下旬～ 10 月底，时间持续约 2 个月。

（4）高水位枯水期

高水位枯水期为每年降雨较少的时段，一直维持在最高水位，入库流量与出库流量相当，一般为每年的 11 ～ 12 月下旬，时间持续约 2 个月。

由此可以看到，4 个阶段中，汛前消落期（泄水期）时间最长，接近 6 个月，而其他三个阶段时间相近，均在 2 个月左右，但部分年份高水位枯水期在 50d 以下。根据图 4-50 中日变化的水位，具体的时段概况可见表 4-77。

表4-77　2011 ~ 2016年三峡水库基于水位的分阶段时段

年份	汛前消落期	汛期	蓄水期	高水位枯水期
2011	1月10日～6月10日	6月10日～8月20日	8月20日～10月30日	10月30日～次年1月10日
2012	1月10日～6月11日	6月11日～8月21日	8月21日～10月30日	10月30日～12月27日
2013	上年12月27日～6月21日	6月21日～8月26日	8月26日～11月13日	11月13日～次年1月1日
2014	1月1日～6月14日	6月14日～8月26日	8月26日～10月31日	10月31日～12月12日
2015	上年12月12日～6月21日	6月21日～8月17日	8月17日～10月29日	10月29日～12月22日
2016	上年12月22日～6月7日	6月7日～8月22日	8月22日～11月1日	11月1日～11月30日

根据已收集到的遥感影像，可观测的 2011 ～ 2016 年不同水位运行阶段的具体情况见表 4-78。

表4-78　2011 ~ 2016年不同水位运行阶段观测日期

不同水位运行期	水位	2011年	2012年	2013年	2014年	2015年	2016年
汛前消落期	＞165m	2月24日	1月31日	1月14日	1月23日	—	1月24日 3月1日
	＜165m	4月26日 5月18日	3月25日 4月22日 5月20日	3月8日 4月27日 6月4日 6月15日	—	4月29日 5月9日 5月19日	4月18日 4月28日
汛期	—	6月28日 7月20日 8月19日	6月19日 8月3日	7月12日 7月31日 8月12日	6月18日 7月21日 7月31日 8月14日	8月6日 8月13日	7月10日 7月22日 7月24日 7月31日 8月16日
蓄水期	＜165m	8月29日	8月29日	9月14日	—	9月6日	9月11日 10月2日
	＞165m	10月17日	9月14日 10月18日	9月21日 10月14日	9月22日 10月6日 10月22日	10月23日	—
高水位枯水期	—	11月20日 12月16日	12月24日	12月2日	11月14日	12月17日	—

蓄水至175m水位为2010年底，完整的水库运行周期则从2011年开始，每年由于降雨的差异和其他管理的需要，水库运行的周期会发生稍许的调整，但整体上保持一致。

4.4.3.1　汛前消落期

对2011～2016年各年汛前消落期的水体叶绿素a浓度空间分布进行观测。其中2011年观测到的结果为3天（2月24日、4月26日、5月18日），2012年观测到的结果为4天（1月31日、3月25日、4月22日、5月20日），2013年观测到的结果为5天（1月14日、3月8日、4月27日、6月4日、6月15日），2014年观测到的结果只有1天（1月23日），2015年观测到的结果为3天（4月29日、5月9日、5月19日），2016年观测到的结果为5天（1月24日、2月18日、3月1日、4月18日、4月28日）。

（1）2011年2月24日观测结果

观测到的水域主要从坝前至奉节，包括香溪河、童庄河、青干河、吒溪河、神农溪、大宁河、草堂河、梅溪河、朱衣河等支流部分水域。结果表明，整体上叶绿素a浓度较低，以贫营养和中营养级别为主，其中库首坝前叶绿素a浓度最低，巫山、奉节干流及草堂河、梅溪河、神农溪等支流局部水域营养级别达到了中富营养级别。

（2）2011年4月26日观测结果

观测到的水域主要从坝前至丰都，包括香溪河、童庄河、青干河、吒溪河、神农溪、大宁河、草堂河、梅溪河、朱衣河、磨刀溪、小江等支流部分水域。结果表明，干流部分，库首至巴东以及万州河段叶绿素a浓度显著高于其他干流河段，超过了10mg/m^3；支流部分，小江叶绿素a浓度最高，达到了重富营养级别；其他支流中，库首的香溪河、童庄河、神农溪等支流叶绿素a浓度相对较高，以中富营养级别为主，其他支流部分水域也达到了富营养级别。总的说来，绝大部分支流水域叶绿素a浓度较高，以小江、香溪河、童庄河、神农溪最为严重。

（3）2011年5月18日观测结果

观测到的水域主要从巫山至库尾重庆段，包括大宁河、草堂河、梅溪河、朱衣河、磨刀溪、小江等支流部分水域。干流部分，巫山至忠县段叶绿素a浓度超过了10mg/m^3，而忠县至重庆段干流叶绿素a浓度相对较低；支流部分，小江以及大宁河部分水域达到了重富营养级别，其他支流水域也均在轻富营养级别及以上。

（4）2012年1月31日观测结果

观测到的水域主要从云阳至丰都段，包括小江部分水域。可以看到虽然小江叶绿素a浓度要明显高于干流水域，但整体上叶绿素a浓度均处于富营养以下级别。

（5）2012年3月25日观测结果

观测到的水域主要从坝前至万州段，包括香溪河、童庄河、青干河、吒溪河、神农溪、大宁河、草堂河、梅溪河、朱衣河、磨刀溪、小江等支流部分水域。干流部分，万州至云阳段显著高于其他江段，且浓度高于 10mg/m³；而支流部分，小江叶绿素 a 浓度明显高于其他支流，其次为香溪河部分水域，达到了轻富营养级别。

（6）2012 年 4 月 22 日观测结果

观测到的水域主要从巴东至重庆主城区河段，包括神农溪、大宁河、草堂河、梅溪河、朱衣河、磨刀溪、小江等支流部分水域。干流部分，万州至云阳江段、奉节县与巴东县城部分江段明显高于其他干流段；支流部分，小江、神农溪、梅溪河明显高于其他支流，主要支流均有部分水域达到了轻富营养级别及以上。

（7）2012 年 5 月 20 日观测结果

观测到的水域主要从坝前至丰都，包括香溪河、童庄河、青干河、吒溪河、神农溪、大宁河、草堂河、梅溪河、朱衣河、磨刀溪、小江等支流部分水域。结果表明，干流部分，秭归至奉节江段叶绿素 a 浓度显著高于奉节至丰都，但整体都在 10mg/m³ 以下；支流部分，以小江、大宁河、神农溪浓度最高，宽阔水域达到了重富营养级别，其余支流也达到了轻富营养级别及以上。

（8）2013 年 1 月 14 日观测结果

观测到的水域主要从坝前至云阳江段，包括香溪河、童庄河、青干河、吒溪河、神农溪、大宁河、草堂河、梅溪河、朱衣河等支流部分水域。不管是干流还是支流，叶绿素 a 浓度均在 10mg/m³ 以下。

（9）2013 年 3 月 8 日观测结果

观测到的水域主要从坝前至云阳江段，包括香溪河、童庄河、青干河、吒溪河、神农溪、大宁河、草堂河、梅溪河、朱衣河等支流部分水域。其中支流叶绿素 a 浓度明显高于干流，只有极少部分支流叶绿素 a 浓度超过了 10mg/m³。

（10）2013 年 4 月 27 日观测结果

观测到的区域主要包括香溪河口至库尾重庆主城区大部分干流及部分支流。支流部分，香溪河、童庄河、青干河、吒溪河、神农溪、大宁河、草堂河、梅溪河、朱衣河、磨刀溪、小江、汤溪河大部分区域处于富营养状态，其中香溪河、吒溪河大部分水域达到了中富营养级别及以上；干流部分，库首秭归、巴东、巫山、库中的云阳县、库尾的丰都、涪陵、重庆主城区大部分河段处于富营养状态，库中万州、忠县小部分河段处于富营养状态，其余干流区域处于富营养状态以下。

（11）2013 年 6 月 4 日观测结果

观测到的区域主要包括坝前至库尾重庆主城区干流及部分支流。支流部分，香溪河、吒溪河、童庄河、青干河、神农溪、大宁河、草堂河、梅溪河、长寿湖处于富营养状态，尤其是香溪河、童庄河、吒溪河、长寿湖大部分水体处于中富营养级别以上，其中香溪河口往上河段达到了重富营养级别；干流部分，主要处于富营养状态以下。

（12）2013 年 6 月 15 日观测结果

观测到的区域主要是库首地区至巫山干流及部分支流。其中香溪河、童庄河、吒溪河、青干河、神农溪、大宁河大部分河段处于富营养状态，而干流主要处于富营养状态以下。

（13）2014 年 1 月 23 日观测结果

观测到的水域主要从坝前至忠县江段，包括香溪河、童庄河、青干河、吒溪河、神农溪、大宁河、草堂河、梅溪河、朱衣河、汤溪河、磨刀溪、小江等支流部分水域。不管是干流还是支流，叶绿素 a 浓度均在 10mg/m^3 以下。

（14）2015 年 4 月 29 日观测结果

观测到的区域主要包括坝前至库尾重庆主城区段大部分干流及部分支流。支流部分，香溪河、吒溪河、泄滩河、童庄河、青干河、板桥河、朱衣河、梅溪河、小江大部分河段处于中营养状态，神农溪、大宁河、抱龙河、草堂河、大溪河、长滩河、苎溪河大部分水域达到了轻富营养状态，而磨刀溪、汤溪河、汝溪河、东溪河、黄金河相对营养状态最高，大部分水域达到了中富营养级别，部分水域甚至达到了重富营养状态；干流部分，忠县、万州区、云阳县、奉节县草堂河入水口下游段、巫山县大宁河入水口下游段达到了富营养状态，其余水域则在富营养级别以下。

（15）2015 年 5 月 9 日观测结果

观测到的区域主要包括大坝至万州区大部分干流及部分支流（神农溪、大宁河、草堂河、梅溪河、朱衣河、长滩河、磨刀溪、小江部分水域，太平溪、青干河、板桥河、冷水溪、汤溪河、苎溪河库湾）。支流部分，青干河、板桥河库湾、冷水溪库湾、神农溪、大宁河的大部分水域达到了富营养状态，草堂河、梅溪河、朱衣河、汤溪河、磨刀溪有部分水域达到了富营养状态，小江则主要处于富营养级别以下；干流部分，大宁河口至神农溪河口以及秭归县境内西端达到了富营养级别，其他绝大部分水域都在富营养级别状态以下。

（16）2015 年 5 月 19 日观测结果

观测到的区域主要包括坝前至万州区部分干流及部分支流（香溪河、吒溪河、童庄河、神农溪、大宁河、大溪河、草堂河、梅溪河、朱衣河、汤溪河、磨刀溪）。支流部分，香溪河、童庄河、神农溪、大溪河、草堂河、梅溪河、朱衣河、磨刀溪、汤溪河大部分水域处于轻度富营养状态，大溪河、梅溪河部分水域到达中富营养状态及以上，而吒溪河、大宁河则在富营养状态以下；干流部分，坝前部分区域、秭归境内西部、奉节县域干流达到了轻富营养状态，其他主要在轻富营养状态以下。

（17）2016 年 1 月 24 日观测结果

观测到的区域主要包括云阳至万州段干流及部分支流（小江部分水域，磨刀溪、长滩河、汤溪河支流库湾），干流与支流部分均处于富营养状态以下，其中干流绝大部分处于贫营养状态，支流包括部分贫营养与中营养状态。

（18）2016 年 2 月 18 日观测结果

观测到的区域主要包括云阳至万州段干流及部分支流（小江、汤溪河部分水域，磨刀溪、长滩河、苎溪河支流库湾）。支流部分，绝大部分区域均处于富营养状态，其中小江、汤溪河、磨刀溪、长滩河部分水域达到了中富营养级别及以上；干流部分，除了小江入江口下游部分水域处于轻富营养状态，其他绝大部分水域处于中营养状态。

（19）2016 年 3 月 1 日观测结果

观测到的区域主要包括巫山至万州段干流及部分支流（大宁河、梅溪河、汤溪河、磨刀溪、小江部分水域，草堂河、朱衣河支流库湾等）。支流部分，大宁河、朱衣河库湾、磨刀溪、汤溪河、小江基本处于富营养状态，部分水域处于中富营养级及以上，小江、梅溪河部分水域处于富营养级别以下，草堂河库湾呈现中营养状态；干流部分，万州境内部分水域到达轻富营养状态，而磨刀溪支流入水口下游段部分水域达到了中富营养级别，其余水域主要在中营养状态。

（20）2016 年 4 月 18 日观测结果

观测到的区域主要包括坝前至库尾重庆主城区段大部分干流及部分支流。支流部分，香溪河、吒溪河、泄滩河、童庄河、青干河、板桥河、朱衣河、梅溪河、小江大部分属于处于中营养状态，神农溪、大宁河、抱龙河、草堂河、大溪河、长滩河、苎溪河大部分水域达到了轻富营养状态，而磨刀溪、汤溪河、汝溪河、东溪河、黄金河相对营养状态最高，大部分水域达到了中富营养级别，部分水域甚至达到了重富营养状态；干流部分，忠县、万州区、云阳县、奉节县草堂河入水口下游段及巫山县大宁河入水口下游段达到了富营养状态，其余水域则在富营养级别以下。

（21）2016 年 4 月 28 日观测结果

观测到的区域主要包括大坝至万州区大部分干流及部分支流（神农溪、大宁河、草堂河、梅溪河、朱衣河、长滩河、磨刀溪、小江部分水域，太平溪、青干河、板桥河、冷水溪、汤溪河、苎溪河库湾）。支流部分，青干河、板桥河库湾、冷水溪库湾、神农溪、大宁河的大部分水域达到了富营养状态，草堂河、梅溪河、朱衣河、汤溪河、磨刀溪有部分水域达到了富营养状态，小江则主要处于富营养级别以下；干流部分，大宁河口至神农溪河口以及秭归县境内西端达到了富营养级别，其他绝大部分水域在富营养级别状态以下。

4.4.3.2 汛期

对 2011 ～ 2016 年各年汛期的水体叶绿素 a 浓度空间分布进行观测。其中，2011 年观测到的结果为 3 天（6 月 28 日、7 月 20 日、8 月 19 日），2012 年观测到的结果为 2 天（6 月 19 日、8 月 3 日），2013 年观测到的结果为 3 天（7 月 12 日、7 月 31 日、8 月 12 日），

2014年观测到的结果为4天（6月18日、7月21日、7月31日、8月14日），2015年观测到的结果为2天（8月6日、8月13日），2016年观测到的结果为5天（7月10日、7月22日、7月24日、7月31日、8月16日）。

（1）2011年6月28日观测结果

观测到的区域主要包括坝前至丰都江段，包括香溪河、童庄河、青干河、吒溪河、神农溪、大宁河、草堂河、梅溪河、朱衣河、汤溪河、磨刀溪、小江等支流部分水域。干流部分，主要以贫营养和中营养级别为主；而支流中，除了库首的香溪河、童庄河以及库中的小江部分水域达到了重富营养级别，其他支流中也有少量水域达到了轻富营养级别甚至中富营养级别。

（2）2011年7月20日观测结果

观测到的区域主要包括巴东至库尾重庆江段，包括神农溪、大宁河、草堂河、梅溪河、朱衣河、汤溪河、磨刀溪、小江等支流部分水域。干流部分，均为贫营养或中营养级别；而支流部分，除了小江、大宁河、草堂河有部分水域达到了轻富营养级别甚至中富营养级别，其他支流大部分水域在富营养级别以下。

（3）2011年8月19日观测结果

观测到的区域主要包括奉节至库尾重庆部分江段，未观测到支流水域，干流的叶绿素a浓度均为贫营养或中营养级别。

（4）2012年6月19日观测结果

干流部分，除巫山至巴东部分江段叶绿素a浓度＞$10mg/m^3$（部分甚至超过$30mg/m^3$），其余干流江段均＜$10mg/m^3$；而支流部分，秭归香溪河近河口段浓度在10～$30mg/m^3$之间，远河口河段则大多在$30mg/m^3$以上，而吒溪河、童庄河近河口段浓度也在10～$30mg/m^3$之间，巴东神女溪观测河段部分浓度大多超过$30mg/m^3$，巫山大宁河监测河段大部分都＜$10mg/m^3$，也有部分江段＞$10mg/m^3$，其余监测支流浓度绝大多数＜$10mg/m^3$。

（5）2012年8月3日观测结果

观测的干流部分，叶绿素a浓度均＜$10mg/m^3$；支流部分，除秭归香溪河、巴东神女溪、巫山大宁河、奉节梅溪河与草堂河大部分河段均在10～$30mg/m^3$之间，上游支流河段绝大多数在$10mg/m^3$以下，只有小江部分河段在10～$30mg/m^3$之间。

（6）2013年7月12日观测结果

观测到的区域主要包括坝前至忠县大部分干流及部分支流。支流部分，香溪河、吒溪河、童庄河、神农溪大部分处于富营养状态，大宁河近河口段、梅溪河近河口段、朱衣河、草堂河、大溪河近河口段等主要处于富营养状态以下；干流部分，绝大部分处于富营养状态以下。

（7）2013 年 7 月 31 日观测结果

观测到的区域主要包括坝前至奉节干流及部分支流。支流部分，香溪河、吒溪河、童庄河、神农溪、大宁河、梅溪河、草堂河、朱衣河主要处于富营养状态，其中梅溪河、大宁河、神农溪部分河段达到重富营养状态；干流部分主要处于富营养状态以下。

（8）2013 年 8 月 12 日观测结果

观测到的区域主要包括巴东至重庆主城区干流及部分支流。支流部分，神农溪、大宁河、梅溪河、小江、朱衣河大部分水域处于富营养状态，草堂河部分处于富营养状态，大溪河口处于富营养状态以下；干流部分主要处于富营养状态以下。

（9）2014 年 6 月 18 日观测结果

观测到的区域主要包括巫山至江津间干流及部分支流，且均主要处于富营养状态以下。

（10）2014 年 7 月 21 日观测结果

观测到的区域主要包括坝前至长寿间干流及部分支流，其中大宁河、草堂河以及长寿湖大多数水域处于富营养状态，其余支流及干流主要处于富营养状态以下。

（11）2014 年 7 月 31 日观测结果

观测到的区域主要包括秭归至江津间干流及部分支流。其中香溪河、吒溪河、童庄河、青干河、神农溪、草堂河、梅溪河以及长寿湖大部分水域处于富营养状态，大宁河、朱衣河、小江少部分河段处于富营养状态；干流则主要处于富营养状态以下。

（12）2014 年 8 月 14 日观测结果

观测到的区域主要包括坝前至奉节、丰都至江津干流及部分支流。其中除大宁河、香溪河少部分水域处于富营养状态外，其余支流如梅溪河、童庄河、神农溪、草堂河主要处于富营养状态以下；干流主要处于富营养状态以下。

（13）2015 年 8 月 6 日观测结果

观测到的区域主要包括坝前至奉节梅溪河口干流及部分支流（太平溪、香溪河、童庄河、吒溪河、青干河、神农溪、大宁河、草堂河）。支流部分，大部分水域在富营养级别状态，其中香溪河、童庄河营养级别最高，大部分达到了中富营养级别及以上，吒溪河、神农溪、大宁河部分水域也达到了中富营养级别，而青干河水域则主要在富营养级别以下；干流部分水体均未达到富营养级别。

（14）2015 年 8 月 13 日观测结果

观测到的区域主要包括云阳县至库尾江津段干流及部分支流（长滩河、磨刀溪、汤溪河、小江、长寿湖）。支流部分，磨刀溪、长寿湖水体富营养级别程度最高，其余支流也均以富营养状态为主，只有小江上游区域未达到富营养程度；干流部分，均未达到富营养级别。

（15）2016 年 7 月 10 日观测结果

观测到的区域主要是坝前至巴东境内干流及部分支流（香溪河、童庄河、叱溪河、青干河、神农溪）。支流部分，香溪河、童庄河、叱溪河、神农溪大部分水域处于富营养状态，其中香溪河、神农溪部分河段达到了重富营养状态，青干河水域则主要在富营养级别以下；干流部分，均处于富营养状态以下。

（16）2016 年 7 月 22 日观测结果

观测到的区域主要包括坝前至奉节梅溪河口干流及部分支流（太平溪、香溪河、童庄河、叱溪河、青干河、神农溪、大宁河、草堂河）。支流部分，大部分水域均在富营养级别状态，其中香溪河、童庄河营养级别最高，大部分达到了中富营养级别及以上，叱溪河、神农溪、大宁河部分水域也达到了中富营养级别，而青干河水域则主要在富营养级别以下；干流部分，水体均未达到富营养级别。

（17）2016 年 7 月 24 日观测结果

观测到的区域主要包括巴东至万州段干流及部分支流（神农溪、大宁河、大溪河库湾支流、草堂河、梅溪河、朱衣河、磨刀溪、汤溪河、小江）。支流部分，磨刀溪水体富营养程度最高，大部分在中富营养级别及以上，而神农溪、大宁河、梅溪河绝大部分水域在富营养级别，草堂河、朱衣河部分水域达到了轻富营养级别，而汤溪河、小江基本未达到富营养级别；干流部分，基本未达到富营养级别。

（18）2016 年 7 月 31 日观测结果

观测到的区域主要包括云阳县至库尾江津段干流及部分支流（长滩河、磨刀溪、汤溪河、小江、长寿湖）。支流部分，磨刀溪、长寿湖水体富营养级别程度最高，其余支流也均以富营养状态为主，只有小江上游区域未达到富营养程度；干流部分，均未达到富营养级别。

（19）2016 年 8 月 16 日观测结果

观测到的区域主要包括坝前至奉节段干流及部分支流（香溪河、童庄河、叱溪河、青干河、神农溪、大宁河、梅溪河）。支流部分，香溪河、叱溪河、神农溪部分水域以及梅溪河、大宁河极少数水域达到了中富营养级别，其余支流也均有水域达到了轻富营养级别；干流部分，以贫营养级别为主。

4.4.3.3　蓄水期

对 2011 ～ 2016 年各年低水位蓄水期的水体叶绿素 a 浓度空间分布进行观测。其中，2011 年观测到的结果为 2 天（8 月 29 日、10 月 17 日），2012 年观测到的结果为 3 天（8

月 29 日、9 月 14 日、10 月 14 日），2013 年观测到的结果为 3 天（9 月 14 日、9 月 21 日、10 月 14 日），2014 年观测到的结果为 3 天（9 月 22 日、10 月 6 日、10 月 22 日），2015 年观测到的结果为 2 天（9 月 6 日、10 月 23 日），2016 年观测到的结果为 2 天（9 月 11 日、10 月 2 日）。

（1）2011 年 8 月 29 日观测结果

观测到的区域主要从奉节至库尾重庆段，包括汤溪河、磨刀溪、小江等支流部分水域。观测结果表明，干流部分，叶绿素 a 浓度均在 10mg/m³ 以下；支流部分，以轻富营养级别为主，只有少数水域达到了中富营养级别及以上。

（2）2011 年 10 月 17 日观测结果

观测到的区域主要包括坝前至万州江段，包括香溪河、童庄河、青干河、吒溪河、神农溪、大宁河、草堂河、梅溪河、朱衣河、汤溪河、磨刀溪、小江等支流部分水域。干流部分，主要以贫营养和中营养级别为主；而支流部分，叶绿素 a 浓度较高的主要包括青干河、吒溪河、神农溪、大宁河、小江，其次为香溪河和童庄河，以轻富营养级别为主，中富营养级别只有青干河、吒溪河、神农溪、大宁河、小江极少部分水域。

（3）2012 年 8 月 29 日观测结果

观测到的区域主要包括坝前至云阳江段，以及香溪河、童庄河、青干河、吒溪河、神农溪、大宁河、草堂河、梅溪河、朱衣河等支流部分水域。虽然支流叶绿素 a 浓度高于干流水域，但均在 10mg/m³ 以下。

（4）2012 年 9 月 14 日观测结果

观测到的水域主要从坝前至库尾重庆，包括香溪河、童庄河、青干河、吒溪河、神农溪、大宁河、草堂河、梅溪河、朱衣河等支流部分水域。结果表明，干流部分，叶绿素 a 浓度均在 10mg/m³ 以下；而支流部分，以大宁河叶绿素 a 浓度最高，部分水域达到了重富营养级别，其次为神农溪和梅溪河少量水域，也在中富营养级别，其他支流主要在 10mg/m³ 以下。

（5）2012 年 10 月 14 日观测结果

观测到的水域主要从坝前至库尾重庆，包括香溪河、童庄河、青干河、吒溪河、神农溪、大宁河、草堂河、梅溪河、朱衣河、小江、磨刀溪等支流部分水域。结果表明，干流部分，叶绿素 a 浓度均在 10mg/m³ 以下；而支流与 9 月 14 日结果类似，以大宁河、神农溪、梅溪河部分水域叶绿素 a 浓度最高，部分水域达到了中富营养级别。

（6）2013 年 9 月 14 日观测结果

观测到的区域主要包括坝前至丰都干流及部分支流，其中忠县段由于影像质量问题无监测结果。支流部分，小江、汤溪河、磨刀溪部分水域处于富营养级别，香溪河、神农溪、大宁河、梅溪河只有少部分水域处于富营养级别，其他支流处于富营养状态以下；干流部分，主要处于富营养状态以下。

（7）2013年9月21日观测结果

观测到的区域主要包括巴东至重庆主城区大部分干流及部分支流。其中神农溪、小江、草堂河、汤溪河、磨刀溪、黄金河、东溪河大部分水域处于富营养级别，长寿湖、汝溪河、大宁河部分水域处于富营养级别；干流主要处于富营养状态以下。

（8）2013年10月14日观测结果

观测到的区域主要包括坝前至万州大部分干流及部分支流。支流部分，香溪河、叱溪河、汤溪河、小江、磨刀溪大部分水域主要处于富营养状态，其余支流只有少部分水体处于富营养状态；绝大多数干流处于富营养状态以下。

（9）2014年9月22日观测结果

观测到的区域主要包括坝前至奉节干流及部分支流。其中除大宁河、神农溪少部分水域处于富营养状态外，其他支流及干流均处于富营养状态以下。

（10）2014年10月6日观测结果

观测到的区域主要包括坝前至江津间干流及部分支流。其中除磨刀溪、小江大多数水域处于富营养状态外，其余支流包括香溪河、童庄河、叱溪河、青干河、神农溪、大宁河、朱衣河、草堂河、梅溪河以及干流处于富营养状态以下。

（11）2014年10月22日观测结果

观测到的区域主要包括大坝前至重庆主城区间干流及部分支流。其中除磨刀溪、长寿湖部分水域处于富营养状态外，其他大部分水域均处于富营养状态以下。

（12）2015年9月6日观测结果

观测到的区域主要包括坝前至万州区大部分干流及部分支流（香溪河、童庄河、叱溪河、青干河、神农溪、大宁河、大溪河、草堂河、梅溪河、朱衣河、小江）。支流部分，香溪河、叱溪河、童庄河、大宁河、小江大部分水域达到了轻富营养级别，其余支流中水域大部分在富营养级别以下；干流部分均未达到富营养状态。

（13）2015年10月23日观测结果

观测到的区域主要包括坝前至库尾江津大部分干流及部分支流（香溪河、童庄河、叱溪河、青干河、神农溪、大宁河、黄金河、长寿湖），支流与干流绝大部分水域未达到富营养状态。

（14）2016年9月11日观测结果

观测到的区域主要包括坝前至巴东干流及部分支流（香溪河、叱溪河、童庄河、青干河、神农溪）。支流部分，香溪河、叱溪河、童庄河、青干河、神农溪水域基本呈现富营养状态，其中童庄河、香溪河与吒溪河回水末端达到了中富营养级别及以上；干流部分均未达到富营养状态。

（15）2016 年 10 月 2 日观测结果

观测到的区域主要包括坝前至万州区大部分干流及部分支流（香溪河、童庄河、吒溪河、青干河、神农溪、大宁河、大溪河、草堂河、梅溪河、朱衣河、小江）。支流部分，香溪河、吒溪河、童庄河、大宁河、小江大部分水域达到了轻富营养级别，其余支流中水域则大部分在富营养级别以下；干流部分均未达到富营养状态。

4.4.3.4 高水位枯水期

对 2011 ～ 2015 年各年高水位枯水期的水体叶绿素 a 浓度空间分布进行观测（2016 年缺少质量较好的影像，因此没有该时段监测结果）。其中，2011 年观测到的结果为 2 天（11 月 20 日、12 月 16 日），2012 年观测到的结果为 1 天（12 月 24 日），2013 年观测到的结果为 1 天（12 月 2 日），2014 年观测到的结果为 1 天（11 月 14 日），2015 年观测到的结果为 1 天（12 月 17 日）。

（1）2011 年 11 月 20 日观测结果

观测到的区域主要包括奉节至涪陵江段，以及草堂河、梅溪河、朱衣河、小江等支流部分水域。观测结果表明，虽然支流叶绿素 a 浓度高于干流，但除极个别水域外，均为贫营养或中营养级别。

（2）2011 年 12 月 16 日观测结果

观测到的区域主要包括巴东至万州江段，以及神农溪、大宁河、大溪河、草堂河、梅溪河、朱衣河、小江等支流部分水域。结果表明，不管是干流还是支流，叶绿素 a 浓度均低于 $10mg/m^3$。

（3）2012 年 12 月 24 日观测结果

观测到的区域主要包括秭归至云阳江段以及香溪河、童庄河、青干河、吒溪河、神农溪、大宁河、草堂河、梅溪河、朱衣河、小江等支流部分水域。结果表明，不论是支流还是干流，叶绿素 a 浓度均低于 $10mg/m^3$。

（4）2013 年 12 月 2 日观测结果

观测到的区域主要包括坝前至万州干流及香溪河、童庄河、青干河、吒溪河、神农溪、大宁河、草堂河、梅溪河、朱衣河、小江等支流部分水域。结果表明，除了极少数水域达到了轻富营养级别，整体水域均处于贫营养和中营养级别。

（5）2014 年 11 月 14 日观测结果

观测到的区域主要包括坝前至万州干流及香溪河、童庄河、青干河、吒溪河、神农溪、大宁河、草堂河、梅溪河、朱衣河、小江等支流部分水域。结果表明，除了极少数水域达到了轻富营养级别，整体水域均处于贫营养和中营养级别。

（6）2015 年 12 月 17 日观测结果

观测到的区域主要包括坝前至万州区干流及部分支流（香溪河、童庄河、青干河、吒溪河、神农溪、大宁河、大溪河、草堂河、梅溪河、朱衣河、磨刀溪、小江）。支流部分，磨刀溪营养程度最高，基本在富营养状态，部分水域达到了中富营养级别及以上，小江部分水域也达到了轻富营养级别，其他支流水域绝大部分在富营养级别以下；干流部分，水体基本在富营养级别以下。

4.4.4　叶绿素a时空分布特征及关键区域识别

（1）时间分布特征

汛前消落期里，1 ～ 3 月水库主要处于富营养级别以下，富营养级别主要发生在 4 ～ 10 月，尤其是 4 月、8 ～ 9 月甚至出现重富营养状态，随着蓄水完成进入高水位枯水期的 11 ～ 12 月，水库叶绿素 a 浓度又恢复至 $10mg/m^3$ 以下水平。

（2）空间分布特征

干流部分，叶绿素 a 浓度较高的值主要分布在县城附近水域，以万州至云阳段为最高，而支流的叶绿素 a 浓度要远高于干流，根据出现富营养级别比例以及程度综合分析，小江、神农溪、香溪河、童庄河、吒溪河、青干河、梅溪河、大宁河水域出现富营养级别概率与程度依次由高到低排序。

（3）关键区域识别

以叶绿素 a 浓度为例，为了更好地比较不同时间段不同水域的水质状况，选择将遥感观测到的支流或干流水域中，水质最恶劣的营养等级为代表进行统计，如香溪河支流中有大部分水体都是中营养级别，但有少数水体达到了中富营养级别，那就判别香溪河流域为中富营养级别，这也可以有效地消除遥感影像因对不同水域观测到的水面面积不同而导致不同支流水质最终结论的影响。但为了防止出现极少数异常像元（如船只附近的像元）对观测结果的影响，当最高的营养级别的像元少于 10 个时，视为异常像元，不进行统计分析。

在本书中，对水体进行大面积的观测共有 60 次（相当于地面开展同步大面积的水质观测 60 次），其中汛前消落期 20 次、汛期 19 次、蓄水期 15 次、高水位枯水期 6 次。

1）不同支流以叶绿素 a 为代表的水体营养级别组成

考虑到不同支流的水面宽度以及河口库湾的面积不同，可以大面积地开展水体观测的影像中，对香溪河、童庄河、吒溪河、青干河、神农溪、大宁河、草堂河、梅溪河、朱衣河、磨刀溪、汤溪河、小江共 12 条支流进行了有效观测，不同蓄水时段的不同支流水质以叶绿素 a 为代表的营养等级状况见图 4-51。

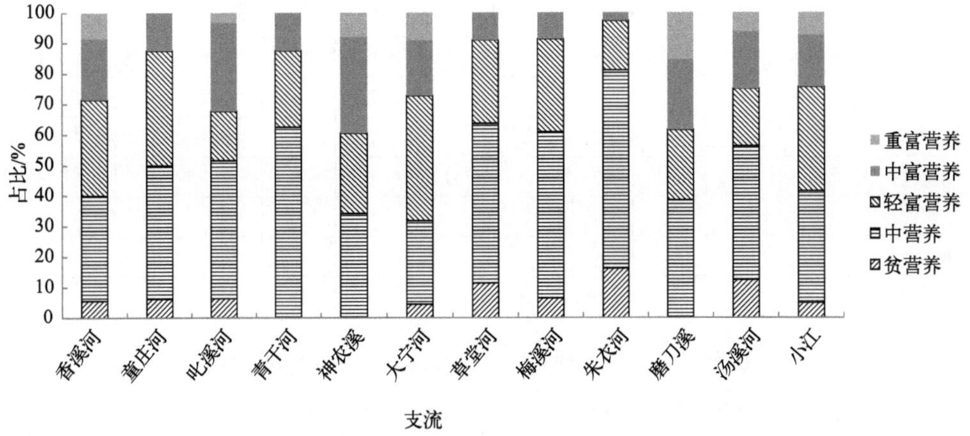

图4-51 不同支流以叶绿素a为代表的水体营养级别组成

由图 4-51 可以看到，营养级别在富营养等级以下的超过观测到的水体次数 50% 的支流有吒溪河、青干河、草堂河、梅溪河、朱衣河、汤溪河，而营养级别在富营养级别以上的超过观测到的水体次数 60% 的支流有神农溪、大宁河、磨刀溪，香溪河和小江此比例也接近 60%。统计比较中富营养等级及以上所占比例超过 30% 的有吒溪河、神农溪、磨刀溪，而大宁河和香溪河也接近 30%。而观测到有水体达到了重富营养级别的次数超过 3 次的支流有大宁河（4 次）、香溪河（3 次）、神农溪（3 次）和小江（3 次）。

2）不同支流不同蓄水阶段水体营养程度

为了反映不同支流不同蓄水阶段水体营养化程度，分别统计不同支流不同蓄水阶段水体营养级别最高等级出现频次，结果见表 4-79 ～表 4-82。

表4-79 汛前消落期不同支流水体营养级别最高等级出现频次 单位：次

最高营养级别	香溪河	童庄河	吒溪河	青干河	神农溪	大宁河	草堂河	梅溪河	朱衣河	磨刀溪	汤溪河	小江
贫营养	—	—	—	—	—	1	2	2	2	—	1	1
中营养	5	4	4	4	4	6	4	5	7	2	2	4
轻富营养	3	5	1	1	4	4	5	4	3	2	1	3
中富营养	2	1	4	2	5	3	2	3	—	1	1	2
重富营养	1	—	—	—	—	1	—	—	—	1	—	2
共观测次数	11	10	9	7	13	15	13	14	12	6	5	12

表4-80 汛期不同支流水体营养级别最高等级出现频次 单位：次

最高营养级别	香溪河	童庄河	吒溪河	青干河	神农溪	大宁河	草堂河	梅溪河	朱衣河	磨刀溪	汤溪河	小江
贫营养	—	—	—	—	—	—	—	—	—	—	—	—
中营养	—	2	3	4	2	1	8	8	7	—	2	5
轻富营养	5	4	3	2	3	6	6	6	1	—	1	6
中富营养	4	3	4	—	5	4	1	1	1	1	—	2
重富营养	1	—	—	—	2	2	—	—	—	—	1	—
共观测次数	10	9	10	6	12	12	15	15	9	1	4	13

表4-81　蓄水期不同支流水体营养级别最高等级出现频次　　单位：次

最高营养级别	香溪河	童庄河	吒溪河	青干河	神农溪	大宁河	草堂河	梅溪河	朱衣河	磨刀溪	汤溪河	小江
贫营养	1	1	1	—	—	—	2	—	3	—	1	—
中营养	6	6	5	6	2	3	7	7	6	1	2	2
轻富营养	2	3	1	3	3	7	1	4	2	1	1	4
中富营养	1	—	1	1	2	1	1	—	—	—	2	3
重富营养	1	—	1	—	1	1	—	—	—	1	—	1
共观测次数	11	10	9	10	8	12	11	11	11	3	6	10

表4-82　高水位枯水期不同支流水体营养级别最高等级出现频次　　单位：次

最高营养级别	香溪河	童庄河	吒溪河	青干河	神农溪	大宁河	草堂河	梅溪河	朱衣河	磨刀溪	汤溪河	小江
贫营养	1	1	1	—	—	1	1	1	1	—	—	1
中营养	1	2	2	1	5	2	4	5	4	2	1	4
轻富营养	1	—	—	—	—	1	—	—	—	—	—	1
中富营养	—	—	—	—	—	—	—	—	—	1	—	—
重富营养	—	—	—	—	—	—	—	—	—	—	—	—
共观测次数	3	3	3	1	5	4	5	6	5	3	1	6

① 由表4-79可以看到，汛前消落期是支流营养等级出现较高等级频次较高的阶段，其中香溪河、童庄河、吒溪河、神农溪、大宁河、草堂河、磨刀溪、小江等支流最高营养等级达到富营养级别所占频次超过了50%。在所有的支流观测中，水体最高营养级别以中营养和轻富营养为主，而香溪河、大宁河和磨刀溪分别监测到了1次水体达到重富营养级别的状况，小江监测到了2次水体达到重富营养级别的状况。

② 由表4-80可以看到，汛期是支流营养等级出现较高等级频次较高的阶段之一，其中香溪河、童庄河、吒溪河、神农溪、大宁河、磨刀溪、小江等支流最高营养等级达到富营养级别所占频次超过了50%。在所有的支流观测中，水体最高营养级别以中营养和轻富营养为主，在离库首较近的香溪河至大宁河，出现中富营养级别以上的状况远多于大宁河至小江，而香溪河和汤溪河分别监测到了1次水体达到重富营养级别的状况，神农溪和大宁河分别监测到了2次水体达到重富营养级别的状况。

③ 由表4-81可以看到，蓄水期是支流营养等级出现较高等级频次较低的阶段，其中只有神农溪、大宁河、磨刀溪、小江等支流最高营养等级达到富营养级别所占频次超过了50%。在所有的支流观测中，水体最高营养级别以中营养和轻富营养为主，而香溪河、吒溪河、神农溪、大宁河、磨刀溪和小江分别监测到了1次水体达到重富营养级别的状况。

④ 由表4-82可以看到，高水位枯水期是支流营养等级出现较高等级频次最低的阶段，在所有的支流观测中，水体最高营养级别以中营养为主，只有香溪河、大宁河、小江分别达到了1次轻富营养级别的状况，而磨刀溪有1次达到了中富营养级别的状况，没有任何水体监测到达到重富营养级别的状况。

综合比较不同支流出现较高营养级别的频次及出现重富营养级别状况来看，支流中，大宁河、磨刀溪水体营养级别最高，其次为神农溪、香溪河、小江，其余支流状况优于上述5条大支流。

3）不同支流不同年份之间水体营养程度

为了反映支流在不同年份之间的差异，分别统计了不同支流 2011 ～ 2016 年间水体营养级别最高等级出现频次情况，如表 4-83 ～表 4-88 所列。

表4-83 2011年不同支流水体营养级别最高等级出现频次 单位：次

最高营养等级	香溪河	童庄河	吒溪河	青干河	神农溪	大宁河	草堂河	梅溪河	朱衣河	磨刀溪	汤溪河	小江
贫营养	—	—	—	—	—	—	—	—	1	—	1	—
中营养	2	2	3	1	1	3	5	7	5	3	1	4
轻富营养	—	2	—	2	2	1	1	1	2	1	1	2
中富营养	2	—	1	1	2	3	1	1	—	1	1	—
重富营养	—	—	—	—	—	—	—	—	—	1	—	2
共观测次数	4	4	4	4	5	7	7	9	8	6	4	8

表4-84 2012年不同支流水体营养级别最高等级出现频次 单位：次

最高营养等级	香溪河	童庄河	吒溪河	青干河	神农溪	大宁河	草堂河	梅溪河	朱衣河	磨刀溪	汤溪河	小江
贫营养	1	1	2	—	—	1	3	1	3	1	4	1
中营养	4	4	3	4	4	2	4	5	4	—	—	3
轻富营养	2	—	1	—	3	2	1	1	—	—	—	2
中富营养	—	—	—	—	1	1	—	1	—	—	—	1
重富营养	—	—	—	—	—	1	—	—	—	—	—	—
共观测次数	7	5	6	4	8	7	8	8	7	1	4	7

表4-85 2013年不同支流水体营养级别最高等级出现频次 单位：次

最高营养等级	香溪河	童庄河	吒溪河	青干河	神农溪	大宁河	草堂河	梅溪河	朱衣河	磨刀溪	汤溪河	小江
贫营养	—	—	—	—	—	—	1	1	1	—	1	—
中营养	2	2	1	1	3	4	5	3	7	1	—	2
轻富营养	1	4	1	1	2	4	3	6	2	—	1	1
中富营养	4	2	4	2	5	2	2	—	1	—	1	4
重富营养	2	—	1	—	1	1	—	—	—	—	—	—
共观测次数	9	8	7	4	11	11	11	10	11	1	3	7

表4-86 2014年不同支流水体营养级别最高等级出现频次 单位：次

最高营养等级	香溪河	童庄河	吒溪河	青干河	神农溪	大宁河	草堂河	梅溪河	朱衣河	磨刀溪	汤溪河	小江
贫营养	1	1	—	—	—	1	1	1	1	—	—	1
中营养	2	3	3	4	2	2	5	6	5	—	1	4
轻富营养	3	2	1	—	—	4	2	1	—	1	—	2
中富营养	—	—	1	—	2	—	—	—	—	—	—	—
重富营养	—	—	—	—	—	—	—	—	—	—	—	—
共观测次数	6	6	5	4	4	7	8	8	6	1	1	7

表4-87　2015年不同支流水体营养级别最高等级出现频次　　单位：次

最高营养等级	香溪河	童庄河	吒溪河	青干河	神农溪	大宁河	草堂河	梅溪河	朱衣河	磨刀溪	汤溪河	小江
贫营养	—	—	—	—	—	—	—	—	—	—	—	—
中营养	2	3	4	4	2	1	1	2	2	—	—	—
轻富营养	3	2	1	1	2	5	3	2	2	—	—	1
中富营养	—	1	1	—	1	—	1	1	—	2	1	4
重富营养	1	—	—	—	1	1	—	—	—	1	1	—
共观测次数	6	6	6	5	6	7	5	5	4	3	2	5

表4-88　2016年不同支流水体营养级别最高等级出现频次　　单位：次

最高营养等级	香溪河	童庄河	吒溪河	青干河	神农溪	大宁河	草堂河	梅溪河	朱衣河	磨刀溪	汤溪河	小江
贫营养	—	—	—	—	—	—	—	—	—	—	—	—
中营养	—	—	—	1	1	—	3	2	1	—	1	1
轻富营养	2	2	1	2	1	2	2	3	—	1	1	3
中富营养	1	1	2	—	1	1	—	1	—	—	—	2
重富营养	—	—	—	—	1	1	—	—	—	—	—	1
共观测次数	3	3	3	3	4	4	5	6	1	1	2	7

① 2011年的观测结果（表4-83）表明：富营养等级频次超过50%的支流有青干河、神农溪、大宁河，香溪河、童庄河、磨刀溪、小江出现富营养等级频次为50%，其中小江出现了2次重富营养等级，磨刀溪出现了1次。富营养等级出现频次最低的为奉节县城入江的草堂河、梅溪河、朱衣河。

② 2012年的观测结果（表4-84）表明：富营养等级频次超过50%的支流只有大宁河，神农溪出现富营养等级频次为50%，其中大宁河出现了1次重富营养等级，与2011年相比，富营养等级出现频次明显降低。

③ 2013年的观测结果（表4-85）表明：除了朱衣河和磨刀溪，其余所有的支流富营养等级频次均超过了50%，其中香溪河出现了2次重富营养等级，吒溪河、神农溪、大宁河均出现了1次，与2011年和2012年相比，富营养等级出现频次明显增加。

④ 2014年的观测结果（表4-86）表明：只有大宁河、磨刀溪富营养等级频次超过了50%，香溪河、神农溪富营养等级频次为50%，没有任何支流出现重富营养等级，与2013年相比，营养等级状况有所改善。

⑤ 2015年的观测结果（表4-87）表明：除了吒溪河和青干河，其余所有支流富营养等级频次均超过了50%，并且有5条支流（香溪河、神农溪、大宁河、磨刀溪、汤溪河）监测到重富营养等级，与2014年相比，富营养等级出现频次明显增加，与2013年结果相当。

⑥ 2016年的观测结果（表4-88）表明：除了草堂河和朱衣河，其余所有支流富营养等级频次均超过了50%，并且有3条支流（神农溪、大宁河、小江）监测到重富营养等级，与2015年相比，富营养等级出现频次有所增加。

综合年际变化来看，2012 年水体监测到富营养等级频次最低，可能与当年库首地区的降雨量少、污染负荷进入水体量较少有关；而 2013 年水体富营养等级频次显著增加，与当年的面源污染负荷有所增长有关；而 2015 年至今，水体富营养等级出现频次持续增长，可能与支流内营养物质不断累积有关。

综合 60 次遥感监测结果分析来看，在三峡水库，以叶绿素 a 为代表，营养等级较高主要发生在各条支流的回水尾端，尤其是在汛期观测的数据表明，与汛前消落期相比，较高的营养等级发生区域明显更趋近于支流河口。不同支流的观测结果表明，大宁河、磨刀溪、神农溪、香溪河、小江为水华发生的最敏感区域，其中除了香溪河段常呈现大面积较高营养等级外，其余支流如小江、神农溪和大宁河的水华主要发生在支流的“大肚”处，如小江的汉丰湖附近、大宁河的大昌县附近、神农溪的中间“大肚”处，这些区域水面较宽，水动力条件更有利于叶绿素 a 浓度的增大。

第 5 章 三峡水库富营养化的生态动力学机制

5.1 水库水文、水质、水生态多过程观测与分析

5.1.1 研究方法

5.1.1.1 水动力参数测量

测量河流水动力参数（流速和流量）的主要手段包括在桥上直接测量（主要应用于小河流）、缆道测量（主要应用于断面较宽的河流）、用船定点测量（例如长江口流速测验）。这些水动力参数测量方法的基本步骤为：首先，在准备测量的河流断面上，选取多条垂线作为待测点；其次，在每条垂线位置，用流速仪定点测量不同水深处的流速和流向；再次，根据测量数据计算垂线上所有点的平均流速和断面面积；最后，由断面面积与断面平均流速的乘积求得流量大小。目前，传统方法不仅效率低下，而且测量精度也不够高（表 5-1）。

表5-1 2种传统方法优缺点比较

项目	ADCP	点式流速仪
优点	(1)非接触方式测量，不影响流场； (2)测得瞬时流速，更能反映实际水流情况； (3)可以测量一个剖面的流速大小分布	(1)可以测量各个水深点的流速； (2)定点测量，不受测船干扰
缺点	(1)有测量盲区，不能测得表层流场数据； (2)走航式测量船会影响表层流场	(1)接触方式测量，影响流场； (2)测得该点一段时间内(一般为 1min)流速的平均值； (3)只能反映一条垂线上的流速大小分布

声学多普勒流速流向仪（acoustic doppler current profiler，ADCP）诞生于 20 世纪 70 年代中期，由美国亚迪仪器（RDI）公司开发生产，被广泛应用于海洋流场、河口区以及河流中的流速测量。近年来，随着 ADCP 技术的发展，目前已经达到成熟和普及的阶段。

考虑到三峡水库库湾中水动力特征复杂，特别是河口地区水体交换频繁，定点测量已经不能满足观测的需求。为了获取更加全面的断面水流数据，本书选用美国RDI公司生产的“骏马”系列“瑞江”牌ADCP进行走航式测流。测得数据包括断面流量、流速、流向、水深、断面面积以及断面宽等。ADCP主要技术指标如下：流速测量范围 ±5m/s，流速精度（300kHz）±0.005m/s，最大测流水深180m。

计算断面流量时，将河流断面分成若干个长方形的微断面（图5-1，书后另见彩图），通过测量微断面处的流速来计算其流量，最后将所有微断面的流量相加，再加上4个盲区（表层、底层以及两岸附近）的流量，得到所测断面的流量值，见计算公式（5-1）：

$$Q_{总} = Q_{实测} + Q_{表} + Q_{底} + Q_{左} + Q_{右} \tag{5-1}$$

式中 $Q_{总}$——断面总流量；

$Q_{实测}$——ADCP实际测得流量（断面中部）；

$Q_{表}$——测量断面表层盲区的流量；

$Q_{底}$——测量断面底层盲区的流量；

$Q_{左}$——测量断面左岸盲区的流量；

$Q_{右}$——测量断面右岸盲区的流量。

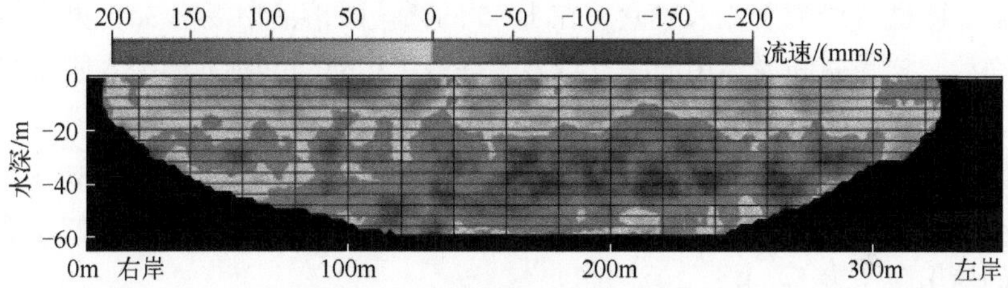

图5-1 ADCP测流中面积的划分

（数据为2012年9月梅溪河口断面实测数据，正值表示由梅溪河向干流输出，负值为干流向梅溪河倒灌）

由于支流河口的流速较小，且两个岸边的流量较难估算，因此在本书计算过程中暂且忽略四个盲区的流量值，假设实测流量即为总流量（即假设$Q_{总} = Q_{实测}$）。实测流量的计算见式（5-2）：

$$Q_{总}=Q_{实测}=\sum_{i=1}^{m} Q_i = \sum_{i=1}^{m} V_i S_i \tag{5-2}$$

式中 m——测量断面总共分成 m 个长方形的微断面；

V_i——第i个微断面处垂直于断面方向的流速，m/s；

S_i——第i个微断面的面积，m^2。

根据《河流流量测验规范》，在计算断面流量时 V_i 可以由式（5-3）求得：

$$V_i = V_{实测} \cos\theta \tag{5-3}$$

式中 $V_{实测}$——微断面处仪器实测的流速，m/s；

θ——流向与断面垂直线的夹角，(°)。

$$S_i = V_{船}\Delta td \tag{5-4}$$

式中：$V_{船}$——船速，m/s；

Δt——仪器设定的信号发射间隔，s；

d——仪器设定的水深垂向分层间隔，m。

由于测船在实际测量工作中不能保证全程的船速都相同，这就会造成 S_i 的不同，因此在数据处理时需将不同微断面的船速提取出来，分开计算 S_i。

综上所述，断面流量可以根据式（5-5）求得：

$$Q_{总} = \sum_{i=1}^{m} V_i S_i = \sum_{i=1}^{m} V_{实测} \cos\theta V_{船}\Delta td \tag{5-5}$$

在计算断面倒灌流量和流出流量时，可以先将测量断面中 m 个微断面分成倒灌和流出两部分，然后再分别用式（5-5）计算出断面倒灌流量和流出流量。

5.1.1.2　营养盐参数的测定

每个采样站用 5L 的 Niskin 采水器进行分层采样。水样经孔径为 0.45μm 的醋酸纤维滤膜过滤后，装入 100mL 聚乙烯瓶中并加入 $HgCl_2$ 固定在 4℃下保存备测。在过滤前，样品瓶、滤器、醋酸纤维滤膜以及膜盒先在 1∶5 的稀盐酸溶液中浸泡 3d，再用超纯水清洗数遍。洗净后，样品瓶和滤器用洁净自封袋装好备用；醋酸纤维滤膜装入膜盒在烘箱中烘干至恒重，放置于干燥皿中备用。

将采集的营养盐水样放在荷兰 SKALAR 分析仪器公司生产的连续流动分析仪（segmented flow analyzer，SAN^{plus} system）上进行测试。以空白样品（n=5）测定结果的 3 倍标准偏差作为样品的检出限（表 5-2）。

表5-2　营养盐样品的检出限

营养盐样品	NO_2^-	$NO_2^- + NO_3^-$	NH_4^+	PO_4^{3-}	SiO_3^{2-}
检出限/(μmol/L)	0.2	0.1	0.5	0.05	0.03

5.1.1.3　碳循环相关参数的测定

采样用的聚乙烯塑料瓶、离心管等容器，首先用无磷洗涤剂洗净（新启用的聚乙烯塑料瓶均用 1∶1 的硝酸或盐酸浸泡 12h）、沥干，用超纯水漂洗干净后放入烘箱低温烘干，最后拧紧瓶盖并用塑料袋封装备用。实验使用的滤膜主要为 0.45μm 醋酸纤维膜一次性过滤头、直径 50mm 的 0.45μm 醋酸纤维滤膜和直径 47mm 的 0.45μm 玻璃纤维滤膜。一次性过滤头用于过滤水样以测定阴阳离子含量；直径 50mm 的 0.45μm 醋酸纤维滤膜主要用于分离悬浮物；直径 47mm 的 0.45μm 玻璃纤维滤膜主要用于截留悬浮物。滤膜首先在马弗炉里用 400 ～ 450℃的高温灼烧 4h 以上，以排除滤膜中有机物的干扰。

利用深水泵依据取水体表、中、底的原则间隔抽取不同深度水样。现场直接用 250mL 聚乙烯塑料瓶灌装样品用于总量营养盐测试，并用一次性过滤头手动正压过滤水样，分装于 15mL 离心管中用于阴离子、阳离子的检测，其中用于测定阳离子（Ca^{2+}、Mg^{2+}、K^+ 和 Na^+）的水样分装后加两滴硝酸使其 pH < 2，用于测定阴离子（SO_4^{2-}、Cl^-、NO_3^-）的水样直接封存。溶解态营养盐样品需在采样后当天用直径 50mm 的 0.45μm 醋酸纤维滤膜在砂芯过滤装置上正压过滤，除去水样中较大型的浮游生物和颗粒物，过滤后水样分装于聚乙烯塑料瓶后加两滴 $HgCl_2$ 溶液，延长样品的保存时间。总氮（TN）和总磷（TP）的水样直接分装于聚乙烯塑料瓶后滴加两滴硫酸使其 pH < 2。过滤水样时，和水样直接接触的过滤器均用过滤后的样品润洗 3 次后才可以进行取样。

（1）现场分析处理

在定点监测中，利用深水泵间隔抽取不同深度水体，每间隔 5m 取水样。为了更好地了解水体光合作用，水面下 5m 至表层每间隔 1m 取水样。用二氧化碳传感器（HydroC™/CO_2）对水体进行二氧化碳分压［$p(CO_2)$］分析；同时用 YSI 水质参数仪测定 pH 值、水温、溶解氧（DO）、叶绿素 a（Chla），现场滴定水样中的HCO_3^-。在走航监测中，利用自吸泵抽取表层约 0.5m 水体至放置仪器的水桶，从河流上游至与干流相交的河口处进行走航监测。

（2）实验室分析与计算

阴离子（SO_4^{2-}、Cl^-、NO_3^-）采用 Dionex 公司 ICS-90 型离子色谱仪进行分析，检出限为 0.01mg/L。阳离子（Ca^{2+}、Mg^{2+}、K^+ 和 Na^+）采用美国 Vista MPX 型电感耦合等离子体发射光谱（ICP-OES）分析仪进行分析，检出限为 0.01mg/L。营养盐浓度主要采用 Unico2000 紫外 - 可见分光光度计进行分析，TP 用 $K_2S_2O_8$ 消解钼锑抗分光光度法，TN 用 $K_2S_2O_8$ 氧化紫外分光光度法（表 5-3）。

表5-3 分析项目及分析方法

分析项目	分析方法	备注
pH值	电极法	YSI水质参数仪现场测定
溶解氧(DO)	电极法	YSI水质参数仪现场测定
电导率(EC)	电极法	YSI水质参数仪现场测定
叶绿素a(Chla)	电极法	YSI水质参数仪现场测定
水温	电极法	YSI水质参数仪现场测定
HCO_3^-	盐酸滴定法	现场测定
SO_4^{2-}、Cl^-、NO_3^-	离子色谱法	ICS-90型离子色谱仪
Na^+、K^+、Ca^{2+}、Mg^{2+}	原子吸收法	ICP-OES分析仪
总磷(TP)	$K_2S_2O_8$消解钼锑抗分光光度法	Unico2000紫外-可见分光光度计
总氮(TN)	$K_2S_2O_8$氧化紫外分光光度法	Unico2000紫外-可见分光光度计
二氧化碳分压[$p(CO_2)$]	红外光谱法	二氧化碳传感器(HydroC™/CO_2)

5.1.1.4 采样站位设置

采样站位包括草堂河 4 个站位（支流源头、支流上游、支流中部、支流河口，下同）、梅溪河4个站位、朱衣河4个站位及长江干流2个站位（研究区干流汇入区上口、草堂河汇入干流区下游），共14个综合观测站位。具体编号分别为：草堂河CT01～CT04（从河口至源头，下同）；梅溪河MX01～MX04；朱衣河ZY01～ZY04；长江干流CJ01（研究区上游）、CJ02（研究区下游）。各个采样站位的坐标和至河口距离（距离由测船航行轨迹测得）如表5-4所列。

表5-4 采样站位坐标及至河口距离

站位	经度/(°)	纬度/(°)	至河口距离/km
CT01	109.57010	31.05019	0.5
CT02	109.59222	31.05750	2.2
CT03	109.58500	31.07167	3.5
CT04	109.56060	31.08958	7.8
MX01	109.51917	31.05806	1.0
MX02	109.47657	31.10695	8.6
MX03	109.44972	31.11222	12.0
MX04	109.32935	31.12763	21.0
ZY01	109.45663	31.01301	0.5
ZY02	109.42500	31.02222	3.0
ZY03	109.40722	31.01889	5.3
ZY04	109.35619	31.02681	9.7
CJ01	109.45051	31.00000	—
CJ02	109.57944	31.03889	—

5.1.1.5 镭同位素采样及分析方法

采用深井泵分别在CT01、CT02和CT03断面处的不同水深采集水样。由于长江干流水体垂向交换程度较强，水体垂向上混合均匀，在长江干流的CJ断面处采取表层水体并以此来代表长江干流水体水柱中垂向上的整体情况。采集的水样用于测定天然放射性镭同位素的活度和营养盐的浓度时，水样经滤芯（孔径0.5μm）过滤后使其流经装有锰纤维的样品柱，吸附水样中的镭同位素；用于测定营养盐浓度的水样则在采集后经预处理过的孔径为0.45μm的醋酸纤维滤膜进行过滤，滤液装入盐酸和纯净水清洁过的60mL聚乙烯瓶中，然后加入饱和$HgCl_2$固定后常温避光保存，带回实验室测定。

预处理水样在现场采用镭延迟符合技术器（RaDeCC）测定短半衰期的^{224}Ra和^{223}Ra。本实验室中RaDeCC对^{224}Ra和^{223}Ra的探测效率分别维持在0.47～0.59和0.45～0.57之间，其检出限则分别低至0.04dpm和0.01dpm（dpm为每分钟衰变的原子数）。一般情况下，^{224}Ra和^{223}Ra活度测量的相对标准偏差为5%和15%左右，但是当^{224}Ra比活度低于5dpm/100L时，变异系数一般在10%～30%之间；当^{223}Ra比活度低于0.3dpm/100L时，其变异系数将达到20%～80%。回到实验室后，对经饱和$HgCl_2$溶液固定的营养盐样品采用连续流动分析仪AA3（荷兰SKALAR分析仪器公司）进行水样中营养盐浓度的测定，采用低本底井型γ能谱仪进行长半衰期^{226}Ra和^{228}Ra活度的测定。

长江支流库湾回水区的水体滞留时间的定量研究还未曾有过报道，本书基于镭同位素的活度比对草堂河支流库湾在不同月份的水体滞留时间进行估算。天然存在的 Ra 同位素，一个短半衰期核素和一个长半衰期核素的活度比可用于确定水体的表观年龄。对于草堂河支流库湾水体的存留时间我们采用通过断面的 Ra 同位素的通量进行计算，首先，根据式（5-6）计算通过断面输送的镭同位素的量。

$$F_{\text{tran}} = \sum_i (Q_{\text{obs}}^j \times d_i \times L_i) - \int Q_{\text{dif}} \tag{5-6}$$

式中 F_{tran}——通过断面的 Ra 通量，dpm/m；

i——水体的分层数；

j——4 种 Ra 同位素的上标；

d——分层水深；

L——断面宽度；

Q_{dif}——底部的扩散量。

由此，可以得到 4 种镭同位素通过断面的通量，见式（5-7）。

$$\frac{F_{\text{tran-short}}}{F_{\text{tran-long}}} = \left(\frac{Q_{\text{short}}}{Q_{\text{long}}}\right)_{\text{ini}} \times e^{-\lambda_{\text{short}}\tau} \tag{5-7}$$

所以，库湾回水区的水体滞留时间 τ 的计算见式（5-8）。

$$\tau = \frac{\ln\left(\frac{Q_{\text{short}}}{Q_{\text{long}}}\right)_{\text{ini}} - \ln\left(\frac{F_{\text{tran-short}}}{F_{\text{tran-long}}}\right)}{\lambda_{\text{short}}} \tag{5-8}$$

式中 short 和 long——短半衰期的 Ra 和长半衰期的 Ra；

ini——初始值；

λ——衰变常数。

对于初始活度比的选择，根据干支流水体中的镭同位素、营养盐等的分布情况，应该以干流断面为初始值进行计算。

5.1.1.6 其他参数测定

浊度利用美国 Compbell 公司生产的光学后向散射浊度计（optical backscatter sensor，OBS）测量，其精度可达 ±0.1NTU，主要技术参数见表 5-5。

表5-5 OBS主要技术参数

浊度/NTU	工作水深/m	温度/℃	电导率/(mS/cm)
0～4000	0～200	0～35	65

水温、水深、叶绿素 a、溶解氧、pH 值等参数利用 Hydrolab DS5 多参仪进行测定。主要技术参数见表 5-6。

表5-6　Hydrolab DS5多参仪主要技术参数

项目	温度/℃	水深/m	叶绿素a/(μg/L)
范围	−5～50	0～100	0～50
精度	±0.1	±0.05	±0.03
分辨率	0.01	0.01	0.01

5.1.2　重点研究区

草堂河、梅溪河、朱衣河均坐落于重庆市奉节县境内，距离三峡大坝约165km，属于三峡库区中部。其中，草堂河位于长江左岸（与长江干流成160°角），由汾河、石马河两条支流在白帝城汇合后注入长江。梅溪河位于长江左岸（与长江干流成90°角），发源于重庆市巫溪县境内，在奉节老城区东注入长江，是长江的一级库区支流。朱衣河位于长江左岸，与干流成60°角汇入长江。由于奉节地区未设常年观测站位，因此选用距离最近的万州断面数据。由表5-7可知，近两年研究区的干流水质为Ⅲ类水质，通常每年的7～9月水质较差。

表5-7　2001～2012年三峡库区万州断面水质情况

年份	1月	2月	3月	4月	5月	6月	7月	8月	9月	10月	11月	12月	全年
2012	Ⅲ	Ⅲ	Ⅲ	Ⅳ	Ⅳ	Ⅲ	Ⅲ	Ⅲ	Ⅲ	Ⅲ	Ⅲ	Ⅲ	Ⅲ
2011	Ⅲ	Ⅲ	Ⅲ	Ⅲ	Ⅳ	Ⅲ	Ⅲ	Ⅲ	Ⅲ	Ⅲ	Ⅲ	Ⅲ	Ⅲ
2010	Ⅱ	Ⅱ	Ⅱ	Ⅱ	Ⅱ	Ⅱ	Ⅱ	Ⅲ	Ⅱ	Ⅱ	Ⅱ	Ⅰ	Ⅱ
2009	Ⅰ	Ⅱ	Ⅱ	Ⅱ	Ⅱ	Ⅱ	Ⅲ	Ⅲ	Ⅱ	Ⅱ	Ⅱ	Ⅱ	Ⅱ
2008	Ⅱ	Ⅱ	Ⅲ	Ⅲ	Ⅲ	Ⅳ	劣Ⅴ	Ⅳ	Ⅳ	Ⅲ	Ⅲ	Ⅱ	Ⅲ
2007	Ⅲ	Ⅲ	Ⅱ	Ⅱ	Ⅲ	Ⅲ	劣Ⅴ	Ⅳ	Ⅲ	Ⅲ	Ⅱ	Ⅱ	Ⅱ
2006	Ⅲ	Ⅲ	Ⅲ	Ⅲ	Ⅲ	Ⅲ	劣Ⅴ	Ⅲ	Ⅲ	Ⅲ	Ⅲ	Ⅱ	Ⅲ
2005	Ⅲ	Ⅲ	Ⅲ	Ⅲ	Ⅲ	Ⅲ	劣Ⅴ	Ⅳ	Ⅳ	Ⅲ	Ⅲ	Ⅲ	Ⅲ
2004	Ⅱ	Ⅱ	Ⅱ	Ⅱ	Ⅱ	Ⅱ	Ⅲ	Ⅲ	Ⅲ	Ⅱ	Ⅱ	Ⅱ	Ⅲ
2003	Ⅲ	Ⅲ	Ⅲ	Ⅲ	Ⅲ	Ⅲ	Ⅲ	Ⅲ	Ⅲ	Ⅲ	Ⅲ	Ⅲ	Ⅲ
2002	Ⅲ	Ⅲ	Ⅲ	Ⅲ	Ⅲ	Ⅲ	Ⅲ	Ⅲ	Ⅲ	Ⅲ	Ⅲ	Ⅲ	Ⅲ
2001	Ⅱ	Ⅱ	Ⅲ	Ⅲ	Ⅲ	Ⅲ	Ⅲ	Ⅲ	Ⅲ	Ⅲ	Ⅱ	Ⅱ	Ⅲ

注：表中数据引自2001～2012年长江三峡工程生态与环境监测公报。

2005年以来，3条支流均暴发过水华，其中梅溪河每年都会出现水华现象（表5-8），因此，选这3条支流作为研究对象具有一定的代表性。草堂河、梅溪河、朱衣河以不同的角度汇入长江，且干支流水体交换的强度也不同，因此，选这3条支流作为研究对象具有一定的差异性和可比性。

表5-8　2005～2012年奉节库区3条支流水华暴发统计

年份	草堂河	梅溪河	朱衣河
2012	√	√	
2011	√	√	
2010		√	
2009	√	√	√

续表

年份	草堂河	梅溪河	朱衣河
2008		√	
2007		√	
2006	√	√	√
2005	√	√	√

注：表中数据引自2005～2012年长江三峡工程生态与环境监测公报。

5.2 三峡水库不同调蓄期干支流相互作用的物理水文特征

从 2012 年 8 月开始，每月下旬对三峡库区奉节段的三条支流及干流表层进行采样，主要监测指标包括水动力参数（流速、流向和流量）、营养盐（溶解无机氮、磷酸盐、硅酸盐、总氮、总磷）、COD、水温、叶绿素 a、浊度、透明度、溶解氧、pH 值、二氧化碳分压等。采样时间范围为 2012 年 8 月～ 2013 年 7 月，共 12 个月。

5.2.1 干流流场流态特征

长江干流的 CJ01 和 CJ02 断面相距约 14.6km，CJ01 断面位于采样区上游（靠近朱衣河），CJ02 断面位于采样区下游（靠近草堂河），流速数据由 ADCP 走航测量获得。三峡库区干流断面平均流速变化如图 5-2 所示，CJ01 断面平均流速为 0.049 ～ 0.711m/s，其中汛期 7 月的断面平均流速最大，为 0.711m/s；枯水期 12 月的断面平均流速最小，为 0.049m/s；全年平均为 0.233m/s。CJ02 断面平均流速为 0.089 ～ 0.809m/s，其中汛期 7 月的断面平均流速最大，为 0.809m/s；枯水期 12 月的断面平均流速最小，为 0.089m/s；全年平均为 0.302m/s。除 2012 年 8 月与 2013 年 6 月外，CJ02 断面的平均流速均比 CJ01 断面平均流速大。

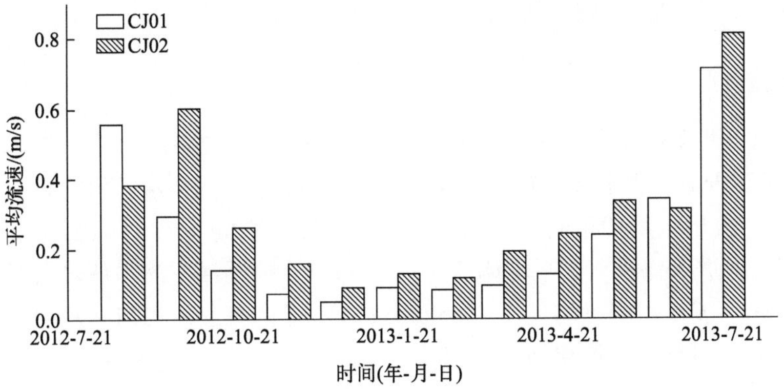

图5-2 2012～2013年三峡库区干流断面平均流速变化

5.2.2 不同水位下典型支流的水团交换与混合

朱衣河河口断面距离长江干流约 0.5km，与长江干流成 60° 角汇入。总体看来，朱衣河河口断面全年的流速都比较小，主要集中在 0.1m/s 以内，在汛期流速较大。每个月水流进出的位置与流速大小都不同，分层不明显，大部分以分散水团形式进出。

梅溪河河口断面距离长江干流约 1km，垂直汇入长江干流。此断面位于峡谷中，两岸高山耸立，梅溪河大桥横跨两岸，由于没有浅河滩，两岸皆为山崖陡壁，因此水面宽度常年保持不变，其水面宽约为 350m，为 U 形深切河谷。总体看来，梅溪河河口断面全年的流速集中在 0.2m/s 以内，汛期流速稍大。每个月水团进出的位置与流速大小都不同，不管是在水库的供水期、汛前消落期、低水位运行期、蓄水期和高水位运行期，在断面上水流都不是同一方向的流动，而是有进有出的分层流动，且分层明显，大部分属于上下分层的形态。

草堂河河口断面距离长江干流约 0.5km，中间被白帝城隔开分两支汇入长江。水面宽 550 ～ 750m，6 ～ 9 月汛期窄，蓄水期随着水位增加而变宽。右岸河床平坦，部分河滩汛期露出水面。草堂河河口断面全年流速集中在 0.2m/s 以内，在汛期流速较大。每个月水流进出的位置与流速大小都不同，不管是在水库的供水期、汛前消落期、汛期、蓄水期和枯水期，在断面上水流都不是单向流动，而是具有进出分层异向流动的特征。

5.2.2.1 蓄水期（坝前水位147 ~ 175m）

（1）朱衣河

在蓄水期，朱衣河河口断面的最大水深由 8 月的 41m 上升到 10 月底的 60m。8 月该断面的进出流速分布比较杂乱，长江干流水团主要从断面的左、右岸及表、底层倒灌进入支流，流出水体大致位于中层，进出水团的流速主要集中在 0.1m/s 以内。9 月断面水体分层比较明显，支流水团从表层和两岸汇入长江，长江水团从断面的中部和底层潜入朱衣河，倒灌水团厚 40m 左右，表层和底层水团的流速较大，可以达到 0.1 ～ 0.15m/s。10 月底三峡水库坝前水位达到 175m，断面的最大水深也达到全年最大值，可以看到断面有明显的水体交换，总体流向底进表出，但是水团分层不明显，倒灌面积大于流出面积，平均流速比 9 月小（图 5-3，书后另见彩图）。

（2）梅溪河

梅溪河河口断面水深由 8 月的 50m 加深至 10 月的 70m 左右。3 个月的流速形态各不相同，8 月长江干流水团主要从断面的表层和底层倒灌进入梅溪河，流速较小，平均流速为 –0.077m/s，流出水团位于断面中层，平均流速为 0.072m/s。9 月长江干流水团主要从断面的底层倒灌进入梅溪河，平均流速为 –0.066m/s，梅溪河库湾水从表层汇入长江，水团厚 20m 左右，流出水团平均流速为 0.068m/s。10 月的流速形态与 9 月相反，长江干流水团主要从表层倒灌进入梅溪河，水团厚 10 ～ 30m，平均流速为 –0.071m/s，梅溪河库湾水从断面底层汇入长江，流速较小，流出水团平均流速为 0.069m/s（图 5-4，书后另见彩图）。

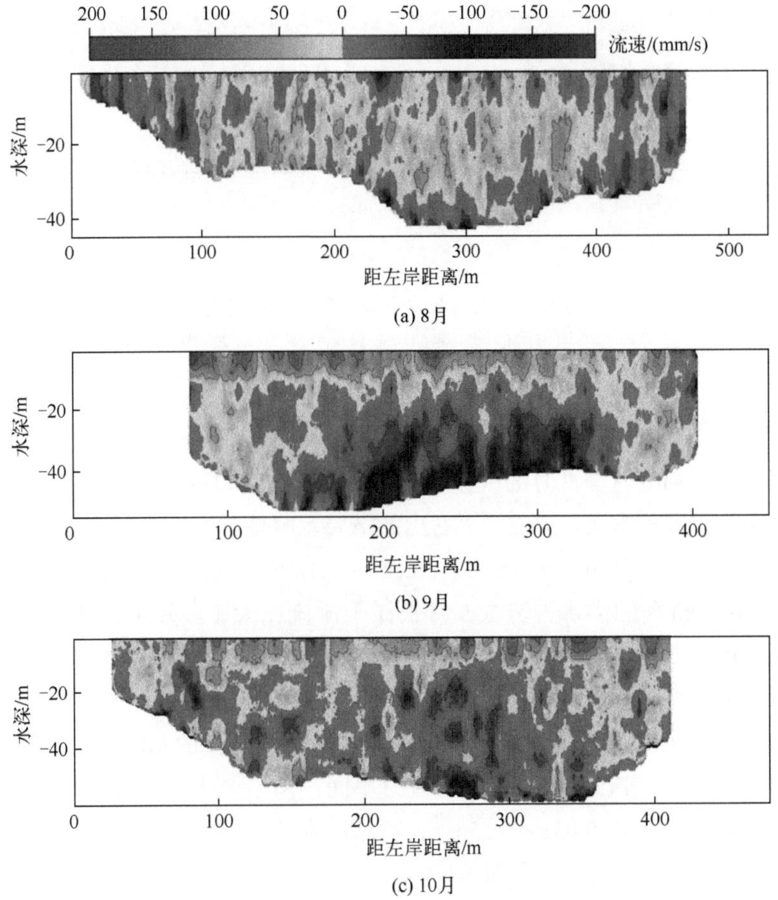

图5-3 2012年8~10月ZY01断面流速分布

正值表示由朱衣河向干流输出，负值表示干流向朱衣河倒灌

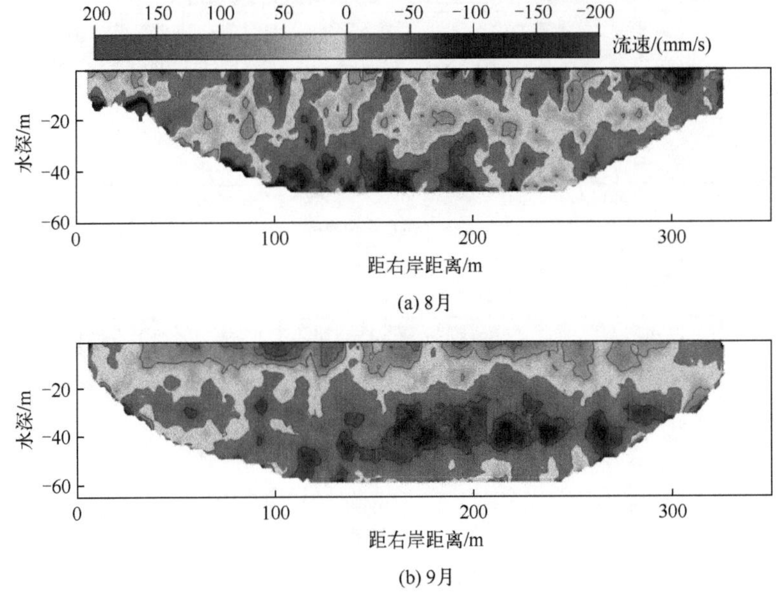

图5-4

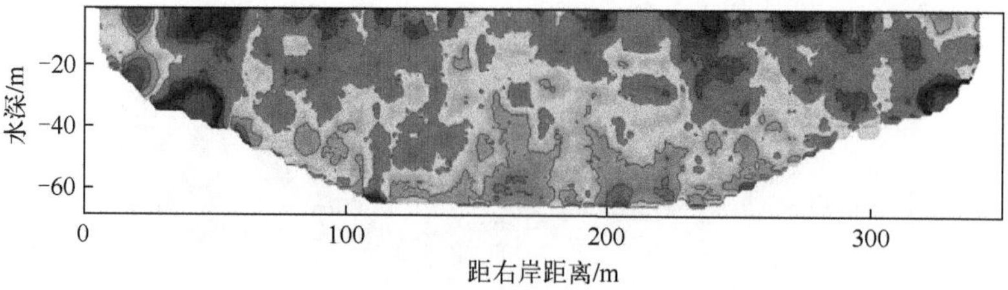

(c) 10月

图5-4 2012年8~10月MX01断面流速分布

正值表示由梅溪河向干流输出，负值表示干流向梅溪河倒灌

(3) 草堂河

草堂河河口断面8月与9月的流速分布形态类似，河口的水团都是从右岸方向流出，长江水团从左岸进入草堂河，形成左进右出的格局。但是9月长江水团进入草堂河的水流速度（0.15～0.2m/s）要明显大于8月（0.05～0.1m/s），这是由于2012年9月蓄水后，长江干流遇50000m^3/s的洪水，造成9月长江干流流速大于8月干流流速，进而影响到该断面倒灌水团在9月的流速大于8月。由于蓄水的影响，CT01断面最大水深由8月的45m增加到9月的60m。

10月进入三峡水库蓄水末期，降雨相对减少，长江干流的水流开始变缓，断面最大水深增加到70m左右。流速分布与8月、9月不同，长江水从左岸底层和河口中部底层潜入草堂河，其流速大小为0.05～0.15m/s，草堂河水从右岸和表层汇入长江，流速较小，约为0.05m/s（图5-5，书后另见彩图）。

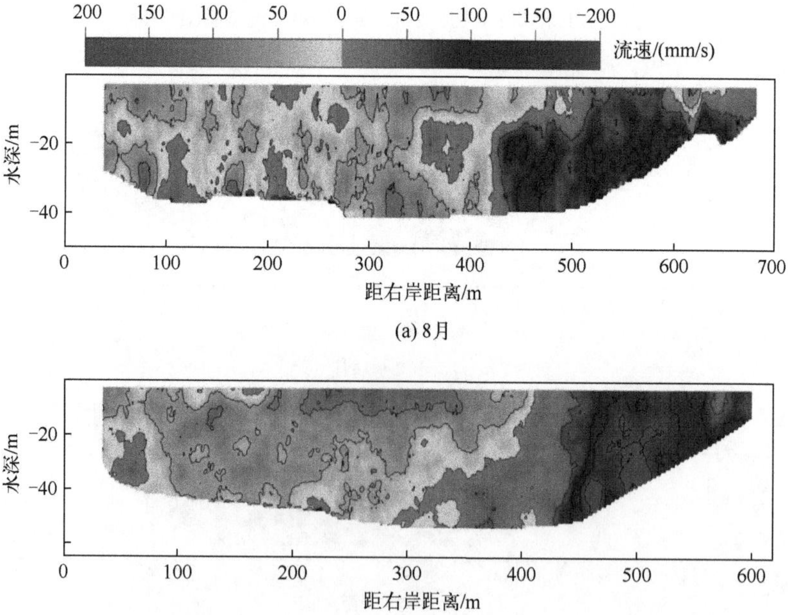

(b) 9月

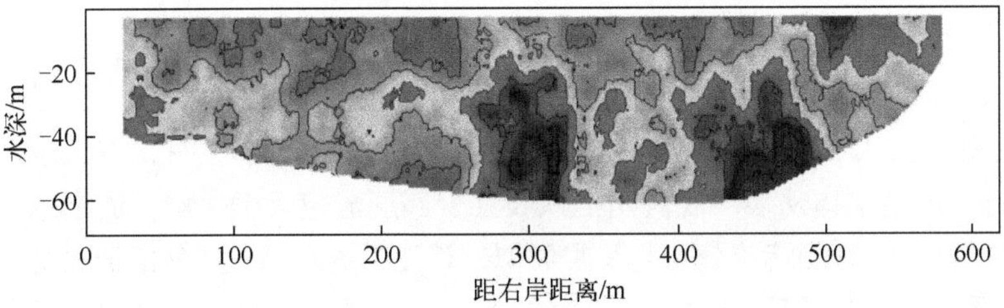

(c) 10月

图5-5 2012年8～10月CT01断面流速分布

正值表示由草堂河向干流输出，负值表示干流向草堂河倒灌

5.2.2.2 枯水期（高水位运行期，坝前水位174m）

（1）朱衣河

在枯水期，水库保持高水位运行，在这两个月朱衣河河口断面的最大水深也维持在全年最大值60m。尽管流速不大，干流水团倒灌比较明显，特别是11月，水体分两层，上层为倒灌水团，下层为流出水团。在12月，断面底部也可以清晰地看到厚约25m的长江水团从底部潜入支流从表层流出（图5-6，书后另见彩图）。

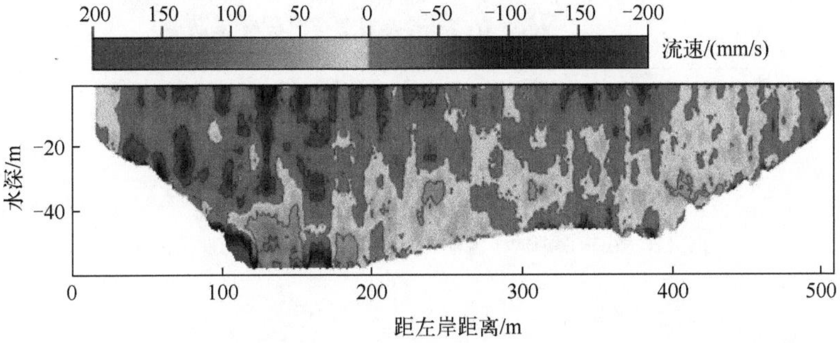

(a) 11月

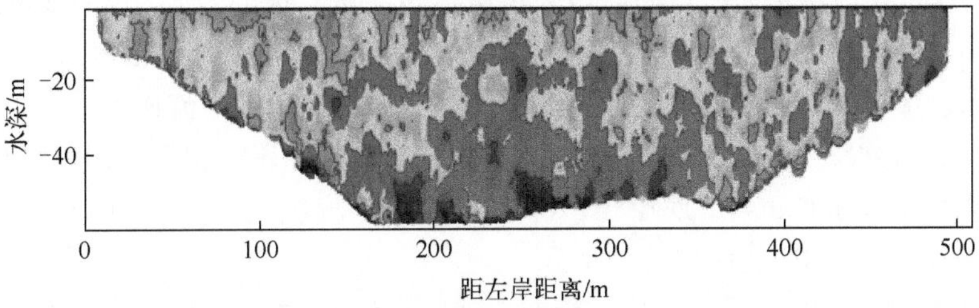

(b) 12月

图5-6 2012年11、12月ZY01断面流速分布

正值表示由朱衣河向干流输出，负值表示干流向朱衣河倒灌

（2）梅溪河

这一时期梅溪河河口断面最大水深达到 70m，断面水体出现明显的分层现象。11 月流速分布表现为长江干流水团从断面的中部潜入，水团厚 20m 左右，倒灌水团平均流速为 –0.064m/s，库湾水体从表、底流出汇入长江，底层流速大于表层，流出水团的平均流速约为 0.071m/s。12 月的流速分布与 9 月类似，长江干流水团主要从断面的底层倒灌进入梅溪河，梅溪河水从表层汇入长江，流出水团厚 30m 左右，流出水团平均流速为 0.071m/s，倒灌水团平均流速为 –0.074m/s（图 5-7，书后另见彩图）。

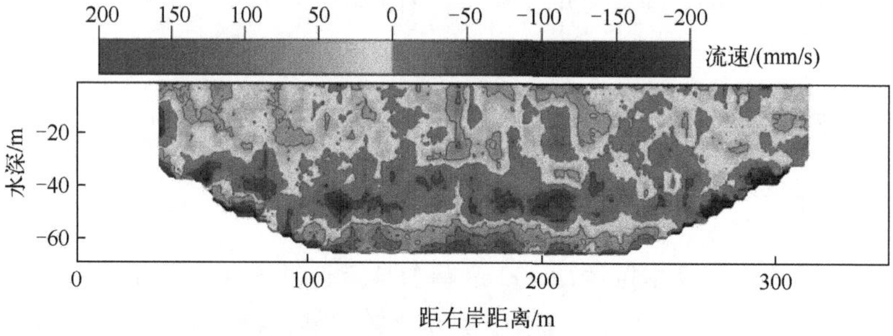

(a) 11月

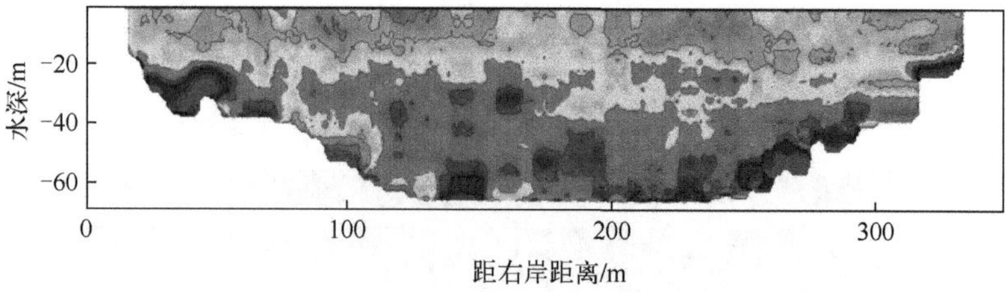

(b) 12月

图5-7　2012年11、12月MX01断面流速分布

正值表示由梅溪河向干流输出，负值表示干流向梅溪河倒灌

（3）草堂河

高水位运行期，草堂河河口断面最大水深达到 75m。断面水体出现明显的分层现象，大约以 30m 水深处为界，上层为长江流入水团，下层为草堂河河口汇入长江的水团。流速大小分别也很规律，上层流入水团的表层（0 ～ 10m 水深处）流速大（0.1 ～ 0.2m/s），底层（10 ～ 30m 水深）流速小（＜ 0.05m/s）；下层流出水流正好相反，其表层（30 ～ 50m 水深）流速小（＜ 0.05m/s），底层（水深 50m 以下）流速大（0.1 ～ 0.2m/s）。断面流速分布为中间小，表层和底层大。

12 月三峡水库仍然处于高水位运行期，坝前水位为 175m，断面最大水深保持 75m。该月流速形态分布与 11 月相反，表现为长江水团从草堂河底部潜入，再从表层流出或者是草堂河上游来水从断面表层流出。流速都比较小（＜ 0.05m/s），流入与流出的流速相差不大，分层明显（图 5-8，书后另见彩图）。

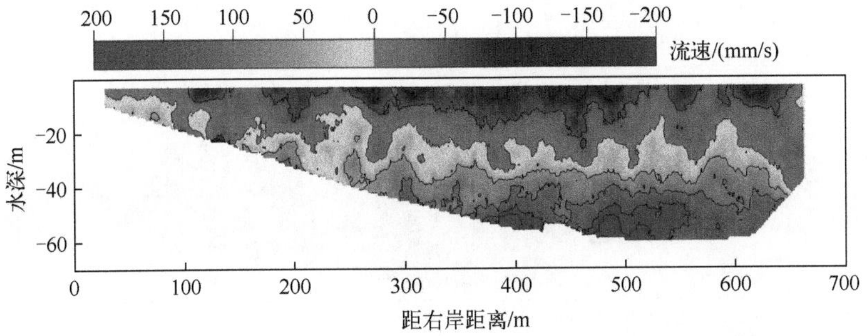

(a) 11月

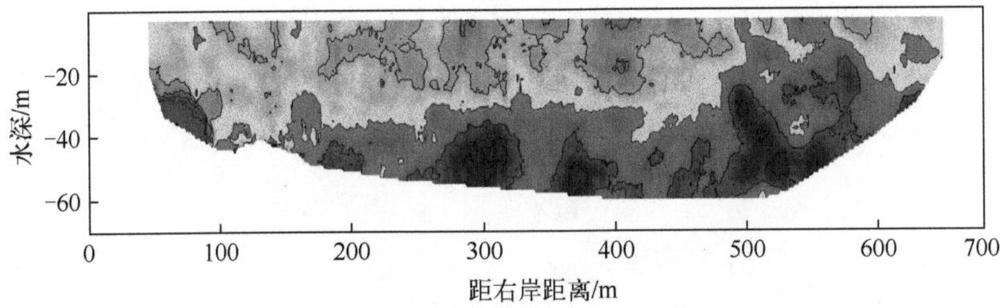

(b) 12月

图5-8 2012年11、12月CT01断面流速分布

正值表示由草堂河向干流输出，负值表示干流向草堂河倒灌

5.2.2.3 汛前消落期（坝前水位172～156m）

2013年1月开始，三峡水库的水位开始从175m逐渐下降，各支流河口断面的最大水深也开始下降。

（1）朱衣河

朱衣河河口从最大水深60m下降到5月底的40m，平均每月下降4m。1月的流速分层较明显，断面主要以长江倒灌水团为主，汇入长江的水团主要集中在表层10m以内，进出水团的流速很小，主要集中在0.06m/s左右。2月的流速分层不明显，进出水团的面积相当，随着水位下降，断面宽也减小。3月河口断面的流出平均流速降到全年最小值0.056m/s，倒灌水团主要集中在断面的表层和中层，平均流速为–0.059m/s。4月断面的流速分层较明显，干流水团主要从表层倒灌，水团厚约10m，平均流速为–0.061m/s，倒灌面积占总断面面积的46.79%。5月最显著的特征就是倒灌面积占总断面面积的57%，且断面底部存在三个高流速（流速＞0.2m/s）的水团，其中两个为倒灌水团，分布在靠近右岸的底层。进出水团的流速均达到全年的最大值，分别为倒灌水团平均流速为–0.133m/s，流出水团平均流速为0.111m/s（图5-9，书后另见彩图）。

（2）梅溪河

1月梅溪河河口断面的流速分布特征与9月、12月的相同，梅溪河库湾水团从表层汇入长江，水团厚度约为35m，平均流速为0.067m/s；长江水体从断面底部潜入，平均流

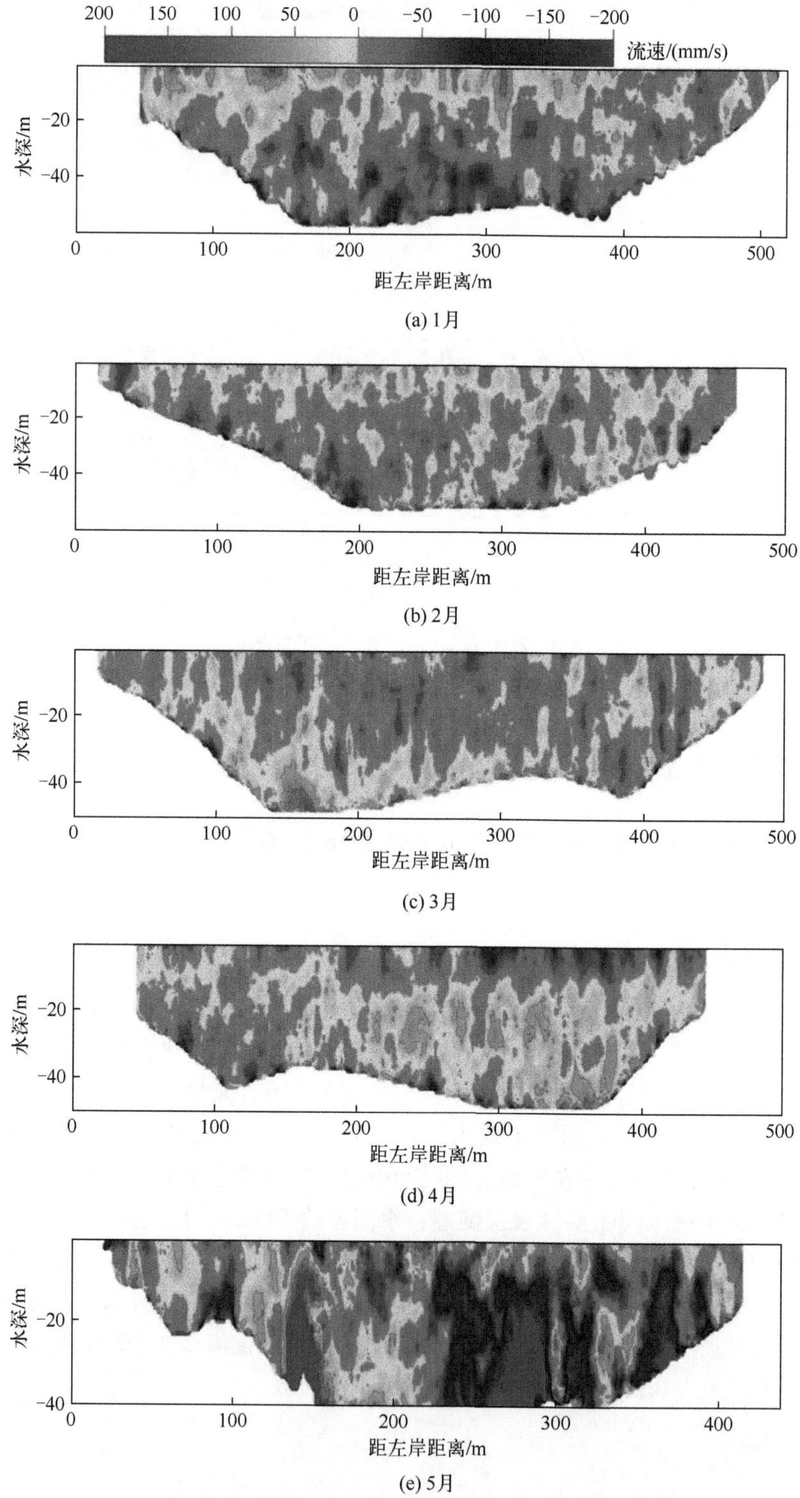

图5-9　2013年1～5月ZY01断面流速分布

正值表示由朱衣河向干流输出，负值表示干流向朱衣河倒灌

速为 –0.07m/s。2 月河口断面主要为长江水团倒灌，倒灌面积达断面的 57.05%，倒灌平均流速为 –0.066m/s，流出平均流速为 0.068m/s。3 月断面的流速分层明显，分界线位于水深 40m 左右，长江干流水团从表层倒灌进入梅溪河，水团厚 40m，进出断面的平均流速都较小，倒灌水团平均流速为 –0.065m/s，流出水团平均流速为 0.062m/s。4 月、5 月为三峡水库汛前消落期，三峡水库水位在这两个月迅速下降。4 月的流速分布与 3 月相同，但是 4 月的进出流速均比 3 月大，流出水团平均流速为 0.067m/s，倒灌水团平均流速为 –0.073m/s。5 月的流速分布与 11 月类似，与 11 月相比，5 月倒灌水团厚度大于 11 月，分层不明显，且进出流速都比较大，流出水团平均流速为 0.106m/s，倒灌水团平均流速为 –0.111m/s。

（3）草堂河

草堂河河口 1 月的流场表现为长江水团从河口底部潜入库湾，再从表层流出到长江干流。流速都比较小（< 0.05m/s），流入与流出的流速相差不大。与 12 月不同的是，1 月倒灌水的面积小于 12 月，且分布比较散乱，分层不明显。

2 月进入三峡水库的消落期第 2 个月，坝前水位以平均每天 0.098m 的速度持续减小，断面最大水深减小到 70m。2 月的流速形态与 8 月和 9 月的分布规律相同。表现为长江干流水从左岸倒灌进入草堂河，再从右岸流出，形成左进右出的格局。断面的流速大小分布均匀，大部分集中在 0.05m/s 以内。

3 月与 4 月的流速形态与 11 月类似，表现为上层为长江倒灌水团，下层为草堂河向干流汇入水团。不同的是 3 月倒灌水团最大流速出现在断面表层，而 4 月倒灌水团最大流速主要出现在断面的次表层（10 ～ 20m 水深处）。两个月的流速大小都集中在 0.15m/s 以内。

5 月初开始到 6 月上旬是三峡水库快速消落期，坝前水位以平均每天 0.407m 的速度持续降低，断面最大水深降低到 6 月的 40m 左右。5 月的流速形态分布与 8 月、9 月正好相反，表现为支流水团从左岸方向流出，长江水团从右岸倒灌进入草堂河，形成右进左出的格局。进出的流速都比较大，除断面中部外，其余位置的流速均大于 0.2m/s。进出水流的分界比较明显，界限处的流速较小。

5.2.2.4 汛期（低水位运行期，坝前水位145 ~ 151m）

6 月底～ 8 月为三峡水库的汛期，其间水位波动较大，总体呈现先增后减的趋势。

（1）朱衣河

汛期朱衣河河口断面最大水深减小到全年最小值（约 35m），水面宽也减小到全年最小值（约 300m），这两个月最大的特点就是流速显著增大，断面水体交换强烈。由于水位下降后断面面积减小，尽管进出的流速都比较大，但是进出的流量为全年的最小值，分别为：倒灌流量 –209.23m^3/s，流出流量 216.51m^3/s，见图 5-10（书后另见彩图）。

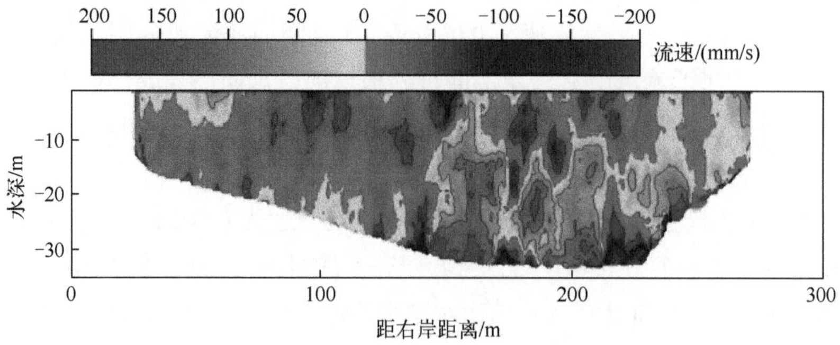

图5-10　2013年6月ZY01断面流速分布

正值表示由朱衣河向干流输出，负值表示干流向朱衣河倒灌

（2）梅溪河

梅溪河河口断面最大水深维持在 40m 左右。这两个月最显著的特点就是流速大，6 月流出水团平均流速为 0.102m/s，倒灌水团平均流速为 –0.112m/s；7 月流出水团平均流速为 0.124m/s，倒灌水团平均流速为 –0.101m/s，见图 5-11（书后另见彩图）。

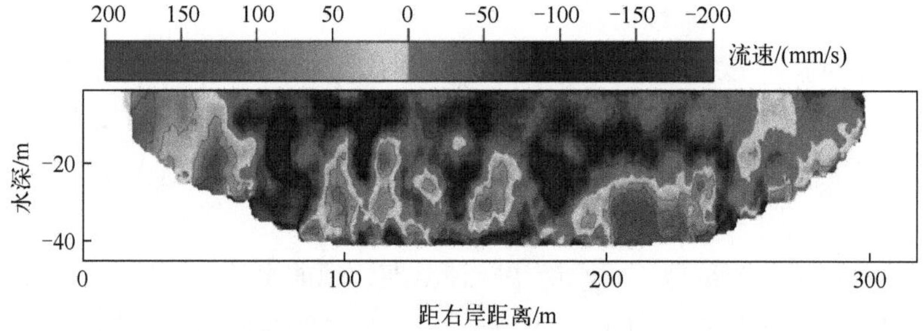

图5-11　2013年6月MX01断面流速分布

正值表示由梅溪河向干流输出，负值表示干流向梅溪河倒灌

（3）草堂河

草堂河河口断面最大水深维持在 40m 左右，河口流场形态呈左右分布。与 5 月相比，6 月进出水团的分界开始模糊，草堂河河口水团流出部分的面积远大于长江水团倒灌的面积，且流速较小，大部分集中在 0.05m/s 以内。

7 月断面流速显著增大，特别是草堂河汇入长江干流的流速达到最大值（＞ 0.2m/s）。主要从表层和底层流出，表层水团的厚度可达到 20m，流速可达 0.25m/s 以上。这个月的长江水团则从断面的中间灌入，形成“夹心”状，就倒灌水团本身而言，其内部也形成了一个小“夹心”状分布，即周围流速小（＜ 0.05m/s）中间流速大（处于 0.05 ～ 0.1m/s 之间）。

5.2.3 干支流相互作用下的水团交换与混合

5.2.3.1 干支流水交换

由草堂河、梅溪河、朱衣河的河口断面流速分布可以看出，库区支流河口的水团位置与流速大小在不同时间不同支流的分布都不同，不能简单地将断面水团分为上进下出或者左进右出。造成这种现象的因素有很多，包括支流汇入干流的角度（即河流走向）、库区水位的升降、干流流速的大小以及河口形态等。

3 条支流的河流走向分别为：草堂河 240°，梅溪河 150°，朱衣河 120°。从图 5-12 可以看出草堂河的走向与干流走向相逆，长江水团由于惯性作用可以直接汇入草堂河，造成草堂河河口的平均流速都比其他两条河大，如果没有白帝城作为屏障，CT01 断面的流速和流量可能会更大。草堂河河口的倒灌水团界限清晰，水团面积大，流量大，主要有上下分层和左右分层两种形态，其中在高水位运行期以上下分层为主，低水位运行期以左右分层为主。梅溪河与长江干流成 90° 角，其河口断面的流速没有草堂河大，分层明显，水团主要分成上下两层或三层，没有出现左右分层。朱衣河与长江干流成 60° 角，支流水团正好顺势汇入长江，其河口断面的流速在 3 条河中最小，水团分布散乱，没有如同草堂河、梅溪河一样的分层规律，散乱的小水团从河口断面的各个方向倒灌进入支流。

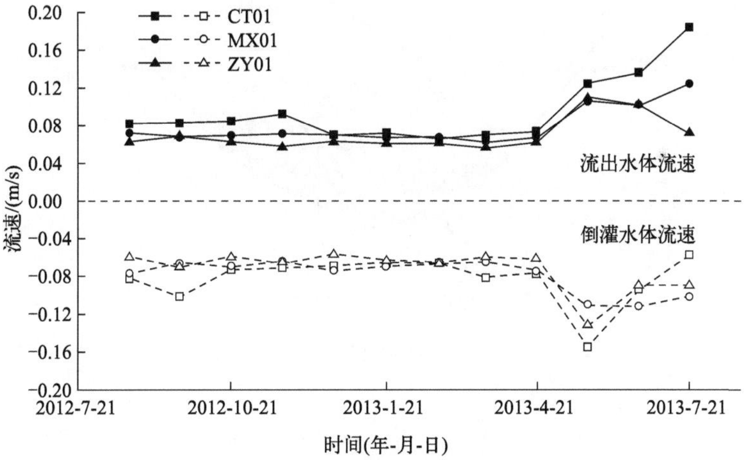

图5-12 支流进出水团平均流速大小

5.2.3.2 镭同位素示踪的水团混合

草堂河支流库湾镭同位素可能的源和汇主要包括干流水体的倒灌、沿岸的横向添加以及底层沉积物的向上扩散。根据草堂河支流断面的流量特征，分别针对 2012 年 9 月、12 月和 2013 年 3 月建立了草堂河的镭同位素收支模式图，如图 5-13 所示。从图中可以看出不管是在蓄水期、高水位运行期还是供水期，草堂河库湾镭同位素的主要源和汇分别是干流的倒灌和向干流的流出，其他项对库湾水体的镭收支贡献有限，基本可以忽略。然而，值得指出的是，干支流水体交换的镭同位素与支流库湾的总镭库在量上并不相等。9 月库湾的总镭含量要大于干、支流水体贡献的镭同位素的差值，据此推断，此时还有第三种可能的镭源，即由地下水贡献的，因此9月地下水贡献的镭同位素通量为 0.24×10^4dpm；而在12月，干流的倒灌量并不足以支撑支流向干流的流出量，因此必然存在大量地下水贡献的镭同位素，为 3.2×10^4dpm；2013年3月的镭同位素收支基本维持平衡，干支流水体的交换量与库湾内的总镭量在误差范围内基本一致。

根据镭同位素收支图，支流库湾水体的来源以干流倒灌水输入为主，在不同季节均超过99%，其他来源的水团汇入远远低于干流输入。

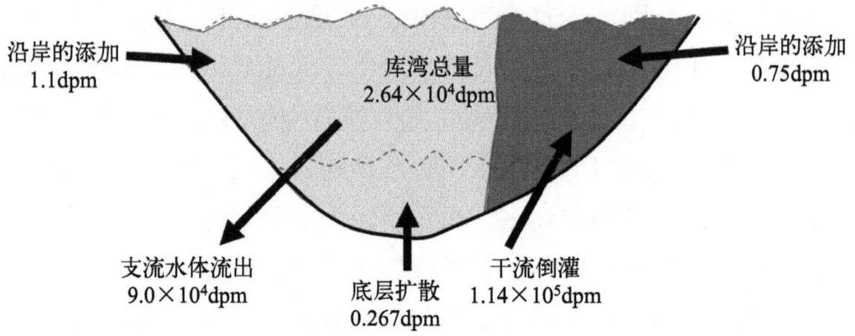

(a) 2012年9月

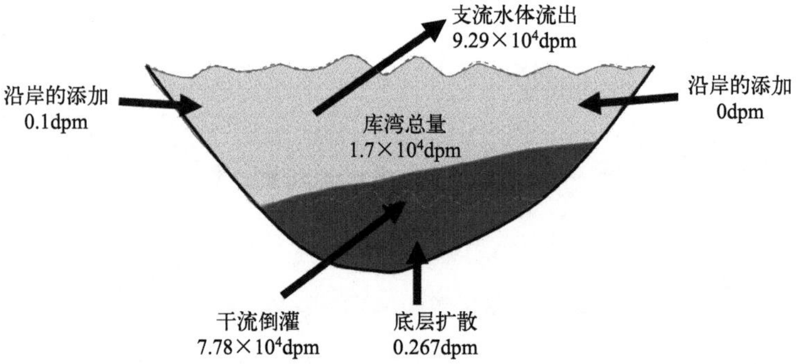

(b) 2012年12月

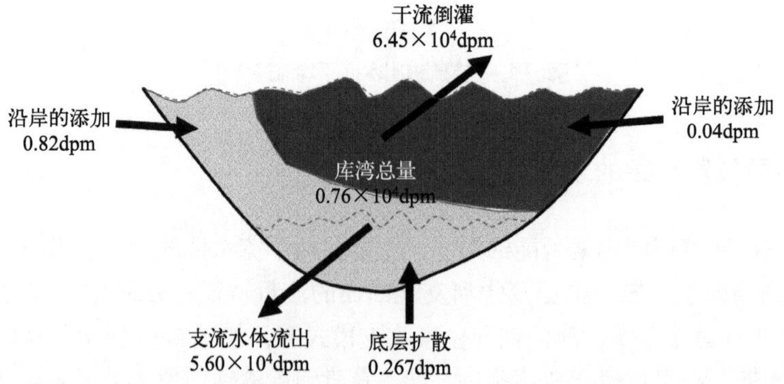

(c) 2013年3月

图5-13　草堂河库湾支流镭同位素收支示意

5.3 三峡水库不同调蓄期干支流营养盐分布格局

5.3.1 长江干流水体营养盐变化特征

5.3.1.1 溶解无机氮

2012 ～ 2013 年长江干流表层硝酸盐、亚硝酸盐、氨氮浓度变化如图 5-14 所示。

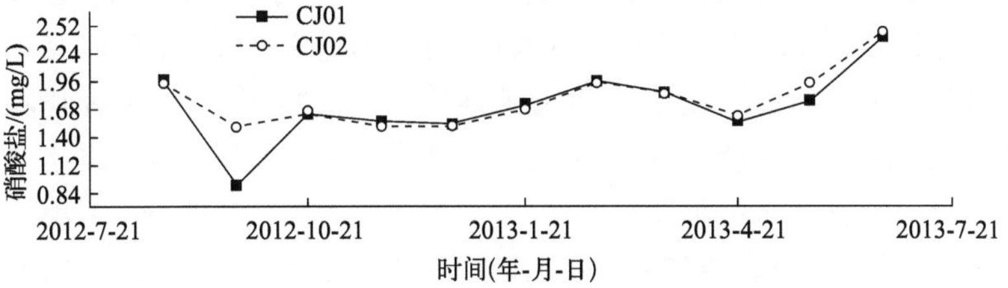

(a) 硝酸盐

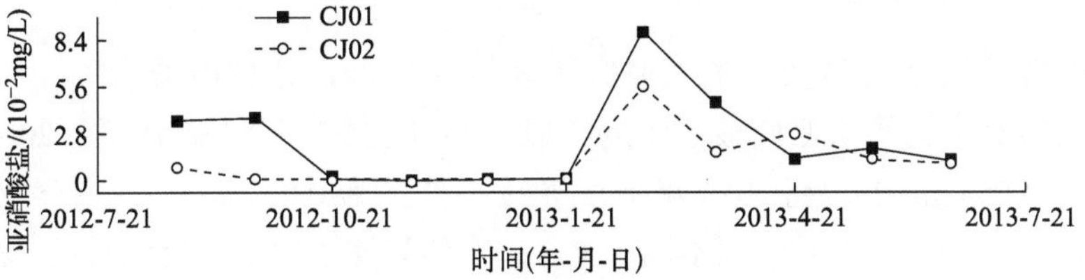

(b) 亚硝酸盐

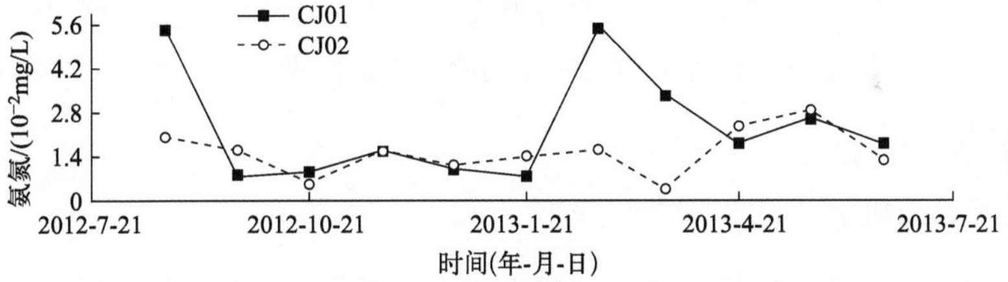

(c) 氨氮

图5-14 2012～2013年长江干流表层硝酸盐、亚硝酸盐、氨氮浓度变化

（1）硝酸盐浓度分布

2012 年 8 月～ 2013 年 6 月，CJ01 断面表层硝酸盐（NO_3^-）的浓度范围为 0.926 ～ 2.402mg/L，全年平均为 1.717mg/L。CJ02 断面表层硝酸盐的浓度范围为 1.5008 ～ 2.4514mg/L，全年平均为 1.7822mg/L。除 2012 年 9 月两个断面表层硝酸盐浓度相差较大外，其他月份基本相同（图 5-14）。硝酸盐浓度的监测结果远远大于长江 20 世纪 80 年代末的 0.4606mg/L，同样也远远大于罗讷河（也称作隆河，位于法国，1.043mg/L）、亚马孙河（0.245mg/L）、奥里诺科河（位于南美洲，0.112mg/L）、刚果河（0.091mg/L）以及密西西比河（1.099mg/L）等世界其他河流。此外，监测结果还比三峡水库坝前水体中硝酸盐的浓度大，坝前水域的硝酸盐浓度分别为：2004 年 8 月平均 0.9450mg/L，2005 年 4 月平均 1.3664mg/L，2006 年 4 月平均 1.5652mg/L。

（2）亚硝酸盐浓度分布

两个断面的亚硝酸盐（NO_2^-）浓度在溶解无机氮（DIN）中占的份额都很少，分别为0.01%～4.32%和0.03%～2.80%。CJ01断面表层水体中亚硝酸盐的浓度范围为0.00014～0.08904mg/L，全年平均为0.02324mg/L。CJ02断面表层水体中亚硝酸盐的浓度范围为0.00003～0.05656mg/L，其中2013年2月的测量值最高为0.0565mg/L，全年平均为0.0123mg/L。从整体看来，两个站位表层亚硝酸盐的整体变化趋势相同，2013年2月、3月长江干流表层亚硝酸盐浓度大，其他月份小，有4个月（三峡水库高水位运行时段）浓度趋于0mg/L。上游CJ01站位的年平均浓度和非高水位月的亚硝酸盐浓度均大于下游的CJ02站位。三峡库区奉节段的长江表层亚硝酸盐平均浓度比2004年8月三峡水库坝前水域水体中亚硝酸盐的浓度大，比2005年4月和2006年4月三峡水库坝前水域水体中亚硝酸盐的浓度小（坝前水域的亚硝酸盐浓度分别为：2004年8月平均0.0015mg/L；2005年4月平均0.0767mg/L；2006年4月平均0.0287mg/L），约为世界未受污染河流平均值的10倍。

（3）氨氮浓度分布

一般而言，氨氮主要来源于工业废水和生活污水。对CJ01站位而言，其表层水体氨氮浓度的变化趋势与亚硝酸盐浓度类似，不同之处在于氨氮浓度在2012年8月有最大值，为0.0542mg/L，在2013年1月有最小值，为0.0076mg/L，全年平均浓度为0.0232mg/L。下游的CJ02站位则不同，其表层水体氨氮浓度全年变化平缓，浓度范围在0.0054～0.0287mg/L，全年平均浓度为0.0153mg/L，最大值出现在2013年5月，最小值出现在2013年3月。两个站位的氨氮年平均值均低于三峡水库坝前水域水体。氨氮的季节性变化较大，主要因为氨氮受生物活动及其周围生活污水和工业废水等多种点源污染因素的直接影响。

（4）溶解无机氮（DIN）浓度分布

长江干流表层溶解无机氮（DIN）浓度的变化趋势（图5-15）与表层硝酸盐浓度的变化趋势一致，除2012年9月两个站位表层DIN浓度相差较大外，其他月份两个站位表层DIN浓度基本相同。其中CJ01站位表层DIN浓度范围为0.973～2.433mg/L，全年平均为1.763mg/L；CJ02站位表层DIN浓度范围为1.513～2.474mg/L，全年平均为1.810mg/L。长江干流表层水体中的亚硝酸盐和氨氮在DIN中占的比例很小，硝酸盐是DIN中的主要成分，两个站位均可以达到DIN浓度的95%以上。根据Smith等的河流污染指标，2012

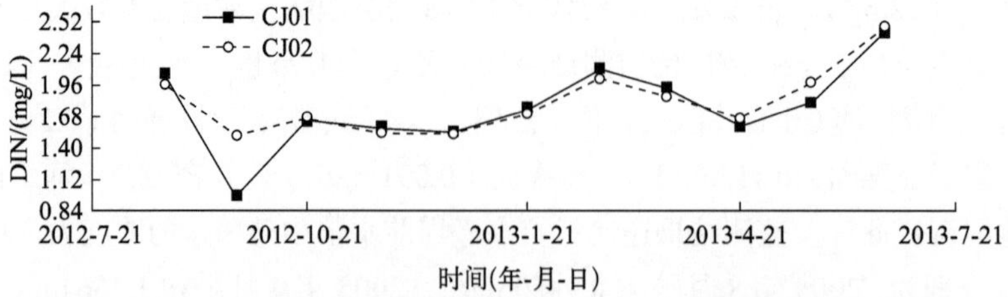

图5-15 2012～2013年长江干流表层溶解无机氮浓度变化

年8月～2013年7月CJ01和CJ02站位的DIN浓度均高于世界河流平均值0.73mg/L，大部分时间达到污染水体的1.54mg/L。与世界上未受污染的热带河流亚马孙河（0.17mg/L）、奥里诺科河（0.09mg/L）以及刚果河（0.10mg/L）相比，长江干流的DIN浓度已远远超过这些河流，接近甚至高于受人类影响较大的布兰塔斯河（1.66mg/L）以及密西西比河（1.79mg/L）。

5.3.1.2 溶解磷酸盐

两个站位表层磷酸盐的浓度变化趋势一致，均是由2012年8月开始递增至次年的2月达到最大值，然后又从最高值开始逐渐递减（图5-16）。2012年8月～2013年6月长江CJ01站位表层磷酸盐的浓度范围为0.002～0.198mg/L，全年平均为0.096mg/L。其中2012年8月的值最小，为0.002mg/L，2013年2月有最大值，为0.198mg/L。长江CJ02站位表层磷酸盐的浓度范围为0.018～0.202mg/L，全年平均为0.106mg/L。与CJ01站位相同，2012年8月磷酸盐的浓度最小，2013年2月有最大值，分别为0.018mg/L和0.202mg/L。整体看来，两个站位的表层磷酸盐浓度全年平均值相差小，同样在水库的高水位运行期时浓度要比其他时段高。与世界上未受污染的热带河流亚马孙河（0.006mg/L）、奥里诺科河（0.009mg/L）以及刚果河（0.025mg/L）相比，长江干流的磷酸盐浓度已远远超过这些河流，接近布兰塔斯河（0.062～0.093mg/L）、密西西比河（0.093mg/L）以及萨克拉门托河（0.124mg/L）。

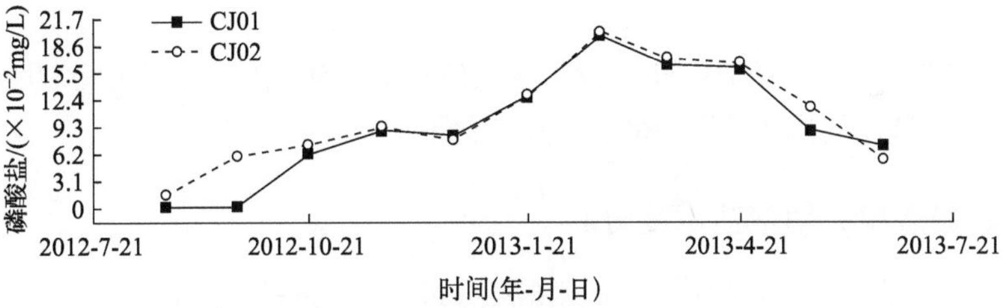

图5-16 2012～2013年长江干流表层溶解磷酸盐浓度变化

5.3.1.3 溶解硅酸盐

硅酸盐是水体中一种十分重要的营养盐。一些浮游植物，特别是硅藻，可以吸收利用水体中的溶解态硅酸盐，然后在体内经过同化作用生成硅质的细胞壁。硅藻细胞死后，其残体分解成含硅质的碎屑，经过沉积作用被埋藏在河床底质中，在合适的条件下可以溶解再生，重新进入水体。

近年来，由于人类活动与自然环境的影响，长江流域的氮、磷含量不断上升，而硅的含量却明显下降。长江干流两个站位表层硅酸盐的浓度变化趋势一致，均是由2012年8月开始递增至次年的10月达到最大值，然后又从最大值开始逐渐缓慢递减，到了次年6月突然升高（图5-17）。值得注意的是，2012年8月～2013年5月这一段时期长江表层硅酸盐浓度变化趋势与三峡水库水位的变化相同。在水库高水位运行时段长江表层水体中硅酸盐的浓度也最大；水库的供水期和汛前消落期水位缓慢下降，此时长江表层水体中硅酸盐的浓度也缓慢下降，下降速率约为每月 0.232mg/L。其中 CJ01 站位表层硅酸盐浓度范围为 2.366 ～ 3.990mg/L，全年平均为 3.296mg/L；CJ02 站位表层硅酸盐浓度范围为 2.526 ～ 3.945mg/L，全年平均为 3.346mg/L。两个站位硅酸盐浓度均小于世界河流的平均水平 4.2mg/L。一般认为，河流中的溶解硅酸盐主要由岩石土壤的风化作用形成，人类活动的影响不大。且硅酸盐的化学风化率会随着径流量和气温的升高而增大，在丰水期流域有丰富的降水和较高的气温，可以使长江水体中的硅酸盐浓度明显高于平水期。因此，三峡水库的溶解硅酸盐浓度季节性变化差异可以反映库区河床不同季节的侵蚀强度。

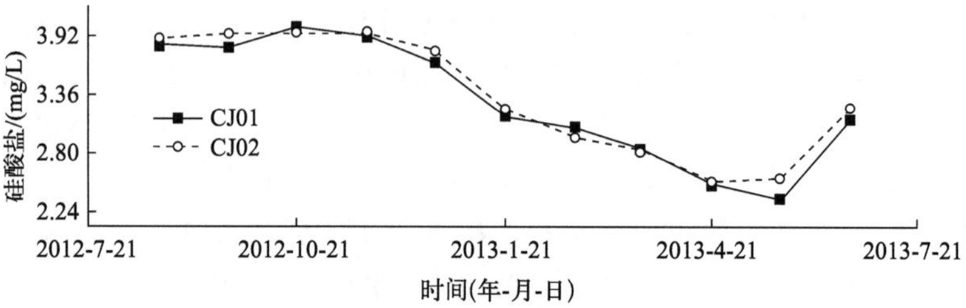

图5-17 2012～2013年长江干流表层溶解硅酸盐浓度变化

5.3.2 支流河口水体营养盐变化特征

5.3.2.1 朱衣河河口营养盐分布

朱衣河的采样点位于断面中间位置，朱衣河河口的流速较小，倒灌水团分层不明显，主要以小水团低流速的形式从断面的多个位置倒灌。

（1）硝酸盐和亚硝酸盐浓度分布

① 在调查时间段内，朱衣河河口的硝酸盐（NO_3^-）浓度范围分布在 1.1400 ～ 2.3627mg/L 之间，平均为 1.7291mg/L，与长江干流表层水体硝酸盐浓度（1.7178mg/L）接近，也与朱衣河源头浓度（1.7722mg/L）接近。其中最小值处在 2012 年 9 月表层水团；最大值处在 2013 年 6 月的 20m 水深处。总体而言，硝酸盐（NO_3^-）浓度随时间变化明显，从 2012 年 8 月开始逐渐上升，至 2013 年 6 月达到最大值。

② 全年亚硝酸盐（NO_2^-）的浓度范围分布在 0.0001 ～ 0.0967mg/L 之间，平均为 0.0102mg/L，与朱衣河源头浓度接近，供水期与汛前消落期水团中亚硝酸盐浓度较大，蓄水期与枯水期浓度较小，其中最大值处在 2013 年 2 月的 40m 水深处。

（2）氨氮浓度分布

氨氮浓度随时间变化明显，从 2012 年 8 月～ 2013 年 6 月逐渐升高，在水库高水位运行期表现为表层浓度低底层浓度高，全年浓度范围分布在 0.0006 ～ 0.0515mg/L 之间，平均为 0.0143mg/L，其中最大值处在 2013 年 3 月的表层水团。DIN 的分布与硝酸盐（NO_3^-）的分布类似，其所占百分比在 95% 以上。浓度范围分布在 1.1586 ～ 2.3820mg/L 之间，平均为 1.7536mg/L，与长江干流表层水体 DIN 浓度接近，最大值处在 2013 年 6 月的 20m 水深处。

（3）磷酸盐浓度分布

磷酸盐（PO_4^{3-}）的浓度随时间的变化明显，从 2012 年 8 月开始每个月逐渐上升，在 2013 年 2 月达到最大值后又开始逐渐递减。其浓度范围分布在 0.0124 ～ 0.2139mg/L 之间，平均为 0.1066mg/L，在 2013 年 2 月其浓度从表层到底层均大于 0.1705mg/L，与长江干流相近，远大于朱衣河源头（0.01395mg/L）、亚马孙河（0.0186mg/L）、奥里诺科河（0.0062mg/L）、刚果河（0.0248mg/L）、密西西比河（0.093mg/L）以及萨克拉门托河（0.124mg/L）。

（4）硅酸盐浓度分布

硅酸盐（SiO_3^{2-}）表底分层不明显，但随时间的变化明显，从 2012 年 8 月开始每个月逐渐增大，在 2012 年 11 月达到最大值后又开始逐渐递减。其浓度范围分布在 2.3232 ～ 3.9766mg/L 之间，平均为 3.2175mg/L。与长江干流以及梅溪河浓度比较接近，小于朱衣河源头浓度（4.1182mg/L）。

总体而言，朱衣河河口的硝酸盐、亚硝酸盐、氨氮以及 DIN 分布不均一，磷与硅随月份变化明显，其分布形态与草堂河、梅溪河相同。倒灌水团与流出水团的营养盐浓度相差不大，说明朱衣河河口水体交换速度快，滞留在库湾的营养盐较少。

5.3.2.2 梅溪河河口营养盐分布

图 5-18 为梅溪河河口营养盐浓度月变化（书后另见彩图）。采样点位于断面中间位置。梅溪河河口的倒灌水团上下分层明显，主要有 5 种形式的倒灌：

① 2012 年 9 月、12 月和 2013 年 1 月属于底层倒灌；

② 2012 年 10 月、2013 年 3 月和 4 月属于表层倒灌；

③ 2012 年 11 月、2013 年 2 月和 5 月属于中层倒灌；

④ 2012 年 8 月属于表层和底层倒灌；

⑤ 2013 年 6 月属于全断面倒灌。

（1）硝酸盐和亚硝酸盐分布

① 在调查时间段内，梅溪河河口的硝酸盐（NO_3^-）浓度范围分布在 0.8064 ～ 2.3791mg/L 之间，平均为 1.6821mg/L，与长江干流表层水体硝酸盐浓度（1.7178mg/L）接近。其中最小值处在 2012 年 9 月表层水团；最大值处在 2013 年 6 月的 29m 水深处。蓄水期（2012 年 8 月～ 10 月）的浓度较小，汛前消落期（2013 年 5 月、6 月）的浓度大。

② 全年亚硝酸盐（NO_2^-）的浓度范围分布在 0.0001 ～ 0.2324mg/L 之间，平均为 0.0183mg/L，中层与底层水团中浓度较大，其中最大值处在 2012 年 9 月的 45m 水深处，为 0.2324mg/L。除 2013 年 2 月为中层有最大值以外，其他月份表层与底层的浓度分布均匀。枯水期（2012 年 11 月和 12 月）的浓度较小，其他时期的浓度大。

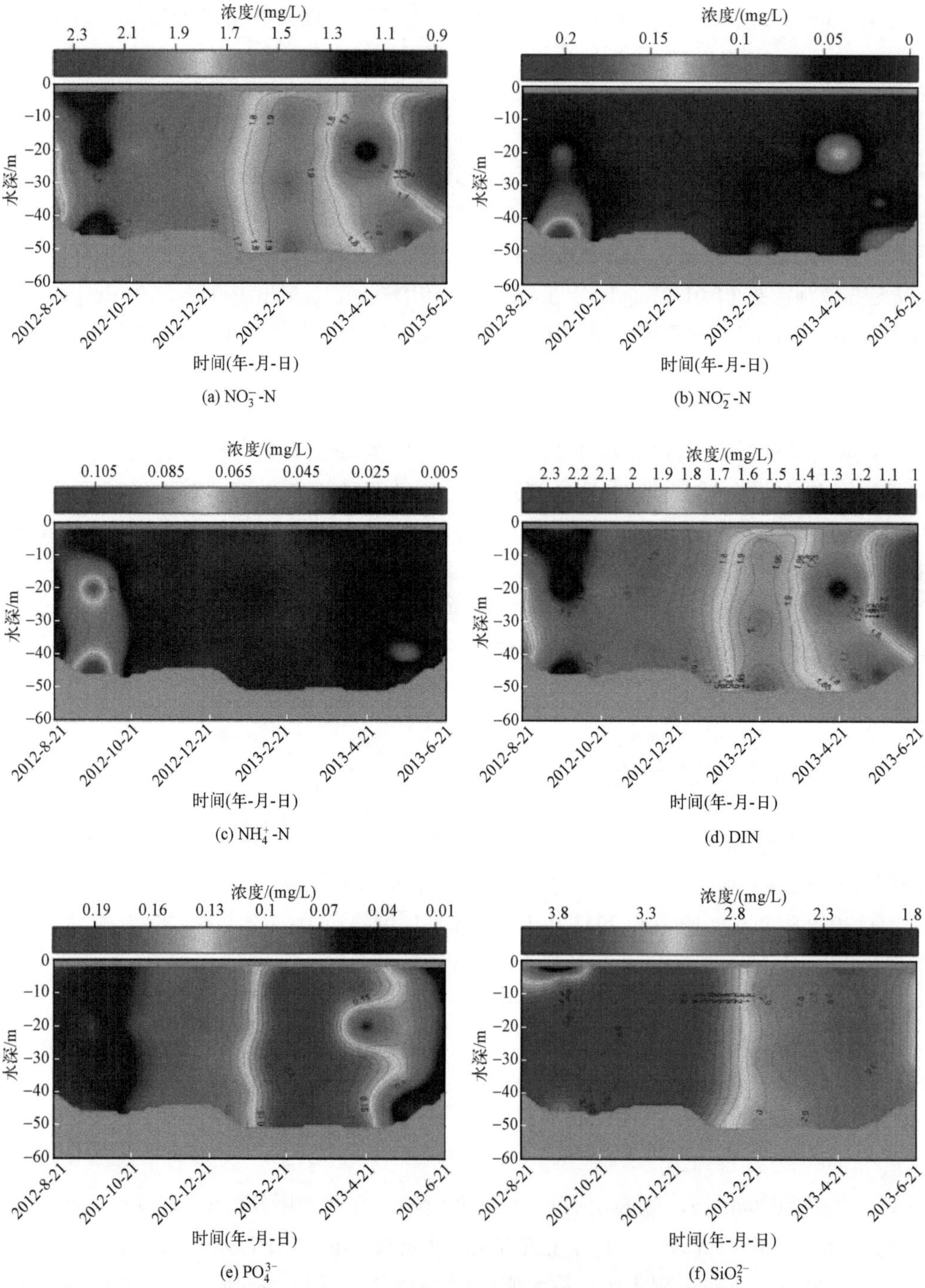

(a) NO_3^--N (b) NO_2^--N (c) NH_4^+-N (d) DIN (e) PO_4^{3-} (f) SiO_3^{2-}

图5-18 2012～2013年梅溪河河口营养盐浓度月变化

（2）氨氮浓度分布

氨氮在 2012 年 8 月和 9 月的浓度比较高，全年浓度范围分布在 0.0022 ～ 0.1199mg/L 之间，平均为 0.0176mg/L，其中最大值处在 2012 年 9 月的 45m 水深处，为 0.1199mg/L。

DIN 的分布与硝酸盐（NO_3^-）的分布类似，其所占百分比在 95% 以上。浓度范围分布在 0.8313 ～ 2.3938mg/L 之间，平均为 1.7181mg/L，与长江干流表层水体 DIN 浓度接近，最大值处在 2013 年 6 月的 29m 水深处。

（3）磷酸盐浓度分布

磷酸盐（PO_4^{3-}）的表底分层不明显，但随时间的变化明显，从 2012 年 8 月开始每个月逐渐上升，在 2013 年 2 月达到最大值后又开始逐渐递减。其浓度范围分布在 0.0155 ～ 0.2135mg/L 之间，平均为 0.0995mg/L，与长江干流相近，大于梅溪河源头（0.0347mg/L）。在 2013 年 2 月其浓度从表层到底层均大于 0.186mg/L，远大于亚马孙河（0.018mg/L）、奥里诺科河（0.006mg/L）、刚果河（0.025mg/L）、密西西比河（0.093mg/L）以及萨克拉门托河（0.124mg/L）。

（4）硅酸盐浓度分布

硅酸盐（SiO_3^{2-}）表底分层不明显，但随时间的变化明显，从 2012 年 8 月开始每个月逐渐增大，在 2012 年 12 月达到最大值后又开始逐渐递减。其浓度范围分布在 0.6443 ～ 4.0037mg/L 之间，平均为 3.1830mg/L。与长江干流比较接近，大于梅溪河源头浓度（2.6754mg/L）。

整体而言，梅溪河河口的营养盐混合不太均匀，特别是在水库的低水位运行期（2012 年 8 ～ 10 月和 2013 年 2 ～ 6 月），营养盐浓度都出现分层。其中 2012 年 8 月倒灌水团中的硝酸盐、亚硝酸盐、氨氮以及 DIN 浓度均大于流出水团，说明在这个月有相当部分的营养盐滞留在库湾中。营养盐的季节变化明显，氮、磷在高水位运行期浓度小，低水位运行期浓度大，硅的季节分布与氮、磷相反。

5.3.2.3 草堂河河口营养盐分布

2012 年 8 月～ 2013 年 6 月库区支流草堂河的河口营养盐浓度月变化如图 5-19 所示（书后另见彩图）。草堂河口的倒灌水体可以分 4 种形式的倒灌：

① 在 2012 年 8 月、9 月和 2013 年 2 月草堂河口流速分布为“左进右出”型，因此，这 3 个月采样点位置从表层到底层都是倒灌水体；

② 2012 年 10 月、12 月和 2013 年 1 月属于底层倒灌；

③ 2012 年 11 月、2013 年 3 月和 4 月属于表层倒灌；

④ 2013 年 5 月和 6 月属于多层水团多个位置倒灌。

（1）硝酸盐和亚硝酸盐浓度分布

① 全年硝酸盐（NO_3^-）的浓度范围分布在 1.362 ～ 2.429mg/L 之间，平均为 1.758mg/L，每个月的表层与底层浓度分布均匀，与长江干流表层水体硝酸盐浓度（1.718mg/L）接近。其中最小值处在 2012 年 9 月的 10m 水深处，为 1.361mg/L；最大值处在 2013 年 6 月的 10m 水深处，为 2.429mg/L。蓄水期（2012 年 8 ～ 10 月）的浓度较小，汛前消落期（2013 年 5 月、6 月）的浓度大。

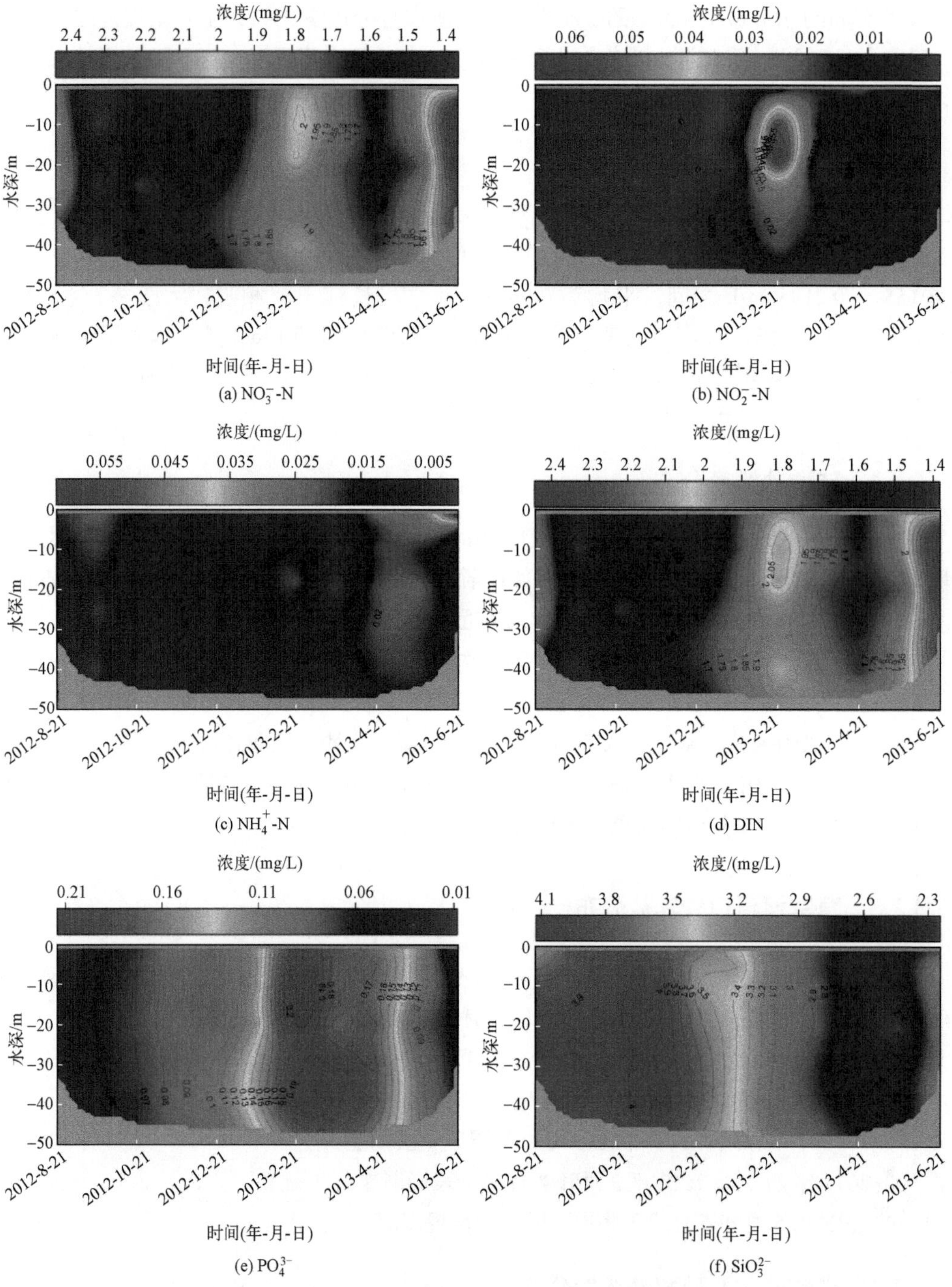

图5-19　2012～2013年草堂河河口营养盐浓度月变化

② 全年亚硝酸盐（NO_2^-）的浓度范围分布在0.0001～0.0675mg/L之间，平均为0.0084mg/L，其中最大值处在2013年2月的18m水深处，为0.0675mg/L。除2013年2月为中层有最大值以外，其他月份表层与底层的浓度分布均匀。蓄水期和枯水期（8～12月）的浓度较小，其他时期的浓度大。在11月，倒灌水体中的浓度与流出水体浓度相差

较大，而其他月份二者相差较小。

（2）氨氮浓度分布

氨氮的分布比较杂乱，在春夏季的浓度比较高，浓度范围分布在 0.0034 ～ 0.0732mg/L 之间，平均为 0.0150mg/L，其中最大值处在 2013 年 6 月的表层水体中，为 0.0732mg/L。DIN 的分布与硝酸盐（NO_3^-）的分布类似，其所占百分比在 95% 以上。浓度范围分布在 1.3807 ～ 2.5008mg/L 之间，平均为 1.7821mg/L，与长江干流表层水体 DIN 浓度接近，最大值处在 2013 年 6 月的 5m 水深处，为 2.5008mg/L。

（3）磷酸盐浓度分布

磷酸盐（PO_4^{3-}）的表底分层不明显，但随时间的变化明显，从 2012 年 8 月开始每个月逐渐上升，在 2013 年 2 月达到最大值后又开始逐渐递减。其浓度范围分布在 0.0127 ～ 0.2148mg/L 之间，平均为 0.1104mg/L，与长江干流相近，大于草堂河源头（0.0381mg/L）。在 2013 年 2 月其浓度从表层到底层均大于 0.186mg/L，远大于亚马孙河（0.0186mg/L）、奥里诺科河（0.0062mg/L）、刚果河（0.0248mg/L）、密西西比河（0.093mg/L）以及萨克拉门托河（0.124mg/L）。

（4）硅酸盐浓度分布

硅酸盐（SiO_3^{2-}）同样表底分层不明显，但随时间的变化明显，从 2012 年 8 月开始每个月逐渐减小，在 2013 年 4 月达到最小值后又开始逐渐递增。其浓度范围分布在 2.2428 ～ 4.1384mg/L 之间，平均为 3.2676mg/L。与库区干流和草堂河源头都比较接近。

总体而言，草堂河口的营养盐混合比较均匀，不会随着进出的水团而出现明显的分层现象，说明在草堂河河口的水体交换速度较快，倒灌水团在草堂河的停留时间较短，由干流倒灌作用而滞留的营养盐的量比较小。但是，营养盐随季节的变化明显，当磷的浓度相对较高时易暴发水华。

5.3.3 支流源头营养盐变化特征

在每月的野外观测期间，同时分别对草堂河、梅溪河、朱衣河的源头进行采样，三个采样点均位于远离工业污染的区域，分别命名为 CT04（草堂河源头）、MX04（梅溪河源头）、ZY04（朱衣河源头）。

（1）溶解无机氮（氨氮、亚硝酸盐和硝酸盐）浓度分布

三个源头的氨氮、亚硝酸盐、硝酸盐浓度变化如图 5-20 所示。

1）硝酸盐浓度分布

硝酸盐（NO_3^-）的分布从 2012 年 8 月～ 2013 年 6 月呈现递减的趋势。其中草堂河中硝酸盐的浓度范围为 0.5677 ～ 3.3484mg/L，平均浓度为 1.7765mg/L，最高浓度出现在 2012 年 8 月，最低浓度出现在 2013 年 4 月，平均浓度与库区干流表层水团相差不大（CJ01 站位平均浓度为 1.7172mg/L；CJ02 站位平均浓度为 1.7825mg/L）。2012 年 8 ～ 12

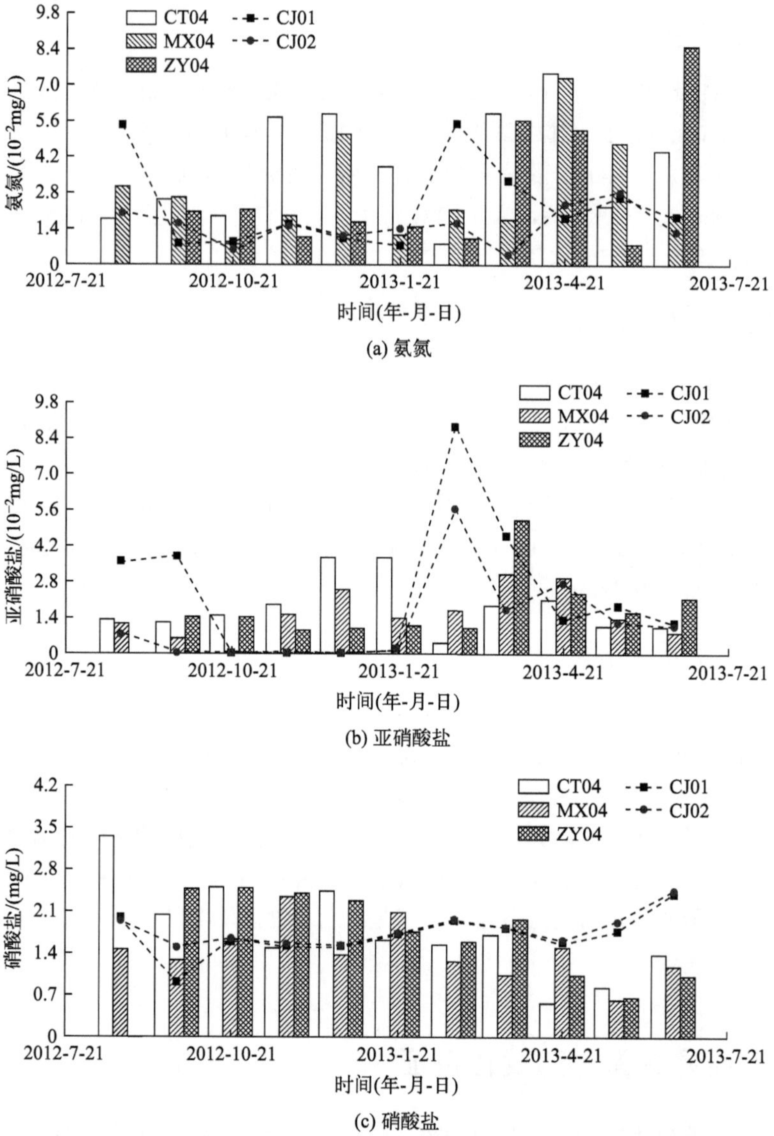

(a) 氨氮

(b) 亚硝酸盐

(c) 硝酸盐

图5-20 2012～2013年库区支流源头氨氮、亚硝酸盐、硝酸盐浓度变化

月（汛期和蓄水期），草堂河源头水体中的硝酸盐（NO_3^-）浓度均高于当月干流表层水体，而 2013 年 1 ～ 6 月（供水期和汛前消落期），草堂河源头水体中的硝酸盐（NO_3^-）浓度均低于当月干流表层水体。梅溪河源头的硝酸盐（NO_3^-）浓度集中在 0.6241 ～ 2.3464mg/L，平均浓度为 1.4337mg/L，最高浓度出现在 2012 年 11 月，最低浓度出现在 2013 年 5 月，平均浓度比库区干流表层水体小。朱衣河源头的硝酸盐（NO_3^-）浓度集中在 0.6686 ～ 2.4921mg/L，平均浓度为 1.7722mg/L，最高浓度出现在 2012 年 10 月，最低浓度出现在 2013 年 5 月，平均浓度接近库区干流表层水体。3 条支流中每月的硝酸盐（NO_3^-）在溶解无机氮（DIN）中所占的比例均大于 90%。

2）亚硝酸盐浓度分布

支流源头中亚硝酸盐（NO_2^-）的浓度主要分布在 0.007 ～ 0.056mg/L 之间，在 2012 年 10 月～ 2013 年 1 月，干流亚硝酸盐浓度趋于 0mg/L 时，3 条支流中亚硝酸盐浓度仍然大于 0.007mg/L。在汛前消落期，干流和支流的亚硝酸盐浓度都随月份呈递减趋势。草堂河源头的亚硝酸盐（NO_2^-）浓度集中在 0.0043 ～ 0.0361mg/L，全年平均浓度为 0.0182mg/L，最高浓度出现在 2013 年 1 月，最低浓度出现在 2013 年 2 月。梅溪河源头的亚硝酸盐（NO_2^-）浓度集中在 0.0006 ～ 0.0312mg/L，全年平均浓度为 0.0157mg/L，最高浓度出现在 2013 年 3 月，最低浓度出现在 2012 年 10 月。朱衣河源头的亚硝酸盐（NO_2^-）浓度集中在 0.0091 ～ 0.0524mg/L，全年平均浓度 0.0182mg/L，最高浓度出现在 2013 年 3 月，最低浓度出现在 2012 年 11 月。3 条支流亚硝酸盐的全年平均浓度比较接近。

3）氨氮浓度分布

在汛前消落期和汛期支流源头氨氮的浓度较大。

溶解无机氮（DIN）的分布继承了硝酸盐（NO_3^-）的分布特点，从 2012 年 8 月～ 2013 年 6 月呈现递减的趋势（图 5-21）。

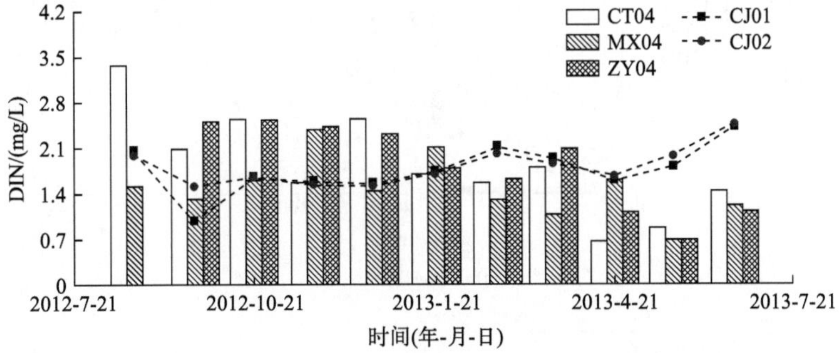

图5-21 2012～2013年库区支流源头DIN浓度变化

（2）磷酸盐浓度分布

支流源头的磷酸盐（PO_4^{3-}）浓度全年都低于库区干流，3 条支流磷酸盐的全年平均浓度大小为：草堂河（0.038mg/L）＞梅溪河（0.035mg/L）＞朱衣河（0.014mg/L）。

（3）硅酸盐浓度分布

硅酸盐（SiO_3^{2-}）的全年平均浓度大小为：朱衣河（4.118mg/L）＞草堂河（3.269mg/L）＞梅溪河（2.675mg/L）。

5.4 三峡水库富营养化的生态营养动力学

5.4.1 干支流相互作用营养盐来源解析

图 5-22 为草堂河的营养盐组成特征（书后另见彩图）。

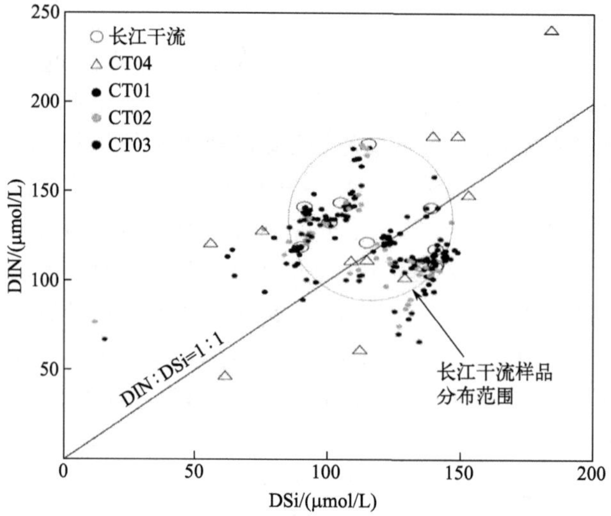

(a) DIN∶DSi=1∶1

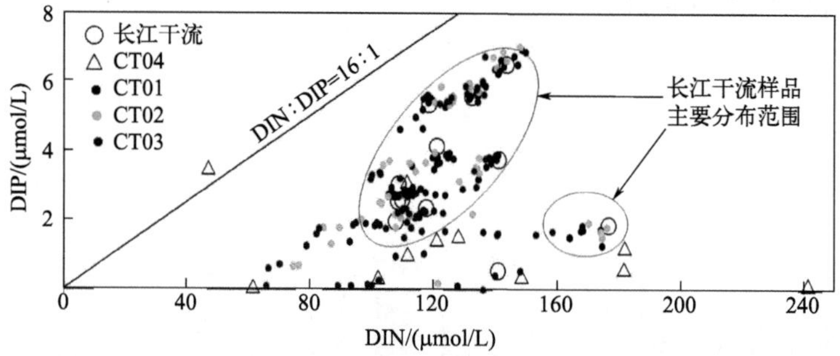

(b) DIN∶DIP=16∶1

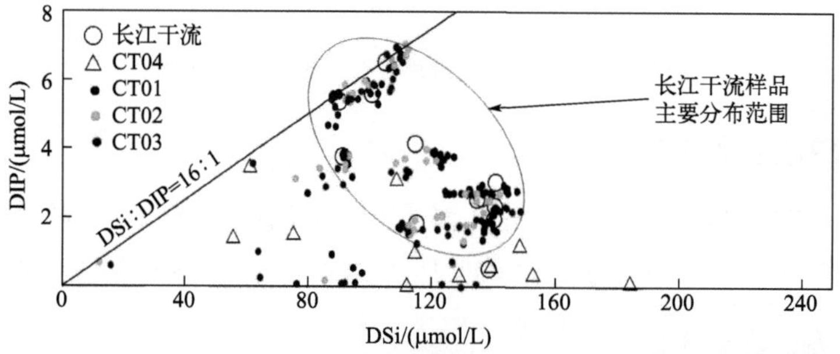

(c) DSi∶DIP=16∶1

图5-22　草堂河营养盐组成特征

CT04—草堂河源头；CT01—草堂河河口；CT02—草堂河中游；CT03—草堂河上游

从图5-22中可以看出，长江干流营养盐的组成分布比较集中，其中溶解无机氮（DIN）主要分布在1.26～2.10mg/L，溶解硅（DSi）主要分布在2.24～3.92mg/L，溶解无机磷（DIP）主要分布在0.031～0.217mg/L。而草堂河源头（CT04）的营养盐组成分布散乱，其中DIN主要分布在0.56～3.36mg/L，DSi主要分布在1.40～5.32mg/L，DIP主要分布在0～0.124mg/L。草堂河另外3个点位（草堂河口CT01，草堂河中游CT02，草堂河上游CT03）的DIN与DSi组成与长江干流分布比较接近（DIN主要分布在1.4～2.24mg/L，

DSi 主要分布在 2.24 ～ 4.20mg/L），与草堂河源头（CT04）的组成差别较大。综上，可以推测长江干流向草堂河输送的营养盐可以到达草堂河上游（CT03）。

从图 5-23（书后另见彩图）可以看出，梅溪河的 DIN 主要分布在 1.26 ～ 2.10mg/L，DSi 主要分布在 2.24 ～ 4.20mg/L，DIP 主要分布在 0.062 ～ 0.217mg/L。

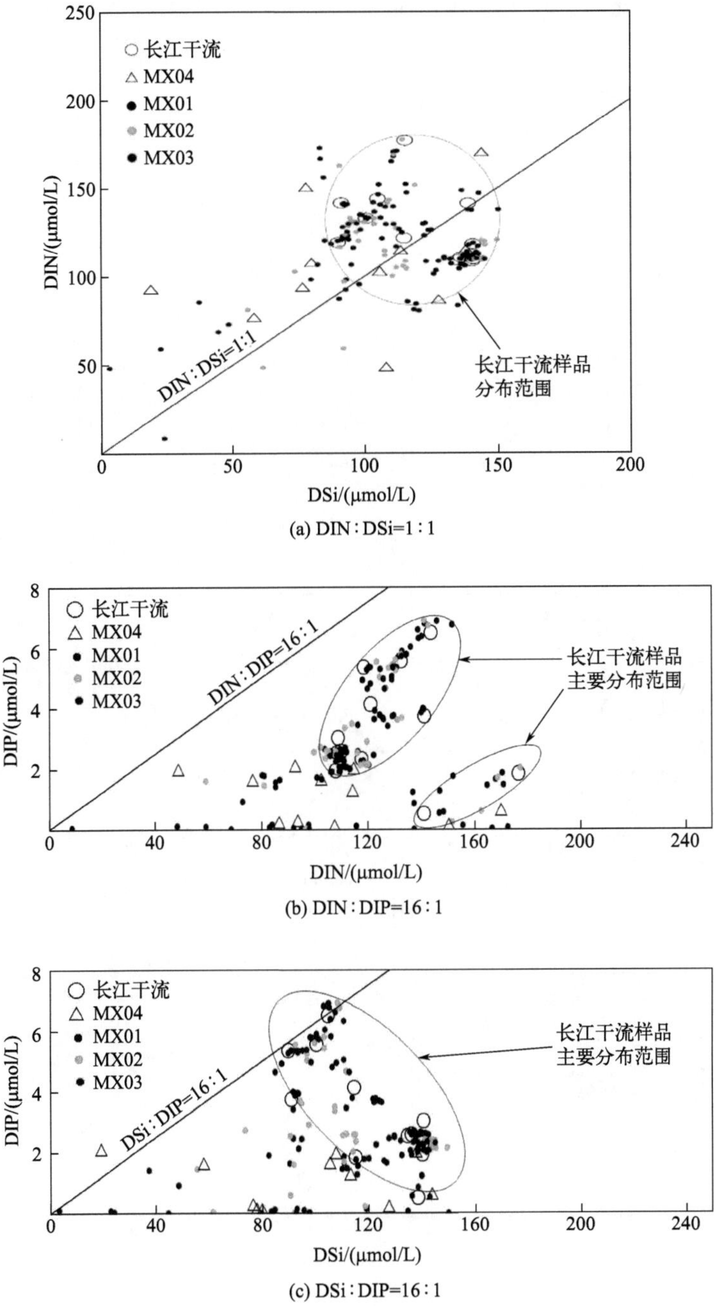

图5-23 梅溪河营养盐组成特征

MX04—梅溪河源头；MX01—梅溪河河口；MX02—梅溪河中游；MX03—梅溪河上游

从图 5-24（书后另见彩图）可以看出，朱衣河的 DIN 主要分布在 1.26 ～ 2.24mg/L，DSi 主要分布在 2.24 ～ 4.20mg/L，DIP 主要分布在 0.046 ～ 0.232mg/L。梅溪河与朱衣河的营养盐组成都与长江干流分布比较接近（DIN 主要分布在 1.4 ～ 2.24mg/L，DSi 主要分布在 2.24 ～ 4.2mg/L），与其源头（MX04 和 ZY04）的组成相差较远。

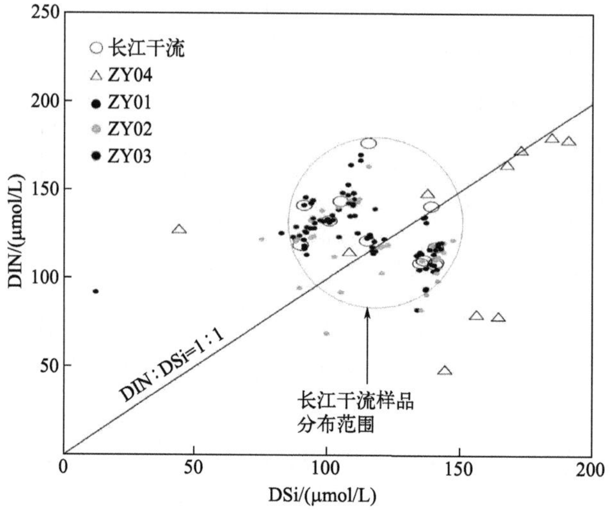

(a) DIN∶DSi=1∶1

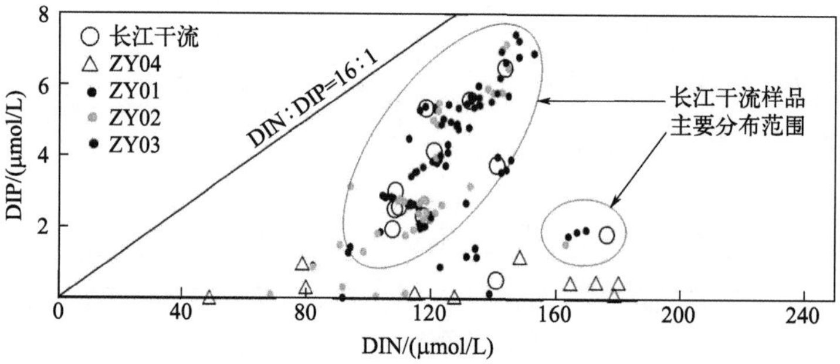

(b) DIN∶DIP=16∶1

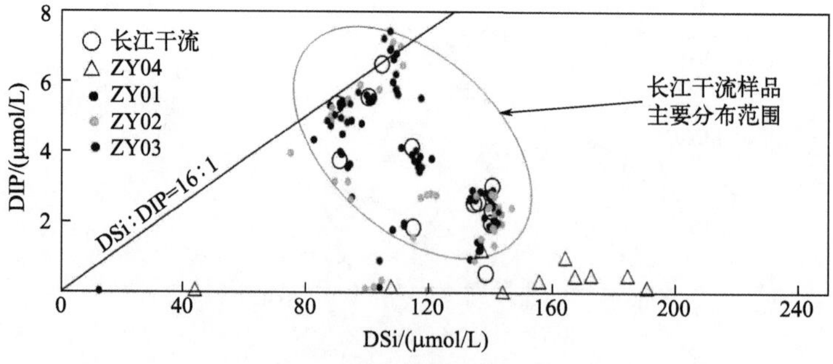

(c) DSi∶DIP=16∶1

图5-24　朱衣河营养盐组成特征

ZY04—朱衣河源头；ZY01—朱衣河河口；ZY02—朱衣河中游；ZY03—朱衣河上游

综上，可以推测长江干流向梅溪河与朱衣河输送的营养盐可以到达梅溪河上游（MX03）以及朱衣河上游（ZY03）。

各支流库湾中部和底层的营养盐各月浓度分布均与长江干流相近，但与各支流上游有显著差异。此外，库湾中部营养盐组分的月际变化趋势也与长江干流一致（图 5-25 和图 5-26），并不存在明显的相位差，这表明支流库湾与长江干流具有很好的连通性，库湾内的营养盐来源于长江干流。

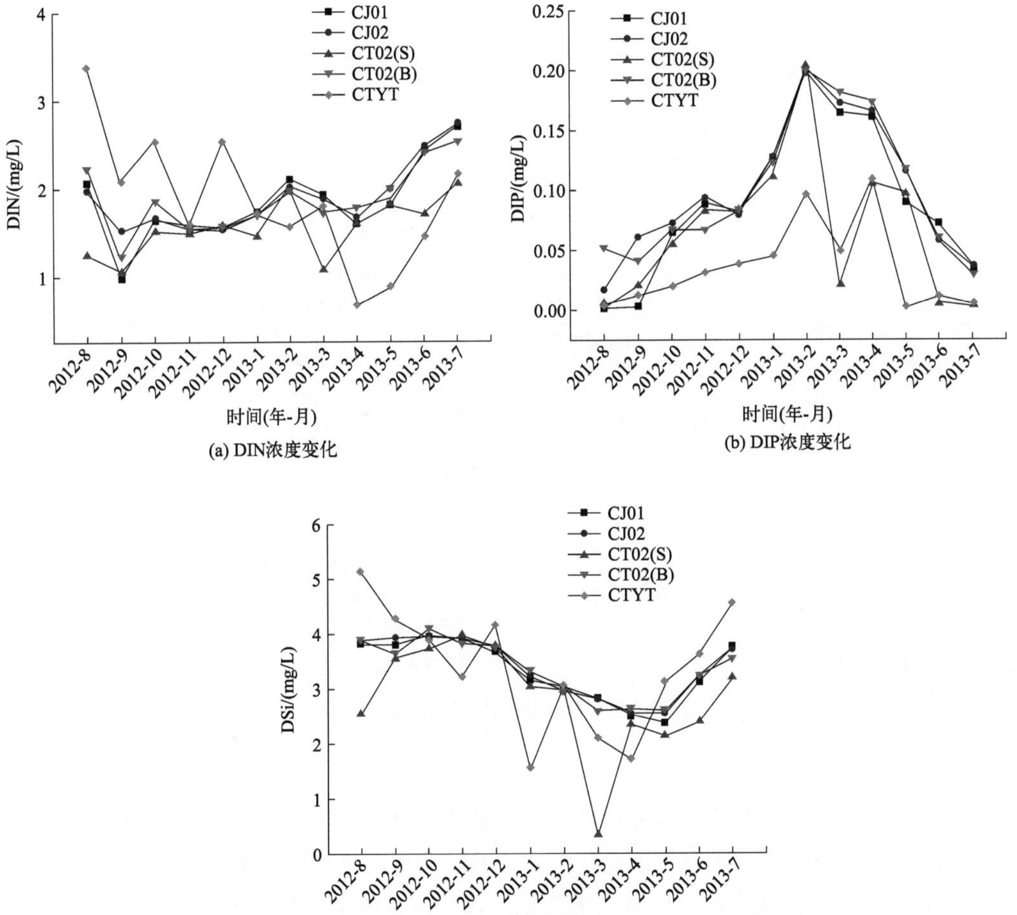

图5-25 草堂河库湾营养盐浓度月变化

CJ01，CJ02—长江干流表层；CT02（S）—库湾中部表层；CT02（B）—库湾中部底层；CTYT—支流上游

光合作用使得表层营养盐含量下降，因而在 2012 年 8 月、2013 年 3 ～ 7 月表层营养盐含量均低于底层，尤其以 DIN 和 DIP 的表底差异更为显著。尽管库湾中部的表层营养盐浓度与干流组成存在差异，但总体趋势仍与长江干流相近，并且与各支流上游的组成不同。这些支流的来水量均在几立方米每秒至十几立方米每秒，相对于干流 300 ～ 500m³/s 的有效水交换通量，其对支流库湾营养盐组成的贡献可以忽略不计。

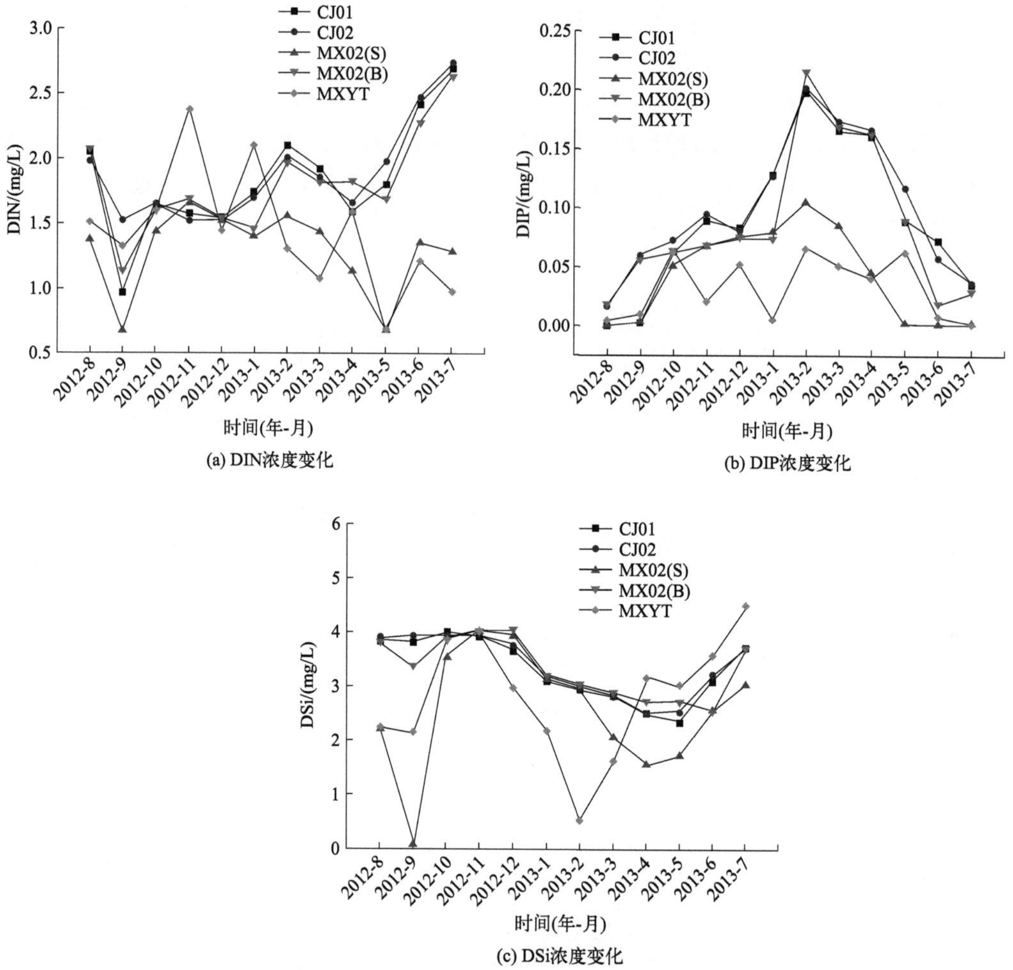

图5-26　梅溪河库湾营养盐浓度月变化

CJ01，CJ02—长江干流表层；MX02（S）—库湾中部表层；MX02（B）—库湾中部底层；MXYT—支流上游

以上支流库湾表层和底层营养盐在春季及夏季的差异表明：低速和缓慢的流态使得支流库湾内形成与库区干流截然不同的环境，造成库区干支流水环境异化。由于干支流良好的连通性，通过干支流界面双向水流的交换，持续将干流营养盐补充到支流库湾回水区，从而在春季到夏季相当长的时间内维持支流库湾的高表层生产力。干支流的这种相互作用限制了支流库湾向深度富营养化发展。

5.4.2　干支流相互作用营养盐输送机制

5.4.2.1　朱衣河库湾营养盐循环

（1）蓄水期

在蓄水期（2012 年 9 月），长江水团从朱衣河河口的中层和底层流入，在水深 15m

处进出水团分层明显。表层水团（23.5℃）与底层水团（23.1℃）的温差约为0.4℃。浊度则从河口向朱衣河上游递减，且表底分层明显，表层水团较清澈，河口底层水团的浊度与长江干流接近（＞40NTU），这种分布与草堂河及梅溪河相似。氨氮也出现分层，表层浓度约为0.012mg/L，底层浓度约为0.018mg/L。亚硝酸盐、DIN、硅酸盐浓度从河口至朱衣河上游逐渐递增，而磷酸盐则正好相反。DIN浓度范围为1.330～1.750mg/L，与长江干流相似；磷酸盐浓度范围为0.022～0.050mg/L，小于长江干流浓度（0.061mg/L），接近梅溪河浓度（0.016～0.047mg/L）；硅酸盐浓度范围为3.920～4.480mg/L，比梅溪河（1.120～1.680mg/L）大，接近长江干流和草堂河浓度；DIN/DIP、DSi/DIP以及DSi/DIN比值与长江干流接近。叶绿素a的分布表现为表层高底层低，表层水体中浓度约为0.6μg/L，底层浓度约为0.3μg/L，接近长江干流（约为0.3μg/L）和草堂河（约为0.9μg/L）。

在蓄水期，从河口至朱衣河上游，亚硝酸盐、DIN、硅酸盐浓度都呈梯度递减，磷酸盐呈梯度递增，这种分布与草堂河正好相反，与梅溪河也有较大的区别。综上，在相同月份，库区不同支流营养盐的分布有较大差别。

（2）枯水期

在枯水期（2012年12月），长江水团从朱衣河河口水深25m以下位置流入朱衣河。水温由河口向朱衣河上游逐渐升高，河口处约为16.4℃，与长江干流接近，朱衣河上游水温可达18℃。在朱衣河库湾的中游和上游，水温不出现表底分层，这与草堂河及梅溪河相似。浊度从河口（约为5NTU）至朱衣河上游（约为3NTU）呈梯度递减。DIN、磷酸盐、硅酸盐浓度大小和分布均与草堂河及梅溪河相似，其中DIN约为1.680mg/L，磷酸盐约为0.074mg/L，硅酸盐约为3.920mg/L，枯水期营养盐不出现分层现象，说明朱衣河库湾水体混合较均匀。DIN/DIP值、DSi/DIP值以及DSi/DIN值与长江干流接近。叶绿素a浓度低（0.85～1μg/L），表底分布均匀，说明在枯水期梅溪河的浮游植物活动较弱。

在枯水期，由于气温较低，三峡库区支流表层水体的水温也开始下降，使表层水体的密度增大，表层的冷水团逐渐下沉，库湾水体在垂直方向就形成了对流。对流使库湾水体在垂直方向上得到交换，因此，枯水期库湾中的水温和营养盐垂向上分布均匀，这种对流有利于将库湾底部的营养盐带到表层水体，供浮游植物的生长繁殖。

（3）汛前消落期

在汛前消落期（2013年4月），长江水团从朱衣河河口0～12m水深处流入朱衣河。根据2005～2012年的《长江三峡工程生态与环境监测公报》，这一时期是库区支流水华暴发的敏感期，朱衣河表层水体中叶绿素a浓度可达6μg/L。水温出现表底分层，表层约为18℃，底层约为16℃。浊度由河口向上游梯度递减，河口水体浑浊（约为40NTU），朱衣河上游水体较清（约10NTU），这种分布与同时期的草堂河及梅溪河浊度差别较大。水体中的DIN（约为1.680mg /L）、磷酸盐（约为0.155mg/L）、硅酸盐（2.436～2.660mg/L）分层不明显，河口中的浓度与长江干流表层水体相近。硅酸盐浓度比枯水期显著降低（下降约1.540mg/L），与草堂河及梅溪河的变化相同。在汛前消落期，朱衣河中磷酸盐浓度为全年最高值（约为0.155mg/L），硅酸盐浓度为全年最低值（约为2.436mg/L）。

在汛前消落期，库区的水体流速缓慢，水温适宜，光照充足，营养盐（特别是磷酸盐）丰富，为浮游植物的生长繁殖提供了有利条件，因此汛前消落期是草堂河水华暴发的敏感期。根据2005～2013年的《长江三峡工程生态与环境监测公报》，硅藻门的小环藻是库区支流水华藻类的主要优势种之一。硅藻类浮游植物的生长和繁殖大量消耗表层水体中的硅酸盐，这些藻类死后其残体沉积到底层，沉积物中微生物的分解作用又可以将硅酸盐释放出来，这样硅酸盐就形成表层浓度低底层浓度高的分布。

（4）汛期

根据2005～2012年《长江三峡工程生态与环境监测公报》，汛期（2013年6月）也是三峡库区支流水华暴发的敏感期。水温出现表底分层，表层水体约为27℃，底层水体约为24℃。浊度约为31NTU，与长江干流接近，在朱衣河河口至中游分布均匀（约为35NTU）。朱衣河水体中叶绿素a浓度比汛前消落期稍大，表层浓度可达12μg/L，接近草堂河及梅溪河的浓度。与汛前消落期相比，DIN和硅酸盐浓度均显著增大（DIN约增加0.280～0.560mg/L，硅酸盐约增加0.840～1.400mg/L），磷酸盐浓度（0.025～0.050mg/L）与草堂河及梅溪河相似。硅酸盐浓度不出现分层，说明这一时期朱衣河水体中的硅藻类浮游植物不是优势种，其他种类的浮游植物消耗氮、磷营养盐，使表层水体中的DIN和磷酸盐浓度减小，而硅酸盐浓度则保持不变。

5.4.2.2　梅溪河库湾营养盐循环

（1）蓄水期

在蓄水期（2012年9月），长江水团从梅溪河河口的中层和底层流入，在水深20m处进出水团分层明显。水温与浊度的分布与草堂河水体类似，其中水温的分层也比较明显，表层水团（24.4℃）与底层水团（23.6℃）的温差约为0.8℃。浊度则从河口向梅溪河上游递减，且表底分层明显，表层水团较清澈，河口底层水团的浊度与长江干流接近（＞30NTU）。氨氮和亚硝酸盐浓度的分布与浊度类似，在河口水团流入的位置浓度较高（氨氮0.112mg/L, 亚硝酸盐0.140mg/L），表层水体中浓度低（氨氮＜0.028mg/L, 亚硝酸盐＜0.028mg/L）。DIN、磷酸盐和硅酸盐表底分层也很明显，其中DIN浓度分布在0.980～1.120mg/L，与草堂河相似；磷酸盐浓度分布在0.016～0.047mg/L，小于干流（0.061mg/L）和草堂河（0.031～0.056mg/L）；硅酸盐浓度分布在2.240～3.080mg/L，比草堂河小0.560～1.400mg/L，比长江干流小1.120～1.680mg/L。DIN/DIP值和DSi/DIP值由河口至梅溪河上游梯度减小，其比值远远大于长江表层的比值，说明梅溪河库湾中磷酸盐被浮游植物大量消耗。叶绿素a的分布也表现为表层高底层低，表层水体中浓度可达5μg/L，远远大于长江干流（约为0.3μg/L）和草堂河（约为0.9μg/L）。

梅溪河中DIN、磷酸盐和硅酸盐浓度出现表底分层，且硅酸盐浓度远远小于长江和草堂河，可能是由梅溪河中硅藻类浮游植物大量消耗表层水体中硅酸盐及磷酸盐造成的，叶绿素a的浓度分布也很好地证实了这一现象。

综上所述，蓄水期梅溪河的DIN浓度高，磷酸盐和硅酸盐的浓度比草堂河低，营养盐的分布形式也与草堂河有很大不同。由此可见，在相同月份，库区不同支流营养盐的分布也有较大差别。

（2）枯水期

在枯水期（2012 年 12 月），长江水团从梅溪河河口水深 30m 以下位置流入梅溪河。水温由河口向梅溪河上游逐渐升高，河口处约为 16.5℃，与长江干流接近，梅溪河上游水温可达 18℃。与草堂河类似，在梅溪河库湾的中游和上游，水温不出现表底分层。表层水体清澈，浊度约为 3NTU，底层水体由于泥沙沉降等因素影响，浊度比表层大（约为 6NTU）。DIN、磷酸盐、硅酸盐浓度大小和分布均与草堂河相似，其中 DIN 约为 1.540mg/L，磷酸盐约为 0.074mg/L，硅酸盐约为 3.780mg/L，枯水期营养盐不出现分层现象，说明梅溪河库湾水体混合较均匀。

在枯水期，由于气温较低，三峡库区支流表层水体的水温也开始下降，使表层水体的密度增大，表层的冷水团逐渐下沉，库湾水体在垂直方向就形成了对流。对流使库湾水体在垂直方向上得到交换，因此，枯水期库湾中的水温和营养盐垂向上分布均匀，这种对流有利于将库湾底部的营养盐带到表层水体，供浮游植物的生长繁殖。

（3）汛前消落期

在汛前消落期（2013 年 4 月），长江水团从梅溪河河口 0 ～ 35m 水深处流入梅溪河。这一时期是库区支流水华暴发的敏感期，梅溪河水体中叶绿素 a 浓度是枯水期的 6 倍，表层浓度可达 6μg/L。水温出现表底分层，表层水体温度约为 19℃，底层水体温度约为 16℃。浊度也出现表底分层，表层水体浑浊（浊度约为 40NTU），底层水体较清（浊度约为 10NTU）。水体中的 DIN（表层为 1.400mg/L，底层为 1.750mg/L）、磷酸盐（表层为 0.062mg/L，底层为 0.155mg/L）、硅酸盐浓度（表层为 1.680mg/L，底层为 2.660mg/L）表底分层明显，河口水体中的浓度与长江干流表层水体相近。DIN 和磷酸盐浓度相比于枯水期均有增大，硅酸盐则显著降低（下降 1.120mg/L），与草堂河的变化相同。且磷酸盐为全年最高值（约为 0.155mg/L），硅酸盐为全年最低值（约为 2.240mg/L）。

汛前消落期，库区的水体流速缓慢，水温适宜，光照充足，营养盐丰富（特别是磷酸盐），为浮游植物的生长繁殖提供了有利条件，因此汛前消落期是梅溪河水华暴发的敏感期。表层水体中的营养盐被浮游植物消耗，而中层和底层水体由于光照不足以及沉积物的分解等，其营养盐浓度较高。

梅溪河中游硅酸盐出现浓度分层现象，可能与表层浮游植物活动有关。硅藻门的小环藻是库区支流水华藻类的主要优势种之一。硅藻类浮游植物的生长和繁殖大量消耗表层水体中的硅酸盐，这些藻类死后其残体沉积到底层，沉积物中微生物的分解作用又可以将硅酸盐释放出来，这样在水体中就形成表层浓度低底层浓度高的分布。

（4）汛期

梅溪河水体中叶绿素 a 浓度比汛前消落期稍大，表层浓度可达 10μg/L。水温出现表底分层，表层水体温度约为 27℃，底层水体温度约为 24℃。浊度与长江干流接近（约为 31NTU），从梅溪河河口至上游分布均匀。与汛前消落期相比，DIN 和硅酸盐浓度均显著增大（DIN 约增加 0.560mg/L，硅酸盐约增加 0.560mg/L），磷酸盐浓度（0.012 ～ 0.037mg/L）

则只有汛前消落期的 1/4。梅溪河中游的硅酸盐（2.380mg/L）、磷酸盐浓度（0.012mg/L）比河口水体低，而叶绿素 a 浓度却较大（10μg/L）。推测在汛期，梅溪河中的浮游植物主要为硅藻。

5.4.2.3　草堂河库湾营养盐循环

（1）蓄水期

在蓄水期（2012 年 9 月），草堂河河口的倒灌水团为“左进右出”型，河口位置的水体从表层至底层都是倒灌水团。草堂河水体温度分布表现为表层高底层低，变化范围不大，主要分布在 24℃左右。浊度从河口向草堂河上游递减，河口的浊度与长江干流接近（约为 40NTU）。草堂河中的 DIN 和硅酸盐浓度的分布呈现“两头高，中间低”的趋势，源头水体中的 DIN（2.086mg/L）和硅酸盐浓度（4.284mg/L）均高于长江干流表层水。从河口至草堂河上游 DIN 和硅酸盐浓度逐步递减。草堂河中游水体中 DIN 和硅酸盐浓度分布比较均匀，其中 DIN 浓度约为 1.120mg/L，比长江干流和源头水体分别小 0.398mg/L 和 0.966mg/L。硅酸盐浓度约为 3.640mg/L，比长江干流和源头水体分别小 0.291mg/L 和 0.644mg/L。磷酸盐的分布则是从河口至源头逐渐减小，在草堂河中游分层明显，表层浓度低，底层浓度高，长江干流水体中的浓度（0.061mg/L）要远远大于支流源头（0.012mg/L）。营养盐的比值与长江表层水体接近，远远小于源头水体。叶绿素 a 的分布也表现为表层高底层低，表层水体中浓度约为 0.9μg/L。

土壤中氮的流失可能是造成草堂河源头水体 DIN 浓度大于长江表层水的原因。草堂河中游磷酸盐出现浓度分层现象可能与表层生物活动有关，浮游植物的生长消耗表层水体中的磷酸盐，浮游植物死后其残体沉积到底层，沉积物中微生物的分解又可以将磷酸盐释放出来，这样在水体中就形成表层浓度低底层浓度高的分布。草堂河源头水浅（<0.5m），流速大，岩石裸露，因此，河水的冲刷和地表岩石风化作用可能是造成草堂河源头水体硅酸盐浓度大于长江表层水的原因。

蓄水期，从河口至草堂河上游，DIN、磷酸盐、硅酸盐的浓度都呈梯度递减，在一定程度上可以反映长江倒灌水团中的营养盐在支流中的扩散，营养盐往支流上游传递的途中不断地被生物利用或者沉积至河底，使得其浓度的分布沿支流河口向上游逐渐减小。另外，草堂河中营养盐浓度与长江水体接近，而与源头水体相差甚远，可以说明草堂河中的营养盐主要来自长江。因此，长江的营养盐供应是草堂河库湾浮游植物生长的主要营养来源。

综上所述，蓄水期草堂河的水温分层，表层高底层低。浊度、DIN、磷酸盐和硅酸盐浓度从河口向草堂河上游梯度递减，磷酸盐为浮游植物生长的潜在限制因子。叶绿素 a 浓度低，浮游植物生物量少。

（2）枯水期

在枯水期（2012 年 12 月），草堂河口的倒灌水团类型为底层倒灌。枯水期，草堂河的水温和浊度表底分布均匀，不分层，水温约为 16.9℃。水体清澈，浊度约为 3.8NTU。

在河口位置倒灌水团中的DIN、磷酸盐、硅酸盐浓度均大于表层流出水团。与蓄水期相比，源头的DIN和磷酸盐浓度均有升高，硅酸盐浓度略有降低。水体中营养盐浓度分布均匀，其中DIN约为1.554mg/L、磷酸盐约为0.083mg/L、硅酸盐约为3.780mg/L。草堂河从河口至上游水体中的DIN、磷酸盐、硅酸盐浓度与长江干流表层水体接近，与源头水体区别较大。推测枯水期草堂河水体中的营养盐可能主要来自长江水体的倒灌。营养盐的比值与长江表层水体接近，远远小于源头水体。叶绿素a浓度低（约为0.87μg/L），表底分布均匀，说明在枯水期草堂河的浮游植物活动较弱。

枯水期也是三峡水库的高水位运行期，这个时期库区干流和支流的流速都比较小，干支流水体交换速度变缓，倒灌的长江水可以在支流中停留更长的时间。且在枯水期，由于水温较低，生物活动较弱，使表层与底层营养盐浓度相差较小。

（3）汛前消落期

在汛前消落期（2013年4月），草堂河口的倒灌水团类型为表层倒灌，倒灌水团的厚度约为30m。这一时期是库区支流水华暴发的敏感期，草堂河水体中叶绿素a浓度是蓄水期和枯水期的3～5倍，表层浓度可达4μg/L。水温出现表底分层，表层水体约为16℃，底层水体约为13℃。浊度也出现表底分层，表层水体较清澈（4NTU），底层水体较浑浊（12NTU）。水体中的DIN、磷酸盐和硅酸盐浓度表底分层明显，河口水体中的浓度与长江干流表层水相近。草堂河中游底层水体的DIN和硅酸盐浓度都比表层水体浓度大。DIN和磷酸盐浓度比枯水期有所增大，硅酸盐则显著降低（下降1.120mg/L）。磷酸盐为全年最高值（约为0.167mg/L），硅酸盐为全年最低值（约为2.520mg/L）。源头水体中的DIN和硅酸盐浓度在此时也处于全年最低值，而磷酸盐则处于全年最高值。DIN/DIP值和DSi/DIP值出现表底分层，表层水体比值远远大于底层水体和长江表层水体的比值，说明磷酸盐被浮游植物大量消耗。

这一时期氨氮浓度的分布也呈现出表层高底层低的规律。在氮循环中，氨氮是有机氮转化为无机氮的第一产物，随着春季水温逐渐升高，能促进有机质的氧化分解，另外细菌活动也可以使有机质的分解速度加快，因此水体中的氨氮表现出表层高底层低的特征。

汛前消落期库区的水体流速缓慢，水温适宜，光照充足，营养盐丰富，为浮游植物的生长繁殖提供了有利条件，因此汛前消落期是草堂河水华暴发的敏感期。表层水体中的营养盐被浮游植物消耗，而中层和底层水体由于光照不足以及沉积物的分解等，其营养盐浓度较高。

草堂河中游硅酸盐出现浓度分层现象，可能与表层生物活动有关。硅藻门的小环藻是库区支流水华藻类的主要优势种之一。硅藻类浮游植物的生长和繁殖大量消耗表层水体中的硅酸盐，这些藻类死后其残体沉积到底层，沉积物中微生物的分解作用又可以将硅酸盐释放出来，这样在水体中就形成表层浓度低底层浓度高的分布。

（4）汛期

汛期（2013年6月）也是三峡库区支流水华暴发的敏感期，这一时期正处于三峡水库调度的低水位运行期，草堂河河口的水深处于全年最低值，约为40m。在汛期，长江干流与支流的流速都比较大，水体比较浑浊（浊度约为 40NTU），长江干流水团主要从草堂河的表层倒灌进入。水温出现表底分层，表层水体约为 26℃，底层水体约为 24℃。河口水体中营养盐的浓度与长江干流表层水体相近，与源头水体有显著差别，说明在汛期来自长江的营养盐供应是草堂河库湾浮游植物生长的主要营养源。

与汛前消落期相比，DIN 和硅酸盐浓度均显著增大（DIN 约增加 0.560mg/L，硅酸盐约增加 0.560mg/L），磷酸盐浓度（约 0.047mg/L）则只有汛前消落期的 1/3。草堂河中的硝酸盐、DIN、磷酸盐和硅酸盐浓度表底分层明显，均是由表层向底层递增，而水体中叶绿素 a 浓度达到全年最大（表层约为 9μg/L）。由于表层水体温度高，光照充足，浮游植物生长繁殖可以充分消耗表层营养盐，而浮游植物死后残体沉积到底层被细菌分解，使底层营养盐浓度增大。而氨氮的分布正好与它们相反，亚硝酸盐浓度则表现为河口低上游高。

5.4.3 营养盐化学计量比与水体叶绿素

5.4.3.1 库区干流及支流来水的营养盐化学计量比

水体中营养元素之间的原子比值，也称为化学计量比，可以反映水体中的营养结构，并对浮游植物群落结构有着重要影响，这种影响可由营养盐比值偏离适于生长的 Redfield 比值（Si∶N∶P=16∶16∶1）的大小来推测。三峡库区干流表层水体的 DSi/DIP、DIN/DIP 和 DSi/DIN 分布如图 5-27 所示。汛期、蓄水期和枯水期（2012 年 8 ～ 12 月）库区干流表层水体的 DSi/DIN 值大于 1，汛前消落期（2013 年 1 ～ 5 月）DSi/DIN 值小于 1。而 DIN/DIP 值和 DSi/DIP 值全年都大于 16。

Justic 等在研究河口营养盐与浮游植物关系时，提出了营养盐浓度的绝对限制和相对限制法则。营养盐浓度的绝对限制法则提出限制浮游植物生长的营养盐浓度的阈值为 DSi=0.056mg/L、DIN=0.014mg/L、DIP=0.003mg/L。

而相对限制法则有 3 种情况：

① 如果 DSi/DIP 值＞ 22 且 DIN/DIP 值＞ 22，那么 DIP 就是限制因子；

② 如果 DIN/DIP 值＜ 10 且 DSi/DIN 值＞ 1，那么 DIN 就是限制因子；

③ 如果 DSi/DIP 值＜ 10 且 DSi/DIN 值＜ 1，那么 DSi 就是限制因子。

如果每一种营养盐的浓度都高于浮游植物的阈值，那么就不存在营养盐限制因子，但浮游植物的生产可以明显改变这种计量关系，并指示浮游植物的群落变化。

长江干流表层水体的营养盐浓度均高于 Justic 绝对限制法则的阈值（DSi=0.056mg/L、DIN=0.014mg/L、DIP=0.003mg/L），因此，库区干流表层水体不存在营养盐限制因子。研究团队在连续一年的野外观测中发现，支流库湾水华暴发期（4 ～ 6 月），尽管干流水体中的营养盐浓度都很高，但未发生水华现象，这可能与干流水体流速较大没有形成富营养化发生所需的缓慢流态条件、水体浑浊、透明度低等因素有关。

野外观测中，对草堂河、梅溪河、朱衣河的源头进行了采样，分别命名为 CT04（草堂河源头）、MX04（梅溪河源头）、ZY04（朱衣河源头）。支流源头除了磷酸盐（PO_4^{3-}）以外，硝酸盐（NO_3^-）、亚硝酸盐（NO_2^-）、氨氮（NH_4^+-N）和硅酸盐（SiO_3^{2-}）的各月浓度高

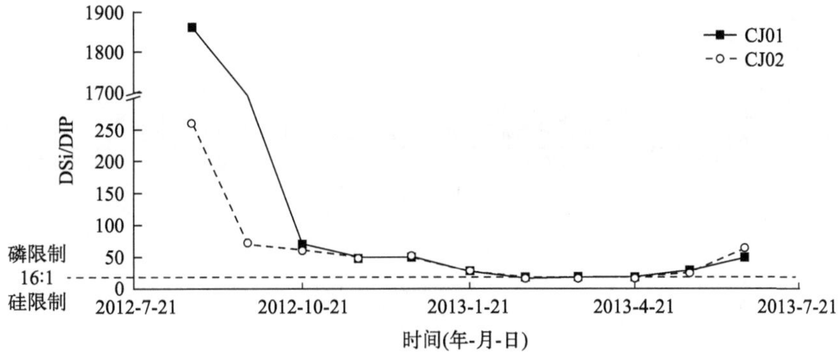

(a)

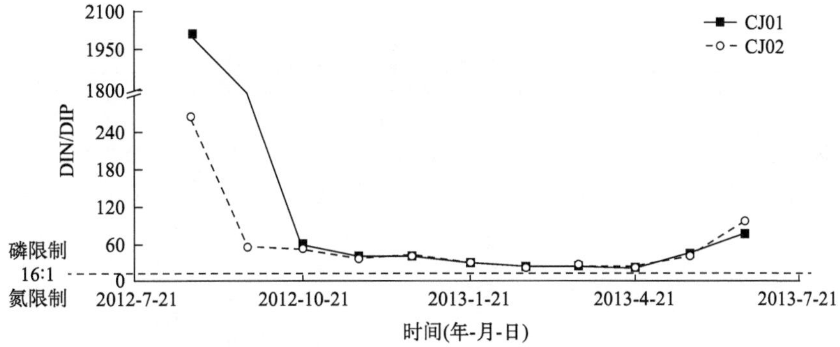

(b)

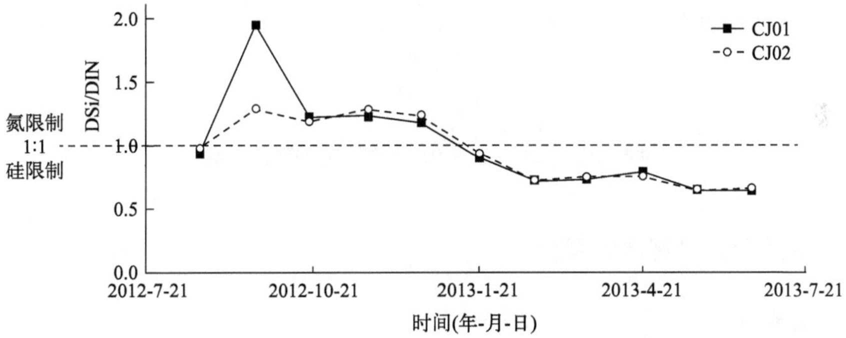

(c)

图5-27 2012～2013年长江干流表层营养元素比值变化

于长江干流。其中，磷酸盐在支流源头水体中的浓度全年都小于长江干流水体（其中长江干流表层水体中全年平均浓度为 0.096 ～ 0.106mg/L；3 条支流源头水体中的全年平均浓度分别为草堂河 0.0381mg/L、梅溪河 0.035mg/L、朱衣河 0.014mg/L）。因此，支流来水中的 DIN/DIP 值、DSi/DIP 值均表现为显著的磷限制条件。相比之下，库区干流和支流来水中的 DSi/DIN 值都处于相对均衡水平（在 1 : 1 范围附近变化），两者之间不具有显著的限制性状况（图 5-28）。值得注意的是，库区干流与支流来水的 DSi/DIN 值变化趋势相反：支流来水的 DSi/DIN 值在汛前消落期（春季）更高，而同期的库区干流中该比值更低。

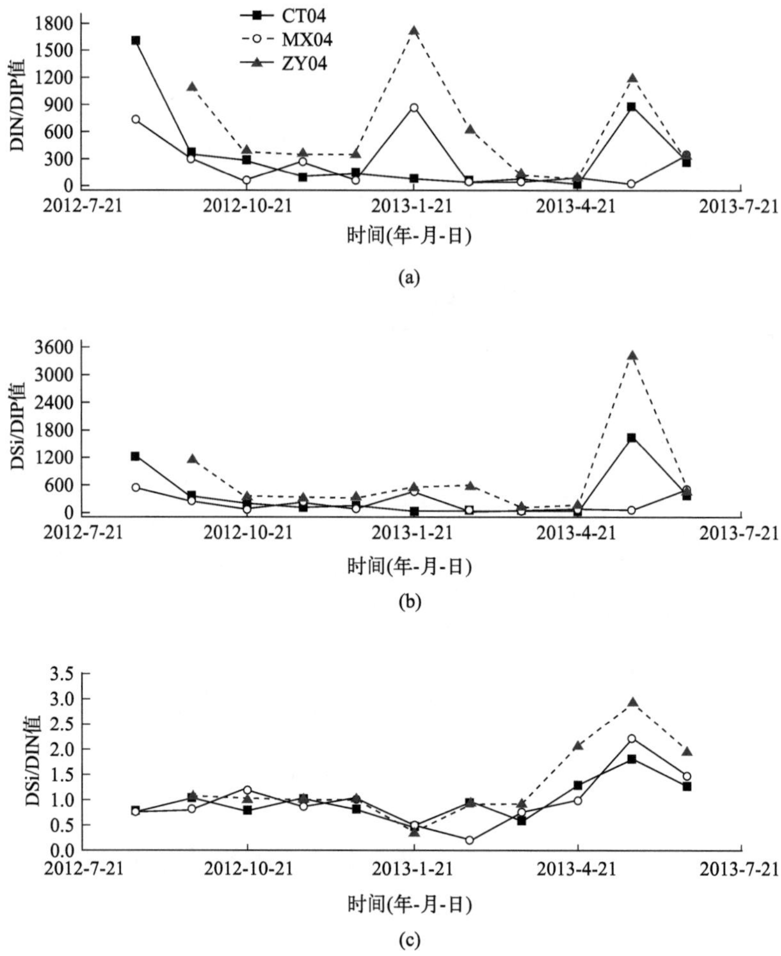

图5-28　库区典型支流来水中营养元素比值变化

5.4.3.2　库湾营养盐化学计量比

(1)蓄水期

蓄水期，朱衣河库湾水体的DIN/DIP值、DSi/DIP值以及DSi/DIN值与长江干流接近。叶绿素a浓度的分布表现为表层高底层低，表层水体浓度约为0.6μg/L，底层水体浓度约为0.3μg/L，接近长江干流（约为0.3μg/L）和草堂河（约为0.9μg/L）。从河口至朱衣河上游，亚硝酸盐、DIN和硅酸盐的浓度均呈梯度递减，磷酸盐呈梯度递增，这种分布与草堂河相似，与梅溪河有较大的区别。在相同月份，库区不同支流营养盐的分布也有较大差别。总体上，沿朱衣河和草堂河河口向库湾上游，DIN/DIP值、DSi/DIP值以及叶绿素a浓度均表现为逐渐增加。这表明磷的利用向库湾方向逐渐增强，但总体上叶绿素a浓度较低。

相比朱衣河、草堂河，梅溪河库湾水体的DIN/DIP值、DSi/DIP值明显更高，表明对磷的利用更强，相应的叶绿素 a 浓度更高。这可能是由于梅溪河河长更长，水动力条件受干流影响更小，浮游植物更易生长。

（2）高水位运行期

高水位运行期，同时为流域枯水期。这一时期的气温、水温、光照等条件均不利于浮游植物生长。和蓄水期相比，DIN/DIP 值、DSi/DIP 值变化趋势相同，但比值更低，这表明水体中浮游植物对磷的利用效率降低，并表现为更低的初级生产力。相反，氮硅比则向上游逐渐减小。三个典型库湾的营养元素计量比在深度剖面上均不出现明显分层，但都表现为流向上的梯度变化。总体上，DIN/DIP 值、DSi/DIP 值呈现朱衣河＞草堂河＞梅溪河。这一规律与三条河的河长正好相反，表明了受干流的影响程度与河长有关。虽然这一时期浮游植物生长受环境条件限制，但相比而言，梅溪河具有相对更高的叶绿素 a 浓度，可能反映了该河河长更长，库湾水体更为稳定，对支流输入的响应更大。

（3）汛前消落期

汛前消落期，库湾区的水体流速缓慢，水温适宜，光照充足，营养盐（特别是磷酸盐）丰富，为浮游植物的生长繁殖提供了有利条件，因此这一时期是水华暴发的敏感期。库湾内 DIN/DIP 值、DSi/DIP 值进一步降低，表明磷的供应量逐渐增加，为水华暴发创造了潜在的营养盐条件。相应地，叶绿素 a 在库湾内保持较高含量，这指示了浮游植物的快速生长。

除朱衣河外，梅溪河和草堂河库湾水体中 DIN/DIP 值、DSi/DIP 值均呈现弱分层现象，甚至在底层水体中出现氮、硅限制性条件。这是由于表层水体中的营养盐被浮游植物消耗，而中层和底层水体由于光照不足以及沉积物的分解等，其营养盐浓度保持较高水平。这一情形的出现也带来了一个潜在的可能性，即在水文调节（如汛期的影响）或者气象条件（如降水事件）等因素影响下，表、底水体的混合将为上层浮游植物带来丰富的营养盐供应，并可能导致水华的暴发。

（4）汛期

汛期是三峡库区支流库湾水华暴发的敏感期，朱衣河库湾水温出现表底弱分层，表层水体温度约为 27℃，底层水体温度约为 24℃。DIN/DIP 值和 DSi/DIP 值出现表底分层，说明磷酸盐被浮游植物大量消耗。

5.4.4 干支流水体光合作用/呼吸作用平衡的时空格局

水 - 气界面处 CO_2 的分压差是影响水 - 气界面气体通量的重要因素，同时也是指示水体中光合作用 / 呼吸作用平衡的重要指标。本节重点讨论三峡库区库中干流水体及库湾支流草堂河、梅溪河和朱衣河的水 - 气界面 CO_2 的交换特征，及其与水质变化的关系，并估算研究区水域的 CO_2 排放量。

5.4.4.1　研究区干支流水体p（CO_2）的变化特征

三峡水库蓄水后，三峡库区从天然河道变成了河道型水库。作为一个典型的河道型水库，三峡水库水动力特性在空间上存在显著差异，库区干流一维流动特征显著，而在支流库湾，蓄水改变了支流水文水动力条件，不能简单概化为一维特征，在深度上长期具有复杂的分层异向流动特征。

（1）草堂河

草堂河上游到下游的走航监测结果显示：3～5月草堂河表层水体的p（CO_2）变化范围为（88～600）$\times 10^{-6}$；从上游到下游，p（CO_2）开始呈递增趋势。7月草堂河表层水体p（CO_2）明显增加（$>800\times 10^{-6}$），呈中游偏低、上下游偏高的特征。9月表层水体p（CO_2）明显降低至大气水平（385×10^{-6}）以下，并伴随藻华现象出现。冬季草堂河表层水体的p（CO_2）变化范围为（850～1300）$\times 10^{-6}$，总体上变化较小，均大于大气中二氧化碳本底值385×10^{-6}（图5-29，书后另见彩图）。

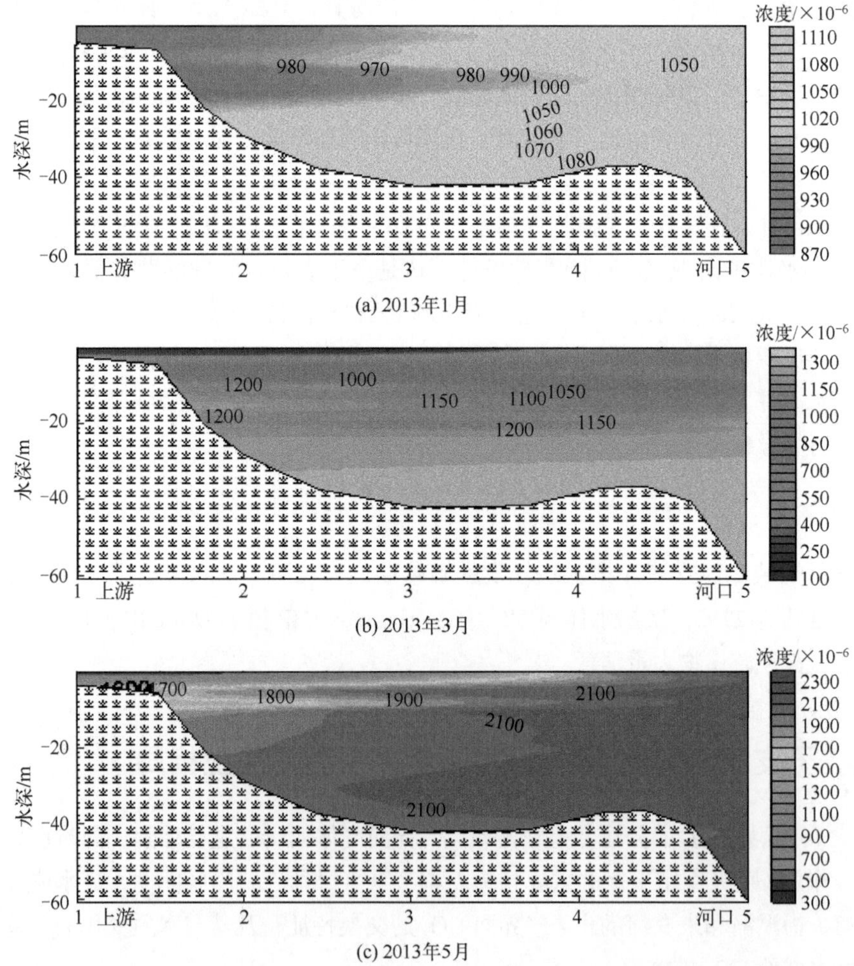

(a) 2013年1月

(b) 2013年3月

(c) 2013年5月

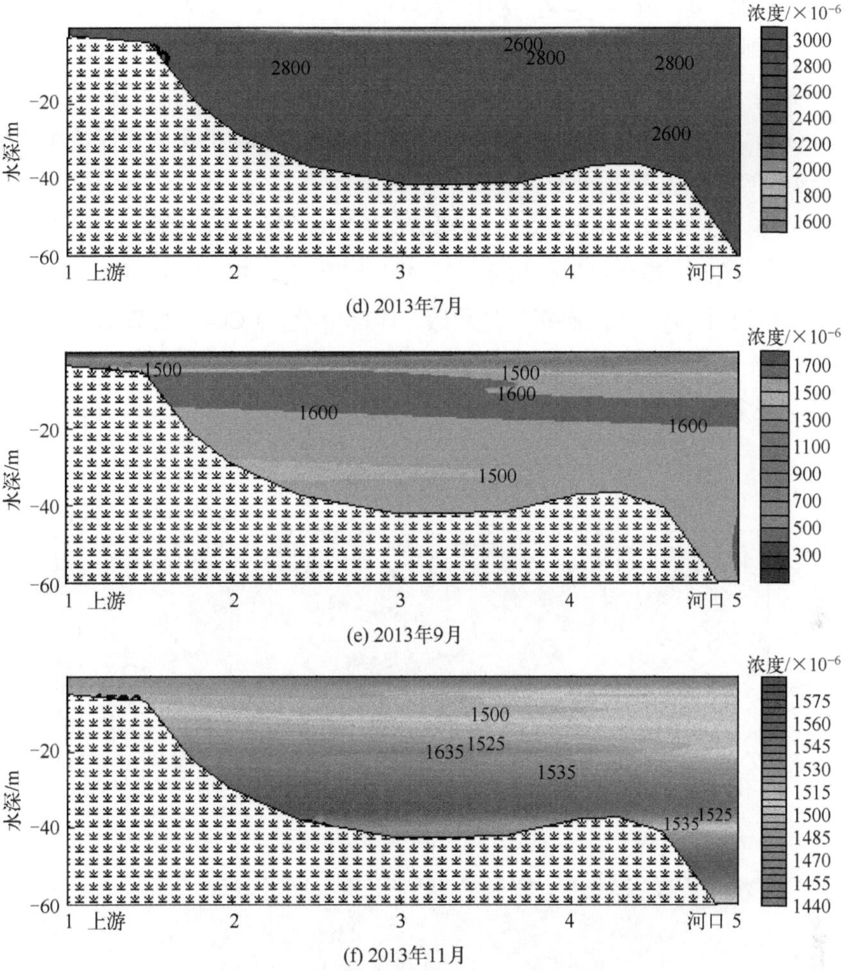

图5-29 长江干流-草堂河库湾水体p（CO_2）变化

库湾水柱剖面上，p（CO_2）出现季节性分层现象。从高水位运行期末（3月）开始，p（CO_2）出现明显分层，向下迅速增加，水面下10m逐渐稳定，变化范围为（80～1300）×10⁻⁶。从汛前消落期开始，分层现象逐渐减弱。汛期（7月）整个库湾p（CO_2）达到全年最高水平，分层消失，并与长江干流水体相当。蓄水期（2013年9月）库湾p（CO_2）形成弱分层，并在5m以下水体达到稳定。整个冬季高水位运行期间，p（CO_2）均保持较高水平[（900～1200）×10⁻⁶]，并在水体剖面上保持相对均一。

（2）梅溪河

总体上，从梅溪河上游至河口，表层水体中p（CO_2）均出现递增趋势（11月除外）。梅溪河的河长较长，从3月到9月，整个库湾上游到中游区域，水体表层p（CO_2）都保持较低水平（低于大气水平），表明水体中光合作用非常强烈。整个高水位运行期（11月至次年1月），表层水体中p（CO_2）均保持较高水平（明显高于大气水平）。

库湾水柱剖面上，受干流水体顶托和梅溪河较长的共同影响，库湾上游至中游区域，从3月到9月，p（CO_2）均能保持分层现象，在水深5m范围内，形成较为稳定的低p（CO_2）水层。泄水期及汛期（5～7月），受干流下层倒灌的影响，库湾中下层水体p（CO_2）达到全年最大值。

与草堂河相似，在高水位运行期，梅溪河库湾水柱剖面上水体混合相对均一，水体没有发生化学分层现象。高水位运行初期（11月）梅溪河库湾中上游水体中p（CO_2）整体高于库湾下游及长江干流；从次年1月开始，库湾上游p（CO_2）逐渐降低，并低于库湾下游。这表明光合作用的增强，始于库湾上游，并随着气温上升，逐渐向下游发展（图5-30，书后另见彩图）。

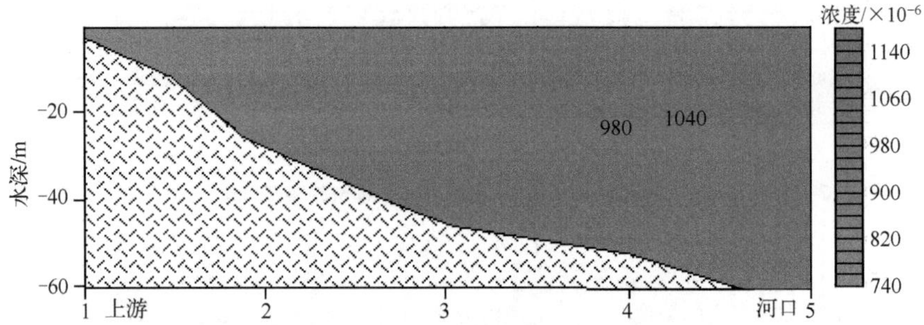

(a) 2013年1月

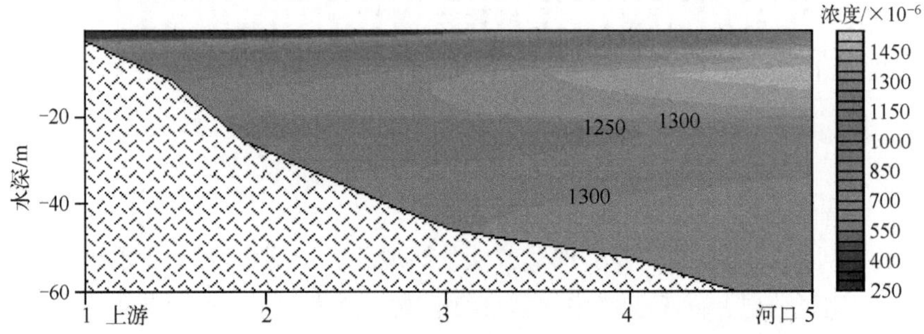

(b) 2013年3月

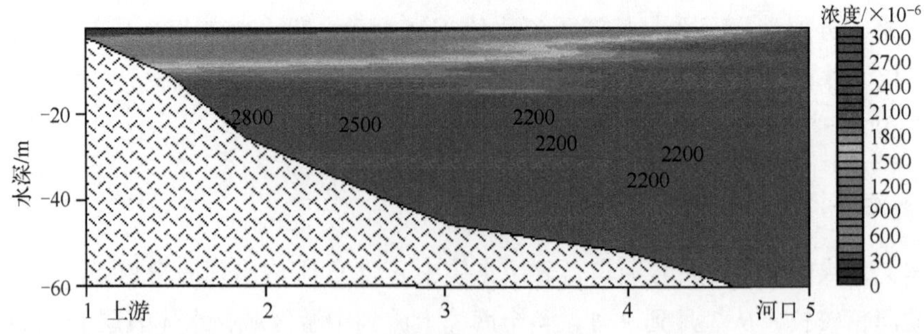

(c) 2013年5月

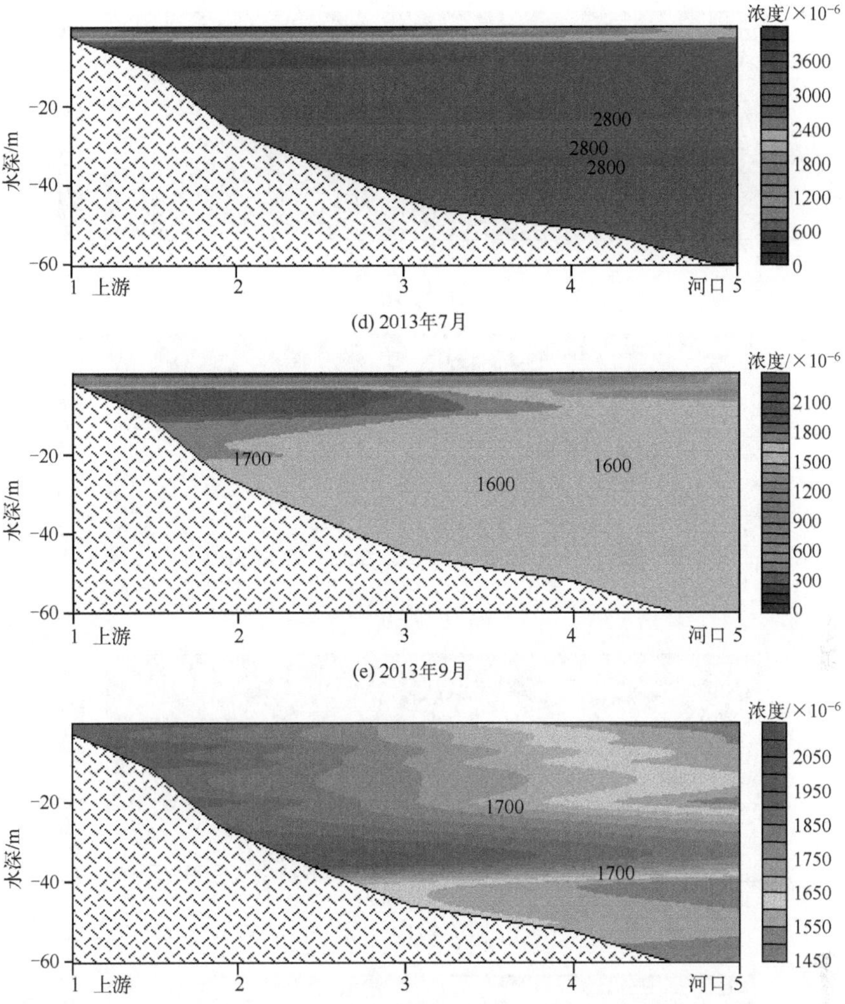

(d) 2013年7月

(e) 2013年9月

(f) 2013年11月

图5-30 长江干流-梅溪河库湾水体p（CO_2）分布

（3）朱衣河

相比梅溪河和草堂河，朱衣河河长最短，具有很少的河流来水补给。整体上，朱衣河库湾p（CO_2）分布特征与梅溪河库湾基本一致（图5-31，书后另见彩图）。

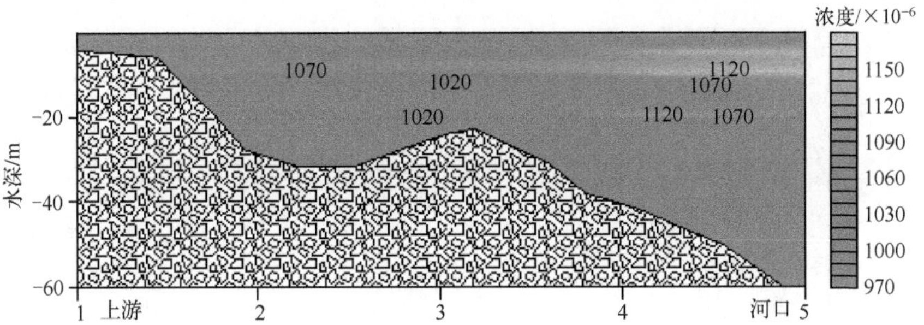

(a) 2013年1月

图5-31

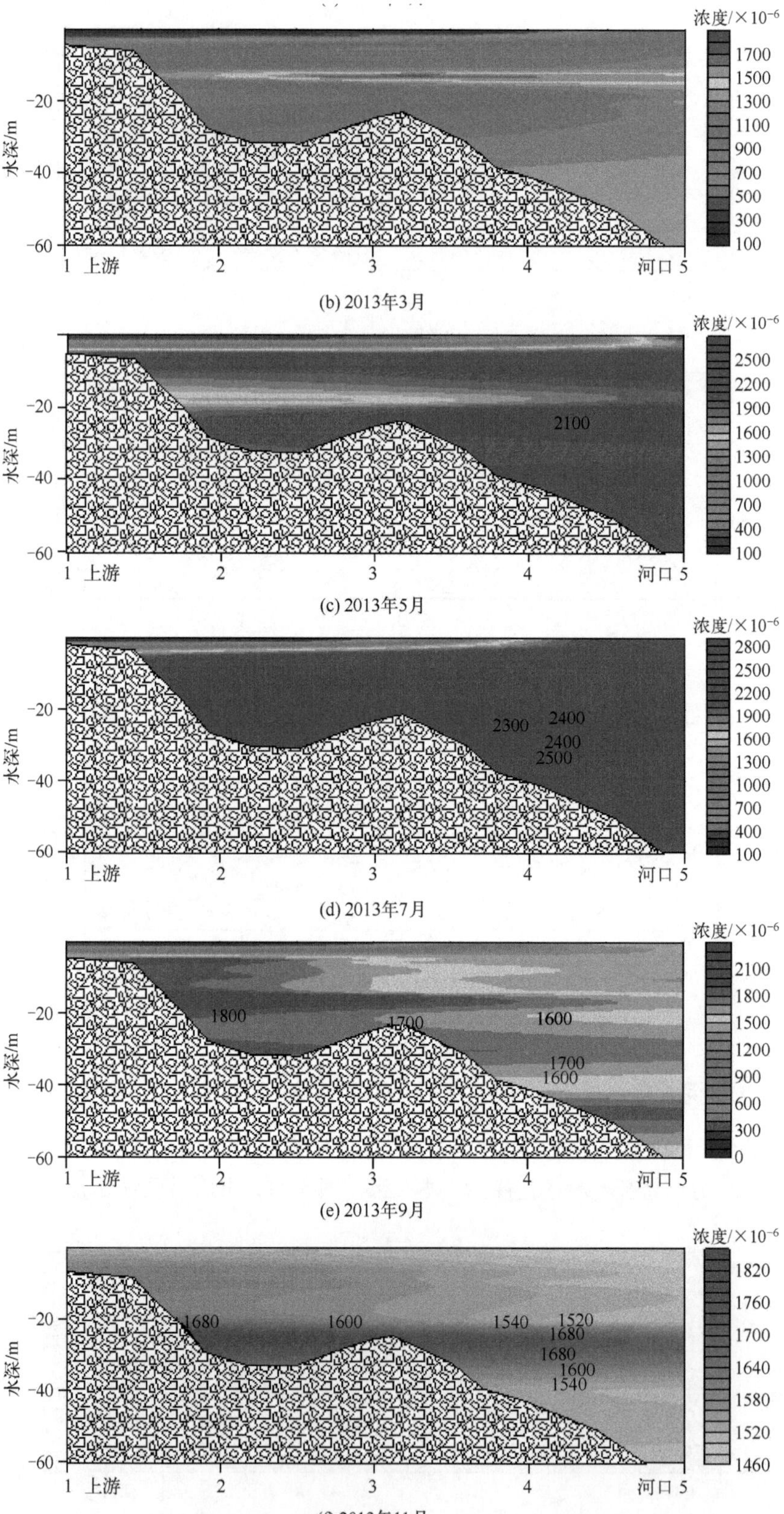

(b) 2013年3月

(c) 2013年5月

(d) 2013年7月

(e) 2013年9月

(f) 2013年11月

图5-31　长江干流-朱衣河库湾水体p（CO_2）分布

（4）库区干流

考虑到库区干流仍保持河流一维流态，水柱剖面上总体保持混合均匀，本书采用表层水体数据来表征长江干流 $p(CO_2)$ 特征。从图 5-32 可以看出，库区干流表层水体 $p(CO_2)$ 具有明显的季节性特征。总体上，长江干流全年的 $p(CO_2)$ 值均明显大于大气 $p(CO_2)$，表现为大气中二氧化碳的“源”。夏季干流水体 $p(CO_2)$ 达到最高（$>2000\times10^{-6}$），表明水体中呼吸作用占主要地位。冬季水体中 $p(CO_2)$ 与支流库湾接近。

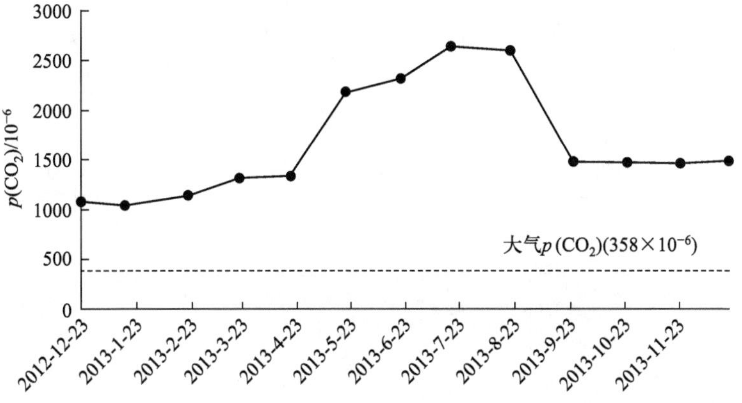

图5-32 库区干流水体 $p(CO_2)$

5.4.4.2 支流库湾水体 $p(CO_2)$ 的影响因素

通常情况下，水体中 $p(CO_2)$ 受碳酸盐平衡体系和光合作用 / 呼吸作用平衡共同作用。当水体中光合作用增强时，溶解 CO_2 被大量吸收，并释放出 O_2，增加溶解氧水平。此过程随着溶解 CO_2 的减少，水体碳酸盐平衡体系向碱性方向发展，水体 pH 值升高。在水华暴发期间，水体中溶解 CO_2 极度匮乏，$p(CO_2)$ 明显低于大气水平，水体呈碱性，pH 值大于 9。当水体中呼吸作用占据主导地位时，有机质分解消耗溶解氧（DO），并释放 CO_2 进入水体，增加水体中 $p(CO_2)$。夏季长江干流水体混合均匀、浊度高、流速快，光合作用微弱，呼吸作用强烈，$p(CO_2)$ 能达到 2800×10^{-6}。

pH 值较高时，水体中溶解 CO_2 分压降低，促使 CO_2 由大气向水体扩散；pH 值较低时，水体中的 $p(CO_2)$ 相对较高，促使 CO_2 由水体进入大气。由图 5-33 可以看出，3 条支流水体的 $p(CO_2)$ 与 pH 值之间具有良好的相关关系，相关性分别达到草堂河 0.7123、梅溪河 0.8769、朱衣河 0.8465。与 pH 值相似，3 条支流的 DO 也具有相似的变化规律。DO 浓度与水体的 $p(CO_2)$ 之间同样具有良好的相关关系，相关性分别达到草堂河 0.6143、梅溪河 0.7670、朱衣河 0.7444。支流水体中 $p(CO_2)$ 与 pH 值、DO 浓度均呈负相关关系，说明光合作用在上层水体中占据主导作用，水中初级生产者通过光合作用大量消耗水体中溶解 CO_2，并释放 O_2，导致 pH 值升高，$p(CO_2)$ 值降低。随着水体深度的增加，水体中无机碳平衡逐渐受呼吸作用控制，pH 值逐渐降低而 $p(CO_2)$ 值则逐渐增大。

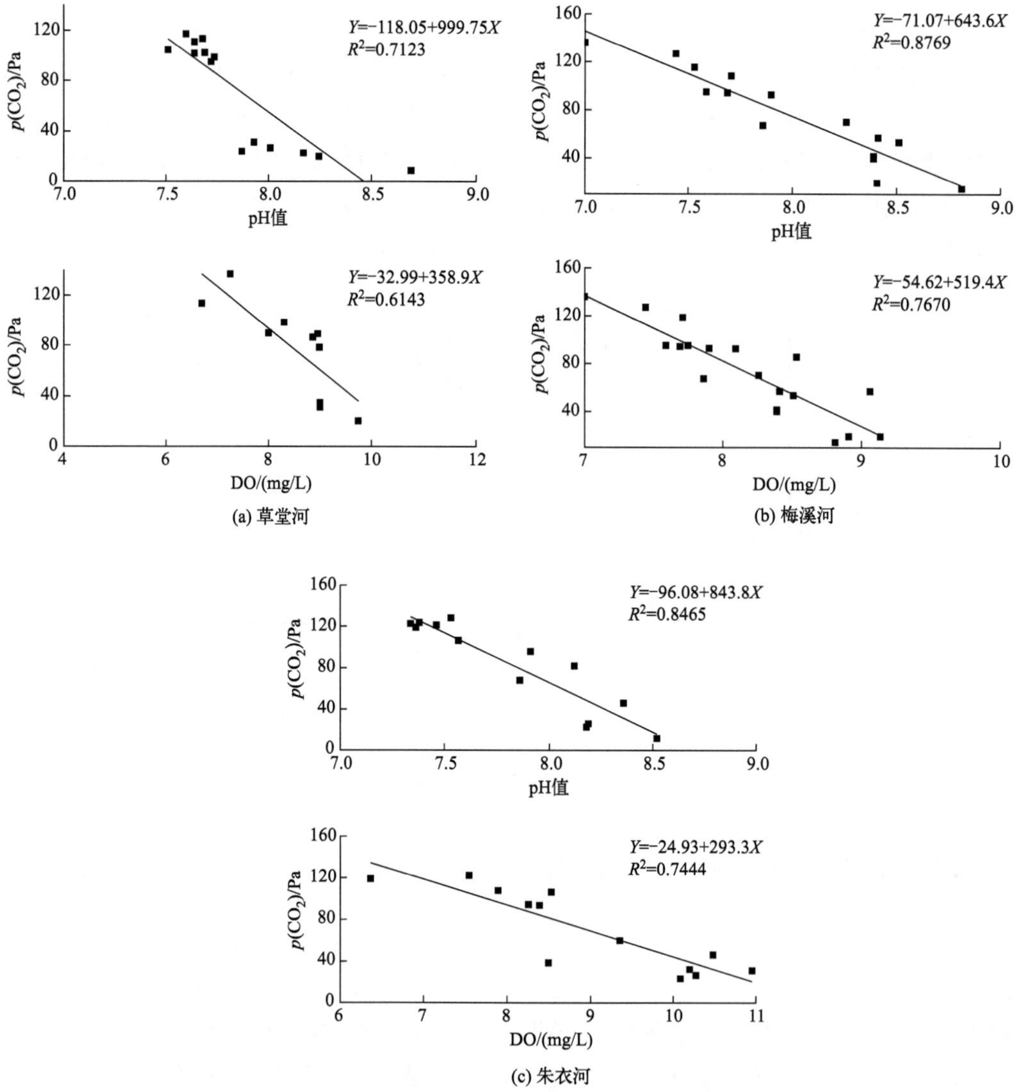

图5-33 研究区水体中pH值、DO浓度与$p(CO_2)$的相关分析

第 6 章

三峡水库富营养化过程的生态动力学模拟

6.1 深大水库水动力–水质–水生态模型建模及参数率定

考虑到大坝调蓄水位波动引起的干支流水团变化与海洋潮汐过程的相似性，针对三峡支流库湾的干支流水体交换以密度流（斜压流）驱动为主的水动力特征，借鉴海湾水环境预报模式（MERF），构建干支流相互作用生态动力学模型。在水动力模拟方面采用7点隐式法求解水位连续方程，水平输运方程采用TVDal差分格式，克服了传统商业模型运用中存在的干支流交界处不均匀流场导致的数值频散问题，有效增加了数值模型的稳定性；水质过程模拟方面以切萨皮克湾（Chesapeake Bay）、密歇根湖（Lake Michigan）、胶州湾（Jiaozhou Bay）水质模型为基础，结合库区的精细观测成果合理概化边界条件，聚焦浮游植物的关键营养驱动机制，提高模型的计算速度，以有效反演三峡水库支流库湾藻类聚集生消变化高度随机性和不确定性的动力学特征。针对传统的局部敏感性分析方法无法识别参数间交互作用影响的不足，采用Sobol全局敏感性分析方法，解析不同参数取值变化对水质模型输出的定量影响，进行参数率定。

6.1.1 模型方法

6.1.1.1 水动力模型

本书采用三维水动力模型作为海洋环境研究预报模型，水平方向采用笛卡尔坐标，垂直方向采用sigma坐标，使得浅水区获得与深水区相同的垂向分辨率。

$$\sigma=\frac{z-\eta(x,y,t)}{H(x,y)+\eta(x,y,t)} \tag{6-1}$$

式中 x，y——对应笛卡尔坐标系的水平坐标；

z—— 垂向坐标；

t—— 时间；

η—— 水位；

H—— 静止水深。

控制方程组包括动量方程、连续方程、温盐方程、水状态方程、湍封闭方程，以及相关的边界条件。

水平动量方程主要考虑科氏力、压强梯度力、湍黏性力：

$$\begin{aligned}\frac{\partial uD}{\partial t}=&-Adv(uD)+fvD-gD\frac{\partial\eta}{\partial x}-\frac{D}{\rho_0}\frac{\partial p_{\mathrm{a}}}{\partial x}-\frac{gD^2}{\rho_0}\int_{\sigma}^{0}\left(\frac{\partial\rho}{\partial x}-\frac{\sigma'}{D}\frac{\partial D}{\partial x}\frac{\partial\rho}{\partial\sigma'}\right)\mathrm{d}\sigma'\\&-\frac{D}{\rho_0}\left(\frac{\partial q}{\partial x}+\frac{\partial\sigma}{\partial x}\frac{\partial q}{\partial\sigma}\right)+\mathrm{DIF}_u+\frac{\partial}{\partial\sigma}\left(\frac{K_{\mathrm{M}}}{D}\frac{\partial u}{\partial\sigma}\right)\end{aligned}\tag{6-2}$$

$$\begin{aligned}\frac{\partial vD}{\partial t}=&-Adv(vD)-fuD-gD\frac{\partial\eta}{\partial y}-\frac{D}{\rho_0}\frac{\partial p_{\mathrm{a}}}{\partial y}-\frac{gD^2}{\rho_0}\int_{\sigma}^{0}\left(\frac{\partial\rho}{\partial y}-\frac{\sigma'}{D}\frac{\partial D}{\partial y}\frac{\partial\rho}{\partial\sigma'}\right)\mathrm{d}\sigma'\\&-\frac{D}{\rho_0}\left(\frac{\partial q}{\partial y}+\frac{\partial\sigma}{\partial y}\frac{\partial q}{\partial\sigma}\right)+\mathrm{DIF}_v+\frac{\partial}{\partial\sigma}\left(\frac{K_{\mathrm{M}}}{D}\frac{\partial v}{\partial\sigma}\right)\end{aligned}\tag{6-3}$$

式中 u，v——x，y 方向运动分量；

f—— 科氏参数；

g—— 重力加速度；

D—— 总水深；

p_{a}——水表大气压强；

K_{M}—— 垂向湍黏性系数；

q—— 压强的动压部分。

等号左端为单纯的局地时变项，右端依次为平流项和对流项、科氏力项、水位起伏导致的压强水平梯度力、水面大气压不均匀引起的压强梯度力、斜压项、动压项、水平和垂向湍黏性项。

利用准静力平衡关系，垂向动量方程中去掉重力和静压垂向梯度力后，可化为：

$$\frac{\partial wD}{\partial t}=-Adv(wD)-\frac{1}{\rho_0}\frac{\partial q}{\partial\sigma}+\mathrm{DIF}_w+\frac{\partial}{\partial\sigma}\left(\frac{K_{\mathrm{M}}}{D}\frac{\partial w}{\partial\sigma}\right)+2\Omega uD\cos\varphi\tag{6-4}$$

式中 w—— 垂向运动分量。

等号左端为局地变化项，右端依次为平流项和对流项、动压项、水平和垂直方向的湍黏性项、科氏力项。

连续方程取速度散度为零的不可压缩体积守恒方程：

$$\frac{\partial u}{\partial x}+\frac{\partial v}{\partial y}+\frac{\partial\sigma}{\partial x}\frac{\partial u}{\partial\sigma}+\frac{\partial\sigma}{\partial y}\frac{\partial v}{\partial\sigma}+\frac{1}{D}\frac{\partial w}{\partial\sigma}=0\tag{6-5}$$

对于 sigma 坐标系下的垂向流速ω，其满足的三维体积连续方程如下：

$$\frac{\partial uD}{\partial x}+\frac{\partial vD}{\partial y}+\frac{\partial\omega}{\partial\sigma}+\frac{\partial\eta}{\partial t}=0\tag{6-6}$$

在数值计算过程中，要使用二维体积连续方程：

$$\frac{\partial \eta}{\partial t}+\frac{\partial}{\partial x}\left(D\int_{-1}^{0} u \mathrm{d}\sigma\right)+\frac{\partial}{\partial y}\left(D\int_{-1}^{0} v \mathrm{d}\sigma\right)=P-E \tag{6-7}$$

式中 E—— 蒸发通量，m/s；

P—— 降水通量，m/s。

湍封闭模式采用 HAMSOM 模式零阶湍封闭方案：

$$K_{\mathrm{M}}=K_{\mathrm{M0}}+\frac{C_1+C_2\sqrt{u^2+v^2}}{\sqrt{1+3Ri}} \tag{6-8}$$

$$K_{\mathrm{H}}=K_{\mathrm{H0}}+\frac{K_{\mathrm{M}}}{\sqrt{1+3Ri}} \tag{6-9}$$

$$Ri=-\frac{gD}{\rho_0}\frac{\partial \rho}{\partial \sigma}\left[\left(\frac{\partial u}{\partial \sigma}\right)^2+\left(\frac{\partial v}{\partial \sigma}\right)^2\right]^{-1} \tag{6-10}$$

式中 K_{M0}——取 $10^{-4}\mathrm{m^2/s}$；

K_{H0}——取 $10^{-6}\mathrm{m^2/s}$；

C_1——取 $75\times10^{-4}\mathrm{m^2/s}$；

C_2——取 25×10^{-4}m[min（H,30m）]（$[C_2]=L$）;

Ri——Richardson 数。

z 坐标系下 Ri 的表达式为：

$$Ri=-\frac{g}{\rho_0}\frac{\partial \rho}{\partial z}\left[\left(\frac{\partial u}{\partial z}\right)^2+\left(\frac{\partial v}{\partial z}\right)^2\right]^{-1} \tag{6-11}$$

流速水表层边界条件包括：

$$w\big|_{\sigma=0}=\frac{\partial \eta}{\partial t}+u\frac{\partial \eta}{\partial x}+v\frac{\partial \eta}{\partial y}+(E-P) \tag{6-12}$$

$$\frac{K_{\mathrm{M}}}{D}\left(\frac{\partial u}{\partial \sigma},\frac{\partial v}{\partial \sigma}\right)\bigg|_{\sigma=0}=\left(\tau_{\mathrm{ax}},\tau_{\mathrm{ay}}\right) \tag{6-13}$$

式中 K_{M}——垂向湍黏性系数；

τ_{ax}——x 方向上的水平风应力；

τ_{ay}——y 方向上的水平风应力。

流速水底层边界条件包括：

$$w\big|_{\sigma=-1}=-u\frac{\partial H}{\partial x}-v\frac{\partial H}{\partial y} \tag{6-14}$$

$$\frac{K_M}{D}\left(\frac{\partial u}{\partial \sigma},\frac{\partial v}{\partial \sigma}\right)\Bigg|_{\sigma=-1}=C_z\left(u^2+v^2\right)^{1/2}(u,v) \tag{6-15}$$

式中　C_z——底摩擦系数。

三维水动力模型的计算模式摒弃模态分离（mode split），采用分裂算子法（operator splitting method）进行计算，数值模式采用 C 网格。

6.1.1.2　水质模型

本书中的生态模型部分不仅考虑了水体中浮游植物的物理、化学变化过程，还考虑了由于营养盐的外源输入及内源循环对浮游植物的影响。前期的水动力模拟为模型提供了背景场，现场的同步观测为模型提供了外源强迫。

生态模型的概念图如图 6-1 所示。

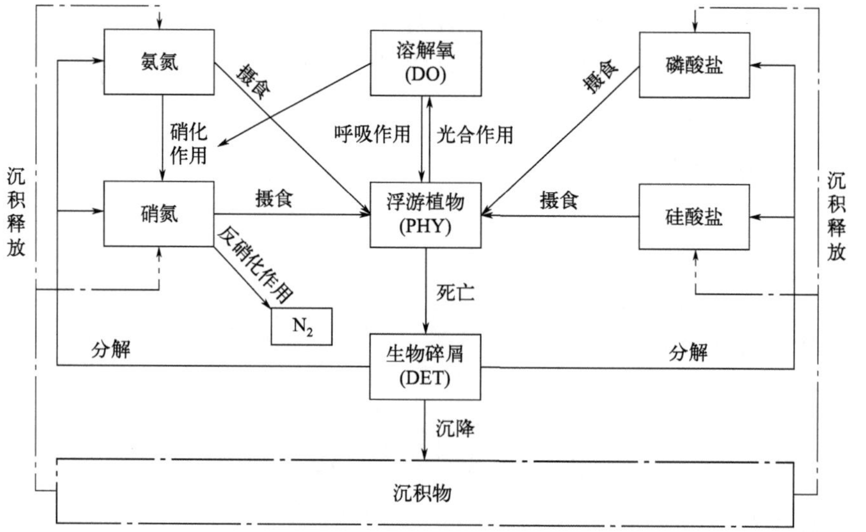

图6-1　生态模型概念图

本模型采用的变量名称、含义如表 6-1 所列。

表6-1　生态模型变量

变量名称	变量含义
PHY	浮游植物
DET	生物碎屑
DO	溶解氧
SiO_3^{2-}	硅酸盐
PO_4^{3-}	磷酸盐
NH_4^+	氨氮
NO_3^-	硝氮

（1）藻类过程

在地表水体生物类群中，生活在湖泊敞水带和河流中的藻类（或称浮游植物）是被研究最多的。众多的文献报道了浮游植物在实验室和野外的生理过程、种类的季节变化及其生物量变化的原因。藻类是地表水中主要的初级生产者，它在富营养化过程中扮演着重要的角色，是水质模型中的基本要素。浮游植物通过生长摄取营养物质影响水体中的氮循环、磷循环、溶解氧的平衡。

一般而言，水质模型很少模拟特定种类的藻。藻类会被集合成一个类群或几个类群。藻类的动力学受生长、死亡、呼吸与排泄的影响，可表示为：

$$\left.\frac{\mathrm{d}P}{\mathrm{d}t}\right|_{\mathrm{bio}}=\left.\frac{\mathrm{d}P}{\mathrm{d}t}\right|_{\mathrm{O_2}}^{\mathrm{gpp}}-\left.\frac{\mathrm{d}P}{\mathrm{d}t}\right|_{\mathrm{DET}}^{\mathrm{mor}}-\left.\frac{\mathrm{d}P}{\mathrm{d}t}\right|_{\mathrm{DET}}^{\mathrm{exc}}-\left.\frac{\mathrm{d}P}{\mathrm{d}t}\right|_{\mathrm{CO_2}}^{\mathrm{res}} \tag{6-16}$$

式中 P——藻类生物量，以碳计；

gpp——初级生产；

mor——死亡；

exc——排泄；

res——呼吸。

式（6-16）中，上标表示过程，下标表示相关联变量。

藻类的生长受水温、营养盐、光照和基础生长速率的影响，可用下式表示：

$$\left.\frac{\mathrm{d}P}{\mathrm{d}t}\right|_{\mathrm{O_2}}^{\mathrm{gpp}}=r_{\mathrm{P}}P \tag{6-17}$$

$$r_{\mathrm{P}}=r_0 f_{\mathrm{P}}^{T} f_{\mathrm{P}}^{I} f_{\mathrm{P}}^{\mathrm{N,P,Si}} \tag{6-18}$$

式中 r_0——藻类最大生长速率；

f_{P}^{T}——温度限制函数；

f_{P}^{I}——光限制函数；

$f_{\mathrm{P}}^{\mathrm{N,P,Si}}$——营养盐限制函数。

藻类生长受到温度的影响，在某个适宜的温度区间藻类生长最快，高于或低于这个温度都会影响藻类的生长速率。温度对藻类的影响可表示为：

$$f_{\mathrm{P}}^{T}=\begin{cases}\mathrm{e}^{-0.1\times(T-T_1)^2} & T<T_1\\ 1 & T_1\leqslant T\leqslant T_2\\ \mathrm{e}^{-0.1\times(T-T_2)^2} & T>T_2\end{cases} \tag{6-19}$$

式中 T——水温；

T_1——适宜生长温度下限；

T_2——适宜生长温度上限。

藻类的生长还受到光（太阳辐射）的影响。太阳辐射在水体中随深度的变化过程可以表示为：

$$I_z=I_0\mathrm{e}^{-(K_{\mathrm{W}}+K_{\mathrm{C}}P)z} \tag{6-20}$$

$$f_{\mathrm{P}}^{I}=\frac{I_z}{I_{\mathrm{opt}}}\mathrm{e}^{\left(1-\frac{I_z}{I_{\mathrm{opt}}}\right)} \tag{6-21}$$

式中 I_z—— 水面下深度为 z 处的太阳辐射，W/m^2；

I_0—— 水面太阳辐射，W/m^2；

z—— 水深，m；

K_W—— 除藻类之外所有物质的消光系数；

K_C—— 藻类消光系数因子；

I_{opt}—— 藻类最优生长光照强度。

影响藻类生长的限制性营养盐主要为硝氮、氨氮、磷酸盐和硅酸盐。营养物质浓度对藻类的生长影响十分复杂，一般用 Michaelis-Menton 模型来描述藻类生长和营养盐浓度之间的关系：

$$f_{\mathrm{P}}^{\mathrm{NO_3^-}}=\frac{[\mathrm{NO_3^-}]/K_{\mathrm{NO_3^-}}}{1+[\mathrm{NO_3^-}]/K_{\mathrm{NO_3^-}}+[\mathrm{NH_4^+}]/K_{\mathrm{NH_4^+}}} \tag{6-22}$$

$$f_{\mathrm{P}}^{\mathrm{NH_4^+}}=\frac{\mathrm{NH_4}/K_{\mathrm{NH_4^+}}}{1+[\mathrm{NO_3^-}]/K_{\mathrm{NO_3^-}}+[\mathrm{NH_4^+}]/K_{\mathrm{NH_4^+}}} \tag{6-23}$$

$$f_{\mathrm{P}}^{\mathrm{N,P,Si}}=\min\left(f_{\mathrm{P}}^{\mathrm{NO_3^-}}+f_{\mathrm{P}}^{\mathrm{NH_4^+}},\frac{[\mathrm{PO_4^{3-}}]}{K_{\mathrm{PO_4^{3-}}}+[\mathrm{PO_4^{3-}}]},\frac{[\mathrm{SiO_3^{2-}}]}{K_{\mathrm{SiO_3^{2-}}}+[\mathrm{SiO_3^{2-}}]}\right) \tag{6-24}$$

式中 $K_{NO_3^-}$—— 硝氮半饱和浓度；

$K_{NH_4^+}$—— 氨氮半饱和浓度；

$K_{PO_4^{3-}}$—— 磷酸盐半饱和浓度；

$K_{SiO_3^{2-}}$—— 硅酸盐半饱和浓度。

藻类的死亡是一个非线性过程，通常可表示为：

$$\left.\frac{\mathrm{d}P}{\mathrm{d}t}\right|_{\mathrm{DET}}^{\mathrm{mor}}=\mu_1P+\mu_2P^2 \tag{6-25}$$

式中 μ_1—— 藻类一阶死亡速率；

μ_2—— 藻类二阶死亡速率。

藻类的排泄过程与藻类生长直接相关，一般表示为：

$$\left.\frac{\mathrm{d}P}{\mathrm{d}t}\right|_{\mathrm{DET}}^{\mathrm{exc}}=\alpha_{\mathrm{P}}\left.\frac{\mathrm{d}P}{\mathrm{d}t}\right|_{\mathrm{O_2}}^{\mathrm{gpp}} \tag{6-26}$$

式中 α_P—— 藻类排泄速率。

藻类的呼吸过程包括两部分，一部分是基础呼吸，另一部分是运动呼吸，可用以下数学模型表示：

$$\left.\frac{\mathrm{d}P}{\mathrm{d}t}\right|_{\mathrm{CO_2}}^{\mathrm{res}}=f_{\mathrm{P}}^{T}b_{\mathrm{P}}P+\gamma_{\mathrm{P}}\left(1-\alpha_{\mathrm{P}}\right)\left.\frac{\mathrm{d}P}{\mathrm{d}t}\right|_{\mathrm{O_2}}^{\mathrm{gpp}} \tag{6-27}$$

式中 b_P—— 藻类基础呼吸速率；

γ_P—— 藻类活动呼吸速率。

（2）碎屑过程

碎屑主要是指浮游植物残体中的有机碳，其动力学受藻类死亡、排泄、水解、反硝化和沉降的影响，可表示为：

$$\left.\frac{\mathrm{d[DET]}}{\mathrm{d}t}\right|_{\mathrm{bio}}=\left.\frac{\mathrm{d[DET]}}{\mathrm{d}t}\right|_{\mathrm{P}}^{\mathrm{mor}}+\left.\frac{\mathrm{d[DET]}}{\mathrm{d}t}\right|_{\mathrm{P}}^{\mathrm{exc}}-\left.\frac{\mathrm{d[DET]}}{\mathrm{d}t}\right|_{\mathrm{CO_2}}^{\mathrm{rmn}}-\left.\frac{\mathrm{d[DET]}}{\mathrm{d}t}\right|_{\mathrm{CO_2}}^{\mathrm{denit}}-\mathrm{snk[DET]} \tag{6-28}$$

式中 [DET]—— 碎屑生物量，以碳计；

rmn—— 水解；

denit—— 反硝化；

snk—— 沉降。

藻类碎屑的水解主要与溶解氧和水体温度有关，用以下数学模型表示：

$$\left.\frac{\mathrm{d[DET]}}{\mathrm{d}t}\right|_{\mathrm{CO_2}}^{\mathrm{rmn}}=\left[1-\frac{1}{([\mathrm{DO}]/O_{\mathrm{cr}})^{d_{\mathrm{cr}}}+1}\right]r_{\mathrm{DET}}\left(1+T_{\mathrm{scd}}\frac{T^2}{T_{\mathrm{hsr}}^2+T^2}\right) \tag{6-29}$$

式中 O_{cr}—— 硝化氧临界浓度；

d_{cr}—— 硝化氧限制因子；

r_{DET}—— 碎屑水解速率；

T_{scd}—— 硝化温度限制因子；

T_{hsr}—— 水解参照温度。

以藻类碎屑为代表的有机碳会参与氮的反硝化过程，可以表示为：

$$\left.\frac{\mathrm{d[DET]}}{\mathrm{d}t}\right|_{\mathrm{CO_2}}^{\mathrm{denit}}=\left.\frac{\mathrm{d[NO_3^-]}}{\mathrm{d}t}\right|_{\mathrm{N_2}}^{\mathrm{denit}}\times d_{\mathrm{DN}} \tag{6-30}$$

式中 d_{DN}—— 碎屑反硝化比例。

（3）溶解氧过程

水体中的溶解氧主要是耗氧过程和富氧过程的平衡，包括藻类光合作用富氧及呼吸作用、硝化作用和水解作用的耗氧。可用以下数学模型表示为：

$$\left.\frac{\mathrm{d[DO]}}{\mathrm{d}t}\right|_{\mathrm{bio}}=\left.\frac{\mathrm{d[DO]}}{\mathrm{d}t}\right|_{\mathrm{P}}^{\mathrm{gpp}}-\left.\frac{\mathrm{d[DO]}}{\mathrm{d}t}\right|_{\mathrm{CO_2}}^{\mathrm{res}}-\left.\frac{\mathrm{d[DO]}}{\mathrm{d}t}\right|_{\mathrm{NO_3^-}}^{\mathrm{nit}}-\left.\frac{\mathrm{d[DO]}}{\mathrm{d}t}\right|_{\mathrm{CO_2}}^{\mathrm{rmn}}+\mathrm{airflux[DO]}+\mathrm{sedflux[DO]} \tag{6-31}$$

式中 [DO]—— 水体中的溶解氧量。

藻类光合作用的富氧过程与藻类的生长直接相关，可表示为：

$$\left.\frac{\mathrm{d[DO]}}{\mathrm{d}t}\right|_{\mathrm{P}}^{\mathrm{gpp}}=\left.\frac{\mathrm{d}P}{\mathrm{d}t}\right|_{\mathrm{O_2}}^{\mathrm{gpp}}\times m_{\mathrm{CO}} \tag{6-32}$$

式中 m_{CO}—— 碳和氧气转换的化学计量数。

藻类呼吸作用的耗氧过程可表示为：

$$\left.\frac{\mathrm{d}[\mathrm{DO}]}{\mathrm{d}t}\right|_{\mathrm{CO_2}}^{\mathrm{res}}=\left.\frac{\mathrm{d}P}{\mathrm{d}t}\right|_{\mathrm{CO_2}}^{\mathrm{res}}\times m_{\mathrm{CO}} \tag{6-33}$$

硝化作用的耗氧过程可表示为：

$$\left.\frac{\mathrm{d}[\mathrm{DO}]}{\mathrm{d}t}\right|_{\mathrm{NO_3^-}}^{\mathrm{nit}}=\left.\frac{\mathrm{d}[\mathrm{NH_4^+}]}{\mathrm{d}t}\right|_{\mathrm{NO_3^-}}^{\mathrm{nit}}\times m_{\mathrm{NO}} \tag{6-34}$$

式中 m_{NO}—— 氮和氧气转换的化学计量数。

碎屑水解作用的耗氧过程可表示为：

$$\left.\frac{\mathrm{d}[\mathrm{DO}]}{\mathrm{d}t}\right|_{\mathrm{CO_2}}^{\mathrm{rmn}}=\left.\frac{\mathrm{d}[\mathrm{DET}]}{\mathrm{d}t}\right|_{\mathrm{CO_2}}^{\mathrm{rmn}}\times m_{\mathrm{CO}} \tag{6-35}$$

(4)氮过程

氮的循环主要是硝氮过程和氨氮过程。氨氮过程主要包括浮游植物吸收和呼吸、碎屑矿化水解、硝化作用以及表底界面交换，其平衡方程可为：

$$\left.\frac{\mathrm{d}[\mathrm{NH_4^+}]}{\mathrm{d}t}\right|_{\mathrm{bio}}=-\left.\frac{\mathrm{d}[\mathrm{NH_4^+}]}{\mathrm{d}t}\right|_{\mathrm{P}}^{\mathrm{upt}}+\left.\frac{\mathrm{d}[\mathrm{NH_4^+}]}{\mathrm{d}t}\right|_{\mathrm{P}}^{\mathrm{res}}+\left.\frac{\mathrm{d}[\mathrm{NH_4^+}]}{\mathrm{d}t}\right|_{\mathrm{DET}}^{\mathrm{rmn}}-\left.\frac{\mathrm{d}[\mathrm{NH_4^+}]}{\mathrm{d}t}\right|_{\mathrm{NO_3^-}}^{\mathrm{nit}}+\mathrm{airflux}[\mathrm{NH_4^+}]+\mathrm{sedflux}[\mathrm{NH_4^+}] \tag{6-36}$$

式中 $[\mathrm{NH_4^+}]$—— 水体中的氨氮浓度；

upt—— 藻类生长吸收摄取。

硝氮过程主要以浮游植物吸收、硝化、反硝化和表底界面通量为主，表示为：

$$\left.\frac{\mathrm{d}[\mathrm{NO_3^-}]}{\mathrm{d}t}\right|_{\mathrm{bio}}=-\left.\frac{\mathrm{d}[\mathrm{NO_3^-}]}{\mathrm{d}t}\right|_{\mathrm{P}}^{\mathrm{upt}}+\left.\frac{\mathrm{d}[\mathrm{NO_3^-}]}{\mathrm{d}t}\right|_{\mathrm{NH_4^+}}^{\mathrm{nit}}-\left.\frac{\mathrm{d}[\mathrm{NO_3^-}]}{\mathrm{d}t}\right|_{\mathrm{N_2}}^{\mathrm{denit}}+\mathrm{airflux}[\mathrm{NO_3^-}]+\mathrm{sedflux}[\mathrm{NO_3^-}] \tag{6-37}$$

式中 $[\mathrm{NO_3^-}]$—— 水体中的硝氮浓度。

藻类通过光合作用吸收氨氮和硝氮用于生长：

$$\left.\frac{\mathrm{d}[\mathrm{NH_4^+}]}{\mathrm{d}t}\right|_{\mathrm{P}}^{\mathrm{upt}}=\left.\frac{\mathrm{d}P}{\mathrm{d}t}\right|_{\mathrm{O_2}}^{\mathrm{gpp}}\times\frac{[\mathrm{NH_4^+}]/K_{\mathrm{NH_4^+}}}{[\mathrm{NO_3^-}]/K_{\mathrm{NO_3^-}}+[\mathrm{NH_4^+}]/K_{\mathrm{NH_4^+}}}\times R_{\mathrm{NC}} \tag{6-38}$$

$$\left.\frac{\mathrm{d}[\mathrm{NO_3^-}]}{\mathrm{d}t}\right|_{\mathrm{P}}^{\mathrm{upt}}=\left.\frac{\mathrm{d}P}{\mathrm{d}t}\right|_{\mathrm{O_2}}^{\mathrm{gpp}}\times\frac{[\mathrm{NO_3^-}]/K_{\mathrm{NO_3^-}}}{[\mathrm{NO_3^-}]/K_{\mathrm{NO_3^-}}+[\mathrm{NH_4^+}]/K_{\mathrm{NH_4^+}}}\times R_{\mathrm{NC}} \tag{6-39}$$

式中 R_{NC}—— 氮与碳的 Redfield 比。

藻类的呼吸作用还会释放一定的氨氮：

$$\left.\frac{\mathrm{d}[\mathrm{NH_4^+}]}{\mathrm{d}t}\right|_{\mathrm{P}}^{\mathrm{res}}=\left.\frac{\mathrm{d}P}{\mathrm{d}t}\right|_{\mathrm{CO_2}}^{\mathrm{res}}\times R_{\mathrm{NC}} \tag{6-40}$$

藻类碎屑通过水解和矿化过程转变为氨氮：

$$\left.\frac{\mathrm{d}[\mathrm{NH}_4^+]}{\mathrm{d}t}\right|_{\mathrm{DET}}^{\mathrm{rmn}}=\left.\frac{\mathrm{d}[\mathrm{DET}]}{\mathrm{d}t}\right|_{\mathrm{CO}_2}^{\mathrm{rmn}}\times R_{\mathrm{NC}} \tag{6-41}$$

氨氮通过硝化作用氧化为硝氮。自然水体中，硝化过程是比较复杂的，主要依赖溶解氧的浓度、水温和氨氮的浓度。硝化过程可以被描述为：

$$\left.\frac{\mathrm{d}[\mathrm{NH}_4^+]}{\mathrm{d}t}\right|_{\mathrm{NO}_3^-}^{\mathrm{nit}}=r_{\mathrm{nit}}\left[1-\frac{1}{\left([\mathrm{DO}]/O_{\mathrm{cr}}\right)^{d_{\mathrm{cr}}}+1}\right]\mathrm{e}^{T_{\mathrm{scn}}T}[\mathrm{NH}_4^+] \tag{6-42}$$

式中 r_{nit}—— 硝化速率；

T_{scn}—— 硝化过程温度限制因子。

反硝化作用是硝酸盐还原为氮气的过程。通常是在厌氧的情况下，细菌利用结合在硝氮中的氧，并将氧移出硝氮，将硝氮还原为亚硝氮，亚硝氮进一步还原为氮气。反硝化作用会使得氮从天然水体的氮循环中流失。反硝化作用同时消耗水系统中的有机碳和硝酸盐，一般而言溶解氧、硝氮浓度和碎屑的浓度对反硝化过程有影响：

$$\left.\frac{\mathrm{d}[\mathrm{NO}_3^-]}{\mathrm{d}t}\right|_{\mathrm{N}_2}^{\mathrm{denit}}=r_{\mathrm{den}}\frac{1}{\left([\mathrm{DO}]/O_{\mathrm{cr}}\right)^{d_{\mathrm{cr}}}+1}\times\frac{[\mathrm{DET}]}{[\mathrm{DET}]+K_{\mathrm{DET}}}\times\frac{[\mathrm{NO}_3^-]}{[\mathrm{NO}_3^-]+K_{\mathrm{NO}_3^-}} \tag{6-43}$$

式中 r_{den}—— 反硝化速率；

K_{DET}—— 碎屑半饱和浓度。

（5）磷过程

磷是浮游植物生长的重要物质。磷的溶解度虽然远小于氮，但是磷在藻类生长中扮演着重要的角色。磷的循环主要以浮游植物吸收、呼吸释放、碎屑水解、反硝化和底界面通量为主，表示为：

$$\left.\frac{\mathrm{d}[\mathrm{PO}_4^{3-}]}{\mathrm{d}t}\right|_{\mathrm{bio}}=-\left.\frac{\mathrm{d}[\mathrm{PO}_4^{3-}]}{\mathrm{d}t}\right|_{\mathrm{P}}^{\mathrm{upt}}+\left.\frac{\mathrm{d}[\mathrm{PO}_4^{3-}]}{\mathrm{d}t}\right|_{\mathrm{P}}^{\mathrm{res}}+\left.\frac{\mathrm{d}[\mathrm{PO}_4^{3-}]}{\mathrm{d}t}\right|_{\mathrm{DET}}^{\mathrm{rmn}}+\left.\frac{\mathrm{d}[\mathrm{PO}_4^{3-}]}{\mathrm{d}t}\right|_{\mathrm{DET}}^{\mathrm{denit}}+\mathrm{sedflux}[\mathrm{PO}_4^{3-}] \tag{6-44}$$

式中 $[\mathrm{PO}_4^{3-}]$—— 水体中的磷酸盐浓度。

藻类通过光合作用吸收磷用于生长：

$$\left.\frac{\mathrm{d}[\mathrm{PO}_4^{3-}]}{\mathrm{d}t}\right|_{\mathrm{P}}^{\mathrm{upt}}=\left.\frac{\mathrm{d}P}{\mathrm{d}t}\right|_{\mathrm{O}_2}^{\mathrm{gpp}}\times R_{\mathrm{PC}} \tag{6-45}$$

式中 R_{PC}—— 磷与碳的 Redfield 比。

藻类的呼吸作用还会释放一定的磷酸盐：

$$\left.\frac{\mathrm{d}[\mathrm{PO}_4^{3-}]}{\mathrm{d}t}\right|_{\mathrm{P}}^{\mathrm{res}}=\left.\frac{\mathrm{d}P}{\mathrm{d}t}\right|_{\mathrm{CO}_2}^{\mathrm{res}}\times R_{\mathrm{PC}} \tag{6-46}$$

藻类碎屑通过水解和矿化过程转变为磷酸盐：

$$\left.\frac{\mathrm{d}[PO_4^{3-}]}{\mathrm{d}t}\right|_{DET}^{rmn}=\left.\frac{\mathrm{d}[DET]}{\mathrm{d}t}\right|_{CO_2}^{rmn}\times R_{PC} \tag{6-47}$$

以藻类碎屑为代表的有机碳的反硝化过程中，会释放一定的磷酸盐：

$$\left.\frac{\mathrm{d}[PO_4^{3-}]}{\mathrm{d}t}\right|_{DET}^{denit}=\left.\frac{\mathrm{d}[NO_3^-]}{\mathrm{d}t}\right|_{N_2}^{denit}\times d_{PN} \tag{6-48}$$

式中　d_{PN}——反硝化过程释放磷的比例。

(6) 硅过程

硅的循环主要以浮游植物吸收、呼吸释放、碎屑水解、反硝化和底界面通量为主，表示为：

$$\left.\frac{\mathrm{d}[SiO_3^{2-}]}{\mathrm{d}t}\right|_{bio}=-\left.\frac{\mathrm{d}[SiO_3^{2-}]}{\mathrm{d}t}\right|_{P}^{upt}+\left.\frac{\mathrm{d}[SiO_3^{2-}]}{\mathrm{d}t}\right|_{DET}^{rmn}+\left.\frac{\mathrm{d}[SiO_3^{2-}]}{\mathrm{d}t}\right|_{P}^{res}+\left.\frac{\mathrm{d}[SiO_3^{2-}]}{\mathrm{d}t}\right|_{DET}^{denit}+\mathrm{sedflux}[SiO_3^{2-}] \tag{6-49}$$

式中　$[SiO_3^{2-}]$——水体中的溶解硅浓度。

藻类通过光合作用吸收硅用于生长：

$$\left.\frac{\mathrm{d}[SiO_3^{2-}]}{\mathrm{d}t}\right|_{P}^{upt}=\left.\frac{\mathrm{d}P}{\mathrm{d}t}\right|_{O_2}^{gpp}\times R_{SC} \tag{6-50}$$

式中　R_{SC}——硅与碳的 Redfield 比。

藻类的呼吸作用还会释放一定的磷酸盐：

$$\left.\frac{\mathrm{d}[SiO_3^{2-}]}{\mathrm{d}t}\right|_{P}^{res}=\left.\frac{\mathrm{d}P}{\mathrm{d}t}\right|_{CO_2}^{res}\times R_{SC} \tag{6-51}$$

藻类碎屑通过水解和矿化过程转变为溶解硅：

$$\left.\frac{\mathrm{d}[SiO_3^{2-}]}{\mathrm{d}t}\right|_{DET}^{rmn}=\left.\frac{\mathrm{d}[DET]}{\mathrm{d}t}\right|_{CO_2}^{rmn}\times R_{SC} \tag{6-52}$$

以藻类碎屑为代表的有机碳的反硝化过程中，会释放一定的硅：

$$\left.\frac{\mathrm{d}[SiO_3^{2-}]}{\mathrm{d}t}\right|_{DET}^{denit}=\left.\frac{\mathrm{d}[NO_3^-]}{\mathrm{d}t}\right|_{N_2}^{denit}\times d_{SN} \tag{6-53}$$

式中　d_{SN}——反硝化过程中释放硅的比例。

6.1.1.3　参数敏感性分析方法

Sobol 全局敏感性是由数学家 Sobol 基于方差分解理论提出的分析方法，该方法的核心思路是将目标函数总方差分解为函数中各变量自身的一阶方差以及变量之间相互作用形成的二阶及高阶方差，对于某一模型函数：

$$Y = f(X_1,\cdots,X_k) = f_0 + \sum_{i=1}^{k} f_i + \sum_{i=1}^{k-1}\sum_{j>i}^{k} f_{ij} + \sum_{i=1}^{k-2}\sum_{m>i}^{k-1}\sum_{n>m}^{k} f_{imn} + \cdots + f_{1,2,\cdots,k} \tag{6-54}$$

式中 Y——模型的目标函数输出值；

$X=(X_1,\cdots,X_k)$——模型中的相关变量。

函数$f(X)$的方差分解可表示为：

$$V(Y) = \sum_{i=1}^{k} V_i + \sum_{i=1}^{k-1}\sum_{j>i}^{k} V_{ij} + \sum_{i=1}^{k-2}\sum_{m>i}^{k-1}\sum_{n>m}^{k} V_{imn} + \cdots + V_{1,2,\cdots,k} \tag{6-55}$$

式中 V_i——单一变量 X_i 对总方差的贡献；

V_{ij}——X_i 和 X_j 两个变量相互作用对总方差的贡献；

$V_{1,2,\cdots,k}$——全部变量相互作用对总方差的贡献。

根据方差分解，变量敏感性的主效应 S_i（即一阶敏感性）和总效应 S_{ti}（即全敏感性）可表示为（数学标记符号如表 6-2 所列）：

$$S_i = \frac{V_{X_i}\left[E_{\boldsymbol{X}_{\sim i}}(Y \mid X_i)\right]}{V(Y)} \tag{6-56}$$

$$S_{ti} = \frac{E_{\boldsymbol{X}_{\sim i}}\left[V_{X_i}(Y|\boldsymbol{X}_{\sim i})\right]}{V(Y)} = 1 - \frac{V_{\boldsymbol{X}_{\sim i}}\left[E_{X_i}(Y|\boldsymbol{X}_{\sim i})\right]}{V(Y)} \tag{6-57}$$

$$V_{X_i}\left[E_{X_{\sim i}}(Y|X_i)\right] = \frac{1}{N}\sum_{j}^{N} f(\boldsymbol{B})_j \left\{f\left[\boldsymbol{A}_{\boldsymbol{B}}^{(i)}\right]_j - f(\boldsymbol{A})_j\right\} \tag{6-58}$$

$$E_{\boldsymbol{X}_{\sim i}}\left[V_{X_i}(Y|\boldsymbol{X}_{\sim i})\right] = \frac{1}{2N}\sum_{j}^{N} \left\{f\left[\boldsymbol{A}_{\boldsymbol{B}}^{(i)}\right]_j - f(\boldsymbol{A})_j\right\}^2 \tag{6-59}$$

表6-2 数学标记符号

符号	意义
N	样本量
k	变量数量
X_i	一般变量
$\boldsymbol{X}$	$N\times k$ 维输入变量矩阵
$\boldsymbol{A},\boldsymbol{B}$	$N\times k$ 维输入变量样本矩阵
$\boldsymbol{A}_{\boldsymbol{B}}^{(i)}$	第 i 列来源于矩阵 $\boldsymbol{B}$，其余 $k-1$ 列全部来源于 $\boldsymbol{A}$ 矩阵
$\boldsymbol{X}_{\sim i}$	除变量 X_i 之外的 $N\times(k-1)$ 维矩阵
$V_{X_i}(\cdot), E_{X_i}(\cdot)$	取 X_i 的方差和均值
$V_{\boldsymbol{X}_{\sim i}}(\cdot), E_{\boldsymbol{X}_{\sim i}}(\cdot)$	除 X_i 之外所有变量的方差和均值

采用蒙特卡罗过程的准随机变量抽样方法，生成每个变量的样本空间，进行方差分解和统计计算，得出各个变量的敏感性。

6.1.2　模型校核

模型验证的第一步是水动力和水量平衡模拟。本书中数值模拟的时间为 1 年，即 2014 年 1 月 1 日～ 2014 年 12 月 31 日，模拟的变量是流场、流速、水位、水深、温度。验证期也是 1 年，模型校准的参数是水位和水温。

图 6-2 对比了模拟水位与实测水位，模拟结果很好地吻合了水位观测数据，表明模型水量收支准确，模拟结果具有可靠性。

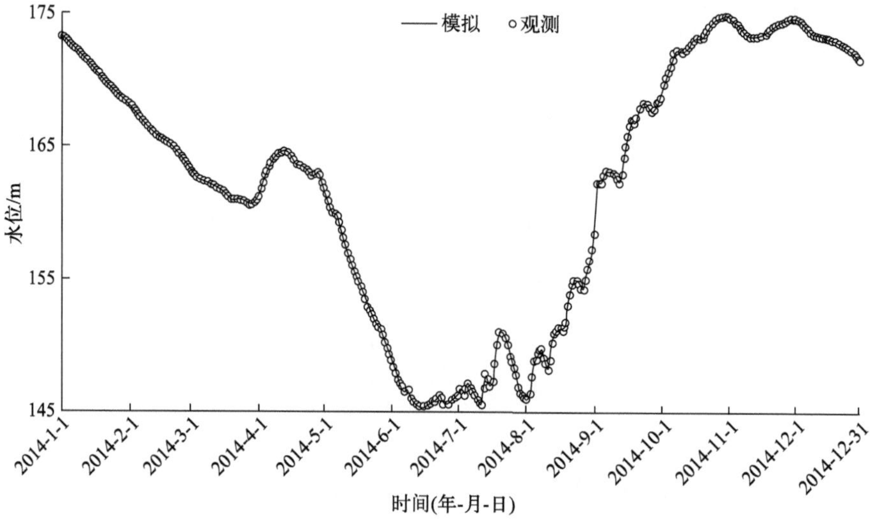

图6-2　水位模拟结果验证

在淡水生态系统中，几乎所有的生物化学过程都与水温有密切的关系。由于干、支流存在温度差，加上太阳辐射的热交换作用，会影响支流库湾中的水温分布，进而会影响库湾中的水质过程，因此对模型模拟的水温进行校准（如图 6-3 所示）。水温的模拟结果显示，表层和底层水温都与观测值吻合良好，模型计算结果可靠。

水质模型依赖水动力学来描述水体运动和混合。水动力模型为水质模型提供的基本信息包括平流、扩散、垂直混合、温度。本书利用已校准的水动力模型为生态提供动力场。水质模型利用水动力模型的水平网格和垂向分层，积分时间步长为 10s，三维模型结果以日的形式保存。

将观测值与水质模型输出的逐日的叶绿素 a（Chla）及营养盐进行对比验证，其结果如表 6-3 ～表 6-5 所列。结果表明水动力 - 生态耦合模型模拟精度较好，能够反映研究区内水华生消过程及水质演变过程。

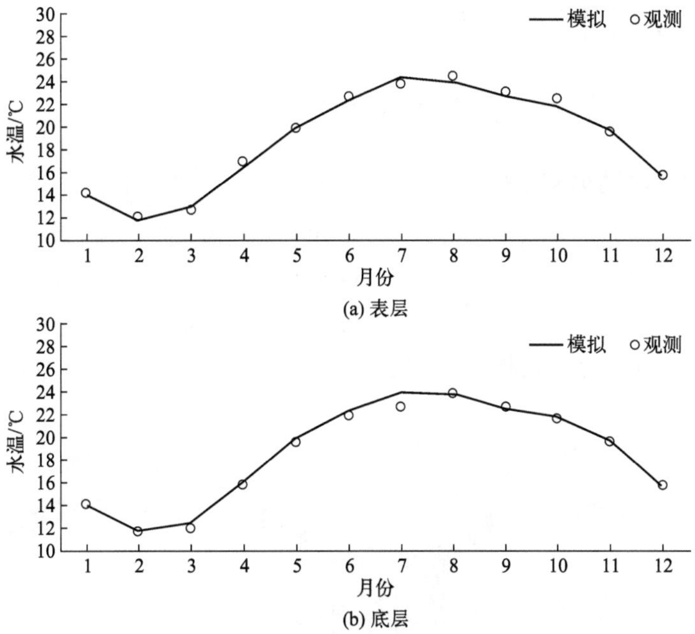

图6-3 温度模拟结果验证

表6-3 朱衣河表层叶绿素a（Chla）及营养盐观测值和模拟值误差分析

变量	RMSE(均方根误差)	RRE(相对误差)
Chla	26.54μg/L	32.40%
PO_4^{3-}	0.03mg/L	34.33%
NH_4^+	0.14mg/L	38.99%
NO_3^-	0.41mg/L	23.55%
SiO_4^{4-}	1.24mg/L	16.40%

表6-4 梅溪河表层叶绿素a（Chla）及营养盐观测值和模拟值误差分析

变量	RMSE(均方根误差)	RRE(相对误差)
Chla	19.32μg/L	22.75%
PO_4^{3-}	0.04mg/L	30.99%
NH_4^+	0.04mg/L	39.44%
SiO_4^{4-}	1.79mg/L	33.64%

表6-5 草堂河表层叶绿素a（Chla）及营养盐观测值和模拟值误差分析

变量	RMSE(均方根误差)	RRE(相对误差)
Chla	15.33μg/L	33.13%
PO_4^{3-}	0.03mg/L	33.50%
NH_4^+	0.09mg/L	24.54%
NO_3^-	0.60mg/L	21.61%
SiO_4^{4-}	4.50mg/L	26.98%

6.2 支流库湾水动力特征

6.2.1 三峡水库不同调蓄期支流库湾水动力特征

（1）朱衣河水动力特征

朱衣河位于三峡库区中部的奉节县，系长江干流上游下段北岸一级小支流，源于锅地堡 - 枇杷山一带，山岭海拔高程在 1000 ～ 1573.3m 之间，流经黄井乡、朱衣镇，于口前注入长江，全流域面积 149km²，主河道长 29km，平均比降为 1.63%。

不同运行期朱衣河表层流场与底层流场如图 6-4 与图 6-5 所示（书后另见彩图）。

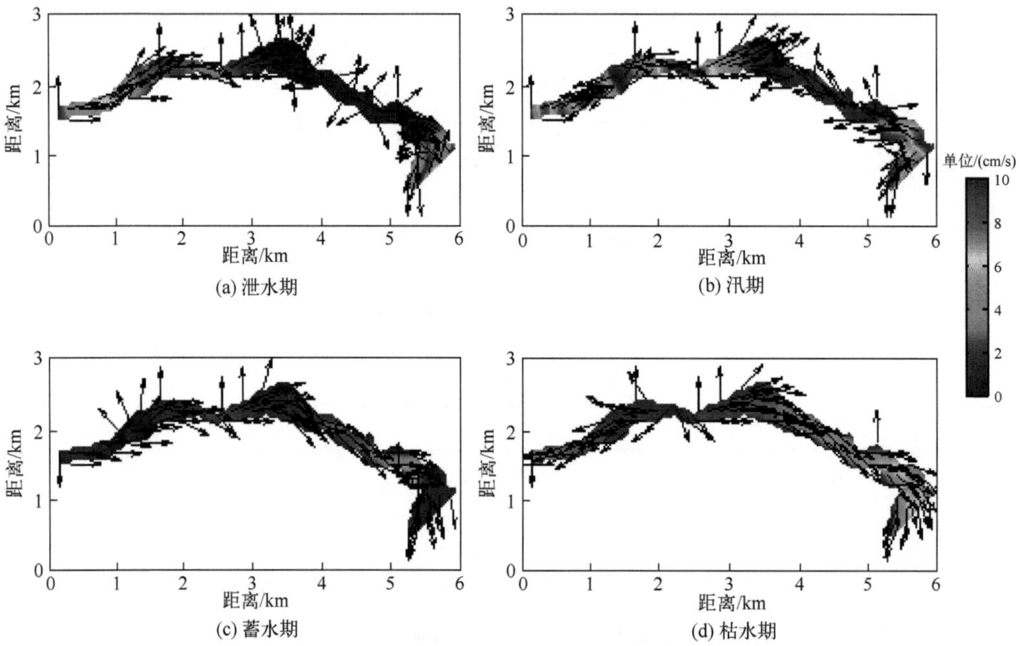

图6-4　不同运行期朱衣河表层流场

朱衣河在泄水期水温自河口向上游逐渐升高，在河口处水温比较均一，中游及上游水温出现分层现象，干流水体从河口中层倒灌进入支流，支流水体从表底汇入干流；在汛期，水温沿程变化情况与泄水期类似，但是水温较之前有所升高，水动力特征为底进表出；而在蓄水期，河口与中游水温比较均一，只有上游水温出现分层现象，支流水体水动力特征也是底进表出；枯水期，朱衣河水温整体较为均一，没有水温分层现象出现，水动力特征同样为底进表出。从流速上看，在不同运行期下朱衣河库湾流速差别较小，并且整个库湾流速均一，均维持在 1 ～ 2cm/s。在高水位运行期，整个库湾流速比其他阶段略快，可以达到 2 ～ 4cm/s。这主要是由于干支流温差增大，并且水深较大，利于密度流侵入支流。

不同运行期朱衣河流速及水温纵剖面如图 6-6 所示（书后另见彩图）。

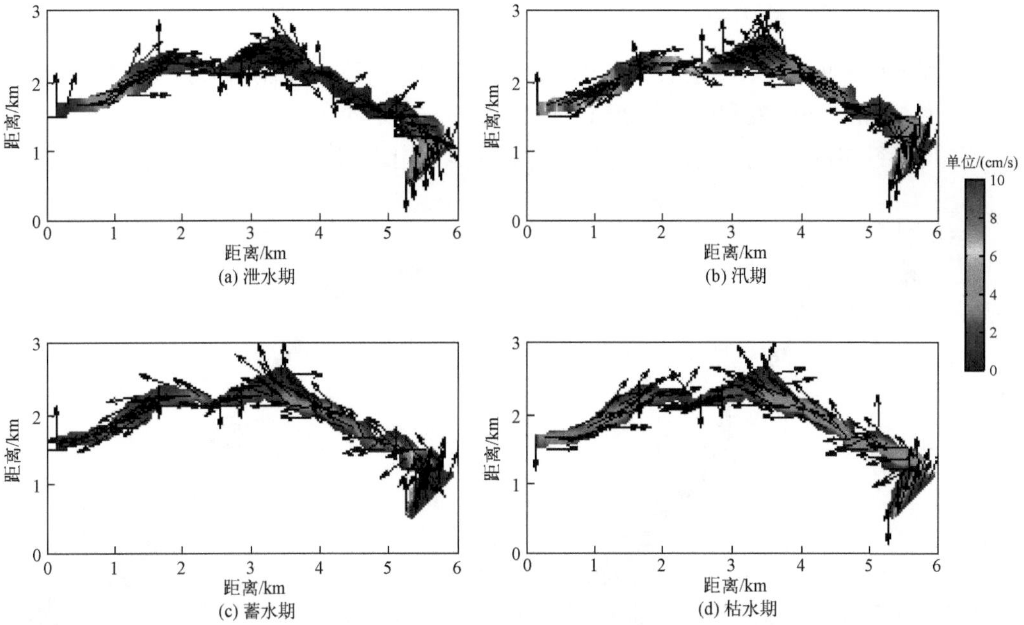

图6-5 不同运行期朱衣河底层流场

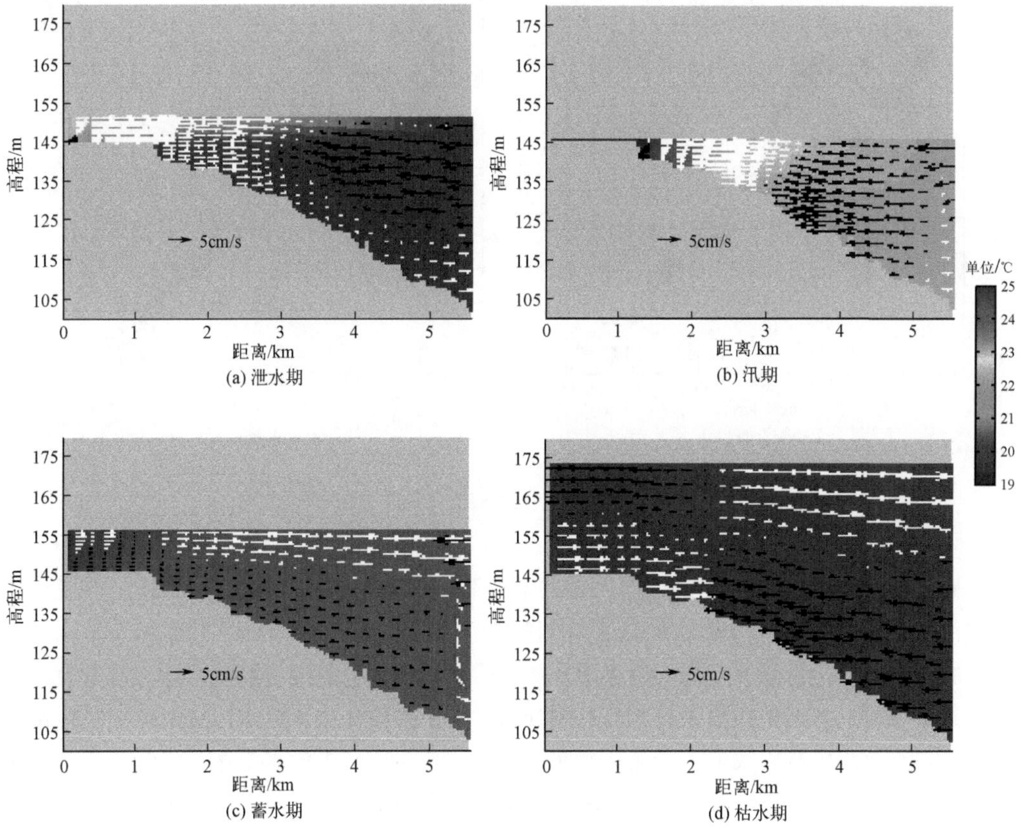

图6-6 不同运行期朱衣河流速及水温纵剖面

（2）梅溪河水动力特征

梅溪河位于重庆市奉节县，是长江一条小支流，其与长江交汇处即为长江三峡。梅溪河全长约30km，可开发利用河段8km，宽30～50m，水深4m。

不同运行期梅溪河表层流场与底层流场如图6-7与图6-8所示（书后另见彩图）。

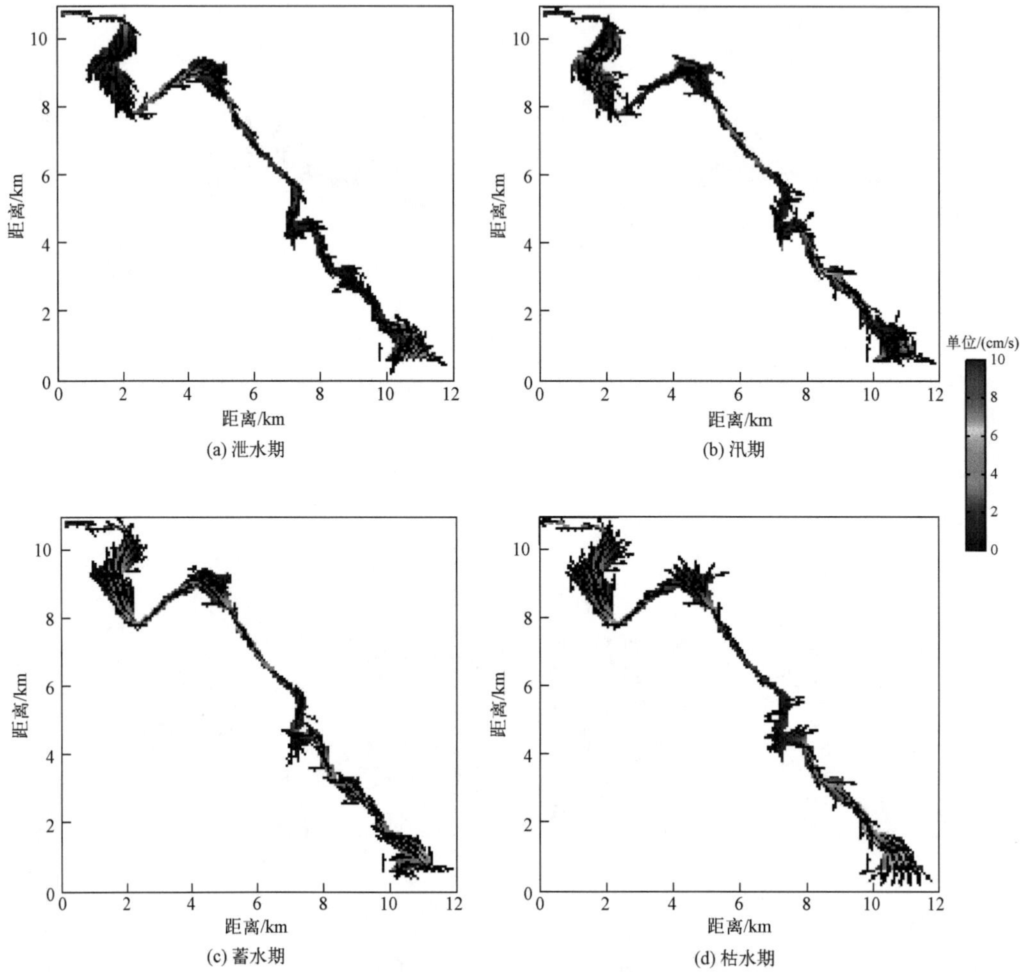

图6-7　不同运行期梅溪河表层流场

梅溪河在泄水期水温自河口向上游逐渐升高，在河口处水温分层不明显，中游及上游水温出现分层现象，干流水体从表层倒灌进入支流，支流水体从底层汇入干流；在汛期，水温沿程变化仍是河口向上游逐渐升高，但是河口及上游处水温较为均一，中游水温出现分层现象，河道整体水温较之前有所升高，水动力特征为干流水体从河口中层倒灌进入支流，支流水体从表底汇入干流；而在蓄水期，自河口向上游水温逐渐降低，河口水温较为均一，上游与中游水温出现分层现象，干支流水体交互特征是表进底出；枯水期，梅溪河水温整体较为均一，只有中上游有水温分层现象出现，水动力特征为底进表出。梅溪

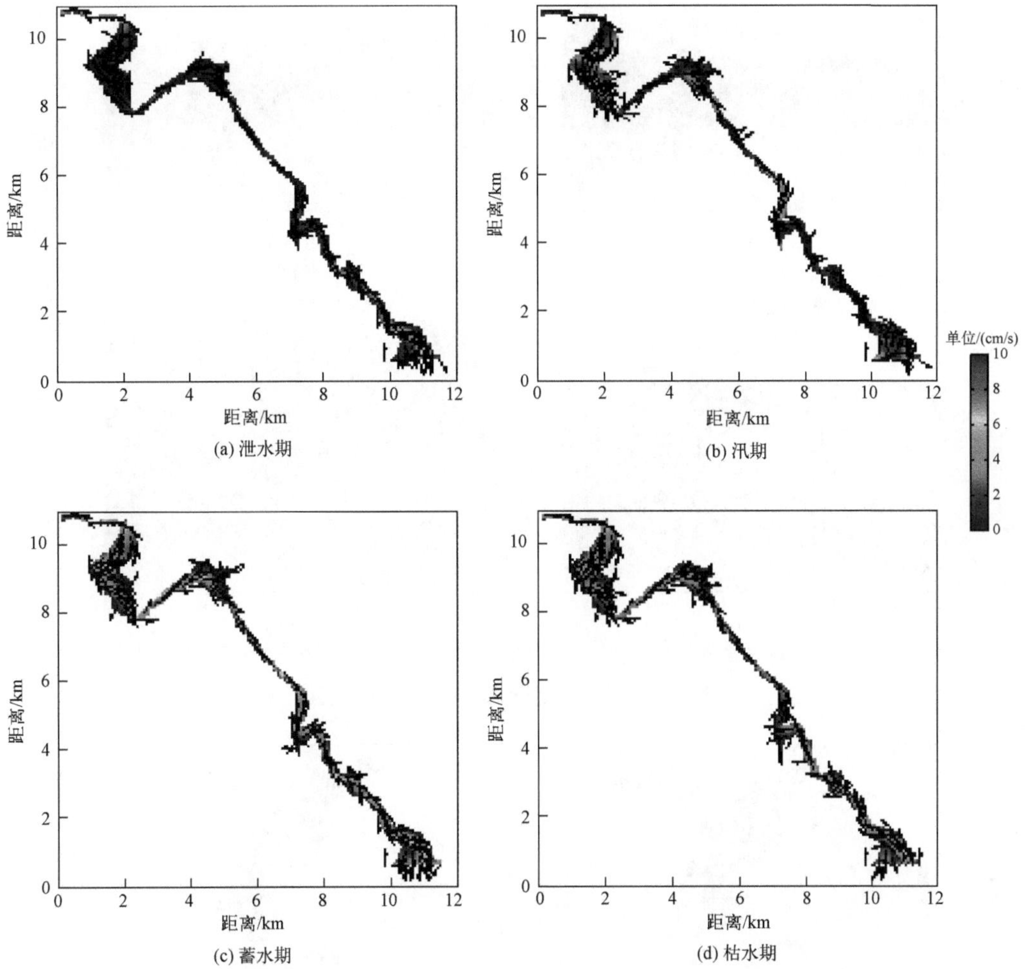

图6-8 不同运行期梅溪河底层流场

河的流速表现为河口和末端流速较大，而库湾中部流速较小。这主要是因为在河口处受干流影响，导致流速加快。而在末端，由于梅溪河天然入流较大，水深较小，所以流速较大。

不同运行期梅溪河流速及水温纵剖面如图 6-9 所示（书后另见彩图）。

（3）草堂河水动力特征

草堂河是长江北岸的一级支流，位于三峡水库中部的重庆市奉节县。草堂河距三峡大坝约 156km，其干流长 33.3km，流域面积 394.8km²，多年平均径流量 7.5m³/s，平均比降 0.665%。三峡水库蓄水后，草堂河由山区河流转变为长约 6km 的支流库湾。

不同运行期草堂河表层流场与底层流场如图 6-10 与图 6-11 所示（书后另见彩图。）

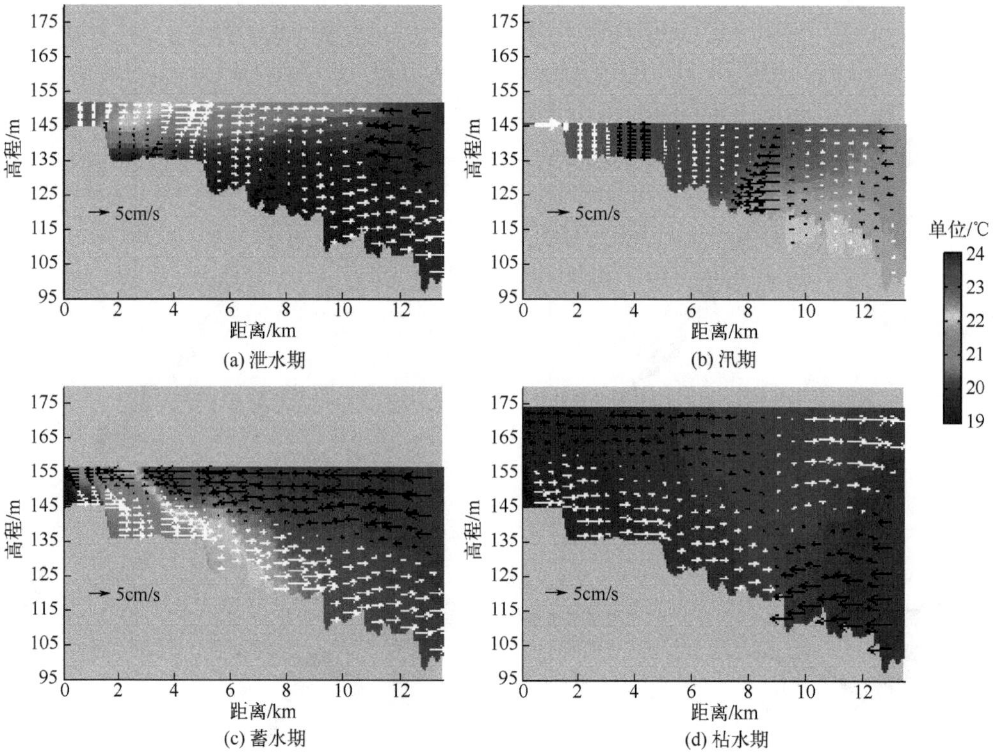

图6-9　不同运行期梅溪河流速及水温纵剖面

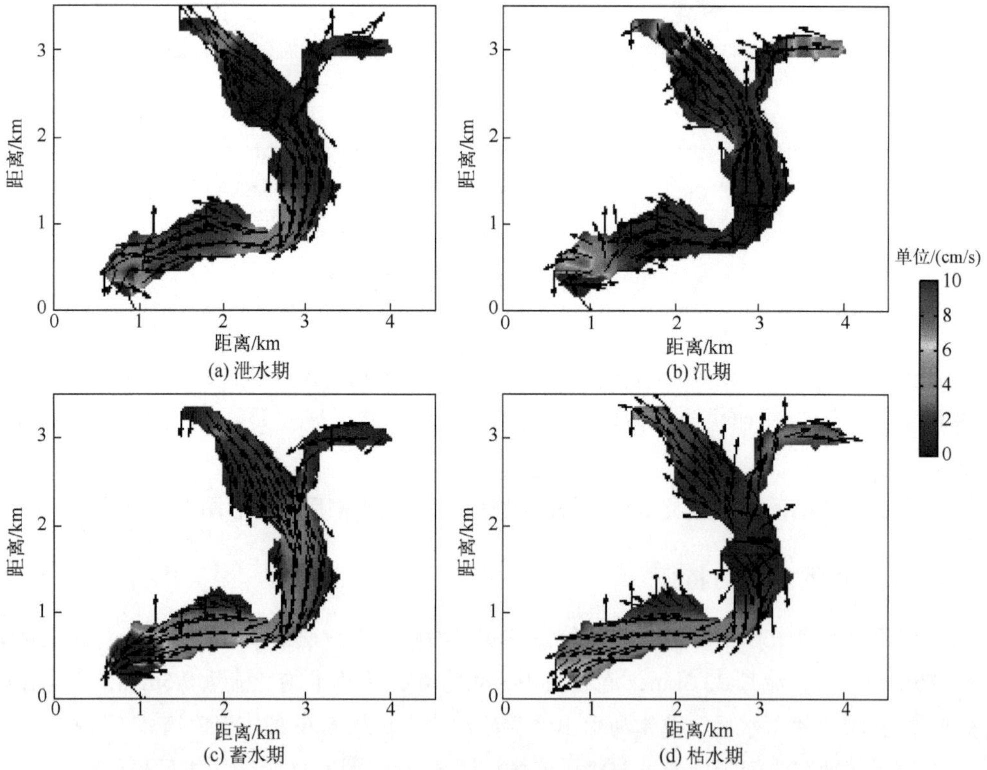

图6-10　不同运行期草堂河表层流场

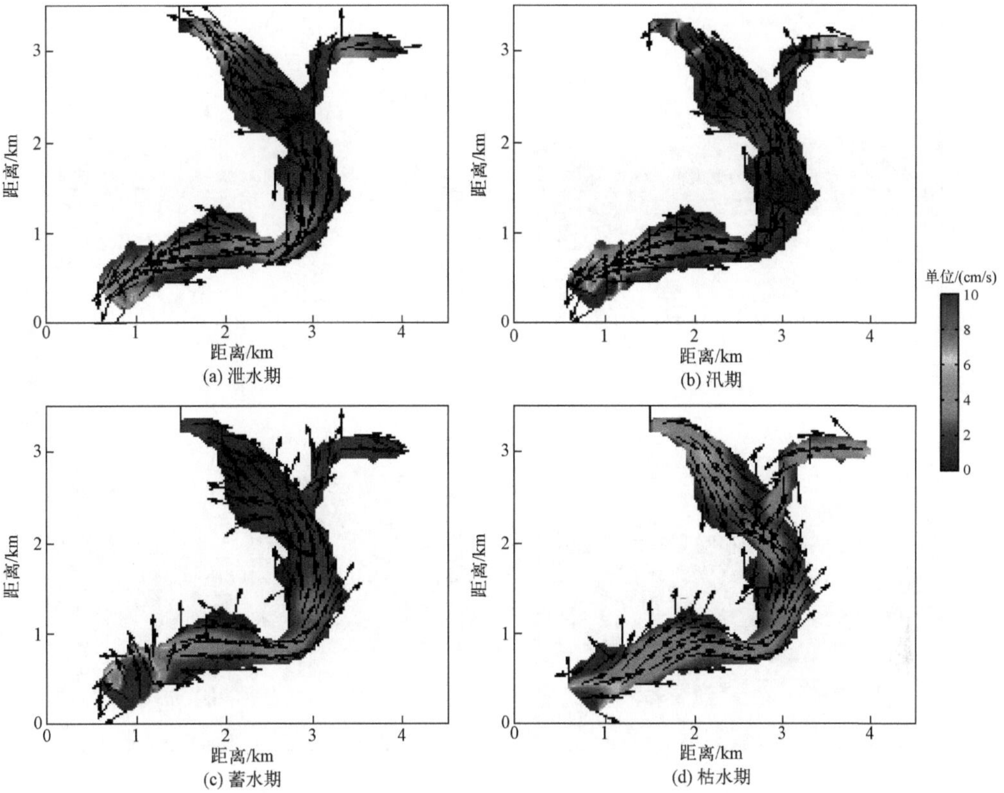

图6-11 不同运行期草堂河底层流场

草堂河在泄水期，水温自河口向上游逐渐升高，整条河流水温出现分层现象，干流水体从河口中层倒灌进入支流，支流水体从表、底层汇入干流；在汛期，水温沿程变化情况及水温分层现象均不明显，但是水温较之前有所升高，水动力特征为表进底出；而在蓄水期，水温与汛期相似，水动力特征是底进表出；枯水期，草堂河水温整体较为均一，没有水温分层现象出现，水动力特征与蓄水期类似。从流速上看，草堂河整体流速也比较均一，并且在不同水位下，流速差别也较小。仅仅是在高水位运行的枯水期，流速略大，可以达到 2 ~ 4cm/s。

不同运行期草堂河流速及水温纵剖面如图 6-12 所示（书后另见彩图）。

6.2.2 水动力过程时空变异分析

三峡水库支流水动力过程存在明显的时空变化，具体体现为流速的时空变异：一方面，支流库湾中不同位置（河口、中部、上游）的流速有显著的差异；另一方面，在支流同一位置的垂向剖线上流速也有显著的差异。

6.2.2.1 河口流速变异分析

朱衣河、梅溪河、草堂河 3 条支流在干支流交汇的河口处，存在明显的流速时空变异

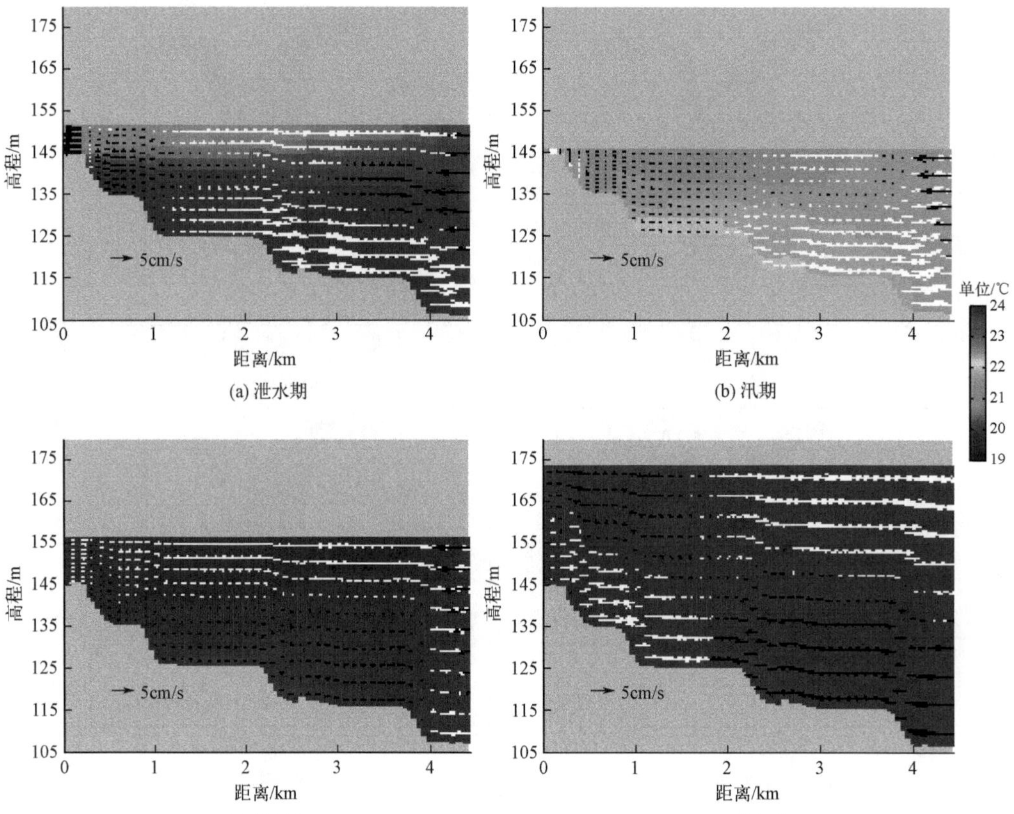

(a) 泄水期　(b) 汛期
(c) 蓄水期　(d) 枯水期

图6-12　不同运行期草堂河流速及水温纵剖面

（图 6-13 ～图 6-15，书后另见彩图），这种变异不仅体现在流速大小的变化，还体现在流速方向的变化，即存在进、出流形式的变化。

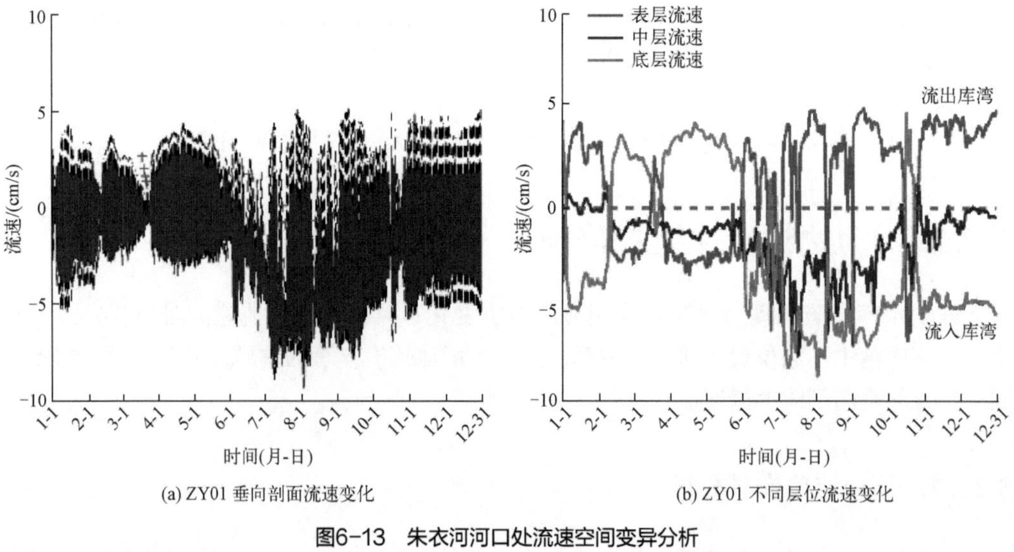

(a) ZY01 垂向剖面流速变化　(b) ZY01 不同层位流速变化

图6-13　朱衣河河口处流速空间变异分析

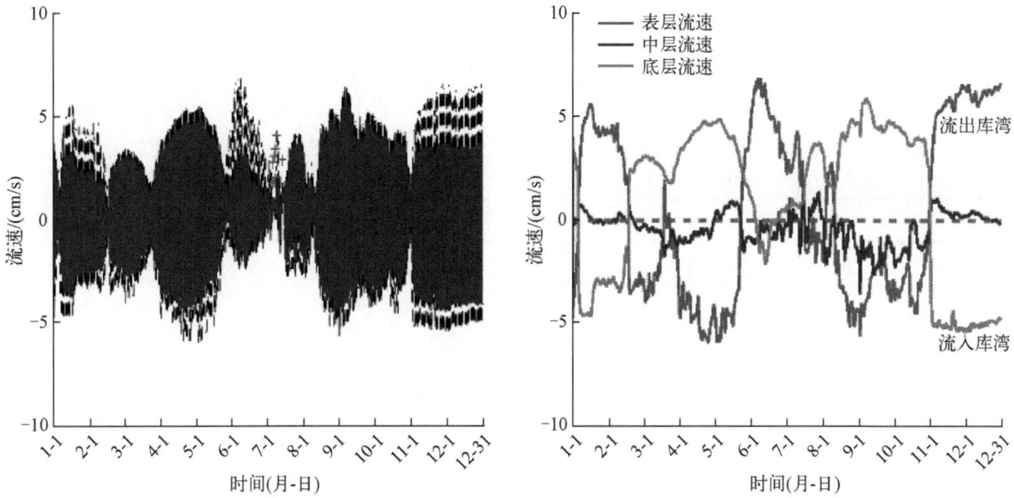

(a) MX01 垂向剖面流速变化　　(b) MX01 不同层位流速变化

图6-14　梅溪河河口处流速空间变异分析

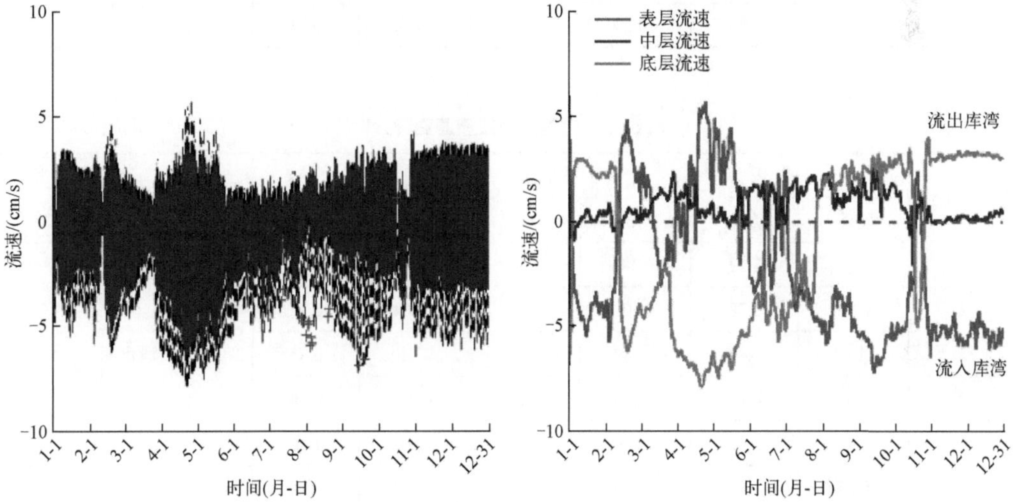

(a) CT01 垂向剖面流速变化　　(b) CT01 不同层位流速变化

图6-15　草堂河河口处流速空间变异分析

（1）朱衣河

朱衣河河口处流速总体表现为泄水期流速较慢，其他水库运行期流速较快，一般在±5cm/s以内。表层大多为出流状态，而底层大多为入流状态，中层主要为入流状态（表6-6）。

（2）梅溪河

梅溪河河口处流速变异情况与朱衣河不同，具体表现为低水位运行期流速慢，而在其他水库运行期流速较快，总体流速也在±5cm/s以内。表层和底层多为出、入流相互交替状态，中层主要为入流状态（表6-7）。

表 6-6　朱衣河河口流速变异分析　　单位：cm/s

月份	表层		中层		底层		水库运行期
	均值	方差	均值	方差	均值	方差	
1	2.47	2.06	0.03	0.49	−3.36	2.61	泄水期
2	−0.82	2.22	−0.60	0.73	0.59	3.20	
3	−0.95	1.66	−0.88	0.22	1.76	1.20	
4	−2.67	0.35	−1.34	0.15	3.76	0.36	
5	−2.43	0.60	−1.01	0.26	3.13	0.57	
6	1.16	2.37	−2.45	0.78	−2.78	2.26	低水位运行期
7	1.95	3.03	−4.36	1.54	−6.05	1.97	
8	2.57	2.13	−3.97	1.12	−6.31	1.32	
9	3.88	1.59	−3.23	1.24	−6.10	0.91	蓄水期
10	0.85	3.46	−1.42	1.08	−2.76	3.24	
11	4.32	0.37	−1.02	0.60	−4.92	0.33	高水位运行期
12	4.12	0.50	−0.29	0.27	−4.96	0.23	

表 6-7　梅溪河河口流速变异分析　　单位：cm/s

月份	表层		中层		底层		水库运行期
	均值	方差	均值	方差	均值	方差	
1	3.07	3.13	0.14	0.29	−2.38	2.80	泄水期
2	0.92	3.38	0.03	0.27	−0.64	2.73	
3	−1.83	1.47	−0.69	0.40	2.61	0.45	
4	−4.60	0.86	−0.75	0.24	4.20	0.50	
5	−2.67	3.35	0.16	0.73	3.65	1.16	
6	5.25	1.14	−0.63	0.38	−0.32	0.94	低水位运行期
7	1.02	2.04	0.18	0.78	1.93	1.34	
8	−1.97	2.60	−0.76	0.71	3.34	1.25	
9	−3.14	0.99	−1.63	0.65	4.92	0.54	蓄水期
10	−2.99	1.00	−1.21	0.65	3.96	0.50	
11	5.39	1.14	0.48	0.33	−4.84	1.18	高水位运行期
12	6.21	0.28	0.16	0.18	−5.00	0.17	

（3）草堂河

草堂河河口流速相对稳定很多，垂向剖面流速范围变化不显著，表层和底层大多为入流状态，而中层大多为出流状态（表 6-8）。

表 6-8 草堂河河口流速变异分析 单位：cm/s

月份	表层		中层		底层		水库运行期
	均值	方差	均值	方差	均值	方差	
1	-3.23	2.57	0.24	0.39	1.56	2.73	泄水期
2	0.53	3.63	0.19	0.42	-2.03	3.68	
3	-0.35	1.77	1.05	0.59	-3.69	1.02	
4	2.35	2.33	0.85	0.46	-6.87	0.50	
5	2.30	1.71	0.32	0.47	-6.27	0.64	
6	-1.45	1.93	1.10	0.73	-4.19	0.79	低水位运行期
7	-3.14	1.80	1.47	0.59	-2.70	1.88	
8	-4.42	0.80	1.40	0.50	2.10	0.39	
9	-5.91	0.61	1.50	0.60	2.49	0.46	蓄水期
10	-3.04	2.60	0.56	0.77	1.07	2.92	
11	-5.33	0.43	0.12	0.12	3.11	0.12	高水位运行期
12	-5.29	0.46	0.25	0.15	3.20	0.09	

6.2.2.2 中部流速变异分析

朱衣河、梅溪河、草堂河 3 条支流在库湾中部依然存在明显的流速时空变异（图 6-16～图 6-18，书后另见彩图），这种变异不仅体现在流速大小的变化，还体现在流速方向的变化，即存在进、出流形式的变化。

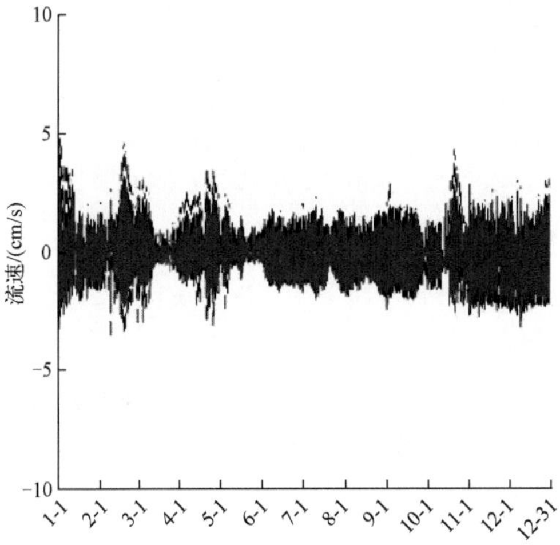

(a) ZY02 垂向剖面流速变化

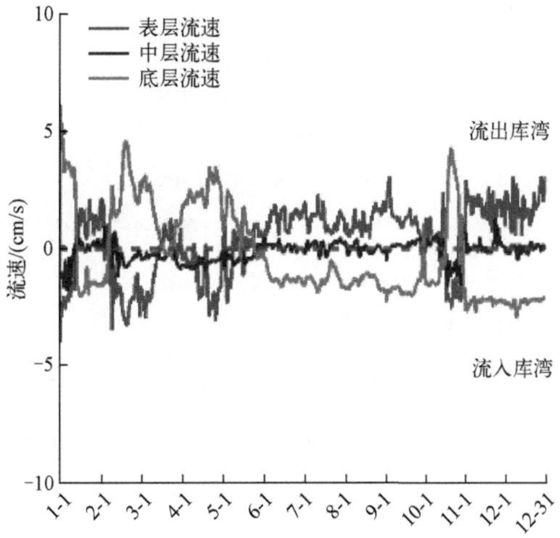

(b) ZY02 不同层位流速变化

图6-16 朱衣河中部流速空间变异分析

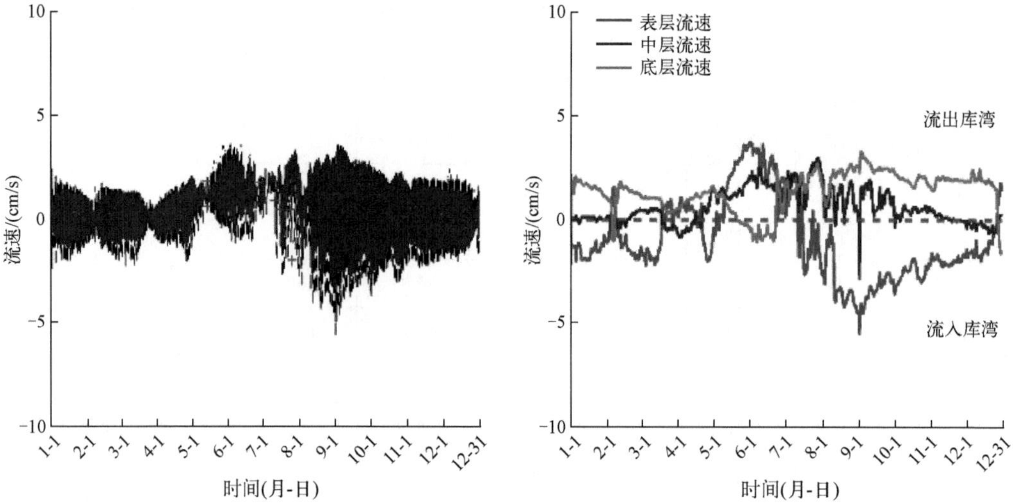

(a) MX02 垂向剖面流速变化　　(b) MX02 不同层位流速变化

图6-17　梅溪河中部流速空间变异分析

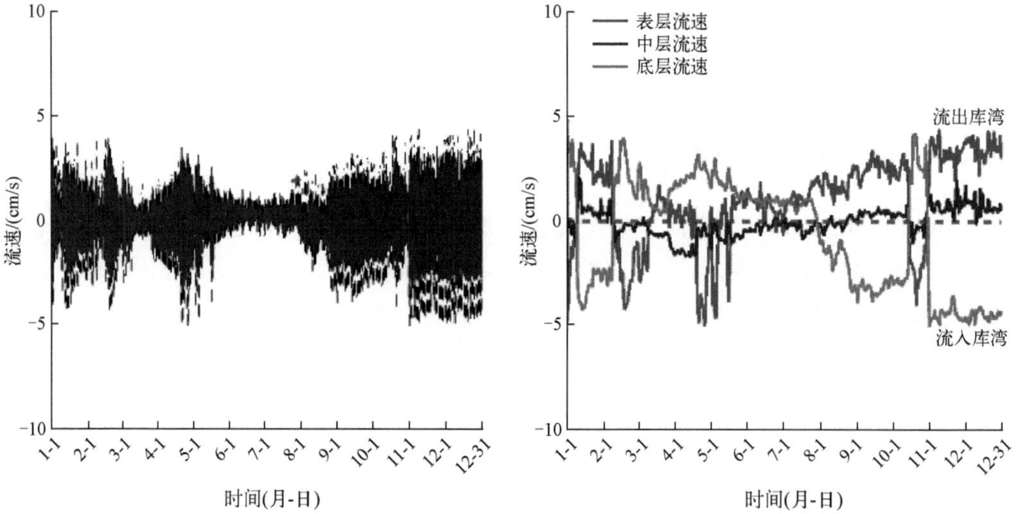

(a) CT02 垂向剖面流速变化　　(b) CT02 不同层位流速变化

图6-18　草堂河中部流速空间变异分析

（1）朱衣河

朱衣河中部流速总体表现为无明显年内变化，一般在 ±2.5cm/s 以内。表层大多为出流状态，而底层大多为入流状态，中层流速很小，趋近于 0cm/s（表 6-9）。

（2）梅溪河

梅溪河中部流速变异情况与朱衣河不同，具体表现为在泄水期流速相对较低，而在低水位运行期和高水位运行期流速较快，总体流速也在 ±2.5cm/s 以内。表层和底层多为出、入流相互交替状态，中层主要为出流状态（表 6-10）。

表 6-9 朱衣河中部流速变异分析 单位：cm/s

月份	表层		中层		底层		水库运行期
	均值	方差	均值	方差	均值	方差	
1	−0.32	1.82	−0.28	0.70	0.86	2.86	泄水期
2	−1.31	1.59	−0.12	0.56	1.67	1.97	
3	−0.76	1.22	−0.30	0.17	1.24	1.15	
4	−1.18	1.06	−0.64	0.16	2.40	0.59	
5	0.00	0.98	−0.30	0.25	0.97	0.89	
6	1.24	0.47	0.10	0.14	−1.19	0.35	低水位运行期
7	1.26	0.43	0.12	0.23	−1.27	0.34	
8	1.20	0.47	0.00	0.18	−1.41	0.25	
9	1.22	0.75	0.14	0.20	−1.63	0.58	蓄水期
10	−0.35	1.44	−0.15	0.71	0.35	2.15	
11	1.80	0.56	0.16	0.34	−2.24	0.20	高水位运行期
12	1.81	0.73	−0.01	0.18	−2.28	0.17	

表 6-10 梅溪河中部流速变异分析 单位：cm/s

月份	表层		中层		底层		水库运行期
	均值	方差	均值	方差	均值	方差	
1	−1.47	0.34	0.05	0.09	1.60	0.26	泄水期
2	−0.89	0.94	0.00	0.27	1.15	0.66	
3	−0.88	1.09	0.15	0.41	0.84	0.30	
4	−0.05	0.97	−0.12	0.52	1.03	0.28	
5	1.58	1.53	1.32	0.26	0.59	0.63	
6	2.64	0.94	1.76	0.41	−0.31	0.85	低水位运行期
7	−0.19	1.59	1.95	0.77	1.84	0.54	
8	−2.98	1.16	1.04	0.68	2.06	0.59	
9	−3.40	0.70	0.99	0.90	2.62	0.27	蓄水期
10	−2.56	0.45	0.42	0.24	1.96	0.21	
11	−1.95	0.18	0.12	0.17	1.92	0.18	高水位运行期
12	−0.97	1.02	−0.25	0.26	1.50	1.10	

(3) 草堂河

草堂河中部流速表现为低水位运行期流速较慢，而在其他运行期流速较快。表层总体表现为出流状态，底层总体表现为入流状态，而中层流速很小，趋近于 0cm/s（表 6-11）。

表6-11　草堂河中部流速变异分析　　单位：cm/s

月份	表层		中层		底层		水库运行期
	均值	方差	均值	方差	均值	方差	
1	1.21	2.47	0.33	0.66	−1.26	3.08	泄水期
2	−0.96	2.39	−0.09	0.48	0.82	2.46	
3	−0.19	1.35	−0.50	0.35	1.11	0.64	
4	−1.17	2.13	−1.16	0.54	2.23	0.43	
5	−0.39	1.88	−0.67	0.36	1.73	0.49	
6	0.77	0.52	−0.25	0.20	1.02	0.15	低水位运行期
7	1.13	0.58	−0.26	0.26	0.77	0.31	
8	1.79	0.47	−0.09	0.24	−1.77	0.76	
9	2.58	0.43	0.40	0.16	−3.21	0.32	蓄水期
10	0.14	2.42	0.01	0.49	0.05	2.97	
11	3.29	0.56	0.78	0.39	−4.46	0.31	高水位运行期
12	3.53	0.51	0.76	0.43	−4.48	0.22	

6.2.2.3　上游流速变异分析

朱衣河、梅溪河、草堂河3条支流在库湾上游也存在明显的流速时空变异（图6-19～图6-21，书后另见彩图），这种变异不仅体现在流速大小的变化，还体现在流速方向的变化，即存在进、出流形式的变化。

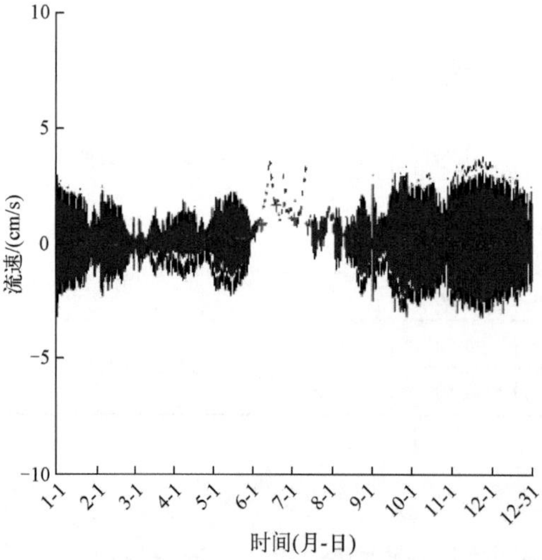

(a) ZY03垂向剖面流速变化

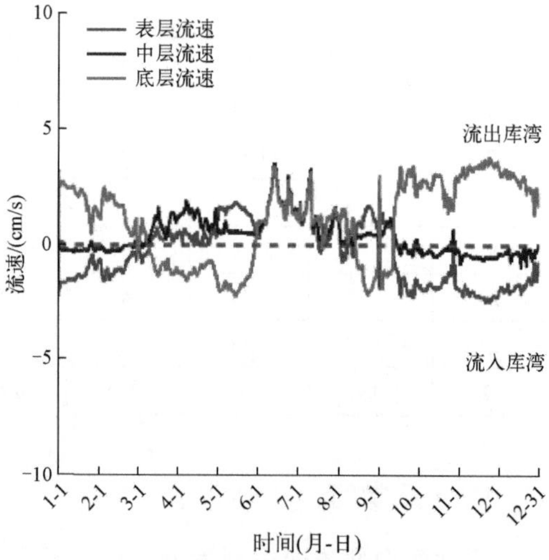

(b) ZY03不同层位流速变化

图6-19　朱衣河上游流速空间变异分析

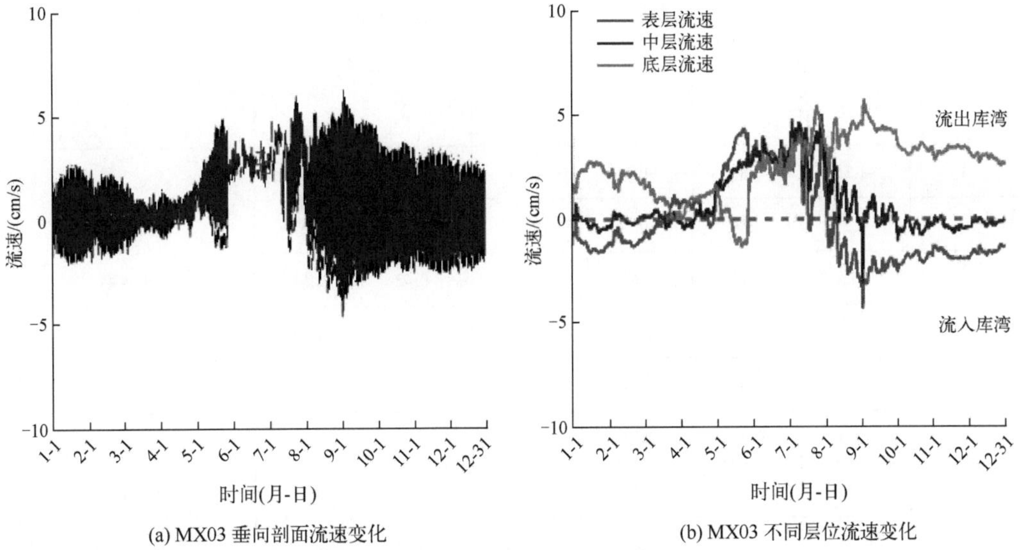

(a) MX03 垂向剖面流速变化　　(b) MX03 不同层位流速变化

图6-20　梅溪河上游流速空间变异分析

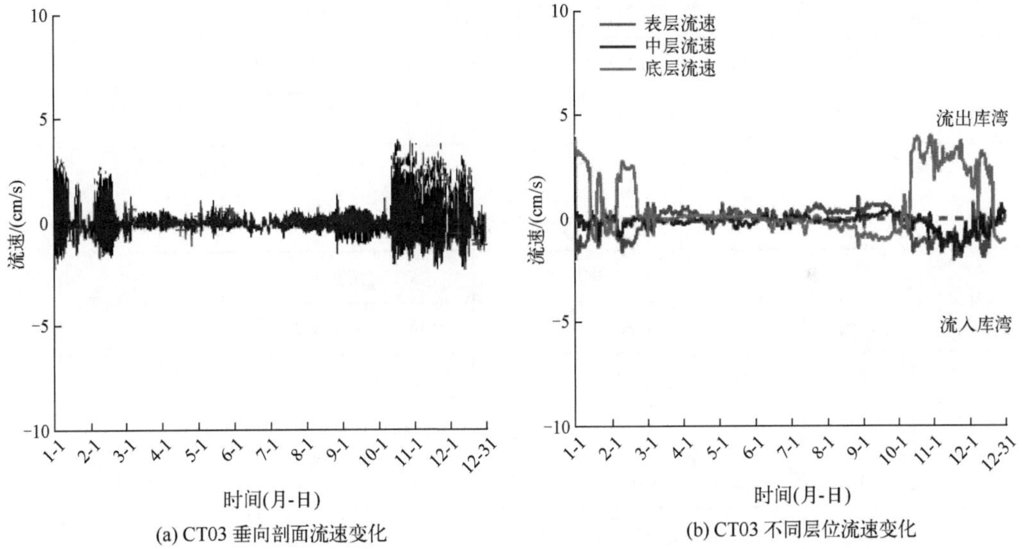

(a) CT03 垂向剖面流速变化　　(b) CT03 不同层位流速变化

图6-21　草堂河上游流速空间变异分析

（1）朱衣河

朱衣河上游流速总体表现为在低水位运行期无流速垂向变异情况，表、中、底层流速大小相近，方向基本一致，在其他运行期，流速出现变异情况，在蓄水期和高水位运行期流速较大，而在泄水期流速较小（表 6-12）。

（2）梅溪河

梅溪河上游流速特点与朱衣河相似，表现为在蓄水期和高水位运行期流速较大，而在其他水库运行期流速较小（表 6-13）。

表 6-12　朱衣河上游流速变异分析　　单位：cm/s

月份	表层		中层		底层		水库运行期
	均值	方差	均值	方差	均值	方差	
1	−1.35	0.39	−0.21	0.10	2.14	0.60	泄水期
2	−0.99	0.34	−0.16	0.11	1.50	0.62	
3	0.13	0.45	0.61	0.52	−0.42	0.81	
4	0.36	0.22	1.20	0.34	−1.07	0.24	
5	1.43	0.37	0.64	0.24	−1.60	0.50	
6	1.70	0.87	1.71	0.83	1.69	0.77	低水位运行期
7	1.06	0.83	1.18	0.72	1.29	0.64	
8	0.70	0.75	0.42	0.28	−0.32	1.32	
9	−0.69	1.33	0.25	0.52	1.26	1.96	蓄水期
10	−1.58	0.44	−0.21	0.26	2.52	0.50	
11	−2.14	0.18	−0.49	0.11	3.40	0.23	高水位运行期
12	−1.69	0.34	−0.35	0.23	2.74	0.49	

表 6-13　梅溪河上游流速变异分析　　单位：cm/s

月份	表层		中层		底层		水库运行期
	均值	方差	均值	方差	均值	方差	
1	−1.19	0.41	−0.17	0.31	2.26	0.65	泄水期
2	−1.02	0.25	−0.05	0.20	2.03	0.28	
3	−0.07	0.62	0.08	0.23	0.91	0.59	
4	0.47	0.42	0.06	0.33	0.91	0.39	
5	3.00	1.00	2.20	0.47	0.02	1.11	
6	3.07	0.45	2.99	0.37	2.44	0.40	低水位运行期
7	2.49	1.55	3.56	1.00	3.78	0.82	
8	−1.40	1.12	1.08	0.92	3.95	0.69	
9	−2.46	0.53	0.12	0.76	4.53	0.40	蓄水期
10	−1.91	0.25	−0.43	0.27	3.38	0.18	
11	−1.74	0.22	−0.32	0.22	3.32	0.18	高水位运行期
12	−1.57	0.16	−0.17	0.13	2.93	0.19	

（3）草堂河

草堂河上游流速特点与朱衣河相似，表现为在蓄水期和高水位运行期流速较大，而在其他水库运行期流速较小（表 6-14）。

表 6-14 草堂河上游流速变异分析 单位：cm/s

月份	表层		中层		底层		水库运行期
	均值	方差	均值	方差	均值	方差	
1	−0.62	0.61	−0.04	0.31	1.46	1.69	泄水期
2	−0.72	0.55	−0.16	0.30	1.26	1.32	
3	0.17	0.39	−0.12	0.15	0.03	0.28	
4	0.10	0.35	−0.08	0.09	0.16	0.07	
5	0.24	0.20	−0.16	0.16	0.15	0.10	
6	0.06	0.27	−0.05	0.19	−0.08	0.17	低水位运行期
7	0.33	0.26	0.00	0.15	−0.13	0.21	
8	0.38	0.16	−0.04	0.12	−0.45	0.26	
9	0.47	0.32	0.20	0.11	−0.84	0.16	蓄水期
10	−0.84	0.54	−0.08	0.28	2.07	1.81	
11	−1.10	0.44	−0.99	0.39	2.86	0.48	高水位运行期
12	−0.56	0.67	−0.30	0.53	1.12	1.69	

朱衣河、梅溪河、草堂河是 3 条流域面积、平均宽度和平均深度，以及干支流交汇角度均不相同的支流，在不同时间不同空间上均表现出了流速的变异特征，总体上看存在如下特征：

① 支流的整个库湾都存在流速的空间变异，并贯穿全年。表现在水库的某些运行期为从表层流入、底层流出，在某些时段又转换为从表层流出、底层流入，这种转换的周期可以在 1 个月内或者更短的时间内完成。

② 从时间上看，支流库湾流速整体表现为泄水期和低水位运行期流速较小，而在蓄水期和高水位运行期流速较大。

③ 从空间上看，支流库湾从干支流交汇处向上游流速逐渐减小，同时流速的垂向变异也逐渐减小。

支流在干支流交汇的河口处，存在明显的流速时空变异，这种变异不仅体现在流速大小的变化，还体现在流速方向的变化，即存在进、出流形式的变化。

6.2.2.4 干支流相互作用过程的水交换量

支流库湾与长江发生持续的水交换，水交换的强度会受到干支流水温差、水位、流量等多种因素的影响，不但在年内过程中呈现明显的时间变化，而且还在库湾内部呈现明显的空间变化。

根据流速的空间分布大小，计算得到支流不同断面的水交换量。计算河流水量的输送，通常用流速与子断面面积相乘得到，即断面流量；而对于支流库湾来说，因为密度流不断侵入支流，支流的水体也持续地流入长江干流，因此在各个断面出流与入流同时存在。因此，首先要区分断面不同位置的进、出流的流速，再对面积积分。库区支流各个断面水交换量可以用式（6-60）计算：

$$Q_j = \int V_j \mathrm{d}S_j \tag{6-60}$$

式中　Q_j——灌入或流出的水量，m^3/s；

V_j——j 子断面上的灌入或流出流速，m/s；

S_j——j 子断面上倒灌或者流出水体的过流面积，m^2。

研究区内 3 条支流不同位置的全年水交换量如图 6-22 所示（书后另见彩图）。

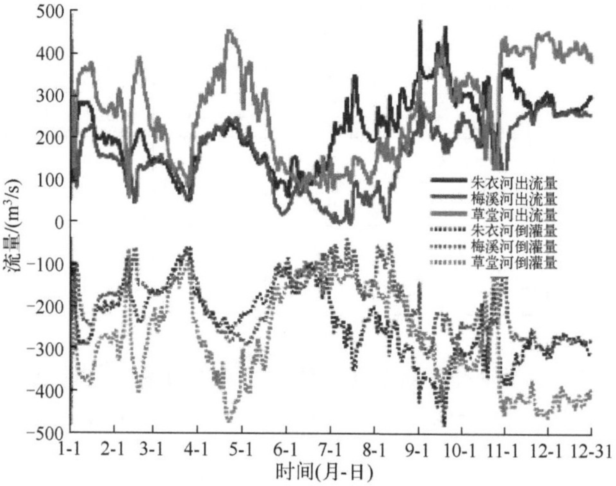

(a) 河口处水交换量

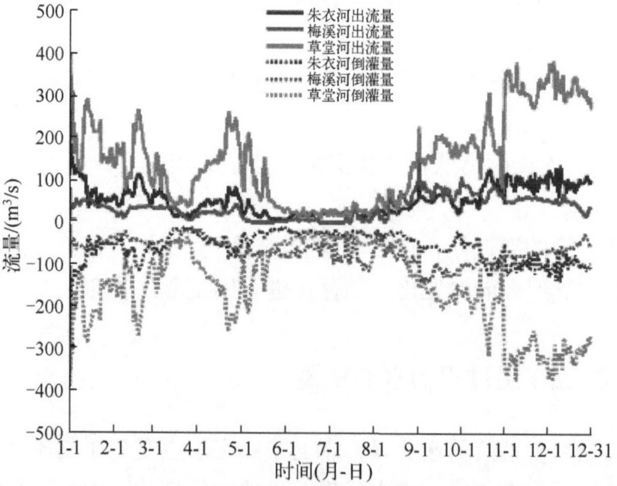

(b) 库湾中部水交换量

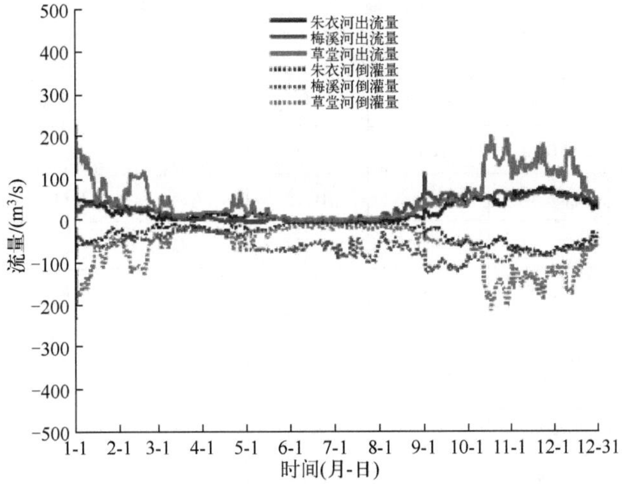

(c) 库湾末端水交换量

图6-22 干支流水交换量年内变化

朱衣河、梅溪河、草堂河干支流水交换总量分别如表 6-15 ～表 6-17 所列。

表 6-15 朱衣河干支流水交换量总量 单位：10^8m^3

月份	河口		中部		上游		水库运行期
	灌入量	流出量	灌入量	流出量	灌入量	流出量	
1	61.01	62.30	22.45	23.04	10.84	10.98	高水位运行期
2	41.17	44.08	16.90	17.49	5.65	5.80	泄水期
3	30.83	34.01	9.28	9.70	2.79	3.01	
4	54.64	58.76	13.39	13.74	3.84	4.28	
5	38.45	45.67	5.21	7.55	3.27	4.43	
6	30.44	33.03	4.67	6.12	0.00	1.09	低水位运行期
7	63.91	67.92	5.70	7.23	0.06	1.52	
8	71.36	73.16	8.19	8.00	1.48	2.26	
9	94.23	96.86	14.61	14.65	8.15	9.14	蓄水期
10	73.61	75.17	19.51	19.51	13.48	14.07	
11	79.68	81.20	25.06	25.39	17.93	18.25	高水位运行期
12	73.97	74.94	26.14	26.54	14.65	14.81	
全年	713.30	747.10	171.11	178.96	82.14	89.64	—

表 6-16　梅溪河干支流水交换量总量　　单位：10^8m^3

月份	河口		中部		上游		水库运行期
	灌入量	流出量	灌入量	流出量	灌入量	流出量	
1	47.57	51.80	11.18	14.39	10.84	13.33	高水位运行期
2	30.49	34.76	6.83	10.08	7.25	9.81	泄水期
3	31.21	35.31	6.57	10.20	2.83	6.08	
4	56.63	61.95	6.38	12.07	1.18	6.98	
5	34.18	56.10	0.63	19.93	0.70	17.94	
6	14.70	30.95	1.24	16.91	0.00	14.87	低水位运行期
7	10.13	29.68	1.83	21.57	0.55	19.94	
8	32.27	37.56	11.26	18.95	6.75	15.81	
9	57.56	65.53	20.36	30.78	15.72	27.58	蓄水期
10	55.56	60.29	19.86	26.05	16.75	23.79	
11	63.38	67.86	14.73	19.19	16.05	20.44	高水位运行期
12	71.13	74.73	11.91	14.86	15.11	17.60	
全年	504.81	606.52	112.78	214.98	93.73	194.17	—

表 6-17　草堂河干支流水交换量总量　　单位：10^8m^3

月份	河口		中部		上游		水库运行期
	灌入量	流出量	灌入量	流出量	灌入量	流出量	
1	84.47	86.22	55.66	55.62	27.45	27.82	高水位运行期
2	66.36	68.33	38.38	38.67	18.17	18.53	泄水期
3	45.70	47.42	20.34	20.70	6.73	7.14	
4	93.87	95.88	43.42	42.48	7.87	8.58	
5	67.12	74.94	23.40	27.74	4.34	6.58	
6	26.99	31.27	5.79	9.18	1.21	3.01	低水位运行期
7	32.75	36.31	6.72	10.52	1.49	3.87	
8	50.56	48.60	18.46	18.06	4.22	5.29	
9	82.36	81.25	44.80	43.91	11.24	12.69	蓄水期
10	78.23	78.10	50.48	50.73	32.89	33.79	
11	109.23	110.31	82.91	81.01	34.31	34.92	高水位运行期
12	110.80	112.13	86.08	83.49	28.38	28.72	
全年	848.44	870.76	476.44	482.11	178.30	190.94	—

库湾内的密度流灌入水量和流出水量基本相等，从河口向上游干支流水交换量逐渐减小，说明水交换能力从干支流交汇处向库湾内递减。从水交换总量上看，草堂河最大，朱衣河次之，梅溪河最小。这主要是由于草堂河与长江干流呈 160° 交汇，受长江干流影响更加显著，而梅溪河与长江干流呈 90° 交汇，其干支流水交换受长江干流水体流速作用相对较小。从整个年内变化的角度来看，干支流水交换量在蓄水期和高水位运行期较大，而在泄水期和低水位运行期较小，这主要是由于随着水深的增加，由密度差而引起的压强差更为显著，因此更利于密度流入侵库湾，所以在蓄水期和高水位运行期干支流水交换量较大。

朱衣河、梅溪河和草堂河流域内无地下水补给，也没有厂矿企业，因此对于库湾而言，上游天然来水和密度流的倒灌是两项主要的水源，根据不同河流不同断面位置的干流水倒灌量和天然径流入流量可以分析出倒灌水量占总的水交换量的比例，如图 6-23 所示。

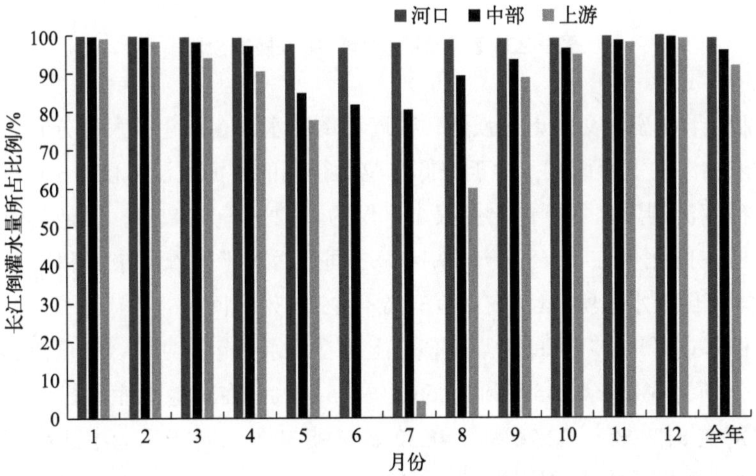

(a) 朱衣河

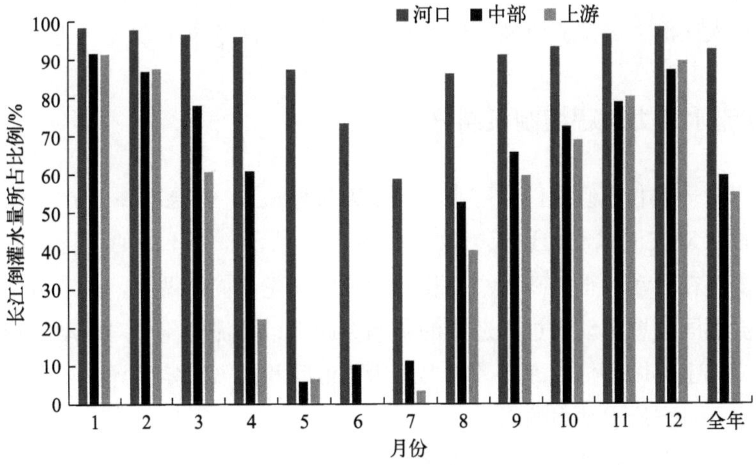

(b) 梅溪河

图6-23

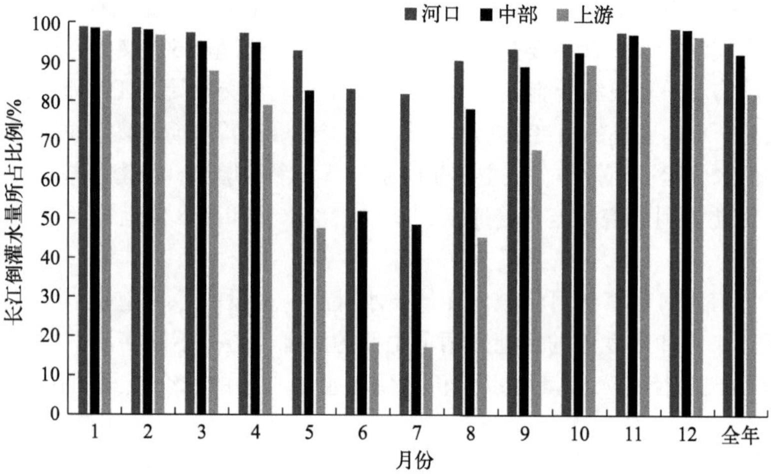

(c) 草堂河

图6-23　密度流倒灌水量占水交换量的比例

3 条支流的干支流水交换十分强烈，密度流倒灌水量在一年的大部分时间所占比例都很高。对于朱衣河的上游而言，由于在低水位运行期的水深很浅，仅为 1m 左右，因此在库湾上游，密度流倒灌水量所占比例很小，仅为 0.02% ～ 59.86%，但是其他时段，密度流倒灌水量所占的比例在 77.68% ～ 99.14% 之间；而对于朱衣河中部和河口而言，在整个年内，密度流倒灌水量所占比例在 80.39% ～ 99.85% 之间。

梅溪河和草堂河与朱衣河的特点类似，上游在低水位运行期时，密度流倒灌水量所占比例较小，分别为 0% ～ 40.45% 和 17.66% ～ 45.90%，在其他水库运行期，密度流倒灌水量所占比例在 61.32% ～ 92.26% 和 48.32% ～ 98.32%；对于库湾中部和河口而言，在整个年内，密度流倒灌水量的比例分别为 6.28% ～ 99.02% 和 49.15% ～ 99.45%。

由密度流倒灌水量的比例可以看出，对于 3 条不同类型的支流而言，库湾内部密度流倒灌水量占很大比例，因此支流库湾中的水体组分与长江基本一致。

6.2.2.5　支流水动力过程控制机制分析

支流库湾的气象和气候条件会对支流水动力过程造成一定影响，同时三峡水库的水位和流量变化也会对支流水动力造成影响，如图 6-24 所示，在不同的运行期内，三峡水库的水位和流量都在波动，很难找出水位相同而长江流量不同的两天，去定量比较长江流量的变化对支流不同位置水动力过程造成的影响。此外，支流流量会对水动力造成怎样的改变，仅依靠观测也难以评估。因此，本书运用数值实验的方法定量评估了重点研究区内河流不同动力因子对支流水动力的影响。

为了定量研究风、密度流、干流流量、支流流量对支流水动力的影响，通过设计水动力实验（表 6-18），定量解析不同动力因素对水动力的影响。

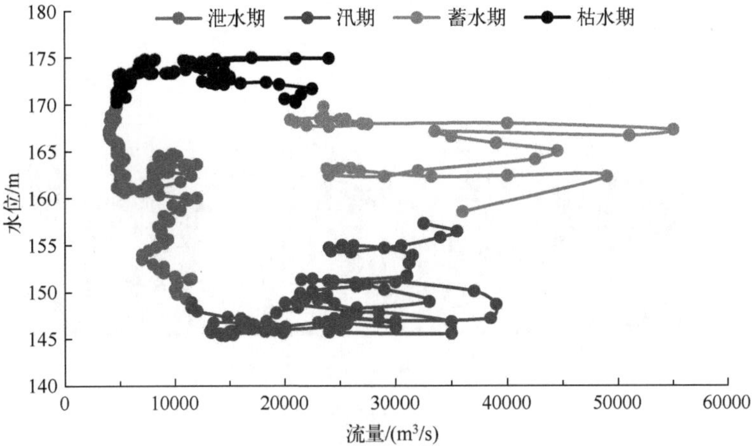

图6-24 三峡水库水位流量曲线图

表6-18 数值实验设计

实验编号	长江入流	支流入流	斜压	风
1	√	√	√	√
2	√	√	√	
3	√	√		√
4	√		√	√
5		√	√	√

注：实验1为水动力的背景场，模拟天然状况下的水动力情况；实验1与实验2的流速相减，解析风对支流水动力的改变；实验1与实验3的流速相减，解析斜压（密度流）对支流水动力的改变；实验1与实验4的流速相减，解析支流流量对支流水动力的改变；实验1与实验5的流速相减，解析干流流量对支流水动力的改变。

（1）朱衣河水动力过程控制机制

不同控制因素对朱衣河水动力改变程度如图 6-25 所示（书后另见彩图）。

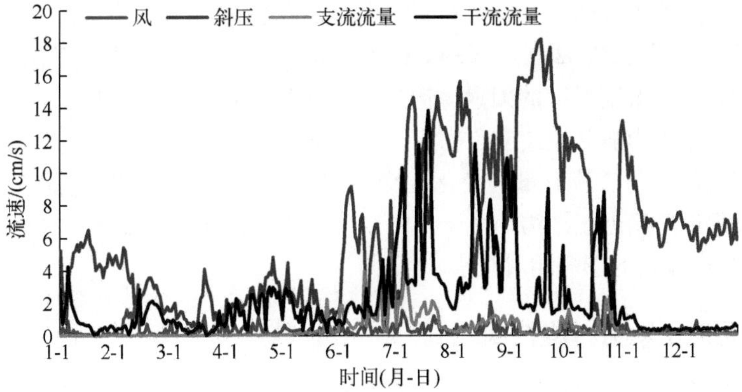

(a) ZY01

图6-25

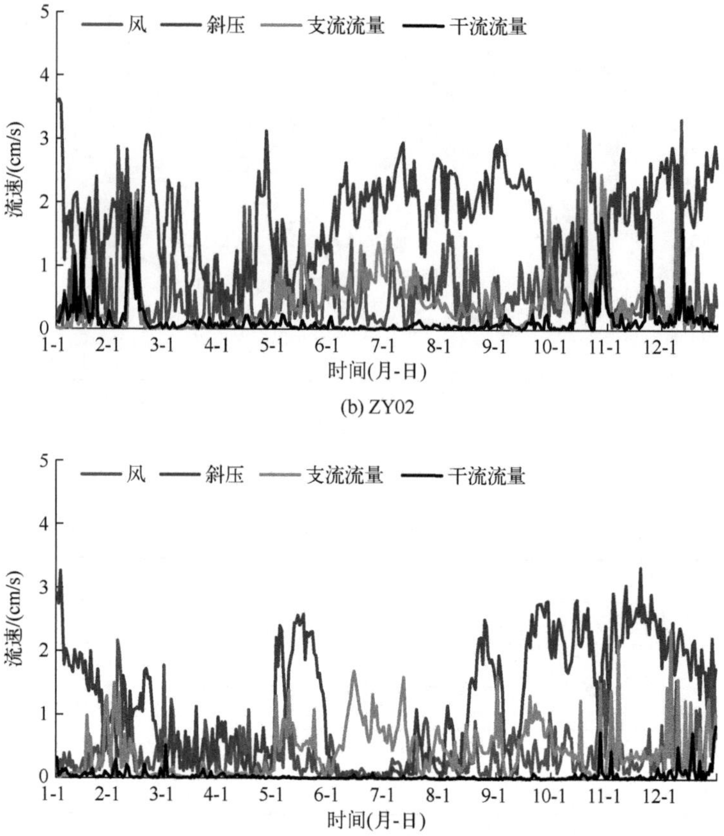

(b) ZY02

(c) ZY03

图6-25　不同控制因素对朱衣河水动力改变程度

对干支流交汇处的ZY01而言，斜压（密度流）对其流速的改变最大，最大可达18cm/s。长江干流流量的变化对其流速的影响次之，在部分时段对流速的改变也可以达到10cm/s左右。而风和支流流量对其影响很小，大部分时间趋近于0cm/s，这是由于一方面干支流交汇处水深流急，同时受长江干流影响，在此处会有水平涡旋，因此风对此处的影响很小，而且距离源头较远，所以受支流流量的影响也较小。

而对于库湾中部的ZY02和后部的ZY03而言，动力因素对其影响发生一些改变。密度流依然是对其流速改变最大的因素，但是与ZY01相比，密度流对其流速的改变就小了很多。支流流量成为影响其流速变化的第二个因素；但是在某些时间内，风对其流速的改变也是不容忽视的，与支流流量的变化会交替成为第二个控制因素，说明在这些时段内，支流的动力过程逐渐趋近于湖泊。由于这两个位置距离长江干流较远，因此干流流量变化对ZY02和ZY03流速的影响相对较小。

（2）梅溪河水动力过程控制机制

不同控制因素对梅溪河水动力改变程度如图6-26所示（书后另见彩图）。

对干支流交汇处的MX01而言，密度流对其流速的改变最大，最大可达8cm/s，同时支流流量的变化对其流速的影响次之，甚至在部分时段内会超过斜压的影响，这可能是由

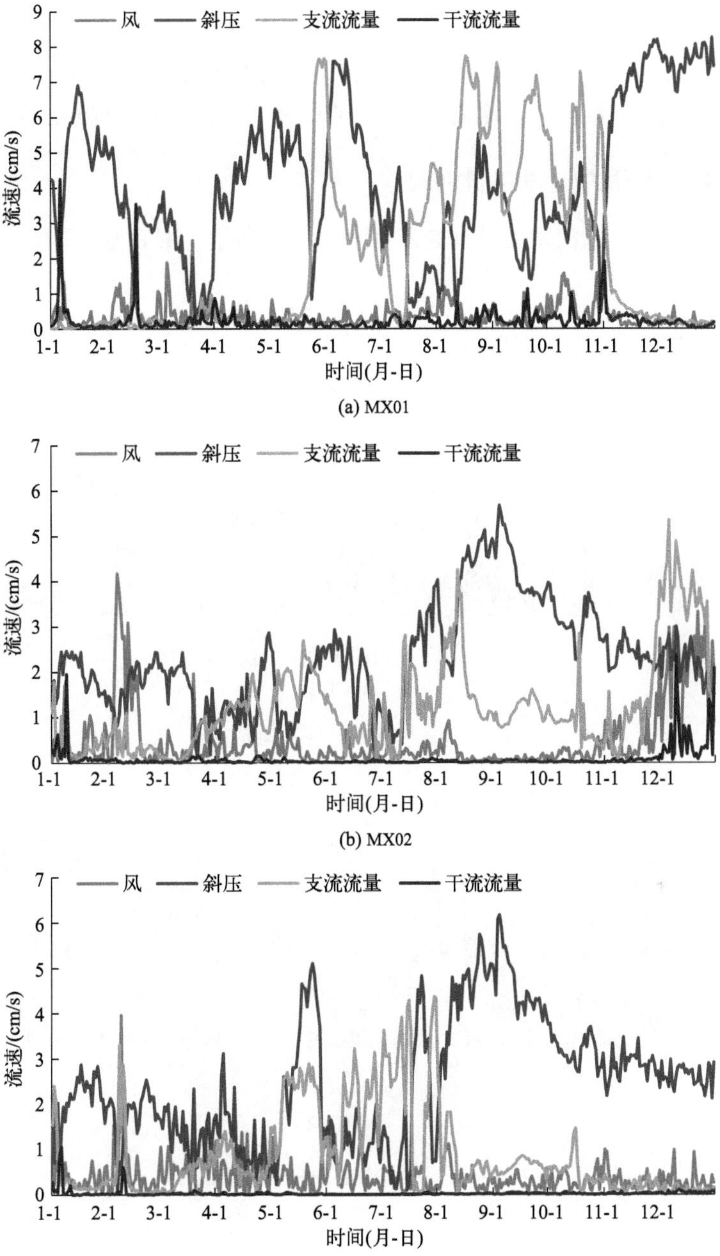

图6-26 不同控制因素对梅溪河水动力改变程度

于梅溪河在某些时段内甚至保留了天然河流的特性，流量变化对其影响最大，而在其余时段内又会变成支流库湾的形态，密度流对其流速的影响最大。而风和干流流量对其影响很小，大部分时间趋近于0m/s，这是由于一方面干支流交汇处水深流急，因此风对此处的影响很小。同时梅溪河与长江干流呈90°交汇，因此长江干流在干支流交汇处难以造成水平涡旋，对此处流速的改变相对较弱。

而对于库湾中部的MX02和后部的MX03而言，动力因素对其影响与MX01相似。密度流依然是对其流速改变最大的因素，但是与MX01相比，密度流对其流速的改变虽然有所减小，但是减小不多。支流流量依然是影响其流速变化的第二个因素。由于这两个位置距离长江干流较远，因此干流流量变化对ZY02和ZY03流速的影响相对较小。

（3）草堂河水动力过程控制机制

不同控制因素对草堂河水动力改变程度如图6-27所示（书后另见彩图）。

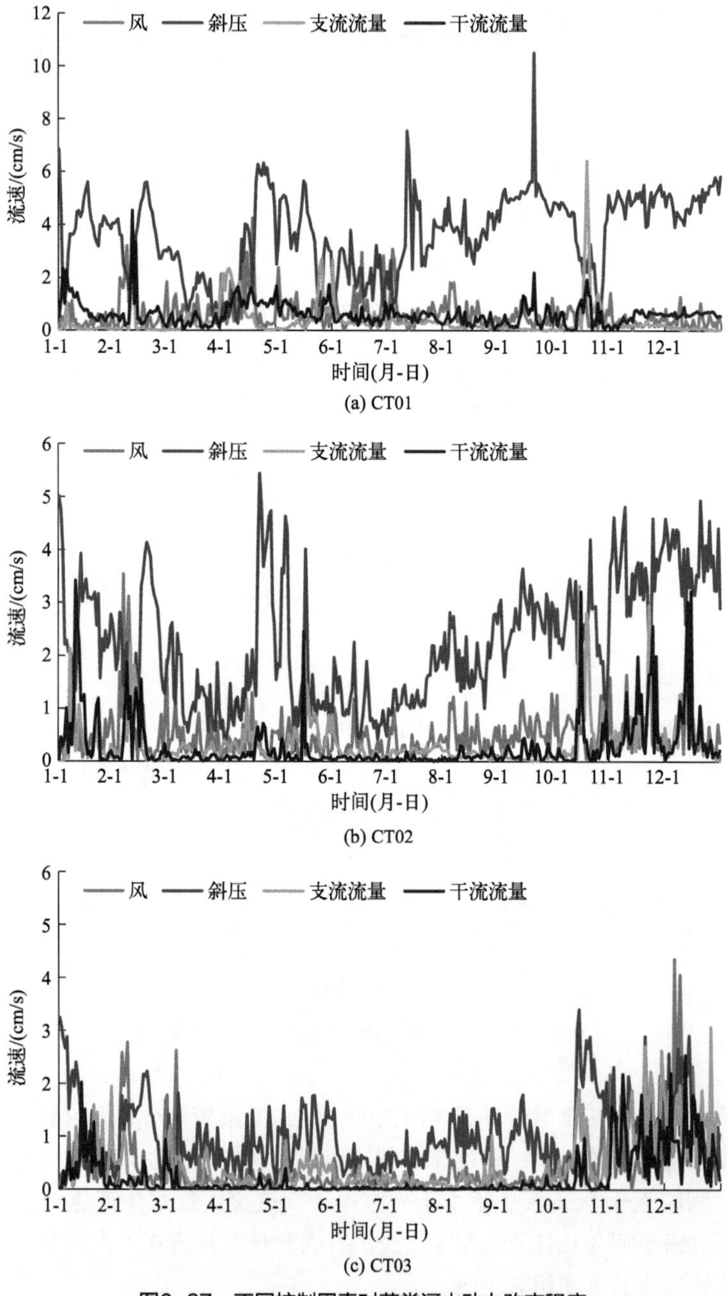

图6-27　不同控制因素对草堂河水动力改变程度

对于支流交汇处的 CT01 而言，密度流对其流速的改变最大，最大可达 10cm/s，风、干流流量、支流流量对流速改变都较小，但会交替成为第二个控制因素。说明在 CT01 处，支流库湾动力机制与湖泊或河流趋近，使其成为一种特殊类型的水体。

对于库湾中部的 CT02 和后部的 CT03 而言，动力因素对其影响与 MX01 相似。密度流依然是对其流速改变最大的因素，但与 CT01 相比，密度流对流速的改变有所减小，但减小不多，风成为影响流速变化的第二个因素。由于这两个位置距离长江干流较远，水深较大，同时流速较为缓慢，使得库湾在动力机制上虽然保持了库湾密度流占优势的特性，但在一定程度上与天然湖泊趋近，风对水动力过程具有重要影响。

6.3 支流库湾的水龄特征

6.3.1 朱衣河水龄特征

(1) 源头水水龄在支流中的时空分布

朱衣河源头水的表、底层水龄分布如图 6-28、图 6-29 所示（书后另见彩图）。

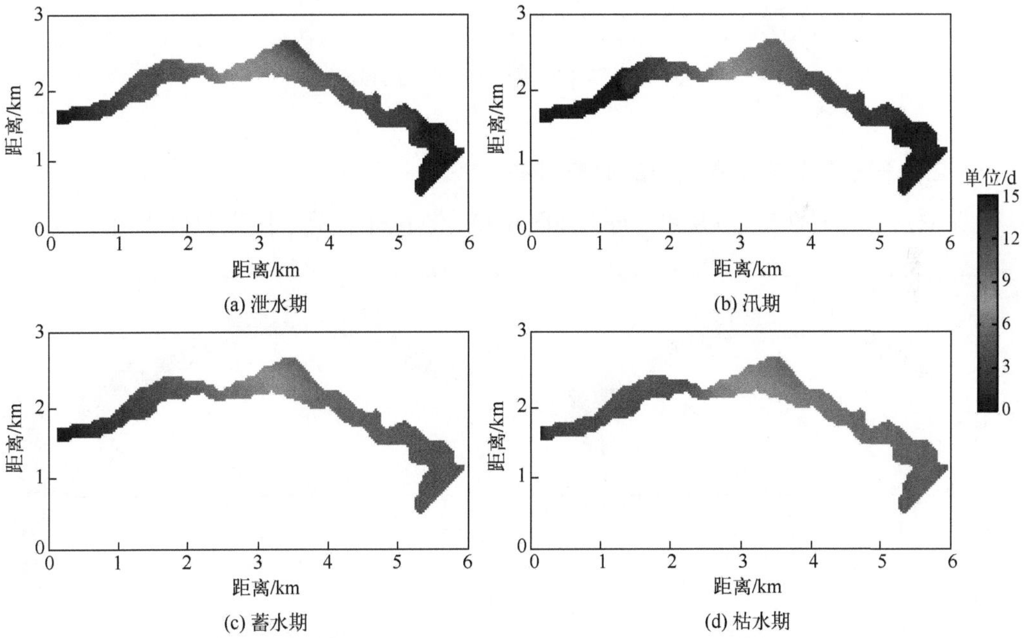

图6-28 朱衣河源头水的表层水龄分布

朱衣河在泄水期，底层水龄自源头至河口逐渐增大，在河口处达到最大值为 15d，且河口底层水龄分布较为均匀，而河流中游，左岸底层水龄较右岸高；在汛期，表、底层水龄分布与泄水期类似，在河流中游处，表层水龄左、右岸差值比泄水期小，而底层水龄左、右岸相比中间小；在蓄水期，表层水龄分布与泄水期类似，在河口处最大水龄为 11d，底层水龄分布自源头至中游逐渐增大，在中游处达到最大值为 11.5d，而在河口处为 11d，且河流中游，左岸底层水龄较右岸高；在枯水期，表、底层水龄分布依然与泄水期类似，在河口处，表层最大水龄仅为 10d，且河口中部表层水龄相较于两岸短，底层最大水龄为 11.5d。

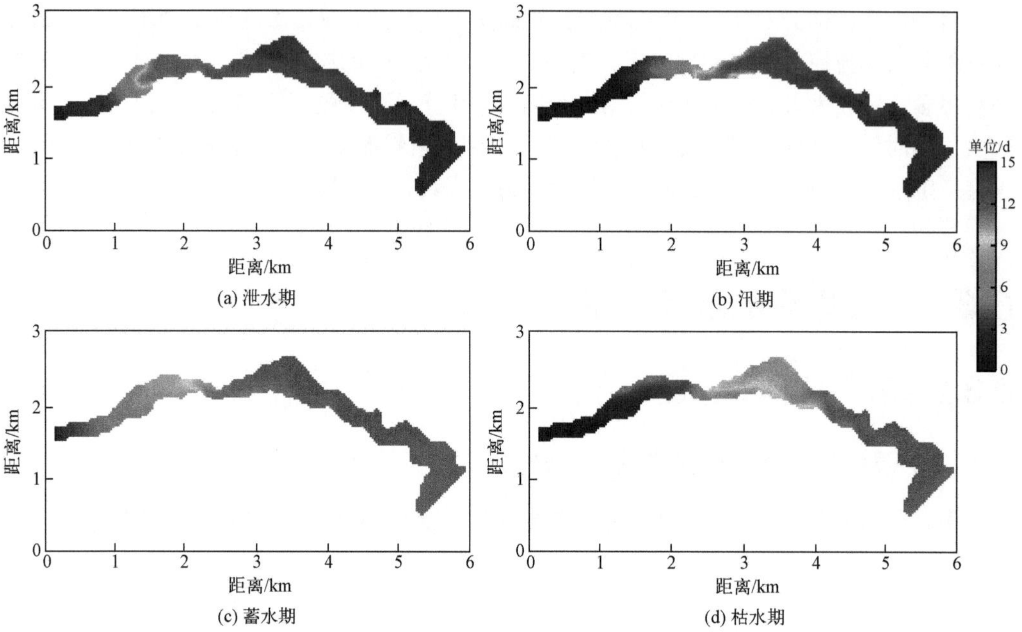

图6-29 朱衣河源头水的底层水龄分布

(2) 干流水水龄在支流中的时空分布

朱衣河干流水的表、底层水龄分布如图 6-30、图 6-31 所示（书后另见彩图）。

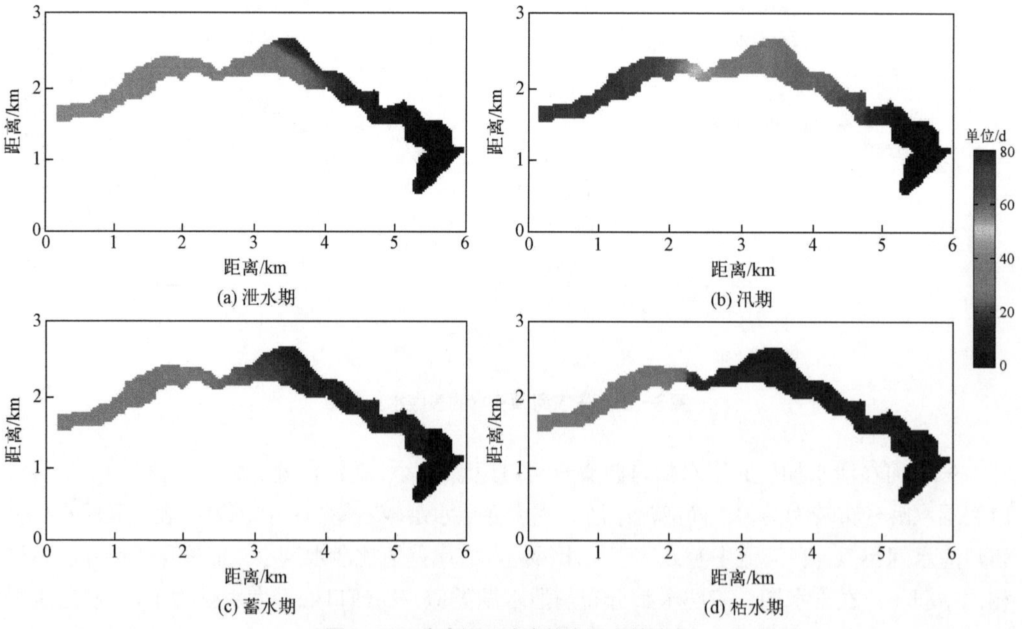

图6-30 朱衣河干流水的表层水龄分布

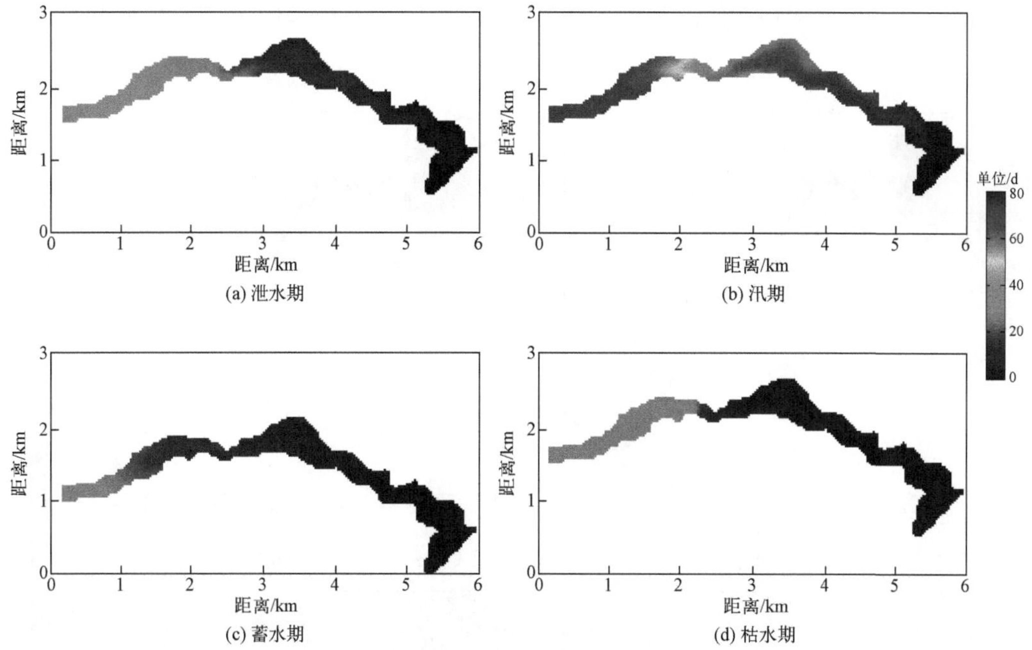

图6-31 朱衣河干流水的底层水龄分布

长江干流水在支流库湾中的水龄分布自干支流交汇处向上游不断增大，说明长江水进入支流库湾中的时间会越来越长，同时表底呈现差异性，这也是密度流造成的，使得长江干流的水团更容易从底层入侵进入支流库湾内。在夏季，汛期由于库湾上游水位较低，仅有几十厘米，因此长江干流水难以进入库湾顶部，因此这时支流库湾的长江水龄较长。

总体上说，长江干流水团进入支流库湾的时间呈现时空分布的特征，这是随干支流间密度流强弱变化而变化的。

6.3.2 梅溪河水龄特征

（1）源头水水龄在支流中的时空分布

梅溪河源头水的表、底层水龄分布如图 6-32、图 6-33 所示（书后另见彩图）。

梅溪河在泄水期，表层水龄自源头至河口逐渐增大，在河口处达到最大值为 27d，且河口表层右岸水龄略高于左岸，底层水龄自源头至河口逐渐增大，在河口处达到最大值为 25d，且河口底层左、右岸水龄分布较为均匀；在汛期，表层水龄分布与泄水期类似，而在河口处最大水龄为 22d，底层水龄自源头至河流中游呈现逐渐增大的趋势，在河流中游达到最大值后自中游向河口又逐渐缩短，河口表层左岸水龄大于右岸，在河流中游水龄最大值为 28d，而在河口处水龄为 22.5d；在蓄水期，表层水龄自源头至河流中游呈现逐渐增大的趋势，在河流中游达到最大值后自中游向河口又逐渐降低，河口表层左、右岸分布均匀，在河流中游水龄最大值为 30d，而在河口处水龄为 26d，底层水龄分布与泄水期类似，表层水龄自源头至河口逐渐增大，在河口处达到最大值为 26d；在枯水期，表、底层水龄分布依然与泄水期类似，但河口表层左、右岸水龄分布均匀，在河口处最大水龄为35d。

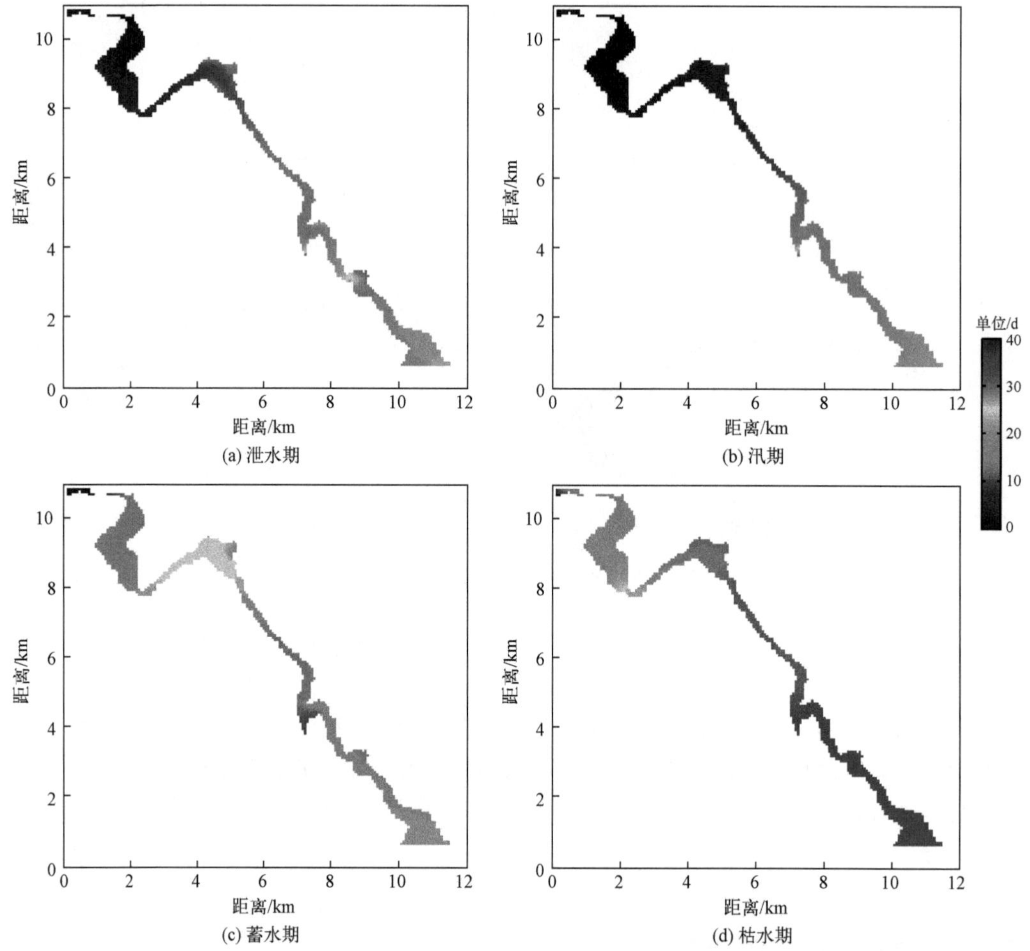

(a) 泄水期 (b) 汛期 (c) 蓄水期 (d) 枯水期

图6-32 梅溪河源头水的表层水龄分布

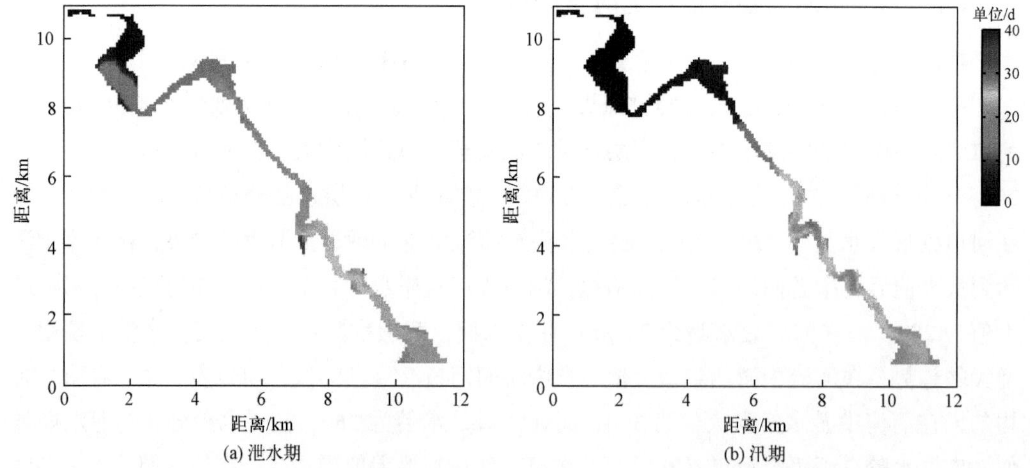

(a) 泄水期 (b) 汛期

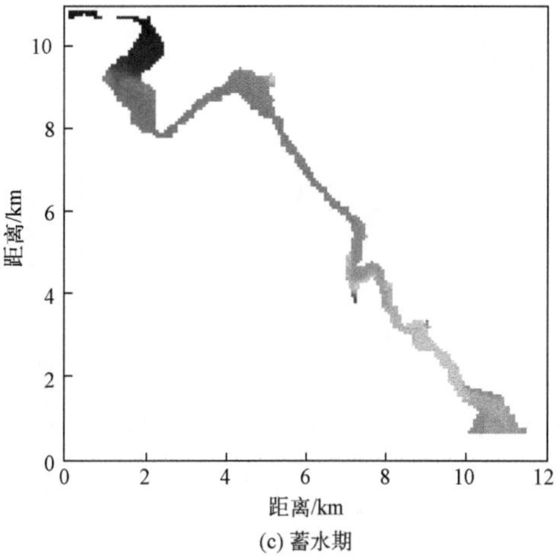

图6-33 梅溪河源头水的底层水龄分布

（2）干流水水龄在支流中的时空分布

梅溪河干流水的表、底层水龄分布如图 6-34、图 6-35 所示（书后另见彩图）。

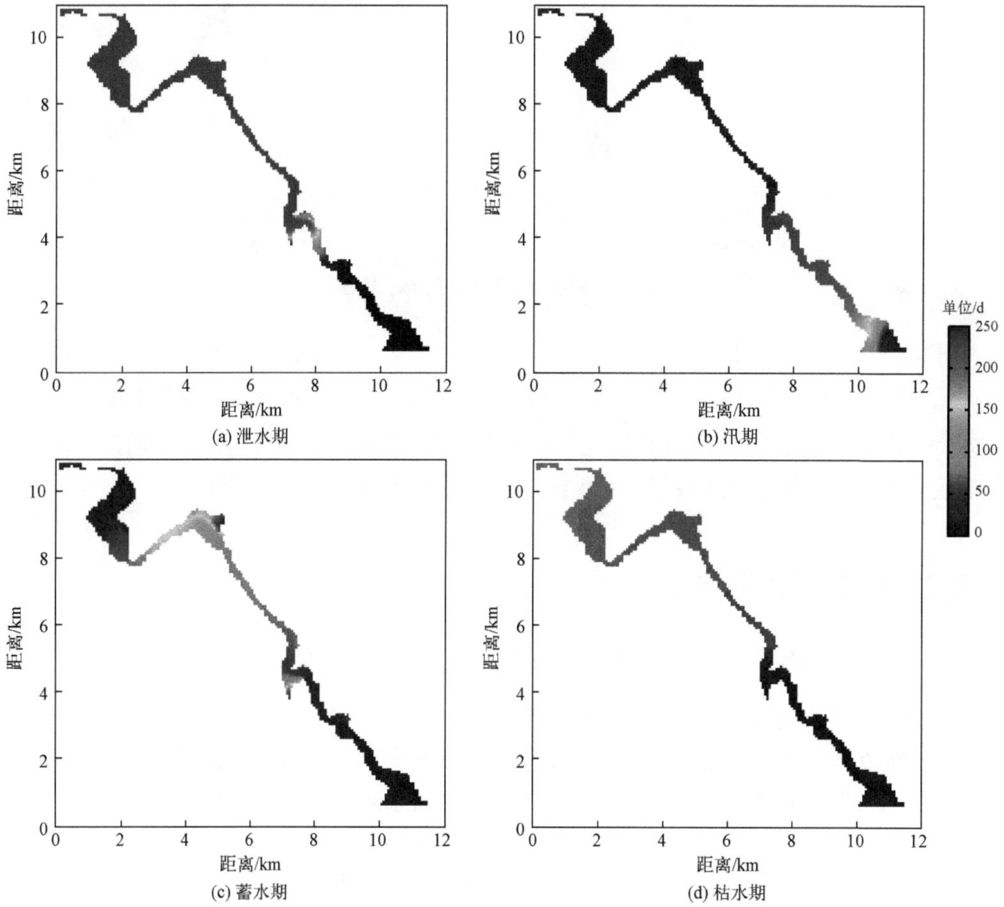

图6-34 梅溪河干流水的表层水龄分布

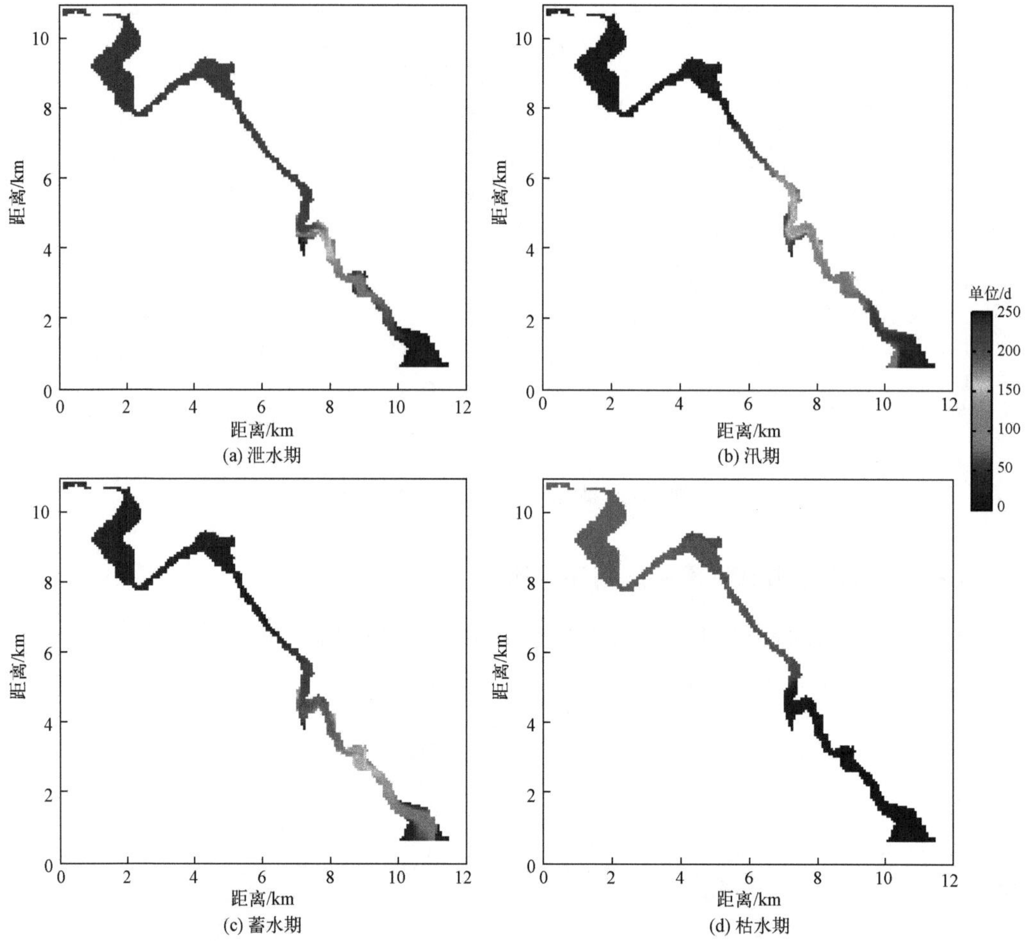

图6-35 梅溪河干流水的底层水龄分布

梅溪河在泄水期，干流水水龄自干支流交汇处至支流上游逐渐增大，在支流上游达到最大值 231d；在汛期与之前类似，在支流上游处达到最大值为 263d，在蓄水期，支流上游处干流水水龄为 267d，在枯水期，支流上游处干流水水龄为 75d。在蓄水期，干流水水龄表底层有差异，表层低于底层；其他时期，干流水水龄表底层无明显差异。

6.3.3 草堂河水龄特征

（1）源头水水龄在支流中的时空分布

草堂河源头水的表、底层水龄分布如图 6-36、图 6-37 所示（书后另见彩图）。

草堂河在泄水期，表层水龄自源头至河口逐渐增大，在河口处达到最大值为 7.5d，且河口底层水龄分布较为均匀，而河流中游，左岸底层水龄较右岸大，底层水龄自源头至河口逐渐增大，在河口处达到最大值为 10d，且河口底层左岸底层水龄较右岸大；在汛期，表层水龄分布自源头至河口逐渐增大，且在河流中游处左岸水龄大于右岸，河口处水龄分布均匀为 15d 左右，但是底层水龄分布自源头至河流中游逐渐增大，最大值出现在河流中游左岸后水龄又逐渐降低，河流中游左岸水龄最大为18d，河口处水龄为15d左右；在蓄水期，表层水龄分布同泄水期，在河口处最大水龄为7d，底层水龄自源头至河口逐渐增大，其中中游至河口处水龄基本不变为7d左右；在枯水期，表、底层水龄分布依然与泄水期类似，在河口处，表层最大水龄仅为6d，且河口右岸水龄略大于左岸，底层最大水龄也为6d。

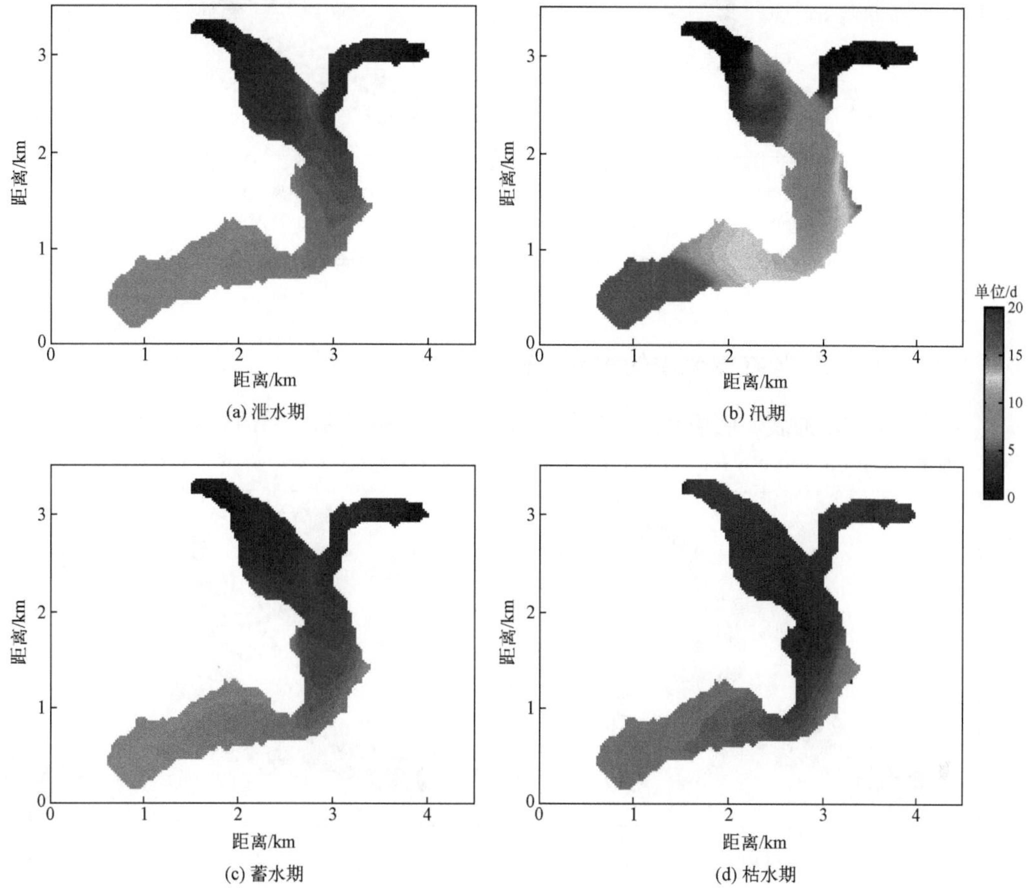

(a) 泄水期　(b) 汛期　(c) 蓄水期　(d) 枯水期

图6-36　草堂河源头水的表层水龄分布

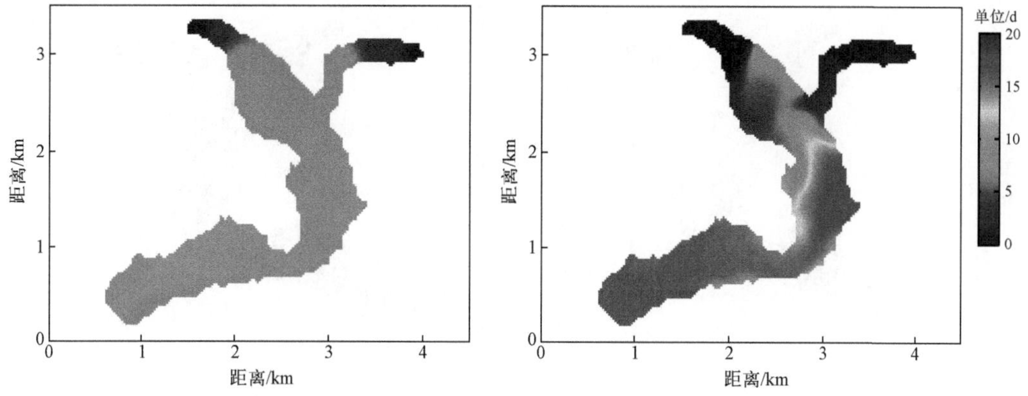

(a) 泄水期　(b) 汛期

图6-37

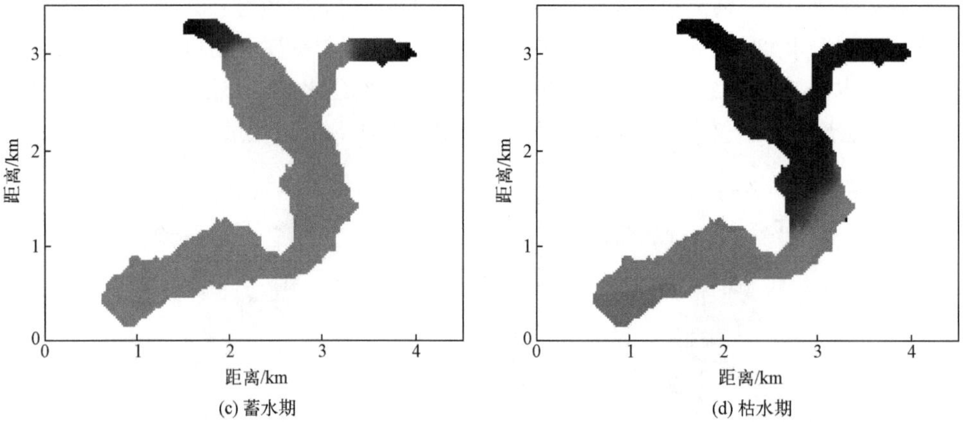

图6-37　草堂河源头水的底层水龄分布

（2）干流水水龄在支流中的时空分布

草堂河干流水的表、底层水龄分布如图 6-38、图 6-39 所示（书后另见彩图）。

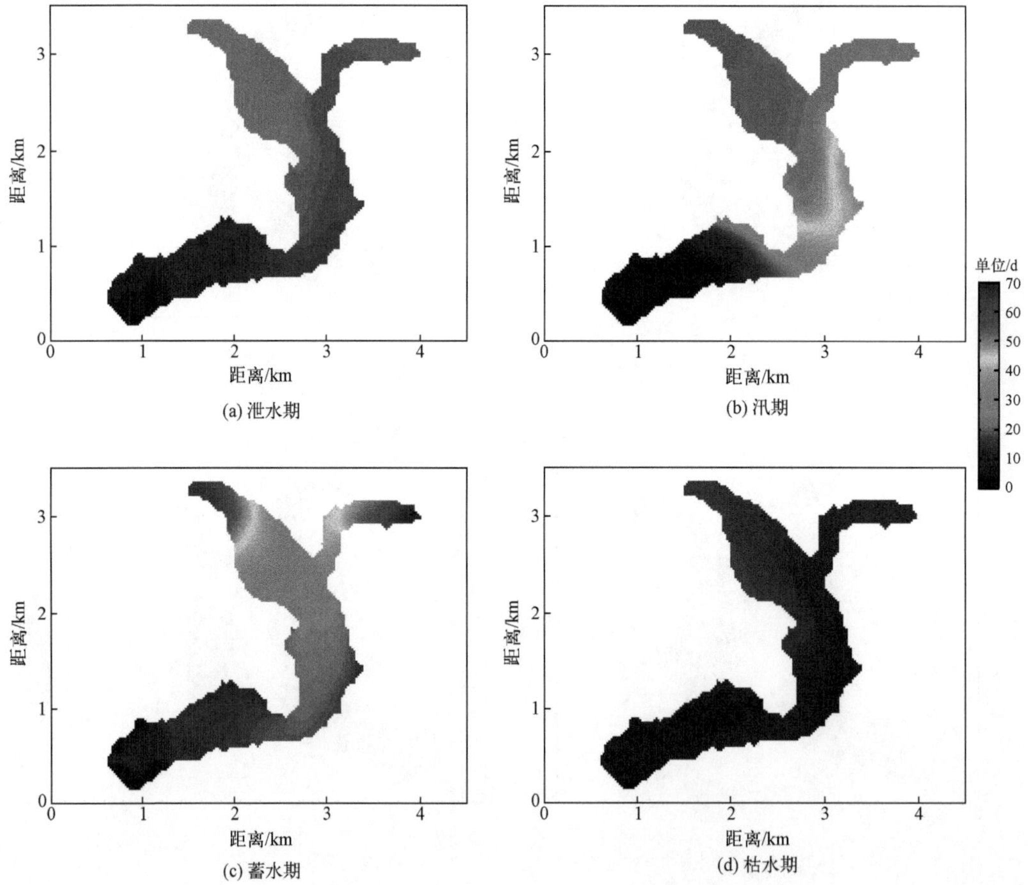

图6-38　草堂河干流水的表层水龄分布

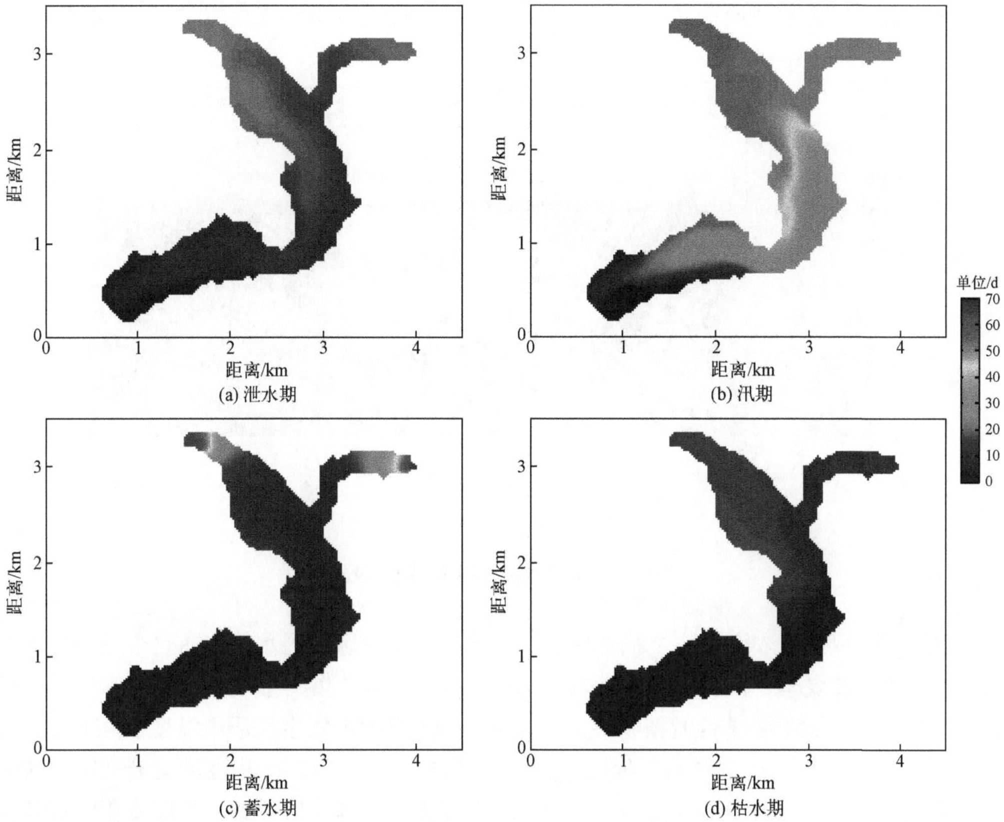

图6-39 草堂河干流水的底层水龄分布

草堂河在泄水期，干流水水龄自干支流交汇处至支流上游逐渐增大，在支流上游达到最大值 22d；在汛期与之前类似，在支流上游处达到最大值为 53d，在蓄水期，支流上游处干流水水龄为 30d，在枯水期，支流上游处干流水水龄为 16d。在蓄水期，干流水水龄表、底层有差异，表层低于底层；其他时期，干流水水龄表底层无明显差异。

6.4 水质参数的敏感性分析

敏感性分析是水环境数值建模及生态参数观测和率定的关键步骤。目前针对水质模型敏感性的分析方法主要为摄动法，即局部敏感性分析。已有的研究表明，以摄动法为代表的局部敏感性分析关注不确定输入对点的影响，忽略了参数间相互作用的影响。而全局敏感性分析更关注不确定输入对整个输入空间的影响，不但包含了单一参数变化的影响，还考虑不同参数相互作用的结果。本节采用全局敏感性分析的方法，对水质水生态模型的参数进行敏感性分析，用于调整模型生态参数。

6.4.1 叶绿素a的参数敏感性分析

以叶绿素 a（Chla）作为目标函数的各参数全局灵敏度分析结果如图 6-40 所示（书后另

见彩图），展示了水体中叶绿素 a 浓度的参数全局敏感性的总效应（S_{ti}）随时间变化的变化。

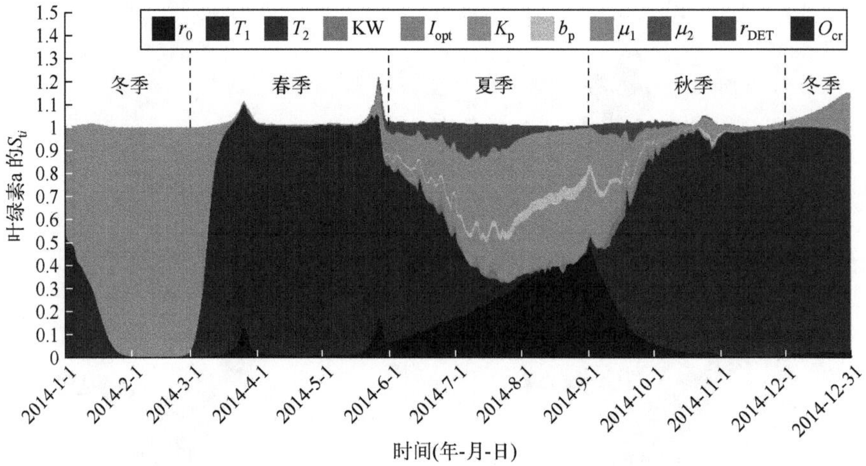

图6-40　叶绿素a的参数敏感性总效应

水体中叶绿素 a 浓度是一个状态变量，它显示了研究区域内水体水质整个时间范围内的变化过程。在夏季，模型中较多参数对水体中叶绿素 a 浓度有影响，但影响水体中叶绿素 a 浓度的主要参数为 r_0（浮游植物最大生长率）、T_1（浮游植物生长适应温度下限）、K_p（磷酸盐半饱和系数）和 μ_1（藻类一阶死亡速率）。根据对于参数影响程度的划分规则，这些参数都不能被划分为模型的重要参数，但这 4 个参数对水体中叶绿素 a 浓度变化的贡献所占比例达到了 82%，模型中剩余参数在夏季对水体中叶绿素 a 浓度变化则影响较小。这一结果表明，水体中夏季藻类的生长是多个因素的共同综合作用，而不是某一个关键因素；在初秋，其参数敏感性与夏季保持一致；随着时间变化，在秋季中期及末期，T_1 成为一个影响叶绿素 a 浓度非常重要的参数；在冬季和春季，则是 T_1 和 μ_1 成为模型中影响叶绿素 a 浓度的非常重要的参数，这说明在这一段时间内，库湾内由于缺乏适合藻类生长适宜的水温，因而造成叶绿素 a 浓度偏低。

综上所述，叶绿素 a 参数敏感性的时间变化特征为：

① 参数敏感性对叶绿素 a 的影响是一个随时间变化的过程，而非一个固定的常数；

② 在初春、秋末和冬季，叶绿素 a 浓度主要受水温的影响，而在夏季一旦支流中水温达到藻类适宜生长的界限后，浮游植物最大生长率、浮游植物生长适应温度下限、磷酸盐半饱和系数和藻类一阶死亡速率共同作用影响了叶绿素 a 的浓度，而非单一某个因素；

③ 支流库湾中造成水华的原因是多个因素的共同作用，而非单一因素。

之前有许多研究表明，不论是参数的局部敏感性分析还是全局敏感性分析，水消光系数、浮游植物遮光系数等相关的光限制参数以及浮游植物生长速率都划分为淡水及海洋模型的主要影响参数。但在本书的研究中，浮游植物的最大生长率、浮游植物生长适应温度下限、磷酸盐半饱和系数、浮游植物线性死亡率等参数与模型中其他参数相比则对模型输出结果有更大的影响力，这表明三峡库区与其他研究区域水体相比既有相似性也存在差异性。对平均深度仅为 5.2m 的浅水湖泊滇池所做的全局参数敏感性研究表明，浮游植物最大生长率、基础呼吸速率、水消光系数和浮游植物生长适应温度下限对水体中叶绿素 a 浓度有重要影响，这一研究结果表明滇池水体中有足够的营养盐或水体中不存在营养限制。对阿根廷的一个平均水深为 8.2m 的浅水水库（Piedras 水库）进行的参数全局敏感性分析结果表明，浮游植物生长过程中最重要的参数是有机磷矿化率、浮游植物死亡率、浮游植物呼吸率以及水消光系数。这表明，在 Piedras 水库中，有机磷的水解导致在库区的水体中也没有营养盐限制。此外，与浅水湖泊和水库相比，光在三峡库区浮游植物生长过程中并不是一个重要的参数。

浅水湖泊、水库与大深型水库之间的参数敏感性差异表明，二者水体中的养分供给机制与营养盐循环机制是不同的。对于大深型水库而言，由于养分供应的缓慢变化，浮游植物的生长依赖于水体中营养成分的外源汇入。在这种情况下，营养盐限制作用对水体中叶绿素 a 浓度变化有很大影响，进而磷酸盐半饱和系数则成为一个在浮游植物生长过程中敏感性较高的参数。浅水湖泊和浅水水库中，水体中营养盐供应及变化相对快速，营养物质的外部汇入、释放以及内部营养物质就能够满足藻类的生长，因此营养盐限制对于水体中叶绿素 a 浓度变化仅有轻微影响；在此基础上，诸如光等其他环境条件对这一生态系统变化更具影响力。

由于 r_0、T_1、K_p 和 μ_1 这 4 个参数都不是决定性因素，表明在三峡库湾支流中藻类大量繁殖可能是由几个因素共同作用所引起的，而其富营养化机制则更为复杂。

6.4.2 溶解氧的参数敏感性分析

以水体中溶解氧（DO）作为目标函数的各参数全局敏感性分析结果如图 6-41 所示（书后另见彩图），结果显示各参数全局敏感性的总效应（S_{ti}）仍会随时间变化，但其变化规律与水体中叶绿素 a 的参数敏感性变化规律存在一定差异。

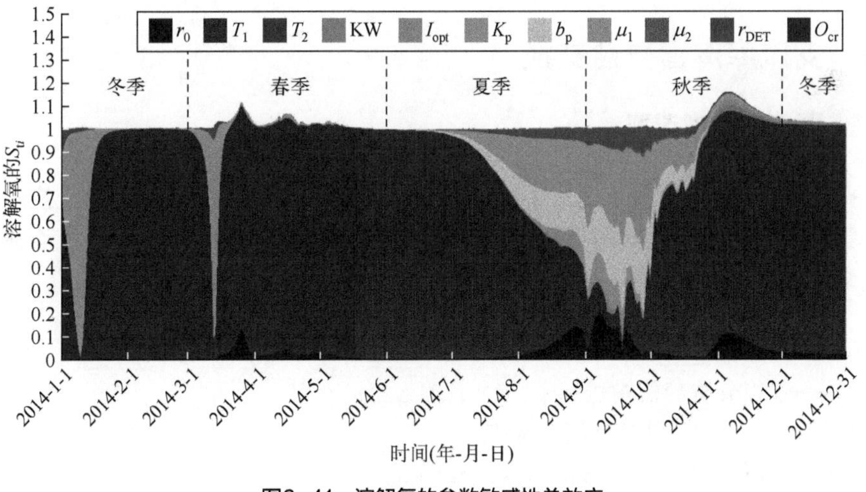

图6-41 溶解氧的参数敏感性总效应

研究结果显示，7 ～ 11 月（即从夏季到晚秋），模型中参数敏感性较高的参数为 T_1、μ_1、b_p（浮游植物基础呼吸速率）和 r_{DET}（碎屑水解速率），这 4 个参数对水体中溶解氧浓度变化的贡献所占比重达到了 93%，模型中剩余参数在夏季对水体中溶解氧浓度变化则影响较小。这说明除了对流输运作用之外，支流库湾中的溶解氧浓度还受到浮游植物的影响，而浮游植物对溶解氧的影响并非单一某个过程占绝对的主导作用，而是多个过程共同作用对溶解氧浓度起重要影响。

综上所述，溶解氧参数敏感性的时间变化特征为：

① 参数敏感性对溶解氧的影响也是一个随时间变化的过程，而非一个固定的常数；

② 在夏季和秋季，支流溶解氧的浓度主要受浮游植物的生长、呼吸和死亡以及碎屑水解过程的影响，而在其他时间，主要受水温的影响，一旦达到合适的水温，浮游植物生长的光合作用使得水体富氧对支流库湾溶解氧浓度增大贡献较大。

水体中溶解氧的浓度反映了水体中浮游植物进行光合作用和消耗氧气的代谢过程之间的瞬间平衡状态。已有研究表明，在浅水湖泊中溶解氧的敏感参数与水体中叶绿素 a 浓度的较敏感参数大致相同：浮游植物最大生长率、浮游植物生长适应温度下限、浮游植物遮光系数。在本书中，对水体中溶解氧浓度影响最大的参数与对水体中叶绿素 a 浓度影响最大的参数存在差异，这表明在浅水湖泊、水库和大深型水库这两种水系统中，水体中的生物化学过程可能有所不同。

浅水湖库和大深型水库的参数敏感性差异表明，不同种类水体中，水体中溶解氧的供给和循环机制是不一样的。对于大深型水库，水体中有机碳矿化过程中的耗氧作用对水体中溶解氧浓度有很大的影响，而在一年中的某些特殊时刻，与浮游植物的光合作用和外部负荷相比，水体中溶解氧的消耗是不可忽视的。对浅水湖库而言，与浮游植物的光合作用和外部负荷相比，可以忽略掉矿化过程中的耗氧量。在这种情况下，浮游植物的生长对水体中溶解氧浓度有很大的影响，因此浅水湖库中溶解氧和叶绿素 a 浓度具有相同的参数敏感性规律。

6.5　支流库湾水生态及富营养化特征

6.5.1　支流库湾营养盐交换

6.5.1.1　营养盐交换速率

根据营养盐浓度分布及流速大小，计算得到支流河口单位面积的营养盐交换速率。计算河流营养盐的输送，通常用河流流量与营养盐的浓度相乘得到，因此库区支流各个断面营养盐交换速率可以用式（6-61）计算：

$$F_j = C_j V_j S_j \tag{6-61}$$

式中　F_j——j 组分营养盐输送速率，g/s；

C_j——j 组分营养盐的浓度，mg/L；

V_j——倒灌或者流出水体的流速，m/s；

S_j——倒灌或者流出水体的过流面积，m^2。

倒灌和流出水体中营养盐浓度的计算，则是先根据断面流速分布确定各项营养盐属于倒灌类型还是流出类型，然后对子断面进行积分求和得出整个断面的营养盐更新速率，如图 6-42～图 6-45 所示（书后另见彩图）。可以看出，营养盐交换速率受水交换量和营养盐浓度的共同影响，但是在蓄水期和高水位运行期营养盐交换速率要高于泄水期和低水位运行期，说明营养盐交换速率主要受水交换量的影响，水交换能力越强，营养盐交换速率越快。

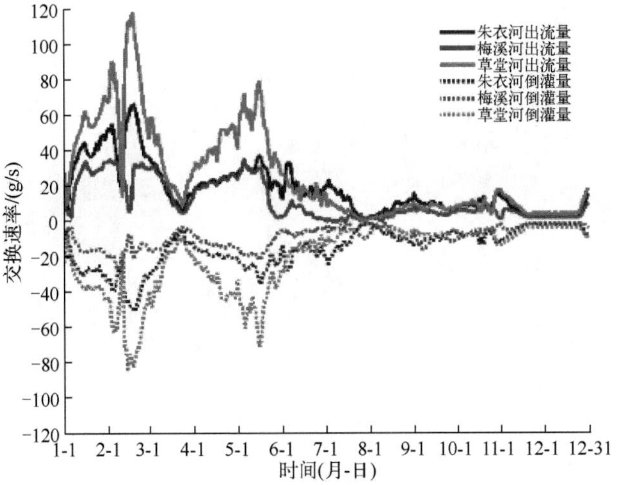

(a) 河口氨氮交换速率

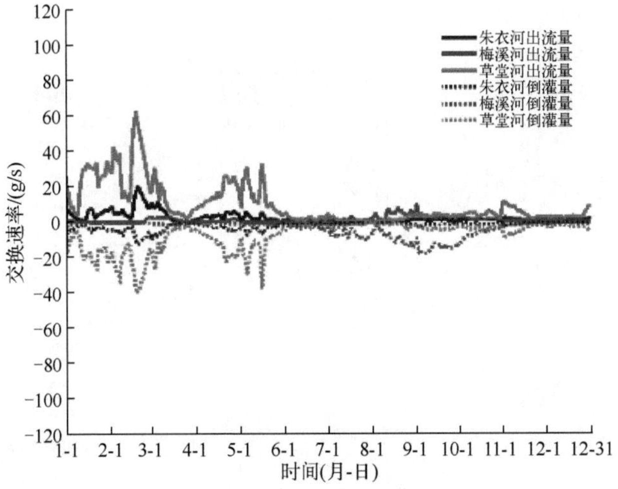

(b) 中部氨氮交换速率

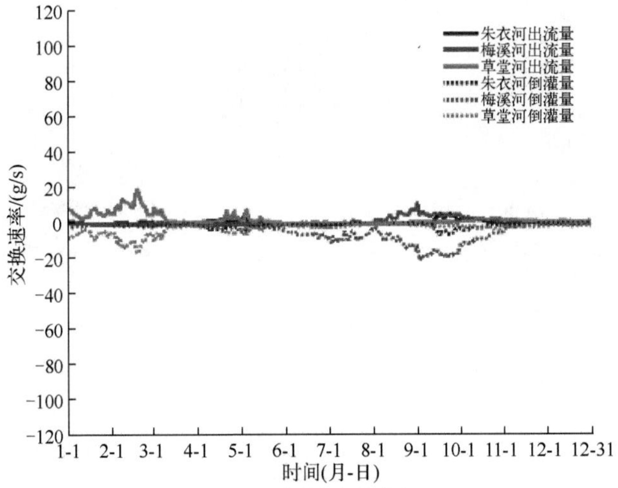

(c) 上游氨氮交换速率

图6-42 氨氮交换速率

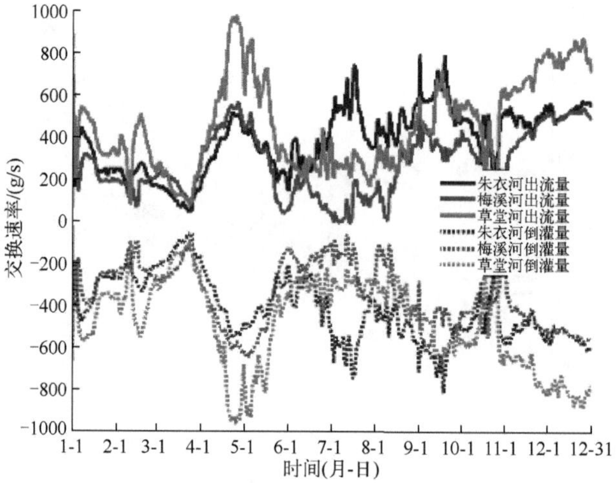

(a) 河口硝氮交换速率

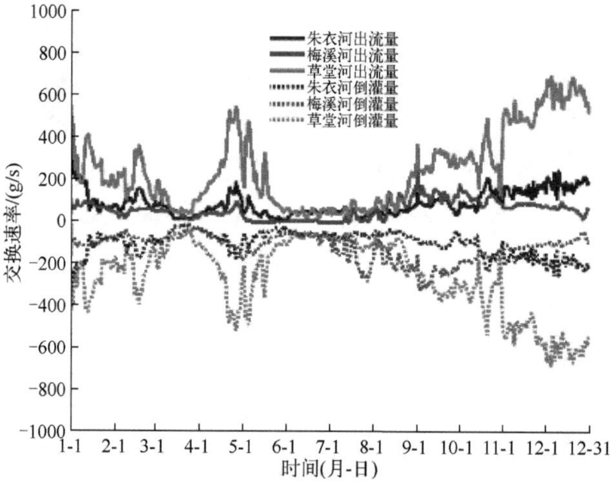

(b) 中部硝氮交换速率

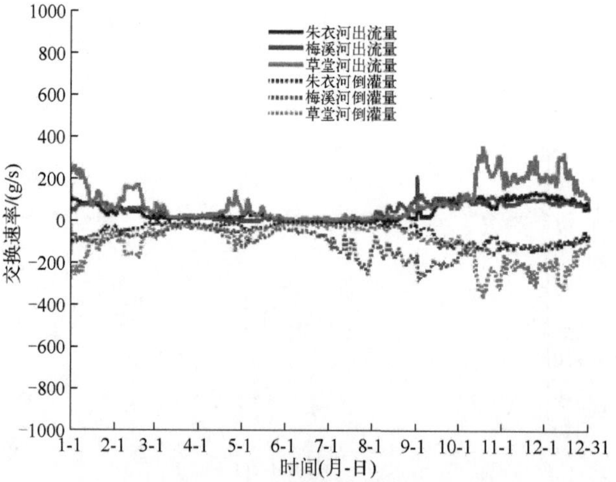

(c) 上游硝氮交换速率

图6-43　硝氮交换速率

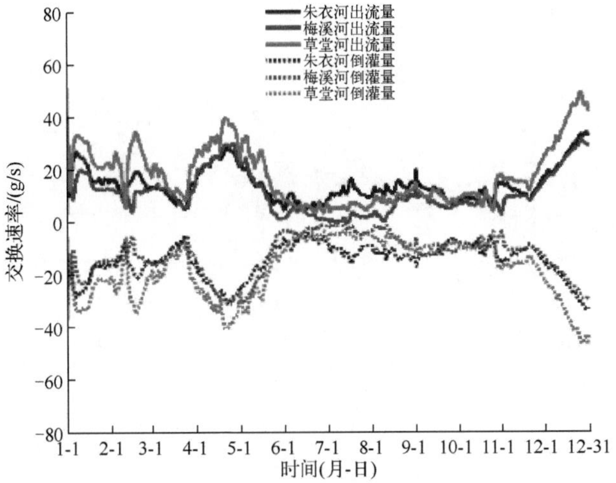

(a) 河口DIP交换速率

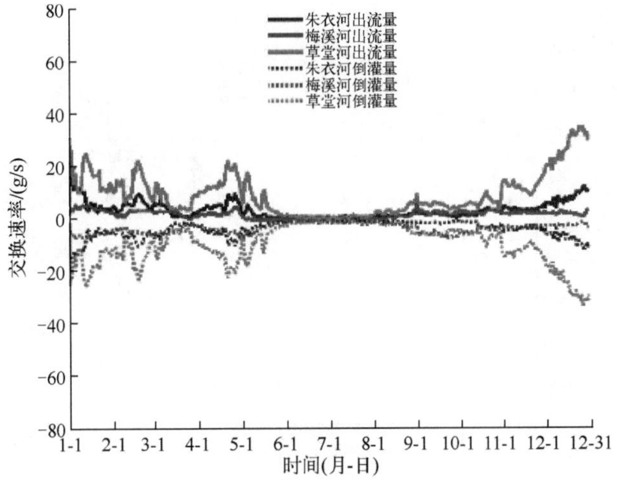

(b) 中部DIP交换速率

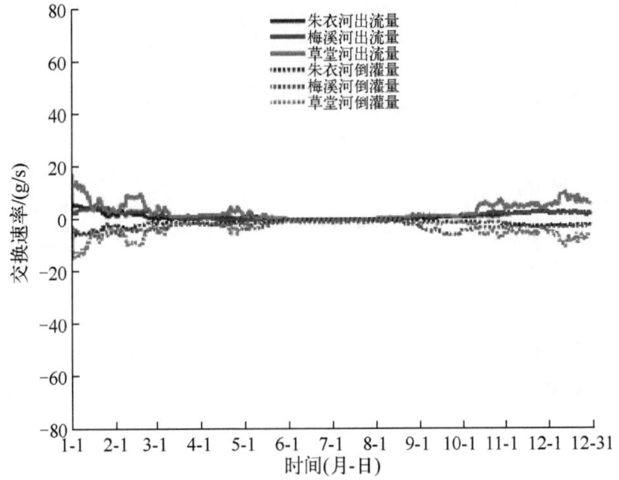

(c) 上游DIP交换速率

图6-44 DIP交换速率

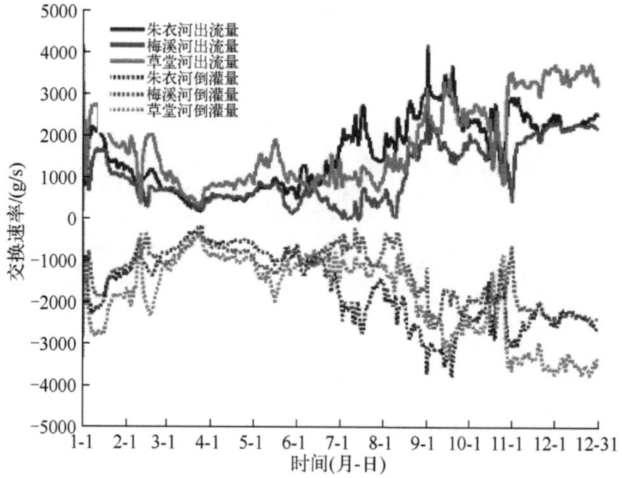

(a) 河口DSi交换速率

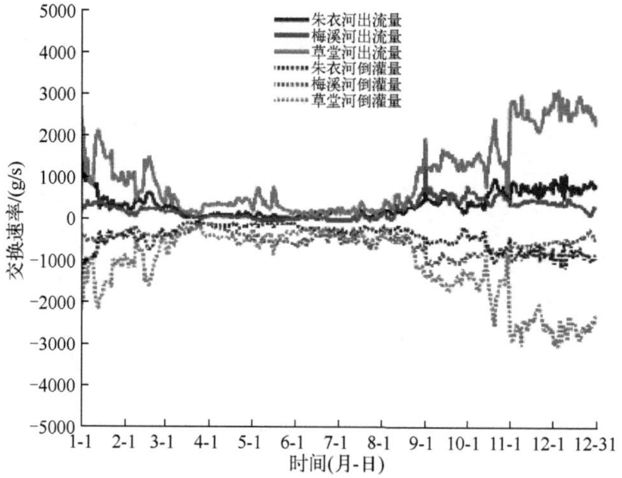

(b) 中部DSi交换速率

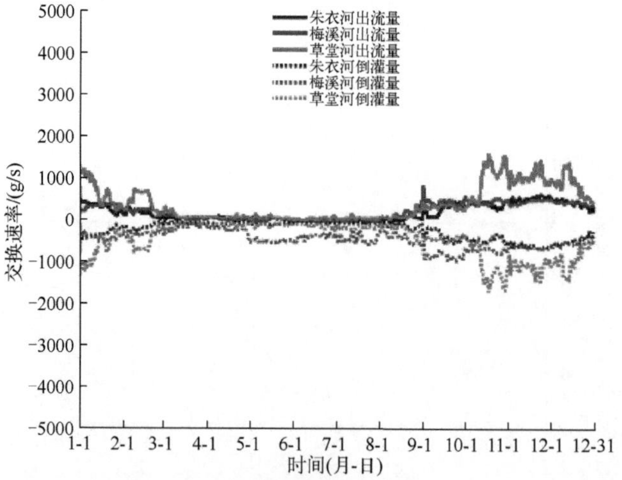

(c) 上游DSi交换速率

图6-45　DSi交换速率

6.5.1.2 营养盐交换量

根据营养盐交换速率，可以计算出三条河流不同位置、不同时间营养盐的交换量。营养盐交换量的计算用界面输送的速率与时间相乘得到，因此，库区支流营养盐交换量可以用式（6-62）计算：

$$W_j = \sum \left(F_j \times t \times 10^{-6} \right) \tag{6-62}$$

式中 W_j——j 组分营养盐交换量，t/ 月；

F_j——j 组分营养盐交换速率，g/s；

t——时间，s 取 86400s。

朱衣河、梅溪河、草堂河 3 条支流河口营养盐交换量分别如表 6-19 ～表 6-21 所列，可以看出在蓄水期和高水位运行期是营养盐交换量较大的时段，而在泄水期和低水位运行期，营养盐的交换量相对较小。

表 6-19 朱衣河河口营养盐交换量 单位：t/ 月

月份	氨氮		硝氮		DIP		DSi		水库运行期
	灌入量	流出量	灌入量	流出量	灌入量	流出量	灌入量	流出量	
1	92.95	63.67	846.78	920.85	53.55	56.29	4434.28	4630.94	泄水期
2	116.67	91.48	533.99	607.45	35.94	38.32	2321.25	2579.96	
3	51.57	42.70	317.04	380.43	28.33	31.07	1213.79	1414.66	
4	58.86	47.34	974.89	1015.19	61.30	64.72	1315.16	1469.95	
5	76.00	68.38	894.35	1068.95	37.24	44.74	2051.10	2300.25	
6	50.03	45.09	800.10	849.33	17.59	17.50	2727.51	2888.95	低水位运行期
7	31.13	31.61	1402.43	1491.11	29.85	29.62	5150.11	5511.03	
8	18.47	19.57	1223.79	1253.27	34.07	32.77	5957.07	6084.86	
9	24.23	25.27	1585.32	1616.60	29.38	28.95	7649.11	7863.06	蓄水期
10	26.12	22.80	1121.41	1168.27	25.15	25.16	5795.18	5920.25	
11	15.33	12.73	1297.20	1317.06	31.51	31.70	6343.46	6467.00	高水位运行期
12	10.63	7.20	1441.67	1453.67	68.13	64.92	6258.32	6318.73	
全年	571.99	477.84	12438.97	13142.18	452.04	465.76	51216.34	53449.64	—

表 6-20 梅溪河河口营养盐交换量　　单位：t/ 月

月份	氨氮		硝氮		DIP		DSi		水库运行期
	灌入量	流出量	灌入量	流出量	灌入量	流出量	灌入量	流出量	
1	61.73	35.05	677.30	812.14	42.18	48.55	3486.74	3944.92	泄水期
2	67.76	42.29	432.11	518.36	26.38	30.31	1783.13	2224.47	
3	47.30	26.36	489.81	584.22	28.60	32.88	1299.10	1878.57	
4	57.20	31.89	1172.80	1233.32	63.38	65.21	1375.13	1934.28	
5	58.64	42.34	789.24	1219.40	34.12	50.94	1674.65	2831.95	
6	13.56	14.88	340.30	448.81	7.84	8.30	1221.44	2286.14	低水位运行期
7	3.37	12.88	196.57	562.39	3.40	7.27	730.03	1975.60	
8	8.97	17.52	578.84	797.05	14.11	13.98	2639.98	2750.41	
9	13.34	28.36	992.51	1258.54	19.47	27.73	4696.70	5335.58	蓄水期
10	16.16	17.39	864.42	1007.62	19.06	24.38	4375.07	4791.57	
11	9.43	7.66	1043.60	1096.74	25.03	26.66	5045.46	5396.27	高水位运行期
12	8.21	4.59	1385.18	1417.02	64.10	59.01	6012.28	6244.94	
全年	365.67	281.20	8962.67	10955.61	347.67	395.23	34339.72	41594.70	—

表 6-21 草堂河河口营养盐交换量　　单位：t/ 月

月份	氨氮		硝氮		DIP		DSi		水库运行期
	灌入量	流出量	灌入量	流出量	灌入量	流出量	灌入量	流出量	
1	129.04	85.92	1151.60	1193.28	72.52	71.68	6054.62	6094.85	泄水期
2	193.59	143.95	855.46	935.01	57.72	58.44	3760.53	4041.99	
3	79.54	63.41	469.54	541.54	41.69	42.87	1812.46	2029.70	
4	108.04	86.19	1693.15	1649.66	82.88	84.13	2247.41	2442.22	
5	144.56	122.32	1546.09	1730.42	56.97	62.50	3527.04	3653.91	
6	45.85	41.51	699.46	768.75	15.55	16.27	2384.76	2623.60	低水位运行期
7	16.31	17.69	723.38	811.23	15.04	13.72	2681.85	3146.14	
8	12.80	11.42	872.23	861.41	23.87	19.84	4226.70	4039.68	
9	20.42	18.79	1400.19	1420.49	25.77	25.87	6706.01	6754.78	蓄水期
10	25.95	18.75	1218.25	1276.14	26.44	25.86	6171.28	6193.17	
11	20.92	17.85	1785.12	1789.39	43.22	42.98	8700.56	8799.32	高水位运行期
12	15.68	11.38	2156.51	2168.78	100.19	94.08	9368.05	9438.91	
全年	812.70	639.18	14570.99	15146.09	561.87	558.23	57641.29	59258.27	—

6.5.1.3 干支流相互作用中营养盐输送机制

对支流库湾而言，密度流灌入和上游径流补给是营养盐输入两个主要来源。识别不同来源的营养盐对支流库湾营养盐的贡献率，有助于识别支流库湾水环境问题，进而解析在不同水库运行条件下，不同来源的营养盐在干支流相互作用中的营养盐输送机制。

不同来源营养盐输送的贡献率为某种营养的输送量与输送总量的比值。因此，库区干流输入营养盐的贡献率可以用式（6-63）计算：

$$r_j = \frac{W_{j倒灌}}{\sum W_j} \tag{6-63}$$

式中　$W_{j倒灌}$——长江灌入库湾中 j 组分营养盐输送量，t/ 月；

　　W_j——j 组分营养盐输送量，t/ 月。

朱衣河、梅溪河、草堂河不同位置长江倒灌营养盐的贡献率分别如图 6-46 ～图 6-48 所示。

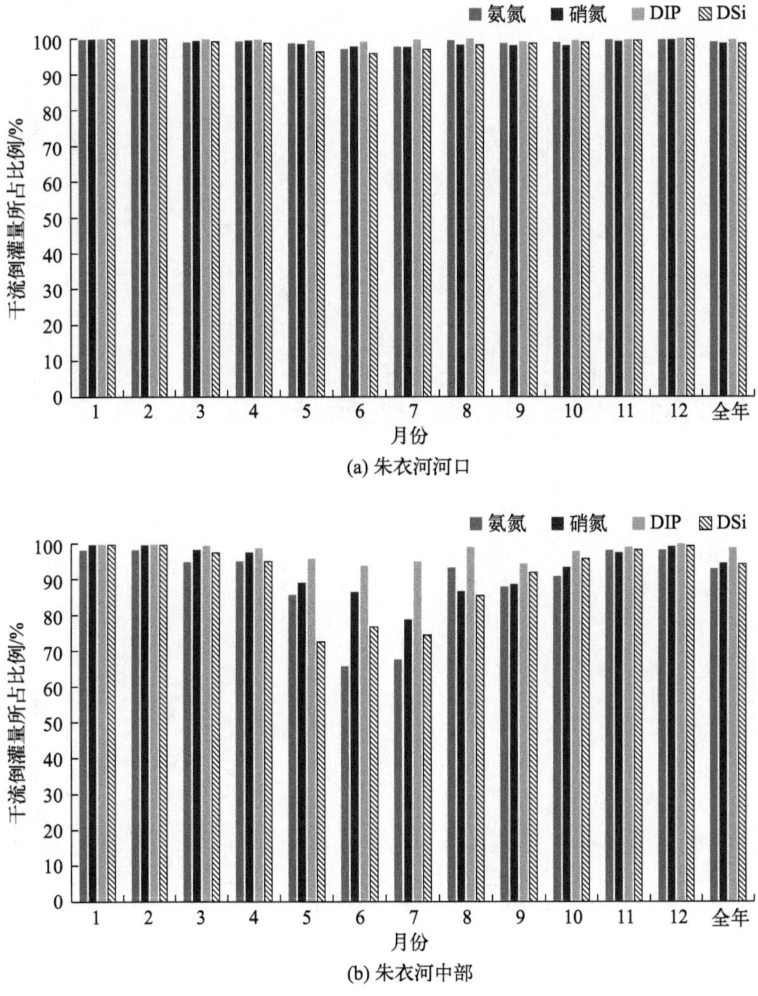

图6-46

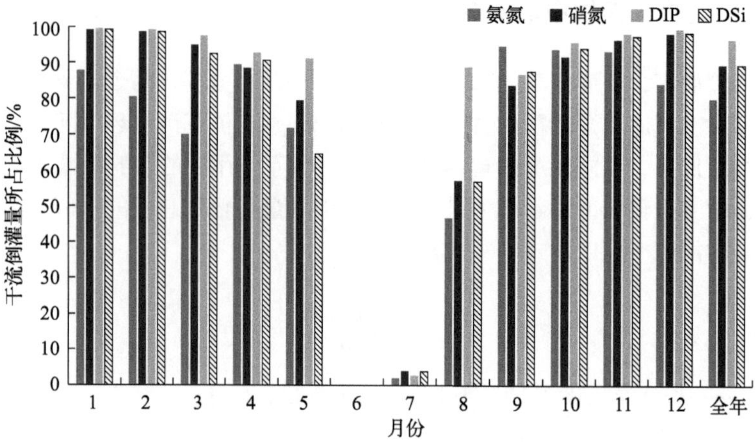

(c) 朱衣河上游

图6-46　朱衣河不同位置长江倒灌营养盐的贡献率

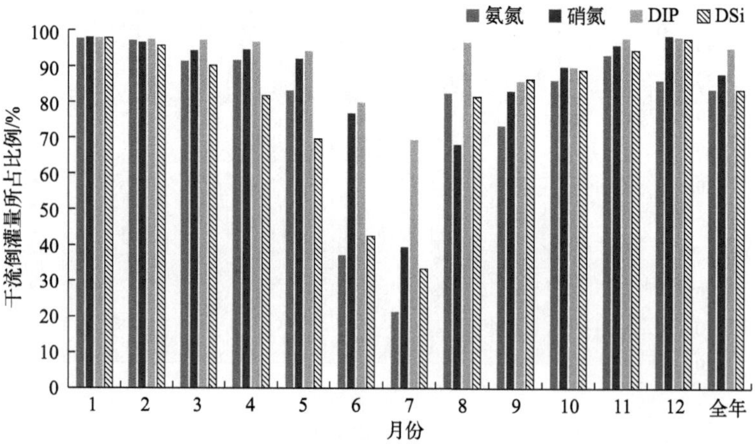

(a) 梅溪河河口

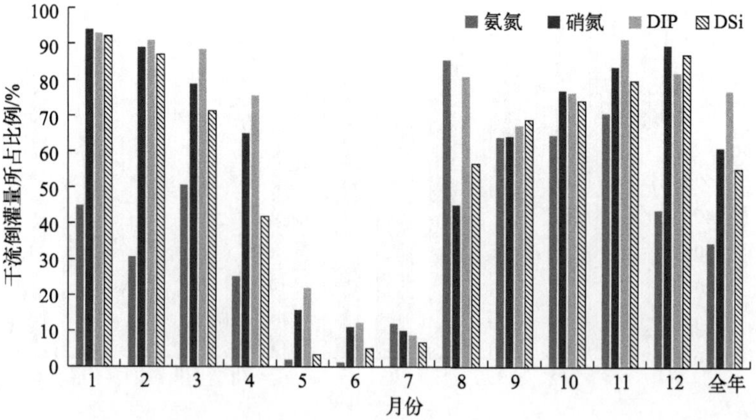

(b) 梅溪河中部

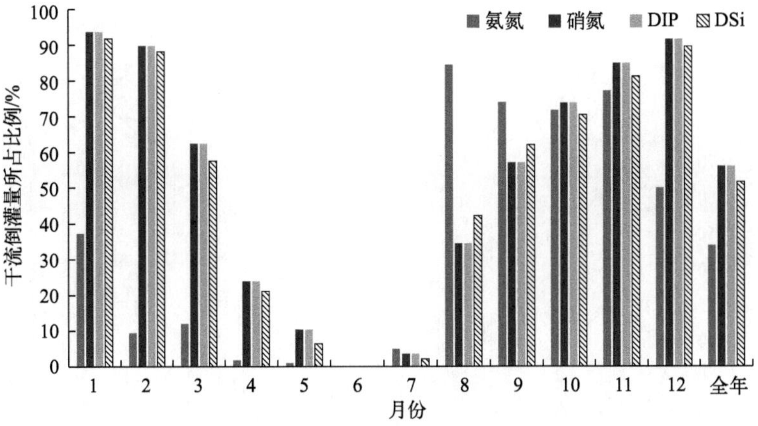

(c) 梅溪河上游

图6-47 梅溪河不同位置长江倒灌营养盐的贡献率

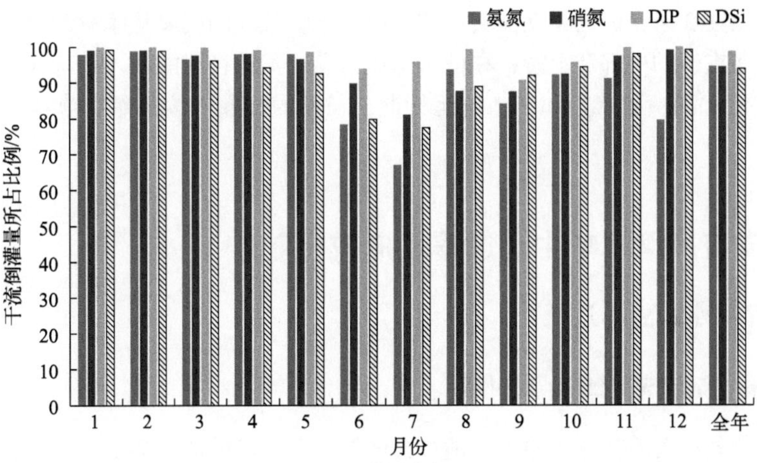

(a) 草堂河河口

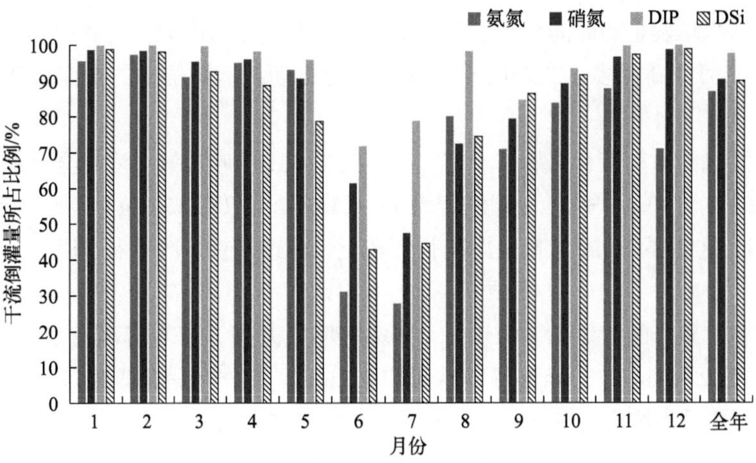

(b) 草堂河中部

图6-48

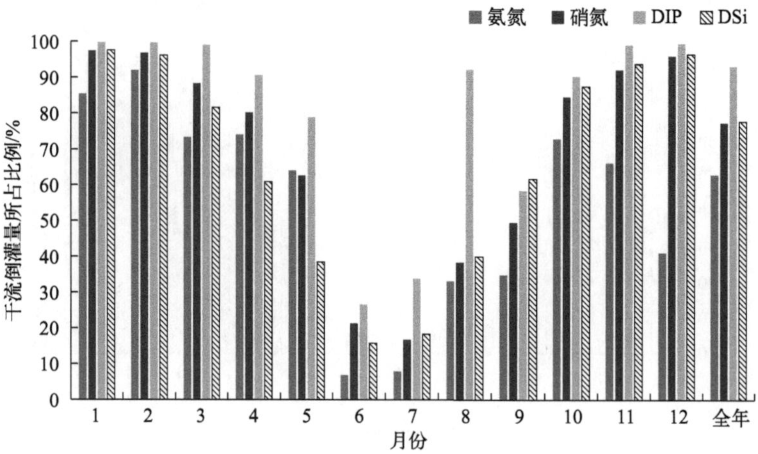

(c) 草堂河上游

图6-48 草堂河不同位置长江倒灌营养盐的贡献率

可以看出在 3 条支流的干支流交汇的河口位置，长江的倒灌是库湾营养来源的主要贡献。而在 3 条支流的中部和上游，在低水位运行期，天然径流的输入是营养盐来源的主要贡献，而在泄水期、蓄水期和高水位运行期，长江的倒灌依然是库湾营养盐来源的主要贡献。

6.5.2 支流库湾水华生消过程及形成机制

6.5.2.1 库湾水华生消过程

(1) 朱衣河库湾水华生消过程

由实测的外源营养盐作为输入，耦合已证的水动力场模拟了全年的水质水生态演化过程。朱衣河不同位置叶绿素 a 浓度的全年变化过程如 6-49 所示（书后另见彩图），可以看出朱衣河库湾水华发生的时间和强度存在明显的时空变化，库湾上游和中部发生水华的时间和频次要比河口高很多，此外由于在低水位运行期，上游位置的水深很浅，不足 1m，因此叶绿素 a 浓度很低。

从各观测点的时间变化来看，干支流交汇处 ZY01 的叶绿素 a 浓度全年都比较低，在水华高发期的 3 ～ 10 月平均叶绿素浓度为 7.6μg/L，峰值仅为 35.4μg/L，而且超过 3μg/L 的时间仅有 1d，这主要是由于 ZY01 距离长江较近，流速较快，既不利于藻类生长也不利于藻类聚集。

库湾中部 ZY02 的叶绿素 a 浓度比 ZY01 有明显升高，在水华高发期的 3 ～ 10 月平均叶绿素浓度为 30.8μg/L，峰值可以达到 110.0μg/L。在汛前消落期的 5 月，整体叶绿素 a 浓度较高，月平均浓度为 66.5μg/L，在汛期的 6 ～ 7 月浓度大幅下降。从 8 月开始至 9 月末，叶绿素 a 维持较高的水平，平均浓度为 31.0μg/L，有 38% 的时间浓度超过 30μg/L。这主要是由于库湾中部流速缓慢，水深适中，利于藻类生长。

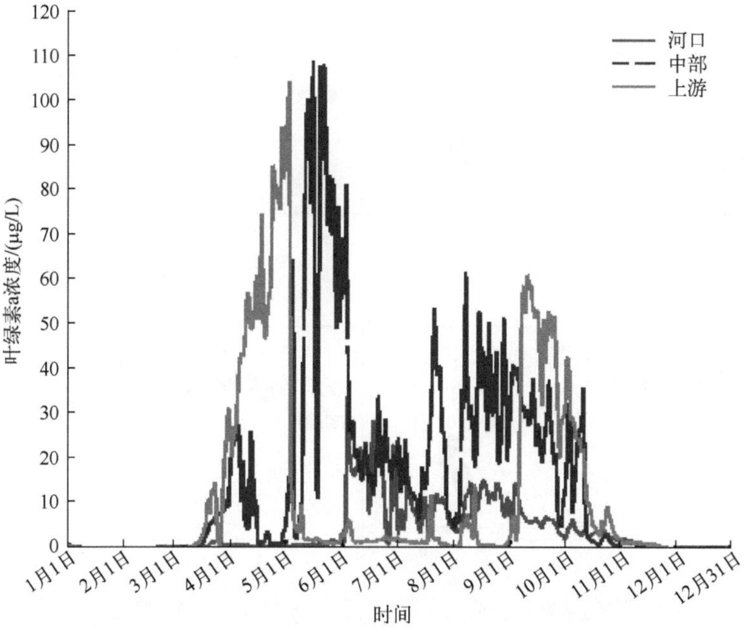

图6-49 朱衣河不同位置叶绿素a浓度的全年变化过程

库湾上游 ZY03 的叶绿素 a 浓度变化趋势与前两个观测点截然不同，仅在汛前消落期的 3 ～ 4 月和汛后蓄水期的 9 月叶绿素浓度较高。3 ～ 4 月的平均浓度为 71.8μg/L，峰值为 106.7μg/L，77% 的时间超过 30μg/L；9 月的平均浓度 40.3μg/L，峰值为 61.9μg/L，80% 的时间超过 30μg/L。这主要是由于库湾上游在汛期的 6 ～ 8 月水深较浅，仅为 0 ～ 2m，不利于藻类生长和聚集。

从浮游植物的时空分布（图 6-50，书后另见彩图）来看，在汛前消落期的 3 月，浮游植物首先在库湾的上游开始发育，在 4 月发展到顶峰，叶绿素 a 到达全年的最高值，然后逐渐向下游蔓延，在 5 月到达库湾的中上游，并有所回落。进入汛期后，浮游植物继续向库湾的下游运移，并且在运移过程中叶绿素 a 浓度不断降低，整个 6 ～ 8 月浮游植物聚集在库湾的中下游，而水深较浅的库湾中上游叶绿素 a 浓度较低。进入汛后蓄水期后，三峡水库水位不断提升，支流库湾上游水深不断增加，库湾上游再次出现了适合浮游植物生存的区域，浮游植物此时在库湾上游生存，并被表层水流不断带出库湾，因此库湾中下游叶绿素 a 浓度较低。进入 10 月以后，随着天气逐渐变凉，水温逐渐降低，库湾中的藻类逐渐减少。在枯水运行期的 11 月和 12 月，以及汛前消落期的 1 ～ 3 月，由于水温较低，整个库湾内叶绿素 a 浓度较低。

（2）梅溪河库湾水华生消过程

梅溪河不同位置叶绿素 a 浓度的全年变化过程如图 6-51 所示（书后另见彩图），可以看出梅溪河库湾水华发生的时间和强度也存在明显的时空变化，库湾上游和中部发生水华的时间和频次要比河口高很多。此外在蓄水期，由于长江水的大量倒灌，河口水的叶绿素 a 浓度会显著降低，而上游和中部依然会维持较高的叶绿素 a 浓度。

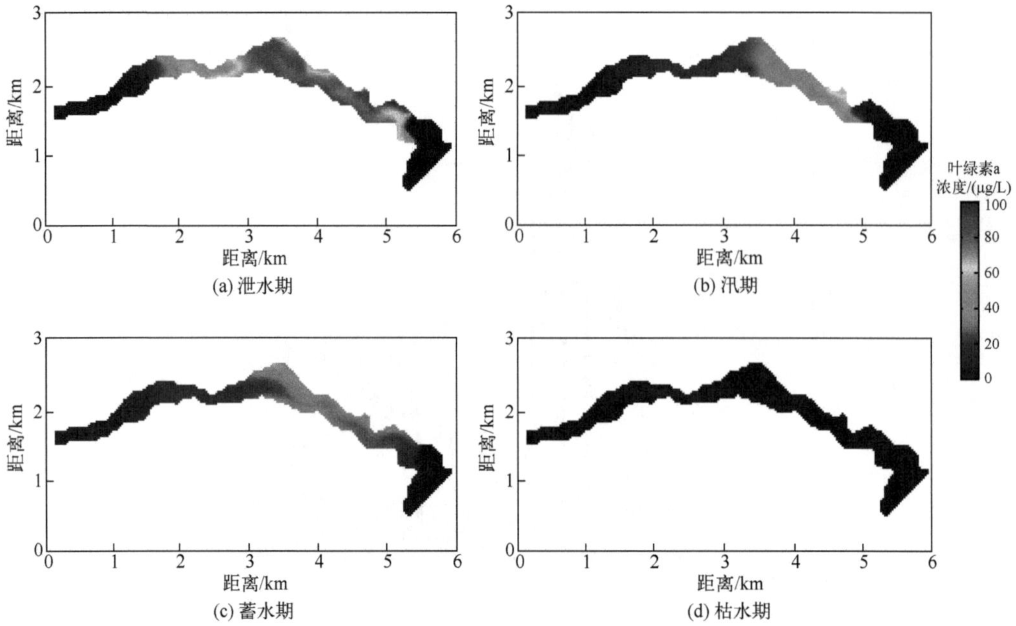

图6-50　不同运行期朱衣河浮游植物的时空分布

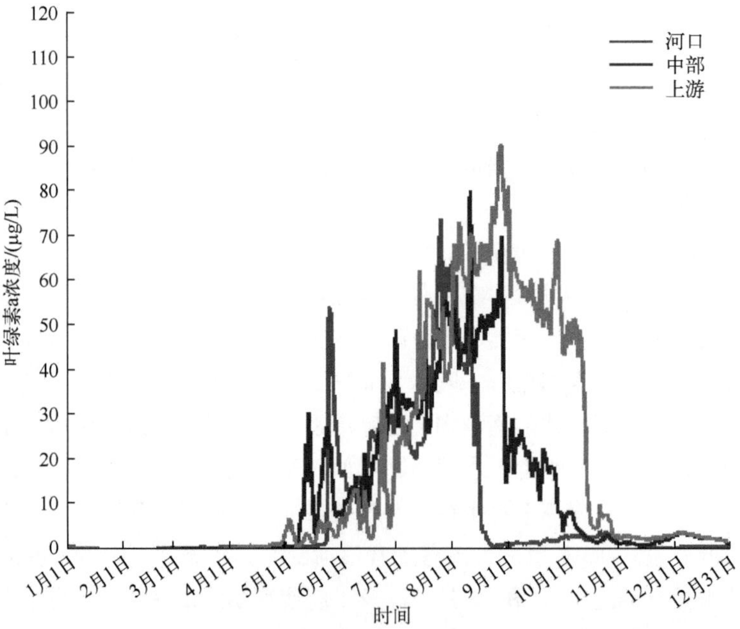

图6-51　梅溪河不同位置叶绿素a浓度的全年变化过程

从浮游植物的时空分布（图 6-52，书后另见彩图）来看，在汛前消落期的 5 月，浮游植物首先在库湾的下游开始发育，达到短暂的高峰后迅速回落。进入汛期后，浮游植物才开始逐渐向库湾上游蔓延，此时浮游植物聚集的主要位置由干支流的交汇处转移到库湾的中游位置。进入蓄水期后，浮游植物全部聚集在库湾上游，此时整个支流库湾中下游由于蓄水过程的影响，导致流速过快，不适宜浮游植物生长。进入 10 月以后，随着天气逐渐变凉，水温逐渐降低，库湾中的藻类逐渐减少。在枯水运行期的 11 月和 12 月，以及汛前消落期的 1 ～ 3 月，由于水温较低，整个库湾内叶绿素 a 浓度较低。

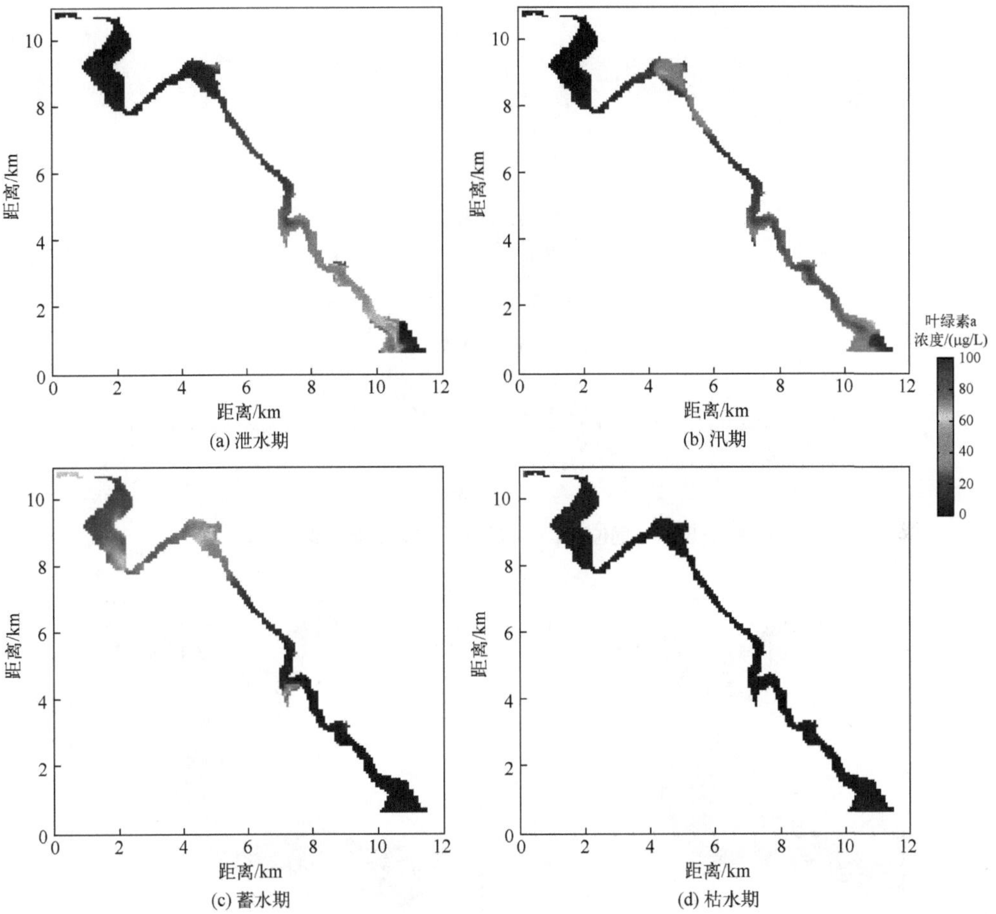

图6-52 不同运行期梅溪河浮游植物的时空分布

（3）草堂河水华生消过程

草堂河不同位置叶绿素 a 浓度的全年变化过程如图 6-53 所示（书后另见彩图），可以看出草堂河库湾水华发生的时间和强度也存在明显的时空变化，库湾上游和中部发生水华的时间和频次要比河口高很多。草堂河叶绿素 a 比朱衣河和梅溪河有明显降低，但是草堂河不同位置叶绿素 a 浓度的差异性较小。

从浮游植物的时空分布（图 6-54，书后另见彩图）来看，在汛前消落期的 3 月，浮游植物首先在库湾的上游开始发育，在 5 月发展到顶峰，叶绿素 a 浓度到达全年的最高值，然后库湾下游的浮游植物开始向库湾上游蔓延，并有所回落。进入汛期后，浮游植物全部集中在库湾中上游。进入汛后蓄水期后，三峡水库水位不断提升，草堂河受蓄水影响，整体叶绿素 a 浓度较低。进入 10 月以后，随着天气逐渐变凉，水温逐渐降低，库湾中的藻类逐渐减少。在枯水运行期的 11 月和 12 月，以及汛前消落期的 1 ～ 3 月，由于水温较低，整个库湾内叶绿素 a 浓度较低。

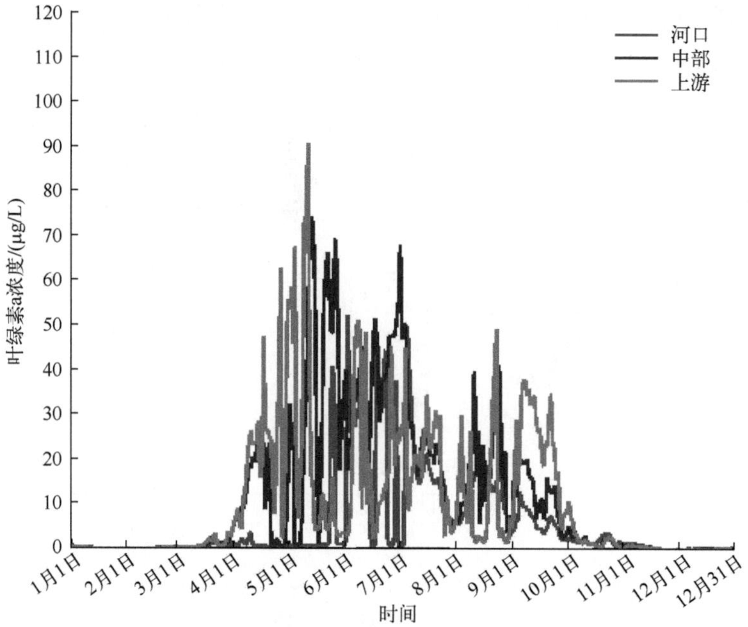

图6-53　不同位置草堂河叶绿素a浓度的全年变化过程

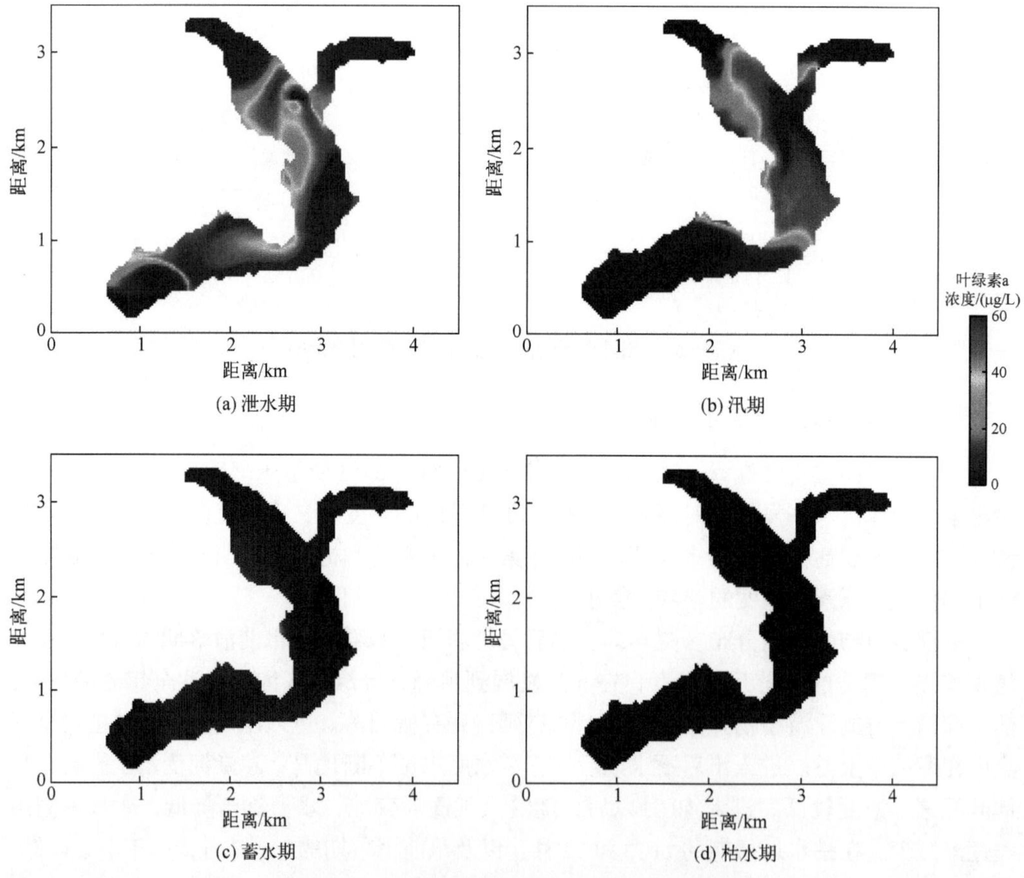

图6-54　不同运行期草堂河浮游植物的时空分布

6.5.2.2 库湾水华生消过程机制

虽然在汛前泄水期、汛期和蓄水期朱衣河支流都有不同程度的水华发生，而且水华发生的位置和面积也不尽相同，但是综合叶绿素 a、磷酸盐的浓度和流场分布（图 6-55，书后另见彩图）不难看出：

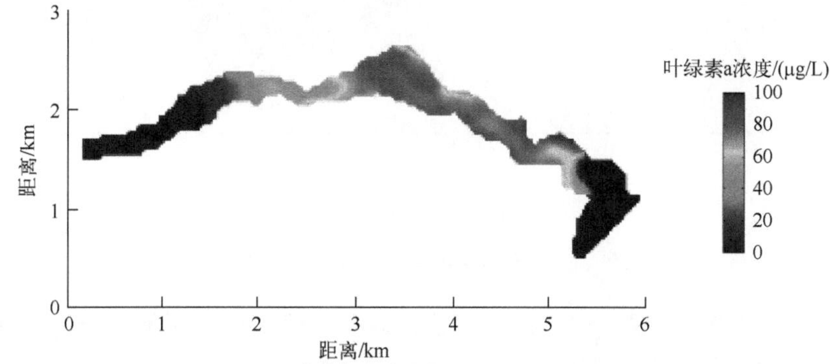

(a) 叶绿素a浓度分布

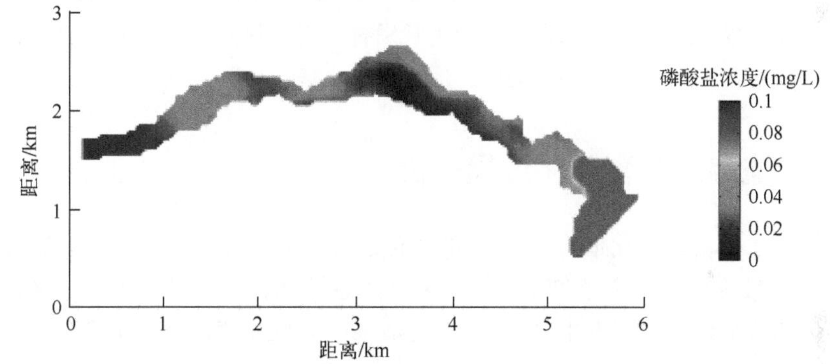

(b) 磷酸盐浓度分布

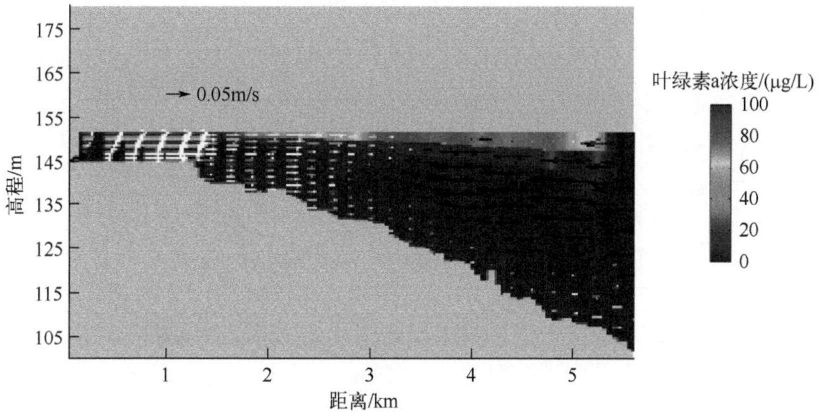

(c) 叶绿素a流场分布

图6-55

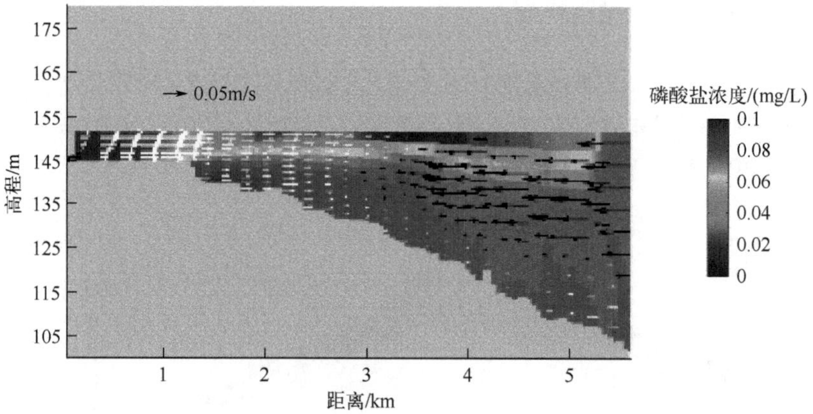

(d) 磷酸盐流场分布

图6-55　泄水期朱衣河叶绿素a、磷酸盐浓度和流场分布

① 在发生水华的位置，均伴随着磷酸盐浓度的降低，甚至降低为0mg/L，因此磷酸盐是支流水华的主要控制营养因子；

② 水华发生的部分均是支流流速较为缓慢的位置，并且支流与干流流速交汇处是水华范围的边缘，这说明浮游植物在支流内生长发育，随支流水流不断向干流运动，在运动到干支流水流交汇处时停止迁移并集聚，形成支流水华。

6.5.3　支流库湾富营养化过程分析

长江干流水体富营养化指数（TLI）的变化过程如图6-56所示，长江干流水体富营养化程度的变化较为稳定，全年TLI均值为43，而且波动较小，没有明显的季节变化，也没有随三峡水库的调度过程发生变化。总体上而言，三峡水库的长江干流全年都维持在中营养的水平。

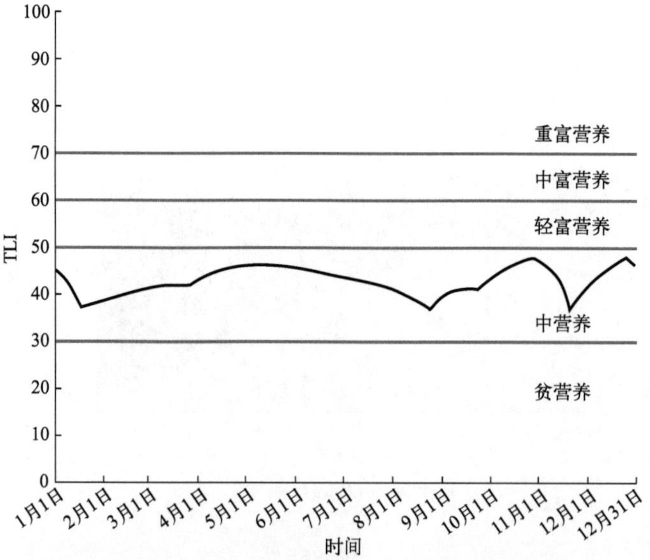

图6-56　长江干流水体富营养化指数的变化过程

(1)朱衣河富营养化过程

朱衣河水体富营养化指数的变化过程如图 6-57 所示(书后另见彩图),朱衣河水体富营养化过程呈现明显的时空变化特征。在泄水期,库湾的上游和中部富营养化程度较高,达到中富营养化程度,河口位置在中营养水平;在低水位运行期,上游富营养化程度有明显的大幅回落,降低至中营养水平,而河口富营养化程度增加,与中部都维持在轻富营养水平。在蓄水期,河口和中部依然维持在轻富营养状态,而上游水体富营养化程度急剧上升,达到轻或中富营养水平。而在高水位运行期,整个支流库湾的富营养化程度都较低,维持在中营养水平。

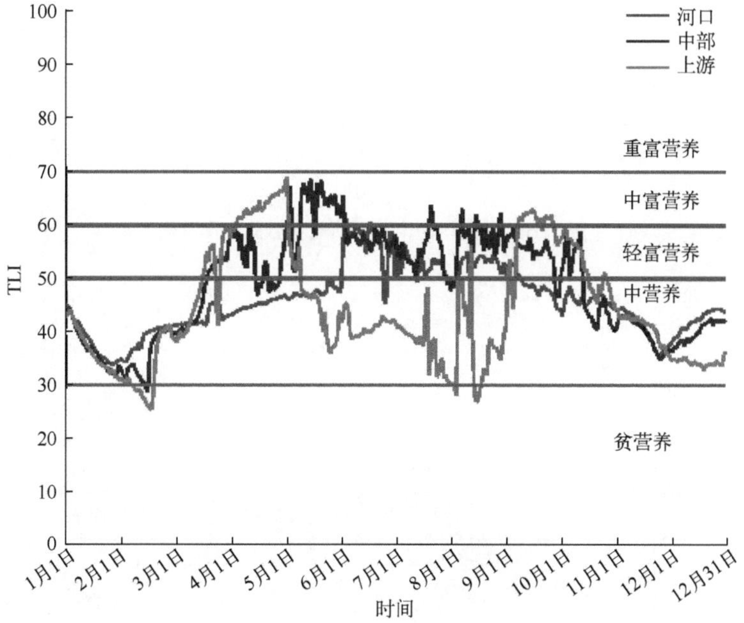

图6-57 朱衣河水体富营养化指数的变化过程

(2)梅溪河富营养化过程

梅溪河水体富营养化指数的变化过程如图 6-58 所示(书后另见彩图),梅溪河水体富营养化程度整体相对较低,仅在低水位运行期和蓄水期出现不同程度的轻度或中度富营养水平,在泄水期和低水位运行期均维持在中营养水平。从空间上看,梅溪河的中部和上游变化基本一致,在低水位运行期和蓄水期水体富营养化指数逐渐升高。河口位置虽然在低水位运行期逐渐升高,但是在蓄水期有明显的下降,达到中营养水平。

(3)草堂河富营养化过程

草堂河水体富营养化指数的变化过程如图 6-59 所示(书后另见彩图),草堂河水体富营养化程度比梅溪河略高。在泄水期和低水位运行期逐渐升高,达到轻和中富营养水平;在蓄水期逐渐降低至轻富营养水平,在高水位运行期降低至中营养水平。从空间上看,河口、中部、上游的变化基本一致。

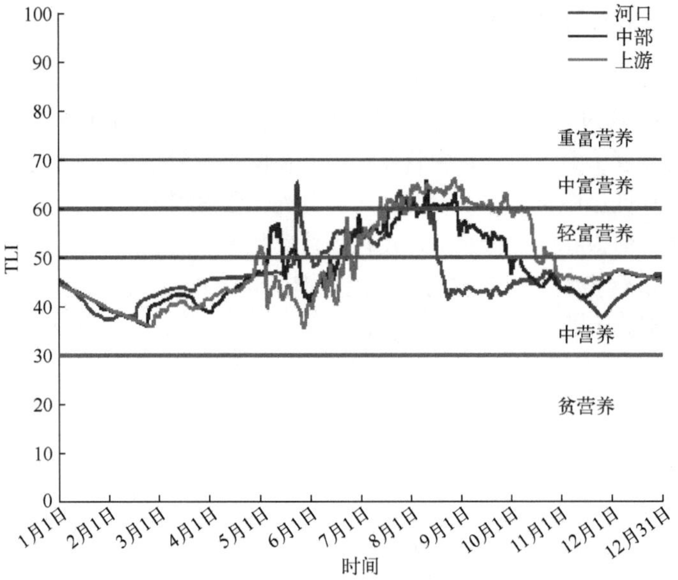

图6-58　梅溪河水体富营养化指数的变化过程

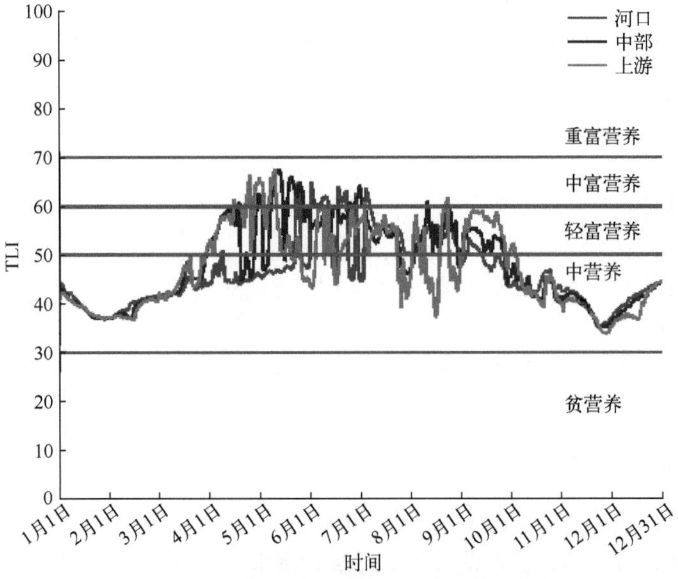

图6-59　草堂河水体富营养化指数的变化过程

6.6　干支流相互作用下的空间水交换及其生态环境效应

6.6.1　水龄与叶绿素a

每年的4～9月为水华高发期，将这个时期中不同位置的各月表层平均水龄与叶绿素a浓度进行二元相关分析，如图6-60所示（书后另见彩图）。

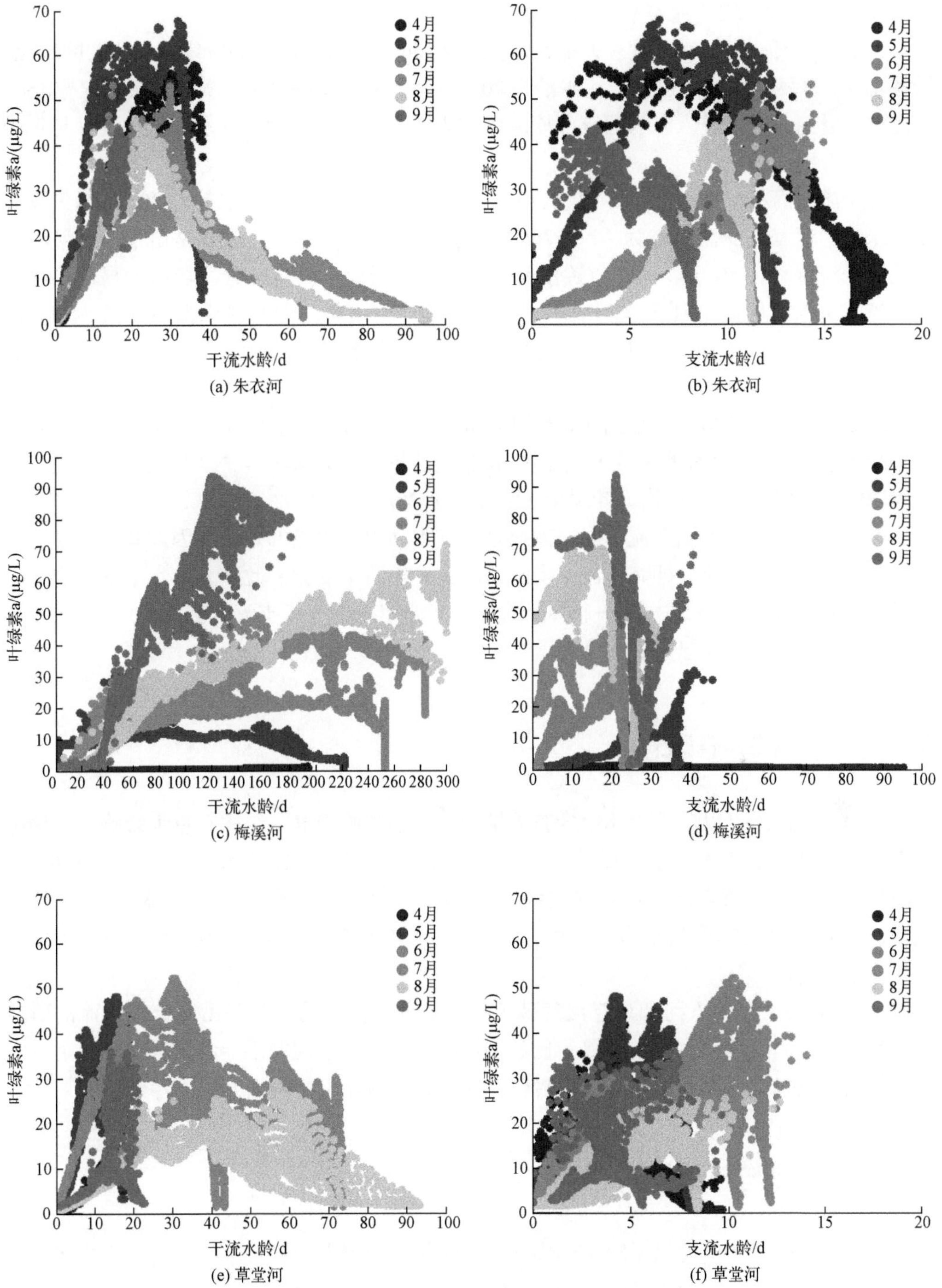

(a) 朱衣河 (b) 朱衣河
(c) 梅溪河 (d) 梅溪河
(e) 草堂河 (f) 草堂河

图6-60 支流库湾水龄与叶绿素a相关关系

虽然朱衣河、梅溪河、草堂河这 3 条河流的流域面积、干支流交汇形式、水动力特征各不相同，但是根据水龄与叶绿素 a 的分布关系，可以看出，在干流或支流水龄为 10 ～ 20d 的位置，均伴随着水华的出现。

对于朱衣河而言，在 8 月、9 月干流水龄为 15d 的位置伴随着高叶绿素 a 浓度的出现，虽然 4 ～ 6 月发生水华的位置干流水龄为 20 ～ 30d，但是此时对应的支流水龄为 5 ～ 15d。因此可以看出，对于进入朱衣河支流库湾中的水团，在其水龄为 20d 左右的位置，与水华的发生具有密切的关系。

对于流域面积较大、支流库湾较长的梅溪河而言，虽然在干流水龄为 20d 的位置没有发生水华，但是在支流水龄为 10 ～ 20d 的位置均发生了水华。这主要是由于梅溪河较为狭长，干流水龄为 10 ～ 20d 的位置主要集中在河口区域，而这部分区域由于靠近长江干流，流速较大，因此不利于水华发生，因而没有产生水华。但是对于支流水龄为 20d 左右的位置，位于支流库湾的中后部，这个区域同时流速较慢，水深适中，有利于水华的发生。

对于与长江呈 120° 角交汇的草堂河而言，5 月、6 月、9 月在长江干流水龄为 10 ～ 20d 的位置，也均为叶绿素 a 浓度大于 30μg/L 的位置，同时对于 6 ～ 8 月而言，在支流水龄为 10 ～ 20d 的位置，也均为叶绿素 a 浓度大于 30μg/L 的位置。

可以看出，对于不同河流不同时间而言，其水动力有明显的差异，因此其水交换特征会呈现明显的时空变化，即其干流、支流水龄会发生时空变化。此外，其水华发生的空间位置也会有变化，但是其中有一个共同的特点，即使在干流或支流水龄为 10 ～ 20d 的位置上，也会有高浓度叶绿素 a 的出现。

6.6.2　水龄与氮磷比

营养元素比值可以反映水体中的营养结构，对浮游植物群落结构有重大影响，这种影响可由营养盐比值偏离适于生长的 Redfield 比值（Si：N：P=16：16：1）的大小来推测。支流库湾表层水体氮磷比与水龄的关系如图 6-61 所示（书后另见彩图）。水库在泄水期、汛期、蓄水期，表层水体的氮磷比大于适合浮游植物生长的 16：1，说明在支流库湾中主要是磷限制水体。

7 月、8 月时，朱衣河和草堂河氮磷比有显著的增高，这主要是由于支流入流的磷酸盐显著降低，因而导致库湾上部氮磷比急剧增高。在水龄表现关系上看出，干流水龄较大的位置氮磷比显著增大，而在支流水龄较小的地方氮磷比也显著增大。

6.6.3　水龄与硅磷比

营养元素间的比值可以反映水体中的营养结构，对浮游植物群落结构有重大影响，这种影响可由营养盐比值偏离适于生长的 Redfield 比值（Si：N：P=16：16：1）的大小来推测。支流库湾表层水体硅磷比与水龄的关系如图 6-62 所示（书后另见彩图）。水库在泄水期、汛期、蓄水期，表层水体的硅磷比大于适合浮游植物生长的 16：1，说明在支流库湾中主要是磷限制水体。

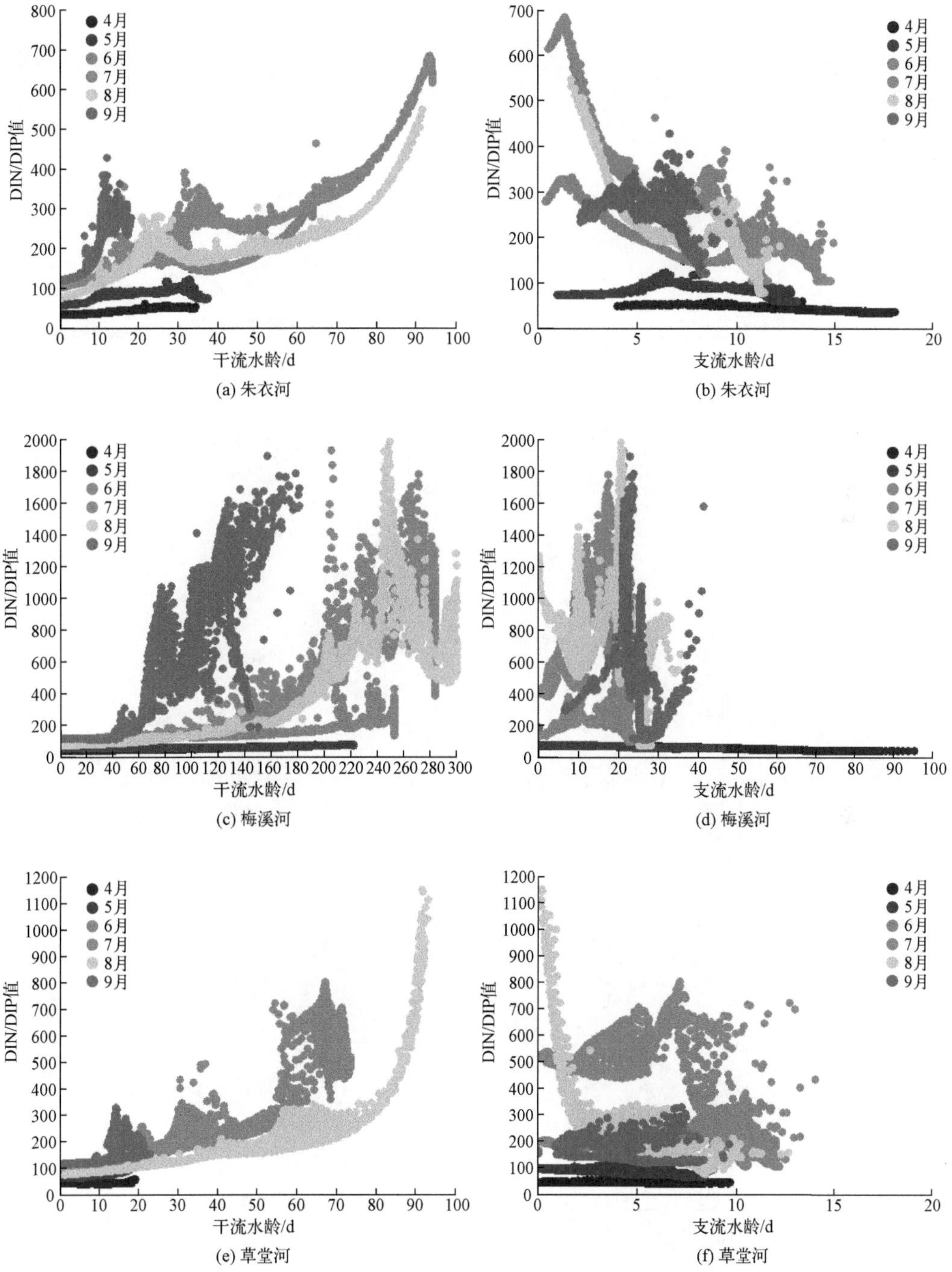

图6-61 支流库湾表层水体氮磷比与水龄关系

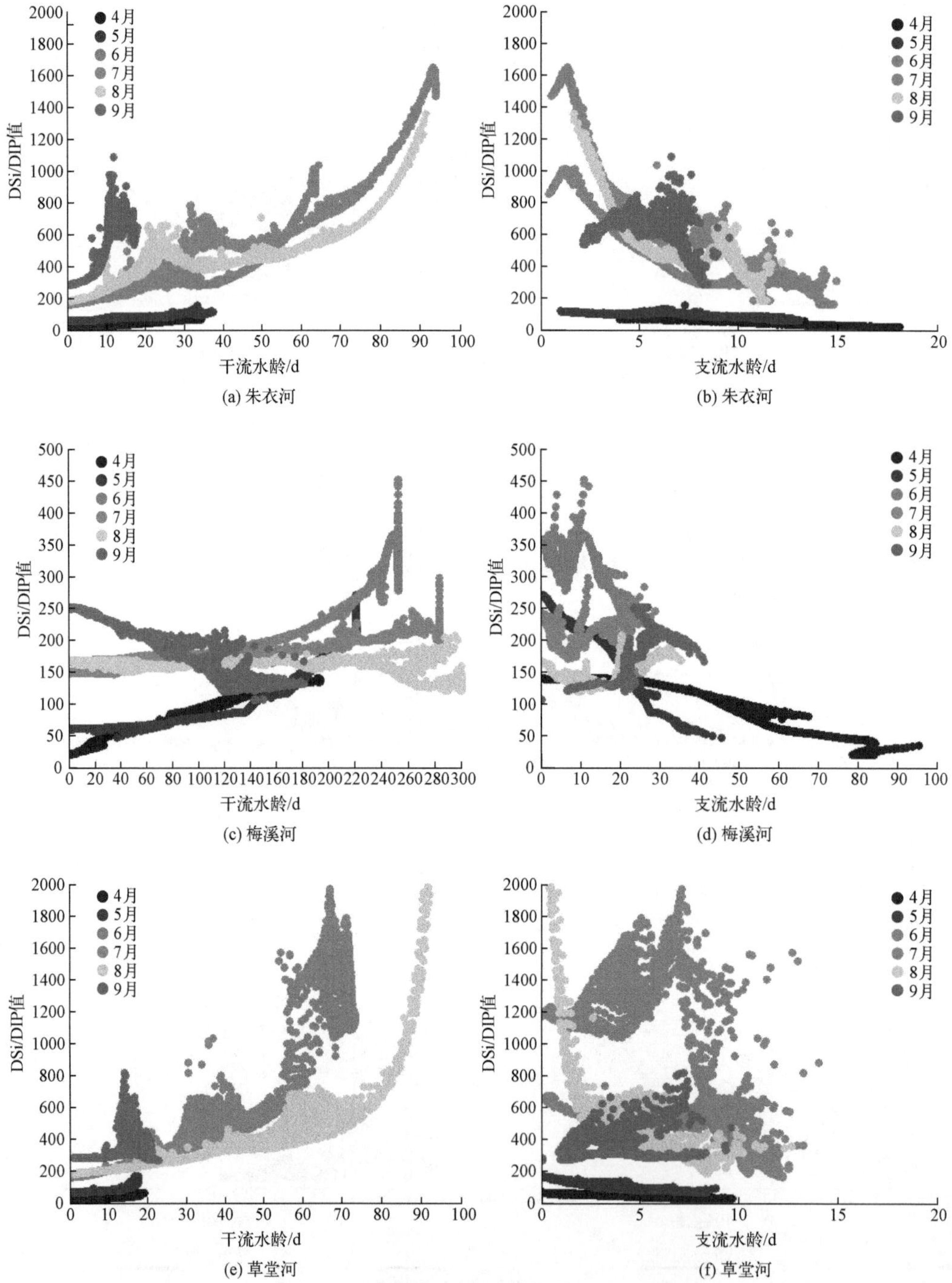

图6-62　支流库湾表层水体硅磷比与水龄关系

7 月、8 月时，朱衣河和草堂河硅磷比有显著的增高，这主要是由于支流入流的磷酸盐显著减少，因而导致在库湾上部硅磷比急剧增高。从水龄表现关系上看出，干流水龄较大的位置硅磷比显著增大，而在支流水龄较小的地方硅磷比也显著增大。

6.6.4 水龄与二氧化碳分压

在淡水体系中，水体浮游植物生长过程往往优先利用水体中溶解的 CO_2，常用 p（CO_2）即水体中 CO_2 分压来表示。在浮游植物旺盛生长期间，水体中溶解 CO_2 被大量吸收，并构成光合作用的限制性因子。这一过程同时导致水体 pH 值升高，受碳酸盐平衡体系的影响，水体 p（CO_2）显著降低。因此，作为浮游植物生长必需的重要碳源，水体 p（CO_2）大小能快速反映水体中光合作用强度，可以用来指示水华的发生、发展过程。

此外，由于库区支流库湾营养盐和水体主要靠干流补给，干流水龄（表征干流水体在库湾中的运移时间）在库湾中的分布特征将对库湾水华产生重要影响。图 6-63 对干流水体在梅溪河、朱衣河、草堂河中表层水龄与表层水体 p（CO_2）进行了综合分析。在 7 ～ 8 月，三峡水库处于汛期，水位调控频繁，干流水体浊度很高。高浊度水体能够侵入支流库湾中游以上区域，在这一时期，支流库湾水华不易暴发。因此，在分析中去掉了 7 ～ 8 月的数据。

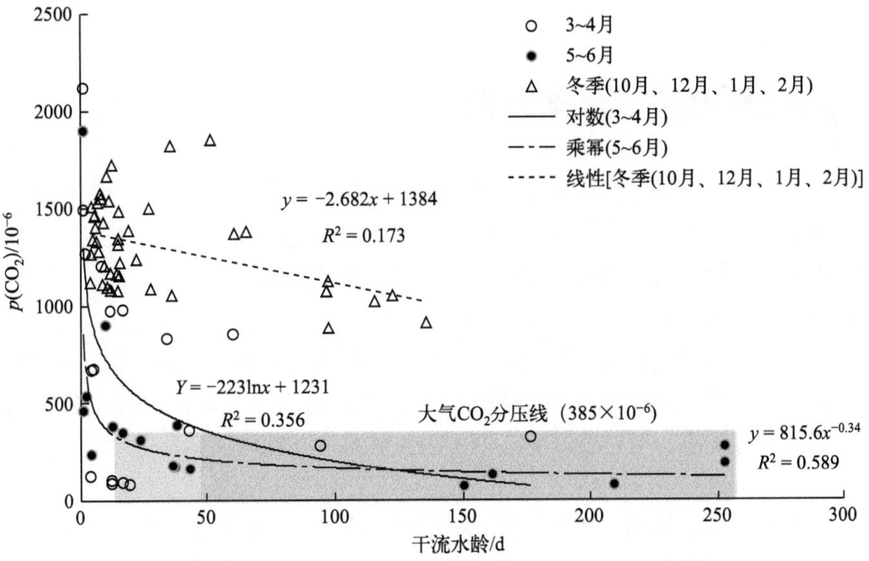

图6-63 三峡库区支流库湾中干流表层水龄与表层水体p（CO_2）相关分析

由图 6-63，可以将水龄与二氧化碳的关系划分为如下 3 种。

（1）非生长季节（冬季）

冬季是非生长季节，水温低，光照弱，不利于浮游植物生长，表层水体水龄与 p（CO_2）

之间相关性不明显；同时，这一时期库湾中也不易出现水华现象。

（2）3 ~ 4 月

随着光照和水温逐渐增加，三峡库区支流库湾初级生产力逐步提高。根据图 6-63，随着干流水体在支流表层的水龄逐渐增加，表层水体中 p（CO_2）明显减小，并呈现对数减小关系。以大气 CO_2 分压水平作为水体中溶解 CO_2 的限制性边界，即水体中 p（CO_2）低于大气水平，表明水体中溶解 CO_2 处于限制性水平，同时也表明水体中光合作用强度高，易暴发水华。根据水龄与 p（CO_2）拟合曲线大致可以判断，这一时期水龄超过 40d，表层水体 p（CO_2）逐渐低于大气水平。这可能表明，3 ～ 4 月库湾水华易暴发的区域为水龄超过 40d 的表层水域。

（3）5 ~ 6 月

这一时期库湾表层水体光照条件、水温条件以及营养条件均适合浮游植物生长。从图 6-63 来看，库湾表层水体 p（CO_2）随着水龄增加迅速减小，表明光合作用比 3 ～ 4 月明显增强。根据这一时期的拟合曲线判断，水龄大致超过 15d，即导致溶解 CO_2 处于限制性水平。在这一时期，产生库湾水华的水龄条件大大低于其他季节，库湾更容易暴发水华现象。

根据上述关系，可以认为：三峡库区支流库湾水华现象与干流在支流中水龄大小密切相关；不同季节水华暴发的水龄条件变化比较大，如 5 ～ 6 月的水龄条件明显低于 3 ～ 4 月。因此，采用水龄来判断库湾水华潜在暴发区域需要考虑季节性差异。

6.7　支流库湾调控对策方案

目前，三峡支流水华逐渐由硅藻、甲藻为优势的河道型水华向蓝藻、绿藻为优势的湖泊型水华演替，已成为当前三峡库区备受关注的生态环境问题之一。传统物理、化学及生物操纵法也只能“治标式”地在一定程度上缓解水华暴发强度，而且应用范围小，负面影响尚不确定。三峡水库支流蓄水前、后水动力条件的改变，目前已被公认为是支流水华暴发的主要诱导因子。通过三峡水库生态调度改善支流水力条件，进而控制支流水华的生态调度方法被广泛接受。通过水库生态调度防控支流库湾水华，具有影响范围大、作用强、见效快、费用低等优点，有可能成为近期缓解三峡水库支流库湾水华等水环境问题的有力措施。

在水生态系统中，氮磷比（N/P 值）具有指示藻类生长限制的作用，为了说明藻类生长所需要的氮和磷相对数量关系，化学方程式（6-64）常用于表示藻类光合作用：

$$106CO_2+16NO_3^-+HPO_4^{2-}+122H_2O+18H^+ \longrightarrow C_{106}H_{263}O_{110}N_{16}P+138O_2 \tag{6-64}$$

因此，在藻类中 N/P 值为

$$\frac{16\times14}{1\times31}=7.2$$

藻类吸收氮和磷的比值大致是一个常数，即每吸收一个原子的磷就要吸收 16 个原子的氮，或者表示为两者的质量比为 7.2 ： 1，通常情况下，这个比值范围在 10 ～ 20 之间。当 N/P 值＜ 10 时，意味着氮处于缺乏状态，限制了藻类生长。当 N/P 值＞ 20 时，磷就成为藻类生长的限制营养物质。在三峡水库支流中，朱衣河、梅溪河、草堂河的 N/P 值均大于 20，因此磷是限制支流浮游植物生长的营养物质，应在支流水华防控方案中考虑削减磷酸盐对支流水华进行防控。

6.7.1 潮汐式调度可行性分析

在三峡水库支流水华敏感期开展潮汐式调度是目前热议的生态调度方案之一，本书中运用数值模型研究潮汐调度对水华的防控效果，即通过短时间的水位抬升和下降来增强干支流间的水体交换，破坏库湾水体分层状态从而抑制水华。

进行潮汐式调度，首先需要分析三峡水库水位波动情况，三峡水库水位变化情况及逐日水位变动情况如图 6-64 所示，可以看出逐日水位变化最大为 4m，一般集中在 1m 以内。

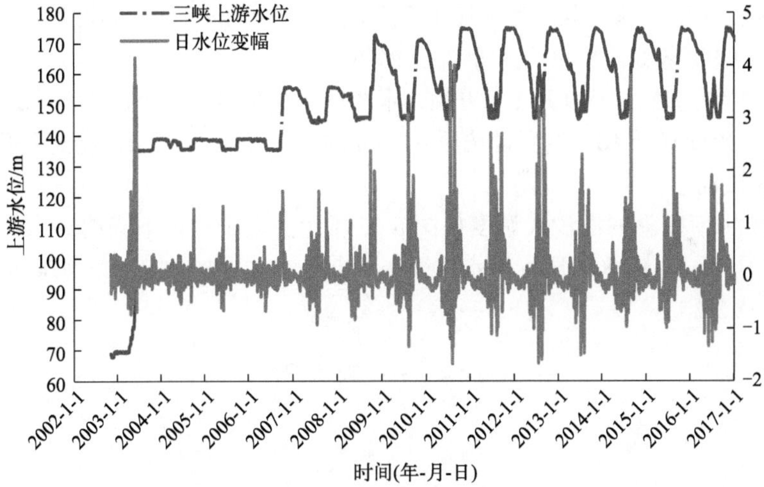

图6-64 三峡水库水位变化情况及逐日水位变动情况

水库日水位波动一方面受三峡水库天然入流影响，另一方面受三峡水库防汛调度的泄水影响。此外，在水库不同的运行期，水位波动情况也不尽相同，因此本书对三峡不同运行期进行了频率分析（图 6-65）。结果表明，在泄水期，日水位变幅相对较小，一般维持在 0.5m 以下，P=50% 频率下的日水位变幅仅为 0.16m ；在低水位运行期和蓄水期，日水位变幅相对较大，一般维持在 1m 左右，P=50% 频率下的日水位变幅分别为 0.36m 和 0.37m。

三峡水库支流库湾的水华主要集中在 4 ～ 10 月，即水库调度运行的泄水期、低水位运行期和蓄水期，因此本书在进行潮汐调度时，考虑在不同的阶段内首先满足水库调度运行的任务安排，通过水库的蓄泄调节，实现逐日的水位波动。

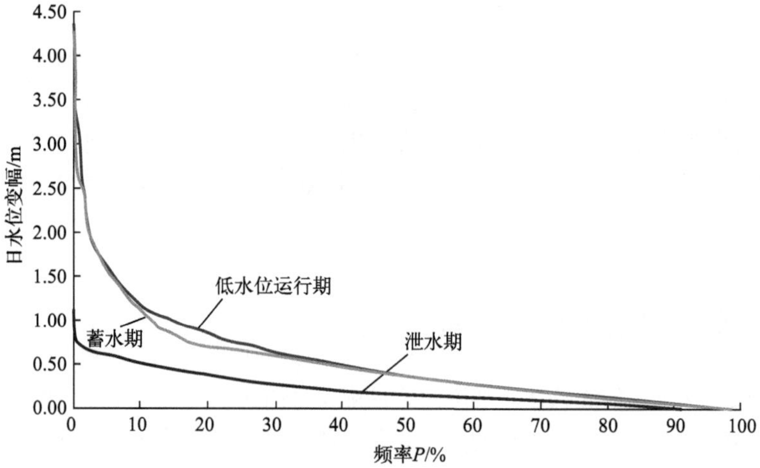

图6-65　三峡水库日水位变幅频率分析

① 泄水期方案。从 4 月初开始，水位按照 0.6m/d 的幅度连续下降 2d 后，水位按照 0.1m/d 的幅度提升 1d，然后再按照 0.6m/d 的幅度连续下降 2d，逐渐降低至 145m，实现库区水位波动。

② 低水位运行期方案。从 6 月 1 日开始，水位按照 0.5m/d 的幅度连续上升 4d 后，再按照 0.5m/d 的幅度连续下降 4d，实现库区水位波动。

③ 蓄水期运行方案。从 9 月 1 日开始，水位按照 0.7m/d 的幅度连续上升 2d 后，水位按照 0.1m/d 的幅度降低 1d，然后再按照 0.7m/d 的幅度连续上升 2d，逐渐上升至 175m，实现库区水位波动。

整个三峡水库完整的潮汐式调度如图 6-66 所示。整个水位下降期日水位变幅约为 0.37m/d（P=21.0%），低水位运行期水位变幅为 0.5m/d（P=37.6%），蓄水期水位变幅为 0.43m/d（P=42.2%）。

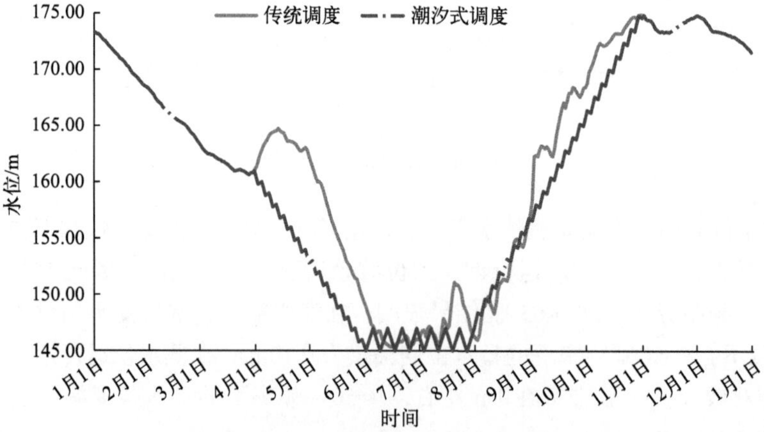

图6-66　三峡水库潮汐式调度方案

防控效果主要从水华范围和水华区域叶绿素 a 平均浓度两方面考虑。缩小了水华范围和降低了水华区域叶绿素 a 平均浓度都认为是有效的防控方案。

针对三种不同类型的优化模拟，支流库湾的防控效果如下。

(1) 朱衣河效果

朱衣河潮汐调度方案结果对比如图 6-67 所示。

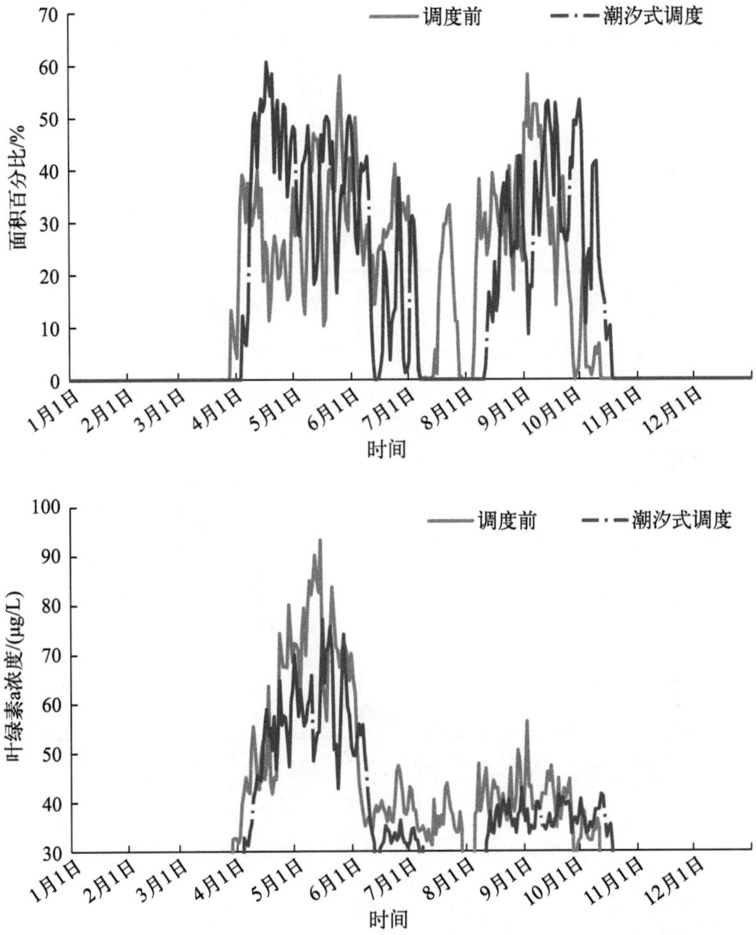

图6-67 朱衣河潮汐调度方案结果对比

朱衣河在水华敏感期发生水华区域的面积在 8 ～ 9 月有明显减小，水华区域的叶绿素 a 平均浓度也有明显降低，但是在 4 ～ 7 月及 10 月间水华区面积有一定增加。这说明潮汐式调度改变了支流营养盐补充和维持机制，使得支流水华形式与正常运行期有明显的区别，总体上说潮汐式调度对支流水华防控有一定作用。

(2) 梅溪河效果

梅溪河潮汐调度方案结果对比如图 6-68 所示（书后另见彩图）。

梅溪河在水华敏感期发生水华区域的面积无明显变化，仅是在时间上有所滞后。水华区的叶绿素 a 平均浓度也有一定降低。这说明潮汐式调度虽然改变了支流营养盐补充和维持机制，使得支流水华形式与正常运行期有一定区别，总体上说潮汐式调度对支流水华防控无明显作用。

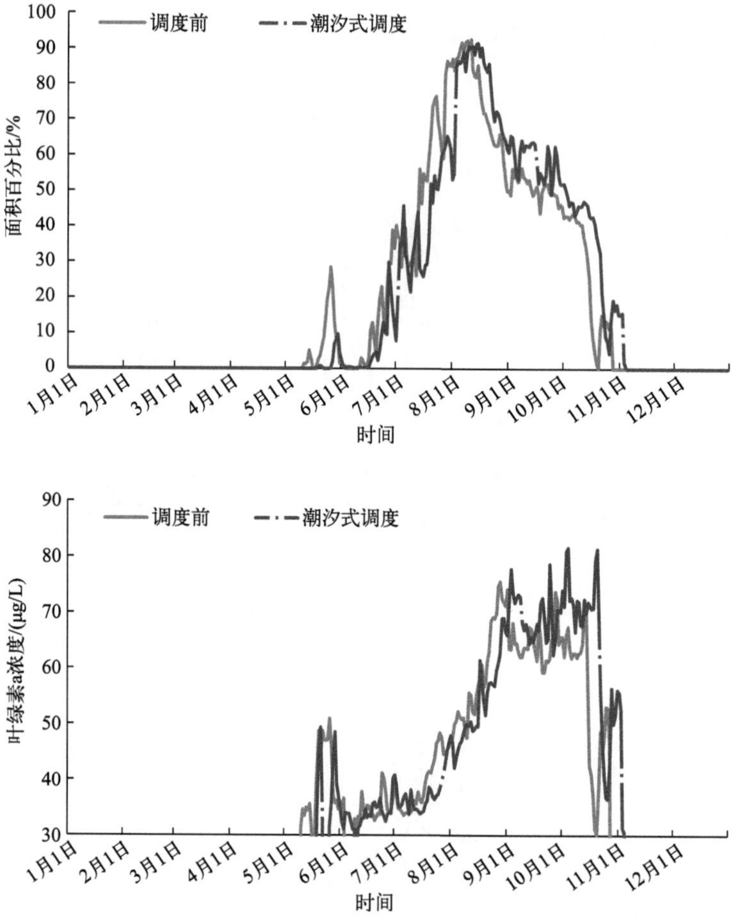

图6-68　梅溪河潮汐调度方案结果对比

（3）草堂河效果

草堂河潮汐调度方案结果对比如图 6-69 所示（书后另见彩图）。

草堂河在水华敏感期发生水华区域的面积无明显减少，水华区的叶绿素 a 平均浓度也无明显降低。这说明对草堂河这样相对较短，并且与干流成水平交汇的支流来说，潮汐式调度对支流水华防控无明显作用。

6.7.2　营养盐调控方案

由于支流库湾中的水体大部分来源于长江倒灌，而且来自长江的营养盐占到 50% ～ 90%，因此考虑对库湾主要营养盐来源进行削减控制，以达到水华调控的目的。首先对长江干流的磷酸盐削减 20% 进行效果分析。

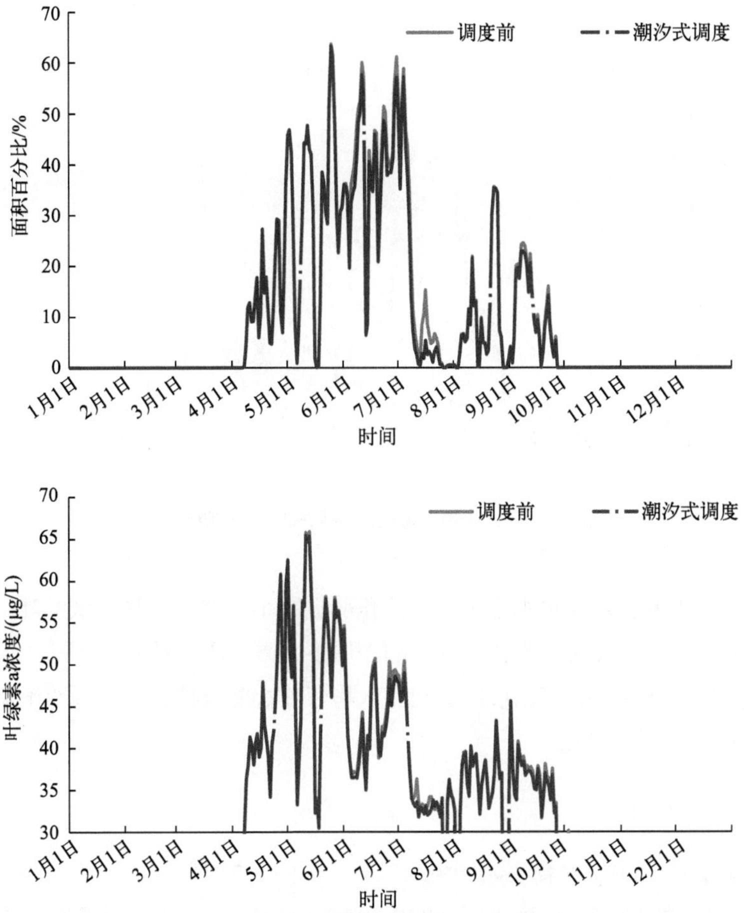

图6-69 草堂河潮汐调度方案结果对比

(1)朱衣河效果

干流削减磷酸盐 20% 对朱衣河调控结果对比如图 6-70 所示(书后另见彩图)。

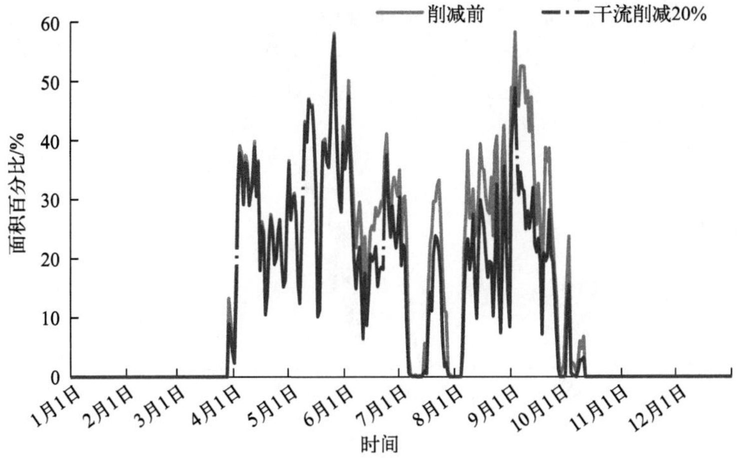

图6-70

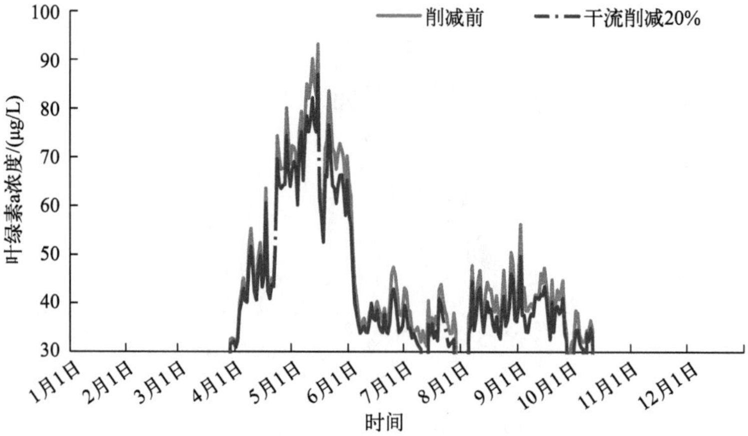

图6-70　干流削减磷酸盐20%对朱衣河调控结果对比

朱衣河在水华敏感期发生水华区域的面积明显减小，并且水华区域的叶绿素 a 平均浓度也有明显降低，这主要是由于在密度流的作用下，来自干流的水体不断入侵支流，从而不断地对支流进行营养盐补充，形成了支流水华营养盐的维持机制。说明干流削减磷酸盐对支流水华防控有明显作用。

(2) 梅溪河效果

干流削减磷酸盐 20% 对梅溪河调控结果对比如图 6-71 所示（书后另见彩图）。

梅溪河在水华敏感期发生水华区域的面积有一定减小，并且水华区域的叶绿素 a 平均浓度也有明显降低，这主要是由于在密度流的作用下，来自干流的水体不断入侵支流，从而不断地对支流进行营养盐补充，形成了支流水华营养盐的维持机制。说明干流削减磷酸盐对支流水华防控有明显作用。

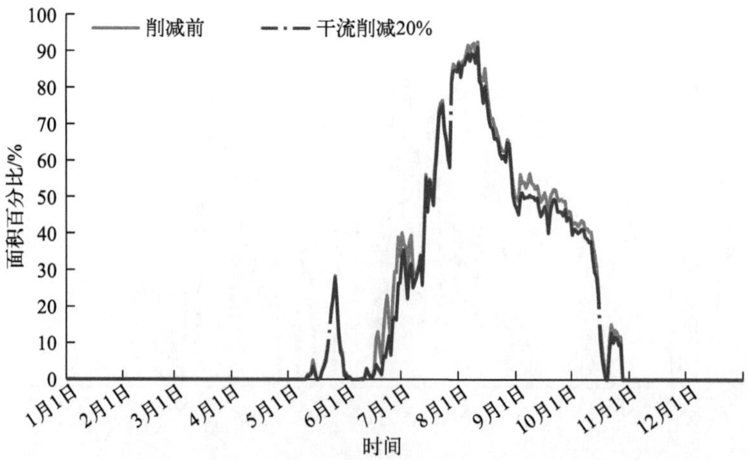

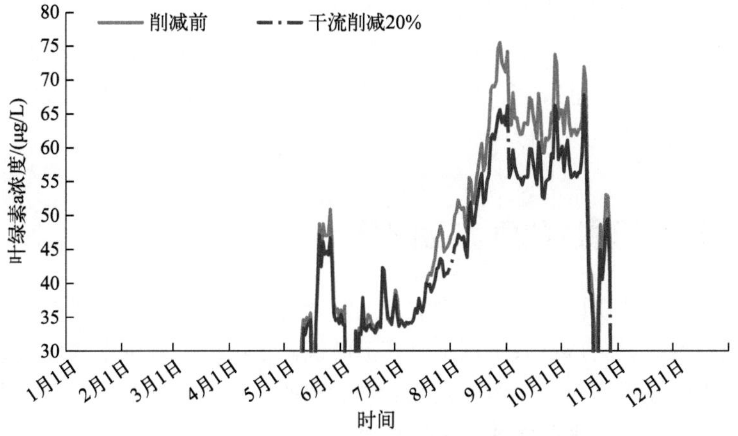

图6-71 干流削减磷酸盐20%对梅溪河调控结果对比

(3)草堂河效果

干流削减磷酸盐 20% 对草堂河调控结果对比如图 6-72 所示(书后另见彩图)。

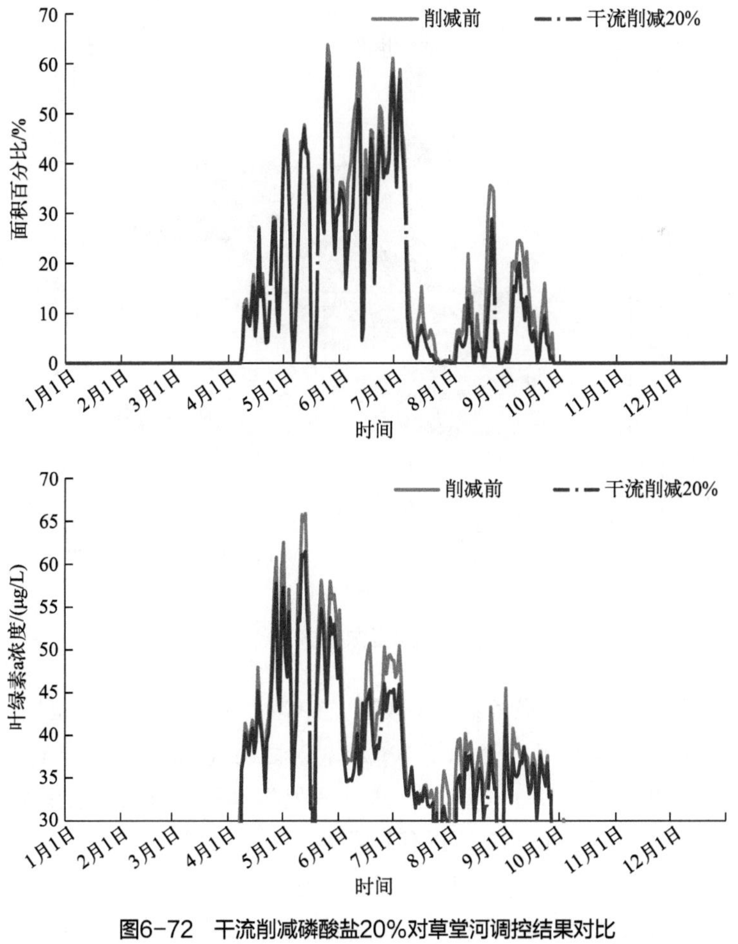

图6-72 干流削减磷酸盐20%对草堂河调控结果对比

草堂河在水华敏感期发生水华区域的面积有一定减小，并且水华区域的叶绿素 a 平均浓度也有明显降低，这主要是由于在密度流的作用下，来自干流的水体不断入侵支流，从而不断地对支流进行营养盐补充，形成了支流水华营养盐的维持机制。说明干流削减磷酸盐对支流水华防控有明显作用。

6.7.3　支流水华调控的营养盐阈值

支流库湾是典型的磷限制水体，磷酸盐的浓度对于藻类生长和发育起着关键作用。有针对性地削减磷酸盐，可以有效降低支流库湾叶绿素 a 浓度，减少水华发生。本书在充分分析不同类型支流在不同时段中营养盐与叶绿素 a 的关系的基础上，分别提出营养盐削减方案，最后综合给出三峡水库营养盐调控阈值。

（1）朱衣河营养盐调控阈值

根据计算出的叶绿素 a 浓度和总磷（TP）浓度，可以得出朱衣河中营养盐与叶绿素 a 浓度的关系，如图 6-73 所示（书后另见彩图）。可以明显看出，整个朱衣河的叶绿素 a 浓度与营养盐水平之间呈现两种不同的相关关系。

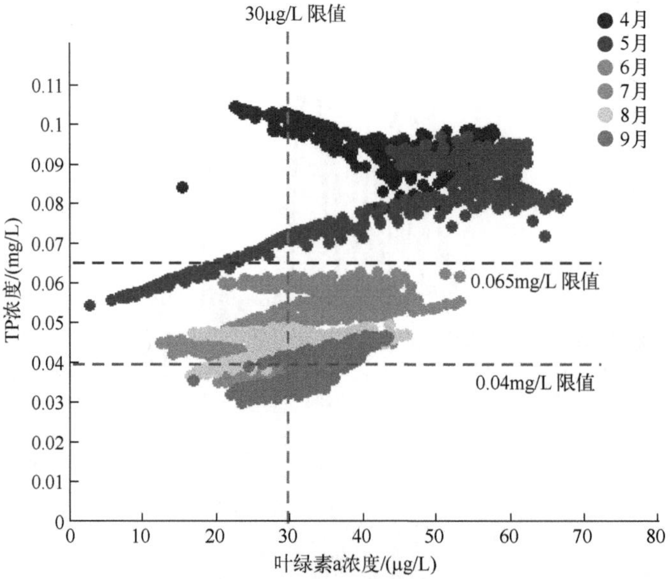

图6-73　朱衣河营养盐浓度与叶绿素a浓度关系

在 4 月和 5 月时，朱衣河营养盐水平较高，TP 浓度大多高于 0.06mg/L。在这一阶段，叶绿素 a 浓度维持了较高水平，达到了 70μg/L，与之对应的 TP 浓度达到了 0.08mg/L 的水平，但是在 TP 浓度低于 0.065mg/L 时，基本不发生水华。因此建议在 4 月和 5 月调控朱衣河的 TP 浓度低于 0.065mg/L，可以有效降低叶绿素 a 浓度。

在 6～9 月，朱衣河营养盐水平比前一阶段所有降低，TP 浓度维持在 0.06～0.02mg/L。在这一阶段，叶绿素 a 浓度维持了中等水平，达到了 50μg/L，与之对应的 TP 浓度达到了

0.05mg/L 的水平，但是在 TP 浓度低于 0.04mg/L 时，基本不发生水华。因此建议在 6 ～ 9 月调控朱衣河的 TP 浓度低于 0.04mg/L，可以有效降低叶绿素 a 浓度至 30μg/L。

（2）梅溪河营养盐调控阈值

根据计算出的叶绿素 a 浓度和 TP 浓度，可以得出梅溪河中营养盐与叶绿素 a 浓度的关系，如图 6-74 所示（书后另见彩图）。可以明显看出，整个梅溪河的叶绿素 a 与营养盐浓度之间呈现两种不同的相关关系。

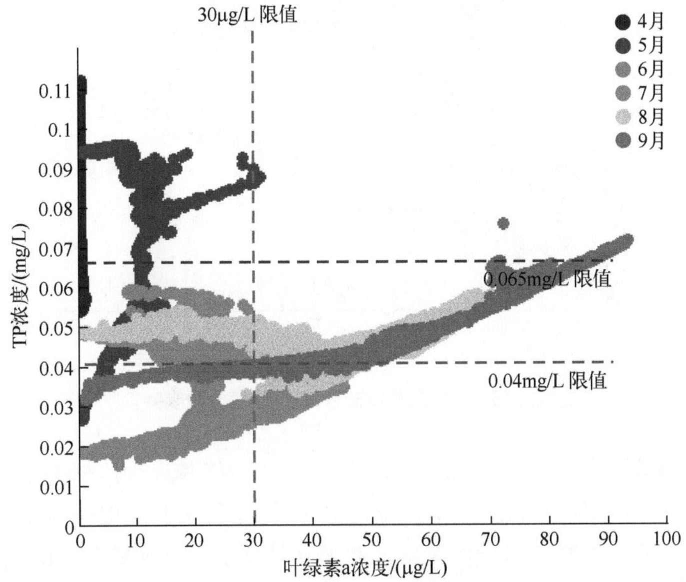

图6-74 梅溪河营养盐浓度与叶绿素a浓度关系

在 4 ～ 6 月时，梅溪河营养盐浓度较高，TP 浓度大多高于 0.06mg/L。在这一阶段，叶绿素 a 浓度维持了较低水平（30μg/L），与之对应的 TP 浓度一般达到了 0.095mg/L 的水平，但是在 TP 浓度低于 0.095mg/L 时，基本不发生水华。因此建议在 4 月和 5 月调控梅溪河的 TP 浓度低于 0.095mg/L，可以有效降低叶绿素 a 浓度。

在 7 ～ 9 月时，梅溪河营养盐浓度大多低于 0.06mg/L。在这一阶段，叶绿素 a 浓度维持了较高水平，达到了 90μg/L，与之对应的 TP 浓度一般达到了 0.06mg/L 的水平，但是在 TP 浓度低于 0.04mg/L 时，基本不发生水华。因此建议在 7 ～ 9 月调控梅溪河的 TP 浓度低于 0.04mg/L，可以有效降低叶绿素 a 浓度至 30μg/L。

（3）草堂河营养盐调控阈值

根据计算出的叶绿素 a 浓度和 TP 浓度，可以得出草堂河中营养盐与叶绿素 a 浓度的关系，如图 6-75 所示（书后另见彩图）。可以明显看出，整个草堂河的叶绿素 a 与营养盐浓度之间也呈现两种不同的相关关系。

4 月和 5 月，草堂河营养盐浓度较高，TP 浓度大多高于 0.6mg/L。在这一阶段，叶绿素 a 浓度维持较高水平，达到了 50μg/L，与之对应的 TP 浓度达到了 0.07mg/L 的水平，在 TP 浓度低于 0.065mg/L 时，基本不发生水华。因此建议在 4 月和 5 月调控草堂河的 TP 浓度低于 0.065mg/L，可以有效降低叶绿素 a 浓度。

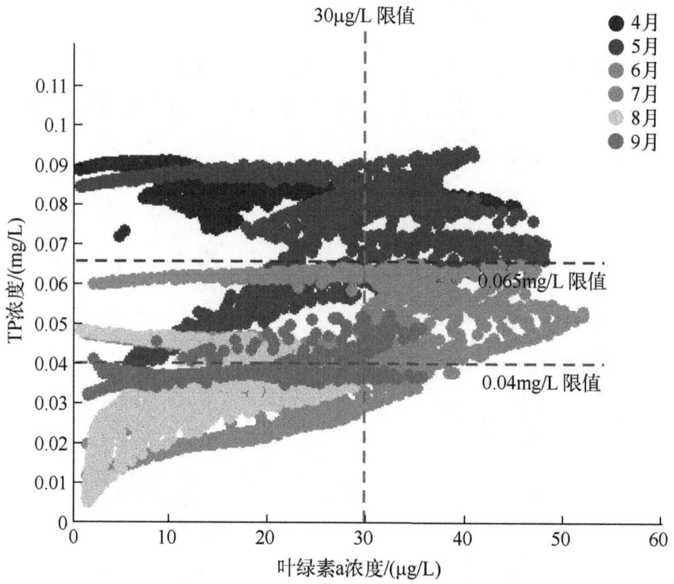

图6-75　草堂河营养盐浓度与叶绿素a浓度关系

6～9 月，草堂河营养盐浓度比前一阶段有所降低，TP 浓度维持在 0.06～0.03mg/L。在这一阶段，叶绿素 a 浓度维持 50μg/L，与之对应的 TP 浓度在 0.05mg/L 水平，TP 浓度低于 0.04mg/L 时，基本不发生水华。建议在 6～9 月调控草堂河的 TP 浓度低于 0.04mg/L，可以有效降低叶绿素 a 浓度至 30μg/L。

综上所述，根据朱衣河、梅溪河、草堂河不同月份营养盐浓度与叶绿素 a 浓度之间的关系分析，可以对水库提出有效的营养盐调控阈值：

① 在 4～5 月间，降低长江干流和支流库湾的 TP 浓度至 0.065mg/L，可以有效降低叶绿素 a 浓度至 30μg/L。

② 在 6～9 月间，降低长江干流和支流库湾的 TP 浓度至 0.04mg/L，可以有效降低叶绿素 a 浓度至 30μg/L。

第二篇 治理技术篇

第 7 章 三峡库区乡村生活污水与垃圾处理技术

7.1 农村户用生活污水处理技术

7.1.1 农村生活污水情况调查

本章选择重庆市涪陵区南沱镇睦和村龙王沟小流域（N29.866758°、E107.462479°）作为典型小流域进行研究。龙王沟小流域位于长江南岸，为长江的一级支流，包含南沱镇睦和和连丰两个行政村。

7.1.1.1 农村生活污水分布格局

（1）研究方法

三峡库区地形以山地丘陵为主，受经济发展水平和其他因素的制约，库区农村的污水处理管网设施极为不完善，居民生活污水随意排放，因此居民生活污水排放格局与居民点分布格局密切相关。因此可通过对居民点分布格局的研究来表征库区居民点农村生活污水排放格局。对居民点分布格局的研究，主要从海拔、坡度、坡向等地形因子入手，并利用最近邻指数法对其分布格局类型进行判定，进而指示流域内农村生活污水排放格局。

1）GIS 空间数据分析和实地调查监测

采用手持 GPS 测定流域内各个居民点的经纬度和海拔高程，采用六五式罗盘仪测定流域内居民点的坡度、坡向，并调查记录流域内各个居民点的家庭基本情况（年龄、人口数、年纯收入水平等）。利用 GIS 软件，结合实地监测出的各居民点经纬度等数据，提取出研究流域的基本信息（宽度≥ 3m 的公路、流域分水线、河流等），制作农村居民点分布图、流域人口分布图以及流域农村生活污水分布图，用以直观地观察流域居民点分布的基本情况。本章所指的农村居民点是指流域内单个农户居住所用地。

2）污水格局分析

分布格局类型的判定借鉴聚落地理学中的居民地分布研究方法——最近邻指数法，对流域居民点分布格局类型进行探讨。

$$R = \overline{D} \times 2\sqrt{N/S} \tag{7-1}$$

式中　$\overline{D}$——各居民点与其最邻近居民点之间距离的平均值；

N——居民点总数；

S——研究流域的面积。

当 $R \leqslant 0.5$，为密集分布；当 $0.5 < R < 1.5$，为随机分布；当 $R \geqslant 1.5$，为均匀分布。最近邻指数反映了区域居民点的分布类型，由此可进一步分析区域居民点的分布机制。

（2）研究结果

1）流域内居民点和污水分布格局

农村生活污水量分为三个等级，等级一、二、三的每日污水量范围分别为 24.5 ～ 113.4L（1 ～ 2 人）、73.5 ～ 226.8L（3 ～ 4 人），122.5 ～ 340.2L（5 ～ 6 人）。

运用坡度、坡向及海拔等指标对居民点房屋分布格局进行分析，并采用点格局分析方法对其分布格局类型进行判断。

居民点分布类型有均匀型、随机型和聚集型 3 类。依据最近邻指数公式，居民点个数 N=145，研究流域面积 S=2.4km^2，$\overline{D}$=21.2m，代入公式得 R=0.33，小于 0.5，故流域内生活污水排放呈密集分布。

2）地形对生活污水排放格局的影响

研究流域内的居民点分布全都集中在海拔 300m 以下。由表 7-1 可知，随着海拔的升高，居民点数量大致呈递减趋势，流域内居民点主要分布在海拔 180 ～ 220m 范围内，污水产生量占流域内污水总量的百分比为 60.2%，而海拔在 240 ～ 260m 的 20m 落差范围内，仅有 14 个居民点，日产生污水量 1254.0L，占流域污水总量的 9.6%。

表7-1　不同海拔居民点生活污水分布情况

地形因子	地形位/m	居民点个数	人数	日产生污水量/L	比例/%
海拔	180～200	53	126	4788.0	36.6
	200～220	34	81	3078.0	23.6
	220～240	44	104	3952.0	30.2
	240～260	14	33	1254.0	9.6

将坡度按 0° ～ 5°（平地与微斜坡）、5° ～ 15°（缓坡）、15° ～ 25°（斜坡）、25° ～ 35°（陡坡）、＞ 35°（急陡坡）分为 5 个连续等级。不同坡度居民点生活污水分布情况见表 7-2。

表7-2 不同坡度居民点生活污水分布情况

地形因子	地形位/(°)	居民点个数	人数	日产生污水量/L	比例/%
坡度	0～5	28	60	2280.0	17.5
	5～15	46	106	4626.2	30.8
	15～25	36	83	4028.0	24.1
	25～35	16	39	1482.0	11.3
	＞35	19	56	2128.0	16.3

根据表7-2可知，流域内多数居民点位于缓坡带和斜坡带，共达到流域内居民点总数的56.6%，这可能是因为坡度较小，日常生活较方便，其污水产生量达流域污水产生量的54.9%。其次是位于平地与微斜坡带的居民点，有28个居民点，流域内有17.5%的污水量来源于此坡度的居民点。位于陡坡带和急陡坡带的居民点较少，分别有16个和19个居民点，污水分别占流域污水总量的11.3%和16.3%。

不同坡向居民点生活污水分布情况见表7-3。

表7-3 不同坡向居民点生活污水分布情况

坡向	居民点个数	人数	日产生污水量/L	比例/%
N	18	43	1634.0	12.5
NE	7	17	646.0	4.9
E	12	28	1064.0	8.2
SE	17	40	1520.0	11.6
S	9	22	836.0	6.5
SW	21	50	1900.0	14.6
W	15	35	1330.0	10.1
NW	46	109	4141.0	31.6

注：N—北；NE—东北；E—东；SE—东南；S—南；SW—西南；W—西；NW—西北。

由表7-3可知，位于西北方的居民点数目较多，该方位上居民点日产生污水量占流域总污水量的31.6%；其次是位于西南方和北方，其污水占流域总污水量的14.6%和12.5%；位于东北方的居民点数较少，仅有7个，日产生污水量为646.0L。

7.1.1.2 农村生活污水排放现状

(1) 研究方法

三峡库区水位上升使得流域聚居农村院落与水体之间的隔离带变得更加狭窄，农村地区生活污水收集和处理难度较大，农村地区的生活污水对库区水生态环境存在十分严重的影响。2013年，项目组采用发放问卷、个别访谈和取样检测的方式对研究区进行了给排水现状调查。调查问卷的内容以农村居民生活环境的现状、相关设备、费用、用水行为和意见等方面为主，涉及供水情况、用水特征、用水类别等15个具体问题。共计发放调查问卷 60 份，回收有效问卷 55 份，回收率约 92%，调查结果真实有效。受访人员年龄分布在 20 ～ 65 岁之间，受教育程度多在初中以上，他们熟悉自家家庭日常用水状况，能够准确理解调查表的内容及调查的意义，并相对准确地提供相应数据。

（2）研究结果

农村居民住房类型主要为两层或三层小楼房，临街一楼一般为储藏间，用于放置农具和粮食等，同时配备厨房和卫生间；二楼以上用于居住。居民用水主要有自来水和自家机井水。白开水是主要的饮用水，有大约 49% 的受访家庭安装了净水器。夏季和工作繁忙时节是居民用水的高峰期。

在受访农户中，89% 的居民拥有自家单独的厨房和卫生间，只有极少数的农户采用集中水龙头的用水模式。太阳能热水器是主要的热水供应方式。每户均建有沼气池，用于收集居民厕所和部分厨房排水。洗衣用水和部分厨房污水直接倾倒在地面上或者通过房屋旁的小沟小渠排放到附近的水体。

7.1.1.3 农村生活污水污染物特征

（1）研究方法

1）监测点的设置

根据居民家庭成员组成情况，将农户分为 2 人（2 个成年人）、3 人（2 个成年人和 1 个小孩）、3 人（3 个成年人）、5 人（4 个成年人和 1 个孩子）、6 人（4 个成年人和 2 个孩子）5 类。每类农户各选择 5 户，于 2014 年对选取的 25 个代表性农户生活污水进行监测实验。

2）生活污水收集与现场取样

由于农村家庭的用水习惯和城市家庭存在明显差异，污水形成后就地散排，很难保证把生活污水全部收集起来，为调查分析各类生活污水产生量，于实验前一天向调查的 25 个农户分别发放 3 个桶，每个桶分别用于收集厨房污水、洗衣污水和厕所污水，每天计量其厨房水、洗衣水及每日用水总量（自来水表前后 2 天的差值）。取样前，充分搅拌收集桶内污水，使污水混合均匀，在污水收集桶的不同部位、不同深度多点采样，将采集的污水倒入一个干净塑料盆中，使塑料盆中的污水量达到 10L 左右，先测定污水 pH 值，然后边搅拌，边滴加硫酸溶液，将生活污水的 pH 值调到 2 左右。分取 1500mL 左右样品，保存备用。

3）污水监测指标及检测分析方法

污水监测指标有 COD、TN、NH_3-N、TP 和 pH 值，各指标分别采用稀释与接种法、重铬酸盐法、碱性过硫酸钾消解紫外分光光度法、蒸馏 - 中和滴定法、钼酸铵分光光度法、重量法、玻璃电极法进行测定。

（2）研究结果

1）典型农户生活污水产排量

监测结果表明，三峡库区农户平均每日产生污水量为 133.5L，人均日产生污水量为 38.0L（表 7-4）。

表7-4　三峡库区典型小流域农村生活污水产生量

农户类别	户常住人口数	户平均污水日产生量/L	人均每日污水量/L	变异系数/%
1	5	122.1	24.5	64.5
2	3	170.2	56.7	67.3
3	2	99.8	49.9	71.2
4	3	78.2	26.1	65.7
5	6	197.0	32.8	59.9
均值	3.8	133.5	38.0	65.7

由表 7-4 可知，各类农户的污水量变异系数相差不大，为 65% 左右。第 2 类农户和第 4 类农户的常住人口数相同，可前者的人均日产污水量是后者的 2 倍之多，这可能是由居民的环保意识、生活习惯差异导致。按照此监测结果平均值计算，所研究的龙王沟小流域常住人口数 344，人均每日产生污水量 38.0L，流域居民平均日产生生活污水 13.1m^3，平均年产生生活污水 4771.3m^3。

由表 7-5 可知，农村生活污水主要来源于厨房污水、洗衣污水和厕所污水，其中厨房污水人均日产生量 20.7L，占 54.5%；洗衣污水人均日产生量 11.4L，占 30.0%；厕所污水人均日产生量 5.9L，占 15.5%。

表7-5　三峡库区典型小流域农村各类生活污水人均日产生量

污水类别	污水量/[L/(人·d)]	比例/%
厨房污水	20.7	54.5
洗衣污水	11.4	30.0
厕所污水	5.9	15.5

2）典型农户生活污水基本特征

① 生活污水污染物含量。农户的生活污水污染物含量的监测结果见表 7-6，生活污水的 pH 值范围在 4.1 ～ 9.2 之间，平均值为 7.2，约为中性；COD 值范围在 46.2 ～ 561.5mg/L 之间，平均值为 257.6mg/L；TP 值范围为 0.8 ～ 48.2mg/L，平均值为 4.7mg/L；TN 值范围为 8.6 ～ 260.4mg/L，平均值为 58.3mg/L；NH_3-N 值范围为 0.4 ～ 135.8mg/L，平均值为 46.2mg/L。

表7-6　三峡库区典型小流域农村生活污水污染物含量

指标	样品数	平均值	最小值	最大值
pH值	150	7.2	4.1	9.2
COD/(mg/L)	150	257.6	46.2	561.5
TP/(mg/L)	150	4.7	0.8	48.2
TN/(mg/L)	150	58.3	8.6	260.4
NH_3-N/(mg/L)	150	46.2	0.4	135.8

② 污水污染物的人均日产生量。流域内居民人均污染物日产生量见表 7-7，人均 COD 日产生量范围为 5.712 ～ 87.655g，平均值为 16.893g；人均 TP 日产生量范围为 0.017 ～ 1.871g，平均值为 0.185g；人均 TN 日产生量范围为 0.265 ～ 15.258g，平均值为 2.184g；人均 NH_3-N 日产生量范围为 0.009 ～ 6.462g，平均值为 0.641g。取各污染物平均值计，三峡库区龙王沟小流域常住人口数为 344，则流域内每日产生的污染物 COD 为 5.811kg、TP 为 63.64g、TN 为 751.30g、NH_3-N 为 628.43g。

表 7-7 三峡库区典型小流域农村污染物人均日产生量 单位：g

指标	样品数	平均值	最小值	最大值
COD	150	16.893	5.712	87.655
TP	150	0.185	0.017	1.871
TN	150	2.184	0.265	15.258
NH_3-N	150	0.641	0.009	6.462

③ 流域典型农户生活污水水质。根据来源，龙王沟流域农村居民生活污水可分为厨房污水、洗衣污水和厕所污水三类。

由表 7-8 可知，15 家农户生活污水的监测结果中厨房污水的各指标变化幅度均较大；洗衣污水中 TP、NH_3-N 变化幅度较大；厕所污水中 TN、NH_3-N 变化幅度较大，pH 值、TP 波动幅度较小。厕所污水中 TP、TN 和 NH_3-N 含量明显高于厨房污水和洗衣污水，厕所污水中 NH_3-N 占 TN 比重超过 90%。

表 7-8 三峡库区典型小流域农村各类生活污水水质情况

指标	厨房污水	洗衣污水	厕所污水
pH 值	4.0(3.5～7.3)	7.3(7.0～9.8)	7.7(7.3～8.0)
TP/(mg/L)	9.3(0.3～18.6)	0.6(0.3～1.8)	24.6(15.3～31.6)
TN/(mg/L)	44.8(17.2～82.0)	29.3(10.8～52.7)	8.0×10^2 [$(2.4～13.1)\times10^2$]
NH_3-N/(mg/L)	13.3(5.4～18.2)	3.4(1.2～7.4)	7.7×10^2 [$(2.3～12.8)\times10^2$]

注：括号外为均值，括号内为范围。

④ 居民用水季节性差异。农村居民的日常生活用水主要由洗澡、洗衣、厨用、饮用、冲厕等项目构成，从调查数据分析可以得出，在夏季，90% 以上的调查居民的洗澡频率为一天一次或一天一次以上，82% 的调查居民洗衣频率为一天一次或一天一次以上，居民家中各项用水支出从大到小依次为洗澡＞洗衣＞厨用＞冲厕＞饮用＞其他。在冬季，冲厕和厨用的水量没有明显变化，但洗澡和洗衣频率的降幅较大，大约 84% 的受访居民的洗澡、洗衣频率降为三四天一次，居民家中各项用水支出从大到小变为厨用＞冲厕＞饮用＞洗衣＞洗澡＞其他。农村居民用水季节差异的调查分析显示：冲厕、厨用和饮用的使用情况在一年四季中变化不大，而用水量较大的洗澡、洗衣等项目却出现了明显的季节差异，导致用水的波动性较大，给污水处理设施的设计带来了一定的困难。

7.1.2 基于自复氧生物滤床的农村户用生活污水处理技术

7.1.2.1 生活污水处理系统结构组成

三峡库区处于丘陵、山地的农村地区，农户居住较为分散，不宜建设常规集中污水处理设施，这类处理工艺多数需曝气环节，大多数农村缺乏经费来源，无法保障污水处理设施的长久运行和维护，导致污水处理设施成为“晒太阳工程”。针对现有的小型污水处理工艺存在的废水处理不达标、能耗较大的技术难题，项目组提出了一种工艺简单、能耗低、操作方便、处理效果好的以自然处理工艺为主的小型污水处理系统，既可以用于农村单户和联户生活污水处理，又可用于农村农家乐生活污水处理。本工艺包括顺次连接的隔油沉淀池、接触厌氧池、提升配水池、自复氧生物滤床以及人工湿地床五部分。隔油沉淀池内设置隔板；接触厌氧池内设置弹性填料；提升配水池内设置太阳能与常规动力相结合的提升泵，并配液位控制器；自然复氧生物滤床内设置填料层，从上至下依次为700mm的粗砂层、400mm砾石（粒径5～40mm）层、450mm砾石（粒径40～60mm）层，池体一侧设置复氧管，另一侧设置通气孔；人工湿地床内设置填料层，填料层厚700mm，填料为粒径20～40mm的石灰石、硅灰石等基质。

农村户用污水处理系统的工艺流程如图7-1所示。其中，自复氧生物滤床结构如图7-2所示。

7.1.2.2 生活污水处理系统工艺特点

（1）处理效果优于传统工艺

① 隔油沉淀池设置了挡板，兼具沉淀与隔油功能；厌氧池内设置了弹性填料，增加了微生物附着面积，提高了微生物浓度，厌氧处理效果较好。

② 自复氧生物滤床在传统快渗工艺基础上进行改进而来，系统虽然仍采用干湿交替的运行方式，淹水和落干相互交替，但通过在快渗池两侧设置通气孔和复氧管，从而将传统快渗池的好氧层和兼氧层细分为好氧层、兼氧层、好氧层、兼氧层，即好氧和兼氧环境交替出现两次。好氧生物滤层通过两侧设置的通气孔和复氧管，实现该层自然通气，为微生物活动提供了氧气，强化了废水有机物去除和硝化作用的效果。池体竖向上形成两次好氧-兼氧交替环境，进一步增强了总氮的去除效果。传统的快渗池对污染物去除作用主要集中在池体上半部，而自复氧生物滤床对池体每层均实现了有效利用，对污染物质去除效果有较大提升。通过自复氧生物滤床与普通快渗池对比试验，结论如下：a. 普通快渗池COD去除率平均为78%，自复氧生物滤床COD去除率平均为86%；b. 普通快渗池NH_3-N去除率平均为75%，自复氧生物滤床NH_3-N去除率平均为85%；c. 普通快渗池TN去除率平均为67%，自复氧生物滤床COD去除率平均为81%。

③ 人工湿地床中铺设有石灰石等基质，通过物理化学作用能够对磷起到较好的去除作用。

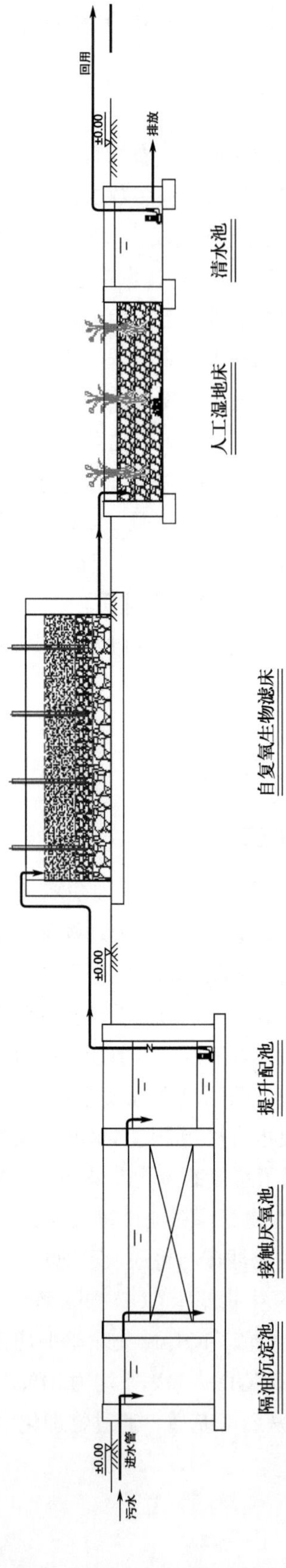

图7-1　农村户用污水处理系统的工艺流程

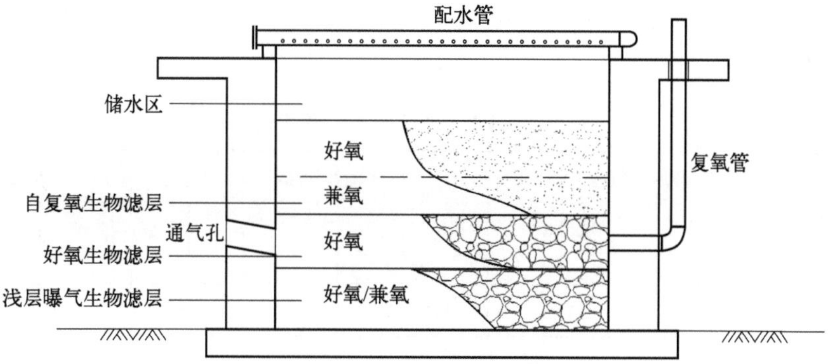

图7-2 自复氧生物滤床结构

(2)能耗低

本工艺仅蓄水提升池内污水提升需要外部提供能源，抽水泵的动力来自常规电能和太阳能，当阳光充足时太阳能可正常使用，能够满足提升动力需求，总体来看，工艺运行能耗低，运营成本少。

(3)运行管理方便

蓄水提升池内配备液位控制器，能够通过调节启 / 闭液位实现间断向快渗池供水，以满足快渗池间断运行的需求，运行管理方便。

7.1.2.3 工艺应用于农家乐污水处理效果分析

本污水处理设施于 2014 年 4 月开始建设，同年 6 月建设完成。经调试后，2014 年 10 月～ 2015 年 7 月期间共采集样品 12 次，其中，2014 年 12 月单月采集样品 3 次；2015 年 2 月由于进水管道堵塞，未采集样品。

(1)COD 去除效果分析

由表 7-9 可以看出，进水 COD 浓度平均为 758.15mg/L。污水经厌氧单元处理后，COD 去除率平均为 23.63%；污水经自复氧生物滤床单元处理后，COD 去除率平均为 75.73%；污水经砾石人工湿地处理后，COD 去除率平均为 54.60%。总体来看，最终出水 COD 浓度平均为 45.81mg/L，低于《城镇污水处理厂污染物排放标准》(GB 18918—2002)的一级 B 标准限值(60mg/L)，大部分情况下，出水 COD 浓度低于一级 A 标准限值(50mg/L)，一级 A 标达标率为 70%。未达标时间为 2014 年 10 月和 12 月，月平均最低温度维持在 4.6 ～ 6.8℃，因温度低过导致出水中 COD 浓度略超过排放标准限值。

(2)NH_3-N 去除效果分析

由表 7-10 可以看出，进水 NH_3-N 浓度平均为 20.2mg/L，最终出水 NH_3-N 浓度平均为 1.12mg/L，低于《城镇污水处理厂污染物排放标准》(GB 18918—2002)一级 A 标准限值(8mg/L)。污水经厌氧单元处理后，NH_3-N 去除率平均为 14.85%；污水经自复氧生物滤床处理后，NH_3-N 去除率平均为 90.42%；污水经砾石人工湿地处理后，NH_3-N 去除率平均为 24.62%。

表7-9　各工艺单元COD浓度平均值

进水口	接触厌氧池		自复氧生物滤床		砾石床人工湿地	
进水口浓度/(mg/L)	出水口浓度/(mg/L)	去除率/%	出水口浓度/(mg/L)	去除率/%	出水口浓度/(mg/L)	去除率/%
758.15	494.15	23.63	109.85	75.73	45.81	54.60

表7-10　NH_3-N各工艺段浓度平均值

进水口	接触厌氧池		自复氧生物滤床		砾石床人工湿地	
进水口浓度/(mg/L)	出水口浓度/(mg/L)	去除率/%	出水口浓度/(mg/L)	去除率/%	出水口浓度/(mg/L)	去除率/%
20.2	17.01	14.85	1.46	90.42	1.12	24.62

在水质监测期间，2014 年 12 月～2015 年 2 月气温最低，月平均最低温度维持在 4.6～6.8℃，此阶段自复氧生物滤池 NH_3-N 去除效率降幅明显。硝化细菌受外界温度影响较大，其最适宜温度为 20～30℃，15℃以下时，硝化速率下降，5℃时完全停止。反硝化细菌最适宜温度为 20～40℃，低于 15℃时，反硝化细菌的增殖速率和代谢速率都会降低，从而降低反硝化速率，影响 NH_3-N 去除效果。

（3）TP 去除效果分析

由表 7-11 可以看出，监测期间水处理构筑物进水 TP 浓度平均为 3.74mg/L，最终出水 TP 浓度平均为 0.15mg/L，均低于《城镇污水处理厂污染物排放标准》（GB 18918—2002）的一级 A 标准限值（0.5mg/L）。污水经厌氧处理后，TP 去除效率平均为 27.46%；污水经自复氧生物滤床处理后，TP 去除效率平均为 71.43%；污水经砾石人工湿地处理后，TP 去除效率平均为 69.80%。

表7-11　TP各工艺段浓度平均值

进水口	厌氧池		自复氧生物滤床		砾石床人工湿地	
进水口浓度/(mg/L)	出水口浓度/(mg/L)	去除效率/%	出水口浓度/(mg/L)	去除效率/%	出水口浓度/(mg/L)	去除效率/%
3.74	2.66	27.46	0.52	71.43	0.15	69.80

（4）第三方监测数据

示范区内农家乐污水处理系统示范工程的第三方监测数据如表 7-12 所列，从表中可以看出农家乐污水处理系统出口监测各项指标均满足《城镇污水处理厂污染物排放标准》（GB 18918—2002）中一级 B 标准。

表 7-12 农家乐污水处理系统排放口第三方监测数据　　单位：mg/L

日期（年-月）	悬浮物	TP	TN	COD	NH_3-N	BOD_5	石油类	动植物油	阴离子表面活性剂
2017-7	8.2	0.408	3.45	23.4	2.21	5.6	0.28	0.63	0.125
2017-8	9.9	0.398	2.94	24.1	1.83	4.8	0.24	0.58	0.384
2017-9	5.0	0.239	3.08	23.0	2.11	5.3	0.31	0.60	0.226
2017-10	6.9	0.364	3.66	19.8	2.42	4.6	0.29	0.67	0.318
2017-11	9.6	0.228	4.01	20.4	2.86	5.7	0.26	0.59	0.287
2017-12	4.4	0.133	2.56	21.2	1.09	5.0	0.31	0.48	0.337
2018-1	8.8	0.352	3.64	20.8	2.85	4.8	0.19	0.54	0.264
2018-2	10.3	0.217	2.88	23.6	0.96	4.7	0.34	0.63	0.38
2018-3	8.6	0.301	3.40	21.5	2.04	5.5	0.20	0.52	0.268

7.1.3 基于厌氧+跌水曝气的农村户用生活污水处理技术

7.1.3.1 生活污水处理系统结构组成

项目组针对三峡库区农村特点，研发了厌氧处理 + 跌水曝气 + 改良人工快渗系统组合工艺。收集的污水先通过格栅去除大的漂浮物和悬浮物，进入厌氧水解池，经厌氧发酵后，再自流进入自然跌水曝气池，污水由厌氧反应转化为好氧生物降解过程，经曝气后的污水输入配水渠，进入改良人工土快速渗滤系统，经土壤生态系统的拦截、过滤、好氧氧化、厌氧反硝化过程，经集水渠汇流至紫外线消毒渠，统一计量后出水。该工艺充分利用了自然地形高差将污水跌落，实现无能耗跌水自动曝气，同时也充分利用了改良人工土层快速渗滤系统的去除性能。其工艺流程如图 7-3 所示。

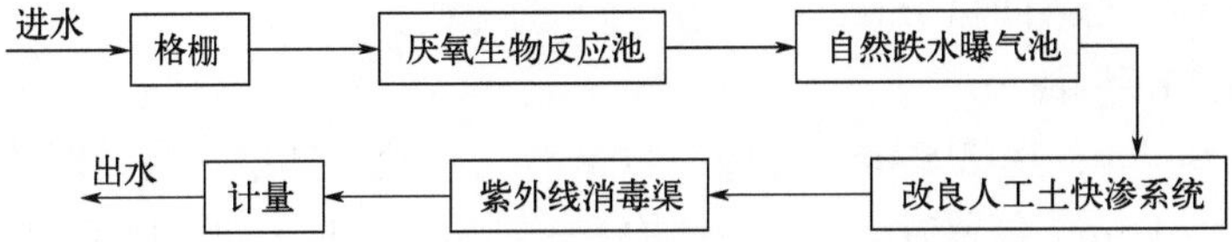

图7-3 厌氧处理+跌水曝气+改良人工快渗系统工艺流程图

7.1.3.2 生活污水处理系统工艺特点

“厌氧处理 + 跌水曝气 + 改良人工快渗系统”组合工艺对污水中 NH_3-N 的平均去除率约为 72%，对 TN 的平均去除率约为 44%，对 TP 的平均去除率为 70%，对 COD 的平均去除率为 62%。出水各项指标均满足《城镇污水处理厂污染物排放标准》（GB 18918—2002）中一级 B 标准。

7.1.3.3　技术应用模式分类

该项技术主要针对农村特点，可分为 5 种处理模式，见表 7-13。

表7-13　农村生活污水处理模式分类

序号	模式名称	模式代号	适用规模
1	单户沼气发酵+澄清处理	A型	1户农户
2	微型联户沼气发酵+澄清处理	B型	2～10户农户
3	小型联户厌氧+跌水氧化	C型	11～20户农户
4	中型联户厌氧+跌水氧化+人工湿地	D型	21～30户农户
5	大型联户厌氧+跌水氧化+人工湿地	E型	200户以上农户

7.1.3.4　不同技术模式工艺设计

（1）A、B 型

用于 10 户以下及单个农户生活污水处理。

三格化粪池：设计流量 $0.5m^3/d$；规格 1.65m × 1.0m × 1.0m，为三格池，其第一、第二、第三格长度分别为 0.55m、0.35m、0.75m，总长度为 1.65m。停留时间 3.3d。结构为矩形砖混结构（垫层厚度 100mm，池底为钢筋混凝土，池底混凝土厚度 200mm，池盖混凝土厚度 120mm，外墙砌体厚度 240mm，并设 1 个排气孔）。

（2）C 型

用于 11 ～ 20 户农户生活污水处理。

1）格栅井

设计流量 $9m^3/d$；规格 1m × 0.5m × 0.7m。结构为矩形砖混结构（垫层厚度 100mm；池底为钢筋混凝土，池底混凝土厚度 200mm；外墙砌体厚度 240mm；隔墙砌体厚度 120mm；人工格栅栅条间隙 7mm）。

2）厌氧生物接触池

设计流量 $9m^3/d$；规格 5.4m × 2.0m × 2.0m；三格池，其第一格长度为 2.4m，第二、第三格长度均为 1.5m。停留时间 2.2d。结构为矩形砖混结构（垫层厚度 100mm；池底为钢筋混凝土，池底混凝土厚度 200mm、池盖混凝土厚度 120mm；外墙砌体厚度 240mm；隔墙砌体厚度 120mm。每池设 1 个排气孔）。

3）跌水充氧接触氧化渠

设计流量 $9m^3/d$；规格 5m × 0.5m × 1.0m；表面水力负荷 $3.6m^3/(m^2 \cdot d)$。结构为矩形砖混结构（垫层厚度 100mm；池底为钢筋混凝土，池底混凝土厚度 200mm；外墙砌体厚度 240mm；隔墙砌体厚度 120mm）。接触氧化渠根据当地地形建设，由 4 个长为 1.25m 的渠道相邻组合为一组，每个氧化渠相邻落差为 0.5m，同时，每个氧化渠内放置 ϕ10 ～ 20mm 的鹅卵石 300 ～ 500 粒 /m^2，实际水流深度为 8 ～ 10cm。

（3）D型

用于21～30户农户生活污水处理。

1）格栅井

设计流量13.5m³/d；规格1m×0.5m×0.7m；结构为矩形砖混结构（垫层厚度100mm；池底为钢筋混凝土，池底混凝土厚度200mm；外墙砌体厚度240mm；隔墙砌体厚度120mm；人工格栅栅条间隙7mm）。

2）厌氧生物接触池

设计流量13.5m³/d；规格5.4m×2.0m×2.0m；三格池，第一、第二格长度均为1.5m，第三格长度为2.4m。停留时间1.5d。结构为矩形砖混结构（垫层厚度100mm；池底为钢筋混凝土，池底混凝土厚度200mm、池盖混凝土厚度120mm；外墙砌体厚度240mm；隔墙砌体厚度120mm。每池设1个排气孔）。

3）跌水充氧接触氧化渠

设计流量13.5m³/d；规格6m×0.5m×1.0m；表面水力负荷4.5m³/（m²·d）。结构为矩形砖混结构（垫层厚度100mm；池底为钢筋混凝土，池底混凝土厚度200mm；外墙砌体厚度240mm；隔墙砌体厚度120mm）。接触氧化渠根据当地地形建设，由4个长为1.5m的渠道相邻组合为一组，每个氧化渠相邻落差为0.5m，同时，每个氧化渠内放置ϕ10～20mm的鹅卵石300～500粒/m²，实际水流深度为8～10cm。

4）潜流式人工湿地系统

设计流量13.5m³/d；人工湿地水力负荷为0.4m³/（m²·d）。

① 规格。人工湿地占地面积约34m²，为了提高处理系统的可靠性，人工湿地设置2座，每座设计流量6.75m³/d，每座人工湿地占地面积约17m²，湿地床长宽比4∶1，即平面尺寸13.6m×3.4m，由4格组成，每格3.4m×3.4m（底3.4m×3.0m），隔墙砌体中留过水孔。床深根据所栽种植物的种类及根系的生长深度确定，以保证湿地床中必要的好氧条件。对于芦苇湿地系统，处理生活污水时，一般床深取0.7m，池高取1.2m。

② 结构。砖混梯形埋地式结构（垫层厚度100mm；池底为钢筋混凝土，池底混凝土厚度200mm；外墙砌体厚度240mm）。

③ 填料。湿地床填料分为三级，粒径由粗到细，分为ϕ40～100mm、ϕ10～20mm，ϕ1～3mm。三级组成分别为表层砂土层、中层砾石、下层片石。表层砂土粒径在1～3mm，厚度200mm；砾石层粒径在10～20mm，厚度250mm；片石层粒径在40～100mm，厚度250mm。进水配水区和出水集水区的填料一般采用粒径为60～100mm的砾石，分布于整个床宽。处理区填料床表层可优先选用钙含量为20～25kg/t的混合土，以利于提高脱磷效果。由于表层土壤在浸水后会有一定的下沉，因此建造时填料表层标高应高出设计值10%～15%。

④ 植物的栽种。人工湿地系统设计采用美人蕉（*Canna indica*）和风车草（*Cyperous alternifolius*）。美人蕉为美人蕉科、美人蕉属多年生宿根草本植物，性喜温暖湿润、不耐寒、忌干燥，可周年生长，最适宜生长的温度为22～25℃；风车草为莎草科、莎草属多年生草本植物，性喜温暖湿润，可周年生长，最适宜生长的温度为19～25℃。

⑤ 进出水系统的布置。湿地床的进水系统应保证配水的均匀性，一般采用多孔管配

水装置。进水管应比湿地床高出 0.3m。系统的进水流量可通过阀或闸板调节，过大的流量或紧急变化时应有溢流、分流措施。湿地的出水系统一般根据对床中水位调节的要求，出水区末端的砾石填料层的底部设置穿孔集水管，并设置旋转弯头和控制阀门以调节床内的水位。当接纳最大设计流量时，进水端不能出现壅水现象；当接纳最小流量时，出水端不能出现填料床面的淹没现象；为有利于植物生长，床中水面浸没植物根系的深度应尽可能均匀。

对水位的控制有几点要求：a. 在系统接纳最大设计流量时，湿地进水端不出现壅水，以防发生表面流；b. 在系统接纳最小设计流量时，出水端不出现填料床面的淹没，以防出现表面流；c. 为了利于植物的生长，床中水面浸没植物根系的深度应尽量均匀，并尽量使水面坡度与底坡基本一致。

⑥ 排水井。规格 0.5m × 0.5m × 0.5m ；结构为砖混（垫层厚度 100mm ；池底、池盖为钢筋混凝土，池底混凝土厚度 200mm ；外墙砌体厚度 240mm、隔墙砌体厚度 120mm）。

（4）E 型

用于 200 户以上农户生活污水处理。

① 格栅井。设计流量 30m^3/d ；规格 2m × 0.6m × 0.7m ；结构为矩形砖混结构（垫层厚度 100mm ；池底为钢筋混凝土，池底混凝土厚度 200mm ；外墙砌体厚度 240mm ；隔墙砌体厚度 120mm ；人工格栅栅条间隙 7mm）。

② 厌氧调节池。设计流量 30m^3/d ；规格 2.0m × 2.0m × 2.5m ；停留时间 6.4h。结构为矩形砖混结构（垫层厚度 100mm ；池底为钢筋混凝土，池底混凝土厚度 200mm、池盖混凝土厚度 120mm ；外墙砌体厚度 240mm，并设 1 个排气孔）。

③ 跌水充氧接触氧化渠。规格 15m × 0.5m × 0.8m ；表面水力负荷 4.0m^3/（m^2 · d）。结构为矩形砖混结构（垫层厚度 100mm ；池底为钢筋混凝土，池底混凝土厚度 200mm ；外墙砌体厚度 240mm ；隔墙砌体厚度 120mm）。接触氧化渠根据当地地形建设，由 5 个长为 3m 的渠道相邻组合为一组，相邻氧化渠落差为 0.5m，同时，每个氧化渠内放置鹅卵石 300 ～ 500 粒 /m^2，实际水流深度为 8 ～ 10cm。

④ 潜流式人工湿地系统。设计流量 30m^3/d；人工湿地水力负荷 0.4 ～ 0.6m^3/（m^2·d）。人工湿地占地面积约 60m^2，即平面尺寸 15m × 4m，由 5 格组成，每格 3m × 4m（底 3m × 3.5m），每格墙体为 MU10 页岩砖砌体，砌体中留过水孔。床深根据所栽种植物的种类及根系的生长深度确定，以保证湿地床中必要的好氧条件。对于风车草、美人蕉湿地系统，处理生活污水时，床深取 0.7m，池高取 1.2m。

⑤ 结构。砖混梯形埋地式结构（垫层厚度 100mm ；池底为钢筋混凝土，池底混凝土厚度 200mm ；外墙砌体厚度 240mm）。

⑥ 填料。湿地床填料分为三级，粒径由粗到细，分为 ϕ40 ～ 100mm、ϕ10 ～ 20mm、ϕ1 ～ 3mm。三级组成分别为表层砂土层、中层砾石、下层片石。表层砂土粒径在 1 ～ 3mm，厚度 200mm ；砾石层粒径在 10 ～ 20mm，厚度 250mm ；片石层粒径在 40 ～ 100mm，厚度 250mm。进水配水区和出水集水区的填料一般采用粒径为 60 ～ 100mm 的砾石，分布于整个床宽。处理区填料表层可优先选用钙含量为 20 ～ 25kg/t 的混合土，以

利于提高脱磷效果。由于表层土壤在浸水后会有一定的下沉，因此建造时填料表层标高应高出设计值 10% ～ 15%。

⑦ 排水井。规格 0.5m × 0.5m × 0.5m；结构为砖混结构（垫层厚度 100mm；池底、池盖为钢筋混凝土，池底混凝土厚度 200mm、池盖混凝土厚度 120mm；外墙砌体厚度 240mm；隔墙砌体厚度 120mm）。

以上各构筑物主要建筑材料使用如下。

Ⅰ. 混凝土：池底混凝土 C25、池盖混凝土 C30、垫层混凝土 C15。

Ⅱ. 砌体：M7.5 水泥砂浆砌 MU10 页岩砖，池外墙体每间隔 500mm 设置 2 条 ϕ6.5mm 拉接筋。

Ⅲ. 抹面：池壁内表面、池底、墙体均用 1∶2 防水砂浆（内掺占水泥重量 5% 的防水剂），面厚 20mm。

7.1.3.5 运行维护管理

按照污水处理类型进行分类管理，即 A 型归所属农户管理；B、C、D、E 型为较集中农户生活污水处理系统，归属所在村环卫人员专门负责管理。

保持进出水污水管路畅通、设施运转正常，厌氧生化池（含单户沼气池）、跌水氧化渠和人工湿地正常工作，人工湿地生态植被生长良好，对枯萎的植株进行补种并定期进行收割，确保人工湿地植物净化功能，使污水处理设施的化学需氧量等主要污染物浓度达到设计标准要求。

在设备出现故障时，应及时向所在地镇政府（街道办事处）报告，主动联系设备供应商组织检修，尽快恢复污水处理设施的正常运行。

不得擅自闲置污水处理设施，禁止人为损坏已建污水治理设施行为。

对污水处理设施每个月定期检查一次，对进出水不正常、闲置的、被破坏的污水处理设施及时完成整改。

对因管理不善导致生活污水处理设施长期不能正常运行或严重损坏的，追究相关人员责任。

7.2 农村户用生活垃圾处理技术

农村生活垃圾的组成受居民的生活水平、能源消耗结构和季节变化等因素的影响。三峡库区农村垃圾主要为厨余垃圾、化纤产品、废纸、玻璃、织物和金属等，其中，废纸、玻璃、织物和金属所占的比重较小，且大多数能够回收利用，因此农村生活垃圾中，较难处理的是厨余垃圾。农村垃圾的主导处理处置模式为“户集、村收、镇转运、县处理”，而处于丘陵、山地的农村地区，农户居住较为分散，生活垃圾的收集较为困难，加之农村缺乏运行经费，垃圾收集率往往不尽人意，因此，开发一种成本低、处理高效、适于分散建设的农村生活垃圾处理处置工艺具有必要性。

7.2.1 户用生活垃圾发酵系统的结构及特点

（1）工艺组成

目前市面上所售户用发酵装置，结构较为简单，多为底部设置排水阀门的塑料桶。利用该类装置处置废物时，桶内通气效果差，废物在厌氧环境下自然发酵，反应时间较长，反应不彻底，易产生恶臭物质和积液，桶底积液不易清除，渗漏后污染外界环境。

本书介绍的户用生活垃圾发酵系统组成如下：

① 生活垃圾发酵系统装置底部为100mm压实黏土层（压实度90%），黏土层上部为1.0mm HDPE膜+200g/m^{2}土工布，作为本装置的防渗层，用于阻止发酵产生的渗滤液对土壤造成污染；

② 防渗层上部为排水导气层，厚度为200mm，由40～60mm的砾石组成，内设置DN100穿孔管，有利于发酵堆体渗滤液的排出，以及外界与堆体的气体交换，为微生物活动提供所需的氧气；

③ 排水导气层上部为厚200mm砂层，砂层与排水导气层之间设置200mm卵石层，在砂层内设置直径400～800mm、高600～1000mm的发酵桶（优先考虑塑料材质），埋入砂层的深度为50～100mm，砂层的设置不仅起到气体流通的作用，同时还可阻止掉落的树叶等对床体造成堵塞。

发酵桶的数量根据服务的人数进行确定，发酵桶之间的间距以200～400mm为宜。

发酵装置结构示意见图7-4。

（2）工艺特点

与现有技术相比，具有如下主要功能和技术特点：

① 投资低，操作简便，实现了废物的资源化利用。本工艺可分散建设，适于单户或多户生活垃圾的处理，不需要垃圾收运环节；本技术主要由发酵桶与导气层组成，结构简单，投资低；本技术利用发酵原理处理农村产生的生活垃圾，将生活垃圾转变为有机肥，实现了废物的资源化利用。

② 处理周期缩短，处理效果好。目前市面上所售户用发酵装置结构较为简单，多为一底部设置排水阀门的塑料桶，利用该类装置处置废物时，废物处于自然发酵状态，桶内处于厌氧环境，反应时间较长，反应不彻底，易产生恶臭物质。本工艺设置了导气层，使外界环境与发酵体相连通，可为发酵装置提供部分氧气。更重要的是当生活垃圾发酵时，堆体温度升高，桶内外的温度差将加速气体流通，使桶内呈现半好氧状态，从而加速反应进行，物质降解得较为彻底，恶臭物质减少，产生的肥料可直接作为农肥。厨余垃圾堆放到发酵桶发酵，夏季发酵时间一般需20～40d，冬季则需40～60d，发酵完成后便可用作肥料。

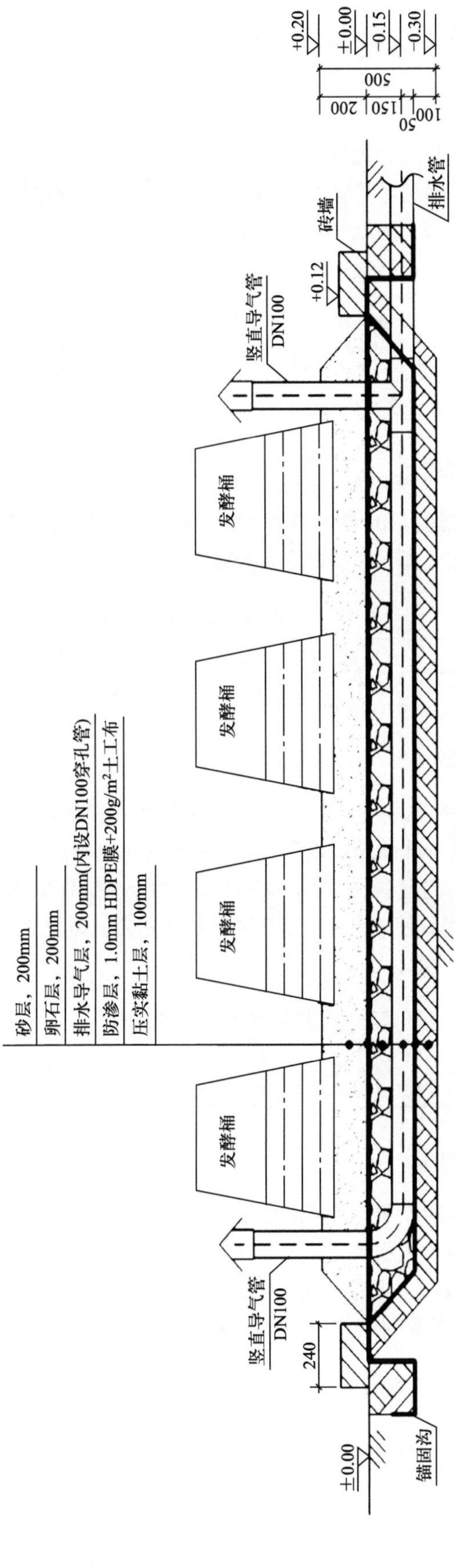

图7-4 户用发酵装置结构示意

7.2.2 户用生活垃圾发酵系统影响因素分析

（1）温度影响试验

温度是影响微生物生长速率和物料分解速率的重要因素。放入发酵桶内物料的温度呈现先快速升高，后迅速下降的趋势。初期的快速升温是由于前期微生物分解的有机物产生大量热量，从而使温度升高；后期的迅速降温是由于易分解的有机物基本耗尽，难分解的有机物分解速率减慢，微生物活性减弱，使温度缓慢下降且最终趋于稳定（表 7-14）。

表7-14 垃圾发酵的温度变化试验

时间/d	0	2	4	6	8	10	12	14	16	18	20	22	24	26
温度/℃	25.2	50.5	58.5	61.6	58.1	49.8	42.7	36.2	30.2	35.4	36.4	33.5	31.8	32.7

（2）含水率影响试验

由表 7-15 可知，发酵物料的含水率呈不断下降直至稳定的趋势，主要因为翻堆和发酵使物料温度上升，导致水蒸气挥发造成水分损失。

表7-15 垃圾发酵的含水率变化试验

时间/d	0	3	6	9	12	15	18	21	24	27	30	33	36	39
含水率/%	56.5	53.4	51.8	50.2	48.7	48.2	47.9	47.8	47.2	46.8	46.5	46.3	46.2	45.9

（3）pH 值影响试验

pH 值是评价堆肥腐熟度的一个必要指标，腐熟的堆肥呈弱碱性。由表 7-16 可知，pH 值先下降再上升，然后再下降并趋于稳定。堆肥初期有机物被微生物分解产生有机酸致使 pH 值有所下降，然后随着有机酸的挥发和 NH_3 的产生致使 pH 值逐渐上升，最后 NH_3 的减少和硝化菌的硝化作用致使 pH 值逐渐下降并趋于稳定。堆肥发酵结束后，物料的 pH 呈弱碱性，符合腐熟 pH 值的标准。

表7-16 垃圾发酵的pH值变化试验

时间/d	0	3	6	9	12	15	18	21	24	27	30	33
pH值	8.62	8.47	8.44	8.65	8.64	8.58	8.55	8.54	8.53	8.52	8.48	8.49

（4）C/N 值影响试验

碳氮比（C/N 值）是判断堆肥腐熟度的一个重要指标。堆肥过程中，碳一部分被微生物分解吸收，一部分被微生物氧化成为 CO_2 和腐殖质等物质，导致总碳量呈下降趋势；氮一部分被微生物分解吸收合成蛋白质，小部分被微生物分解成为 NH_3 而释放，导致总氮量相对增加。综上，在堆肥过程中 C/N 值呈减小趋势（表 7-17）。

表7-17 垃圾发酵的C/N值变化试验

时间/d	0	3	6	9	12	15	18	21	24	27	30	33
C/N值	25.1	23.9	22.7	22.5	21.6	21.1	20.5	19.2	18.7	17.4	16.3	15.8

7.3 农村畜禽养殖农牧一体化污染治理技术

从畜禽粪污产、排、消纳等全过程各个环节，结合管理学和工程技术学方法，总结提出一套农牧一体化畜禽养殖污染防控集成技术体系，该技术体系由农牧结合分类限值技术、干湿分离技术、沼气厌氧发酵技术、养殖粪污堆肥技术、生物发酵床技术、农田消纳技术等集成。其中，农牧结合分类限值技术是通过对农区耕地畜禽承载能力评估和实测值，确定不同种植模式单位面积耕地的畜禽适宜承载力的技术方法；生物发酵床技术包括气垫式、架空式静态半好氧发酵养殖技术，是在传统的发酵垫层下部设置一个全面积气垫层或在牲畜集中排泄区域设置部分区域气垫层，使发酵床能处于合适的好氧和兼氧状态，保证垫料快速腐熟，是一种“零排放”畜禽减排技术；养殖粪污堆肥技术是用畜禽粪便为主要原料进行堆肥发酵，经过腐熟后制成有机肥料的技术。

7.3.1 农牧结合分类限值管控技术

农牧结合分类限值技术的具体技术路线见图 7-5。

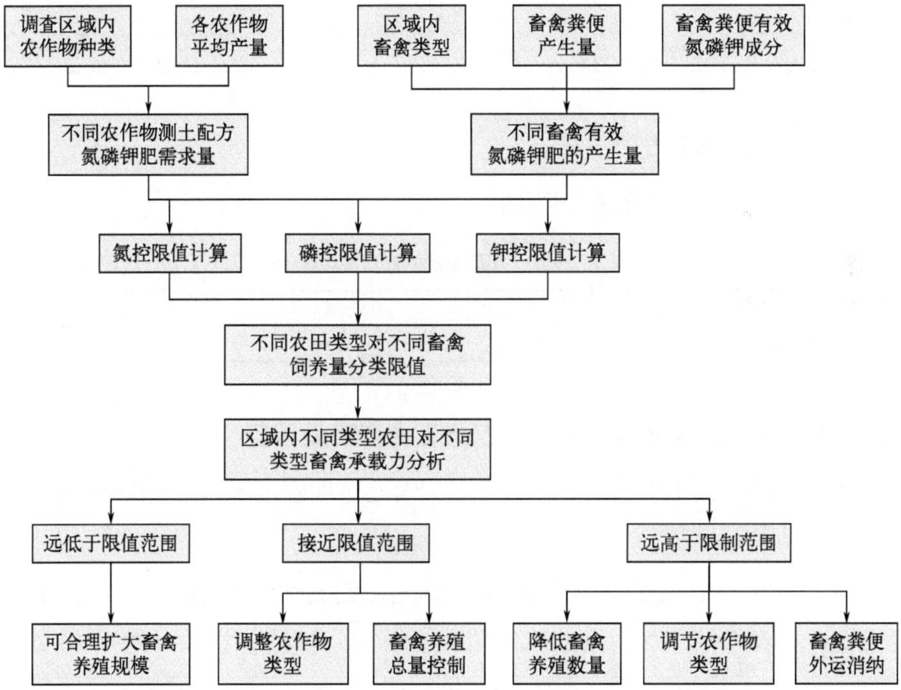

图7-5 农牧结合分类限值技术路线

本技术采用农牧一体化营养元素平衡方法。

首先，根据区域内作物类型、种植模式和农作物产量等因素，结合测土配方计算不同种植模式下农田的氮磷钾肥需求量；

其次，根据区域内畜禽类型、畜禽产污及粪污的氮磷钾营养元素制肥潜势，计算不同畜禽有效氮磷钾肥的产生量；

最后，根据营养元素平衡法，计算区域内不同农田种植模式对畜禽的承载力。

（1）不同农作物或林木的营养素需求限值

表 7-18 是对不同农作物或林木的不同生长期以及在生长期内对营养元素需求量的调查统计表，统计显示单亩林果茶类作物对营养元素的需求量最大，其次是蔬菜类和大田作物类。

表 7-18 不同农作物或林木每亩地生长期内所需营养元素限值

农作物	生长期/d	有效N/kg	P_2O_5/kg	K_2O/kg
水稻	150	8～10	4～7	4～8
油菜	180	10～12	4～5	3～4
玉米	150	14～16	4～6	4～5
小麦	150	8～11	4～6	3～5
柑橘	365	25～30	13～15	16～20
茶树	365	15～25	5～8	10～16
青菜	60	11～13	4～6	20～24
桂花树	365	25～30	13～15	16～20
桉树	365	30～32	15～17	17～19

（2）不同畜禽的粪污产生量

表 7-19 统计了不同畜禽的粪污产生量。

表 7-19 不同畜禽的粪污产生量 单位：kg/d

畜禽	生猪	牛	鸡	羊	兔
粪污产生量	1.3～1.5	15～20	0.06～0.12	0.4～0.6	0.15～0.20

（3）不同农作物或林木单位面积农田畜禽养殖量限值

通过畜禽生产 - 作物需求营养元素平衡法计算出不同农作物或林木单位面积畜禽养殖量限值，结果见表 7-20。

表 7-20 不同农作物或林木单位面积农田畜禽养殖量限值 单位：头 / 亩

农作物	单亩农田配套生猪养殖量限值		单亩农田配套牛养殖量限值		单亩农田配套鸡养殖量限值		单亩农田配套羊养殖量限值	
	有效N	P_2O_5	有效N	P_2O_5	有效N	P_2O_5	有效N	P_2O_5
水稻	9.5	4.8	0.8	1	40.9	26	16.7	16
油菜	10.5	4	0.9	0.8	45	21.6	18.3	13.3
玉米	14.3	4	1.3	0.8	61.3	21.6	25	13.3
小麦	9.5	4	0.8	0.8	40.9	21.6	16.7	13.3
柑橘	28.6	11.1	2.5	2.3	122.7	60.6	50	37.3

续表

农作物	单亩农田配套生猪养殖量限值		单亩农田配套牛养殖量限值		单亩农田配套鸡养殖量限值		单亩农田配套羊养殖量限值	
	有效N	P_2O_5	有效N	P_2O_5	有效N	P_2O_5	有效N	P_2O_5
茶树	19	5.6	1.7	1.2	81.8	30.3	33.3	18.7
青菜	11.4	4	1	0.8	49.1	21.6	20	13.3
桂花树	25.7	11.1	2.3	2.3	110.4	60.6	45	37.3
桉树	29.5	12.7	2.6	2.7	126.8	69.3	51.7	42.7

注：1亩=666.67m²。

（4）最终结果

根据不同畜禽的粪污产生情况、粪污可转化为氮磷肥的潜势以及四川省不同农区不同种植模式单位农田对氮磷肥的需求，综合推算出不同种植模式下单位面积农田可承载畜禽养殖量的限值（表7-21）。四川省农村平均单亩农田最大可承载6.77头生猪（出栏），最适宜承载3.04头生猪（出栏）；四川省成都平原常见的水稻+油菜种植模式单亩农田最大可承载6.60头生猪（出栏），最适宜承载2.97头生猪（出栏）；平原区蔬菜种植模式单亩农田最大可承载生猪7.06头生猪（出栏），最适宜承载3.18头生猪（出栏）；丘陵区常见的林果+饲草类模式单亩农田最大可承载生猪8.35头生猪（出栏），最适宜承载3.76头生猪（出栏），这些将为各地制定畜禽污染防治政策提供技术参考。

表7-21 不同种植模式单位面积农田可承载畜禽养殖量限值 单位：头/（亩·年）或只/（亩·年）

主要畜禽种植模式	生猪				肉牛	奶牛	肉羊	蛋鸡	肉鸡	家兔
	最大承载力		适宜承载力		适宜承载力					
	出栏	存栏	出栏	存栏	存栏	存栏	存栏	存栏	出栏	存栏
全省农区平均水平	6.77	4.60	3.04	2.07	0.51	0.29	8.07	62.10	121.60	55.89
水稻(冬闲水田)	3.71	2.52	1.67	1.14	0.28	0.16	4.45	34.20	66.80	30.78
水稻+小麦	6.57	4.47	2.96	2.01	0.50	0.28	7.84	60.30	118.40	54.27
水稻+油菜	6.60	4.49	2.97	2.02	0.50	0.28	7.88	60.60	118.80	54.54
水稻+牧草(青饲料)	7.24	4.92	3.26	2.22	0.55	0.31	8.66	66.60	130.40	59.94
小麦+玉米+甘薯	7.40	5.03	3.33	2.27	0.56	0.32	8.85	68.10	133.20	61.29
小麦+玉米+豆类	6.65	4.52	2.99	2.04	0.50	0.29	7.96	61.20	119.60	55.08
小麦+棉花	3.62	2.46	1.63	1.11	0.27	0.16	4.33	33.30	65.20	29.97
专用优质高产饲草基地	9.88	6.72	4.45	3.02	0.75	0.43	11.78	90.60	178.00	81.54
林果+饲草	8.35	5.68	3.76	2.56	0.63	0.36	9.98	76.80	150.40	69.12
油菜+玉米+甘薯	7.43	5.05	3.34	2.27	0.56	0.32	8.85	68.10	133.60	61.29
油菜+玉米+豆类	6.67	4.54	3.00	2.04	0.50	0.29	7.96	61.20	120.00	55.08
专用蔬菜地	7.06	4.81	3.18	2.16	0.53	0.30	8.42	64.80	127.20	58.3

7.3.2 生物发酵床技术

(1)生物发酵床技术特点

生物发酵床技术可使发酵床处于合适的好氧和兼氧状态，增强发酵床对养殖条件、养殖负荷的适应性，有效维持发酵床的正常运行，延长发酵床使用寿命。气垫层的设置可为床层提供必要的氧气，防止床层厌氧恶化的发生，有效抑制“坏床”情况发生。由于具有供气系统，发酵床可以适应更高的粪便负荷。配合发酵床翻混，可实现部分区域“坏床”现象的恢复和修复。采用全面积气垫层可以有效实现自然进气，降低全机械通风带来的能耗问题。

生物发酵床技术与其他同类技术的对比如表 7-22 所列。

表7-22 生物发酵床技术与其他同类技术的对比

项目及内容	气垫式可控发酵床	传统发酵床	生物发酵床
发酵床供气	全覆盖，供气好	供气差	局部供气
发酵床微生物生长控制	全面控制，可控性好	控制性差	局部有控制能力
发酵床高温控制	控制好	难以控制	局部有控制能力
人工快速启动好氧发酵	全区域可实现	难以实现	局部可实现
发酵床寿命	长	短	较长
防止“死床”	全区域控制	控制难	局部可控，大部分区域难以控制
保温	全单元可控，效果好	好，不可控	局部可控
高温病原微生物杀灭控制评价	好，可控	有作用，控制难	局部有控制能力
排水功能	排水好，下层垫料不受水影响	排水难，下层垫料会被浸泡	可排水，还是存在下部分垫料被浸湿的可能
发酵床时序控制	具备	不具备	不具备
发酵床多参数程序控制	具备	不具备	不具备
控制范围及方式	养殖单元控制，能够全单元控制	不可控	全单元控制，不能实现局部控制
堆肥功能	具备完善的好氧堆肥功能	简易堆肥	不完善的好氧堆肥
对翻堆的强度要求	较低	高	较高
构筑物重复利用情况	气垫层重复利用	重复利用	重复利用

(2)生物发酵床技术参数试验

采用自行设计的气垫式发酵床，每一栏的饲养面积约为 16.5m²，养殖 3 ~ 8 头生猪，垫料面积 10.0m²。发酵床菌种采用有效微生物群(EM)菌种。生猪在 10 ~ 15kg 时转入发酵床内养殖至成品猪。试验从 4 月 5 日开始，至 9 月 13 日肥猪出栏，养殖周期约为 5 个月，出栏时平均猪重为 133.8kg/ 头。发酵床底部采用分级级配卵石，卵石高度约 1m，卵石上部为约 0.8m 高的垫料，垫料采用杨树锯末。

1）垫料温度情况研究

按发酵床垫料30cm深处为中层、发酵床垫料50cm深处为底层计，测得的垫料温度如表7-23所列。将生猪放入发酵床中饲养后，床层的表层温度一般与猪舍环境温度一致，中层垫料温度保持在55℃左右，底层垫料温度与中层垫料温度相近。发酵床对猪舍湿度的影响不大。

表7-23 垫料温度

时间/d	表层垫料温度/℃	中层垫料温度/℃	底层垫料温度/℃	猪舍环境温度/℃	湿度/%
2	27	55	50	27	70
3	28	56	51	29	70
6	34	56	57	33	70
10	29	56	58	27	75
15	33	55	53	32	76
30	33	50	50	37	76

2）生猪体重增长情况研究

由表7-24可以看出，在5个月的养殖周期内，出现的增重令人满意。

表7-24 发酵床生猪增重

养殖类型	养殖天数/d	初始均重/kg	中期均重/kg	末期均重/kg	全期增重/kg
发酵床	150	13.55	81.52	133.80	120.25

3）发酵床垫料损耗情况研究

垫料的初始厚度约为50cm，在饲养至2～3个月时，添加一次垫料，增加的厚度约为10cm，饲养结束后，再次测量垫料的厚度，下降的总厚度为29cm（表7-25）。

表7-25 发酵床垫料损耗

初始厚度/cm	补充厚度/cm	结束厚度/cm	下降总厚度/cm	单位损耗/(cm/d)
50	10	31	29	0.19

7.3.3 养殖粪污堆肥技术研究

（1）堆肥试验场及物料介绍

堆肥试验点位于四川省眉山市东坡区万胜镇万利村二组的养殖户家中，育肥猪的存栏量约为100头，养殖规模适中，在当地具有一定的代表性。养殖户采用干清粪工艺，项目组为其新建了堆肥棚，用于堆肥发酵制作肥料，并可将周围农田种植产生的烂果、秸秆等农业废弃物一同添加入猪粪中进行发酵，既可解决发酵的猪粪中C/N值过高的问题，又可同时解决农业废弃物处置问题。由于猪粪的有机质含量较高，为确保发酵所需的C/N值，在发酵物料中添加了适当比例的秸秆，确保C/N值为（20：1）～（30：1）之间。秸秆的加入能缩短堆肥发酵时间，提供微生物生长所需的碳源，同时能够增加物料的缝隙度，为微生物的呼吸作用提供氧气。物料含量分析见表 7-26。

表7-26　物料含量分析

原料	含水量/%	总碳/%	总氮/%	C/N/%
猪粪	58	91	7.5	12.5
秸秆	13.7	330	4.5	62

(2)堆肥试验中温度变化

堆肥过程中的温度变化见表 7-27。

表7-27　堆肥过程中的温度变化

时间/d	1	2	3	4	5	6	7	8	9	10	11	12	13	14	15
温度/℃	21.5	25	26.1	39.8	48.7	47.9	47.1	46.5	45.2	43.2	44.5	45.5	46.3	47.1	47.8
时间/d	16	17	18	19	20	21	22	23	25	27	29	31	33	35	37
温度/℃	48.2	46.9	47.5	48.1	48.6	49.1	49.9	52.1	53.7	55.6	57.8	55.2	56.5	53.2	49.2
时间/d	41	44	47	50	52	54	56	58	60	62	64	66	68	70	
温度/℃	48.2	50.5	53.5	55.1	48.7	46.2	48.1	45.3	42.2	39.8	36.7	33.2	29.8	25.5	

堆肥过程中，堆肥原材料中的蛋白质、脂肪以及一些可溶性单糖类物质被嗜温性微生物利用，微生物新陈代谢产生大量的热，当产生的热量大于消耗的热量时堆体温度迅速上升。堆肥过程中的翻堆有利于原料与微生物的接触，堆体内微生物活性增强，促进了微生物的新陈代谢，堆体温度升高。在堆肥过程中的高温阶段温度存在小幅波动，这种波动主要受到了堆肥前期较为频繁的翻堆（隔天翻堆）和水分调节等人为活动的影响。

堆肥过程中的温度变化如图 7-6 所示。

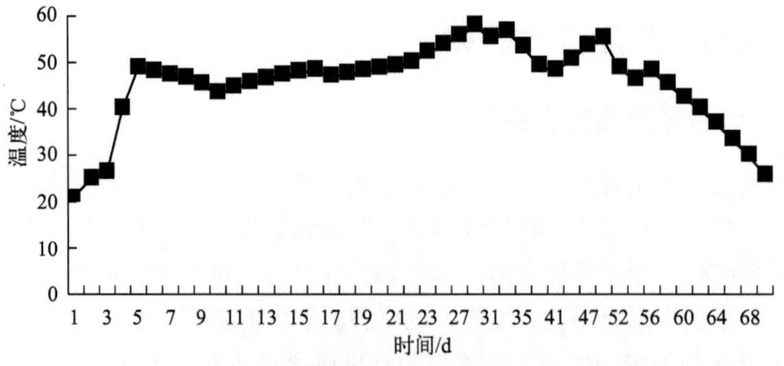

图7-6　堆肥过程中的温度变化

由图7-6可知，粪便在0～5d温度上升较快，在第5天达到高温（50℃左右）；随后的约5d时间里，温度略有下降；约在第10天，温度再次上升；在第33天时达到最高，约60℃；第49天时达到二次发酵的高温；随后温度逐步下降，直至达到室温。

（3）堆肥试验中总氮含量变化

禽畜粪便中的有机氮在微生物作用下转变成硫酸铵，最后转化为氨氮。生物肥料中的氨氮越多则肥效越好，因此，通过对比不同物料反应后总氮的含量可以说明生物有机肥的性能。试验结果（表7-28）表明，秸秆+猪粪混合物发酵过程中总氮含量随着时间的推移有反复上升和下降趋势，但与初始状态相比，总体趋势是上升的。存在下降的趋势说明在发酵过程中存在氮损失，而总体上升则说明，物料在发酵过程中发生矿化分解，使营养物质减少，从而氮的含量升高。

表7-28 堆肥过程中总氮含量的变化

时间/d	0	4	8	12	16	20	24	28	32	36
总氮/(g/kg)	4.5	8.4	7.3	6.9	10.5	9.2	8.8	11.2	13.8	18.6

（4）堆肥试验中总磷含量变化

禽畜粪便中的磷大部分来自未被硝化的有机磷，经过微生物作用后转变为磷酸盐，在整个发酵堆肥过程中，磷元素的相对含量在整个过程中持续上升，从最初的3.23g/kg升高至9.45g/kg（表7-29）。

表7-29 堆肥过程中总磷含量的变化

时间/d	0	4	8	12	16	20	24	28	32	36
总磷/(g/kg)	3.23	3.85	4.60	4.62	5.88	6.36	6.57	7.28	8.17	9.45

（5）堆肥试验中总有机碳含量变化

在堆肥过程中，微生物首先利用易降解的有机物进行新陈代谢和矿化，在整个堆肥过程中，随着腐解进行，总有机碳含量呈下降趋势，堆肥后的总有机碳比堆肥前减少约21%（表7-30）。

表7-30 堆肥过程中总有机碳含量的变化

时间/d	0	4	8	12	16	20	24	28	32	36	40	50	60	70
总有机碳/(g/kg)	329	320	312	305	294	283	282	290	286	270	282	271	265	260

（6）堆肥试验中 pH 值变化情况

堆肥过程中 pH 值的变化会一定程度上影响堆肥腐熟效果。在堆肥初期，微生物大量繁殖生长消耗大量的有机质，并且在生长繁殖过程中产生大量的有机酸，使得整个堆体 pH 值开始下降。随着堆肥持续进行，堆肥中的乙酸、丁酸开始逐渐挥发，使得 pH 值又开始回升，最后稳定在弱碱性状态。反应初期，物料的 pH 迅速降到酸性状态，这可能是由于物料中易于分解的有机质较多，并且随着温度上升，越来越多的微生物开始繁殖，其活动过程中产生的有机酸也越来越多，使得整个堆体的 pH 值下降到 6.5 左右，呈弱酸性状态；随着时间和反应过程的进行，有机酸逐渐被分解，整个堆体温度上升后，有机酸也随之蒸发或分解，同时含氮物质分解后产生大量的氨氮，使得整个堆体的 pH 值逐渐上升，最后稳定在 8 左右（表 7-31）。

表7-31 堆肥过程中pH值的变化

时间/d	0	4	8	12	16	20	24	28	32	36	40	50	60	70
pH值	8.62	6.55	7.27	7.58	7.65	7.85	7.88	7.84	7.92	7.84	7.86	7.92	8.05	7.95

7.4 小城镇污水厂氮污染减排技术

7.4.1 好氧反硝化菌的分离、鉴定及脱氮性能研究

传统意义上的反硝化主要发生在缺氧条件下，而在有氧环境中，分子氧比硝酸盐氮或亚硝酸盐氮更容易成为电子受体，进而抑制了反硝化过程。传统反硝化对于溶解氧难控制的工艺脱氮很不利，因此，开展具有更好环境适应性的好氧反硝化菌生物学特性研究具有重要的理论价值和实际意义。通过筛选高效好氧反硝化菌，可以为污水处理中利用好氧反硝化菌提高系统脱氮性能提供实际参考和理论依据。

7.4.1.1 好氧反硝化菌的分离

选取池塘底泥进行菌种的分离、纯化及复筛，分离出 3 株具有较强反硝化能力的菌株，分别命名为 N1、N2 和 N3。分别以硝酸盐（NO_3^--N）和亚硝酸盐（NO_2^--N）作为 DM 培养基氮素测定反硝化能力，各菌株的反硝化能力见图 7-7。

N1、N2、N3 对硝酸盐和亚硝酸均有较高的反硝化能力，N1 对亚硝酸盐的反硝化去除率高达 95.4%，N2 对硝酸盐的反硝化去除率高达 96.7%，N3 对硝酸盐和亚硝酸盐均具有较高的反硝化能力，去除率分别为 96.5% 和 96.1%。

7.4.1.2 菌株的形态观察

（1）菌株形态特征

对菌株平板分离的菌落进行观察，对菌落质地、边缘、光学特征、颜色及是否可分泌

可溶性色素等特征进行描述，各菌落的形态观察结果见表 7-32，菌株纯化后平板形态见图 7-8（书后另见彩图）。

（2）菌株的革兰氏染色结果

通过对菌株进行革兰氏染色，于显微镜下观察了菌株的形态特征以及革兰氏性质，观察结果表明，N1、N2、N3 菌株均为革兰氏阴性短杆菌，菌株的革兰氏染色结果见图 7-9（书后另见彩图）。

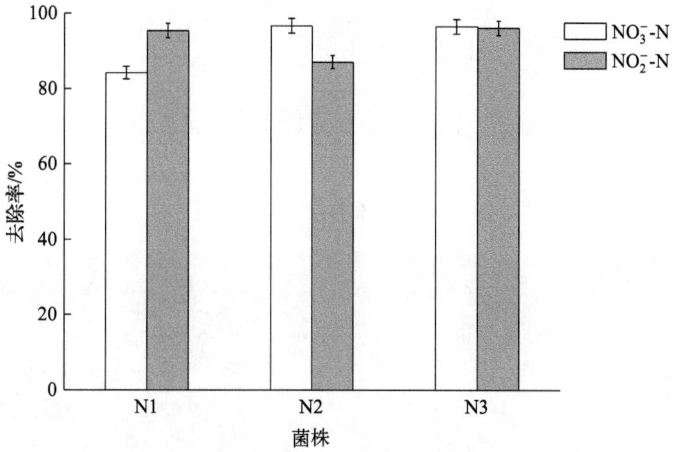

图7-7 好氧反硝化菌对硝酸盐和亚硝酸盐的去除率

表7-32 菌落形态特征

菌株	质地	形状	边缘	表面	隆起	颜色
N1	硬	不规则	褶皱	干、皱	凸	深黄
N2	硬	不规则	褶皱	干、略平	略平	浅黄
N3	软	不规则	光滑	湿、光滑	凸	淡黄

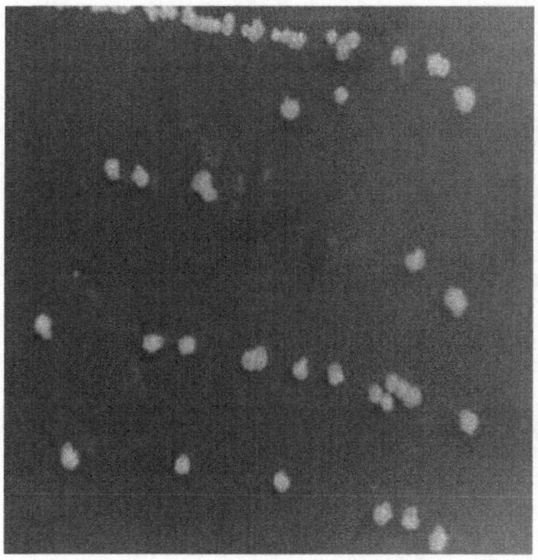

(a) N1

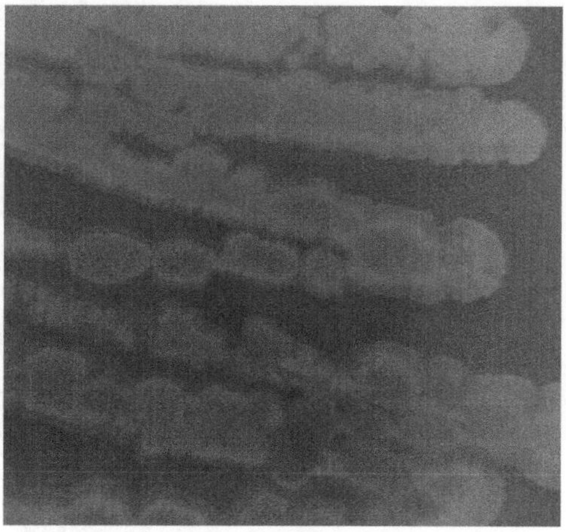

(b) N2

图7-8

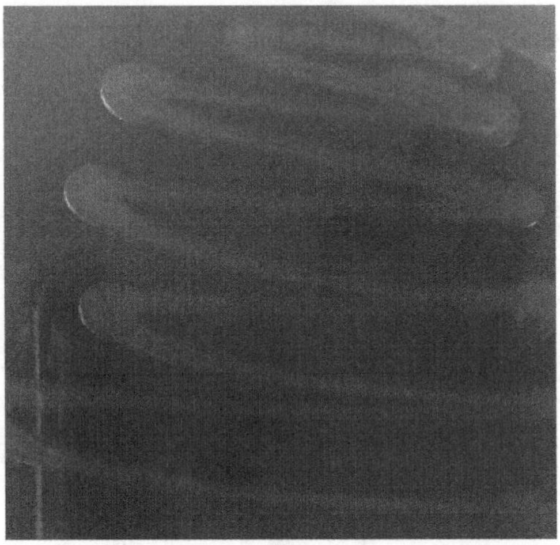

(c) N3

图7-8　菌株平板形态学

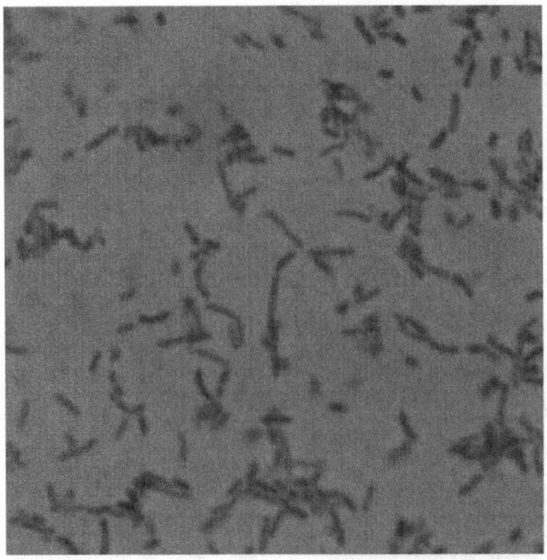

(a) N1

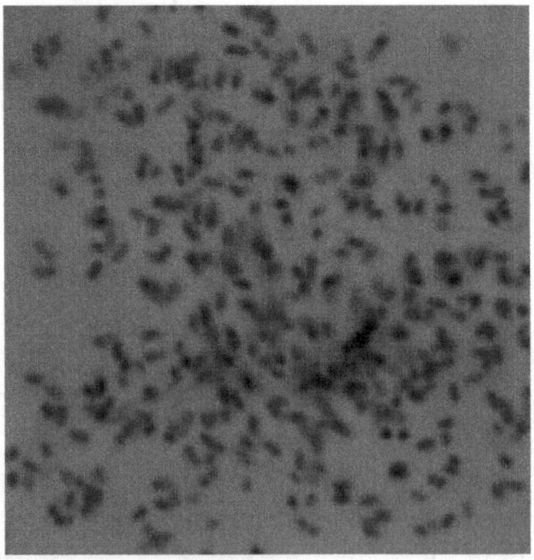

(b) N2

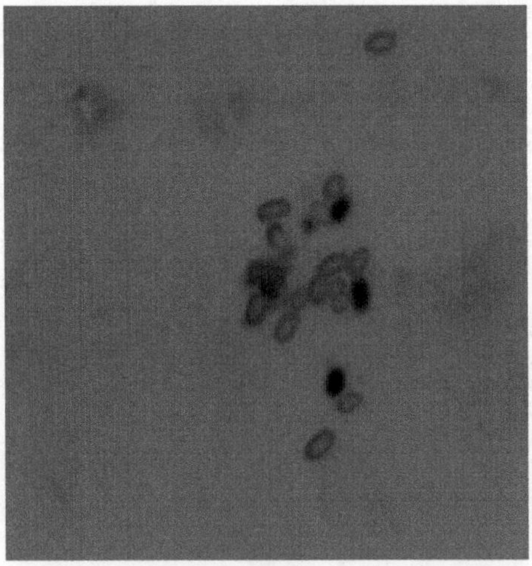

(c) N3

图7-9　菌株革兰氏染色图片

7.4.1.3 菌株的分子生物学鉴定

16S rDNA 测序是目前常用的细菌种属鉴定方法，经鉴定，N1、N2、N3 均为革兰氏阴性菌，其中 N1 菌株为假单胞菌（*P.* sp.），N2 菌株为施氏假单胞菌（*P. stutzeri*），N3 菌株可能为铜绿假单胞菌（*P. aeruginosa*）。

菌株 N1、N2、N3 的系统发育树分别如图 7-10 ～图 7-12 所示。

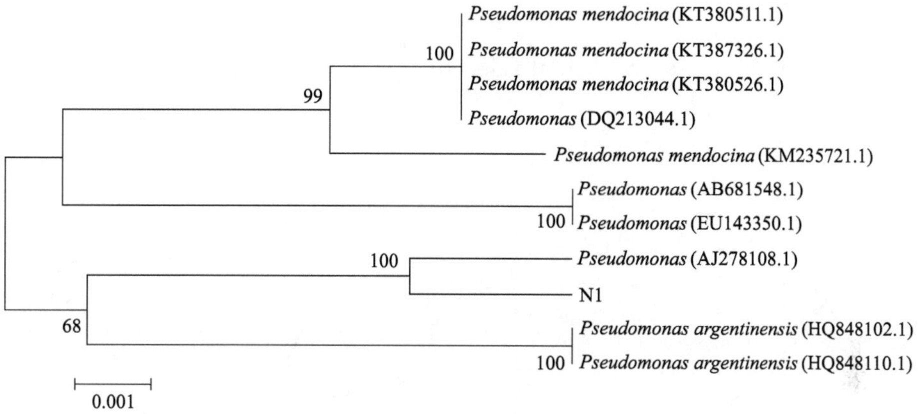

图7-10 菌株N1的系统发育树

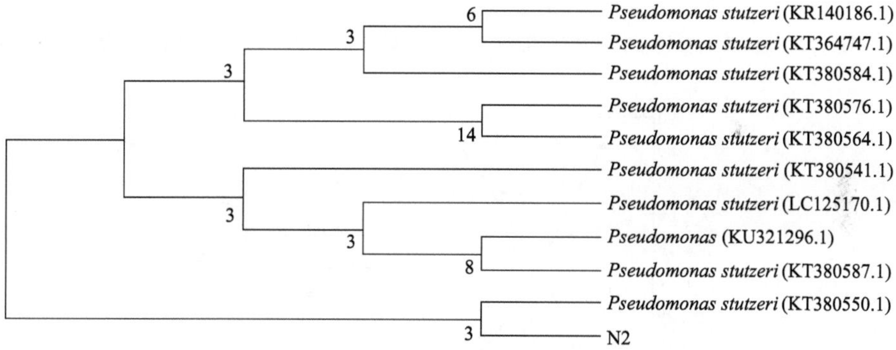

图7-11 菌株N2的系统发育树

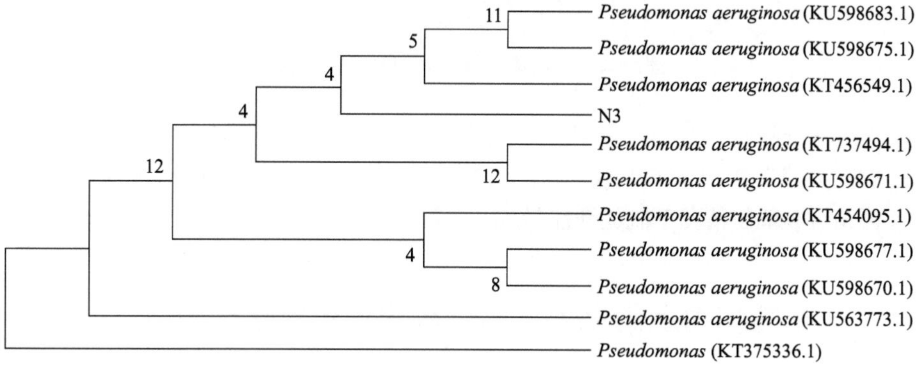

图7-12 菌株N3的系统发育树

7.4.1.4　C/N值对菌株反硝化性能的影响

目前研究中涉及的好氧反硝化菌均为异养菌，因此，碳源是限制菌株生长和代谢的重要因素，碳源的充足与否主要由C/N值的相对量来反映，当C/N值偏低即碳源不足时，菌株的脱氮性能会受一定的限制，该情况下菌株的脱氮性能会随着碳源浓度的增加而提高。因此有必要研究菌株生长代谢的最适C/N值，以此来指导菌株在某种废水下的适应性。改变菌株培养液C/N值，保证温度稳定在30℃，转速160r/min条件，并对菌株进行恒温培养。

C/N值对菌株N1、N2、N3反硝化性能的影响如图7-13～图7-15所示。

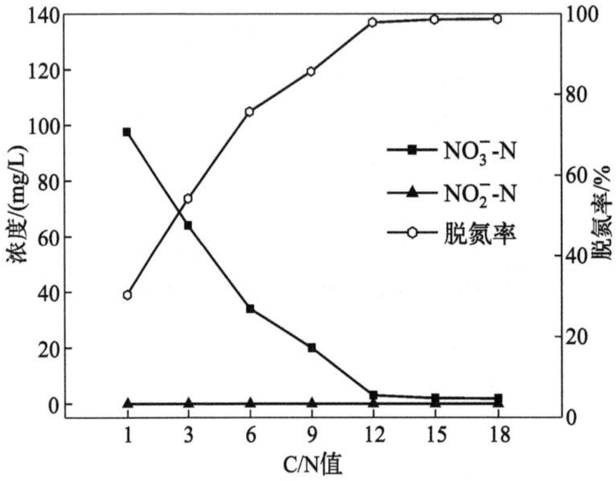

图7-13　C/N值对菌株N1反硝化性能的影响

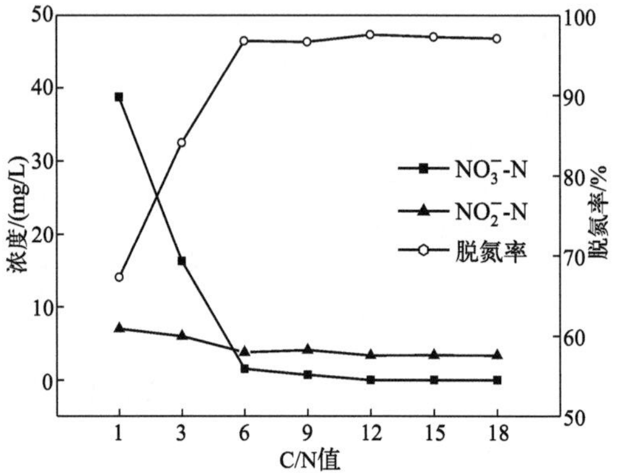

图7-14　C/N值对菌株N2反硝化性能的影响

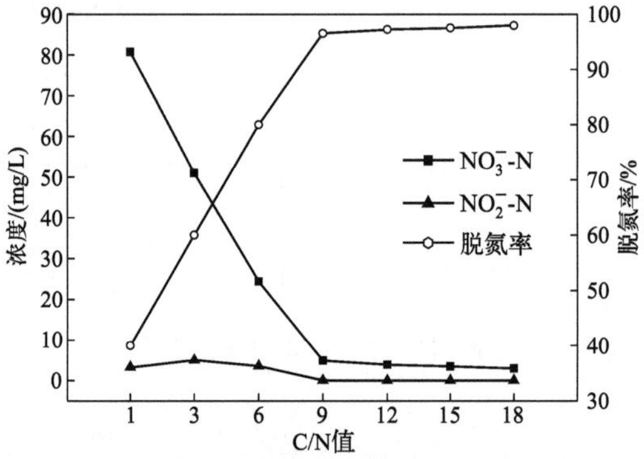

图7-15　C/N值对菌株N3反硝化性能的影响

比较已筛选的菌株在不同C/N值下的脱氮性能，结果表明N1、N2、N3的反硝化性能达到较高并稳定需要的C/N值分别为12、6和9，相比而言，N2对碳源需求量偏低，在C/N值相对较低的情况下脱氮性能最好。

7.4.2　玉米芯作为反硝化外加固体碳源的可行性研究

对低C/N值废水而言，补加碳源是保证反硝化工艺脱氮出水水质达标的重要手段。目前常采用投加甲醇等液体碳源，但该方法很难控制投加量，容易造成二次污染，增加运行成本。因此，选择合适的碳源进行反硝化脱氮是处理低 C/N 值废水的重要方法。目前关于农作物用于外加固体碳源的研究越来越多，该类物质既能稳定提供碳源，又能作为生物载体增加系统微生物丰度，成为固体碳源的研究热点。

选取玉米芯作为固体碳源，对玉米芯作为固体碳源的可行性进行研究，主要包含以下 3 个方面：从释碳性能、释氮性能、释碳品质对玉米芯进行分析；从利用已筛选的好氧反硝化菌以玉米芯为唯一碳源的反硝化性能对玉米芯浸出碳供反硝化利用的能力进行分析；从玉米芯结合菌剂生物强化在活性污泥系统中的反硝化能力对玉米芯作为固体碳源的释碳持续性进行分析。

试验用玉米芯来自重庆市沙坪坝区，回收后切割，过 1 目筛网，筛下的玉米芯再过 2 目筛网，取筛上玉米芯为试验用材，此时玉米芯直径为 1 ～ 2cm，于 30℃的烘箱中干燥 2d 后保存于干燥器内。整个试验采用同一批试验材料。试验用好氧反硝化菌来自筛选出的 N1、N2、N3；活性污泥取自实验室稳定运行的生活污水处理装置。

7.4.2.1 固体碳源的选取

低 C/N 值生活污水外加固体碳源选取的主要原则有释碳时间长、释碳速率适中、释碳能力强、简单易得、成本低廉、不会造成二次污染等。

玉米芯是典型的纤维素类有机物。我国玉米芯年产量可达 2×10^7t，成本低廉，取材范围广，主要成分为纤维素 34.9%，半纤维素 37%，木质素 7%。纤维素、半纤维素在微生物或者酶的作用下可以分解成小分子化合物，具有作为固体碳源的重要优势。玉米芯含有 Ca、P、Mg、Fe、K 等多种矿物质元素，不含 Cu、Pb、Cr 和 Cd 等重金属元素，有利于微生物生长，不会对活性污泥造成毒害作用。且玉米芯宏观表面结构疏松多孔，使微生物附着成为可能。结合其他研究成果，确定选取玉米芯作为外加固体碳源。

7.4.2.2 玉米芯浸出液被好氧反硝化菌利用前后释碳品质分析

三维荧光光谱可以反映水体中类腐殖质和类蛋白质等有机物的存在。通过三维荧光测定结果中的特征荧光峰值对应激发波长和发射波长的位置来确定有机物的种类。对玉米芯浸泡 2d 后的浸出液进行三维荧光测定，结果见图 7-16（a）（书后另见彩图）。对经过好氧反硝化菌代谢利用 12d 后的玉米芯浸出液进行三维荧光测定，结果见图 7-16（b）（书后另见彩图）。

结果表明，玉米芯清水浸出试验的浸出液中出现了类色氨酸的 2 个特征荧光峰，分别为 E_x/E_m=225nm/340nm、E_x/E_m=275nm/340nm。经好氧反硝化菌利用后的玉米芯浸出液中出现了 3 个典型波峰，分别为 E_x/E_m=340nm/415nm、E_x/E_m=335nm/410nm、E_x/E_m=350nm/425nm，均位于类富里酸（E_x/E_m=300 ～ 370nm/400 ～ 500nm）的特征波峰内。类色氨酸属于类蛋白物质，生物降解性高，微生物容易利用。富里酸是一种极其复杂的有机物质，分子量较低，具有较好的溶解性及流动性，生物惰性较强。经好氧反硝化菌代谢利用后的玉米芯浸出液成分发生了较大变化，能被微生物利用的类色氨酸大量减少，基本消失，类富里酸成为主要成分。富里酸主要有两个来源：

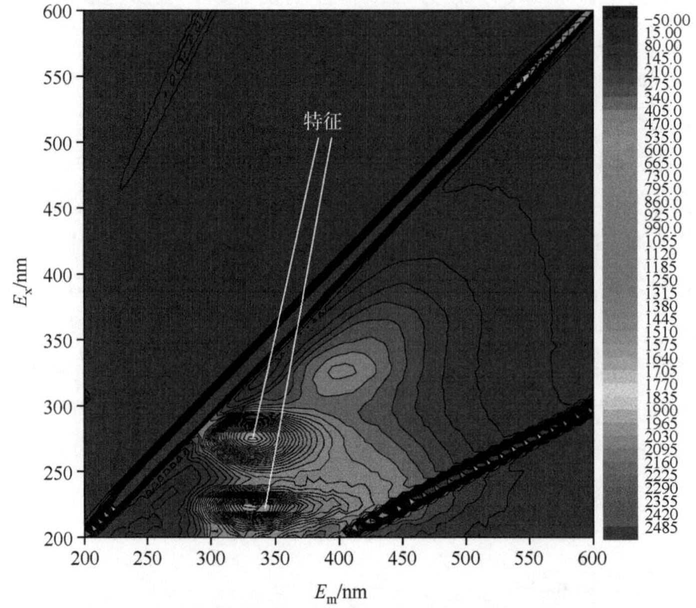

(a) 玉米芯清水浸泡2d的浸出液光谱图

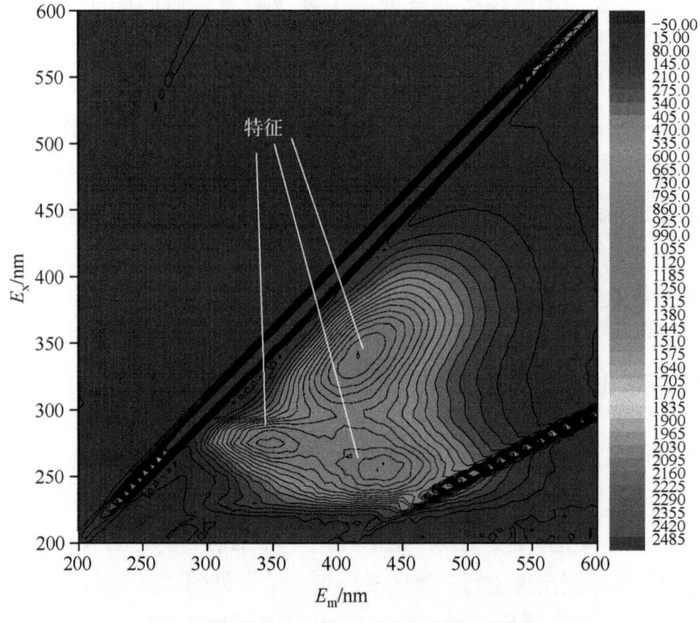

(b) 经菌剂利用12d后玉米芯的浸出液光谱图

图7-16　玉米芯浸出液的三维荧光光谱图

① 一般植物内有高分量的富里酸，且富里酸溶解性较好，玉米芯在连续 12d 的浸泡过程中浸出了体内的富里酸；

② 试验后期能供好氧反硝化菌利用的碳源不足，导致菌株解体，产生了富里酸。

玉米芯浸出液中含有大量微生物易降解的类色氨酸，有利于反硝化菌利用。经好氧反硝化菌代谢利用后，浸出液中类色氨酸转化成类富里酸，再次证明玉米芯浸出液含有能供微生物利用的碳源。

7.4.2.3 好氧反硝化菌利用玉米芯为唯一碳源的反硝化性能

玉米芯释碳性能试验结果表明玉米芯浸出液中 COD 浓度较高，为进一步探究玉米芯浸出碳源能否被反硝化利用，设置了好氧反硝化菌以玉米芯为唯一碳源的反硝化试验。由于已筛选的 N1、N2、N3 好氧反硝化菌旨在作为生物强化用于后续试验中，因此选取由 N1、N2、N3 按照 1∶1∶1 复配后的混合菌剂进行玉米芯浸出碳源用于反硝化的研究。通过人工配水控制试验配水中NO_3^--N的浓度。通过对NO_3^--N的去除，来反映玉米芯浸出碳源用于反硝化的能力。试验结果见图 7-17。

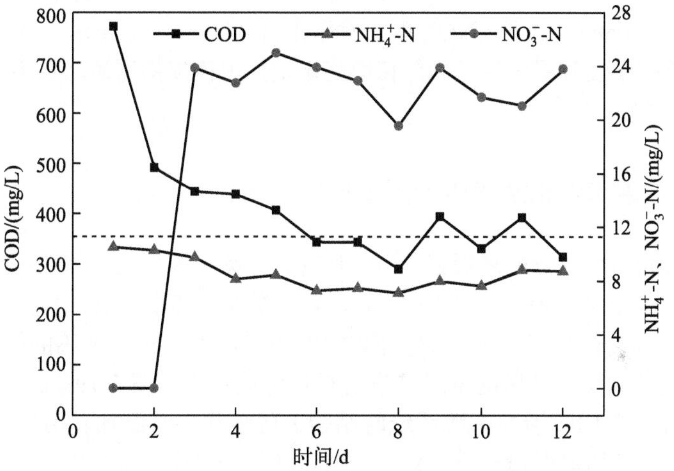

图7-17 好氧反硝化菌利用玉米芯的反硝化过程

N1、N2、N3 好养反硝化菌可以利用玉米芯作为唯一固体碳源进行反硝化代谢。反应后剩余的有机物（以 COD 计）约为 68.22 mg/g。单位质量（1g）玉米芯能供反硝化去除的NO_3^--N约为 13.6mg/L。

7.4.2.4 玉米芯结合生物强化菌剂在活性污泥系统中的反硝化性能

玉米芯的加入是否对水体出水 COD 达标造成较大威胁，以及是否能持续缓慢地提供碳源是玉米芯能否作为固体碳源运用于实践中的另一个重要依据。当活性污泥加入玉米芯后，污泥中微生物会利用玉米芯浸出的营养物质进行代谢生长。为进一步研究玉米芯在加有好氧反硝化菌的活性污泥系统中释碳的持续性，对玉米芯结合生物强化菌剂在活性污泥系统中的反硝化性能进行测定。试验周期设置 20d，结果见图 7-18。

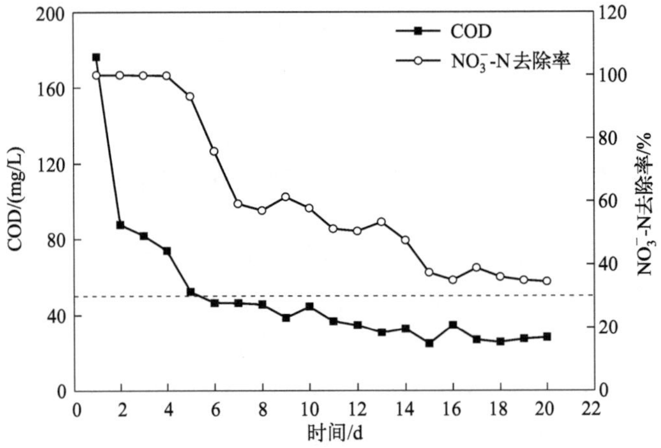

图7-18　玉米芯静态反硝化运行结果

玉米芯在活性污泥系统中，能够持续释碳20d以上。玉米芯释碳能力稳定，出水COD持续稳定在50mg/L以下，NO_3^--N去除率维持35%以上。玉米芯在活性污泥系统中具有良好的释碳持续性和稳定性，既能持续稳定地为水体提供碳源，又不会对原水体出水COD达标造成威胁。

7.4.2.5　玉米芯表面结构及微生物附着情况分析

为从玉米芯表面结构特征来判定玉米芯作为固体碳源及生物载体的可行性，对原始玉米芯结构进行扫描电镜观察［图7-19（a）］。为考察玉米芯浸泡后结构变化，对经清水浸泡15d后的玉米芯进行扫描电镜观察［图7-19（b）］。为考察玉米芯的微生物附着能力，对经好氧反硝化菌利用12d后的玉米芯进行扫描电镜观察［图7-19（c）］。为进一步考察玉米芯作为固体碳源用于活性污泥系统时结构上的变化，对添加在活性污泥系统中试验20d后的玉米芯进行扫描电镜观察［图7-19（d）］。通过观察玉米芯结构变化及微生物附着情况来确定玉米芯用于固体碳源及生物载体的可行性及稳定性。

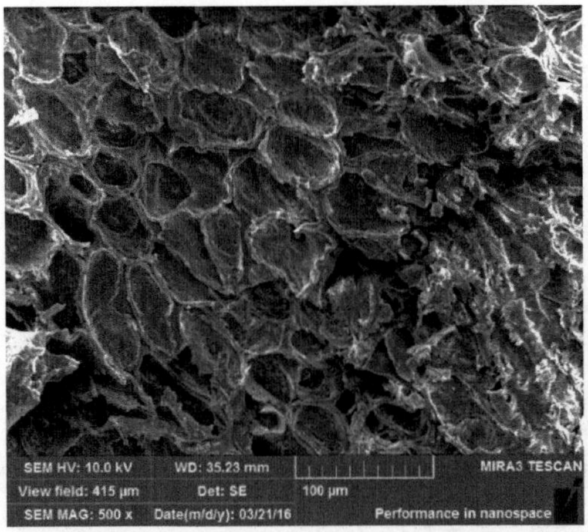

(a)

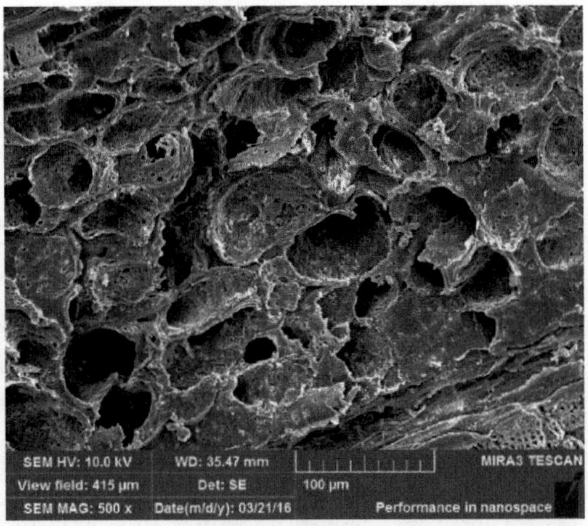

(b)

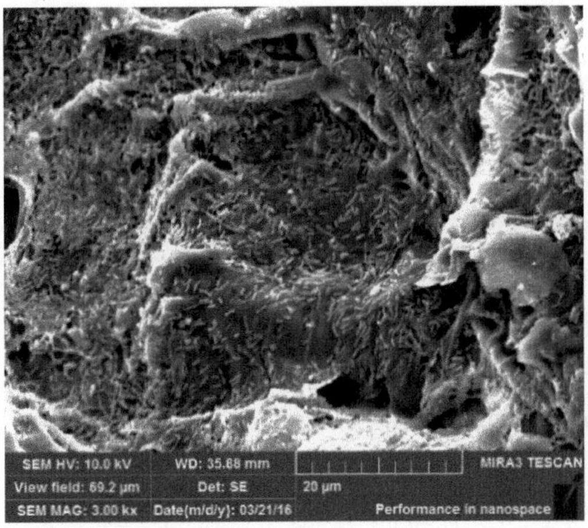

(c)

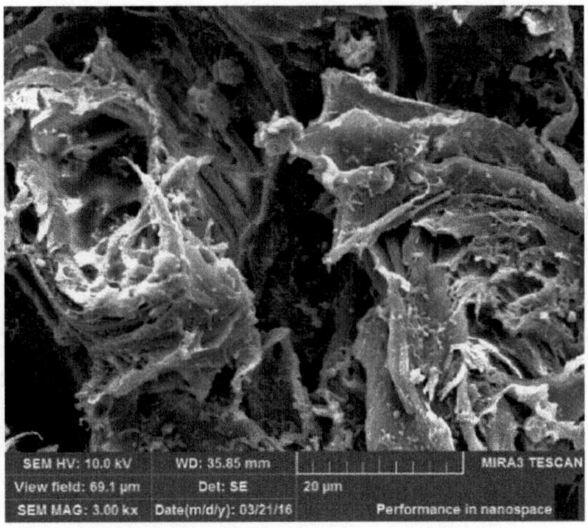

(d)

图7-19 玉米芯结构扫描电镜图

电镜结果表明，原始玉米芯表面结构呈蜂窝状，粗糙且有大量孔洞，易于微生物附着，可作为优质的生物载体。经清水浸泡 15d 后的玉米芯表面结构变疏松，孔洞明显变大，该结构更有利于微生物的附着。经好氧反硝化菌利用 12d 后的玉米芯表面结构更加粗糙，在放大 3000 倍的条件下明显观察到玉米芯表面附着大量杆状菌，直接表明玉米芯利于微生物附着，可作为生物载体。在活性污泥系统中试验 20d 后的玉米芯表面结构明显变粗糙，孔隙内附着大量的杆菌、球菌及丝状菌等，表明玉米芯在活性污泥系统中既能作为固体碳源稳定供碳，又能作为生物载体稳定存在，为玉米芯可作为固体碳源用于活性污泥系统中提供了又一重要依据。

7.4.3 基于CAST工艺的生物强化及固体碳源对低C/N值生活污水脱氮性能的研究

对生活污水而言，一般进水氮素主要为氨氮。目前运用最多的活性污泥系统中脱氮过程主要由硝化过程和反硝化过程组成，其中任何一个环节受限，都会影响系统最终的脱氮效果，直接影响出水水质。对于传统的活性污泥系统的脱氮原理而言，造成硝化过程受限的主要因素包括曝气不足和硝化菌丰度较低；造成反硝化过程受限的主要因素包括曝气过量导致反硝化菌作用受限和碳源不足限制反硝化过程。

选取处理低 C/N 值乡镇生活污水的循环活性污泥（CAST）工艺作为试验工艺。采用生物强化和固体碳源来强化反应器的脱氮性能。从硝化和反硝化两个过程同时保证提高脱氮性能，采用硝化菌、缺氧反硝化菌、好氧反硝化菌生物强化菌剂及玉米芯固体碳源来强化处理低 C/N 值乡镇生活污水的 CAST 工艺的脱氮性能。考察了对照组和添加生物菌剂及玉米芯的试验组在试验期间 COD、NH_4^+-N、TN 的变化。并通过 Illumina Miseq 高通量测序技术和变性梯度凝胶电泳（PCR-DGGE）技术对两个反应器内活性污泥群落结构变化进行分析，并确定人工强化的生物菌剂在该系统中的适应性及稳定性。

（1）菌种及活性污泥

硝化菌来自实验室保存的复合硝化菌剂 M；缺氧反硝化菌来自实验室保存的复合缺氧反硝化菌剂 Q；好氧反硝化菌由 N1、N2、N3 按照 1∶1∶1 进行复配制成；活性污泥取自开州区临江污水处理厂的剩余污泥。

（2）玉米芯

实验用玉米芯来自重庆市沙坪坝区，回收后切割，过 1 目筛网，筛下玉米芯再过 2 目筛网，取筛上玉米芯为实验用材，此时玉米芯直径为 1 ～ 2cm，于 30℃的烘箱中干燥 2d 后保藏于干燥器内。整个实验采用同一批实验材料。

（3）进水

对开州区临江生活污水处理厂进水水质进行背景监测，实际进水 COD 为 100 ～ 150mg/L，TN 为 20 ～ 40mg/L，NH_4^+-N为 15 ～ 30mg/L。为更好地模拟该污水厂进水水质，本试验用水为学校生活污水通过稀释并与 $(NH_4)_2SO_4$、$NaNO_3$ 配制而成，控制 COD 约为 150mg/L、TN 约为 40mg/L、NH_4^+-N约为 30mg/L。一般认为 COD ＜ 200mg/L、COD/TN 值＜ 8 的水体为低 C/N 值废水。

7.4.3.1 CAST反应器的设计运行

设置 2 组平行的反应器，分别为对照组和试验组。反应器示意见图 7-20。CAST 反应器厌氧选择区、预反应区和主反应区体积分别为 10.5L、12L 和 126L。设置运行周期为 4h，其中进水 1h，曝气 2h，静置 1h，排水 1h，进水期间开始曝气。混合液悬浮固体（MLSS）浓度设置为 3500mg/L，充水比为 1/3，混合液回流比为 30%。采用底部微孔曝气，曝气阶段控制溶解氧（DO）浓度为 4.0 ～ 5.0mg/L。试验期间没有进行排泥。反应器在室温下运行，温度基本在 20℃左右。

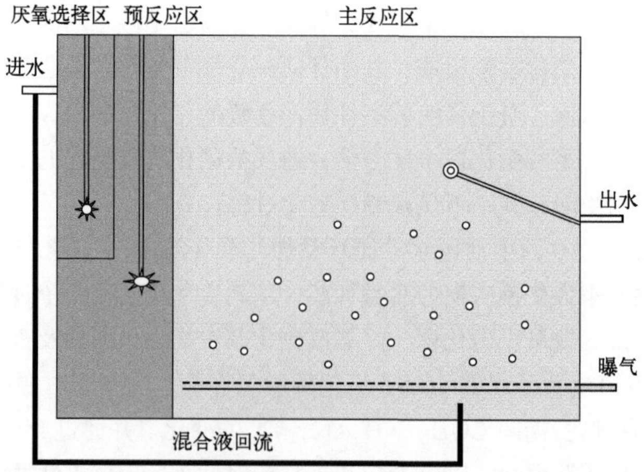

图7-20 CAST反应器示意

7.4.3.2 CAST反应器试验组的填料观察

CAST 反应器运行 20d 后的结果表明，挂膜填料及玉米芯表面附着有大量的微生物，有利于生物强化菌剂的固定，减少菌种流失，同时增加了填料上微生物的丰度，进而增大了静沉时期泥水的接触面积，有利于反应器脱氮性能的提高。

7.4.3.3 生物强化及固体碳源对CAST工艺脱氮性能的影响分析

为考察玉米芯及生物强化菌剂在实际低 C/N 值生活污水处理中对脱氮性能提高的能力，采用处理低 C/N 值生活污水的 CAST 工艺进行小试研究，结果见图 7-21。

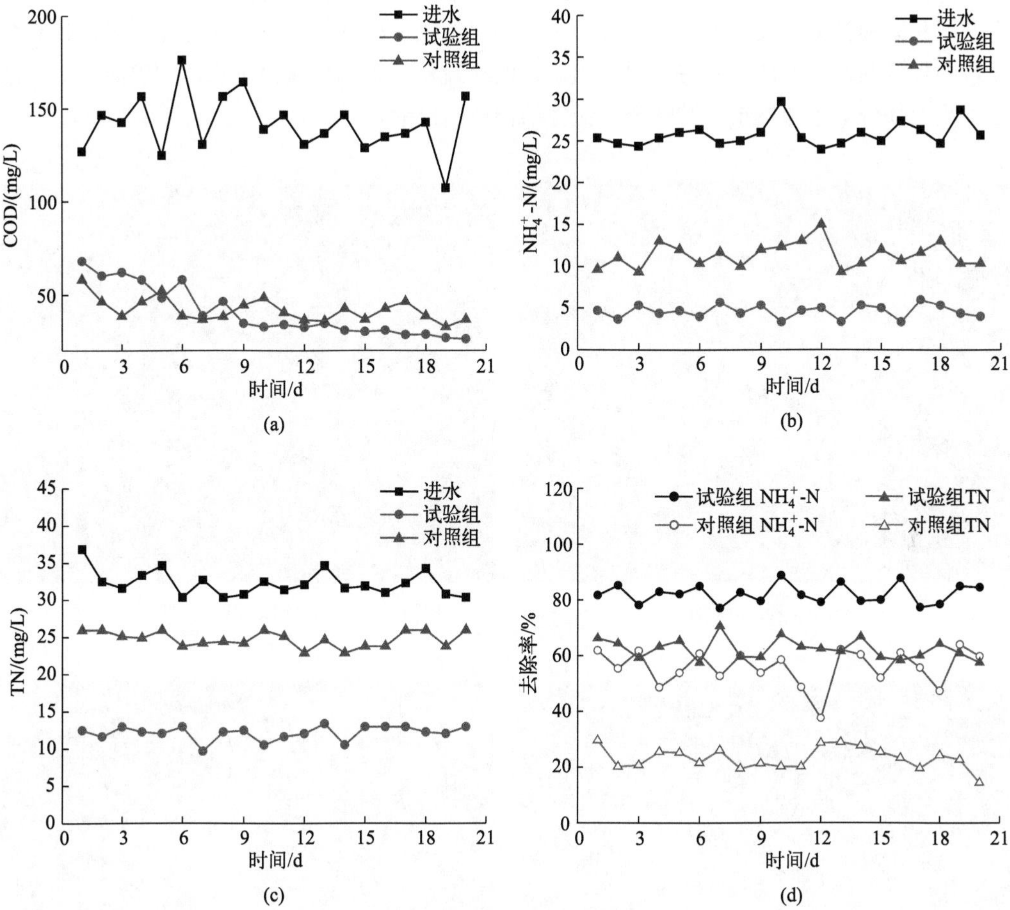

图7-21 强化处理前后反应器的水质指标变化

试验组和对照组对NH_4^+-N、TN 去除率的结果表明，试验组对系统脱氮具有明显的促进作用。通过生物强化菌剂与玉米芯固体碳源的综合作用，能够提高 CAST 工艺处理低 C/N 值生活污水的脱氮性能。

添加有玉米芯固体碳源及硝化菌、缺氧反硝化菌、好氧反硝化菌的反应器出水 COD

维持在30mg/L左右，NH_4^+-N的平均出水浓度由对照组的11.35mg/L降至试验组的4.58mg/L；出水TN平均浓度由对照组的25.03mg/L降至试验组的12.11mg/L。经生物强化后的反应器NH_4^+-N平均去除率由对照组的55.8%增加至试验组的82.1%；TN的平均去除率由对照组的23.2%增加至试验组的62.3%。生物菌剂的添加提高了系统污泥内脱氮微生物的丰度，增加了脱氮微生物的种类，进而提高了系统的脱氮性能，使出水达到一级A标准。玉米芯作为外加固体碳源用于活性污泥系统时，出水COD稳定且偏低，不会对原水体造成二次污染。

7.4.3.4　CAST反应器污泥电镜分析

对试验组和对照组的初始污泥和运行20d后的污泥进行扫描电镜观察，结果见图7-22。结果表明，试验初期试验组和对照组污泥结构基本一致，疏松多孔，能明显看到其中的丝状菌和杆菌。反应器运行20d后，试验组污泥结构基本没有太大变化，可清晰看到大量的杆状菌，污泥性能良好。对照组结构略有疏松，猜测可能由于水体内碳源不足，活性污泥内部分微生物处于饥饿状态，污泥结构开始松散。

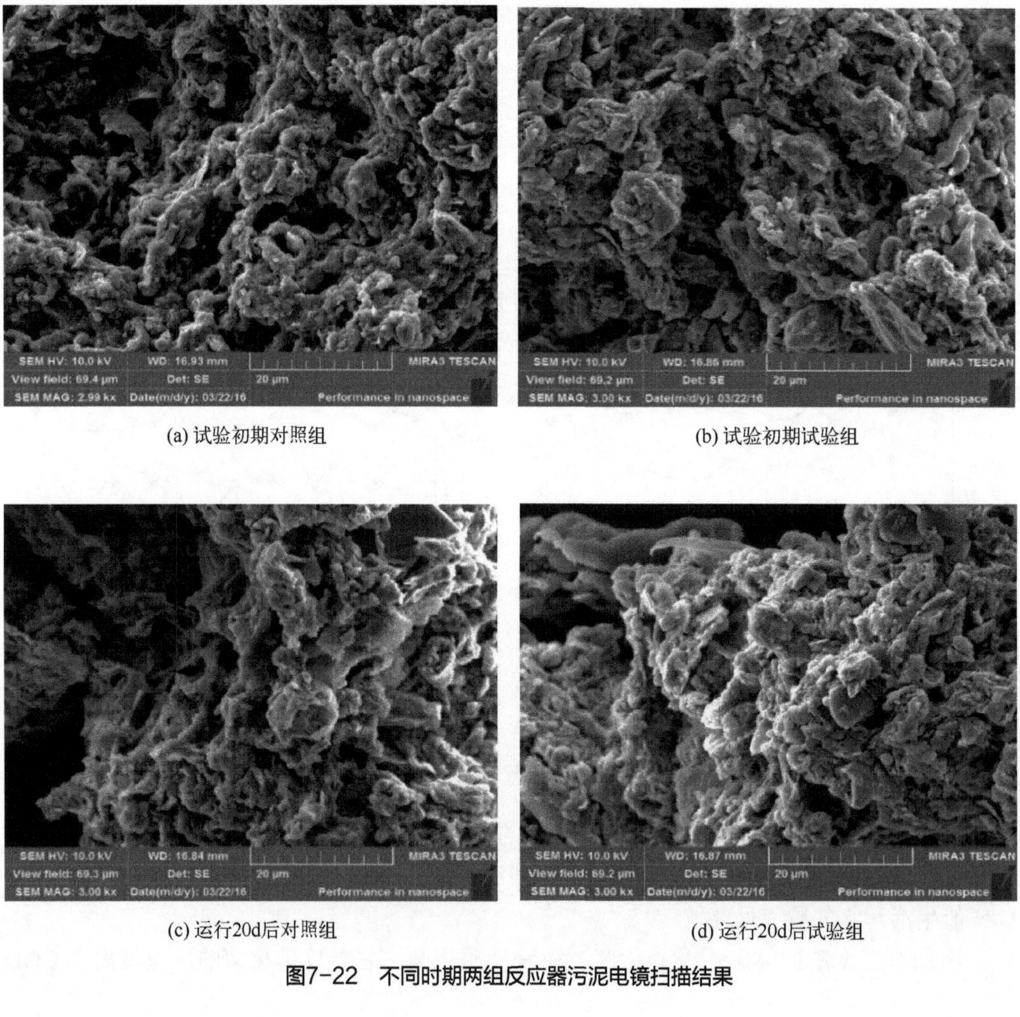

(a) 试验初期对照组　(b) 试验初期试验组

(c) 运行20d后对照组　(d) 运行20d后试验组

图7-22　不同时期两组反应器污泥电镜扫描结果

7.4.3.5 高通量技术对污泥微生物群落结构分析

微生物在 CAST 工艺污水生化处理中起到核心作用，其种群的组成与数量很大程度上影响着生物反应器的功能和出水质量。通过分析特定条件下反应器内微生物群落结构特征，了解其与反应器功能和效果的内在联系，有利于优化反应器运行稳定性，为工艺调控运行提供理论指导。利用高通量技术对试验组与对照组的污泥种群分布进行对比分析，观察加入生物强化菌剂以及玉米芯固体碳源后反应器内的污泥生物群落结构变化，从微生物角度解释试验组与对照组脱氮能力的差异。

(1) OUT 多样性分析

利用高通量测序技术得到两个样品的序列数，试验组污泥优化序列数为 26002，对照组污泥优化序列数为 19885。按照 97% 相似性水平进行 OTU 聚类划分绘制 Shannon-Wiener 曲线和进行后续分析，试验组和对照组分别具有 629 个和 622 个 OTU（操作分类单元）。Coverage 指数理论上代表了克隆文库中所包含的微生物的种类占样品中全部微生物的比例。本研究中两个样本的测序深度指数分别为 99.9% 与 99.7%，均高于 0.9（$P < 0.1$），即能确保测序结果代表样品中的微生物组成。Coverage 指数是指各样品文库的覆盖率，其数值越高，则样本中序列没有被测出的概率越低。该指数实际反映了本次测序结果是否能够代表样本微生物种类真实情况。试验组和对照组样品 Coverage 指数分别为 0.9995 和 0.9989，均高于 0.9（$P < 0.1$），测序深度明显，能够反映样品微生物种类真实情况。Shannon 指数是反映样品中微生物多样性的指数，利用各样品的测序量在不同测序深度时的微生物多样性指数构建曲线，以此反映各样本在不同测序量时的微生物多样性。当曲线趋向平坦时，说明测序数据量足够大，可以反映样品中绝大多数的微生物信息。图 7-23 是污泥样品的 Shannon-Wiener 曲线，当实验组序列为 26002、对照组序列数为 19885 时，Shannon-Wiener 曲线趋向平坦，说明测序数据量足够大可以反映样品中绝大多数的微生物信息。

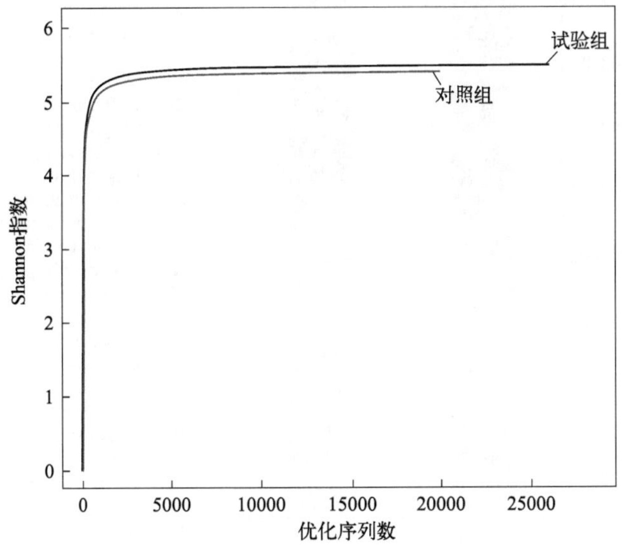

图7-23 污泥样品的Shannon-Wiener曲线（97%相似性水平）

(2) 微生物丰度和多样性分析

Ace 和 Chao 指数都是通过估计群落中含 OTU 数目，从而估计物种群落丰度，其指数越大代表物种群落丰度越高；Shannon 指数是物种群落多样性指数，其数值越大代表群落复杂程度越高，群落多样性越好。从表 7-33 可以看出，试验组污泥微生物群落丰度指数 Ace 值（632）和 Chao 值（632）分别大于对照组污泥，微生物多样性指数试验组污泥 Shannon 值（5.49）大于对照组污泥（5.40）。表明经过 20d 的试验周期，试验组污泥微生物丰度和多样性都要大于对照组污泥，这一结果也符合 OTU 分布规律。

表7-33　样品测序与多样性统计

样品	序列数	OTU	Ace指数	Chao指数	Shannon指数	Coverage指数
实验组	26002	629	632	632	5.49	0.9995
对照组	19885	622	628	627	5.40	0.9989

20d 的试验周期结束时，试验组污泥微生物丰度和多样性依然要比对照组污泥高，表明生物强化菌剂并没有随着连续流出水而全部损失，具有一定的稳定性。通过添加生物强化菌剂和玉米芯固体碳源可以提高反应器内污泥微生物群落丰度和多样性。

(3) 各污泥样品中门水平的微生物组成和相对丰度

样本 DNA 经高通量测序后得到 OTU 代表序列，对其进行分类学分析，获得各污泥样品中门水平的微生物组成和相对丰度（如图 7-24 所示，书后另见彩图），试验组和对

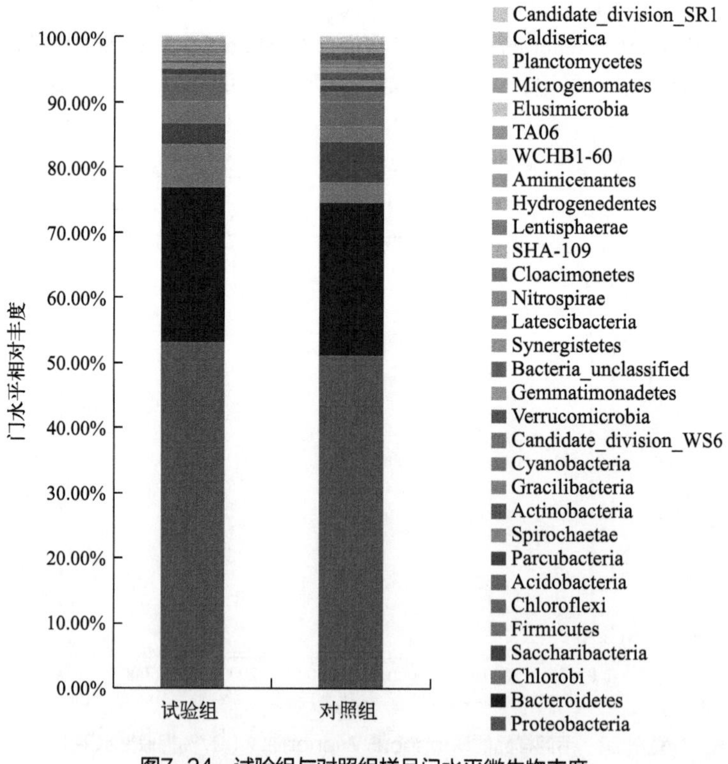

图7-24　试验组与对照组样品门水平微生物丰度

照组污泥样品一共检测出 31 类菌门。小试反应器污泥样品变形菌门（Proteobacteria）、拟杆菌门（Bacteroidetes）、糖精菌门（Saccharibacteria）、绿菌门（Chlorobi）、绿弯菌门（Chloroflexi）、厚壁菌门（Firmicutes）等为主要菌门。

选取菌门相对丰度大于 1% 的优势菌门列于表 7-34。从表中可以看出，优势菌门在相对丰度数值上有较大差异，但种类相近。Proteobacteria 在 2 个反应器中占主导地位，试验组和对照组相对丰度分别为 53.03% 和 50.95%；其次是 Bacteroidetes，试验组和对照组相对丰度分别为 23.79% 和 23.53%；Saccharibacteria、Chlorobi、Chloroflexi、Firmicutes、Acidobacteria、Parcubacteria、Actinobacteria、Verrucomicrobia 在 2 个反应器最优菌门相对丰度依次递减，并不突出。根据 Huber 等学者对常规活性污泥中菌群多样性的研究，在污水处理系统中，Proteobacteria 是优势类群，其中所有的细菌都是革兰氏阴性菌。多数反硝化微生物和脱氮细菌都属于 Proteobacteria，而 Bacteroidetes 对有机碳源的适应性比较强，Bacteroidetes 细菌是化能有机营养菌，能够代谢碳水化合物和降解复杂有机物，是主要降解 COD 的细菌。因此可得出 2 个反应器运行 20d 后，脱氮微生物占据主要地位，并且都有大量能降解水中有机碳的细菌，侧面反映了 2 个反应器都可以对 COD 和氮进行有效的降解。

虽然 2 个系统中门分类水平上群落种类大致相同，然而数量上还是有一些差异。通过标准差分析，Saccharibacteria、Chlorobi、Proteobacteria 相对丰度值差异相对较大。

表7-34 优势门水平相对丰度（相对丰度＞1%）

门类名	中文译名	实验组/%	对照组/%	标准差/%
Proteobacteria	变形菌门	53.03	50.95	1.47
Bacteroidetes	拟杆菌门	23.79	23.53	0.19
Saccharibacteria	糖精菌门	3.36	6.34	2.11
Chlorobi	绿菌门	6.62	3.05	2.52
Chloroflexi	绿弯菌门	2.85	3.92	0.76
Firmicutes	厚壁菌门	3.30	2.28	0.72
Acidobacteria	酸杆菌门	1.16	1.45	0.20
Parcubacteria	—	0.89	1.14	0.18
Actinobacteria	放线菌门	0.54	1.09	0.39
Verrucomicrobia	疣微菌门	0.35	1.21	0.61

（4）各污泥样品微生物优势菌群分析

样本 DNA 经高通量测序后得到 OTU 代表序列，得到属水平相对丰度＞0.01% 的菌属总计 282 个，对其进行统计分类，具体结果见表 7-35。从表 7-35 可以看出试验组和对照组污泥样品 α-Proteobacteria、β-Proteobacteria、δ-Proteobacteria、ε-Proteobacteria、γ-Proteobacteria 和 CFB 菌群相对丰度总计分别为 66.55% 和 62.85%，在污泥样品中处于优势地位。试验组 β-Proteobacteria、γ-Proteobacteria 和 CFB 菌群相对丰度分别占整个样本菌群 24.05%、16.85% 和 17.78%；对照组优势菌群种类和试验组种类相同但数量上有所差别，β-Proteobacteria、γ-Proteobacteria 和 CFB 菌群相对丰度分别为 21.48%、17.23% 和 17.19%。试验组和对照组 α-Proteobacteria、δ-Proteobacteria 和 ε-Proteobacteria 丰度相对较小。

表7-35　优势菌群相对丰度

样品	α-Proteobacteria	β-Proteobacteria	δ-Proteobacteria	ε-Proteobacteria	γ-Proteobacteria	CFB 菌群	总计
试验组 /%	2.85	24.05	3.40	1.62	16.85	17.78	66.55
对照组 /%	2.49	21.48	3.88	0.58	17.23	17.19	62.85

变形菌门（Proteobacteria）根据 rRNA 序列被分为 5 类（通常作为 5 个纲），用希腊字母 α、β、γ、δ 和 ε 命名。大多数 β-Proteobacteria 和 γ-Proteobacteria 都是既能进行呼吸代谢又能进行发酵代谢的兼性异氧菌，它们以有机物为电子供体，是污水处理过程中有机物降解的主要参与者。β-Proteobacteria 包括很多好氧或兼性细菌，通常其降解能力可变，但也有一些无机化能种类［如可以氧化氨的亚硝化单胞菌属（*Nitrosomonas*）］和光合种类［红环菌属（*Rhodocyclus*）和红长命菌属（*Rubrivivax*）］。很多种类可以在环境样品中发现，如废水或土壤中。试验组污泥样本 β-Proteobacteria 优势菌属为丛毛单胞菌科（未分类）（Comamonadaceae unclassified，5.32%）、索氏菌属（*Thauera*，3.63%）、脱氯菌属（*Dechloromonas*，2.01%）；对照组污泥样本 β-Proteobacteria 优势菌属为 Comamonadaceae unclassified（4.10%）、*Thauera*（3.12%）、Dechloromonas（2.75%）。根据 Wagner 等的研究，β-Proteobacteria 中的 *Thauera* 可能是工业污水中丰富存在的反硝化菌。根据《伯杰细菌鉴定手册》，γ-Proteobacteria 纲可代谢葡萄糖产酸，将硝酸盐还原为亚硝酸盐，利用NH_4^+作为氮源、有机物作为碳源。试验组污泥样本 γ-Proteobacteria 优势菌属为发硫菌属（*Thiothrix*，5.75%）；对照组污泥样本 γ-Proteobacteria 优势菌属为发硫菌属（*Thiothrix*，6.02%）、盐单胞菌属（*Halomonas*，2.18%）。CFB 菌群是噬纤维菌 - 黄杆菌 - 拟杆菌（*Cytophaga-Flavobacterium-Bacteroides*）的总称。CFB 菌群的分类鉴定主要是根据其表型形状和 16S rRNA 序列。*Cytophaga* 是单细胞的、滑动的、无芽孢形成的革兰氏阴性杆状菌。*Flavobacterium* 是一种非发酵革兰氏阴性杆菌，广泛存在于淡水、海水、土壤和植物中。*Bacteroides* 是指革兰氏染色阴性、无芽孢、专性厌氧的小杆菌，可以将糖类代谢为乙酸和琥珀酸。CFB 菌群是化能有机营养菌，能够降解各种生物聚合物，如纤维素、甲壳素和果胶。Wanger 等用 rRNA 目的探针测试后认为，CFB 菌群是聚磷菌（polyphosphate-accumulating organism，PAO）中的一类，重要性次于 β 亚纲红环菌群（*Rhodocyclus*）、α 亚纲浮霉菌（*Planctomycete*）及屈挠杆菌属（*Flexibacter*）。试验组污泥样本 CFB 菌群优势菌属主要有腐螺旋菌科（未培养）（Saprospiraceae uncultured，6.91%）、噬甲壳素菌属（未培养）（*Chitinophagaceae* uncultured，2.43%）；对照组污泥样本 CFB 菌群优势菌属主要有 Saprospiraceae uncultured（6.21%）、*Chitinophagaceae* uncultured（3.45%）、*Flavobacterium*（1.61%）。

δ-Proteobacteria 包括基本好氧的形成子实体的黏细菌和严格厌氧的一些种类，如硫酸盐还原菌脱硫弧菌属（*Desulfovibrio*）、脱硫菌属（*Desulfobacter*）、脱硫球菌属（*Desulfococcus*）、脱硫线菌属（*Desulfonema*）和硫还原菌，以及具有其他生理特征的厌氧细菌，如还原三价铁的地杆菌属（*Geobacter*）及共生的暗杆菌属（*Pelobacter*）和互营菌属（*Syntrophus*）。δ-Proteobacteria 也具有 COD 降解功能，但大多数需要在严格厌氧发酵环境下生存。δ-Proteobacteria 在 2 个反应器污泥样本中相对丰度较低，试验组污泥样本 δ-Proteobacteria 占细菌总数的 3.40%，优势菌属为蛭弧菌属（*Bdellovibrio*，0.83%）；对照组污泥样本 δ-Proteobacteria 占细菌总数的 3.88%，优势菌属为 *Bdellovibrio*（0.88%）、*Desulfomicrobium*（0.58%）。α-Proteobacteria 除包括光合的种类外，还有代谢 C_1 化合物的种类、和植物共生的细菌（如根瘤菌属）、与动物共生的细菌及一类危险的致病菌立克次体目。此外真核生物线粒体的前身也很可能属于这一类。王峰等的研究指出，α-Proteobacteria 在化学 - 生物絮凝中才是发挥作用的主要功能菌群。ε-Proteobacteria 只有少数几个属，多数是弯曲或螺旋形的细菌，如沃林氏菌属（*Wolinella*）、螺杆菌属（*Helicobacter*）和弯曲菌属（*Campylobacter*）。α-Proteobacteria 和 ε-Proteobacteria 在 2 个反应器内丰度最低，在试验组中相对丰度为 2.85% 和 1.62%，α-Proteobacteria 优势菌属为芽殖杆菌属（*Gemmobacter*，0.24%）、红细菌属（*Rhodobacter*，0.21%）；α-Proteobacteria 和 ε-Proteobacteria 在对照组中相对丰度为 2.49% 和 0.58%，α-Proteobacteria 优势菌属为芽殖杆菌属（*Gemmobacter*，0.61%）、红细菌科（未分类）（Rhodobacteraceae unclassified，0.21%）。ε-Proteobacteria 在 2 个反应器内只检测到两种菌属，分别为弓形菌属（*Arcobacter*）、螺杆菌科（未培养）（Helicobacteraceae uncultured）。Kindaichi 等对自养硝化生物膜进行了荧光原位杂交（fluorescence in situ hybridization，FISH）分析，结果表明膜上有 50% 的细菌属于硝化细菌，其余 50% 为异养细菌，分别为变形杆菌 α 亚纲 23%，γ 亚纲 13%，绿色非硫细菌 9%，CFB 菌群 2%，未定类群 3%。王建芳利用 DGGE 技术分析内源反硝化除磷工艺微生物群落特征，发现内源反硝化除磷工艺中的微生物主要由 α-Proteobacteria、β-Proteobacteria、γ-Proteobacteria、CFB 菌群、低 G+C 革兰氏阳性菌五大菌群构成，其中 β-Proteobacteria 种属的微生物在整个工艺微生物菌群数量中占绝对优势，达到 48% 左右。

（5）自养硝化细菌群落特征分析

硝化细菌（nitrifying bacteria）是一类自养型代谢细菌，按照菌株所能够利用的底物类型，又分为氨氧化细菌（ammonia oxidizing bacteria，AOB）和亚硝酸盐氧化细菌（nitrite oxidizing baeteria，NOB），前者将氨氮转化为亚硝酸盐，后者则将亚硝酸盐继续转化为硝酸盐。在污水处理过程中，硝化细菌也是最重要的功能菌群之一，参与含氮污染物从污水中的去除过程。根据《伯杰氏细菌鉴定手册》分类，AOB 菌主要分为亚硝化单胞菌属（*Nitrosomonas*）、亚硝化球菌属（*Nitrosococcus*）、亚硝化螺菌属（*Nitrosospira*）、亚硝化叶菌属（*Nitrosolobus*）和亚硝化弧菌属（*Nitrosovibrio*）5 个属。NOB 菌分为硝化杆菌属（*Nitrobacter*）、硝化刺菌属（*Nitrospina*）、硝化球菌属（*Notrococcus*）和硝化螺菌属（*Nitrospira*）4 个属。

2 个反应器污泥样品发现的 AOB 菌种类相同，为 *Nitrosomonas* 和 *Nitrosomonadaceae* uncultured 两种，均属于 β-Proteobacteria。试验组污泥样品 *Nitrosomonas* 和 *Nitrosomonadaceae* uncultured 相对丰度分别为 0.90% 和 0.48%；对照组污泥样品 *Nitrosomonas* 和 *Nitrosomonadaceae* uncultured 相对丰度均比试验组低，分别为 0.36% 和 0.52%。同时，两

个反应器污泥样品 NOB 菌都是 *Nitrospira*，试验组和对照组 *Nitrospira* 相对丰度分别为 0.13% 和 0.12%。结果表明加入了生物强化菌剂和固体碳源的试验组硝化能力要好于空白对照组。

（6）反硝化细菌群落特征分析

污水中的含氮有机物经过异养菌的氨化作用转变为氨氮，再经过硝化菌的硝化作用转变为亚硝酸盐氮和硝酸盐氮。反硝化细菌（denitrifying bacteria）可以将亚硝酸盐氮或硝酸盐氮还原为 NO、N_2O，最终转变为 N_2，排入大气，从而降低污染水中含氮污染物的浓度。反硝化微生物的作用在污水脱氮中占较重要地位，因此，有必要对其进行深入研究。通过高通量测序技术得到样本微生物属水平结果，对反硝化菌属统计分析，从试验组和对照组污泥样品中一共检测到 19 种反硝化菌属，分别占细菌总数的 15.37% 和 14.18%，试验组污泥反硝化能力要好于对照组。其中 7 种属于 γ-Proteobacteria，6 种属于 β-Proteobacteria，CFB 菌群和 Firmicutes 各有 2 种，δ-Proteobacteria 和 γ-Proteobacteria 各有 1 种。将相对丰度大于 1% 的优势反硝化菌属列于表 7-36。

表7-36　优势反硝化菌属相对丰度（相对丰度＞1%）

菌属名	中文译名	实验组/%	对照组/%
Thauera	索氏菌属	3.63	3.12
Halomonas	盐单胞菌属	2.75	2.01
Dechloromonas	脱氯单胞菌属	1.61	0.94
Xanthomonadales uncultured	黄色单胞菌属(未培养)	1.44	2.18
Thiobacillus	硫杆菌属	1.08	1.26
Hydrogenophilaceae uncultured	嗜氢菌属(未培养)	1.01	1.18
Flavobacteriaceae uncultured	黄杆菌属(未培养)	0.65	1.02

表 7-36 可以看出，*Thauera*、*Halomonas*、*Xanthomonadales* uncultured、*Thiobacillus*、*Hydrogenophilaceae* uncultured 是试验组和对照组共同的优势反硝化菌属，*Thauera* 在试验组和对照组污泥细菌中所占比例最大。*Thauera* 是 β-Proteobacteria 下的一类革兰氏阴性细菌，大都为杆状且具有反硝化能力，杨华等通过试验发现 *Thauera* 能够分泌胞外多聚物（extracellular polymeric substances，EPS），EPS 与颗粒成团、微环境形成及颗粒脱水特性密切相关，*Thauera* 对揭示废水生物处理系统中的脱氮、污泥膨胀、重金属吸附等具有重要意义。此外，*Thauera*、*Xanthomonadales* uncultured、*Hydrogenophilaceae* uncultured、*Flavobacteriaceae* uncultured 可以在厌氧和好氧兼性条件下生长，具有同化无机碳、以氢气为电子供体同时以硝酸盐为电子受体获得能量的能力。

（7）异养硝化细菌

传统生物脱氮硝化过程功能菌主要为自养菌，其生长缓慢、世代周期较长，对污水成分、pH 值和温度等环境条件敏感，难以维持较高的生物浓度。在污水处理过程中，自养菌的生长会受到有机物浓度的抑制，一般认为硝化过程 BOD 负荷＜0.15kg BOD_5/（kg MLSS·d）时处理系统的硝化反应才能正常进行。异养硝化菌可以利用有机物，将有机氮直接氧化为硝酸盐，而跨过有机氮分解为氨氮、再氧化为亚硝酸盐两步。与传统自养硝化菌相比，异养硝化菌的分解效率偏低，但异养菌具有分布广、生长速度快、细胞产量高、对溶解氧浓度要求低等优点，在生物脱氮过程起到重要作用。异养硝化菌有真菌、放线菌、细菌等，其中真菌被认为是数量最大、效率最高的异养硝化菌，如香曲霉菌、青霉菌、轮枝菌，有研究发现部分异养菌同时具备好氧反硝化功能。

高通量测序结果表明，试验组和对照组自养硝化菌属相对丰度分别为1.39%和1.12%，远低于反硝化菌属相对丰度 15.37% 和 14.18%。反应器出水 TN、NH_4^+-N平均浓度均达到一级 A 标准，而自养硝化菌属相对丰度小，不足以提供充足的硝酸盐维持反硝化菌属的生长，猜测反应器内存在大量的异养反硝化菌，能够利用有机物将有机氮直接氧化为硝酸盐。

第 8 章 三峡库区及上游农业面源污染控制技术

8.1 三峡库区及上游农业面源污染源解析与控制方案

8.1.1 农村面源污染解析

8.1.1.1 COD排放量

将各区县 COD 排放量按照流域尺度进行统计得表 8-1，2010 ～ 2015 年研究区 COD 排放量呈不断增长趋势，其中嘉陵江流域、岷江流域占据主导地位，而沱江流域和三峡库区居次要地位，一方面因为嘉陵江和岷江流域面积较沱江和三峡库区大；另一方面，主要因为嘉陵江和岷江流经成都平原和川中丘陵大部分地区，这里是川渝地区农业发展的重要基地，故是 COD 排放量的核心地带。

表 8-1 流域尺度 COD 排放总量　　单位：t

流域类型	2010年	2011年	2012年	2013年	2014年	2015年
岷江流域	320984.01	348606.04	376228.07	403850.10	431472.13	459094.16
沱江流域	231603.59	265160.51	298717.42	332274.33	365831.24	399388.15
嘉陵江流域	379686.19	407576.56	435466.93	463357.30	491247.67	519138.04
三峡库区	191694.54	199907.48	208120.42	216333.36	224546.29	182759.23
合计	1123968.33	1221250.59	1318532.84	1415815.09	1513097.33	1560379.58

8.1.1.2 氨氮排放量

将研究区各区县氨氮排放量按照流域尺度进行统计得表 8-2，可以发现：研究区氨氮排放总量逐渐上升，由 240281.85t 上升为 250347.25t；岷江流域和嘉陵江流域占据主导地位，2010 年排放量分别为 66450.11t 和 79490.72t，而 2015 年排放量分别为 63277.84t 和 87515.23t。

表 8-2 流域尺度氨氮排放总量 单位：t

流域类型	2010年	2011年	2012年	2013年	2014年	2015年
岷江流域	66450.11	65815.66	65181.20	64546.75	63912.29	63277.84
沱江流域	50618.76	49903.34	49187.93	48472.53	47757.12	47041.71
嘉陵江流域	79490.72	81095.63	82700.53	84305.43	85910.33	87515.23
三峡库区	43722.26	45480.31	47238.35	48996.39	50754.43	52512.47
合计	240281.85	242294.94	244308.01	246321.10	248334.17	250347.25

8.1.1.3 总氮排放量

将研究区总氮排放量数据分流域进行统计得表 8-3，可以发现研究区总氮排放量总体呈波动下降趋势，从 2010 年 843136.49t 减少到 2015 年 727201.74t，2010 年排放量由大到小的流域为沱江流域（286601.88t）、嘉陵江流域（249863.27t）、岷江流域（184876.56t）和三峡库区（121794.78t）。而 2015 年排放量从大到小的流域为嘉陵江流域（247128.33t）、沱江流域（189189.87t）、岷江流域（155883.19t）和三峡库区（135000.35t）。

表 8-3 流域尺度总氮排放量 单位：t

流域类型	2010年	2011年	2012年	2013年	2014年	2015年
岷江流域	184876.56	157421.42	167483.23	177072.04	205094.75	155883.19
沱江流域	286601.88	157064.20	166486.97	178909.73	186933.87	189189.87
嘉陵江流域	249863.27	196432.62	208710.77	214436.92	235746.03	247128.33
三峡库区	121794.78	116972.99	119362.17	121867.34	128588.71	135000.35
合计	843136.49	627891.23	662043.14	692286.03	756363.36	727201.74

8.1.1.4 总磷排放量

由表 8-4 可知，流域尺度下的总磷排放量呈现出波动缓慢下降的趋势，其中，2010 年总磷排放量为 54770.72t，2013 年总磷排放量为 64279.01t，而 2015 年排放量为 52476.50t。2010 年排放量从大到小为岷江流域（18570.25t）、嘉陵江流域（16880.53t）、沱江流域（12961.71t）和三峡库区（6358.23t），2013 年排放量从大到小为三峡库区（18784.04t）、岷江流域（17477.05t）、嘉陵江流域（16181.32t）和沱江流域（11836.60t）。

表 8-4　流域尺度总磷排放量　　单位：t

流域类型	2010年	2011年	2012年	2013年	2014年	2015年
岷江流域	18570.25	15006.94	17849.21	17477.05	13669.11	13886.36
沱江流域	12961.71	11644.66	11588.85	11836.60	8673.13	8846.15
嘉陵江流域	16880.53	16591.78	16394.62	16181.32	12277.48	12891.74
三峡库区	6358.23	11726.01	14815.71	18784.04	15503.89	16852.25
合计	54770.72	54969.39	60648.39	64279.01	50123.61	52476.50

8.1.2　控制分区与负荷减量方案

三峡库区及上游流域面源污染源主要包括化肥、有机肥、秸秆、畜禽养殖、水产养殖、生活污水、生活垃圾和地表径流 8 个源头。

从上述 8 个来源测算三峡库区及上游流域区县尺度下 COD、NH_4^+-N、TN 和 TP 排放量，得出 2010 ～ 2015 年研究区：

① COD 的总排放量达到 8153043.76 万吨，年均排放量为 1358840.63t；

② NH_4^+-N总排放量达到 1471887.32 万吨，年均排放量为 245314.55t；

③ TN 总排放量为 4524167.25 万吨，年均排放量为 754027.88t；

④ TP 总排放量为 337267.62 万吨，年均排放量为 56211.27t。

COD 排放量中畜禽养殖、地表径流、有机肥和生活污水成为主要的污染源，分别占 40%、20%、15% 和 10%；NH_3-N 排放量中畜禽养殖、化肥成为主要的污染源，分别占 50% 和 35%；TN 排放量中畜禽养殖、化肥成为主要的污染源，分别占 45% 和 35%；TP 排放量中畜禽养殖、化肥成为主要的污染源，分别占 45% 和 40%。

三峡库区及上游流域主要包括长江干流、岷江流域、沱江流域和嘉陵江流域 4 个部分，从总体排放量来看，嘉陵江污染物排放量最大，2010 年为 725920.71t，2015 为 866673.34t。具体来看，COD 排放量从大到小分别为嘉陵江、岷江、沱江和三峡库区；NH_4^+-N排放量从大到小为嘉陵江、岷江、三峡库区和沱江；TN 排放量从大到小为嘉陵江、沱江、岷江和三峡库区；TP 排放量从大到小为岷江、嘉陵江、沱江和三峡库区。

三峡库区及上游流域面源污染物排放量呈显著的时空演化格局规律。库区及上游流域总体表现为平原丘陵区、城镇边缘区、农业区污染物排放量较大，而城区和山地地区面源污染物排放量相对较小。具体来看，高排放量区主要分布在成都平原附近，包括成都—德阳—绵阳一带，川中丘陵北部南充—达州一带，中南部遂宁—内江—宜宾泸州一带，同时包括三峡库区库尾段江津，库中段丰都、奉节、云阳，库首段夷陵、兴山等区县；而低值区则主要集中在成都平原偏西部眉山—乐山一带，靠近四川南部山地地区，三峡库区库尾、库中部分区县。同时，面源污染具有同污染物排放量对应的格局。具体来看，2010 ～ 2015 年研究区 COD 污染等级格局基本不变，呈现出平原丘陵地区高而周围山区低、城区低而乡村地区高的格局；NH_4^+-N污染格局呈现出一定动态性，总体呈现出四川盆地中部污染程度较为严重，以中度和重度污染为主，而四川盆地边缘地区污染程度较轻，以无污染和轻微污染为主；TN 污染格局呈现出一定动态性，总体呈现出四川盆地中部污染程度较为严重，以中度和重度污染为主，而四川盆地边缘地区污染程度较轻，以无污染和轻微污染为主；TP 污染格局呈现出一定动态性，总体呈现出四川盆地中部污染程度较为严重，以中度和重度污染为主，而四川盆地边缘地区污染程度较轻，以无污染和轻微污染为主。

8.1.2.1 三峡库区

根据三峡库区 2010 ～ 2015 年农村面源污染的解析结果，可以将三峡库区划分为 6 个分区实施分类控制：

① 库尾都市核心城市径流产污集中区（渝中、大渡口、江北、沙坪坝、九龙坡和南岸）。此区域与主城靠近，经济发展对农业的依赖性较低，但是农业生产中的化肥施用、畜禽养殖粪尿和农村生活垃圾与污水会通过地表径流产生污染，应采取限制规模化种植和养殖措施，防止集约农业带来的污染，另外对农村生活垃圾与污水要实施集中处理。

② 库尾都市外围种养殖产污稳定区（北碚、渝北和巴南）。农业活动和畜禽养殖是此类区域的主要污染源，要加强地形起伏条件下水土流失的治理，严格控制农业化肥、生活垃圾和污水的排放。

③ 库尾低山丘陵种养殖和水土流失产污复合区（江津）。农业活动和畜禽养殖是此类区域的主要污染源且相对稳定，应注重防治农业活动诱发的水土流失带来的面源污染。

④ 库中平行岭谷种养殖和水土流失产污活跃区（长寿、涪陵、武隆、丰都、石柱和忠县）。种植业、生活污水和垃圾是此类区域主要的污染源，该区域水土流失严重，重在防治水土流失导致化肥产生的面源污染，提高农村居民的环保意识。

⑤ 腹地沿江山地丘陵种植和水土流失产污频繁区（万州、云阳、奉节、巫山及湖北省所辖 4 区县）。农业活动和畜禽养殖是主要的污染源，优化种植比例，普及测土配方，防止因化肥流失、畜禽养殖、生活污水和垃圾等造成的污染。

⑥ 腹地外围山地种养殖和水土流失产污影响区（开州区和巫溪县）。都市农业活动和畜禽养殖是此类区域主要的污染源，应严控畜禽养殖污染物的排放。

8.1.2.2 库区上游流域

根据库区上游流域 2010 ～ 2015 年农村面源污染的解析结果，高排放量区主要分布在成都平原附近包括成都—德阳—绵阳一带，川中丘陵北部南充—达州一带，中南部遂宁—内江—宜宾泸州一带，低排放区则主要集中在成都平原偏西部眉山—乐山一带，靠近四川南部山地地区。川中盆地丘陵 - 平原区农村面源污染氮磷负荷的贡献量已经是工业点源的 20 ～ 50 倍，三大流域中，目前沱江流域面源污染强度最大，沱江的污染也最严重，应重点加强沱江流域面源污染控制，特别是沱江流域的德阳段、资阳段和内江段；此外嘉陵江流域东部达州段、中部南充段以及岷江的成都段、眉山段、宜宾段污染也较严重，也是控制的重点。三大面源中川中盆地丘陵 - 平原区的面源贡献量约占 1/3。从面源控制难易程度和效果来看，控制畜禽面源和农村生活面源是今后的工作重点。

8.1.3 农田面源综合控制方案

(1) 标准粮田建设

农田建设措施主要是以中低产田土改造为重点，调整田形，增厚土层，完善田间排灌渠系，整治旱地坡面水系，维修小型水源工程，完善田间耕作道路，配套农业生产机械，实施耕地土壤培肥，增强土壤保水保肥功能，减少水土流失，防治土壤环境污染，主要措施有：

① 农田基础设施建设。以中低产田土改造为重点，配套完善田间排灌渠系，整治维修小型水源工程，建设完善田间耕作道路，调整田形，从而提高耕地综合生产能力。

② 耕地地力建设。增施有机肥，推广秸秆免耕覆盖栽培技术，改变土壤理化性状，增强土壤保水保肥功能，防治土壤环境污染。

(2) 土壤耕作优化

实施土壤耕作优化技术政策，主要是针对平原区旱地，以及丘陵区的坡耕旱地，采用保护性耕作的土壤养分流失控制技术，如免耕技术、等高耕作技术、沟垄耕作技术、蓄水聚肥改土耕作技术等，减少地表产流次数和径流量，降低氮磷养分流失。

1) 免耕技术

免耕技术是少耕和免耕法的总称，尽量减少翻耕次数。这种方法对坡度较小的农田具有保持水土、改良土壤结构的功能，特别是结合大量秸秆残茬覆盖。

2) 等高耕作技术

也叫横坡耕作，即沿等高线耕作，形成一道道等高犁沟，以拦蓄水分，减少地表径流和土壤冲刷。这种方法适宜于坡度大于 2° 的坡地上。

3) 沟垄耕作技术

沿等高线进行犁耕并形成沟和垄，沟内或垄上种植作物。沟垄耕作能使原来倾斜的坡面变成等高的沟和垄，改变小地形，分散和拦蓄地表径流，减少冲刷和拦截泥沙，主要方法有垄作区田、套作区田、套犁沟播、平播后起垄等。

4) 蓄水聚肥改土耕作技术

又称抗旱丰产沟，把土壤分层组合成“种植沟”和“生土垄”两部分。种植沟集中耕层肥土，集中施肥，底土做成垄，拦蓄径流和泥沙。

5) 其他耕作技术

如深松耕法(以秋季深耕为主)、留茬覆盖耕作法、刨窝点播法等。但对于土层厚度较薄的地区，不宜深播。

(3) 推广测土配方施肥

1) 加强测土配方施肥管理

主要以测土配方施肥为依托，逐步建立科学施肥技术推广长效机制，提高农民科学施肥水平，提高肥料利用效率，减轻不合理施肥造成的农业面源污染。按照《测土配方施肥技术规范》，在肥料田间试验、土壤测试的基础上，根据作物需肥规律、土壤供肥性能和肥料效应，在合理施用有机肥的基础上，提出氮、磷、钾及微量元素等肥料的施用品种、数量、施肥时期和施肥方法。

2）推广测土配方与精准化平衡施肥技术

以测土配方施肥项目为重点，大力推广精准化平衡施肥技术，提高科学施肥水平。围绕“测、配、产、供、施”5个环节，开展野外调查、采样测试、田间试验、配方设计、配肥加工、示范推广、宣传培训、数据库建设、耕地地力评价、效果评价和技术研发等工作，引导农民“科学、经济、环保”施肥。

精准化测土配方施肥主要是有机肥与无机肥配施结合，肥料中养分达到农作物需求的平衡施肥技术，主要是氮、磷、钾大量元素，钙、镁、硫中量元素以及微量元素之间平衡，实时因地按需进行测土配方施肥。

3）加强肥料登记管理

严格按照《肥料登记管理办法》及《农业部关于切实做好肥料登记管理工作的通知》（农农发〔2009〕2号）要求，严把肥料生产、市场流通、农民购买使用3个环节，规范肥料市场秩序。

① 针对水稻施肥中存在的有机肥用量少、氮肥施肥过量和施肥方法不当等问题，可以根据当地测土配方增施有机肥，有机肥与无机肥相结合；控施氮肥、增施钾肥，增加追肥用量。一般氮肥40%～50%作基肥，50%～60%作分蘖肥；有机肥与磷肥全部作基肥；钾肥50%作基肥，50%作分蘖肥。在土壤缺锌区域，施用硫酸锌1kg/亩。若基肥施用了有机肥，可酌情减少化肥用量。

② 针对油菜施肥中存在的有机肥用量偏少，磷、钾和硼肥用量不足，基肥比例偏大等问题，可以根据当地测土配方增施有机肥，有机无机相结合；提高磷、钾肥用量，提高氮肥追肥比例。一般氮肥20%～30%作基肥，30%～40%作提苗肥，30%～40%作苔肥；有机肥与磷肥全部作基肥；钾肥60%～70%作基肥，30%～40%作提苗肥。土壤缺硼区域，施用硼砂0.5～1.0kg/亩。若基肥施用有机肥，可酌情减少化肥用量。

③ 针对小麦施肥存在的有机肥用量偏少、钾肥用量不足、用作基肥的氮肥用量偏大等问题，可以根据当地测土配方增施有机肥料；在氮肥施用量偏低的地区，适当提高氮肥总用量，增加分蘖肥比例。氮肥50%～60%作基肥，40%～50%作分蘖肥；磷、钾肥全部作基肥。施用有机肥或种植绿肥翻压的田块，基肥用量可适当减少；在常年秸秆还田的地块，钾肥用量可适当减少。在土壤缺锰的地区，基施硫酸锰1kg/亩。

④ 针对玉米施肥存在的有机肥用量较少，氮肥用量普遍偏低，磷、钾肥施用时期和方式不合理，氮、磷、钾施用比例不合理，锌肥用量偏少等问题，可以根据当地测土配方增施有机肥，增加追肥比例和次数，适时追肥，针对性地施用锌肥。氮肥一般分基肥、提苗肥和攻苞肥，按3∶2∶5的比例施用，磷肥作基肥一次施入，钾肥基肥和提苗肥各50%。在土壤缺锌区域基肥施用硫酸锌1kg/亩。若基肥施用了有机肥，可酌情减少化肥用量。钙质紫色土可适当减少钾肥用量。

⑤ 针对柑橘施肥存在的有机肥用量不足，农户用肥量差异较大，施肥比例与分配时期不合理，中微量元素普遍缺乏等问题，采取注重施用有机肥，大力发展果园绿肥，优化氮磷钾肥合理施用量和时期，重视秋季采果肥的施用，适当补充中微量元素等措施。

（4）推广缓释肥料

鉴于传统速效化肥释放速度快、需多次施肥等缺点，研发并生产了大量缓释肥料。缓释肥料中养分的释放与作物养分需求比较吻合，养分的释放供应量前期不过多，后期不缺乏，具有“削峰填谷”的效果，可降低养分向环境排放的风险。

新型缓释氮肥通过对传统肥料外层包膜处理来控制养分释放速度和释放量，使其与作物需求相一致，可显著提高肥料利用率。包膜材料阻隔膜内尿素与土壤脲酶的直接接触及阻碍膜内尿素溶出过程所必需的水分运移，减少了参与氨挥发的底物尿素态氮，还抑制了土壤脲酶活性，降低了氨挥发损失。

与等氮量尿素比较，施用缓释氮肥减少无锡稻麦轮作 30% ～ 70% 的氨挥发；密云玉米 - 小麦轮作氨挥发减少 27% ～ 87%；玉溪蔬菜连作氨挥发减少 50%；宜兴大埔稻麦轮作径流氮损失减少约 50%，氨挥发损失降低 15% ～ 30%，基肥期淋洗氮损失减少 35% 左右。宜兴大埔基于新型缓释肥稻田氮肥用量在 200 ～ 210kg/hm^2 为宜，其中 60% ～ 70% 采用新型缓控释肥，一次性基施，其余采用普通尿素，在穗分化期施用，既增产增效又能减少氮损失。在实际应用中，应结合作物类型等选择适宜的缓释肥料品种。鉴于缓释氮肥价格高于普通尿素，建议用缓释尿素部分代替普通尿素，节约氮肥用量，兼顾施肥成本和环境保护平衡。

（5）防治农药污染的技术及措施

① 根据土壤类型、作物生长特性、生态环境及气候特征，合理选择农药品种，减少农药在土壤中的残留或迁移。在地表水网密集区、水产养殖等渔业水域、娱乐用水区等地区的种植区，不宜使用易移动、难吸附、水中持留性很稳定的农药品种。

② 推行农药减量增效使用技术、良好农业规范技术等，鼓励施药器械、施药技术的研发与应用，提高农药施用效率。在化学农药减量施用方面，当前主要发展趋势是由化学农药防治逐渐转向非化学防治技术或低污染的化学防治技术。近年来，江苏省多家单位联合开展水稻化学农药污染控制技术研究，针对水稻螟虫、灰飞虱、条纹叶枯病与纹枯病等重大病虫害，研发了多项无公害关键技术，在水稻核心示范区减少了 30% 农药用量。选用高效低毒的三唑磷、丙溴磷、井冈霉素、噻嗪酮、毒死蜱等药剂进行治理，增产 7%。

③ 科学利用生物技术控制农药污染，加快残留农药安全降解。施用具有农药降解功能的微生物菌剂，加快土壤中杀虫剂和除草剂的降解速度，减少对后茬作物的危害影响。

④ 采用物理防控措施，如采用太阳能、频振式杀虫灯、性引诱剂等。

⑤ 节制用药，即结合病虫草害发生情况，科学控制农药使用量、使用频率、使用周期等，减少进入土壤、水体的农药量。

⑥ 加强田间农艺管理措施。采用土地轮休、水旱轮作、深耕暴晒、施用有机肥料等农业措施，提高土壤对农药的环境容量。不宜雨前施药或施药后排水，减少含药浓度较高的田水排入地表水体。

⑦ 有关农药名称、适用作物、防治对象、施用量、施药方法及时间的标准参见《农

药合理使用准则（九）》（GB/T 8321.9—2009）。

（6）推广无公害农作物

无公害农作物是指产地环境符合无公害农产品的生态环境质量，生产过程必须符合规定的农产品质量标准和规范，有毒有害物质残留量控制在安全质量允许范围内，安全质量指标符合相关国家或行业标准的农、牧、渔产品的食品经专门机构认定，许可使用无公害农产品标识的产品。无公害农作物在保证农产品产量的基础上，能够合理施肥和喷洒农药，尽量保证了少施肥和不施肥。农产品既能保证好的销量和价格，又能降低农田面源污染。四川省在实际应用中还需要采取政府引导、农田企业化管理、产地有机农产品形象品牌建立等措施。

（7）农田尾水收集处理

农田尾水是指农田中流出的地表径流水，属于农田中的过剩水分，其来源主要有灌溉过剩水、降雨、地下水的补给等多种，加上灌溉管理人员等多种因素的影响，目前全国大部分地区对农田尾水没有进行有效的处理，大部分直接排放到河流中，未二次利用，带走田间大量的无机盐、氮等营养成分，是重要的农业面源污染源，可通过推广以下措施，控制其面源污染。

1）通过发展精细灌溉体系控制入田流量

精细灌溉注重灌溉水从水源到输、配、灌、耗各环节的合理配置、适时灌溉、精量灌溉和精准控制。通过计算模拟及对整个灌溉过程的自动化控制，合理实时、适量地引水灌溉，最大限度地减少过剩水的输入。这样既可以提高水资源的利用效率，又可以防止在田间产生尾水。可以通过对田间的土壤水分参数和田面糙率系数的测定来反馈控制，即根据田面参数来分析控制精量灌溉量，另外，还需要精细的灌溉控制设备。

2）在渠道尾部建集水区

虽然近几年来提出了诸如微喷灌、波涌灌等先进的灌溉技术，大大提高了农田水利用率，但是很难做到田间引水量的精确控制，势必造成灌溉水过剩。由于整个灌区的尾水不是很多，可以在整个灌区设置一个集水井或者一个轮灌组修建一个集水井，然后在农渠尾部修建集水沟，通过集水沟把全灌区或一个轮灌组的尾水收集在集水井集中处理。可以重新净化、过滤重新利用，也可以通过把水权转让给工业等对水质要求比较低的部门。

3）在容泄区开发湿地

人工湿地是20世纪70年代发展起来的一种污水处理技术，具有投资少、操作简单、环境效益好等优点，作为具有独特水文、土壤与生物特征的生态系统，有调节气候、涵养水源、保持水土、净化环境、保持生物多样性等多种生态功能。这里所说的湿地指人工开发的，在容泄区种植芦苇、海草、红树林等构成简单的群落，然后在群落里面养殖鸭子、泥鳅等作为副业，主要是利用湿地保持水土的生态功能。用湿地作为拦截农业尾水的最后一道防线，可以有效地阻止农田尾水进入相邻流域。

（8）农田面源生态拦截技术

生态拦截技术是采用生态湿地处理技术、生态隔离带技术以及农区自然生态灌溉沟渠缓冲单独或相结合的方式，对农田面源地表径流污染输出进行拦截的技术。农田面源污染物质大部分随降雨径流进入水体，在其进入水体前，通过建立生态拦截系统，有效阻断径流水中氮、磷等污染物进入水环境，是控制农田面源污染的重要技术手段。目前农田面源污染过程阻断常用的技术有两大类：一类是农田内部的拦截，如生态田埂技术、生态拦截带技术、生物篱技术、设施菜地增设填闲作物种植技术、果园生草技术（果树下种植三叶草等减少地表径流量）；另一类是污染物离开农田后的拦截阻断技术，包括生态沟渠拦截技术、生态护岸边坡技术等。这类技术多通过对现有沟渠的生态改造和功能强化，或者额外建设生态工程，利用物理、化学和生物的联合作用对污染物主要是氮、磷进行强化净化和深度处理，不仅能有效拦截、净化农田氮、磷污染物，而且滞留土壤氮、磷于田内和（或）沟渠中，实现污染物中氮、磷的减量化排放或最大化去除以及氮、磷的资源化利用。

对重点流域的农村入河沟渠进行改造，依据地形和当地生态环境，种植可以拦截外源污染物 COD、氨氮、磷、钾和吸收内源污染物氮、磷、钾的水生植物。生态沟渠建设密度应能满足农田排水要求和生态拦截需要，一般为每公顷农田至少修建 100m 生态沟渠。一般分布在农田四周与农田区外的河道之间。植物是生态拦截沟渠的重要组成部分。生态拦截沟渠中的植物可由人工种植和自然演替形成，沟壁植物以自然演替为主，人工辅助种植如狗牙根、黑麦草、水生美人蕉等，沟中夏季种植空心菜、茭白等，冬季种植水芹等。也可全年在水底种植马来眼子菜、金鱼藻等沉水植物。

下面对生态田埂技术、生态拦截带技术、生态沟渠拦截技术进行详细介绍。

1）生态田埂技术

农田地表径流是氮、磷养分损失的重要途径之一，也是残留农药等向水体迁移的重要途径。现有农田的田埂一般只有 20cm 左右，遇到较大的降雨时，很容易产生地表径流。将现有田埂加高 10 ～ 15cm，就可有效防止 30 ～ 50mm 降雨时产生地表径流，或在稻田施肥初期减少灌水以降低表层水深度，从而可减少大部分的农田地表径流。在田埂的两侧可栽种植物，形成隔离带，在发生地表径流时可有效阻截氮、磷养分损失和控制残留农药向水体迁移。实践证明将田埂高度增加 8cm，稻季径流量和氮素径流排放可分别降低 73% 和 90%。

2）生态拦截带技术

生态拦截带又称生态隔离带，生态拦截带技术主要用于控制旱地系统氮和磷养分、农药残留等向水体迁移，如蔬菜地、花卉地养分损失的控制技术。将旱地的沟渠集成生态型沟渠，同时在旱地的周边建一生态隔离带，由地表径流携带的泥沙、氮和磷养分、农药等被生态隔离带阻截，将大部分泥沙、部分可溶性氮磷养分、部分农药等留在生态拦截带内，拦截带种植的植物可吸收径流中的氮、磷养分，达到控制地表径流，减少地表径流携带的氮、磷等向水体迁移的目的。

生态拦截带宽度应兼顾土地价值和污染拦截效率，拦截带植物应兼顾污染拦截效率和植物利用价值。生态拦截带拦截污染物效率与污染物形态、径流量、拦截带宽度、拦截带植物密度及其生长情况、坡度、土壤性质等有关。生态拦截带拦截效率是评价生态拦截带效果的重要参数。

3）生态沟渠拦截技术

田间沟渠是用于雨季田间排水、防止田间作物渍害的重要农田基本建设内容。如果沟渠过度硬质化，虽然有利于排水，但是对田间面源污染物拦截效率非常低，不利于农田面源污染防治。设计、建设兼顾排水和拦截农田面源污染物的生态沟渠具有重要意义。

生态沟渠用于收集农田径流、渗漏排水，一般位于田块间。生态沟渠通常由初沉池（水入口）、泥质或硬质生态沟框架和植物组成。初沉池位于农田排水出口与生态沟渠连接处，用于收集农田径流颗粒物。生态沟渠框架采用泥质还是硬质取决于当地土地价值、经济水平等因素。土地紧张、经济发达的地区建议采取水泥硬质框架，而土地不紧张、经济实力弱的地区可以采取泥质框架。生态沟渠框架（沟底、沟板）用含孔穴的水泥硬质板建成，空穴用于植物（作物或草）种植。沟底、沟板种植的植物既能拦截农田径流污染物，也能吸收径流水、渗漏水中的氮、磷养分，达到控制污染物向水体迁移和氮、磷养分再利用目的。空穴密度，沟底及沟板植物种植密度、植物种类和植物生长，沟长度、宽度、深度和坡度，水流速度及水泥性质等，均会影响生态沟渠对农田污染物的拦截效率。

（9）农田面源污染末端强化技术

农田面源污染物质离开农田、沟渠后的汇流被收集，再进行末端强化净化与资源化处理，如前置库技术、生态塘技术、人工湿地技术等。这类技术多通过对现有塘池的生态改造和功能强化，或者额外建设生态工程，利用物理、化学和生物的联合作用对污染物（主要是氮、磷）进行强化净化和深度处理，不仅能有效拦截污染物、净化农区，还能滞留农区氮、磷污染，回田再利用，实现农区氮、磷污染物资源化和减量化排放或最大化去除。

1）前置库技术

因其费用较低、适合多种条件等特点，是目前防治面源污染的有效措施之一。前置库技术通过调节来水在前置库区的滞留时间，使径流污水中的泥沙和吸附在泥沙上的污染物质在前置库沉降；利用前置库内的生态系统，吸收去除水体和底泥中的污染物。

前置库通常由沉降带、强化净化系统、导流与回用系统 3 个部分组成。

① 沉降带可利用现有的沟渠，加以适当改造，并种植水生植物，对引入处理系统的地表径流中的污染颗粒物、泥沙等进行拦截、沉淀处理。

② 强化净化系统分为浅水净化区和深水净化区，其中浅水净化区类似于砾石床的人工湿地生态处理系统。首先沉降带出水以潜流方式进入砾石和植物根系组成的具有渗水能力的基质层，污染物质在过滤、沉淀、吸附等物理作用，微生物的生物降解作用、硝化反硝化作用，以及植物吸收等多种形式的净化作用下被高效降解；再进入挺水植物区域，进一步吸收氮、磷等营养物质，对入库径流进行深度处理；深水净化区利用具有高效净化作用的易沉藻类、具有固定化脱氮除磷微生物的漂浮床及其他高效人工强化净化技术进一步去除氮、磷和有机污染物等，库区可结合污染物净化进行适度水产养殖。

③ 为防止前置库系统暴溢，可设置导流系统，20min 后的后期雨水可通过导流系统排

出库区。经前置库系统处理后的地表径流，也可以通过回用系统回用于农田灌溉。

在设计过程中要考虑光照、温度、水力参数、水深、滞水时间、前置库库容、存贮能力、污染负荷大小等因素。对氮的去除率是滞水时间和氮磷比的函数，一般氮磷比越小，去除率越大。

2）人工湿地技术

通过拦截带、生态排水系统可拦截大部分农田排放的氮、磷及残留农药等，但仍有一部分氮、磷和农药存在，直接排入水体有污染风险。在农业区下游，建设一个或若干个湿地，收集生态塘系统处理的排水，对其进行深度处理，有利于将农田面源污染降到最低限度。由于人工湿地具有投资和运行费用低、污水处理规模灵活、维护和管理技术要求低、占地面积较大等特点，非常适合在土地资源丰富的农村地区应用。

人工湿地根据污水在湿地床中流动的方式可分为表面流湿地、潜流湿地、垂直流湿地3种类型，其中垂直流湿地的基建成本较高，较易滋生蚊蝇。潜流湿地虽然具有占地少、卫生条件好等优点，但这种处理系统要比表面流系统的投资高，具有对氮、磷的去除率低等不足。对于农业面源污染尤其是农田排水氮、磷拦截，表面流湿地具有投资少、操作简单、运行费用低、景观效果好的优点。

湿地系统包括水收集沉降区和水净化植被过滤区两部分。水收集沉降区一般占湿地总面积的20%～30%，深度一般为1～1.5m，水净化植被过滤区占湿地总面积的70%～80%，深度为0.2～0.4m。为了达到高标准排水需要，也可在湿地系统中设置物化强化处理系统，用于吸附氮、磷、农药和除草剂等污染物。湿地结构、长宽深比例，植物种类、密度、生长和植物配置影响湿地系统对水质的净化效果。

湿地生态系统的植物选择如下。

① 漂浮植物——小叶浮萍，是比较常见的植物，具有较强的生长适应性，有一定的利用价值，如用于养殖业。浮萍对氮、磷等污染物具有较强的去除能力。

② 挺水植物——芦苇，芦苇是国内去除污染物能力研究较多的挺水植物，去除氮、磷能力较强，芦苇除本身吸收氮、磷外，根部造成的湿生环境，对污染物的吸收和吸附作用很大。除此之外，水芹、慈姑等经济植物同样有较好的净化效果。

③ 沉水植物——菹草，对氮、磷具有较好吸收作用，同时增加了湿地容积，增加了滞留时间，提高了湿地承载负荷。也可选择种植莲藕、菱角等经济植物。

④ 草滤带——天然草种，以野生天然草种形成草滤带。

（10）农作物秸秆综合利用

鼓励实施免耕覆盖沃土技术、堆沤发酵或过腹还田等方式处理农作物秸秆。大力推广稻田秸秆覆盖连续免耕技术，鼓励农民实施秸秆还田，增施有机肥，提高土壤肥力，逐步提高秸秆能源化利用水平。农作物秸秆富含有机质和农作物生长所需的营养元素，可作为调理剂与畜禽养殖废弃物通过好氧堆肥共同生产生物有机肥。一般工艺步骤为：对农业废弃物进行预处理后，加入农作物秸秆，调整农业废弃物的碳氮比，然后调节待腐解废弃物水分含量，接种复合微生物菌剂，高温发酵，经过腐解后，中温干燥，加入造粒剂造粒，然后进一步烘干、过筛、检验、包装。具体参见《畜禽粪便无害化处理技术规范》（NY/T 1168—2006）。

8.2 三峡库区周边丘陵农业区面源污染综合防治技术

8.2.1 农业面源污染发生机制与控制途径

农业面源污染发生机制与控制途径研究主要包括以下 3 个方面。

① 界面电学性质及其对土壤颗粒间相互作用力与土壤团聚体形成的影响研究，包括：界面电学性质分析方法；界面电场对土壤颗粒间相互作用力的影响；界面电场对土壤颗粒凝聚的速率、临界凝聚浓度和凝聚活化能的影响。

② 土壤颗粒间相互作用力对土壤颗粒水迁移的影响及其机制，包括：土壤电场强度对土壤颗粒水迁移的影响与机制，以及土壤电场强度与机械组成对土壤颗粒水迁移强度的影响与机制；土壤电场强度对土壤颗粒态磷与水溶态磷迁移的影响与机制，以及土壤电场强度与机械组成对土壤颗粒态磷与水溶态磷迁移强度的影响与机制。

③ 离子界面反应对土壤颗粒水迁移、土壤颗粒态磷和水溶态磷迁移的影响与机制，包括：离子界面反应对土壤颗粒间相互作用力的影响；离子界面反应如何通过对土壤颗粒间相互作用力的影响来影响土壤颗粒与土壤磷的迁移；离子界面反应的物理机制与调控原理。

8.2.1.1 降雨过程中颗粒间相互作用力与土壤颗粒迁移

（1）水溶液中土壤颗粒间相互作用力的理论分析

1）表面电位和表面电场强度

在不同电解质浓度下，$KNO_3/Ca(NO_3)_2$ 溶液中土壤颗粒表面电位如表 8-5 所列，从表中可以看出，土壤颗粒表面电位受土壤本体电解质浓度和类型的强烈影响。对于土壤高电解质浓度或者高价反离子，反离子屏蔽颗粒表面电荷的能力提高，土壤颗粒双电层得到更有效压缩。

表 8-5 $KNO_3/Ca(NO_3)_2$ 溶液中土壤颗粒表面电位

电解质浓度/(mol/L)	表面电位/mV	
	KNO_3	$Ca(NO_3)_2$
0.0001	−323.5	−165.4
0.001	−264.6	−135.9
0.005	−223.9	−115.5
0.01	−206.5	−106.7
0.05	−166.9	−86.6
0.1	−150.2	−78
1	−97.4	−50.7

不同浓度 $KNO_3/Ca(NO_3)_2$ 溶液中土壤颗粒周围电场强度分布见图 8-1（书后另见彩图）。

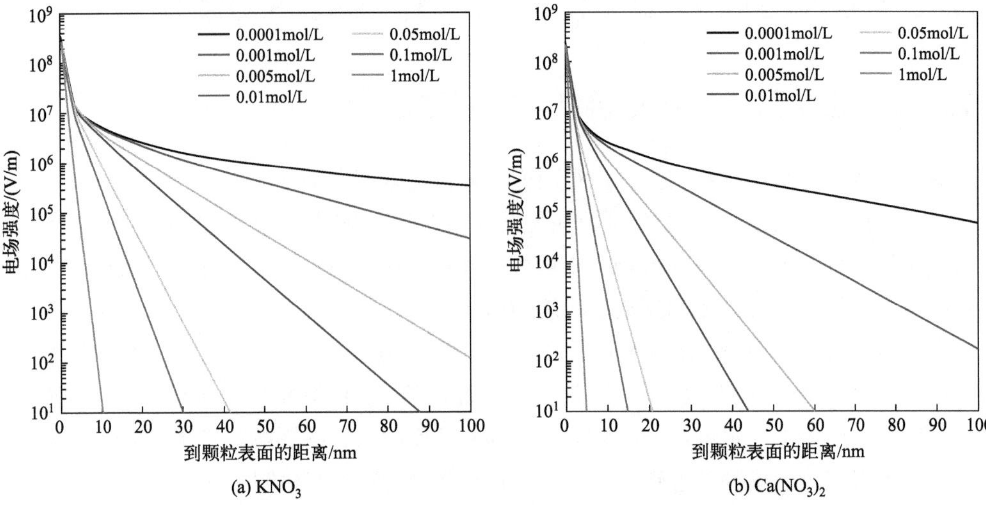

图8-1　不同浓度KNO_3/$Ca(NO_3)_2$溶液中土壤颗粒周围电场强度分布

① 在0～5nm的近表面空间范围内，当电解质浓度在10^{-4}～1mol/L之间变化时，K^+/Ca^{2+}体系的电场强度在10^7～10^9V/m范围内变化。

② 随土壤本体电解质浓度的降低，电场的作用距离显著增大。如在0.0001mol/L的KNO_3溶液中其作用距离可达100nm，当电解质浓度升高到1mol/L时，电场的作用距离急剧缩短至10nm以内。

③ $Ca(NO_3)_2$溶液中的电场强度和电场作用距离远小于同浓度下KNO_3溶液中电场强度和电场作用距离，主要由于Ca^{2+}对土壤颗粒表面电场具有更强的屏蔽作用。

2）静电排斥压强

计算得到不同浓度KNO_3和$Ca(NO_3)_2$溶液中土壤两相邻颗粒间的静电排斥压强与颗粒间距离的关系，如图8-2所示（书后另见彩图）。

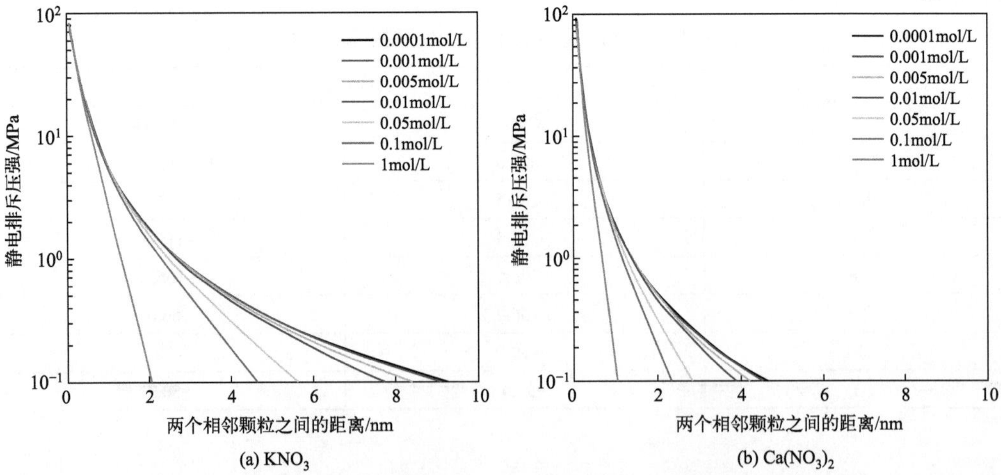

图8-2　不同浓度KNO_3/$Ca(NO_3)_2$溶液中土壤颗粒周围静电排斥压强分布

图 8-2 表明：

① 颗粒间静电排斥压强随颗粒间距离的减小而显著增大。如当两相邻颗粒间距从 4nm 减小到 1nm 时，在 0.0001mol/L 的 KNO_3 溶液中，静电排斥压强从 0.5MPa 增加到 6.0MPa；而对于同浓度的 $Ca(NO_3)_2$ 溶液体系，静电排斥压强从 0.1MPa 增加到 1.9MPa。

② 随着电解质浓度的升高，静电排斥压强迅速降低。如当 KNO_3 或 $Ca(NO_3)_2$ 本体溶液浓度从 0.0001mol/L 增大到 1mol/L 时，两个体系中静电排斥压强的变化分别为从 6.0MPa 减小到 2.9MPa 以及从 1.9MPa 减小到 0.1MPa。

③ 0.01mol/L 是一个临界浓度，当电解质浓度低于 0.01mol/L 时，电解质浓度的增加仅带来颗粒间静电排斥压强微弱的降低；而当电解质浓度高于 0.01mol/L 时，电解质的升高会导致静电排斥压强的显著降低。

④ 反离子的化合价也显著地影响两相邻颗粒间静电排斥压强的大小和静电排斥力的作用力程。

3）范德华吸引压强

土壤颗粒间长程范德华吸引压强与颗粒间距离的关系如图 8-3 所示。

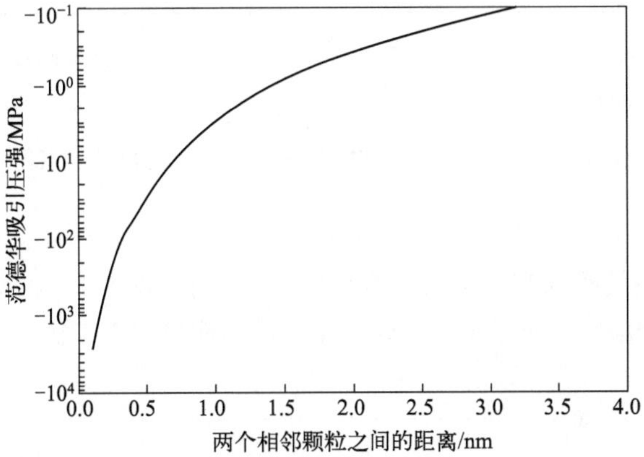

图8-3 土壤颗粒间长程范德华吸引压强与颗粒间距离的关系

由图 8-3 可以看出，范德华吸引压强随着两相邻颗粒间距的减小而急剧增加。如当颗粒间距从 1nm 减小到 0.2nm 时，吸引压强从 2.6MPa 显著提高到 332MPa。与图 8-2 中所示的静电排斥压强相比，当颗粒间距在 0.5nm 以内时，范德华吸引压强明显强于静电排斥压强，如在颗粒间距为 0.2nm 时，范德华吸引压强为 332MPa，而与之相对应的 0.0001mol/L 的 KNO_3 溶液中静电排斥压强仅为 43MPa，同浓度的 $Ca(NO_3)_2$ 溶液中静电排斥压强仅为 25MPa。

4）DLVO 合力和表面水合斥力压强

不同浓度 $KNO_3/Ca(NO_3)_2$ 溶液中土壤颗粒间 DLVO（Derjaguin-Landau-Verwey-Overbeek）合力压强与颗粒间距离的关系如图 8-4 所示（书后另见彩图），结果表明在 KNO_3 溶液中当颗粒间距小于 0.6nm 或在 $Ca(NO_3)_2$ 溶液中当颗粒间距小于 1.3nm 时，土壤颗粒间均表现出强的净吸引压强，这使得在近表面区域存在一个巨大的吸引深势阱，因此 DLVO 理论可以合理地解释颗粒在水溶液中的凝聚过程。其结果也表明土壤颗粒凝聚过程是一个不可逆的过程，即土壤团聚体一旦形成，由于此种强的颗粒间净吸引压强的存在，土壤团聚体在没有其他力的作用下不可能再发生分散。但真实的情况是“干”的土壤团聚体遇水时会发生膨胀、分散或者破碎，因此 DLVO 理论能够解释团聚体的形成却无法解释团聚体的破碎过程，因此在较小的颗粒间距时，需要有另一个强的排斥力来克服此区域内存在的强的 DLVO 吸引力。虽然 Born 斥力的强度足够但其作用力程与范德华吸引力相比微不足道。

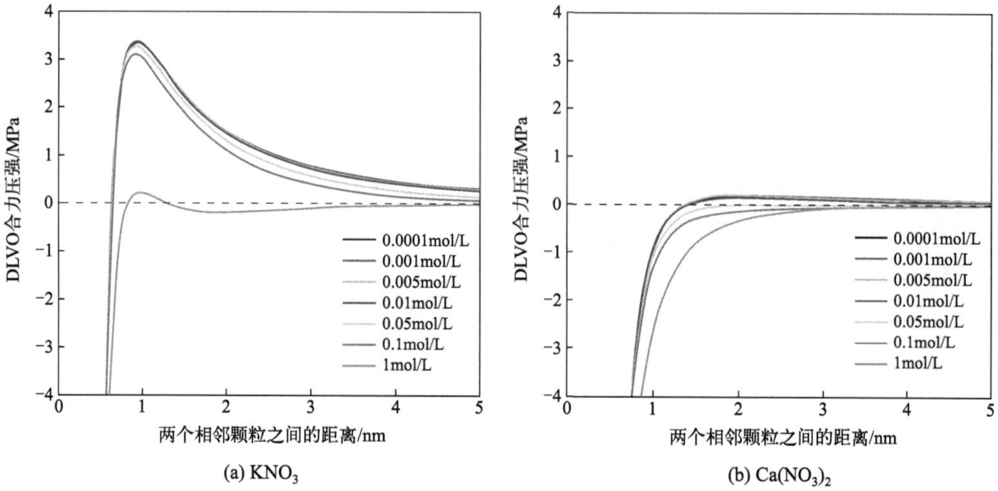

图8-4　不同浓度KNO_3/$Ca(NO_3)_2$溶液中土壤颗粒间DLVO合力压强与颗粒间距离的关系

水合斥力是可以克服颗粒间强的净 DLVO 引力的一种强的排斥力，水合斥力可通过计算得到，其随颗粒间距的变化关系如图 8-5 所示。对比图 8-3 中的范德华吸引压强随距离的分布可知，在颗粒间距小于 1.5nm 时，水合斥力明显强于范德华吸引力。

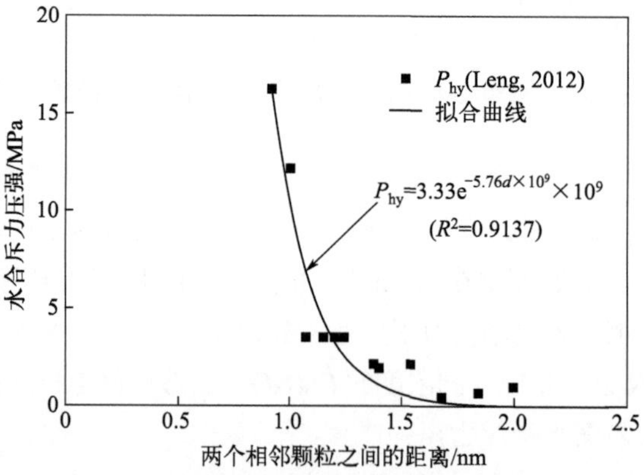

图8-5　土壤颗粒间水合斥力压强随距离变化的关系

5）颗粒间净作用力压强

颗粒间净作用力为 DLVO 作用力与水合斥力的合力，其大小及分布如图 8-6 所示（书后另见彩图）。

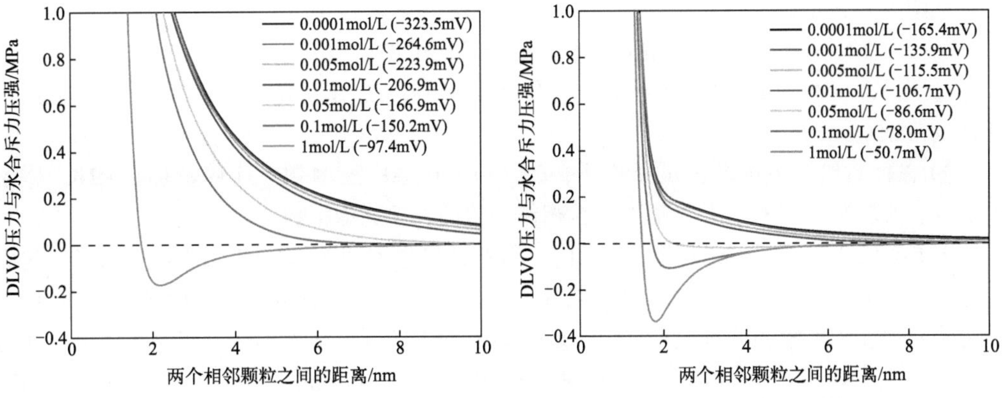

(a) KNO_3　　(b) $Ca(NO_3)_2$

图8-6　不同浓度KNO_3/$Ca(NO_3)_2$溶液中土壤颗粒间净作用力与颗粒间距离的关系

从图 8-6 中看出，两者的合力可以在颗粒间距小于 1.5nm 的区域里产生一个恒为排斥的强作用压强。由于此强排斥压强的存在，颗粒聚集过程中颗粒进一步靠近受阻，因此在水溶液中，一个团聚体颗粒之间间距的最小值应该为 1.5nm。对于一个干的土块来说，其两相邻颗粒间距为 0nm，当其与水相遇时，其膨胀首先通过水合斥力将其“推开”至 1.5nm 左右。由图 8-6（a）看出，当 KNO_3 溶液的浓度为 1mol/L 时，在大于 2nm 的区域里全表现为净的吸引压强，表明在此浓度条件下，干的团聚体与水接触时，只有膨胀过程发生。当 KNO_3 溶液的浓度≤ 0.1mol/L 时，颗粒间净作用力全表现为排斥，表示在这些浓度条件下团聚体可以进一步发生破碎。

（2）模拟降雨条件下的土壤颗粒迁移实验结果

图 8-7 为 K^+/Ca^{2+} 体系土壤颗粒累积迁移量与降雨时间的关系。

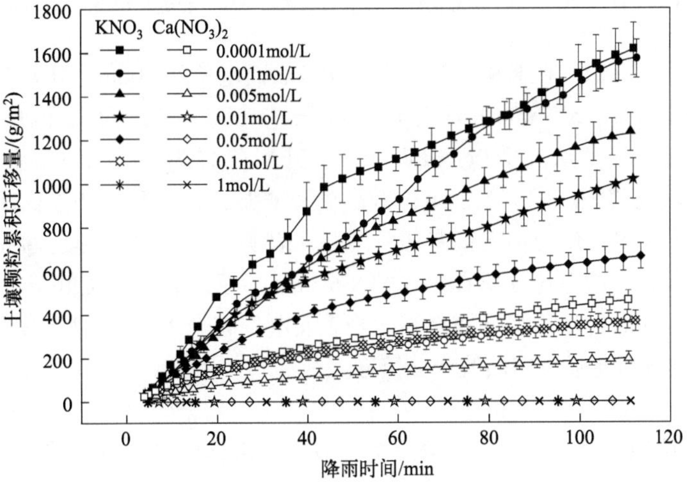

图8-7　K^+/Ca^{2+}体系土壤颗粒累积迁移量与降雨时间的关系

从图 8-7 中可知：

① 土壤颗粒累积迁移量随着降雨时间的延长而增加；

② 当 KNO_3 和 $Ca(NO_3)_2$ 溶液的浓度分别高于 1mol/L 和 0.05mol/L 时，土壤颗粒累积迁移量接近 0g/m²；

③ 在任意给定电解质浓度条件下，$Ca(NO_3)_2$ 体系中土壤颗粒迁移量总比 KNO_3 体系中的少。实验观察到的结果与基于颗粒相作用的理论预测均相吻合。

图 8-8（a）表示 110min 模拟降雨内，颗粒迁移强度随 KNO_3 和 $Ca(NO_3)_2$ 浓度变化而变化。给定降雨强度，在土壤本体溶液中，颗粒迁移强度随着电解质浓度的增高而降低。给定降雨强度和电解质浓度，KNO_3 和 $Ca(NO_3)_2$ 的颗粒迁移强度不同。当用表面电位代替电解质浓度，如图 8-8（b）所示。发现当表面电位低于 100mV 时，两种电解质溶液均未出现土壤颗粒迁移。其结果可以用颗粒相互作用力解释，如图 8-6（a）、（b）所示。表面电位低于 100mV 时，在＞ 2nm 相邻颗粒间存在净吸引压强。结果表明，决定土壤颗粒迁移强度的不是电解质类型和浓度，而是颗粒电场强度。

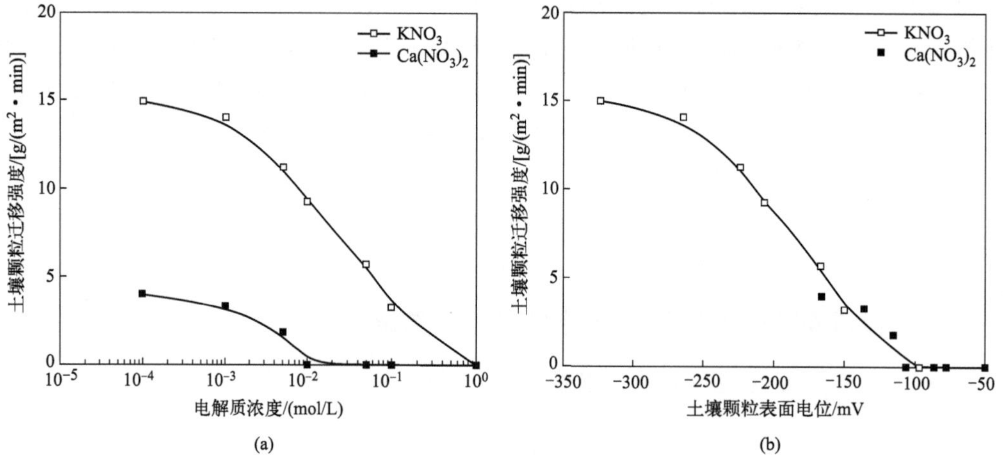

图8-8　K^+/Ca^{2+}体系土壤颗粒迁移强度与电解质浓度、土壤颗粒表面电位的关系

由图 8-8（b）可知，在 KNO_3 溶液中，随着表面电位从 106mV 升高至 206mV，颗粒迁移强度从近乎 0g/（m²·min）升高至 9.3g/（m²·min）。当表面电位从 106mV 升高至 323mV，颗粒迁移强度从近乎 0g/（m²·min）升高至 15.7g/（m²·min）。表面电位低于 200mV 时，土壤迁移强度随着表面电位升高显著增强。而表面电位高于 200mV 时，土壤迁移强度随着表面电位绝对值升高却缓慢增强。表明 200mV 左右是土壤颗粒迁移的临界电位。这一现象能被静电压强解释，如图 8-6（a）所示。表面电位低于 200mV 时，随着表面电位增加，静电排斥压强迅速增强。当表面电位高于 200mV 时，静电排斥压强则缓慢增强并且静电排斥压强分布曲线十分接近。

综上所述：

① 团聚体接触土壤溶液时，水合斥力引发干团聚体膨胀，并且使相邻颗粒之间的距离增大至 1.5 ～ 2nm；

② 相邻颗粒的距离超过 1.5 ～ 2nm 时，水合斥力转变为静电斥力，且土壤颗粒迁移

强度随着电场强度的增大而增大；

③ 水合斥力决定团聚体破裂的第一步，而静电斥力决定土壤迁移的强度，土壤迁移强度的临界电位为 200mV 左右。

本研究定量估计了土壤颗粒相互作用力对降雨条件下土壤颗粒迁移的影响。理论分析表明：

① 当土壤团聚体中的两相邻颗粒间距很小（< 1.5nm）时，净 DLVO 合力表现为强的吸引力，因此 DLVO 力不能导致降雨条件下的土壤团聚体破碎和颗粒迁移。

② 颗粒间的距离小于 1.5 ～ 2nm 时，水合斥力主导着颗粒的膨胀，其将颗粒间的距离增大至 1.5 ～ 2nm。

③ 土壤颗粒膨胀后，水合斥力转变为静电斥力。

④ 静电斥力进一步分散或者破碎土壤团聚体。研究结果表明，水合斥力在土壤颗粒膨胀过程中尤为重要，而静电斥力决定土壤迁移的强度。土壤电场是团聚体破碎和颗粒迁移的主要原因。土壤颗粒迁移的临界电位是 200mV 左右，当表面电位低于 100mV 时，降雨过程中不出现土壤迁移。

（3）主要科学发现与技术建议

1）科学发现

土壤颗粒的迁移会导致严重的环境问题，颗粒间的相互作用力是降雨过程中土壤颗粒迁移的主要作用力，目前定量评估土壤颗粒迁移中颗粒相互作用力的文献很少。本研究以紫色土为研究对象，通过模拟降雨实验，模拟降雨强度为 150mm/h、时间为 110min 的降雨过程中不同强度的颗粒间相互作用力下土壤颗粒的迁移。采用不同浓度的 KNO_3 和 $Ca(NO_3)_2$ 溶液（0.0001mol/L、0.001mol/L、0.005mol/L、0.01mol/L、0.05mol/L、0.1mol/L 和 1mol/L）调节土壤颗粒表面电位从 –323mV 到 –50mV，并定量分析土壤颗粒相互作用力。结果表明，净 DLVO 作用力不是导致降雨过程中土壤颗粒迁移的唯一作用力，水合斥力在土壤颗粒迁移中起着至关重要的作用，且水合斥力显著大于 DLVO 力。降雨过程中，由于强的水合斥力，团聚体中的土壤颗粒被分散开来，颗粒间距为 1.5 ～ 2nm（膨胀过程）。随后，颗粒间的静电斥力导致团聚体完全破裂。水合斥力主要使得团聚体发生膨胀，而静电斥力则决定迁移强度。研究还发现，在表面电位低于 –100mV 时，即使降水强度达到 150mm/h，土壤迁移也不会发生。土壤颗粒迁移的临界电位为 –200mV 左右。因此，表面水合斥力和静电斥力是降雨过程中土壤颗粒迁移的主要控制力。

2）技术建议

由于土壤静电场是土壤颗粒迁移的内因，因此控制土壤静电场的强度是控制土壤颗粒迁移的有效途径。

8.2.1.2 降雨过程中离子界面反应对土壤颗粒相互作用与土壤颗粒迁移的影响

（1）界面反应中的离子特异性效应对土壤颗粒迁移的影响

图 8-9 为 Li^+、Na^+ 和 K^+ 饱和样在不同电解质浓度下 90min 内径流中土壤颗粒累积迁移量，随着电解质浓度的降低，Li^+、K^+ 饱和土壤之间或 Na^+、K^+ 饱和土壤之间颗粒累计

迁移量的差异急剧增加。当浓度≤ 0.1mol/L 时，K^+ 体系中土壤颗粒累计迁移量缓慢增加，Li^+、Na^+ 体系中土壤颗粒累计迁移量增幅较 K^+ 体系中更为明显。

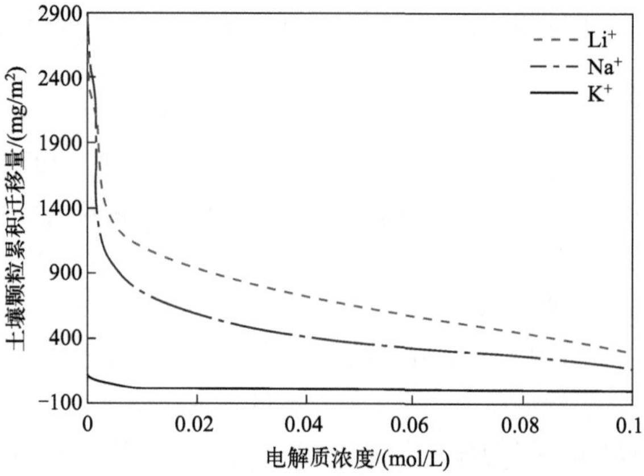

图8-9 Li^+、Na^+和K^+饱和体系在不同电解质浓度下90min内径流中土壤颗粒累积迁移量

表 8-6 描述了不同浓度下的颗粒累积迁移量（y）与降雨时间（t）的关系，表中的线性关系表示当时间 t 趋于无穷时，颗粒累积迁移量 y 也趋于无穷大，且 dy/dt 为常数，即颗粒的迁移速率较稳定，不随时间变化。表明此时的土壤侵蚀是稳定且持续的。表中的非线性关系表示当时间 t 趋于无穷大时，颗粒累积迁移量 y 将趋于一个定值 a，且 $dy/dt=0$，即颗粒的迁移速率将逐渐降低并最终降为零。表明此时的土壤侵蚀强度会随着降雨时间增长逐渐降低。

表 8-6 土壤颗粒迁移量与降雨时间的拟合关系

阳离子种类	浓度/(mol/L)	土壤迁移累积量y随时间t的拟合方程	R^2
Na^+	0.0001	$y=223.15+76.91t$	0.9964
	0.001	$y=69.25+64.14t$	0.9995
	0.01	$y=88.30+22.73t$	0.9997
	0.1	$y=74.97+4.94t$	0.9865
	1	$y=0$	—
K^+	0.0001	$y=-1.03+12.87t$	0.9988
	0.001	$y=-19.39+11.65t$	0.9992
	0.01	$y=-10.29+9.24t$	0.9945
	0.1	$y=344.6-332.8\exp(-t/55.15)$	0.9949
	1	$y=0$	—
Cs^+	0.0001	$y=339.6-317.8\exp(-t/41.97)$	0.9974
	0.001	$y=342.6-315.6\exp(-t/52.95)$	0.9942
	0.01	$y=130.0-128.2\exp(-t/23.78)$	0.9840
	0.1	$y=0$	—
	1	$y=0$	—

表 8-6 反映了土壤颗粒迁移中强烈的离子特异性效应。在电解质浓度为 0.1mol/L 时，当时间 t 趋于无穷大时，Na^+、K^+ 和 Cs^+ 体系的颗粒迁移累积量分别趋于无穷大、344.6g/m² 和 0g/m²。Na^+、K^+ 和 Cs^+ 三种阳离子均为一价离子，根据经典双电层理论和 DLVO 理论，它们对土壤颗粒电场强度和颗粒相互作用的影响一致，但实验表明三者的土壤颗粒累积迁移量却存在显著差异。

将总的颗粒迁移量除以降雨时间定义为该时间段的颗粒迁移强度，用颗粒迁移强度表征土壤侵蚀强度，且颗粒迁移强度越大，土壤侵蚀强度越大。图 8-10 描述了 Na^+、K^+ 和 Cs^+ 体系在不同浓度下的颗粒迁移强度，结果表明颗粒迁移强度显著受到电解质浓度的影响。在最低浓度条件下（0.0001mol/L），3 种离子体系的颗粒迁移强度均最强，即土壤侵蚀强度也最强；而随浓度增大，其颗粒迁移强度随之降低。以 Na^+ 体系为例，当浓度从 0.0001mol/L 分别增加至 0.001mol/L、0.01mol/L、0.1mol/L 和 1mol/L 时，其颗粒迁移强度从 80.9g/（m²・min）分别降至 70.4g/（m²・min）、27.9g/（m²・min）、9.4g/（m²・min）和 0g/（m²・min）。各浓度条件下，尤其在低浓度下，3 种离子体系的颗粒迁移强度是明显不同的。当电解质为 0.0001mol/L 时，Na^+ 的颗粒迁移强度为 80.9g/（m²・min），而 K^+ 和 Cs^+ 的颗粒迁移强度分别为 15.9g/（m²・min）和 2.9g/（m²・min），分别约为 Na^+ 体系的侵蚀强度的 1/5 和 1/28。随着电解质浓度的降低，Na^+ 体系的颗粒迁移强度下降最快，K^+ 次之，Cs^+ 最慢。因此，土壤迁移中存在强烈的离子特异性效应。

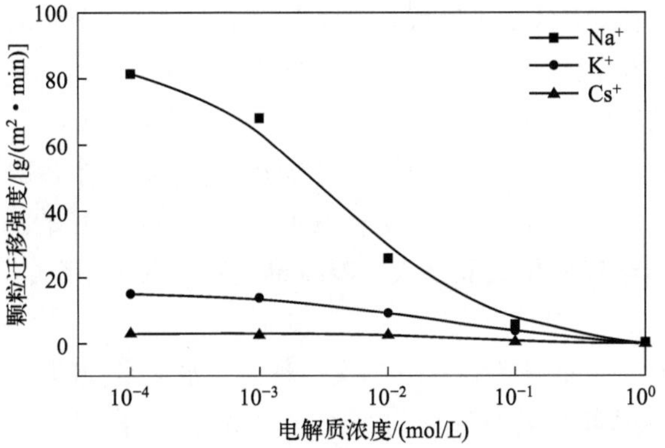

图8-10 Na^+、K^+和Cs^+体系在不同浓度下的颗粒迁移强度

依据经典双电层理论、DLVO 理论和分子模拟，颗粒表面的电场强度和相邻颗粒之间的净相互作用力如图 8-11 所示。

由图 8-11（a）可知，接近颗粒表面电场强度可达 10^8V/m，且随着电解质浓度的降低而增强。由图 8-11（b）可知，电解质浓度＜ 0.1mol/L 时，颗粒间的净相互作用压强表现为排斥压强，进而团聚体能破裂。随着电解质浓度的降低，静电排斥压强增大。表明团聚体的破裂强度增强。当电解质浓度为 1mol/L，颗粒之间的距离＞ 1.7nm 时，净相互作用压表现为吸引压。表明团聚体不破裂，但颗粒之间的距离在 0 ～ 1.7nm 时，经典排斥压强会使团聚体膨胀。

经典理论没有考虑离子大小、离子水合和色散力，对 3 种离子（Na^+、K^+ 和 Cs^+）而言，电场强度和净相互作用压强相同，并能用相同曲线描述，如图 8-11 所示。

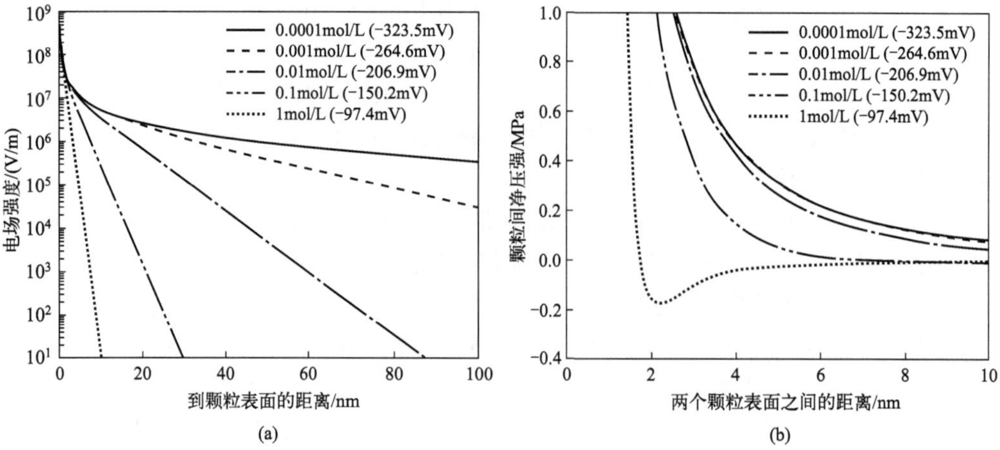

图8-11 颗粒表面的电场强度和相邻颗粒之间的净相互作用力

Na^+、K^+ 和 Cs^+ 化合价相同，但三个体系土壤流失强度明显不同，尤其在低浓度下。当电解质浓度为 0.0001mol/L 时，Na^+ 体系的流失强度比 K^+ 体系大，Cs^+ 体系最小。以上表明，经典的 DLVO 理论不能解释离子特异性，三种体系的团聚体破裂和土壤流失存在强烈的离子特异性。

离子特异性的来源目前被认为是离子大小、离子水合和色散力。研究发现以上三种来源不能解释 Na^+、K^+ 和 Cs^+ 体系土壤流失的巨大差异，对其逐个讨论发现：

溶液中的离子能被水化，屏蔽颗粒表面电场的能力比不水化的离子要弱。对于水合离子，两个颗粒之间的静电斥力更强，Parsons 等计算了距离为 2nm 云母表面的压强，发现未水化的 Li^+ 体系的压强比水合离子的低。但离子电荷和离子半径决定水化层的厚度，对于一价离子而言，离子半径越大，水合半径就越小，其屏蔽电场的能力就越强。因此，经典斥力随着离子水合半径的增大而增大，Parsons 等指出 Li^+ 体系的斥力比 Na^+ 大，K^+ 体系最小。

离子大小和离子水合能解释图 8-10 的实验现象，水化半径的降低顺序为 $Na^+ > K^+ > Cs^+$，相应的土壤流失强度的降低顺序为 $Na^+ > K^+ > Cs^+$。离子大小和离子水合不能解释 Na^+、K^+ 和 Cs^+ 体系土壤流失强度随电解质浓度的变化趋势。离子大小和离子水合在高浓度下起作用，且作用强度随着电解质浓度的降低而降低，因此能预测离子特异性主要出现在高浓度条件下。如 Parsons 等是在 0.5mol/L 时计算 Li^+、Na^+ 和 K^+ 体系的压强，针对离子大小和离子水合起源，离子特异性应在高电解质浓度出现，土壤流失强度将出现在高电解质浓度下，并随着电解质浓度的降低而降低。

图 8-10 表明，随着离子浓度的增加，三种离子体系的土壤流失强度差距减小，当离子浓度为 0.0001mol/L 时，差距达到最大值，而不是在高电解质浓度时。在高电解质浓度，三种离子体系的土壤流失强度几乎没有差别。因此，土壤流失的离子特异性不能用离子大小和离子水合解释。

除了离子大小与水合效应之外，色散力效应被认为是离子特异性效应的另一来源。在经典 DLVO 理论和 Poisson-Boltzmann 方程中，离子与颗粒表面之间的色散作用未被包含其中。化合价相同的不同离子对颗粒表面性质和颗粒相互作用的影响被认为是一致的，而忽略了离子之间的差异，即离子特异性效应。当色散作用被引入 DLVO 理论后，利用离子特异性效应可以解释许多带电颗粒之间的相互作用和离子特异性现象。

与离子大小和水合效应相似，色散作用主要表现在高浓度电解质条件下。一般在大于 0.1mol/L 条件下，色散作用才足够显著，而在更低浓度下，色散作用可以忽略。因此，假设离子特异性效应来源于色散作用，离子特异性效应也应主要表现在高电解质浓度环境中。Parsons 和 Ninham 利用从头算法模拟计算了 Cl^- 盐溶液中，云母表面的表面电位（实际上是 zeta 电位）随电解质浓度的变化情况。考虑碱金属离子的色散作用后，其结果表明各碱金属体系之间的表面电位差异主要出现在较高浓度（> 0.1mol/L）条件下。随电解质浓度的降低，各体系中云母表面电位差异逐渐降低，并在浓度为 0.0001mol/L、电位为 −145mV 时消失。

Parsons 等计算了氧化铝表面在 2nm 距离时的相互作用，结果表明，LiCl 和 NaCl 体系下的作用力之差从 0.5mol/L 时的约 2.4MPa 降低至 0.05mol/L 时的约 0.25MPa。证明离子色散作用在高浓度条件下更为显著，因此来源于离子色散作用的离子特异性效应也应该主要出现在高电解质浓度环境中。但图 8-10 表明 Na^+、K^+ 和 Cs^+ 体系间的土壤侵蚀强度差异在高浓度条件下较小，随浓度的降低而增大。表明实验中的离子特异性效应出现在低浓度环境。因此，离子的色散作用不是本实验中离子特异性效应的来源，离子特异性效应并非完全来源于离子大小、离子水合和色散力。

离子非经典极化对土壤流失的影响。经典诱导力比色散力更弱。土壤中黏粒表面的电场强度可达 10^{-8}V/m，颗粒表面吸附离子的诱导力显著提高。Liu 等发现这种诱导力比经典诱导力大成百上千倍。称这种强诱导力为非经典诱导力，相应的极化称为非经典极化。扩散层中离子在电场中的非经典极化能增强离子和黏粒表面的相互作用，从而降低黏粒表面的电场强度。Liu 等用相对有效电荷系数（β）描述非经典极化，并发现 β_{Na}/β_{Li}=1.110 和 β_K/β_{Li}=1.699。碱金属中锂的极化能力最弱，因此 Li^+ 的绝对有效电荷系数（γ）接近 1，即 γ（Li）=β（Li）→ 1，Na^+ 和 K^+ 的绝对有效电荷系数分别为 1.110 和 1.699，Cs^+ 的绝对有效电荷系数为 2.506。

考虑离子特异性或者非经典极化效应，$NaNO_3$、KNO_3 和 $CsNO_3$ 体系颗粒表面新电位如表 8-7 所列。因计算相对电荷系数是在 ≥ 0.001mol/L 条件下，以下讨论仅适用于 0.001mol/L。

表 8-7 考虑离子特异性的 Na^+、K^+ 和 Cs^+ 体系颗粒表面新电位

电解质浓度 /(mol/L)	新表面电位 /mV			
	经典离子效应	特定离子效应		
	Li^+ (γ=1.000)	Na^+ (γ=1.110)	K^+ (γ=1.699)	Cs^+ (γ=2.506)
0.001	−264.6	−243.4	−171.8	−124.4
0.01	−206.9	−190.9	−137.3	−100.9
0.1	−150.2	−139.9	−103.5	−77.8
1	−97.4	−92.0	−71.4	−55.6

从表 8-7 可以看出：

① 4 种离子体系，颗粒表面电位随电解质浓度的增高而降低；

② 相同的浓度，非经典极化越弱，表面电位下降得越显著，静电排斥压强降低越显著。

如果土壤流失的离子特异性来源于非经典极化效应，非经典极化效应进而导致颗粒之间的静电斥力的不同，Na^+、K^+ 和 Cs^+ 体系的流失强度也应该不同。相同浓度下，Na^+、K^+、Cs^+ 体系的土壤侵蚀强度是不同的。但对于相同表面电位，土壤侵蚀强度是相同的。因为相同的表面电位导致相同的电场强度。因此能用 $NaNO_3$ 的土壤侵蚀强度随表面电位的变化（图 8-12）预测 KNO_3 体系和 $CsNO_3$ 体系的土壤侵蚀强度。

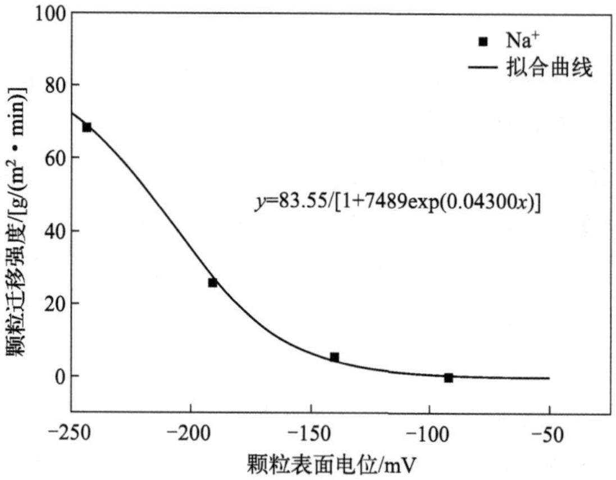

图8-12　Na^+溶液中颗粒迁移强度与表面电位的关系

用 $NaNO_3$ 溶液土壤侵蚀的方程预测 KNO_3 和 $CsNO_3$ 溶液的土壤侵蚀强度，结果如图 8-13 所示，结果表明方程对 KNO_3 和 $CsNO_3$ 溶液的土壤侵蚀强度进行了合理预测，与非经典极化得出的实验结果相符。因此，$NaNO_3$、KNO_3 和 $CsNO_3$ 体系下土壤流失强度的不同来自 3 种阳离子不同的非经典极化。

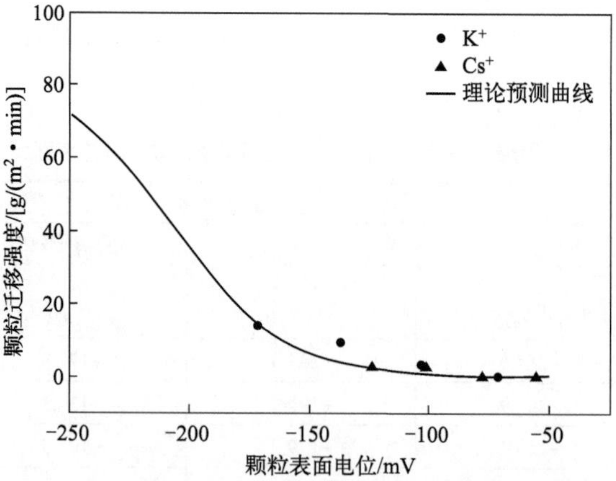

图8-13　颗粒迁移强度理论预测与实测值之间的比较

由此得出如下结论：

土壤带电颗粒表面的非经典极化增大了离子和颗粒表面的静电引力，增强了离子屏蔽土壤表面负电场的能力。随着土壤电场强度降低，土壤团聚体稳定性随之增强，土壤侵蚀强度随之降低。在考虑非经典极化时，获得土壤相邻颗粒的静电排斥压强，研究结果解释了 Na^+、K^+ 和 Cs^+ 体系下不同的土壤迁移强度原因，且非经典极化是土壤流失中离子特异性效应的来源。

（2）主要科学发现与技术建议

1）科学发现

本实验研究了用 $NaNO_3$、KNO_3 和 $CsNO_3$ 溶液进行降雨模拟过程中土壤颗粒迁移的离子特异性效应。结果表明土壤颗粒在 Na^+、K^+ 和 Cs^+ 体系中的迁移强度差异显著。随着浓度的降低，3 种离子体系下土壤侵蚀强度差异逐渐增大。表明土壤侵蚀中的阳离子特异性效应主要出现在低浓度条件下，因此无法利用离子大小、离子水合和色散力等来解释阳离子特异性效应的产生原因。强电场作用下的阳离子非经典极化会增大阳离子与黏粒表面的库仑引力，进而反作用于电场并降低电场强度。用离子绝对有效电荷数 γ 表征离子极化的程度，重新计算土壤颗粒在 $NaNO_3$、KNO_3 和 $CsNO_3$ 溶液中的表面电位，其中 Na^+、K^+ 和 Cs^+ 的 γ 值分别为 1.110、1.699 和 2.506。表面电位随着离子非经典极化强度的增大而急剧减小，进而土壤颗粒之间的静电排斥压强急剧减小。通过比较土壤颗粒在 $NaNO_3$、KNO_3 和 $CsNO_3$ 溶液中迁移强度的拟合方程，发现土壤电场强度决定土壤团聚体的破裂及土壤颗粒的迁移强度。结果表明，在相同浓度下阳离子的非经典极化作用越强，土壤电场及土壤侵蚀的强度越弱。

2）技术建议

本研究发现，可以通过调节金属离子界面反应来控制土壤电场的强度，进而控制土壤颗粒之间的相互作用力和土壤物质的水迁移强度。

8.2.1.3 降雨过程中阴/阳离子界面反应对土壤磷迁移的影响

（1）阳离子界面反应对土壤颗粒及颗粒态磷迁移的影响

颗粒态磷迁移与土壤颗粒迁移密切相关。对于研究的土壤 Li^+、Na^+ 和 K^+ 体系在不同电解质浓度下，径流的颗粒态磷累积迁移量和土壤颗粒累积迁移量分别如图 8-14（a）~（c）和图 8-14（d）~（f）所示。由图 8-14（a）~（c）看出在径流中颗粒态磷迁移出现了显著的离子特异性效应，在各电解质浓度条件下，径流的颗粒态磷累积迁移量，K^+ 体系的要比 Na^+ 和 Li^+ 体系下的都小得多。当电解质浓度为 0.01mol/L 时，K^+、Na^+ 和 Li^+ 体系在 90min 时的径流中颗粒态磷累积迁移量分别为 15.8mg/m²、755.7mg/m² 和 1096.0mg/m²，K^+ 体系的颗粒态磷累积迁移量分别是 Na^+ 和 Li^+ 体系的约 1/48 和 1/69。尤其是在最高浓度即 0.1mol/L 时，K^+ 体系的颗粒态磷累积迁移量为 0mg/m²，但 Na^+ 和 Li^+ 体系的颗粒态磷累积迁移量为 78.9mg/m² 和 297.2mg/m²。在给定电解质浓度下，用 Na^+ 和 Li^+ 饱和土壤的径流中颗粒态磷累积迁移量几乎没有差异。与之相反，K^+体系和Na^+体系或者Li^+体系之间的差异是巨大的，尤其是在电解质浓度相对较低的条件下。在电解质浓度为0.0001mol/L时，Na^+体系和Li^+体系径流中颗粒态磷累积迁移量差值的绝对值为274mg/m²，但K^+体系和Na^+体系或者Li^+体系之间的差异达到2815mg/m²或2541mg/m²。在径流中，K^+可以强烈地降低从土壤至地表水体的颗粒态磷迁移量。

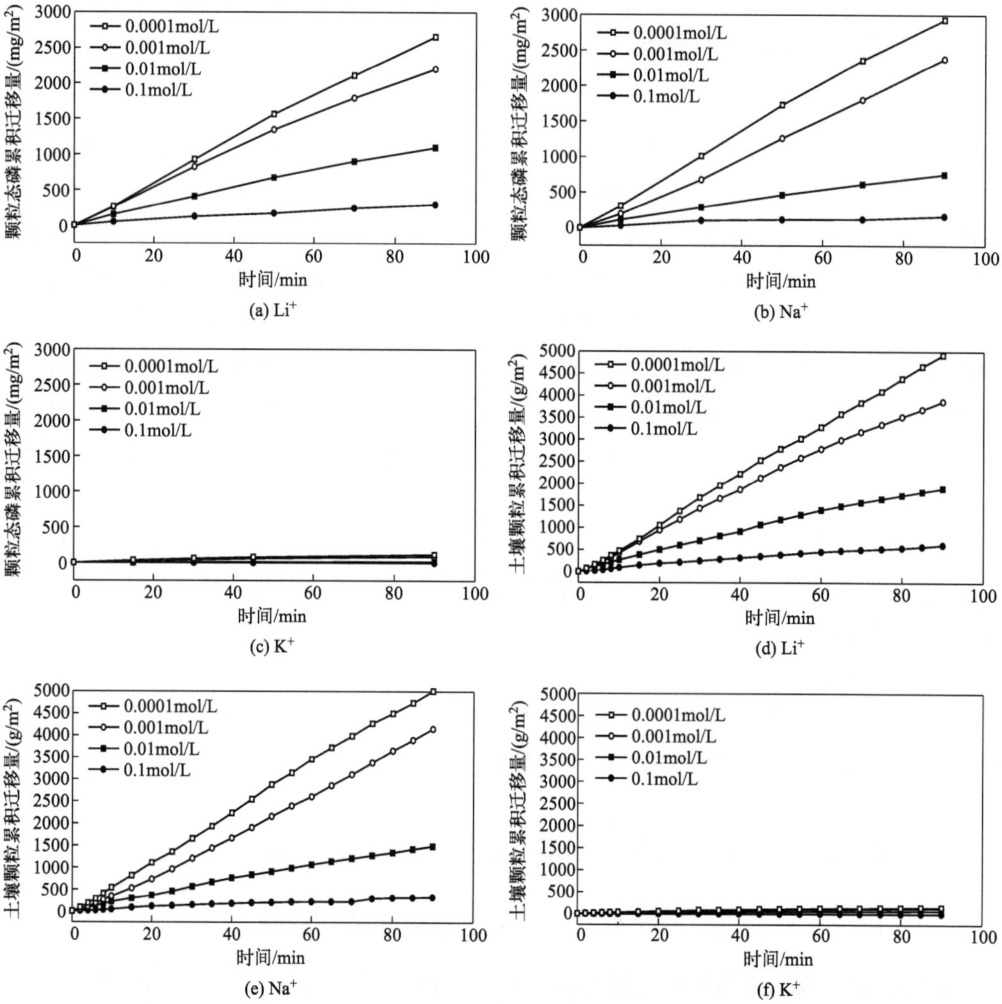

图8-14　Li^+、Na^+和K^+体系中不同电解质浓度下的颗粒态磷累积迁移量和土壤颗粒累积迁移量

随着电解质浓度的降低，径流中颗粒态磷累积迁移量会增大。即增加土壤电解质浓度会降低径流中颗粒态磷的迁移。当电解质浓度从0.01mol/L降低到0.0001mol/L时，用K^+饱和的土壤在90min内的颗粒态磷累积迁移量从15.8mg/m²增加到115.8mg/m²（增加了100mg/m²），用Na^+饱和的土壤，颗粒态磷累积迁移量从755.7mg/m²增加到2931.0mg/m²（增加了2175.3mg/m²）；用Li^+饱和的土壤，颗粒态磷累积迁移量从1096.0mg/m²增加到2657.0mg/m²（增加了1561mg/m²）。结果表明，用Na^+饱和的土壤对电解质浓度的降低最

敏感，其次是用 Li^+ 饱和的土壤，用 K^+ 饱和的土壤最不敏感。

研究结果表明：

① 当颗粒态磷从土壤迁移至地表水时，富含 K^+ 的土壤比富含 Li^+ 或 Na^+ 的土壤流失量要小很多；

② 土壤电解质浓度的增大（例如，降低土壤含水量或增加土壤电解质含量）可以降低从土壤到地表水的颗粒态磷的迁移。

在颗粒态磷迁移过程中，土壤颗粒的分散是一个关键过程，因为团聚体破裂或土壤颗粒分散会影响径流中土壤颗粒迁移。为了揭示观察到的离子特异性效应对颗粒态磷迁移的物理机制，研究了 Li^+、Na^+ 和 K^+ 的离子特异效应对径流中土壤颗粒迁移的影响，结果如图 8-14（d）～（f）所示。图 8-14（a）～（c）所示的颗粒态磷迁移的结果可以用图 8-14（d）～（f）中所示的土壤颗粒迁移解释。

从图 8-14（a）～（c）看出，在所有电解质浓度下，径流实验中 K^+ 存在时颗粒态磷累积迁移量远低于 Na^+ 和 Li^+ 存在时的累积迁移量。当电解质浓度高达 0.1mol/L 时，K^+ 存在时颗粒态磷累积迁移量为零。图 8-14（d）～（f）所示，在径流实验中，K^+ 存在时土壤颗粒累积迁移量远低于 Na^+ 和 Li^+ 存在时的累积量。当电解质浓度最高即为 0.1mol/L 时，K^+ 存在时土壤颗粒累积迁移量约为零。

图 8-14（a）～（c）表明，径流中用 Na^+ 和 Li^+ 饱和的土壤之间颗粒态磷累积迁移量的差异很小，用 K^+ 和 Na^+ 或 Li^+ 饱和的土壤之间的差别很大，特别是在相对较低的电解质浓度下。图 8-14（d）～（f）表明，分别用 Na^+ 和 Li^+ 饱和的土壤之间径流中土壤颗粒累积迁移量的差异很小，用 K^+ 和 Na^+ 或 Li^+ 饱和的土壤之间的差异较大。

图 8-14（a）～（c）表明，不管离子类型如何，径流中随着土壤电解质浓度的增大都会降低颗粒态磷的迁移量。用 Na^+ 饱和的土壤的颗粒态磷迁移对电解质浓度下降最敏感，其次是用 Li^+ 饱和的土壤，用 K^+ 饱和的土壤最不敏感。因此，阳离子界面反应对颗粒态磷迁移、土壤颗粒迁移的影响是一致的。

（2）阳离子界面反应对溶解态磷迁移的影响

在径流实验中，不同浓度的 Li^+、Na^+ 和 K^+ 存在下溶解态磷的累积迁移量如图 8-15 所示。径流中溶解态磷迁移存在离子特异性效应，但结果是复杂的。除了 0.1mol/L Na^+ 的情况外，在 Li^+、Na^+ 或 K^+ 存在下，溶解态磷累积迁移量随着阳离子（或电解质）浓度的降低而增加。排除 0.1mol/L Na^+ 的情况下，用 Na^+ 和 Li^+ 饱和的土壤径流中溶解态磷累积迁移量的差异较小。观察到的溶解态磷迁移的特征和颗粒态磷迁移的特征是一致的，说明影响颗粒态磷迁移的过程与影响溶解态磷迁移的过程相同，如土壤聚集破裂和土壤颗粒分散的过程。

除 0.1mol/L $NaNO_3$ 外，K^+ 存在时溶解态磷累积迁移量远高于 Li^+ 或 Na^+ 存在时溶解态磷累积迁移量。在电解质浓度为 0.001mol/L 时，K^+ 存在下溶解态磷累积迁移量为 269.8mg/m²，Li^+ 和 Na^+ 分别为 128.3mg/m² 和 136.3mg/m²。在给定的电解质浓度下，Li^+ 或 Na^+ 存在与 K^+ 存在时相比，更多的土壤颗粒被分散，表明除对土壤颗粒的分散效应外，当 K^+ 存在时，还有另一种增加土壤磷的溶解度的机制存在。可能是 K^+ 比 Na^+ 和 Li^+ 对增加磷溶解具有更强的直接作用。

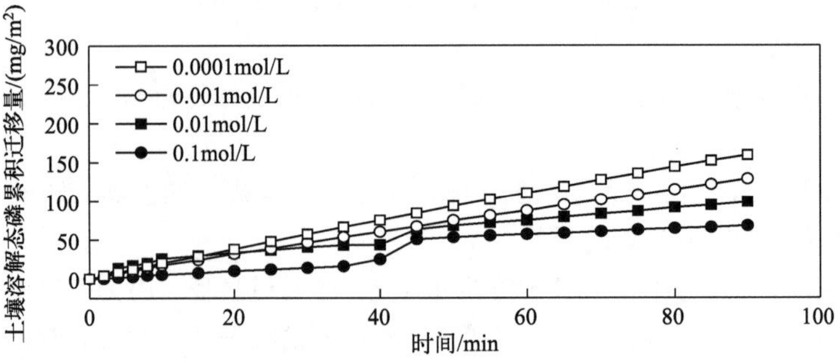

(a) Li^+

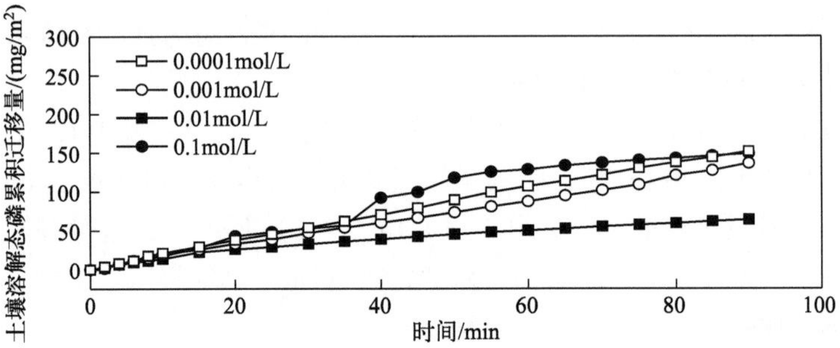

(b) Na^+

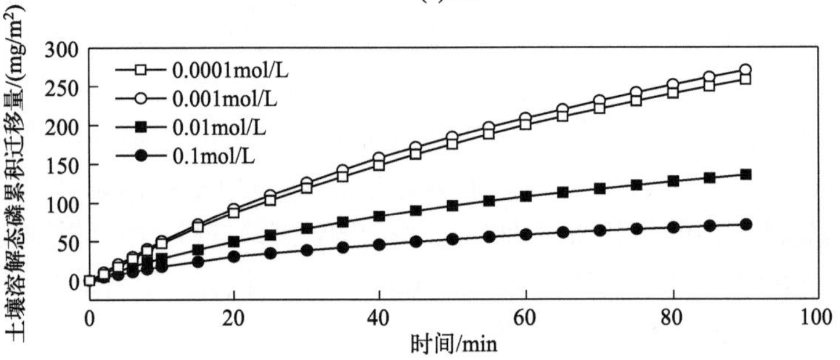

(c) K^+

图8-15　在Li^+、Na^+和K^+体系中不同电解质浓度下溶解态磷累积迁移量

对比颗粒态磷迁移和溶解态磷迁移结果，进一步发现磷迁移的离子特异性效应。当K^+存在时，溶解态磷迁移量高于颗粒态磷迁移量，而Na^+或Li^+存在时则与此相反。电解质浓度为0.001mol/L时，Li^+、Na^+和K^+存在时，颗粒态磷迁移量与溶解态磷迁移量之比分别约为17.2、17.5和0.322。因此，离子特异性效应可能是径流中颗粒态磷和溶解态磷迁移的相对强度的决定性因素。

（3）阳离子非经典极化对径流实验中磷迁移的影响

上述讨论表明，离子特异性效应对颗粒态磷迁移的影响主要来源于径流中离子特异性效应对土壤颗粒迁移的影响。有研究表明，土壤颗粒相互作用力的离子特异性效应决定土壤团聚体的稳定性，从而决定给定径流强度下的土壤颗粒迁移。理论上，土壤颗粒相互作用力的离子特异性效应可以解释颗粒态磷迁移的离子特异性效应。

在经典理论中，当忽略 Li^+、Na^+ 和 K^+ 的半径或水合半径时，它们在带电的土壤颗粒表面上具有相同的结合强度。根据 DLVO 理论，它们对土壤电场和土壤颗粒相互作用力的影响一样，因此对径流中的土壤团聚体稳定性、土壤颗粒和颗粒态磷迁移强度的影响也都应该一样。但实际每种阳离子的影响是完全不同的，Li^+、Na^+ 和 K^+ 具有不同的半径和水合半径，半径不同可能导致径流中土壤颗粒和颗粒态磷迁移强度的差异。理论上，随着电解质浓度的降低，由 Li^+、Na^+ 和 K^+ 离子半径或水合半径差异引起的土壤颗粒和颗粒态磷迁移的差异将减小。因为离子的体积效应只有在相对较高的离子浓度下才重要。对于等电荷离子，离子体积越大，离子和颗粒表面之间的分散力越大。这种影响在电解质浓度相对较高的条件下重要。如果在 Li^+、Na^+ 和 K^+ 存在下土壤颗粒或颗粒态磷迁移的差异源于它们的水合半径和分散力的差异，则 3 种阳离子之间土壤颗粒或颗粒态磷迁移的差异将随着电解质浓度的增大而增大。图 8-16 为 Li^+、Na^+ 和 K^+ 饱和土壤在 90min 径流期间颗粒态磷累积迁移量随电解质浓度的变化。随着电解质浓度的降低，Li^+ 和 K^+ 饱和土壤之间或 Na^+ 和 K^+ 饱和土壤之间的颗粒态磷累积迁移量的差异急剧增加。观察到的颗粒态磷迁移的离子特异性效应不是由 3 种阳离子的水合体积和分散力的差异引起的。

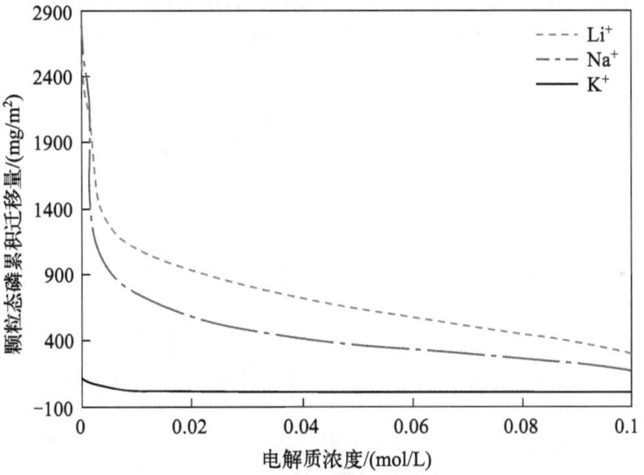

图8-16 Li^+、Na^+和K^+饱和样在不同电解质浓度下90min内径流中颗粒态磷累积迁移量

上述结果表明，Li^+、Na^+ 和 K^+ 在土壤颗粒表面的结合力差异很大，这种差异不是由它们在水合体积上的差异或分散力的差异引起的。最新研究表明，水溶液中土壤颗粒周围存在强电场，导致吸附的阳离子形成非经典极化，这种非经典极化可用来解释径流中土壤颗粒态磷和溶解态磷迁移的离子特异性效应。已知阳离子非经典极化可以在阳离子和表面之间产生额外的相互作用能，额外的相互作用能加上经典的库仑相互作用能会导致表观电荷高于固有电荷，表观电荷数等于表观电荷系数乘以固有电荷数。Li^+、Na^+ 和 K^+ 的表观电荷系数值分别为 1.063、1.180 和 1.942。团聚体中土壤颗粒之间的静电斥力是破坏土壤团聚体的力。根据表观电荷系数，可计算两相邻土壤颗粒之间的静电斥力、分子引力和净作用力。图 8-17 ～图 8-19 分别为 Li^+、Na^+ 和 K^+ 饱和样在不考虑阳离子非经典极化以及考虑阳离子非经典极化时得到的净作用力。

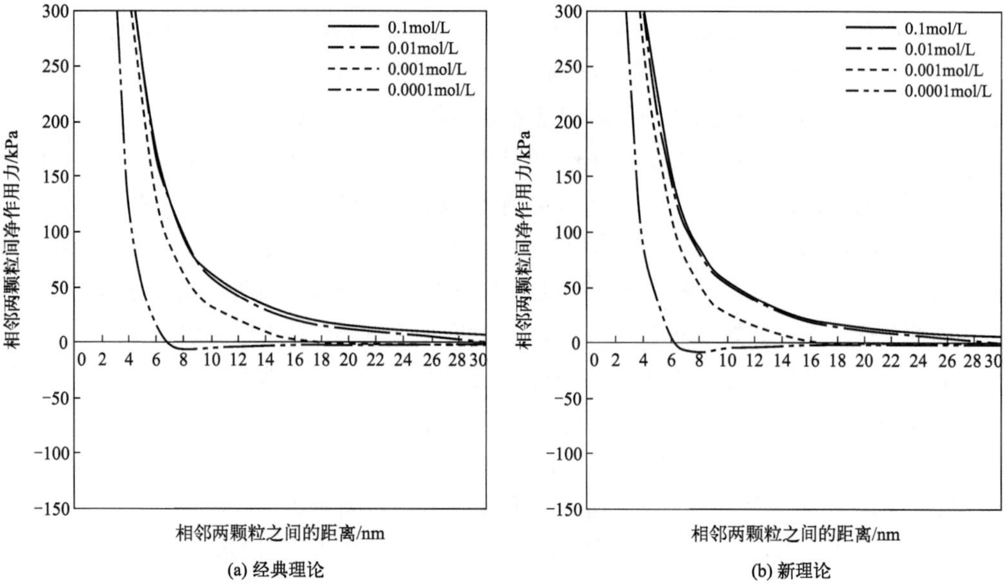

图8-17　不考虑阳离子非经典极化（经典）以及考虑非经典极化（新）时Li^+饱和土壤中相邻两个土壤颗粒间的净作用力与颗粒表面距离的关系

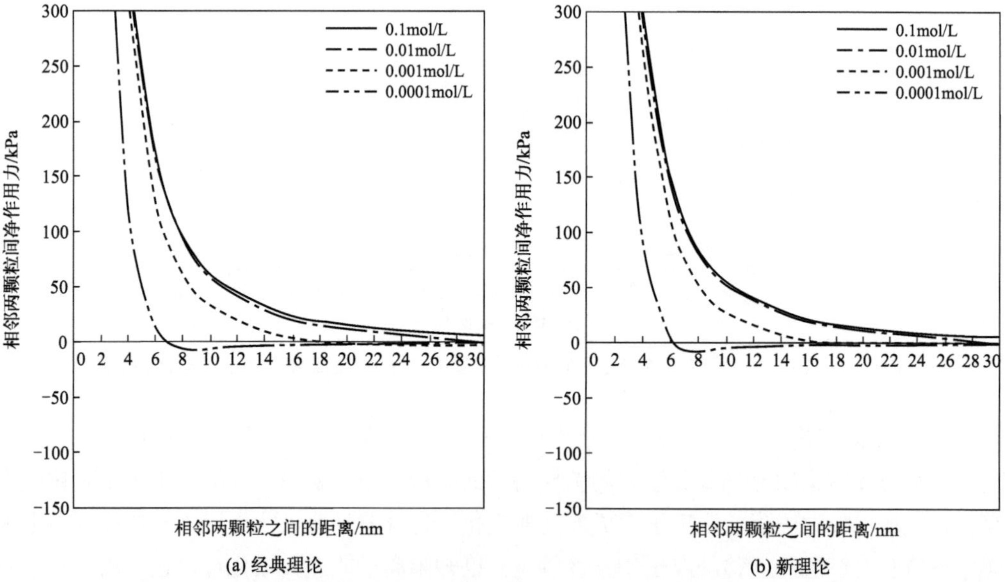

图8-18　不考虑阳离子非经典极化（经典）以及考虑非经典极化（新）时Na^+饱和土壤中相邻两个土壤颗粒间的净作用力与颗粒表面距离的关系

图 8-17 和图 8-18 表明：

① 对于 Na^+ 和 Li^+ 饱和样，经典理论中的净作用力分布近似于新理论中的分布；

② Na^+ 饱和样的净作用力分布也大致与 Li^+ 饱和样的净作用力分布相同。

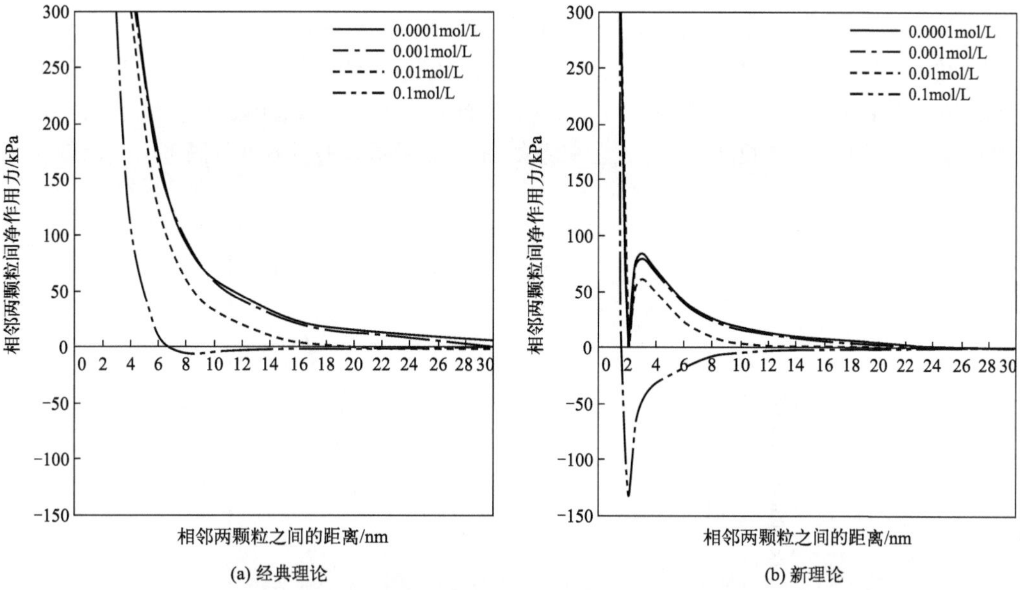

图8-19 不考虑阳离子非经典极化（经典）以及考虑非经典极化（新）时K^+饱和土壤中相邻两个土壤颗粒间的净作用力与颗粒表面距离的关系

结果表明土壤中Li^+和Na^+的非经典极化没有显著改变土壤颗粒相互作用。因此，基于对土壤颗粒相互作用力的理论分析，并假设只有土壤颗粒相互作用力决定颗粒态磷迁移，可以做一个理论预测，即Na^+和Li^+饱和样的颗粒态磷迁移量大致相等。

图8-17和图8-18表明，随着电解质浓度的降低，净作用力增大。理论上，如果相互作用力决定径流中颗粒态磷迁移，则随着电解质浓度的降低，颗粒态磷迁移量应相应增加。但对于Na^+和Li^+饱和样，随着电解质浓度的降低，颗粒态磷迁移量增加。在所有电解质浓度下，Na^+和Li^+饱和样的净压力均为斥力，表明土壤团聚体会破裂，即使在电解质浓度高达0.1mol/L时也会发生颗粒态磷迁移。当电解液浓度从0.0001mol/L增加到0.001mol/L时，净作用力仅略有下降，然而当电解质浓度从0.001mol/L增加到0.01mol/L时，净作用力显著下降。

对于颗粒态磷迁移，如图8-19所示，K^+的离子非经典极化极大地改变了土壤颗粒相互作用力。当电解质浓度为0.1mol/L时，相邻两土壤颗粒间的净吸引力出现，吸引力达到135kPa，表明在这种电解质浓度下，土壤团聚体在径流中是稳定的。如果只有土壤颗粒相互作用力决定颗粒态磷迁移，可做出理论预测，K^+饱和样的颗粒态磷迁移量等于零。这一理论预测被K^+饱和样的实验结果证实。在低于0.1mol/L的电解质浓度下，K^+饱和土壤中的净作用力为正值，表明团聚体中土壤颗粒之间相互排斥，但排斥压力在$\lambda \approx 2$nm时接近零。如果仅是土壤颗粒相互作用力决定颗粒态磷迁移，可以做出另一个理论预测，在电解质浓度≤0.01mol/L时，K^+饱和样的颗粒态磷迁移非常小且接近零。这一理论预测被K^+饱和样的实验结果证实。图8-19表明电解质浓度的降低会增大排斥相互作用力，因此颗粒态磷迁移量将相应增加。

研究表明，阳离子非经典极化以及电解质浓度通过影响土壤颗粒相互作用力来影响颗粒态磷迁移。为了定量说明阳离子非经典极化和电解质浓度是如何通过影响土壤颗粒相互作用力从而影响颗粒态磷迁移的，使用 T_{PP}（T_{PP} 是颗粒态磷累积量）与 E_{inter}（E_{inter} 是土壤颗粒相互作用能）的关系描述在 Li^+、Na^+ 和 K^+ 饱和样中的颗粒态磷迁移。Li^+、Na^+ 和 K^+ 饱和样在不同电解质浓度下的 T_{PP}-E_{inter} 关系如图 8-20 所示（书后另见彩图）。

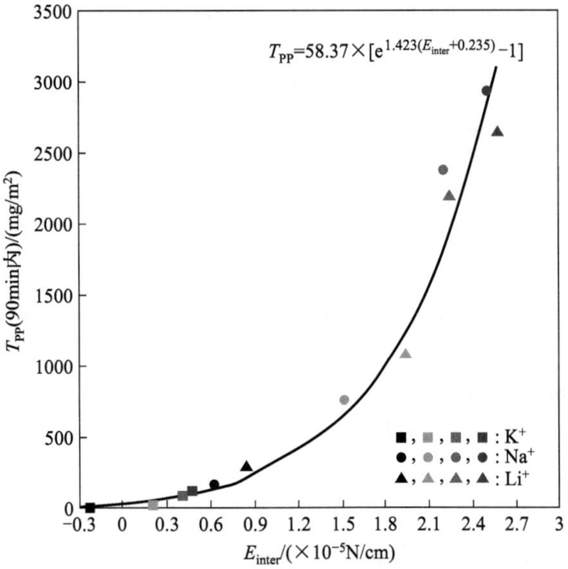

图8-20　Li^+、Na^+和K^+饱和样在不同电解质浓度下T_{PP}-E_{inter}关系曲线

（■, ●, ▲：0.1mol/L；■, ●, ▲：0.01mol/L；■, ●, ▲：0.001mol/L；■,●,▲：0.0001mol/L）

结果证实决定径流中颗粒态磷迁移的是土壤颗粒相互作用力，且在给定的电解质浓度下，土壤颗粒相互作用力由阳离子非经典极化来决定。图 8-20 表明，土壤颗粒态磷迁移在径流中可以用阳离子非经典极化定量解释。

土壤中阳离子界面反应强烈影响土壤磷在径流中的迁移，且存在离子特异性效应。从土壤到地表水的颗粒态磷迁移通过 K^+ 的表面反应比通过 Na^+ 和 Li^+ 的表面反应减少更显著。K^+ 处理的溶解态磷迁移量高于 Na^+ 或 Li^+ 处理的溶解态磷迁移量，前者比后者大约 1.7 倍，这是与颗粒态磷迁移相反的离子特异性效应。研究发现土壤电解质浓度的增大可以减少颗粒态磷和溶解态磷从土壤到地表水的迁移，土壤颗粒相互作用力的定量研究表明，阳离子非经典极化为观察到的颗粒态磷迁移提供解释。K^+ 极化最强，会比 Na^+ 和 Li^+ 更强烈地降低土壤颗粒周围的电场强度，从而降低相邻土壤颗粒之间的排斥力，并降低径流中的颗粒态磷迁移量。土壤中 K^+、Na^+ 和 Li^+ 的极化率远高于经典值，在 0.0001mol/L 的电解质浓度下，K^+、Na^+ 和 Li^+ 的非经典极化率分别为 507Å³、124Å³ 和 45.8Å³，而经典值分别仅为 0.814Å³、0.139Å³ 和 0.0285Å³（1Å=10^{-10}m）。对于所有阳离子，增大电解质浓度可降低颗粒态磷和溶解态磷的迁移，因为通过降低土壤颗粒之间的排斥力降低了土壤颗粒分散成悬浮体的可能性，K^+ 饱和样比 Na^+ 和 Li^+ 饱和样更显著地增加了土壤磷溶解度。

（4）阴离子界面反应对土壤颗粒及颗粒态磷迁移的影响

本实验所用土壤为紫色土，测定了当阳离子分别为 Na^+ 和 K^+、阴离子分别为NO_3^-和 Cl^- 时，降雨过程中阴离子作用下土壤颗粒的累积迁移量，如图 8-21 所示。其中，图 8-21（a）、（b）分别为阴离子是 Cl^- 和NO_3^-时的土壤颗粒累积迁移量。

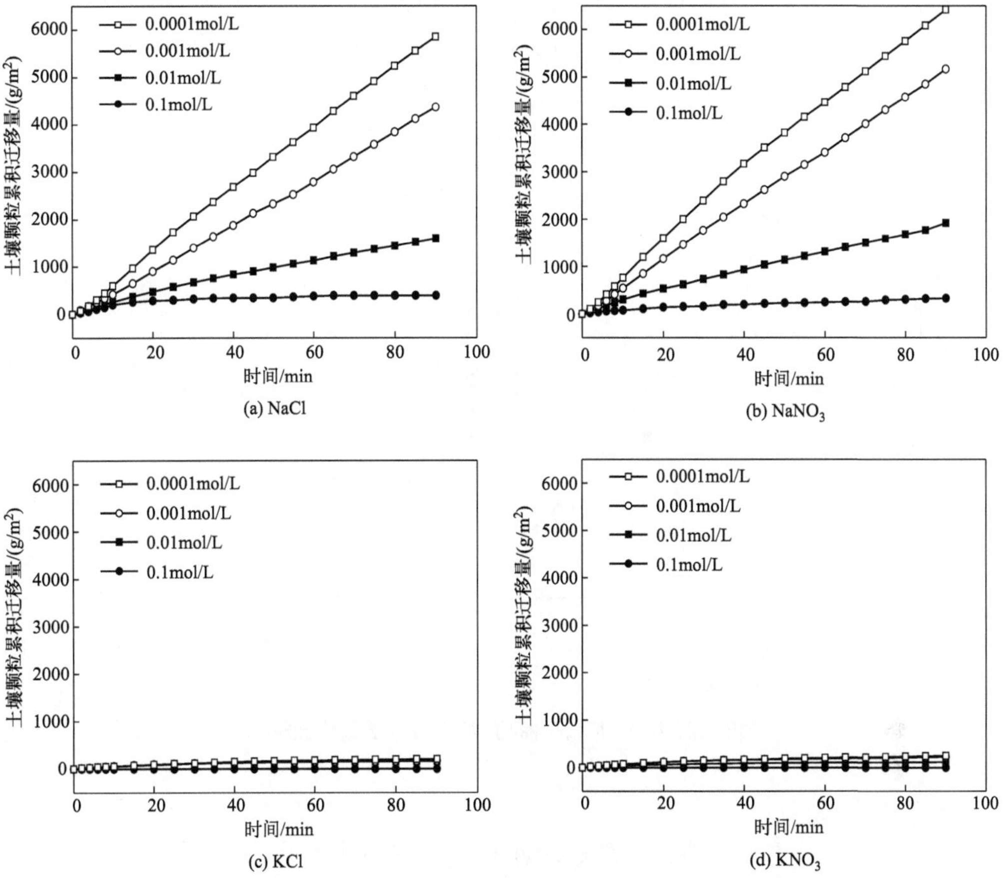

图8-21 NO_3^-和Cl^-两种离子体系下的土壤颗粒累积迁移量随时间的关系

这两种阴离子体系间的土壤颗粒累积迁移量存在明显差异，由图可知：

① 当阴离子为NO_3^-时，阳离子界面反应对土壤颗粒迁移表现出的影响，K^+ 和 Na^+ 饱和土壤之间的差异较大；且不管何种阳离子，随着电解质浓度的降低，土壤颗粒累积迁移量都是增大的。

② 当阴离子为 Cl^- 时，其表现的差异也一致。当电解质浓度为 0.001mol/L，K^+ 和 Na^+ 饱和土壤的土壤颗粒累积迁移量分别为 168.9g/m² 和 4361.4g/m²，后者约是前者的 26 倍。

③ 当阳离子相同时，除 0.0001mol/L Na^+ 外，基于NO_3^-界面反应的土壤颗粒和颗粒态磷的迁移流失量均大于基于 Cl^- 界面反应的流失量。当阳离子为 Na^+ 时，在电解质浓度为 0.001mol/L 时，Cl^- 体系下和NO_3^-体系下的土壤颗粒累积迁移量分别为 4361.4g/m² 和 5166.2g/m²，后者约是前者的 1.2 倍。当阳离子为 K^+ 时，在电解质浓度为 0.1mol/L 时，两

种阴离子体系在 90min 时的土壤累积迁移量都为 0g/m²，随着电解质浓度的降低，逐渐出现土壤颗粒迁移，说明阴离子同样存在离子特异性效应。

将整个模拟降雨过程中的土壤累积迁移量与时间的比定义为土壤迁移强度，NO_3^-和 Cl^- 两种离子体系下的土壤颗粒迁移强度如图 8-22 所示。

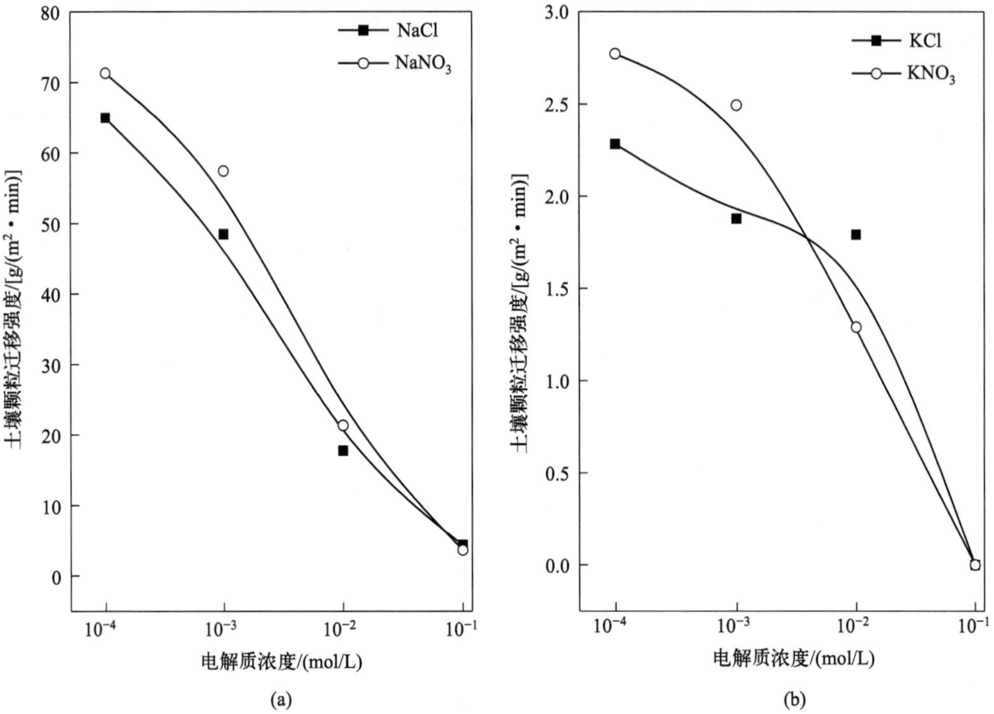

图8-22　NO_3^-和Cl^-两种离子体系下的土壤颗粒迁移强度

由图 8-22 可知：

① 当阳离子为 K^+、电解质浓度为 0.1mol/L 时，两种阴离子体系中土壤颗粒迁移强度都为 0g/（m²·min）。随着电解质浓度的降低，逐渐出现颗粒的迁移，且当浓度较低时，基于NO_3^-界面反应的土壤颗粒迁移强度大于基于 Cl^- 界面反应下的迁移强度。

② 当阳离子为 Na^+ 时，NO_3^-体系下的土壤颗粒迁移强度大于 Cl^- 体系下的迁移强度，当电解质浓度为 0.0001mol/L 时，Cl^- 体系和NO_3^-体系下的土壤颗粒迁移强度分别为 64.9g/（m²·min）和 71.3g/（m²·min），这表明NO_3^-体系的电场强度更强，间接证明和 Cl^- 相比，NO_3^-对土壤电场强度的增强能力更强。

③ 在两种阴离子体系下，土壤颗粒迁移强度都随着电解质浓度降低而增强，且当电解质浓度较低时，土壤颗粒迁移强度差异较大，随着浓度降低，两者之间的迁移强度差异也随之增大。

图 8-21 和图 8-22 分别表明降雨过程中，NO_3^-作用下的土壤颗粒迁移量和迁移强度最强。直接反映两种阴离子作用下土壤团聚体的稳定性差异和土壤颗粒相互作用的差异，体现两种阴离子与紫色土颗粒表面相互作用中的离子特异性效应。

(5)阴离子界面反应对颗粒态磷迁移的影响

实验测得的在两种阴离子体系下颗粒态磷累积迁移量如图 8-23 所示，图 8-23（a）、（b）为 Cl^- 体系下，两种不同阳离子之间的颗粒态磷迁移量，图 8-23（c）、（d）为NO_3^-体系下的颗粒态磷迁移量。当阴离子相同时，在不同电解质浓度条件下，K^+ 体系的颗粒态磷累积迁移量远小于 Na^+ 体系下的，以阴离子为 Cl^- 为例，电解质浓度为 0.001mol/L 时，90min 内，K^+ 和 Na^+ 体系径流中颗粒态磷累积迁移量分别为 168.9mg/m^2 和 4361.4mg/m^2，K^+ 体系的颗粒态磷迁移量是 Na^+ 体系的约 1/26。当阴离子相同时，随着电解质浓度的提高，土壤颗粒态磷迁移量逐渐降低，以阴离子 Cl^- 为例，当阳离子为 Na^+ 时，电解质浓度从 0.0001mol/L 增加到 0.1mol/L，其土壤颗粒态磷累积迁移量从 6494.4mg/m^2 降低到 324.2mg/m^2（减少了 6170.2mg/m^2）。表明土壤电场对土壤颗粒态磷迁移的影响与对土壤颗粒迁移的影响一致。

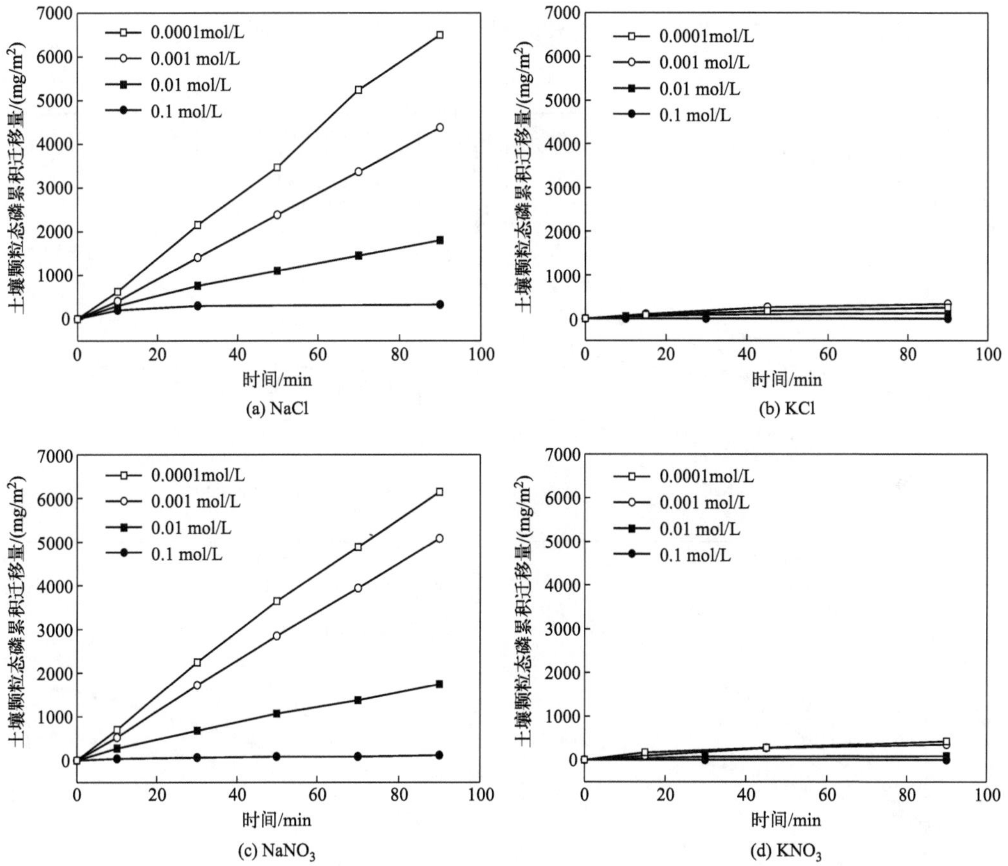

图8-23 NO_3^-和Cl^-两种离子体系下的土壤颗粒态磷累积迁移量随时间的关系

当阳离子相同时，两种阴离子体系下的颗粒态磷迁移量也存在明显差异，说明阴离子界面反应对土壤磷迁移也有影响。除 0.0001mol/L Na^+ 外，土壤颗粒态磷迁移量在基于 Cl^- 界面反应小于基于NO_3^-界面反应，当阳离子为 Na^+ 时，在电解质浓度为 0.001mol/L 时，Cl^- 体系下和NO_3^-体系下的土壤颗粒态磷累积迁移量分别为 4380.2mg/m^2 和 5081.4mg/m^2，

而当阳离子为 K^+ 时，同样在电解质浓度为 0.001mol/L 时，Cl^- 体系下和NO_3^-体系下的土壤颗粒态磷累积迁移量分别为 338.3mg/m² 和 352.2mg/m²。当阳离子为 K^+ 时，在电解质浓度为 0.1mol/L 时，两种阴离子体系在 90min 时的土壤颗粒态磷迁移量都为 0mg/m²，随着电解质浓度的降低，逐渐出现土壤颗粒态磷的迁移，与前文所述的两种阴离子体系下土壤颗粒迁移的规律吻合。

由图 8-23 分析可知，对于 Cl^- 和NO_3^-两种阴离子，对土壤中颗粒态磷迁移的影响与对土壤颗粒迁移的影响是一致的，即除了 0.0001mol/L Na^+ 外，基于NO_3^-界面反应的颗粒态磷的迁移流失量均大于基于 Cl^- 界面反应的流失量，且随着电解质浓度的增加，颗粒态磷的迁移也随之减少，说明受电解质浓度影响的土壤电场通过影响团聚体的稳定性，也影响了土壤颗粒态磷的迁移。

（6）阴离子界面反应对溶解态磷迁移的影响

在径流中两种阴离子体系下溶解态磷的累积迁移量如图 8-24 所示。

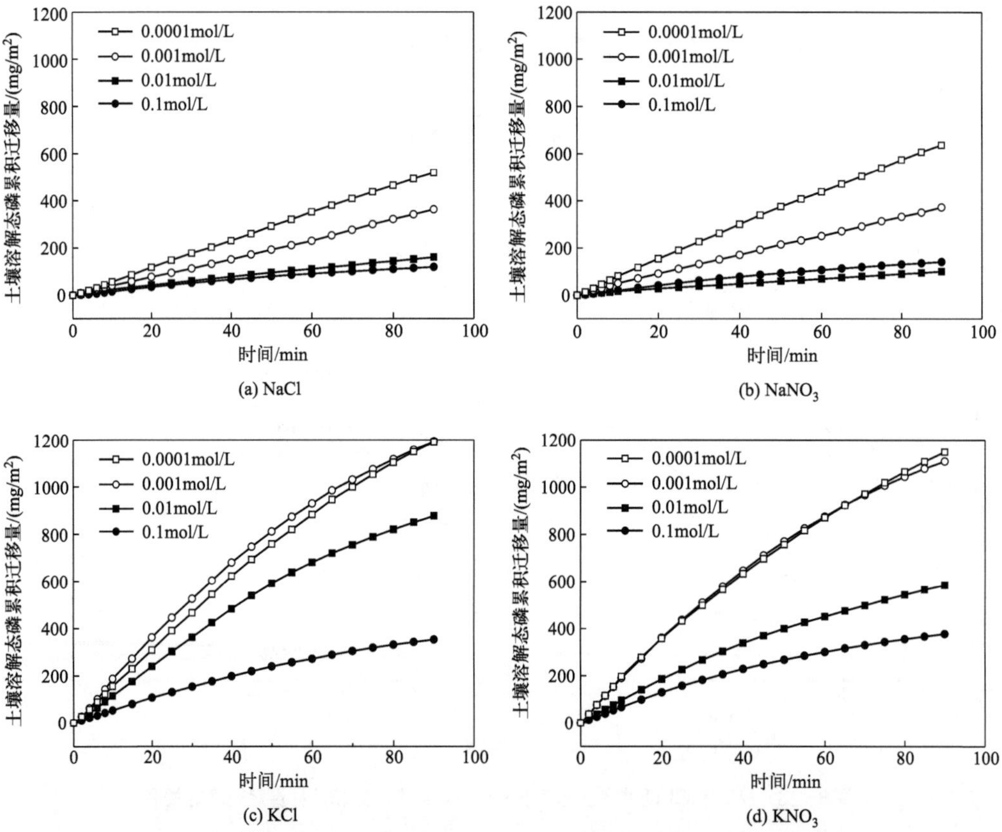

图8-24　NO_3^-和Cl^-两种离子体系下的土壤溶解态磷累积迁移量随时间的关系

由图 8-24 可以看出，径流中溶解态磷迁移存在离子特异性效应，但结果较复杂。在阴离子为 Cl^- 时，除 0.001mol/L K^+ 的情况外，在 Na^+ 或 K^+ 存在下溶解态磷累积迁移量随着电解质浓度的降低而增加，K^+ 体系下的溶解态磷迁移量远大于 Na^+ 体系，如电解质浓度为 0.01mol/L，K^+ 体系下溶解态磷累积迁移量为 877mg/m²，但 Na^+ 体系为 160mg/m²。当阳离子相同时，从图 8-24 明显看出径流中的溶解态磷迁移同样存在巨大差异。当阳离子为 Na^+ 时，除 0.01mol/L Na^+ 外，Cl^- 体系下的溶解态磷迁移量远小于 NO_3^- 体系下，如当阳离子为 Na^+ 时，在电解质浓度为 0.0001mol/L 时，Cl^- 体系和 NO_3^- 体系下的溶解态磷迁移量分别为 518.5mg/m² 和 637.2mg/m²。但当阳离子为 K^+ 时，溶解态磷迁移相反，除 0.1mol/L 外，Cl^- 体系下的溶解态磷迁移量却大于 NO_3^- 体系下的迁移量。

阴离子对土壤中磷的迁移同样存在离子特异性效应。在两种阴离子体系下，当阳离子相同时，土壤颗粒累积迁移量是 NO_3^- 体系大于 Cl^- 体系，而在测定蒙脱石（恒电荷矿物）团聚体破裂强度中发现在溶液电解质分别为 KNO_3 和 KCl 时，浓度为 0.0001mol/L，NO_3^- 体系的团聚体破裂强度是 Cl^- 体系的 2.3 倍，且随着电解质浓度的降低，土壤颗粒累积迁移量增大；而对于土壤颗粒态磷的迁移，当阳离子相同时，在 Cl^- 体系下的颗粒态磷迁移量也小于 NO_3^- 体系，说明对于 Cl^- 和 NO_3^- 两种阴离子，其对土壤中颗粒态磷迁移的影响与对土壤颗粒迁移的影响是一致的；而对于径流中溶解态磷迁移的影响，其结果是复杂的，当阳离子为 Li^+ 或 Na^+ 时，除 0.01mol/L Na^+ 外，Cl^- 体系下的溶解态磷迁移量远小于 NO_3^- 体系下，而当阳离子为 K^+ 时则相反，其中的物理机制仍不清楚。

（7）主要科学发现与技术建议

1）科学发现

土壤中阳离子界面反应对土壤磷迁移的影响：

① 与 Na^+ 和 Li^+ 相比，K^+ 界面反应能强烈减少颗粒态磷（PP）从土壤向地表水的迁移，K^+ 体系中的颗粒态磷迁移量分别是 Na^+ 和 Li^+ 体系的 1/48 和 1/69。

② K^+ 体系中溶解态磷（DP）迁移量大于 Na^+ 体系和 Li^+ 体系。如当电解质浓度为 0.0001mol/L 时，K^+ 体系中溶解态磷迁移量约为 Na^+ 体系的 1.7 倍，这与颗粒态磷迁移相比，表现出相反的离子特异性效应。

③ 土壤电解质浓度的提高将减少土壤 PP 和 DP 的迁移量。定量研究土壤颗粒间相互作用力表明，阳离子非经典极化可以很好地解释实验中发现的 PP 的迁移规律。与 Na^+ 和 Li^+ 相比，极化程度最强的 K^+ 会强烈降低土壤颗粒周围的电场，因此降低团聚体内颗粒间的排斥力，从而减少径流过程中 PP 的迁移量。研究发现，土壤中 K^+、Na^+ 和 Li^+ 的非经典极化率的确远高于其经典极化率。如在电解质浓度为 0.0001mol/L 时，K^+、Na^+ 和 Li^+ 的非经典极化率分别为 50Å³、124Å³ 和 45.8Å³（$1Å=10^{-10}m$），但经典值分别只有 0.814Å³、0.139Å³ 和 0.0285Å³。当 K^+、Na^+ 或 Li^+ 存在时，增加电解质浓度也会降低 PP 和 DP 的迁移量，因为其通过降低土壤颗粒之间的排斥力来降低土壤团聚体破碎并形成土壤悬浮液的可能性。

阴离子界面反应对土壤磷迁移的影响：

① 当阳离子相同时，基于 NO_3^- 界面反应的土壤颗粒和 PP 的迁移流失量均大于基于 Cl^- 界面反应的迁移流失量（0.0001mol/L Na^+ 除外）。当阳离子为 Na^+、电解质浓度为 0.001mol/L 时，Cl^- 体系下和 NO_3^- 体系下的土壤颗粒累积迁移量分别为 4361.4mg/m² 和 5166.2mg/m²，

颗粒态磷累积迁移量为 4380.2mg/m² 和 5081.4mg/m²。

② 不同阴离子界面反应对溶解态磷迁移的影响，其结果是复杂的。当阳离子为 Na^+ 时，除 0.01mol/L Na^+ 外，基于 Cl^- 界面反应下的溶解态磷迁移量远小于基于NO_3^-界面反应的情况；而当阳离子为 K^+ 时，情况正好相反。

阴离子界面反应所引起的土壤磷水迁移的机制目前尚不清楚，表明：

① 土壤阳离子界面反应强烈地影响土壤磷的迁移，阳离子界面反应中离子的非经典极化作用强度控制了土壤团聚体中土粒间的静电作用力，从而控制土壤磷的水迁移强度。

② 土壤中阴离子界面反应也强烈影响着土壤磷的迁移，并表现出离子特异性效应，但不同阴离子界面反应引起的土壤磷水迁移的机制目前尚不清楚。

2）技术建议

由于阴离子和阳离子的界面反应在一定程度上控制土壤颗粒相互作用和磷酸根离子溶解行为，因此可以通过控制阴离子和阳离子的界面反应来控制土壤颗粒态磷和溶解态磷的迁移。

8.2.2 三峡库区农业面源污染控制技术

8.2.2.1 水稻化肥减量施用技术研究

（1）水稻减量施肥示范试验

2013 ～ 2014 年在重庆市珍溪镇开展水稻减量施肥试验研究，试验共设 4 个处理（见表 8-8），3 次重复，随机区组排列。小区面积 10m×3m=30m²，栽培规格为 10×46=460 穴。供试验水稻品种为杂交水稻 Q 优 1 号；榨菜（涪杂 2 号）叶氮、磷、钾含量分别为 3.42%、0.462% 和 3.81%（干基）；水稻氮、磷、钾施用量分别为 9kg/ 亩、4kg/ 亩、4kg/ 亩，分别施用尿素（含 N 46%）、过磷酸钙（含 P_2O_5 12%）和氯化钾（含 K_2O 60%）。缓释肥名称：缓释肥①西南大学缓 / 控释肥料，养分含量氮、磷、钾分别为 14%、8%、8%；缓释肥②施可丰缓释肥料，养分含量氮、磷、钾分别为 22%、8%、10%。

表8-8 水稻减量施肥示范试验处理

处理号	施肥
T1	化肥(9-4-4)
T2	有机肥料(榨菜叶)2t + 化肥 60%(5.4-2.4-2.4)
T3	有机肥料(榨菜叶)2t+ 缓释肥① 60%(5.4-2.4-2.4)
T4	有机肥料(榨菜叶)2t + 缓释肥② 60%(5.4-2.4-2.4)

注：表中9-4-4表示氮、磷、钾肥施用量分别为9kg/亩、4kg/亩、4kg/亩，下同。

水稻减量施肥试验两年平均结果如表 8-9 列，在增施有机肥（榨菜叶直接还田）2t 的基础上，减少化肥用量 40% 和减少两种缓释肥用量 40% 均获得较单施化肥的显著增产效果，分别达 11.87%、11.55% 和 6.96%。

表8-9 减量施肥示范试验水稻生物学性状和产量

处理号	稻实粒/粒	千粒重/g	穗长/cm	株高/cm	稻草质量/(kg/hm^2)	稻谷产量/(kg/hm^2)	比单施化肥增产/%
T1	182.6	26.4	27.9	68.2	8685.0	7218.0	—
T2	213.7	26.6	27.6	71.9	9615.0	8074.5	11.87
T3	213.5	26.6	27.7	92.7	9555.0	8052.0	11.55
T4	209.5	26.5	26.9	81.1	9330.0	7720.5	6.96

（2）比色卡指导氮肥减施及有机肥还田技术研究

2013 ～ 2014 年在重庆市珍溪镇开展旱地氮肥减施技术应用试验研究。试验共设 7 个处理（表 8-10），3 次重复，随机区组排列。水稻品种为杂交水稻 Q 优 1 号；榨菜叶氮、磷、钾含量分别为 3.42%、0.462% 和 3.81%（干基）；水稻氮、磷、钾施用量为 9kg/亩、4kg/ 亩、4kg/ 亩，分别用尿素（含 N 46%）、过磷酸钙（含 P_2O_5 12%）和氯化钾（含 K_2O 60%）。缓释肥为西南大学水稻专用缓 / 控释肥料，养分含量氮、磷、钾分别为 14%、8%、8%。

表 8-10 水稻减量施肥及有机肥替代试验

处理号	处理	施肥
T1	常量化肥	化肥(9-4-4)
T2	有机肥料(榨菜叶)低量	7500kg/hm^2+化肥高(8.1-3.6-3.6)
T3	有机肥料(榨菜叶)中量	15000kg/hm^2+化肥次高(7.2-3.2-3.2)
T4	有机肥料(榨菜叶)高量	30000kg/hm^2+化肥中(5.4-2.4-2.4)
T5	有机肥料(榨菜叶)极高量	45000kg/hm^2+化肥低(3.6-1.6-1.6)
T6	化肥	比色卡施化肥(6.8-4-4)
T7	缓释专用肥料	占化肥的80%(7.2-3.2-3.2)

注：1.化肥高、次高、中、低量处理分别为常量化肥处理施肥量的90%、80%、60%和40%；
2.表中9-4-4表示氮、磷、钾肥施用量分别为9kg/亩、4kg/亩、4kg/亩，下同。

两年试验平均结果（表 8-11）表明，各施肥处理均较单施化肥处理增加了实粒数、千粒重、穗长、稻草质量、稻谷产量，且降低了株高，提高了抗倒伏性。施用有机肥、缓释肥、使用比色卡的处理较单施用化肥处理产量提高了 8.10% ～ 22.19%，以缓释专用肥处理为最高，其次是增施榨菜叶的中量和高量处理。

以常量化肥（T1）为对照，综合水稻产量、养分含量和品质等指标，以 80% 缓释专用肥处理的作用最佳，其次是中量有机肥料处理。施用缓释专用肥料可以减少肥料用量 20%，配合中量有机肥料（15000kg/hm^2）可以减少 20% 化学肥料用量。

表 8-11　减量施肥水稻生物学性状和产量

处理号	实粒数/粒	千粒重/g	穗长/cm	株高/cm	稻草质量/(kg/hm^2)	稻谷产量/(kg/hm^2)	与单施化肥比较/%
T1	181.7	26.5	28.1	78.3	8640.0	7096.5	—
T2	192.1	26.7	28.4	74.3	9210.0	7671.0	8.10
T3	211.4	26.9	26.9	73.2	9525.0	8004.0	12.79
T4	209.8	26.9	27.7	69.6	9510.0	8004.0	12.79
T5	193.2	26.7	28.5	70.5	9195.0	7671.0	8.10
T6	209.5	26.8	28.2	76.6	9465.0	7854.0	10.67
T7	216.3	27.0	29.2	72.1	10215.0	8671.5	22.19

（3）水稻田复合氮肥增效技术研究

为探讨不同肥力水平土壤氮肥用量减少后对水稻产量和土壤后续力的影响，2013 ～ 2014 年在重庆市珍溪镇开展水稻田复合氮肥增效技术示范试验研究，试验共设 3 个处理（见表 8-12），3 次重复，随机区组排列。水稻品种杂交水稻 Q 优 1 号；水稻氮、磷、钾施用量为 9kg/ 亩、4kg/ 亩、4kg/ 亩，分别用尿素（含 N 46%）、过磷酸钙（含 P_2O_5 12%）和氯化钾（含 K_2O 60%）；增效剂（XN）为西南大学研制的复合氮肥增效剂（ZL03117664.X），增效剂（SY）为中国科学院沈阳应用生态研究所研制的氮肥增效剂（肥隆）。

表 8-12　水稻氮肥增效试验方案

处理号	处理	施肥
T1	化肥	化肥(9-4-4)
T2	化肥+增效剂(XN)	80%化肥
T3	化肥+增效剂(SY)	80%化肥

注：表中9-4-4表示氮、磷、钾肥施用量分别为9kg/亩、4kg/亩、4kg/亩。

两年试验平均结果见表 8-13，两个减少化学肥料用量 20%、配合施用氮肥增效剂的处理均较单施化肥处理增加了稻实数、千粒重、穗长、稻草质量、稻谷产量，却降低了株高，其中稻谷产量较施用全化肥处理提高了 11.5% ～ 13.2%。

表 8-13　水稻氮肥增效剂试验植物生物学性状和产量

处理号	稻实粒/粒	千粒重/g	穗长/cm	株高/cm	稻草质量/(kg/hm^2)	稻谷产量/(kg/hm^2)	比单施化肥增产/%
T1	181.7	26.5	28.1	78.3	8640.0	7096.5	—
T2	199.5	26.8	29.0	70.2	9270.0	7911.0	11.5%
T3	210.8	26.9	29.6	74.7	9705.0	8032.5	13.2%

（4）水稻缓释肥料大面积示范试验

2013 年在重庆市珍溪镇渠溪村二、三社开展水稻缓释肥料大面积示范试验，根据两个社田块的具体情况选择吴进华、杨洪福、吴兴志、吴全桓、杨永禄、吴全河等农家承包水稻田进行两年的示范试验。

本试验将农民常规施肥方法与西南大学缓/控释肥和施可丰缓释肥料作同田对比示范，每个农户的示范面积均在 260m² 以上。经过田间调查结果取 2m² 面积测定产量数据并结合农户实收产量求得示范试验的亩产量。结果如表 8-14 所列。

表 8-14 施可丰缓释肥对比示范试验水稻生物学特性和产量结果

户主姓名	面积/hm^2	肥料种类	株高/cm	穗长/cm	实粒数/粒	千粒重/g	生物产量/(kg/hm^2)	稻谷产量/(kg/hm^2)	施可丰增产/(kg/hm^2)	施可丰增产/%
吴进华	15.0	施可丰($750kg/hm^2$)	116.2	28.3	227.4	26.7	19785.0	9198.0	778.5	9.3
吴进华	7.5	专用肥($1200kg/hm^2$)	113.8	28.1	221.3	26.4	19245.0	8419.5	0	0
杨洪福	18.0	施可丰($750kg/hm^2$)	116.3	28.4	228.1	26.8	20190.0	9370.5	964.5	11.5
杨洪福	9.0	习惯施肥	112.7	27.9	220.6	26.3	19125.0	8406.0	0	0
吴兴志	12.0	施可丰($750kg/hm^2$)	116.9	28.7	229.5	26.9	20730.0	9277.5	742.5	8.7
吴兴志	12.0	专用肥($750kg/hm^2$)	113.5	28.0	219.8	26.1	19095.0	8535.0	0	0
吴全桓	12.0	施可丰($750kg/hm^2$)	116.4	28.6	230.2	27.0	20970.0	9304.5	790.5	9.3
吴全桓	7.5	专用肥($1200kg/hm^2$)	113	27.9	219.5	26.2	19020.0	8514.0	0	0
杨永禄	10.5	施可丰($750kg/hm^2$)	117.2	28.8	231.4	27.0	21045.0	9346.5	919.5	10.9
杨永禄	6.0	习惯施肥	111.9	27.3	217.5	26.2	19005.0	8427.0	0	0
吴全河	7.5	施可丰($750kg/hm^2$)	116.8	28.9	233.7	27.1	21240.0	9409.5	991.5	11.8
吴全河	6.0	专用肥($1200kg/hm^2$)	112.6	27.8	216.3	26.1	18885.0	8418.0	0	0

注：1.习惯施肥、专用肥和施可丰缓释肥料的施肥纯养分量相同。

2.生物产量=稻草质量+稻谷产量。

8.2.2.2 玉米化肥减量施用技术研究

（1）玉米减量施肥研究

2013 ～ 2014 年在重庆市珍溪镇开展玉米减量施肥试验研究，试验共设 8 个处理（见表 8-15），3 次重复，随机区组排列。玉米品种为金海 702；玉米氮、磷、钾施用量为

12kg/ 亩、5kg/ 亩、6kg/ 亩，分别用尿素（含 N 46%）、过磷酸钙（含 P_2O_5 12%）和氯化钾（含 K_2O 60%）；增效剂（XN）为西南大学研制的复合氮肥增效剂（ZL03117664.X），增效剂（SY）为中国科学院沈阳应用生态所研制的氮肥增效剂（肥隆）；缓释肥（XN）为西南大学缓 / 控释肥料，养分含量氮、磷、钾分别为 14%、8%、8%；缓释肥（SY）为施可丰缓释肥料，养分含量氮、磷、钾分别为 22%、8%、10%。

表 8-15　玉米减量施肥试验处理

处理号	处理	施肥
T1	化肥	化肥(12-5-6)
T2	有机肥料(榨菜叶)低量+化肥	15000 kg/hm²+化肥 80%
T3	有机肥料(榨菜叶)高量+化肥	30000 kg/hm²+化肥 80%
T4	化肥+增效剂(XN)	化肥 80%
T5	化肥+增效剂(SY)	化肥 80%
T6	缓释专用肥(XN)	缓释专用肥 80%
T7	缓释专用肥(SY)	缓释专用肥 80%
T8	不施肥	0

注：表中12-5-6表示氮、磷、钾肥施用量分别为12kg/亩、5kg/亩、6kg/亩。

两年试验平均结果（表 8-16）表明，两年平均结果除无肥处理外，各施肥处理的玉米株高、果长、果茎周长、百粒重、生物产量、玉米产量均比单施用化肥处理高。其中以缓释专用肥（XN）T6 的增产效果最好，达 17.7%，其次是缓释专用肥（SY），增产 16.9%。

表 8-16　减量施肥试验玉米产量统计表

处理号	株高 /cm	果长 /cm	果茎周长 /cm	百粒重 /g	生物产量 /(kg/hm²)	玉米产量 /(kg/hm²)	较 T1 增产 /%
T1	218.5	20.3	16.0	33.1	13635.0	5760.0	—
T2	221.6	21.8	16.8	33.1	14745.0	6105.0	6.0
T3	230.2	22.7	16.2	33.2	16230.0	6375.0	10.7
T4	219.8	21.1	17.1	33.1	14865.0	6270.0	8.9
T5	224.1	22.4	17.1	33.2	16215.0	6315.0	9.6
T6	231.5	23.6	16.3	33.4	16290.0	6780.0	17.7
T7	231.4	23.4	17.3	33.3	15780.0	6735.0	16.9
T8	182.3	18.5	15.3	31.7	10425.0	3135.0	4.4

从表 8-17 可以看出，化肥加增效剂和缓释专用肥处理比单施化肥处理玉米氮素养分利用率提高 9.4 ～ 15.1 个百分点，化肥加增效剂（SY）和缓释专用肥处理比单施化肥处理玉米钾素养分利用率提高约 2 倍，除缓释专用肥（XN）处理外，化肥加增效剂和缓释专用肥处理比单施化肥处理玉米磷素养分利用率提高 2.3 ～ 5.9 个百分点。

表 8-17 玉米减量施肥试验养分吸收和利用率

处理号	N			P			K		
	吸收量/(kg/hm^2)	施用量/(kg/hm^2)	利用率/%	吸收量/(kg/hm^2)	施用量/(kg/hm^2)	利用率/%	吸收量/(kg/hm^2)	施用量/(kg/hm^2)	利用率/%
T1	104.6	181.5	23.6	18.6	66.0	9.6	67.4	82.5	23.4
T2	107.6	171.0	26.8	18.6	56.3	11.2	83.7	94.5	37.4
T3	117.2	196.5	28.2	18.9	59.7	11.1	94.4	124.5	37.3
T4	109.7	145.2	33.0	18.5	52.8	11.9	62.7	66.0	62.2
T5	117.9	145.2	38.7	19.8	52.8	14.4	93.8	66.0	69.1
T6	110.0	145.2	33.2	17.3	52.8	9.54	93.2	66.0	68.3
T7	115.7	145.2	37.2	20.4	52.8	15.5	90.0	66.0	63.5
T8	61.8	0.0	0.00	12.2	0.0	0.00	48.0	0.0	0.00

综上所述，有机肥料（榨菜叶）与化学肥料配合施用、化肥加增效剂和缓释专用肥处理均能明显提高玉米的籽粒产量，提高玉米氮、磷、钾肥料利用效率和玉米籽粒的淀粉含量，并以两种专用肥料的综合作用最明显。

（2）玉米施肥与土壤水分管理研究

2013～2014年在重庆市珍溪镇开展玉米施肥与土壤水分管理试验研究。试验共设4个处理（见表8-18），3次重复，随机区组排列。小区面积35m^2；玉米氮、磷、钾施用量为12kg/亩、5kg/亩、6kg/亩，分别用尿素（含N 46%）、过磷酸钙（含P_2O_5 12%）和氯化钾（含K_2O 60%）；缓释肥料为西南大学缓/控释肥料，养分含量氮、磷、钾分别为14%、8%、8%；灌溉处理系干旱时人工灌水，共2次，灌水量分别为1500kg/（亩·次）和2000kg/（亩·次）。

表 8-18 玉米施肥与田间水分管理试验方案

处理号	处理	水分管理
T1	化肥	自然条件
T2	化肥	灌溉
T3	缓释肥料	自然条件
T4	缓释肥料	灌溉

由表8-19可以看出，在不同水分管理条件下化肥和缓释肥的产量没有明显差异，因此在正常年景下玉米生长期间可以不进行人工灌溉；而同等条件下施用缓释肥可以获得更好的产量，自然条件下可增产8.66%，灌溉条件下可增产8.95%。

表 8-19 施肥与田间水分管理的玉米生物学性状和产量

处理	株高/cm	果穗长/cm	果穗周长/cm	百粒重/g	生物质量/(kg/hm^2)	玉米产量/(kg/hm^2)
T1	226.4	22.7	17.3	33.2	13695.0	6060.0
T2	226.3	22.6	16.5	33.2	13635.0	6030.0
T3	231.8	23.2	17.6	33.3	15780.0	6585.0
T4	231.9	23.1	17.5	33.3	15735.0	6570.0

（3）玉米缓释复合肥料适宜施用量研究

2013～2014年在重庆市珍溪镇开展玉米缓释复合肥料适宜施用量试验研究。试验以农民常规施肥和不施肥处理为对照，共设7个处理（见表8-20），小区面积60m²，3次重复，随机区组排列。玉米氮、磷、钾施用量为12kg/亩、5kg/亩、6kg/亩，分别用尿素（含N 46%）、过磷酸钙（含 P_2O_5 12%）和氯化钾（含 K_2O 60%）；施可丰缓释肥氮、磷、钾养分含量分别为22%、8%、10%，西南大学缓释复合肥氮、磷、钾养分含量分别为14%、8%、8%。

表8-20　玉米缓释复合肥料试验处理

处理号	处理	施肥量(kg/hm²)
CK1	农民常规施肥	N、P、K纯养分330.0(N181.5，P66，K82.5)
T1	等量施可丰缓释肥	330.0(肥料825.0kg)
T2	高量施可丰缓释肥	367.5(肥料919.5kg)
T3	中量施可丰缓释肥	292.5(肥料732.0kg)
T4	低量施可丰缓释肥	244.5(肥料612.0kg)
T5	缓释复合肥①	NPK纯养分330.00(肥料1179.0 kg)
CK2	不施肥	0

① 西南大学研制。

两年试验平均结果（表8-21）表明，等养分缓释复合肥与缓释肥及其减量处理的玉米株高、果长、果茎周长、百粒重、生物产量、玉米产量均较单施用化肥处理高。其中以T2处理的产量最高，其次是处理T5，分别较农民常规施肥处理（CK1）增产了14.8%和12.6%。在等养分（T1和T5）条件下，缓释复合肥（T5）的增产效果大于施可丰缓释肥（T1），增产幅度提高了4.5个百分点。

表8-21　玉米施用缓释复合肥料的生物学性状和产量

处理	株高/cm	果长/cm	果茎周长/cm	百粒重/g	生物产量/(kg/hm²)	玉米产量/(kg/hm²)	较习惯增产/%
CK1	229.3	21.5	17.4	33.1	13110.0	5580.0	—
T1	236.5	22.4	17.5	34.2	14355.0	6030.0	8.1
T2	239.1	22.9	17.6	33.6	15180.0	6405.0	14.8
T3	231.6	21.8	18.3	33.4	13815.0	5865.0	5.1
T4	213.8	20.3	18.1	33.4	12840.0	5535.0	−0.8
T5	237.4	22.6	18.3	33.5	14625.0	6285.0	12.6
CK2	190.7	17.3	16.1	31.6	8895.0	2625.0	−43.0

从养分利用率来看（表8-22），玉米氮肥利用率以T3处理最高，达38.7%，T1、T2、T3、T4、T5的氮肥利用率分别较农民常规施肥提高0.1、10.4、11.3、4.9和7.5个百分点。减量施用缓释肥可明显提高玉米的氮素利用率。

表 8-22 玉米缓释复合肥料试验的氮素养分吸收和利用率

处理	吸收量/(kg/hm^2)	施用量/(kg/hm^2)	利用率/%
CK1	82.7	181.5	27.4
T1	83.0	181.5	27.5
T2	109.4	202.5	37.8
T3	95.3	160.5	38.7
T4	76.4	134.6	32.3
T5	96.3	181.5	34.9
CK2	33.0	0.0	0.0

(4)玉米施可丰缓释肥施用量示范试验研究

2013 ~ 2014 年在重庆市珍溪镇开展玉米减量施肥及缓释复合肥料适宜施用量试验示范研究。施可丰缓释肥示范地选在渠溪村二社黄家坡 5 块大土进行，土壤基本农化性状：pH 值 4.9、土壤有机质（SOM）26.8g/kg、速效氮（AN）105mg/kg、速效磷（AP）49.5mg/kg、速效钾（AK）150mg/kg。而大面积施可丰展示田选在该村的二、三社，其中二社 0.53hm^2、三社 0.47hm^2，合计面积 1.0hm^2。

在上季收榨菜后经人工翻挖或机耕后拉线定位在同一坡地上 5 块大土从左到右均分为三等份，依次为 T1、T2、T3。其中，T1 处理为当地习惯施肥方法（玉米专用肥 1200kg/hm^2）; T2 处理为施可丰 750kg/hm^2，与习惯施肥等养分; T3 处理为施可丰 600kg/hm^2，减少施肥量 20%。供试玉米种为金海 702，均以肥团育苗移栽。

由表 8-23 可知在等养分条件下施可丰缓释肥较常规施肥平均增产 429kg/hm^2，而施可丰缓释肥用量减少 20% 时玉米产量有所降低，但差异不显著。

表 8-23 玉米施可丰缓释肥示范产量

户主姓名	田块面积/hm^2	玉米专用肥(T1)/(kg/hm^2)	等量施可丰(T2)/(kg/hm^2)	减量施可丰(T3)/(kg/hm^2)
梅德夫	9.0	5685.0	6165.0	5670.0
梅德夫	7.5	5745.0	6195.0	5640.0
黄国伟	10.5	5760.0	6270.0	5610.0
杨再涛	12.0	5865.0	6315.0	5715.0
杨再涛	9.0	5790.0	6150.0	5685.0
平均产量		5790.0	6219.0	5685.0

8.2.2.3 榨菜化肥减量施用技术研究

(1)榨菜清洁生产施肥技术示范试验

2013 ~ 2014 年在玉米、水稻收获后，在涪陵区珍溪镇渠溪村二社和三社进行玉米秸秆、水稻秸秆还田对榨菜产量效应的大面积示范试验，示范面积 33.3hm^2（玉米秸秆还田 20hm^2、水稻秸秆还田 13.3hm^2）。试验以施用西南大学研制的缓 / 控释复合肥料

$1500kg/hm^2$ 作为对照（CK），其余两个处理在施用西南大学研制的缓 / 控释复合肥料 $1200kg/hm^2$ 基础上分别进行秸秆（玉米、水稻）的全翻压、半翻压处理，研究榨菜清洁生产技术（缓 / 控释复合肥料 + 秸秆还田）对榨菜产量的效应。无公害榨菜缓 / 控释肥料为西南大学研制的榨菜专用缓 / 控释复合肥料，其氮、磷、钾养分含量分别为 14%、7%、9%。榨菜品种为涪杂 2 号，榨菜栽培规格和田间管理按照榨菜清洁生产技术要求进行。玉米和水稻秸秆还田量分别为 500kg/ 亩和 400kg/ 亩，玉米秸秆氮、磷、钾养分含量分别为 1.042%、0.135% 和 1.524%，水稻秸秆氮、磷、钾养分含量分别为 0.764%、0.103% 和 1.836%。

5 个农户两年试验平均结果（表 8-24 和表 8-25）表明：玉米秸秆还田与缓释肥料减量 20% 配合施用的榨菜产量较单施缓释肥料增产 10.4% ～ 14.3%；稻草还田与缓释肥料减量 20% 配合施用的榨菜产量，较单施缓释肥料增产 14.2% ～ 20.7%。

表 8-24 玉米秸秆还田对榨菜产量的效应

处理	调查户榨菜产量 /(kg/hm^2)					平均产量 /(kg/hm^2)	较CK增产 /%
	吴云环	吴进军	吴胜成	姚仕碧	吴其林		
缓 / 控释复合肥 80%+ 玉米秸秆全翻压	3017	3102	3053	3011	2987	3034	14.3
缓 / 控释复合肥 80%+ 玉米秸秆半翻压	2943	2931	2927	2912	2938	2930	10.4
缓 / 控释复合肥(CK)	2675	2618	2645	2663	2672	2655	—

表 8-25 稻草秸秆还田对榨菜产量的效应

处理	调查户榨菜产量 /(kg/hm^2)					平均产量 /(kg/hm^2)	较CK增产 /%
	黄克彬	马昌明	吴云中	周国英	吴胜洪		
缓 / 控释复合肥 80%+ 稻草秸秆全翻压	3274	3312	3196	3213	3305	3260	20.7
缓 / 控释复合肥 80%+ 稻草秸秆半翻压	3085	3094	3076	3068	3101	3085	14.2
缓 / 控释复合肥(CK)	2702	2697	2689	2707	2713	2702	—

（2）缓释复合肥料对榨菜产量、品质和养分含量的影响

2013 ～ 2014 年在重庆市珍溪镇进行缓释复合肥料对榨菜产量、品质和养分含量的影响试验研究，本试验应用西南大学资源环境学院研制并已获得国家专利的新型缓释复合肥料，研究田间条件下一次性施用不同用量作基肥对榨菜产量和品质等的影响。

供试榨菜为三峡库区重庆段涪陵地区广泛应用的高产抗病品种涪杂 1 号。试验所用肥料为当地榨菜专用肥（$N:P_2O_5:K_2O$ 为 12 : 6 : 9）和西南大学研制的以快速有效化处理的优质有机肥为基础、与经缓释技术处理化学肥料复合而制得的养分结构型非包膜缓释复合肥料（$N:P_2O_5:K_2O$ 为 14 : 7 : 9）。试验在重庆市涪陵区珍溪镇渠溪村榨菜栽培基地进行，共设 5 个处理，4 次重复。具体试验方案和施肥量见表 8-26，其中缓释复合肥处理（SRF1）通过补充少量单质钾肥（氯化钾）使钾素养分与榨菜专用肥处理（MF）的养分用量一致，缓释复合肥处理减量 5%（SRF2）和减量 10% 处理（SRF3）的养分用量按照比例减少。小区面积为 $10m^2$，每小区种植 66 穴。

表 8-26 试验处理和施肥量 单位：kg/hm^2

处理	肥料施用量	施N量	P_2O_5用量	K_2O用量
榨菜专用肥 MF(CK1)	1500.0	180.0	90.0	135.0
缓释复合肥料 SRF1	1290.0	180.0	90.0	135.0
缓释复合肥料减量 5% SRF2	1225.5	171.0	85.5	109.5
缓释复合肥料减量 10% SRF3	1096.5	162.0	81.0	103.5
无肥(CK0)	0.0	0.0	0.0	0.0

由表 8-27 可知，缓释复合肥全量处理榨菜生物学性状好于专用肥处理，而缓释复合肥的两个减量处理榨菜生物学性状各项指标大多是降低的。故以缓释复合肥全量处理即施用量为 1290.0kg/hm^2 时榨菜生物学性状最好。

表 8-27 不同施肥处理对榨菜生物学性状和产量的影响

处理	单株质量/(g/株)	茎瘤质量/(g/株)	叶片质量/(g/株)	商品率/%	茎/叶	茎瘤水分/%	小区产量/kg	茎瘤产量/(kg/hm^2)	茎瘤产量比CK1增幅/%
榨菜专用肥 MF(CK1)	1333.4	662.1	671.3	49.8	0.99	94.5	37.6±0.340	2507.9±22.7	—
缓释复合肥料 SRF1	1433.4	720.1	713.3	50.4	1.01	95.2	41.0±0.443	2734.7±29.5	9.0
缓释复合肥料减量 5% SRF2	1346.7	686.5	660.2	50.1	1.04	95.1	38.9±0.330	2594.6±22.0	3.5
缓释复合肥料减量 10% SRF3	1320.3	651.3	669.0	49.3	0.97	94.8	33.8±0.310	2254.5±20.7	−10.1
无肥(CK0)	500.0	226.7	273.3	45.3	0.83	95.0	16.2±1.770	1080.5±118.0	−56.9

缓释复合肥全量处理茎瘤产量显著增加，增幅为 9.0%。当缓释复合肥减量 5% 时，茎瘤产量与专用肥处理没有显著差异，仅增加 3.5%，但该处理减少了肥料投入，实现了降低成本的目的。由此认为在不减产的情况下，缓释复合肥的适宜施用量为 1290.0kg/hm^2 和 1225.5kg/hm^2，并以 1225.5kg/hm^2 为缓释复合肥的经济施用量。

由表 8-28 可知，缓释复合肥处理对榨菜维生素 C 含量影响不明显，可溶性糖、硝酸盐含量降低，氨基酸含量增加。综合考虑缓释复合肥对榨菜品质的影响，以减量 5% 处理的效果最好。

表8-28 不同施肥处理对榨菜品质的影响

处理	维生素C含量/(mg/kg)	可溶性糖含量/(g/kg)	氨基酸含量/(mg/kg)	硝酸盐含量/(mg/kg)
榨菜专用肥 MF(CK1)	267	17.3	1017	1277b
缓释复合肥料 SRF1	264	15.8	1195	1012c
缓释复合肥料减量 5% SRF2	266	14.2	1113	850d
缓释复合肥料减量 10% SRF3	275	14.0	1043	716e
无肥(CK0)	288	9.6	1396	1888a

从整体上看（表 8-29），施用缓释复合肥能增加榨菜茎瘤和叶片中 N、P 和 K 含量，并且茎瘤中 N、P 和 K 含量高于叶片。缓释复合肥 3 个处理中以减量 5% 处理榨菜养分含量较均衡，有利于促进榨菜的生长。

表 8-29　不同施肥处理对榨菜养分含量的影响（%）

处理	茎瘤			叶片		
	N含量	P含量	K含量	N含量	P含量	K含量
榨菜专用肥 MF(CK1)	3.31	0.627	6.00	2.04	0.214	3.22
缓释复合肥料 SRF1	3.87	0.588	6.38	3.22	0.331	3.70
缓释复合肥料减量 5% SRF2	3.79	0.654	6.44	2.92	0.326	3.39
缓释复合肥料减量 10% SRF3	3.36	0.593	6.25	2.21	0.254	4.20
无肥(CK0)	3.14	0.421	5.23	1.24	0.167	3.24

8.2.2.4　紫色土坡耕地–桑树系统对水土流失的影响

2013 年在重庆市涪陵区珍溪镇王家沟小流域开展紫色土坡耕地 - 桑树系统对水土流失的影响研究。试验共设 5 个处理——高栽植的 2 带桑树（T1）、3 带桑树植物篱（T2）、四边桑 + 中横植物篱（T3）、四边桑植物篱（T4）、传统等高耕作（CK），带宽 0.50m，带间距 5.25m。每个处理均分为 3 个小区，各处理小区修建坡度均为 9°，四周用水泥墙分隔，长 12.00m、宽 4.00m、高 0.75m。每个小区下设蓄水池（1.00m × 1.00m × 1.00m）1 个，分别与各小区相连，用于截留小区内的土壤径流水，每个蓄水池上面分别用石棉瓦盖住，防止降雨及其他因素干扰。各处理桑树均为 2011 年 10 月种植，采样时，各桑树坡耕系统已基本形成生物梯田格局。各处理的种植制度均为玉米 - 榨菜轮作，施肥方式采用施后浅翻，施肥量为常规施肥量，即尿素（含 N 46%）1250kg/m^2 和复合肥（N：P_2O_5：K_2O=15：15：15）2150kg/m^2，玉米与榨菜的施肥量分别占当年施肥总量的 40% 和 60%。玉米和榨菜品种分别为“渝糯 7 号”和“永安少叶”。

（1）坡耕地 – 桑树系统径流量分析

在 2013 年 5 ～ 6 月试验期间，于小区集水池共取 3 次水样，分别为 2013 年 5 月 12 日、5 月 28 日、6 月 16 日（见表 8-30）。

表 8-30　坡耕地 – 桑树系统控制地表径流的效应

时间（月 - 日）	地表径流 /(m^3/hm^2)					比 CK 增加 /%			
	CK	T1	T2	T3	T4	T1	T2	T3	T4
5-12	44.0	41.8	51.0	35.0	36.0	−5.00	15.91	−20.45	−18.18
5-28	56.2	146.8	128	44.6	59.4	161.21	127.76	−20.64	5.69
6-16	83.0	196.0	101.5	36.2	41.0	136.14	22.29	−56.39	−50.60

由表 8-30 可知，在第一次样品中，T2 处理径流量稍高于对照，T1 处理径流量稍低于对照，T1 处理对径流水稍有拦截，但效果并不明显。在第二次样品中，T1 和 T2 处理径

流水量分别比对照增加 161.21%、127.76%。在第三次样品中，T1 和 T2 处理径流量分别比对照增加 136.14%、22.29%。相较而言，T3 和 T4 处理能有效控制雨水通过径流从土壤中带走养分，减少土壤养分流失和水体营养物质富集情况发生。与 T4 处理相比，T3 处理中坡位多种植了一带等高桑，因此 T3 处理拦截效果更为明显。其中，T4 处理第二次采样中径流量略高于对照。

（2）坡耕地 – 桑树系统径流氮素分析

由表 8-31 分析得到，在 5 月 12 日采样中，径流水中的总氮浓度为 T4 < T3 < T2 < T1 < CK，硝氮流失率主要在 T2、T3 处，而氨氮的流失率则主要集中在 T3、T4 处；在 5 月 28 日采样中，流失总氮浓度为 T4 < T3 < T1 < T2 < CK，T1 处理硝氮流失率最大，占总氮的 10.59%，T3、T4 的氨氮流失率都显著高于 T1 和 T2；在 6 月 16 日采样中，流失的总氮浓度为 T4 < T3 < T2 < T1 < CK，各处理硝氮流失率相差较小，氨氮流失率则主要集中在 T3、T4 处理中，分别占总氮的 23.94% 和 24.76%。在各处理中氮素流失量均小于 CK，表现出了一定养分拦截和蓄积作用。

表 8-31 坡耕地 – 桑树系统氮素径流液氮素含量

采样日期（月 - 日）	处理	总氮 /(mg/L)	硝氮 /(mg/L)	氨氮 /(mg/L)	硝氮 / 总氮	氨氮 / 总氮
5-12	CK	7.29	4.01	1.71	0.5501	0.2346
	T1	6.77	0.38	0.36	0.0561	0.0532
	T2	5.47	1.79	0.29	0.3272	0.0530
	T3	4.97	0.91	0.87	0.1831	0.1751
	T4	4.52	0.01	1.29	0.0022	0.2954
5-28	CK	15.32	2.05	1.92	0.1338	0.1253
	T1	7.65	0.81	0.34	0.1059	0.0444
	T2	7.88	0.09	0.54	0.0114	0.0685
	T3	6.45	0.60	1.39	0.0930	0.2155
	T4	2.75	0.01	1.04	0.0036	0.3782
6-16	CK	8.57	2.02	1.72	0.2357	0.2007
	T1	5.80	0.35	0.21	0.0603	0.0362
	T2	5.24	0.48	0.45	0.0916	0.0859
	T3	4.72	0.19	1.13	0.0403	0.2394
	T4	4.24	0.12	1.05	0.0283	0.2476

由表 8-32 可知，在 5 月 12 日采样中，径流总氮流失量为 T4 < T3 < T2 < T1 < CK；在 5 月 28 日采样中，径流总氮流失量为 T4 < T3 < CK < T2 < T1；在 6 月 16 日采样中，径流总氮流失量为 T3 < T4 < T2 < CK < T1。三次监测的氮素流失总量表明除 T1 外，各坡耕地 - 桑树系统的氮素流失量均小于 CK，其中 T2、T3、T4 分别减少总氮流失 3.89%、66.59% 和 73.59%。

表 8-32 坡耕地 - 桑树系统氮素径流量

处理	氮素径流量/g				较CK减少/%
	5月12日	5月28日	6月16日	总量	
CK	320.76	860.98	711.31	1893.05	0.00
T1	282.99	1123.02	1136.80	2542.81	-34.32
T2	278.97	1008.64	531.86	1819.47	3.89
T3	173.95	287.67	170.86	632.48	66.59
T4	162.72	163.35	173.84	499.91	73.59

(3)坡耕地 - 桑树系统径流磷素分析

由表 8-33 分析得到，在 5 月 12 日采样中，流失的总磷为 T4 < T3 < CK < T2 < T1，磷酸盐流失率 4 个处理相差不大，均在 54% ~ 56% 之间；在 5 月 28 日采样中，流失总磷为 T4 < T3 < T2 < T1 < CK，磷酸盐流失量 4 个处理相差较小，流失率为 T3 处理最高，为 71.43%；在 6 月 16 日采样中，流失的总磷仍为 T4 < T3 < T2 < T1 < CK。

表 8-33 坡耕地 - 桑树系统磷素浓度变化特征

采样日期(月 - 日)	处理	总磷/(mg/L)	磷酸盐/(mg/L)	磷酸盐/总磷
5-12	CK	0.93	0.62	0.6667
	T1	1.04	0.58	0.5577
	T2	1.02	0.56	0.5490
	T3	0.75	0.42	0.5600
	T4	0.70	0.39	0.5571
5-28	CK	0.83	0.52	0.6265
	T1	0.41	0.25	0.6098
	T2	0.40	0.24	0.6000
	T3	0.35	0.25	0.7143
	T4	0.33	0.20	0.6061
6-16	CK	1.02	0.52	0.5098
	T1	0.64	0.36	0.5625
	T2	0.44	0.23	0.5227
	T3	0.36	0.20	0.5556
	T4	0.34	0.25	0.7353

由表 8-34 可知，在 5 月 12 日采样中，径流总磷流失量为 T4 < T3 < CK < T1 < T2；在 5 月 28 日采样中，径流总磷流失量为 T3 < T4 < CK < T2 < T1；在 6 月 16 日采样中，径流总磷流失量为 T3 < T4 < T2 < CK < T1。三次监测的氮素流失总量表明除 T1 外，各坡耕地 - 桑树系统的磷素流失量均小于 CK，其中 T2、T3、T4 分别减少总磷流失 14.14%、68.13% 和 65.89%。

表 8-34　坡耕地 - 桑树系统磷素径流量

处理	磷素径流量/g				较CK减少/%
	5月12日	5月28日	6月16日	总量	
CK	40.92	46.65	84.66	172.23	0.00
T1	43.47	60.19	125.44	229.10	-33.02
T2	52.02	51.20	44.66	147.88	14.14
T3	26.25	15.61	13.03	54.89	68.13
T4	25.20	19.60	13.94	58.74	65.89

（4）坡耕地 - 桑树系统泥沙流失量分析

桑树植物篱中，仅有 T1 处理即等高栽植的 2 带桑树在试验期间，由于长势较好，根系能较好地固结表土，表现出较好的控制土壤流失效果，在三个阶段中，其土壤流失量分别较常规横坡种植模式减少了 21.95%、17.33%、16.36%（见表 8-35）。其余的 3 带桑树植物篱（T2 处理）、四边桑 + 中横植物篱（T3 处理）、四边桑植物篱（T4 处理）均因成活年限较短，长势较差，在试验期间未表现出控制土壤流失的效应。T1（等高栽植的 2 带桑树）对泥沙的拦截效果最好。

表 8-35　坡耕地 - 桑树系统控制土壤流失的效应

日期(月-日)	土壤流失/(t/hm²)					比CK增加/%			
	CK	T1	T2	T3	T4	T1	T2	T3	T4
5-12	0.41	0.32	0.48	0.46	0.47	-21.95	17.07	12.20	14.63
5-28	0.75	0.62	0.81	0.98	1.00	-17.33	8.00	30.67	33.33
6-16	1.10	0.92	1.14	1.50	1.52	-16.36	3.64	36.36	38.18

8.2.2.5　紫色土坡耕地-桑树系统土壤减蚀效应及对氮磷流失的影响

为研究坡耕地 - 桑树系统土壤减蚀效应及对氮磷流失的影响，在重庆市涪陵区王家沟小流域设置 2 个坡度、10 个野外径流小区的试验。试验共设 5 个处理（详见表 8-36），以黄花、金银花及横坡农作为对照，分别记为 T1、T2、T3、T4、T5、CD、CH、CK。径流小区之间及小区边界采用砖埋砌，水泥抹面而成，小区下方修筑有集水池。种植方式为榨菜 - 玉米轮作，各处理施肥量一致。

表 8-36　试验区坡耕地 - 植物配置模式

坡度/(°)	径流小区长×宽/m	试验处理	带宽/m	带间距/m	篱带数	种植时间(年-月)
12	12×4	CK：横坡农作(对照)	—	—	—	—
9	10×5	CD：等高黄花+横坡农作	0.5	4.4	2	2010-11
		CH：等高金银花+横坡农作				
		T1：等高桑树+横坡农作				

续表

坡度/(°)	径流小区长×宽/m	试验处理	带宽/m	带间距/m	篱带数	种植时间(年-月)
12	12×4	T2：等高桑树+横坡农作	0.5	5	3	2011-2
		T3：四边桑+中横桑+横坡农作	0.5	5	3	
		T4：四边桑+横坡农作	0.5	10	—	
		T5：纵坡桑+横坡农作	0.5	1.5	2	

（1）坡耕地－桑树系统对坡耕地土壤侵蚀量的影响

试验期降雨产流和土壤侵蚀量见表8-37，不同处理的径流小区因降雨产生的地表径流量和土壤侵蚀量差异较大，径流量大小顺序为T3＜T4＜T5＜T2＜T1＜CK。由方差分析得出，T2、T3、T4、T5的径流量和T1、CK的差异显著（$P<0.05$）。T1、T2、T3、T4、T5的径流量比CK分别减少15.44%、35.59%、72.04%、71.82%、68.12%。土壤侵蚀量大小顺序为T3＜T4＜T5＜T2＜T1＜CK，T1、T2、T3、T4、T5的土壤侵蚀量分别比对照处理分别减少52.27%、70.45%、81.82%、75.00%、72.73%。说明T3、T4减少土壤侵蚀的效果最好。

表8-37 坡耕地－桑树系统对坡耕地土壤侵蚀量的影响

处理	CK	T1	T2	T3	T4	T5
径流量/(m^3/hm^2)	404.60a	342.13±127.40a	260.60±114.13ab	113.13±37.74b	114.00±35.09b	129.00±54.31b
土壤侵蚀量/(t/hm^2)	0.44a	0.21±0.08b	0.13±0.06bc	0.08±0.03c	0.11±0.03c	0.12±0.05bc

（2）坡耕地－桑树系统对坡耕地土壤氮素流失的影响

由表8-38可知，坡耕地-桑树系统对径流氮浓度有一定的拦截作用，T1～T4处理氨氮介于1.08～4.72mg/L；硝氮介于4.03～5.77mg/L；总氮介于19.09～32.09mg/L。

表8-38 坡耕地－桑树系统对径流氮浓度和流失量的影响

处理	氨氮		硝氮		总氮		氨氮/总氮	硝氮/总氮
	/(mg/L)	/(kg/hm^2)	/(mg/L)	/(kg/hm^2)	/(mg/L)	/(kg/hm^2)		
CK	4.89±0b	0.52±0a	9.04±0a	0.71±0a	37.54±0a	3.48±0a	13.03%	24.08%
T1	1.08±0.45d	0.12±0.06c	5.67±3.95a	0.28±0.16b	32.09±1.78ab	2.58±0.59ab	3.37%	17.67%
T2	2.02±1.36cd	0.14±0.07bc	5.77±2.49a	0.18±0.06b	29.84±4.65b	1.80±0.78bc	6.77%	19.34%
T3	4.72±0.88b	0.15±0.07bc	4.38±2.41a	0.11±0.07b	20.99±2.97c	0.67±0.26d	22.49%	20.87%
T4	3.88±0.42bc	0.13±0.03c	4.03±1.59a	0.10±0.06b	19.09±2.18c	0.58±0.06d	20.32%	21.11%
T5	4.92±0.44bc	0.57±0.04c	4.01±1.24a	0.09±0.05b	17.94±1.96c	0.89±0.54ab	27.42%	22.35%

根据试验结果，T5氨氮平均浓度显著高于其他处理，硝氮则差异不显著，T2、T5总氮平均浓度显著低于其他处理；T3、T4总氮流失量显著低于T1、T2、T5、CK，说明T3、

T4 对径流中氮的拦截效果最好，其次是 T1、T2、T5，且都好于对照。

坡耕地 - 桑树系统下径流氮流失量存在较大差异。总氮流失量大小顺序为 T4 ＜ T3 ＜ T5 ＜ T2 ＜ T1 ＜ CK；T1、T2、T3、T4、T5 的总氮流失量比 CK 分别减少 25.86%、48.28%、80.75%、83.33%、74.43%；除 T5 的氨氮高于 CK 外，氨氮、硝氮情况与总氮类似。

氮素动态分布如图 8-25 所示。

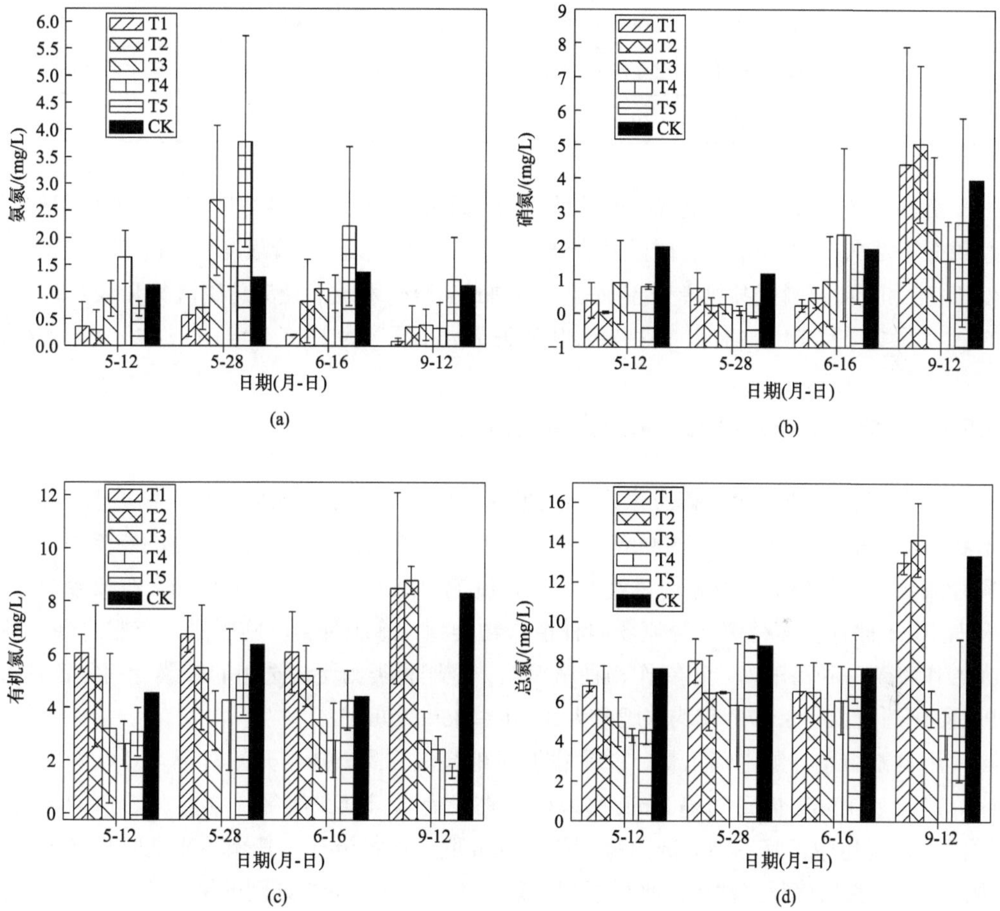

图8-25　氮素动态分布

由图 8-25 看出，5 月 12 日至 6 月 16 日随着施肥后时间的推移，由于降雨集中且雨量较大，各处理总氮浓度呈现先增加后逐渐减小的趋势，但到了 9 月 12 日，T1、T2、CK 浓度突然升高，达到动态最高峰，总氮浓度大小为 T2（14.18mg/L）＞ CK（13.38mg/L）＞ T1（13.01mg/L）＞ T3（5.67mg/L）＞ T5（5.57mg/L）＞ T4（4.43mg/L），硝氮和有机氮动态规律和总氮相似，氨氮则是呈现先增加后减小的趋势。

（3）坡耕地 – 桑树系统对坡耕地土壤磷素流失影响

坡耕地 - 桑树系统对径流氮浓度和流失量的影响如表 8-39 所列。

表8-39 坡耕地-桑树系统对径流氮浓度和流失量的影响

处理	总磷		磷酸盐		磷酸盐/总磷
	/(mg/L)	/(kg/hm^2)	/(mg/L)	/(kg/hm^2)	/%
CK	7.74±0a	0.20±0ab	2.42±0a	0.61±0a	31.27
T1	2.60±0.99b	0.11±0.07ab	1.31±0.8a	0.17±0.11b	50.38
T2	2.60±1.27b	0.08±0.06b	1.11±0.61a	0.13±0.07b	42.69
T3	3.47±1.45b	0.06±0.02b	1.78±0.67a	0.07±0.02b	51.30
T4	5.98±3.65ab	0.14±0.11ab	2.52±1.42a	0.09±0.04b	42.14
T5	7.91±1.99a	0.24±0.12a	3.03±1.48a	0.09±0.02b	38.31

由表8-39可知，不同配置模式的坡耕地-桑树系统对径流磷浓度有一定的拦截作用，总磷介于2.60～7.91mg/L、磷酸盐介于1.11～3.03mg/L。总磷浓度为T1、T2、T3显著低于T5和CK；磷酸盐则差异不显著。坡耕地-桑树系统下径流总磷流失量大小顺序为T3＜T2＜T1＜T4＜CK＜T5；磷酸盐流失量大小顺序为T3＜T4=T5＜T2＜T1＜CK。

8.2.2.6 紫色土坡耕地氮、磷流失特征研究

2014年在涪陵区珍溪镇王家沟小流域内一坡耕地建立径流场。径流场坡度约为5°，形状类似于扇形，面积约为5000m^2。径流场四周用砖块和水泥砌20cm宽的导流槽，将农田径流导入径流场下方设置的径流池内。径流池规格为4m×1.5m×1.2m，有效容积约为7m^3，用于储存坡面径流。径流场内种植作物类型、施肥种类、施肥量、施肥时间一致。大春作物统一种植玉米，小春作物种植榨菜；施肥种类为当地选用的榨菜专用肥，其N、P、K比例为12：6：7，年均施肥量为3000～3500kg/hm^2。

用自制雨量计测定降雨量，并采集坡耕地径流样品。降雨开始时记录开始降雨的时间。产流后10min内每间隔2min用采样瓶在径流出口处采集径流样品，其余的径流水样汇入径流池中，其后70min内每间隔10min取一次径流样，其余径流全收集在径流池中。降雨结束后将径流池中的水样搅匀，采集浑水样作为降雨期间的平均值；部分水样离心后收集离心管底部泥沙供试验分析用。样品均采集3份，作为重复。分析测定径流中泥沙含量，水体测定pH值、TN、NH_4^+-N、NO_3^--N、TP、土壤养分、植株氮与磷含量等指标。

（1）紫色土坡地产流特征

图8-26描述了6次降雨过程中径流场累积径流量、径流中泥沙含量随时间的变化以及径流导致的累积泥沙量的变化特征。降雨是土壤侵蚀和产生径流的原动力，水土流失量随降雨量而变。在大雨条件下，其产生的径流量远远大于中雨和小雨产生的径流量，其平均累积径流量分别是中雨和小雨时的2.34倍和7.59倍。

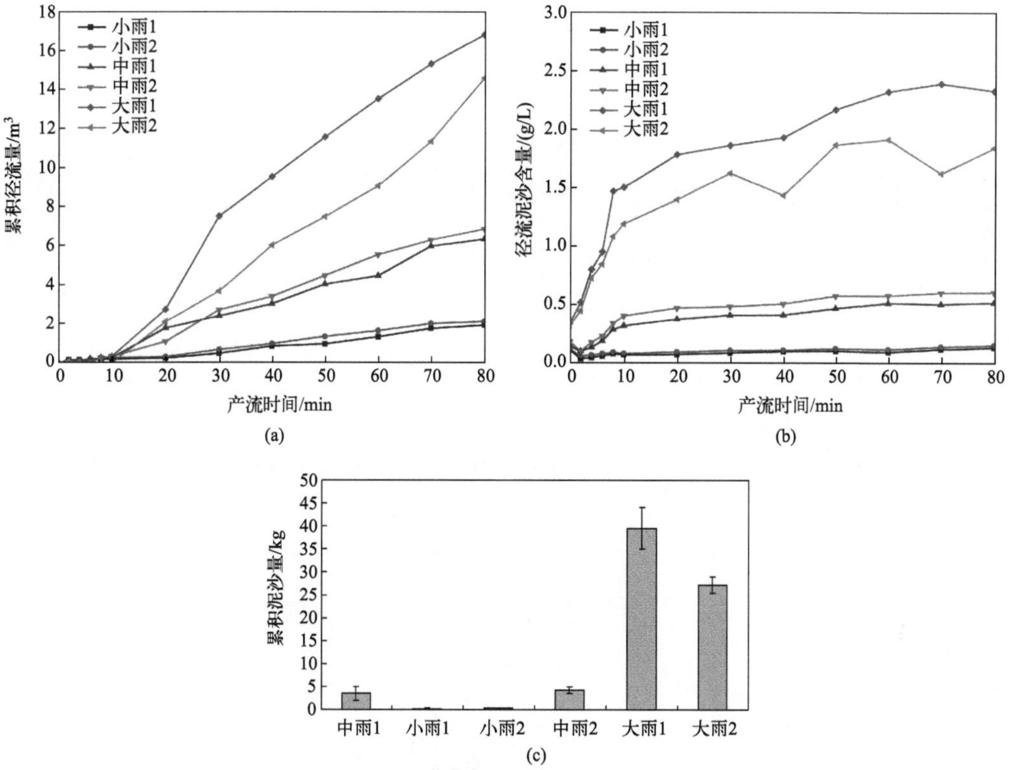

图8-26 不同降雨量下径流场径流量和泥沙流失特征

小雨1，降雨量7.3mm；小雨2，降雨量8.5mm；中雨1，降雨量15.6mm；
中雨2，降雨量18.8mm；大雨1，降雨量43.4mm；大雨2，降雨量35.6mm。下同

降雨导致土壤侵蚀，导致产生径流的同时产生泥沙的流失。径流刚产生时径流中泥沙含量相对较小，以大雨 1 为例，径流刚产生时径流中泥沙含量为 0.31g/L；随着时间的推移，径流量变大，径流中泥沙含量亦迅速升高，至 10min 时泥沙含量升至 1.52g/L，随后径流中泥沙含量上升放缓，最后趋于稳定。6 次降雨过程均表现出类似的特征，但是大雨 2 在降雨过程中，由于降雨强度不稳定，导致径流中泥沙含量变化相对较大。

降雨量不同导致径流量和径流中泥沙含量不同，导致土壤累积侵蚀量不同，大雨时径流量最大，径流中泥沙含量最高，土壤侵蚀也最剧烈。在本试验中，大雨时产生的累积泥沙量分别是中雨和小雨的 8.34 倍和 111.38 倍。

（2）坡地径流氮流失特征

降雨量不同时，径流场产流过程中坡地径流中 TN 含量随时间的变化过程如图 8-27～图 8-30 所示。6 次降雨过程中，产流前 10min 径流中 TN 含量差异不显著，TN 含量为 0.94～3.07mg/L；降大雨时，由于 10min 后土壤侵蚀量继续增大，径流中 TN 含量相应增加。大雨 1 在 70min 时，径流中 TN 含量达到 4.50mg/L，显著高于中雨和小雨时径流中 TN 的含量。中雨和小雨时，产流 10min 后每分钟土壤侵蚀量相对稳定，径流中 TN 含量也趋向于稳定。

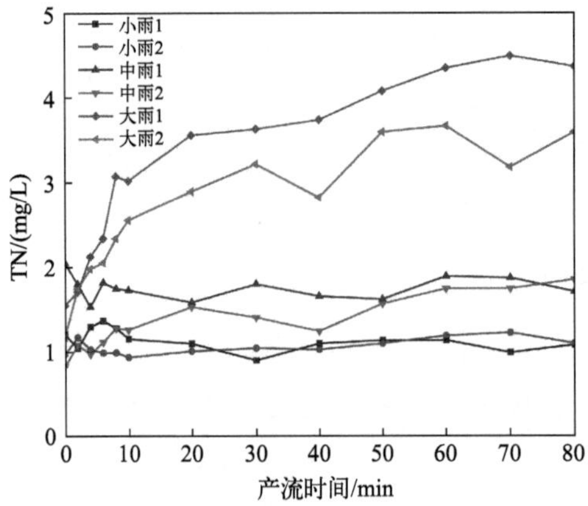

图8-27　不同降雨量下径流中TN含量变化过程

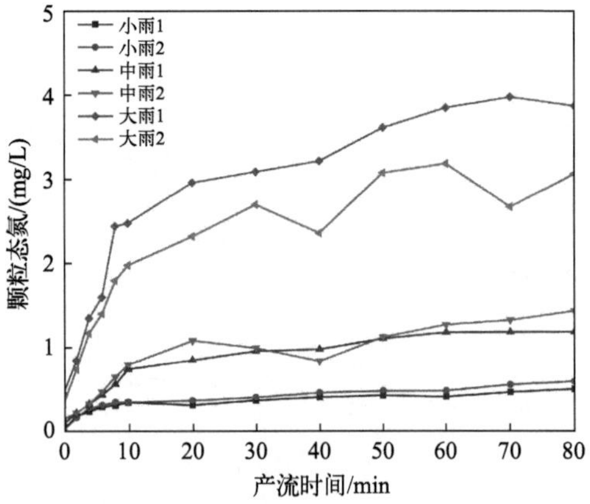

图8-28　不同降雨量下径流中颗粒态氮含量变化过程

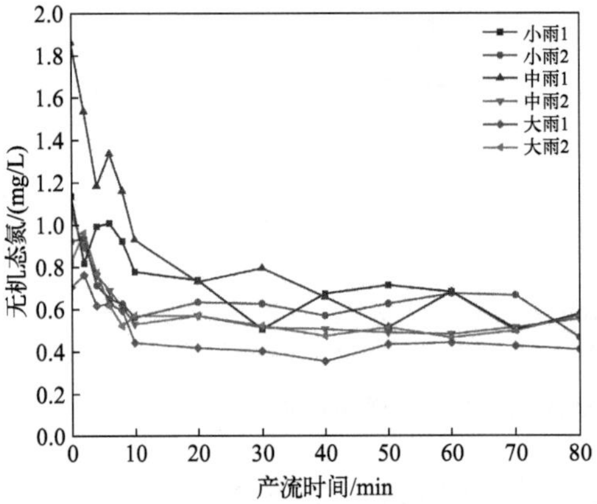

图8-29　不同降雨量下径流中无机态氮含量变化过程

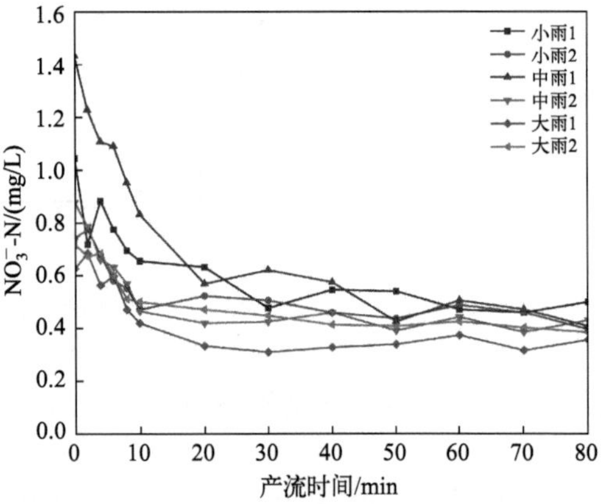

图8-30　不同降雨量下径流中NO_3^--N含量变化过程

坡地径流中颗粒态氮含量随时间的变化过程与TN变化过程相似，但在前10min存在差异。大雨时，从产流开始，径流中泥沙含量显著高于小雨与中雨，而颗粒态氮主要来源于土壤侵蚀导致的泥沙流失。产流开始后10min，径流中泥沙含量急剧升高，导致径流中颗粒态氮含量迅速升高，以大雨1为例，10min内由0.48mg/L上升至2.51mg/L。10min后，随着径流中泥沙含量趋向于稳定，颗粒态氮含量亦趋向于稳定。小雨和中雨产生的径流中泥沙量的差异导致中雨时径流中颗粒态氮含量显著高于小雨。

产流初始阶段的几分钟内径流无机态氮浓度相对较高，但迅速衰减，20min左右均趋于稳定值。中雨1降雨时最接近施肥时间4月18日，施入土壤中的化学氮肥降雨时进入径流，导致中雨1中无机态氮含量高于其他几次降雨过程。坡地径流中NO_3^--N含量随时间的变化过程与无机态氮变化过程相似，亦表现为产流初始阶段的几分钟内径流中NO_3^--N浓度相对很高，但迅速衰减，20min左右NO_3^--N浓度均趋于稳定值，说明NO_3^--N是无机态氮的主要组成成分。

(3) 坡地径流中氮素的组成

紫色土坡地径流中 TN 的组成状况如图 8-31 所示，中雨与大雨产生的径流中颗粒态氮是 TN 的主要组成成分。中雨产生的径流中颗粒态氮占 TN 的 74.9% ～ 75.9%，而无机态氮仅占 24.1% ～ 25.1%，大雨产生的径流中颗粒态氮占 TN 的比例更高，达到 85.0% ～ 92.6%。小雨产生的径流由于泥沙含量较少，其所含的颗粒态氮相对较少，导致其占 TN 比例较低，但径流中颗粒态氮占 TN 的比例依然达到 52.8% ～ 61.1%。在组成无机态氮的成分中NO_3^--N占绝大部分（图 8-32），其占无机态氮的比例高达 82.2% ～ 87.6%，而不同降雨产生的径流中NO_3^--N占无机态氮的比例没有显著差异。

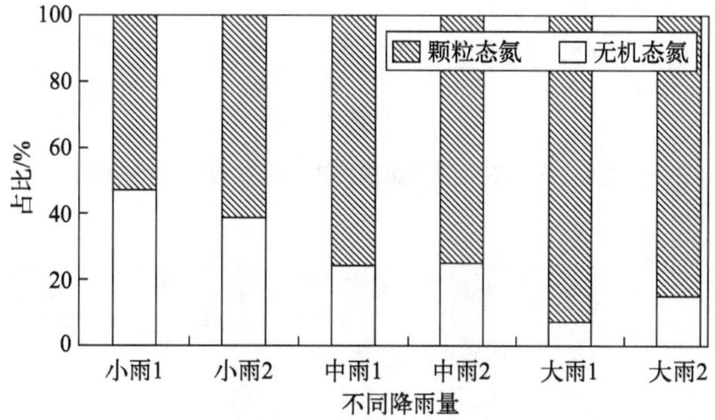

图8-31 径流中TN的组成

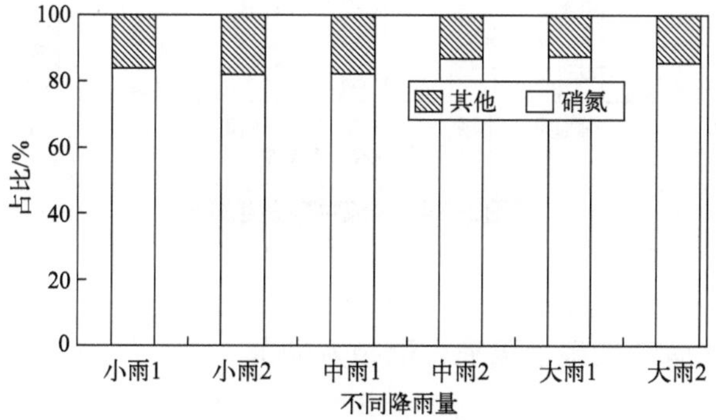

图8-32 径流中无机态氮的组成

(4) 坡地径流磷流失特征

不同降雨量时，径流场产流过程中坡地径流中 TP 含量随时间的变化过程如图 8-33 所示。坡地径流中 TP 含量随时间的变化过程与径流中泥沙含量、颗粒态氮的变化过程相似。小雨和中雨产生的径流中 TP 在径流产生后 10min 后趋向于稳定。

图 8-34 揭示了径流中 TP 的主要组成成分为颗粒态磷。大雨产生的径流中颗粒态磷占 TP 的 96.6% ～ 97.7%，中雨产生的径流中颗粒态磷占 TP 的 93.9% ～ 96.2%，小雨产生的径流中颗粒态磷占 TP 的 90.5% ～ 94.4%，因此控制坡面磷素的流失主要是要控制颗粒态磷的流失，换而言之就是采取各种措施控制径流中泥沙含量。

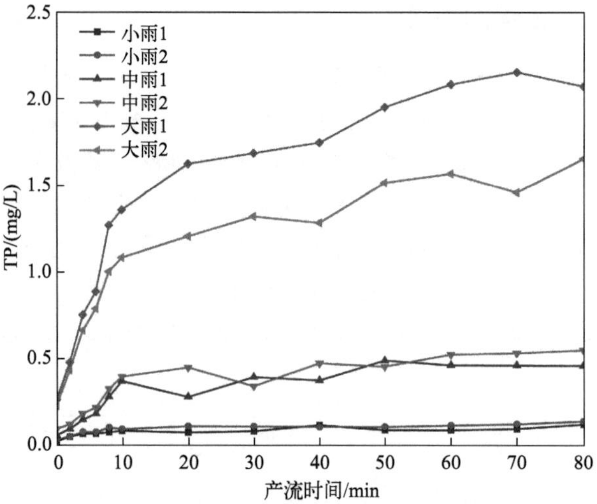

图8-33 不同降雨量下径流中TP含量变化过程

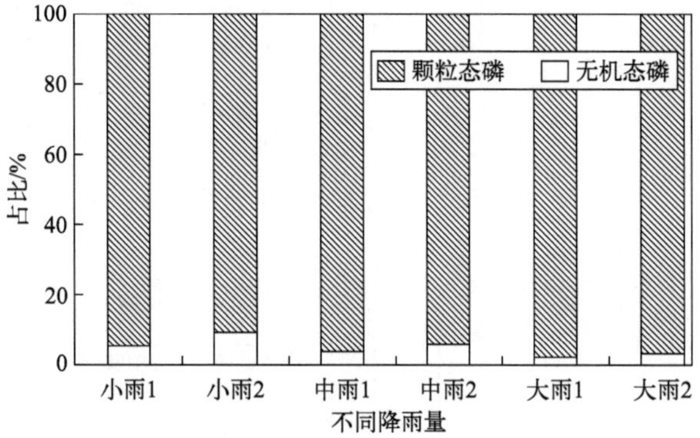

图8-34 径流中TP的组成

8.2.2.7 稻田垄作消纳坡地径流氮、磷技术研究

2013～2014年在涪陵珍溪镇王家沟小流域内开展本研究，稻田位于径流场下方，从周围稻田中隔出面积为200m²的稻田作为供试区域。采用垄作方式种植水稻，水稻秧苗种于垄上，每垄两行，品种为川农827。逆坡循环式作垄，拉线起垄，将垄沟的土壤移到垄埂上，尽量保持土壤结构。根据当地土壤条件，一垄一沟60～65cm，其中垄顶宽30～35cm，沟宽25～30cm，沟深（垄高）约30cm。由于垄作抬升了耕作平面，为保证水稻生长初期稻田水面能够淹没垄面，需要适当加高田埂10～15cm，客观上增加稻田的储水量。降雨结束后，放干该区域稻田中的水。将径流池中水样充分搅匀，将其排入稻田中。分别于径流滞留0h、3h、6h、12h、24h、48h、72h采集稻田田面水样。取表面水样时，不扰动土层，随机小心地采集箱内5～6处中上层表面水，混合后装入塑料瓶。用自制雨量计测定降雨事件降雨量，并采集了坡地径流样品，分析测定水体中TN、NH_4^+-N、NO_3^--N、TP、颗粒态磷、颗粒态氮含量等指标。

（1）稻田生态系统对坡地径流中氮的消纳

1）稻田田面水中 TN 的浓度变化动态特征

稻田田面水中 TN 的浓度变化动态特征如图 8-35 所示。径流水灌入稻田后，TN 浓度便迅速下降，在径流滞留 12h 时，4 个处理 TN 浓度下降了 57.3% ～ 77.2%，至径流灌入稻田后 24h，6 次降雨过程产生的径流中 TN 浓度下降了 60.1% ～ 88.0%，且各处理间没有显著差异。大雨 1 和大雨 2 产生的径流中 TN 浓度显著高于中雨和小雨产生的径流中 TN 的浓度，导致大雨径流进入稻田后田面水中 TN 浓度高于小雨和中雨径流进入稻田后田面水中 TN 浓度，但这种差异仅体现在前 3h，当坡地径流在稻田停留时间超过 6h 后，田面水中 TN 浓度差异不显著。因此，稻田生态系统在消纳径流中 TN 方面表现出较高的效率。

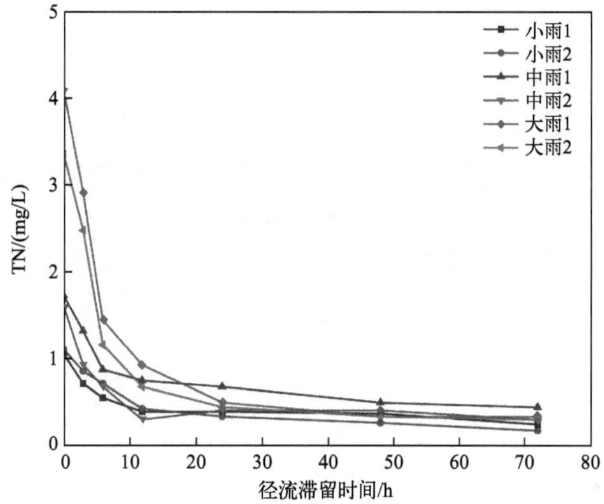

图8-35　稻田田面水中TN的浓度变化动态特征

2）稻田田面水中颗粒态氮的浓度变化动态特征

稻田田面水中颗粒态氮的浓度变化动态特征如图 8-36 所示。稻田生态系统田面水中颗粒态氮的浓度的变化特征与 TN 的变化特征相似，径流水灌入稻田后，颗粒态氮浓度便迅速下降，在径流滞留 12h 时，4 个处理颗粒态氮浓度下降了 83.8% ～ 92.5%，至径流灌入稻田后 24h，6 次降雨过程产生的径流中颗粒态氮浓度下降了 91.2% ～ 98.7%，且各处理间没有显著差异。大雨 1 和大雨 2 产生的径流中颗粒态氮浓度显著高于中雨和小雨产生的径流中颗粒态氮的浓度，导致大雨径流进入稻田后田面水中颗粒态氮浓度高于小雨和中雨径流进入稻田后田面水中颗粒态氮浓度，这种差异仅在前 3h 较为明显，当坡地径流在稻田停留时间超过 6h 后，田面水中颗粒态氮浓度差异不显著。因此稻田生态系统能在 12h 内消纳坡面径流中绝大部分的颗粒态氮。

3）稻田田面中NO_3^--N的浓度变化动态特征

稻田田面水中NO_3^--N的浓度变化动态特征如图 8-37 所示。相对于 TN 与颗粒态氮，径流水灌入稻田后，NO_3^--N的下降速率较为缓慢。在径流滞留 12h 时，4 个处理NO_3^--N下降了 11.9% ～ 36.5%，至径流灌入稻田后 24h，6 次降雨过程产生的径流中NO_3^--N浓度下降了 31.2% ～ 53.9%。中雨 1 由于降雨时间较接近施肥时间，导致径流中NO_3^--N浓度高于其他 5 次降雨过程，这种差异导致径流进入稻田生态系统后田面水中NO_3^--N浓度较高，由于稻田对NO_3^--N的消纳速率相对较慢，导致径流进入稻田 72h 后差异仍然存在。

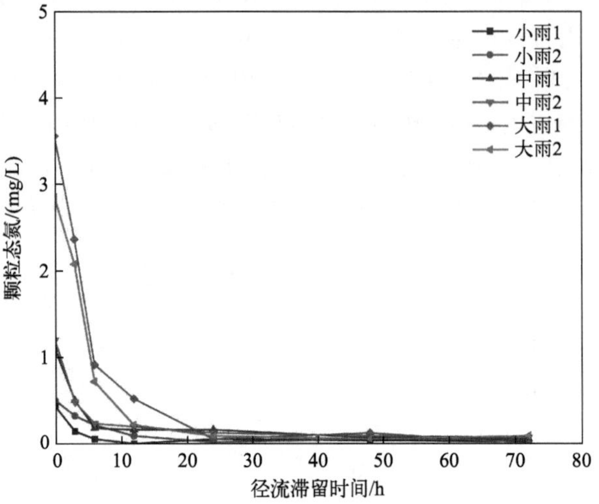

图8-36　稻田田面水中颗粒态氮的浓度变化动态特征

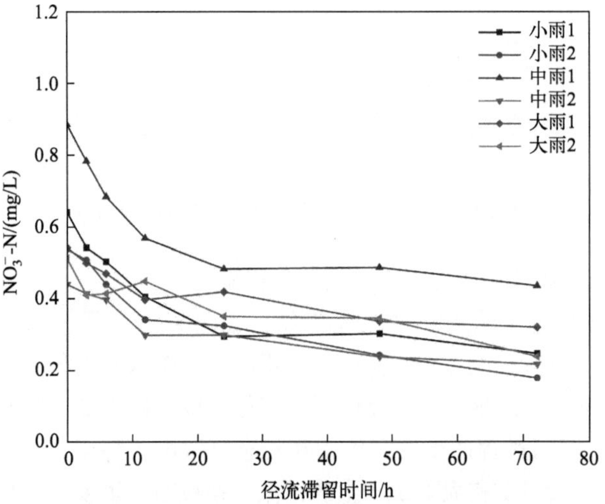

图8-37　稻田田面水中NO_3^--N的浓度变化动态特征

（2）稻田田面水中氮素的组成

径流水进入稻田后，稻田田面水中氮素组成随时间分布规律如图 8-38 所示。径流水刚加入稻田后，颗粒态氮占较高的比例，颗粒态氮占 TN 的 43.5% ～ 87.7%。随时间推移，颗粒态氮占 TN 的比例逐渐下降，其他形态的氮素所占的比例逐渐上升，径流样品加入后 12h，颗粒态氮占 TN 的比例下降至 16.6% ～ 57.0%，其他形态的氮素所占的比例升至 43.0% ～ 83.4%；径流样品加入后 24h，颗粒态氮占 TN 的比例下降至 10.2% ～ 22.7%，其他形态的氮素所占的比例升至 77.3% ～ 89.8%；径流水加入后 72h，颗粒态氮占 TN 的比例为 5.8% ～ 12.5%，其他形态的氮素所占的比例升至 87.5% ～ 94.2%，可溶态的无机氮和有机氮成为 TN 主要组成部分。

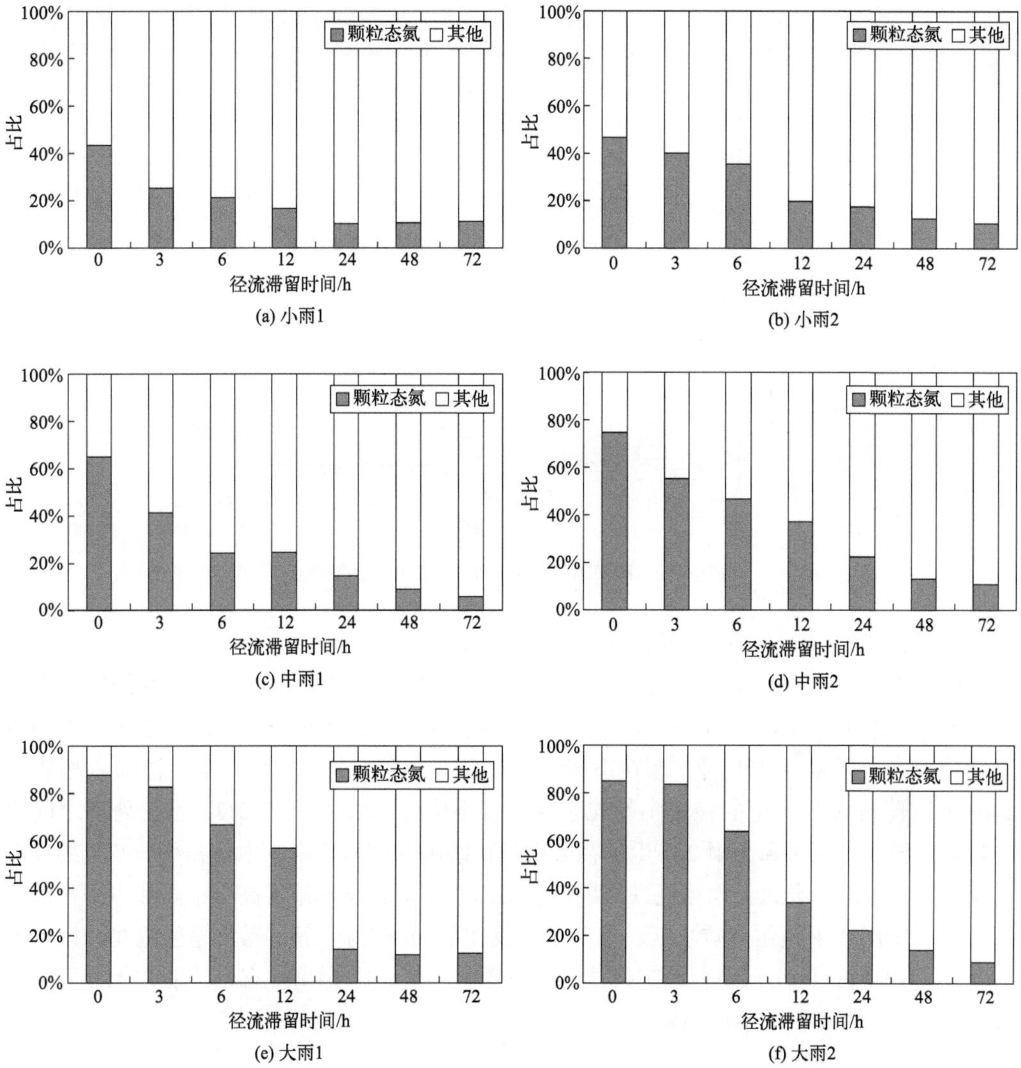

图8-38 稻田田面水中氮素组成随时间分布规律

(3) 稻田生态系统对坡地径流中磷的消纳

1) 稻田田面水中 TP 的浓度变化动态特征

稻田田面水中 TP 的浓度变化动态特征如图 8-39 所示。

稻田生态系统田面水中 TP 的浓度变化特征与 TN、颗粒态氮的变化特征相似，径流水灌入稻田后，TP 浓度迅速下降，在径流滞留 12h 时，TP 浓度下降了 34.3% ～ 72.3%，至径流灌入稻田后 24h，6 次降雨过程产生的径流中 TP 浓度下降了 60.6% ～ 86.0%，且各处理之间没有显著差异。大雨 1 和大雨 2 产生的径流中 TP 浓度显著高于中雨和小雨产生的径流中 TP 浓度，导致大雨径流进入稻田后田面水中 TP 浓度高于小雨和中雨径流进入稻田后田面水中 TP 浓度，但这种差异仅在前 3h 较为明显，当坡地径流在稻田停留时间超过 6h 后，田面水中 TP 浓度差异不显著。因此，稻田生态系统在消纳径流中 TP 方面同样表现出较高的效率。

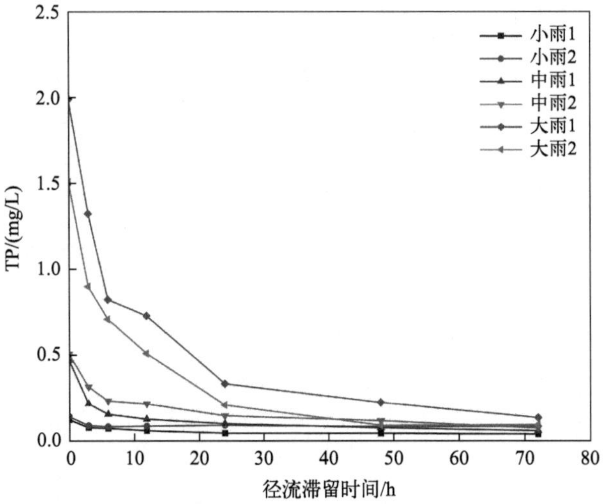

图8-39　稻田田面水中TP的浓度变化动态特征

2）稻田田面水中颗粒态磷的浓度变化动态特征

稻田田面水中颗粒态磷的浓度变化动态特征如图 8-40 所示。稻田生态系统田面水中颗粒态磷的浓度变化特征与 TP 的变化特征相似，径流水灌入稻田后，颗粒态磷浓度便迅速下降，在径流滞留 12h 时，颗粒态磷浓度下降了 62.4% ～ 87.7%，至径流灌入稻田后 24h，6 次降雨过程产生的径流中颗粒态磷浓度下降了 82.9% ～ 93.0%，且各处理之间没有显著差异。大雨 1 和大雨 2 产生的径流中颗粒态磷浓度显著高于中雨和小雨产生的径流中颗粒态磷浓度，导致大雨径流进入稻田后田面水中颗粒态磷浓度高于小雨和中雨径流进入稻田后田面水中颗粒态磷浓度，这种差异仅在前 3h 较为明显，当坡地径流在稻田停留时间超过 6h 后，田面水中颗粒态磷浓度差异不显著。因此稻田生态系统能在 12h 内消纳坡面径流中绝大部分的颗粒态磷。

（4）稻田田面水中磷的组成

径流水进入稻田后，稻田田面水中磷素组成随时间分布规律如图 8-41 所示。径流水刚刚加入稻田后，颗粒态磷占较高的比例，颗粒态磷占 TP 的 89.7% ～ 97.7%。随着时间的推移，颗粒态磷占 TP 的比例逐渐下降，其他形态的磷素所占的比例逐渐上升，径流样品加入后 12h，颗粒态磷占 TP 的比例下降至 39.7% ～ 57.0%，其他形态的磷素所占的比例升至 43.0% ～ 60.3%；径流水加入后 24h，颗粒态磷占 TP 的比例下降至 37.4% ～ 45.7%，其他形态的磷素所占的比例升至 54.3% ～ 62.6%；径流水加入后 72h，颗粒态磷占 TP 的比例为 30.9% ～ 38.4%，其他形态的磷素所占的比例升至 61.6% ～ 69.1%，虽然可溶态的无机磷和有机磷成为 TP 主要组成部分，但颗粒态磷仍是组成 TP 的重要组成部分。

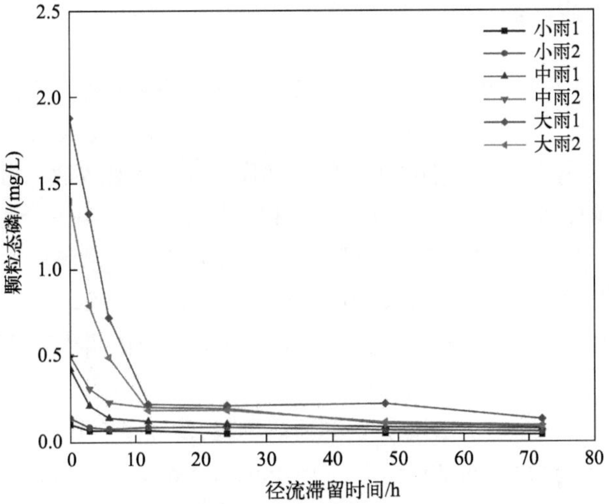

图8-40 稻田田面水中颗粒态磷的浓度变化动态特征

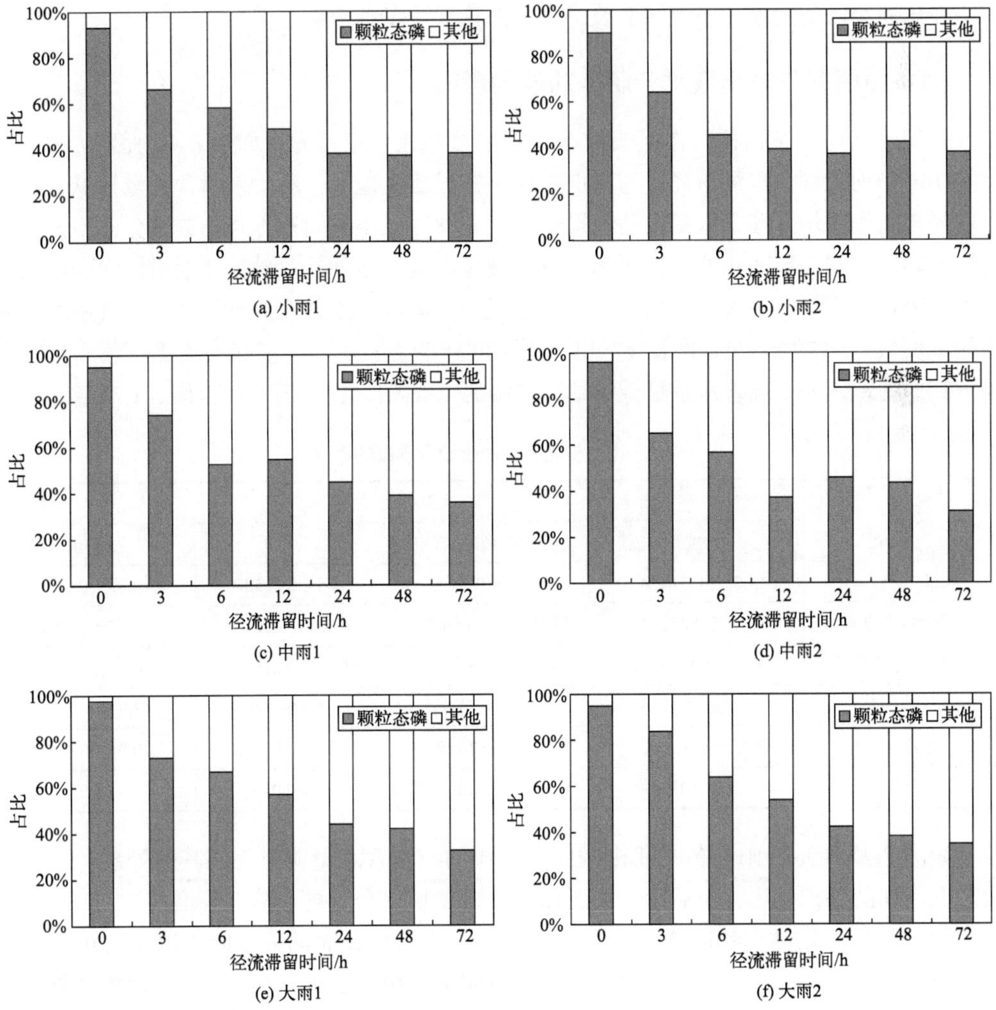

图8-41 稻田田面水中磷素组成变化过程

8.2.2.8 西南山地农区新建柑橘园间作的截流保肥效果

试验于2013年9月～2014年9月在重庆江津区先锋镇开展，柑橘试验区地面坡度为15°，土壤以紫色土为主。小区面积为15m×15m，集水槽、集水池（收集径流）位于径流场下方挡水墙处。每个小区分别设置不同的间作模式：幼龄柑橘、柑橘间作马铃薯、柑橘间作甘薯、柑橘间作大豆、柑橘间作白菜、柑橘周年间作。共6个处理，3次重复，随机区组排列。果树带行向与作物行向相同，基本为东西走向，栽培时柑橘与作物之间的距离均约为0.8m，柑橘株行距为2.5m×3.0m，作物马铃薯、甘薯、大豆和白菜的株行距均为0.3m×0.3m，耕地、除草及病虫害防治等生产管理措施依照当地传统技术，所有试验样地管理措施相同。

降雨装置采用中国科学院水土保持研究所研制的BX-1型野外便携式人工降雨模拟器。试验设定降雨强度分别为0.2mm/min、0.3mm/min、0.4mm/min，降雨历时60min。共设置降雨9场，每个降雨强度3次降雨，记录每次降雨后蓄水沉沙池内水位高度，计算降雨产生的径流量。在模拟降雨前和模拟降雨后的第1、第2、第3、第4、第5、第6、第7天分别在试验小区的上坡、中坡和下坡采用“梅花形”多点采集土样。

（1）柑橘间作对土壤水分涵养功能的影响

模拟降雨前，各柑橘间作模式的土壤含水量存在一定差异。如表8-40所列，柑橘周年间作的平均土壤含水量最高，与其他处理存在显著性差异，幼龄果园含水量最低，其中柑橘周年间作平均土壤含水量较幼龄果园增加69.8%；不同间作方式土壤水分的空间分布规律不同。柑橘周年间作的上、中和下坡土壤含水量无显著性差异；其他柑橘间作的水分分布均表现为下坡＞中坡＞上坡，且上坡与下坡土壤水分差异性达显著水平，其中幼龄果园的下坡较上坡多25.25%的水分。柑橘周年间作的上、中、下坡和平均土壤含水量显著高于其他处理，是土壤含水量最低的幼龄果园的1.86倍、1.76倍、1.51倍、1.70倍。

表8-40 柑橘间作对土壤含水量的影响

处理	土壤含水量/%			
	上坡	中坡	下坡	平均值
柑橘-马铃薯	14.32±0.012cA	14.43±0.017cA	15.65±0.015dB	14.80±0.012c
柑橘-大豆	14.46±0.213cA	14.83±0.011dAB	14.95±1.015eB	14.75±0.067d
柑橘-甘薯	14.53±0.036cdA	14.98±0.012dB	15.23±0.256cC	14.91±0.033d
柑橘-白菜	13.89±0.011bA	13.35±1.123bAB	14.56±0.113bC	13.93±0.018b
幼龄果园	9.86±0.013aA	10.53±1.018aB	12.35±0.017aC	10.91±0.015a
柑橘周年间作	18.38±0.036eA	18.53±0.012eA	18.67±0.017fA	18.53±0.013e

如图8-42所示，雨后各时期柑橘周年间作的土壤含水量明显高于其他处理，与含水量最低的幼龄果园相比，雨后第1天增加31.4%土壤水分，雨后第7天增加63.7%，随雨后天数的增加，柑橘周年间作土壤含水量下降速度缓慢，而幼龄果园土壤含水量急剧下降。第7天土壤含水量与第1天相比，幼龄果园下降幅度最大，为58.2%，而柑橘周年间作的下降幅度为12.4%，且是柑橘间作中下降幅度最小的。

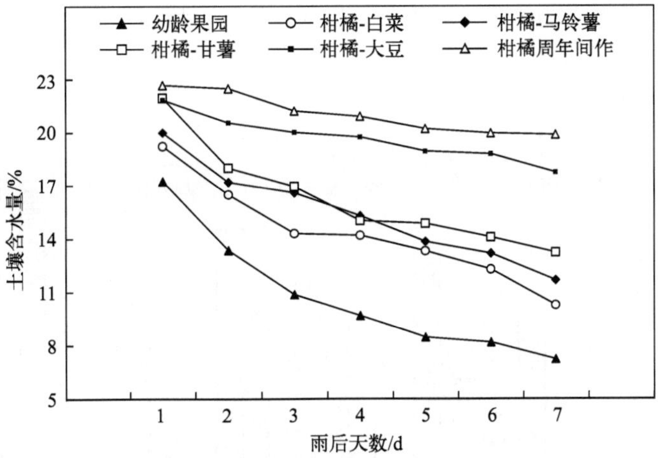

图8-42 柑橘间作对雨后坡地土壤含水量的影响

（2）柑橘间作对作物产量及氮、磷、钾吸收量的影响

不同的柑橘间作模式，单位面积柑橘年产量存在显著差异（见表 8-41）。其中柑橘周年间作产量最高，依次是柑橘 - 马铃薯、柑橘 - 白菜、柑橘 - 甘薯、柑橘 - 大豆，分别是幼龄果园的 11.94 倍、8.23 倍、7.81 倍、5.68 倍、1.51 倍；不同间作系统中作物的养分吸收量存在明显差异，其中柑橘周年间作 N、P、K 吸收总量最高，与其他处理相比差异显著。幼龄果园的 N、P、K 吸收总量最低，是柑橘周年间作的 1/4 ～ 1/3。说明柑橘周年间作能够充分利用 N、P、K 养分，提高资源利用率，降低 N、P 对环境的污染，提高农产品质量并增加农产品效益。

表 8-41 柑橘间作对柑橘产量及 N、P、K 吸收量的影响

种植模式	产量/(kg/hm^2)	施肥量/(kg/hm^2)			作物吸收量/(kg/hm^2)		
		N	P	K	N	P	K
幼龄果园	470±5.6a	20	20	20	4.1±0.046a	5.1±0.190a	5.3±0.024a
柑橘 - 大豆	710±13.7b	20	20	20	9.9±0.41b	13.4±0.053d	8.9±0.342b
柑橘 - 白菜	3670±17.9c	20	20	20	11.2±0.11c	9.7±0.070c	8.1±0.238b
柑橘 - 马铃薯	3870±2.7c	20	20	20	10.5±0.97d	9.9±0.180c	12.4±0.330d
柑橘 - 甘薯	2670±19.3d	20	20	20	11.1±0.19c	9.7±0.042b	10.3±0.132c
柑橘周年间作	5610±32.8e	20	20	20	15.7±3.42e	16.2±0.320e	17.8±4.230f

（3）柑橘间作的水土保持效果

通过对流域内降雨强度分别为 0.2mm/min、0.3mm/min、0.4mm/min 的 3 场典型降雨径流的测定，如图 8-43 所示，随着降雨强度的增大，6 个处理的平均水土流失量逐渐增加，其中幼龄果园和柑橘 - 白菜水土流失量的增加达到显著水平；在不同雨强下，流失量最高的幼龄果园显著高于其他间作方式，流失量最低的柑橘周年间作较幼龄果园减少约 52%，差异显著，表现出良好的水土保持效果。总体上分析，柑橘周年间作对水土保

持效果最佳，其次依次为柑橘 - 马铃薯、柑橘 - 大豆、柑橘 - 甘薯、柑橘 - 白菜、幼龄果园。

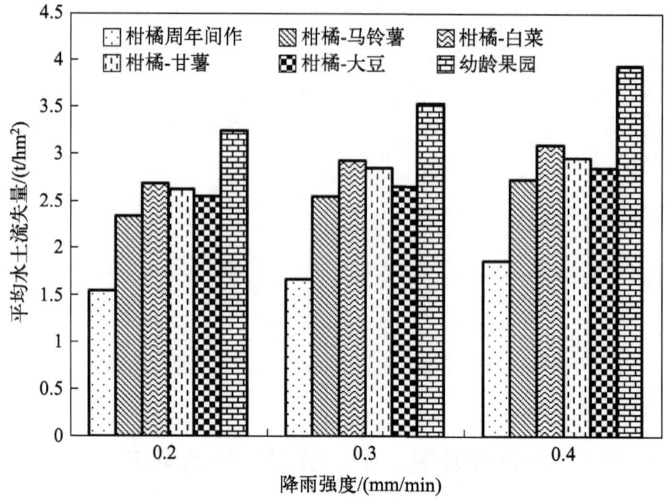

图8-43　柑橘间作对坡地土壤地表径流的影响

8.2.2.9　小流域径流氮、磷排放特征及其控制效果对比研究

（1）三峡库区王家沟流域 2012 ～ 2015 年月均降雨量

王家沟流域降雨多集中在 4 ～ 10 月份（图 8-44）。2012 ～ 2015 年月均降雨量分别为 92.1mm、85.6mm、69.8mm、92.3mm。通过比较多年月均降雨量发现，2014 年年均降雨量显著小于其他年份。此外，王家沟流域 5 月、6 月和 9 月是全年降雨最多的月份，其降雨总和占全年降雨量的 26.7% ～ 59.4%。

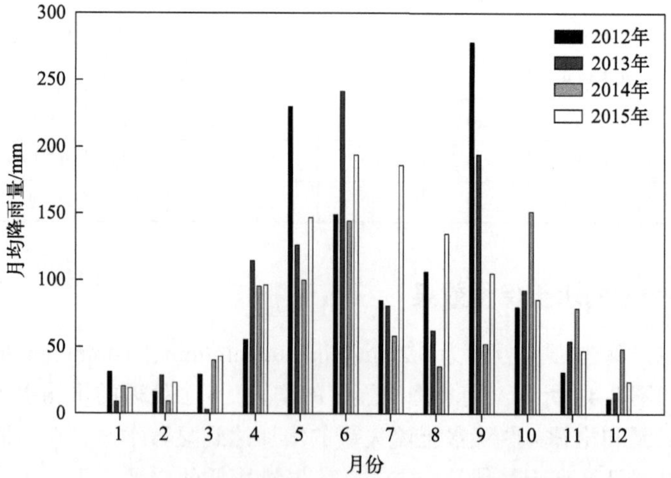

图8-44　试验区2012～2015年月均降雨量

（2）降雨量和各子流域汇水口流量与氮、磷浓度动态变化

2014年的监测结果（图8-45）表明，流域径流量与土壤氮排放量均受降雨量显著影响，在降雨量极大处均出现径流量和氮排放峰值，而磷排放量受降雨影响较小。同时图8-45显示，试验区B的径流水氮素和磷素浓度显著低于对照区A的浓度，并且NO_3^--N与TN变化规律基本一致。通过对全年径流氮、磷排放动态量进行估算，发现试验区B的径流量、

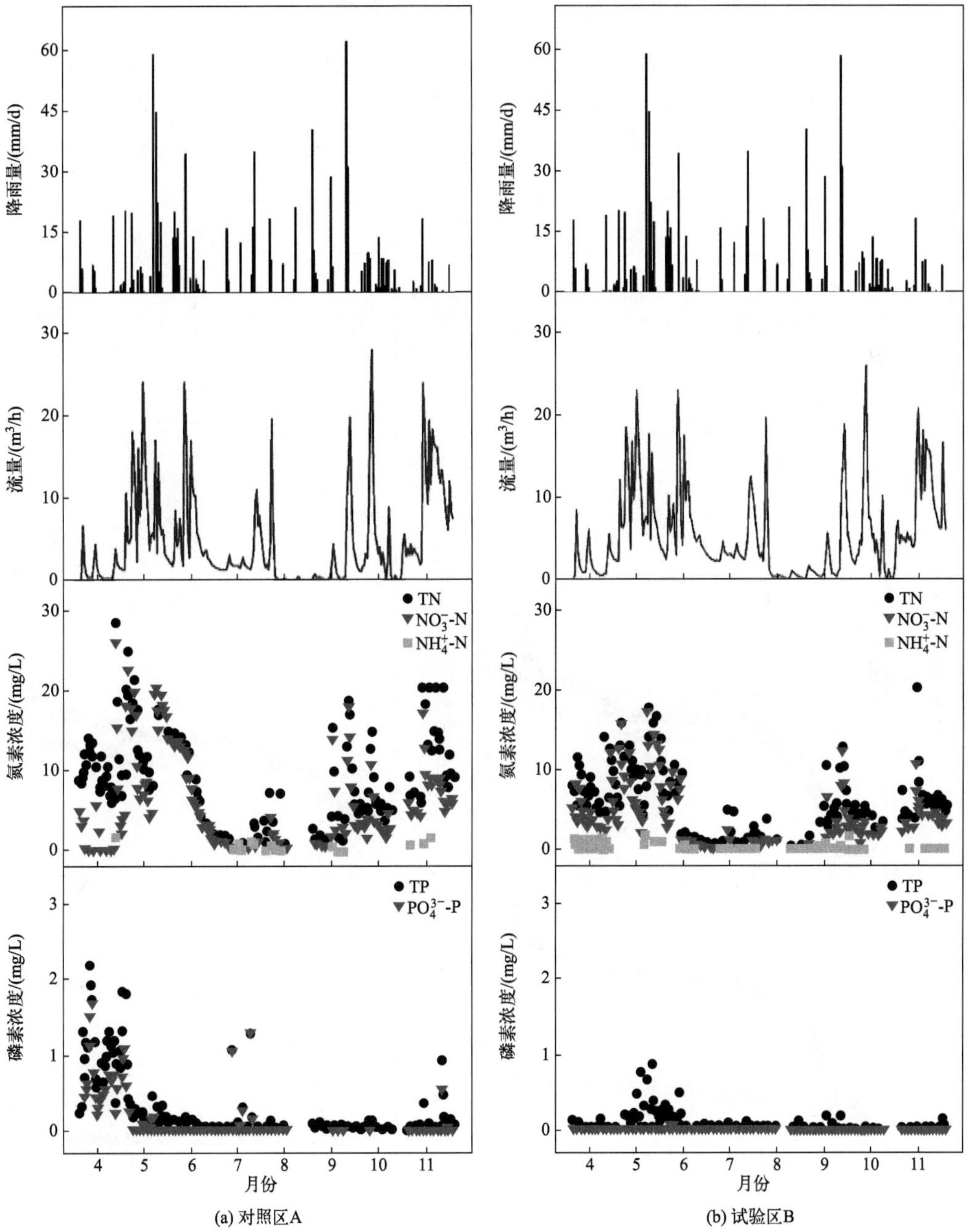

图8-45 2014年降雨量和各子流域汇水口流量与氮、磷浓度动态变化

总氮、硝氮、氨氮、总磷、磷酸盐流失浓度分别为 3.21 ～ 26.70m³/h、0.86 ～ 21.80mg/L、0.01 ～ 16.8mg/L、2.01 ～ 19.32mg/L、0.06 ～ 0.93mg/L、0.01 ～ 0.72mg/L，分别比对照区 A 显著降低 10.2% ～ 23.5%、53.1% ～ 68.7%、33.7% ～ 42.6%、51.1% ～ 59.7%、66.3% ～ 70.1%、56.3% ～ 62.7%。此外，从图 8-45 中看出流域内径流氮、磷浓度的峰值均出现在 3 月底 4 月初，且每季作物播种初期（玉米 / 水稻：4 ～ 5 月；榨菜：10 月底～ 11 月上旬），径流水中氮、磷浓度明显上升，但在成熟收获期则趋于下降。

（3）不同小流域汇水口径流氮、磷累积排放动态

2014 年结果（图 8-46）表明，径流量、氮素及磷素累积均呈现相似的规律：在 1 ～ 6 月玉米 / 水稻季快速累积，6 ～ 10 月玉米 / 水稻 - 榨菜间歇季累积缓慢，10 ～ 12 月榨菜季累积量再次快速增长。但对照区 A 与试验区 B 累积幅度存在显著差异：试验区 B 的径流

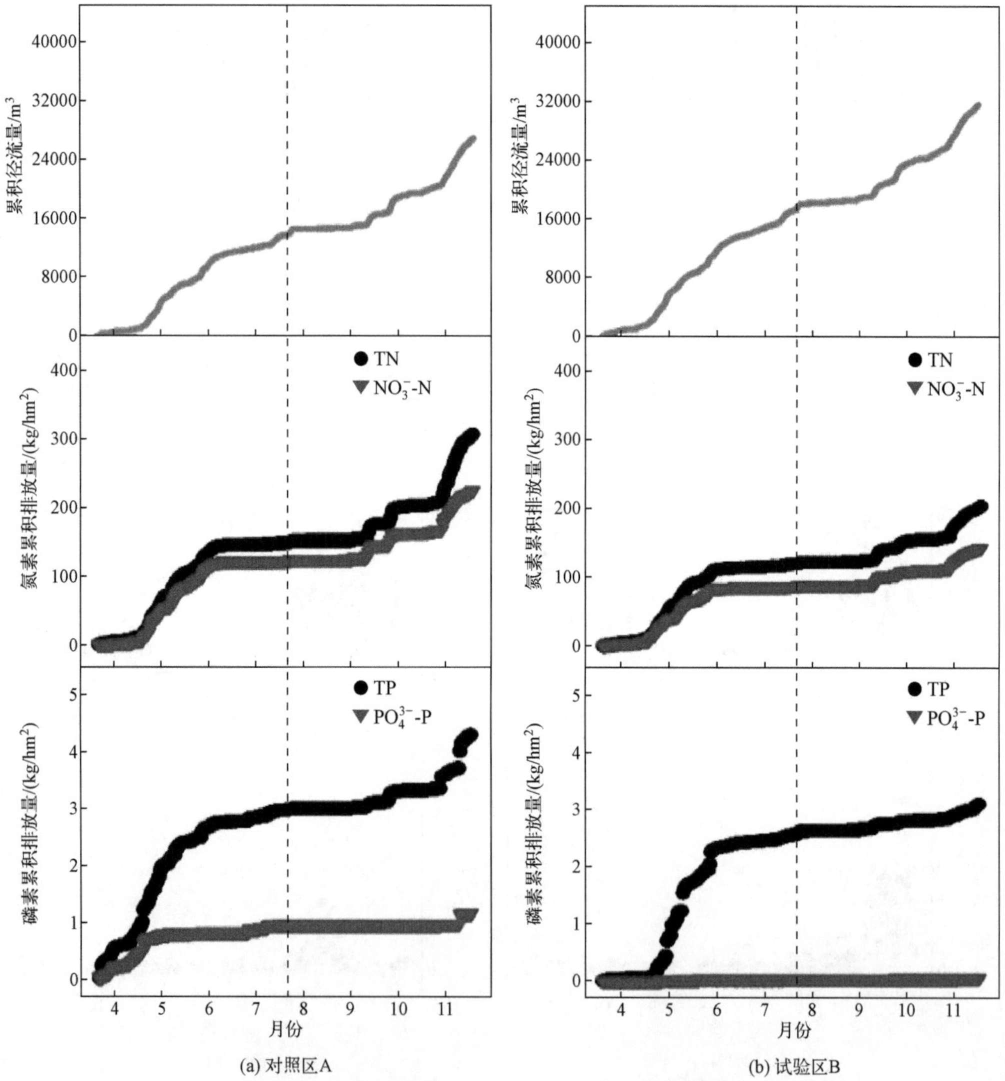

图8-46　2014年各子流域汇水口径流N、P累积排放量

累积量显著大于对照区 A，而氮、磷累积幅度却显著小于对照区 A。通过对不同作物季及全年的径流量、氮素、磷素累积量进行估算发现，试验区 B 的径流量累积量在玉米 / 水稻季、榨菜季、全年分别为 21198m³、10830m³、32028m³，比对照区 A 分别高 21.5%、4.71%、15.8%，但是试验区 B 的氮（磷）累积量在玉米 / 水稻季、榨菜季、全年分别为 143kg/hm²（2.83kg/hm²）、62kg/hm²（0.36kg/hm²），205kg/hm²（3.19kg/hm²），比对照区 A 分别显著降低 23.1%（9.9%）、67.2%（72.3%）、49.7%（35.4%）。

（4）2012 ~ 2015 年王家沟两个小流域氮、磷排放负荷比较

2012 ～ 2015 年，生态保育系统（试验区 B）氮、磷排放负荷在不同作物季中均显著小于传统系统（对照区 A）（表 8-42）。与对照区 A 相比，试验区 B 氮、磷排放负荷在玉米 / 水稻季分别降低 4.95 ～ 5.60kg/hm² 和 0.09 ～ 0.10kg/hm²；榨菜季分别降低 4.58 ～ 5.18kg/hm² 和 0.04 ～ 0.05kg/hm²。综合全年氮磷排放负荷，2012 ～ 2015 年试验区 B 单位面积 TN（TP）排放量分别比对照区 A 低 10.71kg/hm²（0.14kg/hm²）、10.05kg/hm²（0.14kg/hm²）、9.48kg/hm²（0.13kg/hm²）和 10.14kg/hm²（0.14kg/hm²），单位面积 TN 和 TP 排放负荷削减比例分别为 69.68% ～ 69.70% 和 66.67% ～ 70.01%。此外，从 2012 年到 2014 年，流域单位面积 TN、TP 排放负荷逐年降低，到 2015 年，流域单位面积 TN、TP 排放负荷有所上升。

表 8-42　径流 TN 和 TP 的排放负荷（2012 ~ 2015 年）　单位：kg/hm²

年份	试验区	玉米/水稻季		榨菜季		全年	
		TN	TP	TN	TP	TN	TP
2012	对照区A	8.84±0.565a	0.16±0.010a	6.58±0.420a	0.06±0.060a	15.37±0.004a	0.21±0.982a
	试验区B	3.24±0.207b	0.06±0.004b	1.40±0.089b	0.01±0.010b	4.66±0.001b	0.07±0.298b
	全流域	4.98±0.318	0.09±0.006	3.02±0.193	0.02±0.020	8.00±0.001	0.11±0.511
2013	对照区A	8.29±0.530a	0.15±0.010a	6.17±0.394a	0.05±0.050a	14.42±0.003a	0.20±0.921a
	试验区B	3.04±0.194b	0.05±0.003b	1.31±0.084b	0.01±0.01b	4.37±0.001b	0.06±0.279b
	全流域	4.67±0.298	0.08±0.005	2.83±0.181	0.02±0.020	7.50±0.001	0.11±0.479
2014	对照区A	7.82±0.500a	0.14±0.009a	5.82±0.372a	0.05±0.050a	13.60±0.003a	0.19±0.869a
	试验区B	2.87±0.183b	0.05±0.003b	1.24±0.079b	0.01±0.010b	4.12±0.001b	0.06±0.263b
	全流域	4.41±0.282	0.08±0.005	2.67±0.171	0.02±0.02	7.08±0.001	0.10±0.452
2015	对照区A	8.37±0.535a	0.15±0.010a	6.23±0.398a	0.05±0.050a	14.55±0.003a	0.20±0.930a
	试验区B	3.07±0.196b	0.05±0.003b	1.33±0.085b	0.01±0.01b	4.41±0.001b	0.06±0.282b
	全流域	4.72±0.302	0.09±0.006	2.86±0.183	0.02±0.020	7.58±0.001	0.11±0.484

8.2.2.10　结论

① 在榨菜叶直接还田的基础上，减少常规化肥用量 40% 或减少施可丰缓释肥用量 40% 或减少复合缓释肥用量 40%，以及利用比色卡指导施用氮肥减少氮素施用量，可分别促进水稻增产 11.87%、11.55%、6.96% 和 8.10% ～ 22.19%。

化肥加增效剂、使用缓释专用肥替代化肥，以及榨菜叶直接还田 3000kg/hm²，均可减少 20% 的养分投入量，玉米氮肥利用率提高 9.4 ～ 15.1 个百分点，磷素养分利用率提高 2.3 ～ 5.9 个百分点，玉米产量增产 16.9% 以上。5 个点的对比示范试验结果表明，在等养分条件下施缓释肥平均增产 7.7%，缓释肥减量 20% 的玉米产量略有降低，但差异不显著。

与单施缓释肥料相比，利用玉米秸秆还田与缓释肥料减量 20% 配合施用的榨菜增产 10.4% ～ 14.3%，稻草还田与缓释肥料减量 20% 配合施用的榨菜增产 14.2% ～ 20.7%，并且明显改善榨菜品质。

② 桑树 - 坡耕地系统植物篱等高种植的土壤流失量较常规横坡种植模式减少 16.36% ～ 21.95%；不同配置模式的桑树 - 坡耕地系统、黄花 - 坡耕地系统和金银花 - 坡耕地系统下 0 ～ 40cm 土层土壤总氮、总磷明显高于横坡农作，以桑树 - 坡耕地系统的最高。

不同配置方式的桑树植物篱对坡耕地紫色土水土流失的控制效果表明，径流量大小顺序为 T3 ＜ T4 ＜ T5 ＜ T2 ＜ T1 ＜ CK（表 8-37）。与 CK 相比，不同配置的桑树 - 坡耕地系统的径流量减少 15.44% ～ 72.04%；侵蚀量降低 52.27% ～ 81.82%。

③ 坡度大于 9° 的紫色土坡耕地降雨时泥沙量大，氮、磷流失主要以泥沙为载体，径流中 TN、TP 以泥沙携带的颗粒态氮、磷为主，且降雨量越大，颗粒态氮、磷的比例越高。因此，控制紫色土坡耕地氮、磷流失应着重考虑控制泥沙流量。

④ 在坡耕地 - 稻田生态系统中，在坡耕地径流水灌入稻田后 12h，TN 浓度下降 57.3% 以上，TP 浓度下降 34.3% 以上；24h 后，TN 浓度下降 60.1% 以上，TP 浓度下降 60.6% 以上；其后，TN、TP 浓度基本趋于稳定。

⑤ 柑橘周年间作比幼龄果园具有提高水分涵养、减少水土流失、增加氮磷吸收和提高作物产量效应，其平均土壤含水量提高 41%，水土流失量减少 52%，间作作物产量提高及 N、P、K 养分吸收总量较幼龄果园大大提高。

⑥ 2014 年对照小流域 A 和生态保育小流域 B 两个小流域汇水口流量与氮、磷浓度动态变化监测结果表明，保育小流域 B 的径流量、总氮、硝氮、氨氮、总磷、磷酸盐流失浓度分别比对照小流域 A 分别降低了 10.2% ～ 23.5%，53.1% ～ 68.7%、33.7% ～ 42.6%、51.1% ～ 59.7%、66.3% ～ 70.1%、56.3% ～ 62.7%。

2012 ～ 2015 年对王家沟两个小流域氮磷排放负荷监测表明，与对照小流域 A 相比，生态保育小流域 B 的氮、磷排放负荷在玉米 / 水稻季分别降低 4.95 ～ 5.60kg/hm² 和 0.09 ～ 0.10kg/hm²，榨菜季分别降低 4.58 ～ 5.18kg/hm² 和 0.04 ～ 0.05kg/hm²；单位面积 TN 和 TP 排放负荷分别削减 69.68% ～ 69.70% 和 66.67% ～ 70.01%。

8.3 基于种养平衡的三峡库区上游流域面源污染阻控技术

8.3.1 稻油轮作系统增效减负集成技术

8.3.1.1 以碳调氮的增效减负技术

为了研究确定适宜稻田增效减负的有机肥施用量，在四川省德阳市中江仓山镇响滩村，以川优 6203 为供试材料，开展田间定位试验。有机肥为绿安有机肥（总氮含量 2.81%、总磷含量 8.90%、总钾含量 2.41%），种植模式为小麦 - 油菜轮作。采用二因素裂区试验设计。主处理为有机肥施用量，设置 OM1、OM2、OM3 共 3 个水平（有机肥施用量分别为 1500kg/hm²、3000kg/hm²、4500kg/hm²），副处理为化学氮肥施用量，设置 N1、N2、N3、N4 共 4 个水平（N1、N2、N3、N4 的纯氮施用量分别为 150kg/hm²、120kg/hm²、90kg/hm² 和 0kg/hm²），共 12 个处理，每个处理设 3 个重复，小区面积 6.4m × 3m。水稻采用旱育秧，等行距移栽，每穴栽单株，小区间隔 40cm，重复间隔 100cm，小区和重复之间的田埂用薄膜包扎。磷钾肥和有机肥全部作底肥，氮肥底肥：分蘖肥：穗粒肥 = 6：2：2。水稻行距 × 株距 =0.3m × 0.20m，密度为 16.7 万穴 /hm²，每穴种植 1 株。

（1）不同有机肥配施化肥对水稻产量的影响

由表 8-43 分析可知，氮肥用量极显著影响水稻产量，有机肥用量显著影响产量，而有机肥用量和氮肥互作效应未达到显著差异，说明通过有机肥合理用量处理可能实现对最高水稻产量的调控。当有机肥用量为 OM1 时，N1、N2、N3 之间水稻产量均存在显著性差异；与 N4 相比，N1、N2、N3 分别增产 49.02%、38.79%、22.96%。当有机肥用量为 OM2 时，N1、N2 均显著高于 N3，而 N1 与 N2 差异未达显著水平；与 N4 相比，N1、N2、N3 分别增产 46.17%、41.75%、22.98%。当有机肥用量为 OM3 时，N2 显著高于 N3，但 N1 与 N3 之间差异未达显著水平；与 N4 相比，N1、N2、N3 分别增产 37.23%、41.47%、27.17%。

表 8-43 不同处理对水稻产量及构成的影响

处理		产量/(kg/hm²)	有效穗/(×10⁴个/hm²)	穗粒数/(粒/穗)	千粒重/g
OM1	N1	9067.45a	133.96ab	202a	30.68a
	N2	8445.20b	161.60a	184a	30.73a
	N3	7481.70c	136.86ab	183a	30.02a
	N4	6084.74d	100.95b	203a	30.04a
OM2	N1	9345.44a	140.66a	206a	31.36a
	N2	9062.86a	148.21a	184a	30.18a
	N3	7862.80b	147.36a	188a	31.32a
	N4	6393.52c	125.82a	192a	30.26a

续表

处理		产量/(kg/hm²)	有效穗/(×10⁴个/hm²)	穗粒数/(粒/穗)	千粒重/g
OM3	N1	9037.06ab	140.32a	192a	29.62a
	N2	9316.54a	147.65a	183a	29.73a
	N3	8410.23b	143.25a	219a	28.17a
	N4	6585.56c	145.63a	207a	29.83a
OM1平均		7769.78b	133.34a	193a	30.37ab
OM2平均		8166.16ab	140.51a	193a	30.78a
OM3平均		8337.35a	144.21a	200a	29.34b
显著性检验*F*值					
OM		4.979*	1.737	0.541	5.876**
N		176.952**	3.421*	2.911	0.732
OM×N		2.079	1.329	2.074	1.224

注：1.同列数据后不同字母表示差异达0.05显著水平。
2.**0.01水平显著；*0.05水平显著。

在施用较低水平有机肥条件下（1500kg/hm²），减少氮肥用量会显著降低水稻产量；但当有机肥增加至3000～4500kg/hm²时，增加氮肥用量后水稻增产不显著甚至出现减产趋势。由产量构成因素变化可知，氮肥施用量显著影响有效穗且N2＞N3＞N1＞N4(M3水平除外)，有机肥用量极显著影响千粒重且OM2＞OM3＞OM1，说明氮肥主要通过调控有效穗而影响产量，而有机肥则通过调控千粒重而影响产量。

（2）不同有机肥配施化肥对氮素吸收利用的影响

水稻总吸氮量主要分配于籽粒，占整个植株氮素的63.98%～74.46%。有机肥施用量与秸秆吸氮量、籽粒吸氮量和总吸氮量呈正相关，但不同有机肥用量对秸秆吸氮量、籽粒吸氮量、总吸氮量的影响无显著性差异；氮肥用量显著影响秸秆吸氮量、籽粒吸氮量和总吸氮量。当有机肥用量为OM1和OM2时，籽粒吸氮量和总吸氮量随着氮肥用量增加而增加，N1、N2和N3均显著大于N4，但N1和N2之间差异未达显著水平；当有机肥用量为OM3时，籽粒吸氮量和总吸氮量均表现为N2＞N1＞N3＞N4。从氮素高效吸收利用角度出发，有机肥投入量为1500～3000kg/hm²时氮肥用量减少20%不会影响水稻氮素吸收，而有机肥用量为4500kg/hm²时氮肥用量减少40%不会显著影响水稻氮素吸收（表8-44）。

表8-44　不同处理对水稻氮素吸收累积影响

处理		秸秆吸氮量/(kg/hm²)	籽粒吸氮量/(kg/hm²)	总吸氮量/(kg/hm²)
OM1	N1	29.08ab	83.21a	112.29a
	N2	30.65a	75.34ab	105.99a
	N3	24.40ab	67.44b	91.84b
	N4	20.57b	51.78c	72.35c

续表

处 理		秸秆吸氮量 /(kg/hm²)	籽粒吸氮量 /(kg/hm²)	总吸氮量 /(kg/hm²)
OM2	N1	30.69a	86.04a	116.73a
	N2	29.40a	79.18ab	108.58a
	N3	31.92a	67.59bc	99.51ab
	N4	24.02a	55.85c	79.87b
OM3	N1	34.14a	81.68a	115.82a
	N2	30.34a	88.46ab	118.80a
	N3	30.75a	76.72b	107.47a
	N4	26.83a	56.68c	83.50b
OM1平均		26.18a	69.44a	95.62a
OM2平均		29.01a	72.17a	101.17a
OM3平均		30.52a	75.89a	106.40a
显著性检验F值				
OM		2.584	1.622	2.049
N		2.853*	92.622**	45.297**
OM × N		0.403	2.621	0.538

注：1.同列数据后不同字母表示差异达0.05显著水平。

2.**0.01水平显著；*0.05水平显著。

（3）有机肥配施化肥对氮素平衡的影响

单独追求氮肥利用率最大化是没有意义的，因为最高利用率往往出现在低施肥量水平，这会导致作物低产或地力耗竭，应该追求的是作物产量和肥料利用率最大化。用氮素输出率与输入率来表示区域或国家尺度上的氮肥利用率，称为移走效率或平衡法氮肥利用率（PNB），肥料利用率 = 施肥区作物养分吸收量 / 施肥量。平衡法氮肥利用率能正确评估土壤肥力和施肥对土壤肥力的影响。利用率＞ 1 表示施肥量不足，土壤地力被消耗；利用率为 0 ～ 0.5 表示施肥量高，养分损失大；利用率为 0.5 ～ 0.9 表示施肥量适当；利用率为 0.9 ～ 1.3 表示作物吸收大于施肥量。

根据二因素方差分析可知，氮肥施用量显著影响平衡法氮肥利用率，而不同有机肥用量、有机肥和氮肥交互作用对平衡法氮肥利用率无显著影响。氮肥施用量与平衡法氮肥利用率呈负相关关系，氮肥用量为 150kg/hm² 和 120kg/hm²，其平衡法氮肥利用率分别为 0.75 和 0.90，均处于适宜施氮量范围，既能够适当控制氮素流失，又能提高作物产量和化肥氮素资源吸收利用；化肥氮素投入降低至 90kg/hm²，平衡法氮肥利用率为 1.12，虽然能够显著降低氮素环境流失风险，但可能会造成土壤氮素耗竭而降低土壤肥力（图 8-47）。

从养分供应和植物吸收平衡的角度出发，以获得 9000kg/hm² 的水稻较高产量和氮素高效利用为约束目标，当有机肥用量为 1500kg/hm² 时氮肥适宜施用量为 150kg/hm²，当有机肥用量 3000 ～ 4500kg/hm² 时氮肥适宜施用量为 120kg/hm²。从氮素平衡角度考虑，化肥氮素投入为 120kg/hm² 时，配施有机肥 3000 ～ 4500kg/hm²，既能实现水稻高产稳产和化肥氮素资源高吸收利用，又能够控制氮素流失和保持土壤肥力。

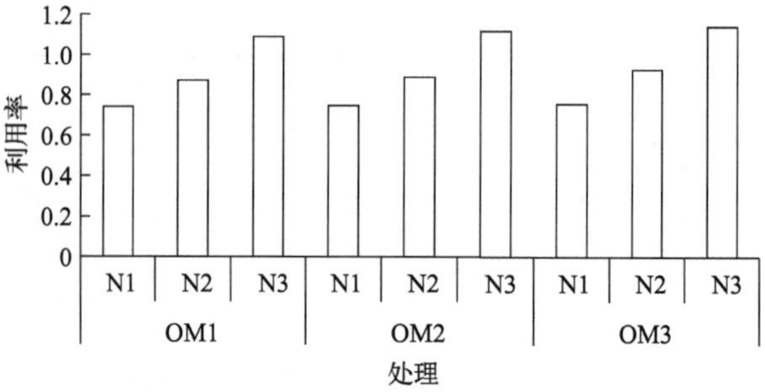

图8-47　各施肥处理平衡法氮肥利用率变化

8.3.1.2　基于缓控释复合肥科学施用的增效减负技术

试验设 7 个处理，分别为不施氮（T1）、常规施肥（T2）、100% 缓释肥（T3）、90% 缓释肥（T4）、80% 缓释肥（T5）、100% 缓释肥 + 保水剂（T6）、100% 缓释肥 + 生物炭（T7）。常规施肥处理氮、磷、钾用量分别为纯 N 150kg/hm^2、P_2O_5 67.5kg/hm^2、K_2O 82.5kg/hm^2，保水剂用量为 45kg/hm^2，生物炭用量为 3000kg/hm^2。氮肥为尿素（含 N 46.4%），磷肥为过磷酸钙（含 P_2O_5 12%），钾肥为加拿大氧化钾（含 K_2O 60%），缓释肥为住商公司生产的脲甲醛缓释肥（N：P_2O_5：K_2O=20：9：11）；保水剂为聚丙烯酰胺（PAM）；生物炭为稻壳炭粉，购自山东铭宸环卫设备有限公司，有机碳、总氮、总磷和总钾含量分别为 36.12%、0.31%、0.22% 和 1.49%。磷钾肥和缓释肥全部作底肥，氮肥按底肥：分蘖肥为 6：4 的比例分 2 次施用，底肥均在水稻移栽 1 周后施用。试验采用随机区组设计，每处理 3 次重复，小区面积 8m × 3m，小区间以薄膜扎埂隔开。供试水稻品种为川优 6203，全生育期 156.3d。2014 ～ 2016 年水稻分别于当年 6 月 1 日、5 月 27 日、5 月 28 日移栽，9 月 25 日、9 月 5 日、9 月 12 日收获，秧苗间距为 25cm × 25cm，病虫草害防治及其他田间管理参照大面积生产规范。

各指标的计算公式如下：

① 氮累积量（kg/hm^2）= 地上部生物量 × 植株氮含量；

② 氮素收获指数（NHI）= 籽粒吸氮量 / 植株总吸氮量；

③ 氮肥偏生产力（NPFP，kg/kg）= 施氮区产量 / 施氮量；

④ 氮肥农学利用率（NAE，kg/kg）=（施氮区产量 – 无氮区产量）/ 施氮量；

⑤ 氮肥吸收利用率（NRE）=（施氮区氮累积量 – 无氮区氮累积量）/ 施氮量 × 100%；

⑥ 氮肥生理利用率（NPE，kg/kg）=（施氮区产量 – 无氮区产量）/（施氮区氮累积量 – 无氮区氮累积量）；

⑦ 土壤氮素依存率（SNDR）= 空白区植株总吸氮量 / 施氮区植株总吸氮量 × 100%。

（1）不同缓控释复合肥施用对水稻产量的影响

如表 8-45 所列，施氮相对于不施氮（T1）处理显著增产 21.48% ～ 53.83%。不同施氮处理水稻产量也差异显著，T3 和 T7 连续 3 年比 T2 显著增产 6.18% ～ 13.46%，2014

年和 2015 年 T6 处理比 T2 显著增产 9.77% 和 4.12%，2015 年和 2016 年 T4 处理比 T2 显著增产 4.12% 和 5.81%。3 年产量平均为 T7 ＞ T3 ＞ T6 ＞ T4 ＞ T5 ＞ T2，依次较 T2 处理增产 11.48%、9.59%、6.05%、4.11% 和 2.71%。试验结果表明，连续 3 年施用 100%、90% 和 80% 缓释肥以及缓释肥配施生物炭或保水剂都能增产。

表 8-45 2014 ~ 2016 年不同施肥处理对水稻产量的影响

处理	2014年		2015年		2016年	
	产量/(kg/hm²)	增产率/%	产量/(kg/hm²)	增产率/%	产量/(kg/hm²)	增产率/%
T1	6280.51d	−17.68	6093.87d	−28.96	5803.13d	−22.33
T2	7629.50c	0.00	8578.23c	0.00	7471.59c	0.00
T3	8390.85ab	9.98	9108.33ab	6.18	8451.50a	13.12
T4	7917.33bc	3.77	8931.50b	4.12	7905.99b	5.81
T5	7801.05bc	2.25	8809.97bc	2.70	7708.98bc	3.18
T6	8374.78ab	9.77	8931.70b	4.12	7805.50bc	4.47
T7	8546.92a	12.02	9373.92a	9.28	8477.61a	13.46

注：同列数据后不同字母表示差异达0.05显著水平。

（2）水稻产量构成因素变化

由表 8-46 所列，施氮处理水稻秸秆生物量较不施氮处理显著提高 53.90% ～ 124.44%。与常规施肥（T2）相比，2015 年 T7 处理秸秆生物量显著提高 21.75%。施氮较不施氮处理水稻穗数显著提高 42.45% ～ 67.85%。不同施氮处理间穗数差异显著，T3 ～ T7 处理较 T2 处理提高 1.82% ～ 13.18%，其中 T3、T6 和 T7 处理连续三年显著提高 4.44% ～ 13.18%。不同处理间穗粒数表现为 T4、T5 和 T6 处理连续三年较 T1 处理显著减少 7.59% ～ 14.38%。各处理间，结实率无显著差异。千粒重表现为 T2 和 T7 处理连续三年较 T1 处理平均减少 2.76% 和 6.26%。

表 8-46 不同处理对水稻产量构成的影响

年份	处理	穗数/(×10⁴个/hm²)	穗粒数/(粒/穗)	结实率/%	千粒重/g	秸秆生物量/(kg/hm²)
2014	T1	117.78d	190.93ab	94.08a	28.55ab	3512.24b
	T2	167.78c	179.54c	91.70a	27.58c	5427.17a
	T3	178.89ab	180.81bc	91.16a	28.67ab	5620.13a
	T4	178.89ab	171.37cd	92.55a	28.02bc	5941.59a
	T5	176.67b	163.48d	94.12a	29.04a	5405.17a
	T6	175.22b	175.41c	95.04a	28.50ab	5616.91a
	T7	183.33a	192.90a	92.09a	26.21d	5855.50a

续表

年份	处理	穗数 /($\times10^4$个/hm^2)	穗粒数 /(粒/穗)	结实率 /%	千粒重 /g	秸秆生物量 /(kg/hm^2)
2015	T1	125.11f	183.93ab	91.78a	28.51bc	3496.63c
	T2	185.55e	178.33bc	90.79a	28.37bc	6445.49b
	T3	198.89bc	168.97cd	88.47a	30.38a	6380.49b
	T4	193.44cd	166.47cd	92.38a	29.98ab	6139.94b
	T5	190.89de	165.50d	93.12a	29.95ab	5933.27b
	T6	199.77b	169.97cd	89.98a	29.32ab	6034.38b
	T7	210.00a	192.93a	89.89a	27.10c	7847.70a
2016	T1	125.56d	198.57a	83.00a	27.66b	3555.56b
	T2	183.33c	176.03b	86.91a	26.45cd	5640.67a
	T3	200.07ab	178.30b	84.57a	28.10a	5703.89a
	T4	190.67abc	174.52b	85.85a	27.52b	6334.67a
	T5	190.00bc	177.43b	88.90a	26.86c	6100.00a
	T6	197.71ab	176.30b	87.27a	25.94e	6918.56a
	T7	201.15a	190.67a	84.67a	26.11de	6843.11a

注：同列数据后不同字母表示差异达0.05显著水平。

（3）水稻氮累积

由表 8-47 分析可知，施氮处理显著提高水稻籽粒、秸秆和整株氮累积量，较不施氮处理分别显著提高 14.05% ～ 99.40%、23.30% ～ 110.90% 和 16.63% ～ 100.65%。不同施氮处理间氮累积差异显著，缓释肥处理显著提高了水稻籽粒氮累积，三年平均为 T7 ＞ T3 ＞ T6 ＞ T4 ＞ T5 ＞ T2，分别较 T2 处理显著提高 20.95%、12.44%、11.23%、9.91% 和 5.01%。2014 年 T4 和 T5 处理水稻秸秆氮累积较 T2 处理显著减少 13.64% 和 4.51%，2015 ～ 2016 年缓释肥处理水稻秸秆氮累积较 T2 处理显著提高了 19.30% ～ 65.14%。水稻氮素收获指数三年平均以不施氮（T1）处理最高，T7、T2 和 T3 处理次之，T5、T4 和 T6 处理较低。

（4）氮素利用率

对表 8-48 进行分析，从氮素生理效率分析，T2 处理水稻每吸收 1kg 氮素生产稻谷 37.08 ～ 129.73kg，缓释肥处理为 42.73 ～ 76.02kg。从氮素农学效率分析，T2 处理每施用 1kg 氮素稻谷增产 8.99 ～ 16.56kg，缓释肥处理增产 10.14 ～ 21.87kg，三年平均表现为 T7 ＞ T3 ＞ T6 ＞ T4 ＞ T5，缓释肥处理水稻氮素农学效率较 T2 处理高，且配施生物炭效果更好。

表 8-47 不同处理氮累积及氮素收获指数

年份	处理	氮累积/(kg/hm^2)			氮素收获指数
		地上部秸秆	籽粒	总体	
2014	T1	22.90d	57.48e	80.37d	0.72a
	T2	40.77ab	75.84d	116.62b	0.65cd
	T3	39.13bc	84.05a	123.18a	0.68b
	T4	35.21c	77.40c	112.61c	0.59e
	T5	38.93bc	77.06c	115.99b	0.66bc
	T6	43.55a	77.57c	121.11a	0.64d
	T7	38.98bc	82.42b	121.40a	0.68b
2015	T1	14.40f	46.77g	61.18g	0.76ab
	T2	21.50e	72.91f	94.36f	0.77a
	T3	30.37a	75.17d	105.83c	0.71d
	T4	25.65d	82.83b	108.33b	0.76ab
	T5	26.95c	73.79e	100.61e	0.73c
	T6	25.84d	78.85c	104.89d	0.75b
	T7	29.68b	93.26a	122.76a	0.76ab
2016	T1	21.59e	55.79f	77.38g	0.72a
	T2	26.62d	63.63e	90.25f	0.71bc
	T3	32.65c	79.58b	112.23c	0.71b
	T4	35.19b	73.20c	108.40d	0.68e
	T5	32.89c	72.16d	105.05e	0.69d
	T6	43.96a	79.81b	123.78a	0.64f
	T7	34.70b	81.20a	115.90b	0.70c

注：同列数据后不同字母表示差异达0.05显著水平。

表 8-48 不同处理氮素利用率

年份	处理	氮肥偏生产力/(kg/kg)	氮肥农学效率/(kg/kg)	氮肥生理利用率/(kg/kg)	氮肥吸收利用率/%	土壤氮素依存率/%
2014	T2	50.86c	8.99c	37.08b	24.16b	68.92b
	T3	55.94ab	14.07ab	49.46ab	28.54a	65.25c
	T4	52.78abc	10.91abc	50.86ab	21.49c	71.41a
	T5	52.01bc	10.14bc	42.73ab	23.75b	69.31b
	T6	55.83ab	13.96ab	51.60ab	27.16a	66.37c
	T7	56.98a	15.11a	55.18a	27.35a	66.21c

续表

年份	处理	氮肥偏生产力/(kg/kg)	氮肥农学效率/(kg/kg)	氮肥生理利用率/(kg/kg)	氮肥吸收利用率/%	土壤氮素依存率/%
2015	T2	57.19c	16.56c	74.90a	22.12f	64.84a
	T3	60.72ab	20.10ab	67.49abc	29.77c	57.81d
	T4	59.54b	18.92b	60.23cd	31.43b	56.48e
	T5	58.73bc	18.11bc	68.89ab	26.29e	60.81b
	T6	59.54b	18.92b	64.94bc	29.14d	58.33c
	T7	62.49a	21.87a	53.28d	41.05a	49.84f
2016	T2	49.81b	11.12b	129.73a	8.58f	85.75a
	T3	56.34a	17.66a	76.02b	23.23c	68.95d
	T4	52.71ab	14.02ab	67.73c	20.68d	71.39c
	T5	51.39ab	12.71ab	69.04bc	18.45e	73.66b
	T6	52.04ab	13.35ab	43.16d	30.93a	62.52f
	T7	56.52a	17.83a	69.43bc	25.68b	66.77e

注：同列数据后不同字母表示差异达0.05显著水平。

从氮肥偏生产力分析，缓释肥处理提高了水稻的偏生产能力，较T2处理提高2.70%～13.47%，三年平均表现为T7＞T3＞T6＞T4＞T5。从氮肥吸收利用率分析，缓释肥处理提高了水稻的氮肥吸收利用率，较T2处理提高12.42%～199.30%（2014年T4、T5除外）。从土壤氮素依存率分析，T3、T6和T7处理连续三年较T2处理分别显著降低了土壤氮素依存率12.53%、14.71%和16.71%，2014年T4和T5处理降低不显著，但2015～2016年达显著水平，三年平均降低9.22%和7.17%。

本研究结果表明，氮肥的施用能够有效提高水稻产量，较不施氮增产21.48%～53.83%，秸秆生物量提高53.90%～124.44%，穗数提高42.45%～67.85%。这是因为氮素的缺乏或过量都会导致叶绿素含量、酶含量以及活性的下降，影响水稻产量，适宜的施氮量可以提高幼穗分化期叶片和乳熟期籽粒中氮代谢酶的活性，增加抽穗前氮素和干物质积累，从而促进产量的增加。

水稻籽粒产量所需的能源物质一部分来源于茎叶储藏物质的再转移，另一部分来源于抽穗后的光合产物，因此后期氮素供应对水稻产量具有重要意义。缓释肥通过对氮养分释放期的控制，具有肥效长、供肥稳定的特点，能够满足水稻全生育期对氮素的需要。一次性施用控释肥在水稻生长中、后期氮素供应量充足，水稻叶绿素含量较高、成穗率高。有研究者表明，一次性施用缓控释肥可以显著促进根系发育，构建庞大且活跃的根系系统，扩大养分吸收面积，为水稻生育后期的养分供应提供支撑。以控释肥为载体，可延长养分供应时期，满足水稻整个生育期对氮的需求，提高水稻产量。本研究结果表明脲甲醛缓释肥能提高水稻产量，其中100%脲甲醛缓释肥较常规施肥处理水稻产量平均提高9.59%，穗数提高7.65%，千粒重提高5.75%，穗粒数和结实率无显著差异。连续三年施用减量10%和20%的脲甲醛缓释肥，水稻产量分别提高4.11%和2.71%，穗数提高4.96%

和 3.33%，千粒重提高 3.77% 和 4.13%。本研究中连续三年缓释肥减量 10% 和 20%，水稻依然保持增产，也有很多报道表明缓释肥减量 20% 左右，水稻产量不会显著降低，因此，缓释肥不但能满足水稻生育期的需肥规律，而且能实现一次基施，节约劳动成本，最重要的是能够达到减肥不减产，保护生态环境的目的。

生物炭是生物有机材料在缺氧或低氧环境中热裂解后的固体产物。目前，大多数研究表明，添加生物炭可以改善土壤理化性状，提高土壤保肥保水性能，改善土壤养分状况，增加作物产量，增加作物对养分的吸收。本研究结果表明，100% 缓释肥 + 生物炭较常规施肥增产 11.48%，穗数和穗粒数分别显著提高 10.72% 和 7.98%，千粒重显著减少 3.58%。本研究中施用生物炭后水稻千粒重显著减少 3.58%，且随着试验年限的增加，施用生物炭较单施缓释肥处理增产率降低。这可能是因为供试土壤本身有效氮素含量较低，大量使用生物炭造成水稻生理性缺水，影响了水稻生理生长，降低了水稻叶片的叶绿素含量，从而可能使作物产量下降；此外，生物炭较高的碳氮比，也会固持土壤大量氮素，导致土壤有效氮含量降低，从而降低水稻植物对氮素的吸收利用。

缓释肥料因其具有提高肥料利用率、减轻施肥对环境的污染及一次性施肥等优点已经成为今后肥料发展的趋势。缓释肥料在减少施肥次数的同时，能够增加产量，减少污染。本研究结果表明，施用缓释肥较常规施肥提高了水稻籽粒氮累积、氮素农学效率、氮肥偏生产力、氮肥吸收利用率。这表明缓释肥减氮处理不但可以减少肥料的投入，提高肥料利用率，而且能够实现一次基施，减少了劳动力的投入。本研究中，缓释肥配施生物炭处理的氮肥利用率最高，较常规施肥，氮肥农学效率提高 49.47%、氮肥偏生产力提高 11.48%、氮肥吸收利用率提高 71.49%。很多研究表明配施生物炭可显著提高水稻的氮肥利用率，生物炭能够提高氮素利用率的原因可能是生物炭具有巨大的比表面积且表面含有丰富的官能团，可以吸附养分离子，还可以通过提高土壤阳离子交换量，交换吸附更多养分离子，对养分吸附和缓慢释放起到一定作用，从而提高土壤肥力和肥料利用率。许多研究也表明，添加生物炭可以提高土壤总氮、总磷和速效钾含量。但是本研究结果表明常规施肥水稻的氮素生理效率为 37.08 ～ 129.73kg/kg，且随着试验年限的增加逐渐增加，缓释肥处理为 42.73 ～ 76.02kg/kg，随着试验年限的增加波动不大。这可能是因为缓释肥处理的氮肥生理效率比较稳定，受水稻产量的影响较小，当氮肥过量施用时，造成水稻对氮的奢侈吸收，而氮肥生理利用率急剧下降。在水稻生长后期过量施用氮肥比在水稻生长前期过量施用氮肥引起的氮肥生理利用率降幅更大。等量缓释肥单施或配施生物炭处理的土壤氮素依存率连续三年显著降低，平均为 12.53% 和 16.71%，90% 和 80% 缓释肥处理三年平均降低 9.22% 和 7.17%，这表明施用缓释肥能够降低水稻产量对土壤氮的依赖，提高了氮肥的利用效率。

施用氮肥能显著提高水稻产量，增产 21.48% ～ 53.83%。缓释肥配施生物炭能够显著提高水稻产量，提高穗数和穗粒数，但降低了千粒重，同时施用生物炭较单施缓释肥处理的增产率随着试验年限的增加有降低趋势。施用脲甲醛缓释肥能显著提高水稻产量，增产 2.71% ～ 11.48%，缓释肥减施 10% 和 20% 均没有降低三年水稻产量，脲甲醛缓释肥适合该区域稻 - 油系统中水稻季的施用，实现减肥不减产的目的。

与习惯施肥相比，施用缓释肥均提高了水稻氮素农学效率、氮肥偏生产力和氮肥吸收利用率，降低了氮素土壤依存率，其中，缓释肥配施生物炭的氮肥利用率最高。但水稻的氮素生理利用率表现为常规肥较高。说明缓释肥在提高肥料利用率和降低氮的环境效应上具有一定的优势。

8.3.1.3 油菜缓控释肥增效减负施用技术

为了研究提出基于缓控释肥施用技术基础上的油菜增效减负技术，在四川省德阳市中江仓山镇响滩村，以川油 36 为供试材料，开展田间定位试验。按单因素随机区组设计，设 6 个处理。小区面积 7m × 3m，每处理 3 重复。各处理如下。

① T1：无氮，P_2O_5 5.4kg/ 亩，K_2O 6.6kg/ 亩。

② T2：常规施肥，纯 N 12kg/ 亩，P_2O_5 5.4kg/ 亩，K_2O 6.6kg/ 亩。

③ T3：住商复合肥纯 N 12kg/ 亩（复合肥 60kg/ 亩，含 N 12kg，P_2O_5 5.4kg，K_2O 6.6kg/ 亩）。

④ T4: 住商复合肥纯 N 10.8kg/ 亩（复合肥 54kg/ 亩，含 N 10.8kg，P_2O_5 4.86kg，K_2O 5.94kg/ 亩）。

⑤ T5: 住商复合肥纯 N 9.6kg/ 亩（复合肥 54kg/ 亩，含 N 9.6kg，P_2O_5 4.32kg，K_2O 5.28kg/ 亩）。

⑥ T6：住商复合肥纯 N 12kg/ 亩（复合肥 60kg/ 亩，含 N 12kg，P_2O_5 5.4kg，K_2O 6.6kg/ 亩）+ 高分子聚合物 PAM（1.2kg/ 亩）。

油菜育苗移栽，1 株 / 穴，行距株距 30cm × 30cm。移栽返青后，各处理肥料一次性穴施；高分子聚合物 PAM、细沙和肥料混合均匀，穴施于试验小区。

（1）油菜干物质积累量

油菜干物质积累量随着生育期逐渐增加，不施氮肥处理的油菜各生育时期生物量最低，说明不施氮肥显著影响油菜生长发育。油菜越冬期生物量积累以 T5 处理最高，表明前期化肥用量过高抑制干物质积累，而蕾苔期生物量以 T2 处理最高。初花期以后，等量养分投入条件下，施用缓控释肥处理 T3、T6 处理与常规施肥 T2 相比，干物质积累无显著性差异。青荚期和成熟期以 T6 处理干物质积累量最高，且分别比常规施肥 T2 处理增加了 36.44% 和 19.45%。可能原因在于一方面油菜花期以后进入生殖生长阶段，养分需求量较大，而缓控释肥具有持续供肥能力；另一方面施用高分子聚合物 PAM 增加土壤保墒能力，为后期生殖生长提供了良好的生长环境（表 8-49）。

表 8-49 不同施肥处理对油菜不同生育时期生物量积累影响 单位：g/ 株

处理	越冬期	蕾苔期	初花期	青荚期	成熟期
T1	3.59c	9.55d	14.10d	26.69c	53.90c
T2	17.89b	32.95a	66.08ab	68.52b	115.13ab
T3	19.20b	23.59bc	67.30a	75.09b	114.01ab
T4	19.56b	28.41ab	58.01bc	68.91b	101.69ab
T5	34.64a	21.74c	55.10c	86.73a	85.17bc
T6	18.09b	18.78c	62.31abc	93.49a	137.53a

注：同列数据后不同字母表示差异达0.05显著水平。

（2）油菜产量变化

各处理之间油菜产量存在显著性差异。与传统施肥技术T2处理相比，不施用氮肥显著降低油菜产量，导致减产77.02%；缓控释肥用量减少，油菜产量显著降低，T4和T5处理分别减产6.67%和14.61%；等量养分投入条件下施用缓控释肥显著增加油菜产量，T3和T6处理分别增产7.56%和7.77%，但T3和T6处理差异未达显著性水平（图8-48）。

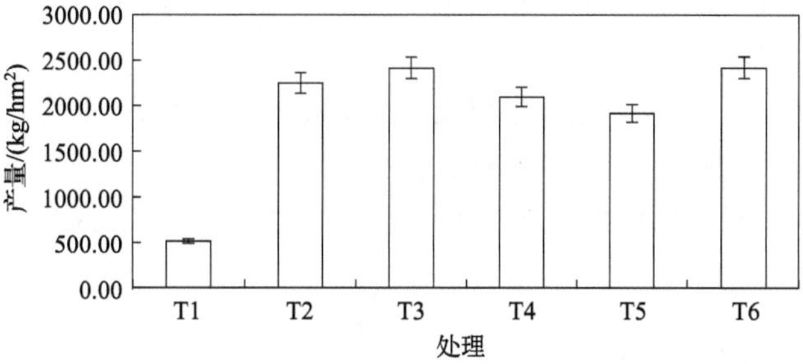

图8-48 不同施肥处理对油菜产量的影响

综上，充足的养分供应对保证油菜生长发育和产量具有重要作用，与传统单质肥料相比，等量养分施用缓控释复合肥可以提高油菜产量约5%。

8.3.2 旱作坡地径流调控及氮、磷流失阻控集成技术

8.3.2.1 以径流调控负荷削减为核心的坡地面源污染控制技术

三峡库区上游垦殖指数高，旱坡地水土流失是氮、磷流失的主要载体，本书以坡面径流调控及污染减负为核心，研究提出了一套玉米生产季横坡种植+地膜覆盖减蚀增效农艺措施。研究试验设顺坡平作无覆盖（CK）、等高横坡种植（CT）、等高横坡增施有机肥（CT+OM）、等高横坡并进行地膜覆盖（CT+PM）、等高横坡并进行麦秸覆盖（CT+SM）5个处理。主要研究玉米生长季坡耕地的水沙过程，玉米种植按照200cm开厢，在冬麦预留的玉米种植带中央种植2行玉米，2行玉米间距为40cm，株距为25cm。CT+OM施用有机肥3000kg/hm^2（有机碳35.30%；总氮2.88%；总磷5.49%；总钾2.17%）；CT+PM先覆盖地膜，后移栽玉米，地膜宽度为80cm，地膜厚度为0.004mm；CT+SM先移栽后完成麦秸覆盖，上一季小麦收获后的秸秆覆盖于玉米种植带，麦秸采用整秆还田，用量为3.75×10^3kg/hm^2。各处理移栽后单株灌水1L。每处理施纯N 240kg/hm^2，P_2O_5 90kg/hm^2，K_2O 90kg/hm^2。氮肥按照基肥：追肥：粒肥=2：3：5分别于播种前、三叶展期和十叶展期施用。磷肥和钾肥全部作基肥施用。

研究区产生径流的侵蚀性降雨主要集中在5～9月，其他月份径流量较少，故主要对5～9月的降雨径流和泥沙进行取样和测定。利用自动气象站记载玉米生育期内逐日降雨资料。每次自然降雨产流后，测定集流池中径流水位，计算地表径流量。以晚8点至次日晚8点为1天完整监测时间。试验期内共发生44次降雨，依照中国气象局颁布的降水强度等级划分标准（内陆部分），降雨量小于10mm的小雨均无地表径流产生；除了6月20

日和 8 月 29 日 2 次中雨（10 ～ 24.9mm）有径流产生外，其他中雨事件无地表径流产生；大雨（25 ～ 49.9mm）和暴雨（50 ～ 99.9mm）事件共有 6 次；大暴雨（100 ～ 249.9mm）降雨事件 2 次；总降雨量达 1124.48 mm。试验期内共观测到 11 场降雨的径流量数据，同时获得 9 次降雨的泥沙量数据。每个径流小区分别采集 500mL 泥水混合样 3 个，用于烘干法测定泥水混合样中的泥沙含量。每个径流池取 300mL 泥水样 2 个，其中 1 个样品带回实验室，用定量滤纸过滤后烘干称重，用差减法测定泥水样中的泥沙含量；另外 1 个泥水样带回实验室，加浓硫酸 1 滴调节 pH 值，测定径流泥水样中的总氮、总磷、可溶性氮、可溶性磷、氨氮、硝氮含量。

① 面源的产生、迁移与转化过程与地表水文过程紧密相联，以径流小区为研究对象，分析不同农业措施下的径流系数和径流曲线数。径流系数（R）和潜在蓄水能力（S）由降雨量和径流深得到，径流曲线数（CN）由 S 与 CN 值的经验转换关系获得，计算公式如下：

$$R = \frac{Q}{P} \tag{8-1}$$

$$S = 5\left[P + 2Q - (4Q^2 + 5PQ)^{1/2}\right] \tag{8-2}$$

$$\mathrm{CN} = \frac{25400}{254 + S} \tag{8-3}$$

式中　R——径流系数；

S——潜在蓄水能力，mm；

CN——径流曲线数；

Q——单次降雨径流深，mm；

P——单次降雨量，mm。

径流系数由［式（8-1）］径流深和降雨量之比得到，潜在蓄水能力 S 可根据降雨量和径流量由式（8-2）获得，式（8-3）可计算出某次降雨径流相应下垫面条件下 CN 的值。

② 土壤可蚀性与泥沙流失率和坡面径流率之间紧密相关，以单位面积单位径流冲刷动力即单位径流深冲刷侵蚀量 K_w［kg/（m²·mm）］作为土壤可蚀性指标，既可反映径流冲刷动力因子的作用，也可揭示土壤本身抵抗径流冲刷的能力，计算公式如下：

$$K_w = \frac{W}{AQ} \tag{8-4}$$

式中　W——单次降雨产沙量，kg；

A——径流小区面积，m²。

（1）侵蚀性降雨条件下不同农业措施的截流效果

由图 8-49 可知，CK 径流量最大，年径流量为 212.40mm，径流系数变幅为 18.89% ～ 32.23%。单次降雨产流事件中，与 CK 相比，等高横坡耕作及其不同覆盖条件均有显著削减径流的作用。紫色土坡地土壤层浅薄，土壤渗透性强且持水力低，这些发育特性决定了紫色土具有极强的渗透性，雨水极易下渗使土层蓄满达到饱和，并沿着坡向移动形成坡面径流。在横坡耕作措施中，CT+OM 与 CK 的拦截效果差异不显著，CT+PM 和 CT+SM 对径流的拦截效果很明显。

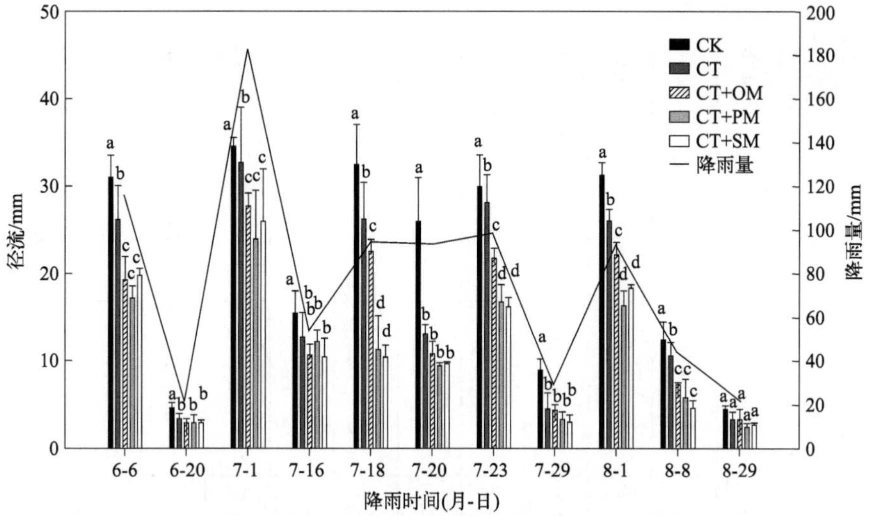

图8-49 侵蚀性降雨条件下不同处理坡耕地径流量

与 CK 相比，不同横坡垄作农业措施历次降雨的径流量均有减少，CT、CT+OM、CT+PM、CT+SM 削减径流幅度分别为 5.33% ～ 27.78%、19.76% ～ 33.44%、21.27% ～ 39.81%、24.86% ～ 39.37%。CT、CT+OM 年径流量较 CK 分别减少了 15% 和 26%，径流系数变幅分别在 14.82% ～ 27.99%、13.72% ～ 23.91%；CT+SM、CT+PM 年径流量分别是 136.60mm 和 138.20mm，较 CK 分别减少了 36% 和 35%，径流系数变幅分别在 12.18% ～ 22.51%、12.33% ～ 19.77%（表 8-50）。在同一次降雨过程中，横坡垄作及增加地面覆盖减小了径流曲线数，但与 CK 相比并没有显著差异。在单次降雨事件中，降雨量比农业措施对径流曲线数的影响更大。在 6 月 5 ～ 6 日连续降雨达到 116mm 时，顺坡垄作 CN 值为 62.67，各个横坡处理的 CN 在 54.43 ～ 59.56。7 月 18 日、7 月 20 日、7 月 23 日、8 月 1 日的 4 次降雨量在 92.90 ～ 98.50mm 时，CK 的径流曲线数在 64.17 ～ 71.23，横坡垄作不同处理的径流曲线数在 57.39 ～ 68.53。在 6 月 20 日、7 月 16 日、7 月 29 日、8 月 8 日、8 月 29 日的 5 次降雨过程中单次降雨量在 20.90 ～ 54.10mm 的径流曲线数也增大，CK 的 CN 值在 79.21 ～ 88.96 之间，横坡垄作不同处理的 CN 值在 73.96 ～ 86.88 之间。

（2）不同农业措施对坡耕地产沙量的影响

侵蚀产沙量随降雨量的变化表现出了相似的趋势，即在一定降雨量和农业措施处理下，产沙量随着降雨量的增加而增加，并渐近一个稳定值；CK 条件下，这种趋于稳定的趋势最快。地膜覆盖和秸秆覆盖措施进一步提高地表覆盖度，大幅度减少径流的产生，从而达到控制坡耕地水土流失的效果。对比各处理间产沙情况，CK 的产沙量最高，与其他各处理存在显著差异，横坡垄作各处理拦截泥沙的作用十分明显。与 CK 相比，横坡垄作泥沙量减少了 12% ～ 61%，增施有机肥后泥沙量减少了 25% ～ 70%，增加覆盖地膜后泥

表 8-50　不同耕作下坡耕地产流系数和径流曲线数

降雨时间（年-月-日）	CK		CT		CT+OM		CT+PM		CT+SM	
	R	CN	*R*	CN	*R*	CN	*R*	CN	*R*	CN
2013-6-6	26.73±2.18a	62.67	22.55±3.35b	59.56	17.79±2.07c	55.74	16.26±0.88 c	54.43	17.02±0.72c	55.08
2013-6-20	22.10±2.97a	88.96	16.24±2.88b	86.88	16.26±2.54b	86.89	14.07±4.38c	85.97	13.92±1.54c	85.90
2013-7-1	18.89±0.53a	45.35	17.89±3.47ab	44.51	15.16±0.84b	42.17	13.10±3.04b	40.33	14.20±3.30b	41.32
2013-7-16	28.59±4.68a	79.21	23.49±5.32b	76.49	22.15±0.94b	75.71	22.51±2.54 b	75.93	19.29±3.94c	73.96
2013-7-18	30.13±1.18a	69.56	25.65±0.99b	66.59	23.83±1.44b	65.31	19.01±1.71c	61.70	19.50±0.90c	62.08
2013-7-20	20.24±1.82a	64.17	14.82±1.18b	59.79	13.72±2.20b	58.82	12.18±1.40b	57.39	12.44±1.44b	57.64
2013-7-23	28.35±1.16a	67.50	24.47±0.41b	64.83	22.14±1.10b	63.12	17.70±0.96c	59.65	17.82±1.34c	59.75
2013-7-29	22.03±0.33a	85.45	15.90±1.01b	82.71	15.35±2.12b	82.43	13.96±2.73c	81.68	13.34±0.95c	81.34
2013-8-1	32.23±0.96a	71.23	27.99±1.42 b	68.53	23.91±1.47c	65.76	19.74±0.56d	62.67	19.77±0.42d	62.69
2013-8-8	26.56±3.19a	81.42	23.98±3.41b	80.18	17.20±0.75c	76.41	16.15±0.82c	75.74	16.42±1.78c	75.91
2013-8-29	20.24±1.83a	87.72	15.32±3.47b	85.79	15.13±5.11b	85.71	13.67±3.25bc	85.04	12.33±0.89c	84.38

注：同行不同字母表示差异显著（$P<0.05$）。

沙量减少了 38% ～ 70%，增加覆盖秸秆后泥沙量则减少了 46% ～ 75%。秸秆有很强吸持水分的能力，地表覆盖可有效地防止雨滴击溅，增加地表的糙率，阻延流速，降低水流的能量，减少径流冲刷，具有明显的拦截泥沙的效果。在 7 月 29 日降雨量为 28.6mm 时，有产流产沙现象发生，但产沙很小，CK 的含沙量为 59.34kg/m³，横坡垄作各处理的含沙量为 25.45 ～ 32.34kg/m³，与 CK 相比拦截泥沙量比率为 61% ～ 68%。在 8 月 8 日降雨量为 44.2mm 时，CK 含沙量达到 223.03kg/m³，横坡垄作各处理的含沙量为 112.80 ～ 207.54kg/m³，与 CK 相比拦截泥沙量比率为 16% ～ 69%。在降雨量 92.9 ～ 162.7mm 的历次降雨事件中，CK 含沙量在 283.24 ～ 409.36kg/m³，横坡垄作各处理的含沙量为 141.81 ～ 380.46kg/m³，与 CK 相比横坡垄作拦截泥沙量比率为 12% ～ 31%，横坡垄作同时增加秸秆覆盖拦截泥沙的效果最好，削减泥沙含量在 46% ～ 75% 之间。不同处理含沙量随降雨量的关系用对数曲线拟合效果更好，拟合函数的相关系数在 0.85 ～ 0.91 之间，除了横坡增施有机肥 $p < 0.05$ 之外，其他各处理 p 都小于 0.01（图 8-50）。

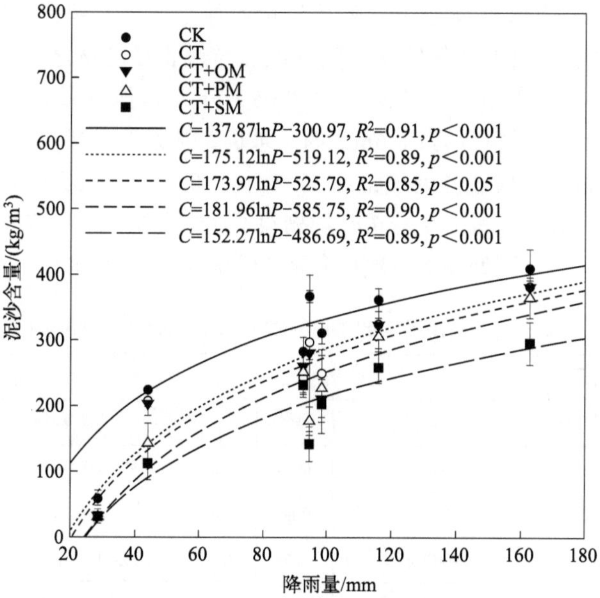

图8-50　不同降雨事件不同处理的产沙量对比

（3）降雨径流及农业措施对土壤可蚀性指标的综合影响

坡面产流过程及农业措施对土壤可蚀性具有明显影响，历次降雨横坡各处理土壤可蚀性指标明显低于 CK。CK 的土壤可蚀性最高，K_w 值在 0.022 ～ 0.041kg/（m²·mm），均值为 0.029kg/（m²·mm）；其次是 CT 和 CT+OM，K_w 分别为 0.021 ～ 0.038kg/（m²·mm）和 0.020 ～ 0.038kg/（m²·mm），均值分别为 0.025kg/（m²·mm）和 0.023kg/（m²·mm），与 CK 相比土壤可蚀性平均值分别减小 17% 和 24%；CT+PM 和 CT+SM 的可蚀性最小，K_w 值分别为 0.014 ～ 0.036kg/（m²·mm）和 0.011 ～ 0.030kg/（m²·mm），均值分别为 0.021kg/（m²·mm）和 0.018kg/（m²·mm），与 CK 相比平均分别减小 29% 和 38%（图 8-51）。

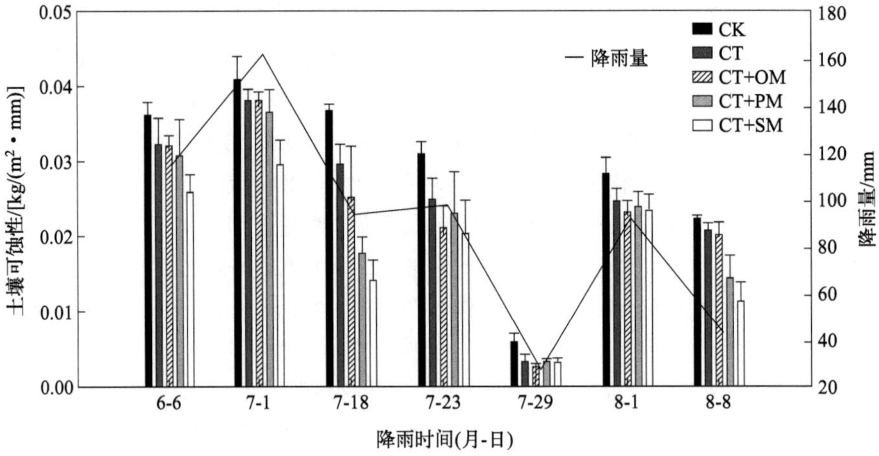

图8-51 不同农业措施处理下的土壤可蚀性

由表 8-51 可知，土壤可蚀性指标随径流量增加呈增加趋势，但随着径流量的增加土壤可蚀性增加的幅度减小。各处理土壤可蚀性与地表径流量之间呈幂函数递增关系，除了 CT+OM 的相关系数 R^2 为 0.70（$P<0.05$）外，其他各处理的 R^2 为 0.84 ～ 0.87（$P<0.05$）。7 月 29 日降雨量为 28.6mm 时，坡面产流及产沙很少，CK 计算得到 K_w 值为 0.009kg/（m²·mm），横坡各处理得到 K_w 均小于 0.003kg/（m²·mm），与其他次降雨事件所得结果差异太大，在进一步分析时均剔除了这组数据。本研究表明土壤可蚀性与降雨量呈对数曲线关系，不同处理下对数拟合函数的确定系数 R^2 在 0.85 ～ 0.91（$P<0.05$）。

表 8-51 降雨径流与农业措施对的土壤可蚀性的综合影响

处理	土壤可蚀性指标 K_w/[(kg/(m²·mm)]	与径流量的关系			与降雨量的关系		
		拟合函数	R^2	P	拟合函数	R^2	P
CK	0.029±0.002a	$K_w=0.0025Q^{0.767}$	0.84	＜0.05	$K_w=0.019\ln P-0.054$	0.91	＜0.05
CT	0.025±0.002b	$K_w=0.0023Q^{0.789}$	0.86	＜0.05	$K_w=0.018\ln P-0.052$	0.89	＜0.05
CT+OM	0.023±0.002b	$K_w=0.0027Q^{0.755}$	0.70	＜0.05	$K_w=0.017\ln P-0.052$	0.85	＜0.05
CT+PM	0.021±0.003c	$K_w=0.001Q^{1.072}$	0.84	＜0.05	$K_w=0.017\ln P-0.055$	0.90	＜0.05
CT+SM	0.018±0.003c	$K_w=0.001Q^{0.945}$	0.86	＜0.05	$K_w=0.015\ln P-0.045$	0.88	＜0.05

（4）对地表径流中氮素和磷素流失影响

不同处理之间地表径流中氮素累积流失量存在显著性差异，而对地表径流中磷素流失的影响未达显著水平。与传统顺坡种植相比，横坡种植可以减少氮素流失量 24.91% ～ 55.61%，不同处理之间地表径流中氮素流失量表现为 T1 ＞ T2 ＞ T3 ＞ T4 ＞ T5，其中，横坡种植与地膜覆盖或者秸秆覆盖相结合可以明显降低地表径流中氮素流失量。从不同农业措施来看，横坡垄作对径流的拦截效果优于顺坡传统耕作，由于横垄沿等高线布设，横坡耕作通过垄的层层拦蓄从而起到减少径流作用，而增加地膜覆盖或秸秆覆盖增强了对坡面径流的拦截和分散。在历次降雨中，横坡垄作并增加地膜覆盖和麦秸覆盖，对径流削减的效果整体要显著高于横坡垄作。径流曲线数由流域水文土壤类型、土地利用或覆盖措施、水文条件和前期土壤湿度综合确定，变化在 0 ～ 100 之间。本试验结果表明，不同农业措施下径流曲线数均随降雨量增大而减小，不同地表覆盖措施增加了最大蓄水能力，从而减小了径流曲线数。大降雨事件通常历时长，降雨到达地面并持续下渗到土层深处，使坡耕地最大蓄水能力增大，径流曲线数减小。本试验径流曲线计算采用同一初损系数为 0.2，结果表明，用单一的初损系数，径流曲线数的变异值很大。

降雨径流剥蚀土壤和输移泥沙，由于剥蚀作用，坡面径流中含沙量增加。紫色土丘陵区降雨强度大，初始产流时间较短，因此坡面径流侵蚀作用占主导地位。随着径流中含沙量的增加，用于搬运泥沙消耗的能量增大，反过来用于剥蚀土壤的能量减小。流量和坡度通过影响径流速度和含沙量，共同决定了土壤流失量的多少。地膜覆盖和秸秆覆盖措施进一步提高地表覆盖度，大幅度减少径流的产生，从而达到控制坡耕地水土流失的效果。对比本研究各处理间产沙情况，顺坡耕作的产沙量最高，与其他各处理存在显著差异，横坡垄作各处理拦截泥沙的作用十分明显。秸秆有较强的吸持水分能力，地表覆盖可有效地防止雨滴击溅，增加地表的糙率，阻延流速，降低水流能量，减少径流冲刷，具有明显的拦截泥沙效果。本研究中，不同处理含沙量随降雨量的关系用对数曲线拟合效果较好，对数曲线拟合从物理意义上符合降雨量对产沙过程的影响，即在一定降雨量和农业措施处理下，产沙量随着降雨量的增加而增加，但增加的幅度越来越小，且渐近一个稳定值。

土壤可蚀性从概念上能够综合反映土壤对侵蚀介质剥蚀和搬运的敏感程度，是评估土壤流失和实施保护性农业措施的重要指标，与土壤内在属性紧密相关，受暴雨事件和外部侵蚀应力的影响。降雨条件下，坡面土壤侵蚀的主要方式包括雨滴击溅作用和坡面径流侵蚀。与无地表覆盖相比，作物秸秆或地膜覆盖显著减少了径流量和土壤流失量，主要原因可能是作物秸秆或地膜覆盖增加了土壤团聚体稳定性和微生物量，减少了土壤可蚀性，从而削减了地表径流和土壤流失量。土地利用和农业措施显著影响土壤属性，从而显著影响土壤可蚀性。由于地表裸露，雨滴打击增加了土壤表面的紧实度，使得土壤可蚀性增加，无地表覆盖导致径流量和土壤流失显著增加。土壤可蚀性指标随径流量增加呈增加趋势，但随着径流量的增加，土壤可蚀性增加的幅度减小。土壤可蚀性是抵抗侵蚀能力的倒数，土壤可蚀性指标越大，土壤抵抗侵蚀的能力越弱，因而坡面径流和泥沙流失率越大。坡面径流是坡耕地土壤颗粒被剥蚀的主要动力，土壤中易溶物质被水溶解悬浮于水流之中，一部分土粒或粒状结构完全分散，分散的土粒脱离地表随径流开始移动，不同农业措施影响坡面径流对土壤可蚀性的作用程度。本研究表明，土壤可蚀性与降雨量呈对数曲线关系，也就说土壤可蚀性随径流量的增大而增加，但增加率随降雨量的增加而减小，因而降雨量对土壤可蚀性的影响是有限的。降雨引起的坡面径流受雨强大小和农业措施的影响，并对土壤可蚀性有重要影响。以单位面积、单位径流深的冲刷侵蚀量作为描述土壤抗冲性指标，既反映了径流冲刷动力因子的作用，亦揭示了土壤本身抵抗径流冲刷的能力。

横坡垄作的同时增加地膜覆盖或秸秆覆盖，可以显著削减坡耕地径流量和产沙量，与顺坡垄作相比，年径流量减少 15% ～ 35%，泥沙量减少 12% ～ 75%；横坡垄作并增加地面覆盖减小了径流曲线数，但与顺坡垄作相比无显著差异。土壤可蚀性指标随径流量增加呈增加趋势，但随着径流量的增加土壤可蚀性增加的幅度减小。各处理土壤可蚀性与地表径流量之间呈幂函数递增关系（R^2 在 0.70 ～ 0.87，$P < 0.05$），土壤可蚀性与降雨量呈

对数曲线关系（R^2 在 0.85 ～ 0.91，P ＜ 0.05）；历次降雨条件下，横坡垄作各处理土壤可蚀性指标明显低于顺坡垄作，均值为 0.018 ～ 0.025kg/（m²·mm），与顺坡垄作相比减小 17% ～ 38%。综上，横坡垄作增加地膜覆盖或秸秆覆盖，是控制紫色土坡耕地地表径流、降低土壤可蚀性的有效措施。

8.3.2.2 坡地秸秆覆盖填施有机质用养结合的增效减负技术

针对高垦殖紫色土坡耕地土壤瘠薄、水肥保蓄能力弱的问题，本书研究提出了旱坡地秸秆覆盖 + 有机质输入为核心的耕地用养结合高效管理措施。在四川省德阳市中江仓山镇响滩村，开展野外径流监测场田间定位试验。以紫色土坡耕地为研究对象开展野外径流小区定位监测试验，设置有机质处理（OM）、秸秆覆盖（SW）、有机质 + 秸秆覆盖（OM+SW）和对照（无秸秆覆盖和不增施有机质，CK）4 个处理，对 2014 年侵蚀性降雨条件下不同处理小区径流及产沙特征进行分析，以单位径流冲刷侵蚀量（K_w）作为描述土壤可蚀性的指标，研究四川省中江县紫色土区秸秆覆盖和有机质输入对坡耕地土壤可蚀性的影响。秸秆进行全量还田，上一季小麦收获后秸秆覆盖于玉米种植带，玉米收获后，其秸秆覆盖行间；秸秆还田 + 有机肥处理施入有机肥后进行秸秆覆盖。小区面积 20m × 3m，坡度为 10°。4 月初播种玉米，每 2m 厢面中央种植 2 行玉米，行距 40cm，株距 20cm。磷、钾肥作基肥一次性施入，氮肥分别于播种期、六叶展和十叶展时期按照总施肥量 2 ∶ 3 ∶ 5 施用，其他管理措施与大田高产栽培一致。在玉米全生育期内（4 ～ 10 月），记录每次引起试验区产生径流的侵蚀性降雨数据和小区产流产沙情况。

本小节建立了 12 个径流小区以收集自然降水事件下的地表径流和泥沙，每个小区约 60m²，下坡长度 30m，宽度 2m。对 2014 年 1 月～ 2015 年 12 月的所有降水进行了观测，而地表径流只在 6 ～ 9 月观测。根据 2014 年和 2015 年 6 ～ 9 月的降水事件，进行地表径流采样。用式（8-5）确定径流系数。

$$R = \frac{Q}{P} \tag{8-5}$$

式中 P——降雨量，mm；

Q——径流深度，mm。

对日径流量和日降水量进行综合评价，得到每个径流小区每次降水事件的曲线数（CN），并平均计算出降水事件前受平均土壤湿度或前期水分状况影响的指示性指标 CN。

$$Q = \frac{\left(P - I_a\right)^2}{\left(P - I_a\right) + S} \tag{8-6}$$

$$S = 5\left(P + 2Q - \sqrt{4Q^2 + 5PQ}\right) \tag{8-7}$$

$$\mathrm{CN} = \frac{25400}{254 + S} \tag{8-8}$$

式中 CN——径流曲线数值；

P——每次降雨事件和每次降水事件的降雨深度，mm；

Q——每次降雨事件的径流深度，mm；

S——潜在集蓄参数，mm；

I_a——初损值，mm，预期估计值为 $0.2S$。

尽管事实上 CN 假设从 0 至 100 不同，但基于经验的功能品质的变幅为 40 ～ 98。

为了评估农业措施处理下地表径流中可溶性磷流失的可控性，我们计算了所有降雨事件下每个小区地表径流中不同类型磷素的流失量。对于每次降水事件，磷素流失通过每次降水事件下增加的地表径流量和磷素浓度而检测到。年总养分流失量估计为这些降水事件数值的总和。暴雨事件下总磷、可溶性磷和颗粒态磷的年流失量和 Zhou 等的公式是一样的：

$$Q = \sum_{i=1}^{n} C_i q_i \tag{8-9}$$

式中 C_i——地表径流中总磷、可溶性磷和颗粒态磷的浓度，mg/L；

q_i——径流量，L/hm²（i=1–n，为试验期间降雨事件的数量）。

采用单因素方差分析（ANOVA）检验进行每次降雨事件下不同处理的径流深度、泥沙、总磷、可溶性磷和颗粒态磷平均值的多组比较和统计检验后用 Fisher 的最小显著性差异法进行多重比较检验。结果以平均值 ± 平均值的标准误差表示。因为从降水事件中采集的年径流数据分布是不正常的，所以当不满足方差正态性条件时可以用 Kruskal-Wallis 非参数检验替代单因素方差分析。所有检验的统计学意义为 $P < 0.05$。利用地表径流和径流深度对总磷、可溶性磷和颗粒态磷流失变化之间的关系进行了线性回归分析，并根据调整最小二乘回归选择了最佳拟合曲线。采用皮尔逊相关法研究一些因子（即降水总和、径流深度、CN 和悬浮泥沙）与通过地表径流的磷流失之间的关系。

（1）秸秆覆盖和有机质输入对坡耕地产流特性的影响

由表 8-52 可见，研究区 6 月 10 日～ 10 月 29 日共发生 10 次引起产流的侵蚀性降雨，单次降雨量在 25.50 ～ 101.90mm，40mm 以上的降雨出现的频数最多，占总降雨次数的 70%，9 月 11 ～ 12 日降雨量最大，达 101.90mm。各处理径流深度随着降雨变化出现明显的波动，降雨量越高，径流深度越大。在所记录的 10 次降雨中，各处理一次降雨产生的径流深度最小为 3mm，最大为 30mm，集中分布在 5 ～ 25mm，其中 5 ～ 10mm 出现的次数最多，占总次数的 40%；径流系数最小值为 0.10，最大值为 0.48，极差为 0.38。径流深度和径流系数不仅与各处理表面的产流特性有关，也与降雨量大小关系密切。

为了剔除降雨量的影响，进一步分析比较同次降雨后不同处理的径流深度和径流系数可知，10 次降雨后（不论雨量大小）对照组（CK）的径流深度和径流系数均最大，其径流深度在 7.08 ～ 29.87mm，径流系数在 0.15 ～ 0.48，平均分别为 16.91mm、0.32。

其次为有机质（OM）处理，其径流深度在 5.42 ～ 27.04mm，径流系数在 0.14 ～ 0.45，平均分别为 13.75mm、0.26，分别比 CK 降低 18.69% 和 18.75%，且差异显著（$P < 0.05$）。秸秆覆盖（SW）处理产流情况排第三，10 次降雨后径流深在 4.41 ～ 20.23mm，径流系数在 0.17 ～ 0.34，平均分别为 11.14mm、0.21，分别比 CK 降低 34.12% 和 34.38%，显著差异（$P < 0.05$）。产流最少的为有机质 + 秸秆覆盖处理（OM+SW），10 次降雨后径流深在

3.33 ～ 19.11mm，径流系数在 0.10 ～ 0.33，平均分别为 8.77mm、0.17，分别比 CK 降低 48.14% 和 46.88%，且差异也达显著水平（$P < 0.05$）。可见，秸秆覆盖或有机质输入均能有效减少坡耕地表面的产流量和径流系数，两者结合后减流效果更佳。此外，对 OM、SW、OM+SW 三个处理间径流深度差异的分析表明，除 10 月 29 日径流深度差异达到显著水平外（$P < 0.05$），其他处理间差异均不显著。这可能是有机质输入时间较短，未能完全分解，对土壤结构影响较小的缘故。

表 8-52　2014 年试验区降雨量和各处理径流特性

降雨时间（月-日）	降雨量/mm	处理	径流深度/mm	径流系数
6-10～6-17	74.20	CK	29.87a	0.40a
		OM	27.04b	0.36b
		SW	19.59c	0.26c
		OM+SW	19.11c	0.26c
7-20	36.50	CK	17.67a	0.48a
		OM	16.41a	0.45a
		SW	12.55b	0.34b
		OM+SW	11.90b	0.33b
7-24	43.10	CK	7.08a	0.16a
		OM	6.66a	0.16a
		SW	5.49b	0.13b
		OM+SW	5.37b	0.12b
8-10	70.70	CK	10.29a	0.15a
		OM	9.75a	0.14a
		SW	9.14a	0.13a
		OM+SW	8.05a	0.11a
8-27	54.30	CK	22.32a	0.41a
		OM	14.71ab	0.27ab
		SW	9.81b	0.18b
		OM+SW	5.39b	0.10b
9-2	33.30	CK	14.54a	0.44a
		OM	9.43b	0.28b
		SW	7.94b	0.24b
		OM+SW	3.33b	0.10b
9-11～9-12	101.90	CK	29.59a	0.29a
		OM	23.26ab	0.23ab
		SW	20.23b	0.20b
		OM+SW	15.31b	0.15b

续表

降雨时间（月-日）	降雨量/mm	处理	径流深度/mm	径流系数
9-21	46.60	CK	18.34a	0.39a
		OM	14.75b	0.32b
		SW	13.03ab	0.28ab
		OM+SW	7.52b	0.16b
10-1	25.50	CK	7.47a	0.29a
		OM	5.42b	0.21b
		SW	4.41b	0.17b
		OM+SW	4.84b	0.19b
10-29	54.10	CK	11.96a	0.22a
		OM	10.12b	0.19b
		SW	9.24c	0.17c
		OM+SW	6.83d	0.13d

注：小写字母表示处理间在0.05水平上的差异显著性。

（2）秸秆覆盖和有机质输入对坡耕地产沙量的影响

如图 8-52 所示，各处理产沙量均呈先增加后减小的趋势。7 月 20 日、7 月 24 日、8 月 10 日、8 月 27 日 4 次降雨后，各处理产生泥沙量均显著高于其他次降雨，产沙量均在 1000kg/hm² 以上。产沙量在 500kg/hm² 以下的降雨共出现 6 次，占总产沙次数的 60%。

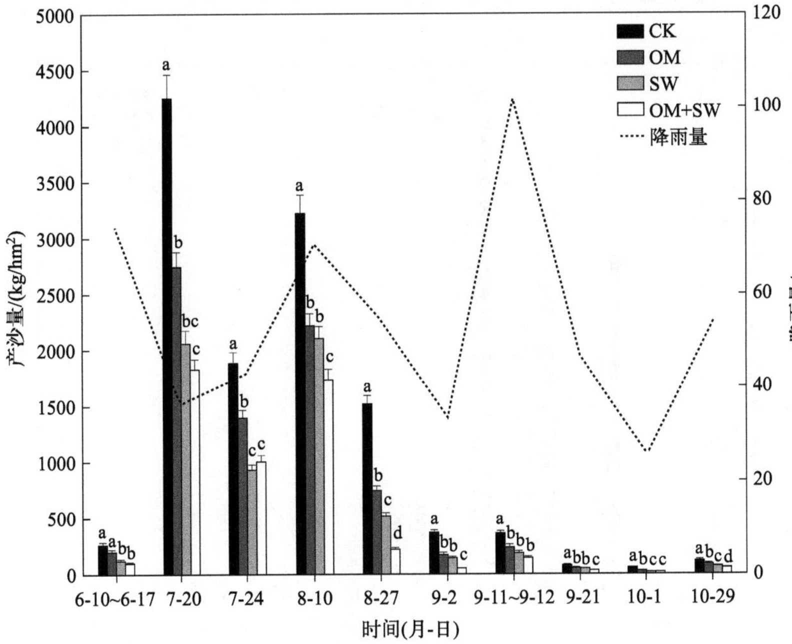

图8-52 2014年试验区降雨后不同处理产沙量对比

短线表示标准误差，下同

对比 10 次降雨后各处理的产沙情况可以发现，对照处理（CK）产沙量在 47.63 ～ 4249.86kg/hm²，平均 1210.67kg/hm²；其次为有机质（OM）处理，产沙量在 22.00 ～ 2737.30kg/hm²，平均 787.74kg/hm²，比 CK 降低 34.93%；秸秆覆盖处理（SW）产沙情况排第三，产沙量在 11.91 ～ 2103.4kg/hm²，平均 620.09kg/hm²，比 CK 降低 48.78%；产沙量最小的是有机质 + 秸秆覆盖处理（OM+SW），产沙量在 12.04 ～ 1828kg/hm²，平均 517.29kg/hm²，比 CK 降低 57.27%。与 CK 相比，各处理均能有效减小试验区坡耕地产沙量，除第一次降雨外（6 月 10 ～ 17 日），差异均达到显著水平（$P < 0.05$）。

对比各处理间产沙情况可见，在第 5 次（8 月 27 日）和第 10 次（10 月 29 日时）降雨后 4 种处理间产沙量差异均达到显著水平（$P < 0.05$）。此外，有机质与秸秆同时施入在减小产沙方面的贡献率分别比单施有机质或秸秆高 28.1% 和 12.0%。表明秸秆和有机质同时施入能够明显降低泥沙产量，其效果比单施有机质或秸秆更好。

（3）秸秆覆盖和有机质输入对坡耕地地表径流可蚀性的影响

如图 8-53 所示，单位径流冲刷侵蚀量随降雨次数呈先增加后减小的趋势。侵蚀量大的月份分布在 7 月和 8 月，土壤可蚀性指标 K_w 值分布在 0.24 ～ 31.29g/（m²·mm）之间，期间可蚀性指标 K_w 小于 10g/（m²·mm）的频数最多，占总次数的 70%。对比不同处理间侵蚀量差异可知，有机质处理（OM）、秸秆覆盖处理（SW）、有机质 + 秸秆覆盖处理（OM+SW）的单位径流冲刷侵蚀量（K_w）均明显低于对照组 CK（$P < 0.05$）。CK 的单位径流冲刷侵蚀量最高，其 K_w 值在 0.41 ～ 31.29g/（m²·mm），平均 9.54g/（m²·mm）；其次为 OM 处理，其 K_w 值为 0.35 ～ 22.74g/（m²·mm），平均 7.07g/（m²·mm）；SW 处理的单位径流冲刷侵蚀量排第三，其 K_w 值为 0.27 ～ 23.01g/（m²·mm），平均 6.64g/（m²·mm）；OM+SW 处理最低，其 K_w 值为 0.25 ～ 21.57g/（m²·mm），平均 6.40g/（m²·mm）。

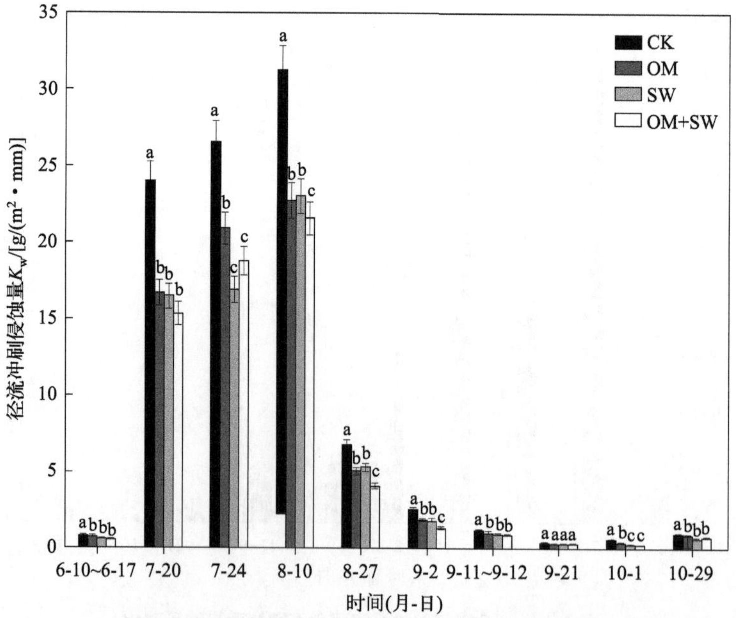

图8-53 不同处理下土壤的单位径流冲刷侵蚀量

与 CK 相比，有机质和秸秆覆盖均能降低试验区坡耕地土壤可蚀性，有机质处理（OM）、秸秆覆盖处理（SW）、有机质 + 秸秆覆盖处理（OM+SW）对土壤可蚀性的平均削减率分别为 22.30%、29.76% 和 35.04%，除第 8 次降雨（9 月 21 日）外，差异均达到显著水平。

（4）不同降雨事件下的不同形态氮素浓度

随着养分溶解到径流水中，养分可以从土壤移动到水中。因此，养分的总流失量取决于径流及其相关的养分浓度。由于玉米生长过程中的频繁降雨，土壤表现出持续减少的趋势——氧化交替。当 8 月 27 日所有处理方式浓度都大于 13mg/L 时，TN 出现峰值。径流中 TN 浓度为 2.49 ～ 17.10mg/L，CK 的平均值为 9.66mg/L，OM、SW 和 OM+SW 处理方式中 TN 浓度分别为 1.90 ～ 15.05mg/L、2.29 ～ 14.75mg/L 和 2.47 ～ 13.59mg/L，平均值分别为 8.48mg/L、8.02mg/L 和 8.00mg/L。

CK 的径流中硝酸盐浓度从 6 月上旬的 0.38mg/L 到 8 月下旬高流动条件下的 7.59mg/L。OM、SW 和 OM+SW 处理方式的径流中NO_3^--N浓度分别为 0.12 ～ 6.89mg/L、0.22 ～ 5.74mg/L 和 0.14 ～ 6.61mg/L，平均值分别为 1.80mg/L、1.72mg/L 和 1.61mg/L。当峰值浓度与春季第一次施肥后第一次暴雨相一致时，通常用一个多月的数据反映径流中硝氮的常规模式。严重的径流、快速的硝化反应和脱氮反应是造成径流中硝氮浓度快速变化的主要原因。

径流水中NH_4^+-N浓度在不同降雨事件下大幅波动、变化不同。CK、OM、SW 和 OM+SW 的径流中NH_4^+-N浓度分别为 0.33 ～ 3.74mg/L、0.33 ～ 2.61mg/L、0.25 ～ 2.08mg/L 和 0.22 ～ 1.50mg/L，平均值分别为 1.80mg/L、0.90mg/L、0.81mg/L 和 0.77mg/L。三种氮素形态的范围不同，这可归因于NH_4^+的不同性质。这些离子可以吸附在或释放于富含不同程度悬浮和沉积的泥沙的土壤颗粒表面，从而影响径流中NO_3^--N和NH_4^+-N的浓度。

（5）不同降雨事件下的不同形态氮素流失量

关于径流中的养分负荷，所有降雨事件中 TN、NO_3^--N和NH_4^+-N负荷均存在时间变化。结果表明，降雨量对径流中养分负荷的影响显著。此外，每次暴雨事件期间不同处理方式的径流中 TN、NO_3^--N和NH_4^+-N负荷变化显著。关于径流中的养分流失，CK 的流失量大于 OM+SW，这可归因于 CK 的径流量较大。CK 中与径流相关的 TN 的年负荷总量为 16.97kg/hm^2，明显高于 OM、SW 和 OM+SW，分别为 11.45kg/hm^2、8.78kg/hm^2 和 6.34kg/hm^2。径流中 TN 负荷的变幅大体上为 0.38 ～ 3.82kg/hm^2，TN 负荷的峰值出现在 8 月 27 日的降雨事件中。CK 中与径流相关的NO_3^--N负荷量为 3.50kg/hm^2，高于 OM、SW 和 OM+SW，分别为 2.55kg/hm^2、2.15kg/hm^2 和 1.64kg/hm^2。与径流中NO_3^--N负荷量类似，4 种处理方式下的NH_4^+-N负荷也变化显著，CK、OM、SW 和 CK+OM+SW 的年总量分别为 2.52kg/hm^2、1.72kg/hm^2、1.30kg/hm^2 和 1.17kg/hm^2（图 8-54）。

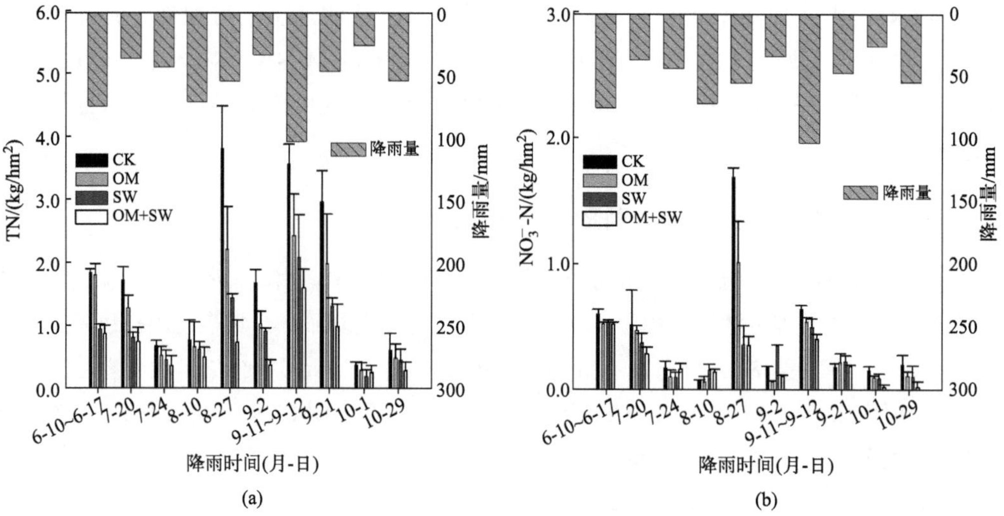

图8-54 不同处理对地表径流中不同形态氮素流失量的影响

（6）地表径流中的磷素浓度变化

总磷流失取决于径流及其相关的磷素浓度。2014年，对照处理的地表径流中总磷（TP）浓度为0.26～2.67mg/L，平均值为0.95mg/L。OM、SW和OM+SW处理的总磷浓度分别为0.15～1.96mg/L、0.13～1.73mg/L和0.12～1.61mg/L，平均值分别为0.81mg/L、0.75mg/L和0.61mg/L。与2014年不同，2015年总磷浓度的峰值与实际降水或产流事件没有明显的相关性，2015年所有处理的总磷浓度均低于0.67mg/L。对照处理的径流中总磷浓度为0.27～0.54mg/L，平均值为0.38mg/L。OM、SW和OM+SW处理的总磷浓度分别为0.40～0.67mg/L、0.24～0.45mg/L和0.18～0.34mg/L，平均值分别为0.52mg/L、0.33mg/L和0.27mg/L。

地表径流中可溶性磷（DP）浓度的峰值与总磷浓度的峰值不同。在 2014 年，CK 的径流中可溶性磷浓度从 6 月下旬的 0.36mg/L 减少到 8 月下旬高流量条件下的 0.01mg/L。不同处理的径流中可溶性磷的值均低于 CK。OM、SW 和 OM+SW 处理的径流中可溶性磷浓度分别为 0.01 ～ 0.29mg/L、0.01 ～ 0.21mg/L 和 0.01 ～ 0.29mg/L，平均值分别为 0.12mg/L、0.11mg/L 和 0.10mg/L。由于颗粒磷（PP）难以区分的变化，可溶性磷浓度发生了微不足道的变化。在 2015 年，CK 的径流中可溶性磷浓度从 6 月 28 日的 0.05mg/L 减少到 9 月 18 日的 0.03mg/L。OM、SW 和 OM+SW 的地表径流中可溶性磷浓度分别为 0.03 ～ 0.15mg/L、0.03 ～ 0.08mg/L 和 0.02 ～ 0.10mg/L，（图 8-55）。

2014 年不同降水事件下地表径流水中颗粒磷（PP）组分发生了特殊变化和移动，但是在 2015 年通常没有发生变化。在 2014 年，CK 处理地表径流中颗粒磷浓度为 0.21 ～ 2.29mg/L，高于其他处理所观测到的，可归因于在地表径流中水流与秸秆覆盖和地表土壤的直接接触。高径流条件下，地表径流引起更强的侵蚀和土壤颗粒的运移，土壤颗粒磷的损失往往更加显著。OM、SW 和 OM+SW 的颗粒磷浓度分别为 0.11 ～ 1.67mg/L、0.10 ～ 1.54mg/L 和 0.10 ～ 1.31mg/L，平均值分别为 0.68mg/L、0.64mg/L 和 0.51mg/L。在 2015 年，CK、OM、SW 和 OM+SW 的径流中颗粒磷浓度分别为 0.19 ～ 0.51mg/L、0.29 ～ 0.64mg/L、0.19 ～ 0.42mg/L 和 0.12 ～ 0.30mg/L，平均值分别为 0.32mg/L、0.43mg/L、0.28mg/L 和 0.22mg/L。

（7）地表径流中的磷素流失量变化

由降水风暴下的耕作措施和径流侵蚀力产生的地表覆盖影响，在考虑到暴雨事件下发现了总磷、可溶性磷和颗粒磷负荷的广泛瞬时变化。在所有处理中，总磷、可溶性磷和颗粒磷流失的峰值主要与强降雨和地表径流有关。关于地表径流中总磷的流失，发现 CK 比 OM+SW 有更显著的流失，这归因于 CK 中有更强的地表径流。地表径流中总磷负荷大体上在 2014 年为 25.16 ～ 472.17g/hm^2，在 2015 年为 108.26 ～ 254.53g/hm^2，并在 2014 年 7 月 20 日和 2015 年 8 月 17 日的降水事件观测到总磷负荷的峰值。CK 中与径流相关的总磷负荷的年测量值为 1.56kg/hm^2，高于 OM、SW 和 OM+SW，它们的年测量值分别为 1.07kg/hm^2、0.77kg/hm^2 和 0.51kg/hm^2（$P < 0.05$）。CK 中与地表径流相关的可溶性磷负荷的年测量值为 0.23kg/hm^2，高于 OM、SW 和 OM+SW，它们的年测量值分别为 0.18kg/hm^2、0.12kg/hm^2 和 0.099kg/hm^2（$P < 0.05$）。CK 地表径流中可溶性磷负荷在所有处理中最为显著，2014 年为 2.72 ～ 64.12g/hm^2，2015 年为 5.21 ～ 39.45g/hm^2。与径流相关的总磷负荷类似，4 种处理的颗粒磷负荷呈现出显著性差异，CK、OM、SW 和 OM+SW 的年总量在 2014 年分别为 1.33kg/hm^2、0.89kg/hm^2、0.65kg/hm^2 和 0.41kg/hm^2，在 2015 年分别为 0.71kg/hm^2、0.53kg/hm^2、0.39kg/hm^2 和 0.24kg/hm^2。总磷主要由颗粒磷结构组成。考虑到所有因素，颗粒磷流失相当于是总磷流失的一个广泛部分，所有处理在 2014 年约为 80%，在 2015 年约为 79%（图 8-56）。

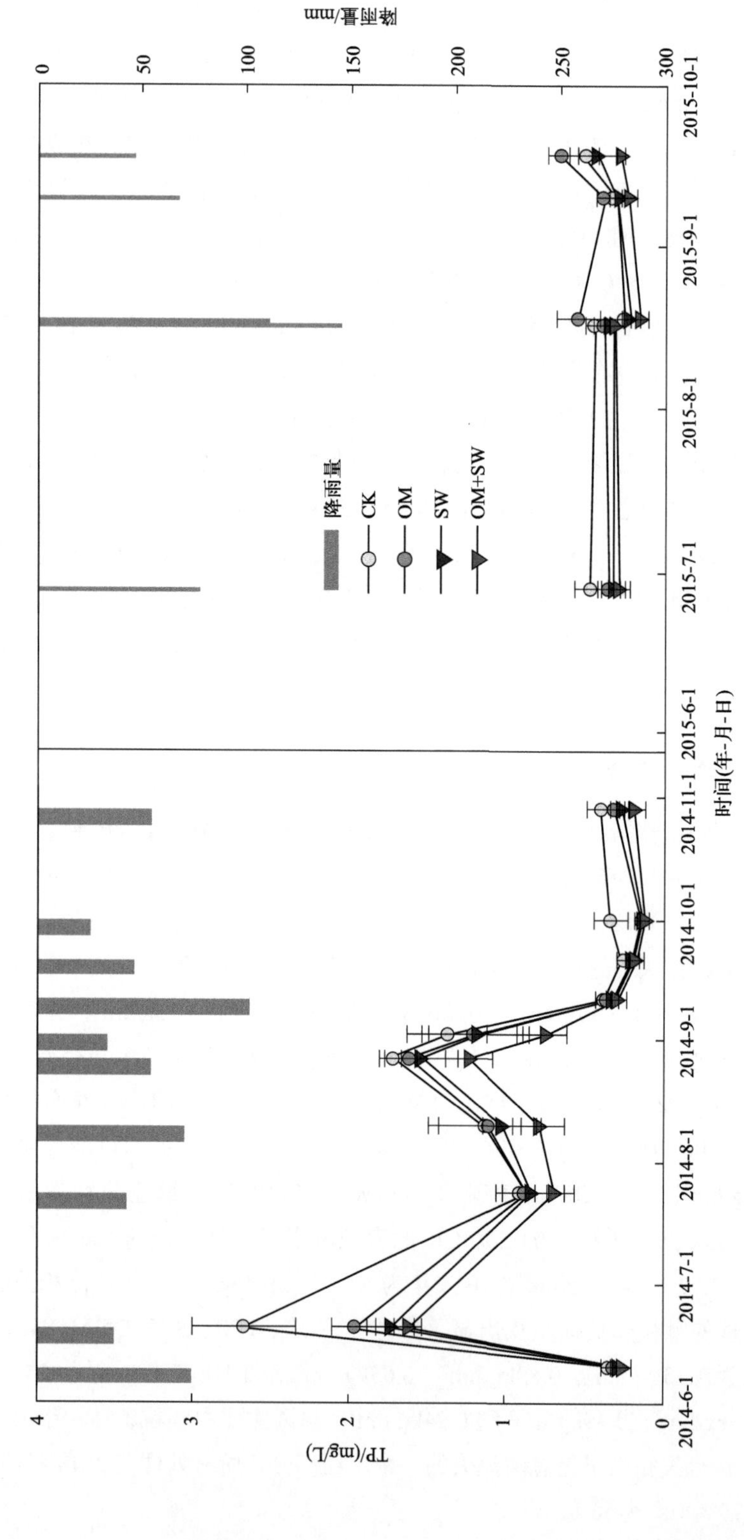

TP/(mg/L)
降雨量/mm
时间(年-月-日)
降雨量
CK
OM
SW
OM+SW
2014-6-1
2014-7-1
2014-8-1
2014-9-1
2014-10-1
2014-11-1
2015-6-1
2015-7-1
2015-8-1
2015-9-1
2015-10-1

(a)

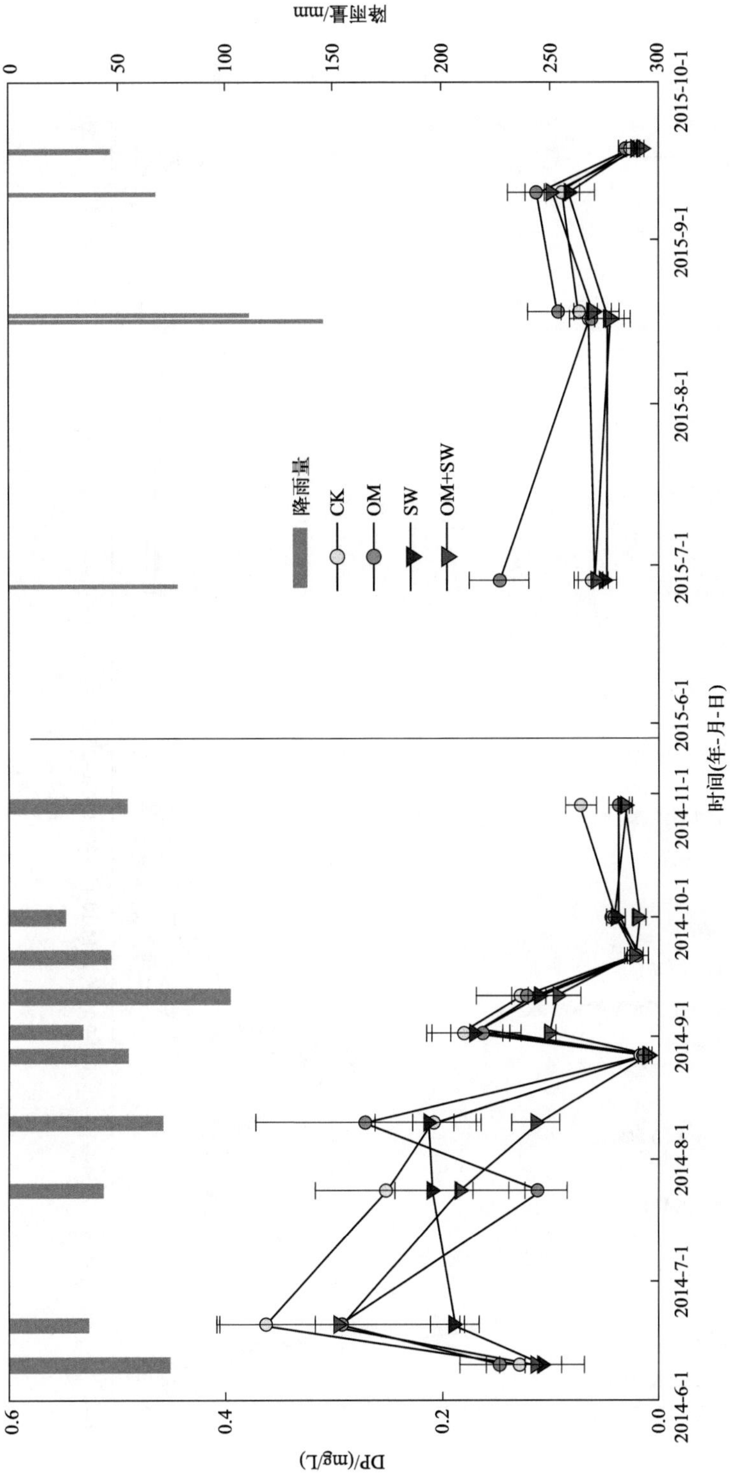
降雨量/mm
DP/(mg/L)
时间(年-月-日)
降雨量
CK
OM
SW
OM+SW
0.6
0.4
0.2
0.0
0
50
100
150
200
250
300
2014-6-1
2014-7-1
2014-8-1
2014-9-1
2014-10-1
2014-11-1
2015-6-1
2015-7-1
2015-8-1
2015-9-1
2015-10-1

(b)

图8-55

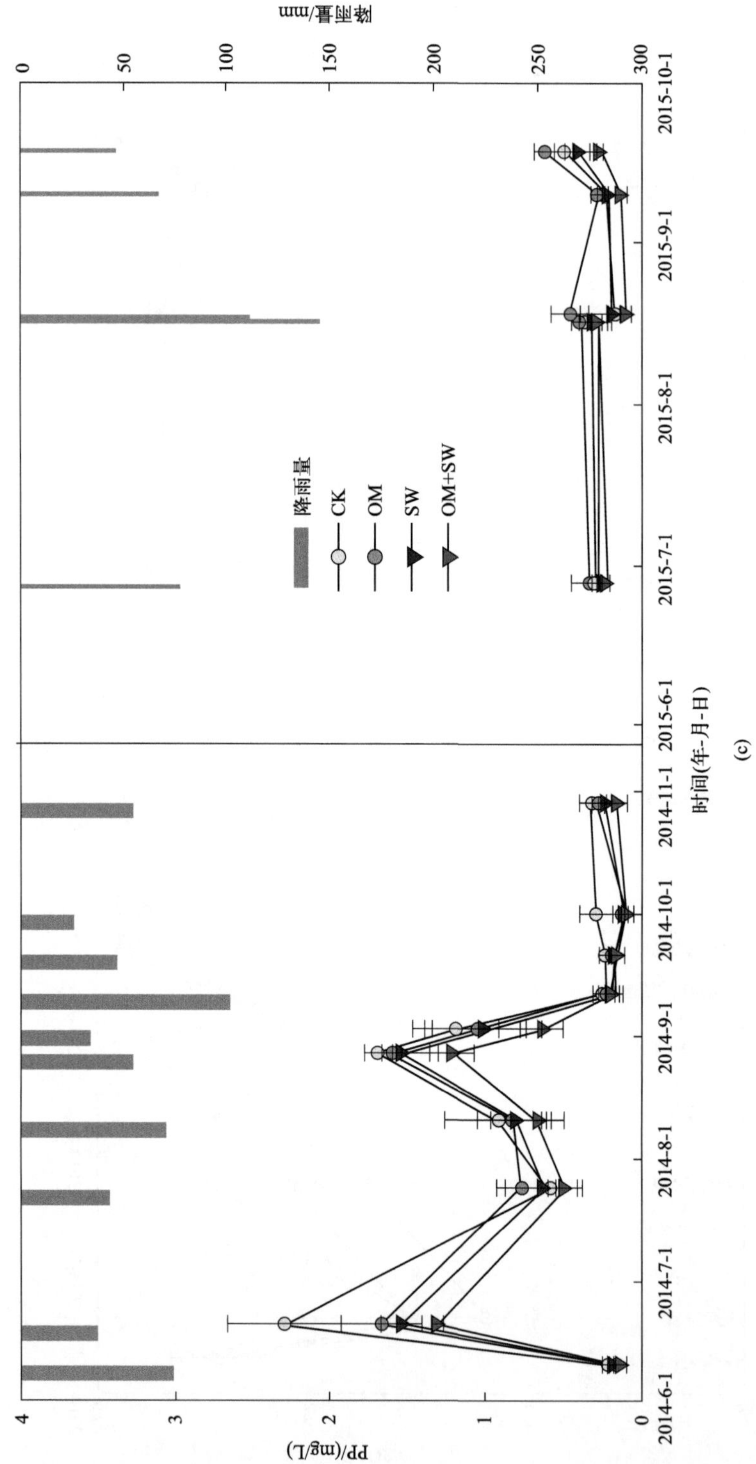

图8-55　地表径流中不同形态磷素浓度变化

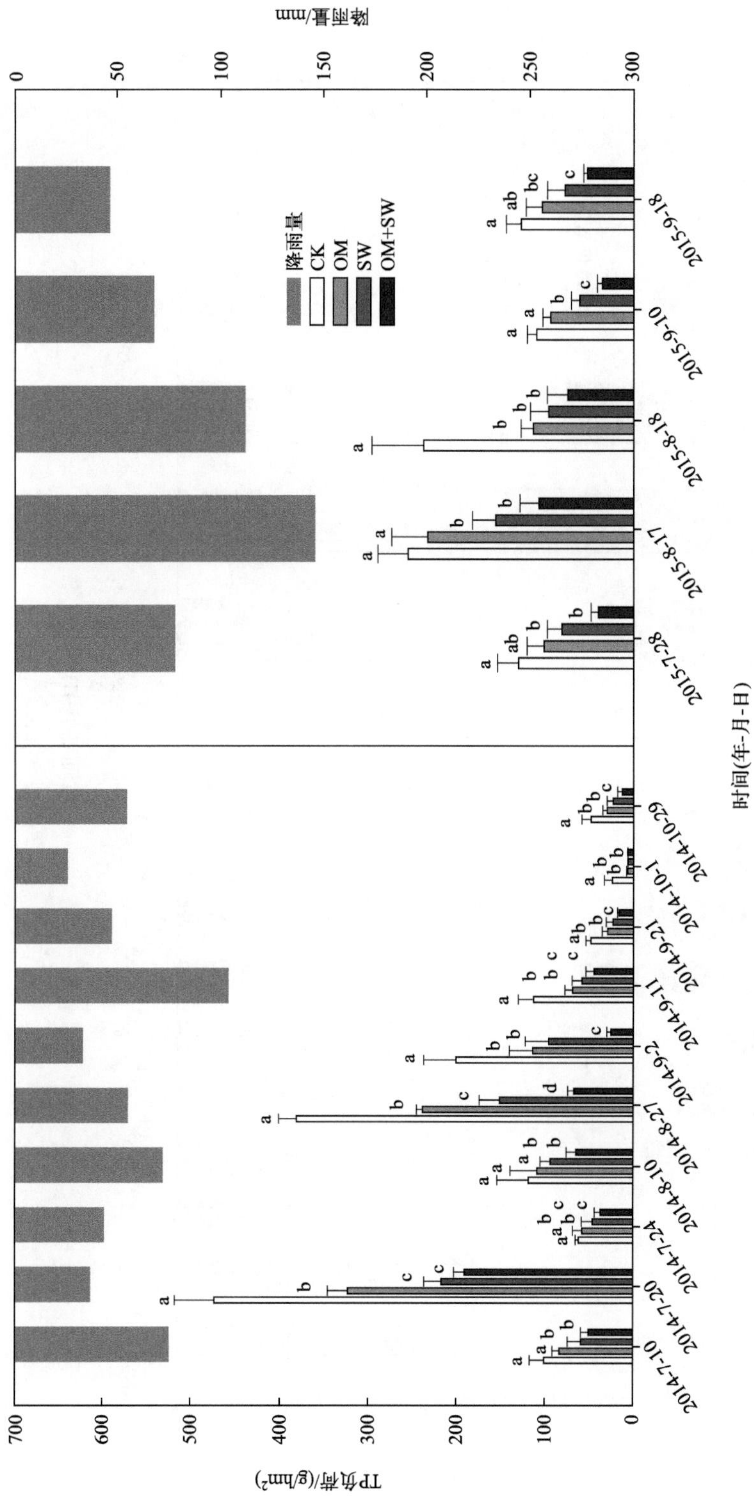

(a)

图8-56

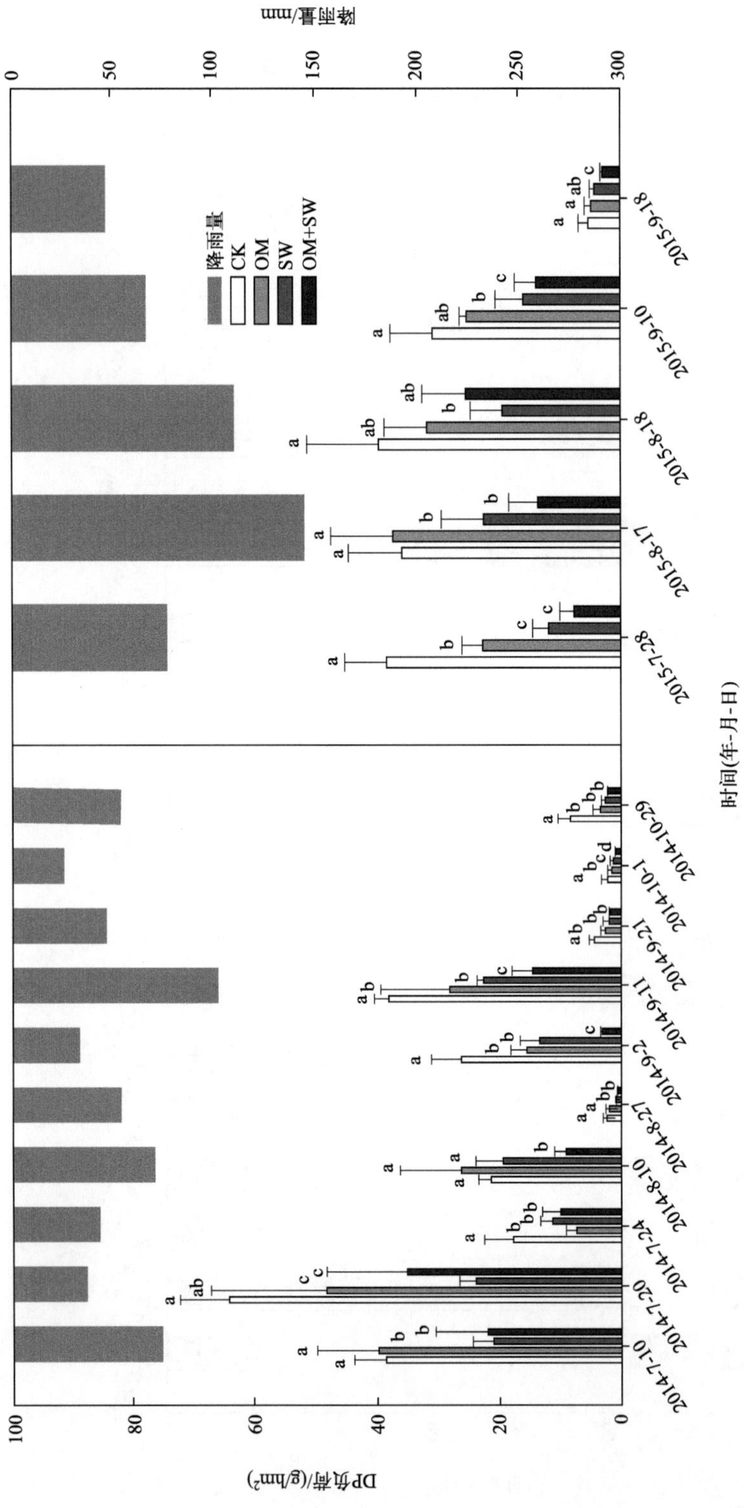

(b)

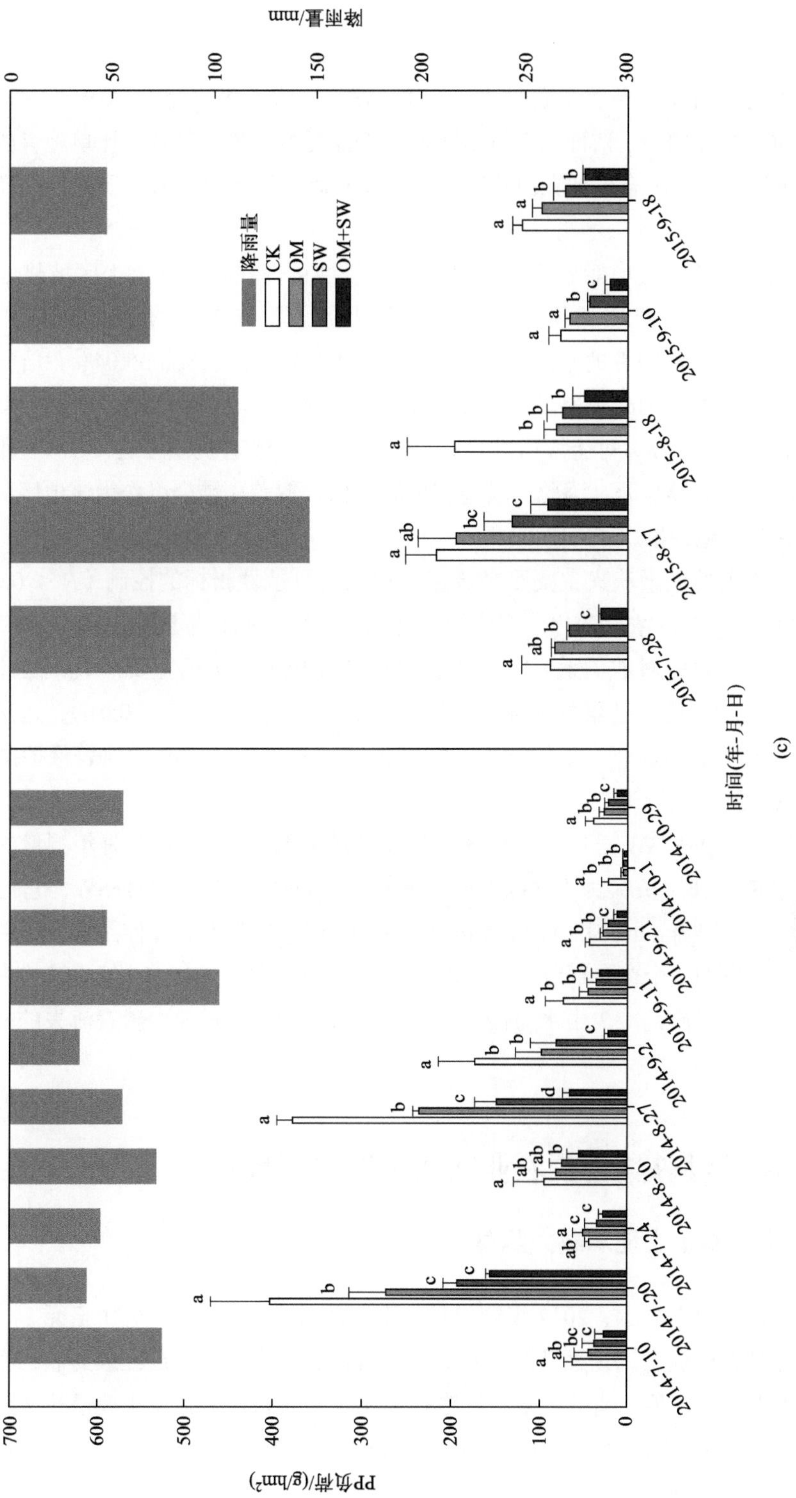

图8-56 地表径流中的磷素流失量变化

秸秆和有机质输入能显著降低紫色土区坡耕地产流量和径流系数。与对照（CK）相比，在田间进行有机质（OM）、秸秆覆盖（SW）、有机质＋秸秆覆盖（OM+SW）处理，对径流的减小效应分别为 18.68%、34.11%、48.18%，且差异显著。4 种处理减小径流效果表现为有机质＋秸秆覆盖处理（OM+SW）＞秸秆覆盖处理（SW）＞有机质处理（OM）＞对照组（CK）。秸秆和有机质能显著降低泥沙产量，其效果比单施有机质或秸秆更好。有机质和秸秆耦合模式在减小产沙方面的贡献分别比单施有机质或秸秆高 28.1% 和 12.0%。

有机质和秸秆覆盖均能显著降低单位径流侵蚀量，并减小紫色土区坡耕地土壤可蚀性，且效果显著。有机质处理（OM）、秸秆覆盖处理（SW）、有机质＋秸秆覆盖处理（OM+SW）对土壤可蚀性的平均削减率分别为 22.30%、29.76%、35.04%。秸秆覆盖处理（SW）的平均可蚀性削减率略低于有机质处理（OM），但二者差异不显著。有机质＋秸秆覆盖处理（OM+SW）对土壤可蚀性的削减效应均高于有机质处理（OM）和秸秆覆盖处理（SW），且差异显著。因此，增施有机质和秸秆覆盖相结合可作为该地区坡耕地一种水土保持农艺措施来推广。

与径流相关的氮素流失主要受径流速率和土壤可蚀性指标的控制（$P < 0.05$）。径流中NO_3^--N和NH_4^+-N的浓度变化受到降雨事件和农业措施的显著影响。NO_3^--N和径流深度之间存在一个重要的对数关系。NO_3^--N被证明是无机氮流失的主要形式，因此，紫色土区应减少施NO_3^--N肥。土壤可蚀性指标显著影响碱解氮流失（$P < 0.01$），这是最好的一种对正对数关系的描述。在集约化农业活动地区，采用 OM+SW 的地表保护措施是减少水土流失的良好管理措施之一。

结果证明，OM+SW 可以成功地减少坡耕地的磷素流失。CK 中每年测量的与地表径流相关的总磷（TP）负荷为 1.56kg/hm^2，显著高于 OM、SW 和 OM+SW，它们的值分别为 1.07kg/hm^2、0.77kg/hm^2 和 0.51kg/hm^2（$P < 0.05$）。综合考虑各种因素，颗粒磷流失相当于是总磷流失的一个重要部分，在 2014 年总计约为 80%，在 2015 年总计约为 79%。地表保护和增施有机质是减少由水力侵蚀引起的坡耕地的地表径流中磷素流失的两大农业保护措施。

8.3.3　基于种养结合的农业面源污染控制模式

8.3.3.1　畜禽养殖土地承载力测算

国家统计局数据显示，2017 年四川省的畜牧业总产值达到 2326.71 亿元，位列全国第三，随着畜禽养殖业集约化程度的不断提高，畜禽养殖粪污污染已经成为制约畜牧业可持续发展的重要因素。四川省农业农村厅数据显示，全省畜禽粪污年排放量达 2.5×10^8t，占全国的 6.5%，而综合利用率仅 62%。我国在 2011 年开始实施农业污染减排工作，重点是规模养殖场污染治理；2014 年 1 月 1 日，《畜禽规模化养殖污染防治条例》在全国范围内实施执行；2015 年 4 月和 2016 年 5 月，国务院相继印发了《水污染防治行动计划》和《土壤污染防治行动计划》，明确指出防治畜禽养殖污染，科学划定畜禽养殖禁养区，规模化畜禽养殖场要根据污染防治需要，配套建设粪便污水贮存、处理和利用设施。传统发展模式下的畜牧养殖业面临巨大挑战，畜牧业的持续健康发展离不开对畜禽养殖废弃物的污染防控，通过大力发展生态健康养殖，加强养殖规划源头控制、饲养过程减量化、畜禽粪污无害化与资源化利用，农牧结合，使畜禽粪便变“废”为“宝”，提高土壤肥力，提升耕地地力，促进农业循环发展。根据四川农用地中的作物类型，估算四川省畜禽粪便污染量和农用地畜禽粪污承载力，评估畜禽粪污负荷预警风险，为科学、合理规划四川省畜禽养殖业布局及发展规模，加快环境优化型、资源节约型现代化畜牧业农牧强省建设提供理论参考。

（1）畜禽粪污承载力的测算方法

1）四川省土地可承纳的粪肥氮（磷）总量

根据四川省统计的全省各市各类粮食作物、经济作物（棉花和花生等）、果树蔬菜等的作物产量（表 8-53），以及每种作物 100kg 收获物需氮（磷）量（常见作物的参考值见表 8-54），计算得到作物总氮（磷）需要量，计算公式如下：

$$A_n = \sum\left(P_i Q_i \times 10^{-2}\right) \tag{8-10}$$

式中 A_n——区域内作物氮（磷）养分需求总量，t/a；

P_i——区域内第 i 种作物总产量，t/a；

Q_i——区域内第 i 种作物每 100kg 收获物所需氮（磷）量，kg。

求得作物总养分需求量后，再根据不同土壤肥力下作物氮（磷）总养分需求量中需要施肥的比例、粪肥施用的比例和粪肥的当季利用效率，测算作物粪肥养分需求量，计算公式如下：

$$A_m = \frac{A_n \times \mathrm{FP} \times \mathrm{MP}}{\mathrm{MR}} \tag{8-11}$$

式中 A_m——区域内植物粪肥养分需求量，t/a；

A_n——区域内植物氮（磷）养分需求量，t/a；

FP——作物总养分需求中施肥供给养分占比，%；

MP——农田施肥管理中，畜禽养分需求量占施肥养分总量的比例，%；

MR——粪肥当季利用率，%，不同区域的粪肥占肥料的比例可根据当地实际情况确定，粪肥氮素当季利用率的取值范围为 25% ～ 30%，磷素当季利用率取值范围为 30% ～ 35%。

四川土壤总氮含量平均可达 1.39g/kg，土壤有效磷含量平均可达 15.1mg/kg，氮、磷养分施肥供给养分占比（FP）分别为 35%、55%。据文献资料，有机肥氮与化肥氮配施比例为 40% ～ 60% 时，可以实现作物最高产且不会造成环境污染问题。粪肥当季氮素、磷素利用率（MR）分别按照 27%、32% 进行计算。

土壤不同氮、磷养分水平下施肥供给养分占比推荐值见表 8-55。

表 8-53　2016 年四川省各市主要作物产量及各市耕作面积

区域	耕作面积/khm^2	粮食作物/($\times 10^4t$)							经济作物/($\times 10^4t$)											
		稻谷	小麦	玉米	豆类	薯类	花生	油菜籽	棉花	甘蔗	生麻	烤烟	中草药材	蔬菜及食用菌	蚕茧	茶叶	苹果	柑橘	梨
成都	886.27	159.10	28.56	54.80	10.70	30.00	3.60	29.90	0.04	1.18		0.07	5.87	737.36	0.34	2.20	0.43	54.78	11.58
自贡	313.71	77.20	11.85	22.81	5.90	14.70	2.00	4.60		2.88	0.03		0.59	204.04	0.25	1.14		22.61	1.52
攀枝花	70.93	12.20	2.99	5.75	1.00	0.60	0.10	0.30		4.63		1.28	0.13	74.74	0.34	0.01	0.01	0.31	1.68
泸州	486.58	121.30	16.34	31.44	3.20	29.80	0.60	4.30		7.30	0.00	0.99	2.43	244.14	0.21	1.21	0.18	9.29	1.45
德阳	459.28	108.30	23.41	45.05	3.50	11.00	3.20	16.90	0.02	0.65		0.93	3.93	216.87	0.33	0.06	0.37	6.92	5.41
绵阳	664.57	100.50	33.41	64.28	5.30	17.40	9.30	27.10	0.02	1.12	0.05	0.00	3.01	207.00	1.15	0.34	0.25	11.58	3.66
广元	432.57	52.00	23.53	45.27	3.10	17.30	8.30	13.40	0.71	0.09	0.00	0.64	4.46	236.91	0.28	0.83	2.28	8.40	15.60
遂宁	415.51	47.10	24.29	46.74	7.40	33.90	3.80	12.10		0.22	0.00		1.51	105.94	0.07	0.01	0.09	4.43	1.39
内江	454.35	65.50	19.32	37.18	10.00	23.00	3.10	8.30		4.58	0.00	0.00	0.37	279.17	0.34	0.25	0.01	29.44	3.41
乐山	358.44	66.80	7.48	14.39	3.40	16.70	0.80	7.10	0.03	2.62		0.10	4.90	119.86	0.13	3.74	0.21	8.32	0.97
南充	920.43	115.30	42.94	82.62	16.00	55.10	14.20	24.90	0.05	2.56	0.06	0.20	4.78	357.32	1.79	0.00	0.24	43.98	4.48
眉山	437.59	96.20	16.21	31.20	4.20	19.90	1.70	10.60		2.56		0.08	0.99	163.69	0.45	2.24	0.02	64.21	6.50
宜宾	547.84	123.90	18.57	35.73	6.00	34.10	4.00	7.30		4.85	0.01	1.37	0.70	259.62	1.86	5.52	0.03	32.76	10.30
广安	490.49	103.90	14.63	28.15	7.40	34.50	3.20	10.60		2.64	0.05	0.22	0.76	252.16	0.27	0.07	0.01	16.44	1.77
达州	830.8	125.40	30.43	58.54	8.40	66.10	4.50	28.60		1.86	4.99	0.58	3.21	305.77	0.05	1.00	0.31	23.26	2.63
雅安	174.82	20.60	5.75	11.06	1.50	8.80	0.20	3.20		0.00		0.08	3.19	76.22	0.02	7.47	4.41	5.64	12.13
巴中	454.43	59.20	27.94	53.75	2.20	28.50	1.50	12.80		2.05	0.02	0.37	2.30	109.82	0.09	0.59	0.53	2.65	1.10
资阳	518.77	57.50	22.07	42.46	14.30	24.70	4.30	15.50	0.02	1.09	0.00	0.01	1.11	147.84	0.52			53.66	1.42
阿坝	80.94		3.25	6.25	1.60	5.00		0.70		0.06			0.53	77.72		0.01	6.66		1.53
甘孜	89.28	0.20	6.56	12.63	1.30	4.70	0.01	1.40			0.00		0.31	26.74		0.01	0.92	0.09	0.19
凉山	9728.6	55.50	27.32	52.57	4.60	75.70	0.40	4.10		6.65	0.01	10.92	0.95	285.65	2.59	0.08	45.78	3.02	10.95

表 8-54 2016 年四川省主要作物产量及每 100kg 收获物需氮（磷）量

作物类型		2016年作物产量/($\times10^4$t)	100kg收获物需氮量/kg	100kg收获物需磷量/kg
粮食作物	稻谷	1558.20	2.20	0.80
	小麦	413.40	3.00	1.00
	玉米	793.20	2.30	0.30
	豆类	105.80	7.20	0.75
	薯类	531.10	0.66	0.66
	花生	68.80	7.19	0.89
	油菜籽	243.60	7.19	0.89
经济作物	棉花	0.88	11.70	3.04
	甘蔗	49.54	0.08	0.02
	生麻	5.22	3.50	0.37
	烤烟	17.89	0.06	0.53
	中草药材	46.02	0.20	0.20
	蔬菜及食用菌	4388.60	0.43	0.06
	蚕茧	11.07	1.00	0.90
	茶叶	26.77	6.40	0.88
	苹果	62.73	0.30	0.08
	柑橘	401.69	0.6	0.11
	梨	99.66	0.47	0.23
	其他园林水果	261.93	0.75	0.31

表 8-55 土壤不同氮、磷养分水平下施肥供给养分占比推荐值

土壤指标	土壤氮磷分级		
	Ⅰ	Ⅱ	Ⅲ
总氮含量(旱地)/(g/kg)	＞1.0	0.8～1.0	＜0.8
总氮含量(水田)/(g/kg)	＞1.2	1.0～1.2	＜1.0
总氮含量(菜地)/(g/kg)	＞1.2	1.0～1.2	＜1.0
总氮含量(果园)/(g/kg)	＞1.0	0.8～1.0	＜0.8
有效磷含量/(mg/kg)	＞40	20～40	＜20
施肥供给占比/%	35	45	55

2）四川省畜禽粪污氮（磷）养分供给量

畜禽种类、各种畜禽的存栏量参考《四川统计年鉴（2017）》。以猪计算当量值按照如下比例计算：100 头猪相当于 15 头奶牛、30 头肉牛、250 只羊、2500 只家禽。四川养殖的牛大多为肉牛，大牲畜中涉及牛的计算过程均以肉牛计算。畜禽粪污养分产生量等于各类畜禽存栏量（表 8-56）乘以不同畜禽年氮（磷）排泄量（表 8-57），求和得畜禽粪污养分产生量。

$$Q_p = \sum Q_{p,i} = \sum AP_i \times MP_i \times 365 \times 10^{-6} \tag{8-12}$$

式中　Q_p——畜禽粪便养分产生量，t/a；

$Q_{p,i}$——第 i 种畜禽粪便养分产生量，t/a；

AP_i——第 i 种动物年均存栏量，头（只）；

MP_i——第 i 种动物粪便中氮磷的日产生量，g/（d·头）。

表8-56 2016年四川省畜禽的存栏量

市(州)	猪年出栏量/($\times 10^4$头)	牛存栏量/($\times 10^4$头)	马存栏量/($\times 10^4$头)	山羊年存栏量/($\times 10^4$头)	绵羊年存栏量/($\times 10^4$头)	家禽出栏量/($\times 10^4$头)	折算为猪当量/($\times 10^4$头)
2016年全省	6925.37	969.53	79.19	1409.04	352.26	67776.89	13770.71
成都	811.53	11.06	0.03	54.21	13.55	9043.12	1237.30
自贡	216.56	7.01	0.05	48.33	12.08	2707.98	372.53
攀枝花	59.40	10.41	0.81	31.27	7.82	399.54	127.74
泸州	351.06	30.59	0.52	30.18	7.55	3662.70	615.93
德阳	333.29	17.56	0.00	21.09	5.27	6525.92	663.40
绵阳	361.54	40.75	0.69	72.22	18.05	6302.27	787.30
广元	349.25	27.62	0.15	31.38	7.84	1816.70	530.05
遂宁	359.69	10.33	0.03	25.42	6.35	2152.10	492.99
内江	300.50	7.81	0.22	41.68	10.42	2787.26	459.41
乐山	332.21	9.88	0.51	20.58	5.14	3664.56	523.29
南充	589.06	35.43	0.57	119.93	29.98	5906.84	1004.82
眉山	281.72	12.16	0.00	31.49	7.87	2093.12	421.72
宜宾	439.62	31.54	0.72	31.15	7.79	4080.58	725.35
广安	393.26	14.11	1.09	18.47	4.62	3021.71	573.12
达州	464.96	73.97	0.43	79.54	19.88	6228.79	1001.52
雅安	117.65	13.66	0.97	17.57	4.39	1070.14	217.20
巴中	352.61	48.99	0.01	59.38	14.85	1107.28	589.92
资阳	331.40	5.82	0.15	66.59	16.65	2177.15	471.56
阿坝	43.64	173.99	11.86	81.99	20.50	64.68	696.84
甘孜	23.28	232.39	31.33	80.89	20.22	19.02	917.44
凉山	468.79	137.21	29.04	445.55	111.39	1793.18	1293.26

表8-57 不同畜禽（不划分畜禽生长阶段）的氮、磷养分日排泄量

动物	氮/[kg/(d·头)]	磷/[kg/(d·头)]
猪	3.0×10^{-3}	4.5×10^{-3}
家禽	1.2×10^{-3}	0.2×10^{-3}
山羊	11.3×10^{-3}	2.4×10^{-3}
绵羊	12.2×10^{-3}	0.9×10^{-3}
马	25.2×10^{-3}	4.1×10^{-3}
肉牛	109.0×10^{-3}	14.0×10^{-3}

畜禽粪污养分收集量等于粪污养分产生量乘以不同方式比例，再乘以该种收集方式的氮（磷）养分收集率，求和得养分收集量，计算公式如下：

$$Q_c = \sum Q_{c,i} = \sum \left(\sum Q_{p,i} \times PL_{i,j} \times PL_j \right) \tag{8-13}$$

式中 Q_c——畜禽粪污养分收集量，t/a；
$Q_{c,i}$——第 i 种畜禽粪污养分收集量，t/a；
$Q_{p,i}$——第 i 种畜禽粪污养分产生量，t/a；
$PL_{i,j}$——第 i 种动物第 j 种清粪方式所占比例，%；
PL_j——第 j 种清粪方式氮、磷养分收集率，%，参照表 8-58。

表 8-58　不同畜禽粪污收集工艺的氮、磷养分收集率

粪污收集工艺	氮收集率/%	磷收集率/%
干清粪	88.0	95.0
水冲清粪	87.0	95.0
水泡粪	89.0	95.0
垫料	84.5	95.0

畜禽粪肥养分供给量等于畜禽粪污养分供给量乘以不同处理方式比例，再乘以该处理方式的养分留存率，求和得区域内畜禽粪肥养分供给量，计算公式如下：

$$Q_{Tr}=\sum Q_{Tr,i}=\sum\left(\sum Q_{c,i}\times PC_{i,k}\times PL_k\right) \tag{8-14}$$

式中 Q_{Tr}——畜禽粪污处理后养分供给量，t/a；
$Q_{Tr,i}$——第 i 种畜禽粪污处理后养分供给量，t/a；
$PC_{i,k}$——第 i 种动物第 k 种处理方式所占比例，%（按照厌氧发酵 7%、堆肥 1%、固体贮存 92% 计算）；
PL_k——第 k 种处理方式氮（磷）养分留存率，%，参照表 8-59。

表 8-59　不同畜禽粪污处理方式的氮、磷养分留存率

粪污处理方式	氮留存率/%	磷留存率/%
厌氧发酵	95.0	75.0
堆肥	68.5	76.5
氧化塘	75.0	75.0
固体贮存	63.5	80.0
沼液贮存	75.0	90.0

3）单位猪当量粪肥养分供给量

单位猪当量供给量等于总的粪肥养分供给量除以折算成猪当量的畜禽总存栏量，计算公式如下：

$$NS_a=\frac{Q_{Tr}\times 1000}{A} \tag{8-15}$$

式中 NS_a——单位猪当量粪肥养分供给量，kg/（猪当量・a）；
Q_{Tr}——畜禽粪污总养分供给量，t/a；
A——饲养的各种动物根据猪当量换算系数折算成猪当量的饲养总量，猪当量。

4）四川畜禽粪污土地承载力指数

畜禽养殖配套耕作面积等于畜禽养殖粪污养分处理后的留存量除以单位面积的植物粪

肥养分需求量，计算公式如下：

$$S_2 = \frac{Q_{Tr} \times S_1}{A_m} \tag{8-16}$$

式中　S_2——畜禽养殖的理论配套耕作面积，hm^2；

S_1——现有的配套耕作面积［来源于《四川统计年鉴（2016）》］，hm^2；

Q_{Tr}——畜禽粪污处理后养分供给量，t/a；

A_m——区域内植物粪肥养分需求量，t/a。

畜禽粪污土地承载力指数（I）等于现有的配套面积与理论上的配套面积之间的比值，计算公式如下：

$$I = \frac{S_1}{S_2} \tag{8-17}$$

当 $I \geqslant 1$ 时，表明该区域畜禽养殖量不超载；当 $I < 1$ 时，表明该区域畜禽养殖超载，需要调减养殖量。

（2）区域内土地可承纳的粪肥氮（磷）总量

根据《四川统计年鉴（2017）》公布的各市各类粮食作物和经济作物的总产量，通过上述计算过程得到植物总养分需求量及粪肥养分需求量，具体计算结果见表 8-60。四川省 2016 年植物的总氮需求量达到 1232564.98t，总磷需求量达到 276930.38t；相应的植物粪肥氮需求量达到 798884.74t，占全省植物总氮需求量的 64.81%；植物粪肥磷需求量达到 247506.53t，占全省植物总磷需求量的 89.38%；植物粪肥总氮及总磷需求量最大的三个城市从大到小依次均为成都、南充、达州；植物粪肥总氮及总磷需求量最小的三个城市从小到大小依次均为甘孜、阿坝、攀枝花。

表 8-60　四川省（各市）2016 年植物总养分及粪肥需求量

区域	植物 TN 需求量 /(t/a)	植物 TP 需求量 /(t/a)	粪肥 N 需求量 /(t/a)	粪肥 P 需求量 /(t/a)
成都	126626.57	27183.69	82072.78	24295.42
自贡	46517.11	11176.08	30149.98	9988.62
攀枝花	9343.30	2636.45	6055.84	2356.33
泸州	58172.82	15826.01	37704.61	14144.49
德阳	68920.35	16281.57	44670.60	14551.65
绵阳	87998.22	18901.48	57035.89	16893.19
广元	59751.21	12349.32	38727.64	11037.20
遂宁	52621.19	10876.75	34106.33	9721.10
内江	59476.52	12903.46	38549.60	11532.46
乐山	37439.44	9191.58	24266.30	8214.98
南充	118211.57	24486.81	76618.61	21885.09
眉山	58841.97	14239.52	38138.31	12726.57
宜宾	72594.37	18026.90	47051.91	16111.54

续表

区域	植物TN需求量/(t/a)	植物TP需求量/(t/a)	粪肥N需求量/(t/a)	粪肥P需求量/(t/a)
广安	62737.03	14810.88	40662.89	13237.23
达州	100476.94	21750.91	65123.94	19439.88
雅安	21931.63	4624.15	14214.95	4132.84
巴中	52463.73	11898.21	34004.27	10634.03
资阳	64551.95	12849.17	41839.23	11483.95
阿坝	7947.64	1328.15	5151.25	1187.03
甘孜	8306.21	1502.44	5383.66	1342.81
凉山	57635.21	14086.85	37356.15	12590.12
全省总计	1232564.98	276930.38	798884.74	247506.53

(3)区域内畜禽粪污氮(磷)养分供给量

根据《四川统计年鉴(2017)》公布的2016年底各市畜禽存栏量，通过上述计算过程得出畜禽粪污养分产生总量、畜禽粪污养分收集量、畜禽粪肥总养分供给量以及单位猪当量养分供给量，具体计算结果见表8-61。

表8-61 四川省(各市)2016年畜禽粪污粪产生量、收集量及供给量

区域	畜禽粪污养分产生量/(t/a)		畜禽粪污养分收集量/(t/a)		畜禽粪污养分供给量/(t/a)		猪当量粪污养分供给量/[kg/(猪当量·a)]	
	N	P	N	P	N	P	N	P
成都	135713.66	20346.80	119048.02	17848.21	78280.03	14209.86	6.33	1.15
自贡	40899.10	6150.20	35876.69	5394.96	23590.72	4295.20	6.33	1.15
攀枝花	14108.30	2076.70	12375.80	1821.68	8137.71	1450.33	6.37	1.14
泸州	68282.68	10027.73	59897.57	8796.32	39385.65	7003.19	6.39	1.14
德阳	73169.57	10857.72	64184.34	9524.39	42204.42	7582.84	6.36	1.14
绵阳	87250.87	12851.59	76536.46	11273.42	50326.55	8975.33	6.39	1.14
广元	58845.82	8639.10	51619.55	7578.22	33942.44	6033.40	6.40	1.14
遂宁	54256.03	8089.49	47593.39	7096.10	31295.03	5649.56	6.35	1.15
内江	50423.47	7561.83	44231.47	6633.23	29084.40	5281.05	6.33	1.15
乐山	57483.12	8570.43	50424.19	7517.98	33156.43	5985.44	6.34	1.14
南充	110803.77	16504.47	97197.07	14477.72	63911.93	11526.44	6.36	1.15
眉山	46503.32	6920.33	40792.72	6070.51	26823.25	4833.04	6.36	1.15
宜宾	80257.36	11817.53	70401.75	10366.33	46292.67	8253.16	6.38	1.14
广安	62978.42	9355.84	55244.67	8206.95	36326.13	6533.96	6.34	1.14
达州	111829.60	16264.58	98096.93	14267.29	64503.63	11358.90	6.44	1.13
雅安	24013.84	3513.46	21064.94	3082.01	13851.25	2453.74	6.38	1.13
巴中	66062.66	9581.86	57950.16	8405.21	38105.13	6691.81	6.46	1.13

续表

区域	畜禽粪污养分产生量/(t/a)		畜禽粪污养分收集量/(t/a)		畜禽粪污养分供给量/(t/a)		猪当量粪污养分供给量/[kg/(猪当量·a)]	
	N	P	N	P	N	P	N	P
资阳	51641.41	7800.38	45299.85	6842.49	29786.91	5447.65	6.32	1.16
阿坝	79668.35	10599.77	69885.08	9298.12	45952.93	7402.70	6.59	1.06
甘孜	102204.99	13500.57	89654.21	11842.70	58952.13	9428.57	6.43	1.03
凉山	139781.51	20519.77	122616.34	17999.94	80626.38	14330.66	6.23	1.11
全省总计	1516177.85	221550.15	1329991.2	194343.78	874535.72	154726.83	6.38①	1.13①

① 平均值。

从表8-61可以看出，就四川省总体而言，2016年猪当量粪污氮养分供给量可达6.38kg/猪当量，猪当量粪污磷养分供给量可达1.13kg/猪当量。2016年四川全省畜禽粪污氮养分产生量为151.62×10^4t，磷养分生产量为22.16×10^4t。畜禽粪污氮养分产生量最高的五个城市依次为凉山、成都、达州、南充、甘孜，畜禽粪污磷养分产生量最高的五个城市依次为凉山、成都、南充、达州、甘孜，畜禽粪污氮养分产生量最低的五个城市依次为攀枝花、雅安、自贡、眉山、内江。由此可见，四川省畜禽粪污氮、磷养分产生量的最大值大多分布于川西南至川东北中轴带，而最小值则大多分布于川中及川东南地区。这也符合四川省农牧产业的地域分布特征——川西南地区畜牧业发达，而其余地区种植业相对发达。该分布特征主要是受到了四川省内地形的影响。畜禽粪污氮、磷养分在局部地区的集中产生和排放，给四川的水环境形成了更为严峻的压力。

根据畜禽饲养量以及产排污系数，四川省畜禽粪便氮养分产生总量为151.62×10^4t，其中，猪粪便养分产生量最多，为75.83×10^4t，约占总量的50%；其次是牛的粪便产生量，为38.57×10^4t，约占总量的25%；家禽的粪便产生量第三，为29.69×10^4t，约占总量的20%。猪、家禽和牛的粪便产生量约占总量的95%，其余畜禽的粪便产生量占比较低。

（4）区域内畜禽粪污土地承载力指数

四川省以畜禽粪肥氮养分为需求最大养殖量（猪当量）为123884997头，以畜禽粪肥磷养分为需求最大养殖量（猪当量）为201433750头。四川省以畜禽粪肥氮养分为需求最大养殖量（猪当量）前三的城市为成都、南充、达州；以畜禽粪肥氮养分为需求最小养殖量（猪当量）前三的城市为攀枝花、阿坝、甘孜（图8-57）。

比较而言，基于氮计算的城市的承载力值要明显高于基于磷计算的承载力值。究其原因，土地对磷的承载力小于对氮的承载力，虽然一般畜禽的粪便磷产生系数小于粪便氮，但最终基于磷的允许总量小于基于氮的允许总量。无论以氮计算还是以磷计算，均会有部分城市处于超负荷状态。需要注意的是计算中假定了将一个城市的所有畜禽粪便均匀分布到该省的耕地面积上，即畜禽养殖在全市为均匀分布。然而，实际中的畜禽养殖往往集中在某些特定区域，这意味着其畜禽养殖更可能超过其允许总量，超负荷的城市也可能会更多，从而给当地土地和水环境造成的压力也更大。

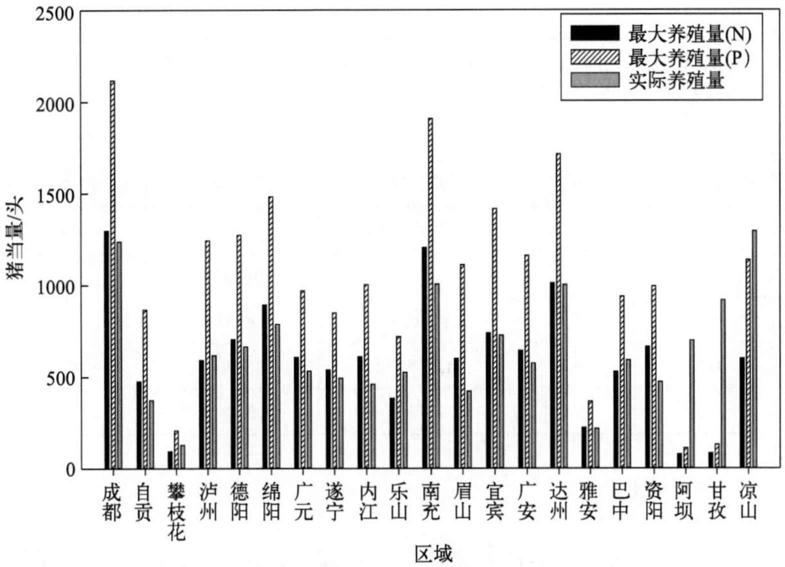

图8-57 四川省（各市）最大养殖量及实际养殖量

（5）养殖场配套土地承载力测算

通过计算单位面积植物养分需求量、单位面积植物粪肥养分需求量，进而求出区域配套土地面积以及养殖场配套土地承载力指数，计算过程的各项数据见表 8-62。

表 8-62 四川省（各市）2016 年单位面积作物粪肥养分需求量、配套种植面积及承载力指数

区域	单位面积作物平均需N量	单位面积作物平均需P量	区域配套种植面积(N)/hm^2	区域配套种植面积(P)/hm^2	承载力指数(N)	承载力指数(P)
成都	0.09	0.03	845313.64	518359.76	1.05	1.71
自贡	0.10	0.03	245461.01	134898.15	1.28	2.33
攀枝花	0.09	0.03	95314.12	43657.86	0.74	1.62
泸州	0.08	0.03	508273.92	240914.47	0.96	2.02
德阳	0.10	0.03	433923.97	239330.08	1.06	1.92
绵阳	0.09	0.03	586394.26	353085.21	1.13	1.88
广元	0.09	0.03	379121.50	236460.84	1.14	1.83
遂宁	0.08	0.02	381260.61	241479.86	1.09	1.72
内江	0.08	0.03	342792.10	208060.02	1.33	2.18
乐山	0.07	0.02	489756.93	261159.74	0.73	1.37
南充	0.08	0.02	767782.91	484772.04	1.20	1.90
眉山	0.09	0.03	307763.64	166179.09	1.42	2.63
宜宾	0.09	0.03	539000.01	280631.76	1.02	1.95
广安	0.08	0.03	438178.48	242108.26	1.12	2.03
达州	0.08	0.02	822886.60	485444.08	1.01	1.71

续表

区域	单位面积作物平均需N量	单位面积作物平均需P量	区域配套种植面积(N)/hm^2	区域配套种植面积(P)/hm^2	承载力指数(N)	承载力指数(P)
雅安	0.08	0.02	170347.13	103793.89	1.03	1.68
巴中	0.07	0.02	509233.52	285964.82	0.89	1.59
资阳	0.08	0.02	369331.81	246089.33	1.40	2.11
阿坝	0.06	0.01	722044.11	504766.44	6.56	9.86
甘孜	0.06	0.02	977633.96	626881.47		
凉山	0.05	0.02	1510583.57	796646.91	0.46	0.88
全省	0.08①	0.02①	11442397.80②	6700684.08②	—	—

① 平均值。

② 求和

通过表 8-62 可以看出，全省理论上的配套种植面积应为 1442397.80hm^2，以氮或磷为基准计算的各市理论最大配套种植面积从大到小依次为凉山、甘孜、成都、达州。以氮为基准计算的配套种植面积承载力不足的城市有攀枝花、泸州、乐山、巴中、凉山。以磷为基准计算的配套面积承载力不足的城市有凉山。甘孜和阿坝区域总的配套土地承载力指数为 6.56（以氮为基准）和 9.86（以磷为基准），即现有的配套面积足以消纳该区域所产生的畜禽粪污。以氮为基准计算的话，未超载的各市畜禽粪污土地承载力指数均接近 1，应及时采取农业面源污染防范措施。在配套面积的承载力计算过程中，只是选取了年鉴数据中主要的几种畜禽种类进行粪污核算，实际上的畜禽粪污排放量应该略大于估算值，相应的配套面积承载力的值也应该会更小。

2016年，以氮素为基准，全省畜禽养殖允许总量为 1.24 亿头猪当量，实际总量为 1.38 亿头猪当量；以磷素为基准，全省畜禽养殖允许总量为 2.01 亿头猪当量，远远高于以氮素为基准的允许总量。分市来看，以氮素为基准，畜禽养殖实际总量超过允许总量的省份主要分布在川东北至川西南中轴带地区，包括成都、攀枝花、泸州、乐山、阿坝、甘孜、凉山地区；自贡、内江、资阳、眉山则是允许总量盈余最大的 4 个地区。以磷素为基准，只有阿坝、甘孜及凉山地区的实际总量超过其允许总量。以氮为基准的计算结果显示，就全四川省而言，目前的配套耕地面积不足以消纳全省的粪污排放量；而以磷为基准的计算结果显示只有凉山呈现出配套土地不足的现象。从畜禽粪便污染防治来看，需要确保区域内部规模养殖场的合理布局，避免局部污染负荷超限，还需要辅以必要的经济制度以促进粪便及其处理剩余物能够进耕地进行消纳，使得氮、磷等营养元素循环利用，减少畜禽粪便带来的污染威胁。

8.3.3.2 以种养结合为核心农业面源污染控制模式

第一次全国污染源普查资料显示，畜禽养殖业 COD 排放产量占农业面源总量的 96%；TN 和 TP 排放达 102.48 万吨和 16.04 万吨，分别占全国污染物排放总量的 21.67%

和 37.90%。畜禽养殖废弃物含有丰富的氮、磷养分，而目前种植业与养殖业高度的集约化、区域化、规模化，割裂了传统种养的物质与能量循环，造成了资源浪费和环境污染。如能将种植与养殖相结合，一方面可有效解决畜禽养殖污染问题，另一方面也可减少农业种植化肥的施用。针对三峡库区上游耕地用养脱链、养殖粪污直排导致的污染问题，通过系统研究农田对养殖废弃物的消纳能力和土壤培肥的长期效应，提出了适于库区上游的生猪养殖废弃物安全还田技术。

（1）模式一："物理沉淀＋基质过滤＋水生生物净化＋肥水养殖"工艺

养殖场位于德阳市中江县仓山镇响滩村，生猪存栏量为 200 ～ 400 头。该养殖场废水有机物浓度高、氨氮浓度高、恶臭严重，采用常规工艺进行处理难以实现氨氮达标排放。充分考虑原有处理系统未来改造升级因素（规模的扩大或水质变化），确定新系统采用"物理沉淀＋基质过滤＋水生生物净化＋肥水养殖"工艺。

养殖场进水水质如表 8-63 所列。

表 8-63 养殖场进水水质

COD_{Cr}/(mg/L)	BOD_5/(mg/L)	NH_4^+-N/(mg/L)	SS/(mg/L)	pH 值
10000	5000	500	2000	6～8

养殖场的粪污经过沉渣池、生物基质池与生态湿地多重降解净化，最终排放的水中污染物浓度能够满足《畜禽养殖业污染物排放标准》（GB 18596—2001）限值要求，具体工艺流程见图 8-58。

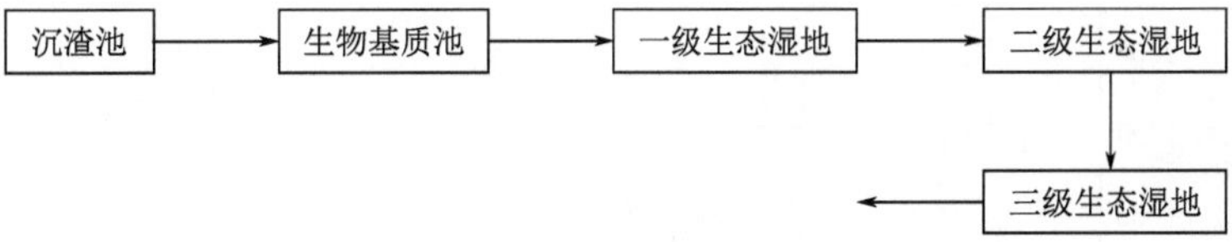

图8-58 养殖废水低污染排放治理工程工艺流程

1）干湿分离系统

将生猪养殖废水通过排放沟渠引入干湿分离池（沉渣池）（容积为 6m³），通过简单发酵后，对猪粪进行干湿分离。固体废弃物采用人工清除施入农田，液体废弃物一部分进入沼气发酵池用于供电，另一部分通过封闭运输管道进入下一级处理的生物基质消纳系统。

2）生物基质消纳系统

生物基质消纳系统（简称"生物基质池"）深度为 70 ～ 150cm，根据存栏猪头数确定面积大小。生物基质池在保证总容积大小的基础上可以由多个池子串联。生物基质池墙体和底部要求具有防渗功能，其中，墙体材质为砖混结构，厚度为 15 ～ 20cm，底部为混凝土打底，厚度为 10 ～ 15cm。生物基质池的形状可以是圆形、方形或不规则形。

3）生态湿地消纳系统

经过生物基质消纳系统处理的养殖废水，可进入三级湿地消纳系统，湿地总面积可根据养殖规模进行确定。跌水坎采用混凝土构筑，跌水下端设置防冲设施。各级湿地之间保持 10 ～ 20cm 落差，保证从上到下水能够自流。湿地的形状可以根据实际情况设置为方形、圆形或不规则形。

多级湿地消纳系统示意见图 8-59。

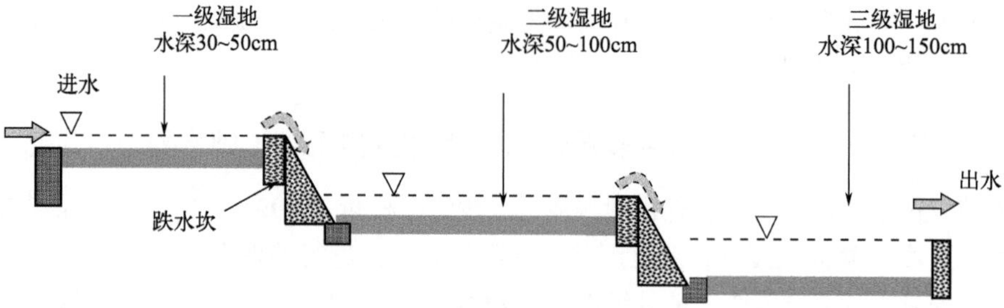

图8-59　多级湿地消纳系统示意

由第三方检测机构监测评估养殖废水排放效果，监测时段为 2016 年 1 ～ 9 月，监测频率为每月监测 1 次，监测点位为进水口和出水口，监测指标为 COD_{Cr}、总氮、总磷、硝氮和氨氮（图 8-60）。由监测结果可知，考核断面（出水口）与进水口相比，硝氮、氨氮、COD_{Cr}、总磷和总氮的平均浓度分别降低 98.91%、99.84%、98.50%、99.43% 和 99.51%。出水中氨氮、COD_{Cr}、总磷的浓度均在 1.95mg/L、22.06mg/L 和 1.27mg/L 以下，低于集约化畜禽养殖业水污染物最高允许日均排放浓度的国家标准限值（氨氮 80mg/L、COD_{Cr} 400mg/L、总磷 8mg/L）。

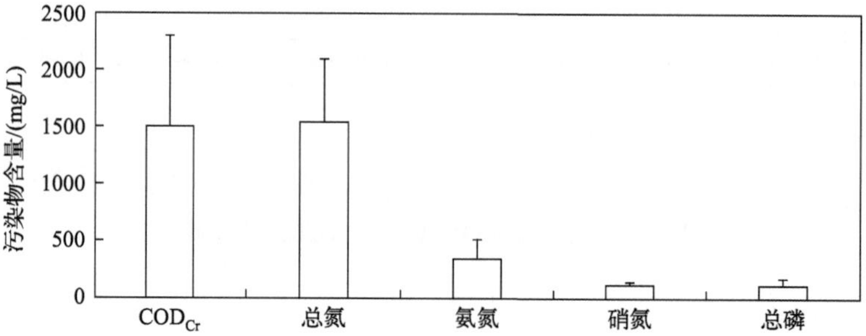

(a) 2016年1~9月工程入口处水质

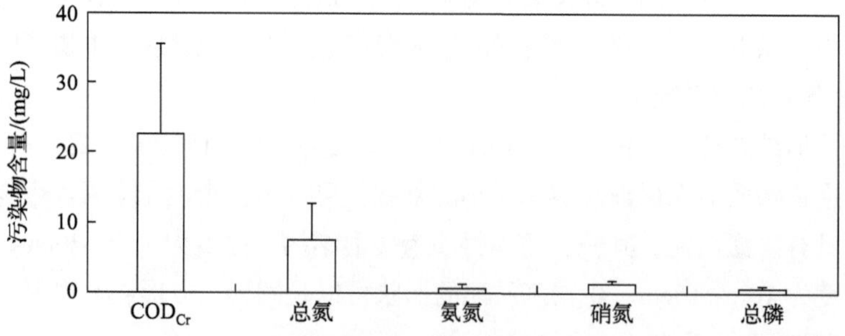

(b) 2016年1~9月工程出口处水质

图8-60　工程入口与出口处水质

养殖废水采用无动力重力密闭式 PE 管道运输，既实现了规模以下生猪养殖场养殖废水低污染排放，又抑制了有毒有害气体扩散，对于推动养殖业健康发展和保障乡村生态环境具有显著效果。水生植物绿狐尾藻不仅能作为家禽养殖（鸭和鹅）绿色饲料，还能通过在三级生态湿地蓄水进行鱼类养殖，延伸和拓展了示范工程的经济效益。

（2）模式二："干湿分离 + 厌氧发酵 + 异位发酵"工艺

养殖场位于德阳市中江县仓山镇骑龙乡村，生猪存栏量 800 头，处理粪污总量为 1290.64t/a（粪便和尿液产污系数分别为 1.34kg/ 头和 3.08kg/ 头）。该养殖场采用"干湿分离 + 厌氧发酵 + 异位发酵"工艺，处理后的粪渣制作有机肥，粪水通过异位发酵床制作有机肥，厌氧发酵池产生的沼气就近用于农户，沼液应用于农田灌溉（见图 8-61）。

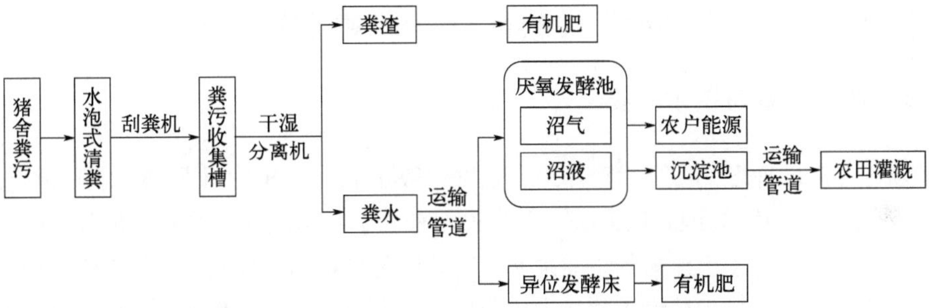

图8-61 "干湿分离+厌氧发酵+异位发酵"工艺流程

养殖场采用水泡式清粪技术，在猪舍内排粪沟注入一定量的水，粪尿、冲洗水和饲养管理用水一并排放至缝隙地板下的粪沟中，粪沟为尾端封闭的沟渠，待粪沟装满后，打开闸门用刮粪机将沟中粪水一并刮至地下的粪污收集槽（10 多立方米）。粪污收集槽上方装有干湿分离机，对粪污收集槽中的粪污进行干湿分离，分离后的粪渣直接运往有机肥厂进行堆肥处理；粪水通过运输管道进入地下的厌氧发酵池进行厌氧发酵或进入异位发酵床进行异位发酵。干湿分离后的粪水进入地下的厌氧发酵池进行厌氧发酵，发酵完成后的沼气装入贮气罐，供给附近农户；沼液通过排入一、二、三级沉淀池，进行物理沉淀与自然净化，经监测符合农田灌溉标准的沼液通过管道排入农田，进行作物灌溉。沼气池无法消纳的粪水通过管道进入异位发酵床。在发酵床上粪水和垫料（谷壳、木屑和秸秆等）充分混合，在微生物作用下进行充分发酵，粪水中的粗蛋白、尿素等有机物质进行降解或分解成氧气、二氧化碳、水、腐殖质等，通过翻抛实现连续有氧发酵，混合物中的水分蒸发，留下少量的残渣变成有机肥。

（3）模式三："槽式发酵 + 商品有机肥制备"工艺

仓山温氏元兴养殖场位于德阳市中江县仓山镇元兴乡，占地 180 余亩，于 2009 年建成并投产，年存栏母猪 3500 头，年存栏公猪 60 头，商品猪苗存栏量 2500 头。采用"槽式发酵 + 商品有机肥制备"模式，处理粪污总量为 9291.15t/a（母猪、公猪和商品猪苗粪便产污系数分别为 1.41kg/ 头、1.34kg/ 头和 0.47kg/ 头，尿液产污系数分别为 4.48kg/ 头、

3.08kg/头和1.36kg/头）。发酵过程的可视性使得操作者可以随时对搅拌、通气和调湿过程进行调节控制，因此物料发酵相对较快而均匀。槽的底部铺设通风管道对堆体进行通风，槽中装垫生物垫料，发酵过程中，粪污被微生物菌群降解；槽上方设置翻堆机定期翻堆，在降解过程中通过自动翻抛机对发酵床进行翻耙，促进粪污与垫料充分混合并实现快速脱水。仓山温氏元兴养殖场规模较大，采用的可视性过程监测槽式发酵工艺占地面积小，产品质量均匀，日处理规模大，提高了生产效率，降低了劳动力成本，有利于大规模的工厂化经营。

8.4 三峡库区坡地水土流失综合治理集成技术

8.4.1 “大横坡+小顺坡”坡耕地有限顺坡耕作技术

8.4.1.1 技术背景与技术概要

坡耕地是三峡库区的主要生产用地，坡度一般在15°～20°，土层薄，土地退化严重，保水保肥能力差。库区土壤年侵蚀总量的60%来源于农用坡地，坡耕地是区域内最主要的产沙单元，是库区水土流失的主要来源。三峡库区采取的“坡改梯”等措施取得了较好的水土保持效果，但梯田建设工程量大、造价高、人力物力投入强度大。传统的顺坡耕作便于农业生产，但耕作侵蚀与降雨侵蚀耦合作用造成的水土流失非常严重。

坡耕地一旦发生细沟侵蚀，坡面侵蚀量将增大几倍甚至几十倍，细沟侵蚀量甚至高达坡面总侵蚀量的70%。对于单次暴雨中细沟总是发生于坡耕地一定的坡长处，因为细沟的发生需要一定的坡长来汇集径流，从而下切侵蚀形成细沟，这一坡长称为细沟发生的临界坡长。倘若在坡耕地细沟发生临界坡长处采取相应的措施，将大大降低坡面的侵蚀量。本研究基于以上认识，通过理论推导与模拟试验认识了细沟发生的机制，查明了三峡库区降雨特征，在库区坡耕地开展人工降雨试验，基本查明了不同坡面特征下细沟发生的临界坡长，采用横坡截流沟在临界坡长处截断坡面，划分小地块，形成小顺坡，最终提出了适合三峡库区的“大横坡＋小顺坡”坡耕地有限顺坡耕作技术模式。

8.4.1.2 技术原理与设计

“大横坡＋小顺坡”耕作模式是对广大农民长期实践经验的总结，应用广泛，但存在的问题主要表现在小顺坡坡长的随意性。野外调查结果表明，小顺坡田面长度随着坡度的增加，大体呈逐渐缩短的趋势（图8-62），小于15°的耕地坡面长度多大于5m，而15°以上的则多在3～5m之间。

通过观测，细沟发生的判定以跌坎贯穿为标志（图8-63）。在忠县站开展的人工降雨试验表明：控制含水量在25%左右时，10°、15°、20°、25°径流小区在强降雨下细沟发生的临界坡长随坡度的增大而缩短（表8-64），回归分析发现细沟发生临界坡长与坡度呈二次抛物线关系，相同坡度单次暴雨情况下细沟发生的临界坡长存在一定的变化。

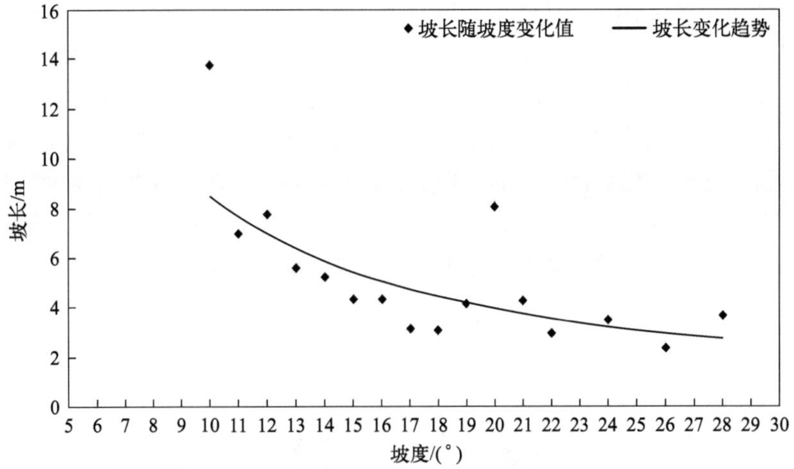

图8-62 野外调查小顺坡坡长与坡面坡度变化趋势图

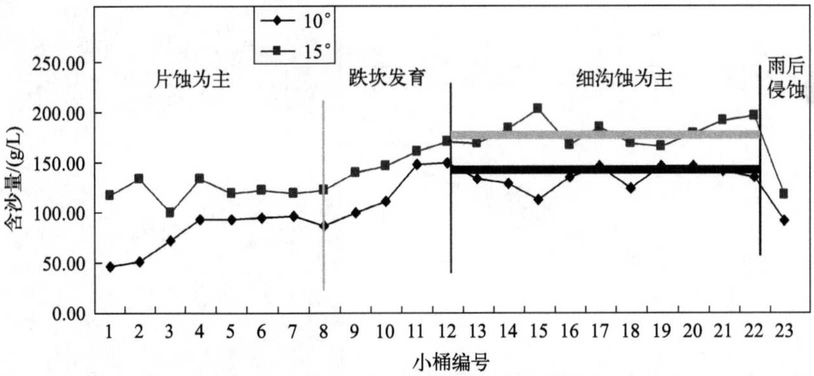

图8-63 细沟发育过程径流含沙量变化图

表 8-64 三峡库区紫色土坡耕地细沟发生临界坡长统计表

小区规格	10°		15°		20°		25°	
	L_R/m	R/%	L_R/m	R/%	L_R/m	R/%	L_R/m	R/%
2.0m × 8.0m	5.98	32.76	4.22	56.59	2.70	—	1.58	—
	6.16	28.96	3.87	58.87	2.56	83.68	1.55	90.67
	6.25	29.81	4.27	60.91	2.90	71.60	1.52	92.66
平均值	6.13	30.51	4.12	58.79	2.72	77.64	1.55	91.67

注：L_R为细沟发生临界坡长；R为细沟侵蚀量占坡面总侵蚀量的百分比。

临界坡长与坡度回归分析：

$$L_R=0.0084J^2-0.59J+11.24 \tag{8-18}$$

式中 L_R——临界坡长，m；

J——坡度，(°)。

图 8-64 和图 8-65 分别为“大横坡 + 小顺坡”有限顺坡耕作技术的技术实体模式和典

型设计。本书提出了3种“大横坡”分割方法，即石坎型、地埂植物篱型、水平沟型，其中水平沟是最常见也是操作最简单的方法。采用水平沟型“大横坡＋小顺坡”耕作方式的坡耕地，除地块后部的背沟和前缘的边沟外，地块内部还有横坡截流沟和顺坡垄沟。地块后部背沟的功能主要是拦截上方坡地径流；地块前缘边沟的功能主要是拦截、滞留地块产出的径流，沉积泥沙。横坡截流沟的功能主要是减短坡长，避免侵蚀细沟的发生，还可供田间行走。顺坡垄沟的功能是挖沟起垄可以增加垄土厚度，提高作物产量；垄间沟排水有利于减少雨季耕土层发生顺坡滑塌。每年冬天，农民要将水平沟道内沉积的泥沙回返到耕地内。

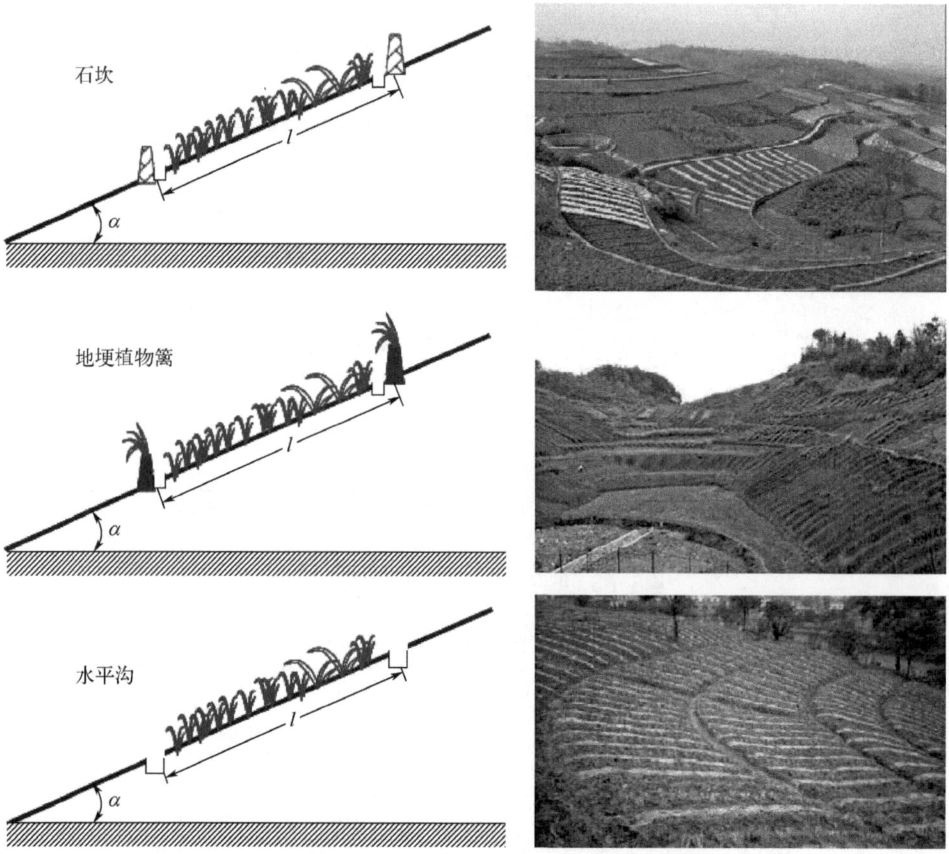

图8-64 “大横坡+小顺坡”有限顺坡耕作技术的技术实体模式

(1)“大横坡＋小顺坡”耕作模式地块坡长

典型坡度“大横坡＋小顺坡”耕作模式地块坡长如表8-65所列。在有限顺坡耕作情况下，当坡度为5°～10°时，耕作单元坡面适宜长度为8～10m；当坡度为10°～15°时，耕作单元坡面适宜长度为6～8m；当坡度为15°～20°时，耕作单元坡面适宜长度为4～6m；当坡度为20°～25°时，耕作单元坡面适宜长度为3～5m；25°～30°未退耕坡耕地耕作单元坡面适宜长度为2～4m。

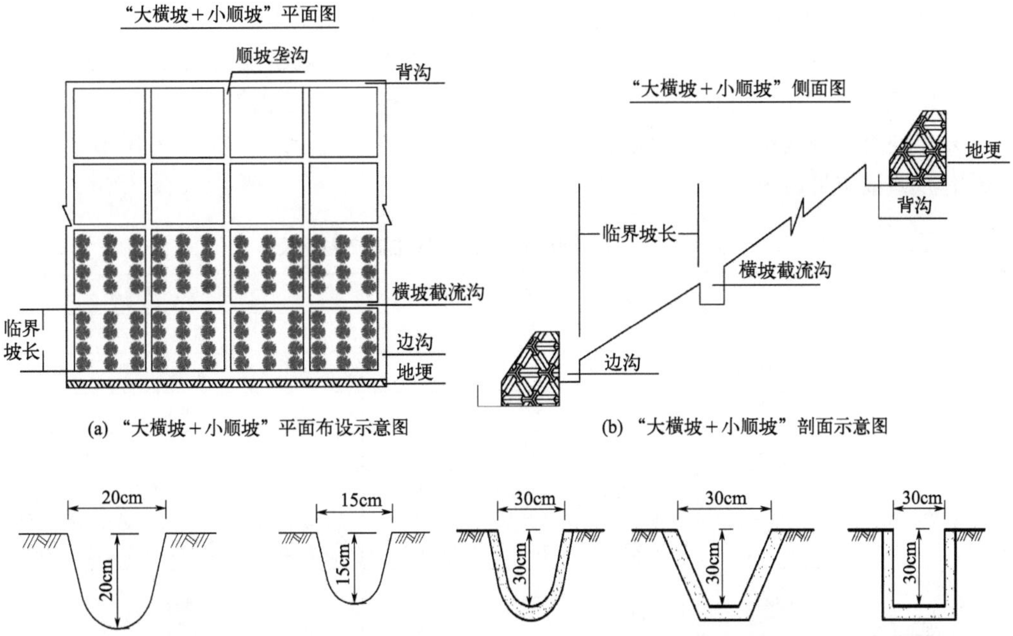

(a) “大横坡＋小顺坡”平面布设示意图　　(b) “大横坡＋小顺坡”剖面示意图

(c) 横坡截流沟设计剖面图　　(d) 边沟、背沟设计剖面图

图8-65　“大横坡+小顺坡”有限顺坡耕作技术的典型设计

表 8-65　典型坡度“大横坡＋小顺坡”耕作模式地块坡长　　单位：m

土壤类型	坡度10°	坡度15°	坡度20°	坡度25°
紫色土	6.13	4.12	2.72	1.55
黄 壤	7.98	4.73	2.68	1.83

（2）有限顺坡耕作方法

有限顺坡耕作方法实现过程如下。

① 每一地块沿等高线方向分割为若干小的耕作单元，再在每一个耕作单元上进行顺坡耕作。耕作时，从耕作单元上坡位向下坡位挖地或犁地，称为“反坡挖地”，这样能够有效减少耕作侵蚀。具体分割时可根据不同的坡度决定不同的分割间距（即耕作单元坡面长度，或称亚地块坡长）。

② 地块分割有三种基本方法：一是开挖水平沟；二是构建简易土埂植物篱；三是修建石坎。沿等高线方向开挖水平沟将地块分割为若干小的耕作单元，水平沟间距即为亚地块坡面坡长，水平沟宽 20 ～ 40cm、深 10 ～ 30cm。

③ 在耕作单元四周设有相连通的排水沟，并利用排水沟将地块与地块分隔。在地块最低的一角设有沉沙凼，沉沙凼与排水沟相通。每年春季或每次暴雨后将沉沙凼淤积的泥沙返还地块上坡位，称为“挑沙面土”。

8.4.1.3　主要技术经济指标

通过核素示踪方法和野外调查方法研究表明：

① 水平沟坡耕地较无措施坡耕地而言，侵蚀速率降低 62%。

② “土埂 + 经济植物篱”坡耕地，侵蚀速率仅为无措施坡耕地的 23%，减蚀效益达 77%，具有显著的理水和保土作用。同时，土埂上的经济植物篱还能获得一定的经济收益。

坡耕地有限顺坡耕作减蚀措施效益比较见表 8-66。三峡库区“大横坡 + 小顺坡”水平沟耕作模式成本见表 8-67。

表 8-66　坡耕地有限顺坡耕作减蚀措施效益比较

比较项目	无措施	水平沟	“土埂+经济植物篱”
土壤类型	紫色土	紫色土	紫色土
采样地点	开州区	忠县	丰都县
坡长/m	87	69.5	5.3
坡度/(°)	14	11	11
措施状况	—	开挖等高排水沟，把整个长坡地块分割为若干个短坡地块，同时两侧分别开挖了顺坡排水沟；“挑沙面土”	1m 土质梯坎，梯坎外侧密植苎麻，土埂高 20cm，宽 25cm。田面前缘和后缘分别有宽约 20cm 和深约 10cm 的边沟和背沟
侵蚀模数 /[t/(km^2·a)]	3463	1295	802
减蚀效益/%	—	62	77

表 8-67　三峡库区“大横坡 + 小顺坡”水平沟耕作模式成本　　单位：元 / 亩

土壤类型	坡长 10°	坡长 15°	坡长 20°	坡长 25°
紫色土	231	257	310	415
黄壤	205	257	310	415

8.4.2 “坡式梯地+地埂经济植物篱”坡地微地形改造技术

8.4.2.1 技术背景与技术概要

三峡库区耕地资源有限，人地矛盾突出。重庆库区人口密度达 354 人 /km^2，是全国平均数的 2.1 倍和同类型山地丘陵的 4 倍以上。重庆库区农村移民人均耕地面积仅 0.58 亩，约为全市农村居民人均耕地 0.88 亩的 66%，远低于全国的平均水平 1.39 亩；后靠农业安置的 15.57 万人中，人均耕地不足 0.5 亩的有 6.3 万人，人均耕地不足 0.3 亩的有 2.8 万人，许多后靠农村移民因人均耕地面积减少，粮食产量比以前减少了 40% ～ 60%。

“坡改梯”是山区治理坡耕地的重要措施，但水平梯田建设工程量大（土方量 3000 ～ 6000m^3/hm^2），造价高（3 万～ 10 万元 /hm^2，不包含坡面水系配套投资），梯埂占地多（7% ～ 12%），且需要大量的人力物力投入。三峡库区坡耕地面积大，陡坡耕地比例高，据估计，若把库区 50% 的坡耕地改成梯地，需投资 12.4 亿～ 37.2 亿元，要完成三峡库区坡耕地全部改造至少需要 50 年时间，因此，将坡耕地全部改造为水平梯田不切合实际。针对水平梯田投入高、风险大、农民不乐意接受等问题，研发了低成本的“坡式梯地 + 地埂经济植物篱”技术。

8.4.2.2 技术原理与设计

坡式梯地即在坡耕地上种植等高植物篱或修筑坎埂，截短坡长，对坡耕地进行定向深翻，使坡面土壤向下坡传输、堆积，同时坡面土壤颗粒在降雨溅蚀和坡面径流的冲刷作用下往下坡向输移，经由植物篱或坎埂对径流流速的降低和径流泥沙的拦蓄，使径流中挟带泥沙，随着地埂逐年加高，逐渐变为水平梯田。

（1）坡面土壤侵蚀—搬运—沉积过程

植物篱或地埂可以通过增加径流入渗作用、降低流速作用和阻拦泥沙作用3个方面的作用来影响坡面径流泥沙沉积过程。植物篱条带或地埂的阻挡作用使得带上坡位置的径流流速下降，径流挟沙能力下降，从而促进泥沙淤积。随着植物篱和地埂拦沙效益增强，土壤在植物篱和地埂上部不断被阻留，坡面坡度便逐渐减缓，坡度逐渐从陡坡地向缓坡地发展，坡耕地最终演变成为缓坡梯田或水平梯田。在三峡库区秭归水土保持试验站的试验表明，仅3年即可形成45～60cm篱坎，基本上能够控制土壤的侵蚀。

（2）细沟侵蚀临界坡长

通过三峡库区忠县石宝寨21场人工降雨试验，结果表明10°和15°紫色土坡耕地细沟侵蚀临界坡长分别为6.0m和4.5m（表8-68）。

表8-68 人工降雨实验临界坡长

坡度/(°)	设计雨强/mm	实际雨强/mm	均匀度/%	降雨历时/min	重复次数	临界坡长/m
10	60	55.9	78.6	26	3	6.16
	100	108.1	71.7	40	4	5.89
	130	136.3	70.5	30	5	6.35
15	60	60.5	76.9	21	3	5.30
	100	105.7	74.4	30	3	3.78
	130	135.5	73.7	27	3	4.47

（3）耕作侵蚀原理

耕作侵蚀是由农耕工具和重力作用引起的耕作位移使土壤发生向下坡运动或向上坡运动（依赖于耕作方向），用每年单位面积的净土壤传输量来表示。耕作侵蚀并不是土壤直接从田间流失掉，而是从坡地的凸部流失，在凹部沉积；在线性坡面上土壤从坡耕地上部到中部流失，在下部堆积。耕作侵蚀主要发生在坡耕地的上部，中坡耕作侵蚀速率减缓，水蚀作用加剧，下坡至坡脚区域以沉积为主。根据田块大小在坡面下部修筑地埂或种植植物篱，通过自然翻耕使土壤由坡顶往坡脚输移并沉积在地埂和植物篱处，逐步梯化坡地。

坡改梯埂坎建造示意如图8-66所示。

1）坡改梯埂坎建造方法

在坡面上沿水平方向将坡耕地分为若干地块，相邻两横向地块之间修建用于固土行走的土坎或者石坎，坡面最底层修建石坎；每一耕作单元保持原来的坡耕地微地貌形态进行耕作。石坎壁沿不同高度因地制宜地布设排水孔，增强雨季排水功能，避免强降雨径流对石坎造成破坏。在土坎内壁修建边沟背沟，防止径流对土坎的冲刷。土坎上种植经济植物篱，植物篱能进一步起到固结土壤的作用。直接在土坎位置种植等高经济植物篱，同样能起到保持土壤的作用，还能提高土地利用率，增加收入。

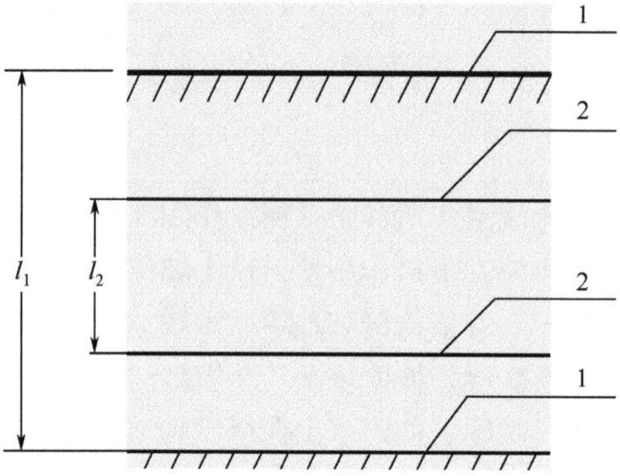

(a) 平面图

(b) 效果图

图8-66　坡改梯埂坎建造示意

1—石坎；2—土坎；l_1—石坎间的原地面坡长；l_2—土坎间的原地面坡长

5° 以上坡度的地块为退耕还林区，不适宜作为耕地，不在设计范围内。将坡耕地按原地面坡度分为＜ 8°、8° ～ 15°、15° ～ 25° 三种情况。坡脚径流量大，冲刷最严重，发生崩塌的概率比较高，由于石坎的稳固性大于土坎，坡脚修建石坎。土坎和石坎的设置可参考表 8-69 的推荐方式。所述石坎和土坎的布置位置均位于原耕作单元的外沿，不必对原耕作单元重新划分，可以保持原有的地块微地形，更易为农民所接受。考虑到石坎的相对稳定性，石坎纵截面为长方形，可减少占地面积，节约土地资源。由于土坎稳定性不如石坎，将土坎纵截面修建为直角梯形以增强土坎的稳定性，土坎可以种植矮秆经济作物，提高土地利用率，同时也方便农民在两相邻地块间的上下行走。

表8-69　三峡库区坡改梯埂坎建造方式推荐

原地面坡长/m	原地面坡度		
	＜8°	8°～15°	15°～25°
10～15	石坎	石坎+土坎	石坎+土坎+石坎
15～20	石坎+土坎	石坎+土坎+石坎	石坎+土坎+土坎+石坎
20～25	石坎+土坎+土坎	石坎+土坎+土坎+石坎	石坎+土坎+土坎+石坎+土坎
25～35	石坎+土坎+石坎	石坎+土坎+石坎+土坎+石坎	石坎+土坎+石坎+土坎+石坎

注：表中标示石坎、土坎的排列方法为自下而上的布局方式，上述石坎和土坎分别为1道，原地面坡长不在上述范围的可以根据超出长度配置。

坡式梯地根据埂坎材料分为土坎、石坎、土石坎、木（竹）材护坎等（图 8-67）。

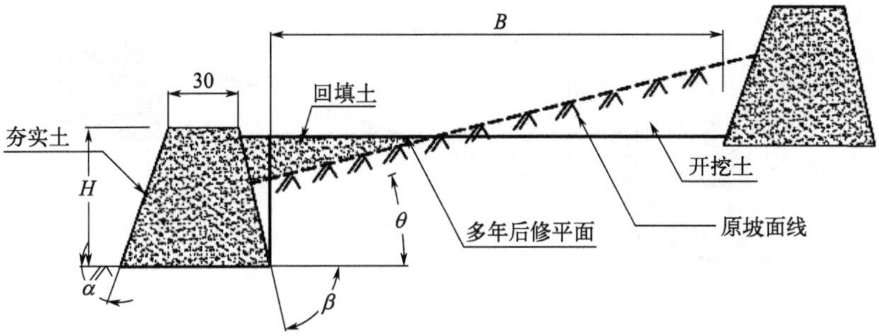

土坎坡式梯田设计规格参数

原地面坡度θ/(°)	田坎高度H/m	田面宽度B/m	田坎外坡脚α/(°)	田坎内坡脚β/(°)
5~10	0.8	6	85	80
10~15	0.6	4	85	80
15~20	0.5	3	80	75
20~25	0.4	2.5	80	75

(a) 土坎坡式梯地

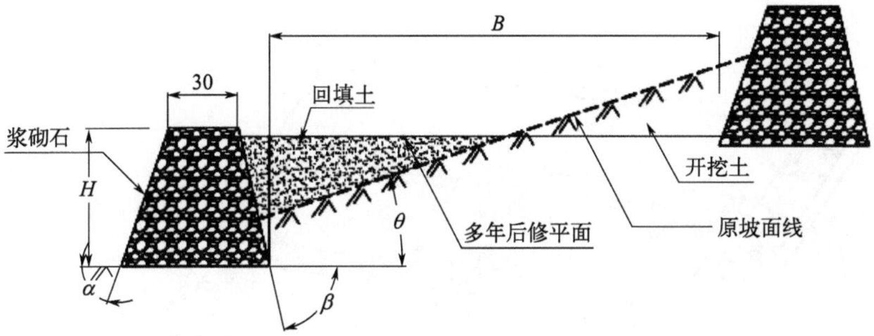

石坎坡式梯田设计规格参数

原地面坡度θ/(°)	田坎高度H/m	田面宽度B/m	田坎外坡脚α/(°)	田坎内坡脚β/(°)
5~10	1	8	85	80
10~15	0.8	5	85	80
15~20	0.6	3	80	75
20~25	0.6	2.5	80	75

(b) 石坎坡式梯地

图8-67

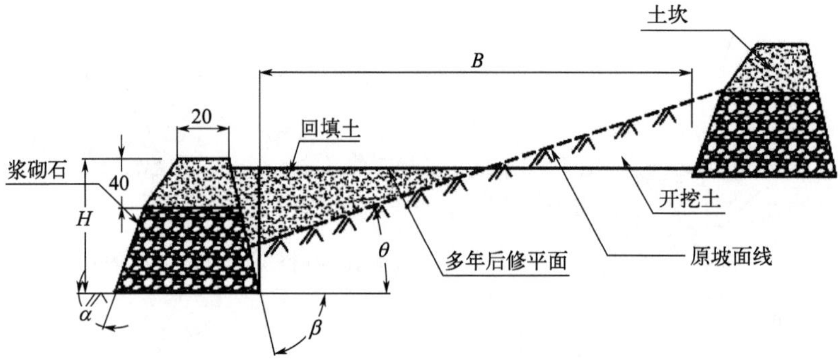

土石坎坡式梯田设计规格参数

原地面坡度θ/(°)	田坎高度H/m	田面宽度B/m	田坎外坡脚α/(°)	田坎内坡脚β/(°)
5~10	1	8	85	80
10~15	0.8	5	85	80
15~20	0.6	3	80	75
20~25	0.6	2.5	80	75

(c) 土石坎坡式梯地

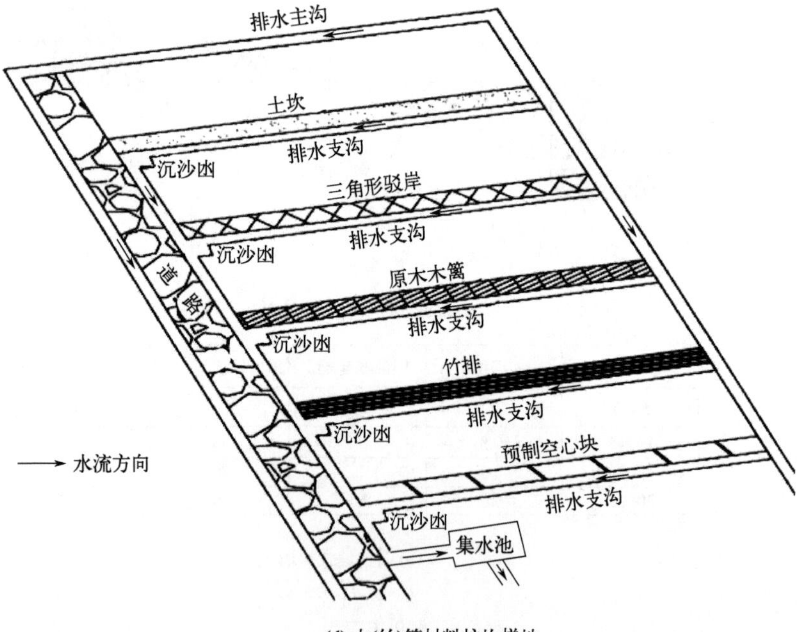

(d) 木(竹)等材料护坎梯地

图8-67　坡式梯地埂坎类型

2）地埂经济植物篱建设

① 经济植物篱品种。经济植物篱筛选依据：能固氮、根系深、萌生力强、基部枝条密集、固着力强、速生、生产力高、耐割，既有良好的保持水土作用，又能用作燃料、饲料和绿肥的多年生草本、灌木或乔木。

三峡库区适宜的植物篱品种有银合欢、香根草、黄花菜等，见表 8-70。

表 8-70 三峡库区坡地可推广应用的植物篱种类

植物名称	篱笆植物属性	用途	繁殖方式
银合欢	灌木或小乔木，高2～6m；耐修剪、萌生力强；主根深；有很强固氮能力，嫩枝叶养分含量高，可作绿肥和饲料；耐旱、喜阳，要求冷月温度＞1℃	绿肥、饲料	育苗定植
马桑	灌木，高2～6m；耐修剪、萌生力强；须根少，主根深达2m以上，有根瘤；为绿肥树种，嫩叶可养蚕，全株含马桑碱，有毒，可作农药；耐干旱贫瘠	绿肥、纤维	根段移栽
黄荆	灌木，高1～3m；修剪后萌发力很强；侧须根少，主根深且穿透力强；嫩茎叶肥效高，为库区绿肥树种，花期长，可作蜜源植物；喜阳，耐干旱贫瘠	绿肥、燃料	根段移栽
茶	人工栽培下为小灌木；再生能力强，耐修剪，分杈多，可密植成密闭的篱笆；主根明显，侧根粗壮；是传统的饮品；喜湿、耐阴，对土壤要求较严	饮料	育苗定植
山毛豆	常绿灌木，中小乔木，高1～3m；耐修剪，萌芽力和成枝力都很强；直生根系，主根深1m以上，有固氮能力；枝条是栽培食用菌的理想材料，也是很好的绿肥植物；耐旱不耐寒，对土壤要求不严	绿肥	种子直播
桤木	乔木，高20～35m；萌生力强，经修剪后萌条发达；浅根性，侧根发达，有根瘤；为速生薪炭树种，嫩叶可作绿肥和饲料；可在土质干燥的荒坡地生长	绿肥、纸浆、薪柴	种子直播
大叶千斤拔	常绿半灌木，高1～3m；萌生力强；根系粗壮发达，入土深度达1.5m，有根瘤；为紫胶虫的寄生灌木，叶子和嫩枝可作优质饲料和绿肥；耐干旱瘠薄	油漆、绿肥、饲料	种子直播
木槿	落叶灌木，高2～4m；耐修剪，萌生力极强；冠幅小，为理想的绿篱植物；全株可入药，皮纤维可作造纸原料；耐干旱贫瘠，对环境的适应能力很强	药材、饰材	干段扦插
黄花菜	多年生草本宿根植物；根丛生，肉质根深可达2m；叶有一定的挡土能力；干花营养丰富，是一种珍贵的蔬菜，并在医学上有辅疗作用；喜光，耐旱，对土壤适应性强	蔬菜	分蔸移栽
芒	多年生草本，高1～2m；根系多分布在40cm以内，穿透力强，深根可达1.5m以上；簇生，茎叶强度大，挡土能力很强；茎秆纤维是高级文化用纸的原料，幼嫩植株为牲畜饲料，花为蜜源；耐干旱贫瘠，环境适应能力强	饲料、纸浆	分蔸移栽
香根草	多年生草本，茎秆高度可达2m；根系发达，深2～3m；直立簇生，茎叶强度大，挡土能力很强；经济效益欠佳；环境适应能力强	香料	分蔸移栽
皇竹草	多年生草本植物，年生长周期长达9个月；植株高可至2.5～3.0m，茎粗1.5～2.5cm，分蘖力强且成株率高；茎叶生长快速，生产量大，耐刈割；根系发达，须根密集；茎秆纤维是高级文化用纸的原料，茎叶为牲畜饲料；耐干旱贫瘠，环境适应能力强	饲料、纸浆	干段扦插、分蔸移栽

② 地埂经济植物篱构建。地埂宽 10 ～ 100cm，内侧高 10 ～ 30cm，外侧高 30 ～ 100cm，外侧边坡多＞ 45°。地埂间距确定需综合考虑地形、耕作方便和保土、保水和沥水等方面，陡坡地宜间距小，缓坡地宜间距大。间距太小，地埂占地多，不利于耕作；间距太大，耕地容易出现细沟侵蚀。植物篱株距是坡地布设植物篱的技术关键，株距过大，挡土效果不明显；过小则对植物生长不利，原则上为（20±2）cm。

8.4.2.3　主要技术经济指标

根据调查，三峡库区的土坎坡改梯侵蚀模数为555t/（km·a），石坎坡改梯侵蚀模数为26t/（km·a），“土坎+石坎”相间布局模式的土壤侵蚀模数≤500t/（km·a）。本方法耕作单元不必整理成水平梯地，而是保持原来的坡耕地微地貌形态，不但符合农民的耕作习惯，顺应当地雨季沥水的需求，而且大大降低了改造成本。通过对重庆江津植物篱带内与带间坡耕地土壤样品理化指标测定，植物篱带内土壤容重减小11.57%，含水量增加18.64%，饱和导水率增加36.11%，总孔隙度增加9.31%。植物篱带内土壤的抗冲性、抗蚀性显著增强，分别增加129.7%、51.7%，有利于保持土壤（表8-71）。通过定期采集植物篱样地和坡耕地表层土壤样品，测试结果表明，植物篱季节性拦沙效益提高52.7%。

表8-71　坡耕地地埂植物篱处理土壤物理性质比较

类型	土壤抗冲性C /[L/(min·g)]	水稳性指数K /%	水稳性团聚体WSA /%	颗粒分析		
				沙粒＞0.02mm /%	粉粒0.02mm /%	黏粒＜0.02mm /%
植物篱	131.53±29.03	34.67±4.69	48.02±1.33	46.78±0.96	45.07±1.15	8.15±0.27
坡耕地	57.27±9.78	22.86±3.47	44.97±1.36	48.94±0.8	43.80±0.89	7.26±0.3
增加百分比	129.67%	51.66%	6.78%	-4.41%	2.90%	12.26%

植物篱枝叶可作绿肥还田，研究表明，乔木类、草本类和灌木类3种类型植物篱带内土壤有机质比带间坡耕地分别增加了53%、45%和79%；总氮含量分别增加了61.5%、61.3%、127.6%；溶解性氮含量分别增加了71.6%、8.4%、88.4%；总磷含量分别增加了40.8%、25%、183.8%；土壤速效磷含量分别增加了83.7%、138.6%、226.5%；土壤总钾含量分别增加了10.6%、2.1%、29.3%；土壤速效钾含量分别增加了121.7%、126.4%、210.9%；土壤阳离子交换量分别增加了34.9%、0.4%、29.3%。

地埂植物篱增肥效益如图8-68所示。

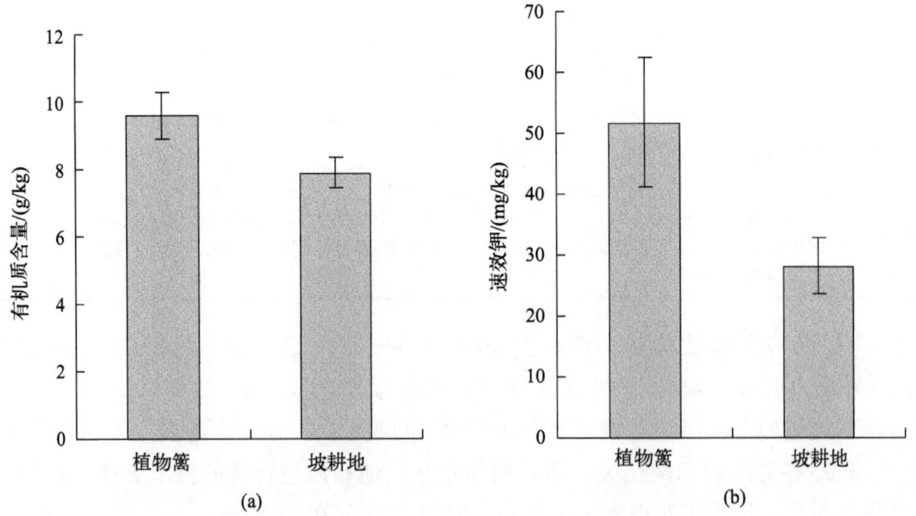

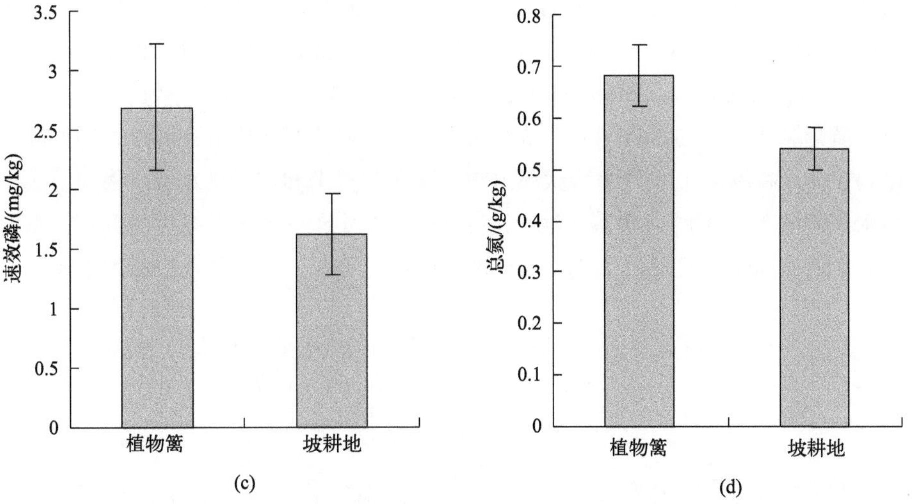

图8-68 地埂植物篱增肥效益

“土埂 + 经济植物篱”坡式梯地构建成本主要包括地埂修筑人工费和经济植物篱种苗费，对忠县示范区建设的成本核算表明地埂植物篱坡式梯地比石坎水平梯田成本节约 1.54 万元 / 亩，比石坎坡式梯地成本节约 0.49 万元 / 亩。

8.4.3 “径流调控+微水工程”坡面水系配套技术

8.4.3.1 技术背景与技术概要

三峡库区农业劳动仍以人和畜力为主，尽管小型农机和运载机械已在山区逐渐普及，但库区目前田间生产道路网密度仅为 2.3km/km^2，多数水田内道路宽度不足 0.3m，且多以水田田坎为路，道路路面差，适合机械耕作和运输的田间道路建设严重滞后，极大地限制了农业劳动生产率的提高。三峡库区耕地水资源保证和灌溉设施不足 40%。库区现有的坡面水系工程往往未能形成网络化体系，径流利用效率较差。蓄水池之间未能互相连通，径流不能相互调配。三峡库区季节性干旱比较严重，主要表现为发生频率高、受灾范围广，伏旱强度随海拔高度的升高而降低。重庆库区伏旱发生频率为 70% ～ 80%，严重伏旱频率为 30% 左右。库区旱坡地地块普遍较小，土层也薄，这类土壤接纳和蓄集雨水的能力弱，绝大多数又无灌溉条件，调节水分供应能力差，雨水多时易产生水土流失，遇到短时期的降水不足，就易发生干旱，农作物产量受自然降水的影响很大，农作物产量低而不稳。在调查研究三峡库区现有坡地田间道路和坡面水系工程的基础上，本书提出了“径流调控 + 微水工程”坡面水系配套技术。

8.4.3.2 技术原理与设计

“径流调控 + 微水工程”是一个综合性径流调控工程措施，包括线状环山沟、截流沟、排水沟和蓄水池等（图 8-69，书后另见彩图）。整体上形成一个线（上坡位的环山沟）到面（中坡位的梯田），再到点（中坡位的蓄水池），后到线（中坡位的截流沟），或者直接到线（中坡位的截流沟），最终汇到线（坡脚的排水沟）的一个梯级系统，呈现出一个点、线和面纵横交织在一起的水路网络，从而实现对地表径流和壤中流在时空上的调配。梯级网络化调控体系在纵向上表现为线状环山沟、坡面截流沟和坡脚排水沟，横向上表现为被线状引水渠串联到一起的点状蓄水池（图 8-70）。通过这一梯级网络化的调控体系，在减少水土流失量的同时，又保护、改良与合理利用水土资源，提高了水资源利用效率。

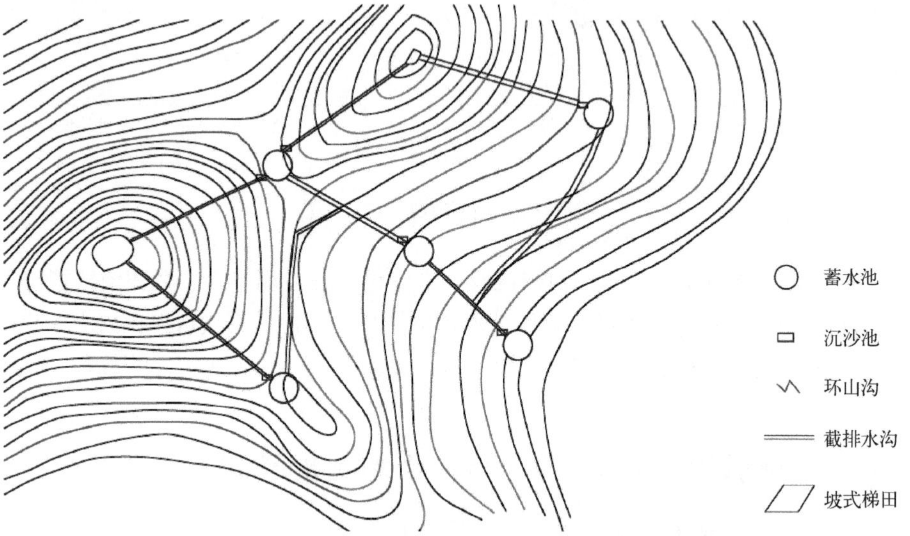

图8-69 “径流调控+微水工程”集成示意

(a) (b)

图8-70 坡面径流梯级网络化调控体系图

（1）田间道路网密度

坡耕地田间道路网密度不仅与当地的自然、经济发展水平有关，而且与当地农业机械化水平密不可分，合理的坡耕地田间道路网密度既能满足当地农机化发展的需要，还能在一定程度上提高劳动生产率，促进农业经济的发展。根据计算，三峡库区最佳田间道路网密度为 5.41 ～ 8.6km/km^2。

（2）坡地农业机械化的田间道路建设

坡地农业机械化的田间道路建设主要以配合田间机械化作业和农用物资运输，配套田间机耕道来建设。按照“路渠合一、路沟合一”的要求，以及节约耕地、保护环境的原则进行建设。建成方便机械化作业和运输、从农田到农户的道路系统，机耕道路基本通达农田的道路体系。三峡库区坡耕地改造田间道路建设的重点在于路线、路面材质及配套排水。

在充分利用现有道路的基础上布局田间道路，部分无法修建田间道路的区域，可沿梯地田埂布局生产路。库区坡地田间道路要充分结合地形展线，宜结合沟渠布局。坡缓，斜线布局；坡陡，可呈“S”形、“之”字形或者螺旋形布局（图 8-71）。田间道路网度一般在 0.03 ～ 0.06km/hm^2 之间，占地比率在 0.024% ～ 0.048% 之间。库区坡地农业机械化田间道路工程应结合灌排水工程来布设，单侧设计截水沟、排水沟、边沟等道路排水设施。截排水沟深 40cm、宽 30cm，沟壁由块石砌筑，沟底则用混凝土浇筑，防止沟底下切，并间隔一定距离布设沉沙凼。田间道路根据使用频率和地表形态分为主路和次路，主路宜为 0.6 ～ 0.8m，便于微耕机等使用；次路宜为 0.3 ～ 0.5m，便于人畜行走即可。当坡度大于 15° 时，可设置梯步，梯步高不宜超过 15cm，宽不宜小于 25cm。坡度不大、有小型机械进出的，宜将梯步段部分路面做成平面，其宽度为路面的 1/4 ～ 1/3。

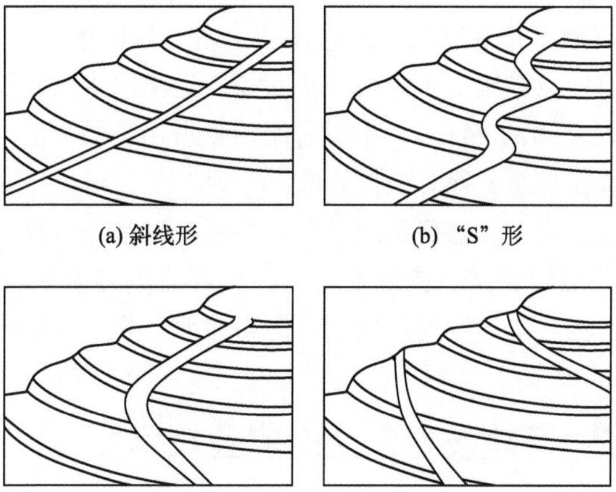

(a) 斜线形　(b) “S”形

(c) “之”字形　(d) 螺旋形

图8-71　坡耕地田间道路布局设计

（3）坡地农业沟、凼、池配套设施建设

坡地农业沟、凼、池配套设施主要由拦水沟、蓄水池、沉沙凼、排水渠等组成，在坡面上布设截水沟、排洪沟、引水渠、沉沙池、蓄水池等，形成从坡顶到坡脚的蓄、引、排、灌系统（图 8-72）。降雨时层层拦截径流，引入蓄水池存储，多余径流从排洪沟排入溪沟，做到泥不下山、水不乱流；干旱时则利用不同高程的蓄水池就近浇灌作物，做到高水高蓄高用、低水低蓄低用。不少地方还将沟渠顶部铺上石板，兼作道路，或直接利用田

间道路排水，以节约投资，方便耕作。这种蓄排兼备的微水工程，既有效地控制了坡面侵蚀，又提高了山丘区水资源的有效利用率，深受农民欢迎。

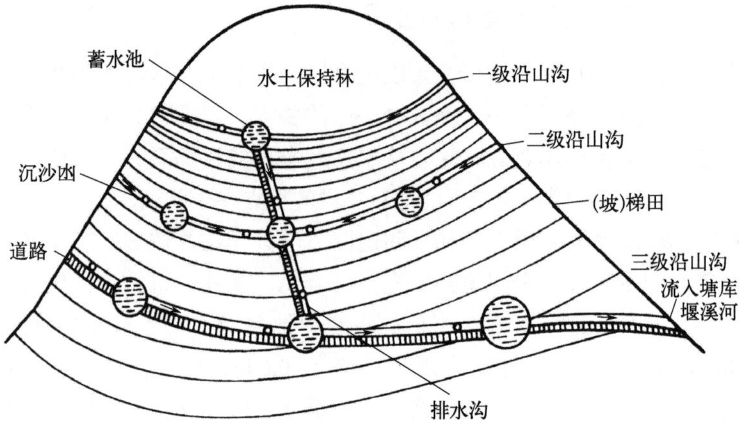

图8-72 微水工程示意

8.4.3.3 主要技术经济指标

2008 年至 2010 年底，石宝镇新政村试验示范区累计建蓄水池 5 口，蓄水塘坝 4 座，田间道路 4km，挖沉沙凼 15 个，修排、灌水渠 5km，修水平沟 3km。通过调整坡面水系，达到沉沙有凼，蓄水有池，排水有沟，地边作埂，埂上种树植草，路、沟、凼、池相连，避免了上坡径流直冲耕地以控制水土流失，从而提高土壤保水保肥能力。经实测，微水工程年拦蓄径流量占治理坡面的 24.6%，年拦蓄泥沙量占治理坡面的 45.9%，蓄水池能提高抗旱天数 10d 左右，坡面水系工程对粮食的增产率为 25%，对经济收益的贡献为 34%。田间便道方便了农民出行、生产，修建田间道路，采用小型运输机械，可大幅提高梯地的劳动生产率，与坡地人背运输相比，梯地农用两轮车可提高劳动生产率 45% 以上。以上分析表明，坡地农业路、沟、凼、池配套技术对提高梯地农业劳动生产率有重要意义。

8.4.4 “复合立体+环境友好”生态农业技术

8.4.4.1 技术背景与技术概要

三峡库区多数区县长期以来以传统农业生产方式为主，农业结构单一，是典型的“粮猪型”农业生产结构，粮食、生猪两大传统产业仍然是农民家庭经营收入的主要来源，柑橘、榨菜、中药材等新培育的主导产业规模不大，对农村经济的支撑作用不明显。据《长江三峡工程生态与环境监测公报（2010）》，2009 年三峡库区共施用化肥（折纯量）16.0×10^4t，每公顷耕地化肥折纯量为 0.75t，化肥流失总量为 14272t，单位面积流失量平均值为 0.07t/hm^2。共使用农药（折纯量）699.4t，流失总量为 45.6t。随着库区农业的进一步发展、集约化程度的提高以及养殖业比重的增加，化肥、农药和农膜超量使用会直接导致氮、磷等营养源增加，进一步加剧水体和土壤的污染。本书提出了“库岸顺坡＋立体垂直”复合设计模式，对三峡库岸的农用地进行合理利用，沿库岸顺坡立体配置水田、旱地、经济林和林－草－牧等不同类型的生态农业系统，同时采用环境友好型的农药和施肥技术。

8.4.4.2 技术原理与设计

库岸复合立体生态农业一方面是沿水库库岸从江边顺坡方向设置，另一方面在不同坡位根据土地利用类型在垂直方向依据生物学、生态学等原理分层设计。其中，“库岸顺坡”重在土地利用的生态效益，而“立体垂直”更强调土地利用的经济价值。通过科学规划设计，加强基础设施配套建设，根据各种自然条件的评价，选择集中连片的地方规模化经营、标准化生产，提高农业综合生产能力；通过高效农业循环发展，形成农业生产链，促进农业经济生态化发展，拓展农业功能。

复合立体生态农业模式可以充分利用营养物质，减少土壤的流失，控制面源污染，起到生态屏障的作用。图 8-73 是库区常见的一种布局模式，从坡面上部至下部依次为经果林、旱地、水田、林草地。四种用地类型中旱地的水土流失和面源污染最为严重，不宜处于坡面的最上方和最下方；经果林的覆盖度和郁闭度相对较高，可以有效减少风、降水等对裸露地表的侵蚀；在经果林空地上种植牧草，可进一步增加表土的覆盖，以减少雨滴溅蚀和地表径流的侵蚀，也相应减少了氮、磷等养分的流失量。

图8-73 具有生态屏障功能的农业土地利用模式

田间生态友好管理主要包括平衡施肥，即测土配方施肥：

① 测土，取土样测定土壤养分含量；

② 配方，经过对土壤的养分诊断，按照庄稼需要的营养“开出药方、按方配药”；

③ 合理施肥，即在合适的时间科学施用配方肥。

施肥中需要注意：

① 有机肥料与无机肥料相互配合，可以缓急相济、扬长避短、相互补充，既可以及

时满足作物生育期对养分的需要，提高化肥利用率，降低生产成本，增产增收，又能促进微生物活动，改善作物营养条件，保持和提高土壤肥力水平；

② 无机肥料中氮、磷、钾肥和中微量元素相互配合，将肥料三要素配比合理，防止偏施某一种肥料，出现施肥效果差，甚至产生副作用的现象。

8.4.4.3　主要技术经济指标

（1）复合立体农业

1）沿坡面方向配置模式

从库岸到坡顶（即库岸顺坡）在不同坡位根据现有农业经济模式，结合地形地貌特征和现有土地利用方式、农民耕作意愿，大致分为在坡脚构建林草缓冲带，下坡位布局水田、水塘等水域立体生态农业经济模式，中坡位发展粮食蔬菜作物、经济林果等旱地立体生态农业经济模式，上坡位发展水土保持型林草地模式。其中，下坡位水田、水塘和中坡位的粮食蔬菜、经济林果等是布置地面垂直方向立体农业的重点。

2）地面垂直方向立体种养模式

① 旱地立体生态农业模式。以旱地作物、蔬菜进行生产配置的立体生态农业模式内容很广，既包括套种、间种，也涵盖多熟制等方面的内容（图 8-74）。小麦（马铃薯）- 玉米 - 红薯套作是三峡库区常见的旱地立体生态农业模式，小麦与红薯两熟种植在库区是非常普遍的耕作制，但小麦收割后到红薯成长前仍有段空闲时间，通过加种玉米，实行两种作物立体种植，旺长期交替出现，有利于增产增收。套（间）种需要根据作物的不同种类、不同品种、不同特征特性进行搭配，充分考虑需光强弱搭配、根系深浅搭配、植株高矮搭配、生长期长短搭配和避害功能搭配。

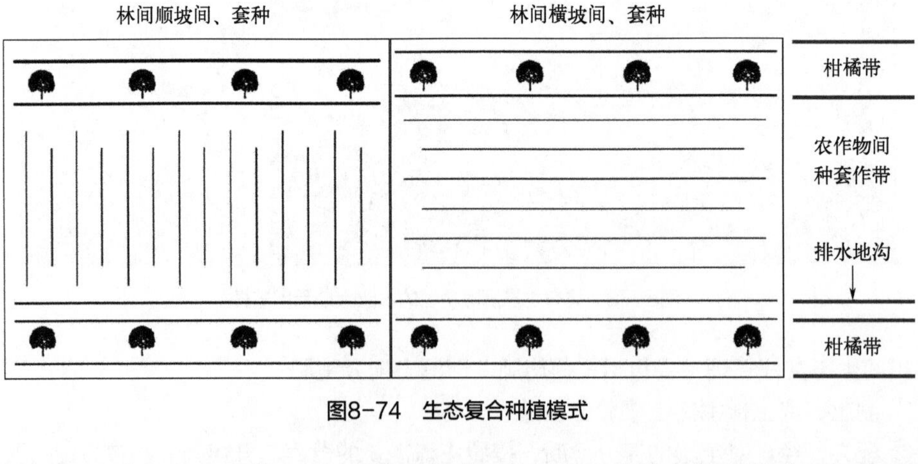

图8-74　生态复合种植模式

② 水田立体生态农业模式。三峡库区水田立体生态农业模式宜采用稻 - 鸭 - 鱼立体种养模式，稻、鸭、鱼三位一体相互促进，以获取整体效益。在水田中放入鸭子，鸭子可以吃草、吃虫，可以减少使用农药。鸭粪可以提供肥料，也可以作为鱼的饲料。鱼鸭在田中

游动，可增加稻田和水体氧含量，增加水稻单产。

③ 林地立体生态农业模式

Ⅰ. 林 - 粮间作模式。根据立地生态条件与林豆间作技术要求，选择大豆、小麦、红薯、马铃薯等进行间作。

Ⅱ. 林 - 果立体种植模式。在背风向阳、土层较厚的地区及沟坝垱子栽种油桐；缓坡垱湾栽种柑橘；垱子下边栽种龙须草。

Ⅲ. 林 - 菌模式。阴坡高大乔木下阴暗潮湿有利于食用菌生长，可采取一年三季循环栽植的方式，春秋以巴西蘑菇、平菇、双孢蘑菇等为主，夏季以栽植黄背木耳为主。

Ⅳ. 旱地作物套种。三峡库区作物套种需要注意“光热强弱搭配、根系深浅搭配、植株高矮搭配、生长期长短搭配、避害功能搭配”等。

Ⅴ. 林下养殖。林下养殖是利用传统的畜禽养殖方法，结合现代科学饲养技术，充分利用林下资源养畜禽而获得低成本、环保、绿色的畜禽产品。林下畜禽养殖对场地要求是无污染、向阳、坡度不大于 35°，最好是疏林，有足够的清洁水源，距离公路主干线、工厂和居民点 500m 以上的干燥林地。饲养密度不宜过大，一般每亩林地养殖禽类 50 ～ 70 只为宜。

（2）平衡施肥

不同土壤肥力水平下作物的最佳施肥方案如下。

① 水稻。N：（8.4 ～ 10.5）±1kg；P_2O_5：（3 ～ 4.8）±1kg；K_2O：（2.1 ～ 4.0）±1kg。

② 玉米。N：（9 ～ 11.5）±1kg；P_2O_5：（3 ～ 5）±1kg；K_2O：（3.5 ～ 5）±1kg。

③ 小麦。N：（8 ～ 10.5）±1kg；P_2O_5：（2.2 ～ 4）±1kg；K_2O：（2.9 ～ 4）±1kg。

④ 油菜。N：（11 ～ 17）±1kg；P_2O_5：（2 ～ 4）±1kg；K_2O：（2 ～ 4）±1kg。

在平衡施肥技术的示范推广中，必须坚持有机与无机相结合，用地与养地相结合。水稻和油菜每公顷用有机肥 22500 ～ 30000kg，玉米和小麦每公顷用有机肥 15000 ～ 22500kg。化肥施用过程中尽量采用相关设备“点”施，避免“撒”施，减少灌溉和径流导致的肥料流失，提高肥料利用效率，源头控制面源污染。

2009 年以来，忠县推广旱地复合种植生态农业技术共计耕地面积 2 万亩，主要包括：

① 粮食作物间种套种，实施了玉米＋红薯、蚕豆＋油菜等作物套种模式 1.5 万亩，玉米平均增产 26kg/ 亩，小麦平均增产 17kg/ 亩，油菜平均增产 10kg/ 亩，红薯平均增产 12kg/ 亩，蚕豆平均增产 21kg/ 亩，亩收入年均 2200 元，推广期增加经济效益 6600 万元；

② 蔬菜套种，采用莴笋＋白菜、莴笋＋甘蓝等套种模式 0.5 万亩，亩收入年均 4000 元，推广期增加效益 4000 万元。

通过以上旱地复合种植生态农业技术的推广，2009 ～ 2010 年累计增加收入 10600 万元。通过间种套种，提高了作物产量，防治了杂草繁生，减少了病虫害发生，减少了农药、化肥和除草剂的用量，每亩节约农药、化肥、除草剂的投资 150 元，推广应用期共节约投资 600 万元。

除了可观的经济效益外，库岸复合立体生态农业模式还具有显著的水土保持效益和面源污染控制效益。以林下种植为例，在施肥时，林下农作物能很好地利用过剩的养分生长，从而减少地表径流携带的面源污染量。用农作物替代林下的杂草，减少了除草剂的环境输入量。通过立体种植方式，可以有效转化土壤养分为植物所利用，菜地有效磷含量最高为 69.915mg/kg，竹林有效磷含量最低为 10.227mg/kg。

8.4.5 库岸坡脚缓冲带污染减控与庇护固土技术

8.4.5.1 技术背景与技术概要

消落带表层庇护与深层根系稳固保土技术主要利用灌木和草本植被茂密的茎叶和分布在不同土壤深度的根系，通过它们的水文效应与力学效应（根系锚固作用）来实现坡面的固土性及稳定性。消浪植生型生态护坡是“既满足固持消落带土壤的防护标准，又有利于消落带土壤 - 植被 - 水分系统恢复生态平衡”的系统工程，体现了“人与自然和环境协调发展”理念。通过设计一种自锁定消浪植生型生态护坡构件，铰链式平铺于消落带坡面，在水陆交界面形成一个连续的波浪缓冲带，最大限度地降低波浪冲刷力，保护消落带表层土壤。在构件植物栽植孔中种植桑树、狗牙根、牛鞭草、李氏禾、野地瓜等水土保持植物，发挥植物根系固土效应，从而对消落带边坡表层进行防护、加固，使之既能满足对边坡表层稳定的要求，又能恢复被破坏的自然生态环境，实现生物 - 工程相结合的消落带生态护坡理念。

8.4.5.2 技术原理与设计

（1）坡脚缓冲带污染物拦截

缓冲林带在控制农业非点源污染上，主要是防止引起水体富营养化和水质恶化的土壤养分、肥料、流失泥沙、畜禽粪便等进入水库水体。近河流区域，以灌、乔等植物配置为主，如柳、桑等，主要利用其发达根系的固土作用，保持岸坡的稳定性，滞污消能。靠近河道水体的林带是受保护的永久性植被，林带宽度应以有效防止岸坡冲蚀破坏，充分保障库岸稳定的最低宽度为准，一般 10 ～ 20m。缓冲林带的中间区域以高大乔木或竹类为主，同时考虑植物的多样性组合。近农田区域，以草、灌配置或混农林业为主，主要用于阻滞地表径流中的沉积物并吸收氮、磷和降解农药等有害成分，可适时适量收割以彻底有效转移径流水中的污染物质。

① 林 - 农间作型。在新造林地（如银杏、桉树、桑等）间作小麦、油菜、蚕豆、黄豆等低矮作物，以免妨碍林木的正常生长。

② 林草畜复合经营型。在新营造的人工林内等高种植紫花苜蓿、牛鞭草等牧草，牧草用于养畜。

（2）消落带表层庇护与深层根系稳固保土

针对消落带强烈的波浪侵蚀问题，根据不同消落带区位和侵蚀强度，采用灌木与草本植物套种（如桑树与野地瓜），利用不同深度分布的根系来固结土壤，提高土壤抗蚀性。此外，通过设计一种自锁定消浪植生型生态护坡构件，最大限度地降低波浪冲刷力，保护消落带表层土壤，并在构件植物栽植孔中种植桑树、狗牙根、野地瓜等水土保持植物，在水陆交界面形成一个连续的波浪缓冲带，同时有效发挥植物根系的固土护坡作用，从而实现生物-工程相结合的消落带生态护坡措施。

1）铺设自锁定消浪植生型生态护坡构件

自锁定消浪植生型生态护坡构件是从鱼巢砖延伸出的一种新型复合结构物，主要是依靠自嵌式砖体干垒而形成的柔性护坡结构（图 8-75）。此结构无需砂浆混凝土施工，依靠带有凸缘的块与块之间嵌锁作用和自身重量来防止滑动倾覆。消落带自锁定消浪植生型生态护坡构件由基本形状为正方形的两种砖体组成，其中一种砖体的四个侧边上分别设置有连接槽，砖体中部设置有栽植孔，栽植孔呈四周为向上凸起的外翻弧形面槽体，且栽植孔槽体周围邻接处均布设置有反弧悬挑凸体。反弧悬挑凸体的截面形状类似于等腰梯形，其上底大于下底，且两腰为弧形。一种砖体正面设置人字形排列的凸棱，砖体底面设有用于楔入土壤的楔形体，并且砖体上开有渗水透气孔；另一种砖体的四个侧边上分别设置有用于与连接槽嵌接的连接楔块，除此以外，同样设置有栽植孔、反弧悬挑凸体、渗水透气孔、楔形体和凸棱。

图8-75 自锁定消浪植生型生态护坡构件铺设效果示意

根据设计坡比进行边坡基础处理，先清理场地，清除多余的杂草、树根等，孔洞、淤泥和凹陷处填土压实，使边坡表面平整，并符合设计边坡要求。从坡面下边沿开始连锁铺设自锁定护坡构件，用钢筋制作 U 形锚钉，在下沿第一行和上沿最后一行间隔一定距离把 U 形锚钉插入护坡构件相邻的栽植孔内，同时在护坡体下沿随机插入木桩或钢钎并稍微高出护坡体，使护坡体与坡面相锚固，并在护坡构件空隙和开孔内填满土壤。

2）布设植物措施

根据护坡构件栽植孔的不同大小，分别选择灌木和草本植物，采用无性繁殖或有性繁殖后进行种植或移植到工程区。灌木树种选择耐淹耐旱的桑树、柳树等，草本植物主要为狗牙根、牛鞭草、李氏禾等。

（3）消落带涝渍土地水土保持型快速排水

针对消落带土地长期淹水、地下水位高、成陆期水体滞留的特点，采取沟垄整地、沟坡防护、自然水势梯度利用这种方式，集工程、生态、农艺措施于一体，以快速排水，达到抗避渍涝、减轻局部性积涝水潜在危害的目的。

消落带涝渍土地水土保持型快速排水技术典型设计如图 8-76 所示。

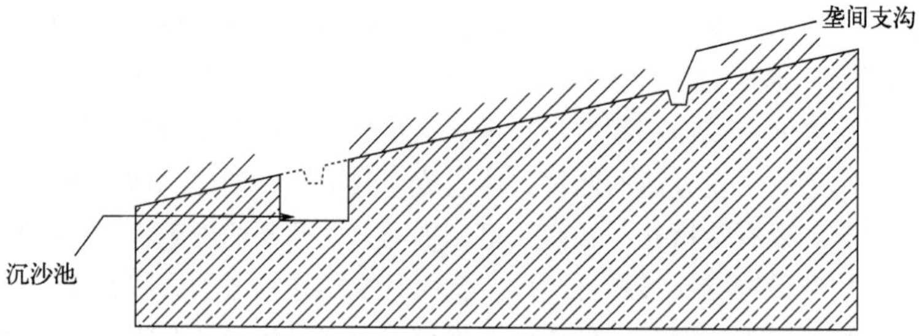

图8-76　消落带涝渍土地水土保持型快速排水技术典型设计

8.4.5.3　主要技术经济指标

通过对试验区和对照区库岸侵蚀强度的调查和计算可知，对照区的土壤侵蚀厚度平均为 7.4cm，土壤侵蚀量为 4795t/（km^2 · a），局部出现崩塌，而试验区土壤侵蚀厚度平均为 0.8cm，土壤侵蚀量为 1038.5t/（km^2 · a），没有发生坍塌。可见试验区采取的生态工程措施通过工程构件和植物根系的共同作用，能够抵抗水浪的反复冲击，在控制土壤侵蚀方面效果显著。通过本试验所设计的生态工程方法，增加了库岸生态系统的稳定性，也大大改善了生态系统的结构和功能，植被覆盖率达到 86%，物种数增加到 11 种，同时还能够为多种动物提供栖息、繁殖场所，效果显著。经济成本 82.8 元 /m^3，仅为传统浆砌石护岸成本（120 元 /m^3）的 69%。该技术具有稳定性高、适应性强、消浪作用好以及环境友好的特点，可提高降水利用率 10%，提高植被保存率 85%，减轻波浪侵蚀量 90% 以上。

第 9 章 三峡支流污染减排及水质净化技术

9.1 入库支流减排的前置库湿地构建技术

9.1.1 前置库湿地植物配置研究

通过相关文献检索，根据湿地系统对氮、磷等污染物的去除途径（植物吸收富集，根际微生物与土壤吸附、转化或沉淀等）及净化效果，结合当地实际情况，选择根系发达、生物量增加幅度大、根系表面附着微生物密度高的植物，如湿生植物（再力花、梭鱼草、黄花鸢尾、美人蕉）、挺水植物（荷花）、浮叶植物（睡莲）、沉水植物（苦草、菹草、狐尾藻）等，作为前置库湿地构建的植物配置类型和主要种类。

9.1.2 鱼类放养对水质的影响研究

以汉丰湖调节坝下厚坝渔场的鱼塘为围隔试验基地，面积2000m^2，水深1.5m左右，避风、底质松软平坦。以竹木为框架，缝合聚乙烯彩布制作试验围隔，围隔大小为2.0m×3.0m，围隔高度为2.0m，其中水下1.5m、水上0.5m，试验水体9m^3。选择植食性鱼类鲢、鳙，肉食性鱼类鲇鱼为试验材料，开展鱼类增殖放流围隔试验，为前置库湿地生态塘强化净化区动物配置提供技术依据。

共设置围隔22个，设置1个对照组和10个试验组，每组设置2个平行，对照组不放养鱼类，试验组放养种类分别为鲢、鳙和鲢、鳙、鲇，放养密度为20g/m^3、30g/m^3、40g/m^3、50g/m^{3}和60g/m^3。试验各围隔鱼类放养设置详见表9-1。试验期间，每周采集样品一次，共6次。测定试验鱼初始体重和最终体重，测定水温、pH值、透明度（SD）、溶解氧（DO）、TN、TP、亚硝酸盐氮、硝酸盐氮、氨氮、可溶性磷酸盐、化学需氧量（COD），以及浮游植物叶绿素a等水体理化指标。分析比较不同鱼类及其不同放养密度对水质的影响。

表9-1 试验各围隔鱼类放养设置

放养鱼类	试验参数	围隔编号				
		E1	E2	E3	E4	E5
鲢、鳙	密度/(g/m^3)	20±5	30±5	40±5	50±5	60±5
	鲢、鳙比例	81∶189	121∶283	162∶378	202∶472	243∶567
	总生物量/g	270	405	540	675	810
鲢、鳙、鲇	密度/(g/m^3)	20±5	30±5	40±5	50±5	60±5
	鲢、鳙、鲇比例	81∶189∶27	121∶283∶40	162∶378∶54	202∶472∶68	243∶567∶81
	总生物量/g	297	445	594	743	891

鲢、鳙放养围隔与对照围隔（CK）相比（图9-1），化学需氧量没有显著变化；透明度基本呈下降趋势；溶解氧增加显著，其中E3围隔增加最多，达到了77.20%，其次是E5围隔，增加了75.91%；TN浓度E1和E3围隔下降明显，分别下降了20.73%和26.42%；TP浓度下降显著，其中E3围隔下降最多，达到了42.58%，其次是E2，下降了32.64%；叶绿素a下降显著，其中E1围隔下降最多，达到了23.75%，E5次之，下降19.72%。

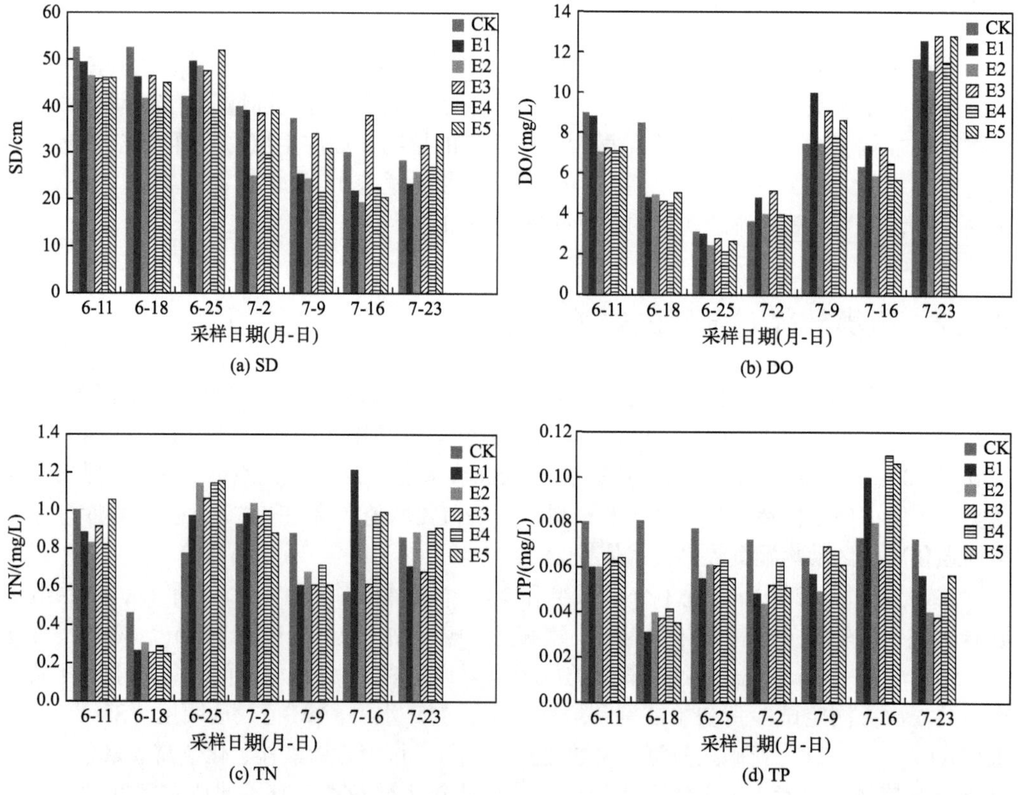

(a) SD (b) DO

(c) TN (d) TP

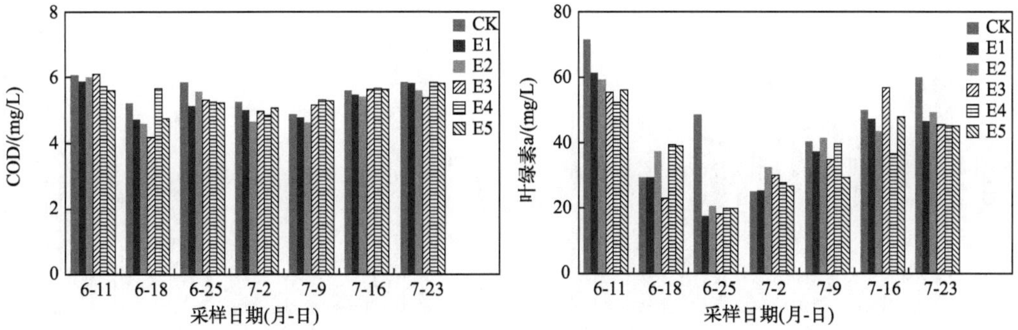

(e) COD (f) 叶绿素a

图9-1 鱼类不同放养密度试验围隔的水质指标随时间变化（一）

鲢、鳙、鲇放养围隔与对照围隔相比（图9-2），除COD没有显著变化外，DO、TN、TP、SD、叶绿素a等水质指标均显著变化。其中，溶解氧E2围隔变化最明显，增加了88.03%，E3围隔次之，增加了83.36%；TN E4围隔变化最明显，下降了43.52%，E5围隔次之，下降了41.99%；TP E5围隔变化最明显，下降了62.42%，E2围隔次之，下降了22.21%；叶绿素a E2围隔变化最明显，下降了56.61%，E5次之，下降54.74%。

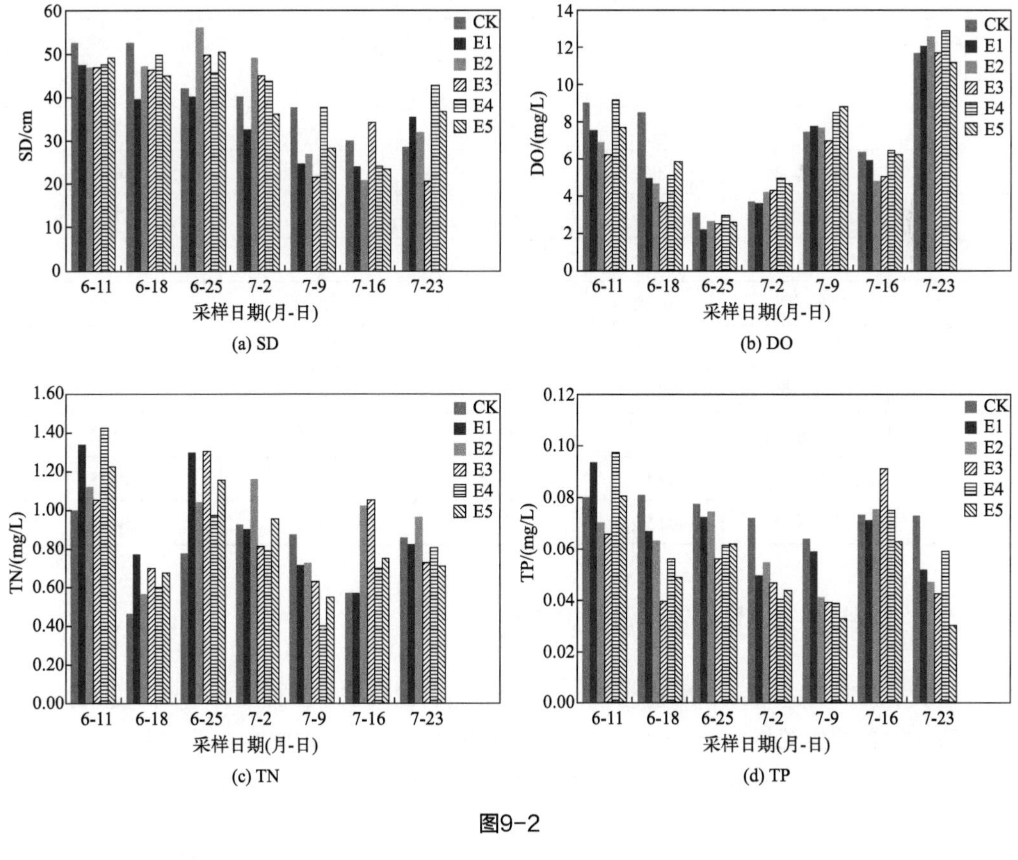

(a) SD (b) DO

(c) TN (d) TP

图9-2

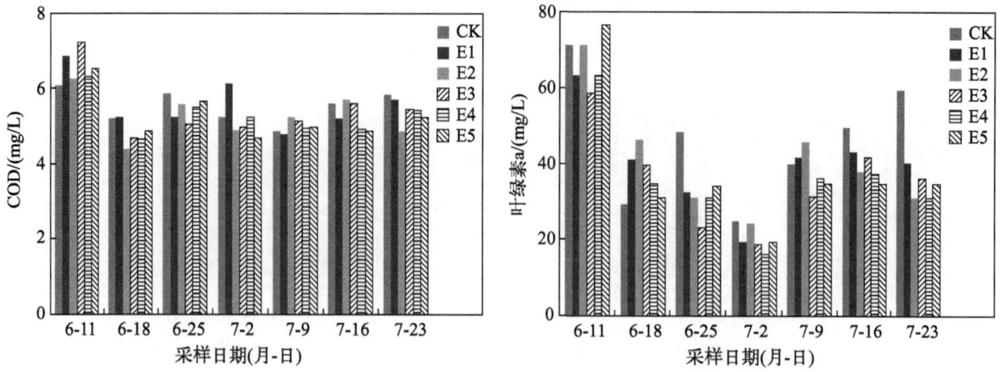

(e) COD　　(f) 叶绿素a

图9-2　鱼类不同放养密度试验围隔的水质指标随时间变化（二）

对比分析不同营养级鱼类放养对试验水体中水质指标的净化效果（表9-2）可知，不管是混合放养滤食性鱼类鲢、鳙和肉食性鱼类鲇的试验围隔，还是仅放养滤食性鱼类鲢、鳙的试验围隔，都能显著地改善水质、净化水体，但是放养鲢、鳙、鲇的试验围隔较放养鲢、鳙的试验围隔对水质更具有显著的净化效果，鲢、鳙、鲇放养比例为3：7：1，放养密度为50g/m³、60g/m³的围隔对水体中氮、磷去除效果最好。

表9-2　鱼类放养对水质指标的净化效果比较

放养生物量/g	放养品种	去除效果/%			
		TN	TP	COD	叶绿素a
270	鲢、鳙	20.73	5.98	1.36	23.75
	鲢、鳙、鲇	38.57	44.97	16.94	36.20
405	鲢、鳙	−7.45	32.64	6.67	17.12
	鲢、鳙、鲇	14.09	33.10	22.21	56.61
540	鲢、鳙	26.42	42.58	12.32	17.57
	鲢、鳙、鲇	30.96	35.22	24.61	37.88
675	鲢、鳙	−9.71	21.59	−2.24	13.63
	鲢、鳙、鲇	43.52	39.76	13.98	50.62
810	鲢、鳙	13.58	12.25	−3.72	19.72
	鲢、鳙、鲇	41.99	62.42	19.75	54.74

9.1.3　河蚌放养对水质的影响研究

在汉丰湖流域选择一个养殖池塘，水深3m左右，用钢管作骨架，毛竹作支架，用聚乙烯防水织布制作规格为2m×2m×2m的有底围隔，围隔上部缝合在毛竹上，毛竹固定在骨架上，上端高出水面50cm，下端浸入水中。设置了6组原位围隔，包括试验围隔5组（吊养三角帆蚌围隔G1、G2、G3、G4、G5）和对照围隔C（未吊养三角帆蚌）1组，每组设两个平行，共12个围隔，同时在相同的区域取水6～8m³倒入各围隔。选择年龄

2+、均重31.80g的三角帆蚌作为试验对象，每组分别按0个、6个、12个、18个、24个、30个进行配置（见表9-3）。蚌的放养方式采用笼式吊蚌法，吊笼采用镀塑骨架、间隔0.4m的三层聚乙烯网袋。吊笼每层放蚌数量相同，并均匀地布置于围隔中。

表9-3 试验围隔三角帆蚌的配置

组别	C	G1	G2	G3	G4	G5
数量/个	0	6	12	18	24	30
均重/g	0	31.80				
年龄	0	2+				

每个围隔设一个采样点，在围隔外的水域中设一个对照采样点，共计12个采样点。水质指标采样两次，分别在初期的7月29日和末期的8月8日，测定TN、TP、NH_4^+-N、COD、BOD，以及浮游植物叶绿素a等水体理化指标。分析比较不同鱼类及其不同放养密度对水质的影响。

表9-4表明试验期间，每个围隔的TN浓度都有所降低，也包括对照组。其中G3组TN的降幅比较明显，10d浓度降低了24.82%，其次是G4组，降幅达到18.17%；围隔内水体氨氮（NH_4^+-N）浓度总体上呈下降趋势，G5组在试验期间NH_4^+-N浓度升高。G2组NH_4^+-N浓度的降幅最大为12.03%。各围隔水体总磷（TP）浓度总体上呈下降趋势，也包括对照组，只有G5组围隔在试验期间TP浓度略有上升。其中G3组TP浓度降幅最为明显，降幅达到36.23%，其次是G1和G4组围隔，降幅分别为29.76%和20.93%，这充分说明三角帆蚌对水体内磷浓度的降低有较好的效果。各围隔COD浓度都有所下降，而对照组COD浓度则是大幅上升，上升幅度为33.33%，可以看出挂养三角帆蚌对降低围隔水体COD浓度效果十分明显，其中G2组和G4组效果最好，降幅达到18.92%和17.78%，其他三组围隔COD浓度的降幅都小于10%。各围隔水体BOD浓度变化有升有降，G2组降幅最大为34.38%，其次是G4组和G1组，降幅分别为17.07%和12.90%，G5组BOD浓度的升幅最高为19.35%，G3组有小幅度升高，升幅为2.17%。各围隔水体叶绿素a含量都有一定幅度的降低，同时对照组水体叶绿素a含量升高了17.94%，表明挂养三角帆蚌滤食藻类以及抑制水体浮游植物生长的效果十分显著。G3组水体叶绿素a含量降幅最为明显，为20.48%，其次为G4和G2组，降幅分别为14.48%和12.57%，G1和G5组叶绿素a含量也有所降低，降幅小于10%。

表9-4 不同围隔对水质的净化效果比较

围隔	变化率/%					
	TN	NH_4^+-N	TP	COD	BOD	叶绿素a
G1	−10.53	−2.14	−29.76	−9.43	−12.90	−7.53
G2	−8.39	−12.03	−12.03	−18.92	−34.38	−12.57
G3	−24.82	−8.52	−36.23	−6.52	2.17	−20.48
G4	−18.17	−8.70	−20.93	−17.78	−17.07	−14.48
G5	−9.91	24.43	9.80	−3.03	19.35	−9.82
C	−15.95	−11.35	−15.09	33.33	−16.67	17.94

围隔试验表明三角帆蚌对水质有一定的改善作用，对水体TP、COD、BOD以及叶绿素a作用相对而言比较明显。从总体上看，G3组也就是挂养三角帆蚌数量在18个（2.25个/m^3）时，对水质的处理效果最好；其次是G2组和G4组也就是挂养三角帆蚌数量在12个（1.5个/m^3）和24个（3个/m^3）时，处理效果也较好；而G5组（3.75个/m^3）也就是挂养三角帆蚌数量最多的这组，围隔水质处理效果最差，试验末期水质甚至还差于初期水质。因此，在实施生物调控时必须考虑环境容量，否则不仅达不到净化水质的效果，而且还可能导致二次污染。

9.1.4　前置库湿地构建技术

9.1.4.1　前置库湿地系统设计

在上述研究的基础上，设计了一种新型前置库湿地，由面源污染收集初级净化区和生态塘强化净化区组成（图9-3），以小流域自然坡地（农业种植区）作为天然集流区，在雨季将坡地农田径流通过导流渠引入前置库湿地系统，同时，通过天然沟渠将散居农户的生活污水、畜禽养殖废水引入前置库湿地系统。

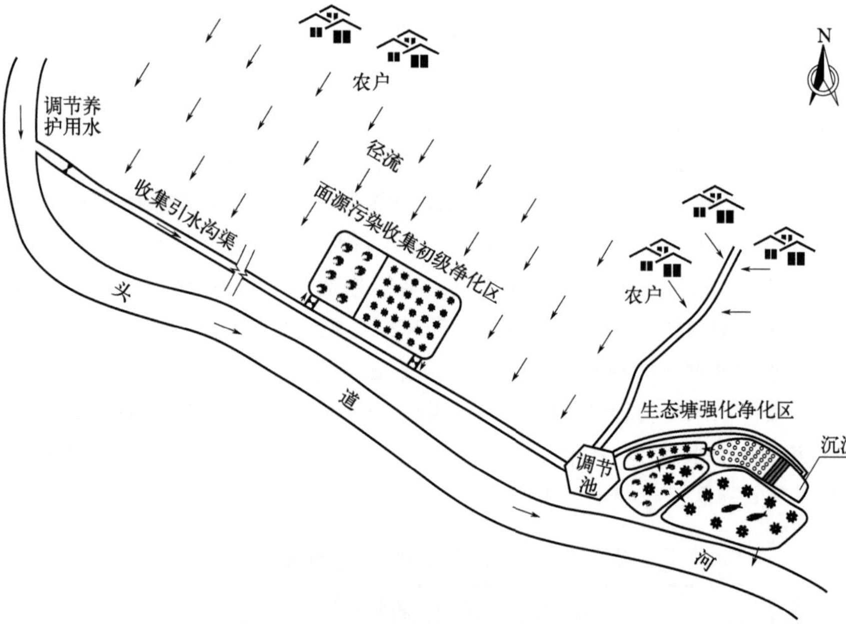

图9-3　前置库湿地示范构建示意

（1）收集处理水量

1）农田径流水量

前置库湿地集流总面积约1125亩（其中农田面积约120亩），开州区地区雨季（5～9月份，占全年降水的70%）多年平均日降雨量为5.6mm，径流系数K_1取0.12，收集系数K_2取0.2，计算雨季日均地表径流水量100.8m^3。

2）散居农户污水量

前置库湿地集流散居农户 30 余户，户均污水产生量按 $0.5m^3/d$（含家庭散养畜禽污水产生量）计，考虑天然沟渠的渗水和蒸发因素，收集系数 X 取 0.2，计算散居农户日均污水产生量为 $3m^3$。

（2）主要参数取值

1）水力负荷

参照《人工湿地污水处理技术规程》表流人工湿地设计参数取值，设计水力负荷取值范围为 50 ～ 80mm/d。

2）前置库湿地系统表面积

前置库湿地系统表面积计算公式：

$$A_s=Q/a$$

式中 Q——设计流量，根据计算收集水量，取 $150m^3/d$；

a——水力负荷，计算表面积取值范围为 1875 ～ $3000m^2$，考虑来水量的不确定性，取大值 $3000m^2$。

3）水力停留时间

前置库湿地系统平均水深按 0.5m 计，则前置库系统总容积 V 为 $1500m^3$，有效容积系数取 0.7，则设计水力停留时间 $HRT=0.7V/Q=7d$。

（3）结构功能

1）面源污染收集初级净化区

前置库面源污染收集初级净化为导流沉淀净化子系统，由雨污收集沟渠、沉降净化带、砾石床人工湿地以及二级渗滤坝组成（图 9-4），面积为 $1200m^2$，长宽比为 2.5∶1。该系统主要功能为收集雨污、沉降过滤、初步净化，沉降带可以将来水的颗粒物、泥沙进行拦截、沉淀处理，随后沉降带出水以潜流方式进入砾石和植物根系组成的具有渗水能力的基质层，污染物在物理沉降、吸附及生物降解作用下被降解。该系统具备抗冲能力、水量调节能力强等优点，利用二级渗滤坝的过滤作用保证砾石床人工湿地的通畅运行，有效提升系统的处理效果。

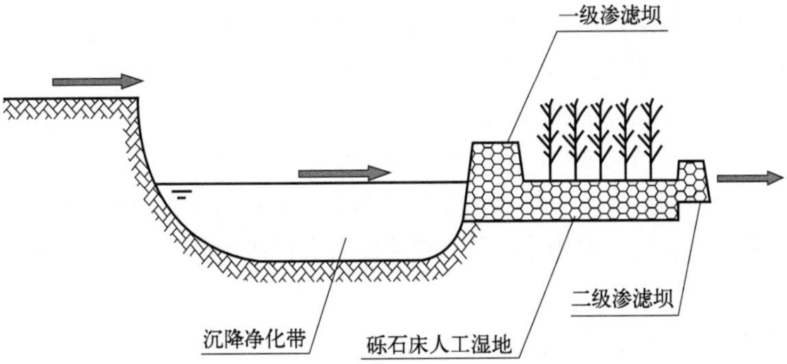

图9-4 面源污染收集初级净化区结构

2）生态塘强化净化区

对原有养殖堰塘进行扩建、改造，建设了前置库生态塘强化净化区（面积约 2000m²），生态塘强化净化区由过滤微生物净化、表流湿地净化、动植物净化、动植物强化净化 4 个子系统组成（图 9-5、图 9-6）。

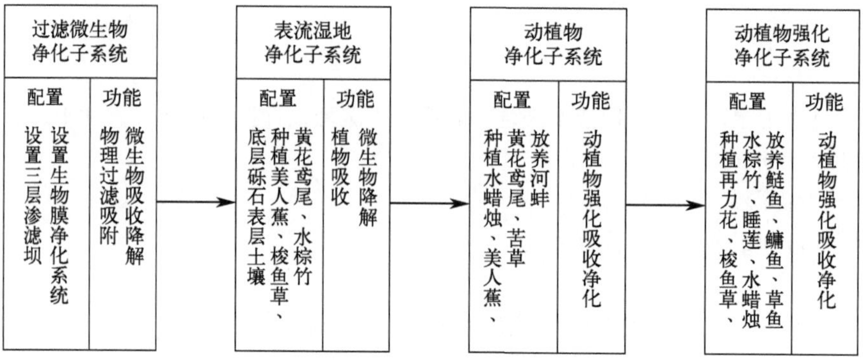

图9-5 生态塘强化净化区各子系统配置和功能情况

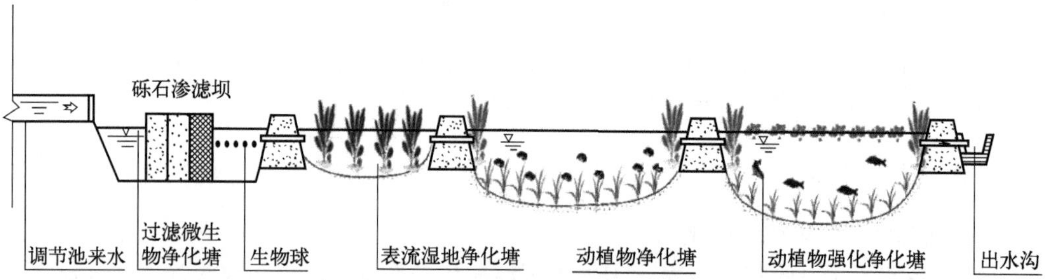

图9-6 生态塘强化净化区结构图

在过滤微生物净化子系统中设置渗滤坝，选取 2 ~ 3cm、5 ~ 7cm、10 ~ 12cm 共三种粒径的砾石构筑三层过滤结构的渗滤坝，通过物理沉降和吸附作用对水体中的颗粒物、泥沙进行进一步拦截和沉淀，水体流经渗滤坝后通过挂放的生物滤膜对水体污染物进行生物降解，进一步提高该系统的水质净化效果。

根据湿地系统对氮、磷等污染物的去除途径（植物吸收富集，根际微生物与土壤吸附、转化或沉淀等）及净化效果，通过相关文献检索，结合当地实际情况，选择根系发达、生物量增加幅度大、根系表面附着微生物密度高的植物，如湿生植物（再力花、梭鱼草、黄花鸢尾、美人蕉）、挺水植物（荷花）、浮叶植物（睡莲）、沉水植物（苦草、菹草、狐尾藻）等，在满足水体生态净化的要求下，考虑景观效果，在前置库表流湿地净化子系统、动植物净化子系统、动植物强化净化子系统中配置不同高度、不同形态、不同生活类型的水（湿）生植物。根据鱼类与河蚌对水质影响的研究试验结果在动植物净化子系统、动植物强化净化子系统开展组合生物净化系统优化配置，投放河蚌、鱼类等水生动物。

9.1.4.2 前置库湿地示范区建设

建设了前置库湿地构建示范区 3200m²，其中面源污染收集初级净化区 1200m²、生态塘强化净化区 2000m²，示范区建设内容主要包括池塘修整改造、水生植物栽种、水生动物放养、渗滤坝建设及日常管理和维护。

(1) 池塘修整改造

根据前置库构建示范既定方案以及实施地点基础情况，首先对租赁鱼塘进行修整改造，主要建设内容有以下几个方面。

1) 基础改造

对原池塘上部一块约 300m² 的废弃地进行挖深改造，修建堤坝（内置塑料薄膜，防止漏水），使其成为生态塘强化净化区组成单元。

2) 堤坎修复

对已经垮塌的堤坎进行修复，并对池塘漏水处进行修补，同时，根据设计流程，在各堤坎中安装溢流装置。

3) 清除杂草

考虑重新种植水生、湿生植被，对各池塘中及周边原有的水花生、苍耳等杂草进行清理。

4) 其他

包括池塘周边的美化改造，如清理垃圾、洼地填平等。

(2) 水生植物栽种

前置库选用的主要植物主要包括垂柳、美人蕉、荷花、睡莲、黄花鸢尾、苦草、再力花、水中竹、花叶菖蒲等，种植方法如下。

1) 垂柳

主要栽种于池塘周边，用于美化景观，采用挖穴移栽的方式，选择 1～2 年生树种，挖定植穴 60cm×60cm×50cm，适当深栽，行株距 1.5m×2.0m，浇定植水，天旱时及时浇水。

2) 睡莲、荷花和黄花鸢尾

均采用挖穴移栽的方式。用铁铲把泥土挖成一小穴，将种藕（荷花）或睡莲放于穴中，让顶芽朝下呈 25° 的斜角，使尾端翘出泥外，用手挖泥覆盖；对已长出叶片的种藕，让叶片浮于水面，用手挖泥盖上种藕块茎。黄花鸢尾采用 3 株一束栽种于土壤湿润或水浅处。

3) 再力花、水中竹、花叶菖蒲和美人蕉

均采用挖穴移栽的方式。其中，再力花栽植深度约 10cm，行株距 0.6m×0.6m；花叶菖蒲和美人蕉栽植深度约 5cm，行株距 0.3m×0.3m。

(3) 水生动物放养

依据鱼类和河蚌对水质净化效果的研究结果，在动植物净化子系统中放养河蚌，选择 2 龄以上、均重 30g 左右的三角帆蚌，共投放 200 只；在动植物强化净化子系统中放养鲢、鳙、鲇等鱼类共计 200 尾，其中鲢鱼 50 尾、鳙鱼 130 尾、鲇鱼 20 尾。

(4) 渗滤坝建设

渗滤坝采用钢筋焊接＋铁丝网框架结构，整体长 7.4m、宽 1.5m、高 0.8m，铁丝网孔径 2cm。横向分为 3 个隔室，内部分别填充 10 ～ 12cm、5 ～ 7cm 和 2 ～ 3cm 三种不同粒径的石子。

（5）日常管理与维护

前置库生态塘强化净化区建设完成后，应加强日常管理与维护，主要包括以下几个方面。

① 根据栽种的水生植物及浮床植物生长需求，控制生态塘强化净化区水力条件，初期保持较低水位，之后逐步加大进水量。

② 植物补栽：首次栽种完成后，根据苗、种成活情况，实施植物补栽。

③ 清除杂草：为保障水生植物成活并形成优势，及时对各池塘中及其周边的水花生等进行清除。

9.1.5 前置库湿地污染物净化效果

前置库建设完成后，为科学评估其净化效果，通过将附近的生活污水和农田径流引入处理系统，形成连续进水，在各池塘进出水口设置监测采样点，测定 TN、TP、COD_{Cr} 等指标，评估其净化效果和稳定性。

9.1.5.1 评估方法

（1）运行控制

试验开始前，采用稀释后的生活污水和河水进行调试，间歇进水，干湿交替，以利于处理系统中植物生长，持续时间约 8 个月。试验期间，连续进水，进水平均流量约 7m³/h，系统总水力停留时间（HRT）约 102h，首次采样在连续进水稳定运行 1 周后进行。

（2）进水水质

进水水质状况如表 9-5 所列。

表9-5 进水水质状况

项目	DO /(mg/L)	SS /(mg/L)	NH_4^+-N /(mg/L)	TN /(mg/L)	TP /(mg/L)	COD_{Cr} /(mg/L)
变化范围	1.78～4.76	90.2～214.1	17.4～38.5	21.2～45.7	2.79～4.08	125.3～262.5

（3）水样采集与分析

在进水口、过滤微生物净化塘出口、表流湿地净化塘出口、动植物净化塘出口、动植物强化净化塘出口分别设置采样点（1 ～ 5 号），每周取样一次。水样采集过程中，均通过取样瓶直接在渠道中取水，每次连续取 3 个水样，用作平行。水质分析项目包括 DO、COD、TN、TP、NH_4^+-N 等。其中，DO 用 YSI 多参水质分析仪现场测定，SS、NH_4^+-N、TN、TP、COD 等指标均按照《水和废水监测分析方法》中的测试方法测定。

9.1.5.2 结果与分析

(1)DO 变化情况

前置库湿地系统进出水及沿程溶解氧浓度变化及提高效果见图 9-7，连续运行期间，进水溶解氧浓度较低（1.78 ～ 4.76mg/L），在流经系统各段的过程中逐渐升高，出水 DO 浓度达到 6.02mg/L 以上，饱和度达到 65% 以上。过滤微生物净化塘渗滤坝对污染物的拦截作用抑制了污水中厌氧菌的快速繁殖，防止进水因腐败进一步变黑、发臭。

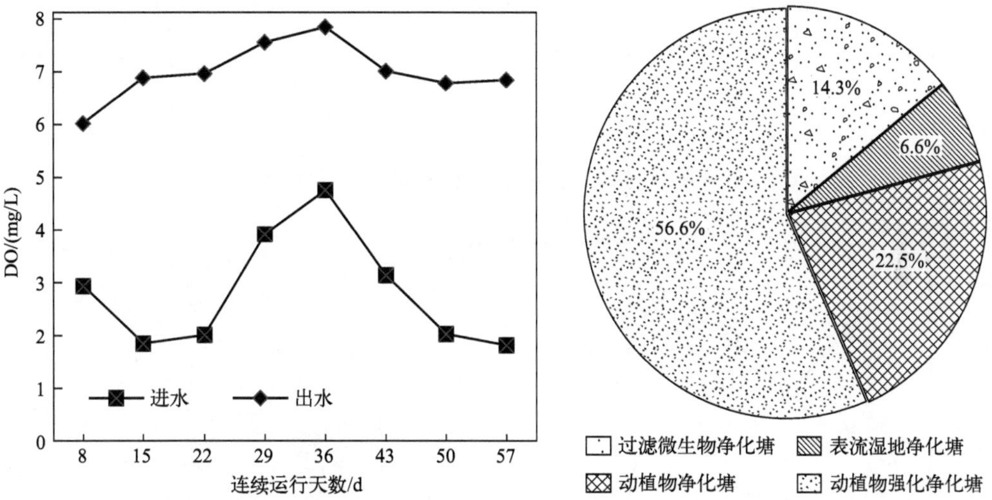

(a) DO浓度变化　(b) 前置库各段DO提高效果

图9-7　连续运行期间溶解氧变化情况及提高效果

(2)SS 的去除情况

连续运行期间，前置库湿地系统对生活污水 SS 具有稳定的去除能力（图 9-8），在进水负荷变化较大的条件下，出水 SS 浓度稳定在 20.1 ～ 36.5mg/L，可达到《城镇污水处理厂污染物排放标准》（GB 18918—2002）二级排放标准，SS 平均去除效率达到 84.9%，从沿程变化看，下降趋势明显，其中，过滤微生物净化塘去除率达到 42.1%，占整个系统去除率的 47.1%，为后续深度处理创造有利条件。

(3)NH_4^+-N 的去除情况

连续运行期间，前置库湿地系统进水NH_4^+-N 浓度平均值为 24.69mg/L，出水NH_4^+-N 浓度平均值为 7.41mg/L，总体去除率平均为 70.1%（图 9-9），沿程下降趋势明显，其中面积最大的动植物强化净化塘效果最为显著，去除量占整个系统的 36.0%，最终出水NH_4^+-N 浓度可达到《城镇污水处理厂污染物排放标准》（GB 18918—2002）一级 B 排放标准。在前置库湿地植物、微生物吸收利用的多重作用下，系统对NH_4^+-N 有较高的去除效率。

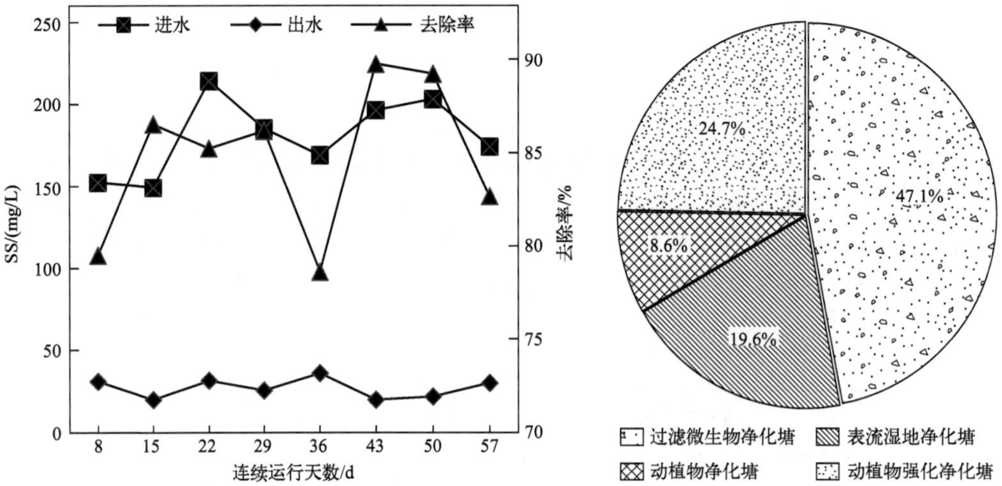

(a) SS浓度变化 (b) 前置库各段SS净化效果

图9-8 连续运行期间悬浮物变化情况及净化效果

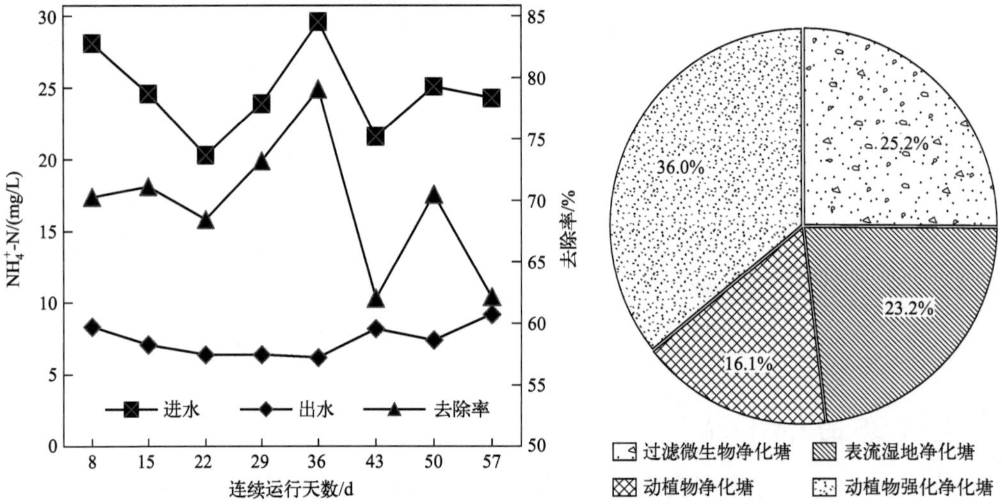

(a) NH_4^+-N浓度变化 (b) 前置库各段NH_4^+-N净化效果

图9-9 连续运行期间氨氮变化情况及净化效果

（4）TN 的去除情况

连续运行期间，前置库湿地系统进水 TN 浓度平均值为 29.74mg/L，出水 TN 浓度平均值为 14.98mg/L，总体去除率平均值为 49.6%，沿程下降趋势明显（图 9-10），出水 TN 浓度可达到《城镇污水处理厂污染物排放标准》(GB 18918—2002）一级 A 排放标准。

（5）TP 的去除情况

连续运行期间，前置库系统进水 TP 浓度平均值为 3.58mg/L，出水 TP 浓度平均值为 2.41mg/L，总体去除率平均值为 32.7%，沿程下降趋势明显（图 9-11），出水 TP 浓度可达到《城镇污水处理厂污染物排放标准》(GB 18918—2002）二级排放标准。

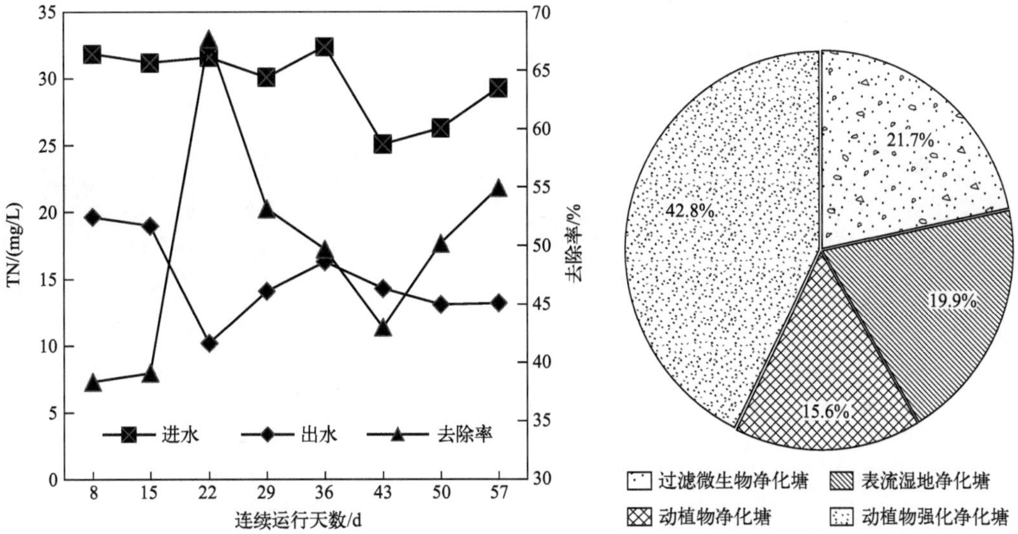

(a) TN浓度变化　　(b) 前置库各段TN净化效果

图9-10　连续运行期间TN浓度变化情况及净化效果

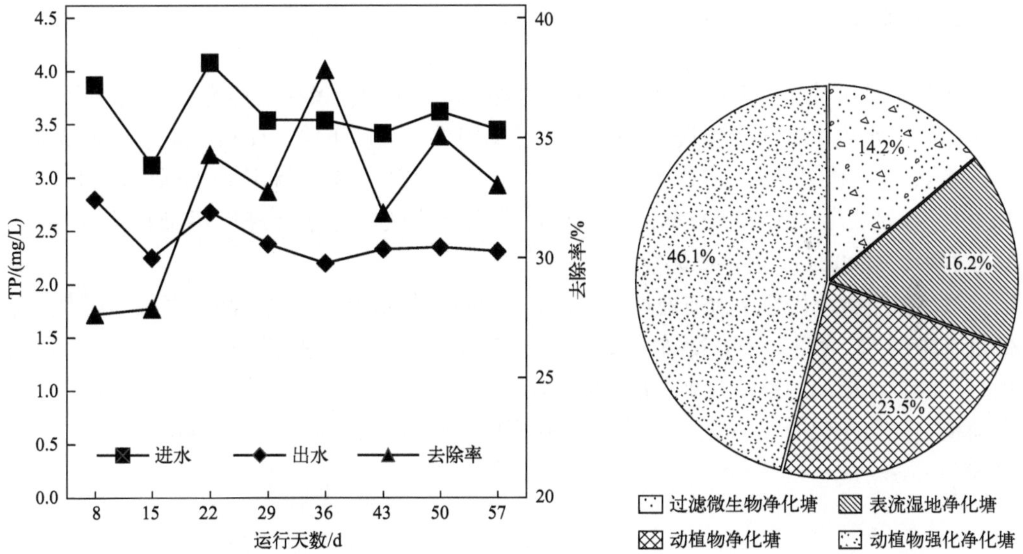

(a) TP浓度变化　　(b) 前置库各段TP净化效果

图9-11　连续运行期间TP变化情况及净化效果

（6）COD_{Cr} 的去除情况

连续运行期间，前置库湿地系统进水 COD_{Cr} 浓度平均值为 253.83mg/L，出水 COD_{Cr} 浓度平均值为 49.48mg/L，总体去除率平均为 80.5%（图 9-12），出水 COD_{Cr} 浓度可达到《城镇污水处理厂污染物排放标准》（GB 18918—2002）一级 A 排放标准。系统对 COD_{Cr} 具有较高的去除效率，污水流经系统的过程中，有机物则通过各净化塘的沉淀、吸附及植物、微生物和水生动物的吸收降解作用被富集或去除。

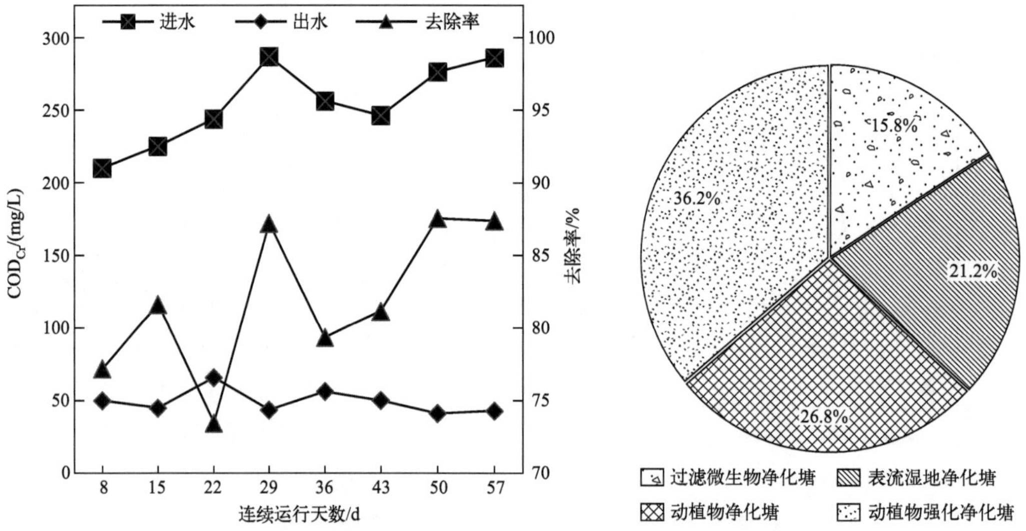

(a) COD$_{Cr}$浓度变化　　(b) 前置库各段COD$_{Cr}$净化效果

图9-12 连续运行期间化学需氧量变化情况及去除效果

9.1.5.3 结论

前置库湿地系统对进水具有较好的处理效果，在水力停留时间约为4d的条件下，系统内植物、水生动物生长情况良好，出水黑臭消失，浊度下降，DO饱和度达到65%以上，系统对进水的SS、NH_4^+-N、TN、TP和COD$_{Cr}$总平均去除效率分别达到84.9%、70.1%、49.6%、32.7%和80.5%，最终出水可满足《城镇污水处理厂污染物排放标准》(GB 18918—2002)二级排放标准。

过滤微生物净化塘作为前处理工艺，其内部的三层渗滤坝通过过滤、拦截作用大大降低进水中的SS含量，去除量占整个系统的47%，为后续工艺提供一个良好的进水环境，提高了前置库湿地的整体效果，而TN、NH_4^+-N、TP、COD$_{Cr}$的去除和DO增加效果则均以动植物强化净化塘效果最为显著，分别占整个系统的42.8%、36.0%、46.1%、36.2%和56.6%。

9.2 入湖支流生态化改造和水质提升技术

9.2.1 人工鱼巢的设计与试验研究

在汉丰湖入湖支流东河入湖回水区临近浅水库湾处，设置5种人工鱼巢，选择避开航道、水位涨落波动小、水体透明度较高、水温和水深适宜、地质条件好、岸线稳定、适宜静水产黏性卵鱼类产卵的水域，分别开展了黏性鱼卵对不同材质的人工鱼巢附着效果试验。

(1) 人工鱼巢的设计与制作

人工鱼巢主要针对产黏性卵的鱼类，为其产卵提供附着场所，设计了5种不同材质的人工鱼巢进行黏性鱼卵附着效果试验。鱼巢框架材料为楠竹，便于漂浮。5种材质分别为狗牙根、稻草、棕榈丝、芦苇和棕榈叶。鱼巢框架大小为5m×2m，每串鱼巢的间距为1m，5种不同材质的鱼巢随机安装在框架上，浮动框架通过缆绳系于固定桩上。每根毛竹系有6组黏附基质，间隔1m；每组3束，间隔50cm，以第一束刚没入水面以下的位置固定。不同黏附材料随机绑缚在每根毛竹之上，以保证位置的无偏性。每组黏附基质下方悬挂一个广口的坛子，坛子高约50cm，坛口直径20cm，距第二束黏附基质50cm。坛子内部装有少量黏附基质。每个人工鱼巢共计安装18串鱼巢、18个产卵坛（图9-13）。

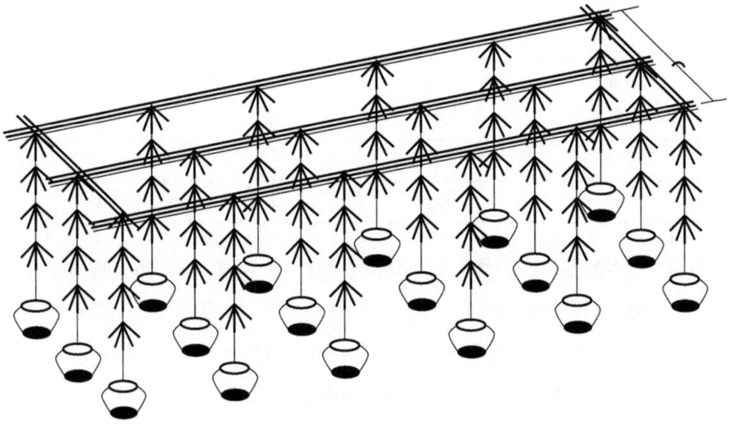

图9-13 人工鱼巢设计示意

（2）人工鱼巢的设置

鱼巢巢面至湖底有1～2m深，鱼巢框架离水岸5m左右，并用单个锚固定在水中，每架鱼巢放置间距为1m以上。所选水域鱼类种群数量多，天然饵料丰富，适宜鱼类栖息，交通运输方便，便于管理，远离污染等。

（3）汉丰湖人工鱼巢附卵结果

鱼类产卵季节，每隔两天分别选取不同材质的人工鱼巢各3个。连续检查6次。利用人工计数方式调查人工鱼巢附卵情况，利用镜检，了解鱼卵受精率和胚胎发育情况。4月13日将5组试验用人工鱼巢投放入水中，测量水温为15～23℃。分别在14日、16日、18日、20日、22日以束为单位对每种试验黏附材料进行抽样，每次抽取3束，统计所黏附鱼卵数量（表9-6）。

表9-6 每种黏附材料所黏鱼卵的抽样结果　　单位：粒

时间(月-日)	狗牙根	棕榈丝	棕榈叶	稻草	芦苇
4-14	190	0	0	0	0
	147	0	0	0	0
	244	0	0	0	0

续表

时间(月-日)	狗牙根	棕榈丝	棕榈叶	稻草	芦苇
4-16	1550	350	0	250	0
	1300	315	6	285	0
	1050	440	7	420	0
4-18	3730	653	3	1950	7
	4100	750	4	2130	11
	3550	580	0	2560	19
4-20	4350	1385	1	810	8
	6270	992	0	574	13
	5880	1424	3	689	9
4-22	3810	1735	6	202	2
	5120	1411	2	167	0
	5390	1062	4	69	0

抽样结果显示 5 种黏附材料中，狗牙根黏附鱼卵的能力最强（图 9-14），单束黏附超过 6000 粒卵，且 10d 后并没有腐烂迹象。棕榈丝也不易腐烂，但其所黏鱼卵数量远低于狗牙根，单束不超过 2000 粒。稻草的茎秆部分黏卵很少，主要集中在带穗的前端，单束黏卵超过 2000 粒。尽管造价低廉取材方便，但其在水下腐烂较快，一周黏卵数量锐减，不适合作为鱼巢黏附基质的材料。棕榈叶和芦苇由于质地坚硬，所附着的鱼卵最少，效果较差。结果显示，狗牙根在 5 种试验材料中的黏附鱼卵能力最强，其本身是消落区内优势物种，取材极为方便，造价低廉，其又具有较强的耐淹能力，捆扎后沉于水下数十天尚未见腐烂迹象。因此，狗牙根是适宜的人工鱼巢的天然黏附材料。

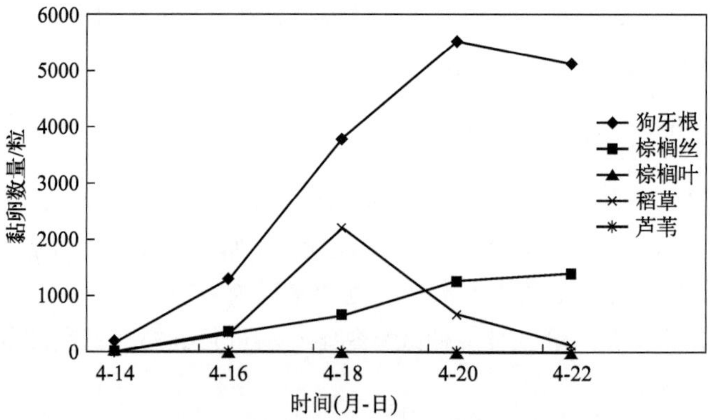

图9-14　不同黏附材料黏卵数量抽样平均值的比较

9.2.2　入湖支流河道生态修复技术示范

于 2014 年开始在头道河河道开展生态技术示范，恢复河流近自然的多样性生境条件。构建溢流堰 5 处、深潭 - 浅滩序列 4 处、丁坝 3 处。实施河道生态修复后，恢复了河道生境的多样性，增加了河道曝气富氧能力。第三方监测结果显示，示范建成后，示范区内水体溶解氧相比于入示范区之前有一定幅度的增加，最高增幅可达 27%，平均增幅达 6.6%；溶解氧的增加提高了水体对污染物的降解能力，对水质改善有较强的促进作用。

9.2.2.1 深潭-浅滩序列构建

（1）结构设计

① 适用区域：选取较为顺直且河岸侵蚀较为严重的河道；地势略低、可进一步挖深形成落差的河道。

② 水文条件：无。

③ 高度限制：无。

④ 生态功能：在浅滩的生境中，水流湍急，有利于河道水体的曝气增氧，而且光热条件优越，浅滩上藻类、水生昆虫种类繁多，为鱼类提供良好的觅食处，可供鸟类、两栖动物和昆虫栖息以及鱼类产卵；深潭的生境中，水流缓慢，是鱼类和各类软体动物的栖息场所，也是洪水期间鱼类等水生生物避难的主要场所。

⑤ 预期效果：浅滩和深潭交替存在可形成水体中不同流速和生境，丰富了河流的生物多样性，同时也极大地增加河床的比表面积，使附着在河床上的生物数量大大增加，有利于水体自净能力的增强。

（2）施工过程

图 9-15 为深潭 - 浅滩序列构建平面示意。构筑多种形式的深潭 - 浅滩序列：

① 选取较为顺直且河岸侵蚀较为严重的河道，将河道中部挖深 30cm 左右，并用抛石对侵蚀较为严重的河岸进行防护，并在距离河岸约 2m 处打入长 2m 的松木桩，木桩上端露出水面约 20cm，木桩直径 15cm，平行于河岸方向排成列，保证抛石护岸的稳定性。

② 人工挑选体积较大的块石，将其横向摆放在河床上，抛石与抛石间留有一定空隙，抛石周围挖深约 0.5m，抛石周围易形成深潭结构，被冲刷出的泥沙淤积到抛石下游，易形成浅滩和沙洲结构。

③ 可根据河道本身地形地势，在地势略低的河道，利用挖机挖掘，进一步扩大其面积和深度，形成面积更大、水深更深的深潭，挖出的石块回填至地势略高区域，形成浅滩区域。

深潭 - 浅滩序列的构建为不同类型的生物提供了多样性的水生生境。

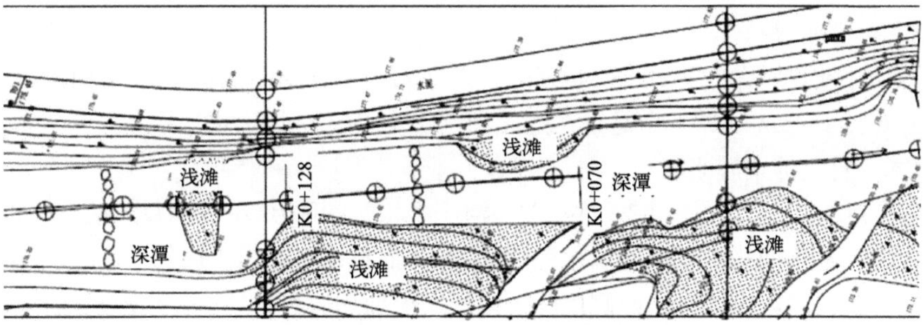

图9-15 深潭-浅滩序列构建平面示意

9.2.2.2 溢流堰构建

（1）结构和功能设计

① 适用区域：河道平直，无天然落差，为增加河道生境异质性，同时保持河床高程稳定，可开展横向修复工程的区域。

② 水文条件：适用于流速 6m/s 以下的河段。

③ 高度限制：为避免工程结构造成落差太大，切断水生动物溯源迁徙的路径，上下游水位差应维持在 40cm 以下（图 9-16）。

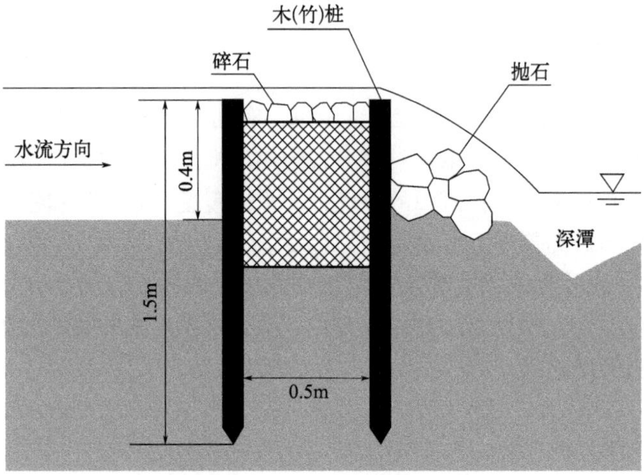

图9-16 木（竹）桩溢流堰示意图

④ 生态功能：利用石堤拦阻河水进而增加水体深度的变化，还可与其他工程结合营造出多样化的水环境，水位线以下的块石间石缝可营造鱼穴，为水生动物提供栖息及避难的场所。

⑤ 预期效果：平水期，溢流堰可抬高上游水位，蓄积的河水可使上游水体深度加大，有利于营造多样化生态环境，同时工程下方溢水口可营造潭水栖息地，适合较大型鱼类的生存；洪水期，溢流堰可营造出瀑布效果，增加河流曝气性。

⑥ 结构形式：采用砌石、木（竹）桩式两种结构；主体结构采用自然石块叠砌，易与原有河床环境融为一体，对原有河流自然景观也有所提升。

（2）施工过程

1）砌石溢流堰

就地取材选用直径 40 ～ 60cm 的卵石，采用单口溢流或多级阶梯结构，侧向角 60° ～ 85°，有效落差 0.3 ～ 0.5m。图 9-17 是正在建设和已建设完成的砌石溢流堰。

2）木（竹）桩式溢流堰

采用长度为 1.5m 的松木桩（竹桩）在河床上构筑间隔 0.5m 的两排木桩，木桩排列呈城墙垛口式，枯水期高排木桩露出水面约 40cm，低排木桩露出水面约 30cm。在两排桩之间铺设无纺布，内填充细砂，两侧用巨石镇压，上面用碎石铺盖，使水流从堰顶漫过，图 9-18 是正在建设和已经建设完成的木（竹）桩式溢流堰。

图9-17 正在建设和已建设完成的砌石溢流堰

图9-18 正在建设和已经建设完成的木（竹）桩式溢流堰

9.2.2.3 丁坝

（1）结构设计

① 适用区域：需要通过挑流保护的河岸，营造河岸浅滩，岸坡土壤遭冲蚀时可设置。

② 水文条件：适用于流速 10m/s 以下的河段。

③ 高度限制：高出水面约 50cm。

④ 生态功能：利用坝体挑流的作用调整流心，降低河水对岸坡的冲刷，营造淤沙造滩的环境，并利用丁坝间缓流区及坝后水体营造庇护场所，同时还增加了水体的变化，配合其他工法还可营造多样化的水体环境。

⑤ 预期效果：变化多样的水体有利于营造多样化的水生态环境；坝端因水流作用产生的回流区能冲刷出深潭，营造出极佳的水体栖息地。

本研究采用木桩、块石、松木等自然材料构建多孔隙透水丁坝，克服了传统丁坝（多为钢筋混凝土结构）硬质化的弊端，既可以保护河岸安全，又可以为生物提供缓流生境和洪水时的躲避空间。

（2）施工过程

首先在河床近岸处打入长 2m 的松木桩，木桩上端露出水面约 20cm，木桩直径 15cm，垂直于河岸方向排成列，木桩间距 20cm，向河内延伸 1.2m，垂直两列木桩之间间距 60cm，在两列木桩内部填充粒径 20cm 以上的石块，石块厚度与木桩上端齐平，块石间隙填充砂砾和土壤。图 9-19 左为丁坝平面示意，右为建设中的丁坝。

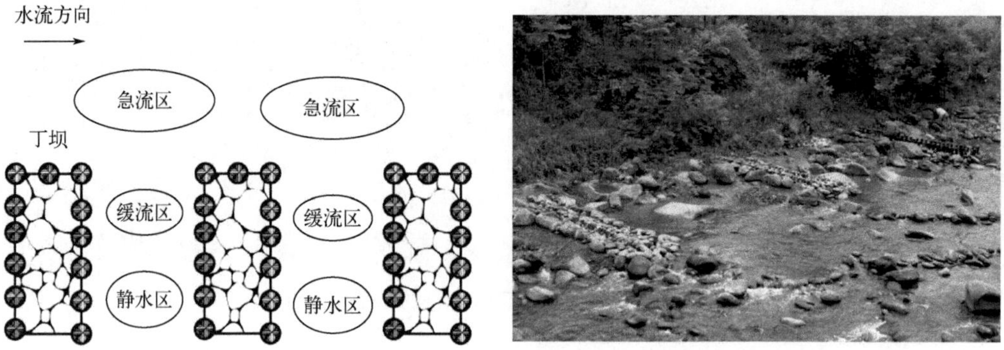

(a) 平面示意图　　(b) 建设中的丁坝

图9-19　丁坝构建

9.2.3　入湖支流河岸带湿地生态恢复技术研究

9.2.3.1　河岸植物及土壤基质调查

（1）河岸植物群落结构特征

汉丰湖入湖支流河岸带有维管束植物 171 种，隶属于 155 属 68 科。其中禾本科植物种类最多，为 19 种，其次为菊科 16 种，蔷薇科 9 种，豆科 8 种，大戟科 8 种。

按照中国植物志分类，调查区域内一年生草本植物 44 种（25.7%），主要有水蓼（*Polygonum hydropiper*）、土荆芥（*Chenopodium ambrosioides*）、鬼针草（*Bidens pilosa*）、苍耳（*Xanthium strumarium*）等。多年生草本植物 68 种（39.8%），主要有香附子（*Cyperus rotundus*）、狗牙根（*Cynodon dactylon*）、白茅（*Imperata cylindrica*）、火炭母（*Polygonum chinense*）等。灌木 22 种（12.9%），主要有山胡椒（*Lindera glauca*）、三花悬钩子（*Rubus trianthus*）、野蔷薇（*Rosa multiflora*）、牡荆（*Vitex negundo* var. *cannabifolia*）等。藤本植物 11 种（6.4%），主要有地果（*Ficus tikoua*）、鸡矢藤（*Paederia foetida*）、三裂蛇葡萄（*Ampelopsis delavayana*）等。乔木 21 种（12.3%），主要有枫杨（*Pterocarya stenoptera*）、苦楝（*Picrasma quassioides*）、油桐（*Vernicia fordii*）等。蕨类植物 5 种（2.9%），主要有乌蕨（*Stenoloma chusana*）、贯众（*Cyrtomium fortunei*）、大果鳞毛蕨（*Dryopteris panda*）等。

（2）生物量分布特征

1）沿程变化

2013 年 6 月汉丰湖入湖 4 条支流河岸带草本植物鲜重（地上鲜重，下同）均值为（2707.3±2883.6）g/m^2，其中桃溪河河岸带植物鲜重最大，为（3476.3±3138.3）g/m^2，东河最小，为（1690.4±1801.4）g/m^2。

除东河外，南河、桃溪河和头道河的河岸带植物鲜重最高值出现在下游。除桃溪河外，其余 3 条支流河岸带植物鲜重最低值出现在上游。

2）沿垂向变化

河岸带草本植物地上鲜重受洪水影响较大。4 条支流，草本植物鲜重均值最大值均出现在距河床 10m 处，均值为（4995.2±2950.6）g/m²，草本植物鲜重均值最低值均出现在距河床 2m 处，均值为（856.6±740.3）g/m²。

（3）每平方米植物种类数分布特征

1）沿程变化

2013 年 6 月汉丰湖入湖 4 条支流河岸带 1m² 植物种类数为 6.08±2.72，其中头道河河岸带 1m² 植物种类数最大，为 7.11±3.47，南河最小，为 4.89±2.10。

4 条支流的上、中、下游河岸带 1m² 植物种类数均值差别不大，分别为 6.17±2.40、6.08±2.57、6.00±3.35。东河和桃溪河的河岸带 1m² 植物种类数从上游到下游逐渐降低，而南河的 1m² 植物种类数最高值出现在中游，头道河的 1m² 植物种类数最高值出现在下游。

2）沿垂向变化

距河床 25m 处的 1m² 植物种类数均值最大，为 6.25±2.93，距河床 2m 处的 1m² 植物种类数均值最低，为 5.83±3.10。其中，南河河岸带 1m² 植物种类数随河床距离加大呈上升趋势，而桃溪河和头道河呈先下降后上升趋势，东河呈先上升后下降趋势。

（4）土壤理化特征

1）沿程变化

对 2013 年汉丰湖入湖支流 4 条支流 12 个采样站点土壤理化性状进行分析，结果表明土壤容重、土壤孔隙度、pH 值以及有机质、碱解氮、有效磷、有效钾的含量均值依次为（1.32±0.17）g/cm³、50.40%±6.72%、7.94±0.39、（17.58±19.64）g/kg、（67.43±58.87）mg/kg、（8.59±6.80）mg/kg、（63.92 ±48.21）mg/kg。4 条支流中，南河土壤容重均值［（1.36±0.13）g/cm³］最大，东河的土壤孔隙度均值（52.21%）和有机质均值［（28.60±35.70）g/kg］最大，头道河的土壤碱解氮［（94.04±60.70）mg/kg］、有效磷［（9.42±8.77）mg/kg］、有效钾［（84.22±64.38）mg/kg］含量均值最大。

4 条支流中，从上游到下游，南河土壤有机质含量、有效钾含量呈下降趋势，桃溪河土壤容重、有机质、碱解氮含量呈先下降后上升趋势。头道河的土壤容重、pH 值呈下降趋势，而土壤孔隙度、有机质、碱解氮和有效磷含量均呈上升趋势。东河的土壤孔隙度、有机质、碱解氮、有效磷和有效钾含量均呈下降趋势。

2）沿垂向变化

土壤容重均值在距河床 2m 处最大［（1.36±0.12）g/cm³］，土壤有机质、有效氮、有效钾含量均值最大值均出现在距河床 50m 处，分别为（26.58±31.78）g/kg、（83.86±81.44）mg/kg、（86.45±64.21）mg/kg，土壤有效磷含量均值最大值出现在距河床 2m 处，为 8.78mg/kg。4 条支流中，桃溪河、头道河和东河的土壤有机质含量在距河床 50m 处最高，除桃溪河外，南河、头道河和东河的土壤有效钾含量在距河床 50m 处最高

（5）植物重要值及其与生境的关系

重要值（importance value，IV）由 Crutis 与 McIntosh 研究森林群落时首先提出。

草本植物重要值计算公式：

$$重要值=相对盖度+相对高度$$

乔木和灌木重要值计算公式：

$$重要值=相对盖度+相对显著度$$

其中，

$$相对盖度=\frac{样方内某种植物的盖度}{样方内所有植物的盖度之和}\times 100\%$$

$$相对高度=\frac{样方内某种植物的高度}{样方内所有植物的高度之和}\times 100\%$$

$$相对显著度=\frac{样方内某种树的树干基部断面积之和}{样方内全部树干基部断面积之和}\times 100\%$$

通过基径计算树干基部断面积。

植物重要值数据及环境因子数据经过对数转化后，利用 Canoco for Windows 4.2.4 软件，选择自动前选，进行蒙特卡罗检验，分析河岸带植物重要值与环境因子的关系。

经测算，重要值较大的草本植物主要有牛筋草、金发草和野燕麦；重要值较大的乔灌木主要有枫杨、小梾木和苦楝等。

物种重要值数据经过决策曲线分析（DCA），结果表明最大轴的梯度长度为 5.570，大于 4，最好不用线性模型（误差大，会丢失很多信息），而单峰模型排序比较合适。本节选择典范对应分析（CCA）对物种与环境因子的关系进行评价，结果显示 CCA 第一和第二排序轴解释物种重要值的比例分别为 37.6% 和 26.7%，总典范特征值为 1.534。高程的边际影响特征值最大（0.26），也排在条件影响变量中的第一位，说明汉丰湖入湖支流河岸带植物重要值大小受高程的影响最大。土壤有机质（0.22）和容重（0.20）的边际影响次之。环境变量中，高程（F=1.77，P=0.010）和土壤有机质（F=1.40，P=0.046）通过蒙特卡罗检验，说明影响河岸带植物重要值的环境因子主要是高程和土壤有机质含量（表 9-7）。

表9-7　前向选择中土壤生境变量的边际影响及条件影响

边际影响		条件影响			
变量	特征值	变量	特征值	P	F
高程	0.26	高程	0.26	0.010	1.77
有机质	0.22	有机质	0.21	0.046	1.40
容重	0.20	含水率	0.19	0.084	1.34
pH值	0.18	pH值	0.19	0.080	1.32
含水率	0.18	容重	0.18	0.170	1.20
有效钾	0.16	有效磷	0.17	0.122	1.22
有效磷	0.16	坡度	0.13	0.654	0.90
坡度	0.16	有效钾	0.10	0.884	0.72
碱解氮	0.15	碱解氮	0.10	0.922	0.71

注：F值和p值都用来检验显著性差异，F值越大，P值越小，差异性越显著。

9.2.3.2 河岸带植物对水位变化的生理生态适应机制研究

开展了水库蓄水期间优势植物的生理生态适应机制研究，分析淹没期水深梯度对消落带优势植物生长及其抗氧化酶活性的影响。研究通过原位浮台试验，将牛鞭草和狗牙根盆栽后悬挂在不同水深（0m、2m、5m、15m）下培养，比较其高度、盖度、萌芽数、根系总蛋白和丙二醛含量，以及超氧化物歧化酶、过氧化物酶等抗氧化酶活性，并分析根系总蛋白含量及抗氧化酶活性的相关性。

（1）植物生长状况

与未淹没（0m）植物相比，淹水处理导致牛鞭草和狗牙根植物高度、盖度、萌芽数和鲜重均有不同程度的下降。随着水淹深度的增加，盖度和萌芽数总体呈降低趋势（表9-8）。

表9-8 牛鞭草和狗牙根高度、盖度、萌芽数及鲜重

指标	水深/m	牛鞭草			狗牙根		
		淹没30d	淹没60d	淹没180d	淹没30d	淹没60d	淹没180d
高度/cm	0	25.7±2.1	33.0±8.5	36.0±9.5	28.5±3.5	31.0±2.6	40.0±10.0
	2	23.5±2.1	27.0±0.0	9.5±3.5	17.0±1.4	24.3±6.4	34.7±2.3
	5	22.5±0.7	18.0±0.0	16.5±0.7	18.0±1.4	23.0±6.3	30.3±2.3
	15	18.7±1.1	15.3±0.6	14.2.4±0.7	19.5±2.1	18.0±2.6	25.7±3.8
盖度/%	0	90.0±5.0	95.3±4.6	98.0±0.0	91.3±7.1	96.0±1.7	97.3±1.2
	2	80.0±0.0	85.0±5.0	35.0±7.1	85.0±14.1	88.3±2.9	55.0±5.0
	5	77.5±3.5	16.6±11.5	40.0±0.0	82.5±3.5	80.0±8.7	60.0±20.0
	15	66.7±5.8	10.0±0.0	20.0±0.0	60.0±7.1	57.5±26.3	46.7±5.8
萌芽数/个	0	17.5±10.1	16.3±1.5	13.7±3.1	11.0±1.4	17.7±3.1	11.0±4.0
	2	9.5±3.5	12.0±4.0	5.5±0.7	7.0±1.4	13.0±3.6	8.7±1.5
	5	7.5±2.1	10.0±0.0	8.0±1.7	8.0±0.0	9.0±3.0	7.7±1.5
	15	0.67±0.6	6.3±3.2	3.0±1.4	4.2.4±3.5	6.0±2.4	7.0±1.0
鲜重/g	0	375.7±66.1	374.2±68.9	397.0±69.5	275.8±30.5	260.9±65.5	284.3±24.8
	2	411.2±75.6	362.3±63.5	203.8±71.6	264.8±12.6	258.3±59.2	149.0±4.6
	5	409.8±239.5	318.6±67.3	207.5±63.4	379.7±102.8	194.2.3±23.3	146.3±42.4
	15	305.6±25.7	295.3±68.7	157.7±40.0	325.8±44.7	219.0±72.8	115.6±16.6

（2）根系总蛋白及抗氧化酶活性

与未淹对照（0m）相比，水淹处理后，牛鞭草和狗牙根植株的总蛋白含量、超氧化物歧化酶（SOD）活性、丙二醛（MDA）含量均下降，过氧化物酶（POD）活性上升。随着淹没深度增加，植物根系总蛋白含量下降，超氧化物歧化酶活性降低，过氧化物酶活性增强。试验期间，牛鞭草植株的总蛋白含量高于狗牙根，但过氧化物酶活性和超氧化物歧化酶活性低于狗牙根（图9-20）。初步说明牛鞭草和狗牙根均具备较好的耐淹性能，而狗牙根的耐淹性能要略高于牛鞭草。

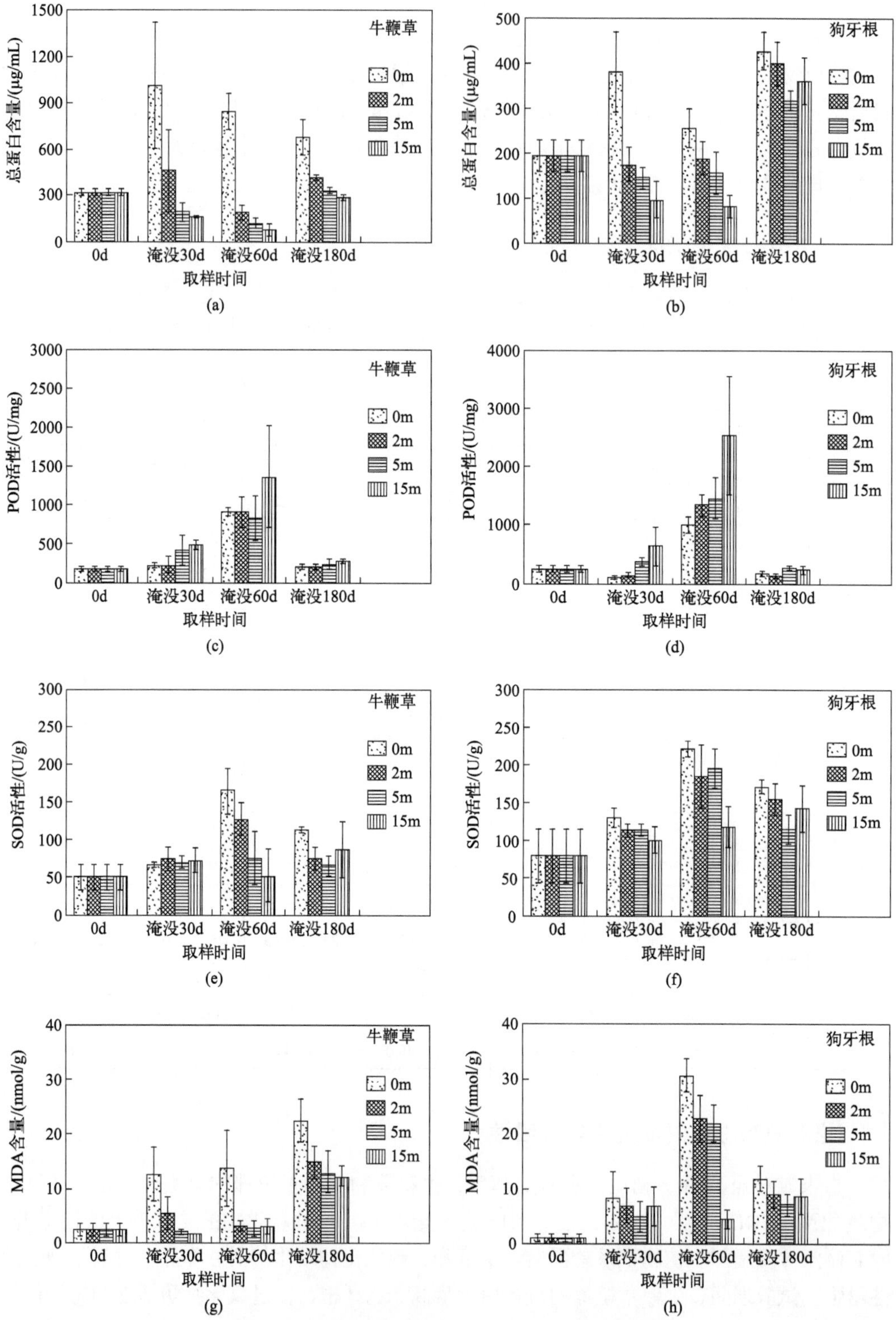

图9-20　牛鞭草和狗牙根根系总蛋白及抗氧化酶活性

9.2.3.3 河岸带湿地生态恢复技术设计

以完善入湖支流河岸湿地生态系统结构，提升其生态功能为目的，开展河岸带湿地生态恢复示范区建设。主要采用乔木＋陆生草本植物＋水生（湿生）植物配置模式，在植被状况较差的河岸带，改善生境，栽种垂柳、竹柳、桑、牛鞭草、狗牙根、美人蕉等植物，成活率达95%以上，完成河岸带湿地生态修复示范4200m²。采用石笼＋生态袋或回填土护岸，建设石笼护岸1.1km，提高河岸抗冲刷能力。实施封育管护河岸长度2.4km。

（1）方案设计

针对山区河流特点，采用石笼护岸＋乔、灌、草植被恢复措施，图9-21为石笼护岸＋植被恢复模式示意。季节性降雨量大、水流冲刷力极强是山区河流河岸植被恢复的困难所在，据此开展了抗水流冲刷的石笼及土壤基质构建，石笼具备极好的耐腐蚀性、稳定性和整体性，具备良好的抗冲刷能力，能够抵御高强度的洪水冲击，为植被恢复奠定了生境基础。同时还能与当地的自然环境很好地融合，填料之间的空隙为水、气、养分提供了良好的通道，为水生动植物提供了栖息环境和生长空间。结合河岸带湿地的生态防护及景观效果，在植被状况较差的河岸带，通过抗水流冲刷的石笼及土壤基质构建改善生境，栽种垂柳、竹柳、桑、牛鞭草、狗牙根、美人蕉等植物，构建乔灌草植物群落。在示范区上缘与当地村民签订合同，提供经济、景观植物树种供其种植，为村民创造一定收入，使村民自觉参与植被恢复与养护过程。实施河岸带生态修复后，河岸带的生态环境承载力及对分散面源污染的处理能力得到了提升。

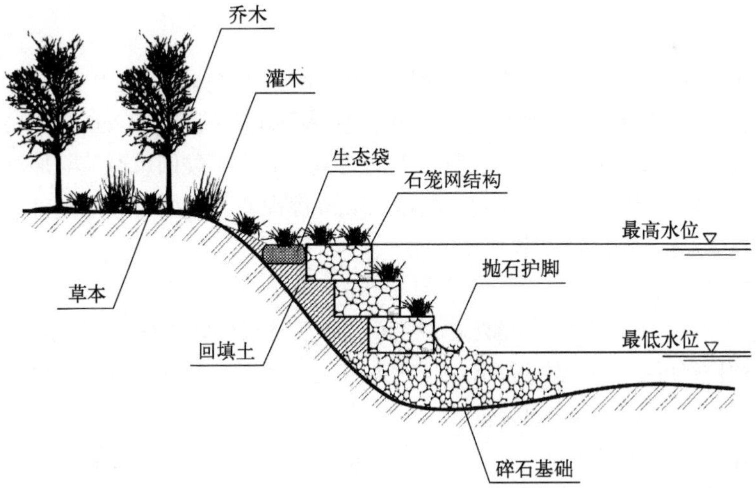

图9-21 石笼护岸+植被恢复模式示意

1）石笼护岸

① 石笼定制。单个石笼网尺寸为2m×0.6m×0.5m，单丝孔径为60mm×80mm，孔径偏差不小于设计孔径的5%，双线绞合部分50mm，丝径2.8mm，表层采用热镀锌工艺处理。

② 清理场地。采用小型挖掘机沿原河岸走向挖基槽，宽0.8m、深0.15m。

③ 石笼码放与装填。根据河岸高度采用2～5层台阶式结构，踏步宽0.3m，层与层

之间砌体应纵横交错、上下连接，严禁出现“通缝”情况，装填石块就地取材，选择坚固密实、耐风化的石料，直径不小于 12cm，每块石头质量不小于 5kg，70% 以上采用大于 15kg 的块石。

④ 连接缝合。采用组合线连接，即用绑扎线一孔绕一圈接一孔绕两圈呈螺旋状穿孔绞绕连接，相邻石笼网的上下四角各绑扎一道，同时将下方石笼网一并绑扎，以连成一体，增强稳固作用。

⑤ 灌泥浆、喷播草种。采用含水率 80% 左右的泥浆喷灌石笼，晾干 48h 后，喷播草种（主要为狗牙根）。

⑥ 空隙回填。用回填土或填装的生态袋回填石笼与原河岸之间的空隙，回填高度不超过最上层石笼，如采用生态袋回填，铺设完成后表层覆 25mm 厚泥浆，播狗牙根、黑麦草草籽。

2）植被恢复

选择竹柳、桑、黄花槐等乔灌木，地被植物选择狗牙根、牛鞭草、莎草等匍匐茎或深根系草本植物，湿生植物选择美人蕉。

3）封育管护

按照“以封为主、封育结合”的原则，采取设置界桩、宣传教育、专职人员巡护等综合措施，做好封育管护区植被病、虫、鼠害的防治工作，防止病虫成灾，保证封育成效。同时要充分利用宣传牌、广播等多种形式加强宣传，并与周边村社沟通，在封育期间严禁人、畜进入，严禁采伐、破坏植被，严禁在封育管护区从事与植被保护工作无关的各种农业生产，严禁不利于植被生长的破坏活动。

（2）建设过程

1）河岸带湿地生态恢复

按照既定施工方案，采用小型挖掘机沿原河岸走向挖基槽，宽 0.8m、深 0.15m；就地取材石块，选择坚固密实、耐风化的石料，装填石块直径大于 12cm，每块石头质量约 15kg，采用人工装填；装填完毕后，用回填土或填装的生态袋回填石笼与原河岸之间的空隙，如采用生态袋回填，铺设完成后表层覆 25mm 厚泥浆，喷播狗牙根草种。

图 9-22 为建设中的石笼护岸。

2）植被恢复

① 场地清理。为改善用于植被恢复的河岸带土壤水分和养分条件，组织人员对示范区域杂草及枯枝烂叶、垃圾等进行清理，对示范区凹凸不平的地块分区域进行平整，从而保证栽种乔、灌、草植被的立地条件。

② 植物栽种。河岸带湿地生态恢复示范植被主要包括垂柳、竹柳、桑、牛鞭草、狗牙根、美人蕉等，其中垂柳和竹柳栽种同前置库示范区，其他植被栽种方法如下。

Ⅰ.桑：选择一年生幼株进行移栽，行株距 100cm×30cm，每亩 5000 株左右。栽植时首先将苗木按大、小分类分段种植，小苗栽在边沿，便于护理，避免生存竞争时形成参差不齐的现象。其次，修剪苗根，剪除病根、伤根，剪短过长根系，保留 4～5 寸（1 寸 =3.33cm）。再次，种植时回土埋过青茎部 5～7cm，苗木端正踏实，淋足定根水，植后地面留 10～15cm，剪去多余上部。最后，种植后经常保持土壤湿润，干旱季节 3～5d 浇水一次，直至生根发芽，并及时清除杂草。

图9-22 建设中的石笼护岸

Ⅱ.牛鞭草：选择种茎移栽方式。将种茎切成 15 ～ 20cm 长茎段，每段含 2 ～ 3 节，开沟扦插，沟深 10 ～ 15cm，行距 30 ～ 40cm，株距 15 ～ 20cm。将切好的种茎靠沟一侧排好，芽朝上，然后覆土，留一个芽露出地面。种植后及时浇水，天旱时及时浇水。

Ⅲ.狗牙根：选择种茎移栽和播种两种方式。种茎移栽方法同牛鞭草。播种采用撒播，每亩播种 2kg 左右。由于狗牙根种子细小，为保证散播均匀，将种子和沙子按 2∶4 比例掺混后撒播。

③ 日常管理与维护。河岸带湿地生态修复示范（图 9-23）完成后，加强日常管理与维护，主要包括以下几个方面的内容。

图9-23 河岸带湿地生态修复示范区

Ⅰ.抗旱灌溉：各类型植物栽种完成后，需根据天气情况，实施提灌河水灌溉，以提高植物成活率。

Ⅱ.补栽和补播，防止破坏：首次栽种完成后，根据苗、种成活情况，实施植物补栽和补播；树立标识牌，防止示范区植被人为破坏。

Ⅲ.石笼护岸养护：及时对生态袋护岸植被进行浇水养护，并对雨水冲刷破坏部分进行补充施工。

9.3 组合型人工浮岛技术研发

9.3.1 研究内容

(1)填料优选试验

选取沸石、陶粒、轮胎颗粒、火山岩、蛭石5种常见填料进行等温吸附试验和批量吸附试验，研究比较各种填料对不同营养盐[TN、NH_4^+-N、NO_3^--N、TP、OP(正磷酸盐)]的吸附效果；在此基础上将5种填料按不同的比例(质量比)进行混合优选，研究不同混合比例对模拟污染水体中各种营养盐的去除效果，筛选出吸附氮、磷效果明显的组合用于人工浮岛中。

(2)静态浮岛试验

为了研究不同组合型人工浮岛(含混合填料和混合植物)修复水体的效果，将浮岛植物黄菖蒲和美人蕉以3∶1、1∶1、1∶3这3种比例栽入混合填料中，在静态条件下，每3d同一时间进行采样，测定各浮岛中水体的温度、pH值、TN、NH_4^+-N、NO_3^--N、TP、OP、COD_{Mn}等指标，研究不同比例混合植物的人工浮岛对富营养化水体的修复效果，得出最佳混合植物比例的人工浮岛。

(3)动态浮岛试验

为了研究组合型人工浮岛(含混合填料和混合植物)对富营养化水体的实质净化效果，在静态浮岛试验的基础上选取最佳混合植物比例的人工浮岛，考察在不同水力停留时间下各人工浮岛的出水水质，得出最佳的水力停留时间；并研究组合型浮岛对进水条件为低浓度范围富营养化水体、中浓度范围富营养化水体和高浓度范围富营养化水体的净化效果，为组合型人工浮岛的实际运用提供理论依据。

9.3.2 试验填料、植物与装置

(1)试验填料

选用沸石、陶粒、轮胎颗粒、火山岩、蛭石5种填料进行研究。5种填料中沸石、陶粒、火山岩、蛭石均来自河北省灵寿县，轮胎颗粒由废旧轮胎磨碎加工而成。各填料粒径为2～6mm，其中沸石、陶粒和火山岩密度大于$1g/cm^3$，轮胎颗粒和蛭石密度小于$1g/cm^3$，见表9-9。试验前5种填料均用清水洗净并烘干。

表9-9　填料的性能及产地

填料	粒径/mm	密度/(g/cm^3)	产地
沸石	2～4	2.08～2.22	河北
陶粒	2～4	2.08～2.09	河北
轮胎颗粒	2～4	0.63～0.80	北京
火山岩	4～6	2.22～2.50	河北
蛭石	2～4	0.36～0.47	河北

（2）试验植物

通过调查分析以及文献的调研，人工浮岛中浮岛植物选用黄菖蒲、美人蕉这两种挺水植物。两种植物的幼苗均采购自江苏南通，试验前培养在试验研究场地，待生长稳定后移栽入人工浮岛中。

黄菖蒲又称水烛、黄鸢尾、水生鸢尾、黄花鸢尾，为多年湿生草本植物，原产地为欧洲，大量分布于中国各地。植株高大，根茎直径可达2.5cm；叶片呈灰绿色，基生剑形，长40～100cm；花茎较粗，稍高于叶；花为黄色，直径10cm左右；蒴果内有多数褐色种子，呈长形有棱角；花期为5月，果实期为6～8月。黄菖蒲喜温凉、湿润的环境，阳光充足和半阴条件下均能正常生长，有较强的耐寒性，能适应较低程度的盐碱性土地。黄菖蒲也可作为药材，有缓解牙痛、治疗腹泻等功能。

美人蕉又称红艳蕉、小花美人蕉、小芭蕉，为多年生草本植物，原产地为美洲、印度等热带地区；大量分布于印度和中国。植株为绿色，高度可达150cm；根茎为块状；叶片呈卵状长圆形；鞘状叶柄；花冠大多为红色；蒴果有软刺，呈绿色长卵形，花期和果实期为3～12月。美人蕉喜温暖、湿润、有阳光的环境，有较强的土壤适应能力，耐贫瘠；畏强风和霜冻，不耐寒，总花期长，在原产地周年生长开花。主要品种为红花美人蕉、黄花美人蕉、双色鸳鸯美人蕉。

（3）试验装置

本试验共两套试验装置：一套为静态浮岛试验装置，静态浮岛对应黄菖蒲和美人蕉不同混合比例的植物筛选试验；另一套为动态浮岛试验装置，对应水力停留时间优化试验和不同浓度范围下富营养化水体的处理试验。

静态浮岛试验装置包括两大部分，即外部的PVC塑料水箱和内部的浮岛装置，共10个，其中9个放置浮岛，1个作为空白对照。其中PVC塑料水箱长55cm、宽45cm、高43cm，出水口位于塑料水箱侧面上沿下6cm处，进水口位于塑料水箱出水口的对面侧下沿上10cm处，水箱的有效容积为90L，试验时每个水箱注入试验用水约70L；塑料水箱内的浮岛装置长30cm、宽20cm、高25cm，体积为15L；其四周和底部打满小孔，每个浮岛装置内由亲水无纺布做内衬放置混合填料，混合填料铺在浮岛内深度一般为16～20cm，浮岛四周捆绑塑料瓶以提供浮力，整个浮岛的水面覆盖率约为40%，见图9-24。人工浮岛中的黄菖蒲和美人蕉这两种植物按不同的混合比例（3∶1、1∶1、1∶3）分成两列栽种于填料内，每列固定2株植物（共4株），植物的高度和长势基本一致。

动态浮岛装置包括配水箱、蠕动泵、3个塑料水箱和对应的人工浮岛（与静态浮岛装置一致），其中配水箱体积为300L；蠕动泵为保定兰格恒流泵有限公司生产，蠕动泵的驱动器型号为BT100-1L型，泵头为DG15型，流量范围为0.74～74.80mL/min。试验用水通过塑料软管由大型水桶经过蠕动泵调节流量流入每个人工浮岛中，具体试验装置见图9-25。

图9-24　静态浮岛

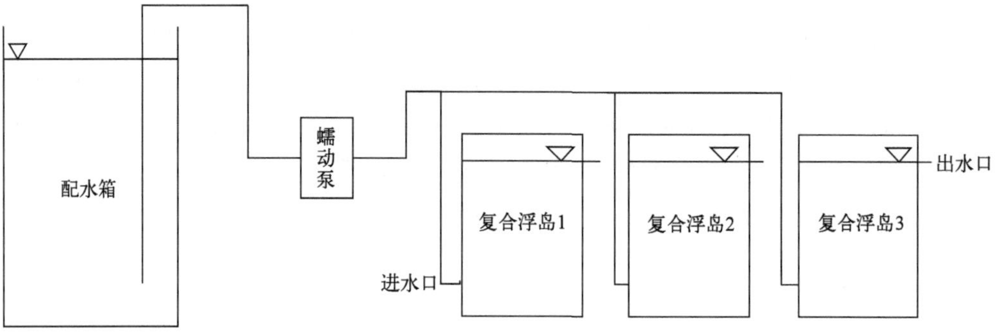

图9-25　动态浮岛试验装置

9.3.3　试验方法

（1）填料优选试验方法

1）单一填料等温吸附试验

用电子分析天平依次称取5种填料，每次称10g，同种填料分别放入9个250mL锥形瓶中，每个锥形瓶中加入100mL质量浓度为10mg/L、20mg/L、40mg/L、60mg/L、80mg/L、100mg/L、120mg/L、140mg/L、160mg/L的NH_4Cl/KH_2PO_4置于恒温振荡器中，试验设置3个平行；在温度为25℃、转速设定为125r/min的条件下连续振荡72h，振荡完成后取出锥形瓶，用0.45μm水系滤膜过滤锥形瓶中样品，测定过滤后水样中的氮、磷浓度，计算填料的吸附量。

2）单一填料批量吸附试验

用电子分析天平依次称取30g沸石、陶粒、轮胎颗粒、火山岩、蛭石放入500mL锥形瓶中，加入300mL的试验用水置于振荡器中，试验设置3个平行；在室温（23±2）℃、转速125r/min的条件下连续振荡，振荡时间设定为1h、4h、8h、12h、24h、48h、72h、96h，振荡完成后取出锥形瓶，用0.45μm水系滤膜过滤锥形瓶中样品，测定水样中各营养盐的浓度，计算去除率。

（2）混合填料批量吸附试验

用电子分析天平按表9-10的混合填料比例依次称取30g混合填料放入500mL锥形瓶中，加入300mL的试验用水置于振荡器中，试验设置3个平行；在室温（23±2）℃、转速125r/min的条件下连续振荡，振荡时间设定为1h、4h、8h、12h、24h、48h、72h、96h，振荡完成后取出锥形瓶，用0.45μm水系滤膜过滤锥形瓶中样品，测定水样中各营养盐的浓度，计算去除率。

表9-10　混合填料配比　　单位：%（质量分数）

序号	陶粒	火山岩	沸石	轮胎颗粒	蛭石
1	50	50			
2	50	25	25		
3	50	25		25	
4	25	25	25	25	
5	25	25	25		25
6		25	25	25	25
7	20	20	40	20	
8		20	40	20	20

（3）静态浮岛试验方法

1）浮岛植物

挑选预先栽培的两种试验植物美人蕉和黄菖蒲，高度为30～40cm；植物浮岛按不同的填料和植物比例设置9个处理水平以及1个空白对照样：

0号——空白样；

1号——黄菖蒲+美人蕉+2号混合填料（混合植物3：1）；

2号——黄菖蒲+美人蕉+2号混合填料（混合植物1：1）；

3号——黄菖蒲+美人蕉+2号混合填料（混合植物1：3）；

4号——黄菖蒲+美人蕉+6号混合填料（混合植物3：1）；

5号——黄菖蒲+美人蕉+6号混合填料（混合植物1：1）；

6号——黄菖蒲+美人蕉+6号混合填料（混合植物1：3）；

7号——黄菖蒲+美人蕉+7号混合填料（混合植物3：1）；

8号——黄菖蒲+美人蕉+7号混合填料（混合植物1：1）；

9号——黄菖蒲+美人蕉+7号混合填料（混合植物1：3）。

2）操作方法

① 将河水注入塑料箱内，并添加一定量的药品；测定每个水箱中初始水样的TN、NH_4^+-N、NO_3^--N、TP、OP、COD_{Mn}。

② 每个塑料水箱中依次放入所对应的人工浮岛（植物、填料）。

③ 每3d同一时间用烧杯进行采样200mL，并测定水样中的各项理化指标；每次取样时，加入一定量的去离子水，保证每个水箱的水位不变。

④ 分析所测水样 pH 值、TN、NH_4^+-N、NO_3^--N、TP、OP、COD_{Mn}，并结合植物的株高和生长状态得出相应结果。

（4）动态浮岛试验方法

1）不同水力停留时间

为了研究组合型人工浮岛（含混合填料、混合植物）对富营养化水体的实质修复效果，动态试验考察在不同水力停留时间下的水质变化情况并对水力停留时间进行优化，试验中塑料水箱内的水力停留时间分别设置为 1d、3d、5d、7d、9d，通过水管和蠕动泵的作用使受污染水体连续流入人工浮岛水箱内，测定进出水的各项污染物指标（TN、NH_4^+-N、NO_3^--N、TP、OP、COD_{Mn}）。

2）不同浓度污染水体处理效果

在最优的水力停留时间下，比较组合型人工浮岛对不同浓度范围富营养化水体的修复效果，先将试验进水设为高、中、低不同浓度变化范围的富营养化水体，其中低浓度变化范围进水与轻富营养化河湖的水体浓度变化范围相当，中浓度变化范围进水与中富营养化河湖的水体浓度变化范围相当，高浓度变化范围进水与重富营养化河湖的水体浓度变化范围相当，试验利用静态浮岛试验中最佳混合植物比例的人工浮岛进行处理，不同浓度的试验用水见表 9-11。

表 9-11　不同浓度试验用水　　单位：mg/L

水质指标	TN	NH_4^+-N	NO_3^--N	TP	COD_{Mn}
低浓度范围	4.36～5.39	1.71～2.60	1.86～2.80	0.09～0.11	5.43～6.38
中浓度范围	9.63～10.95	4.61～5.34	4.12～5.28	0.45～0.62	10.95～12.04
高浓度范围	17.85～20.90	8.34～9.28	9.20～10.04	0.98～1.24	19.02～21.07

9.3.4 试验结果

9.3.4.1 填料优选试验结果

人工浮岛修复富营养化水体中，组合人工浮岛的去除效果往往好于传统型浮岛。目前来看，研究者在组合型（填料）人工浮岛的试验中，一般都是添加单一的填料，如沸石、陶粒、蛭石等，对混合填料的添加研究较少。虽然单一填料的选用一定程度上加快了浮岛中生物膜的形成，提高了净水效率，但单一填料的自身结构以及对氮、磷去除的效果往往存在固有的局限性；而混合填料中由于各填料的性质不同，不仅可以为人工浮岛中微生物提供更加多样的生长环境，而且不同填料对不同污染物去除的优势还可以互补，提高污染物的综合去除效果，因此有必要对混合填料的添加进行试验研究。

本节先通过单一填料的等温吸附试验和批量试验分析不同填料去氮除磷的效果，在此基础上，选取效果一般的陶粒和火山岩作为基本填料，一方面添加一定比例的沸石（25%～40%）增强其除氮效果；另一方面添加一定比例的轮胎颗粒或蛭石（20%～25%）增强其除磷效果，优选出吸附氮、磷明显的混合填料组合用于人工浮岛试验中。

(1)单一填料吸附试验

1)数据拟合方法

恒温条件下,平衡吸附量与相应的平衡质量浓度的关系曲线为吸附等温线。填料对氮、磷的等温吸附一般用 Langmuir 方程和 Freundlich 方程来拟合,其中 Langmuir 方程是根据吸附的物质只有一层分子厚的假定推导出来的理论公式,Freundlich 方程则为介于单层分子与多层分子之间的经验公式。

其中 Langmuir 模型方程为:

$$\frac{c_e}{q}=\frac{1}{q_m}\times c_e+\frac{1}{bq_m} \tag{9-1}$$

Freundlich 模型方程为:

$$\lg q=\frac{1}{n}\lg c_e+\lg K_f \tag{9-2}$$

式中 c_e——氮、磷平衡的质量浓度,mg/L;

q_m——填料对氮磷的最大吸附量,mg/kg;

b,n,K_f——常数。

2)等温吸附试验

沸石、陶粒、轮胎颗粒、火山岩、蛭石 5 种填料经过 72h 振荡吸附后,将各填料对氨氮、磷的吸附结果绘制成等温吸附曲线如图 9-26 和图 9-27 所示。

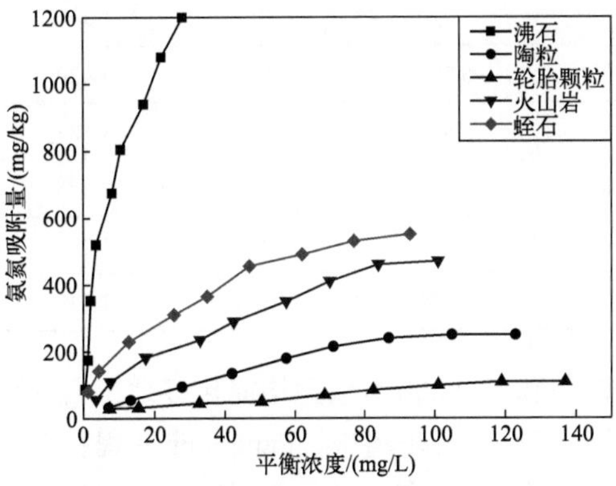

图9-26 各填料对氨氮的吸附等温线

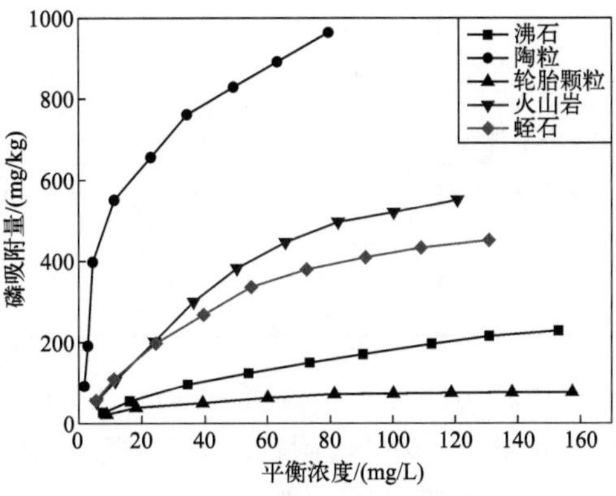

图9-27 各填料对磷的吸附等温线

由图 9-26 可知,5 种填料中沸石对氨氮的吸附量最大,不同填料对氨氮的吸附能力由强到弱排序依次为:沸石>蛭石>火山岩>陶粒>轮胎颗粒。从各填料的吸附等温线可以看出,沸石的等温吸附曲线斜率最大,且一直呈快速增长趋势;其余 4 种填料在氨氮的质量浓度小于 40mg/L 时等温吸附曲线的斜率相对较大,表示填料对氨氮的吸附量快速增加;当氨氮的质量浓度在 40 ~ 80mg/L 时等温吸附曲线的斜率逐渐变小,表明此时填料对氨氮的吸附量增加缓慢;当氨氮的质量浓度大于 80mg/L 时,填料对氨氮的吸附逐渐趋于平衡。

从图 9-27 可以看出，5 种填料中陶粒对磷的吸附量最大，沸石和轮胎颗粒对磷的吸附量相对较小。当磷的质量浓度大于 20mg/L 时，各填料对磷的吸附能力由强到弱的排序依次为陶粒＞火山岩＞蛭石＞沸石＞轮胎颗粒；当磷的质量浓度小于 20mg/L 时，火山岩对磷的等温吸附曲线斜率小于蛭石的等温吸附曲线斜率，说明此时蛭石的吸附量大于火山岩，而其他填料吸附顺序不变。5 种填料中陶粒、火山岩、蛭石和沸石这 4 种吸附等温线的斜率都是先增大后减小，即吸附速率从快到慢至平衡，而轮胎颗粒的吸附等温线的斜率变化较平缓，吸附速率随平衡浓度变化不明显。各填料对氨氮、磷的吸附等温线用 Langmuir 方程和 Freundlich 方程拟合，结果见表 9-12 和表 9-13。

表 9-12　各填料对氨氮的等温吸附方程

填料	Langmuir			Freundlich		
	R^2	q_m	b	R^2	K_f	n
沸石	0.981	1428.571	0.127	0.952	174.181	1.606
陶粒	0.944	500.000	0.010	0.988	7.909	1.331
轮胎颗粒	0.876	156.250	0.016	0.950	9.348	2.019
火山岩	0.943	666.667	0.022	0.992	29.060	1.624
蛭石	0.967	625.000	0.054	0.997	72.627	2.186

表 9-13　各填料对磷的等温吸附方程

填料	Langmuir			Freundlich		
	R^2	q_m	b	R^2	K_f	n
沸石	0.988	370.370	0.010	0.989	7.128	1.420
陶粒	0.986	1111.111	0.071	0.876	112.202	1.887
轮胎颗粒	0.971	90.909	0.038	0.946	10.186	2.375
火山岩	0.961	1000.000	0.011	0.979	15.668	1.280
蛭石	0.998	666.667	0.018	0.975	21.627	1.527

从表 9-12 和表 9-13 可以得到，Langmuir 模型和 Freundlich 模型均能较好地拟合 5 种填料对氨氮、磷的吸附特征（相关系数都大于 0.87）。5 种填料中，Langmuir 方程相对于 Freundlich 方程能更准确地拟合沸石和陶粒这两种填料对氨氮、磷的等温特性，而轮胎颗粒、火山岩和蛭石对氨氮、磷的吸附特性则由 Freundlich 方程拟合更合适，说明沸石和陶粒对氮、磷的吸附更接近单层介质的吸附，而轮胎颗粒、火山岩和蛭石对氨氮、磷的吸附则介于单层和多层介质之间。

Langmuir 和 Freundlich 两种模型中包含了许多参数（见表 9-12、表 9-13），各参数表示的意义都不同，在 Langmuir 方程中，q_m 表示理论饱和吸附量，b 表示吸附结合能常数，b 越大则表示填料和氨氮之间的结合越强；而在 Freundlich 方程中，K_f 表示填料对氨氮吸附能力大小的常数，理论上来讲，K_f 越大填料的吸附能力也越强。

通过 Langmuir 和 Freundlich 模型拟合 5 种填料对氨氮的吸附得到，在 Langmuir 方程中，5 种填料 q_m 的大小顺序依次为沸石＞火山岩＞蛭石＞陶粒＞轮胎颗粒；各填料 b 的大小顺序依次为沸石＞蛭石＞火山岩＞轮胎颗粒＞陶粒。在 Freundlich 方程中，5 种填料中沸石的 K_f 最大，对氨氮的吸附量也最大，其次为蛭石和火山岩，较小的为轮胎颗粒和陶粒。综合可知，5 种填料中沸石对氨氮吸附效果最好，蛭石和火山岩的吸附作用一般，陶粒和轮胎吸附效果相对较差。

通过 Langmuir 和 Freundlich 模型拟合 5 种填料对磷的吸附得到，在 Langmuir 方程中，5 种填料 q_m 的大小顺序依次为陶粒＞火山岩＞蛭石＞沸石＞轮胎颗粒；各填料 b 的大小顺序依次为陶粒＞轮胎颗粒＞蛭石＞火山岩＞沸石。在 Freundlich 方程中，5 种填料中陶粒的 K_f 较大，对磷的吸附能力也较大，其次为蛭石和火山岩，较小的为轮胎颗粒和沸石。综合上述，从吸附能力的角度来看，5 种填料中陶粒对磷吸附效果最好，其次为火山岩和蛭石，轮胎颗粒和沸石吸附效果相对较差。

3）批量吸附试验

① 5 种填料对氮的吸附。根据填料对污水中总氮（TN）、氨氮（NH_4^+-N）、硝酸盐氮（NO_3^--N）的动态吸附试验结果，绘制 5 种填料的吸附时间曲线，结果见图 9-28 ～图 9-30。

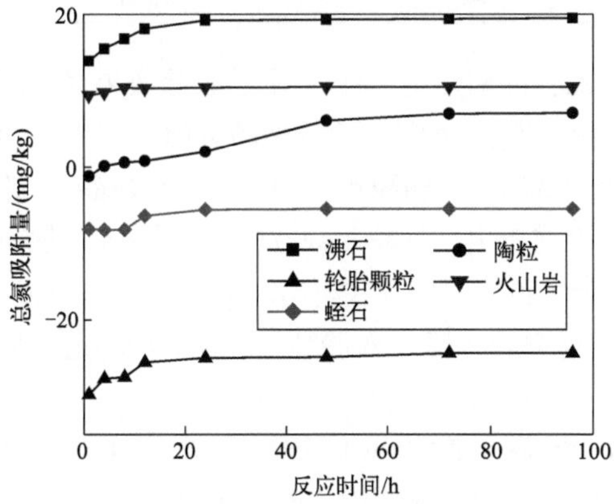

图9-28 填料对TN的吸附时间曲线

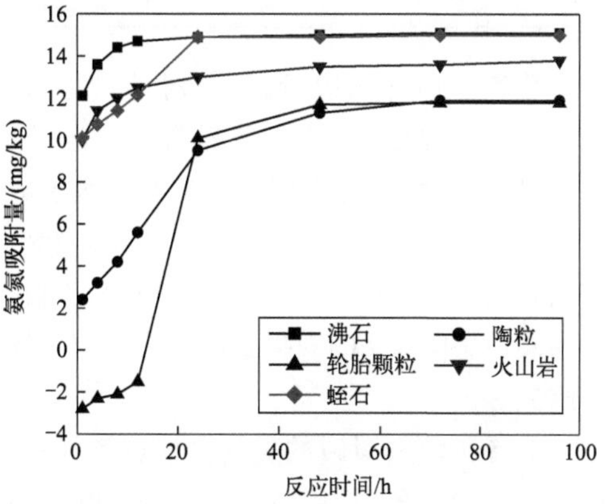

图9-29 填料对NH_4^+-N的吸附时间曲线

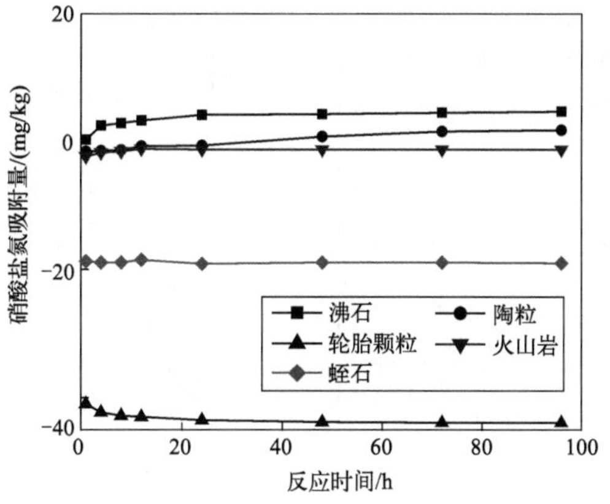

图9-30 填料对NO_3^--N的吸附时间曲线

由图 9-28 可得，5 种填料对 TN 的吸附在 48h 时都已达到平衡状态，此时沸石对 TN 的吸附量最大，火山岩和陶粒次之，蛭石和轮胎颗粒的吸附量呈现负值状态，说明蛭石和轮胎颗粒存在 TN 析出，且轮胎颗粒的析出量较大；由图 9-29 得到，各填料对NH_4^+-N 都有明显的吸附作用，5 种填料中沸石、蛭石、火山岩在 24h 时达到平衡状态，陶粒和轮胎颗粒在 48h 时达到平衡状态，各填料对NH_4^+-N 的吸附量由大到小顺序依次为沸石＞蛭石＞火山岩＞陶粒＞轮胎颗粒；从图 9-30 得知，各填料对NO_3^--N 的吸附作用均不明显，除沸石和陶粒存在少许吸附，其他 3 种填料都存在析出，析出较明显的是蛭石和轮胎颗粒。各填料平衡时对 TN、NH_4^+-N 和NO_3^--N 去除率见表 9-14。

表9-14　各填料对TN、NH_4^+-N和NO_3^--N的去除率

填料	TN 去除率/%	NH_4^+-N 去除率/%	NO_3^--N 去除率/%
沸石	55.7	97.4	28.8
陶粒	20.3	76.8	11.0
轮胎颗粒	−69.7	76.1	−268.7
火山岩	32.1	86.3	−9.5
蛭石	−16.7	94.3	−181.0

从表 9-14 中可以看出，5 种填料对NH_4^+-N 的去除率均达 76% 以上，去除效果最好的为沸石，去除率达 97.4%，结果与等温吸附试验一致；5 种填料对 TN 的去除率则存在明显差异，其中沸石去除率为 55.7%，大于火山岩（32.1%）和陶粒（20.3%）的去除率，轮胎颗粒和蛭石去除率小于 0%，表明这 2 种填料存在析出，且轮胎颗粒析出较大；5 种填料中只有沸石和陶粒对NO_3^--N 去除率为正数，其余 3 种填料均存在析出。由此可知，5 种填料中沸石去除 TN 的效果最好，火山岩和陶粒去除效果一般，轮胎颗粒和蛭石则不适合用于除氮。

② 5 种填料对磷的吸附。根据填料对污水中总磷（TP）和正磷酸盐（OP）的动态试验结果，绘制各填料对磷的吸附时间曲线并计算各填料平衡时对 TP 和 OP 的去除率，见图 9-31、图 9-32 及表 9-15。

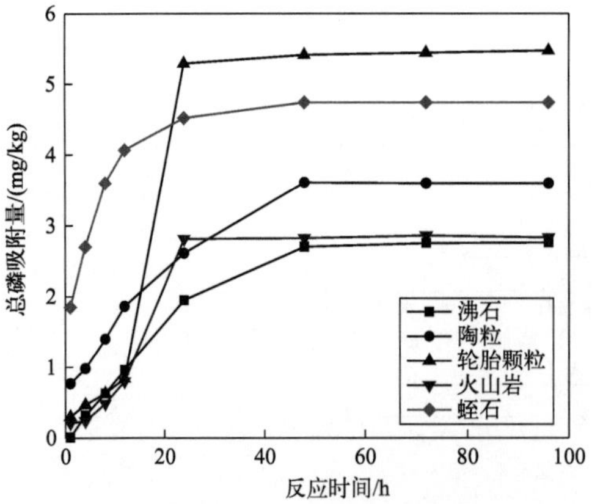

图9-31　填料对TP的吸附时间曲线

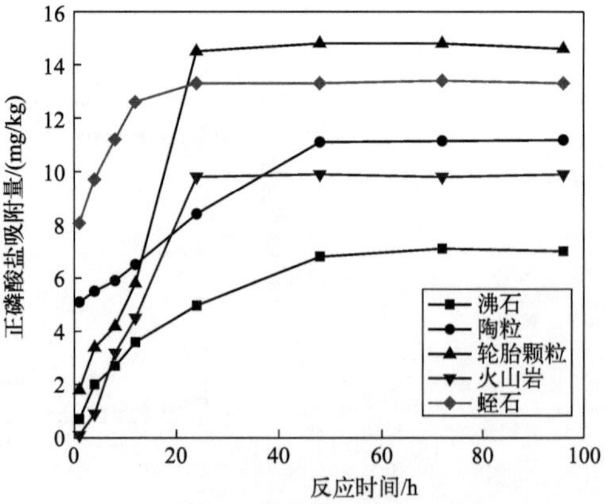

图9-32　填料对OP的吸附时间曲线

表9-15 各填料对TP、OP的去除率

填料	TP去除率/%	OP去除率/%
沸石	50.2	46.7
陶粒	65.4	74.5
轮胎颗粒	99.4	97.3
火山岩	43.4	49.2
蛭石	75.7	80.1

由图9-31和图9-32可以看出，各填料对TP、OP都有明显的吸附作用，5种填料中轮胎颗粒、蛭石、火山岩在24h已达到平衡状态，陶粒和沸石对TP和OP的吸附在48h也达到平衡，此时5种填料对TP和OP的吸附量由大到小排序依次为轮胎颗粒＞蛭石＞陶粒＞火山岩＞沸石。从表9-15得出，5种填料对TP和OP都存在一定的去除效果，其中轮胎颗粒去除率最高，TP达99.4%，OP达97.3%，其次为蛭石（TP达75.7%，OP达80.1%）和陶粒（TP达65.4%，OP为74.5%）。综合可知，虽然陶粒对磷的理论饱和吸附量最大，但在处理磷浓度相对较低的水体时轮胎颗粒的吸附效果要好于陶粒，且轮胎颗粒成本相对较低，因此实际运用中可优先考虑选用轮胎颗粒除磷。

通过5种填料对氮、磷去除效果的研究发现，沸石去除氮存在明显优势，陶粒和火山岩去除效果一般，轮胎颗粒和蛭石存在析出；除磷时轮胎颗粒的效果最好，其次为蛭石和陶粒，沸石和火山岩去除效果一般。因此混合填料中选用陶粒和火山岩作为基础填料，添加其他3种填料组合成不同比例的混合填料进行优选试验。

（2）混合填料的优选试验

1）混合填料对氮的吸附效果研究

根据8组混合填料对污水中总氮（TN）、氨氮（NH_4^+-N）动态吸附效果，得出去除率随时间的变化图（图9-33、图9-34）。由于单一填料等温吸附试验中发现各填料对硝酸盐氮（NO_3^--N）的吸附作用都不太明显且部分填料存在析出现象，因此混合填料试验中各组填料对硝酸盐氮（NO_3^--N）的去除变化没有在图上表示。

由图9-33可知，8组混合填料对TN的去除率都呈先迅速增加后缓慢增加直至平衡的趋势，达到平衡后去除率几乎不再变化。8组混合填料在48h后对TN的去除率几乎不再变化。

8组混合填料中，2号填料对TN的去除率最高，分析原因是混合填料中沸石的作用效果，虽然其他混合填料中也含有沸石，但这些组合的混合填料中都含有轮胎颗粒或蛭石，在单一填料试验中可知轮胎颗粒和蛭石存在TN析出，因此减弱了4号、5号和6号这几组混合填料对TN的去除效果；3号混合填料中因含有轮胎颗粒在0～24h时去除率呈负数，随着时间的增加，陶粒和火山岩不断吸附污水中的TN，使得去除率逐渐增加并由负数变为正数，但在8组填料中对TN的去除率最低；1号混合填料因为只含有陶粒和火山岩，因此平衡时去除率稍好于3号；7号、8号混合填料对应4号填料和6号填料，即将4号和6号填料中沸石的比例增从25%加到40%，从图9-33中可以看出沸石的增加提高了混合填料整体对氮的去除率，7号混合填料除氮效果仅次于2号；8号混合填料中虽然沸石所占比例与7号一致，但其既存在轮胎颗粒又含有蛭石，因此效果不及7号。综上所述，沸石的添加有助于增强混合填料的除氮效果，8组混合填料中对TN去除率较高的为2号和7号，去除率达50%以上。

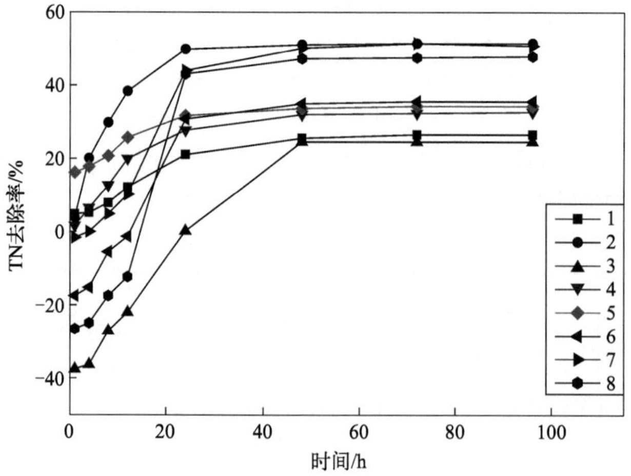

图9-33　混合填料对TN的去除效果

1—陶粒50%+火山岩50%；2—陶粒50%+火山岩25%+沸石25%；3—陶粒50%+火山岩25%+轮胎颗粒25%；4—陶粒25%+火山岩25%+沸石25%+轮胎颗粒25%；5—陶粒25%+火山岩25%+沸石25%+蛭石25%；6—火山岩25%+沸石25%+轮胎颗粒25%+蛭石25%；7—陶粒20%+火山岩20%+沸石40%+轮胎颗粒20%；8—火山岩20%+沸石40%+轮胎颗粒20%+蛭石20%

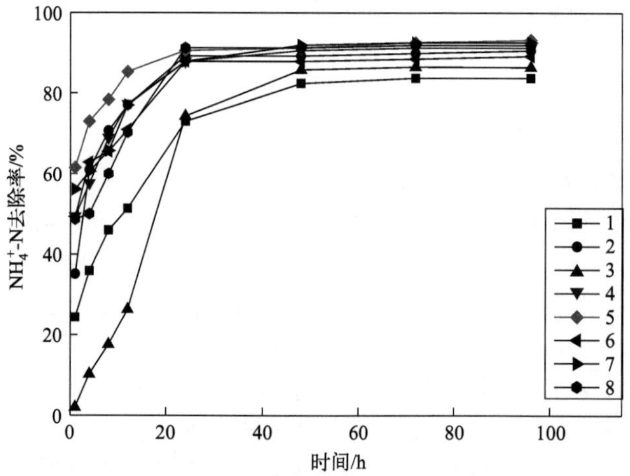

图9-34　混合填料对NH_4^+-N的去除效果

1—陶粒50%+火山岩50%；2—陶粒50%+火山岩25%+沸石25%；3—陶粒50%+火山岩25%+轮胎颗粒25%；4—陶粒25%+火山岩25%+沸石25%+轮胎颗粒25%；5—陶粒25%+火山岩25%+沸石25%+蛭石25%；6—火山岩25%+沸石25%+轮胎颗粒25%+蛭石25%；7—陶粒20%+火山岩20%+沸石40%+轮胎颗粒20%；8—火山岩20%+沸石40%+轮胎颗粒20%+蛭石20%

从图 9-34 可以明显看出，由于前面单一填料试验得出 5 种填料对氨氮都存在较强的吸附作用，因此 8 组混合填料对氨氮的去除作用都比较明显，平衡时各组混合填料去除率均达 83.8% 以上。除 1 号和 3 号混合填料对氨氮吸附平衡时间较长，到 48h 才达到平衡状态，其余 6 组混合填料对氨氮的去除率都增加较快，在 24h 已基本达到平衡。分析原因是这 6 组混合填料中都含有一定比例的沸石，加强了混合填料对氨氮的去除效果，特别是 5 号混合填料中，既含有对氨氮吸附作用较好的沸石和蛭石，又没有对氨氮吸附相对较弱的轮胎颗粒，因此在 8 组混合填料中 5 号混合填料平衡时对氨氮的去除率最高，为 94.2%。7 号和 8 号混合填料中因为沸石所占比例达 40%，其对氨氮的去除率也达 90% 以上。

2）混合填料对磷的吸附效果研究

根据 8 组混合填料对污水中总磷（TP）、正磷酸盐（OP）的动态吸附效果，可得去除率随时间的变化图，如图 9-35、图 9-36 所示。

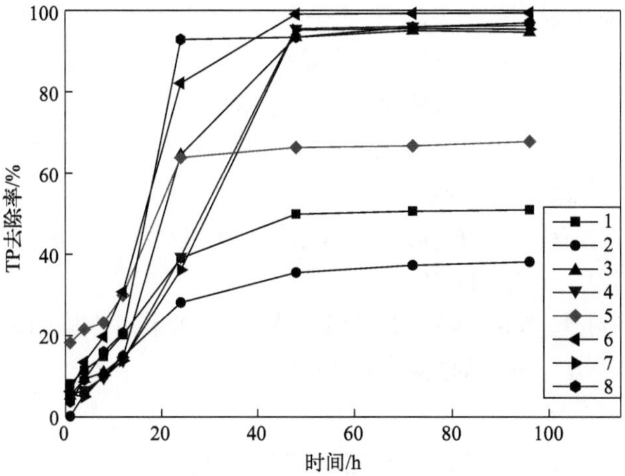

图9-35 混合填料对TP的去除效果

1—陶粒50%+火山岩50%；2—陶粒50%+火山岩25%+沸石25%；3—陶粒50%+火山岩25%+轮胎颗粒25%；4—陶粒25%+火山岩25%+沸石25%+轮胎颗粒25%；5—陶粒25%+火山岩25%+沸石25%+蛭石25%；6—火山岩25%+沸石25%+轮胎颗粒25%+蛭石25%；7—陶粒20%+火山岩20%+沸石40%+轮胎颗粒20%；8—火山岩20%+沸石40%+轮胎颗粒20%+蛭石20%

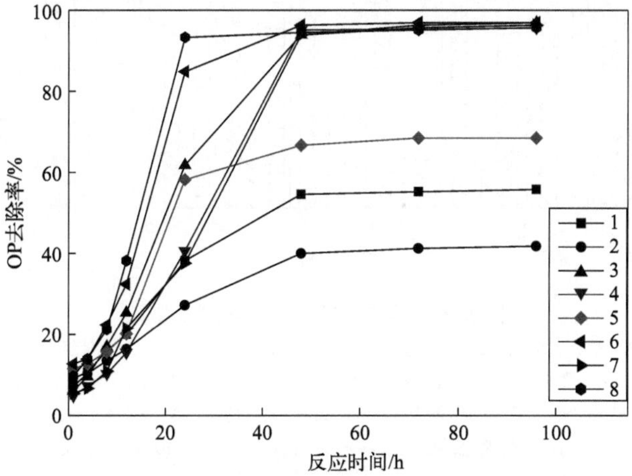

图9-36 混合填料对OP的去除效果

1—陶粒50%+火山岩50%；2—陶粒50%+火山岩25%+沸石25%；3—陶粒50%+火山岩25%+轮胎颗粒25%；4—陶粒25%+火山岩25%+沸石25%+轮胎颗粒25%；5—陶粒25%+火山岩25%+沸石25%+蛭石25%；6—火山岩25%+沸石25%+轮胎颗粒25%+蛭石25%；7—陶粒20%+火山岩20%+沸石40%+轮胎颗粒20%；8—火山岩20%+沸石40%+轮胎颗粒20%+蛭石20%

由图 9-35 和图 9-36 可得，8 组混合填料对 TP 和 OP 的去除率都随时间的增长不断增加，直到 48h 全部达到平衡，此时去除率增加到最大几乎不再变化。8 组混合填料中，除 1 号、2 号和 5 号这 3 组混合填料外，其余 5 组混合填料对 TP 和 OP 的去除率都达到 90% 以上，分析原因是这 5 组混合填料中都含有轮胎颗粒，极大地增强了混合填料对磷的去除效果。从混合填料的组合比例可以看出，5 号混合填料是将 4 号混合填料的轮胎颗粒换成了等质量的蛭石，而从图中可知，到达平衡时 5 号混合填料对 TP 和 OP 的去除率均小于 4 号，但大于 1 号和 2 号混合填料，说明蛭石可以增加混合填料对磷的去除效果，但作用弱于轮胎颗粒，与单一动态吸附试验结果相符；6 号中既含有轮胎颗粒又含有蛭石，因此对磷的去除效果最好，TP 去除率达 99.5%，OP 去除率达 97.0%；2 号混合填料为陶粒、火山岩和沸石的组合，单一填料批量吸附试验中得到这 3 种填料对磷的吸附相对较弱，因此 2 号混合填料对 TP 和 OP 的去除效果最差；7 号和 8 号混合填料对磷的吸附效果稍好。8 组混合填料平衡时对 TP 的去除率由大到小排序为：6 号＞ 8 号＞ 4 ＞号 7 号＞ 3 号＞ 5 号＞ 1 号＞ 2 号。综合可知，含有轮胎颗粒和蛭石的多种混合填料对 TP 和 OP 的去除效果更明显。

3）混合填料对氮、磷的去除率

由 8 组混合填料对氮、磷的去除率变化得到平衡时混合填料对总氮（TN）、氨氮（NH_4^+-N）、总磷（TP）和正磷酸盐（OP）的去除率，如图 9-37 所示。

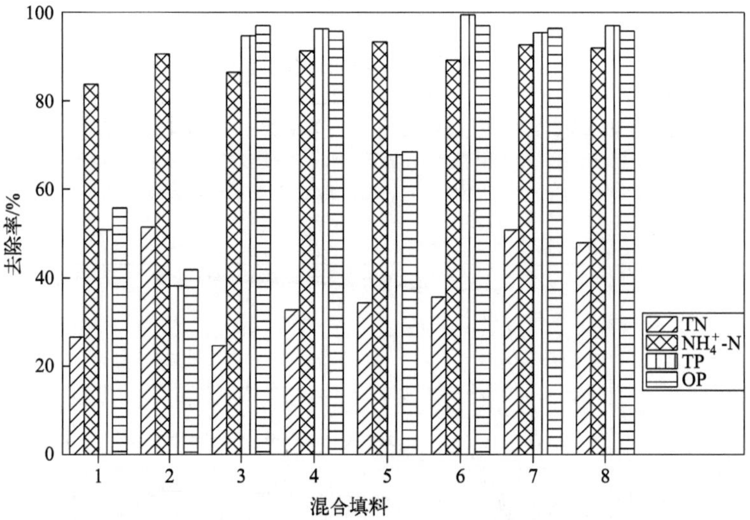

图9-37　混合填料对氮、磷的去除效果

1—陶粒50%+火山岩50%；2—陶粒50%+火山岩25%+沸石25%；3—陶粒50%+火山岩25%+轮胎颗粒25%；4—陶粒25%+火山岩25%+沸石25%+轮胎颗粒25%；5—陶粒25%+火山岩25%+沸石25%+蛭石25%；6—火山岩25%+沸石25%+轮胎颗粒25%+蛭石25%；7—陶粒20%+火山岩20%+沸石40%+轮胎颗粒20%；8—火山岩20%+沸石40%+轮胎颗粒20%+蛭石20%

由图 9-37 可以看出，8 组混合填料中对 TN 去除效果最好的为 2 号，去除率达 51.5%，对NH_4^+-N 去除效果最好的为 5 号，去除率达 93.2%；对 TP 去除效果最好的为 6 号，去除率达 99.5%，对 OP 去除效果最好的为 3 号，去除率达 97.0%。2 号混合填料对氮去除率最高是因为在 1 号基本混合填料上只添加了沸石，3 号混合填料对磷的去除效果明显是因为在 1 号基本混合填料上只添加了轮胎颗粒，4 号混合填料是 2 号和 3 号的综合，既添加了沸石增强对氮的吸附又添加了轮胎颗粒增强对磷的吸附，可能由于轮胎颗粒的存在，4 号对 TN 的去除效果并不是特别理想，因此 7 号混合填料中增加了沸石的比例，TN 的去除率提高到 50% 左右，且仅次于 2 号。6 号混合填料中因同时含有轮胎颗粒和蛭石，对磷去除效果最好，因此 8 号混合填料中将 6 号沸石 25% 的比例增加到 40%，虽提高了对氮的去除作用，但其对 TN 的去除率还是小于 7 号混合填料。综上所述，8 组混合填料中 7 号混合填料为去氮除磷的最佳组合。

（3）小结

① Langmuir 模型和 Freundlich 模型均能较好地拟合 5 种填料对氮、磷的吸附特征，但在 5 种填料中，Langmuir 方程能更准确地拟合沸石、陶粒对氮、磷的吸附特性，Freundlich 方程则能更准确地拟合轮胎颗粒、火山岩和蛭石对氮、磷的吸附特性。

② 在修复受污染水体时，5 种填料中沸石对 TN 的去除存在明显优势，陶粒和火山岩的去除效果一般，轮胎颗粒和蛭石不适用于除氮；去除磷时轮胎颗粒的效果最好，其次为蛭石和陶粒，沸石和火山岩的去除效果一般。

③ 8 组混合填料优选中，2 号混合填料（陶粒 50%，火山岩 25%，沸石 25%）为优先去氮组合，其对 TN、NH_4^+-N 的去除率分别为 51.5%、90.5%；6 号混合填料（火山岩 25%，沸石 25%，轮胎颗粒 25%，蛭石 25%）为优先去磷组合，其对 TP、OP 的去除率分别为 99.5%、97.0%；7 号混合填料（陶粒 20%，火山岩 20%，沸石 40%，轮胎颗粒 20%）为去除氮、磷效果的最优组合，其对 TN、NH_4^+-N、TP、OP 的去除率分别为 50.8%、92.6%、95.3%、96.4%。

9.3.4.2 静态浮岛试验结果

由填料优选试验得到，2 号混合填料（陶粒 50%，火山岩 25%，沸石 25%）对 TN 去除效果最好，6 号混合填料（火山岩 25%，沸石 25%，轮胎颗粒 25%，蛭石 25%）对 TP 去除效果最好，7 号混合填料（陶粒 20%，火山岩 20%，沸石 40%，轮胎颗粒 20%）为去除氮、磷效果最优的组合，因此人工浮岛试验中添加这 3 组不同的混合填料作为浮岛载体进行试验研究。

人工浮岛中水生植物是其重要的组成部分，植物通过根系的吸收可去除水体中的营养物质，根系周围附着的微生物为维持自身的需要对水中氮、磷也存在一定吸附作用。研究表明，混合植物型人工浮岛净化水体的作用要好于单一植物型，而人工浮岛中对于具体的混合植物比例却研究较少，因此本节试验主要以黄菖蒲和美人蕉这两种植物的混合为对象，考察不同比例的黄菖蒲和美人蕉净化水体的作用，并筛选出混合植物的最佳比例。

（1）人工浮岛对 TN 的去除效果

在静态条件下，不同混合植物比例的人工浮岛对 TN 的处理效果见图 9-38 ～图 9-40。

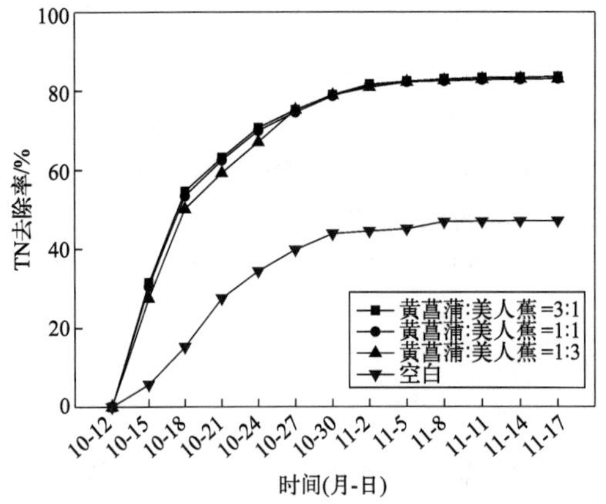

图9-38 人工浮岛（2号混合填料）对TN的去除效果

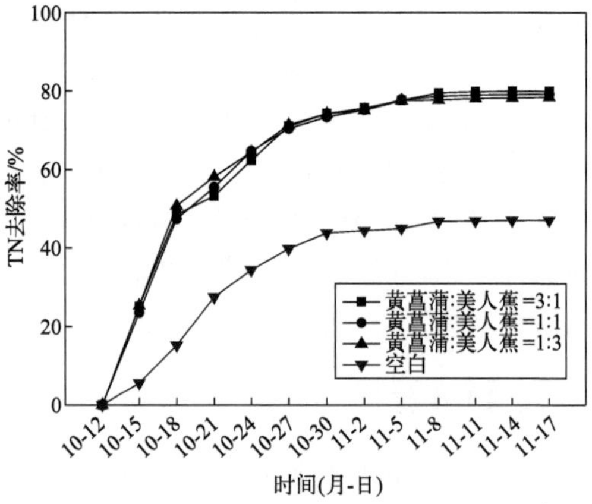

图9-39 人工浮岛（6号混合填料）对TN去除效果

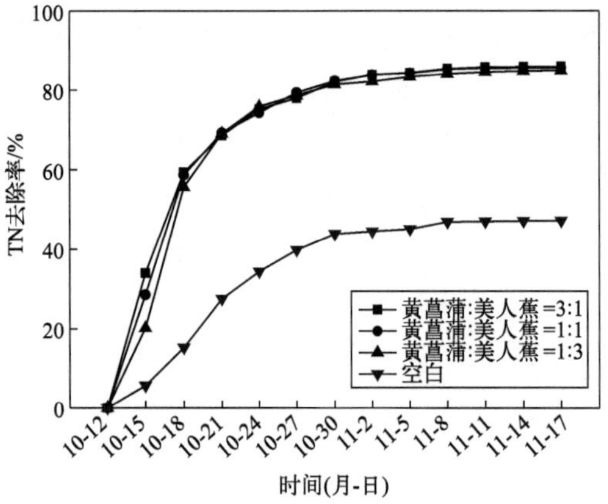

图9-40 人工浮岛（7号混合填料）对TN的去除效果

静态浮岛试验中，TN 进水浓度范围为 21.00 ～ 22.85mg/L，经过人工浮岛处理后出水浓度降低到 2.97 ～ 4.94mg/L，空白对照的出水浓度为 11.10mg/L。经过 36d 的试验，9 个处理水平下的人工浮岛对 TN 的去除率均达到 75% 以上，远远超过空白对照组，说明人工浮岛对富营养化水体中 TN 的去除作用较强。

从图 9-38 ～图 9-40 中可以看出，各人工浮岛在试验前 15d 时对 TN 的去除率都迅速增加，而后缓慢增加，到 27d 后去除率几乎不再变化。分析原因可能是：氮为植物生长的必要元素，在静态条件下，美人蕉和黄菖蒲为维持自身的生长通过根系作用不断吸收水中的氮，加之混合填料对氮的吸附作用、微生物的硝化和反硝化作用、部分有机氮的物理沉淀作用，使得试验初期 TN 的去除率增加明显；后期随着微生物的降解，水中有机氮被分解为可溶性氮又溶解回水中，且植物部分叶子枯萎掉落水中也会释放一定的营养物质，导致 TN 的去除率增加变缓直至不再变化。

表 9-16 中列出了不同填料的混合植物人工浮岛对 TN 的去除率，由表可知，各人工浮岛对 TN 的去除率都达 78% 以上，去除效果明显。同种填料的人工浮岛中，黄菖蒲和美人蕉 3 种比例混合栽种对 TN 的去除率相差不大，均在 2% 以内；在 3 种不同的混合比

例植物中，当黄菖蒲：美人蕉 =3 ：1 时对 TN 的去除率要稍好于黄菖蒲：美人蕉 =1 ：1 和黄菖蒲：美人蕉 =1 ：3 时的去除率。

表9-16 各人工浮岛对TN的去除率

处理水平	去除率/%
空白	47.14
黄菖蒲+美人蕉+2号混合填料(混合植物3：1)	83.59
黄菖蒲+美人蕉+2号混合填料(混合植物1：1)	83.08
黄菖蒲+美人蕉+2号混合填料(混合植物1：3)	83.02
黄菖蒲+美人蕉+6号混合填料(混合植物3：1)	79.95
黄菖蒲+美人蕉+6号混合填料(混合植物1：1)	79.18
黄菖蒲+美人蕉+6号混合填料(混合植物1：3)	78.38
黄菖蒲+美人蕉+7号混合填料(混合植物3：1)	85.99
黄菖蒲+美人蕉+7号混合填料(混合植物1：1)	85.64
黄菖蒲+美人蕉+7号混合填料(混合植物1：3)	84.99

（2）人工浮岛对NH_4^+-N 的去除效果

在静态条件下，不同混合植物比例的人工浮岛对NH_4^+-N 的处理效果见图 9-41 ～图 9-43。

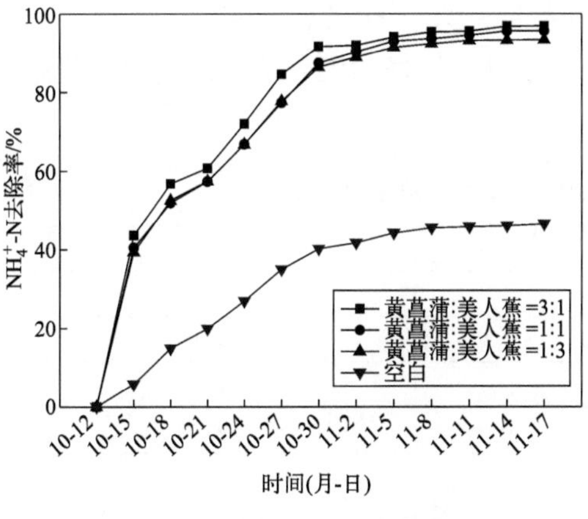

图9-41 人工浮岛（2号混合填料）对NH_4^+-N的去除效果

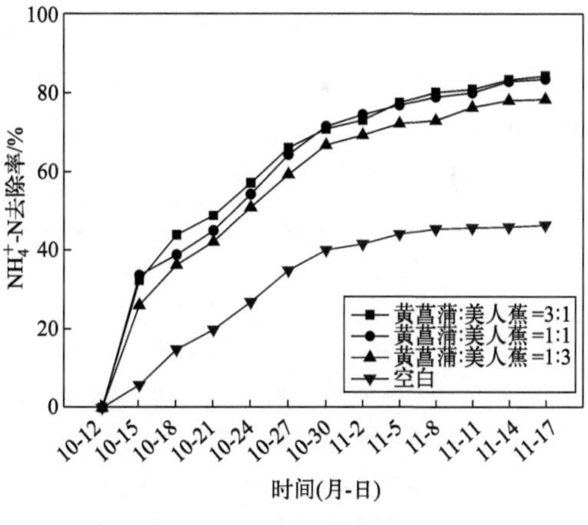

图9-42 人工浮岛（6号混合填料）对NH_4^+-N去除效果

静态浮岛试验中，NH_4^+-N 的进水浓度范围为 7.10 ～ 8.00mg/L，经过人工浮岛的处理后，出水浓度范围为 0.24 ～ 1.66mg/L，空白对照的出水浓度为 3.80mg/L。各人工浮岛的出水浓度远远小于空白对照组，说明人工浮岛对NH_4^+-N 有较好的去除效果。

从图 9-41 ～图 9-43 中可以看出，混合植物人工浮岛对NH_4^+-N 去除率的增加也呈现出先快后慢的趋势，在试验 21d 后人工浮岛 2 号混合填料组对NH_4^+-N 的去除率达到 90% 左右，其他 2 组填料人工浮岛的去除率也在 80% 左右。静态条件下，受污染水体中的NH_4^+-N

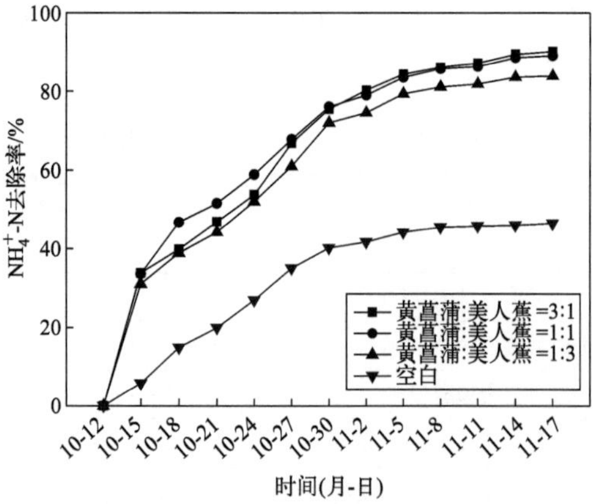

图9-43　人工浮岛（7号混合填料）对NH_4^+-N的去除效果

主要通过填料的吸附以及水中微生物的硝化作用去除。人工浮岛前几天，混合填料对NH_4^+-N可以进行有效的吸附；同时前期水中溶解氧浓度相对较高，硝化作用占主导地位，水体中的NH_4^+-N浓度下降较快。人工浮岛后期试验，一方面混合填料对NH_4^+-N的吸附达到平衡状态；另一方面由于填料的覆盖，水中植物光合作用减弱，溶解氧浓度降低，因此水中NH_4^+-N浓度的下降也相应变得平缓。

表9-17表示不同填料的混合植物人工浮岛对NH_4^+-N的去除率，可以看出，人工浮岛2号混合填料组对NH_4^+-N去除效果最好，平均去除率为95.32%。同种填料的人工浮岛中，混合植物黄菖蒲：美人蕉=3：1时与黄菖蒲：美人蕉=1：1时对NH_4^+-N的去除效果相差不大，但均好于黄菖蒲：美人蕉=1：3时的去除效果，且当黄菖蒲：美人蕉=3：1时去除率相对稍高，因此人工浮岛对NH_4^+-N去除效果最好的混合植物比例为黄菖蒲：美人蕉=3：1。

表9-17　各人工浮岛对NH_4^+-N的去除率

处理水平	去除率/%
空白	46.48
黄菖蒲+美人蕉+2号混合填料(混合植物3：1)	96.90
黄菖蒲+美人蕉+2号混合填料(混合植物1：1)	95.67
黄菖蒲+美人蕉+2号混合填料(混合植物1：3)	93.39
黄菖蒲+美人蕉+6号混合填料(混合植物3：1)	84.52
黄菖蒲+美人蕉+6号混合填料(混合植物1：1)	83.73
黄菖蒲+美人蕉+6号混合填料(混合植物1：3)	78.53
黄菖蒲+美人蕉+7号混合填料(混合植物3：1)	90.17
黄菖蒲+美人蕉+7号混合填料(混合植物1：1)	89.15
黄菖蒲+美人蕉+7号混合填料(混合植物1：3)	83.92

（3）人工浮岛对NO_3^--N的去除效果

在静态条件下，不同混合植物比例的人工浮岛对NO_3^--N的处理效果见图9-44～图9-46。

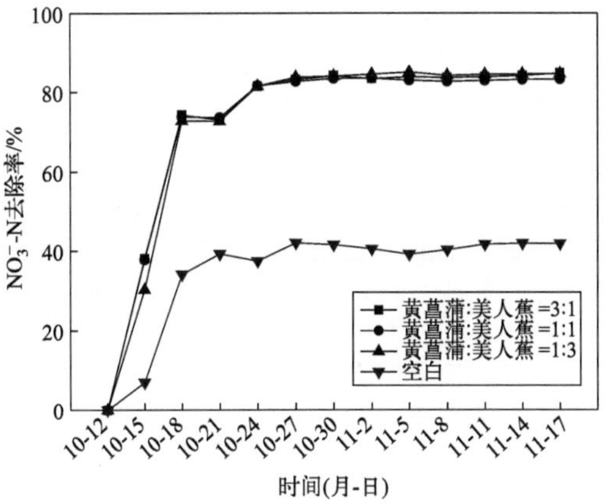

图9-44 人工浮岛（2号混合填料）对NO_3^--N的去除效果

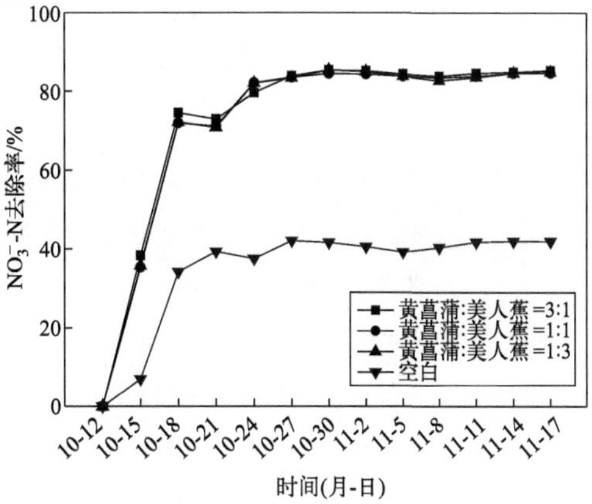

图9-45 人工浮岛（6号混合填料）对NO_3^--N去除效果

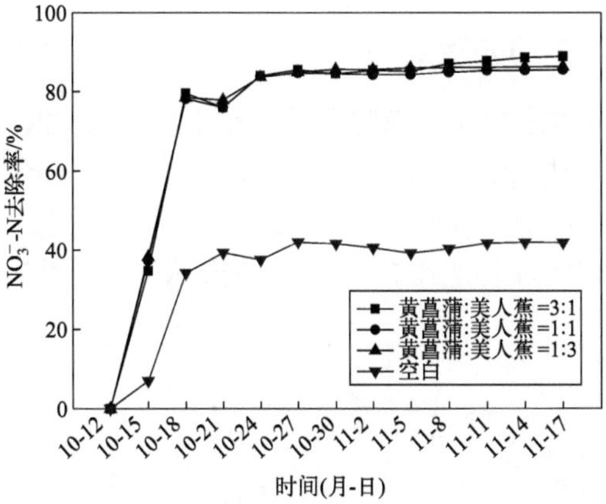

图9-46 人工浮岛（7号混合填料）对NO_3^--N的去除效果

静态浮岛试验中，NO_3^--N 的进水浓度范围为 10.18 ～ 11.20mg/L，经过人工浮岛处理的水体，出水浓度范围为 1.12 ～ 1.73mg/L，而空白对照的出水浓度为 6.10mg/L。各人工浮岛的出水浓度远远小于空白对照组，表明人工浮岛对NO_3^--N 的去除作用较强。

由图 9-44 ～图 9-46 可得，不同的人工浮岛对NO_3^--N 的去除率大致相近，试验后期去除率均达到 80% 左右。人工浮岛对NO_3^--N 的去除方式包括微生物的反硝化作用，外加混合填料的少许吸附作用，主要方式还是反硝化作用的进行。由于试验前几天水中溶解氧浓度相对较高，硝化作用占主导地位，因此出现了水中NO_3^--N 浓度增加的现象；而后因为人工浮岛中的水面与阳光接触有限，水中溶解氧逐渐减少，反硝化作用增强，水体中硝化作用和反硝化作用同时进行，故试验后期各人工浮岛对NO_3^--N 的去除率趋于平稳状态。

表 9-18 列出了不同混合比例植物的人工浮岛对受污染水体中NO_3^--N 的去除率。可以得到，同种填料的人工浮岛中，不同比例的混合植物对硝酸盐氮的去除效果差异较小，三组不同填料的人工浮岛平均去除率分别为 84.26%（2 号混合填料）、84.92%（6 号混合填料）、86.97%（7 号混合填料）。三种不同混合比例植物的人工浮岛中，当混合植物比例黄菖蒲：美人蕉 =3 ：1 时对NO_3^--N 的去除效果要稍好于其他比例的混合植物型人工浮岛。

表9-18　各人工浮岛对NO_3^--N的去除率

处理水平	去除率/%
空白	41.90
黄菖蒲+美人蕉+2号混合填料(混合植物3：1)	84.79
黄菖蒲+美人蕉+2号混合填料(混合植物1：1)	83.32
黄菖蒲+美人蕉+2号混合填料(混合植物1：3)	84.66
黄菖蒲+美人蕉+6号混合填料(混合植物3：1)	85.30
黄菖蒲+美人蕉+6号混合填料(混合植物1：1)	84.66
黄菖蒲+美人蕉+6号混合填料(混合植物1：3)	84.79
黄菖蒲+美人蕉+7号混合填料(混合植物3：1)	88.96
黄菖蒲+美人蕉+7号混合填料(混合植物1：1)	85.59
黄菖蒲+美人蕉+7号混合填料(混合植物1：3)	86.37

（4）人工浮岛对TP的去除效果

在静态条件下，不同填料的混合植物人工浮岛对TP的处理效果见图9-47～图9-49。

静态浮岛试验中，TP进水浓度范围为0.94～1.12mg/L，人工浮岛处理后其出水浓度降低到0.05～0.21mg/L，远远小于空白对照出水浓度（0.50mg/L）。经过36d的试验，9个处理水平下的人工浮岛对TP的去除率均达到75%以上，表明人工浮岛对TP的去除效果较明显。

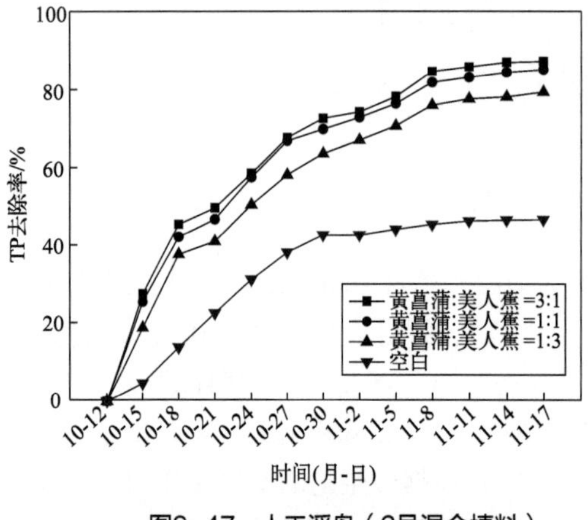

图9-47　人工浮岛（2号混合填料）对TP的去除效果

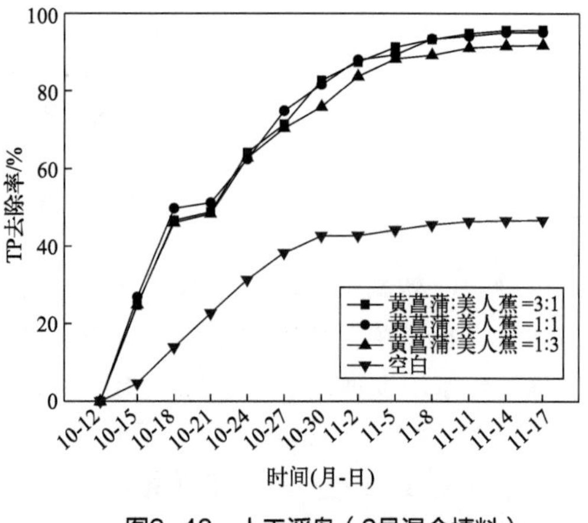

图9-48　人工浮岛（6号混合填料）对TP去除效果

从图9-47～图9-49可得，人工浮岛对TP的去除作用随时间的变化与TN相似，在前期TP的去除率增加较快，试验后期增加缓慢直至几乎不再变化。磷和氮一样都是植物生长的必要元素，在静态条件下美人蕉和黄菖蒲为维持自身的生长不断吸收水中的磷，加之混合填料对磷的吸附作用以及部分有机磷的沉降作用，使得试验初期TP的去除率增加较快；后期随着微生物的降解，水中有机磷被分解为可溶性磷溶解于回水中，且此时填料对磷的吸附已达到平衡，部分植物出现枯叶掉入水中也会带来一定影响，因此试验后期人工浮岛对TP的去除作用呈缓慢增加至逐渐平衡的状态。

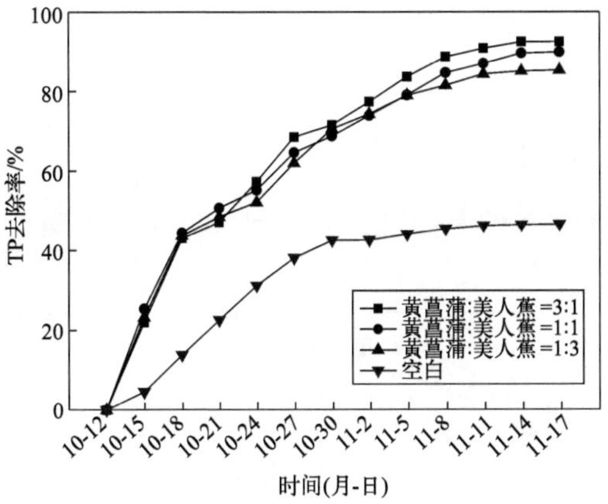

图9-49 人工浮岛（7号混合填料）对TP的去除效果

三组不同填料的人工浮岛中，人工浮岛6号混合填料组对TP的去除效果相对来说较好，去除率达90%左右，与混合填料的试验结果一致；人工浮岛2号混合填料组与人工浮岛7号混合填料组的去除效果稍弱，但相差不大，分析原因可能是这两组人工浮岛填料中都含有25%或25%以上的陶粒，大量的陶粒长期存在于水中水解出了大量的金属离子，这些金属离子与水中的磷酸盐形成沉淀，加强了填料的除磷作用，使得TP含量减少。

不同填料的混合植物型人工浮岛对TP的去除率见表9-19。

表9-19 各人工浮岛对TP的去除率

处理水平	去除率/%
空白	46.70
黄菖蒲+美人蕉+2号混合填料(混合植物3：1)	87.47
黄菖蒲+美人蕉+2号混合填料(混合植物1：1)	85.33
黄菖蒲+美人蕉+2号混合填料(混合植物1：3)	79.55
黄菖蒲+美人蕉+6号混合填料(混合植物3：1)	95.72
黄菖蒲+美人蕉+6号混合填料(混合植物1：1)	95.24
黄菖蒲+美人蕉+6号混合填料(混合植物1：3)	91.88
黄菖蒲+美人蕉+7号混合填料(混合植物3：1)	92.96
黄菖蒲+美人蕉+7号混合填料(混合植物1：1)	90.07
黄菖蒲+美人蕉+7号混合填料(混合植物1：3)	85.44

由表9-19可知，从去除率的角度来看，各人工浮岛对TP的去除率几乎都达80%以上；人工浮岛2号混合填料组对TP的平均去除率为84.12%，人工浮岛6号混合填料组对TP的平均去除率为94.28%，人工浮岛7号混合填料组对TP的平均去除率为89.49%。从整体上说，混合型植物人工浮岛对TP的去除作用还是较强的。

同种填料的人工浮岛中，人工浮岛2号混合填料组和人工浮岛7号混合填料组中黄菖蒲和美人蕉3种比例混合栽种对TP的去除率相差较大，总体来说，3种不同的混合植物的比例中，当黄菖蒲：美人蕉=3：1时对TP的去除效果最好，其次为黄菖蒲：美人蕉=1：1时，而当黄菖蒲：美人蕉=1：3时效果最差，与黄菖蒲：美人蕉=1：1时的去除率相差5%左右；人工浮岛6号混合填料组不同混合植物比例对TP的去除差异较小，但黄菖蒲：美人蕉 =3：1 时稍好于其他 2 种比例，因此综合来说，在 3 种不同的混合植物比例中，当黄菖蒲：美人蕉 =3：1 时对 TP 的去除效果要更好。

（5）人工浮岛对 OP 的去除效果

在静态条件下，不同填料的混合植物人工浮岛对 OP 的处理效果见图 9-50 ～图 9-52。

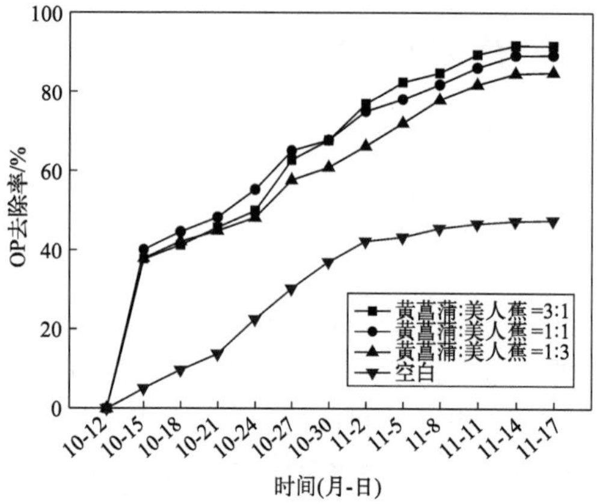

图9-50 人工浮岛（2号混合填料）对OP的去除效果

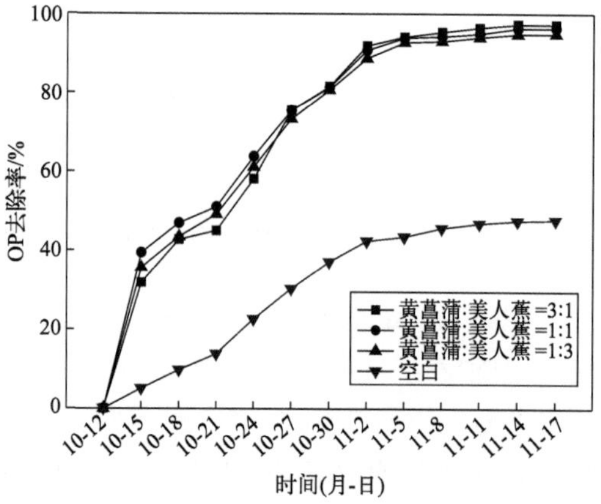

图9-51 人工浮岛（6号混合填料）对OP去除效果

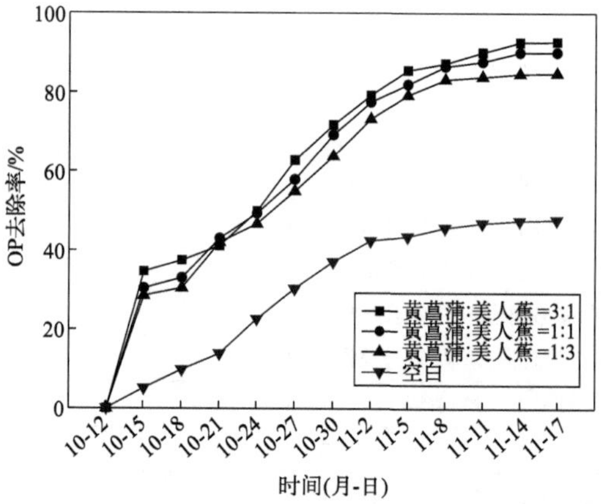

图9-52 人工浮岛（7号混合填料）对OP的去除效果

静态浮岛试验中，OP 进水浓度为 2.26 ～ 2.90mg/L（以PO_4^{3-}计，以下 OP 浓度均以PO_4^{3-}计），人工浮岛处理后出水浓度为 0.07 ～ 0.43mg/L，远远小于空白对照组的出水浓度（1.18mg/L）。经过 36d 的试验，9 个处理水平下的人工浮岛对 OP 的去除率都达 80% 以上，说明人工浮岛对 OP 的去除作用较好。

从图 9-50 ～图 9-52 可得，各人工浮岛试验前期对 OP 的去除率增加较快，在试验第 3 天时去除率就达到 30% ～ 40%，而后随着时间的增加去除率呈缓慢增加直至平衡的趋势。分析原因是：试验初期各人工浮岛中填料会吸附水中 OP，此时填料的吸附作用占主导地位；几天后填料吸附达到平衡状态，人工浮岛则主要通过植物的吸收去除水中的 OP，故此时去除率的增加速度变缓；试验后期，水中微生物和酶不断分解水中不可溶的磷和有机磷，使得水中 OP 增加，因此出现了去除率少许下降的情况。

表 9-20 中列出了不同填料的混合植物人工浮岛对 OP 的去除率，由表可知，3 组不同填料的人工浮岛中，人工浮岛 6 号混合填料组对 OP 的去除效果最好；人工浮岛 2 号混合填料组和人工浮岛 7 号混合填料组对 OP 的去除率相差不大，平均去除率也有 85% 以上，验证了陶粒对磷的去除有加强作用。从各人工浮岛对 OP 的去除率可以看出，同种填料的人工浮岛对 OP 的去除率都相差不大，3 种不同的混合植物比例中，当黄菖蒲 : 美人蕉 =3 : 1 时对 OP 的去除效果最好。

表9-20 各人工浮岛对OP的去除率

处理水平	去除率/%
空白	47.77
黄菖蒲+美人蕉+2号混合填料(混合植物3:1)	91.94
黄菖蒲+美人蕉+2号混合填料(混合植物1:1)	89.58
黄菖蒲+美人蕉+2号混合填料(混合植物1:3)	85.23
黄菖蒲+美人蕉+6号混合填料(混合植物3:1)	97.27
黄菖蒲+美人蕉+6号混合填料(混合植物1:1)	96.35
黄菖蒲+美人蕉+6号混合填料(混合植物1:3)	94.92
黄菖蒲+美人蕉+7号混合填料(混合植物3:1)	92.86
黄菖蒲+美人蕉+7号混合填料(混合植物1:1)	90.20
黄菖蒲+美人蕉+7号混合填料(混合植物1:3)	84.88

(6) 人工浮岛对 COD_{Mn} 的去除效果

在静态条件下，各种不同的人工浮岛对 COD_{Mn} 的处理效果见图 9-53 ～图 9-55。

静态浮岛试验中，COD_{Mn} 进水浓度范围为 20.00 ～ 29.83mg/L，经过人工浮岛处理后出水浓度为 7.80 ～ 14.41mg/L，空白对照的出水浓度为 10.30mg/L。各人工浮岛对 COD_{Mn} 的去除率为 50% ～ 70%，而空白对照组的去除率都达 48%。由此可见，人工浮岛对 COD_{Mn} 的去除效果不明显。

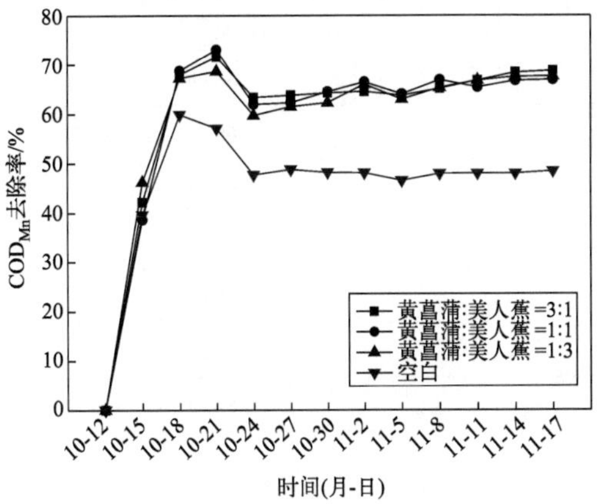

图9-53 人工浮岛（2号混合填料）对COD_{Mn}的去除效果

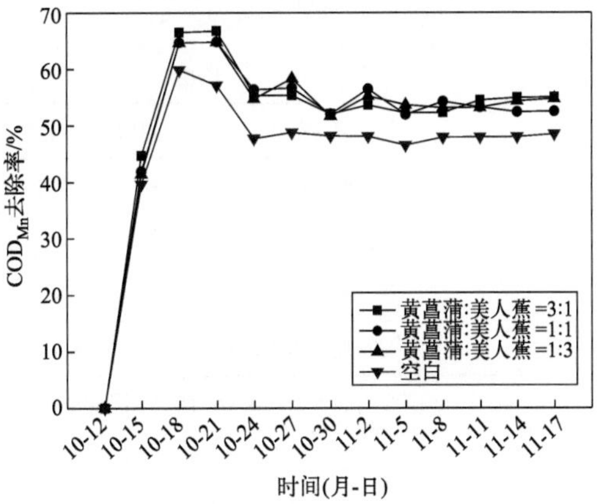

图9-54 人工浮岛（6号混合填料）对COD_{Mn}去除效果

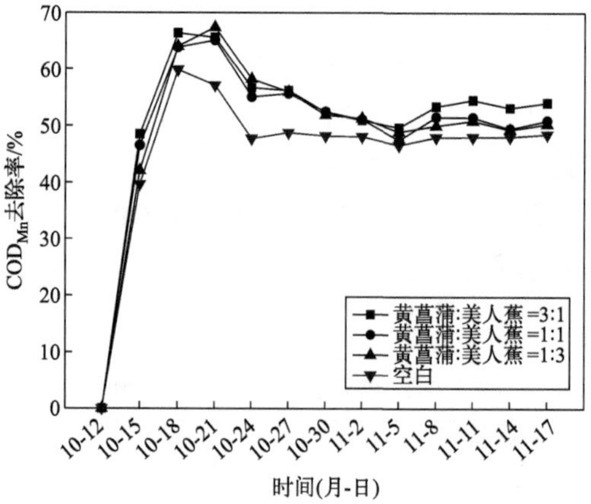

图9-55　人工浮岛（7号混合填料）对COD_{Mn}的去除效果

从图 9-53 ～图 9-55 可以看出，除人工浮岛 2 号混合填料组对 COD_{Mn} 有少许去除作用外，其他 2 组填料的人工浮岛对 COD_{Mn} 几乎没有去除效果。这可能是因为人工浮岛中的植物不会吸收 COD_{Mn}，其对 COD_{Mn} 不产生直接作用；水中 COD_{Mn} 的去除主要依靠填料吸附、自然沉降、微生物或酶的降解等作用，因此各人工浮岛对 COD_{Mn} 的去除虽受浮岛中混合填料的影响，但整体上去除效果较弱。

表 9-21 列出了各人工浮岛对 COD_{Mn} 的去除率。可以看出，人工浮岛 2 号混合填料组对 COD_{Mn} 的平均去除率为 67.76%，人工浮岛 6 号混合填料组对 COD_{Mn} 的平均去除率为 54.08%，人工浮岛 7 号混合填料组对 COD_{Mn} 的平均去除率为 51.74%；不同混合填料的人工浮岛中，只有人工浮岛 2 号混合填料组对 COD_{Mn} 相对空白对照组的去除率达 20% 左右，其他组的相对去除率都在 10% 以下。同种填料的人工浮岛中，不同混合比例植物中黄菖蒲：美人蕉 =3：1 时的去除率稍高于黄菖蒲：美人蕉 =1：1 时与黄菖蒲：美人蕉 =1：3 时对 COD_{Mn} 的去除率，故 3 种不同的混合植物比例中，当黄菖蒲：美人蕉 =3：1 时人工浮岛对 COD_{Mn} 的去除效果最好。

表9-21　各人工浮岛对COD_{Mn}的去除率

处理水平	去除率/%
空白	48.48
黄菖蒲+美人蕉+2号滤料(混合植物3∶1)	68.75
黄菖蒲+美人蕉+2号滤料(混合植物1∶1)	66.91
黄菖蒲+美人蕉+2号滤料(混合植物1∶3)	67.63
黄菖蒲+美人蕉+6号滤料(混合植物3∶1)	55.00
黄菖蒲+美人蕉+6号滤料(混合植物1∶1)	52.51
黄菖蒲+美人蕉+6号滤料(混合植物1∶3)	54.73
黄菖蒲+美人蕉+7号滤料(混合植物3∶1)	54.04
黄菖蒲+美人蕉+7号滤料(混合植物1∶1)	50.91
黄菖蒲+美人蕉+7号滤料(混合植物1∶3)	50.29

（7）小结

① 整体上来看，静态浮岛试验中，各人工浮岛对 TN、NH_4^+-N、NO_3^--N、TP、OP 都有明显的去除效果，平均去除率分别为 82.65%、88.44%、85.38%、89.30%、91.47%，但对 COD_{Mn} 去除效果较差，平均去除率只有 57.86%。

② 不同填料的人工浮岛中，人工浮岛 2 号混合填料组对 TN、NH_4^+-N、COD_{Mn} 的去除效果相对较好，平均去除率分别为 83.23%、95.32%、67.77%；人工浮岛 6 号混合填料组组对 TP、OP 的去除效果相对较好，平均去除率分别为 94.28%、96.18%；人工浮岛 7 号混合填料组较适合去除氮、磷，其对 TN、TP 的去除率分别为 85.54%、89.49%；不同填料的人工浮岛对NO_3^--N 的去除效果相差不大，平均去除率均为 85% 左右。

③ 不同比例的混合植物人工浮岛对污染物的去除效果存在一定的差异。在同种填料的人工浮岛组中，结合浮岛对各营养盐的去除率可知，当黄菖蒲：美人蕉 =3 ：1 时，混合植物人工浮岛对 TN、NH_4^+-N、NO_3^--N、TP、OP、COD_{Mn} 的去除效果最好。

9.3.4.3 动态浮岛试验结果

静态浮岛试验研究了组合型人工浮岛（含混合填料和混合植物）对富营养化水体的修复效果，并优选出了混合植物的最佳比例，即黄菖蒲：美人蕉 =3：1 时人工浮岛的去除效果最好。在这个基础上，动态浮岛试验采用混合植物的最佳比例，比较各人工浮岛在 1d、3d、5d、7d、9d 这几种不同的水力停留时间下对受污染水体中氮、磷等营养盐（TN、NH_4^+-N、NO_3^--N、TP、OP、COD_{Mn}）的去除效果；同时，在最优的水力停留时间 7d 下，分析研究人工浮岛对 3 种不同浓度范围富营养化水体的处理效果。

（1）不同水力停留时间下人工浮岛对富营养化水体的处理效果研究

1）不同水力停留时间下人工浮岛对 TN 的去除效果

动态试验中，各人工浮岛在不同水力停留时间下对 TN 的处理效果见图 9-56。

动态浮岛试验中，在不同水力停留时间下 TN 的进水浓度为 23.56 ～ 25.50mg/L，出水浓度为 6.20 ～ 17.75mg/L。各人工浮岛对 TN 的去除率随水力停留时间的增加而逐渐增加，这是因为水力停留时间越长，植物对氮的吸收作用越好，硝化和反硝化的反应时间也越长，越有利于水中氮元素的去除；但当水力停留时间过长时，水中的溶解氧量会相应减少，抑制硝化作用的进行，使得 TN 的去除率增加有限。

从图 9-56 可以看出，水力停留时间为 1 ～ 7d 时，各人工浮岛的出水浓度变化较大，出水平均浓度由 17.58mg/L 下降到 7.30mg/L，此阶段人工浮岛对 TN 的去除率增加较快，出水平均去除率由 31.04% 增加到 70.08%；而当水力停留时间增加到 9d 时，各人工浮岛 TN 的出水浓度与水力停留时间为 7d 时的出水浓度相比变化较小，出水平均浓度为 6.80mg/L，出水平均去除率为 71.12%。因此综合考虑，人工浮岛对 TN 去除的最佳水力停留时间为 7d。

2）不同水力停留时间下人工浮岛对NH_4^+-N 的去除效果

动态试验中，各人工浮岛在不同水力停留时间下对NH_4^+-N 的处理效果见图 9-57。

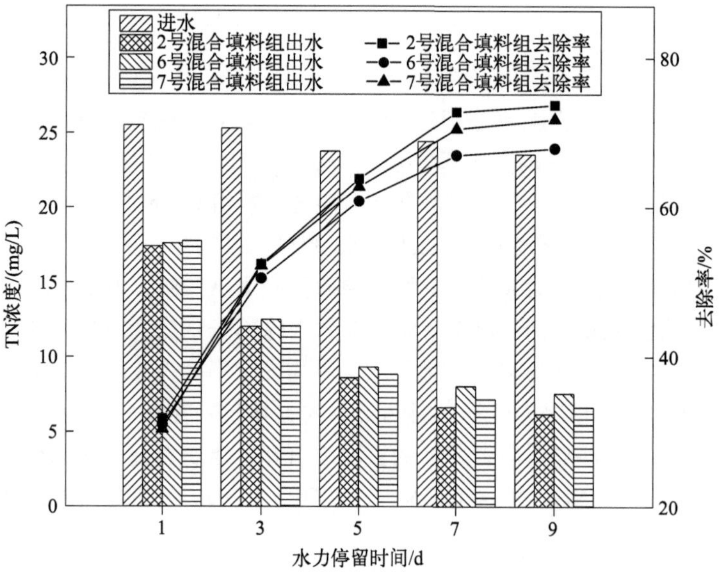

图9-56　人工浮岛对TN的处理效果

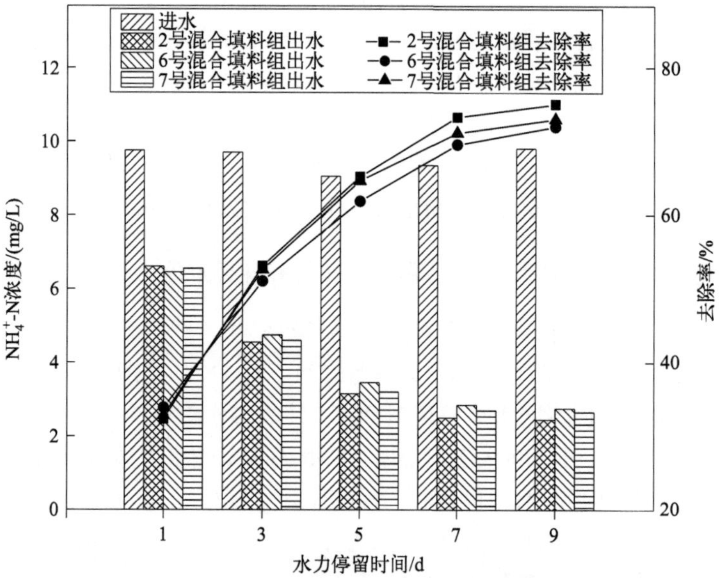

图9-57　人工浮岛对NH_4^+-N的处理效果

动态浮岛试验中，在不同水力停留时间下NH_4^+-N的进水浓度为9.05～9.80mg/L，出水浓度为2.45～6.60mg/L。各人工浮岛对NH_4^+-N的去除率随水力停留时间的增加而逐渐增加，水中的NH_4^+-N主要通过植物的吸收和硝化作用进行去除，因此水力停留时间越长，NH_4^+-N的去除效果越好；而当水力停留时间过长时，一方面，水中营养盐减少，一定程度上影响了植物的吸收；另一方面，水中溶解氧量的减少又抑制了硝化作用的进行，从而导致NH_4^+-N的去除率增加变缓。

从图9-57可以看出，水力停留时间为1～7d时，各人工浮岛的出水浓度变化相对较大，出水平均浓度由 1d 时的 6.53mg/L 下降到 7d 时的 2.68mg/L，该阶段人工浮岛对NH_4^+-N 的去除率增加较快，出水平均去除率由 32.99% 增加到 71.30%；当水力停留时间为 9d 时，各人工浮岛NH_4^+-N 的出水浓度与 7d 时变化不大，出水平均浓度为 2.62mg/L，出水平均去除率为 73.30%。综上所述，人工浮岛去除NH_4^+-N 的最佳水力停留时间也为 7d。

3）不同水力停留时间下人工浮岛对NO_3^--N 的去除效果

动态试验中，各人工浮岛在不同水力停留时间下对NO_3^--N 的处理效果见图 9-58。

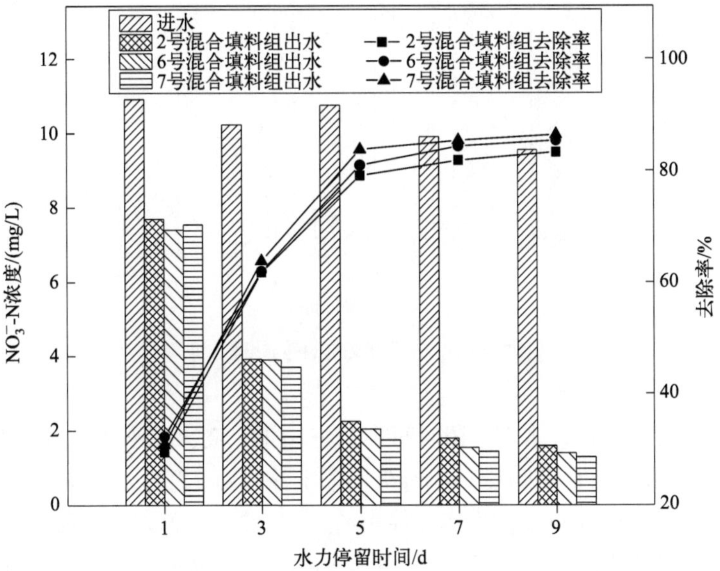

图9-58 人工浮岛对NO_3^--N的处理效果

动态浮岛试验中，在不同水力停留时间下NO_3^--N 的进水浓度为 9.55 ～ 10.91mg/L，出水浓度为 1.30 ～ 7.69mg/L。各人工浮岛对NO_3^--N 的去除率随水力停留时间的增加而逐渐增加，试验中浮岛对水面的覆盖率达 40% 左右，使得光合作用减弱，水中溶解氧较少，因此反硝化作用较明显。

由图 9-58 可以看出，水力停留时间为 1 ～ 5d 时，各人工浮岛的出水浓度变化较大，平均出水浓度由 7.54mg/L 下降到 2.02mg/L，此阶段人工浮岛对NO_3^--N 的去除率增加较快，出水平均去除率由 30.89% 增加到 81.24%；当水力停留时间为 7d 时，各人工浮岛NO_3^--N 的出水浓度变化较小，此时人工浮岛对NO_3^--N 的去除率增加变缓，出水平均浓度为 1.60mg/L，平均去除率为 83.83%。当水力停留时间为 9d 时，各人工浮岛NO_3^--N 的出水浓度与 7d 时相差较小，出水平均浓度为 1.43mg/L，平均去除率为 84.99%。因此综合来看，人工浮岛对NO_3^--N 去除的最佳水力停留时间为 5d。

4）不同水力停留时间下人工浮岛对 TP 的去除效果

动态试验中，各人工浮岛在不同水力停留时间下对 TP 的处理效果见图 9-59。

动态浮岛试验中，在不同水力停留时间下 TP 的进水浓度范围为 0.96 ～ 1.14mg/L，出水浓度范围为 0.24 ～ 0.82mg/L。各人工浮岛对 TP 的去除率变化趋势与 TN 一致，随着水力停留时间的增加，TP 的去除率也逐渐增加。这是因为水力停留时间越长，植物对磷的吸收作用越强，水中部分有机磷的沉降也越多，人工浮岛对 TP 的去除效果就越好。

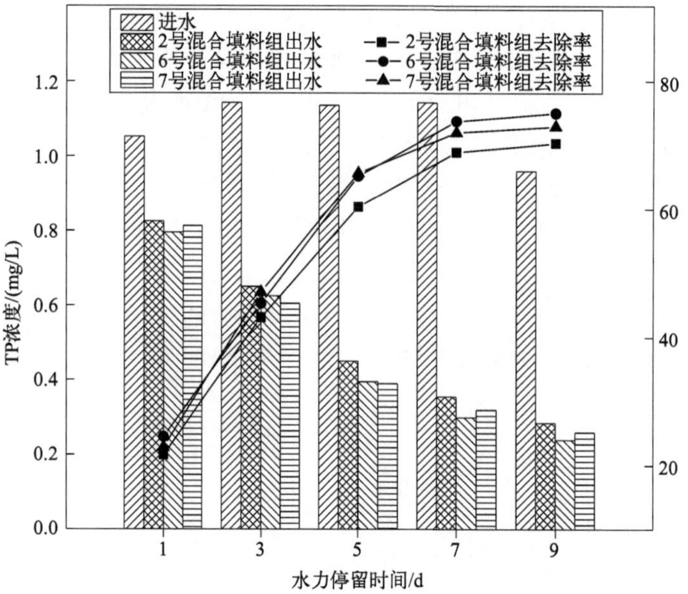

图9-59　人工浮岛对TP的处理效果

从图 9-59 中可以看出，水力停留时间为 1 ～ 5d 时，各人工浮岛的出水浓度变化较大，出水平均浓度由 0.81mg/L 降低到 0.41mg/L，人工浮岛对 TP 的去除率增加较快，平均去除率由 22.96% 增加到 63.73%；当水力停留时间为 7d 时，各人工浮岛 TP 的出水平均浓度为 0.32mg/L，平均去除率为 71.55%；当水力停留时间为 9d 时，各人工浮岛 TP 的出水平均浓度为 0.26mg/L，出水平均去除率为 72.74%。说明水力停留时间在 7 ～ 9d 时，各人工浮岛 TP 的出水浓度变化较小，去除率的增加较缓慢。因此，在污染物去除的同时，考虑资源利用的最优化，人工浮岛对 TP 去除的最佳水力停留时间为 7d。

5）不同水力停留时间下人工浮岛对 OP 的去除效果

动态试验中，各人工浮岛在不同水力停留时间下对 OP 的处理效果见图 9-60。

动态浮岛试验中，在不同水力停留时间下 OP 的进水浓度范围为 2.94 ～ 3.12mg/L，出水浓度范围为 0.71 ～ 2.07mg/L。各人工浮岛对 OP 的去除率随着水力停留时间的增加而逐渐增加，与 TP 的变化一致。由于试验前期对人工浮岛进行了一段时间的培养，因此不同填料的人工浮岛对 OP 的去除率相差不大。

由图 9-60 可以得出，当水力停留时间为 1 ～ 7d 时，各人工浮岛的出水浓度降低较快，出水平均浓度由 1.99mg/L 降低到 0.87mg/L，该条件下，人工浮岛对 OP 的去除率增加较快，平均去除率由 31.96% 增加到 71.13%；当水力停留时间为 9d 时，各人工浮岛 TP 的出水平均浓度为 0.78mg/L，出水平均去除率为 73.36%，与水力停留时间为 7d 的出水浓度和去除率相比变化较小，说明水力停留时间在 7 ～ 9d 时各人工浮岛对 OP 的出水去除率的增加变缓。综合考虑，在水力停留时间为 1d、3d、5d、7d、9d 中，人工浮岛对 OP 去除的最佳水力停留时间为 7d。

6）不同水力停留时间下人工浮岛对 COD_{Mn} 的去除效果

动态试验中，各人工浮岛在不同水力停留时间下对 COD_{Mn} 的处理效果见图 9-61。

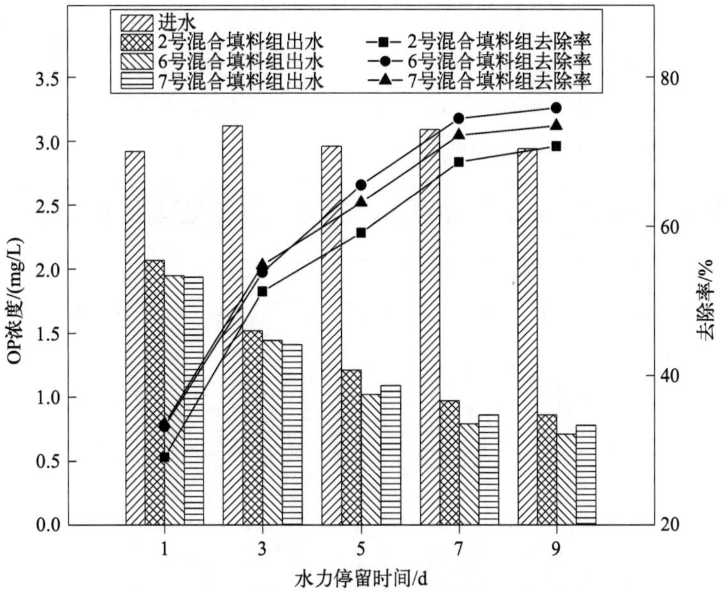

图9-60 人工浮岛对OP的处理效果

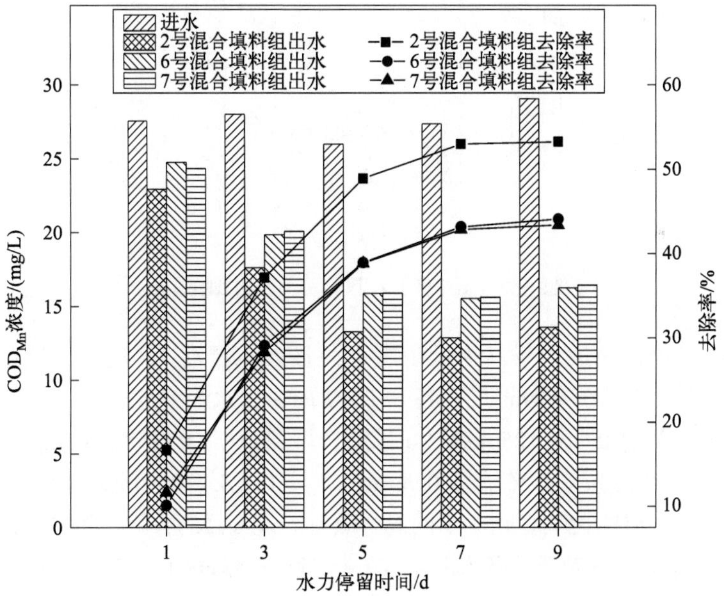

图9-61 人工浮岛对COD_{Mn}的处理效果

动态浮岛试验中，COD_{Mn} 的进水浓度范围为 26.01 ～ 29.05mg/L，出水浓度范围为 13.58 ～ 24.77mg/L。各人工浮岛对 COD_{Mn} 的去除效果相对较差，但从整体上看，其去除率也是随水力停留时间的增加而增加，这是因为水中 COD 的去除主要是靠自然沉降及微生物分解，植物不会对 COD_{Mn} 进行吸收，所以各人工浮岛对 COD_{Mn} 的去除率较低。

由图 9-61 可以看出，水力停留时间为 1 ～ 5d 时，各人工浮岛的出水浓度变化较大，人工浮岛对 COD_{Mn} 的去除率增加较快，出水平均去除率由 12.81% 增加到 42.23%；当水力停留时间为 7d 时，各人工浮岛 COD_{Mn} 的出水平均去除率为 46.32%；当水力停留时间为 9d 时，各人工浮岛 COD_{Mn} 的出水平均去除率为 46.90%，说明水力停留时间为 5 ～ 9d 时各人工浮岛对 COD_{Mn} 的去除率增加逐渐趋于平缓。因此，水力停留时间为 7d 是各人工浮岛对 COD_{Mn} 去除的最佳水力停留时间。

（2）不同浓度范围下人工浮岛对富营养化水体的处理效果研究

1）不同浓度范围下人工浮岛对 TN 的去除效果

在最佳水力停留时间 7d 下，各人工浮岛在低浓度进水条件下对 TN 的处理效果见图 9-62。

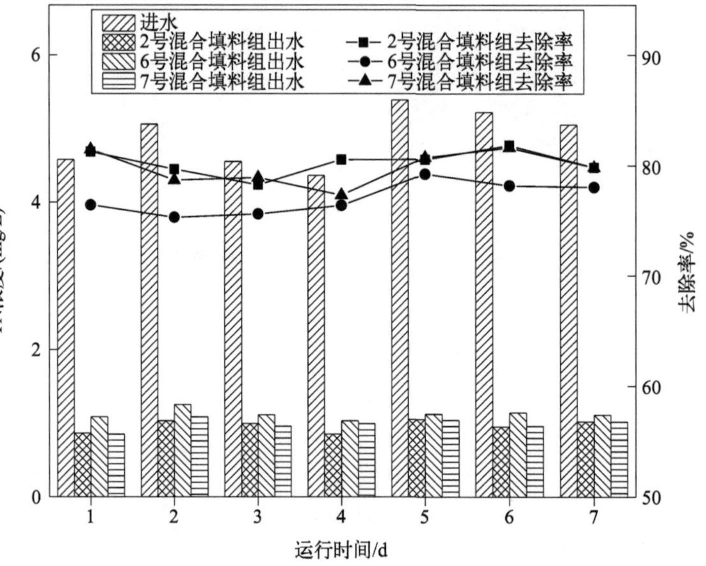

图9-62　低浓度下人工浮岛对TN的去除效果

从图 9-62 可得，在进水条件为低浓度下，各人工浮岛 TN 进水浓度范围为 4.36 ～ 5.39mg/L，平均进水浓度为 4.89mg/L；各人工浮岛 TN 出水浓度范围分别为 0.86 ～ 1.03mg/L（2 号混合填料组）、1.03 ～ 1.25mg/L（6 号混合填料组）、0.96 ～ 1.08mg/L（7 号混合填料组），平均出水浓度按顺序依次为 0.96mg/L、1.11mg/L、0.98mg/L。各人工浮岛对 TN 的去除率在 75% ～ 85% 之间变化，不同混合填料的人工浮岛去除率相差不大。

在最佳水力停留时间 7d 下，各人工浮岛在中浓度进水条件下对 TN 的处理效果见图 9-63。

从图 9-63 可以得到，在中浓度进水条件下，各人工浮岛 TN 进水浓度范围为 9.63 ～ 10.95mg/L，平均进水浓度为 10.36mg/L；各人工浮岛 TN 出水浓度范围按顺序依次为 2.45 ～ 2.96mg/L、3.05 ～ 3.53mg/L、2.58 ～ 3.02mg/L，平均出水浓度分别为 2.71mg/L、3.32mg/L、2.84mg/L。各人工浮岛对 TN 的去除率在 65% ～ 75% 之间变化，相对低浓度进水条件下此时去除率有所下降，整体上来看，人工浮岛 2 号混合填料组和人工浮岛 7 号混合填料组的去除率稍高，对 TN 的去除效果好于人工浮岛 6 号混合填料组。

在最佳水力停留时间 7d 下，各人工浮岛在高浓度进水条件下对 TN 的处理效果见图 9-64。

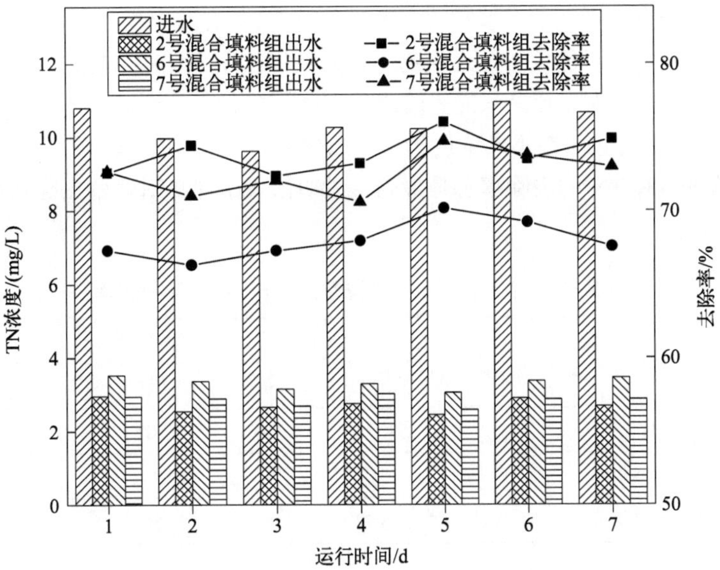

图9-63 中浓度下人工浮岛对TN的去除效果

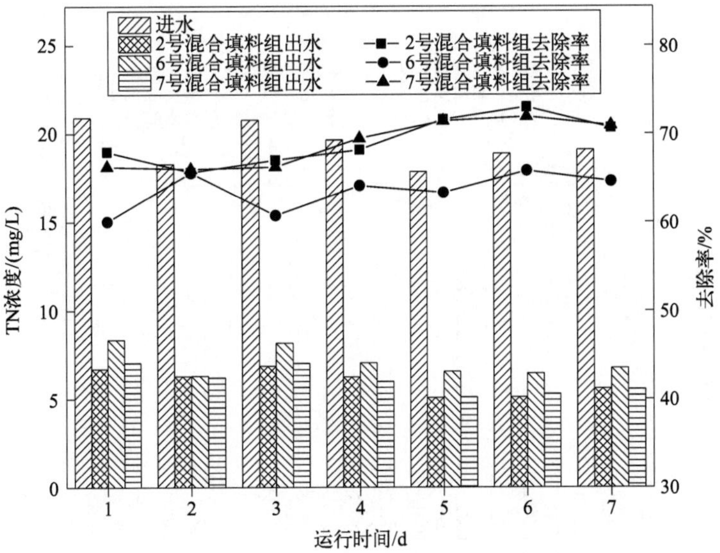

图9-64 高浓度下人工浮岛对TN的去除效果

从图 9-64 可以得出，在高浓度进水条件下，各人工浮岛 TN 进水浓度范围为 17.85 ～ 20.90mg/L，平均进水浓度为 19.35mg/L；不同混合填料的人工浮岛 TN 出水浓度范围按顺序依次为 5.07 ～ 6.85mg/L、6.45 ～ 8.35mg/L、5.10 ～ 7.05mg/L，平均出水浓度分别为 5.98mg/L、7.86mg/L、6.03mg/L。各人工浮岛对 TN 的去除率在 60% ～ 75% 之间变化，相对来说，不同填料的人工浮岛去除率相差稍大，其中人工浮岛 2 号混合填料组和人工浮岛 7 号混合填料组的去除率较高，对 TN 的去除效果好于人工浮岛 6 号混合填料组。

表 9-22 列出了 3 种浓度范围下不同填料的人工浮岛对 TN 的平均去除率，可以看出，

随着进水浓度的升高，不同混合填料的人工浮岛对TN的去除率在不断下降，且浓度越高，去除率降低越明显，分析原因可能是植物对氮的吸收作用和填料对氮的吸附作用有限，当进水TN浓度较高时，人工浮岛只能去除水体中一部分的氮，因此浓度越高，人工浮岛对TN的去除作用越不明显。在不同浓度的进水条件下，三种不同填料的人工浮岛中人工浮岛2号混合填料组对TN的去除率总是最高，说明该人工浮岛对氮的去除作用较强，与静态浮岛结果一致。

表9-22　各人工浮岛对不同浓度范围下TN的平均去除率

人工浮岛	去除率/%		
	低浓度	中浓度	高浓度
2号混合填料组	80.24	73.87	69.14
6号混合填料组	77.01	67.98	63.46
7号混合填料组	79.77	72.56	68.89

2）不同浓度范围下人工浮岛对NH_4^+-N的去除效果

在最佳水力停留时间7d下，各人工浮岛在低浓度进水条件下对NH_4^+-N的处理效果见图9-65。

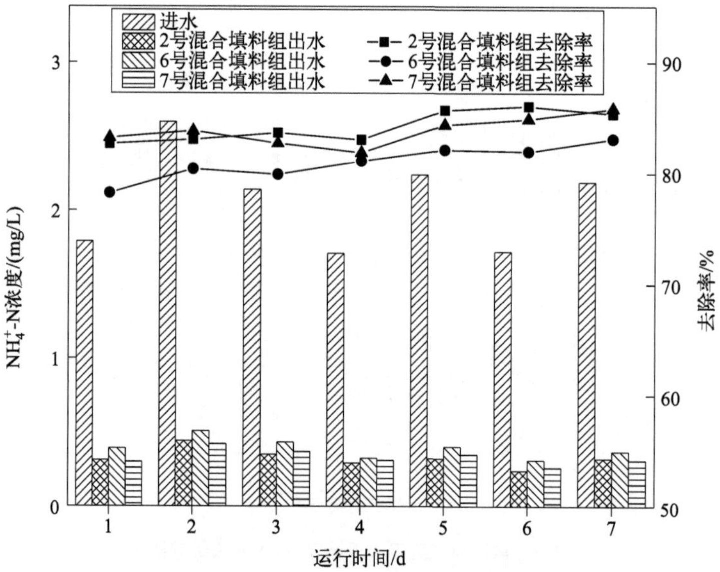

图9-65　低浓度下人工浮岛对NH_4^+-N的去除效果

由图9-65可得，人工浮岛在进水条件为低浓度时，NH_4^+-N进水浓度范围为1.71～2.60mg/L，平均进水浓度为2.06mg/L；各人工浮岛NH_4^+-N出水浓度范围分别为0.24～0.44mg/L（2号混合填料组）、0.31～0.51mg/L（6号混合填料组）、0.26～0.42mg/L（7号混合填料组），平均出水浓度按顺序依次为0.32mg/L、0.39mg/L、0.33mg/L。各人工浮岛对NH_4^+-N的去除率在75%～87%之间变化，不同混合填料的人工浮岛去除率相差不大，平均去除率均达80%以上。

在最佳水力停留时间 7d 下，各人工浮岛在中浓度进水条件下对NH_4^+-N 的处理效果见图 9-66。

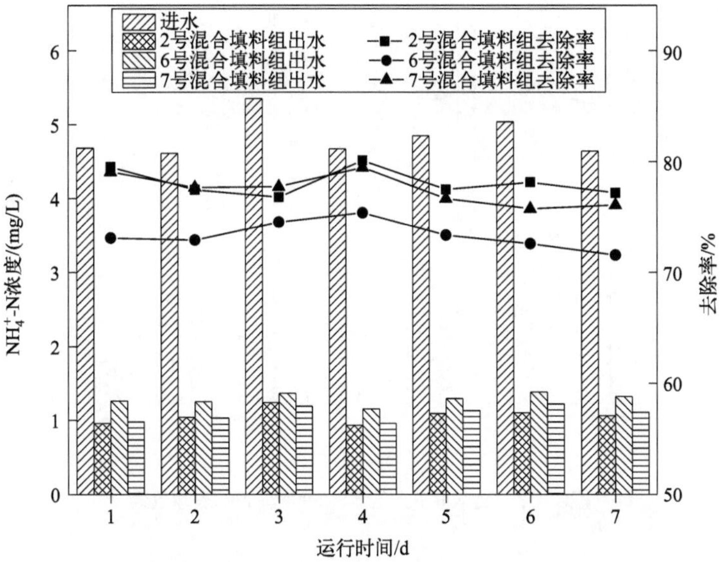

图9-66 中浓度下人工浮岛对NH_4^+-N的去除效果

由图 9-66 可得，人工浮岛在进水条件为中浓度时，NH_4^+-N 进水浓度范围为 4.61 ～ 5.34mg/L，平均进水浓度为 4.83mg/L；各人工浮岛 NH_3-N 出水浓度范围按顺序依次为 0.93 ～ 1.24mg/L、1.15 ～ 1.38mg/L、0.96 ～ 1.19mg/L，平均出水浓度分别为 1.06mg/L、1.29mg/L、1.09mg/L。各人工浮岛对NH_4^+-N 的去除率在 70% ～ 80% 之间变化，相对低浓度的进水条件下整体去除率有所下降，3 种不同填料的人工浮岛中，人工浮岛 2 号混合填料组和人工浮岛 7 号混合填料组的去除率稍高。

在最佳水力停留时间 7d 下，各人工浮岛在高浓度进水条件下对NH_4^+-N 的处理效果见图 9-67。

由图 9-67 可得，人工浮岛在进水条件为高浓度时，NH_4^+-N 进水浓度范围为 8.34 ～ 9.28mg/L，平均进水浓度为 8.80mg/L；各人工浮岛NH_4^+-N 出水浓度范围按顺序依次为 2.13 ～ 2.60mg/L、2.59 ～ 3.42mg/L、2.22 ～ 2.85mg/L，平均出水浓度分别为 2.41mg/L、3.00mg/L、2.56mg/L。各人工浮岛对NH_4^+-N 的去除率在 62% ～ 75% 之间变化，相对低、中浓度的进水条件下整体去除率有所下降，且不同混合填料的人工浮岛对NH_4^+-N 的去除率相差较大，3 种不同填料的人工浮岛中，人工浮岛 2 号混合填料组的去除率稍高。

表 9-23 列出了 3 种浓度范围下不同填料的人工浮岛对NH_4^+-N 的平均去除率，可以看出，随着进水浓度的升高，不同混合填料的人工浮岛对NH_4^+-N 的去除率在不断降低，整体趋势与 TN 去除率的变化相同。分析原因可能是进水浓度较高时，填料对NH_4^+-N 的吸附有限，水中的硝化作用也只能反应部分NH_4^+-N，因此在一定范围内随着浓度的升高，人工浮岛对NH_4^+-N 的去除率呈逐渐降低的趋势。在不同浓度的进水条件下，3 种不同填料的人工浮岛中，人工浮岛 2 号混合填料组对NH_4^+-N 的去除率总是最高，说明该组人工浮岛对NH_4^+-N 的去除作用较强，与静态浮岛结果一致。

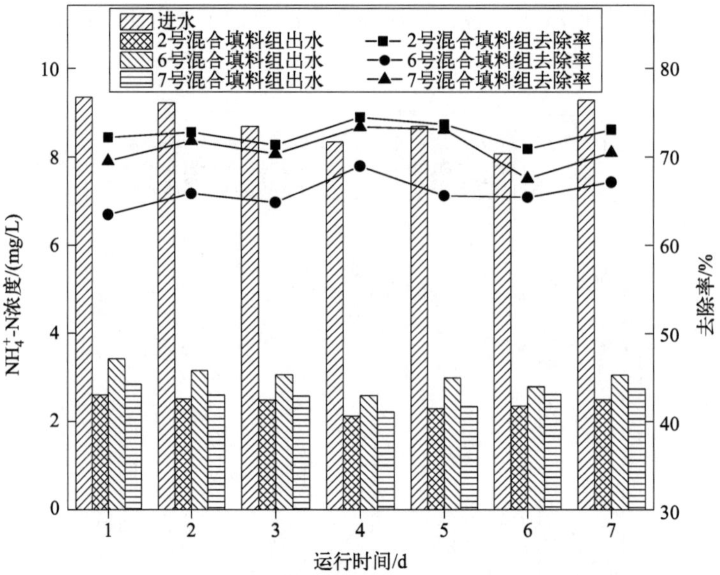

图9-67　高浓度下人工浮岛对NH_4^+-N的去除效果

表9-23　各人工浮岛对不同浓度范围下NH_4^+-N的平均去除率

人工浮岛	去除率/%		
	低浓度	中浓度	高浓度
2号混合填料组	84.22	78.07	72.62
6号混合填料组	80.98	73.33	65.87
7号混合填料组	83.82	77.47	70.87

3）不同浓度范围下人工浮岛对NO_3^--N的去除效果

在最佳水力停留时间7d下，各人工浮岛在低浓度进水条件下对NO_3^--N的处理效果见图9-68。

由图9-68可得，在进水条件为低浓度下，各人工浮岛NO_3^--N进水浓度范围为1.86～2.80mg/L，平均进水浓度为2.16mg/L；各人工浮岛NO_3^--N出水浓度范围分别为0.30～0.51mg/L（2号混合填料组）、0.29～0.50mg/L（6号混合填料组）、0.26～0.49mg/L（7号混合填料组），平均出水浓度均为0.38mg/L。各人工浮岛对NO_3^--N的去除率均在78%～87%之间，不同混合填料的人工浮岛去除率相差较小。

在最佳水力停留时间7d下，各人工浮岛在中浓度进水条件下对NO_3^--N的处理效果见图9-69。

由图9-69可得，在进水条件为中浓度下，各人工浮岛NO_3^--N进水浓度范围为4.12～5.28mg/L，平均进水浓度为4.85mg/L；各人工浮岛NO_3^--N出水浓度范围按顺序依次为0.69～0.92mg/L、0.72～0.91mg/L、0.64～0.86mg/L，平均出水浓度为0.81mg/L、0.80mg/L、0.76mg/L。各人工浮岛对NO_3^--N的去除率均在80%～90%之间，相对于低浓度进水条件下NO_3^--N整体去除率变化不大，不同混合填料的人工浮岛对NO_3^--N的去除率较接近。

在最佳水力停留时间7d下，各人工浮岛在高浓度进水条件下对NO_3^--N的处理效果见图9-70。

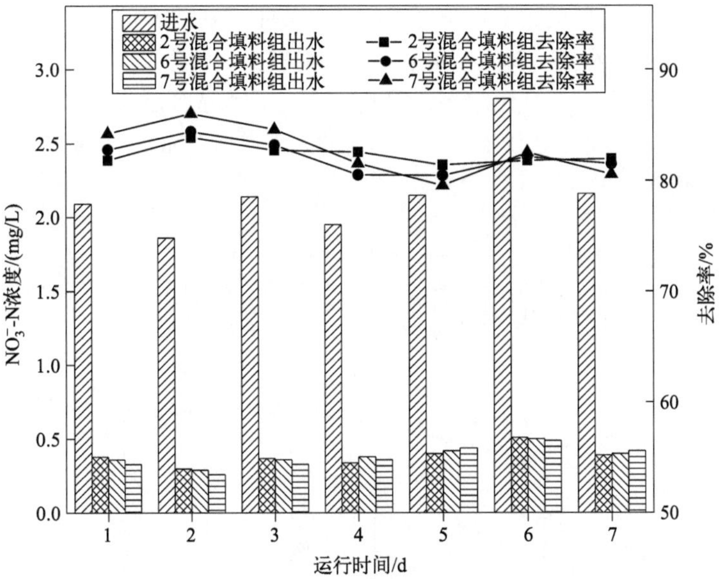

图9-68 低浓度下人工浮岛对NO_3^--N的去除效果

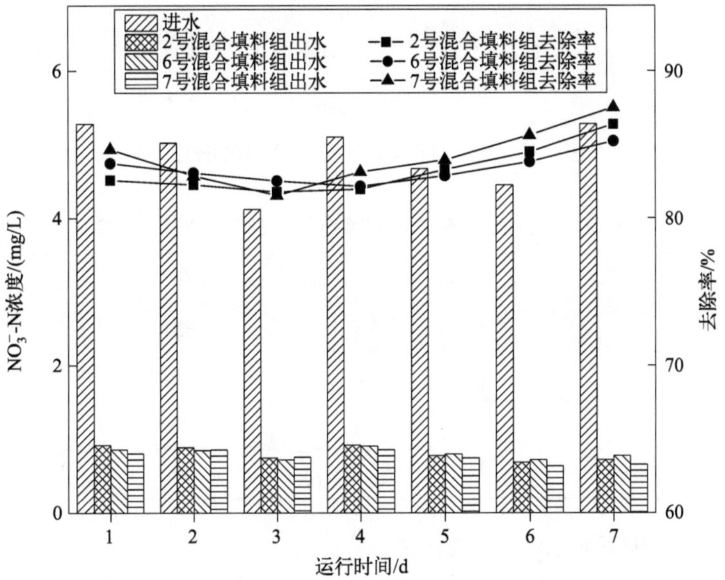

图9-69 中浓度下人工浮岛对NO_3^--N的去除效果

由图 9-70 可得，在进水条件为高浓度下，各人工浮岛NO_3^--N 进水浓度范围为 9.20 ～ 10.04mg/L，平均进水浓度为 9.58mg/L；各人工浮岛NO_3^--N 出水浓度范围按顺序依次为 1.04 ～ 1.43mg/L、1.04 ～ 1.48mg/L、1.03 ～ 1.39mg/L，平均出水浓度为 1.26mg/L、1.27mg/L、1.23mg/L。各人工浮岛对NO_3^--N 的去除率均在 82% ～ 90% 之间，整体去除率变化不大，不同混合填料的人工浮岛对NO_3^--N 的去除率几乎相同。

表 9-24 列出了 3 种浓度范围下不同填料的人工浮岛对NO_3^--N 的平均去除率，从整体上可以看出，人工浮岛对NO_3^--N 的去除率随着进水浓度的升高在不断增加，但变化不大，

高浓度进水条件下NO_3^--N 的去除率与低浓度进水条件下NO_3^--N 的去除率只相差不到 5%，分析原因可能是浮岛的覆盖水体中溶解氧含量相对较少，硝化反应明显，当进水浓度较高时，硝化作用所反应的NO_3^--N 也较多，因此NO_3^--N 进水浓度越高，各人工浮岛的去除率也越高。在不同浓度的进水条件下，不同填料的人工浮岛对NO_3^--N 的去除效果差异不大，去除作用均比较明显。

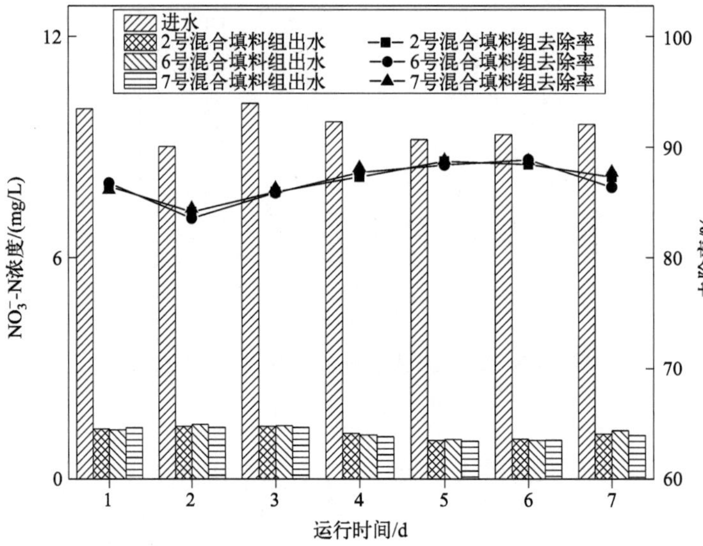

图9-70 高浓度下人工浮岛对NO_3^--N的去除效果

表9-24 各人工浮岛对不同浓度范围下NO_3^--N的平均去除率

人工浮岛	去除率/%		
	低浓度	中浓度	高浓度
2号混合填料组	82.30	83.25	86.89
6号混合填料组	82.14	83.34	86.78
7号混合填料组	82.71	84.18	87.18

4）不同浓度范围下人工浮岛对 TP 的去除效果

在最佳水力停留时间 7d 下，各人工浮岛在低浓度进水条件下对 TP 的处理效果见图 9-71。

由图 9-71 可得，当人工浮岛处理低浓度富营养化水体时，TP 的进水浓度范围为 0.09 ～ 0.11mg/L，平均进水浓度为 0.10mg/L ；各人工浮岛 TP 的出水浓度变化不大，其浓度范围均在 0.01 ～ 0.02mg/L 之间。各人工浮岛对 TP 的去除率在 80% ～ 88% 之间变化，3 种不同的混合填料人工浮岛中，人工浮岛 6 号混合填料组和人工浮岛 7 号混合填料组的去除率较高，对 TP 的去除效果好于人工浮岛 2 号混合填料组。

在最佳水力停留时间 7d 下，各人工浮岛在中浓度进水条件下对 TP 的处理效果见图 9-72。

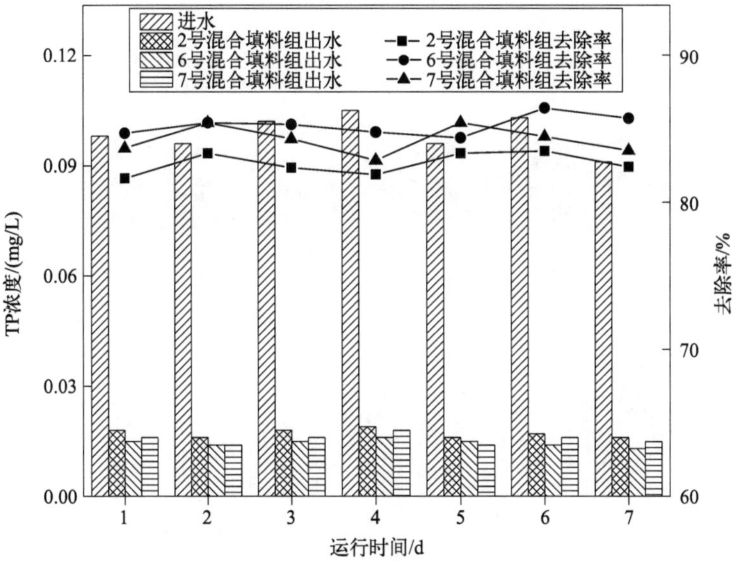

图9-71 低浓度下人工浮岛对TP的去除效果

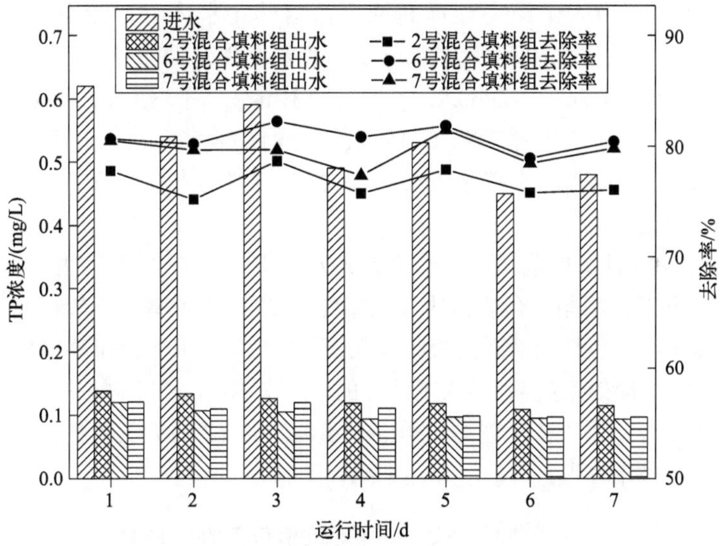

图9-72 中浓度下人工浮岛对TP的去除效果

由图 9-72 可得，当人工浮岛处理中浓度富营养化水体时，TP 的进水浓度范围为 0.45 ～ 0.62mg/L，平均进水浓度为 0.53mg/L；各人工浮岛 TP 的出水浓度范围分别为 0.11 ～ 0.14mg/L（2 号混合填料组）、0.10 ～ 0.12mg/L（6 号混合填料组）、0.10 ～ 0.12mg/L（7 号混合填料组），平均出水浓度均为 0.11mg/L。各人工浮岛对 TP 的去除率均在 75% ～ 85% 之间变化，不同混合填料的人工浮岛对 TP 的去除率存在一定的差异，3 种混合填料的人工浮岛中，人工浮岛 6 号混合填料组去除效果最好。

在最佳水力停留时间 7d 下，各人工浮岛在高浓度进水条件下对 TP 的处理效果见图 9-73。

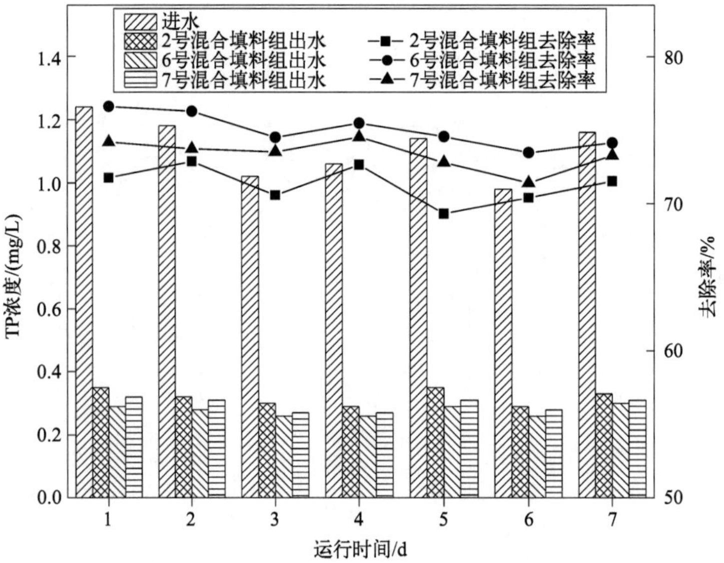

图9-73　高浓度下人工浮岛对TP的去除效果

由图9-73可得，当人工浮岛处理高浓度富营养化水体时，TP的进水浓度范围为0.98～1.24mg/L，平均进水浓度为1.11mg/L；各人工浮岛TP的出水浓度范围按顺序依次为0.29～0.35mg/L、0.26～0.29mg/L、0.27～0.31mg/L，平均出水浓度分别为0.32mg/L、0.28mg/L、0.30mg/L。各人工浮岛对TP的去除率均在68%～78%之间变化，不同混合填料的人工浮岛对TP的去除率相差稍大，3种混合填料的人工浮岛中，人工浮岛6号混合填料组的去除率最高。

表9-25列出了3种浓度范围下不同填料的人工浮岛对TP的平均去除率，可以看出，随着进水浓度的升高，不同混合填料的人工浮岛对TP的去除率在不断降低，分析原因可能是当进水浓度较高时，植物对磷的吸收有限，填料的吸附和自然沉降作用也有限，因此在一定范围内TP进水浓度越高，各人工浮岛的去除率越小。在不同浓度的进水条件下，3种不同填料的人工浮岛中，人工浮岛6号混合填料组对TP的去除率总是最高，说明该人工浮岛对磷的去除作用较强，与静态浮岛结果一致。

表9-25　各人工浮岛对不同浓度范围下TP的平均去除率

人工浮岛	去除率/%		
	低浓度	中浓度	高浓度
2号混合填料组	82.64	76.71	71.30
6号混合填料组	85.24	80.71	75.00
7号混合填料组	84.24	79.54	73.36

5）不同浓度范围下人工浮岛对OP的去除效果

在最佳水力停留时间7d下，各人工浮岛在低浓度进水条件下对OP的处理效果见图9-74。

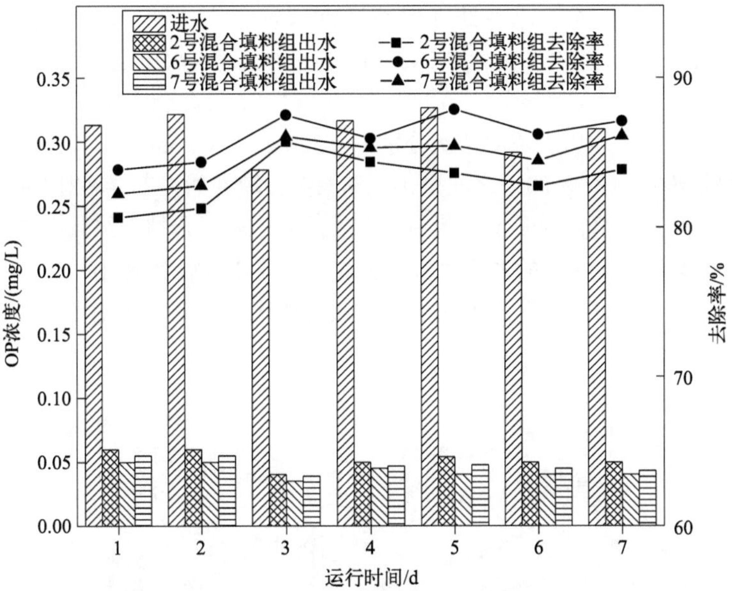

图9-74 低浓度下人工浮岛对OP的去除效果

由图 9-74 可得，当人工浮岛处理低浓度富营养化水体时，OP 的进水浓度范围为 0.28 ～ 0.32mg/L，平均进水浓度为 0.31mg/L；各人工浮岛 OP 的出水浓度变化不大，其浓度范围均在 0.04 ～ 0.05mg/L 之间。各人工浮岛对 OP 的去除率在 80% ～ 90% 之间变化，3 种不同混合填料的人工浮岛中，人工浮岛 6 号混合填料组对 OP 的去除效果最好。

在最佳水力停留时间 7d 下，各人工浮岛在中浓度进水条件下对 OP 的处理效果见图 9-75。

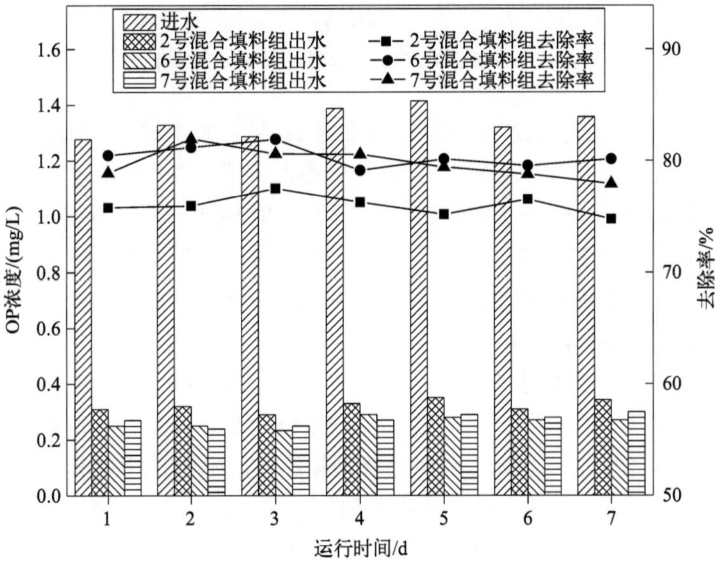

图9-75 中浓度下人工浮岛对OP的去除效果

由图 9-75 可得，当人工浮岛处理中浓度富营养化水体时，OP 的进水浓度范围为 1.28 ～ 1.41mg/L，平均进水浓度为 1.34mg/L；各人工浮岛 OP 的出水浓度范围分别为 0.29 ～ 0.35mg/L（2 号混合填料组）、0.23 ～ 0.29mg/L（6 号混合填料组）、0.24 ～ 0.30mg/L（7 号混合填料组），平均出水浓度依次分别为 0.32mg/L、0.26mg/L、0.27mg/L。各人工浮岛对 OP 的去除率在 74% ～ 84% 之间变化，不同混合填料的人工浮岛对 TP 的去除率存在一定的差异，3 种混合填料的人工浮岛中，人工浮岛 6 号混合填料组和人工浮岛 7 号混合填料组的去除率较高，对 OP 的去除效果好于人工浮岛 2 号混合填料组。

在最佳水力停留时间 7d 下，各人工浮岛在高浓度进水条件下对 OP 的处理效果可见图 9-76。

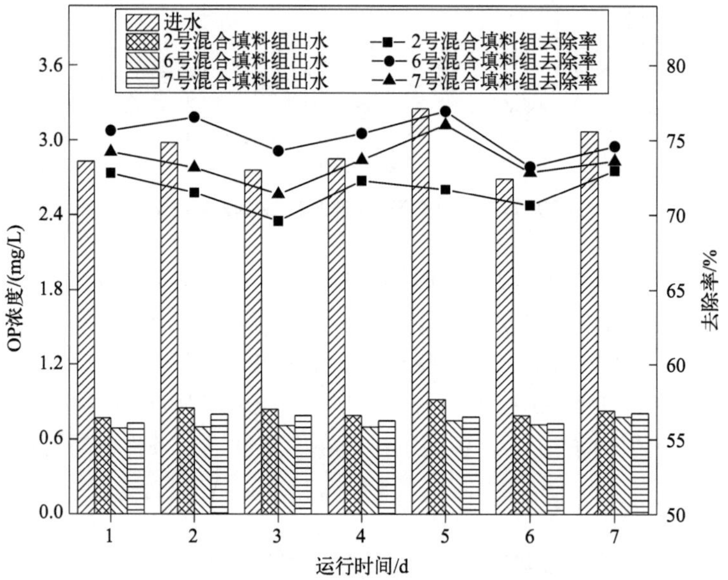

图9-76　高浓度下人工浮岛对OP的去除效果

由图 9-76 可得，当人工浮岛处理高浓度富营养化水体时，OP 的进水浓度范围为 2.69 ～ 3.07mg/L，平均进水浓度为 2.92mg/L；各人工浮岛 OP 的出水浓度范围按顺序依次为 0.77 ～ 0.92mg/L、0.69 ～ 0.78mg/L、0.73 ～ 0.81mg/L，平均出水浓度依次分别为 0.83mg/L、0.72mg/L、0.77mg/L。各人工浮岛对 OP 的去除率在 68% ～ 78% 之间变化，不同混合填料的人工浮岛对 TP 的去除率相差稍大，3 种混合填料的人工浮岛中，人工浮岛 6 号混合填料组的去除率最高。

表 9-26 列出了 3 种浓度范围下不同填料的人工浮岛对 OP 的平均去除率，可以看出，随着进水浓度的升高，不同混合填料的人工浮岛对 OP 的去除率在不断降低，分析原因可能是当进水浓度较高时，一方面，植物的吸收和填料的吸附作用都有一定限度；另一方面，水体中部分有机磷被分解成可溶性磷的量也较多，因此在一定范围内进水浓度越高，各人工浮岛对 OP 的去除率越低。在不同浓度的进水条件下，3 种不同填料的人工浮岛中，人工浮岛 6 号混合填料组对 OP 的去除率总是最高，说明该组人工浮岛对磷的去除效果较明显，与 TP 结果一致。

表9-26 各人工浮岛对不同浓度范围下OP的平均去除率

人工浮岛	去除率/%		
	低浓度	中浓度	高浓度
2号混合填料组	83.18	75.99	71.63
6号混合填料组	86.12	80.36	75.23
7号混合填料组	84.64	79.74	73.56

6）不同浓度范围下人工浮岛对 COD_{Mn} 的去除效果

在最佳水力停留时间 7d 下，各人工浮岛在低浓度进水条件下对 COD_{Mn} 的处理效果见图 9-77。

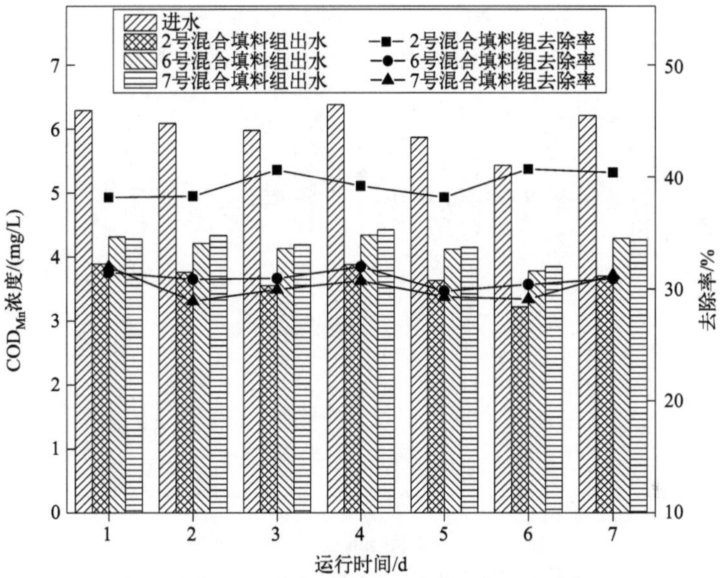

图9-77 低浓度下人工浮岛对COD_{Mn}的去除效果

从图 9-77 可以看出，在低浓度进水条件下，各人工浮岛 COD_{Mn} 进水浓度范围为 5.43 ～ 6.38mg/L，平均进水浓度为 6.04mg/L；各人工浮岛 COD_{Mn} 出水浓度范围分别为 3.22 ～ 3.89mg/L（2 号混合填料组）、3.78 ～ 4.34mg/L（6 号混合填料组）、3.85 ～ 4.42mg/L（7 号混合填料组），平均出水浓度按顺序依次为 3.66mg/L、4.17mg/L、4.21mg/L。各人工浮岛对 COD_{Mn} 的去除效果都不太明显，去除率在 27% ～ 42% 之间变化，3 种不同的混合填料人工浮岛中，人工浮岛 2 号混合填料组去除率最高。

在最佳水力停留时间 7d 下，各人工浮岛在中浓度进水条件下对 COD_{Mn} 的处理效果见图 9-78。

从图 9-78 可以看出，在中浓度进水条件下，各人工浮岛 COD_{Mn} 进水浓度范围为 10.95 ～ 12.04mg/L，平均进水浓度为 11.55mg/L；各人工浮岛 COD_{Mn} 出水浓度范围按顺序依次为 5.89 ～ 6.49mg/L、6.62 ～ 7.15mg/L、6.64 ～ 7.15mg/L，平均出水浓度依次分别为 6.22mg/L、6.90mg/L、6.95mg/L。各人工浮岛对 COD_{Mn} 的去除率在 37% ～ 48% 之间变化，不同混合填料的人工浮岛去除率相差较大，3 种不同的混合填料人工浮岛中，人工浮岛 2 号混合填料组去除率最高。

在最佳水力停留时间 7d 下，各人工浮岛在高浓度进水条件下对 COD_{Mn} 的处理效果见图 9-79。

从图 9-79 中可以看出，在高浓度进水条件下，各人工浮岛 COD_{Mn} 进水浓度范围为 19.02 ～ 21.07mg/L，平均进水浓度为 20.15mg/L；各人工浮岛 COD_{Mn} 出水浓度范围按顺序依次为 9.23 ～ 9.99mg/L、10.19 ～ 11.55mg/L、10.28 ～ 11.72mg/L，平均出水浓度依次分别为 9.51mg/L、10.73mg/L、10.84mg/L。各人工浮岛对 COD_{Mn} 的去除率在 44% ～ 55% 之间变化，相对中、低浓度进水条件下 COD_{Mn} 的去除率有所提高，不同混合填料的人工浮岛去除率相差较大，3 种不同的混合填料人工浮岛中，人工浮岛 2 号混合填料组去除率最高。

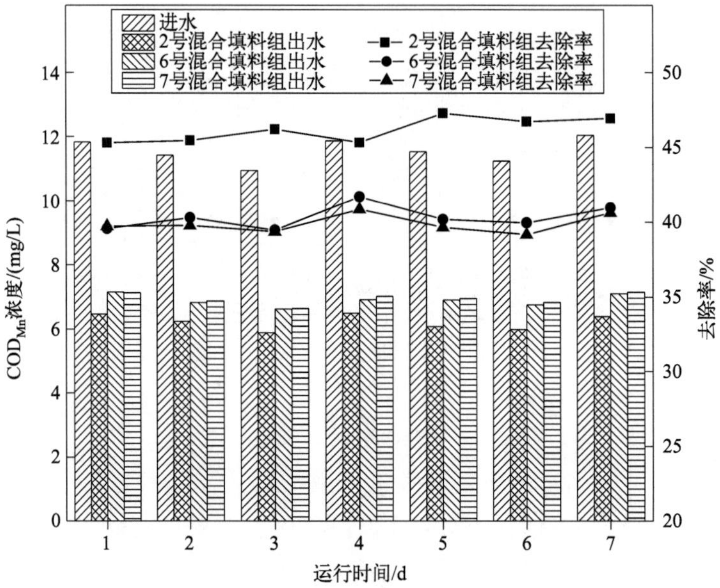

图9-78　中浓度下人工浮岛对COD_{Mn}的去除效果

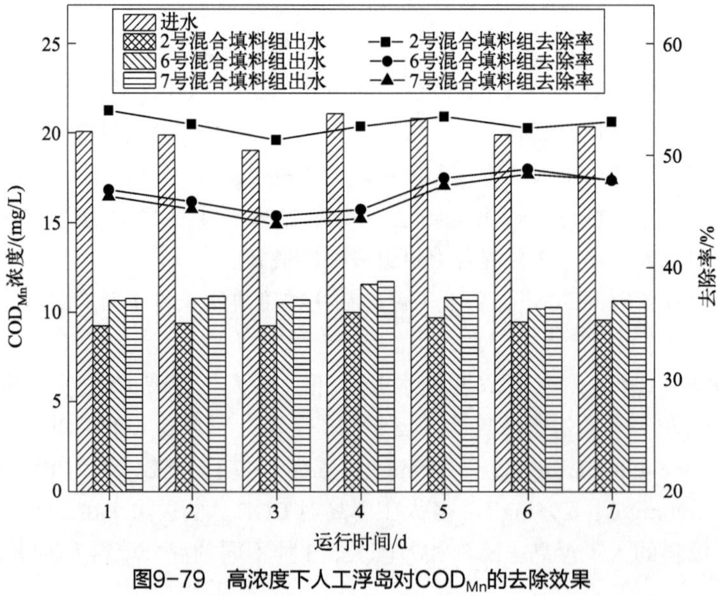

图9-79　高浓度下人工浮岛对COD_{Mn}的去除效果

表 9-27 列出了 3 种浓度范围下不同填料的人工浮岛对 COD_{Mn} 的平均去除率，可以看出，随着进水浓度的升高，不同混合填料的人工浮岛对 COD_{Mn} 的去除率在不断增加，但增加的速度随着进水浓度的升高而变缓，分析原因可能是人工浮岛中植物对 COD_{Mn} 不能进行直接吸收，COD_{Mn} 的去除只能依靠填料的吸附、微生物的降解以及自然沉淀的作用，当进水浓度升高时，微生物的降解和自然沉淀的有机物含量也增加，因此在一定浓度范围内，进水浓度越高，人工浮岛对 COD_{Mn} 的去除率越大。在不同浓度的进水条件下，3 种不同填料的人工浮岛中，人工浮岛 2 号混合填料组对 COD_{Mn} 的去除率总是最高，说明该人工浮岛对 COD_{Mn} 的去除作用相对较好，与静态浮岛结果一致。

表9-27 各人工浮岛对不同浓度范围下COD_{Mn}的平均去除率

人工浮岛	去除率/%		
	低浓度	中浓度	高浓度
2号混合填料组	39.36	46.17	52.80
6号混合填料组	30.91	40.29	46.73
7号混合填料组	30.16	39.87	46.18

（3）小结

① 不同水力停留时间下，人工浮岛对氮、磷等营养盐的去除效果不同，随着水力停留时间的增加，各营养盐的去除效果增强，除了NO_3^--N 的最佳水力停留时间为 5d 外，其余各营养盐的最佳水力停留时间均为 7d，因此，将水力停留时间 7d 作为人工浮岛修复水体的最佳水力停留时间。

② 在最佳的水力停留时间下，人工浮岛在低、中、高 3 种不同的进水浓度下对各营养盐的去除效果不同，除了 COD_{Mn}，人工浮岛对其他营养盐的去除作用都比较明显。其中在低浓度条件下各人工浮岛对 TN、NH_4^+-N、TP、OP 的去除效果最好，平均去除率依次为79.01%、83.01%、84.04%、84.65%；不同浓度范围下NO_3^--N的去除率变化相对较小。

第 10 章 三峡水库重点支流水华控制技术

10.1 香溪河水文水质变化与水华情势

10.1.1 香溪河的水动力学特性及理化性状

10.1.1.1 香溪河水文情势与水动力学特征

（1）香溪河水文水系

香溪河位于三峡库区长江西陵峡北侧，地理位置为 N30°38′～31°34′，E110°25′～111°06′，东与夷陵区、保康县交界，南与秭归县毗连，西邻巴东，北靠神农架林区。香溪河是流经湖北兴山县与秭归县的最大河流，为湖北省境内的一条主要入库支流，也是三峡水库坝前最大的一级支流。香溪河干流全长 94km，流域面积 3099km^2，海拔落差 1540m。香溪河有九冲河、古夫河、高岚河 3 条主要支流及 59 条溪水泉流，年平均径流量 19.56×10^8m^3，多年平均流量 65.5m^3/s，最大流量 2700m^3/s，最小流量 8.9m^3/s。香溪河流经神农架林区的木鱼、红花和兴山县的湘坪、南阳、高阳、峡口，由北向南纵贯兴山全县，至游家河流入秭归县，于归州镇东侧注入长江。

（2）香溪河水动力学特征

三峡水库蓄水后，库区水位升高，水体流速减缓，库湾和支流污染物的滞留时间延长，水域环境条件发生了显著变化。其中，支流水域水文流态的变化是三峡蓄水后支流水域发生的最主要变化；关注三峡支流水生态环境的变化，必须认识支流水域的水文流态变化。一方面三峡水库蓄水使支流水体库容大幅增加，改变了支流水体的地理景观面貌，受回水顶托影响，香溪河由峡谷河流变成了大型库湾，同时流速变缓，对水体营养元素的稀释扩散不利，造成营养物质的积聚；另一方面水库的水位调节以及水库干支流水体物理化学性质存在差异，水库干支流水体处于频繁的交换状态，这种交换又反过来进一步改变支流库湾水体的物理化学特性，从而不断影响着支流库湾的水生态环境。因此，研究清楚三峡水库蓄水后支流库湾水动力特性及其受水库干流影响的特点，是认识支流库湾水环境状况和水域生态环境问题的基础。

香溪河蓄水前多年的水文资料显示，河流常年水深不足 2m，水位一般保持在 21.2m 左右（相对高程，黄海高程＝相对高程 +125.490m），水位 8 月份最高为 21.81m，4 月份最低为 20.95m。年均降水量为 900 ～ 1200mm，绝对降水量充沛，从多年降水量的季节分布来看，夏季雨水多，占全年降水量的 41%，秋、冬、春季降水量分别占 26%、5% 和 28%；汛期降水量占全年的 68% 左右。受气候的影响，河流夏季的流量较大，水位较高；冬春季为枯水期；月平均流量 8 月份最大为 76.5m^3/s，4 月份最小为 4.01m^3/s。

蓄水后香溪河上游来水主要是上游的白沙河和深渡河以及中游的高岚河，总体上，香溪河的来水量在蓄水前后没有明显的差异。上游两条支流的来水由兴山水文站监测，高岚河的来水由建阳坪水文站监测，蓄水以来的年来水流量分别为 3.22 ～ 586m^3/s 和 4.27 ～ 142m^3/s。从来水量来看，香溪河蓄水以来的来水量年际变化较小，年内变化较大，汛期来水流量明显增大，其中 7 ～ 9 月兴山站和建阳坪站的平均水流量分别为 72.15m^3/s 和 13.91m^3/s。特定年份中兴山站监测到的平均来水流量稍大于多年平均值，而最大来水流量小于多年最大值（742m^3/s）；建阳坪站的平均来水流量与多年水平持平，但最大值则明显小于多年最大来水流量。

蓄水后，香溪河水文流态的主要变化体现在：

① 水量迅速增加。香溪河的水量较蓄水前增加了 4 倍以上，不同蓄水水位的水量存在显著差异。

② 水体深度增加。2011 年三峡水库水位正式达到 175m 高程，此时，香溪河的回水末端距离香溪河河口约 40km，也就是自河口开始的 40km 长度的水域范围受回水顶托的影响，失去河流的特性，成为水库的典型库湾。此时香溪河河口的水深达到 120m，香溪河中段的峡口水域水深超过 90m，中游支流高岚河吴家湾水深达到 60m 以上。

③ 水位也发生了明显的变化。175m 高程的水位维持时间不超过 7d，冬季和早春时间水位维持在 171m 左右，春夏之交，水位逐步下降，到了汛期，水位下降到 145m，6 ～ 9 月上旬水位一直维持在 145m 左右。

④ 河道宽度发生了显著的改变。蓄水前香溪河为峡口溪流，河道宽度不足 20m，蓄水后的香溪河河道宽度达到 110 ～ 250m。

⑤ 水体流速变化明显。蓄水前的香溪河作为天然河流，流速变化在 0.65 ～ 1.97m/s 范围内，具有明显的季节差异，蓄水后的流速急剧下降到 0.005 ～ 0.010m/s，平均流速以 cm/s 为单位。

⑥ 水体颗粒物含量显著下降。蓄水前水体的颗粒物含量存在季节特征，枯水期的水体清澈见底，汛期的水体则颗粒物含量较高，平均含量为 18.12mg/L，蓄水后颗粒物含量在 4 ～ 11.55mg/L 波动，大部分时间内水体的颗粒物含量较低，仅仅在暴雨产生地表径流后，大量颗粒物随地表径流进入水体，造成水体的颗粒物含量急剧增加，但由于水体的缓流状况，使得水体具有良好的沉降效果和澄清作用，水体中的颗粒物快速沉降，使得水体颗粒物含量的年平均值较低。

⑦ 其他与水文特征相关的因子方面，由于受到回水顶托作用，香溪河的水力滞留时间延长，水体污染物迁移转化和横向扩散能力减弱。

图 10-1 为香溪河蓄水前后的面貌对比。

(a) 蓄水前　　(b) 蓄水后

图10-1　香溪河蓄水前后的面貌对比

就水文流态中重要的流速和流向指标而言，香溪河蓄水后发生了显著的变化，蓄水前的流速为 0.65 ～ 1.98m/s，流向基本都是单一的由上游到下游。蓄水后的流速和流向受到上游来水、下游回水顶托以及河床地形的影响，存在着复杂性。图 10-2 为美国 Flowquest 600 型断面流速仪测定的峡口段水体流态实时分布图，从图中可见，水体的流向存在复杂性，不同空间的水体流向具有明显的差异，但没有典型分层现象。水体流速也存在空间差异，流速总体偏低，波动在 0.002 ～ 0.012m/s，不同深度和水平位置的点流速各不相同。

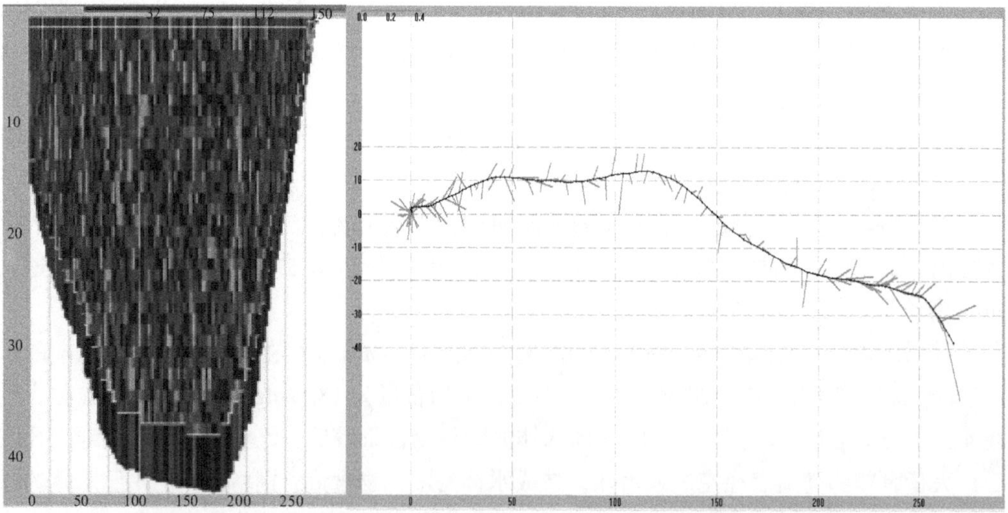

图10-2　香溪河峡口断面流态实时分布图（左：瞬时流速，右：瞬时流向）

在水库运用的背景下，香溪河的水文流态具有不同于一般河流水体和湖泊水体的独特特点。水流态动力特征难以简单概化为一维特征，而是在深度上长期具有复杂的异向流动特征。一年中多数时候香溪河会发生水库干流水体倒灌进入库湾的现象，倒灌潜入点深度以及潜入库湾的距离随不同季节水体物理性质、库湾上游来流量、水库水位及水位日变幅等的不同而有所改变。

10.1.1.2 香溪河物理因子变化特征

（1）比较蓄水前后香溪河河口主要物理参数的变化

① 蓄水前的水温变化幅度为 10.4 ～ 25.4℃，平均温度为 16.9℃；蓄水后水温变化幅度为 11.6 ～ 27.5℃，平均值为 19.45℃。

② 蓄水前 pH 值的变化幅度为 8.01 ～ 8.93，均值为 8.53；蓄水后的变化幅度为 7.89 ～ 9.12，均值为 8.29。

③ 水体电导率在蓄水前的变化幅度为 214.0 ～ 351.0μS/cm, 均值为 254.5μS/cm；蓄水后的变化幅度为 182.7 ～ 337.0μS/cm，均值为 262.1μS/cm。

④ 浊度在蓄水前的变化幅度为 5 ～ 210FAU，均值 42.7FAU；其在蓄水后的变化幅度为 7 ～ 56FAU，均值为 17FAU。

（2）比较香溪河中游段蓄水前后主要物理参数的变化

① 在蓄水前盐关到峡口段的水温变化幅度为 10.05 ～ 24.50℃，均值为 16.7℃；蓄水后的变化幅度为 12.0 ～ 29.1℃，均值为 19.7℃。

② pH 值的变化幅度为 8.44 ～ 9.11，均值为 8.86；蓄水后变化幅度为 6.93 ～ 8.94，均值为 8.24。

③ 蓄水前电导率的变化幅度为 213 ～ 308μS/cm，均值为 244.7μS/cm；蓄水后的变化幅度为 169.2 ～ 350.0μS/cm，均值为 259.0μS/cm。

④ 蓄水前浊度的变化幅度为 0 ～ 49FAU，均值为 11.2FAU；蓄水后的变化幅度为 3 ～ 35FAU，均值为 13.3FAU。

双尾配对样本 t 检验分析表明三峡水库蓄水对香溪河不同河段的影响并不完全一致。t 检验结果表明，水温、pH 值蓄水前后在河口和河流中段的差异是显著的，电导率、浊度蓄水前后的差异是不显著的。

10.1.1.3 香溪河主要营养物质变化特征

（1）比较蓄水前后香溪河河口水域的营养物质变化规律

① 比较蓄水前后香溪河河口水域的磷酸盐发现，蓄水前变化幅度为 0.098 ～ 0.401mg/L，均值为 0.255mg/L；蓄水后变化幅度为 0.002 ～ 0.080mg/L，均值为 0.034 mg/L。

② TP 变化幅度为 0.052 ～ 0.467mg/L，均值为 0.277mg/L；蓄水后 TP 的变化幅度为

0.020 ～ 0.241mg/L，均值为 0.089mg/L。

③ NH_3-N 蓄水前的变化幅度为 0.01 ～ 0.13mg/L，均值为 0.06mg/L；蓄水后变化幅度为 0.02 ～ 0.33mg/L，均值为 0.10mg/L。

④ 亚硝酸盐蓄水前的变化幅度为 0.19 ～ 54.73μg/L，均值为 17.93μg/L；蓄水后为 0.29 ～ 11.82μg/L，均值为 3.33μg/L。

⑤ 硝酸盐蓄水前的变化幅度为 0.28 ～ 1.89mg/L，均值为 0.80mg/L，蓄水后的变化幅度为 0.54 ～ 1.50mg/L，均值为 0.99mg/L。

⑥ 总氮蓄水前变化幅度为 0.34 ～ 2.21mg/L，均值为 1.08mg/L；蓄水后为 0.61 ～ 3.57mg/L，均值为 1.56mg/L。

⑦ SiO_2 在蓄水前的变化幅度为 1.29 ～ 7.63mg/L，均值为 5.49mg/L；蓄水后的变化幅度为 0.21 ～ 9.06mg/L，均值为 4.53mg/L。

⑧ COD 在蓄水前的变化幅度 1.92 ～ 8.00mg/L，均值为 3.26mg/L；蓄水后的变化幅度为 0.80 ～ 5.80mg/L，均值为 3.19mg/L。

⑨ 碱度在蓄水前的变化幅度为 120.12 ～ 150.15mg/L，均值为 137.44mg/L；蓄水后变化幅度为 101.00 ～ 175.18mg/L，均值为 136.46mg/L。

⑩ 硬度在蓄水前的变化幅度为 8.71 ～ 10.01°dH（德国度，1°dH 约为 0.17857mmol/L），均值为 9.33°dH，蓄水后变化幅度为 6.30 ～ 11.37°dH，均值为 8.79°dH。

（2）比较香溪河中游河段主要营养盐蓄水前后的变化规律

① 在蓄水前磷酸盐的变化幅度为 0.146 ～ 0.368mg/L，均值为 0.282mg/L；蓄水后的变化幅度为 0.007 ～ 0.170mg/L，均值为 0.059mg/L。

② 总磷在蓄水前的变化幅度为 0.150 ～ 0.444mg/L，均值为 0.298mg/L；蓄水后为 0.041 ～ 0.461mg/L，均值为 0.139mg/L。

③ 氨氮在蓄水前的变化为 0.04 ～ 0.07mg/L，均值为 0.06mg/L；蓄水后变化为 0.01 ～ 0.27mg/L，均值为 0.11mg/L。

④ 亚硝酸盐在蓄水前的变化幅度为 0.19 ～ 9.47μg/L，均值为 6.37μg/L；蓄水后变化幅度为 0.31 ～ 16.28μg/L，均值为 3.77μg/L。

⑤ 硝酸盐蓄水前变化幅度为 0.35 ～ 0.99mg/L，均值为 0.61mg/L；蓄水后硝酸盐浓度为 0.19 ～ 1.49mg/L，均值为 0.81mg/L。

⑥ 蓄水前总氮变化为 0.29 ～ 1.91mg/L，均值 0.90mg/L；蓄水后变化幅度为 0.22 ～ 2.79mg/L，均值为 1.29mg/L。

⑦ SiO_2 蓄水前变化幅度为 1.28 ～ 7.61mg/L，均值为 5.29mg/L；蓄水后变化幅度为 1.17 ～ 9.46mg/L，均值为 4.46mg/L。

⑧ COD 在蓄水前的变化幅度为 1.70 ～ 2.82mg/L，均值为 2.27mg/L；蓄水后变化幅度为 0.56 ～ 5.10mg/L，均值为 3.07mg/L。

⑨ 碱度在蓄水前的变化幅度为 115.12 ～ 150.15mg/L，均值为 139.70mg/L；蓄水后变化幅度为 120.12 ～ 170.17mg/L，均值为 145.40mg/L。

⑩ 硬度在蓄水前变化幅度为 8.60 ～ 10.48°dH，均值为 9.45°dH；蓄水后变化为 6.60 ～ 11.45°dH，均值为 9.26°dH。

双尾配对样本 *t* 检验分析表明三峡水库蓄水对营养物质的影响并不完全一致。*t* 检验表明，在河口，磷酸盐、总磷和亚硝酸盐在蓄水前后有显著的差异；而在河流中游，磷酸盐和氨氮有显著的差异。

10.1.2 香溪河藻类群落结构

10.1.2.1 香溪河藻类群落的周年动态

从香溪河的藻类样品中共鉴定出藻类 7 门 85 属 156 种。优势种主要有颗粒直链藻（*Melosira granulata*）、脆杆藻（*Fragilaria* sp.）、小环藻（*Cyclotella* sp.）、拟多甲藻（*Peridiniopsis* sp.）、新星形冠盘藻（*Stephanodiscus neoatraea*）、汉斯冠盘藻（*Stephanodiscus hantzschii*）、微小小环藻（*Cyclotella caspia*）、美丽星杆藻（*Asterionella formosa*）、卵形隐藻（*Cryptomonas ovata*）、湖沼红胞藻（*Rhodomonas lacustris*）和铜绿微囊藻（*Microcystis aeruginosa*）。

香溪河的藻类群落具有明显的季节特征，不同季节的藻类群落中物种种类数量、细胞密度和生物量差异显著。除了隐藻成为水体全年的常见种外，春季水体中的藻类主要以甲藻和硅藻为常见种，有少量的绿藻、金藻、裸藻。2 月早春时节的藻类生物量少，细胞密度为 10^5ind/L 数量级；随着水温升高，水体藻类群落迅速发生变化。3 ～ 5 月水体的细胞密度快速升高，3 月常有甲藻水华和硅藻水华出现；4 月出现硅藻、绿藻优势种的交织和演替，间或可以看到绿藻水华，主要是实球藻、空球藻等团藻目藻类水华；进入 5 月后，水体中的绿藻优势种群地位明显，蓝藻数量和生物量逐渐增加，甲藻和硅藻失去优势地位，甲藻几乎消失，极少出现在种群中，硅藻成为水体的常见种。6 ～ 8 月为香溪河的高温季节，水体中蓝藻和绿藻处于优势，尤其是蓝藻，虽然种类不多，但是细胞密度和生物量较大。秋季绿藻、隐藻数量较大，冬季藻类数量相对偏少。藻类群落结构的年际变化小，年内变化大（图 10-3）。

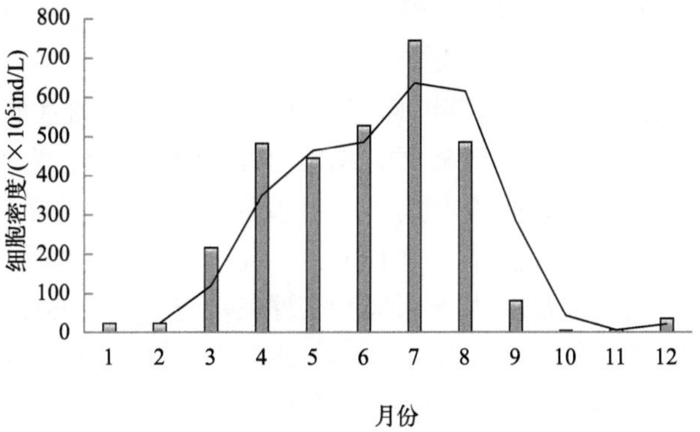

图10-3 香溪河藻类细胞密度的逐月变化情况

香溪河的藻类群落具有明显的空间特征，香溪河主泓上的藻类种类、数量和生物量与库湾具有显著的差异，库湾高于主泓；上游水体受来水影响，藻类群落常年以硅藻为优势种群，绿藻为常见种，蓝藻等数量和生物量较少；中下游水体表现为季节性优势种群交替出现，数量和生物量明显较上游高。

香溪河藻类生物量的逐月变化情况如图 10-4 所示。

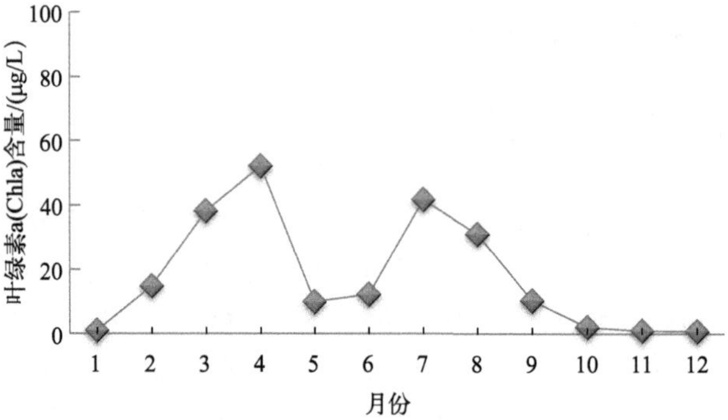

图10-4　香溪河藻类生物量（以叶绿素a含量计）的逐月变化情况

10.1.2.2　蓄水对群落结构的影响

蓄水前，干流和支流均未发现极为单一的优势种，所出现的藻类均为一般水体中的常见种类，对环境条件的改变适应性较强。蓄水后，干流坝前江段在 2004 年春季出现了藻类水华，2007 年归州长江和 2009 年坝前水域出现过硅藻水华，优势种为倪氏拟多甲藻（*Peridiniopsis niei*）、小环藻（*Cyclotella* sp.）和美丽星杆藻（*Asterionella formosa*）以及汉斯冠盘藻（*Stephanodiscus hantzschii*）。对于香溪河支流库湾，蓄水后，优势种有颗粒沟链藻（*Aulacoseira granulata*）、脆杆藻（*Fragilaria* sp.）、梅尼小环藻（*Cyclotella meneghiniana*）、倪氏拟多甲藻（*Peridiniopsis niei*）、拟多甲藻（*Peridiniopsis* sp.）、新星形冠盘藻（*Stephanodiscus neoastraea*）、小环藻（*Cyclotella* sp1.）、美丽星杆藻（*Asterionella formosa*）、小环藻（*Cyclotella* sp2.）、汉斯冠盘藻（*Stephanodiscus hantzschii*）、卵形隐藻（*Cryptomonas ovata*）和湖沼红胞藻（*Rhodomonas lacustris*）等。从单一藻类快速增殖成为优势种群的现象来看，库区水质呈现下降趋势。

不同蓄水阶段香溪河的藻类群落结构存在显著差异：一期蓄水前，共采集到藻类 77 种，蓄水后，藻类种类大幅增加到 165 种，绿藻门种类增幅最大，为蓄水前的 3 倍。蓄水前，干流和支流均未发现极为单一的优势种，蓄水后，香溪河支流库湾，藻类水华非常严重。藻类水华发生时，细胞密度很高，水体变色，甚至可以闻到浓重的藻腥味。二期蓄水后，香溪河绿藻和隐藻比例较高，主要种类为实球藻与蓝隐藻。三期蓄水后，香溪河回水区浮游植物细胞密度与种类组成同二期蓄水后没有明显差异，以硅藻和绿藻为主，分别占浮游植物总种类数的 48.78% 和 31.70%，其他门类只占 19.52%。优势种有美丽星杆藻、尖针杆藻、颗粒直链藻、实球藻、铜绿微囊藻、飞燕角甲藻和拟多甲藻。但蓝藻优势种群开始出现且在 4 ～ 5 月占据主导地位，5 月中旬检测出各断面蓝藻占浮游植物细胞总密度的 83.6%，占浮游植物生物量的 81.4%。浮游植物种类的季节变化比较明显，种类数以秋季最多（101 种），冬季最少（68 种）。香农 - 维纳（Shannon-Wiener）多样性指数平均值为 1.95，四季中夏季最高，其次为冬季、秋季、春季。

10.1.2.3 水华期间的藻类群落结构

调查发现三峡水库的水华藻类优势种非常丰富，其中包括蓝藻门的铜绿微囊藻（*Microcystis aeruginosa*）、惠氏微囊藻（*Microcystis wesenbergii*）和水华束丝藻（*Aphanizomenon flos-aquae*），硅藻门的新星形冠盘藻（*Stephanodiscus neoastraea*）、美丽星杆藻（*Asterionella formosa*）和小环藻（*Cyclotella* sp.），甲藻门的倪氏拟多甲藻（*Peridiniopsis niei*）和拟多甲藻（*Peridiniopsis* sp.），绿藻门的实球藻（*Pandorina morum*）、空球藻（*Eudorina elegans*）和美丽团藻（*Volvox aureus*），隐藻门的湖沼红胞藻（*Rhodomonas lacustris*）以及金藻门的延长鱼鳞藻（*Mallomonas elongata*）等。库区水位在 2008 年年底已超过 172m，2010 年正式达到 175m 高程，回水区涉及 40 多条一级支流，绝大部分支流库湾都曾有水华出现，范围或大或小，程度或轻或重，时间或长或短。而干流极少出现水华现象，仅在蓄水后的 2004 年春天和 2009 年的春天，在近大坝的水域分别出现过美丽星杆藻水华、倪氏拟多甲藻水华和小环藻水华，2007 年归州长江出现过美丽星杆藻水华。

（1）倪氏拟多甲藻水华发生时藻类细胞密度和生物量的垂直分布

倪氏拟多甲藻水华发生时，同时伴有较多的小环藻（*Cyclotella* sp.）、隐藻（*Cryptomonas* sp.）、沟链藻（*Aulacoseira* sp.）。图 10-5 显示了倪氏拟多甲藻水华发生时，不同深度水体的藻类细胞密度和生物量的分布趋势。由曲线可见，优势种拟多甲藻的细胞密度和生物量在 1m 处最高，分别达 8.71×10^6cells/L 和 69.65mg/L，随着水深的增加，又逐渐减少；底层最低，分别为 4.58×10^5cells/L 和 3.67mg/L；表层水体可能由于接受过高的光强，其细胞密度和生物量低于 1m 处的两项指标。

（2）小环藻水华发生时藻类细胞密度和生物量的垂直分布

小环藻水华发生时伴有较多的梅尼小环藻（*Cyclotella meneghiniana*）、隐藻、倪氏拟多甲藻、沟链藻、空球藻、脆杆藻（*Fragilaria* sp.）、四鞭藻（*Carteria* sp.）等。图 10-6 显示了小环藻水华发生时，不同深度水体的藻类细胞密度和生物量的分布趋势。由曲线可见，优势种小环藻的含量在表层最高，其细胞密度和生物量分别为 1.19×10^8cells/L 和 4.76mg/L；随着水深的增加，开始逐渐减少，至 3m 处略有回升，然后一直下降，底层最低。其余藻类也基本上遵循这样一个规律，细胞密度和生物量在上层最高，下层最低。

（3）实球藻和空球藻水华发生时藻类细胞密度和生物量的垂直分布

实球藻和空球藻水华时伴有较多的小环藻、卵形隐藻（*Cryptomonas ovata*）和倪氏拟多甲藻。图 10-7 显示了实球藻和空球藻水华发生时，不同深度水体的藻类细胞密度和生物量的分布趋势。由曲线可见，优势种实球藻在表层含量最高，其细胞密度、生物量分别为 2.35×10^7cells/L 和 20.8mg/L；次优势种空球藻同样在表层含量最高，其细胞密度、生物量分别为 1.31×10^7cells/L 和 11.6mg/L。可能是由于营养竞争和光照竞争等缘故，倪氏拟多甲藻、卵形隐藻、小环藻等并没有表现出明显的分布规律。

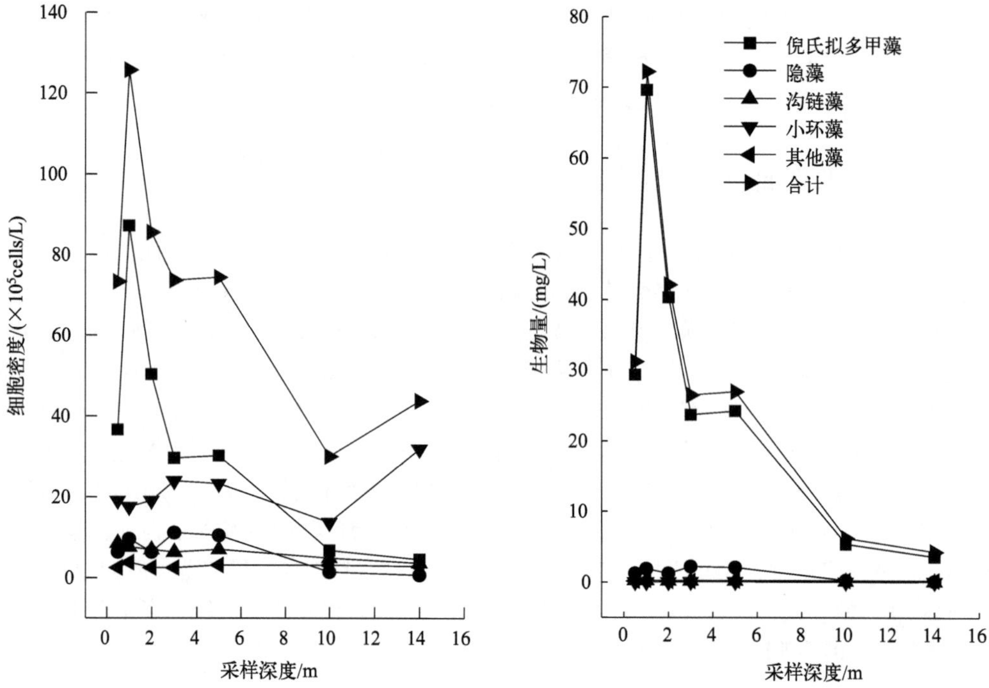

(a) 藻类细胞密度的垂直分布　　(b) 生物量的垂直分布

图10-5　倪氏拟多甲藻水华发生时藻类细胞密度和生物量的垂直分布

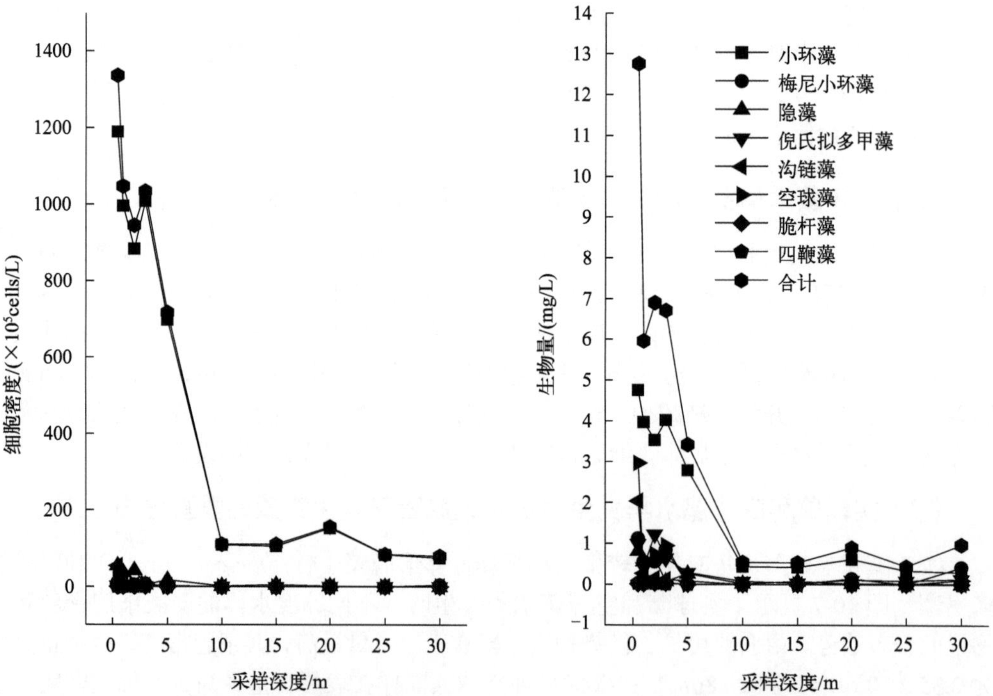

(a) 藻类细胞密度的垂直分布　　(b) 生物量的垂直分布

图10-6　小环藻水华发生时藻类细胞密度和生物量的垂直分布

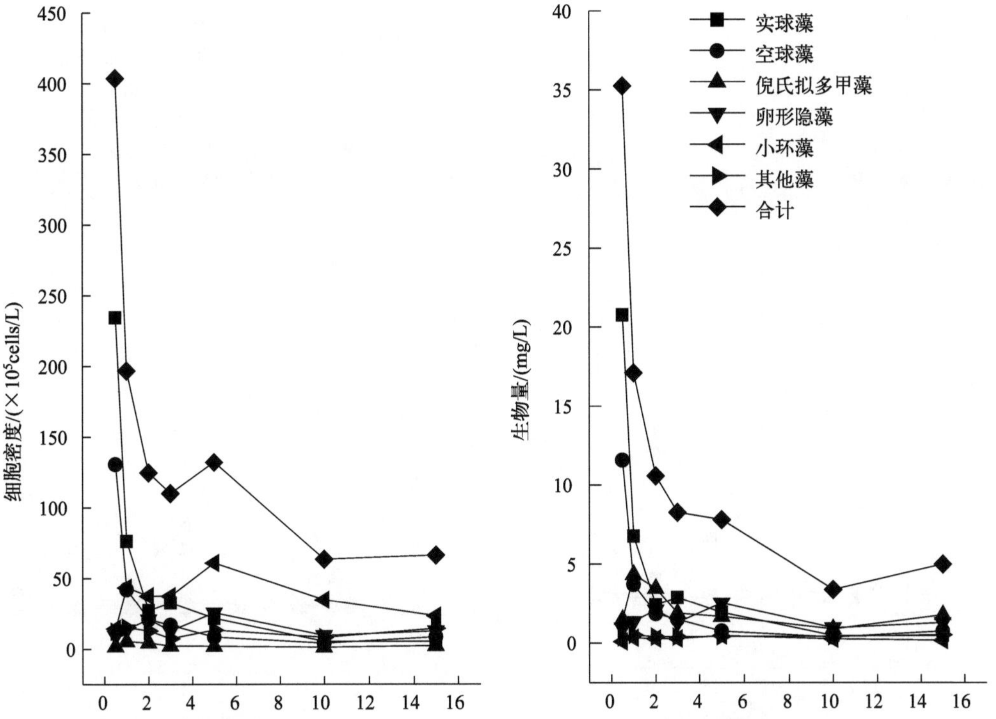

(a) 藻类细胞密度的垂直分布　　(b) 生物量的垂直分布

图10-7　实球藻和空球藻水华发生时藻类细胞密度和生物量的垂直分布

(4) 湖沼红胞藻水华发生时藻类细胞密度和生物量的垂直分布

湖沼红胞藻水华时伴有较多的蛋白核小球藻(*Chlorella pyrenoidosa*)、实球藻和色球藻(*Chroococcus* sp.)。图 10-8 显示了湖沼红胞藻水华发生时，不同深度水体的藻类细胞密度和生物量的分布趋势。由曲线可见，优势种湖沼红胞藻的表层细胞密度和生物量均为最高，随着水深的增加，两项定量参数呈逐渐减少的趋势，至 30m 的深度仍可采到藻类。与此相反，蛋白核小球藻的细胞密度和生物量在表层最低，然后随着水深的增加，两项定量参数开始增加，然后又略有下降。这种情况的出现可能是由于两种藻类竞争光照、营养后达到了一种平衡。另外，蛋白核小球藻虽然保持了较高的细胞密度，但是由于其细胞个体极小，所以其生物量并不高。

10.1.3　香溪河水体营养状况

蓄水前香溪河水体的营养状况以贫营养和中营养为主要营养类型，水体自净能力强；蓄水后在水文情势的变化下，水体的富营养化趋势明显。自 2003 年以来，香溪河水域富营养化情势严峻，总体上香溪河处于轻～中富营养化状况。表 10-1 为香溪河 2010 年 4 月～2011 年 9 月的营养状况综合指数及其营养状况评价结果，从表中数据可见，2011 年的营养类型主要是中营养、轻富营养，比 2010 年的状况略有好转。

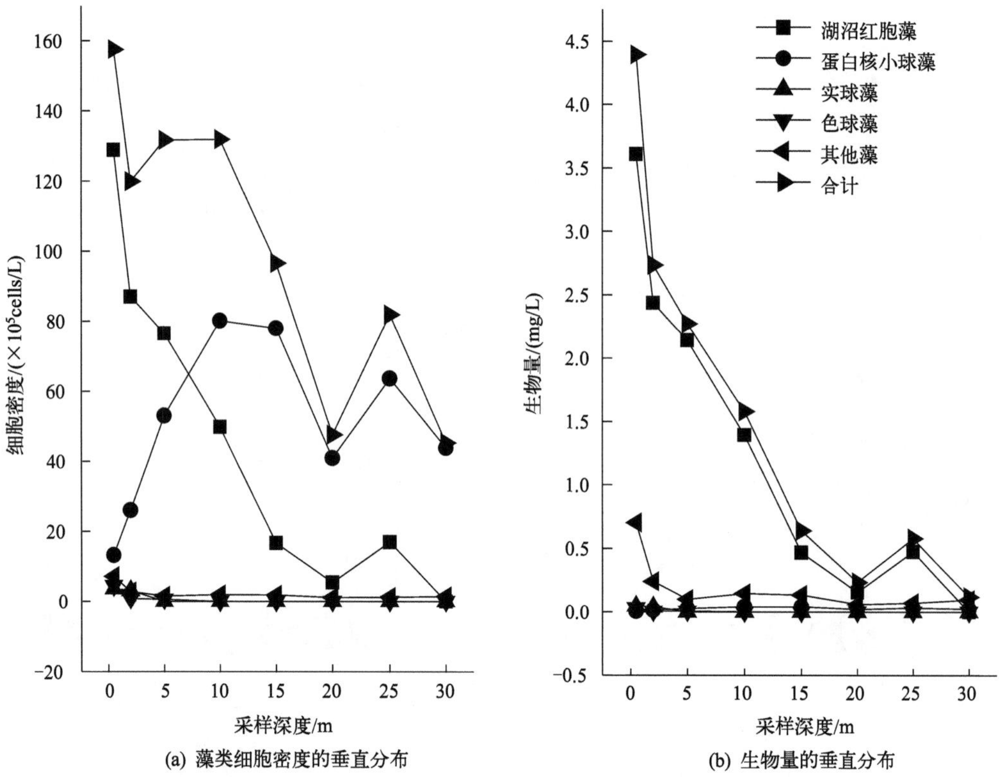

图10-8　湖沼红胞藻水华发生时的藻类细胞密度和生物量的垂直分布

表10-1　香溪河2010年4月～2011年9月营养状况综合指数及其评价

时间	综合营养状态指数	富营养化评价	变化趋势
2010-4	64.91	中富营养	—
2010-5	63.01	中富营养	—
2010-6	58.17	轻富营养	↓
2010-7	60.87	中富营养	↑
2010-8	55.78	轻富营养	↓
2010-9	46.44	中营养	↓
2010-10	36.64	中营养	—
2010-11	37.43	中营养	—
2010-12	35.71	中营养	—
2011-1	42.75	中营养	—
2011-2	52.67	轻富营养	↑
2011-3	52.67	轻富营养	↑
2011-4	54.47	轻富营养	↑
2011-5	47.68	中营养	↓
2011-6	38.70	中营养	—
2011-7	46.61	中营养	—
2011-8	40.12	中营养	—
2011-9	45.91	中营养	—

10.1.4 香溪河水华情势分析

蓄水前没有优势种存在的香溪河在蓄水后迅速发生改变，出现明显的群落优势种，并在春夏季频繁暴发水华（表 10-2）。

表10-2 香溪河蓄水以来的水华概况

年份	时间	水域	细胞密度/(cells/L)	水华类型	水色
2004	2月下旬	香溪渡口	0.80×10^7～4.95×10^7	小环藻(硅藻)	深绿色
	3月中旬	盐关～贾家店	4.7×10^7～5.2×10^7	拟多甲藻(甲藻)、小环藻(硅藻)	酱油色
	4月上旬	盐关段	1.80×10^8～3.15×10^8	小环藻(硅藻)	深绿色
	6月上旬	峡口段	5.80×10^7～9.2×10^7	小环藻(硅藻)	深绿色
	7月底	香溪渡口	1.0×10^{10}～4.0×10^{10}	红胞藻(隐藻)	深红色
2005	3月	官庄坪段	1.0×10^7～3.0×10^7	拟多甲藻(甲藻)	酱油色
	7月	峡口段	0.1×10^8～1.1×10^8	铜绿微囊藻(蓝藻)	蓝色
2006	2月下旬	峡口	0.32×10^7～7.3×10^7	小环藻(硅藻)	深绿色
	3月	高岚河	$>10^7$	拟多甲藻(甲藻)	酱油色
2007	2月中旬	峡口～平邑口段	$>10^7$	小环藻(硅藻)	深绿色
	3月	高岚河	$>10^7$	拟多甲藻(甲藻)	酱油色
	4月	峡口段	$>10^7$	空球藻(绿藻)	深绿色
	5月	泗湘溪段	$>10^7$	蓝隐藻(隐藻)	棕黄色
2008	3月中下旬	平邑口段	$>10^7$	拟多甲藻(甲藻)	酱油色
	4月底	峡口～平邑口段	$>10^7$	小环藻(硅藻)	深绿色
	6～7月	全河	1.8×10^8～4.65×10^8	铜绿微囊藻(蓝藻)	蓝色油漆状
2009	3月	全河	1.0×10^7～14.3×10^7	小环藻(硅藻)	深绿色
	6～7月	峡口段局部	1.0×10^7～9.0×10^7	微囊藻(蓝藻)	蓝色油漆状
2010	3～4月	峡口以上河段	6.7×10^6～30.4×10^6	小环藻(硅藻)	墨绿色
	5月～6月上旬	峡口至平邑口段	1.0×10^7～9.0×10^7	拟多甲藻(甲藻)、小环藻(硅藻)	酱油色
	6月中旬	峡口	2.5×10^7～20.0×10^7	衣藻(绿藻)	深绿色
	7月下旬～8月上旬	峡口至泗湘溪段	6.2×10^7～8.8×10^7	微囊藻(蓝藻)	蓝色群体
	9月中旬	峡口段	2.7×10^7～5.8×10^7	小环藻(硅藻)、隐藻(隐藻)	墨绿色、棕黄色
2011	3月中旬	高岚河段	6.7×10^6～30.4×10^6	拟多甲藻(甲藻)	酱油色
	4月上中旬	峡口至平邑口段	$>3.0\times10^7$	小环藻(硅藻)	棕色
	5～6月	峡口段	1.2×10^6～87×10^6	小环藻(硅藻)	墨绿色

① 香溪河在蓄水的次年（2004 年），于 2 月下旬、3 月中旬、4 月上旬、6 月上旬和 7 月底共发生了 5 次水华事件，持续时间 5 ～ 15d，发生范围主要集中在峡口镇以下至香溪渡口约 20km 回水顶托河段，水体浑浊，水色呈酱油色或微带黄绿色。2 月下旬的优势种主要是小环藻、针杆藻，生物量平均 42mg/L，细胞密度 0.80×10^7 ～ 4.95×10^7cells/L，主要范围为香溪河近河口区域；3 月的优势种为拟多甲藻、小环藻和星杆藻，生物量平均 40mg/L，细胞密度 4.7×10^7 ～ 5.2×10^7cells/L，主要范围为香溪河盐关、贾家店至高岚河沿线；4 月份的优势种为里海小环藻，生物量平均 2mg/L，细胞密度 1.80×10^8 ～ 3.15×10^8cells/L，

主要范围为香溪河盐关段水域；6 月份的优势种为小环藻，生物量平均 50mg/L，细胞密度 5.80×10^7 ～ 9.2×10^7cells/L，主要范围为香溪河峡口水域；7 月底的优势种为隐藻门的红胞藻，生物量平均 110mg/L，细胞密度 1.0×10^{10} ～ 4.0×10^{10}cells/L，主要范围为香溪河近河口的局部区域。

② 2005 年香溪河 3 月出现甲藻水华，水体呈酱油色，优势种为拟多甲藻，藻类密度高达 3.0×10^7cells/L；7 月出现短暂的蓝藻水华，水体呈蓝绿色且伴有浓烈的腥臭味，藻类细胞密度高达 1.1×10^8cells/L。

③ 2006 年 2 ～ 3 月香溪河出现硅藻和甲藻水华，发生水华水域的 pH 值在 8.1 ～ 9.2 之间，叶绿素 a 含量为 10.6 ～ 98.1μg/L，藻类细胞密度为 3.2×10^6 ～ 7.3×10^7cells/L，藻类优势种为硅藻门的小环藻、甲藻门的拟多甲藻、隐藻门的隐藻等。秋季在高阳镇下游水域发现了有毒甲藻。

④ 2007 年春夏季香溪河出现多次水华，藻类优势种主要为硅藻门小环藻、甲藻门拟多甲藻、绿藻门空球藻和隐藻门蓝隐藻等。

⑤ 2008 年香溪河在 3 月中下旬开始出现甲藻水华，到 4 月底以硅藻水华为主；6 月在香溪河出现了以铜绿微囊藻为优势种的大面积蓝藻水华，6 月 16 日起，直至 7 月 20 日后方有所减轻。水华持续时间一月有余，发生河段超过 25km，部分河段藻类覆盖了整个河面，水体中藻类细胞密度高达 4.65×10^8cells/L，叶绿素 a 含量最高达到了 98.20μg/L。

⑥ 2009 年香溪河在 3 月出现了覆盖范围较广的硅藻水华，6 ～ 7 月，暴发小范围的蓝藻水华。

⑦ 2010 年 3 ～ 4 月峡口到高阳段暴发严重的小环藻水华，5 月中上旬到 6 月上旬峡口到平邑口段发生拟多甲藻水华和小环藻水华，6 月中旬峡口段发生轻微的衣藻水华，7 ～ 8 月间峡口到泗湘溪河段发生较严重的微囊藻水华，9 月中旬，峡口段发生小环藻和隐藻水华。

⑧ 2011 年 3 月中旬高岚河段发生拟多甲藻水华，总细胞密度约 6.7×10^6 ～ 30.4×10^6cells/L；4 月中上旬峡口至平邑口河段发生小环藻（硅藻）水华，总细胞密度超过 3.0×10^7cells/L；5 ～ 6 月峡口段小环藻（硅藻）水华，总细胞密度 1.2×10^6 ～ 87×10^6cells/L。

⑨ 2012 年香溪河暴发水华 3 次，主要集中在平邑口、泗湘溪以及官庄坪水域，水华类型主要是甲藻、硅藻和绿藻。本年度的水华态势与往年相比，明显减弱。

综上，香溪河主要问题是生源要素严重超标，水华和富营养化的态势严峻。加强对香溪河水域的原位调查监测，跟踪该水域的动态变化情况，对于深入认识该水域的基本问题具有十分重要的意义。

10.2　小江回水区水文水质变化与水华情势

10.2.1　小江回水区主要生境要素的时空变化过程

10.2.1.1　营养元素及其赋存形态

研究以 2009 年 2 月至 2010 年 2 月的小江回水区云阳段营养元素监测数据为基础，对小江回水区主要生境要素的时空变化过程进行探讨。

① 小江回水区的氨氮含量全年变化范围在 0 ～ 0.4mg/L 之间，3 ～ 9 月期间处于波动状态，9 月到次年 1 月相对较为稳定，且该时期氨氮含量较低。亚硝酸盐含量全年变化范围在 0 ～ 0.08mg/L 之间，3 ～ 10 月期间呈现波动下降趋势，最高值出现在 4 ～ 6 月，10 月到次年 1 月稳定在较低的范围内。三种氮盐形态中硝酸盐含量最高，全年变化范围在 0 ～ 2.5mg/L 之间，说明小江回水区总体上处于较强的氧化环境中且自净能力较强。两个断面同时在 6 月出现了全年的最高值，在 3 月、4 月和 8 月有最低值，其余几个月基本维持在 1mg/L 左右（图 10-9）。

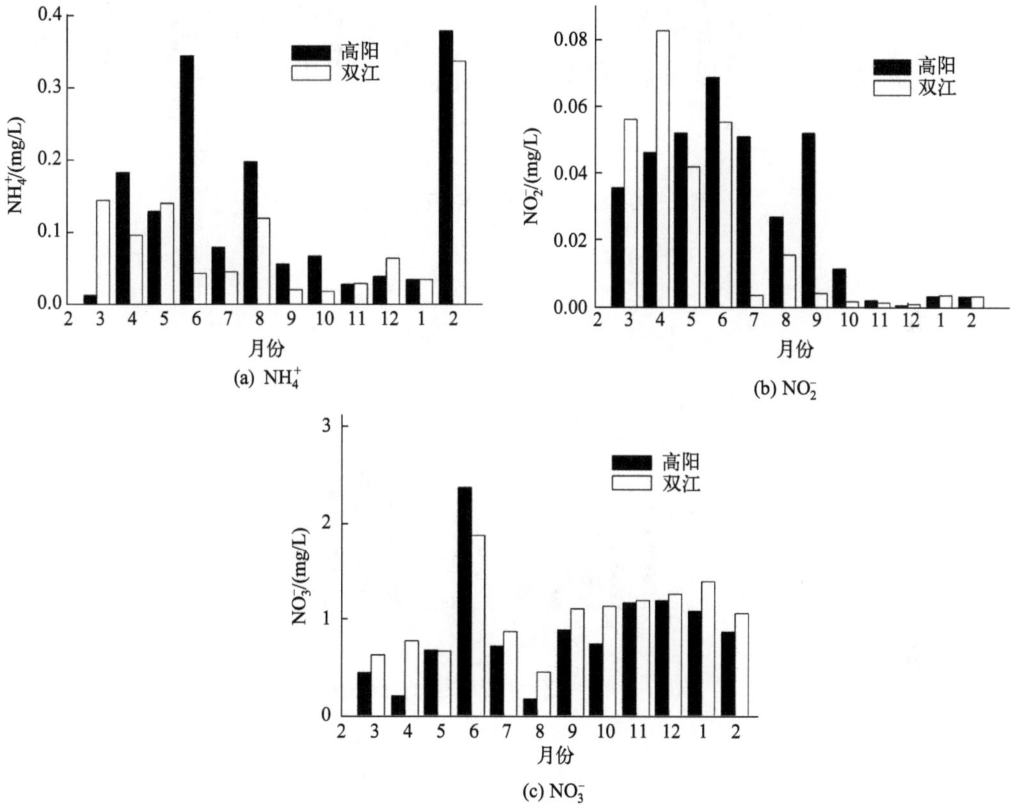

图10-9 小江回水区NH_4^+、NO_2^-和NO_3^-的时空分布

② TN 变化范围为 0.5 ～ 2.2mg/L，其中 3 月、4 月较低，5 月和 6 月达到最大值，随后几个月在 1 ～ 1.5mg/L 范围内波动。DTN 全年变化范围在 0.5 ～ 2.1mg/L 之间，DTN 在 3 月和 8 月较低，6 月有一个峰值，全年的变化趋势与 TN 类似（图 10-10）。

③ 与磷相关的水质理化指标有三个，分别为磷酸盐、溶解性总磷（DTP）以及总磷（TP）。磷酸盐的全年变化范围在 0 ～ 0.15mg/L 之间，冬季磷酸盐含量最高，其次是秋季和春季，在夏季最低。夏季生物量和初级生产力都较高，对磷酸盐的吸收利用较多，导致其浓度降低（图 10-11）。

TP 全年变化范围基本为 0 ～ 0.2mg/L，总体来看，变化幅度不大。DTP 略低于 TP，变化范围在 0 ～ 0.18mg/L 之间，双江断面的含量波动幅度较大，而高阳断面波动幅度不大，总体上小江回水区 DTP 全年波动性不大，冬季和春季的均值略高于夏季和秋季（图 10-12）。

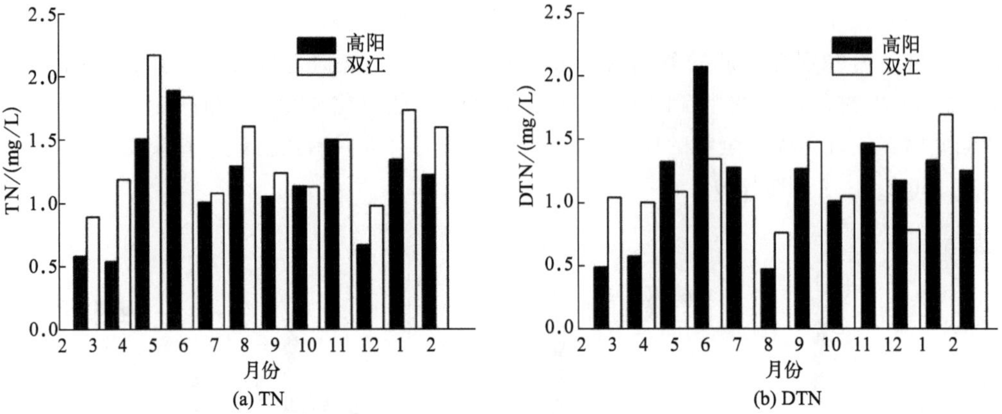

图10-10　小江回水区TN和DTN的时空分布

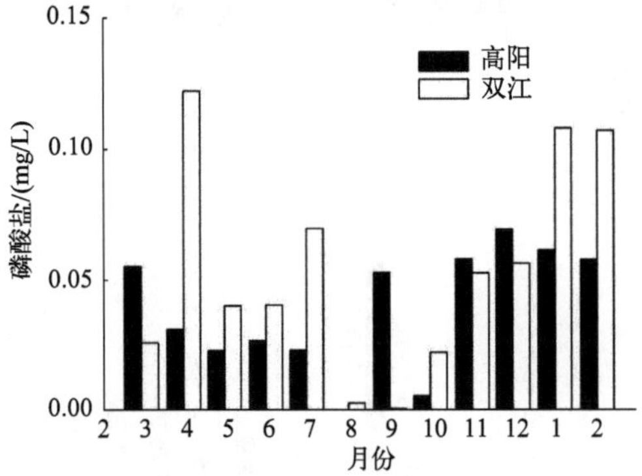

图10-11　小江回水区磷酸盐的时空分布

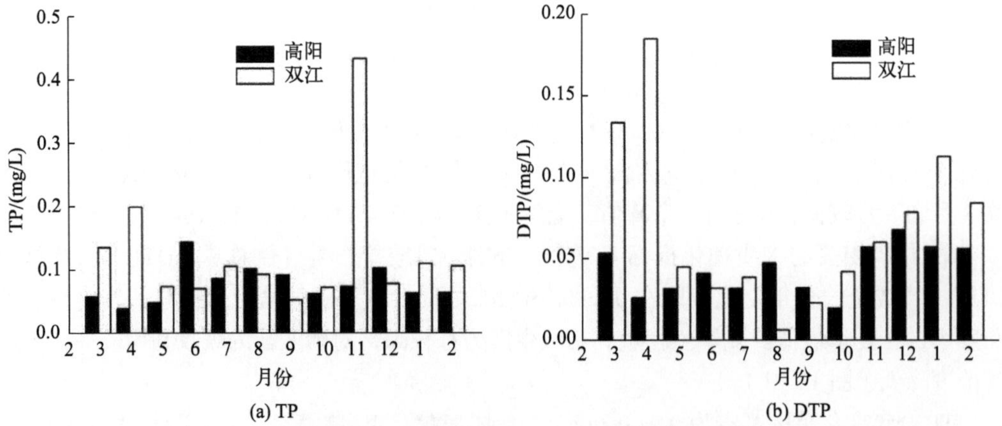

图10-12　小江回水区TP和DTP的时空分布

④ 硅酸盐含量较高，全年的变化范围在 3 ～ 13mg/L 之间，全年有明显的季节变化，夏季最高，秋季和冬季次之，春季最低。这可能是春季硅藻较多，大量吸收了硅酸盐，而到夏季以蓝藻为主，硅藻减少，对水体的硅酸盐吸收较少所致（图 10-13）。

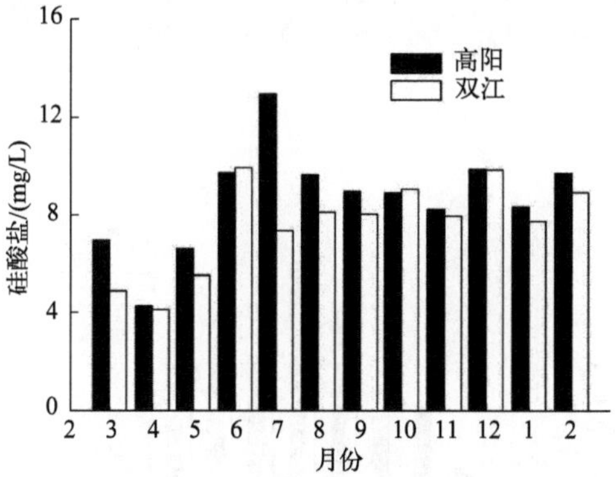

图10-13 小江回水区硅酸盐的时空分布

⑤ 浮游植物细胞内各营养元素的含量具有一定的比例，Redfield 于 1934 年测定浮游植物细胞内的氮和磷的摩尔比为 N ： P=16 ： 1。因此，一般来说 N/P 值 =16 是藻类生长的平衡状态，当 N/P 值＞ 16 时，表现为磷限制状态；反之则受氮限制。后来研究者对于硅藻也提出了一个 Redfield-Brzezinski 比例，即 Si ： N ： P=15 ： 16 ： 1。

小江回水区总体 TN/TP 值（摩尔比）变化范围在 7.68 ～ 66.85 之间，平均值为 33.6，远高于 Redfield 比例 16，说明浮游植物的生长主要受磷限制。在春末和夏季 TN/TP 值较高，说明这段时间磷限制较为突出。从图 10-14 可以看出 Si/TP（摩尔比）全年较高，比 Redfield-Brzezinski 比例（Si ： TP=15 ： 1）高出很多，说明在全年硅元素不会成为限制性元素，浮游植物生长主要受磷限制。

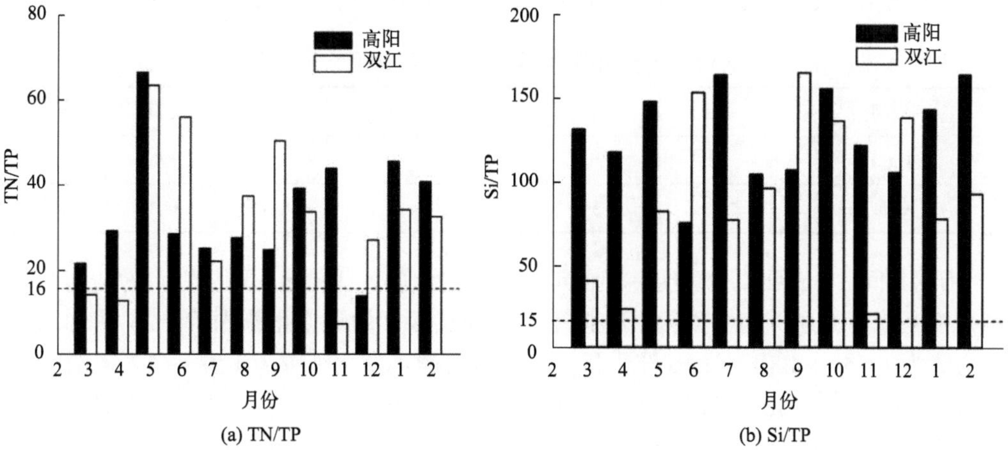

图10-14 小江回水区TN/TP和Si/TP的时空分布

10.2.1.2　水下光热条件

研究期间，小江回水区水温的年变化范围为 11.64 ～ 31.3℃，平均值为（20.36±5.86）℃。各采样断面水温分别为：高阳平湖水温的年变化范围为 11.64 ～ 31.3 ℃，平均值为（20.41±6.17）℃；双江大桥水温的年变化范围为 11.87 ～ 29.64℃，平均值为（20.32±5.81）℃。水温随时间变化呈现单峰型，最高值出现在 8 月份，最低值出现在冬末春初的 2 月份和 3 月份（图 10-15）。

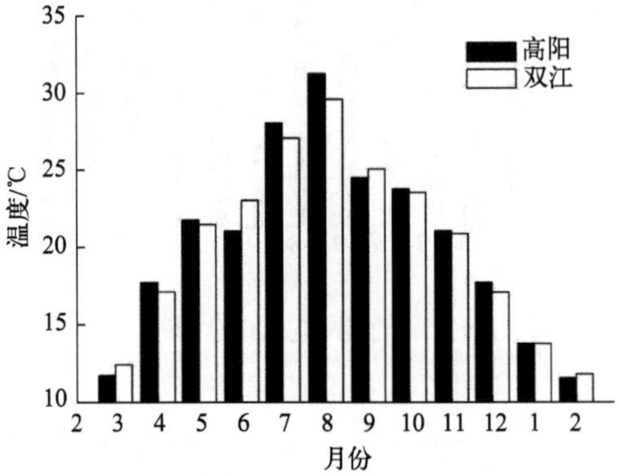

图10-15　小江回水区水温的时空分布

光照在水域生态系统中对初级生产力的影响包括两个方面：一方面是光照输入的强度，包括光照周期（Dirr）、光合有效辐射强度（E_0）等；另一方面是水下光照的传递特征，包括真光层深度、透明度等。本节将着重分析上述光学特征的时空变化特征。其中光照周期和全天的光合有效辐射强度的数据来自气象网站，真光层深度、透明度数据则来源于野外监测。

小江回水区光照输入的强度的时间分布见表 10-3，从表中的数据可以看出 Dirr 和 E_0 的变化趋势相似，都是从 5 月到 9 月先增加后减小。Dirr 和 E_0 的峰值出现的时间略有不同，Dirr 的峰值出现在 8 月份（6.98h），而 E_0 的峰值出现在 7 月份［45.17 E/（m²・d）］。

表10-3　小江回水区输入的强度的时间分布

时间	3月	4月	5月	6月	7月	8月	9月
Dirr/h	3.55	2.91	2.66	3.20	5.04	6.98	3.71
E_0/［E/(m²·d)］	20.83	24.39	23.78	29.44	45.17	38.21	24.85

研究期间，小江回水区真光层深度的年变化范围为 1.26 ～ 13.15m，平均值为（6.78±4.4）m。各采样断面真光层深度分别为：高阳平湖真光层深度的年变化范围为 1.26 ～ 13.15m，平均值为（6.54±4.8）m；双江大桥真光层深度的年变化范围为 1.93 ～ 12.56m，平均值为（7.02±4.18）m。可以看出双江大桥断面的真光层深度变化范围较高阳平湖稍小，但总体上前者的平均值高于后者。两个断面的真光层深度的时间分布规律是一致的，从图 10-16 看出，小江回水区真光层深度在春季大约为 10m。6 月份进入夏季后，由于水

位下降以及降雨的增加，水中的悬浮物增加，导致真光层深度迅速下降到只有 2m 左右，并在整个夏季维持在较低的水平。由于蓄水的作用，9 月份水位开始迅速回升，河水的流速减缓，从而真光层深度也开始快速回升，并在 2 月份高水位条件下达到最大值 12m 左右。

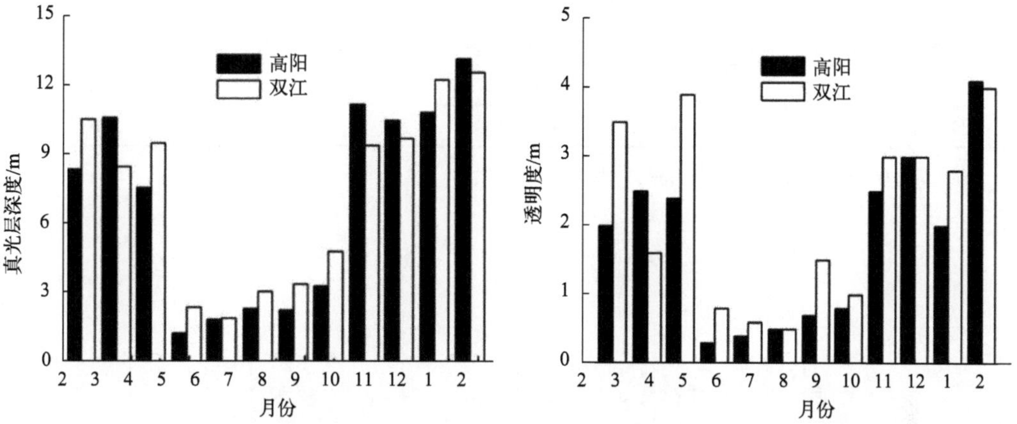

(a) 真光层深度　　(b) 透明度

图10-16 小江回水区真光层深度和透明度的时空分布

透明度的年变化范围为 0.3 ～ 4.1m，平均值为（1.98±1.26）m，各采样断面透明度分别为：高阳平湖透明度的年变化范围为 0.3 ～ 4.1m，平均值为（1.77±1.22）m；双江大桥透明度的年变化范围为 0.5 ～ 4m，平均值为（2.18±1.32）m。从图 10-16 可以看到，回水区的透明度周年变化规律与真光层深度的变化规律类似，也是在春季较高，在夏季的最低值为 0.3m 左右，秋季和冬季均较高，在冬季的 2 月份达到最大值 4m 左右。

10.2.1.3 水文、水动力特征

（1）径流量与河口水位变化情况

以 2007 ～ 2008 年为典型代表年，分析小江回水区降雨、径流与河口水位变化过程（表 10-4）。2007 年小江流域全年降雨总量为 1452.7mm，2008 年全年降雨总量为 1361.4mm，较常年水平均略有偏高。小江流域降雨主要集中于夏、春季，虽然冬季降雨量最少，但波动却在各季节中最大，变异系数（coefficient of variance，CV）达 2.66。5 ～ 9 月是小江流域的雨季，在此期间降雨总量平均占年总降雨量的 54.0%，7 月降雨量是各月中的最大值。2007 ～ 2008 年，最大日降雨出现在 2008 年 6 月 20 日，12 小时降雨量达 88.0mm。2007 年 4 月 1 日、17 日，2008 年 4 月 19 日、21 日和 10 月 22 日等数次暴雨过程亦对流域产生较大影响（图 10-17）。对 2007 ～ 2008 年小江流域降雨频次分析发现（图 10-18），小江全流域出现大到暴雨以上等级的降雨次数多达 35 次，约占总降雨次数的 10%，中雨至大雨等级的降雨次数约占总降雨次数的 16.3%。

表10-4　2007 ~ 2008 年小江流域降雨量与河口流量季节变化特点

项目	春季	夏季	秋季	冬季
降雨量日均值	3.62±0.75	6.87±0.82	2.29±0.46	0.86±0.17
总降雨量	513.93	1813.29	330.27	156.53
最大日降雨量	58.83	88.01	35.14	14.38
降雨量CV	2.47	1.94	2.39	2.66
河口日径流量均值	104.67±7.99	197.15±10.49	79.50±3.53	55.68±0.43
日径流量变化范围	50.74～507.93	50.90～907.09	50.87～236.84	50.49～102.05
日径流量CV	9.10	0.86	0.53	0.10

注：降雨量单位为mm，流量单位为m³/s；CV为变异系数。

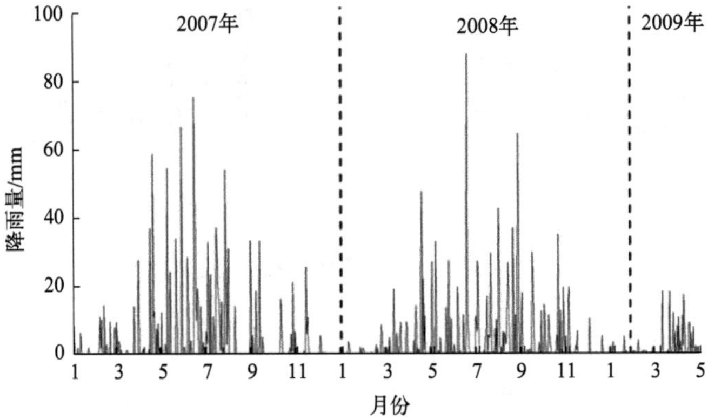

图10-17　2007年1月～2009年3月小江流域降雨量日变化

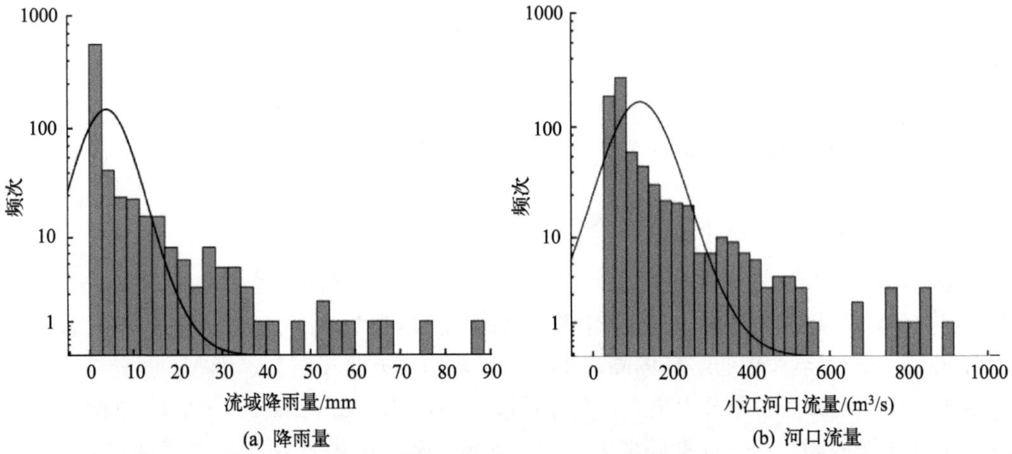

图10-18　2007～2008年小江流域降雨量和河口流量频次分布图（含正态曲线）

2007 年小江年径流总量为 $39.4\times10^8m^3$，2008 年为 $37.0\times10^8m^3$，径流深度分别为 761.7mm 和 715.6mm，径流系数为 0.525，大于长江流域的平均值 0.49，在长江流域中属较高水平（长江流域径流系数一般为 0.30 ～ 0.60）。流量的季节变化特点与流域降雨过程相同，二者呈显著正相关关系（r=0.543，显著性≤ 0.01），说明小江径流主要由汛期降水形成，以地表径流为主。小江径流夏季最高，春季次之，冬季最低，5 ～ 10 月为小江汛期，入汛初的 4 ～ 5 月出现较明显的径流过程，此后径流量略有下降，但在 6 月 18 ～ 23 日前后形成年内的第 1 个洪峰，2007 年 6 月 20 日河口流量达 907.09m³/s，此后在 2007 年 7 月下旬和 2008 年 8 月下旬各出现一次较显著的洪水过程（图 10-19）。

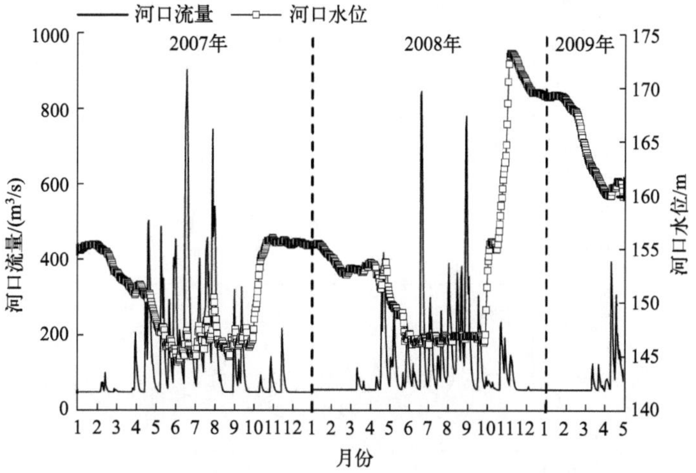

图10-19　2007年1月～2009年3月小江河口流量、水位日变化

（2）典型断面的流速变化特点

自 2007 年 3 月起对小江回水区典型断面（渠马渡口、高阳平湖、黄石镇、双江大桥和小江河口）进行流速实测，分别测试典型断面河道中泓线 0.5m、1.0m、1.5m、2.0m、2.5m、3.0m 共 6 个测点的 60s 瞬时流速值，以了解水库调度运行下小江回水区典型断面的流速特征。本节选取 2007 年 5 月至 2008 年 4 月一个完整水文周年的数据为代表，以上述 6 个测点的算术平均值作为该测点水体流速值，分析上述典型断面的流速变化特点。从上述断面的流速变化情况可以看出，小江回水区流速呈现出以下主要的时空分布特征（图 10-20）。

① 不同采样点间流速差异明显，这同它们之间的河道断面特征密切相关。空间上，水面相对较为开阔的高阳平湖水域流速总体上相对较小，全年平均流速仅为 0.06m/s，变化范围为 0.03 ～ 0.12m/s；而位于小江峡谷型河段出口的黄石镇断面流速相对较大，全年平均流速为 0.19m/s，变化范围为 0.04 ～ 0.38m/s。小江河口断面是平均流速最大的断面，这主要是由于其位于与长江交汇的河口地区，受长江干 - 支流往复流动的影响，此外该处水域面积开阔，较大的风生扰动对表层水体流速也可能产生了较显著的影响，研究期间，小江河口处流速平均值为 0.24m/s，变化范围为 0.08 ～ 0.53m/s。

② 时间上，流速夏季汛期相对偏高，各采样点流速峰值出现时间节点一致，均出现于 7 月末主汛期，而冬季旱季相对偏低。流速水平同小江回水区流量大小呈较显著的统计相关性，尤其是在三峡水库低水位运行状态下，流量同流速的 Spearman 相关系数达到 0.7 ～ 0.8，是决定流速的主要因素。但在三峡水库高水位运行状态下，流速同流量并不呈现显著的统计关系。在冬季高水位运行时期，来水量下降、水体滞留时间延长是促使流速水平迅速下降的主要因素，同时由于水位升高，水面面积加大，风生流扰动对表层流速的影响甚为明显。

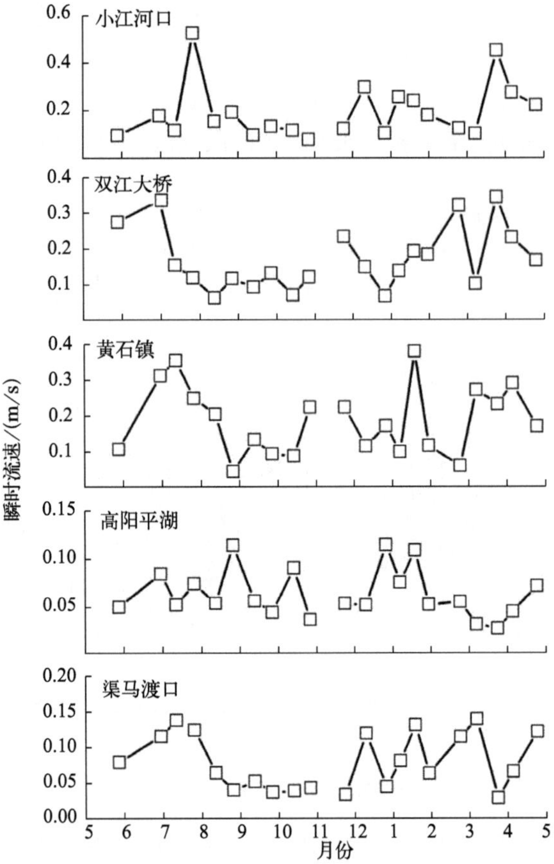

图10-20　小江回水区各典型断面流速变化（2007年5月至2008年4月）

10.2.1.4　关键生境要素对藻类群落演替影响

研究选择NH_4^+-N（双序图中以NH_4^+标示）、NO_3^--N（双序图中以NO_3^-标示）、TN、SRP、PP、TP、DSi、TN/TP、TPM、透明度（SD）、水温（Temp）、2次采样间隔平均太阳辐射（Radi）、2次采样间隔日均水位（Level）、日均河口流量（AveQ）等作为环境变量，遴选研究期间出现频率≥5%的62个较常见藻属作为藻类集群的物种代表，建立藻类集群生物量相对丰度和主要生境要素的CCA多元统计模型。选择2007年5月至2009年4月小江回水区5个采样点共235个物种-环境要素的数据组合样本，采用CANOCO for Windows 4.51® 生态模型软件进行CCA分析（表10-5）。利用Monte-Carlo permutation（迭代计算次数为199次）检验CCA物种-环境变量模型的显著性和有效性（检验标准：$P \leq 0.01$）。

62个常见藻同主要环境要素的CCA分析结果见表10-6，相应生成的双序图见图10-21。检验发现，所建立的CCA模型，其第一典范轴和所有典范轴的F值均较高且$P \leq 0.01$，说明CCA模型多元分析结果显著且有效。从双序图中各环境变量的分布可以看出，影响小江回水区藻类集群结构变化的生境要素主要集中在3个方向：

① 在双序图的第一象限中以水位升高、透明度增加、NO_3^--N 与 SRP 相应增加为主，对应方向上的主要藻种多适宜于在静水环境下生存，如星杆藻、衣藻等；

② 在第二象限中以NH_4^+-N 增加、TN/TP 增加为主，对应方向上的主要藻种有角甲藻、鼓藻、裸藻与部分绿藻等；

③ 第三象限为水温、辐照强度与径流量、总悬浮颗粒物浓度增加的生境状态，在对应方向上的主要藻种可以大体分为 2 个部分，其中沿着 PP 和 Temp 夹角方向上多为在夏季湖泊、缓流水体中常见的绿藻、硅藻等；而沿着 Temp 以下与纵坐标轴夹角方向上主要以鱼腥藻、束丝藻、针杆藻、微囊藻等为主。

表10-5 CCA分析中小江回水区出现频率≥5%的藻属及其出现频率

名称	缩写	出现频率	名称	缩写	出现频率	名称	缩写	出现频率
隐球藻	*Apha*	30.21%	弓形藻	*Schr*	68.94%	拟韦斯藻	*Wesp*	7.66%
鱼腥藻	*Ana*	53.62%	十字藻	*Cruci*	44.68%	球囊藻	*Scy*	5.53%
色球藻	*Chro*	25.53%	栅藻	*Scen*	86.38%	针丝藻	*Rap*	10.64%
微囊藻	*Mic*	10.21%	浮球藻	*Plas*	13.19%	等片藻	*Dia*	31.91%
隐杆藻	*Apht*	5.53%	月牙藻	*Sele*	21.28%	脆杆藻	*Frag*	70.64%
平裂藻	*Mer*	40.00%	新月藻	*Clos*	7.66%	直链藻	*Melo*	60.00%
浮鞘丝藻	*Plal*	36.17%	顶极藻	*Chod*	13.19%	小环藻	*Cycl*	98.30%
束丝藻	*Aphz*	16.17%	集星藻	*Acli*	31.91%	菱形藻	*Nitz*	22.55%
席藻	*Phor*	14.89%	蹄形藻	*Kirc*	26.38%	针杆藻	*Syna*	70.21%
细鞘丝藻	*Lepto*	8.09%	网球藻	*Dic*	22.13%	空球藻	*Eudo*	34.04%
小尖头藻	*Raphi*	12.34%	集球藻	*Ech*	6.81%	衣藻	*Chlam*	85.53%
颤藻	*Osci*	20.85%	拟胶丝藻	*Gloe*	35.32%	小球藻	*Chlor*	93.19%
实球藻	*Pand*	35.32%	肾形藻	*Neph*	31.91%	纤维藻	*Anki*	52.34%
四棘藻(绿)	*Treu*	8.94%	异极藻	*Gomp*	7.66%	星杆藻	*Astla*	24.68%
盘星藻	*Pedi*	11.91%	四棘藻(硅)	*Atth*	10.21%	冠盘藻	*Sted*	34.89%
并联藻	*Quad*	11.49%	多甲藻	*Perid*	46.81%	舟形藻	*Navi*	10.64%
盘藻	*Gon*	4.68%	角甲藻	*Cera*	42.98%	桥弯藻	*Cymb*	8.51%
扁裸藻	*Phac*	28.09%	隐藻	*Crypt*	98.72%	裸藻	*Eugl*	47.66%
四角藻	*Tetd*	28.51%	蓝隐藻	*Chrom*	76.17%	卵囊藻	*Oocy*	59.57%
空星藻	*Coela*	31.49%	囊裸藻	*Trac*	41.70%	鼓藻	*Cosm*	9.36%
塔胞藻	*Pyra*	18.72%	四球藻	*Tetc*	11.49%			

表10-6 62个常见藻同环境变量的CCA统计分析结果

CCA统计量	典范轴				总惯量
	1	2	3	4	
特征值λ	0.292	0.265	0.201	0.155	5.140
物种-环境相关性	0.828	0.792	0.715	0.644	
物种累积方差/%	5.7	10.8	14.8	17.3	
物种-环境关系累积方差/%	23.1	44.0	59.8	72.0	
典范坐标轴的总特征值					1.268
第一典范轴的Monte-Carlo检验结果	F=13.270		P=0.0050≤0.01		
所有典范轴的Monte-Carlo检验结果	F= 5.147		P=0.0050≤0.01		

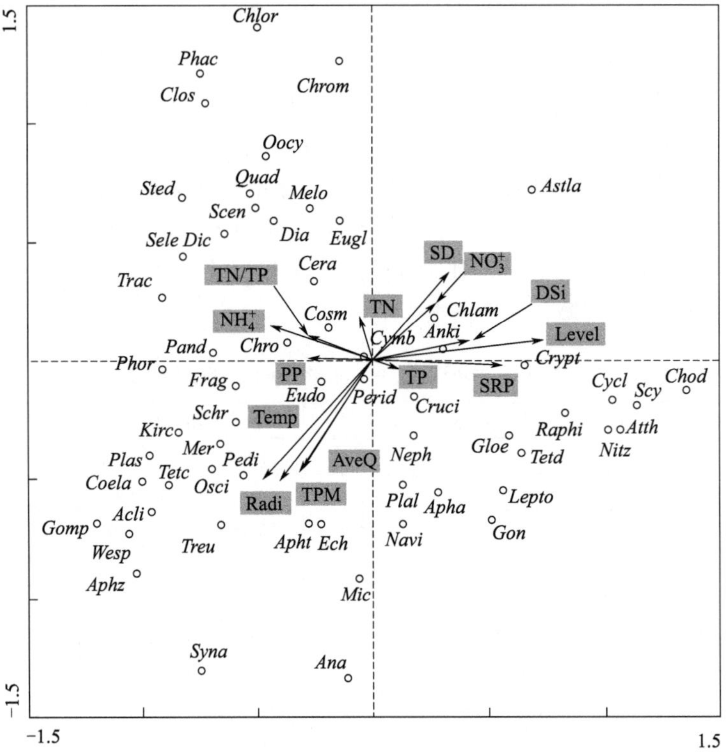

图10-21　常见藻同环境要素CCA分析的双序图

另外，第四象限包括一部分隐藻、蓝藻、硅藻和绿藻。

本研究利用 Monte-Carlo permutation 检验，分析上述 14 个环境变量对藻类集群结构的条件效应和边际效应，并通过排序综合分析环境变量对集群影响程度的大小。在效应分析中，条件效应（conditional effects）即 CCA 多元模型中各环境变量共同作用下各环境变量对物种结构的影响，以特征值 λ_A 大小表征。边际效应（marginal effects）即不考虑其余变量的交互作用，仅使单一环境变量进入 CCA 迭代程序而解析出的该环境变量对集群影响的大小，以特征值 λ_1 大小表征。研究发现（表 10-7），CCA 模型中 Level 对集群结构变化的影响最为显著，其在条件效应和边际效应的排序中均位列第一；Temp 和 Radi 是影响小江回水区集群组成的次优环境要素，它们对集群结构的影响分别位列第二和第三。虽然 SRP 在边际效应中对集群结构的影响位列第四，但在条件效应中 SRP 对集群结构的影响并不显著（$P > 0.01$）。AveQ 在条件效应中位列第四，而边际效应中位列第五。另外，TN/TP 在条件效应和边际效应排序中均位列最后，其对集群结构的影响能力几乎可以忽略不计。

表10-7　CCA分析中各环境变量的条件效应和边际效应

条件效应(conditional effects)				边际效应(marginal effects)	
变量名称	λ_A	F	P	变量名称	λ_1
Level	0.25	15.13	0.005	Level	0.25
Temp	0.22	13.38	0.005	Temp	0.23
Radi	0.14	7.69	0.005	Radi	0.21

续表

条件效应(conditional effects)				边际效应(marginal effects)	
变量名称	λ_A	F	P	变量名称	λ_1
AveQ	0.09	6.28	0.005	SRP	0.16
DSi	0.09	5.91	0.005	AveQ	0.15
PP	0.07	6.27	0.005	SD	0.14
TPM	0.08	6.37	0.005	DSi	0.14
NH_4^+-N	0.08	5.48	0.005	TPM	0.14
TN	0.06	5.04	0.005	NH_4^+–N	0.12
NO_3^--N	0.06	4.27	0.005	PP	0.11
SD	0.05	3.87	0.005	TN	0.09
TP	0.04	3.23	0.005	NO_3^-–N	0.09
SRP	0.02	3.08	0.295	TP	0.07
TN/TP	0.02	2.56	0.455	TN/TP	0.07

注：下划线的环境变量$P>0.01$，说明其对集群结构影响并不显著。

在天然水体中，藻类生境条件的变化被普遍认为是诱导其集群发生演替的根本动因。其生境要素一般包括胞外氮磷营养物浓度、微量元素等物质要素、水下光热传输等能量要素，以及浮游动物摄食、高等植物与藻种间化感作用、细菌或病毒入侵等。由于浮游藻类不具有运动能力或运动能量很低，不足以抵抗水体紊动而自由改变生长空间，在水动力影响下浮游藻类细胞随水流漂移并改变了其在水中受光生长的光照强度与持续时间而影响其生长特性与光合作用效率。因此，流量、流速等水文水动力过程是调控藻类生长与集群演替的间接但重要的生境要素。

从 CCA 结果分析，外部能量输入和水库季节调蓄的协同作用是影响小江回水区藻类演替的最主要生境要素，水库调蓄与光热季节变化协同构造了小江回水区出现以下典型的生境状态与集群特点。

① 低水位夏季高温高光照刺激了藻类生长与繁盛。适于在高温水体中生长的绿藻、蓝藻、硅藻等藻种（浮球藻、空球藻等）易于生长，但水位下降与径流量的增加迫使河道型的小江回水区藻类生境接近天然河流，水柱的剧烈扰动可能使藻类在真光层内受光生长持续时间缩短而并不易于使藻类受光生长，且 TPM 随径流量增加进而直接影响了水体透光特性，在 TPM 和 AveQ 梯度方向上，耐受不稳定光照条件的藻种（如针杆藻等）能够在集群中形成相对优势。

② 冬季高水位下藻类生境接近于深水湖泊，光热输入强度显著下降，藻类的生长速率维持在很低的状态，部分藻类同其他无机泥沙一起下沉，水体透光性能增加，透明度加大。因此，在水位增加的梯度方向上，喜好低温或带有鞭毛、具有一定运动功能的藻类（小环藻、星杆藻、隐藻等）可在该生境状态下生长并在集群中相对占优。

③ 在上述 2 种生境状态的过渡区间，藻类集群构成既有适于在稳定生境中存在的绿藻（卵囊藻），也有在流水生境中生长的硅藻（等片藻、脆杆藻等），也包括了能够在较低光照条件下生长的部分蓝藻（细鞘丝藻）等，藻类集群不同生境下的混生特征明显。

10.2.2　小江回水区藻类群落结构特征调查

选择开州区汉丰湖至小江河口作为研究区域，共布置9个采样断面，包括调节坝上的汉丰湖区和调节坝下的小江河段，分别为上游开州区段的汉丰湖（N31°11′15.3″，E108°26′9.9″）、乌杨桥调节坝上（N31°11′11.94″，E108°27′6.42″）、渠口湖（N 31°8′6.48″，E108°30′17.35″）、养鹿湖（N31°5′13.36″，E108°34′19.80″）和下游云阳段的渠马渡口（N31°07′50.8″，E108°37′13.9″）、高阳平湖（N31°07′50.5″，E108°40′29.5″）、黄石镇（N31°00′29.4″，E108°42′39.5″）、双江大桥（N30°56′51.1″，E108°41′37.5″）以及小江河口（N30°57′03.8″，E108°39′30.6″），各断面采样点均位于河道深泓线处。

10.2.2.1　小江回水区藻类群落结构组成及常见藻种

2009年6月至2010年6月藻类样品镜检结果发现藻类8门89属245种（含变种），其中绿藻门（Chlorophyta）47属115种，占46.9%；硅藻门（Bacillariophyta）18属81种，占33.1%；蓝藻门（Cyanophyta）12属24种，占9.8%；甲藻门（Pyrrophyta）3属7种，占2.9%；隐藻门（Cryptophyta）2属4种，占1.6%；裸藻门（Euglenophyta）5属12种，占4.9%；黄藻门（Xanthophyta）1属1种，占0.4%；金藻门（Chrysophyta）1属1种，占0.4%。研究期间小江回水区藻类群落物种组成以绿藻、硅藻和蓝藻为主，其他门种类出现较少。

以属为单位，研究期间小江回水区出现频率大于5%的藻种共59属，出现频率大于30%的共27属（图10-22）。表10-8列出了出现频率大于5%的藻属及其所占比例。隐藻（100.0%）、蓝隐藻（96.1%）、脆杆藻（88.3%）、小环藻（84.4%）、纤维藻（82.0%）、小球藻（81.3%）、针杆藻（78.9%）、浮鞘丝藻（75.0%）、栅藻（71.9%）和直链藻（71.9%）是出现频率最高的10种藻属。

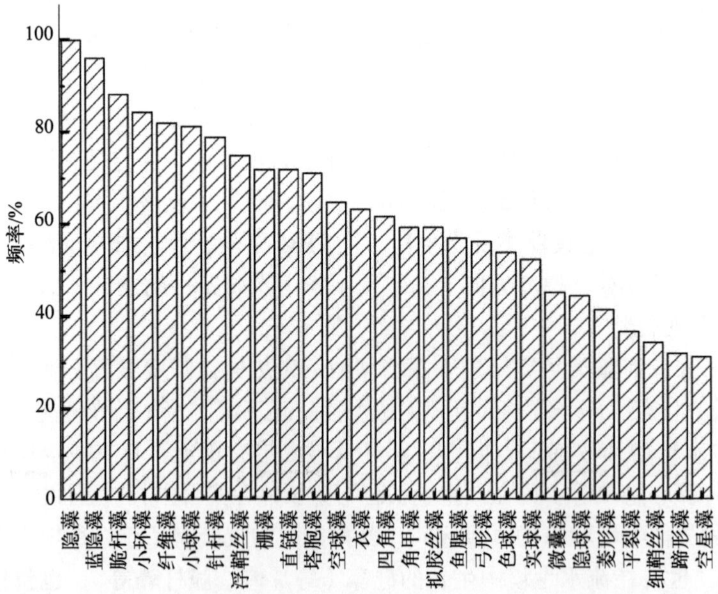

图10-22　研究期间小江回水区常见藻频率分布（>30%）

表10-8 出现频率大于5%的藻属

藻属名	出现频率	藻属名	出现频率	藻属名	出现频率	藻属名	出现频率
隐藻	100.00%	拟胶丝藻	59.38%	盘星藻	23.44%	球囊藻	11.72%
蓝隐藻	96.09%	鱼腥藻	57.03%	集星藻	22.66%	网球藻	10.94%
脆杆藻	88.28%	弓形藻	56.25%	四棘藻(硅)	22.66%	韦斯藻	10.94%
小环藻	84.38%	色球藻	53.91%	颤藻	21.09%	鼓藻	9.38%
纤维藻	82.03%	实球藻	52.34%	卵囊藻	20.31%	针丝藻	9.38%
小球藻	81.25%	微囊藻	45.31%	舟形藻	20.31%	异极藻	9.38%
针杆藻	78.91%	隐球藻	44.53%	拟多甲藻	19.53%	布纹藻	7.81%
浮鞘丝藻	75.00%	菱形藻	41.41%	多甲藻	17.97%	根管藻	7.81%
栅藻	71.88%	平裂藻	36.72%	并联藻	17.97%	鞘丝藻	7.81%
直链藻	71.88%	细鞘丝藻	34.38%	曲壳藻	17.97%	卵形藻	7.81%
塔胞藻	71.09%	蹄形藻	32.03%	小尖头藻	16.41%	四星藻	7.03%
空球藻	64.84%	空星藻	31.25%	星杆藻	15.63%	桥弯藻	7.03%
衣藻	63.28%	裸藻	29.69%	肾形藻	14.06%	角星鼓藻	6.25%
四角藻	61.72%	席藻	25.00%	四棘藻(绿)	13.28%	黄丝藻	6.25%
角甲藻	59.38%	十字藻	24.22%	等片藻	12.50%		

10.2.2.2 不同时段小江回水区藻类群落组成

三峡水库“蓄清排浑”的调度方式使得水库生态系统受到水库调度运行和季节变化的协同作用。水库的调度运行显著影响水库水动力过程，造成水位和水力滞留时间的改变，还直接影响水库中营养盐的分布和循环，并对藻类群落结构、多样性及演替产生很大影响。有研究表明，氮磷浓度在满足藻类生长的最低需求以后，水动力条件取代营养盐成为藻类生长的限制性因子，而藻类生长模拟实验的结果表明水位对藻类生长的影响程度大于氮磷。小江回水区氮磷浓度均能满足藻类生长的最低要求，水库调度所构建的藻类生境变化可能是影响藻类群落特征变化的主要驱动因素。

由表10-9和图10-23、图10-24综合分析发现，不同时段内小江回水区藻类现存量与群落结构特征如下。

表10-9 不同时段小江回水区生境特征

时间	T1(6～9月)	T2(10月～3月上旬)	T3(3月下旬～6月上旬)
生境特征	低水位运行期，水力滞留时间为15～35d，回水区水动力条件近似于天然河道。主汛期降雨频繁，水体浑浊，光照条件较差，营养盐附着于泥沙输入水体使其浓度显著升高，颗粒态磷(PP)是磷的主要赋存形态	高水位稳定运行期，库容的增加和降雨径流量的减少导致水力滞留时间显著延长，为100～160d，回水区水动力条件近似于深水型湖泊。透明度很高，水温和光照辐射强度显著降低，营养盐浓度处于相对缺乏状态	水库泄水期，水力滞留时间介于T1和T2之间，为50～100d，回水区水动力条件近似于浅水湖泊。春季太阳辐射强度增加，水温逐渐回升，伴随初春强降雨径流过程营养盐浓度较T2时期有所升高

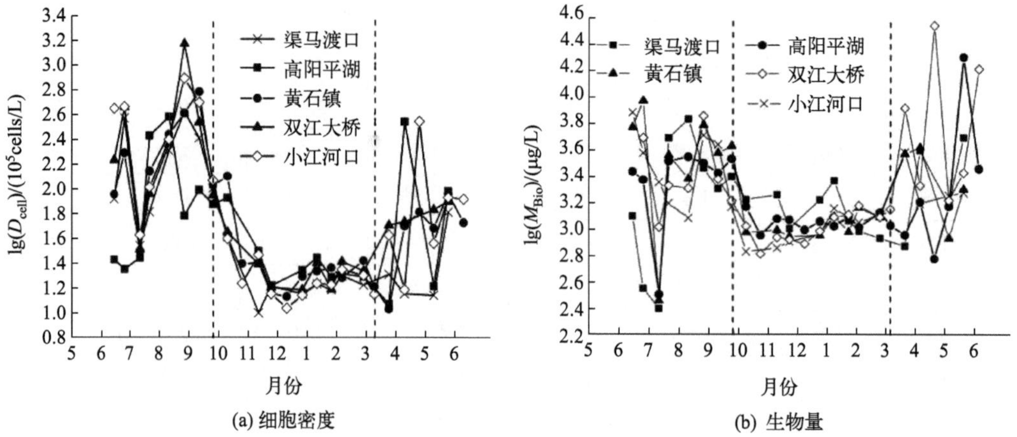

图10-23　研究期间各采样点细胞密度和生物量

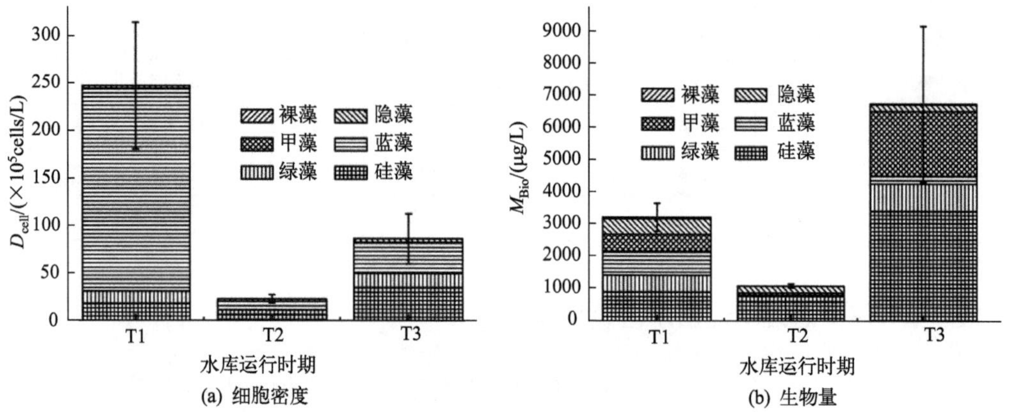

图10-24　不同水库运行状态下藻类细胞密度和生物量

(1) T1 时段：6 ~ 9月

该时段各断面藻类细胞密度和生物量均值分别为（247.4±66.7）×10^5 cells/L 和（3237±437）μg/L。从细胞密度来看，总体上该时期蓝藻占据绝对优势，在细胞密度中所占比例为 80.4%；从生物量来看，以硅藻、蓝藻和绿藻为主，而其他藻门虽然在各次采样中均有出现，但相对丰度较低。

随着入夏后水温的逐渐升高，蓝藻开始在小江回水区生长。春末夏初降雨和径流量的增加导致水体滞留时间大大缩短，以无机泥沙为主的大量悬浮颗粒物质随着降雨径流过程进入水体中，大量氮磷营养物输入为蓝藻生长提供了物质基础。受悬浮颗粒物质的影响，水体透明度下降，干扰了光线在水下的传播，而蓝藻的上浮生长机制使得其在低光照或高浊度条件下较其他藻种具有较明显的竞争优势，可能诱使其在此类环境中大量生长并占优。8 月下旬蓝藻细胞密度达到研究期间的最高值（595.2±238.0）×10^5cells/L，随后各采样点细胞密度逐渐下降，至 9 月底已降至（85.1±7.1）×10^5cells/L，但相对丰度仍维持在 85% 以上。该时期小江回水区的蓝藻主要由色球藻、浮鞘丝藻、平裂藻组成，三者之和占蓝藻细胞总量的 65.0% 以上。2009 年 9 月上旬，河口出现了颤藻占优的现象，颤藻丰度占该采样点生物总量的 65.1%。

该时段内，硅藻、绿藻生物量相对丰度分别为 26.5% 和 17.7%。常见藻种主要有小环藻、脆杆藻、针杆藻、菱形藻和等片藻，而各采样点绿藻以空球藻、拟胶丝藻、弓形藻和盘星藻等藻种为主。甲藻和隐藻门的主要藻属为多甲藻和隐藻，生物量均值分别为（523±113）μg/L 和（484±81）μg/L。

（2）T2 时段：10 月 ~ 3 月上旬

水库水位由 145m 迅速上升并保持在 170m 左右，1 ～ 3 月，水库维持在高水位水平并开始缓慢下降。随着水温的下降和营养物质输入量减少，藻类群落丰度较前期显著降低，各断面藻类细胞密度和生物量均值分别为（23.0±4.5）$\times 10^5$cells/L 和（1102±56）μg/L。以细胞密度计，该时期藻类群落构成以硅藻、蓝藻和绿藻为主，三者在总细胞密度中所占比例之和超过 85.0%；从生物量来看，硅藻为绝对优势藻门，约占生物总量的 54.4%，隐藻和绿藻也占有一定比例，相对丰度分别为 19.3% 和 15.3%，而蓝藻、甲藻和裸藻的相对丰度都在 10% 以下。

该时段藻类群落结构与 T1 时期相比有较大变化，小环藻、直链藻和隐藻为小江回水区主要的优势藻种，其他主要藻种包括空球藻、多甲藻和角甲藻。该时期水体滞留时间显著延长，水温和光照辐射强度下降，相对稳定的水动力条件使得回水区水体处于弱分层或者不分层状态。小环藻喜好无机营养盐充足、光强辐射较低且垂直弱分层的生境条件因而迅速成为优势藻，隐藻为广谱性适应藻种，一年四季均可形成优势种群，其在低温、高水位的生境下也具有较高丰度。直链藻对外界光照强度的改变能做出迅速反应，在较低的光照辐射下也具有较强的光合作用能力，而其圆柱形的外形亦促其可尽量避免在流速较慢的水体中沉降，因此，在冬季高水位条件下直链藻可以快速生长并占优。2010 年 1 月后直链藻和小环藻成为各断面的优势种类，藻类群落结构仍保持相对稳定，但冬末春初随着光照强度的增加和水温的逐渐升高，拟胶丝藻、鼓藻等绿藻丰度增加，藻类生物总量有所回升。

（3）T3 时段：3 月下旬 ~ 6 月上旬

该时段水库泄水发电以及气候回暖同步。在相对较短的时间内小江回水区由冬季深水湖泊的藻类生境特征转变为春季河流型或河流与湖泊型水库过渡状态的双重生态特征，诱使藻类群落结构发生明显变化。一些喜高温的绿藻和蓝藻如空球藻、鱼腥藻、微囊藻逐渐复苏出现在小江回水区中，藻类物种数有了明显的增加。各断面藻类细胞密度和生物量均值分别为（86.2±26.5）$\times 10^5$ cells/L 和（6768±2428）μg/L，光照强度和水温的增加促进了藻类的光合作用，此外该阶段下暴发了几次水华，使得藻类现存量显著高于 T2 时期。以细胞密度计，蓝藻、硅藻和绿藻是主要的优势藻门，而从生物量方面来看，以甲藻和硅藻为主，相对丰度分别为 39.8% 和 32.8%，其他藻门所占比例较低。

受入春后首场强降雨的影响，水体营养盐浓度有所上升，悬浮颗粒物浓度显著增加，水下光强辐射较弱，真光层深度被压缩，藻类群落向水华优势种演替。2010 年 4 月上旬，渠马渡口暴发了鱼腥藻水华，同一时间段黄石镇断面出现了小环藻“水华”现象，4月下旬，双江、河口也相继发生了以小环藻为优势藻种的硅藻水华，小江回水区藻类生物总量达到研究期间的最高值17398μg/L。随着强降雨过程的结束，2010年5月下旬高阳平湖断面暴发了角甲藻水华，同一时间段在黄石及以下断面再次出现小环藻聚集水华现象。本次水华持续的时间较短，在主汛期到来之前已经消失。

不同水库运行状态下，小江回水区各采样点群落结构空间差异并不明显，演替过程基本一致，但在某些时段藻类群落特征存在沿生境空间连续变化的过程，如T1时期下的2009年6～7月，降雨径流过程导致上游来水量增大，小江回水区流速高于其他时段，营养盐随着水流迁移至下游，藻类细胞密度有自上游向下游递增的趋势，至河口由于受长江水体倒灌及其顶托作用，水体中营养盐浓度降低，藻类细胞密度有所减少；T2时期2009年10月下旬～12月的高水位运行状态下，从小江上游到下游，小环藻的优势度呈上升趋势，而隐藻所占比例大致呈现出沿程降低的特点；T3时期下的2010年3月初，小环藻最先在开州区汉丰湖占优，后逐渐向下延伸至黄石镇，至4月下旬，双江大桥处也出现了小环藻水华。

10.3 三峡水库支流水华特征及内在机理分析

10.3.1 三峡水库支流水体营养状况变化

10.3.1.1 不同支流水体的营养状况

蓄水后三峡水库支流变深，增加深度超30m，河面变宽，最宽处近2000m，流速急剧变缓，如香溪河蓄水前流速1.97m/s，蓄水后则不足0.10m/s，水体营养物质快速积累，在支流库湾富集。库区支流水体氮、磷含量偏高，蓄水后的当年水体为中营养-富营养水平，并明显地向富营养化过渡，局部水域部分时段富营养化水平较高，并时有水华暴发。水华区域pH值为8.4～9.4，叶绿素a浓度为42.4～291.7μg/L，藻类细胞密度范围为2.1×10^{6}～1.3×10^{8}cells/L。香溪河、大宁河、小江等支流富营养化严重，局部水域在春夏季呈重富营养状态，如香溪河吴家湾水域、大宁河大昌水域等。

时间上，4～7月水体富营养化较为突出，其他月份稍轻。断面营养状态的季节变化显著，夏季的富营养断面占比最大，占50%以上；其次是春季，占30%以上；秋季富营养比例非常小。

空间上，坝前库首支流富营养化程度高于水库上游支流，御临河、龙溪河、龙河等支流富营养化程度低于香溪河等支流。对单个支流来说，营养状况存在沿程变化的趋势，自上而下，营养水平逐渐升高。库湾和支流回水区水体的富营养化程度明显高于非回水区。

从蓄水后的年度变化来看，2003年、2004年以中营养为主，支流全部监测断面中中营养断面46.3%，贫营养占30.9%，富营养占22.8%。2005年对库区22条支流的综合评价结果显示，中营养水平的5条，占22.7%，富营养支流17条，占77.3%，其中重富营养支流10条，占45.5%。2006年几乎全部支流监测断面以轻富营养为主。2007年以来支流的富营养化进程有加快趋势。

总体上，对三峡水库 32 条主要一级支流的综合营养状态评价结果显示，库首段 6 条河流中重富营养化的有 4 条，占 12.5%，中 - 重富营养化河流 2 条，占 6.25%；库中段 20 条河流中重富营养化的 4 条，占 12.5%，中 - 重富营养化的 6 条，占 18.75%，中富营养化河流 8 条，占 25%，轻 - 中富营养化的 2 条，占 6.25%；库尾段河流 6 条，均为中富营养化，占 18.75%。

随着蓄水的进程，库区支流富营养化程度加重，整体上由蓄水前的贫 - 中营养状态转变为中 - 富营养状态。蓄水后库区支流流速减缓，泥沙颗粒物沉降，水体透光性增加，藻类生长环境改善，从而使生物量大幅度增加，使得支流水体富营养化进程加快。

10.3.1.2 蓄水后干支流的营养状况及其相关因子分析

从图 10-25 中可见，干流断面秭归长江全年的营养状态指数（TLI 指数）较低，水质以中营养状态为主，仅 6 ～ 9 月的营养状态指数略高，为轻富营养状态。相比之下，一级支流的营养状况普遍较干流差，营养负荷大，营养状态指数高。

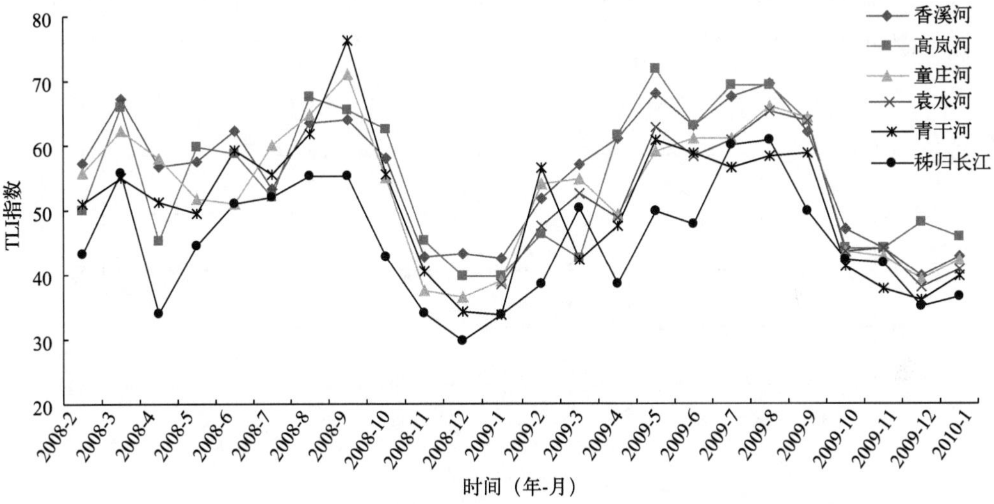

图10-25 干支流水体逐月的营养状态指数

对各水体的营养状态指数的相关因子进行分析，发现水温和水位与营养状态指数间存在显著的相关关系，水温与营养状态指数间存在正相关关系（图 10-26），水位和营养状态指数间存在负相关关系（图 10-27）。分析水温与营养状态指数间的关系，可以发现水温并非营养状态指数的直接影响因子，水温通过影响水体的生物量进而影响水体的营养状态指数，水温升高，生物的酶活性增强，水体的藻类生物量随之增加，而表征藻类生物量的叶绿素 a 作为营养状态综合指数的一个重要指标，使得营养状态指数升高，因此水温成为影响营养状态综合指数的一个重要因子。水位与营养状态指数间的关系一定程度上反映了水体动力学特征对水环境状况的影响，水位的升降是水体动力学改变的重要指标，从中可见水体动力学特性对水体营养状况的作用，某种意义上也说明了改变水体的动力学状况，可以实现对水体营养状况的调控。

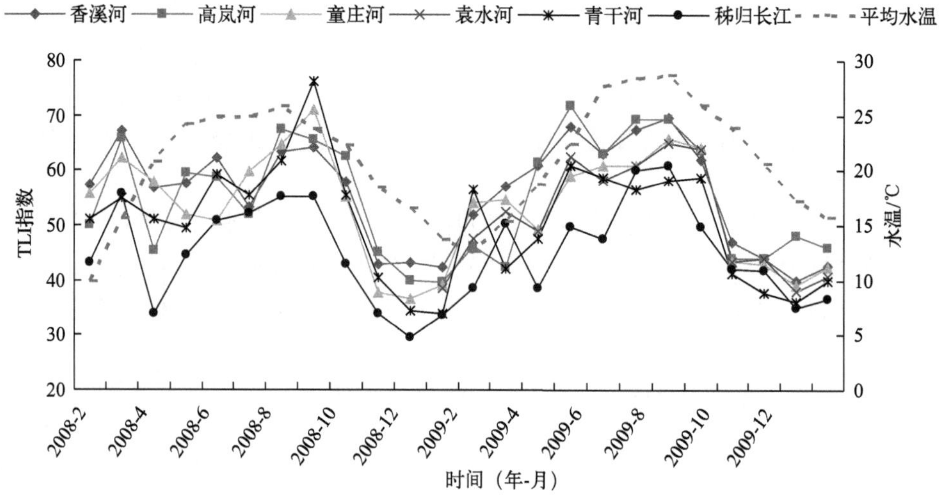

图10-26 营养状况与水温的关系

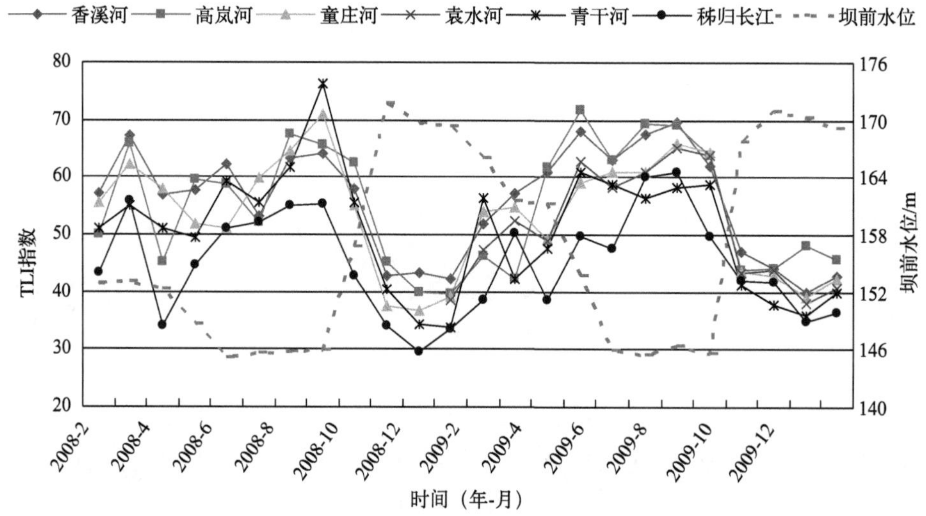

图10-27 营养状况与三峡水位的关系

10.3.2 三峡水库及支流水华暴发情况

据不完全统计，自2003年蓄水以来三峡水库及支流发生多起水华。2003年6月首次在三峡水库发现水华，2003年累计发生水华3起；2004年发生16起；2005年发生23起；2006年累计27起；2007年发生26起；2008年发生19起；2009年发生8起；2010年发生26起；2011年发生15起；2012年发生8起。其中以苎溪河、小江、汤溪河、磨刀溪、梅溪河、大宁河、神农溪和香溪河等一级支流的水华最为严重。

① 2003年三峡水库蓄水后在坝前库首的凤凰山水域、香溪河河口水域、大宁河河口水域等首次发现水华现象。

② 2004年部分支流水华暴发时段集中在2～6月，暴发水域范围基本固定。坝前凤

凰山库湾 3 月上旬发生水华，水体呈酱油色，优势种为星杆藻和拟多甲藻，持续时间 1 周左右。香溪河于 2 月下旬、3 月中旬至 4 月上旬、6 月上旬发生水华，持续时间分别为 5d、1 个月和 10d 左右，发生范围主要集中在峡口镇以下至香溪河渡口约 20km 回水顶托河段，水体浑浊，水色呈酱油色或微带黄绿色，优势种为小环藻和星杆藻。大宁河于 3 月下旬至 4 月上旬、5 月下旬、6 月上旬和下旬发生水华，时间持续 10d 左右，发生水域分别为巴雾峡口至大宁河口河段、双龙 - 银窝滩 - 龙门河段、马渡河至大宁河河口的河段，水体呈浅黄绿色、黄绿色或浅酱油色，有较重鱼腥味，优势种为小球藻、星杆藻、多甲藻、实球藻。神女溪、抱龙河发生水华时间为 5 月下旬至 6 月上旬、6 月下旬，持续时间 10d 左右，神女溪发生水华的水域为倒车坝 6 号航标附近约 1.5km 的河段，抱龙河发生水华的水域范围为红岩河 - 葡萄坝约 2.5km 长河段，主要优势种为拟多甲藻、小球藻、实球藻。

③ 2005 年支流回水区多次出现水华，时间集中在 3 ～ 7 月。3 月上旬抱龙河、大溪河出现水华，河段长度分别约 3.0km 和 5.0km；3 月中旬抱龙河、大溪河、大宁河、童庄河、叱溪河、坝前木鱼岛均出现水华，抱龙河、大宁河、大溪河的水华河段长度分别约 5.0km、7.0km 和 5.0km，其他支流暴发水域范围稍小；3 月下旬抱龙河、神女溪、磨刀溪、汤溪河、澎溪河、长滩河、长江八角处出现水华，河段长度分别约 4.0km、2.5km、3.0km、2.5km、3.0km、1.5km 和 1.0km；4 月梅溪河出现甲藻水华，水体呈酱油色，优势种为拟多甲藻（*Peridiniopsis* sp.），藻类密度高达 3.0×10^7cells/L；4 月下旬和 5 月上旬万州区瀼渡河出现水华；5 月上旬奉节县梅溪河、朱衣河、草堂河出现水华；5 月下旬梅溪河水体再次暴发水华；7 月香溪河出现短期水华，水体呈蓝绿色且伴有浓烈的腥臭味，藻类细胞密度高达 1.1×10^8cells/L。

④ 2006 年 2 ～ 3 月，香溪河、青干河、大宁河、抱龙河、神女溪、澎溪河、汤溪河、磨刀溪、长滩河、草堂河、梅溪河、朱衣河、苎溪河、黄金河、汝溪河等 15 条长江一级支流出现水华，发生水华水域的 pH 值在 8.1 ～ 9.2 之间，叶绿素 a 含量为 10.6 ～ 98.1μg/L，藻类细胞密度为 3.2×10^6 ～ 7.3×10^7cells/L，藻类优势种为硅藻门的小环藻、甲藻门的多甲藻、绿藻门的衣藻、隐藻门的隐藻等。不同支流或同一支流不同水域和时段出现了不同类型水华。小江在夏季出现了蓝藻束丝藻水华，秋季在香溪河高阳镇下游水域发现了有毒甲藻。

⑤ 2007 年，三峡库区有 7 条支流出现了水华，分别为汝溪河、黄金河、澎溪河、磨刀溪、梅溪河、大宁河和香溪河等，藻类优势种主要为硅藻门小环藻、甲藻门多甲藻、绿藻门空球藻、隐藻门隐藻以及蓝藻门微囊藻等。部分支流的水华藻类优势种总体上呈现出由河流型（硅藻、甲藻等）向湖泊型（绿藻、隐藻、蓝藻等）演变的趋势。

⑥ 2008 年水华暴发时间相对延迟，水库各主要一级支流如香溪河、童庄河、青干河、神农溪、大宁河、草堂河、梅溪河等均在 3 月中下旬开始出现甲藻水华，到 4 月底以硅藻水华为主；水华暴发程度较去年有所减缓，持续时间缩短，但频率增加，且除以往的水华高发水域外，还出现在一些新的水域。此外，本年度 1 月在大宁河，6 月在香溪河、神农溪等支流出现了以铜绿微囊藻为优势种的大面积蓝藻水华。其中 6 月水华暴发持续了 10 ～ 15d，发生河段长度神农溪约为 10 km，香溪河约 25km，水体中藻类密度高达 4.65×10^8cells/L，叶绿素 a 含量最高达到了 98.20μg/L。6 月 16 日起，香溪河出现大面积水华，最严重时水华河段长度超过了 25km，部分河段藻类布满整个河面。藻类密度超过

水华发生临界值 3 ～ 4 倍。此次水华暴发历时一月有余，直至 7 月 20 日后方有所减轻。

⑦ 2009 年水华暴发时间推迟到 3 月份，暴发区域主要集中在湖北库区；甲藻未真正成为本年度水华优势种，其暴发强度和水域面积相对以往要小得多；硅藻水华态势严峻，有从支流到干流演进的趋势，3 月中下旬坝前发生大面积的硅藻水华，持续时间近 1 个月；随后在 6 月库区出现蓝藻水华，到 8 月，在神农溪发展为覆盖河段 10km 以上的铜绿微囊藻水华，最高藻类密度达到 10^9 数量级，持续时间 2 个多月；同期香溪河也暴发蓝藻水华，但因为具体水情的差别，程度相对较弱，持续时间短。

⑧ 2010 年由于库区水温回暖较慢，水华暴发时间推迟到 3 月底 4 月初，暴发水域涉及整个水库的各个大型支流，小江、磨刀溪、草堂河、青干河、袁水河、香溪河等水体成为本年度的水华高发水域，水华优势种有甲藻、硅藻、绿藻和蓝藻，铜绿微囊藻水华成为本年度最常见的水华类型。水华持续时间一般不超过 15d，藻类细胞密度最高可达到 10^9cells/L 数量级。

⑨ 2011 年 2 月 26 日小江最早暴发硅藻水华，3 ～ 4 月硅藻水华和甲藻水华在各支流轮流出现，局部水域出现隐藻水华，5 月开始出现蓝藻水华，6 ～ 8 月的水华类型受当年水温的影响，出现蓝藻、硅藻和甲藻水华交替出现的新现象，主要暴发水域有苎溪河、小江、汤溪河、磨刀溪、神农溪、袁水河、童庄河、香溪河以及坝前的杉木溪等，累计暴发水华 15 起，典型水华事件有 4 起，最严重的水华水域为苎溪河、小江和童庄河；苎溪河 6 ～ 9 月均表现为水华特征，主要水华优势种为隐藻、硅藻；小江中下游渠马—高阳河段夏季暴发严重的蓝藻水华，持续时间约 60d；童庄河 3 月中下旬暴发了 1 起覆盖全河的水华事件，水华优势种为拟多甲藻（甲藻）（表 10-10）。

表10-10　2011年三峡水库主要支流水华统计

支流	水华次数	水华时间	水华区域	水华优势种	严重程度
苎溪河	2	3～7月	全河	小环藻、直链藻(硅藻)、隐藻(隐藻)	严重
		9～10月	全河	小环藻(硅藻)、隐藻(隐藻)	较严重
小江	4	2月26日～3月20日	下游双江镇黄石镇段	小环藻(硅藻)	轻微
		3月下旬～4月上旬	下游双江镇河段及上游开州区河段	鱼腥藻(蓝藻)	一般
		4月下旬	下游双江到渠马河段	小环藻(硅藻)、隐藻(隐藻)	较严重
		4月下旬～7月中旬	全河段	伪鱼腥藻(蓝藻)	严重
磨刀溪	3	3月上旬	回水末端龙角镇5km	拟多甲藻(甲藻)	一般
		3月中旬	中上游	小环藻(硅藻)	一般
		4月下旬～5月下旬	回水末端	水华鱼腥藻(蓝藻)	较严重
神农溪	1	6月上旬～6月下旬	罗坪段	鱼腥藻(蓝藻)	一般
袁水河	1	3月中下旬	河口和回水末端	拟多甲藻(甲藻)	轻微
童庄河	1	3月中下旬	由上游回水末端扩大到中下游	拟多甲藻(甲藻)	严重
香溪河	3	3月中旬	高岚河段	拟多甲藻(甲藻)	一般
		4月中上旬	峡口至平邑口河段	小环藻(硅藻)	一般
		5～6月	峡口	小环藻(硅藻)	轻微

⑩ 2012 年水华暴发时间相对后延，3 月末才在局部小库湾水体中发现零星水华，4～5 月为主要的水华暴发月度，水华类型有蓝藻、甲藻、硅藻和绿藻水华等，累计暴发水华 10 起，典型水华事件有 2 次，最严重的水华区域为苎溪河和小江；苎溪河自 3 月以来，一直表现为水华特征，主要水华优势种为隐藻和硅藻。4 月中下旬和 5 月上中旬渠马—河口段发生了严重的微囊藻水华，尤其是 5 月的微囊藻水华覆盖了 10km 的河段，持续 7d 后消失（表 10-11）。

表10-11 2012年三峡水库主要支流水华不完全统计

支流	次数	暴发时间	暴发水域	覆盖面积/km^2	水色	优势种	细胞密度/(10^7cells/L)	持续时间/d	总体评价
苎溪河	1	3～9月	全河	2.67	墨绿、棕褐色	隐藻、小环藻、衣藻	4.1～15.2	200	严重
小江	2	4月上旬	下游	2	深绿色	小环藻、隐藻	0.8～1.5	5	轻微
		5月上中旬	渠马—河口	7	蓝绿色	微囊藻	0.8～29	7	严重
汤溪河	1	3～4月	下游	2	深绿色	小环藻、隐藻	1.2～1.9	15	一般
磨刀溪	1	3～4月	中下游	2.7	深绿色	小环藻、直链藻、隐藻	0.6～1.6	15	一般
青干河	1	3月	全河	8	深绿色	小环藻	4.2～9.3	5	一般
袁水河	1	3月	中下游	2.5	深绿色	小环藻、隐藻、多甲藻	1.4～6.4	5	轻微
香溪河	3	4月	中游	3.1	棕绿色	小环藻	1.1～3.3	8	一般
		6月中旬～7月	中上游	5.5	棕绿	隐藻、小环藻	0.05～52.0	16	一般
		8～9月	中游	4.1	墨绿	小环藻、微囊藻、伪鱼腥藻	1.3～2.0	19	一般

从三峡水华优势种的多样性可以看出三峡水华问题的复杂性，各个主要藻类门类中的水华种类几乎都可以在三峡水体中发现；同一水体一年内可以出现多种水华交替暴发的现象，也可以是同一类型的水华多次反复暴发。

10.3.3 不同类型水华的基本特征

10.3.3.1 硅藻水华

硅藻是一类具有色素体的单细胞植物，形态多种多样。硅藻水华是三峡水库蓄水后率先暴发的水华类型，于 2003 年蓄水当年即在坝前水域的大小库湾中暴发（图 10-28），随后 2004 年在香溪河河口、大宁河河口等水域暴发，目前成为三峡水库常见的水华类型，每年均不同程度和不同频次地出现在三峡水库各支流库湾中。硅藻水华的主要优势种有小环藻、冠盘藻、针杆藻等，经常出现在水温 15℃左右的水体中，一般水温升高，硅藻水华会快速消退，水温超过 25℃，水体难以看到硅藻水华。三峡水库硅藻水华大多发生在春季，但初夏和秋季偶尔在适宜的水温条件下也可能发生。硅藻水华出现的水域基本为库湾和支流回水顶托区，水华暴发时的水色为深绿色、黄褐色等，水色与水体表层的藻类生物量具有密切关系。三峡水库的硅藻水华类型中，有一类硅藻水华与汉江屡次暴发的硅藻水华属于同一类水华，从分类特征来看该水华优势种为汉斯冠盘藻（图 10-29，书后另见彩图）。

图10-28　三峡水库2003年7月坝前水域的硅藻水华

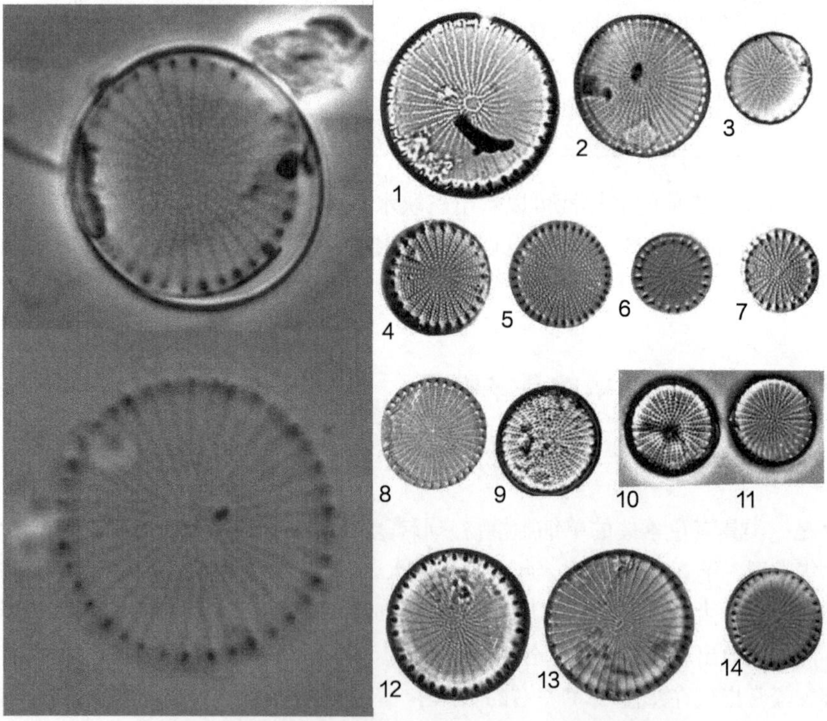

图10-29　三峡硅藻水华优势种汉斯冠盘藻的显微照片

10.3.3.2 甲藻水华

甲藻是一种有鞭毛的藻类，多数为单细胞，也有由单细胞连成的不同形状的群体，细胞核为间乎原核和真核之间的类型，称为间核生物。细胞表面有一层原生质分泌形成的相当坚实的表质膜。营养方式分光合性和非光合性两种。甲藻水华首次出现在三峡水库是2005年春季，在香溪河及童庄河暴发甲藻水华，水体呈现红褐色、酱油色（图10-30）。

图10-30 香溪河甲藻水华图片

甲藻水华出现的适宜水温略低于硅藻，10～15℃为甲藻快速增殖生长的水温范围，水温升高，甲藻水华快速消退，可在24h消失得无影无踪，水温＞20℃基本不会发生甲藻水华。甲藻由于细胞具有鞭毛，有一定的游泳能力，具有迁移的特性，甲藻的迁移特性导致水体早中晚的水色差异显著。三峡甲藻水华中有一类甲藻水华，其优势种的细胞形态特征与目前已知的其他甲藻具有明显差异，经鉴定，确定该种为新种，为纪念中国第一位甲藻研究者倪尚豪先生，将其命名为倪氏拟多甲藻（图10-31, 书后另见彩图）。

10.3.3.3 绿藻水华

绿藻细胞光合色素（叶绿素a和叶绿素b、胡萝卜素、叶黄素）的比例与种子植物，以及其他高等植物相似。典型的绿藻细胞具有一中央液泡，色素在质体中，质体形状因种类而异。细胞壁由两层纤维素和果胶质组成。食物以淀粉的形式储存于质体内的蛋白核中。绿藻水华暴发时候的水色为浓绿色、黄绿色等，有时候水体表层漂浮着类似浮萍样的聚集体，偶尔水体会有腐烂难闻的气味（图10-32）。绿藻中容易成为水华的种类主要是团藻目和绿球藻目的藻类，如实球藻、空球藻、盘星藻等，是常见的水华种类（图10-33，书后另见彩图）。三峡水库支流的绿藻水华一般发生在4～5月，偶尔在秋季的9～10月有绿藻水华出现。水华暴发的水温为20～28℃，超过32℃的水温绿藻水华难以维持。三峡绿藻水华暴发的水域主要是香溪河、童庄河、神农溪、大宁河、小江等。

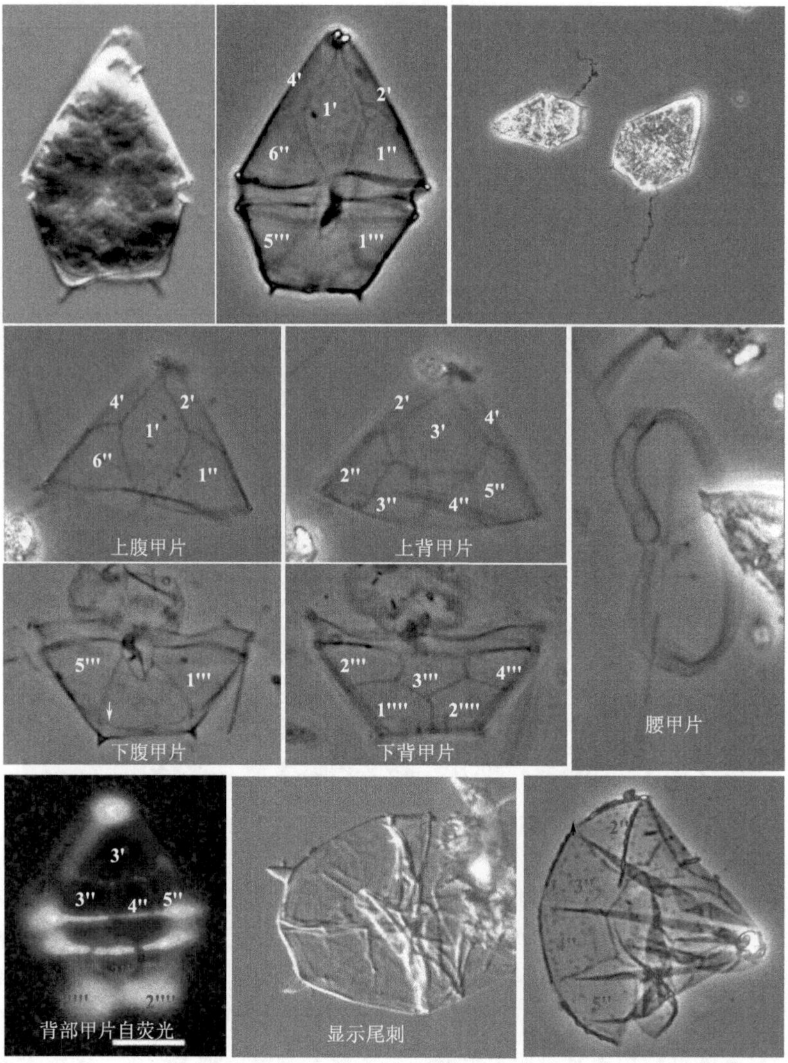

图10-31　倪氏拟多甲藻分类特征

（'指顶板，''指沟前板，'''指沟后板，''''指底板）

图10-32　绿藻水华现场照片

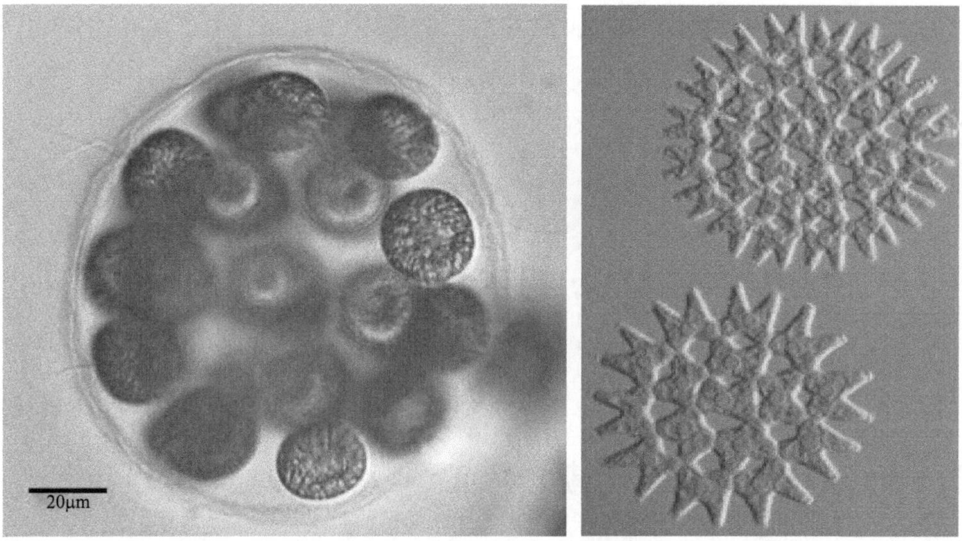

图10-33 部分绿藻水华优势种的显微照片

10.3.3.4 蓝藻水华

蓝藻是原核生物，又叫蓝绿藻，大多数蓝藻的细胞壁外面有胶质衣，因此又叫黏藻。在所有藻类生物中，蓝藻是最简单、最原始的一种。蓝藻是单细胞生物，没有细胞核，但细胞中央含有核物质，通常呈颗粒状或网状，染色质和色素均匀地分布在细胞质中（图 10-34）。蓝藻水华在全世界具有普遍性，在全球诸多的富营养化水体中常见各类蓝藻水华的存在，我国的滇池、太湖、巢湖等水体蓝藻水华问题严重。三峡水库的蓝藻水华始见于 2005 年香溪河局部库湾，随后，2007 年 12 月～ 2008 年 1 月在大宁河回水末端水口乡—大昌水域及大宁河支流洋溪河水域暴发大规模的蓝藻水华，整个河道全部被水华生物量覆盖（图 10-35，书后另见彩图）。2008 年 6 月更是发生了覆盖香溪河全河及其高岚河支流水域、神农溪绵竹峡以下到河口段的大范围蓝藻水华。三峡蓝藻水华的优势种主要是微囊藻、鱼腥藻和颤藻等。水华出现的水温一般在 28 ～ 35℃，水温低于 25℃或者高于 35℃，水体中难以形成蓝藻水华。

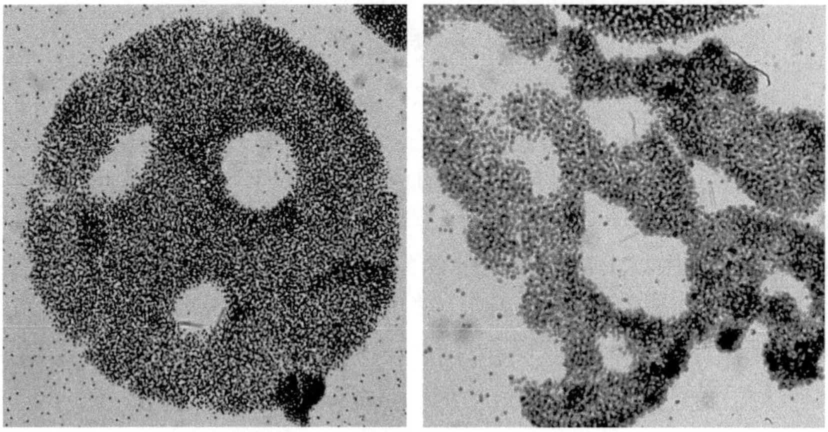

图10-34 蓝藻水华优势种的显微照片

图10-35　蓝藻水华现场照片

10.3.4　三峡水库支流水华基本特征

（1）时间特征

对各月的水华暴发频次进行统计，结果见图10-36，从图中可见，全年均可发生水华，水华暴发频率较高的月份为3～6月，春夏季是三峡水华的多发季节。

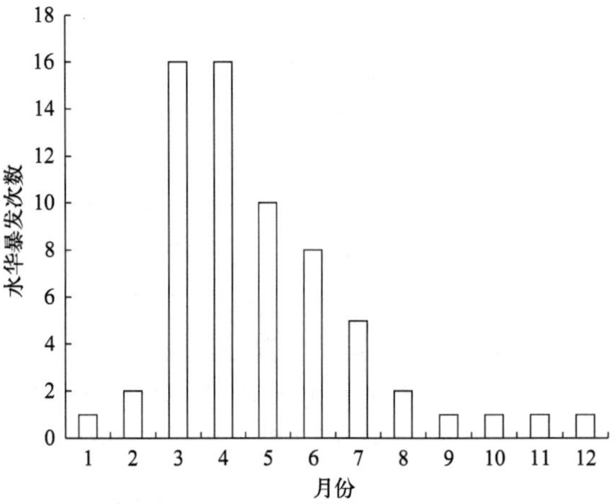

图10-36　三峡各月水华暴发频次分布

（2）空间特征

三峡经常暴发水华的水域包括坝前凤凰山库湾、香溪河高岚河库湾、香溪河平邑口库湾、神农溪绵竹峡库湾、大宁河大昌库湾和小江渠马段等。水华发生的空间特征：水华多发生在回水顶托区，以支流库湾滞水区为主，干流特定水域特殊时段也有轻微水华，135～156m回水区的某些库湾成为蓄水以来历年的水华高发水域。水华暴发水域随蓄水水位变化发生迁移，呈现随水位升高而向河流上游发展的趋势，如135m蓄水时候香溪河水华暴发河段在河口贾家店段，随着蓄水水位上涨，水华多见于峡口高岚河段、平邑口河段。

（3）强度特征

水华暴发强度差异极大，从细胞密度看，轻微的水华细胞密度为 10^7cells/L，而严重的水华细胞密度达到 10^{10}cells/L。生物量方面，水华暴发期间以叶绿素 a 含量为指标的水体生物总量的变动范围在 15.0 ～ 300.0μg/L。

（4）暴发方式

水华暴发基本有以下两种方式：第一种方式是河流中某个位点的生物量显著高于其他位点，该点最早暴发水华，随后水华优势种在全河自上而下扩散，生物量逐步增加，在河流的某一个河段成为绝对优势种，导致该河段成为水华暴发水域；第二种是河流中的某些位点同时出现生物量的高峰值，这些位点率先成为水华暴发的位点，随后水华优势种的生物量逐步弥散，上下连接成为一片，导致大面积水华的暴发。

（5）天气特征

三峡水库支流的各种类型水华基本发生在晴天，极少发生在阴雨天。晴天充足的光照和适宜的水温可以给予水华优势种足够的能量，使得优势种群加快生长增殖。阴雨天的光照和水温条件对于水华的优势维持不利，硅藻水华可在雨天后 1 ～ 2d 消失殆尽，甲藻和绿藻水华也不能在持续的降雨中维持优势。

（6）藻类类种

三峡水库出现的水华藻类种类非常丰富，包括蓝藻门的铜绿微囊藻（*Microcystis aeruginosa*）、惠氏微囊藻（*Microcystis wesenbergii*）和水华束丝藻（*Aphanizomenon flos-aquae*），硅藻门的新星形冠盘藻（*Stephanodiscus neoastraea*）、美丽星杆藻（*Asterionella formosa*）和小环藻（*Cyclotella* sp.），甲藻门的倪氏拟多甲藻（*Peridiniopsis niei*）和拟多甲藻（*Peridiniopsis* sp.），绿藻门的实球藻（*Pandorina morum*）、空球藻（*Eudorina elegans*）和美丽团藻（*Volvox aureus*），隐藻门的湖沼红胞藻（*Rhodomonas lacustris*）以及金藻门的延长鱼鳞藻（*Mallomonas elongata*）等。

综上来看，三峡水华的基本特征如下：

① 暴发季节主要在春夏季，以 2 月下旬～ 7 月上旬为集中暴发期，偶尔出现在 9 ～ 10 月甚至冬季。

② 水华期间水色显著变化，多呈浅黄绿色、黄绿色、红褐色、酱油色等。

③ 水华期间藻类细胞密度＞ 10^7cells/L ；水华暴发的强度和影响范围具有很强的水域时空异质性，不同水华的强度及影响范围显著不同。

④ 水华持续时间不定，持续时间长短受天气的显著影响。

⑤ 水华主要发生在水库一级支流受回水顶托影响的区域，而在上游非回水区，以及尚未受回水影响或影响较小的支流均未发生水华；蓄水后的回水顶托作用对支流水华现象产生显著影响。

⑥ 水华优势种群主要包括隐藻、硅藻、甲藻、绿藻和蓝藻等；蓝藻水华逐渐成为常见水华种；同一水域可多次出现同一优势种水华，也可是几种优势种的演替。

⑦ 受区域地理特性、水动力等条件的影响，不同支流或同一支流在不同区段和时段

出现的“水华”类型不完全相同，主要有“甲藻型 - 硅藻型 - 蓝藻型”，以香溪河为代表；“甲藻型 - 硅藻型 - 绿藻型”，以大宁河为代表；“甲藻型 - 硅藻型”，以小江为代表。总体上水华优势种显示出由硅 - 甲藻（春季）向蓝 - 绿藻（夏季）转变的年内变化和由河流型向湖泊型转变的年际变化特点。

10.3.5 水华发生的内在机理

三峡蓄水前，长江干流水位夏季最高，冬季最低；蓄水后，夏季最低（蓄洪时除外），汛末及枯水初期水位最高。蓄水前，河水流经丘陵和高山峡谷区，流速一般为 2 ～ 3m/s；蓄水后，过水断面增大，滩险消除，比降减小，同流量情况下，流速减慢。在枯水期（1 ～ 4 月）水库高水位运行时，流速一般不超过 0.1 ～ 0.5 m/s，汛期低水位（6 ～ 9 月）运行时，库内流速随流量增大而增大，但坝前流速一般小于 0.5m/s，且在水库不同部位和不同季节呈现不同特征。大坝的建成蓄水使得库区的河流水体类型向湖泊水体特征转化。蓄水后坝前水位升高，回水顶托作用使得库区水体滞留时间被大大延长，水体扰动减少，透明度增加，水体光照条件进一步改善。库区水体的滞留时间增加了 4 倍，年平均含沙量由 0.811kg/m^3 下降到 0.561kg/m^3，透明度由不足 1m 发展到最大透明度达到 5m 以上。与干流相比，库湾和支流回水区流速减小更为明显，回水顶托作用使得部分库湾与支流河段水流流速较缓慢，由原来的平均 85cm/s 锐减到平均 17cm/s。水体流速减缓，紊动、横向扩散、自净能力减弱，使得氮、磷、钾营养物质和可降解有机污染物在水库中滞留时间增加，引起营养盐的富集。流速减缓，使得水流携带的大量泥沙沉积，导致水体浊度变小、透明度增大、光线的穿透率升高，都有利于浮游藻类的光合作用，促进藻类的生长繁殖。

三峡水库 135m 蓄水后各支流回水区的水文情势发生了显著改变，支流在新的水文情势下，水体处于河流向湖泊的过渡阶段，支流的中下游水域受新的水文流态特性主导，水域生态环境发生明显改变。这种改变主要体现在水体失去河流态特征，逐步具备库湾的水体特性，水体的流态、理化性状、营养盐的时空分布特点以及藻类群落结构特征等发生了对水体类型改变的显著响应。缓慢的流速以及强烈的回水顶托作用，导致支流水域的营养物质无法快速稀释扩散，营养的集聚和含量增加为水华藻类的生长增殖提供了良好的物质基础，水体良好的澄清作用为入射光能量进入支流水体提供了较好的外部条件，确保了藻类光合作用的能量需求，一旦外部水温等条件适宜，群落中的优势种群会利用自身的竞争优势，快速生长增殖，扩大种群数量，促进了水体暴发水华。

据测算，库区 135m 蓄水后次级支流的水流流速基本上＜ 0.1m/s，香溪河峡口至河口段、小江开州区段枯水期平均流速分别由建库前的 0.73m/s 和 0.65m/s 降至 0.009m/s 和 0.006m/s，均已接近湖泊型水库的流速。横向扩散系数由 0.121m/s 降至 0.0446m/s。回水段水力停留时间延长，污染物在水域（尤其是支流库湾回水区）停滞时间增加，扩散降解速度减缓，营养盐无法得到稀释和自净，水体中的营养负荷逐步增加。营养盐的富集给藻类生长提供了养料，并且，流速缓慢的水体也有利于藻类细胞有充分的时间接触和吸收利用营养物质，促进藻类的生长与聚集。流速减缓使水体中的泥沙大量沉积，水色变清，增加了太阳光入射到水体的有效辐照强度，为藻类生长提供了充足的能源。导致部分水体水质出现恶化。在水体交换能力和横向扩散能力差的支流库湾回水末端，光照温度适宜的情况下，率先暴发水华。

适宜的光照和温度等构成水华的外部条件，库区一级支流的热量条件也有利于发生水华。6～9月库区水体温度（15～30℃）与平均气温接近，适合藻类繁殖生长。6月、7月、8月、9月日照时间达到700小时以上，占全年日照时间总数的45%以上。太阳的总辐射量平均为10669.8cal/(cm²·月)（1cal=4.1868J），比冬季高5907cal/（cm²·月），充足的阳光加快了藻类光合作用速度，促使藻类的生长繁殖。

三峡水库较高的水体环境背景值，大量进入水库的污染负荷共同构成了水体丰富的营养盐含量现状，加上蓄水后淹没土壤的营养释放以及支流上快速的城镇化进程等，使得营养物质大量进入支流水体，构成三峡水库水华的物质基础。

综上，三峡蓄水后所形成的新的支流水文流态情势及其所主导的生源要素的时空格局为藻类群落优势种群的存在提供了必要的基础条件，蓄水后支流水体良好的光学特性赋予藻类优势种群快速生长增殖的充足能量条件，而适宜的水温可触发特定的优势种群瞬间快速增殖。

10.3.6 三峡水库支流水华的可控环节分析

（1）局部水域水文流态

三峡水库支流水华暴发的前提条件之一是水文流态的变化，支流水文情势的变化导致营养物质、水热条件以及藻类群落在水体时空中的重新布局，新的生态系统格局有利于不同藻类优势种在特定的环境条件下发挥其竞争优势，形成水华并在一段时间内维持水华的存在。水文流态条件是水华得以暴发和持续存在的基础和背景条件，要控制和消减水华，可以从改变水域的水文流态条件入手，开展局部水域的水文流态条件改变是控制支流水华的一个有效途径。

（2）局部水域营养元素

大量的研究表明，水体中一定量营养元素的存在是水华暴发和维持的重要物质基础，要防控支流水华的发生，对营养元素的控制是必不可少的环节。香溪河水域氮磷含量严重偏高，尤其是水体磷的含量最高可达0.6mg/L左右，而磷作为藻类水华暴发的重要物质基础，需要引起重视。控制和减少水体中营养元素的含量，可以消减藻类生存和繁衍所必需的物质基础，是支流水华控制的重要环节。

（3）藻类发生的适宜光照和水温条件

光照是藻类光合作用的能量来源，是藻类生长增殖必需的重要物质。缺少光照或者光照不足，可导致藻类种类和数量的减少，如果能实现对光照的有效控制，就可在一定程度上控制藻类群落结构，改变群落中部分藻类的优势地位，进而改变水华的发展态势。因此，控制和改变水温给水华的防控提供了另外一个切入点。

（4）藻类种类、数量和生物量

对藻类种类、数量和生物量的控制是直接针对藻类群落来消减水体藻类的工作思路，对水华暴发后的应急而言具有直接高效的特点；通过对藻类细胞的直接处理，杀灭藻类或者清除水体的藻类生物量，可改变水体的基本景观，并一定程度上改变水域的藻类组成，实现对水华的处置。

总体上来看，三峡水库支流水华的可控环节主要集中在水域的初级生产力上，全部可控环节所针对的核心是水体的初级生产力，支流水华暴发的内在原因是水体初级生产力现存量相对转化率而言的过剩。基于此，改变和限制水体的初级生产力、控制水体的初级生产力现存量、提高水体初级生产力的转化率等是支流水华控制的基本思路。

10.4　香溪河水华控制关键技术

10.4.1　水华生消动态特征及优势种源对水华暴发作用

10.4.1.1　库湾不同水华生消动态特征

（1）香溪河藻类群落的周年动态

在香溪河设置 6 个采样点（XX01 ～ XX06），在香溪河二级支流高岚河设置 1 个采样点（GL）。2013 ～ 2014 年按每月一次的采样频率进行为期一年的采样调查监测。从 7 个采样点采集到的浮游植物样品中共鉴定出 6 门 67 属的藻类，分别属于蓝藻、绿藻、硅藻、隐藻、甲藻和金藻门。其中，蓝藻 13 属、绿藻 31 属、硅藻 17 属、隐藻 1 属、甲藻 3 属、金藻 2 属。优势种主要有微囊藻（*Microcystis*）、角甲藻（*Ceratocorys*）、多甲藻（*Peridinium* sp.）、空球藻（*Eudorina*）、实球藻（*Pandorina*）、针杆藻（*Synedra*）、小环藻（*Cyclotella*）和直链藻（*Melosira*）。

香溪河的藻类群落具有显著的季节特征，不同季节的藻类群落物种种类数量、细胞密度及生物量差异明显。香溪河 6 月绿藻为优势种群，其次为硅藻，而高岚河藻类密度从 6 月开始升高，水体中硅藻种类细胞密度处于优势。7 ～ 8 月为香溪河的高温季节，在全年中 8 月藻类细胞密度最大，水体中蓝藻种类虽较少，但细胞密度处于绝对优势。进入 9 月后水体中蓝藻密度依旧处于优势，但藻类密度开始下降，10 月开始，硅藻成为优势种，其次为绿藻和隐藻。4 ～ 5 月水体的细胞密度快速升高，甲藻、硅藻和绿藻占据优势地位，同时隐藻密度开始升高。高岚河藻类密度从 3 月开始升高。进入 5 月后，水体中隐藻的优势种群地位明显，硅藻失去优势地位而水体总体藻细胞密度较低。秋冬季藻类数量偏少，春季藻类细胞密度较大，而在夏季时藻类细胞密度达到最大（图 10-37、图 10-38），藻类群落结构年内变化显著。

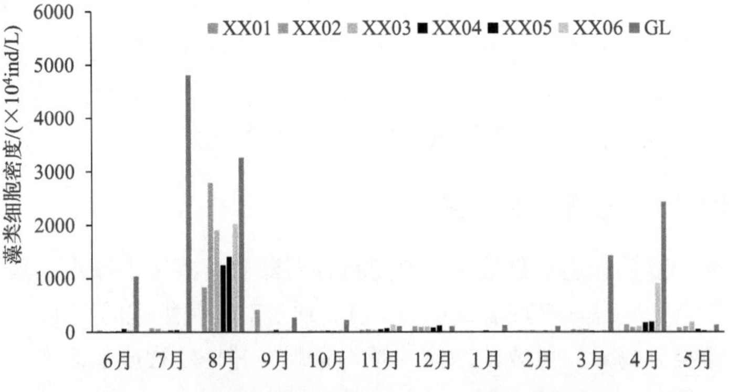

图10-37　香溪河及高岚河藻类细胞密度逐月变化情况

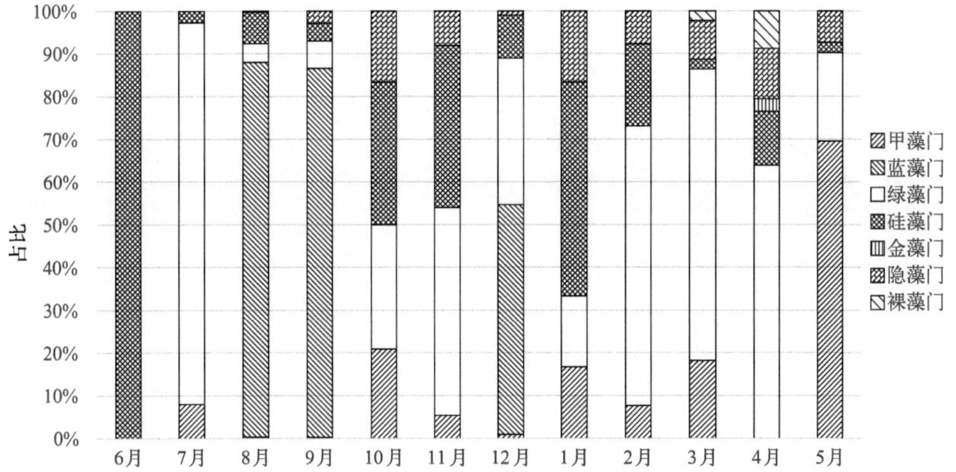

(a) 香溪河XX01号点不同月份藻类群落结构

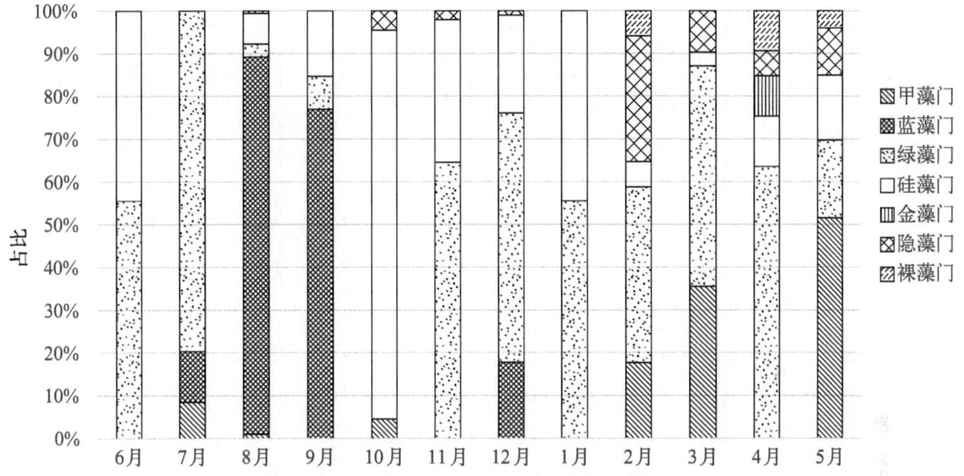

(b) 香溪河XX02号点不同月份藻类群落结构

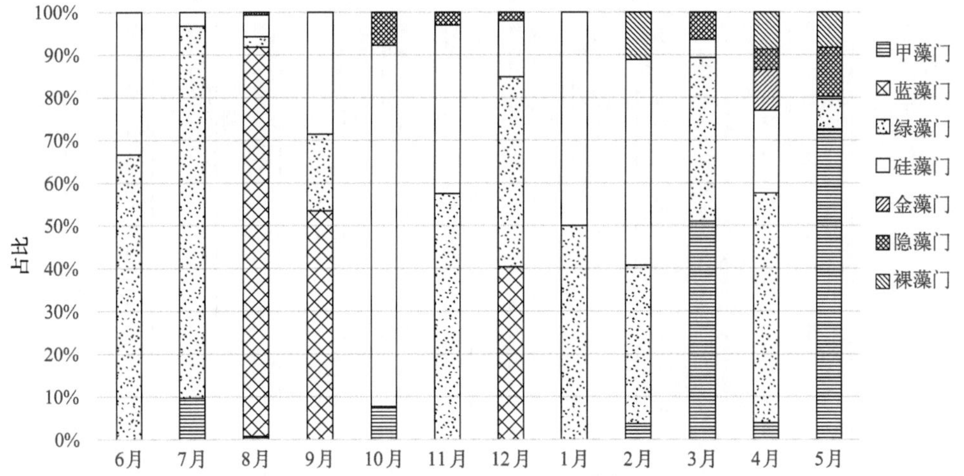

(c) 香溪河XX03号点不同月份藻类群落结构

图10-38

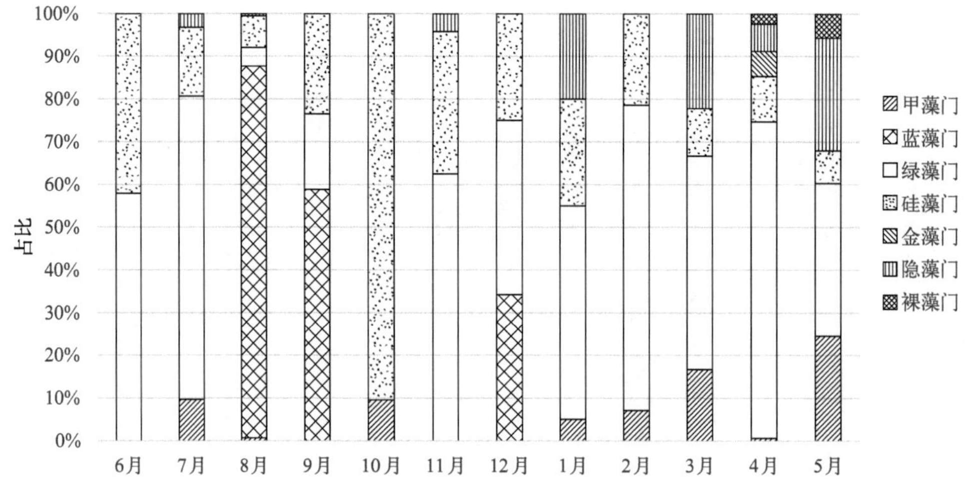

(d) 香溪河XX04号点不同月份藻类群落结构

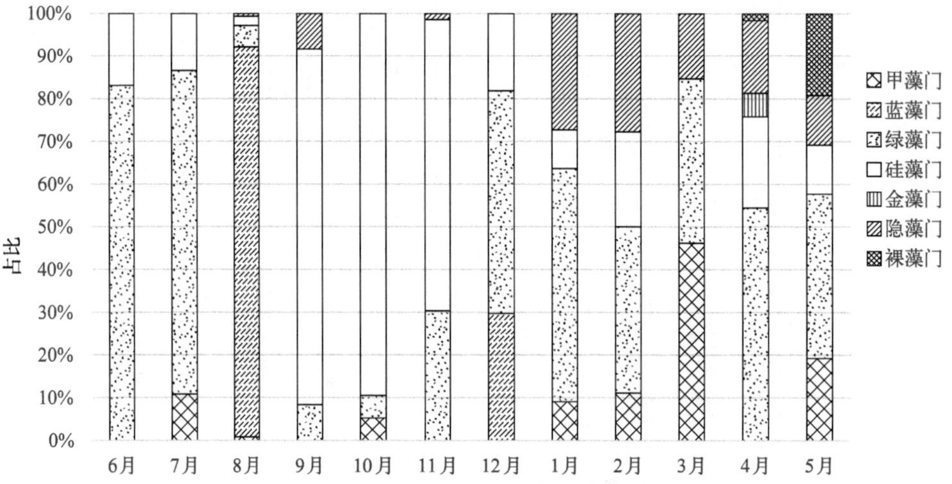

(e) 香溪河XX05号点不同月份藻类群落结构

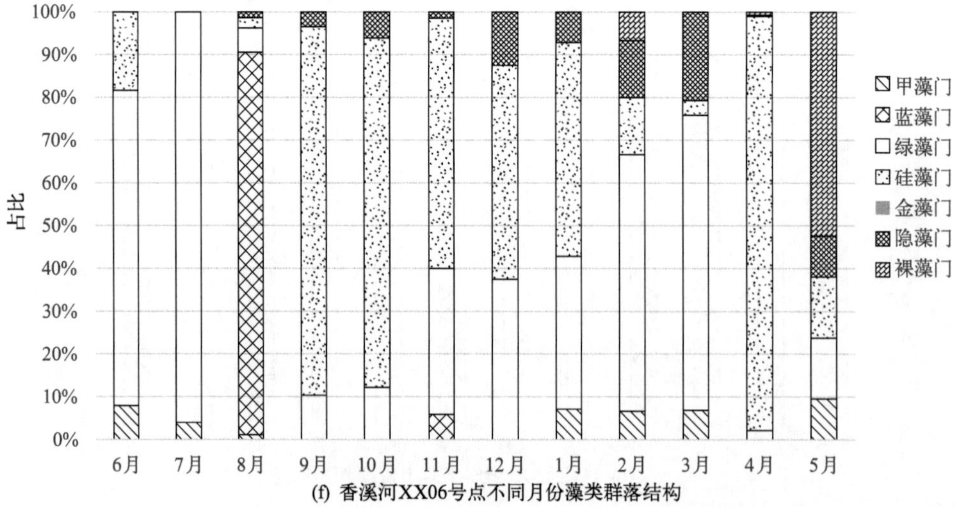

(f) 香溪河XX06号点不同月份藻类群落结构

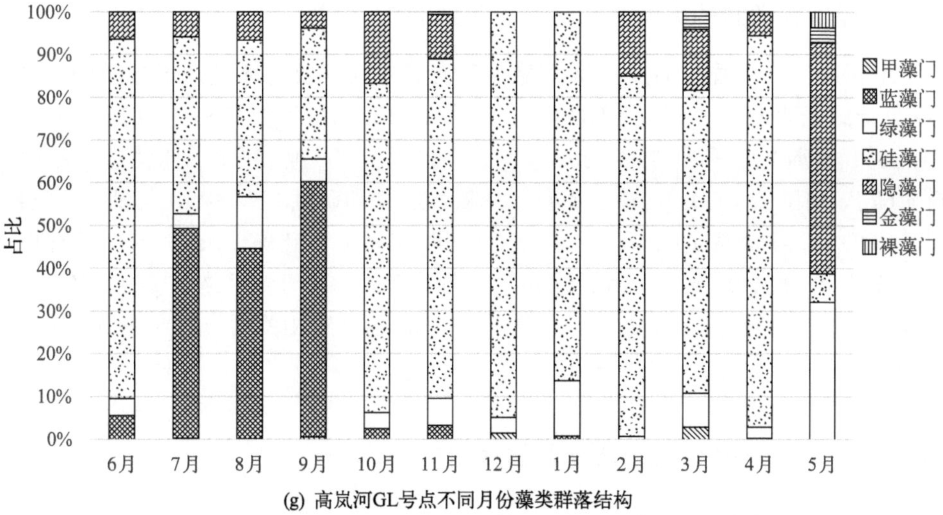

(g) 高岚河GL号点不同月份藻类群落结构

图10-38 香溪河XX01～XX06号点、高岚河GL号点不同月份藻类群落结构

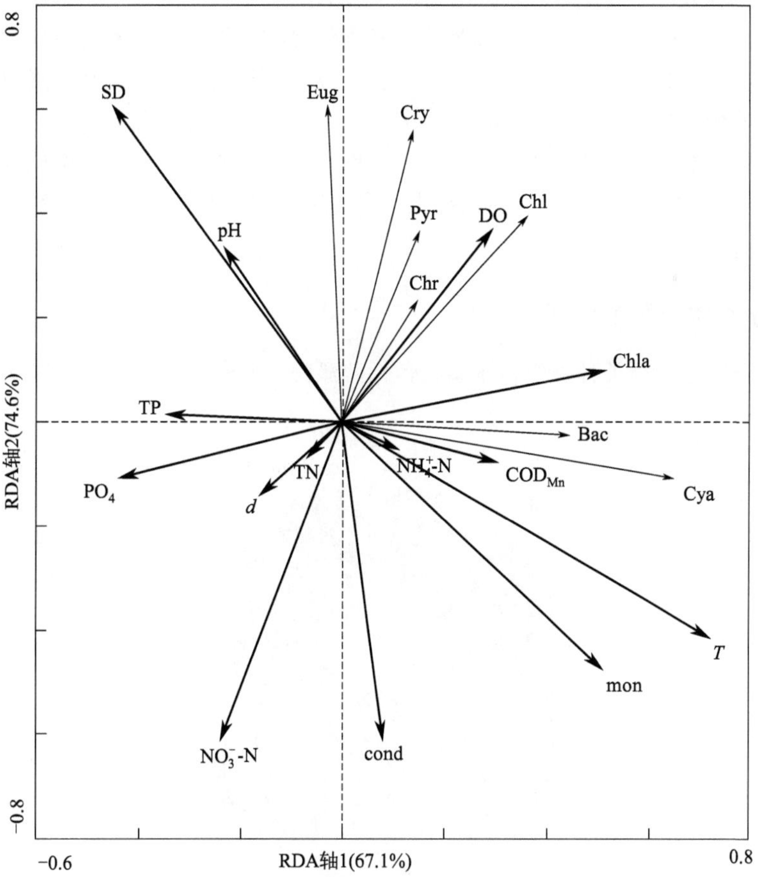

图10-39 浮游藻类组成与环境关系的RDA排序

（2）浮游藻类的种类组成与环境因子的 RDA 分析

利用冗余度分析香溪河及高岚河浮游藻类的种类组成与环境因子之间的关系。图 10-39 分析结果表明，溶解氧（DO）、叶绿素 a（Chla）、氨氮（NH_4^+-N）、COD_{Mn}、月份（mon）、水温（T）和电导率（cond）与轴 1 呈正相关，而 pH 值、水体透明度（SD）、总磷（TP）、磷酸盐（PO_4）、深度（d）、总氮（TN）和硝氮（NO_3^--N）与轴 1 呈负相关。水温、COD_{Mn}、叶绿素 a（Chla）、氨氮对蓝藻（Cya）和硅藻（Bac）的生长有重要影响，溶解氧、深度、总氮、硝氮对绿藻（Chl）、金藻（Chr）、甲藻（Pyr）、隐藻（Cry）具有较大影响，裸藻（Eug）的生长与透明度、pH 值呈正相关而与电导率呈显著负相关（图 10-39）。

第二篇　治理技术篇

10.4.1.2　水华优势种种源对水华暴发作用

（1）水华暴发月份藻类群落结构特征

香溪河 8 月藻类细胞密度最高，除 1 号点稍低外，其余点位藻类细胞密度＞ 10^7 个 /L，已达到蓝藻水华水平。香溪河不同点位藻类群落结构差异不大，均为蓝藻门占据显著地位，而藻类细胞密度同样较高的高岚河除蓝藻为优势种类外，硅藻密度也相对较高。对藻类细胞密度最高的高岚河 7 月藻类群落结构分析发现，高岚河 7 月与 8 月藻类种类差异不大，蓝藻种群优势更为显著，绿藻密度相对更低。除 8 月份藻类暴发水华，4 月藻类密度也有升高趋势，对藻类群落结构分析发现，密度相对较高的香溪河 6 号点位及高岚河点位均为硅藻占据优势地位，而香溪河其余点位的绿藻细胞密度相对高于硅藻细胞密度（图 10-40 ～图 10-45）。

（2）水华优势种的演变

库区出现的水华藻类种类非常丰富，包括蓝藻门、硅藻门、甲藻门、绿藻门、隐藻门

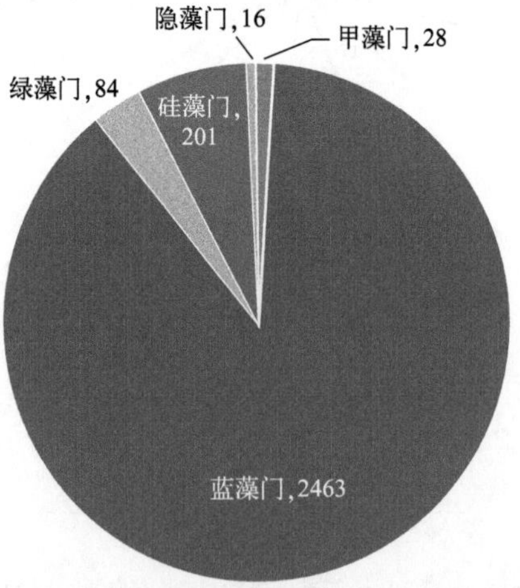

图10-40　香溪河2号点8月藻类群落结构

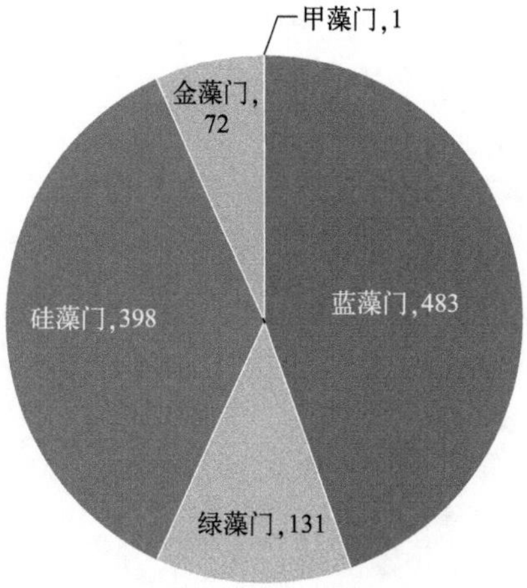

图10-41 高岚河8月藻类群落结构

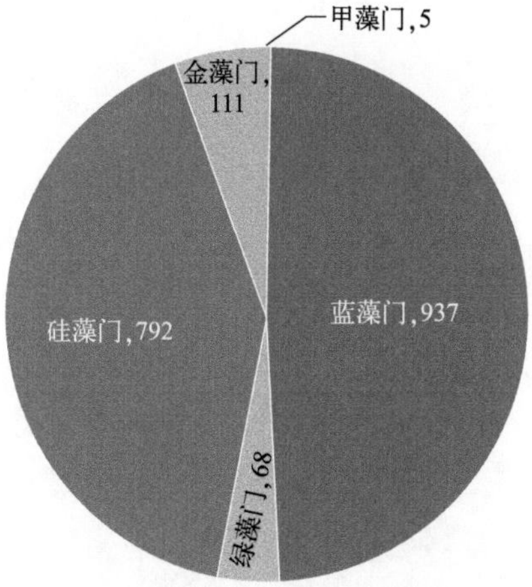

图10-42 高岚河7月藻类群落结构

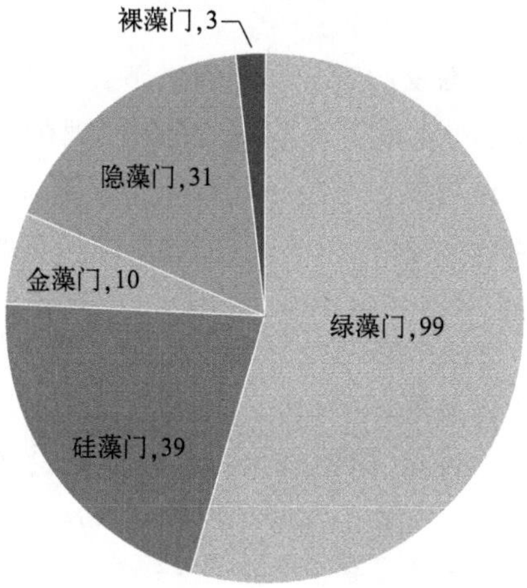

图10-43 香溪河5号点4月藻类群落结构

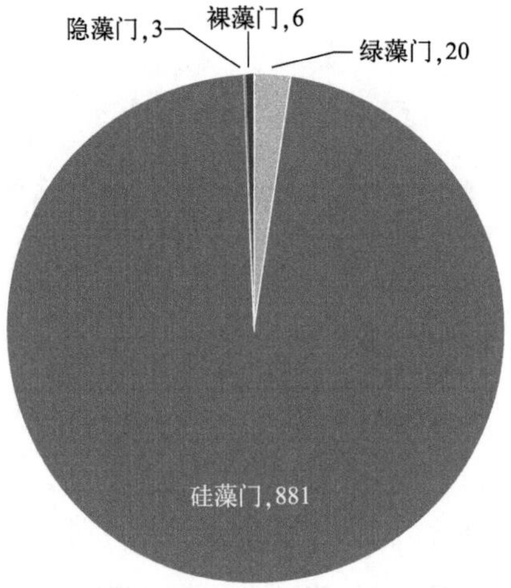

图10-44　香溪河6号点4月藻类群落结构

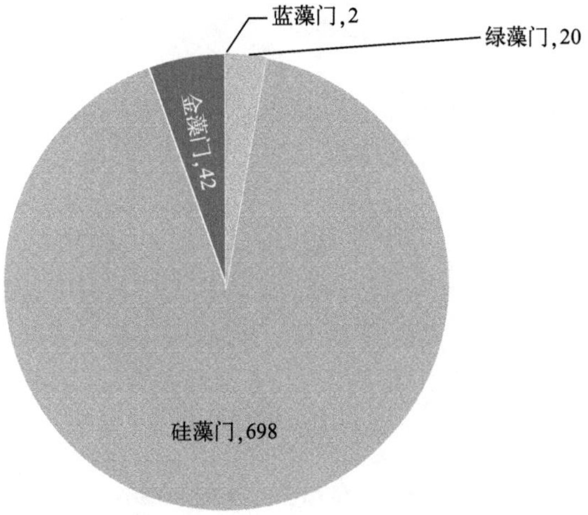

图10-45　高岚河4月藻类群落结构

和金藻门多个不同种类。水华暴发的特征主要有以下几个方面：a. 水华暴发季节主要在春夏季，以 2 月下旬～ 7 月上旬为集中暴发期，偶尔出现在 9 ～ 10 月甚至冬季；b. 水华期间水色显著变化，多呈浅黄绿色、黄绿色、红褐色、酱油色等；c. 水华期间藻类细胞密度＞ 10^7 个 /L，水华暴发的强度和影响范围具有很强的水域时空异质性，不同水华的强度及影响范围显著不同；d. 水华主要发生在水库一级支流受回水顶托影响的区域，而在上游非回水区，以及尚未受回水影响或影响较小的支流均未发生水华，蓄水后的回水顶托作用对支流水华现象产生显著影响；e. 蓝藻水华逐渐成为常见水华种，同一水域可多次出现同一优势种水华，也可是几种优势种的演替；f. 受区域地理特性、水动力等条件的不同影响，不同支流或同一支流在不同区段和时段出现的水华类型不完全相同，总体上水华优势种显示出由硅 - 甲藻（春季）向蓝 - 绿藻（夏季）转变的年内变化和由河流型向湖泊型转变的年际变化特点。

10.4.2 支流水华暴发源头控制关键技术

10.4.2.1 水生植物消减水体营养物质技术

选取美人蕉、风车草、菖蒲、千屈菜和梭鱼草等水生植物进行对比研究，水生植物种植后，对所选水生植物的生长情况进行跟踪测定。如图 10-46 所示，所选水生植物的株高随时间推移逐渐增高。水生植物种植 5 个月后，美人蕉的株高最高，达到 1.7m，菖蒲的株高最矮，为 1.1m。水生植物根系也随时间推移逐渐增长。5 个月后，美人蕉根系最长，达到 56cm，而株高最矮的菖蒲其根系也达到 55cm，风车草的根系最短，为 43cm。美人蕉具有最高的株高和最长的根系长度，具有较大的生物量，较为发达的根系还能供微生物附着生长，其硝化反硝化脱氮能力也最强。

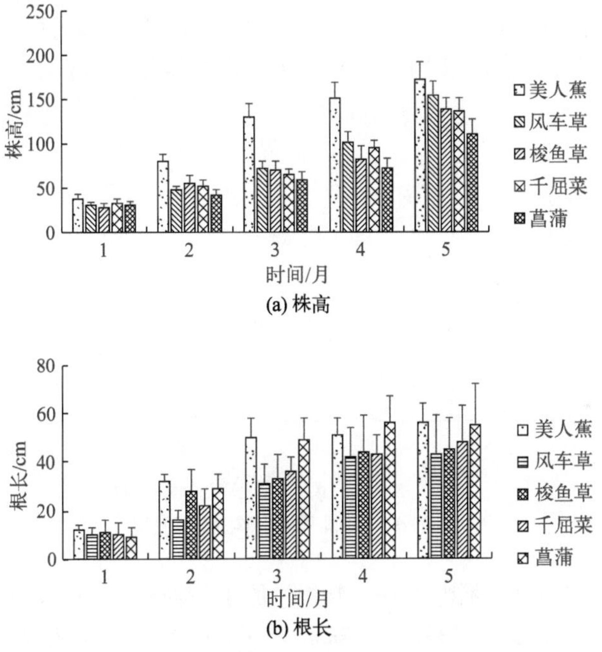

(a) 株高

(b) 根长

图10-46 浮床上不同水生植物的株高及根长随时间的变化情况

5 个月后，对水生植物茎叶进行收割，并测定其生物量、含水率及氮、磷含量等指标（表 10-12）。从生物量上来看，美人蕉的茎叶鲜重最大，但其含水率最高，达到 93%。美人蕉干重并不高，仅略高于菖蒲。几种水生植物中风车草的干重最大，达到 38.4g。几种水生植物的含氮量在 13.4 ～ 23.6g/kg 之间，菖蒲含氮量最高，风车草含氮量最低。几种水生植物的含磷量在 2.19 ～ 3.36g/kg 之间。美人蕉含磷量最低，风车草含磷量最高。如对水生植物茎叶收割，每株水生植物能带走 0.35 ～ 0.61g 氮和 0.036 ～ 0.129g 磷。其中梭鱼草吸收氮最多，风车草吸收磷最多。每平方米种植 9 株水生植物，通过植物收割每平方米植物浮床能从水体带走 3.15 ～ 5.49g 氮和 0.324 ～ 1.161g 磷。

表10-12　水生植物生长5个月后收割时茎叶生物量及氮、磷含量

水生植物	美人蕉	风车草	梭鱼草	千屈菜	菖蒲
鲜重/g	275	198	125	157	153
干重/g	19.25	38.4	28.6	23.1	14.7
含水率/%	93	80.6	77.1	85.3	90.4
含氮量/(g/kg)	20.6	13.4	21.3	18.6	23.6
氮总量/g	0.39	0.51	0.61	0.43	0.35
含磷量/(g/kg)	2.19	3.36	2.44	2.63	2.45
磷总量/g	0.042	0.129	0.070	0.061	0.036

在水华多发的夏季（2015年8月）对示范工程上游、下游和浮岛平台1和2共4个样点浮游动物进行采样并分析，结果表明上游采样点样品中的浮游动物密度最高。原生动物占据优势地位，下游采样点样品中浮游动物密度最低，轮虫作为优势类群占比最高，样点台1和台2浮游动物密度（图10-47）及浮游动物类群组成差异均不大。

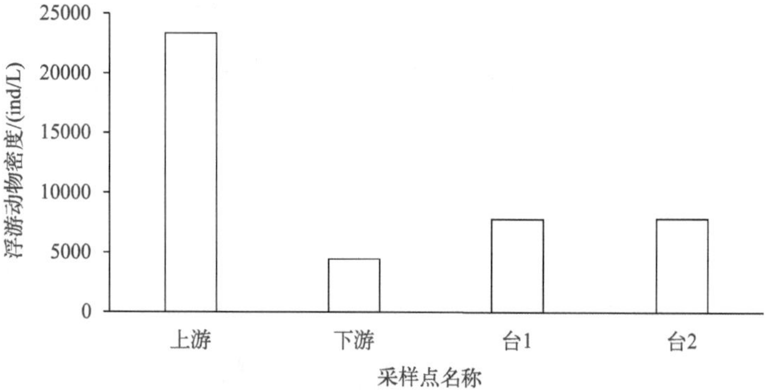

图10-47　不同采样点浮游动物密度

4个采样点共发现浮游动物18种。其中，原生动物4种、轮虫5种、枝角类3种和桡足类6种。原生动物如一种累枝虫（*Epistylis* sp.），轮虫如独角聚花轮虫（*Conochilus unicornis*）、月型腔轮虫（*Lecane luna*），枝角类如盔形溞（*Daphnia galeata*）、脆弱象鼻溞（*Bosmina fatalis*），桡足类如一种华哲水蚤（*Sinocalanus* sp.）、桡足幼体以及无节幼体等为浮游动物各类群的优势种。各样点浮游动物各类群物种丰富度在7～11种之间。

4个采样点浮游动物的密度以原生动物个体数最多，轮虫次之，枝角类、桡足类数量最少。原生动物密度在0～23333.33ind/L之间，轮虫密度在0～6666.67ind/L之间，桡足类在7.87～69.6ind/L之间，枝角类密度在0.63～1.23ind/L之间。

从结果来看，浮床区域浮游动物密度和浮游动物类群都有别于其上游水域和下游水域，上下游水域本身也存在较大差异。因此，无法判断浮床及水生植物对浮游动物的影响。考虑到香溪河水域存在一定的水体交换，浮床及水生植物对浮游动物的影响可能较为有限。

10.4.2.2 人工生物膜控藻消营养盐技术

生物膜是指微生物（包括细菌、放线菌、真菌及微型藻类和微型动物）附着在固体表面生长后形成的黏泥状薄膜。生物膜技术即为水体有益微生物生长提供附着载体，提高生物量，使其不易在水中流失，保持其世代连续性；载体表面形成的生物膜，以污水中的有机物为食料加以吸收、同化，因此对水体中污染物具有较强的净化作用。可作为生物膜载体的材料很多，其中人工水草（各类生物填料、生态基的统称）具有高比表面积、水草型设计、独特编制技术、表面附着性强和耐磨损等特点，在国内外河流、湖泊生态修复中应用广泛。

本研究选取弹性填料、组合填料和纤维填料（图 10-48，书后另见彩图）进行对比研究。填料长度裁剪成 1m，通过绳索和重物悬挂在浮床平台上。挂膜 1 个月后，将填料取回，对填料上附着的生物膜的特征进行测定。载体材料上生物膜的生物量及氮、磷含量如表 10-13 所列。载体材料表面以丝状绿藻为主，截留了大量的无机颗粒物。组合填料上附着生长的自然生物膜的生物量最大，其次是弹性填料和纤维填料。自然生物膜的氮、磷含量相差不大，组合填料略低。因此，自然生物膜生长可以从周围水体吸附和吸收一定量的氮、磷。此外，自然生物膜中还生长有大量的细菌，其可以通过硝化反硝化作用去除水体中的氮。还有研究表明，自然生物膜可以分泌化感物质，对藻类的生长产生抑制作用。因此，通过人工载体，促进水体里自然生物膜的生长，一方面可以控制藻类生长所需的营养物质，另一方面通过释放化感物质抑制藻类的生长繁殖，从而适于藻类水华的源头控制。

(a) 弹性填料 (b) 组合填料 (c) 纤维填料

图10-48 本研究所选取不同生物膜载体材料

表10-13 载体材料表面自然生物膜的生物量及氮、磷元素含量

项目	干重/(g/m)	无灰干重/(g/m)	TN/(mg/g)	TP/(mg/g)
弹性填料	48.1	25.2	49.7	20.1
组合填料	54.3	28.9	48.1	19.3
纤维填料	39.9	20.2	49.2	20.3

通过室内研究发现，随着自然生物膜厚度的增加，自然生物膜硝化反硝化活性降低。

同时，其通过吸收和吸附过程聚集氮、磷的能力也逐渐下降。因此，需要定期对载体材料表面形成的自然生物膜进行收获，一方面将氮、磷等营养物质移出水体，另一方面维持自然生物膜硝化反硝化脱氮能力。

10.4.3　水华暴发过程的关键阻断技术

10.4.3.1　激光杀藻机杀藻技术

激光是一种新型的光源，它具有单色性、高定向性、极窄的频率密度和极短的发光时间等特性。紫外波段激光能量高，但对人眼产生的危害大、价格昂贵；红外和远红外波段激光功率大、能耗高、价格昂贵；而可见光波段激光成本相对低廉、技术成熟、应用广泛。目前，激光被广泛应用于焊接、切割、照明、通信、照相排版等领域，低强度的激光还被应用于植物突变和育种等方面。有研究表明激光照射能够防止生物膜的生长，可能会引起水华藻类的藻细胞的光化学效应，使其失活，从而达到杀藻的目的。目前常见的控藻方法有物理法、化学法和生物法。其中，物理控藻方法主要有机械或人工打捞、黏土絮凝技术和遮光技术、UV 和超声波控藻等，而对于利用激光控藻的研究鲜有报道。因此，本研究探索了激光杀藻的效率与原理，研制了基于激光技术的激光杀藻机并尝试了其在香溪河水华控制中的应用。

（1）激光发射波长筛选

香溪河每年 7 ～ 8 月水华最为严重，且以铜绿微囊藻（*Microcystis aeruginosa*）为水华优势种。实验室激光波长筛选也选取铜绿微囊藻为研究对象，铜绿微囊藻 FACHB-915 取自中国科学院水生生物研究所淡水藻种库。采用 BG11 培养基在三角瓶中培养，培养温度 24℃ ±0.5℃，光强 2000lx，光暗时间比为 14h ： 10h，手摇 3 次 / 天，实验均采用对数生长期的铜绿微囊藻（胞密度在 6.5×10^6 ～ 2.5×10^7cells/mL 之间）。所选激光波长为 405nm（紫光）、455nm（蓝光）、532nm（绿光）和 650nm（红光），激光功率为 50mW，本研究所用到的激光机型号如表 10-14 所列。不同波长的激光对铜绿微囊藻悬浊液照射 30 min 后测定藻细胞的 PS Ⅱ最大光化学量子产量（F_v/F_m）来反映激光照射对藻细胞光合作用活性的影响，如图 10-49 所示，650 nm 红光激光照射后对藻类光合作用活性的抑制最为显著，因此，后续实验研究选取 650 nm 红光激光机进行。

表10-14　激光机型号及介绍

型号	波长	输出功率	工作介质
M405L50	405nm	50mW	半导体
M455L50	455nm	50mW	半导体
M532UL50	532nm	50mW	半导体
M650L50	650nm	50mW	固体
T650D1W	650nm	1W	固体

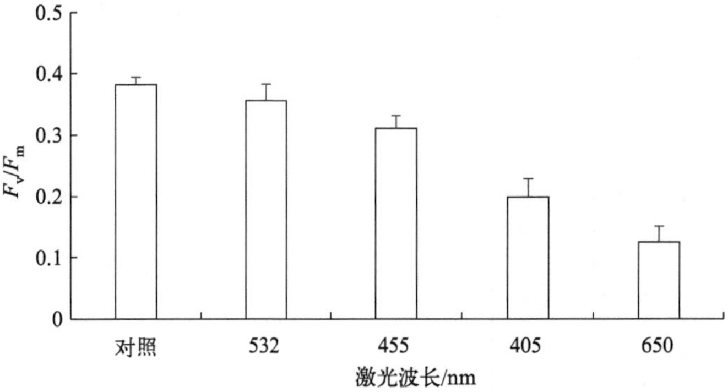

图10-49 不同波长激光照射对铜绿微囊藻光合作用活性的抑制

(2)红光激光照射对铜绿微囊藻的影响

选用波长为650nm，功率为1W的激光器进行。首先研究不同照射时间后铜绿微囊藻的恢复生长情况，如图10-50所示（图中OD_{650}为650nm波长处的光密度，也称为光吸收值），未接受激光照射的藻细胞呈指数增长。而激光照射过的藻细胞生长明显放缓，照射15min以上的藻细胞在15d内无明显生长迹象，说明其中的藻细胞已完全被激光杀死。

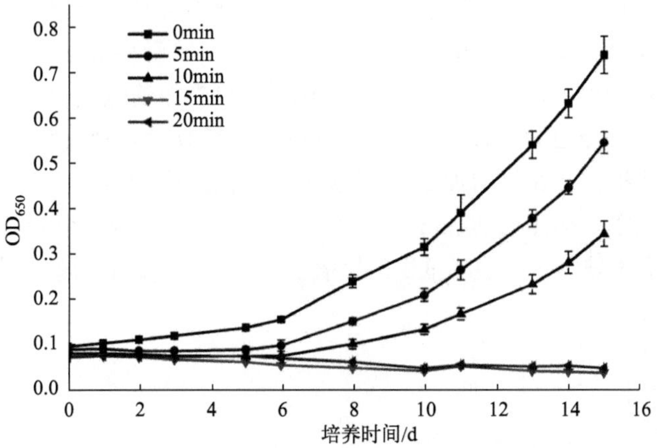

图10-50 红光激光照射不同时间后铜绿微囊藻的生长情况

叶绿素荧光参数可作为逆境条件下植物抗逆反应的指标之一，强光可引起藻类光合作用的光抑制。激光作为一种能量高度集中的单色光可能对微囊藻光合系统产生抑制。实验发现，激光照射铜绿微囊藻10min过程中，藻液温度可由26.5℃升高至40℃。为探究激光产生的热效应对铜绿微囊藻光合活性的影响，测定红光激光照射铜绿微囊藻0min、2min、4min、6min、8min、10min和40℃水浴加热10min后铜绿微囊藻PSⅡ最大光化学量子产量（F_v/F_m），如图10-51所示。随着激光照射时间增加，铜绿微囊藻F_v/F_m呈减小趋势，照射10min后为0；而水浴加热10min后F_v/F_m为0.325，略小于对照组的0.359，说明热效应只能对铜绿微囊藻的光合活性产生十分轻微的影响，红光激光对铜绿微囊藻的抑制并非全部由热效应引起。F_v/F_m的大小反映PSⅡ反应中心内禀光能转换效率，F_v/F_m

值越大表示 PS Ⅱ反应光能转换效率越高。说明激光照射会影响铜绿微囊藻 PS Ⅱ光能转化效率，使光合作用得到抑制，当达到一定照射时间时铜绿微囊藻光合作用被完全破坏。

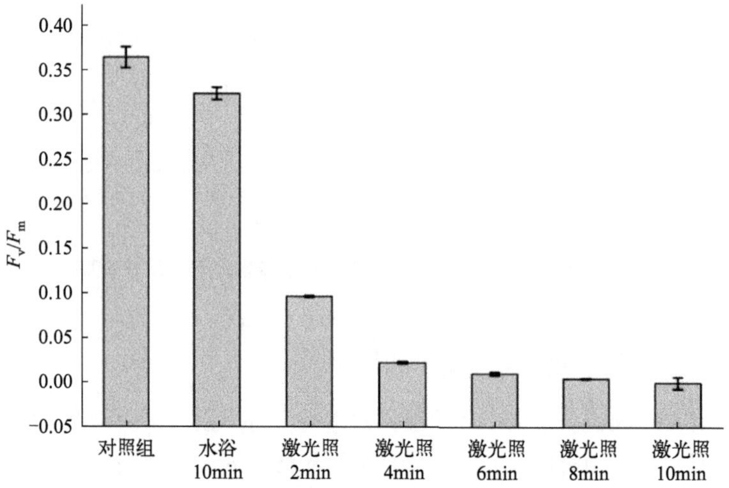

图10-51　红光激光照射对铜绿微囊藻光合作用活性的影响

图 10-52 显示的是激光照射不同时间后铜绿微囊藻超氧化物歧化酶（SOD）活性的变化。随着激光照射时间增加，铜绿微囊藻 SOD 活性缓慢升高，照射 15min 后达到最大值（18.25U/mg 蛋白）。SOD 是生物体内抗氧化防御系统清除活性氧（ROS）的第一道防线，其活性受到O_2^-的诱导而升高，歧化O_2^-并产生 H_2O_2，可有效清除生物体内的氧自由基，对机体起保护作用。当照射时间较短时，SOD 随照射时间增加而增大，说明激光照射使微囊藻细胞受到氧化损伤，通过增加 SOD 来减弱细胞内产生的氧自由基，从而减轻激光胁迫引起的活性氧伤害。在照射 20min 后 SOD 完全突变为 0，说明铜绿微囊藻细胞内 SOD 酶系统已经被过量O_2^-破坏，失去了抵御活性氧伤害的能力，铜绿微囊藻完全死亡。

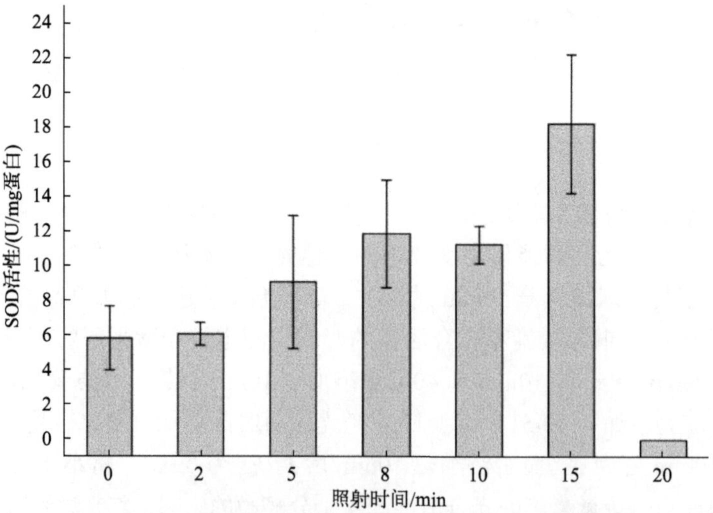

图10-52　激光照射不同时间后铜绿微囊藻SOD活性的变化

如图 10-53 所示为激光照射 0min、5min、7min、10min 后铜绿微囊藻细胞透射电镜下观察的细胞结构和形态变化。对照组［图 10-53（a）］铜绿微囊藻细胞形态健康，胞质内类囊体光合片层含量丰富，中央拟核区明显。激光照射 5min［图 10-53（b）］和 7min［图 10-53（c）］后类囊体片层出现变形、断裂和间隙，核区出现空洞，核质往周围弥散，有大量伪空泡。照射 10min［图 10-53（d）］后，类囊体消失殆尽，细胞质固缩聚集，形成均质样颗粒，出现质壁分离现象。铜绿微囊藻类囊体片层外表面上附有藻胆体，其生理功能是捕获光的激发能，然后传递给光合作用片层中的叶绿素 a，从而进行光合作用。说明激光能破坏类囊体结构，从而降低藻细胞色素的光能捕获和传递能力，最终使铜绿微囊藻细胞内能量转化和电子传递过程终止，细胞生长和代谢所需要的能量和有机物供应不足致使细胞死亡。此外，铜绿微囊藻细胞核区遭到破坏，使内部 DNA 等遗传物质受到损坏，细胞壁也遭受破坏，从而使细胞失去自我保护能力，加剧了藻细胞的死亡。

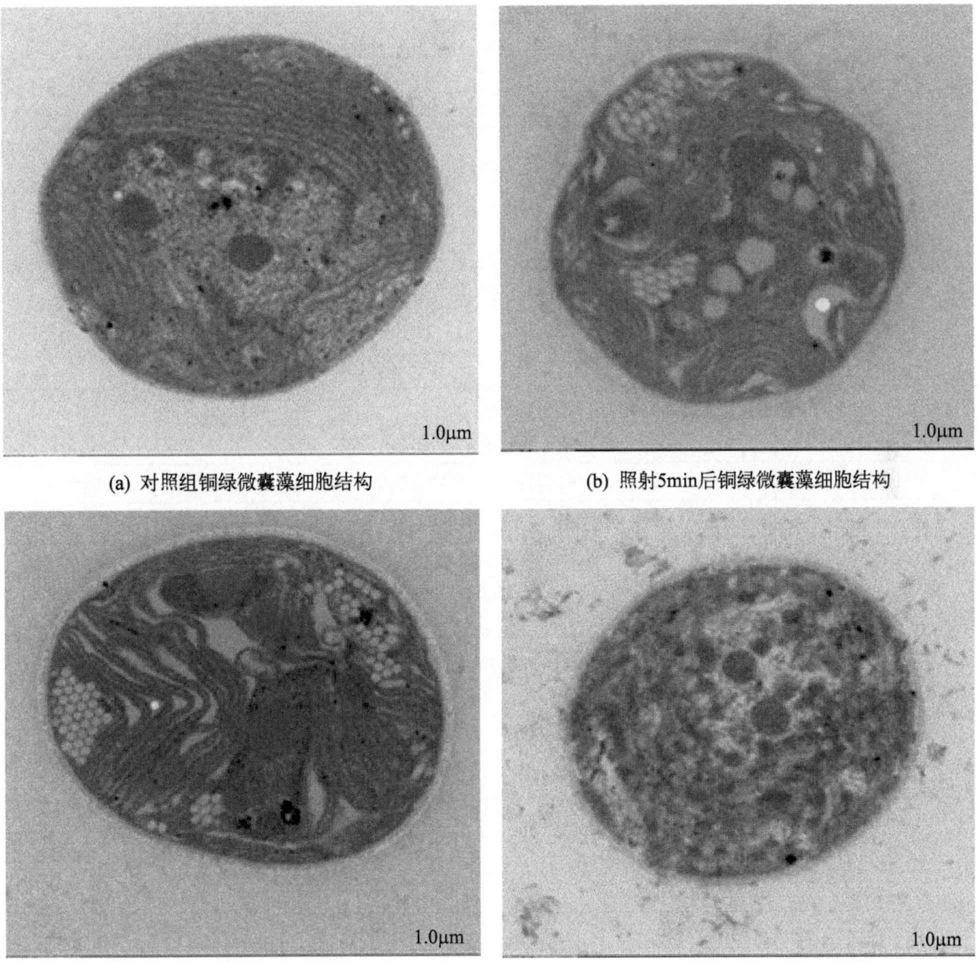

(a) 对照组铜绿微囊藻细胞结构　(b) 照射5min后铜绿微囊藻细胞结构

(c) 照射7min后铜绿微囊藻细胞结构　(d) 照射10min后铜绿微囊藻细胞结构

图10-53　不同激光照射时间下铜绿微囊藻细胞形态结构变化

（3）激光照射对浮游动物的影响

为评估激光杀藻技术的生态安全性，选取三种常见的浮游动物（大型溞、船卵溞和裸腹溞）进行激光照射实验，照射完后对三种浮游动物用栅藻进行饲养，24h 后观察浮游动物存活情况。实验在 10mL 离心管中进行，取 5mL 藻液，放入 3 种浮游动物，分别进行实验。由表 10-15 可看出不同种类的浮游动物对激光的敏感程度不一样，大型溞对激光最为敏感，照射 2 ～ 10min 进行饲养，超过 2min 后培养 24h 观察发现全部死亡；裸腹溞在激光照射超过 4min 后培养 24h 全部死亡；船卵溞对激光的耐受性最高，照射时间长达 10min 培养 24h 后全部存活。有研究表明，激光首先会对动物视网膜、眼角膜和其他表皮组织造成伤害，因此在激光技术用来杀藻时一方面要考虑杀藻效果，另一方面要考虑激光对其他生物的影响，实际运用时应尽量降低照射时间，避免对浮游动物造成伤害。

表10-15　红光激光照射后三种浮游动物的 24h 死亡率　　单位：%

照射时间 /min	0	2	4	6	8	10
大型溞	0	100	100	100	100	100
船卵溞	0	0	0	0	0	0
裸腹溞	0	0	100	100	100	100

（4）激光杀藻机的研制

激光杀藻机各部件的参数见表 10-16，表 10-17 为激光杀藻机泵的流量调节与激光器工作数量的关系，实际操作中可根据需要进行调节。

表10-16　激光杀藻机各部件参数

名称	规格	个数
激光器	固体激光器，激发波长 650nm，功率 1W	2～8台
石英管	长 60cm，内径 4cm，单管容积 0.75L	4个
入水管	长 4m，内径 1cm，硅胶软管	1个
出水管	长 2m，内径 1cm，硅胶软管	1个
接头管	长 15cm，内径 1cm，硅胶软管	3个
蠕动泵	WT600–2J，泵头 YZ1515X，转速 60～600r/min，功率小于 200W，流量 4～6L/min(4个泵头)	1个
箱体	长 90cm，宽 40cm，高 20cm，有机玻璃	1个

表10-17　蠕动泵转速、处理量和激光器数量的关系

蠕动泵转速 /(r/min)	蠕动泵流量 /(L/min)	单管停留时间 /min	激光器数量 / 个
100	0.43	1.70	1
200	1.00	0.75	2
300	1.33	0.56	3
400	1.72	0.44	4
500	2.00	0.38	5
600	2.38	0.33	6

图 10-54 为野外激光杀藻机在流量为 1L/min 时的工作曲线，在该流量下激光对藻类具有很好的抑制作用，激光杀藻机大约在工作 8min 后达到平衡，使得杀藻率可达 90% 以上。该装置可放置于船上或岸上，连续工作进行控藻，但存在处理水量较小的问题。由于激光器成本较高，是否能够降低激光器的成本是激光杀藻机能否大范围应用和推广的关键因素。

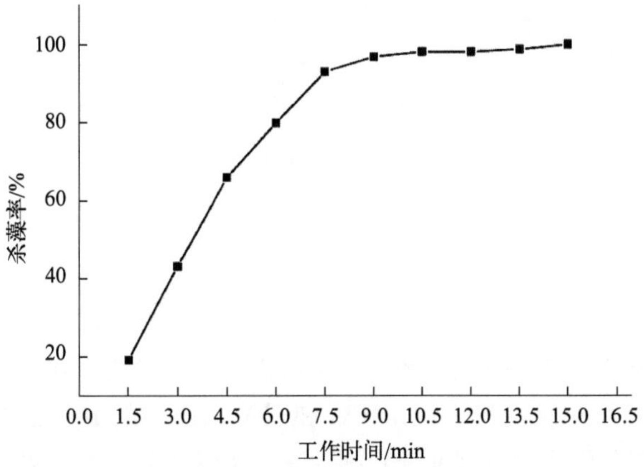

图10-54 激光杀藻机工作曲线

（5）激光杀藻机局限性

由于激光的高定向性，使得激光能够影响的水域面积十分有限，因此不适用于大面积水华的控制。目前激光器成本较高，使得该技术的实际应用受到一定限制。处理后的含藻水体仍需排回到水体，使得藻体内的营养物质，甚至藻毒素被释放出来，因此需要考虑激光杀灭后含藻水体的处理问题。

10.4.3.2 生物滤藻机技术

生物滤藻机技术是利用滤食性水生生物的捕食作用达到控制水体中藻类过量繁殖的一种方法，通过滤食性水生生物摄取藻类抑制其过量繁殖，并通过改变周围水体物理化学条件影响藻类的生长和繁殖。

（1）浮游动物控藻

三峡本地种枝角类浮游动物有薄皮溞、仙达溞、象鼻溞和盘肠溞，这几种溞的个体较小，不易饲养和控制。大型溞（*Daphnia magna*）个体大，总生殖量高，食藻量大，易于实验室培养，故选取大型溞作为生物滤藻实验的浮游动物和夏季水华优势藻铜绿微囊藻在室内开展浮游动物控藻实验，投加不同密度大型溞的控藻效果如图 10-55 所示。没有大型溞的烧杯内微囊藻藻密度随时间持续增加，体系内大型溞密度越大，控藻效果越好，当体系内大型溞密度达到 20 只 /L 时，5d 内微囊藻藻密度降为 0，说明大型溞有很好的滤藻效果。由于大型溞体积在自然河流中会被水流带走，还可能会被鱼类摄食，因此大型溞滤藻在野外大面积实施存在一定的技术难度。

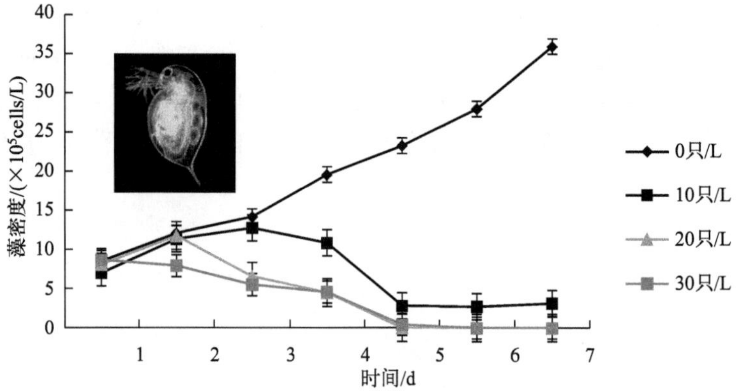

图10-55　不同密度的大型溞对微囊藻的控制效果

（2）滤食性贝类控藻

滤食性贝类有较好的控藻效果，选取常见淡水滤食性贝类研究其对铜绿微囊藻的控制效果，所选滤食性贝类包括河蚬、三角帆蚌和圆顶珠蚌。用10%的BG11加入适量铜绿微囊藻进行驯化，驯化两周后发现河蚬和圆顶珠蚌生长良好，而且对藻类具有很好的滤食效果，三角帆蚌则生长情况较差，滤食效果也较差，因此后期实验中只选取河蚬和圆顶珠蚌进行研究。选取相同成本的圆顶珠蚌和河蚬，分别将两种贝类以低密度、中密度和高密度置于水族箱中，加入相同密度相同体积的微囊藻，设置对照组，每隔15min测定一次藻密度，每组设置三个重复实验，计算对微囊藻的去除效率。如图10-56所示，河蚬和圆顶珠蚌均有较好的控藻效果，且投加密度越大，其控藻效果越好。高密度组在2h内可以使水体中的藻密度下降80%以上，但从效率来看，低密度时的藻类滤食效率最高，低密度组在2h内可以使水体中的藻密度下降40%左右。

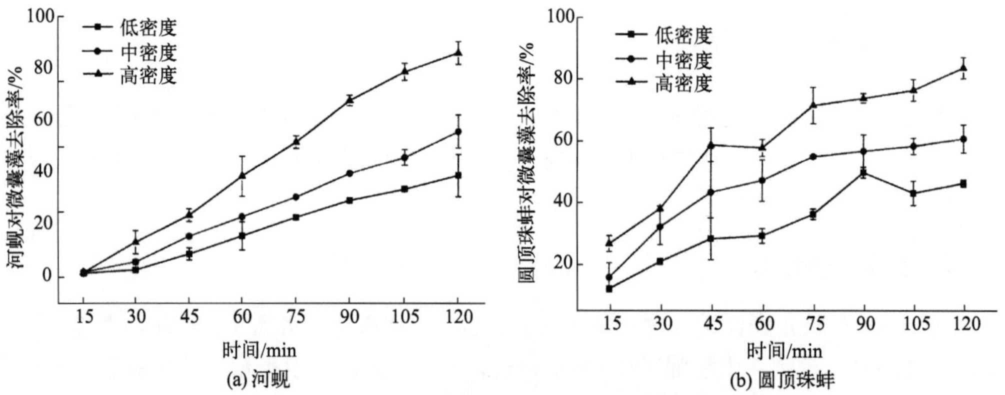

图10-56　不同密度河蚬和圆顶珠蚌对微囊藻的滤食效果

在野外开展滤食性贝类控藻的围隔实验，滤食性贝类放置后，对围隔内水质指标进行跟踪监测。如表10-18所列，相对于对照组，放置有河蚬和圆顶珠蚌的围隔内Chla浓度下降约40%，而对照组略有上升。营养盐指标对照组和处理组之间差异不大，说明河蚬和圆顶珠蚌能控制藻类生长，但对水体营养盐含量影响不大。

表10-18 滤食性贝类对围隔水质的影响

项目	时间	2014-4-18	2014-4-20	2014-4-22	2014-4-24	2014-4-26
河蚬	Chla/(μg/L)	0.033	0.036	0.025	0.026	0.021
	TP/(mg/L)	0.116	0.123	0.095	0.084	0.081
	TN/(mg/L)	0.524	0.512	0.489	0.421	0.448
	NH_4^+/(mg/L)	0.275	0.132	0.156	0.082	0.071
圆顶珠蚌	Chla/(μg/L)	0.036	0.032	0.028	0.021	0.023
	TP/(mg/L)	0.122	0.095	0.091	0.085	0.075
	TN/(mg/L)	0.489	0.502	0.436	0.481	0.465
	NH_4^+/(mg/L)	0.195	0.153	0.132	0.158	0.095
对照组	Chla/(μg/L)	0.032	0.038	0.041	0.039	0.043
	TP/(mg/L)	0.102	0.116	0.089	0.081	0.078
	TN/(mg/L)	0.514	0.502	0.512	0.459	0.486
	NH_4^+/(mg/L)	0.201	0.158	0.125	0.136	0.087

10.4.4 水华的应急处置关键技术研究

壳聚糖是一种甲壳素在碱性条件下经脱乙酰化产生大量自由氨基的高分子化合物，具有来源广泛、安全和无毒等特点。在酸性条件下，质子化的氨基对藻细胞产生强烈的静电中和作用，同时其高分子链通过对颗粒吸附产生颗粒间的桥架作用，使其失稳，产生絮体沉淀。作为一种高分子氨基化合物，相较于传统的铁盐、铝盐，以及人工合成季铵盐，具有无毒、形成絮体的强度更高的特点，且在冷水环境中也有相对较好的絮凝效果。

黏土矿物以其巨大的赋存量以及廉价与无毒性被广泛用于海洋赤潮的处理，但其成胶性差，在水体中呈负电性，与普遍呈负电性的藻细胞难以形成有效吸附。不同种类的黏土矿物其形态特征对其临界浓度有巨大影响，使得只有海泡石、硅藻土等部分黏土矿物可应用于藻华的处理。在淡水环境中，除藻效率随金属盐浓度呈线性下降，归因于在缺乏阳离子的环境下水体中的黏土矿物（同时也包括其他类型的硅酸盐矿物如正长石等）表面电位急剧下降，表面呈现出更明显的负电性，使除藻所需剂量大大增加。

壳聚糖与沉积物通过混合交联，对矿物表面进行化学改性，使其成为一种高效的生态除藻剂。表面吸附的含有自由氨基的壳聚糖盐以其大量的正电荷使矿物表面电性反转，使其在低离子强度的淡水环境中可以高效地对藻细胞进行絮凝。表面大量游离的壳聚糖分子产生强大的电性中和与架桥网捕作用，经表面改性的黏土矿物均表现出较好的絮凝效果，长石与石英等非黏土类矿物也表现出了较好的除藻效果。相较于单独使用壳聚糖作为絮凝剂，经与沉积物混合后产生的絮体体积更小，强度更大，沉降速度更快，抗扰动性更强，在有一定的水流风浪的扰动条件下有更好的除藻效果。由于黏土矿物与壳聚糖本身的无毒性与壳聚糖的天然可降解性，使之成为安全可靠的生态絮凝剂。在天然水体中应用时不会导致藻类的死亡，避免了在除藻过程中藻毒素与藻细胞内有机物在短时间内的大量释放以及对水体环境的二次污染。

通过壳聚糖对香溪河原位沉积物进行物理化学改性，使其对藻类有较好的絮凝沉降效果，通过将藻类絮凝沉降至水底，使其丧失光合作用能力，去除水体中的藻华。改性后的沉积物应对磷具有较好的吸附作用，从而抑制藻类死亡后磷元素的再次释放，将其锁闭在沉积物中，降低再次发生藻华的风险。

10.4.4.1　沉积物改性实验

（1）香溪河沉积物特征

从香溪河河口到回水区（XX01，XX03，XX04，XX05，XX07）及香溪河支流高岚河河口（GL）分别采集表层沉积物样品，对其粒径组成特征进行分析（图10-57）。从不同位置采集到的沉积物特征来看，从河口到上游砂粒含量逐渐增加，而黏粒的含量逐渐下降。香溪河回水区内的水动力条件由于受到干流水库的顶托作用，明显减弱。砂粒在香溪河上游先沉降到沉积物中，到了下游，沉积物中的砂粒逐渐减少，而黏粒的含量则逐渐增加。

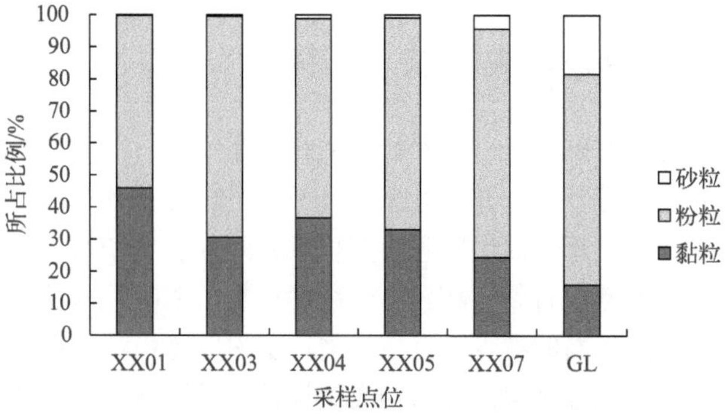

图10-57　香溪河表层沉积物的粒径分布情况

通过X射线衍射分析了不同位置采集沉积物中的矿物组成（表10-19），香溪河沉积物主要矿物组成为石英、白云石、钠长石、绿泥石、伊利石和钠闪石。其中黏土矿物绿泥石和伊利石分别在XX01和XX05点最高，而在GL和XX07点较低，与粒径分布数据结果基本相符。石英、钠长石和白云石等为等轴状矿物，其无法在水中形成网状结构，不利于藻细胞的絮凝。而绿泥石、伊利石等黏土矿物是由硅氧四面体与铝氧八面体组成的层状硅酸盐矿物。黏土颗粒在水中通常带有负电荷，使其能与水中阳离子发生吸附。

表10-19　香溪河沉积物矿物组成情况

样品	石英	白云石	钠长石	绿泥石	伊利石	钠闪石
GL	17.51	44.57	2.94	7.32	19.29	8.36
XX01	40.67	6.61	10.08	30.27	12.37	—
XX05	36.95	16.19	5.11	14.68	27.06	—
XX07	54.02	10.86	20.87	12.14	2.11	—

（2）沉积物改性与筛选

沉积物改性剂选取壳聚糖，分别对 GL、XX01、XX05 和 XX07 所采沉积物进行改性。沉积物样品风干，过 180 目筛，将 100mg 壳聚糖溶解于 4.4% 的盐酸中，定容至 100mL，加入 1g 沉积物，搅拌混匀，制成 1 ∶ 10 的改性沉积物悬浊液。将其加入藻密度为 10^8cells/L 的微囊藻培养液中，搅拌后静置，2h 内每隔 10min 对上清液藻密度进行测定，实验结果如图 10-58 所示。改性沉积物除藻效果大约在 1h 后达到平衡，除藻率优于 85%，其中 XX05 点沉积物经过改性后的藻类去除效果最好，可达 96%。因此，后续实验改性条件优化选取 XX05 沉积物进行。

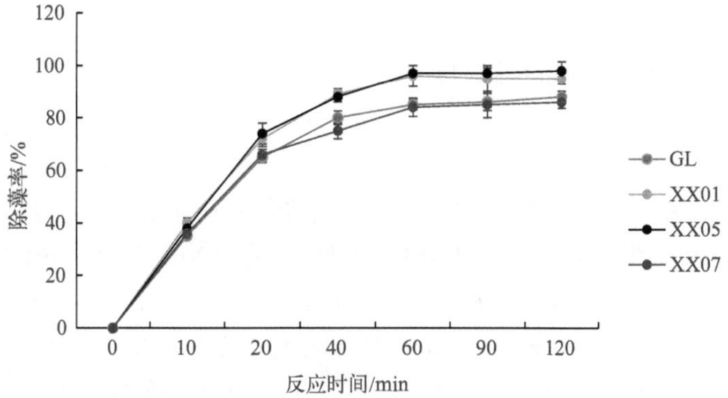

图10-58 不同沉积物壳聚糖改性后的除藻效果

（3）沉积物改性条件优化

研究不同壳聚糖浓度对微囊藻絮凝的效果（2h 内的藻类去除率），如图 10-59 所示。实验所选取浓度范围都具有较好的除藻效果，除藻率优于 75%，且壳聚糖含量越高其除藻效果越好。考虑到壳聚糖成本较高，且加大壳聚糖用量除藻效果提升有限，最终选取 1mg/L 壳聚糖进行沉积物改性优化。沉积物和壳聚糖比例为 1 ∶ 1、2 ∶ 1、5 ∶ 1 和 10 ∶ 1 时对藻类絮凝去除效果如图 10-60 所示，沉积物和壳聚糖混合后的除藻效果比单独用沉积物或单独用壳聚糖要好，且当混合比例为 5 ∶ 1 时除藻效果最好，到达 95%。确定按 5 ∶ 1 的比例（1mg/L 壳聚糖混合 5mg/L 沉积物）用壳聚糖对 XX05 点位的沉积物进行改性作为最优的生态除藻剂用于后续试验。

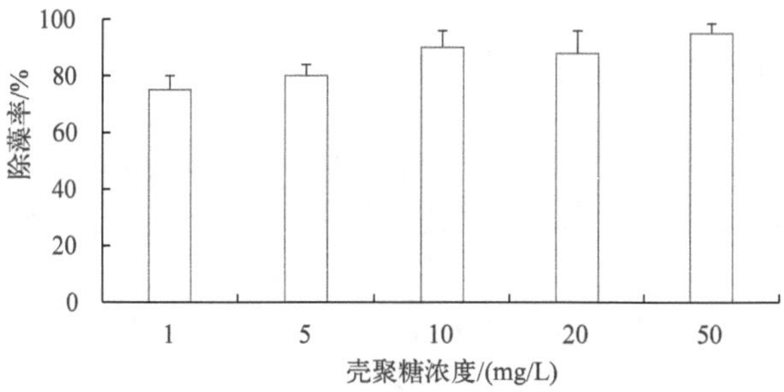

图10-59 不同浓度壳聚糖对微囊藻的絮凝去除效果

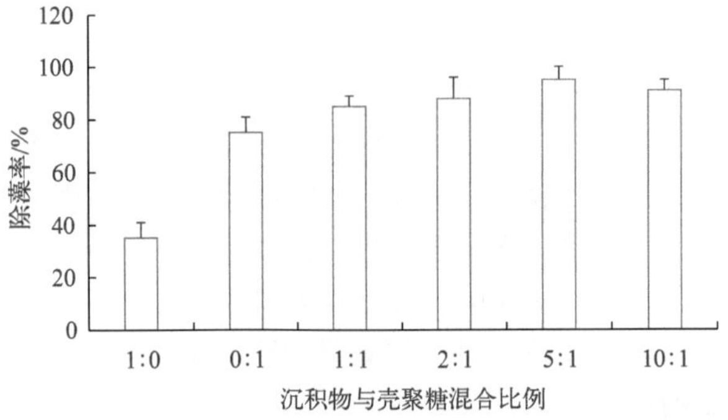

图10-60　不同沉积物与壳聚糖比例对藻类絮凝去除效果的影响

10.4.4.2　生态除藻剂对磷的控制作用

（1）沉积物磷分级

沉积物中磷分为弱吸附态磷（NH_4Cl-P）、铁铝结合态磷（Fe/Al-P）、有机磷（Organic-P）、钙结合态磷（Ca-P）和残渣磷（Residual-P）五种形态。XX05 沉积物中不同形态所占比例见表 10-20，其中 Ca-P 和 Residual-P 是 XX05 沉积物中磷的主要赋存形态，其占到总磷的 88.7%，Ca-P 和 Residual-P 都属于惰性磷，其释放风险极小。Organic-P 主要是存在于有机质和微生物体内，一般条件下不会释放，Fe/Al-P 对氧化还原条件和水体 pH 值较为敏感，表层水体通常处于耗氧条件，Fe/Al-P 也不会释放。NH_4Cl-P 为易交换态磷，但其含量不足 1%，因此，XX05 沉积物向水体中释放磷的风险极小。

表10-20　XX05沉积物磷分级

形态	NH_4Cl-P	Fe/Al-P	Organic-P	Ca-P	Residual-P
占比/%	0.9	8.1	2.3	55.8	32.9

（2）生态除藻剂使用对水体中磷的影响

为研究生态除藻剂对水体中磷的影响，对水体中溶解性磷酸盐（PO_4^{3-}）的含量进行连续测定，结果如图 10-61 所示。生态除藻剂加入后，水体中PO_4^{3-}浓度逐渐下降，并在 20min 后基本维持不变，达到平衡时PO_4^{3-}浓度下降约 25%，因此，由壳聚糖改性原位沉积物制成的生态除藻剂能同时达到除藻控磷的双重效果。

10.4.4.3　生态除藻剂水华应急处理效果

2016 年水华暴发期间，分别 3 次对示范区水华进行应急处置。香溪河原位沉积物风干并过 2mm 孔径筛网，生态除藻剂配比为壳聚糖浓度为 1g/L、香溪河原位沉积物 5g/L。壳聚糖用 4.4% 的盐酸溶解，然后加入香溪河原位沉积物，搅拌 1h，制成均匀的悬浊液。制成的悬浊液通过喷洒装置喷洒在水体表面，每平方米均匀喷洒 100 mL 悬浊液，三次应急处置后的效果如表 10-21 所列。藻密度的去除率较高，可达 95% 左右，而叶绿素 a 的去除率略低，也可达 65% 左右。因此，开发出的生态除藻剂具有较好的应急处置效果。

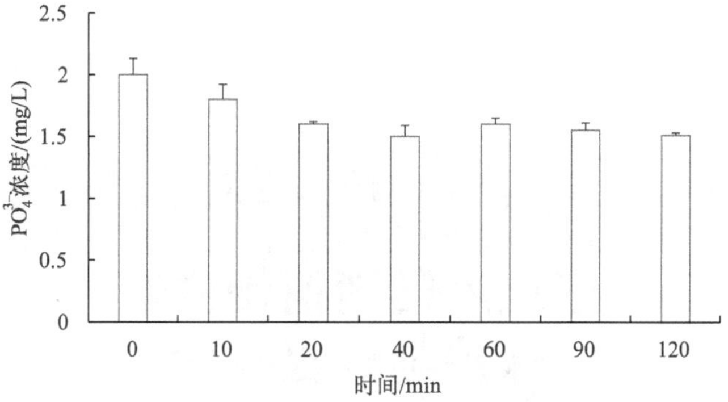

图10-61 生态除藻剂加入后水体磷酸盐浓度随时间的变化

表10-21 应急处置前后水体中藻密度及叶绿素a的变化

项目 \ 时间		2016-06-27	2016-07-15	2016-09-11
藻密度	处置前/($\times 10^7$ cells/L)	1.892	1.457	1.243
	处置后/($\times 10^7$ cells/L)	0.078	0.054	0.063
	去除率	95.8%	96.3%	94.9%
叶绿素a	处置前/(μg/L)	32.361	28.653	22.367
	处置后/(μg/L)	11.360	8.625	7.698
	去除率	64.9%	69.9%	65.5%

第 11 章 三峡库区消落带生态保护与修复技术

由于防洪、清淤及航运等需求，三峡水库实行“蓄清排浑”的运行方式，即夏季低水位运行（145m），冬季高水位运行（175m）。因而，在海拔高程 145 ～ 175m 的库区两岸，形成与天然河流涨落季节相反、涨落幅度高达 30m 的水库消落带。三峡水库消落带面积 348.93km^2，是我国面积最大的水库消落带。三峡水库消落带的形成，使蓄水前该区域生态环境条件发生剧变，导致一系列生态环境问题产生。国际上高度关注三峡水利枢纽工程，生态环境问题是最引人注目的方面，重点和关键又是消落带生态环境问题。三峡大坝建成之前人们将三峡水库消落带视为洪水猛兽，曾猜测水位消退后的消落带将变成一片似荒漠地带。

通过对退水后消落带植被进行调查发现，许多湿地植物完全能够适应这里的水位变动，例如莲藕、双穗雀稗等。事实上，消落带出露季节正是植物的生长季节，大面积消落带植被所蓄积的碳及营养物质是非常宝贵的资源，如果能够加以妥善利用，就能化害为利。许多旱生植物也能够通过调整自己的生长周期来获得在消落带中生存的机会。例如，2009 年 4 月下旬在忠县皇华岛海拔 165 ～ 170m 范围内，发现了大量已开始结实的苍耳个体（出露时间约为 60d），而未受淹水影响区域苍耳的正常结实时间应该在 7 月左右。消落带内耐水淹植物的存在给这一区域带来了生机，但也伴随着生物多样性减少、农业面源污染严重、植物厌氧分解产生二次污染，以及温室气体排放等诸多复杂的生态环境问题。面对消落带内出现的这些生态环境问题，亟待探索出一种有效的方法，它既能满足人们对消落带土地资源进行利用的需求，同时又能使消落带生态环境得到有效保护，即实现对消落带资源的生态友好型利用。

在三峡水库蓄水之前，消落带所在区域为三峡库区海拔 200m 以下生态环境质量最好的主要区域。在蓄水之后，陆生生态环境发生了根本性变化，产生了一系列生态环境问题。目前消落带潜藏的库岸环境污染加重、近岸水体富营养化、土壤侵蚀和水土流失加剧、生物群落退化以及生态系统破坏等现象已有所显现，直接影响了三峡库区及长江三峡国际黄金旅游带的生态景观、三峡水库水质、水库泥沙淤积与库岸稳定、库岸带城乡居民和移民生产生活环境、陆生与水生生物栖息繁殖生境和生物多样性以及消落带的资源利用等。因此，三峡水库消落带的生态问题，不仅关系到库区的生态环境，也关系到库区经济、社会可持续发展，对三峡库区乃至整个长江流域的生态环境、经济和社会发展带来重大影响。

11.1 大型水库运行初期消落带生态演变趋势分析

11.1.1 消落带气候变化趋势分析

（1）气温变化分析

三峡库区消落带地处长江上游，北有秦岭、大巴山阻挡，北方冷空气不易侵入，因此年均气温比同纬度其他地区相对较高。总体而言，三峡库区气温年际间变化并不是很大（图 11-1）。1990 ～ 2008 年年均气温为 17.7℃，其中 1996 年最低为 16.8℃，2006 年为历年最高，为 18.6℃。气温整体趋势为线性升温，约每 10 年上升 0.04℃（其中 1990 ～ 1999 年平均气温为 17.5℃，2000 ～ 2008 年年均气温为 17.9℃），远远低于全国平均气温的增温趋势（0.22℃ /10a）。

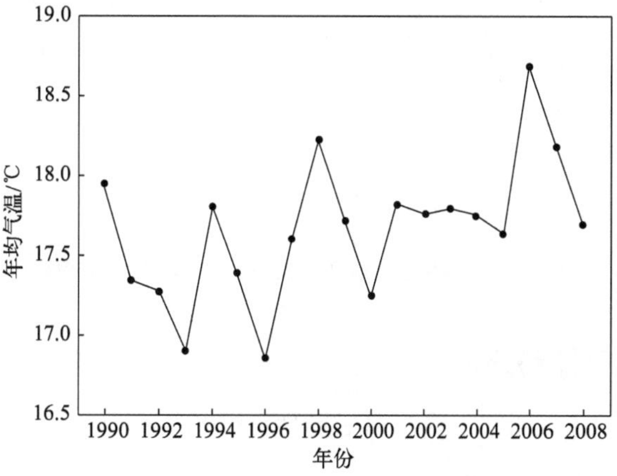

图11-1 三峡库区消落带1990～2008年平均气温

三峡水库蓄水前后，年均气温变化也较小，仅增加 0.3℃左右。受大气环流异常影响，2006 年平均气温异常偏高，而 2008 年冬季气温异常偏低。因此，库区年平均气温微弱上升的变化特点与西南地区区域背景气温变化趋势基本一致，同时也与全球平均气温变化趋势特征相吻合。

三峡库区消落带所在区域四季气温的变化也各有特点（图 11-2）。

1990 ～ 2008 年库区春季平均气温在 15.8 ～ 18.7℃，平均为 17.5℃，呈较为明显的上升趋势；夏季库区季平均气温在 25.6 ～ 28.7℃，平均为 26.5℃，各年间并没有明显的变化特点；秋季库区季平均气温在 17.4 ～ 19.8℃，平均为 18.2℃，呈一定的上升趋势；冬季库区季平均气温在 7.0 ～ 8.9℃，平均为 8.0℃，各年间波动较大，整体上呈现先升后降的趋势。

相关研究表明三峡库区年均气温在未来 50 年内可能将呈持续增暖趋势，以夏季月份的温度增加幅度最大。

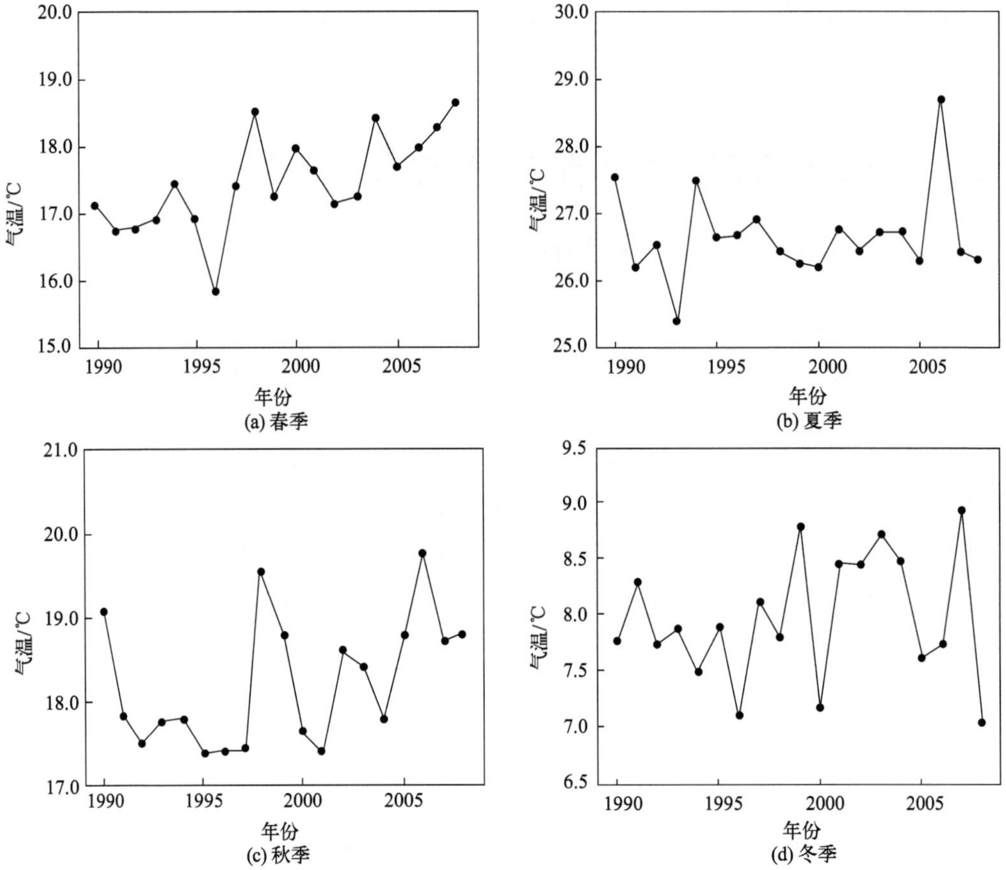

图11-2　三峡库区消落带1990～2008年四季平均气温

（2）降水变化及趋势分析

三峡库区各地降水较为丰富，库区各观测站常年年降水量大多超过1000mm（图11-3）。

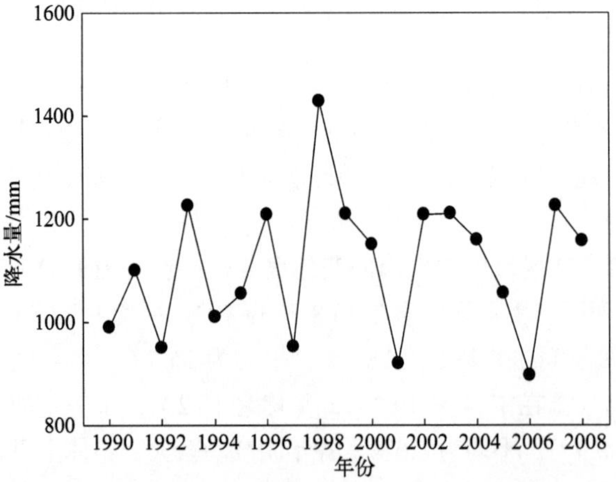

图11-3　三峡库区消落带1990～2008年年降水量

1990 ～ 2008 年年平均降水量为 1110.9mm，总体而言年际间波动并不明显。其中 1990 ～ 1999 年年平均降水量为 1112.7mm，2000 ～ 2008 年年平均降水量为 1108.9mm。1998 年为最高 1428mm，而 2006 年为历年最低仅 896mm。

三峡库区消落带所在区域降水量随季节变化明显，冬季降水量最少，仅为全年降水量的 5% 左右。春季是冬、夏季风的过渡时期，降水量较冬季明显增加；夏季是全年降水量最多的季节，占全年降水量的比例最高（40% ～ 50%）。同时库区四季降水量变化也各有特点（图 11-4）。

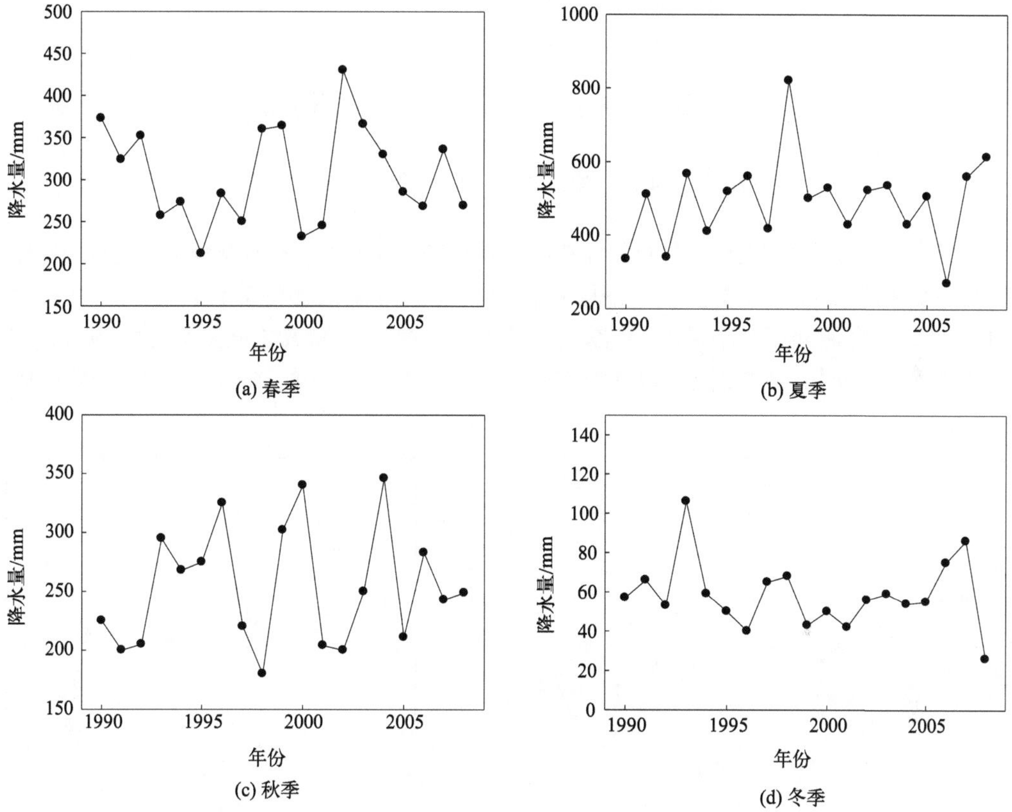

图11-4　三峡库区消落带1990～2008年四季降水量

1990 ～ 2008 年库区春季平均降水量为 305.7mm，其中 2002 年为历年最高（430mm），1995 年最低（212mm），整体呈现出明显高低起伏变化特征；库区夏季平均降水量为 493.0mm，除 2006 年（270mm）和 1998 年（820mm）有明显波动外，其他年份间并没有明显变化；库区秋季平均降水量为 253.7mm，其中 2004 年为历年最高（346mm），1998 年为最低（180mm），各年际间波动明显；库区冬季平均降水量为 58.4mm，其中 1993 年（106mm）和 2008 年（26mm）分别为历年最高和最低，而其他年份变化并不明显。有研究表明，三峡库区降水在 21 世纪前 40 年可能呈相对减少趋势，其中秋季减少幅度最大。

（3）相对湿度变化分析

总体来说三峡库区消落带湿度较大，库区 1990 ～ 2008 年相对湿度呈下降趋势（图 11-5），年平均相对湿度为 77.6%。其中 1993 年最高为 79.9%，2006 年最低为 73.0%，相差 6.9%。

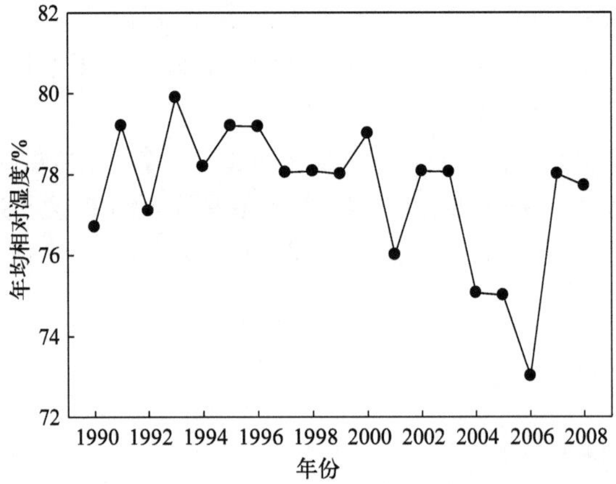

图11-5　三峡库区消落带1990～2008年年平均相对湿度

四季平均相对湿度变化各异（图11-6）。1990～2008年间春季相对湿度呈明显减少趋势，相对湿度在71.3%～79.0%之间，平均为75.7%；夏季相对湿度在66.5%～82%之间，平均为77.0%，年际间有明显波动；秋季相对湿度在74.4%～83.5%之间，平均为79.6%，总体呈略微下降趋势；冬季相对湿度在75.1%～82.2%之间，平均为78.9%，呈显著下降趋势。

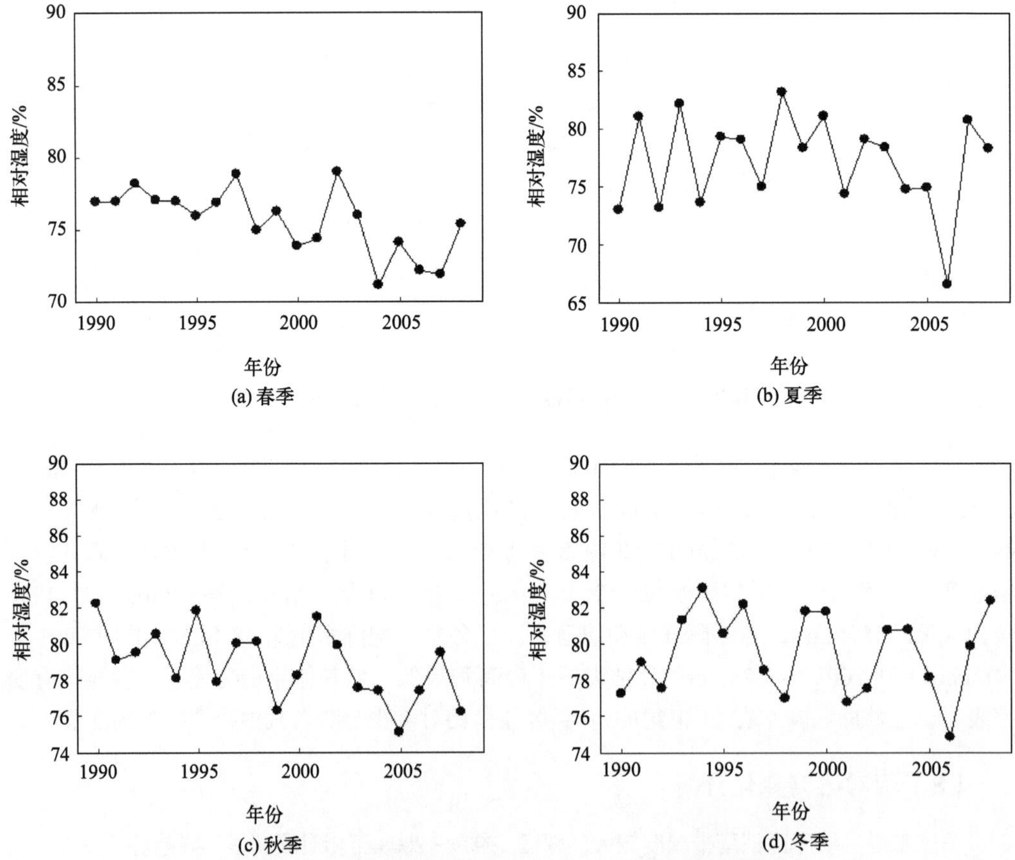

图11-6　三峡库区消落带1990～2008年四季相对湿度

11.1.2 消落带水土流失的演变趋势分析

以三峡库区为研究对象，综合运用 RS 技术和 GIS 空间分析功能进行 2000 年、2004 年、2007 年水土流失情况统计，以此为基础并结合消落带的具体特征进行消落带水土流失的趋势预测。从图 11-7（a）可以看出 2000 ～ 2007 年三峡库区水土流失面积逐渐下降。其中 2000 年水土流失面积 30608.28km^2，到 2007 年下降为 22594.7km^2，减少了 26.18%［图 11-7（a）］，而水土流失面积所占三峡库区面积比例也减少了 17.36%［图 11-7（b）］。消落带所在区域土壤侵蚀量先降低后增加［图 11-7（c）］，年均侵蚀模数有增加趋势。2000 年和 2004 年侵蚀模数相当，分别为 3751.01t/km^2、3738.51t/km^2，而 2007 年为 5618.13t/km^2，相比 2000 年增加了 49.78%［图 11-7（d）］。

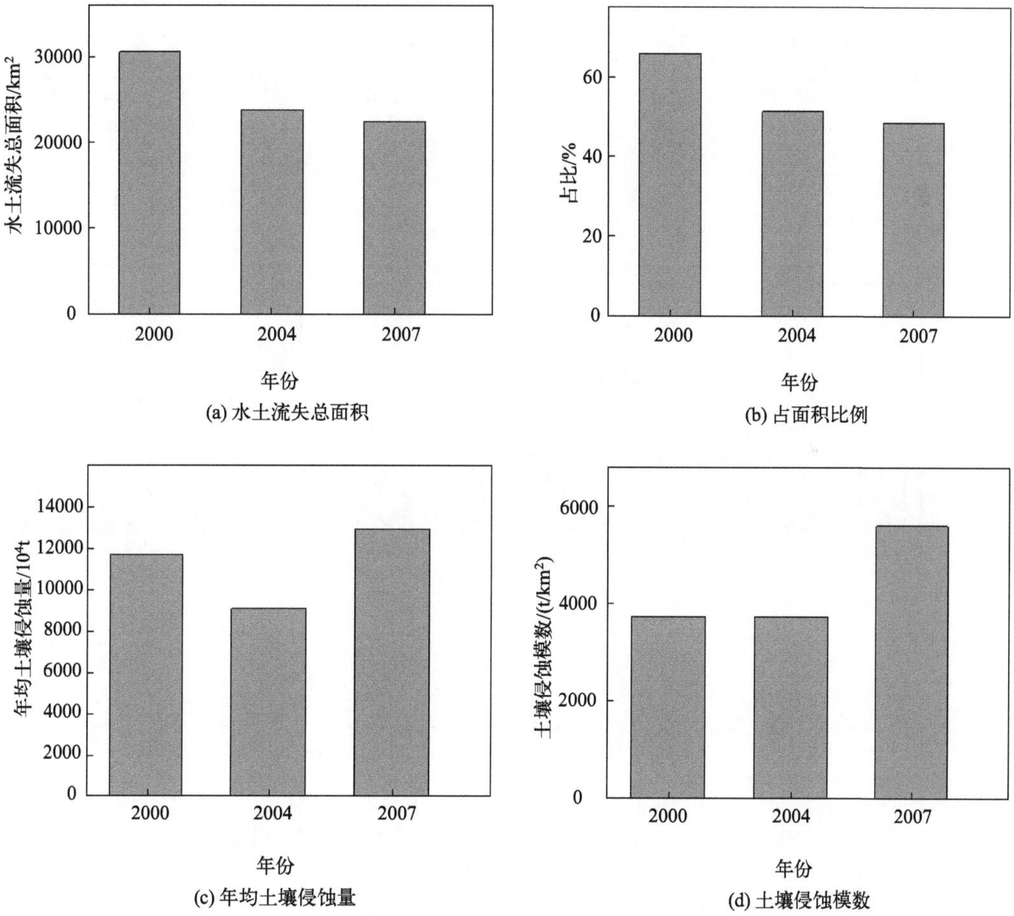

图11-7　三峡库区（重庆）水土流失总体变化情况

从图 11-8 可以看出不同强度水土流失类型在 2000 ～ 2007 年间的变化有着明显不同。2000 ～ 2007 年轻度流失面积及占三峡库区面积比例逐渐下降，相比 2000 年，2007 年轻度流失面积和比例分别下降了 10.6% 和 1.38%。中度流失面积及占三峡库区面积的比例均逐渐下降，相比 2000 年，2007 年中度流失面积、占流失面积比例和占三峡库区面积比例分别下降了 52.42%、18.33%、17.94%。强度流失面积、剧烈流失面积、极强流失面积均呈先降后升的变化，与 2000 年相比，2004 年强度流失面积、剧烈流失面积、极强流失面积分别减少 8.07%、54.55%、35.76%；而 2007 年强度流失面积、剧烈流失面积、极强流失面积分别增加 0.77%、19.56%、203.13%。

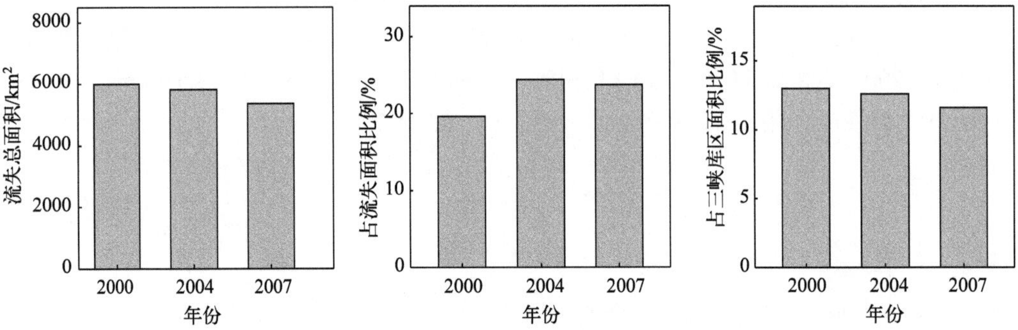

(a) 轻度流失

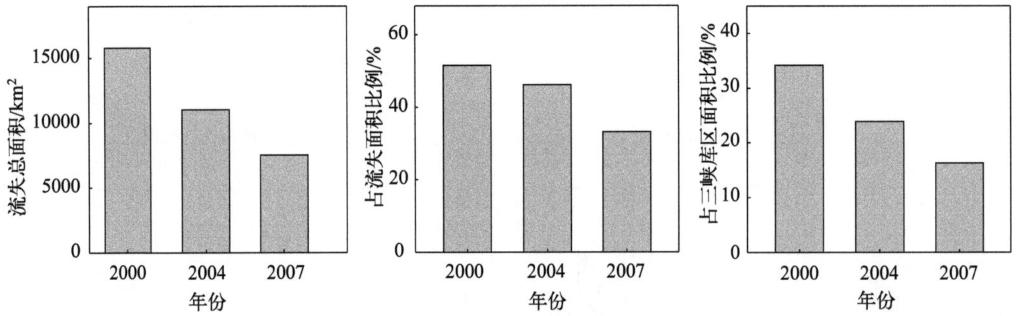

(b) 中度流失

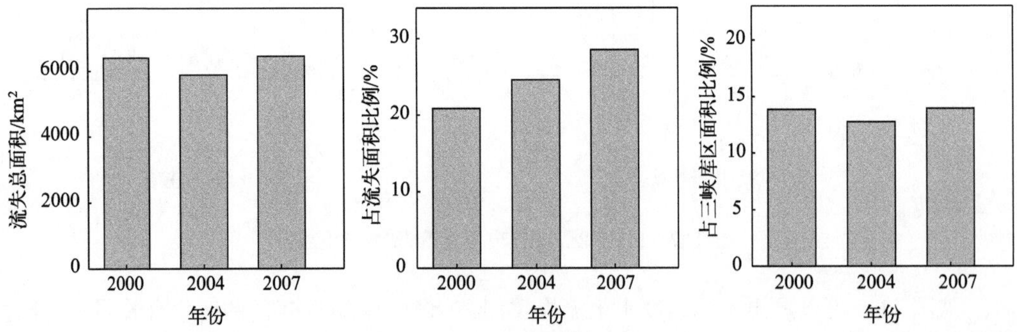

(c) 强度流失

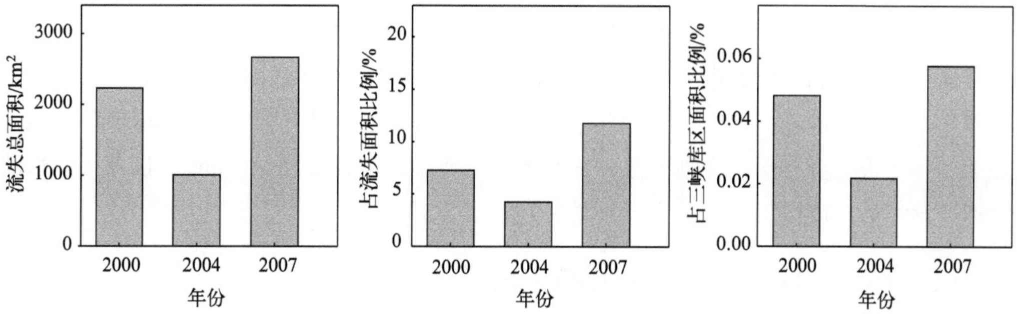

(d) 剧烈流失

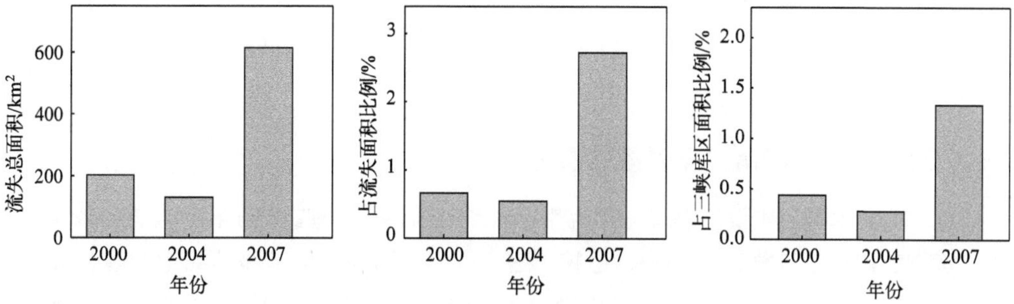

(e) 极强流失

图11-8　三峡库区（重庆）不同强度的水土流失状况

11.1.3　消落带生态系统的演变及驱动分析

水库蓄水运行后，消落带原来的陆生生态系统演变为季节性人工湿地生态系统。消落带形成后，原陆生环境由“夏水冬陆”变为“冬水夏陆”交替环境，每年水位大幅度消涨，陡坡土层流失而基岩裸露，低缓区域泥沙淤积掩埋原土层，原有的大多数陆生动植物不适应新的生境而死亡或迁移，只有适应新生境的动植物，方能在消落带生存和繁衍。总体而言，消落带的生态系统结构和功能简单化，生态系统稳定性降低，脆弱性增强。

蓄水后原有大多数陆生植物群落将受到影响或消失。有研究表明175m蓄水直接淹没植物120科358属550种，145m以下植物被永久性淹没全部死亡。消落带范围的植物在冬夏水陆、水位反复淹没失去生长基质的情况下大多数难以成活。兰科、无患子科、柽柳科植物的生存受到严重威胁，菊科、蔷薇科、禾本科、大戟科植物的生存受到较大影响，受淹没影响最大的属有金缕梅科蚊母树属、茜草科水杨梅属、玄参科醉鱼草属、豆科羊蹄甲属，以及禾本科的芦竹属、斑茅属。部分耐季节性水淹的一年生和多年生禾本科植物、耐短季节淹水的灌木、耐水且树冠基本或部分在淹水面以上的乔木有可能在消落区不同高程地段继续生存。在不同地段由于受淹水时间长短不同，可能出现不同的演替系列。呈现“乔木-灌丛-灌草丛-草丛”演化趋势。根据水库蓄水调度规划及实际水位，将消落带分为155m以下、155～170m、170～175m三段进行植物演替分析。

（1）155m 以下消落带植物群落演变

消落带 155m 以下以耐季节性淹水的多年生禾草和莎草丛（如狗牙根、香附子）为主，一年生草本植物群落向多年生草本植物群落演替。此高程草本植物主要有细柄草、青蒿、斑茅、狗牙根、金花草、香附子等。因约大半年淹水深度较深（> 10m），以及周期性涨落的冲刷干扰，植物群落以低矮的多年生草丛为主。

（2）155 ~ 170m 消落带植物群落演变

以耐短季节性淹水的植物群落为主，存在多年生草丛向灌丛群落演替的可能性。耐水淹能力较强的秋华柳、枸杞、疏花水柏枝灌丛存在于较低地带，耐水淹能力较弱的中华蚊母树、杭子梢、小木灌丛则生长于较高地带。由于季节性淹水的周期性干扰，植物群落以灌丛为主。

（3）170 ~ 175m 消落带植物演替

淹水前灌木群落主要有马鞍叶羊蹄甲、马鞍叶羊蹄甲 - 宜昌杭子梢、马鞍羊蹄甲 - 黄荆、黄荆、白栎、槲栎、小杨梅、球核荚蒾、裸实、马棘、地瓜藤等原生群落。由于在 170 ～ 175m 附近淹水（0 ～ 2m）时间短（11 月至次年 1 月），耐短期洪水的乔木能够生长，如枫杨、垂柳、蒲桃、水杉等。由于蓄水“涝害”和水位反复涨落对植被、土壤的冲刷，乔木生长将受到影响，可能存在矮化趋势。

11.2　三峡水库消落带生态类型及功能区划

三峡水库消落带划分的总体思路见图 11-9。

11.2.1　消落带生态类型划分结果与分析

11.2.1.1　消落带生态类型划分结果

三峡水库消落带划分为常年水淹型消落带（缓坡型、陡坡型）、半淹半露型消落带（缓坡型、陡坡型）、常年出露型消落带（缓坡型、陡坡型）、岛屿型消落带（常淹型、出露型）、湖盆 - 河口 - 库湾 - 库尾型消落带、峡谷型消落带 6 大类 12 个亚类（表 11-1）。

半淹半露型、湖盆 - 河口 - 库湾 - 库尾型、常年出露型、常年水淹型消落带面积较大，面积依次为 117.252km^2、103.307km^2、62.454km^2 和 44.540km^2，分别占消落带总面积的 34.06%、30.02%、18.14%、12.94%，且半淹半露型、常年出露型和常年水淹型消落带共约 79.11% 的面积属于缓坡型；岛屿型消落带、峡谷型消落带面积较小，面积分别为 8.740km^2 和 7.924km^2，共约占消落带总面积 4.84%。

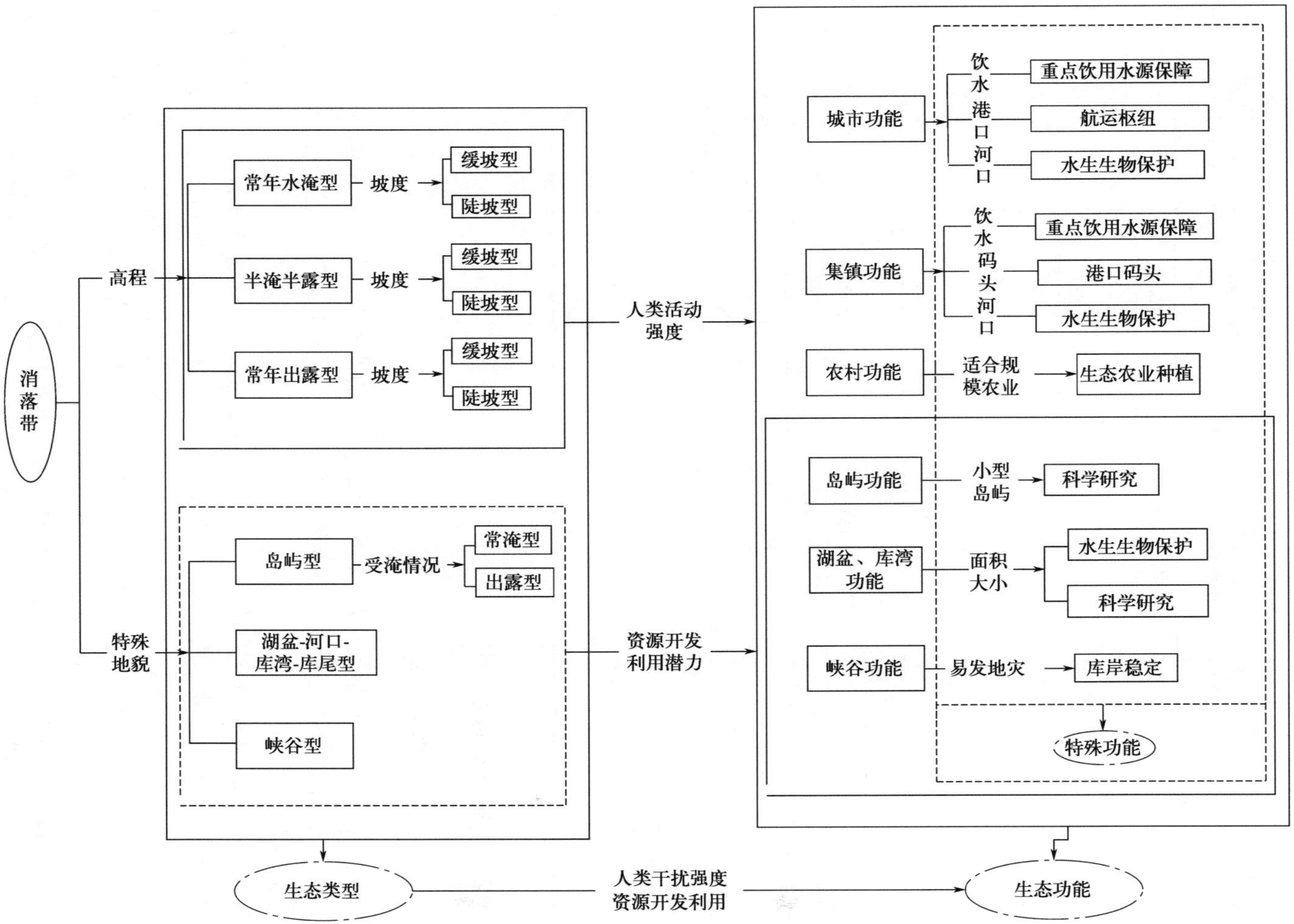

图11-9 三峡水库消落带生态类型及功能区划结果综合示意图

表11-1　消落带生态类型划分结果

类型	亚类	面积/km²	比例/%
常年水淹型消落带(145～155m)	缓坡型(＜25°)	35.312	10.26
	陡坡型(≥25°)	9.228	2.68
小计		44.540	12.94
半淹半露型消落带(155～170m)	缓坡型(＜25°)	97.246	28.25
	陡坡型(≥25°)	20.006	5.81
小计		117.252	34.06
常年出露型消落带(170～175m)	缓坡型(＜25°)	44.831	13.02
	陡坡型(≥25°)	17.623	5.12
小计		62.454	18.14
岛屿型消落带	常淹型	1.068	0.31
	出露型	7.672	2.23
小计		8.740	2.54
湖盆-河口-库湾-库尾型消落带	湖盆型	62.892	18.27
	河口型	13.622	3.96
	库湾型	16.034	4.56
	库尾型	10.759	3.13
小计		103.307	30.02
峡谷型消落带	—	7.924	2.30
小计		7.924	2.30
总计		344.217	100

11.2.1.2　生态类型特征分析

(1) 常年水淹型消落带

常年水淹型消落带是指高程在145～155m之间的消落带，面积44.540km²，占消落带总面积的12.94%，集中分布于万州至秭归坝前的三峡库区中下游长江干流沿岸的宽谷平坝地带（图11-10）。

常年水淹型消落带位于消落带下部，淹没时间较长，受三峡水库水位变化干扰严重。该类型消落带每年10月初至次年5月处于淹没状态，全年约2/3的时间遭受淹没，土壤基质长期处于水分饱和状态；每年4月末～5月末，该类型消落带渐次出露，整体出露期（6～9月）恰与长江流域汛期同步，区域降雨量、上游来水量明显增大，使其经常性地遭受洪水快速、短期淹没，水土侵蚀相对严重，同时由于三峡库区的夏季温度较同纬度地区高，出露期也受到干旱的威胁，土壤基质易受高温而干裂，某些植物生长受到限制。在基质条件有保证的情况下，该地段存在一年生草本植物群落向耐季节性淹水的多年生草本植物群落演替的可能，最终稳定在低矮的多年生草丛阶段。该类型消落带出露期较短，适应植被生长条件总体较差，周边居民对该区域开发利用可能性较小，应采取自然恢复为主、人工生态修复为辅的保护措施，严格禁止对此区域的开发利用。

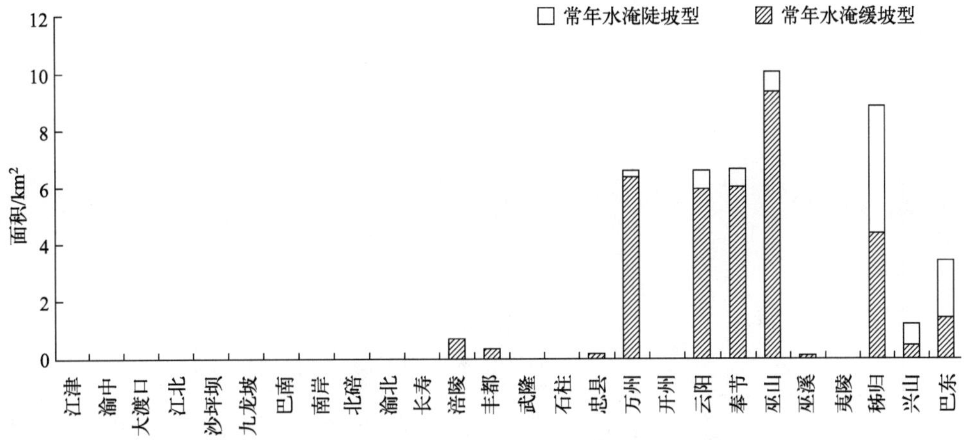

图11-10 三峡库区各区县常年水淹型消落带面积分布图

根据坡度划分为常年水淹缓坡型消落带和常年水淹陡坡型消落带两种亚类。

1）常年水淹缓坡型消落带

常年水淹缓坡型消落带是坡度＜25°、高程在145～155m之间的消落带，面积约35.312km^2，主要集中分布在长江干流沿岸和较大支流的宽敞河谷平坝地区。

该亚类6月份渐次成陆后，长江进入汛期，消落带遭受洪水淹没，越是接近145m枯水线，遭受水淹的频率越高，时间越长，10月中旬前又全部被库水淹没，直到次年6月份；由于较缓的坡度，处于整个消落带的最下部，该类型湿地生态系统土质长期处于水分饱和状态。

该类型消落带紧邻水库枯水线，水位消涨频繁，同时岸坡坡度较缓，容易形成滞流带，库岸周边土壤侵蚀产生的泥沙沉积形成淤泥土质，在汛期120～165d时间里，正是该地区的汛期与高温期，水分条件好，一些喜湿草本植物能够迅速生长，并为喜湿动物提供生境；同时较厚的土质沉积层也有利于净化水库水体。但是，该区域在淹水频繁条件下，局部低洼地方因排水不净，可能形成零星小面积的死水塘。

2）常年水淹陡坡型消落带

常年水淹陡坡型消落带是坡度≥25°、高程在145～155m之间的消落带，面积约9.228km^2，在丰都的楠竹、兴义、县城附近的支流，万州的向坪、溪口，云阳的九龙上游、渠马、复兴等地都有集中分布。

该亚类消落带和常年水淹缓坡型消落带水文过程基本相似，汛期出露期遭受不定期库水淹没，只是岸坡坡度相对较大，不利于土质沉积物的积累。该类型消落带水位涨落频繁，加之岸坡存在一定的坡度，将加快软岩的风化，尤其是紫色泥岩和页岩的软化和风化，加之禾草植被较为稀疏，消落带受地表径流和波浪的淘蚀，水土流失将会加剧，使该区域土壤粗化，甚至完全被侵蚀掉，基岩裸露。

（2）半淹半露型消落带

半淹半露型消落带是指高程在155～170m之间的消落带，面积117.252km^2，占消落带总面积的34.06%，主要集中分布在长寿至万州长江干流沿岸以及渝东地区的宽谷平坝地带（图11-11），是流域内面积最大的消落带类型。

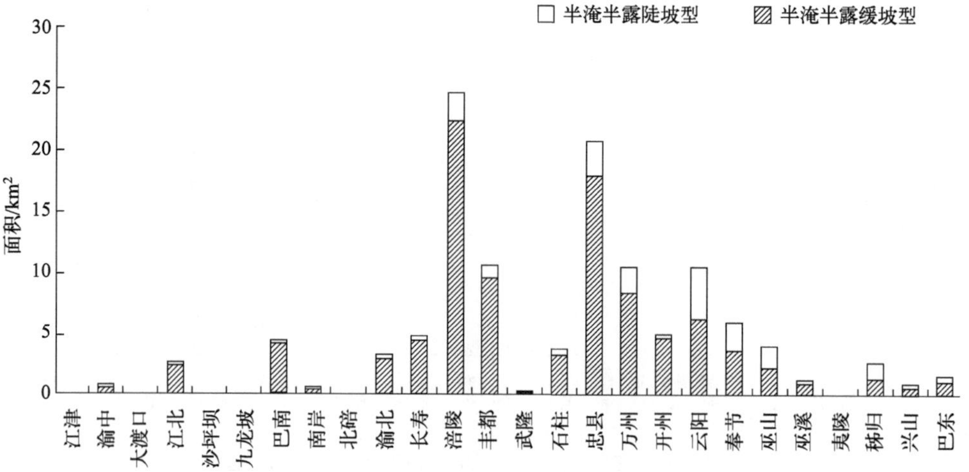

图11-11　三峡库区各区县半淹半露型消落带面积分布图

半淹半露型消落带位于消落带中部，相对于经常性水淹型消落带，其淹没时间较短，受三峡水库水位变化干扰影响较弱。该类型消落带每年10月中旬～次年4月处于淹没状态，全年约1/2的时间遭受水库水体淹没，期间消落带土壤处于水分饱和状态；每年2～4月，该类型消落带渐次出露，整体出露期（5～10月中旬）与库区光热水资源集中期一致，具有南亚热带的热量优势，光照充足，降水丰沛，能满足许多植物对光、热、水资源的需求，且由于所处海拔高程较高，除特殊情况外，出露期一般不遭受水库水体涨落的影响，植被发育离地条件较好，能够适合多数耐淹的灌木与喜湿的禾草植物生长，因此能够较为有效地抵御暴雨冲刷。在基质条件有保证的一般情况下，该地段存在多年生草本植物群落向灌丛群落演替的可能性，最终稳定在低矮的灌丛阶段。综上所述，该类型消落带出露期较长，大部分具有较好的植被生长条件，周边居民对该区域的开发利用可能性较大，必须严格生态管理，采取人工生态修复为主、自然恢复为辅的保护措施，禁止无序开发利用。

根据坡度划分为半淹半露缓坡型消落带和半淹半露陡坡型消落带两种亚类。

1）半淹半露缓坡型消落带

半淹半露陡坡型消落带是坡度＜25°、高程在155～170m之间的消落带，面积约为97.246km²，主要集中分布在长江干流沿岸和较大支流的宽敞河谷平坝地区。

该亚类消落带每年10月中旬至次年3～4月淹水，5～10月中旬出露成陆165～260d，在出露期间除特大洪水外一般不再遭受淹没；同时由于岸坡较缓的坡度，在淹水期间特别是退水进水的时候水层较薄，容易形成缓流、滞流；汛期出露期间在平缓地段容易造成积水。

该区域坡度较缓，消落带宽度大，消落带形成以前由于地形平缓、开阔，土地分布相对集中，消落带形成后，厚层的土壤层能够吸附、吸收和降解流经该区域的水体中的污染物；同时，该类型消落带大片集中分布，植被发育立地条件较好，但由于淹水度较深，时间相对较长，乔木几乎不能存活，一些耐淹灌木与一些喜湿的禾草成为本区域的优势种群。

2）半淹半露陡坡型消落带

半淹半露陡坡型消落带是坡度≥25°、高程在155～170m之间的消落带，面积约为20.006km²。该类型消落带与半淹半露缓坡型消落带在消落带中所处的高程位置相同，只是该类型消落带岸坡的坡度更大一些。

该亚类消落带与半淹半露缓坡型消落带淹水规律一致，10月中旬至次年3～4月淹水，5～10月中旬出露成陆165～260d，但是由于该类型消落带岸坡坡度相对较大，所以水进水退的速度相对要快，同时出露期在暴雨的作用下更容易造成冲刷。

该亚型消落带出露时段与植被生长季节相吻合，但是此类型消落带的坡度与前者相比较大，不利于淤泥等土质沉积物的积累，提供给植被发育生长的立地条件较差，因此生态系统内部植被更加稀疏。同时该类型生态系统存在一定的坡度，有部分可能为裸露的基岩，在水库水位涨落冲刷及降水溅蚀与冲蚀作用下造成相对较强水土流失和库岸的不稳定。

（3）常年出露型消落带

常年出露型消落带是高程在170～175m之间的消落带，面积62.454km²，占消落带总面积的18.14%，主要分布在涪陵至巫山的长江干流沿岸区域、小江流域及湖北省的秭归县（图11-12）。

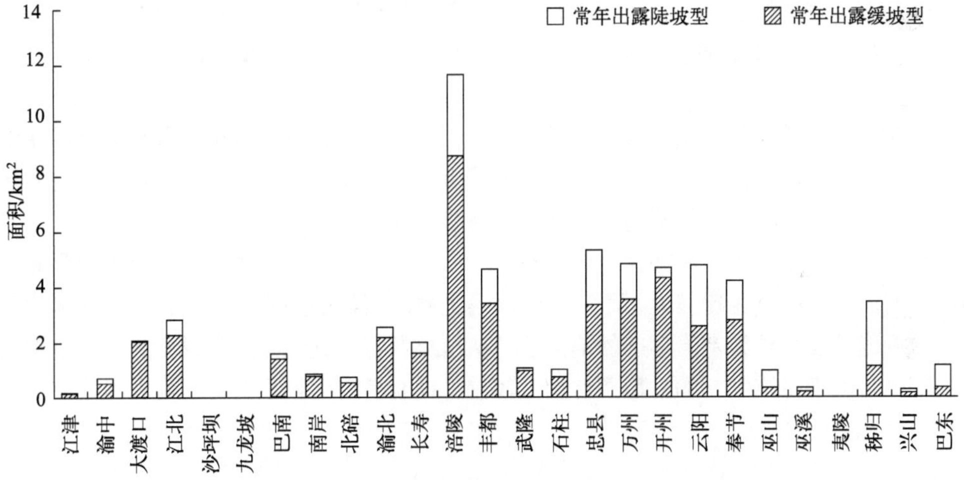

图11-12 三峡库区各区县常年出露型消落带面积分布图

常年出露型消落带位于消落带上部，淹没时间最短，受三峡水库水位变化干扰最小。该类型消落带每年10月下旬～次年1月处于淹没状态，全年约1/4的时间遭受水库水体淹没，消落带土壤基质短期处于水位饱和状态；每年1月底～2月初，该类型消落带渐次出露，整体出露期（2～10月下旬）与植被生长季节相吻合，能满足大多数植物（除高大乔木外）对光、热、水资源的需求，且汛期洪水水位不能达到此高程，基本不受水库水体涨落的影响，与175m以上的区域构成生态交错带，其土壤侵蚀主要受到降水的影响。在基质条件有保证的一般情况下，该地段能够适合耐短期洪水的乔木生长，但整体可能有矮化的趋势。总之，该类型消落带出露期最长，绝大部分具有很好的植被生长条件，周边居民对该区域的开发利用可能性大大增加，应更加注重生态管理，采取系统性的人工生态修复为主、自然恢复为辅的保护措施，引导居民有序、合理地生态利用。

根据坡度划分为常年出露缓坡型消落带和常年出露陡坡型消落带两种亚类。

1）常年出露缓坡型消落带

常年出露缓坡型消落带是指坡度＜25°、高程在170～175m之间的消落带，面积约为44.831km²，主要集中分布在长江干流沿岸和较大支流的宽敞河谷平坝地区。由于地形平缓、开阔，是当地自然条件最好的粮食和经济作物产区，农业生产水平较高，较大面积农业耕作区主要有巫山大宁河的大昌镇、奉节的梅溪河部分地段、开州的浦里河与南河，镇东的上下游、赵家支流和后坝附近等。

由于处于消落带的上部且在淹水时期容易形成缓流、滞流带，进入水库的物质首先经过该区域的缓冲净化，利于水库水质保持；该区域和库岸人群最为接近，同时由于淹水时间短，仅在冬季有90d左右，汛期暴露时间长，暴露时间与植被生长季节相吻合，消落带岸坡相对平缓，有较厚或能形成较厚的松散土质沉积层，一些耐淹的乔木可能能够存活，未来可能成为以耐淹乔木为主导的湿地景观，利于多种植被生长发育和景观保护，同时长时间的出露有利于土地等资源的利用。

2）常年出露陡坡型消落带

常年出露陡坡型消落带是指坡度≥25°、高程在170～175m之间的消落带，面积约为17.623km²。此种类型消落带与常年出露缓坡型消落带在消落带库岸所处的位置基本相同，只是库岸坡度比前者大。另外，凡筑有堤防的消落带，都看作是常年出露陡坡型消落带。

该亚类消落带与常年出露缓坡型消落带淹水规律一致，1月份渐次退水出露后在汛期一般不再遭受洪水淹没，但是由于该类型消落带岸坡坡度相对较大，所以水进水退的速度相对要快，同时出露期在暴雨的作用下更容易造成冲刷。

该亚类消落带淹水时间亦为90d左右，暴露时段与植被生长季节相吻合，但是此类型消落带的坡度与前者相比较大，不利于淤泥等土质沉积物的积累，经过长时间的水位涨落适应后可能呈现一种为基岩形态的消落区，从植被发育的立地条件来说不如常年出露缓坡型消落带。由于植被发育的立地条件相对较差，可能呈现出较强的脆弱性和不稳定性，形成一个生态脆弱带。

（4）岛屿型消落带

岛屿型消落带是指江中岛屿和陆上的石质高丘在其底部随水位消涨形成的消落带的统称，面积约为8.740km²，占消落带总体的2.54%。面积较大的岛屿消落带主要分布在巴南、南岸、忠县和涪陵等区县。

当三峡水库水位在坝前高程145～175m之间变化时，江中岛屿近水岸坡随水位消涨被反复淹没和冲刷、石质高丘形成孤岛或半岛，其消落带呈环形分布。

可以根据蓄水至175m时岛屿的出露情况进一步划分为常淹型岛屿消落带和出露型岛屿消落带。

1）常淹型岛屿消落带

常淹型岛屿消落带是指在蓄水过程中较周围区域稍后淹没，但在蓄水至175m时全部被淹没的岛屿消落带，即整个岛屿都为消落带，面积约为1.068km²，主要分布在巴南、忠县、涪陵、九龙坡等几个区县。

常淹型岛屿消落带是指在三峡水库蓄水至 175m 时全部淹没的岛屿，整个岛屿都是消落带。该类型消落带每年 10 月下旬～ 12 月底处于全部被淹没状态，次年 1 月随水库水位的下降，消落带渐次出露，2 ～ 5 月出露面积和数量都逐渐增加，6 ～ 9 月全部出露。在三峡水库蓄水期间，岛屿受到高水位浸泡、周期性涨落的影响，水流、涌浪对其坡体进行不断冲刷，产生地质风险隐患，威胁航运安全；而在整体出露期间，因海拔高于周边区域，岛屿受汛期洪水影响较小，能够稳定生长一年生草本植物、多年生草本植物、耐淹灌木和小乔木，具有较高的物种和景观多样性价值。因此，该类型消落带出露期具有较强的自然生态恢复能力，且周边居民不易到达，应采取以自然恢复为主、人工生态修复为辅的保护措施。

2）出露型岛屿消落带

出露型岛屿消落带是指蓄水至 175m 时仍出露的岛屿的底部随水位消涨而形成的环带消落带，面积约为 7.672km²，主要分布在巴南、南岸、江北和云阳等几个区县。

该类型消落带的水文变化与全淹型岛屿消落带颇为相似，但由于坡度相对较大，经过一段时间的水位消涨和反复冲刷后，易裸露基岩或仅能生长稀疏的一年生草本植物，如忠县石宝寨岛屿消落带岸坡坡度一般都在 40° 左右。因此，该类型消落带出露期基本不具备人工生态利用条件，应采取自然恢复为主、人工生态为辅的保护措施。

（5）湖盆 – 河口 – 库湾 – 库尾型消落带

湖盆 - 河口 - 库湾 - 库尾型消落带是指一类成库期间水流速度较缓，泥沙、氮磷营养物和污染物容易淤积、沉积和聚积的消落带。主要分布在开州、云阳、巫山、夷陵、秭归、奉节和忠县等区域，面积相对较大，面积共计 103.307km²，占消落带总面积的 30.02%。根据形态特征及所处的位置，划分为湖盆型、河口型、库湾型、库尾型 4 个亚类，面积分别为 62.892km²、13.622km²、16.034km²、10.759km²（图 11-13）。

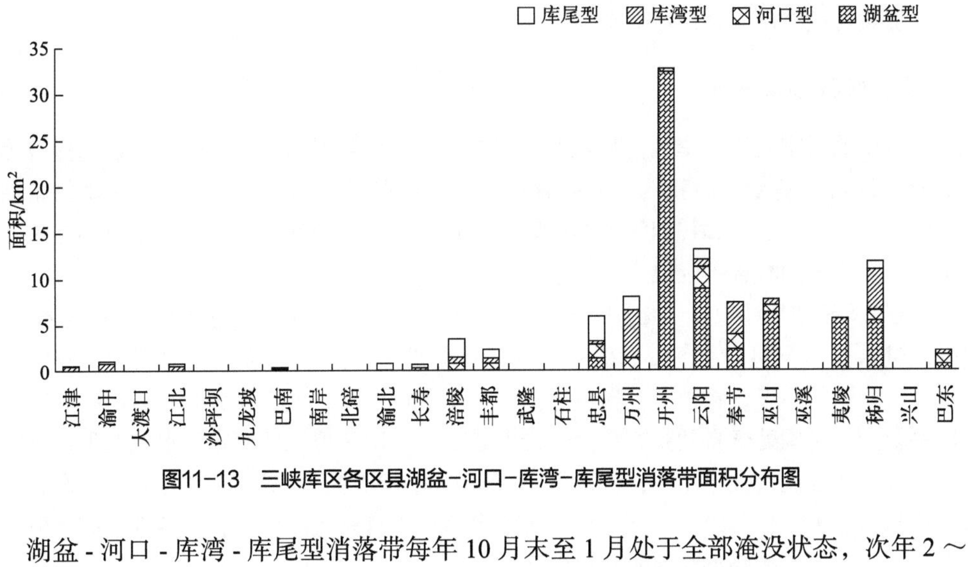

图11-13 三峡库区各区县湖盆-河口-库湾-库尾型消落带面积分布图

湖盆 - 河口 - 库湾 - 库尾型消落带每年 10 月末至 1 月处于全部淹没状态，次年 2 ～ 5 月逐步出露，6 ～ 9 月呈现整体出露。该类型消落带坡度总体最为平缓，流经该区域的水流速度较缓，泥沙、氮磷营养物质容易淤积、沉积和聚积，土壤基质较为肥沃，其出露期与植被生长周期较为吻合，能够为喜湿植物提供良好的生长发育条件；淹水期间能够为水生生物提供良好的栖息场所，在出露期能够为喜湿植物提供良好的基质条件。需警惕的是，有害生物也能够在此区域大量繁殖，该段生态环境管理要求更为严格，不加管制容易成为富营养化区域和垃圾发酵场所。

各类型消落带特征如下所述。

1）湖盆型消落带

湖盆型消落带是指低洼平坦但四周较高的地形，因其盆地明显低于周围区域，蓄水期当水流经该区域时，流速显著趋缓，同时其出口狭窄，一般为峡谷。主要分布在云阳、巫山、夷陵、秭归、奉节和忠县等区域，还包括开州因修筑调节坝而形成的汉丰湖。

2）河口型消落带

河口型消落带是指支流交汇口、支流入江口处因三峡水库蓄水形成的水位涨落带，河口交汇处水面宽广，水流减缓物质能量交换频繁。其分布广、数量多，大型河口消落带主要分布在渝中、忠县、开州、云阳等几个区县。

3）库湾型消落带

库湾型消落带是三峡水库蓄水后河道弯曲处形成的水位消涨带，因其河道弯曲，近弯曲河岸处水流速度减慢，甚或形成水流涡旋。其分布较为广泛，面积较大的库湾型消落带主要分布在涪陵、丰都、石柱、忠县、万州、云阳、奉节、巫山、秭归、巴东等区县。

4）库尾型消落带

水深一般在 15 ～ 30m，坡度一般小于 15°，分布较为分散，面积较大的库尾消落带主要在涪陵、忠县、万州和云阳等地。在长江干流及次级河流对其顶托作用下，水流变得十分缓慢。

总之，该类型消落带出露期普遍具有良好的植被生长条件，周边居民的开发利用可能性非常大，必须加强该区域的生态管理，采取以人工生态修复为主、自然恢复为辅的保护措施，引导居民有序、合理地生态利用。

（6）峡谷型消落带

峡谷型消落带是指两岸消落带坡度均在 25° 以上，且消落带邻接的影响区同样较为陡峭的峡谷地带消落带，面积约为 7.924km^2，约占消落带总面积的 2.30%。主要分布在巫山、巴东、涪陵、云阳和秭归等地的山区，即长江干流瞿塘峡和巫峡、大宁河小三峡、乌江干流及其支流的峡谷等区域。

峡谷型消落带每年 11 ～ 12 月全部淹水，次年 1 ～ 5 月水库水位退至 145m 后全部出露，但随之进入长江汛期，消落带下部频繁遭受不定期淹没，直至 10 月末又将全部淹没于水下。由于陡峭的岸坡，在消落带形成之前，基质表层发育、残存少量的土质层，周边耕地和居民较少，基本处于自然状态；消落带形成后，水库水位涨落使库岸水位发生显著的抬高和降低，在水流侵蚀作用下，消落带表层土质流失殆尽，形成一种“裸岩”景观，仅有零星草丛、灌木生长。因此，该类型消落带出露期不具备人工生态利用条件，应采取自然恢复为主、人工生态修复为辅的保护措施。

三峡水库消落带生态类型基本特征汇总表见表 11-2。

表11-2 消落带生态类型基本特征汇总表

类型	亚类	面积/km²	比例/%	分布情况	出露时间	基本特征	保护措施
常年水淹型消落带(145～155 m)	缓坡型(＜25°)	35.312	10.26	万州至秭归坝前的三峡库区中下游长江干流沿岸宽谷平坝地带	8个月(10月初～次年5月)	位于消落带下部，淹没时间长，基质长期处于水分饱和状态，出露期与汛期同步，常受洪水快速、短期淹没，水土侵蚀相对严重，以喜湿草本群落为主等	自然恢复为主、人工生态修复为辅
	陡坡型(≥25°)	9.228	2.68				
小计		44.540	12.94				
半淹半露型消落带(155～170 m)	缓坡型(＜25°)	97.246	28.25	长寿至万州长江干流沿岸以及渝东地区的宽谷平坝地带	6个月(5～10月中旬)，2～4月渐次出露	位于消落带中部，淹没时间相对较短，受水库水位变化干扰影响较弱，土壤基质相对稳定，适合多数耐淹的灌木与喜湿的禾草植物生长等	人工生态修复为主、自然恢复为辅
	陡坡型(≥25°)	20.006	5.81				
小计		117.252	34.06				
常年出露型消落带(170～175m)	缓坡型(＜25°)	44.831	13.02	涪陵至巫山的长江干流沿岸区域、小江流域及湖北省的秭归县	9个月(2月～10月下旬)，1月底～2月初渐次出露	位于消落带上部，淹没时间短，基本不受水库水体涨落的影响，能满足大多数灌草及耐短期洪水的乔木的生长要求等	人工生态修复为主、自然恢复为辅
	陡坡型(≥25°)	17.623	5.12				
小计		62.454	18.14				
岛屿型消落带	常淹型	1.068	0.31	巴南、南岸、忠县和涪陵等区县	4个月(6～9月)，2～5月渐次出露	江中岛屿近水岸坡随水位消涨被反复淹没和冲刷、石质高丘形成孤、半岛，消落带呈环形分布等	自然恢复为主、人工生态为辅
	出露型	7.672	2.23				
小计		8.740	2.54				
湖盆-河口-库湾-库尾型消落带	湖盆型	62.892	18.27	开州、云阳、巫山、夷陵、秭归、奉节和忠县等区域	4个月(6～9月)，2～5月逐步出露	坡度总体最为平缓，水流速度较缓，泥沙、氮磷营养物质容易淤积、沉积和聚集，土壤基质较肥沃，消落带出露期普遍具有良好的植被生长条件等	人工生态修复为主、自然恢复为辅
	河口型	13.622	3.96				
	库湾型	16.034	4.56				
	库尾型	10.759	3.13				
小计		103.307	30.02				
峡谷型消落带	—	7.924	2.30	巫山、巴东、涪陵、云阳和秭归等地的山区	4个月(6～9月)，2～5月逐步出露	岸坡极陡峭，形成“裸岩”景观，消落带下部频繁遭受不定期淹没等	自然恢复为主、人工生态修复为辅
小计		7.924	2.30	—	—	—	—
总计		344.217	100	—	—	—	—

11.2.2 消落带生态功能区划结果与分析

11.2.2.1 消落带生态功能区划结果

根据消落带的功能要求和生态类型划分结果，将岛屿型消落带和峡谷型消落带直接划为相应的岛屿功能型消落带和峡谷功能型消落带。湖盆 - 河口 - 库湾 - 库尾型消落带中湖盆和库湾直接划为湖盆 - 库湾型消落带。河口和库尾型消落带与其他消落带一并根据周边社会经济发展水平划分为城市功能型、集镇功能型和农村功能型消落带。因此，三峡水库消落带划分为城市功能型、集镇功能型、农村功能型、岛屿功能型、湖盆 - 库湾功能型、峡谷功能型6个一级功能区，以及重点饮用水源保障、航运枢纽、水生生物保护、生态农业种植、科学研究、库岸稳定等具有特殊功能要求的11个特殊功能区（表11-3）。其中以农村功能型消落带、湖盆-库湾功能型消落带面积较大，分别为197.728km²、75.218km²，共计占总面积的79.29%；城市功能型、集镇功能型、岛屿功能型、峡谷功能型分别为28.248km²、26.359km²、8.740km²、7.924km²，共仅占20.71%。

表11-3　三峡水库消落带生态功能区划结果

一级区	面积/km²	比例/%	特殊功能区	面积/km²	所占比例/%
城市功能型消落带	28.248	8.21	重点饮用水源保障功能区	3.753	45.83
			航运枢纽功能区	7.334	
			水生生物保护功能区	1.860	
集镇功能型消落带	26.359	7.66	重点饮用水源保障功能区	1.610	21.59
			港口码头功能区	2.736	
			水生生物保护功能区	1.344	
农村功能型消落带	197.728	57.44	生态农业种植功能区	70.677	35.74
岛屿功能型消落带	8.740	2.54	科学研究功能区	2.486	28.44
湖盆-库湾功能型消落带	75.218	21.85	水生生物保护功能区	10.461	18.64
			科学研究功能区	3.561	
峡谷功能型消落带	7.924	2.30	库岸稳定功能区	0.100	1.26

11.2.2.2　生态功能区特征分析

（1）城市功能型消落带

城市功能型消落带分布在长江三峡干支流上的区、县驻地城市附近，并受城市密集人口和产业影响的库区消落带区段，面积共计28.248km²，占消落带总面积的8.21%。主要包括重庆市主城区、长寿、涪陵、忠县、万州、云阳、奉节和巫山等城市建成区附近的消落带（图11-14）。但随着城市建成区的扩展，其面积将会扩大。

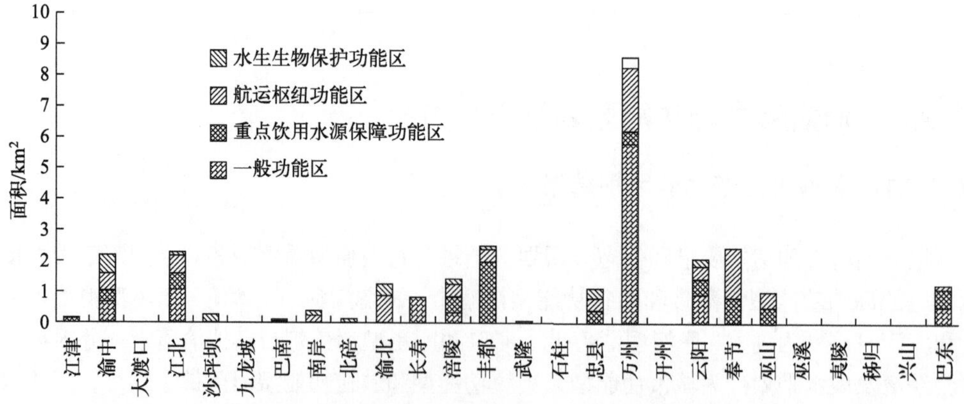

图11-14　三峡库区各区县城市功能型消落带面积分布图

1）基本特征

城市功能型消落带与城市区域在空间上联系紧密，受到城市人类活动和水体的双重影响。城市功能型消落带上邻城市区域，下接水体，将城市与水库水体连接成一体，是城市与水库之间的信息流、物质流和能量流交互频繁的地带。由于城市所处的地理位置，城市功能型消落带多处于河道宽谷段，地势相对平缓，消落带呈现连片分布；加之城市人口、产业密集，经济活动强大，对消落带具有强烈干扰。为保护水库水质，库区城市先后建成并完善了排水系统，城市区域产生的水体污染物已多数不流经消落带进入水体，更多是通过岸线利用、建设等方式干扰消落带。同时，作为城市滨江景观的重要组成部分，城市功能型消落带的景观要求较高。

2）主要生态环境问题

城市生产生活对消落带产生一定的水土污染，港口码头建设破坏和污染消落带生态环境。在库区水位由 175m 下降到 145m 期间，城市功能型消落带水流由径流变成缓流、滞流，水体自净能力和稀释能力逐步降低，上游和水库周边排放的污染物滞留库岸，在消落带形成岸边污染带，污染带将对库区及库岸城市景观产生严重的影响，城市支流河口易产生富营养化；在库区夏季高温高湿的环境条件下，污染严重的消落带将成为各种相关病菌、寄生虫的滋生源以及异味和恶臭的散发地，有可能在邻近的城市诱发大规模的疫情，导致集中区域人群的流行性疾病发生和暴发。

此外，随着三峡水库水位的人工调度运行，消落带将发生水陆进退的变化，对城市的生活、生产和交通将有较大的影响，可能增加岸坡的不稳定性，特别是巫山、奉节等坡度较陡、地质较松散的县城消落带易产生地质灾害危及城市安全。

3）主要生态服务功能

城市功能型消落带的功能主要表现在生态缓冲和城市滨江生态景观功能。城市功能型消落带作为三峡水库重要的生态缓冲区，需维护良好的生产和生活环境，并营造清洁安全的生存空间；滨江生态景观功能指满足本地居民休闲、娱乐、观赏需求，并满足过境游艇游客的视觉观赏需要，成为极富人文气息的窗口地带。实现以上 2 项功能即可发挥人群健康维护功能、城市地质安全防护功能及消落带岸线资源开发利用功能。

4）生态功能保护与建设的方向和任务

应在合理的整治保护措施下，加强湿地生态景观及净化带培育建设，缓冲人类对水库水体的直接干扰，形成良好的景观，为城市居民提供良好的生产、生活环境，从源头杜绝流行病源的产生、蔓延。在此基础上，加强地质灾害防治，合理规划港口码头建设，已筑有堤防工程的加强维修、防护，未修建堤防工程的消落带优先考虑生态防护。

5）特殊生态功能区

城市功能型消落带内，除了满足生态屏障功能及生态景观功能外，饮用水源保护区、港口码头建设区及主要一级支流入江口对消落带的服务功能和保护措施需提出更高的要求，因而在一级区内提出 3 类特殊生态服务功能区（共计 12.947km^2），约占城市功能型消落带的 45.83%。

① 重点饮用水源保障功能区。重点饮用水源保障功能区主要指以中泓为界，取水口上游 1500m、下游 200m 范围对应的消落带，约为 3.753km^2，占城市消落带的 13.29%。三峡水库是我国最大的淡水资源库，库区沿岸城镇饮用水源取水点基本在长江及其主要支

流上，面积较大的城市重点饮用水源保障功能区主要分布在渝中、江北、渝北、涪陵、忠县、万州、云阳和巫山等区县城市建成区附近。在此功能消落带内，不得设置与供水需要无关的码头，禁止停靠船舶，禁止堆置和存放工业废渣、城市垃圾和其他废弃物，禁止从事种植、放养禽畜，严格控制网箱养殖活动，禁止可能污染水源的旅游和其他活动。

② 航运枢纽功能区。航运枢纽功能区主要指港口、码头等利用了岸线资源的消落带区域，面积约为 7.334km²，占城市功能型消落带的 25.96%。较大的城市航运枢纽主要分布在渝中、江北、涪陵、丰都、万州、奉节、巫山和巴东等区县城市建成区附近。在此消落带区域内，要加强库岸固化、维护，防治岸坡塌陷、失稳，同时加强环境卫生管理，及时清理废物、杂物及渗滤液，并进行定期检疫。

③ 水生生物保护功能区。水生生物保护功能区主要指一级河流入江口或重要河流交汇地带，面积约 1.860km²，占 6.58%。较为重要的水生生物保护功能区主要在渝中、忠县、万州、云阳和巴东等区县城市建成区附近。河流交汇处地势平坦，土地肥沃，营养物交换频繁，通常是鱼虾汇集场所，排污口和港口岸线使用要避开该区域，防止航运干扰和人类破坏。

（2）集镇功能型消落带

集镇功能型消落带主要指长江干支流两岸建制镇的建成区附近的消落带，面积共计 26.359km²，占消落带总面积的 7.66%。如云阳县高阳镇，以及开州竹溪镇、镇安镇、赵家街道和忠县石宝镇等集镇建成区附近的消落带（图 11-15）。随着镇区的变化，此功能型消落带面积也将随之变化。

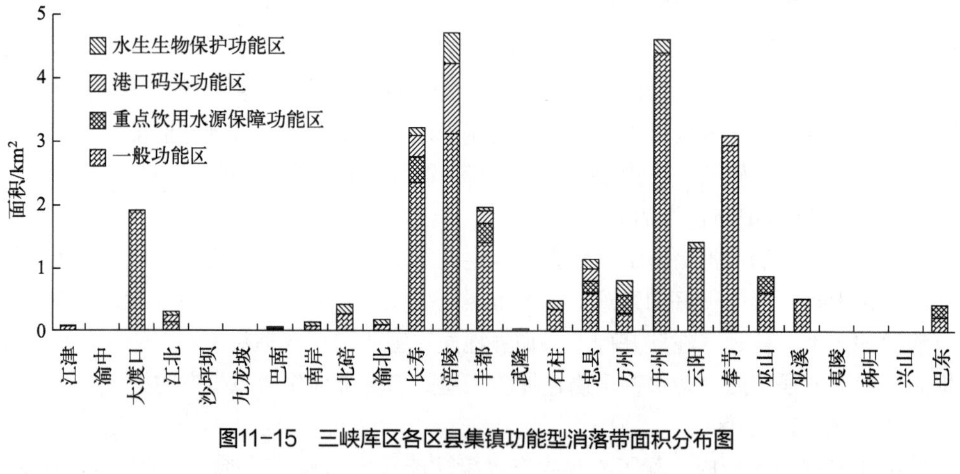

图11-15　三峡库区各区县集镇功能型消落带面积分布图

1）基本特征

集镇功能型消落带分布较为集中，形成的面积比较宽阔，如云阳县高阳镇消落带等。集镇功能型消落带与集镇镇区在空间上联系紧密，受到镇区人类活动和水库水体的影响。集镇人口较为密集，具有一定规模的污水处理系统，且集镇附近农业人口相对集中，农垦活动频繁，水土流失较为严重，部分生产、生活污染及面源污染物经地表径流进入水体。

2）主要生态环境问题、服务功能、保护建设方向和任务

集镇功能型消落带总体上与城市功能型消落带相似，因集镇的人口、产业不如城市密集，生态环境问题相对较轻，生态服务功能重要性有所弱化，生态保护建设力度略小。由于集镇污水处理、排水系统相对不如城市完善，位于库尾的集镇功能型消落带污染和泥沙淤积等生态环境问题相对较严重，支流集镇段极易产生富营养化、较大集镇港口码头建设破坏和污染消落带生态环境问题。库尾、支流河口回水区以及有边滩、淤滩的集镇需加强钉螺防治。

3）特殊功能区

同城市功能型消落带类似，在整个集镇消落带满足生态屏障功能及生态景观功能要求的基础上，将饮用水源保护区、港口码头建设区及主要支流入江口、重要河流交汇处划为特殊功能区（共计 5.690km^2，约占城镇功能型消落带的 21.59%），其管护措施和功能要求与城市消落带的对应特殊功能区相同。

（3）农村功能型消落带

农村功能型消落带是指三峡水库以农业为主地区的消落带，面积约为 197.728km^2，占总面积的 57.44%。主要分布在涪陵至巫山的长江干流沿岸及湖北省秭归县等原农业生产的精华地段（如图 11-16）。此功能型消落带主要受到农村面源污染的影响，是长江生态绿化的主要区域。

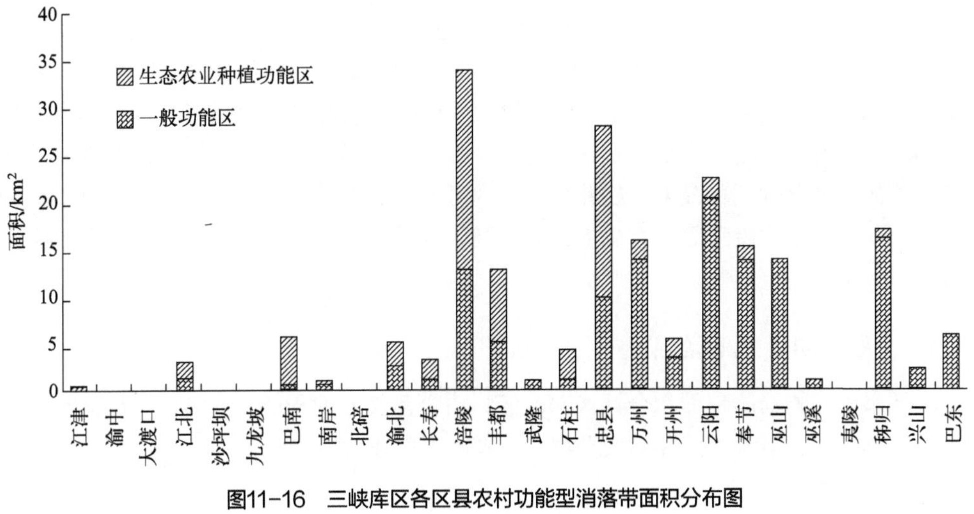

图11-16　三峡库区各区县农村功能型消落带面积分布图

1）基本特征

此功能型消落带淹没前主要以丘陵、阶地和河漫滩等地貌为主，但总体坡度较为平缓，且常以大面积成片分布，较易沉积物质；其土壤基质主要是潮土、水稻土和紫色土等，多以耕地和园地等农业利用为主。因此，此功能型消落带属于生态环境质量最好的区域，水热条件好，地形相对平缓，土壤肥沃，土地生产力水平较高，淹没之前是当地农业精华地带；同时在农村地区，此消落带周边人口聚集程度相对较高，人口数量相对较多，所受干扰相对较重。

2）主要生态环境问题

与城市、集镇功能型相比，农村功能型消落带受到人类活动干扰相对较弱，但紧邻消落带的陆岸农村面源对消落带水土污染较为严重，进而影响水库水质。农村区域库岸线多为天然形成，迂回曲折，漂浮物易聚集并发生落淤污染，库尾末端回水带、较为平缓的消落带易淤积污染物质，宽阔缓坡型消落带近水部分呈现似“荒漠化”景观，可能成为钉螺孳生地；出露期间，沉积物中有机质易腐烂变质，滋生蚊蝇和病菌；局部坡度较陡的斜坡受流水侵蚀和浪蚀强烈，易发生滑坡或土溜等重力地貌。此外，农民自发利用消落带土地，会加重对生态环境的污染与破坏。

3）主要生态服务功能

作为水库重要生态缓冲带，截留农村面源污染，保护水库水质清洁、安全。发挥沿江生态景观功能，既能防沙固土，又能改善库岸带农村居民的生产生活空间，维护居民健康。另外，较为开阔平缓的连片消落带可为居民开发利用，发展无公害绿色农业种植，提高收益。此外，农村消落带也可用作生物多样性培育及作为水鸟鱼类等栖息繁殖地。

4）生态功能保护与建设的方向和任务

开展库区农村面源污染防治与漂浮物清捞，进行湿地植被生态净化带建设，加强钉螺和鼠、蚊类等病媒生物防治，并施行消落带土地产业化绿色种植利用、生物多样性及栖息繁殖地保护和消落带水土保持综合治理等措施。

5）特殊功能区

在消落带生态环境安全稳定的前提下，可进行土地资源的生态开发利用。将坡度低于25°、海拔在155～175m之间、成片分布的农村消落带划为生态农业种植功能区，共计70.677km^2，占农村消落带的35.74%。较大面积的可生态农业利用消落带主要分布在巴南、渝北、长寿、涪陵、丰都、石柱、忠县、万州和云阳等区县农村地带，以涪陵、忠县和丰都等区域消落带面积最大。在此功能区内可积极引导系统性的生态农业利用，禁止施用农药、化肥和植物激素等，适量追加有机肥，及时收割和清理，不得翻动松土、挖掘犁耙等。

（4）岛屿功能型消落带

三峡水库岛屿消落带面积合计8.740km^2，占消落带总面积的2.54%。主要有忠县皇华岛、丰都丰收坝、涪陵坝西坪、太平坝、南岸广阳岛等岛屿。

1）基本特征

江中岛屿消落带坡度一般较缓，在岛屿底部形成具有一定宽度的环状消落带，淤泥、漂浮物容易沉积，越下层遭遇水流侵蚀越严重，消落带形成迥异于岛上常年出露部分的植被景观，如忠县皇华岛、南岸广阳岛等。半岛为沿河岸一、二级阶地平坝环绕的石质小丘，地势较为平缓，宽度在100～500m之间，污泥、垃圾容易沉积。

同时，绝大多数岛屿都位于支流河口附近，如白帝城位于草堂河口、名山位于龙河与长江交汇口附近，广阳岛位于苦溪河和竹溪河口附近。三峡水库成库后，河口的双向水流使泥沙运移规律发生改变，岛屿消落带形态和物质发生变化，消落带面积和泥沙运动规律将随成库后水流特征而定。

2）主要生态环境问题

消落带的形成极易导致江中岛屿及半岛生态景观恶化及环境污染，导致流行性疾病危害当地居民及观光游客健康。岛屿作为旅游资源开发利用可能导致对岛屿消落带的污染，进而污染水库水质。水位调度诱发的岛屿消落带地质灾害极易危及岛屿局部安全，岛屿消落带的存在使得江中岛屿景观异质化、陆上岸坡生境岛屿化。

3）主要生态服务功能

单就岛屿消落带而言利用价值有限，可将岛上常年出露部分一起视为整体，发挥生态景观功能和保护生态环境安全功能，并能适当开发岸线及旅游资源，也可作为生物多样性自然培育区。此外，针对偏远的岛屿可进行岛屿生态系统的自然演化研究。

4）生态功能保护与建设的方向和任务

开展景观湿地生态系统培育建设，加强消落带垃圾清漂、旅游污染与生态破坏防治，加强病媒生物防治和局部地质灾害防治，并实施针对性消落带综合整治，开展生境岛屿化的生态效应实证监测与研究。

5）特殊功能区

岛屿消落带首要功能是生态景观、生态屏障功能，因其特殊地貌，极易成为旅游观赏地及生物多样性维护区，易成为旅游、人居和资源开发利用的场所，因而有必要指定1～2个岛屿保持自然原貌，开展科学监测研究。

科学研究功能区是通过保持江中岛或（和）陆上小岛的自然原貌，来监测和研究岛屿生境的自然演变趋势。选择了涪陵区和忠县的相对偏远的2个岛屿，面积共计2.486km²，约占岛屿消落带的28.44%。此处避免人类活动干扰和破坏，也不进行生物多样性培育及地质灾害防护，监测岛屿自然演变，为岛屿生态学研究提供基础科研资料，也为岛屿的保护与建设提供依据。

（5）湖盆－库湾功能型消落带

湖盆-库湾功能型消落带面积共计75.218km²，占消落带总面积的21.85%，与湖盆、库湾类型消落带的分布一致。

1）基本特征

湖盆-库湾功能型消落带地形平缓、开阔，土地较为肥沃，农业生产历史悠久，成库后水流相对平缓，库区及库岸带水土流失和汛期洪水泥沙将在库湾型消落带淤积，水体自净能力较弱，具有更易遭受严重污染的特点。特别是湖盆功能型消落带土地熟化程度高，是成库前农业精华所在，其周边人口密度较大。

2）主要生态环境问题

蓄水期湖盆功能型消落带形成宽阔的水面，流速更加缓慢，污染物（含固体垃圾等）和泥沙停留时间延长或滞留，容易下沉淤积，加大库水污染负荷，并造成淤泥及下层土壤污染。而当水库水位下降时，湖盆消落带宽阔盆地出露水面，暴露在高温多雨的环境中，淤泥和土壤中的有机物和其他污染物快速腐烂、分解，释放大量有害物质，有暴发流行性疾病的隐患。另外，消落带成陆期间，周边居民易对其进行自发的农业利用，若开发利用不合理（如大量施用化肥、农药等），极易造成水库水污染及岸坡水土流失。

库湾功能型消落带环境问题与湖盆功能型消落带相似，原本快速流动的江水，因成库导致流速缓慢，甚至在各支流形成流水滞留，库区及库岸带水土流失和汛期洪水泥沙将在消落带淤积；水体自净能力减弱，支流和库湾河汊区水流交换缓慢，城镇未净化处理的废污水与固体废物、城镇降雨地表径流、农村面源污染将在污染消落带土地后，进而污染库区水体。

3）主要生态服务功能

首要服务功能同样是生态屏障功能和生态景观功能，对于污染异常敏感的湖盆和库湾，消落带的生态屏障功能更为必要，通过消落带生态屏障的缓冲、过滤，可减少入库污染，净化水质。

湖盆功能型消落带和水面均广阔，水陆生态系统物质能量传输与转化频繁强烈，为水、陆、两栖生物提供了多种多样的生存条件，具有保护和丰富库区生物多样性的功能。

在库湾消落带污染控制的前提下，可以考虑草 - 畜 - 鱼等生态养殖模式，生产绿色水产品和畜产品，可考虑发展游钓、观光等形式的休闲渔业，提高渔业的附加值。此外，库湾还是人工放流的好场所，从库湾放流的鱼种能更快适应环境。

4）生态保护与建设的方向和任务

湖盆 - 库湾功能型消落带的生态环境保护工作非常重要，其工作的重点应放在消落带以外的扩大地区，尽最大可能减少进入库区的污染物和泥沙数量，并加强库岸生态屏障带建设，减少湖盆 - 库湾消落带的环境污染。同时，湖盆 - 库湾型消落带要加强清漂工作，保持水体清洁。另外，加强消落带环境卫生监测，能预防疾病的发生。

5）特殊功能区

湖盆 - 库湾型消落带在保障环境清洁、景观宜人的基础上，根据开发和科研需求，划出水生生物保护、科学研究特殊功能区，共约 14.022km^2，约占此功能型消落带的 18.64%。

① 水生生物保护功能区。水生生物保护功能区是指具有一定宽度和水域面积的湖盆、库湾对应的消落带，分布在云阳、巫山和巴东，面积共计 10.461km^2，约占湖盆 - 库湾消落带的 13.91%。此消落带地势平坦，流速变慢，能够沉积泥沙和氮、磷等营养物质，利于浮游植物和鱼类繁殖。注重加强清漂工作，适当种植岸上植物和挺水植物，能有效拦截、过滤陆上面源污染，保持水体清洁，维护水生生物多样性。

② 科学研究功能区。科学研究功能区具体指分布较为偏僻、面积较小，能够监测天然条件下湖盆演变规律的湖盆 - 库湾消落带。选择忠县、云阳县的 2 ～ 3 个小湖盆，面积共计 3.561km^2，约占湖盆 - 库湾消落带的 4.73%。主要研究水库水文变化对消落带的影响，为制定湖盆 - 库湾消落带的保护措施、利用方式等提供科学依据。

（6）峡谷功能型消落带

峡谷功能型消落带与峡谷类型消落带情况一致。主要分布在奉节白帝城下游段、乌江及其支流峡谷地段，面积约为 7.924km^2，占消落带总面积的 2.30%。

1）基本特征

峡谷型消落带主要由河流横切背斜构造而形成或是由砂岩和灰岩组成陡坡，如长江干流瞿塘峡和巫峡、大宁河小三峡、乌江干流及其支流的峡谷等。这些峡谷地段主要由坚硬的碳酸盐类岩石和砂岩等组成，地表基岩裸露，松散堆积物和植被较少。消落带地形陡峭，河谷狭窄（宽度仅 100 ～ 300m），人类不易到达，所受干扰较少，多保持自然原貌，具有强烈的视觉冲击效果，是三峡黄金旅游带的核心景观，但陡峭的峡谷容易遭受风化侵蚀导致崩塌。

2）主要生态环境问题、服务功能、保护建设方向和任务

三峡水库属峡谷河道型水库，危岩（崩塌）对航运安全有一定威胁；高峡平湖景观是主要生态服务功能；应尽量避免人为活动影响，保持自然消落状态，防治危岩崩塌。

3）特殊功能区

峡谷型消落带首要功能是生态景观功能，因为峡谷地带较少受人为干扰，且自身也没有生态过滤功能，维护景观宜人、稳定是其最主要功能。因而，把极易发生地质灾害的峡谷地带划分特殊功能区。

峡谷谷深坡陡，峭壁嶙峋，危岩突兀，三峡水位调节淹没时间和深度增加，容易导致危岩崩塌，因而，把地质灾害隐患点所在的消落带划为库岸稳定功能区，主要分布在巫山、秭归等区域内，约为 0.100km^2，占峡谷消落带的 1.26%。这类功能区主要通过工程措施防治崩塌，保持航运畅通和过往船只安全。

三峡水库消落带生态功能区特征汇总情况详见表 11-4。

表11-4 消落带生态功能区特征汇总表

功能区	主要分布与面积	主要生态环境问题	生态功能	生态保护与建设方向
城市功能型消落带	长江三峡干支流上的区、县驻地城市附近，面积 28.248km^2，占 8.21%	周边排放的污染物滞留库岸，在消落带形成岸边污染带，将对库区及库岸城市景观产生严重的影响，城市支流河口易产生富营养化；在库区夏季高温高湿的环境条件下，污染严重的消落带将成为各种相关病菌、寄生虫的滋生源以及异味和恶臭的散发地，有可能在邻近的城市诱发大规模的疫情，导致集中区域人群的流行性疾病发生和暴发	以生态缓冲、城市滨江生态景观功能为主，兼有人群健康维护、城市地质安全防护、岸线资源开发利用等功能	以加强湿地生态景观及净化带培育建设为主，兼施地质灾害防治、合理规划港口码头等
集镇功能型消落带	长江干支流两岸建制镇的建成区附近，面积 26.359km^2，占 7.66%	较城市功能型消落带轻	较城市功能型消落带弱	实施力度较城市功能型消落带小
农村功能型消落带	涪陵至巫山的长江干流沿岸及湖北秭归县等原农业生产的精华地段，面积 197.728km^2，占 57.44%	陆岸农村面源对消落带水土污染较为严重，进而影响水库水质。漂浮物易聚集并发生落淤污染，库尾末端回水带、较为平缓的消落带易淤积污染物质，宽阔缓坡型消落带近水部分呈现似"荒漠化"景观；沉积物中有机质易腐烂变质，滋生蚊蝇和病菌；局部坡度较陡的斜坡受流水侵蚀和浪蚀强烈，易发生滑坡或土溜等重力地貌。农民自发利用消落带土地，会加重对生态环境的污染与破坏	以水库重要生态缓冲带、沿江生态景观功能为主，兼有农业生态利用功能、生物多样性及水鸟鱼类栖息地等功能	以农村面源污染防治、湿地植被生态净化带建设为主，兼施病媒生物防治、生态绿色种植、栖息地保护和水土保持综合治理等
岛屿功能型消落带	忠县、丰都、涪陵等区域江中岛屿和陆上的石质高丘在其底部随水位消涨形成的消落带，面积 8.740km，占 2.54%	消落带的形成极易导致江中岛屿及半岛生态景观恶化及环境污染，导致流行性疾病危害当地居民及观光游客健康。岛屿作为旅游资源开发利用可能导致对岛屿消落带的污染，进而污染水库水质。水位调度诱发的岛屿消落带地质灾害极易危及岛屿局部安全，岛屿消落带的存在使得江中岛屿景观异质化、陆上岸坡生境岛屿化	以生态景观功能、保护生态环境安全功能、生物多样性自然培育区为主，科研功能等为辅	景观湿地生态系统培育建设、加强消落带旅游污染与生态破坏防治等

续表

功能区	主要分布与面积	主要生态环境问题	生态功能	生态保护与建设方向
湖盆-库湾功能型消落带	开州、云阳、巫山、夷陵、秭归、奉节和忠县等区域，面积75.218km^2，占21.85%	蓄水期消落带形成宽阔的水面，流速更加缓慢，污染物(含固体垃圾等)和泥沙停留时间延长或滞留，容易下沉淤积，加大库水污染负荷，并造成淤泥及下层土壤污染。出露期，暴露在高温多雨的环境中，淤泥和土壤中的有机物和其他污染物快速腐烂、分解，释放大量有害物质，有暴发流行性疾病的隐患。周边居民易对其进行自发的农业利用，若开发利用不合理(如大量施用化肥、农药等)，极易造成水库水污染及岸坡水土流失等	以生态屏障功能和生态景观功能为主	减少进入库区的污染物和泥沙数量，加强库岸生态屏障带建设，加强清漂和卫生防疫工作等
峡谷功能型消落带	奉节白帝城下游段、乌江及其支流峡谷地段，面积7.924km^2，占2.30%	危岩(崩塌)对航运安全有一定威胁	以高峡平湖景观功能为主	尽量避免人为活动影响，防治危岩崩塌等

11.3　三峡水库消落带保护方案

三峡库区不同区域社会发展水平差异明显，既有重庆主城区、万州等大型城市，也有云阳、开县（现开州）、巫山等一系列小型城市及众多的集镇和乡村，其对消落带的环境压力以及服务功能要求都有所不同，而且，消落带的生态服务功能在很大程度上受制于其生态类型。因而，在生态类型划分的基础之上，结合人类干扰强度和资源开发利用的差异性，把常年水淹消落带（145 ～ 155m）、半年水淹半年出露消落带（155 ～ 165m）、常年出露消落带（165 ～ 175m）及平坝阶地型消落带（< 15°）、缓坡型消落带（15° ～ 25°）、陡坡型消落带（25° ～ 75°）进行一级功能区划，包括城市功能型、集镇功能型和农村功能型消落带；而岛屿型消落带、湖盆型消落带和峡谷型消落带（> 75°）由于其独特的地貌特征，其所受的干扰强度和开发利用明显区别于城市功能型、集镇功能型和农村功能型消落带。另外，消落带最根本的功能是保障库区民众和三峡游客的安全、健康，所以生态屏障功能和生态景观功能是所有生态功能区的主导功能，同时，某些区段的消落带因其特殊性又具有特殊功能。依据其保护模式的构建方式，按照不同消落带功能区研究初步保护方案，消落带功能区划的结果见表 11-5。

表11-5　消落带功能区划表

序号	主要功能区	特殊功能区
1	城市功能型消落带生态屏障功能、生态景观功能	重点饮用水源保障功能区
		航运枢纽功能区
		水生生物保护功能区
2	集镇功能型消落带生态屏障功能、生态景观功能	重点饮用水源保障功能区
		港口码头功能区
		水生生物保护功能区

续表

序号	主要功能区	特殊功能区
3	农村功能型消落带生态屏障功能、生态景观功能	生态农业种植功能区
4	岛屿功能型消落带生态景观功能	科学研究功能区
5	湖盆、库湾功能型消落带生态屏障功能、生态景观功能	水生生物保护功能区
		科学研究功能区
6	峡谷功能型消落带生态景观功能	库岸稳定功能区

11.3.1 消落带保护模式

针对三峡库区不同功能及类型的消落带，可采取的治理保护模式主要有自然生态恢复模式、人工生态恢复模式、工程技术模式和生态工程模式（见表11-6）。

表11-6 消落带保护模式及适用对象简表

水环境保护模式		适用对象
自然生态恢复模式		人类活动较少且具有自然恢复潜力的平坝阶地型及缓坡型消落带，以及陡坡型、峡谷型、岛屿型消落带等
人工生态恢复模式	种植植物模式	水土流失严重、土质差的荒地滩涂型和其他坡度不大的消落带等
	人工湿地模式	湖盆滩涂型的消落带、缓坡梯田型消落带、岛屿型消落带等
工程技术模式	碎石覆盖护坡技术	位于城市、集镇的平坝阶地型消落带及缓坡型消落带的常年水淹区域(145～155m)
	固化护岸工程	地质灾害多发地段；存在或潜在滑坡的库段；库岸稳定性差，易受风浪或船行波侵蚀部位；对库岸稳定性要求较高的区域
	防护大堤工程	位于大型城市，多种功能(如航运枢纽、滨江景观、路上交通等)集于一体的消落带
生态工程模式	坡地改造工程	坡面土地十分贫瘠、能生长的湿生植被很少、水土流失严重的缓坡型消落带
	生态河堤工程	库区沿江的主要城镇，尤其是污染严重的城镇等
	生态护岸工程	土壤基质差、水土流失严重、对绿化和景观有要求的陡坡型消落带
	景观发展模式	城市型消落带、对景观有要求的集镇型消落带、著名风景区或景点所对应消落带的常年出露区域(165m以上)

11.3.1.1 自然生态恢复模式

自然生态恢复水环境模式，即消落带湿地原生演替模式，是利用自然生物群落发展规律，在消落带自然形成湿地生态系统的模式。

该模式一般分三个阶段。

① 初期为草本植物发展期，一些适合于水陆两栖生活的植物（草本植物）首先在此落户，成为先锋物种，如节节草、菖蒲、蓑草、芭茅、三峡芦苇等，经过长期自然生长发育形成湿地草本植物群落。

② 中期为一些湿生、中生灌木类（如文母、黄棘、杜鹃等）在此落户，形成较高级湿地群落。

③ 最后是一些湿生、中生乔木类（如水麻柳等）扎根于此，完成自然湿地生态系统建立。该阶段称为后期。

这一模式下的消落带，因没有受到农业活动的干扰，在江水浸泡下，土壤和生长在其上的植被，对上覆水中的N、P等营养物可产生一定的吸收作用，达到净化水质的目的。同时，也具有保持水土的能力，但其自然恢复周期却十分漫长，一般需要几十年，甚至更长时间。

该种保护模式适于人类活动较少且具有自然恢复潜力的平坝阶地型及缓坡型消落带，陡坡型、峡谷型消落带等。消落带70%以上的区域宜采取自然生态恢复模式，保留自然状态，即对大部分农村消落带和部分城镇消落带，采取保留保护管理措施减少和避免人类活动的干扰，以保留自然状态的方式保护其结构与功能。

11.3.1.2 人工生态恢复模式

消落带生态若完全由自然力量恢复，则所需时间较长，不利于消落带的治理。而人工生态恢复模式，即通过人工作用，为植被创造适宜生长的生境或改善其生境，不仅可以加快植被恢复进程，如果治理得当，植被恢复见效快，效果显著，对消落带的治理和边坡稳定有着重要作用。主要的人工生态恢复模式有种植植物模式、人工湿地模式。

其中，人工生态模式主要针对植被覆盖度低、土壤贫瘠、坡度＜25°的区域，这些区域土质较差，自然恢复过程难度大，所需时间长；土质较好、水土流失较轻、坡度25°～35°的区域，虽具有自然恢复的潜力，但因自然恢复过程慢，加之库水的冲刷侵蚀作用，若干年后，其土壤基质将被库水剥蚀，基岩裸露，因此，也必须通过人工生态恢复模式或其他模式加速其植被恢复，保持水土。

（1）种植植物模式

对于那些立地条件较差、坡度小、表土层流失严重且保土保肥性能极差的消落带，由于缺乏适宜植被生长的生境，若采用封山育林的自然植被恢复模式，防止库区水土流失，收效甚微。为了防止水土流失和产生库内泥沙淤积，可采取如下措施：退水后，根据物种的最适宜生境及种内种间关系，在消落带不同高程人工种植相应的乔灌草，充分发挥其投资少、见效快、效果好的优势。145～155m水位间可种植双穗雀稗草、狗牙根、牛鞭草、香附子等；155～165m水位间除了可种植草本植物双穗雀稗草、狗牙根、牛鞭草、扁穗牛鞭草等外，还可以种植灌木秋花柳及乔木落羽杉、池杉等；165～175m水位间的消落带可适宜栽种的植物就更多了，一般适宜在145～165m水位间种植的植物也适宜栽种在该区间，除此之外，还可栽种桑、枸杞等灌木及垂柳、旱柳、白蜡等乔木。

因此，该模式不仅可以防止水土流失，改善水质，又可以增加该消落带生物丰度。

消落带植物配置的目的是恢复消落带植被，重建消落带生态系统，使消落带的生态系统能够发挥正常的生态功能。因此，在进行消落带植物配置时要考虑不同类型的消落带采用不同的植物配置模式，如乔草混交植被构建模式等。可采取的配置模式主要有如下几种：a. 多年生草本植物单种种植模式；b. 不同高度多年生草本植物混交种植模式；c. 灌木物种单种种植模式；d. 灌木物种多种混交种植模式；e. 乔木物种单种种植模式；f. 乔木物种多种混交模式；g. 草本 / 灌木混交模式；h. 灌木 / 乔木混交模式；i. 草本 / 乔木混交模式；j. 草本 / 灌木 / 乔木混交模式。

在选择和研发植物配置模式时，除应用上述基本的模式外，要根据消落带的具体环境条件灵活进行模式构建。同时，在模式选择时，要注意不同植物物种对水分和光照的需求，不能采用选择的物种会强烈相互竞争的模式。可考虑构建植被水平带和垂直带，达到因地选择、因物种选择模式，实现重建生态系统功能正常化的目的。

依据选择出的植物物种和不同消落带库岸环境条件，植被构建的功能群组配方式可选用如图 11-17 所示的几种（图中不同形状指不同植物物种）。

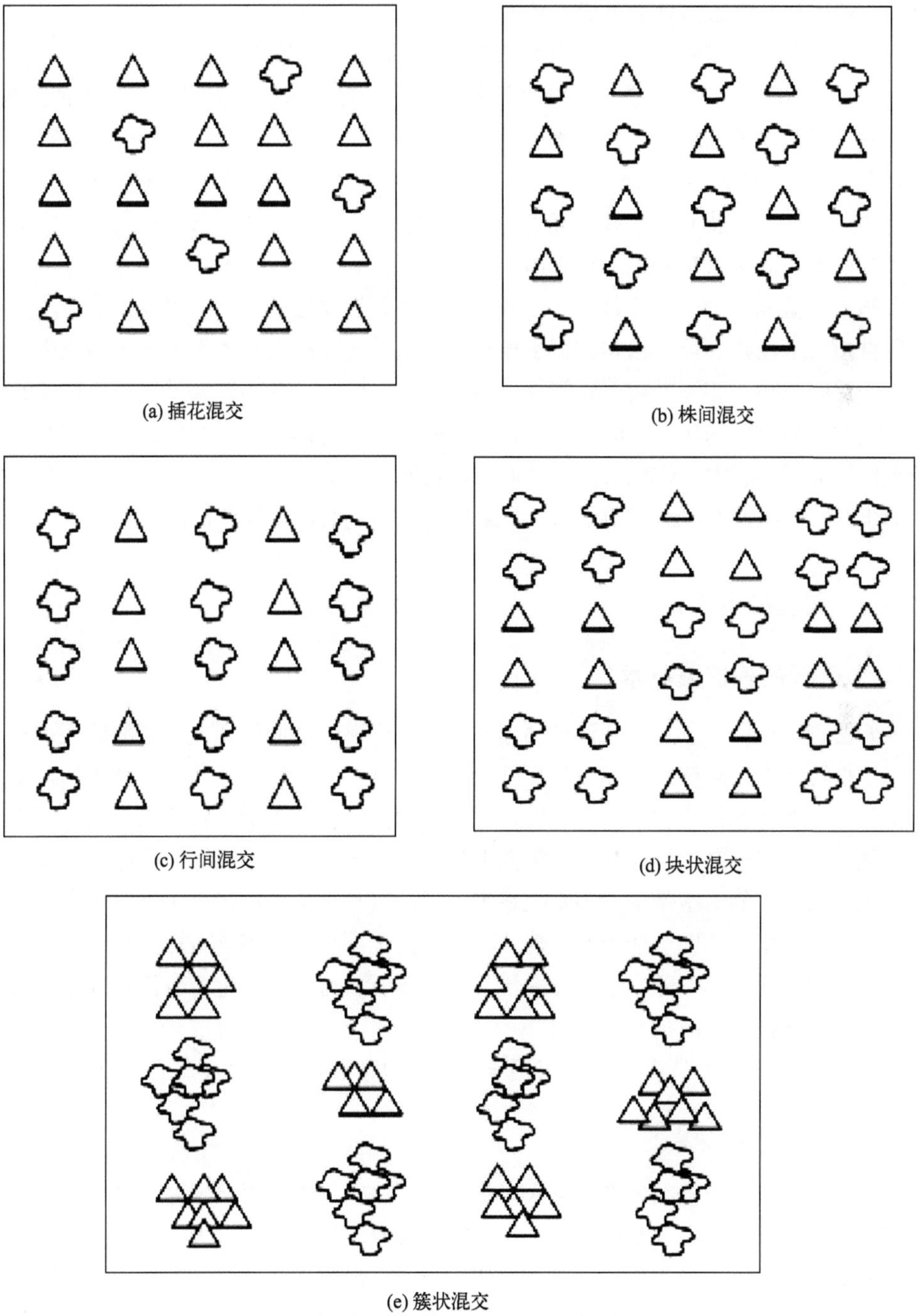

图11–17　植被构建的功能群组配方式平面示意

该种人工生态恢复模式适宜于水土流失严重、土质差的荒地滩涂型和其他坡度不大的消落带。

（2）人工湿地模式

三峡库区正常蓄水后，原有的陆生生态系统因环境的改变而逐渐消失，湿地生态系统取而代之，但仅依靠自然力量发育成健康湿地需要历时几年甚至几十年。因此，通过人工促进的方法可加速库区湿地的形成。

湿地生态系统具有较高的生物产量，其中复杂的物理、化学、生物过程相结合，通过过滤、吸附、共沉、离子交换、植物吸收和微生物分解等作用，形成一个强大的可吸收、转化并固定污染物质的环境，对于水体具有很强的净化功能。因此，湿地常常被称作“地球之肾”。同时，湿地还可以通过吸收水体中的营养物质，促进水生植物生长，并使其增产，实现废水的资源化和无害化。相关研究表明，湿地对 N、P 等营养盐具有高容量的吸附、吸收能力，对污水有明显的净化作用。

实施人工湿地的主要目标是改善水质、提高生物多样性。因此，可在消落带不同高程上分别种植沉水植物、浮水植物、挺水植物、湿地灌丛、耐湿乔木等。人工湿地中的水生植物可为浮游动物、底栖动物、鱼类提供营养物质，同时，还为鲤、鲫等产黏性卵的鱼类提供良好的产卵繁殖场所。同时，位于景观区的湖盆型消落带，可配置栽种荷花等挺水植物和垂柳、池杉等乔木，体现人工湿地的景观功能。

对于三峡库区湖盆滩涂型消落带，可采取人工湿地的水环境保护模式。

11.3.1.3　工程技术模式

（1）碎石覆盖护坡技术

碎石覆盖护坡技术，首先要清理凸起的岩石，将整个坡面整理成平整的坡面；再附植客土，在坡面上人工附植一定厚度的良好地表土，整平、夯实；然后选用肥沃的细土，加入有机质、长效肥和植物种子，均匀混合，并均匀播撒在客土上，再洒水湿润客土，轻微压实；最后，在客土之上均匀铺盖一定大小和厚度的碎石，覆盖无纺布进行洒水养护。

植被已被破坏的消落带中，雨水及库水水浪冲刷是土壤侵蚀的一个重要因素。由于植被已经被破坏，植物的固土能力非常弱，在这种情况下，可采用碎石覆盖技术来防止水土流失。通过在坡面土壤基质表层覆盖一层薄薄的碎石，可以有效地避免雨水及库水对土体的冲击，以此增强土壤的抗冲刷能力。

碎石覆盖护坡技术（图 11-18）可用于平坝阶地型消落带及缓坡型消落带等。

（2）固化护岸工程

易受风浪或船行波侵蚀的部位常采用护岸工程进行加固，以增强库岸的抗冲性和稳定性。护岸常采用干砌片石、浆砌片石和预制板或混凝土等，下部护坡和河床护底可以采用抛石、石笼、沉排、土工织物枕、土工膜袋混凝土、混凝土或钢筋混凝土块体等形式或者采用混合式护坡，这样的护坡有利于减弱纵向水流和横向环流对库岸的侵蚀，也有利减弱风浪和船行波对库岸消落带的作用。当消落带有重要设施，水库坍岸直接影响其安全时，可以用挡土墙加固。单纯的固化护坡对坡度较陡的消落带起着重要的作用，尤其在库岸有重要的生产和设施时。

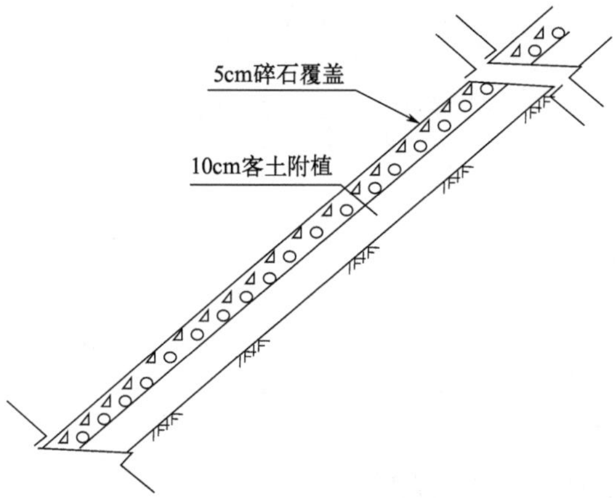

图11-18 碎石覆盖护坡技术断面图

该模式主要适用于地质灾害多发地段；存在发育滑坡的库段；库岸稳定性差，易受风浪或船行波侵蚀的部位；对库岸稳定性要求较高的区域，如港口；受库水侵蚀严重，库水水浪冲刷频繁，人类活动干扰较大的区域。

（3）防护大堤工程

防护大堤工程，主要建筑物包括基础防冲刷挡土墙、护坡、堤顶滨江景观等。

长江上游航运是三峡水库消落带首要功能之一，在库区遍布大大小小的港口、码头，包括重庆主城朝天门码头和万州码头等大型码头。港口和码头占用及影响的消落带区域，因受到上部人为活动干扰及下部船行波浪冲刷等作用，库岸失稳是其所面临的主要问题，宜在靠近城市一侧的江岸筑起堤防大坝。

11.3.1.4 生态工程模式

（1）坡地改造工程

坡地改造工程，即通过辅助工程措施，将坡型地面改造为梯田模式，然后在梯田上种植植物（图 11-19）。三峡库区原农业用地型消落带多为坡地，而坡耕地是水土流失的主要起源地。加之库水的周期性的冲刷，坡面土地十分贫瘠，能生长的湿生植被很少，水土流失更加严重。因此，除了在该区域培育适宜生长的植被外，可以辅助工程措施，对缓坡型消落带进行梯田改造。构筑的梯田，可以有效地消浪护岸，淹水后，大量的营养物质沉积，退水后，拦蓄雨水，植被自然返青（狗牙根、马唐、香附子、苨草等），达到保水、保土、保肥和提高植被覆盖率的目的，从而可减缓消落带水土流失，控制其对库区水环境的影响。同时，也可在高水位区段种植具有经济效益的植物，如饲料桑、牧草等。该模式适于水土流失严重、土地贫瘠的缓坡型消落带。

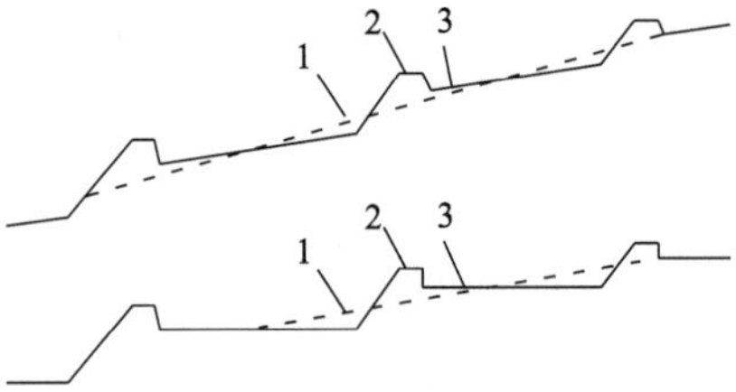

图11-19　坡改梯断面示意

1—原地面；2—砌石埂；3—耕种面

（2）生态河堤工程

生态河堤工程是在充分考虑生态效果，保护生物生存环境和自然景观的基础上，建设适合生物生长的仿自然状态的护堤。生态河堤具有以下优点：

① 适合生物的栖息与繁衍。

② 能够净化水体；调节水量、滞洪补枯。

③ 保持河流生物的多样性。对河流治理时，用自然石料和水生植物来代替水泥堤坝，以恢复水体的自净能力。

再在河岸上增加绿化带，可以有效地拦截城市的污染物质，保护库区水质，同时还可以改善城镇水滨景观。

库区支流流经的主要城镇，尤其是污染严重的城镇，对消落带进行整治时，除了考虑城镇景观，还应加强生态方面的建设，宜实施生态河堤工程，实现自然与充满魅力的城市景观和谐共生。

（3）生态护岸工程

生态护岸采用生物和工程相结合的技术，兼顾了固化护岸和植物护岸的优点，既起到护岸的作用，又增加了消落带的景观美学价值。常见的生态护岸技术包括植被混凝土技术、构筑燕窝植生穴、铺砌防冲刷生态型护坡构件、防冲刷基材生态护坡技术（PEB）、砾石枝条护坡技术、椰纤毯辅助植被恢复技术。

该模式适用于土壤基质差、水土流失严重、对绿化和景观有要求的陡坡型消落带。

1）植被混凝土技术

植被混凝土是一种由水泥、腐殖质、砂壤土、黏合材料、保水剂、长效肥、混合植物种子、混凝土绿化添加剂组成的植物生长基材。植被混凝土技术是肥料学、生物学、园艺学、硅酸盐化学、土壤学和环境生态学等学科交叉融合而形成的新型实用专利技术。施工时，先在坡面上铺设特制的镀锌铁丝网，并用锚杆或锚钉固定；再将植被混凝土原料搅拌后分两次（底层基材和包含植物种子的面层基材）由喷浆机械喷射到边坡上；喷射完毕后，覆盖一层无纺布防晒保墒，经过一段时间的洒水养护，植物就会萌芽长出真叶；揭去无纺布，使植被自然生长（图11-20）。植被混凝土具有一定的强度，能抵御水浪及强暴雨、径流的冲刷而不出现龟裂。合理的材料组成是植物生长的良好基材。

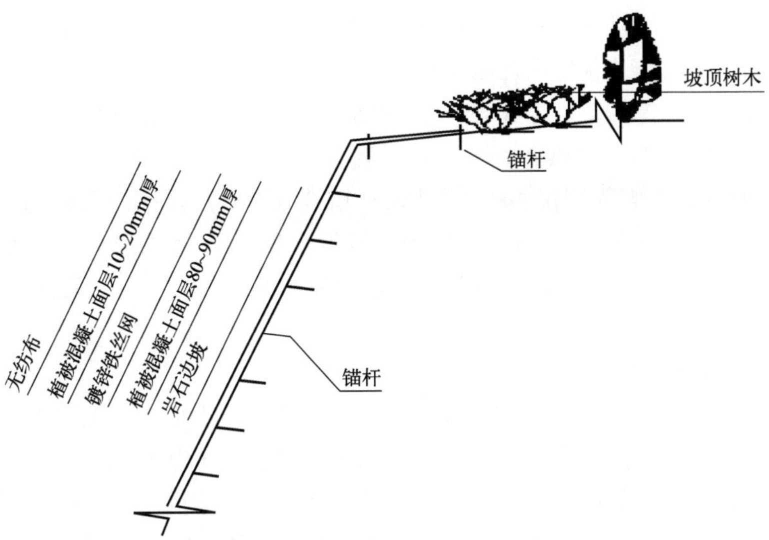

图11-20 植被混凝土技术基本构造示意

2）构筑燕窝植生穴技术

构筑燕窝植生穴技术即为了保证植物的立地条件，保护植物的生长基材不被水浪冲走，在坡面上开挖一定孔径和孔深（由所选植物的根系发达程度决定）的燕窝植生穴；然后，在穴口边缘用水泥砂浆砌筑一个弧形挡土外沿，更好地防止库水对植生穴中土体的冲刷（如图 11-21）；再在穴中填充基材、栽种植物或播散植物种子。

3）铺砌防冲刷生态型护坡构件

铺砌防冲刷生态型护坡构件，也是为植被的生长构筑立地条件。首先清理坡面，再选用良好的地表土人工附植到坡面上，整平、夯实；然后现场制作防冲刷生态型护坡构件（如图 11-22），铺砌好后，把选择好的植物种子和地表土混合均匀，点播到护坡构件预留的空洞里；覆盖好无纺布进行洒水养护。

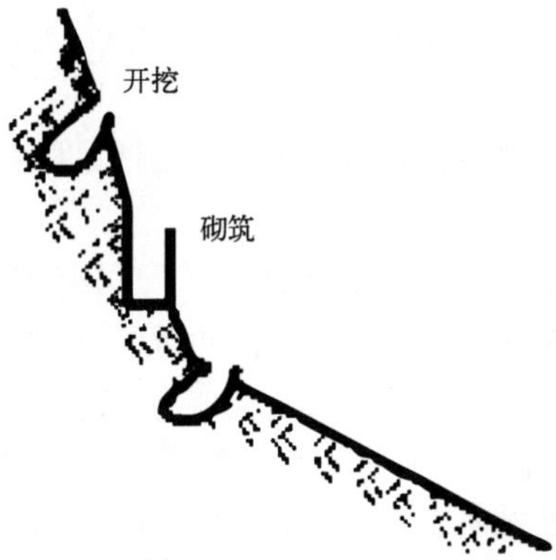

图11-21 燕窝植生穴横断面图

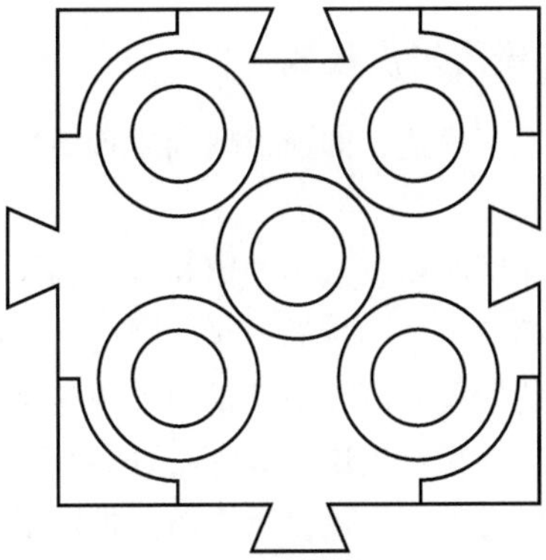

图11-22 砌块正视平面图

4）防冲刷基材生态护坡技术

防冲刷基材生态护坡技术（PEB），是一种造价相对低廉、适用范围广、功能齐全的新型护坡绿化技术。其功能目标主要通过两个功能层来实现，即基材层和防冲刷层。基材层以土壤为主，添加能为植物生长提供营养、水分的物质。其有机质含量较多、土壤微生物含量丰富、肥力水平较高、土壤结构为团粒结构、各类型孔隙比例恰当，这样的基材层不仅能为植物的初期生长提供良好的生长环境，也能为植物的后期生长提供足够的养分，而且涵养水分能力非常高。防冲刷层采用的是植被混凝土，有一定强度，具有防冲刷能力。防冲刷层也是良好的植被生长基材，在初期洒水养护后，混在其中的植物种子能迅速出芽生长。植物根系又把基材层、加筋层和防冲刷层全面联结在一起，形成了更稳定、更严密的生态护坡系统。

5）砾石枝条护坡技术

砾石枝条护坡技术，适用于河流缓流地区，流势较缓处的坡面覆盖工程，起到防止人造坡面砂土流失及河堤崩坍等保护作用。这种施工法工序为在成形后的坡面上，每隔约 80cm 打一个桩，将枝杈和柳枝混在一起铺满，用栅枝条编织，铺满砾石，填满细砂粒，本工法中的柳树在施工后 2 ～ 3 年内成长，其树根大面积俯瞰在护岸斜面上，可以长期保护人工坡面。施工流程为：搬运枝条、木桩到施工现场；在成形的人工坡面上打木桩，然后铺满枝条（混入柳枝）；围绕木桩编织枝条；往成形后的枝条内填入砾石，表面填充细砂粒。

6）椰纤毯辅助植被恢复技术

椰纤毯辅助植被恢复技术，在消落带中高程 165 ～ 175m 区域，种植土下面铺设椰纤毯防止水土流失，上面种植根系发达的湿生花灌木，通过增加植被覆盖度达到保土和生态治理的目的。椰纤毯由 100% 天然椰子纤维通过冲压加工做成供植物生长的基带，呈多层网孔状结构，具有纤维粗细适中（纤维直径 0.3 ～ 0.8mm）、长度范围合理（长度 10 ～ 20cm）、质量轻、强度高、弹性好、透水性强的特点，容易形成密集且大小合理的网孔结构，植物在网孔中生长，网孔能创造一个透气、保水、调温的环境，可以为植物的发芽、生长提供良好的条件，可以根据需要加以肥料、营养剂、保水剂、各类草种等，这样的材质和结构为植物的生长提供了良好的条件。

（4）景观发展模式

景观发展模式，即通过辅助工程措施，在消落带内种植落羽杉、池杉、垂柳等观赏性植物。

三峡库区两岸有众多城镇和著名的风景区或景点（如奉节白帝城、忠县石宝寨、丰都鬼城等）都位于消落带的边缘。因此，在制定消落带水环境保护的同时，要兼顾消落带景观旅游业的发展，可在消落带内种植落羽杉、池杉、垂柳等观赏性植物。研究表明，落羽杉、池杉、垂柳在水淹 240d 内，造林当年成活率不受影响，整株淹没 200d 时仍能正常生长。通过发展挺水植物，再在消落带边缘栽种紫藤等景观价值高的藤本植物，提高土地利用率，增加库岸抗浪蚀的能力；可改善沿岸地带生态环境，从而达到改善水质的目的；同时，形成“水上森林”“水中树”的奇观，可创造优美的景观。该模式适用于城镇和著名风景区或景点所对应的消落带，在消落带种植具有观赏价值的植物，如落羽杉、池杉、垂柳、紫藤等。

11.3.2 消落带主导功能保护方案

消落带作为三峡库区水体的最后屏障带，起到过滤、拦截、缓冲功能，保护库区水体水环境，所以生态屏障功能是首要功能；另外，三峡是国际旅游带，沿岸景观需要满足观赏需要，生态景观功能也是重要功能。因此，消落带主导功能是生态屏障功能和生态景观功能。

11.3.2.1 城市主导功能型消落带

城市人口密集，各种人类活动和生产活动频繁，产生的污染物虽具有面广、量大的特点，但因城市具有比较完善的排水系统，绝大部分污染物质进入了城市排水系统，所以，位于城市区域的消落带，其生态屏障功能并不是很突出。相反，城市消落带作为城市滨江景观的一部分，其景观不仅要满足三峡库区沿岸景观需求，更要与城市环境相协调。因此，城市区域消落带的功能应以生态景观功能为主，生态屏障功能次之。

（1）坡度小于 15° 的平坝阶地型消落带

① 高程为 145 ～ 155m 间的区域，宜保持其自然状态。

② 高程为 155m 以上的区域，宜实施生态护岸工程，铺砌防冲刷生态型护坡构件。

③ 高程为 155 ～ 165m 间的区域，在不同高程构件上种植耐水淹、具有净化及景观功能的灌草，如牛鞭草、双穗雀稗等，拦截、过滤、降解流经该区域的污染物质，净化水体，同时，可绿化库岸。

④ 165m 以上的区域，种植适宜生长、具有景观观赏价值的乔灌草，如牛鞭草、芦竹、垂柳、紫藤等；并可在 160m、170m 及 176m 高程左右设置 3 条可供市民休闲散步的碎石或水泥小道，176m 小道内侧再配上绿化带，既可作为城市休闲娱乐的江滩，也可起到美化滨江景观的功能，又可拦截来自城市的污染物质。同时，由于坡度较平缓，容易滞留各种污染物，宜成立专业打捞队伍，清理消落带滞留物，减少滞留物污染，防止环境卫生问题的发生。

（2）坡度介于 15° ～ 25° 的缓坡型消落带

① 高程为 145 ～ 155m 间的区域，宜采取碎石覆盖护坡技术，在坡面土壤基质表层覆盖一层一定厚度的碎石，可以有效地避免雨水及库水对土体的冲击，以此增强土壤的抗冲刷能力，达到保持水土的作用。

② 高程为 155m 以上的区域，根据城市规划是否利用库岸带建设江滩等休闲娱乐场地，相应地提出两种保护措施。若规划作为建设江滩用地，则宜将生态护岸工程与景观发展结合起来，可在库岸上铺砌防冲刷生态型护坡构件，再在不同高程构件上种植耐水淹、具有降解净化及景观功能的灌草，如牛鞭草、狗牙根、双穗雀稗等，起到拦截、过滤流经该区域的污染物质，并降解净化污染物质的功能；同时，可保持水土、绿化库岸，也作为城市休闲娱乐的江滩；并在 155m、165m 和 176m 高程左右铺设 1 ～ 2m 宽的水泥道路和间隔一定距离铺砌几条纵向台阶，水泥道路一侧种植具有景观功能和耐淹能力的乔灌，如

落羽杉、池杉、垂柳、紫藤等，为市民提供亲水平台和休闲空间。再在176m道路内侧配置绿化带，可美化滨江景观、拦截污染物（见图11-23）。若仅作为一般的生态景观区，则宜将植物种植模式与生态护岸工程结合，即沿着库岸带，一段实施植物种植模式，一段实施生态护岸工程，二者交替应用，既能使保护方案不显得单调，又可降低保护费用；再在消落带上部实施景观发展模式，种植落羽杉、紫藤、垂柳等观赏性植物，同时配置一条绿化带，绿化库岸，改善城市滨江环境。

图11-23　三峡大学在坝前消落带实施的生态护岸示范工程

（3）坡度介于25°～75°的陡坡型消落带

因受人类活动干扰强度大，首先要确保库岸稳定，其次才是美化库岸、优化滨江景观结构、截污、消减污染物等功能。

① 高程为145～155m间的区域，宜实施固化护岸工程，可用挡土墙加固库岸，也可采用抛石、石笼、沉排、土工织物枕、土工膜袋混凝土、混凝土或钢筋混凝土块体等形式或者采用混合式护坡固岸。

② 高程为156～170m间的稳定型区域，宜保持其自然状态；对于存在或潜在地质灾害的非稳定区域，宜实施生态护岸工程，采取防冲刷基材生态护坡技术或喷射植被混凝土。

③ 高程位于165m以上的区域，实施生态护岸工程，采取防冲刷基材生态护坡技术或喷射植被混凝土，再在消落带上部配置绿化带，拦截、过滤来自城市的污染物质，同时又可加固、绿化库岸，美化城市环境（见图11-23）。

11.3.2.2　集镇功能型消落带

集镇人口比较密集，各种人类活动和生产产生的污染物的量大而广，且集镇排水系统通常不完善，各种面源污染物经降雨随地表径流进入水体而污染水质，消落带作为污染物质进入水体的最后屏障，其意义重大。与此同时，三峡库区沿岸有很多大小集镇，作为国际旅游区，其消落带具有重要的生态景观功能。

（1）坡度小于 15° 的平坝阶地型消落带

① 高程为 145 ～ 155m 间的区域，宜保持其自然状态。

② 高程为 155m 以上的区域，宜实施人工生态恢复模式，种植适宜生长、截污去污能力强的乔灌草，如牛鞭草、双穗雀稗、垂柳、紫藤等，达到阻滞截留并降解净化污染物质的目的；也可再在消落带上部配置绿化带，可起到美化库岸带的功能。同时，宜成立专业打捞队伍，清理消落带滞留物，减少滞留物污染，防止环境卫生问题的发生。

（2）坡度介于 15° ~ 25° 的缓坡型消落带

① 高程为 145 ～ 155m 间的区域，宜采取碎石覆盖护坡技术，在坡面土壤基质表层覆盖一定厚度的碎石，可以有效地避免雨水及库水对土体的冲击，以此增强土壤的抗冲刷能力，达到保持水土的作用。

② 高程为 155m 以上的区域，保护措施同坡度小于 15° 的平坝阶地型消落带。

（3）坡度介于 25° ~ 75° 的陡坡型消落带

因紧邻集镇，受人类活动影响较大，因此，首先要确保库岸稳定，其次才是截留、消减、降解来自集镇的有机质及营养盐。

① 高程为 145 ～ 155m 间的区域，宜实施固化护岸工程，可用挡土墙加固库岸，也可采用抛石、石笼、沉排、土工织物枕、土工膜袋混凝土、混凝土或钢筋混凝土块体等形式或者采用混合式护坡固岸。

② 高程为 155 ～ 165m 间的稳定型区域，宜保持其自然状态；对于存在或潜在地质灾害的非稳定区域，宜实施生态护岸工程，采取防冲刷基材生态护坡技术或喷射植被混凝土，既起到保护护岸的作用，又可绿化库岸，拦截、净化污染物质。

③ 高程位于 165m 以上的区域，实施生态护岸工程，采取喷射植被混凝土技术，再在消落带上部配置绿化带，拦截、过滤、降解来自集镇的污染物质，同时，又可加固、绿化库岸，美化改善集镇环境。

11.3.2.3 农村功能型消落带

三峡库区两岸有着很多的坡耕地，其水土和氮磷流失严重，农业面源污染成为库区水质污染的主要污染源，具有截留、过滤功能的消落带，其生态屏障功能将发挥极大的生态环境效益。农村消落带的生态景观功能则体现在库区沿江绿化，为轮渡游客提供绿色生态景观。

（1）坡度小于 15° 的平坝阶地型消落带

宜自然封育，保持其自然状态，逐渐形成自然湿地生态系统。

（2）坡度介于 15° ~ 25° 的缓坡型消落带

① 高程为 145 ～ 155m 间的区域，宜自然封育，保持其自然状态。

② 高程为 155m 以上、具有自然生态恢复潜力的区域，宜进行自然封育；而对于那些自然恢复潜力较差的区域，宜投加菌剂改良剂，增加土壤肥力；再采取种植植物模式，人工种植适宜生长的草类，如狗牙根、香根草、双穗雀稗等。

（3）坡度介于 25° ～ 75° 的陡坡型消落带

① 对于稳定型的消落带，高程为 145 ～ 165m 间的区域，宜保持其自然状态，减少人类活动的干扰；165m 以上的区域，则实施生态护岸工程，可采取的技术有植被混凝土生态防护技术、构筑燕窝植生穴、铺砌防冲刷生态型护坡构件、防冲刷基材生态护坡技术，再种上乔灌，达到稳固库岸、保护基质、恢复植被、截留消减农业面源污染物等目的。

② 对于非稳定型的消落带，高程为 145 ～ 155m 间的区域，宜实施固化护岸，可用挡土墙加固库岸，也可采用抛石、石笼、沉排、土工织物枕、土工膜袋混凝土、混凝土或钢筋混凝土块体等形式或者采用混合式护坡固岸；高程为 155m 以上的区域，保护方案与稳定型消落带 165m 以上区域类似。

11.3.2.4　岛屿功能型消落带

三峡水库蓄水后，原有的江中岛和岸坡石丘形成孤岛或半岛，尤其在风景区或旅游线路的库中岛，具有宜人的景观价值。一般岛屿上人类活动及生产少，产生的污染物极少。因此，岛屿型消落带的主导功能应该是生态景观功能。

具有旅游观赏功能的岛屿，为充分发挥其消落带的生态景观功能，宜采取工程技术与生态工程技术相结合的措施，将其建设成山清水秀、风景优美的旅游区（如图 11-24、图 11-25 所示）。

图11-24　忠县石宝寨

图11-25　白帝城

11.3.2.5　湖盆、库湾功能型消落带

湖盆、库湾水流速度缓慢，污染物质容易在此区域淤积，再加上湖盆、库湾周围人类活动及生产产生的污染物，加大了其水体污染负荷。湖盆、库湾消落带具有生态屏障功

能，一方面可以有效地拦截、过滤流经消落带的污染物质；另一方面，又可以吸收降解水体的营养物质，净化水体。同时，湖盆、库湾是潜在的旅游观光区，其生态景观功能不容忽视。

宜实施人工湿地模式，在不同高程上分别种植沉水植物、浮水植物、挺水植物、湿地灌丛、耐湿乔木，逐渐形成人工湿地，利用湿地强大的自然净化能力，拦截、过滤、吸收、转化并固定污染物。同时，又可使消落带物种多样化，丰富消落带生态景观。

11.3.2.6 峡谷功能型消落带

高峡平湖是三峡库区主要的景观之一，因此，生态景观功能是峡谷型消落带基本的生态服务功能，也是重要的生态服务功能。

可以自然封育为主，并在风景区通过生态工程技术，设置攀缘植物绿化带，以美化沿岸风景，保护改善其自然景观。

11.3.3 特殊功能区保护方案

11.3.3.1 城市功能型消落带

城市功能型消落带某些区段除具备主导功能外，还具备自身特殊服务功能。按照消落带本身特征和对附近城市的影响程度等，城市功能型消落带还具有如下 3 个特殊功能。

（1）城市重点饮用水源保障功能区

重点饮用水源保障功能区，主要指位于城市区饮用水源和备用水源的一级、二级保护区，其具体范围依据《饮用水水源保护区划分技术规范》（HJ 338—2018）规定所对应的消落带。三峡水库是一个巨大的淡水资源库，沿岸居民多饮长江水，而三峡大坝建成投入运行后，水流滞缓，水体自净能力降低，作为水库最后屏障的消落带，起着去除内源污染、控制和消减外源污染的重要作用。因此，城市重点饮用水源保障功能区与主导功能相比，其采取的保护模式基本相同，但因重点饮用水源保障功能区有其特殊性，某些区段采取的方案又有不同。

植物具有过滤、拦截并固定流经消落带的污染物质的功能。因此，坡度小于 15° 的平坝阶地型消落带，高程为 155 ～ 165m 间的区域，宜采用人工生态恢复模式，种植适宜生长、吸污去污能力强的乔灌草，可拦截、吸附、降解污染物质，净化水质。

坡度介于 15° ～ 25° 的缓坡型消落带，高程为 155 ～ 165m 间的区域，分别种植具有相应耐淹抗压能力且吸污去污能力强的乔灌草；高程为 165 ～ 175m 间的区域，宜采用景观发展模式，种植适宜生长、吸污去污能力强且具有观赏价值的乔灌草，在上部增加绿化带。

饮用水源一般设在较偏、受人类活动干扰小的地方，因此，坡度介于 25° ～ 75°、较稳定的陡坡型消落带，高程为 145 ～ 165m 间的区域，可以采取自然生态恢复模式，保持自然状态。

在植物配置方案方面，重点饮用水源保障功能区应以截污去污能力强的植物为主，如扁穗牛鞭草、狗牙根、睡莲、水菖蒲、芦苇、慈姑、千屈菜等。

（2）城市航运枢纽功能区

交通运输保障功能区，主要指港口、码头及其所影响的消落带区域，因受库水及船行波侵蚀严重，尤其是高程为 145 ～ 155m 间的消落带，再加之消落带上下部受人类活动干扰大，所面临的主要消落带问题是库岸失稳。因此，所采取的保护措施应以稳固库岸为主，同时，也要兼顾城市对滨江景观的要求。

1）坡度小于 25° 的平坝阶地型、缓坡型消落带

将工程技术模式、生态工程模式及人工生态恢复模式三者相结合，筑起防护大堤，才能既实现城市航运枢纽的特殊功能，又能达到城市消落带对景观的要求。高程为 145 ～ 155m 间的区域，淹水时间长、水压高、受水浪冲击频繁、适宜生长的植被极少，宜采用工程技术进行固化护岸，确保库岸稳定；155m 以上的区域，淹水时间相对较少、水压也较低，某些灌草可生长于其上，因此，宜采用生态护坡；再在消落带上部栽种具有观赏价值的乔灌，实施景观发展模式，美化城市滨江景观，见图 11-26。

图11-26　万州滨江路码头防护大堤工程

2）坡度介于 25° ～ 75° 间的陡坡型消落带

土壤基质极易因库水的冲刷、剥蚀作用而流失，最后基岩裸露，因此，该区域应通过工程措施，可用挡土墙加固库岸，也可采用抛石、石笼、沉排、土工织物枕、土工膜袋混凝土、混凝土或钢筋混凝土块体等形式或者采用混合式护坡固岸；再在消落带上部实施生态护岸工程，如可采用植被混凝土技术，配置绿化带，既稳固了库岸，又可起到美化滨江景观的功能。

（3）城市水生生物保护功能区

水生生物保护功能区，主要指位于河流交汇地带、次级河流入江口的消落带。河流交

汇处、入江口地势多平坦，土地肥沃，通常是鱼虾汇集场所。因此，该功能区宜保持其自然环境，同时，应防止来自城市的污染物进入水体，为水生生物提供良好的栖息场所，避免受到外界的干扰。

1）坡度小于 15° 的平坝阶地型消落带

① 高程位于 145 ～ 155m 间的区域，宜保持其自然状态。

② 高程为 155m 以上的区域，宜进行人工生态恢复，种植具有相应耐淹抗压能力且能被水生生物食用的灌草，保持水土，净化水质，为水生生物提供良好稳定的栖息场所；再在消落带增加绿化带，拦截城市的污染物质，保护库区水质，维持水生生物较好的生境，美化库岸。

2）坡度介于 15° ～ 25° 的缓坡型消落带

① 高程为 145 ～ 155m 间的区域，宜采取碎石覆盖护坡技术，在坡面土壤基质表层覆盖一定厚度的碎石，可以有效地避免雨水及库水对土体的冲击，以增强土壤的抗冲刷能力，保持水土，为水生生物提供较稳定的生境。

② 高程在 155m 以上的区域，保护方案与小于 15° 的平坝阶地型消落带对应区域相似。

3）坡度介于 25° ～ 75° 的陡坡型消落带

① 高程为 145 ～ 165m 间的区域，保持自然状态，避免该区受到干扰。

② 高程在 165m 以上的区域，宜实施生态护岸工程，采用防冲刷基材生态护坡技术或喷射植被混凝土，附种上乔灌木，以拦截城市污染物质，保护库区水质，为水生生物提供良好的生境。

11.3.3.2 集镇功能型消落带

集镇功能型消落带类同于城市功能型消落带，但由于其沿岸产业、人口密集程度相对较低，生态环境问题及影响危害程度低于城市功能型消落带，生态服务功能较城市消落带稍弱，生态保护建设力度略小。按照集镇型消落带的本身特征和对附近集镇、三峡水库的影响程度，分为三个特殊亚类。

（1）集镇重点饮用水源保障功能区

重点饮用水源保障功能区，主要指集镇饮用水源和备用水源的一级、二级保护区，其具体范围依据《饮用水水源保护区划分技术规范》（HJ 338—2018）规定所对应的消落带。其保护方案与城市重点饮用水源保障功能区相似，主要是作为水库屏障的消落带，去除内源污染物、控制和消减外源污染物。

集镇重点饮用水源保障功能区，其保护方案也有其特殊性。集镇排水系统不完善，集镇面源污染对水库水质影响较大，因此高程为 165 ～ 175m 间的消落带，应定位为截污功能带，通过人工种植或辅助工程措施，配置高密度的、截污去污能力强且具有一定耐淹能力的多年生灌草。

（2）集镇港口码头功能区

集镇港口码头功能区，即占用了岸线资源的集镇小港口、小码头及影响区对应的消落带。该功能区与城市的相比，对消落带的影响较小，景观要求低。

高程为 145 ～ 165m 间的区域，宜实施固化护岸工程，采用抛石、石笼、沉排、土工织物枕、土工膜袋混凝土、混凝土或钢筋混凝土块体等形式或者采用混合式护坡固岸；高程为 165m 以上的区域，宜将生态护岸工程与景观发展模式结合，铺砌防冲刷生态型护坡构件或采取植被混凝土技术，再在消落带上部配置绿化带，既可稳固库岸，又可美化集镇环境。

(3) 集镇水生生物保护功能区

集镇水生生物保护功能区与城市水生生物保护功能区的基本特征、生态服务功能、生态建设和保护方向大抵相同，但因为集镇排水系统不完善、对景观要求低，因此，其保护方案与城市水生生物保护功能区有所差别。165 ～ 175m 间的消落带应定位为截污功能带，通过人工种植或辅助工程措施，配置高密度、截污去污能力强且具有一定耐淹能力的植物，防止污染物进入水体而污染水生生物的生境。

11.3.3.3 农村功能型消落带

农村功能型消落带，是指分布于农村区域的消落带，占库区消落带总面积的 82% 左右，淹没前多为丘陵、阶地和河漫滩，且以农业利用为主。因政府尚未出台对消落带的利用管理措施，农民自发对消落带土地进行利用，将会对消落带环境造成污染与破坏，库区陆域农业面源也会对消落带水土产生污染。

农村型消落带除了具有生态屏障功能和生态景观功能等主导功能外，坡度小于 25° 且高程在 155 ～ 175m 间的农村区域消落带还具有生态农业利用价值，即为生态农业种植功能区。该功能区应在保障水库水环境安全的前提下，对消落带进行有效利用，适当种植具有经济效益的绿色农作物，发展生态农业，但禁止施用农药、化肥和植物激素等，及时收割和清理，不得翻动松土、挖掘犁耙。

坡度小于 15° 的平坝阶地型消落带，宜采取植物种植模式，种植具有经济效益的绿色农作物，如饲料桑、牧草、香根草等。

坡度介于 15° ～ 25° 的缓坡型消落带，宜采取生态工程模式，将坡地改造为梯地 / 田后，可适当栽种绿色农作物，发展生态农业。

11.3.3.4 岛屿功能型消落带

三峡大坝蓄水，使库区形成了很多大大小小的岛屿，这些岛屿除具有生态景观功能这种主导功能外，有必要保持一定数量的江中岛或（和）陆上小岛的自然原貌，监测和研究岛屿生境的自然演变趋势，因此，将某些岛屿型消落带进一步划分出科学研究功能区。

针对科学研究功能区，宜进行自然封育，保护、保留其自然状态，开展自然演变趋势的研究。

11.3.3.5 湖盆、库湾功能型消落带

根据湖盆、库湾功能型消落带自身特征和人类开发利用需求，可将某些湖盆、库湾型消落带进一步划分为水生生物保护功能区和科学研究功能区。

(1)水生生物保护功能区

指具有一定宽度和水域面积的湖盆、库湾对应的消落带。该功能型消落带地势平坦，流速变慢，能够沉积泥沙和氮、磷等营养物质，利于植物生长和鱼类繁殖。因此，可在不同高程上适当种植沉水、浮水和挺水植物，有效拦截、过滤陆上面源污染，同时，可吸收、转化并固定水体中的污染物，保持水体清洁，维护水生生物多样性。

(2)科学研究功能区

指集镇、风景区附近的湖盆、库湾消落带。该功能区主要进行自然封育，保留保护其自然状态，然后通过研究水库水文变化对该功能消落带的影响，针对性提出消落带防治措施，有效治理污染和引导当地政府和居民合理利用消落带，营造健康安全及与风景区景观一致的湿地生态系统。

11.3.3.6 峡谷功能型消落带

峡谷型消落带，主要由坚硬的碳酸盐类岩石和砂岩等组成，地表基岩裸露、松散堆积物和植被较少，如长江干流瞿塘峡和巫峡、大宁河小三峡、乌江干流及其支流的峡谷。高峡平湖景观是其主要的服务功能之一，与此同时，也存在危岩崩塌、落石等安全隐患。因此，某些峡谷功能型消落带可进一步划分出库岸稳定功能区。

库岸稳定功能区，实施固化护岸工程，可用挡土墙加固库岸，也可采用抛石、石笼、沉排、土工织物枕、土工膜袋混凝土或钢筋混凝土块体等形式或者采用混合式护坡固岸，确保航运畅通和过往船只安全。

11.3.4 三峡库区消落带保护模式汇总

综上所述，消落带各功能区模式汇总情况如表 11-7 所列。

表11-7 消落带各功能区保护模式简表

一级功能区划	功能定位		保护模式
城市功能型消落带	主导功能	生态屏障功能 生态景观功能	自然生态恢复模式/碎石覆盖技术，生态护岸工程，景观发展模式，固化护岸工程
	特殊功能	重点饮用水源保障功能区	自然生态恢复模式，植物种植模式，景观发展模式，碎石覆盖护坡技术，生态护岸工程
		航运枢纽功能区	防护大堤工程，固化护岸工程，生态护岸工程
		水生生物保护功能区	自然生态恢复模式，碎石覆盖护坡技术，植物种植模式，生态护岸工程

续表

一级功能区划	功能定位		保护模式
集镇功能型消落带	主导功能	生态屏障功能 生态景观功能	自然生态恢复模式/碎石覆盖技术，植物种植模式，生态护岸工程，景观发展模式，固化护岸工程
	特殊功能	重点饮用水源保障功能区	自然生态恢复模式/碎石覆盖技术，植物种植模式，生态护岸工程，景观发展模式，固化护岸工程
		港口码头功能区	固化护岸工程，生态护岸工程，景观发展模式
		水生生物保护功能区	植物种植模式，自然生态恢复模式，生态护岸工程
农村功能型消落带	主导功能	生态屏障功能 生态景观功能	自然生态恢复模式，植物种植模式，生态护岸工程，固化护岸工程
	特殊功能	生态农业种植功能区	植物种植模式，坡地改造工程
岛屿功能型消落带	主导功能	生态景观功能	工程技术模式，生态工程模式
	特殊功能	科学研究功能区	自然生态恢复模式
湖盆、库湾功能型消落带	主导功能	生态屏障功能 生态景观功能	人工湿地模式
	特殊功能	水生生物保护功能区	人工湿地模式
		科学研究功能区	自然生态恢复模式
峡谷功能型消落带	主导功能	生态景观功能	自然生态恢复模式、生态工程模式
	特殊功能	库岸稳定功能区	固化护岸工程

第 12 章 三峡库区富磷小流域源头控制技术

12.1 三峡库区典型小流域磷赋存特征

12.1.1 小流域磷赋存形态及本底特征

12.1.1.1 不同介质中总磷的空间分布特征

2013 年 3 ～ 4 月间，在香溪河流域开展了全面调查，特别对磷矿所在地（如兴山县树空坪、瓦屋、神农架新华等）、磷化工企业所在地（兴山县南阳镇、刘草坡等）、水土流失严重的农业种植区（如兴山县古夫镇柑橘种植园）等区域进行了重点调查。分别采集了河岸带土壤、河流水体及沉积物样本共计 115 份，测定指标包括：水体中总磷（TP）、溶解性总磷（DTP）、溶解性正磷酸盐、颗粒态磷；土壤和沉积物中总磷、无机磷（IP）、有机磷（OP）、氢氧化钠提取磷（NaOH-P）、盐酸提取磷（HCl-P）的浓度，土壤和沉积物中藻类可利用磷（AAP）、$NaHCO_3$ 可提取磷（Olsen-P）/ 水溶性磷（WSP）、易解吸磷（RDP）的浓度。

（1）河流水体 TP 含量分布

香溪河流水体 TP 含量在 0.006 ～ 0.372mg/L 之间，总体上呈现上游低、下游高的空间分布特征。在少数受磷污染的样点，TP 含量非常高，如在磷矿富集的孔子河上游，河水中 TP 含量高达 1.932mg/L。昭君大桥上游的磷化工厂排放工业污水直接入河，导致昭君大桥至高岚河汇入之前的库湾段 TP 平均值超过 0.35mg/L。库湾下游段水体中总磷浓度逐渐降低，可能是因为水深增加，流速减缓导致磷沉积作用明显；此外，长江干流来水水质相对较好，对香溪河库湾水体中磷含量也有一定稀释作用。

（2）沉积物 TP 含量分布

沉积物 TP 含量在 246 ～ 31000mg/kg 之间，平均值为 2160mg/kg，显著高于其他河流、湖库，如黄河为594～957mg/kg，太湖为295～913mg/kg。在古夫河和高岚河上游存在若干磷矿区，主要矿区附近沉积物TP含量都高达10000mg/kg，矿区下游河段的TP含量也相应较高，大部分河段都在4000mg/kg左右。受磷矿区开采影响，两条支流沉积物的TP平均值分别为3481mg/kg和7568mg/kg。干流上游木鱼镇附近因人口密度高，生活污水直排河中，因此该区域TP含量也较高，为2022mg/kg，高于干流平均值（1242mg/kg）。

（3）河岸带土壤TP含量分布

土壤TP平均值为1378mg/kg，其中磷矿区附近土壤TP含量都不低于4000mg/kg，在规模较大的瓦屋矿区附近，土壤TP含量为7812mg/kg，高达平均值的6倍。矿区下游河段TP也很高，平均值分别为1788mg/kg和1833mg/kg。总体来说，高岚和古夫的磷矿区及人口密集的木鱼镇所在区域的TP含量明显高于流域的其他区域。

12.1.1.2　磷的赋存形态特征

香溪河流域水体中PO_4-P的含量在0.003～1.626mg/L之间，在TP含量高的样点，PO_4-P的含量也相应较高。所有样点的DTP都超过60%，可见香溪河流域水体中磷以DTP为主（见图12-1）。

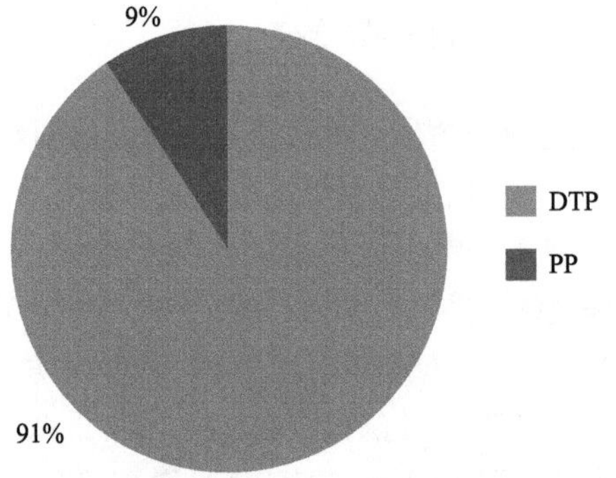

图12-1　香溪河流域水体中各形态磷所占百分比

香溪河流域沉积物及土壤中各形态磷的含量详见表12-1、表12-2。所有样点沉积物IP含量为73～28948.1mg/kg，其中70%的样点IP占TP的60%以上；OP占0.5%～66%，仅有13%的样点OP含量高于40%，表明香溪河沉积物中IP是最主要的赋存形态。IP包括NaOH-P和HCl-P，其中60%的样点NaOH-P占IP的比例不超过20%，而90%的样点HCl-P超过60%，可见香溪河沉积物中IP以HCl-P为主（见图12-2）。HCl-P一般是指Ca-P，主要来源于碎屑岩或本地自生的磷灰石，以及难溶性的磷酸钙矿物，香溪河流域HCl-P所占比例整体较高，即使是在一些源头河段，HCl-P/IP的值也能达到70%，这可能与地质条件下的风化有关。在一些砂场附近，HCl-P/IP的值高达95%以上，可能是与频繁挖砂促进磷灰石的溶解有关。

表12-1 香溪河流域沉积物中各形态磷含量汇总　　单位：mg/kg

项目		最小值	最大值	平均值	标准差
不同形态磷	TP	245.8	30998.8	2117.1	4036.1
	IP	73	28948.1	1699	3753.1
	OP	29.8	944.2	229.1	192.6
	NaOH-P	21.2	674	130	107.2
	HCl-P	54.4	28026.3	1489.8	3552.9
生物可利用磷	WSP	0.03	64.92	9.78	9.25
	RDP	0.01	3.74	0.72	0.72
	AAP	8.21	549.74	93.18	89.8
	Olsen-P	3.86	165.51	27.87	26.58

表12-2 香溪河流域土壤中各形态磷含量汇总　　单位：mg/kg

项目		最小值	最大值	平均值	标准差
不同形态磷	TP	312.4	7812.1	1289.1	1221.6
	IP	83	5568.4	797.1	980.3
	OP	62.5	1362.1	362.7	225.4
	NaOH-P	17.3	664.4	139.7	126
	HCl-P	1	5447.8	660.8	934.7
生物可利用磷	WSP	0.82	100.31	13.25	17.42
	RDP	0.01	12.7	1.39	2.42
	AAP	10.85	571.68	121.36	116.24
	Olsen-P	1.34	186.41	26.02	29.35

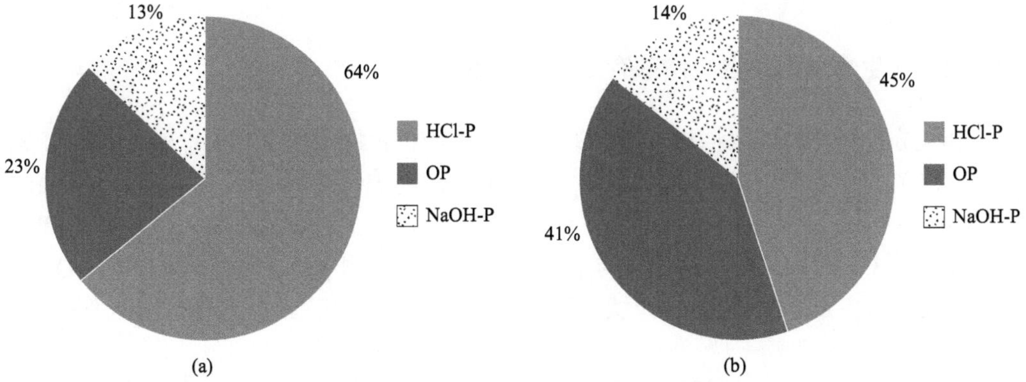

图12-2 香溪河流域沉积物（a）、土壤（b）中各形态磷所占百分比

生物可利用磷（BAP）包括水溶性磷（WSP）、易解吸磷（RDP）、藻类可利用磷（AAP）及 $NaHCO_3$ 可提取磷（Olsen-P）共 4 种形态。所有样点沉积物 AAP 都超过 45%，而 RDP 不超过 5%，75% 样点的 WSP 占 BAP 的 5% ～ 15%，Olsen-P 占 15% ～ 40%，表

明香溪河沉积物中 BAP 的优势形态为 AAP，其次是 Olsen-P 和 WSP，RDP 含量最少［见图 12-3（a）］。

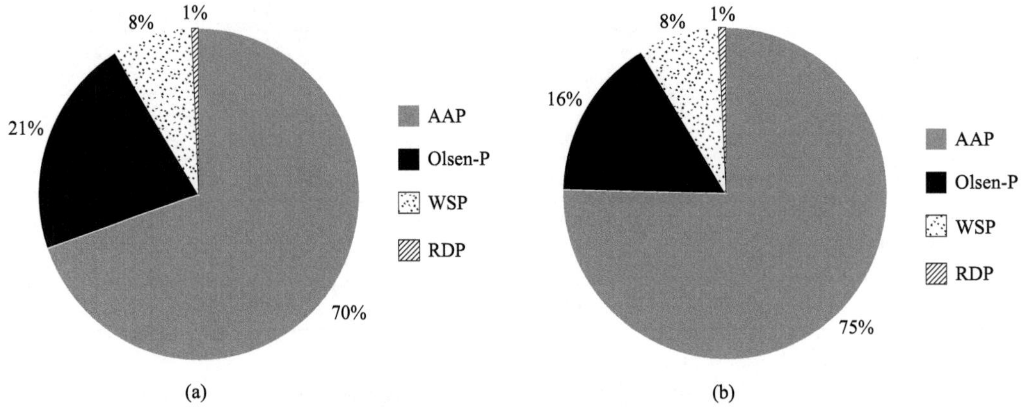

图12-3　香溪河流域沉积物（a）、土壤（b）中各种生物可利用磷所占百分比

土壤中磷的赋存形态与沉积物稍有不同。土壤中 IP 含量为 83 ～ 5568.4mg/kg，其中 60% 的样点 IP 占 50% 以上；OP 占 4% ～ 76%，26% 的样点 OP 含量高于 50%，表明香溪河土壤中 IP 也是最主要的赋存形态。60% 样点的 NaOH-P 不到 30%，而 80% 的样点 HCl-P 超过 50%，因此，土壤中 IP 也是以 HCl-P 为主，其次是 OP。土壤中 OP 所占百分比高于沉积物［见图 12-3（b）］，可能是因为流域内存在大量的农业耕地，所施肥料显著提高土壤中 OP 的含量。例如干流某个样点的一侧是耕地，另一侧是公路，耕地一侧土壤 OP 占 TP 的 20%，公路一侧仅占 0.1%。土壤中 BAP 的组成与沉积物类似。所有样点 AAP 超过 50%，RDP 不超过 5%，60% 样点的 WSP 占 BAP 的 5% ～ 17%，Olsen-P 为 17% ～ 47%，可见香溪河土壤中 BAP 的优势形态磷依次也是 AAP、Olsen-P、WSP 和 RDP［见图 12-3（b）］。

12.1.1.3　生物可利用磷与磷赋存形态的关系

相关分析见表 12-3，水体中 TP、DTP、PO_4-P 与沉积物 IP 显著相关（R=0.50 ～ 0.53，$P < 0.01$），而与有机磷相关性不大，并且它们与 HCl-P 的相关性均强于 NaOH-P (R_1=0.45 ～ 0.48，$P < 0.01$; R_2=0.29 ～ 0.35，$P < 0.01$)。另外，水体 PO_4-P 与土壤 IP 呈显著正相关（R=0.26，$P < 0.01$），与土壤有机磷呈显著负相关（R=−0.26，$P < 0.01$)，可见其外源输入主要来自无机磷，土壤有机磷经径流入河后可能主要增加的是水体中颗粒态磷含量。

除了 AAP 与 HCl-P 之间相关性不显著外，其他形态的沉积物 BAP 与沉积物各赋存形态磷都有显著相关关系。其中，沉积物 AAP 与沉积物 NaOH-P 相关性最高（R=0.93，$P < 0.01$），沉积物 Olsen-P 与沉积物 NaOH-P 的相关系数也达 0.72（$P < 0.01$）。沉积物 OP 与沉积物 AAP 相关（R=0.65，$P < 0.001$），与沉积物 Olsen-P 的相关性也较高（R=0.47，$P < 0.01$）。由此推测，沉积物中生物可利用磷主要来自 OP 和 NaOH-P。HCl-P

与 Olsen-P、WSP、RDP 相关性都显著，说明沉积物中不论是 IP 还是 OP，对生物可利用磷含量的上升都有贡献。这 4 种生物可利用磷的来源无显著差异。从赋存形态上看，土壤 NaOH-P 与沉积物 BAP 相关性较好，说明它比土壤中其他形态的磷对水中生物的影响更大。

与沉积物类似，土壤 AAP 和土壤 Olsen-P 与土壤 NaOH-P 的相关性极强（R_1=0.95，$P<0.01$；R_2=0.71，$P<0.01$），说明这两种生物可利用磷主要来自 NaOH-P。不过这两种 BAP 与 OP 的关系也很显著，而另外 2 种生物可利用磷 RDP 和 WSP 与土壤 HCl-P 相关性极显著。因此，土壤中 AAP 和 Olsen-P 主要与 NaOH-P 相关，其次是 OP；而 RDP 和 WSP 主要与 HCl-P 相关，这一关系与沉积物稍有不同。

表12-3 生物可利用磷与不同介质中各形态磷的相关性

项目		沉积物				土壤				水体			
		WSP	RDP	AAP	Olsen-P	WSP	RDP	AAP	Olsen-P	TP	DTP	PO_4-P	PP
沉积物	TP	0.38**	0.43**	0.23*	0.38**	0.40**	0.32**	0.15	0.15	0.41**	0.47**	0.43**	0.06
	IP	0.34**	0.38**	0.10	0.33**	0.42**	0.27**	0.04	0.11	0.50**	0.53**	0.53**	0.09
	OP	0.32**	0.24**	0.65**	0.47**	0.15	0.26	0.42**	0.24**	0.08	0.10	0.04	0.14
	NaOH-P	0.55**	0.30**	0.93**	0.72**	0.20	0.37**	0.44**	0.26**	0.33**	0.35**	0.29**	0.34**
	HCl-P	0.29**	0.37**	0.02	0.25**	0.39**	0.25**	0.01	0.09	0.45**	0.48**	0.48**	0.04
土壤	TP	−0.02	0.15	−0.10	0.03	0.45**	0.34**	0.22**	0.29**	−0.07	−0.04	−0.02	−0.022
	IP	0.11	0.22*	−0.12	0.13	0.56**	0.41**	0.10	0.30**	0.20	0.21	0.26**	0.04
	OP	−0.10	−0.06	0.13	−0.00	0.16	0.19	0.41**	0.23**	−0.24**	−0.19	−0.26**	−0.30**
	NaOH-P	0.20	0.16	0.42**	0.27**	0.53**	0.42**	0.95**	0.71**	0.06	0.10	0.05	0.01
	HCl-P	0.12	0.26**	−0.14	0.12	0.50**	0.37**	−0.03	0.19	0.21	0.22**	0.27**	0.04

注：1.**表示极显著相关（$P<0.01$）。
2.*表示显著相关（$P<0.05$）。

总体而言，沉积物和土壤中生物可利用磷含量最高的是 AAP，其次是 Olsen-P，它们都与土壤 NaOH-P 显著正相关。水体中磷与沉积物、土壤中的 HCl-P 均相关。对于香溪河流域，HCl-P 所占比例特别高（沉积物中为 64%，土壤中为 45%），表明此流域水体中不仅可直接利用的磷营养水平高，而且内源磷的释放潜力也特别大。磷矿区附近点不论是水体，还是沉积物或土壤，TP 含量都特别高，可见面源污染不是唯一的来源，来自磷矿区的点源污染对水体营养的影响程度不容忽视。然而受工艺和成本的制约，磷矿区的含磷废水往往得不到有效处理，直接排放进入河道。因此在控制面源污染的同时，要更加重视点源污染的控制。

12.1.2 流域磷污染入库贡献评估

12.1.2.1 磷工业污染分析

香溪河流域磷矿储量大，品质好，其中矿石品位达 25% 以上的有 5400 万吨，是我国三大富磷矿区之一，磷化工已成为当地的支柱产业。为贯彻落实湖北省、宜昌市磷矿管理工作会议精神，保护、利用、发挥好兴山县磷矿资源优势，推进磷化工业的持续、快速、健康发展，兴山县积极采取措施加强磷矿资源管理工作，整合资源，关闭了一批规模小、工艺落后的小磷矿企业。但这些磷矿企业在矿区多年开采，且没有很好地落实环境保护措施，井口附近局部植被破坏，生态环境受到了一定程度的破坏。长期以来，大量的磷矿废渣及低品位磷矿裸露堆放在矿洞口附近，矿井废弃后也未采取复耕、还林等措施，导致大量高磷浓度的矿井水直接排放至香溪河。受雨水降淋后产生的矿渣淋溶水也随意渗漏，造成了附近溪沟水体的严重污染，这些废水最终也进入香溪河。

据调查，兴山县香溪河流域内现已关闭尚未治理的磷矿废矿井共 44 个，产生的磷矿废水约 395m^3/d，废矿渣约 152.5 万立方米，主要分布在龙潭河沿岸的水月寺镇和鲜家河沿岸的榛子乡镇，其中，水月寺镇有 15 家 34 个洞口，榛子乡镇有 5 家 10 个洞口。这些废弃磷矿洞或矿渣坑集中在磷矿周围：水月寺镇的兴河磷矿、水井湾磷矿、胜凤磷矿、兴昌磷矿和兴隆磷矿；榛子乡镇的马家湾磷矿、葛坪磷矿、申家山磷矿、蒋家湾磷矿和韭菜包磷矿；神农架的武山磷矿；已经停产关闭的香锦化工厂和三联化工厂。

香锦化工厂位于三峡库区峡口段。20 世纪 80 年代，香锦化工厂的黄磷生产能力已经较大，形成了 2 台 1500t/a、1 台 2000t/a 黄磷电炉，总计 5000t/a，但是工厂加工工艺落后，环保处理设施的能力严重不足，泥磷和黄磷污水配套处理能力小。多年来，工厂利用附近的煤炭采空区和废弃矿井，回填了数十万吨的黄磷生产废渣磷渣和危险固废磷泥等。由于兴山县属于滑坡地带，地质特殊，山区地下水系复杂，加上煤炭采空区渗出的高氟高硫废水与含磷废水混合，共同对三峡库区香溪河峡口段水环境形成了隐患。工厂破产后，兴发集团接管了该厂。当时，该厂厂区已用数十万吨磷渣自然填成厂区基础数十亩，后续生产的磷渣仍陆续顺坡堆放，最终导致当前厂区下方乃至厂区朝香溪河方向的山谷豁口顺坡向下堆积大量磷渣，并已逐步形成了平地及高边坡，高差达 30 多米（见图 12-4）。目前坡下方修建有一简易拦渣坝。尽管该厂区已沿山体修建了一条泄洪沟将后山来水绕厂区排放，但由于该场地原属煤矿采空区，空洞较多，含氟含磷山水窜流严重。工厂冲洗地面磷渣的废水和雨季地表径流通过简易坝的裂缝渗出并最终进入香溪河。

图12-4　原香锦化工厂遗留的渣场

香锦化工厂地渗水总磷含量为 100 ～ 380mg/L，截洪沟废水及地渗水汇合后沿自然山沟流入香溪河，在入河口处总磷含量仍然为 1.05 ～ 3.75mg/L。原厂区顺坡堆积的大量磷渣等固废，遭遇暴雨时不断被雨水冲入香溪河。据调查，香溪河流域磷泥和磷渣的堆积情况见表 12-4。

表12-4 香溪河流域磷泥和磷渣的堆积情况调查表

序号	生产能力/(t/a)	生产时间/年	实际产量/万吨	磷泥量/万吨			磷渣量/万吨		
				产生量	处理	堆存	产生量	处理量	堆存量
1	1500	1989～2003	1.35	0.27	0.2	0.07	13.8	5	8.8
2	1500	1991～2004	0.9	0.18	0.1	0.08	9.2	4.2	5
3	2500	1995～2005	0.5	0.5	0.47	0.03	5	2	3
4	2500	2004～2006	2.4	0.3	0.3	0	18.94	18	0.94
5	2500	2004～2006	2.5	0.33	0.33	0	20.38	20.38	0
6	10000	2006	0.3	0.034	0.034	0	2.1	2.1	0

刘草坡化工厂自从生产以来，产生磷渣 177400t，磷泥 1800t。通过对磷化工厂的工程分析得到，每生产 1t 黄磷所产生的磷渣中含磷 0.0159t，每生产 1t 黄磷所产生的磷泥中含磷 0.0455t，黄磷废水处理系统中污泥含磷 0.0039t。

刘草坡化工厂渣场排水中 TP 浓度高达 613.86mg/L（见表 12-5），严重超出了地表水 TP 浓度标准。

表12-5 刘草坡化工厂降雨后地表径流和渣场排水沟含磷渗滤水含磷浓度

编号	吸光度/[L/(g·cm)]	测定浓度/(mg/L)	实际浓度/(mg/L)	备注
刘草坡化工厂降雨	0.0721	0.14753102	1.4753102	稀释10倍
陈家湾降雨	0.1399	0.28626338	0.28626338	不稀释
泗湘溪降雨	0.0167	0.03417154	0.3417154	稀释10倍
刘草坡化工厂排水沟	3.0000	6.1386	613.86	稀释100倍
刘草坡化工厂地表径流	3.0000	6.1386	61.386	稀释10倍

采用兴山县气象局的气象监测资料，对兴山县 2013 年（全年）、2014 年（11 个月份）的月降雨量数据分析见图 12-5 和图 12-6。

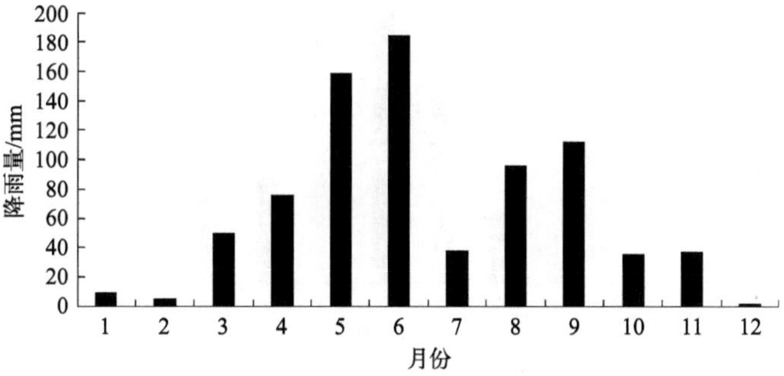

图12-5 2013年兴山县降雨量

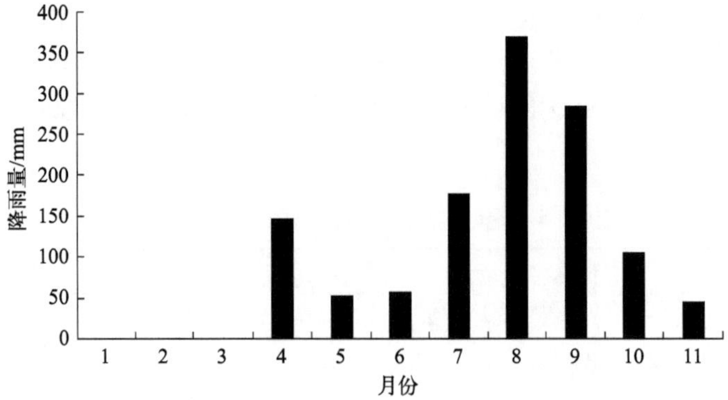

图12-6　2014年（11个月份）兴山县降雨量

兴山县降雨大部分集中在每年 5 ～ 9 月，其中 2013 年 5 月和 6 月份降雨量占全年降雨量的 42.4%。刘草坡渣场地处山坳地带，大量降水汇集流入渣场内部，将含磷废渣中的磷溶出后随雨水流入收集池，其短时间暴雨量远远超出了收集池的容积，因此，渣场渗流含磷污染物沿山体流入香溪河。刘草坡化工厂对渣场排水沟建设了两个污水收集池，收集后的污水通过污水泵站提升至刘草坡化工厂污水处理站进行处理，然后回用于浇渣和其他生产工艺段，其黄磷生产浇渣用水量为 560m³/d。

利用 ArcGIS 软件计算刘草坡渣场的汇水面积为 0.738km²。基于多次实际监测的渣场雨期外排水 TP 浓度，核算每月的渣场 TP 排放总量见图 12-7。全年渣场排放 TP 总量为 66.59t，其中大部分集中在 5 ～ 6 月降雨期间，该时间段也为香溪河水华频发期。其中 2013 年 5 ～ 6 月份磷泥、磷渣堆场由于降雨淋溶出的 TP 总量为 37.3t，占全年总量的 56%。三联化工厂位于兴山县水月寺镇孔子河边，依托当地丰富的磷矿和高岚河水电生产黄磷，年产 1500t 黄磷，1997 年企业停产。孔子河是高岚河支流，在兴山县峡口镇汇入香溪河。三联化工厂生产经营的 10 年间，累计 3000t 的剧毒磷泥全部堆放、贮存在河边的污水池和磷泥池体内。企业停产后，除地面建筑物被部分拆除外，遗留的污染物尚未进行处置。

对三峡水库香溪河库湾氮磷营养盐的入库通量估算结果表明，每年约有 533t 总磷汇入香溪河流域，其中磷化工企业点源的贡献率约为 43%。

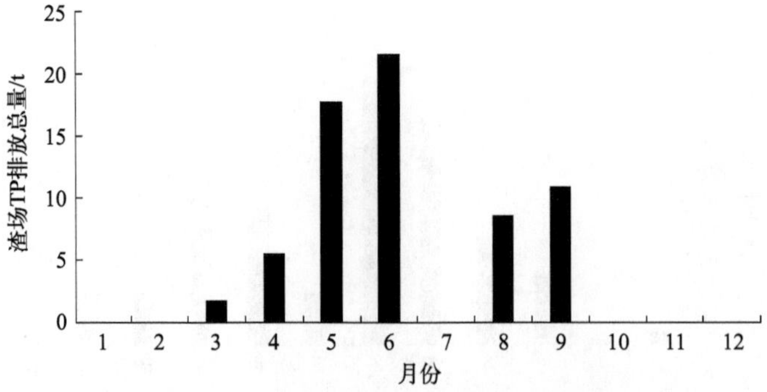

图12-7　刘草坡化工厂磷渣堆场区TP排放量

12.1.2.2 磷污染入库动态特征

基于香溪河及其主要支流高岚河的 5 年监测数据，估算三峡水库香溪河库湾氮磷营养盐的入库通量。每年大约有 1623.49t 的 TN 和 331.85t 的 TP 汇入香溪河库湾，其中，香溪河贡献了 68.50% 的 TN 和 91.74% 的 TP。在这两条河流中，溶解性无机氮是氮的主要存在形式；氮通量表现出夏季 7 月份偏高、春秋季次之、冬季较低的规律；面源污染是氮进入河道的主要途径。磷酸盐是香溪河磷的主要存在形式，而在高岚河中含量则较低；香溪河中磷通量的月均波动规律不明显，高岚河磷通量的高峰期出现在春末和夏季；高岚河的磷主要通过面源途径进入河道，而香溪河的磷则存在点源污染。水土流失可能是香溪河流域面源污染的主要途径，磷矿和磷化工厂的排污则是磷点源污染的主要途径。

近 5 年的监测结果显示，河道流量的月度变化较为强烈，丰水期一般出现在水量较大的夏季，冬季为枯水季节，春秋两季则为平水期。基于近 5 年的监测数据，估算出平均每年汇入三峡水库香溪河库湾的水量为 13.6 亿立方米。计算每年汇入库湾的总磷为 331. 85t，两条河流分别为 304. 43t 和 27. 42t，分别占总量的 91. 74% 和 8.26%。

如图 12-8 和图 12-9 所示，两条河流氮通量的最大值均出现在夏季的 7 月份（香溪河：DIN 通量 =4392.94kg/d，TN 通量 =7531.01kg/d；高岚河：DIN 通量 =2942.04kg/d，TN 通量 =4319.02kg/d）。这些值是冬季 1、2 月份氮通量最低值的 6.0 ～ 9.2 倍。高岚河

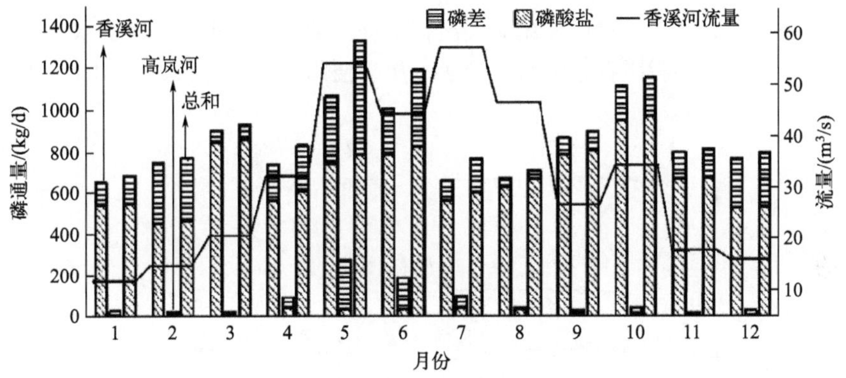

图12-8 磷差和磷酸盐的月通量柱状图

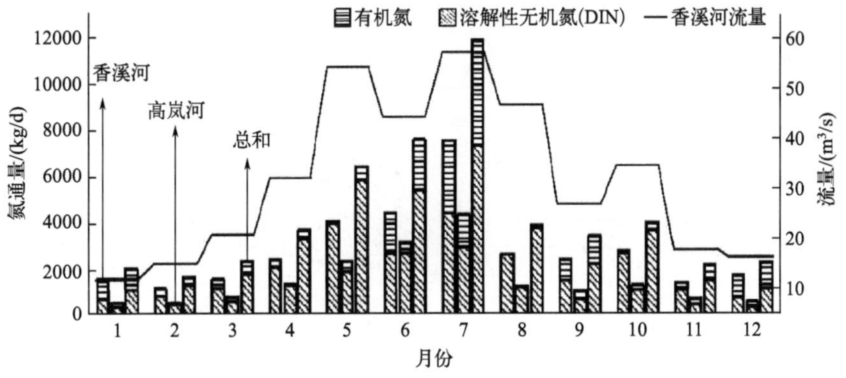

图12-9 有机氮和溶解性无机氮的月通量图

PO_4-P 通量的最大值出现在夏季的 7 月份（43.33kg/d），是最低值冬季 12 月份的 6.7 倍，TP 通量的最大值出现在春末的 5 月份（271.85kg/d），低峰出现在 11 月份到翌年 3 月份，其中以秋末的 11 月份最低（15.87kg/d）。香溪河磷通量的月均波动较为平缓，其中，以 10 月份最高（PO_4-P 通量 =955.22kg/d，TP 通量 =1117.14kg/d），但最高通量也仅是冬季 1、2 月份最低通量的 2.1 倍和 1.7 倍。

12.2　香溪河流域磷化工产业全流程污染控制技术

12.2.1　磷化工渣综合利用技术

12.2.1.1　磷化工渣特性和环境释放规律

（1）磷矿渣

选取兴山县磷矿开采区内尾矿和废石作为实验样品，并与各种磷矿石和磷精矿进行对比，通过翻转振荡实验和淋滤实验，模拟在不同环境因子（pH 值、降雨）影响下，各类矿物的磷释放规律，从而得到磷释放的影响因子和磷释放量之间的关系，进而揭示磷矿开采开发过程中磷污染产生的机制。

1）翻转振荡实验磷的动态释放过程

通过对磷矿石、废石、精矿、尾矿浸出特性进行翻转振荡实验，考察水土比对其磷释放特性影响。结果表明磷矿石、废石、精矿、尾矿浸出特性很相似，见图 12-10。在翻转

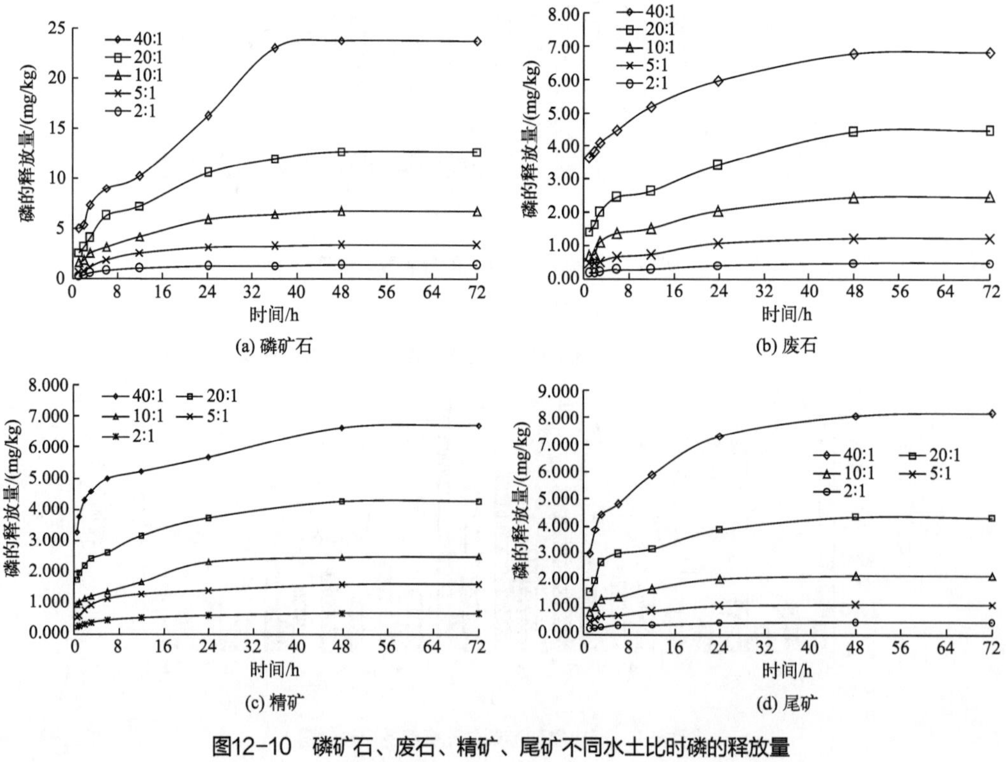

图12-10　磷矿石、废石、精矿、尾矿不同水土比时磷的释放量

振荡水土比实验中，磷的浸出量是随着时间的增加而增大的，实验进行到一定时间后浸出会达到一定的平衡，根据实验得平衡时间为 48h。四种矿物的释放量随着水土比增加而增大。用去离子水浸出时，水土比为 40∶1 时释放量最大。除精矿外，其余三类矿物浸出液中磷的浓度在平衡时差别都较小。体系的 pH 值也随时间的增加而增大，48h 时基本平衡。

2）柱状淋滤实验磷的动态释放过程

在模拟连续降雨淋滤实验中，磷矿石和废石磷的释放是一个持续的过程，由于矿石与淋滤水的不完全接触和大量雨水的冲刷，淋滤液中磷的浓度均较低，对环境的影响较小。反复淋滤时，矿石淋滤液中磷的浓度相较连续降雨时有所增加，但并未随着淋滤次数的增多而明显增大。含磷矿物中释放的磷在水环境中的影响是持久的，因此原矿堆场、排土场和尾矿库均应做好相应的环保措施，尽量减少磷的排放。

（2）黄磷渣

1）翻转振荡实验

翻转振荡浸出实验中，黄磷渣中磷的释放量随时间的变化曲线，见图 12-11。不同 pH 值的磷酸盐的释放量变化趋势基本一样，都是在前 2 ～ 3h 先上升，最高磷酸盐释放量为 50.63 ～ 54.30mg/L，3h 后逐渐下降，24h 基本趋于平稳，浸出液中磷酸盐浓度为 0.98 ～ 2.13mg/L。磷的释放浓度受初始 pH 值影响小且达到平衡时的浸出液 pH 值稳定在碱性区间（pH=10.5 ～ 10.8）。翻转振荡实验方法最终浸出液磷酸盐含量与浸泡实验浸出液最终浸出液磷酸盐含量有很大差距，主要是由于剧烈碰撞导致体系碱性物质吸收磷酸盐和不断暴露的新鲜表面吸附磷酸盐。采用固体废物浸出毒性浸出方法（GB 5086.1—1997 和 HJ 557—2010）中翻转振荡实验方法与黄磷渣场实际雨水淋滤的自然条件有很大差距，不适用于黄磷渣的浸出实验，且将大大低估黄磷渣对环境的影响。

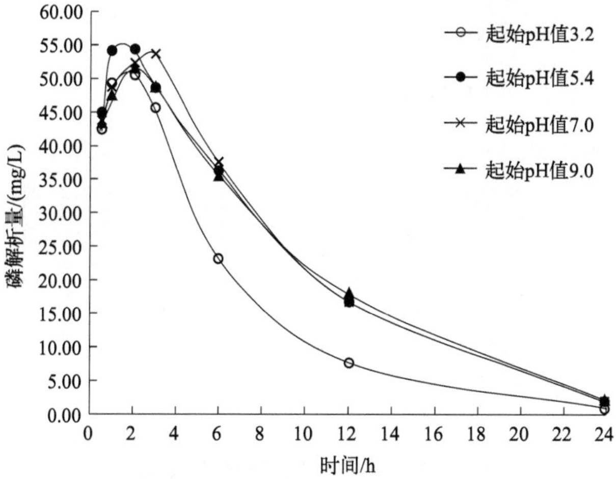

图12-11 不同pH值情况下样品浸出液磷酸盐变化情况

2）柱状淋滤实验磷的动态释放过程

① 磷的释放过程。由图 12-12 可以看出，在淋溶前 2h，黄磷渣表层附着的溶解态磷

在淋滤条件下易迁移到水中，磷的释放出现快速增加的趋势，并随着淋溶时间的增加，易解吸的溶解态磷的释放量迅速降低，淋滤强度对磷的释放过程开始起主要作用，流量越大，磷释放过程越快，实验进行 2h 后出现缓慢解吸过程，磷酸盐浓度随着水量增加而减小。实验 24h 时反应基本达到平衡，表明磷渣中的溶解态磷已基本释放完全。说明黄磷渣中磷酸盐在水中是暂时释放的，不会产生持久释放。

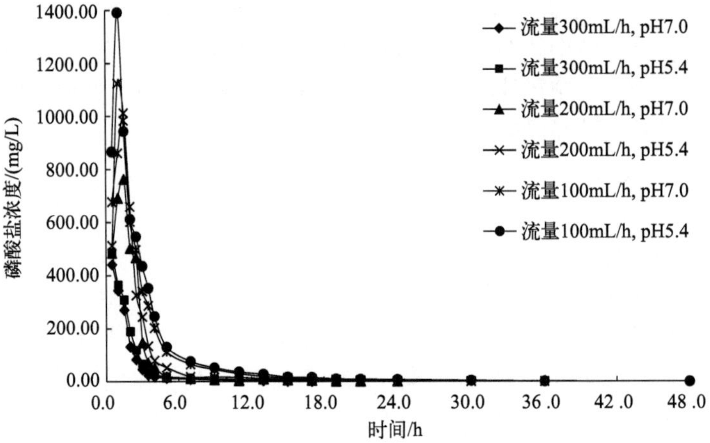

图12-12　柱状淋滤时不同pH值及不同降雨大小对磷酸盐释放的影响

淋滤实验磷酸盐释放总量见图 12-13，最大模拟降雨大小比最小降雨大小条件下磷酸盐释放总量（以渣计）多 78mg/kg，同样降雨大小（107mm/h），pH5.4 条件下比 pH7.0 条件下磷酸盐释放总量多 60mg/kg。不同情况下磷酸盐释放总量有一定差距，因为降雨小，淋滤水与黄磷渣接触时间较长，在长时间接触的情况下会吸附一定量的磷酸盐。

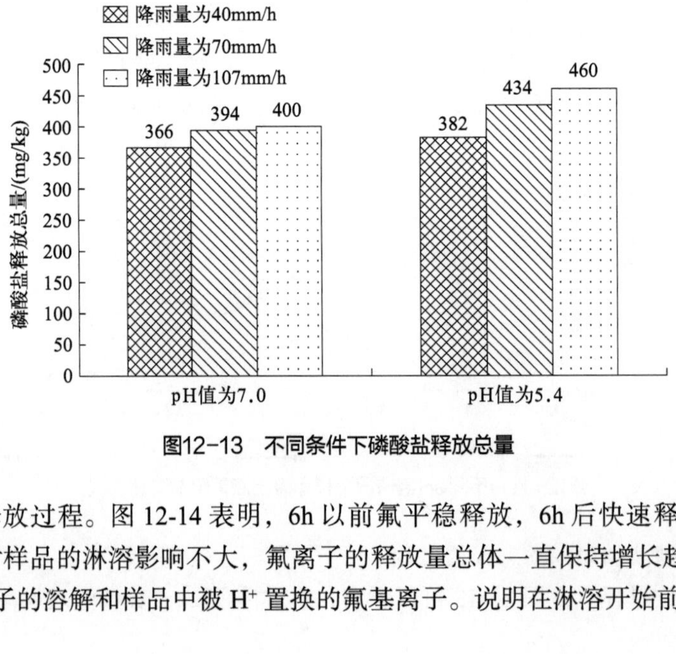

图12-13　不同条件下磷酸盐释放总量

② 氟的释放过程。图 12-14 表明，6h 以前氟平稳释放，6h 后快速释放。6h 前不同 pH 值的降雨对样品的淋溶影响不大，氟离子的释放量总体一直保持增长趋势。氟的释放包括活性氟离子的溶解和样品中被 H^+ 置换的氟基离子。说明在淋溶开始前 6h，黄磷渣表

层的氟离子在水溶液影响下易于迁移，并随着淋溶时间的延续，溶解态氟的含量持续增加，溶液中的 H^+ 影响样品而释放出氟的过程开始起主要作用，这是一个持续的释放过程，氟释放量不断增加。淋滤 6h 后黄磷渣的氟释放量在出现平稳下降的同时，pH 值对氟释放的影响十分明显，均呈现出 pH5.4 氟释放量大于 pH7.0 的氟释放量。这一实验结果和同时测得的黄磷渣中的磷解吸结果是明显不同的，说明在长时间的淋溶条件下，不同的 pH 值对磷石膏中的氟释放会有明显的影响。

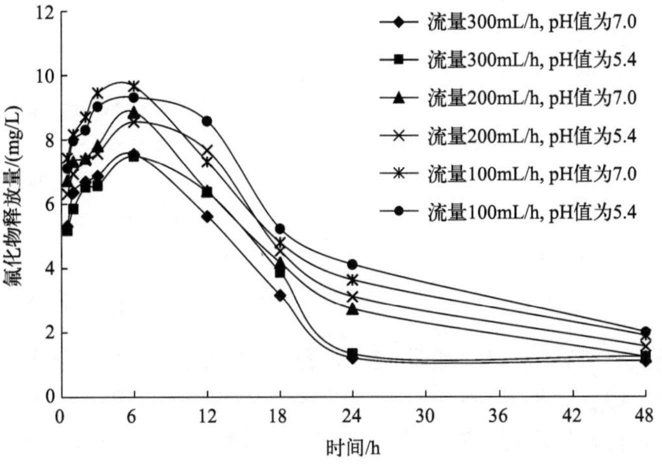

图12-14 柱状淋滤时不同pH值及不同降雨大小对氟释放的影响

（3）小结

实验结果表明样品中的磷在前期快速释放，之后平稳释放直至磷释放完全，pH 值对磷的释放存在一定程度的影响，整个实验过程中 pH5.4 条件下磷酸盐释放浓度均高，且释放达到平衡时间需要更久，说明在自然条件下酸雨增加了黄磷渣场对水环境的不利影响；淋滤强度对磷的释放影响越大，流量越大，磷释放过程越快。样品中的氟的释放在前期比较平稳，之后快速释放，到 48h 趋近平衡。氟释放受降雨大小影响较小。pH 值对氟释放的影响十分明显，pH5.4 氟释放量大于 pH7.0 的氟释放量，说明淋溶时间越长，不同的 pH 值对黄磷渣中的氟释放影响越大。研究结果证实，香溪河流域酸性沉降和多雨等特殊的气候条件有利于大面积裸露的黄磷渣堆场中磷、氟的流失。

12.2.1.2 贫磷泥回收黄磷及残渣无害化处置技术

（1）贫磷泥的成分及形貌特性

以贫磷泥为研究对象，采用 XRF、XRD 和显微镜等方法对其成分和结构进行分析。由磷泥的 XRD 图谱结果（见图 12-15）显示，依据特征峰峰位进行初步匹配，判定出该泥样中包含的主要物质是 K_2SiF_6，主峰与 K_2SiF_6 的峰位、峰强基本吻合；没有与含磷物质匹配的峰，可能含磷的物质是无定形晶体。

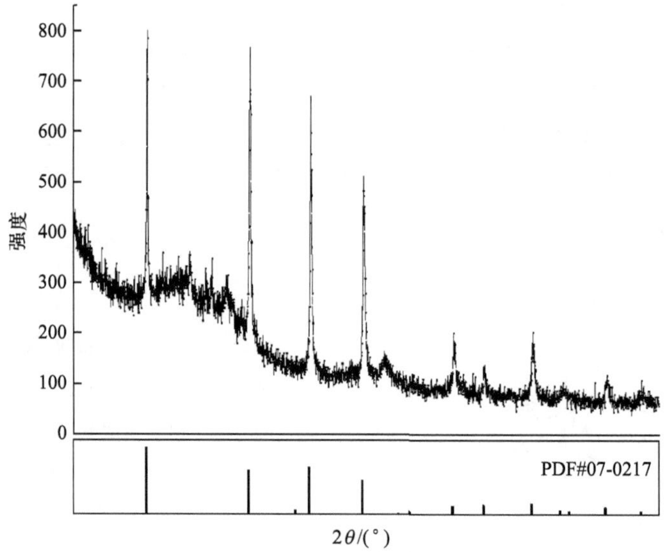

图12-15　磷泥XRD分析

放大 40 倍和 200 倍的贫磷泥如图 12-16 所示。在图 12-16（书后另见彩图）中可以发现一定数量的聚合体，体积大小不一，说明贫磷泥中的磷主要是以一种被包裹的无定形聚合体形态存在。对贫磷泥进行破胶处理，破坏其包裹结构有利于后续磷的蒸出。

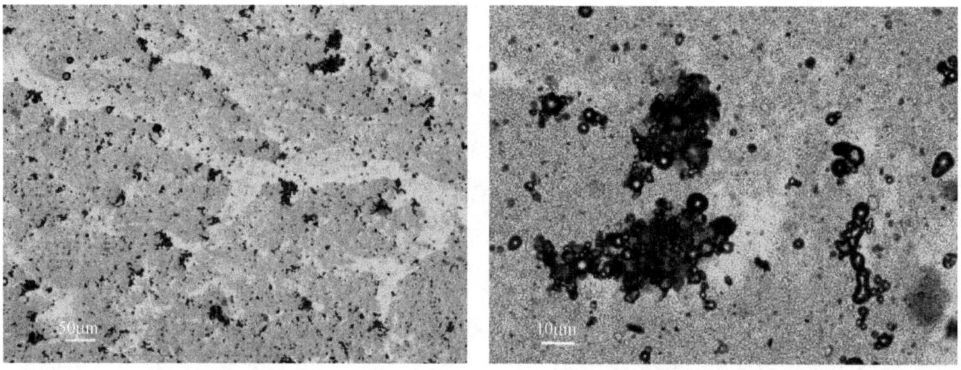

(a) 放大40倍的贫磷泥　　(b) 放大200倍的贫磷泥

图12-16　放大40倍和200倍的贫磷泥

（2）预处理药剂及方法的选择

实验分别采用未经预处理的、硫酸预处理的、氢氧化钠预处理的贫磷泥作为预处理药剂进行实验（分别见图 12-17～图 12-19，书后另见彩图）。硫酸的效果优于氢氧化钠，也优于未经预处理的。在显微镜下观察可以发现，硫酸很好地破坏了贫磷泥的聚合体结构，以便黄磷在后续实验中蒸出。采用化学药剂法预处理泥样，破坏了贫磷泥胶体的稳定性，提高了黄磷的回收率。最佳预处理条件为：50g 磷泥加入硫酸溶液 4mL（1.2mol/L），预处理温度 60℃，预处理时间 30min、蒸磷温度 280℃、蒸磷时间 20min 的条件下，未经预处理贫磷泥的磷回收率为 58.04%，预处理贫磷泥的磷回收率为 76.97%。微波预处理贫磷泥对蒸磷效率影响不大。超声波在液体中产生很高的剪切力可以破坏贫磷泥胶体的稳定性，提高黄磷的回收率，超声波最佳预处理条件为：预处理温度 40℃、预处理时间 20min，蒸磷回收率提高至少 15%。

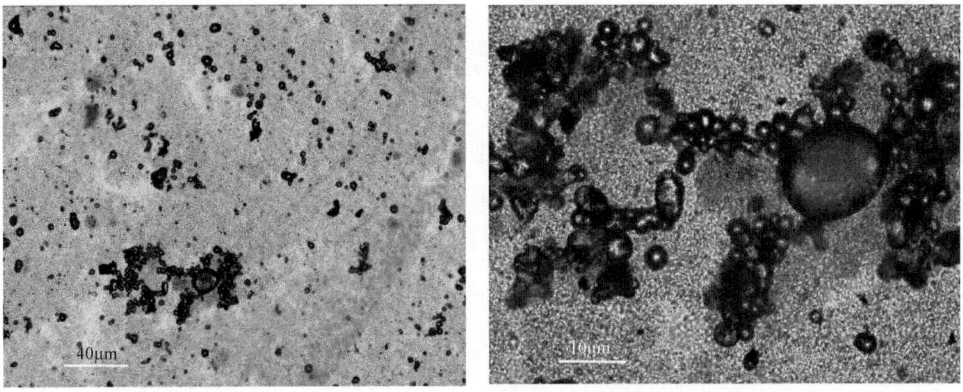

(a) (b)

图12-17 未经预处理的贫磷泥

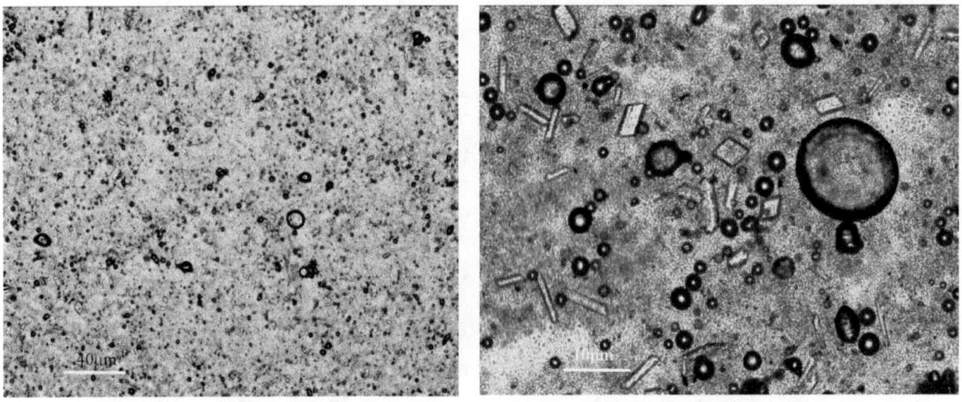

(a) (b)

图12-18 硫酸预处理后的贫磷泥

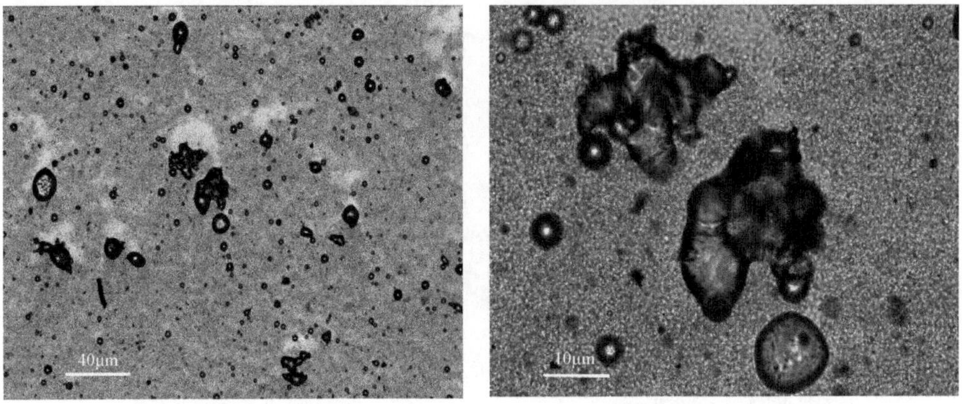

(a) (b)

图12-19 氢氧化钠预处理后的贫磷泥

12.2.1.3 利用黄磷熔渣显热原位生产硅酸钙纤维技术

以兴发集团刘草坡化工厂黄磷渣为研究对象，采用自制实验室小型矿渣棉制备设备，研究了原辅料配料配比、熔融温度、离心机转数、放料速度等因素对黄磷渣制备矿渣棉的影响。

（1）原辅料配比影响

熔融物在表面张力的作用下断裂成纤维，这个过程直接受熔融物黏度影响，不但要求熔融物料成纤初期黏度低，具有较好的流动性，还要求熔融物料的黏度随着温度的下降而呈现缓慢上升的趋势，即熔融物料的温度在一定范围内有较大波动时，其黏度变化范围小。黄磷渣中 Al、Mg 含量低，选择 Al、Mg 含量相对较高的粉煤灰作为添加剂。

不同粉煤灰投配比条件下，产生的矿渣棉照片，见图 12-20 和图 12-21（书后另见彩图）。使用纯黄磷渣制取矿渣棉时，实验中有大量较粗的纤维产生，颜色偏黄；当粉煤灰投配比为 5% 时，产生的矿棉量较纯黄磷渣矿渣棉多；当粉煤灰投配比为

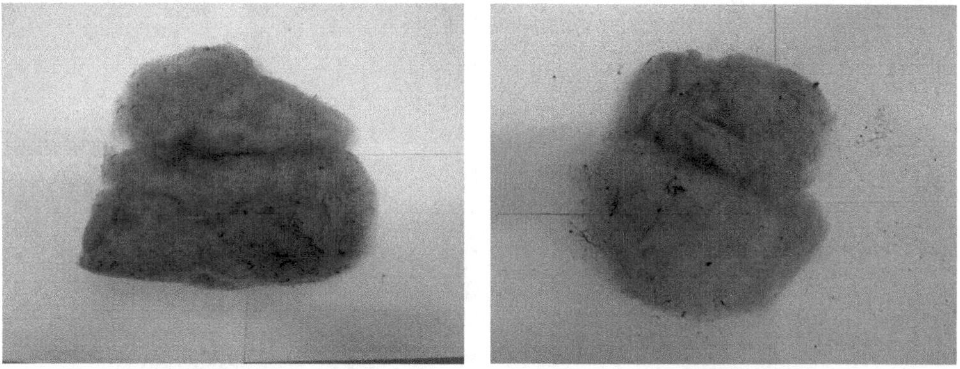

(a) 纯黄磷渣矿渣棉　　(b) 粉煤灰投配比5%的矿渣棉

图12-20 纯黄磷渣矿渣棉、粉煤灰投配比5%的矿渣棉照片

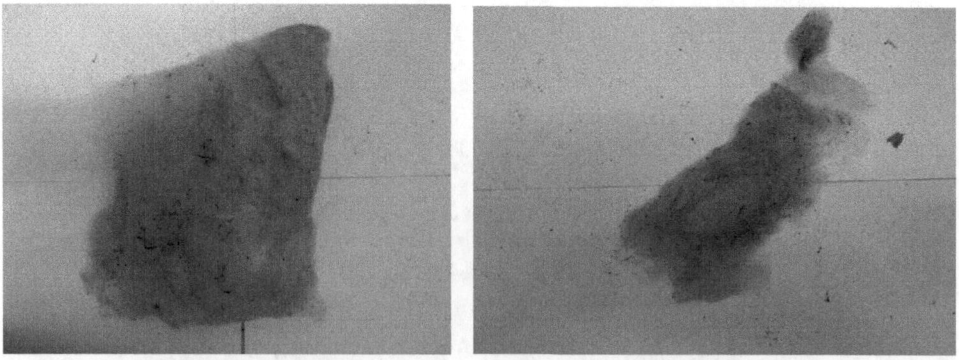

(a) 粉煤灰投配比10%的矿渣棉　　(b) 粉煤灰投配比15%的矿渣棉

图12-21 粉煤灰投配比10%、粉煤灰投配比15%的矿渣棉照片

10% 时，实验中无粗纤维产生，产生的矿棉量最多，且品相也最好；当粉煤灰投配比为 15% 时，产生的矿棉纤维粗，矿棉量较少；当粉煤灰投配比为 25% 时，几乎无纤维产生。

不同粉煤灰投配比产生的矿渣棉显微镜照片见图 12-22 和图 12-23（书后另见彩图）。

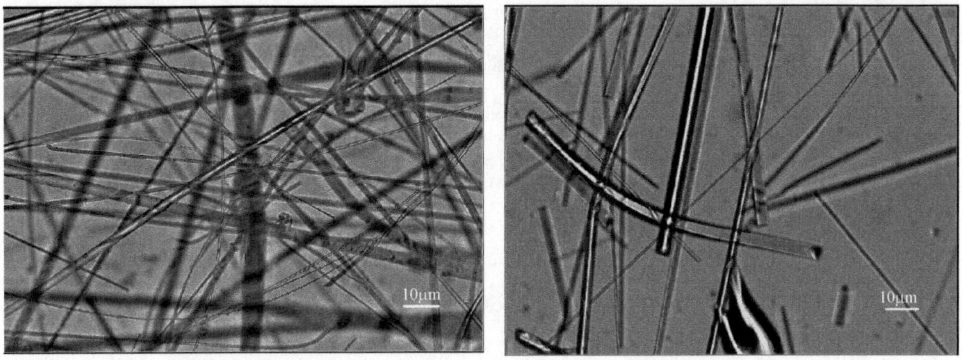

(a) 纯黄磷渣矿渣棉　　(b) 粉煤灰投配比5%的矿渣棉

图12-22　纯黄磷渣矿渣棉、粉煤灰投配比5%的矿渣棉显微镜照片

(a) 粉煤灰投配比10%的矿渣棉　　(b) 粉煤灰投配比15%的矿渣棉

图12-23　粉煤灰投配比10%、粉煤灰投配比15%的矿渣棉显微镜照片

粉煤灰作为黄磷渣制矿渣棉的添加剂，可增加原料中 Al 含量，改变原料的酸度系数。实验结果表明，粉煤灰最佳投配比为 10%，此时原料酸度系数为 1.07，矿渣棉的平均直径 $\leqslant 0.7\mu m$，可以满足《绝热用岩棉、矿渣棉及其制品》（GB/T 11835—2016）中相关要求。

（2）熔化温度的影响

熔融物靠表面张力断裂成纤维，当温度降至一定程度后，熔融物的黏度会急剧增加，物料在没有延展开的情况下就会被大块甩出去，从而影响成纤效果。提高原料熔融温度可使熔融物料落到辊头时黏度保持在最佳成纤范围内。不同熔融温度条件下，产生的矿渣棉照片，见图 12-24 和图 12-25。

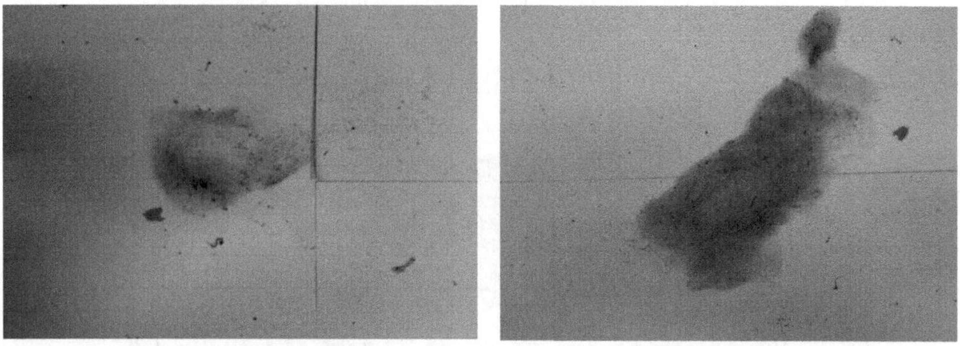

(a) 熔融温度1350℃的矿渣棉　　(b) 熔融温度1400℃的矿渣棉

图12-24　熔融温度1350℃、熔融温度1400℃的矿渣棉照片

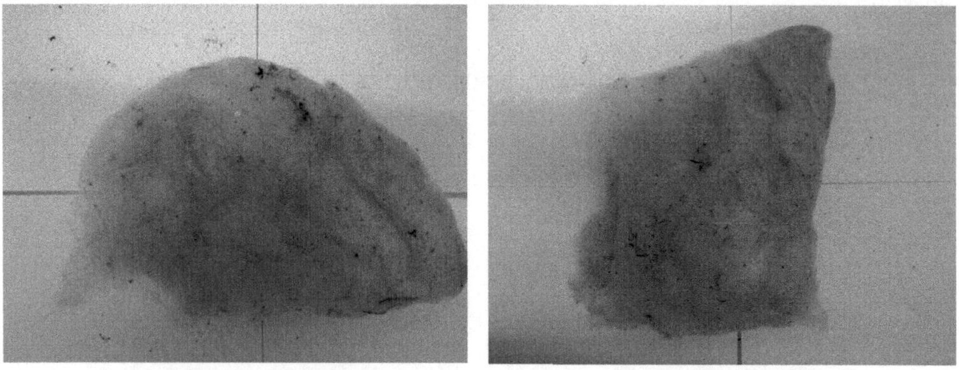

(a) 熔融温度1450℃的矿渣棉　　(b) 熔融温度1550℃的矿渣棉

图12-25　熔融温度1450℃、熔融温度1550℃的矿渣棉照片

不同熔融温度条件下制取的矿渣棉显微镜照片见图 12-26 和图 12-27。

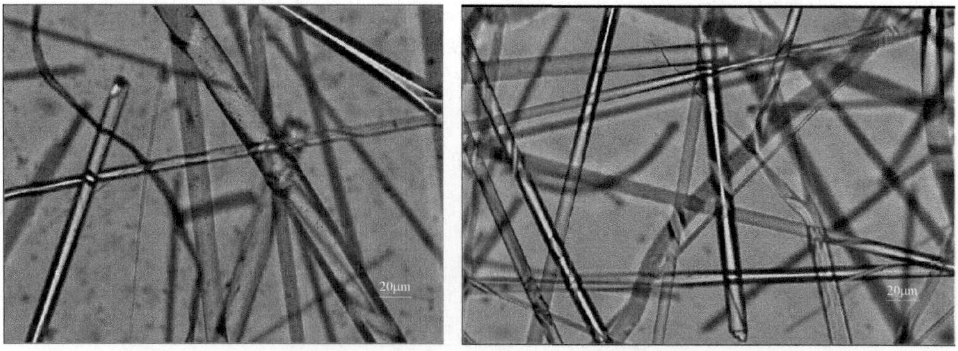

(a) 熔融温度1350℃的矿渣棉　　(b) 熔融温度1400℃的矿渣棉

图12-26　熔融温度1350℃、熔融温度1400℃的矿渣棉显微镜照片

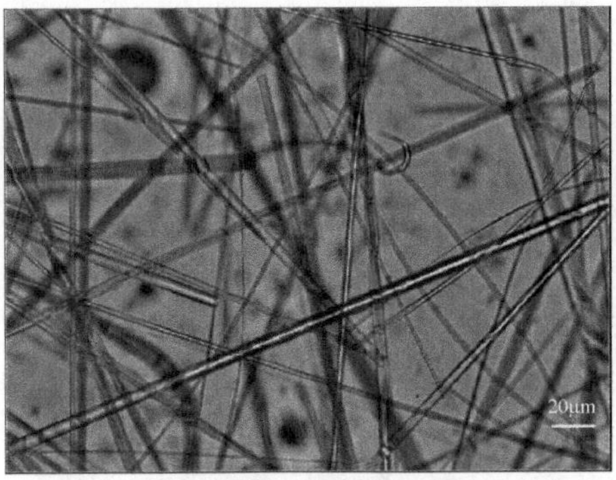

(a) 熔融温度1450℃的矿渣棉

(b) 熔融温度1550℃的矿渣棉

图12-27 熔融温度1450℃、熔融温度1550℃的矿渣棉显微镜照片

粉煤灰最佳投配比条件下，实验温度从1350℃提高至1550℃，产棉产量增大了17倍、平均直径减小13.22μm、直径方差降低69.4%。图12-28为不同熔融温度条件下矿渣棉的平均直径、方差。

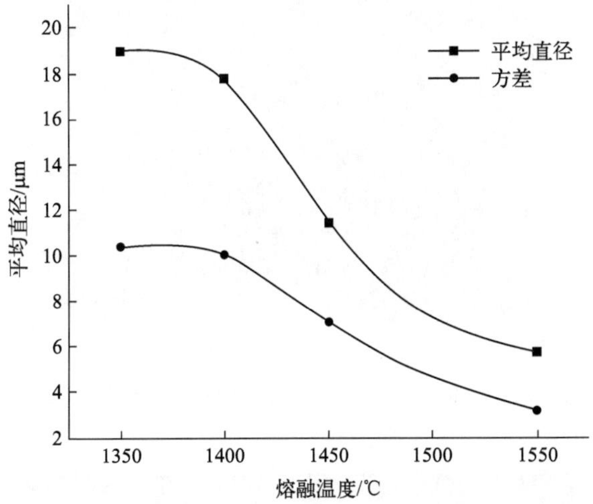

图12-28 不同熔融温度条件下矿渣棉的平均直径、方差

（3）离心机转速的影响

熔融物是在离心力的作用下，呈线状沿圆周切线方向飞出断裂成纤维。在辊头直径固定的情况下，增加离心机转速，有利于成纤效果。按粉煤灰最佳投配比10%，熔融温度和放料速度均与原辅料配比实验相同。离心机不同转速条件下，产生的矿渣棉照片，见图12-29（书后另见彩图）。图12-30为离心机频率为50Hz（a）、40Hz（b）、30Hz（c）的矿渣棉显微镜照片（书后另见彩图）。

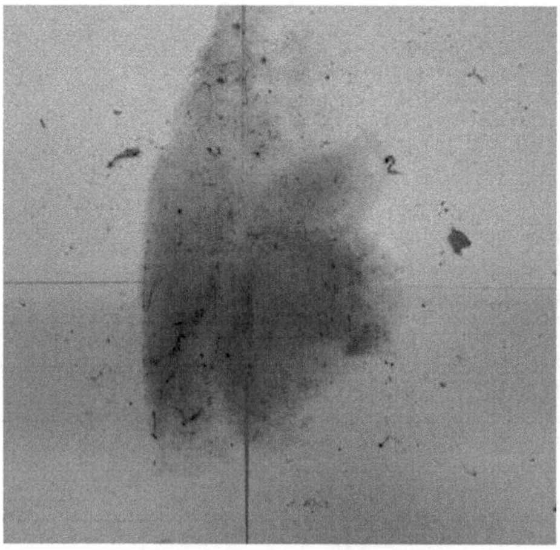

(a) 离心机频率为30Hz的矿渣棉

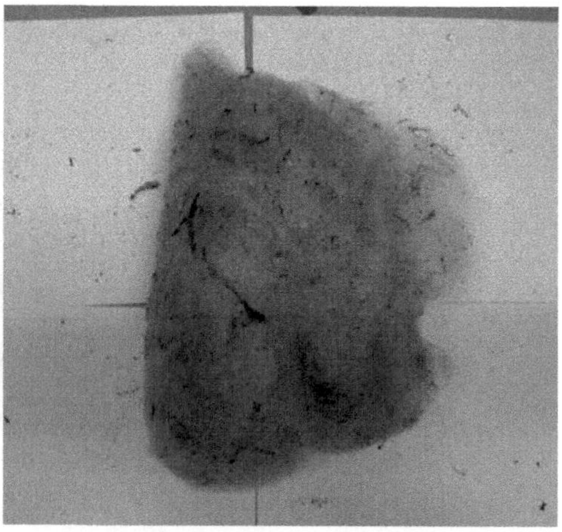

(b) 离心机频率为60Hz的矿渣棉

(c) 离心机频率为90Hz的矿渣棉

图12-29 离心机频率为30Hz、60Hz、90Hz的矿渣棉

(a) 离心机频率为50Hz的矿渣棉

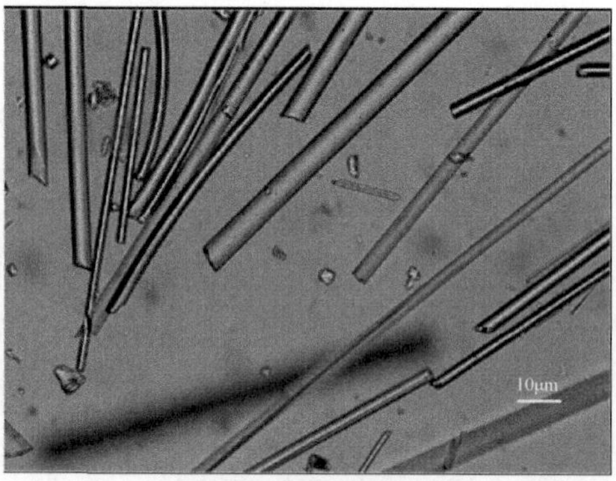

(b) 离心机频率为40Hz的矿渣棉

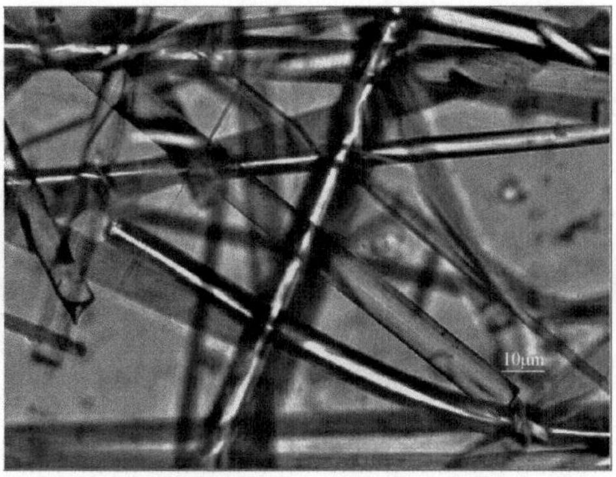

(c) 离心机频率为30Hz的矿渣棉

图12-30 离心机频率为50Hz、40Hz、30Hz的矿渣棉显微镜照片

随着辊头转速由 2700r/min 增加至 4500r/min，矿渣棉产量增大 6.3 倍、平均直径减小 16.81μm、直径方差降低 69.5%。图 12-31 为不同离心机频率条件下矿渣棉的平均直径、方差。实验条件下离心机最佳频率为 50Hz、转数为 4500r/min。

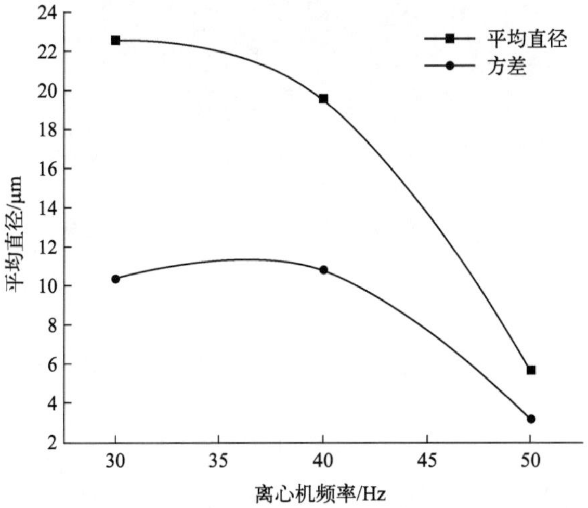

图12-31 不同离心机频率条件下矿渣棉的平均直径、方差

（4）放料速度的影响

由于实验为间歇式，熔融物料量有限。放料前期会损失大量的熔融物料加热辊头及成纤区的温度，致使成纤量较少。通过加快放料速度可以快速提高辊头及成纤区温度，从而影响成纤效果。矿渣棉照片见图 12-32（书后另见彩图）。

图 12-33 为不同放料时间下矿渣棉的平均直径、方差。煤灰投配比为 10%、离心机转速为 4500r/min、熔融温度为 1550℃的条件下，放料时间由 90s 降至 30s，产棉产量增大 4.8 倍、平均直径减小 2.39μm、直径方差降低约 39%。实际工业生产为连续式，辊头和成纤区的温度一直可以保持在较适的温度范围，不需要提高熔融温度和加快放料速度来提高辊头和成纤区的温度。因此，实际工业生产中所需的最佳熔融温度可能低于实验室条件下的最佳温度范围。

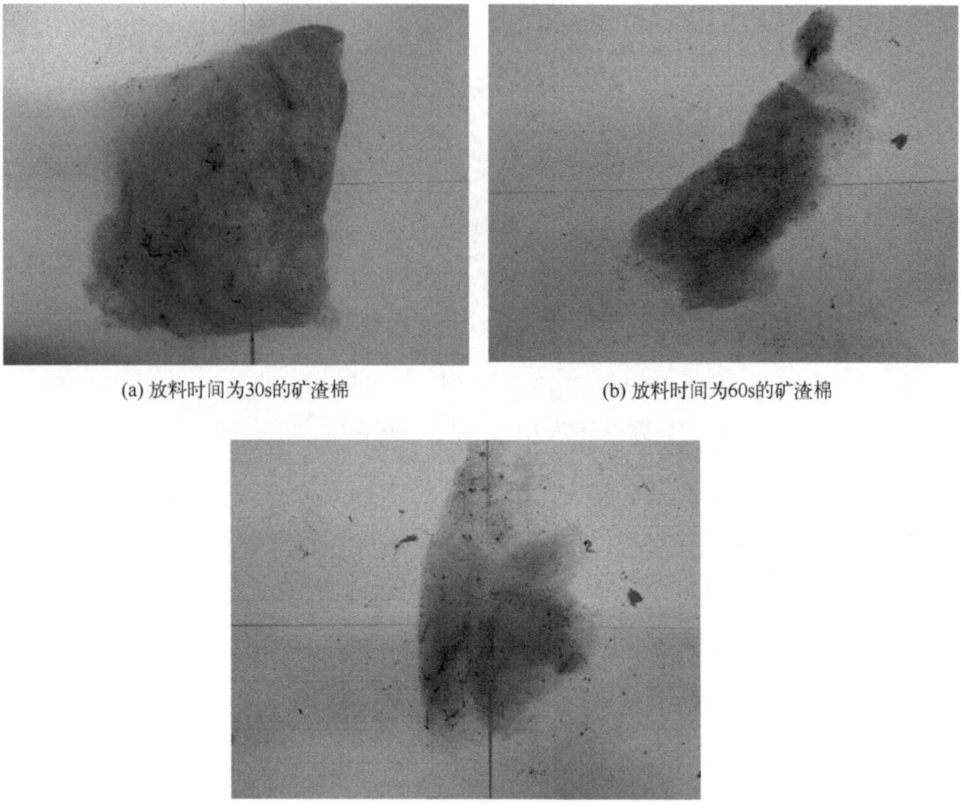

(a) 放料时间为30s的矿渣棉

(b) 放料时间为60s的矿渣棉

(c) 放料时间为90s的矿渣棉

图12-32　放料时间为30s、60s、90s的矿渣棉

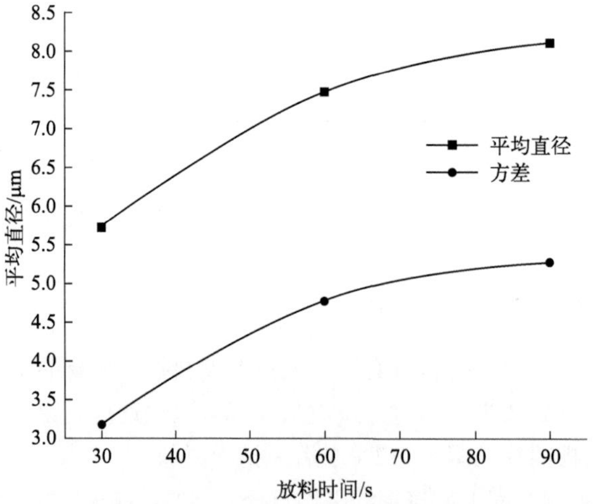

图12-33　不同放料时间下矿渣棉的平均直径、方差

（5）小结

在相同实验条件下，调整配方后的黄磷渣制矿渣棉明显优于钢渣，产棉量增大1.4倍、

平均直径减小 7.23μm、直径方差减小 60%。熔融态的黄磷渣排除时温度在 1350℃左右，与黄磷渣制取矿渣棉最佳熔融温度接近。采用一步法充分利用熔融态黄磷渣中的显热生产矿渣棉，比物料常温加热至熔融态生产矿渣棉工艺可节省能耗 80% 左右。为黄磷渣高附加值的利用提供了一个新的途径，从源头上控制黄磷渣无控制堆放对周边环境造成的污染，同时为企业创收，增加经济效益。

12.2.2 磷化工废水深度除磷及循环利用技术

香溪河流域磷化工代表企业刘草坡化工厂含磷废水总磷浓度超过 600mg/L，甚至可以高达 1100mg/L。废水成分复杂，除正磷酸盐外，还含有亚磷酸盐、次磷酸盐和缩合态磷酸盐等难处理成分，其浓度达到 50 ～ 200mg/L。刘草坡化工厂采用沉淀 + 超滤反渗透膜处理工艺，出水不稳定，出水总磷浓度为 15 ～ 65mg/L。膜处理单元受进水水质及前处理工段处理效率影响较大，前段絮凝沉淀效果不佳，加大了反渗透单元进水负荷，影响了后段反渗透产水的水量和水质。进水负荷导致高膜堵塞可能性上升，膜清洗周期缩短，从而处理能力下降。膜处理单元设计产水率为 60%，实际生产中，反渗透单元产水率始终难以超过 50%，产生的浓盐水不仅量大，且处理难度较高。针对上述问题，本节主要介绍对化学沉淀技术、电絮凝技术、膜组件技术、吸附技术、离子交换技术等除磷技术的研究、筛选、优化和集成。

12.2.2.1 离子交换强化化学沉淀-超滤反渗透深度除磷技术

（1）化学沉淀处理单元技术优化

1）沉淀剂筛选

通过投加各类化学沉淀剂，如钙盐、铁盐、铝盐，与磷酸根形成沉淀，从而将其从水中去除。

① 对配水的沉淀效果。从图 12-34 中可以看出，pH 值过高或过低都对沉淀效果有明显影响。碱性条件有利于铁盐沉淀剂去除正磷酸盐，pH 值越高，沉淀效果越好，但铁盐

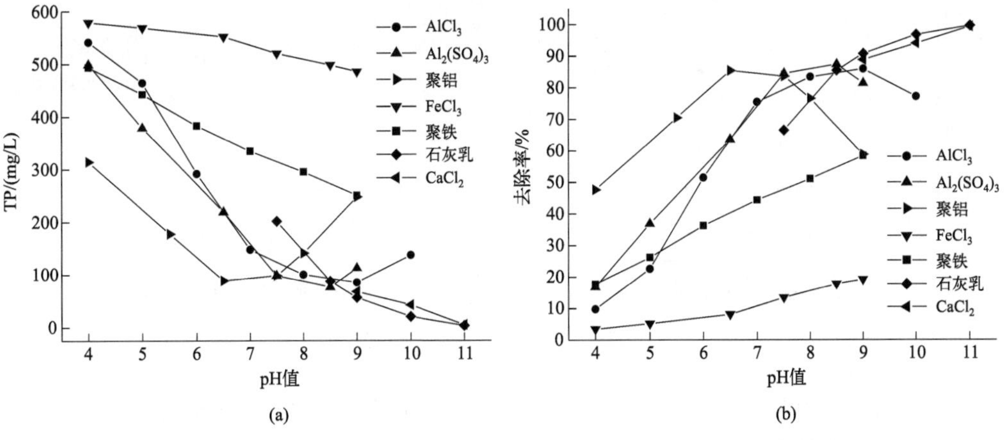

图12-34 不同沉淀剂对初始总磷浓度为600mg/L的正磷酸根的沉淀效果

沉淀剂的总体处理效率不高，在三类沉淀剂中最低。钙盐沉淀剂在同样条件下处理效果最好，沉淀体积小，上清液无色澄清，利于分离。石灰乳的去除效果最好，同时不用另外投加药剂来调节 pH 值，故选用石灰配成石灰乳作为沉淀剂使用。

② 对原水的沉淀效果。

Ⅰ. 一级沉淀。向废水中分别投加石灰乳、聚铝，沉淀效果见图 12-35。可见钙和铝都只对水中的正磷酸根有沉淀作用，对其他形态的磷酸盐没有沉淀效果。当原水中其他形态的磷酸盐浓度高时，沉淀出水中总磷浓度就高。

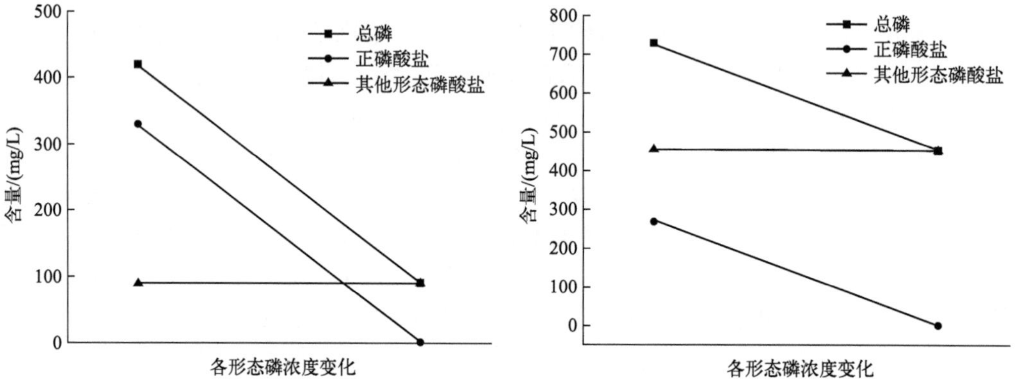

(a) 石灰乳　　(b) 聚铝

图12-35　石灰乳和聚铝对原水的沉淀效果

Ⅱ. 两级沉淀。向正磷酸盐含量为 320.07mg/L，总磷含量为 443.62mg/L 的原水中投加石灰乳，沉淀分离后的上清液（即沉淀出水）中正磷酸盐含量为 0.97mg/L，总磷含量为 110.37mg/L。向沉淀出水中投加石灰乳或者聚铝进一步沉淀处理，两级沉淀处理效果见图 12-36。

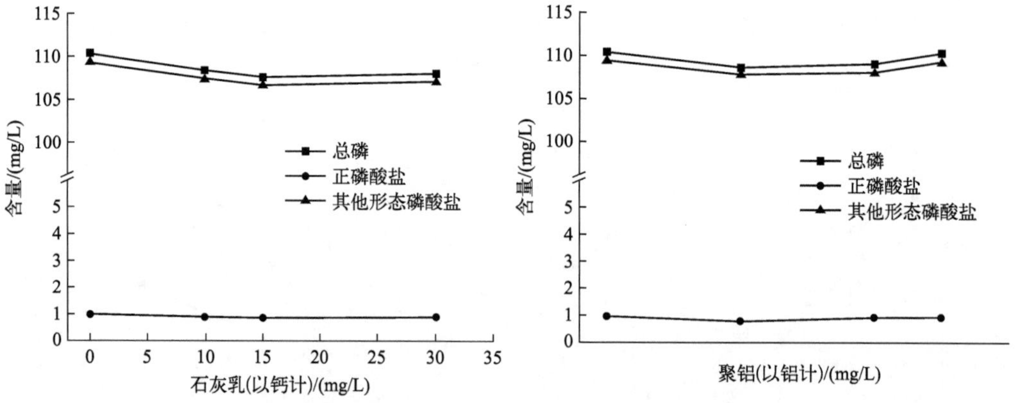

(a) 一级、二级均投加石灰乳　　(b) 一级投加石灰乳、二级投加聚铝

图12-36　二级沉淀对原水的沉淀效果

从图 12-36 中可以看出，一级沉淀投加的石灰乳已经将水中的正磷酸根基本去除，水中剩余的总磷绝大部分以其他形态的磷酸盐形式存在。向一级沉淀的出水继续投加石灰乳

或者聚铝做二级沉淀处理后，出水的正磷酸盐和总磷含量基本没有变化，故一级沉淀已经达到了沉淀处理的最佳效果，不需要采用二级沉淀处理。

③ 石灰投加量的影响。将石灰配成浓度为 7.5% 的石灰乳，按照与废水流量呈不同比例向废水中持续投加。见图 12-37 所示，石灰投加量越大，沉淀效果越好，当投加量可以将水中正磷酸盐完全沉淀时，再加大投加量，处理效果没有变化。

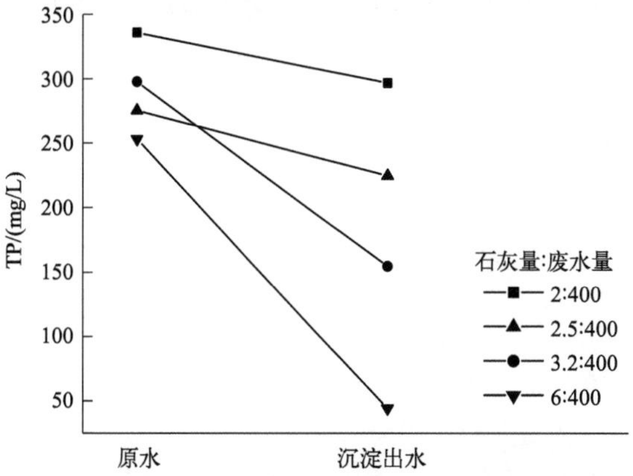

图12-37 不同石灰投加量对原水的沉淀效果

最佳投加条件为将石灰配成浓度为 7.5% 的石灰乳，按照摩尔比 n（Ca）：n（P）=（1.5 ～ 1.6）：1 的比例投加，可以将废水中的正磷酸盐基本完全沉淀。

2）磷酸盐形态转化

根据沉淀实验结果，其他形态磷酸盐如亚磷酸盐、次磷酸盐和缩合态磷酸盐等无法被钙沉淀，如果可以将其转化为正磷酸盐，则可以通过沉淀法去除，减轻后续处理的压力。亚磷酸盐、次磷酸盐中磷元素非 +5 价，可以通过氧化转化为正磷酸盐；缩合态磷酸盐则可以通过水解转化为正磷酸盐。

① 亚、次磷酸盐氧化效果。向正磷酸盐含量为 194.86mg/L，总磷含量为 327.88mg/L 的原水中投加 NaClO、H_2O_2 作为氧化剂，氧化反应 24h。从图 12-38 可以看出，无论是投

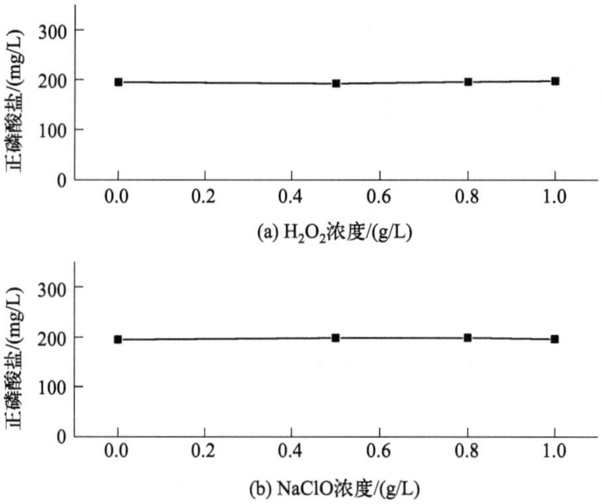

图12-38 不同浓度H_2O_2和NaClO的氧化效果

加 NaClO 还是 H_2O_2 作为氧化剂，氧化后的原水中，正磷酸根的含量都没有明显变化，说明原水中可能并不含有亚磷酸盐、次磷酸盐等非 +5 价磷酸盐。

② 缩合态磷酸盐水解效果。

Ⅰ. 酸性条件催化对水解效果的影响。将正磷酸盐含量为 371.2mg/L，总磷含量为 405.1mg/L 的原水 pH 调到酸性，水解 24h。从图 12-39 可以看出，酸性条件对于聚磷酸盐水解基本没有促进效果，水解后的原水中，正磷酸根的含量没有明显变化。

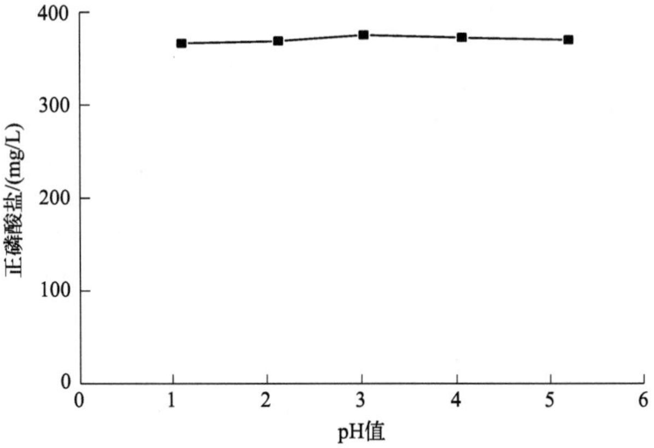

图12-39　不同pH值对水解的影响

Ⅱ. 投加催化剂催化对水解效果的影响。向正磷酸盐含量为 305.7mg/L，总磷含量为 370.1mg/L 的原水中投加 KCl 作为催化剂，水解 24h。从图 12-40 可以看出，KCl 催化剂对于聚磷酸盐水解也基本没有催化促进效果，水解后的原水中，正磷酸根的含量没有明显变化。

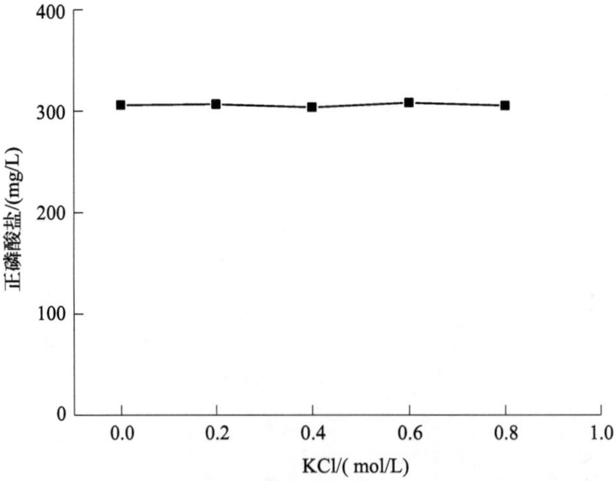

图12-40　不同浓度KCl对水解的影响

3）小结

通过沉淀剂筛选，确定选择石灰作为沉淀剂。最佳投加条件为将石灰配成浓度为 7.5% 的石灰乳，按照摩尔比 n（Ca）∶n（P）=（1.5 ～ 1.6）∶1 的比例投加，可以将废水中的正磷酸盐基本完全沉淀。剩下的总磷主要为缩合态磷酸盐，浓度为 50 ～ 200mg/L。

而对于废水中石灰难以沉淀的聚磷酸盐，其水解在一般条件下难以进行，无法简单地将其转化为正磷酸根加石灰沉淀去除，只能通过后续深度处理去除。

(2)电絮凝处理单元技术优化

电絮凝除磷是指在外加直流电源情况下，通过牺牲阳极来释放金属离子，使金属离子与污染物进行化学反应以及混凝沉淀，从而去除水中的磷酸盐。铁和铝是常用的牺牲阳极，因此本实验考察了铁和铝作为牺牲阳极对废水中磷的电絮凝去除效果。

1)铁阳极除磷技术

① 初始 pH 值对去除效率的影响。配制的模拟废水电解液初始 pH 值为 6.2 ～ 6.3，用 HCl 和 NaOH 来调节 pH 值，在电流密度 15mA/cm²、极板间距 20mm 的条件下，不同电解液初始 pH 值对总磷去除效率的影响如图 12-41 所示。

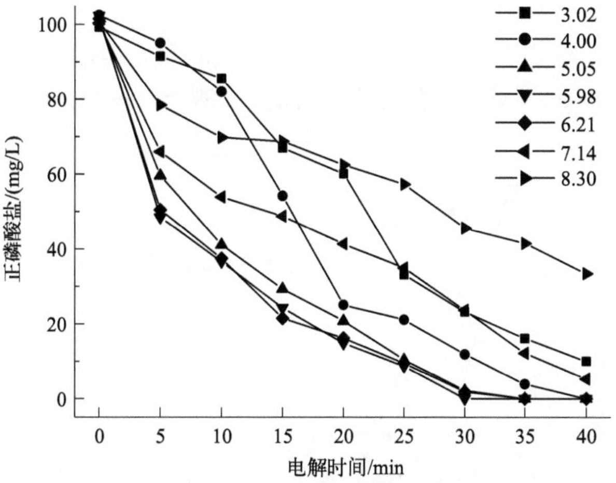

图12-41 不同初始pH值对除磷的影响

从图 12-41 中可以看出，pH 值对改变反应方向、改变金属存在形态等方面起着重要作用。在酸性条件下，Fe^{2+} 和 Fe^{3+} 易与羟基结合生成羟基化合物，这就减少了 Fe^{2+} 和 Fe^{3+} 与 PO_4^{3-} 反应生成沉淀的机会，所以总磷去除率有所降低；在弱酸性和中性条件下，Fe^{2+} 和 Fe^{3+} 为主要形态，易与 PO_4^{3-} 发生反应产生沉淀；在碱性条件下，一部分 Fe^{2+} 和 Fe^{3+} 与 OH^- 反应生成 $Fe(OH)_2$ 和 $Fe(OH)_3$ 沉淀，所以降低了总磷去除率。因此，初始 pH=5 ～ 7 的弱酸性或中性条件为主要去除磷的阶段，总磷去除率较高。

② 电流密度对去除效率的影响。在不调节初始 pH 值（模拟废水初始 pH=6.21、在最佳 pH 值范围内）、极板间距 20mm 的条件下，不同电流密度对总磷去除效率的影响如图 12-42 所示。

从图 12-42 中可以看出，在 5 种不同的电流密度下，总磷的去除率都随着电解时间的延长而增大，前 2 种电流密度下总磷去除效果不明显，且能耗较高；后 3 种情况反应速度快，反应时间短，去除效果显著。虽然电流密度为 15mA/cm² 时总磷去除率很高且能耗较低，但在 10min 内总磷去除率低，电流密度为 27mA/cm² 时总磷去除率很高但能耗也较高。综上所述，能够满足能耗低、反应时间短和总磷去除率高的最佳电流密度为 21mA/cm²。

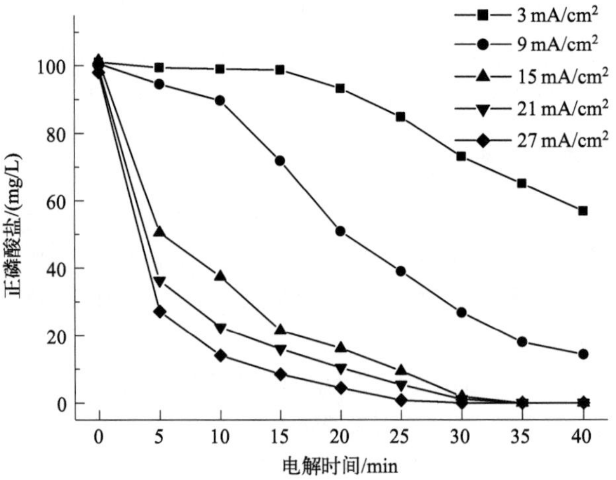

图12-42　不同电流密度对除磷的影响

③ 极板间距对去除效率的影响。在不调节初始 pH 值、电流密度为 21mA/cm² 的条件下，不同极板间距对总磷去除效率的影响如图 12-43 所示。

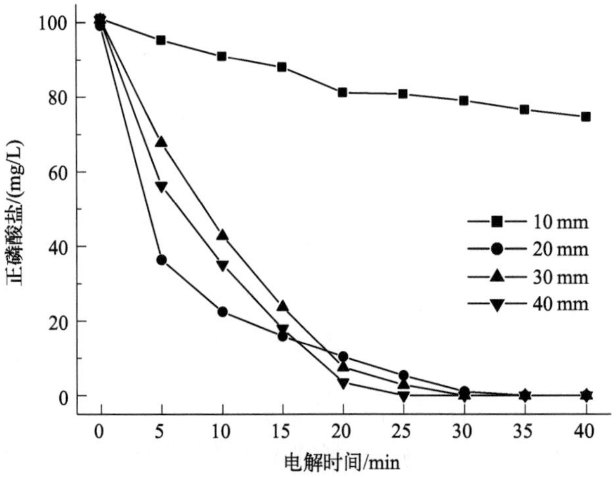

图12-43　不同极板间距对除磷的影响

从图 12-43 中可以看出，当极板间距为 10mm 时，极板间距太小，反应物质间搅拌不充分，阻碍了反应的进行，因此除磷效果不明显。当极板间距增大时，极板间溶液可以混合得更均匀，从而减小浓差极化现象，因此除磷速率和效率都明显上升。但极板间距的增大也会增大极板间溶液的电阻，导致能耗增高。当极板间距为 30mm 时，溶液混合较均匀，极化现象不明显，去除率相对较高的同时能耗较低，因此综合考虑磷去除效果和能耗两个方面，30mm 为最佳极板间距。

④ 初始总磷浓度对去除效率的影响。在不调节初始 pH 值、电流密度为 21mA/cm²、极板间距为 30mm 的条件下，不同初始总磷浓度对总磷去除效率的影响如图 12-44 所示。

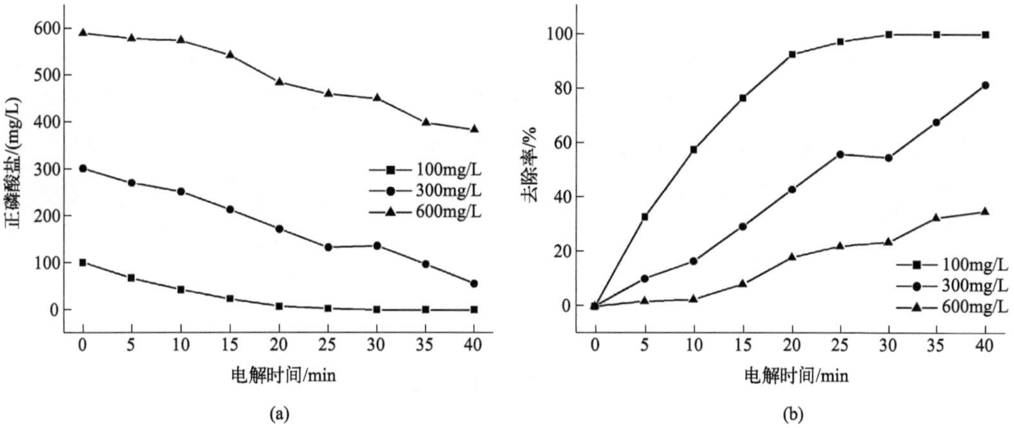

图12-44 不同初始总磷浓度对除磷的影响

从图 12-44 中可以看出，随着电解时间的延长，总磷去除量都在逐渐上升，但随着初始总磷浓度的增加，磷的去除率呈下降趋势。3 条反应曲线前期近似于平行，说明相同时间内去除掉的总磷量基本相同，去除速率为 5 ～ 6mg/(L · min)。这是由于在相同的电解条件下阳极溶出的铁离子量相同，因此与磷酸盐反应去除掉的总磷量也基本相同，因此在本实验选择的浓度范围内，初始浓度对于反应速率基本没有影响。

⑤ 最佳反应条件下对实际废水的去除效果。根据之前的实验，铁阳极除磷的最佳反应条件为初始 pH 值为 5 ～ 7，呈中性或弱酸性，电流密度为 21mA/cm^2，极板间距为 30mm。在此条件下，对实际废水（初始 pH 值 6.6，总磷浓度 911.1mg/L，正磷酸盐浓度 825.6mg/L）进行电絮凝除磷处理，结果见图 12-45。

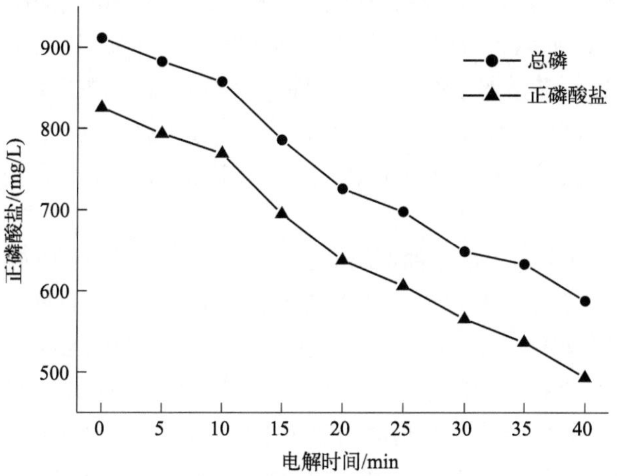

图12-45 铁阳极电絮凝处理实际含磷废水

从图 12-45 中可以看出，在最佳反应条件下，经过 40min 的电絮凝处理，废水中的总磷浓度从 911.1mg/L 下降到了 587.4mg/L，减少了 323.7mg/L，正磷酸盐浓度从 825.6mg/L 下降到了 493.2mg/L，减少了 332.4mg/L，说明铁阳极电絮凝去除掉的基本都是正磷酸盐，对原水中的缩合态磷酸盐没有去除效果。

2）铝阳极除磷技术

① 初始 pH 值对去除效率的影响。配制的模拟废水电解液初始 pH 值为 6.2 ～ 6.3，用 HCl 和 NaOH 来调节 pH 值，在电流密度 $15mA/cm^2$、极板间距 20mm 的条件下，不同电解液初始 pH 值对总磷去除效率的影响如图 12-46 所示。

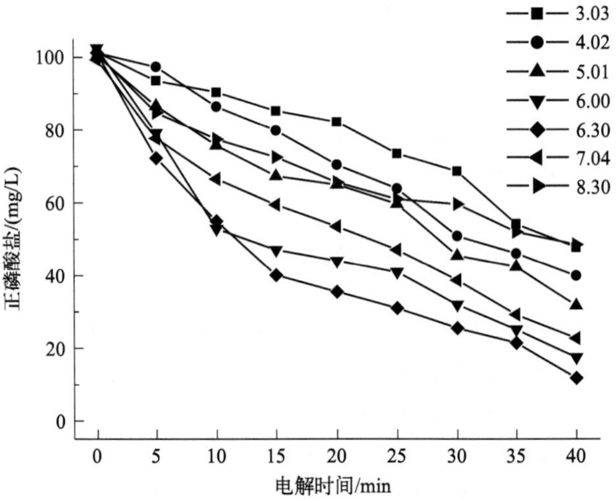

图12-46　不同初始pH值对除磷的影响

从图 12-46 中可以看出，pH 值对改变反应方向、改变铝存在形态等方面起着重要作用。在酸性和中性条件下，Al^{3+} 和 $Al(OH)_3$ 为主要形态，Al^{3+} 易与 PO_4^{3-} 发生反应产生沉淀，胶体 $Al_n(OH)_{3n}$ 通过吸附絮凝作用去除水中的磷，当 pH=6.5 时 $AlPO_4$ 的溶解度最低，因此 pH 值为 6 ～ 7 时去除效率最高；在碱性条件下，Al^{3+} 与过量 OH^- 反应生成偏铝酸根 AlO_2^-，无法与 PO_4^{3-} 形成沉淀，所以磷去除效率降低。

因此，初始 pH6 ～ 7 的弱酸性或中性条件下为主要去除磷的阶段，磷去除效率最高。

② 电流密度对去除效率的影响。在不调节初始 pH 值（模拟废水初始 pH6.3、在最佳 pH 值范围内）、极板间距 20mm 的条件下，不同电流密度对总磷去除效率的影响如图 12-47 所示。

从图 12-47 中可以看出，在 5 种不同电流密度情况下，总磷的去除率都随着电解时间的延长而增大，电流密度为 $3mA/cm^2$ 时总磷去除效果不明显，且能耗较高；后 2 种情况反应速度快，反应时间短，去除效果显著。虽然电流密度为 $9mA/cm^2$ 时总磷去除率较高，但在 10min 内总磷去除率低，电流密度为 $27mA/cm^2$ 时总磷去除率很高但能耗也较高。

综上所述，能够满足能耗低、反应时间短和总磷去除率高的最佳电流密度为 $21mA/cm^2$。

③ 极板间距对去除效率的影响。在不调节初始 pH 值、电流密度为 $21mA/cm^2$ 的条件下，不同极板间距对总磷去除效率的影响如图 12-48 所示。

从图 12-48 中可以看出，当极板间距为 10mm 时，极间距太小，反应物质间搅拌不充分，阻碍了反应的进行，因此除磷效果不明显。当极板间距增大时，极板间溶液可以混合得更均匀，从而减小浓差极化现象，因此除磷速率和效率都明显上升。但极板间距的增大也会增大极板间溶液的电阻，导致能耗增高。当极板间距为 30mm 时，溶液混合较均匀，

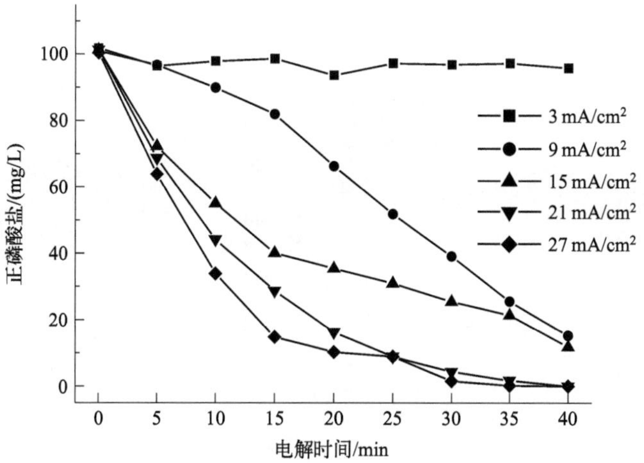

图12-47 不同电流密度对除磷的影响

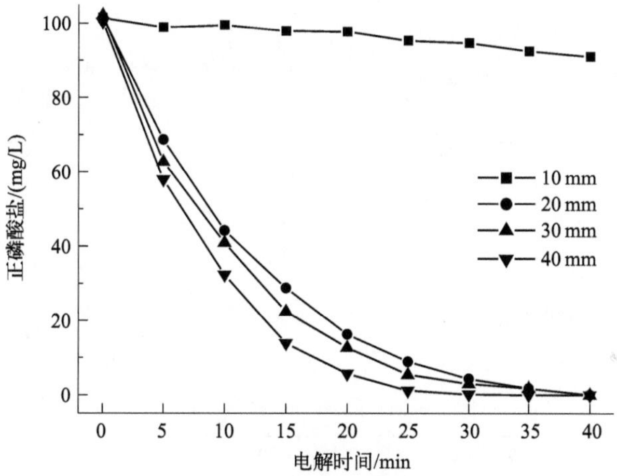

图12-48 不同极板间距对除磷的影响

极化现象不明显，去除率相对较高的同时能耗较低，因此综合考虑磷去除效果和能耗两个方面，30mm 为最佳极板间距。

④ 初始总磷浓度对去除效率的影响。在不调节初始 pH 值、电流密度为 $21mA/cm^2$、极板间距为 30mm 的条件下，不同初始总磷浓度对总磷去除效率的影响如图 12-49 所示。

从图 12-49 中可以看出，随着电解时间的延长，总磷去除率都在逐渐上升，但随着初始总磷浓度的增加，磷的去除率呈下降趋势。与铁阳极电絮凝除磷相似，铝阳极去除不同浓度总磷的 3 条反应曲线前期近似于平行，相同时间内去除掉的总磷量基本相同，这是由于在相同的电解条件下阳极溶出的铝离子量相同，因此与磷酸盐反应去除掉的总磷量也基本相同。

⑤ 最佳反应条件下对实际废水的去除效果。根据之前的实验，铁阳极除磷的最佳反应条件为初始 pH 值为 6 ～ 7、电流密度为 $21mA/cm^2$、极板间距为 30mm。在此条件下，对实际废水（pH6.6，总磷浓度 898.8mg/L，正磷酸盐浓度 813.8mg/L）进行电絮凝除磷处理，结果见图 12-50。

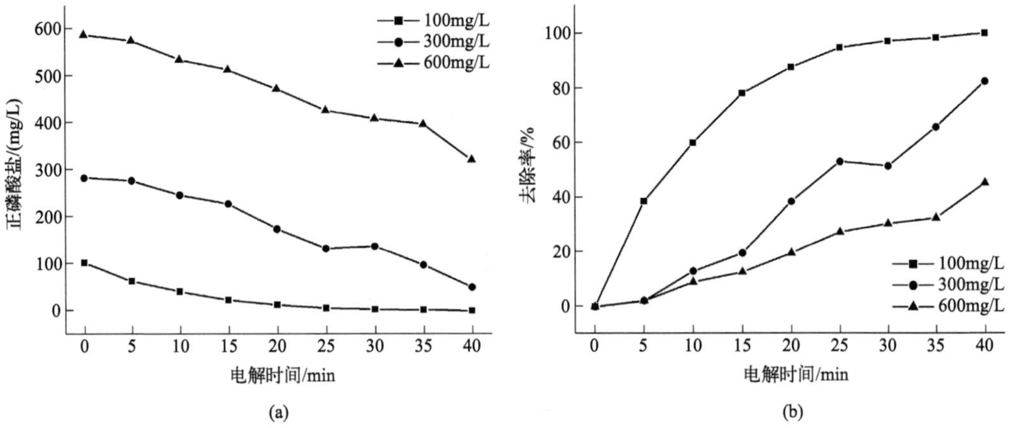

图12-49　不同初始总磷浓度对除磷的影响

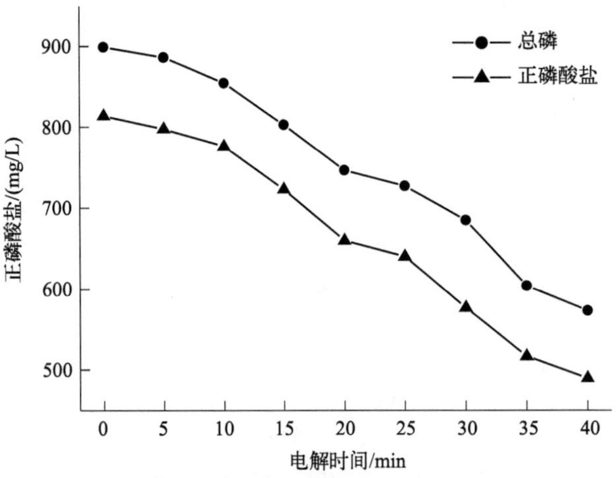

图12-50　铝阳极电絮凝处理含磷废水

从图 12-50 中可以看出，在最佳反应条件下，经过 40min 的电絮凝处理，废水中的总磷浓度从 898.8mg/L 下降到了 573.0mg/L，减少了 325.8mg/L，正磷酸盐浓度从 813.8mg/L 下降到了 489.3mg/L，减少了 324.5mg/L，说明铝阳极电絮凝去除掉的大部分是正磷酸盐，对原水中的缩合态磷酸盐没有去除效果。

3）小结

从实验结果可以看出，铁阳极和铝阳极电絮凝法对于含磷废水中正磷酸盐的去除具有较好的效果，但对缩合态磷酸盐则没有去除效果。同时如果初始浓度过高，则反应时间、电流密度都要相应增大，从而使得能耗过高，处理成本上升。而且如果处理水量过大，则电解装置的规模也要扩大，这对于装置的设计、使用和维护都提出了很高的要求。

（3）膜处理单元技术优化

膜处理除磷对进水要求较高，因此拟作为后续处理技术使用，其处理对象为经过前期处理的沉淀出水。其中总磷主要为缩合态磷酸盐，浓度为 50 ～ 200mg/L。

1）膜材质筛选

近年来，商业化的膜材料，仍以醋酸纤维素（CA）和聚酰胺（PA）为主。东洋纺 HA5230 反渗透膜（三醋酸纤维素，CTA）组件和单只陶氏 BW30-4040 反渗透膜（聚酰胺，PA）组件在同样进水条件下的除磷结果见表 12-6。

表12-6 不同材质膜的处理效果

进水条件	膜材质	反渗透出水 TP/(mg/L)	去除率/%
pH值为7.0，总磷含量94.5mg/L，淡水流速1.5 L/min	CTA	7.2	92.39
	PA	1.2	98.74
pH值为8.6，总磷含量94.5mg/L，淡水流速1.5 L/min	CTA	23.3	75.34
	PA	0.8	99.16

从表 12-6 中可以看出，PA 材质膜的处理性能要全面优于 CTA 材质的膜，尤其是在进水 pH 为碱性的情况下，PA 膜表现出了远好于 CTA 膜的去除率，因此膜处理单元拟选择陶氏 BW30-4040 反渗透膜（PA 膜）组件。

2）膜组件运行参数优化

① 进水 pH 值的影响。先将经过沉淀处理的出水调节到不同的 pH 值，然后再进入膜组件进行深度处理。从图 12-51 可以看出，酸性或者碱性条件都有利于反渗透膜对磷酸盐的去除，而中性条件下处理效果最差。相较而言，碱性条件比酸性条件更有利于磷酸盐的去除。进水中正磷酸盐含量很低，水中磷酸盐主要是缩合态磷酸盐，故可见反渗透膜对石灰无法沉淀的缩合态磷酸盐有很好的去除效果。

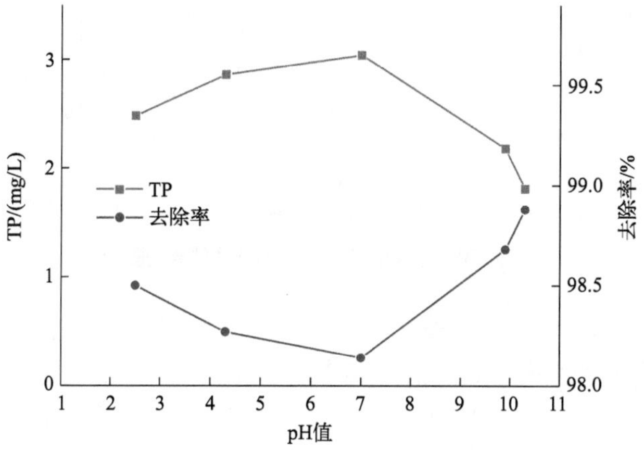

图12-51 反渗透进水pH值对处理效果的影响

② 进水总磷浓度的影响。从图 12-52 可以看出，进水的总磷浓度越低，膜的去除效率越高，出水总磷浓度越低，处理效果越好。随着进水总磷浓度的升高，膜的盐通量会增加，降低了脱盐率，所以磷酸盐去除率下降。因此较低的进水浓度有利于提高膜的处理效率。

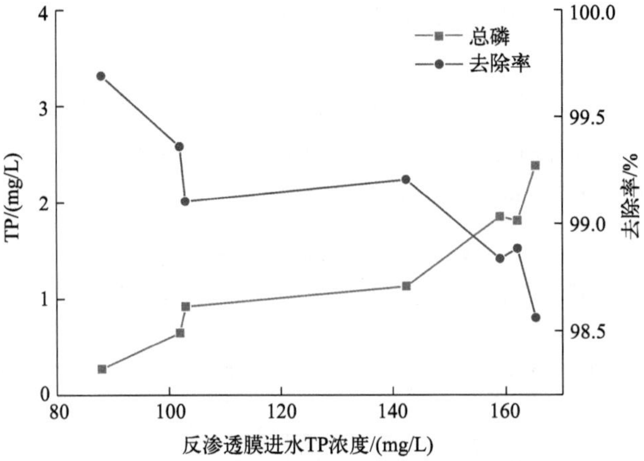

图12-52　反渗透进水总磷浓度对处理效果的影响

③ 进水流量的影响。进水流量对处理效果的影响如图 12-53 所示，在进水压力为 0.5 MPa 的条件下，随着进水流量增加，淡水产量增加，产水率下降，去除率上升。当压力不变时，进水流量增加会减少系统的浓缩倍率，降低下游的给水浓度，渗透压会相应降低，从而提高净推动压力，提高产水量，盐浓度减少导致盐通过减少，提高了去除率。

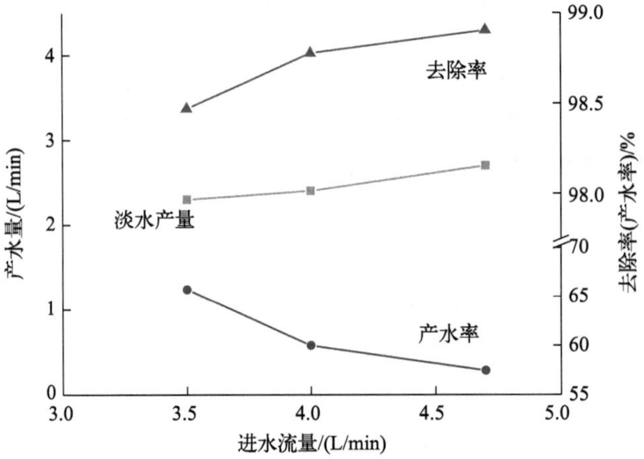

图12-53　反渗透进水流量对处理效果的影响

④ 操作压力的影响。从图 12-54 可以看出，随着进水压力的增加，进水流量和产水率也增加，且与进水压力的增加成正比，但磷酸盐去除率基本没有变化，这可能是由于磷酸盐透过速率受压力影响较小。因此较高的操作压力有利于在维持一定去除效率的同时得到较高的产水率。

⑤ 产水率的影响。产水率对产水量和去除率的影响见图 12-55。在压力一定的情况下，产水率提高，膜表面的浓差极化也提高，则有效压力会减小，从而淡水产量降低，去除率降低。

3）膜组件运行方式优化

在进水压力和浓度一定的情况下，不同运行方式与处理效果的关系见图 12-56。

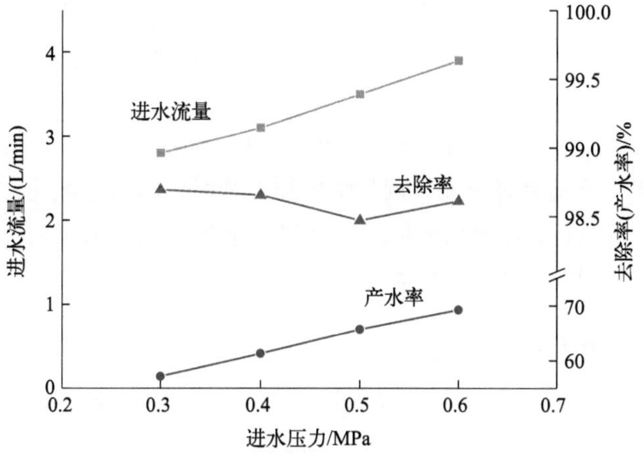

图12-54 反渗透操作压力对处理效果的影响

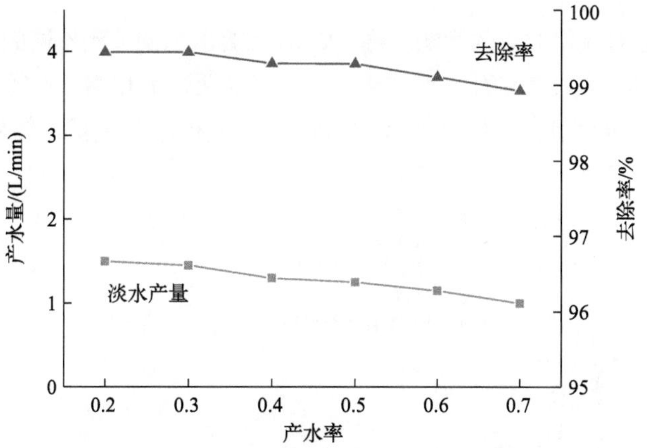

图12-55 反渗透产水率对处理效果的影响

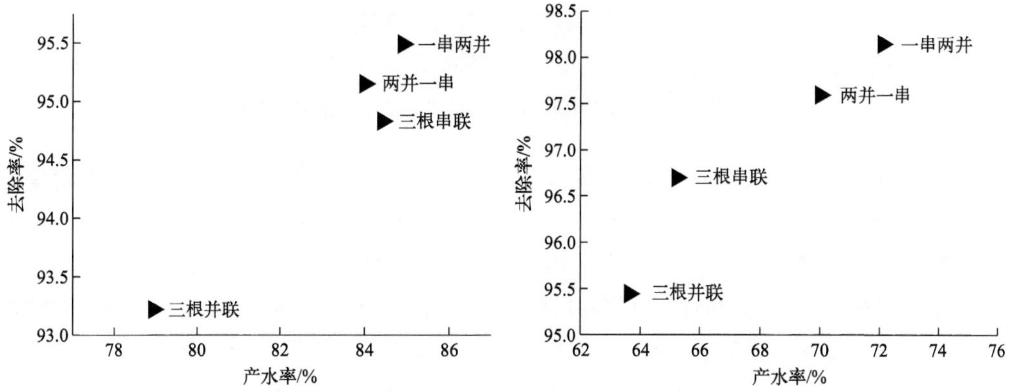

(a) 进水压力0.5MPa，总磷浓度103.9mg/L

(b) 进水压力0.3MPa，总磷浓度217.6mg/L

图12-56 膜组件的不同运行方式对处理效果的影响

从简单的运行方式实验结果来看，在膜数量相同的情况下，两段式的产水率和去除率均高于串联式和并联式，因此实际应用时也推荐采用多段式的组合方式。

4）小结

根据对膜组件运行参数的考察，可以看出对于膜来说，碱性条件下的低浓度进水更有利于膜的处理效果。当前处理单元采用化学沉淀工艺时，出水为碱性，而采用电絮凝时，由于是在酸性条件下进行，出水为酸性。所以前处理单元采用石灰乳，尽可能地沉淀去除正磷酸盐，有利于后续的膜处理单元运行。

（4）吸附处理单元技术优化

吸附除磷拟作为后续处理技术，其处理对象为经过前期化学沉淀处理的沉淀出水。其中总磷主要为缩合态磷酸盐，浓度为 50 ～ 200mg/L。

1）吸附剂筛选

通过投加各类吸附剂，如活性炭、沸石等，将水中的各类磷酸盐吸附到吸附剂的表面，从而将其从水中去除。

① 初始 pH 值对吸附效果的影响。将 100mL 沉淀出水调节到不同的 pH 值，分别投加 0.75g 活性炭（粉末）、人造沸石（20 ～ 40 目）、球状活性氧化铝（粒径 3 ～ 5mm）、硅藻土（粉末）和 Fe-Cu 复合氧化物（实验室合成 $CuFe_2O_4$ 粉末），吸附除磷结果如图 12-57 所示。

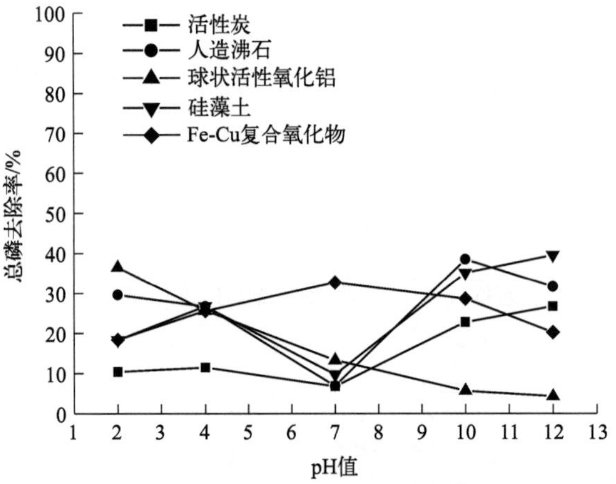

图12-57　不同吸附剂在不同pH值条件下对总磷的吸附效果

从图 12-57 中可以看出，以活性炭作为吸附剂时，在酸性或者中性条件下，吸附效果很差，在 pH 值为 7 的中性条件下效果最差；在碱性条件下，随着 pH 值升高，活性炭吸附效率有所提高，但在 pH 值为 12 的强碱性条件下，总磷去除率也仅有 26.73%。

以人造沸石作为吸附剂时，随着 pH 由酸性到中性变化，总磷去除率显著下降；而随着 pH 由中性变成碱性，去除率先上升后小幅下降，这说明人造沸石对废水中总磷的吸附存在适宜的 pH 值范围，在 pH 值为 7 的中性条件下吸附效果最差，pH 值为 10 左右能达到最佳吸附去除效果。

以球状活性氧化铝作为吸附剂时，对总磷的吸附在酸性条件下最大，随着 pH 值的升高，总磷吸附率急剧下降。

以硅藻土作为吸附剂时，中性 pH 条件下的吸附效果最差；随着 pH 由中性向酸性变化，去除率先上升后下降；随着 pH 由中性向碱性变化，去除率越来越高。

以 Fe-Cu 复合氧化物作为吸附剂时，pH 值为 7 的中性条件下吸附效果最好，随着 pH 由中性向酸性或碱性变化，总磷去除率均呈下降趋势，说明 pH 值范围在中性条件下适宜 Fe-Cu 复合氧化物对废水中总磷的吸附。

从以上结果可以看出，由于水样中正磷酸盐含量仅为 0.99mg/L，大部分总磷都是缩合态磷酸盐，因此总磷的降低是由于这些吸附剂对于缩合态磷酸盐的吸附去除。酸性条件下，活性氧化铝球对总磷的吸附效果最好；中性条件下，Fe-Cu 复合氧化物对总磷的吸附效果最好；碱性条件下，人造沸石对总磷的吸附效果最好，且好于酸性条件下的活性氧化铝球和中性条件下的 Fe-Cu 复合氧化物的吸附效果。

而且由于前面的处理单元投加了石灰，因此沉淀出水为碱性，所以考虑选择人造沸石作为后续吸附处理单元的吸附剂，可以不用调节废水的 pH 值，直接投加吸附剂进行深度处理。

② 吸附剂投加量和吸附时间对吸附效果的影响。除磷结果见图 12-58。随着沸石吸附

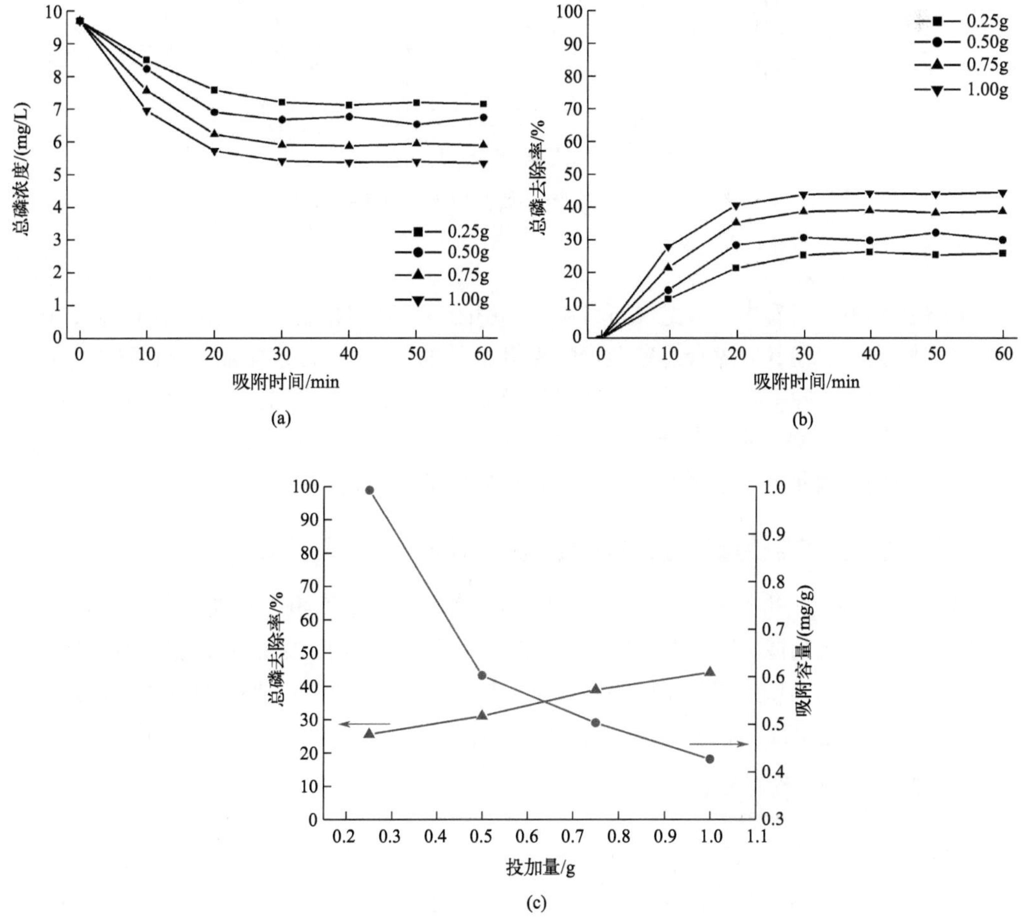

图12-58 不同沸石投加量和吸附时间对吸附效果的影响

时间的延长，磷去除率逐渐提高，当吸附时间为 30min 时，达到吸附平衡，磷去除率达到最高，30min 之后的时间吸附量基本没有变化。随着吸附剂用量的增加，沸石对磷的去除率逐渐增加而吸附容量逐渐减少，而且去除率的增加趋势逐渐变缓。从经济上来讲，过多的投加量虽然可以增加去除率，但去除率的增加趋势会逐渐变缓，成本也会增加，综合考虑，本实验废水除磷的最佳固液比为 100mL 溶液投加 0.75g 人造沸石。

③ 初始总磷浓度对吸附效果的影响。除磷结果见图 12-59，随着初始总磷浓度的升高，去除率降低，吸附容量上升，但上升趋势逐渐变缓，说明沸石在逐渐达到吸附饱和。

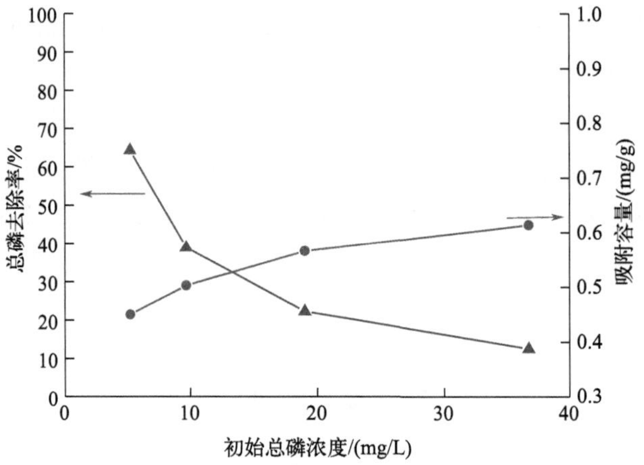

图12-59　不同初始总磷浓度对吸附效果的影响

2）小结

从实验结果可以看出，人造沸石可以将水中的各类磷酸盐吸附到吸附剂的表面，从而将其从水中去除。但其对缩合态磷酸盐的吸附能力并不强，当废水中缩合态磷酸盐浓度较高时，总磷吸附去除率很低，虽然可以通过增加吸附剂的投加量来提高总吸附量，但是其增加速率呈下降趋势，远远达不到出水低于 0.2mg/L 的要求，同时成本也会大幅度增加，性价比并不高，因此不考虑将其作为废水的后期处理技术使用。

（5）化学沉淀 – 超滤 – 反渗透组合除磷技术

将优化后的工艺进行科学组合，可以有 4 种组合方式，即化学沉淀 - 吸附、电絮凝 - 吸附、化学沉淀 - 超滤 - 反渗透、电絮凝 - 超滤 - 反渗透。由于之前的数据表明电絮凝不适合作为本项目的前期处理技术，吸附技术不适合作为本项目的后期处理技术，因此排除电絮凝 - 吸附、电絮凝 - 超滤 - 反渗透和化学沉淀 - 吸附 3 种组合方式，只对化学沉淀 - 超滤 - 反渗透组合技术进行研究。

1）处理效果

以化学沉淀作为前期处理，超滤 - 反渗透作为后续处理，按照最佳运行参数，对不同浓度的含磷废水进行处理，结果见图 12-60，与没有优化的刘草坡化工厂污水处理站的处理结果对比见表 12-7。

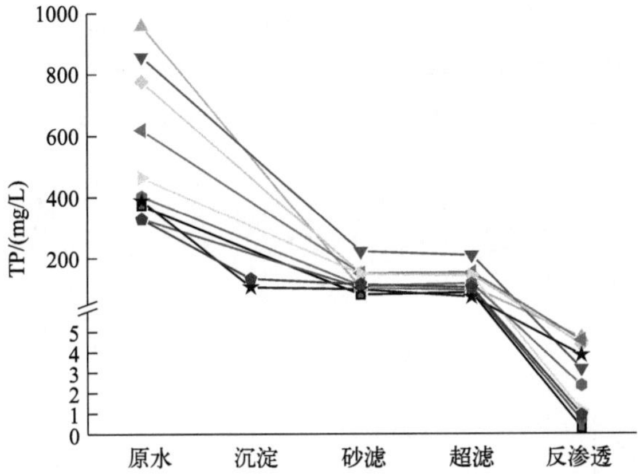

图12-60 化学沉淀-超滤-反渗透组合工艺处理效果

表12-7 优化组合工艺与污水处理站处理效果对比

原水 TP/(mg/L)	污水处理站反渗透淡水		优化组合工艺反渗透淡水	
	TP/(mg/L)	淡水产率/%	TP/(mg/L)	淡水产率/%
300～500	5～25	50～55	0.3～1.5	70～75
500～700	25～50	50～55	1.5～3	70～75
700～1000	50～65	50～55	3～5	70～75

从图12-60和表12-7可以看出，技术优化组合对处理效果有明显提升，进水总磷浓度为300～500mg/L和500～700mg/L时，反渗透出水总磷浓度比污水处理站降低了94%；进水总磷浓度为700～1000mg/L时，出水总磷浓度比污水处理站降低了92.3%。优化组合工艺得到的最低出水总磷为0.3mg/L，而在原水浓度为700～1000mg/L时，反渗透出水总磷浓度可以降低到5mg/L以下。在出水水质提高的同时，出水产水率也从50%～55%提高到了70%～75%，使得膜单元产生的浓盐水减量30%以上。

2）小结

以上组合实验结果显示，化学沉淀-超滤-反渗透组合工艺对含磷废水的处理效果最好。与污水处理站相比，技术优化集成后对废水的处理效果有明显提升，不仅可以将产水率大幅度提高到70%以上，实现超滤-反渗透工艺产生的浓盐水减量30%以上，而且在原水浓度高达700～1000mg/L时，最终的反渗透淡水总磷浓度可以降低到5mg/L以下。但是这种优化组合工艺的出水离0.2mg/L的目标还有很大差距。

（6）离子交换强化除磷技术

同时由于化学沉淀投加了大量Ca^{2+}，还要避免系统结垢倾向，引入离子交换技术，与原有单元进行技术集成，以使最终出水进一步降低至0.2mg/L以下。

1）阳离子交换树脂软化技术

在膜组件进水前加上阳离子交换树脂进行软化处理，可以降低水中的Ca^{2+}、Mg^{2+}等离子导致的硬度，从而减少系统和膜结垢堵塞的倾向。

使用树脂型号为001×7的阳离子交换树脂对总磷浓度为79.39mg/L的沉淀出水进行

软化处理，结果见图 12-61 所示。原水硬度为 8.95mg/L，沉淀处理时投加的石灰乳导致沉淀出水的硬度大幅上升至 160.144mg/L，经过阳离子交换树脂软化后，水中的硬度又降到 10mg/L，可见阳离子交换树脂确实能够降低硬度，对膜组件起到保护作用。

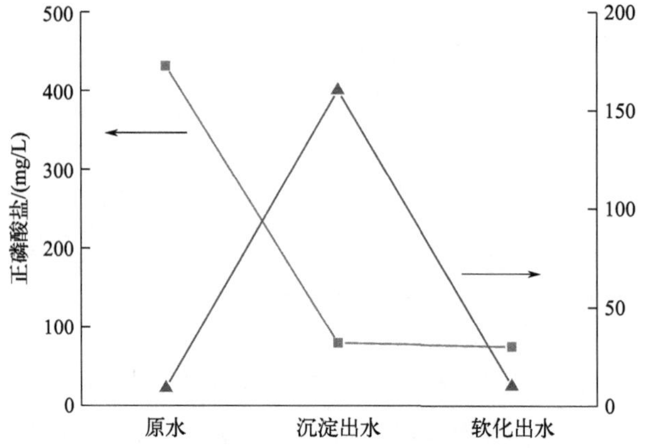

图12-61 阳离子树脂软化除硬度

2）阴离子交换树脂除磷技术

阴离子交换树脂对水中阴离子形态的各类磷酸盐具有交换吸附作用，引入阴离子交换树脂对废水进行深度处理。

① 不同集成模式的影响。将 201 × 7 阴离子交换树脂、阳离子交换树脂与化学沉淀 - 超滤反渗透单元集成到一起，不同技术集成模式对处理效果的影响见图 12-62。

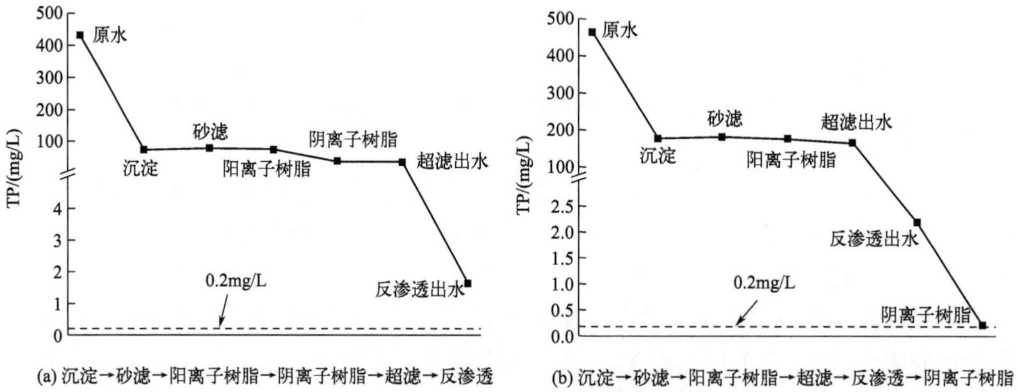

图12-62 不同技术集成模式对处理效果的影响

从图 12-62 可以看出，不同技术集成模式对处理效果具有很大的影响。阴离子树脂处理单元在整个流程中的顺序对最终出水中总磷浓度影响最大。

当增加阴离子树脂处于膜组件前面作为预处理单元时，最终出水中总磷浓度只降低了 0.4mg/L（2mg/L 降至 1.6mg/L），降低幅度不大，可能是因为废水中 SO_4^{2-} 等阴离子浓度很高，使得树脂很快达到饱和，所以膜单元进水浓度还是较高，影响了膜的处理效率。

当阴离子树脂处于膜组件后面作为深度处理单元时，经过阴离子交换树脂对水中阴离子形态的各类磷酸盐进行交换吸附后，最终出水总磷浓度在 0.2mg/L 以下，达到要求。

② 接触时间的影响。从图 12-63 中可以看出，阴离子交换树脂具有较大的处理容量，当进水总磷浓度为 1.14mg/L 时，出水体积倍数达到本身 10 倍而出水总磷浓度变化不大。

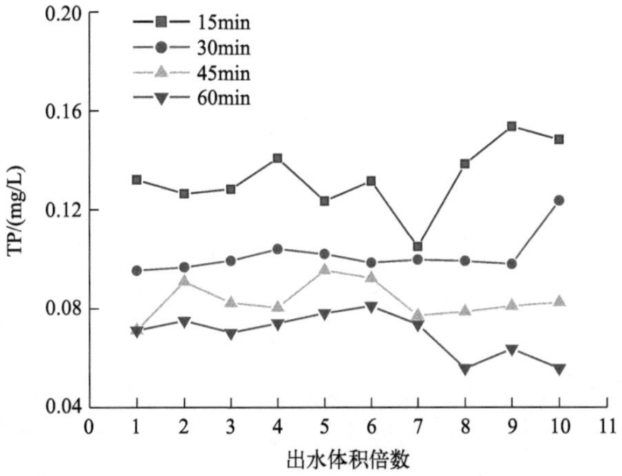

图12-63 阴离子树脂接触时间与出水浓度的关系

交换接触时间对出水效果有较大影响，图 12-63 和表 12-8 都表明，接触时间越长，出水总磷浓度越低，去除效率越高，效果越好。当接触时间为 30min 时，去除效率达到 90% 以上。因此，虽然 15min 的接触时间已经可以达到要求，但为了保证出水达标，选用 30min 作为反应接触时间较为适宜。

表12-8 阴离子树脂接触时间与去除率的关系

接触时间 /min	15	30	45	60
出水 TP/(mg/L)	0.125	0.106	0.079	0.076
去除效率 /%	89.04	90.70	93.07	93.33

3）小结

通过不同技术优化组合实验，并综合处理效果、成本等考虑因素，形成了离子交换强化化学沉淀 - 超滤反渗透深度除磷技术，得到了多形态磷酸盐递进式深度净化系统。技术优化集成后的处理流程和工艺单元为：

沉淀→砂滤→阳离子树脂→超滤→反渗透→阴离子树脂。

该技术采用递进式的多段工艺单元组合使用，包括沉淀、膜处理和阴离子交换树脂 3 个主要处理单元和砂滤等辅助单元，不仅可以满足组分复杂的含磷废水深度除磷的要求，而且可以根据进水水质及处理要求的不同而灵活选择工艺单元来组合使用，适用范围更广。

采用上述工艺流程技术加工了中试装置，处理规模为 50t/d，可有效处理高浓度复杂成分的含磷废水，使废水中总磷浓度降低到 0.2mg/L 以下。

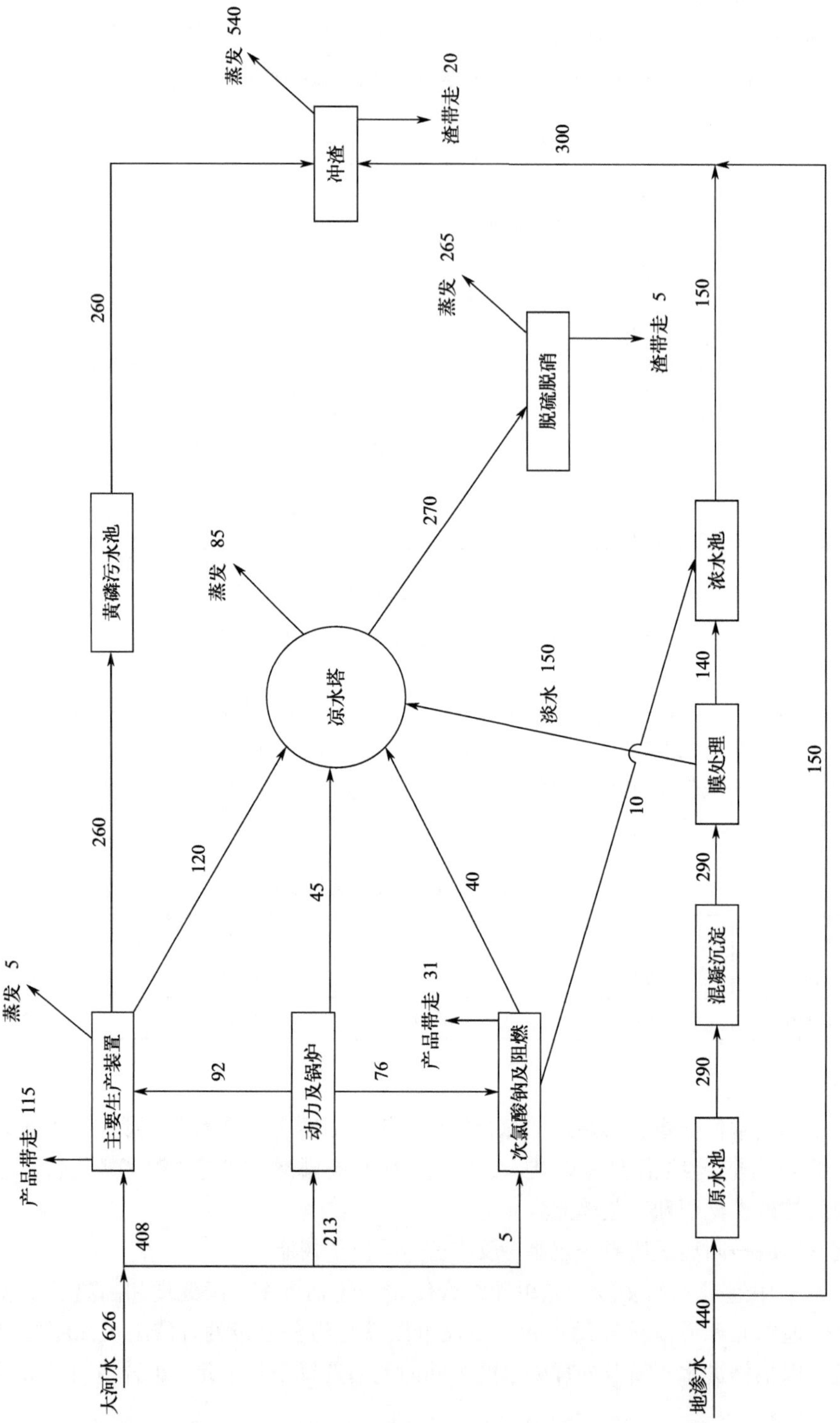

图12-64 企业改造前水平衡（单位：t/d）

12.2.2.2 冲渣蒸汽冷凝回收及分级出水循环利用技术

（1）改造前企业水平衡

通过对厂区整个生产工艺进行水平衡分析，明确用水节点和用水量，企业改造前的水平衡图见图 12-64。

从图 12-64 可以看出，改造前全厂需补充河水 626t/d，产品带走 146t/d，渣带走 25t/d，蒸发损失 895t/d。污水处理站处理规模 300t/d，膜处理单元产水率 50%，即 150t/d。

污水处理站处理后的废水分质回用环节较少，只有反渗透淡水回用到凉水塔补充冷却水，浓水直接冲渣。

（2）冲渣蒸汽冷凝回收循环利用技术

根据工艺水平衡，在厂区进行针对性的工艺改进，新增冲渣蒸汽风冷回收系统，该系统可以回收 65% ～ 70% 的蒸汽，蒸汽经过空气冷凝后进入地埋式清水回收池中，供冲渣循环利用，从而减少了冲渣补充水量。

（3）处理单元出水循环利用技术

采用优化集成后的多形态磷酸盐递进式深度净化系统，对地渗废水进行处理，产生的主要出水为沉淀单元出水、膜处理单元反渗透淡水、阴离子交换树脂单元出水和膜处理单元反渗透浓水。

根据厂区各个生产工艺段水质和水量要求，处理后的污水可以在各个工艺段进行不同程度的回用，实现含磷废水的循环利用。

1）沉淀出水

废水经过混凝沉淀及固液分离处理后，出水中悬浮物降到 5mg/L 以下，符合《城市污水再生利用　工业用水水质》（GB/T 19923—2005）要求。根据厂区用水需求，其中一部分出水可以用作设备及地坪冲洗用水，其余出水进入下一个处理单元。

2）反渗透淡水

该出水满足冷却水系统补充用水水质要求，因此大部分可以补充至凉水塔。凉水塔用不完的剩余出水进入下一个处理单元。

3）阴离子交换树脂出水

上一级反渗透淡水经过阴离子交换树脂深度处理后，出水中总磷浓度可以降到 0.2mg/L 以下，因此全部回用到锅炉。

4）反渗透浓水

厂区新增冲渣蒸汽风冷回收系统后，每天所需冲渣补充水量为 150t，比起改造前用水量大幅减少，可以全部由反渗透浓水来补充。

5）黄磷污水池出水

由于改造后冲渣用水量大幅减少，因此黄磷污水池的污水经过处理后，全部泵回到各工段作为洗涤塔、电极水封，不再作为冲渣补充用水。

（4）改造后企业水平衡

企业进行工艺改造及采用优化集成水处理技术后，新的水平衡见图 12-65。

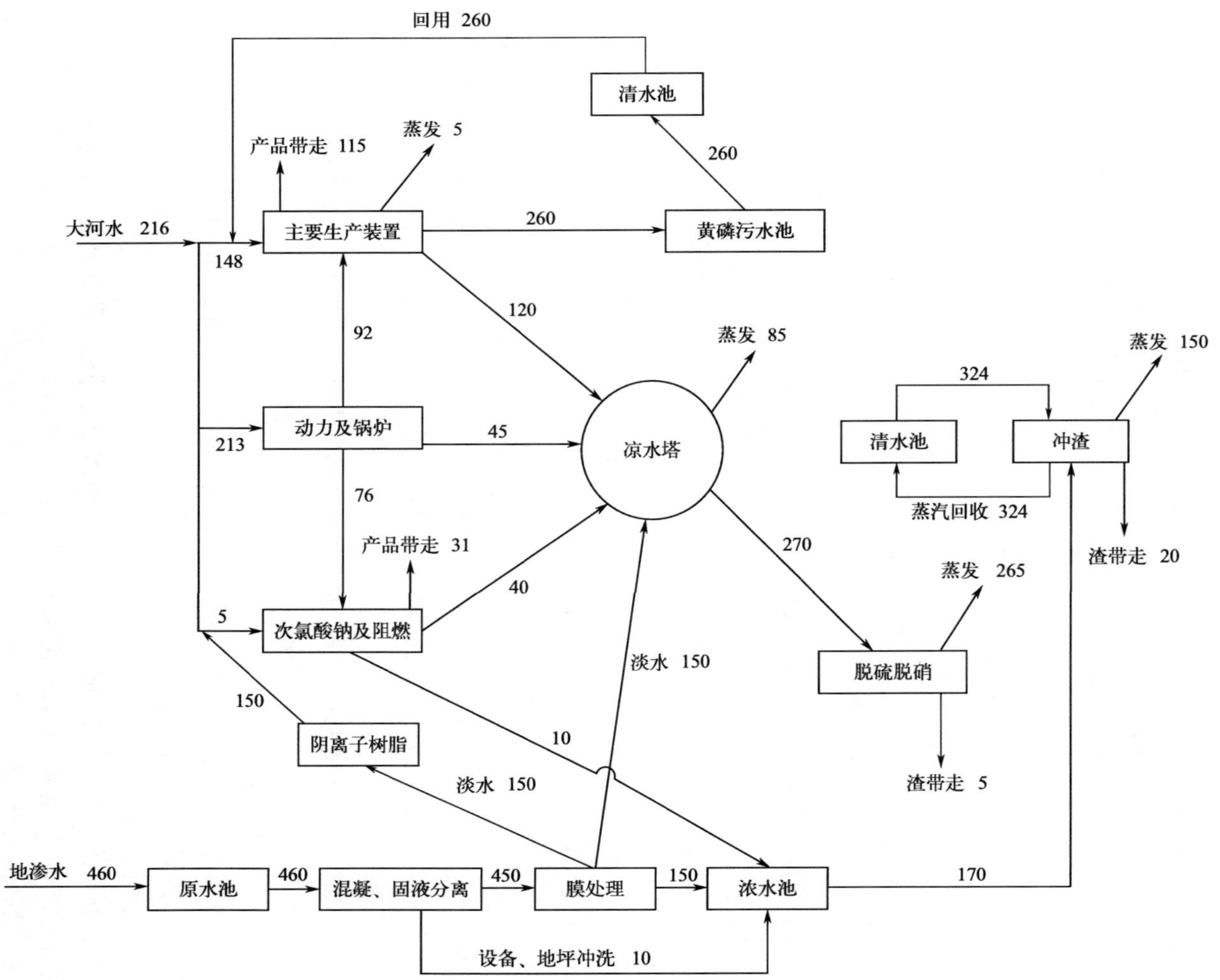

图12-65　企业改造后水平衡（单位：t/d）

从图 12-65 中可以看出，膜处理单元产水率从 51.72% 提高到了 66.67%，淡水产量达到 300t/d，浓水减量 31%。处理后的废水可以分质回用的点位大幅增加，提高了厂区水循环利用率，减少了新鲜水补充量。改造后全厂每天需补充大河水 216t，比起改造前减少了 410t。

12.2.3 磷矿废弃地矿渣堆堑生态修复技术

12.2.3.1 磷矿废弃地矿渣堆堑体磷元素释放规律

磷矿废石的磷素浸出量随环境 pH 值的减小而增大，酸性条件下废石浸出液中的总磷浓度高出中性及碱性条件下 1 ～ 2 个数量级。酸性降水的短期淋滤作用不会改变磷矿废石堆体内部弱碱性（pH=7.5 ～ 8.5）的浸出环境，但酸性降水的长期淋滤作用会使堆体内部的浸出环境向酸性转化（pH=6.2 ～ 6.5）。酸性降水对磷矿废石的长期淋滤作用会使其浸出液中的 TP 浓度增大 4 倍，达到 2.6mg/L，超出国家标准中所允许的最大排放限值（1.0mg/L）约 2.6 倍。

（1）磷矿废石堆体的现场踏勘及取样

开采过程中所形成的废石通常在岩性组成、矿物组成、粒径排列以及风化程度上表现出极强的非均匀性。受井下采掘进度的影响，不同时间内排弃的废石可能来源于不同的岩层，其岩性及成岩矿物的含量不同。受开采方式、开采工艺等因素的影响，不同时间内排弃废石的粒径组成也不尽相同。根据磷矿废石的堆积模式（如图 12-66 所示）、风化程度及堆积后的利用方式等特点，在湖北某研究区内选择 6 座磷矿废石堆体（WR-A ～ WR-F）作为研究对象。6 座废石堆体中最长的堆积年限为 8 年（WR-B），最短的仅为半年（WR-C），除松散堆积的 WR-C 和用作采空区移民安置点的居住用地的 WR-A 之外，其余废石堆体在堆积结束后均经简单的复垦处理以恢复被破坏的植被。上述 6 座废石堆体所堆存的废石均为研究区主要磷矿层（Ph_1^3+Ph_1^2）的采掘废石，在堆积方式上基本上可以反映出研究区所在磷矿区内对开采废石所采取的主要处置方式，且不同堆积时间可以反映出废石在产出后所受的不同的风化程度。因此，所选取的 6 座磷矿废石堆体在一定程度上可以代表研究区内现存的磷矿废石的普遍工程地质特点。

图12-66 磷矿废石的不同堆积模式

现场踏勘工作主要针对磷矿废石堆体的堆积面积、堆积高度、堆体表层的植被覆盖情况以及所堆积磷矿废石的粒径特点进行现场调查研究。所选择的6座磷矿废石堆体的基本情况如表12-9所列。

表12-9　磷矿废石堆体的基本特征

编号	堆积模式	风化年限/a	堆积高度/m	堆积面积/km^2	网格数量/个	取样点数/个	取样质量/kg	土地利用方式
WR-A	CV	2～3	8.9	0.8	24	78	40	VR
WR-B	VF	7～8	10.6	1.4	53	160	70	RL
WR-C	LH	＜1	6.5	0.6	25	80	50	—
WR-D	CV	3～4	6.2	0.4	12	36	20	VR
WR-E	CV	3～4	9.7	0.8	26	82	50	VR
WR-F	VF	5～7	5.5	0.5	20	63	35	VR

注：CV—横谷堆堑；VF—沟谷充填；LH—松散堆积；VR—植被恢复；RL—居住用地。

现场踏勘结果表明，堆积结束后经复垦处理的废石堆体表面覆盖有一定的土层，覆盖层所用土壤为附近山体表层或天然冲沟内的土壤，质地以黄棕壤为主，间杂较多的砾石及块石（见图12-67）。覆土厚度分布不均，为0～30cm。对表面未经复垦处理的磷矿废石堆体（WR-B、WR-C）的踏勘结果表明，堆体表层的磷矿废石在粒径及岩性组成上具有强烈的非均匀性。受开采方式的影响，研究区内所产废石的最大粒径一般不超过40cm。废石的堆积方式为混合堆积，无刻意的粒径分选过程，因此不同粒径的废石在自然堆积坡面上具有明显的粒径偏析现象。

图12-67　复垦磷矿废石堆体表面植被及覆盖土层

（2）磷矿废石基本物化性质的测试分析

1）磷矿废石基本物理力学参数

将现场取回的磷矿废石样品在室温下（20℃ ±3℃）自然风干，手工剔除杂草、落叶等杂物后收集备用。按照《工程岩体试验方法标准》（GB/T 50266—2013）中所规定的实验方法，从风干试样中称取相应质量的样品，分别对样品的含水率、真密度、饱和容重、吸水率、饱和吸水率、自然堆积密度和振实堆积密度进行测试。实验测试结果见表12-10。

表12-10 磷矿废石基本物理力学参数

试样	含水率/%	真密度/(g/cm³)	饱和容重/(g/cm³)	吸水率/%	饱和吸水率/%	自然堆积密度/(kg/m³)	振实堆积密度/(kg/m³)
WR-A	0.07	3.23	2.82	0.74	0.92	1765	1864
WR-B	0.08	3.26	2.75	0.57	0.65	1784	1873
WR-C	0.06	3.19	2.82	0.85	1.22	1792	1879
WR-D	0.09	3.39	2.80	0.69	0.86	1766	1896
WR-E	0.08	3.28	2.75	0.77	1.43	1787	1885
WR-F	0.05	3.22	2.80	0.67	1.06	1769	1867

磷矿废石的粒径级配特性采用筛分法测定。筛分实验使用14组标准土壤筛进行，其中粗筛8组，孔径分别为100mm、80mm、60mm、40mm、20mm、10mm、5mm、2mm；细筛6组，孔径分别为2.0mm、1.0mm、0.5mm、0.25mm、0.10mm、0.075mm，测试结果见图12-68。

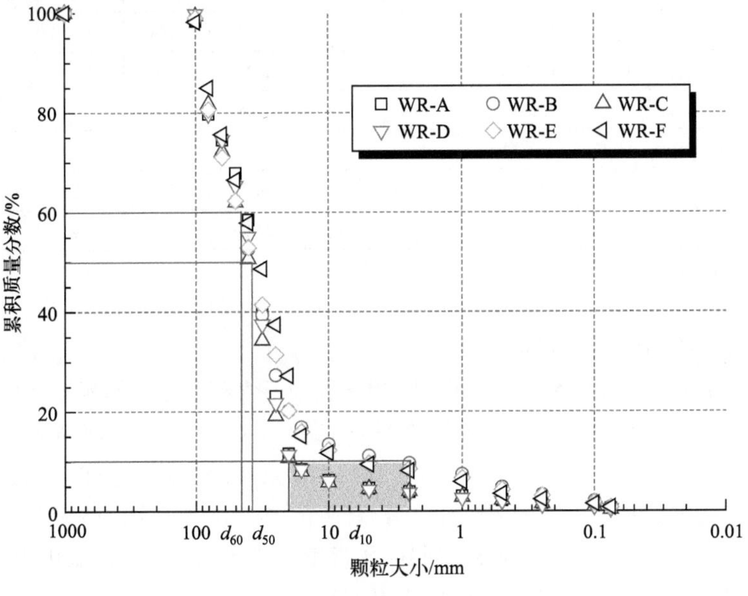

图12-68 磷矿废石粒径分布特征曲线

从6种磷矿废石样品的粒径分布曲线上可以看出：不同风化年限的磷矿废石平均粒径d_{50}在30mm左右；控制粒径d_{60}在40mm左右，相差不大；但有效粒径d_{10}的差别较大，在2～15mm范围内均有分布。此外，不同磷矿废石堆体的堆积方式以及所用的取样方法也会对筛分实验结果产生一定的影响。

2）磷矿废石的矿物组分特征

废石中的主要矿物成分为石英和碳酸盐矿物，其中，碳酸盐矿物主要以白云石和方解石的形式存在；磷酸盐矿物以氟磷灰石为主，在废石中的质量分数为14.73%～18.20%不等。除上述主要矿物以外，还含有少量硅酸盐矿物（伊利石、钠长石、斜绿泥石）。磷酸盐矿物的存在表明磷矿废石中混有一定数量低品位磷矿石，可为废石堆体的磷素释放提供释放源。结合研究区的开采历史、开采现状以及地层综合柱状图（表 12-11），分析研究区内磷矿废石堆体中的磷酸盐矿物主要来源于以下 3 部分：

① 人工初选矿石过程中所遗漏的少量高品位磷矿石；

② 以往开采过程中所丢弃的中 - 低品位磷矿石；

③ 目前开采过程中所排弃的不具工业价值的低品位磷矿石。

结合研究区内磷矿层的赋存特点可知，中 - 低品位磷矿石主要为第一岩性段第一磷层（Ph_1）顶板岩层（$Z_2d_1^3$）中所含的白云质砂屑磷块岩条带，第二岩性段下亚段（$Z_2d_2^1$）中白云质砂屑磷块岩条带也有可能随开采剥离而排出。

表12-11 磷矿废石矿物成分XRD结果

矿物名称	化学式	质量分数/%					
		WR-A	WR-B	WR-C	WR-D	WR-E	WR-F
石英	SiO_2	34.46	28.23	37.28	12.84	20.05	28.73
氟磷灰石	$Ca_{10}(PO_4)_6F_2$	16.22	18.20	16.44	14.73	11.72	15.81
白云石	$CaMg(CO_3)_2$	20.63	16.54	18.43	71.28	20.49	27.09
方解石	$CaCO_3$	9.29	9.73	7.04	6.11	12.84	9.61
伊利石	$(K,H_3O)(Al,Mg,Fe)_2(Si,Al)_4O_{10}[(OH)_2,(H_2O)]$	6.48	5.28	N/A	0.95	3.68	11.37
钠长石	$NaAlSi_3O_8$	5.44	2.98	N/A	N/A	16.46	N/A
斜绿泥石	$(Mg,Fe)_3(Si,Al)_4O_{10}(OH)_2\cdot(Mg,Fe)_3(OH)_6$	N/A	N/A	12.69	N/A	13.72	N/A
正长石	$KAlSi_3O_8$	N/A	N/A	N/A	4.09	N/A	N/A
其他		7.48	22.03	7.58	N/A	1.68	7.38

注：N/A表示不适用。

3）磷矿废石中全磷含量的测定

对 6 种磷矿废石（WR-A ～ WR-F）固相基质中所含磷素总量的测试结果见表 12-12。测试结果表明，磷矿废石中磷素的含量范围为 1200 ～ 1900mg/kg。废石固相基质中的磷素含量与废石中含磷矿物的含量基本上成正比关系。含磷酸盐矿物较多的 WR-B 中的磷素含量最大（平均 1765mg/kg），含磷酸盐矿物较少的 WR-E 试样中的磷素含量最小（平均 1287.67mg/kg）。6 种不同堆积方式、不同风化程度磷矿废石的含磷总量由大到小依次为：WR-B＞WR-A＞WR-C＞WR-F＞WR-D＞WR-E。

表12-12 磷矿废石固相基质中总磷含量

试样编号		测试结果/(mg/kg)	均值/(mg/kg)	标准差/(mg/kg)	变异系数/%
WR-A	1	1618	1678.67	76.06	4.53
	2	1764			
	3	1654			
WR-B	1	1753	1765	88.61	5.02
	2	1683			
	3	1859			

续表

试样编号		测试结果/(mg/kg)	均值/(mg/kg)	标准差/(mg/kg)	变异系数/%
WR-C	1	1558	1649.67	110.25	6.68
	2	1772			
	3	1619			
WR-D	1	1386	1384.67	39.20	2.83
	2	1336			
	3	1432			
WR-E	1	1342	1287.67	44.50	3.46
	2	1288			
	3	1233			
WR-F	1	1466	1510.33	51.15	3.39
	2	1582			
	3	1483			

从实验测试结果的统计分析数据来看，不同磷矿废石中磷素含量测试结果差异性最强的为 WR-C，其测试结果标准差为 110.25mg/kg，变异系数为 6.68%；差异性最弱的为 WR-D，其测试结果标准差为 39.20mg/kg，变异系数为 2.83%。6 种试样测试结果的变异系数均在 10% 以内，在总体上表现出较小的离散程度，说明采用修正系统取样方法取回的磷矿废石样品在矿物组成上具有统计平均意义，可以反映样品所在地磷矿废石的矿物组分特点。

（3）环境 pH 值对磷矿废石磷素浸出特性影响评估

从实验结果（图 12-69）可以看出，磷矿废石浸出液中的 TP 浓度受环境 pH 值的影响较大，在酸性条件下磷矿废石浸出液中的 TP 浓度值最高，弱碱性条件其次，中性条件最低。其中，强酸性（pH=2.0±0.5）条件下磷矿废石浸出液 TP 的浓度值在 139mg/L（WR-F）～ 162mg/L（WR-C）范围内，高出中性及碱性条件下的 TP 浓度值 2 个数量级以上。在自然条件下，6 种磷矿废石浸出液的平均 pH 值为 7.92，呈弱碱性；浸出液中的 TP 浓度最低值为 0.24mg/L(WR-B)，最高值为 1.32mg/L，平均浸出浓度为 0.7mg/L。根据湖北省环境保护厅 2000 年对香溪河水域范围适用功能的划分结果，研究区所在的磷矿区所邻高岚河水域为集中式生活饮用水水源地一级保护区，属《地表水环境质量标准》（GB 3838—2002）中规定的Ⅲ类水域。根据《污水综合排放标准》（GB 8978—1996）中的相关要求，排入Ⅲ类水域中的污水其 TP 最高允许排放浓度为 0.5mg/L。结合上述标准以及实验结果可知，所研究的 6 座磷矿废石堆场中有 3 处堆场（WR-A、WR-B 和 WR-E）未超标，但有 2 处堆场（WR-C 和 WR-D）已超 2 倍，超标率为 33 %。宜昌地区频率较高的酸性降水对磷矿废石的长期淋滤作用可能会降低堆体内部环境的 pH 值，从而增大磷矿废石的磷素浸出浓度。磷矿废石在 pH=5.0 左右表现出较强的酸中和能力，而在 5.0 ＜ pH ＜ 7.0 范围内并未表现出较强的缓冲能力，说明长期的酸性降水很可能使磷矿废石堆体的内部环境由弱碱性向弱酸性转变。在弱酸性条件下，磷矿废石浸出液中 TP 浓度将比自然条件提高约 1 个数量级。因此，尽管磷矿废石属微溶性矿物体系，但在雨水的长期淋滤作用下仍会以点源的形式向其周边环境释放磷素，从而增加附近地表水体中的磷污染负荷。

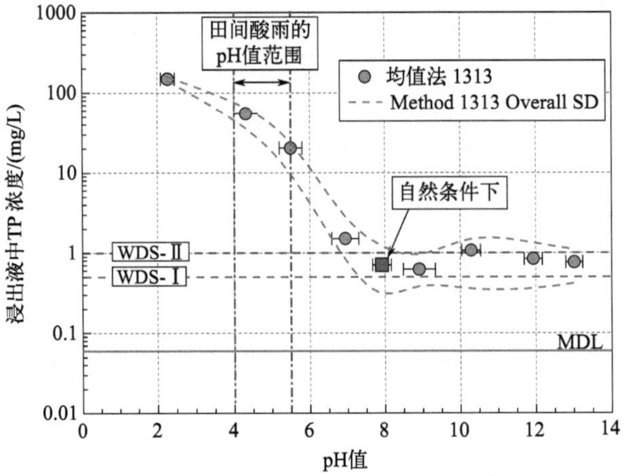

图12-69　磷矿废石浸出液中TP平均浓度pH值的变化

12.2.3.2　磷矿废弃地堆塹体底部黏土胶凝固结防渗技术

(1) 可控黏土胶凝固结材料 – 结构剂的研发

黏土胶凝固结材料 - 结构剂是以多种天然矿物材料（或工业废渣）为原料，自主研发的一种高硅铝酸基无机复合材料。该结构剂采用多种天然矿物材料（或工业废渣）经高温活化处理与研磨、拌和混配而成的棕色粉末，密度 2.8 ～ 3.15g/cm^3，含水率≤ 2%，细度 0.08mm，筛余≤ 8%，比表面积≥ 500m^2/g，无毒、无味。

(2) 可控黏土胶凝固结防渗技术工艺流程

基于大量现场实验监测数据，分析优化了浆液制浆工艺流程（见图 12-70）和灌浆工艺流程（见图 12-71），并确定了各环节最优的指标参数如下。

① 灌浆过程岩心完整的基岩可以分段灌注，岩心不完整的基岩通孔一次灌注，但必须将栓塞拴在接触带上方的套管里。对于土体，自上而下分段灌浆，第一段套管 500 ～ 1000mm 长，将栓塞拴在套管内进行灌浆。土体下段的钻孔必须在前段灌注 2h 以后进行。灌浆时加灌浆尾管，以此将浆液送至灌浆段尾 50cm 处。对于孔壁不规则的孔，先初灌一次，达到泥壁护壁，待 24h 后扫孔复灌。同一段灌注中如出现无压力、无回浆、吃浆量大的孔可采取分时间灌注，并改用 1.2∶1 的浓浆，间隔时间首先是 2h，如果仍然存在无压力、无回浆、吃浆量大的情况，可延长间隔时间到 24h。各灌注段灌注结束，在压力正常且坝面未裂缝的情况下一般不等浆液初凝后就实施下一段的灌注。对坝面裂缝的

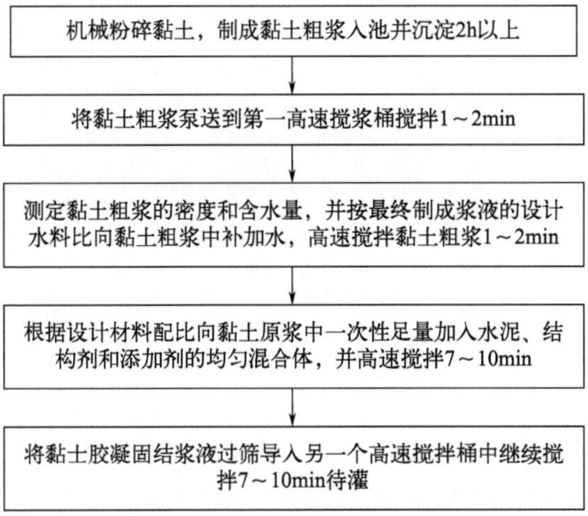

图12-70 可控黏土胶凝固结浆液制浆工艺流程

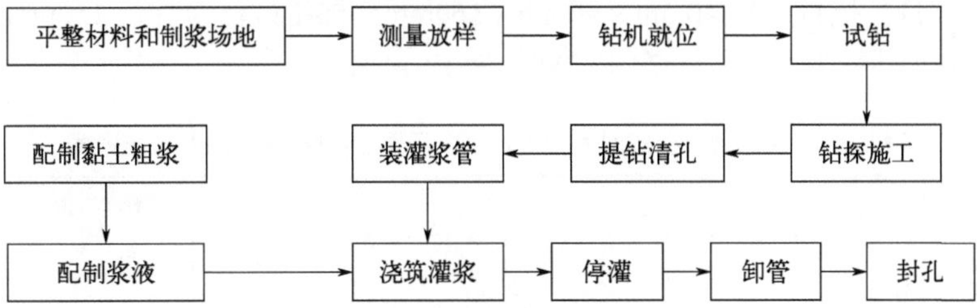

图12-71 灌浆工艺流程

孔严格在 24h 后再实施下一段灌注。土体灌浆压力控制为 0.1 ～ 0.2MPa；基岩的灌浆压力为 0.2 ～ 0.5MPa。

② 封孔时开挖至黏土层 30cm 以上深处，用纤维袋包裹套管砸紧，并用黏土夯实，防止因孔壁不规则造成浆液沿套管外壁冒出。

③ 浆液浓度变换遵循在灌注基岩时，首次采用 2：1 的浆液，然后改为 1.5：1 续灌，根据吸浆情况改为 1.2：1 灌完；土体统一采用 2：1 或 1.5：1 的浆液。

④ 终止灌浆时，当灌浆压力达到设计值，吸浆量小于 4L/min 或 1L/min 时，继续灌浆 20min 或 10min 左右。对于坝体而言，若坝面同时出现细长裂缝，可以结束灌浆。对于存在较大溶洞等渗流通道的坝基基岩灌浆，吸浆量可超过设计量，若仍无压力，暂时中止灌浆，等待初凝后，分时灌注，间隔时间为 2 ～ 24h。

（3）底部注浆防渗技术优势评估

1）浆液析水性和稳定性性能好

针对不同工况，测试了 3 种配方浆液的析水率，测试结果见表 12-13。浆液的析水性采用析水率作为测试指标进行评价。3 种配方的浆液析水率分别为 3.58%、2.97% 和 2.47%，均小于 5%。

表12-13　可控黏土胶凝固结注浆浆液析水率测试结果

配方	组号	初始体积/mL	析水体积/mL	析水率/%	平均析水率/%
配方1	1	75.3	2.9	3.85	3.58
	2	87.5	3.1	3.54	
	3	68.7	2.3	3.35	
配方2	1	59.4	1.8	3.03	2.97
	2	66.1	1.9	2.87	
	3	73.2	2.2	3.01	
配方3	1	65.3	1.8	2.76	2.47
	2	72.8	1.7	2.34	
	3	81.9	1.9	2.32	

2）结石体强度高

浆液胶凝固结体强度测试时，与相同水灰比的水泥净浆对比。采用抗折和抗压等两个性能指标来评价。抗折试样 40mm × 40mm × 160mm，抗压试样为直径 150mm、高 15mm 的圆柱体，养护龄期为 1d、3d、7d 和 28d（表 12-14）。

表12-14　黏土胶凝固结体和水泥净浆胶凝固结体的抗折强度和抗压强度

浆液名称	抗折强度/MPa				抗压强度/MPa			
	1d	3d	7d	28d	1d	3d	7d	28d
水泥净浆(0.8：1)	0.55	1.36	1.89	3.74	0.97	2.65	5.53	11.53
配方1(0.8：1)	0.58	1.43	1.75	2.62	0.93	2.59	5.77	9.96
水泥净浆(1：1)	—	0.25	0.78	1.97	—	1.19	2.9	7.95
配方2(1：1)	0.32	0.63	1.14	1.52	0.51	1.33	3.1	5.38
水泥净浆(1.2：1)	0.38	0.72	1.30	2.48	0.75	2.56	5.13	10.05
配方3(1.2：1)	0.41	0.75	1.25	1.77	0.93	2.82	4.37	6.48

3）防渗性能好

渗透系数是发挥防渗功能的关键所在。淋滤液侵蚀作用下黏土胶凝结石体与水泥结石体渗透系数变化见图 12-72。淋滤液侵蚀前，黏土胶凝结石体渗透系数较水泥结石体渗透系数降低至少一个数量级。这是因为黏土颗粒比较细小，增加黏土能改善颗粒级配，在凝固过程中使得颗粒排列更加紧密，改善了胶凝固结体的孔结构和孔级配，一方面使大孔减少，总孔隙率降低；另一方面，使渗透路径增长，水力梯度降低，致使渗流作用减弱，抗渗性能增强。随着淋滤液侵蚀时间增加，水泥结石体渗透系数逐渐增加，这主要是淋滤液对水泥结石体内部结构侵蚀的结果。而黏土胶凝结石体渗透系数略有降低，其防渗优势进一步扩大。这主要归因于黏土胶凝结石体良好的抗化学腐蚀性能（较水泥结石体酸碱溶蚀率降低了 35% ～ 45%），同时其超强的污染物吸附能力，致使大量渗透通道被污染物堵塞。

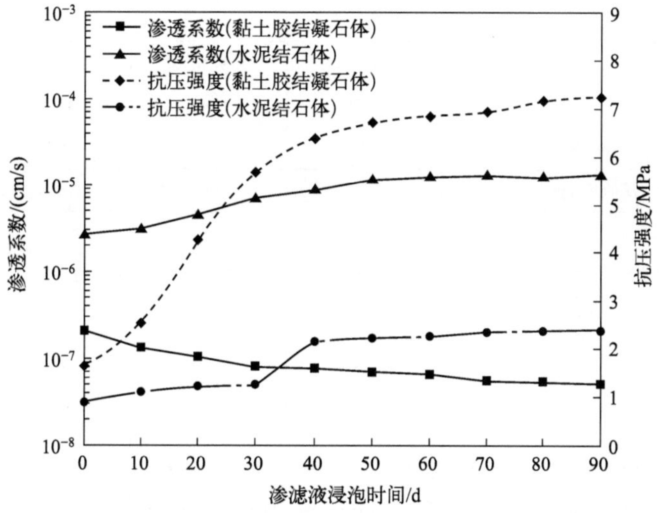

图12-72 堆体渗滤液侵蚀作用下黏土胶凝结石体与水泥结石体渗透系数变化

4）经济优势明显

可控黏土胶凝固结防渗技术不仅在技术上具有好的优势，而且根据工程估算成本分析，也具有较高的经济优势。表 12-15 结合典型的坝体工程施工，列举了相关费用估算，与传统化学注浆相比，其建设成本降低了 75% ～ 80%。

表12-15 可控黏土胶凝固结防渗技术工程成本分析

编号	名称及规格	单位	数量	单价/元	合价/元
一	直接工程费				13289.68
1	直接费				12020.49
1.1	人工费				6199.91
	工长	工时	43.00	9.87	424.41
	高级工	工时	69.00	9.32	643.08
	中级工	工时	261.00	7.22	1884.42
	初级工	工时	580.00	5.6	3248.00
1.2	材料费				2895.41
	42.5水泥	t	1.94	400	776.00
	黏土	t	7.68	25	192.00
	结构剂(水泥用量的15%)	kg	385.12	4	1540.48
	水	m^3	25.00	4	100.00
	其他或零星材料费	元	11.00%	2608.48	286.93
1.3	机械使用费				2925.17
	灌浆泵中低压泥浆	台时	32.00	34.55	1105.60
	泥浆搅拌机	台时	31.00	15.94	494.14
	黏土粉碎机40型	台时	30.00	20	600.00

续表

编号	名称及规格	单位	数量	单价/元	合价/元
	地质钻机150型	台时	12.00	40.07	480.84
	胶轮车	台时	117.00	0.9	105.30
	其他机械费	元	5.00%	2785.88	139.29
1.4	嵌套项				忽略不计
2	其他直接费	元	2.50%	13359.89	334.00
3	现场施工管理费	元	7.00%	13359.89	935.19
二	间接费	元	7.00%	13289.68	930.28
三	企业利润	元	7.00%	14219.96	995.40
四	材料调差				忽略不计
五	税金	元	3.22%	15215.36	489.93
合计	100m单价	元			15705.29

注：该估算表中，单价按照工程经验统计制定。

12.2.3.3　磷矿废弃地堆堑体深层磷废石固化/稳定化控制技术

基于磷灰石的溶解动力学特性及磷矿废石释磷过程的控制机制，研发了以水泥基为基本配料体系的磷矿废石固结胶凝材料（CERSM-M 型固化剂），并确定了磷矿废石固结胶凝材料最佳配比。

（1）磷矿废石固化胶凝材料化学成分

磷矿废石固化胶凝所用水泥采用 325# 普通硅酸盐水泥，其固化剂胶凝材料化学成分如表 12-16 所列，所用水泥物理力学参数见表 12-17。考虑到 PO_4^{3-} 对水泥的缓凝影响，同时兼顾降低水泥用量以及固化处置成本，采用自主研发的 CERSM-P 型促凝剂来替代部分水泥。促凝剂主要由具有火山灰性质的材料构成，其物理力学参数见表 12-18。

表12-16　磷矿废石固化胶凝材料化学成分

化学组分	水泥	CERSM-P型促凝剂
	质量分数/%	
SiO_2	23.25	49.92
Al_2O_3	4.81	39.96
Fe_2O_3	2.79	5.66
CaO	65.23	2.94
MgO	1.61	—
K_2O	1.89	0.81
Na_2O	0.18	—
SO_3	—	0.66
烧失量	0.04	0.05

表12-17 固化胶凝材料所用水泥物理力学性质

物理力学参数	单位	数值
比表面积	cm^2/g	3300
标准稠度	%	26
初凝时间	min	85
终凝时间	min	150
平均抗折强度	MPa	6.26(3d)
		8.44(28d)
平均抗压强度	MPa	33.5(3d)
		50.7(28d)

表12-18 固化胶凝材料所用促凝剂物理力学性质

物理力学参数	单位	数值
平均粒径 d_{50}	mm	0.04
限制粒径 d_{60}	mm	0.053
有效粒径 d_{10}	mm	0.015
不均匀系数 C_u	—	3.5
曲率系数 C_c	—	0.61
液限 W_L	%	65.7
塑限 W_P	%	61.5
塑性指数 I_p	—	4.1

火山灰质材料属于硅酸盐或硅铝酸盐体系，其化学反应活性来源于熔融后被迅速冷却而形成的玻璃态颗粒中的可溶性 SiO_2、Al_2O_3 等活性组分。这些活性组分在有水存在时，可以与 $Ca(OH)_2$ 反应生成水化硅酸钙和水化铝酸钙（C-A-H），具有类似水泥的胶凝特性。火山灰物质包括天然火山灰质材料和人工火山灰质材料，本章所用的 CERSM-P 型促凝剂为人工火山灰质材料。仅使用水泥和促凝剂并不能获得较好的固化效果，需要考虑加入含钙基的碱性激发剂来激发促凝剂的化学活性。本章所用钙基碱性激发剂为自主研制的 CERSM-P-I 型激发剂。

（2）磷矿废石固化 / 稳定化药剂配比优化

1）磷矿废石固化体浸出液 pH 值的变化规律

不同类型磷矿废石经固化处置后的浸出液 pH 值在整个实验过程中的变化范围内为 8.0 ～ 11.4，总体呈碱性。与未固化前磷矿废石在自然渗滤条件下浸出液的 pH 值相比，固化后磷矿废石浸出液 pH 值得到了一定的提高。从浸出液的平均 pH 值来看，短期淋溶作用（$t < 28d$）下废石固化体浸出液的 pH 值较高，基本维持在 11.0±0.5；而长期淋溶作用（$t > 28d$）会使固化体浸出液的 pH 值下降至 9.2 附近，但仍比未经固化处理的废石浸出液 pH 值高出近 1 个 pH 单位。半动态浸出模式下所得到的浸出液 pH 值可以在一定程度上反映浸出历时对实验对象内部孔隙溶液酸碱性的影响。

2）不同配合固化剂固化磷废石磷素浸出浓度的变化规律

每个浸出区间结束后对浸出液中 TP 浓度的测试分析结果图 12-73 所示。实验结果表明：6 种磷矿废石固化体的 TP 浸出浓度在实验过程中的变化规律总体上相同，均表现出随浸出历时的增加而增大；初始 3 次浸出（历时分别为 2h、23h 和 23h）所得到的 TP 浓度值相对较低，甚至有低于检出限的情况（WR-E 和 WR-F）；而在浸出历时较长的第 6、第 7、第 9 次则表现出相对较高的浓度值。从实验结果来看，即使在较长的浸出历时内（14d），磷矿废石固化体的 TP 浸出浓度也未超过《污水综合排放标准》（GB 8978—1996）中对 TP 所规定的排放浓度限值（WDS-Ⅰ =0.5mg/L）。

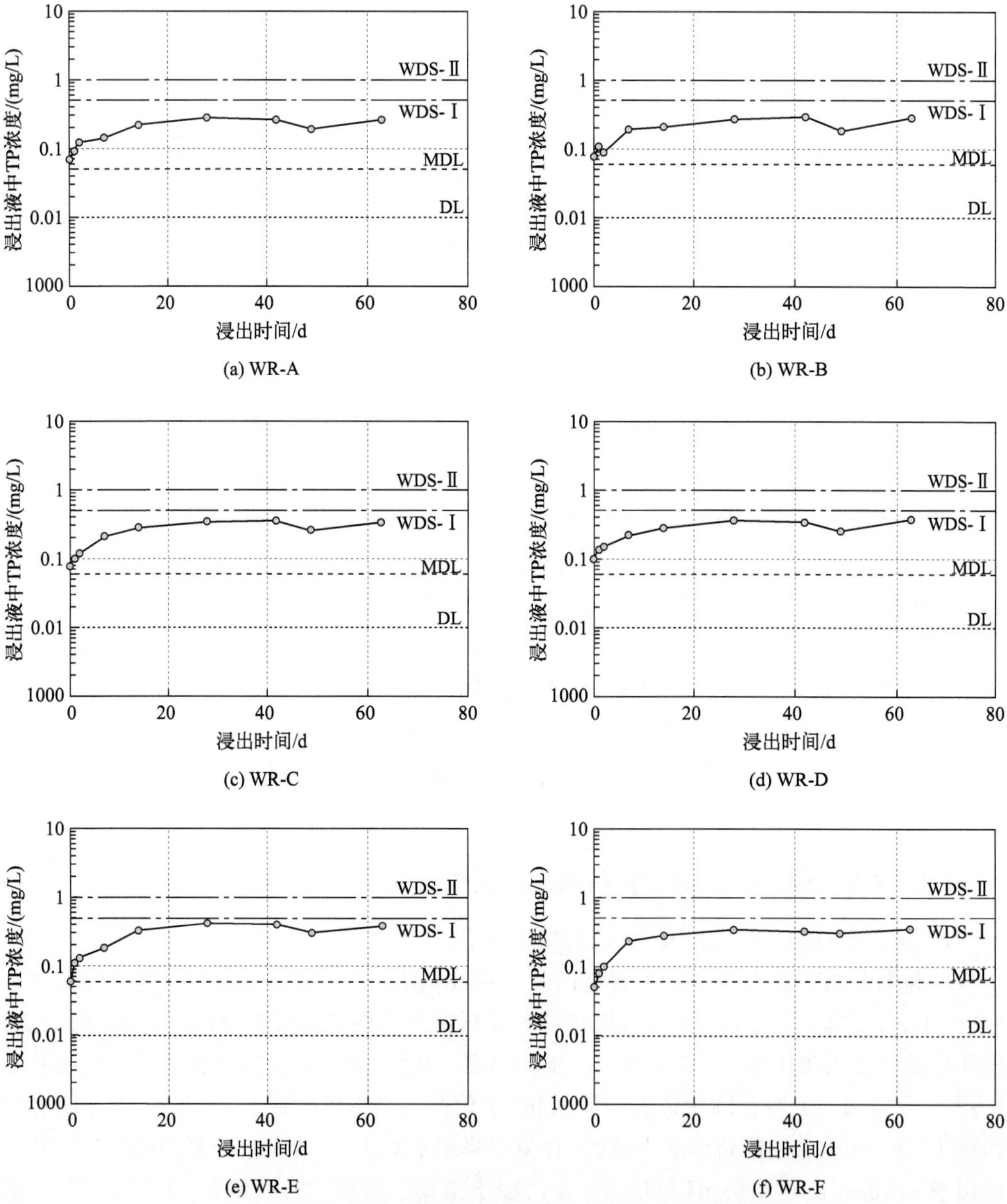

图12-73　磷矿废石固化体TP浸出浓度随浸出历时的演化规律

固相介质孔隙水中某种物质组分的浓度主要取决于该组分在孔隙水环境中的溶解度。因此若采用某种方式调节孔隙水环境使目标组分的溶解度降低，则会使该组分在固相介质内外液相中的浓度梯度减小，即降低使组分发生扩散迁移驱动力的大小，从而降低该组分物质的迁移性。磷矿废石中的含磷矿物 FAP 的溶解度随溶液 pH 值的升高而减小。因此，FAP 在水泥以及碱性激发剂所形成的高碱性孔隙水环境中将具有极低的溶解度，从而有效降低磷素在废石固化体中的迁移性。6 种磷矿废石固化体中的磷素平均表观扩散系数均分布在 $10^{-16}\sim10^{-15}m^2/s$ 的范围内，磷素在固化胶结处置后的废石固化体中应属于极难迁移的物质。

（3）固化 / 处置对磷矿废石的控磷效果分析

1）磷矿废石固化处置前磷素释放量估算

自然降水与自然堆积状态下的磷矿废石之间的相互作用模式为渗滤模式。在该模式下，磷矿废石堆体的磷素释放量计算公式按照式（12-1）进行计算。

$$M^t=(L/S)\times S \tag{12-1}$$

式中 M^t——废石堆体在 t 时间内的释放量，mg/kg；

L/S——自然降水在 t 时间内于废石堆体内部形成的液固比，L/kg；

S——在堆体内部孔隙水环境条件下磷素的浸出浓度，mg/L。

当 L/S 为 0.5L/kg 时，6 种磷矿废石浸出液中的 TP 平均浓度为 0.8mg/L。将上述计算结果代入式（12-1），计算固化处置前磷矿废石的磷素释放量 M：

$$M=(L/S)\times S=0.5\times0.8=0.40(\text{mg/kg}) \tag{12-2}$$

2）磷矿废石固化处置后磷素释放量估算

自然降水与固化胶结后的磷矿废石之间的相互作用模式为绕流模式。在该模式下，磷矿废石固化体的磷素释放量计算公式为式（12-3）：

$$M^t=2C_0\times\frac{S}{V}\left(\frac{Dt}{\pi}\right)^{0.5} \tag{12-3}$$

式中 M^t——废石堆体在 t 时间内的释放量，mg/kg；

C_0——磷矿废石中的磷素含量，mg/kg；

S——固化体接受淋滤作用的面积，m^2；

V——固化体的体积，m^3；

D——磷素在固化体中的表观扩散系数，m^2/s；

t——时间，a。

上述参数中 C_0 取 6 种磷矿废石试样中所含磷素的平均含量，1547.5mg/kg；S 取 $1m^2$；V 取 $1m^3$；t 取 1a，共计 31536000s；D 取磷素在 6 种磷矿废石中的平均表观扩散系数，$6.71\times10^{-16}m^2/s$。将上述参数值代入式（12-3），计算出固化处置后磷矿废石的磷素释放量 M_{mass}（为 0.254mg/kg）。

综合上述计算结果可知，经固化处置后的磷矿废石，其磷素释放量将较固化前相比平均降低（0.40–0.254）/0.40 × 100%=36.5%。

12.2.3.4　磷矿废弃地堆堑体顶部防渗缓冲技术

(1)大气干湿循环作用下防渗缓冲层的开裂失效特性

1)连续失水作用下防渗缓冲层的开裂特性

连续干燥失水条件下，秸秆纤维改良压实石灰土的开裂情况见图12-74(书后另见彩图)。传统的压实黏土防渗层，经过25d连续失水作用，其表面已经出现比较明显的裂缝，且裂缝处土颗粒分散较严重，土体周边裂缝较多。这主要是由于压实石灰土试样大量干燥失水，土颗粒的侧向有效应力小于孔隙水压力而导致石灰土开裂。在此干燥期间，压实石灰土的干缩将会引起压实石灰土不可逆的结构变化，土颗粒之间的黏结被破坏，结构性被弱化。

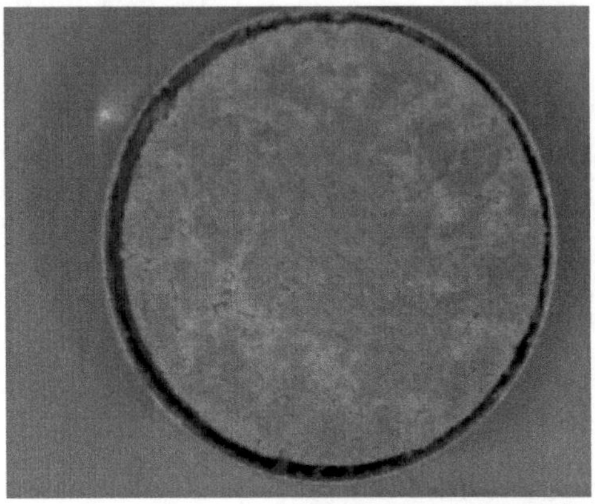

(a) FC=0.0%

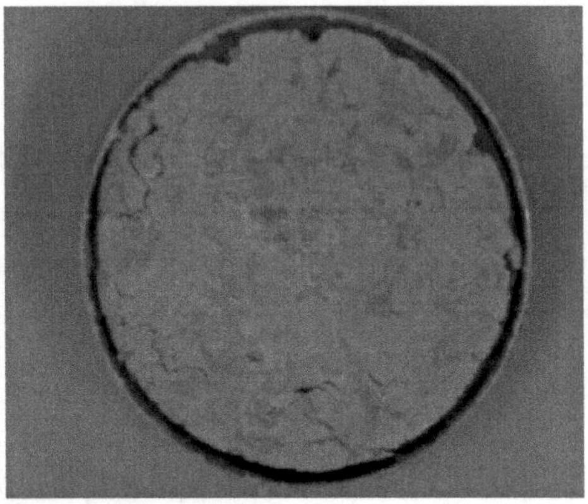

(b) FC=0.05%

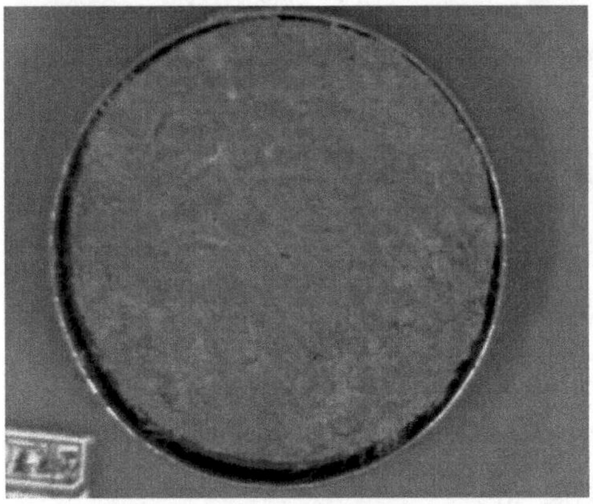

(c) FC=0.5%

图12-74　连续干燥失水作用下秸秆纤维改良石灰土的开裂情况

对于秸秆纤维改良的压实石灰土，秸秆纤维含量(FC)仅为0.05%，其表面几乎没有出现裂缝，说明秸秆纤维发挥了加固压实石灰土的效果，提高了土体抗拉强度。秸秆纤维改良石灰土的微观结构见图12-75。纤维与土颗粒之间紧密连接，土颗粒与纤维之间产生摩擦阻力。在干燥失水过程中，土颗粒由于失水收缩产生水平拉力。秸秆纤维改良石灰土通过纤维自身的韧性以及纤维与土颗粒之间的摩擦阻力提高土体抵御水平拉力的能力，进而提高了石灰土抗开裂性能。

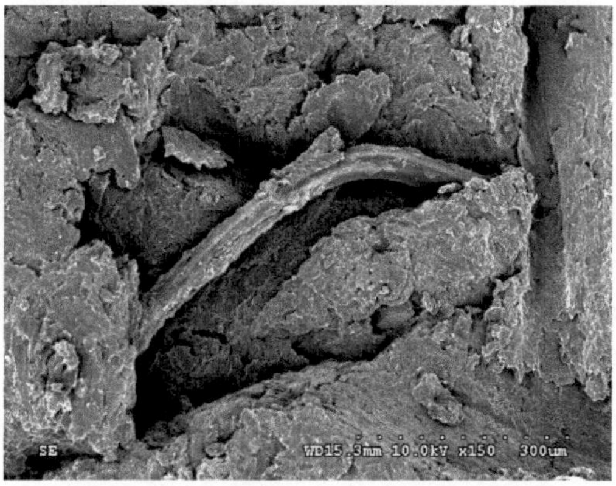

图12-75 秸秆纤维改良石灰土微观结构

2）干湿循环作用下秸秆纤维加筋石灰土的开裂

经过 4 次干湿循环作用后，秸秆纤维改性压实石灰土的开裂情况见图 12-76（书后另见彩图）。干湿循环对压实石灰土开裂影响显著，相对连续干燥失水条件下，压实石灰土

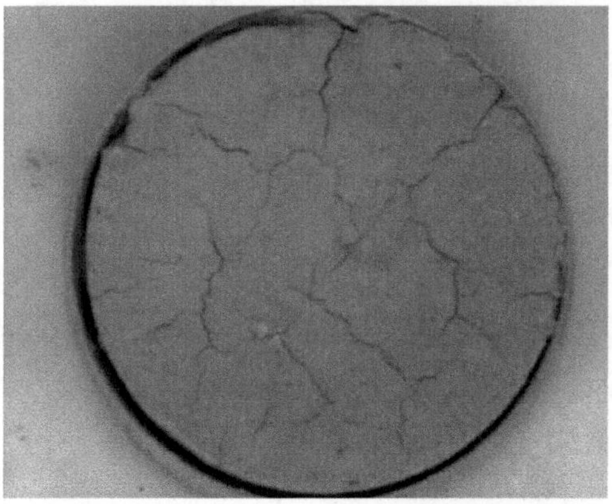

(a) FC=0.0%

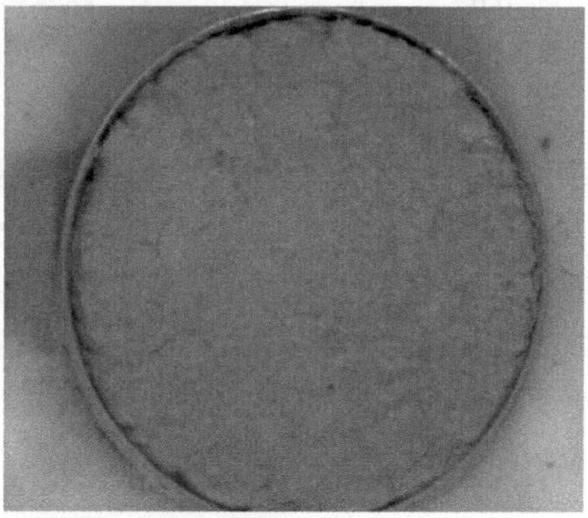

(b) FC=0.3%

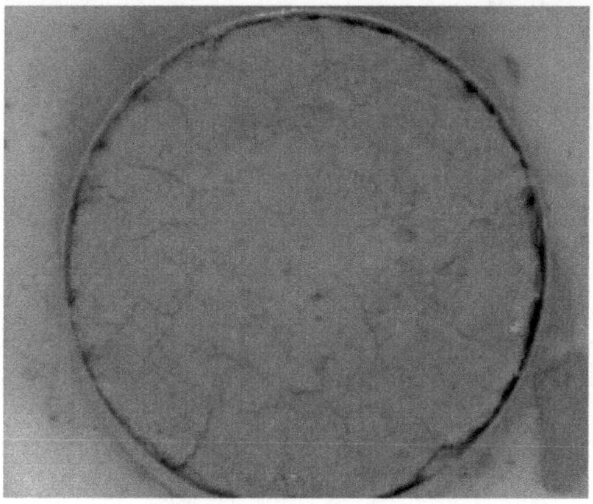

(c) FC=0.5%

图12-76 干湿循环作用下纤维改良石灰土的开裂情况

表面出现了较多裂缝，说明干湿循环过程严重地影响了石灰土颗粒的结构性，打破了颗粒之间的黏结，使得土颗粒之间结合较松散，更容易开裂。秸秆纤维较好地发挥了加固抗裂特性，经秸秆纤维改性的压实石灰土，其开裂程度明显弱于未改性的压实石灰土。对于未改性的压实黏土（FC=0.0%），表面开裂严重，裂缝交错纵横，且有部分裂缝已经贯穿整个 2cm 厚的压实石灰土试件，为水渗流提供了便捷路径，填埋场封场覆盖系统失去防渗效果。经过 FC=0.3% 的秸秆纤维改良的压实石灰土，表面裂缝不明显，只有几条非常细小的裂缝，裂缝开裂深度较浅，对防渗性能影响较大的 FC=0.5% 的改性石灰土，其表面裂缝较多，但其开裂程度明显小于未改性的石灰土。

干湿循环过程中，压实石灰土开裂因子（CIF）的变化规律见图 12-77 ～图 12-83。压实石灰土试样的开裂因子随含水率的减小而逐渐增大，说明压实石灰土因水分损失的累加，引起开裂面积的增大。压实石灰土的开裂因子在遇水湿化后，首先减小，其后随干燥失水的增多而逐渐增大，说明在遇水初期，压实石灰土的部分裂缝出现了愈合现象，随后因再次干燥失水，致使裂缝重新出现，且开裂程度明显高于遇水之前。干湿循环作用是压实石灰土开裂的主导因素，未经遇水湿化之前，开裂因子很小，经干湿循环作用后，开裂因子明显增大。对于压实石灰土（FC=0%），4 次干湿循环的开裂因子分别为 0.012、0.014、0.023、0.032。在加水湿化过程中，随水的渗入，石灰土颗粒之间的黏性进一步减弱，石灰土颗粒开始离散，表层尤其严重。在加水湿化初期，由于石灰土颗粒具有遇水膨胀的特性，在干燥期间形成的裂缝，此时出现了愈合现象，部分裂缝已经消失。随后再次失水干缩，在黏结性最弱部位发生开裂，且开裂程度明显高于遇水湿化前的开裂。因此，干湿循环对压实石灰土的开裂影响显著，随干湿循环次数的累加，压实石灰土开裂程度愈发明显。

随着秸秆纤维掺量的增加，改良石灰土的开裂因子表现出先减小后增大的趋势，经过 4 次干湿循环后，纤维掺量由 0.05% 增加 0.3%，开裂因子由 0.031 减小至 0.0081，但纤维掺量增加至 0.5%，开裂因子已增大至 0.017。

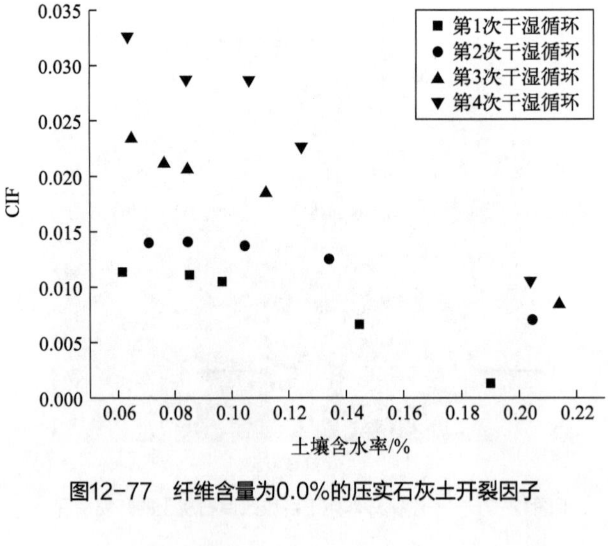

图12-77 纤维含量为0.0%的压实石灰土开裂因子

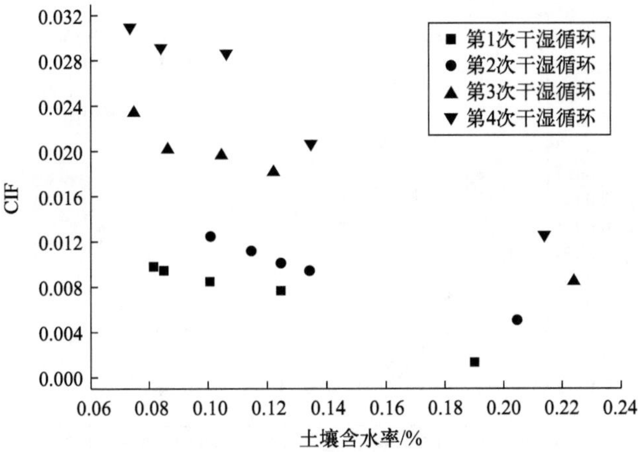

图12-78 纤维含量为0.05%的改良石灰土开裂因子

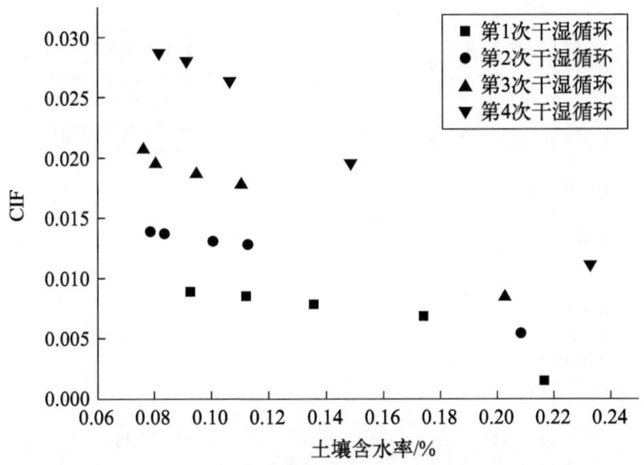

图12-79 纤维含量为0.1%的改良石灰土开裂因子

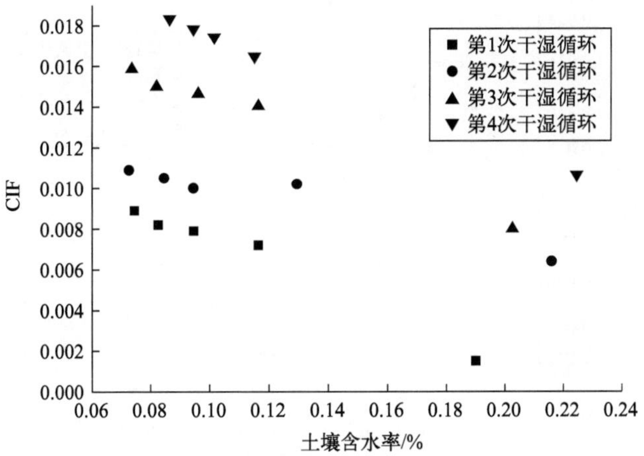

图12-80 纤维含量为0.2%的改良石灰土开裂因子

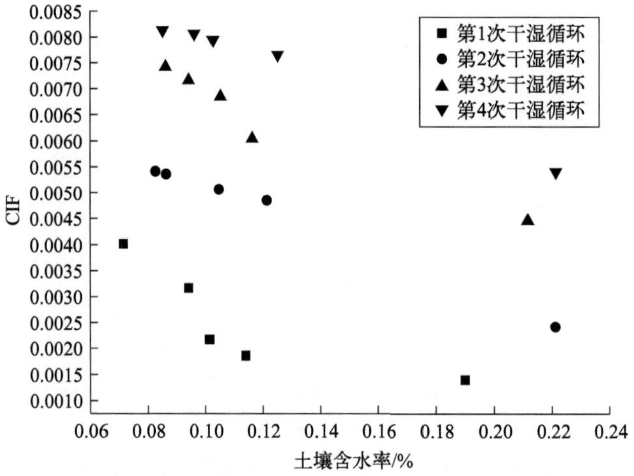

图12-81　纤维含量为0.3%的改良石灰土开裂因子

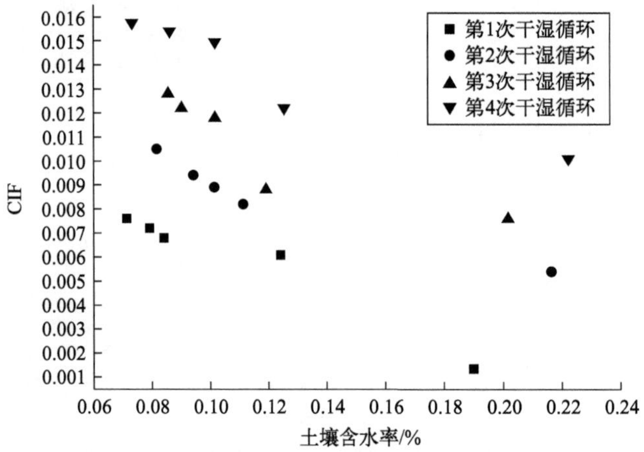

图12-82　纤维含量为0.4%的改良石灰土开裂因子

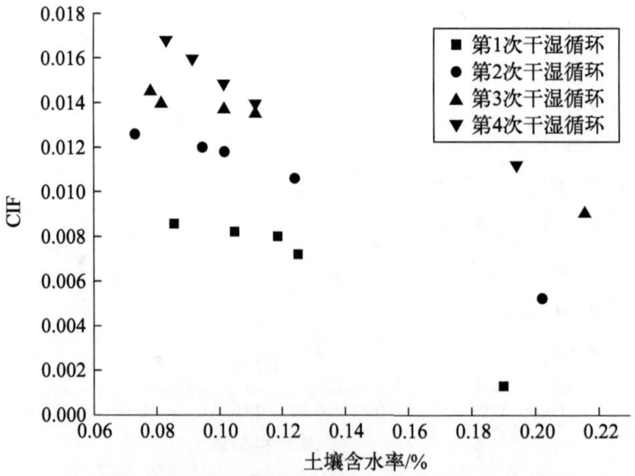

图12-83　纤维含量为0.5%的改良石灰土开裂因子

（2）秸秆纤维改良石灰土的防渗特性

在降水强度为10mm/d、50mm/d，持续1d的条件下，压实石灰土与秸秆纤维改良石灰土的水渗流情况见图12-84和图12-85。在降水强度为10mm/d的条件下，对于传统压实石灰土封场层，*d*=5cm处含水率在1d内由0.11快速上升至0.333，其后经过5d的缓慢蒸发后，含水率下降至0.259；*d*=10cm处，含水率在2.18d内由0.13上升至0.224；*d*=15cm处，含水率在6d内缓慢上升至0.243。对于经0.3%秸秆纤维改良后的压实石灰土封场层，*d*=5cm处，1d内含水率由0.09增加至0.227，在随后的5 d蒸发作用下，含水率下降至0.136；*d*=10cm、*d*=15cm处，含水率受降水的影响较弱。在降水强度为50mm/d的条件下，对于传统压实石灰土封场层，土层中含水率的变化受降水影响更为显著，*d*=15cm处，含水率在2.08d开始增长，直至4.83d增大至0.309。对于秸秆纤维改良石灰土封场层，在降水强度为50mm/d的冲击下，降水已经渗透至*d*=10cm处，此处含水率已经上升至0.161，而*d*=15处含水率基本没有变化。以上数据说明，在降水的作用下，对于干湿循环后传统压实石灰土封场层已经丧失了阻止水分渗流的能力，降水能在较短时间内渗入填埋场内。经秸秆纤维改良的石灰土封场具有较强的抵御开裂和阻止降水入渗的能力，因此经秸秆纤维改良的石灰土材料可以作为填埋场封场系统的建造材料，并能发挥防渗功能。

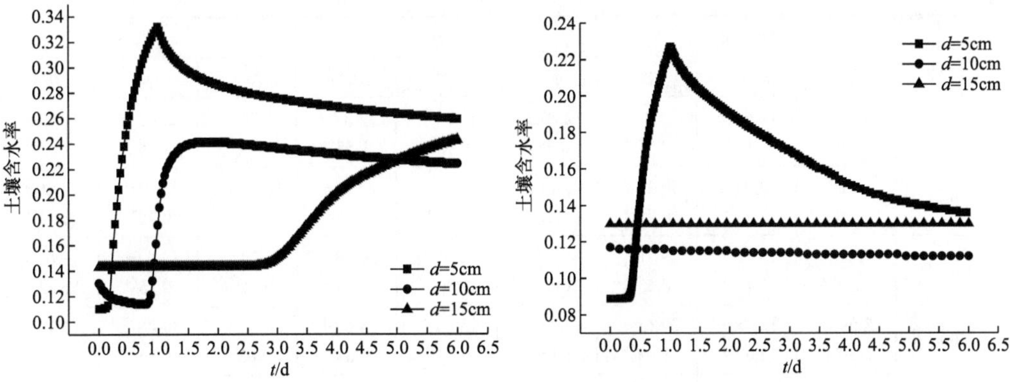

(a) 传统压实石灰土层　　(b) 秸秆纤维改良石灰土层

图12-84　降雨强度为10mm/d条件下封场覆盖层水渗流

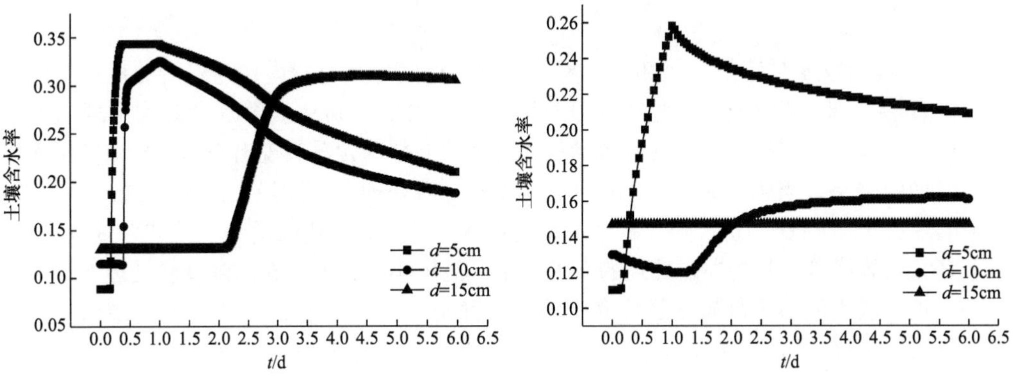

(a) 传统压实石灰土层　　(b) 秸秆纤维改良石灰土层

图12-85　降雨强度为50mm/d条件下封场覆盖层水渗流

12.2.3.5 磷矿废弃地矿渣堆堑体表层生态修复技术

（1）废弃地的植物物种筛选与群落重建技术

1）磷矿废弃地富磷植物筛选

① 土壤磷浓度对植物生物量的影响。不同浓度磷处理对供试植物（除苏丹草）的前4周生长影响显著（$P < 0.05$）。随着土壤磷处理浓度的增大，向日葵、南瓜植株地上部生物量先增加后减少，说明高浓度磷处理可能对二者的前期生长有一定的抑制作用；当供试植物生长7周后，向日葵、南瓜的地上部生物量在不同磷处理间均无显著性差异（$P > 0.05$），而此时苏丹草地上部生物量却受到了磷处理浓度的显著影响（$P < 0.05$），大致呈现出随浓度增大而增加的趋势（见表12-19），对比分析可知，苏丹草对磷处理的响应较向日葵、南瓜迟缓。当供试植物生长10周后，磷处理浓度对3种植物地上部生物量的影响均不显著（$P > 0.05$），也就是说在植株生长后期，其生物量的增加不受磷处理的促进或抑制，可能是因为供试植物对供磷产生了耐性。另外，相同浓度磷处理下，3种植物在4周、7周、10周的生物量均呈现出显著差异（$P < 0.05$），即随着生长时间的延长，其地上部生物量不断增大。

表12-19　5种磷浓度处理下植物各生长时期地上部生物量

P处理浓度/(mg/kg)	向日葵			苏丹草			南瓜		
	4周	7周	10周	4周	7周	10周	4周	7周	10周
0	5.43 ± 0.29^{Cd}	14.68 ± 0.14^{Ba}	18.93 ± 0.67^{Aa}	2.66 ± 0.45^{Ca}	11.00 ± 0.43^{Bc}	22.87 ± 1.58^{Aa}	5.24 ± 0.24^{Cc}	11.43 ± 1.16^{Ba}	18.02 ± 1.01^{Aa}
100	7.31 ± 0.38^{Cc}	15.05 ± 0.48^{Ba}	18.18 ± 0.75^{Aa}	3.44 ± 0.32^{Ca}	9.98 ± 0.49^{Bc}	25.90 ± 2.79^{Aa}	8.52 ± 0.23^{Ca}	13.03 ± 0.75^{Ba}	19.20 ± 0.64^{Aa}
300	9.61 ± 0.73^{Ca}	15.78 ± 1.47^{Ba}	19.78 ± 0.43^{Aa}	3.71 ± 0.59^{Ca}	15.05 ± 1.00^{Bb}	30.18 ± 1.69^{Aa}	6.29 ± 0.56^{Cbc}	12.43 ± 0.15^{Ba}	19.62 ± 1.22^{Aa}
500	8.09 ± 0.30^{Cbc}	14.48 ± 0.62^{Ba}	22.65 ± 1.05^{Aa}	2.77 ± 0.65^{Ca}	15.62 ± 0.84^{Bb}	24.68 ± 0.64^{Aa}	6.81 ± 0.08^{Cb}	12.43 ± 0.84^{Ba}	17.15 ± 0.73^{Aa}
700	8.65 ± 0.23^{Cab}	16.30 ± 0.48^{Ba}	22.50 ± 2.04^{Aa}	3.16 ± 0.11^{Ca}	18.25 ± 0.89^{Ba}	27.43 ± 3.42^{Aa}	7.53 ± 0.65^{Cab}	14.90 ± 0.68^{Ba}	21.43 ± 0.73^{Aa}

注：表中值为平均数±标准误；同一列中的不同小写字母表示差异显著（$P<0.05$）；同一行中的不同大写字母表示差异显著（$P<0.05$）。

② 土壤磷浓度对植物地上部磷含量的影响。相同生长时段内，随着磷处理浓度的增加，向日葵、苏丹草（除10周外）和南瓜各处理水平之间地上部磷含量均出现显著差异（$P > 0.05$），见图12-86。其中向日葵各处理地上部磷含量表现出随磷处理浓度增大而大幅增加的趋势，当生长时间为10周，700mg/kg磷处理下，达最大值9.67g/kg，约为对照组的3.37倍。对比分析，随着磷处理浓度增大，苏丹草、南瓜的地上部磷含量也增加，但上升的趋势缓慢，其受高磷处理的促进作用可能较小。另外，在高浓度磷处理下，向日葵各生长时段内的地上部磷含量均高于其他两种植物（$P > 0.05$），苏丹草、南瓜地上部磷含量的最大值分别是4.86g/kg、6.32g/kg，为向日葵的50.26%、65.36%。

相同浓度磷处理下，随着生长时间的增长，向日葵地上部磷含量显著升高（$P > 0.05$）（100mg/kg处理组除外），说明在施磷处理下向日葵随着生长期的延长对磷进行了一定的

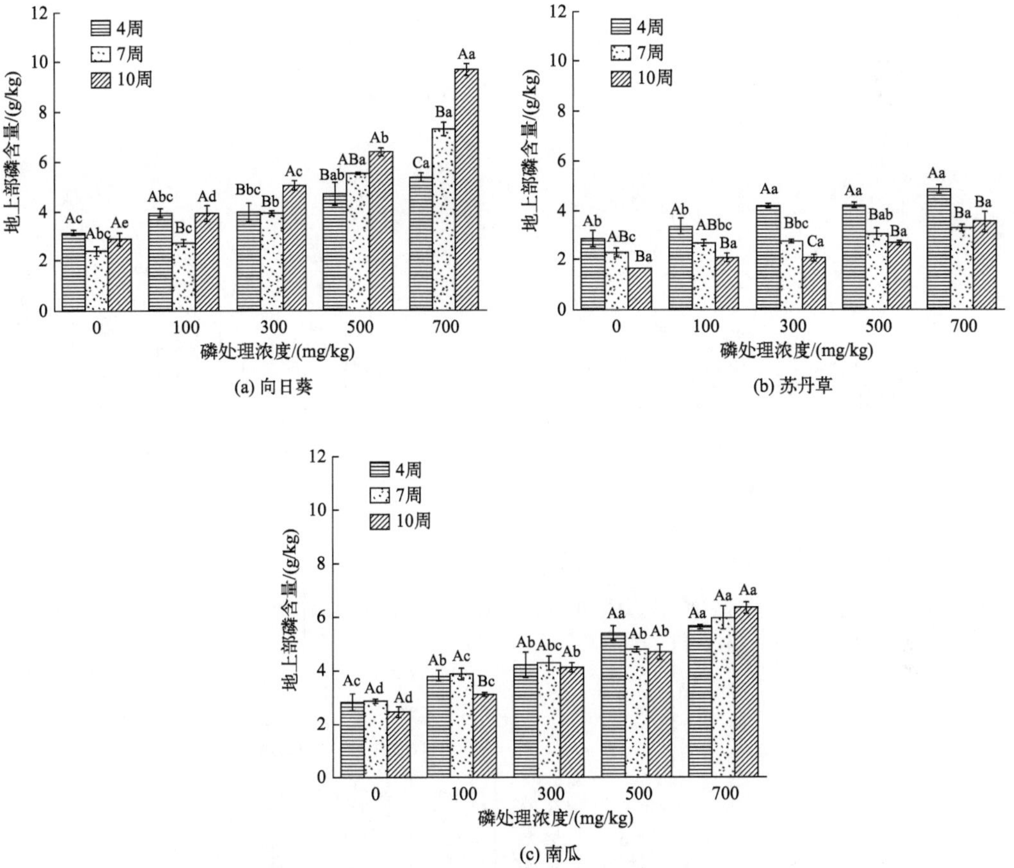

(a) 向日葵

(b) 苏丹草

(c) 南瓜

图12-86 5种浓度磷处理下植物地上部磷含量随时间的变化（平均值±标准误）

不同小写字母表示不同磷处理差异显著（$P<0.05$），不同大写字母表示各生长时段差异显著（$P<0.05$）

累积；而苏丹草处理组与对照组地上部磷含量均呈现明显的下降趋势（$P<0.05$），这可能是因为苏丹草的各个生长时期对磷的需求量不同；另外，南瓜地上部的磷含量随时间增长无显著变化（$P>0.05$）（100mg/kg 处理组除外），可能是因为南瓜在生长前期对磷的吸收较快，当生长时间为 4 周时其地上部磷浓度已相对饱和，之后随着生长期的延长则不再升高，植物体内的磷含量维持在较小的波动范围内（见图 12-86）。

③ 3 种植物地上部磷累积量的比较。植物地上部磷累积量的大小受生物量和地上部磷含量差异的共同影响。相同浓度磷处理下，3 种植物地上部磷累积量均随生长期的延长而显著增加（$P<0.05$），其中向日葵的地上部磷累积量增长幅度最大，南瓜次之，苏丹草最小（见图 12-87）。

当生长 10 周，磷浓度在 700mg/kg 处理下，向日葵、苏丹草、南瓜的地上部磷累积量均达到最大值，但同此条件下苏丹草的生物量却明显高于其他两种植物（见表 12-20），这说明该 3 种植物地上部磷累积量的差异主要是由于地上部磷含量不同。另外，相同长时段内，3 种植物地上部磷累积量均受到磷处理浓度的显著影响（$P<0.05$），即磷处理浓度越大，其地上部磷累积量越高。3 种植物中向日葵地上部磷累积量最大，其随磷处理浓度增大而升高的幅度明显大于苏丹草和南瓜（见图 12-88）。

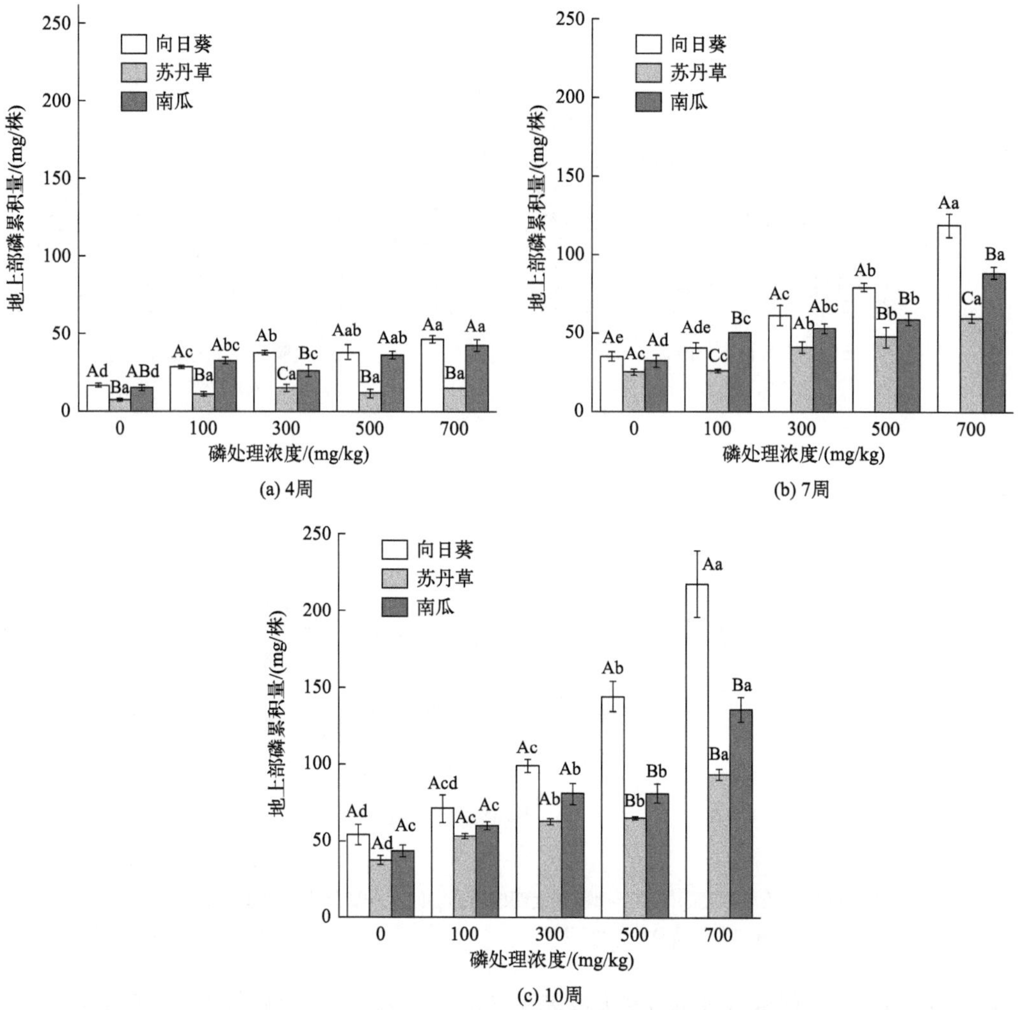

图12-87　3个生长时段内植物地上部磷累积量（平均值±标准误）

不同小写字母表示不同磷处理下差异显著（$P<0.05$），不同大写字母表示不同物种间差异显著（$P<0.05$）

表12-20　5种磷浓度处理下植物体各生长时期磷富集系数

P处理浓度/(mg/kg)	向日葵			苏丹草			南瓜		
	4周	7周	10周	4周	7周	10周	4周	7周	10周
0	4.56±0.16^{Aa}	3.40±0.40^{Aabc}	4.35±0.29^{Ae}	4.92±0.50^{Aa}	3.87±0.26^{Ba}	2.37±0.15^{Ca}	3.96±0.45^{Ab}	4.16±0.17^{Ac}	3.54±0.31^{Ad}
100	4.98±0.14^{Aa}	3.83±0.16^{Bc}	5.60±0.42^{Ad}	5.48±0.34^{Aa}	3.98±0.47^{Ba}	2.73±0.23^{Ca}	5.16±0.25^{Aab}	5.72±0.25^{Ab}	4.75±0.16^{Ac}
300	4.65±0.41^{Ba}	5.23±0.11^{Bb}	7.36±0.45^{Ac}	5.78±0.31^{Aa}	3.84±0.19^{Ba}	2.86±0.07^{Ca}	5.30±0.74^{Aab}	5.77±0.33^{Ab}	5.66±0.24^{Abc}
500	5.31±0.67^{Ca}	6.78±0.16^{Ba}	9.00±0.21^{Ab}	5.33±0.29^{Aa}	3.98±0.32^{Ba}	3.24±0.32^{Ba}	5.86±0.37^{Aa}	5.70±0.19^{Ab}	5.85±0.42^{Ab}
700	5.28±0.27^{Ca}	7.79±0.63^{Babc}	11.39±0.31^{Aa}	5.88±0.16^{Aa}	4.32±0.22^{Aa}	4.47±0.60^{Aa}	6.19±0.28^{Aa}	7.20±0.57^{Aa}	7.90±0.32^{Aa}

注：表中值为平均数±标准误；同一列中的不同小写字母表示差异显著（$P<0.05$）；同一行中的不同大写字母表示差异显著（$P<0.05$）。

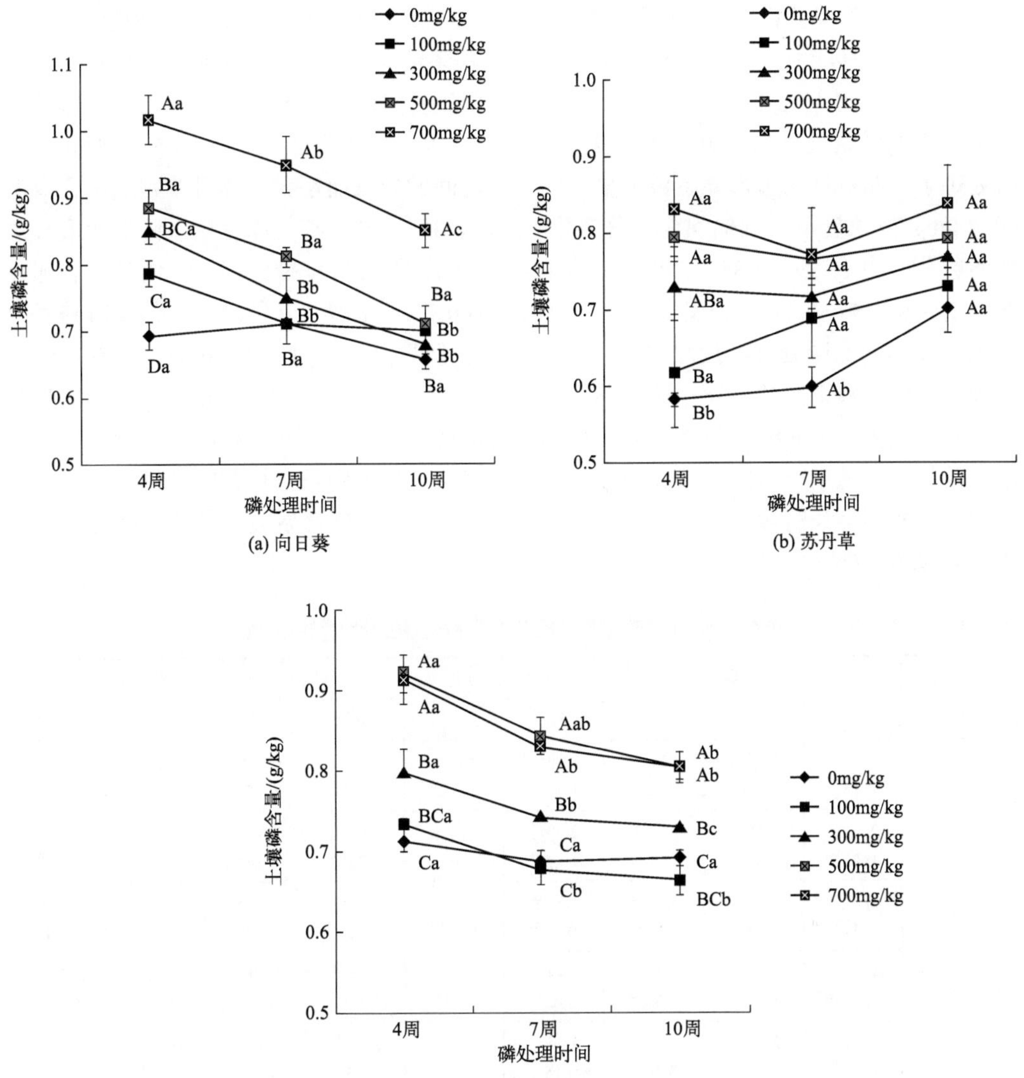

(c) 南瓜

图12-88 3种植物盆栽土壤的全磷含量变化（平均值±标准误）

不同小写字母表示不同生长时段差异显著（$P<0.05$），不同大写字母表示不同磷处理下差异显著（$P<0.05$）

④ 3 种植物对土壤全磷含量的影响。不同供试植物对土壤全磷含量的变化影响差异显著（$P < 0.05$）。由图 12-88 可知，向日葵盆中土壤全磷含量随生长时间增长而急剧下降，其在后两个生长阶段中的平均下降幅度分别为 6.68%、8.32%。南瓜盆中土壤全磷含量亦呈现下降趋势，但比向日葵稍缓，南瓜后两个生长时间段内的平均减幅相差较大，分别为 7.33%、2.07%，说明南瓜在生长后期的磷吸收能力可能减弱。另外，苏丹草盆中土壤全磷含量的趋势为先下降后上升，说明在生长后期苏丹草可能通过根系将植株体内的部分磷重新释放回土壤，同时解释了苏丹草地上部磷含量为什么会随生长时间的延长而下降。但方差分析结果显示，苏丹草盆中土壤全磷含量在不同生长时段内无显著性差异（$P > 0.05$）。

⑤ 3 种植物磷富集系数和转移系数的比较。富集系数和转移系数可以反映植物对土壤磷的吸收和转移能力。研究发现：3 种植物的富集系数和转移系数均受到了磷处理浓度和生长时间的影响（见表 12-20 和表 12-21）。相同生长时段内，向日葵、南瓜的磷富集系数整体上均随磷处理浓度升高而增大，而苏丹草则无显著变化（$P > 0.05$）；相同浓度磷处理下，向日葵的磷富集系数大多是随生长时间的延长而增大，苏丹草则减小，南瓜除 700mg/kg 浓度下，其他均无显著变化（$P > 0.05$）。向日葵、苏丹草、南瓜的最大富集系数分别为 11.39、5.88、7.90。由表 12-21 可知，在各浓度磷处理下，向日葵和苏丹草的磷转移系数均大于 1，南瓜则波动较大，为 0.71 ～ 1.82。其中向日葵的磷转移系数呈现出随时间和磷处理浓度增加而增大的趋势，但只有生长时间为 10 周时，其各浓度处理之间磷转移系数的差异才达到显著水平（$P < 0.05$），浓度为 700mg/kg 时，向日葵转移系数最大，为 4.09。另外，苏丹草和南瓜的转移系数则表现出相同的变化规律：低浓度磷处理下随生长时间的延长而减小；高浓度磷处理下则随生长时间的延长而先减小后增大；相同生长时段内，苏丹草（10 周除外）、南瓜的转移系数在各浓度磷处理下均无显著差异（$P > 0.05$）。

表12-21 5种磷浓度处理下植物体各生长时期磷转移系数

P处理浓度/(mg/kg)	向日葵			苏丹草			南瓜		
	4周	7周	10周	4周	7周	10周	4周	7周	10周
0	1.81 ± 0.15^{Aa}	1.61 ± 0.16^{Aa}	1.85 ± 0.20^{Ac}	3.03 ± 0.41^{Aa}	2.14 ± 0.17^{ABa}	1.85 ± 0.12^{Bc}	0.84 ± 0.15^{Aa}	0.85 ± 0.08^{Aa}	0.86 ± 0.04^{Aa}
100	2.18 ± 0.21^{Aa}	1.75 ± 0.12^{Aa}	2.55 ± 0.24^{Abc}	2.90 ± 0.15^{Aa}	2.07 ± 0.19^{Ba}	2.08 ± 0.22^{Bbc}	1.67 ± 0.24^{Aa}	1.15 ± 0.11^{ABa}	0.87 ± 0.04^{Ba}
300	2.30 ± 0.27^{Aa}	2.28 ± 0.15^{Aa}	2.56 ± 0.19^{Abc}	3.39 ± 0.34^{Aa}	2.16 ± 0.20^{Ba}	2.10 ± 0.11^{Bbc}	1.61 ± 0.52^{Aa}	1.01 ± 0.14^{Aa}	1.00 ± 0.06^{Aa}
500	1.65 ± 0.25^{Aa}	2.01 ± 0.04^{Aa}	3.05 ± 0.33^{Ab}	3.44 ± 0.35^{Aa}	2.15 ± 0.22^{Ba}	2.46 ± 0.12^{Bab}	1.69 ± 0.63^{Aa}	0.88 ± 0.09^{Aa}	0.95 ± 0.09^{Aa}
700	1.86 ± 0.14^{Ba}	2.43 ± 0.41^{Ba}	4.09 ± 0.30^{Aa}	3.54 ± 0.15^{Aa}	2.35 ± 0.14^{Ca}	2.92 ± 0.15^{Ba}	1.82 ± 0.36^{Aa}	0.71 ± 0.05^{Ba}	0.95 ± 0.04^{Ba}

注：表中值为平均数±标准误；同一列中的不同小写字母表示差异显著（$P<0.05$）；同一行中的不同大写字母表示差异显著（$P<0.05$）。

⑥ 讨论与结论。磷富集植物筛选是植物成功修复磷过剩土壤的关键。关于超富集植物的界定一般具有以下几个基本标准：a. 植物地上部富集目标元素的含量要高于一定临界值，现广泛采用磷的参考值为 10g/kg；b. 植物地上部的富集系数和转移系数均大于 1，即地上部元素含量要高于根部或土壤中相应的元素含量；c. 植物对高浓度生境有一定耐受性，能正常生长，生物量大。

本研究表明，3 种供试植物的地上部磷含量大小为：向日葵＞南瓜＞苏丹草。其中向日葵地上部磷含量最大值达 9.67g/kg，与磷富集植物标准临界值 10g/kg 极为接近。且随着磷处理浓度增大，向日葵地上部磷含量呈急剧上升趋势，说明向日葵对磷的吸收和富集还存在很大的潜力，其地上部磷含量在更高的磷处理浓度下可能还会增加；而且在时间尺度上的分析表明，生长期的延长有利于向日葵体内磷的持续累积。

另外，植物地上部的富集系数和转移系数也是磷富集植物筛选的重要指标，两者综合反映了植物对土壤磷的吸收和转移能力。富集系数和转移系数越大，说明植物对土壤元素的吸收和转运能力越强，越有可能作为超富集植物。在本实验各处理下，向日葵、苏丹草的富集系数和转移系数均大于 1，符合磷富集植物的筛选标准。本研究中向日葵的富集系数和转移系数最大值分别为 11.39 和 4.09，表现出较强的磷吸收和转运能力。另外，苏丹草和南瓜的富集系数与转移系数也大于 1 或最小值接近 1，但其地上部的磷含量均较低，且苏丹草随着生长时间的延长，地上部磷含量甚至呈下降趋势。总体来看，苏丹草、南瓜对磷的富集能力较弱。

综上所述，本研究中 3 种植物的磷吸收和富集能力的大小为：向日葵＞南瓜＞苏丹草。其中向日葵的地上部磷含量最高可达 9.67g/kg，对磷的累积总量较高（217.83mg/ 株），且富集系数和转运系数均大于 1，具有较强的磷吸收和富集能力；因此，向日葵的这些特性极大程度上符合了磷富集植物的筛选标准，表现出良好的植物修复潜力。另外，向日葵还具有根系发达、抗旱耐瘠薄、生物量大等优点，因而向日葵是一种可用于磷矿废弃地土壤与植被修复的备选物种。

2）磷矿废弃地耐磷植物筛选

① 不同植物根部磷含量的差异。野艾蒿、旱柳、大叶醉鱼草 3 种植物根部磷含量的差异见图 12-89。

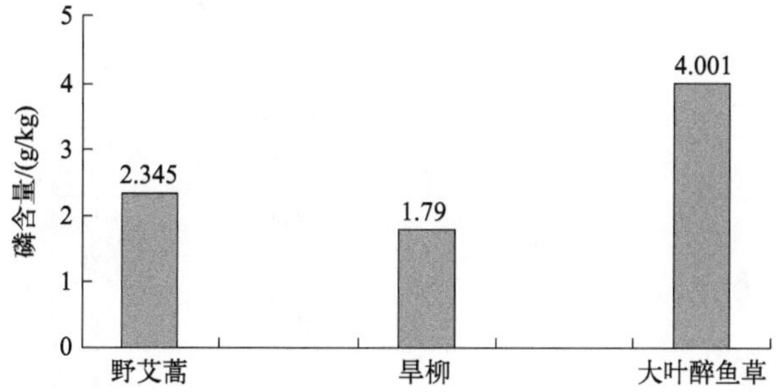

图12-89 不同植物根部磷含量

从图中可以看出，野艾蒿、旱柳、大叶醉鱼草的根部磷含量分别为 2.345g/kg、1.79g/kg、4.001g/kg，说明大叶醉鱼草的根部磷含量最高，野艾蒿的根部磷含量最低。

② 不同植物地上部分磷含量的差异。野艾蒿、旱柳、大叶醉鱼草 3 种植物地上部分磷含量见图 12-90。大叶醉鱼草的叶片部分磷含量最高，旱柳的枝磷含量最低。其磷含量关系为：旱柳枝（1.32g/kg）＜大叶醉鱼草枝（2.41g/kg）＜野艾蒿地上（4.62g/kg）＜旱柳叶（5.46g/kg）＜大叶醉鱼草叶（6.74g/kg）。

③ 各植物各部分磷含量的差异。野艾蒿地上部分磷含量高于地下部分磷含量，植物体内地上部分磷含量随着地下部分磷含量的升高而升高。地上部分磷含量在 3.78 ～ 5.53g/kg 之间，地下部分磷含量在 2.17 ～ 2.6g/kg 之间。图 12-91 和图 12-92 说明，野艾蒿从土壤吸收的磷主要积累在地上部分。

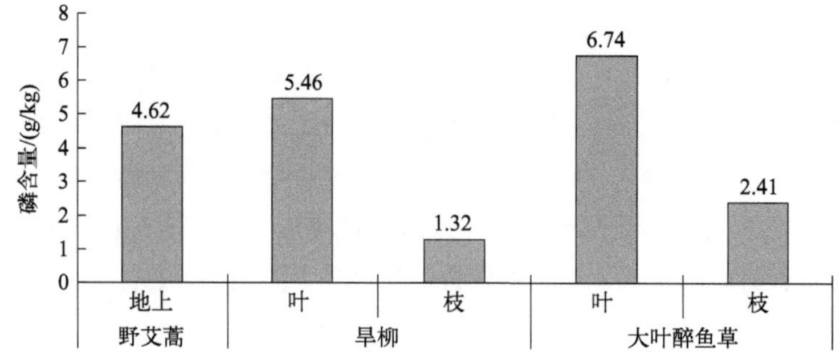

图12-90　不同植物地上部分磷含量

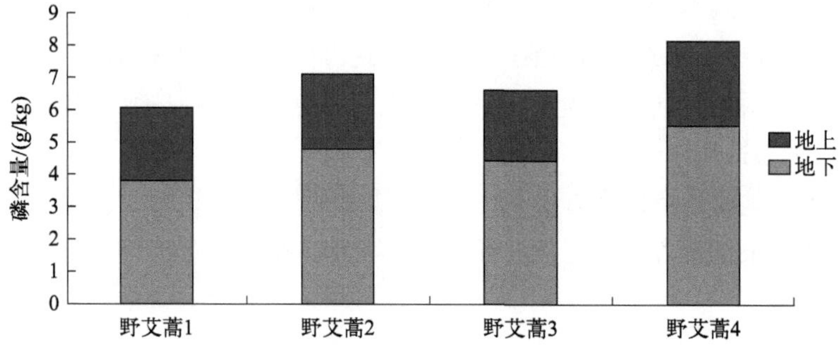

图12-91　野艾蒿各部分磷含量

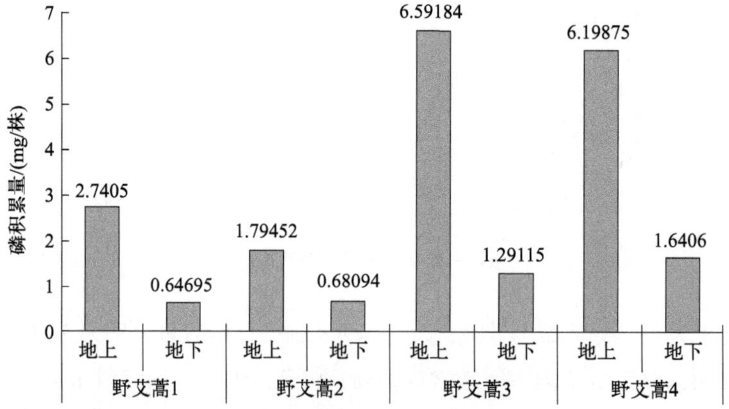

图12-92　野艾蒿各部分磷积累量

旱柳的叶片磷含量远高于根和枝的磷含量。叶片的磷含量在 4.8 ～ 6.99g/kg 之间，枝和地下部分磷含量均小于 3g/kg。而由图 12-93 和图 12-94 说明，旱柳从土壤吸收的磷主要积累在枝和根部分，叶片部分积累的磷量比较少。

大叶醉鱼草内的磷含量关系为：根＜枝＜叶，且枝的磷含量随着叶的磷含量的增加而增加（见图 12-95 和图 12-96）。但是大叶醉鱼草从土壤吸收的磷主要积累在根和枝部分，叶积累的磷很少。

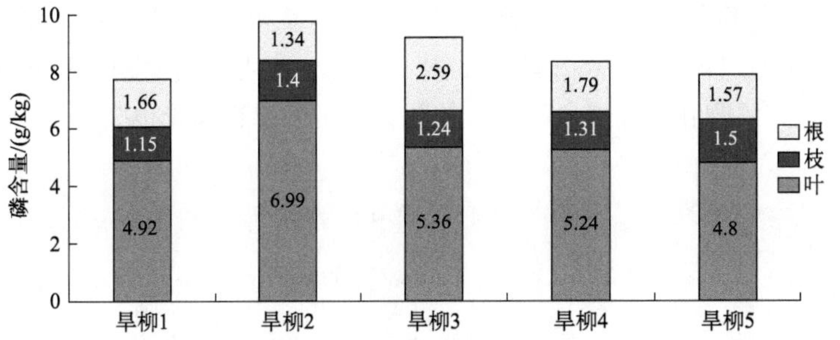

图12-93 旱柳各部分磷含量

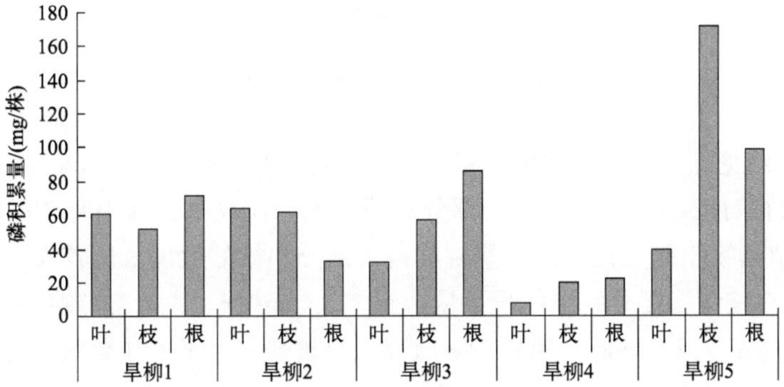

图12-94 旱柳各部分磷积累量

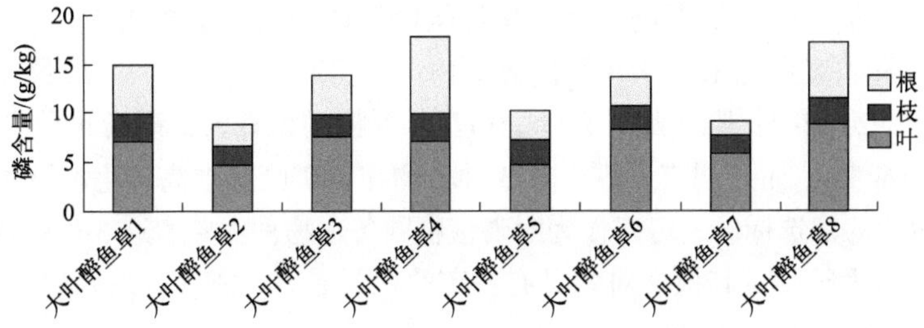

图12-95 大叶醉鱼草各部分磷含量

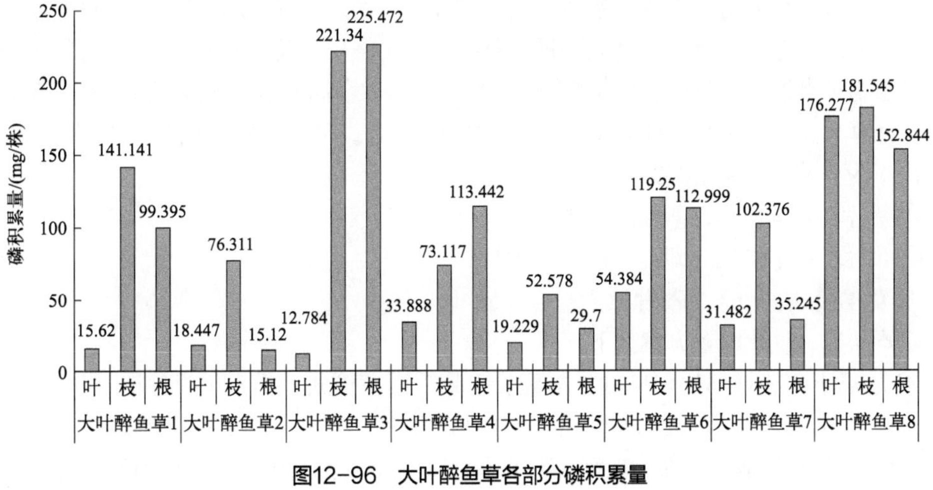

图12-96 大叶醉鱼草各部分磷积累量

④ 不同植物磷积累量的差异。野艾蒿、旱柳、大叶醉鱼草的平均磷积累量分别为5.4mg/ 株、175.4mg/ 株、264.1mg/ 株（见图 12-97）。野艾蒿的磷积累量远远小于大叶醉鱼草和旱柳，因为旱柳和大叶醉鱼草的生物量大，所以磷积累量也大。

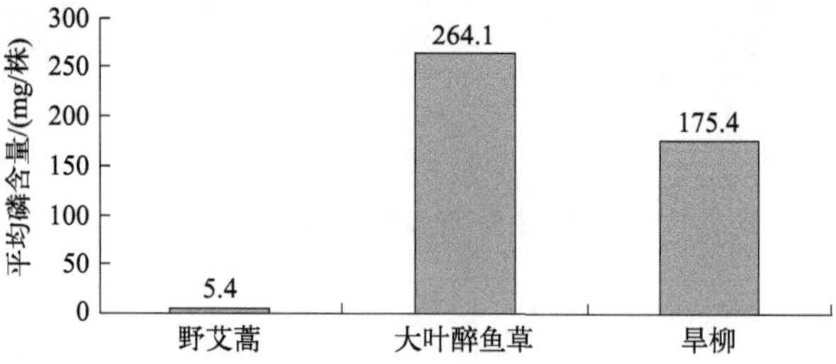

图12-97　不同植物磷积累量

⑤ 讨论和结论。野艾蒿整体磷含量比较低，磷主要分布在地上部分。由于生物量小，对磷的积累量相对较小。旱柳的各个部分的磷含量都比较高，其中叶片的磷含量最高为6.99g/kg，对磷的吸收能力比较强。旱柳的地下部分和枝的生物量比较大，从土壤中吸收的磷主要积累在枝和根部分，磷的积累量达到 175.4mg/ 株。大叶醉鱼草的磷含量比较高，叶片中的磷含量高达 8.24g/kg，对磷的吸收能力比较强。由于大叶醉鱼草的地下部分和枝的生物量比较大，所以从土壤中吸收的磷主要积累在其枝和根部分，磷的积累量达到了264.1mg/ 株。

耐磷植物是指高磷生境下仍然生长良好但植物体内磷含量在 2g/kg 左右的植物。在兴山县树空坪林矿废弃地采集了 3 种优势植物：野艾蒿、旱柳、大叶醉鱼草。对其体内磷含量及分布研究表明：野艾蒿、大叶醉鱼草、旱柳的植株整体磷含量分别为 3.82g/kg、1.86g/kg 和 2.76g/kg，而且调查发现，这 3 种植物在磷矿废弃地高磷生境下生长良好，因此符合耐磷植物的筛选标准，可以作为耐磷植物的备选物种。鉴于这 3 种耐磷植物可以在高磷生境中正常生长，且其植株对磷具有一定的积累能力，能够有效地移除土壤中的磷，因此可用于磷矿废弃地植被的修复。

3）磷矿废弃地植物群落的构建及优化技术

在磷矿废弃地的植物群落构建时，利用所筛选植物的生理生态特性，以植物群落生态学理论及景观美学为基础，结合废弃地污染特征、生态特征及有效的基质改良技术，配置不同的植物种类组合。在磷矿废弃地场堆不同部位采取不同的植物配置模式，包括乔灌草、灌草和纯草本模式，其中对木本植物采用苗木种植的方式，对草本采用种子散播的方式。

以下为 3 种植被恢复方案：

① 乔木 - 草本模式，即桤木 + 黑麦草；

② 灌木 - 草本模式，即紫穗槐 + 黑麦草；

③ 草本模式，即向日葵种植。

在本研究，优化配置方案如下：

① 堆场下部或堆场边耐磷的植被配置采用乔灌草模式，乔木主要种植双排桤木，间距 2.5m，凭借其快速生长能力实现固土护坡的目的，灌木丛主要以火棘、醉鱼草为主，间距 1.5m。其间种植固土能力较强的百喜草、龙须草、黄花菜和富磷能力很强的向日葵。

混种比例为 3∶3∶2∶2。

② 在堆场中部以灌木紫穗槐为主，间距 1m，其间种植根系发达、固土力强的苎麻，混播黑麦草和苏丹草，混播比例为 4∶3∶3。

③ 堆场顶部种植富磷能力强可多次刈割的多年生草本黑麦草和扁穗牛鞭草，以通过收获地上部分的方式去除堆场的过量磷，同时两者作为优良的牧草，有较高的经济价值。另外混播一定比例的白车轴草，以便在刈割后呈现较好的景观效果。混播比例设定为 4∶3∶3。

图 12-98 为磷矿废弃地植物群落构建方案示意。

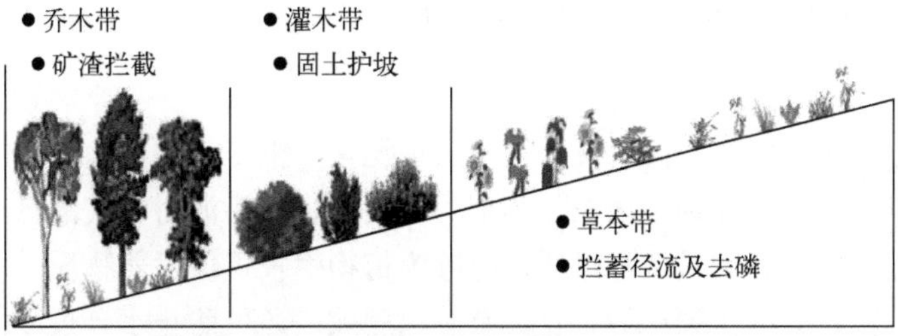

图12-98　磷矿废弃地植物群落构建方案示意

(2) 磷矿废弃地矿渣堆堑体修复基材研发（EST 基材）

EST 技术包括梯度调控、掺混均化、稳化喷射和渗吸覆腾四大核心技术。

1）EST 梯度调控技术

选择与当地气候和水文地质条件相适应的植物和适合植物生长的生态基材，通过梯度调控方法筛选适合材料配方。一般采用结构剂和优质秸秆纤维长材料对市政污泥进行均混改性，胶凝材料的掺量为 5% ～ 15%，纤维的掺量为 3% ～ 5%。结构剂与水反应生成网状结构聚合物，将污泥颗粒包裹其间并驱离部分水分，调整污泥本身的结构特性，使其具有调控储水的功能；而优质秸秆纤维具有较好的韧性，可有效阻止污泥失水或温度应力导致的开裂，同时在薄层覆盖时，复合材料中的改性污泥与纤维组建结构似薄壳网架，具有较高的强度。改性后的污泥复合材料有较低的渗透性和较好的持水性，具有不开裂、成型快等优点。

2）EST 掺混均化技术

混合材料的均匀性直接关系到边坡防护生态效果。EST 材料的掺混均化即是根据 EST 材料的力学特性参数，优化设计出合理的掺混顺序和搅拌工艺（搅拌时间、含水率控制等），并通过专有的掺混均化设备进行均匀掺混。

3）EST 稳化喷射技术

通过 EST 稳化喷射设备将 EST 材料按照设计厚度喷射于边坡坡面。厚度的设计一般根据当地的气候条件进行优化选择，以一定频率的降雨量不产生入渗或将入渗水量控制在降雨量一定的比例标准进行确定。

4）EST 渗吸覆腾技术

喷播复合材料中定量掺入优化筛选的植被种子和营养基材，引入外掺剂保证其具有较好的流动性。喷播覆盖主要分为三层，最底层为防渗覆盖层，中间层为营养基材覆盖层，顶层为疏水覆盖层。防渗覆盖层为改性污泥 - 纤维复合材料，一般厚度为 10 ～ 15cm，具有较高的防渗性和抗开裂性；营养基材覆盖层材料为改性污泥，一般厚度为 25 ～ 30cm，结合气候条件优化植被的播种量，通过改性剂改变污泥的空间多孔骨架结构，使其具有调控储水功能；疏水覆盖层由改性污泥和三维排水网构成，厚度为 3 ～ 5cm，结构较为坚固，具有良好的抗冲刷性能，可有效阻止雨水的侵蚀。

EST 技术作为一种新型生态环保的边坡防护技术，可以实现固体废弃物的高值化利用，拓宽污泥和秸秆资源利用面，为企业延伸技术领域，可为废弃物的节能减排与高值化利用提供技术支撑，对于加快建设资源节约型和环境友好型社会，具有十分重要的意义。

（3）磷矿废弃地表层植被修复技术优势

1）植被适应性强

植被营养层，具有良好的保水性，若不出现泥化，土工三维网垫及草本植物又能够有效防止植被营养层的降雨冲刷，污泥除臭剂的使用防止了污泥对空气的污染，植被营养层中的污泥含有大量的营养物质及有机质，能够为植物生长提供营养物质。填埋场封场覆盖 EST 技术无毒无害，又不污染环境，且具有一定肥效，还可防止水分过分蒸发，以保证种子发芽，发芽率高达 90%，长出的草坪比较均匀茂密。

改性污泥植被适应性实验结果见表 12-22。

表12-22　实验结果

实验	因素				发芽时间 /d	成活率 /%	长到 10cm 的时间 /d
	草种	土质	播种方式	施肥方式			
1	1	1	1	1	12	95	48
2	1	2	2	2	15	10	—
3	1	3	3	3	12	95	48
4	2	1	2	3	13	12	—
5	2	2	3	1	7	92	45
6	2	3	1	2	8	73	31
7	3	1	3	2	9	85	61
8	3	2	1	3	10	60	32
9	3	3	2	1	11	90	45

2）保水抗裂性能好

室内实验证明，污泥的持水能力远大于黏土（见表 12-23）。

表12-23　不同工况每克污泥（黏土）持水能力

工况	做样完成后	第 1 天	第 3 天	第 7 天	浸水饱和	进水后干燥
添加固化剂和纤维	5.92	3.89	2.75	1.78	2.25	0.54
黏土	0.43	0.29	0.16	0.11	0.32	0.08
原样脱水污泥	5.88	3.92	2.66	1.73	2.00	0.22

原样脱水污泥在自然干燥过程中开裂严重，但是添加固化剂和纤维后无开裂情况发生；同时添加固化剂和纤维没有降低污泥的持水能力，且还有一定程度的提高。干燥后浸水饱和，黏土完全泥化，原样污泥及添加固化剂和纤维的污泥没有发生泥化。

3）抗冲刷特性好

EST 生态材料充分发挥了纤维和三维网的作用，三维网、纤维和植物根系结合能改善改性污泥的渗透和保水性能，根系和纤维能有效阻止改性污泥表面开裂和降雨冲刷侵蚀细沟的形成和发展，结合三维网的抗冲刷性能，能有效防止降雨侵蚀。室内抗冲刷实验结果表明，EST 生态基材较黏土和改性污泥分别降低产沙 27% 和 23%，较大地提高了基材的防冲刷能力。对于仅有 20 ～ 30mm 厚的填埋场植被层具有重要意义，尤其是在多雨地区。

4）基质整体性能强

根据室内模式实验，获得了填埋场封场覆盖系统的失稳破坏模式，在此基础上建立了封场覆盖层稳定性统一评价模型，实现了对有限长和无限长、强界面和弱界面边坡形式的统一。运用该模型对环境干湿循环作用下，EST 技术的覆盖层稳定性进行了分析，结果表明干湿循环过程中，EST 技术的覆盖层稳定性较压实黏土覆盖层高约 1.4 倍。这主要是 EST 技术的覆盖层充分利用了改性污泥的低渗透性，其中结构剂 - Ⅱ、秸秆纤维能防止该层由于填埋场温度升高导致失水开裂，从而大幅降低了干湿循环过程中盖层基材强度衰减幅度，能满足防渗层的强度及整体稳定性能。

填埋场封场覆盖系统稳定安全系数统一模型如下：

$$F_C = \frac{-b+\sqrt{b^2-4ac}}{2a} \tag{12-4}$$

$$a = W_A \sin\beta\cos(\beta-\alpha) + W_P \sin\alpha$$

$$b = -W_A\left[\sin\beta\sin(\beta-\alpha)\tan\varphi_1 + \cos\beta\cos(\beta-\alpha)\tan\varphi_2\right] - L_{ED}c_2\cos(\beta-\alpha)$$
$$+U_{ED}\cos(\beta-\alpha)\tan\varphi_2 - W_P\cos\alpha\tan\varphi_1 - L_{AE}c_1 + U_{AE}\tan\varphi_1$$

$$c = \left[L_{ED}c_2 + (W_A\cos\beta - U_{ED})\tan\varphi_2\right]\sin(\beta-\alpha)\tan\varphi_1$$

5）节约资源

防渗覆盖层、营养基材覆盖层、疏水覆盖层铺设材料均以市政污泥为主要原材料，实现了污泥资源化利用，减少了黏土资源的使用，且能工业化生产，这几种材料在填埋场封场覆盖的应用施工方法简单、可操作强、进度快、植物成活率高，能保证填埋场封场覆盖系统的质量，满足填埋场封场的各项技术指标。相对压实黏土盖层，其建设成本降低了约 70%。

12.3 香溪河农业面源磷流失生态治理技术

12.3.1 库区典型小流域坡耕地磷分布及流失规律研究

12.3.1.1 流域土壤基本特性

（1）香溪河流域土壤类型

香溪河流域土壤类型共分为 7 个土类，即黄壤、黄棕壤、棕壤、石灰土、紫色土、水稻土、潮土，其中，黄棕壤和石灰土在全流域中的占比面积高达 78.6%，是流域中耕地的主要土壤类型。从土壤的垂向分布看，黄壤主要分布在海拔 800m 以下的低山区，成土母质多为砂岩，肥力低，现多为林业用地，水土流失轻微；800 ～ 1800m 之间的地带性土壤多为黄棕壤，肥力中等，山区雨量多，易流失；1800m 以上的山顶和鞍部为棕壤，土质黏重，肥力中等。紫色土和石灰土呈区域性分布，紫色土集中分布于兴山县内西南地区，如峡口、南阳河；在秭归县内，则主要分布在香溪河江北地区，具有成土快、矿物质养分含量高的特点。石灰土集中分布在兴山县中部少雨地带，由北向南遍及全县；在秭归县内，则主要分布在江南地区。水稻土是该流域中山区、低山区的重要耕作土壤，主要分布在香溪河沿岸及中山区的平缓坡地。潮土面积较少，分布于香溪河河道较宽的地段。示范区土壤养分含量见表 12-24。

表12-24　示范区土壤养分含量表（平均值）

利用类型	pH 值	有机质/%	全氮/(g/kg)	碱解氮/(mg/kg)	总磷/(g/kg)	速效磷/(mg/kg)	速效钾/(mg/kg)
林地	7.5	24.3	2.41	126	4.2	14.21	100.61
果园	7.7	18.68	1.3	106.97	0.5	43.18	245.36
玉米-油菜地	8	21.05	1.904	125.95	1.422	11.9	213

根据 2013 年采样测试结果分析，示范区土壤为石灰土，亚类为棕色石灰土，土种为轻灰石灰土。

（2）流域土壤理化性质

根据 2012 年 8 月至 2013 年 8 月多次野外实地调查情况，按照流域主要土壤类型和土地利用方式沿香溪河设置 8 个代表性采样点。现场使用 GPS 进行坐标定位，记录每个样地的经纬度、高程、坡度、土壤类型、土地利用等，采样深度为 0 ～ 20cm，每个采样单元选取 4 ～ 8 个样点数，取 1 个混合土样。对采集的土壤样品进行理化性质检测。不同土壤类型的黏粒含量、pH 值、有机质含量、氮磷含量差别很大，即使是同种土壤，由于利用方式和坡度等不同，其黏粒含量、有机质含量和氮磷含量差别也较大。对于同种土壤来说，黏粒含量随着坡度的增加而减小；同种土壤的 pH 值较为接近，紫色土和石灰土的 pH ＞ 7，黄壤和黄棕壤的 pH ＜ 7；紫色土的有机质含量最低，黄棕壤有机质含量最高；紫色土的氮磷等含量最低（见图 12-99，书后另见彩图）。

（3）流域土壤矿物组成

通过对流域采集的土壤样品进行矿物组成分析，供试土样 XRF 化学分析结果见图 12-100（书后另见彩图）。4 种类型土壤的主要化学成分为 SiO_2、Al_2O_3 和 Fe_2O_3，三者含量之和占总含量的 80% 以上。其中 SiO_2 含量在 59% 以上，Al_2O_3 含量为 12.59% ～ 17.04%，Fe_2O_3 含量为 3.72% ～ 5.30%。对比 4 种类型土壤发现，P_2O_5 含量：紫色土＜黄壤＜石灰土＜黄棕壤；SiO_2 含量：黄棕壤＜石灰土＜紫色土＜黄壤；CaO 含量：紫色土＜黄壤＜黄棕壤＜石灰土。紫色土的 P_2O_5 含量明显偏低，说明紫色土缺磷较为严重。

图12-99 供试土壤样品照片

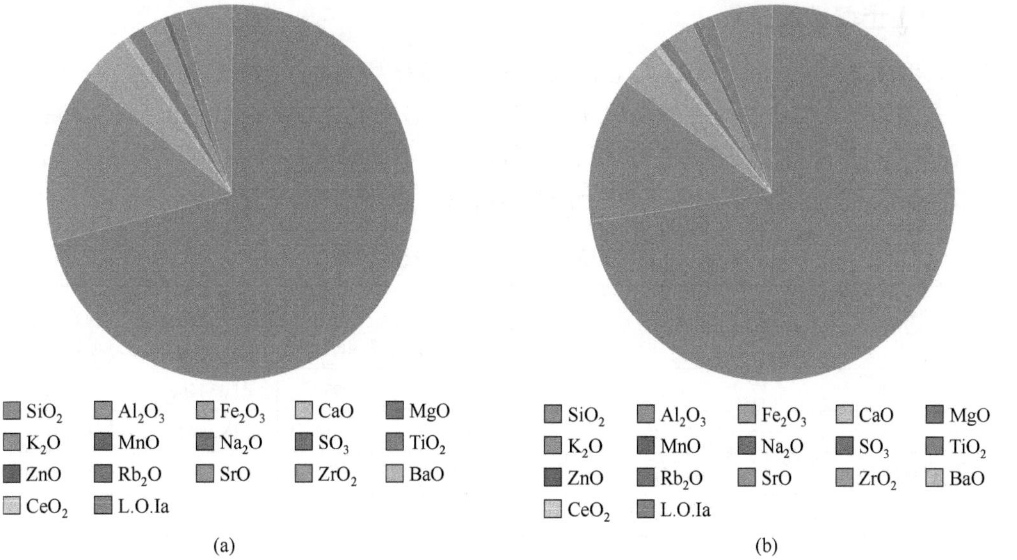

图12-100 不同类型土壤的矿物组成（单位：%）

流域不同类型土壤的 XRD 图谱见图 12-101。4 种土壤中石英（SiO_2）含量均较高，衍射峰强度高，将其他矿物衍射峰掩盖，其他矿物衍射峰很难显现出来。图谱显示可作为不同类型土壤矿物定性分析。4 种类型土壤矿物组成主要为石英、高岭石、蒙脱石、绿泥石、伊利石、长石、白云石、蛭石等，其他矿物含量甚微。

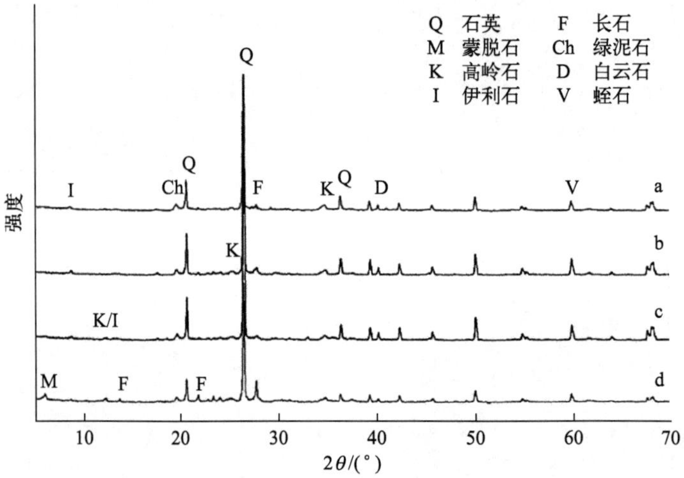

图12-101　供试土壤样品XRD图谱

a、b、c、d分别为紫色土、黄壤、石灰土、黄棕壤

综上所述，香溪河流域 4 种典型土壤矿物的组成和性质既有相同点也有不同点。紫色土、黄壤、石灰土和黄棕壤都属于高岭石型土，但石灰土黏土矿物以石英、蒙脱石和长石为主，紫色土以石英、绿泥石和白云石为主，黄壤以石英、绿泥石和白云石为主，黄棕壤以石英、云母和白云石为主。

（4）土壤粒度分级

采用多点混合方法采集表层（0 ～ 30cm）土壤样品，进行土壤粒度分级。土壤质地分类采用国际分类法，即黏粒（粒度＜ 2μm）、粉粒（粒径在 2 ～ 20μm 之间）、细砂粒（粒径在 20 ～ 200μm 之间）和粗砂粒（粒径在 200 ～ 2000μm 之间）。对各粒级经沉淀及 45℃低温烘干后称重计算出各粒径组分的百分含量，见表 12-25。

表12-25　土壤粒度分级表

组分	粒度/μm	百分比/%			
		分组Ⅰ	分组Ⅱ	分组Ⅲ	平均
黏粒	＜2	1.244994	1.780979	1.234466	1.420146
粉粒	2～20	38.57109	36.7708	36.26203	37.20131
细砂粒	20～200	41.58459	41.69909	41.37575	41.55314
粗砂粒	200～2000	18.59932	19.74913	21.12776	19.8254

由表 12-25 可知，土壤样品黏粒含量最低（1.420146%），砂粒含量（粗砂粒 + 细砂粒）最高（61.38%）。土壤中黏土含量越少，降雨过程中越容易流失。

12.3.1.2 流域土壤磷形态的空间分布规律研究

为研究示范区内磷素的空间分布情况，选择研究区为0～20cm、20～40cm、40～60cm的土壤作为采样对象，采集以结点为中心，半径10m范围内的5～7个土样，采用四分法制成一个混合土样。对所采集的土壤样品进行理化性质分析，分析指标包括全氮、碱解氮、全磷、速效磷、全钾、速效钾、土壤有机质以及pH值等。为了精确直观地表现出研究区内土壤磷素的空间分布特征，采用Kriging插值的线性函数和指数函数得到土壤总磷和土壤速效磷的最优内插，绘制冬夏土壤磷素的空间分布图。

冬季研究区中部以及南部土壤总磷的含量最高，变化范围在0.606～0.676g/kg之间，从中部向北部土壤总磷含量逐渐降低并维持在一个相对较高的水准，变化范围在0.513～0.605g/kg之间，土壤总磷含量最低区域出现在研究区的北部边缘，变化范围在0.442～0.512g/kg之间。土壤速效磷含量的分布特征则是中部偏南、西南部区域最高，变化范围在37.701～43.929mg/kg之间，从西南部向东部、北部方向土壤速效磷含量逐渐降低，变化范围在29.396～37.700mg/kg之间，土壤速效磷含量最低区域出现在研究区的北、东部以及东南部，变化范围在23.166～29.395g/kg之间。

夏季研究区中部偏南土壤总磷的含量最高，变化范围在0.502～0.551g/kg之间，从中部偏南向北部、西部和东部3个方向土壤总磷含量逐渐降低并维持在一个相对较高的水准，变化范围在0.452～0.501g/kg之间，土壤总磷含量最低区域出现在研究区的西北部和东北部，变化范围在0.384～0.451g/kg之间。土壤速效磷含量的分布特征是南部偏中最高，变化范围在34.860～39.528mg/kg之间，从南部偏中向四周方向土壤速效磷含量逐渐降低，变化范围在30.190～34.859mg/kg之间，土壤速效磷含量最低区域出现在研究区的北部、东北部以及西北部，变化范围在23.964～28.633g/kg之间。

不同土地利用类型磷形态分布特征见图12-102（书后另见彩图）。

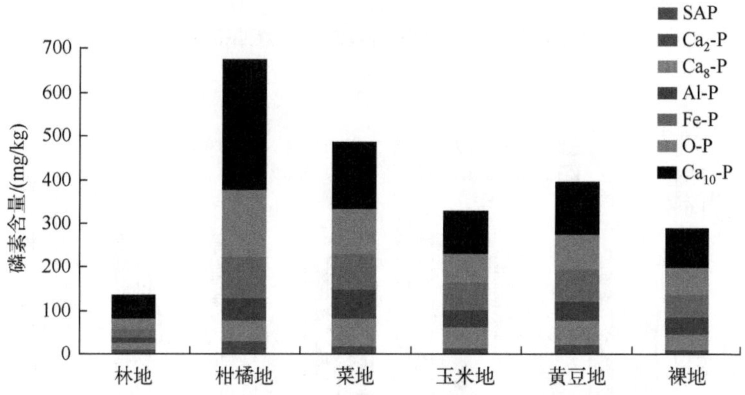

图12-102 不同土地利用类型磷形态分布特征

不同土地利用类型条件下土壤中磷素形态分布差异较大，由于农民对耕地作物施肥的影响，导致柑橘地、菜地、玉米地和黄豆地等农作物种植用地表层土壤中磷素浓度明显大于裸地和林地；分析土壤中不同形态磷素含量发现，6种不同土地利用类型下土壤中各种形态磷素含量大致表现为 Ca_{10}-P＞O-P＞Fe-P＞Ca_8-P＞Al-P＞Ca_2-P，且土壤中速效磷含量较少；根据不同土地利用类型下土壤中磷素含量的对比发现，不同利用条件下土壤中磷素含量表现为柑橘地＞菜地＞黄豆地＞玉米地＞裸地＞林地，这主要与不同作物对磷素的利用率和农民的选择性施肥有关，导致坡耕地表层土壤中磷素浓度出现差异性，同时可以看出柑橘地、菜地和黄豆地是控制石灰土坡耕地磷素流失的重点区域。

12.3.1.3　流域水土和磷的流失机制研究

（1）自然降雨条件下径流及泥沙磷素流失特征

为了研究自然降雨磷素径流流失特征，分别在陈家湾坡耕地和吴家湾柑橘园内部共修建了 7 个径流收集水池，见图 12-103。2015 年 6 ～ 12 月对示范区进行长期定点监测，分别在雨后采集径流收集池中的径流及泥沙，水样带回实验室测定总磷浓度，泥沙研磨后测定总磷浓度，分析结果见图 12-104。

(a)　　(b)

图12-103　两岸柑橘地径流收集池布置

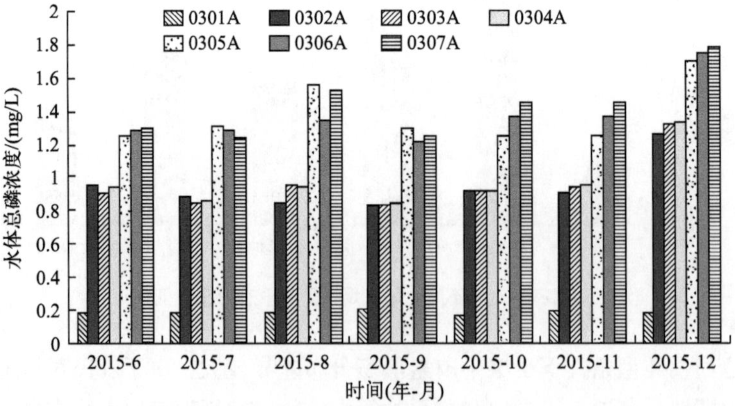

(a) 水体总磷

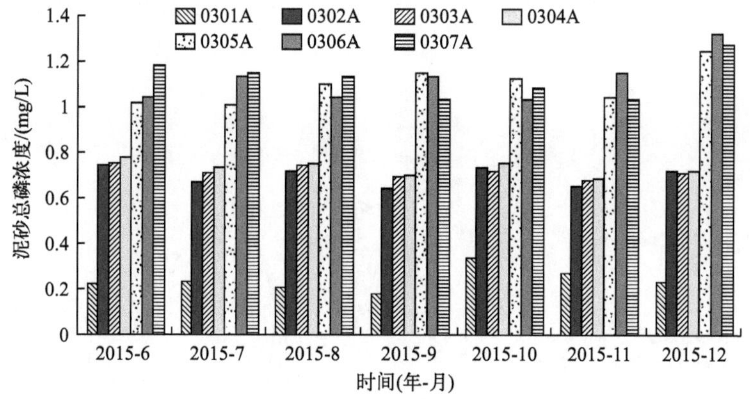

(b) 泥沙总磷

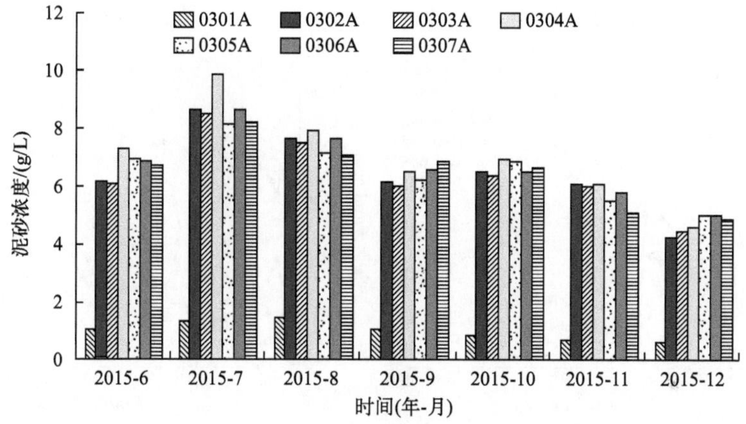

(c) 泥沙研磨后

图12-104 降雨径流中污染物浓度变化

林地植物覆盖率较高，人为干扰因素极少，林地径流和泥沙中磷素浓度明显低于坡耕地和柑橘地。吴家湾柑橘种植面积大，柑橘对磷肥的需求量更大，该地块长期受施肥的影响，径流及泥沙中的磷素浓度明显高于陈家湾坡耕地。12 月份径流中水相和泥沙的总磷浓度最高，在此时由于给大量柑橘地施用复合肥进行追肥，使柑橘树安全过冬；但是降雨径流中泥沙浓度高的月份为 6 ～ 11 月，4 ～ 9 月份为兴山地区降雨集中的时期，降雨量越大土壤流失量越大，主要的水土流失发生在这几个月份，另外 10 月、11 月由于玉米收割完毕、油菜播种阶段，示范区植物覆盖度降低，在径流的冲刷下，地表磷素流失量较大；因此在流域农作物收割后对磷素流失的防治应得到足够的重视。

(2) 室内模拟降雨紫色土流失规律及分配特征

以兴山县典型土壤紫色土为研究对象，通过液压可变坡土槽装置，在室内模拟人工降雨实验，研究不同坡度、不同雨强下，地表径流中氮磷的流失规律，分析氮磷的横向迁移特征。

1）降雨强度对产流的影响

图 12-105 分别是 15°、20°、25°、30° 在坡长为 2m 的情况下的不同雨强的产流特征。

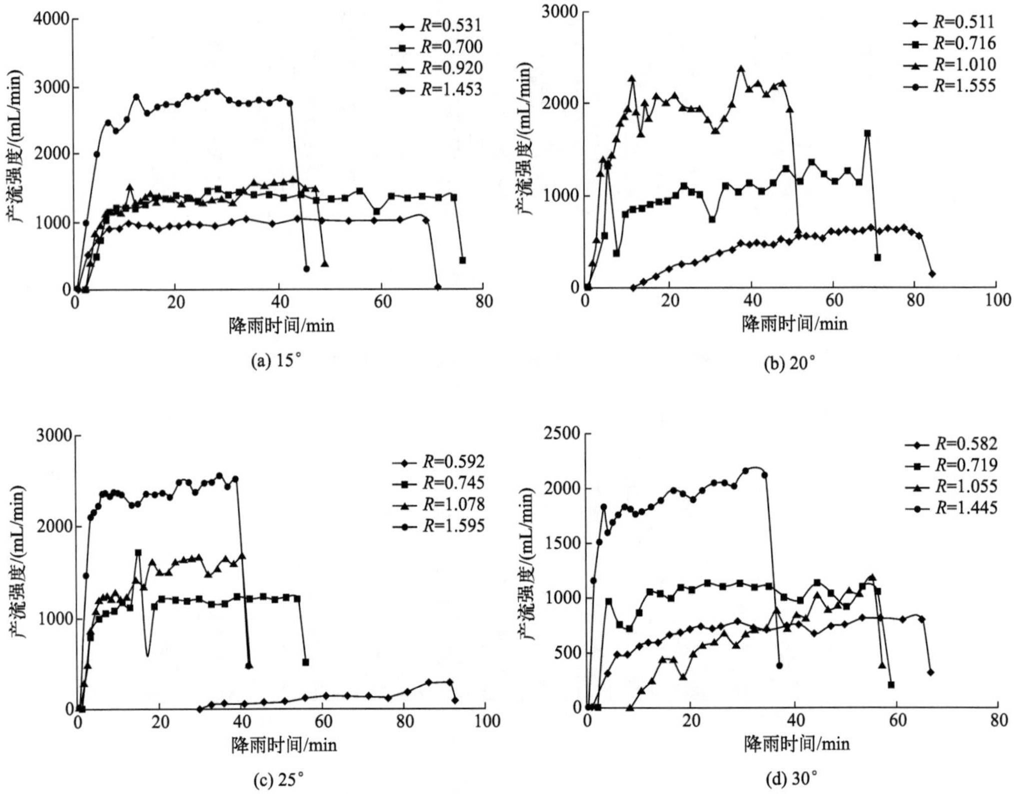

图12-105　不同坡度坡面不同雨强下的产流特征

各坡度下产流强度都逐渐增加，最终达到稳定的产流强度，符合超渗产流机制；同一坡度下，稳定产流强度随着雨强的增加而增加。

对 35 场降雨实验的降雨强度和单位面积稳定产流强度（净雨强度）做回归分析，拟合结果见表 12-26，两种函数拟合的判决系数 R^2 都在 0.84 以上，拟合结果良好，而幂函数拟合结果优于线性函数。

表12-26　稳定净雨强度拟合

模型类型	模型公式	判决系数 R^2
线性	$q=0.8089R^{-0.049}$	0.8442
幂函数	$q=0.7445R^{1.1517}$	0.8557

注：$N=35$，$P<0.01$。

2）降雨量对产流的影响

在坡面产流过程中，降雨量与产流量之间密切相关，为了消除尺寸因素的影响，采用坡面单位承雨面积上的降雨量（mm）和单位承雨面积上的产流深（mm）做散点图，并对其做回归分析，见图 12-106。

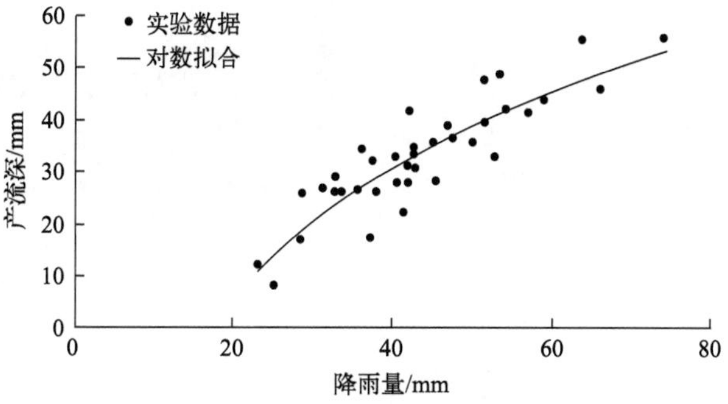

图12-106　降雨量与产流深的关系

对数模型比较适合反映实验点的特征（判决系数为0.7857）。实验的径降比在0.5～0.9之间。

$$Q = 36.28\ln R' - 103.07 \qquad R^2 = 0.7857$$

式中　Q——单位承雨面积上的产流深，mm；

R'——单位承雨面积上的降雨量，mm。

3）降雨因素对产沙过程的影响

采用 3 种坡长（1m、1.5m、2m），4 种雨强（0.5mm/min、0.7mm/min、1.0mm/min、1.5mm/min），5 种坡度（10°、15°、20°、25°、30°），通过 35 次降雨实验对坡面产沙量和产沙模数进行相关性分析，结果见表 12-27。净雨强度和降雨强度分别在 0.05 和 0.01 的水平下对产沙模数影响显著；产流量对产沙量的影响在 0.001 的水平下显著。

表12-27　产沙过程相关性分析

项目	坡度 α /(°)	坡长 L /m	容重 ρb /(g/cm³)	雨强 r /(mm/min)	降雨量 R' /mm	产流量 Q /L	净雨强度 q /(mm/min)
产沙量	−0.05	0.46*	0.07	0.21	0.18	0.63***	0.24
产沙模数	−0.02	0.35*	0.08	0.42**	−0.07	0.58***	0.42*

注：*表示P=0.05, **表示P=0.01, ***表示P=0.001, N=35。

分析在相同坡度坡长情况下，不同雨强的产沙特征，图 12-107 分别是坡度为 15°、20°、25°、30°，坡长为 2m 情况下的 4 种产沙过程。

与产流过程不相同，坡面产沙过程在大雨强的情况下是一个不稳定的过程。在小雨强的情况下坡面产沙模数会逐渐趋于稳定。这是因为在大雨强的情况下，坡面产流增大，地表径流的流态更加复杂，会有薄层水流和细沟水流出现，两种水流的动能和侵蚀能力不一样，因此产沙过程也变得不稳定。

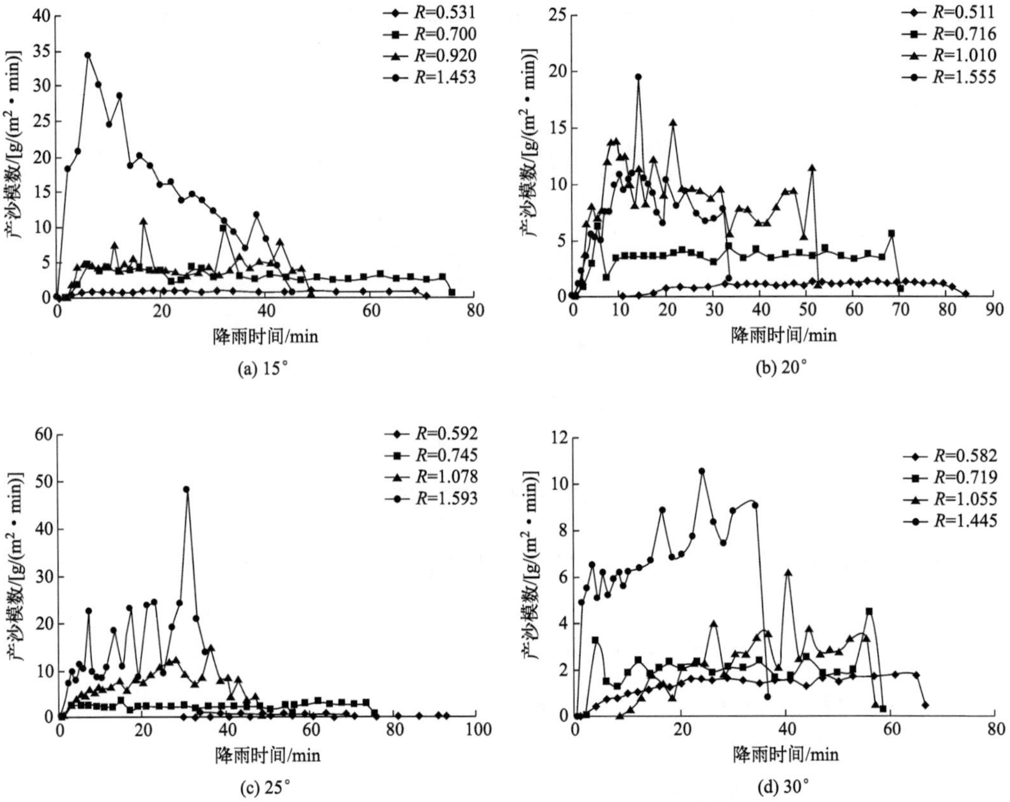

图12-107　不同坡度、不同雨强下坡面产沙特征

4）坡度对产沙过程的影响

分别在坡长为 2m，雨强为 0.5mm/min、0.7mm/min、1.0mm/min、1.5mm/min 和坡度为 10°、15°、20°、25°、30° 的情况下进行 20 次降雨实验。平均产沙模数随着降雨时间变化的结果见图 12-108。

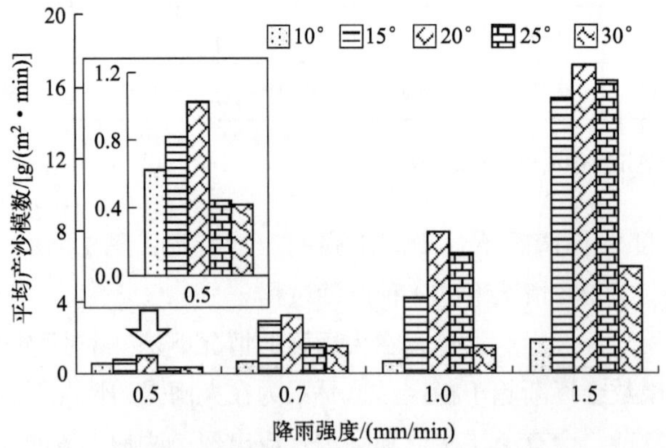

图12-108　不同坡度下的平均产沙模数

① 雨强直接影响平均产沙强模数，平均产沙模数随着雨强的增加呈指数增加。但是在 30° 时，平均产沙强度在雨强为 0.7mm/min 和雨强为 1.0mm/min 的条件下没有出现增长。

② 坡度对产沙强度和坡度对径流强度的影响类似，产沙强度随着坡度的增大先增大后减小，在相同雨强、相同坡长的条件下，总是在坡度为 20° 时出现最大产沙强度。在所有的雨强下，临界坡度都出现在 20° ～ 25° 之间。

（3）野外模拟降雨石灰土流失规律及分配特征

选择陈家湾柑橘园为实验基地，以石灰性土壤为背景，选择田间尺度上的小区实验，人工模拟降雨监测和室内实验分析相结合，研究在不同降雨条件、不同施肥条件下非点源污染物形成过程，从土壤、径流、泥沙 3 个环节研究土壤氮磷素的流失规律，分析坡耕地养分流失特征。实验设置 1.0mm/min（中雨强）和 1.5mm/min（大雨强）两个雨强水平，坡度选取示范区具有代表性的 20° 坡面，降雨时长为初始产流后的 60min，径流小区为裸地，不施肥。

1）降雨条件对产流产沙特征的影响

降雨和径流是土壤侵蚀的主要动力，雨滴的溅蚀和地表径流的冲刷是造成土壤养分流失的直接原因。降雨强度直接影响坡面径流的流速和雨滴击溅坡面土壤的动能。产流特征如图 12-109 所示。

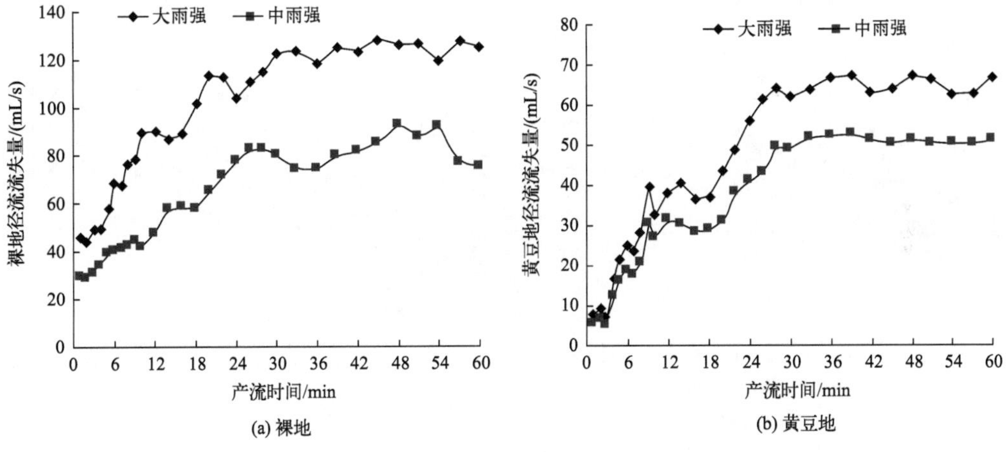

图12-109 不同雨强下地表径流产流特征曲线

实际降雨的过程中，经过 1h 的小雨强的降雨时间最终都没有出现产流和产沙的现象，雨水均被土壤吸收以壤中流的形式流失。进行裸地降雨时，雨强越大，地表径流初始产流时间越短。作物可以减缓雨滴打击土地的动力，还能减缓雨水的流速，增加初始产流时间。

不同雨强下地表径流产沙特征如图 12-110 所示。

黄豆地枝叶能减缓雨滴冲刷地面的动力，从而降低了雨水对土壤的侵蚀能力，流失的泥沙量就会降低。雨强越大，雨水下降的时候打击土壤的动力越大，同时汇聚在坡面的雨水量越多，雨水在土壤坡面上的动能越大，就对土壤的侵蚀力越强，搬运表层土壤的能力越强，最终导致泥沙的流失量越大。

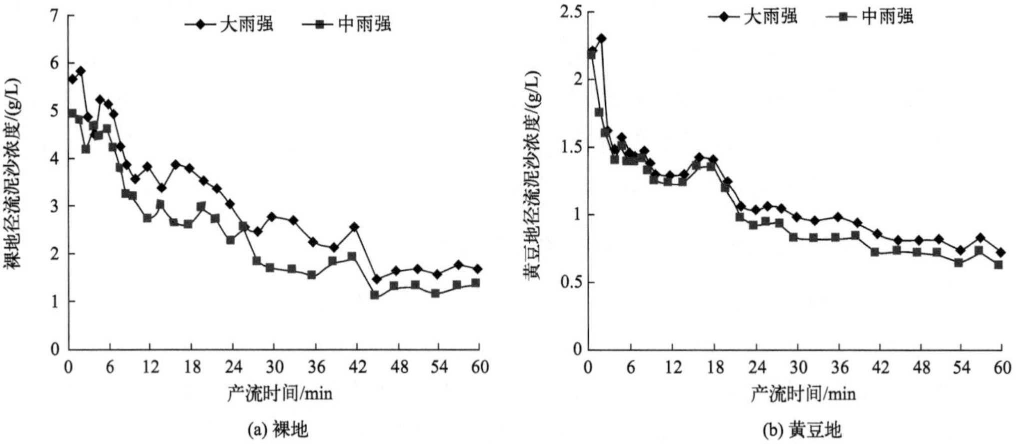

图12-110 不同雨强下地表径流产沙特征曲线

综上，黄豆地的地表径流流失量和地表径流泥沙流失量明显比裸地的要小，初始产流时间会比裸地长。种植作物对水土流失的防控具有优良的效果。

2）坡度对产流产沙的影响

不同坡度下裸地和黄豆地径流产流特征见图 12-111。

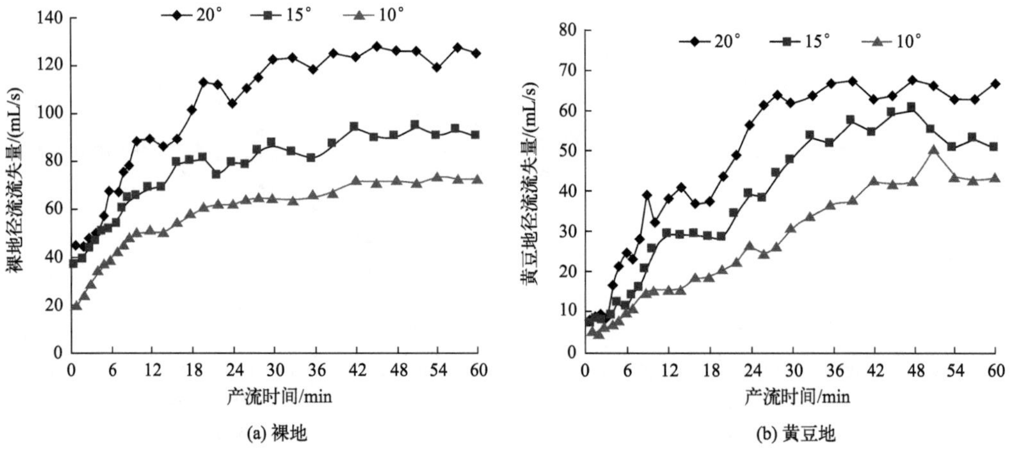

图12-111 不同坡度下裸地和黄豆地径流产流特征曲线

降雨强度相同的情况下，坡度越大，雨水在坡面上的流速越大，雨水来不及入渗就会以地表径流的形式流失，导致地表径流初始产流时间变短。坡度越大，初始产流时间越短。在大雨强度下，三种坡度下的地表径流量表现为先增加后趋于平衡，裸地和黄豆地的地表径流流失量均表现为：20° > 15° > 10°。在同一降雨强度下，坡度越大，雨水流到土壤上面后向下坡方向的动力就会越大，雨水向下汇集，随着降雨时间的延长，大部分雨水就会来不及入渗到土壤中，就会由于向下的动力而以地表径流的形式流失，即坡度越大，地表径流量越大。

不同坡度下裸地和黄豆地径流产沙特征见图 12-112。

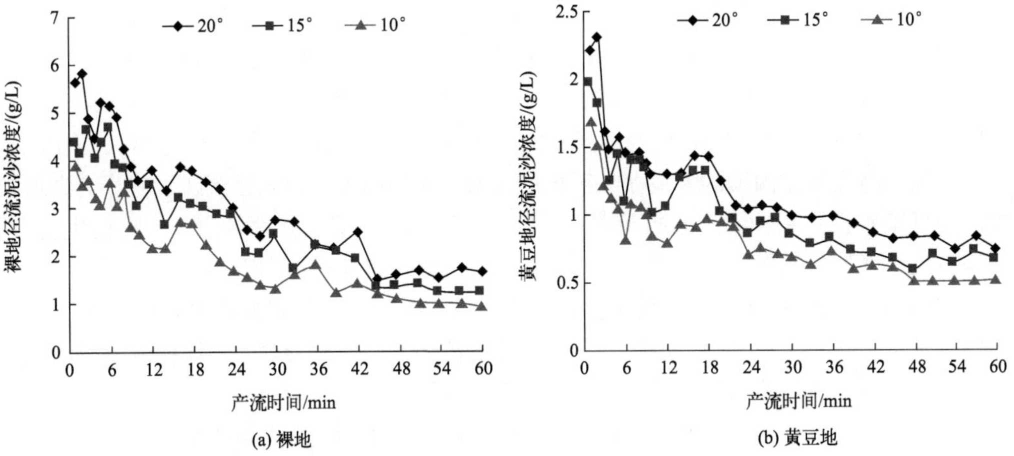

图12-112 不同坡度下裸地和黄豆地径流产沙特征曲线

在同一雨强不同坡度的条件下，黄豆地的地表径流泥沙流失浓度明显比裸地的要小，黄豆枝叶可以很大程度减小地表径流对土壤的侵蚀，使得泥沙流失量大量减少，从而降低了泥沙流失浓度。不管是裸地还是黄豆地，地表径流泥沙流失浓度均表现为 20° > 15° > 10°，地表径流泥沙浓度的大小由泥沙流失量和地表径流量的比值决定，当坡度从 10° 增大到 20° 的过程中，泥沙流失量和地表径流量均在增大，泥沙流失量的增大幅度比地表径流量增大的幅度要大，导致泥沙浓度随着坡度的增大慢慢变大。

综上，降低坡度和种植作物对坡耕地水土流失的控制有着显著的效果。

3）降雨对径流中磷素迁移特征的影响

不同雨强下地表径流磷素流失情况见图 12-113。

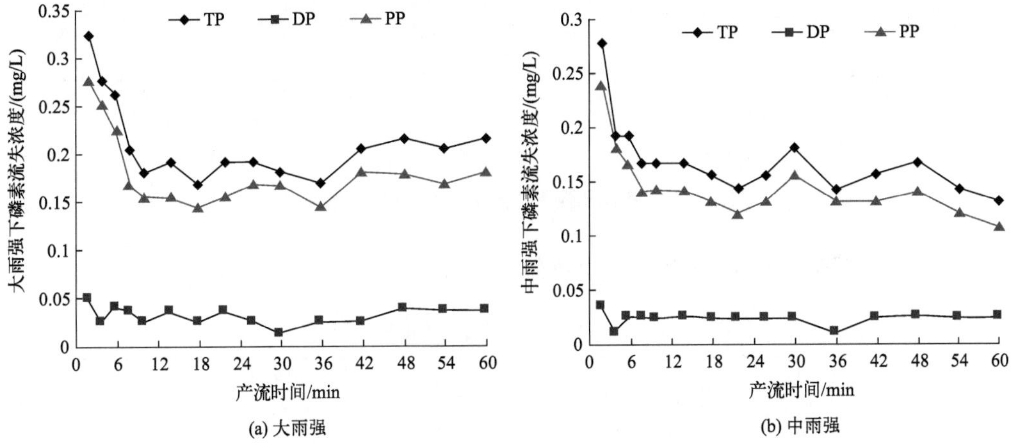

图12-113 不同雨强下地表径流磷素流失情况

产流初期土壤表层磷素养分比较丰富，随着降雨的来临，土壤表层的磷素随着雨水大量流失，这样就会出现初始总磷浓度高的现象。随着产流时间的延长，地表径流产流量不断增加，径流磷素养分有所下降，径流量的增加使得雨水和土壤之间的交替作用变大，总磷浓度下降的趋势比较缓慢，最后随着地表径流产流量趋于稳定，径流与土壤的相互作用达到相对平衡，磷素养分的流失最终趋于平缓。大雨强下，DP 浓度占到了 6.7% ～ 18.7%，有 81.3% ～ 93.3% 的磷以 PP 的形式流失，中雨强下 DP 浓度占到了 6.3% ～ 18.2%，PP 浓度占到了 81.8% ～ 93.7%。地表径流流失以颗粒态为主，流失贡献率均达 80% 以上。

雨强与地表径流磷素的流失存在正相关关系，雨强越大，地表径流磷素养分流失量越大。降低雨水击打和冲刷土壤的动力，对控制磷素的流失有着显著的意义。种植生物篱、修葺石坎、增加作物密度等措施均可减小暴雨给土壤带来的冲击作用。

不同雨强下地表径流泥沙中磷素流失情况见图 12-114。随着降雨的持续，土壤入渗慢慢达到了饱和，大部分雨水以地表径流的形式流失，雨水动力增大，泥沙流失量增大导致泥沙中全磷和速效磷的流失量也增大。在降雨前期以细颗粒随径流流失为主，土壤中的大部分磷素养分都储存在土壤表层的细颗粒中，随着表土中细颗粒被搬运完毕，雨水开始搬运土壤中的大颗粒，大颗粒中的磷素含量比较低，因此泥沙中磷素流失量变低。雨强越大，泥沙中磷素养分的流失量越大，速效磷的流失量不到全磷流失量的 10%，被土壤中的胶体颗粒物吸附固定，不易产生流失。增大降雨强度，地表径流泥沙中全磷流失量增大，泥沙中的速效磷流失量也增加。

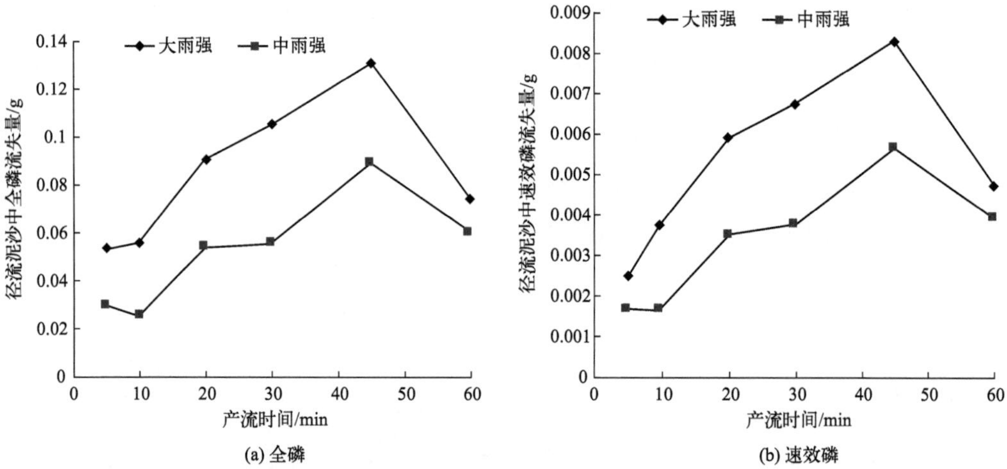

图12-114　不同雨强下地表径流泥沙中磷素流失情况

不同雨强下地表径流磷素养分输出负荷见表 12-28。

表12-28　不同雨强下地表径流磷素养分输出负荷

迁移方式	磷素形态	不同雨强	
		1.5mm/min	1.0mm/min
径流/mg	TP	80.42	42.81
	PP	66.64	33.61
	DP	13.78	5.80
泥沙/mg	全磷	511.23	315.23
	速效磷	31.95	20.15

随着雨强的增大，地表径流雨水和泥沙中的磷素流失量均增大，其中径流的 TP 流失均以颗粒态为主，1.5mm/min 的雨强下，PP 的流失量占到了 TP 流失量的 80% 以上，对比径流和泥沙中的磷素流失发现，磷素的迁移方式主要以泥沙的形式流失，其中泥沙中 TP 的流失量占到全部 TP 流失量的 85% 以上，尽管泥沙中磷素流失严重，氮素径流所携带的磷素流失也是不可忽略的。

4）坡度对降雨径流中磷素迁移特征的影响

不同坡度下地表径流水相磷素流失情况见图 12-115。坡度越大，地表径流 TP 的流失浓度越大，不同坡度下的磷素流失浓度均以颗粒态为主，占到了 70% 以上。随着坡度从 10° 增加到 20°，地表径流磷素流失量也增大，其中磷素的流失主要以 TP 为主，但 DP 的流失也不容忽视。

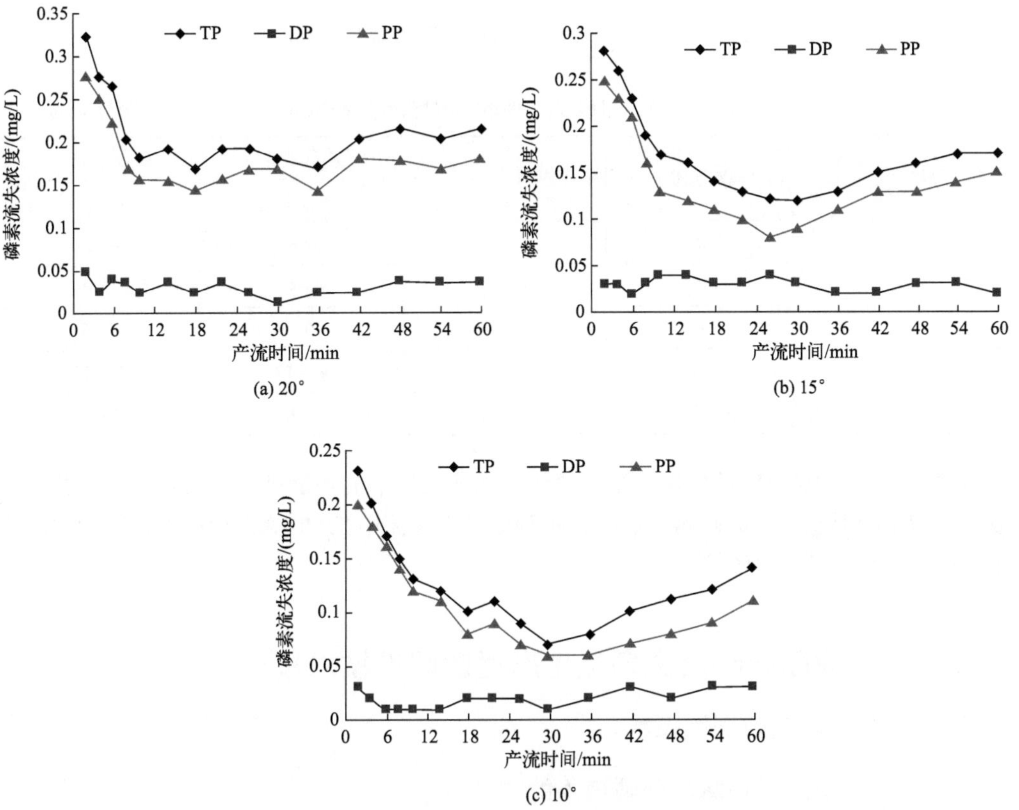

图12-115 不同坡度下地表径流水相磷素流失情况

不同坡度下地表径流泥沙中磷素流失情况见图 12-116。

大雨强的条件下，三种坡度的全磷和速效磷流失量随着产流时间的持续先增大后减小。尽管坡度对泥沙中全磷和速效磷流失量变化趋势的影响不显著，但不同坡度对应的全磷和速效磷的流失量却存在较大差异。随着坡度从 10° 增加到 20°，泥沙中全磷和速效磷的流失量均增大。

降雨强度和坡度均是影响坡耕地磷素养分流失量的重要因素。不同坡度下地表径流磷素养分输出负荷见表 12-29。

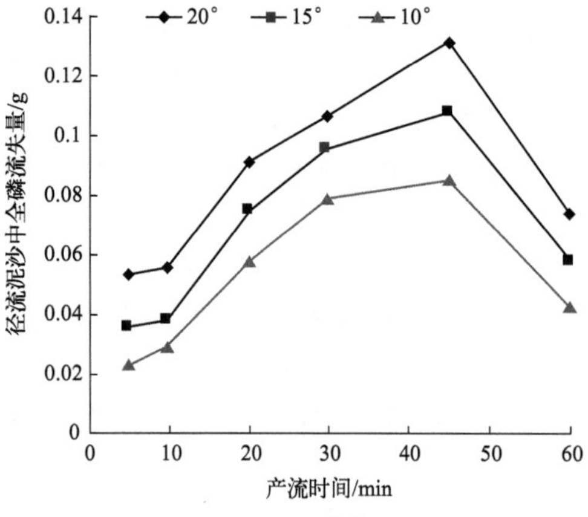

(a) 全磷

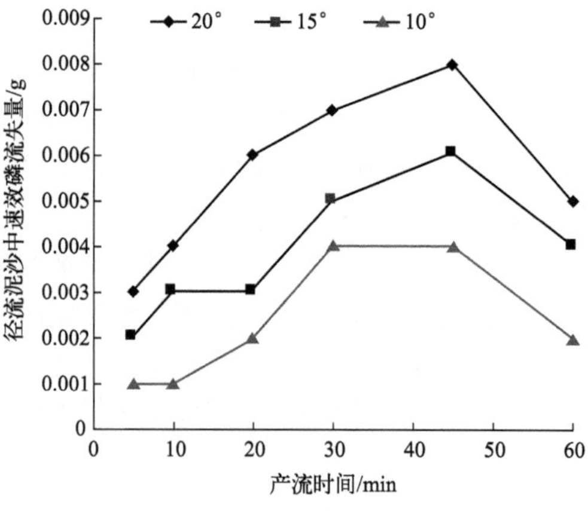

(b) 速效磷

图12-116　不同坡度下地表径流泥沙中磷素流失情况

表12-29　不同坡度下地表径流磷素养分输出负荷　　单位：mg

迁移方式	磷素形态	不同坡度		
		20°	15°	10°
径流	TP	80.42	59.63	43.05
	PP	66.64	48.89	33.79
	DP	13.78	10.75	9.26
泥沙	全磷	511.23	408.17	317.65
	速效磷	31.95	23.46	14.37

随着坡度从10°增加到20°，地表径流雨水和泥沙中的磷素流失量均增大，但坡度的改变对磷素的形态分布的影响不显著，三种坡度下径流中TP的流失均以颗粒态为主，磷素的迁移也均以泥沙的形式流失。

12.3.2　农业面源磷流失多级生态拦截阻控技术集成

12.3.2.1　生物篱高效固磷技术

（1）高效固磷生物篱与固磷植物的物种筛选

1）香溪河库岸及消落带内植被本底资料调查

对香溪河两岸及消落带进行分层次植被调查，结果显示，海拔145～255m出现的植物有23科50属55种，其中以禾本科、菊科为主。在样方调查中，55种植物的重要值排在前3位的分别是苊草（重要值0.9237）、狗牙根（重要值0.5614）和狗尾草（重要值0.4283）。在不同海拔高度，其植被组成有明显差异：示范区上缘植被主要为橘树林和庄稼地，地内植物以马唐为主要优势种；次生林以盐肤木+构树灌丛为主导群落，林下草本层则以苊草、鬼针草等为优势种主导形成的优势群落；中下部则以农田或狗牙根为单一优势种群落特征（表12-30和表12-31）。

表12-30 香溪河库岸物种种类组成及生活型表

编号	中文名	科	属	生活型	季相
1	酢浆草	酢浆草科	酢浆草属	H	花期
2	叶下珠	大戟科	叶下珠属	T	结实期
3	槐	豆科	槐属	P	营养生长期
4	多花木兰	豆科	木兰属	P	花期
5	海金沙	海金沙科	海金沙属	H	花期或花前营养期
6	狗牙根	禾本科	狗牙根属	H	营养生长期
7	狗尾草	禾本科	狗尾草属	T	结实或枯死期
8	稗	禾本科	稗鼠	T	结实期
9	野黍	禾本科	野黍属	T	结实期
10	芒	禾本科	芒属	H	花前营养期
11	荩草	禾本科	荩草属	T	花前营养期
12	马唐	禾本科	马唐属	T	结实期
13	玉米	禾本科	玉米属	T	枯死期
14	白茅	禾本科	白茅属	H	结实期或枯死期
15	高粱	禾本科	高粱属	T	果后营养期
16	牛筋草	禾本科	穇属	T	花期或结实期
17	大狗尾	禾本科	狗尾草属	T	结实期
18	狼尾草	禾本科	狼尾草属	T	结实期
19	芝麻	胡麻科	胡麻属	T	花期
20	南瓜	葫芦科	南瓜属	T	花期或结实期
21	鄂赤瓟	葫芦科	赤瓟属	P	营养生长期
22	西瓜	葫芦科	西瓜属	T	结实期
23	鬼针草	菊科	鬼针草属	T	花期
24	鳢肠	菊科	鳢肠属	T	花期
25	苍耳	菊科	苍耳属	T	花前营养期或花期
26	小白酒草	菊科	小白酒草属	T	结实或枯死期
27	紫菀	菊科	紫菀属	T	花期
28	艾	菊科	蒿属	T	花前营养期或花期
29	千里光	菊科	千里光属	H	营养生长期
30	小蓟	菊科	蓟属	T	花期
31	栓皮栎	壳斗科	栎属	P	营养生长期
32	苦楝	楝科	楝属	P	果后营养期
33	水蓼	蓼科	蓼属	T	花前营养期或花期
34	杠板归	蓼科	蓼属	T	营养生长期
35	马齿苋	马齿苋科	马齿苋属	T	花前营养期
36	醉鱼草	马钱科	醉鱼草属	P	花期

续表

编号	中文名	科	属	生活型	季相
37	乌蔹莓	葡萄科	乌蔹莓属	H	花期或结实期
38	盐肤木	漆树科	盐肤木属	P	花期
39	野樱桃	蔷薇科	樱属	P	营养生长期
40	龙葵	茄科	茄属	T	结实期
41	野胡萝卜	伞形科	胡萝卜属	T	枯死期
42	积雪草	伞形科	积雪草属	H	营养生长期
43	构树	桑科	构属	P	营养生长期
44	葎草	桑科	葎草属	P	花前营养期
45	香附子	莎草科	莎草属	H	花期
46	碎米莎草	莎草科	莎草属	H	花期
47	商陆	商陆科	商陆属	T	花期或结实期
48	八角金盘	五加科	八角金盘属	P	营养生长期
49	喜旱莲子草	苋科	莲子草属	T	花期
50	野苋	苋科	苋属	T	花期
51	青葙	苋科	青葙属	T	花期
52	牵牛	旋花科	牵牛属	T	花期
53	鸭跖草	鸭跖草科	鸭跖草属	T	花期或花前营养期
54	饭包草	鸭跖草科	鸭跖草属	T	花期或花前营养期
55	橘	芸香科	柑橘属	P	过后营养期

注：T指一年生植物；H指地面芽植物；P指高位芽植物。

表12-31　香溪河库岸主要植物的重要值

编号	植物中文名	植物拉丁名	重要值(IV)	在消落带中的分布范围
1	荩草	*Arthraxon hispidus (Thunb.)Makino*	0.9237	主要在上缘、上部和中部
2	狗牙根	*Cynodon dactylon*	0.5614	主要在下部，中部少量
3	狗尾草	*Setaria viridis*	0.4283	中部至上缘皆有分布
4	稗	*Echinochloa crusgalli* (L.)Beauv	0.2824	主要在中部，呈带状
5	小白酒草	*Conyza. canadensis*	0.2642	主要在中部以上
6	香附子	*Cyperus rotundus*	0.2633	下部
7	马唐	*Digitaria sanguinalis*	0.1892	主要在中部以上，庄稼地内密生
8	槐	*Sophora japonica*	0.1276	上缘灌木
9	白茅	*Imperata cylindrica*	0.1271	上部以上
10	鬼针草	*Bidens pilosa*	0.1135	皆有分布
11	构树	*Broussonetia papyrifera*	0.1002	上缘灌木

续表

编号	植物中文名	植物拉丁名	重要值(IV)	在消落带中的分布范围
12	五节芒	*Miscanthus floridulus* (Labnll.)Warb	0.0877	上缘植物
13	栓皮栎	*Quercus variabilis*	0.0873	上缘灌木
14	艾	*Artemisia argyi*	0.0870	主要分布在上部以上
15	醉鱼草	*Buddleja lindleyana* Fort.	0.0848	上缘灌木
16	商陆	*Phytolacca acinosa*	0.0742	上缘林下植物或消落带可见其幼苗
17	苦楝	*Melia azedarach*	0.0680	上缘灌木
18	苍耳	*Xanthium sibiricum*	0.0652	主要在中上部分布
19	喜旱莲子草	*Alternanthera philoxeroides*	0.0583	数量少
20	酢浆草	*Oxalis corniculata*	0.0560	数量少
21	紫菀	*Aster tongolensis* Franch	0.0560	数量少
22	水蓼	*Polygonum hydropiper*	0.0549	中上部分布
23	多花木兰	*Magnolia multiflora*	0.0507	上缘小灌木
24	小蓟	*Cephalanoplos segetum* Bge.Kitam	0.0507	上缘林下植物
25	牛筋草	*Eleusine indica*	0.050	中部数量少
26	千里光	*Senecio scandens*	0.0499	数量少
27	青葙	*Celosia argentea*	0.0499	中上部分布
28	野胡萝卜	*Daucus carota*	0.0492	上缘林下植物，多枯萎
29	悬钩子	*Rubus sikkimensis*	0.0378	层间植物，见于上缘群落
30	叶下珠	*Phyllanthus urinaria*	0.0342	中下部分布

注：重要值（IV）=相对密度（RDE）+相对盖度（RCO）+相对频度（RFE）。

2）第一批高效固磷生物篱与固磷植物的物种筛选

本章介绍了冬青等 17 个物种对 TN、TP、重金属（Pb、Cr）的削减作用，比较筛选了 10 种能够高效削减污染物的物种。

具体实验方法：每盆装土壤 4kg，种植植株 3 棵，每个物种种植 3 盆作为平行实验，设置一组空白对照不种植物，共 54 盆，土壤处理浓度设置为 TN1000mg/kg、TP600mg/kg、Pb600mg/kg、Cr300mg/kg。处理 45d 后，采用四分法各盆取土壤 0.5kg，制取土壤淋洗液 500mL。然后测定淋洗液中 TN、TP、Pb、Cr 含量和 COD 值，与空白组对照计算出各物种的削减率。

削减率计算：以计算物种 X 的 TN 削减率为例，假设测定计算出物种 X 和空白组土壤淋洗液中 TN 含量平均值分别为 C_N 和 C_0，TN 削减率 $D=(C_0-C_N)/C_0\times100\%$。物种针对各污染物的综合评定指数等于 5 个削减率的乘积，按照以下标准划分为 5 个等级，综合评定指数：属［0.06%，+∞）定为Ⅴ级强削；属 [0.02%，0.06%) 定为Ⅳ级强削；属［0.01%，0.02%）定为Ⅲ级中削；属［0.001%，0.01%）定为Ⅱ级弱削；属［0，0.001%）定为Ⅰ级不削。受试植物的削污能力分级见表 12-32。

表12-32 受试植物的削污能力

编号	植物类型	植物名称	生物量/(g/盆)	削污性能						
				污染物削减率/%					削污能力等级评定	等级评定指数(=5个削减率乘积)/%
				TN	TP	COD	Pb	Cr		
1	乔木	冬青	485.6	38.93	18.91	12.20	24.61	35.95	★★★★★	0.0794
2		合欢	302.5	15.75	39.30	31.71	8.85	6.21	★★★	0.0108
3		女贞	356.8	3.46	1.49	9.76	8.54	26.95	★	0.0001
4	灌木	栀子花	257.6	9.79	41.99	4.88	24.37	12.02	★★	0.0059
5		桑树	249.85	22.00	32.22	21.95	18.34	27.45	★★★★★	0.0783
6		黄杨	246.8	18.19	54.91	70.73	37.09	43.37	★★★★★	1.1365
7		小叶蚊母	198.7	69.35	2.49	41.46	13.55	55.39	★★★★	0.0537
8		杜鹃	273.8	8.32	66.33	3.66	25.05	46.52	★★★★	0.0235
9		构树	246.7	12.03	57.23	17.07	32.39	6.97	★★★★	0.0266
10	草本	香根草	106.3	7.89	34.38	21.95	59.48	24.54	★★★★★	0.0869
11		白三叶	45.6	7.73	9.45	12.20	52.55	26.29	★★★	0.0123
12		狗牙根	58.2	8.29	7.96	51.22	44.78	57.00	★★★★★	0.0863
13		狼尾草	42.7	7.31	56.56	12.20	14.38	35.48	★★★★	0.0257
14		狗尾草	35.6	5.04	49.94	14.63	15.69	48.38	★★★★	0.0280
15		鬼针草	37.9	7.73	3.98	4.88	17.48	32.21	★	0.0008
16		小白酒草	29.5	5.54	2.49	7.32	38.40	41.91	★★	0.0016
17		麦冬	36.7	5.65	5.15	21.95	71.61	31.33	★★★	0.0143

结果认为冬青、桑树、黄杨、小叶蚊母、杜鹃、构树、香根草、狗牙根、狼尾草、狗尾草10个物种可作为示范区建设的主要削污物种。

结论如下。

① 对污染物综合削减效果较好的植物有冬青、桑树、黄杨、小叶蚊母、杜鹃、构树、香根草、狗牙根、狼尾草、狗尾草；

② 对总磷削减效果较好的植物有杜鹃、构树、狼尾草、黄杨、狗尾草、栀子花、合欢、香根草、桑树、冬青；

③ 对重金属Pb及Cr削减效果较好的植物有狗牙根、麦冬、小白酒草、黄杨、香根草、白三叶、杜鹃、狗尾草、冬青、小叶蚊母。

3）第二批高效固磷生物篱与固磷植物的物种筛选

① 筛选的原则：生态性原则、经济性原则、本土性原则、景观性原则、易管理原则、净化能力强原则等。

② 受试物种：陆生植物共17种，其中乔木4种、灌木5种、草本8种，有10种为合同中提到的物种。土壤取自三峡大学校园内，测定其TP和TN分别为470mg/kg和236mg/kg。

选用不漏水的盆以免氮磷等营养盐流失。2014年4月，每盆称取土壤6kg，种植生物量相近的（乔、灌木选择2年生的小苗）植株2棵，每个物种种植2盆作为平行实验，设置一组空白对照不种植物，土壤处理浓度设定为 TP800mg/kg、TN1000mg/kg。

2014 年 6 月 17 日，待植物完全成活后，分别称取 8.6922g 磷酸二氢钾和 17.3268g 硝酸钾于烧杯中溶解，浇灌进入盆中，相当于使每盆土壤（6kg）的总磷增加了 330mg/kg，总氮增加了 400mg/kg。2014 年 7 月 1 日，再称取 17.3268g 硝酸钾于烧杯中溶解，浇灌进入盆中，相当于使土壤的总氮又增加了 400mg/kg。分两次浇灌可以避免因营养盐浓度过高而烧苗。除用上述母液浇灌外，期间浇灌体积相同且适宜的自来水，以免植物枯萎。

2014 年 9 月 1 日，采用四分法各盆取土壤 0.5kg，将采集来的土样在 60℃的烘箱中烘干，去除植物残体等杂质，在研钵中磨碎，过 100 目筛。然后测定土壤中 TN、TP 以及 COD，与空白组对照计算出各物种的削减率。

以计算物种 X 的 TN 削减率为例，假设测定计算出物种 X 和空白组土壤中 TN 含量平均值分别为 C_N 和 C_0，TN 削减率 $D=(C_0-C_N)/C_0\times100\%$。物种针对各污染物的综合评定指数等于 3 个削减率的乘积，按照以下标准划分为 5 个等级，综合评定指数：属［30%，100%）定为Ⅴ级强削；属［25%，30%）定为Ⅳ级强削；属［20%，25%）定为Ⅲ级中削；属［10%，20%）定为Ⅱ级弱削；属［0，10%）定为Ⅰ级不削。

受试植物的削污能力分级见表 12-33。

③ 筛选结论。

Ⅰ. 对总磷削减较好的植物有桑树、狗牙根、刺槐、香根草、喜旱莲子草、鸢尾、构树、白三叶；Ⅱ. 对总氮削减较好的植物有狗牙根、中华蚊母树、瓜木、树型金银花、麦冬、灌木柳、香根草、栾树；Ⅲ. 对 COD 削减较好的植物有刺槐、栾树、瓜木、香根草、构树、白三叶、狗牙根、喜旱莲子草；Ⅳ. 对污染物综合削减较好的植物有刺槐、香根草、狗牙根、栾树、瓜木、喜旱莲子草、桑树、白三叶、构树、中华蚊母树。

表12-33 第二批受试植物的削污能力

编号	植物名称	生物量/(g/盆)	削污性能				
			TN 削减率/%	TP 削减率/%	COD 削减率/%	削污能力等级评定	等级评定指数/%
1	栾树	3.4253	67.97	55.12	85.94	★★★★★	32.20
2	刺槐	2.2524	67.41	75.97	85.98	★★★★★	44.03
3	瓜木	5.4677	73.54	47.52	78.60	★★★★	27.47
4	构树	5.9597	62.25	60.73	64.70	★★★	24.46
5	桑树	19.0169	66.70	81.97	50.23	★★★★	27.46
6	树型金银花	6.3497	73.48	42.45	27.93	★	8.71
7	灌木柳	14.9506	70.22	51.07	14.40	★	5.16
8	中华蚊母树	3.8324	74.06	55.53	50.34	★★★	20.70
9	狗牙根	13.7151	74.69	80.62	56.97	★★★★★	34.30
10	白三叶	11.8526	64.62	60.05	62.04	★★★	24.07
11	香根草	118	68.30	74.89	71.53	★★★★★	36.59
12	麦冬	5.4047	70.70	27.15	42.60	★	8.18

续表

编号	植物名称	生物量/(g/盆)	削污性能				
			TN削减率/%	TP削减率/%	COD削减率/%	削污能力等级评定	等级评定指数/%
13	喜旱莲子草	15.5648	66.86	72.07	52.06	★★★★	25.09
14	鸢尾	14.304	65.65	63.38	47.59	★★	19.80
15	槭树	死亡	—	—	—	—	—
16	鬼针草	死亡	—	—	—	—	—
17	栀子	死亡	—	—	—	—	—

综合评定指数：属［30%，100%）定位Ⅴ级强削；属［25%，30%）定为Ⅳ级强削；属［20%，25%）定为Ⅲ级中削；属［10%，20%）定为Ⅱ级弱削；属［0，10%）定为Ⅰ级不削。

（2）控磷生物篱种植技术体系研究

1）单种生物篱控制水土及氮磷流失研究

为使生物篱系统充分发挥其改善土壤理化性质、改善土壤养分条件、控制面源污染的生态效益和经济效益，生物篱物种的选择及配置模式尤为重要。本研究在实际考察和查阅三峡库区关于生物篱物种筛选资料的基础上，结合香溪河流域固有的环境特征，选取栀子花（灌木类）和黑麦草（草本类）两种植物作为本次研究的目标植物，其中栀子花垂直根系发达，固持土壤能力强；黑麦草生长迅速，挡土挡水效果好，一灌一草两种生态措施形成鲜明对比，同时本次研究设定石坎（工程措施）模式，用于对比分析不同措施对石灰土坡耕地水土及磷素流失的控制效应。

本次研究的坡度为10°、15°和20°，所以根据表12-34中数据可知最小带间距为2.7m，因此本次研究带间距统一设定为2.5m，在10m×2.4m的小区内沿底部向上依次种植，共计4排生物篱，其中栀子花株高30～50cm，于2016年3月初移栽至小区内部，采取双行“品”字形搭配种植，行距20cm，株距10cm；黑麦草于2016年3月初播撒草种，带宽20cm，紧密种植，4月中旬形成篱带。

表12-34　特定坡度条件下临界坡长与植物带间距

坡度/(°)	临界坡长/m	最大带间距/m
5	9.2	9.1
10	6.0	5.9
15	4.2	4.0
20	2.8	2.7
25	1.8	1.7

小区T1为裸地、T2为石坎、T3为栀子花生物篱、T4为黑麦草生物篱。

结合香溪河流域兴山县境内的降雨特征，本研究初步设定三种实验雨强，分别为小雨强（0.5mm/min）、中雨强（1.0mm/min）和大雨强（1.5mm/min）。在正式实验之前进行预实验，结果显示，在小雨强条件下径流小区内几乎没有径流产生，所以最终确定中雨强和大雨强为本研究的降雨强度，每场实验的降雨时间都设定为产流后的 60min。

① 不同生物篱径流量特征。4 种措施在 20° 坡面、不同雨强条件下地表径流产流特征曲线见图 12-117。

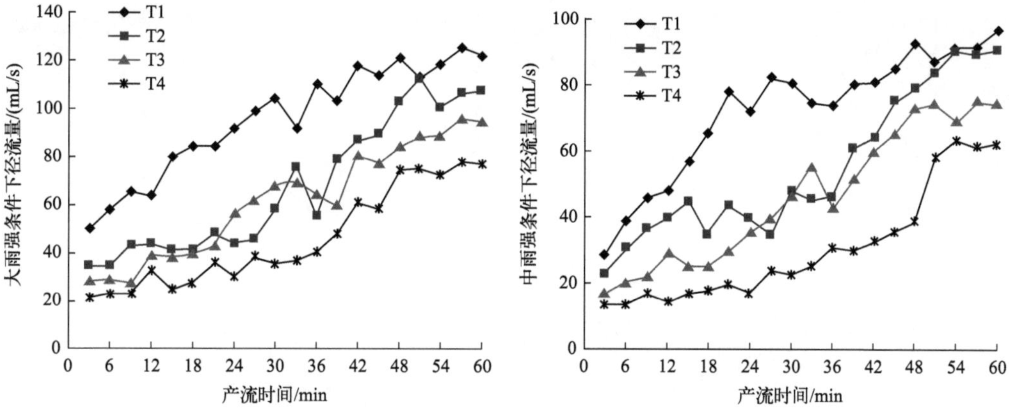

(a) 大雨强　　(b) 中雨强

图12-117　不同雨强下地表径流产流特征曲线

在忽略蒸发作用的条件下，落至地面的雨水主要以地表径流和土壤中流两种形式流失，且二者存在动态互补的关系，在降雨初期，土壤含水率较低，大部分雨水入渗至土壤中，因此地表径流量很少，但随着降雨时间的持续，土壤中水分趋于饱和，雨水开始不断地以地表径流的形式流失，所以表现出径流流失量不断增大的趋势，当土壤入渗量稳定后，地表径流量也趋于稳定，且二者总和趋于降雨总量。相比于裸地小区，其他 3 种径流小区对石灰土坡耕地地表径流的拦截效果总体表现为黑麦草生物篱＞栀子花生物篱＞石坎。相比于裸地，石坎、栀子花生物篱和黑麦草生物篱对径流的拦截效率分别为 24.1% ～ 29.4%、35.5% ～ 35.7% 和 52.2% ～ 57.4%。

大雨强条件下，不同坡度下地表径流产流特征曲线，实验结果见图 12-118。石坎、栀子花生物篱和黑麦草生物篱可以减缓因坡度过大引起坡耕地径流量增加的效果，且在 10° ～ 20° 的坡度范围内，生物篱对径流的拦截效果随坡度的增大而增大。虽然 4 种措施在不同坡度之间径流量随产流时间均表现为先增加后平稳的趋势，但是仔细分析不同措施条件下径流量的增长趋势发现，裸地在 20° 坡下产流初期增长较快，而石坎和黑麦草小区在产流之后的 30min 内增长趋势较为缓慢，说明石坎和黑麦草生物篱具有明显减缓径流产生的效果。

② 不同生物篱泥沙流失特征。20° 坡度、不同雨强下 4 种小区地表产沙特征曲线见图 12-119。

石坎小区主要通过延长径流的停留时间，通过土壤颗粒的机械沉降作用降低径流中的泥沙浓度，不仅生物篱通过对径流的拦截作用降低泥沙浓度，而且根系对土壤的固结作用也大大降低了径流中的泥沙浓度。石坎、栀子花生物篱和黑麦草生物篱 3 种措施相比于裸地在 60min 的产流时间内对泥沙的拦截率分别为 32.1% ～ 43.6%、58.9% ～ 59.9% 和 72.3% ～ 77.8%，3 种措施对径流泥沙量的拦截效果表现为黑麦草生物篱＞栀子花生物篱＞石坎。

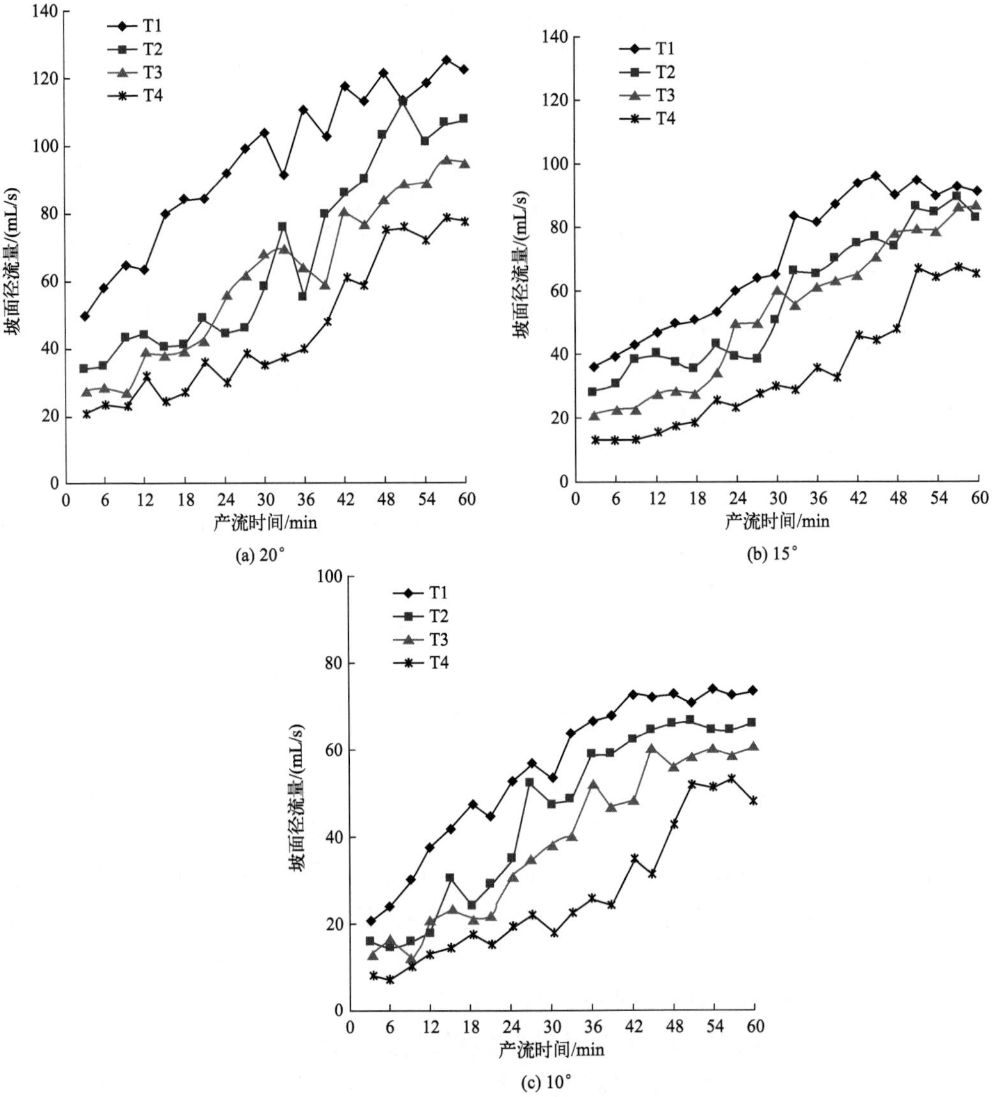

图12-118　不同坡度下地表径流产流特征曲线

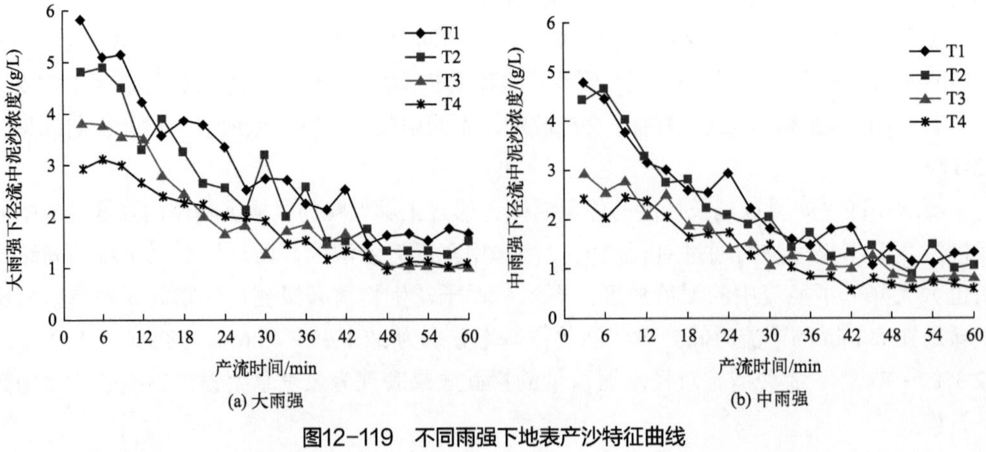

图12-119　不同雨强下地表产沙特征曲线

4 种措施在不同坡度下地表产沙特征曲线见图 12-120。3 种坡度在产流初期泥沙浓度差异较大，随着产流时间的持续，3 种坡度条件下的泥沙浓度逐渐接近并趋于稳定，坡度对石坎小区和生物篱小区径流中泥沙浓度的影响不大。20° 坡面表层土壤颗粒更容易在外力的作用下发生移动，导致径流中泥沙浓度增大，泥沙流失量也随之增大。相同措施条件和同一坡度下，黑麦草生物篱小区的初始产流时间均比其他措施长，生物篱系统地表径流量、径流系数和径流泥沙流失量也均比裸地和石坎措施小，在相同雨强及坡度条件下，黑麦草生物篱拦截石灰土坡耕地径流及泥沙的效果最好，栀子花次之。

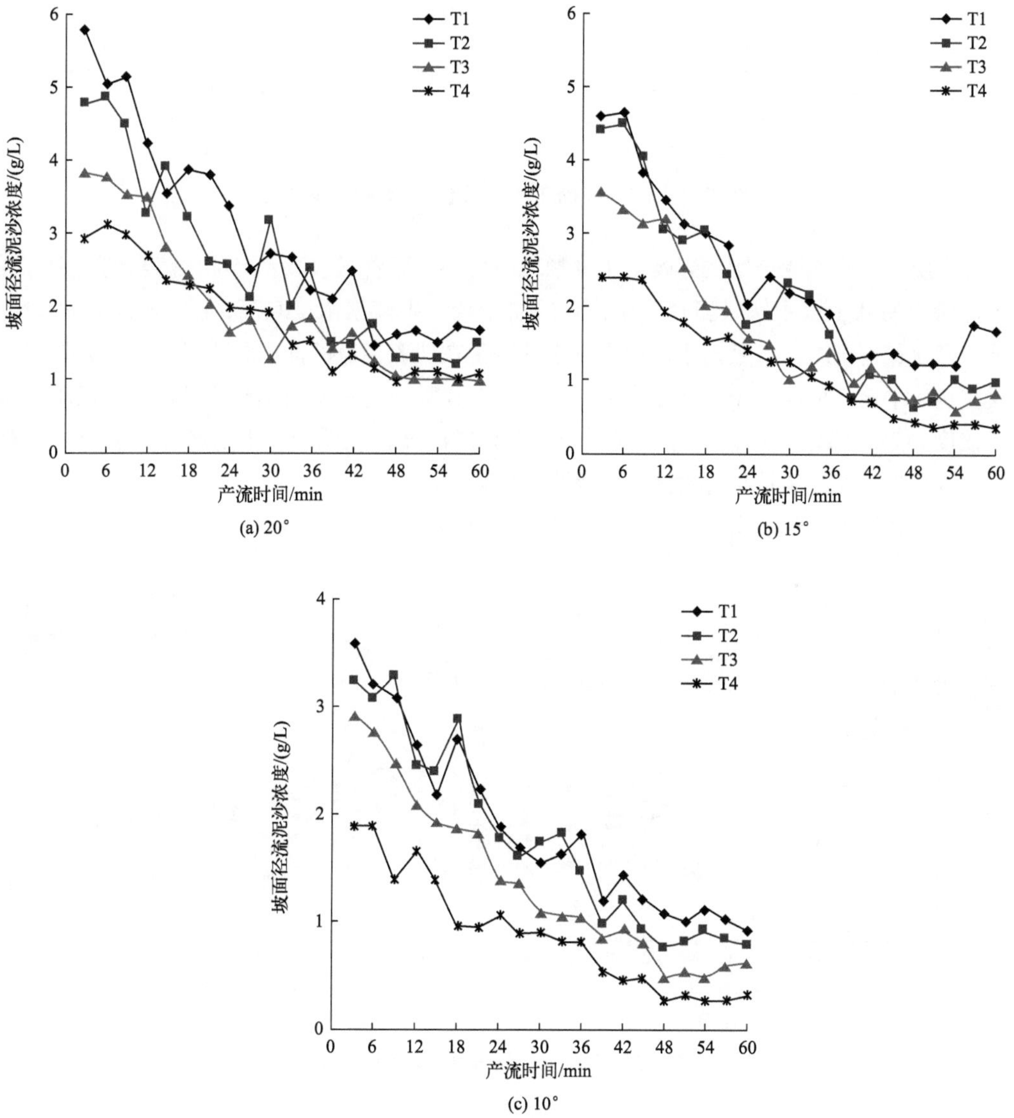

图12-120 不同坡度下地表产沙特征曲线

③ 不同生物篱地表径流中磷素流失特征。20° 坡度、不同雨强下地表径流中总磷浓度变化特征见图 12-121。

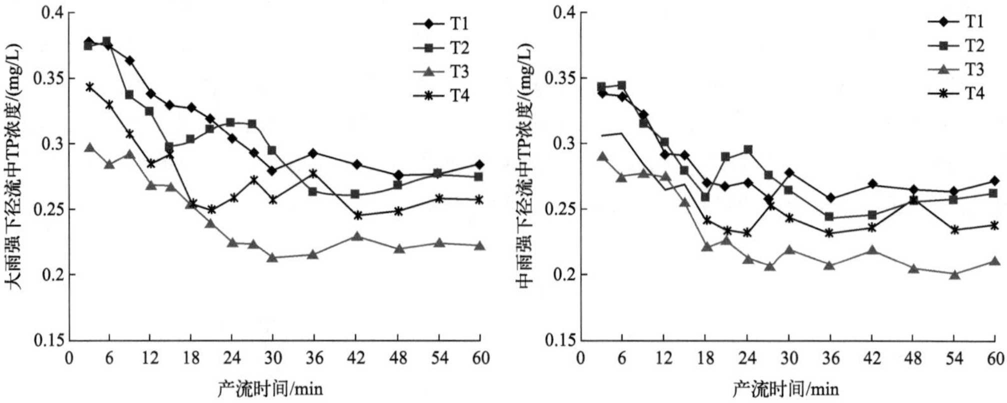

(a) 大雨强　(b) 中雨强

图12-121　不同雨强下地表径流中总磷浓度变化特征

表层土壤长期受施肥的影响，土壤颗粒中可溶态磷含量较高，当降雨落至地表后，可溶性磷容易从土壤中解吸至径流中，导致初始径流中磷素浓度较高，随着产流时间的持续，径流量逐渐增大，吸附于表层土壤中的磷素在地表径流的冲刷和稀释作用下吸附解析反应趋于平衡，使径流中磷素浓度开始降低，并在吸附解析反应和产流量稳定后径流中磷素浓度亦趋于稳定。生物篱可以减小径流中总磷浓度，且栀子花生物篱优于黑麦草生物篱，说明栀子花生物篱根部对磷素的吸附作用较好。

地表径流中颗粒态磷（PP）浓度流失特征见图 12-122。

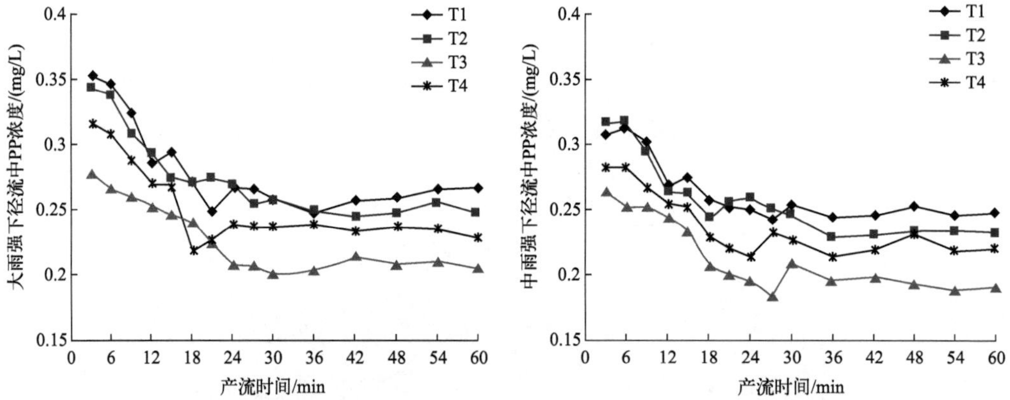

(a) 大雨强　(b) 中雨强

图12-122　不同雨强下地表径流中颗粒态磷浓度流失特征

随地表径流流失的磷素主要以 PP 形式为主，浓度均占总磷浓度的 85% 以上。

大雨强、不同坡度（20°、15° 和 10°）条件下，地表径流中总磷流失特征见图 12-123。

两种生物篱在不同坡度下均具有降低径流中总磷浓度的效果。生物篱系统具有降低因坡度引起磷素流失浓度过大的效果，且以栀子花生物篱效果最优。

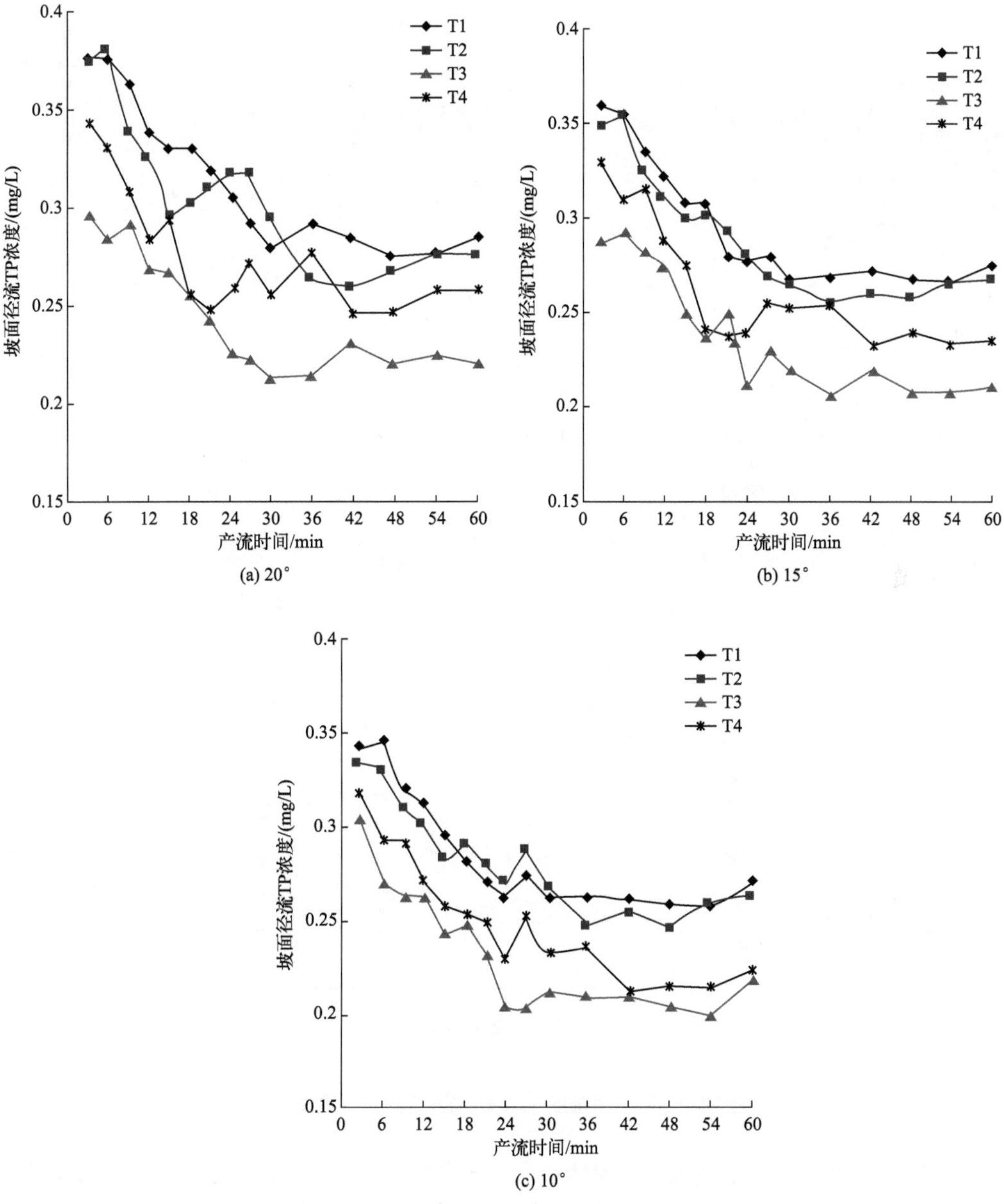

图12-123 不同坡度下地表径流中总磷流失特征

不同坡度下地表径流中颗粒态磷流失特征见图 12-124。

坡度对裸地径流中 PP 流失浓度的影响较大，不同坡度条件下 PP 浓度在产流过程中虽有波动，但稳定后呈现 20° ＞ 15° ＞ 10° 的趋势，产流初期径流中 PP 浓度较高，随着产流时间的持续，坡面地表径流量逐渐稳定，PP 浓度亦趋于稳定。磷素流失量：裸地小区＞石坎小区＞栀子花生物篱小区＞黑麦草生物篱小区。

④ 不同生物篱径流泥沙中磷素流失特征。20° 坡度、不同雨强下 4 种措施泥沙中总磷

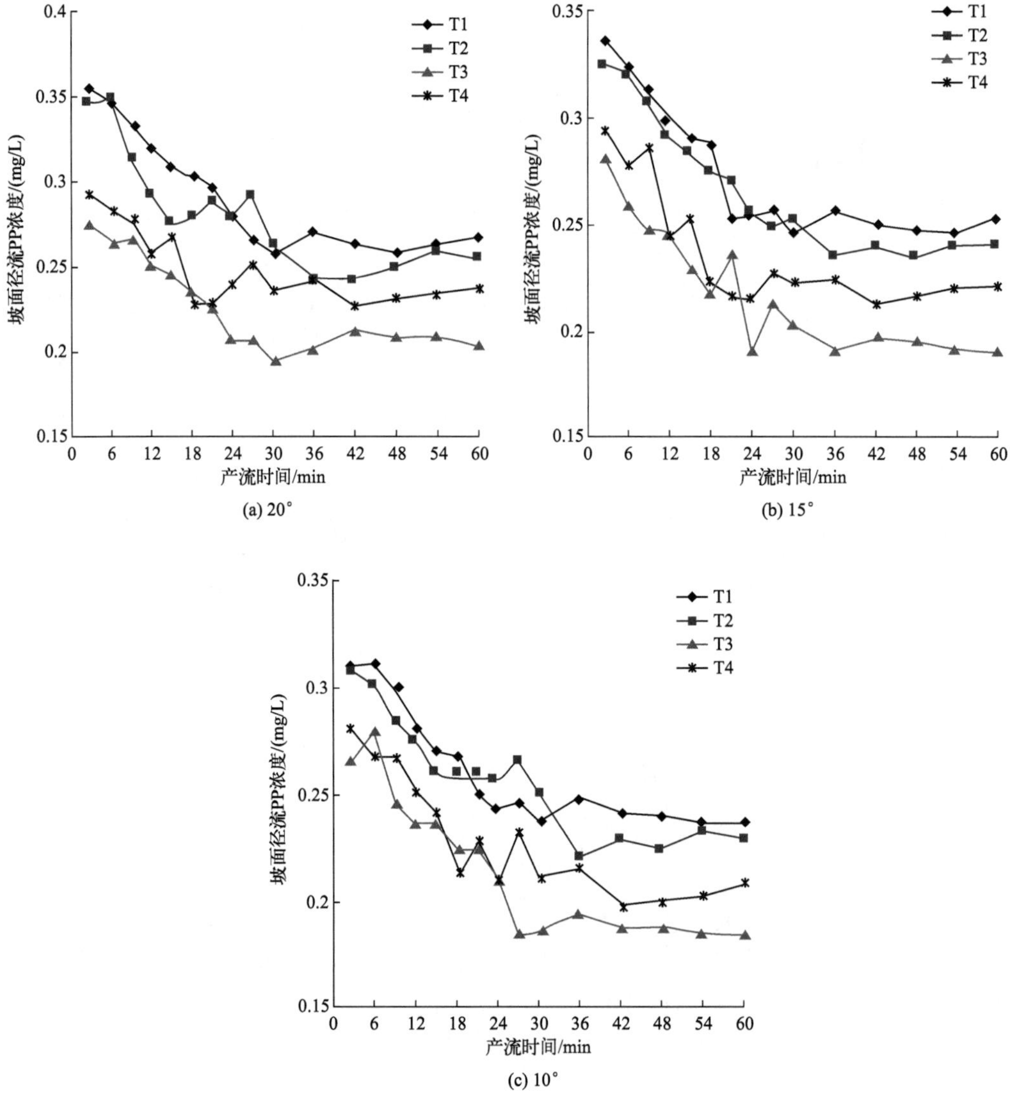

图12-124　不同坡度下地表径流中颗粒态磷流失特征

流失特征见图 12-125。雨强越大，泥沙中总磷流失量越大。泥沙流失量是影响泥沙中磷素流失的主要因素。相比于裸地，石坎、栀子花生物篱和黑麦草均具有明显阻控坡耕地泥沙中磷素流失的效果，且在大雨强条件下的阻控效果优于中雨强，说明生物篱措施可以有效地防控因暴雨引起的磷素流失，且在石灰土坡耕地条件下，阻控效果表现为黑麦草生物篱＞栀子花生物篱＞石坎，且产生此差异的主要原因在于 3 种措施对泥沙流失量的控制效果不同。

本次研究分析不同雨强下径流泥沙中速效磷流失特征（见图 12-126）。

大雨强条件下生物篱措施对速效磷的阻控效果较好，且两种雨强条件下泥沙速效磷浓度变化幅度很小，均在 0.0410 ～ 0.052mg/kg 之间波动，两种生物篱小区速效磷流失量明显低于裸地和石坎小区。泥沙中速效磷流失量与总磷流失量关系密切，在不同产流时段

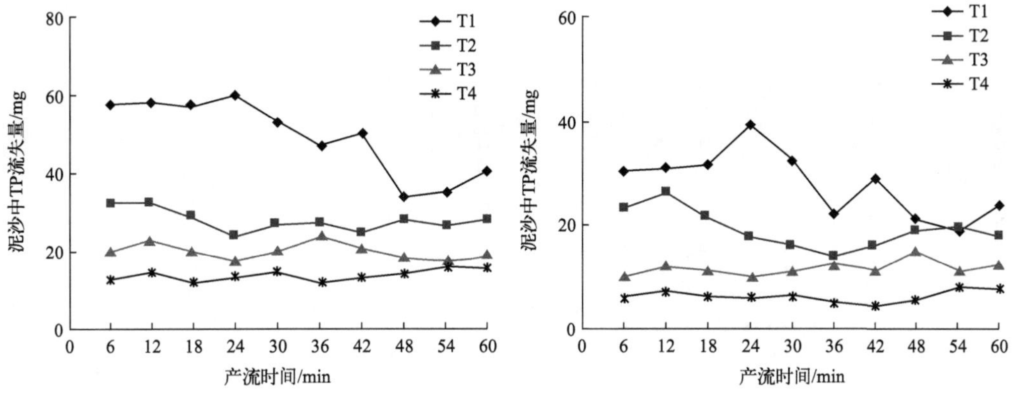

(a) 大雨强　　(b) 中雨强

图12-125　不同雨强下泥沙中总磷流失特征

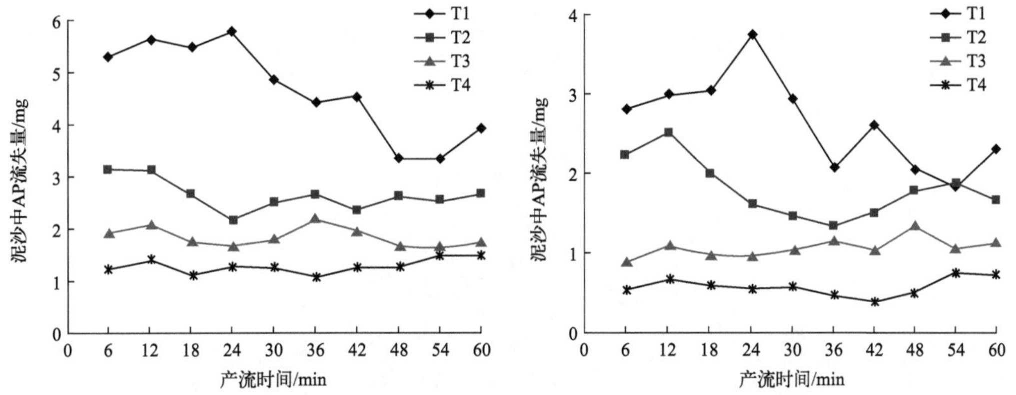

(a) 大雨强　　(b) 中雨强

图12-126　不同雨强下径流泥沙中速效磷流失特征

内，泥沙中速效磷流失量均不到总磷流失量的 10%，速效磷容易被土壤中的胶体颗粒物吸附固定，不易产生流失。

大雨强、3 种坡度条件下坡耕地泥沙中总磷流失特征见图 12-127。坡度对石灰土坡耕地径流泥沙中磷素的流失量有显著影响，4 种措施泥沙中总磷流失量均表现为 20° > 15° > 10°。3 种坡度下，裸地小区内泥沙中的磷素流失量均明显高于其他措施，生物篱石坎措施主要通过拦截径流泥沙流失量达到减少磷素流失的目的。土壤中的大部分磷素养分都储存在土壤表层的细颗粒中，坡度越大，土壤中细颗粒越容易受径流的携带向坡下迁移流失，导致坡度较大时磷素流失量较大。

⑤ 不同生物篱磷素输出负荷特征。不同措施条件下地表磷素养分输出负荷见图 12-128。

4 种条件下泥沙中磷素流失量均明显大于径流中磷素流失量，裸地、石坎小区、栀子花生物篱小区和黑麦草生物篱小区泥沙中磷素流失量分别占坡耕地磷素流失总量的 82.6%、80.1%、79.5% 和 75.9%，其中径流中流失的磷素主要以颗粒态磷为主，颗粒态磷

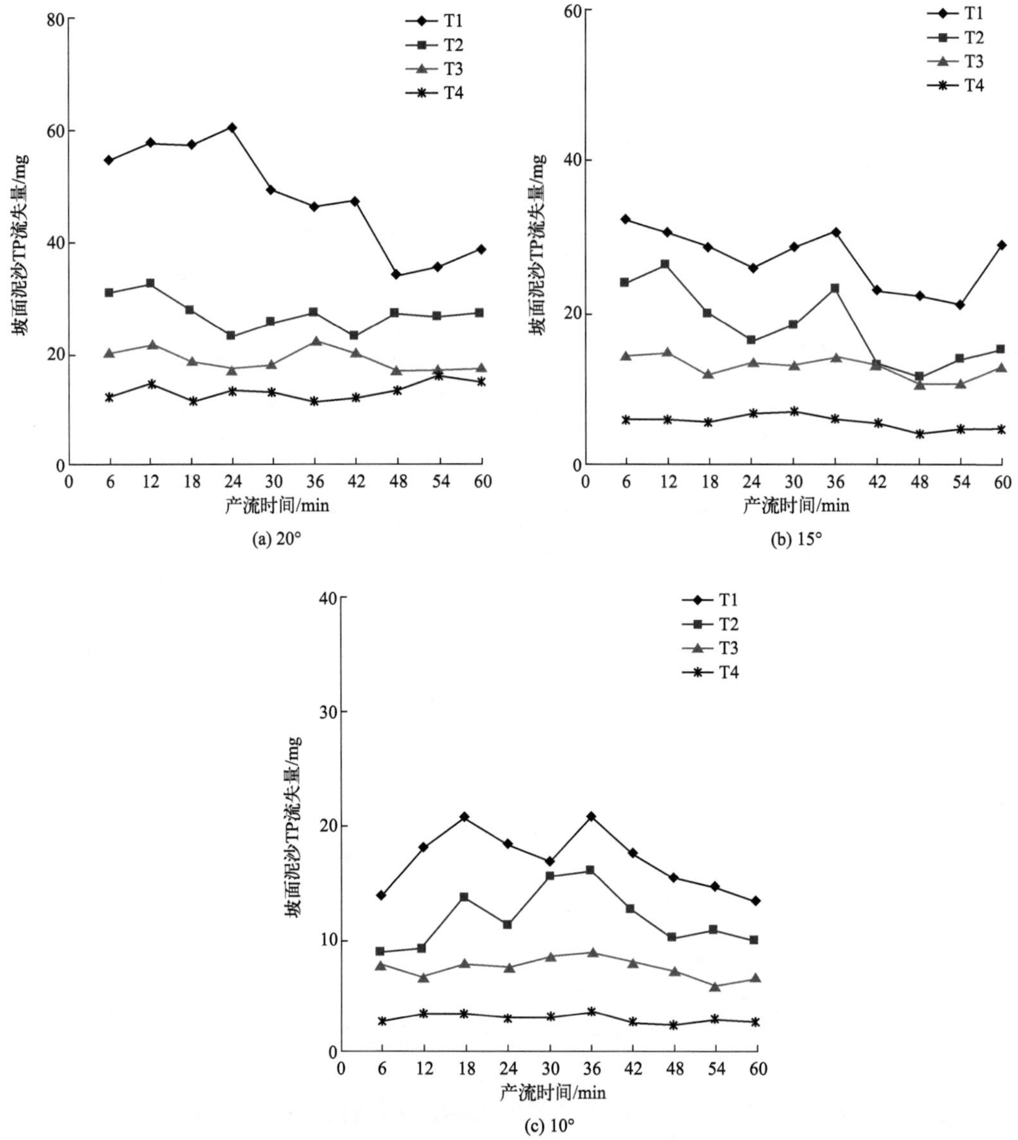

图12-127　不同坡度条件下泥沙中总磷流失特征

流失量占径流中总磷流失量的85%以上，而泥沙中速效磷流失量在总磷流失量中的占比不到10%。相比于裸地，3种措施对径流及泥沙中磷素流失总量的阻控效果均表现为：黑麦草小区>栀子花小区>石坎小区。

2）两种模式控制水土及磷素流失效果

根据前期实验总结及资料调查，2016年3月在20°径流小区内分别构建生物篱混种模式及生物篱石坎混合模式，2016年8月中旬对长势良好的生物篱小区、篱坎组合小区及裸地对照组进行大雨强（1.5mm/min）人工降雨实验。

不同措施下径流小区内产流产沙特征见图12-129。生物篱混种模式和篱坎组合模式对坡耕地地表径流及泥沙流失的阻控效果较好。

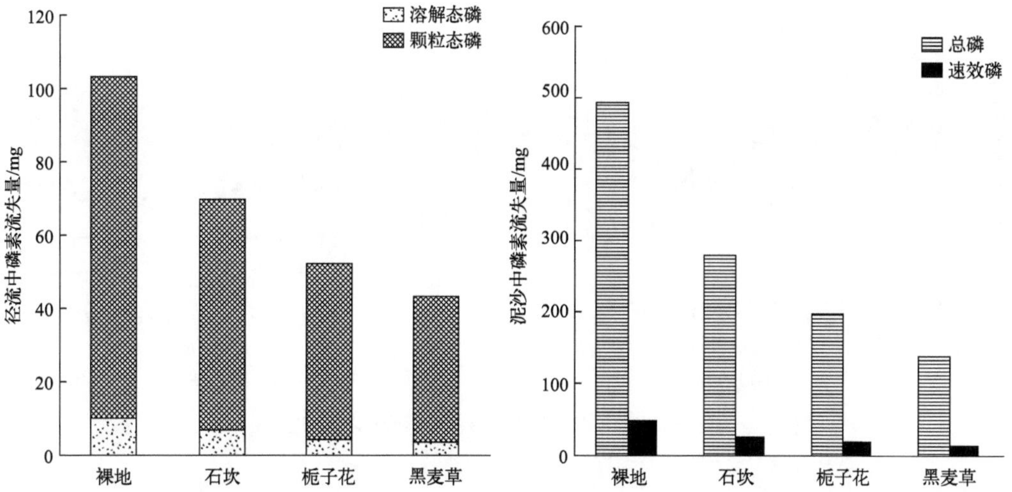

(a) 径流 (b) 泥沙

图12-128 不同措施下地表磷素养分输出负荷

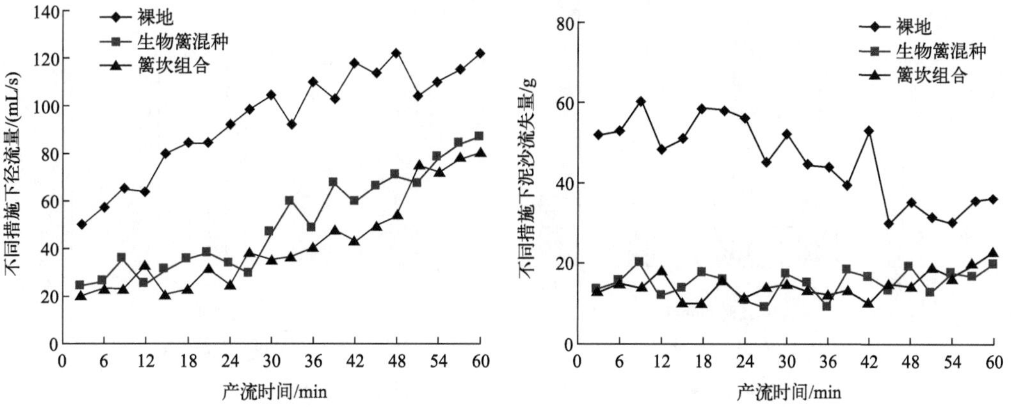

(a) 径流量 (b) 泥沙流失量

图12-129 不同措施下泾流小区内产流产沙特征曲线

不同措施下径流中和泥沙中磷素流失浓度特征见图 12-130、图 12-131。

相比于裸地，在 60min 的降雨周期内，生物篱混种模式对径流及泥沙的拦截率分别为 46.4% 和 66.4%，篱坎组合系统对径流及泥沙的拦截率分别为 54.7% 和 78.1%。且在实验现场观察发现，生物篱小区的径流明显小于裸地，且径流较裸地清澈。在控制径流及泥沙磷素流失方面，生物篱混种模式略优于篱坎模式，由于径流及泥沙中磷素浓度差异不大，所以不同的措施主要通过控制径流及泥沙输出量达到控制面源磷流失的目的。实验数据结果显示，相比于裸地，生物篱混种模式及篱坎组合措施对径流中总磷流失量的削减率达 30% ～ 45%，对径流中颗粒态磷的拦截率为 25% ～ 35%，对土壤中总磷及速效磷的拦截率为 40% ～ 55%，可以看出生物篱混种模式在控制坡耕地磷素流失方面发挥重要作用。

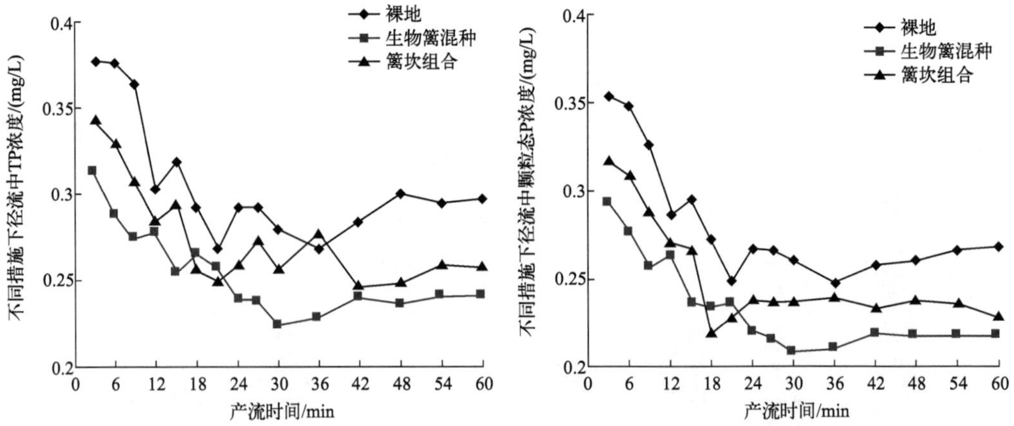

(a) TP浓度　　(b) 颗粒态P浓度

图12-130　不同措施下径流中磷素流失浓度特征

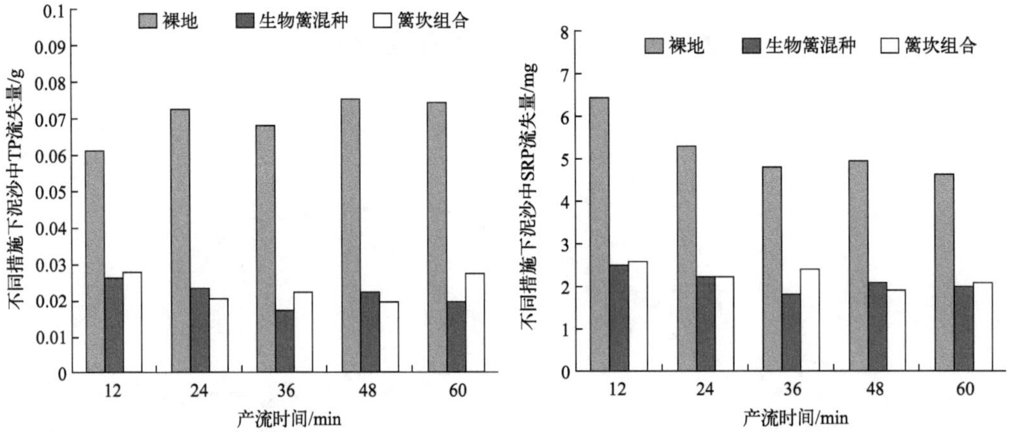

(a) TP流失量　　(b) SRP流失量

图12-131　不同措施下泥沙中磷素流失特征

(3) 植物的时空配置及控磷效果研究

植物搭配方案：根据植物的截污性、固土护坡性、耐淹性以及植物的生态习性等进行植物搭配。建议搭配如下。

① 175m 以上：桑树、香根草、中华蚊母树、刺槐、瓜木、狗牙根；

② 160 ～ 175m ：香根草、狗牙根、白三叶、栾树、树型金银花；

③ 144 ～ 160m ：狗牙根、白三叶、香根草。

在降雨径流小区中通过人工降雨模拟实验，比较不同植物配置对降雨径流、土壤侵蚀、氮磷流失、土壤入渗的调节作用。

① 配置模式 1：桑树 + 香根草（T1）。

② 配置模式 2：金银花 + 狗牙根（T2）。

③ 配置模式 3：桑树 + 金银花 + 狗牙根（T3）。

1）不同雨强下控制地表径流效应

3 种不同的配置模式在不同雨强下地表径流产流特征曲线见图 12-132。

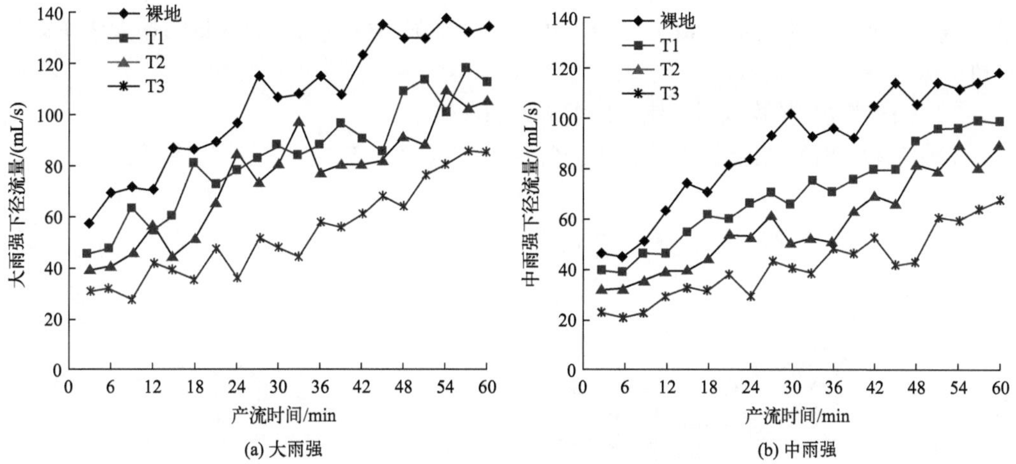

图12-132　不同雨强下地表径流产流特征曲线

降雨初期，各种措施小区内土壤含水率较低，大部分雨水入渗至土壤中，因此地表径流量很少，但随着降雨时间的持续，土壤中水分趋于饱和，雨水开始不断地以地表径流的形式流失，所以表现出径流流失量不断增大的趋势，当土壤入渗量稳定后，地表径流量也趋于稳定，且二者总和趋于降雨总量。不同雨强条件下各种配置模式径流流失量差异较大，大雨强条件下，裸地小区内径流量最终稳定在 120 ～ 140mL/s 之间，T1 和 T2 小区稳定于 100mL/s 左右，T3 小区稳定于 80mL/s 左右；中雨强条件下，裸地小区径流量稳定于 100 ～ 120mL/s 之间，T1 和 T2 小区稳定于 80 ～ 100mL/s 之间，T3 小区稳定于 60mL/s 左右。无论是中雨强还是大雨强，相比于裸地小区，其他三种不同植物配置模式的径流小区对石灰土坡耕地地表径流的拦截效果总体表现为 T3 ＞ T2 ＞ T1。

2）不同植物配置模式对泥沙流失的影响

不同植物配置模式下石灰土坡耕地泥沙流失情况见图 12-133。

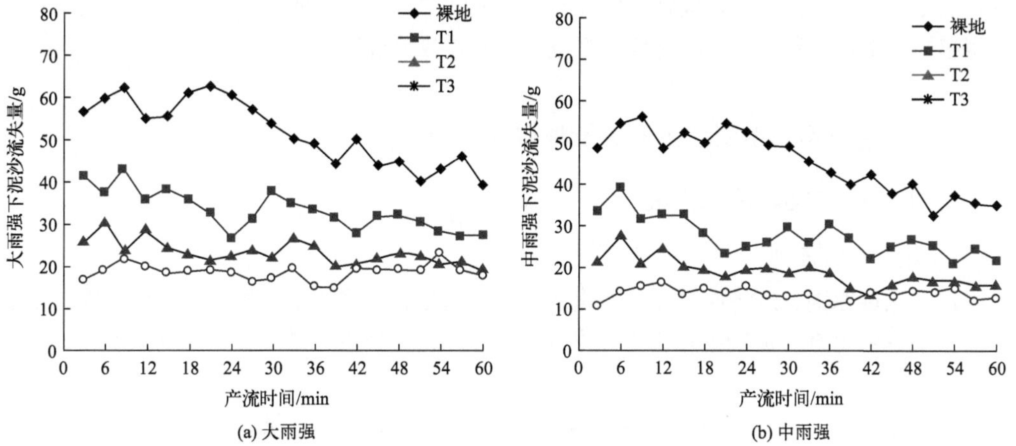

图12-133　不同植物配置模式下石灰土坡耕地泥沙流失情况

4 种条件下泥沙流失量随产流时间的持续存在一定的波动，产流一定时间后，细沟侵蚀作用逐渐减小并趋于稳定，而 T2 和 T3 小区由于植物根系对坡面表层土壤的固结作用和对下移径流的拦截作用较好，从而极大地缓解了泥沙流失量。对比分析不同雨强下泥沙流失量发现，雨强对泥沙流失的影响较大，大雨强条件下径流泥沙量明显大于中雨强条件。

3）不同植物配置模式对径流中磷素流失的影响

3 种植物配置模式在不同雨强下地表径流中总磷（TP）流失浓度的变化特征见图 12-134。

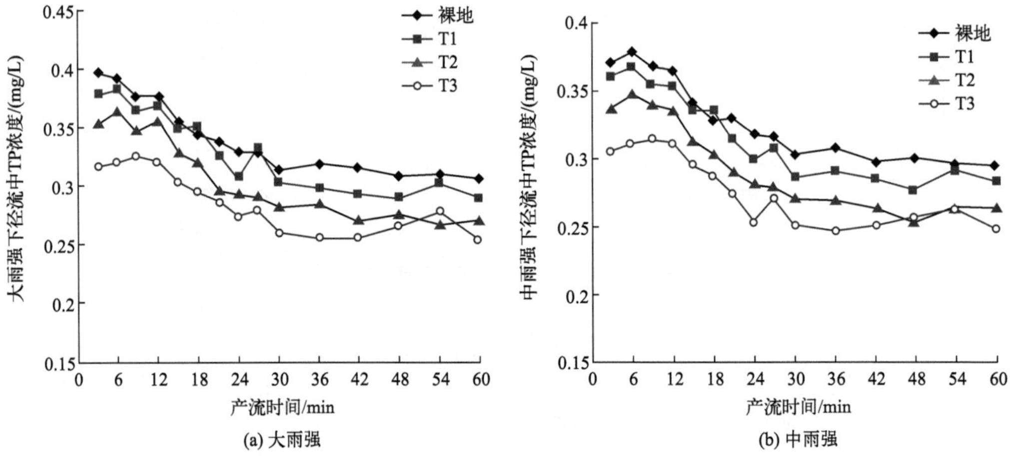

图12-134　不同雨强下地表径流中总磷流失浓度的变化特征

裸地小区和不同植物配置模式的径流小区在大雨强条件下地表径流中 TP 浓度均略高于中雨强，且两种雨强下产流初期 TP 的浓度都较高，随着产流时间的推移逐渐较小并趋于稳定，且不同配置模式条件下径流中总磷浓度均在产流后 30min 左右趋于平稳。对径流中磷素流失的控制效果总体表现为 T3＞T2＞T1。

石灰土坡耕地磷素流失主要以地表径流为动力，泥沙为载体，泥沙中携带的磷素流失量明显高于径流中的磷素流失量，因此，控制泥沙流失是控制石灰土坡耕地磷素流失的关键，通过分析不同植物配置模式下地表径流及泥沙中磷素流失量发现，桑树＋金银花＋狗牙根植物配置模式对石灰土坡耕地磷素流失的阻控效果最好。

12.3.2.2　生态沟渠控制水土流失及氮磷流失效果

（1）生态沟渠内植物搭配

1）植物组合原则

以本土性原则、经济性原则、净化能力强为指导，选择 6 组植物组合进行实验，以水体及土壤总磷（TP）的削减作用为标准筛选出至少两组能够高效削减污染物的植物组合。

2）受试植物

狗牙根＋三叶草、狗牙根＋黑麦草、三叶草＋黑麦草、地毯草＋狗牙根、地毯草＋黑麦草、地毯草＋三叶草。

3）场地设置

在坡耕地下方，设置长度 10m，宽 0.3m 的纵沟三条。两侧与沟底用水泥修砌，土深 0.4m，在沟渠上口设置导流入口。分别栽种上述 6 组受试植物，一条水泥沟混合栽种一组植物，培养 1 个月。

4）实验方案

以 K_2HPO_4 溶液配制 2mg/L 的含磷废水，控制进水流量为 10L/min。在水泥沟渠上口处与出口处设置取样点，进行水样采集。假设初始 TP 和最终 TP 为 C_0 和 C_N，TP 削减率 $D=(C_0-C_N)/C_0\times 100\%$。如表 12-35 所列。

表12-35 不同植物组合对TP的削减率

植物组合	TP削减率/%					平均削减率/%
	1	2	3	4	5	
狗牙根+三叶草	7.04	9.56	9.66	7.74	12.16	9.23
狗牙根+黑麦草	5.63	8.09	8.28	5.16	10.14	7.46
三叶草+黑麦草	4.93	6.62	9.66	7.10	10.81	7.82
地毯草+狗牙根	2.82	5.88	7.59	7.74	8.78	6.56
地毯草+黑麦草	4.23	9.56	6.90	5.16	10.14	7.20
地毯草+三叶草	3.52	7.35	8.97	4.52	8.11	6.49

5）实验结论

对 TP 削减率较好的是狗牙根 + 三叶草组合。可能是因为狗牙根、三叶草是匍匐茎，在地下根须密集，两者配合效果比较好。

（2）生态沟渠控制水土流失及氮磷流失效果研究

生态沟渠断面采用明渠均匀流公式计算。根据各排水沟的实际情况，避免占用农田，生态沟渠设计为矩形断面，沟宽为 50cm，沟深为 30cm。实验基地的生态沟渠采用横向布置，生态沟渠两侧均用开口砖修葺而成，为保证沟渠整体结构的稳定性以及防水性，两侧采用水泥抹面稳固。沟渠底部统一进行平整，保留原有土壤结构，满足农用灌溉的前提下，在沟渠底部种植水生植物，构建生态系统净化水质、改善沟渠景观环境。本次实验研究选取的植物为狗牙根，主要是将狗牙根草皮移栽到生态沟渠中，对狗牙根草皮进行长达 3 个月的养护，使得狗牙根草皮能在生态沟渠土壤中茂盛生长，其中移栽的狗牙根草皮对沟渠的覆盖度为 100%，生物量为 12.2kg/m^2。狗牙根草皮覆盖长度为 10m，以便于实验的研究。

通过人工配水控制污染物初始浓度、流量进行实验。

1）初始浓度对氮磷拦截效果的影响

浓度梯度如表 12-36 所列。在对生态沟渠不同浓度氮磷变化规律研究时，控制进水流量为 10L/min。每隔 10m 取一个监测断面。

表12-36　不同浓度进水氮磷含量表　　单位：mg/L

指标	TP	NH_4^+-N	NO_3^--N	TN	SS
低浓度	0.8	0.8	1.2	2	40
中浓度	2.4	2.4	3.6	6	80
高浓度	4	4	6	10	120

在模拟配水浓度分别为低、中、高浓度时，氮磷浓度随空间距离的变化特征见图12-135～图12-137。

TP浓度随着距离的增加而显著下降，TP去除率达到19%～26%。这是因为当径流流过坡耕地生态沟渠时，沟渠的底泥、植物对径流中的磷素具有吸附作用。

沟渠底泥在沟区生态系统中发挥着至关重要的作用，它不仅能给微生物提供大量的空隙空间生长，而且这些空隙空间还为底泥进行界面交换提供了大量的交换界面，极大增强

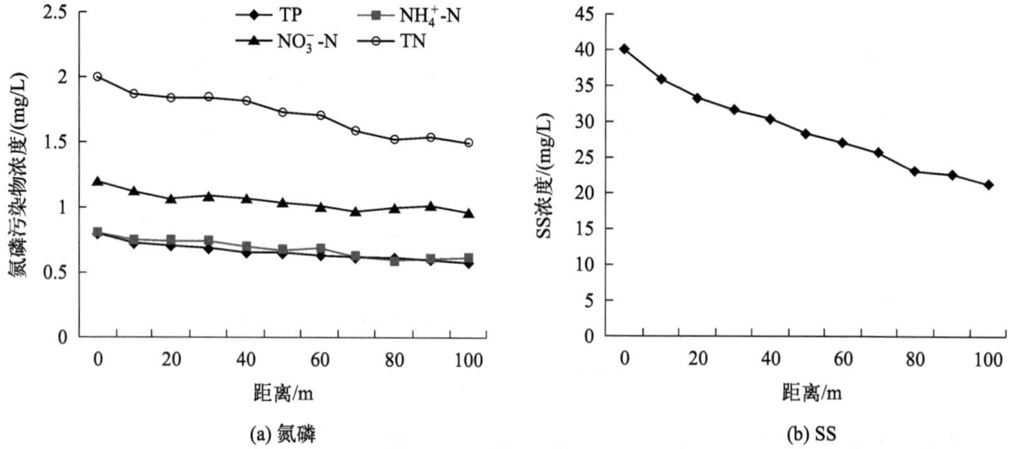

图12-135　低浓度下氮磷和SS随空间距离变化

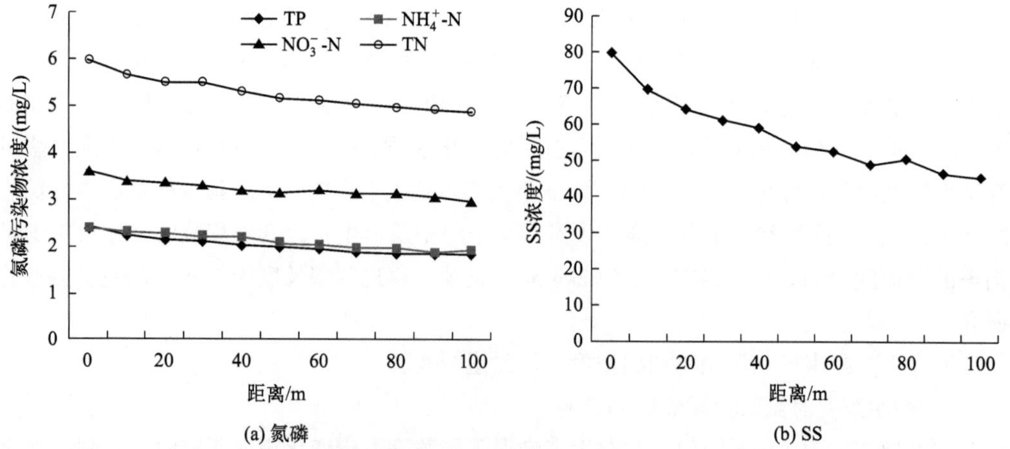

图12-136　中浓度下氮磷和SS随空间距离变化

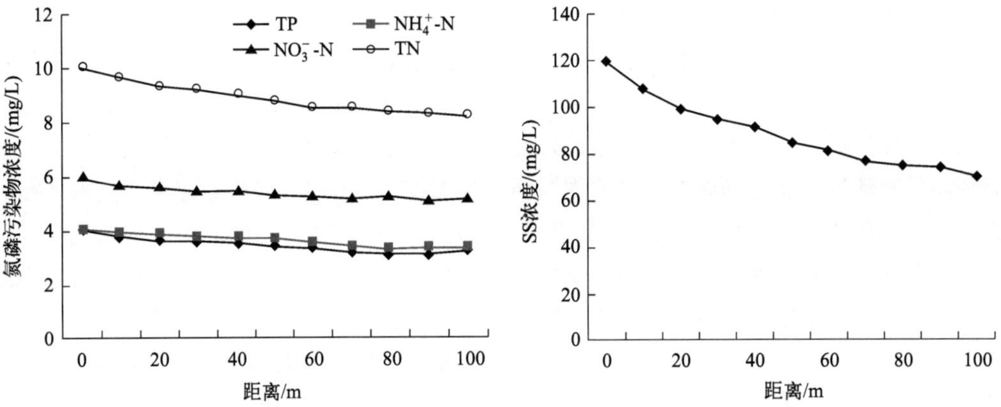

(a) 氮磷　　(b) SS

图12-137　高浓度下氮磷和SS随空间距离变化

了底泥比表面积。底泥成分比较复杂，其中有机质等团粒型结构较多，这些结构有助于底泥自身对于污染物的吸附，而且底泥中还含有大量的非晶体型的铁铝氧化物。可溶性的无机磷很容易与铁铝氧化物结合，与 Al^{3+}、Fe^{3+} 等发生吸附和沉淀反应，生成溶解度很低的磷酸铁或磷酸铝等，沉积在底泥中，进而增强了土壤的去磷能力。表层底泥微环境相对于内层处于富氧状态，因此铁铝呈无定形的氧化状态，具有很强的吸附结合能力，与水体中磷素形成难溶的复合物。在水流流量为 10L/min 的条件下，生态沟渠对 TP 进行去除。当 TP 浓度为 0.8mg/L 时，去除率在 100m 处达到最高，为 26%，沟渠水流经过狗牙根以及香根草植物区后，TP 浓度下降明显。TP 的去除曲线随着距离的增加变得越来越平缓，TP 的降低还和植物的吸附有关，在坡耕地生态沟渠底部和沟侧，香根草匍匐于沟底，狗牙根具有庞大的根系，可以吸收吸附排水中的磷酸盐。但是植物根区存在吸附平衡，当外界 TP 浓度降低时，吸附的速度也因此受到了影响。SS 进水浓度越高，其去除量越大，但是去除效率会降低。这是因为植物与底泥能够有效拦截 SS，但是其拦截能力有限。

2）流量对氮磷拦截效果的影响

通过人工配水控制污染物初始浓度、流量进行实验，设置进水浓度为 TP=4mg/L，NH_4^+-N=4mg/L，NO_3^--N=6mg/L，TN=10mg/L，SS=100mg/L。通过水泵与流量计设置进水流量分别设为：1 号为 10L/min，2 号为 20L/min，3 号为 30L/min。同样每隔 10m 设置一个监测断面。

在设置的流量范围内，对 TP 去除率范围在 24% ～ 26%，NH_4^+-N 去除率范围在 23% ～ 25%，TN 去除率范围在 18% ～ 23%，NO_3^--N 去除率范围在 15% ～ 18%。这是因为当径流流过坡耕地生态沟渠时，沟渠的底泥、植物对径流中的磷素具有吸附作用。沟渠的底泥和植物庞大的根系对 SS 的拦截起到了很大的作用。水生植物在沟渠生态系统中，不仅可以吸收污水中的营养元素供自身生长，而且还能够调节相应水体中的含氧量及 pH 值等指标，为微生物生长提供良好的条件。而水生植物庞大的根系也为沟渠生态系统提供了庞大的吸附拦截表面，固定了底泥土壤，稳定了土质结构，也一定程度上为底泥空隙运输氧气，增强溶解氧含量。另外，沟渠底泥、土壤富含氧化态的铁、铝化合物，易与水中PO_4^{3-}发生沉淀反应，这也会降解水流中的PO_4^{3-}。

生态沟渠在 3 种流量下，氮磷、SS 浓度随着流速增加而减小，在流量为 10L/min 时，TP、TN、NH_4^+-N、NO_3^--N 的去除率达到最高。这主要是因为氮磷、SS 的去除在流量较高的条件下，主要依靠植物根系、底泥空隙的吸附完成。在植物根系、底泥空隙附近存在着吸附平衡界面，外界较快的流速导致其吸附氮磷，相应地也提高了解析释放的压力。外界较高的水流速度促进植物根系及底泥吸附的NH_4^+-N、PO_3^-向外释放的速率，使得平衡界面的平衡向解吸方向偏移，氮磷及 SS 从底泥孔隙向水中扩散。另外，由于沟渠底泥、土壤富含氧化态的铁、铝化合物，易与水中PO_3^-发生沉淀反应。低水流说明渠水在实验沟段中的水力停留时间较长，为水中物质发生沉淀反应提供较充足时间，便于磷素从水体中脱离，而高水流时水中物质反应时间较短，导致水中PO_3^-浓度沿程变化不大。对比NH_4^+-N 截留情况可知，在低水流条件下PO_3^-被截留的量较大，这说明水中PO_3^-不仅被沟渠底泥、土壤吸附，也易被水中悬浮物吸附截留沉淀，进而脱离水体。

氮磷浓度曲线随着沟渠距离的增加而变化得更平缓。在 3 种不同的流速下，污染物的浓度跟距离的关系变化都一致，TP 的去除曲线随着距离的增加变得越来越平缓，这是因为 TP、NH_4^+-N 的降低和植物根系以及底泥空隙的吸附有关，在坡耕地生态沟渠底部和沟侧，香根草匍匐于沟底，狗牙根具有庞大的根系，可以吸收吸附排水中的磷酸盐。但是植物根区存在吸附平衡，当外界 TP 浓度降低时，吸附的速度也因此受到了影响。而对于 NO_3^--N 的去除效率最低，仅有 18%。这是因为NO_3^--N 很难被底泥吸附，故降解的效果弱于前两者。

3）沟渠长度对泥沙拦截效果的影响

在自然降雨时，通过对不同距离狗牙根草皮径流监测，结果绘制如图 12-138。

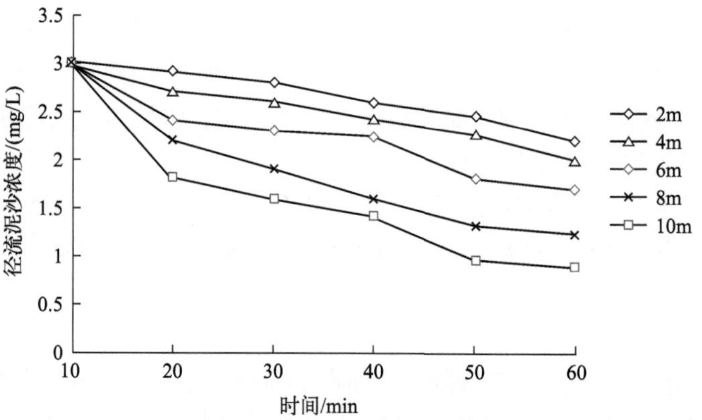

图12-138　生态沟渠对泥沙的拦截过程图

径流泥沙浓度在通过不同距离段狗牙根草皮后呈现出一直递减的趋势，并且随着时间的延长生态沟渠同一取样断面的泥沙浓度也在逐渐递减。生态沟渠进水泥沙浓度为 3.10g/L，图中可以看出 10m 的狗牙根草皮对泥沙的拦截效果最佳，通过对 10m 长生态沟渠与时间进行加权平均计算得到：生态沟渠出水泥沙浓度为 0.94g/L，泥沙拦截率为 69.68%。

在生态沟渠中，泥沙的沉降途径主要有重力沉降（自然沉降）和植物拦截 2 种。当配置的泥沙水质进入沟渠时，各颗粒物之间彼此碰撞黏结的概率较小，大多悬浮在农田径流中，不易产生自然沉降，此时植物尤其是沟底植物的拦截成为促使颗粒物沉降的主要原因，而狗牙根草皮生长茂盛，生物量高，被浸没的根茎叶均可对水中颗粒物进行拦截，因此泥沙削减率高。

12.3.2.3 人工湿地控制水土流失及氮磷流失效果

(1) 湿地填料筛选实验

水岸湿地是针对库区面源污染的治理而设置，主要处理地表径流水。湿地填料和植物是水岸湿地的重要组成部分。在室内进行填料的吸附特性研究，探讨填料的吸附性能以及不同停留时间对氮磷的削减率；在室外进行植物的筛选测试，测试植物对于氮磷的削减率。

本部分主要对湿地填料对磷素的吸附效率进行考察。所用湿地填料为沸石、砾石、页岩陶粒和石灰石基质。

经过等温吸附实验，不同初始浓度的 K_2HPO_4 溶液经过不同基质的吸附后，以平衡浓度和吸附量绘制基质磷素吸附等温线见图 12-139。

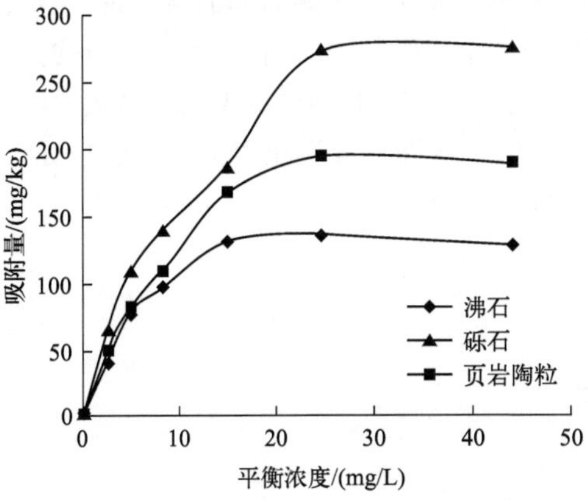

(a) 沸石+砾石+页岩陶粒

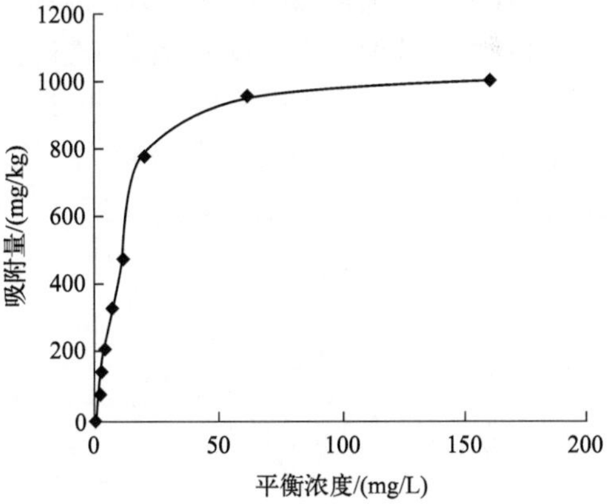

(b) 石灰石

图12-139 不同基质磷素吸附等温线

随着磷浓度的增大，基质对磷的吸附量增大。在相同磷溶液浓度时，对磷吸附量大小依次为：石灰石＞页岩陶粒＞砾石＞沸石。基质对磷的等温吸附过程分为两个阶段，初始阶段，吸附量迅速增大，随着溶液磷浓度的进一步增加，磷吸附量增长缓慢，吸附能力逐渐达到饱和，吸附等温线趋于平缓。但是，对于石灰石来说，磷浓度在 0 ～ 50mg/L 范围内，石灰石的吸附量一直在增大，说明石灰石对磷具有很强的吸附能力，吸附潜力大。根据等温吸附实验结果，分别使用 Freundlich 方程和 Langmuir 等温吸附方程进行拟合，根据 Langmuir 等温吸附方程，计算各基质的理论饱和吸附量 q_m。根据模型拟合结果，不同基质 q_m 大小依次为：石灰石＞页岩陶粒＞砾石＞沸石。石灰石的吸附能力最强，其次是页岩陶粒和砾石，沸石吸附能力最弱。石灰石的理论饱和吸附量达到 1000mg/kg，是页岩陶粒的 3.5 倍，是砾石的 5 倍，是沸石的 7 倍，表现出很强的吸附除磷能力。

不同基质磷素吸附随时间变化情况见图 12-140。

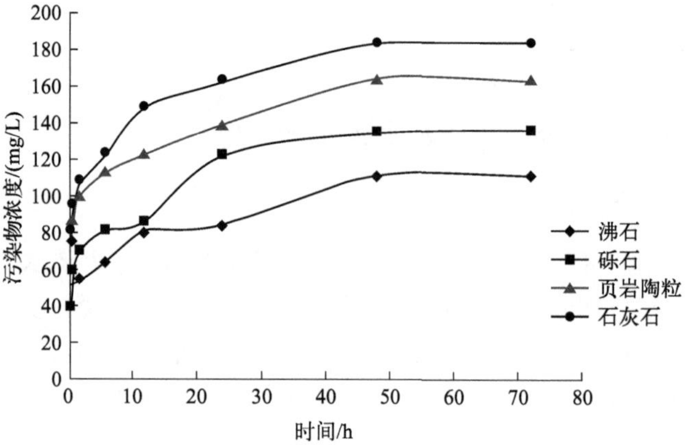

图12-140 不同基质磷素吸附随时间变化情况

基质对磷的吸附量随着吸附时间的增大而增大。从吸附开始到结束，石灰石和页岩陶粒均表现出了对磷较强的吸附能力，与沸石和砾石的差距随着吸附时间的增长越来越大。吸附过程可以分为：快速吸附阶段和慢速吸附阶段 2 个阶段。10h 之前，是石灰石的快速吸附阶段，对磷吸附量迅速增大，10h 之后，增速略微放缓，但仍快速增大。对页岩陶粒和砾石来说，4h 之前吸附量快速增大，之后吸附速率变缓，吸附能力页岩陶粒＞砾石。沸石的吸附量快速增长阶段最短，之后对磷吸附量缓慢增长。

基质对磷素吸附量随时间变化见图 12-141。

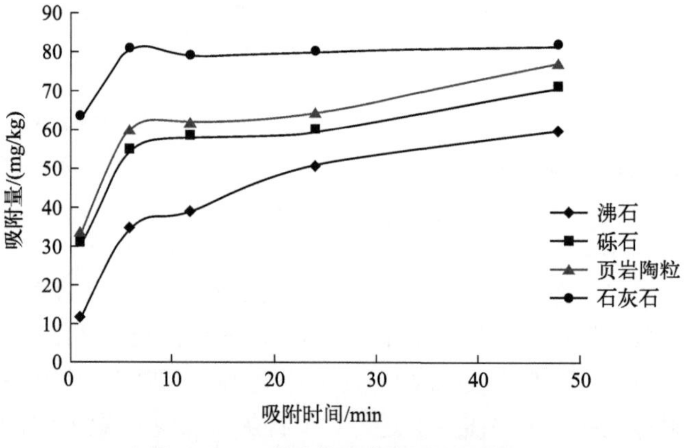

图12-141 单种基质对磷素的吸附效果

吸附时间相同时，4 种基质对磷素的吸附强弱依次为：石灰石＞页岩陶粒＞砾石＞沸石。随着吸附时间的增大，基质对磷素的吸附量逐渐增大，在 48h 达到最大值。48h 内各基质最大吸附量的比较见表 12-37。对于沸石、砾石和页岩陶粒来说，48h 内磷素最大吸附量与石灰石相比分别下降了 27.08%、13.54% 和 5.21%。表明单基质中石灰石对磷吸附效果最好。

表12-37 各基质最大吸附量的比较

基质	最大吸附量/(mg/kg)	增加率/%
石灰石	81.59	—
沸石	59.49	-27.09
砾石	70.54	-13.54
页岩陶粒	77.34	-5.21

注：增加率指的是其他基质相对于石灰石最大吸附量增加的百分数。

组合基质对磷素吸附量随时间变化情况见图 12-142。组合基质对磷素的吸附量随时间增大而增大，在 48h 达到最大值。不同基质组合表现出了对磷素吸附能力的差异，不同基质组合对磷素的吸附量大小依次为：ys12＞ys11=sl11＞fs12＞ys21＞sl12＞sl21＞fs11＞fs21。

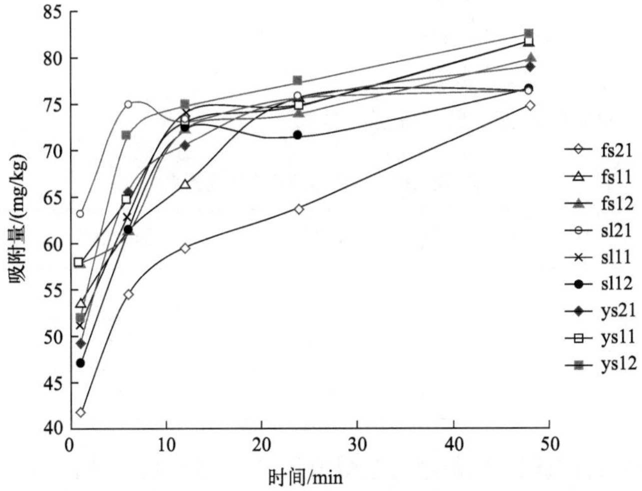

图12-142 组合基质对磷素的吸附效果

各组合基质与单石灰石对磷素的吸附量比较见表 12-38。

表12-38 各组合基质与单石灰石对磷素吸附量的比较

基质	基质组合	质量比	最大吸附量/(mg/kg)	增加率/%
石灰石	—	—	81.59	—
fs21	沸石：石灰石	2：1	74.72	-8.42
fs11	沸石：石灰石	1：1	76.42	-6.33
fs12	沸石：石灰石	1：2	79.82	-2.17
sl21	石灰石：砾石	2：1	76.42	-6.33
sl11	石灰石：砾石	1：1	81.59	0
sl12	石灰石：砾石	1：2	76.49	-6.25
ys21	页岩陶粒：石灰石	2：1	79.04	-3.12
ys11	页岩陶粒：石灰石	1：1	81.59	0
ys12	页岩陶粒：石灰石	1：2	82.44	1.04

注：增加率指的是其他组合基质相对于单石灰石最大吸附量增加的百分数。

石灰石的含量可以提高组合基质对磷素的吸附量（sl11 除外）。在组合基质中含有石灰石时，组合基质均能表现出较好的除磷能力，与单石灰石对磷素的吸附量误差在 9% 以下。表明石灰石的适应性好，与其他基质搭配时均能发挥出很强的吸附除磷能力。对比石灰石与其他基质的组合，石灰石与页岩陶粒的组合表现出更好的除磷能力。表明各基质组合中，ys12（页岩陶粒和石灰石质量比为 1∶2）对磷素吸附效果最好。

（2）人工湿地去除氮磷效果研究

人工湿地内拟采用填料由底层到表层依次为：40 ～ 50mm 碎石 20cm、20 ～ 30mm 石灰石 45cm、4 ～ 10mm 石灰石 15cm，植物为菖蒲和美人蕉。设计不同进水浓度，考察不同水力停留时间下，径流净化系统对水体中氮磷的去除效率。人工湿地配水实验采取模拟配水的方式，以氯化铵、硝酸钾为 N 的主要来源，模拟污水中的含氮物质；磷酸二氢钾为 P 的主要来源，模拟污水中的含磷物质。

1）进水浓度对净化效果的影响

配制不同浓度的氮磷溶液，详细见表 12-39。

表12-39　不同浓度进水磷含量表　　单位：mg/L

指标	TP	NH_4^+-N	NO_3^--N	TN
低	0.8	0.8	1.2	2
中	2.4	2.4	3.6	6
高	4	4	6	10

由于原位实验条件有限，坡耕地人工湿地采取二级跌水式结构，通过阀门手动来控制人工湿地的停留时间。因此通过手动控制阀门的方式设定停留时间为 3d，先从 1 号浓度开始，每 4h 测定一次出水口浓度。每 3d 监测后，约 2d 再进行下一次测定。

不同进水浓度湿地出水氮磷浓度随时间的变化曲线见图 12-143 ～图 12-145。

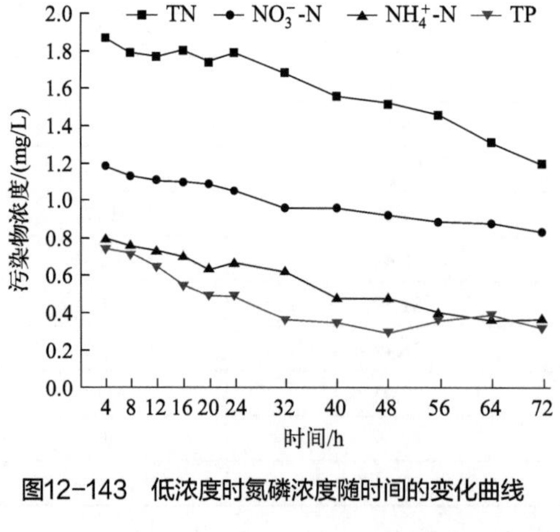

图12-143　低浓度时氮磷浓度随时间的变化曲线

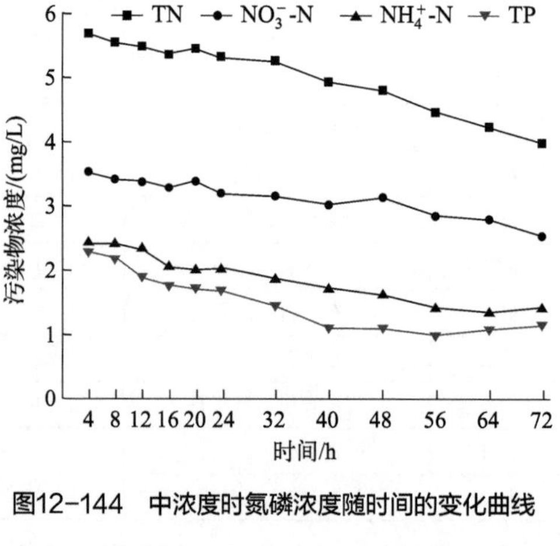

图12-144　中浓度时氮磷浓度随时间的变化曲线

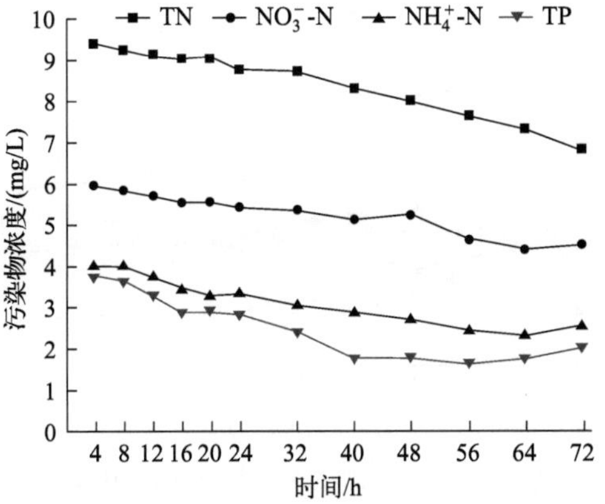

图12-145 高浓度时氮磷浓度随时间的变化曲线

在不同进水浓度下，TP 的去除率在 49% ～ 60% 之间、TN 的去除率在 32% ～ 41% 之间、NH_4^+-N 的去除率在 37% ～ 56% 之间、NO_3^--N 的去除率在 26% ～ 30% 之间。各个指标的浓度随着时间下降的趋势很明显。石灰石作为基质对磷素的吸附效果很好，能够在短时间内稳定地吸附磷素。可溶性的无机磷化物很容易与基质中的 Ca^{2+} 等发生吸附和沉淀反应，生成溶解度很低的磷酸钙等沉淀，沉积在基质表面中。这一部分沉积物，能够很好地为微生物提供栖息的场所。美人蕉、菖蒲也能够通过庞大的根系有效地吸收含磷化合物，同时也为微生物的生长提供场所。一些聚磷菌在好氧微环境下，在初期能够较快地将磷素吸收到细胞内，有效地降低磷素浓度。同时，硝化细菌利用根系排放的氧通过硝化作用将NH_4^+-N 转化为NO_3^--N。产生的NO_3^--N 一部分被芦苇吸收，另一部分扩散到厌氧区被厌氧菌通过反硝化作用还原为 N_2 或 N_2O 排放。

在 2d 左右，不同浓度 TP 的去除效率都基本达到了较好的效果，TP 去除效果达到了 55% 左右，2 ～ 3d 时，TP 的检测浓度出现小幅度上升。这主要是因为在初期，人工湿地基质吸附的磷很少，因此吸附得很快，而且好氧环境有利于磷的吸附。同时，人工湿地内部 DO 及碳源丰富，硝化细菌以及聚磷菌的生长活动不受客观条件限制。美人蕉、菖蒲在磷降解过程中也起到一定的作用。超过 2d 后，TP 的去除率变化很小。随着停留时间的延长，碳源以及 DO 含量会减少，聚磷菌会释放一部分储存的磷酸根，为自身生命活动提供能量。这说明对磷起主要去除作用的是基质吸附以及聚磷菌吸收，美人蕉和菖蒲短时间内对磷的去除相对有限，随着停留时间的延长，还存在微生物等二次释放污染物的风险。

2）停留时间对净化效果的影响

采取通过阀门手动设置 5d、4d、3d、2d、1d 的水力停留时间，对其水质进行监测。实验结果如图 12-146 所示。

5d 后 TP 的去除率达到了 58%，TN 的去除率达到了 40%，NH_4^+-N 的去除率达到了 48% 左右，高于NO_3^--N 的去除率（35%）。湿地系统对磷的去除主要机理是吸附作用，包括基质吸附和美人蕉、菖蒲新陈代谢吸收。随着基质的吸附量逐渐趋向于饱和，其除磷能力也慢慢下降。

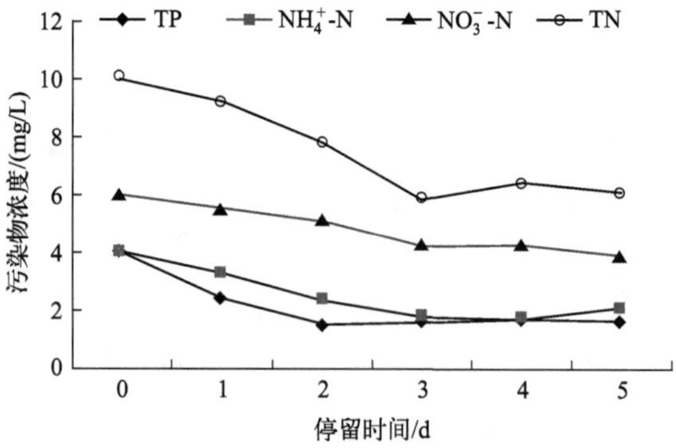

图12-146 氮磷浓度随停留时间的变化特征

在 2d 左右，TP 基本达到了较好的去除率。这是因为石灰石是良好的磷吸附介质，可在一定程度上提高磷的去除率。在一定水力停留时间范围内，停留时间越长，TP 的去除率越高。这是因为在初期，人工湿地基质吸附的磷很少，因此吸附得很快，而且好氧环境有利于磷的吸附。超过 2d 后，TP 的去除率变化很小，说明对磷起主要去除作用的是基质吸附以及聚磷菌吸收，美人蕉和菖蒲短时间内对磷的去除相对有限。

以水生美人蕉、菖蒲为植物，石灰石为基质的二级潜流人工湿地对于 TP 的去除效果较好，NH_4^+-N 的去除率高于NO_3^--N 的去除率。

12.3.3 高效控磷固土生态堤岸技术

12.3.3.1 高效富集陆源性磷的湿生植物筛选

供选水生植物见表 12-40。检测指标为水体 TP、水体 TN、底泥 TP、底泥 TN，监测时间为每 20d 监测一次。筛选结果见表 12-41，结果表明：对水体 TP 去除效果较好的植物有西南毛茛、晚荷、菱角、睡莲、美人蕉、茭白；对底泥中总磷去除效果较好的植物有黑藻、菱角、晚荷、水稻、西南毛茛、美人蕉、茭白、藕莲；对水体总氮的去除效果较好的植物有水稻、美人蕉、慈姑、菖蒲；对底泥中总氮的去除效果较好的植物有菖蒲、藕莲、晚荷、荸荠、籽莲、水葱；菱角、晚荷、西南毛茛、美人蕉、茭白、藕莲、菖蒲、水稻、籽莲等可应用于香溪河示范区建设的主要除磷水生植物。

表12-40 供选水生植物

植物种类	形态特征
水葱	高大的多年生挺水草本植物，花期5～9月
水稻	一年生草本，丛生。花果期夏秋季
美人蕉	多年生湿生或陆生草本植物，花果期3～12月
慈姑	多年生沼生草本，花期7～8月
黑藻	多年生沉水草本，花果期5～10月
菱角	浮叶草本植物，花果期7～9月

续表

植物种类	形态特征
籽莲	多年生挺水草本植物，花果期5～10月
西南毛茛	多年生湿生草本，花果期4～7月
藕莲	多年生挺水草本植物，花果期5～10月
荸荠	多年湿生草本，花果期5～9月
晚荷	多年生挺水草本植物，花果期5～10月
菖蒲	多年生挺水草本植物，花期6～9月，果期8～10月
睡莲	多年生浮叶草本，花果期6～10月
茭白	多年生挺水植物，花果期秋冬

表12-41 供选水生植物氮、磷去除结果 单位：%

植物种类	水体TP去除率	底泥TP去除率	水体TN去除率	底泥TN去除率
西南毛茛	40.2	25.4	15.3	23.6
晚荷	37.5	39.4	15.1	58.0
菱角	33.9	48.2	14.5	23.4
睡莲	32.6	17.0	14.8	14.5
美人蕉	31.6	33.6	26.1	13.0
茭白	30.3	23.2	7.0	2.7
菖蒲	28.0	19.9	24.2	60.4
水葱	27.0	12.4	6.1	40.2
藕莲	22.9	32.5	18.1	58.2
荸荠	22.8	24.2	10.6	56.1
慈姑	20.6	27.3	25.6	5.0
黑藻	17.0	56.7	16.4	21.7
水稻	16.0	37.1	36.4	10.0
籽莲	16.0	17.1	17.9	51.8

12.3.3.2 高效富集陆源性磷的缓冲带筛选

（1）流域典型植物缓冲带模式研究

1）缓冲带对径流量的削减作用

通过在河岸带不同沿程距离处设置取样点，分析对比各采样点污染物浓度和初始设计浓度，可以得出不同坡度、不同流量和不同植被类型下各污染物去除效率与河岸带宽度之间的关系。不同流量下狗牙根缓冲带对径流量的削减率随时间变化见图12-147。

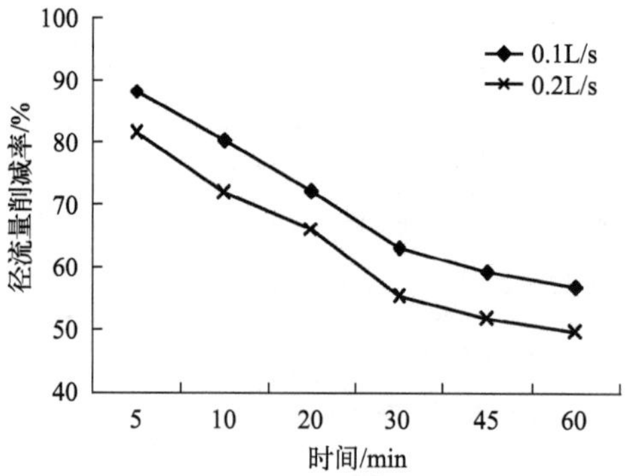

(a) 坡度10°

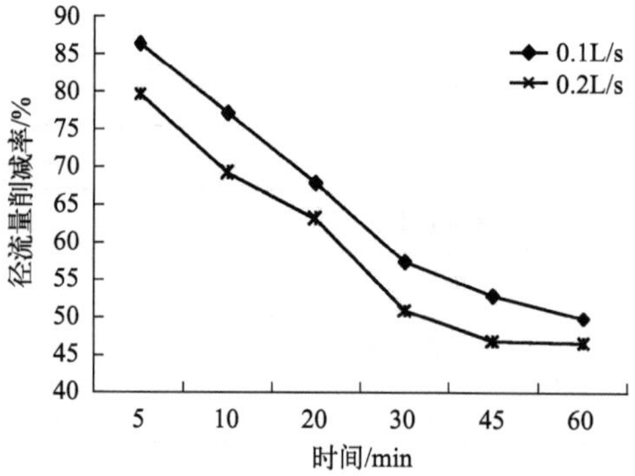

(b) 坡度15°

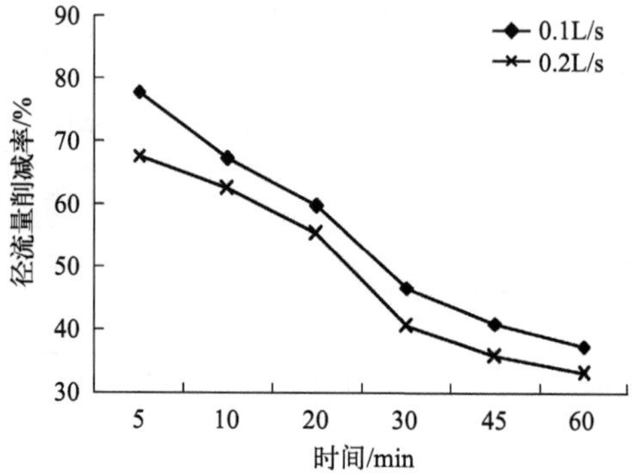

(c) 坡度20°

图12-147　狗牙根缓冲带对径流量的削减率随时间变化过程

不论缓冲带坡度如何，其对径流的削减率均呈现出随冲水实验的持续而逐渐减小的趋势。不同坡度下狗牙根和马尼拉草对径流量的削减率随时间的变化见图 12-148。坡度越大，对径流削减率越低。以马尼拉草为例，坡度为 10° 时，缓冲带对径流削减率为 43.30% ～ 79.16%；坡度为 20° 时，缓冲带对径流削减率为 24.53% ～ 63.61%。缓冲带的宽度是其对径流削减效果的又一重要影响因素，坡度为 15° 的 7m 缓冲带对径流的削减效果均高于其他坡度，说明在一定坡度范围内，缓冲带宽度相比较坡度而言，前者对径流削减效果的影响更显著。

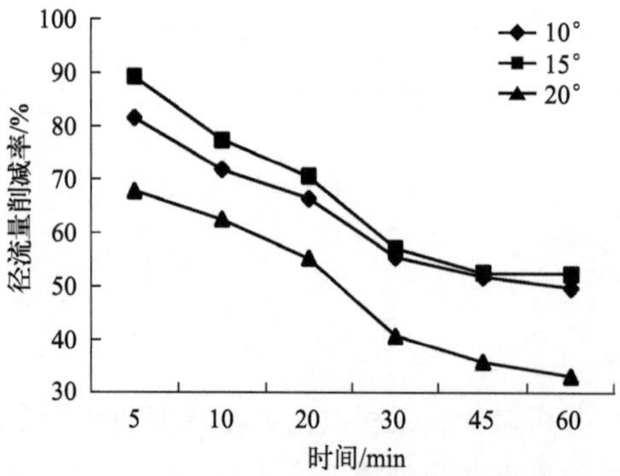

(a) 狗牙根

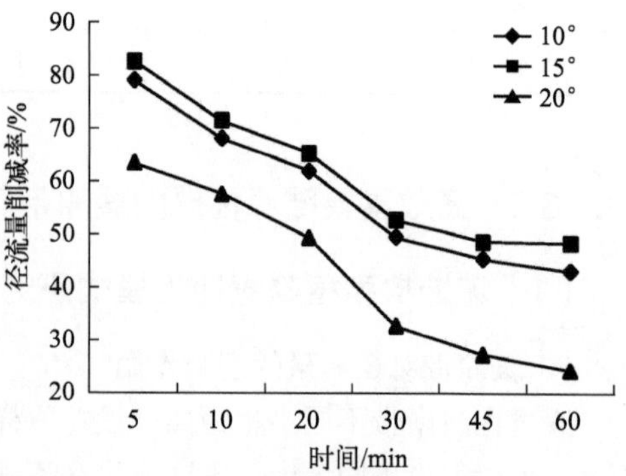

(b) 马尼拉草

图12-148　不同坡度下狗牙根和马尼拉草对径流量（0.2L/s）的削减率随时间变化过程

以马尼拉草皮缓冲带为例，对各坡度下径流削减率与径流流经时间进行非线性拟合，结果发现径流削减率与径流流经时间呈对数关系，且相关系数 R^2 均大于 0.94，表明相关性显著，见图 12-149。

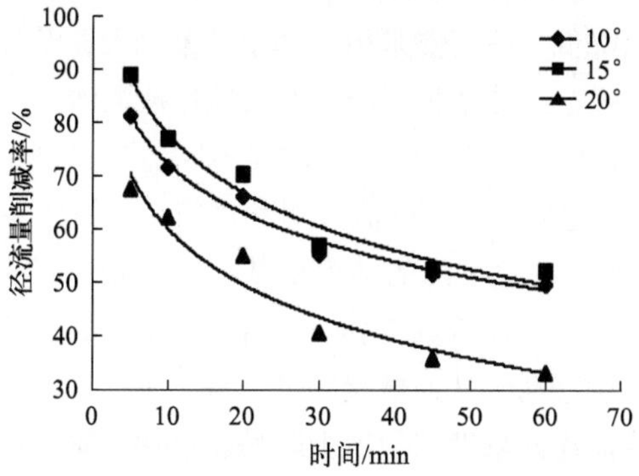

图12-149 各坡度下马尼拉草皮缓冲带对径流量（0.2L/s）的削减率与径流流经时间的拟合曲线

2）缓冲带对径流泥沙的阻控作用

不同流量条件下狗牙根缓冲带各沿程距离对泥沙中 SS 的削减变化见图 12-150。不论缓冲带坡度为 10°、15° 还是 20°，冲水流量为 0.1L/s 或 0.2L/s 时，其对径流泥沙的削减

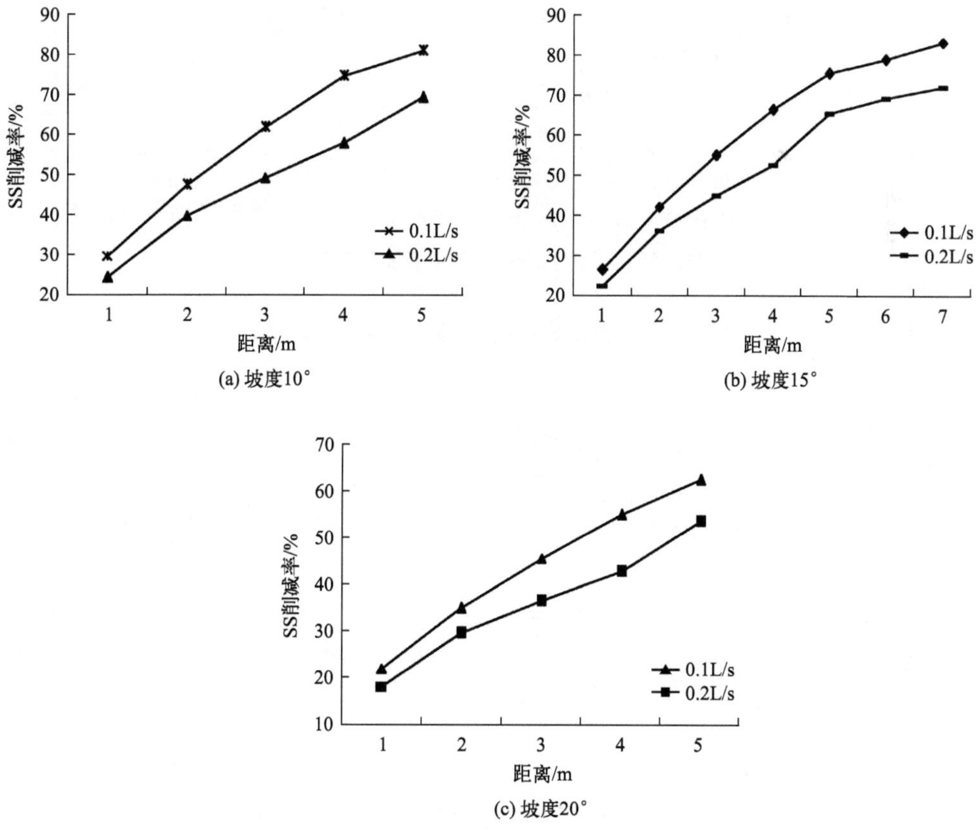

图12-150 不同冲水流量条件下狗牙根缓冲带各沿程距离对泥沙中SS的削减效果

率均呈现出随缓冲带宽度的增加而增大的趋势。以坡度 10° 为例，在流量为 0.2L/s 时，5m 狗牙根缓冲带对径流泥沙中 SS 的削减率在 24.51% ～ 69.41% 之间，最大削减率为 69.41%；而流量为 0.1L/s 时，缓冲带对径流泥沙中 SS 削减率为 29.80% ～ 80.91%，最大削减率为 80.91%。对比可以发现，当冲水流量越大，SS 污染负荷越大时，狗牙根缓冲带对径流泥沙的削减率反而降低，这可能是由于冲水流量越大，单位面积内通过的径流流速越大，使水力冲刷动力越强，致使植被不能更有效地拦截泥沙。

图 12-151 所示为坡度 15° 不同植被缓冲带在不同流量条件下进行径流冲刷实验时，径流中 SS 浓度随时间的变化趋势。随产流过程的进行，水样中泥沙浓度逐渐减小，并且在实验进行的前 5min，泥沙浓度下降的速率最快。由于植被的存在增大了土壤孔隙度，部分径流入渗到土壤内部，使得径流量变小，径流流速变缓，迁移动力不足，造成径流中的大颗粒物无法随径流继续移动，从而被缓冲带拦截，只有一部分细小的颗粒物能继续随径流流出，因此表现为径流泥沙浓度在前期下降速率最快。狗牙根对泥沙的拦截效果好于马尼拉草。

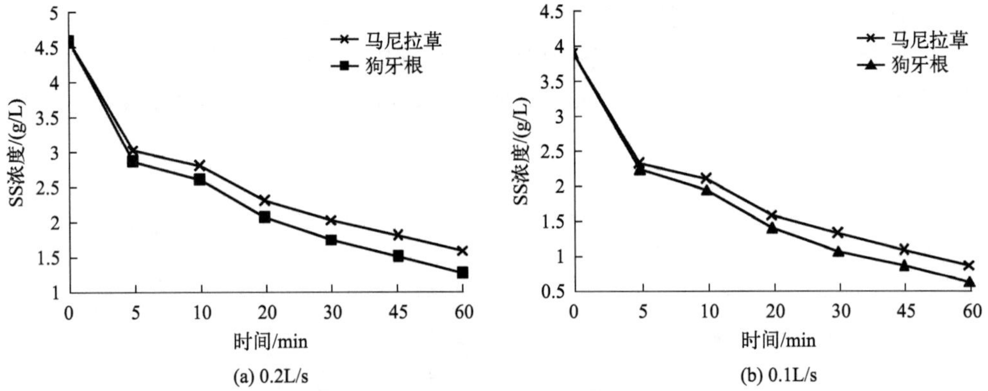

图12-151　径流泥沙中SS浓度随时间变化的趋势

两种缓冲带下径流泥沙中 SS 削减率随时间的变化见图 12-152。

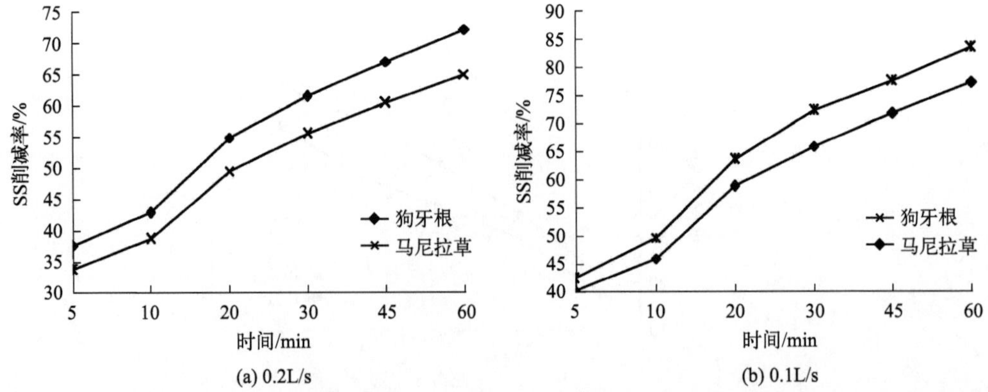

图12-152　两种缓冲带下径流泥沙中SS削减率随时间的变化趋势

不同植被类型缓冲带在不同流量和泥沙负荷条件下，对泥沙中 SS 的削减率为 33.78%～83.58%，植被的存在是缓冲带能够截留径流中泥沙的基础，尤其对于根系致密的草本植物，当径流携带泥沙经过草皮缓冲带时，草本植物不仅可以增加地面的粗糙度，使部分径流入渗，径流量减少，从而降低水流速度；还可以通过其根系、茎叶的拦截作用，使地表径流中的悬浮颗粒物发生沉淀，从而对径流泥沙有很好的去除效果。两种植被缓冲带对 SS 的净化能力：狗牙根＞马尼拉草。由于狗牙根为多年生草本植物，具有发达的根状茎和匍匐茎，繁殖能力强大，有很强的生命力，因而不容易被水流冲开，对泥沙具有良好的拦截效果。

不同坡度的狗牙根和马尼拉草两种缓冲带各沿程距离对径流泥沙的削减率见图 12-153。随着沿程距离的增加，不同坡度的两种缓冲带均对径流 SS 削减率逐渐提高。从末端 5m 处对 SS 削减率来看，两者都是坡度为 10° 的削减率最高，坡度的不同导致径流流速的变化，影响到缓冲带对径流污染物的截留效果。一般来讲，坡度越缓，缓冲带对径流泥沙的截留能力就越强。

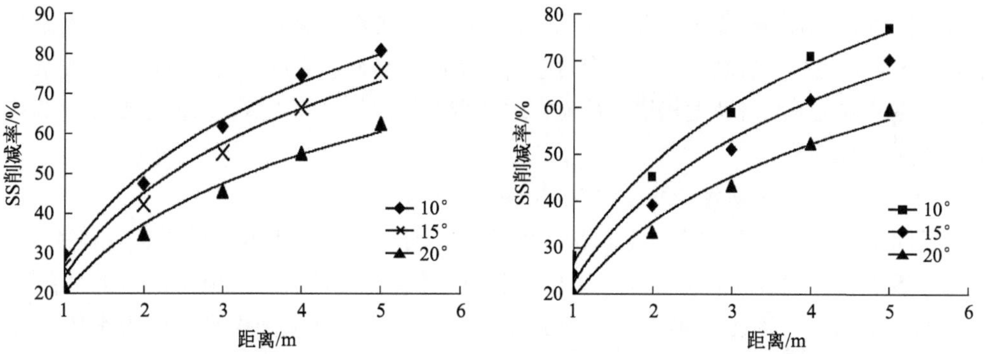

(a) 狗牙根　(b) 马尼拉草

图12-153　不同坡度狗牙根和马尼拉草缓冲带各沿程距离对径流泥沙中SS的削减率

(2) 缓冲带净化效果

1）不同冲水量对污染物净化效果的影响

不同冲水量下狗牙根缓冲带对径流中总磷的削减率见图 12-154。

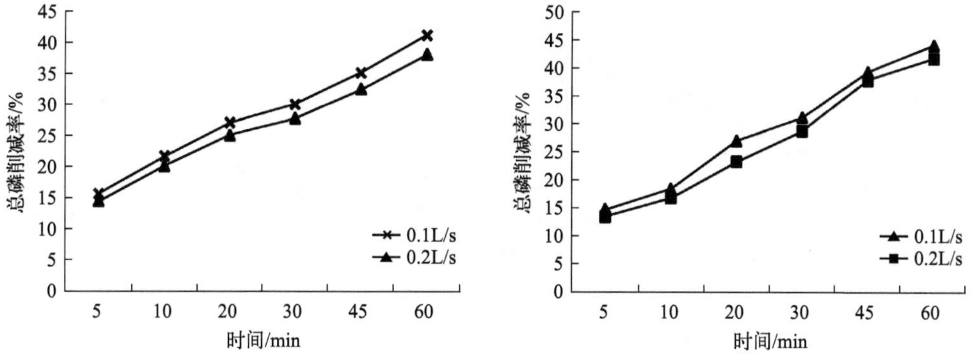

(a) 坡度10°　(b) 坡度15°

图12-154

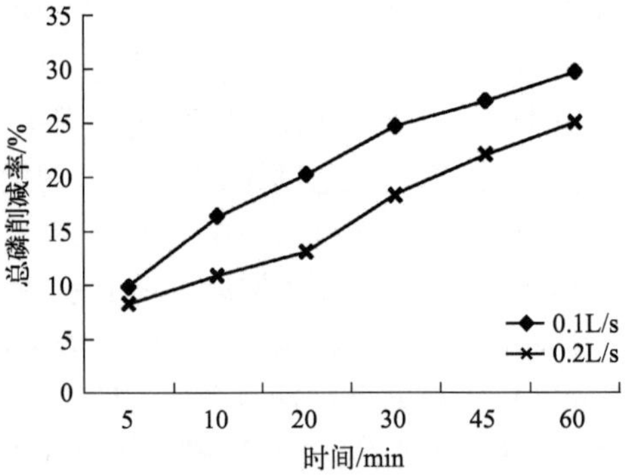

(c) 坡度20°

图12-154　不同冲水量下狗牙根缓冲带对径流中总磷的削减率

径流中总磷的削减率随冲水实验的持续而逐渐增大，实验初期对总氮的削减率最低，而后慢慢增大逐渐趋于稳定。各坡度下，狗牙根缓冲带对总磷的削减率总是随冲水流量的增大而减小。在同一坡度下，缓冲带对总磷的削减率与冲水流量的大小呈负相关关系，由于冲水流量越大，水流速度越快，径流在缓冲带上停留的时间越短，从而导致缓冲带对污染物的削减率降低。

2）不同植物覆盖对污染物净化效果影响

不同植物因其根系结构、生长状况的不同，对污染物吸附截留效果也存在差异。3种不同坡度下，当冲水流量设为 0.1 L/s 时，两种植被缓冲带对径流中磷素的拦截阻控效率见图 12-155。面源污染物中磷素流失主要以颗粒形态随降雨径流进入水体。各坡度下，两种植被缓冲带对径流中总磷的削减率均随冲水实验时间的延长而增大。以坡度 20° 为例，狗牙根缓冲带对径流中总磷削减率范围为 9.88% ～ 29.80%，马尼拉草缓冲带对径流中总磷削减率范围为 8.14% ～ 28.21%。狗牙根对径流中总磷的削减率高于马尼拉草。

3）不同坡度对污染物净化效果影响

坡度的变化造成狗牙根缓冲带对磷素的削减率存在很大差异，不同坡度下狗牙根缓冲

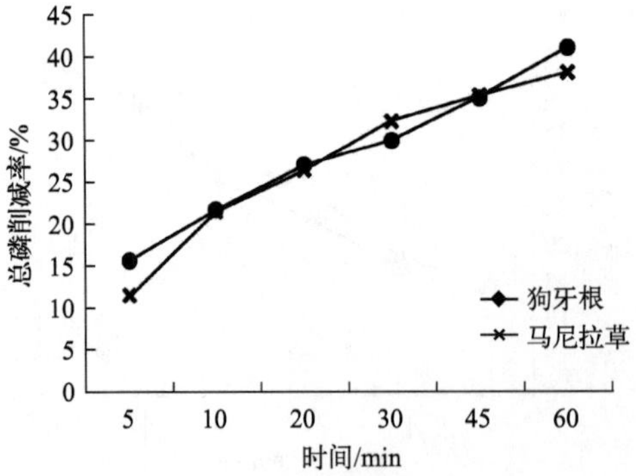

(a) 坡度10°

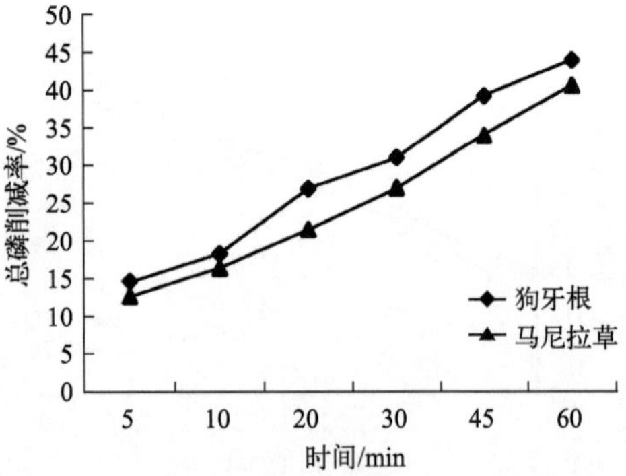

(b) 坡度15°

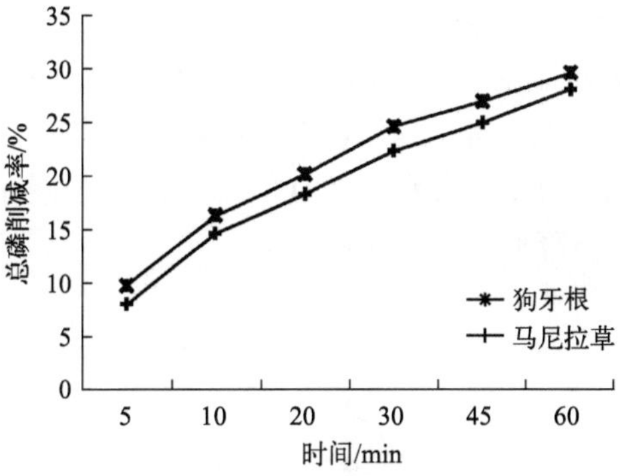

(c) 坡度20°

图12-155 不同植被覆盖下缓冲带对径流中总磷的削减率

带对径流中总磷的削减率随时间变化曲线见图 12-156。狗牙根缓冲带对总磷的削减率随坡度的增加而降低。当坡度由 10° 增加到 20° 时，削减率却由 38.11% 下降到 25.12%，降低了 12.99%。坡度越大，径流牵引动力就越强，致使水流流速加快，植物与径流中污染物接触的时间变短，径流中大部分可溶性物质如硝氮、溶解性磷等都未能与植物充分接触就随径流流失。

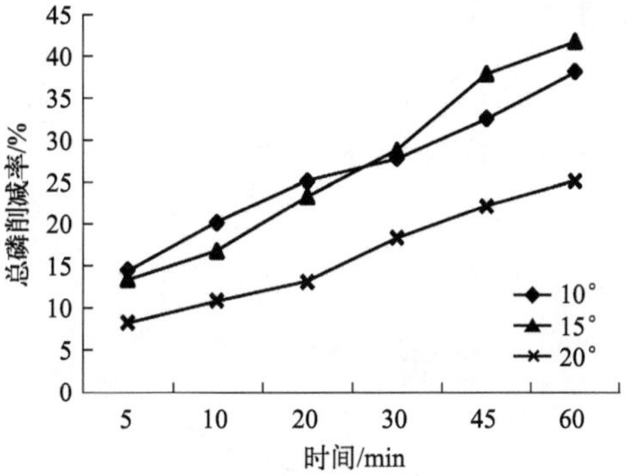

图12-156 不同坡度下狗牙根缓冲带对径流（0.2L/s）中总磷的削减率

4）不同宽度缓冲带对污染物净化效果影响

在一定条件下，影响缓冲带对农业面源污染物净化效率的关键在于缓冲带的宽度，为此许多学者进行了大量的野外实验，探究了不同宽度的缓冲带对氮、磷以及泥沙等污染物的截留效果，但受地理位置、水文环境、土壤性质和植被类型等条件的限制，所得出的最佳缓冲带宽度在本示范区内不能推广应用。

本实验针对研究区具体情况，在控制坡度、植被类型、冲水流量等条件下，探讨不同宽度狗牙根缓冲带对各污染物的去除效果，为当地构建适宜的河岸防护带提供理论依据。

实验设定冲水流量 0.2 L/s，缓冲带布设坡度 15°，植被类型为狗牙根，探究 1m、3m、5m 和 7m 缓冲带对各污染物的削减率。各宽度狗牙根缓冲带对径流中氮磷的削减率随时间变化趋势见图 12-157。缓冲带对径流中各污染物的削减率均随其宽度的增加而增大。当缓冲带宽度由 1m 增大为 7m 时，缓冲带对径流中总磷削减率由 23.95% 增大到 40.82%，提高了 16.87%；对径流中总氮削减率由 17.25% 上升到 28.38%，增加了 11.13%。当缓冲带宽度为 5m 时，其对径流中总磷、总氮的削减率分别为 37.91%、26.46%。对比 7m 宽缓冲带对各污染削减率可以发现，当缓冲带宽度增加 2m 时，其对污染物削减率提升并不明显，对总磷、总氮的提升效率分别为 2.91%、1.92%。当缓冲带宽度增加到一定宽度后，其对污染物的削减率有所降低。

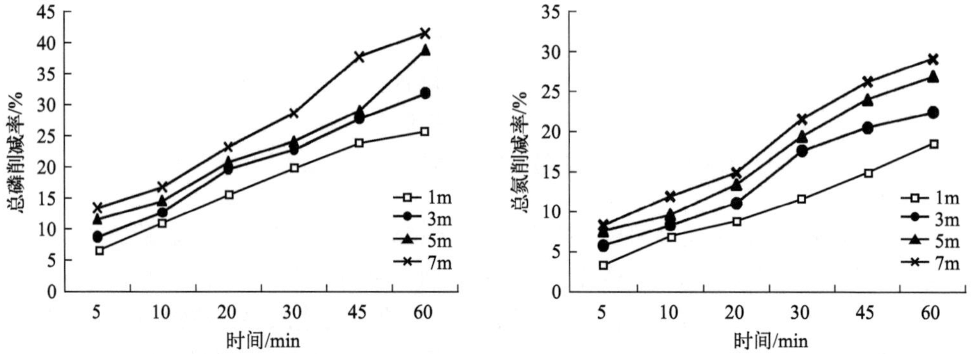

图12-157　各宽度狗牙根缓冲带对径流（0.2L/s）中氮磷的削减率随时间变化过程

（3）缓冲带最佳宽度的确定

结合研究区具体情况，以冲水流量为 0.2L/s、坡度 15° 狗牙根缓冲带为例，对径流中总氮、总磷与泥沙的削减率分别和缓冲带沿程距离进行拟合，结果如图 12-158 所示，相应的拟合方程见表 12-42。

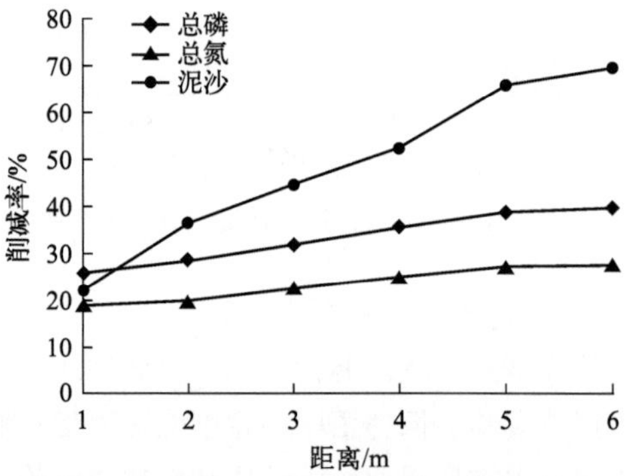

图12-158　狗牙根缓冲带对径流中各污染物的削减率与其沿程距离的关系

表12-42　缓冲带对各污染物的削减率与其沿程距离的拟合关系

时间/min	拟合趋势线	相关系数 R^2	削减率/%	宽度/m
总氮	$y = 5.721\ln x + 17.25$	0.9401	25	3.87
			28	6.55
			30	9.29

续表

时间/min	拟合趋势线	相关系数R^2	削减率/%	宽度/m
总磷	$y = 8.6712\ln x + 23.95$	0.9557	30	2.01
			40	6.37
			50	20.17
泥沙	$y = 26.839\ln x + 19.28$	0.9725	60	4.56
			70	6.62
			80	9.61

狗牙根缓冲带对径流中污染物的削减率与其沿程距离之间呈对数关系，相关系数R^2均大于0.94，这表明两者相关性显著。河岸缓冲带的宽度与其对面源污染物的削减率呈正相关关系，即缓冲带越宽，削减率越高；随着宽度的增加，缓冲带对径流中污染物的削减率却有所下降，加上土地资源限制，故缓冲带的宽度也不能过宽。依据现场实验数据，探讨了总氮、总磷和泥沙的削减率分别与缓冲带宽度之间的关系，得出了两者之间的拟合公式。以总磷作为参照指标，在总磷削减率为40%时，狗牙根缓冲带所需宽度仅为6.37m；而当总磷削减率增大到50%时，狗牙根缓冲带所需宽度却为20.17m。削减率增加了10%，但缓冲带宽度却增加了13.8m，这显然不符合实际情况。当缓冲带宽度为5m时，其对总氮、总磷和泥沙的削减率分别为26.46%、37.91%和62.48%，对比7m宽缓冲带对各污染削减率可以发现，当缓冲带宽度增加2m时，其对污染物净化效率提升并不明显，对总氮、总磷和泥沙的削减率分别提升了2.91%、1.92%和9.03%，这与当地实际情况不符，占地太多也损害了农民的经济利益，故而在当地构建5～6m宽的缓冲带为最佳选择。

（4）混凝土框格生态堤岸效果

选取适合于当地生长环境的草种狗牙根构建缓冲带进行实验。狗牙根播种量为12g/m^2，于2015年4月在混凝土框格内播撒草种，草种种植后的3个月内，第1月每隔10d浇水一次，后2个月各浇水一次；每一个季度喷洒杀虫剂一次，及时清除杂草。混凝土框格生态堤岸效果实验于2015年8月份进行。

坡度15°、狗牙根、宽度为5m、冲水时长60min，配水浓度分别为总磷0.385mg/L、总氮2.271mg/L、氨氮1.462mg/L、硝氮0.513mg/L、TSS 458.6mg/L，冲水流速为0.2L/s。

混凝土框格生态堤岸和狗牙根缓冲带对径流SS削减率见图12-159。当SS进水浓度为458.6mg/L时，混凝土框格生态堤岸对SS削减率随时间的增加而增加，当实验结束时，3m缓冲带对SS削减率为37.75%，5m缓冲带对SS削减率为48.12%。100%狗牙根覆盖草皮构建的缓冲带对SS削减率也是随时间的增加而增加的；但对比曲线发现，由混凝土框格和狗牙根草构建成的缓冲带对径流SS的削减率要优于单独由狗牙根组成的缓冲带，由于混凝土框格对来自上方的水流冲刷有一定的抵挡作用，保护草皮遭受较大水流侵蚀，增加了径流在草皮上的水力停留时间，提高了对SS的削减率。

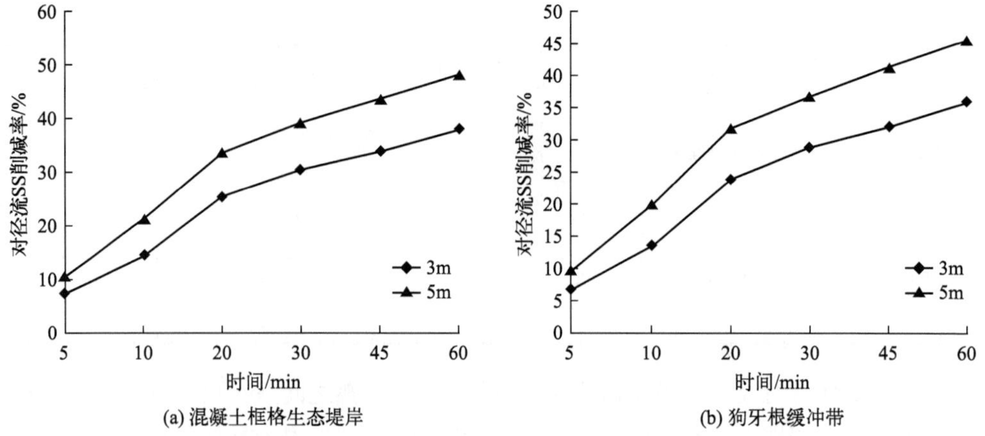

图12-159　混凝土框格生态堤岸和狗牙根缓冲带对径流SS削减率

以 5m 宽狗牙根草皮构建的缓冲带为例，分析混凝土框格生态堤岸和 100% 狗牙根覆盖护坡对冲水径流发生过程特征曲线的影响，见图 12-160。

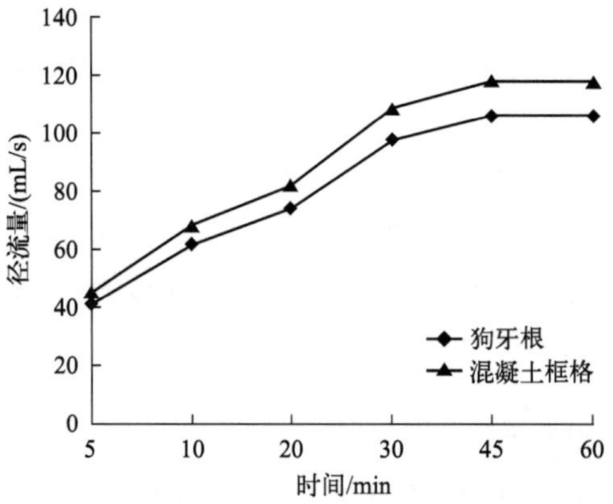

图12-160　两种护坡模式下径流（0.2L/s）产生过程特征曲线

不同护坡模式下缓冲带产生的径流量随时间的变化趋势基本相同，初始径流量呈现逐步上升趋势，最后趋于平稳。对比两种护坡模式可以看出，100% 狗牙根覆盖草皮构建的缓冲带对径流的削减量要大于混凝土框格生态堤岸模式。覆盖物不仅能够减缓径流流速、拦截雨水，且能在一定程度上降低雨滴的夯实作用，减少结皮的形成，增加了入渗量；尽管由混凝土框格和狗牙根草构建成的缓冲带对径流 SS 的削减率要优于由狗牙根组成的缓冲带，但在对径流量的削减上却不如 100% 狗牙根覆盖草皮构建的缓冲带。

混凝土框格生态堤岸和狗牙根缓冲带对径流总磷削减率见 12-161。混凝土框格生态堤岸对总磷削减率随时间的增加而增加，当实验结束时，3m 缓冲带对总磷削减率为 27.93%，5m 缓冲带对总磷削减率为 30.58%。100% 狗牙根覆盖草皮构建的缓冲带，其对总磷削减率也是随时间的增加而增加；当实验结束时，3m 狗牙根缓冲带对总磷削减率为 31.28%，5m 缓冲带对总磷削减率为 38.23%。

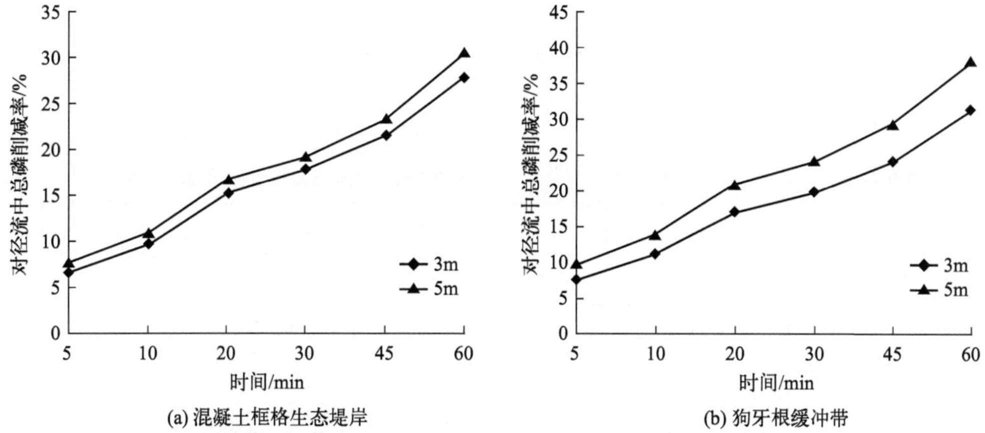

图12-161 混凝土框格生态堤岸和狗牙根缓冲带对径流总磷削减率

由狗牙根组成的缓冲带对径流总磷的削减率要优于由混凝土框格构建成的缓冲带，分析原因可能是混凝土框格草皮覆盖面积小于100%狗牙根覆盖草皮构建的缓冲带，尽管混凝土框格对来自上方的水流冲刷有一定的抵挡作用，减少了SS，但由于径流中磷是溶解态的，而这部分磷的吸收与植物覆盖密切相关，故混凝土框格生态堤岸对总磷削减率有所下降。

12.4 香溪河库湾内源磷释放控制与生态调控技术

12.4.1 人工高效脱磷水生态系统配置技术

12.4.1.1 富磷水生植物除磷效果比较

高效富磷水生植物群落的筛选兼顾景观性（四季常绿）和除磷效果，通过对比分析不同植物的富磷效果，筛选美人蕉、菖蒲、香蒲、空心莲子草、风车草、千屈菜、再力花、梭鱼草、鸢尾、水芹、铜钱草、黑麦草、金鱼藻等用于构建高效富磷水生植物群落，水生植物的除磷效果见表12-43。

表12-43 高效富磷水生植物基本信息（除磷效果来自参考文献）

植物名称	除磷效果	生理生态特征
美人蕉	60%～90%	多年生湿生或陆生草本植物，花果期3～12月
菖蒲	＞50%	多年生挺水草本植物，花果期6～10月
香蒲	＞60%	多年生水生或沼生草本植物，花果期5～8月
空心莲子草	＞50%	多年生挺水型水生植物，繁衍迅速
风车草	60%～80%	多年生湿生或陆生草本植物，花两性。繁殖力强
千屈菜	＞60%	多年生挺水草本植物，花果期6～9月

续表

植物名称	除磷效果	生理生态特征
再力花	＞70%	多年生湿生或陆生草本植物，花果期6～11月
梭鱼草	30%～60%	多年生湿生或挺水草本植物，花果期5～10月
鸢尾	＞50%	多年生湿生或挺水草本植物，花果期4～8月
水芹	＞60%	多年水生宿根草本植物
铜钱草	＞40%	多年生湿生草本植物
黑麦草	＞50%	多年生草本植物
金鱼藻	＞60%	多年生沉水草本植物，花果期6～10月

2015年4月，将风车草、美人蕉、梭鱼草、水芹、菖蒲、千屈菜、水花生7种挺水植物分别按照12株/m^2的密度栽种于1.2m×3m的浮床上；水花生、水芹湿生植物按10株/m^2的密度种植在1.5m×3m的网架上，浮床和网架置于高岚河库湾示范工程区域河段。实验开始时，每种植物选取1m^2作为样方，并设3个重复，将样方内的植物进行称重，之后，带回实验室洗净、烘干，测量其体内的总磷含量。植物生长4个月后，于2015年8月每种植物选取3个重复样方进行收割、称重，带回实验室测量总磷含量。根据样方测量数据，比较不同植物的富磷能力差异。

实验结果表明，经过4个月的生长，挺水植物中风车草、美人蕉和千屈菜的湿重生物量要明显高于其他种类；湿生植物中美人蕉的生物量最高（表12-44）。挺水植物的生长量（实验后—实验前）依次为：美人蕉＞风车草＞千屈菜＞梭鱼草＞水花生。风车草的磷富集量（实验后—实验前）最高，为26.76g/m^2，美人蕉次之，达到22.97g/m^2；千屈菜和梭鱼草的磷富集量接近15.00g/m^2。菖蒲的磷富集量最小，仅为4.02g/m^2。两种湿生植物的生物量增量、磷富集量均低于挺水植物（见图12-162）。

表12-44　实验开始、结束时不同植物含磷量比较

植物	湿重/g		单位含磷量/(mg/g)		磷富集量/(mg/m^2)	
	实验前	实验后	实验前	实验后	实验前	实验后
风车草	370.85	7222.68	4.247	3.923	1575.10	28331.16
美人蕉	1256.27	8627.27	3.957	3.238	4971.59	27938.27
梭鱼草	289.15	3378.07	4.793	4.163	1385.94	14061.69
水花生	284.00	2717.85	4.542	3.869	1290.04	10516.11
水芹	63.70	1722.23	5.691	7.414	362.52	12768.72
菖蒲	214.54	1514.00	3.870	3.202	830.36	4847.60
千屈菜	953.30	6123.33	5.051	3.332	4815.47	20405.78

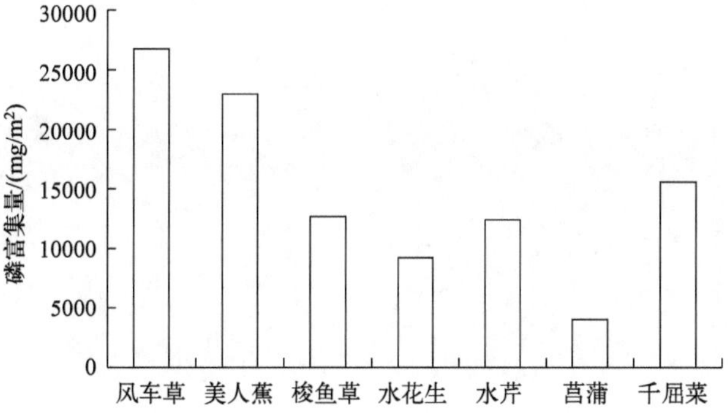

图12-162 三峡水库不同种类植物富磷效果比较

12.4.1.2 人工填料附磷效果比较

以蛭石、铁砂、钢渣、火山石、沸石、麦饭石为实验材料开展填料附磷效果比较研究（图 12-163，书后另见彩图）。

(a) 蛭石

(b) 铁砂

(c) 钢渣

(d) 火山石

图12-163

(e) 沸石

(f) 麦饭石

图12-163　用于实验研究的6种人工填料

① 蛭石是一种天然、无机、无毒的硅酸盐矿物，在高温作用下会膨胀，体积可增大6～15倍。膨胀后的蛭石密度小于水，可以漂浮于水面之上。蛭石中富含氮、磷、钾、铝、铁、镁、硅酸盐等成分，具有很强的离子交换能力，是理想的吸附材料。

② 铁砂的主要成分是微粒状的磁性氧化铁、石英、石灰石等混合物，水体中的磷与铁离子能形成不溶性的物质，从而达到对实体中磷的去除作用。

③ 钢渣是炼钢过程中的一种副产品，它含有多种有用成分：金属铁2%～8%，氧化钙40%～60%，氧化镁3%～10%，氧化锰1%～8%。水体中的磷与钙离子、镁离子和铁离子能形成不溶性的物质，从而达到对实体中磷的去除作用。

④ 火山石是一种新型环保材料。它孔隙多、质量轻、强度高、比表面积大、开孔率高且惰性，有利于微生物代谢过程中所需的氧气与营养物质及代谢产生的废物的传递，常被用作微生物接触挂膜和生长基质。

⑤ 沸石是沸石族矿物的总称，是一种含水的碱或碱土金属铝硅酸盐矿物。沸石具有吸附性、离子交换性、催化和耐酸耐热等性能，因此被广泛用作吸附剂、离子交换剂和催化剂，也常用在净化和污水处理等方面。

⑥ 麦饭石是一种天然的硅酸盐矿物，其主要成分为二氧化硅、氧化铝麦饭石，因此麦饭石是多孔性的，吸附能力很强。麦饭石的孔隙中会释放出钙、铁、钠等矿物离子，可改良饮用水，所以常被用于净化水质。

每种材料称取100g并用蒸馏水冲洗之后，分别置于盛有10 L水的塑料桶中。用KH_2PO_4制备磷含量为10g/L的储备液，用于调节实验用水磷的浓度。依据香溪河库湾水体中磷的浓度水平，每个塑料桶中添加储备液，使总磷浓度达到1mg/L左右。每种实验材料设3个重复，并设1组空白对照。在接下来的6d里每天取30mL水样，测量水体中的总磷浓度，实验结果见图12-164。

通过比较这几种材料的吸附效果，得出吸附效果排序为：蛭石＞钢渣＞铁砂，其中，蛭石的吸附效果几乎是钢渣和铁砂的2倍，而麦饭石、火山石和沸石对磷基本无吸附作用。

在上述实验的基础之上，选取吸附效果较好的蛭石、钢渣和铁砂进行吸附材料组合实验。由于蛭石密度小于水的密度，所以在实验中采用蛭石和钢渣与蛭石和铁砂的组合作为

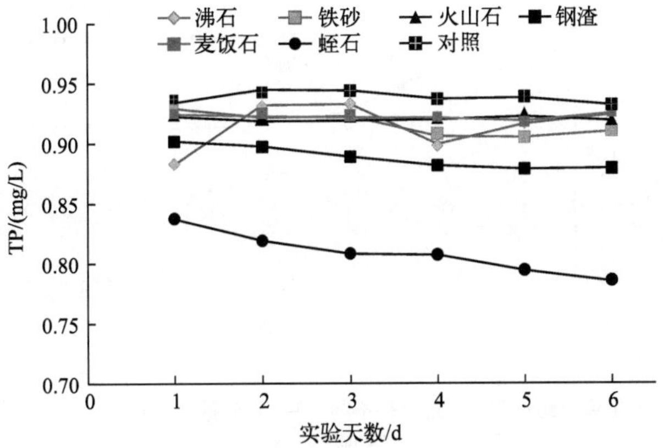

图12-164 不同材料吸附效果对比

吸附组合材料，调节两者的质量比使组合材料刚好能悬浮在水体中。经过测试，100g 蛭石加 55g 钢渣或者铁砂的组合，可以使组合材料呈悬浮状态。实验共设置 3 个总磷浓度梯度，分别为自然水体总磷浓度（0.10mg/L）、中等浓度（0.60mg/L）、饱和吸附测试浓度（1.20mg/L）。在每个浓度梯度下分别设置蛭石与钢渣组合、蛭石与铁砂组合和空白对照组，每种处理设 3 个重复。实验开始第 1 周内每天采集水样，之后的 1 个月内每周采集一次水样，测量其中的 TP 浓度。结果表明（图 12-165）：在中、高磷浓度条件下，蛭石加钢渣、蛭石加铁砂组合对水体中的磷具有相似的吸附效果；而在低磷浓度下，蛭石加铁砂组合的吸附效果略好于蛭石加钢渣组合。

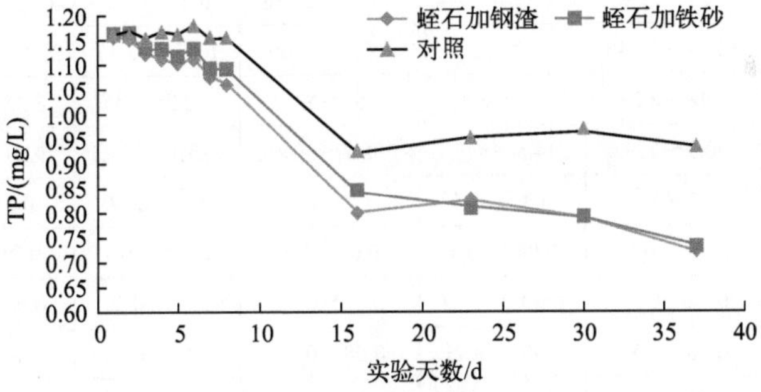

(a) 1.20mg/L

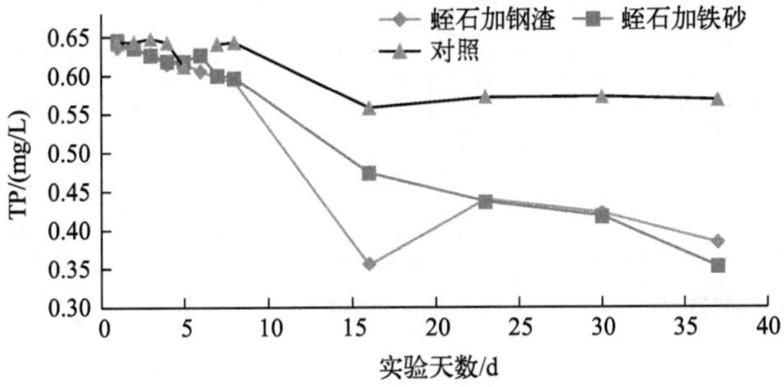

(b) 0.60mg/L

图12-165

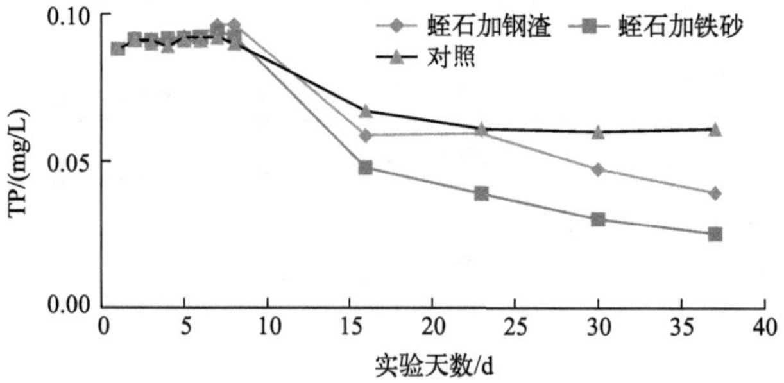

(c) 0.10mg/L

图12-165　蛭石与钢渣组合、蛭石与铁砂组合在不同TP浓度梯度（1.20mg/L、0.60mg/L和0.10mg/L）下的吸附实验

12.4.2　内源磷原位固化技术

12.4.2.1　内源磷赋存状态调查

（1）水体水质理化参数

2012年春季采集上覆水样品，测定结果见表12-45。

表12-45　水体水质理化参数

指标	CJXX		XX01		XX04	
	上层	下层	上层	下层	上层	下层
水温/℃	11.21～25.63	11.26～25.54	10.86～27.56	10.57～22.09	11.02～29.21	10.51～24.81
溶解氧/(mg/L)	10.03～13.46	6.45～12.35	9.73～13.69	6.45～12.45	9.12～13.56	6.33～12.06
pH值	7.48～8.23	7.45～8.37	7.89～8.60	7.36～8.45	8.25～8.73	7.84～8.62
电导率/(mS/cm)	290.3～369.5	314.3～349.1	306.7～396.8	283.1～375.1	292.4～358.6	307.3～342.9
浊度/NTU	12.7～70.1	5.3～16.7	11.3～67.9	6.1～20.4	10.2～67.3	5.3～18.1
流速/(m/s)	0.01～0.3	0.005～0.1	0.01～0.3	0.005～0.1	0.01～0.3	0.005～0.1
总磷/(mg/L)	0.14～0.33	0.003～0.19	0.05～0.44	0.07～0.39	0.06～0.47	0.009～0.28
磷酸盐/(mg/L)	0.06～0.18	0.003～0.21	0.08～0.16	0.09～0.17	0.09～0.26	0.08～0.11
总氮/(mg/L)	0.03～3.02	0.12～3.52	1.22～3.43	1.28～3.55	0.65～3.47	1.27～3.40
氨氮/(mg/L)	0.19～1.56	0.07～0.86	0.23～1.98	0.11～0.78	0.30～2.13	0.17～0.96
硝氮/(mg/L)	0.56～1.96	0.33～0.98	0.83～1.59	0.53～1.09	0.47～1.97	0.21～0.94
叶绿素a浓度/(mg/m^3)	10.56～115.63	1.89～17.32	4.89～514.63	2.13～24.56	4.36～623.63	2.89～20.16

指标	XX06		XX08	
	上层	下层	上层	下层
水温/℃	12.63～28.27	10.88～21.82	10.23～30.09	9.64～23.36
溶解氧/(mg/L)	9.68～13.12	5.46～11.89	9.27～13.26	5.98～12.08
pH值	7.83～8.70	7.36～8.55	7.49～8.48	7.38～8.30
电导率/(mS/cm)	287.1～385.3	301.4～325.5	314.2～369.5	287.4～354.8
浊度/NTU	9.6～56.3	4.8～20.1	7.3～61.3	4.3～19.6

续表

指标	XX06		XX08	
	上层	下层	上层	下层
流速/(m/s)	0.01～0.3	0.005～0.1	0.01～0.3	0.002～0.1
总磷/(mg/L)	0.14～0.55	0.008～0.23	0.07～0.57	0.006～0.19
磷酸盐/(mg/L)	0.07～0.18	0.04～0.15	0.09～0.48	0.06～0.24
总氮/(mg/L)	1.50～2.82	1.06～3.18	0.78～4.39	0.88～3.06
氨氮/(mg/L)	0.34～2.41	0.13～0.25	0.19～3.25	0.05～1.09
硝氮/(mg/L)	0.62～1.43	0.34～1.03	0.28～1.49	0.12～1.21
叶绿素a浓度/(mg/m^3)	4.23～453.13	1.03～15.23	21.13～227.84	1.63～19.45

（2）底泥粒度及矿物组成分析

香溪河流域设置6个底泥采样点，底泥采样深度0～20cm，用Malven Mastersizer激光粒度仪测定其粒径分布，用X-射线衍射仪（CoK$_\alpha$光源）分析样品的矿物组成。

由表12-46可知，香溪河底泥中主要以粉砂（粒径为4～63μm）为主，占比为59.98%；黏土（粒径＜4μm）占比为33.25%。

表12-46 香溪河底泥的粒度特征

粒径/μm	＞100	100～63	63～32	32～16	16～8	8～4	＜4
百分比/%	1.43	5.34	7.21	13.77	16.88	22.12	33.25

由表12-47可知，香溪河底泥主要由轻矿物和黏土矿物组成，轻矿物主要为长石、方解石和石英，而黏土矿物主要为伊利石、绿泥石、高岭石、蒙托石等。

表12-47 香溪河底泥的矿物成分

矿物成分	长石	方解石	石英	伊利石	绿泥石	高岭石	蒙脱石
百分比/%	4.32	22.26	32.75	29.87	3.18	5.51	2.11

（3）底泥上覆水理化性质及氮磷营养盐含量

主要包含对底泥氮磷营养盐沿垂向断面（底泥表层向下每隔5cm为一段）含量及形态、底泥沿垂向断面间隙水理化性质及氮磷营养盐含量。在长期的流域水体及库岸土壤监测工作基础上，沿香溪河下游（香溪河与长江交汇处）至上游（高阳）流域共设置5个样点，依次为CJXX、XX01、XX04、XX06、XX08，对流域沉积物、上覆水、间隙水理化指标及氮磷营养盐进行不同季度（春3月、夏6月、秋10月、冬1月）的监测分析。分层（3cm）采集上覆水及底泥，现场测量上覆水及间隙水pH值与氧化还原电位。

12.4.2.2 底泥性质测试

（1）底泥物理性质测试

香溪河库湾内源磷释放控制技术研究与示范位于湖北省宜昌市兴山县峡口镇，长度

5km，水域面积 1 ～ 2km²。示范区进行底泥样品采集和性能测定，各底泥样品的天然含水率见表 12-48，底泥比重实验结果如表 12-49 所列，颗粒级配结果见表 12-50 所列。

表12-48　底泥天然含水率实验结果

样品名称	m_0/g	m_d/g	w_0/%
A1	19.862	18.057	9.09
A2	21.890	19.435	11.22
A3	18.952	17.046	10.06
A4	18.747	16.424	12.39
A5	38.448	18.027	53.11

注：m_0为湿重；m_d为干重；w_0为含水率。

表12-49　底泥比重数据汇总表

样品名称	编号	m_{bw}/g	m_s/g	m_{bws}/g	Gs/(g/cm³)
A1	1	75.652	10.000	81.962	2.710
	2	75.633	10.000	81.892	2.673
	3	75.596	10.000	81.894	2.701
A2	1	74.822	10.000	81.115	2.698
	2	74.984	10.000	81.194	2.639
	3	74.787	10.000	81.152	2.751
A3	1	74.853	10.000	81.126	2.683
	2	74.837	10.000	81.119	2.690
	3	74.862	10.000	81.147	2.692
A4	1	75.414	10.000	81.784	2.755
	2	75.415	10.000	81.688	2.683
	3	75.437	10.000	81.613	2.615
A5	1	75.485	10.000	81.758	2.683
	2	75.477	10.000	81.835	2.746
	3	75.473	10.000	81.731	2.672

注：m_{bw}为水、比重瓶总质量；m_s为土粒质量；m_{bws}为比重瓶、水、土粒总质量；Gs为土粒的比重。

表12-50　底泥颗粒级配数据记录表

粒度 *d*/mm	A1	A2	A3	A4	A5
＞0.075	4.6	4.8	5.2	5.0	5.5
＞0.005	63.4	60.6	63.2	60.9	65.2
＜0.005	36.6	39.4	36.8	39.1	34.8
＜0.002	15.3	17.3	16.5	17.0	13.7

（2）底泥化学性质测试

土壤酸性等级划分见表 12-51。

表12-51 土壤酸性等级划分

pH 值	＜4.5	4.5～5.5	5.5～6.0	6.0～6.5	6.5～7.0	7.0～7.5	7.5～8.5	8.5～9.5	＞9.5
等级	极强酸性	强酸性	酸性	弱酸性	中性	弱碱性	碱性	强碱性	极强碱性

pH 值实验结果见表 12-52。

表12-52 土壤pH值实验结果

试样	A1	A2	A3	A4	A5
pH 值	6.54	6.47	6.62	6.38	6.12
酸碱程度	中性	强酸性	中性	弱酸性	弱酸性

总磷含量测定结果见表 12-53。

表12-53 底泥中土壤颗粒和水中的总磷含量

试样	A1	A2	A3	A4	A5
土壤 /(mg/g)	31.2	29.0	30.5	28.9	26.8
水 /(mg/L)	0.22	0.21	0.25	0.20	0.21

底泥矿物成分测试结果见表 12-54。

表12-54 底泥矿物成分

矿物成分	含量 /%	矿物成分	含量 /%
白云石	48.17	方解石	5.92
二氧化硅	25.81	高岭土	2.99
钠长石	9.64	蒙脱石	0.89
伊利石	6.58		

（3）底泥固化剂研发

以丙烯酸甲酯、乙酸乙烯酯为原料，加入丙烯酸和引发剂，经悬浮聚合、水洗、干燥、水解，研发了一种新型底泥固化剂。该固化剂对香溪河库湾底泥总磷、总氮固化率分别为 70.20% 和 43.70%。

12.4.3 内源磷释放生物调控技术

2013 年 6 ～ 9 月，对香溪河主要水生动物种类及其生活特征和对藻类采食的特点进行了野外调查，调查结果见表 12-55。

表12-55 香溪河主要水生动物种类

水生物种	生活类型	食性	食物
鲢	上层鱼类	滤食性鱼类	浮游动、植物
鳙	上层鱼类	滤食性鱼类	浮游动、植物
鳊鱼	上层鱼类	杂食性鱼类	浮游植物，底栖动物
翘嘴鲌	上层鱼类	滤食性鱼类	浮游植物
草鱼	中层鱼类	草食性鱼类	水生植物
鲫鱼	底层鱼类	杂食性鱼类	水生动植物
青鱼	中下层鱼类		软体动物，底栖动物，浮游动物
黄颡鱼		杂食性鱼类	底栖无脊椎动物，小型水生动物
鳜鱼	近底层鱼类	肉食性鱼类	活鱼苗
鳡鱼	中上层鱼类	肉食性鱼类	鱼类
鲤鱼	底层鱼类	杂食性鱼类	河虾等
河蚌	底栖		有机质颗粒，轮虫、鞭毛虫、藻类、小的甲壳类
青虾	底栖	杂食性动物	浮游生物，藻类，水生动物

选取鲢鱼和鳙鱼、美人蕉、香蒲组建不同配置模式（如表12-56所列），测定水体中TP和Chla的变化，见图12-166和图12-167。

实验结果表明：实验初期鱼类增加水体TP，导致水体Chla含量增加，植物吸收作用甚微。随着时间的延长，水体营养物质减少，有鱼水体中，水体经历清-浊-清过程。

表12-56 群落配置模式

配置模式	鱼	美人蕉	香蒲
空白	×	×	×
1	√	×	×
2	√	√	×
3	√	×	√
4	√	√	√
5	×	√	×
6	×	×	√
7	×	√	√

注：×表示没有；√表示有。

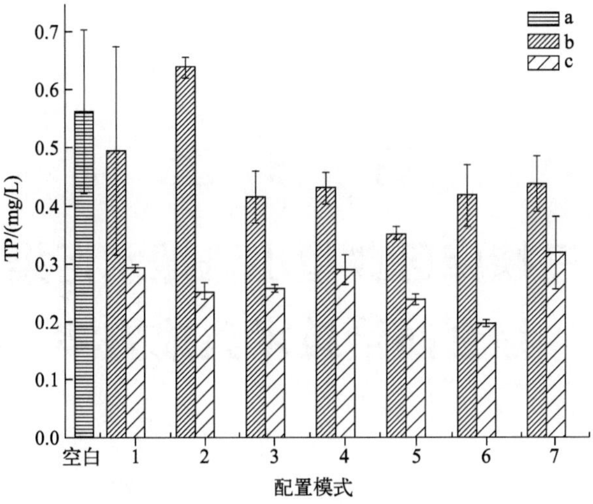

图12-166 水体中TP的变化

a—实验前水质；b—第10天取样；c—第20天取样

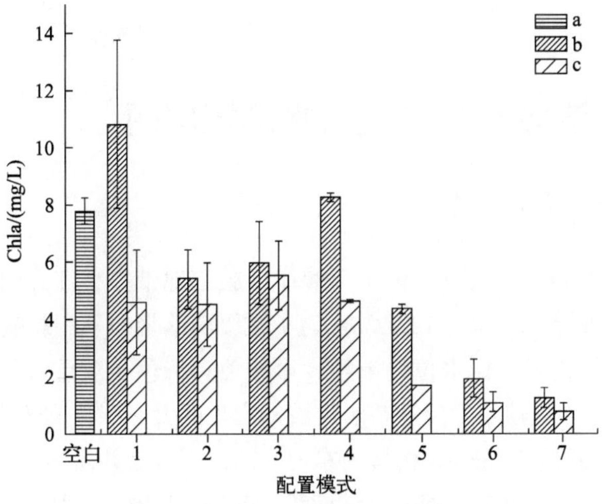

图12-167 水体中Chla变化

a—实验前水质；b—第10天取样；c—第20天取样

第 13 章 三峡库区典型小流域水污染综合防治技术集成方案

13.1 汉丰湖流域水文特征与水环境问题

13.1.1 汉丰湖流域概况

小江是三峡水库的一级支流，位于三峡库区腹心地带，小江开州区段消落带面积最大，占三峡库区消落带总面积的13.97%。为了减缓消落带的不利影响，2007年在重庆开州区下游4.5km处修建了乌杨水位调节坝，形成独具特色受双重水位变动影响的城市内湖——汉丰湖，以消除三峡水库反季节水位波动产生的大面积消落区的影响。汉丰湖东西跨度12.51km，南北跨度5.86km，由境内东河、南河汇合后并由乌杨调节坝拦截澎溪河而形成，常年蓄水168.50m以上，湖泊水域面积15km²，并构造出县域内一个新生汉丰湖流域，流域控制面积达3052km²，占全县辖区总面积的77.4%。

13.1.1.1 地形地貌特征

汉丰湖流域地处大巴山南麓与川东平行岭谷接合部，属平行岭谷地区，四面环山，北高南低，海拔134～2626m，流域内地势高低悬殊，南北长、东西窄。汉丰湖流域地表出露地层按由老到新顺序是奥陶系、志留系、二叠系、三叠系、侏罗系、白垩系、第四系。由造山运动形成的背斜，由南向北依次为铁峰背斜、开梁背斜、赫天池背斜、天子城背斜、渔沙背斜、咸宜背斜。全县地貌主要类型有堆积型、侵蚀型、剥蚀型和溶蚀型等，分布因区而异，北部为大巴山南坡石灰岩岩溶类地质地貌，南部为川东平行岭谷褶皱带红色岩土地质地貌。

13.1.1.2 水文气象条件

汉丰湖流域处于四川盆地东部温和高温区内，属亚热带暖湿季风气候，四季分明，雨量充沛，无霜期长，日照偏少。随海拔高度的不同，流域内地域性气候差异明显，南部河谷浅丘平坝属中亚热带湿润季风气候区，北部大巴山支脉1000m以上的山地属暖温带季风气候区。汉丰湖流域多年平均气温10.8℃（马云，海拔1490m）～18.2℃（丰乐，海拔165.7m），相差7.4℃。气温自北向南逐渐增高，气温立体差异十分明显，盛夏季节，县城平坝地区极端气温高达40℃左右，而北部高山则为20℃左右。年内气温差异悬殊，极端最低气温-4.5℃，最高气温42℃；最冷月1～2月的平均气温为-0.1～7℃，最热月7～8月的平均气温为21～29.4℃。

13.1.1.3 河流水系与径流特征

（1）河流水系特征

开州区境内原有澎溪河、东河、桃溪河、南河和浦里河5个流域，汉丰湖水位调节坝竣工蓄水后，改变了开州区境内水系流域特征，形成了一个新的汉丰湖流域。汉丰湖流域覆盖了开州区境内全部的东河流域和南河流域以及部分的澎溪河流域，全流域面积2362km^2，占开州区总面积的77.38%。汉丰湖流域多年平均流量约为2.4×10^9m^3，其中55.9%来自东河子流域，17.3%来自桃溪河子流域，13.6%来自南河子流域，13.2%来自其他子流域。

汉丰湖流域位于长江一级支流小江的上游，开州区境内大小溪流均属小江水系，分别在汉丰街道办和渠口镇汇合，流经云阳县，于新县城双江镇注入长江。汉丰湖流域内主要有东河、南河、澎溪河3条河流，下游的浦里河在三峡水库蓄水期间因江水倒灌而对汉丰湖流域产生影响，因此汉丰湖流域河流水系可分为4个子流域，分别为澎溪河、浦里河、南河和东河水系，如表13-1所列。

表13-1 汉丰湖流域河流水系特性表

名称	级次	起止	河长/km	汇水面积/km^2	主要支流
澎溪河	一级	渠口镇端公坝浦里河汇合口至云阳县双江镇长江口	102.5	—	肖家河、浦里河、南河、东河
浦里河	二级	梁平区城东乡至渠口镇段公坝澎溪河汇合口	121.4	1150.8	岳溪河
南河	二级	开江县广福乡至县城老关嘴东河汇合口	91.0	1117.2	桃溪河、破石沟、映阳河、头道河
东河	二级	开州区白泉乡钟鼓村至县城老关嘴南河汇合口	106.4	1469.2	满月河、盐井坝河、后河

1）澎溪河

澎溪河为开州区溪河的总汇。该河自东河与南河汇合口起，分别于渠口镇铺溪村纳浦里河水、于渠口镇剑阁楼村纳肖家河水，由渠口镇兴华村出境入云阳县界，在该县双江镇注入长江，自开州区汉丰街道办至云阳县双江镇河长为102.5km，在开州区境内长32.5km，流域面积203.5km^2。河道宽阔平缓，水量稳定，常年通航。该河在开州区境内年径流总量$3.24\times10^9m^3$（区间为$1.31\times10^8m^3$），径流深642.5mm。

2）浦里河

浦里河发源于梁平区城东七里峡，经万州区新袁镇于开州区五通乡入境，略偏向东北流经岳溪、南门、长沙、赵家四镇，至渠口镇注入澎溪河，全长121.4km，支流13条，树枝状分布，源流均较短，主要支流有岳溪河。浦里河流域面积1150.8km^2，属山溪性河流。河段划分，万州区余家镇至我县南门镇为中游，南门镇以下为下游。年降水量1200mm，最枯流量0.1m^3/s，洪峰流量达3189m^3/s。径流总量$6.65\times10^8m^3$，径流深578mm。

3）南河

南河发源于开江县广福乡兰草沟村，自开州区巫山乡入境，向东流经铁桥、临江、竹溪、镇安4镇和镇东街道办，于开州区汉丰街道办与东河汇合后成澎溪河，全长91km，支流14条，主要支流有映阳河、破石沟、桃溪河。南河流域面积1117.2km^2，为山溪性河流。河道在巫山坎入境处有青烟洞瀑布，三级落差可达150m，其余均较平缓。全流域年降水量1200mm，据出口处石龙船水文站实测，最枯流量0.5m^3/s，洪峰流量达4272m^3/s。河床泥沙厚垫，属沙坝河型，洪水为患频繁，是重庆市内十大害河之一。河段划分，发源地至开州区巫山乡中兴场为上游，中兴场至临江镇为中游，临江镇至汉丰街道为下游。

南河支流桃溪河发源于大进镇天宝寨村，向西南流经麻柳乡、紫水乡、敦好镇和大德乡，于镇安镇注入南河，全长65km，支流6条，流域面积592.3km^2。桃溪河上游属高山区，河流横切温泉背斜，群峦叠嶂，障谷、峡谷均较发育，河床多系卵石、块石或孤石，比降为14.2‰，水流急湍。桃溪河流域水量丰富但不稳定，易涨易跌，年径流总量$4.12\times10^8m^3$，径流深696.7mm。

4）东河

东河发源于开州区白泉乡钟鼓村天生桥，于天岭村双河口汇集源出漆厂湾、雪宝山溪水，开始形成河道，向西南流经关面乡、大进镇、谭家镇、和谦镇、温泉镇、郭家镇、白鹤街道办、丰乐街道办后，在汉丰街道办与南河汇合成澎溪河。全长106.4km，支流14条，主支流有满月河、盐井坝河、东坝溪，流域面积1469.2km^2。大进以上为上游，大进至温泉为中游，温泉以下为下游。东河上游河道深切于高山岭谷之中，隘谷、障谷、狭谷均较发育，温泉镇以上河床比降为13‰，以下为1.2‰。由于上游处于大巴山多雨带，年降水量在1500mm以上，且河床多属卵砾堆积，地下水十分丰富，水量年际变化小。下游河段宽100～250m，据出口处水文站实测最枯流量3.7m^3/s，洪峰流量达3931m^3/s，为常年性通航河流，丰水期木船可上溯至红园乡。径流深930.3mm，年径流总量$13.7\times10^9m^3$。

5）汉丰湖

汉丰湖是在长江三峡水库段的支流小江回水末端筑坝而成的人工湖，是三峡水库开州区消落区生态环境综合治理水位调节库，落坝后形成三峡水库的“前置库”，水面达14.8km^2，蓄水位正常时（170.8m），库容为$5.6\times10^7m^3$，蓄水位为175m时，库容约为$8.0\times10^7m^3$，坝址位于小江上游澎溪河段重庆市开州区新城下游4.5km处，坐落在乌杨村内，称乌杨大坝。整个回水区全部落在开州区境内，处于大巴山南麓与川东平行岭谷区接合地带。

(2) 径流特征

汉丰湖所在的小江流域仅在新华（小江）、东华、余家（三）有部分径流实测资料，汉丰湖坝址附近均无径流资料可应用，但本流域雨量站比较多，且地区上的分布较均匀，资料也相当长。用 1966 ～ 1989 年小江流域内的 16 个雨量站资料，通过降雨径流关系，补差出东河、南河、宝塔窝的径流，并与新华站的径流做平衡、校核、检验计算。

从多年平均年径流量的分配来看，东河来水占宝塔窝站的 52.0%（最大为 60.8%，最小为 40.0%），南河为 48.0%（最大为 60.0%，最小为 39.2%）。东河流域面积虽小于南河，但受降雨在地区分布上的影响，东河流域径流深 856mm，径流系数 0.59，大于南河流域 676mm、径流系数 0.56，组成宝塔窝的 759mm，径流系数 0.58（径流量 $2.417\times10^9m^3$，平均流量 $76.9m^3/s$）。经与重庆市水资源评价成果比较是合理的。

表 13-2 和图 13-1 为宝塔窝站多年平均径流量年内分配。汛期 5 ～ 9 月径流量占全年 74%，最大 7 月可达 20%，非汛期 10 月至翌年 4 月径流量占全年不足 26%，其中 12 月至翌年 2 月枯水期仅占全年的 3.5%，最小的 1 月不足全年的 1%。

表13-2　宝塔窝站多年平均径流量年内分配表

月份	1	2	3	4	5	6	7	8	9	10	11	12	合计	平均
$Q/(m^3/s)$	8.8	12.2	31.1	69.4	105.1	135.0	188.4	112.2	141.2	73.7	31.2	11.0	919.2	76.6
分配/%	0.95	1.33	3.38	7.55	11.44	14.69	20.49	12.21	15.36	8.02	3.39	1.19	1.00	

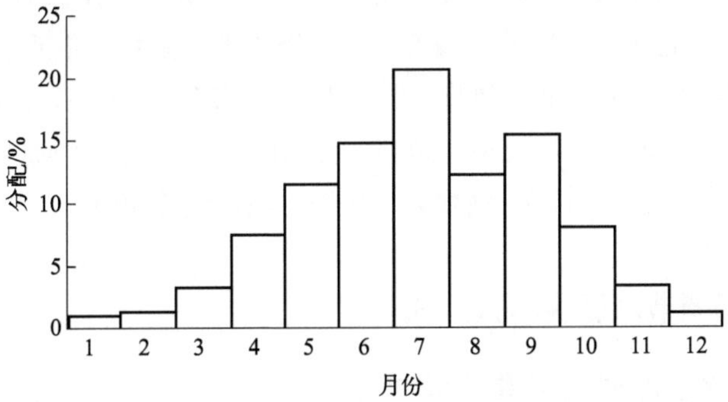

图13-1　宝塔窝径流量年内分配

利用宝塔窝 1966 ～ 1989 年 24 年径流量系列，用矩法估算统计参数，用适线法、*P*-Ⅲ型曲线求得不同频率设计年流量见表 13-3。

表13-3　宝塔窝站年径流量频率计算成果

设计频率 P/%	20	50	75	95
径流量/10^8m^3	30.0	23.5	19.0	13.6

13.1.2 汉丰湖调节坝工程概况

13.1.2.1 汉丰湖的形成

小江（又名澎溪河）是三峡水库左岸流经重庆市域的一级支流，全长 182.4km，流域面积 5172.5km²，其中自开州区新城至河口云阳县的中、下游河段长 76.4km，落差仅 95.5m，河流比降十分缓慢（仅 1.25‰），成为三峡库尾的回水淹没区，开州区境内淹没面积达 58km²，枯水期发电消落和汛期退水将形成落差达 30m、面积达 45.17km² 的消落带，并集中在开州区移民新城附近开阔的浅丘平坝区域。如此广阔的消落带将给开州区移民新城周边的生态环境和人居环境带来巨大影响。2003 年 12 月，《三峡库区澎溪河流域生态环境综合整治规划》中正式提出了解决开州区新城消落带环境污染问题的“前置库”方案，其中乌杨水位调节坝为关键工程。2010 年起位于汉丰街道乌杨村至木桥村间的水位调节坝截流竣工后，形成了一座面积达 14.8km² 的湖面，以乌杨水位调节坝为控制节点的汉丰湖流域正式形成，汉丰湖也就应运而生。乌杨水位调节坝工程建成后，可在开州区新城区北侧形成水位相对稳定的“前置库”，从而有效减少三峡库区开州区消落区的面积，降低开州区新城消落区的水位变幅，改善开州区新城区及其周边的生态环境，为建立新的稳定生态系统和良好的人居环境创造条件。

13.1.2.2 乌杨水位调节坝

汉丰湖乌杨水位调节坝建于开州区城区下游 4.5km 处的丰乐街道办事处乌杨村 2 组。坝高 24.34m，校核洪水位 170.80m（吴淞高程 172.58m），总库容 $8.0\times10^7m^3$，最大过闸流量 $8437.68m^3/s$。根据《水利水电工程等级划分及洪水标准》（SL 252—2017），该工程等别为Ⅲ等，土石坝、泄水闸、鱼道、溢流坝、非溢流坝及副坝等主要建筑物为 3 级，上、下导墙等次要建筑物为 4 级。水位调节坝由大坝和副坝组成。大坝采用闸坝结合坝型，从左岸至右岸依次为非溢流坝、溢流坝、鱼道、泄水闸、土石坝，坝轴线长 507.03m，坝顶高程 177.78m（吴淞高程，下同）；副坝为土石坝，坝轴线长 80.57m。

13.1.2.3 汉丰湖调节坝调度运行方式

（1）汉丰湖水位调节坝正常蓄水位

《三峡库区澎溪河流域生态环境综合整治规划》中推荐汉丰湖正常蓄水位 168.50m（吴淞高程 170.28m）。

（2）汉丰湖水位调节坝调度运行方式

汉丰湖水位调节坝的主要任务就是减少开州城区消落带范围和消落带面积，降低开州城区消落带的水位变幅，并营造良好的人居环境和健康的湖泊水生态系统。汉丰湖水位调节坝的调度运行方式如下。

1）枯水期

① 当三峡库水位上涨至 168.50m，汉丰湖乌杨调节坝工程闸门全开，汉丰湖库区水位与三峡水库水位同步运行；

② 当三峡水库水位自 175m 逐步下降至 168.50m 时，乌杨调节坝泄水闸下闸挡水，以保证汉丰湖库区水位维持在 168.50m 运行，而不随三峡水库水位继续下降。

2）丰水期

① 当上游来水较小时，由溢流坝流过，汉丰湖库区水位保持 168.5 ～ 169m；

② 当上游来水较大，汉丰湖库区水位超过 169m 时，部分开启闸门，上游来多少水就泄多少水，维持汉丰湖库区水位 168.5m；

③ 当上游洪水 $Q_{入} \geqslant 800m^3/s$ 时，泄水闸闸门全开敞泄冲沙，洪水过后下闸蓄水。排沙时间按 10 年累计 28d 控制。

汉丰湖乌杨水位调节坝调度运行过程见图 13-2。

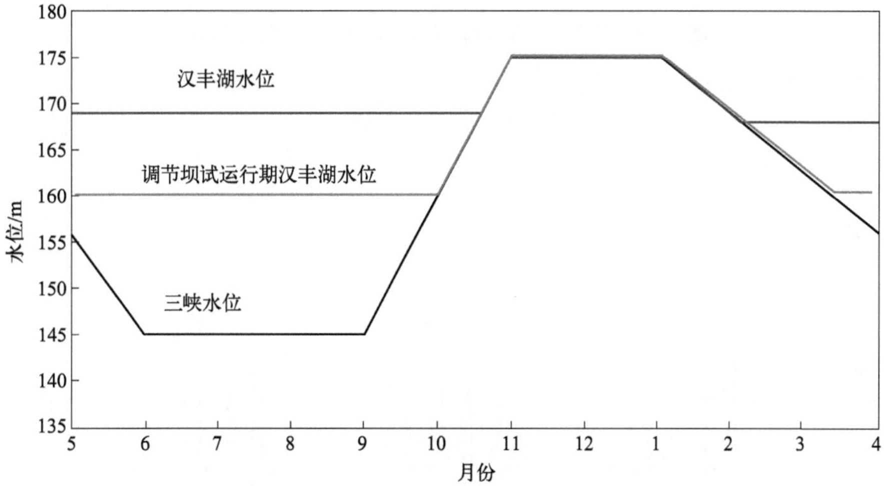

图13-2 汉丰湖乌杨水位调节坝调度运行过程

13.1.3 汉丰湖水文情势变化特征

13.1.3.1 乌杨调节坝建设前后库区水位变化特征

汉丰湖库区自上而下分布有温泉水位站（汉丰湖东河）、宝塔窝水位站（汉丰湖南河）及乌杨桥站（汉丰湖乌杨调节坝址下游），根据 2002 ～ 2004 年资料统计，温泉站水位变化区间为 190.70 ～ 201.40m，平均水位为 192.76m；宝塔窝站水位变化区间为 156.77 ～ 166.26m，平均水位为 157.17m；乌杨桥水位变动区间为 154.80 ～ 164.89m（三峡水库运行前），平均水位为 155.30m。3 个站点水位具有高度相关的同步性，尤其是宝塔窝站和乌杨桥站，由于相距较近，水位变化高度相关。受来水影响，3 个站点在 5 ～ 11 月份水位波动较大，其他月份保持在较平稳状态。温泉站 2002 ～ 2004 年水位变化过程如图 13-3 所示，宝塔窝站和乌杨桥站 2002 ～ 2004 水位变化过程如图 13-4 所示。

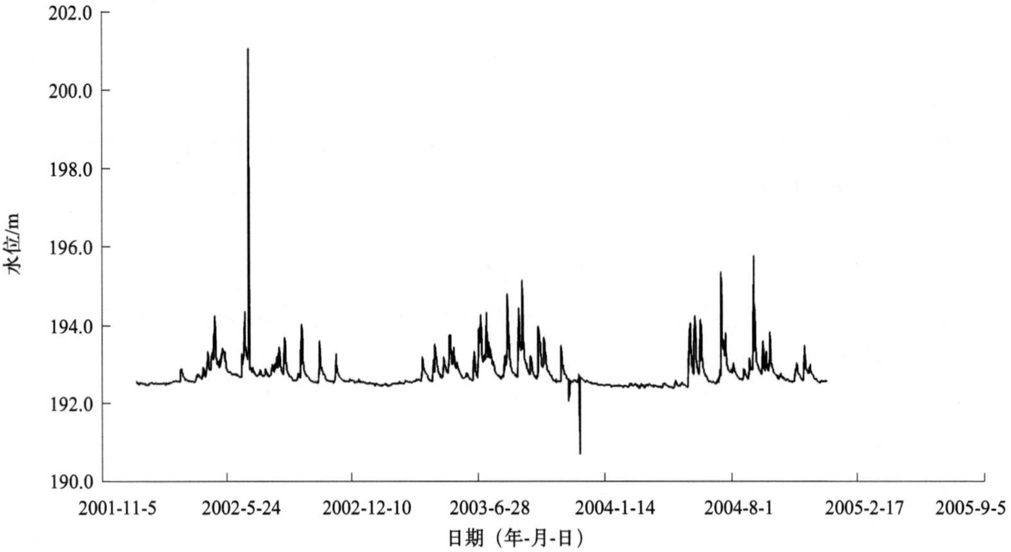

图13-3 2002～2004年汉丰湖流域温泉站水位变化过程

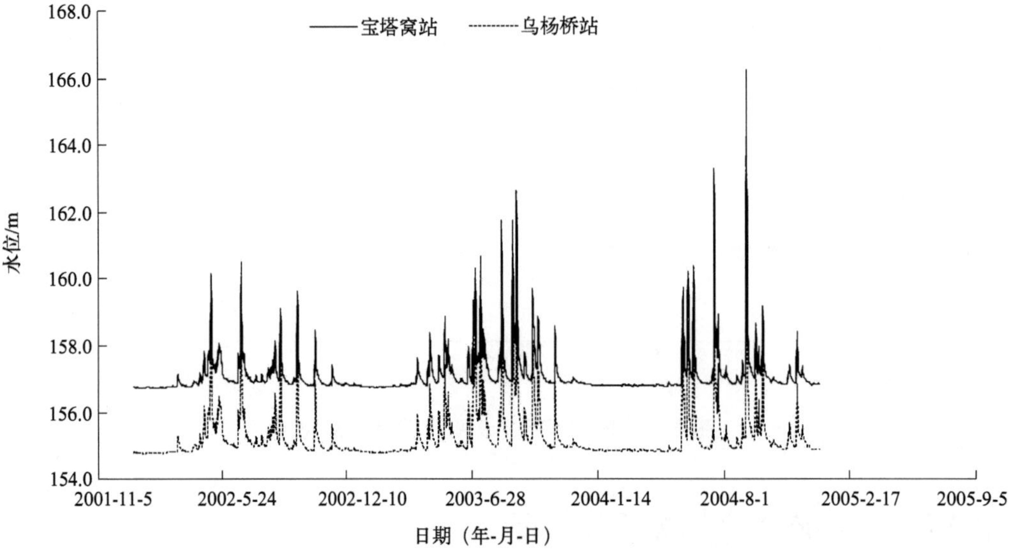

图13-4 2002~2004年宝塔窝站和乌杨桥站水位变化过程

汉丰湖调节坝 2013 ～ 2015 年水位过程见图 13-5 ～图 13-7 所示。自 2014 年汉丰湖开始实验性蓄水以来，汉丰湖乌杨调节坝尚未按照其调度运行规程正常运行。在 2013 年 5 ～ 8 月、2014 年 5 ～ 8 月、2015 年 5 ～ 8 月汉丰湖库区并未蓄水，坝上水位略高于坝下水位；在每年的 9 月至翌年 4 月，受三峡水库蓄水和库区高水位运行影响，汉丰湖水位基本与三峡库区水位持平，且在蓄水期间，受三峡水库蓄水水位快速上涨和汉丰湖库区上游来水量变化影响，当三峡水库水位上涨速率快于汉丰湖库区来水形成的水位上涨速率时，三峡库区水流进入汉丰湖，从而形成倒灌。如 2015 年水期间，汉丰湖乌杨调节坝水流流速监测值出现负值（见图 13-8），说明此处水流流向由坝下往库区流动，即该期间汉丰湖发生了三峡水库水倒灌入汉丰湖库区的现象。

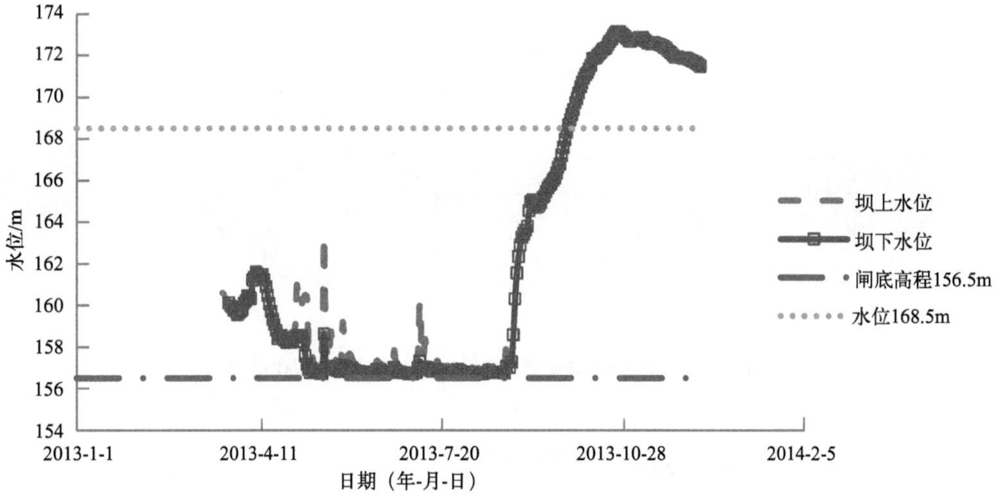

图13-5 2013年汉丰湖坝上和坝下水位变化过程

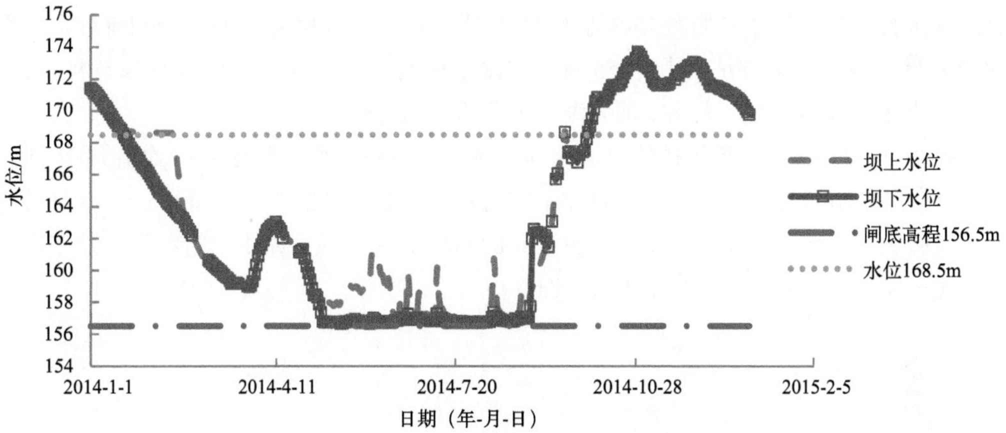

图13-6 2014年汉丰湖坝上和坝下水位变化过程

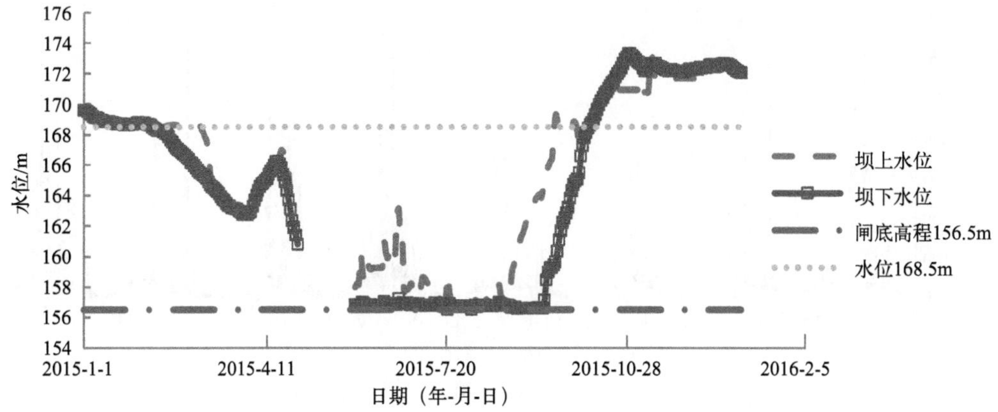

图13-7 2015年汉丰湖坝上和坝下水位变化过程

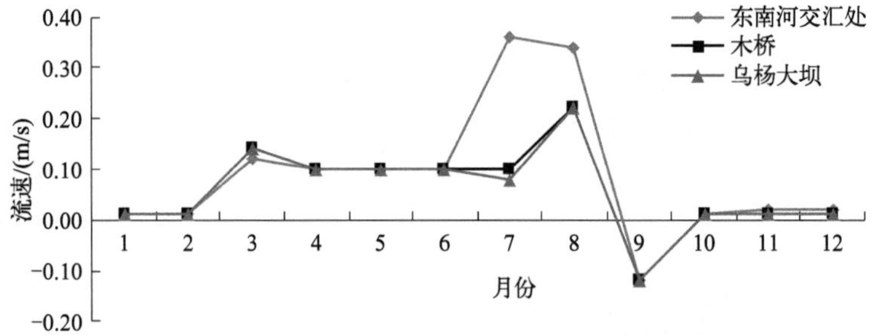

图13-8　2015年汉丰湖库区各监测站点水流流速变化过程

13.1.3.2　汉丰湖库区径流量变化特征

在基础数据十分有限的条件下，结合汉丰湖流域 2007 ～ 2014 年逐日降雨量资料和数学模型技术，对汉丰湖流域主要河流（包括东河、南河、桃溪河和头道河）的入湖径流过程进行了模拟（结果见图 13-9）。结果表明，2007 ～ 2014 年期间汉丰湖流域多年平均径流量约为 $2.24 \times 10^9 m^3$，其中 55.41% 的水量来自东河，21.78% 的水量来自桃溪河，20.48% 的水量来自南河，自头道河入湖的水量约占 2.33%。

根据 2007 ～ 2014 年资料统计，东河、南河、桃溪河和头道河平均流量分别为 $39.4m^3/s$、$14.47m^3/s$、$15.38m^3/s$、$1.65m^3/s$，从月均流量（见图 13-10）看，5 ～ 10 月份月均流量较大，其中 6 ～ 9 月径流量约占全年的 60% 以上。从各站洪水过程看，每年均会发生 3 ～ 4 场较大洪水，洪水历时 6 ～ 7d。

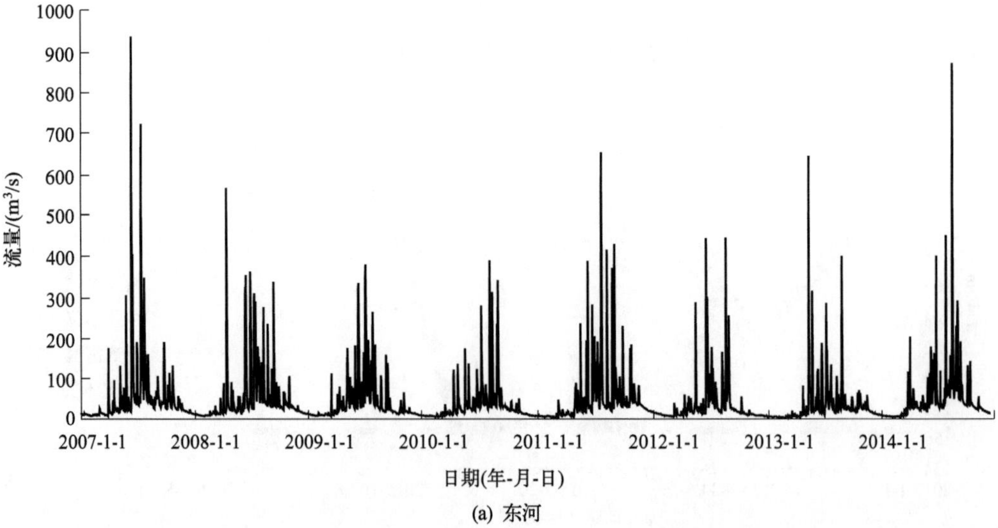

(a) 东河

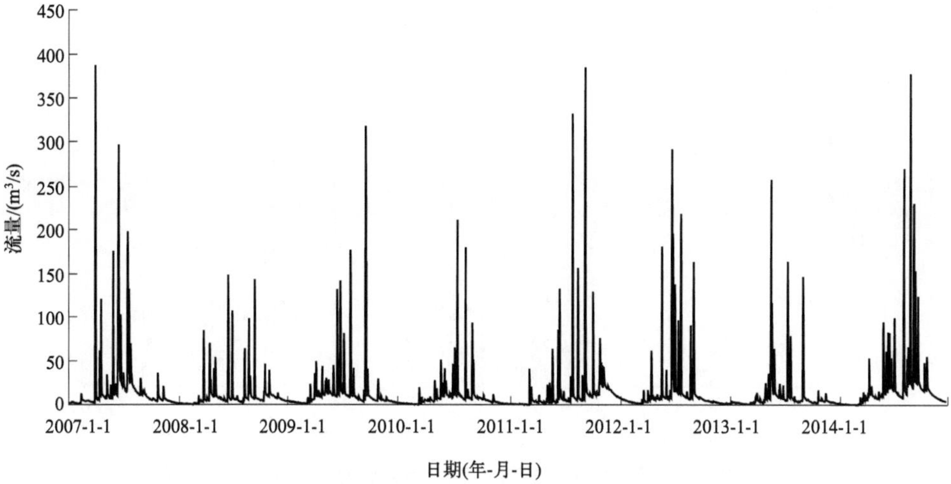

(b) 南河

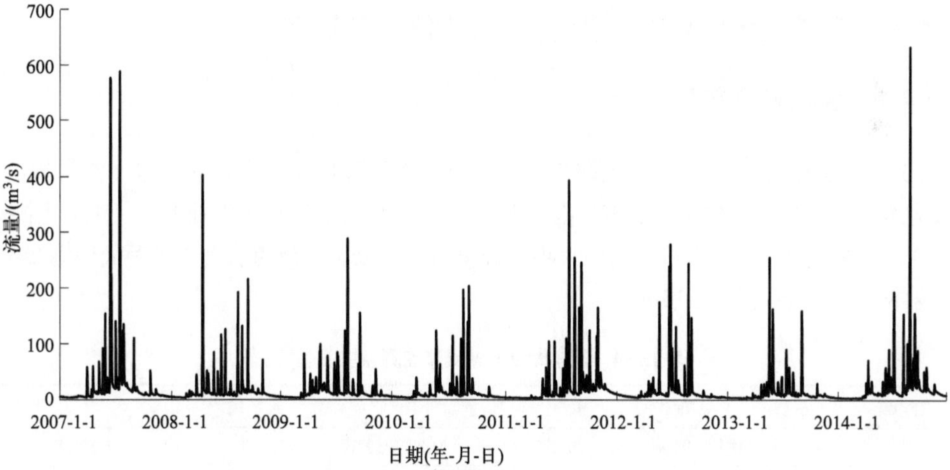

(c) 桃溪河

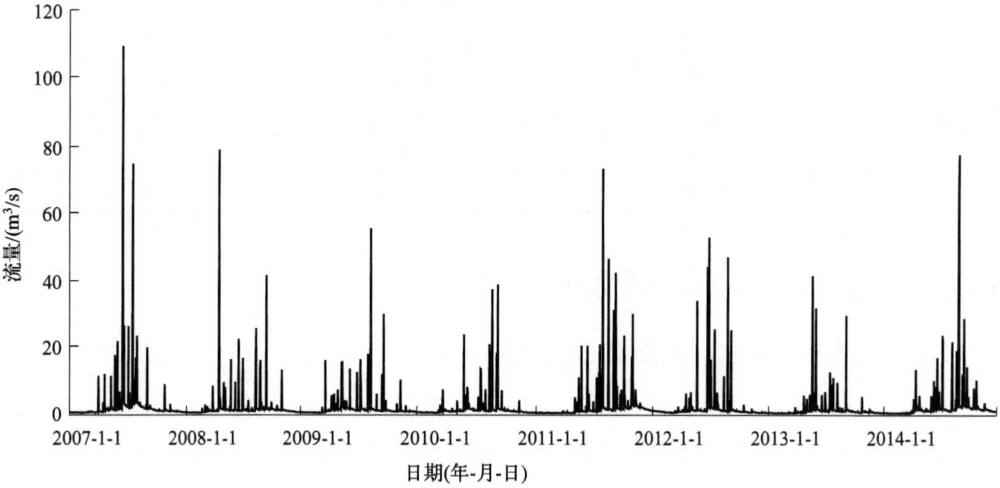

(d) 头道河

图13-9 2007～2014年汉丰湖流域主要河流入湖流量过程

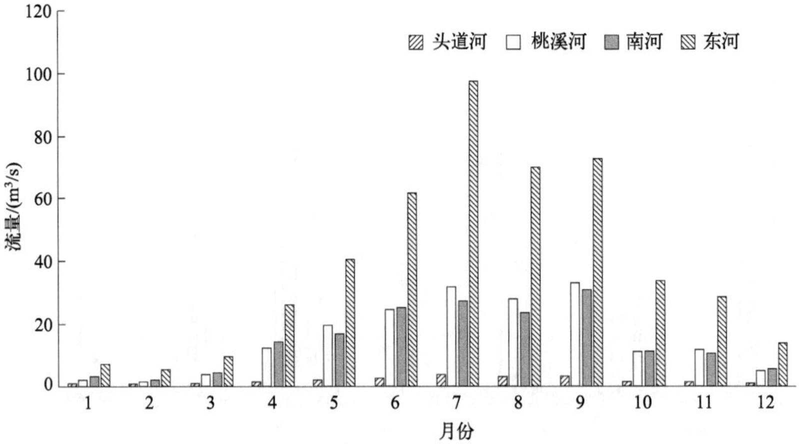

图13-10　2007～2014年汉丰湖流域主要入湖河流月均流量变化过程

13.1.4　汉丰湖流域水环境质量状况调查与评价

13.1.4.1　水质监测方案

2014～2015年对汉丰湖各入湖支流及汉丰湖库区开展了水文水质和水生态常规监测，共设置8个监测断面：桃溪河上游、南河上游（饶家坪）、头道河入湖处上游、东河上游（丰登村）、东南河交汇处、木桥、乌杨大坝、普里河入湖处，监测点设置于各断面中垂线上。

监测点位设置详见表13-4。

表13-4　汉丰湖及入湖支流监测点位设置情况

采样点	名称	经纬度	
1	桃溪河上游	108°27′59″E	31°11′28″N
2	南河上游(饶家坪)	108°26′11″E	31°11′22″N
3	头道河入湖处上游	108°24′40″E	31°11′16″N
4	东河上游(丰登村)	108°25′01″E	31°12′05″N
5	东南河交汇处	108°23′58″E	31°11′13″N
6	木桥	108°19′41″E	31°11′37″N
7	乌杨大坝	108°22′22″E	31°10′16″N
8	普里河入湖处	108°24′47″E	31°11′19″N

13.1.4.2　汉丰湖库区水环境质量现状评价

（1）汉丰湖库区水环境质量总体评价

根据2014年1月～2015年12月汉丰湖库区（包括东南河交汇处、木桥和乌杨大坝3个站点）逐月水质监测结果，pH值、溶解氧、高锰酸盐指数（COD_{Mn}）、TP、TN、NH_4^+-N等指标的水质浓度分别为7.10～9.54、4.56～12.39mg/L、2.26～4.70mg/L、0.08～0.41mg/L、0.92～4.27mg/L、0.01～1.53mg/L。2015年上述各指标的年均水质浓度分别为8.20、

7.99mg/L、3.11mg/L、0.17mg/L、1.33mg/L、0.20mg/L，其水质类别分属Ⅰ类、Ⅰ类、Ⅱ类、Ⅴ类（湖库标准）、Ⅳ类（湖库标准）、Ⅱ类，综合水质类别为Ⅴ类，主要超标指标为TN和TP，见表13-5。

表13-5 汉丰湖库区水质评价结果表

项目	2014年		2015年		综合水质类别
	平均浓度/(mg/L)	水质类别	平均浓度/(mg/L)	水质类别	
COD_{Mn}	3.84	Ⅱ	3.11	Ⅱ	Ⅴ
TP	0.15	Ⅴ	0.17	Ⅴ	
TN	2.44	劣Ⅴ	1.33	Ⅳ	
NH_4^+-N	0.28	Ⅱ	0.20	Ⅱ	

2015年1～12月汉丰湖库区叶绿素（此处指叶绿素a，Chla）浓度为1.38～44.08mg/m³，叶绿素浓度在4月、9月和10月出现峰值，主要是因为气候条件、氮磷含量较为适宜藻类生长；湖区透明度在0.15～4.40m之间，流速在0.01～0.36m之间，春冬季节因三峡水库高水位运行影响使库区流速缓慢、泥沙沉降、水体透明度较高，夏秋季节三峡水库低水库运行、库区上游来水量大、水体流动较快且水体泥沙含量大，水体透明度低。

(2)汉丰湖库区富营养化现状评价

采用生态环境部2011年3月颁发《地表水环境质量评价办法（试行）》（环办〔2011〕22号）中“综合营养状态指数法”对汉丰湖水体营养状态进行评价。根据2015年汉丰湖库区各监测站位的水质监测资料，采用综合营养状态指数法，计算得到各站点年内逐月的综合营养状态指数，并采用湖库营养状态评价标准得到汉丰湖库区水体营养状态等级，其评价结果分别见表13-6及图13-11。

表13-6 2015年汉丰湖库区富营养化评价结果

2015年	营养状态指数					综合营养状态指数	营养状态等级
	COD_{Mn}	TP	TN	Chla	SD		
1月	5	12	11	10	7	45	中营养
2月	5	12	12	13	4	47	中营养
3月	5	12	11	11	8	47	中营养
4月	5	13	11	16	8	54	轻度富营养
5月	7	13	12	10	15	57	轻度富营养
6月	5	14	9	9	18	54	轻度富营养
7月	5	12	9	12	15	53	轻度富营养
8月	6	12	5	10	14	47	中营养
9月	8	12	8	15	11	54	轻度富营养
10月	7	13	12	15	11	58	轻度富营养
11月	5	11	10	9	5	40	中营养
12月	4	11	10	11	8	44	中营养
平均值	5.6	12.3	10.0	11.8	10.3	50	中营养

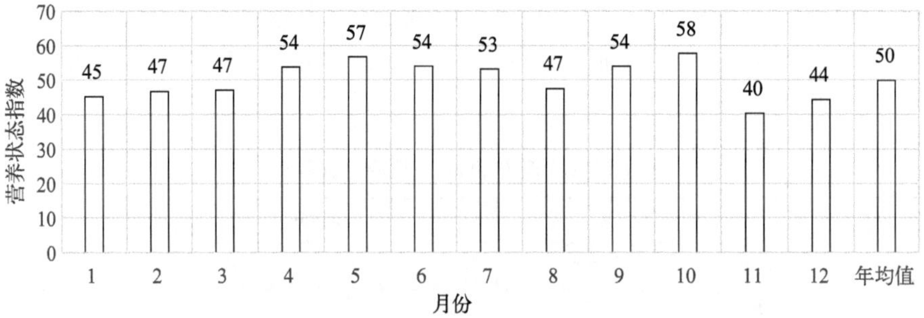

图13-11 2015年汉丰湖库区富营养状态指数年内变化过程

由表 13-6 及图 13-11 所示评价结果可知，2015 年汉丰湖库区水体富营养状态指数为 50，属中营养水平；从年内变化过程来看，枯水期高水位运行季节（即三峡水库水位处于 175m 运行时，每年的 11 月、12 月及 1 月、2 月、3 月），汉丰湖水体透明度高，库区多为中营养等级，其他月份受汛期来水影响，库区水体透明度显著降低，富营养化等级表现为轻度富营养状态。

（3）汉丰湖库区水质年内时空变化特征

综合 2015 年汉丰湖库区各监测断面理化指标监测成果，得到东南河交汇处、木桥和乌杨大坝年内水质变化过程。其中，库区水流流速、透明度、TN 指标在年内变化异常明显，其中水流流速为主汛期（6 ～ 8 月）较大（基本均大于 0.2m/s），表现为河流水流流速特征，汛后期库区水流流速非常小（约为 0.01m/s），表现为典型的湖库型微流速特征；透明度指标主要受汛期降雨径流携带大量泥沙影响，汛期库区水体透明度很小（基本介于 0.2 ～ 0.3m 之间），非汛期受上游来水来沙量减少、库区水流流速大幅度减小影响，库区水体透明度基本均超过 1m；TN 指标年内表现为逐渐下降过程，NH_4^+-N 指标浓度年内以 2 ～ 4 月份较大，其他指标年内变化无规律可循。

从库区水质沿程变化差异来看，水流流速呈现自上而下逐渐减小的趋势，即东南河交汇处水流流速相对最大，木桥次之，乌杨大坝断面水流流速相对最小；从各水质指标变化来看，基本均表现为越靠近坝前，其水质状况越好，但NH_4^+-N 指标除外，这可能与不同区域的三态氮转化存在差异有关。

13.1.4.3 汉丰湖入湖支流水质现状评价

（1）汉丰湖入湖支流水质总体评价

根据 2015 年汉丰湖库区主要入湖支流（包括东河、南河、桃溪河和头道河）的逐月水质监测数据，统计得到各河流的入湖水质状况。目前进入汉丰湖库区的各河流中，头道河的水质相对较差，COD_{Mn}、NH_4^+-N、TP、TN 四项指标的入湖水质浓度分别为 3.72mg/L、0.32mg/L、0.20mg/L、1.78mg/L，其水质类别分属Ⅱ类、Ⅱ类、Ⅲ类和Ⅴ类（湖库标准，下同）；南河水质次之，4 个指标的入湖水质浓度分别为 3.56mg/L、0.25mg/L、0.24mg/L、1.60mg/L，其水质类别分属Ⅱ类、Ⅱ类、Ⅳ类和Ⅴ类（湖库标准）；东河、桃溪河和浦里河的水质相对较好，各指标水质类别分属Ⅱ类、Ⅱ类、Ⅲ类和Ⅳ类（湖库标准）。

（2）汉丰湖入湖支流水质年内变化过程

依据汉丰湖库区主要入湖支流（包括东河、南河、桃溪河和头道河）的逐月水质监测数据成果，绘制得到各河流的入湖水质状况。汉丰湖入湖支流水质年内变化过程与汉丰湖库区年内水质变化过程基本一致，由此说明汉丰湖库区水质及其年内变化过程受库区支流入湖影响显著；同时从各支流入库水质的年内变化过程亦可得知，南河和头道河两条支流的入库水质相对较差（主要超标指标为 TP 和 TN），东河年内入湖水质相对较好。

13.1.5 汉丰湖流域主要水环境问题

根据汉丰湖库区的水动力特性，并结合汉丰湖流域污染源调查、流域水环境质量调查与评价结果及近年来库区水质变化过程可知，目前汉丰湖库区及汇水区流域主要存在如下的水环境问题。

（1）汉丰湖水动力条件复杂多变，不利于湖区水质改善与提升保护

汉丰湖是因乌杨调节坝在汛期抬高湖区水位和三峡水库在枯水季节高水位运行而形成的一个河道型湖泊，水体相对封闭。在汉丰湖乌杨调节坝未投入运行之前，枯水季节（10 月～翌年 2 月），汉丰湖水位直接受三峡水库高水位（175m）运行影响与控制而成湖泊形态，水流运动十分缓慢（流速＜ 0.02m/s）；在 2 ～ 5 月期间，三峡水库为即将来临的汛期腾空防洪库容而逐步降低运行水位至 145m，汉丰湖因水位降低而水流流速逐步增大，使湖区平均流速达到 0.10m/s，湖区水动力条件得到显著改善；在汛期（6 ～ 9 月），三峡水库处于汛限水位（低水位）运行，汉丰湖库区断面平均流速为 0.20 ～ 0.40m/s，水流条件表现为明显的河流特性。当汉丰湖乌杨调节坝投入运行后，汉丰湖水位将常年在 168.50 ～ 175m 区间运行，湖泊的河流型水流特征将消失，湖区水流将呈现较为稳定的湖泊流态特征，湖区水流运动十分缓慢（流速≤ 0.02m/s），入湖污染物的迁移扩散速率将显著降低，湖区水质空间分布差异性将更加显著，不利于入湖排放口附近水质保护，不利于汉丰湖库区整体水质改善与提升保护。

（2）汉丰湖水质年内波动变化显著，存在水质严重超标与富营养化问题

受汉丰湖流域汇水区各类污染源排放入河（东河、头道河、桃溪河、南河）及汉丰湖周边污染源直接入湖的影响，现状年汉丰湖整体水质为Ⅴ类，超Ⅲ类（湖泊水质目标）标准的有 TP 和 TN 两项指标。从汉丰湖水质年内变化过程来看，TP 指标全年均超过Ⅲ类水质目标要求（超标倍数为 1.30 ～ 4.28 倍），TN 指标主要在非汛期超标（超标倍数为 0.03 ～ 1.14 倍），且年内波动变化较为显著。

根据“综合营养状态指数法”的相关要求，目前汉丰湖已处于中营养～轻度富营养之间，水体富营养化问题日益凸显，且湖泊中叶绿素在汛前期（4 月）和汛后期（9 月、10 月）均出现高值，易出现蓝藻水华问题。尤其是当汉丰湖调节坝正式运行后，受库区水动力条件进一步减弱影响，汉丰湖在该期间的蓝藻水华问题将逐渐凸显，应引起高度重视。

（3）汉丰湖流域农业面源污染严重，农田种植氮磷流失量大

汉丰湖流域污染源调查结果表明，除开州城区污水处理厂尾水直接入湖外，汉丰湖周边几乎无其他大型集中连续排放点源，经东河、南河、桃溪河和头道河等水流进入汉丰湖是汉丰湖入湖污染负荷的最主要来源。在各河流的入湖污染负荷中，农田面源所占比重

较大。据汉丰湖流域污染负荷计算结果表明，汉丰湖流域农田面源污染中COD排放量为25089t/a，占流域COD年排放总量的31.75%；NH_4^+-N排放量为4037.32t/a，占流域NH_4^+-N排放总量的47.61%；TN排放量为12112t/a，占流域全年排放总量的55.06%；TP排放量为2883t/a，占流域全年排放总量75.72%。由此可见，汉丰湖流域农田面源污染严重，农田种植所产生的氮、磷流失是汉丰湖库区N、P入湖负荷的最主要来源。

汉丰湖流域农业面源污染情形与三峡库区其他区县面临的问题基本一致，即种植业测土施肥有待推广，生物、低毒农药的使用率较低，流域内131万亩（1亩=666.67m²）耕地的大量污染物随地表径流直排入附近河流并随入湖支流进入汉丰湖。农田面源污染越来越成为影响汉丰湖库区水质安全，并导致库区水体富营养化的重要因素。

（4）城乡污水收集率低、污水处理厂出水标准有待提高

① 开州区城市污水收集率较低。经调查，汉丰湖周边有109个排水口，其中污水排口41个、雨水排口19个、雨污混排口40个、其他小支流（暗渠）9个，主要分布在汉丰湖库周及支流观音河、平桥河、驷马河、镇东街道头道河等区域；汉丰、文峰、云枫、镇东、丰乐等街道二、三级管网不完善，镇东、丰乐两个街道无法收集污水。

截至2015年，开州区40个乡镇（街道办）全部建设污水处理厂，服务范围覆盖全县所有建制镇居民。但由于污水厂设计时只考虑污水干管的铺设，而未考虑二、三级管网的铺设，导致污水处理厂污水收集率较低，未发挥其最大功能。汉丰湖流域已经建成和规划建设的污水处理厂按《城镇污水处理厂污染物排放标准》一级B排放标准设计，汉丰湖蓄水后对水流减缓，污染物降解能力将下降，汉丰湖流域污水处理厂将是流域内的重要点源排放单元，对污水厂排水水质标准将有更高的要求。

② 乡镇污水处理厂运行效果较差。污水处理设施工艺亟待提高，乡镇污水处理厂除磷脱氮技术相对较弱，部分污水处理厂出水不能达到排放标准。

（5）汉丰湖周边畜禽养殖污染问题依然存在

汉丰湖流域规模化畜禽养殖场以中小型为主，排放方式以进入沼气池、用作农用肥以及直接排放为主，流域内规模化养猪场中，80%建设了沼气池，污染处理率在85%左右。对汉丰湖水体造成直接影响的有25家畜禽养殖场，主要分布于镇东街道、汉丰街道、文峰街道、丰乐街道、白鹤街道及镇安镇，这些养殖场沼气池建设容量偏小，污水处理率不高，无法满足畜禽粪便的处理。汉丰湖周边畜禽散养户较多，产生的粪便以农用施肥为主，但冲圈的污水处理率普遍不高，污水通过沟渠、支流等入湖，畜禽散养户养殖规模和占地面积较小的特点使其很难开展污染处置。

（6）环境监管能力亟待加强

汉丰湖相关机构和政策指导等管理控制措施尚需完善。

① 工作人力不足，目前虽然在各个乡镇都设置1～2名环保员，但均为兼职人员，由于环境保护工作逐渐受到重视，环保员工作量日益增加，导致环保工作人力资源严重不足。

② 监测、监管和监控能力不足，缺乏针对汉丰湖的生物监测手段、汉丰湖控制开发范围不清晰、监控对象尚不明确等，特别是针对水华发生风险没有构建预测预警技术体系，在浮萍暴发后，完全处于被动监测与打捞状态，汉丰湖流域的管理体系急需从常规管理向风险管理转变。

基于汉丰湖流域水环境质量状况以及存在的主要水环境问题，结合流域污染特征、治污条件以及水环境管理需求，确定湖体核心区、湖滨禁建区、限建治理区和优化开发区为汉丰湖流域的重点防控区。

13.2 汉丰湖流域水污染综合防治对策措施

通过系统分析汉丰湖流域点源（包括城镇生活与垃圾、工业污染、规模化畜禽养殖等）和农田面源（包括农村生活、农业种植、分散畜禽养殖等）污染特征，结合河湖水环境历史与现状监测数据，基于对流域污染源解析、湖区水动力特性分析、流域水文过程与入湖污染物模拟，以及污染源与湖泊水质响应关系的研究成果，当前汉丰湖流域存在的主要水环境问题包括：

① 农田种植所产生的N、P流失是汉丰湖库区N、P入湖负荷的最主要来源，造成湖区水体富营养化；

② 还需要进一步规范汉丰湖周边畜禽养殖，降低畜禽养殖污染；

③ 城镇污水收集率还需要进一步提高，采取适当措施提高污水处理厂脱氮除磷效果；

④ 库区水动力条件复杂多变，绝大部分时间均表现为湖相特征，并存在江水倒灌现象。

系统梳理“十一五”以来三峡库区水污染防治规划中提出的各类水污染防治措施，结合“十二五”三峡水专项提出的点源、面源污染控制技术及生态修复措施，综合分析汉丰湖流域“十二五”规划措施在污染负荷削减和水质改善方面的实施效果。基于汉丰湖流域水环境问题识别和“十二五”规划措施的实施效果，并结合流域防控分区区划及湖区水质可能存在的演变过程，针对汉丰湖主要水环境问题，提出了汉丰湖流域农田面源治理（生态农业建设）、规模化畜禽治理、城乡污水收集与处理、库区直排点源治理、入湖小流域治理等对策措施。

13.2.1 农田面源污染治理措施

高效生态农业是在生态经济学原理的指导下，合理吸收传统农业精华并充分利用现代农业科技成果，以获得经济发展与资源、环境之间的平衡，进而成为可持续发展的现代化农业。三峡地区已经开展的生态农业技术表明，高效生态农业是三峡库区农田面源污染治理的有效措施，可以有效保护库区生态环境，并对移民安置、振兴农村经济和保护三峡库区水环境有不可替代的作用。

13.2.1.1 生态农业环境保障技术

（1）坡改梯技术

坡耕地、坡园地是三峡库区土壤侵蚀的主要策源地，两者年土壤流蚀量占三峡库区总流蚀量的73%，因此，防治坡耕地、坡园地的土壤侵蚀是减少入库泥沙的关键，对促进三峡库区生态环境与社会经济的协调发展意义重大。

坡改梯技术是指在坡度＜25°的坡耕地上或非坡耕地上修建水平梯田，用以种植农作物或经济林。这种技术亦称坡改梯单项技术。例如，把修建水平梯田和修建沉砂池、蓄水池、排水沟等小型水利水保工程及道路工程进行合理配套，有机结合，则称为坡改梯综合技术。在三峡区水平梯田根据用途的不同分为耕作梯田和果树梯田，根据田坎组成物质的不同分为石坎梯田和土坎梯田。其中，石坎梯田有条石梯田、块石梯田 2 种。

梯田规划：在坡度＜ 25° 的坡面，沿等高线呈长条带状布设梯田块，坡沟交错面大、地形较破碎的坡面，田块布设要大弯就势，小弯取直。根据面积、用途，结合降水和水源条件，在坡面的横向和纵向合理布设沉沙池、蓄水池、排水沟及道路，在道路两侧布设路边排水沟，在田面内侧，即靠近田坎一侧布设田间排水沟，在纵向沟与横向沟交汇处布设蓄水池，在蓄水池的进水口前配置沉沙池，在田间排水沟与路边排水沟交汇处之前也要配置沉沙池。在纵向坡度较大处或转弯处也可适当布设消力池。

（2）横坡网格垄作技术

横坡网格垄作技术是指在坡度＜ 15° 的坡耕地上，沿等高线横坡作垄（也称大垄），垄沟内修筑垂直于垄向的横土挡（亦称小垄），土挡间距 2.0 ～ 3.0m，在大垄上种植玉米等作物，小垄上种植红薯等作物。据张奇等研究，横坡网格垄作技术具有防蚀、保墒和增产多重的效果。实验结果表明，与横坡垄作相比，在 8° 和 14° 的坡耕地上，横坡网格垄作的地表径流深分别减少 9.3% 和 40.1%；泥沙流失量分别减少 43.8% 和 24.6%，其防蚀保水作用十分显著。但随着坡度的增加，横坡网格垄作的防蚀减沙作用降低。该项技术蓄水、保墒、防蚀的原理在于垄沟的封闭式结构能拦截降雨使其就地入渗。

（3）等高植物篱技术

等高植物篱就是在坡度＜ 25° 的坡耕地上，沿等高线布设密植的灌木或灌化乔木、灌草结合的植物篱带，带间种植作物或经济林。调查研究表明，该项坡地环境因子调控技术对增加土壤有机质含量、延缓地表径流流速、延长产流时间及控制土壤侵蚀具有明显的作用。等高植物篱的生态经济功能主要取决于植物篱的种类、带内配置模式和带间距。调查等高植物篱技术的地点主要是秭归县的王家桥小流域以及开州区的汉河小流域等，其中王家桥小流域为中国科学院地理研究所、华中农业大学和香港中文大学的实验基地。其纬度为 N31°53′06″，距长江干流 4km，地面坡度 22° ～ 30°。多年年平均降水量 1013.1mm，年均温 16.7℃。土壤为中性、石灰性紫色土，质地多为轻壤到中壤，抗蚀性差。实验区布设的等高植物篱有新银合欢、香根草、马桑、黄荆等多种，篱带间种植的作物为冬小麦、黄豆等。

据中国科学院地理所申元村等实验结果，实验区种植的黄荆、马桑、新银合欢、木灌及香根草等篱笆带，2 年后均初步成形。从观测结果看，几种灌木树种均有较强的构造活篱笆的能力，其中黄荆和木灌表现最好。根据观测结果分析，黄荆、马桑、新银合欢、木灌、香根草、黄花菜等篱笆植物适宜三峡库区的环境条件，生长状况良好。一般在定植 2 年后可基本形成篱笆带。

13.2.1.2　汉丰湖流域生态农业发展状况

三峡库区的生态农业，以农业面源污染分区为基础，以控制水土流失为重点，利用生态农业环境保障技术，因地制宜地发展生态农业。2007 年开州区启动了“加快”循环农业发展建设，实行人口、资源、环境相互协调发展的新农业经济增长方式，促进农业现代化建设。

13.2.1.3 汉丰湖流域农田面源治理措施

按照三峡库区农田面源治理与防控的相关措施要求，并结合三峡库区生态农业环境保障技术和实施情况，对汉丰湖流域 10° ～ 15° 的坡耕地进行横坡耕作（横坡网格垄作），对 15° ～ 25° 的坡耕地进行坡改梯（坡改梯技术），对＞ 25° 的坡耕地则退耕还林或还草。

（1）退耕还林措施

针对汉丰湖流域坡度＞ 25° 的坡耕地采取退耕还林或还草措施，该部分坡耕地实施该项技术后，其 N、P 流失量将逐步恢复到背景值。

（2）坡改梯综合技术措施

根据欧阳曙光等对大别山南麓坡耕地水土保持治理模式的研究，石坎、半石坎、PP 织物袋坎、土坎、土坎＋香根草篱等坡改梯模式和自然坡耕地的年土壤侵蚀模数分别为 629t/km、1004t/km、661t/km、1501t/km、1080t/km 和 4903t/km，与自然坡耕地相比，无论哪种坡改梯模式都能明显减少水土流失量，减少因水土流失带来的 N、P 负荷流失量，因此坡耕地改造技术措施是非常有效的。

根据对汉丰湖流域坡耕地 N、P 营养物质输出强度识别成果，目前谭家乡、紫水乡、和谦镇、温泉镇、天和镇、中和镇、麻柳乡、敦好乡、三汇口乡、九龙山乡、大德乡、义和镇、南雅镇、临江镇、渠口镇、关面乡、河堰镇 17 个乡镇 N、P 负荷输出强度较大；同时结合坡改梯综合技术的水土流失拦截情况和现有坡耕地所占比重的实际情况，水土流失减少量按 60% 设计，现存坡耕地所占耕地比重为 50%，即通过坡改梯综合技术可减少上述 N、P 输出强度较大单元的 30% 以上。

（3）生态保育措施

谢德体等对生态保育措施对三峡库区小流域地表 N、P 排放负荷影响研究表明，通过实验对比传统措施（顺坡耕作＋玉米 / 水稻秸秆回收＋榨菜菜叶还田）和生态保育措施（横坡等高耕作＋水稻 / 玉米秸秆 - 榨菜菜叶还田＋水旱农桑配置）的 N、P 流失动态特征和排放负荷，发现生态保育措施 N、P 排放负荷在玉米 / 水稻季分别降低 4.95 ～ 5.60kg/hm^2 和 0.09 ～ 0.10kg/hm^2，榨菜季分别降低 4.58 ～ 5.18kg/hm^2 和 0.04 ～ 0.05kg/hm^2，全年单位面积全氮和全磷排放负荷削减比例分别为 69.68% ～ 69.70% 和 66.67% ～ 70.01%；径流量与土壤 N 排放量均受降雨量影响显著，而 P 排放量受降雨影响较小；径流量、氮素及磷素累积规律相似，但生态保育措施 N、P 累积幅度显著小于传统措施。综上可知，生态保育模式能够有效削减地表 N、P 流失，降低土壤 N、P 排放负荷。

结合汉丰湖流域坡耕地耕作情况，并结合生态保育措施在三峡库区小流域单元的研究成果（N、P 负荷排放量削减率超过 66%），对汉丰湖流域其他 N、P 负荷输出强度不大的乡镇实施生态保育措施，各低负荷排放乡镇单元的N、P负荷输出强度减少30%以上。

（4）测土配方技术措施

张卫红等应用生命周期法评价了我国测土配方施肥项目减排效果，评价结果表明：我国采用测土配方施肥技术，会使氮肥施用量减少，小麦节约纯氮（25.32 ±9.13）kg/hm^2，玉米节约（37.40±6.44）kg/hm^2，水稻节约（17.36±7.15）kg/hm^2。3种主要粮食作物平均节约纯氮（27.23±7.42）kg/hm^2。因汉丰湖流域38个乡镇已经完成测土配方施肥项目，单位面积化肥利用率提高3～5个百分点，化学需氧量（COD）、TN、TP排放量分别降低10%～20%。

按照“开州区生态农业发展‘十三五’规划”目标要求，到2020年全县测土配方施肥技术覆盖率达70%以上，推广应用配方肥8000t/a，推广应用商品有机肥5.0×10^4t/a（畜禽粪资源减少），化肥使用总量比2015年减少5%以上。故在本次农田种植面源污染治理对策措施中，将汉丰湖流域测土配方施肥技术普及率设定为70%，新增测土配方技术覆盖耕地的N、P负荷排放量减少15%。

13.2.2　规模化畜禽养殖污染治理措施

（1）汉丰湖流域畜禽养殖量统计

汉丰湖流域包括开州区38个乡镇。据统计，2015年汉丰湖流域生猪存栏数量为782395头、牛存栏为33696头、山羊存栏为284093头、家禽存栏为3547400只。

（2）汉丰湖流域畜禽养殖污染排放量

对畜禽粪便排泄指数我国已有较多的成果，其中农业出版社出版的《农业技术经济手册》较全面地介绍了这方面的数据。不同畜禽养殖类型，其排泄量有较大的差异，不同畜禽其生长周期也有一定的差异，根据畜禽的生产周期以及其排泄指数，可以计算出畜禽每年废弃物的排放量，见表13-7。

表13-7　畜禽的排泄指数

项目	牛	猪	羊	鸡	鸭
粪/(kg/d)	20	2	2.6	0.12	0.13
粪/(kg/a)	7300	398	949	25.2	27.3
尿/(kg/d)	10	3.3	—	—	—
尿/(kg/a)	3650	656.7	—	—	—
饲养周期/d	365	199	365	210	210

从表13-7中可以看出，就个体而言，牛的排泄量最大，其次是猪、羊，家禽排泄量最小。畜禽粪便中含有大量的对环境造成严重影响的污染物质，对此，南京环境科学研究所在对太湖地区畜禽粪便污染研究时，测定了各种类型畜禽粪便中的COD、BOD、NH_4^+-N、TN及TP的含量（见表13-8），这一结果同农业部门的有关研究成果基本一致。

表13-8 畜禽粪便中污染物的平均含量 单位：kg/t

项目		COD	BOD	NH_4^+-N	TP	TN
牛	粪	31	24.55	1.7	1.18	4.37
	尿	6	4	3.47	0.4	8
猪	粪	52	57.03	3.08	3.41	5.88
	尿	9	5	1.43	0.52	3.3
羊	粪	4.63	4.1	0.8	2.6	7.5
	尿	—	—	—	1.96	14
鸡粪		45	47.87	4.78	5.37	9.84
鸭粪		46.3	30	0.8	6.2	11

根据畜禽的排泄指数（表13-7）和畜禽粪便中污染物的平均含量（表13-8），可以计算出每头（每只）畜禽一年排泄粪便中的污染物含量（表13-9）和每头（每只）畜禽一天排泄粪便中的污染物含量（表13-10）。

表13-9 每头（每只）畜禽一年排泄粪便中的污染物含量

项目	牛/(kg/a)		猪/(kg/a)		羊粪/(kg/a)	家禽粪/(kg/a)
	粪	尿	粪	尿		
COD	226.3	21.9	20.7	5.91	4.4	1.165
BOD	179.07	14.6	22.7	3.28	2.7	1.015
NH_4^+-N	12.48	12.67	1.23	0.84	0.57	0.125
TP	8.61	1.46	1.36	0.34	0.45	0.115
TN	31.9	29.2	2.34	2.17	2.28	0.275

表13-10 每头（每只）畜禽一天排泄粪便中的污染物含量

项目	牛/(g/d)		猪/(g/d)		羊粪/(g/d)	家禽粪/(g/d)
	粪	尿	粪	尿		
COD	620.0	60.0	104.0	29.7	12.0	5.4
BOD	490.6	40.0	114.1	16.5	10.7	5.5
NH_4^+-N	34.2	34.7	6.2	4.7	2.1	0.6
TP	23.6	4.0	6.8	1.7	6.8	0.6

由此可计算出汉丰湖流域畜禽养殖的污染物排放量，COD：150084.6kg/d，BOD：142824.9kg/d，NH_4^+-N：13574.8kg/d，TP：11640.6kg/d。

（3）汉丰湖流域畜禽养殖污染治理对策

根据开州区畜禽养殖发展规划要求，流域内所有的畜禽养殖排放污染物不得进入当地水体、河流，排放的污染物进入土地消化前必须符合《畜禽养殖业污染物排放标准》（GB 18596—2001），并符合总量控制要求。

在 2013 年 11 月 19 日印发《开县[1]汉丰湖水环境保护治理方案（2013—2014 年）》的通知”中，2013 年完成汉丰湖流域内畜禽养殖场的调查摸底工作，并拟订方案、筹措资金，开展现场实物复核工作。2014 年 12 月底前拆除（关闭）汉丰湖核心保护区，东华大桥至温泉集镇东河流域段，镇安风箱坪大桥至临江集镇南河流域段，以及头道河、驷马河、观音河等支流禁养区内的规模养殖场；完成汉丰湖控制保护区、东河（温泉镇集镇—白泉乡集镇）、南河（临江大桥—巫山集镇）等河段两侧限养区内的规模养殖场污染防治设施改造，对不具备污染防治设施改造条件的畜禽规模场进行拆除（关闭）。2015 年年底前拆除（关闭）鲤鱼塘水库准保护区，影响防护区内紫水河、水田河、麻柳河支流 200m 陆域内的规模养殖场完成浦里河、岳溪河、映阳河、桃溪河、满月河、盐井坝河、东坝溪河等河段两侧限养区内的规模养殖场污染防治设施改造，对不具备污染防治设施改造条件的畜禽规模场进行拆除（关闭）。

综合开州区生态农业发展“十三五”规划和汉丰湖流域规模化畜禽养殖治理的推进时序及实施效果，针对汉丰湖流域规模化畜禽养殖治理的实施效果进行 2 种工况：100% 削减（畜禽粪便全部作为有机肥还田，规划目标）、70% 削减（大部分畜禽粪便作为有机肥还田，现状利用情况）。

13.2.3　城镇生活污水处理措施

按照开州区“十二五”期间提升城镇污水处理水平的总体要求，积极开展城市污水处理厂的工程减排，提高城市污水处理质量。按照“开州区‘十三五’生态建设与环境保护规划”设计的约束性指标要求，开州区城区污水收集率达到 95%（2015 年城市生活污水集中处理率达到 90%），城区污水处理厂将迁至汉丰湖下游，其污染物排放标准达到《城镇污水处理厂污染物排放标准》（GB 18918—2002）一级 A 标准；乡镇污水处理厂污水集中处理率达到 85%［根据《开县汉丰湖水环境保护治理方案（2013—2014 年）》的通知要求，2014 年重点集镇生活污水集中处理率达到 65%，2015 年乡镇生活污水集中处理率已达到 78%］，其污染物排放标准达到一级 B 标准，主要的污染物排放指标限值见表 13-11。

表13-11　污水处理厂主要污染物排放标准限值　　单位：mg/L

控制项目	BOD_5	COD	TN	NH_4^+-N	TP
一级A标准值	10	50	15	8	0.5
一级B标准值	20	60	20	15	1.0

综合“开州区‘十三五’生态建设与环境保护规划”设计的约束性指标要求，“十三五”期末，开州城区污水收集与集中处理率应达到 95%，污染物排放执行一级 A 标准；其他乡镇污水处理厂污水收集率达到 85%，污染物排放执行一级 B 标准。

[1] 开县是旧称。2016 年 6 月 8 日，国务院批复同意撤销开县，设立重庆市开州区。2016 年 7 月 22 日，开州区正式挂牌成立。

13.2.4 汉丰湖入湖河流小流域综合治理措施

加大城区入湖河流小流域综合治理力度，如驷马河（汉丰街道，安康社区汇入）、平桥河（镇安镇，丰太村汇入）、头道河（镇东街道，镇东村汇入）等，以改善城区河道水环境质量。各入湖河道实施生态治理工程后，其入湖污染负荷削减率超过30%。

13.2.5 下游回水影响

开州浦里工业新区建设是落实市委、市政府实施五大功能区域发展战略、积极参与长江经济带建设的重大举措；是推动“万开云”板块协同发展最重要和最现实的载体平台，形成设施共享、功能互补、产业互动、有机协作的组团式半小时城镇群的联动核心；是“面上保护、点上开发”的示范区；是推进开州区产业结构升级、加快集群和城乡统筹发展、推动脱贫攻坚、改善民生的务实措施。

随着浦里工业新区向北拓展与开州区城区对接，向南与万州经开区功能承接，开发建设渠口、赵家、长沙、南门等乡镇（街道），浦里河的水质可能会有所变差，但应满足小江水功能区划水质保护目标（Ⅲ类）要求。

13.2.6 汉丰湖流域水污染综合防治对策情景设计方案

基于汉丰湖流域水环境问题识别和“十二五”规划措施的实施效果，并结合汉丰湖流域防控分区区划及湖区水质可能存在的演变过程，系统梳理了实现汉丰湖水环境容量总量控制需求的流域水污染综合防治对策与措施，提出了汉丰湖流域水污染综合防治对策措施情景设计方案，详见表13-12。

表13-12 汉丰湖流域水污染综合防治对策措施情景设计

序号	农田面源污染治理措施				规模化畜禽养殖污染治理措施	城镇污水处理措施
	退耕还林措施	坡改梯综合技术措施	生态保育措施	测土配方技术措施	土地消纳，有机肥还田	污水收集与集中处理
现状(0方案)	—	—	—	测土配方施肥技术普及率为20%	70%削减(大部分畜禽粪便作为有机肥还田)	开州城区处理率达90%，乡镇污水处理率达85%
措施1	坡度＞25°的坡耕地实施退耕还林	—	—	测土配方施肥技术普及率为20%	70%削减(大部分畜禽粪便作为有机肥还田)	开州城区处理率达90%，乡镇污水处理率达85%
措施2	—	N、P负荷输出较大的17个乡镇实施坡改梯综合技术	—	测土配方施肥技术普及率为20%	70%削减(大部分畜禽粪便作为有机肥还田)	开州城区处理率达90%，乡镇污水处理率达85%

续表

序号	农田面源污染治理措施				规模化畜禽养殖污染治理措施	城镇污水处理措施
	退耕还林措施	坡改梯综合技术措施	生态保育措施	测土配方技术措施	土地消纳，有机肥还田	污水收集与集中处理
措施3	—	—	N、P负荷输出强度不大的乡镇实施生态保育措施	测土配方施肥技术普及率为20%	70%削减(大部分畜禽粪便作为有机肥还田)	开州城区处理率达90%，乡镇污水处理率达85%
措施4	—	—	—	测土配方施肥技术普及率提高到70%	70%削减(大部分畜禽粪便作为有机肥还田)	开州城区处理率达90%，乡镇污水处理率达85%
措施5	—	—	—	测土配方施肥技术普及率为20%	100%削减(畜禽粪便全部作为有机肥还田，规划目标)	开州城区处理率达90%，乡镇污水处理率达85%
措施6	—	—	—	测土配方施肥技术普及率为20%	85%削减(畜禽粪便全部作为有机肥还田，阶段目标)	开州城区处理率达90%，乡镇污水处理率达85%
措施7	—	—	—	测土配方施肥技术普及率为20%	70%削减(畜禽粪便全部作为有机肥还田)	开州城区处理率达95%(一级A标)，乡镇污水处理率达85%(一级B标)
措施8	—	—	—	测土配方施肥技术普及率为20%	70%削减(畜禽粪便作为有机肥还田)	开州城区处理率达90%，乡镇污水处理率达85%
措施9	—	—	—	测土配方施肥技术普及率为20%	70%削减(畜禽粪便全部作为有机肥还田)	开州城区处理率达90%，乡镇污水处理率达85%
措施10	坡度＞25°的坡耕地实施退耕还林	N、P负荷输出较大的17个乡镇实施坡改梯综合技术	N、P负荷输出强度不大的乡镇实施生态保育措施	测土配方施肥技术普及率提高到70%	100%削减(畜禽粪便全部作为有机肥还田，规划目标)	开州城区处理率达95%(一级A标)，乡镇污水处理率达85%(一级B标)

13.3　汉丰湖流域水污染防治措施效果分析

13.3.1　单项措施效果模拟

13.3.1.1　退耕还林措施实施效果分析

《中华人民共和国水土保持法》第二十条明确规定：“禁止在二十五度以上陡坡开垦种植农作物”，中央〔1998〕15号文件《中共中央、国务院关于灾后重建、整治江湖、兴修水利的若干意见》也提出：“从现在起坚决制止毁林开荒，积极创造条件，逐步实施25度以上坡地的退耕还林”。汉丰湖流域＞ 25° 的坡耕地约占耕地面积的 55%，在此进行作物耕种不仅产量低，还会造成严重的水土流失。据统计，重庆市每年土壤流失量中 60% 以上来自陡坡耕地，中等强度以上的水土流失面积也主要分布在＞ 25° 的陡坡地。水土流失的加剧导致土壤侵蚀、土地退化，削弱了抗御灾害的能力，成为库区生态破坏最主要的表现形式，因此针对此种情况，提出在汉丰湖流域实施退耕还林措施。

基于构建的 SWAT 模型，通过模拟退耕还林措施，如果对全流域内＞ 25° 的坡耕地全部进行退耕还林措施，对于 TN 的削减能起到很好的效果，削减率 [减少量 / (点源 + 非点源产生量)] 达到 35% 以上，TP 的削减率达到 11.52%，主要是因为实施退耕还林后相应的化肥施用量及水土流失量减少，从而达到降低非点源污染负荷的效果（表 13-13）。

表13-13 退耕还林措施污染物削减模拟结果 单位：t/a（除削减率外）

削减情景	无措施		退耕还林		削减率 /%
	点源	非点源	点源	非点源	
TN	1946.90	1942.78	1946.90	561.33	35.52
TP	209.34	49.54	209.34	19.73	11.52

从空间分布上来看，经过退耕还林措施后，TN 排放量减少最显著的乡镇为天和镇、大德镇和九龙山镇，TP 排放量减少最高的三个乡镇分别是天和镇、南雅镇和谭家镇。

13.3.1.2 坡改梯综合技术实施效果分析

考虑到汉丰湖流域＞ 25° 的陡坡耕地已经开始实施退耕还林措施，坡改梯措施主要针对汉丰湖流域 15° ～ 25° 的坡耕地开展。通过模拟计算发现，坡改梯措施对 TN 的总体削减率仅为 1.47%，TP 的总体削减率仅为 1.00%（表 13-14）。通过对比该类型耕地的面积发现，汉丰湖流域内 15° ～ 25° 的坡耕地面积较少，占总耕地面积的比例较小，因此该项措施的污染物削减效果并不明显。

表13-14 坡改梯综合措施污染物削减模拟结果 单位：t/a（除削减率外）

削减情景	无措施		坡改梯		削减率 /%
	点源	非点源	点源	非点源	
TN	1946.90	1942.78	1946.90	1885.78	1.47
TP	209.34	49.54	209.34	46.96	1.00

通过对比该项措施的空间实施效果可以发现，该单项措施实施后，TN 排放量减少最显著的乡镇为天和镇、三汇口乡和大德镇，TP 排放量减少最高的三个乡镇分别是谭家镇、天和镇和河堰镇。

13.3.1.3 生态保育措施实施效果分析

生态保育措施是指对汉丰湖流域坡耕地进行横坡耕作（横坡网格垄作），考虑到退耕还林措施已经在＞25°的陡坡耕地实施，坡改梯措施已经针对汉丰湖流域15°～25°的坡耕地实施，生态保育措施主要选择汉丰湖流域10°～15°的坡耕地开展。通过模拟计算发现，坡改梯措施在全流域的实施，每年可以减少TN排放148.33t，每年可以减少TP排放6.61t/a，从削减率来看，TN的削减率仅为3.81%，TP的削减率仅为2.55%（表13-15）。

表13-15 生态保育措施污染物削减模拟结果 单位：t/a（除削减率外）

削减情景	无措施		生态保育		削减率/%
	点源	非点源	点源	非点源	
TN	1946.90	1942.78	1946.90	1794.45	3.81
TP	209.34	49.54	209.34	42.93	2.55

通过对比该项措施的空间实施效果可以发现，该单项措施实施后，TN排放量减少最显著的乡镇为义和镇、南雅镇和铁桥镇，TP排放量减少最高的三个乡镇分别是南雅镇、铁桥镇和义和镇。尽管氮磷面源污染的削减率较小，但也表明未来开展生态保育措施时，这三个镇对氮磷污染物的削减效果是最佳的。

13.3.1.4 提高测土配方施肥技术普及率实施效果分析

测土配方是目前三峡库区应用较为成熟的面源污染治理措施之一，在《开州区生态农业发展“十三五”规划》中，预计到2020年测土配方施肥技术覆盖率达70%以上，化肥使用总量比2015年减少5%以上。通过对测土配方措施的模拟研究表明，采用该项措施能够减少全流域TN排放168.36t/a，TN削减率为4.33%；减少TP排放4.8t/a，TP削减率为1.85%（表13-16）。

表13-16 测土配方措施污染物削减模拟结果 单位：t/a（除削减率外）

削减情景	无措施		测土配方		削减率/%
	点源	非点源	点源	非点源	
TN	1946.90	1942.78	1946.90	1774.42	4.33
TP	209.34	49.54	209.34	44.74	1.85

通过对比测土配方措施实施后，氮磷污染物的空间排放特征可以发现，TN排放量减少最显著的乡镇为天和镇、巫山镇和九龙山镇，TP排放量减少最高的三个乡镇分别是南雅镇、铁桥镇和义和镇。

13.3.1.5 规模化畜禽养殖污染治理措施实施效果分析

规模化畜禽养殖曾经是近年来影响汉丰湖及其入湖支流水环境质量的重要因素，经过“十二五”期间的大力整治，目前库区核心区内的规模化养殖基本消失，下一步则需要继续对现有的各支流和搬迁到上游的规模化畜禽养殖场进行更为严格的管理，再结合《开州区生态农业发展“十三五”规划》和汉丰湖流域规模化畜禽养殖治理推进时序及实施效果，分别提出了100%的收集利用和85%的收集利用两种模式。在100%收集利用的模式下，可以有效减少TN排放905.83t/a，减少TP排放163.13t/a，削减率分别高达23.29%和63.01%（表13-17）；在85%收集利用的模式下，该项措施可以有效减少TN排放769.43t/a，减少TP排放145.12t/a，削减率分别高达19.78%和56.06%（表13-18）。

表13-17 规模化畜禽养殖治理措施（100%收集利用）污染物削减模拟结果

单位：t/a（除削减率外）

削减情景	无措施		规模化畜禽养殖(100%)		削减率/%
	点源	非点源	点源	非点源	
TN	1946.90	1942.78	1041.07	1942.78	23.29
TP	209.34	49.54	46.21	49.54	63.01

表13-18 规模化畜禽养殖治理措施（85%收集利用）污染物削减模拟结果

单位：t/a（除削减率外）

削减情景	无措施		规模化畜禽养殖(85%)		削减率/%
	点源	非点源	点源	非点源	
TN	1946.90	1942.78	1177.47	1942.78	19.78
TP	209.34	49.54	64.22	49.54	56.06

通过对比实施规模化畜禽养殖治理措施后，氮磷污染物的空间排放特征可以发现，采取不同强度的污染治理措施，TN排放量减少最显著的乡镇均为铁桥镇、南门镇和五通乡，TP排放量减少最高的三个乡镇均为南雅镇、铁桥镇和南门镇。该项措施的实施，同时对铁桥镇和南门镇的氮磷削减都有较好的效果。

13.3.1.6 提高污水处理率实施效果分析

按照开州区“十二五”期间提升城镇污水处理水平的总体要求，结合《开州区“十三五”生态建设与环境保护规划》的设计约束性指标要求，对相关措施实施后的效果模拟发现，通过提高污水处理厂的处理率，可以有效减少TN排放732.63t/a，减少TP排放90.29t/a，削减率分别高达18.84%和34.88%（表13-19）。

表13-19 提高污水处理率实施后污染物削减模拟结果 单位：t/a（除削减率外）

削减情景	无措施		提高污水处理率		削减率/%
	点源	非点源	点源	非点源	
TN	1946.90	1942.78	1214.27	1942.78	18.84
TP	209.34	49.54	119.05	49.54	34.88

污水处理厂处理率提高后，南雅镇、铁桥镇和汉丰街道办事处的 TN 和 TP 削减量最为明显，这也表明当前南雅镇、铁桥镇和汉丰街道办事处的污水处理水平亟待提高。

13.3.1.7 河道生态治理实施效果分析

河道生态治理可以有效减少小流域开发强度较高的驷马河（汉丰街道，安康社区汇入）、平桥河（镇安镇，丰太村汇入）、头道河（镇东街道，镇东村汇入）等区域的点源和面源污染排放。通过对以上区域实施河道生态治理后的模拟效果发现，该项措施可以有效减少 TN 点源排放 94.68t/a，减少 TP 点源排放 9.86t/a，可以有效减少 TN 非点源排放 44.24t/a，减少 TP 非点源排放 1.08t/a，削减率分别为 3.57% 和 4.23%（表 13-20）。

表13-20 河道生态治理实施后污染物削减模拟结果 单位：t/a（除削减率外）

削减情景	无措施		河道生态治理		削减率/%
	点源	非点源	点源	非点源	
TN	1946.90	1942.78	1852.22	1898.54	3.57
TP	209.34	49.54	199.48	48.46	4.23

通过实施河道生态治理措施，TN 和 TP 排放量减少最显著的乡镇为镇东街道办事处、汉丰街道办事处和大德镇，为下一步小流域综合治理提供了重要的依据。

13.3.2 组合措施实施效果分析

综合以上提出的各项措施，模拟了 10 项措施全部实施的情况下，汉丰湖可以每年减少点源 TN 排放 1021.39t/a，减少 TP 点源排放 193.44t/a，可以有效减少非点源 TN 排放 1464.59t/a，减少非点源 TP 排放 31.89t/a，削减率分别达到 63.91% 和 87.04%（表 13-21）。

表13-21 组合措施实施后污染物削减模拟结果 单位：t/a（除削减率外）

削减情景	无措施		组合措施实施		削减率/%
	点源	非点源	点源	非点源	
TN	1946.90	1942.78	925.51	478.19	63.91
TP	209.34	49.54	15.90	17.65	87.04

通过实施组合治理措施，TN 排放量减少最显著的乡镇为南门镇、五通乡和铁桥镇，TP 排放量减少最显著的乡镇为南雅镇、铁桥镇和南门镇。

13.3.3 单项措施与河湖水质响应关系

基于构建的汉丰湖水动力与水质模型，以汉丰湖流域实施污染防治措施后入湖污染浓度为边界条件，模拟条件各项措施实施后汉丰湖库区 TP 和 TN 两水质指标响应状况

（COD_{Mn} 和NH_4^+ -N 略），分析各措施实施后典型点位（南河入湖口下、头道河入湖口下、东河入湖口下、汇合口下、木桥、调节坝前）的主要水质指标响应状况，评估各项污染防治措施的效果。

13.3.3.1 退耕还林措施实施效果分析

以汉丰湖流域坡退耕还林单项措施模拟的入湖水量与水质效果为边界条件，实施退耕还林措施后，汉丰湖区各点位（南河入湖口下、头道河入湖口下、东河入湖口下、汇合口下、木桥、调节坝前，下同）的 TP、TN 年均浓度值分别见图 13-12、图 13-13。结果表明：所有点位的 TP 浓度年均值均劣于Ⅲ类水质标准，其中南河入湖口下断面水质最差。TN 指标除头道河和东河入湖口下两断面满足Ⅲ类水质标准外，其他点位均超过了Ⅲ类水质标准，其中南河入湖口下断面水质最差。汉丰湖水质整体水质仍劣于Ⅲ类水质标准。

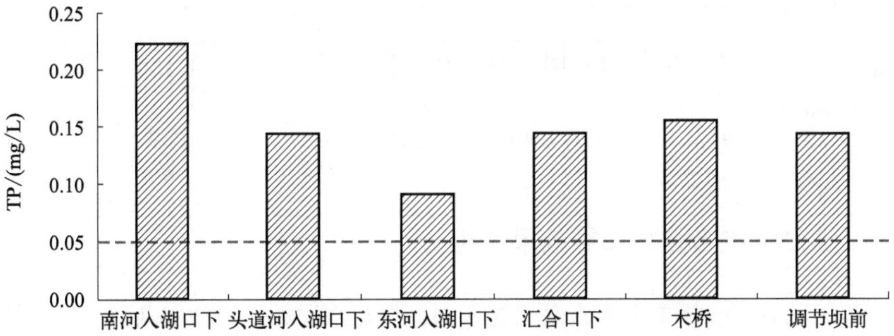

图13-12 退耕还林措施下汉丰湖库区典型点位TP年均水质状况

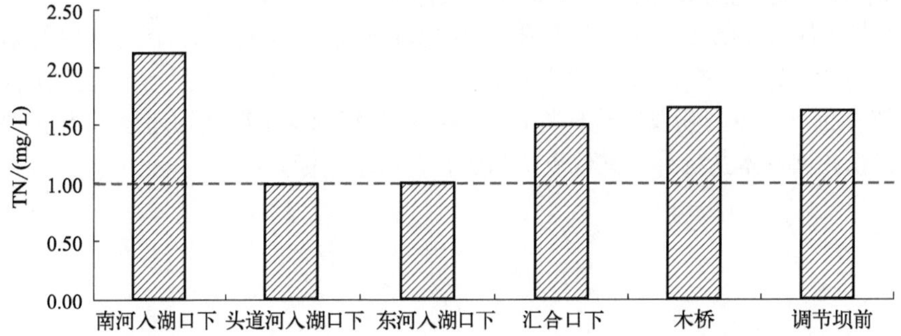

图13-13 退耕还林措施下汉丰湖库区典型点位TN年均水质状况

汉丰湖区各点位的 TP、TN 指标浓度年内变化过程分别见图 13-14（书后另见彩图）、图 13-15（书后另见彩图）。结果表明：TP、TN 均有超标现象，其中 TP 除 7 月份外，6 个典型区域均存在超标现象，TN 主要超标月份在 1 ～ 5、10 ～ 12 月份。

退耕还林措施实施后，汉丰湖库区水质仍达不到相应的水质标准，需进一步结合其他措施进行综合防治。

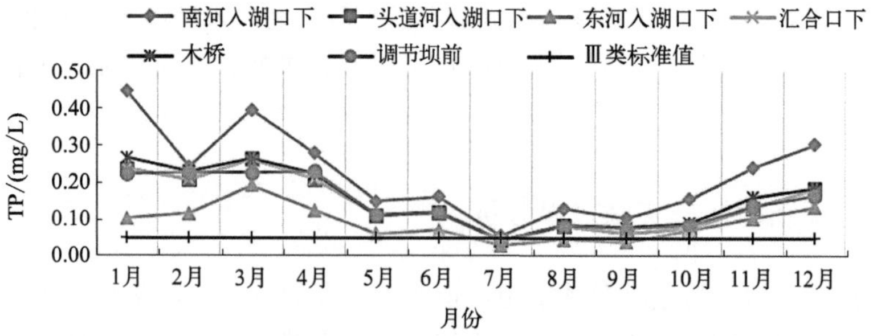

图13-14　退耕还林措施下汉丰湖库区典型点位TP年内变化

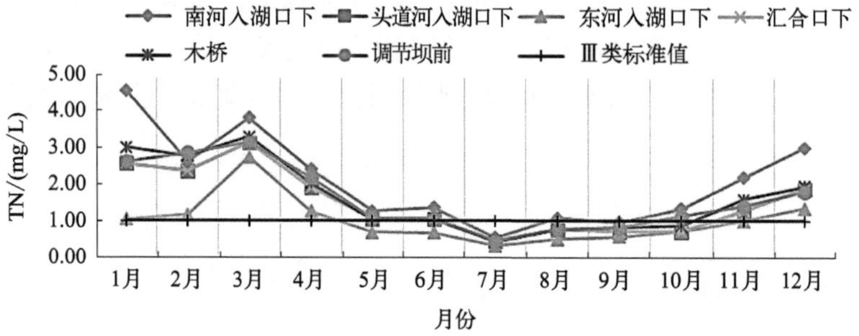

图13-15　退耕还林措施下汉丰湖库区典型点位TN年内变化

13.3.3.2　坡改梯综合技术实施效果分析

以汉丰湖流域坡改梯单项措施模拟的入湖水量与水质效果为边界条件，坡改梯综合技术实施后，汉丰湖区各点位的TP、TN指标水质浓度年均值分别见图13-16、图13-17。结果表明：所有点位的TP和TN年均浓度值均劣于Ⅲ类水质标准，其中南河入湖口下断面水质最差，汉丰湖区整体水质仍劣于Ⅲ类水质标准。

汉丰湖区各点位的TP、TN水质浓度年内变化过程分别见图13-18（书后另见彩图）、图13-19（书后另见彩图）。结果表明：各点位的TP、TN指标浓度均大范围超标，其中TP指标除东河7～9月份基本达标外，其他点位及年内整个期间均超标；TN主要超标除9～10月份东河基本达标外，其他点位和所有月份均超标。

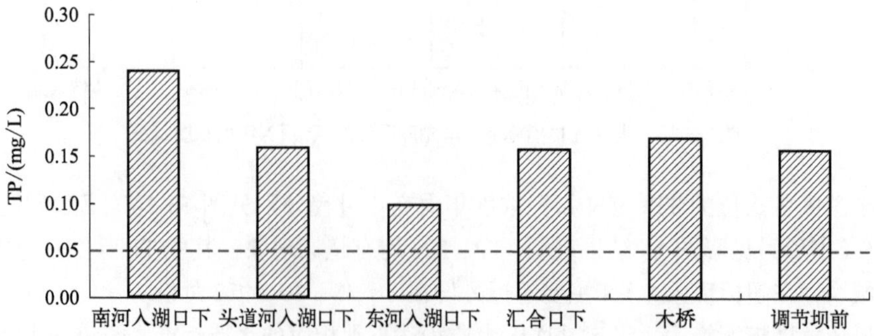

图13-16　坡改梯综合技术实施后汉丰湖库区典型点位TP年均水质状况

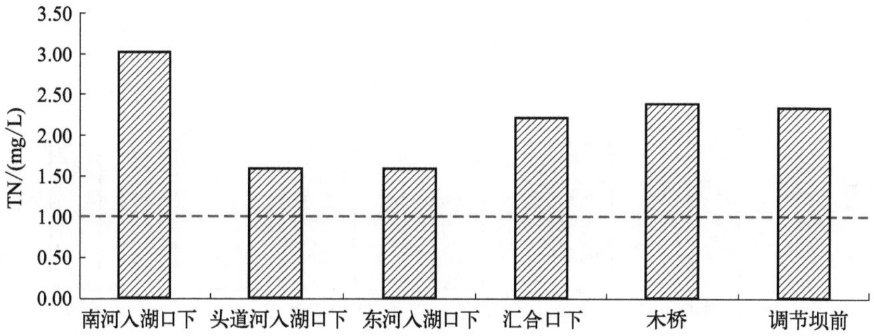

图13-17 坡改梯综合技术实施后汉丰湖库区典型点位TN年均水质状况

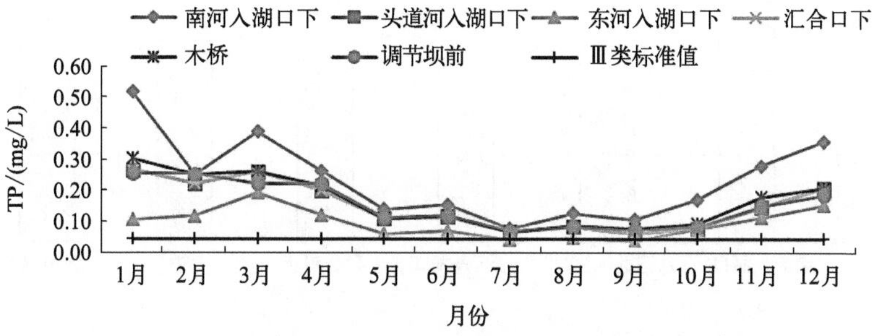

图13-18 坡改梯综合技术实施后汉丰湖库区典型点位TP年内变化

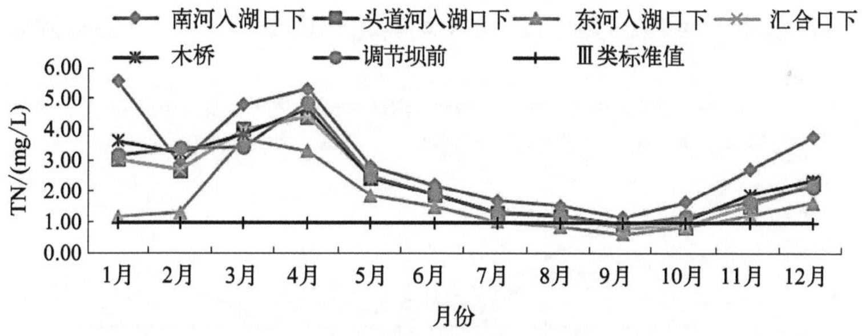

图13-19 坡改梯综合技术实施后汉丰湖库区典型点位TN年内变化

坡改梯综合技术实施后，汉丰湖库区水质距离Ⅲ水质标准仍有较大差距，需进一步采取措施整合防治。

13.3.3.3 生态保育措施实施效果分析

以汉丰湖流域生态保育单项措施模拟的入湖水量与水质效果为边界条件，生态保育措施实施后，汉丰湖区各点位的TP、TN年均浓度值分别见图13-20、图13-21。结果表明：所有点位的TP和TN指标浓度年均值劣于Ⅲ类水质标准，其中南河入湖口下断面水质最差，汉丰湖水质整体水质仍劣于Ⅲ类水质标准。

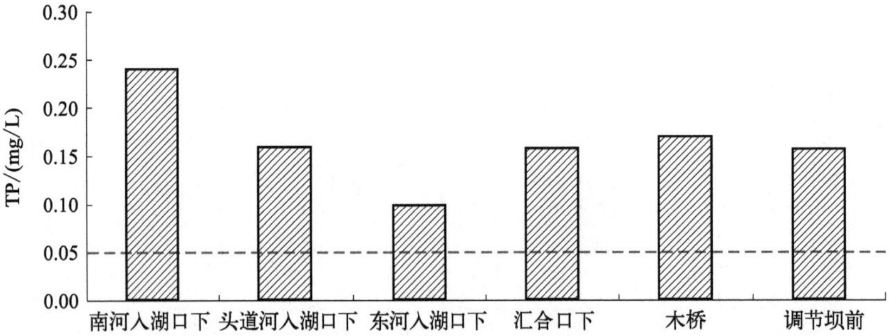

图13-20　生态保育措施实施后汉丰湖库区典型点位TP年均水质状况

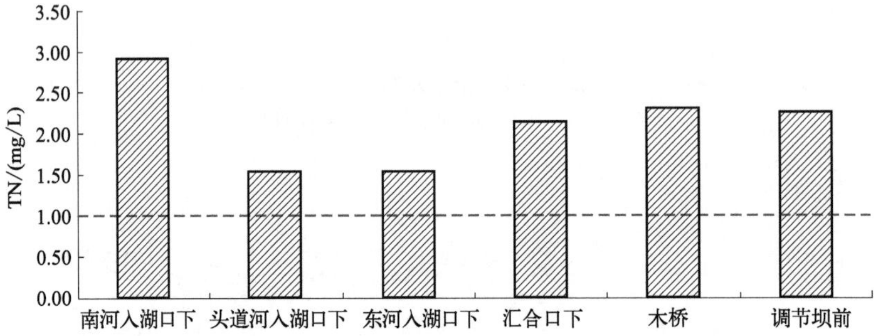

图13-21　生态保育措施实施后汉丰湖库区典型点位TN年均水质状况

汉丰湖区各点位的TP、TN指标浓度年内变化过程见图13-22（书后另见彩图）、图13-23（书后另见彩图）。结果表明：TP、TN均有超标现象，其中TP指标除东河7～9月

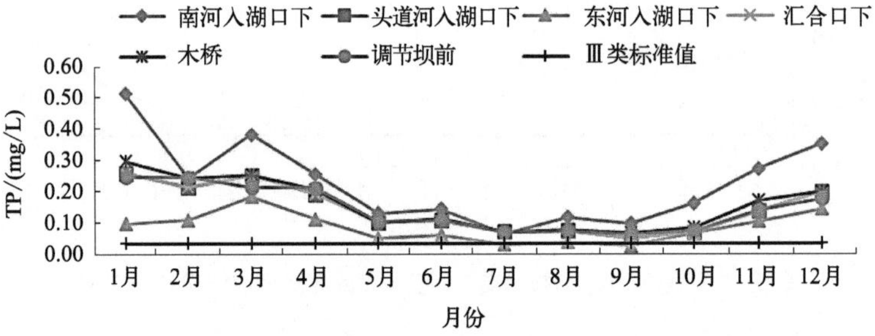

图13-22　生态保育措施实施后汉丰湖库区典型点位TP年内变化

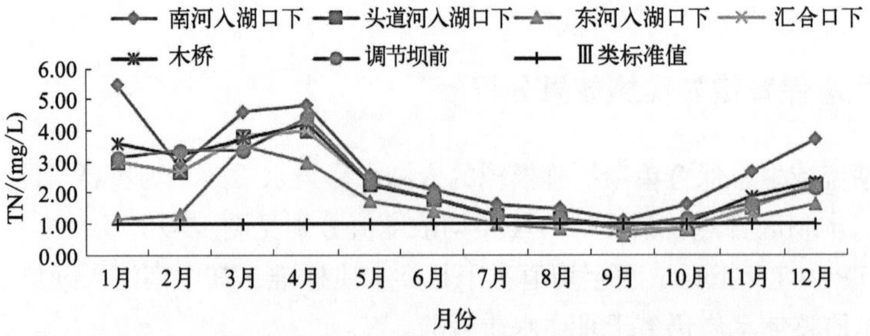

图13-23　生态保育措施实施后汉丰湖库区典型点位TN年内变化

份基本达标外，其他点位均超标；TN 指标除 8 ～ 10 月份东河基本达标外，其他站点水质年内超标严重。

生态保育措施实施后，汉丰湖库区达不到相应的水质标准，需进一步采取其他措施整合防治。

13.3.3.4 提高测土配方施肥技术普及率实施效果分析

以汉丰湖流域提高测土配方施肥实施范围单项措施模拟的入湖水量与水质效果为边界条件，提高测土配方施肥技术普及率措施实施后，汉丰湖各点位的 TP、TN 年均浓度值分别见图 13-24、图 13-25。结果表明：所有点位的 TP 和 TN 浓度年均值均劣于Ⅲ类水质标准，其中南河入湖口下断面水质最差，其次为木桥断面，汉丰湖水质整体水质仍劣于Ⅲ类水质标准。

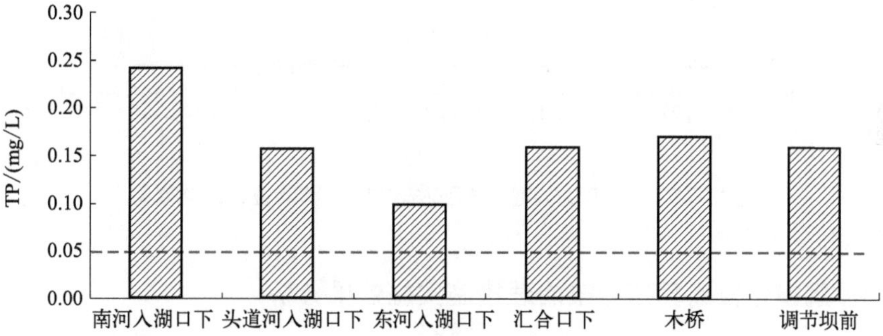

图13-24 测土配方施肥实施后汉丰湖库区典型点位TP年均水质状况

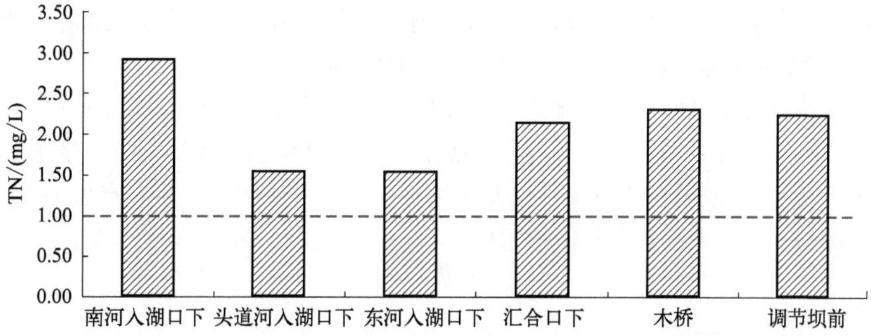

图13-25 测土配方施肥实施后汉丰湖库区典型点位TN年均水质状况

汉丰湖各点位的 TP、TN 指标各月水质浓度变化过程分别见图 13-26（书后另见彩图）、图 13-27（书后另见彩图）。结果表明：TP、TN 指标年内水质浓度超标严重，其中 TP 指标除东河 7 ～ 9 月份基本达标外，其他点位均超标；TN 指标除 8 ～ 10 月份东河基本达标外，其余月份及大部分点位均超标，其中 3 ～ 4 月份超标严重。

提高测土配方施肥技术普及率措施实施后，汉丰湖库区水质距离Ⅲ类标准仍存在较大差距，需整合其他有效措施进行综合防治。

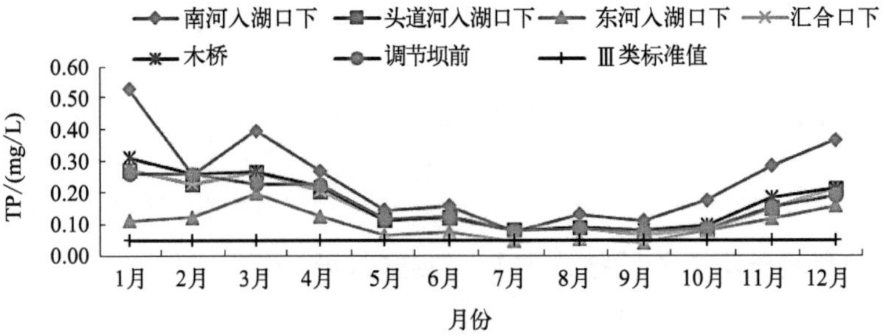

图13-26　测土配方施肥实施后汉丰湖库区典型点位TP年内变化

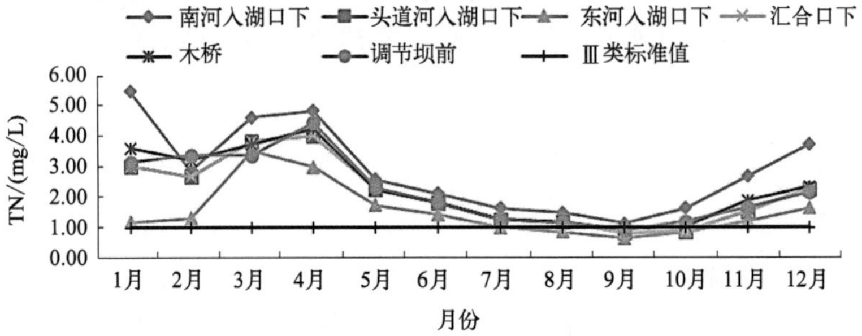

图13-27　测土配方施肥实施后汉丰湖库区典型点位TN年内变化

13.3.3.5　规模化畜禽养殖污染治理措施实施效果分析

规模化畜禽养殖污染治理措施（100% 收集利用）实施后，汉丰湖各点位的 TP、TN 水质浓度年均值分别见图 13-28、图 13-29。结果表明：TP 指标除东河入湖口下断面达标外，其余点位均超过了Ⅲ类水质标准；TN 所有点位年均值劣于Ⅲ类水质标准，其中南河入湖口下断面水质最差，汉丰湖水质整体水质仍劣于Ⅲ类水质标准。

汉丰湖各点位的 TP、TN 水质浓度年内变化过程见图 13-30（书后另见彩图）、图 13-31（书后另见彩图）。图中结果表明：各点位的 TP、TN 水质浓度年内均存在超标现象，其中所有点位的 TP 浓度在 5 ～ 9 月份基本达标，其他月份超标；所有点位的 TN 浓度除 8 ～ 10 月份基本达标外，其余月份均超标。

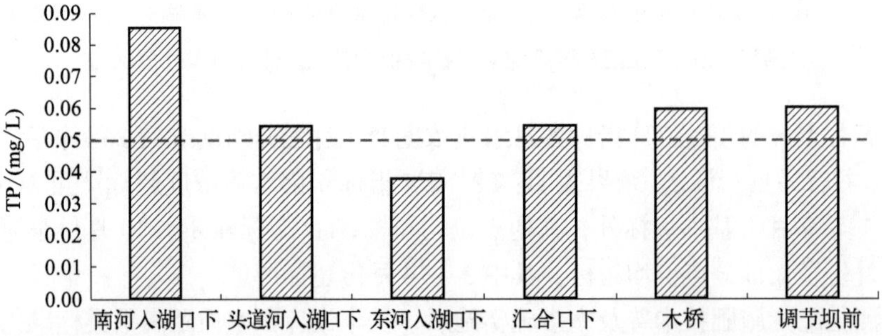

图13-28　规模化畜禽养殖污染治理措施（100%收集利用）实施后汉丰湖库区典型点位TP年均水质状况

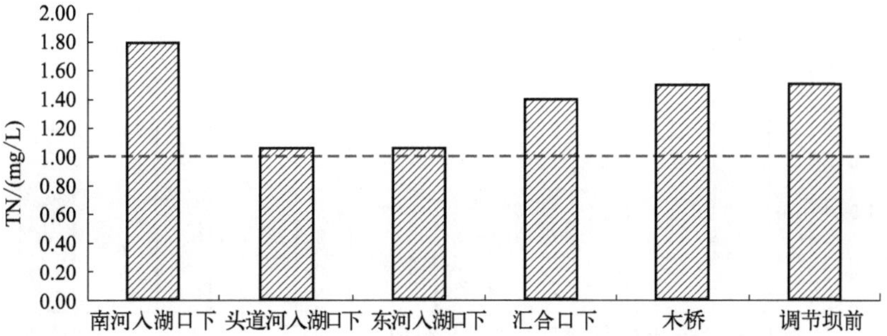

图13-29 规模化畜禽养殖污染治理措施（100%收集利用）实施后汉丰湖库区典型点位TN年均水质状况

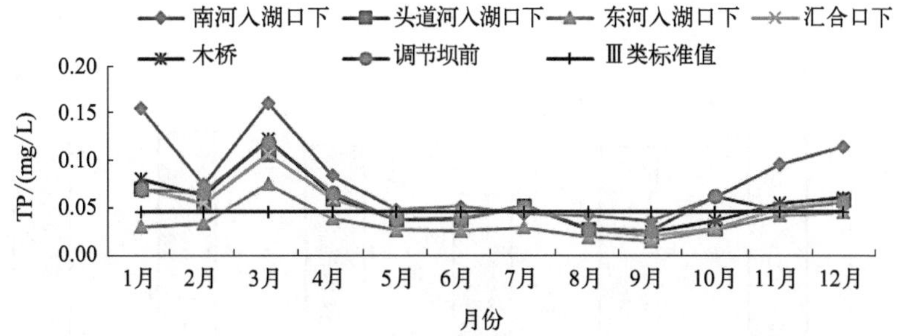

图13-30 规模化畜禽养殖污染治理措施（100%收集利用）实施后汉丰湖库区典型点位TP年内变化

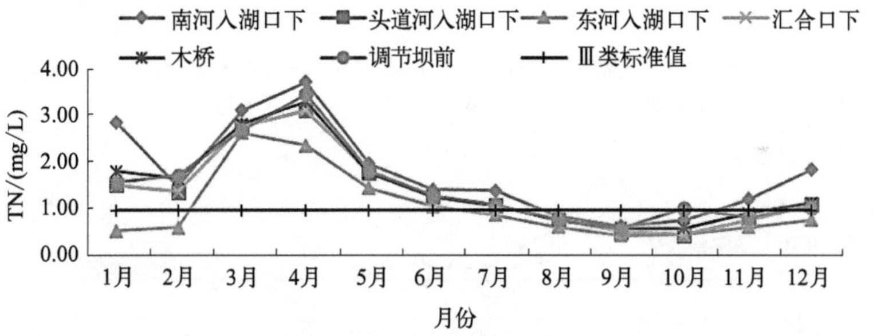

图13-31 规模化畜禽养殖污染治理措施（100%收集利用）实施后汉丰湖库区典型点位TN年内变化

规模化畜禽养殖污染治理措施（85%收集利用）实施后，汉丰湖各点位的TP、TN年均浓度值分别见图13-32、图13-33。图中结果表明：TP指标除东河入湖口下断面基本达标外，其他点位均超标，其中南河入湖口下断面水质最差；所有点位的TN指标年均值劣于Ⅲ类，其中南河入湖口下断面水质最差，汉丰湖水质整体水质仍劣于Ⅲ类水质标准。

汉丰湖各点位的TP、TN指标水质浓度年内变化过程见图13-34（书后另见彩图）、图13-35（书后另见彩图）。图中结果表明：TP、TN指标年内均存在超标现象，其中TP指标除东河5～10月份基本达标外，其他站点及东河的其他月份均存在超标现象；TN指标除7～12月份东河基本达标外，其他站点及东河的其余月份均存在超标现象，其中东河入湖口下断面水质相对较好。

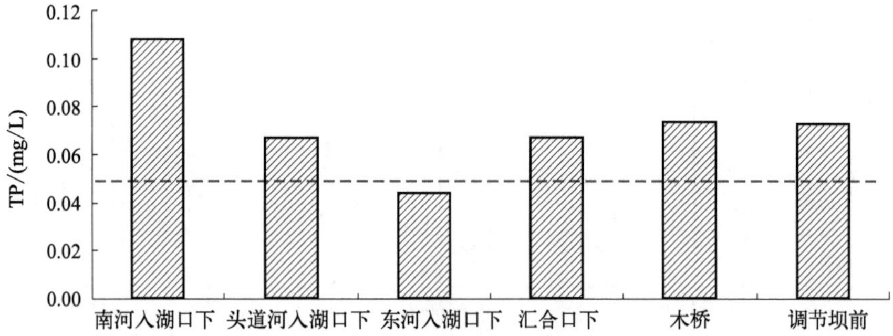

图13-32　规模化畜禽养殖污染治理措施（85%收集利用）实施后汉丰湖库区典型点位TP年均水质状况

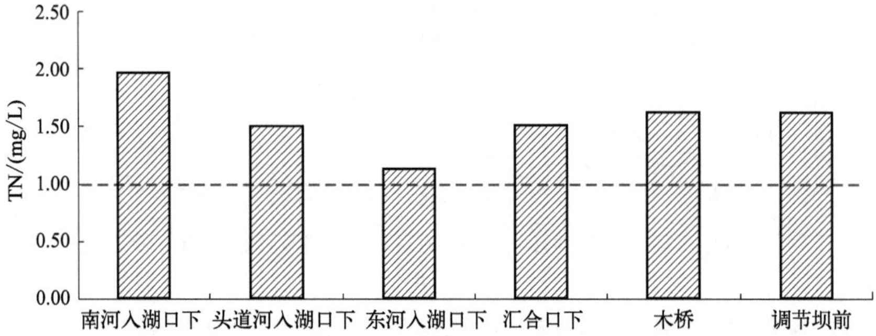

图13-33　规模化畜禽养殖污染治理措施（85%收集利用）实施后汉丰湖库区典型点位TN年均水质状况

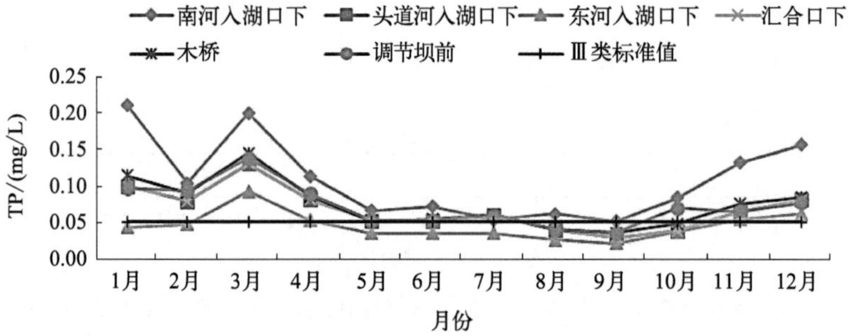

图13-34　规模化畜禽养殖污染治理措施（85%收集利用）实施后汉丰湖库区典型点位TP年内变化

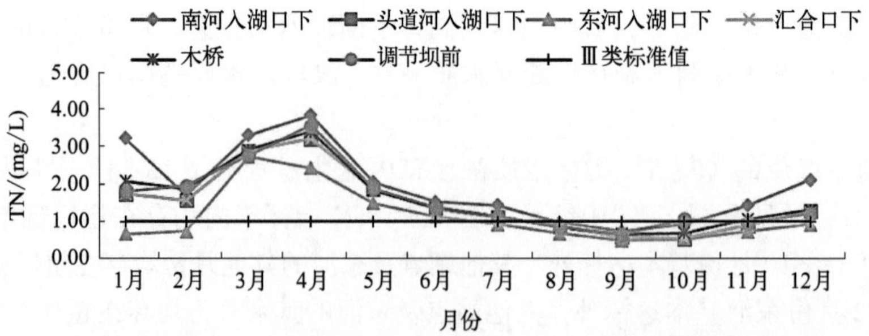

图13-35　规模化畜禽养殖污染治理措施（85%收集利用）实施后汉丰湖库区典型点位TN年内变化

规模化畜禽养殖污染治理措施实施后，汉丰湖库区水质距离Ⅲ类标准仍有不小差距，需结合其他措施加强流域水污染的综合防治。

13.3.3.6　提高污水处理率措施实施效果分析

提高污水处理率措施实施后，汉丰湖各点位的 TP、TN 年均水质浓度值分别见图 13-36、图 13-37。图中结果表明：该种措施下各点位的 TP 和 TN 年均浓度值均劣于Ⅲ类水质标准，其中南河入湖口下断面水质最差，汉丰湖整体水质仍劣于Ⅲ类。

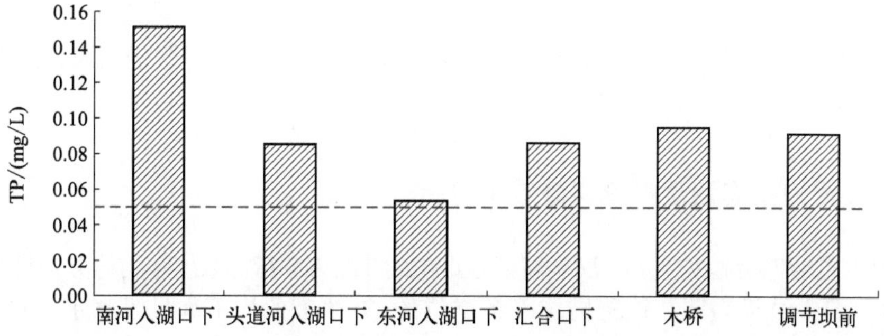

图13-36　提高污水处理率措施实施后汉丰湖库区典型点位TP年均水质状况

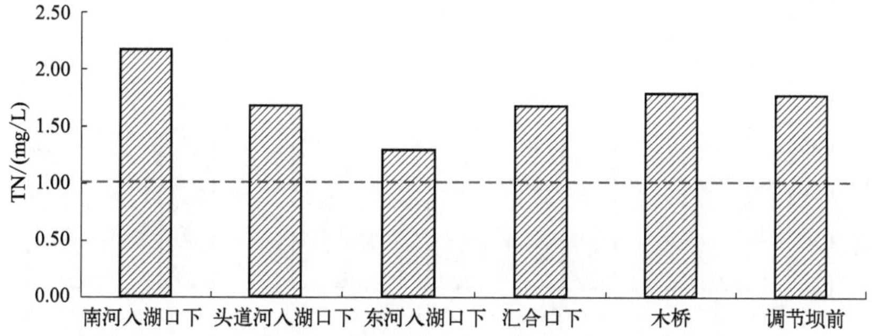

图13-37　提高污水处理率措施实施后汉丰湖库区典型点位TN年均水质状况

汉丰湖各点位的 TP、TN 水质浓度年内逐月变化过程分别见图 13-38（书后另见彩图）、图 13-39（书后另见彩图）。图中结果表明：提高污水处理率措施条件下汉丰湖 TP、TN 指标浓度，除东河少数月份达标外，湖区各点位水质超标仍较为严重。

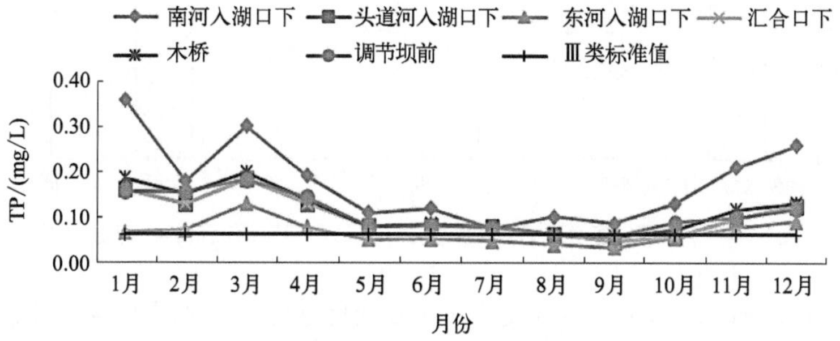

图13-38　提高污水处理率措施实施后汉丰湖库区典型点位TP年内变化

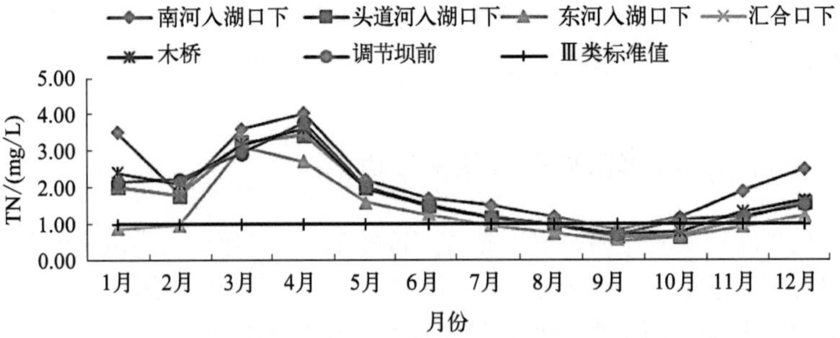

图13-39 提高污水处理率措施实施后汉丰湖库区典型点位TN年内变化

提高污水处理率措施实施后，汉丰湖库区水质距离水质目标差距仍较大，需结合其他措施加强流域水污染的综合治理。

13.3.3.7 河道生态治理措施实施效果分析

河道生态治理措施实施后，汉丰湖区各点位的 TP、TN 指标浓度年均值分别见图 13-40、图 13-41。图中结果表明：该种措施下各点位的 TP 浓度值均不满足Ⅲ类水质目标要求，TN 浓度除东河达标外，其余站点年均值均劣于Ⅲ类，汉丰湖区整体水质仍劣于Ⅲ类。

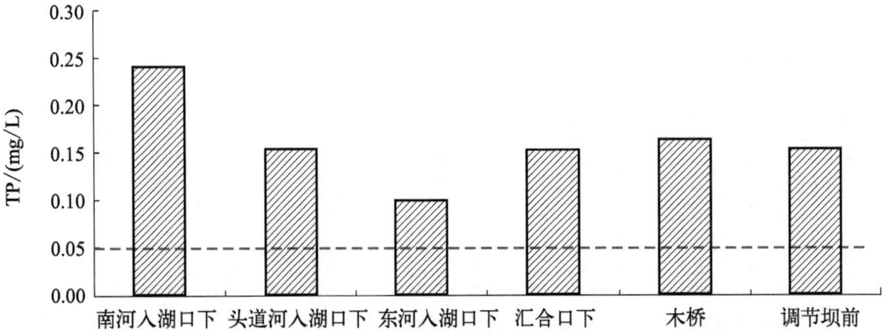

图13-40 河道生态治理措施实施后汉丰湖库区典型点位TP年均水质状况

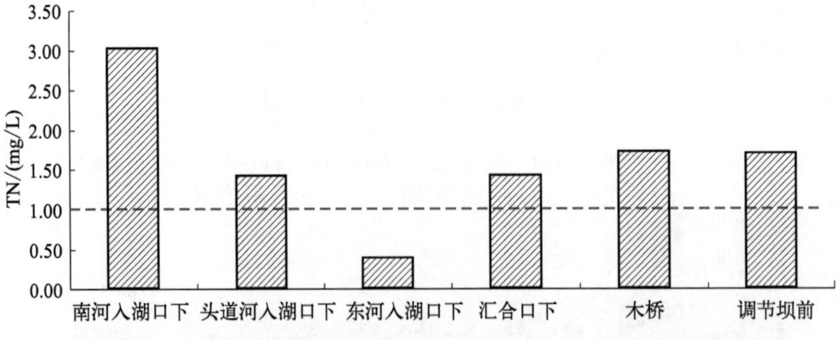

图13-41 河道生态治理措施实施后汉丰湖库区典型点位TN年均水质状况

汉丰湖各点位的 TP、TN 水质浓度年内逐月变化过程分别见图 13-42（书后另见彩图）、图 13-43（书后另见彩图）。图中结果表明：实施入湖河道生态治理措施条件下汉丰湖库区的 TP、TN 指标浓度，TN 指标除东河全年达标和 TP 指标少数月份达标外，库区其他各点位水质超标仍较为严重。

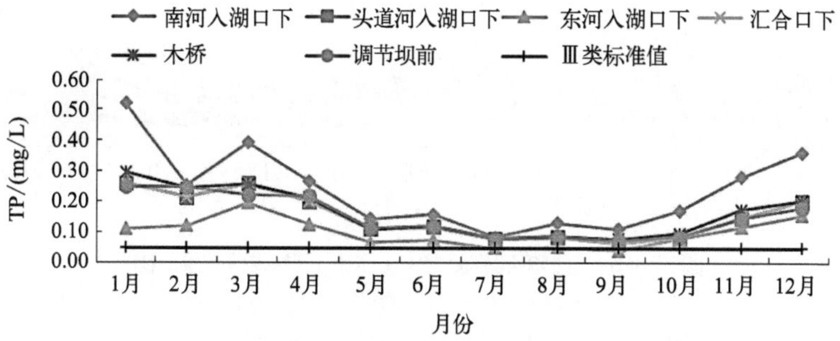

图13-42 河道生态治理措施实施后汉丰湖库区典型点位TP年内变化

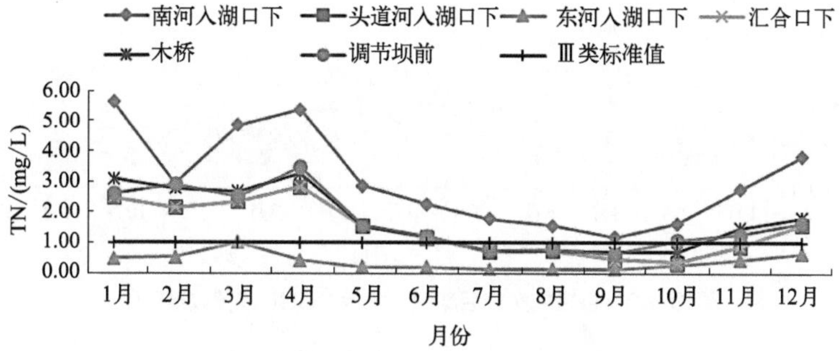

图13-43 河道生态治理措施实施后汉丰湖库区典型点位TN年内变化

总体而言，河道生态治理措施实施后，汉丰湖库区达不到相应的水质标准，需进一步采取措施整合防治。

13.3.4 组合措施实施效果分析

由上述十项措施改善效果可知，以湖中木桥为典型点位，对比各项措施 4 个主要水质指标的效果，具体情况如图 13-44 ～图 13-47（书后另见彩图）所示，整体上来看，各措施均有一定效果，但每种措施对 4 个主要水质改善存在一定的差异。

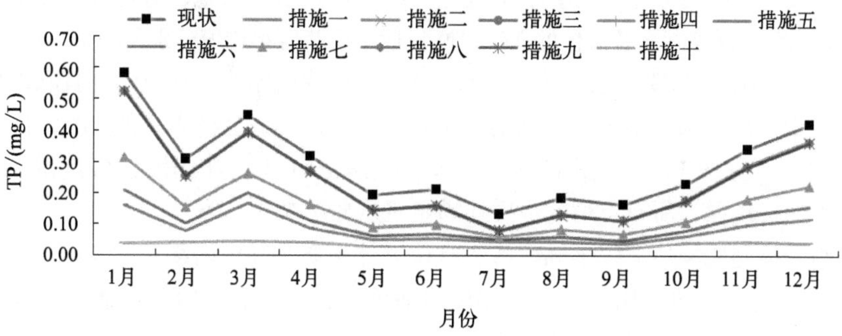

图13-44 各措施实施后湖中（木桥）TP改善效果对比

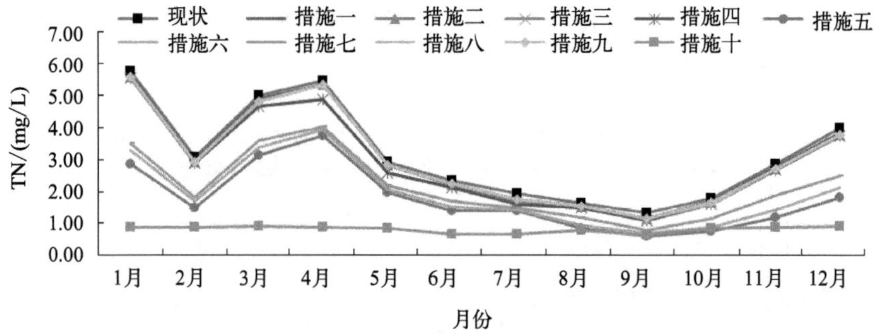

图13-45　各措施实施后湖中（木桥）TN改善效果对比

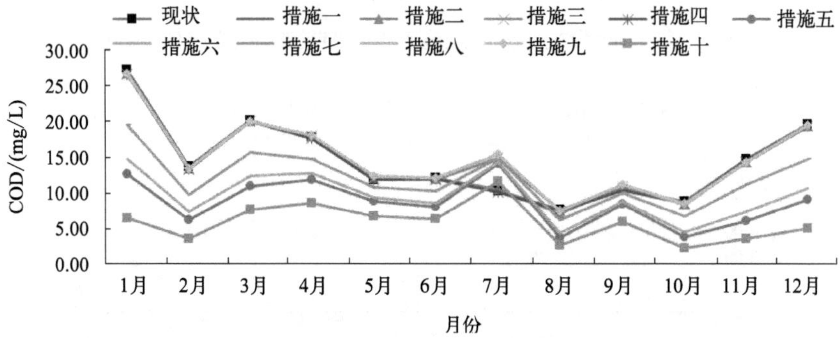

图13-46　各措施实施后湖中（木桥）COD改善效果对比

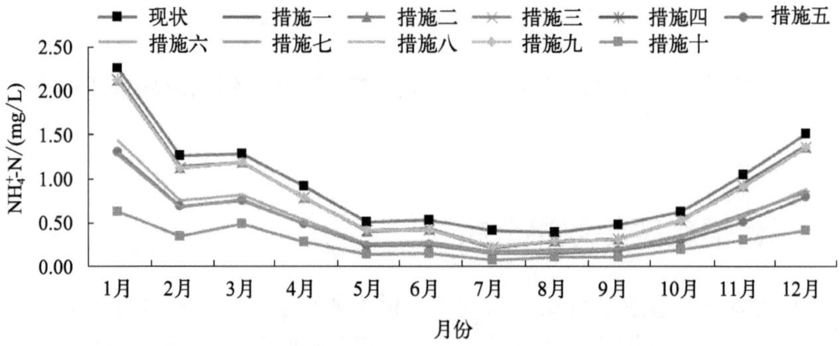

图13-47　各措施实施后湖中（木桥）NH_4^+-N改善效果对比

通过对比各项措施效果，对各项措施进行组合形成组合措施，通过模拟该措施实施后汉丰湖水质状况，汉丰湖区各点位的TP、TN指标水质浓度年均值分别见图13-48、图13-49。结果表明：各项措施全部实施后湖区的TP、TN指标浓度年均值均能满足其水功能区划的Ⅲ类水质要求，汉丰湖区整体水质满足Ⅲ类标准。从汉丰湖区各点位的TP、TN指标浓度年内变化过程（见图13-50、图13-51，书后另见彩图）看，年内湖区各点位TP、TN指标浓度均无超标现象，所有点位的水质均满足Ⅲ水质标准。

各项组合措施实施后，汉丰湖库区各点位整体水质及其年内逐月过程均能达到Ⅲ标准要求，可以通过相关的优化技术对上述单项措施进行优化和组合，从而实现湖泊水质达标、经济合理和可操作性强的综合防治方案。

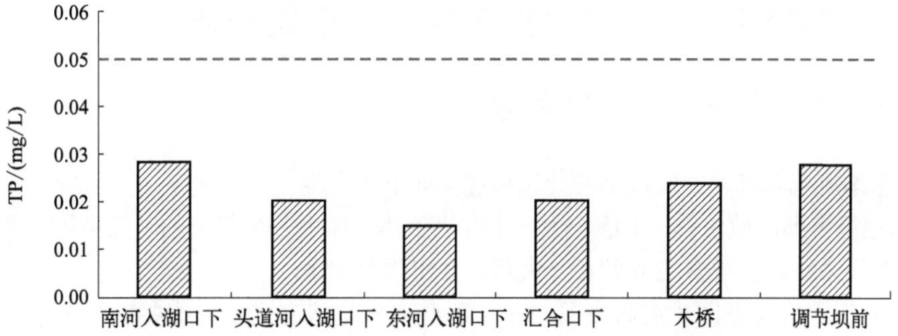

图13-48 各项组合措施实施后汉丰湖库区典型点位TP年均水质状况

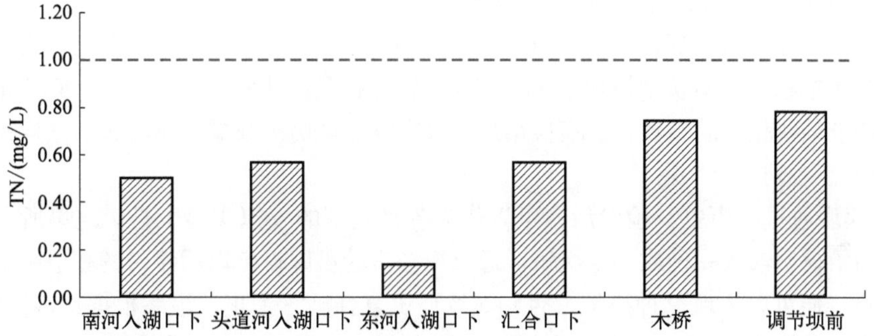

图13-49 各项组合措施实施后汉丰湖库区典型点位TN年均水质状况

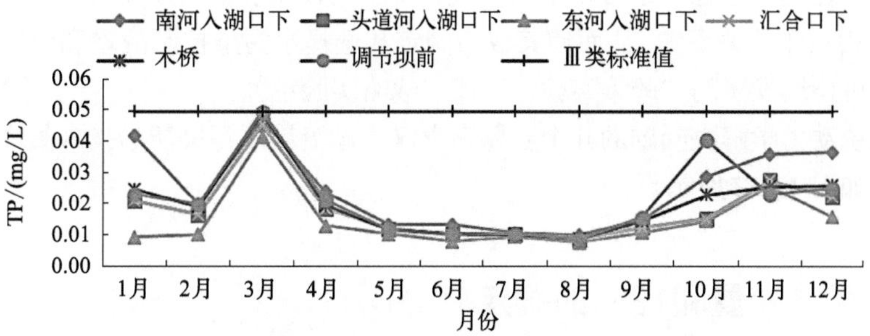

图13-50 各项组合措施实施后汉丰湖库区典型点位TP年内变化

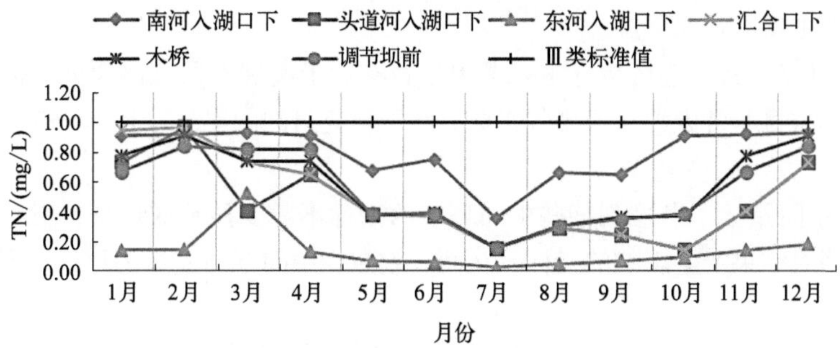

图13-51 各项组合措施实施后汉丰湖库区典型点位TN年内变化

13.4 汉丰湖流域水污染综合防治的系统分析

13.4.1 建立系统动力学模型流程

汉丰湖流域系统动力学模型构建流程包括如下几个步骤:

① 把汉丰湖流域水体 - 土壤作为一个有机整体，作为一个复杂的时变系统，并根据此系统中各子系统及其要素之间的相互关系，画出因果关系。

② 分析因果关系图中各种变量，确定哪些变量是状态变量，哪些变量是速率变量和辅助变量，哪些变量是表函数和其他参数；通过这种对变量的性质和相互作用关系性质的分析，将因果关系图转化为相应的流程图。

③ 在流程图的基础上，编制模型程序。

④ 在模型程序完成后，把模型程序在计算机上进行调试，通过“历史”检验，调整模型。其基本思想是用模型模拟 2011 ～ 2014 年的状况，从而得出 2011 ～ 2014 年逐年的结果，调节某些相应的参数，使模拟结果与汉丰湖流域历史数据基本吻合。这样模型就通过了“历史”检验。

⑤ 模型通过“历史”检验后，可以作为各种政策的模拟实验工具。这里所谓的政策实验是指给模型输入一种或一组决策。通过模拟实验可以得出以后年份的相应结果，如果结果满意，便可以采取这种决策，否则继续调试直到满意为止。最终根据这些模拟实验，提出了多种政策建议。

在研究过程中，既注意模型前后的逻辑一致性，又注意“反馈”调节，从而使模型不断完善；模型在使用过程中还可以不断修改，不断完善（包括增加或减少某些变量，改变变量之间的相互作用关系），从而使其成为制定和选择水污染控制战略和政策很好的实验工具，成为可持续发展的“政策实验室”或“战略实验室”。

根据系统动力学解决问题的几个步骤建立汉丰湖流域水污染防治技术集成系统动力学模型流程，如图 13-52 所示。

13.4.2 系统变量和指标的确定

由于水污染防治技术涉及面广、结构层次复杂，表征系统基本属性的指标往往数量繁多而且不利于操作，因此在不丢失关键信息基础上需要尽可能地减少指标数量。本研究筛选指标采用的主要原则如下。

① 实现研究目的：遴选指标主要考虑是否有利于实现本研究的研究目的，描述水污染系统的指标数目非常庞大，但哪些指标有利于研究目的的实现，是本研究筛选指标的主要出发点。

② 压缩中间指标：考虑到某些中间环节的指标不需要显示或计算，就直接去除这些指标，只采用对结果产生影响的指标，从而有效减少中间指标变量的数目，实现对指标的有效压缩。

③ 指标的可得性：指标不是抽象的，而是可以量化和操作的。在确定指标时，尽量选择可以量化和通过查找统计资料或实地调查就能确定的指标。

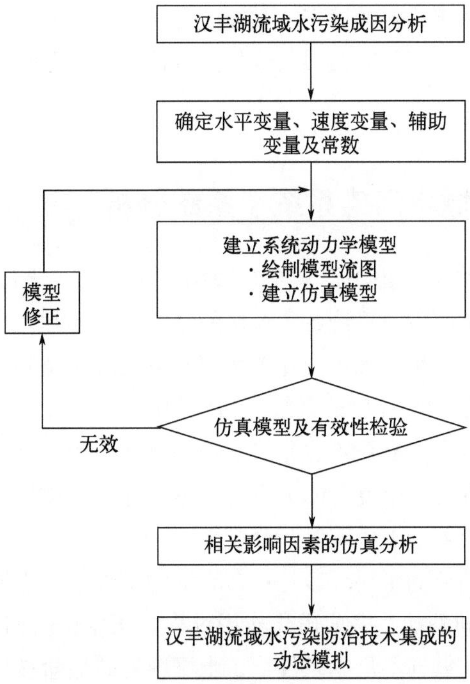

图13-52 汉丰湖流域系统动力学模型建模流程

④ 关注薄弱环节：确定系统中最为薄弱的环节，并据此确定出适宜的指标。根据系统科学原理，对研究区水体污染系统进行分析和建模时，充分考虑汉丰湖流域区域发展的薄弱环节，从中筛选出反映薄弱环节的指标，将它们放到对模型影响敏感的位置。

⑤ 在选取指标时争取做到“既不重复也不遗漏”。正如过多的重复会损失信息一样，遗漏也会损失信息，降低指标的解释效力。因此在本研究中，力争做到信息不遗漏和不重复。

13.4.3 汉丰湖流域水污染防治技术集成系统边界的确定

系统边界是指包含整个系统的各个实体及其属性（变量）变化空间在内的物理的或假想的界限。划分系统边界具有一定的主观性，目的是尽可能好地将系统与周围环境隔开，从而更便于分析与研究。主要遵守以下两个原则：

① 要包含系统内的各主要实体，这些实体在系统内部彼此联系，相互作用，构成一个完整的整体。

② 描述这些实体的变量相互作用，相互影响，形成各种各样的反馈回路或反馈环，划分系统边界一定要保证这些反馈环的完整性。如果无法做到这一点，则说明系统的边界设定不当，应该扩大边界。

水污染防治系统作为一个复杂的系统，除了系统内的相互关联，还与其他外部系统发生联系。针对研究问题的需要，根据系统结构和系统边界划分原则，由远而近地对总体系统与系统组成一一进行系统边界的确定。其原则是将直接参与或对水体污染系统有较大影响的因素划分在边界之内，而将间接参与或虽然直接参与但影响相对较小的因素划分在边界之外。

13.4.4 汉丰湖流域水污染系统子系统分析

根据研究现状，可将水污染防治系统分成两个子系统：水体循环系统与土壤循环系统。根据系统论分解协调原理，系统各子系统的影响因素相互作用，形成具有多重反馈的因果关系结构。通过系统分析，确定与每个系统有关的因素及其与污染的关系，进而划分系统边界。由于水环境是一个开放的系统，和外部区域之间存在物质和能量的输入输出，因此确定的水污染防治技术集成系统边界并不是一个严格意义上的地理界限。

鉴于水污染防治系统是一个复杂的大系统。本研究将尝试从水污染氮链物流角度对水污染防治技术集成系统的各个子系统展开分析。

构成水环境系统氮循环的主要环节是：在有氧的条件下，土壤中的氨或铵盐在硝化细菌的作用下最终氧化成硝酸盐，完成硝化作用过程。氨化作用和硝化作用产生的无机氮，都能被植物吸收利用。在氧气不足的条件下，土壤中的硝酸盐被反硝化细菌等多种微生物还原成亚硝酸盐，并且进一步还原成分子态氮，分子态氮则返回到大气中，完成反硝化作用过程。未被吸收的氮则随着降雨被冲刷至河道内。下面根据水环境系统氮链物流特征，对水污染防治技术集成系统的各个子系统从氮链角度展开分析。

13.4.4.1 水体循环系统分析

根据对汉丰湖流域水环境问题的分析，水体的主要问题在于地表水污染，多项指标超过Ⅲ类水域标准限值（TN 是其中重要污染物之一）。地表水中氮主要通过地表径流直接流入和通过淋溶、迁移，再流入地表水。据有关资料测算，每增施氮肥 1kg/hm^2，其冲刷损失量增加的概率为 0.56 ～ 0.72kg/hm^2，氮肥淋溶损失达 3.4% ～ 25.4%，在雨季可达 50%。

鉴于此种情况，在水体循环系统中，对它的系统变量做如下选择。

（1）状态变量（L_1）

L_1——地表水中 TN 量（t）。从化肥和农药进入地表水的氮和通过畜禽粪便直接排放到汉丰湖流域水体的有机及无机态氮，与污灌用水和生活污水一起，引起部分水体富营养化，水体中 N 存量是汉丰湖流域水体主要耗氧污染物之一。地表水中 TN 包括地表水中所有含氮化合物，即亚硝酸盐氮、硝酸盐氮、无机盐氮、溶解态氮及大部分有机含氮化合物中氮的总和。

（2）速率变量（R_1、R_2）

R_1——N 产生量 1；

R_2——N 减少量 1。

（3）辅助变量（$A_1 \sim A_{16}$）

A_1——年污水灌溉量，10^4t/a；

A_2——年废水排放量，10^4t/a；

A_3——废水含 N 比例，%；

A_4——降雨中 N 含量，10^4t/a；

A_5——灌溉利用率，%；

A_6——农药使用水平，kg/hm^2；

A_7——耕地面积，hm^2；

A_8——化肥使用强度，kg/hm^2；

A_9——氮肥利用率，%；

A_{10}——农药氮素贡献率，%；

A_{11}——年畜禽粪便产生量，t/a；

A_{12}——畜禽粪便含氮比例，%；

A_{13}——反硝化作用损失的氮量，10^4t/a；

A_{14}——反硝化作用氮损失率，%；

A_{15}——农田流入的氮素贡献量，10^4t/a；

A_{16}——污水流入的氮素贡献量，10^4t/a。

（4）水体循环系统反馈流程

水体循环系统因果关系反馈流程如图 13-53 所示。

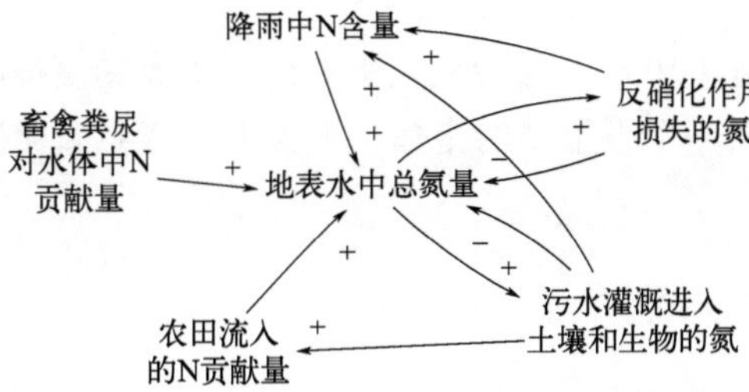

图13-53 水体循环系统因果关系反馈流程

水体循环系统主要反馈回路为：

地表水中总氮量→$^+$反硝化作用损失的氮→$^-$地表水中总氮量；

地表水中总氮量→$^+$反硝化作用损失的氮→$^+$降雨中 N 含量→$^+$地表水中总氮量；

地表水中总氮量→$^+$污水灌溉进入土壤和生物的氮→$^-$地表水中总氮量；

地表水中总氮量→$^+$污水灌溉进入土壤和生物的氮→$^+$降雨中 N 含量→$^+$地表水中总氮量；

地表水中总氮量→$^+$污水灌溉进入土壤和生物的氮→$^+$农田流入的 N 贡献量→$^+$地表水中总氮量。

利用系统动力学专用模拟语言 Vensim PLE 软件建立模型，绘制出仿真模型如图 13-54 所示。

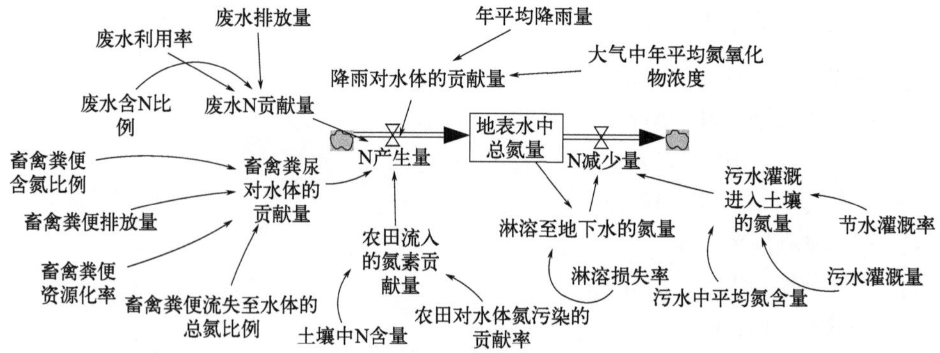

图13-54　水体循环系统仿真模型

13.4.4.2　土壤循环系统分析

非点源污染的核心就是土壤污染，因为污染要素的主要影响最终都将通过土壤污染表现出来。我国农村地区所有污染的90%最终都造成土壤污染，土壤污染是农村地区污染的根本性表现。水土流失、土地沙化、土壤污染、土壤酸化与盐碱化、工程荒漠化、湿地与优质土壤资源的减少等地退化问题已经直接或间接导致了河流断流、湖泊淤积、赤潮频发、森林功能退化、草地生物质量下降、生物多样性减少、珍稀野生动植物濒临灭绝威胁等。目前，经初步调查，因污水灌溉、农药和化肥不合理使用，工业废渣和生活垃圾随意堆放等因素，汉丰湖流域较多的耕地受到不同程度的污染。

（1）状态变量（L_1）

L_1——土壤中N含量（10^4t），是指从化肥农药和畜禽粪便排放以及污水灌溉进入土壤的氮，是反映土壤质量一个很重要的指标，土壤中N含量直接决定着当地的粮食产量水平。

（2）速率变量（R_1、R_2）

R_1——N产生量2；

R_2——N减少量2。

（3）辅助变量（A_1~A_{25}）

A_1——农田废弃物排放量，10^4t/a；

A_2——污水灌溉量，10^4t/a；

A_3——农田废弃物对土壤中N的贡献量，10^4t；

A_4——降雨对土壤中N的贡献量，10^4t；

A_5——灌溉利用率，%；

A_6——农药贡献量，10^4t；

A_7——耕地面积，hm^2；

A_8——化肥使用强度，kg/hm^2；

A_9——氮肥利用率，%；

A_{10}——粮食产量，10^4t/a；

A_{11}——畜禽粪便排放量，t/a；

A_{12}——农产品总量，10^4t/a；

A_{13}——土壤反硝化作用损失至大气中的氮量，10^4t/a；

A_{14}——反硝化损失率，%；

A_{15}——农田流入的氮素贡献量，10^4t/a；

A_{16}——农产品中硝酸盐含量，mg/kg；

A_{17}——农产品质量达标率，%；

A_{18}——淋溶损失率，%；

A_{19}——淋溶至地下水的 N 含量，10^4t/a；

A_{20}——畜禽粪便资源化率，%；

A_{21}——农药利用率，%；

A_{22}——农田废弃物处置利用率，%；

A_{23}——节水灌溉率，%；

A_{24}——土壤中淋溶至地下水的氮含量，10^4t；

A_{25}——畜禽粪便对土壤 N 的贡献量，10^4t。

(4) 因果关系反馈流程

土壤循环系统因果关系反馈流程如图 13-55 所示。

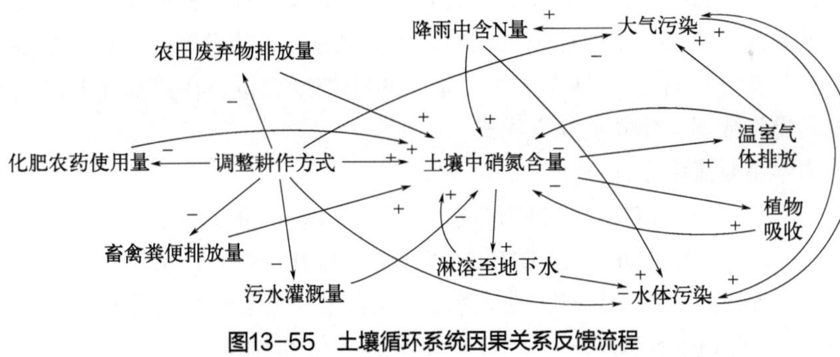

图13-55 土壤循环系统因果关系反馈流程

土壤循环系统主要反馈回路为：

土壤中硝氮含量→$^+$温室气体排放→$^+$大气污染→$^+$降雨中含 N 量→$^+$土壤中硝氮含量；

土壤中硝氮含量→$^+$植物吸收→$^+$水体污染→$^+$大气污染→$^+$降雨中含 N 量→$^+$土壤中硝氮含量；

土壤中硝氮含量→$^+$淋溶至地下水→$^+$水体污染→$^+$大气污染→$^+$降雨中含 N 量→$^+$土壤中硝氮含量；

土壤中硝氮含量→$^+$温室气体排放→$^-$土壤中硝氮含量；

土壤中硝氮含量→$^+$淋溶至地下水→$^-$土壤中硝氮含量；

土壤中硝氮含量→⁺植物吸收→⁻土壤中硝氮含量。

利用系统动力学专用模拟语言 Vensim PLE 软件建立模型，绘制出仿真模型如图 13-56 所示。

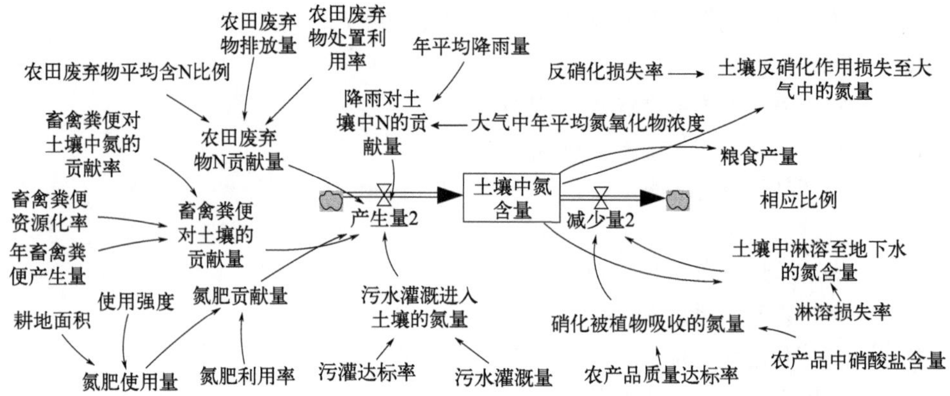

图13-56 土壤循环系统仿真模型

13.4.5 仿真模型的建立与有效性检验

利用系统动力学专用模拟语言 Vensim PLE 软件仿真软件，将汉丰湖流域的水体、土壤、生物与大气四大子系统通过系统变量进行多维耦合，形成一个完整的水体污染系统模型后，输入计算机进行模拟，建立汉丰湖流域水污染系统的计算机模型与仿真模型图。根据汉丰湖流域水污染系统两个循环子系统的具体情况分析，共设置 2 个状态变量（地表水中 TN 含量、土壤中 N 含量），4 个流率变量，39 个辅助变量。在其基础上，根据各因素间的关系及其历年数据，建立主要方程式。

系统动力学主要流率方程：

$$ZDHL=ZDHL.J+DT\times(NIN1.JK-NOUT1.JK)$$

$$TRDHL=TRDHL.J+DT\times(NIN2.JK-NOUT2.JK)$$

式中 ZDHL、TRDHL——地表水中 TN 含量、土壤中 N 含量；

NIN1、NIN2、NOUT1、NOUT2——速率变量 N 产生量和 N 减少量；

DT——步长。

模型中的参数有常数值、表函数、初始值等。模型中使用了表函数，方便有效地处理了众多的非线性问题和不确定因素。对于初始值采取拟合历史数据和初始化处理等方法。

得到仿真模型后，将数据放入计算机中进行仿真模拟。通过运行仿真模型，系统通过“历史”的检验，这里以 2011 年为起始年，仿真终止年为 2014 年，时间间隔为 1 年。仿真完毕后，对系统模型输出进行有效性检验。有效性检验包括结构一致性检验与行为一致性检验。如果系统模型能够通过有效性检验，那么它就可以用来进行对汉丰湖流域水污染系统的仿真实验，描述它在不同的参数下水污染系统未来的发展趋势，从而筛选出防治水体污染系统的最佳技术情景模式。

13.4.5.1 系统变量的确定

水体立体污染系统参数主要有常数和状态变量初始值。胡大伟认为，对模型的调控主要就是作用在这些系统参数上，当然不同位置的参数对系统的灵敏度是不一样的。根据控制参量的调控原则和汉丰湖流域水污染系统的现状，将位于主反馈回路和局部反馈回路交叉点上起主导作用的以下 8 个参量作为控制参量。即：

① 化肥使用强度；

② 生活用水量；

③ 氮肥淋溶损失率；

④ 废水排放量；

⑤ 耕地面积；

⑥ 规模化畜禽养殖；

⑦ 化肥有效利用率；

⑧ 畜禽粪便排放量。

13.4.5.2 系统结构一致性检验

水污染系统中的主要反馈结构、状态变量、速率变量及辅助变量描述实际系统的主要特征均较真实。系统的政策调控点与实际系统的本质特征之间存在合理的拟合，系统表面有效。胡大伟研究认为，如果系统仿真的结果与现实系统的历史输出记录没有显著差异，就可以说模型通过了"历史"的检验，可以用模型来预测系统在未来的发展动态。在建模和仿真过程中，需要对各个系统进行反复调试，考虑模型的结构是不是有缺陷，通过不断修改和调试，系统的整体误差降到最小。对汉丰湖流域水体立体污染系统与系统模型行为一致性检验的结果见表 13-22。

表13-22 汉丰湖流域水污染系统有效性检验

年份	2011			2012			2013			2014		
指标名称	实际值	预测值	误差	实际值	预测值	误差	实际值	预测值	误差	实际值	预测值	误差
化肥使用强度 /(kg/hm^2)	528.40	541.28	0.02	2143.13	2153.03	0.00	569.84	589.17	0.03	2157.57	2146.13	−0.01
耕地面积 /×10^{4}hm^2	6.97	7.93	0.14	10.05	10.84	0.08	10.08	11.12	0.10	10.08	11.05	0.10

SD 模型的模拟值与实际值的相对误差较小，可认为 SD 模型模拟结果与实际值的拟合较好，表明模型有足够的可靠性，可以通过改变控制变量进行多方案仿真优选。通过以上检验，可以认为该模型结构合理，稳定性强，基本能反映现实系统，适合进行仿真模拟和政策分析。

13.4.6 灵敏度分析

灵敏度分析包括参数灵敏度和结构灵敏度两方面。对汉丰湖流域水污染系统动力学模型的检验结果表明：

① 由于正反馈结构将导致指数增长，而负反馈结构具有补偿性，即“寻”的特征，所以模型对于正反馈结构变化的灵敏度远高于负反馈的结构变化。在本模型的测试过程中充分反映了出来。

② 模型对大部分参数的变化是不敏感的。即大部分参数数值的变化不会引起系统根本行为的变化，甚至在一些极端测试中。模型的结论也是基本合理的，这充分说明模型是有效的。

通过以上检验，可以认为该模型结构合理，稳定性强，能反映现实系统，适合进行仿真模拟和决策分析。

13.5 汉丰湖流域水污染综合防治系统集成

根据单项措施模拟效果，同时考虑经济成本可达性，选取削减率最高的 4 种措施进行技术方案集成，这 4 种措施分别是退耕还林措施（考虑到 2020 年退耕还林推进的难度和进度问题，设计主要在非点源污染比重较大的乡镇实施，则 2020 年规划完成退耕还林 50%）、规模化畜禽养殖（考虑到措施实施的可达性，选取畜禽养殖粪便收集率为 85% 的方案）、提高污水处理率和提高测土配方施肥技术普及率。

13.5.1 污染防治模式费用效益分析

13.5.1.1 城镇生活污水防治措施费用效益分析

（1）城镇生活污水防治措施费用分析

在《开州区“十三五”城镇生活污水处理设施建设专项规划》中明确给出了城镇污水处理厂新建、迁建和改扩建的费用。该规划设计的工程费用范围包括：

① 各污水处理厂的新建、改建、扩建以及提标改造建设及工程费用；

② 县城中心区域及各组团截污管网，二、三级管网的建设、改造以及配套提升泵站，倒虹管的建设及工程费用；

③ 污泥无害化及资源化利用设施的建设及工程费用；

④ 污水再生利用设施建设及工程费用；

⑤ 各乡镇二、三级污水管网的建设及工程费用；

⑥ 美丽乡村一体化污水处理设施及配套管网的建设及工程费用。

（2）城镇污水综合整治的绩效估算

生活污水处理厂的经济收益可认为是城市生活污水治理的经济效益。根据一般城市生活污水处理厂（SBR 法）的实际运行数据，每处理 1t 生活污水成本约为 0.45 元，收取的污水处理费用为 0.7 元 /t，城市生活污水处理厂的收益则为 0.25 元 /t。当时预计 2020 年开州区城镇各污水厂污水处理总量为 5475 万吨，城镇生活污水处理收益为：

5475 × 0.25=1368.75（万元）。参照工业处理费用以每处理 1t TN 需 2.5 元计，则处理 10 万吨污染物效益为：10 × 2.5=25（万元）。

由于城市污水处理厂污泥中含有一定的热能，且污泥无机部分含有较多的 SiO_2 和 Al_2O_3，无机成分可以调整到与黏土相近，因此城市污水处理厂污泥经过处理后可用来生产一些建材进行利用，如陶粒、水泥、砖瓦等，使用污泥作为掺料制砖没有改变制砖的基本流程，只需要增加少部分的原料处理工艺，技术水平不高，投资成本也低，便于获得推广和使用。制砖厂按照 20% 的比例用污泥替代黏土，既可以减少黏土的购置费用，又可以获得污泥处理的费用。年用黏土 10 万立方米的砖厂按照 20% 的比例替代可节约黏土 2 万立方米，处理使用 75% 含水率污泥 8 万立方米，按照每立方黏土 50 元，每立方米污泥处理费用 20 元，在产量不变的情况下，能够增加 260 万的经济效益。

则城镇污水综合整治的年经济效益为：1368.75 万元 +25 万元 +260 万元 =1653.75 万元。

13.5.1.2　测土配方相关措施费用效益分析

（1）测土配方相关措施费用分析

测土配方的投入费用主要是对“测土、配方、配肥、供肥、施肥指导”5 个环节的投入以及项目管理费。根据农业部《2005 年测土配方施肥试点补贴资金项目实施方案》规定，每个项目县 100 万元的补贴标准，要求平均实施测土配方施肥面积达到 40 万亩。按此计算，测土配方的平均费用为 37.5 元 /hm^2。据实地调查和专家咨询，测土配方施肥的日常推广指导费用为 7.5 元 /（hm^2 · a）。开州区当时预计 2020 年耕地总面积 101000hm^2，根据假定情景，70% 采用测土配方施肥，则此项措施投资总额为 265.13 万元，年运行、推广费用为 53.03 万元。

（2）测土配方相关措施效益分析

测土配方产生的效益包括：

① 化肥施用量和流失量减少带来的环境效应；

② 化肥投入减少带来的费用节约效应；

③ 化肥施用改善带来的作物增产效应。

由于各个地区土壤养分含量以及农民施肥习惯不同，测土配方等措施在各地区实施后产生的效益也表现出不同结果。在汉丰湖流域，通过施肥管理等措施平均每公顷可减少化学氮素投入 34.6kg，化学磷素施用量增加 1.5kg。我国农田氮肥的流失率在 10% ～ 40% 之间，磷肥流失率在 10% ～ 30% 之间。按流失率 10% 保守估算，测土配方施肥每公顷可减少 3.46kg 氮素。汉丰湖流域常用耕地总面积按 101000hm^2 计，若农业面源污染防控措施实现全覆盖，则可减少氮素污染总量为 349460kg（349.46t）。根据防护费用法计算，环境价值为 3494.6 万元。

以每千克氮素 4.5 元计算，采用面源污染防治技术可节省化肥的直接经济价值为 155.7 元 /hm^2，全流域常用耕地总面积 101000hm^2，年节省化肥的经济效益为 1100.8 万元。

13.5.1.3　规模化畜禽养殖防治措施费用效益分析——以农村户用沼气池为例

基于汉丰湖流域实地调查，与环保部门调研和《开州区生态农业发展“十三五”规划》，目前汉丰湖流域畜禽养殖（包括规模化养殖场/养殖小区、养殖专业户和其他种类养殖）TN的产生量约为1967t。

（1）规模化畜禽养殖防治措施费用分析

根据相关研究，户用沼气池的费用主要包括建池费用和维护费用2部分。维护费用主要包括每年更换灯具、管道等的费用，如按沼气池使用寿命为15年算，平均年需50元。户用沼气池主要采用砖混结构和混凝土结构2种建池方法。砖混结构沼气池的总投资为1715元。其中材料费843元，占49.2%；器材费236元，占13.8%；施工费636元，占37.1%。混凝土结构沼气池总投资为1680元。其中，材料费808元，占总费用的48.1%；器材费286元，占17%；施工费586元，占34.9%，则无论选取哪种结构的沼气池，总费用均约为1700元。

（2）规模化畜禽养殖防治措施效益分析

规模化畜禽养殖防治措施产生的效益包括生态环境效益、经济效益、社会效益。

1）生态环境效益

生态环境效益包括卫生效果和生态效益两个方面。

① 卫生效益。在使用沼气池之前，畜禽粪便一般都是未经处理就直接作为肥料施于农田，这样造成了农村生产和生活环境的污染。而使用沼气池后，畜禽粪便全部进入发酵池发酵，抑制了恶臭的产生，同时还杀灭了大量的寄生虫卵和传染病菌，从而有效地改善了农户室内外环境卫生，并减少了疾病发生率，保证了群众健康。因此，根据李萍研究结果，沼气池的环境效益可以用疾病成本法来计算，它等于因沼气池改善环境卫生而减少的年医药费的开支，经调查该数值为21.49元。

② 生态效益。每个沼气池年节约煤炭847kg，折605kg标准煤，按每千克标煤减排二氧化碳2.664kg计算，则每个沼气池年可减排二氧化碳1612kg。按每千克标煤减排二氧化硫0.0224kg计算，则每个沼气池年可减排二氧化硫13.6kg。此部分环境效益由于没有统一标准加以评价，故不转化成具体现金形式，忽略不计。

2）经济效益

农村户用沼气池的经济效益包括沼气资源的价值和沼渣、沼液资源的价值两部分。

① 沼气资源价值的计算。沼气资源价值（V_1）是通过燃烧提供热能所体现的价值，这部分价值可利用机会成本法，按与沼气具有等量有效热能的液化气燃料进行替代计算，方法如下：

$$V_1=[(A\times B)/(C\times D)]\times E\times F$$

式中　A——沼气的发热量，为209343kJ/m³；

B——沼气灶热效率，为60%；

C——液化气的低位发热量，为502411kJ/kg；

D——液化气灶平均热效率，为60%；

E——液化气价格，为 4.6 元 /kg；

F——一个 $8m^3$ 的户用沼气池年产沼气量，为 $500m^3/a$。

注：一个 $8m^3$ 户用沼气池的年产气量与发酵温度有密切的关系，在南方年产气量可达 $500m^3$ 以上，而在北方只能达到每年 $300m^3$ 左右，全国平均产气量约为 $385m^3$，因此，本计算采取年产气量 $500m^3$。

经计算，V_1=958 元 /a。

② 沼渣、沼液资源价值的计算。一个 $8m^3$ 的沼气池，所产沼渣 4745kg，沼液 21313kg。沼渣的干物质含量为 18%，沼液的干物质含量为 1%，则沼肥的干物质含量为 1067kg。沼肥中全氮、全磷、全钾平均值分别为 6.35%、1.09%、4.64%；而一般粪尿类肥料全氮、全磷、全钾平均值为 4.7%、0.79%、3.03%，可见沼肥与同数量粪尿肥料相比，全氮、全磷、全钾分别提高了 1.65%、0.3%、1.61%，相当于分别增加了全氮 17.6kg，全磷 3.2kg，全钾 17.2kg。按照 2014 年 12 月，国内市场含氮 46% 的尿素价格约为 1900 元 /t，含磷 46% 的五氧化二磷价格约为 2000 元 /t，含钾 60% 的氯化钾价格约为 2300 元 /t 计算，那么增加的全氮、全磷、全钾的价值分别为 72.70 元、13.91 元、65.93 元，共计 152.54 元，即沼肥净增效益为 152.54 元。如果按照沼肥中全氮、全磷、全钾的含量分别为 6.35%、1.09%、4.64% 计算，相当于全氮 67.75kg，全磷 11.63kg，全钾 49.51kg，折合全氮、全磷、全钾价值分别为 279.84 元、50.57 元、189.79 元，共计 520.2 元，即沼肥总量效益为 520.2 元。

3）社会效益

农村户用沼气池建设效益还体现在提高农民生活质量、节省劳动力、推动科普、优化产业结构等各个方面，而这些社会价值由于其复杂性和不可测量性，在此不进行计算，取其为零。

（3）农村户用沼气池的费用效益综合分析

按照户用沼气池使用年限为 15 年计算，由以上分析得出：

$$\text{沼气池年效益}(V)\text{为}: 21.49+958+520.2=1499.69(\text{元})$$

沼气池年成本为：

$$C=1700 \div 15+50=163.3(\text{元})$$

沼气池年净效益为：

$$\mathrm{NB}=V-C=1499.69-163.3=1336.39(\text{元})$$

按照汉丰湖流域建成沼气池 1000 座算，则年收益为 1336.39 × 1000=133.639 万元。

13.5.1.4 退耕还林技术费用效益分析

（1）退耕还林措施费用分析

退耕还林涉及的主要费用包括土地退耕的机会成本损失、植被恢复成本和执行过程中的其他费用，由于后两项所占比例很小，因此本项目中所考虑的成本主要是土地退耕的机会成本，即退耕导致的粮食损失。在上述生态效益与机会成本可知的情况下，可比较不同地块的费用效益。

(2) 退耕还林措施效益分析

1）经济效益

退耕还林工程实施后，森林面积将大幅度增加，每年森林蓄积量平均增加近 9.3 万立方米，按每立方米 400 元计算，仅这一项森林储备效益就达到 3720 万元。根据植物光合作用，每制造 1.0g 干物质可释放出 1.39 ～ 1.42gO_2，每立方米按 0.8t 计，可至少增加输出氧气量 10.34 万吨，仅按 1000 元 /t 计，折算经济价值为 10340 万元；森林每生长 1m^3 的木材，约吸收 1.83t 的 CO_2，据此计算，新增森林蓄积量 9.3 万立方米，可增加吸收 17.02 万吨 CO_2，按 50 元 /t 计价，折算经济价值为 850.95 万元；目前开州区的林木年生长量约为 22 万立方米，扣除其他林木年生长量，退耕还林新增林木年生长量约 4.5 万立方米，每年可多吸收 8.24 万吨二氧化碳，折算经济价值为每年多出 411.75 万元。另外，在郭家镇发展的油桃，长沙镇、白鹤镇发展的柑橘，铁桥镇发展的脆冠梨等经济林，也正日益发挥出巨大的效益，仅此一项的收入，户均就达 1 万元以上，有的果农甚至一户可每年卖果收入 3 万多元。同时，随着退耕还林工程成果的不断巩固，工程区旅游业的兴起，有效地扩大了地方经济收入，促进了其他相关产业的发展。

2）生态环境效益

开州区 2000 年实行退耕还林工程前，曾多次暴发风雹、洪灾、泥石流等自然灾害，直接经济损失数千万元，间接损失无法估量。自工程实施以来，工程区植被得到了恢复；沿江、沿河的荒山及坡耕地得到了有效治理，水土流失面积减少；塌方和泥石流等自然灾害明显减少；极大地改善了生态环境，提高了景观效应；野生动物的种类和数量明显增加。水土流失逐年减弱，涵养水源能力逐年增强。

① 水土保持有所增强。如果林地降水 20% 为林冠截流和蒸发，50% 变为地下水，再按 65% 变为地下径流的经验值计算，据专家测算，一片 6666.7hm^2 面积的森林，相当于一个 200 万立方米的水库。照此推算，到 2020 年如果完成 50% 退耕还林，则成林新增 30388hm^2 的森林，相当于新增加了 4.5 个 200 万立方米的水库，预测每年均可聚水约为 900 万立方米，折算经济价值 450 万元（按 0.5 元 /t 计算）。

② 固土保肥效能提高。经测算，每年每公顷森林土壤侵蚀量比无林地少 5.45t，则每年可减少土量流失 25.33t，减少水库及河道泥沙淤积 16.26 万吨，少付挖掘费 80.33 万元。另 30388hm^2 森林每年可减少有机质流失 16249t，减少氮素流失 941t，减少尿素流失 551t，减少钾素流失 107911t，保肥经济效益 2300.5 万元，合计 2380.83 万元。

③ 改良土壤效益明显。新增森林 60775hm^2 每年可归还土壤氮素 8906t，价值 3160.1 万元；磷素 432t，价值 86.5 万元；钾素 3201t，价值 537.9 万元；合计改善土壤效益量化为 3784.5 万元。

3）社会效益

退耕还林工程实施以来，国家每年给予一定补助，让农民有了稳定的收入来源。把农民从广种薄收、繁重且入不敷出的农业生产中解放出来，农村富余劳动力大幅度增加，开州区及时调整政策，实施劳务输出工程，据统计，开州区已有 50 余万剩余劳动力外出务工，走出大山的农民开阔了视野，增长了见识，解放了思想，增加了收入。据邮政银行部门统计，开州区外出务工人员每年寄回现金 13.6 亿多元。劳务输出成了名副其实的“铁杆庄稼”，不断增长的收入让农民有了更多发家致富的本领和才干，为社会经济的发展做出了新的贡献。同时，退耕还林的实施有效地调整了农业种植结构，退耕后农民采取精耕细作，体会到了广种薄收的弊端，学会选择种植收益高的品种，采用能提高产量和效益的技术措施。精细农业、特色种植、草畜产业、柑橘产业、油桃产业、设施农业、水利建设、农村能源等涉农项目将有长足的发展，全县农民收入有了显著的增长。随着退耕还林工程的实施，农村传统的生产生活方式得到了改变，偏远山区的农户，逐步自觉向城镇迁移，加快了小城镇的建设，推进了城乡一体化进程。退耕还林工程的实施，还带动了林区旅游业发展，生态旅游成为当下开州区最时尚的一种休闲方式。特别是通过实施退耕还林发展起来的经济林区，成为旅游热点，如郭家镇的毛成桃花、铁桥镇的梨花、长沙镇的柑橘花果等。

13.5.2 水污染综合防治技术方案组合的确定

选取汉丰湖流域水污染系统在不同技术模式下的动态模拟。形成一个完整的水污染系统模型后，将数据输入计算机进行模拟，通过对模型的真实性和有效性的检验，可以认为仿真结果与实际历史数据差别不大，因此系统模型与所描述的汉丰湖流域水污染系统具有基本行为一致性，经过分析认为本研究所建立的系统模型是一个有效模型，可以用来研究汉丰湖流域水污染问题，据此选择合理的控制参量对系统进行调控实验，仿真系统在不同决策影响下系统的动态响应。

根据汉丰湖流域水污染综合防治的目标，借助调控变量，使用系统动力学模型进行反复实验调控，对汉丰湖水污染仿真系统在各种参数组合下运行模拟，分析系统在不同参数组合下不同的响应，从而筛选出流域水污染系统综合防治的最优化方案。

方案 1：将提高污水处理率和提高畜禽粪便收集率这两种模式进行组合，对污染物产生量进行模拟；

方案 2：同时使用提高污水处理率和使用退耕还林技术这两种模式，对污染物产生量进行模拟；

方案 3：提高污水处理率与测土配方组合模式；

方案 4：提高畜禽养殖粪便收集率与退耕还林措施组合模式；

方案 5：提高畜禽养殖粪便收集率与测土配方措施组合模式；

方案 6：退耕还林措施与测土配方措施组合模式；

方案 7：提高污水处理率、提高畜禽粪便收集率和退耕还林 3 种措施组合；

方案 8：情景提高污水处理率、提高畜禽粪便收集率和测土配方 3 种措施组合；

方案 9：情景提高污水处理率、退耕还林和测土配方 3 种措施组合；

方案 10：提高畜禽粪便收集率、退耕还林和测土配方 3 种措施组合；

方案 11：综合治理模式，即综合提高污水处理率、提高畜禽养殖粪便收集率、退耕还林、测土配方 4 种方案。

由于各个参数的取值并不是唯一的，而是有一个范围，所以从水污染系统参数中选取模型调控参数，经过系统在计算机上进行反复调试和运行后，得到了各个参数组合的值，不同的参数组合代表不同的技术模式。

13.5.3 基于仿真结果的技术模式筛选

从对研究区域11个情景防治技术模式设计的SD模拟仿真结果可以看出，不同的技术模式对区域的环境和社会经济的发展具有不同程度的影响。在现状情况下，2011 ～ 2014年间，由于不合理的耕作方式、较低的污水收集与处理率等致使污染物产生量呈逐年增加趋势。而2015年后，因为城镇人口比例增加，污水处理效率较前几年有所增加，所以污染物产生量有下降的趋势。若从源头上注重对氮肥施用量、废水排放量等进行减量，在过程中提高氮肥利用率，加大对关键节点氮流量的控制，在末端通过技术手段注重对动物粪便进行收集和合理处理利用，采用这样的综合治理技术模式可以有效控制地表水中的TN量，减少氮向水体中转移，有效提高流域水环境质量。

图13-57（书后另见彩图）可以看出，通过逐年TN产生量模拟，发现方案11效果最好，即同时使用提高污水处理率、提高畜禽养殖粪便收集率、退耕还林和测土配方四种方案。同时考虑经济因素和实施效果，推荐使用方案7，即同时使用提高污水处理率、提高畜禽养殖粪便收集率、退耕还林3种措施的组合方案。

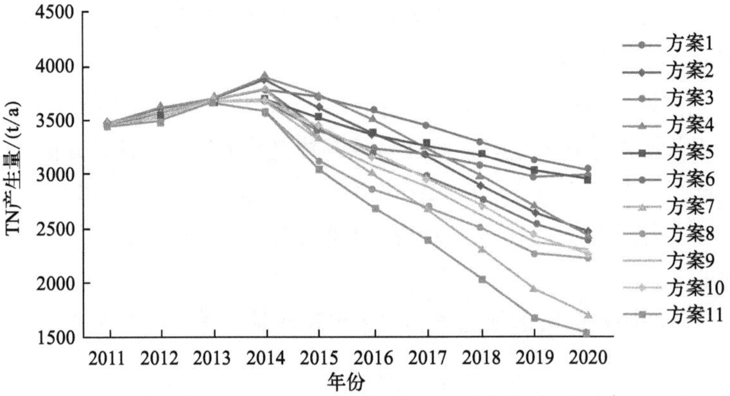

图13-57 不同方案TN逐年排放量

13.5.4 汉丰湖流域水污染综合防治集成推荐方案

本研究推荐的流域水污染防治集成方案，是在汉丰湖流域同时使用提高污水处理率、提高畜禽养殖粪便收集率和退耕还林3种措施组合，其中退耕还林主要针对白泉乡、满月乡、大进镇等面源污染比较严重的18个乡镇实施，提高污水处理率涉及每个乡镇污水处理厂提标改造和二、三级管网铺设，畜禽养殖措施则主要集中在和谦镇、敦好镇、高桥镇、郭家镇等畜禽养殖污染物排放量较大的25个乡镇。根据预测，该推荐方案可削减TN负荷2187.22t/a，削减比例为43.77%，TP负荷125.37t/a，削减比例为51.57%。各项措施在流域内各乡镇的分布情况见表13-23。

表13-23 汉丰湖流域各乡镇拟采取的水污染防治措施

乡镇	提高污水处理率	提高畜禽粪便收集率	退耕还林
白泉乡	√		√
满月乡	√		√
大进镇	√		√
关面乡	√		√
谭家镇	√		√
河堰镇	√		√
麻柳乡	√		√
和谦镇	√	√	√
紫水乡	√		√
温泉镇	√		√
敦好镇	√	√	√
高桥镇	√	√	√
郭家镇	√	√	√
白桥乡	√	√	√
天和镇	√	√	√
大德镇	√	√	
白鹤街道办事处	√		
九龙山镇	√	√	√
三汇口乡	√	√	√
镇安镇	√	√	√
金峰镇	√	√	
镇东街道办事处	√	√	
丰乐街道办事处	√		
厚坝镇	√	√	
中和镇	√	√	
汉丰街道办事处	√		
义和镇	√	√	
临江镇	√	√	
竹溪镇	√		
渠口镇	√	√	
赵家街道办事处	√	√	
南雅镇	√	√	
铁桥镇	√	√	
长沙镇	√	√	
南门镇	√	√	

续表

乡镇	提高污水处理率	提高畜禽粪便收集率	退耕还林
巫山镇	√	√	√
岳溪镇	√	√	
五通乡	√	√	

通过模拟验证发现该方案实施后汉丰湖各入湖河流水质基本可达到Ⅲ类水质标准。TP 和 TN 排放从空间分布上较为相似，即各个乡镇存在较大差异，排放量较大乡镇分别是南雅镇、铁桥镇、长沙镇、南门镇、岳溪镇、五通乡、金峰镇，这几个乡镇均是点源排放量高于非点源排放量，因此建议可以在未来社会经济发展条件下针对这些乡镇进一步提出点源治理措施。

13.5.5　汉丰湖水污染综合防治集成方案效果预测

以基于仿真技术确定的汉丰湖流域水污染综合防治集成方案（提高污水处理率、提高畜禽养殖粪便收集率和退耕还林 3 种措施组合）实施后各入湖河流水质浓度为边界条件，模拟分析综合防治集成方案实施后湖区水质响应，结果表明：汉丰湖各点位的 TP、TN、COD、NH_4^+-N 指标水质浓度年均值（分别见图 13-58 ～图 13-61）均能满足汉丰湖水功能区划的Ⅲ类水质标准，汉丰湖整体水质满足水功能区水质保护目标要求。从各点位年内水质变化过程（分别见图 13-62 ～图 13-65，书后另见彩图）来看，各指标年内均无超标，汉丰湖库区水质达标。

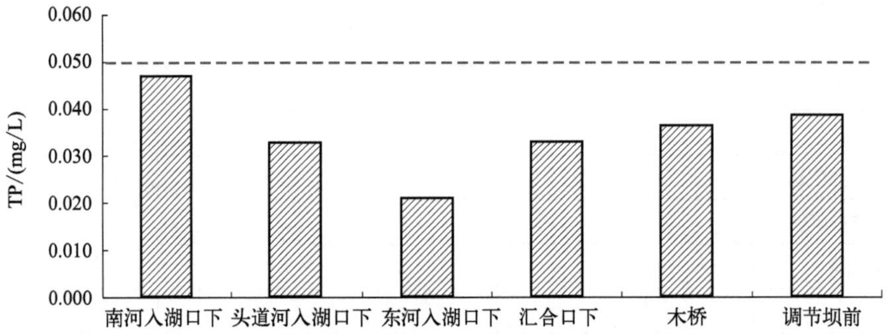

图13-58　综合集成方案实施后汉丰湖库区典型点位TP年均水质状况

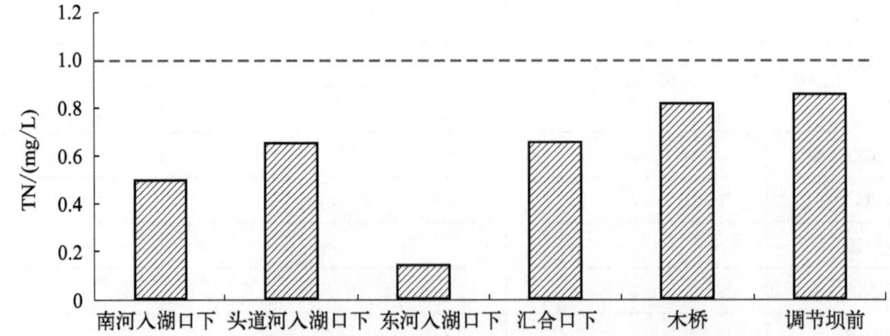

图13-59　综合集成方案实施后汉丰湖库区典型点位TN年均水质状况

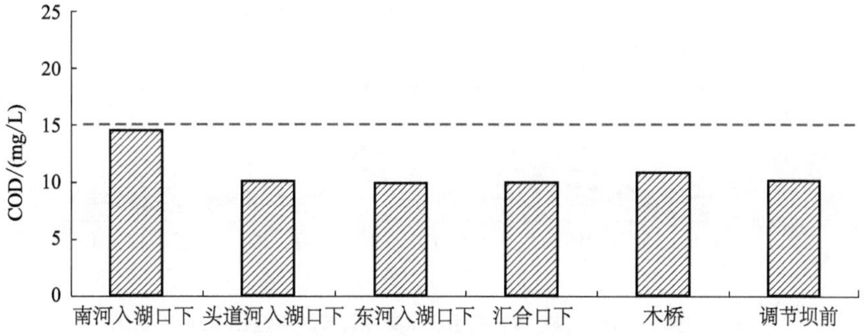

图13-60 综合集成方案实施后汉丰湖库区典型点位COD年均水质状况

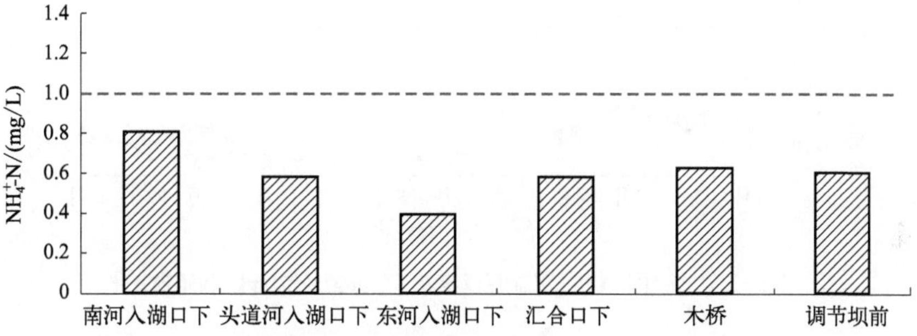

图13-61 综合集成方案实施后汉丰湖库区典型点位NH_4^+-N年均水质状况

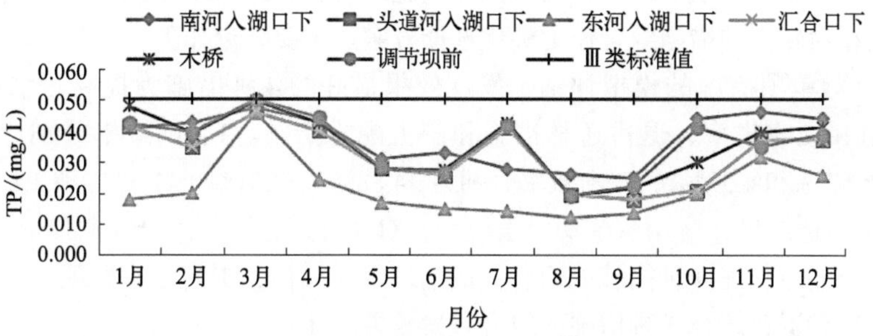

图13-62 综合集成方案实施后汉丰湖库区典型点位TP年内变化

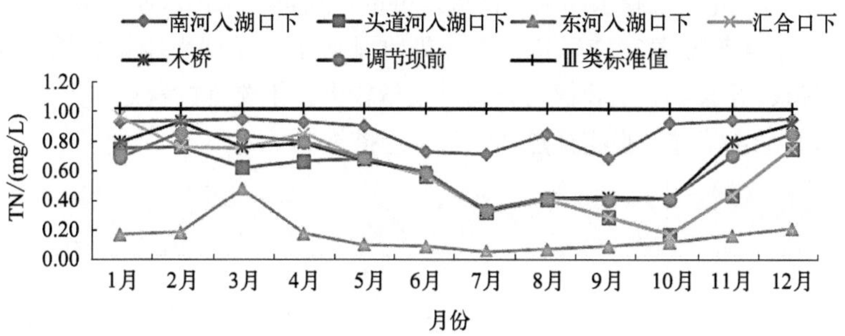

图13-63 综合集成方案实施后汉丰湖库区典型点位TN年内变化

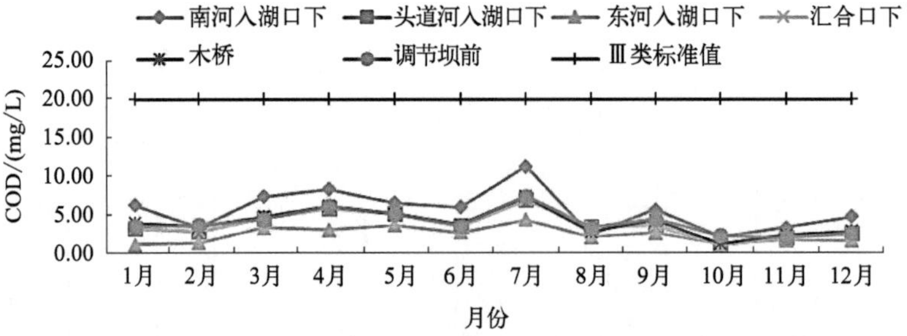

图13-64 综合集成方案实施后汉丰湖库区典型点位COD年内变化

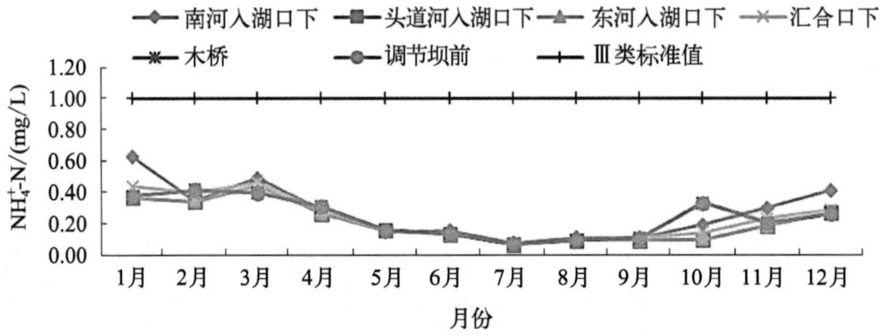

图13-65 综合集成方案实施后汉丰湖库区典型点位NH_4^+-N年内变化

综上，通过对提出的9种单项污染治理措施对氮、磷污染负荷的削减模拟效果分析，找出对适用于汉丰湖流域且效果较好的污染治理措施，并应用系统动力学模型构建汉丰湖流域水污染防治技术集成系统，进行有效的措施组合，并通过费用效益分析找到削减效果好同时费用相对较少的措施组合作为最优选择方案。主要结论如下。

① 通过对单项措施的模拟评估，发现效果最好的4种措施为提高污水处理率、提高畜禽养殖粪便收集率、退耕还林措施和测土配方措施。TN削减率分别达到18.84%、23.29%、35.52%和4.33%，TP削减率分别为34.88%、63.01%、11.52%和1.85%。

② 基于筛选结果，应用系统动力学模型，对4种措施进行组合，共形成11种组合方案，模拟结果显示上述4种措施的组合集成治理效果最佳，提高污水处理率、提高畜禽养殖粪便收集率和退耕还林3种措施的组合方案效果次佳。

③ 通过加入费用效益分析，推荐使用次优方案，即提高污水处理率、提高畜禽养殖粪便收集率和退耕还林3种措施的组合方案。该方案的氮磷削减率TN、TP分别可达到43.77%和51.57%。通过入湖水体浓度模拟，可以达到Ⅲ类水体水质标准。

④ 通过模拟推荐方案实施后各乡镇污染物排放量，发现南雅镇、铁桥镇、长沙镇、南门镇、岳溪镇、五通乡、金峰镇污染物排放量较大，主要排放量是有点源贡献的，因此建议考虑在这7个乡镇进一步实施点源污染治理措施。

第三篇 智慧管理篇

第 14 章 三峡水库优化调度改善水库水质关键技术研究

14.1 三峡库区水量水质优化调度数据库系统集成

三峡库区水量水质优化调度数据库主要包括基本信息数据库、三峡水库运行数据库、三峡电站运行数据库、三峡库区水质数据库四个子库。

14.1.1 三峡库区基本信息数据库

三峡库区基本信息数据库包括三峡库区水文、气象、污染源、水源地、社会经济资料等，其总体结构见图 14-1。

由于三峡库区具有很强的时空特征，在建立三峡库区基本信息数据库时，通过集成 ArcGIS Server 技术，使得数据储存和查询具有很强的空间直观性。用户可以对地图进行放大、缩小、漫游、全屏、后退、前进、选择、清除、打印地图等操作，同时可以运用地名对三峡库区进行搜索查询；并可对搜索到的地点进行选择，通过 ArcGIS Server 的人机交互，用户可以很快进入想要查看的基础水文、气象、水质、污染源、水源地等数据子库；用户也可以通过图层管理，对地图各个图层进行有效管理，查看自己感兴趣的图层。基本信息数据库能够为三峡库区水量水质优化调度综合决策提供基础数据支持。

14.1.2 三峡水库运行数据库

三峡水库运行数据库主要包括三峡入库流量、三峡逐日平均流量、三峡逐日平均水位、

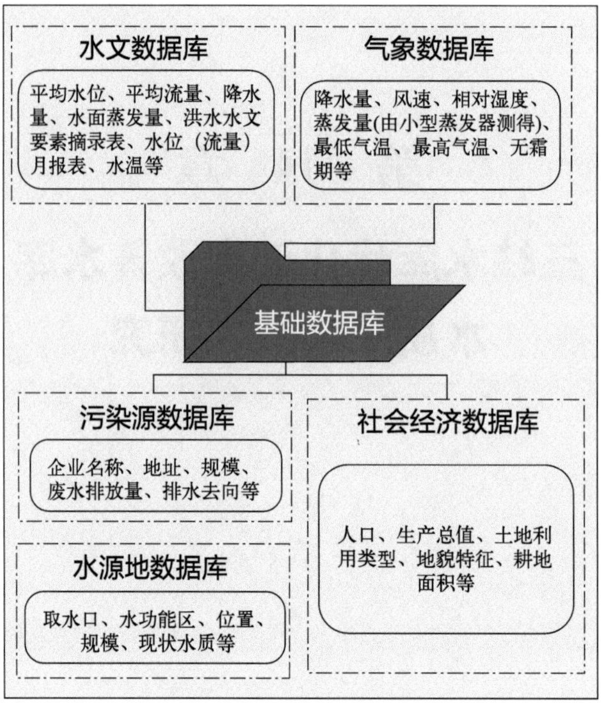

图14-1　基本信息数据库结构

三峡洪水水位等数据，反映了三峡水库运行的基本情况。能够为其他研究提供强有力的数据支持，如不同运行水位对库区水质的影响、不同下泄流量对库区水质的影响等。

14.1.3　三峡电站运行数据库

三峡电站运行数据库主要包括三峡电站设计出力线数据、三峡电站实际出力线数据、三峡电站 *n-h-q* 曲线数据、三峡综合限制出力线数据、三峡水位库容关系曲线数据、三峡出库流量 - 下游水位相关线数据、三峡水库泄流曲线数据、三峡入库流量 - 水头损失相关数据以及宜昌站逐日平均流量数据等。

14.1.4　三峡库区水质数据库

三峡库区水质数据库包括库区野外水质子库和室内模拟水质子库。通过对库区大宁河、小江、香溪河等典型支流进行现场监测，建立了野外水质子库，主要包含的理化指标有水体 pH 值、水体流速、溶解氧、总磷、氨氮、硝氮、总氮、叶绿素 a 含量、藻密度等。

以湖泊中常见蓝藻优势种铜绿微囊藻为代表，通过室内模型系统模拟不同环境条件、营养条件和水动力条件下该藻引发的水华生消过程，获取了室内模拟水质数据，构建了室内模拟水质数据库。

14.2 三峡水库多目标优化调度模型

14.2.1 三峡水库调度改善水质的响应关系分析

14.2.1.1 基于Kendall检验的水质–调度指标秩相关分析

基于 Kendall 检验，选取涵盖整个库区的 11 条典型支流，分析其回水区水质受水库调度的影响是否显著（见表 14-1）。

表14-1 水质指标相关性分析

支流名称	总磷		总氮		COD	
	显著性P值	相关系数	显著性P值	相关系数	显著性P值	相关系数
香溪河	0.017	0.986	0.021	0.984	0.012	0.891
黄金河	0.019	0.956	0.025	0.964	0.012	0.851
渠溪河	0.015	0.974	0.019	0.99	0.02	0.902
龙河	0.014	0.953	0.014	0.921	0.021	0.934
官渡河	0.017	0.945	0.017	0.963	0.013	0.921
长滩河	0.022	0.953	0.032	0.932	0.021	0.919
磨刀溪	0.022	0.912	0.033	0.945	0.029	0.845
汤溪河	0.029	0.942	0.038	0.904	0.027	0.836
小江	0.037	0.967	0.037	0.927	0.028	0.871
大宁河	0.044	0.897	0.046	0.862	0.041	0.823
嘉陵江	0.092	0.0893	0.092	0.0721	0.215	0.032

从表 14-1 可知，不同水质指标对调度的响应关系均为显著，但随着支流距离三峡大坝距离越近，其相关系数越高，水质 - 调度响应关系越显著，表明水库调度对近坝地区的支流回水区水质影响较大。依据水质 - 水库调度方式的 Kendall 检验结果，利用多准则决策分析（MCDA）中的逼近理想解排序方法（TOPSIS），将库区划分为水库水质调度敏感区、较敏感区和次敏感区。敏感区和较敏感区对三峡水库蓄放水均有不同程度的影响。

① 敏感区受蓄水影响较大，假设检验的相关系数很高。其主要原因为岸上人类活动会产生一定量的污染，且干流回水水质相对较差；近坝地区支流回水区回水量较大，干支流水体交换较为频繁，加大了水质的弥散和溶解稀释。

② 较敏感区中的支流假设检验相关系数较高，水质受调度影响较大。其中，渠溪河、龙河和黄金河 P 检验值明显比小江、磨刀溪和长滩河更低。主要原因为靠近库腹西边的四条支流，与东边 3 条支流相比流域面积较小，并且此区域回水量较大，水质情况主要与回水带来的污染物有关。该区域的支流回水区污染主要受回水作用的影响。

③ 次敏感区检验结果 P 值为 0.092（嘉陵江）大于 0.05，检验结果表明支流回水区水质 -

水库调度响应关系不显著。主要是由于该地区支流处于库尾地区，水质受泄蓄水和回水作用影响比较小。相比之下，本地污染物排放量是回水区的水质的主要影响因素。

14.2.1.2　三峡水库调度与上游代表性支流回水区水质的响应关系

（1）基于秩相关检验的调度 – 水质响应时间

基于 Kendall 假设检验分析，获得库区坝前水位、水库泄水量与乌江回水区 COD、总磷、总氮等水质指标之间的相关系数。乌江在主汛期响应时间是 13 ～ 15d，在汛前 / 末期的响应时间是 7 ～ 9d，在非汛期的响应时间是 2d；小江在主汛期，响应时间是 12 ～ 15d，在汛前 / 末期的响应时间是 4 ～ 6d，在非汛期的响应时间是 1d；大宁河在主汛期响应时间是 12 ～ 14d，在汛前 / 末期的响应时间是 2 ～ 4d，在非汛期的响应时间是 1 ～ 2d；根据不同时期假设检验得出的最大相关程度范围可知，香溪河（非汛期、汛前 / 末期、主汛期）与坝前水位和下泄流量的最大响应时间范围依次是：当天及提前 1 ～ 2d、提前 2 ～ 4d、提前 12 ～ 14d 的坝前水位和下泄流量。综上，香溪河水环境质量对三峡调度的响应时间是非汛期＜汛前 / 末期＜主汛期，而响应程度则正好相反。根据各水质指标对三峡水库调度的响应程度综合比较 4 条支流，可知香溪河对三峡水库调度的响应程度最大，其次是大宁河、小江，最后是乌江。

（2）乌江回水区水质与三峡调度的响应关系

三峡水库的入库洪水主要来自长江干流寸滩以上和支流乌江，占入库径流总量的 90% 以上，所以，研究不同时期下三峡库区调度与乌江水质的定量关系对三峡库区调度方案的优选具有积极意义。选取化学需氧量（COD）、总氮（TN）、总磷（TP）三个水质指标，对主汛期、非汛期和汛前 / 末期进行模拟。

对于 COD，在主汛期，线性模拟的相关系数为 0.523，非线性模拟的相关系数为 0.605，所以选择非线性回归方程模拟主汛期的 COD 水质指标；在非汛期，线性模拟的相关系数为 0.581，非线性模拟的相关系数为 0.557，所以选择线性回归方程模拟非汛期的 COD 水质指标；在汛前 / 末期，线性模拟的相关系数为 0.327，非线性模拟的相关系数为 0.402，所以选择非线性回归方程模拟汛前 / 末期的 COD 水质指标。

对于总氮，在主汛期，线性模拟的相关系数为 0.330，非线性模拟的相关系数为 0.431，所以选择非线性回归方程模拟主汛期的总氮水质指标；在非汛期，线性模拟的相关系数为 0.584，非线性模拟的相关系数为 0.542，所以选择线性回归方程模拟非汛期的总氮水质指标；在汛前 / 末期，线性模拟的相关系数为 0.266，非线性模拟的相关系数为 0.367，所以选择非线性回归方程模拟汛前 / 末期的总氮水质指标。

对于总磷，在主汛期，线性模拟的相关系数为 0.419，非线性模拟的相关系数为 0.517，所以选择非线性回归方程模拟主汛期的总磷水质指标；在非汛期，线性模拟的相关系数为 0.524，非线性模拟的相关系数为 0.402，所以选择线性回归方程模拟非汛期的总磷水质指标；在汛前 / 末期，线性模拟的相关系数为 0.194，非线性模拟的相关系数为

0.235，所以选择非线性回归方程模拟汛前 / 末期的总磷水质指标。

将不同时期下选取的乌江水质回归方程列于表 14-2。

表14-2 乌江回水区水质与三峡调度响应关系式

水质指标	时期	分析方法	回归方程
COD	主汛期	非线性	$y=0.226x_1-3.94\times10^{-4}x_2-1.27\times10^{-3}x_1^2+8.32\times10^{-9}x_2^2+2.66\times10^{-7}x_1x_2-1.01\times10^{-5}$
	非汛期	线性	$y=8.30\times10^{-3}x_1+2.28\times10^{-5}x_2+3.59\times10^{-3}$
	汛前/末期	非线性	$y=-1.42\times10^{-2}x_1+1.22\times10^{-3}x_2+1.39\times10^{-4}x_1^2-1.92\times10^{-9}x_2^2-7.17\times10^{-6}x_1x_2+2.87\times10^{-4}$
TN	主汛期	非线性	$y=-3.36\times10^{-2}x_1+1.68\times10^{-4}x_2+2.14\times10^{-4}x_1^2-9.97\times10^{-10}x_2^2-8.60\times10^{-7}x_1x_2-4.81\times10^{-6}$
	非汛期	线性	$y=9.93\times10^{-4}x_1-1.58\times10^{-5}x_2+7.89\times10^{-4}$
	汛前/末期	非线性	$y=3.81\times10^{-3}x_1+8.63\times10^{-6}x_2-1.96\times10^{-5}x_1^2-4.81\times10^{-11}x_2^2-4.31\times10^{-8}x_1x_2-1.03\times10^{-4}$
TP	主汛期	非线性	$y=6.20\times10^{-2}x_1+1.08\times10^{-4}x_2-3.64\times10^{-4}x_1^2-3.87\times10^{-9}x_2^2+2.91\times10^{-8}x_1x_2-4.74\times10^{-5}$
	非汛期	线性	$y=1.31\times10^{-2}x_1-1.33\times10^{-4}x_2+5.85\times10^{-3}$
	汛前/末期	非线性	$y=3.22\times10^{-3}x_1+2.58\times10^{-4}x_2+5.44\times10^{-5}x_1^2+7.82\times10^{-10}x_2^2-1.84\times10^{-6}x_1x_2+4.18\times10^{-4}$

注：x_1代表坝前水位，m；x_2代表下泄流量，m^3/s。

1）乌江回水区 COD 指标与三峡水库调度的响应关系

取 2008 年、2009 年的数据对模型进行率定，取 2010 年数据进行效果验证。在主汛期 COD 模拟结果的相对误差范围分别在 0.052 ～ 0.206（线性模拟）和 0.047 ～ 0.153（非线性模拟）之间；非汛期 COD 模拟结果的相对误差范围分别在 0.028 ～ 0.808（线性模拟）和 0.076 ～ 0.250（非线性模拟）之间；汛前 / 末期 COD 模拟结果的相对误差范围分别在 0.120 ～ 0.987（线性模拟）和 0.146 ～ 1.149（非线性模拟）之间。在主汛期，2008 年 5 ～ 8 月实测值更接近非线性模拟值，2009 年 6 ～ 9 月以及 2010 年 6 ～ 7 月，实测值更接近线性模拟值。在非汛期，2009 年 11 月、12 月以及 2010 年 1 月、11 月、12 月，实测值更接近非线性模拟值，2008 年 11 月、12 月，实测值更接近线性模拟值。在汛前 / 末期，只有 2009 年 4 月、10 月，实测值在一定程度上接近非线性模拟值，其余时间段，实测值与模拟值均偏离较大，平均相对偏差高达 80%。

2）乌江回水区总氮指标与三峡水库调度的响应关系

取 2008 年、2009 年的数据对模型进行率定，取 2010 年数据进行效果验证。在主汛期总氮模拟结果的相对误差范围分别在 0.307 ～ 0.621（线性模拟）和 0.295 ～ 0.474（非线性模拟）之间；非汛期总氮模拟结果的相对误差范围分别在 0.401 ～ 0.458（线性模拟）和 0.532 ～ 0.691（非线性模拟）之间；汛前 / 末期总氮模拟结果的相对误差范围分别在 0.004 ～ 0.217（线性模拟）和 0.036 ～ 0.193（非线性模拟）之间。在主汛期，实测值与非线性模拟值均更为接近。在非汛期，实测值更接近线性模拟值。在汛前 / 末期，实测值与非线性模拟值的相对误差范围更小。

3）乌江回水区总磷指标与三峡水库调度的响应关系

取 2008 年、2009 年的数据对模型进行率定，取 2010 年数据进行效果验证。可知在主汛期总磷模拟结果的相对误差分别为大于 0.554（线性模拟）和大于 0.401（非线性模拟）；非汛期总磷模拟结果的相对误差范围分别在 0.015 ～ 0.023（线性模拟）和 0.034 ～ 0.057（非线性模拟）之间；汛前 / 末期总磷模拟结果的相对误差范围分别为大于 1.20（线性模拟）和大于 0.964（非线性模拟）。在主汛期，实测值与模拟值均偏离较大，与非线性模拟值相对接近。在非汛期，实测值与模拟值均较为接近，实测值与线性模拟值更为接近。在汛前 / 末期，实测值与模拟值均偏离较大，与非线性模拟值更为接近。

对于线性回归和非线性回归两种方法，尽管存在一定程度的接近，但从总体来看，无论是线性模拟还是非线性模拟，模拟值与实测值均有偏差。以上表明，相同时期下，乌江支流与三峡水库调度的响应关系相对不显著，支流水质对三峡水库调度不敏感。

从地理因素分析，乌江流域处于库尾地区，与三峡水库距离约为 450km。支流水质主要受本地污染源影响，受泄蓄水和回水作用比较小，水质对水库调度泄蓄水的敏感程度很低。因此，在主汛期、非汛期、汛前 / 末期三种不同时期下，乌江支流与三峡水库调度的响应关系均不明显。

（3）小江回水区水质与三峡水库调度的响应关系

小江距离三峡大坝 250km，在主汛期、非汛期以及汛前 / 末期三种不同的水位和调度时期下，其回水尾段的长度分别为 59km、95km、75km。选取小江回水区的 COD、总磷、总氮三种水质指标，对其在主汛期、非汛期和汛前 / 末期三个时期，对水库调度的响应方程和关系分别进行模拟和定量分析。

1）小江回水区 COD 水质指标与三峡调度的响应关系

在主汛期、非汛期和汛前 / 末期三种不同时期，小江回水区 COD 浓度与坝前水位、下泄流量间呈显著的非线性 / 线性相关关系，其定量响应方程分别为：

$$y(\text{COD, 主汛期}) = -0.972x_1 + 1.03\times10^{-2}x_2 + 6.83\times10^{-3}x_1^2 - 2.64\times10^{-8}x_2^2 - 6.40\times10^{-5}x_1x_2 + 6.84\times10^{-4}$$

$$y(\text{COD, 非汛期}) = 1.99\times10^{-3}x_1 + 2.04\times10^{-6}x_2 - 1.36\times10^{-3}$$

$$y(\text{COD, 汛前/末期}) = 0.108x_1 - 2.27\times10^{-3}x_2 - 6.43\times10^{-4}x_1^2 - 2.85\times10^{-9}x_2^2 + 1.51\times10^{-5}x_1x_2 - 3.42\times10^{-4}$$

式中　x_1——坝前水位，m；

　　　x_2——下泄流量，m^3/s。

对各定量响应方程系数进行综合比较，可以看出非汛期的 COD 定量响应方程的系数均大于主汛期和汛前 / 末期的方程系数，因此非汛期内坝前水位和下泄流量对小江回水区的 COD 浓度影响更显著一些，而主汛期和汛前 / 末期则受其影响程度略逊。

进一步采用线性回归和非线性回归两种方法，对主汛期、非汛期和汛前 / 末期三个时期下的小江回水区 COD 浓度对水库调度响应关系的模拟值与实测值进行比较。在主汛期 COD 模拟结果的相对误差范围分别在 –0.032 ～ 0.156 和 –0.021 ～ 0.253 之间；非汛期 COD 模拟结果的相对误差范围分别在 –0.088 ～ 0.308 和 –0.189 ～ 0.750 之间；汛前 / 末期COD模拟结果的相对误差范围分别在–0.160～0.180和–0.236～0.150之间。在主汛期，相比线性回归方法，非线性回归方法拟合的模拟曲线比较接近实测值。就具体模拟数值来说，前两个和后两个非线性回归方法的模拟值能够真实反映实际情况，而模拟曲线的中段则与实测值偏离较大。在非汛期，非线性回归方法依然比线性回归方法拟合的模拟曲线更贴近实际情况。具体来说，模拟曲线前端比较贴近实测值，而中后段则与实测值的偏离日益变大。对于汛前 / 末期的小江回水区 COD 浓度，线性回归方法与非线性回归方法得到的模拟曲线差别不大，也比较接近实际监测值，只在最后两个模拟值与实测值存在一定的偏离，线性回归方法模拟值更接近实测值。以上表明，小江回水区的 COD 浓度在汛前 / 末期对三峡水库调度的响应程度最显著，主汛期和非汛期基本显著，小江回水区的 COD 浓度对三峡水库调度有一定的敏感性。

2）小江回水区总氮指标与三峡水库调度的响应关系分析

在主汛期、非汛期和汛前 / 末期三种时期下，小江回水区总氮浓度与坝前水位、下泄流量间呈显著的非线性 / 线性相关关系，其定量响应方程分别为：

$$y(\text{TN,主汛期}) = -0.213x_1 + 2.82\times10^{-3}x_2 + 1.21\times10^{-3}x_1^2 - 2.40\times10^{-8}x_2^2 - 1.34\times10^{-5}x_1x_2 - 1.39\times10^{-4}$$

$$y(\text{TN,非汛期}) = 9.23\times10^{-3}x_1 - 1.66\times10^{-5}x_2 - 1.29\times10^{-2}$$

$$y(\text{TN,汛前/末期}) = -2.83\times10^{-2}x_1 + 1.58\times10^{-3}x_2 + 2.65\times10^{-4}x_1^2 + 3.15\times10^{-9}x_2^2 - 1.06\times10^{-5}x_1x_2 - 1.52\times10^{-4}$$

式中 x_1——坝前水位，m；

x_2——下泄流量，m^3/s。

对三个时期的定量响应方程系数进行综合比较，可以看出，相比于主汛期和汛前 / 末期的方程系数，非汛期的总氮定量响应方程的系数较大。因此，非汛期内坝前水位和下泄流量的变化对小江回水区的总氮浓度影响相对显著一些，而主汛期和汛前 / 末期则受其影响程度略逊。

为进一步分析小江回水区总氮浓度与水库调度的响应关系，采用线性回归和非线性回归两种方法，对主汛期、非汛期和汛前 / 末期三个时期下的小江回水区总氮浓度与水库调度响应关系的模拟值与实测值进行比较。在主汛期 TN 模拟结果的相对误差范围分别在 –0.097 ～ 0.331 和 –0.028 ～ 0.469 之间；非汛期 TN 模拟结果的相对误差范围分别在 –0.020 ～ 0.044 和 –0.206 ～ 0.249 之间；汛前 / 末期 TN 模拟结果的相对误差范围分别在 –0.160 ～ 0.297 和 –0.087 ～ 0.393 之间。在主汛期，非线性回归方法拟合的小江回水区总氮浓度曲线比实测值的趋势平缓，但模拟值与实测值的偏离相对较小。线性回归方法得到的模拟曲线与实测值的偏离较大。在非汛期，非线性回归方法拟合的模拟曲线更贴近实际情况；而线性回归方法得到的模拟曲线与实测值偏离较大，具体来说，线性模拟曲线前中段与实测值的差距较大，而后段比较贴近实测值。对于汛前 / 末期，线性回归方法与非线性回归方法得到的模拟曲线差别不大，但两条模拟曲线与实际监测值曲线趋势差距较大。具体来说，线性回归方法得到的模拟曲线与实测值偏离程度要小于非线性回归方法。以上表明，小江回水区的总氮浓度在非汛期对三峡水库调度的响应程度最显著，在主汛期和汛前/末期响应方程曲线与实际监测值存在一定的偏离，响应一般显著。

3）小江回水区总磷指标与三峡水库调度的响应关系分析

在主汛期、非汛期和汛前/末期三种不同时期下，小江回水区总磷浓度与坝前水位、下泄流间呈显著的非线性相关关系，其定量响应方程分别为：

$$y(\text{TP,主汛期}) = 2.67\times10^{-2}x_1 - 2.15\times10^{-4}x_2 - 1.67\times10^{-4}x_1^2 + 4.82\times10^{-10}x_2^2 + 1.31\times10^{-6}x_1x_2 - 2.66\times10^{-5}$$

$$y(\text{TP,非汛期}) = -3.10\times10^{-2}x_1 + 1.02\times10^{-3}x_2 + 1.46\times10^{-4}x_1^2 - 2.74\times10^{-8}x_2^2 - 3.90\times10^{-6}x_1x_2 - 3.74\times10^{-6}$$

$$y(\text{TP,汛前/末期}) = -3.18\times10^{-3}x_1 + 1.64\times10^{-4}x_2 + 2.59\times10^{-5}x_1^2 - 1.11\times10^{-10}x_2^2 - 1.05\times10^{-6}x_1x_2 - 4.21\times10^{-5}$$

式中　x_1——坝前水位，m；

x_2——下泄流量，m^3/s。

为进一步分析小江回水区总磷浓度与水库调度的响应关系，采用线性回归和非线性回归两种方法，对主汛期、非汛期和汛前/末期三个时期下的小江回水区总磷浓度对水库调度响应关系的模拟值与实测值进行比较。在主汛期 TP 模拟结果的相对误差范围分别在 –0.180 ～ 0.639 和 –0.114 ～ 0.772 之间；非汛期 TP 模拟结果的相对误差范围分别在 –0.089 ～ 0.385 和 –0.100 ～ 0.282 之间；汛前/末期 TP 模拟结果的相对误差范围分别在 –0.179 ～ 1.047 和 –0.141 ～ 1.527 之间。在主汛期，相比线性回归方法，非线性回归方法拟合的小江回水区总磷浓度模拟曲线比较接近实测值。但就具体模拟数值来说，两条曲线的模拟值与实测值偏离都较大。在非汛期，线性回归方法拟合的模拟曲线的趋势更贴近实际情况，但仍与实测值存在一定的偏离。对于汛前/末期，线性回归方法与非线性回归方法得到的模拟曲线差别较大，线性回归方法得到的模拟曲线相对比较平缓；而非线性回归方法得到的模拟曲线起伏较大。但无论是线性回归还是非线性回归方法得到的模拟曲线与实际监测值偏离都较大。以上表明，小江回水区的总磷浓度在非汛期对三峡水库调度的响应程度最显著，主汛期其次，而汛前/末期基本不显著。

从地理因素分析，小江流域处于库中地区，与三峡水库距离约为 250km。支流回水区水质主要受本地污染源影响，同时也受泄蓄水和回水作用，水质对水库调度泄蓄水的敏感程度一般。在主汛期、非汛期、汛前/末期三种不同时期下，小江支流回水区水质受三峡水库调度的影响的显著性一般。

（4）大宁河回水区水质与三峡水库调度的响应关系

1）大宁河回水区 COD 与三峡水库调度的响应关系

在主汛期（夏季低水位时期）和汛前/末期（春季和秋季），回水区 COD 和坝前水位、下泄流量间呈显著的非线性相关关系，其定量响应关系式分别如下：

$$y(\text{COD, 主汛期}) = 0.226x_1 - 3.94\times10^{-4}x_2 - 1.27\times10^{-3}x_1^2 + 8.32\times10^{-9}x_2^2 + 2.66\times10^{-7}x_1x_2 - 1.01\times10^{-5}$$

$$y(\text{COD, 汛前/末期}) = 7.98\times10^{-2}x_1 - 1.52\times10^{-3}x_2 - 4.63\times10^{-4}x_1^2 - 2.16\times10^{-9}x_2^2 + 1.02\times10^{-5}x_1x_2 - 3.63\times10^{-4}$$

式中 x_1——坝前水位，m；

x_2——下泄流量，m^3/s。

在非汛期，大宁河回水区 COD 和三峡调度之间则呈现线性的相关关系，研究拟合得到的定量响应方程为：

$$y(\text{COD, 非汛期}) = 8.83\times10^{-3}x_1 + 5.37\times10^{-6}x_2 - 1.13\times10^{-3}$$

利用多元回归方法，得到了不同时期下坝前水位、下泄流量对回水区的 COD 响应关系，模拟统计结果和实测值之间的相关性良好，最大的相关系数平方（R^2）在 0.924 ～ 0.964 之间。在主汛期 COD 模拟结果的相对误差范围分别在 –0.138 ～ 0.314 和 –0.110 ～ 0.242 之间；非汛期 COD 模拟结果的相对误差范围分别在 –0.132 ～ 0.054 和 –0.020 ～ 0.201 之间；汛前 / 末期 COD 模拟结果的相对误差范围分别在 1.221 ～ 1.779 和 –0.078 ～ 0.143 之间。

2）大宁河回水区总氮与三峡水库调度的响应关系

与大宁河回水区 COD 对三峡调度的响应规律类似，在主汛期和汛前 / 末期，大宁河回水区总氮浓度与坝前水位、下泄流量间呈显著的非线性相关关系；而在非汛期，大宁河回水区总氮浓度则与坝前水位、下泄流量间呈现线性响应关系。在上述三种水位时期下，大宁河回水区的总磷与三峡水库调度的定量响应关系方程分别为：

$$y(\text{TN, 主汛期}) = 6.20\times10^{-2}x_1 + 1.08\times10^{-4}x_2 - 3.64\times10^{-4}x_1^2 - 3.87\times10^{-9}x_2^2 + 2.91\times10^{-8}x_1x_2 - 4.74\times10^{-5}$$

$$y(\text{TN, 汛前/末期}) = 3.22\times10^{-3}x_1 + 2.58\times10^{-4}x_2 + 5.44\times10^{-5}x_1^2 + 7.82\times10^{-10}x_2^2 - 1.84\times10^{-6}x_1x_2 + 4.18\times10^{-4}$$

$$y(\text{TN, 非汛期}) = 1.31\times10^{-2}x_1 - 1.33\times10^{-4}x_2 + 5.85\times10^{-3}$$

式中，x_1——坝前水位，m；

x_2——下泄流量，m^3/s。

根据线性回归和非线性回归两种曲线拟合方法，对主汛期、非汛期和汛前 / 末期的大宁河回水区总氮浓度与水库调度响应关系的模拟值与实测值进行比较。可知，在主汛期 TN 模拟结果的相对误差范围分别在 –0.138 ～ 0.105 和 –0.205 ～ 0.147 之间；非汛期 TN 模拟结果的相对误差范围分别在 –0.044 ～ 0.036 和 –0.104 ～ 0.023 之间；汛前 / 末期 TN 模拟结果的相对误差范围分别在 –0.076 ～ 0.270 和 –0.064 ～ 0.077 之间。在主汛期，非线性回归方法拟合的大宁河回水区总氮浓度曲线能够较好地反映总氮随时间的变化，其 R^2 值可达到 0.995；线性回归方法得到的模拟曲线与实测值的偏离较大。在汛前 / 末期，非线性回归方程较好地拟合出了总氮随时间变化的趋势，与实测值吻合度较高。总氮浓度对三峡调度的响应关系略逊于 COD 浓度的响应结果。

3）大宁河回水区总磷与三峡水库调度的响应关系

在主汛期，大宁河回水区总磷浓度与坝前水位、下泄流量间呈显著的非线性相关关系，其定量响应方程为：

$$y(\text{TP,主汛期}) = -2.04\times10^{-2}x_1 + 1.62\times10^{-4}x_2 + 1.45\times10^{-4}x_1^2 + 1.06\times10^{-10}x_2^2 - 1.13\times10^{-6}x_1x_2 + 6.10\times10^{-8}$$

式中 x_1——坝前水位，m；

x_2——下泄流量，m^3/s。

在非汛期，大宁河回水区总磷浓度与坝前水位、下泄流量间呈线性相关关系，其定量响应方程为：

$$y(\text{TP, 非汛期}) = 9.93\times10^{-4}x_1 - 1.58\times10^{-5}x_2 + 7.89\times10^{-4}$$

与 COD 和 TN 对三峡水库调度的响应规律不同的是，在汛前 / 末期，大宁河回水区总磷浓度与坝前水位、下泄流量间呈线性相关关系，其定量响应方程如下：

$$y(\text{TP, 汛前/末期}) = 7.15\times10^{-4}x_1 - 5.96\times10^{-9}x_2 + 5.01\times10^{-3}$$

根据线性回归和非线性回归两种曲线拟合方法，对主汛期、非汛期和汛前 / 末期三个时期下的大宁河回水区总氮浓度与水库调度响应关系的模拟值与实测值进行比较。可知，在主汛期 TP 模拟结果的相对误差范围分别在 –0.330 ～ 0.972 和 –0.500 ～ 0.965 之间；非汛期 TP 模拟结果的相对误差范围分别在 –0.116 ～ 0.082 和 –0.033 ～ 0.529 之间；汛前 / 末期 TP 模拟结果的相对误差范围分别在 –0.154 ～ 1.045 和 –0.066 ～ 0.247 之间。在主汛期，非线性回归方法拟合的大宁河回水区总磷浓度曲线相对能够较好地反映总磷随时间的变化。在非汛期，线性拟合所得到的大宁河总磷浓度随时间变化的曲线，与实测值吻合度较高，能够很好地反映实际的水质变化。在汛前 / 末期，线性回归方程能够更好地反映实际情况（R^2 值较高）。总体而言，模拟得到的大宁河总磷浓度对三峡调度的响应略逊于 COD 浓度的响应结果。

与乌江和小江相比，由于大宁河河口距离三峡水库相对较近，约为 125km，其受三峡大坝蓄放水的影响较为显著；通过模拟和回归分析得到的大宁河水质对坝前水位和下泄流量的定量响应关系，也有力地证实了这一推论。大宁河回水区上游回水末端和下游河口的水体交换程度相对较高，下游长江水体倒灌或回水区水体注入长江等水动力现象更易加剧其水环境的变化。因此，有效地对三峡大坝的蓄放水过程进行科学调控，将有助于改善库区及干支流（特别是回水区）的综合水质水平。

（5）香溪河回水区水质与三峡水库调度的响应关系

1）三峡库区调度与香溪河回水区总磷的响应关系

图 14-2 表示香溪河回水区 TP 与三峡水库调度之间的聚类树，通过这个聚类树，能够得到不同的水库水位与下泄流量所对应的香溪河回水区 TP 的浓度，从而建立三峡水库调度与香溪河回水区水质之间的响应关系。聚类能够很好地处理离散和连续的随机变量以及它们之间的非线性关系。不需要建立水库水位和下泄流量与香溪河回水区 TP 指标之间具体的定量关系表达式，只通过图中的聚类树，就能够预测未来不同的水库水位和下泄流量所对应的香溪河回水区的 TP 指标值。

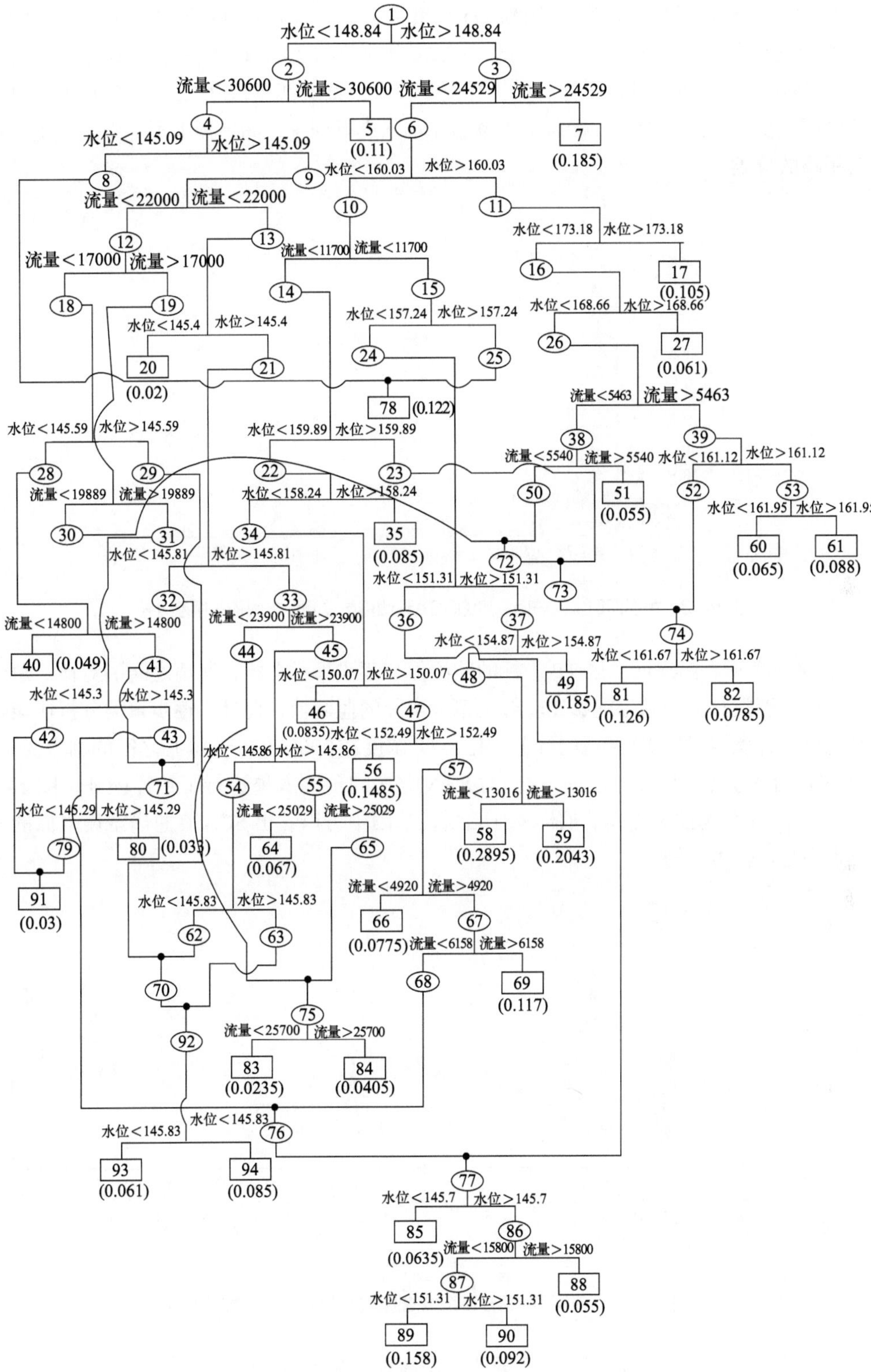

图14-2 香溪河回水区总磷与三峡水库调度之间响应关系

（水位单位：m；流量单位：m^3/s；括号中数字为相对误差）

图 14-3 表示香溪河回水区总磷浓度逐步聚类分析（SCA）预测值与监测值之间的相对误差的概率直方图。从图中可以看出 TP 浓度预测值与监测值之间的相对误差主要分布于［−0.75,0.75］之间，但是还有一些相对误差较大，某些甚至超过 1.5。产生较大相对误差的原因主要是：逐步聚类分析需要大量的样本来进行训练，如果样本不足则会产生一些比较粗略的分类。

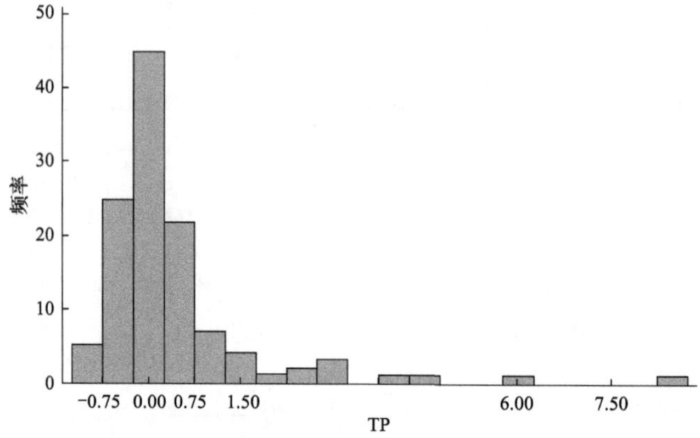

图14-3　香溪河回水区总磷浓度的SCA预测值与监测值之间相对误差分布

图 14-4 表示香溪河回水区 TP 指标的监测值与逐步聚类分析预测值之间的对比。总体来说，逐步聚类分析的结果能够比较好地拟合实际的监测值，此外，逐步聚类分析还能够很好地反映香溪河库区 TP 指标的峰值变化，TP 浓度在 2008 年 9 ～ 10 月之间的剧烈变化。利用 2010 年 9 月份以后的数据，我们对 SCA 方法的预测效果进行了抽样验证，图 14-5 展示了 SCA 在总磷预测方面的抽样验证结果，从图中可以看出 SCA 在总磷浓度方面的预测结果还是比较可信的。

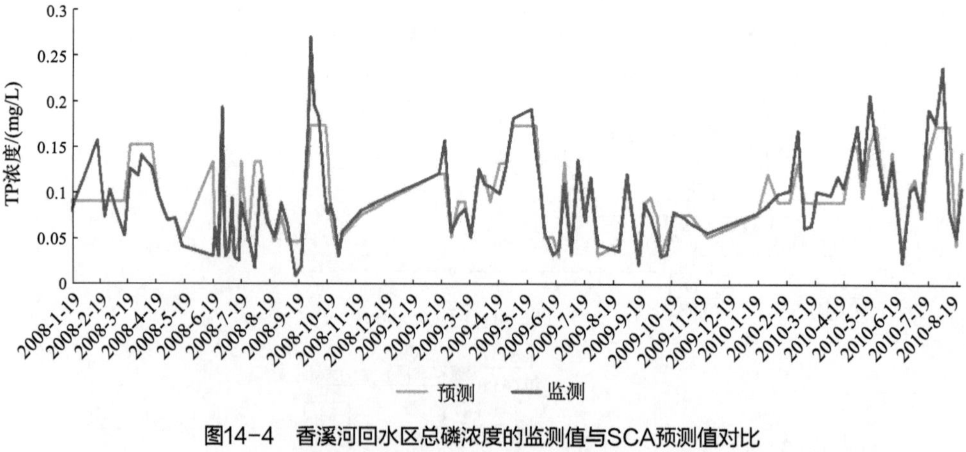

图14-4　香溪河回水区总磷浓度的监测值与SCA预测值对比

2）三峡库区调度与香溪河回水区氨氮、硝氮和总氮等指标的响应关系分析

与总氮分析相类似，通过香溪河回水区水质指标氨氮、硝氮和总氮等与三峡水库调度之间的聚类树，能够得到不同的水库水位与下泄流量所对应的香溪河回水区氨氮、硝氮和

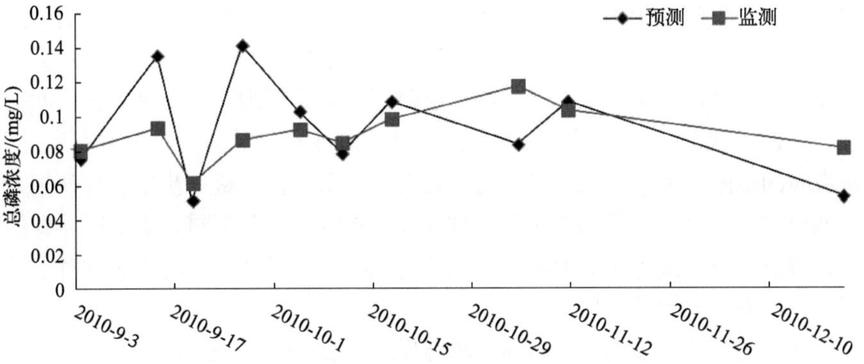

图14-5 SCA在总磷预测方面的抽样验证结果

总氮等水质指标的浓度，从而建立了三峡水库调度与香溪河回水区水质之间的响应关系。通过逐步聚类分析得到的是不同的水库水位和下泄流量范围所对应的香溪河回水区水质的波动范围，因此不需要建立水库水位和下泄流量与香溪河回水区氨氮、硝氮和总氮等指标之间具体的定量关系表达式，通过聚类树，就能够预测未来不同的水库水位和下泄流量所对应的香溪河回水区的氨氮、硝氮和总氮等指标值。基于香溪河回水区氨氮、硝氮和总氮等浓度预测值与监测值之间的相对误差的概率分析可知，除了几个特殊的极端值，氨氮、硝氮和总氮等浓度预测值与监测值之间的相对误差主要在零值附近波动。总体来说，逐步聚类分析的结果能够比较好地拟合实际的监测值，此外，逐步聚类分析还能够很好地反映香溪河库区氨氮、硝氮和总氮等指标的峰值变化，氨氮浓度在 2010 年第一次观察期间的极端值。但是该方法存在硝氮预测方法没有很好地反映极端值的情况，产生这些极端值误差的原因是逐步聚类分析的训练样本太少，无法对极端值进行聚类和分类。同时在进行总氮响应关系分析时，仍有一些数据相对误差较大，某些甚至超过 1.5。产生较大相对误差的原因主要是逐步聚类分析需要大量的样本来进行训练，如果样本不足，则会产生一些比较粗略的分类。

（6）结果分析总结

针对 4 条代表性支流，利用不同方法、综合考虑三个时期和多项水质而构建的支流回水区水质与三峡水库调度之间的秩相关检验结果和定量关系式，揭示出了水质 - 调度响应关系在时期、支流以及方法或者水质指标之间的一致性规律，从而为多目标优化调度方案的产出以及调度准则的制定奠定坚实基础。

首先，由不同时期、不同支流和不同响应时间等多维情景下对不同水质指标和调度指标所得到的秩相关检验结果表明，不同时期（主汛期、非汛期、汛前 / 末期），各代表性支流回水区水质受三峡水库调度影响的响应时间存在着差异。在主汛期，水库以放水为主，干流基本保持天然河道状态。因此，调度对上游干流以及支流回水区水动力条件影响相对较小，回水顶托等作用不明显。而在非汛期，水库以蓄水为主，并且上游来水流速较缓。所以，回水顶托作用显著，致使上游支流回水区水质受到显著影响，而且响应时间整体上相对较短。除此之外，在汛前以及汛末期，支流回水区水质响应时间介于主汛期和非汛期之间，并且具有显著的变化。

其次，秩相关检验的结果揭示了支流回水区水质对调度的响应时间与支流所处的地理位置相关。越靠近三峡水库的支流，其响应时间相对较短，如香溪河仅需要一天；在较上游位置的支流，如乌江，则需要比较长的响应时间。究其原因，主要是每次调度行为实施之后，库区上游干流及其支流回水区水动力条件的改变都是从三峡水库逐渐演进到上游。因此，响应时间也随支流与三峡水库的距离远近而逐渐变化。进一步地，在秩相关检验的基础上，通过对不同时期、不同支流和不同水质 - 调度指标在不同方法下所得到的定量响应关系进行敏感分析，揭示了支流回水区水质对三峡水库调度的响应程度在时空（调度时期和支流地理位置）上的异质性。

代表性支流对三峡调度的响应时间及敏感程度如表 14-3 所列。

表14-3 代表性支流对三峡调度的响应时间及敏感程度

支流	距离三峡/km	支流回水水质对三峡调度的响应时间			支流回水水质对三峡调度的敏感程度		
		主汛期	汛前/末期	非汛期	主汛期	汛前/末期	非汛期
乌江	490	—	很长	短	很低	很中	高
小江	250	—	较长	微短	较低	较中	微高
大宁河	125	—	微长	较短	微低	微中	较高
香溪河	34	—	长	很短	低	中	很高

14.2.2 三峡水库多目标优化调度运行方案

采用宜昌站 1878 ～ 2010 年共 133 年日流量资料，基于已建立的多目标优化调度模型以及计算所需的各项数据资料和拟合的曲线关系，采用改进的多目标遗传算法，动态规划 - 遗传算法在满足各项约束尤其是水质约束的基础之上进行寻优计算。最终生成一些非劣解，从较好的八套方案选取优属度最大的一套方案得到最终的调度运行方案。如表 14-4 所列。

表14-4 优化计算非劣解结果表

方案	总效益/亿元	总发电效益/亿元	防洪损失效益/亿元	平均余留防洪库容/10^8m^3	防洪风险率/%	通航率/%	优属度
常规	111.07	188.25	77.18	96.15	1.43	95.60	
方案一	98.65	153.83	55.18	129.69	1.11	96.68	0.943
方案二	93.58	148.22	54.64	125.62	1.21	97.77	0.907
方案三	95.79	155.11	59.32	115.50	1.34	97.23	0.831
方案四	88.03	146.47	58.43	142.37	2.01	98.89	0.805
方案五	98.71	158.65	59.94	125.58	2.96	96.68	0.783
方案六	127.80	204.72	76.92	88.92	2.52	96.11	0.732
方案七	127.23	197.62	70.39	91.11	3.51	95.05	0.604
方案八	89.77	147.46	57.69	111.70	3.31	95.82	0.579

由表 14-4 可以看出：

① 各设计方案在总效益、总发电效益、防洪损失效益等相关目标上面都表现出一定的差异，这说明各套运行方案都有其内在的意义和作用，从不同的目标来考虑，各方案都是可行的。

② 优化设计的计算结果是在保证一定的环境条件下运行所得，通过运行这些方案都能在一定程度上保证库区的水质要求，同时满足一定的防洪、发电、航运等目标要求。

③ 发电与航运之间的矛盾并不突出，甚至是一致的，而防洪与兴利之间有明显的矛盾。如何在保证水质的前提下，最大限度地满足防洪要求和实现兴利目标，是优化调度模型所要解决的问题之关键。

④ 对于航运效益，主要以通航保证率来量化，从已取得的运行结果可以看出，在八套方案中通航率均在 95% 以上，即保持较高的通航率以满足航运的要求，从而充分发挥长江“黄金航道”的作用。

结合不同的决策偏好，在进行遗传算法设计的过程中，对防洪（防洪损失效益、平均余留库容以及防洪风险率同等权重）、发电以及航运设置不同的权重。从整个国民经济效益来看，综合考虑经济效益与社会效益，则可以认为防洪的重要性最高，发电次之，而航运的重要程度最低，由模糊理论可以得到防洪、发电和航运的标准化后的权重为 {0.624，0.349，0.027}，由优化计算非劣解结果表可以得知方案 1 的优属度最大，方案 2 次之，可以选择方案 1。

图 14-6 和图 14-7（书后另见彩图）分别表示不同的八套方案具体的下泄流量 - 时间以及水位 - 时间。图 14-8 和图 14-9 分别为最优方案的下泄流量 - 时间以及水位 - 时间。

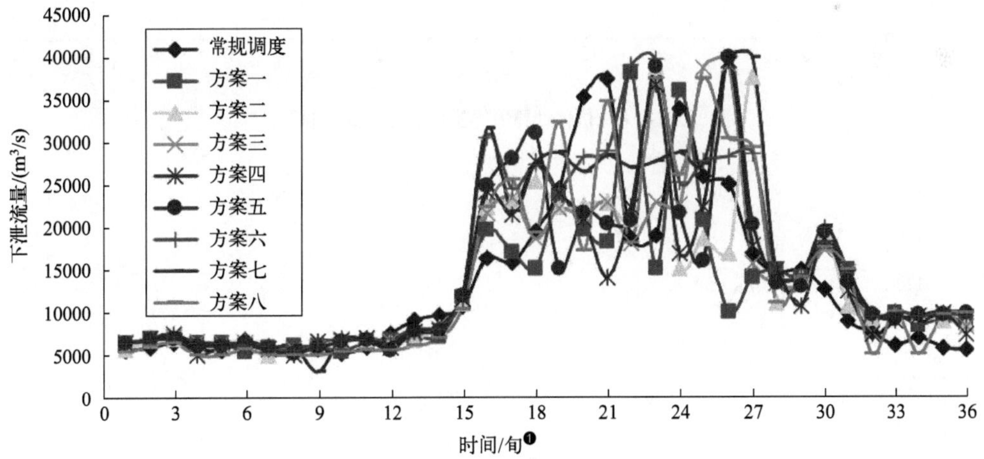

图14-6 优化计算非劣解：下泄流量-时间

图 14-10 表示了在该调度方案下，库容的变化情况。由于库容自身和水位存在一定的对应关系，所以库容变化与水位变化趋势基本相同。

❶ 1 旬 =10 天。

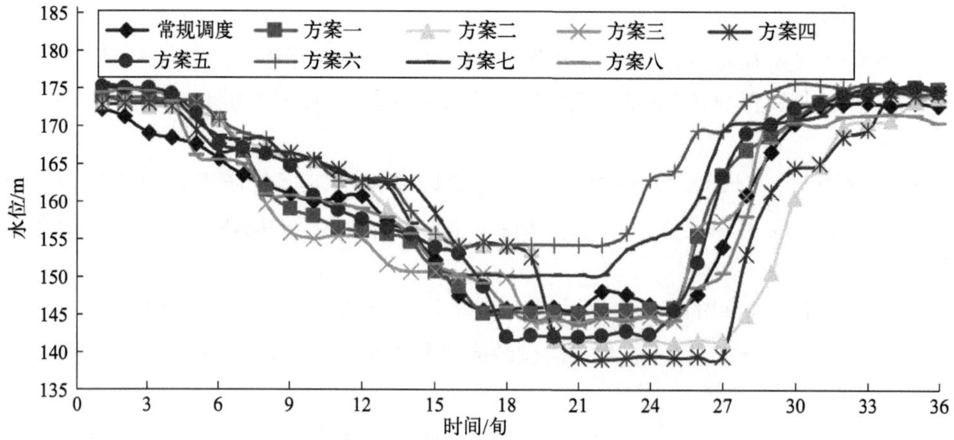

图14-7　优化计算非劣解：水位-时间

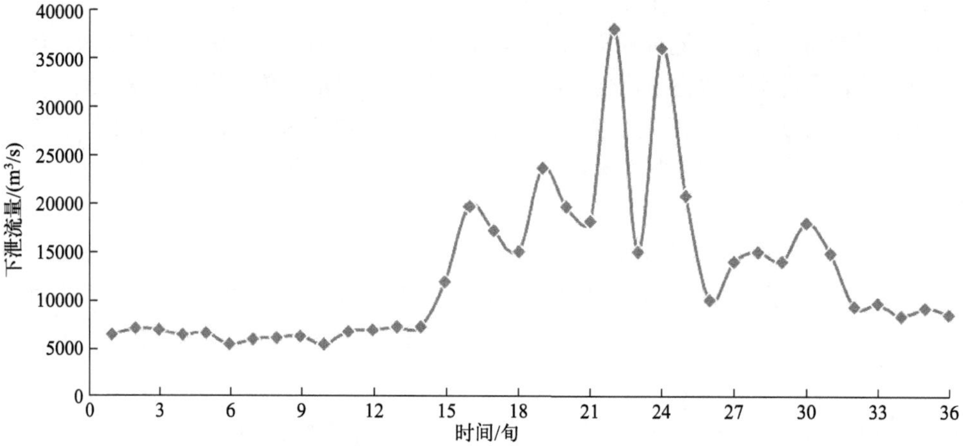

图14-8　优化计算最优解：下泄流量-时间

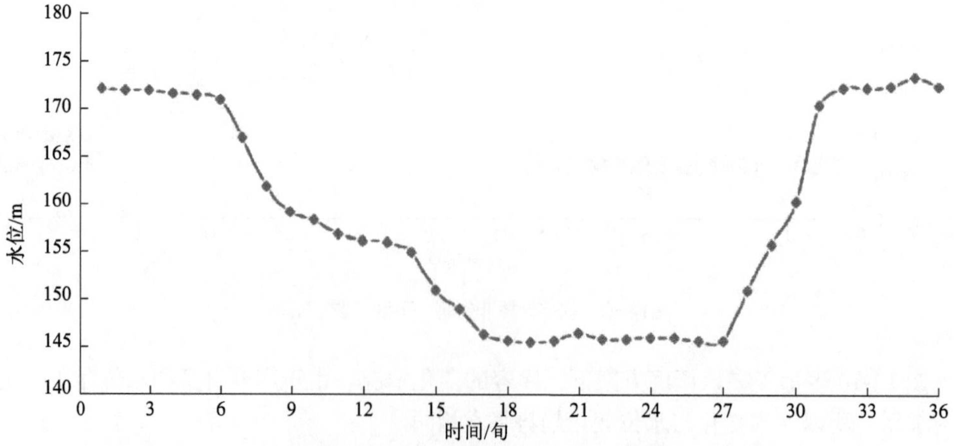

图14-9　优化计算最优解：水位-时间

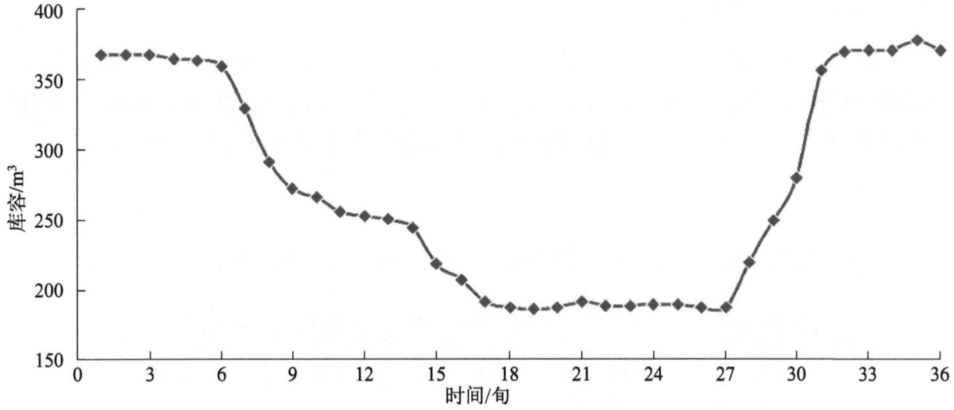

图14-10 优化计算最优解：库容-时间

从这些图中可以看出：

① 在库区支流易于发生水华的 3 ～ 5 月份，库区水位缓慢持续下降，一旦出现污染性事件，库区可以利用水位调度进行响应。例如，加大下泄流量，使原来支流中处于死水位的环境有所改善，同时也可以增加支流的流速加快污染物的扩散与消减以及与干流水体的交换，从而改善支流的水环境状况。

② 在 5 月下旬最优方案将水位降至最低水位运行的主要原因在于，入库流量开始爬升，为准备较大的洪水的到来而预留一定的库容，同时下泄流量也在加大以尽快达到最低水位。

③ 在 5 月下旬～ 8 月下旬保持在低水位左右波动运行，在满足发电保证出力以及通航的基础之上，尽量增加防洪库容，此时水位达到整个调度的最低点。

④ 从 9 月下旬开始攀升水位，但是攀升幅度较小，到 10 月末才升到 160m，这主要是出于对防洪目标的考虑，虽然长江流域大部分洪水发生在 7 ～ 8 月份，但是在 8 ～ 9 月份之间的防洪任务仍然不可掉以轻心。最终在 11 月上旬到达最高水位 173m。

⑤ 在 11 月上旬到达最高水位之后一直维持高水位运行直到来年 3 月份。

最终得到的三峡优化调度运行方案为：11 月上旬至来年 2 月下旬，维持高水位 173m 左右运行；2 月下旬开始下降水位，到 4 月上旬水位下降到 160m 附近；4 月中旬至 5 月上旬维持 155m 左右水位运行；从 5 月中旬开始下降水位，在 6 月中旬降至最低水位 145m；6 月中旬至 9 月下旬一直维持最低水位 145m 附近运行；从 9 月下旬开始水位攀升，在 11 月上旬到达最高水位 173m，此后维持该高水位运行直到来年 2 月下旬。

14.3 三峡水库水量水质调度决策支持系统

决策支持系统核心模块主要包括水量情景模块、水质情景模块、调度方案生成模块、方案评价模块等，具体如下所述。

（1）水量情景模块

根据历史数据和其他小组的结果，产生未来三峡库区上游各个子流域的水库流量时间序列图，进而得到上游来水总量的时间序列图；用户可以对产生的时间序列图进行修改，以符合其实际想模拟的上游来水情景，其主要操作界面如图 14-11 所示。

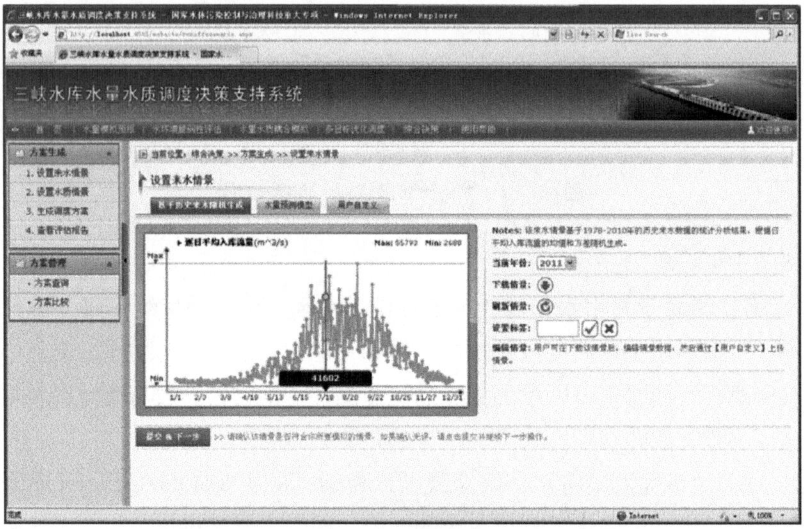

(a) 基于历史来水统计数据随机生成来水情景

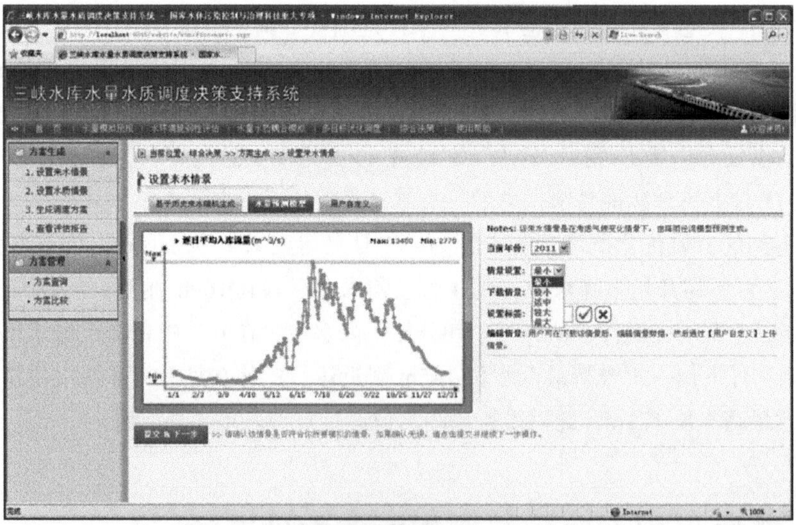

(b) 选择模拟情景

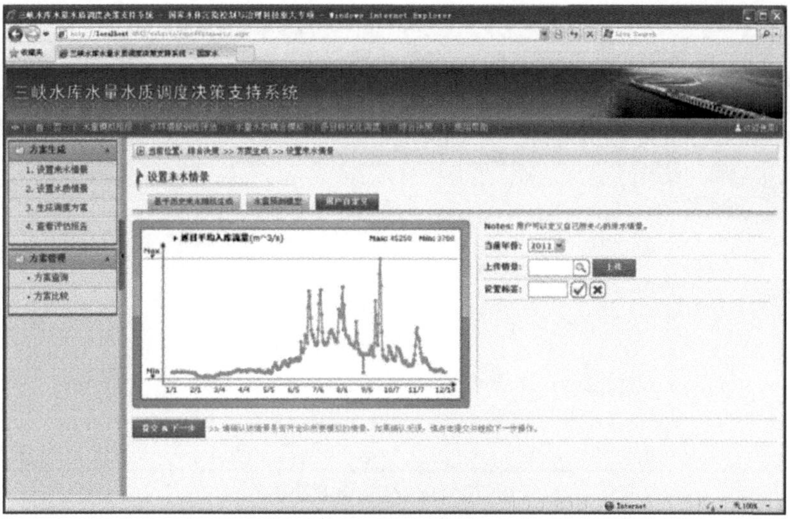

(c) 用户自定义模拟情景

图14-11 水量情景模块主要操作界面

（2）水质情景模块

根据历史水质曲线，产生未来水质情景曲线；用户可以对情景曲线进行修改（如 TP、TN、BOD、pH 值、叶绿素 a、悬浮物等指标浓度），以符合其实际想模拟的水质情景，其主要操作界面如图 14-12 所示。

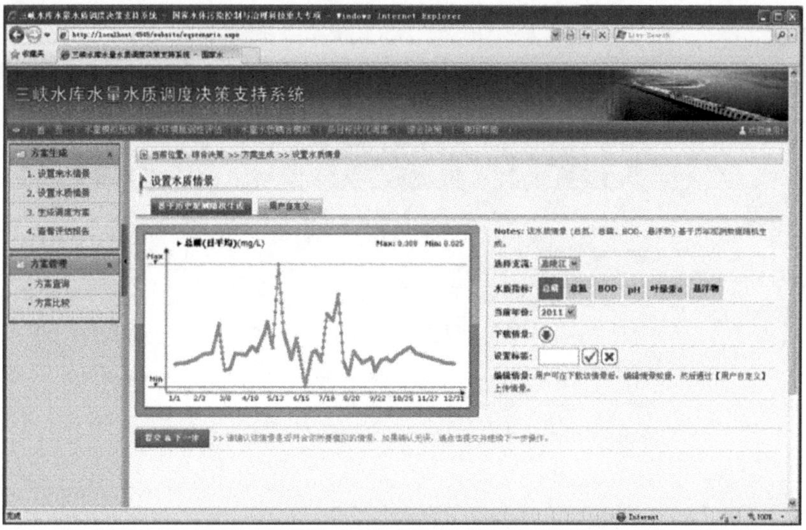

(a) 设定水质情景（总磷）

图14-12

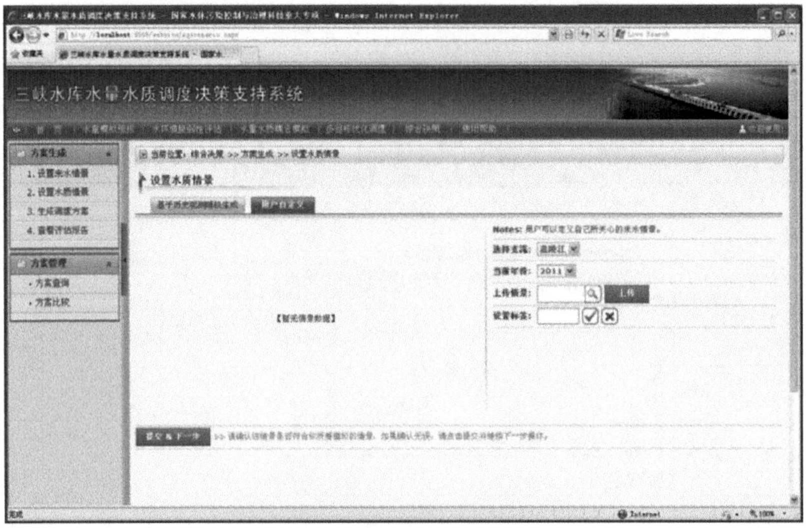

(b) 用户自定义设定水质情景

图14-12　水质情景模块主要操作界面

（3）调度方案生成模块

根据三峡水库的基准调度曲线和近几年的实际调度曲线，结合现场问卷调查和专家咨询等得到的结果，针对相应的水质情景和上游来水情景，生成相应的微调方案（水位与时间的曲线、下泄流量与时间的曲线）；用户可以对产生的调度曲线进行修正，进而可通过后面的方案评价模块来分析微调方案对防洪、发电、航运等产生的影响，其部分操作界面如图 14-13 所示。

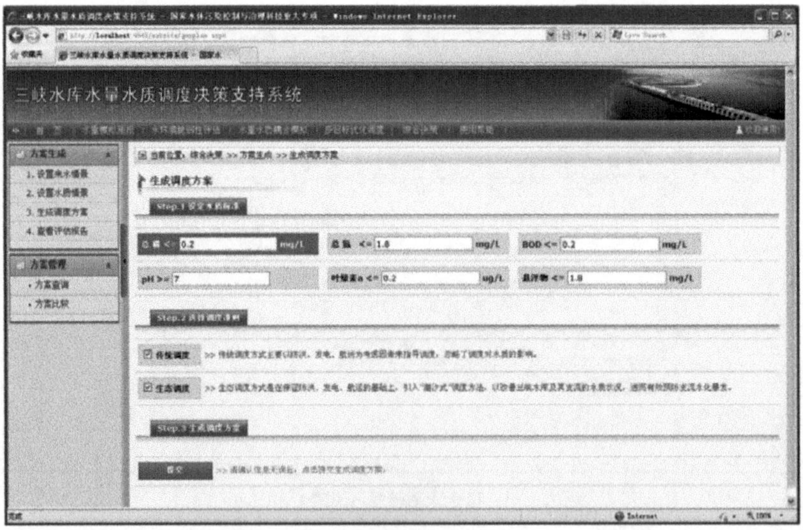

(a) 设定水质标准

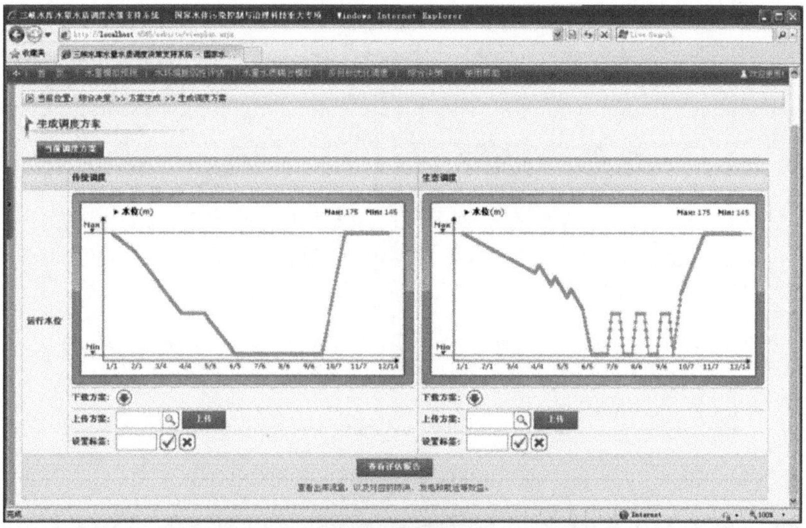

(b) 当前调度方案展示

图14-13 调度方案生成模块部分操作界面

（4）方案评价模块

根据制定的评价指标体系，结合相应的综合评价方法［层次分析法（AHP）、TOPSIS、秩和比法等］，对所产生的微调方案分别进行出库流量、洪水风险、发电效益和航运效益计算，并将计算结果以方案集的形式展示出来。此外该模块还能针对不同的评价方法，进行结果比对。其主要结果展示界面如图 14-14 所示。

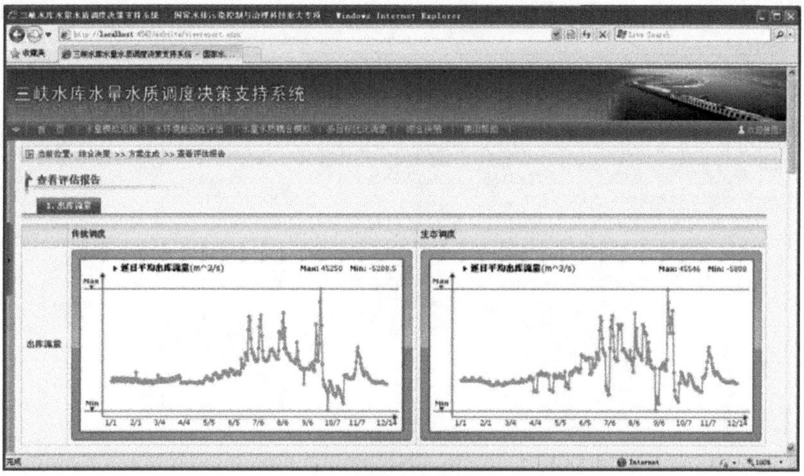

(a) 计算出库流量

图14-14

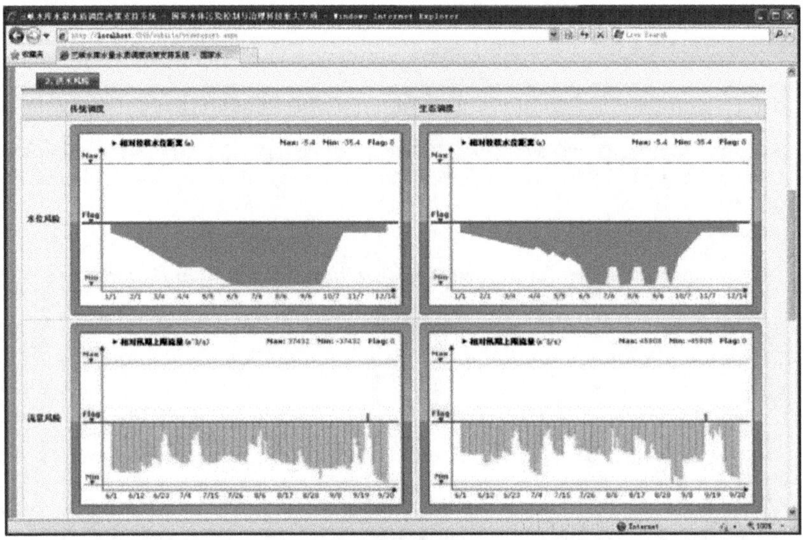

(b) 计算洪水风险

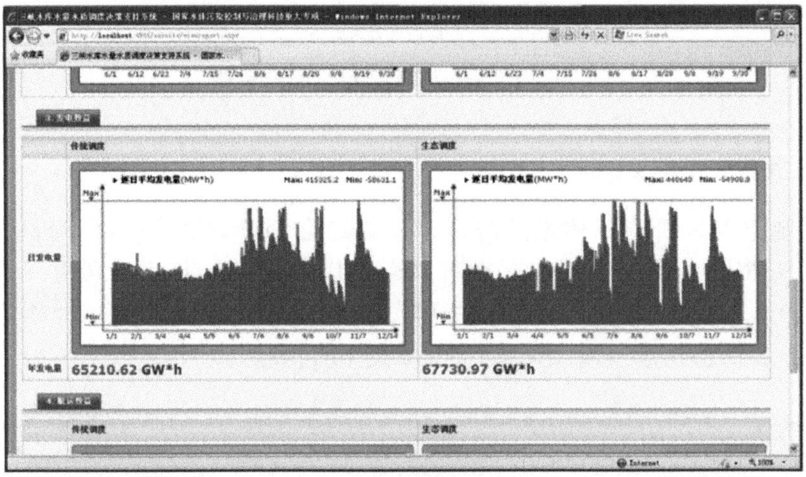

(c) 计算发电效益

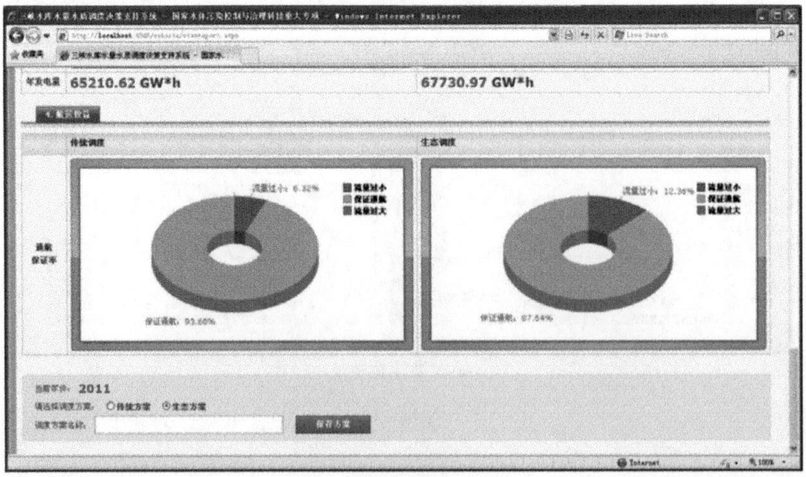

(d) 计算航运效益

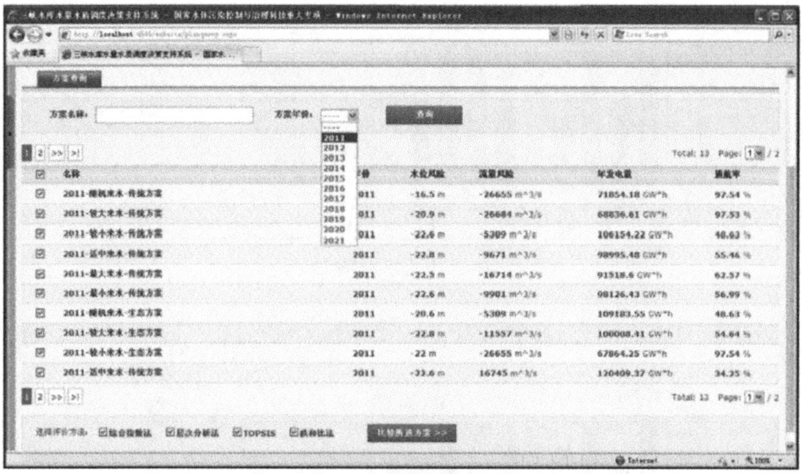

(e) 方案查询

(f) 方案比较-综合指数法

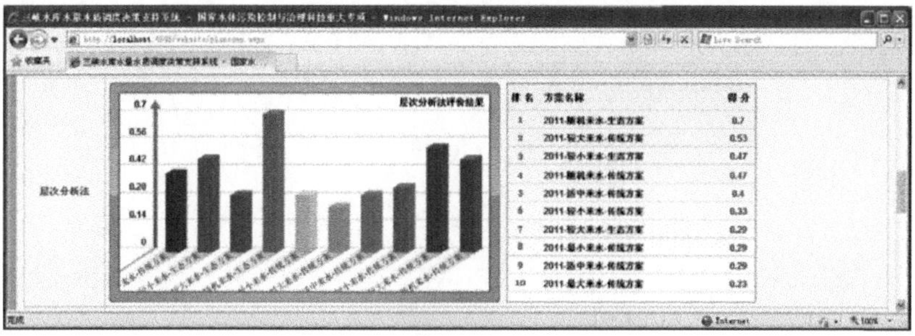

(g) 方案比较-层次分析法

图14-14

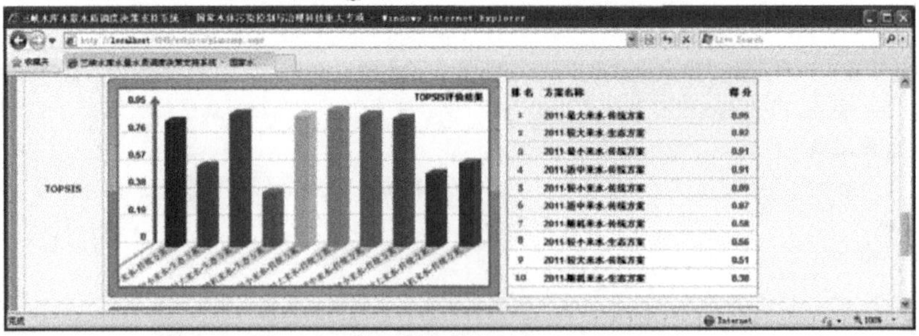

(h) 方案比较-TOPSIS

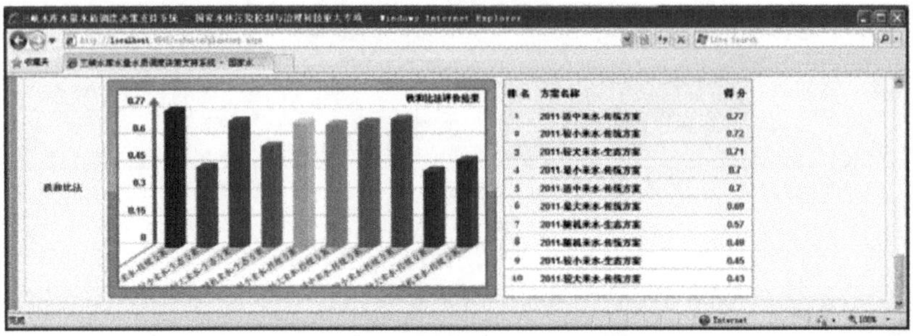

(i) 方案比较-秩和比法

图14-14　方案评价模块主要结果展示界面

第 15 章 三峡水库群生态环境调度关键技术

15.1 研究区域水环境对水库调度的响应关系

15.1.1 三峡水库群联合调度概况

（1）溪洛渡水库调度原则

溪洛渡水库汛期 7 ～ 8 月底，水库按防洪调度方式运行。一般情况下，9 月底前蓄至正常蓄水位 600m。水库蓄至正常蓄水位 600m 时，一般按来水流量发电，维持高水位运行。应统筹考虑供水期整体效益，合理消落溪洛渡供水期水库水位，尽量避免水位集中消落。溪洛渡供水期末水位应不低于死水位，同时应在 6 月底控制水位不高于汛期防洪限制水位 560m。

溪洛渡水库正常运行调度过程见图 15-1。

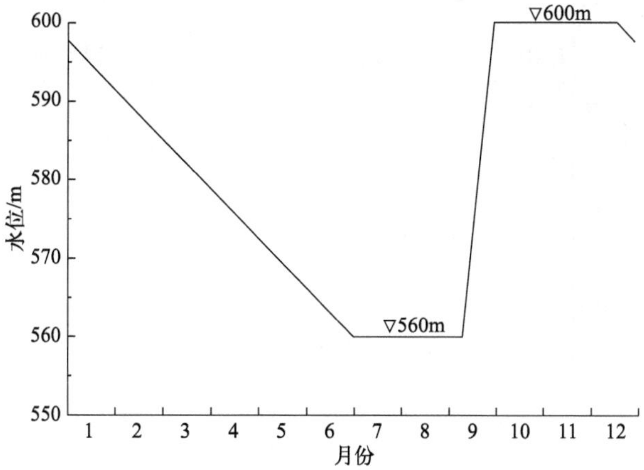

图15-1 溪洛渡水库正常运行调度过程

（2）向家坝水库调度原则

向家坝水库汛期 7 月 1 日～ 9 月 10 日按防洪限制水位 370m 运行。水库自 9 月 11 日开始蓄水，9 月底前可蓄至正常蓄水位 380m。10 ～ 12 月，水库水位一般维持 380m 运行。1 月水库水位逐步消落，1 ～ 5 月宜维持在 376.5m 以上，6 月底消落至防洪限制水位 370m。

向家坝水库正常运行调度过程见图 15-2。

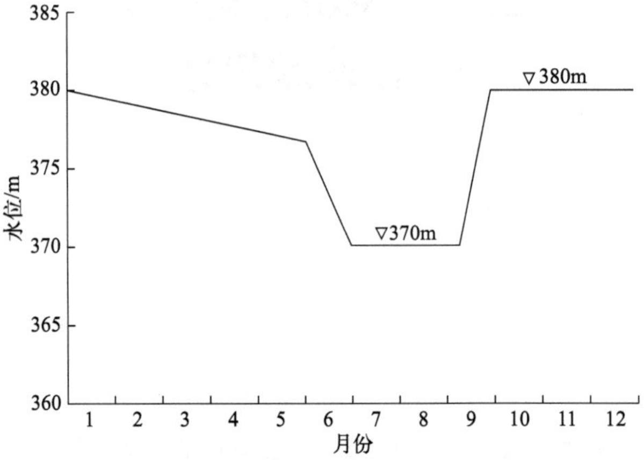

图15-2　向家坝水库正常运行调度过程

（3）三峡水库调度原则

三峡水库年初水位按 175m 计算，1 ～ 4 月份在满足航运安全以及下游生态需水的前提下尽量偏高水位运行。5 月份水位逐步消落，5 月 25 日不高于 155m，一般情况下 6 月 10 日消落到防洪限制水位 145m。汛期水库水位应按防洪限制水位 145m 控制运行。9 月上旬水位逐步回升，汛末 9 月 10 日水位可控制在 150 ～ 155m，9 月底蓄至 165m。10 月份继续蓄水，10 月底蓄至 175m。11 ～ 12 月一般按汛后蓄水位运行，当入库流量不能满足航运安全时，三峡水库降水位进行补水。三峡水库正常运行调度过程见图 15-3。

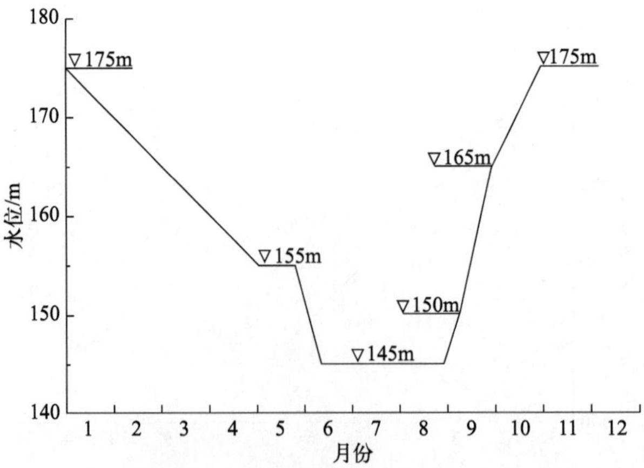

图15-3　三峡水库正常运行调度过程

（4）水库群联合调度原则

1）三库汛期联合调度原则

① 溪洛渡水库在汛期提前放水，为长江中下游预留防洪库容，将水位提升到 573m 以上，汛期可增发电量约 15×10^8kW·h。

② 向家坝水库根据溪洛渡水库水位和出库流量灵活控制，增发电量，减少船舶停航时间。

③ 三峡水库根据来水及防洪需求，积极开展中小洪水调度，争取将城陵矶的补偿控制水位由 155m 提高到 158m。汛期平均水位提高 1m，增发电量约 5×10^8kW·h。

2）三库蓄水期联合调度原则

① 早蓄水、蓄弃水、优蓄水；

② 保障下游供水需求；

③ 防洪和蓄水兼顾，避免回水区淹没；

④ 采用梯级水库群联合蓄水方案。

3）三库消落期联合调度原则

① 满足电网线路和厂站线路检修；

② 满足生态、航运用水保障；

③ 梯级电站发电量（发电效益）最优；

④ 采用梯级水库群联合消落调度方案。

（5）水库群联合调度空间

表 15-1 中详细列出了溪洛渡、向家坝和三峡水库的基本参数。

表15-1 三个水库的基本参数

水库参数	溪洛渡	向家坝	三峡
正常蓄水位/m	600	380	175
死水位/m	540	370	145
总库容/10^8m^3	126.7	51.63	393
防洪库容/10^8m^3	46.5	9.03	221.5
调节库容/10^8m^3	64.6	9	221
回水长度/km	199	156.6	663
最小下泄流量/(m^3/s)	1500	1400	8000
最大下泄流量/(m^3/s)	43700	49800	98800

1）三峡水库调度能力

① 水位可调范围：正常蓄水位 175m，防洪汛限水位 145m，水位可调范围 30m。

② 容积可调范围：三峡水库可利用防汛库容 $221.5 \times 10^8m^3$。

③ 时间可调范围：汛限水位 145m 可调度时间 6 月 11 日～9 月 30 日，时长 112d；145～175m 蓄水调度时间 10 月 1 日～10 月 31 日，时长 31d；非汛期 175m 可调度时间 11 月 1 日～12 月 31 日，时长 61d；消落期 1 月 1 日～6 月 10 日，时长 161d。

2）向家坝水库调度能力

① 水位可调范围：正常蓄水位 380m，防洪汛限水位 370m，水位可调范围 10m。

② 容积可调范围：向家坝水库可利用防汛库容 $9.03\times10^8m^3$。

③ 时间可调范围：汛限水位 370m 可调度时间 6 月 11 日～9 月 10 日，时长 92d；370～380m 蓄水调度时间 9 月 11 日～9 月 30 日，时长 20d；枯水期 380m 调度时间 10 月 1 日～12 月 31 日，时长 92d；消落期 380～370m，消落时间 1 月 1 日～6 月 10 日，时长 161d。

3）溪洛渡水库调度能力

① 水位可调范围：正常蓄水位 600m，防洪汛限水位 560m，水位可调范围 40m。

② 容积可调范围：溪洛渡水库可利用防汛库容 $46.5\times10^8m^3$。

③ 时间可调范围：汛限水位 560m 可调度时间 7 月 1 日～8 月 31 日，时长 62d；560～600m 蓄水调度时间 9 月 1 日～9 月 30 日，时长 30d；枯水期 600m 调度时间 10 月 1 日～12 月 31 日，时长 92d；消落期 600～560m，消落时间 1 月 1 日～6 月 30 日，时长 181d。

15.1.2 三峡及上游水环境变化与水库群调度运行的响应关系

（1）流量

2010～2017 年三峡水库坝前水位与入库流量变化过程如图 15-4 所示，每年三峡水库水位运行规律基本一致，自 2012 年以后，汛期水位波动频次明显小于之前年份，三峡水库汛期入库流量呈下降趋势。

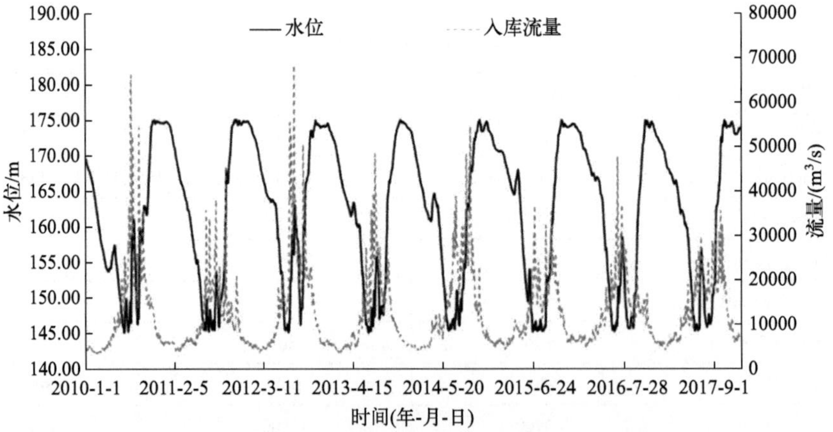

图15-4 2010～2017年三峡水库坝前水位与入库流量变化

2010～2017 年朱沱、寸滩断面逐日流量变化分别如图 15-5、图 15-6 所示。上游梯级水库建成蓄水前，朱沱断面流量最大值为 $50700m^3/s$，最小流量为 $2210m^3/s$，水库蓄水后，流量变化范围为 $2450\sim29000m^3/s$。蓄水前，寸滩断面流量最大值为 $63200m^3/s$，最小值为 $2770m^3/s$；蓄水后，寸滩断面流量最大值为 $45500m^3/s$，最小值为 $3220m^3/s$。上游梯级水库运行对下游河道具有调节作用，由于上游水库对洪水的调蓄，蓄水后朱沱、寸滩断面汛期洪峰减弱，波动频率增加。

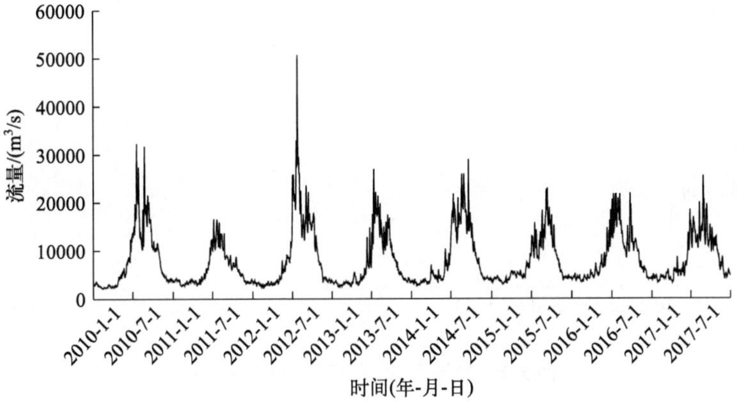

图15-5 2010～2017年朱沱逐日流量变化

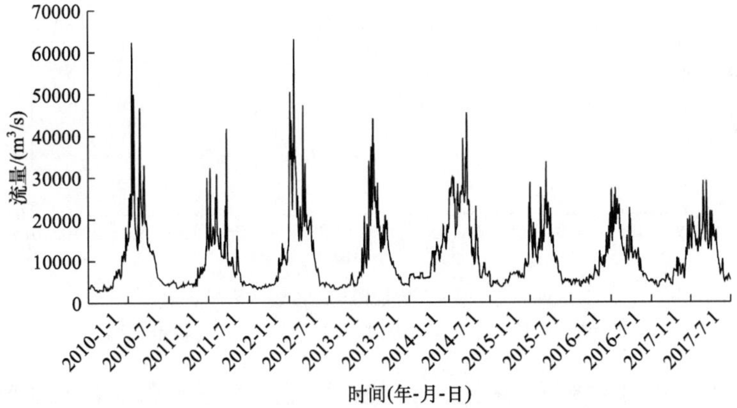

图15-6 2010～2017年寸滩逐日流量变化

（2）泥沙

根据2010～2015年泥沙公报，向家坝下、朱沱、寸滩断面多年径流量与输沙量的历年变化过程分别如图15-7～图15-9所示。年输沙量在1950～2000年不断波动，变化趋势与年径流量变化相一致，但自2000年开始呈现明显下降趋势，三个断面年输沙量均有所减小。

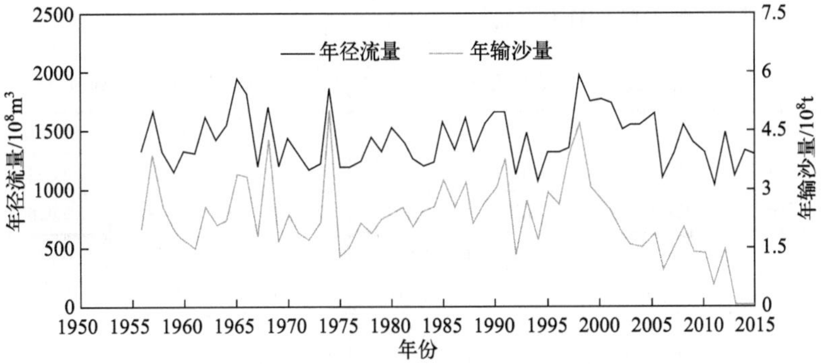

图15-7 向家坝下年径流量与输沙量的变化

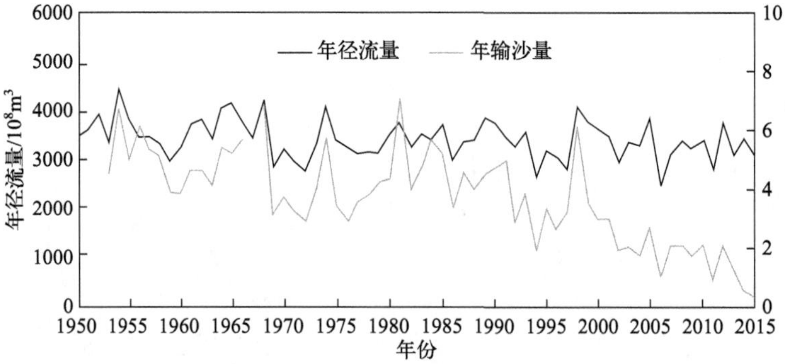

图15-8　寸滩年径流量与输沙量的历年变化

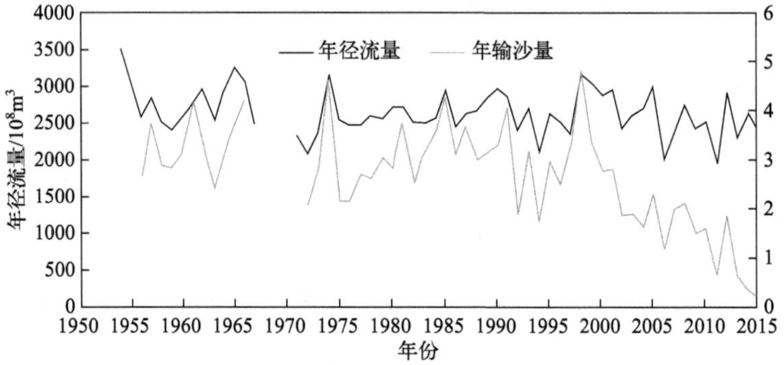

图15-9　朱沱年径流量与输沙量的历年变化

（注：1968～1970年无实测流量，1967～1971年无实测输沙量）

2010 ～ 2015 年向家坝下、朱沱、寸滩断面实测输沙统计值如表 15-2 所列。2012 年 10 月，向家坝水电站开始下闸蓄水；10 月 16 日，完成初期 354m 蓄水任务。2013 年 5 月 4 日，溪洛渡水电站开始第一阶段蓄水。向家坝、溪洛渡梯级水库的相继蓄水，对下游河道的出库泥沙量产生较大影响，根据三个断面的实测统计值，2012 ～ 2015 年向家坝下、朱沱、寸滩断面年输沙量与平均含沙量明显呈递减趋势（如图 15-10 所示），向家坝下断面 2013 年输沙量较 2012 年减少了 98.7%，三峡水库入库断面朱沱 2013 年输沙量较 2012 年减少了 63.9%，寸滩 2013 年输沙量较 2012 年减少了 42.4%，2014 年、2015 年输沙量在不断减少，2015 年达到最小，分别为 0.006×10^8t、0.212×10^8t、0.328×10^8t。向家坝、溪洛渡梯级水库建成蓄水后，下泄含沙量降低十分明显，接近清水下泄，三峡水库入库泥沙明显减少，上游梯级水库拦沙作用明显。

表15-2　2010 ~ 2015年向家坝下、朱沱、寸滩断面实测输沙统计值

断面	项目	2010年	2011年	2012年	2013年	2014年	2015年
向家坝下	年输沙量/10^8t	1.36	0.55	1.51	0.02	0.022	0.006
	平均含沙量/(kg/m³)	1.03	0.537	1.01	0.018	0.016	0.0047
朱沱	年输沙量/10^8t	1.61	0.646	1.89	0.683	0.346	0.212
	平均含沙量/(kg/m³)	0.634	0.334	0.646	0.298	0.132	0.089
寸滩	年输沙量/10^8t	2.11	0.916	2.1	1.21	0.519	0.328
	平均含沙量/(kg/m³)	0.62	0.326	0.56	0.385	0.151	0.108

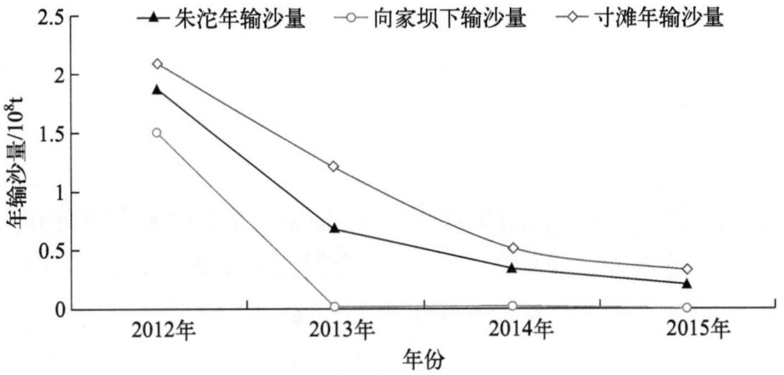

图15-10　2012～2015年向家坝下、朱沱、寸滩断面年输沙量变化

(3)水温

1)入库断面水温变化

向家坝、溪洛渡梯级水库蓄水后，朱沱断面2010～2017年逐日水温变化如图15-11所示，寸滩断面2010～2017年逐日水温变化如图15-12所示。

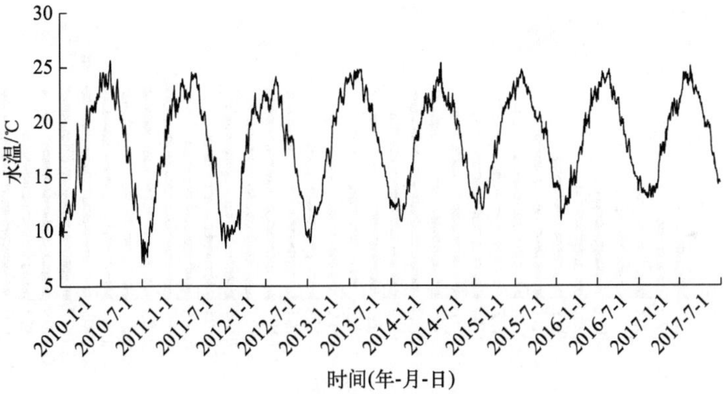

图15-11　2010～2017年朱沱逐日水温变化

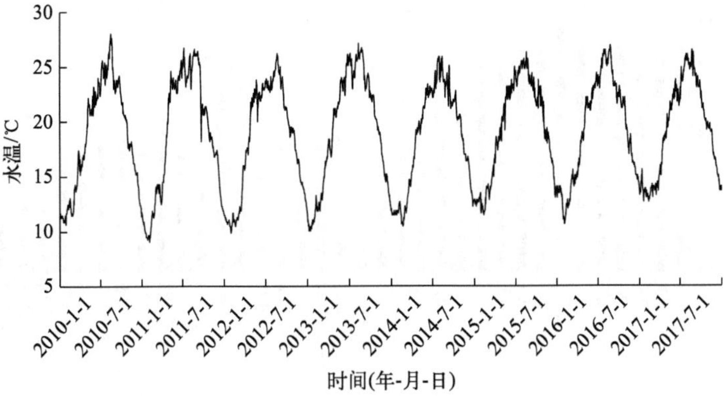

图15-12　2010～2017年寸滩逐日水温变化

由图 15-11 和图 15-12 可知，2010 ～ 2017 年，朱沱、寸滩断面年内水温变化呈现明显的周期性，均呈现先升高后降低的变化趋势，向家坝、溪洛渡梯级水库对三峡水库入库断面水温的均化作用明显。

2）沿程水温变化

如图 15-13 ～图 15-15 所示，为梯级水库蓄水后沿程表层的水温分布。不同季节，水温的空间分布存在明显差异。总体表现为春季沿程水温降低，夏季、冬季沿程水温升高，上下游的最大温差达到 6℃。春季上游溪洛渡、向家坝水库的沿程水温变化差异较小，沿程水温差在 2℃以内，但下游三峡水温的沿程水温变化较大，主要集中在中下游河段（石宝寨—茅坪）。向家坝下游至三峡库尾水温的沿程差异较小。夏季三个水库沿程水温均表现为沿程递增，靠近库首水流减缓，受太阳辐射影响较为明显，表层水温较高。虽然溪洛渡、向家坝水库的下泄水温低于坝前水温，但整体沿程水温升高的趋势仍十分明显。三峡水库的沿程增温最为明显，增温幅度与水库长度成正比。冬季沿程水温也表现为递增，水温增幅在 3℃以内。溪洛渡水温上游入流较低，中下游河段水温较为稳定，变幅较小。向家坝水库的上下游差异较小。三峡水库水温变化主要集中在上游河段（石宝寨—重庆），水温变幅在 2℃左右。上游自然河段受向家坝温水下泄的影响，水温沿程降低。

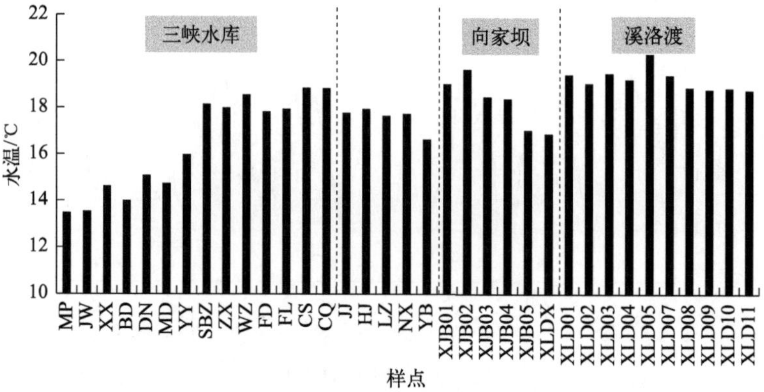

图15-13　梯级水库4月表层水温沿程分布（2015年）

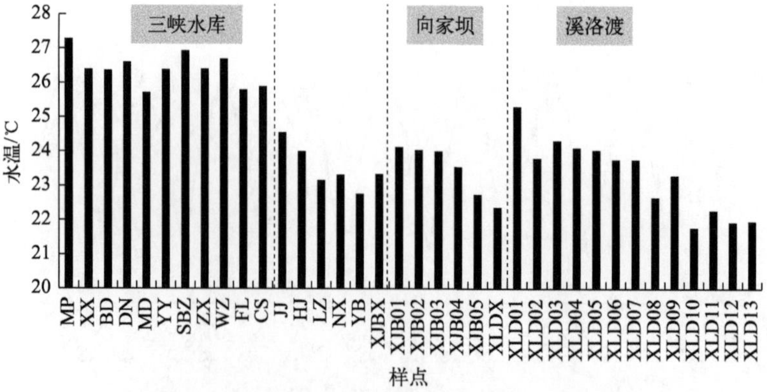

图15-14　梯级水库8月表层水温沿程分布（2015年）

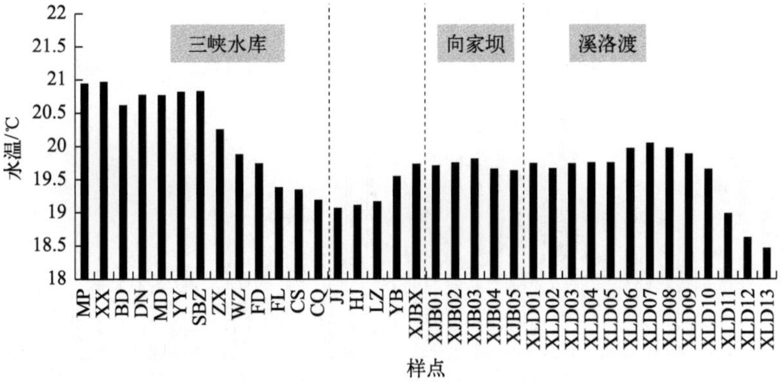

图15-15 梯级水库11月表层水温沿程分布（2015年）

（4）营养盐

1）入库断面营养盐变化

朱沱断面2010～2015年月平均总氮、总磷含量变化如图15-16和图15-17所示。由图可知，2010～2011年朱沱断面月平均总氮含量变化范围为1.11～1.86mg/L，2014～2015年变化范围为1.25～2.52mg/L；2010～2011年朱沱断面月平均总磷含量变化范围为0.10～0.28mg/L，2014～2015年变化范围为0.08～0.25mg/L。上游梯级水库蓄水前后入库断面朱沱月平均总氮、总磷均不断波动，总氮在上游梯级水库蓄水后略有增大，但整体而言总氮、总磷总量变化不大。

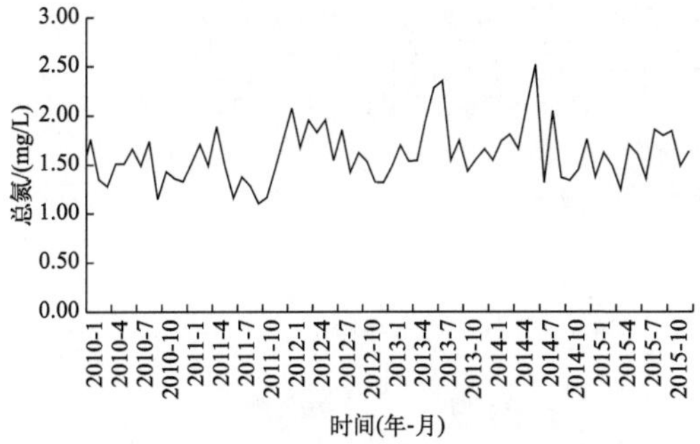

图15-16 2010～2015年朱沱月均总氮变化

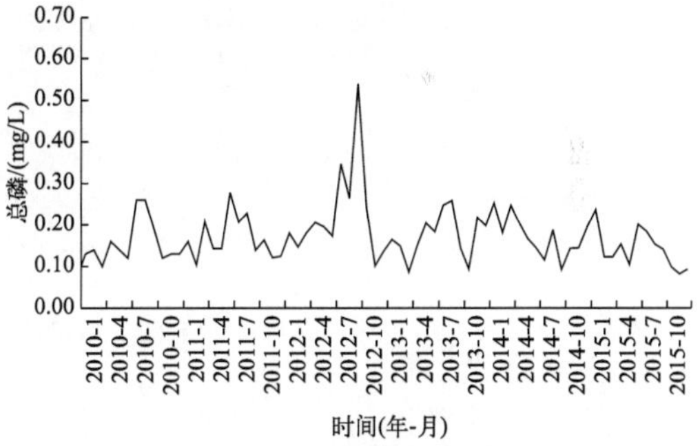

图15-17 2010～2015年朱沱月均总磷变化

2）沿程营养盐变化

溪洛渡、向家坝、三峡三个库区干流主要断面总氮、总磷的沿程分布如图15-18所示。

由图15-18可知，2014年向家坝、溪洛渡4月份总氮明显高于7月和11月，浓度在0.52～2.54mg/L范围内波动；三峡水库总氮最小值为0.99mg/L，最大值为3.90mg/L，平均值为1.63～2.97mg/L。2015年向家坝、溪洛渡总氮浓度在0.50～2.58mg/L范围内波动；三峡水库总氮浓度范围为0.99～3.34mg/L，平均值最大为2.42mg/L，最小为1.47mg/L。2016年向家坝、溪洛渡总氮最大值为1.97mg/L，最小值为0.16mg/L；三峡水库总氮值不断波动，范围为0.95～2.82mg/L，最大平均值为2.41mg/L，最小平均值为1.05mg/L。

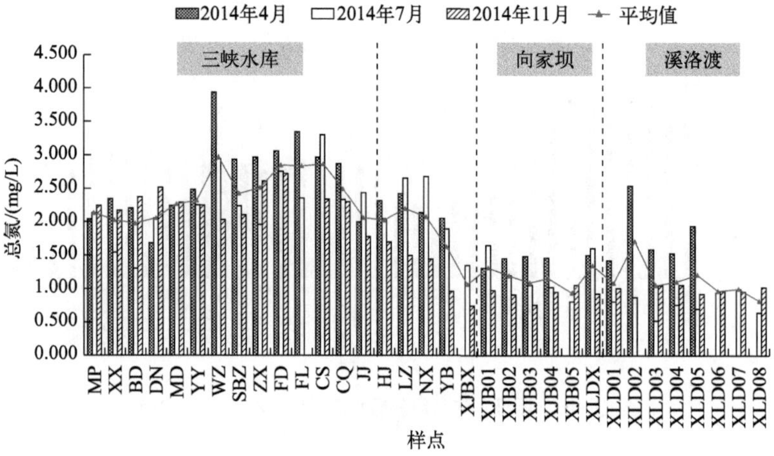

(a) 总氮(2014年)

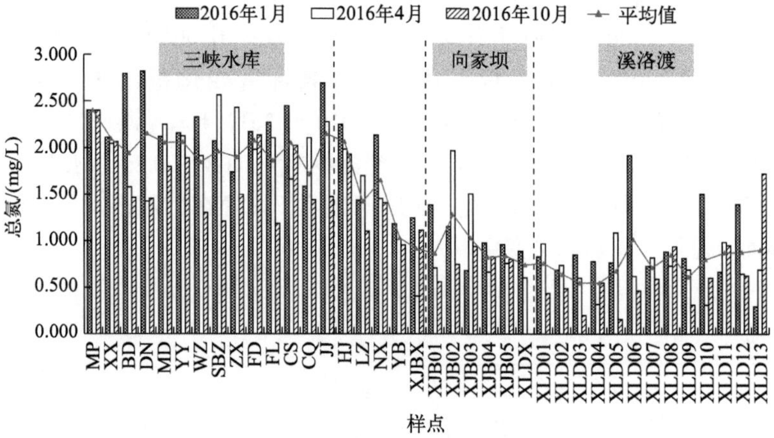

(b) 总氮(2016年)

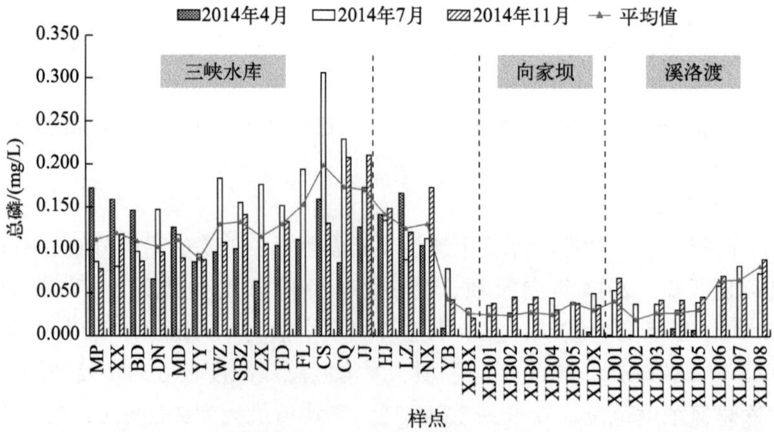

(c) 总磷(2014年)

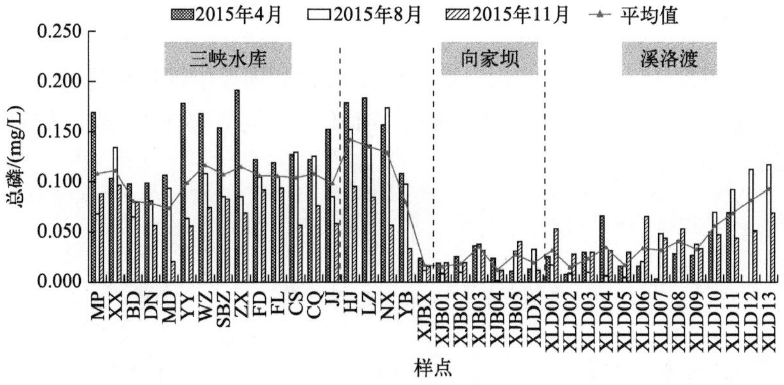

(d) 总磷(2015年)

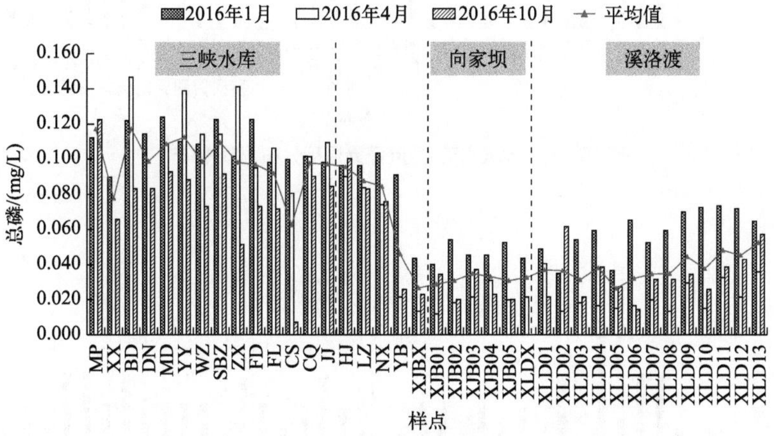

(e) 总磷(2016年)

图15-18 三个梯级水库干流主要断面总氮、总磷含量分布图

2014年向家坝、溪洛渡4月份总磷含量较低，全年总磷浓度在0.001～0.089mg/L范围内波动；三峡水库总磷最小值为0.009mg/L，最大值为0.306mg/L，平均值为0.043～0.199mg/L。2015年向家坝、溪洛渡总磷浓度在0.001～0.117mg/L范围内波动，平均值为0.012～0.093mg/L；三峡水库总磷浓度范围为0.020～0.191mg/L，平均值最大为0.142mg/L，最小为0.073mg/L。2016年向家坝、溪洛渡总磷最大值为0.073mg/L，最小值为0.012mg/L，1月值相对于4月、10月较高；三峡水库总磷范围为0.007～0.147mg/L，最小平均值为0.046mg/L，最大平均值为0.117mg/L。

从变化趋势上，向家坝、溪洛渡两个梯级水库沿程总氮值变化不大，无明显规律，总磷值从溪洛渡水库库尾至向家坝下沿程呈现递减趋势，表明向家坝和溪洛渡梯级水库对营养盐具有一定的沉积和拦蓄作用。而从浓度上看，向家坝、溪洛渡的总氮浓度整体低于三峡水库，这种趋势对于总磷更加明显。向家坝、溪洛渡梯级水库蓄水前后朱沱、寸滩断面总氮、总磷营养盐与水质变化不大，三峡水库的营养盐浓度高于上游梯级水库，由此推测向家坝、溪洛渡水库对营养盐有一定的拦截作用，但三峡水库营养盐多来自库区入库污染负荷，因此三峡水库水质受上游梯级水库影响较小，营养盐浓度变化不大。

（5）叶绿素

如图 15-19 ～图 15-21 所示，为梯级水库蓄水后沿程表层的叶绿素分布。整体而言，干流水质相对较好，三个水库的叶绿素浓度都很低，平均值都在 1mg/m³ 左右，由于浓度较低，季节上没有显著的差异。

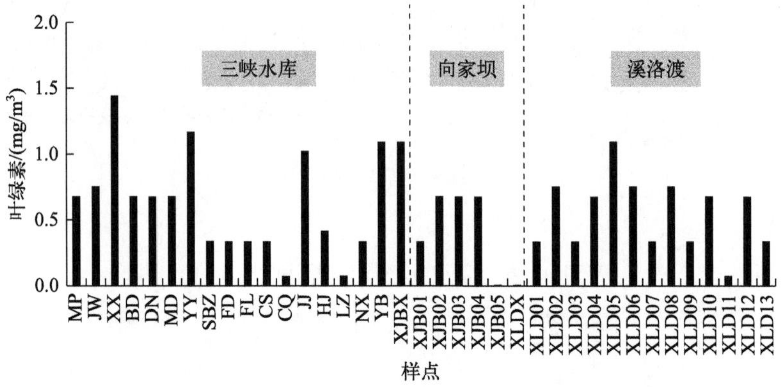

图15-19　梯级水库1月叶绿素沿程分布（2016年）

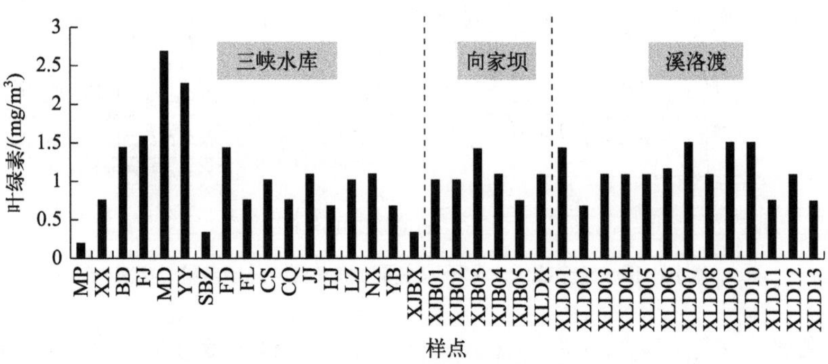

图15-20　梯级水库4月叶绿素沿程分布（2016年）

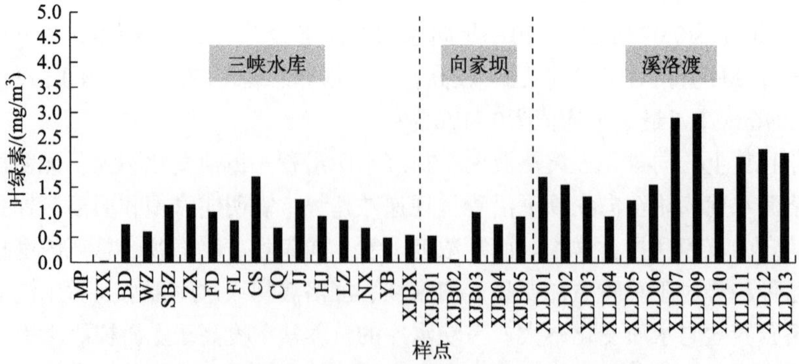

图15-21　梯级水库11月叶绿素沿程分布（2016年）

15.1.3 长江中下游生态环境对三峡水库调蓄的响应

三峡蓄水对中下游生态环境的影响，可以归纳为中下游河道年内径流过程的改变、泥沙及生源物质输移的改变、通江湖泊以及支流水位的改变、长江中下游生境的改变、长江中游鱼类生境的改变、监利河段四大家鱼产卵情况的改变等。

（1）年内径流过程的改变

三峡水库运行，首先改变的是中下游河道径流过程。汛期（6 ～ 9 月）坝前水位维持在防洪限制水位 145m 运行，仅当出现特大洪水时，水库拦蓄洪水，削减洪峰，坝前水位抬高；洪峰过后，水位仍降至 145m。汛末 10 月起，水库蓄水到正常蓄水位 175m，如遇枯水年则延至 11 月份，下泄平均流量为 10000m^3/s，较建库前减小 3000 ～ 6000m^3/s，减少比例达 40%。1 ～ 5 月下泄流量增加 1000 ～ 2000m^3/s。各月和季间的流量趋于均匀。

（2）泥沙及生源物质输移的改变

三峡水库调蓄运行后，改变了水库下游河道的来水来沙条件，坝下游河道水流挟沙能力处于不饱和状态，河床将发生长距离、长时间的沿程冲刷，并从上而下逐步发展。由于坝下游河床冲刷，河道水位下降，干流与湖泊之间的“江湖关系”、干流与支流之间的“干支关系”将会发生新的调整。伴随径流的泥沙特别是细颗粒泥沙不仅能吸附重金属等各种污染物质，而且也是营养物质的主要载体，下泄泥沙数量减少，其伴随的营养物质也随之减少。

（3）通江湖泊以及支流水位的改变

长江中下游湖泊众多，如洞庭湖、鄱阳湖等，干流水文情势的改变必然引起湖泊联动。洞庭湖是长江三峡下游的第一个吞吐型湖泊，对于调节和缓冲长江上游水量和水位起着重要作用。三峡工程建成后，直接影响着洞庭湖水系与长江相互作用的水文过程。自 2003 年三峡工程开始实验性蓄水以来，洞庭湖发生了秋季枯水提前、持续时间增长的现象，多次接近历史同期最低水位。枯水期，由于三峡增加泄流量，洞庭湖的水位比三峡运行前抬升；丰水期，由于三峡减小泄流量，洞庭湖的水位将比三峡运行前降低。类似的水位变化趋势，在鄱阳湖同样出现。

（4）长江中下游生境的改变

三峡工程运行以来，通江湖泊的水位变化造成了高滩地植被退化，水陆过渡带局部植被发生演替，低滩地新出露的区域水生植被减少等现象。三峡水库蓄水减少了洞庭湖“三口”来水，促进了湖水排泄，长江水位降低导致了枯水期更多的湖水流失。洞庭湖湿地和鄱阳湖湿地植被分布在三峡工程运行后有向低滩地迁移演替的趋势，洞庭湖湿地植被由 2002 年 25.15m 的集中分布高程变为 2014 年的 24.87m，下降了 0.28m。鄱阳湖湿地的植被分布高程由三峡工程运行前的 13.55m 下降到三峡工程运行后的 12.46m 前后相差 1.09m，变化更为显著。

（5）长江中游鱼类生境的改变

长江中游地区鱼类共有215种，其中，特有鱼类42种；下游地区有鱼类129种，仅见于下游地区的有7种。中下游地区是长江重要渔业资源四大家鱼（青鱼、草鱼、鲢鱼、鳙鱼）的主要产卵地，仅长江中游段就有多达19处四大家鱼产卵场，产卵高峰期在每年的5～6月，产卵量约占全江产卵量的42.7%。1981年监利断面鱼苗径流量为67亿尾；1997～2001年该断面每年鱼苗径流量分别为35.9亿尾、27.5亿尾、21.5亿尾、28.5亿尾、19.0亿尾，分别占1981年监利断面鱼苗径流量的53.6%、41.0%、32.1%、42.5%、28.4%；2008～2010年，监利断面鱼苗径流量仅为1.82亿尾、0.42亿尾、4.28亿尾，占比降至2.7%、0.6%、6.4%。三峡蓄水后四大家鱼在组成上也有显著变化，历史上占绝对优势的草鱼比例显著下降，而鲢鱼比例相对上升。三峡以及其他各种水利工程的修建对中游水文情势的改变是四大家鱼产卵量急剧下降的重要原因之一，水文情势的改变对其影响主要体现在改变了鱼类洄游、繁殖等所需的适宜水流条件，湖泊面积的大幅减小则直接压缩了鱼类的生存空间。

（6）监利河段四大家鱼产卵情况的改变

三峡水库蓄水后，由于坝下水文条件变化等原因，监利断面所监测到的四大家鱼产卵规模明显下降，2003～2009年，四大家鱼卵苗径流量从4.06亿尾直跌至0.42亿尾，鱼类资源面临严重危机。自2010年以来实施的四大家鱼原种亲本增殖放流取得了一定的成效，2010～2012年的放流亲本对长江中游四大家鱼卵苗发生量的贡献率，分别是2.02%、12.6%、7.32%。四大家鱼产卵条件包括涨水、流速、水温等。对监利河段在1990～2014年间5～6月份的水位、流量进行统计，得到涨水次数和涨水时间。三峡水库蓄水前（1990～2002年），平均总涨水时间为37.6d，平均涨水次数为4.8次，平均持续涨水时间为8.1d；蓄水后（2003～2014年），平均总涨水时间为34.8d，平均涨水次数为4.8次，平均持续涨水时间为7.6d，具体情况见表15-3。

表15-3 监利河段历年5～6月份、5～7月份水位变化情况

年份	5~6月份			5~7月份		
	涨水次数/次	总涨水时间/d	平均涨水持续时间/d	涨水次数/次	总涨水时间/d	平均涨水持续时间/d
2014	4	31	7.8	6	52	8.7
2013	4	36	9.0	6	51	8.5
2012	4	32	8.0	6	60	10.0
2011	7	46	6.6	8	50	6.3
2010	4	43	10.8	6	66	11.0
2009	7	33	4.7	12	58	4.8
2008	4	26	6.5	7	42	6.0
2007	4	33	8.3	8	55	6.9
2006	5	30	6.0	8	44	5.5
2005	5	32	6.4	7	48	6.9

续表

年份	5~6月份			5~7月份		
	涨水次数/次	总涨水时间/d	平均涨水持续时间/d	涨水次数/次	总涨水时间/d	平均涨水持续时间/d
2004	7	40	5.7	9	54	6.0
2003	3	35	11.7	6	52	8.7
2002	6	33	5.5	9	49	5.4
2001	5	42	8.4	7	52	7.4
2000	3	36	12.0	4	46	11.5
1999	6	35	5.8	9	51	5.7
1998	5	42	8.4	7	61	8.7
1997	3	29	9.7	6	49	8.2
1996	5	39	7.8	7	63	9.0
1995	6	52	8.7	9	64	7.1
1994	4	37	9.3	7	49	7.0
1993	6	39	6.5	9	61	6.8
1992	5	36	7.2	7	48	6.9
1991	4	31	7.8	5	47	9.4
1990	5	38	7.6	9	54	6.0

由于三峡蓄水的原因，下游河段产卵期水温降低，使得四大家鱼产卵期后延，2010年产卵高峰期出现在7月初。为此，将监利河段在1990～2014年间水文资料统计时间增加到7月份，即选取5～7月作为分析时段，对涨水次数、总涨水时间、平均涨水持续时间3个指标进行对比。三峡水库蓄水前（1990～2002年），平均总涨水时间为53.4d，平均涨水次数为7.3次，平均持续涨水时间为7.6d；蓄水后（2003～2014年），平均总涨水时间为52.7d，平均涨水次数为7.4次，平均持续涨水时间为7.4d。

为了满足四大家鱼产卵的水动力条件，长江三峡集团有限公司于2011年即开始于每年的5～6月份实施生态环境调度。生态环境调度前一日下泄流量区间为6530～18300m³/s，均值为13000m³/s；调度期间日均流量涨幅区间为590～3140m³/s，均值为1600m³/s；调度持续时间为3～8d。2011～2017年三峡水库生态调度情况见表15-4。随着长江四大家鱼原种亲本标志放流活动的开展和三峡水库的生态调度的实施，2010～2016年家鱼产卵规模总体处于平稳趋升状态，2016年监利江段四大家鱼卵苗径流量为13.5亿尾。

表15-4　2011～2017年生态调度及监测成果

年份	调度期间	起涨流量/(m³/s)	流量日均涨幅/(m³/s)
2011	6-16～6-19	12000	1650
2012	5-25～5-31	18300	590
	6-20～6-27	12600	750
2013	5-7～5-14	6230	1130

续表

年份	调度期间	起涨流量/(m^3/s)	流量日均涨幅/(m^3/s)
2014	6-4～6-6	14600	1370
2015	6-7～6-10	6530	3140
	6-25～7-2	14800	1930
2016	6-9～6-11	14600	2070
2017	5-20～5-25	11000	2000

15.1.4　长江中游江湖关系对三峡水库调蓄的响应

(1) 长江干流径流泥沙变化及河床冲淤

依据 1990 ～ 2016 年上荆江枝城站和下荆江监利站流量观测资料，分析三峡水库蓄水前后干流流量变化规律。由图 15-22 中不同时期枝城站多年的旬平均流量可见，以 1990 ～ 2002 年作为对比基准，三峡水库蓄水后流量变化特点主要表现为：2003 ～ 2007 年，除了主汛期的 7 ～ 9 月流量有所削减之外，其他月份流量变幅较小；2008 ～ 2016 年，除了主汛期流量有所减小之外，枯期流量增大，汛后 9 ～ 11 月流量减小。下荆江监利站的流量变化规律与枝城站大体类似，但是程度有所减小。依据 1990 ～ 2016 年上荆江枝城站和下荆江监利站输沙量观测资料（表 15-5），分析三峡水库蓄水前后荆江输沙量变化规律可见：水库蓄水后长江干流来沙量大幅度减小，减小的幅度远远大于径流变化。

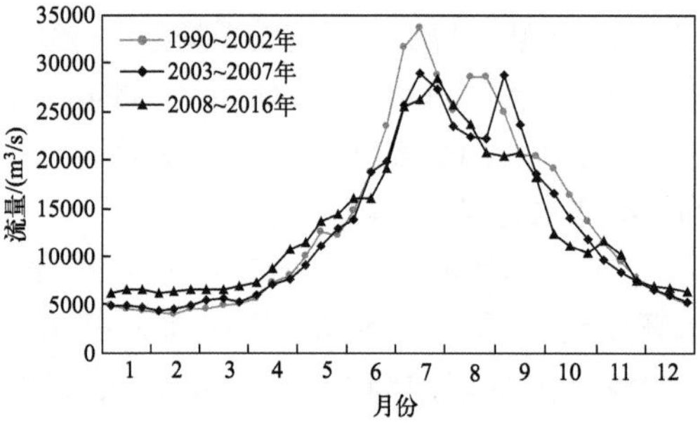

(a) 枝城

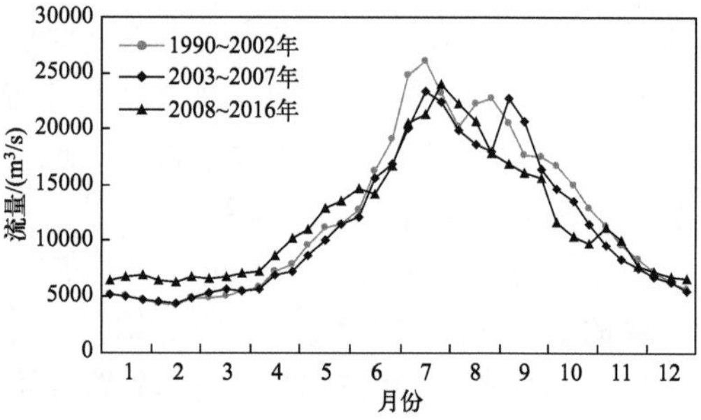

(b) 监利

图15-22　不同时期枝城站、监利站旬平均流量变化

表15-5　三峡水库蓄水前后上下荆江输沙量变化

项目		枝城	监利
径流量	1990～2002年平均/10^8m^3	4356	3812
	2003～2016年平均/10^8m^3	4122	3658
	蓄水前后差率/%	5.4	4.04
输沙量	1990～2002年平均/10^6t	397.0	315.1
	2003～2016年平均/10^6t	48.8	75.3
	蓄水前后差率/%	87.7	76.1

续表

项目		枝城	监利
含沙量	1990～2002年平均/(kg/m^3)	0.91	0.83
	2003～2016年平均/(kg/m^3)	0.12	0.21
	蓄水前后差率/%	87	75.1

由于上下荆江含沙量均大幅度减小，因而荆江河段发生了明显的冲刷下切。三峡水库运用以来至2016年，荆江河道以冲槽为主，冲刷基本发生在平滩河槽，累积冲刷泥沙量为$9.38\times10^8m^3$，冲刷强度约$0.67\times10^8m^3/a$。冲刷以上荆江为主，约占60%（图15-23）。

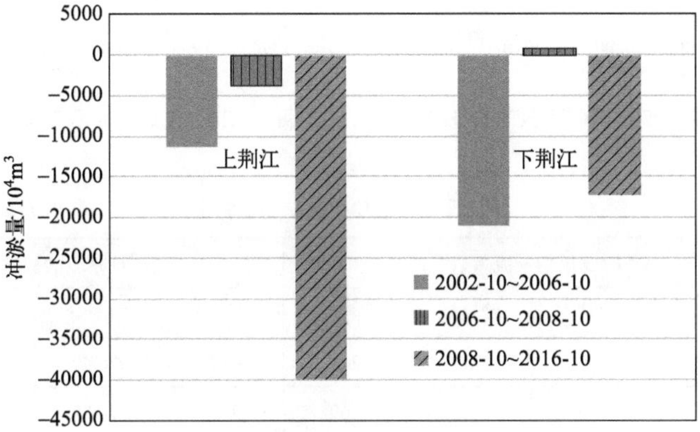

图15-23　三峡水库蓄水后荆江河段冲淤量

（2）三口洪道冲淤及分流分沙变化

三峡水库运用后，三口洪道口门河段深泓剖面均有所冲刷，冲刷主要发生在靠近分流口门的位置，而口门下游没有单向变化趋势。松滋口2003～2016年口门上游段累计平均冲深达10m，长度达8km。太平口虎渡河口门附近冲刷距离约3.7km，平均冲深1.2m。藕池河口门河段2003～2016年深泓平均冲深1.3m，主要发生在口门内9km范围。表15-6给出了三峡水库运行以来三口洪道冲淤量，可见各分流河道均以冲刷为主，尤其是松滋河最为明显。

表15-6　三峡水库运行以来三口洪道冲淤量　　单位：10^{4}m^3

项目	时段	松滋河	虎渡河	藕池河	松虎洪道	三口合计
总冲淤量	2003～2016年	−6763	−956	−5065	−2228	−15012
年均冲淤	2003～2016年	−483	−68	−362	−159	−1072

依据三峡水库运行前后的观测资料，统计了三口分流分沙变化如图15-24和图15-25所示。由图15-24可见，三峡水库蓄水后，三口分流量略呈减小趋势，但三口分流比变幅不大。干流冲刷下切主要集中在枯水河槽，对中洪水期分流影响不大，并且三口洪道同时也在发生冲刷，因而三口分流比并未明显减小。由图15-25可见，三峡水库蓄水后，三口分沙量急剧减少，而三口分沙比并未减小。

统计三峡水库蓄水前后的三口断流特征如表15-7所列，可见2003年后除了太平口（弥陀寺）断流时间有所减少之外，松滋口东支（沙道观）以及藕池口（管家铺、康家岗）断流天数均有增加。

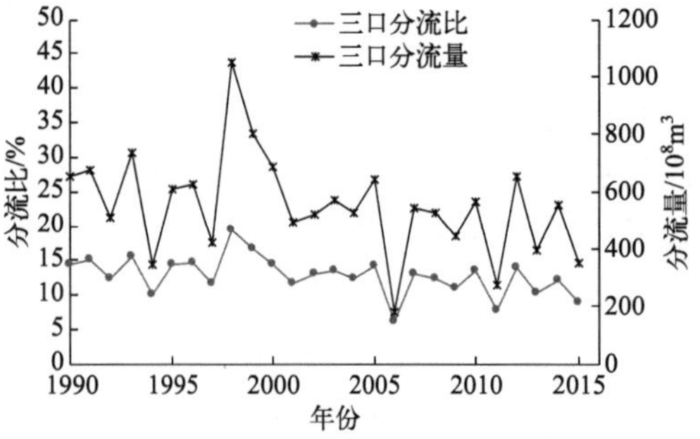

图15-24　三峡水库运行前后三口分流比变化

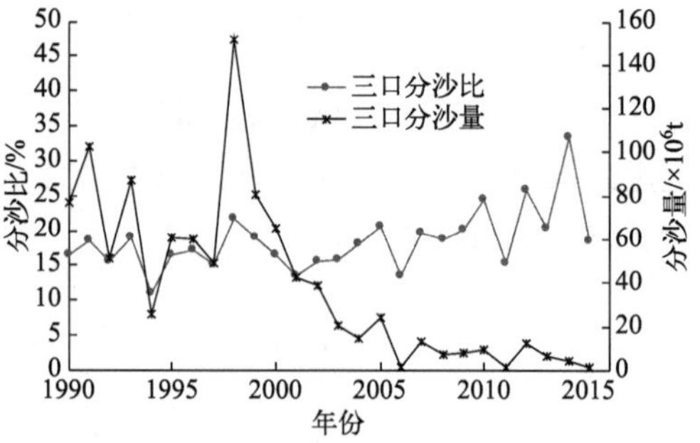

图15-25　三峡水库运行前后三口分沙比变化

表15-7　三口控制站断流特征

时段	各时段年均断流天数时间/d				断流日相应的枝城流量/(m^3/s)			
	沙道观	弥陀寺	管家铺	康家岗	沙道观	弥陀寺	管家铺	康家岗
1981～2002年	171	155	167	248	8920	7680	8660	17400
2003～2016年	191	140	183	269	9730	7490	8910	15400

15.2　三峡水库及下游水环境对水库群调度的响应模型

15.2.1　水库群调度响应模型确定

参见第四篇第 20 章 20.4.1 部分相关内容。

15.2.2　水库群调度响应模型参数率定与验证

15.2.2.1　模拟范围及河网概化

一维水动力 - 水质模拟范围为溪洛渡坝址—向家坝坝址—三峡坝址—大通。库区模拟范围选取长江干流溪洛渡至三峡大坝河道，采用一维水动力模型进行模拟。整个河道概化为1个入口，1个出口，8支旁侧入流。河道全长约1200km，河底高程从35～360m不等，模型划分为538个断面，断面间距从200m到8000m不等，河道概化如图15-26所示。向家坝枢纽作为堰闸边界条件。

长江中下游宜昌—大通河段模型选择以干流河道为主体，将分汊河段概化成一维河网形式。洞庭湖与长江上荆江段以松滋口、太平口及藕池口三口相连，三口分流处概化成分流节点。鄱阳湖在湖口处与长江干流以吞吐形式完成水动力交换，因此分汇流节点在湖口

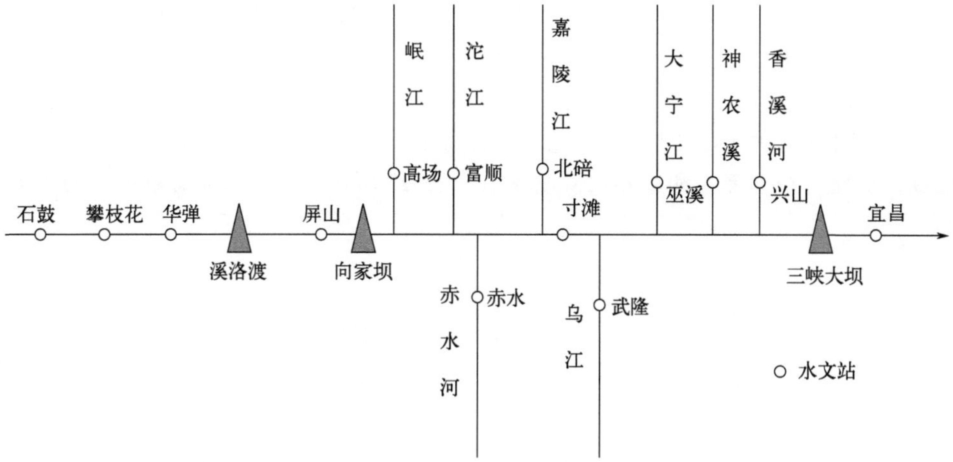

图15-26 河道概化图

处重合；主要支流清江在宜都大桥右岸入汇、汉江在武汉河段左岸入汇形成两个汇流节点。长江干流宜昌至大通段的一维河网数学模型全长约1200km，干流共布设925个断面，平均断面间距约为1167.57m。沿程藕节状支流概化河段共22个，共概化断面204个。

分析三峡建库后荆江洞庭湖江湖关系，将三口分流作为宽顶堰溢流处理，采用以下计算拟合公式。

松滋口分流量：

$$Q_{SZ,t}=0.1438Z_{Z,t}^4-25.159Z_{Z,t}^3+1688.4Z_{Z,t}^2-50715Z_{Z,t}+569830 \tag{15-1}$$

太平口分流量：

$$Q_{TP,t}=16.192Z_{S,t}^2-1027.2Z_{S,t}+16287 \tag{15-2}$$

藕池口分流量：

$$Q_{OC,t}=0.0194Z_{X,t}^4-1.5548Z_{X,t}^3+58.657Z_{X,t}^2-1393.9Z_{X,t}+15230 \tag{15-3}$$

式中 $Q_{SZ,t}$、$Q_{TP,t}$、$Q_{OC,t}$ ——松滋口、太平口以及藕池口的分流流量；

$Z_{Z,t}$、$Z_{S,t}$、$Z_{X,t}$——枝城、沙市、新厂处水位。

库区重庆南岸区黄桷渡水源地、重庆市九龙坡区和尚山水源地、宜昌秭归凤凰山水源地区域为平面二维计算区域；为了计算宜昌、荆州水源地水质以及研究四大家鱼产卵地的监利河段水环境问题，三峡水库下游宜昌—枝城河段，荆州太平口—石首河段采用平面二维数学模型模拟；立面二维水动力 - 水质模拟范围包括香溪河河口段。使用一维长河段计算结果作为典型河段二维模型计算的边界条件，实现一、二维数学模型耦合计算。

15.2.2.2 上游库区一维水动力–水质数学模型率定与验证

（1）初始条件及边界条件

水质子模型选取重点关注的水质指标（COD_{Mn}、NH_4^+-N）为研究对象。初始水位设为近似水位，初始流速设为 0。上边界为向家坝，采用向家坝实测出库流量过程进行计算；

下边界为三峡大坝，采用三峡大坝实测坝前水位进行计算。旁侧入流包括岷江、沱江、赤水、嘉陵江、乌江、神农溪、香溪河等支流的入流。

选取2013年7月14日～7月23日和9月10日～9月19日两个时段进行三峡及上游梯级水库干流水质模型的率定和验证，时间步长设为3600s，共240个时段，空间步长为断面间距。边界流量和边界水位过程如图15-27所示，旁侧入流流量过程如图15-28所示。

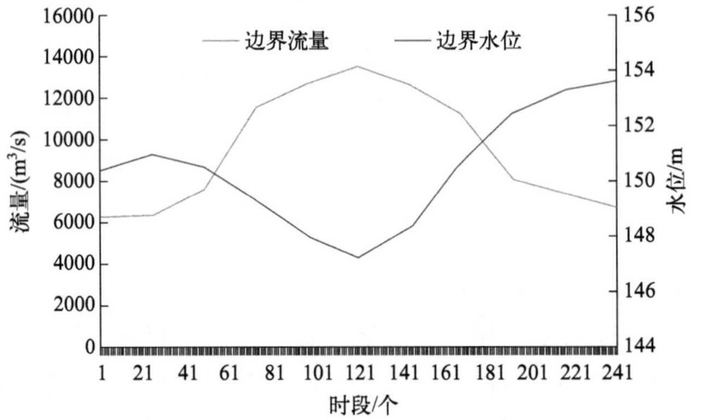

图15-27 边界流量和边界水位过程

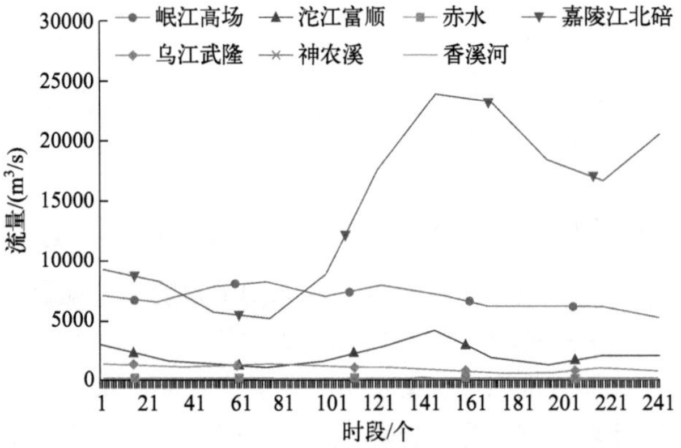

图15-28 旁侧入流流量过程

（2）模型参数的率定

选取朱沱、寸滩、清场溪、奉节4个水文站的实测流量和水位数据进行水动力学参数率定。三峡库区河道较长，沿程地形变化明显，河道糙率变化大，因此，模型中分段设置河道糙率参数，河道干流糙率率定结果如表15-8所列。干流水文站水位实测值与计算值相对误差如表15-9所列。流量实测值与计算值相对误差如表15-10所列。可以看出，水位和流量均得到了较好的拟合，模拟水位值与实测水位值误差大部分在-0.1m以内，模拟流量值与实测流量值相对误差大部分在5%以内，模拟效果好，可用于三峡上游水量和水质模拟计算。

表15-8 河道糙率率定结果

河段	糙率	河段	糙率
向家坝—朱沱	0.036	忠县—万县	0.045
朱沱—寸滩	0.035	万县—奉节	0.045
寸滩—清场溪	0.05	奉节—坝址	0.075
清场溪—忠县	0.04		

注：万县现更名为万州区。

表15-9 各水文站率定期水位误差

模拟时间(月-日)	水文站	实测平均值/m	模拟平均值/m	绝对误差/m
07-14～07-23	朱沱	205.1	205.06	0.04
	寸滩	174.82	174.78	0.04
	清场溪	157.03	157.18	−0.15
	奉节	151.98	152.1	−0.12
09-10～09-19	朱沱	203.48	202.94	0.54
	寸滩	169.61	169.59	0.02
	清场溪	163.87	163.82	0.05
	奉节	163.02	163.11	−0.09

表15-10 各水文站率定期流量相对误差

模拟时间(月-日)	水文站	实测平均值/(m^3/s)	模拟平均值/(m^3/s)	相对误差绝对值平均/%
07-14～07-23	朱沱	18900	17700.8	3.34
	寸滩	32802.29	31626.79	3.73
09-10～09-19	朱沱	14825.63	14721.37	4.37
	寸滩	18075.63	16670.58	7.88

（3）模型验证

选取2014年2月19日～3月1日进行模型验证，时间步长取3600s，选取朱沱、寸滩、清场溪、奉节4个水文站水位数据进行模型验证。验证结果表明，水位误差平均值大部分在0.15m以内，模拟效果较好，如表15-11所列。

表15-11 各水文站验证期水位误差

水文站	实测平均值/m	模拟平均值/m	绝对误差/m
朱沱	195.07	195.03	0.05
寸滩	165.13	164.99	0.14
清场溪	164.48	164.35	0.13
奉节	164.45	164.29	0.16

15.2.2.3　长江宜昌—大通段一维河网水动力数学模型率定与验证

（1）边界条件

结合长江干流宜昌至大通河段及沿程支流、湖泊河网水系现状，模型上边界设在宜昌水文监测断面，下边界设于大通水文监测断面。

（2）参数率定

由于研究河段河道长度较长、地形复杂、天然河道断面形态各异且藕节状支流众多，因此糙率的取值有一定难度。本节河道糙率率定选取2010年为水文代表年，其中，2010年8月、10月和1月三个月份分别代表丰水期、平水期和枯水期，每个月选取一个代表流量，用恒定流模型率定河道糙率，结果见表15-12。

表15-12　2010年长江中下游干流河道糙率率定结果

干流河段	丰水期糙率	平水期糙率	枯水期糙率
宜昌—宜都	0.0370	0.0430	0.0460
宜都—荆州	0.0345	0.0390	0.0450
荆州—监利	0.0310	0.0340	0.0320
监利—城陵矶	0.0285	0.0360	0.0345
城陵矶—螺山	0.0245	0.0300	0.0355
螺山—汉口	0.0215	0.0320	0.0315
汉口—黄石	0.0230	0.0290	0.0245
黄石—码头镇	0.0270	0.0350	0.0290
码头镇—九江	0.0210	0.0260	0.0205
九江—大通	0.0290	0.0310	0.0305

（3）模型的验证

1）流量验证结果

由各水文监测断面流量（2013年1月17～24日）验证对比可知，除大通水文监测断面流量最大误差达10%外，其他断面的流量过程计算值与实测值较为一致，最大误差均在5%以内，说明模型能较好模拟长江中下游河道水流传播过程。大通流量过程稳定性和精度较差，主要原因可能在于沿程小的支流与长江干流的水流交换未计入考虑范围。总体来看，水流总量的差别在可以接受的范围之内，模型的适用性可以得到保证。

2）水位验证结果

同流量验证时段相同，由各水文监测断面流量过程验证结果可知，除宜昌监测断面外，实测和计算的水位过程相差不大，最大误差基本保持在10cm以内，说明模型能较好地模拟三峡下游河段流量变化特点。宜昌水位呈现随时间波动的变化趋势，局部波动较为剧烈，而计算结果与之相比，局部波动范围并未达到实测水位的极大值或极小值，因此结果误差出现了大于10cm的情况。根据一般拟合经验，对于局部极大值或极小值可以适当舍弃，以整体符合度为主要参考依据，因此，尽管宜昌监测断面水位过程并未达到全程误差在 10cm 范围以内，仍可以认定计算结果基本符合实际，模型适用性良好。

3）验证过程糙率修正

在验证过程中对原本率定的糙率进行了一定程度的修正，如表 15-13 所列。

表15-13 2013年与2010年河道枯水期糙率对比表

干流河段	2013年枯水期验证糙率	2010年枯水期率定糙率	修正值
宜昌—宜都	0.0450	0.0460	−0.001
宜都—荆州	0.0440	0.0450	−0.001
荆州—监利	0.0310	0.0320	−0.001
监利—城陵矶	0.0328	0.0345	−0.0017
城陵矶—螺山	0.0350	0.0355	−0.0005
螺山—汉口	0.0311	0.0315	−0.0004
汉口—黄石	0.0243	0.0245	−0.0002
黄石—码头镇	0.0292	0.0290	0.0002
码头镇—九江	0.0225	0.0205	0.002
九江—大通	0.0236	0.0305	−0.0069

15.2.2.4 三峡库区水源地典型河段平面二维水动力-水质数学模型率定与验证

（1）参数率定

由于研究河段河道长度较长、地形复杂、天然河道断面形态各异且藕节状支流众多，因此糙率的取值有一定难度。本节河道糙率率定计算选取 2015 年为水文代表年，根据 2015 年的实测数据（三个水源地 27 指标、一月一次）来率定参数。三峡水库三大饮用水水源地的糙率率定结果见表 15-14，表 15-15 是模型参数取值表。

表15-14 2015年三峡库区饮用水水源地糙率率定结果表

水源地名称	糙率	水源地名称	糙率
重庆市南岸区长江黄桷渡水源地	0.030	宜昌市秭归县凤凰山水源地	0.025
重庆市九龙坡区长江和尚山水源地	0.030		

表15-15 模型参数取值表

序号	参数符号	参数含义(单位)	默认值
1	ε_x	横向涡动黏滞系数(m^2/s)	20
2	ε_y	纵向涡动黏滞系数(m^2/s)	20
3	E_x	横向扩散系数(m^2/s)	0.5
4	E_y	纵向扩散系数(m^2/s)	0.5
5	n	黄桷渡水源地糙率	0.030
		和尚山水源地糙率	0.030
		秭归县凤凰山水源地糙率	0.025

（2）模型验证

研究选取重庆市南岸区长江黄桷渡水源地和宜昌市秭归县凤凰山水源地作为典型水源地进行模型验证。利用平面二维水动力 - 水质模型，把率定好的参数代入模型中，对突发事故情景的 TP 浓度变化情况进行模拟。根据 2014 年各个水源地断面水质月监测结果，得出该算法在计算水源地突发事件污染物模拟中绝对误差平均值不超过 6%，在合理范围内，可进行实际应用。

15.2.2.5　三峡水库下游典型河段平面二维水动力–水质数学模型率定与验证

二维模型验证分荆州河段以及石首河段，荆州河段主要为确定水动力计算参数，石首河段主要为确定水质计算参数。

（1）荆州河段水动力参数率定及模型验证

2014 年 12 月 23 日的实测资料确定边滩糙率为 0.020，主槽糙率为 0.011。水位验证结果见表 15-16，断面流速验证结果见图 15-29。

表15-16　水位实测与模拟对比表

断面号		里程/km	水位/m		
			实测	模拟	差值
1-1号		5.548	30.022	30.050	−0.028
2-1号	右(主汊)	8.343	29.880	29.914	−0.034
SW3号		12.140	29.738	29.718	0.020
NSW5号	右(主汊)	14.627	29.608	29.653	−0.045
3号		29.347	29.347	29.370	−0.023

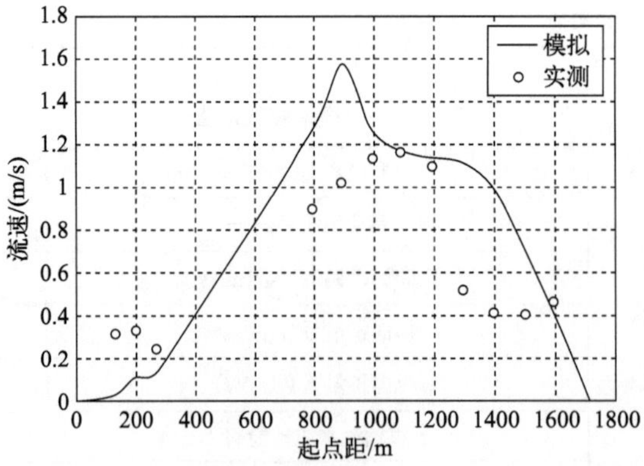

(a) NSW5号

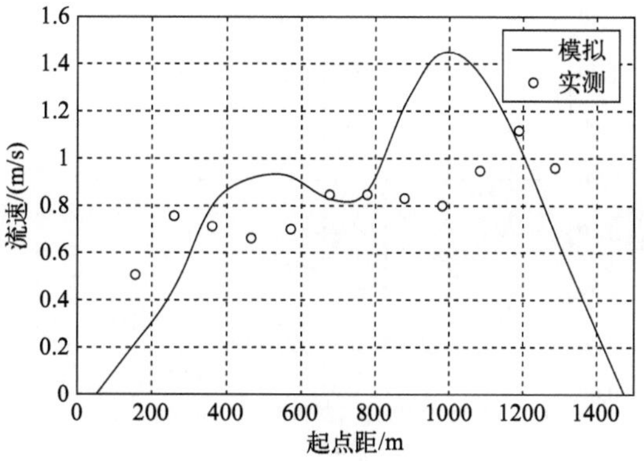

(b) SW3号

图15-29 太平口断面流速分布验证图

(2)石首河段水动力－水质参数率定及模型验证

1)水流验证

采用2016年7月9日的实测资料，上游荆90断面流量为18200m^3/s，下游荆97水位为35.03m。确定边滩糙率为0.020，主槽糙率为0.011。水位验证结果见表15-17，流速验证结果见图15-30。

表15-17 水位实测与模拟对比表

断面号	里程/km	水位/m		
		实测	模拟	差值
荆90	4.05	35.32	35.35	−0.03
荆92	5.02	35.24	35.26	−0.02
荆95	8.33	35.10	35.07	0.03

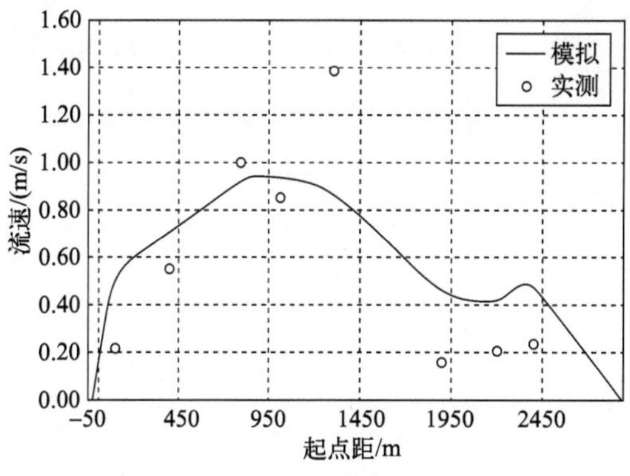

(a) 荆90

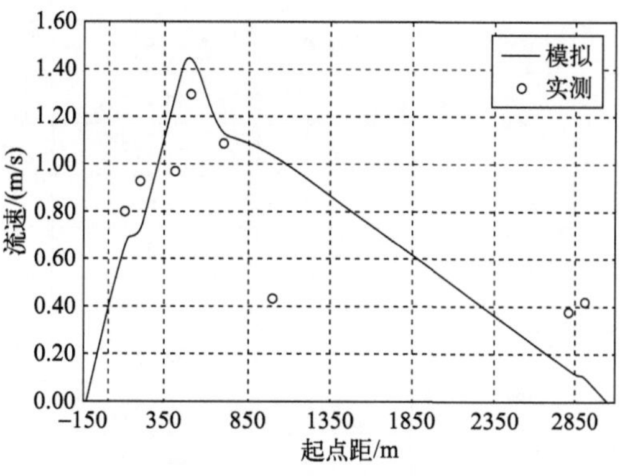

(b) 荆92

图15-30

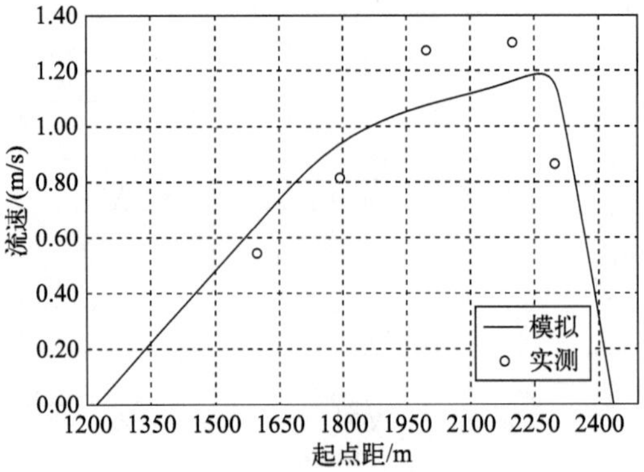

(c) 荆95

图15-30　石首弯道断面流速分布验证图

2）水质验证

根据 7 月 9 日当日实测资料，验证 COD 污染指标的降解系数。降解系数表征了水体污染物降解速率的大小，是模型中的一个重要参数，与污水特征、河段特征、水文条件、温度等影响条件有关。

监测点分布于荆 90、荆 92 及荆 95 断面，每个断面有 5 个监测点。根据当日情况确定模型边界条件，计算条件见表 15-18，最后可确定 COD 降解系数为 $2.16d^{-1}$。COD 实测与模拟浓度对比见表 15-19。由于实测资料受到地形、水流、温度以及取样条件等多种因素影响，且检测时存在误差，少数点验证结果较差，但整体验证结果较好。

表15-18　计算条件表

进口边界	出口边界	进口边界	出口边界
流量 18200m^3/s	水位 35.03m	COD浓度 46mg/L	零梯度

表15-19　COD实测与模拟浓度对比表　　单位：mg/L

断面	测点号	实测	模拟	模拟－实测	相对误差/%
荆90	1	38.421	42.626	4.204	10.943
	2	51.435	44.663	−6.772	13.166
	3	38.658	45.159	6.501	16.817
	4	48.832	44.912	−3.920	8.028
	5	35.582	45.371	9.789	27.512
荆92	1	38.658	43.246	4.589	11.870
	2	40.551	43.971	3.420	8.434
	3	41.379	43.739	2.360	5.703
	4	39.019	40.094	1.074	2.75
	5	29.903	37.820	7.917	26.475

续表

断面	测点号	实测	模拟	模拟－实测	相对误差/%
荆95	1	34.399	40.135	5.736	16.674
	2	35.622	40.357	4.735	13.292
	3	35.859	40.396	4.538	12.652
	4	37.475	38.589	1.114	2.973
	5	40.787	35.488	−5.300	12.993

15.2.2.6 三峡库区支流香溪河立面二维水动力-水质数学模型率定与验证

（1）网格划分

根据网格划分原则，将香溪河库湾划分为64个河段、109层。计算网格垂向间距为1m，各单元长度为500m。考虑到三峡水库最高蓄水位为175m，因此模型顶部高程设为175m。为评价所建网格的合理性，将模型计算出的水位-库容关系与实际监测的香溪河水位-库容关系比较发现，两者平均相对误差为0.065%，在允许误差范围之内。

（2）模型参数率定

主要对代表库湾水动力特性的垂向水温、纵向流速进行率定，水温选取库湾具有代表性的XX01（库湾下游）、XX06（库湾中游）、XX09（库湾上游）三个样点描述，纵向流速选取整个库湾剖面进行描述。率定时间2010年1月1日～2012年12月31日，验证时间为2013年1月1日～2015年12月31日。

入流水温边界采用兴山水文站逐日水温过程，如图15-31所示。2010年1月1日～2015年12月31日水温呈现循环规律，年际之间变化规律较为一致，8月份水温升到最高，2月份水温降至最低。入流流量边界采用兴山水文站逐日流量过程，如图15-32所示，每年的6～9月汛期流量较大，最大值发生在2011年8月23日，达到了595m³/s，其余月份流量均较小。

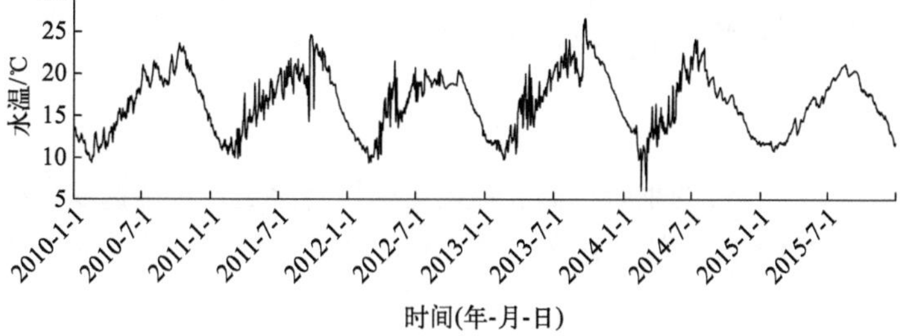

图15-31 香溪河库湾上游（兴山站）水温边界随时间变化图

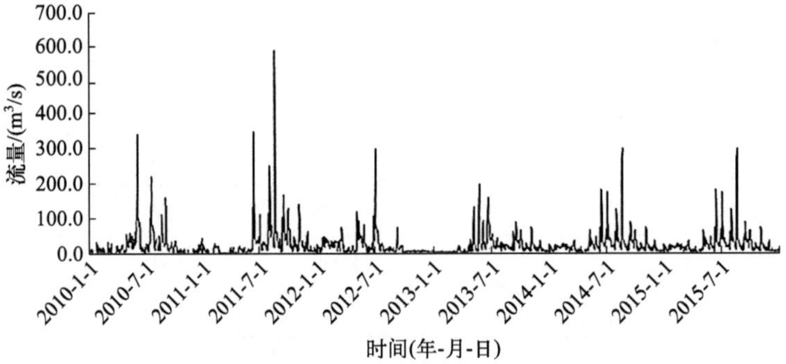

图15-32　香溪河库湾上游（兴山站）入流流量边界随时间变化图

下游水位边界条件采用坝前水位日均值，如图 15-33 所示，三峡水库 2010 年第一次蓄水至 175m，之后每年汛末都蓄至 175m。在 2010 ～ 2013 年每年汛期（6 ～ 9 月）三峡坝前水位都有较大频率和范围的波动，2014 ～ 2015 年此波动较小，符合常规蓄泄方式。下游水温边界为香溪河库湾与长江交汇处垂向上的实际监测水温值，监测频率根据实际需要为每周一次或每月一次。下游营养盐和浮游植物生物量边界采用香溪河库湾与长江交汇处分层采集水样室内分析的监测值，监测频率根据实际需要为每周一次或每月一次。

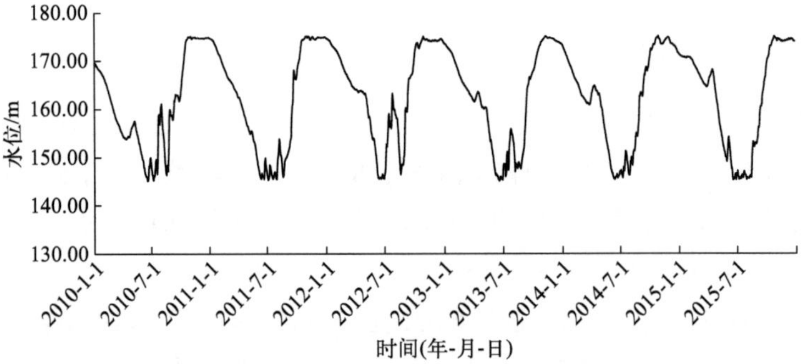

图15-33　香溪河下游（坝前）水位边界过程线

气温、露点温度、太阳辐射、风速、风向、云量和计算水域的经纬度等都是水气界面热交换过程的重要影响因素。气温、风速、风向和经纬度都是由实际监测获得，云量则由实际记录的日照时间来计算。太阳短波辐射由兴山水文站根据实际监测提供，露点温度由实测相对湿度和气温拟合得到，所有因素输入时间间隔为 1d。影响水库水动力特性的条件主要有气象、入流、出流、水库地理形态等。

（3）模型验证

对代表库湾水动力特性的垂向水温、纵向流速进行率定，水温选取库湾具有代表性的 XX01（库湾下游）、XX06（库湾中游）、XX09（库湾上游）三个样点，纵向流速选取整个库湾剖面。

1）水温垂向验证

选取库湾 2013 年 4 月 12 日和 10 月 21 日、2014 年 3 月 22 日和 12 月 29 日、2015 年

2月3日和5月26日的水温实测数据与模拟结果对比。近河口处XX01模型输出效果最佳，绝对平均误差和均方根误差均小于0.47℃，库湾上游XX09处模型输出效果相对较差，但误差小于1.2℃，属于可接受范围，满足模型率定要求。

2）水流纵向验证

2010年4月4日表层水流表现为长江干流水体由表层倒灌潜入香溪河库湾，实测数据表明干流倒灌厚度约为0～30m，随着潜入距离的增大倒灌强度变小，大部分水体潜入到距河口约20km处，小部分水体潜入库尾30km处，库湾上游来流水体以底部顺坡异重流的形式流出库湾，模拟结果表明干流倒灌厚度为0～30m，倒灌水体厚度与实测值相当，但潜入距离可至库尾约25km处，倒灌强度比实测值偏小，实测结果表明的流向呈现出多元化，靠近河口水深45m处中间水体流向与四周水体流向均不同，这种不同可能是由监测时的扰动所致。

2010年10月10日，实测和模拟结果均表现为干流水体由表层倒灌进入香溪河，库湾上游来水沿着河床底部流出库湾，实际监测显示干流水体倒灌厚度为0～55m，倒灌潜入距离延伸到库尾约30km处，模拟结果显示干流水体倒灌厚度为0～55m，与实测值相同，倒灌潜入距离与实测值相同，延伸至库湾尾部约30km处。2011年、2012年均以相同方式进行分析，可以确定模型能够较好地模拟出香溪河库湾分层流动的水流特性，总体呈现出定性准确、定量合理的原则。

15.3 三峡水库群联合调度对支流水华的控制技术

15.3.1 复杂水流条件下的支流水华预测预报方法

15.3.1.1 三峡水库支流分层异重流特征

香溪河库湾下游存在表层倒灌、中上层倒灌、中下层倒灌、底层倒灌4种倒灌方式。全年发生次数最多的倒灌方式为中上层倒灌，其次为表层倒灌，这两种典型倒灌方式对水华的发生发展及消亡有着重要影响。

（1）表层倒灌异重流

图15-34为2010年6月27日～7月3日香溪河库湾下游表层倒灌异重流的情形，长

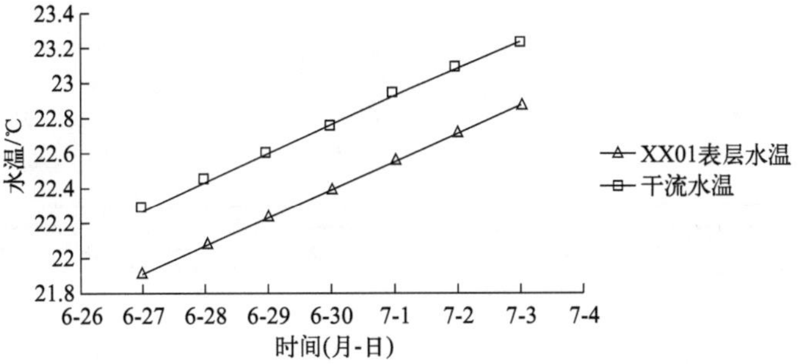

图15-34 长江干流水温与香溪河库湾XX01断面表层水温对比

江干流水温范围为22.28～23.23℃，库湾XX01断面水温范围为21.92～22.88℃，干流水温高于香溪河库湾下游表层水温，最大温差为0.37℃。水温差异导致干支流水体密度差，干流水体由表层倒灌进入支流库湾。

（2）中上层倒灌异重流

图 15-35 为 2015 年 8 月 5 ～ 19 日发生香溪河库湾下游中上层倒灌异重流的情形，干流水温介于库湾下游 XX01 断面中层与表层水温之间，干流水温范围为 25.75 ～ 26.59℃，库湾 XX01 断面中层水温范围为 25.54 ～ 25.59℃，库湾 XX01 断面表层水温范围为 25.96 ～ 27.28℃，XX01 断面中层水温与干流水温最大温差为 1.01℃，表层与干流最大温差为 0.86℃。此时段干流水体密度在库湾下游中层与表层之间，故干流水体由中上层倒灌进入支流库湾。

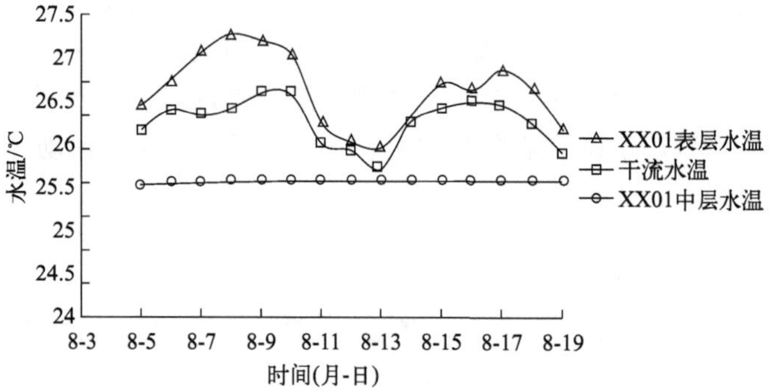

图15-35　长江干流水温与香溪河库湾XX01断面水温对比

15.3.1.2　支流水华生消主要水动力参数

图 15-36 给出了香溪河定点（XX06）2014 ～ 2016 年真光层深度随时间变化过程，可以看出香溪河定点（XX06 ）真光层深度变化趋势大致相似，真光层深度最大为 15m、最小为 2m。

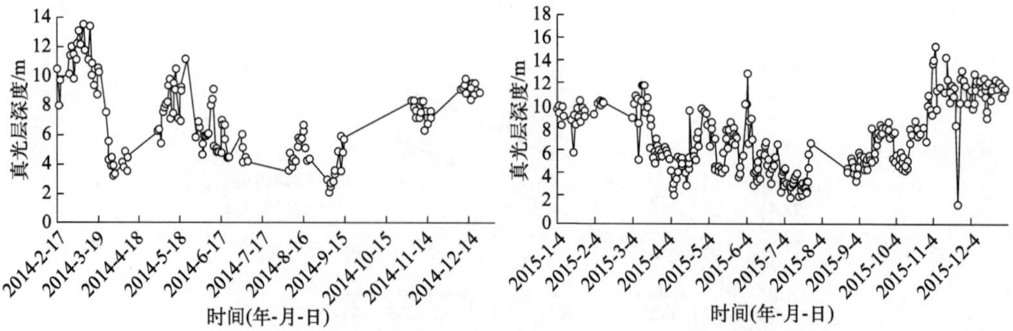

(a) 2014年　　(b) 2015年

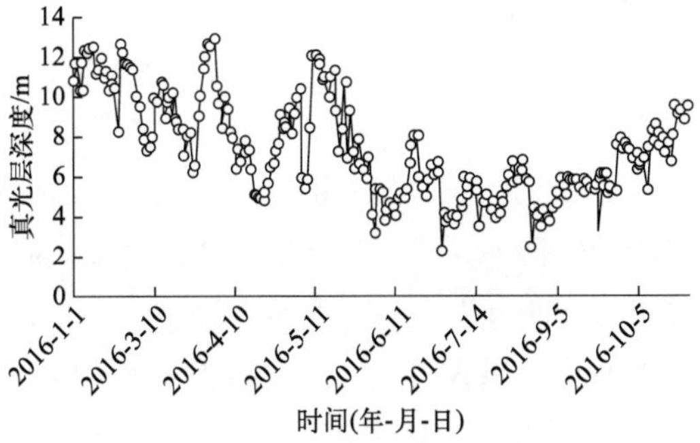

(c) 2016年

图15-36 香溪河定点XX06真光层深度随时间变化（2014～2016年）

香溪河库湾真光层、混合层深度的年际变化过程如图 15-37 所示。香溪河库湾真光层深度年际变化较小，1 ～ 2 月份，真光层深度几乎保持稳定状态，真光层深度相对较大，3 月初，真光层深度逐渐减小，4 月初～ 8 月底，真光层深度相对较小，且保持波动状态，9 ～ 12 月真光层深度增大。混合层深度的年际变化较为明显，1 ～ 2 月水体混合层深度较大，最高达 40m，水体几乎呈完全混合状态，3 ～ 5 月份开始，混合层深度呈降低趋势，6 ～ 8 月降至年内最低，9 月水库开始蓄水，水体扰动较大，混合层深度呈增加趋势，11 ～ 12 月增至年内最高。香溪河库湾光混比季节性差异较大，1 ～ 2 月份水体光混比较小，进入春季后，光混比逐渐增大，4 月份达到春季最大，夏季光混比达到年内最高，秋季光混比较夏季略低，且呈下降趋势，冬季光混比达到年内最低，且保持较为稳定状态，变化较小。

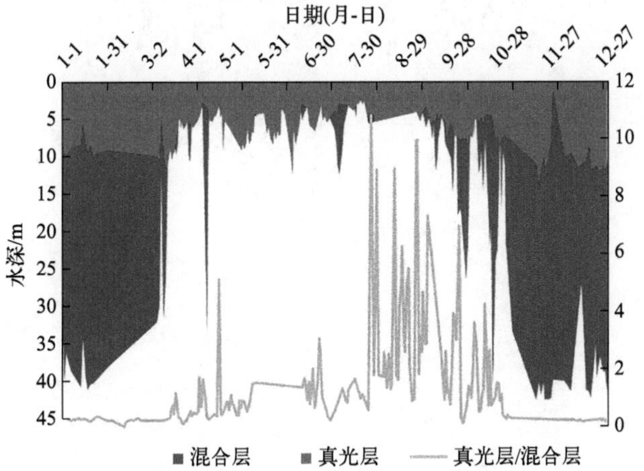

图15-37 香溪河库湾水体真光层、混合层变化规律

图 15-38 是 2015 ～ 2016 年香溪河库湾监测点 XX06 表层总氮（TN）、硝酸盐氮（NO_3^--N）、总磷（TP）、磷酸盐（PO_4^{3-}-P）随时间变化规律图。从图 15-38 中可以看出，香溪河库湾总氮浓度略大于硝酸盐氮浓度，且二者变化趋势基本一致，说明硝酸盐氮是香溪河氮营养盐的主要组成部分。年内氮营养盐变化过程包含五个阶段：2015 年 1 月～ 5

月中旬为第Ⅰ阶段，5 月中旬～ 8 月中旬为第Ⅱ阶段，8 月中旬～ 10 月中旬为第Ⅲ阶段，10 月中旬～ 12 月中旬为第Ⅳ阶段，12 月中旬～ 12 月底为第Ⅴ阶段。2016 年 1 月至 4 月底为第Ⅰ阶段，4 月底至 6 月中旬为第Ⅱ阶段，6 月中旬～ 7 月中旬为第Ⅲ阶段，7 月中旬～ 9 月中旬为第Ⅳ阶段，9 月中旬～ 12 月底为第Ⅴ阶段。第Ⅰ阶段，氮营养盐整体呈下降趋势，由开始的大于 1.5mg/L 降至小于 0.5mg/L；第Ⅱ阶段，氮营养盐呈显著的上升趋势，且上升幅度较大，由小于 0.5mg/L 左右上升至 2.5mg/L；第Ⅲ阶段，氮营养盐呈现为波动频繁状态，无明显变化规律；第Ⅳ阶段，氮营养盐整体又呈下降趋势，阶段末降至 1.00mg/L 左右；第Ⅴ阶段，氮营养盐又开始上升，并超过 2.0mg/L。整体上看，香溪河库湾氮营养盐浓度绝大多数时间均超过 0.2mg/L，水体处于富营养化状态。

总磷（TP）和磷酸盐（PO_4^{3-}-P）整体变化趋势与氮营养盐有很大的不同，在一年内的变化基本可以划分为四个阶段。2015 年，第Ⅰ阶段为每年的 1 月～ 4 月中旬，为磷营养盐整体升高阶段；第Ⅱ阶段从 4 月中旬～ 6 月中旬，为磷营养盐整体下降阶段；第Ⅲ阶段从 6 月中旬～ 10 月下旬，为磷营养盐无规律波动变化阶段；第Ⅳ阶段从 10 月下旬～ 12 月底，磷营养盐维持整体平稳略有升高。

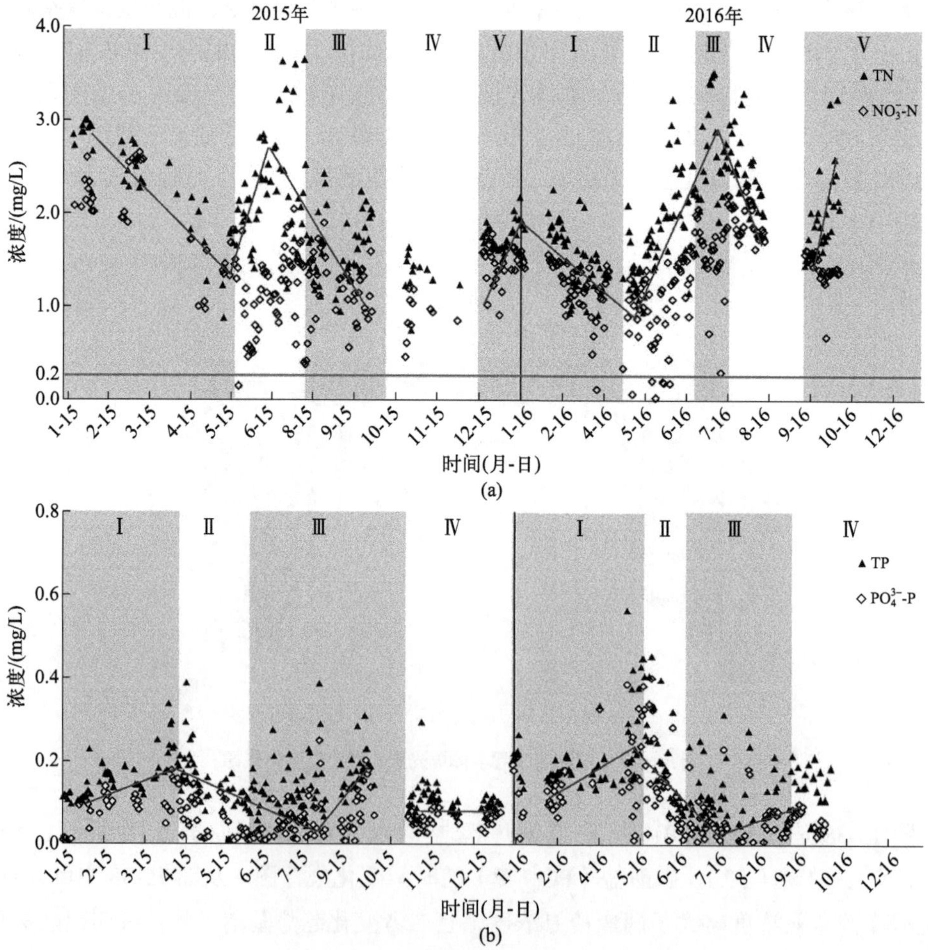

图15-38　香溪河库湾营养盐随时间变化过程

图 15-39 是 2015 年、2016 年香溪河库湾总氮浓度空间分布规律。以 2015 年为例，在枯水运用期的 1 月，长江干流总氮浓度为 1.5mg/L ；在香溪河库湾，从河口的 XX00 至回水末端的 XX09，总氮浓度均在 1.50mg/L 左右，空间差异性并不显著；香溪河上游来流的总氮浓度在 0.8mg/L 左右，明显低于长江干流和香溪河库湾。汛前泄水期的 3 月，长江干流总氮浓度有所降低；但香溪河库湾总氮浓度自河口至回水末端呈先上升后下降再上升最后又降低的变化趋势。8 月，三峡水库处于汛期，此时长江干流总氮营养盐较前两期没有显著变化，为 1.5mg/L 左右；在香溪河库湾，总氮浓度较 3 月明显升高。9 月末的汛后蓄水期，香溪河库湾河口至回水末端，总氮浓度大致呈现先增大后减小的变化趋势；香溪河库湾上游来流总氮浓度始终保持在 1mg/L 左右的水平。2016 年总氮浓度空间变化整体趋势与 2015 年基本一致。

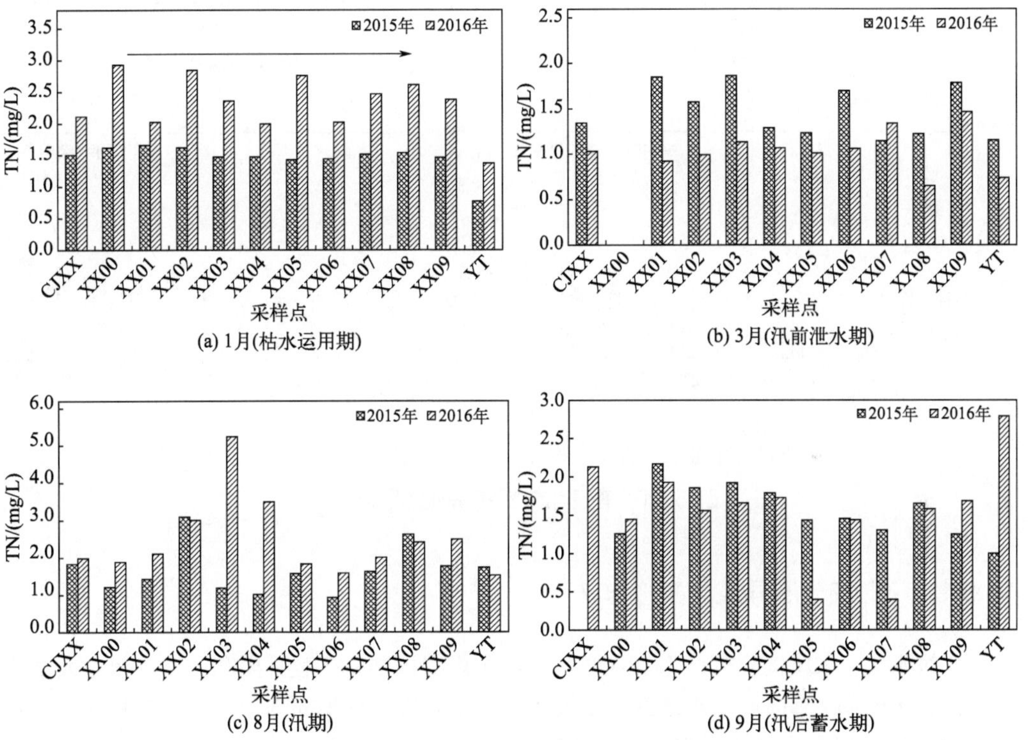

图15-39 香溪河库湾氮营养盐空间变化过程

香溪河总磷空间变化规律如图 15-40 所示，香溪河上游来流总磷浓度明显高于香溪河库湾和长江干流郭家坝（GJB），这与上游来流总氮浓度始终处于较低水平正好相反，说明香溪河上游来流为高磷低氮水体。从 2015 年总磷空间分布规律来看，在枯水运用期的 1 月，长江干流总磷浓度在 0.08mg/L，香溪河河口略大于长江干流，但香溪河回水末端 XX09 样点的总磷浓度接近 0.12mg/L，且自河口至末端呈现略有上升的趋势，但整体变化并不显著，香溪河上游来流总磷浓度超过 0.10mg/L。3 月，长江干流磷营养盐保持在 0.10mg/L 左右，但自香溪河河口至库湾末端磷营养盐呈现“升高—降低—升高”的变化趋势，上游来流均超过 0.10mg/L。汛期 8 月，长江干流磷营养盐升至 0.25mg/L，但自河口至中游的XX02逐渐递减至0.05mg/L，而从XX02至回水末端又呈现出逐渐上升的趋势。2016年总磷纵向变化规律除上游来流总磷浓度大小与2015年有所差异外，空间分布规律与2015年基本一致。

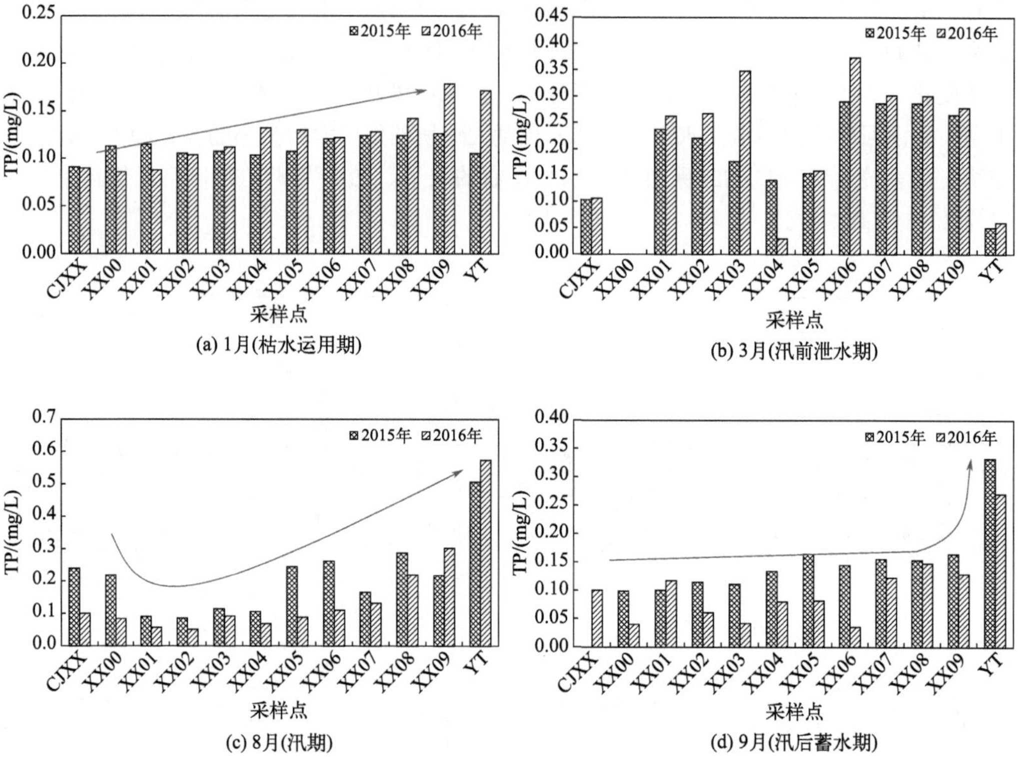

(a) 1月(枯水运用期)　(b) 3月(汛前泄水期)

(c) 8月(汛期)　(d) 9月(汛后蓄水期)

图15-40　香溪河库湾磷营养盐空间变化过程

15.3.1.3　支流分层异重流模拟方法

二维水文 - 水质耦合模型（CE-QUAL-W2）由美国陆军工程兵团和波特兰州立大学负责开发，为纵向 / 垂向二维水动力水质模型。模型假定水体横向均匀，在纵向和垂向上存在温度或浓度梯度的水体中都有广泛应用。CE-QUAL-W2模型的控制方程以流体力学为基础，建立忽略横向y轴差异的连续性方程和动量方程。

（1）连续方程

$$\frac{\partial UB}{\partial x}+\frac{\partial WB}{\partial z}=qB \tag{15-4}$$

式中　U——x向流速，m/s；

W——z向流速，m/s；

q——侧向单位体积入流或出流，s^{-1}；

B——水面宽度，m。

（2）动量方程

x 向：

$$\frac{\partial UB}{\partial t}+\frac{\partial UUB}{\partial x}+\frac{\partial WUB}{\partial z}=gB\sin\alpha+g\cos\alpha B\frac{\partial \eta}{\partial x} \\ -\frac{g\cos\alpha B}{\rho}\int_{\eta}^{z}\frac{\partial \rho}{\partial x}\mathrm{d}z+\frac{1}{\rho}\frac{\partial B\tau_{xx}}{\partial x}+\frac{1}{\rho}\frac{\partial B\tau_{xz}}{\partial z}+qBU_x \tag{15-5}$$

z 向：

$$\frac{\partial W}{\partial t}+U\frac{\partial W}{\partial x}+W\frac{\partial W}{\partial z}=g\cos\alpha-\frac{1}{\rho}\frac{\partial P}{\partial z}+\frac{1}{\rho}\left(\frac{\partial \tau_{zx}}{\partial x}+\frac{\partial \tau_{zz}}{\partial z}\right) \tag{15-6}$$

式中　U——x向流速，m/s；
W——z 向流速，m/s；
B——水面宽度，m；
g——重力加速度，m/s^2；
α——河底与水平线夹角，rad；
t——时间；
η——流体的动力黏度；
ρ——流体的密度；
U_x——流体在 x 方向上的速度分量；
q——外部源项；
P——流体的压力；
τ_{xx}——控制体在 x 面 x 向的湍流剪应力，N/m^2；
τ_{xz}——控制体在 z 面 x 向的湍流剪应力，N/m^2；
τ_{zx}——控制体在 x 面 z 向的湍流剪应力，N/m^2；
τ_{zz}——控制体在 z 面 z 向的湍流剪应力，N/m^2。

由于忽略水体横向差异，z 方向动量方程简化为式：

$$0=g\cos\alpha-\frac{1}{\rho}\times\frac{\partial P}{\partial z} \tag{15-7}$$

（3）状态方程

水体密度受温度（T_w）、溶解性总固体（TDS）、总悬浮物（TSS）等因素共同影响。状态方程为描述水体密度随水体温度和溶解质含量变化而变化的方程，其关系式为：

$$\rho=f\left(T_w,\Phi_{TDS},\Phi_{TSS}\right)=\rho_T+\Delta\rho_S \tag{15-8}$$

式中　ρ——水体密度，kg/m^3；
ρ_T——考虑水温影响的水体密度，kg/m^3；
$\Delta\rho_S$——考虑水体内溶解性有机物及悬浮物对水体密度产生的增量，kg/m^3；当不考虑这些带来的密度差异时，$\Delta\rho_S$项忽略。

水温 T 与水体密度ρ_T的关系式如下：

$$\rho_T=999.85+6.79\times10^{-2}T-9.10\times10^{-3}T^2 \\ +1.00\times10^{-4}T^3-1.12\times10^{-6}T^4+6.54\times10^{-9}T^5 \tag{15-9}$$

（4）对流－扩散方程

$$\frac{\partial B\Phi}{\partial t}+\frac{\partial UB\Phi}{\partial x}+\frac{\partial WB\Phi}{\partial z}-\frac{\partial\left(BD_x\frac{\partial\Phi}{\partial x}\right)}{\partial x}-\frac{\partial\left(BD_z\frac{\partial\Phi}{\partial z}\right)}{\partial z}=q_\Phi B+S_\Phi B \tag{15-10}$$

式中　Φ——横向平均组分浓度，g/m^3；

U——x向流速，m/s；

W——z向流速，m/s；

B——水面宽度，m；

D_x——温度和组分纵向扩散系数，m^2/s；

D_z——温度和组分垂向扩散系数，m^2/s；

q_Φ——单位体积内物质横向流入或流出的量，$g/(m^3\cdot s)$；

S_Φ——横向平均的源汇项，$g/(m^3\cdot s)$。

（5）自由水面方程

$$B_\eta\frac{\partial\eta}{\partial t}=\frac{\partial}{\partial x}\int_\eta^h Bu\mathrm{d}z-\int_\eta^h qB\mathrm{d}z \tag{15-11}$$

式中　B_η——宽度系数；

h——水位。

（6）湍流模型

模拟水库水温时，推荐采用W2公式。W2形式为：

$$A_z=\kappa\left(\frac{l_\mathrm{m}}{2}\right)^2\sqrt{\left(\frac{\partial u}{\partial z}\right)^2+\left(\frac{\tau_{wy}\mathrm{e}^{-2kz}+\tau_{y,\text{支流}}}{\rho A_z}\right)^2}\mathrm{e}^{-CRi} \tag{15-12}$$

$$l_m=\Delta z_{\max} \tag{15-13}$$

式中　A_z——垂向涡流黏滞系数，m^2/s；

κ——范卡门常数，无量纲；

l_m——混合长度，m；

u——垂向流速，m/s；

z——垂向坐标，m；

τ_{wy}——因风力而产生的横向剪应力，N/m^2；

k——波数；

$\tau_{y,\text{支流}}$——因支流汇入而产生的横向剪应力，N/m^2；

Ri——理查森数；

$\Delta z_{\max}$——垂向网格间距的最大值，m；

C——常数，取值为0.15。

CE-QUAL-W2采用平均误差（mean error，ME）、绝对平均误差（absolute mean error，AME）、均方差（root mean square error，RMSE）三个统计量来评价模型模拟的好坏，这三个统计量的计算公式如下：

$$\mathrm{ME}=\frac{\sum_{i=1}^{n}\left(X_{\text{实测},i}-X_{\text{模拟},i}\right)}{n} \tag{15-14}$$

$$\mathrm{AME}=\frac{\sum_{i=1}^{n}\left|X_{\text{实测},i}-X_{\text{模拟},i}\right|}{n} \tag{15-15}$$

$$\mathrm{RMSE}=\sqrt{\frac{\sum_{i=1}^{n}\left(X_{\text{实测},i}-X_{\text{模拟},i}\right)^2}{n}} \tag{15-16}$$

式中　n——实测值的次数；

$X_{\text{实测},i}$——变量 X 的第 i 个实测值；

$X_{\text{模拟},i}$——变量 X 对应于第 i 个实测值的模拟值。

15.3.1.4　水华藻类生长动力学模型

藻类生长动力学模型主要包括藻类自身光合作用增殖过程、呼吸作用、死亡分解等消耗过程、藻类自身沉降过程、与浮游动物之间的被捕食过程等（见图 15-41）。藻类增殖过程需要不同生源要素（碳、氮、磷、硅、有机质）、能量要素（光）、环境要素（温度、溶解氧）的协同作用。死亡藻类经过降解，释放的各种营养物质又将重新回到水体，参加物质循环。

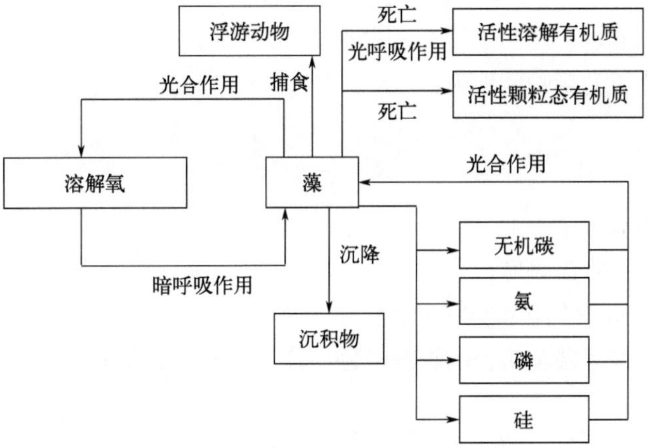

图15-41　藻类生长消亡与其他因子关系图

$$\begin{aligned}\frac{\mathrm{d}\Phi_{\mathrm{a}}}{\mathrm{d}t}=&\underbrace{K_{\mathrm{ag}}\Phi_{\mathrm{a}}}_{\text{生长}}-\underbrace{K_{\mathrm{ar}}\Phi_{\mathrm{a}}}_{\text{光呼吸}}-\underbrace{K_{\mathrm{ae}}\Phi_{\mathrm{a}}}_{\text{暗呼吸}}-\underbrace{K_{\mathrm{am}}\Phi_{\mathrm{a}}}_{\text{死亡}}-\underbrace{\omega_{\mathrm{a}}\frac{\partial\Phi_{\mathrm{a}}}{\partial z}}_{\text{沉降}}\\&\underbrace{-\sum\left(Z_{\mu}\Phi_{\mathrm{zoo}}\frac{\sigma_{\mathrm{alg}}\Phi_{\mathrm{a}}}{\sum\sigma_{\mathrm{alg}}\Phi_{\mathrm{a}}+\sigma_{\mathrm{pom}}\Phi_{\mathrm{lpom}}+\sum\sigma_{\mathrm{zoo}}\Phi_{\mathrm{zoo}}}\right)}_{\text{被捕食净损失}}\end{aligned} \tag{15-17}$$

式中　z——网格厚度；

Z_{μ}——浮游动物净生长速率；

K_{ag}——藻类生长速率；

K_{ar}——藻类暗呼吸速率；

K_{ae}——藻类代谢速率；

K_{am}——藻类死亡率；

ω_{a}——藻类下沉速率；

Φ_{a}——藻类浓度；

Φ_{zoo}——浮游动物浓度；

Φ_{lpom}——易变有机物的浓度；

σ_{alg}——藻类（algae）的被捕食净损失；

σ_{pom}——颗粒有机物的被捕食净损失；

σ_{zoo}——浮游动物的被捕食净损失。

由于藻类的生长率与温度、光照、氮、磷、碳、硅营养盐密切相关，因此藻类生长率可以表示为最大生长速率与受温度、光照及可利用营养盐影响函数之积，其相关的方程式如式（15-18）：

$$K_{ag} = K_{ag\max} f(T) f(\mathrm{L,N,P,C,Si}) \tag{15-18}$$

式中　$K_{ag\max}$——藻类最大生长率；

$f(T)$——藻类生长率对温度的本构关系方程，也称适配曲线；

$f(\mathrm{L,N,P,C,Si})$——光照、氮、磷、碳、硅营养盐等因子中对藻类生长起控制作用的限制函数。

光照对藻类生长的影响函数为：

$$\lambda_1 = \frac{I}{I_S} \mathrm{e}^{\left(1-\frac{I}{I_S}\right)} \tag{15-19}$$

式中　λ_1——光限制因子；

I——藻类可利用光照；

I_S——最大光合作用下光饱和常数。

不同营养盐浓度对藻类生长的影响函数一般采用 Monod 方程：

$$\lambda_i = \frac{\Phi_i}{P_i + \Phi_i} \tag{15-20}$$

式中　λ_i——第 i 种营养盐对藻类生长的限制因子；

Φ_i——第 i 种营养盐浓度；

P_i——第 i 种营养盐藻类生长的半饱和常数。

由于 CE-QUAL-W2 模型在水动力率定过程中影响参数较少，故仅通过试算即能得到较为准确的结果。相比水动力学的影响参数，水质参数则影响因素繁多。模型参数敏感性分析有助于识别不同模型参数对模型目标的重要性及贡献度，为参数率定提供参考依据。

扰动分析法是一种最简单的参数灵敏度分析方法，应用广泛，计算公式为：

$$S=\frac{\sum_{i=1}^{n-1}\frac{(Q_{i+1}-Q_i)/Q_a}{(P_{i+1}-P_i)/P_a}}{n-1} \tag{15-21}$$

式中 S——参数相对敏感度；

P_i、P_{i+1}——第 i、i+1 次输入参数；

Q_i、Q_{i+1}——第 i、i+1 次计算模型输出结果；

P_a、Q_a——P_i、P_{i+1} 的均值，Q_i、Q_{i+1} 的均值；

n——计算次数。

其参数敏感性评价见表 15-20。

表15-20 敏感性分级表

级别	S值范围	敏感性表征
Ⅰ	$\lvert S\rvert \leqslant 0.1$	不敏感
Ⅱ	$0.1<\lvert S\rvert \leqslant 0.25$	弱敏感
Ⅲ	$0.25<\lvert S\rvert \leqslant 0.5$	一般敏感
Ⅳ	$0.5<\lvert S\rvert \leqslant 1$	比较敏感
Ⅴ	$\lvert S\rvert >1$	特别敏感

以叶绿素 a 浓度为目标参数，通过对藻类生态动力学相关参数设定不同工况，分析各参数扰动对叶绿素 a 的敏感性，其敏感性参数分析见表 15-21。

表15-21 水质敏感性参数分析表

模块单元	模型参数	参数含义	单位	模型默认值	取值范围	工况设置	S-藻	敏感性
藻类生长率	AG	最大藻类生长率	d^{-1}	2	0.5～8	0.5, 1, 2, 3, 5, 8	0.9	Ⅳ
	AR	最大藻类呼吸率	d^{-1}	0.04	0.01～0.25	0.01, 0.04, 0.1, 0.15, 0.20, 0.25	0.65	Ⅳ
	AE	最大藻类代谢率	d^{-1}	0.04	0.01～0.25	0.01, 0.04, 0.1, 0.15, 0.20, 0.25	0.09	Ⅰ
	AM	最大藻类死亡率	d^{-1}	0.1	0.001～0.2	0.001, 0.01, 0.05, 0.1, 0.15, 0.2	0.51	Ⅳ
	AS	藻类沉降速度	m/d	0.1	0～5	0.1, 0.15, 0.2, 0.5, 1, 5	0.45	Ⅲ
	AHSP	磷半饱和常数	g/m^3	0.003	0.0005～0.08	0.0005, 0.001, 0.003, 0.01, 0.05, 0.08	0.19	Ⅱ
	AHSN	氮半饱和常数	g/m^3	0.014	0～0.4	0, 0.014, 0.05, 0.1, 0.2, 0.4	0.08	Ⅰ
	AHSSI	硅半饱和常数	g/m^3	0	0～0.4	0, 0.014, 0.05, 0.1, 0.2, 0.4	0.01	Ⅰ
	ASAT	光半饱和常数	W/m^2	100	10～150	10, 30, 50, 75, 100, 150	0.04	Ⅰ
藻类化学计量比	AP	藻类干重磷含量	无量纲	0.005	0.0008～0.03	0.0008, 0.003, 0.005, 0.01, 0.02, 0.03	0.11	Ⅱ
	AN	藻类干重氮含量	无量纲	0.08	0.006～0.16	0.006, 0.04, 0.08, 0.1, 0.12, 0.16	0.06	Ⅰ
	AC	藻类干重量碳含量	无量纲	0.45	0.1～0.6	0.1, 0.2, 0.3, 0.45, 0.5, 0.6	0	Ⅰ

续表

模块单元	模型参数	参数含义	单位	模型默认值	取值范围	工况设置	S-藻	敏感性
藻类化学计量比	ASI	藻类干重硅含量	无量纲	0.18	0.1～0.4	0.1, 0.15, 0.18, 0.2, 0.3, 0.4	0	I
	ACHLA	藻类干重叶绿素a含量	无量纲	0.05	0.01～0.18	0.01, 0.02, 0.05, 0.1, 0.15, 0.18	1.001	V
	APOM	藻死亡生物量为磷量	无量纲	0.8	0.2～0.9	0.2, 0.4, 0.6, 0.7, 0.8, 0.9	0	I
	ANEQN	藻类氨氮转化量	无量纲	2	1～6	1, 2, 3, 4, 5, 6	0.005	I
	ANPR	藻类半饱和氨氮转化量	无量纲	0.001	0.001～0.2	0.001, 0.01, 0.05, 0.08, 0.1, 0.2	0	I
藻类氧化学计量比	O2AR	藻类呼吸需氧量	无量纲	1.1	0.5～4	0.5, 1.1, 1.5, 2, 3, 4	0	I
	O2AG	藻类初级生长需氧量	无量纲	1.4	0.4～4	0.5, 1, 1.4, 2, 3, 4	0	I

敏感性最高参数（Ⅴ级）为藻类化学计量比中的藻干重与叶绿素a的比值（ACHLA），该参数为藻类干重与叶绿素a含量换算系数，为无量纲系数。Ⅳ级敏感参数为藻类生长率模块中的最大藻类生长率（AG）、藻类呼吸率（AR）、藻类死亡率（AM），三者分别影响藻类的增殖、呼吸消耗及死亡代谢速率，对叶绿素a浓度影响较大。Ⅲ级敏感性参数为藻类生长率模块中的藻类沉降速度（AS）。不同藻种沉降速率差异较大将直接影响藻种在空间的垂向分布格局。Ⅱ级弱敏感参数为藻类生长率模块中藻类磷半饱和常数（AHSP）和藻类干重磷含量（AP），因此，在参数率定时对藻类与磷营养盐相关参数关注度应高于其他营养盐。

15.3.1.5　复杂水流条件下的支流水华的预测预报水动力模型

图15-42为香溪河库湾2010～2011年逐月水温变化图。香溪河水温2010年与2011年年际变化趋势基本一致，具有明显的季节性变化特征，冬季12月至次年2月水温逐渐降低，最低水温出现在2月；随着气温升高，3～8月水温逐步升高，并在8月达到峰值；进

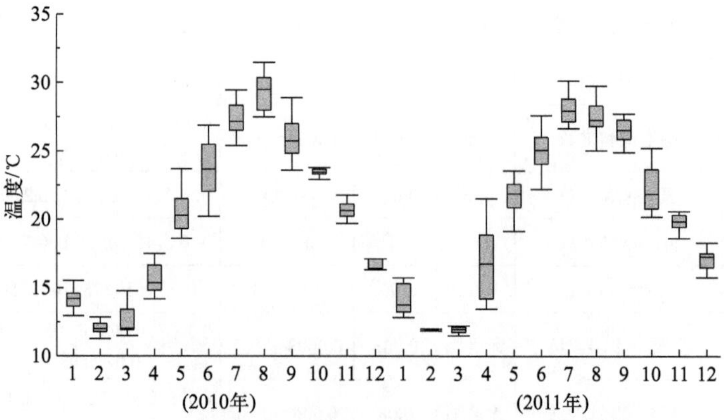

图15-42　香溪河库湾逐月水温变化

入秋季后气温逐步降低，水温随之降低。

图 15-43（书后另见彩图）为香溪河库湾 10 大优势藻种随时间变化图，香溪河库湾不同优势藻种年际变化趋势较为一致，季节演替特征可概括为：2 ～ 3 月甲藻、硅藻，3 ～ 5 月硅藻、绿藻，5 月底 6 月初硅藻、隐藻，7 月甲藻、硅藻，7 ～ 8 月蓝藻，9 ～ 11 月绿藻、硅藻、隐藻，11 月至次年 2 月硅藻、绿藻。

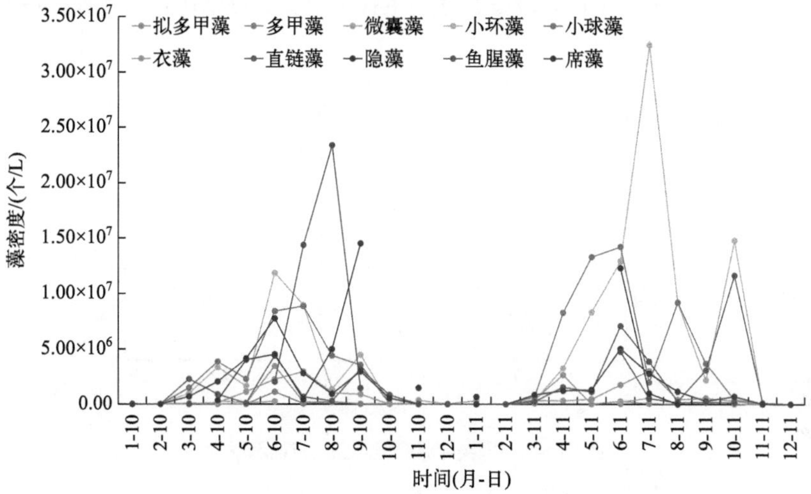

图15-43 香溪河库湾10大优势藻种藻密度逐月均值变化图

藻类生长率与温度关系函数可以分为 3 种：Ⅰ为线性方程；Ⅱ为指数型方程；Ⅲ为偏态分布曲线。在一定温度范围内，藻类生长率随温度升高而逐渐增加，当温度持续升高到藻类最适宜生长温度时，达到藻类最大生长率 $K_{\text{ag max}}$，之后随着温度升高藻类生长率将持续降低，因藻类生长率上升段与下降段并非左右对称，故可将藻类生长率与温度间本构关系函数概化为偏态分布曲线，如图 15-44 所示。

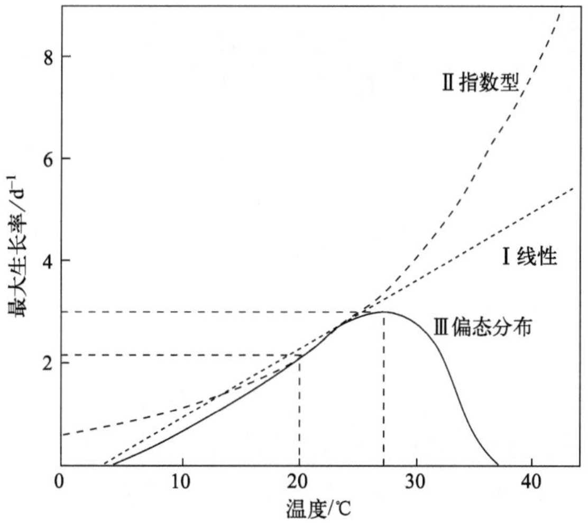

图15-44 不同类型温度与藻类生长率关系方程

由于不同藻种最大生长率 $K_{ag\ max}$ 差异较大，为构建适应于不同藻种生长率对温度的本构关系曲线，对藻种生长率标准化，将温度 T 对应的实际生长率除以该藻种的最大生长率，取Ⅲ型曲线标准化后所得方程如式（15-22）及图 15-45 所示。

$$f(T)=K_A(T)K_B(T) \tag{15-22}$$

式中　$f(T)$——藻类生长率对温度的本构关系方程，其值范围为 0 ～ 1，0 代表完全不适宜藻类生长，1 代表最适宜藻类生长，生长率可以达到该藻种的最大生长率。

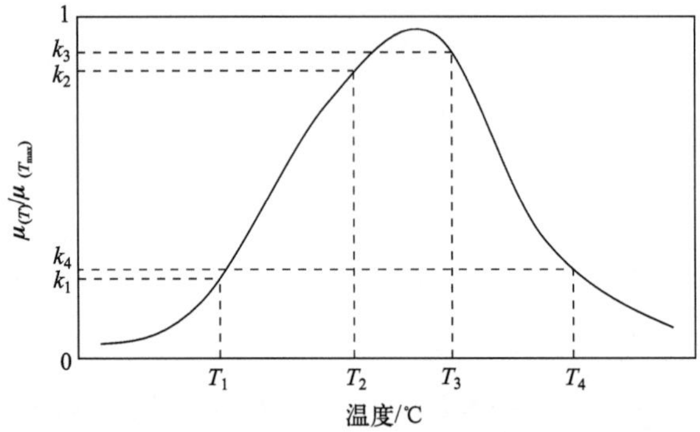

图15-45　藻类与温度偏态曲线方程示意图

在给定温度 T 下藻类的实际生长率与本构关系曲线对应点保持倍比变化，即藻类生长率 K_{ag} 与本构关系 $f(T)$ 满足下式：

$$K_{ag}=K_{ag\max}f(T) \tag{15-23}$$

左侧部分：

$$K_A(T)=\frac{k_1 e^{\gamma_1(T-T_1)}}{1+k_1\left[e^{\gamma_1(T-T_1)}-1\right]} \tag{15-24}$$

$$\gamma_1=\frac{1}{T_2-T_1}\left[\ln\frac{k_2(1-k_1)}{k_1(1-k_2)}\right] \tag{15-25}$$

右侧部分：

$$K_B(T)=\frac{k_4 e^{\gamma_2(T_4-T)}}{1+k_4\left[e^{\gamma_2(T_4-T)}-1\right]} \tag{15-26}$$

$$\gamma_2=\frac{1}{T_4-T_3}\left[\ln\frac{k_3(1-k_4)}{k_4(1-k_3)}\right] \tag{15-27}$$

$K_A(T)$ 为左侧上升段方程，$K_B(T)$ 为右侧下降段方程。该本构关系方程定义 8 个参数，T_1、T_2、T_3、T_4 为 4 个特征温度，依次为藻类生长率与温度本构关系对应的最低温度、较低温度、较高温度、最高温度；k_1、k_2、k_3、k_4 分别为 4 个特征温度对应的藻类生长率的特征值，k_3、k_2 取值一般大于 0.9。

藻类生长率对温度的偏态曲线适配方程在不同模型中得到了广泛的应用，然而由于实测数据的缺乏，目前该本构关系曲线方程所需要的 8 个参数（T_1、T_2、T_3、T_4、k_1、k_2、k_3、k_4）主要通过参数率定获得。水体中浮游植物群落藻种门属繁多，生境条件差异较大，随着研究藻种的增加，温度关联参数将以 8 倍递增，多藻种数值模拟增加了率定难度，降低了模拟精度，难以反映实际情况。通过香溪河积累的大量的野外观测资料，围绕藻类增殖过程，统计获取温度与不同藻种生物量关系曲线，由此曲线推求出不同藻种生长率对温度的本构关系曲线。

假设藻类生长率$K_{ag}(T)$为温度 T 的函数，藻类生物量用浓度 Φ 表示，是时间 t 和温度 T 的函数，即：

$$\Phi = \Phi(t,T) \tag{15-28}$$

在忽略其他过程只考虑藻类生长过程时，Φ 应满足方程：

$$\frac{\partial \Phi}{\partial t} = K_{ag}(T)\Phi \tag{15-29}$$

上式方程解为：

$$\Phi = \Phi_0 e^{K_{ag}(T)t} \tag{15-30}$$

两边同时对温度 T 求导，可得：

$$\frac{\partial \Phi}{\partial T} = \Phi_0 t e^{K_{ag}t} \frac{\partial K_{ag}(T)}{\partial T} \tag{15-31}$$

将式（15-30）代入式（15-31）可得：

$$\frac{\partial \Phi}{\partial T} = \Phi t \frac{\partial K_{ag}(T)}{\partial T} \tag{15-32}$$

假设在给定温度 T 下，藻类实际最大生物量为$\Phi_{max}(T)$，求不同温度对应的$\Phi_{max}(T)$即得到藻类生物量对温度的外包线，如图 15-46 所示。

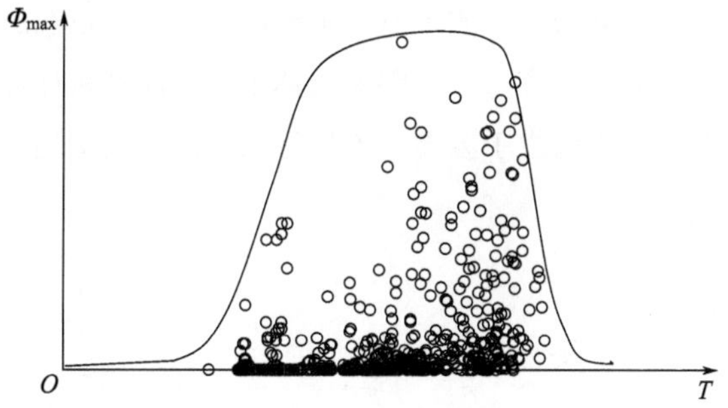

图15-46 藻类生物量与温度外包线示意图

设其外包线方程为：

$$\Phi = \Phi_{max}(T) \tag{15-33}$$

由式（15-30）可得：

$$\Phi_{max} = \Phi_0 e^{K_{ag}(T)t_{max}} \tag{15-34}$$

两边同时求对数可得：

$$\ln\left(\frac{\Phi_{max}}{\Phi_0}\right)=K_{ag}(T)t_{max} \tag{15-35}$$

上式即可求得在给定温度下达到其生物量最大值 Φ_{max} 所需的时间为：

$$t_{max}=\frac{1}{K_{ag}(T)}\ln\left(\frac{\Phi_{max}}{\Phi_0}\right) \tag{15-36}$$

将式（15-36）代入式（15-32）可得：

$$\frac{1}{\Phi_{max}}\times\frac{\partial\Phi_{max}}{\partial T}=\frac{1}{K_{ag}(T)}\ln\left(\frac{\Phi_{max}}{\Phi_0}\right)\frac{\partial K_{ag}(T)}{\partial T} \tag{15-37}$$

藻类最大生物量构成的外包线 $\Phi_{max}(T)$-T 和不同温度下藻类生长率 $K_{ag}(T)$-T 的形状具有相同的温度取值范围，$\Phi_{max}(T)$ 与 $K_{ag}(T)$ 最大值所对应的温度也相同，某种藻类生长适应温度范围及最适温度应该是藻类生长率对温度本构方程适配曲线确定的关键。如果 $\ln(\Phi_{max}/\Phi_0)$ 近似为常数，则 $\Phi_{max}(T)$-T 与 $K_{ag}(T)$-T 关系曲线形状相似，因此可以通过实测资料获取藻类生物量对温度 T 的外包线图，将该图标准化即可近似为藻类生长率对温度的本构关系适配曲线。

15.3.2　水库群联合调度对支流水华的控制作用

15.3.2.1　支流分层异重流基本运动模式

（1）上游表层顺坡异重流，下游表层倒灌异重流

图 15-47 概括了香溪河库湾发生上游表层顺坡异重流，下游表层倒灌异重流时的水动力情况。图 15-47 中，①表示库湾上游入流水温高于库湾水体表层水温时，入流水体由表层流入库湾存在的形态；②表示当干流水温高于库湾河口表层水温时，干流水体倒灌进入库湾存在的形态；③表示上游入流与干流倒灌水体中间原库湾水体存在的形态。①、②是主驱动部分，其驱动力的大小取决于温差、流量等因素。③是受迫运动部分，其大小和形态由①和②决定。

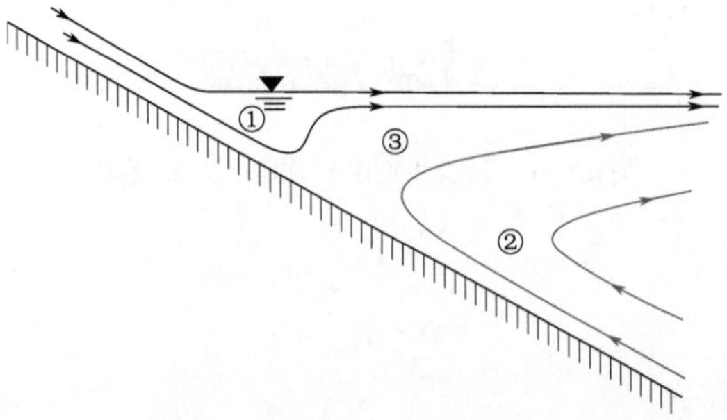

图15-47　上游表层顺坡异重流，下游表层倒灌异重流概化模式

图 15-48（书后另见彩图）归纳了（a）、（b）、（c）、（d）4 种典型的上游表层顺坡异重流，下游表层倒灌异重流存在形式。图 15-48（a）类型发生在 2011 年 4 月 9 日，库湾表层 5 ～ 25km 范围形成了两个涡旋，长江干流倒灌进入库湾的水体由涡流下方潜入库湾形成环流流出库湾。沿着表层倒灌进入库湾的水体受到库湾表层顺坡异重流的影响很难继续沿着表层继续潜入库湾，因此沿着涡旋下方流速很小、阻力很小的地方潜入库湾，最终形成环流沿着库湾底部流出库湾。图 15-48（b）类型发生在 2012 年 5 月 11 日，可以明显观察到干流水体沿表层倒灌潜入到库湾中上游，上游表层顺坡异重流运行到约 5km 处与干流倒灌水体相遇而受到阻力，同理，干流倒灌水体在此也受相同阻力，形成环流流出库湾，上游表层顺坡异重流水体也伴随着环流模式沿着底部流出库湾。图 15-48（c）类型发生在 2015 年 3 月 11 日，表现为倒灌强度最大的一种情况，一直持续到库湾上游，在全库湾形成一个大的环流，此时上游表层顺坡异重流直接受环流牵引作用沿着底部流出库湾。图 15-48（d）类型发生在 2015 年 4 月 8 日，是介于图 15-48（a）和（c）类型之间的一种情况，表层顺坡异重流与表层倒灌异重流在中上游相遇，形成涡旋和环流，库湾上游水体沿着涡旋下方流出库湾。

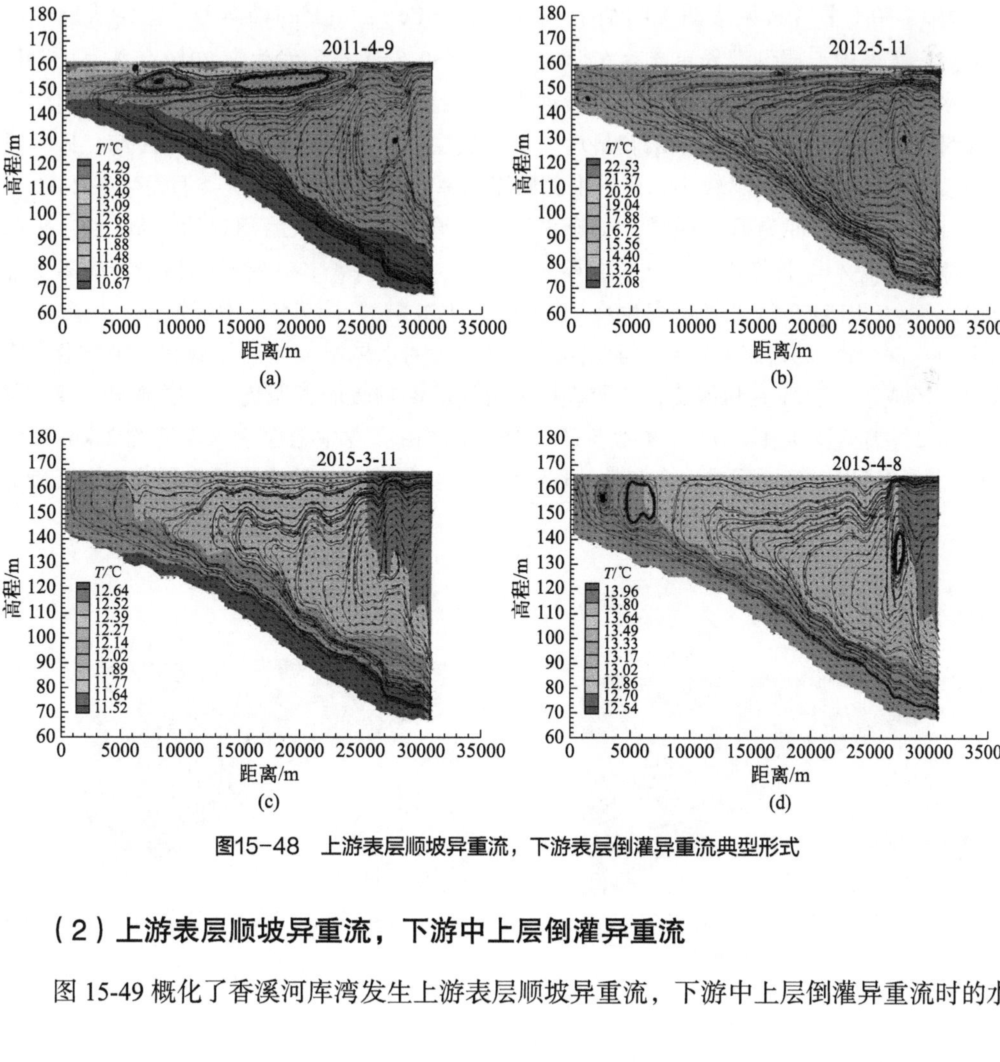

图15-48　上游表层顺坡异重流，下游表层倒灌异重流典型形式

（2）上游表层顺坡异重流，下游中上层倒灌异重流

图 15-49 概化了香溪河库湾发生上游表层顺坡异重流，下游中上层倒灌异重流时的水

动力情况。图 15-49 中，①表示库湾上游入流水温高于库湾水体表层水温时，入流水体由表层流入库湾存在的形态；②、③表示当干流水温在库湾河口表层水温与中层水温之间时，干流水体倒灌进入库湾可能发生的形态；④为受迫运动部分，其大小和形态由①、②和③存在的形态决定。

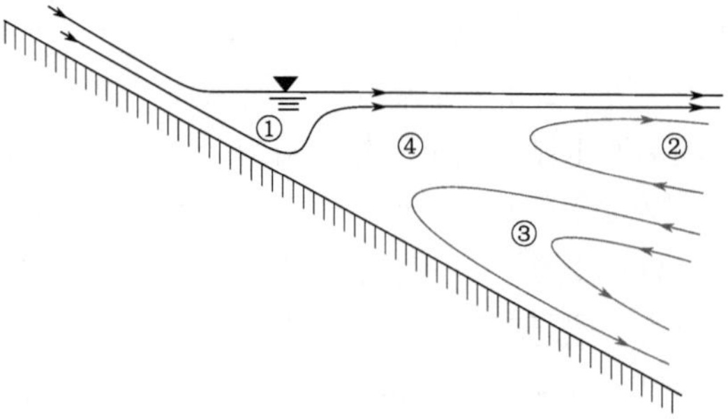

图15-49　上游表层顺坡异重流，下游中上层倒灌异重流概化模式

图 15-50（书后另见彩图）归纳了（a）、（b）、（c）、（d）四种典型的上游表层顺坡异重流，下游中上层倒灌异重流存在形式。图 15-50（a）类型发生在 2010 年 3 月 15 日，干流水体由库湾中上层潜入后分成两股动力：一股动力较大，在潜入库湾的同时向库湾下部潜入，然后沿着底部向上攀爬最后与上游表层入流共同沿着表层流出库湾；另一股动力较小，潜入库湾距离较小，最后由底部流出库湾。图 15-50（b）类型发生在 2011 年 4 月 3 日，此类型即为概化模式，干流水体由库湾中上层潜入距河口约 16km 处，一部分水体继续潜入与上游表层入流形成环流，沿表层流出库湾，一部分水体沿着库湾底部流出库湾。图 15-50（c）类型发生在 2012 年 3 月 27 日，干流水体由库湾中上层潜入后迅速向水深处潜入并流出库湾，与此同时，另一边的水体在垂向同样具有动量，沿着库湾向上形成了二次环流和涡旋，上游表层入流受的影响较弱，但仍从表层流出库湾。图 15-50（d）类型发生在 2015 年 4 月 5 日，干流水体由库湾中上层潜入库湾约 23km 处沿着底部顺坡流出库湾，形成一个完整的环流模式，上游表层入流完全不受影响由表层流出库湾。

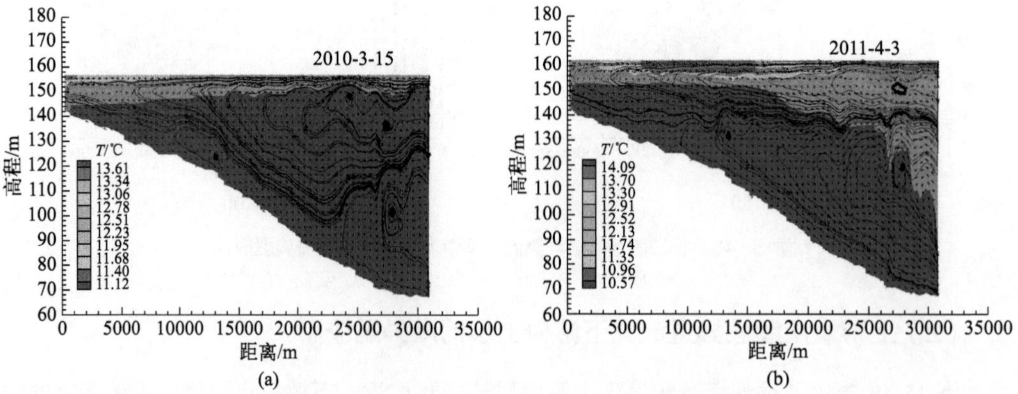

(a)　(b)

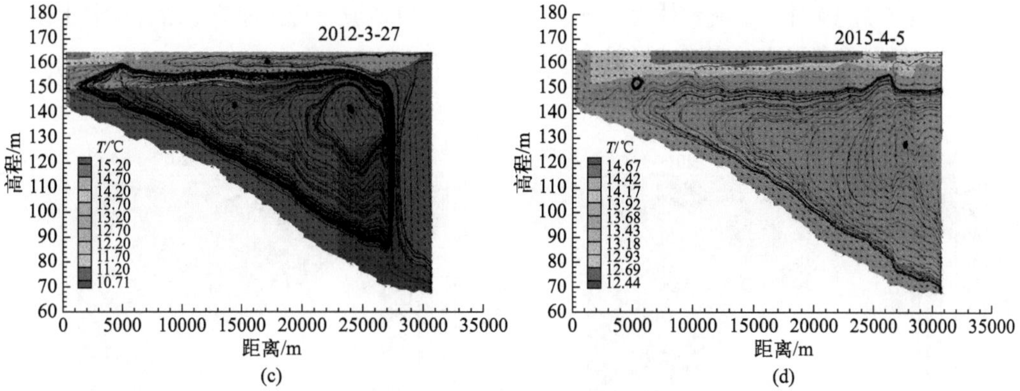

图15-50　上游表层顺坡异重流，下游中上层倒灌异重流典型形式

（3）上游表层顺坡异重流，下游中下层倒灌异重流

图 15-51 概化了香溪河库湾发生上游表层顺坡异重流，下游中下层倒灌异重流时的水动力情况。图 15-51 中，①表示库湾上游入流水温高于库湾水体表层水温时，入流水体由表层流入库湾存在的形态；②、③表示当干流水温在库湾河口中层水温与底层水温之间时，干流水体倒灌进入库湾可能发生的形态；④为受迫运动部分，其大小和形态由①、②和③存在的形态决定。

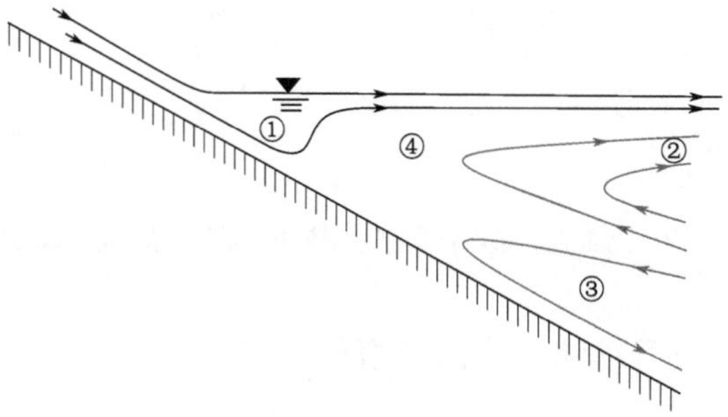

图15-51　上游表层顺坡异重流，下游中下层倒灌异重流概化模式

图 15-52（书后另见彩图）归纳了（a）、（b）、（c）、（d）四种典型的上游表层顺坡异重流，下游中下层倒灌异重流存在形式。图 15-52（a）类型发生在 2011 年 3 月 9 日，干流水体由中下层仅仅潜入距河口约 10km 处即形成环流由中上层流出库湾，库湾中游形成很大的涡旋，此种现象属于极不稳定状态，是在变化演替的过程中，上游表层入流受到一定程度的影响，但总体上仍是以表层流出库湾。图 15-52（b）类型发生在 2012 年 3 月 24 日，干流水体由中下层潜入库湾沿着底部逆向运行至库湾中上游，在上游表层顺坡异重流下方流出库湾，但倒灌潜入的水体中存在涡旋，需要进一步研究此类涡旋形成的原因。图 15-52（c）类型发生在 2013 年 2 月 28 日，此类型即为概化模式，干流水体由中下层潜入库湾形成两部分，一部分潜入到距河口约 15km 处转向表层并随着上游表层入流流出库湾，另一部分潜入到距河口 25km 处转向底层沿着库湾底部流出库湾。图 15-52（d）类型发生

在 2013 年 9 月 19 日，干流水体由中下层潜入库湾一直逆坡运行至库湾上游并随着上游表层入流一起沿着表层流出库湾，形成一个巨大的环流。

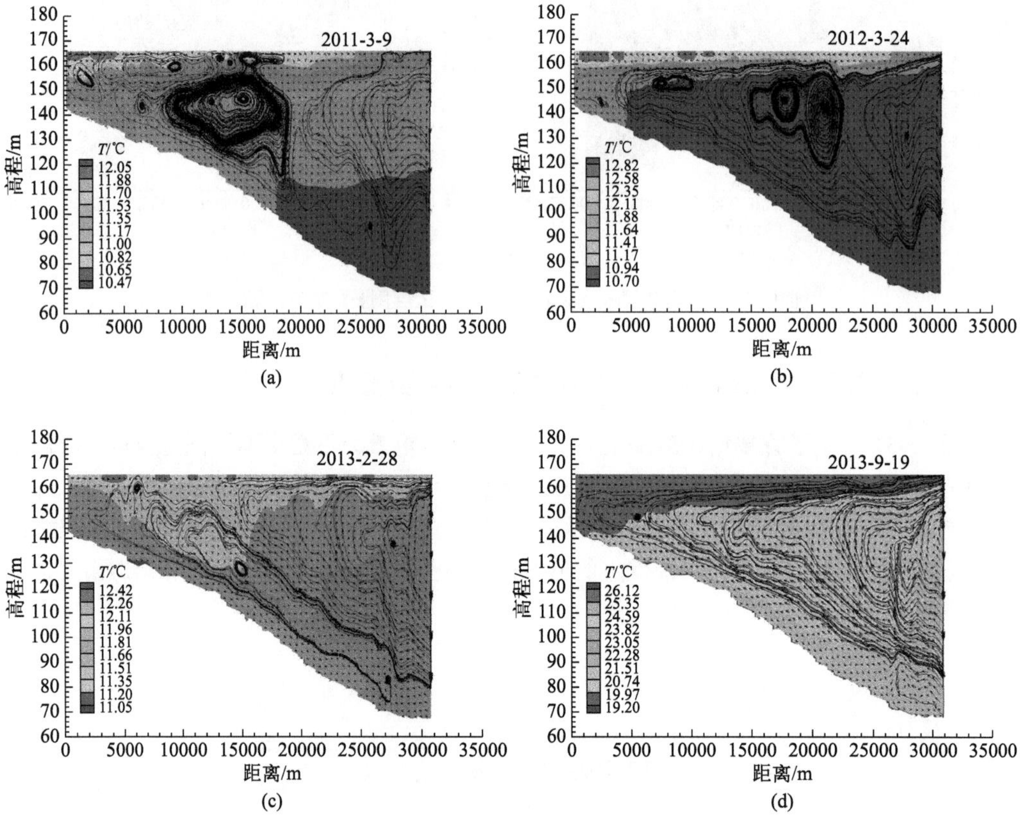

图15-52　上游表层顺坡异重流，下游中下层倒灌异重流典型形式

(4) 上游表层顺坡异重流，下游底层倒灌异重流

图 15-53 概化了香溪河库湾发生上游表层顺坡异重流，下游底层倒灌异重流时的水动力情况。图 15-53 中，①表示库湾上游入流水温高于库湾水体表层水温时，入流水体由表层流入库湾存在的形态；②表示当干流水温低于库湾河口底层水温时，干流水

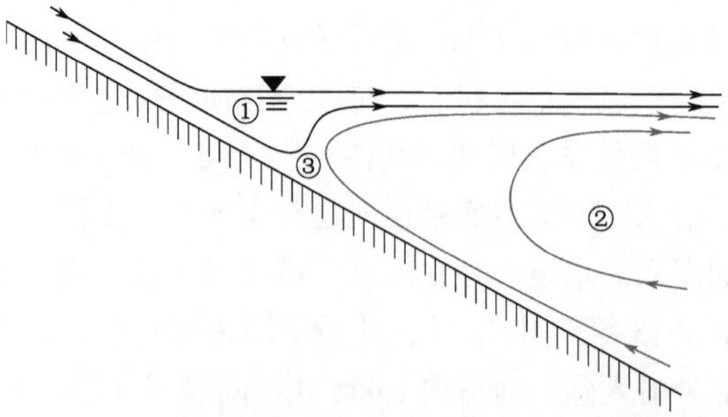

图15-53　上游表层顺坡异重流，下游底层倒灌异重流概化模式

体倒灌进入库湾可能发生的形态；③为受迫运动部分，其大小和形态由①和②存在的形态决定。

图 15-54（书后另见彩图）归纳了（a）、（b）、（c）、（d）四种典型的上游表层顺坡异重流，下游底层倒灌异重流存在形式。图 15-54（a）类型发生在 2011 年 3 月 5 日，干流水体由底层潜入库湾约 23km 处形成环流由表层流出库湾，库湾上游形成了一个小的环流，原因有待进一步探究。图 15-54（b）类型发生在 2011 年 3 月 15 日，干流水体由底部潜入库湾一直运行到库湾上游与上游表层入流一起流出库湾。图 15-54（c）类型发生在 2012 年 3 月 17 日，与图 15-52（d）类型相似，最大的区别是倒灌入库湾水体在上游表层入流下方交界处流出库湾。图 15-54（d）类型发生在 2013 年 9 月 28 日，与图 15-54（a）类型相似，区别在于库湾上游有一个小的涡旋，并没有形成环流。

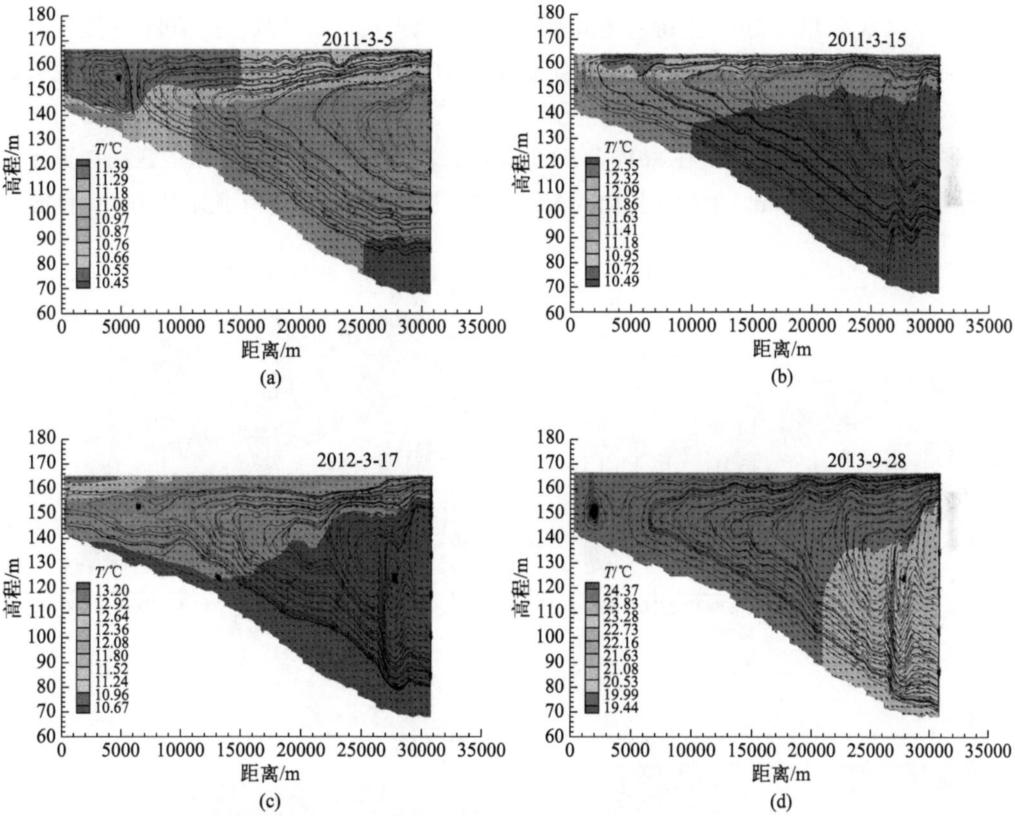

图15-54 上游表层顺坡异重流，下游底层倒灌异重流典型形式

（5）上游底层顺坡异重流，下游表层倒灌异重流

图 15-55 概化了香溪河库湾发生上游底层顺坡异重流，下游表层倒灌异重流时的水动力情况。图 15-55 中，①表示库湾上游入流水温低于库湾上游表层水温时，入流水体由底层流入库湾存在的形态；②表示当干流水温高于库湾河口表层水温时，干流水体倒灌进入库湾可能发生的形态；③为受迫运动部分，其大小和形态由①和②存在的形态决定。

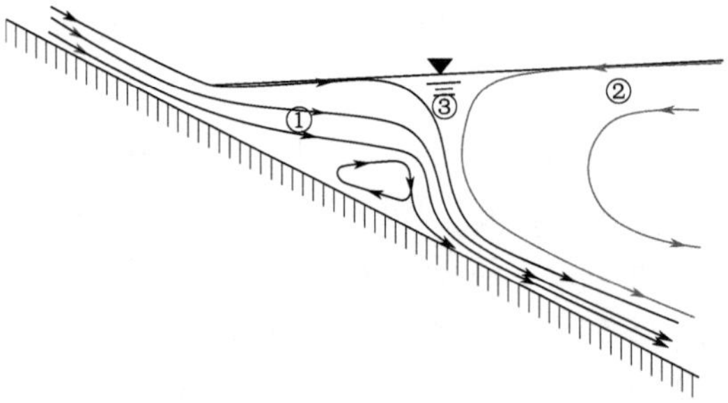

图15-55　上游底层顺坡异重流，下游表层倒灌异重流概化模式

图 15-56（书后另见彩图）归纳了（a）、（b）、（c）、（d）四种典型的上游底层顺坡异重流，下游表层倒灌异重流存在形式。图 15-56（a）类型发生在 2011 年 8 月 23 日，由于库湾处于低水位 147.31m，上游入流流量较大，因此先是全断面流入约 10km，随后由于断面面积增大和运行强度减弱，入流水体沿着库湾底部流出库湾，干流水体则是由表层倒灌进入库湾潜入与上游入流水体的交汇处形成环流，沿着上游底层顺坡水体界面流出库湾。图 15-56（b）类型发生在 2011 年 11 月 14 日，与图 15-56（a）类型的区别在于此类型处于高水位 174.25m，上游入流仍较大，由底层顺坡流出库湾，干流水体由表层倒灌潜

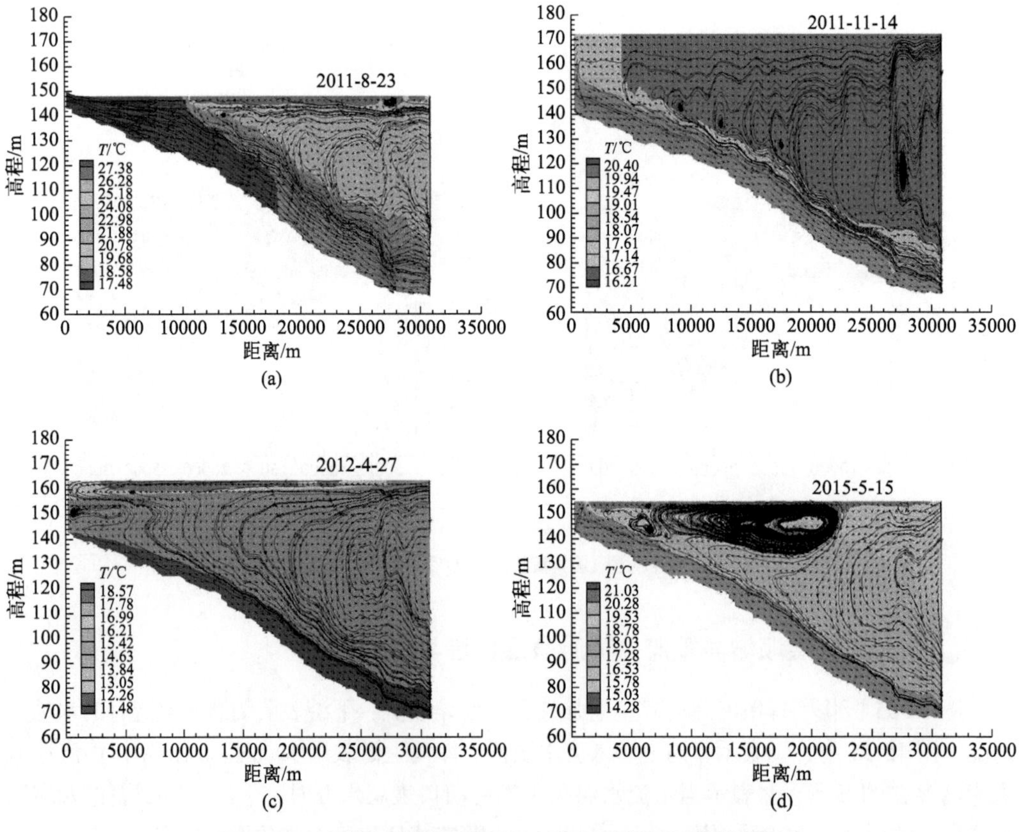

图15-56　上游底层顺坡异重流，下游表层倒灌异重流典型形式

入库湾后形成环流与上游入流一起沿着底部流出库湾。图15-56（c）类型发生在2012年4月27日，此类型上游底层顺坡强度较小，干流表层倒灌强度较大，倒灌水体持续运行至库湾上游入流处，随后形成环流伴随着上游底层入流沿着底部流出库湾。图15-56（d）类型发生在2015年5月15日，上游入流以底层顺坡流出库湾，干流水体由表层倒灌潜入库湾约7km处，在中游表层形成了一个较大的涡旋，倒灌水体由涡旋下方继续潜入与上游入流相汇形成环流沿着底部流出库湾。

（6）上游底层顺坡异重流，下游中上层倒灌异重流

图 15-57 概化了香溪河库湾发生上游底层顺坡异重流，下游中上层倒灌异重流时的水动力情况。图 15-57 中，①表示库湾上游入流水温低于库湾上游表层水温时，入流水体由底层流入库湾存在的形态；②、③表示当干流水温在库湾河口表层水温与中层水温之间时，干流水体倒灌进入库湾可能发生的形态；④为受迫运动部分，其大小和形态由①、②和③存在的形态决定。

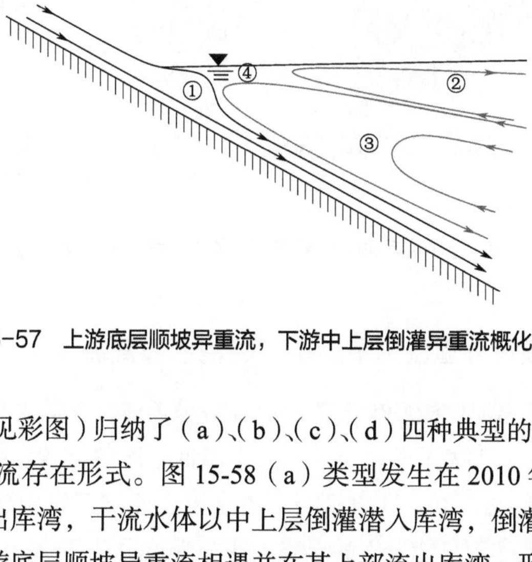

图15-57　上游底层顺坡异重流，下游中上层倒灌异重流概化模式

图 15-58（书后另见彩图）归纳了（a）、（b）、（c）、（d）四种典型的上游底层顺坡异重流，下游中上层倒灌异重流存在形式。图 15-58（a）类型发生在 2010 年 7 月 27 日，上游入流以底层顺坡形式流出库湾，干流水体以中上层倒灌潜入库湾，倒灌强度较大，倒灌水体运行至库湾上游与上游底层顺坡异重流相遇并在其上部流出库湾，形成大的环流模式。图 15-58（b）类型发生在 2012 年 6 月 27 日，上游入流①以底层顺坡流入库湾，干流水体以中上层倒灌潜入库湾后分成②、③两种形式，②水平潜入库湾约 15km，由表层流出库湾，③则潜入约 25km 处，由底层流出库湾，形成两个大小和方向迥异的环流。图 15-58（c）类型发生在 2012 年 7 月 28 日，上游入流以底层顺坡流入库湾，干流水体以中上层倒灌潜入库湾后分成两种形式：一种在倒灌入库湾的同时向水深处潜入，潜入厚度约为 25m，后逆坡继续向库湾上游潜入到约 23km 处由表层流出库湾，期间形成了一个大的涡旋；另一种同样向水深处潜入，只是与前者相反的方向由底层流出库湾。图 15-58（d）类型与图 15-58（b）类型相似，发生在 2015 年 5 月 22 日，区别在于②水平潜入强度较大，倒灌水体运行至约 23km 处，由表层流出库湾，③则潜入到约 16km 处，伴随着上游入流由底层流出库湾。

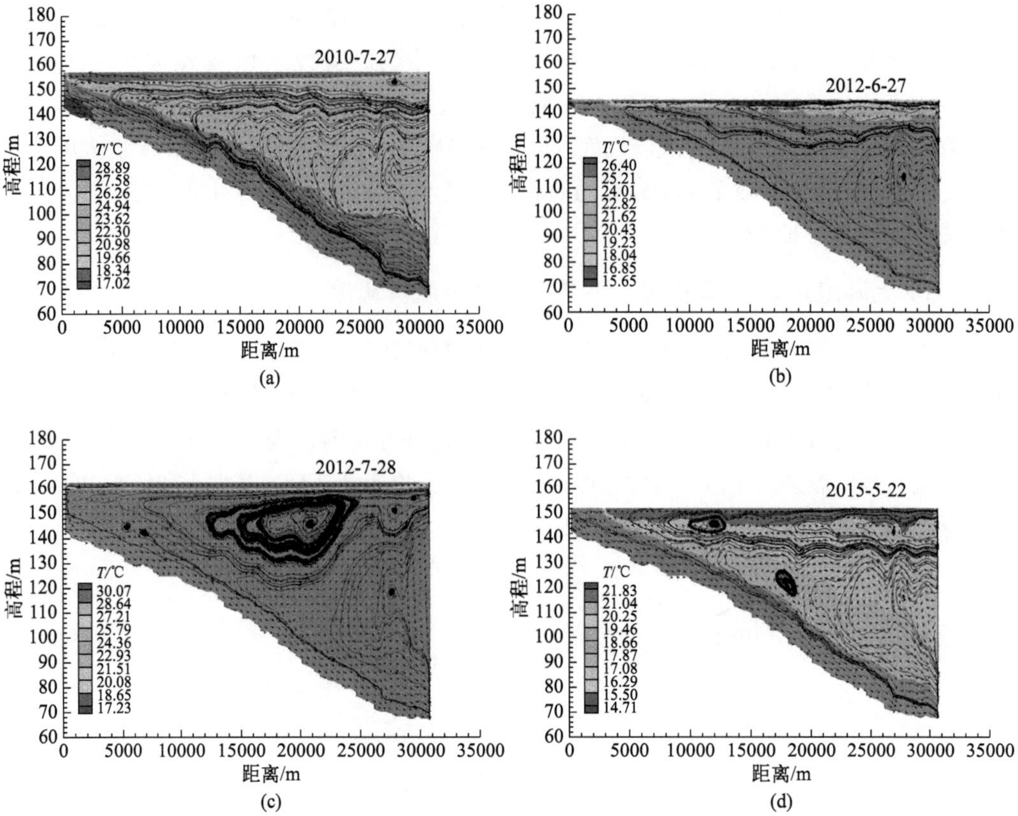

图15-58　上游底层顺坡异重流，下游中上层倒灌异重流典型形式

（7）上游底层顺坡异重流，下游中下层倒灌异重流

图 15-59 概化了香溪河库湾发生上游底层顺坡异重流，下游中下层倒灌异重流时的水动力情况。图 15-59 中，①表示库湾上游入流水温低于库湾上游表层水温时，入流水体由底层流入库湾存在的形态；②、③表示当干流水温在库湾河口中层水温与底层水温之间时，干流水体倒灌进入库湾可能发生的形态；④为受迫运动部分，其大小和形态由①、②和③存在的形态决定。

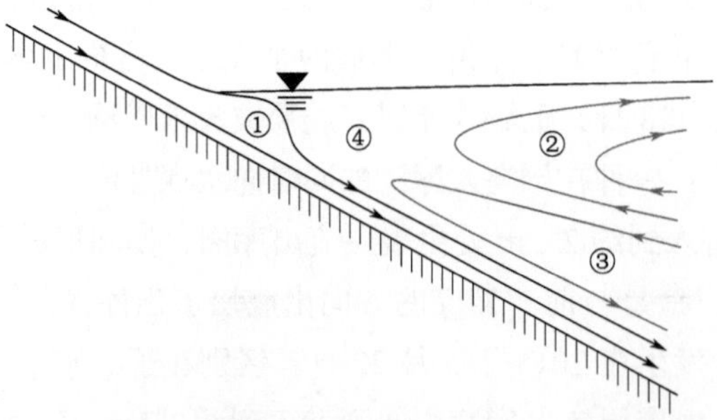

图15-59　上游底层顺坡异重流，下游中下层倒灌异重流概化模式

图 15-60（书后另见彩图）归纳了（a）、（b）、（c）、（d）四种典型的上游底层顺坡异重流，下游中下层倒灌异重流存在形式。图 15-60（a）类型发生在 2010 年 10 月 18 日，上游入流由底层流出库湾，干流水体由中下层倒灌潜入库湾形成如图 15-59 所示的②、③两种形式，②形式潜入距离较短，快速向库湾表层运行并流出库湾，③形式倒灌强度较大，潜入到库湾上游后伴随着上游底层入流水体流出库湾。图 15-60（b）类型较为特殊，发生在 2011 年 6 月 16 日，上游入流由底层流出库湾，干流水体由中下层倒灌潜入库湾约 3km，在向上潜入的过程中一部分水体转向另一边由表层流出库湾，另一部分水体则继续向上游表层潜入，运行至上游底层顺坡异重流水面处，沿着水面顺坡流下并未流出库湾，而是由于惯性形成二次环流。图 15-60（c）类型发生在 2013 年 9 月 18 日，上游入流由底层流出库湾，干流水体中下层潜入库湾运行至库湾上游，由表层流出库湾。图 15-60（d）类型发生在 2010 年 8 月 29 日，与图 15-60（a）类型类似，上游入流由底层流出库湾，干流水体由中下层倒灌潜入库湾形成②、③两种形式，区别在于②形式潜入距离与范围比图 15-60（a）类型远，倒灌强度更大，③形式潜入距离与图 15-60（a）类型相似，范围比图 15-60（a）小。

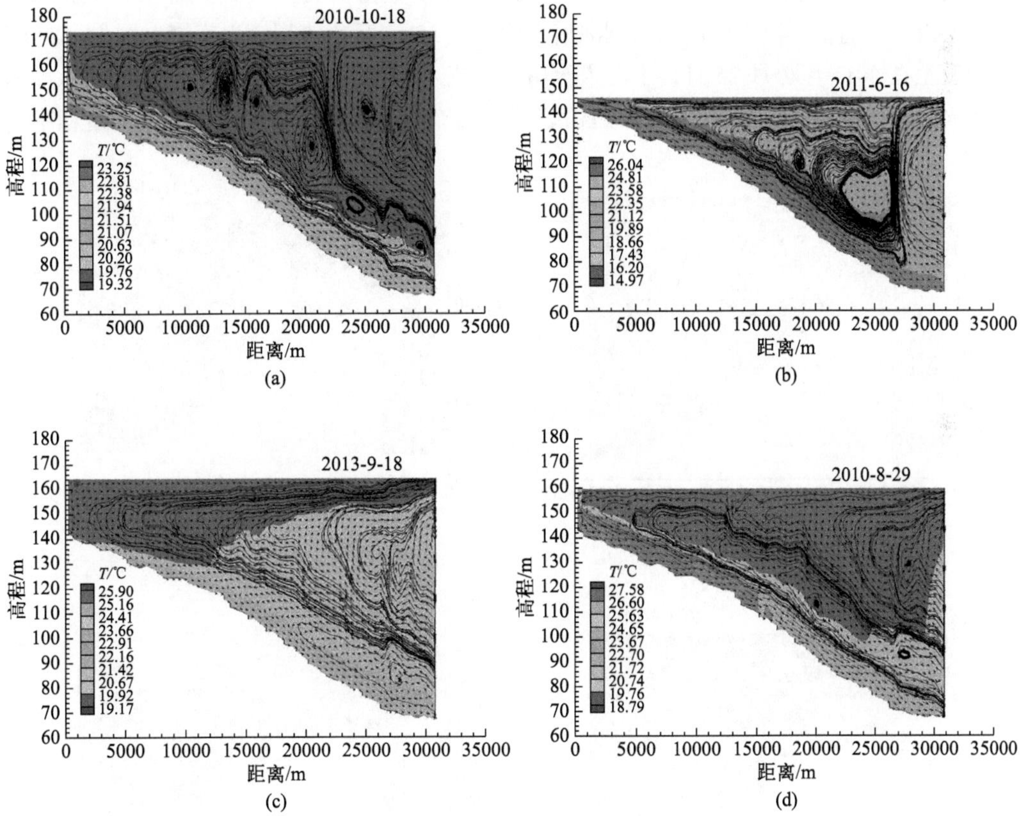

图15-60　上游底层顺坡异重流，下游中下层倒灌异重流典型形式

（8）上游底层顺坡异重流，下游底层倒灌异重流

图 15-61 概化了香溪河库湾发生上游底层顺坡异重流，下游底层倒灌异重流时的水动力

情况。图 15-61 中，①表示库湾上游入流水温低于库湾上游表层水温时，入流水体由底层流入库湾存在的形态；②表示当干流水温低于库湾河口底层水温时，干流水体倒灌进入库湾可能发生的形态；③为受迫运动部分，其大小和形态由①和②存在的形态决定。

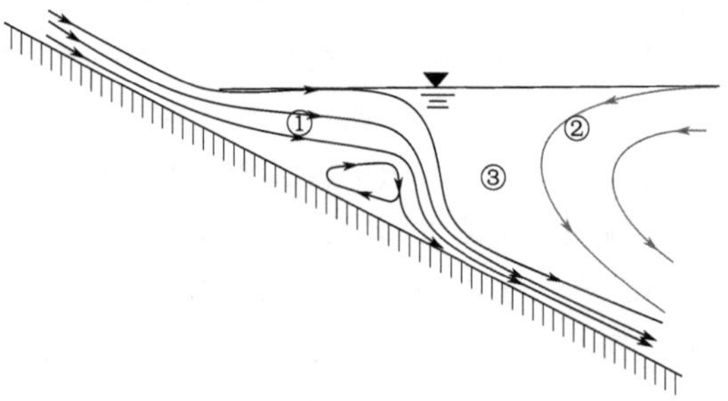

图15-61 上游底层顺坡异重流，下游底层倒灌异重流概化模式

图 15-62（书后另见彩图）归纳了（a）、（b）、（c）、（d）四种典型的上游底层顺坡异重流，下游底层倒灌异重流存在形式。图 15-62（a）类型发生在 2010 年 10 月 25 日，上游入流由底层流入库湾，干流水体由底层倒灌潜入库湾约 20km 后由表层流出库湾。图 15-62（b）类型发生在 2011 年 1 月 25 日，上游入流由底层流入库湾，干流水体由底层倒灌潜入库湾快速向库湾上部运动，潜入约 8km 后由表层流出库湾，倒灌水体在向上运行的过程中给

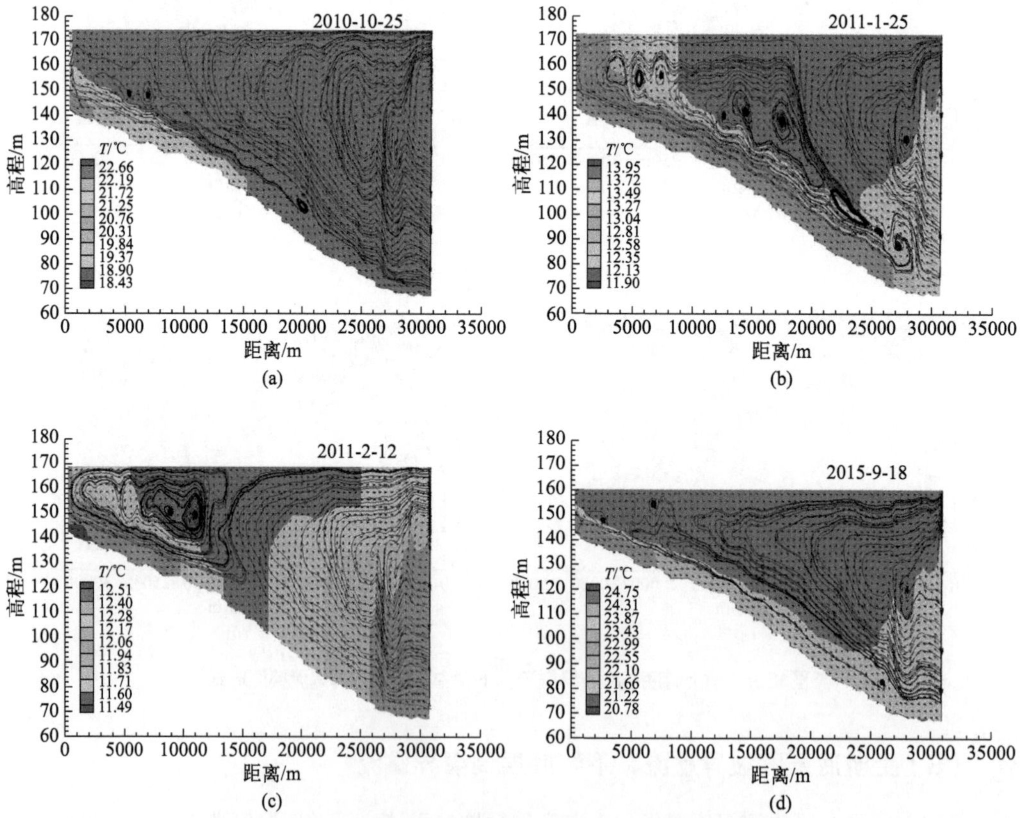

图15-62 上游底层顺坡异重流，下游底层倒灌异重流典型形式

予图15-61中③受迫部分垂向上牵引力，因此在③部分形成涡旋流动。图15-62（c）类型发生在2011年2月12日，上游入流由底层流入库湾，干流水体倒灌强度较大，由底层潜入库湾约16km后由表层流出库湾，与图15-62（b）类似，也是受到垂向剪切力在③部分形成了涡旋和二次环流。图15-62（d）类型发生在2015年9月18日，上游入流由底层流入库湾，干流水体由底层倒灌潜入约20km后表层流出库湾。

15.3.2.2 水库调度对支流水华的调控作用

（1）不同季节水华期水库调度对叶绿素 a 浓度的影响

春季三种工况下香溪河库湾 XX06 监测断面叶绿素 a 浓度变化如图 15-63 所示，相比实际水位运行，工况 01、工况 02 的叶绿素 a 浓度均有所升高，工况 03 则显著降低。通过比较各工况下水华暴发期峰值叶绿素 a 浓度可知，工况 01 较实际水位运行时升高 34.6%；工况 02 较实际水位运行时降低 3.2%；工况 03 较实际水位运行时降低 86.7%，水华消失。

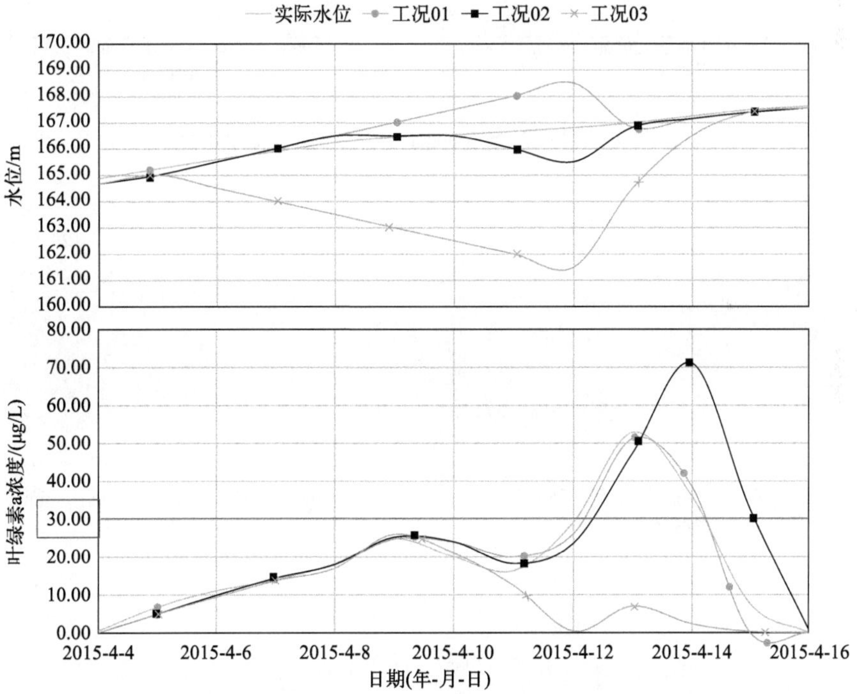

图15-63 春季不同调度工况水位过程线及叶绿素a浓度对比

综上可知，此次水库调度方案中的工况 03，在持续泄水过程防控水华效果显著。

工况 03 香溪河库湾水温垂向分布如图 15-64、图 15-65 所示（书后另见彩图），随着泄水过程的进行，香溪河库湾倒灌异重流潜入点深度不断上移，中上层倒灌逐渐转变为表层倒灌。通过水库调度防控水华，其实质是通过水库调度改变香溪河库湾的水动力循环模式，即形成表层倒灌异重流，加强表层水体的垂向掺混作用，增加混合层深度，打破水温分层，将藻类掺混到水体真光层以下，从而有效抑制水华的暴发。

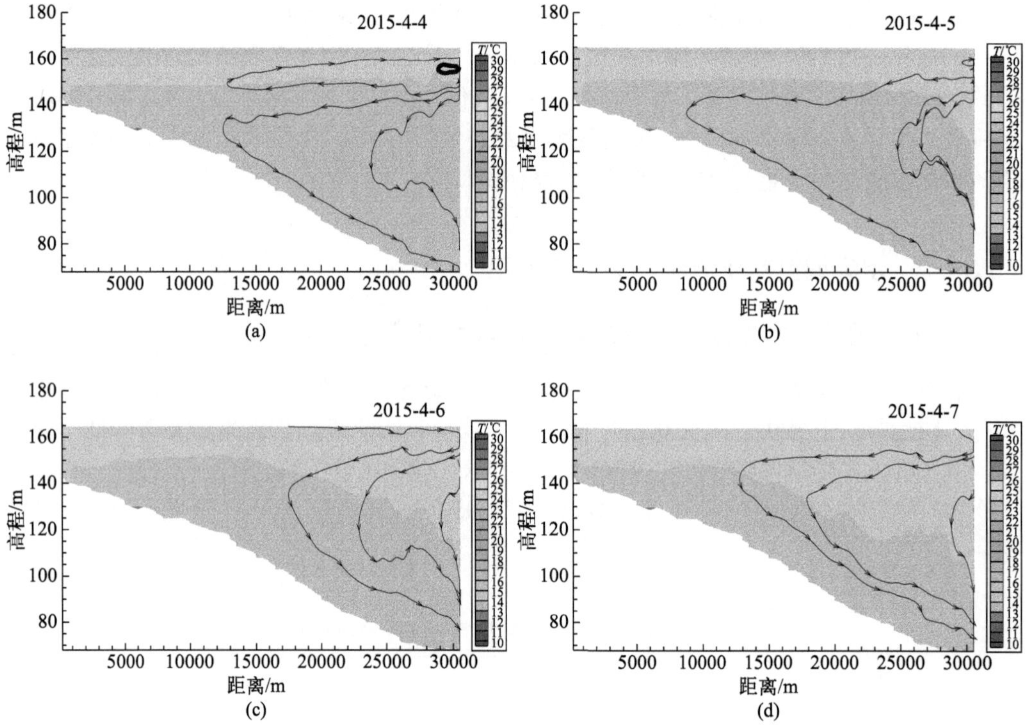

图15-64　工况03香溪河库湾4月4～7日水体环流模式

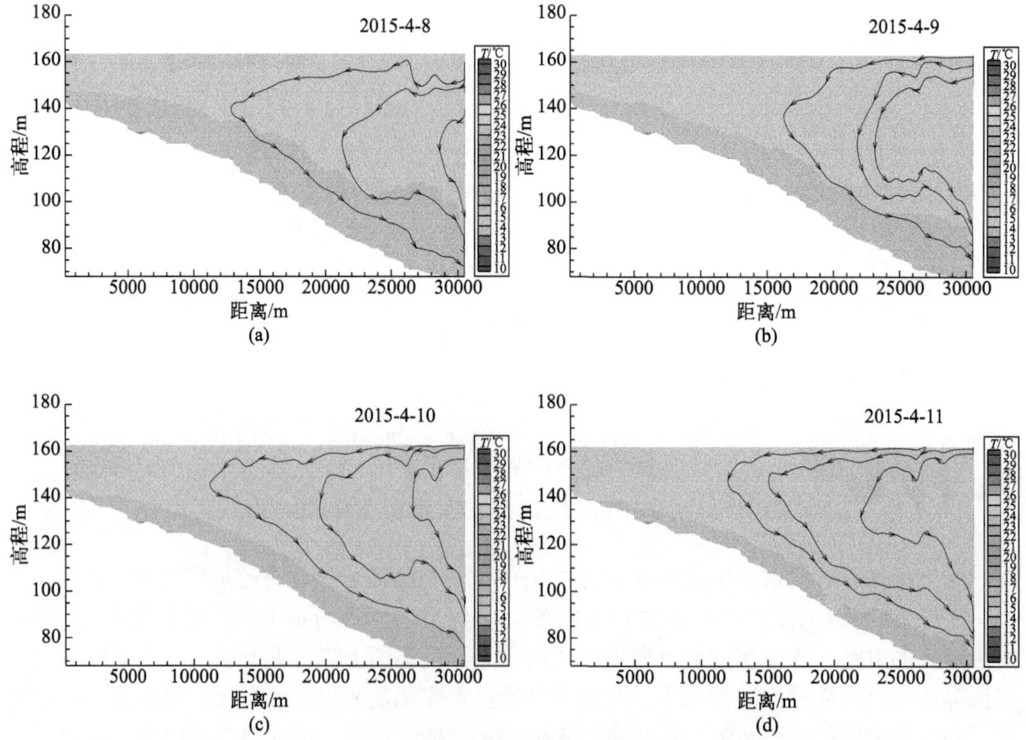

图15-65　工况03香溪河库湾4月8～11日水体环流模式

夏季提前一周即 6 月 21 日开始调度，三种调度工况下叶绿素 a 浓度变化如图 15-66 所示。由图可知，与实际水位过程相比，调度期内叶绿素 a 浓度差别不大，均超出水华阈值，但呈下降趋势；在目标水华期内（调度 7d 后），工况 00 ～工况 02 下叶绿素 a 浓度均较低，而实际水位过程下叶绿素 a 浓度很高。这说明在汛期水华已经暴发时，水位的波动与否对叶绿素 a 浓度影响不大，而提前调度对防止水华暴发才有作用。相对整个汛期来看，水位过于频繁波动且变幅较小的情况下（如实际水位过程）更容易暴发水华。

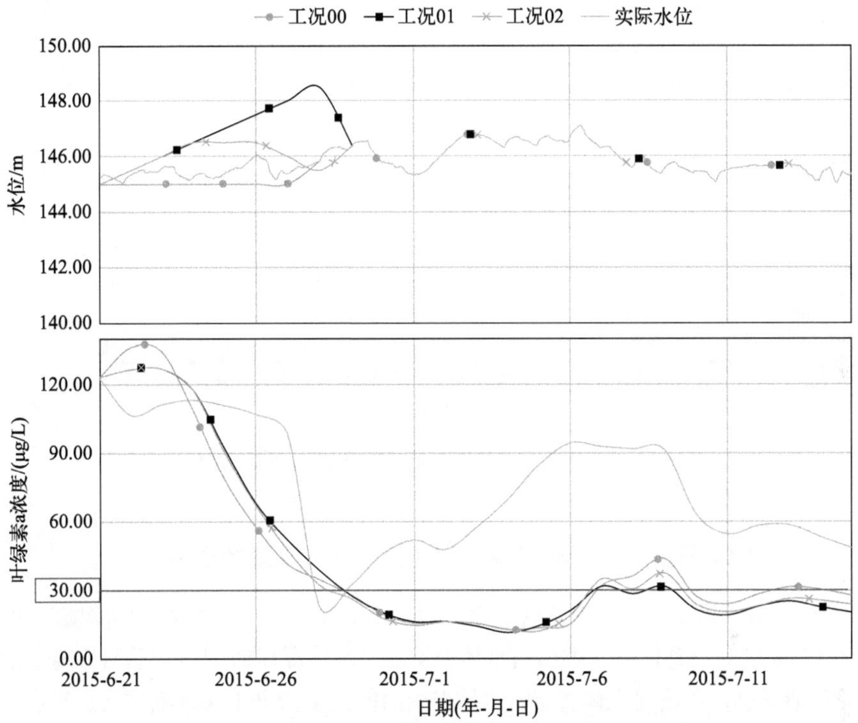

图15-66 夏季不同调度工况水位过程线及叶绿素a浓度对比

秋季蓄水期水华暴发风险比较小，选取在水华开始暴发时（9 月 9 日）开始调度，来分析不同调度工况下对水华的控制效果以及调度 7d 后的预防效果。不同工况下（见表 15-22）香溪河库湾叶绿素 a 浓度变化如图 15-67 所示，采用先快后慢的蓄水方式（工况 01）较缓慢蓄水的方式（工况 02、工况 03）对水华的防控效果要好，叶绿素 a 浓度迅速降为 30μg/L 以低。在调度 7 天后（9 月 16 日以后）的叶绿素 a 浓度远小于水华阈值，因此在秋季水华暴发时实施蓄水调度效果明显。

表15-22 秋季水华期水库调度工况设置表

工况	调度方案
工况 01	+2.5，+2.5，+2.5，+1.0，+1.0，+1.0，+1.0
工况 02	+1.0，+1.0，+1.0，0.5，0.5，+1.0，+1.0
工况 03	+1.0，+1.0，+1.0，+1.0，+1.0，+1.0，+1.0

注：表中数字指升高水位（m）。

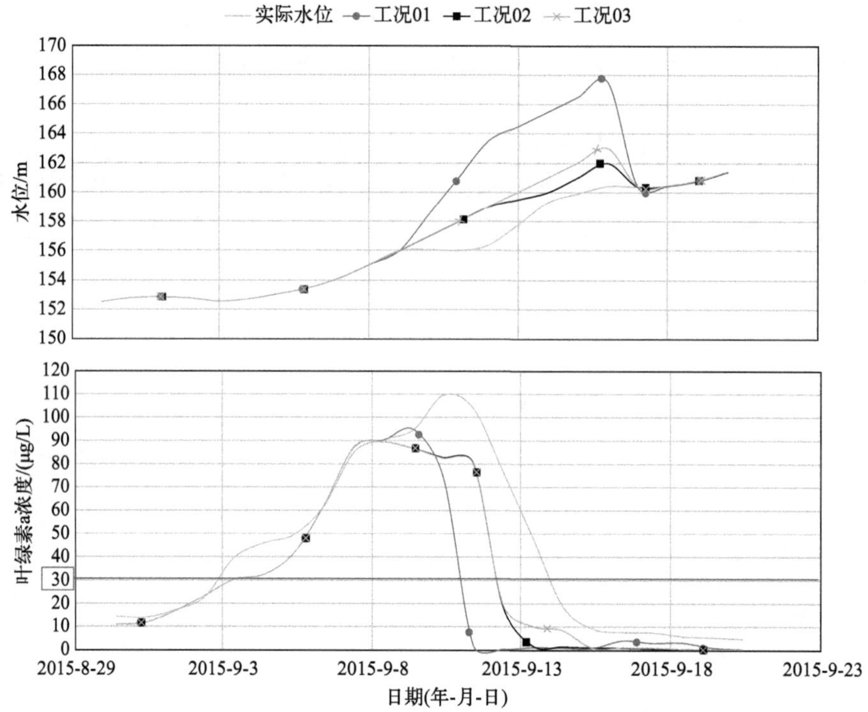

图15-67　秋季不同调度工况水位过程线及叶绿素a浓度对比

（2）基于水体滞留时间的水库调控对叶绿素 a 浓度的影响

图 15-68（书后另见彩图）为三峡水库不同调度工况下香溪河库湾水体滞留时间变化图。

由图 15-68 可知，整体上，香溪河水体表中层，水体滞留时间由香溪河库湾上游向下游先增大后逐渐减小，香溪河水体底层，水体滞留时间由上游向下游逐渐增大。泄水调度过程中，库湾中层形成环流，水体倒灌的距离越远，水体更新较快，水体滞留时间较短，表层和底层水体分别由库湾表层和底层流入干流水体滞留时间较长。在蓄泄交替调度工况下，库湾中层水体滞留时间较短，库湾表层水体流入库湾底部，后进入长江干流，水体滞留时间较长。

图 15-69（书后另见彩图）为三峡水库不同调度工况下香溪河库湾水体藻类叶绿素 a 浓度变化图。

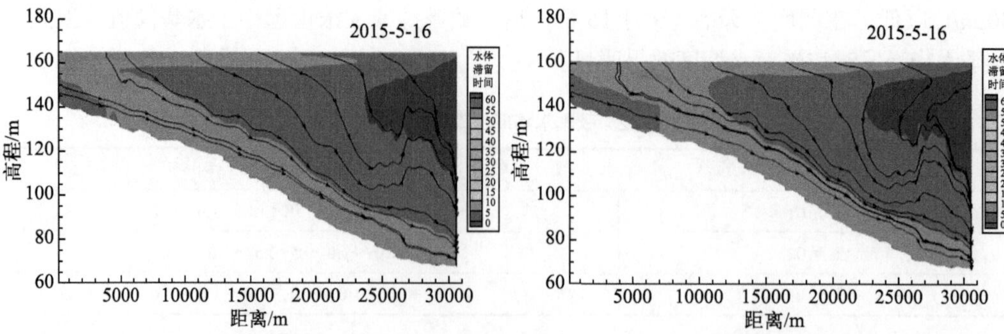

(a) 每日蓄2m　　(b) 每日蓄1m

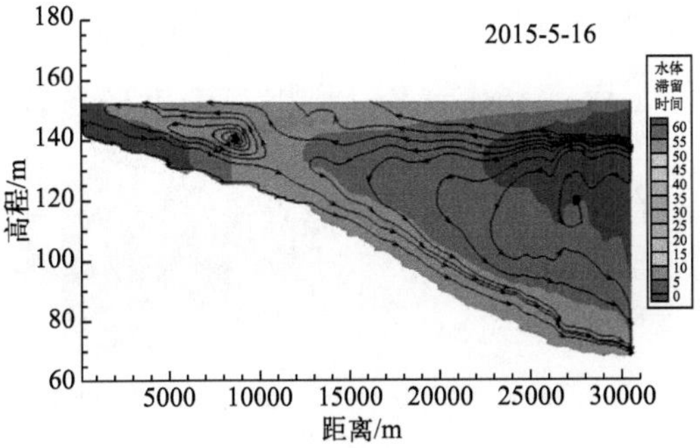

(c) 每日泄1m

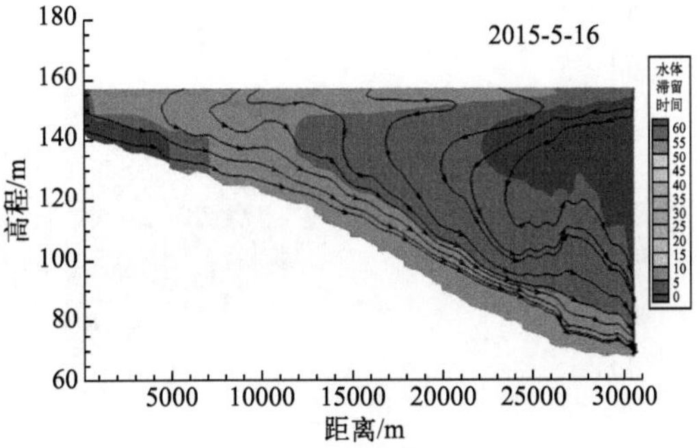

(d) 交替蓄泄1m

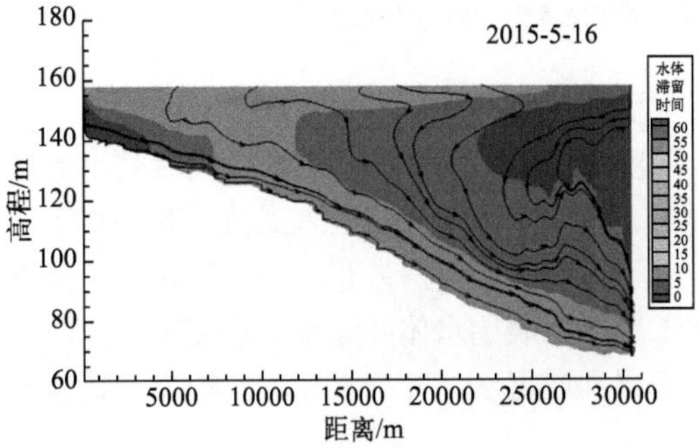

(e) 交替蓄泄2m

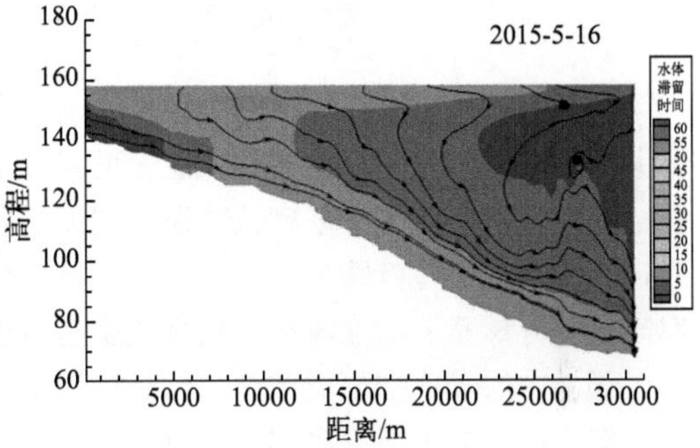

(f) 交替蓄泄3m

图15-68 不同调度工况下库湾水体滞留时间（d）变化图

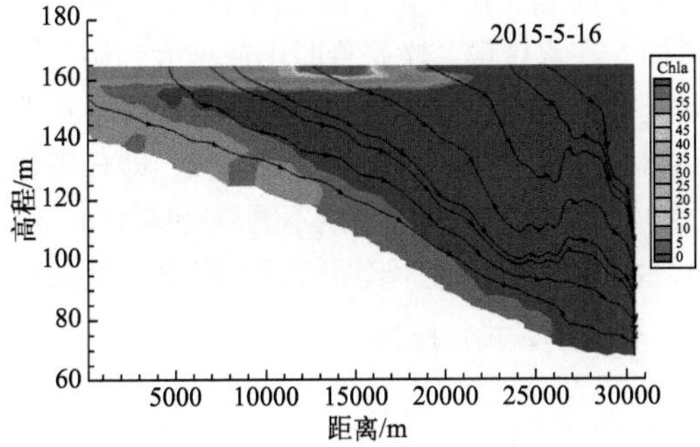

(a) 每日蓄2m

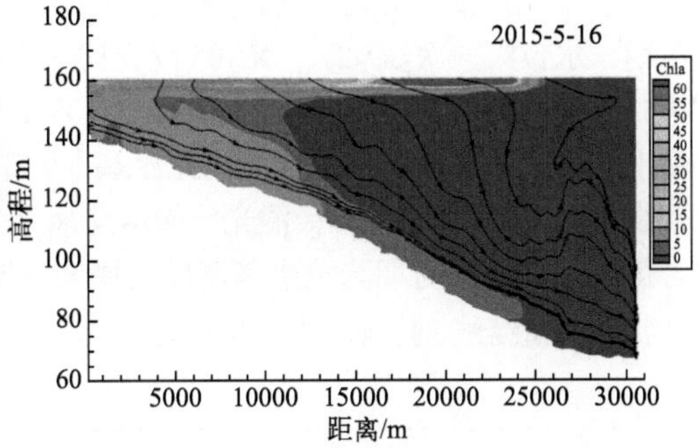

(b) 每日蓄1m

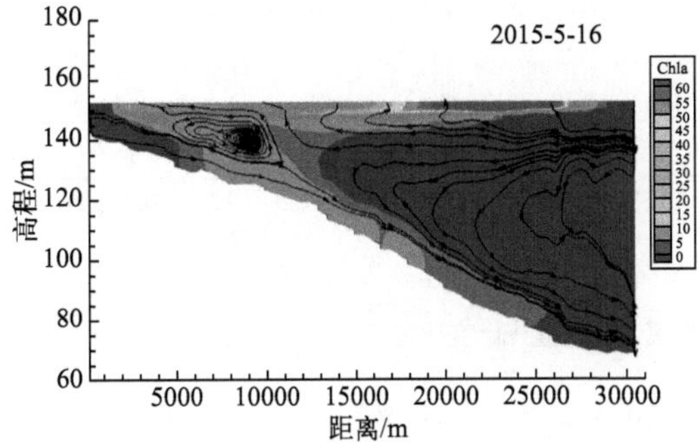

(c) 每日泄2m

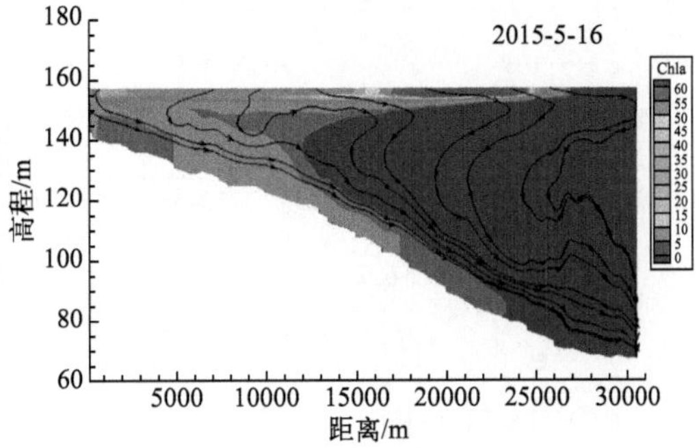

(d) 交替蓄泄1m

图15-69

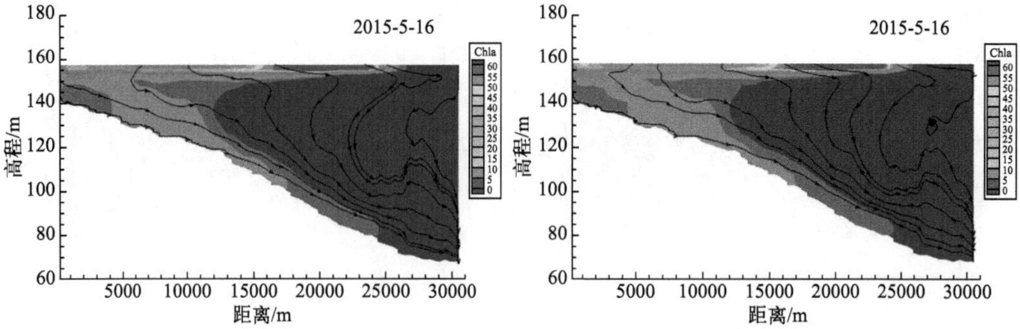

(e) 交替蓄泄2m　　(f) 交替蓄泄3m

图15-69　不同调度工况下库湾叶绿素a浓度（μg/L）变化图

由图 15-69 可知，整体上，香溪河水体表中层，叶绿素 a 由香溪河库湾上游向下游先增大后逐渐减小，香溪河水体底层，叶绿素 a 浓度也经历由上游向下游先增大后减小的变化，但较表层叶绿素 a 浓度低。泄水调度过程中，干流水体从中层进入支流，叶绿素 a 浓度较低，表层水体叶绿素 a 浓度较大，且部分藻类被表层水体携带卷入到库湾底部，导致库湾底层叶绿素 a 浓度较高。在蓄泄交替调度工况下，表层水体叶绿素 a 浓度较高，而库湾中部，中层和底层藻类浓度较低，库湾上游表层和底层水体叶绿素 a 浓度较高，是表层携带部分藻类进入库湾底部的缘故。

（3）基于混光比的水库调控对叶绿素 a 浓度的影响

整个调度期 15d 内，香溪河库湾中游（XX05）的混光比变化过程如图 15-70 所示，在汛期，水位第一次波动时，XX05 混光比稍有增加，在水位第二次平稳时迅速增大，调度结束时为整个调度期最大。在消落期，XX05 处混光比达最大后又随水位持续降低骤降，在调度末期的缓慢涨水阶段能保持混光比基本大于 2.8。在蓄水期，蓄水的第二阶段，即日涨幅较小阶段，调度的第 10 天混光比能增至最大，约为 4.0，说明调度周期不需要持续 15d。综合得知，在不同时期防控水华调度的周期不同，蓄水期较短，而汛期较长。当水位持续某种状态（持续涨 / 持续降 / 频繁波动）一段时间，混光比会迅速降低。

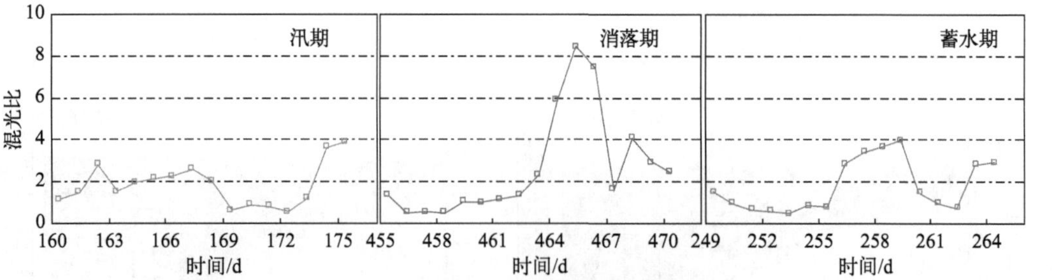

(a) 工况03　　(b) 工况12　　(c) 工况24

图15-70　不同时期调度下香溪河库湾混光比变化过程

由图 15-71 ～图 15-73（书后另见彩图）可知，调度前，香溪河库湾整体叶绿素 a 浓度较高，部分区域叶绿素 a 浓度超过了 90μg/L；调度后，叶绿素 a 浓度降低效果显著，大部分区域已经低于水华发生的阈值（30μg/L）。由以上分析可知，通过水库调度增加混合层深度，能够有效防控水华，有效缓解水华情势。其中蓄水期调度对水华重点区——香溪河库湾中上游段效果比河口段更为明显。

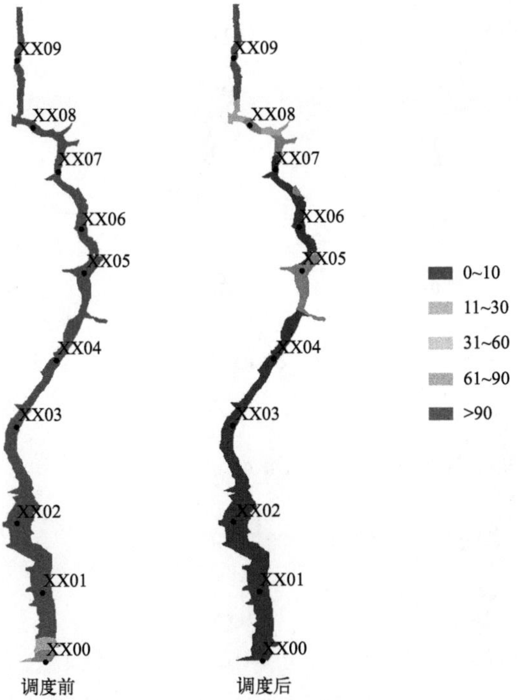

图15-71 香溪河库湾汛期调度前后叶绿素a浓度空间分布（单位：μg/L）

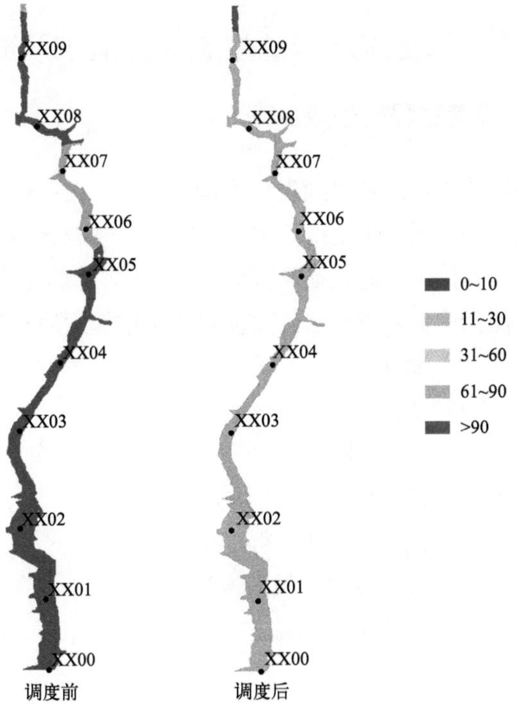

图15-72 香溪河库湾消落期调度前后叶绿素a浓度空间分布（单位：μg/L）

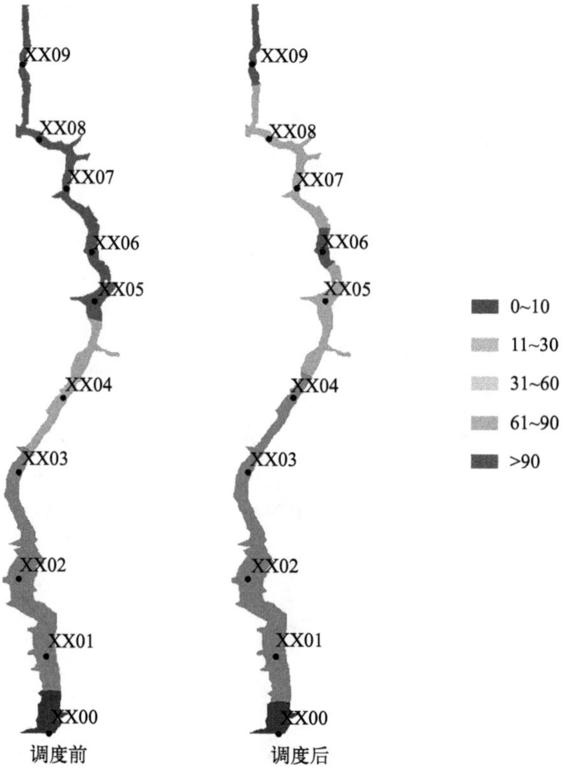

图15-73　香溪河库湾蓄水期调度前后叶绿素a浓度空间分布（单位：μg/L）

15.3.3　防控三峡水库支流水华的生态调度需求及准则

15.3.3.1　“潮汐式”调度过程的生成原理

“潮汐式”生态调度的主要内涵是通过水库调度方式，在一定时段内通过交替抬高和降低三峡水库水位，增强水库水体的波动，增加库区内干支流水体的掺混扰动程度，在库区内形成类似于“潮汐”的作用，进而有效缓解库区支流富营养化情况，抑制水华的暴发。“潮汐式”生态调度方法论中针对三峡水库支流水华集中暴发的时间段与水库常规运行调度需要满足的约束条件，分别提出了：

① 针对春季水华的“潮汐式”波动方法；

② 针对夏季水华的“潮汐式”波动方法；

③ 针对秋季水华的“提前分期蓄水”波动方法。

图 15-74 为“潮汐式”水位波动方法运行示意图，其中：

Ⅰ为主汛波动期，即夏季“潮汐式”波动方法；

Ⅱ为汛后蓄水期，即秋季“提前分期蓄水”波动方法，由第一阶段蓄水（$Ⅱ_a$）和第二阶段蓄水（$Ⅱ_b$）组成；

Ⅲ为枯水运用期；

$Ⅳ_a$ 为泄水准备期；

$Ⅳ_b$ 为初始泄水期；

$Ⅳ_c$ 为波动泄水期，即春季“潮汐式”波动方法。

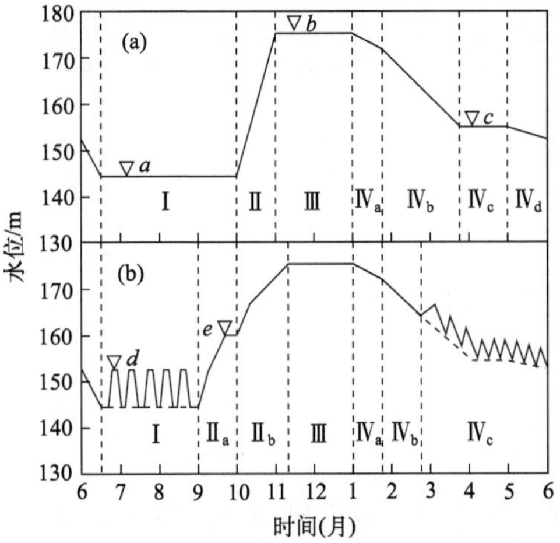

图15-74 “潮汐式”波动方法示意图

分别在春季、夏季、秋季等支流水华期间，以三峡水库常规调度水位过程线为基础，首先持续抬高水库水位，增强支流异重流能量补给，扩大异重流对支流的影响范围，然后持续降低水位，增大干流水体流速，促进干流对支流水体的拖动作用，进而缩小支流水体滞留时间，并为下次抬升水位提供水位可变空间，将水位抬升和下降过程交替进行，干流水位的波动对支流水体形成“潮汐式”影响，能增大干支流水体交换频率，持续破坏支流藻类生长环境，进而控制支流水华。

15.3.3.2 春夏秋时期调控方案模拟生成

（1）春季“潮汐式”水位调度方法

对于春季水华（3～5月），采用春季“潮汐式”水位调度方法（图15-75），在水华暴发时段，短时间内减小大坝下泄流量，迅速抬升水位，增大支流中层异重流的强度，扩大其影响范围，迫使支流形成“上进下出”的水循环模式，随后根据实际情况增大下泄流量，降低库水位。

该方法能够控制支流春季水体富营养化，同时能在5月来流较丰的情况下形成人造洪峰，有利于下游鱼类产卵。

（2）夏季“潮汐式”水位调度方法

对于夏季水华（6～8月），采用夏季“潮汐式”水位调度方法（图15-76），即在水华暴发时段，在2～13d内将水位由防洪汛限水位抬升4～6m，但不超过上限水位，扩大异重流对支流的影响范围，使支流水体形成“上进下出”的水循环模式，打破支流水动力、营养盐等空间“分区”特性，破坏水温分层，缓解并控制水华的形成；之后增大下泄流量，在 2 ～ 4d 内将水位迅速降低 4 ～ 6m，但不低于汛限水位，增大支流流速，缩短水体滞留时间，将支流内部分高藻类含量水体携出支流，以缓解水华的发生。

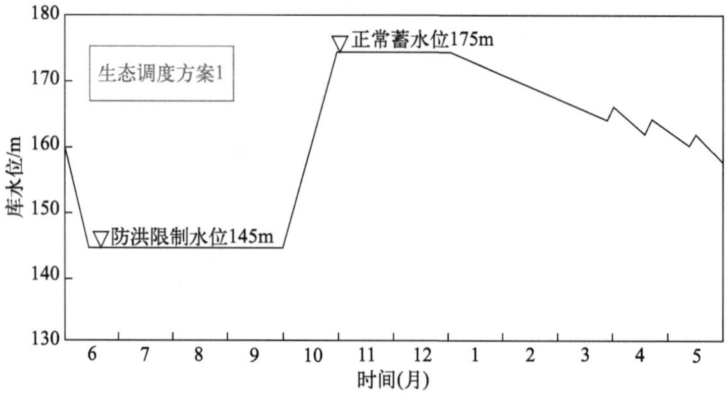

图15-75 控制春季水华发生的三峡水库“潮汐式”水位调度方法

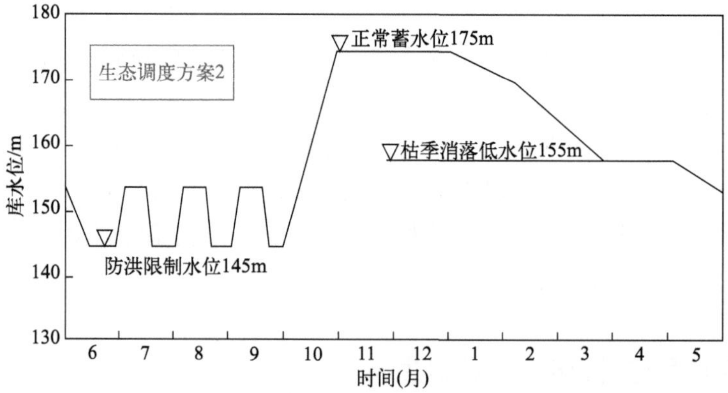

图15-76 控制夏季水华发生的三峡水库“潮汐式”水位调度方法

该方法理论上能够控制支流库湾夏季水体富营养化及水华，同时容易形成人造洪峰，对下游鱼类生存有利，但增大了防洪风险，必须结合可靠的洪水预报才能进行。

（3）秋季“提前分期蓄水”水位调度方法

对秋季水华（9 ～ 10 月），采用“提前分期蓄水”的调度方法，在 9 月初开始蓄水，采用“先快后慢”的蓄水过程（见图 15-77），即蓄水初 4 ～ 5 日，日均抬升水位 1.0 ～ 1.5m，后期日均抬升水位 0.4m，抬升到一定高度可维持水位不变一段时间，再继续按前述步骤抬升水位，于 10 月底，将水位抬升至正常蓄水水位。

该方法理论上能够缓解并控制支流库湾水华，提前蓄水能保证水库蓄水至 175m 水位，可增大 10 月中、下旬大坝下泄流量以满足长江河口对下游流量的要求，但与防洪有一定的矛盾，必须要基于可靠的洪水预报方可进行。

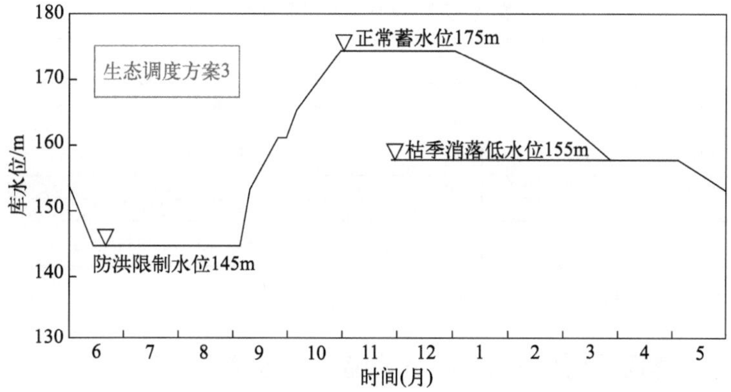

图15-77 控制秋季水华发生的三峡水库"提前分期蓄水"水位调度方法

15.3.3.3 防控支流水华的水库群中长期调度需求分析

(1)基于过程模拟的防控水华调度需求分析

基于香溪河库湾2015年野外监测数据进行水华模型验证，如图15-78所示，该模型能较好地反映香溪河库湾水华暴发的季节性规律。

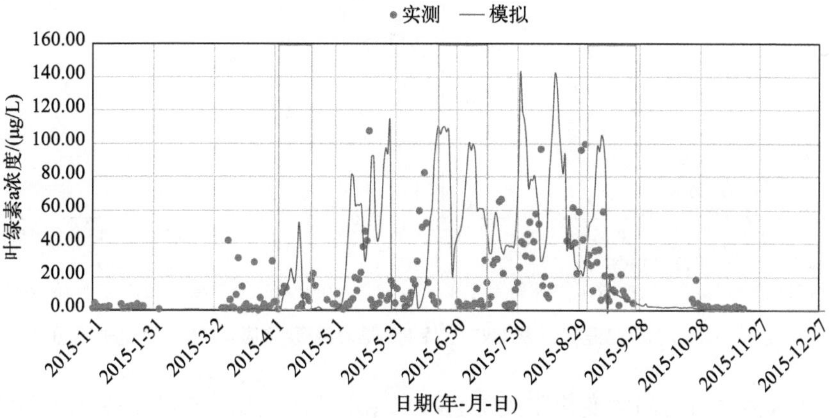

图15-78 香溪河库湾叶绿素a浓度变化图(XX06)

选取叶绿素a作为评价指标，以30μg/L为水华暴发阈值分析香溪河库湾全年水华暴发情况，选取代表性春季水华（4月12～16日）、夏季水华（6月28日～7月15日）、秋季水华（9月3～12日）实施水库调度。设定3种典型调度工况（持续蓄水、波动、持续泄水），以实际水位运行作为对照组，模拟比较不同工况下水华防控效果。如表15-23所列，具体工况设定如下：

① 水位日变幅为0.5m，持续蓄水7d；

② 水位日变幅为0.5m，先持续蓄水3d，水位维持不变2d，再持续泄水2d；

③ 水位日变幅为0.5m，持续泄水7d；

④ 汛期水位无法降低至145m以下，改为水位保持145m不变。

表15-23　水库调度工况设置表

工况	调度方案
工况01	+0.5，+0.5，+0.5，+0.5，+0.5，+0.5，+0.5
工况02	+0.5，+0.5，+0.5，0，0，−0.5，−0.5
工况03	−0.5，−0.5，−0.5，−0.5，−0.5，−0.5，−0.5
工况00	水位保持145m持续7d

注：负号表示水位下降（m）。

（2）基于水体滞留时间的防控水华调度需求分析

叶绿素a浓度与其对应的流速大小关系见图15-79，由图可以看出在一定流速范围内，表层流速较小时叶绿素a浓度也较小，在流速超出这个范围接近0.05m/s时，叶绿素a浓度较高，之后流速变大时，其对应的叶绿素a浓度相对较低，因此，流速对藻类生长既可以起到抑制作用也能够起到促进作用。

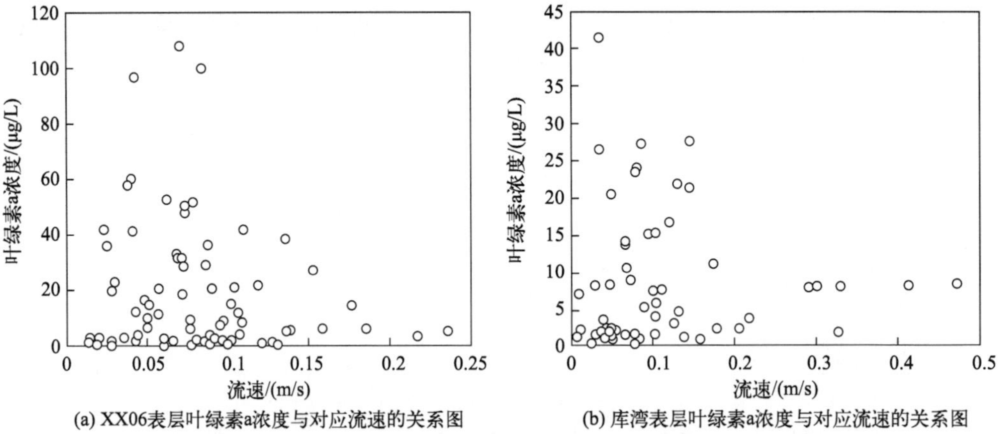

图15-79　XX06表层叶绿素a浓度、库湾表层叶绿素a浓度与对应流速的关系图

香溪河水体滞留时间的变化取决于三峡水库水位的变化。三峡水库每年蓄泄水位达30m的落差，水库运行时，水位波动造成库区水动力条件改变较大，诱发不同水华情势发生。蓄、泄水期间水库水位波动范围可达10～15m，水位调度空间较大，可通过蓄、泄过程控制水位变化来改变库湾的水体分层异重流的形式。泄水前期，水体滞留时间较长，泄水中后期，水体滞留时间逐渐变短，而蓄水正好相反。蓄水前期水体滞留时间较短，中后期时，滞留时间逐渐增长。

图15-80为水体滞留时间与藻类生长稳定时叶绿素a浓度的关系，结合表15-24的统计结果可知，在藻类初始浓度较低为30μg/L时，当藻类所处水环境滞留时间为无穷大时，藻类生长稳定时浓度值达到约565.94μg/L，而最低稳定浓度仅为6.14μg/L。随着水体滞留时间的延长，藻类生长达到稳定时期的藻类叶绿素a浓度增大。水体滞留时间在一定程度上降低藻类生长稳定期时的叶绿素a浓度的峰值。结合图15-79的分析结果，水体滞留时间≤2d时，在一定程度上可以抑制藻类生长，使藻类叶绿素a浓度保持在较低水平。可

确定 2d 为抑制藻类生长的水体滞留时间阈值，≤ 2d 时，藻类生长过程中，叶绿素 a 浓度保持在较低水平且小于藻类水华暴发阈值 30μg/L ；＞ 4d 时，藻类生长较好，藻类生物量远高于水华暴发阈值。

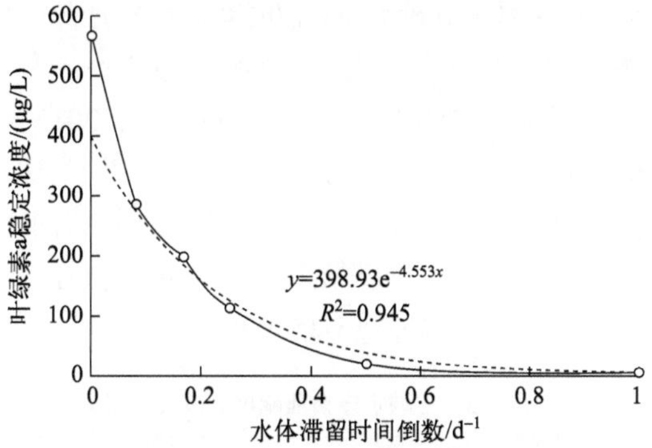

图15-80　藻类生长稳定后叶绿素a浓度与水体滞留时间的关系

表15-24　水体滞留时间与藻类生长稳定时叶绿素 a 浓度的关系

初始浓度/(μg/L)	稳定浓度/(μg/L)		稳定值/初始值
30	∞	565.94	18.9
	12d	288.38	9.6
	6d	198.22	6.61
	4d	114.30	3.81
	2d	19.7	0.66
	1d	6.14	0.20

图 15-81 为藻类生长稳定值与藻类生长最大值的比值（Z_d/Z_{max}）与水体滞留时间倒数之间的关系。以 2015 年香溪河库湾实测最大的叶绿素 a 浓度 120μg/L，水华暴发阈值 30μg/L，得 30/120=0.25 为基准，确定抑制水华暴发的阈值。

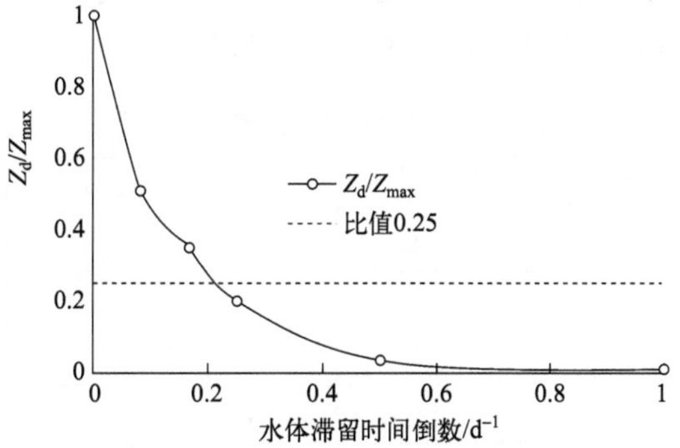

图15-81　Z_d/Z_{max}与水体滞留时间倒数之间的关系图

香溪河水体滞留时间的变化依赖于三峡水库水位的变化。通过三峡水库蓄泄水过程中水位变化，同时满足三峡水库正常发电、航运等要求的条件下，对水库进行调度，实现水库在紧急情况下的应急调度措施。本节在边界条件已知的情况下，通过调整水位日变化，研究水位日变幅对香溪河水流流场的影响，水位变化通过水位变幅来表示。从而在不同水库调度模式下，水体滞留时间与水华的关系来分析水体滞留时间对香溪河支流库湾水华的影响。

应急调度选择在三峡水库比较容易暴发水华的泄水期 3 ～ 5 月份，此段时间三峡水库水位基本介于 145 ～ 165m 之间。根据野外跟踪监测结果，2015 年 5 月 9 日～ 2015 年 5 月 16 日期间，香溪河库湾叶绿素 a 浓度较高，水华情势较为严峻，故选取 2015 年 5 月 9 日为调度起始日期，此时水库水位为157m，2015年5月16日为调度结束日期，除水位外，其他因子均保持不变，分析调度 7d 后调度结束时水体的水动力及水华变化情况。根据当天水库水位的实际状况，其工况设计如表 15-25 所列。

表15-25　三峡水库蓄泄幅度调度工况设计

工况	水位变幅过程/(m/d)						
每日蓄1m	+1	+1	+1	+1	+1	+1	+1
每日蓄2m	+2	+2	+2	+2	+2	+2	+2
每日泄1m	−1	−1	−1	−1	−1	−1	−1
交替蓄泄1m	+1	−1	+1	−1	+1	−1	+1
交替蓄泄2m	+2	−2	+2	−2	+2	−2	+2
交替蓄泄3m	+3	−3	+3	−3	+3	−3	+3

（3）基于混光比理论的防控水华调度需求分析

1）三峡水库汛期调度工况设计

根据三峡水库汛期水位约束条件，在满足防洪调度要求和下游通航供水需求的前提下，结合上游来水条件，经过试算，设计了以下 5 种工况，见表 15-26，调度工况图如图 15-82 所示。此处选取的起调时间为 6 月 10 日，在试算可能的水位日涨幅过程中，发现水位日涨幅超过 1m/d 时，水库下泄流量将缩小至 6000m³/s 以下，不满足最低下泄流量要求，说明此时上游来流不满足水位日涨幅超过 1m/d，故此处最大日涨幅为 1m/d，汛期起始调度水位为 145m，持续上涨天数范围为 0 ～ 10d，平稳天数为 1 ～ 15d，最大日降幅也为 1m/d，持续下降天数范围为 0 ～ 4d，调度期为 15d。

表15-26　三峡水库汛期调度工况设计表

工况编号	起始水位/m	日变幅/(m/d)	持续天数/d	平稳天数/d	日变幅/(m/d)	持续天数/d	调度期/d
00	145	0	0	15	0	0	15
01	145	1	10	5	−1	0	15
02	145	1	7	7	−1	1	15
03	145	1	4	4	−1	4	12
04	145	1	1	1	−1	1	3

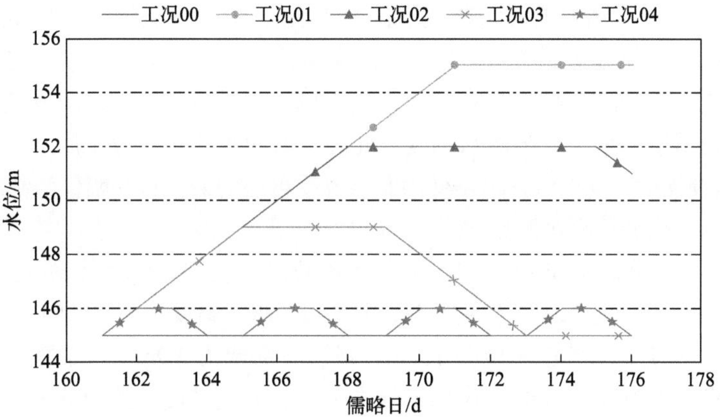

图15-82 三峡水库汛期调度工况设计图

由图 15-82 可知，在 15d 的调度期内，水位日变幅相同时，持续上涨天数越短，水位波动越频繁，工况 04 波动达 4 次，工况 03 仅 1 次，其他工况不足 1 次。

2）消落期三峡水库调度工况设计

根据三峡水库汛期水位约束条件，在满足防洪调度要求和下游通航供水需求的前提下，结合上游来水条件，经试算，设计了以下 5 种工况，见表 15-27，调度工况如图 15-83 所示。

表15-27 三峡水库消落期调度工况设计表

工况编号	起始水位/m	日变幅/(m/d)	持续天数/d	平稳天数/d	日变幅/(m/d)	持续天数/d	调度期/d
10	165	0.2	4	0	−0.6	11	15
11	165	−0.6	15	0	0	0	15
12	165	−0.6	11	0	0.2	4	15
13	165	−0.6	4	0	0.1	11	15
14	165	−0.3	15	0	0	0	15

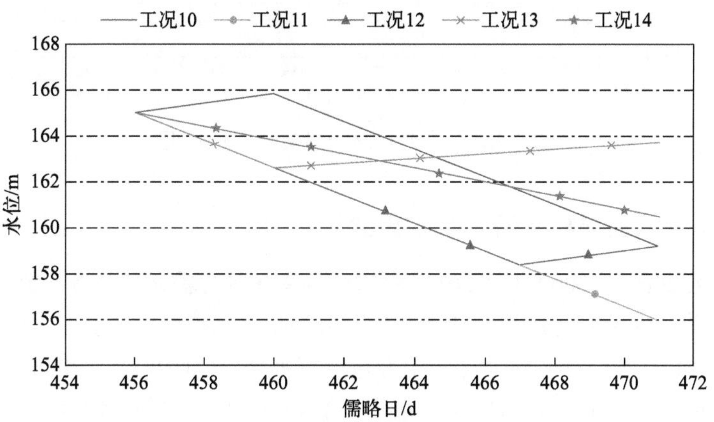

图15-83 三峡水库消落期调度工况设计图

由表 15-27 可知，消落期起始调度水位为 165m，最大日涨幅为 0.2m/d，持续上涨天数范围为 4 ～ 11d，平稳天数为 0，考虑地质灾害治理工程安全及库岸稳定对水库水位下降速率的要求，最大日降幅为 0.6m/d，持续下降天数为 4 ～ 15d，调度期为 15d。由图 15-83 可知，消落期调度主要为泄水调度，此处选取的起调时间为 4 月 1 日，在试算可能的水位日涨幅过程中，受上游来水条件限制，春季可能的最大日涨幅仅为 0.2m/d。

3）蓄水期三峡水库调度工况设计

根据三峡水库汛期水位约束条件，在满足防洪调度要求和下游通航供水需求的前提下，经过试算，设计了以下 5 种工况，见表 15-28，调度工况如图 15-84 所示。由表 15-28 可知，蓄水期起始调度水位为 150m，最大日涨幅为 3.0m/d，持续上涨天数范围为 2 ～ 15d，平稳天数为 0 ～ 10d。由图 15-84 可知，蓄水期调度主要为蓄水调度，此处选取的起调时间为 9 月 6 日，在试算可能的水位日涨幅过程中，受 9 月末水位上限的限制，最大日涨幅连续运行天数不能超过 3d。

表15-28 三峡水库蓄水期调度工况设计表

工况编号	起始水位/m	日变幅/(m/d)	持续天数/d	平稳天数/d	日变幅/(m/d)	持续天数/d	调度期/d
20	150	0	15	0	0	0	15
21	150	1	2	2	1	2	6
22	150	1	15	0	0	0	15
23	150	3	3	10	3	2	15
24	150	3	3	0	0.5	12	15

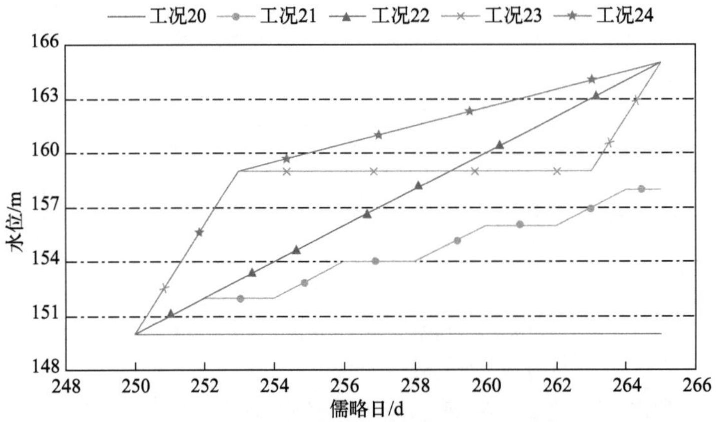

图15-84 三峡水库蓄水期调度工况设计图

（4）中长期调度防控支流水华效果分析

图 15-85 为 2008 ～ 2009 年及 2014 ～ 2015 年香溪河库湾水位及叶绿素 a 浓度变化图。由图可知不同年份水位变化过程线基本一致，分为枯水运行期，汛前泄水期、汛期，汛后蓄水期，但 2014 ～ 2015 年在枯水运行期及汛后蓄水期水位明显高于 2008 ～ 2009 年水位。由 2008 ～ 2009 年与 2014 ～ 2015 年香溪河库湾 XX06 样点的叶绿素 a 浓度变化对比可知，春季 3 月份～秋季 10 月份，藻类呈现出生长 - 消落循环生消过程，其余月份叶绿素 a 浓

度较低，叶绿素 a 浓度分别在 2008 年 6 月、2009 年 8 月、2014 年 9 月与 2015 年 7 月达到当年最大值，且峰值在 2015 年达到最大，均大于其余年份。“十一五”末三峡水库支流水华（叶绿素 a 浓度大于 30μg/L）的频率约为 54.93%；按照潮汐式调度运行后，2014 年及 2015 年水华频率平均值为 24.79%，水华暴发频次相对下降了 54.83%；叶绿素最大值由约 400μg/L 降低至约 150μg/L，下降了约 62.52%。

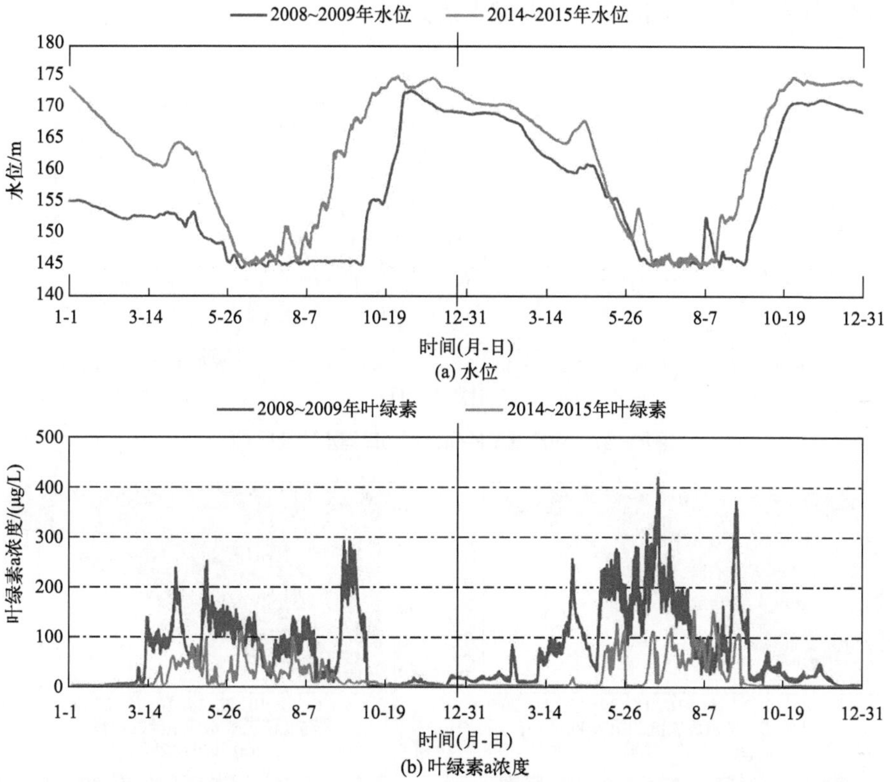

图15-85 2008～2009年、2014～2015年香溪河库湾水位及叶绿素a浓度变化规律

图 15-86 为香溪河库湾不同年份水华暴发频次图。由图 15-86 可知 2009 年水华暴发频率最高，达到 217 次；其次为 2008 年，达 184 次，暴发频率较高；而 2014 年、2015 年水华暴发频次较 2008 年、2009 年低，分别为 89 次和 92 次，说明在长期的调度影响下水华情势有所缓解。

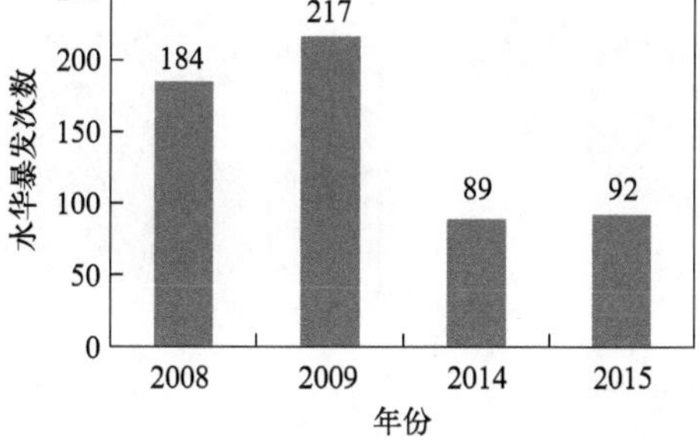

图15-86 不同年份水华暴发频次统计

15.3.3.4　防控支流水华的水库群短期应急调度需求分析

（1）基于数值模拟的水华防控应急调度效果分析

2017 年 7 月香溪河库湾水位变化过程及模拟叶绿素 a 浓度变化过程分别如图 15-87 和图 15-88 所示（书后另见彩图）。由图 15-88 可知，调度以前（7 月 1 日），香溪河库湾水华严重，库湾上游叶绿素 a 浓度明显高于下游，但随着蓄水过程的进行，7 月 2 日以后香溪河库湾叶绿素 a 浓度大幅降低，水华基本消失。

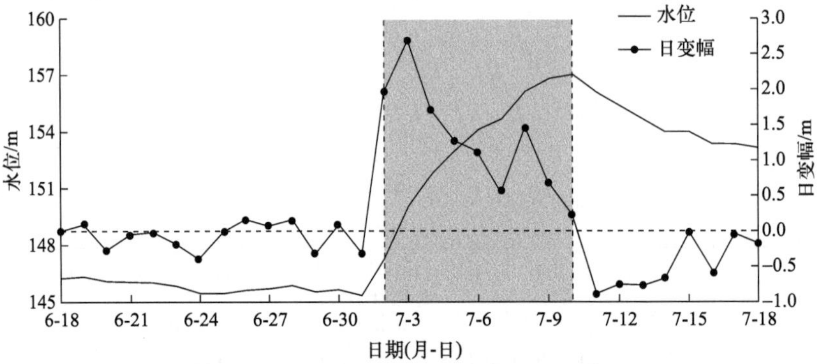

图15-87　应急调度期间香溪河库湾水位及日变幅

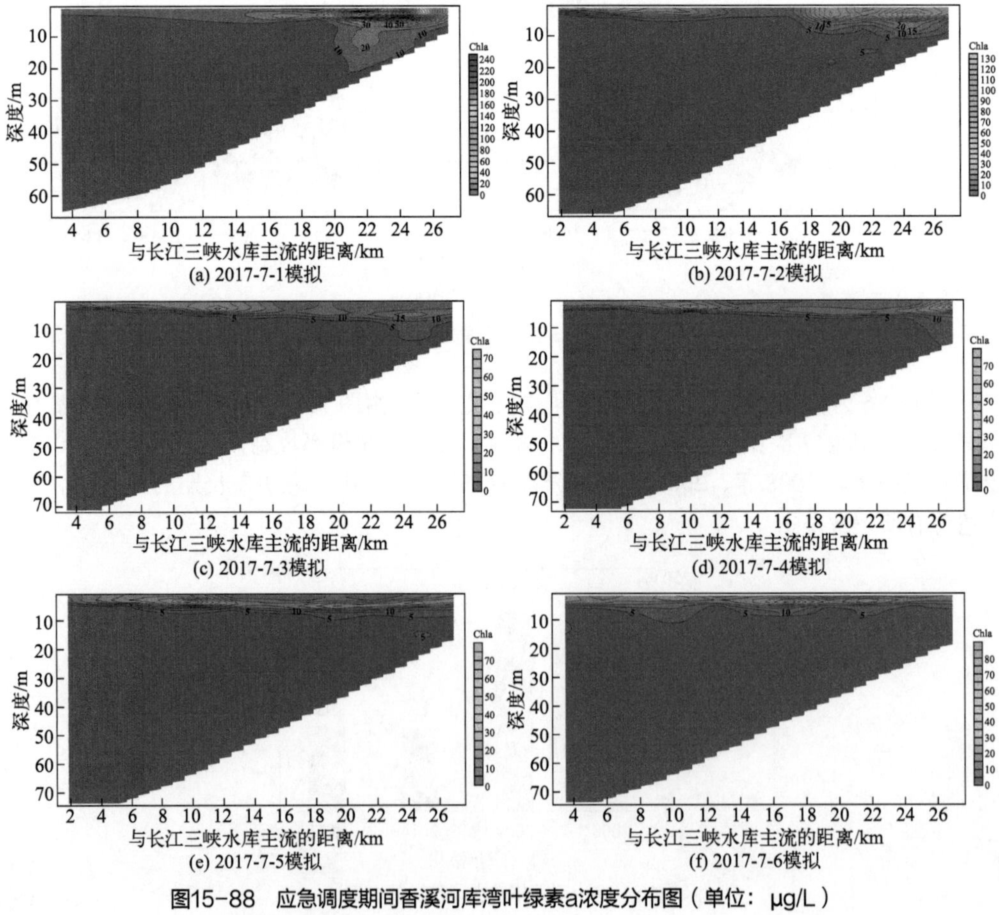

图15-88　应急调度期间香溪河库湾叶绿素a浓度分布图（单位：μg/L）

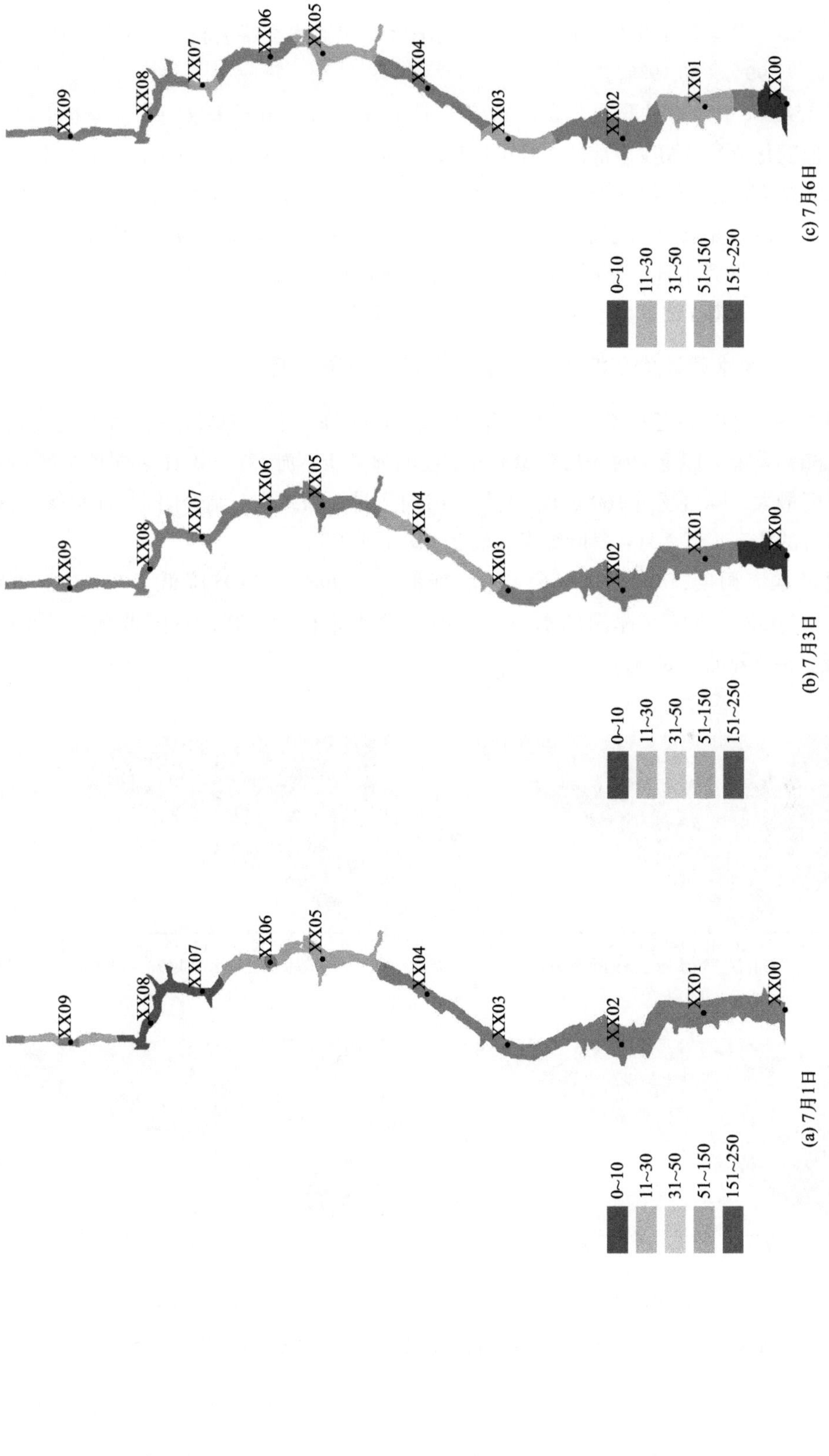

图15-89 应急调度期间香溪河库湾叶绿素a浓度峰值分布图（单位：μg/L）

7 月 1 日香溪河库湾上游叶绿素 a 浓度最高，峰值为 245.50μg/L。随着蓄水过程的进行，7 月 2 日，香溪河库湾叶绿素 a 浓度大幅降低，峰值为 66.71μg/L，较 7 月 1 日降低了 72.83%；7 月 3 日，香溪河库湾叶绿素 a 浓度峰值为 44.22μg/L，较 7 月 1 日降低了 81.99%。7 月 4 日至 7 月 6 日，香溪河库湾叶绿素 a 浓度峰值较 7 月 1 日分别降低了 73.96%、71.99%、80.19%。

图 15-89（书后另见彩图）为 2017 年 7 月 1 日、3 日、6 日香溪河库湾模拟叶绿素 a 浓度峰值变化情况，调度以前的 7 月 1 日叶绿素 a 浓度峰值为 245.5μg/L，7 月 3 日和 7 月 6 日叶绿素 a 浓度峰值均低于 50μg/L，较 7 月 1 日显著降低。7 月 1 日，香溪河库湾河口至平邑口叶绿素 a 浓度平均值为 79.62μg/L，7 月 3 日和 7 月 6 日，则分别为 23.36μg/L 和 29.32μg/L，较 7 月 1 日，分别降低了 70.66% 和 63.18%。相比 7 月 1 日，7 月 3 日香溪河库湾水华（叶绿素 a 浓度大于 30μg/L）覆盖面积降低了 79.42%。

（2）三峡水库调度防控支流水华调度示范效果分析

图 15-90（书后另见彩图）为 2017 年调度示范期间香溪河库湾叶绿素 a 浓度变化过程，由图可知，香溪河库湾上游表层叶绿素 a 浓度明显高于下游，7 月 1 日库湾上游表层叶绿素 a 浓度最大，峰值超过 160μg/L，且从上游向下游逐渐减小。结合图 15-91 可知，随着水库水位的抬升，至 7 月 4 日叶绿素 a 浓度逐渐减小。

通过水库调度，XX01 叶绿素 a 浓度降低了 47.68%，XX05 降低了 83.65%，XX08 降低了 83.65%。香溪河库湾的水华覆盖面积由 7 月 1 日的 81.59% 降低至 7 月 4 日的 15.28%，整体降低了 66.31 个百分点。

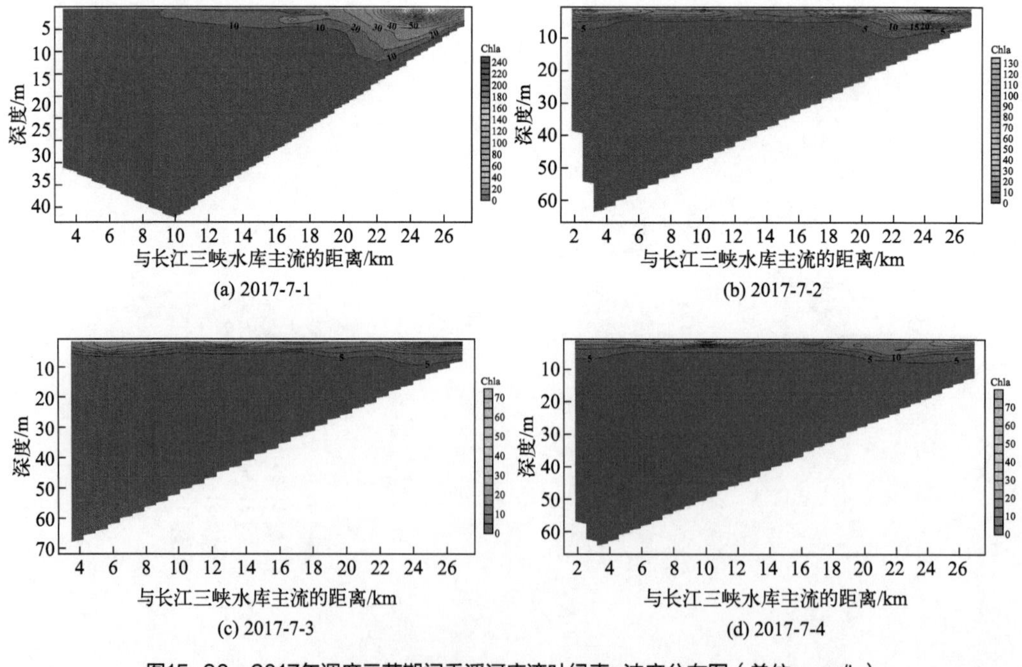

图15-90　2017年调度示范期间香溪河库湾叶绿素a浓度分布图（单位：μg/L）

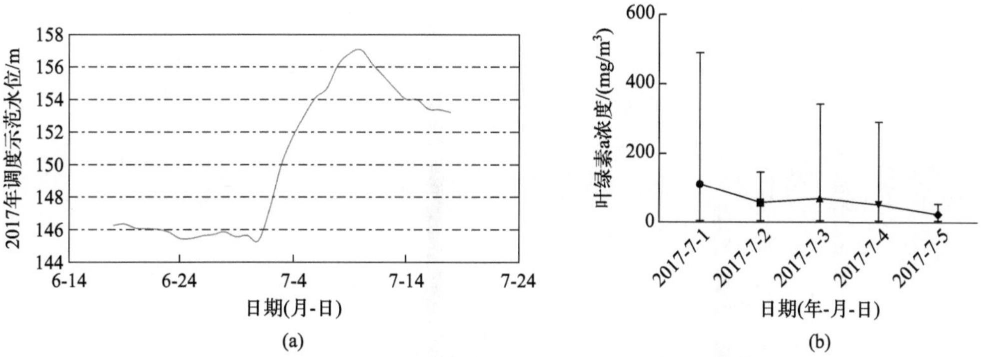

图15-91 2017年调度示范水位下香溪河库湾叶绿素a浓度变化过程

水库调度期间香溪河表层叶绿素 a 浓度变化过程如图 15-92 所示，由图可知，随着蓄水过程的进行，香溪河各监测点表层叶绿素 a 浓度均显著降低，其中，XX01（香溪河上游）由 7 月 4 日的 24.76μg/L 降至 7 月 10 日的 0.90μg/L，叶绿素 a 浓度降低了 96.37%；XX02（香溪河中游）由 24.89μg/L 最终降至 0.63μg/L，叶绿素 a 浓度降低了 97.47%；XX03（香溪河下游）由 34.01μg/L 最终降至 0.79μg/L，叶绿素 a 浓度降低了 97.68%。7 月 10 日，香溪河水华基本消失。

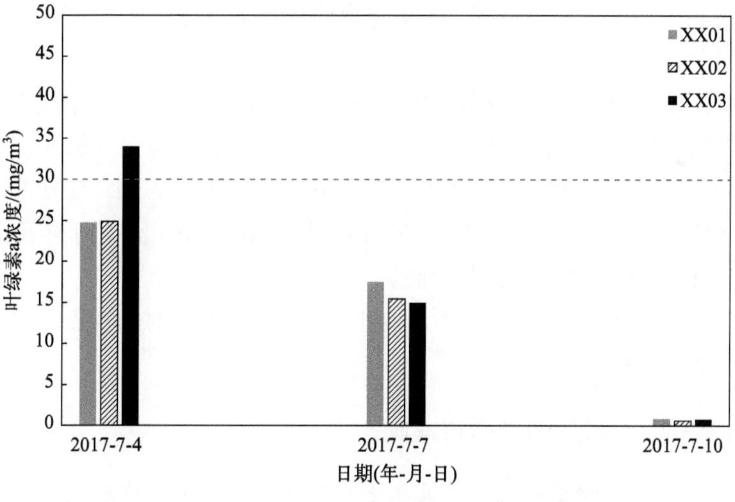

图15-92 2017年调度示范水位下香溪河叶绿素a浓度变化过程

水库调度期间童庄河表层叶绿素 a 浓度变化过程如图 15-93 所示，由图可知，随着蓄水过程的进行，童庄河各监测点表层叶绿素 a 浓度均显著降低，其中，TZ01（童庄河上游）由 7 月 4 日 31.36μg/L 降至 7 月 10 日 2.27μg/L，叶绿素 a 浓度降低了 92.76%；TZ02（童庄河中游）由 16.07μg/L 最终降至 2.81μg/L，叶绿素 a 浓度降低了 82.51%；TZ03（童庄河下游）由 26.65μg/L 降至 2.45μg/L，叶绿素 a 浓度降低了 90.81%。7 月 10 日，童庄河水华基本消失。

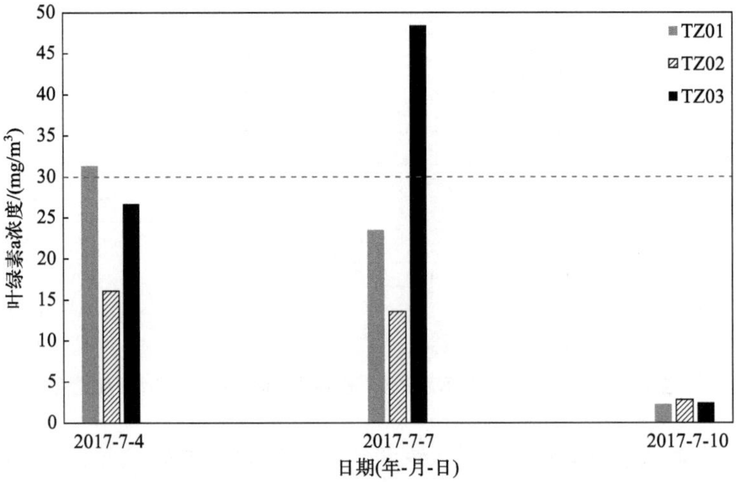

图15-93　2017年调度示范水位下童庄河表层叶绿素a浓度变化过程

15.3.3.5　防控三峡水库支流水华的生态环境调度准则

（1）防控消落期水华的调度运行准则

1～3月底，三峡水库支流一般无藻类水华，三峡水库在综合考虑航运、发电和水资源、水生态需求条件下逐步消落，无需考虑防控水华目标，但水库下泄流量按不低于6000m^3/s控制。

4～5月是三峡水库支流春季水华暴发的主要时期，此时三峡水库调度应考虑防控支流水华目标，实施潮汐式调度。4月初，当水位不低于165m时，开始加大泄水量，水位降幅为0.5m/d，持续7d，然后再按最低下泄流量持续抬升水位5d，反复进行。同时，保证4月末库水位不低于155.0m，5月25日不高于155.0m。如遇特枯水年份，实施水资源应急调度时，可不受以上水位、流量限制。

5月25日～6月10日为三峡水库汛前加速泄水期，此段时间较短，支流水华一般不严重，可不考虑防控水华目标。

（2）防控汛期水华的调度运行准则

6月10日～8月底是三峡水库支流水华发生的主要时期，特别是蓝藻水华暴发最为频繁时期，此时三峡水库调度应着重考虑水华防控目标。

6月10日～8月31日，在满足沙市站水位在41.0m以下、城陵矶站（莲花塘站）水位在30.5m以下且三峡水库入库流量≤30000m^3/s时，实施潮汐式调度，若以145m为起始水位，日抬升1.0m，持续4d，然后稳定4d，再日降低水位1.0m，持续4d；若以150m为起始水位，日抬升水位1.5m，持续3d，稳定2d，然后日降低水位1.5m，持续3d；当三峡水库入库流量＞30000m^3/s时，按照三峡水库防洪调度规程执行。

考虑库岸稳定对水库水位下降速率的要求，汛期最高抬升水位与145m的差值不得高于洪水预报期天数的2倍。

(3)防控蓄水期水华的调度运行准则

9～10月，三峡水库支流仍然存在水华风险，此时三峡水库调度也需要考虑水华防控目标。

当三峡水库入库流量＞30000m³/s时，按照三峡水库防洪调度规程执行。

9月份，当三峡水库入库流量＜30000m³/s＞10000m³/s时，实施“分期提前蓄水方案”，前3日按不低于2m/d的幅度抬升水位，后期逐步抬升水位，但在9月底不高于165m。当来水流量≥8000m³/s但＜10000m³/s时，按来水流量下泄，水库暂停蓄水。

10月份，当来水流量大于8000m³/s时，开展第二阶段蓄水，直至水库达到175m。

蓄水期，考虑库岸稳定对水库水位上升速率的要求，三峡水库库蓄水最大速率要求不超过3m/d。

15.4 基于库区水源地安全保障的联合调度技术与需求

15.4.1 三峡库区水源地概况

选取重庆市南岸区长江黄桷渡饮用水源地、重庆市九龙坡区长江和尚山饮用水源地、宜昌市秭归县长江段凤凰山饮用水源地作为库区重要饮用水源地开展基于库区水源地安全保障的联合调度技术与需求的研究。

(1)重庆市南岸区长江黄桷渡饮用水源地

重庆市南岸区长江黄桷渡饮用水源地位于重庆市南岸区，水源地范围为N29°32'35.40"～29°33'6.00"，E106°33'2.00"～106°33'47.00"，包括取水口上游1000m，下游100m，河道河宽为740.5m，地理位置示意见图15-94。该水源地为河流型水源地，水流以紊流为主。

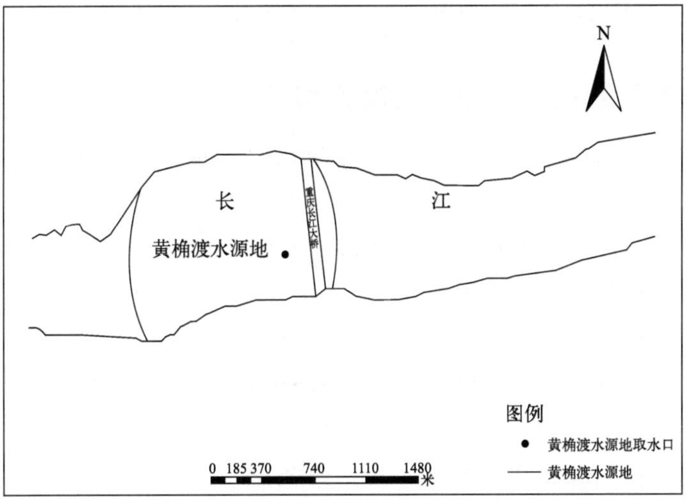

图15-94 黄桷渡饮用水源地位置示意

河流断面形态如图15-95所示。水源地长度约1.1km，宽度约741.5m；流量3000～5000m³/s，流速变化如图15-96所示。该水源地向黄桷渡饮用水源地水厂供水，实际取水量为10×10^4t/d，服务人口为29万，取水方式是岸边水泵房取水。

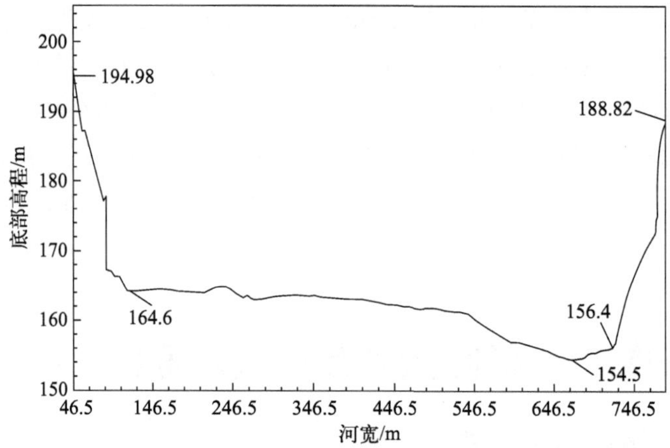

图15-95　黄桷渡饮用水源地断面图

图15-96　2013～2016年黄桷渡饮用水源地断面流速时间变化情况

（2）重庆市九龙坡区长江和尚山饮用水源地

重庆市九龙坡区长江和尚山饮用水源地位于重庆市九龙坡区，水源地范围为N29°30'48.05"～29°31'22.69"，E106°32'9.18"～106°31'51.19"，包括取水口上游1000m，下游100m，河道河宽为481.4m，地理位置示意见图15-97。该水源地也为河流型水源地，水流以紊流为主，河流断面形态如图15-98所示，水源地长度约1.1km，宽度约481.5m；流量约3000～5000m³/s，流速的时间变化如图15-99所示。该水源地向和尚山水厂供水，实际取水量为20×10^4t/d，服务人口为98万，取水方式是中心底层方式取水。

（3）宜昌市秭归县长江段凤凰山饮用水源地

宜昌市秭归县长江段凤凰山饮用水源地位于宜昌市秭归县茅坪镇凤凰山，水源地范围为 N30°49'38.48" ～ 30°50'26.96"，E110°59'22.91" ～ 111°0'35.73"，包括取水口上游 1000m，下游 100m，水源地宽为 969.9m，地理位置示意见图 15-100。

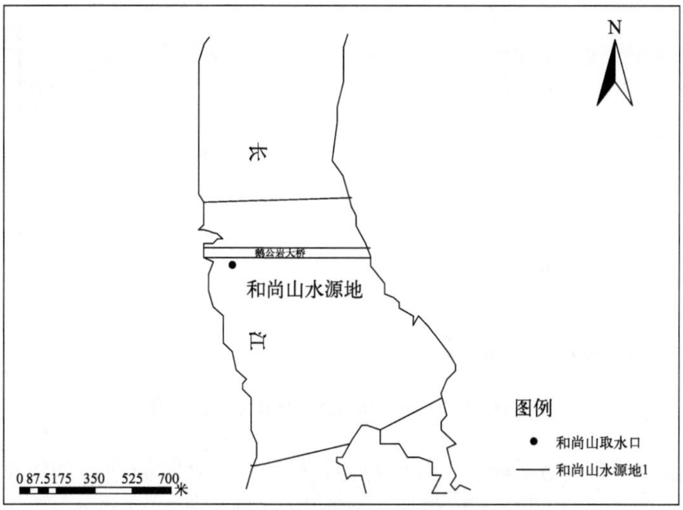

图15-97 和尚山饮用水源地位置示意

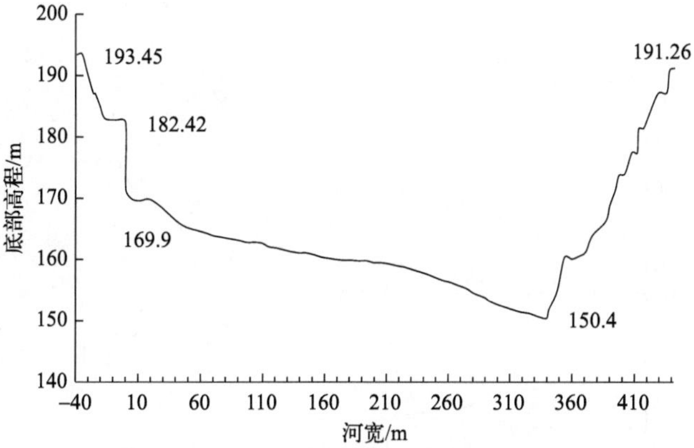

图15-98 和尚山饮用水源地断面图

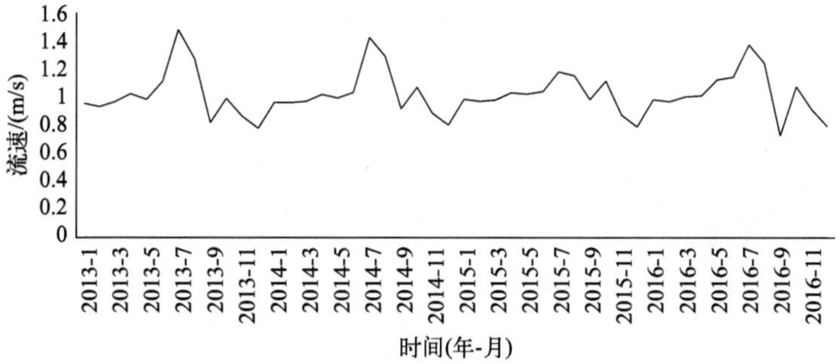

图15-99 2013～2016年和尚山饮用水源地断面流速时间变化图

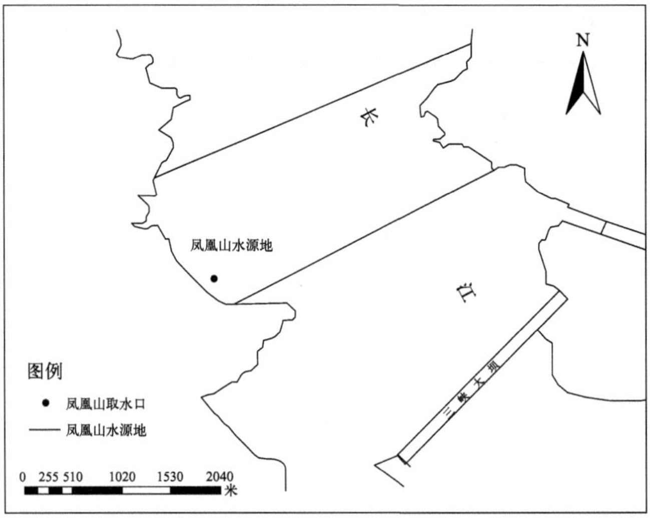

图15-100　秭归县凤凰山饮用水源地示意

该水源地也为河流型水源地，水流以层流为主，河流断面形态如图 15-101 所示。该水源地向秭归县自来水公司二水厂供水，实际取水量为 4.2×10^4t/d，服务人口为 9.5 万，取水方式是浮动泵船取水。水源地东西向流速约为 0.017m/s，南北向流速约为 0.033m/s，流速的时间变化如图 15-102 所示。

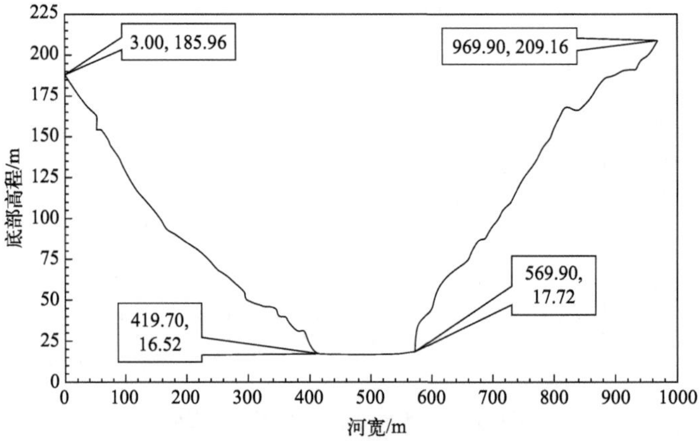

图15-101　秭归县凤凰山饮用水源地断面图

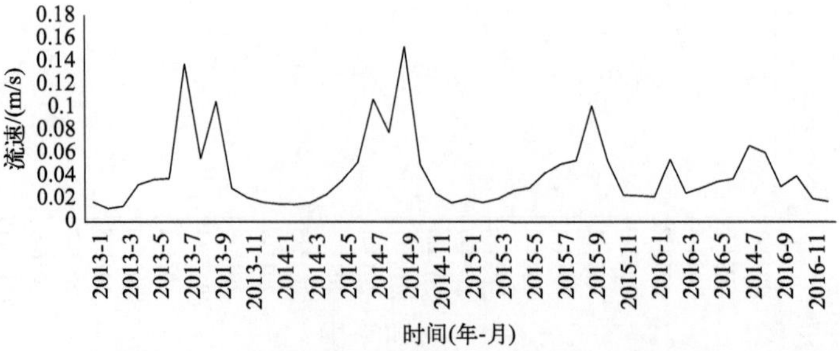

图15-102　2013～2016年秭归县凤凰山饮用水源地断面流速时间变化图

15.4.2 三峡库区饮用水源地水质安全预警预报模型

参见第四篇第 20 章 20.6.5 部分相关内容。

15.4.3 水库群梯级联合调度保障三峡库区饮用水源地安全的可行性分析

15.4.3.1 三峡水库单库常规调度对库区水源地水质的作用效果分析

当三峡水库蓄水位为水库最低水位，即防洪限制水位 145m 时，三峡的回水区（常年回水区）范围为“大坝前缘到重庆市长寿区清溪场”，即三峡水库 145m 水位水面线的回水末端在重庆市长寿区清溪场附近，距三斗坪大坝前缘约 524km；当三峡水库蓄水位为正常蓄水位 175m 时，其回水区（变动回水区）范围为“大坝前缘到重庆市江津区花红堡”，即三峡水库 175m 水位水面线的回水末端在重庆市江津区花红堡附近，距三斗坪大坝前缘约 663km。利用构建的模型计算得出，当三峡水库蓄水位为 161m 时，三峡水库的回水区末端位于重庆市南岸区长江黄桷渡水源地、重庆市九龙坡区长江和尚山水源地附近，距三斗坪大坝前缘约 623km。

宜昌市秭归县长江段凤凰山水源地位于三峡大坝坝前，距三斗坪大坝前缘仅 0.5km，处于三峡水库库首，当三峡坝前水位由汛期的防洪限制水位 145m 变动到枯水期的正常蓄水位 175m 时，该水源地的水位也随之同步变动，变幅在 30m 左右。当三峡坝前水位由汛期防洪限制水位 145m 变动到枯水期正常蓄水位 175m 时，宜昌市秭归县长江段凤凰山水源地的水文、水动力条件受三峡水库单库常规调度影响显著，水环境承载力也有所增加，三峡水库单库常规调度对该饮用水源地能起到改善水质的作用。

对于重庆市南岸区长江黄桷渡水源地、重庆市九龙坡区长江和尚山水源地，只有在三峡水库蓄水位大于 161m 时，才处于变动回水区范围。根据三峡的调度规程，这两个水源地只有在蓄水期和枯水期（10 月中旬至次年 3 月中旬）受三峡水库蓄水的影响。对三峡水库正常蓄水位 175m 下、变动回水区较天然水位的变化进行沿程计算，计算结果见表 15-29。当三峡水库蓄水位为正常蓄水位 175m 时，重庆两个饮用水源地的水位增幅仅为 0.1m，而重庆两个水源地的天然水位在 190m 左右（上游来水为五年一遇），水位增幅 0.05%。因此，重庆两个饮用水源地的水文、水动力条件受三峡水库单库常规调度的影响甚微，对水源地水质改善无明显作用。

表15-29 三峡水库变动回水区沿程水位变化计算结果

序号	距坝址/km	断面名称	天然水位/m		坝前175m20%水位变化/m
			20%	5%	
1	0.0	坝址	71.1	74.2	103.9
2	37.6	秭归县	88.7	92.4	86.3
3	72.5	巴东县	100.6	104.4	74.4
4	124.3	巫山县	118.7	124.0	56.4
5	162.2	奉节县	126.3	132.1	48.8

续表

序号	距坝址/km	断面名称	天然水位/m		坝前175m20%水位变化/m
			20%	5%	
6	223.7	云阳县	130.5	136.0	44.6
7	281.3	万州	134.6	139.8	40.5
8	370.3	忠县	144.4	149.0	30.7
9	429.0	丰都县	150.1	154.1	25.0
10	458.9	珍溪	156.8	160.9	18.4
11	472.5	清溪场	159.8	163.7	15.4
12	483.0	涪陵站	161.4	165.5	13.9
13	493.9	李渡镇	165.1	169.4	10.3
14	527.0	长寿区	172.3	176.6	3.4
15	583.8	大塘坝	180.4	184.5	1.3
16	623	黄桷渡	191.1	195.5	0.1
17	624	和尚山	191.4	195.8	0.1

由以上分析可知，三峡水库单库常规调度对宜昌市秭归县长江段凤凰山水源地水质有改善作用，而对重庆市南岸区长江黄桷渡水源地、重庆市九龙坡区长江和尚山水源地水质的改善作用甚微。

15.4.3.2　三峡上游梯级调度对三峡库区水源地水质的作用效果分析

依据“一维非恒定流水动力 - 水质数学模型”和“平面二维水动力 - 水质数学模型”，研究三峡上游梯级水库（溪洛渡 - 向家坝）调度对宜昌市秭归县长江段凤凰山水源地、重庆市南岸区长江黄桷渡水源地、重庆市九龙坡区长江和尚山水源地水质的作用效果。

① 对于秭归县长江段凤凰山水源地，超标年月为 2014 年 5 月，超标污染物为铁，污染物浓度为 0.33mg/L，Ⅲ类水标准值为 0.30mg/L。2014 年 5 月，向家坝的下泄流量为 1827m^3/s，考虑溪洛渡水库的可调节库容 $64.6\times10^8m^3$、向家坝水库的可调节库容 $9.03\times10^8m^3$；因此设计 1800m^3/s、3000m^3/s 和 4500m^3/s 三种“溪洛渡 - 向家坝”出库流量条件。通过计算得出不同向家坝下泄流量条件下，铁浓度的变化情况，计算结果见表 15-30。由表 15-30 可知，即便是在极端工况（工况 3）下，“溪洛渡 - 向家坝”的水库群可调节库容已全部被考虑，向家坝的下泄流量已经是充分考虑三峡上游梯级水库群最大可能调度空间，该种工况下，仍然不能缓解秭归县长江段凤凰山水源地的水质超标问题，可见，三峡上游梯级调度对秭归县长江段凤凰山水源地的水质改善作用较小。

表15-30　不同“溪洛渡 - 向家坝”出流量条件下凤凰山水源地铁浓度值

工况	“溪洛渡 - 向家坝”出流量/(m^3/s)	铁浓度/(mg/L)	浓度的削减/(mg/L)	是否达标
1	1800	0.33(现状值)	0	不达标
2	3000	0.33	0	不达标
3	4500	0.32	0.01	不达标

② 对于重庆市南岸区长江黄桷渡水源地，超标年月仍选择 2014 年 5 月，超标污染物为 TP，污染物浓度为 0.26mg/L，Ⅲ类水标准值为 0.20mg/ L。设计工况同凤凰山水源地，通过计算得出不同向家坝下泄流量条件下，TP 浓度的变化情况，计算结果见表 15-31。由表 15-31 可知，工况 2、工况 3 条件下，TP 浓度可以达标。可见，通过三峡上游水库的梯级调度可以解决重庆市南岸区长江黄桷渡水源地的水质超标问题，三峡上游梯级调度对重庆市南岸区长江黄桷渡水源地水质有改善的作用。

表15-31 不同“溪洛渡－向家坝”出流量条件下黄桷渡水源地TP浓度值

工况	“溪洛渡-向家坝”出流量/(m^3/s)	TP浓度/(mg/L)	浓度的削减/(mg/L)	是否达标
1	1800	0.26(现状值)	0	不达标
2	3000	0.20	0.06	达标
3	4500	0.20	0.06	达标

③ 对于重庆市九龙坡区长江和尚山水源地，超标年月仍选择 2014 年 5 月，超标污染物为铁，污染物浓度为 0.41mg/L，Ⅲ类水标准值为 0.3mg/ L。设计工况同凤凰山水源地，通过计算得出不同向家坝下泄流量条件下，铁浓度的变化情况，计算结果见表 15-32。由表 15-32 可知，工况 2、工况 3 条件下，铁浓度可以达标。可见，通过三峡上游水库的梯级调度可以解决重庆市九龙坡区长江和尚山水源地的水质超标问题，三峡上游梯级调度对重庆市九龙坡区长江和尚山水源地水质有改善的作用。

表15-32 不同“溪洛渡－向家坝”出流量条件下和尚山水源地铁浓度值

工况	“溪洛渡-向家坝”出流量/(m^3/s)	铁浓度/(mg/L)	浓度的削减/(mg/L)	是否达标
1	1800	0.41(现状值)	0	不达标
2	3000	0.23	0.18	达标
3	4500	0.16	0.25	达标

由以上分析可知，三峡上游梯级水库群联合调度对宜昌市秭归县长江段凤凰山水源地水质改善作用较小，但对重庆市南岸区长江黄桷渡水源地、重庆市九龙坡区长江和尚山水源地有明显的水质改善作用。

15.4.3.3 三峡水库群联合调度对三峡库区水源地水质的作用效果分析

“溪洛渡 - 向家坝”出库流量条件按 1800m^3/s 、3000m^3/s 和 4500m^3/s 三种工况设计，三峡水库水位按 145m 和 175m 两种工况设计，详见表 15-33。

表15-33 三峡水库群联合调度下三峡库区饮用水源地水质达标情况

工况	“溪洛渡-向家坝”出流量/(m^3/s)	三峡水位	水源地	超标污染物或指标	污染物浓度/(mg/L)	是否达标
1	1800(现状值)	145m	凤凰山	Fe	0.33	不达标
			黄桷渡	TP	0.26	不达标
			和尚山	Fe	0.41	不达标

续表

工况	“溪洛渡-向家坝”出流量/(m^3/s)	三峡水位	水源地	超标污染物或指标	污染物浓度/(mg/L)	是否达标
2	3000	145m	凤凰山	Fe	0.32	不达标
			黄桷渡	TP	0.20	达标
			和尚山	Fe	0.23	达标
3	4500	145m	凤凰山	Fe	0.32	不达标
			黄桷渡	TP	0.20	达标
			和尚山	Fe	0.16	达标
4	1800（现状值）	175m	凤凰山	Fe	0.30	达标
			黄桷渡	TP	0.26	不达标
			和尚山	Fe	0.41	不达标
5	3000	175m	凤凰山	Fe	0.30	达标
			黄桷渡	TP	0.20	达标
			和尚山	Fe	0.23	达标
6	4500	175m	凤凰山	Fe	0.30	达标
			黄桷渡	TP	0.20	达标
			和尚山	Fe	0.16	达标

通过三峡水库群联合调度，可以实现三峡库区水源地水质的改善。其中，三峡水库主要对宜昌市秭归县长江段凤凰山水源地水质有改善作用，三峡上游梯级水库群“溪洛渡-向家坝”联合调度对重庆市南岸区长江黄桷渡水源地、重庆市九龙坡区长江和尚山水源地有较为显著的水质改善作用（见图 15-103）。

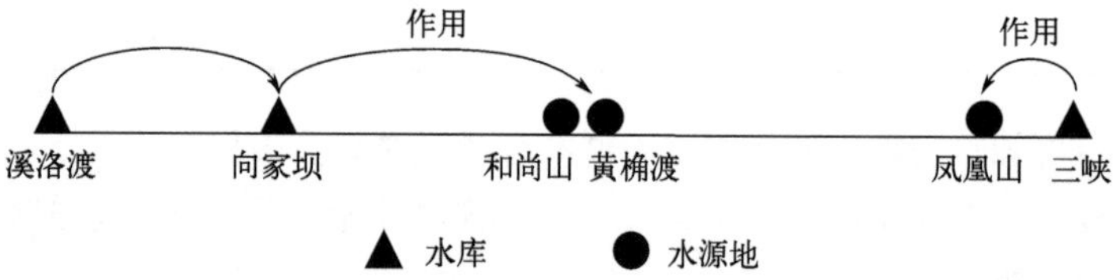

图15-103 三峡水库群联合调度对三峡库区水源地水质改善作用效果示意图

15.4.4 三峡库区水源地水环境安全的水库群联合调度需求

15.4.4.1 三峡库区水源地超标污染物及水质达标率现状

根据对 2014 ～ 2016 年的水源地监测数据，以及《地表水环境质量标准》（GB 3838—2002）中的Ⅲ类标准，宜昌秭归凤凰山水源地达标率为 97.2%，满足“水源地水质保证达标 95% 以上”的要求，其超标污染物为铁；重庆南岸区黄桷渡水源地水质达标率为 72.2%，超标污染物主要有总磷、铁、锰、汞和高锰酸盐指数；重庆市九龙坡区和尚山水源地达标率为 75.0%，超标污染物有总磷、铁、锰和氨氮（见表 15-34）。

表15-34 水源地超标污染物及水质达标率（2014 ~ 2016年）

时间(年-月)	和尚山水源地	黄桷渡水源地	秭归水源地
2014-01	—	总磷	—
2014-02	—	总磷	—
2014-03	总磷	总磷	—
2014-04	总磷，铁	铁	—
2014-05	铁	铁，锰，总磷，高锰酸盐指数	铁
2014-07	铁，锰	铁，锰	—
2014-08	铁，锰	锰	—
2014-09	—	总磷	—
2014-11	总磷	—	—
2015-01	总磷	—	—
2015-07	—	锰，总磷	—
2015-08	—	汞	—
2016-07	锰，铁	—	—
2016-10	铁，氨氮	—	—
水质达标率/%	75.0	72.2	97.2

15.4.4.2 水库群联合调度方案设定及分析

设计以下水库群联合调度方案（见表15-35），以分析“溪洛渡-向家坝-三峡”梯级水库联合调度下的库区重要饮用水源地的水质达标情况。

表15-35 水库群联合调度方案及各工况下的水源地水质达标率（2014～2016年） 单位：%

工况	三峡水位+“溪洛渡-向家坝”出库流量”	凤凰山	黄桷渡	和尚山
0	现行调度方案	97.2	72.2	75.0
1	145m+4000m^3/s	97.2	86.1	88.9
2	145m+6000m^3/s	97.2	91.7	88.9
3	145m+9000m^3/s	97.2	91.7	94.4
4	145m+10000m^3/s	97.2	94.4	97.2
5	145m+11000m^3/s	97.2	97.2	100
6	175m+4000m^3/s	97.2	86.1	75.0
7	175m+6000m^3/s	97.2	91.7	88.9
8	175m+9000m^3/s	97.2	91.7	88.9
9	175m+10000m^3/s	97.2	94.4	94.4
10	175m+11000m^3/s	100	97.2	97.2

工况0：现行调度方案。

工况1：三峡水库水位为145m，向家坝下泄流量为4000m^3/s。

工况 2：三峡水库水位为 145m，向家坝下泄流量为 6000m^3/s。

工况 3：三峡水库水位为 145m，向家坝下泄流量为 9000m^3/s。

工况 4：三峡水库水位为 145m，向家坝下泄流量为 10000m^3/s。

工况 5：三峡水库水位为 145m，向家坝下泄流量为 11000m^3/s。

工况 6：三峡水库水位为 175m，向家坝下泄流量为 4000m^3/s。

工况 7：三峡水库水位为 175m，向家坝下泄流量为 6000m^3/s。

工况 8：三峡水库水位为 175m，向家坝下泄流量为 9000m^3/s。

工况 9：三峡水库水位为 175m，向家坝下泄流量为 10000m^3/s。

工况 10：三峡水库水位为 175m，向家坝下泄流量为 11000m^3/s。

例如，工况 5（三峡水位 145m，向家坝下泄流量 11000m^3/s）条件下，重庆和尚山水源地、黄桷渡水源地的水质达标率分别提升至 100%、97.2%，此时，宜昌秭归凤凰山水源地的水质达标率为 97.2%，满足“3 个库区重要水源地水质保证达标 95% 以上”的目标。而在工况 10（三峡水位 175m，向家坝下泄流量 11000m^3/s）条件下，重庆和尚山水源地、黄桷渡水源地的水质达标率均提升至 97.2%，此时，宜昌秭归凤凰山水源地的水质达标率提升至 100%，满足“3 个库区重要水源地水质保证达标 95% 以上”的目标。

15.5　基于三峡下游生态环境改善的联合调度技术

15.5.1　三峡水库下游生态环境改善需求

15.5.1.1　三峡水库下游生态环境改善基本要求及措施

通过季节性调整三峡水库出流量及其过程，调整和改善长江中下游河道水动力因子、输水输沙能力和污染物输移能力及其河道基流环境，季节性增强长江中下游水环境容量，季节性营造刺激性水动力环境，改善重点河段水体水质，保障中下游环境流量和环境水位，确保大型连通湖泊水生态环境取水及其水生态系统良性发展的生态需水，提高长江口压咸减负需要的水量过程保证率，具体要求如下。

① 环境流量和环境水位要求。通过三峡水库长期调度，调整三峡出库水流过程，均衡汛期、非汛期出流强度，保障长江中下游环境流量和环境水位。

② 取水要求。通过三峡水库中长期调度，调整非汛期水库出流流量，保障中下游重点取用水河段水量充足、联通湖泊取水保证率和下游河道联通湖泊水生态系统发展用水。

③ 四大家鱼繁殖要求。通过三峡水库短期调度，调整非汛期和汛前期水库出流流量，改善和保障中下游四大家鱼季节性繁衍环境。

④ 中华鲟繁殖要求。通过三峡水库日调节，调整枯水期出库水量，确保长江中下游生态基流量，营造中华鲟衍生良性环境。

⑤ 河口压咸与突发性事件处置要求。通过三峡 - 向家坝 - 溪洛渡三库协作调度，提高枯水期三峡水库储备水量，日调节控制出流，提高长江下游突发性环境事件应对能力，增强河口咸水上溯的抑制力。

⑥ 防洪安全要求。通过三峡水库季节性调度，满足三峡水库汛期运行对荆州河段、城陵矶河段实施防洪补偿调度。

城陵矶防洪控制：当三峡水库汛期水位不高于 155.0m，则按控制城陵矶水位 34.4m 控制泄流；当三峡水库汛期水位高于 155.0m，泄流流量控制 41000m³/s。

荆州河段防洪控制：如三峡水库水位低于 171.0m，则按沙市站水位不高于 44.5m 控制三峡下泄流量不超过 54000m³/s；当库水位在 171.0 ～ 175.0m 时，泄流流量控制 56000m³/s。在配合采取分蓄洪措施条件下控制沙市站水位不高于 45.0m，枝城站流量不超过 80000m³/s，三峡水库下泄流量不大于 77000m³/s。

15.5.1.2 三峡水库下游生态环境改善基本调控要求

① 汛期运行期，保障下游度汛安全情况下敞泄；否则，按防洪补偿要求泄流。

② 汛后蓄水期，三峡水库汛后蓄水必须保证出库流量不低于 8000m³/s。

③ 枯水消落期，三峡水库消落期必须保证出库流量不低于 6000m³/s。

④ 5 ～ 6 月水位消落期间，三峡水库出流水温在 18℃以上；保障实施人造洪峰 1 ～ 2 次，7 ～ 15d 为一个洪峰周期，峰值 10000 ～ 20000m³/s；中下游水位持续上涨，日涨水水位幅度 0.2 ～ 0.5m，出库含沙量 0.5kg/m³，保证四大家鱼产卵。

⑤ 10 ～ 11 月高水位运行期间，三峡水库出流水温在 18℃以上；保障实施人造洪峰 1 ～ 2 次，7 ～ 15d 为一个洪峰周期，峰值 10000 ～ 20000m³/s；流速 1 ～ 1.5m；日流量退水率 200 ～ 300m³/s，日水位下降 0.1m；出库含沙量 0.5kg/m³；保证中华鲟产卵繁衍。

⑥ 当年 11 月～次年 4 月，水位消落期具备应急压咸能力，出库流量不低于 7000m³/s。

三峡水库下游生态环境需求关键事件节点及基本的调控要求如下。

3 ～ 6 月，保证出流流量 6000m³/s；

5 ～ 6 月，保障日调节出流流量 10000 ～ 20000m³/s；

9 ～ 10 月，保障出流流量 8000m³/s；

10 ～ 11 月，保障日调节 10000 ～ 20000m³/s；

11 月～次年 4 月，保障日调节 7000m³/s。

15.5.1.3 三峡水库调度与下游生态环境需水量关系分析

（1）水库与下游水量供需关系分析

以三峡水库设计调度过程线为基准，分析三峡水库各运行时期水库水量储备与下游生态环境需水之关系，见表 15-36。

表15-36 三峡水库可调控空间与下游生态环境需水状态对应情况分析

三峡水库		三峡水库下游生态环境需水				汛期防洪补偿现状		
总库容	$393\times10^8m^3$	长期	河湖	环境流量	生态河流健康			
可调库容	$221.5\times10^8m^3$	长期	重大取水口用水		安全用水保障			
汛期（6～9月）	下游防洪安全：多来多排 下游防洪保障：56.5×10^8～$170\times10^8m^3$调控	年内10～11月	中华鲟	调峰10000～20000m³/s	产卵保障	沙市	$56.5\times10^8m^3$	防洪安全
						城陵矶	$56.5\times10^8m^3$	防洪安全

续表

三峡水库		三峡水库下游生态环境需水				汛期防洪补偿现状		
蓄水期 （9～10月）	蓄水$221.5\times10^8m^3$ 保障出流$8000m^3/s$	年内5～ 6月	四大家鱼	调峰10000～ $20000m^3/s$	产卵保障			
消落期 （2～6月）	消落库容 $221.5\times10^8m^3$ 日出流量 $\geqslant6000m^3/s$	当年11月 至次年4月	长江口 压咸	$\geqslant7000m^3/s$	压咸保障			

由表15-36可知：

① 5～6月，水库处于消落期，主要保证消落期出流流量$6000m^3/s$，还要保障为四大家鱼产卵的日调节流量峰值达到10000～$20000m^3/s$。原方案在1月1日开始消落，水库水位175m开始下降，过早消落很难保证和满足5～6月份下游需水，三峡水库单库调度，如果不是水库群联合调度，保障不了需水量。对此，可通过三峡水库联合调度，调用上游水库流量$1500m^3/s$，消落时间起点放在3月1日，并按照消落前期放缓消落，后期快速消落，能够保障三峡水库有足够的水量保证四大家鱼调节用水。

② 9～10月，保障下游出流量$8000m^3/s$。9～10月为三峡水库蓄水期，又要蓄水又要保障出流量大于$8000m^3/s$；原来方案在9月30日起蓄，在同年10月底蓄满，有一定难度，尤其是平水年。可考虑提前到9月10日起蓄，能够保障三峡水库蓄水蓄满，也能够保障在蓄水过程中有大于$8000m^3/s$出流，为下游需水提供保障。

③ 10～11月，保障日调节10000～$20000m^3/s$。10～11月为三峡水库刚刚蓄满时期，不管是在原方案9月30日145m起蓄，还是在优化方案9月10日150m起蓄，水库在10～11月均有足够水量储备，所以10～11月有足够出流水量10000～$20000m^3/s$用于保障中华鲟产卵。问题是给中华鲟产卵用水后，就会减少水库储备水量，此时要维持175m到3月1日就非常困难，因此必须水库群联合调度，调用上游水库流量1000～$1500m^3/s$，就能解决好这个问题，同时也有足够的预备水量空间为当年11月至次年4月的河口压咸需水和满足5～6月四大家鱼产卵备用。

④ 当年11月至次年4月，为保障长江河口压咸需水，在原出流流量$6000m^3/s$的基础上增加$1000m^3/s$到日调节出流流量$7000m^3/s$。调用上游水库流量1000～$1500m^3/s$，在提前蓄水和调用上游水库1000～$1500m^3/s$的联合调度下不会存在问题。

⑤ 4～6月，保障下游出流$6000m^3/s$，为三峡水库消落期，在提前蓄水和调用上游水库$1500m^3/s$的联合调度下没有问题。

（2）水库与下游水量供需矛盾协调措施

为改善三峡下游生态环境，各时段的三峡水库需水量与下游生态环境改善需求还存在一些矛盾，必须通过三峡水库群联合调度得到解决。

① 三峡下游生态环境需水时间不重叠，只是时间错位，为三峡水库调度配置出流水量提供便利。

② 不同季节，三峡下游环境需水程度不同，三峡水库蓄水与下游环境需水的供需矛盾主要集中在枯水期和消落期。

③ 三峡水库调度运行主要有汛期、蓄水期、枯水期和消落期四种时期，四种运行

时期的水库水量储备都大不相同：汛期来水量很大，可调节库容 $221.5\times10^8m^3$ 库容放空；蓄水期来水量较大，调节库容 $221.5\times10^8m^3$ 逐步储备：枯水期来水量少，调节库容 $221.5\times10^8m^3$ 日蓄满，维持 175m；消落期来水量由少逐步变多，调节库容 $221.5\times10^8m^3$ 日水量逐步减少。而三峡下游环境需水有长期需水、中长期需水和短期需水三种需求状态，三峡调度方式和优化调度过程成为解决供需矛盾的关键问题。

Ⅰ. 长期调度（年调度）。长期调整三峡出库水流过程，均衡汛期、非汛期出流强度，保障长江中下游环境流量和环境水位。

Ⅱ. 中短期调度（年内调度）。调整非汛期水库出流流量，保障中下游重点取用水河段水量充足、联通湖泊取水保证率、下游河道水生态系统发展用水。

Ⅲ. 日调节调度：a. 调整枯水期出库水量，确保长江中下游水生态基流量，营造中华鲟衍生良性环境；以及改善四大家鱼季节性繁衍环境；b. 确保长江口压咸需求；c. 日调节汛期流量过程，营造潮汐式出流过程，防控支流水华；d. 调节 $221.5\times10^8m^3$ 库容。

15.5.1.4 三峡水库群“溪洛渡-向家坝-三峡”联合调度的作用分析

1）满足三峡水库下游生态环境改善需水

枯水期 11 月至次年 2 月期间调用溪洛渡和向家坝水量 $1500m^3/s$，保障水库足够储备水量。

2）防控支流水华

调用上游梯级水库水量，用于强化支流口门流量过程和调节水位过程，控制水华发生。三峡水库构造潮汐性水流波动的时间：

① 汛期利用水库 $221.5\times10^8m^3$ 库容空间；

② 利用枯水期的 11 月至次年 2 月已有的足够备水量。

汛期来水量十分充足，而且调节空间富裕，在 145m 上日调节水位 0.6m 是没有问题的，即实施 145m—145.6m—145m，很容易做到。而在枯水期 11 月至次年 2 月，水位已经在 175m 上，它的波动只能是从 175m 降到 174.4m，然后提升到 175m 的波动方式，当从 175m 降到 174.4m 时造成库区水量减少，想再提升维持到 175m，靠自然来水是做不到的，只能靠调用上游梯级水量。这个作用与上述①是相同的。

3）库区水环境安全保障作用

对库区的作用主要有：

① 当三峡库区发生突发性环境事件时提请上游梯级补水。

② 当三峡水库水质存在水环境质量风险时，如将从Ⅱ类向着Ⅲ类水平发展时，请求上游梯级放水稀释水体。两者都需要三峡水库调度的配合才得到实现。

要做到三峡水库下游生态环境改善，仅依靠三峡水库单库调度还存在困难，需要通过三峡水库群的联合调度，实施协作调度，才能够很好解决。

15.5.2 三峡下游江湖河网水流-水质-水环境耦合模型

针对三峡水库下游生态环境改善，余明辉及其团队研究并构建了三峡下游江湖河网

水流 - 水质 - 水环境耦合模型。在进行三峡下游江湖河网水流 - 水质 - 水环境模型模拟计算前，需要确定三峡水库下游生态环境特征值。

将三峡下游生态环境特征值应用于三峡下游江湖河网水流 - 水质 - 水环境模型中，进行模拟计算，通过模拟计算结果分析得到三峡水库下游生态环境改善的联合调度方案。

15.5.2.1 计算河段

三峡下游江湖河网水流 - 水质 - 水环境模型模拟的河段从宜昌至大通，全长 1123km。具体计算河段见图 15-104。

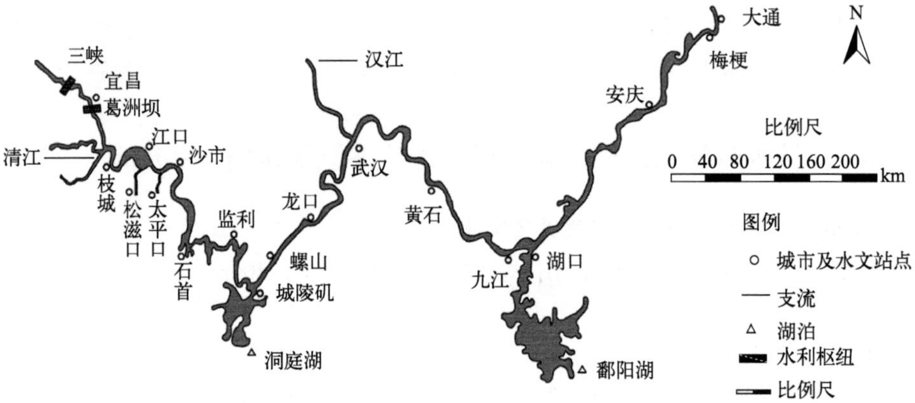

图15-104 三峡水库下游计算范围示意

15.5.2.2 模拟方法

（1）基本原理及方程

一维非恒定流数学模型的基本控制方程如下。

1）水流连续方程

$$\frac{\partial Q}{\partial x}+B\frac{\partial Z}{\partial t}=q \tag{15-38}$$

2）运动方程

$$\frac{\partial Q}{\partial t}+\frac{\partial}{\partial t}\left(\frac{Q^2}{A}\right)+gA\frac{\partial Z}{\partial x}=-g\frac{n^2Q|Q|}{A\left(A/B\right)^{4/3}} \tag{15-39}$$

式中 Z——断面水位，m；

A——过水断面面积，m^2；

Q——流量，m^3/s；

g——重力加速度；

q——由降水、引水等引起的单位长度的源汇流量强度，m^2/s；

x,t——空间和时间坐标；

n——糙率；

B——平均河宽，m。

3）河流一维水质模型的基本方程为一维对流扩散方程

$$\frac{\partial AC}{\partial t}+\frac{\partial QC}{\partial x}-\frac{\partial}{\partial x}\left(AD\frac{\partial C}{\partial x}\right)=-AKC+C_2q \tag{15-40}$$

式中 x,t——距离和时间的坐标；

C——物质浓度，mg/L；

D——扩散系数，m^2/s；

Q——流量，m^3/s；

A——过水断面面积，m^2；

C_2——源 / 汇浓度，mg/L；

K——线性衰减系数，d^{-1}。

（2）方程的求解

由于一维非恒定水流运动方程组为二元一阶双曲拟线性方程组，难以得出其分析解，故常采用有限差分法求其数值解。Preissmann 隐格式具有无条件稳定的特性，其在处理一维河道非恒定流传播时具有较大潜力，因此，该格式在实际中应用较多。利用 Preissmann 隐格式离散圣维南方程组式（15-38）与式（15-39），Preissmann 隐格式的时空网格示意如图 15-105 所示。

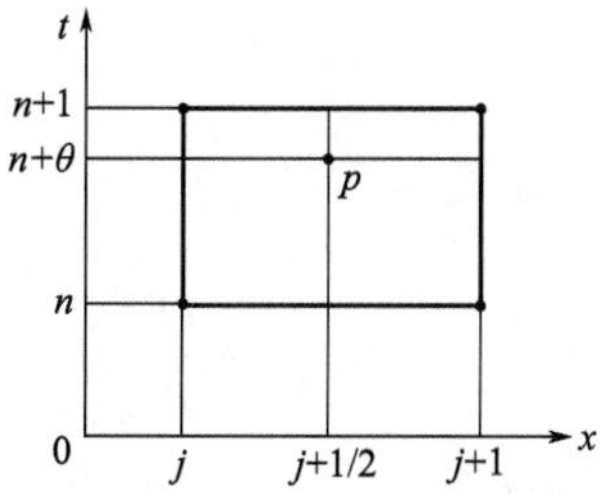

图15-105 四点偏心Preissmann隐格式的时空网格示意

具体离散格式如式（15-41）：

$$\begin{cases}\dfrac{\partial f}{\partial t}\approx\dfrac{\Delta f}{\Delta t}=\dfrac{\left(f_{j+1}^{n+1}+f_j^{n+1}\right)-\left(f_{j+1}^{n}+f_j^{n}\right)}{2\Delta t}\\[2ex]\dfrac{\partial f}{\partial x}\approx\dfrac{\Delta f}{\Delta x}=\dfrac{\theta\left(f_{j+1}^{n+1}-f_j^{n+1}\right)+(1-\theta)\left(f_{j+1}^{n}-f_j^{n}\right)}{\Delta x}\\[2ex]f_p=\dfrac{\theta\left(f_{j+1}^{n+1}+f_j^{n+1}\right)+(1-\theta)\left(f_{j+1}^{n}+f_j^{n}\right)}{2}\end{cases} \tag{15-41}$$

式中 θ——权因子，$0<\theta<1$；

f——任意函数；

j——断面序号；

n——时间序号。

对式（15-38）和式（15-39）进行离散，离散方程为：

$$a_{1j}Z_j^{n+1}+a_{1j}Z_{j+1}^{n+1}-c_{1j}Q_j^{n+1}+c_{1j}Q_{j+1}^{n+1}=e_{1j} \tag{15-42}$$

$$a_{2j}Z_j^{n+1}-a_{2j}Z_{j+1}^{n+1}+c_{2j}Q_j^{n+1}+d_{2j}Q_{j+1}^{n+1}=e_{2j} \tag{15-43}$$

式中 Z——断面水位；

Q——流量；

j——断面序号；

a、c、d——由方程中各已知量（包括迭代初值）组成的系数；

e——由已知量组成的右端项。

具体如式（15-44）：

$$\begin{cases} a_{1j}=1 \\ c_{1j}=2\theta\dfrac{\Delta t}{\Delta x_j}\times\dfrac{1}{B_{j+1/2}^{n+\theta}} \\ e_{1j}=Y_j^n+Y_{j+1}^n+\dfrac{1-\theta}{\theta}c_{1j}\left(Q_j^n-Q_{j+1}^n\right)+2\Delta t\dfrac{q}{B_{j+1/2}^{n+\theta}} \\ a_{2j}=2\theta\dfrac{\Delta t}{\Delta x_j}\left[\left(\dfrac{Q_{j+1/2}^{n+\theta}}{A_{j+1/2}^{n+\theta}}\right)^2 B_{j+1/2}^{n+\theta}Y_j^n-gA_{j+1/2}^{n+\theta}\right] \\ c_{2j}=1-4\theta\dfrac{\Delta t}{\Delta x_j}\times\dfrac{Q_{j+1/2}^{n+\theta}}{A_{j+1/2}^{n+\theta}} \\ d_{2j}=1+4\theta\dfrac{\Delta t}{\Delta x_j}\times\dfrac{Q_{j+1/2}^{n+\theta}}{A_{j+1/2}^{n+\theta}} \\ e_{2i}=\dfrac{1-\theta}{\theta}a_{2j}\left(Y_{j+1}^n-Y_j^n\right)+\left[1-4(1-\theta)\dfrac{\Delta t}{\Delta x_j}\times\dfrac{Q_{j+1/2}^{n+\theta}}{A_{j+1/2}^{n+\theta}}\right]Q_{j+1}^n \\ \quad +\left[1-4(1-\theta)\dfrac{\Delta t}{\Delta x_j}\times\dfrac{Q_{j+1/2}^{n+\theta}}{A_{j+1/2}^{n+\theta}}\right]\theta_j^n+2\Delta t\left(\dfrac{Q_{j+1/2}^{n+\theta}}{A_{j+1/2}^{n+\theta}}\right)^2\times\dfrac{A\left(x_{j+1},Y_{j+1/2}^{n+\theta}\right)-A\left(x_j,Y_{j+1/2}^{n+\theta}\right)}{\Delta x_j} \\ \quad -2\Delta t\dfrac{gn^2\left|Q_{j+1/2}^{n+\theta}\right|Q_{j+1/2}^{n+\theta}}{A_{j+1/2}^{n+\theta}\left(\dfrac{A_{j+1/2}^{n+\theta}}{B_{j+1/2}^{n+\theta}}\right)^{4/3}} \end{cases} \tag{15-44}$$

式中 Y——水位高度。

下面介绍求解方法。首先对河网进行概化。在一个河网中，河道汇流点称为节点，两个节点之间的单一河道称为河段，河段内两个计算断面之间的局部河段称为微段。根据未知量的个数将节点分为两种：一是节点处有已知的边界条件，称为外节点；二是节点处的水力要素全部未知，称为内节点。同样，将河段也分为内外河段，只要某个河段的一端连接外节点，称为外河段，若两端均连接内节点，称为内河段。约定在环状河网计算中把内节点简称为节点。

为方便考虑，给河网的节点、河段和断面进行编号。如图 15-106 所示，1，2，3，4 为节点；一、二、三、四为河段，其中 1、4 为外节点，2、3 为内节点，一、四称为外河段，二、三称为内河段。河道水流流向需事先假定，并标在概化图中（箭头所指方向为假定水流流向）。

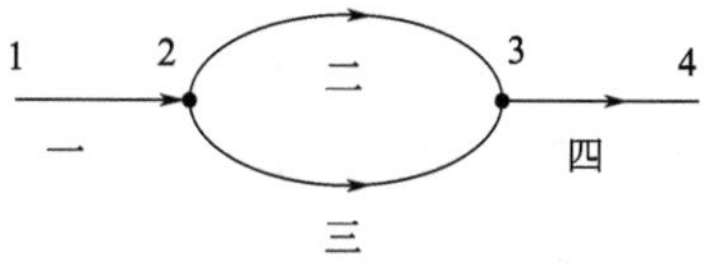

图15-106 河网概化示意

根据河道交汇处范围大小来决定如何概化节点。若该范围较大，则将其视为可调蓄节点，否则按无调蓄节点处理。

河网中的交汇节点应满足质量守恒与能量守恒。

1）质量守恒

即流入、流出节点的水量应相等，可用下列式表示。

$$\sum_{i=1}^{L} Q_i^{n+1} = Q_{cx}^{n+1} \tag{15-45}$$

式中 L——某节点连接的河段个数；

Q_i^{n+1}——流入（出）该节点的流量，流入为正，流出为负。若该节点可视为无调蓄节点，则有

$$\sum_{i=1}^{L} Q_i^{n+1} = 0 \tag{15-46}$$

2）能量守恒

根据 Bernouli 方程，略去汊点局部水头损失时，节点周围各断面的能量水头应保持相等，即

$$Z_i + \frac{Q_i^2}{2gA_i^2} = Z_j + \frac{Q_j^2}{2gA_j^2} \tag{15-47}$$

若各交汇断面的过水面积相差不大，流量相差也不大，可以认为这些断面的流速水头相等，则有

$$Z_i = Z_j \tag{15-48}$$

即出入各汊道的水流平缓衔接，不存在水位突变。

其次，将河网分为节点、微段和河段三级计算。具体思路为：先解节点水位（或流量）方程组；再求解节点周围断面的未知量；最后根据微段方程逐一求出整个河段各断面的未知量。

离散后的圣维南方程组

$$a_{1j}Z_j^{n+1} + a_{1j}Z_{j+1}^{n+1} - c_{1j}Q_j^{n+1} + c_{1j}Q_{j+1}^{n+1} = e_{1j}$$

$$a_{2j}Z_j^{n+1} - a_{2j}Z_{j+1}^{n+1} + c_{2j}Q_j^{n+1} + d_{2j}Q_{j+1}^{n+1} = e_{2j}$$

为方便略去上标 $n+1$。分别消去 Z_{j+1} 和 Q_{j+1}，有：

$$Q_{j+1}=P_jQ_L+R_jZ_L+S_j \tag{15-49}$$

$$Z_{j+1}=T_jQ_L+U_jZ_L+V_j \tag{15-50}$$

式中　L——某河段首断面编号，故 $j\geqslant L$；

P、R、S、T、U、V——由 a、b、c、d、e 组成的系数，具体形式如下：

当 $j>L$ 时，有

$$\begin{cases}P_{j+1}=\alpha_jP_j+\beta_jT_j\\R_{j+1}=\alpha_jR_j+\beta_jV_j\\S_{j+1}=\alpha_jS_j+\beta_jV_j+\gamma_j\\T_{j+1}=\eta_jP_j+\omega_jT\\V_{j+1}=\eta_jR_j+\omega_jV_j\\U_{j+1}=\eta_jS_j+\omega_jV_j+\chi_j\end{cases}$$

当 $j=L$ 时，有

$$\begin{cases}P_L=\alpha_L\\R_L=\beta_L\\S_L=\gamma_L\\T_L=\eta_L\\V_L=\omega_L\\U_L=\chi_L\end{cases}$$

其中

$$\begin{cases}\alpha_j=\dfrac{a_{2j}c_{1j}-c_{2j}}{d_{2j}+a_{2j}c_{1j}}\\\beta_j=-\dfrac{2a_{2j}}{d_{2j}+a_{2j}c_{1j}}\\\gamma_j=\dfrac{e_{2j}+a_{2j}e_{1j}}{d_{2j}+a_{2j}c_{1j}}\\\eta_j=\dfrac{c_{1j}d_{2j}+c_{1j}c_{2j}}{d_{2j}+a_{2j}c_{1j}}\\\omega_j=\dfrac{a_{2j}c_{1j}-d_{2j}}{d_{2j}+a_{2j}c_{1j}}\\\chi_j=\dfrac{d_{2j}e_{1j}-c_{1j}e_{2j}}{d_{2j}+a_{2j}c_{1j}}\end{cases}$$

若 j 取 M，则有

$$Q_M=P_{M-1}Q_L+R_{M-1}Z_L+S_{M-1} \tag{15-51}$$

$$Z_M=T_{M-1}Q_L+U_{M-1}Z_L+V_{M-1} \tag{15-52}$$

若外河道的一端给出流量型边界条件，联立式（15-51）、式（15-52）将 Z_L 消去，可得

$$Q_M = (P - \frac{TR}{U})_{M-1} Q_L + (\frac{R}{U})_{M-1} Z_M + (S - \frac{RV}{U})_{M-1} \tag{15-53}$$

式中 Q_L——边界条件，故

$$Q_M = f(Z_M) \tag{15-54}$$

若外河道的一端提出的是水位型边界条件，联立式（15-51）和式（15-53）将 Q_M 消去，可得：

$$Q_L = -\left(\frac{U}{T}\right)_{M-1} Z_L + \left(\frac{1}{T}\right)_{M-1} Z_M - \left(\frac{V}{T}\right)_{M-1} \tag{15-55}$$

式中 Z_L——边界条件，故

$$Q_M = f(Z_M) \tag{15-56}$$

由式（15-54）和式（15-56）可知，无论何种类型边界条件的外河道非边界节点附近断面的流量均可用该断面的水位表示。

对于内河道有：

式（15-52）两边同乘 $(1/T_{M-1})$，并移项整理得：

$$Q_L = -\left(\frac{U}{T}\right)_{M-1} Z_L + \left(\frac{1}{T}\right)_{M-1} Z_M - \left(\frac{V}{T}\right)_{M-1}$$

即

$$Q_L = f(Z_L, Z_M) \tag{15-57}$$

联立式（15-53）、式（15-55），消去 Q_L 得

$$Q_M = \left(R - \frac{PU}{T}\right)_{M-1} Z_L + \left(\frac{P}{T}\right)_{M-1} Z_M + \left(S - \frac{PV}{T}\right)_{M-1} \tag{15-58}$$

即

$$Q_M = f(Z_L, Z_M) \tag{15-59}$$

式中 L、M——某河段首、末断面编号。

由式（15-57）、式（15-59）可知，在内河道，首、末断面的流量均可用首尾断面的水位表示。可构建节点水位方程组

$$AZ=B \tag{15-60}$$

式中 A——以 P、R、S、T、U、V 等系数构成的系数矩阵；

Z——节点水位向量；

B——P、R、S、T、U、V 等系数构成的向量。

系数矩阵的维数与河网节点的个数相同。解节点水位方程组求出各节点水位 Z，再推算出各河段首末断面的流量 Q，最后求得所有断面的未知量。

15.5.2.3 数学模型计算

（1）河床糙率率定

天然河道的糙率受河床组成、河床形状、河滩覆盖情况、流量及水位等多种因素的影响，不同河段糙率也不同。用恒定流模型率定河道糙率，主要目的在于初步确定长江中下

游宜昌至大通河段的糙率范围。由于研究河段河道长度较长、地形复杂、天然河道断面形态各异且藕节状支流众多，因此糙率的取值有一定难度。本次河道糙率率定计算选取2010年为水文代表年，其中2010年8月、10月和次年1月三个月份分别代表丰水期、平水期和枯水期三个不同工况，每个月选取一个代表流量，用恒定流模型率定河道糙率。经多次试算，三峡水库下游长江干流宜昌-大通河段的糙率率定结果见表15-37，绘制出的河道部分监测点水位高程对比如图15-107所示。

表15-37　2010年长江中下游干流河道糙率率定结果表

干流河段	丰水期糙率	平水期糙率	枯水期糙率
宜昌-宜都	0.0370	0.0430	0.0460
宜都-沙市	0.0345	0.0390	0.0450
沙市-监利	0.0310	0.0340	0.0320
监利-城陵矶	0.0285	0.0360	0.0345
城陵矶-螺山	0.0245	0.0300	0.0355
螺山-汉口	0.0215	0.0320	0.0315
汉口-黄石	0.0230	0.0290	0.0245
黄石-码头镇	0.0270	0.0350	0.0290
码头镇-九江	0.0210	0.0260	0.0205
九江-大通	0.0290	0.0310	0.0305

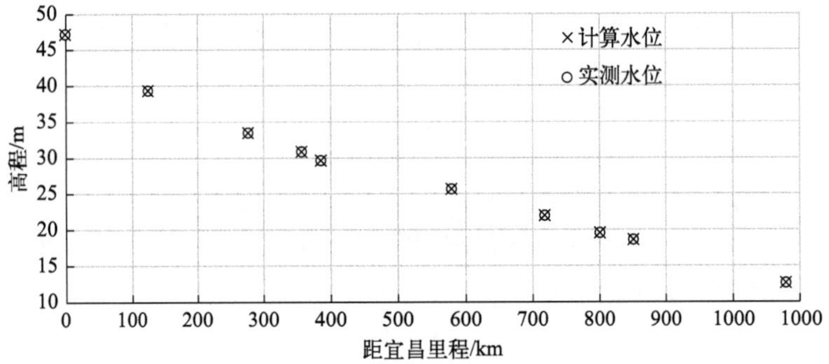

图15-107　枯水期河道部分监测点水位高程（计算与实测）对比图

（2）模型验证结果

1）计算条件

在恒定流率定的基础上，一维河网水流模型验证采用非恒定流过程进行，目的在于能够较为精确地确定长江中下游干流河道的糙率值。计算按长江宜昌至大通段干流及藕节状支流水系2013年1月17～24日实测水文资料进行模拟验证，在实测干流河段内布设11个水文观测断面。分别是宜昌、沙市、监利、城陵矶、莲花塘、螺山、汉口、黄石、九江、湖口、大通。其中，同恒定流率定过程相同，以宜昌流量过程为上边界条件，以大通相应水位过程为下边界条件；内部边界有所区别，加入鄱阳湖水流吞吐，以及根据实际情况沿程的水量抽蓄，分别为清江入汇（高坝洲水文站流量过程）、松滋口分流（新江口＋沙道观水文站流量过程）、太平口分流（弥陀寺水文站流量过程）、藕池口分流（管家铺＋康家岗水文站流量过程）、城陵矶入汇（城陵矶水文站流量过程）、汉江入流（仙桃水文站流量过程）、鄱阳湖吞吐（湖口水文站流量过程）。

2）流量验证结果

由以下各水文监测断面流量（2013 年 1 月 17 日～ 1 月 24 日）验证对比图 15-108 ～图 15-113 可知，除大通水文监测断面流量最大误差达 10% 外，其他断面的流量过程计算值与实测值最大误差均在 5% 以内，说明模型能较好模拟长江中下游河道水流传播过程。其中，大通流量过程稳定性和精度较差，原因可能在于沿程小的支流与长江干流的水流交换、沿程供水等未计入考虑范围；实测地形资料与验证水流过程时间间隔长达十几年，因此地形的影响也可能是造成最终误差的直接原因。但是总体来看，水流总量的差别并不是很大，模型的适用性可以得到保证。

3）水位验证结果

同流量验证时段相同，由以下各水文监测断面流量过程（2013 年 1 月 17 ～ 24 日）验证结果对比图 15-114 ～图 15-121 可知，除宜昌监测断面外，实测和计算的水位过程相差不大，最大误差基本保持在 10cm 以内，说明模型能较好地模拟三峡下游河段流量变化特点。

其中，宜昌水位呈现随时间波动的变化趋势，局部波动较为剧烈。而计算结果与之相比，局部波动范围并未达到实测水位的极大值或极小值，因此结果误差出现了大于 10cm 的情况。根据一般拟合经验，对于局部极大值或极小值可以适当舍弃，以整体符合度为主要参考依据，因此尽管宜昌监测断面水位过程并未达到全程误差在 10cm 范围以内，仍可以认定计算结果基本符合实际，模型适用性良好。

4）水质验证结果

由下游大通实测水质资料可知，当大通流量为 25000m³/s 时，不存在氯度高于标准值的日期。当大通流量为 15000m³/s 时，氯度高于标准值的连续天数为 7d，当大通流量为 10000m³/s 时，氯度高于标准值的连续天数为 9d。通过水质模型计算结果可知，模型模拟结果能很好地满足上述实测规律。

综上，三峡流域水电工程在蓄水后，由于改变长江中下游水流连续性，三峡水库下游水文情势发生了较大的改变，从而影响三峡水库下游生态环境。但是，由于各时段的三峡水库需水量与下游生态环境改善需求还存在一些矛盾，所以必须通过三峡水库群联合调度得到解决。因此就必须研究分析得出三峡水库下游生态环境改善的联合调度方案。

通过长江中下游流域大气、水文、水情、水质监测信息，基于三峡下游江湖河网水流 - 水质 - 水环境模型模拟结果，为三峡水库下游生态环境改善的联合调度方案提供决策支持。

注：该节可参见第四篇第 20 章 20.7 部分相关内容。

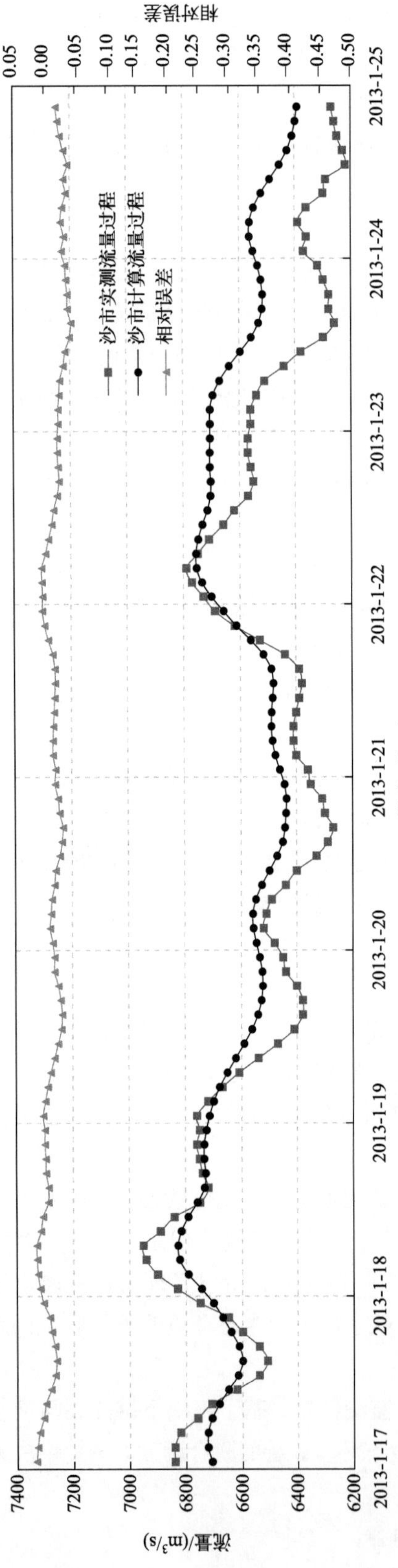

图15-108 沙市流量对比图

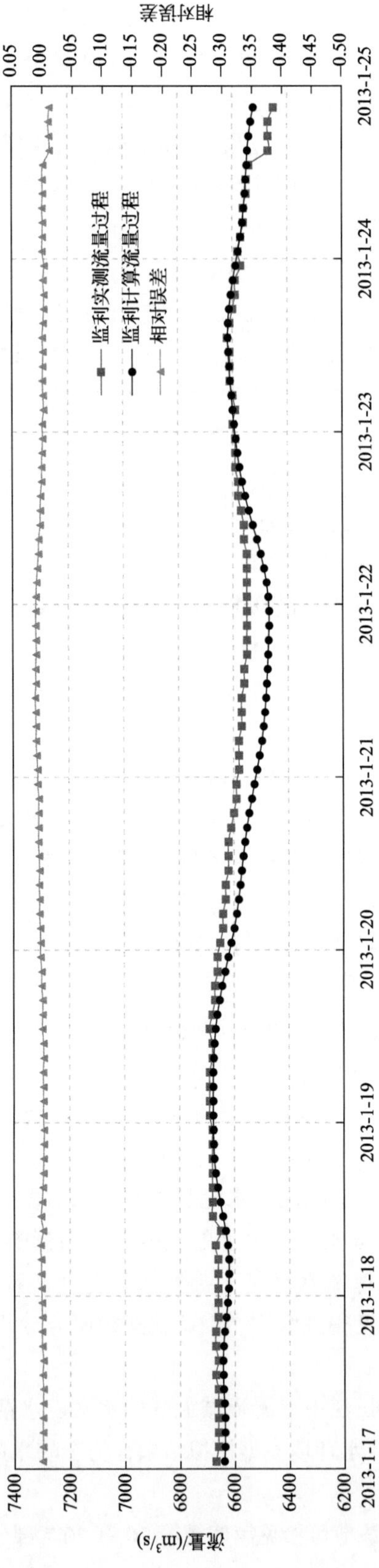

图15-109 监利流量对比图

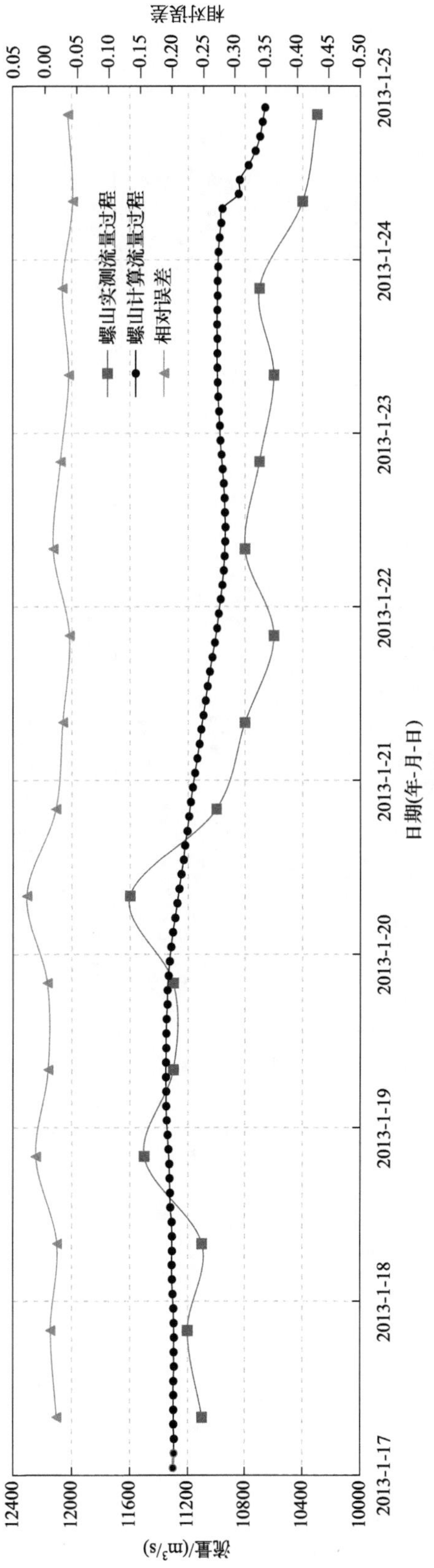

图15-110 螺山流量对比图

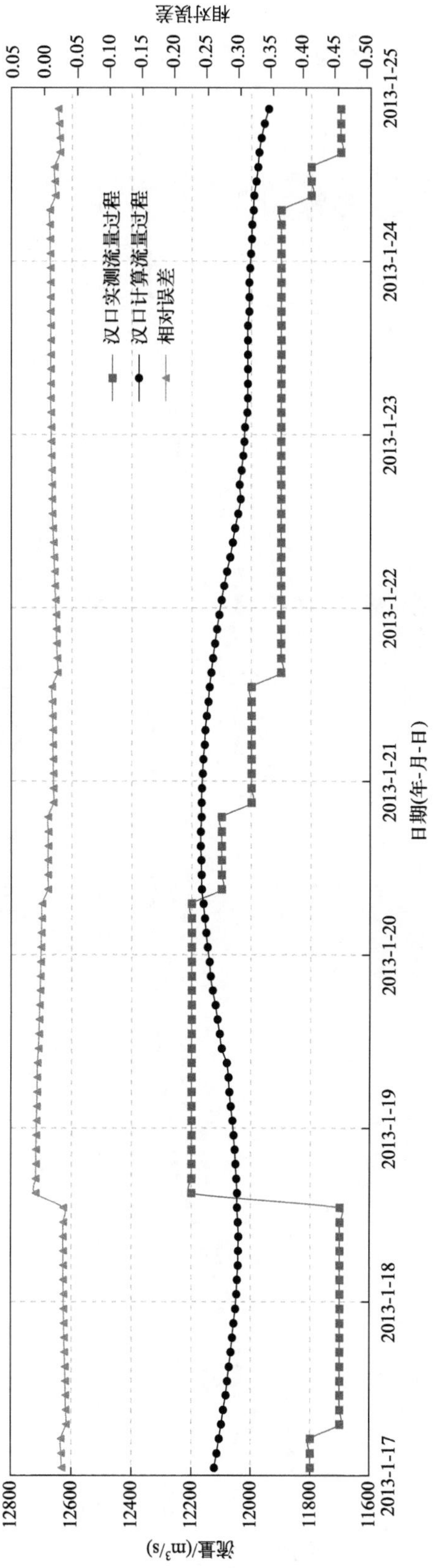

图15-111 汉口流量对比图

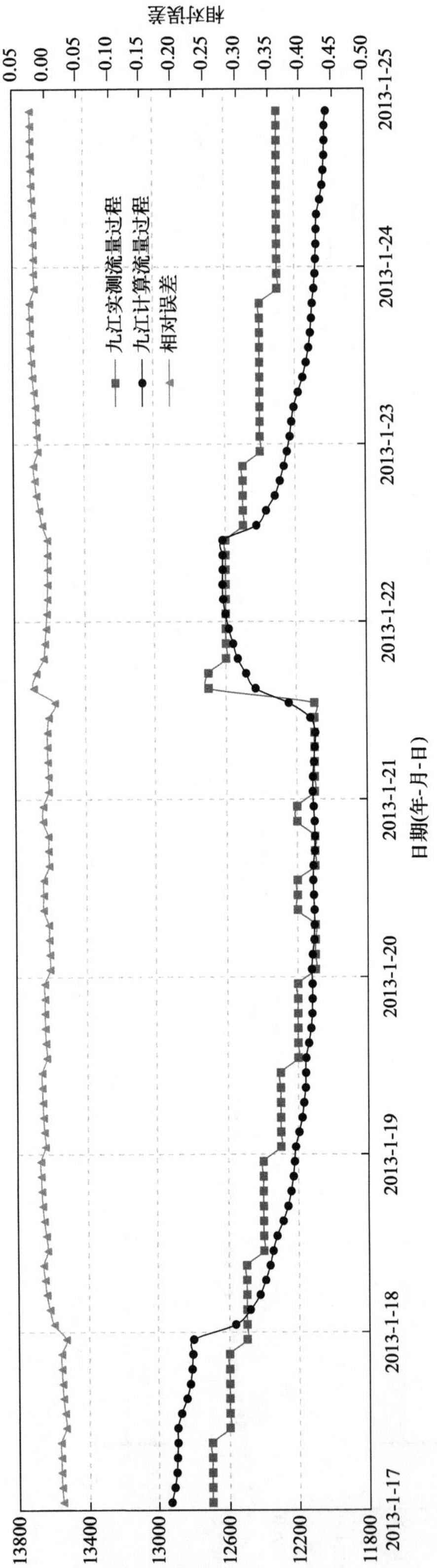

图15-112　九江流量对比图

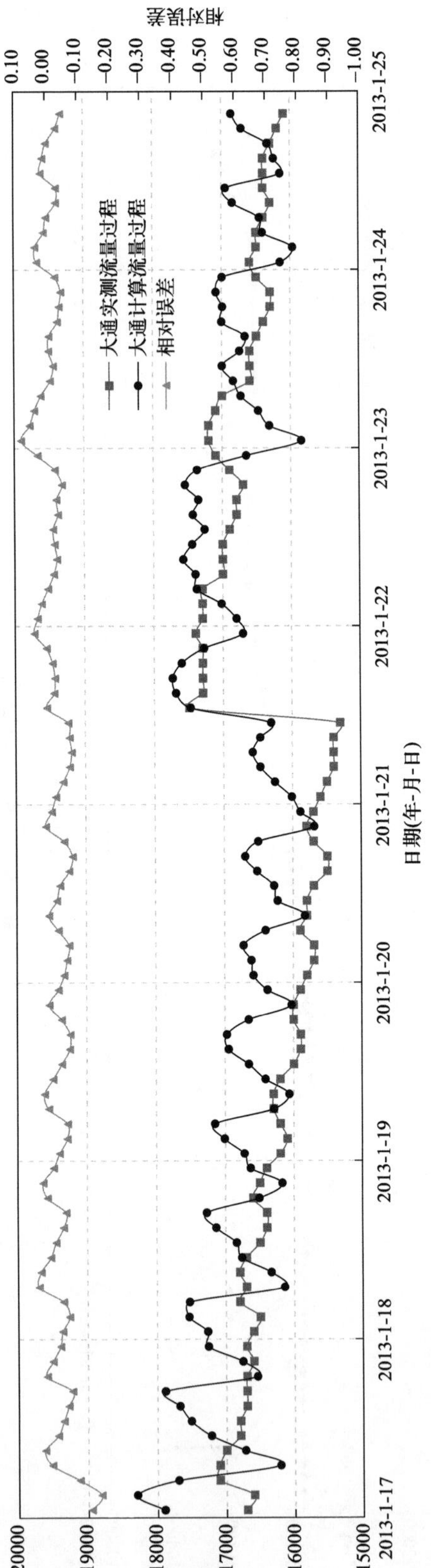

图15-113　大通流量对比图

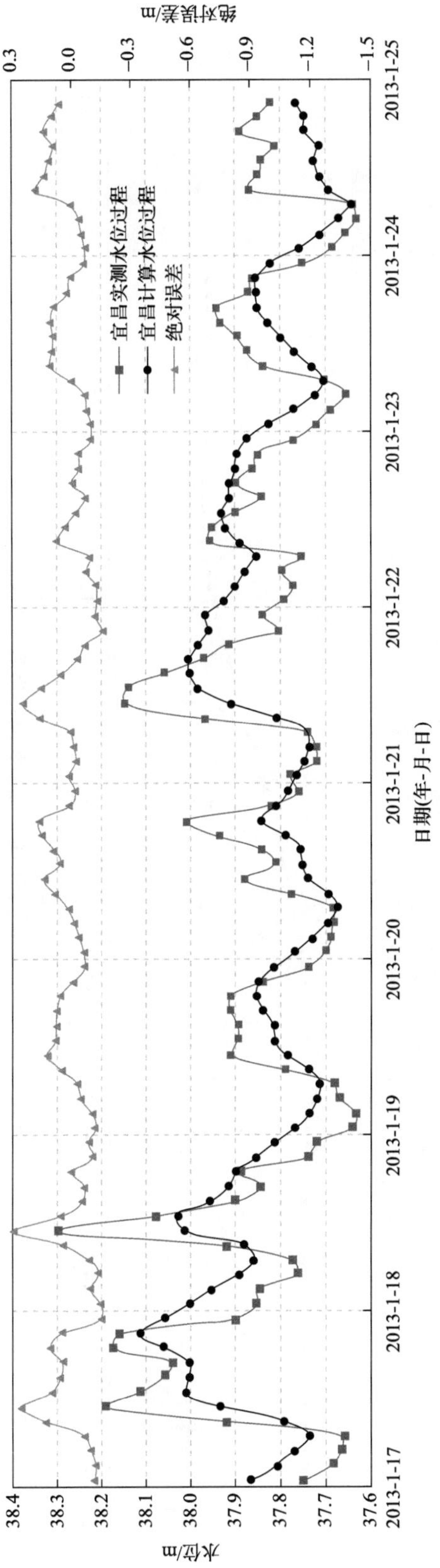

图15-114 宜昌水位对比图

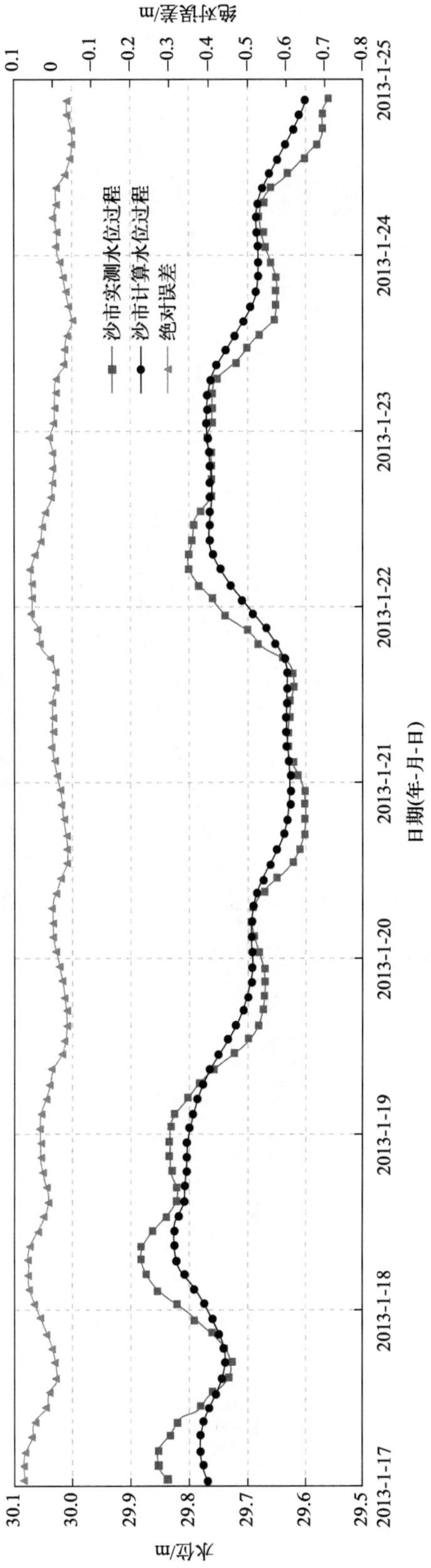

图15-115 沙市水位对比图

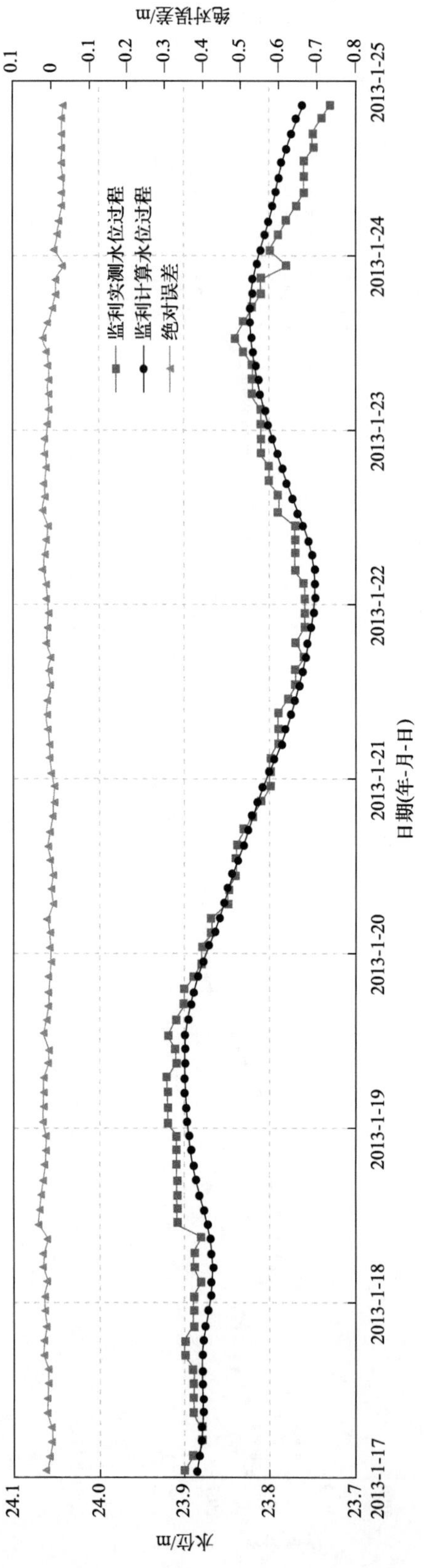

图15-116　监利水位对比图

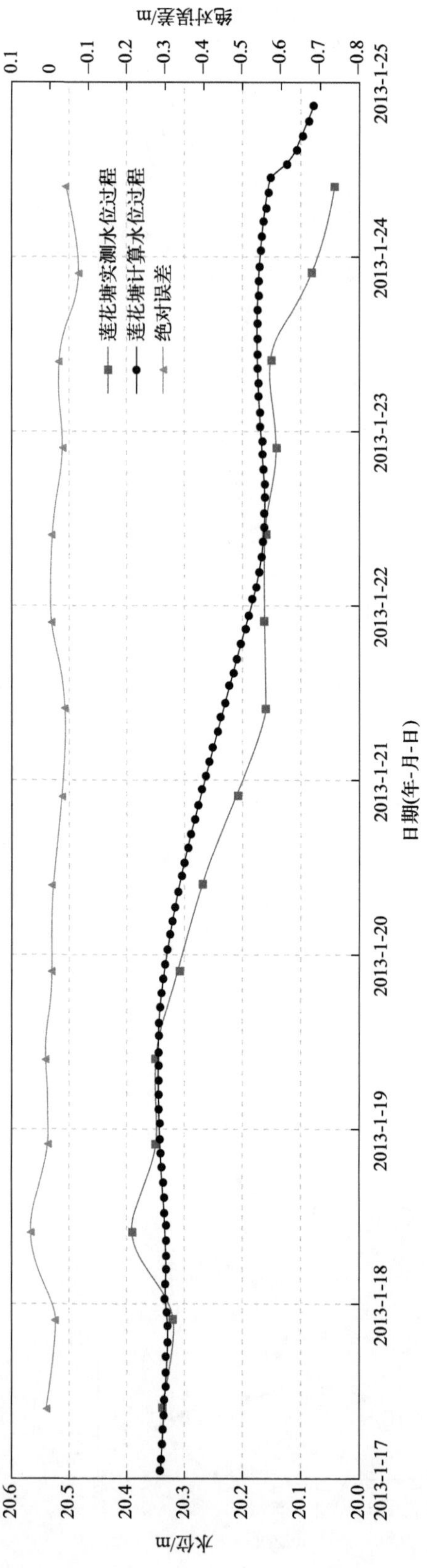

图15-117　莲花塘水位对比图

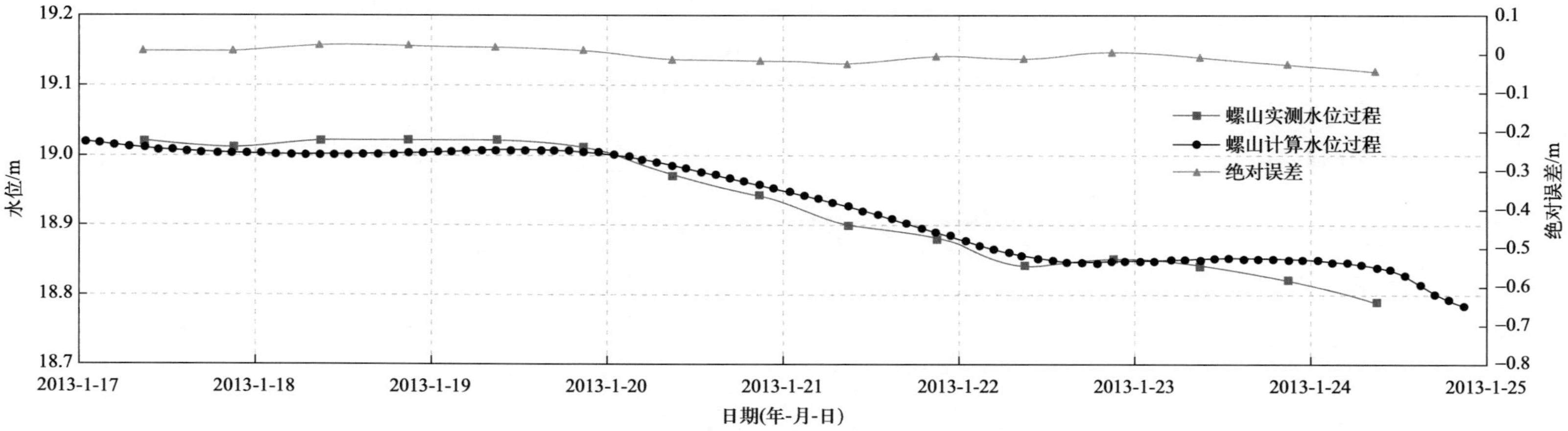

图15-118 螺山水位对比图

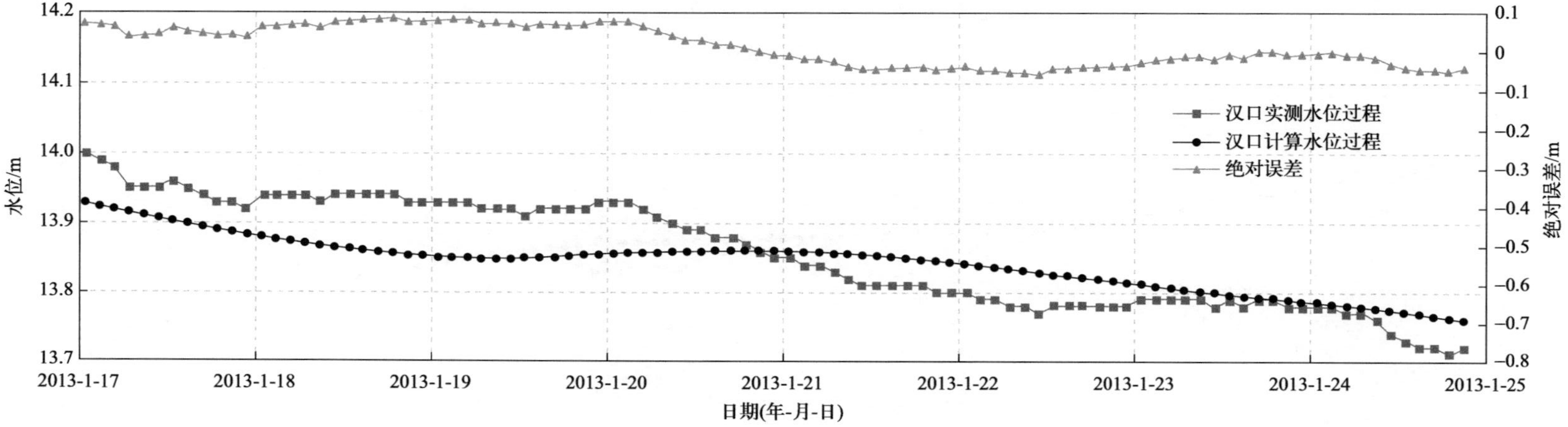

图15-119 汉口水位对比图

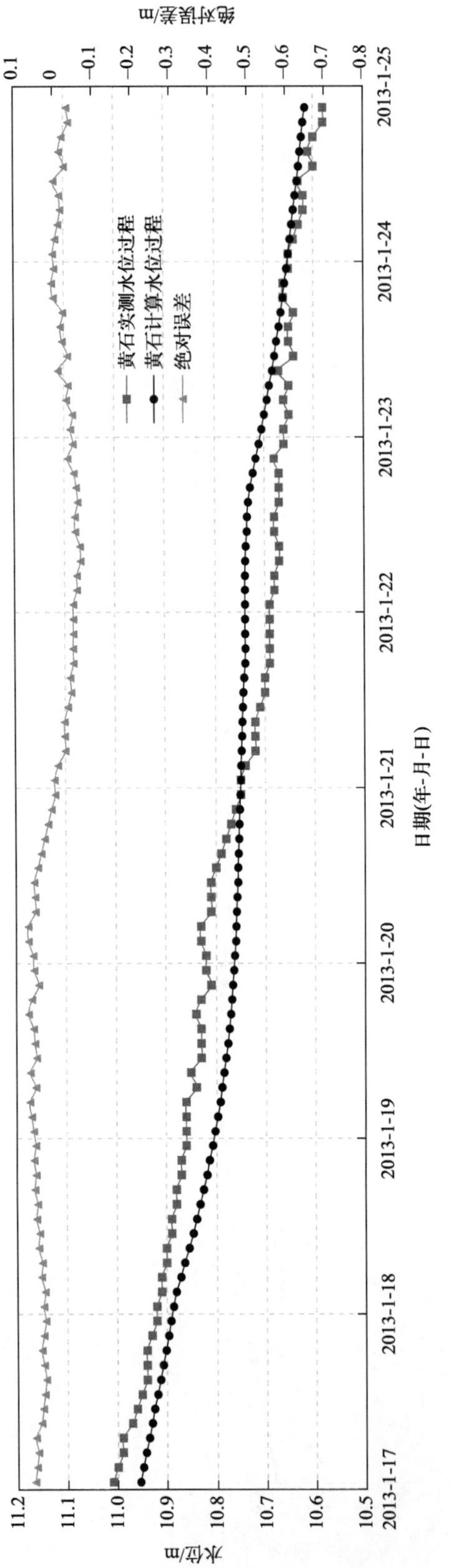

图15-120　黄石水位对比图

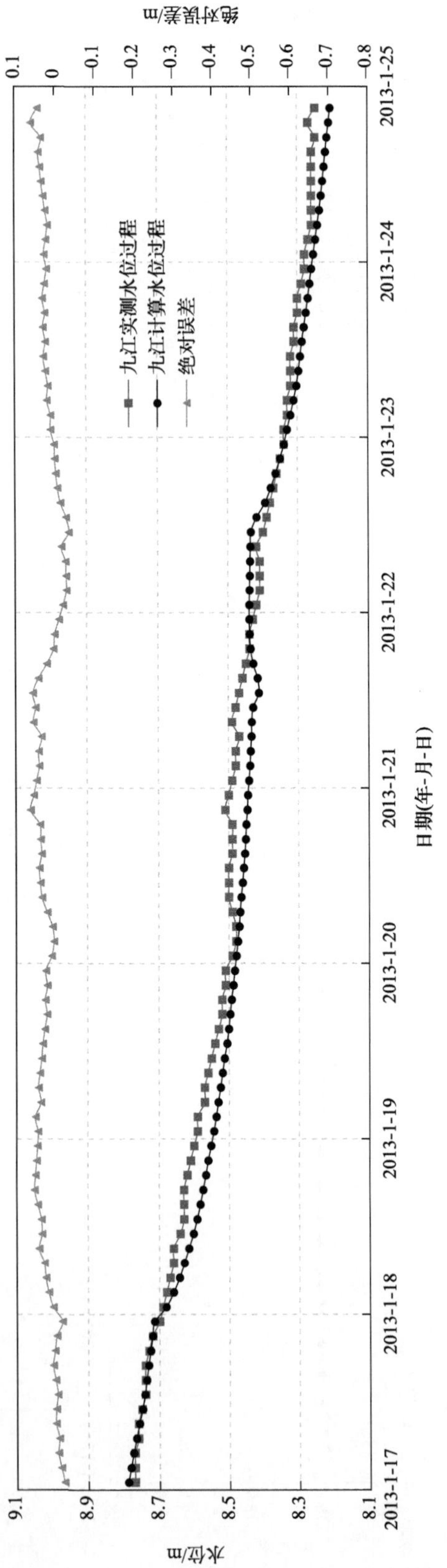

图15-121　九江水位对比图

15.6 水库群多目标优化调度模型及联合调度方案

针对三峡流域“溪洛渡 - 向家坝 - 三峡”超大型水库群多目标优化调度难题，以溪洛渡、向家坝、三峡、葛洲坝四库组成的梯级水库群为研究对象，分析在保障梯级水库传统的防洪、发电、航运、供水等效益的前提下，如何提高水库群的生态环境效益。综合考虑三峡库区水源地安全、库区支流水华、下游生态环境需水、河口压咸需水等生态环境需求和传统的效益目标，建立了溪洛渡 - 向家坝 - 三峡梯级水库群多目标优化调度模型，提出了水库群多目标优化调度模型的实用求解方法，通过水库群功能效益均衡优化系统，按多目标效益等级权重优化效益因子，以水库群综合效益最佳为“终极”目标，使用变惩罚系数法获取水库群多目标最优策略解，最终实施三峡水库“预限动态过程”调度与向家坝水量过程调控、溪洛渡水量配置的协同调度方案。

15.6.1 水库群多目标优化调度模型

15.6.1.1 水库群多目标优化调度模型的建立

将缓解支流水华问题、保证水源地水质安全问题，以及改善三峡下游水环境问题转化为三峡水库水位和下泄流量控制决策问题。

① 库区水环境改善目标主要是通过调整库区流量得以实现，而调整库区流量可通过调整三峡水库下泄流量来实现，因此，库区水环境改善目标可通过调整三峡水库下泄流量来实现。

② 库区支流水华改善问题可转化为三峡水库坝前水位调控问题，通过坝前水位的波动改变干支流水动力，从而干扰水华发生所必需的适应性条件及其环境，改变库区支流水华暴发的水动力基础，进而缓解或解决水华问题。

③ 三峡水库下游的生态环境问题转化为改变三峡水库的下泄流量过程，即通过调整三峡的出库流量过程，改善长江中下游河道水动力因子、输水输沙能力、污染物输移能力，增强长江中下游水环境容量，季节性营造刺激性水动力环境，改善重点河段水体水质，保障中下游环境流量和环境水位，确保湖泊水生态环境取水及其水生态系统良性发展所必需的生态用水，提高长江压咸减负所需要的水量过程保证率。

根据以上转化关系，建立以满足发电保证率要求的梯级发电量最大、三峡运行水位与水华所需水位波动的吻合度最大以及下泄流量与适宜生态流量吻合度最大为目标，且以日为计算时段的梯级水库群多目标优化调度模型。

（1）调度准则与目标函数

1）准则 1：满足发电保证率要求的梯级发电量最大

目标函数 1：
$$f_1 = \max \sum_{t=1}^{T}\sum_{i=1}^{n} E_{i,t} \tag{15-61}$$

其中
$$p \geqslant p_{\mathrm{b}} \tag{15-62}$$

$$p = 1 - \sum_{t=1}^{T} \alpha_t / T \tag{15-63}$$

$$\alpha_t = \begin{cases} 0\left(N_{1,t} > N_p\right) \\ 1\left(N_{1,t} \leqslant N_p\right) \end{cases} \tag{15-64}$$

$$E_{i,t} = N_{i,t} \times M_t \tag{15-65}$$

$$N_{i,t} = K_i \times Q_{i,t}\left(Z_{s_{i,t}} - Z_{x_{i,t}} - \Delta H_{i,t}\right) \tag{15-66}$$

式中　T——时段总数；

n——梯级电站的个数；

$E_{i,t}$——i电站t时段的发电量；

$N_{i,t}$——i电站t时段的出力（其中$N_{1,t}$为三峡）；

N_p——三峡的保证出力；

p——模型计算的三峡保证率；

p_b——三峡的设计保证率；

α_t——0、1 变量；

M_t——t 时段的时间长度，h；

K_i——第i个水电站的综合出力系数，出力系数与发电流量、净水头有关；

$\Delta H_{i,t}$——水头损失；

$Z_{s_{i,t}}$、$Z_{x_{i,t}}$——t 时刻特定断面的水位高度。

2）准则 2：三峡运行水位与调度指导线的标准差最小

目标函数 2：
$$f_2 = \min\sqrt{\frac{1}{T}\sum_{t=1}^{T}\left(Z_t - Z_{g,t}\right)^2} \tag{15-67}$$

式中　Z_t——三峡t时段的运行水位；

$Z_{g,t}$——三峡t时段的指导水位。

3）准则 3：三峡的下泄流量过程与生态流量过程的标准差最小

目标函数 3：
$$f_3 = \min\sqrt{\frac{1}{T}\sum_{t=1}^{T}\left(Q_t - Q_{\mathrm{opt},t}\right)^2} \tag{15-68}$$

式中　Q_t——三峡t时段的下泄流量；

$Q_{\mathrm{opt},t}$——三峡t时段的生态流量。

（2）约束条件

① 库水位约束：

$$Z_{\min i,t} \leqslant Z_{i,t} \leqslant Z_{\max i,t} (t = 1, 2, \cdots, T) \tag{15-69}$$

式中　$Z_{\max i,t}$，$Z_{\min i,t}$——水库i第t时段允许的水位上、下限；

$Z_{i,t}$——库水位，m。

② 出力约束：

$$N_{\min i,t} \leqslant N_{i,t} \leqslant N_{\max i,t} (t = 1, 2, \cdots, T) \tag{15-70}$$

式中 $N_{\min i,t}$——电站i，t时段允许的最小出力，kW；

$N_{\max i,t}$——电站i，t时段的最大出力（装机容量或预想出力），kW。

③ 出库流量约束：

$$Q_{\min i,t} \leqslant Q_{i,t} \leqslant Q_{\max i,t} (t=1,2,\cdots,T) \tag{15-71}$$

式中 $Q_{\min i,t}$——电站i，t时段允许的最小下泄流量（如最小生态流量、通航流量等），m^3/s；

$Q_{\max i,t}$——电站i，t时刻允许的最大下泄流量（如泄流能力、安全泄量等），m^3/s。

④ 初末水位约束：

$$Z_{i,0} = Z_{i,\text{Bgn}}, Z_{i,T} = Z_{i,\text{End}} \tag{15-72}$$

式中 $Z_{i,0}$，$Z_{i,T}$——电站i计算期初、末水位，m；

$Z_{i,\text{Bgn}}$，$Z_{i,\text{End}}$——电站i设定的计算期初、末水位值，m。

⑤ 水量平衡约束：

$$V_{i,t+1} = V_{i,t} + \left(I_{i,t} - Q_{i,t}\right) \times M_t (t=1,2,\cdots,T) \tag{15-73}$$

$$Q_{i,t} = Q_{i,t}^{\text{f}} + Q_{i,t}^{\text{q}} (t=1,2,\cdots,T) \tag{15-74}$$

式中 $V_{i,t+1}$——t时段末水库i的库容，m^3；

$V_{i,t}$——t时段初水库i的库容，m^3；

$I_{i,t}$——t时段水库i入库流量，m^3/s；

$Q_{i,t}$——t时段水库i的出库流量，m^3/s；

M_t——t时段的时间长度，s；

$Q_{i,t}^{\text{f}}$——t时段水库i的发电流量，m^3/s；

$Q_{i,t}^{\text{q}}$——t时段水库i的弃水流量，m^3/s。

⑥ 区间流量：

$$Q_{1,t}^{\text{in}} = Q_{4,t}^{\text{out}} + Q_t^{\text{qj}} \tag{15-75}$$

式中 $Q_{1,t}^{\text{in}}$——三峡的入库流量，m^3/s；

$Q_{4,t}^{\text{out}}$——向家坝的出库流量，m^3/s；

Q_t^{qj}——向家坝与三峡之间的区间流量，m^3/s。

15.6.1.2 水库群多目标优化调度模型求解方法

（1）基本思想

由梯级多目标模型的目标函数可以看出，解决库区水质、支流水华以及下游生态环境等问题主要是通过优化三峡水库的出库流量以及调控三峡水库水位过程来实现，当三峡水库的出库流量不能满足所要求的三峡水库水位波动或下泄流量的要求时，由上游溪洛渡和向家坝水库进行补水。

水库群优化调度问题是典型的多阶段决策问题，动态规划（DP）是最常用的求解算法之一，但单纯使用DP进行求解时往往效率很低，有时甚至无法求解。离散微分动态规划（DDDP）是动态规划的一种改进算法，可在给定初始解的基础上进行有效的寻优，寻优速度快，且可以控制解的精度，但需要有一个较好的初始解，否则可能会陷入局部最优解。将DP和DDDP两种方法结合起来，以离散精度相对较粗的DP方法获取模型的初始解，再以该初始解代入 DDDP 方法进行进一步优化，是求解水库群优化调度模型的有效方法，该算法称为 DP-DDDP 算法。

DP-DDDP 算法通常用于求解单目标问题，对于水库调度中的多目标问题，基于 DP-DDDP 算法，从水库单目标满足保证率要求的发电量最大问题求解时得到启发，提出水库多目标模型求解的变惩罚系数法。该法通过在 DP 或 DDDP 求解过程中任一策略的最优值函数计算时分别引入惩罚系数将多目标问题的各个目标函数转化为单值形式，如式（15-76）所示。

当$N_b \leqslant N_t$时，$\lambda_1 = 0$

$$S_t = N_t + \lambda_1\left(N_b - N_t\right) + \lambda_2\left(Z_t - Z_{g,t}\right)^2 + \lambda_3\left(Q_t - Q_{opt,t}\right)^2 \tag{15-76}$$

式中　S_t——t时段的阶段效益；

N_t——t时段的出力，kW；

λ_1——出力惩罚系数；

N_b——三峡的保证出力，kW；

λ_2——水位惩罚系数；

$\lambda_1\left(N_b - N_t\right)$——发电保证率惩罚项；

$\lambda_2\left(Z_t - Z_{g,t}\right)^2$——水位满足度惩罚项；

$\lambda_3\left(Q_t - Q_{opt,t}\right)^2$——下泄流量满足度惩罚项。

式（15-76）只需考虑数值，而不需要考虑量纲，$\lambda_1, \lambda_2, \lambda_3$取值可从 0 到无穷大，按照计算结果调整取值间距。在其他两个系数不变的情况下，第三个系数越大，对该项的惩罚就越大，计算结果就与该项所需要的目标越近。一组惩罚系数取值对应一个最优策略，该最优策略有可能是多目标问题的非劣解。分别以一定的步长对三个惩罚系数在 0 到无穷大间进行穷举组合，对每个组合进行上述计算，可以获得众多可能的非劣解及各解所对应的各目标函数值。

对得到的所有可能的非劣解进行多目标筛选，筛选后的解构成水库多目标优化调度模型的非劣解集。

为保证算法对各个目标均能够充分考虑，对所获得的非劣解集进行分析，查找某一目标密度较小的区域，并加密其惩罚系数在该区间的取值，找出该区域其他惩罚系数的大致范围，重新进行计算，获得更多的非劣解。

（2）求解步骤

变惩罚系数多目标模型求解方法的具体求解步骤如下：

① 确定各个惩罚系数的大致取值范围以及步长。各惩罚系数的最小值取 0，最大值根据试算确定，即当其他惩罚系数为 0 时，增加该惩罚系数的值已不会对目标值产生影响时，认为此时达到该惩罚系数的最大值。

② 以总发电量、三峡水库水位满足度和下泄流量满足度最大为目标，以式（15-76）中的三个惩罚系数值在 0 和最大值间以一定的步长遍历各个惩罚系数组合。

③ 利用 DP-DDDP 算法分别对各惩罚系数组合进行模型求解计算，得到各惩罚系数组合下的最优解及其所对应的各目标函数值。

④ 对各“最优解”进行多目标筛选，获得模型的非劣解集。

⑤ 在非劣解集中查找相对点距较大的区域进行惩罚系数加密处理并重新计算，以获取更多的非劣解，或非劣解集满足广泛、均匀的要求，可停止计算，获得模型的非劣解集；否则，进一步加密惩罚系数组合，获取更多的多目标模型非劣解。

⑥ 确定各目标之间的相互关系，为水库决策者进行调度决策提供参考依据。

15.6.1.3 水库群多目标优化调度模型参数率定

为了使梯级多目标模型的计算结果能更准确地反映梯级水电站的实际运行情况，本节以溪洛渡、向家坝、三峡以及葛洲坝实际运行的出力、发电流量以及净水头资料为基础，统计分析并定量确定出力系数 - 净水头 - 发电流量三者之间的关系。以各水库的实际水位过程作为模型的输入 - 调度指导线，发电流量过程、出库流量过程、出力以及耗水率作为模型验证指标，验证模型的可靠性。

(1) 三峡综合出力系数确定

以三峡 2015 ～ 2017 年的实际运行资料为依据，经过统计计算，确定三峡机组的综合出力系数、净水头以及三峡发电流量之间的定量关系散点图，如图 15-122 所示（书后另见彩图）。从散点图中可以看出，当净水头大于 100m 时，对应的发电流量基本小于 1000m³/s，这是因为当净水头较高时，水位基本维持在高水位运行，此时下泄流量较小。当水位不维持在高水位时，发电流量的大小受到各种因素的影响，净水头与出力系数之间没有显著关系。

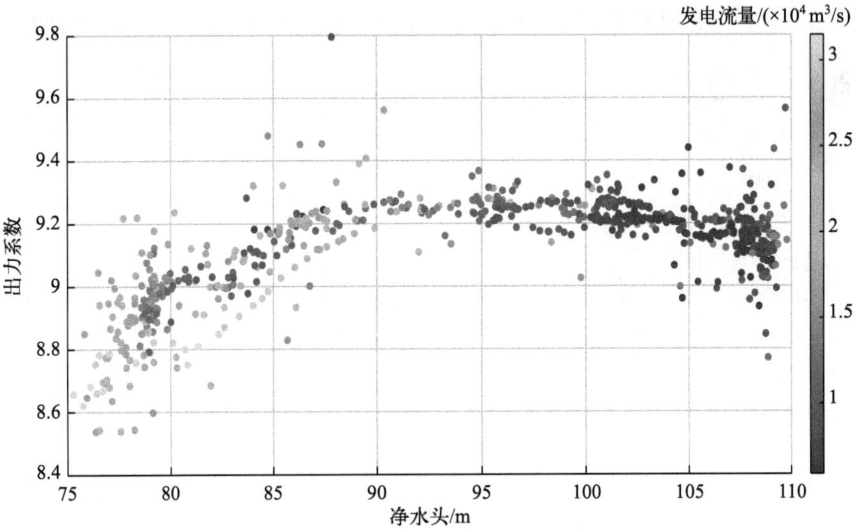

图15-122 三峡出力系数-净水头-发电流量关系

当净水头取值范围为 75 ～ 110m 时，随着净水头的增加，出力系数呈现为先增加然后减小的变化过程，如图 15-123 所示。

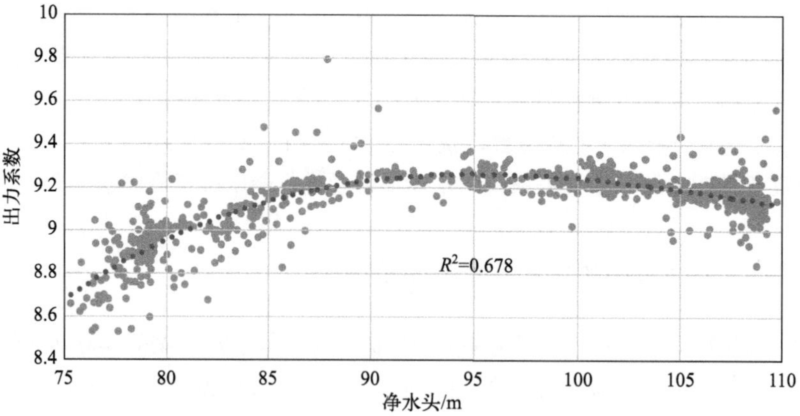

图15-123　三峡综合出力系数-净水头关系

从图 15-123 中可以看出，综合出力系数 - 净水头散点分布与拟合曲线吻合程度较高，拟合关系如式（15-77）所示。

$$y=\frac{x^3}{2.146\times10^5}-0.007109x^2+0.7702x-18.15 \tag{15-77}$$

（2）三峡水库调度模型验证

将率定结果应用到三峡中长期调度模型中，计算的出力过程、发电流量、出库流量、耗水率等结果如图 15-124 ～图 15-127 所示。

图 15-124 为三峡计算出力与实际运行出力过程图，从图中可以看出实际出力与计算过程基本一致，通过模型计算得到的平均出力为 1026.86×10^4kW，实际值为 1034.82×10^4kW。

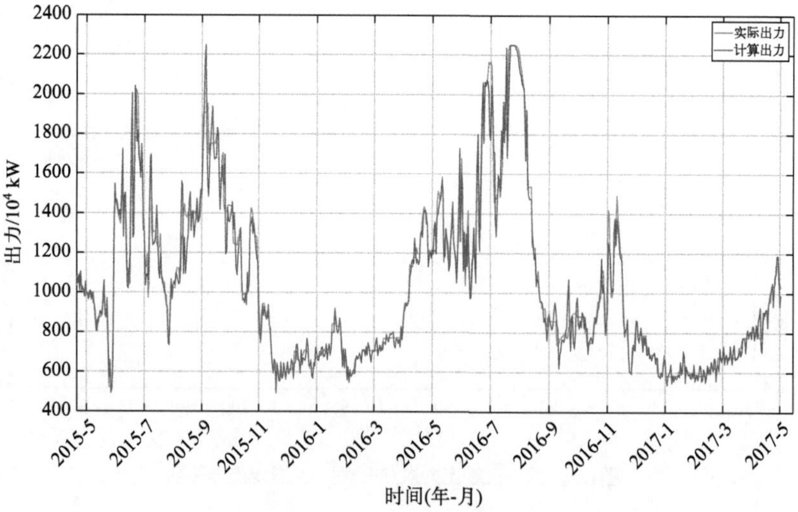

图15-124　三峡出力过程图

从图15-125中可以看出，模型计算的发电流量过程与实际的发电流量过程基本吻合，但在2016年8月份左右出现实际发电流量较计算发电流量大的情况，这主要是因为当发电流量较大时，对应的净水头较小。根据净水头关系式计算得到的出力系数偏大，导致在机组满发时，发电流量偏小。统计分析，得到发电流量的平均值为12380m³/s，实际的发电流量为12438m³/s，两者相差58m³/s。

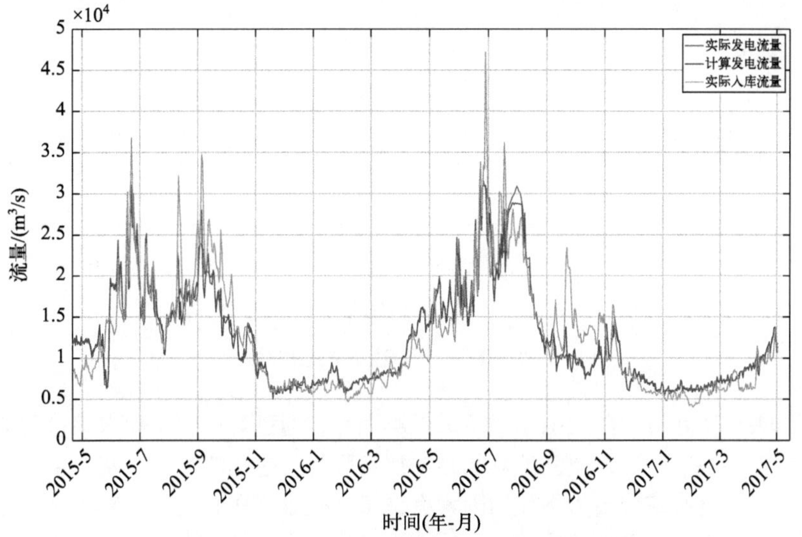

图15-125 三峡入库流量与发电流量过程图

图 15-126 为计算三峡出库流量与实际运行结果对比图（书后另见彩图），出库流量多年平均值为 12443m³/s，实际运行的多年平均发电流量为 12440m³/s。图 15-127 为三峡耗

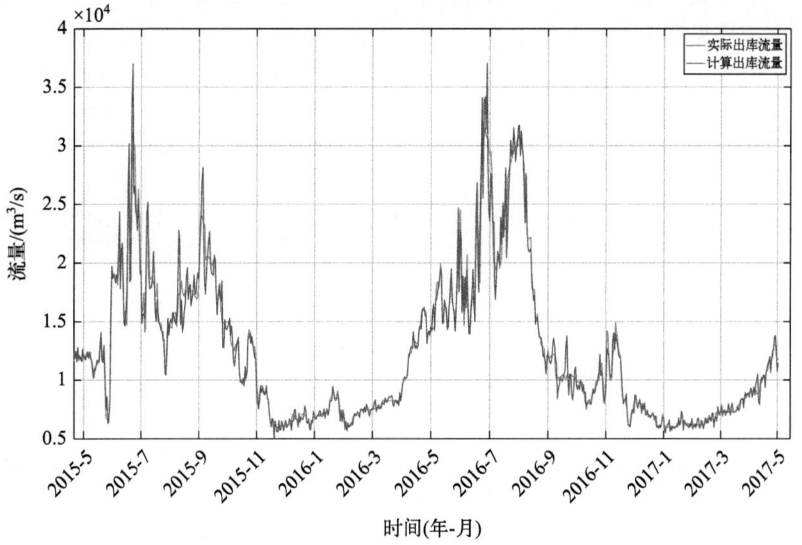

图15-126 三峡出库流量过程

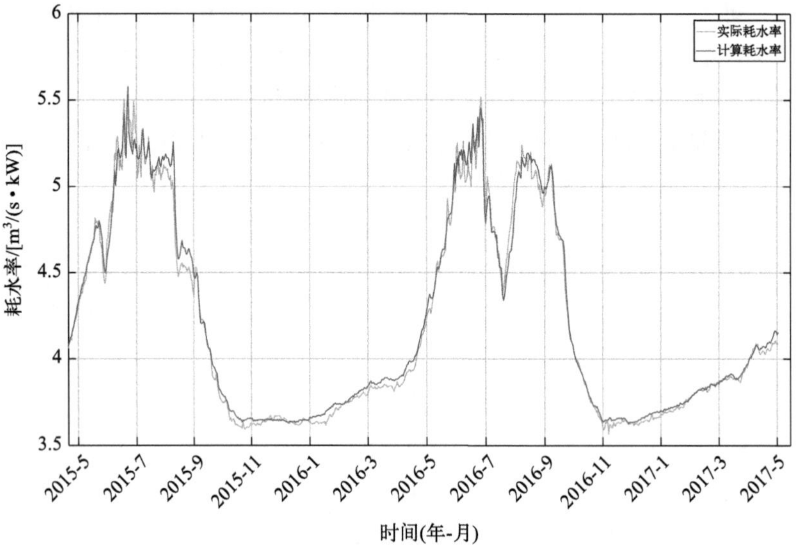

图15-127　三峡耗水率变化过程

水率计算结果与实际过程曲线图（书后另见彩图），通过对比两个耗水率过程线，可以发现两条曲线走势基本一致，模型计算的结果比实际运行过程略微高一些，主要是因为实际运行过程中影响电站综合出力系数的因素有许多，很难将所有的因素都考虑进去。三峡实际运行过程中耗水率的平均值为4.19m³/（s·kW），计算得到的耗水率的平均值为4.21m³/(s·kW)，差值为0.02m³/（s·kW）。

（3）溪洛渡、向家坝以及葛洲坝水库出力系数的确定

溪洛渡、向家坝以及葛洲坝综合出力系数与净水头和发电流量之间的关系图以及综合出力系数与净水头的拟合关系曲线如图 15-128 ～图 15-132 所示（图 15-128、图 15-130、图 15-132 书后另见彩图）。

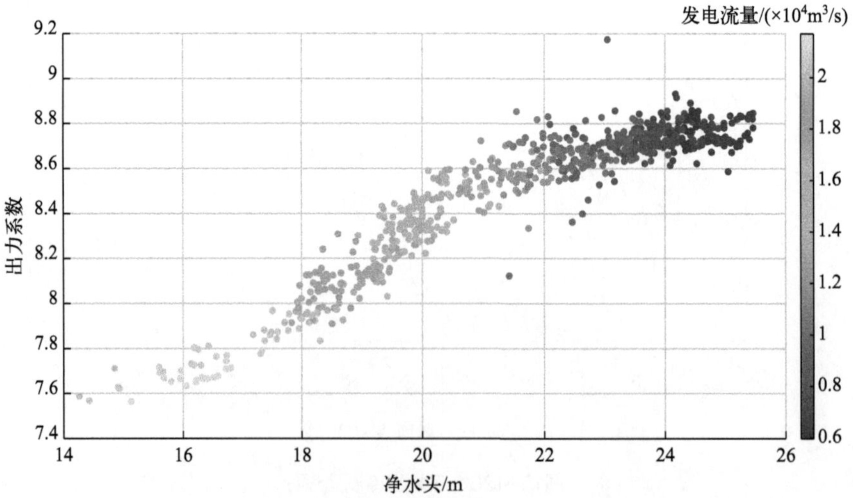

图15-128　葛洲坝综合出力系数-净水头-发电流量关系

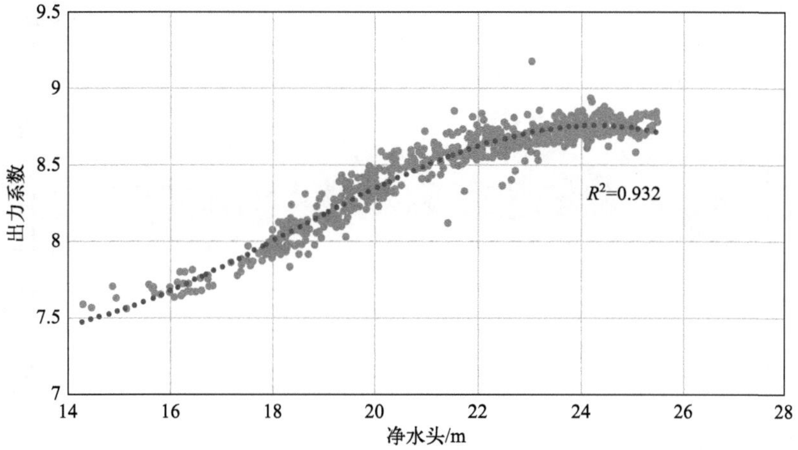

图15-129 葛洲坝综合出力系数-净水头拟合关系曲线

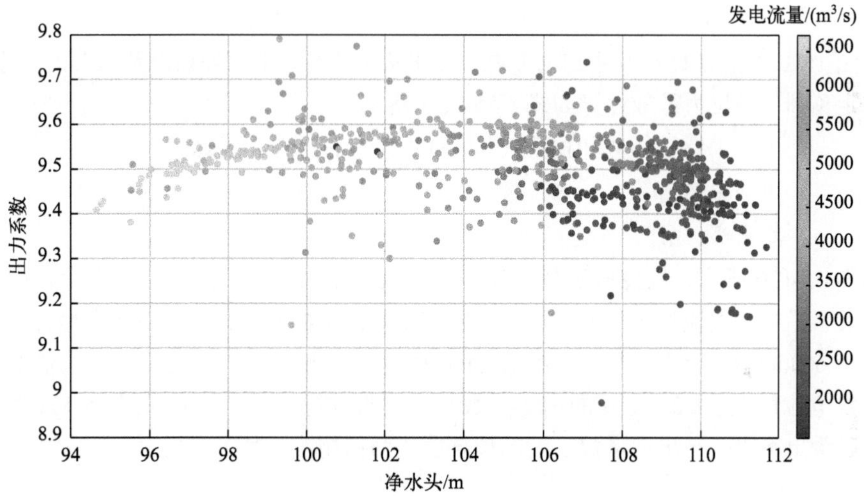

图15-130 向家坝发电流量-净水头-综合出力系数关系

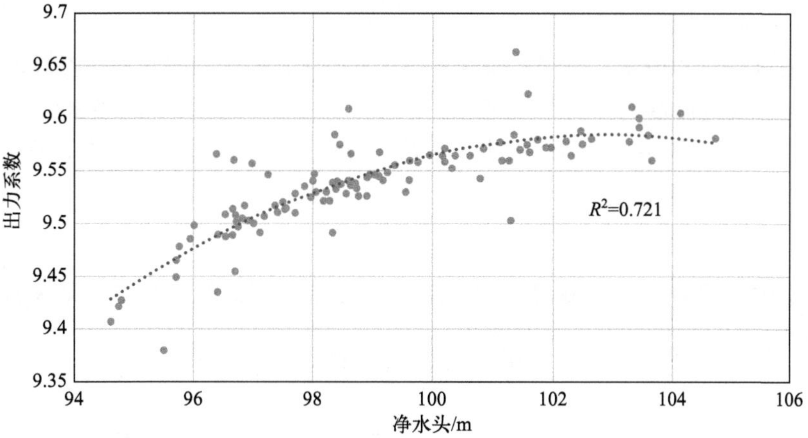

图15-131 向家坝综合出力系数-净水头关系曲线

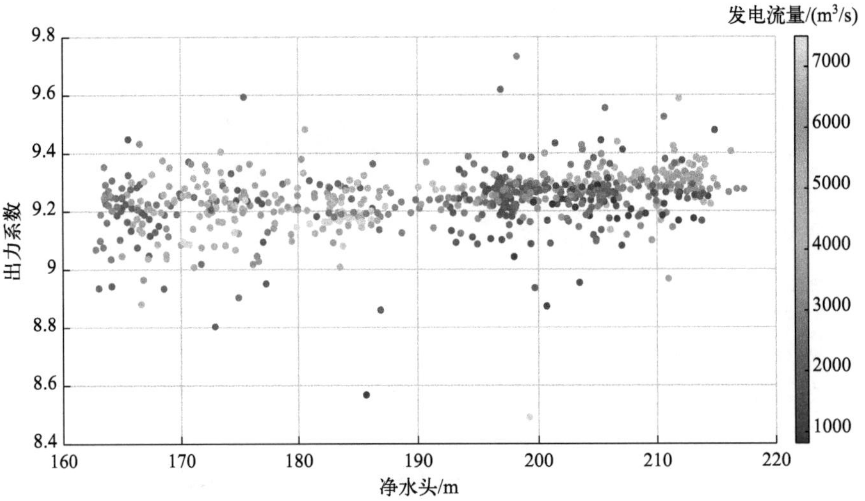

图15-132　溪洛渡综合出力系数-净水头-发电流量关系

由图 15-128 和图 15-129 中出力系数 - 净水头 - 发电流量的关系以及拟合的关系曲线，定量确定葛洲坝的出力系数计算如式（15-78）所示。

$$y = -0.001697x^3 + 0.09378x^2 - 1.554x + 15.48 \tag{15-78}$$

式中　y——出力系数；

　　　x——净水头，m。

如图 15-130 所示，当发电流量大于 6000m³/s，净水头与出力系数之间存在明显的单调递增关系。当发电流量小于 6000m³/s，随着发电流量的减小，净水头逐渐增加。当发电流量小于 6000m³/s，净水头与出力系数之间并没有明显的关系，出力系数取均值 9.5。

对发电流量大于 6000m³/s 的出力系数与净水头进行拟合，结果如图 15-131 所示，从图中可以看出净水头与出力系数之间的拟合曲线为抛物线，其关系式为：

$$y = -0.002274x^2 + 0.468x - 14.5 \tag{15-79}$$

式中　y——出力系数；

　　　x——净水头，m。

从图 15-132 可以看出，相同的净水头下，发电流量对出力系数的影响并没有显著规律；在不考虑发电流量的影响下，随着净水头的增加，出力系数基本保持不变，维持在 9.2 上下。在模型计算中，溪洛渡的出力系数在模型计算中取为 9.24，该值为实际运行中出力系数的平均值。

15.6.2　基于水环境改善的三峡及上游梯级水库群中长期联合调度方案

15.6.2.1　基于水环境改善的三峡“预限动态调度”方案思路

充分利用“溪洛渡 - 向家坝 - 三峡”水库联合调度空间，综合考虑三峡水库上下游水环境改善的基本需求，结合三峡水库的发展潜力，实施三峡生态环境的“预限动态调度”

方案。所谓“预限动态调度”是指在保障三峡水库传统效益的基础上，基于支流水华防控、库区水质安全和库下游生态环境改善需求的三峡水库生态环境调度方案。

“预”即“预测”、“预报”和“预警”，“三库”联合调度既要保证传统效益又要改善水库环境，“预测”、“预报”和“预警”是基本前提。

“预测”：预测三峡入库流量和来污量，保证已定调度过程的可靠度。

“预报”：预报三峡流域降雨量、径流量、产污量，保证已定调度过程调整预案的可行性。

“预警”：预警水华、突发性环境灾变灾害、咸水上溯事件，强化已定调度过程预留（水位、流量、库容量）的应对能力。

三峡“预限动态水位”指的是一个年周期水位调度过程，包括“汛限水位”、“蓄水水位”、“正常蓄水位”和“消落水位”过程及其相应的防洪限制、发电效益、航运条件、供水环境和上下游水环境改善需求。

15.6.2.2 基于水环境改善的三峡生态环境调度过程的基本需求

（1）三峡水库库区支流水华防控需求

针对库区支流水华问题，探明支流分层异重流特殊水动力背景下水华生消的机理，分析水库群联合调度控制支流水华的途径及作用机制，建立结合上游水库群调度过程的三峡库区干、支流水流 - 水质 - 水生态模型，研究三峡水库支流水华的预测预报方法，提出水库群联合调度防控支流水华的可行调度需求，具体如下。

① 1 ～ 3 月底，三峡水库支流一般无藻类水华，三峡水库在综合考虑航运、发电和水资源、水生态需求的条件下逐步消落，无需考虑防控水华目标，但水库下泄流量按不低于 6000m³/s 控制。

② 4 ～ 5 月是三峡水库支流春季水华的主要发生时期，此时三峡水库调度应考虑防控支流水华目标，实施潮汐式调度。4 月初，当水位不低于 165m 时，开始加大泄水量，水位降幅为 0.6m/d，持续 7d，然后再按最低流量下泄并日抬升 1.0m，持续 3d，反复进行；此时三峡水库入库流量不足时，利用溪洛渡、向家坝两级水库进行联合调度补水；同时，保证 4 月末库水位不低于 155.0m，5 月 25 日不高于 155.0m。

③ 5 月 25 日～ 6 月 10 日，属于三峡水库汛前加速泄水期，此段时间较短，支流水华一般不严重，可不考虑防控水华目标。

④ 6 月 10 日～ 8 月 31 日，在满足沙市站水位在 41.0m 以下、城陵矶站（莲花塘站）水位在 30.5m 以下，且三峡水库入库流量小于 50000m³/s 时，可实施潮汐式调度。以 145m 为起始水位，日抬升 2.0m，持续 4d，然后稳定 2d，然后日降低水位 1.6m，持续 5d，反复进行；当三峡水库入库流量大于 50000m³/s 时，按照三峡水库防洪调度规程执行。考虑地质灾害治理工程安全及库岸稳定对水库水位下降速率的要求，汛期最高抬升水位与 145m 的差值不得高于洪水预报期天数的 2 倍。

⑤ 9 ～ 10 月，三峡水库支流仍然存在水华风险，此时三峡水库调度需要考虑水

华防控目标。9 月份实施“分期提前蓄水方案”，前 3 日按不低于 2m/d 的幅度抬升水位，后期按 10000m³/s 下泄并逐步抬升水位，当三峡水库入库流量不能满足水位要求时，利用溪洛渡、向家坝两级水库进行联合调度补水；同时，保障三峡水库在 9 月底不高于 165m。10 月份，当来水流量大于 8000m³/s 时，开展第二阶段蓄水，直至水库达到 175m；当水库来水流量低于 8000m³/s 时，可按来水流量下泄。考虑地质灾害治理工程安全及库岸稳定对水库水位上升速率的要求，三峡水库库蓄水最大速率要求不超过 3m/d。

（2）三峡水库库区水源地安全保障需求

溪洛渡、向家坝调度需求如下。

① 汛期 6 月中旬～ 9 月上旬，向家坝下泄流量为 7416m³/s，同时要求溪洛渡水库补水 261m³/s；

② 蓄水期 9 月中旬～ 9 月底，保障向家坝最小下泄流量为 3259m³/s；

③ 枯水期 10 ～ 12 月，向家坝水库下泄流量为 3936m³/s，同时要求溪洛渡水库补水 254m³/s；

④ 供水期 12 月下旬～ 6 月上旬，向家坝水库下泄流量为 2103m³/s，同时要求溪洛渡水库补水 146m³/s。

三峡水库调度需求如下。

① 当汛期三峡水库入流大于 70000m³/s 时，或者入库水质超过三类水标准时，汛限水位降低到 145m；

② 当枯水期入库流量小于 6000m³/s 时，启动梯级水库联合协作调度，调用溪洛渡 - 向家坝水量，保证三峡枯水期增调 1000 ～ 1500m³/s 流量；

③ 当枯水期三峡入库流量小于 6000m³/s 时，水流水质又超过三类水标准，同时溪洛渡 - 向家坝两库补给不足时，可考虑提前消落水位；

④ 汛期 145m 平稳运行时间 40d，实施一次日调节过程，水位先上调 0.5m 后再下调 0.5m；

⑤ 枯水期 175m 平稳运行 70d，实施 2 ～ 3 次日调节过程，水位先下调 0.8m 后再上调 0.8m。

（3）三峡工程下游生态环境改善需求

分别对蓄水期、四大家鱼产卵期、枯水期的三峡水库下泄流量进行分析，需求如下。

① 在 9 月份蓄水期间，一般情况下控制出库流量在 8000 ～ 10000m³/s 之间。当来水流量大于 8000m³/s 但小于 10000m³/s 时，按来水流量下泄，水库暂停蓄水；当来水流量小于 8000m³/s 时，若水库已蓄水，可根据来水情况适当补水至 8000m³/s 下泄。

② 10 月蓄水期间，一般情况下出库流量按不小于 8000m³/s 控制，当来水流量小于以

上流量时，可按来水流量下泄。11 月份和 12 月份，最小出库流量按葛洲坝下游庙嘴水位不低于 39.0m 和三峡电站不小于保证出力对应的流量控制。

③ 一般来水年份（蓄满年份），1 ～ 2 月份水库出库流量按 $6000m^3/s$ 左右控制，其他月份的最小出库流量应满足葛洲坝下游庙嘴水位不低于 39.0m。如遇枯水年份，实施水资源应急调度时，可不受以上流量限制，库水位也可降至 155m 以下进行补偿调度。

④ 当长江中下游发生较重干旱，或出现供水困难时，国家防汛抗旱总指挥部（简称“国家防总”）或长江防汛抗旱总指挥部（简称“长江防总”）可根据当时水库蓄水情况实施补水调度，缓解旱情。

⑤ 在四大家鱼集中产卵期内，可有针对性地实施有利于鱼类繁殖的蓄泄调度。即 5 月上旬～ 6 月底，在防洪形势和水雨情条件许可的情况下，通过调蓄，为四大家鱼的繁殖创造适宜的水流条件，实施生态调度。

⑥ 长江防总发布实时水情、咸情、工情、供水情况、预测预报和预警等信息，密切监视咸潮灾害发展趋势，在控制沿江引调水工程流量的基础上，进一步做好三峡等主要水库的水量应急调度，必要时联合调度长江流域水库群，增加出库流量，保障大通流量不小于 $10000m^3/s$。

⑦ 若遇枯水年或特枯水年，需满足：9 月份控制出库流量不小于 $11100m^3/s$；10 月份控制出库流量不小于 $10200m^3/s$；11 月份控制出库流量不小于 $6500m^3/s$；12 月～次年 2 月份出库流量分别按不小于 $6500m^3/s$、$6100m^3/s$、$6700m^3/s$ 控制，保障大通流量不小于 $11000m^3/s$；5、6 月为满足监利河段四大家鱼产卵需求，三峡水库应每月设计一次持续 5 ～ 8d 的人造洪峰过程，起涨出库流量 8000 ～ $10000m^3/s$，日均涨幅 2000 ～ $2500m^3/s$，出库流量总涨幅达 10000 ～ $12500m^3/s$。

⑧ 若遇平水年，需满足：11 月蓄水期间控制水库出库流量不小于 $8600m^3/s$；12 月～次年 2 月份水库出库流量分别按不小于 $6000m^3/s$、$6300m^3/s$、$6100m^3/s$ 控制，保障大通流量不小于 $11000m^3/s$；5、6 月为满足监利河段四大家鱼产卵需求，三峡水库应每月设计一次持续 5 ～ 8d 的人造洪峰过程，起涨出库流量 $8000m^3/s$，日均涨幅 $2000m^3/s$，出库流量总涨幅达 $10000m^3/s$。

15.6.2.3 消落期水位过程控制选择

三峡保持高水位运行有利于增加发电效益，但同时会增加上游水库补水的压力。为了研究高水位延长时间的长短对传统效益的影响，在三峡水库现行调度指导线的基础上设置多种情景，其中 1 旬～ 6 旬分别对应情景 1 ～情景 6，以最小下泄流量作为三峡水库的下泄流量约束，运用梯级水库中长期调度模型模拟梯级水库在各种情景模式下运行情况，整理分析各种情景下模型计算的梯级总发电流量以及补水满足率等结果，确定最合适的高水位延长时间。

消落期水位情景过程线如图 15-133 所示（书后另见彩图）。

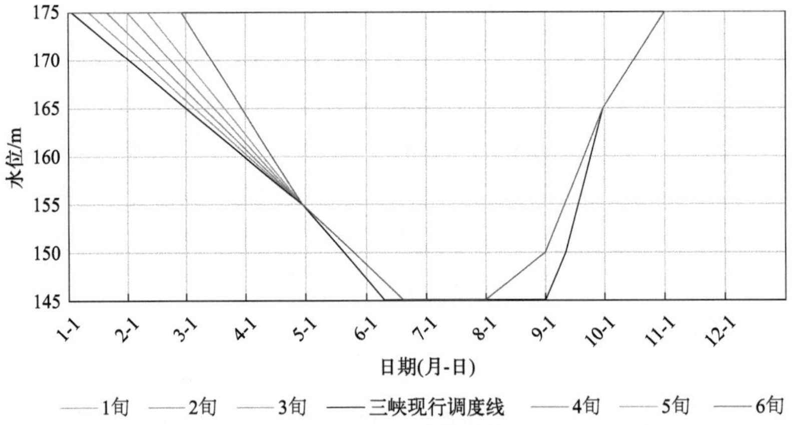

图15-133　消落期水位情景过程线

应用梯级水库中长期调度模型，以 1941 ～ 2009 年的梯级旬入库流量过程作为模型的输入条件，对设置的各种情景进行模拟计算，统计得到各种情景下梯级水库补水满足率，结果如图 15-134 所示。

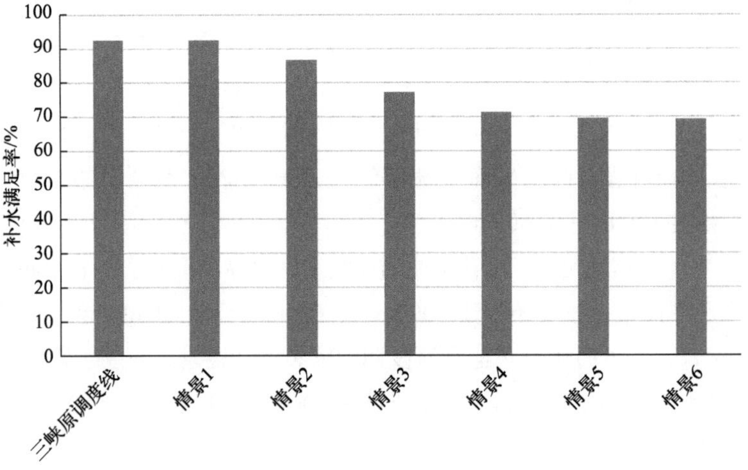

图15-134　各种情景下补水满足率

以补水满足率作为评价指标，从图 15-134 中可以看出：

① 情景 1 对应的补水满足率最大，其补水满足率比原调度指导线大，是因为消落期水位下降的坡度变大，蓄水期水位上升的坡度变缓，减少了对上游水库水量的需求。

② 情景 1 ～情景 6 中，提高消落期三峡高水位运行的时间，其对应的补水满足率逐渐减小，但其减小的幅度由大变小。消落期高水位运行的时间越长，需要上游水库补水的时段以及水量越多，导致不能满足的概率就越大。

情景 1 和情景 2、情景 3 和情景 4、情景 5 和情景 6 的三峡水库多年旬平均需水以及补水流量过程分别如图 15-135 ～图 15-137 所示。

从图 15-135 ～图 15-137 可以看出，增加消落期高水位运行的时间，会增加三峡水库的需水量，且增加的时间越长，三峡需要的补水流量就越大，上游水库不能满足补水的时段就越多。

综上分析，从补水满足率考虑，情景 1 为三峡水库消落期最合适的调度指导线。

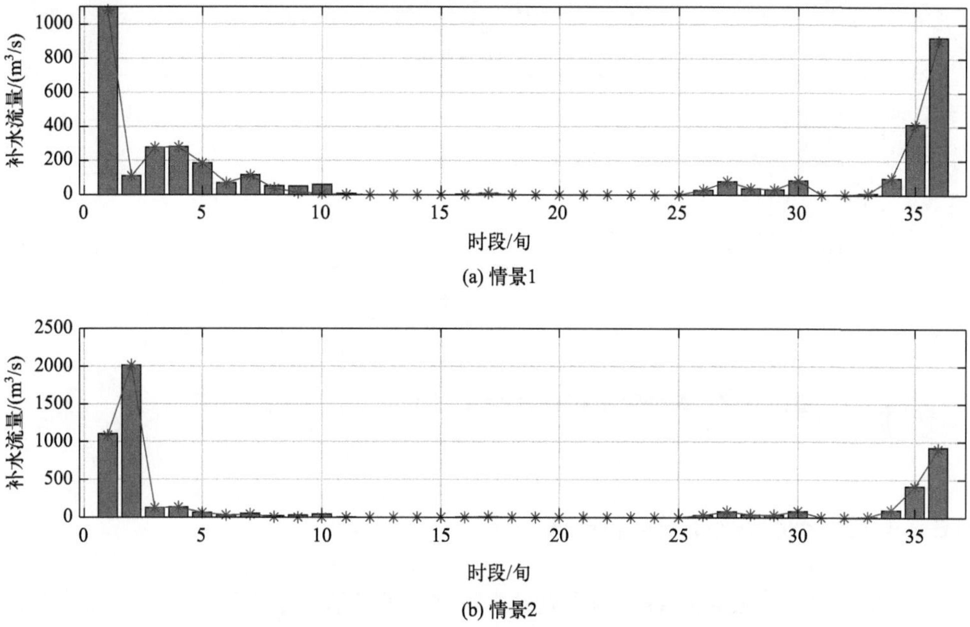

图15-135　情景1和情景2的三峡水库多年旬平均需水以及补水流量过程

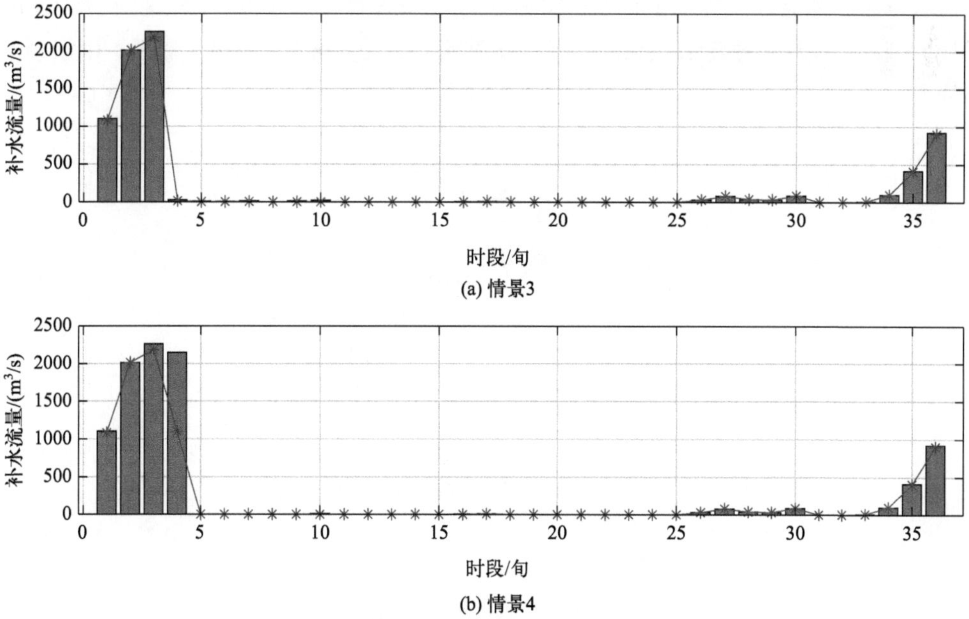

图15-136　情景3和情景4的三峡水库多年旬平均需水以及补水流量过程

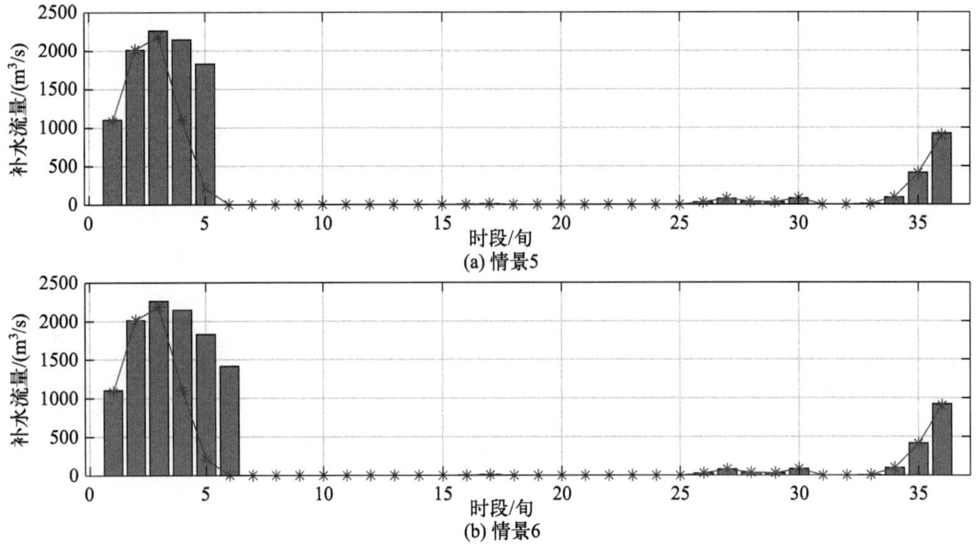

图15-137　情景5和情景6的三峡水库多年旬平均需水以及补水流量过程

15.6.2.4　蓄水期水位过程控制选择

三峡的蓄水期存在水库蓄水与水电站发电之间的矛盾、水库蓄水与下游供水之间的矛盾，如何协调解决各个目标之间的矛盾，使综合效益最大，是决策者亟待解决的问题。上游水库向三峡补水，可以增大三峡蓄水期的入库流量，有效缓解三峡各调度目标之间的需水矛盾。设定每年的 8 月 1 日～ 10 月 31 为三峡水库的蓄水期，以三峡水库原调度指导线为基础，设计 5 种蓄水期水位过程，分别对应图 15-138（书后另见彩图）中情景 1 ～情景 5。

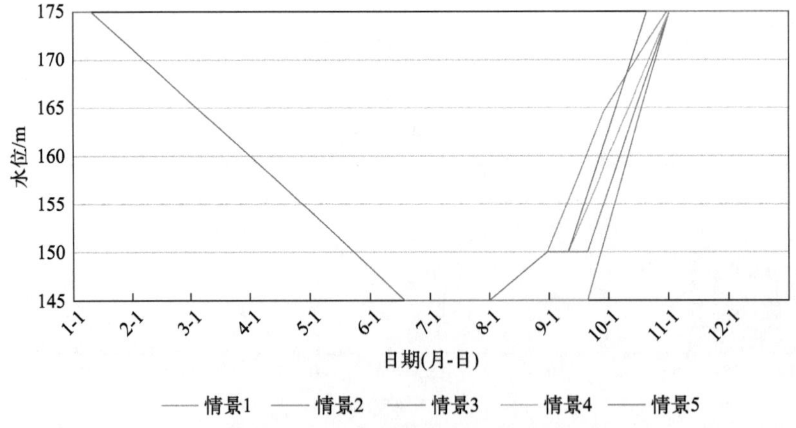

图15-138　蓄水情景调度指导线

以 1941 ～ 2009 年旬入库流量为中长期梯级模型的流量输入，建立中长期梯级水库联合调度模型，对蓄水期各种情景进行模拟计算，其蓄水满足率结果如图 15-139 所示。从图中可以看出，情景 1 对应的梯级补水满足率最大，且情景 1 采用分段蓄水的方式，对秋季水华具有一定的抑制作用。不同蓄水情景对梯级水库的补水满足率影响不大。

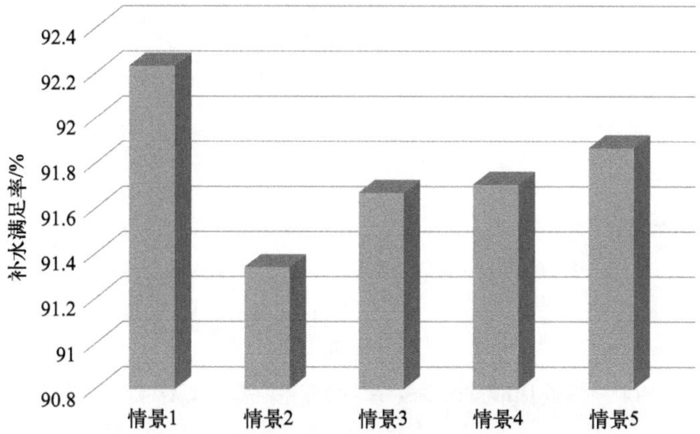

图15-139 各种蓄水情景下梯级水库的补水满足率

为了对比蓄水期各种情景下三峡水库的需水以及补水情况，绘制了不同情景的需水以及实际补水流量过程图，如图 15-140 以及图 15-141 所示。从图中可以看出，在蓄水期，水位波动变化对梯级补水满足率的影响相对消落期较小，且不满足需水的时段主要集中发生在 1 月、2 月、10 月和 12 月。

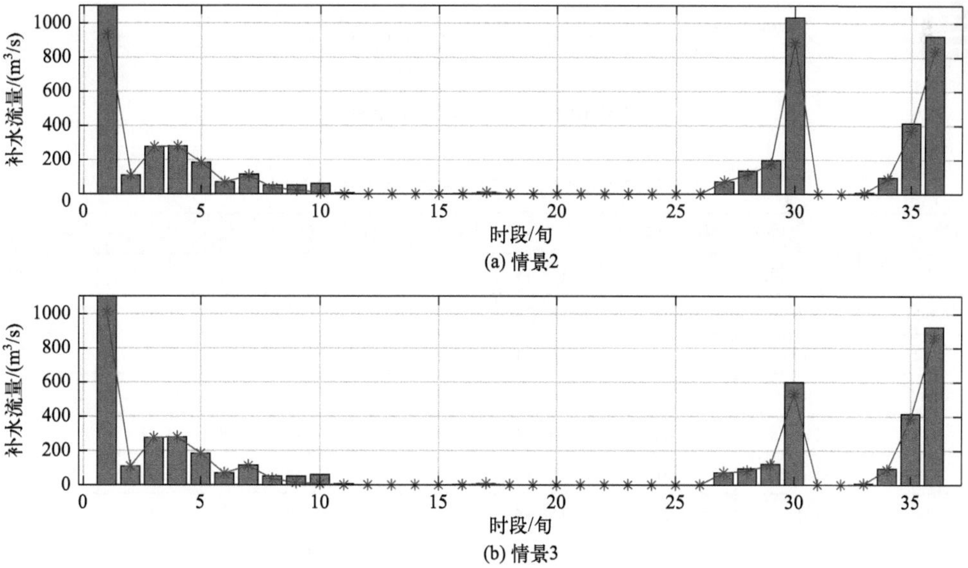

图15-140 情景2和情景3中三峡水库多年旬平均需水以及实际补水流量过程

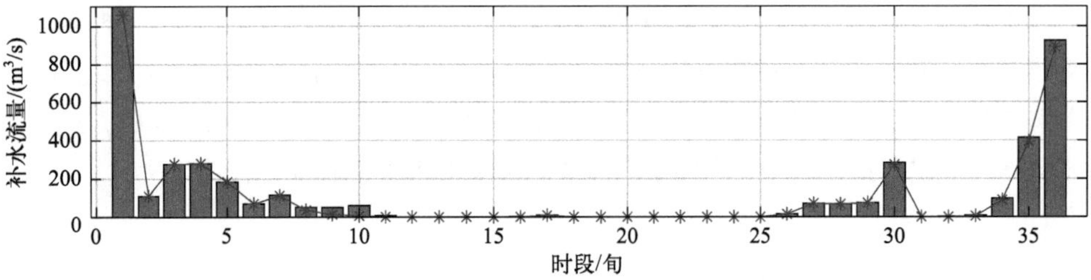

(a) 情景4

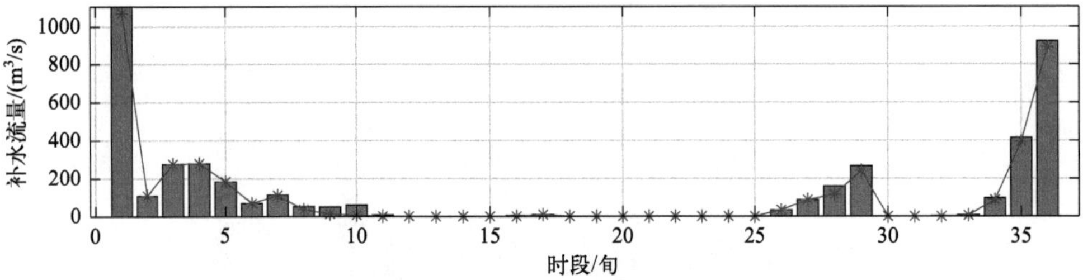

(b) 情景5

图15-141　情景4和情景5三峡水库多年旬平均需水以及实际补水流量过程

综上，根据消落期和蓄水期水位过程线情景设计与模拟运行结果的对比，得到新的过程线，即三峡水库联合调度“预限动态”调度过程线，其指导线过程图以及水位节点随时间的变化如图15-142和表15-38所列。

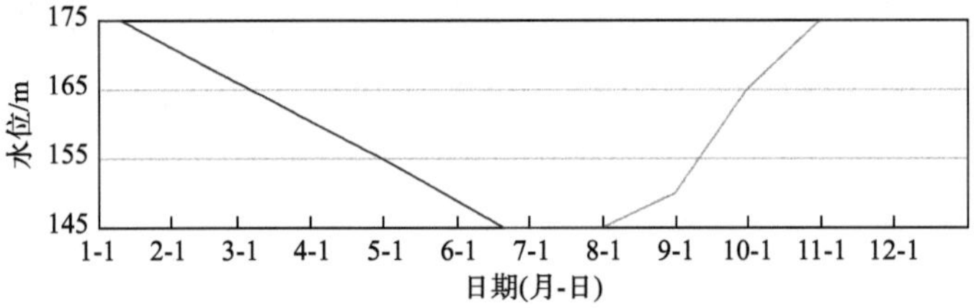

图15-142　“预限动态”调度指导线

表15-38　三峡“预限动态”调度指导线水位节点随时间变化表

时间(月-日)	水位/m	时间(月-日)	水位/m	时间(月-日)	水位/m	时间(月-日)	水位/m
1-1	175.00	4-11	158.45	7-1	145.00	10-11	162.20
1-11	175.00	4-16	157.55	7-11	145.00	10-21	171.56
1-21	173	4-21	156.64	7-21	145.00	11-1	175.00
2-1	171	5-1	155	8-1	145.00	11-11	175.00
2-11	169.18	5-11	152.84	8-11	146.67	11-21	175.00
2-21	167.36	5-16	151.86	8-21	148.33	12-1	175.00
3-1	165.91	5-21	150.88	9-1	150.00	12-11	175.00
3-11	164.09	6-1	148.73	9-11	155.17	12-21	175.00
3-21	162.27	6-11	146.76	9-21	160.34	1-1	175.00
4-1	160.27	6-21	145	10-1	165.31		

15.6.2.5 三峡-溪洛渡-向家坝水库联合调度论证

将三峡 1941 ～ 2009 年长系列旬流量过程整理分析，得到三峡多年旬平均入库流量过程，三峡生态流量过程与入库流量过程如图 15-143 所示。

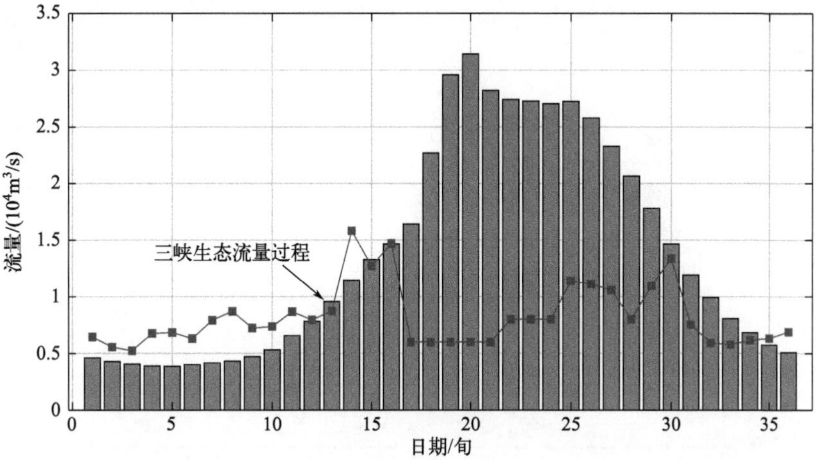

图15-143 三峡多年旬平均入库流量柱状图

从图 15-143 中可以看出，三峡在枯水期的多年旬平均入库流量较小，三峡水库水位维持在 175m 运行时间越长，则下游河道缺水就越严重，严重影响三峡下游的生态环境。如果既要延长三峡枯水期高水位运行的时间，又要保证三峡下游的生态需水量，则需要上游的溪洛渡和向家坝水库对三峡进行补水。通过梯级水库群之间的联合调度，在保证梯级水库的传统效益的同时，又提高其生态环境效益，使梯级水库群的综合效益达到最大。

为了论证三峡上游水库在修改后的调度指导线下，需要上游水库补水量情况，以 1941 ～ 2009 年长系列的梯级旬入库流量过程作为模型的输入条件，以最小生态流量约束及最小下泄流量为约束（图 15-144），三峡水库分别按照修改后的调度指导线以及原调度

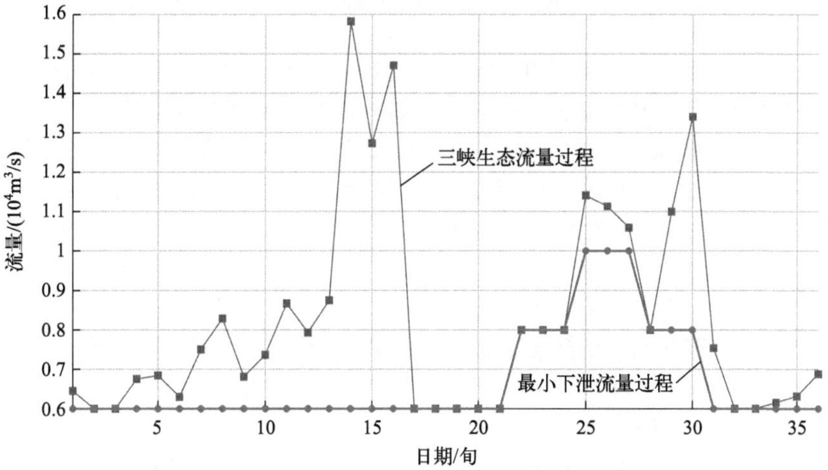

图15-144 三峡生态流量以及最小下泄流量过程

指导线进行梯级水库中长期调度模拟，得到三峡上游水库多年平均旬补水流量过程，其补水过程分别如图15-145和图15-146所示。

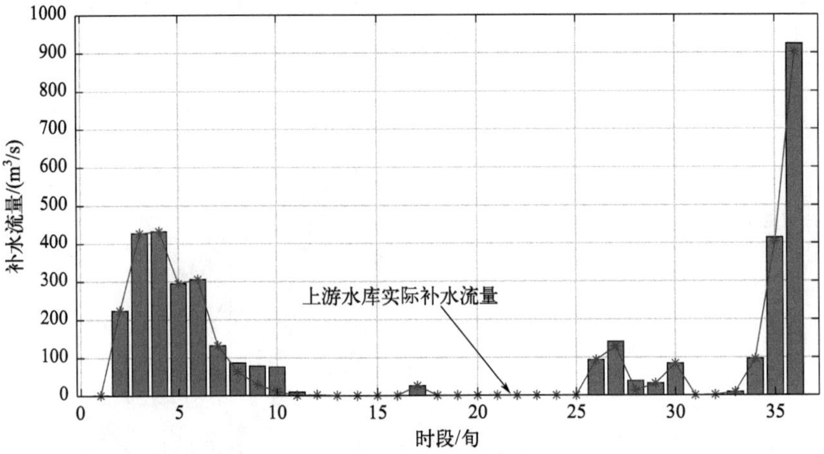

图15-145　“预限调度”指导线下上游水库多年平均旬补水流量过程

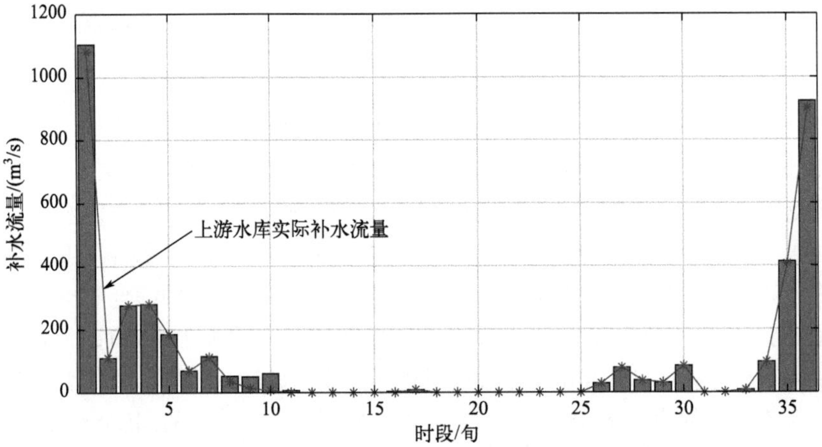

图15-146　三峡原调度指导线下上游水库多年平均旬补水流量过程

图 15-146 中柱状图为三峡各个时段需要上游水库补水流量过程，而折线为上游梯级水库实际补充的水量。从柱状图中可以看出，若以最小下泄流量作为三峡下泄的约束条件时，除了第一个时段以及最后两个时段的补水流量较大，其他时段的补水流量均小于400m³/s。在这些时段，三峡水库维持在 175m 运行，此时三峡的入库流量远小于下泄流量约束，所以需要上游水库补充较大的水量。虽然有些时段入库流量小于下泄流量约束，但是这些时段可以通过降低水位，增大下泄流量来减小上游水库的补水流量。

从折线图中可以看出，上游的溪洛渡 - 向家坝水库不能完全满足三峡的需水要求，通过分析折线图，发现不能满足折线图的情况主要有两种：一是当三峡需要的补水流量较大时，由于上游两个水库的库容较小，所以不能满足三峡需水要求；二是当上游水库对三峡水库连续多个时段补水时，会将溪洛渡和向家坝的水位拉低到死水位，导致接下来的几个时段的补水流量为 0，只有当溪洛渡的来水量足够大时，才能打破这种“局面”。两种情景下三峡水库多年旬平均需水过程如图 15-147 所示。

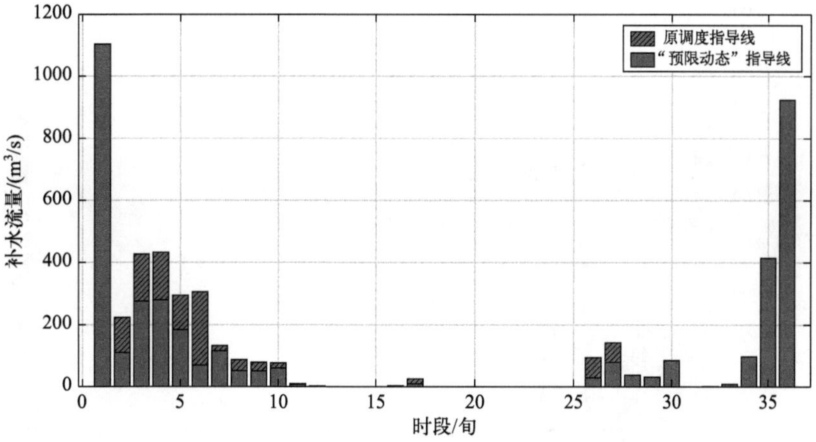

图15-147 两种情景下三峡水库多年旬平均需水过程图

通过统计计算，得到三峡水库在“预限动态”以及原调度指导线下的补水满足率分别为92.23%、92.19%，“预限动态”指导线下的补水满足率稍高于三峡原调度指导线。

从图15-147中可以看出，在消落期“预限动态”指导线下的补水流量小于原调度指导线下对应的补水流量，这是因为“预限动态”指导线在消落期的水位下降的坡度较大，导致下泄流量较原来调度指导线大；蓄水期由于“预限动态”调度指导线提前蓄水，使水位上升的时段水量较原调度指导线小，故需要上游水库补水的流量较小。

为了更加详细地对补水量进行论证，对1941～2009年三峡的多年旬入库流量进行排频，得到频率分别为25%、50%以及75%入库流量过程作为典型的丰、平、枯流量过程，并分别将这些流量过程作为梯级调度模型的输入，进行模拟计算，计算结果分别如图15-148～图15-150所示。

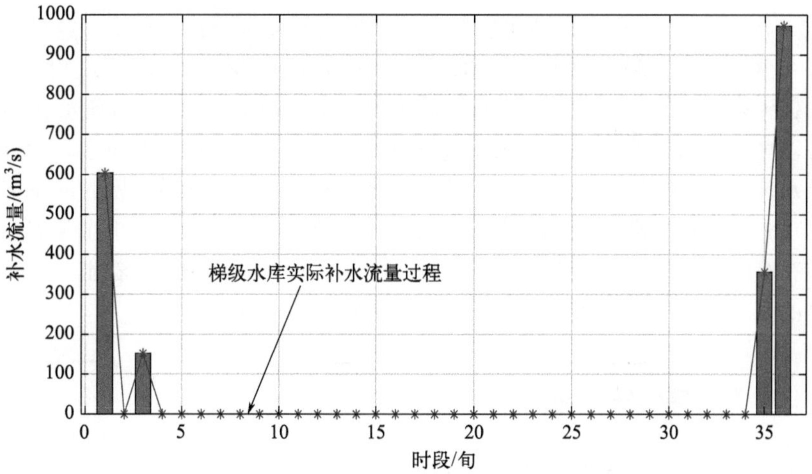

图15-148 丰水年三峡水库需水以及实际补水流量过程

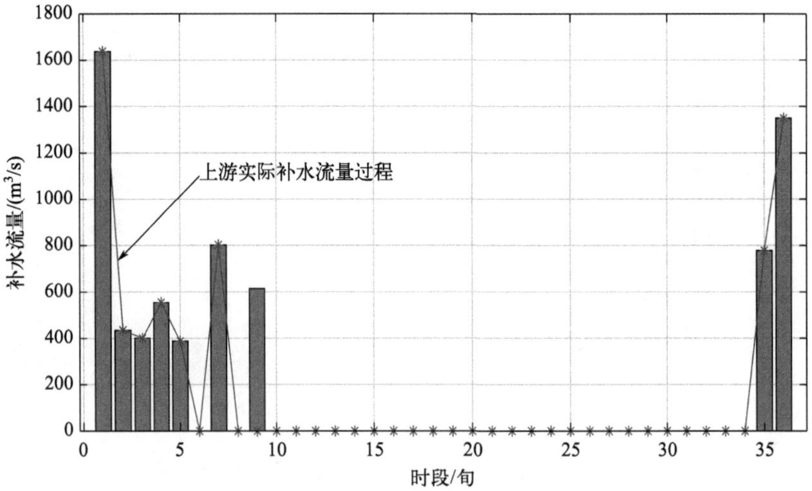

图15-149　平水年三峡水库需水以及实际补水流量过程

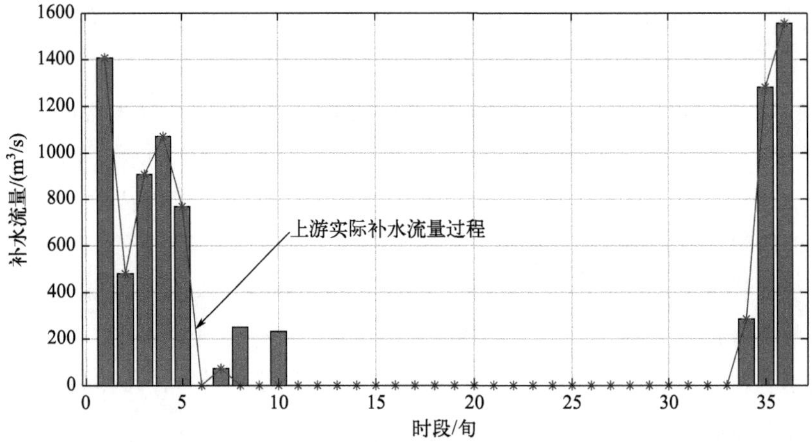

图15-150　枯水年三峡水库需水以及实际补水流量过程

图 15-148 ～图 15-150 为各种典型年下计算得到的补水流量过程图，经过统计模型模拟的结果得到丰、平、枯典型年下补水满足度分别为 100.00%、94.44% 以及 77.78%。从图中以及各种典型年的补水满足率中可以看出，丰水年来水较多，三峡需要上游的补水量较少，可以满足补水要求；平水年入库流量较丰水年少，枯水期存在较多时段补水，枯水期连续补水，将上游溪洛渡和向家坝水库水位降低到死水位，导致个别时段不能满足三峡的需水要求；枯水年来水较少，需要上游水库补水的时段较丰水年和平水年多，出现上游水库不能补给的时段最多，其补水满足率最小。从三种典型年中可以看出，在汛期不存在不能满足的情况，补水不能满足的情况主要集中在年初以及年末。

15.6.2.6　梯级水库传统效益论证

以 1941 ～ 2009 年旬入库流量为中长期梯级模型的输入，三峡水库“预限动态”调度指导线进行调度，控制三峡的下泄流量为最小下泄流量，其中，溪洛渡和向家坝水库按照各自的调度图进行调度，葛洲坝采用径流式调度方式。如图 15-151 ～图 15-154 所示。

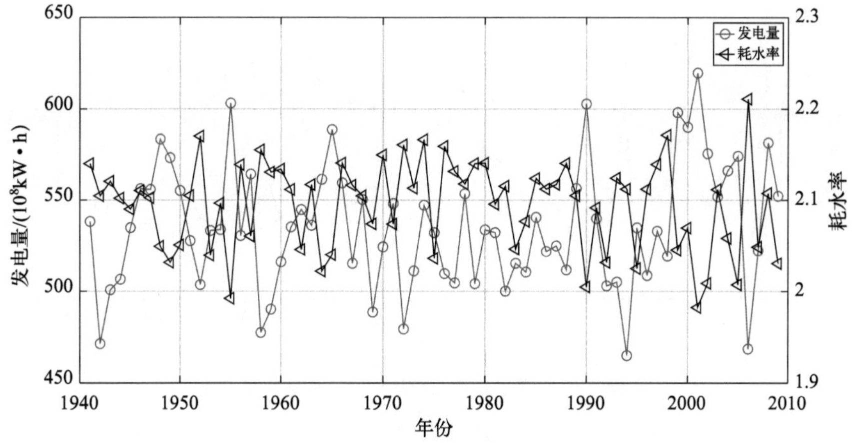

图15-151 溪洛渡年发电量以及平均耗水率过程

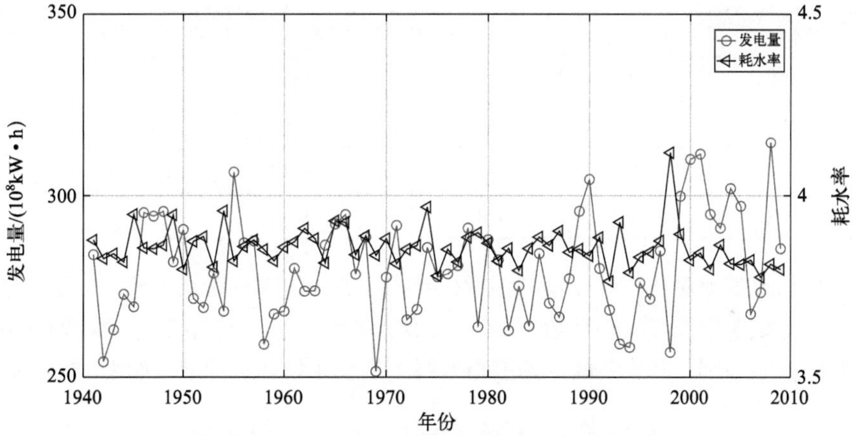

图15-152 向家坝年发电量以及平均耗水率过程

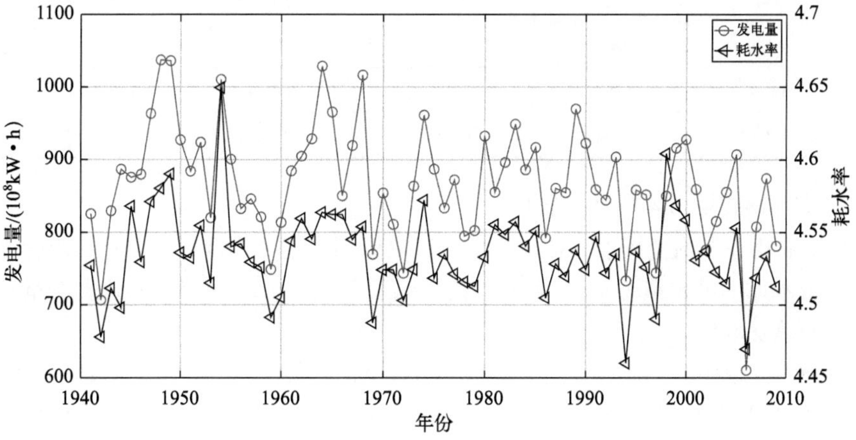

图15-153 三峡年发电量以及平均耗水率过程

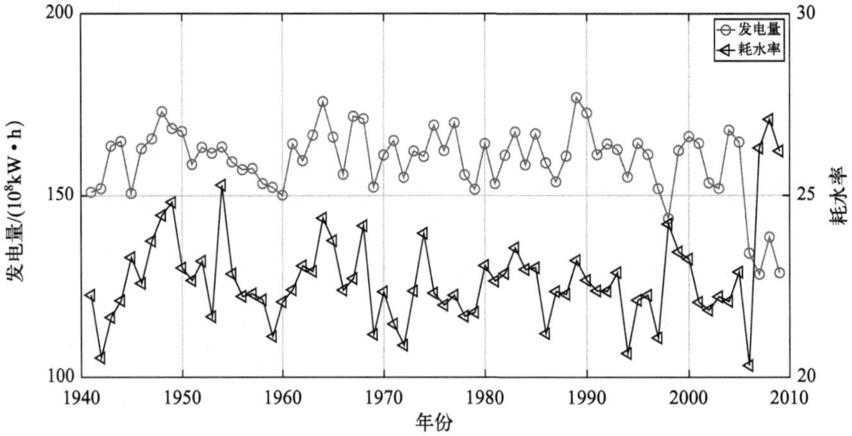

图15-154　葛洲坝年发电量以及平均耗水率过程

“预限动态”调度指导线下各水库指标统计结果见表 15-39。

表15-39　“预限动态”调度指导线下各水库指标统计结果

水库	入库流量/(m^3/s)	发电流量/(m^3/s)	弃水流量/(m^3/s)	年均发电量/(10^8kW·h)	耗水率	补水流量/(m^3/s)
溪洛渡	4541	3552	976	534.9	2.09	107
向家坝	4529	3567	963	280.2	3.86	
三峡	13900	13663	325	867.7	4.53	
葛洲坝	13987	12803	1185	159.6	22.72	

为了更加直观地对比三峡在不同调度指导线下各个水库的统计指标，分别考虑“预限动态调度指导线”以及三峡现行运行指导线两种调度方式，分析比较这两种调度方式下的发电量等指标的差别，其中三峡原调度指导线下各水库指标统计结果如表 15-40 所列。

表15-40　三峡原调度指导线下各水库指标统计结果

水库	入库流量/(m^3/s)	发电流量/(m^3/s)	弃水流量/(m^3/s)	年均发电量/(10^8kW·h)	耗水率	补水流量/(m^3/s)
溪洛渡	4541	3551	979	536.29	2.08	103
向家坝	4530	3568	963	280.1	3.86	
三峡	13901	13673	316	848.47	4.62	
葛洲坝	13989	12772	1217	159.18	22.72	

从表 15-39 和表 15-40 可以发现：

①“预限动态”调度情景下补水流量较三峡原调度指导线情景下的补水流量偏大，导致三峡上游水库的补水量增加。“预限动态”情景下溪洛渡和向家坝的总发电量小于原调度情景下的总发电量。

② 从梯级总发电量来看，“预限动态”情景下的梯级总发电量大于原调度情景下的发电量，虽然“预限动态”情景下的溪洛渡和向家坝发电量小于原调度情景下的发电量，但是“预限调度”过程线情景下三峡电站的发电量大于原调度指导线下三峡电站的发电量。

③ 从耗水率指标看，“预限动态”情景下三峡水电站的耗水率小于原调度指导线情景下的耗水率，这是因为“预限动态”调度指导线各个时段的水位均不低于原调度指导线，水库的水位提高可以提高发电量以及降低耗水率。

综上，在“预限动态”调度指导线下，梯级水库的总发电量有所增加，溪洛渡、向家坝水电站发电量稍微有减小，梯级发电效益可以得到保证。

15.6.2.7 基于水环境改善的三峡“预限动态调度”方案

基于水环境改善的三峡“预限动态调度”方案，即“预限动态”水位过程线：

① 一般情况下按“预限动态”水位过程线实施调度；

② 当汛期三峡库入流在 70000m³/s，或者入库水流水质超过三类水标准时，汛限水位降低到 145m；

③ 当枯水期入库流量小于 6000m³/s 时，增加溪洛渡 - 向家坝水的下泄水量，保证三峡枯水期增调 1000 ～ 1500m³/s 流量；

④ 当枯水期三峡入库流量小于 6000m³/s，水流水质又超过三类水标准，同时溪洛渡 - 向家坝两库补给不足时，可考虑提前消落水位；

⑤ 汛期 145m 平稳运行时间 40d，实施一次日调节过程，水位先上调 0.5m 后再下调 0.5m；

⑥ 枯水期 175m 平稳运行 70d，实施 2 ～ 3 次日调节过程，水位先下调 0.8m 后再上调 0.8m，生态环境调度过程图以及调度过程线的水位节点对应的时间分别如图 15-155 以及表 15-41。

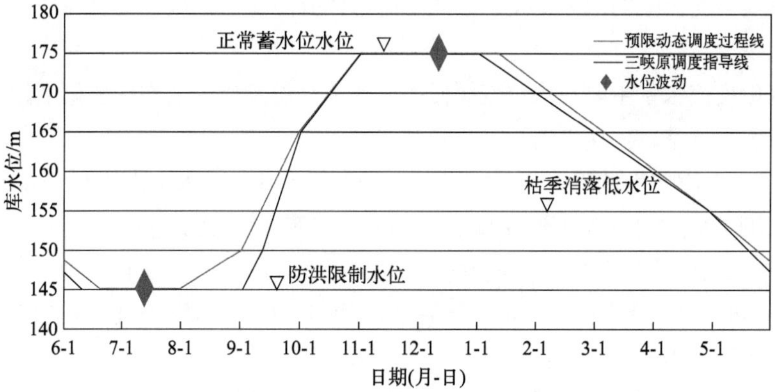

图15-155 三峡“预限动态”调度过程线

表15-41 调度过程图对应的水位与时间节点

日期(月-日)	1-1～1-10	1-10～4-30	5-1～6-20	6-21～7-31	8-1～8-31	9-1～9-30	10-1～10-31	11-1～12-31
控制水位/m	175	175～155	155～145	145	145～150	150～165	165～175	175
持续时间/d	10	120	50	40	30	30	30	60
状态	1次日调节	人造洪峰		1次日调节				2～3次日调节

具体表现为：

① 实施“预限动态调度”（175m—155m—145m—150m—165m—175m）。

② 汛期预限动态水位为150m—145m—150m，当汛期来流量超过70000m³/s时实施145m水位运行。

③ 汛期145m运行时间40d，较原设计方案缩短40d；汛前期和汛后期150m水位，运行时长40d。

④ 提高蓄水起始水位到150m，较原设计方案提高5.0m；汛后在9月1日起蓄，较原设计方案提前20d；150～175m蓄水，分两段完成，蓄水前期快速蓄水到165m（水位提升15m用时30d），后期165～175m放缓（水位提升10m用时30d）蓄满。

⑤ 启用“三峡-向家坝-溪洛渡”联合协作调度，175m运行70d，较原设计方案延长10d。

⑥ 启用“三峡-向家坝-溪洛渡”联合协作调度，汛前水位消落起始时间较原设计方案延后10d。

⑦ 汛前实施175～145m分段消落，前期消落175～155m（水位消落20m用时120d），后期消落155～145m（水位消落10m用时50d）。

15.6.3　基于水环境改善的三峡水库中短期优化调度方案

15.6.3.1　防控库区支流水华的潮汐式调度方案

潮汐式调度的主要目的是通过水库短时间的水位抬升和下降来实现对河道内生境的适度扰动、增大干支流间的水体交换、破坏库湾水体分层状态、增大支流泥沙含量等机制来抑制藻类水华。

三峡水库支流水华主要在水位变缓慢的3～9月份发生，故在三峡调度指导线的基础上，设置春季、夏季、秋季“潮汐式”调度方法。

① 春季“潮汐式”调度：水位波动一个周期需要10d，水位先按0.6m/d的速度持续下降7d，然后再按最低流量下泄并日抬升1.0m，持续3d，反复进行。

② 夏季“潮汐式”调度：完整水位波动周期为11d，以145m为起始水位，日抬升2.0m，持续4d，水位上涨到153m，然后水位稳定2d，再以每日1.6m速度下降，持续5d，水位重新回到145m，反复进行。

③ 秋季“潮汐式”调度：实施“分期提前蓄水方案”，前3日按不低于2m/d的幅度抬升水位，后期按10000m³/s下泄并逐步抬升水位；保障三峡水库水位在9月底不高于165m。10月份，当来水流量大于8000m³/s时，开展第二阶段蓄水，直至水库达到175m；当水库来水流量低于8000m³/s时，可按来水流量下泄。

“预限动态”调度过程线在秋季采取提前分期蓄水方式。以3～9月份的预限动态水位过程线和预限动态调度规则为基础，按照潮汐调度的规则生成潮汐调度水位过程线如图15-156所示。

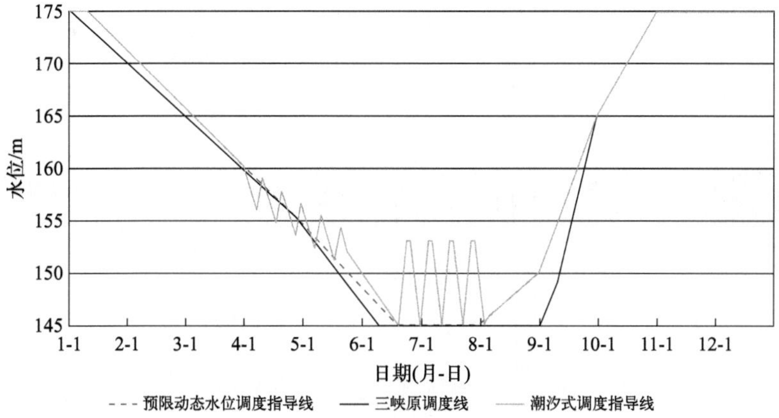

图15-156　潮汐调度过程线示意图

以2015～2016年溪洛渡、三峡的实际日流量过程作为模型输入，其防洪、航运等传统效益作为约束条件进行处理，分别对"预限动态"调度过程线以及潮汐调度过程指导线进行调度模拟，并将模拟结果进行统计分析，其中补水满足率以及梯级总发电量结果如表15-42所列，图15-157、图15-158为两种情景的实际补水流量过程。

表15-42　补水满足率以及梯级发电量统计表

情景	指标			
	补水满足率/%		梯级总发电量/(10^8kW·h)	
	2015年	2016年	2015年	2016年
"预限动态"调度指导线	100.00	100.00	1891.8	2091.1
潮汐调度指导线	90.14	94.53	1841.7	2042.8

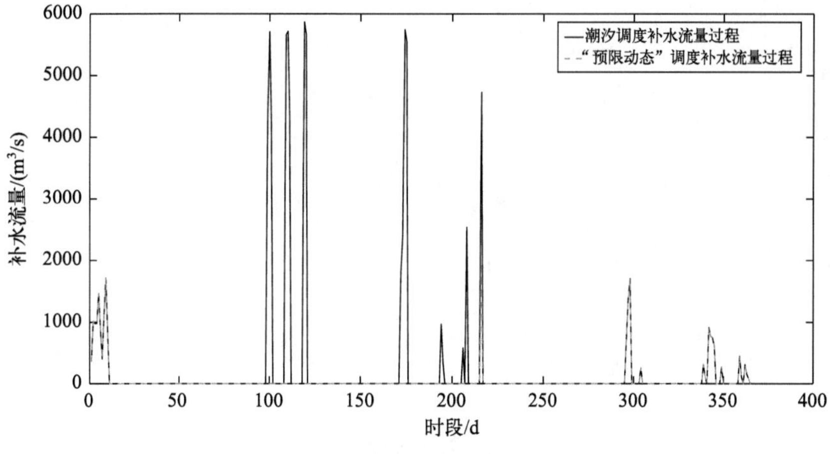

图15-157　2015年两种情景下的补水流量过程

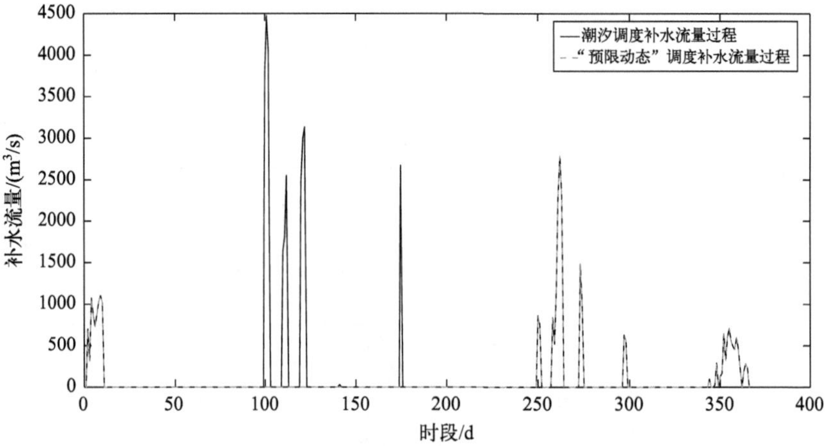

图15-158　2016年两种情景的补水流量过程

从图 15-157 和图 15-158 可以看出，为了满足潮汐调度过程线中的水位波动要求，需要上游水库的补水流量较"预限动态"调度过程线情景下的补水流量大，且较大的时段主要集中的潮汐调度过程线中水位波动的时段，经过统计潮汐调度指导线在 2015 年和 2016 年的平均补水流量分别为 $233m^3/s$ 和 $161m^3/s$；"预限动态"调度指导线在 2015 年和 2016 年的平均补水流量分别为 $57m^3/s$ 和 $80m^3/s$。通过表 15-42，从补水满足率的角度也可以进一步说明。

从表 15-42 中可以看出，2015 年和 2016 年"预限动态"调度指导线下，梯级水库的补水满足率均达到 100%，在潮汐调度指导线情景下，其补水满足率均小于 100%，但是均在 90% 以上。从表中可以看出，"预限动态"调度情景下其梯级总发电量大于潮汐式调度情景下的总发电量，2015 年、2016 年潮汐式调度情景下发电量减少 2.64% 和 2.31%，所以潮汐式调度过程线不会对梯级水库的发电效益带来较大影响。

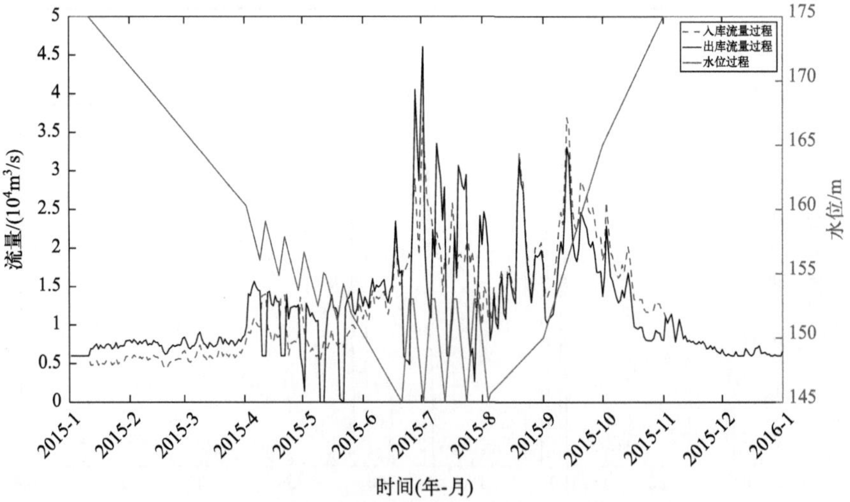

图15-159　2015年水位-流量过程

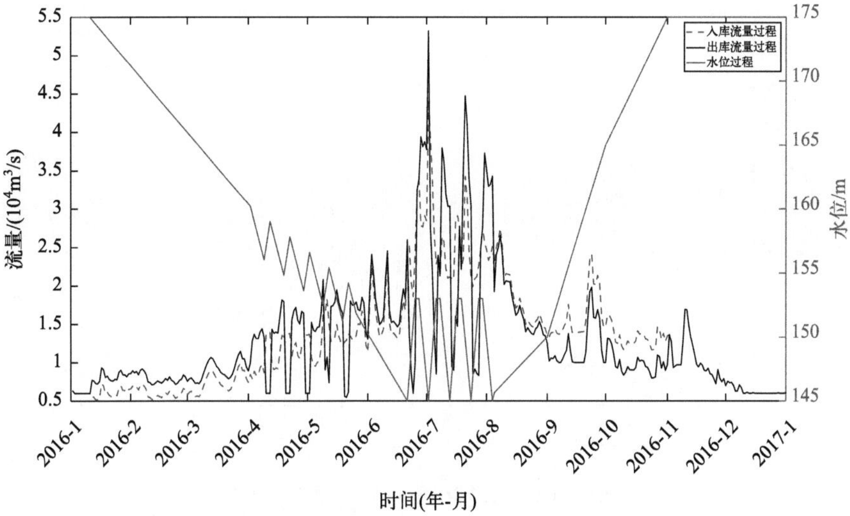

图15-160 2016年水位-流量过程

从图 15-159 和图 15-160 中的入库流量可以看出 2015 年的入库流量较 2016 年的入库流量小；两个图的水位与潮汐调度指导线基本吻合。水位波动的时段，其入库流量和出库流量均存在明显的波动，出库流量波动受水位波动的影响，而入库流量存在明显波动是因为这些时段在水位抬升时，需要较多的水量，而三峡水库的入流不能满足，需要上游水库进行补水，进而导致入库流量也随水位存在波动。

图 15-161 和图 15-162（书后另见彩图）分别为 2015 年和 2016 年溪洛渡、朱沱、寸滩以及三峡的日流量过程图，从图中可以看出 2016 年来水比 2015 年较丰。整体来看三峡坝址流量过程＞寸滩站流量过程＞朱沱站流量过程＞溪洛渡坝址流量过程。

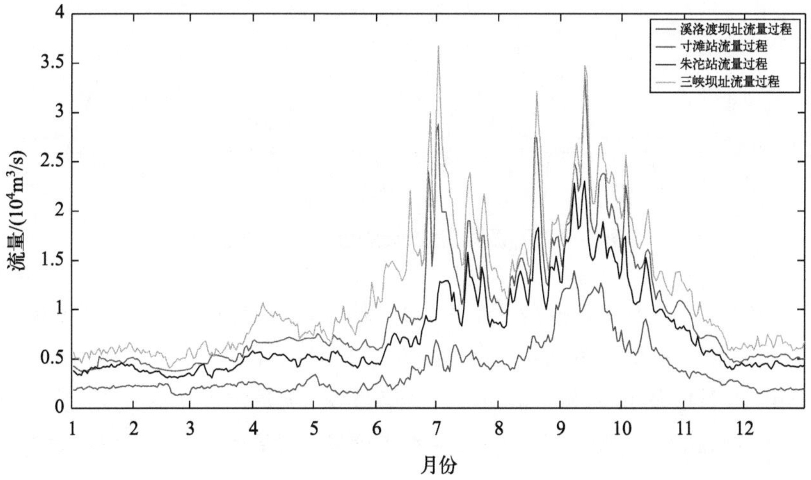

图15-161 2015年各测站水流演进过程图

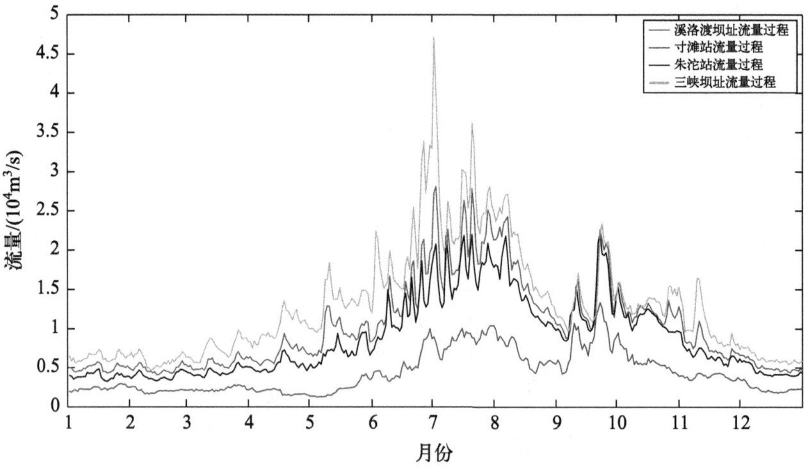

图15-162　2016年各测站水流演进过程图

15.6.3.2　维系下游水生态环境的联合调度方案

为了保障三峡下游的生态环境，并尽可能地提高梯级水库的生态环境效益，在考虑三峡下游生态环境情况下，得到典型特枯水年（2006 年）以及平水年（2012 年）三峡水库出库流量优化调度方案，其流量过程如图 15-163 所示。

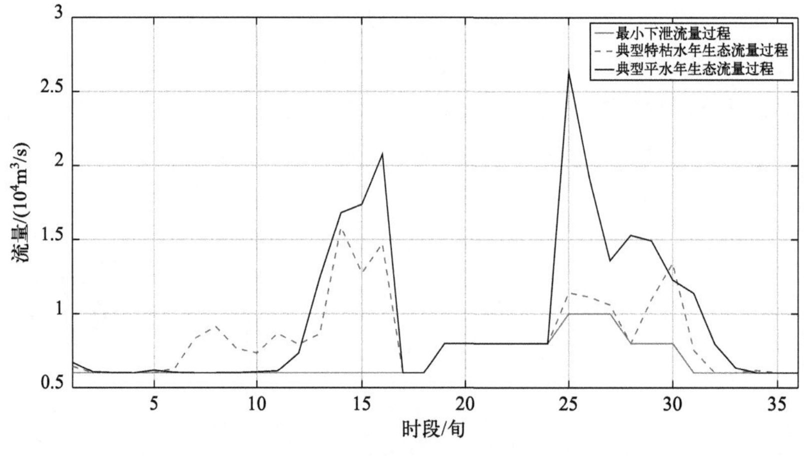

图15-163　最小下泄流量过程以及生态流量过程

从图 15-163 中可以看出，典型平水年需要的生态水量最大，最小下泄流量过程需要的水量最小。通过生态流量过程与最小下泄流量过程对比可以看出，生态需水主要集中在 5 月、6 月上旬、9 月以及 10 月份，但两个典型年的出库流量过程并不一致，典型特枯水年的生态流量大于 6000m^3/s 的时段相对于典型平水年较多，流量值较大的时段相对于典型平水年较少。

图 15-164 和图 15-165 分别为典型特枯水年（2006）以及典型平水年（2012），水位、

出库流量、入库流量以及下泄流量约束过程图。其中典型特枯水年按照典型特枯下泄流量过程进行约束，典型平水年按照下泄流量过程进行约束。2006 年的来水明显小于 2012 年的入库流量过程。从 2006 年可以看出，出库流量小于下泄流量约束的时段主要集中在蓄水期；2012 不满足下泄约束的时段主要发生在 5 ～ 6 月份。

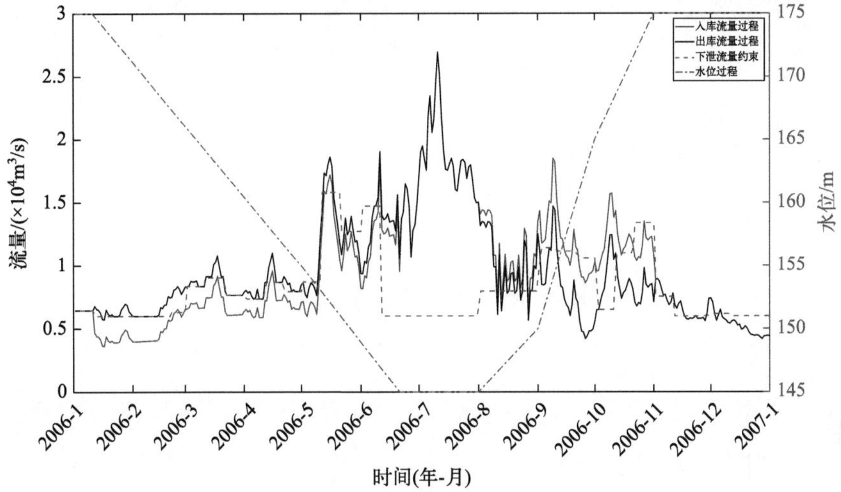

图15-164 2006年水位-流量图

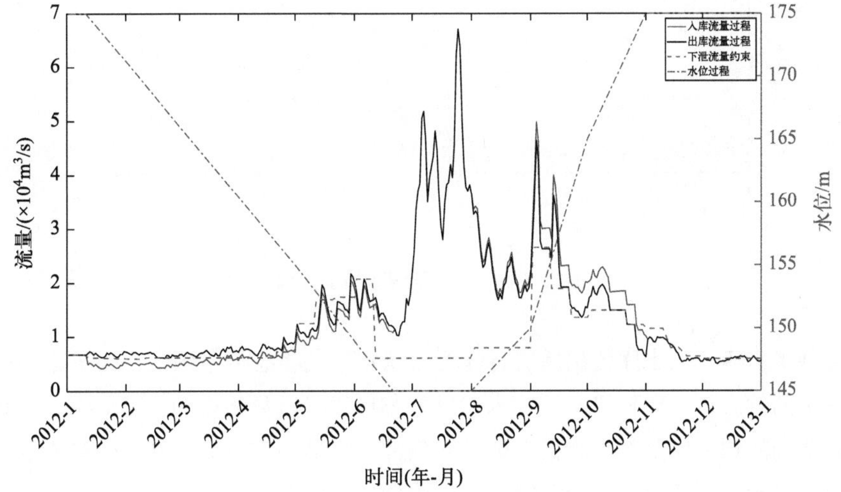

图15-165 2012年水位-流量图

图 15-166 和图 15-167（书后另见彩图）分别为 2006 年和 2012 年溪洛渡、朱沱、寸滩以及三峡的日流量过程图，从图中可以看出 2012 年来水明显比 2006 年多，且 2012 年的流量过程整体偏“尖瘦”，2006 年的洪水流量过程整体偏“胖平”。整体来看三峡坝址流量过程＞寸滩站流量过程＞朱沱站流量过程＞溪洛渡坝址流量过程。

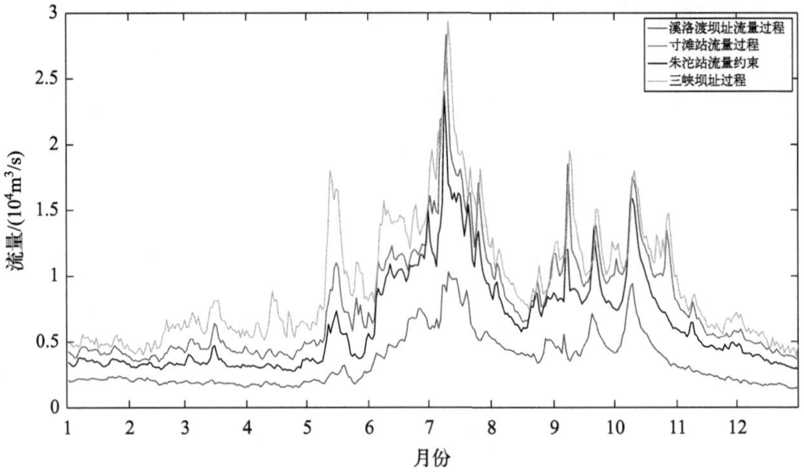

图15-166　2006年各测站流量过程

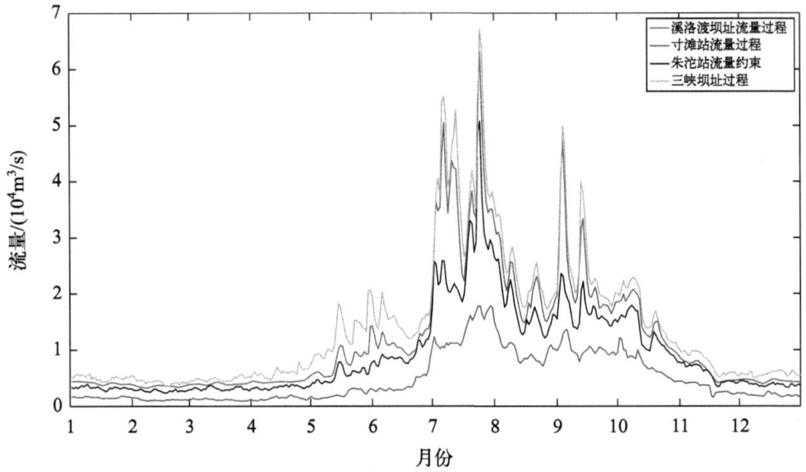

图15-167　2012年各测站流量过程

以典型平水年三峡水库的出库流量作为三峡水库的生态流量约束，为了论证三峡水库在生态流量的约束下，对梯级水库补水满足率和梯级发电量的影响，以 1941 ～ 2009 年梯级水库长系列的旬入库资料作为模型的输入条件，将最小下泄流量以及生态流量作为三峡水电站的流量约束，同时按照“预限动态”水位过程线对三峡水库进行调度模拟，论证生态流量约束下，对补水满足率的影响以及其梯级发电量是否对发电效益带来影响，计算结果如图 15-168、图 15-169 以及表 15-43 所示。

经过统计两种情景下的结果，得到生态流量情景以及最小下泄流量情景下三峡水库的补水满足率分别为 75.08%、92.23%，其平均补水流量分别为 235m^3/s、107m^3/s。生态流量情景下的补水满足率小于最小下泄情景是因为在 5、6、9、10 月份，生态流量过程需要的下泄流量大于最小下泄流量对应时段的流量值。

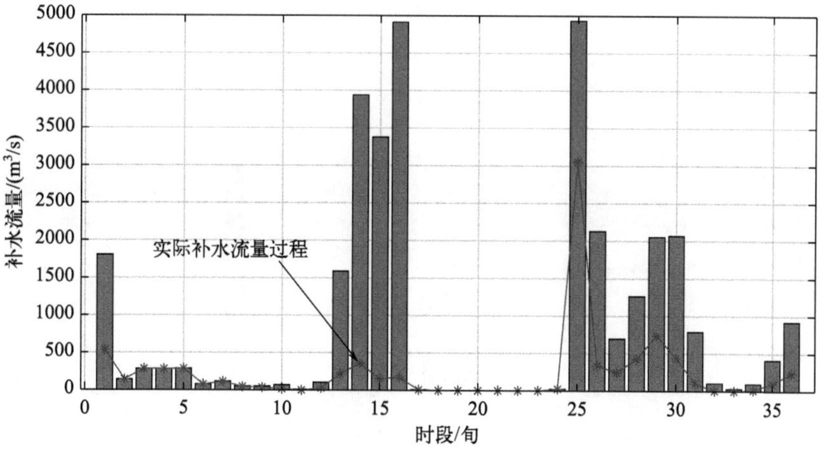

图15-168　生态流量约束下三峡水库需水以及补水流量过程

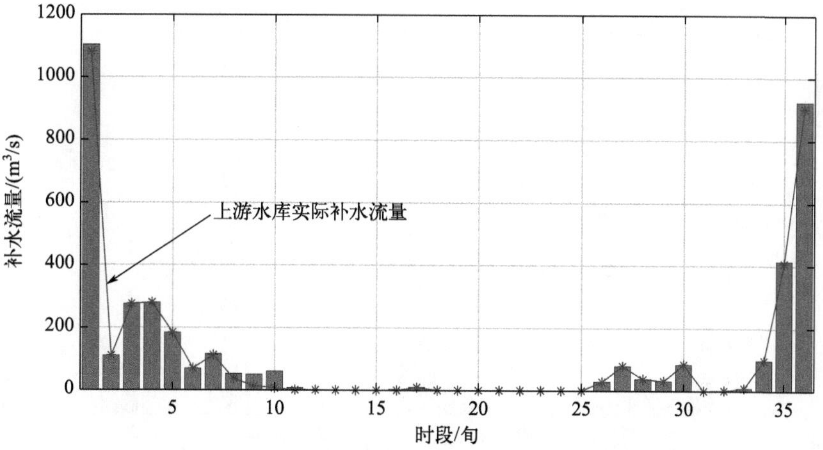

图15-169　最小流量约束下三峡水库需水以及补水流量过程

从表 15-43 中可以看出，生态流量情景下其梯级多年平均发电量小于最小下泄情景下的梯级发电量，减少量为 2.17%，对梯级水库的传统效益影响较小，所以三峡水库生态流量的约束下，能够保证梯级水库传统效益，并且提高下游的水环境效益。

表15-43　两种情景下梯级各水库的多年平均发电量　　单位：10^8kW • h

情景	梯级发电量	溪洛渡	向家坝	三峡	葛洲坝
最小下泄	1842.4	534.9	280.2	867.7	159.6
生态流量	1802.5	503.6	275.9	878.3	144.8

考虑到在生态流量约束下，三峡上游水库的多年平均补水满足率偏低，且不具有代表性，选择梯级水库丰、平、枯年份的流量过程为代表年份，以生态流量约束作为三峡的下泄流量约束，分别对各种典型年进行调度模拟。

在生态流量约束情景下，补水不能满足的时段主要集中在 4 ～ 5 月以及 8 ～ 12 月。根据这几个时段的来水量确定频率为 25%、50% 以及 75% 的典型年为代表年，丰、平、枯典型年对应的三峡入库流量如图 15-170 ～图 15-172 所示。

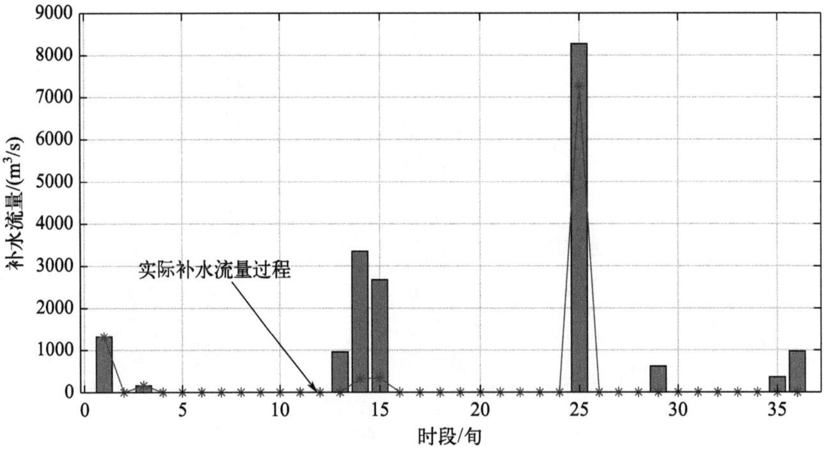

图15-170　丰水年（1993）三峡入库流量与生态流量过程

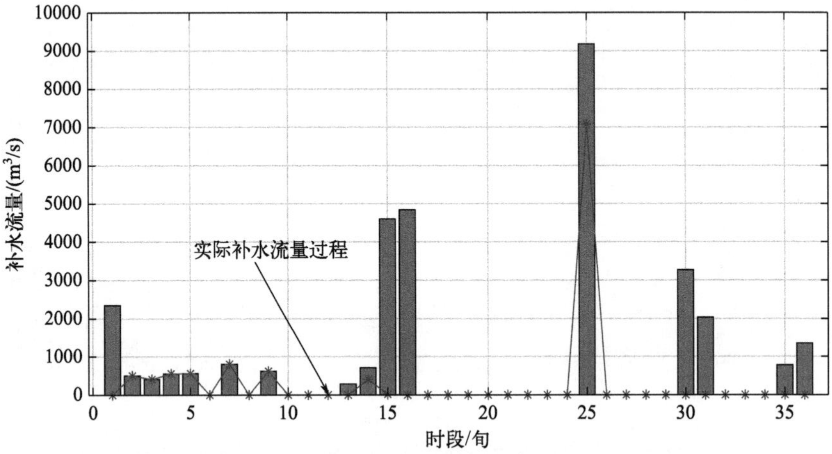

图15-171　平水年（1962）三峡入库流量与生态流量过程

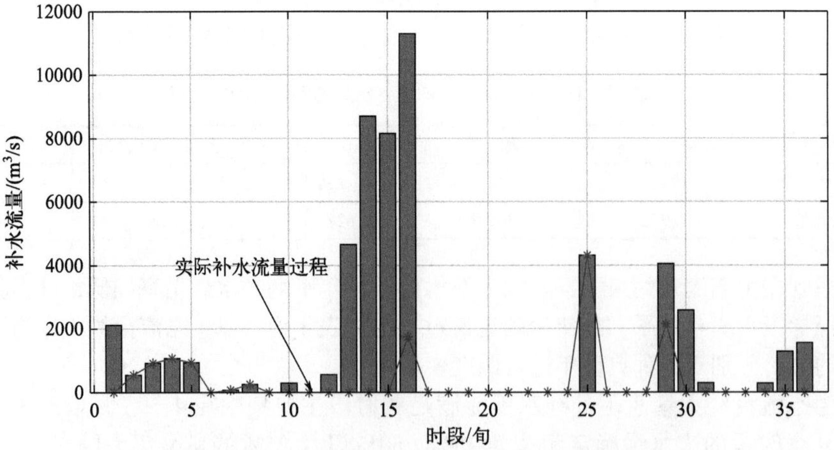

图15-172　枯水年（1958）三峡入库流量与生态流量过程图

分别按三种典型年的来水对梯级水库进行调度模拟，统计分析计算结果，得到补水满足率以及平均补水流量如表 15-44 所列。

表15-44　典型年计算结果统计表

典型年	补水满足率/%	平均补水流量/(m^3/s)
丰水年	78	261
平水年	67	304
枯水年	61	333

图 15-173 ～图 15-175 为丰、平、枯三种典型年的水位过程、下泄流量约束、入库流量以及出库流量过程图。从图中可以看出在三种典型年情景下，出库流量不能满足下泄流量约束要求的时段主要集中在 5 月份和 12 月份。其水位过程基本与“预限动态”水位过程线吻合，即可以按照给定的调度过程线运行，但是出库流量存在不满足的下泄流量时段。

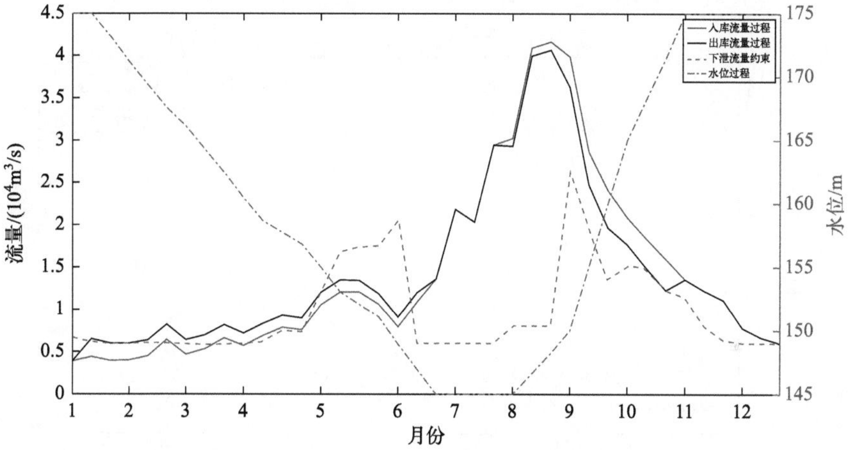

图15-173　丰水年（1993年）水位-流量过程

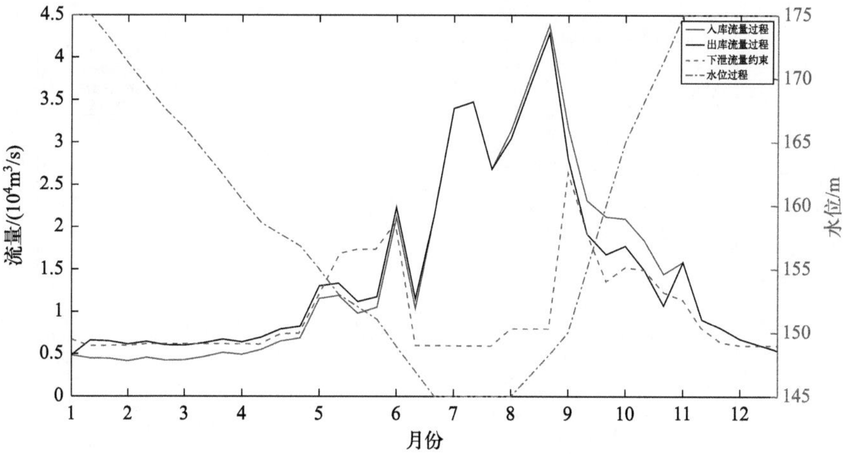

图15-174　平水年（1962年）水位-流量过程

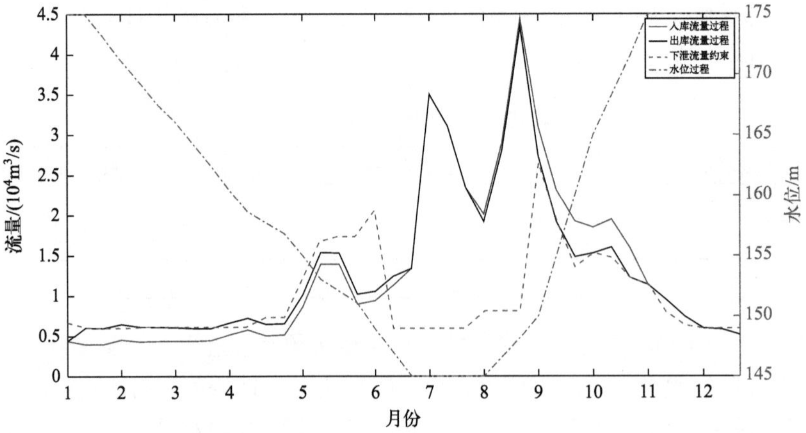

图15-175　枯水年（1958年）水位-流量过程

图 15-176 ～图 15-178 分别为三种典型年对应的各测站的旬流量过程，从图中可以看出，三峡的坝址流量过程＞寸滩站流量过程＞朱沱站流量过程＞溪洛渡坝址流量过程。

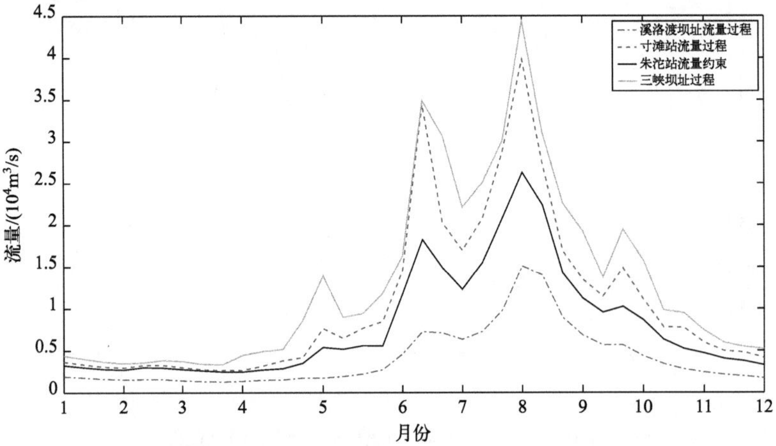

图15-176　枯水年（1958年）各测站流量过程

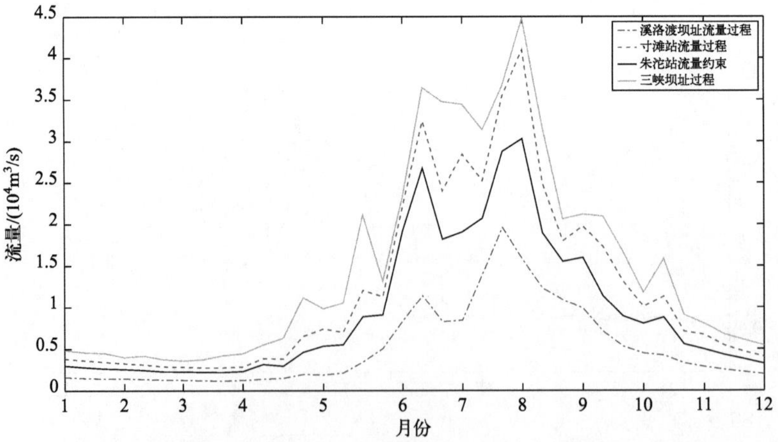

图15-177　平水年（1962年）各测站流量过程

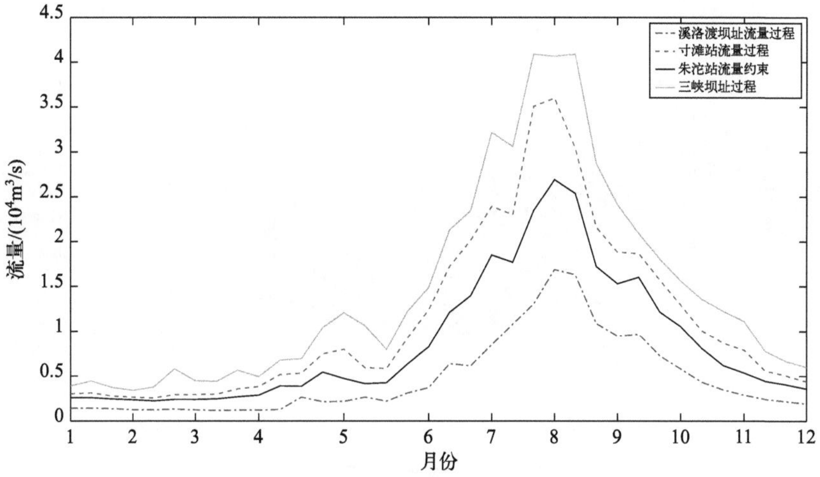

图15-178 丰水年（1993年）各测站流量过程

15.6.4 短期应急调度模型的应用

参见第四篇第 20 章 20.8.4 部分相关内容。

15.6.5 水库群传统效益与水环境效益的协调方法

为了探究梯级水库调度方案中传统效益与环境效益协调问题，以溪洛渡、向家坝、三峡、葛洲坝梯级水库群为研究背景，以保障三峡库区水环境、缓解库区支流水华、改善三峡下游水环境，以及满足发电保证率的梯级发电量为目标，将梯级水库的传统效益作为约束，建立梯级水库多目标优化调度模型。以溪洛渡水库 2015 ～ 2016 年的日入库流量以及向家坝和三峡之间的区间流量过程作为模型的输入条件，以实际运行时各水库的水位作为模型的初始水位，利用多目标求解算法对多目标模型进行求解，得到模型的可行解，筛选得到非劣解集，如图 15-179 所示（书后另见彩图）。

水位标准差以及生态流量标准差越小，表示模型计算得到的水位以及下泄流量过程与给定的水位和适宜生态流量过程线吻合度越高。可以看出，模型的非劣解构成一个光滑的曲面，曲面上的红点与模型计算得到的非劣解一一对应。为了分析对比多目标模型中各目标之间的对应关系，绘制了以其中一个目标为参数，关于另外两个目标关系的散点图。图 15-180（书后另见彩图）为梯级发电量与水位标准差关系图，参数为生态流量标准差，可见，生态流量标准差较小的点，即为下泄流量与生态流量过程吻合度越高的点。随着梯级发电量的增加，水位标准差越来越大，即水位与给定调度指导线的吻合程度逐渐降低。

图 15-181（书后另见彩图）为梯级发电量与生态流量标准差的关系，从图中可以看出，非劣解的水位标准差大多分布在 1.5 ～ 3 的范围内。当水位标准差大于 3.5 时，随着梯级发电量的增加，三峡水库的下泄流量过程与生态流量过程吻合度越低。当标准差在 1.5 ～ 3 时，关于梯级发电量以及生态流量标准差并没有明显的分布规律。

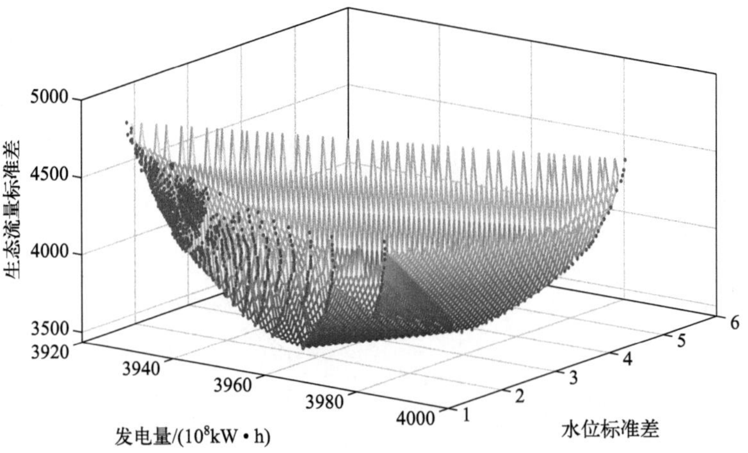

图15-179　多目标模型非劣解集

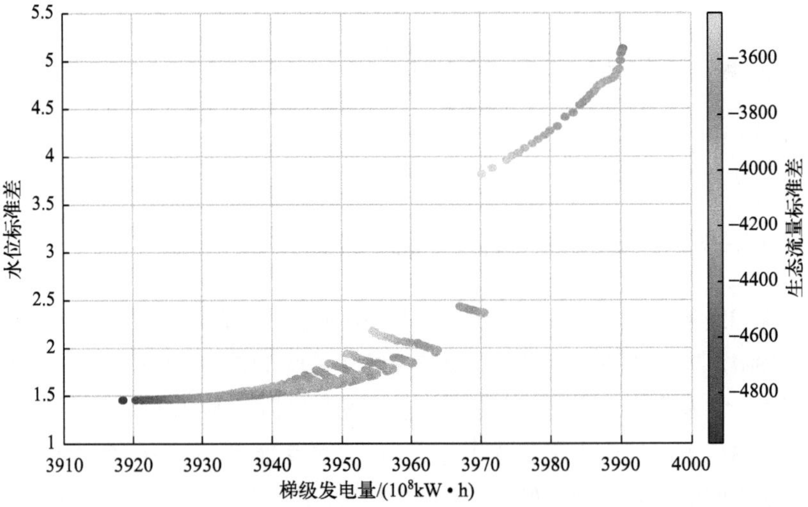

图15-180　发电量-水位标准差关系图

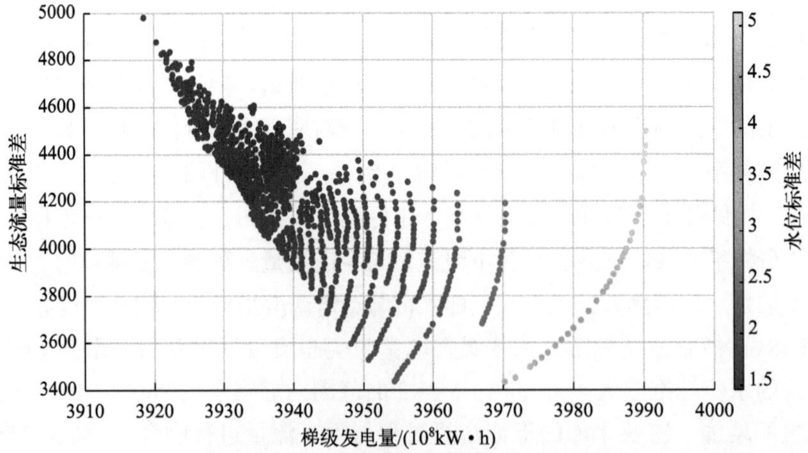

图15-181　发电量-生态流量标准差关系

图 15-182（书后另见彩图）为以梯级总发电量为参数，水位标准差与生态流量标准差之间的关系散点图。从图 15-182 中可以看出，在不同的梯级发电量下，水位标准差与生态流量标准差之间具有一定的相互关系。当梯级总发电量大于 3970×10^8kW·h 时，随着水位标准差的增大，生态流量标准差也逐渐增大；当梯级总发电量小于 3970×10^8kW·h 时，存在以梯级发电量为参数的曲线簇，且表现出随着水位标准差的增大，生态流量标准差逐渐减小的变化趋势。根据非劣解散点颜色深浅的不同，可以看出随着颜色从深变浅，即梯级总发电量由小到大的变化。

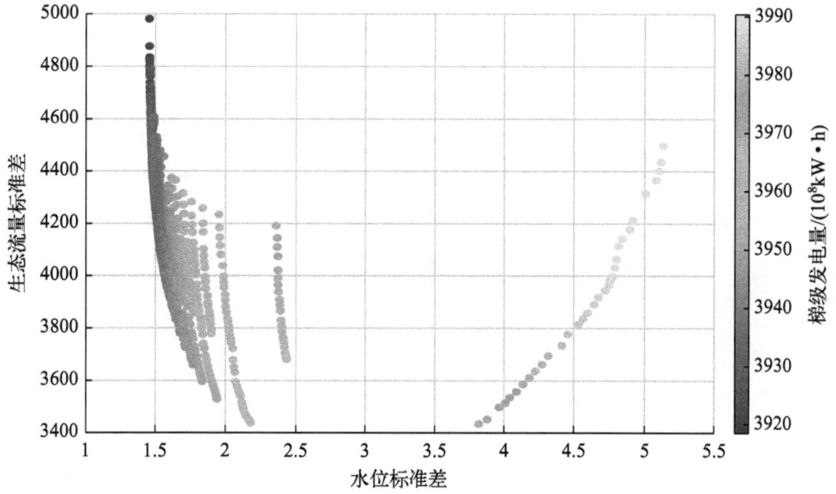

图15-182 水位标准差-生态流量标准差关系曲线

尽管通过模型计算得到了一系列的非劣解，但是决策者需要根据调度的实际需要，从非劣解集合选择多目标模型的非劣解，然后根据非劣解反推出梯级水库的调度指导线，为实际的调度指导提供决策依据。通过引入各目标的偏好系数，建立评价非劣解优劣的函数，即决策者根据对各个目标的偏好来进一步分析确定最优的非劣解，设各目标的权重系数向量为（α，β，γ），其中，$\alpha\geqslant0$，$\beta\geqslant0$，$\gamma\geqslant0$且$\alpha+\beta+\gamma=1$。

根据下式确定满意解：

$$F=\alpha\times f_1^*-\beta\times f_2^*-\gamma\times f_3^* \tag{15-80}$$

式中 f_1^*、f_2^*、f_3^*——归一化后的总发电量、三峡运行水位与调度指导线的标准差、三峡的下泄流量过程与最小下泄流量过程的标准差相对应的值。

选取权重系数向量分别为（1, 0, 0）、（0, 1, 0）、（0, 0, 1）和（1/3, 1/3, 1/3）四组情景进行分析，4 种情景分别对应只考虑梯级发电量目标、只考虑水华目标、只考虑下游生态环境目标以及三个目标都考虑且权重相同。得到不同偏好系数向量下模型最优解，结果如表 15-45 所列。

从表 15-45 可以看出，只考虑梯级发电量目标时得到的最优组合中梯级总发电量最大，但水位与调度指导线的标准差为 4 种情景中最差；只考虑水华目标时，情景 2 的水位与调度指导线标准差较其他情景优，但其梯级总发电量为 4 种情景中梯级总发电量目标中最差；只考虑三峡下游生态环境目标时，情景 3 中的下泄流量与生态流量标准差较其他情景优；情景 4 为各个目标都考虑的情况，其各个目标都不是 4 种情景中对应目标最优，但不存在最差目标值。通过比较可以看出，4 种情景中不存在哪种情景绝对优，也不存在哪种情景绝对劣，即这 4 种情景的最优组合为 4 组非劣解。对于决策者可以根据实际问题的需要，对各目标赋予不同的权重系数，然后用式（15-80）从非劣解集中筛选出最优的非劣解，根据非劣解反推最优的调度决策。

表15-45　各种权重系数下各目标最优组合

情景	梯级总发电量/($\times 10^8$kW·h)	水位与调度指导线的标准差	下泄流量与生态流量标准差
情景1	3990.367	5.131	4497.497
情景2	3918.519	1.456	4980.858
情景3	3970.199	3.819	3434.248
情景4	3946.350	1.767	3659.708

第 16 章 三峡水库水生态环境感知系统与可视化平台

16.1 关键在线检测仪器的传感器研发

三峡库区水生态环境是一个开放的、高度复杂的系统，要实现精确监测和动态感知，就必须对水生态环境信息进行定量检测。虽然我国水生态环境的水质在线监测已有应用，并逐渐成网，但是反映水质与水生态相耦合系统的一些关键指标仍依靠手工取样分析，不仅费时、费力，而且测定的准确性受多重因素影响。特别是在核心传感仪器方面，目前市场上尚无小型化水质综合生物毒性在线检测仪、在线藻毒素检测仪、大量程且高分辨率的水体 CO_2 变化速率检测传感器以及能够在线传输图像的藻细胞显微观测等装置。因此，有必要开发上述有关生态环境关键指标的传感器，并集成水质多参数、气象参数、水文参数传感器，构建集数据采集、传输、控制于一体的三峡库区水生生态监测浮标，为三峡库区的生态监测提供依据。

16.1.1 在线水质综合毒性检测仪

当前，我国水质安全现状令人担忧，水体污染日益严重。面对种类繁多、相互作用复杂的污染物，传统的水质理化指标检测已不能满足水质安全管理的需要。传统的水质安全评价主要是通过测试水体的一些物理化学指标，包括单一指标（如砷、镉、铬、铅、锌等）和综合指标（如总有机碳、化学需氧量、生化需氧量等），并与水质标准进行比对。由于排入环境水体中污染物种类繁多，每种污染物往往具有多种生物效应，所以传统方法中利用单一指标判断水质安全存在一定不足。生物综合毒性测试是基于生态毒理学发展起来的检测方法，不仅能检测单一污染物的负面生物效应，还能检测水样中共存的多种污染物的综合生物效应，是水质安全评价的一种综合方法。生物监测技术主要借助对受污染水体中指示生物的形态、生理和生化变化的信息指标的采集有效反映水质污染程度，包括蚤类毒性试验、藻类毒性试验、鱼类毒性试验、微生物毒性试验等。

由于发光菌生命周期短、种群数量大、培养简单，发光菌毒性试验成为微生物毒性试验中研究和应用最为广泛的一种综合毒性检测方法。发光菌毒性检测法以其无毒无害、可靠、快速、操作简便、灵敏度高等优点已经成为水质毒性检测研究的主要方向。发光菌常温下活性维持时间较短，限制了其在水质毒性连续在线检测中的应用。进口仪器及试剂成本昂贵，维护费用高，装置体积大尚难以用于水质原位在线监测，国内开发的此类检测设备自动化程度低，不能满足水质毒性连续自动化检测的需要。因此，将检测系统小型化，提高检测设备长期运行的可靠性和检测过程的简易性是开发水质生物毒性在线检测仪的技术突破点，这对于保障我国水质安全具有重要意义。

随着在线检测技术的不断发展和应用范围的逐渐扩大，现阶段的生物毒性检测技术发展趋势越来越清晰。发光菌本身对有害物质有一定的耐受力，会导致检测限降低，且污水成分复杂、腐蚀性大，容易造成检测仪管道的损坏和腐蚀，缩短仪器的使用寿命，所以功能齐全、适应不同水质的毒性检测仪是未来的研究方向之一。不同毒性检测仪所选用的指示菌种不同会导致测量结果的特异性，且同一菌种在不同时期也会有不同的发光水平，这亦会引起检测结果的偏差。所以对受试菌种的生理特性有待进一步研究，以提高实验灵敏度和结果重现性。为了满足现场原位连续实时自动化监测的需求，具有微型化及能够早期预警的在线水质毒性检测仪是目前生物毒性监测系统发展的主要方向。发光菌发光强度与外来毒性物质的毒性大小呈负相关的关系。受试物通过下面两个途径来抑制细菌发光：直接抑制发光反应酶活性，影响代谢反应；抑制细胞内与发光有关的代谢过程来间接影响发光代谢过程。

16.1.1.1　设计思路

（1）设计原理

通过建立发光杆菌发光强度与光电转换后的电信号的定量关系，实现测量，即以明亮发光杆菌为指示生物，先利用光电探测器收集光信号并实现光电转换，并经过放大电路将电信号放大，以便后续电路的采集与分析，最后通过数据采集电路对信号进行采集、处理并进行稳定性评估。

（2）明亮发光杆菌发光光谱

在室温条件下，关闭光度计的光源，用 LS55 荧光仪测定发光菌的生物发光光谱，扫描范围为 300 ～ 700nm，扫描速度为 600nm/min。

（3）光电探测器的选择

发光菌发光极其微弱，波长主要在 450 ～ 490nm 之间，故选择光电倍增管作光探测器。光电倍增管是一种光电转换器件，可将微弱的光信号转换成可测的电信号，具有极高的灵敏度以及超快的时间响应，作为一种真空器件，由光阴极、聚焦电极、电子倍增极等组成。

（4）工作电压的调节

测量时，通过改变可变电阻来调节分压，分压在 0 ～ 1 V 范围内，电压越大，灵敏度越高。

（5）数据采集器

采用可直接驱动 LCD 的 4 位微处理器和双积分 A/D 转换集成电路，采样速率约每秒 3 次，工作环境 0 ～ 40℃，相对湿度＜ 80%，测量前要检查表笔是否接触可靠，是否连接正确，是否良好绝缘，以防止电击，切勿输入超过规定的极限值，以防止损坏仪表。

16.1.1.2　水质毒性检测系统性能检测

（1）稳定性测试

在室温 20 ～ 25℃条件下，使用复苏好的发光菌液，每隔 5s 测量一次发光菌液发光强度，观察仪器稳定性，测量结果如表 16-1 所列，其测量结果的标准偏差为 3.24，相对标准偏差（RSD）为 0.16%，说明其稳定性较好。

表16-1　稳定性检测结果

工作电压0.75V								
检测次数	1	2	3	4	5	6	7	8
发光度 /mV	2075	2073	2078	2081	2083	2080	2077	2079
均值 /mV	2078.71							
标准偏差	3.24							
RSD/%	0.16							

（2）重复性实验

良好的重复性是保证系统性能的首要前提。为了评价系统的重复性，用实验室研制的水质毒性检测系统对同一浓度（1mg/L）的硫酸锌溶液，同一批次的发光菌进行多次重复测量，求出测量的标准偏差和相对标准偏差作为仪器重现性指标（表 16-2），结果显示其相对标准偏差为 4.9%，重复性结果良好。

表16-2　重复性检测结果

检测次数	1	2	3	4	5	6	7	8
发光度 /mV	542	521	563	572	513	504	493	560
均值 /mV	532.5							
标准偏差	26.5							
RSD/%	4.9							

16.1.2　原位藻毒素检测仪

藻毒素的快速现场检测能极大地满足社会需求，具有良好的市场前景。目前，主要采用 HPLC-MS 或 GC-MS 检测藻毒素，这类检测仪器价格昂贵、体积庞大、样品制备过程复杂、检测费用高。近年来，一些科学家运用免疫技术结合计算机和传感器技术，研究水中藻毒素的原位免疫检测方法。但这些方法存在样品前处理烦琐、检测时间较长和检验人员需要较高的素质及受过良好的培训、不适合野外操作、时间分辨率低、检测成本高等缺点，亟须一种高效、快速、便携和低价的检测技术。目前，高效液相色谱（HPLC）法是主要的藻毒素检测方法，如果能在 HPLC 方法的基础上，简化仪器元件、优化结构设计、固化检测条件，完成专用于藻毒素检测的小型化 HPLC 仪器系统，将满足大部分机构的藻毒素快速检测需求。

16.1.2.1　基于液相色谱研发藻毒素感知系统

基于液相色谱原理设计一款在线微囊藻毒素检测仪，包括在线样品过滤装置、自唤醒高压输液泵、在线自动进样装置、微囊藻毒素专用色谱柱、紫外检测器、仪器控制平台及在线微囊藻毒素专用分析软件等部分，如图 16-1 所示。

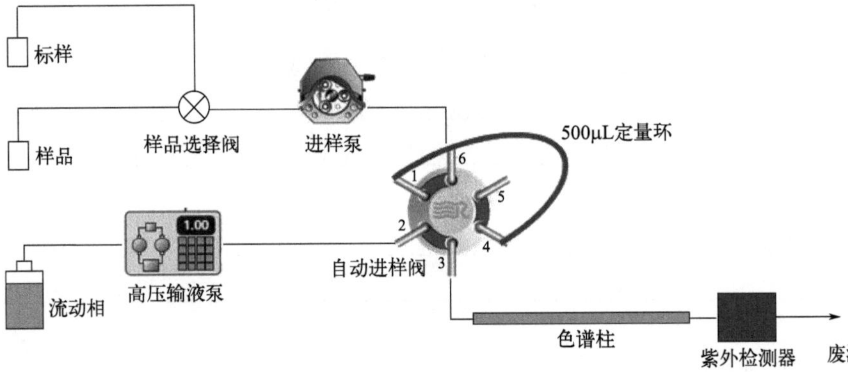

图16-1　基于色谱技术开发微囊藻毒素的检测方案示意

（1）色谱部分研发与仪器小型化开发

Venusil XBP-C18(L) 高效液相色谱柱采用高纯球形美国进口硅胶微粒，在选择性、稳定性、通用性等方面均表现出卓越的性能，是一款通用性极强的色谱柱。鉴于该色谱柱比表面较低，抗污染，可以在较宽的 pH 值条件下使用，稳定性高，寿命长，因此，适用于水中微囊藻毒素检测及复杂样品分析。选用柱长较短的 4.6mm × 150mm Venusil XBP-C18(L) 型色谱柱可降低由色谱柱带来的系统压力、缩短分析时间、减小色谱峰宽、提高色谱峰高、降低检出限等。通过大体积进样环富集技术，提高仪器的检出限，最低可以检出 1×10^{-9} 浓度的藻毒素样品。通过自动进样泵与多通阀门的转换及系统自动控制，实现仪器启动、柱平衡、样品检测、柱清洗、数据传输的全部自动化。将传统的高效液相色谱仪器小型化集成后，同现行的检测技术相比具有高效、低价和高度自动化的特点。

(2) 仪器性能评估

为了评价系统的性能，选取不同浓度范围、有代表性的藻毒素样品进行了大量的重复性评价实验，结果如表 16-3 所列。

表16-3 仪器性能测试结果

浓度	次数/次	保留时间/min	峰面积/(mV·s)	峰面积平均值/(mV·s)
1×10^{-9}	5	8.425	6.614	5.156
		8.452	4.402	
		8.449	5.466	
		8.423	3.991	
		8.442	5.308	
2×10^{-9}	5	8.426	6.059	9.966
		8.414	11.447	
		8.416	10.080	
		8.425	8.856	
		8.450	9.481	
5×10^{-9}	4	8.433	13.782	14.196
		8.442	13.765	
		8.425	15.467	
		8.417	13.770	
10×10^{-9}	3	8.417	5.610	8.633
		8.390	9.828	
		8.399	10.461	

16.1.2.2 基于表面等离子体共振研发藻毒素感知系统

常规使用的高效液相色谱、酶联免疫技术等用于检测 MC-LR 的方法普遍存在操作复杂、要求高、价格高等缺点。通过结合相位调制型 SPR 传感器的高灵敏度以及分子印迹技术的高特异性，研究基于 SPR 传感器的 MC-LR 检测方法，开发操作简单、检测快速的检测设备。

(1) 基于迈克尔逊干涉系统的表面等离子体共振检测系统

相位检测是表面等离子体共振传感检测技术中可获得较高灵敏度的一种检测方式。相位检测通常需要一束参考光和一束信号光的干涉，通过光学外差法、极化偏振法和光学干涉法三种方式来进行。光电探测器不能直接记录光的相位信息，但是可以记录光的干涉条纹。与光学外差法和极化偏振法不同，干涉测量法是同一列偏振光波经过不同的空间最后又汇聚到一起产生的干涉。当两列波同时存在于某一区域内时，在它们交叠区内每点的振动时各列波单独在该点产生振动的合成，这是波的叠加原理。因波的叠加而引起强度重新分布的现象叫波的干涉，产生干涉有频率相同、存在互相平行的振动分量、位相差恒定 3 个必要条件。干涉测量法可以用物理原理进行描述，光束 1 和光束 2 定义公式如下：

$$E_1 = A_1 \cos\left(k_1 r + \omega_t + \phi_1\right) \tag{16-1}$$

$$E_2 = A_2 \cos\left(k_2 r + \omega_t + \phi_2\right) \tag{16-2}$$

式中　ω_t——角频率。

两束光干涉后，光强可以表示为：

$$I = \left(E_1 + E_2\right)^2 = A_1^2 + A_2^2 + 2A_1A_2\cos\left[\left(k_2 - k_1\right)r + \phi_2 - \phi_1\right] \tag{16-3}$$

光束 1 和光束 2 的干涉光强分布与波矢量 k_1、k_2，位置矢量 r 和初相位差$\phi_2 - \phi_1$的大小有关。当干涉光的相位$\left(k_2 - k_1\right)r + \phi_2 - \phi_1$因 SPR 效应而产生附加的相移后，干涉条纹的分布就会发生移动。对干涉图像进行处理和分析，就可以从移动的干涉条纹中提取出附加的相位差，进一步可以得出待测物折射率的变化信息。干涉测量法可以直观地从干涉图像的变化中看到相位偏移，并且实时性非常高，但对于精细的干涉条纹而言，环境的微小振动，都会给干涉图像的稳定性带来巨大的影响。为此，改进的附加光程调制的干涉法可以有效提高干涉图像的稳定性，在时间上调制一个光的光程，从而改变相应的相位。附加调制后的干涉光强公式可以表示为：

$$I = \left(E_1 + E_2\right)^2 = A_1^2 + A_2^2 + 2A_1A_2\cos\left[\left(k_2 - k_1\right)r + \phi_2 - \phi_1 + \phi_m\right] \tag{16-4}$$

这种改进的调制方法只在空间上取一点作为探测点，k_2是一个常量，当光束 1 和光束 2 均没有经过 SPR 传感面时，从干涉图像中提取出的相位值是ϕ_2的值，当其中一束光引入了光程的变化后，从干涉图像中提取出的相位值是$\phi_2 - \phi_1$的值。当样品折射率发生改变时，P 偏振光由于 SPR 效应相位会发生变化，从干涉图像中提取出相位值$\phi_2 - \phi_1$。由于ϕ_2是固定值，所以可以得出 SPR 相位漂移的变化，从而可以推算出样品折射率变化。

SPR 效应只对 P 偏振光有影响，而 S 偏振光基本无变化，但是在实际应用中，引入 S 偏振光，可以通过差分法将环境的微小振动消除。因此，S 偏振光作为参考光可以达到更高的检测分辨率。

根据菲尼尔公式建立仿真模型，选用 Kretschmann 结构、厚度为 50nm 的金膜与棱镜耦合。入射光以 74° 的角度入射至与纯水接触的金膜表面，激发产生表面等离子体共振现象。通过引入 100μm 的光程差，可产生初始的没有噪声的干涉光谱图。

通过理论计算，该系统的折射率最低检出限可以表达为

$$\sigma_{\mathrm{RI}} = \frac{\delta_{\mathrm{n}}}{\delta_{\mathrm{Y}}}\sigma_{\mathrm{SD}} \tag{16-5}$$

式中　σ_{RI}——最低检出限；

δ_{n}——介质的折射率变化；

δ_{Y}——计算所得的相位变化；

σ_{SD}——预估的相位噪声。

考虑乙醇溶液的浓度是3%时，其折射率相较于纯水的1.333变化至1.3343。当乙醇-水溶液中乙醇浓度从0%增加到10%，即该溶液折射率由1.328变化至1.3363时，相位差与折射率的关系可由拟合公式表达为

$$Y_{RIU}=-1.057\times10^{4}X+1.411\times10^{4} \tag{16-6}$$

式中 X——溶液的折射率，RIU；

Y_{RIU}——对应的相位差，°。

在该区域内，相位差和折射率基本呈线性关系。考虑到检测过程中相位的噪声是0.01°，根据公式可知，该系统的折射率检测限可达到9.46RIU。

检测系统如图16-2所示。波长600nm的白光LED经过与光轴呈45°角放置的线性偏振片，产生P偏振光和S偏振光。入射光两次经过偏振分束镜及四分之一波片，以及可移动反射镜反射后，P偏振光和S偏振光分别产生自干涉。P偏振光和S偏振光的干涉光再经过第二个分束器分别进入参考通道和检测通道。参考通道和检测通道各放置一个线性偏振片。参考通道和检测通道的线性偏振片分别用于提取S偏振光和P偏振光。检测通道的P偏振光以70°～75°角度经过棱镜，并激发芯片产生SPR效应，用于待测物的检测。检测通道的光和参考通道的光的强度及相位改变，都与反射系数相关。检测通道与参考通道的光谱仪分别收集到各自通道的光谱信息后，经过傅里叶变换，获取相位信息。

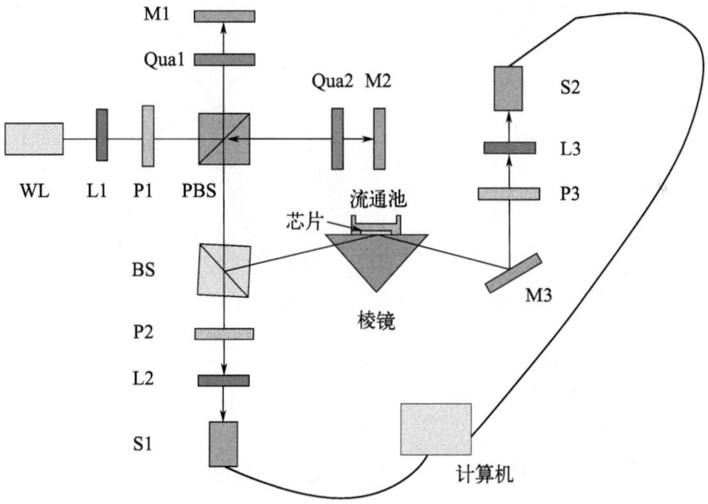

图16-2 相位型表面等离子体共振检测系统示意图

WL—白光光源；L1,L2,L3—透镜；P1,P2,P3—偏振器；Qua—消色差四分之一玻片；
PBS—偏振分束镜；BS—分束镜；M1,M2,M3—反射镜；S1,S2—光谱仪；

为验证该实验系统性能，选用乙醇/水混合液作为待测环境介质。乙醇浓度从0%提高至30%，对应的SPR干涉光谱图如图16-3所示。由这些干涉光谱图可以发现，随着乙醇浓度的不断提高，乙醇/水溶液的折射率也会逐渐增加，促使光谱的共振峰向长波长方向移动。经过快速傅里叶变换后所得的相位随波长变化如图16-3所示。在590～650nm这段波长范围内，具有不同乙醇浓度的乙醇/水混合液对应的相位变化较快。因此，选择

605nm 和 616nm 这两个波长所对应的相位进行相位差的计算，可以利用相位差识别不同的溶液。设计溶液流动时序为纯水→乙醇 / 水混合液→纯水，其中，乙醇 / 水混合液对应的乙醇浓度分别是 0%、9%、20%、30%。乙醇浓度由 0% 增加至 9% 时，产生了变化可达到 0.6 左右的相位差。随着乙醇浓度增大至 20% 及 30% 时，相位差又逐渐缩小，与乙醇浓度为 0% 时接近。

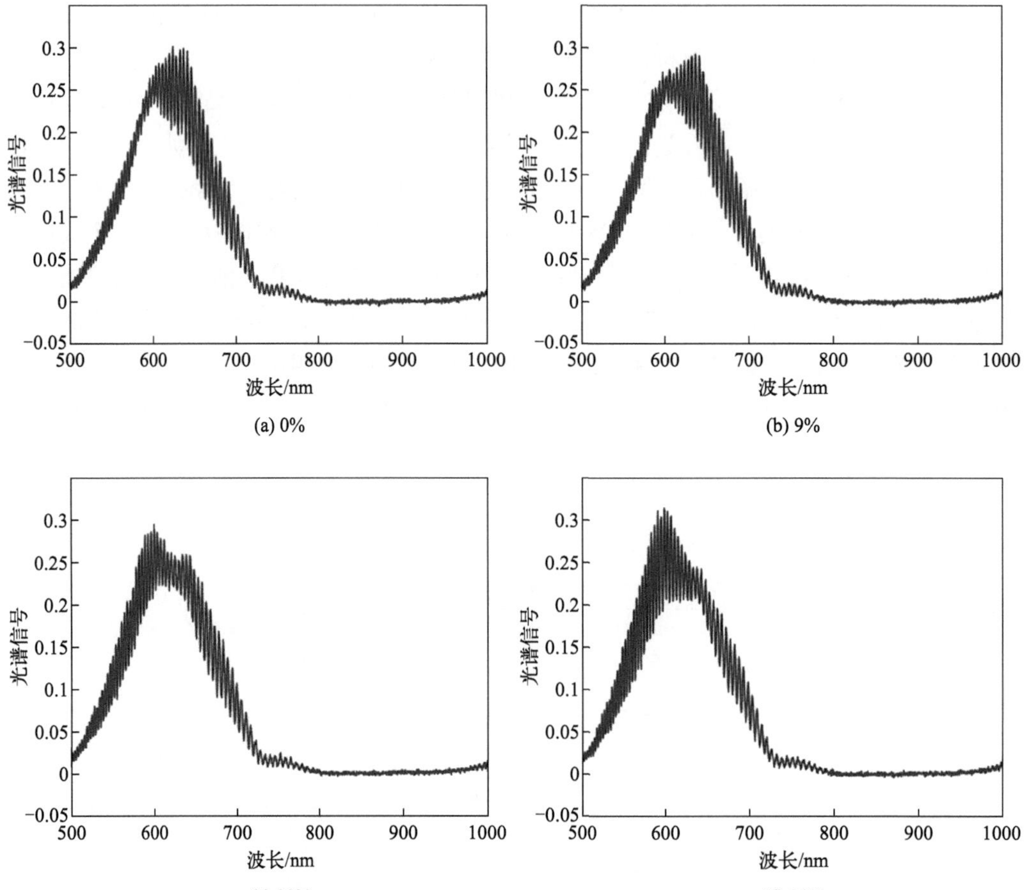

图16-3　不同乙醇浓度的乙醇/水混合液引起的SPR干涉光谱图

（2）SPR 芯片制备

1）制作具有分子印迹膜的芯片流程

镀金的玻璃片使用丙酮、乙醇、超纯水依次清洗，氮气吹干，使用氧气等离子体清洗机清洗 3min 后，浸入乙醇溶液中室温过夜，完成后取出芯片使用乙醇、超纯水依次清洗，氮气吹干，完成芯片的预处理步骤。

2）聚合溶液的配制及热聚合反应

将 1mg 的微囊藻毒素 -LR 加入 1mL 的二甲基亚砜中室温静置 3h 进行预聚合后，加入二甲基丙烯酸乙二醇酯（EGDMA）和偶氮二异丁腈（AIBN）混合均匀，氮气处理10min。热聚合反应：将芯片浸入聚合溶液中，容器盖上盖子，用凡士林进行密封，放入鼓风烘箱中 60℃聚合 15h。

3）微囊藻毒素 -LR 的洗脱

使用甲醇 - 乙酸混合溶液（体积比 9：1）冲洗芯片表面 10h 以除去聚合物中的微囊藻毒素 -LR，从而得到对微囊藻毒素 -LR 特异性识别的空穴。超纯水冲洗，氮气吹干，完成微囊藻毒素 -LR 分子印迹膜修饰的传感芯片制备。

分子印迹技术是指以某一种特定的目标分子作为模板，合成对其具有特异性选择结合能力的聚合物的过程。其与目标物结合的作用有共价键作用、非共价键作用、金属螯合作用，以及多种作用相互协同。通过分子印迹技术合成的分子印迹膜具有高选择性和特异性，同时具有聚合物良好的稳定性、抗干扰能力以及寿命长等优点。利用洗脱液进行洗脱后，能够使得分子印迹膜再生，从而达到可重复利用的效果。

目前结合到金膜表面分子印迹聚合物的合成方法主要有本体聚合、分散聚合以及原位聚合等。本体聚合法修饰金膜，是先将模板分子、功能单体以及交联剂聚合后，再进行颗粒化，通过涂抹等方式修饰到金膜表面，最后进行模板分子的洗脱。分散聚合法修饰金膜，将模板分子、功能单体以及交联剂混合于有机溶剂后，加入水中搅拌进行乳化，之后加入聚合反应引发剂引发聚合，得到球形分子印迹聚合物之后，同样地通过涂抹等方式修饰到金膜表面，最后进行模板分子的洗脱。这两种方法都是先合成聚合物再将其修饰到金膜表面，所制得的金膜上的印迹膜厚度一般比较大，并且容易形成扩散的壁垒，使得目标分子在印迹膜中传质受阻，进而影响传感器的灵敏度和检测速度。原位聚合法是通过先在金膜表面修饰上同样可参与聚合的基团，然后与引发剂、交联剂以及预聚合后的模板分子、致孔剂（溶液）和功能单体进行直接聚合，之后再进行模板分子的洗脱。因为其聚合反应直接在金膜上进行，该方法能够更好地控制在金膜上修饰的印迹膜的厚度，具有更好的性能。

4）分子印迹膜聚合反应过程

将 1mg 的微囊藻毒素 -LR（模板分子）以及 2.58mg 甲基丙烯酸（功能单体）加入盛有 1mL 的二甲基亚砜（致孔剂）的反应容器中混合，在室温下静置 3h 进行预聚合。之后加入 5.94mg 二甲基丙烯酸乙二醇酯（交联剂）、0.6mg 偶氮二异丁腈（聚合引发剂）混合均匀，再将预处理后的芯片（分子印迹膜载体）金面向上放入，确保溶液没过金面。向反应容器中先通入氮气 10min，排除容器中多余空气后关闭反应容器阀门，用凡士林进行密封。密封后将反应容器放入鼓风烘箱中 60℃聚合 15h。

整个合成路线如图 16-4 所示。

（3）监测仪器的设计

自动进样系统通过电磁阀、蠕动泵实现任意间隔时间水样的采集、定量和使用。先将水样由蠕动泵输送至表面等离子体共振检测系统进行检测，待检测结束后，再依次使用洗脱液和 NaOH 溶液对芯片进行洗脱和再生，进而实现芯片的重复使用。

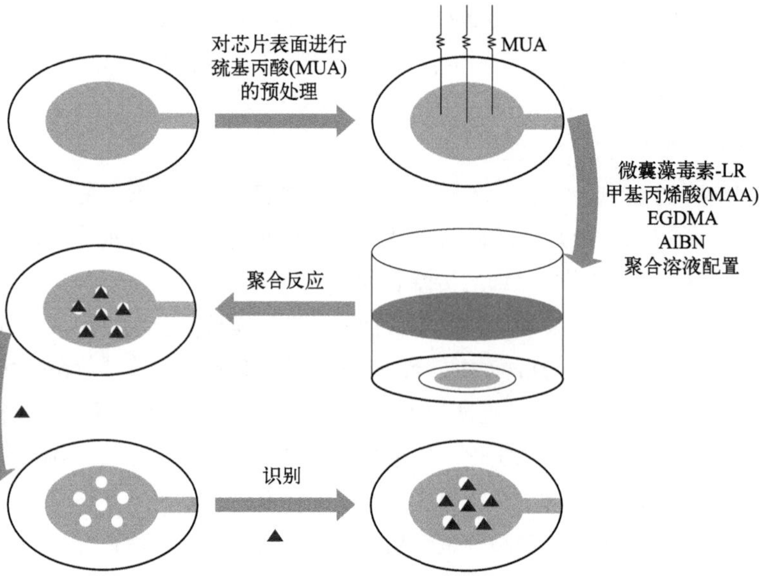

图16-4 分子印迹膜合成步骤示意图

监测设备主要由电源模块、检测系统、进样系统、信号处理模块构成。以 ARM 控制器完成对各部分系统的控制，实现样品的进样及检测、信号采集与处理、串口通信等多个功能，整体设计如图 16-5 所示。仪器的运行过程中的程序流程图和仪器内部与外部结构如图 16-6 所示。

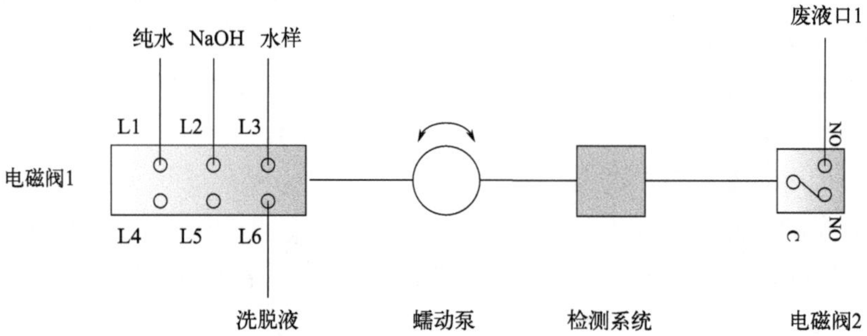

图16-5 仪器自动进样系统示意

（4）指标性能测试

1）传感器检测限的研究

为了研究该检测设备对微囊藻毒素 -LR 的检测限，通过使用该设备对梯度浓度的微囊藻毒素 -LR 溶液进行多次重复检测。图 16-7 展示的是检测 8 μg/L 微囊藻毒素 -LR 的信号变化图。

记录实验信号，结果如表 16-4 所列。

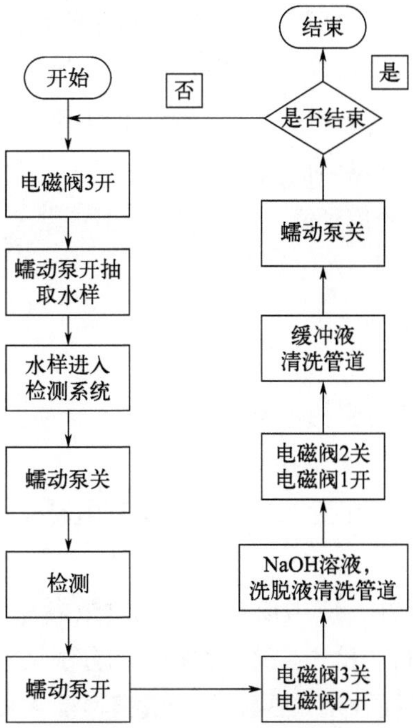

图16-6 仪器运行程序流程图

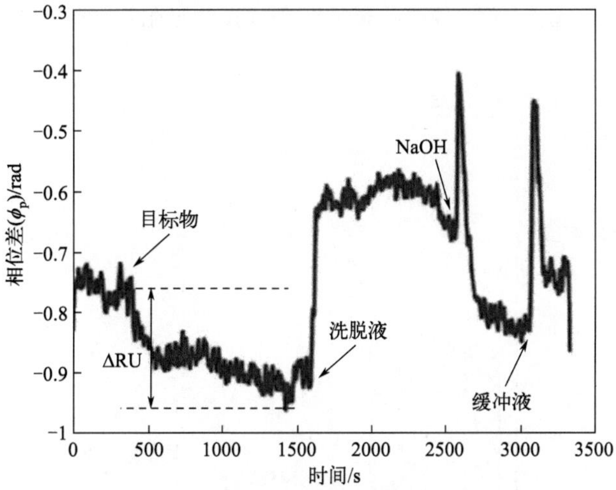

图16-7 典型的测量微囊藻毒素-LR的信号变化图

表16-4 不同微囊藻毒素-LR浓度下检测设备的信号及噪声数据

浓度/(μg/L)	相位变化的平均值/rad	相位变化的标准偏差/rad
0	−0.0164	0.0018
2	0.0374	0.001
5	0.0966	0.0015
8	0.1507	0.0087

通过对表 16-4 中微囊藻毒素 -LR 溶液浓度及对应的相位变化值进行线性拟合，可得到相位变化值与微囊藻毒素 -LR 溶液浓度之间的关系，如式（16-7）所示。

$$S = 0.02061 \times \text{con} - 0.0102 \tag{16-7}$$

式中　con——微囊藻毒素 -LR 溶液的浓度，μg/L；

S——检测系统产生的信号值。

根据公式计算仪器的检出限 DL：

$$\text{DL} = \frac{3S_0}{b} \tag{16-8}$$

式中　S_0——测量空白溶液所得到的标准偏差；

b——该仪器的检测灵敏度 0.02061。

计算得到该仪器的最低检测限为 0.26 μg/L，达到国家标准中的 1μg/L。

2）传感器特异性的研究

为了检验传感器的特异性，使用该检测系统对微囊藻毒素 -LR 的异构体微囊藻毒素 -RR、微囊藻毒素 -YR 进行了检测。这 3 种物质的分子结构差异很小，检测过程中出现假阳性的概率较高，影响定量的检测结果，为微囊藻毒素 -LR 的检测工作带来不便。使用该仪器对 2μg/L 浓度的微囊藻毒素 -LR（MC-LR）、微囊藻毒素 -RR（MC-RR）、微囊藻毒素 -YR（MC-YR）进行检测实验。该仪器检测微囊藻毒素 -LR 产生的信号均大于其他干扰物质 2.8 倍以上，说明该仪器对微囊藻毒素 -LR 的吸附特异性较好，可有选择性地进行检测。

仪器检测不同样品的信号如图 16-8 所示。

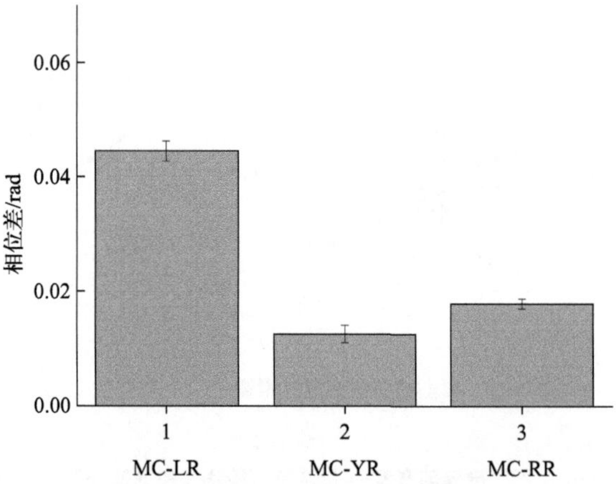

图16-8　仪器检测不同样品的信号

① 传感器对不同 pH 值环境的检测能力研究。为了验证仪器可检测处于不同 pH 值环境下样品的能力，运用该仪器对 pH 值分别是 5、6、7、8、9，浓度是 2μg/L 的微囊藻毒素 -LR 进行了检测实验。如图 16-9 所示，该仪器对不同 pH 值条件下产生的信号最大值与最小值差异不超过 9.5%，说明该仪器可在较宽的 pH 值环境下使用。

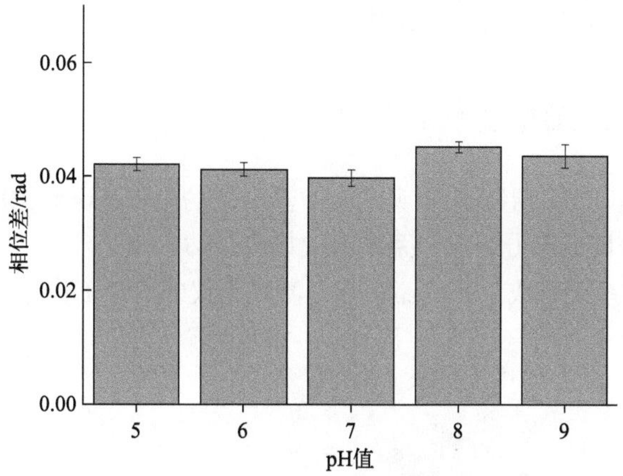

图16-9 仪器检测处于不同pH值环境的样品的信号

② 传感器再生性能的研究。传感芯片的再生能力可以决定该仪器能否长期稳定运行。针对同一芯片，开展检测、洗脱的重复过程验证。使用该仪器对 2μg/L 浓度的微囊藻毒素 -LR 溶液进行重复检测，该过程重复进行 10 次，如图 16-10 所示。每次检测所得到的信号损耗不明显，重复性较好，重复测量所获得的最大和最小信号值差异不大于 15%，说明该仪器可进行多次重复测量。

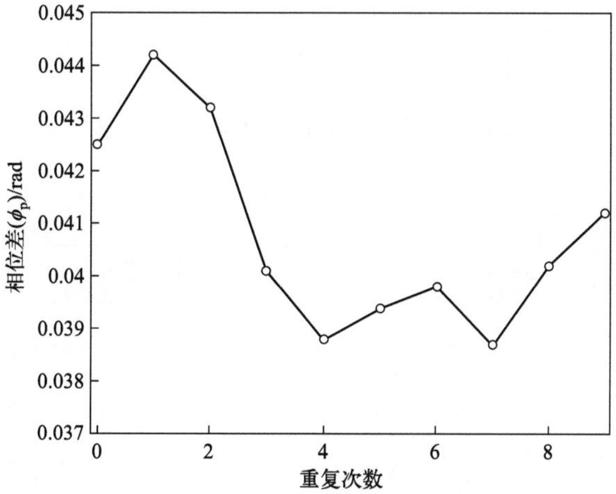

图16-10 传感器的重复实验

16.1.3 原位藻细胞观测仪

目前常用的藻细胞检测法主要有生物量检测法和细胞染色法。生物量检测法用于测定藻细胞密度或叶绿素 a 含量等，通过其指标的变化反映出细胞活性的改变，这种方法耗时长，不适用于在线监测。细胞染色法是将不同细胞染色后在荧光显微镜下发出不同颜色来进行检测，这种方法速度较慢，同样不适合在线监测。从在线监测的要求出发，采用显微成像的方法，将拍摄的藻细胞显微图像通过网络实时传输给控制中心，从而实现藻细胞的原位监测，为解决水体富营养化问题提供了途径。

16.1.3.1　原位藻细胞显微观测仪系统设计

原位藻细胞显微观测仪主要用于观测水中藻细胞的生长状况和浓度，由暗视场显微观察仪和人机交互平台两大部分组成，系统组成如图 16-11 所示。

根据图 16-11 的系统组成，原位藻细胞显微观测仪的设计工作分解如图 16-12 所示。

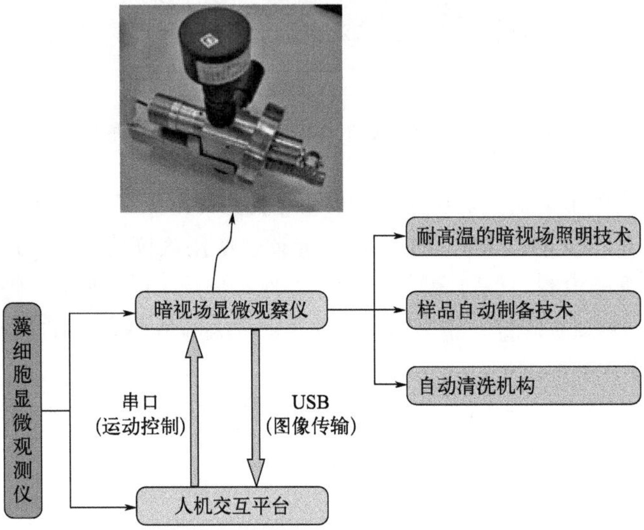

图16-11　原位藻细胞显微观测仪系统组成

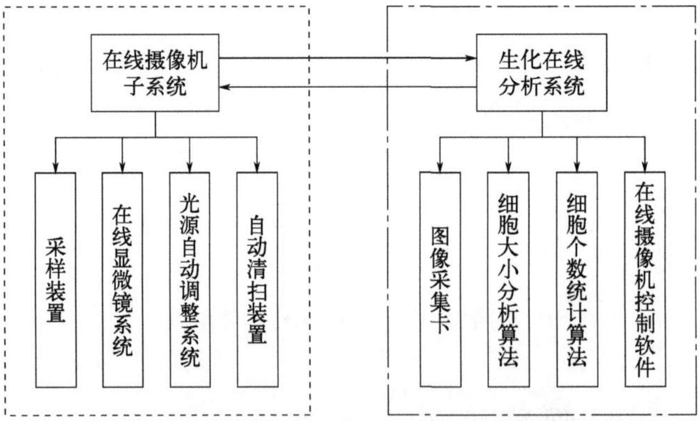

图16-12　原位藻细胞显微观测仪系统设计工作分解

由图 16-12 可以看出，整个仪器设计工作分为仪器硬件设计（在线摄像机子系统）和软件设计（生化在线分析系统）两部分，研究方案主要采用显微成像和图像处理相结合的技术，系统的设计过程按照首先设计硬件、其次开发软件、再软硬件联调来开展。最后，研制的仪器经过大量的试验工作（包括实验室试验、野外试验和在线监测试验），完成测试和调试。

按照功能，项目组研发的原位藻细胞显微观测仪由光学部分（包括光源、照明光路、显微镜头、CCD 等）、机械部分（包括机械定位和自动清洗等）以及人机交互部分（包括控制电路及图像处理软件等）等组成。

16.1.3.2 原位藻细胞显微观测仪部件设计

（1）光学部分设计

低灰度和亮度不均匀的特征造成藻细胞成像对比度不高，因此在明视野中很难直接得到清晰的图像，这就给成像光路的设计提出了挑战。暗视场照明技术是低对比度成像应用的首选，采用这种技术可以大大提高图像的可视度。因此采用暗视场照明技术。暗视场照明技术的原理为：采用平行光线从样品侧面照明，由于平行光线被环形遮光板所阻，因而中心部分光线被遮去，穿过环形遮光板的光线呈空心圆筒形光束射入垂直照明器。暗场照明的垂直照明器是一个环形反光镜，将圆筒形光束反射向上，沿着物镜外壳投在反射集光镜的金属弧形反射面上，靠它的反射使光线聚集在物面上。采用此种方式照明，使得照明光线偏移不进入物镜，而只有样品的散射光进入物镜，因而在暗背景上得到亮的图像，可以有效提高成像的对比度，满足对藻细胞成像的要求。为了减小系统的体积，采用 LED 作为光源，同时为了避免野外工作出现意外情况，采用 2 颗 LED 光源并联进行备份，大大降低现场工作故障的风险。综合考虑了成像大小和物距及镜头焦距的关系，对不同参数的成像效果进行对比，通过多次实验，最终确定系统的光路设计。

（2）机械部分设计

在光学设计确定后，需要根据光学设计的要求进行相应的机械设计。

根据原位藻细胞显微观测仪的光学设计要求，其机械设计如图 16-13 所示。机械设计采用 Solidworks 软件，设计过程中，在材料选择和材料的外表处理方面，充分考虑了系统在三峡库区潮湿环境工作的要求。

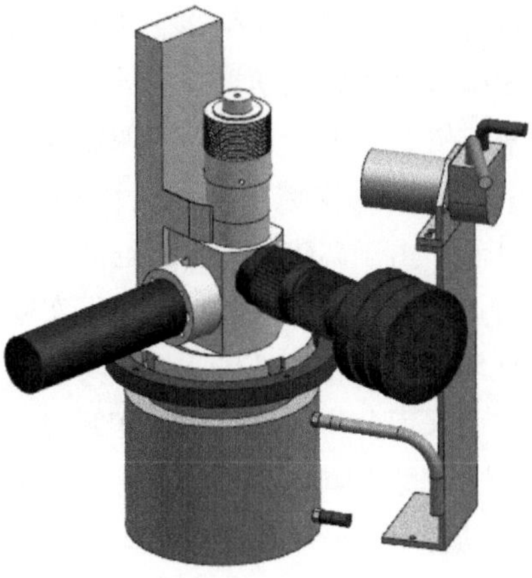

图16-13 原位藻细胞观测仪光机设计图

为了使系统适合现场应用的需求，需要具备自动清洗和样本自动制备的功能，从而减小仪器的维护工作量，同时也能保证测量精度。

（3）人机交互部分设计

原位藻细胞显微观测仪的人机交互平台基于 ARM 系统开发，一方面实现对硬件的控制；另一方面，研究图像处理的算法，对图像进行处理，最终实现藻细胞图像的实时采集、测量和传输。

基于 ARM 平台的系统框图如图 16-14 所示。

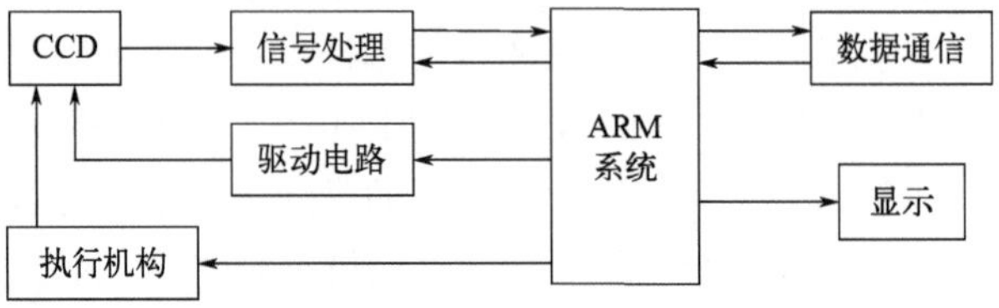

图16-14 ARM系统工作框图

由 ARM 系统实现 CCD 的驱动和 CCD 输出信号的处理，同时 ARM 系统通过自动对焦软件算法判断图像是否处于对焦位置，从而控制执行机构实现自动对焦过程。此外，ARM 系统还负责实现显微观测仪与浮标上的控制中心之间的通信和图像传输等。原位测量需要实现自动对焦功能，即成像时系统能进行自动调节，使图像探测器位于理想的成像位置上。当前，自动对焦技术已成为成像系统中必不可少的一个部分，总体来说，自动对焦方法可以分为硬件自动对焦技术和软件自动对焦技术。前者需要复杂的硬件装置，成本高、控制复杂且维护成本高，不适合在线检测的应用需求；后者采取适当的图像处理技术，通过软件实现自动对焦功能。从在线应用的需求出发，软件自动对焦更适合在线应用的需求。

通过软件实现自动对焦的方法可以分为对焦深度法和离焦深度法。对焦深度法通过一系列对焦逐渐准确的图像来确定物点至成像系统的距离，这个搜索过程需要不同成像参数下的多幅图像，所用图像越多则对焦精度越高。离焦深度法是从离焦图像中取得深度信息从而完成自动对焦的方法。这种方法只需要获得 2 ～ 3 幅不同成像参数下的图像，就可以完成自动对焦过程。这种方法要求事先用数学模型描述成像系统，然后根据少量的成像位置获取的图像来计算最佳对焦位置。因为计算所需图像数少，大大减少了驱动电机等机械结构所需要的时间，所以速度更快。从空域角度看，聚焦图像比离焦图像灰度变化明显，有较锐化的边缘；从频域角度看，由于离焦是一个低通滤波器的过程，当离焦时，图像的高频分量相对较少。基于此特点，针对藻细胞的成像进行实验，并在对焦过程人为设置环境光的周期性剧烈变化模拟现场工作的特殊环境。经过实验发现，采用单一的自动对焦算法不能很好地满足成像要求，而采用分水岭和爬山法相结合的自动对焦算法，能够得到很好的聚焦效果。基于 ARM 系统编写相应的图像处理算法程序，通过程序执行，反馈控制调焦电机，借助调焦电机的运动转化为丝杠沿光轴方向的移动，从而可以实现自动聚焦得到清晰的图像。

图 16-15（书后另见彩图）为软件工作的界面图，图中拍摄的样品为在实验室内自行配制的小球藻细胞，从图中可以看出，采用自动对焦算法可以很好地实现自动对焦的成像功能。

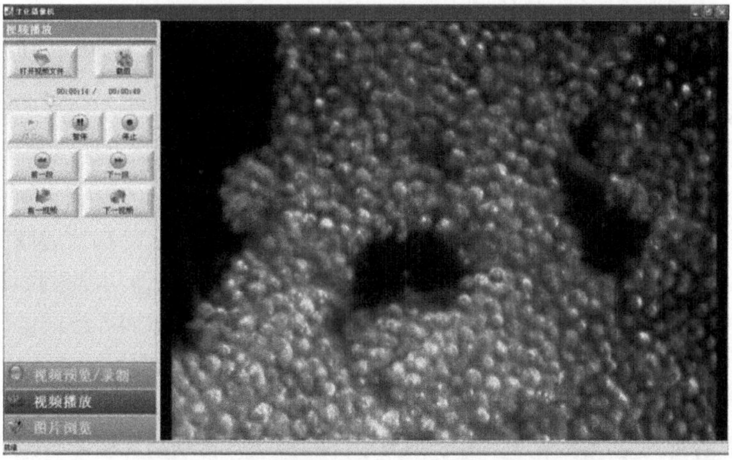

图16-15 原位藻细胞显微观测仪软件工作的实际图片

在实现自动对焦的基础上，项目组采用图像处理软件对藻细胞图像进行处理，实现藻细胞的定量检测。同时，为了改善细胞图像视觉效果，突出某些特定的信息，需要使用图像增强技术将图像转换为更适合机器分析处理的形式，开展的图像处理工作主要包含以下几部分。

1）细胞图像灰度拉伸

在细胞图像中通常会出现污染物和细胞主体混合在一起，成为图像处理中主要的干扰源之一。在某些拍摄条件下，细胞主体和图像背景之间也会出现对比度不够的情况，影响了对细胞轮廓的提取。图像灰度变换的主体思路是通过灰度变换后使一定频度上的灰度受到压缩，从而使污染物得到减弱，或增强细胞与背景的对比度。该变换主要针对的是灰度图像，对于彩色图像，应首先使用灰度公式将其转为灰度图像。

灰度变换法可分为线性、分段线性以及非线性变换。其中，线性变换是将图像中所有点的灰度按照线性灰度变换函数进行变换，其变换函数为：

$$f(x) = f_A x + f_B$$

灰度变换方程为：

$$D_B = f\left(D_A\right) = f_A D_A + f_B$$

式中 f_A——线性函数的斜率；

f_B——线性函数在 y 轴的截距；

D_A——输入图像的灰度；

D_B——输出图像的灰度。

当$f_A > 1$时，图像对比度增大；$f_A < 1$时，图像对比度减小；$f_A = 1$且$f_B \neq 0$时，图像所有像素灰度值上移或下移，整个图像更暗或更亮；$f_A < 0$时，暗区域变亮，亮区域变暗；$f_A = -1$，$f_B = 255$时，输出图像的灰度正好反转。

为了突出感兴趣的目标或灰度区间，相对抑制那些不感兴趣的灰度区域，常采用分段线性法。常用的是三段线性变换法。其数学函数表达式如下：

$$g(x,y)=\begin{cases}(c/a)f(x,y) & 0\leqslant f(x,y)<a\\ [(d-c)/(b-a)]f(x,y)+c & a\leqslant f(x,y)<b\\ \left[\left(M_g-d\right)/\left(M_f-b\right)\right][f(x,y)-b]+d & b\leqslant f(x,y)\leqslant M_f\end{cases}$$

式中　M_f，M_g——$f(x,y)$，$g(x,y)$的最大灰度值；

a, b, c, d——灰度区间取值。

该方法对灰度区间$|a,b\rangle$进行了线性变换，而灰度区间$|0,a\rangle$和$\left[b,M_f\right]$受到了压缩。通过调整折线拐点的位置及控制分段直线的斜率，可对任一灰度区间进行扩展或压缩。如果一幅图像灰度集中在较暗的区域而导致图像偏暗，可以用灰度拉伸功能来拉伸（斜率＞1）物体灰度区间以改善图像；同样如果图像灰度集中在较亮的区域而导致图像偏亮，也可以用灰度拉伸功能来压缩（斜率＜1）物体灰度区间以改善图像质量。

2）细胞图像的平滑

图像平滑的目的是消除噪声。由于拍摄条件的关系，特别是在较暗背景光线环境下获取的细胞图像中可能存在噪声，噪声的存在不仅降低图像质量，而且妨碍对图像信息的索取，降低图像的可判读性，使得实验结果可信度降低。同时，在图像复原、图像分割等这些较为典型的应用上，需要对噪声做一个定量的描述，才能够更好地进行后续处理。常用的消除噪声方法是中值滤波法，中值滤波是一种抑制噪声的非线性滤波。它通过在图像上移动邻域窗口将窗口中的值替代为经过中值运算后的值。使用中值滤波的好处是中值是图像中现存的值，所以不会有新的值被创建，在实际运算过程中并不需要图像的统计特性，运算简单，易实现，而且能较好地保护边界。中值滤波的应用，在一定的条件下可以克服线性滤波器所带来的图像细节模糊，而且对滤除脉冲干扰及图像扫描噪声最为有效。

为了尽量减小滤波过程中造成的边缘和细节的损失，根据噪声干扰的情况，系统自动选择滤波窗口的大小。可选择的窗口包括 3×3 窗口和 5×5 窗口等。针对不同细胞形状提出了多种窗口方案，对于普通细胞由于多为缓变轮廓，因此采用方形或圆形窗口为宜；对于带有突起或者尖锐末端的细胞形状，适宜用十字形窗口。由于中值滤波属于低通滤波，会使图像轮廓变得模糊，而高通滤波法中的基本高通滤波、高增益滤波、拉普拉斯算子滤波等都可以使图像锐化，轮廓变清晰。因此可以考虑采用两者相结合的方法对噪声进行处理，例如中值滤波结合拉普拉斯算子法，或中值滤波结合拉普拉斯高斯算子法，都可以有效地消除噪声，使图像轮廓基本上不发生变化。

3）细胞图像分割

图像分割是指将图像中具有特殊含义的不同区域区分开，这些区域是互相不交叉的，每一个区域都满足特定区域的一致性。在细胞结构和形态变化的研究中，其中最重要、最困难的是细胞图像中细胞形态的识别和分割。一般图像分割就是从复杂图像场景中分离出感兴趣目标物的方法，主要分为两大类：一类是利用同一区域的均匀性识别图像中的不同区域；另一类是边缘分割方法，通常利用区域间不同性质划分出各个区域之间的分界线。对于细胞图像分割而言，需要能够对细胞或其内部细胞器的容积进行计量分析。进行形态分析，计算形态变化量，是细胞图像中细胞信息提取、分析与定量研究的关键。

4）边缘检测

边缘就是周围灰度强度有反差变化的那些像素的集合。作为图像的主要区域特征，图像的边缘具有重要的意义，是图像分割所依赖的重要基础，也是纹理分析和图像识别的重要基础，边缘的检测和区域分割对于图像的分析和识别也至关重要。进行边缘检测最基本的方法是图像的微分（即差分）、梯度算子、方向算子、拉普拉斯算子和马尔算子等方法。

理想的边缘检测应当正确解决边缘的有无、真假和定向定位，它是检测图像局部显著变化的最基本运算。要做好边缘检测：

① 需要清楚待检测的图像特性变化的形式，从而使用适应这种变化的检测方法。

② 因为特性变化总是发生在一定的空间范围内，不能期望用一种检测算子就能检测出发生在图像上的所有特性变化。当需要提取多空间范围内的变化特性时，要考虑多算子的综合应用。

③ 要考虑噪声的影响，其中一个办法就是滤除噪声，这有一定的局限性；或者考虑信号加噪声的条件检测，利用统计信号分析，或通过对图像区域的建模，进一步使检测参数化。

④ 可以考虑各种方法的组合，如先利用LOG找出边缘，然后在其局部利用函数近似，通过内插等获得高精度定位。

⑤ 在正确检测边缘的基础上，要考虑精确定位的问题。

图像边缘检测的基本步骤包括滤波、增强、检测和定位等步骤（见图16-16）。其中，边缘检测主要基于导数计算。由于滤波器在降低噪声的同时也导致边缘强度的损失，因此使用增强算法通过计算梯度幅值，将邻域中灰度有显著变化的点突出显示，进行梯度幅值阈值判定。最后精确确定边缘的位置。

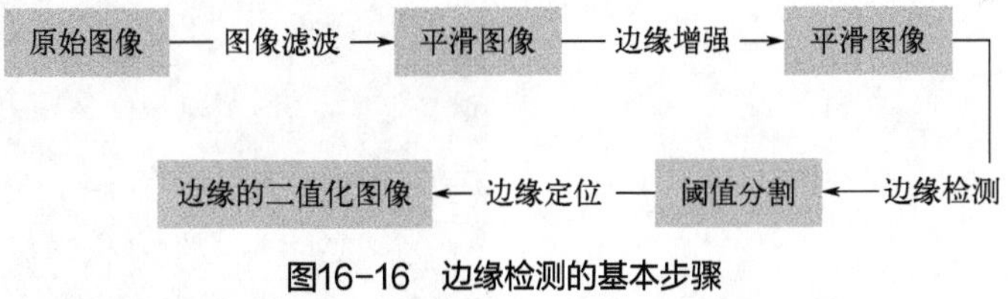

图16-16 边缘检测的基本步骤

梯度算子边缘检测算法常见的有Roberts算子、Sobel算子、Laplace差分算子、Kirsch算子、Prewitt算子、LOG算子等，每种算法各自具有不同的特点。拉普拉斯LOG算子最为有名，它较好地解决了频域最优化和空域最优化之间的矛盾，计算方法也比较简便。另外，该算子在过零点检测中具有各向同性特点，保证了边缘的封闭性，符合人眼对自然界中大多数物体的视觉效果。不过LOG算子的边缘定位精度较差，而边缘定位精度和边缘的封闭性两者之间无法客观地达到最优化折中。总的来说，梯度算子边缘检测算法都可以归结为模板运算，即首先定义一个模板，运算时，把模板中心对应到图像的每一个像素位置，然后按照模板对应的公式对中心像素和它周围的像素进行数学运算，算出的结果作为输出图像对应像素点的值。

5）Hough变换与Canny边缘检测

由于噪声的存在，用各种算子得到的边缘像素不连续，Hough变换方法是利用图像的全局特性而对目标轮廓进行直接检测的方法。在已知区域形状的条件下，Hough 变换可以准确地捕获到目标边界（连续或不连续），并最终以连续曲线的形式输出变换结果，该变换可以从强噪声环境中将已知形状的目标准确地分割提取出来。Hough 变换对已知目标的检测过程受随机噪声和曲线中断等不利因素的影响很小，且分割出的目标独立出来，因此可以做到零噪声，是相当有优势的。常规的 Hough 变换在理论上能对所有可以写出具体解析表达式的曲线进行目标检测，如直线、圆、椭圆等。但是在实际处理时，经常待检测的细胞图像形状并不规则，其外形描述很难获取甚至根本没有解析式，此时需要采取广义上的 Hough 变换来检测目标。

Canny 算法又称为最优的阶梯型边缘检测算法，给出了判断边缘提取方法性能的指标，对边缘检测质量进行分析，提出了信噪比准则、定位精度准则和单边准则等三准则，是图像处理领域里的标准方法，其基本原理包括以下几点。

① 图像边缘检测必须满足两个条件：一是能有效地抑制噪声；二是必须尽量精确确定边缘的位置。

② 根据对信噪比与定位乘积进行测度，得到最优化逼近算子，即 Canny 边缘检测算子。

③ 类似于 Marr 边缘检测，属于先平滑后求导数的方法。

Canny 算子利用边缘幅值与边缘方向信息，实现图像中目标的边缘提取，通过控制相关参数的设定，对于不同的细胞图像，根据图像边缘提取目的，可以得到较好的分割效果如图 16-17 所示。

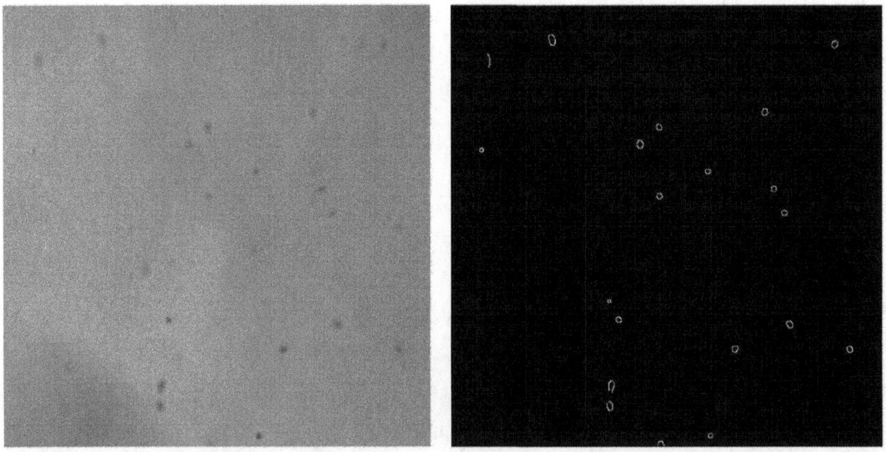

(a) 原图　　(b) Canny算子处理后的图像

图16-17　Canny算子处理后的图像（阈值[0.2,0.4]）

16.1.3.3　原位藻细胞显微观测仪测试与结果分析

为了验证水体藻类细胞显微观测仪的量程、检测精度、仪器分辨率及视场范围等，对研制的藻细胞显微观测仪进行了实验室测试、第三方检测和现场测试。

(1)实验室测试

在实验室配制直径为 2 ～ 3μm 不同浓度的小球藻样品，进行藻细胞数据记录，并利用软件计算浓度。

① 量程、测量精度、分辨率测试。对不同浓度的小球藻样品进行测试，测量结果采用相对标准偏差来衡量，实验得到的结果见表 16-5 和图 16-18（书后另见彩图）。

表16-5　藻类细胞密度量程、分辨率、检测精度测试结果

样品编号	藻细胞浓度/(个/L)	仪器检出结果/(个/L)	均值	样品真值	均值	相对标准差/%
1		1.1×10^{12}		1.2×10^{12}		
2	约 10^{12}	1.5×10^{12}	1.2×10^{12}	1.4×10^{12}	1.3×10^{12}	7.7
3		1.0×10^{12}		1.3×10^{12}		
4		0.9×10^{8}		1.1×10^{8}		
5	约 10^{8}	1×10^{8}	0.97×10^{8}	0.9×10^{8}	1×10^{8}	3
6		1×10^{8}		1×10^{8}		
7		1.0×10^{4}		1.0×10^{4}		
8	约 10^{4}	1.0×10^{4}	0.83×10^{4}	1.1×10^{4}	1.03×10^{4}	19
9		0.5×10^{4}		1.0×10^{4}		

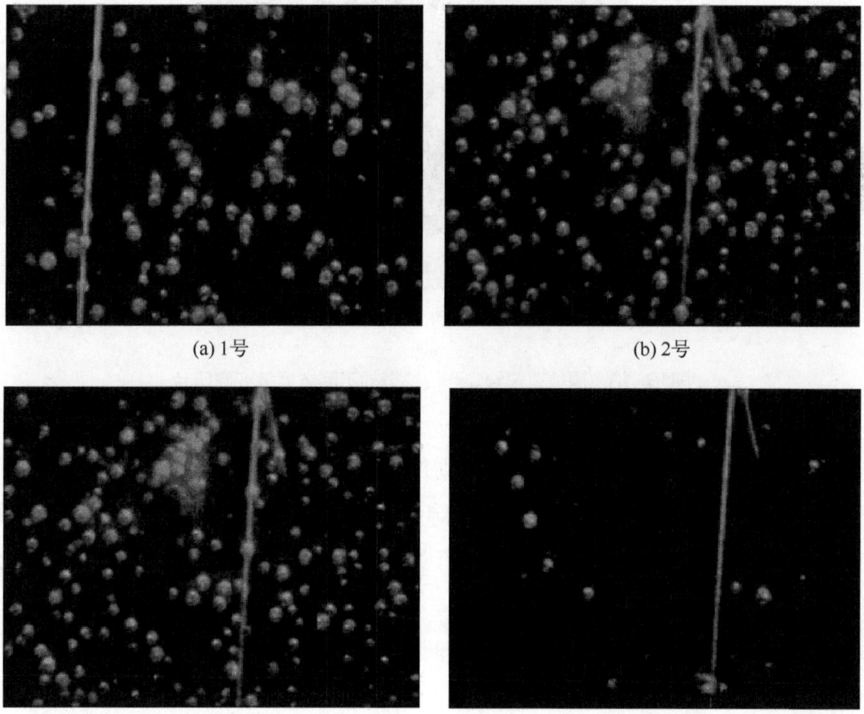

(a) 1号　(b) 2号

(c) 3号　(d) 4号

图16-18

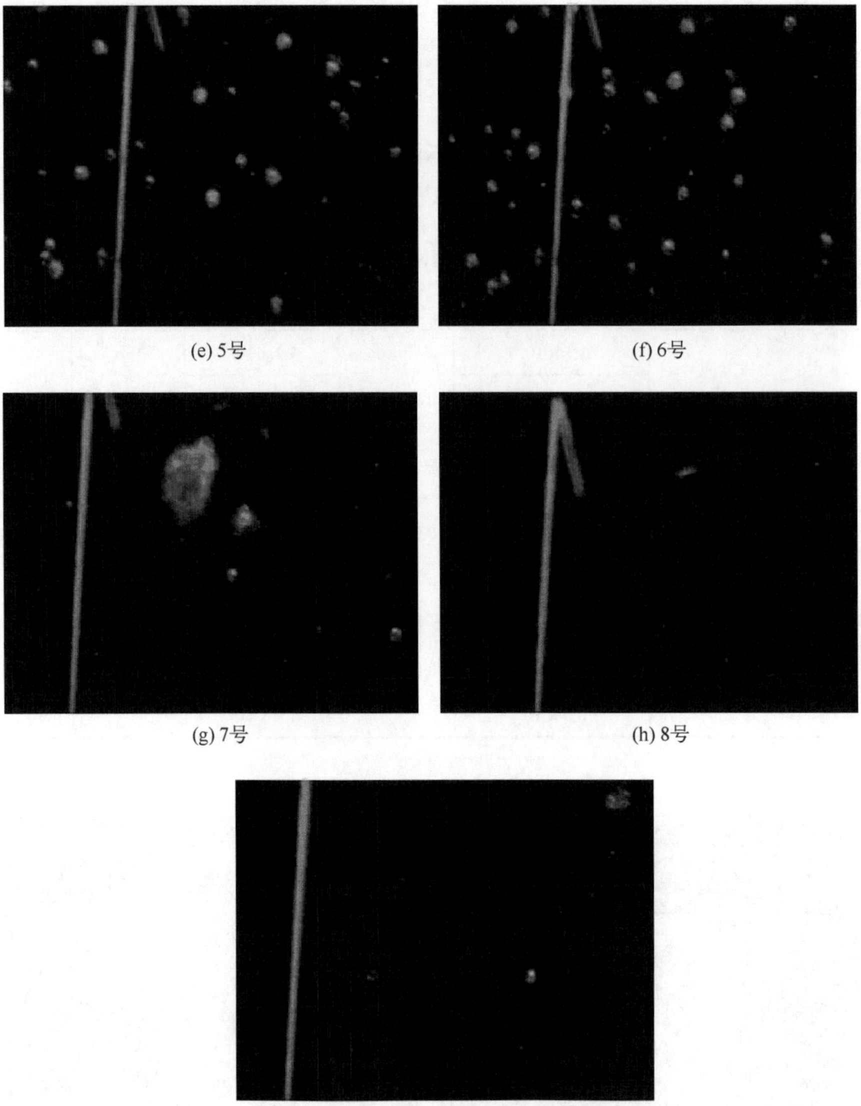

(e) 5号　(f) 6号

(g) 7号　(h) 8号

(i) 9号

图16-18　原位藻细胞观测仪拍摄的不同浓度藻细胞照片

表16-5的计算结果表明，研发的原位藻细胞显微观测仪的量程范围为1×10^{4}～1×10^{12}个/L，测量精度在20%以内，藻细胞测量分辨率为100个/L。

从图16-18可以看出，样品在视野中可以清晰分辨，通过研发的基于ARM系统的图像处理软件，可以自动计算出小球藻的浓度。

② 视场测试。为了测量研制的原位藻细胞显微观测仪的分辨率和视场，选取1000线/mm的光栅作为观测对象，可以计算得出，所用光栅的线宽为0.5μm，记录显微镜视场中可同时获得的光栅条数，则视场由可见的光栅条数和光栅线宽的乘积来决定。图16-19（书后另见彩图）为实际拍摄光栅的图像。

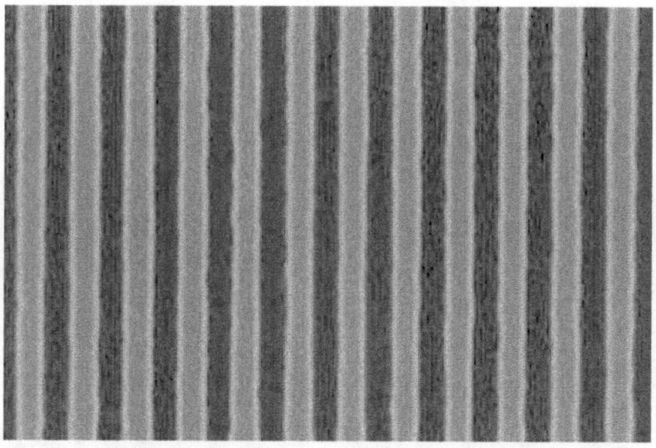

图16-19　原位藻细胞观测仪视场中线宽为0.5μm光栅的图像

由图16-19可以看出，研发的原位藻细胞显微观测仪视场中可以清晰分辨光栅的线宽，可以确定显微分辨率优于0.5μm。显微镜的视场可以通过计算得出为150μm。同样方法可以测得另一方向的视场大小为150μm。因此可以说明，所研发的原位藻细胞显微观测仪视场为150μm × 150μm。

（2）第三方检测

国家光学仪器质量监督检验中心对所研发的原位藻细胞显微观测仪进行了检测，检测结果如下。

① 藻类细胞密度量程：$1\times10^4 \sim 1\times10^{12}$ 个/L。

② 藻细胞测量分辨率：100个/L。

③ 藻细胞测量精度：20%。

④ 显微镜分辨率：1μm。

⑤ 显微镜视场范围：150μm × 150μm。

（3）现场测试

图16-20（书后另见彩图）为研发的原位藻细胞显微观测仪在某鱼塘工作时的测量结果。

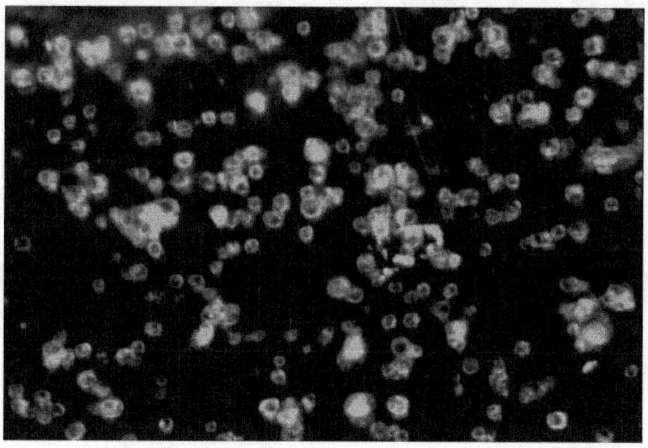

图16-20　原位藻细胞显微观测仪在上海海洋大学鱼塘测量的藻细胞的结果

图 16-21 为研发的原位藻细胞显微观测仪在三峡库区现场工作的照片。

图16-21 原位藻细胞显微观测仪在奉节现场安装的照片

图 16-22（书后另见彩图）为不同时间测得的藻细胞显微图像。

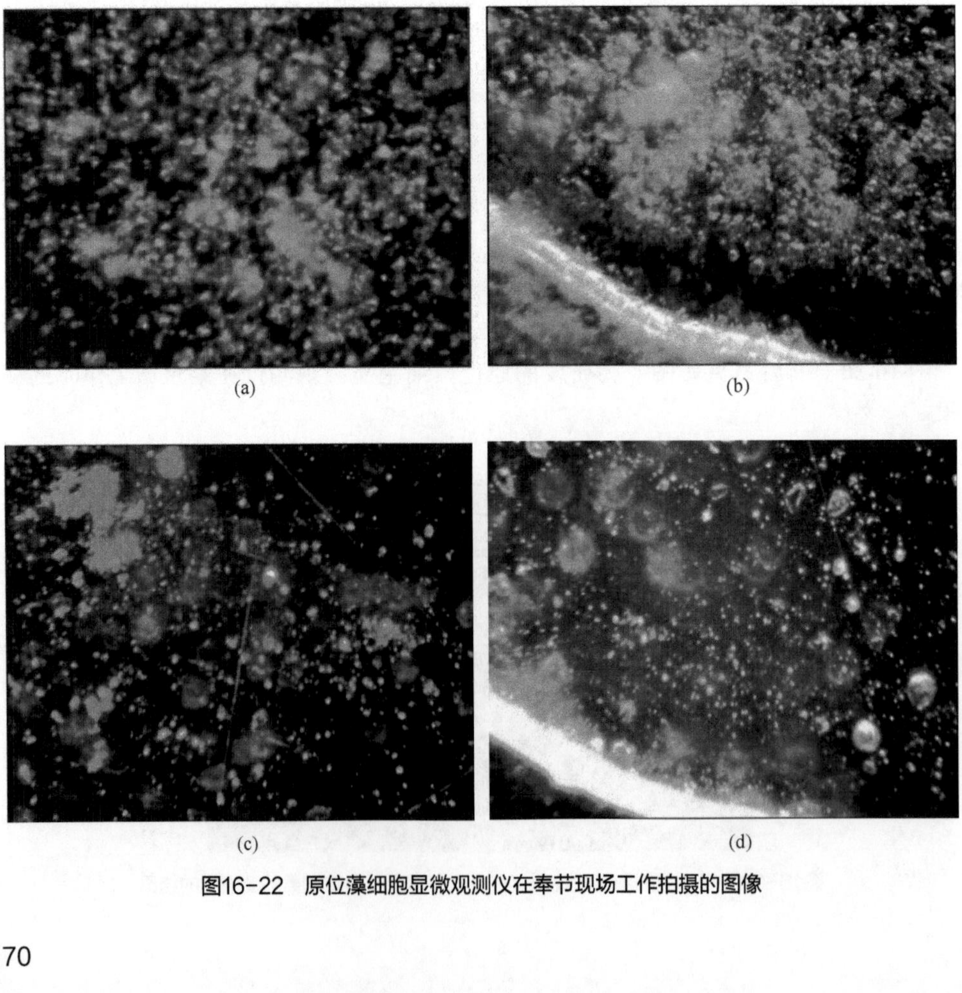

(a) (b)

(c) (d)

图16-22 原位藻细胞显微观测仪在奉节现场工作拍摄的图像

现场测试结果表明，研发的原位藻细胞显微观测仪在三峡库区工作稳定，符合现场工作的要求。

16.1.4 原位水体CO_2变化速率检测传感器

目前国内外大多数红外CO_2气体传感器多用于空气或工业环境中，测量范围小且精度低。对于三峡库区而言，CO_2浓度的大小很大程度上影响了水生生态平衡，因此，利用CO_2气体浓度传感器进行实时监测和预警，对于维护三峡库区生态环境有着重大意义。

16.1.4.1 原位水体CO_2变化速率传感器的系统设计

原位水体CO_2变化速率传感器本质上是要实现对CO_2含量的测量，通过比较和分析多种气体浓度检测方法的优缺点，并结合CO_2对红外光的吸收特点，选择红外光谱吸收法来测定气体浓度。红外光谱吸收法用于定量检测的原理是基于不同物质组成对红外辐射有着不同的吸收光谱。当一束具有连续波长的红外光透过待测气体时，气体会吸收相应波段的红外光，从而衰减了在其相应波段的红外光能量。红外光能量的衰减量与该待测气体浓度c、气体的吸收光程L以及该气体吸收系数k有关，关系服从朗伯 - 比尔定律 (Lambert-Beer)，据此原理可以实现CO_2气体分子浓度的检测。通过测量光电传感器输出信号的值，建立待测样品的出射光强度与待测成分含量之间的相关关系，就可以得到CO_2气体含量信息。根据测量得到的CO_2气体含量和所用时间可以计算得出CO_2的变化速率。整个系统包括光源、测量室、探测和数据传输四大组成部分，涉及光源光路和驱动设计、测量空间设计、探测电路设计、CO_2观测仪组装与调试、现场CO_2检测应用等工作。采用非分光红外（NDIR）技术实现CO_2变化速率传感器的研发，该传感器采用非分光红外和双通道探测器的检测方式，实现空间双光路补偿，通过微处理器进行信号采集、处理和输出，最终向浮标上的控制中心传送测量结果。

（1）非分光红外（NDIR）CO_2气体变化速率检测传感器的系统组成

选择合适的光源和红外探测器，设计合理的气室结构及检测方案完成整个CO_2变化速率传感器的设计和制作。采用 IRL715 红外光源和 PYS3228 热释电红外探测器，设计了非分光红外CO_2气体变化速率检测传感器。根据所选光源和探测器的特点，设计了光源供电电路、调制电路、放大和滤波电路、串行通信模块电路等，并根据硬件进行软件编写，实现了检测CO_2气体变化速率的功能。根据红外光谱法用于定量检测的原理，非分光红外CO_2变化速率在线监测系统的硬件基本构成如图 16-23 所示。

如图 16-23 所示，光源发出的光首先经过通有待测CO_2气体的气室，到达探测器，选用的红外探测器型号为 PYS3228。该探测器具有两路光强感应窗口，其中一个窗口用来感应CO_2气体吸收后的 4.26μm 的光强，另外一路作为参考通道，检测波长 4μm 的光信号作为参考信号。由于红外光辐射因气体的吸收而衰减后最终射入探测器进行检测。探测器将光强信号转化成电信号进而进行检测。由于该测量信号通常十分微弱，需要经过放大滤波处理。两个探测器接收的信号同时输入信号处理电路，处理后的电信号经 A/D 转换，传输至单片机进行处理。信号经过处理后得到与被测 CO_2 气体浓度相关的电信号，通过软件自动计算得出被测 CO_2 气体浓度，再经过运算，即可得出 CO_2 的变化速率。最终将测量的结果通过串口方式传给浮标上的控制单元。

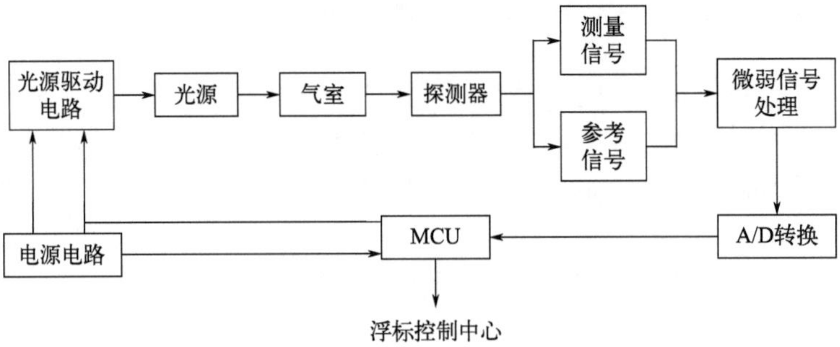

图16-23　原位水体CO_2变化速率在线监测系统组成

（2）双通道检测方案

在实际检测时，发现经过气体作用后出射到达红外探测器端的信号非常微弱，想要直接通过测量探测器接收的光强来检测气体的浓度，信号处理的难度会很大，测量的精度不能保证。因此，需要设计一种探测方式，能够有效避免由于光源功率的不稳定及外界环境因素变化等对系统造成的影响。

双通道检测方法的工作原理是：光源发出的光经过待测 CO_2 的气室，分别由探测器自带的两个滤波窗口接收，其中一个窗口接收与被测 CO_2 浓度相关的测量信号，另一个窗口接收与被测 CO_2 浓度无关的信号作为参考信号。根据 CO_2 分子的吸收光谱，选取4.26μm的光信号作为测量信号。参考波长的选择要求被测 CO_2 气体和大气中的其他气体对该参考波长无吸收，使得大气在该波长无吸收衰减，因此 4μm 作为参考波长，刚好是所选探测器的另一个滤波窗口。采用双通道检测方法，有利于提高对气体浓度的检测精度和准确性，提高系统的可靠性。

将输出两路信号分别记作含有 CO_2 成分信息的光强I_{CO_2}和无 CO_2 成分信息的光强I_{ref}。

当特定波长的红外光辐射通过气体层时，透射光强（I）与入射光强（I_0）满足朗伯 - 比尔定律。

$$I = I_0 e^{-klc} \tag{16-9}$$

式中　k——吸光系数；

l——待测气体吸收路径的长度；

c——待测气体的浓度。

因为在实际情况下，红外光强并不能全部被气体吸收，而是存在一定的光强吸收效率 β（$0 < \beta < 1$），为得到准确结果，需要对朗伯 - 比尔定律进行修正，于是朗伯 - 比尔定律可修正为：

$$I = \beta I_0 e^{-klc} \tag{16-10}$$

出射光强通过光电探测器将光强信息转换为电压信号，对于测量通道而言，探测器检测到的电信号为U_1。

$$U_1 = \beta K_1 I_0 e^{-klc} \tag{16-11}$$

对于参考通道而言，探测器检测到的电信号为U_2。

$$U_2 = K_2 I_0 \tag{16-12}$$

式中 K_1、K_2——系统通道参数，该参数只与传感器的响应速度和滤光片的透射率有关。

在实际测量中，每个通道的测量都会受到环境因素的影响而存在误差，通常采用比值法消除各种干扰因素，从而达到减小甚至消除误差的目的。

$$\frac{U_1}{U_2} = \frac{\beta K_1 I_0 \mathrm{e}^{-klc}}{K_2 I_0} = \beta \frac{K_1}{K_2} \mathrm{e}^{-klc} \tag{16-13}$$

设$K = \frac{K_1}{K_2}$，为确定K的值，往气室内通不含 CO_2 的气体，如 N_2，即 CO_2 气体浓度$c = 0$，这时探测器检测到的电压信号分别为U_1'和U_2'，则：

$$\frac{U_1'}{U_2'} = \frac{K_1}{K_2} = K \tag{16-14}$$

通过计算可以得到 CO_2 气体浓度c。

$$c = \frac{1}{kl}\left(\ln K + \ln\beta + \ln U_2 - \ln U_1\right) \tag{16-15}$$

对于确定的测量系统，参数k和l都是已知的，且 β 可以通过实验测出来，并且 U_1 和 U_2 可以通过传感器测量，所以，可以计算得出 CO_2 的浓度。

（3）光学系统结构设计

1）红外光源

根据 CO_2 分子在红外波段的吸收光谱，对 4.26μm 有很强的吸收，而对 4μm 的波长没有吸收，选取 4.26μm 和 4μm 分别作为测量波长和参考波长，所选光源的辐射波长必须属于这个范围。为了保证红外光源在所选择的波长范围内有较强的能量辐射，测量系统选择 Perkin Elmer 公司的红外光源 IRL715，光源波段范围为 0.38 ～ 4.4μm。

2）光学气室设计

① 结构设计。光学气室的设计将直接关系到检测系统的性能，因此设计一个好的气室结构非常重要，气室结构如图 16-24 所示。设计中气室采用圆柱形结构，两端为可拆卸堵头，用于装配光源和探测器。红外光源与探测器分别固定在气室两端，在气室两端分别有进气口和出气口，便于样本气体的导入与排出。该结构避免了红外光源与探测器暴露在外界，有效减少了外界环境对光源与探头的影响，极大程度上排除了外界环境对光路的干扰，提高了测量系统的精度。在气室的进气口和排气孔放置一定的过滤和除尘装置，尽量保证气室内的空间清洁度。

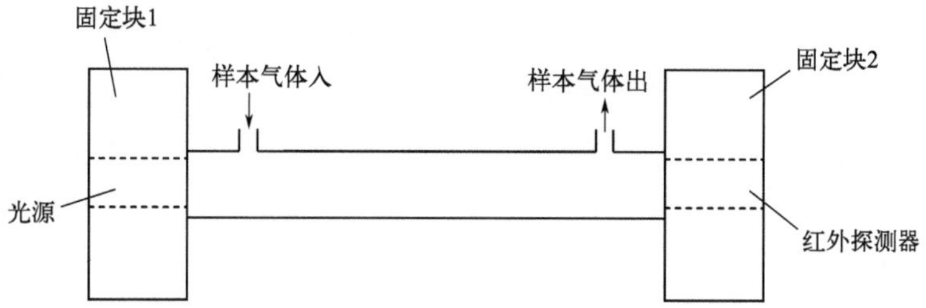

图16-24 气室结构示意

在设计有进气和出气孔的光学气室时，需要遵循的原则：

a. 气室的结构通常为两端密封的圆筒形，通过设计进气和出气孔，使气体进入到气室内；b. 气室结构要具备不吸收红外光、不吸附气体、化学性能稳定等特点；c. 确保气室的轴线与红外光源发出的红外线平行，这样可以减少反射，提高系统精度；d. 理论上红外气室内径尺寸应该越小越好，因为内径越小，红外光损失也就越小。

因此，红外气室内径尺寸在满足红外光源、探测器安装的前提下应当做到尽可能小。

气室有一个进气口和一个出气口，进气口靠近光源，这样可以利用气室本身的长度，使光波能更充分地被二氧化碳气体吸收。光源与探测器位于气室的两端，保证光源方向的直线发射的一束光正好照射在探测器纵向的中间位置，这样可以尽可能地减小由于气室结构造成的误差。由于光照射到气壁上产生折射和散射，为了减小气室材料本身对光照强度的影响，该光学气室将气室内壁镀膜以防止折射或散射，在气室外面套上金属外壳，并且使其接地，使气室内部信号不易受到外部信号的干扰，这样可以极大地提高输出信号的稳定性。

在气室的进气口和排气孔放置一定的过滤和除尘装置，尽量保证气室内的空间清洁度。为了提高测量精度和传感器使用寿命，在进气口采用了过滤器。气体先经过过滤器过滤再进入气室中，可以有效地滤除水蒸气，不仅提高测量精度，同时还能提高传感器的使用寿命。根据湿度传感器检测的湿度情况，按照一定的周期更换膜片即可。经过试验，在三峡库区较潮湿的环境，膜片更换周期为 6 个月左右。此外，为了提高测量的灵敏度，采用了电动泵吸气的方式。

② 尺寸设计。气室的结构确定后，就需要确定气室的尺寸。首先确定气室的内径。由于选用的红外光源的直径约 4mm，红外探测器的直径约为 9mm，气室的直径应比探测器的直径略大，以避免杂散光，因此，设计的气室的内径为 9.5mm。气室的内径确定之后就要确定气室的长度，一般来说，气室的长度越长，在测量时气体对红外光的吸收就越充分。气室的长度还与测量气体的种类、红外传感器的测量范围、灵敏度以及分辨率等因素有关。综合考虑气室的集成化、便于携带以及减少红外光损耗等方面的因素，气室的长度也不宜过长，气室长度如果过长的话也会增大仪器的体积，因此，在满足传感器性能和测量要求的情况下，气室的长度要尽量短一些。当气室长度过短时，响应的时间很快，但是测得的气体浓度的误差较大，这是因为气室比较短，气体对红外线的吸收不充分，这样就导致测量的结果偏低。而气室长度比较长时，虽然可能会得到比较好的测量结果，但是由于长度较长，响应也比较慢。

光程即测量光与被测样品相互作用的实际路程，是决定光学测量系统性能的一个重要因素，光程的大小直接关系到测量结果的准确性和灵敏度。大量对光程长度与灵敏度之间关系的研究表明：单位光程吸光度越小，则光程对测量误差的影响越小，可选择光程范围就越宽。因此，气室长度直接影响输出信号的测量结果。气室长度需要根据待测气体的种类、传感器测量范围、传感器的灵敏度和分辨率来决定。若气室过长，虽然充分吸收了红外光，但是响应时间会随之增加；若气室过短，则分辨率难以达到要求。对于气室的内径，理论上内径尺寸越小越好，光源发射出去的光线在照射到探测器的过程中损失就越小，传感器的响应时间也会相应地缩短。因此，在气室内径尺寸满足红外光源和探测器的前提下尺寸越小越好。

根据光学设计的实际经验，当最佳光程获取存在较大误差时，应使所选光程落在大于最佳光程的区域。在实际测量中，光程的值不是一定的，而是分布在一定范围内，所以系统的设计中通过应用仿真模拟的方法来计算得到一个和真实光程接近的最佳光程来减小光程带来的误差。最佳光程可由模拟所得的光线利用率和有效光程的分布计算得出。光线利用率指被红外探测器所接收的光线占所有出射光线的比例；有效光程分布是指在理想状态下不同光程出现的概率和该光程在所有光程中所占的比例。通过模拟计算不同光程下的光线利用率，得出最佳光程，进而可以为气室的长度设计提供理论依据。

由于测量光程会受到气室环境的影响，主要包括内壁气室的材料、气室的形状、光源的类型以及气室内部的介质等，因此，在仿真时应充分考虑这些因素。模拟的具体条件为：光源为点光源，发散角 45°；气室内壁材料为铝，形状为圆筒状，长度 30mm，直径 10mm；气室内介质为真空；红外探测器的接收面积为圆形，直径为 6mm。应用光线追踪法，可从光源开始追踪每条光线经过气室内壁被反射的过程，直到最终被红外探测器接收。根据光线追踪法计算得到的结果，经过不同程度反射的光线所对应的光程长度如图 16-25 所示。

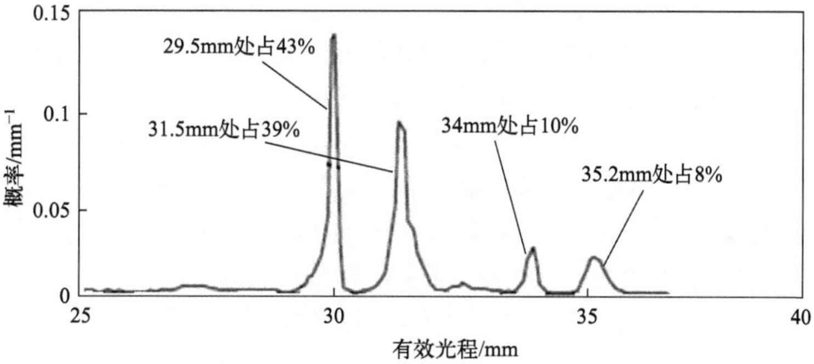

图16-25 模拟所得有效光程分布图

根据模拟的实际光程所占百分比的分布图可知：在 30mm 光程附近的光线由于没有经过反射，很容易就被探测器所接收；而在 30 ～ 35mm 之间得到各波谷则是由于光线经过多次反射而衰减无法被探测器探测到，随着光程的增加，能被探测器接收的概率越低则是因为光强度的损失。

综上所述，由光线利用率和光程分布计算得出 CO_2 测量的最佳光程为 31mm。

3）红外探测器

探测器是非常重要的组成部件，探测器的选择及信号的处理直接关系到检测时的灵敏度和测量结果的精度。红外探测器主要分为光子探测器和热探测器两类。光子探测器是基于入射光子流与探测材料之间的相互作用产生光电效应对信号进行探测，所以这类探测器也叫光电探测器。探测机理是光子数量的改变引起探测器输出的改变，且光子数量正比于探测器的响应度。热探测器是利用入射光强照射到探测器上与探测器材料发生热效应，探测材料温度升高，引起赛贝克效应，将热能转换为电能，将其输出。探测器输出的电能与其吸收的热量成正比，实现光照强度到电能的转换，在红外波段多使用热探测器。

在测量系统中，红外探测器的选择主要取决于光源和待测气体的特征吸收波长以及系统所使用的外部温度等。综合考虑上述因素，选用 Perkin Elmer 公司的 PYS3228 热释电红外探测器，该探测器的工作波长为 3.6 ~ 4.4μm，符合系统测量光路和参考光路的探测范围。

光学系统的工作流程为：通过驱动电路产生占空比为 50% 的方波电压信号，作用于红外光源，使其产生红外光，该红外光与气室内的 CO_2 气体相互作用，气体分子吸收红外光中特定波长的光波，导致其光照强度减弱，衰减后的光照分别经过 4.26μm 和 4μm 的滤光片进行滤光，然后进入探测器的两个测量通道，在每个探测通道内，透射光照在热电偶上，导致热电偶温度升高，引起赛贝克效应，产生电势，从而实现将热能转化为电压信号，在测量通道的输出电极上输出 CO_2 测量电压，在参考通道的输出电极上输出参考电压，此外由于内部集成的热敏电阻，温度输出电极将输出携带气室内部温度信息的电压信号。

（4）电路设计

1）光源的驱动

在光电检测仪器的实际应用中，红外光源的稳定性直接决定着系统的性能。若红外光源出射光强不稳定，将直接影响与待测气体作用或输出的光强信号，从而对气体浓度的测量产生影响。为了保证测量系统光源的稳定性，设计了恒压电路对光源进行驱动。考虑到红外探测器仅仅对于红外辐射的变化有响应，同时也考虑到浮标的供电负担，因此设计了使光源工作在调制状态下的方案，即通过对红外光源的调制，使光源按照一定的频率工作，光源的工作状态在发光与不发光两个状态之间切换。

依据所选中红外光源与探测器的特性，系统中使用的是低频调制。系统中使用理想工作电压为 5V，稳压驱动同时保证其调制频率为 2kHz。系统中使用芯片 ADP3330 来控制获得稳定的 5V 电压，用来驱动红外光源 Lms43PD，用 MOSFET 管控制光源的亮灭。

调制工作由单片机系统完成，光源所需要的低频调制信号由单片机生成。当单片机输出高电平时，场效应管导通，红外光源发光。当单片机输出为低电平时，场效应管截止，红外光源熄灭。

2）光电信号转换

在整个传感器系统中，信号处理部分包括光电转换电路的设计和处理，是系统设计的关键，这部分工作将直接影响系统的测量结果。

信号处理部分的工作原理如图 16-26 所示。

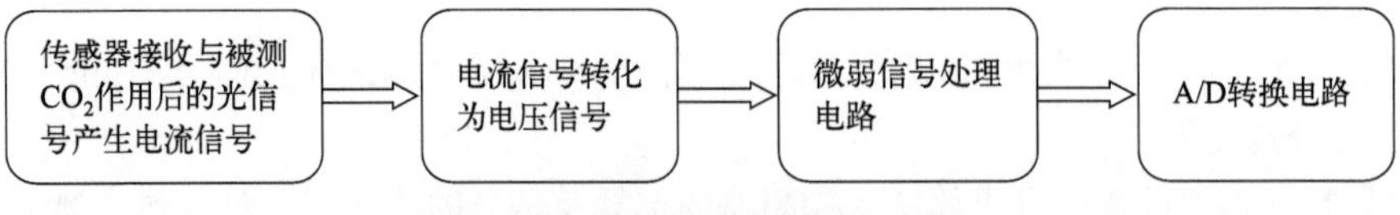

图16-26　信号处理部分的工作原理

为了提高气体浓度测试精度，光电转换电路的设计至关重要。采用 STM32 系列的单片机作为主控芯片，两路探测器分别接收红外光源与气体作用后经过滤光片后出射的光，电信号经过微电流放大后被传送到 A/D 转换器信号输入端，经 A/D 转换后形成数字信号。

红外光源射出的红外光经过气室被气体吸收后，光能量将大幅度衰减，最后到达探测器的光能量非常微弱，从而使得红外探测器输出的电信号只有微伏级，而且很容易受到外界噪声的干扰，难以探测，这就要求设计相应的电路，对微弱信号进行放大、滤波处理，以便后续 A/D 采样电路进行采样。

AD8552 是一款零漂移、低噪声双路高精密度放大器，采用 2.7 ～ 5V 单电源工作，1μV 失调电压，0.005μV/℃失调电压漂移，具有高共模抑制比、高增益、高电源抑制比等技术特性，因此，它可以设定成很大的增益而不会引起较大的输出电压误差，非常适合实际应用。采用 AD7682 芯片作为 A/D 转换芯片，AD7682 拥有多通道、低功耗等优点，同时 AD7682 配置寄存器的写入和转换结果的接收是通过简单的 SPI 接口来实现的，适合在线应用的要求。

3）单片机控制电路

采用意法半导体（ST）公司的 STM32F103 芯片，该单片机是一款 32 位单片机，基于 ARMCortex-M3 内核。STM32F103 最高工作频率可到 72 MHz，功耗仅为 36mA。单片机主要完成以下功能：

① 红外光源的电调制，通过控制 I/O 口的电平变化使其产生方波来对红外光源进行调制；

② 通过 SPI 通信方式，控制采样芯片 AD7682 的工作；

③ 通过 RS-232 串口实现与浮标控制中心的通信；

④ 实现单片机内部程序的下载；

⑤ 控制气泵、指示灯的开关及确保整个系统的有序运行。

4）电源电路

在电路设计中，电源的设计尤为重要，电源的稳定性在很大程度上影响了其他硬件电路的正常工作。系统中 STM32 单片机采用 +3.3V 供电，运放电路采用 +5V 供电，而气泵则需要 +12V 供电，因此，要获得 +5V 和 +3.3V 电源，通过选择降压芯片从 +12V 电源进行两次降压，从而满足传感器所有部件对电力的要求。

5）湿度检测

由于用在水库区域，环境较潮湿，湿度过大会影响到传感器的正常工作，因此系统设计了湿度传感器对环境湿度进行监测。湿度传感器根据其探测器内部某种物质从周围空气中吸收水分后引起自身电容量发生变化，间接测量周围空气中的湿度。选用 Sensiron 公司开发的 HS1101 电容式湿度传感器，该传感器具有很高的灵敏度，能很快响应湿度变化，精度高，体积小，集成化程度高。

（5）系统软件设计

1）系统主程序设计

系统软件需要完成数据的采集、处理和传输，具体包括光源驱动、信号采集、A/D 转换、信号的数字滤波和数据通信。

系统主程序流程如图 16-27 所示。系统启动后首先进行系统初始化，延时一段时间，等待系统工作稳定，下位机进入接收模式，如果没有接收到上位机指令，则继续等待，否则下位机进入串口接收中断模式，接收数据，开始数据采集，A/D 转换，将转换的结果进行数字滤波，然后主动发给上位机，接着进入下一次接收等待。

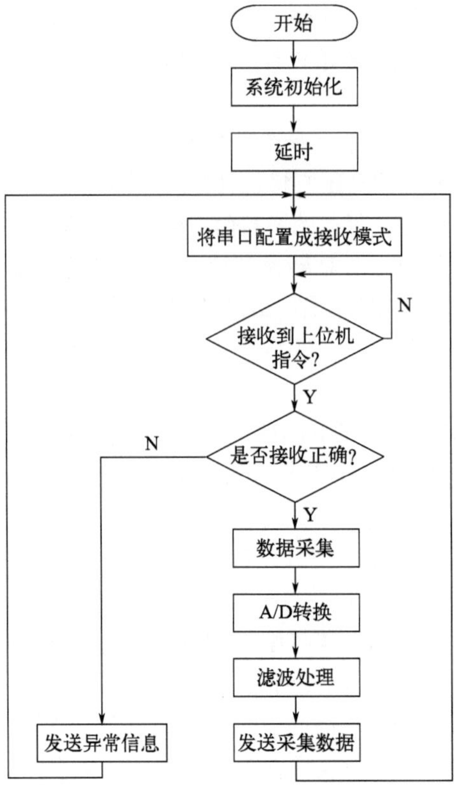

图16-27　原位CO_2变化速率传感器主程序流程

2）CO_2 浓度计算子程序

系统采样和测量流程如图 16-28 所示，首先进行 ADC 初始化，为了能够快速感应 CO_2 气体浓度的变化，采用采样气泵使待测气体快速进入测量气室，以提高传感器的动态特性。ADC 初始化后，驱动泵开始工作，连续抽气 30s，然后检查系统湿度是否超标：如超标，则结束数据采集；如不超标，则进入数据采集过程，计算出气体浓度数值和变化速率数值传给浮标中控系统。

3）数字滤波处理算法

为减少测量误差，采用数字滤波算法对采集到的数据进行处理，该算法不需要额外的硬件电路，并且实现起来相对比较容易，适合在线应用的要求。将常用的滤波算法中的平均值法和剔除法相融合，设计了一种中位平均值滤波算法，这种算法的思想是：将连续采样的 n 个采样值由小到大进行排序，去掉最大和最小的采样值，得到 $n-2$ 个采样值，然后取平均值，算法公式为，

$$Y=\frac{1}{n-2}\sum_{i=1}^{n-2}X_i \tag{16-16}$$

式中　Y——经滤波算法处理后的采样值；

n——采样次数；

X_i——第i次采样值。

中值滤波算法的流程如图 16-29 所示。

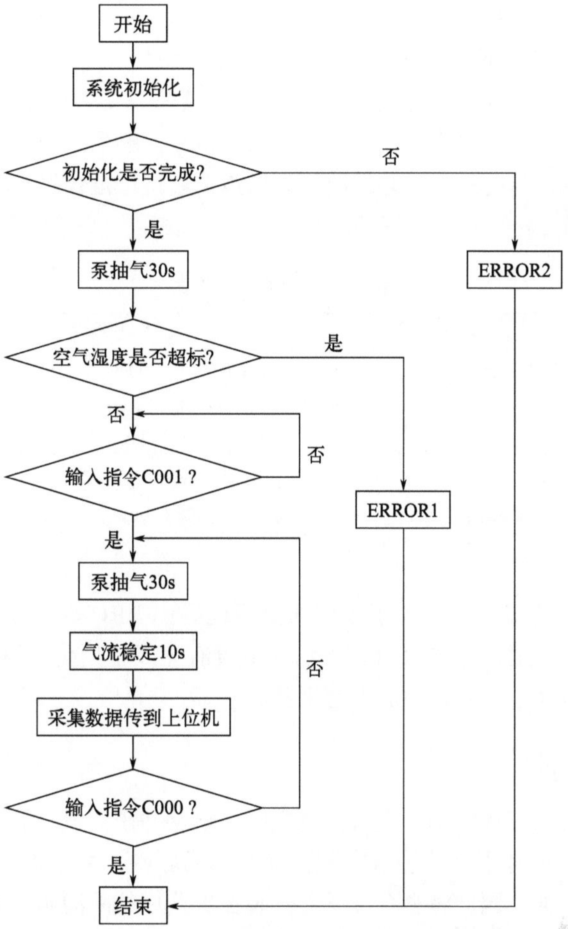

图16-28 原位CO_2变化速率测定仪采样和测量子程序软件流程图

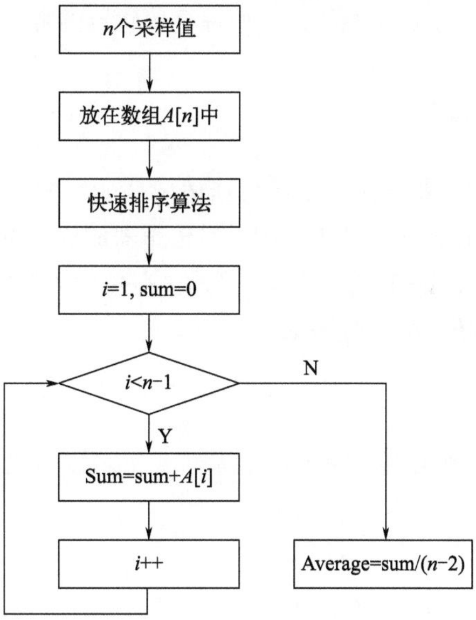

图16-29 中值滤波算法

4）与浮标控制中心的通信

非分光红外 CO_2 变化速率系统计算得出 CO_2 浓度后，还需要完成与浮标控制中心的通信。采用 RS232 通信，通信速率为 9600bit/s，8 位数据位，1 位停止位，无奇偶校验位。浮标上的控制中心作为通信主节点，发送命令帧；CO_2 传感系统作为通信从节点，收到命令帧后返回相应数据。浮标控制中心接收到返回数据后可以继续发送新的命令帧，表 16-6 给出了命令帧的格式。

表16-6　命令帧的格式

命令类型	命令意义	数据内容
C000	停止系统运行	F5 00 00 00 00 00 00 00 00 00 F3
C001	每分钟采样1次	F5　flag　data0　00　data1　00　data2　data3 F3 如：F5　01　3F　00　1A　00　12　19　11　23　F3

注：F5：帧头；F3：帧尾；flag：标志位；00：停止；01：返回数据；data0：单字节，表示二氧化碳气体湿度；data1：单字节，表示二氧化碳气体温度；data2：双字节，表示二氧化碳气体浓度；data3：双字节，表示二氧化碳浓度变化速率。

考虑到系统的工作条件，设置了相应的错误代码：ERROR1 表示二氧化碳湿度过大，需要更换气体过滤器的膜片；ERROR2 表示系统没有完成初始化，请耐心等待；ERROR3 表示测量气体的范围超过了采样的极限值报警。

（6）外形结构设计

传感器的外形为长方体结构，主机的机壳由不锈钢冲压而成。前后盖的合缝处由能防尘、防水的橡胶密封。考虑到传感器安装在水上露天环境，可能遇到日晒、雨淋等环境，从而造成传感器的损坏，因此将整套传感器安装在工业用的防潮防雷击的电器箱内。同时考虑到浮标供电不稳可能造成的传感器工作故障，在电器箱内，安装了稳压模块，以保证传感器正常工作。因三峡库区湿度较大，为了提高测量精度和传感器使用寿命，在进气口采用了干燥片，可以有效地滤除水蒸气，从而提高传感器的寿命。

16.1.4.2　测试与结果分析

原位 CO_2 变化速率传感器测试的工作包括传感器的标定、稳定性、重复性、测量范围、测量精度等的测试。在这些测试工作中，对传感器的标定是首要的，只有经过标定后的传感器才能实现对未知浓度的 CO_2 气体的测量。在传感器标定后，需要依次对稳定性、重复性、测量范围、测量精度等进行测试。

（1）标定

对于探测器来说，结合朗伯 - 比尔定律，从理论上可以对仪器进行标定。

$$\frac{U_0-U}{U_0}=\frac{I_0-I}{I_0}=1-\frac{I}{I_0} \tag{16-17}$$

式中　U_0——参考通道的电压输出值；

U——测量通道的电压输出值。

理论标定的结果容易受环境影响，实际使用中，通常以实验标定的数据为准，用实验法对仪器进行标定步骤如下：

① 搭建好实验平台，关闭出气口，向气室通入纯氮气不少于 2min，然后关闭进气口，上电预热 5min。

② 用示波器检测检测通道和参考通道的电压峰值，并记录下来。

③ 断电，将气室内的气体排出，通入浓度为 1 %的 CO_2 气体，关闭进气口和出气口，上电预热 5min。

④ 用示波器检测检测通道和参考通道的电压峰值，并记录下来，断电。

由于设计的输出电压是参考通道电压和 CO_2 通道电压的差值，从理论上来说，CO_2 气体的浓度和电压差应该呈线性关系并且正相关，因为随着 CO_2 气体浓度的增大，更多的光能被吸收，从而导致传感器热端的温度下降，产生的电动势U_{CO_2}也随之下降，而参考通道的电压 U_{ref} 并没有发生变化，所以电压差将会升高。

具体的标定过程为：首先将氩气通入气室中，然后再将标准 CO_2 气体通入气室中，以避免空气中的 CO_2 对仪器的标定造成干扰。然后，将不同浓度的标准 CO_2 气体从气瓶中通过减压阀的控制，经进气口进入传感器中，传感器系统检测后将得到的数据传输至上位机进行分析处理。

标定实验采用 6 组不同浓度的标准 CO_2 气体，浓度分别为 20×10^{-6}、50×10^{-6}、512×10^{-6}、1516×10^{-6}、3505×10^{-6} 以及 4507×10^{-6}。对这些气体进行测量，每组气体测量 6 次取平均值参与回归，得出标准 CO_2 气体浓度与探测器输出的电压差，接下来对 CO_2 气体浓度与探测器输出的电压差进行拟合，得到的回归曲线如图 16-30 所示。

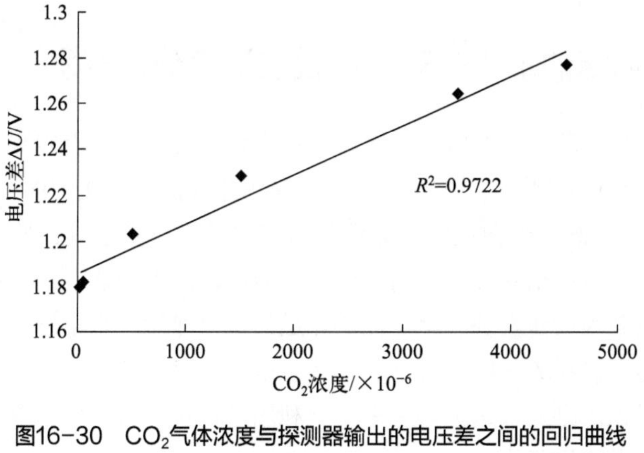

图16-30 CO_2气体浓度与探测器输出的电压差之间的回归曲线

从图 16-30 中可以看出，随着 CO_2 气体浓度的增大，探测器参考通道和测量通道的电压差 ΔU 也在不断地增大。根据回归线的线性相关系数可以看出，相关系数的平方为 0.9722，接近 1，表明 CO_2 浓度与两路探测器的输出电压差的相关性较强，拟合较为理想。

（2）重复性测试

为了评价系统对不同浓度范围的 CO_2 气体测量的重复性，选取不同范围有代表性的标准气体进行了大量的重复性评价实验。具体方法为，在实验环境不变的前提下，向气室分别通入 50×10^{-6}、512×10^{-6}、1516×10^{-6}、3505×10^{-6} 以及 4507×10^{-6} 这几个浓度的 CO_2 标准气体分别进行重复测量，评价传感器的重复性指标，测量结果如表 16-7 所列。

表16-7 原位 CO_2 变化速率传感器重复性测量结果

样品浓度	测量次数					
	1	2	3	4	5	6
50×10^{-6}	41×10^{-6}	41×10^{-6}	41×10^{-6}	41×10^{-6}	41×10^{-6}	40×10^{-6}
512×10^{-6}	529×10^{-6}	528×10^{-6}	529×10^{-6}	528×10^{-6}	529×10^{-6}	528×10^{-6}
1516×10^{-6}	1526×10^{-6}	1527×10^{-6}	1528×10^{-6}	1529×10^{-6}	1530×10^{-6}	1528×10^{-6}
3505×10^{-6}	3551×10^{-6}	3549×10^{-6}	3551×10^{-6}	3549×10^{-6}	3552×10^{-6}	3551×10^{-6}
4507×10^{-6}	4519×10^{-6}	4520×10^{-6}	4521×10^{-6}	4519×10^{-6}	4523×10^{-6}	4521×10^{-6}

多次测量的标准差如表 16-8 所列。

表16-8 原位 CO_2 变化速率传感器重复性测量的标准差

CO_2 标准气体浓度 /10^{-6}	50	512	1516	3505	4507
标准差 /10^{-6}	0.408248	0.547723	1.414214	1.224745	1.516575

（3）系统的测量范围和测量分辨率第三方测试

系统的 CO_2 浓度测量范围和测量分辨率在华东国家计量测试中心完成，测试结果表明，传感器的测试精度优于 10×10^{-6}。

16.1.5 基于浮标的水生态环境原位监测系统的开发

基于浮标的水生态环境原位监测系统将包括在线水质综合毒性检测仪、原位藻毒素在线检测仪、原位藻细胞观测仪和原位水体 CO_2 变化速率检测仪在内的可监测水文、水质、水生态和气象方面共 20 余个参数的仪器设备组成的环境感知系统，通过数据采集传输装置进行连接，实现环境数据的实时监测与远程无线传输。太阳能电池板和风力发电机组成的风光互补供电装置为仪器设备的运行提供充足的电力保障。水生态环境原位监测系统以浮标作为水环境监测仪器的承载平台，利于适应三峡水库水位大幅变化的特点。将原位获取的监测数据通过无线方式发送至监测中心，利用可视化推演模型对数据进行存储、分析和管理，实现对数据的智能化分析和运用。

环境感知系统由在线水质综合毒性检测仪、原位藻毒素在线检测仪、原位藻细胞观测仪和原位水体 CO_2 变化速率检测仪、营养盐检测仪、水质多参数检测仪、流速仪、气象工作站等设备组成，如图 16-31 所示。水质多参数检测仪承担监测水温、pH 值、氧化还原电位、电导率、盐度、溶解氧、浊度、叶绿素 a 等参数的任务。营养盐检测仪承担监测总磷、氨氮、总氮等参数的任务。在线水质综合毒性检测仪用于监测综合毒性。藻毒素原位检测仪用于监测水体中的微囊藻毒素浓度。原位藻细胞观测仪用于进行藻细胞密度的观测。原位水体 CO_2 变化速率检测仪进行二氧化碳在水 - 气界面变化速率的监测。声学多普勒流速剖面仪进行水深和流速的监测。超声波气象工作站则完成风速、风向、大气压、温度等参数的监测。

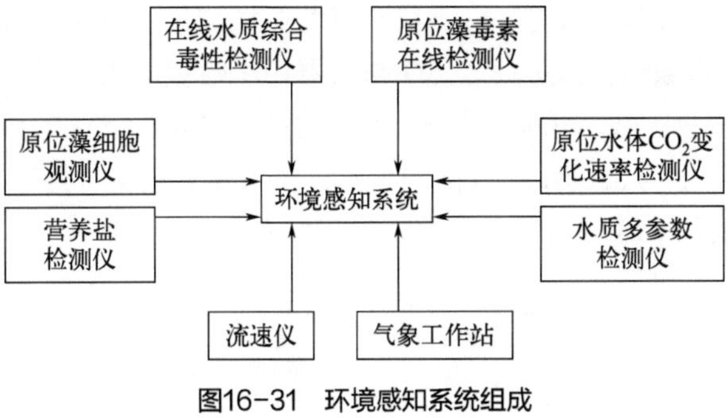

图16-31 环境感知系统组成

浮标系统由浮标体、数据采集传输装置及供电装置组成。

16.1.5.1 浮标体

浮标体主要由浮体、仪器孔、电子仓、太阳能板支架、尾管、锚系等部分组成。浮标体采用了两种设计方式：第一种是船形浮标体；第二种是圆形浮标体。图 16-32 为船形浮标体设计，标体内层为不锈钢内胆，主要由浮体（隔舱）、尾管、平衡铁、仪器（灯）架等组成。浮标的设计考虑了水质监测传感器、原位藻细胞显微观测仪和原位 CO_2 变化速率采集传感器等的安装，这些传感器均安装在浮标的仪器架上。浮标下系结有锚碇设备，浮标锚系采用锚链单点系留，适合在水深 30m 以内水域布放。

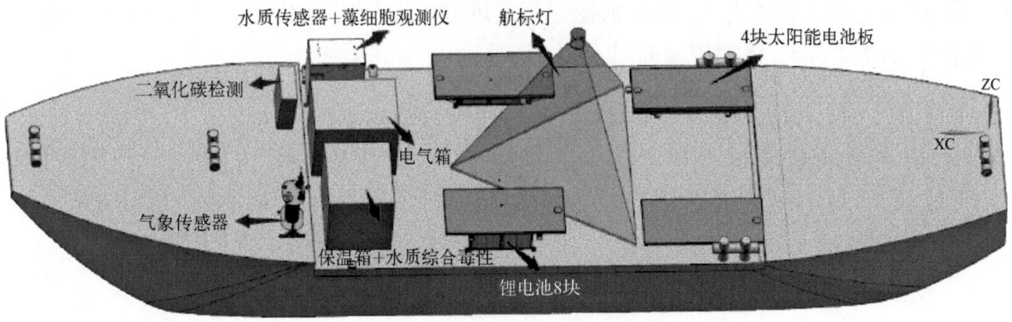

图16-32 浮标船三维机械图

圆形浮标体采用钢制材料，内部加不锈钢骨架。浮标直径为 2100mm，高度约为 5100mm，设计水深大约 80m，浮标体净重约为 1900kg，可提供的储备浮力达到 2450kg。浮标内设电子仓，用于装载数据采集器、蓄电池、3G 通信模块、电压电流传感器等电子设备，所有仪器总质量约为 337kg。根据浮标体承载的仪器设备需要，浮标体设置 7 个孔，分别用于装配水质多参数检测仪、营养盐检测仪、声学多普勒流速剖面仪（简称“流速仪”）和水体二氧化碳变化速率检测仪器等设备。

16.1.5.2 数据采集传输装置

数据采集传输系统选用低功耗、高可靠的数据采集器，分别通过 SDI-12 接口连接水质多参数检测仪，RS-232 数据接口连接水质综合毒性检测仪、藻毒素原位检测仪、原位藻细胞观测仪、水体 CO_2 变化速率检测仪、营养盐检测仪、流速仪以及超声波气象工作站。通过 RS-232 串口通信方式发送至 3G 路由器用于数据的无线传输。数据采集系统线路连接如图 16-33 所示。数据采集器配有 2GB 的存储空间，以仪器按照每天运行的最高频率计算，一天可产生约 350kB 的数据，因此，在传输系统实时传输数据失败的情况下，该数据采集器可存储约 5900d 的监测数据，供工作人员离线获取。

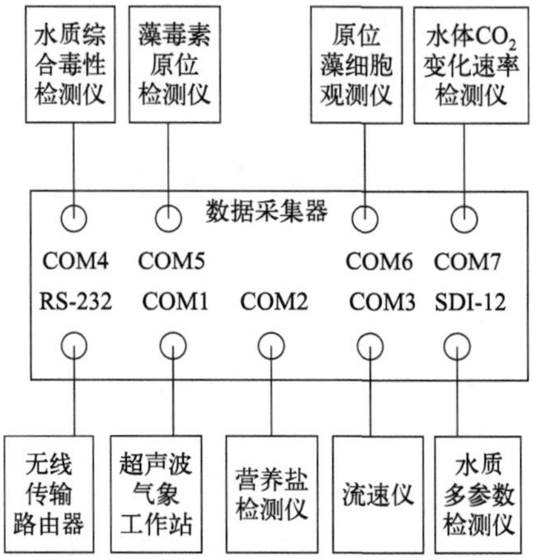

图16-33 数据采集系统线路连接图

数据传输系统采用性价比较高的 CDMA2000 网络。每个指标发送频率根据实际需要调整。数据传输系统选用 3G 传输数据，可实现数据上行速率不低于 5.76Mbit/s，下行速率不低于 21.6Mbit/s，数据传输如图 16-34 所示。

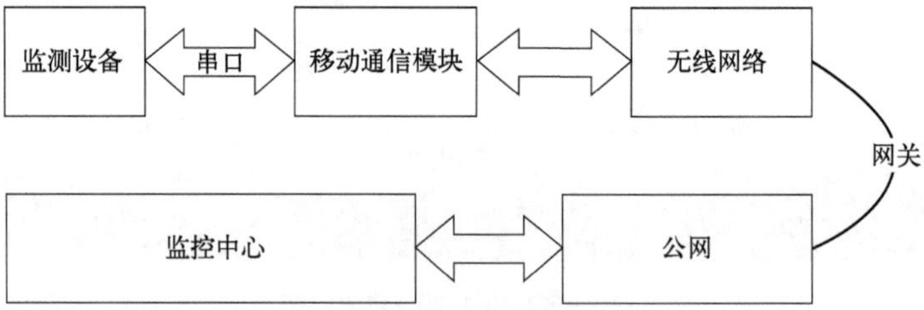

图16-34 数据传输

（1）通信协议总体示意

所有的通信包都是由 ACSII 码字符组成，通信协议数据结构如图 16-35 所示。通信包包括包头、数据段长度、数据包、CRC 校验码以及包尾五个组成部分。数据包则由请求时间、系统编号、命令编号、设备统一标识码、密码、标识位以及数据七部分组成。设备标识码由权威机构统一管理，各个在线监测设备传输数据时使用此标识码作为凭证。数据包的数据部分为实际要表达的信息。

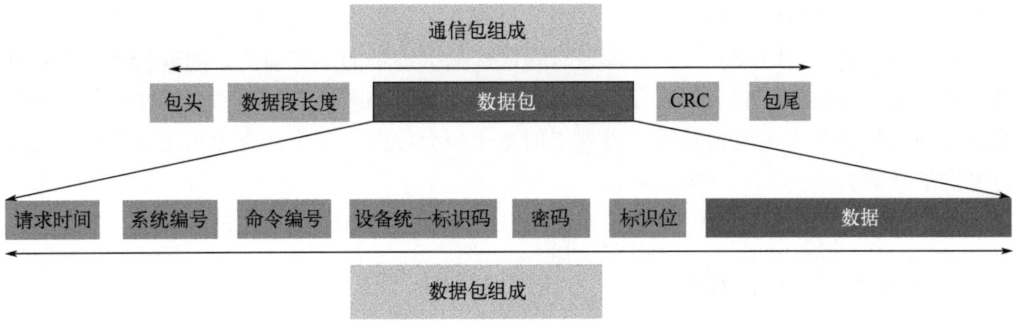

图16-35 通信协议总体示意

（2）视频传输方式

在线监测中心对库区的视频监控摄像头应具备控制及数据实时接收能力，因此，设计通过多网络传输协议相结合的办法达成远端视频数据接收，远端摄像设备控制的目的。提供用于控制远端摄像头的接口，包括：摄像头变焦、变倍、变光圈、白平衡调整、静态图像抓取、云台旋转、视频图像传输速率调整；提供基于 RTP/RTSP 协议的视频流数据传输接口。摄像头应具备视频数据暂存组件，防止网络不通畅导致数据不能及时回传而造成的数据丢失。

16.1.5.3 供电装置

供电系统由太阳能电池板、风力发电机和蓄电池组成。太阳能电池板共计 4 块，每块太阳能电池板额定功率是 100W。由于库区阴雨天气较多而风力较大，使用 1 台额定功率 400W 的风力发电机，实现风光互补的发电功能。太阳能电池板和风力发电机所产生的电量用于补充 4 个胶体电池，每个胶体电池额定电量是 200A·h，共计可存储 800A·h 电量。仪器正常工作的 24h 的总耗电量为 54A·h，因此，在蓄电池充满电而无外界电量补充的情况下，蓄电池可维持各个仪器正常运行 14d 左右。

16.2 三峡库区水生态环境感知推演模型技术

16.2.1 技术框架与总体研究思路

水生态环境模型是指利用数学方程模拟水环境中复杂的响应关系，主要通过水动力模型、水质模型和水生态模型进行模拟。通常实践中水动力水质模型的构建一般基于各种由传统方式获取的数据，例如气象数据、水文数据和水质监测数据等，从而生成偏微分方程的边界和初始条件。随着大数据技术的迅猛发展，生态环境大数据的建设和应用已初露端倪，大数据技术能够使得水生态环境演变规律的探索更为高效，有利于辨识和管控污染源风险和灾害提前预判，从而为生态环境决策的制定提供足够的理论依据，提高区域水环境污染联防和共治能力。基于确定性的机理过程模型在国内外许多河流、湖库管理中取得了较好的效果，可较为详细准确地模拟水体污染物的动态特征。但是这类模型不具备普适性，大量模型参数只能针对某一特定湖泊，只能在小范围内应用。同时，模型需要大量数据，且模型配置运行时间较长，难以短时间快速捕捉现场的预警信息。随着传感器、物联网等技术的发展与广泛应用，以及卫星遥感图片甚至航拍图片的相对易获得性，使一直以数据稀缺为特征的水环境领域逐步进入了信息化与大数据的时代，这为水污染防控决策支持提供了新的机会。

数据驱动的水生态环境推演模型主要由以下 4 个方面的模型库构成。

（1）水质变化推演模型

为实现在线指标变化的预测，根据关键水质指标（溶解氧和高锰酸盐等）时序变化的近似周期性特征，研发高斯云变换和模糊时间序列的多粒度水质预测模型，并集成在三峡库区水生态环境感知系统平台上，实现业务化运行并获得高精度的预测效果。

（2）水质富营养化评价模型

传统上富营养化评价常通过 TN、TP、COD、叶绿素 a 和透明度 5 个指标来计算富营养化状态指数，如果遇到数据缺失，将无法评价富营养化等级状态。水质富营养化评价模型通过耦合粗糙集和 Petri 网方法体系，实现 5 个指标的约减和大规模数据的并行计算，为解决缺失指标下富营养化评价提供方法学参考。

（3）水生态健康评价模型

利用环境一号卫星 CCD 数据，结合原位实测地物光谱数据和实测数据，构建叶绿素 a（浮游植物总生物量）与藻蓝素（蓝藻生物量）的反演模型，利用密度峰值聚类算法，实现水华区域自动聚类判别，提取蓝藻和绿藻水华的时空信息，对遥感反演模型进行感知系统集成和业务化运行。

（4）生物生态综合毒性评价模型

围绕水华暴发引起的微囊藻毒素超标预警问题，提出基于贝叶斯网络毒素等级判别模型，利用数据驱动方法构建藻毒素预警模型，实现代替指标对微囊藻毒素风险等级的预测，模型结构上耦合了生物和非生物参数实现高精度风险预测，利用灵敏度分析揭示水华和微囊藻毒素动态变化过程中关键指示因子，对贝叶斯网络模型进行感知系统集成，利用在线监测数据实现生物生态综合毒性风险等级推算与评价。

16.2.2　水质变化推演模型

16.2.2.1　模型背景

水质指标预测作为水资源管理的重要方法和手段，能够为相关部门及时掌握水质变化发展趋势提供科学依据和决策支撑。目前，许多统计分析模型和人工智能方法已成功应用于水质指标预测，常用的统计分析模型有 ARIMA 模型和偏最小二乘回归模型等。统计分析模型的有效性高度依赖水质指标历史观测数据概率分布假设的合理性，并且统计分析模型对多因素水质预测难度大。以人工神经网络（ANN）、支持向量机（SVM）及其扩展衍生模型为代表的机器学习方法近年来在水质预测中得到了广泛的研究和应用，这类模型对高质量的水质时间序列数据集具有较好的建模能力和预测精度。在实际应用中的水质时间序列通常具有不精确性、不完整性、随机性等特性，即该类水质时间序列数据预测中存在亦此亦彼、模糊不清的不确定性问题，基于精确数据的时间序列预测模型将不能直接用于这类水质预测问题的分析。结合水质预测中的时间序列近似周期性，提出了一种基于高斯云变换和模糊时间序列的多粒度水质预测模型（gaussian cloud transformation-fuzzy time series，GCT-FTS）。该模型采用启发式高斯云变换算法将数值型的定量历史观测数据粒化成多个高斯云（定性概念），得到模糊时间序列的论域分区。在构建模糊逻辑关系的过程中融合时间序列的近似周期性，利用时间序列数据本身的内在特征，去除噪声模糊逻辑关系，提高预测模型的精度和鲁棒性。

16.2.2.2 模型方法

（1）高斯云变换

人们在思考和分析问题时往往需要根据实际需求在不同的粒度层次上对原始问题进行抽象和推理，并且可以自然地在多个粒度层次之间实现概念切换。为了模拟人类思考问题的自适应过程，实现变粒度的概念切换，李德毅院士提出了高斯云变换概念，并给出了启发式高斯云变换和自适应高斯云变换两个变换算法。高斯云变换是在高斯变换的基础上，利用相邻两个高斯分布的交叠程度，计算高斯云的熵和超熵，得到每个高斯云的含混度，实现从高斯变换中的“概念硬划分”到高斯云变换中的“概念软划分”的转化，从而体现相邻概念之间固有的“亦此亦彼性”。启发式高斯云变换的基本思想是：利用先验知识（或者利用交叉验证等机器学习方法）给定高斯云的数量 M，运用高斯变换算法将原始定量数据转变为 M 个高斯分布，并获得相应的期望、标准差和混合系数，其中高斯分布的期望就是高斯云的期望；然后根据相邻两个高斯分布的交叠程度，计算高斯云的熵、超熵和含混度。具体算法描述如下。

输入：高斯云数量 M，定量时间序列 $X\{x_i \mid i = 1,2,\cdots,N\}$，迭代终止阈值 ε。

输出：M 个高斯云的期望、熵、超熵和含混度。

步骤 1 统计定量时间序列 $X\{x_i \mid i = 1,2,\cdots,N\}$ 的频度分布

$h(y_j) = p(x_i), i = 1, 2, \cdots, N; j = 1, 2, \cdots, N'$。

其中 y 为观测值的论域空间。

步骤 2 初始化 M 个高斯分布的期望、标准差和混合系数。第 k (k= 1, $\cdots$, M) 个高斯分布的期望 u_k、标准差 σ_k 和混合系数 a_k 分别设定为：

$$u_k = \frac{k \times \max(X)}{M+1}$$

$$\sigma_k = \max(X)$$

$$a_k = \frac{1}{M}$$

步骤 3　计算目标优化函数 $J(\theta)$。具体如下：

$$J(\theta)=\sum_{i=1}^{N'}\left\{h\left(y_i\right)\times\ln\sum_{k=1}^{M}\left[a_k g\left(y_i;u_k,\sigma_k^2\right)\right]\right\}$$

$$g\left(y_i;u_k,\sigma_k^2\right)=\frac{1}{\sqrt{2\pi}\sigma_k}\mathrm{e}^{-\frac{\left(y_i-u_k\right)^2}{2\sigma_k^2}}$$

步骤 4　根据极大似然估计和期望最大化算法迭代优化求解，第 k ($k=1,\cdots,M$) 个高斯分布的具体参数更新为：

$$u_k=\frac{\sum_{i=1}^{N}L_k\left(x_i\right)x_i}{\sum_{i=1}^{N}L_k\left(x_i\right)}$$

$$\sigma_k^2=\frac{\sum_{i=1}^{N}L_k\left(x_i\right)\left(x_i-u_k\right)^{\mathrm{T}}\left(x_i-u_k\right)}{\sum_{i=1}^{N}L_k\left(x_i\right)}$$

$$a_k=\frac{1}{N}\sum_{i=1}^{N}L_k\left(x_i\right)$$

$$L_k\left(x_i\right)=\frac{a_k g\left(x_i;u_k,\sigma_k^2\right)}{\sum_{n=1}^{M}\left[a_n g\left(x_i;u_n,\sigma_n^2\right)\right]}$$

步骤 5　重新计算目标优化函数的估计值 $J(\tilde{\theta})$，判断新目标优化函数与原始目标优化函数之间的差异。

$$J(\tilde{\theta})=\sum_{i=1}^{N'}\left\{h\left(y_i\right)\times\ln\sum_{k=1}^{M}\left[a_k g\left(y_i;u_k,\sigma_k^2\right)\right]\right\}$$

如果 $J(\theta)-J(\tilde{\theta})<\varepsilon$，则算法跳至步骤 6；否则，算法重新跳至步骤 3。

步骤 6　对第 k ($k=1,\cdots,M$) 个高斯云，计算其对应高斯分布标准差的缩放比 α_k，具体如下：

$$u_{k-1}+3\alpha_1\sigma_{k-1}=u_k-3\alpha_1\sigma_k$$
$$u_k+3\alpha_2\sigma_k=u_{k+1}-3\alpha_2\sigma_{k+1}$$
$$\alpha_k=\min\left(\alpha_1,\alpha_2\right)$$

其中 α_1 是第 k 个高斯分布与其左侧相邻高斯分布之间弱外围区不交叠的缩放比，α_2 是第 k 个高斯分布与其右侧相邻高斯分布之间弱外围区不交叠的缩放比。

步骤 7　对第 k ($k=1,\cdots,M$) 个高斯云，计算其最终的参数：

$$\mathrm{Ex}_k = u_k$$
$$\mathrm{En}_k = (1+\alpha_k)\times\sigma_k / 2$$
$$\mathrm{He}_k = (1-\alpha_k)\times\sigma_k / 6$$
$$\mathrm{CD}_k = (1-\alpha_k)/(1+\alpha_k)$$

经过上述步骤 1 ～步骤 7，最终可得到 M 个高斯云 $C(\mathrm{Ex}_k、\mathrm{En}_k、\mathrm{He}_k)$ 及其相应的概念含混度 CD_k，$k=1,2,\cdots,M$，其中概念含混度 CD_k 表征了高斯云分布偏离高斯分布的程度。

（2）多粒度水质预测模型

由图 16-36 的模型框架图可知，多粒度水质预测模型 GCT-FTS 可分为 4 个阶段：

① 基于启发式高斯云变换算法，将原始时间序列的数值型定量历史观测数据粒化抽象成若干个高斯云（定性概念），进而得到模糊时间序列的论域分区；

② 计算待预测水质指标时间序列的近似周期长度 L，根据 L 构造训练集，减少“噪声数据”对预测的影响；

③ 执行模糊时间序列预测模型；

④ 采用自适应期望模型修正预测值。

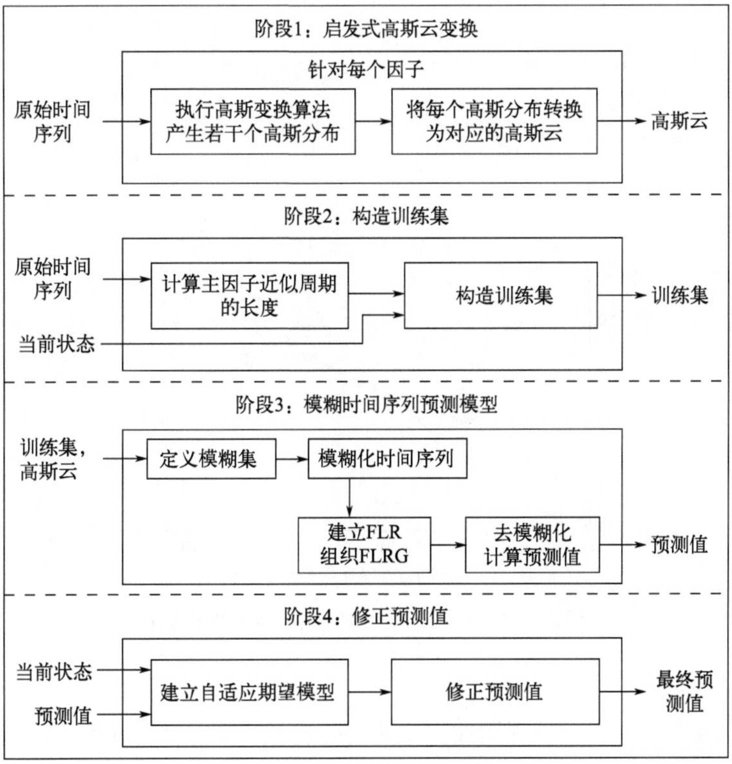

图16-36 GCT-FTS模型框架图

1）论域分区

高斯云变换算法的粒化结果依赖于预先设定的高斯云数量 M 和迭代终止阈值 ε，迭代次数（即收敛速度）依赖于 M 个高斯分布的期望、标准差和混合系数的初始化。采用交叉验证的方法确定高斯云数量 M，迭代终止阈值设为常数，例如 ε=0.0001。选择相距最远的 M 个高斯分布来初始化算法参数，具体如下：

① 计算时间序列所有观测值的均值，并选择距离该均值最近的点作为第一个高斯分布的“中心点”；

② 计算所有观测值到当前已经确定的高斯分布“中心点”集合的距离，选择最大距离对应点作为下一个高斯分布的“中心点”，并将该样本并入“中心点”集合；

③ 将每个观测值指派到离它最近的“中心点”所对应的高斯分布；

④ 计算每个高斯分布的期望和标准差，并将其作为启发式高斯云，变换算法的相应初始化参数；

⑤ 统计每个高斯分布的数据量 N_k，且设置混合系数 a_k=N_k/N。

图 16-37 展示了上述步骤中的“中心点”的选择过程，该时间序列包含 100 个观测值，所有观测值的平均值为 8.55，图中的编号表示该编号对应的观测值（被标记为黑色的点）被选为“中心点”的顺序。最终，不同的水质指标时间序列将被粒化成不同数量的高斯云，例如，对于第 i 个水质指标（或者称因子），历史观测数值时间序列被抽象成 m_i 个高斯云 $C_{ij}(\mathrm{Ex}_{ij},\ \mathrm{En}_{ij},\ \mathrm{He}_{ij})$ $(1 \leqslant i \leqslant p,\ 1 \leqslant j \leqslant m_i)$, p 是用于预测的水质指标数量（包括主因子和所有次因子）。

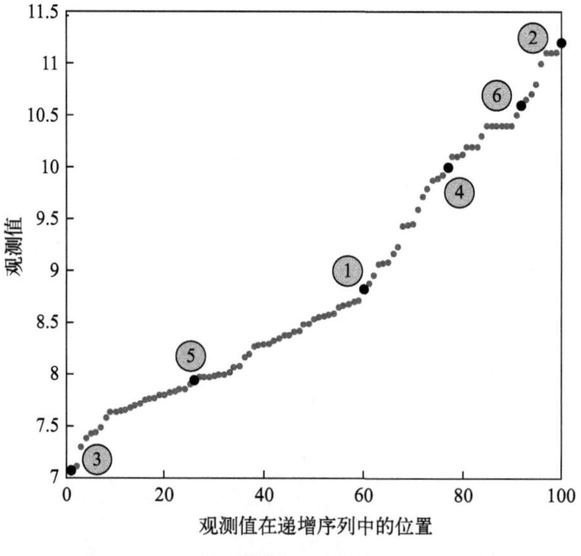

图16-37　高斯云变换中的“中心点”选择过程

2）近似周期性

时间序列通常具有一定的周期性，尤其是记录自然环境变化过程的时间序列。例如，对于溶解氧水质时间序列，以年为周期的溶解氧浓度曲线的波峰出现在冬季，波谷出现在夏季；以日为周期的溶解氧浓度曲线的最大值通常出现在晚上，最小值出现在白天。对于需要预测的水质指标，假设收集的水质指标历史时间序列包含 N 个粗粒度时间单元（如“年”）的数据，每个粗粒度时间单元包含 M 个细粒度的时间单元（如“周”），且假设第 i 个粗粒度时间单元内的时间序列曲线波谷（或者波峰）出现在 T_i 个细粒度时间单元上，则可以构造波谷（或者波峰）发生序列向量 V_w。

$$V_w = \{T_1, T_2, \cdots, T_i, \cdots, T_N\} (1 \leqslant T_i \leqslant M, 1 \leqslant i \leqslant N)$$

计算该时间序列的近似周期长度 L=[STD/2]×2，其中 STD 是向量 V_w 的标准差。假设下一个需要预测的细粒度时间单元为第 t 个时间单元，则第 t–1 个时间单元的观测值被称为“当前状态”，并且每个粗粒度时间单元内区间 [t–1–L/2, t–1+L/2] 上的观测值将被选用构建训练集。

以重庆朱沱站点的溶解氧为例（图 16-38），其时间序列数据采集频率为每周一次，初始训练集包含从 2004 年至 2012 年总共 9 年的周溶解氧浓度，时间序列数据曲线每年的波谷分别出现在第 18、第 28、第 34、第 41、第 31、第 18、第 34、第 19 和第 20 周，则波谷发生序列向量 V_w={18,28,34,41,31,18,34,19,20}，如图 16-38 所示，被标记为红色的数据点为每年的最小观测值（即波谷）。该溶解氧浓度时间序列的近似周期长度 L=8，标准差 STD=8.55。假定我们现在需要预测第 5 周的溶解氧浓度，则第 4 周的数据被称为“当前状态”，且初始数据集落在区间 [1,9] 内（第 1 周到第 9 周）的历史观测值将被用于构建训练集。

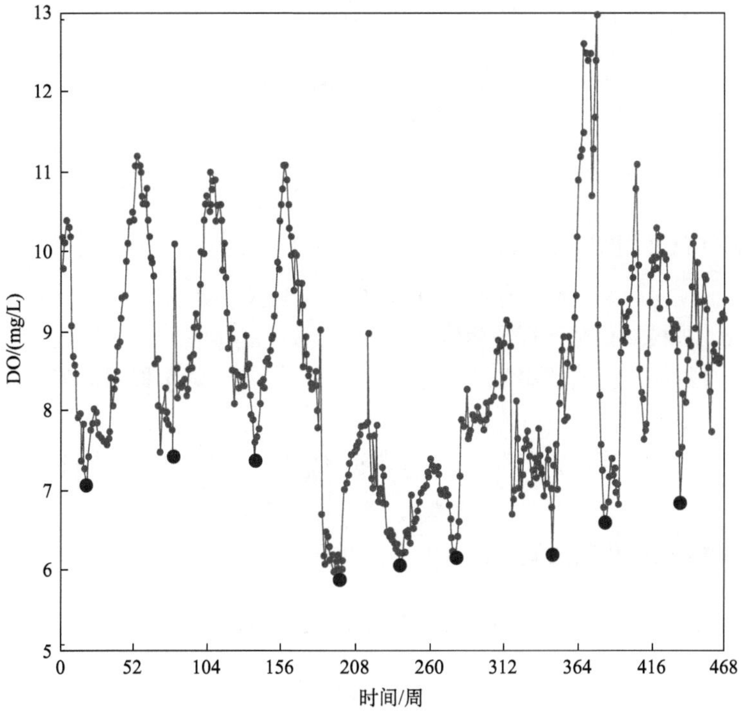

图16-38 溶解氧浓度曲线图

3）模糊时间序列预测模型

典型的模糊时间序列预测模型由 4 个部分构成：

① 步骤 a 将论域划分为模糊区间；

② 步骤 b 定义模糊集和模糊化历史时间序列；

③ 步骤 c　构建模糊逻辑关系（组）FLR(G)；

④ 步骤 d　去模糊化并计算预测值。

定量的历史观测时间序列已由高斯云变换算法粒化为若干个高斯云，因此，接下来的模糊时间序列预测模型可以直接忽略步骤 a，具体如下。

① 步骤 b　定义模糊集和模糊化历史时间序列。

对于第 i 个因子，根据得到的 m_i 个高斯云 $C_{ij}(\mathrm{Ex}_{ij},\mathrm{En}_{ij},\mathrm{He}_{ij})$ 定义 m 个模糊集：

$$
\begin{aligned}
A_{i,1} &= 1/C_{i,1} + 0.5/C_{i,2} + 0/C_{i,3} + 0/C_{i,4} + \cdots + 0/C_{i,m_i-1} + 0/C_{i,m_i} \\
A_{i,2} &= 0.5/C_{i,1} + 1/C_{i,2} + 0.5/C_{i,3} + 0/C_{i,4} + \cdots + 0/C_{i,m_i-1} + 0/C_{i,m_i} \\
A_{i,3} &= 0/C_{i,1} + 0.5/C_{i,2} + 1/C_{i,3} + 0.5/C_{i,4} + \cdots + 0/C_{i,m_i-1} + 0/C_{i,m_i} \\
&\vdots \\
A_{i,m_i} &= 0/C_{i,1} + 0/C_{i,2} + 0/C_{i,3} + 0/C_{i,4} + \cdots + 0.5/C_{i,m_i-1} + 1/C_{i,m_i}
\end{aligned}
$$

根据“最大确定度”原则将历史数值序列模糊化，得到模糊时间序列。

② 步骤 c　构建模糊逻辑关系（组）FLR(G)。

根据模式 $[F_1(t-1), F_2(t-1), \cdots, F_p(t-1)]$，$F_1(t)$ 构建一阶多因子 FLR。$F_1(t-1)$，$F_2(t-1)$，$\cdots$,$F_p(t-1)$ 称为“当前状态”，$F_1(t)$ 称为“下一状态”。假设存在 r 个“当前状态”为 $A_{1,i1}$，$A_{2,i2}$，$\cdots$，$A_{p,ip}$ 的 FLR：

$$
\begin{aligned}
&A_{1,i1}, A_{2,i2}, \cdots, A_{p,ip} \rightarrow A_{1,k1} \\
&A_{1,i1}, A_{2,i2}, \cdots, A_{p,ip} \rightarrow A_{1,k2} \\
&\qquad\qquad\vdots \\
&A_{1,i1}, A_{2,i2}, \cdots, A_{p,ip} \rightarrow A_{1,kr}
\end{aligned}
$$

则将这 r 个 FLR 组织为：

$$A_{1,i1}, A_{2,i2}, \cdots, A_{p,ip} \rightarrow A_{1,k1}, A_{1,k2}, \cdots, A_{1,kr}$$

③ 步骤 d　去模糊化并计算预测值。

假设 $t-1$ 时刻的“当前状态”为 $A_{1,i1}$，$A_{2,i2}$，$\cdots$，$A_{p,ip}$，则可根据以下规则去模糊化并计算预测值。

Ⅰ. 步骤 1。如果“当前状态”$A_{1,i1}$，$A_{2,i2}$，$\cdots$，$A_{p,ip}$ 所对应的 FLRG 中只有一个 FLR，即：

$$A_{1,i1}, A_{2,i2}, \cdots, A_{p,ip} \rightarrow A_{1,k1}$$

则 t 时刻的去模糊化预测值 $P(t)$ 可由下式计算：

$$P(t) = \frac{1}{2} \times \left[\mathrm{Ex}_{1,k_1} + S(t-1) \right]$$

式中　Ex_{1,k_1}——模糊集 $A_{1,k1}$ 对应高斯云 $C_{1,k1}$ 的期望；

$S(t-1)$——主因子在 $t-1$ 时刻的历史观测值。

Ⅱ. 步骤 2。如果“当前状态”$A_{1,i1}$，$A_{2,i2}$，$\cdots$，$A_{p,ip}$ 所对应的 FLRG 中存在 r 个 FLR，即：

$$A_{1,i1}, A_{2,i2}, \cdots, A_{p,ip} \rightarrow A_{1,k1}, A_{1,k2}, \cdots, A_{1,kr}$$

则 t 时刻的去模糊化预测值 $P(t)$ 可由下式计算：

$$P(t) = \frac{1}{2} \times \left[\frac{n_1 \times \mathrm{Ex}_{1,k1} + n_2 \times \mathrm{Ex}_{1,k2} + \cdots + n_r \times \mathrm{Ex}_{1,kr}}{n_1 + n_2 + \cdots + n_r} + S(t-1) \right]$$

其中，n_i 是“下一状态”为 $A_{1,ki}$ 的 FLR 在 FLRG 中的频数，$1 \leqslant i \leqslant r$。

Ⅲ. 步骤 3。如果 FLRG 中不存在“当前状态”为 $A_{1,i1}$，$A_{2,i2}$，…，$A_{p,ip}$ 的 FLR，即：

$$A_{1,i1}, A_{2,i2}, \cdots, A_{p,ip} \rightarrow \#$$

公式中的符号“#”表示未知模糊集，则 t 时刻的去模糊化预测值 $P(t)$ 可由下式计算：

$$P(t) = \frac{1}{2} \times \left[\mathrm{Ex}_{1,i1} + S(t-1) \right]$$

4）自适应期望模型

为了进一步优化模型的预测精度，采用自适应期望模型（adaptive expectation model，AEM）修正预测值，计算公式如下：

$$\mathrm{FP}(t) = S(t-1) + h \times \left[P(t) - S(t-1) \right]$$

式中 $\mathrm{FP}(t)$——最终的预测值；

h——权重系数；

$P(t)$——得到的去模糊化预测值；

$S(t\text{–}1)$——第 t–1 时刻的观测值。

16.2.2.3 模型测试

（1）指标选取

筛选 10 项水质指标作为水质变化推演模型的预测指标，包括水温、浊度、电导率、透明度、pH 值、溶解氧、高锰酸盐、氨氮、总磷、总氮。

（2）数据集

在 GCT-FTS 模型的预测效果测试实验中，选用重庆朱沱（Station 1）、四川宜宾凉姜沟（Station 2）和四川攀枝花龙洞（Station 3）三个监测站点的溶解氧和高锰酸盐指数 10 年的监测数据作为验证数据集（表 16-9）。2004 ～ 2012 年的溶解氧和高锰酸盐指数的周监测数据作为训练集，2013 年的监测数据作为测试集。

表16-9 溶解氧和高锰酸盐指数时间序列数据集的统计特征列表

参数	位置	偏度	标准差	平均值	最大值	最小值
DO	Station 1	0.4540	1.3594	8.4761	13.0	5.88
	Station 2	0.8450	1.3187	8.8865	14.4	5.07
	Station 3	0.9100	0.7479	8.7898	13.9	6.94
COD_{Mn}	Station 1	2.0988	0.8880	2.0048	7.6	0.7
	Station 2	1.9703	1.0207	2.2733	9.8	0.5
	Station 3	1.3755	1.1779	1.6023	6.9	0

（3）溶解氧预测

溶解氧预测验证实验的数据集包含 3 个监测站点的溶解氧监测数据，其时间序列曲线如图 16-39 所示（书后另见彩图）。GCT-FTS 水质时间序列预测模型的预测对象分别是三个监测站点的溶解氧时间序列。

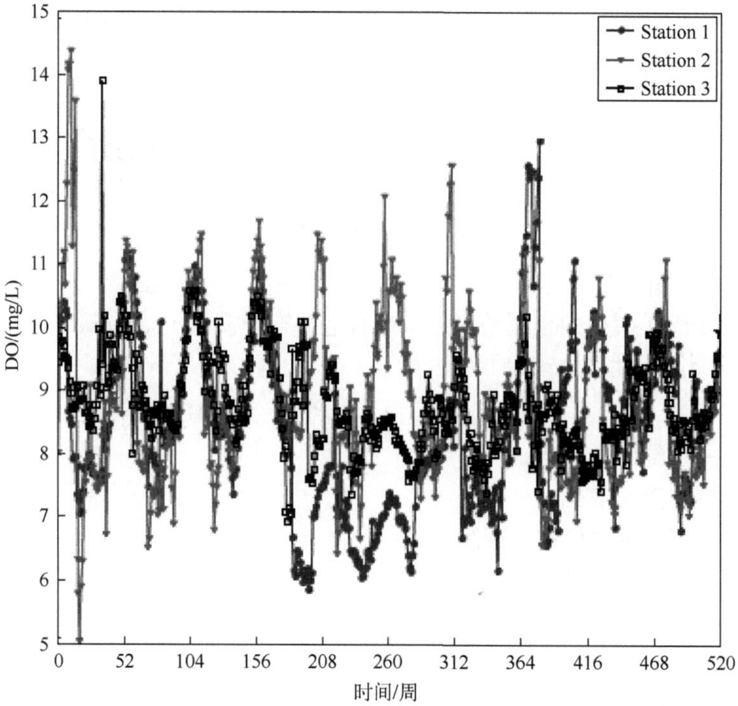

图16-39　三个监测站点的溶解氧时间序列曲线图

多因子 GCT-FTS 模型可被形式化为如下公式：

$$\text{DO-}N = f_{\text{GCT-FTS}}(\text{DO-1}, \text{DO-2}, \text{DO-3})$$

其中 DO-N 是站点 Station $N(N=1,2,3)$ 的溶解氧时间序列，$f_{\text{GCT-FTS}}$ 是构造的 GCT-FTS 预测器。

通常情况，下游水质污染情况严重受上游某地区污染物排放量的影响，因此下游监测站点的监测数据在某种程度上能够反映上游监测站点的水质质量。为了充分利用不同监测站点之间监测数据的关联性，在所有 3 个站点的数据集上分别构建了 3- 因子 GCT-FTS 模型、2- 因子 GCT-FTS 模型和单因子 GCT-FTS 模型。结果参见表 16-10 ～表 16-12，表中第一列为多（单）因子 GCT-FTS 预测模型的输入部分；第二列为高斯云变换中的不同因子的高斯云数量，即 GCT-FTS 预测模型中每个因子的模糊集数量；第三列至第六列分别是评估模型预测性能的四种统计评价指标。

表16-10　GCT-FTS 模型在监测站点 Station 1 的溶解氧预测结果

输入参数	云模型数量	MSE	MAPE/%	CE	R
DO-1	m_1=12	0.1339	3.1888	0.8479	0.9213
DO-1，DO-2	m_1=11，m_2=6	**0.1317**	**3.1740**	**0.8504**	**0.9230**
DO-1，DO-3	m_1=12，m_3=8	0.1397	3.2774	0.8414	0.9189
DO-1，DO-2，DO-3	m_1=18，m_2=16，m_3=8	0.1339	3.2435	0.8473	0.9245

表16-11 GCT-FTS模型在监测站点Station 2的溶解氧预测结果

输入参数	云模型数量	MSE	MAPE/%	CE	R
DO-2	m_2=6	0.2332	4.3700	0.7547	0.8801
DO-2, DO-1	m_2=19, m_1=12	0.2221	4.2443	0.7663	0.8882
DO-2, DO-3	m_2=6, m_3=6	**0.2105**	**4.1792**	**0.7785**	**0.8917**
DO-2, DO-1, DO-3	m_2=6, m_1=8, m_3=19	0.2135	4.2635	0.7753	0.8873

表16-12 GCT-FTS模型在监测站点Station 3的溶解氧预测结果

输入参数	云模型数量	MSE	MAPE/%	CE	R
DO-3	m_3=15	0.0513	1.9584	0.8372	0.9168
DO-3, DO-1	m_3=10, m_1=5	0.0505	1.9514	0.8396	0.9166
DO-3, DO-2	m_3=21, m_2=8	0.0513	2.0649	0.8370	0.9168
DO-3, DO-1, DO-2	m_3=7, m_1=12, m_2=16	**0.0474**	**1.9546**	**0.8495**	**0.9223**

结果表明，输入部分由DO-1和DO-2构成的2-因子GCT-FTS预测模型在站点Station 1的溶解氧预测中获得了最高的预测精度，即监测站点Station 2的溶解氧时间序列对预测站点Station 1的溶解氧具有正向促进作用，且相对重要性程度高于站点Station 3的溶解氧时间序列。站点Station 2的溶解氧预测中精度最高的模型是由DO-2和DO-3构成输入部分的2-因子GCT-FTS预测模型，也就是说，站点Station 2和站点Station 3的溶解氧时间序列的关联性强于站点Station 1。由DO-3、DO-1和DO-2共同构成输入部分的3-因子GCT-FTS预测模型获得了最好的预测性能，这意味着站点Station 1和站点Station 2的溶解氧时间序列均对预测站点Station 3的溶解氧具有重要的促进作用。三个站点的溶解氧预测的均方误差（平均MSE）、平均绝对百分比误差（平均MAPE）、交叉熵（平均CE）和平均残差（平均R）分别是0.1349、3.1558、0.8188和0.9090，这些实验结果表明GCT-FTS预测模型能够较好地适应溶解氧水质指标的预测，获得较高的预测精度。

（4）高锰酸盐指数预测

3个监测站点的高锰酸盐指数监测数据时间序列曲线如图16-40所示（书后另见彩图），GCT-FTS模型可被形式化为如下公式：

$$\mathrm{COD_{Mn}}-N=f_{\mathrm{GCT-FTS}}\left(\mathrm{COD_{Mn}}-1,\mathrm{COD_{Mn}}-2,\mathrm{COD_{Mn}}-3\right)$$

其中$\mathrm{COD_{Mn}}$-N是站点Station N(N=1,2,3)的高锰酸盐指数时间序列，$f_{\mathrm{GCT-FTS}}$是构造的GCT-FTS预测器。

在3个监测站点的监测数据集上分别构建3-因子GCT-FTS预测模型、2-因子GCT-FTS预测模型和单因子GCT-FTS预测模型，结果参见表16-13～表16-15。由$\mathrm{COD_{Mn}}$-1、$\mathrm{COD_{Mn}}$-2和$\mathrm{COD_{Mn}}$-3共同构成输入部分的3-因子GCT-FTS预测模型在站点Station 1和站点Station 3的高锰酸盐指数预测中获得了最好的预测性能，即3个站点的监测数据均对预测站点1和3的高锰酸盐指数具有重要影响。输入部分为$\mathrm{COD_{Mn}}$-2和$\mathrm{COD_{Mn}}$-3的2-因子GCT-FTS预测模型获得了最高的预测精度，也就是说，Station 3的高锰酸盐指数时间序列对预测Station 2的高锰酸盐指数更重要。3个站点的高锰酸盐指数预测的平均MSE、平均MAPE、平均CE和平均R分别是0.1170、13.5156、0.7448和0.8701。这些结果说明，GCT-FTS预测模型能够高效地执行高锰酸盐指数预测任务。

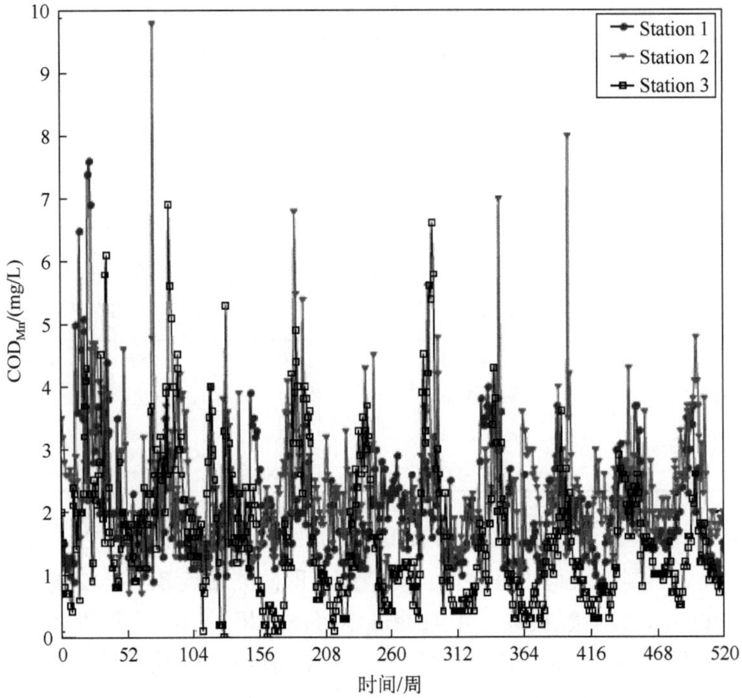

图16-40　3个监测站点的高锰酸盐指数时间序列曲线图

表16-13　GCT-FTS模型在监测站点Station 1的高锰酸盐指数预测结果

输入参数	云模型数量	MSE	MAPE/%	CE	R
COD_{Mn}-1	m_1=17	0.1339	14.3343	0.7431	0.8629
COD_{Mn}-1, COD_{Mn}-2	m_1=25, m_2=6	0.0996	13.6980	0.8090	0.9003
COD_{Mn}-1, COD_{Mn}-3	m_1=20, m_3=23	0.1144	13.2556	0.7806	0.8850
COD_{Mn}-1, COD_{Mn}-2, COD_{Mn}-3	m_1=22, m_2=6, m_3=23	**0.0938**	**12.6279**	**0.8200**	**0.9059**

表16-14　GCT-FTS模型在监测站点Station 2的高锰酸盐指数预测结果

输入参数	云模型数量	MSE	MAPE/%	CE	R
COD_{Mn}-2	m_2=5	0.1853	11.4677	0.7092	0.8442
COD_{Mn}-2, COD_{Mn}-1	m_2=5, m_1=6	0.1899	11.4282	0.7020	0.8408
COD_{Mn}-2, COD_{Mn}-3	m_2=5, m_3=16	**0.1726**	**10.6766**	**0.7292**	**0.8631**
COD_{Mn}-2, COD_{Mn}-1, COD_{Mn}-3	m_2=5, m_1=9, m_3=10	0.1729	10.7295	0.7286	0.8595

表16-15　GCT-FTS模型在监测站点Station 3的高锰酸盐指数预测结果

输入参数	云模型数量	MSE	MAPE/%	CE	R
COD_{Mn}-3	m_3=13	0.0692	16.9065	0.6888	0.8488
COD_{Mn}-3, COD_{Mn}-1	m_3=25, m_1=17	0.0545	15.4549	0.7548	0.8883
COD_{Mn}-3, COD_{Mn}-2	m_3=9, m_2=10	0.0638	16.1203	0.7133	0.8600
COD_{Mn}-3, COD_{Mn}-1, COD_{Mn}-2	m_3=10, m_1=8, m_2=5	**0.0537**	**15.4875**	**0.7584**	**0.8821**

16.2.3 水质富营养化评价模型

16.2.3.1 模型背景

富营养化通常是指湖泊、水库等水体接纳过多的氮、磷等营养物质，使藻类以及其他水生生物过量繁殖，水体透明度下降，溶解氧降低，从而使水体生态系统功能受到损害和破坏。有关湖泊富营养化的评价，多从水质、水生生物以及底质三个方面来进行，所采用的评价方法可归纳为特征法、参数法、生物指标评价法、磷收支模型法、营养状态指数法、数学分析法以及基于 GIS 的评价方法等几种类型。针对富营养化评价，尽管已有大量国内外学者分别从生态学和信息学的角度提出了众多评价方法与模型，但是都存在一些问题，例如通常需要完备的数据集、过分重视评价精度而忽视了评价效率。大数据时代所面临的是数据的迅猛增长，如何构建一个高效的、基于不完备数据的富营养化评价模型是大数据时代下水环境保护所急需解决的关键问题。

16.2.3.2 模型方法

考虑到经典粗糙集理论是建立在等价关系基础上，而等价关系的特点就是相似性。当人们在区分两个相似对象时，通常不是依靠相似性来区分，而是根据差异性来区分。因此，通过在不完备目标信息系统中定义差异关系对经典粗糙集理论进行理论扩展，更进一步，将变精度思想引入其中，建立基于不完备目标信息系统差异关系的变精度属性约简算法，用以从不完备的、带有噪声的大型数据库中挖掘有价值的知识。

有研究表明，过多的规则知识会导致推理速度变慢。影响推理效率的因素主要有规则前件数量、规则库中的规则数量，以及规则间的逻辑复杂程度三个方面。首先，如果规则前件数量太多，会大幅度提高推理系统的解释机制工作时间，从而使推理效率变低；其次，规则库中的规则数量庞大会直接增加匹配规则数量，进而增加推理系统的冲突消解时间、影响推理效率；第三，规则间的逻辑复杂程度和规则数量成反比例关系，规则逻辑关系越简单，规则数量就会越多。综上所述，规则库推理效率的高低需要从规则前件因子数量、规则总数量以及规则逻辑关系复杂度三个方面来考虑。

为了提高知识规则的匹配速度，就规则前件数量与规则总数量这两个方面，可以通过置信度、支持度与覆盖度来过滤掉一些冗余规则、不可靠规则，从而提高匹配速度；规则逻辑关系复杂度方面，考虑将 Petri 网的并行处理能力引入粗糙集理论中进行扩展。

研究的技术路线如图 16-41 所示。

（1）不完备目标信息系统中的差异关系

在一个不完备目标信息系统$\mathrm{ICIS}=\langle U,C,D,V,f\rangle$中，$C\cap D=\varnothing$，$\forall c\in C$，那么不完备目标信息系统中的差异关系可以定义为：

$$R_c^{*D}=\left\{(x,y)\in U\times U|\ f\left(x,c_\chi\right)\neq f\left(y,c_\chi\right)\wedge f\left(x,c_\chi\right)\neq *\wedge f\left(y,c_\chi\right)\neq *,\exists c_\chi\in c\right\}$$

式中 *——未知属性值；

c——不完备目标信息系统 ICIS 中的任意条件属性子集。

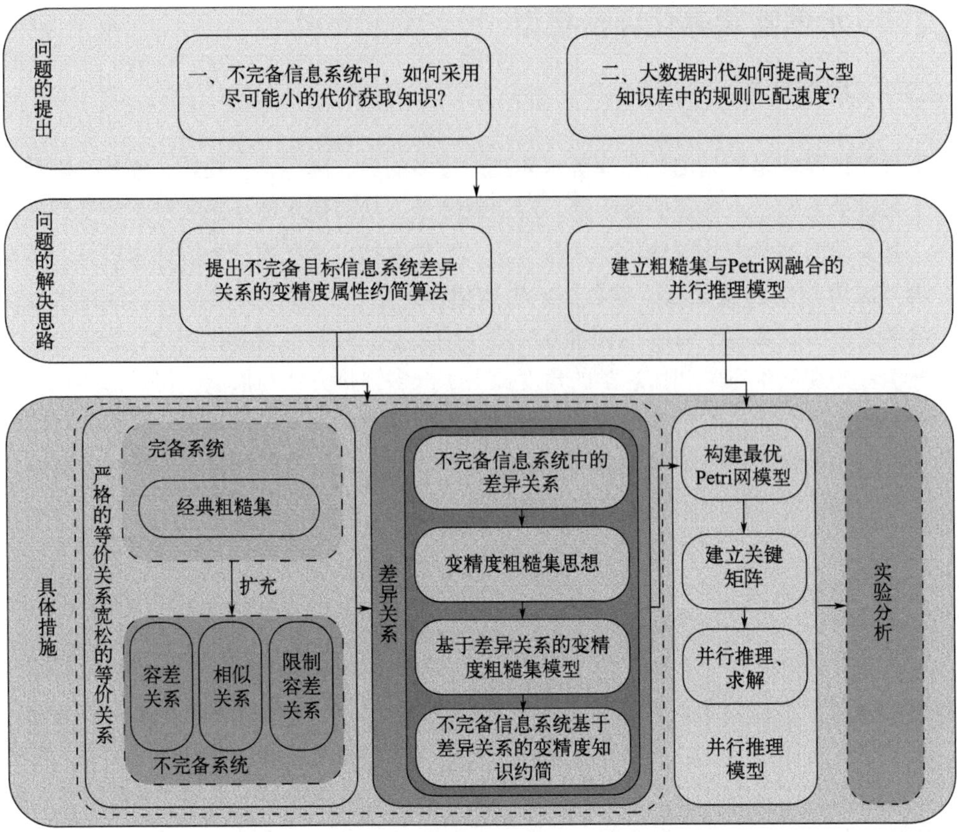

图16-41　模型研究的逻辑结构

如果两个对象x，y在任意一个属性上取值不同，那么可以认为这两个对象处于同一个差异类，则对象x属于对象y的差异类中，或对象y属于对象x的差异类中，论域中对象x属于属性子集 c 的差异类记作：

$$[x]_{R_c^{*D}} = \left\{ y \in U | (x, y) \in R_c^{*D} \right\}$$

通过差异关系$[x]_{R_c^{*D}}$将论域U划分为多个子集，记作U/R_c^{*D}。

在一个不完备目标信息系统$\mathrm{ICIS} = \langle U, C, D, V, f \rangle$中，$\forall X \subseteq U$，$\forall c \in C$，$R_c^{*D}$是基于属性子集$c$的差异关系，那么$X$基于差异关系$R_c^{*D}$的上近似、下近似关系为：

$$\overline{R}_c^{*D}(X) = \left\{ x \in U | [x]_{R_c^{*D}} \cap X \neq \varnothing \right\}$$

$$\underline{R}_c^{*D}(X) = \left\{ x \in U | [x]_{R_c^{*D}} \subseteq X \right\}$$

如果$\overline{R}_c^{*D}(X) = \underline{R}_c^{*D}(X)$，那么集合$X$是基于差异关系$R_c^{*D}$的精确集或可定义集，而当$\overline{R}_c^{*D}(X) \neq \underline{R}_c^{*D}(X)$时，那么集合$X$是基于差异关系$R_c^{*D}$的粗糙集或不可定义集。

在差异关系R_c^{*D}基础上，集合X的负域为：

$$\mathrm{NEG}_c^{*D}(X) = U - \overline{R}_c^{*D}(X)$$

正域为：

$$\mathrm{POS}_c^{*D}(X) = \underline{R}_c^{*D}(X)$$

则边界域为：$BN_c^{*D}(X)=\overline{R}_c^{*D}(X)-\underline{R}_c^{*D}(X)$

易知，$\overline{R}_c^{*D}(X)=POS_c^{*D}(X)\cup BN_c^{*D}(X)$

当一个不完备目标信息系统$ICIS=\langle U,C,D,V,f\rangle$中，如果条件属性$C$有$n$个，即：$C=\{c_{\chi 1},c_{\chi 2},\cdots,c_{\chi n}\}$，目标属性有一个，即$D=\{d\}$。由目标属性可以将论域$U$划分成不同的等价类，那么对象$x$的等价类为$[x]_{R_d}=\{y|\ f(y,d)=f(x,d)\}$，而对象$x$的差异类为$[x]_{R_d^D}=\{y|\ f(y,d)\neq f(x,d)\}$。

不完备目标信息系统$ICIS=\langle U,C,D,V,f\rangle$中，对任意的属性子集$c$，$R_c^{*D}$是属性子集$c$的差异关系，有任意的子集$X_1$，$X_2\subseteq U$，那么：

如果$\overline{R}_c^{*D}(X_1)=\overline{R}_c^{*D}(X_2)$，那么集合$X_1$与集合$X_2$在差异关系上是上粗相等的，即$X_1\simeq_{R_c^{*D}}X_2$；

如果$\underline{R}_c^{*D}(X_1)=\underline{R}_c^{*D}(X_2)$，那么集合$X_1$与集合$X_2$在差异关系上是下粗相等的，即$X_1\eqsim_{R_c^{*D}}X_2$；

如果$\overline{R}_c^{*D}(X_1)=\overline{R}_c^{*D}(X_2)$，且$\underline{R}_c^{*D}(X_1)=\underline{R}_c^{*D}(X_2)$，那么集合$X_1$与集合$X_2$在差异关系上是粗相等的，即$X_1\approx_{R_c^{*D}}X_2$。

（2）基于差异关系的不完备目标信息系统中的变精度约简

在不完备目标信息系统中差异关系的约简基础之上，考虑噪声数据与误差对不完备目标信息系统的影响，提出基于差异关系的不完备目标信息系统中的变精度粗糙集知识约简算法。

首先给出基于差异关系的不完备目标信息系统约简相关概念。

在不完备目标信息系统$ICIS=\langle U,C,D,V,f\rangle$中，对任意的属性子集$c$，$R_c^{*D}$是属性子集$c$的差异关系，$\exists c_\chi\subset c$，那么：

$\forall[x]_{R_d^D}$，有$\overline{R}_c^{*D}\left([x]_{R_d^D}\right)=\overline{R}_C^{*D}\left([x]_{R_d^D}\right)$，且$\overline{R}_{c_\chi}^{*D}\left([x]_{R_d^D}\right)\neq\overline{R}_C^{*D}\left([x]_{R_d^D}\right)$，则称属性子集$c$为不完备目标信息系统中的相对上近似约简。

$\forall[x]_{R_d^D}$，有$\underline{R}_c^{*D}\left([x]_{R_d^D}\right)=\underline{R}_C^{*D}\left([x]_{R_d^D}\right)$，且$\underline{R}_{c_\chi}^{*D}\left([x]_{R_d^D}\right)\neq\underline{R}_C^{*D}\left([x]_{R_d^D}\right)$，则称属性子集$c$为不完备目标信息系统中的相对下近似约简。

$\forall[x]_{R_d^D}$，有$\overline{R}_c^{*D}\left([x]_{R_d^D}\right)=\overline{R}_C^{*D}\left([x]_{R_d^D}\right)$，$\underline{R}_c^{*D}\left([x]_{R_d^D}\right)=\underline{R}_C^{*D}\left([x]_{R_d^D}\right)$，且$\overline{R}_{c_\chi}^{*D}\left([x]_{R_d^D}\right)\neq\overline{R}_C^{*D}\left([x]_{R_d^D}\right)$，$\underline{R}_{c_\chi}^{*D}\left([x]_{R_d^D}\right)\neq\underline{R}_C^{*D}\left([x]_{R_d^D}\right)$，则称属性子集$c$为不完备目标信息系统中的相对近似约简。

在不完备目标信息系统$ICIS=\langle U,C,D,V,f\rangle$中，$C\cap D=\varnothing$，$D$为决策属性。$\forall c\in C$，$R_c^{*D}$是属性子集$c$在论域$U$上的差异关系，而$[x]_{R_c^{*D}}$是包含$x$的差异类。

$X_i\in U/[x]_{R_c^{*D}}\left(i=1,2,\cdots,\left|U/[x]_{R_c^{*D}}\right|\right)$，$Y_j\in U/[x]_{R_d^{*D}}\left(j=1,2,\cdots,\left|U/[x]_{R_d^{*D}}\right|\right)$。对于$\beta\in[0.5,1]$上的基于差异关系$R_c^{*D}$的$\beta$下近似与$\beta$上近似分别记作$\underline{R_c^{\beta}}^{*D}(x)\overline{R_c^{\beta}}^{*D}(x)$：

$$\underline{R_c^{\beta}}^{*D}(x)=\left\{x\in U|\ F\left[X_i/R_c^{*D}(x)\right]\geqslant\beta\right\};\ \overline{R_c^{\beta}}^{*D}(x)=\left\{x\in U|\ F\left[X_i/R_c^{*D}(x)\right]>1-\beta\right\}$$

$\underline{R_c^{\beta}}^{*D}$与$\overline{R_c^{\beta}}^{*D}$分别称不完备信息系统中基于差异关系的$\beta$下、上近似算子。其中，$F\left(X_i/Y_j\right)=\dfrac{|X_i\cap Y_j|}{|X_i|}$。

在不完备目标信息系统$\text{ICIS}=\langle U,C,D,V,f\rangle$中，$\beta\in[0.5,1]$，$\forall c\in C$，$R_c^{*D}$是属性子集$c$在论域$U$上的差异关系，而$[x]_{R_c^{*D}}$是包含$x$的差异类。$X_i\in U/[x]_{R_c^{*D}}\left(i=1,2,\cdots,\left|U/[x]_{R_c^{*D}}\right|\right)$，$Y_j\in U/[x]_{R_d^{*D}}\left(j=1,2,\cdots,\left|U/[x]_{R_d^{*D}}\right|\right)$。决策属性$D$相对于条件属性$c\in C$的$\beta$正域、$\beta$边界域以及$\beta$负域分别表示为：

$$\text{POS}_c^{*\beta}(D)=U_{Y_j\in U/[x]_{R_d^{*D}}}\underline{R_c^{\beta}}^{*D}(x)$$

$$\text{NEG}_c^{*\beta}(D)=U-U_{Y_j\in U/[x]_{R_d^{*D}}}\overline{R_c^{\beta}}^{*D}(x)$$

$$\text{BN}_c^{*\beta}(D)=U_{Y_j\in U/[x]_{R_d^{*D}}}\overline{R_c^{\beta}}^{*D}(x)-U_{Y_j\in U/[x]_{R_d^{*D}}}\underline{R_c^{\beta}}^{*D}(x)$$

在不完备目标信息系统$\text{ICIS}=\langle U,C,D,V,f\rangle$中，$\beta\in[0.5,1]$，$\forall c\in C$。决策属性$D$相对于条件属性$c\in C$的$\beta$依赖度可定义为：

$$\gamma_c^{*\beta}(D)=\left|\text{POS}_c^{*\beta}(D)\right|/|U|$$

在不完备目标信息系统$\text{ICIS}=\langle U,C,D,V,f\rangle$中，$X_i\in U/[x]_{R_c^{*D}}\left(i=1,2,\cdots,\left|U/[x]_{R_c^{*D}}\right|\right)$，$Y_j\in U/[x]_{R_d^{*D}}\left(j=1,2,\cdots,\left|U/[x]_{R_d^{*D}}\right|\right)$，那么集合$X_i$相对于$Y_j$的包含度可以定义为：

$$F\left(X_i/Y_j\right)=\begin{cases}0, & |X_i|=0\\ \dfrac{|X_i\cap Y_j|}{|X_i|}, & |X_i|>0\end{cases}$$

在不完备目标信息系统$\text{ICIS}=\langle U,C,D,V,f\rangle$中，$X_i\in U/[x]_{R_c^{*D}}\left(i=1,2,\cdots,\left|U/[x]_{R_c^{*D}}\right|\right)$，$Y_j\in U/[x]_{R_d^{*D}}\left(j=1,2,\cdots,\left|U/[x]_{R_d^{*D}}\right|\right)$，那么集合$X_i$相对于$U/[x]_{R_d^{*D}}$的参数分界点可以定义为：

$$\kappa_i=\max\left[F\left(X_i/Y_j\right)\right],\left(j=1,2,\cdots,\left|U/[x]_{R_d^{*D}}\right|\right)$$

基于差异关系的不完备目标信息系统中的变精度粗糙集知识约简算法步骤如下。

步骤 1：计算不完备目标信息系统中的差异关系上的等价划分。

步骤 2：给定β的初值，分别计算决策属性D相对条件属性集$c\in C$的β正域、β边界域、β负域与β依赖度。

步骤 3：令$\text{Re}\,d=c$，从条件属性中寻找约简。

步骤 4：从条件属性集合$c\in C$中，依次去掉一个以及多个属性，并计算相应的β依赖度，同时判断是否与决策属性D相对条件属性集$c\in C$的β依赖度相同。

① 若β依赖度不同，转到步骤 6 处理。

② 若β依赖度相同，转到步骤 5 处理。

步骤 5：β依赖度相同说明去掉的属性为冗余属性，令$\text{Re}\,d=\text{Re}\,d-\{c\}$。

步骤 6：β依赖度不同说明去掉的属性为关键属性，循环结束，输出约简结果$\text{Re}\,d$。

（3）不完备信息系统中的并行推理模型

根据上述基于差异关系的不完备目标信息系统中变精度粗糙集知识约简算法，以一个实例来进行具体分析。表 16-16 为一个不完备目标决策信息系统，其中$U=\{x_1,x_2,\cdots,x_{12}\}$为论域；$C=\{c_1,c_2,c_3,c_4\}$为条件属性集合；$D=\{d\}$为决策属性；* 为缺失值。

表16-16 不完备信息系统实例

U	c_1	c_2	c_3	c_4	D
x_1	*	*	*	1	2
x_2	3	1	2	3	1
x_3	*	*	2	*	1
x_4	0	2	3	2	2
x_5	1	*	2	*	2
x_6	*	1	2	3	2
x_7	3	*	*	3	2
x_8	0	2	3	2	1
x_9	*	0	0	*	1
x_{10}	1	2	3	2	1
x_{11}	0	1	2	3	2
x_{12}	1	*	2	*	1

在条件属性集C上，结合目标决策属性$D=\{d\}$，易知此不完备信息系统中的差异关系划分：

$X_1=[x_1]_{R_c^{*D}}=\{x_2,x_4,x_6,x_7,x_8,x_{10},x_{11}\}$；

$X_2=[x_2]_{R_c^{*D}}=\{x_1,x_4,x_5,x_8,x_9,x_{10},x_{11},x_{12}\}$；

$X_3=[x_3]_{R_c^{*D}}=\{x_4,x_8,x_9,x_{10}\}$；

$X_4=[x_4]_{R_c^{*D}}=\{x_1,x_2,x_3,x_5,x_6,x_7,x_9,x_{10},x_{11},x_{12}\}$；

$X_5=[x_5]_{R_c^{*D}}=\{x_2,x_4,x_7,x_8,x_9,x_{10},x_{11}\}$；

$X_6=[x_6]_{R_c^{*D}}=\{x_1,x_4,x_8,x_9,x_{10}\}$；

$X_7=[x_7]_{R_c^{*D}}=\{x_1,x_4,x_5,x_8,x_{10},x_{11},x_{12}\}$；

$X_8=[x_8]_{R_c^{*D}}=\{x_1,x_2,x_3,x_5,x_6,x_7,x_9,x_{10},x_{11},x_{12}\}$；

$X_9=[x_9]_{R_c^{*D}}=\{x_2,x_3,x_4,x_5,x_6,x_8,x_{10},x_{11},x_{12}\}$；

$X_{10}=[x_{10}]_{R_c^{*D}}=\{x_1,x_2,x_3,x_4,x_5,x_6,x_7,x_8,x_9,x_{11},x_{12}\}$；

$X_{11}=[x_{11}]_{R_c^{*D}}=\{x_1,x_2,x_4,x_5,x_7,x_8,x_9,x_{10},x_{12}\}$；

$X_{12}=[x_{12}]_{R_c^{*D}}=\{x_2,x_4,x_7,x_8,x_9,x_{10},x_{11}\}$；

$U/[x]_{R_d^{*D}}=\{Y_1,Y_2\}=\{\{x_2,x_3,x_8,x_9,x_{10},x_{12}\},\{x_1,x_4,x_5,x_6,x_7,x_{11}\}\}$。

同时，可以得到各集合X相对于两个决策属性的包含度：

$F(X_1/Y_1)=\frac{3}{7}$，$F(X_1/Y_2)=\frac{4}{7}$；

$F(X_2/Y_1)=\frac{1}{2}$，$F(X_2/Y_2)=\frac{1}{2}$；

$F\left(X_3/Y_1\right)=\dfrac{3}{4}$，$F\left(X_3/Y_2\right)=\dfrac{1}{4}$；

$F\left(X_4/Y_1\right)=\dfrac{1}{2}$，$F\left(X_4/Y_2\right)=\dfrac{1}{2}$；

$F\left(X_5/Y_1\right)=\dfrac{4}{7}$，$F\left(X_5/Y_2\right)=\dfrac{3}{7}$；

$F\left(X_6/Y_1\right)=\dfrac{3}{5}$，$F\left(X_6/Y_2\right)=\dfrac{2}{5}$；

$F\left(X_7/Y_1\right)=\dfrac{3}{7}$，$F\left(X_7/Y_2\right)=\dfrac{4}{7}$；

$F\left(X_8/Y_1\right)=\dfrac{1}{2}$，$F\left(X_8/Y_2\right)=\dfrac{1}{2}$；

$F\left(X_9/Y_1\right)=\dfrac{5}{9}$，$F\left(X_9/Y_2\right)=\dfrac{4}{9}$；

$F\left(X_{10}/Y_1\right)=\dfrac{5}{11}$，$F\left(X_{10}/Y_2\right)=\dfrac{6}{11}$；

$F\left(X_{11}/Y_1\right)=\dfrac{5}{9}$，$F\left(X_{11}/Y_2\right)=\dfrac{4}{9}$；

$F\left(X_{12}/Y_1\right)=\dfrac{4}{7}$，$F\left(X_{12}/Y_2\right)=\dfrac{3}{7}$。

因此，可以得出：

X_1相对于$U/[x]_{R_d^{*D}}$的分界点为 0.571，当$\beta\in[0.5,0.571]$时，$Y_j(j=1,2)$相对于X_1的β下近似$\underline{R_c}^{\beta *D}\left(X_1\right)=\left\{x_4,x_6,x_7,x_{11}\right\}$；

X_2相对于$U/[x]_{R_d^{*D}}$的分界点为 0.5，当$\beta=0.5$时，$Y_j(j=1,2)$相对于X_2的β下近似$\underline{R_c}^{\beta *D}\left(X_2\right)=\left\{\left\{x_8,x_9,x_{10},x_{12}\right\}\vee\left\{x_1,x_4,x_5,x_{11}\right\}\right\}$；

X_3相对于$U/[x]_{R_d^{*D}}$的分界点为 0.75，当$\beta\in[0.5,0.75]$时，$Y_j(j=1,2)$相对于X_3的β下近似$\underline{R_c}^{\beta *D}\left(X_3\right)=\left\{x_8,x_9,x_{10}\right\}$；

X_4相对于$U/[x]_{R_d^{*D}}$的分界点为 0.5，当$\beta=0.5$时，$Y_j(j=1,2)$相对于X_4的β下近似$\underline{R_c}^{\beta *D}\left(X_4\right)=\left\{\left\{x_2,x_3,x_9,x_{10},x_{12}\right\}\vee\left\{x_1,x_5,x_6,x_7,x_{11}\right\}\right\}$；

X_5相对于$U/[x]_{R_d^{*D}}$的分界点为 0.571，当$\beta\in[0.5,0.571]$时，$Y_j(j=1,2)$相对于X_5的β下近似$\underline{R_c}^{\beta *D}\left(X_5\right)=\left\{x_2,x_8,x_9,x_{10}\right\}$；

X_6相对于$U/[x]_{R_d^{*D}}$的分界点为 0.6，当$\beta\in[0.5,0.6]$时，$Y_j(j=1,2)$相对于X_6的β下近似$\underline{R_c}^{\beta *D}\left(X_6\right)=\left\{x_8,x_9,x_{10}\right\}$；

X_7相对于$U/[x]_{R_d^{*D}}$的分界点为 0.571，当$\beta\in[0.5,0.571]$时，$Y_j(j=1,2)$相对于X_7的β下近似$\underline{R_c}^{\beta *D}\left(X_7\right)=\left\{x_1,x_4,x_5,x_{11}\right\}$；

X_8相对于$U/[x]_{R_d^{*D}}$的分界点为 0.5，当$\beta=0.5$时，$Y_j(j=1,2)$相对于X_4的β下近似$\underline{R_c}^{\beta *D}\left(X_8\right)=\left\{\left\{x_2,x_3,x_9,x_{10},x_{12}\right\}\vee\left\{x_1,x_5,x_6,x_7,x_{11}\right\}\right\}$；

X_9相对于$U/[x]_{R_d^{*D}}$的分界点为0.556，当$\beta\in[0.5,0.556]$时，$Y_j(j=1,2)$相对于X_9的β下近似$\underline{R_c^{\beta}}^{*D}(X_9)=\{x_2,x_3,x_8,x_{10},x_{12}\}$；

X_{10}相对于$U/[x]_{R_d^{*D}}$的分界点为0.545，当$\beta\in[0.5,0.545]$时，$Y_j(j=1,2)$相对于X_{10}的β下近似$\underline{R_c^{\beta}}^{*D}(X_{10})=\{x_1,x_4,x_5,x_6,x_7,x_{11}\}$；

X_{11}相对于$U/[x]_{R_d^{*D}}$的分界点为0.556，当$\beta\in[0.5,0.556]$时，$Y_j(j=1,2)$相对于X_{11}的β下近似$\underline{R_c^{\beta}}^{*D}(X_{11})=\{x_2,x_8,x_9,x_{10},x_{12}\}$；

X_{12}相对于$U/[x]_{R_d^{*D}}$的分界点为0.571，当$\beta\in[0.5,0.571]$时，$Y_j(j=1,2)$相对于X_{12}的β下近似$\underline{R_c^{\beta}}^{*D}(X_{12})=\{x_2,x_8,x_9,x_{10}\}$。

易知：

当$\beta\in[0.5,0.545]$时，$\mathrm{POS}_c^{*\beta}(D)=U_{Y_j\in U/[x]_{R_d^{*D}}}\underline{R_c^{\beta}}^{*D}(x)=\{x_1,x_4,x_5,x_6,x_7,x_{11}\}$，那么$\gamma_c^{*\beta}(D)=\dfrac{|\mathrm{POS}_c^{*\beta}(D)|}{|U|}=\dfrac{1}{2}$；同理，可得$\beta\in[0.5,0.556]$时，$\gamma_c^{*\beta}(D)=\dfrac{|\mathrm{POS}_c^{*\beta}(D)|}{|U|}=\dfrac{1}{2}$；$\beta\in(0.556,0.571]$时，$\gamma_c^{*\beta}(D)=\dfrac{5}{6}$；$\beta\in(0.571,0.75]$时，$\gamma_c^{*\beta}(D)=\dfrac{1}{4}$。

对不完备目标信息系统决策表16-17进行差异关系上的变精度粗糙集知识约简处理时，如果β的取值不同，那么它们的依赖度也不尽相同。

表16-17 不同β取值上的依赖度

参数范围	依赖度	参数范围	依赖度
$\beta\in[0.5,0.556]$	1/2	$\beta\in(0.571,0.75]$	1/4
$\beta\in(0.556,0.571]$	5/6		

由表16-18可知，对原决策表中删除一个或多个属性时，β在不同的分界点时，其依赖度不尽相同。表16-19说明参数β在变化过程中，约简结果也在发生变化。因此，可以得知，参数β的范围不同，从不完备决策信息表中所得到的信息量发生变化，其属性依赖度与约简结果也在发生变化。

表16-18 各种属性删除策略上的分界点与依赖度

保留属性	0.545	0.556	0.571	0.6	0.625	0.667	0.714	0.75	0.8
$c_1c_2c_3$	1/2	1/2	5/12	5/12	5/12	1/4	1/4	1/4	—
$c_1c_2c_4$	5/6	5/6	1/2	1/2	5/12	—	—	—	—
$c_2c_3c_4$	5/6	5/6	1/3	1/4	1/4	1/4	1/4	1/4	—
$c_1c_3c_4$	1/2	1/2	5/6	1/4	1/4	1/4	1/4	1/4	—
c_1c_2	2/3	2/3	2/3	1/4	5/12	1/4	1/4	1/4	—
c_3c_4	5/6	5/6	1/3	1/4	1/4	1/4	1/4	1/4	—
c_1c_3	1/2	1/2	5/12	5/12	5/12	1/4	1/4	1/4	—
c_2c_4	1/3	1/3	1/3	1/4	1/3	1/3	—	—	—
c_1c_4	1/2	1/2	1/2	1/4	5/12	5/12	5/12	—	—

续表

保留属性	0.545	0.556	0.571	0.6	0.625	0.667	0.714	0.75	0.8
c_2c_3	5/12	5/12	1/3	1/4	1/4	1/4	1/4	1/4	—
c_1	1/2	1/2	1/2	1/2	—	—	—	—	—
c_2	1/4	1/4	1/4	1/4	1/4	1/4	1/4	1/4	—
c_3	5/12	5/12	1/3	1/4	1/4	1/4	1/4	1/4	—
c_4	1/3	1/3	1/3	1/3	1/3	1/3	1/3	1/3	1/3

表16-19 不同β范围对应的约简结果

参数范围	约简结果	参数范围	约简结果
$\beta \in [0.5, 0.556]$	$\{c_1\}$	$\beta \in (0.571, 0.6]$	$\{c_1,c_4\} \vee \{c_2\} \vee \{c_3\}$
$\beta \in (0.556, 0.571]$	$\{c_1,c_3,c_4\}$	$\beta \in (0.6, 0.75]$	$\{c_2\} \vee \{c_3\}$

在建立并行处理粗糙集时，由于建模时的各条件属性与决策属性之间的关系通常是错综复杂的，充满了很多的不确定因素，因此较难以用确定的数学模型来描述。而粗糙集理论正好能够很好地处理不确定问题。粗糙集能够对决策信息表中的冗余信息进行有效约简，并能进行深度的数据挖掘，从而找到决策表中所隐藏的诸如“if…then…”的规则，它能在不影响分类或决策精度的前提下，降低工作量，减少不确定信息的影响，从而提高决策的准确率。

不完备系统中的并行推理模型（RSPN 模型）建模思路为：第一，数据的收集，确定条件属性与决策属性，由于数据中不可避免产生缺失数据，这里建立的信息决策表就是不完备决策信息表；第二，由于粗糙集只能处理离散数据，这里通过可视化离散化算法进行数据的离散化处理；第三，建立不完备信息系统下的差异关系，同时，为了降低噪声数据的影响，设置变精度阈值，为后续变精度知识约简算法提供依据；第四，进行规则的提取与过滤，以决策规则的支持度、置信度以及覆盖度为规则的过滤标准，对所提取的规则进行过滤，从而从大量的规则知识中获取到最小的知识规则，用来构建最简化的 Petri 网模型，通过 Petri 网的矩阵并行推理运算实现知识的高效提炼。这样将粗糙集和 Petri 网的功能做到有效结合，利于充分发挥各自的优势。不完备系统中的并行推理模型（RSPN 模型）流程如图 16-42 所示。

16.2.3.3 模型测试

（1）测试数据选择

为了将理论模型更好地应用于实际，结合应用背景，选取典型支流香溪河作为研究区域，共选取了 11 个断面作为富营养化分析的持续监测点。从香溪河与长江的交汇口到上游的高阳镇，依次用 S1 ～ S11 来标记各断面。各采样站点的数据通过聚乙烯（PE）瓶在监测断面水下 0.5m 采样，采样时间从 2015 年 1 月到 2016 年 2 月，采样频率为每天一次。采样指标为透明度（SD）、叶绿素 a（Chla）、高锰酸盐（COD_{Mn}）、总磷（TP）与总氮（TN）。共有 4675 条数据，表 16-20 为决策表中的条件属性与决策属性。

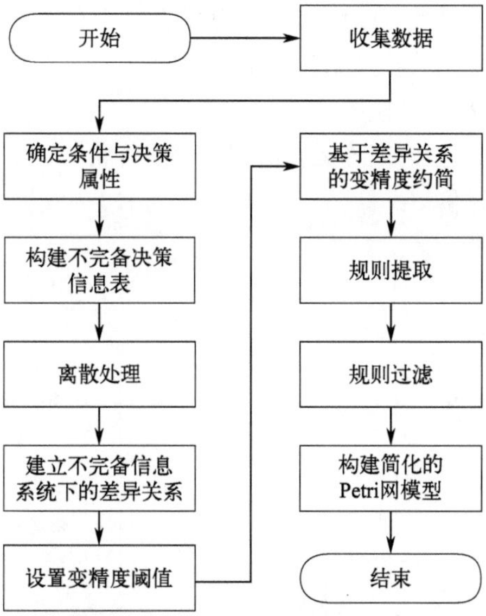

图16-42 不完备系统中的并行推理模型（RSPN模型）流程

表16-20 条件属性与决策属性

标签	条件属性(C)	等级	决策属性(D)
c_1	SD	1	贫营养(Ⅰ)
c_2	COD_{Mn}	2	中贫营养(Ⅱ)
c_3	TN	3	中营养(Ⅲ)
c_4	TP	4	中富营养(Ⅳ)
c_5	Chla	5	富营养(Ⅴ)
—	—	6	超富营养(Ⅵ)

在数据收集中，由于某些原因，使得部分数据缺失，用符号“*”代替，见表16-21。

表16-21 香溪河11个断面2015 ~ 2016年富营养化相关数据（仅列举部分）

记录号	c_1/m	c_2/(mg/L)	c_3/(mg/L)	c_4/(mg/L)	c_5/(mg/m^3)	等级
1	1	*	0.99	0.012	0.87	3
2	0.36	1.14	0.91	*	0.86	4
⋮	⋮	⋮	⋮	⋮	⋮	⋮
4673	1.7	2.27	1.73	0.038	108.52	5
4674	1.1	3.89	1.46	0.047	76.39	5
4675	2.1	1.58	0.78	0.023	16.87	4

（2）模型测试过程

1）总体流程

步骤1：数据收集，将数据分为两部分：一部分是训练数据；另一部分是测试数据。

步骤2：将数据整理为决策表形式。

步骤3：采用可视离散算法对数据进行离散化。

步骤 4：将基于差异关系的变精度属性约简算法用于不完备决策表的约简处理。

步骤 5：生成规则，采用剪枝策略对规则约简。

步骤 6：建立优化的 Petri 网模型。

步骤 7：通过 Petri 网模型的矩阵运算实现推理、评价。

步骤 8：性能与精度评价。

具体步骤如图 16-43 所示。

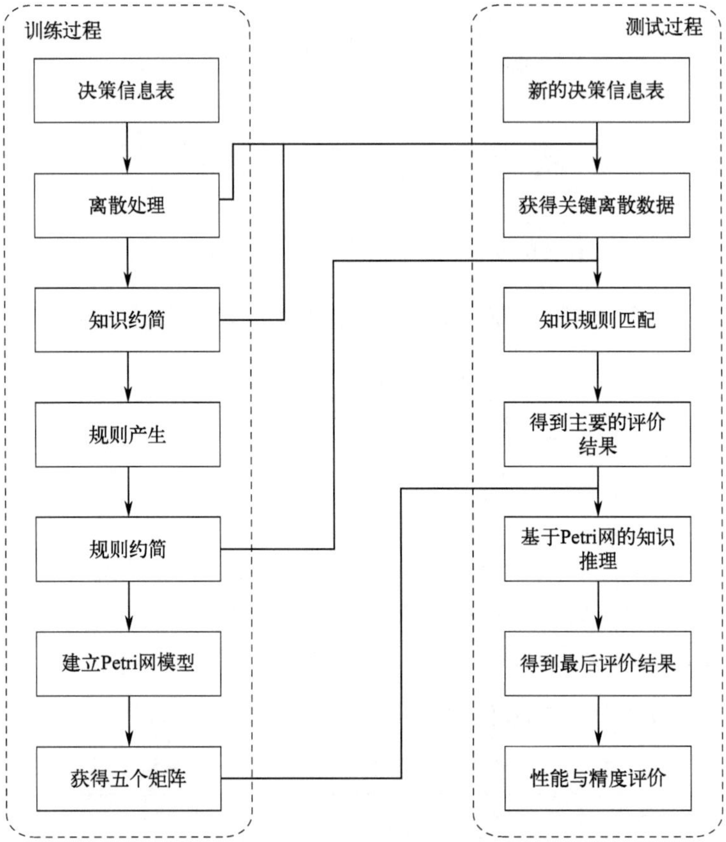

图16-43 高效的富营养化评价模型建模框架

2）离散化与约简处理

为了便于约简处理，将条件属性上的连续值通过可视离散化算法进行处理，表 16-22 为条件属性的离散断点区间。

表16-22 连续属性离散化表

属性	断点数	离散区间
叶绿素 a	6	(0,18.65),(18.65,22.67),(22.67,42.91),(42.91,67.51),(67.51,92.48),(92.48,+∞)
总磷	5	(0,0.043),(0.043,0.075),(0.075,0.083),(0.083, 0.104),(0.104,+∞)
总氮	5	(0,1.172),(1.172,1.308),(1.308,1.391),(1.391,1.599),(1.599,+∞)
高锰酸盐	6	(0,2.14),(2.14,2.63),(2.63,3.07),(3.07,3.24),(3.24,3.61),(3.61, +∞)
透明度	6	(0,1.57),(1.57,1.83),(1.83,2.14),(2.14,3.06),(3.06,3.88),(3.88, +∞)

此不完备决策信息表经离散化处理后，需要对其进行知识约简，选取基于差异关系的不完备变精度粗糙集约简算法进行约简处理，选取参数β的值为 0.6，实验平台为 matlab7，可以得到约简结果$\{c_1,c_2,c_5\}$，即透明度、高锰酸盐、叶绿素 a 为香溪河 11 个断面 2015 ～ 2016 年影响富营养化水平的关键指标。高效的富营养化评价模型建模框架如图 16-43 所示。

3）Petri 网建模

从不完备的数据得到影响富营养水平的三个关键属性。将 4675 条训练数据用于建立富营养评价分析的知识库。首先通过粗糙集产生训练数据的知识规则库。其次，由于规则知识库庞大，需要对知识库进行规则过滤，因此按规则的支持度降序排列选出 10 条最有代表性的规则。最后，根据这些规则来建立 Petri 网模型。

结合表 16-23 可知：设置透明度、高锰酸盐、叶绿素 a 三个关键属性为 Petri 网的起始输入库所。设富营养级别为 Petri 网的终态输出库所。通过 Petri 网的逻辑与和逻辑并的关系实现富营养化评价，能够得到 Petri 网模型如图 16-44 所示。

表16-23　支持度最高的10条规则

规则号	规则集	支持度
1	if透明度(5)and高锰酸盐(3)and叶绿素 a(5), then 等级(5)	493
2	if透明度(2)and高锰酸盐(3)and叶绿素 a(3), then 等级(3)	444
3	if透明度(4)and高锰酸盐(3)and叶绿素 a(2), then 等级(3)	419
4	if透明度(6)and高锰酸盐(3)and叶绿素 a(2), then 等级(4)	370
5	if透明度(*)and高锰酸盐(4)and叶绿素 a(6), then 等级(5)	312
6	if透明度(3)and高锰酸盐(3)and叶绿素 a(5), then 等级(4)	247
7	if透明度(5)and高锰酸盐(4)and叶绿素 a(5), then 等级(5)	197
8	if透明度(4)and高锰酸盐(4)and叶绿素 a(5), then 等级(5)	186
9	if透明度(2)and高锰酸盐(*)and叶绿素 a(2), then 等级(2)	143
10	if透明度(*)and高锰酸盐(4)and叶绿素 a(4), then 等级(4)	139

注：括号中数字代表相应指标等级。

如果库所p_3、p_6与p_8都有一个初始托肯，那么就会得到一个如下的初始托肯矩阵：

$$\boldsymbol{H}_0=[001001010000000]^{\mathrm{T}}$$

根据公式，能够得到如下的$\boldsymbol{H}_1$：

$$\begin{aligned}\boldsymbol{H}_1&=[0100100000]^{\mathrm{T}}\vee\left(D_{dw}\oplus H_i\right)\vee\{D^+\oplus\left[(D_c^-)^{\mathrm{T}}\otimes[0100100000]^{\mathrm{T}}\right]\}\\&=[001001010000000]^{\mathrm{T}}\vee[000000000000100]^{\mathrm{T}}=[001001010000100]^{\mathrm{T}}\end{aligned}$$

这里可以得到富营养水平为中营养。在图 16-44 中可解释为：输入库所p_1、p_6与p_9通过触发迁移t_2，将托肯传递到输出库所p_{13}，库所p_{13}的状态就是最终的评价结果。

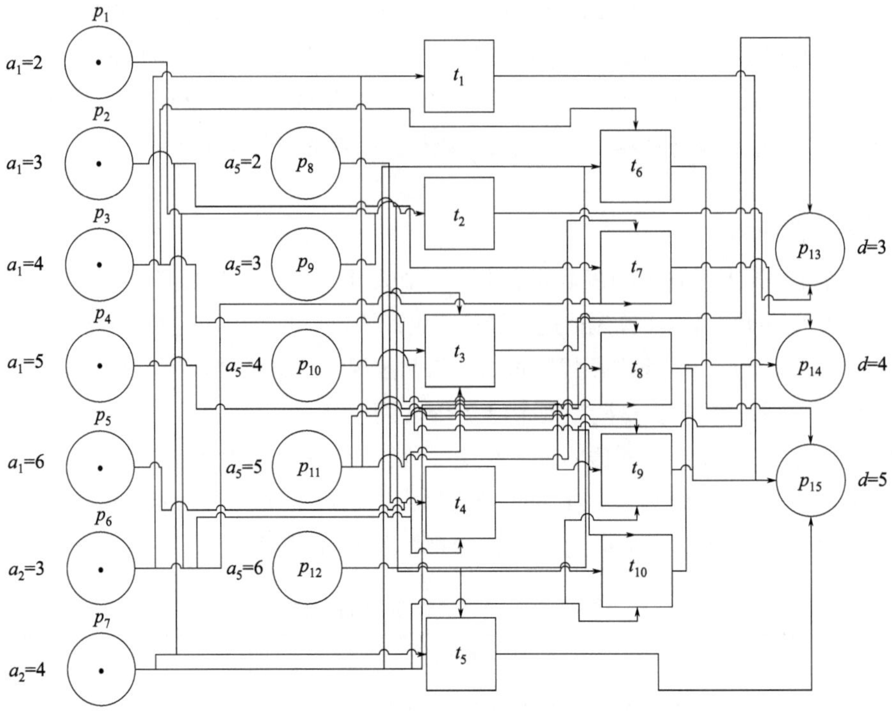

图16-44　Petri网模型

4）对比实验

将 1000 条测试数据随机分成 5 个数据集，每个数据集有 200 条数据。对每个数据集采用不同的规则修剪策略，这里设定规则的支持度为修剪阈值。当规则修剪完成后，建立并行推理模型。精度与覆盖度是 RSPN 衡量模型性能重要的两个指标，取值范围为 (0,1)，并且同时为经济型指标，因此采用 PTCA（测试覆盖度与测试精度乘积）作为修剪策略的衡量标准。表 16-24 显示的是每个数据集的最佳剪枝规则策略以及相应的测试覆盖度、测试精度与 PTCA。可以看出平均测试覆盖度、测试精度以及 PTCA 分别为 0.915、0.909 和 0.8318。易知 DS5（第 5 数据集）采用支持数小于 3 的剪枝策略，可以表现出最佳的 PTCA 效果。表 16-25 列出了 DS5 数据集上采用不同规则修剪策略的实验结果。

表16-24　RSPN模型采用不同规则修剪策略在5个数据集上的实验结果

数据集(DS)	最佳规则修剪策略	测试覆盖度	测试精度	PTCA①
DS1	支持数小于2的修剪策略	0.904	0.897	0.811
DS2	支持数小于3的修剪策略	0.916	0.910	0.834
DS3	支持数小于4的修剪策略	0.897	0.928	0.832
DS4	支持数小于2的修剪策略	0.923	0.884	0.816
DS5	支持数小于3的修剪策略	0.935	0.926	0.866

① PTCA: 测试覆盖度与测试精度乘积。

表16-25　DS5数据集上的不同规则修剪策略实验结果

规则修剪策略	测试覆盖度	测试精度	PTCA
原始规则集	1	0.853	0.853
支持数小于2的修剪策略	0.891	0.916	0.816
支持数小于3的修剪策略	0.935	0.926	0.866
支持数小于4的修剪策略	0.887	0.932	0.827
支持数小于5的修剪策略	0.879	0.924	0.812

16.2.3.4　模型验证

3 种经典分类算法，即 CART 算法、ID3 算法与 C4.5 算法采用统一的 matlab7 软件分析相同的水体富营养化数据。表 16-26 给出了三种算法的实验结果。表 16-27 总结了 4 种方法的平均测试覆盖度、平均测试精度及 PTCA。可以看出，RSPN 模型在平均测试精度和 PTCA 方面优于其他 3 种算法。

表16-26　CART、ID3与C4.5算法的5个数据集上实验结果

DS	CART			ID3			C4.5		
	测试覆盖度	测试精度	PTCA	测试覆盖度	测试精度	PTCA	测试覆盖度	测试精度	PTCA
DS1	1	0.71	0.71	0.87	0.66	0.57	1	0.59	0.59
DS2	1	0.68	0.68	0.91	0.61	0.56	1	0.55	0.55
DS3	1	0.69	0.69	0.88	0.58	0.51	1	0.62	0.62
DS4	1	0.62	0.62	0.92	0.54	0.50	1	0.61	0.61
DS5	1	0.64	0.64	0.93	0.57	0.53	1	0.59	0.59

表16-27　RSPN、CART、ID3与C4.5总体实验结果

项目	RSPN	CART	ID3	C4.5
平均测试覆盖度	0.915	1	0.902	1
平均测试精度	0.909	0.668	0.592	0.592
PTCA	0.8318	0.668	0.534	0.592

将 RST、PN 和 RSPN 3 种方法进行计算总时间效率分析。计算总时间包括产生约简时间、规则产生时间和规则推理时间。图 16-45 显示了这 3 种方法在同一测试数据上进行富营养化分析的计算总时间。可以观察到，随着测试数据的不断增加，RSPN 的计算总时间只有小幅度增长，而 PN 和 RST 的计算总时间却迅速增长。

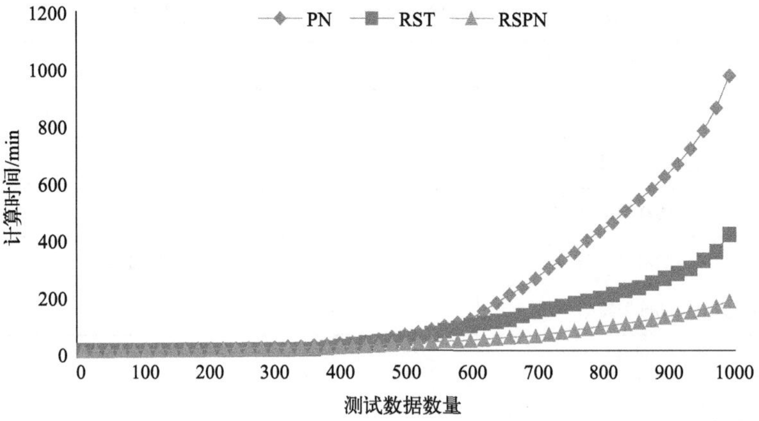

图16-45　3种方法计算总时间对比

16.2.4　水生态健康评价模型

16.2.4.1　模型背景

一般认为，健康的水生态系统应具有结构完整性和功能完整性。随着人口增长及社会经济的发展，人类大量消耗水资源，并排放污染物进入水体，使水生态健康受到严重威胁。科学有效地评价、恢复和维持水生态健康已经成为近年来流域管理的重要目标。在水生态健康评价方法方面，国内外学者主要采用水质理化指标及部分生物指标，以多指标评价法对水生态健康状况进行评价。对于三峡水库目前一般关注水质的研究较多，一般耦合水质（水温、pH 值、SD、DO、COD_{Mn}、TN、TP）与水生态（藻密度、Chla）多重指标，构建水生态健康评价指标体系，并基于熵值法建立综合健康指数，对水生态健康状况进行定性定量评价。然而，当前的很多研究已经证明利用有限点位和频次的原位观测对全流域生态变化过程进行健康评价是不完备的，需要提出更方便刻画全流域水生态健康变化过程的快速评价方法。由于遥感技术具有大范围、快速、准确获取水体光谱特征信息的能力，并能通过光谱分析解译方法获得水体各组分信息，因此本章介绍如何利用遥感技术结合长期原位观测，建立研究区水域的水生态健康评价模型。

16.2.4.2　模型方法

（1）水生态健康评价方案与指标选取

由于三峡库区水生态系统非常复杂，不可能对所有表征其生态系统健康状况的指标进行评价，因此在对研究区水生态系统健康状况评价指标进行选择时，必须根据其本身的特点选择适宜的指标。在对研究区水生态环境健康状况进行深入调查研究的基础上，依据指标选取的代表性、综合性、方便性和适用性原则，选取能反映水体物理化学、水生生物等特征的 7 个指标作为水生态健康评价的候选指标。其中，反映物理性质的指标包括水位、气温、降雨量，反映生物状况的指标包括 Chla、藻蓝蛋白（PC）和 MCs（MCs 是一类有机化合物，蓝藻中的部分藻类会向水环境释放 MCs）。这些指标能够较为全面地反映研究区营养盐和有机污染方面的特征，因此保留这些指标进入综合评价体系，即三峡水库水生态系统健康评价方案，见图 16-46。

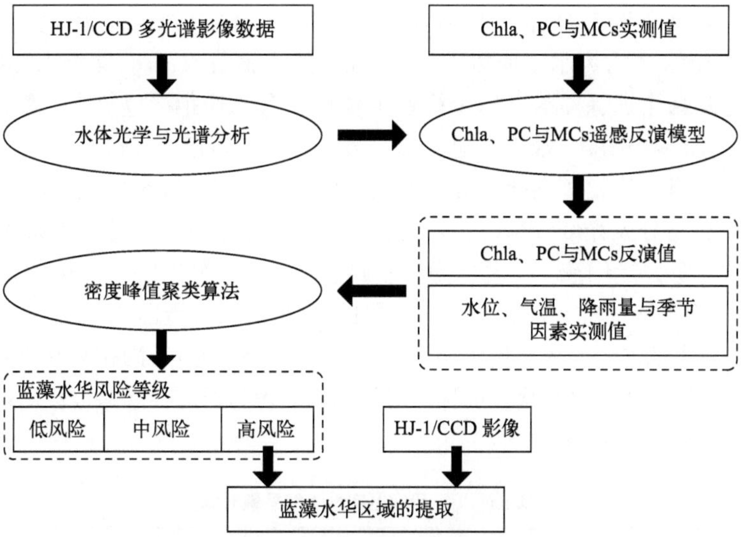

图16-46 水生态健康评价方案的技术路线

（2）蓝藻水华光谱识别与遥感反演技术方案

在对研究区水华优势种状况进行深入调查研究的基础上，依据藻类种群结构特征光谱分析方法，选取能反映不同优势种特征的光谱指标作为蓝藻水华识别的候选指标。反映蓝藻细菌吸收特征的 620 ～ 640nm 和 475 ～ 500nm 吸收峰可用于构建蓝绿藻光谱指数（cyano-chlorophyta index, CCI）。这一光谱指数能够较为准确地识别蓝藻在研究区的时空分布特征。三峡水库蓝藻水华光谱特征识别与遥感反演的技术路线见图 16-47。

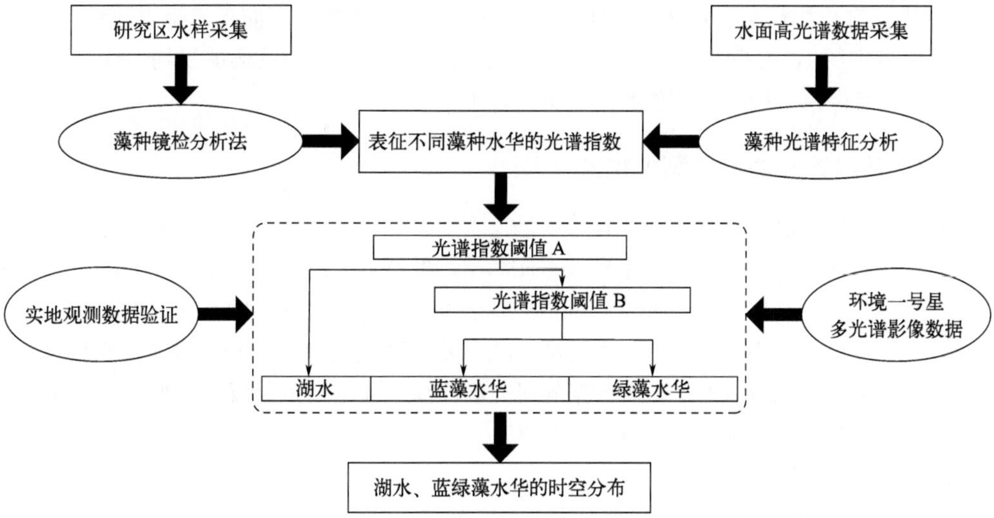

图16-47 蓝藻水华光谱特征识别与遥感反演的技术路线

16.2.4.3　模型测试

（1）测试数据的获取

研究所用实测水生态数据来自课题组 2016 年 4 ～ 12 月对研究区 6 次例行水质采集（表 16-28，54 个水样均为水表面以下 5 ～ 10cm 处采集获取，将 54 个水样按 2∶1 的比例，随机分配为36个训练样本与18个检验样本）。采集水质指标包括叶绿素 a、藻蓝蛋白、微囊藻毒素、悬浮物浓度、浊度、总氮、总磷、氨氮、溶解氧、pH 值、水温等。其中，叶绿素浓度的测量采用常规的化学分析方法，用 0.45μm 的 GF/F 滤膜过滤，90% 的热乙醇提取，然后利用分光光度计检测，得到样品的叶绿素 a 浓度；分别以采样获取的铜绿微囊藻为提取对象，运用液氮反复冻融法破碎蓝藻细胞，分别以 Asolctin-CHAPS 缓冲液（AC）、磷酸盐缓冲液（PBS）和 Tris-HCl 缓冲液来提取藻蓝蛋白；HPLC 是目前最常用的微囊藻毒素分析方法之一，先采用正相或反相色谱柱对样品进行固相萃取分离、纯化，然后再进行紫外检测，将样品色谱图的保留时间和峰面积与对应标准品进行比较，达到定性和定量的目的，检测限为 1μg/L。

表16-28　研究区实地水样采集时间

序号	日期	序号	日期
1	2016年04月29日	4	2016年07月05日
2	2016年05月10日	5	2016年09月01日
3	2016年06月06日	6	2016年12月07日

采样点进行测量之前必须用圆形标准白板进行校正。对采样区内的每个采样点均使用 ASD（analytical spectral devices）FieldSpec3 光谱仪对水稻的光谱反射率进行采集。ASD 光谱仪的光谱范围为 350 ～ 1000nm，光谱分辨率为 1nm。长寿湖水面光谱反射率的测量，在 2016 年 4 ～ 12 月进行，光谱采样点要求分布均匀。光谱测量前需将光谱仪预热 10 ～ 30min，选择在晴朗无风的天气，且在 10:00 ～ 14:00 之间进行光谱测量。在使用 ASD 光谱仪进行测量时，探头选用 10° 视场角，且其位置需垂直向下，距水面约 1m。对每个采样点进行 10 次测量，采集 10 条光谱曲线，并取 10 次测量值的平均值作为该采样点的最终测量结果，用于后续的数据分析与应用。

（2）叶绿素 a 估算模型的构建

叶绿素 a 是水色三要素之一，其浓度是反映水体营养化状况的一个重要指标，因此可以通过叶绿素 a 浓度的定量估算来反映水质状况。叶绿素 a 浓度遥感定量反演的核心问题是建立水体反射率与叶绿素 a 浓度之间的定量关系。本节基于 HJ-1/CCD 数据和在线监测叶绿素 a 浓度值，利用经验方法，通过单波段和不同特征波段组合与叶绿素 a 实测值的相关分析，确立基于 HJ-1/CCD 影像数据的研究区叶绿素 a 浓度最优反演模型，将模型应用于遥感影像，提取叶绿素 a 的时空分布信息。

1）反演模型建立

根据数据采样点的经纬度信息，在 ENVI 支持下提取采样点水面反射率值，分别对

HJ-1/CCD 影像的 4 个波段的反射率与实测的水样叶绿素 a 浓度进行相关性分析，4 个波段的所有回归关系中最大 R^2 分别为 0.26、0.30、0.35 和 0.43，可见相关程度均不高，这可能是由水体中叶绿素 a 信息被水体中较高浓度的悬浮物的高反射率掩盖所致，因此仅利用 HJ-1/CCD 影像的单波段反射率模型反演叶绿素 a 浓度是不合适的。

2）模型反演结果对比及精度验证

为获取叶绿素 a 浓度最优反演模型，将环境一号卫星 CCD 影像的上述三种波段组合的验证样本反射率分别应用到对应模型中进行叶绿素 a 浓度反演；使用均方根误差（RMSE）[式（16-18）] 作为检验叶绿素 a 反演值和实测值是否可信的评价标准。

$$\mathrm{RMSE}=\sqrt{\frac{\sum_{i=1}^{n}\left(X_{\mathrm{obs},i}-X_{\mathrm{mod},i}\right)^2}{n}} \tag{16-18}$$

式中 $X_{\mathrm{mod},i}$——叶绿素 a 浓度的反演值；

$X_{\mathrm{obs},i}$——叶绿素 a 浓度的实测值；

n——检验样本数。平均相对误差是对每个误差取绝对值后的平均。

各模型的反演结果见表 16-29。

表16-29 叶绿素a反演模型的精度检验结果

项目	Chla/(μg/L)		
光谱指数	CCD4/CCD3	$(CCD3^{-1}-CCD4^{-1})\times CCD4$	$(CCD3^{-1}-CCD4^{-1})/(CCD4^{-1}+CCD3^{-1})$
R^2	0.687	0.746	0.835
RMSE	6.1	5.5	3.7

综合表 16-29 各项指标可认为式（16-18）是上述三者当中的最优模型（图 16-48）。将 18 个检验样本用于该模型，获得叶绿素 a 浓度反演值，与实测值进行比较，R^2 达到 0.835，总体反演效果良好（图 16-49）。

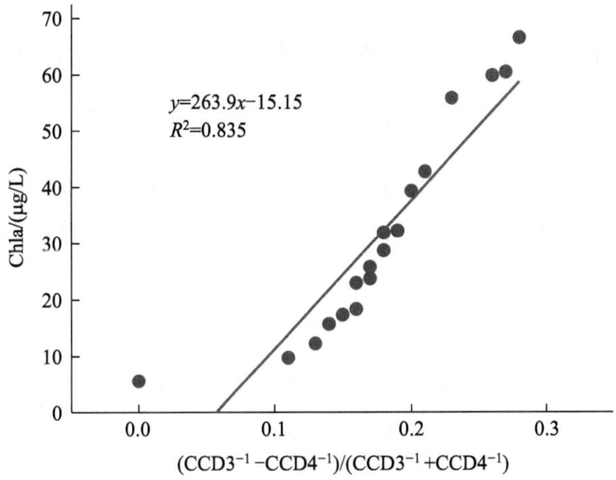

图16-48 叶绿素a最优反演模型

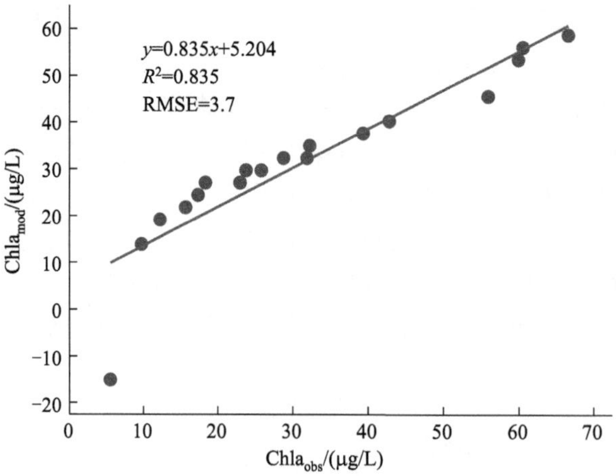

图16-49 叶绿素a反演值与实测值间的相关性分析

将式（16-18）应用于2017年9月11日的遥感影像实现叶绿素a反演。经过反复试验和对比，叶绿素a信息可以比较准确地提取，基本可以实现消除高悬浮水体的影响和提取低浓度叶绿素a的要求。

式（16-18）是基于近红外和红光波段的反射率比值，由水体光谱特征的分析可知近红外波段处的反射峰是含藻类水体最显著的光谱特征，叶绿素a高低对该波段的反射率产生很大变化，而红光波段受叶绿素a高低的影响则较小，是叶绿素a的非敏感波段，通过两者的比值，进一步突出了敏感波段，能有效反映叶绿素a信息，因此该模型在叶绿素a反演中显示了相对较好的精度。

（3）藻蓝蛋白估算模型的构建

研究区水华的主要藻种是蓝藻，其标志性色素是藻蓝蛋白，但长期以来，所有真核藻类的共同色素叶绿素a常作为蓝藻的量化色素，并不能准确实现蓝藻水华的监测和预警，因而开展藻蓝蛋白遥感反演用于蓝藻水华预测预警具有重要意义。

1）反演模型建立

目前已有的反演模型中，波段比值、基线和三波段算法均以藻蓝蛋白在620nm处的强吸收为理论依据，模型精简，已被多个研究证实可较好地应用于内陆水体藻蓝蛋白反演。

波段比值算法是一种简单的波段比值模型，650nm处为水体光谱曲线的反射峰，600nm处为藻蓝蛋白吸收形成的反射谷［式（16-19）］。三波段算法适应于湖泊水体中的叶绿素a浓度的反演，该模型又被进一步应用于藻蓝蛋白的反演，取得了良好效果。一般选择600nm、650nm、770nm作为藻蓝蛋白敏感波段［式（16-20）］。

$$PC = g \times R_{rs}(CCD3) / R_{rs}(CCD2) + h \tag{16-19}$$

$$PC = i \times \left[R_{rs}(CCD2)^{-1} - R_{rs}(CCD3)^{-1} \right] \times R_{rs}(CCD4) + j \tag{16-20}$$

式中 PC——藻蓝蛋白浓度，μg/L；

g，h，i，j——最佳拟合系数。

2）模型反演结果对比及精度验证

综合表 16-30 各项指标可认为式（16-19）是上述二者当中的最优模型。将 18 个检验样本用于该模型，获得 PC 浓度反演值，与实测值进行比较，R^2 达到 0.613，总体反演效果良好（图 16-50）。

表16-30 藻蓝蛋白反演模型的精度检验结果

项目	PC/(μg/L)	
光谱指数	CCD3/CCD2	$(CCD2^{-1}-CCD3^{-1}) \times CCD4$
R^2	0.584	0.613
RMSE	0.632	0.541

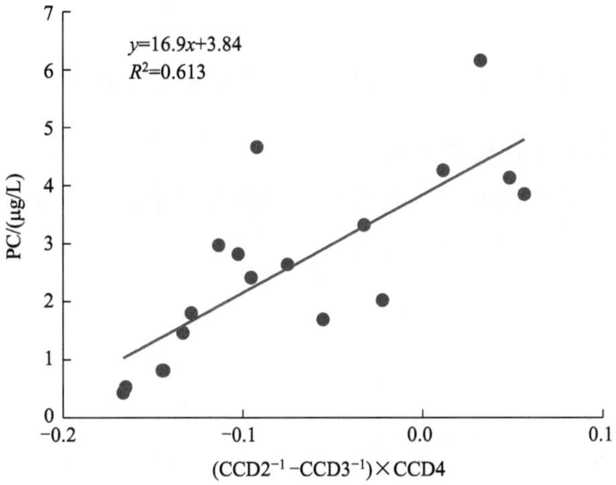

图16-50 藻蓝蛋白最优反演模型

将式（16-20）应用于 2017 年 9 月 11 日的遥感影像实现藻蓝蛋白反演。经过反复试验和对比，藻蓝蛋白信息可以比较准确地提取，基本可以实现消除高悬浮水体的影响和提取低浓度藻蓝蛋白的要求。

（4）微囊藻毒素估算模型的构建

研究区水体受微囊藻毒素污染的程度已经相当严重，尤其是饮用水水源的污染，对人们的健康构成了极大的危害。因此急需确认藻类毒素对研究区水环境影响的程度，研究蓝藻水华产毒的浓度及分布，探索遥感技术对毒素的监测方法。

1）反演模型建立

目前已有的反演模型中，微囊藻毒素都是通过与叶绿素 a 建立稳固的相关关系，由叶绿素 a 反演模型间接估算得到的，已被多个研究证实可较好地应用于内陆水体微囊藻毒素反演。研究区的微囊藻毒素实测值与叶绿素 a 实测值间的相关关系图 16-51 所示。R^2 达到 0.7。叶绿素 a 可以作为中介物质，用于微囊藻毒素的遥感反演［式（16-21）］。

$$MCs = 0.01 \times Chla + 0.36 \tag{16-21}$$

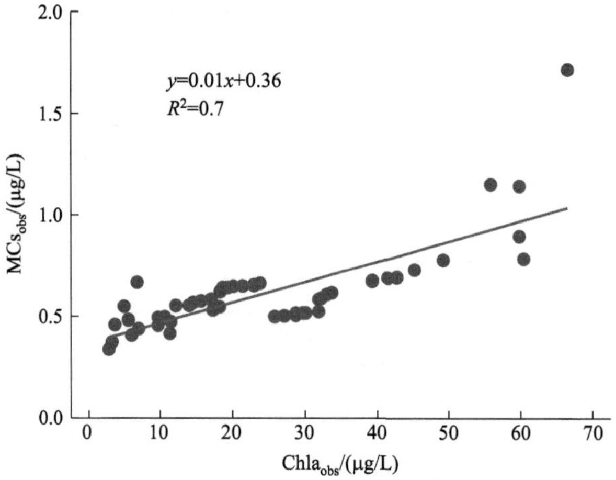

图16-51　微囊藻毒素实测值与叶绿素a实测值间的相关性分析

2）模型反演结果对比及精度验证

将 18 个检验样本用于该模型，获得 MCs 浓度反演值，与实测值进行比较，R^2 达到 0.76，RMSE 为 0.065，总体反演效果良好（图 16-52）。

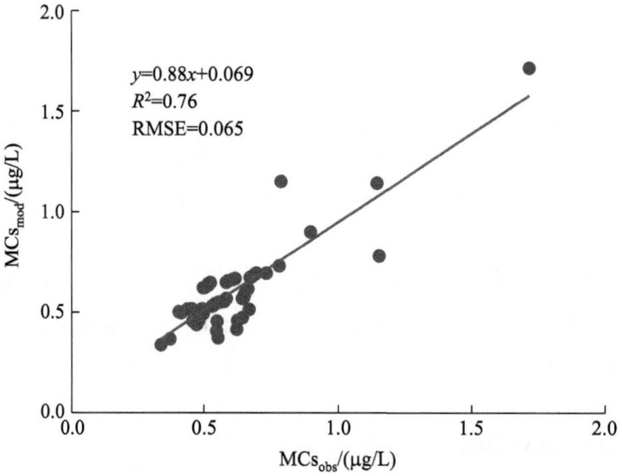

图16-52　微囊藻毒素反演值与实测值间的相关性分析

将式（16-21）应用于 2017 年 9 月 11 日的遥感影像实现微囊藻毒素的反演。经过反复试验和对比，微囊藻毒素信息可以比较准确地提取。

16.2.4.4　模型应用

（1）水生态健康的评价

综合健康指数法由密度峰值算法构建。与 *C* 均值聚类算法和最大分类法相比，密度峰值聚类算法的一个优势在于其对光谱曲线波形的敏感性，因此，我们应用密度峰值聚类算法，将样本分类为蓝藻水华高中低风险，即水生态健康的健康、亚健康、不健康状态。

密度峰值聚类算法需满足以下两个假设：一是每一个聚类中心都被邻近的低密度（ρ）点围绕；二是每一个聚类中心与其他聚类中心都保持一定的距离（δ）。利用式（16-22）、式（16-23）计算每一个聚类中心的聚类密度与中心点间距。

$$\rho_i = \sum_j \chi\left(d_{ij} - d_c\right) \tag{16-22}$$

$$\delta_i = \min_{j:\rho_j > \rho_i}\left(d_{ij}\right) \tag{16-23}$$

式中 χ——在 $d_{ij} < d_c$ 时，取值为 1，其他情况取值为 0；

d_{ij}——聚类中心点 i 与 j 之间的距离；

d_c——截距距离。

采用综合健康指数法对三峡水库典型支流水生态健康状况进行综合评价。将能反映研究区水生态健康状况的水位、气温、降雨量、季节、Chla、PC 和 MCs 指标输入密度峰值算法（表 16-31），以得出蓝藻水华风险等级分类（见图 16-53）。图 16-53 中，不同颜色代表着不同的分类。

表16-31　蓝藻水华风险等级的分类（以2016年4月小江高阳平湖水域数据为例）

采样日期	Chla /(μg/L)	PC /RFU	MCs /(μg/L)	水位 /m	气温 /℃	降雨量 /mm	季节	基于密度峰值的分类结果
4月6日	48.7	2.55	0.78	167	29	10	3	3
4月11日	52	2.71	0.94	167	26	0	3	3
4月16日	53.1	2.23	1.37	164	28	4.5	3	3
4月22日	48.4	2.51	1.13	163	32	5.5	3	3
4月28日	29.7	1.71	0.61	162	33	2	3	3

（2）蓝藻 – 绿藻水华光谱识别

在小江回水区水华暴发期间不同断面均观测到不同优势种共存现象，通过镜检法确定观测发现优势种为铜绿微囊藻，同时伴随有在少量区域或时段占据优势的空球藻，利用水质监测数据及藻类表面反射光谱数据，通过原位实验分析蓝绿藻种间敏感波段的光谱特征差异（图 16-54），构建表征蓝绿藻种间差异的特征光谱指数 cyano-chlorophyta index（CCI）与 normalized difference peak-dip index（NDPI）（图 16-55），进而实现了对蓝绿藻的种间光谱分类，并利用 CCD 数据展示了两种优势种在研究区的时空动态分布。

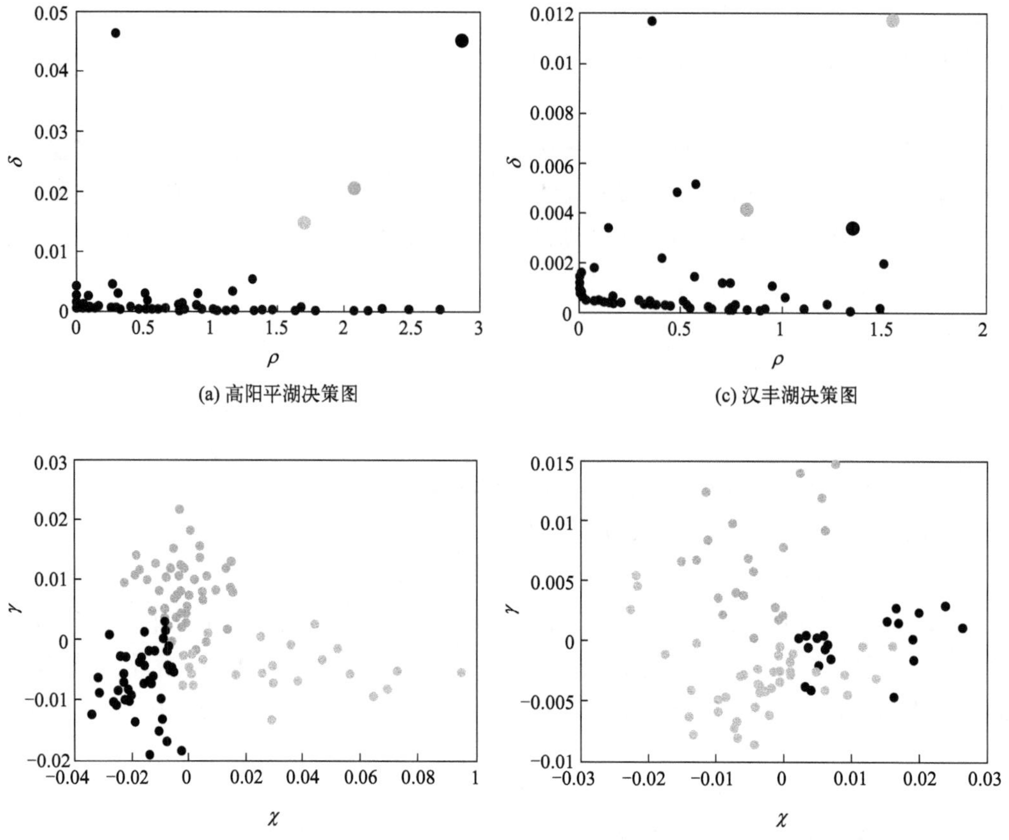

(a) 高阳平湖决策图　(c) 汉丰湖决策图

(b) 高阳平湖二维非经典多维缩放　(d) 汉丰湖二维非经典多维缩放

图16-53　蓝藻水华风险等级分类结果

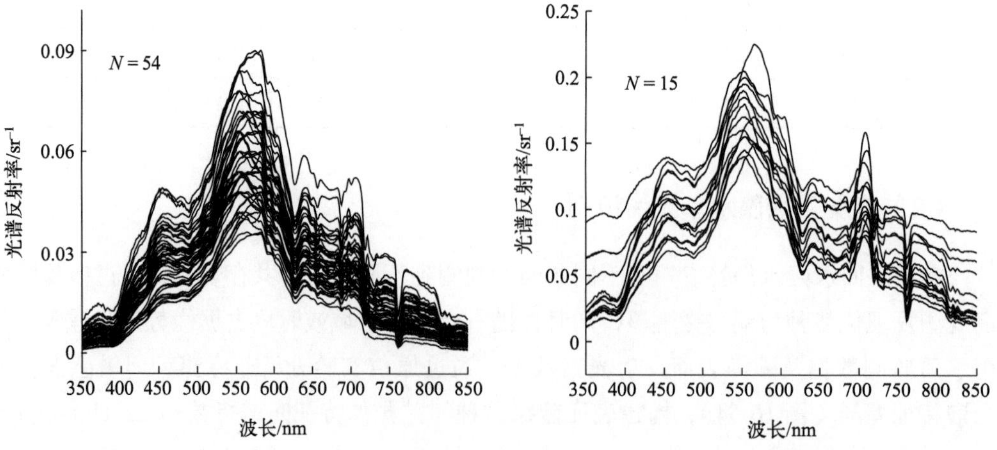

(a) 湖水　(b) 蓝藻水华

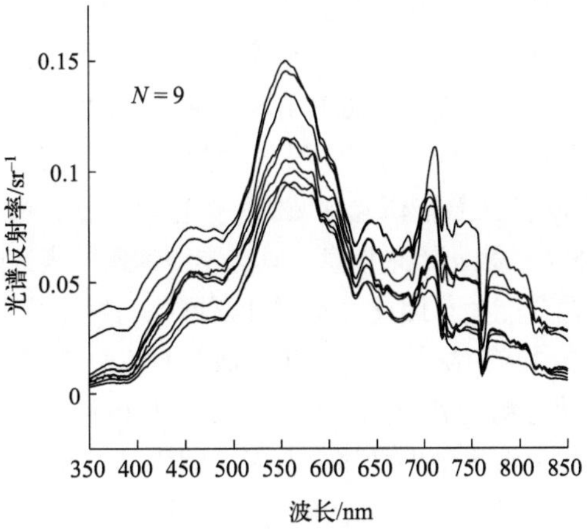

(c) 绿藻水华

图16-54 蓝绿藻水华实测光谱分类

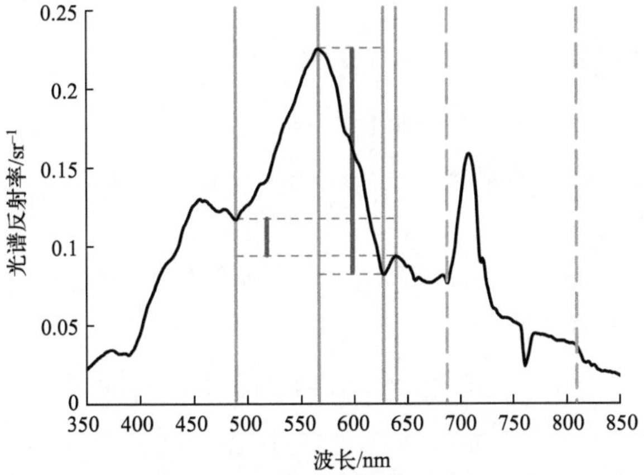

图16-55 蓝绿藻水华光谱指数的构建

16.2.5 生物生态综合毒性评价模型

16.2.5.1 模型背景

三峡水库自 2003 年蓄水以来，由于水环境条件、水动力的变化，多条支流出现不同程度的水华现象。水华会导致一系列水质问题，如水体缺氧、鱼类窒息、水体透明度低、使有毒藻类物种的生物量增加以及毒害底栖生物等。此外，很容易导致有毒蓝藻水华暴发，使营养级系统严重失衡，同时在嗅觉与视觉上造成恶劣影响。由于蓝藻水华发生具有突然性、高度不确定性、次生危害性等特点，在执行应急决策中面临着决策时间短、应急预案少、决策复杂度高等问题，传统的水质管理应急决策系统和方法无法满足对蓝藻水华预测预警的需求。因而，如何基于已有的在蓝藻水华生物学及生态学研究过程中所获取的信息，对其进行充分的数据挖掘分析，总结出一定的演化趋势和规律并为水环境应急方案提供快速准确的技术支持，是蓝藻水华灾害管理面临的核心问题之一。由于信息化理论和技术的飞速发展，在水环境管理和决策中耦合机器学习和人工智能理论方法越来越引起人们的关注；通过对获取的数据充分挖掘和分析，建立有效模型对突发性环境事件的演化趋势进行预测，进而评估水环境事件的演化状态，能够为相关管理工作和应急预案提供有效科学支持。贝叶斯网络作为人工智能研究领域的一个重要分支，结合了图论和统计学方面的知识，能够以一种自然的方法表示因果信息，具有丰富的概率表达能力、不确定性问题处理能力、多源信息表达与融合能力。因此，将贝叶斯网络与突发事件应急决策相融合，研究基于贝叶斯网络的突发事件应急决策信息分析方法具有十分重要的理论意义和现实意义。

综上所述，采用动态粗糙集建立一种水华动态分析模型，此模型相比静态分析模型，能快速且有效地区分多次水华发生之间主要影响因素的变化趋势；对于水华产生的微囊藻毒素，研究采用知识驱动和数据驱动两种方式，构建毒素风险等级预测的贝叶斯网络模型，实现代替指标对微囊藻毒素超标的预警。

16.2.5.2　模型方法

（1）单向 S 粗糙集

设$X=\{x_1,x_2,\cdots,x_n\}\subset U$为元素的集合，$A=C\bigcup D=\{a_1,a_2,\cdots,a_k\}\subset V$是$X$的属性集合，$Y=\{y_1,y_2,\cdots,y_n\}$为$X$的特征值集合，另有$s=\min\limits_{i=1}^{n}(y_i)$，$t=\max\limits_{j=1}^{n}(y_j)$，$y_i,y_j\in R^+$，称$[s,t]$为特征值集合$Y$的特征值区间。

$\exists x_p,x_q\in U$，$x_p,x_q\notin X$，有$y_p,y_q\notin[s,t]$。若有变换$f\in F$，使$f(y_p),f(y_q)\in[s,t]$，那么$x_p,x_q\in X$。称$f\in F$为元素迁移，即：

$$x_p,x_q\in U,x_p,x_q\notin X\Rightarrow f(y_p),f(y_q)\in X$$

这里的$X=\{x_1,x_2,\cdots,x_n\}\subset\{x_1,x_2,\cdots,x_n,f(x_p),f(x_q)\}=X\bigcup\{f(x_p),f(x_q)\}$。

设F为元素迁移集合，它由n个元素迁移f_i组成：$F=\{f_1,f_2,\cdots,f_n\}$，那么称F是元素的内迁移簇。

在属性集$A=C\bigcup D=\{a_1,a_2,\cdots a_k\}$，$\exists B\in V,B\notin A\Rightarrow f(B)\in A$，则有$\{a_1,a_2,\cdots a_k\}\subset\{a_1,a_2,\cdots a_k,f(B)\}\Leftrightarrow A\subset A\cup\{f(B)\}$。

设$X=\{x_1,x_2,\cdots,x_n\}\subset U$为元素的集合，$A=C\bigcup D=\{a_1,a_2,\cdots a_k\}\subset V$是$X$的属性集合，$Y=\{y_1,y_2,\cdots,y_n\}$为$X$的特征值集合，另有$s=\min\limits_{i=1}^{n}(y_i)$，$t=\max\limits_{j=1}^{n}(y_j)$，$y_i,y_j\in R^+$，称$[s,t]$为特征值集合$Y$的特征值区间。

元素$x_\lambda\in X$，若有变换$\bar{f}\in\bar{F}$，使$\bar{f}(y_\lambda)\notin[s,t]$，则$x_\lambda\notin X$。$\bar{f}\in\bar{F}$为元素迁移，可以用以下式表示：

$$x_\lambda\in X\Rightarrow\bar{f}(x_\lambda)=u_\lambda\notin X$$

y_λ为x_λ的特征值，且$y_\lambda\in R^+$，则有：

$$X-\{f(\bar{x}_\lambda)\}=X/\{f(\bar{x}_\lambda)\}\subset X$$

设$\bar{F}$为元素迁移集合，它由m个元素迁移$\overline{f_i}$组成：$\bar{F}=\{\overline{f_1},\overline{f_2},\cdots,\overline{f_m}\}$，那么称$\bar{F}$是元素的外迁移簇。

在属性集 $A=C\bigcup D=\{a_1,a_2,\cdots a_k\}$ 中，$\exists a_i\in A\Rightarrow \bar{f}(E)\notin A$，则有 $\{a_1,a_2,\cdots,a_k\}-\{\bar{f}(E)\}=A/\{\bar{f}(E)\}\subset A$。

如果论域U是动态的，并且只有一种F或$\bar{F}$迁移，那么$X^*\subset U$为U上的单向奇异集合，即单向S集合，其中：

$$X^*=X\bigcup\{u|\ u\notin X,u\in U,f(u)=x\in X\}$$

有$X^f=\{u|\ u\notin X,u\in U,f(u)=x\in X\}$，其中$X$是经典粗糙集$(\underline{R}(X),\bar{R}(X))$中集合，$X\subset U$，那么称$X^f$是$X\subset U$的$f$扩张。集合$X$经扩张后，元素增加，$X$转变为$X^*$，$X^*$中元素个数多于$X$中元素个数，即$\text{card}\left(X^*\right)>\text{card}\left(X\right)$。

设X^*为论域U上的单向集合，有$X^*\subset U$，如果满足：

$(R,F)^*\left(X^*\right)=\bigcup[x]=\left\{x\mid x\in U,[x]\bigcap X^*\neq\varnothing\right\}$，则称$(R,F)^*\left(X^*\right)$为单向S粗糙集合$X^*$的上近似。

$(R,F)_*\left(X^*\right)=\bigcup[x]=\left\{x\mid x\in U,[x]\subseteq X^*\right\}$，则称$(R,F)_*\left(X^*\right)$为单向S粗糙集合$X^*$的下近似。

其中，内迁移簇$F\neq\varnothing$。

设X^*是U上的单向S集合，$X^*\subset U$，X^*的下近似、上近似分别是$(R,F)_*\left(X^*\right)$与$(R,F)^*\left(X^*\right)$，那么称$\left((R,F)_*\left(X^*\right),(R,F)^*\left(X^*\right)\right)$为$X^*\subset U$的单向S粗糙集，称$B_{nR}\left(X^*\right)=(R,F)^*\left(X^*\right)-(R,F)_*\left(X^*\right)$是$X^*\subset U$的$R$边界。

（2）双向S粗糙集

若$X^*\subset U$为U上的双向S奇异集合，那么称这个集合为双向S集合，同时有$X^{**}=X'\bigcup\{u|\ u\notin X,u\in U,f(u)=x\in X\}$。

这里的X'满足$X'=X-\{x|\ x\in X,\bar{f}(x)=u\notin X\}$，称$X'$为$X\subset U$的亏集，若有$X^{\bar{f}}=\{x|\ x\in X,\bar{f}(x)=u\notin X\}$，其中$X$是经典粗糙集$(\underline{R}(X),\bar{R}(X))$中集合，$X\subset U$，那么称$X^{\bar{f}}$是$X\subset U$的$\bar{f}$萎缩。集合$X$经删除，元素减少，$X$转变为$X^{\bar{f}}$，$X^{\bar{f}}$中元素个数少于$X$中元素个数，即$\text{card}\left(X\right)>\text{card}\left(X^{\bar{f}}\right)$，通常，$X^{**}\neq X$。

设X^{**}为U上的双向S集合，$X^{**}\subset U$，如果有$(R,\wp)^*\left(X^{**}\right)=\bigcup[x]=\{x\mid x\in U,[x]\bigcap X^*\neq\varnothing\}$，那么称$(R,\wp)^*\left(X^{**}\right)$为双向S集合的上近似；如果有$(R,\wp)_*\left(X^{**}\right)=\bigcup[x]=\left\{x\mid x\in U,[x]\subseteq X^{**}\right\}$，那么称$(R,\wp)_*\left(X^{**}\right)$为双向S集合的下近似，其中，$\wp=F\bigcup\bar{F}$，$F\neq\varnothing$，$\bar{F}\neq\varnothing$。

如果X^{**}为U上的双向S集合，$X^{**}\subset U$，$(R,\wp)^*\left(X^{**}\right)$，$(R,\wp)_*\left(X^{**}\right)$分别是$X^{**}$的上、下近似，那么称$\left((R,\wp)^*\left(X^{**}\right),(R,\wp)_*\left(X^{**}\right)\right)$为$X^{**}\subset U$的双向S粗糙集，称$B_{nR}\left(X^{**}\right)=(R,\wp)^*\left(X^{**}\right)-(R,\wp)_*\left(X^{**}\right)$是$X^{**}\subset U$的$R$边界。

设$A_s\left(X^{**}\right)$是$\left((R,\wp)^*\left(X^{**}\right),(R,\wp)_*\left(X^{**}\right)\right)$生成的副集合，并且$A_s\left(X^{**}\right)$是由具体特征函数值$-1<\chi x^{f(u)}<0$，$0<\chi x^{f(u)}<1$的元素组成，那么：

$$A_s\left(X^{**}\right)=\{x|\ u\notin X,u\in U,f(u)=x\in X,x\in X,\bar{f}(x)=u\subsetneqq X\}$$

不难得出以下几个结论：

① $X^{**}=X'\bigcup\{u|\ u\notin X,u\in U,f(u)=x\in X\}$指$u\notin X$，$\exists f\in F$使$f(u)=x$，$f(u)=x$属于集

合X，使X^{**}存在，此时的X^{**}具有单向动态特征。

② 单向S粗糙集与双向S粗糙集相比于经典粗糙集都是具有动态特征的集合，它们存在着变换$\wp=\{F,\bar{F}\}$，其中F为内迁变换簇，$\bar{F}$是外迁变换簇。

通常，单向S粗糙集中只存在一种内迁变换簇F，而双向S粗糙集同时存在着两种变换簇$\wp=\{F,\bar{F}\}$，因此，可以得知：

Ⅰ. 经典粗糙集是单向S粗糙集的特例，单向S粗糙集是经典粗糙集的一般形式；

Ⅱ. 经典粗糙集是双向S粗糙集的特例，双向S粗糙集是经典粗糙集的一般形式；

Ⅲ. 单向S粗糙集是双向S粗糙集的特例，双向S粗糙集是单向S粗糙集的一般形式。

（3）双向S粗糙集上的动态知识获取策略

虽然S粗糙集在传统经典粗糙集的基础上，考虑了元素迁移与动态处理的因素，但是并没有考虑元素迁移时的粒度大小，同时也没有考虑迁移后决策表的一致性问题。由于决策表中的对象发生动态变化时，会导致原来获取的知识不再符合现在决策表所反映的情况，使得知识的分类与决策效果降低。因此，在决策表发生动态变化时，很有必要考虑元素迁移时的粒度大小以及迁移后决策表的一致情况。

若决策表中的元素有删除或增加时，需要对决策表进行动态更新。这种更新可能会面临3种情况：

① 新知识与原来的知识相同；

② 新知识不在原来的知识中；

③ 新知识与原来的知识矛盾。

第一种情况是理想状况，无需更新。但现实中通常都是第二种、第三种情况，这样会使原来的知识划分失效，即论域在决策属性与条件属性上的划分发生改变，使近似质量也发生相应改变。由于原来的知识失效，因此需要不断地进行知识的更新。迁移元素可能是一个或多个，有可能是最低粒度级的单个元素迁移，也有可能是较高粒度级的多个元素迁移。由于多个元素的迁移变化并不能简单地等价于多次单元素迁移变化，因此提出了两种基于双向S粗糙集的动态知识获取策略：一种是在决策表中增加或删除单个元素时的动态知识获取策略，另一种是在决策表中增加或删除多个元素时的动态知识获取策略。首先考虑的是最低粒度级的单个元素迁移情况。

（4）单元素增加或删除时的动态知识获取

1）单元素删除时近似分类质量

在一个五元组的决策信息系统$S=(U,C,D,V,f)$中，$\exists B\subseteq C$，论域U在条件属性子集B上的划分$U/\mathrm{IND}(B)=\{X_1,X_2,\cdots,X_m\}$，$U$在决策属性$D$上的划分$U/\mathrm{IND}(D)=\{d_1,d_2,\cdots,d_n\}$，原始正域$\mathrm{POS}_B^U(D)$，有单个元素$\bar{f}(x)$从决策表中删除，此元素在条件属性子集$B$有一等价类$[\bar{f}(x)]_B$，可能会导致元素$\bar{f}(x)$对应的等价类满足$[\bar{f}(x)]_B-\{\bar{f}(x)\}\subseteq[\bar{f}(x)]_D$，其中$[\bar{f}(x)]_D$表示决策表中所删除元素在决策属性$D$上的等价类。具体可以分为以下四种情况：

① $\left|[\bar{f}(x)]_B\right|\neq 1$且$\left|[\bar{f}(x)]_D\right|=1$时，有

$\mathrm{POS}_B^{U-\{\bar{f}(x)\}}(D)=\mathrm{POS}_B^U(D)$。

② $\left|[\bar{f}(x)]_B\right|=1$且$\left|[\bar{f}(x)]_D\right|\neq 1$时，有

$\mathrm{POS}_B^{U-\{\bar{f}(x)\}}(D)=\mathrm{POS}_B^U(D)-\{\bar{f}(x)\}$。

③ $\left|[\bar{f}(x)]_B\right|\neq 1$且$\left|[\bar{f}(x)]_D\right|\neq 1$时，有

如果$\left([\bar{f}(x)]_B'=[\bar{f}(x)]_B-\{\bar{f}(x)\}\right)\not\subset D_j(1\leqslant j\leqslant n)$，

$\mathrm{POS}_B^{U-\{\bar{f}(x)\}}(D)=\mathrm{POS}_B^U(D)-\{\bar{f}(x)\}$；

如果$\left([\bar{f}(x)]_B'=[\bar{f}(x)]_B-\{\bar{f}(x)\}\right)\subseteq D_j(1\leqslant j\leqslant n)$，

$\mathrm{POS}_B^{U-\{\bar{f}(x)\}}(D)=\left\{[\bar{f}(x)]_B|[\bar{f}(x)]_B\subseteq D_j\right\}\cup\left(\mathrm{POS}_B^U(D)-\{\bar{f}(x)\}\right)$。

④ $\left|[\bar{f}(x)]_B\right|=1$且$\left|[\bar{f}(x)]_D\right|=1$时，有

$\mathrm{POS}_B^{U-\{\bar{f}(x)\}}(D)=\mathrm{POS}_B^U(D)-\{\bar{f}(x)\}$。

不难看出，单个元素从原始决策表中删除，会导致正域也发生变化。根据正域的不同更新情况，可以求出属性子集B相对于决策属性D的近似分类质量：

$$\gamma_B(U-\{\bar{f}(x)\})=\frac{\left|\mathrm{POS}_B^{U-\{\bar{f}(x)\}}(D)\right|}{|U-\{\bar{f}(x)\}|}$$

2）单元素增加时近似分类质量

单元素增加时的情况比单元素删除时的情况稍复杂。单元素删除时，其对象对应的等价类在决策属性上是一致的，而如果有新元素$f(x)$增加到决策表中时，其形成的等价类还有可能会是另一种情况，即新元素对应的等价类在决策属性上是不一致的。

在一个五元组的决策信息系统$S=(U,C,D,V,f)$中，$\exists B\subseteq C$，论域U在属性子集B上的划分$U/\mathrm{IND}(B)=\{X_1,X_2,\cdots,X_m\}$，$U$在决策属性$D$上的划分$U/\mathrm{IND}(D)=\{d_1,d_2,\cdots,d_n\}$，原始正域$\mathrm{POS}_B^U(D)$，当有单个元素$f(x)$增加到决策表中时，那么论域$U\cup\{f(x)\}$在属性子集$B$上的划分$(U\cup\{f(x)\})/\mathrm{IND}(B)=\{X_1,X_2,\cdots,X_m,[f(x)]_B\}$，其中$[f(x)]_B=\{f(x)\}\cup X_i$ $(1\leqslant i\leqslant m)\vee[f(x)]_B=\{f(x)\}$；而论域$U\cup\{f(x)\}$在决策属性$D$上的划分$(U\cup\{f(x)\})/\mathrm{IND}(D)=\{d_1,d_2,\cdots,d_n,[f(x)]_D\}$，其中$[f(x)]_D=\{f(x)\}\cup D_j\,(1\leqslant i\leqslant n)\vee[f(x)]_D=\{f(x)\}$，具体可以分为以下四种情况：

① 当$[f(x)]_B=\{f(x)\}\cup X_i(1\leqslant i\leqslant m)$，同时满足$[f(x)]_D=\{f(x)\}$时，有

$\mathrm{POS}_B^{U\cup\{f(x)\}}(D)=\bigcup_{j=1}^{n}\underline{B}\left(D_j\right)-[f(x)]_B=\mathrm{POS}_B^U(D)-[f(x)]_B$。

② 当$[f(x)]_B=\{f(x)\}$，同时满足$[f(x)]_D=\{f(x)\}\cup D_j(1\leqslant j\leqslant n)$时，有

$\mathrm{POS}_B^{U\cup\{f(x)\}}(D)=\{f(x)\}\cup\bigcup_{j=1}^{n}\underline{B}\left(D_j\right)=\{f(x)\}\cup\mathrm{POS}_B^U(D)$。

③ 当$[f(x)]_B=\{f(x)\}\cup X_i(1\leqslant i\leqslant m)$，同时满足$[f(x)]_D=\{f(x)\}\cup D_j(1\leqslant j\leqslant n)$时，有

$\mathrm{POS}_B^{U\cup\{f(x)\}}(D)=\underline{B}\left([f(x)]_D\right)\cup\bigcup_{j=1}^{n}\underline{B}\left(D_j\right)$。

其中$\underline{B}\left([f(x)]_D\right)$有以下两种情况：

首先，如果新增加的元素$f(x)$形成的等价类在决策属性D上是不一致的，那么

$$\mathrm{POS}_B^{U\cup\{f(x)\}}(D)=\bigcup_{j=1}^{n}\underline{B}\left(D_j\right)-\{f(x)\}=\mathrm{POS}_B^U(D)-\{f(x)\};$$

其次，如果新增加的元素$f(x)$形成的等价类在决策属性D上保持一致，那么

$$\mathrm{POS}_B^{U\cup\{f(x)\}}(D)=\{f(x)\}\cup\bigcup_{j=1}^{n}\underline{B}\left(D_j\right)=\{f(x)\}\cup\mathrm{POS}_B^U(D)。$$

④ 当$[f(x)]_B=\{f(x)\}$，同时满足$[f(x)]_D=\{f(x)\}$时，有

$$\mathrm{POS}_B^{U\cup\{f(x)\}}(D)=\{f(x)\}\cup\bigcup_{j=1}^{n}\underline{B}\left(D_j\right)=\{f(x)\}\cup\mathrm{POS}_B^U(D)。$$

不难看出，单个元素增加到原始决策表中，会导致正域也发生变化。根据正域的不同更新情况，可以求出条件属性子集B相对于决策属性D的近似分类质量：

$$\gamma_B(U\cup\{f(x)\})=\frac{\left|\mathrm{POS}_B^{U\cup\{f(x)\}}(D)\right|}{|U\cup\{f(x)\}|}$$

（5）单元素变化情况下的S粗糙集动态知识获取

以上分析都是单个元素在删除或增加时，在原始正域上所进行的局部更新，并非整个决策表本身，因此效率比较高。以下是单个元素在同时删除或增加时的具体算法：

输入：决策信息表$S=(U,C,D,V,f)$，论域U在属性子集B上的划分$U/\mathrm{IND}(B)=\left\{X_1,X_2,\cdots,X_m\right\}$，在属性子集$B$上的原始规则集为oldRuleoutSRSTDKAS，增加的新元素记为$f(x)$，删除的元素记为$\bar{f}(x)\in U$，原规则集设置一个更新阈值为0.4。

输出：新决策表S'上的规则集newRuleoutSRSTDKAS。

步骤1：将新元素$f(x)$增加到决策表S中，$U^*\leftarrow\{f(x)\}\cup U$；

步骤2：根据新增加元素$f(x)$与$U/\mathrm{IND}(B)=\left\{X_1,X_2,\cdots,X_m\right\}$分别更新对应的等价类，得到新的划分$U^*/\mathrm{IND}(B)=\left\{X_1',X_2',\cdots,X_m'\right\}$；

步骤3：在新等价类$\left\{X_1',X_2',\cdots,X_m'\right\}$的基础上，根据单个元素增加时正域的更新公式，求出新的正域$\mathrm{POS}_B^{U^*}(D)$，并计算相应的近似分类质量$\gamma_B\left(U^*\right)$；

步骤4：对于$\forall b\in B$，若$\gamma_B\left(U^*\right)=\gamma_{B-\{b\}}\left(U^*\right)$，那么$B\leftarrow B-\{b\}$；

步骤5：将单元素$\bar{f}(x)$从原决策表中删除，即$U^{**}\leftarrow U^*-\{\bar{f}(x)\}$；

步骤6：根据删除元素$\{\bar{f}(x)\}$与$U^*/\mathrm{IND}(B)$分别更新相应的等价类$U^{**}/\mathrm{IND}(B)=\left\{X_1^n,X_2^n,\cdots,X_m^n\right\}$；

步骤7：在新等价类$\left\{X_1'',X_2'',\cdots,X_m''\right\}$的基础上，根据单个元素删除时正域的更新公式，求出新的正域$\mathrm{POS}_B^{U^{**}}(D)$，并计算相应的近似分类质量$\gamma_B\left(U^{**}\right)$；

步骤8：如果近似分类质量$\gamma_B\left(U^{**}\right)\neq\gamma_B\left(U^*\right)$，有$\forall b\in(C-B)$，则$\mathrm{Sig}(b,B,D)=\gamma_{B\cup\{b\}}\left(U^{**}\right)-\gamma_B\left(U^{**}\right)$，以此求出重要度大的属性加入约简结果$B'$中；

步骤9：$\gamma_{B'-\{b\}}\left(U^{**}\right)\neq\gamma_{B'}\left(U^{**}\right)$中若存在冗余属性，则删除，进一步得到约简结果$B'$；

步骤10：求解出$U^{**}/D=\left\{d_1',d_2',\cdots,d_g'\right\}$，结合相应的条件属性的等价类$\left\{X_1'',X_2'',\cdots,X_m''\right\}$，求出各等价类$X_i''$相对于决策类$D_j'$的置信度$\alpha_{ij}$；

步骤 11：有$X_i'' \subseteq U^* / \mathrm{IND}(B)$，$D_j' \subseteq U^* / \mathrm{IND}(D)$的置信度$\alpha_{ij}$，如果此置信度大于阈值，那么$\kappa\left(x \in X_i\right) \to \nu\left(D_j\right)$加入原规则集 oldRuleoutSRSTDKAS 中，否则做删除处理。如此反复，最终输出新决策表S'的规则集 newRuleoutSRSTDKAS。

此算法首先计算单个元素增加时的正域变化以及近似质量，其次计算单个元素删除时正域的变化及近似质量，并通过约简消除冗余属性，最后，对每个新的等价类求解出相对于决策属性的置信度，并以初步设定的阈值为标准，进行规则过滤，以此获得决策表的新规则集。

由于此算法通过正域的动态变化来获得新的近似质量，加之新的规则集是在原来的规则集上动态更新，这些操作使得无需对变化后的决策表进行重复求解，因此效率得到了提高。

（6）多元素增加或删除时的动态知识获取

如果决策表中有多个元素增加或删除时，可看成是多个单元素原子操作的叠加，这就需要多次执行上述算法，特别是数据量很大时，就会非常耗时，造成效率低下。因此，有必要对多个元素增加或删除操作建立相应的动态知识获取策略，从而提高执行效率。当决策表有多个元素增加或删除时，其知识更新会出现以下几种情况：

① 新知识与原来的知识相同；

② 新知识不在原来的知识中；

③ 新知识与原来的知识矛盾。

显然，第一种情况是比较理想的，无需更新知识。但是现实中通常是第二、第三种情况，这样，老的知识失效，就需要对知识进行更新。决策表中有多个元素变化时，其正域也会发生变化，因此需要重新计算分类质量。以下讨论多个元素迁移时，决策表正域变化及近似分类情况。

1）多元素删除时近似分类质量

如果决策表中有多个元素被删除，那么原来不满足正域的元素，经删除操作后可能会满足正域定义了，使得分类质量被改变。以下是对正域变化及近似质量的更新分析：

在一个五元组的决策信息系统$S=(U,C,D,V,f)$中，$\exists B \subseteq C$，论域U在属性子集B上的划分$U/\mathrm{IND}(B)=\{X_1,X_2,\cdots,X_m\}$，$U$在决策属性$D$上的划分$U/\mathrm{IND}(D)=\{d_1,d_2,\cdots,d_n\}$，原始正域$\mathrm{POS}_B^U(D)$，如果决策表中有多个元素$\bar{F}=\{\overline{f_1},\overline{f_2},\cdots,\overline{f_n}\}$删除，那么当前决策表中元素集$(U-\bar{F})/\mathrm{IND}(B)=\left(X_1',X_2',\cdots,X_i',X_{i+1},X_{i+2},\cdots,X_{n'}\right)$，$X_l'=X_l-\bar{F}$ $(1 \leqslant l \leqslant i)$，这里的$X_l'$表示变化后的等价类。如果$X_l' \subseteq D_j\,(1 \leqslant j \leqslant m)$，那么正域$\mathrm{POS}_B^{U-\bar{F}}(D)=\mathrm{POS}_B^U(D)+\left\{X_l' \mid X_l' \subseteq D_j\right\}(1 \leqslant j \leqslant m)-U_d$，从而可以求出条件属性集$B$相对于决策属性$D$的近似质量：

$$\gamma_B(U-\bar{F})=\frac{\left|\mathrm{POS}_B^{U-\bar{F}}(D)\right|}{|U-\bar{F}|}$$

2）多元素增加时近似分类质量

当有多个元素$F=\{f_1,f_2,\cdots,f_m\}$增加到决策表时，使得原有的等价类划分产生变化，从而引起正域变化，因此，以下讨论了多个元素迁移进决策表时，决策表正域变化及近似分类情况。

在一个五元组组成的决策信息系统 $S=(U,C,D,V,f)$ 中，$\exists B\subseteq C$，论域 U 在属性子集 B 上的划分 $U/\mathrm{IND}(B)=\{X_1,X_2,\cdots,X_m\}$，$U$ 在决策属性 D 上的划分 $U/\mathrm{IND}(D)=\{d_1,d_2,\cdots,d_n\}$，原始正域 $\mathrm{POS}_B^U(D)$，如果决策表中有多个元素 $F=\{f_1,f_2,\cdots,f_m\}$ 迁移进来，先求出 F 在属性集 B 上的划分 $F/\mathrm{IND}(B)=\{B_1,B_2,\cdots,B_{m'}\}$，再求出 F 在决策属性 D 上的划分 $F/\mathrm{IND}(D)=\{d_1,d_2,\cdots,d_{n'}\}$，从而得到元素集 F 在属性集 B 上的正域 $\mathrm{POS}_B^F(D)=\{B_i|\ B_i\subseteq D_j\}(1\leqslant i\leqslant m',1\leqslant j\leqslant n')$。然后对原等价类进行更新看是否满足正域，如果不满足的话删除此部分等价类元素。而原论域 U 及新增元素集 F，在条件属性子集 B 上可能是相等的，即 $X_i\cup Y_j=X_l'(1\leqslant i\leqslant m,1\leqslant j\leqslant m')$。由于这些变化后的等价类相对于决策属性可能不再满足正域的定义，即 $\{X_l'\mid X_l'\not\subset D_s,X_l'\not\subset Z_t\}(1\leqslant s\leqslant n,1\leqslant t\leqslant n')$，因此要从原正域中删除这部分元素集。

多元素迁移进来后，正域的变化情况为 $\mathrm{POS}_B^{U\cup F}(D)=\mathrm{POS}_B^F(D)\cup\mathrm{POS}_B^U(D)-\{X_l'\mid X_l'\not\subset D_s, X_l'\not\subset Z_t\}(1\leqslant s\leqslant n,1\leqslant t\leqslant n')$，其中 X_l' 表示变化的等价类。从以上可以看出，更新后的正域只是对局部变化数据进行了更新，并未对所有数据更新，因此效率比较高。通过正域变化，可以得到条件属性集 B 相对于决策属性 D 的分类质量：

$$\gamma_B(U\cup F)=\frac{\left|\mathrm{POS}_B^{U\cup F}(D)\right|}{|U\cup F|}$$

（7）多元素变化情况下的 S 粗糙集动态知识获取

以上分析都是多个元素在删除或增加时，在原始正域上所进行的局部更新，并非整个决策表本身，因此效率比较高。以下是多个元素同时删除或增加时的具体算法描述：

输入：决策信息表 $S=(U,C,D,V,f)$，论域 U 在属性子集 B 上的划分 $U/\mathrm{IND}(B)=\{X_1,X_2,\cdots,X_m\}$，在属性子集 B 上的原始规则集为 oldRuleoutSRSTDKAM，增加的多个元素记为 $F=\{f_1,f_2,\cdots,f_m\}$，删除的多个元素记为 $\bar{F}=\{\overline{f_1},\overline{f_2},\cdots,\overline{f_n}\}\in U$，原规则集设置一个更新阈值为 0.4。

输出：新决策表 S' 上的规则集 newRuleoutSRSTDKAM。

步骤 1：将新元素 $F=\{f_1,f_2,\cdots,f_m\}$ 增加到决策表 S 中，$U^*\leftarrow F\cup U$；

步骤 2：根据新增加元素 F 与 $U/\mathrm{IND}(B)=\{X_1,X_2,\cdots,X_m\}$ 分别更新对应的等价类，得到新的划分 $U^*/\mathrm{IND}(B)=\{X_1',X_2',\cdots,X_m'\}$；

步骤 3：在新等价类 $\{X_1',X_2',\cdots,X_m'\}$ 的基础上，根据单个元素增加时正域的更新公式，求出新的正域 $\mathrm{POS}_B^{U^*}(D)$，并计算相应的近似分类质量 $\gamma_B(U^*)$；

步骤 4：对于 $\forall b\in B$，若 $\gamma_B(U^*)=\gamma_{B-\{b\}}(U^*)$，那么 $B\leftarrow B-\{b\}$；

步骤 5：将多元素 $\bar{F}=\{\overline{f_1},\overline{f_2},\cdots,\overline{f_n}\}$ 从原决策表中删除，即 $U^{**}\leftarrow U^*-\bar{F}$；

步骤 6：根据删除元素 $\bar{F}$ 与 $U^*/\mathrm{IND}(B)$ 分别更新相应的等价类 $U^{**}/\mathrm{IND}(B)=\{X_1'',X_2'',\cdots,X_m''\}$；

步骤 7：在新等价类 $\{X_1'',X_2'',\cdots,X_m''\}$ 的基础上，根据单个元素删除时正域的更新公式，求出新的正域 $\mathrm{POS}_B^{U^{**}}(D)$，并计算相应的近似分类质量 $\gamma_B(U^{**})$；

步骤 8：如果近似分类质量$\gamma_B\left(U^{**}\right)\neq\gamma_B\left(U^*\right)$，有$\forall b\in(C-B)$，则$\mathrm{Sig}(b,B,D)=\gamma_{B\cup\{b\}}\left(U^{**}\right)-\gamma_B\left(U^{**}\right)$，以此求出重要度大的属性加入约简结果$B'$中；

步骤 9：对$\gamma_{B'-\{b\}}\left(U^{**}\right)=\gamma_{B'}\left(U^{**}\right)$中存在的冗余属性，进行删除，进一步得到约简结果$B'$；

步骤 10：求解出$U^{**}/D=\left\{d_1',d_2',\cdots,d_g'\right\}$，结合相应的条件属性的等价类$\left\{X_1'',X_2'',\cdots,X_m''\right\}$，求出各等价类$X_i''$相对于决策类$D_j'$的置信度$\alpha_{ij}$；

步骤 11：有$X_i''\subseteq U^*/\mathrm{IND}(B)$，$D_j'\subseteq U^*/\mathrm{IND}(D)$的置信度$\alpha_{ij}$，如果此置信度大于阈值，那么$\kappa\left(x\in X_i\right)\to\nu\left(D_j\right)$加入原规则集 oldRuleoutSRSTDKAM 中，否则做删除处理。如此反复，最终输出新决策表S'的规则集 newRuleoutSRSTDKAM。

此算法首先计算多个元素增加时的正域变化以及近似质量，其次计算多个元素删除时正域的变化及近似质量，并通过约简消除冗余属性，最后，对每个新的等价类求解出相对于决策属性的置信度，并以初步设定的阈值为标准，进行规则过滤，以此获得动态决策表的新规则集。

由于此算法通过正域的动态变化一次性获得新的近似质量，无需将多个元素的动态变化看成单个元素的变化叠加而计算，加之新的规则集是在原来的规则集上进行的动态更新，这些操作使得无需对变化后的决策表进行重复求解，因此效率得到了提高。

（8）贝叶斯网络

贝叶斯网络（Bayesian network），又称信念网络（belief network），或有向无环图模型（directed acyclic graphical model），是一种概率图模型，于 1985 年由 Judea Pearl 首先提出。它是一种模拟人类推理过程中因果关系的不确定性处理模型，其网络拓扑结构是一个有向无环图（DAG）。一个贝叶斯网络定义包括一个有向无环图（DAG）和一个条件概率表集合。DAG 中每一个节点表示一个随机变量，可以是可直接观测变量或隐藏变量，而有向边表示随机变量间的条件依赖；条件概率表中的每一个元素对应 DAG 中唯一的节点，存储此节点对于其所有直接前驱节点的联合条件概率。贝叶斯网络的有向无环图中的节点表示随机变量$\{X_1,X_2,\cdots,X_n\}$，它们可以是可观察到的变量，或隐变量、未知参数等。认为有因果关系（或非条件独立）的变量或命题用箭头来连接。若两个节点间以一个单箭头连接在一起，表示其中一个节点是“因 (parents)”，另一个是“果 (children)”，两节点就会产生一个条件概率值。

此外，对于任意的随机变量，其联合概率可由各自的局部条件概率分布相乘而得出。

1）学习贝叶斯网络结构

从数据中学习贝叶斯网络结构就是对给定的数据集，找到一个与数据集拟合最好的网络。首先定义一个随机变量 S^h，表示网络结构的不确定性，并赋予先验概率分布 $p(S^h)$。然后计算后验概率分布 $p(S^h|D)$。根据 Bayesian 定理有：

$$p\left(S^h|\ D\right)=p\left(S^h,D\right)/\ p(D)=p\left(S^h\right)p\left(D|\ S^h\right)/\ p(D)$$

其中 $p(D)$ 是一个与结构无关的正规化常数，$p(D|S^h)$ 是边界似然。

于是确定网络结构的后验分布只需要为每一个可能的结构计算数据的边界似然。在无约束多项分布、参数独立、采用 Dirichlet 先验和数据完整的前提下，数据的边界似然正好

等于每一个（i，j）对的边界似然的乘积，即

$$p\left(D|\ S^h\right)=\prod_{i=1}^{n}\prod_{j=1}^{q_i}\frac{\Gamma\left(\partial_{ij}\right)}{\Gamma\left(\partial_{ij}+N_{ij}\right)}\prod_{k=1}^{r_i}\frac{\Gamma\left(\partial_{ijk}+N_{ijk}\right)}{\Gamma\left(\partial_{ijk}\right)}$$

2）贝叶斯网络学习算法

贝叶斯网络建立学习算法主要包括两类：一类基于依赖性测试的学习；另一类是基于搜索评分的学习。

基于依赖性测试的结构学习算法将贝叶斯网络看作是编码了变量间独立性关系的图结构。它的核心思想是：通过样本集 D 验证条件独立性 I（X_i，$X_j|C$）是否成立。若成立，则在网络 S 中节点 X_i 和 X_j 被 C 有向分割，节点 X_i 和 X_j 之间不存在边；若不成立，变量 X_i 和 X_j 是依赖的，网络中节点 X_i 和 X_j 之间存在边。然后，利用节点集之间的条件独立性，建造一个有向无环图，以尽可能多地覆盖这些条件独立性。常用的独立性检验的方法有 χ^2 检验和基于互信息的检验方法。

基于评分搜索的方法其原理是在所有节点的结构空间内按照一定的搜索策略及评分准则构建贝叶斯网络结构。常用评分函数包括 Akaike 信息准则（AIC）、基于最短描述长度原理的 MDL 度量。典型算法有 K2 算法、TAN 算法和 Hill-climbing 算法。

① K2 算法。K2 算法用贪婪搜索处理模型选择问题：先定义一种评价网络结构优劣的评分函数，再从一个网络开始，根据事先确定的最大父节点数目和节点次序，选择分值最高的节点作为该节点的父节点。K2 算法使用后验概率作为评分函数：

$$p\left(D|\ B_s\right)=\prod_{i=1}^{n}\text{score}\ \left(i,pa_i\right)$$

$$\text{score}\left(i,pa_i\right)=\prod_{j=1}^{q_i}\left[\frac{\Gamma\left(\partial_{ij}\right)}{\Gamma\left(\partial_{ij}+N_{ij}\right)}\prod_{k=1}^{r_i}\frac{\Gamma\left(\partial_{ijk}+N_{ijk}\right)}{\Gamma\left(\partial_{ijk}\right)}\right]$$

K2 的出发点是一个包含所有节点，但却没有边的无向图。在搜索过程中，K2 按顺序逐个考察节点变量，确定父节点，然后添加相应的边。对某一变量 X_j，假设 K2 已经找到了它的一些父节点 π_j。如果 $|\pi_j|<\mu$，即 X_j 的父亲节点个数还未达到上界 μ，那么就要继续为它寻找父节点，具体做法是首先考虑那些排在 X_j 之前，但却还不是 X_j 的父亲节点的变量，从这些变量中选出 X_i，它使得新家族 CH 评分 $V_{新}$　CH($<X_j,\pi_j\cup\{X_i\}>|\theta$) 达到最大；然后将 $V_{新}$与旧家族评分比较：如果 $V_{新}>V_{旧}$，则把 X_i 添加为 X_j 的父节点；否则停止为 X_j 寻找父亲节点。

② TAN 算法。TAN 称为树扩展朴素贝叶斯，它是在朴素贝叶斯分类器上添加边得到的。类属性是朴素贝叶斯网络中每个结点的单个父节点，TAN 考虑为每个结点增加第二个父节点。对于这类限制性网络，有一种有效算法能找出使网络似然达到最大值的边界，它是以计算网络的最大加权生成树为基础。$I(X;Y)$ 定义为互信息值，X,Y 定义为 2 种属性，其中互信息值越大，就代表 2 个属性关联性越大。互信息值的标准公式如下：

$$I(X;Y)=\sum_{x\in X}\sum_{y\in Y}p(x,y)\lg\frac{p(x,y)}{p(x)p(y)}$$

③ Hill-climbing 算法。爬山法的目标是要找出评分最高的模型，它从一个初始模型出发开始搜索，初始模型一般设为无边模型，在搜索的每一步，它首先用搜索算子对当前模型进行局部修改，得到一系列候选模型；然后计算每个候选模型的评分，并将最优候选模型与当前模型进行比较；若最优候选模型的评分大，则以它为下一个模型，继续搜索，否则，就停止搜索，并返回当前模型。搜索算子有加边、减边和转边三个。加边和减边算子的使用有个前提，就是不能在网络中形成有向圈。爬山法可以使用任何评分函数。不同的评分函数有不同的要求：CH 评分要求关于先验参数分布的超参数，而 HVL 及 CVL 评分则要求把数据分成训练数据和验证数据。因此，需要处理的算法细节也有所不同。

16.2.5.3 模型测试

（1）实验数据

2003 ～ 2010 年三峡库区典型支流水华暴发情况见表 16-32。由表可以看出，三峡库区香溪河水华暴发频繁，因此将香溪河作为研究区域进行水华动态研究显得非常有意义。对香溪河 2005 年春季水华进行跟踪分析，采样时间为 2005 年 2 月 23 日到 4 月 28 日。采样点为两处，在距香溪河河口约 5km 处设置 S1 样点，每日在水下 0.5m 处采样。另外在香溪河库湾上游约 17km 处设置 S2 样点，对其进行水下 0.5m 处的隔日采样。根据相关研究成果，S1 采样点主要受长江干流水体影响，特点是呈现较高的氮 / 磷值；而 S2 采样点主要受香溪河上游来水影响，特点是呈现较低的氮 / 磷值。

表16-32　2003 ~ 2010年三峡库区典型支流水华暴发情况

年份	支流	优势种	备注
2003	大宁河	小球藻、微囊藻	首次暴发水华
2004	抱龙河	微囊藻	
	大宁河	微囊藻、实球藻、星杆藻、小球藻、多甲藻	
	神女溪	实球藻、甲藻、小球藻	
	香溪河	星杆藻、小环藻	
2005	香溪河	颤藻	大宁河、抱龙河等出现水华
	梅溪河	拟多甲藻	
2006	香溪河、大宁河、草堂河等	微囊藻、隐藻、衣藻、多甲藻、小环藻	由硅藻、甲藻向绿藻、隐藻演变
2007	香溪河、大宁河、澎溪河等	微囊藻、隐藻、空球藻、多甲藻、小环藻	由硅藻、甲藻向蓝藻、绿藻、隐藻演变
2008	香溪河、大宁河、澎溪河等	微囊藻、实球藻、衣藻、多甲藻、小环藻	季节转变明显，春季水华优势种主要为硅藻门、甲藻门，夏季水华优势种绿藻门、蓝藻门
2009	草堂河、大宁河、小江等	微囊藻、束丝藻、隐藻、实球藻、空球藻、多甲藻、小环藻	
2010	香溪河、大宁河、小江等	微囊藻、束丝藻、衣藻、多甲藻、小环藻	水华主要发生在春、秋季，季节转变明显

总的说来，水华前兆异常受营养盐、水动力、气象条件、化学因素、社会经济条件、地理特征、物理因子、生物群落等影响，其具体指标分类见表 16-33。

表16-33　水华前兆异常分类

序号	影响因素	具体指标
A	营养盐	总氮(TN)，总磷(TP)，可溶性硅(Si)，可溶性无机氮(DIN)，可溶性磷酸盐(PO_4^{3-}-P)，可溶性有机碳(DOC)，总有机碳(TOC)
B	水动力	流速(FV)，换水周期(WEC)，水位(WL)，水位振幅(WLM)，径流(RO)
C	气象条件	风向(WD)，风速(WV)，光照强度(IL)，降雨量(P)，平均气温(AT)，蒸发量(EC)，日照时间(SR)
D	化学因素	溶解氧(DO)，pH值，化学需氧量(COD)，电导率(EC)
E	社会经济条件	GDP，人口密度(PD)，土地利用类型(LUT)
F	地理特征	深度(DP)，高度(AL)，面积(AR)
G	物理因子	透明度(SD)，水温(WT)
H	生物群落	叶绿素a(Chla)，硅藻，甲藻，蓝藻，隐藻，绿藻，裸藻，金藻

在研究中，所需要的指标主要有 pH 值、溶解氧（DO）、水温（WT）、总氮（TN）、总磷（TP）、可溶性硅（Si）、可溶性磷酸盐（PO_4^{3-}-P）、可溶性无机氮（DIN= NH_4^+-N + NO_2^--N+ NO_3^--N）、总有机碳（TOC）、可溶性有机碳（DOC）、平均气温（AT）、24 小时降雨量（20 时至次日 20 时）（$P_{20\sim20}$）、最小蒸发量（SE）、最大蒸发量（LE）、平均风速（AWV）、最大风速（HWV）、最大风速风向（WDHWV）、极大风速（EWV）、极大风速风向（WDEWV）以及日照时间（SR）、水位（WL）、藻类叶绿素 a（Chla）、硅藻、甲藻、蓝藻、隐藻、绿藻、裸藻、金藻。

（2）实验过程

整个实验过程由两大部分组成：第一部分通过 UCI 数据集的测试实验，对比分析 SRSTDKAS 算法、SRSTDKAM 算法与其他方法的性能；第二部分分析在动态水华分析中的应用效果。

对于第一部分理论方法的对比实验，分为以下步骤进行：

1）第一步 数据集的预处理

采用离散化算法对连续值进行预处理，这些非离散值通过可视离散化算法进行离散化处理。

2）第二步 数据集抽取策略

将每个数据集分成三个部分，随机选择 50% 的数据作为原始数据，20% 的数据作为增加数据，增加的同时删除 20% 的数据，其他 30% 的数据为测试数据。

3）第三步 验证测试

选择 SRSTDKAS 算法、SRSTDKAM 算法，同时选择朴素贝叶斯分类算法（NB）与 C4.5 决策树算法分别对相同的数据集进行对比实验的知识获取。并从分类精度与运行时间两方面进行分析，实验次数均采用 10 次，其最终分类精度与运行时间取每个数据集上 10 次实验的平均值。

① 分类精度对比。为了验证 SRSTDKAS 算法与 SRSTDKAM 算法的分类性能，分别从 6 个数据集中随机抽取 30% 的数据作测试集进行 10 次重复测试。由于 SRSTDKAS 算法与 SRSTDKAM 算法都是基于近似分类质量的知识获取方法，它们的分类性能是一样的。因此，采用 SRSTDKAS 算法与朴素贝叶斯分类算法（NB）、C4.5 决策树算法进行分类精度的对比实验分析。

② 运行时间对比。随机抽取 50% 数据作原始数据集，分别随机抽取 20% 的数据集作增加或删除数据集，将这些增加或删除数据集分为 10 份，重复进行 10 次实验，即第 1 次动态变化数据为：增加 2% 数据的同时删除 2% 原始数据，第 2 次动态增加 4% 数据的同时删除 4% 原始数据，直到最后一次增加 10% 数据的同时删除 10% 原始数据，并记录每一次实验的计算时间。实验环境为 Intel(R) Core(TM) i7-6700 CPU @ 3.4GHz，内存 16G，通过 matlab 编程语言实现。

对于第二部分的动态水华分析应用实验，分为以下步骤进行：

首先，通过两次水华期间各种与水华相关的指标之间的趋势变化发现其存在着水华前兆差异以及区域差异。其次，由于叶绿素 a 是浮游植物现存量的重要指标，是研究水体富营养化的主要手段和指标。因此，通过相关性分析找到影响水华前兆差异以及区域差异的最显著元素。最后，利用奇异粗糙集的动态迁移特性结合水华前兆差异、异常区域差异中显著的元素，将基于双向奇异粗糙集的 SRSTDKAM 算法（图 16-56）用来发现水华前兆异常，利用此法能动态确定出各区域主要的水华前兆异常。

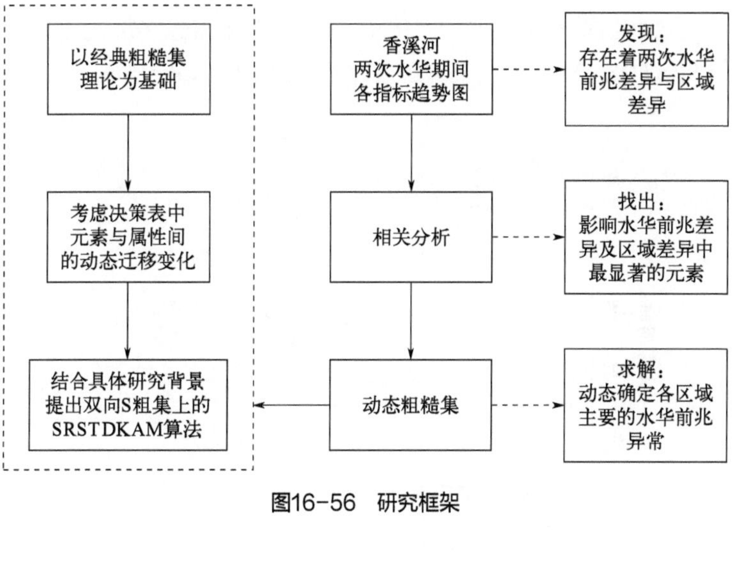

图16-56　研究框架

（3）结果与讨论

1）理论算法性能分析

① 分类精度对比。表 16-34 为 SRSTDKAS 算法与朴素贝叶斯分类算法（NB）、C4.5 决策树算法在分类精度上的对比实验结果。从表 16-34 可以看出，三种知识获取算法在分类精度上差异不是很明显，SRSTDKAS 算法与 C4.5 算法的平均分类精度为 84.02%

和 81.13%，SRSTDKAS 算法在平均分类精度上优于 C4.5 算法。NB 算法的平均精度为 80.62%，略低于 SRSTDKAS 算法与 C4.5 算法。其原因可能是属性间的相关性较大或者属性个数比较多，影响 NB 算法的分类效率。

表16-34　SRSTDKAS算法与NB、C4.5分类精度对比

数据集	分类精度 /%		
	SRSTDKAS	NB	C4.5
Iris	82.22±2.12	80.00±2.28	77.78±2.44
Glass	85.94±0.63	84.38±0.68	82.81±0.76
Balance	89.89±0.46	87,77±0.51	86.70±0.57
Yeast	71.91±1.41	73.03±1.39	70.79±1.45
Segment	86.58±0.61	82.25±0.88	83.69±0.78
Kr-vs-Kp	87.59±0.58	83.42±0.84	84.98±0.69
平均精度	84.02±0.97	80.62±1.10	81.13±1.12

② 运行时间对比。SRSTDKAS 算法、SRSTDKAM 算法、朴素贝叶斯分类算法（NB）与 C4.5 决策树算法这 4 种知识获取算法在各个数据集上的运行时间情况如图 16-57 所示，从图中可以看出，随着原始数据集规模的不断增加，4 种算法的运行时间也相应增加。SRSTDKAS 算法与 SRSTDKAM 算法运行时间比 NB、C4.5 算法时间短，因为 NB 与 C4.5 把动态变化的数据集看作是新的数据集，并重新计算，故没有利用之前的知识，而 SRSTDKAS 与 SRSTDKAM 可以快速地实现知识的动态更新。C4.5 的运行时间虽然不及 SRSTDKAS 与 SRSTDKAM，但却优于 NB，因为它无需经多次迭代来训练分类模型。SRSTDKAS 与 SRSTDKAM 算法在平均运行时间上比 NB、C4.5 算法更快。

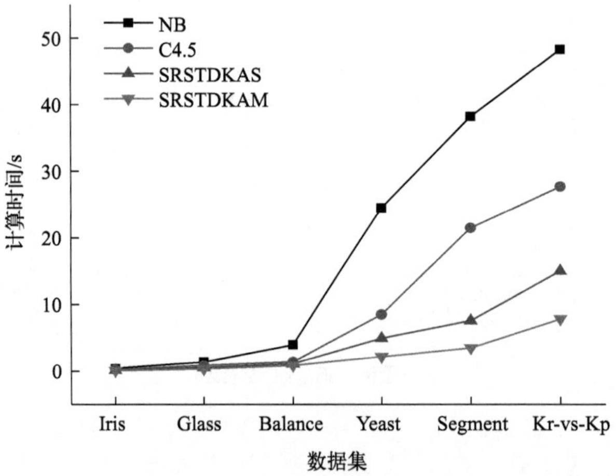

图16-57　四种算法运行时间对比

为更进一步深入比较 SRSTDKAS 与 SRSTDKAM 算法的运行时间，分别选取 Yeast 与 Kr-vs-Kp 两个数据集进行比较分析。图 16-58 是 SRSTDKAS 与 SRSTDKAM 两种算法在 Yeast 与 Kr-vs-Kp 两个数据集上的运行时间对比，其中横轴上的数字代表第几次实验，

从图易知，SRSTDKAM 算法比 SRSTDKAS 算法的运行时间短得多，因为 SRSTDKAM 算法的研究对象为多个对象，它能对这些对象的动态变化进行一次性的知识提炼，而 SRSTDKAS 算法是将多个对象的动态变化视为单个对象的累积变化之和，因此需要耗费较多的时间进行重复计算才能动态更新知识。

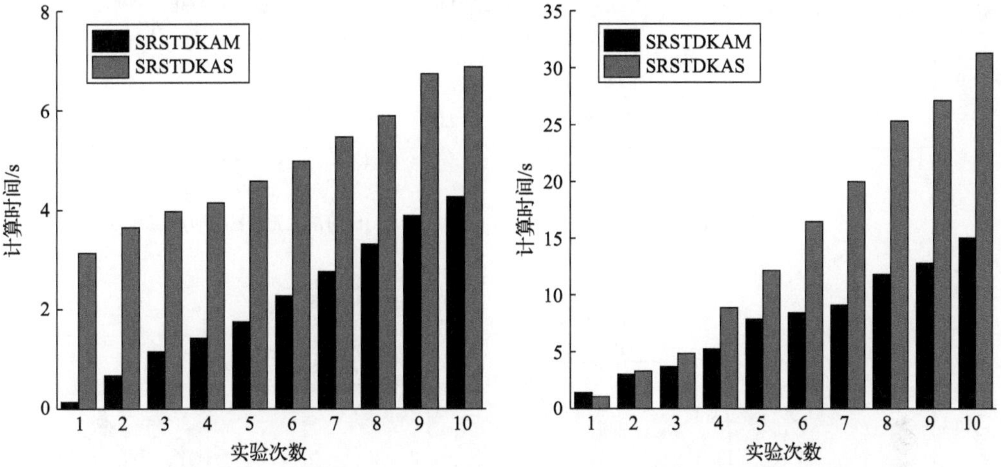

(a) Yeast数据集动态规模变化　　(b) Kr-vs-Kp数据集动态规模变化

图16-58　SRSTDKAS与SRSTDKAM算法在两个数据集上的运行时间对比

通过以上四种动态知识获取算法在分类精度与运行时间上的比较分析结果，可以看出 SRSTDKAM 算法与 SRSTDKAS 算法在保证良好分类性能的前提下，获取知识的时间优于 NB 算法与 C4.5 算法。更进一步地，SRSTDKAM 算法运行时间优于 SRSTDKAS 算法。

综上，双向 S 粗糙集上的 SRSTDKAM 算法与 SRSTDKAS 算法是有效可行的。

2）动态水华分析应用

图 16-59 ～图 16-62 为研究区域在水华监测时期各指标的变化情况，这些指标有营养盐、藻类密度、化学因子、水动力、气象条件等。

其中，图 16-59（a）为可溶性硅（Si），图 16-59（b）为可溶性无机氮（DIN）与总氮（TN），图 16-59（c）为可溶性磷酸盐（PO_4^{3-}-P）与总磷（TP），图 16-59（d）为可溶性有机碳（DOC）与总有机碳（TOC）。随着时间的推移，采样点 S1 与 S2 断面的可溶性硅（Si）呈显著下降趋势，采样点 S1 较采样点 S2 明显。采样点 S1 的 Si 变化幅度为 0.05～3.20mg/L，其最低值出现在 4 月 14 日，采样点 S2 的 Si 变化幅度为 0.35～2.67mg/L，其最低值出现在 4 月 20 日。位于采样点 S1 处的 DIN 浓度值显著高于采样点 S2 的 DIN 值。TN 与 DIN 在两个采样上呈现相似的分布规律。DIN 与 TN 在采样点 S2 的第二次水华后期有显著的消耗。DIN 于 4 月 28 日出现最低值，其值为 0.06mg/L。而 TN 在 4 月 26 日出现最低值 0.29mg/L。采样点 S2 处具有较高的可溶性磷酸盐（PO_4^{3-}-P），而采样点 S1 处的PO_4^{3-}-P 值较低。两处采样点的PO_4^{3-}-P 值动态变化趋势差异较大。采样点 S1 处与 S2 处PO_4^{3-}-P 值的变化幅度分别为 0.05 ～ 0.16mg/L 和 0.08 ～ 0.42mg/L。采样点 S1 处的总磷（TP）变化幅度为 0.07 ～ 0.22mg/L，均值为 0.14mg/L，而采样点 S2 处的 TP 变化幅度为 0.16 ～ 0.47mg/L，均值为 0.29mg/L，两处的变异系数（CV）分别为 23.95% 与 27.14%。

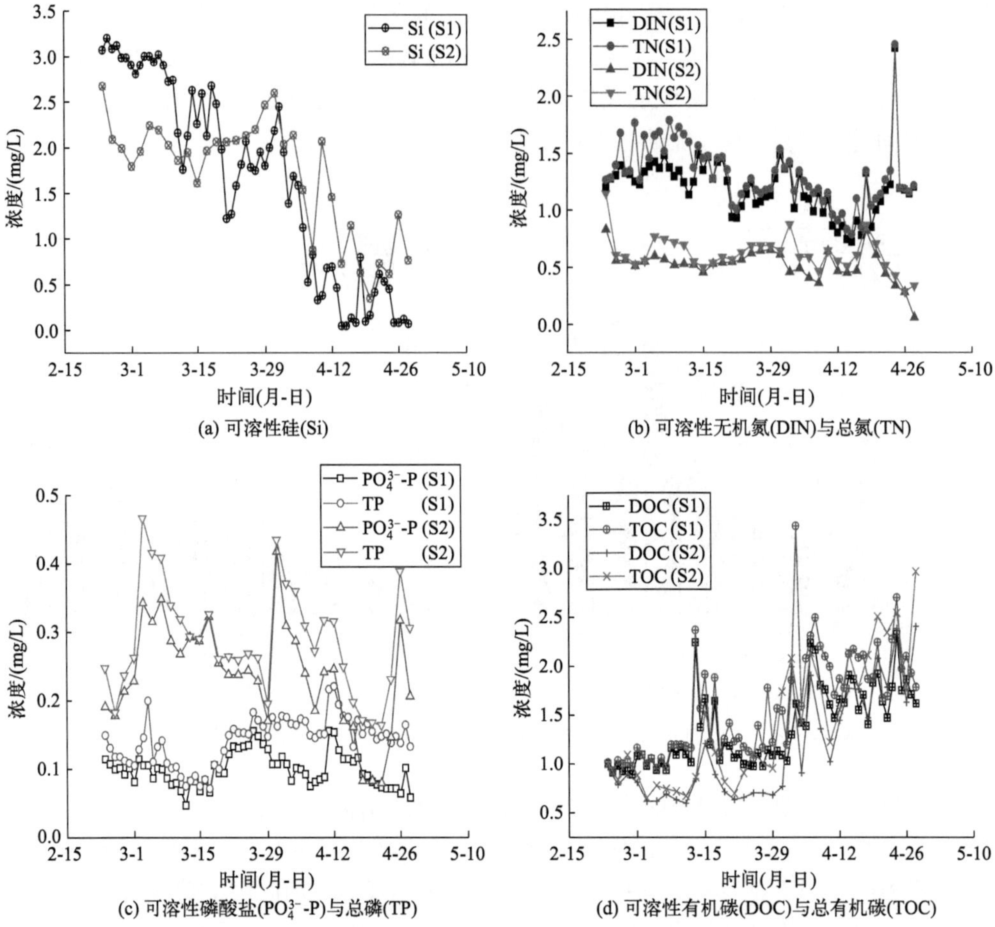

(a) 可溶性硅(Si)

(b) 可溶性无机氮(DIN)与总氮(TN)

(c) 可溶性磷酸盐(PO$_4^{3-}$-P)与总磷(TP)

(d) 可溶性有机碳(DOC)与总有机碳(TOC)

图16-59　2005年香溪河春季水华S1、S2采样点营养盐变化趋势

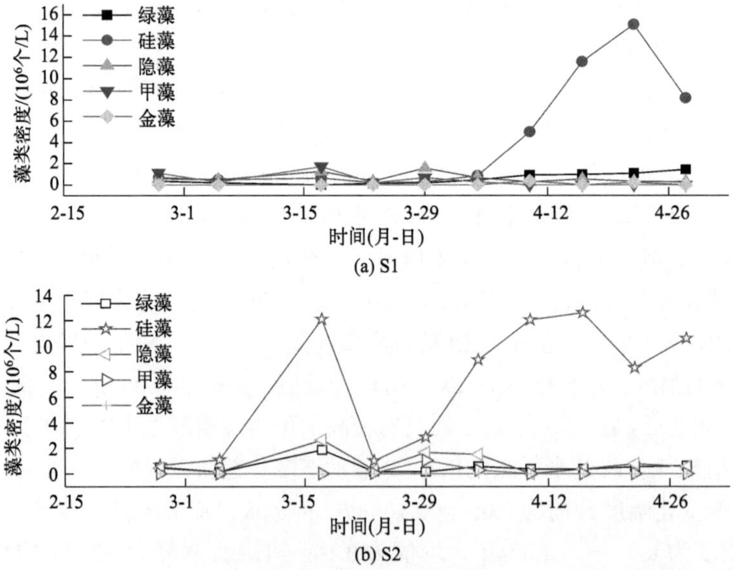

(a) S1

(b) S2

图16-60　2005年香溪河春季水华S1、S2采样点不同种类藻类密度变化趋势

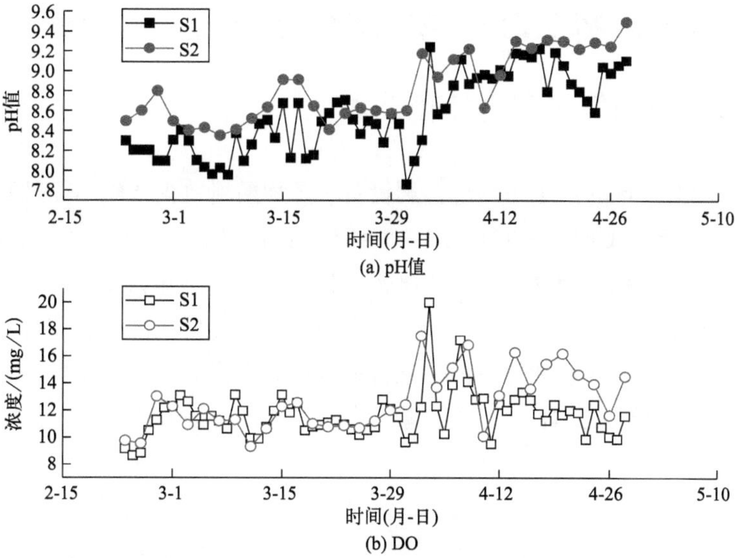

图16-61 2005年香溪河春季水华S1、S2采样点化学因子变化趋势

从香溪河春季水华期间各个采样点的藻类组成变化趋势来看（图 16-60），硅藻在采样点 S1 与 S2 的动态变化差异明显。S1 点在监测后期其硅藻数量急剧下降。S2 在春季水华期间有两次峰值：第一次发生在 3 月 17 日，第二次发生在 4 月 16 日。相比于硅藻的变化，其他四种藻类的密度变化趋势不明显。pH 值的波动比较频繁［图 16-61（a）］，在采样点 S1 的波动范围为 7.86 ～ 9.24，而在采样点 S2 的波动范围为 8.35 ～ 9.49。两处样点 pH 均值分别为 8.57 与 8.83，其对应的变异系数（CV）分别为 4.51% 与 3.95%。溶解氧（DO）有以下规律［图 16-61（b）]：DO 在采样点 S1、S2 处的春季水华早期监测中无明显差异，但是随着春季水华的发生，S2 处的 DO 浓度明显高于 S1 处。

水位总体呈现下降的趋势，在 4 月 16 日达到最低水位 137.88m。而日照时间波动比较明显［图 16-62（b）]，变化范围在 0 ～ 11.4h，其变异系数与均值分别为 85.07% 与 4.858h。在春季水华期间，采样点 S1 与 S2 处的水温呈上升趋势，水温平均值均为 14.76℃，变异系数分别为 23.31% 与 23.87%。

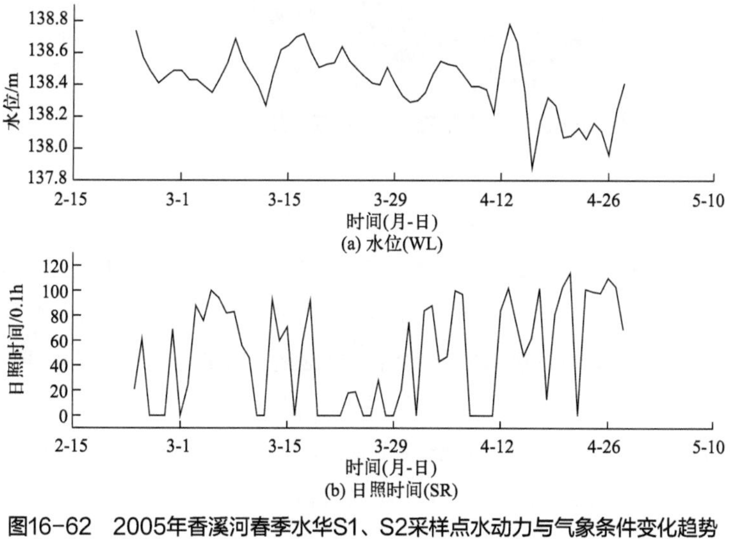

图16-62 2005年香溪河春季水华S1、S2采样点水动力与气象条件变化趋势

16.3 三峡库区水生态环境感知与可视化平台构建

16.3.1 多源异构信息混合传输技术

针对库区示范水域的水生态环境监测设备、多种网络数据传输，以及野外监控网络分散的特点，基于 HSUPA/HSDPA 的 3G 无线传输为基础，辅以有线、GPRS 网络、北斗卫星通信方式，研究多源异构感知信息传输机制，包括感知数据压缩与编码、图像压缩与编码、高速上传与下载、断点续传等关键技术，构建集扩展性、兼容性、安全性于一体，全面支撑三峡库区感知体系的信息传输网络。根据北斗通信不存在通信盲区的特点，采用 CR1000 数据采集器与北斗卫星天线相连接的通信方式作为应急管理通信方案（图 16-63）。

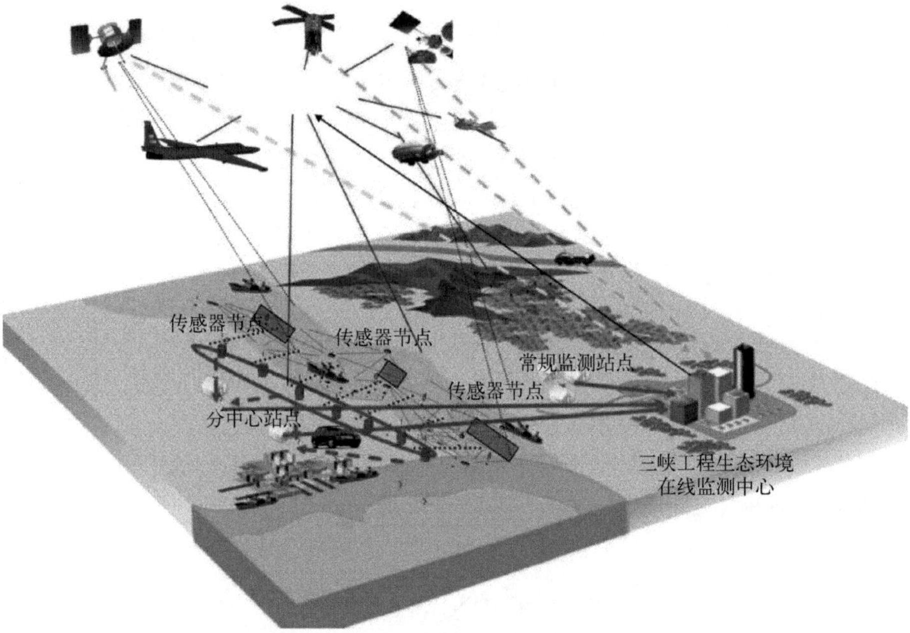

图16-63　水、陆、空、天、库底“五位一体”感知系统

（1）通信架构

传感网络连接分配和调度方法为：与物联网消息接收服务器通信，获得物联网消息接收服务器的信息，根据获得的物联网消息接收服务器信息制定合适的连接分配调度算法，当有无线传感网请求连接消息接收服务器时，根据制定好的连接分配调度算法将连接分配给合适的物联网消息接收服务器。此中间件可以支撑高并发、大吞吐的大型物联网项目良好运转。可以根据物联网消息接收服务器的情况，选择最适当的连接调度算法，使物联网消息接收服务器达到最合理的负载均衡（图 16-64）。

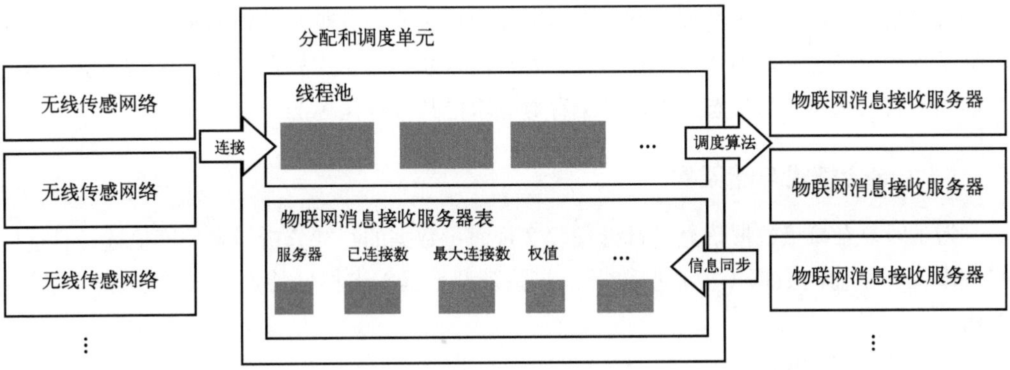

图16-64 传输调度

（2）通信协议

1）数据可靠性

为了保证数据在传输过程中不出现错误，在在线监测数据传输字段增加 CRC 校验字段。如果校验失败，接收端将认为数据在传输过程中发生了错误，不接受该条消息，并将此结果告诉发送端，发送端根据情况选择重发数据或者丢弃该条数据。

2）通信可靠性

为保证通信的可靠性，基层站需具有使用多种通信方式传输数据的能力，如有线网、GPRS、3G、LTE、北斗中的两种或三种，在常规使用的通信方式通信受限时，可以切换到其他可行的备用通信方式，保证数据可传输到指定站。协议中字段必须要有良好的扩展，保证命令和数据类不能用尽。

16.3.2 动态感知信息存储机制

由于三峡水生态环境监测涵盖数据种类较多、涉及面广、信息分散，目前缺乏一套全面、系统、准确、规范的基础信息资料。通过研究建设三峡库区水生态环境数据存储标准体系，能解决当前三峡水生态环境数据管理分散，基础数据存储零乱、标准化差、应用服务适用性单一、难以共享等问题；通过建立和健全数据库存储标准规范体系，能形成一个集中管理、安全规范、充分共享、全面服务的三峡水生态环境数据库。通过三峡库区数据存储标准的制定和推广使用，能促进库区范围内水生态环境信息的快速交换和信息共享，提高水生态环境评价模型时效性和管理水平，为三峡库区水生态环境感知系统的业务化运行提供良好的数据基础，从而更好地为库区各行政管理部门进行水生态环境管理与保护服务。

三峡库区生态环境监测数据来源包括重点站数据收集、历史数据收集、外部数据收集。其中重点站数据包含水环境、陆生生态、水生生态、河口生态、湿地生态、土壤环境、泥沙、水土保持、气候、地震、人群健康、遥感、水库管理 13 个子系统 30 个重点站监测数据。历史数据收集包含各个重点站历史监测数据。外部数据来源包括政府公开数据，公益组织数据，相关环保、水利等公共信息服务平台数据及其他网站公开数据，以及监测系统和全国生态环境网络数据。针对水环境、水生态重点站监测数据存储需求，形成兼容国家有关水质、水生态数据库数据存储要求的数据存储标准。

（1）混合模式存储架构

为了对复杂海量数据信息进行处理，实现海量数据的特征分析与多粒度描述，且适应三峡库区在线监测数据（关系型数据、非关系型数据）多样性特点，设计混合模式存储架构：

1）针对关系型数据

包括平台管理数据、报表数据、政务数据等。采用 shared-everything 集群存储架构，保证数据的高度一致性。

2）针对非关系型数据

包括异构传感器数据、卫星遥感数据、图片视频数据等。采用 shared-nothing 集群存架构，提高数据的 I/O 性能，由分布式存储的多副本机制，提高可用性。

海量数据组织、管理机制：

① 根据监测数据的来源站点，对数据进行分区、隔离；

② 根据数据实时访问热度对数据进行分级，分别存储于高、中、低速存储介质；

③ 根据数据生命周期对数据分级，对数据进行分层或融合。

针对水生态环境时间序列监测数据，发明了基于开源分布式数据库 Hbase 特殊优化的时间序列数据存取方法。通过粗粒度时间前缀合并，传感器单点分区等方式，实现了时间序列数据存储能力的线性扩展，单传感器时间区间序列数据的快速访问，有效节省了存储空间，极大提高了海量传感器高并发存储数据的吞吐量（图 16-65）。

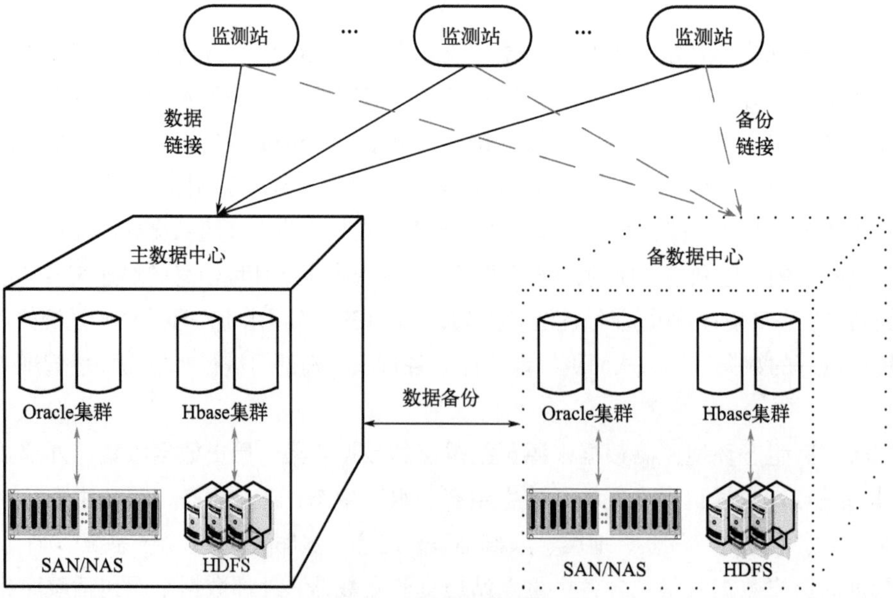

图16-65　数据存储结构示意

（2）数据存储标准制定

1）表结构设计

① 数据库表结构的设计应遵循科学、实用、简洁和可扩展性的原则。

② 数据库表结构的设计应与基础数据库表结构、业务数据库表结构设计一致。

③ 据库表结构应满足三峡水生态环境监测数据存储与应用需求。

2）表设计与定义

① 每个表结构描述的内容应包括中文表名、表主题、表标识、表编号、表体和字段存储内容规定 6 个部分。

② 中文表名应使用简明扼要的文字表达该表所描述的内容。

③ 表主题应进一步描述该表存储的内容、目的和意义等。

④ 表标识应为中文表名英译的缩写，在进行数据库建设时，应作为数据库表名。

⑤ 表编号为表的代码，反映表的分类和在表结构描述中的逻辑顺序，由 10 位字符组成，其中包括两个下划线。表编号格式为：

AAA_aaa_bbbb

式中 AAA——专业分类码，固定字符，表示三峡水生态环境监测数据。

aaa——表编号的一级分类码，3 位字符，分类代码应按表 16-35 确定。

bbbb——表编号的二级分类码，4 位数字，每类表从 0001 开始编号，依次递增，如表 16-36 所列。

表16-35 表编号一级分类代码

aaa	表分类	aaa	表分类
001	基本信息表	004	水质数据信息表
002	水文数据信息表	005	水生态数据信息表
003	气象数据信息表		

表16-36 表编号二级分类代码

bbbb	表分类	bbbb	表分类
0001	监测站基本信息表	0001	水质物理指标信息表
0002	基础地理信息数据表	0002	水质化学指标信息表
0001	干支断面水文数据信息表	0001	沉积物监测信息表
0002	湖库水文数据信息表	0002	水生生物监测信息表
0003	堰闸水文数据信息表	0003	渔业环境监测信息表
0001	三峡地面气象监测信息表		

16.3.3 高并发、大规模、分布式数据安全访问与管理

（1）大数据平台建设

1）运行环境

操作系统：Red Hat Enterprise 6.4。

软件环境：Java 1.7；

Hadoop-2.6.3；

HBase-1.0.0；

Hive-1.2.1；

Sqoop-1.4.4；

Zookeeper-3.4.8；

Kettle 5.0.1；

MySQL 5.7。

硬件环境：8 核 16G 内存 PC 服务器 8 台。

2）系统结构设计

系统功能图逻辑说明（图 16-66 和图 16-67）：

① 生产系统的源数据通过 Sqoop、Flume、Kettle 等获取后保存在 Kafka 消息队列中或者保存到 Hadoop 的 HDFS 系统中。

② 调度系统负责自身的控制功能，通过读取调度控制的配置信息调用驱动代理程序处理相关的运算功能。

③ 驱动代理程序负责所有基于运算平台的相关组件驱动任务，读取调度系统传递过来的模板信息，并执行相应的驱动操作。

④ 系统管理功能部分完成系统相关配置，管理等相关信息的维护操作。

⑤ 监控系统对整个系统的运行状况进行监控，由各个业务子系统按照监控系统的要求实现相应的监控功能。

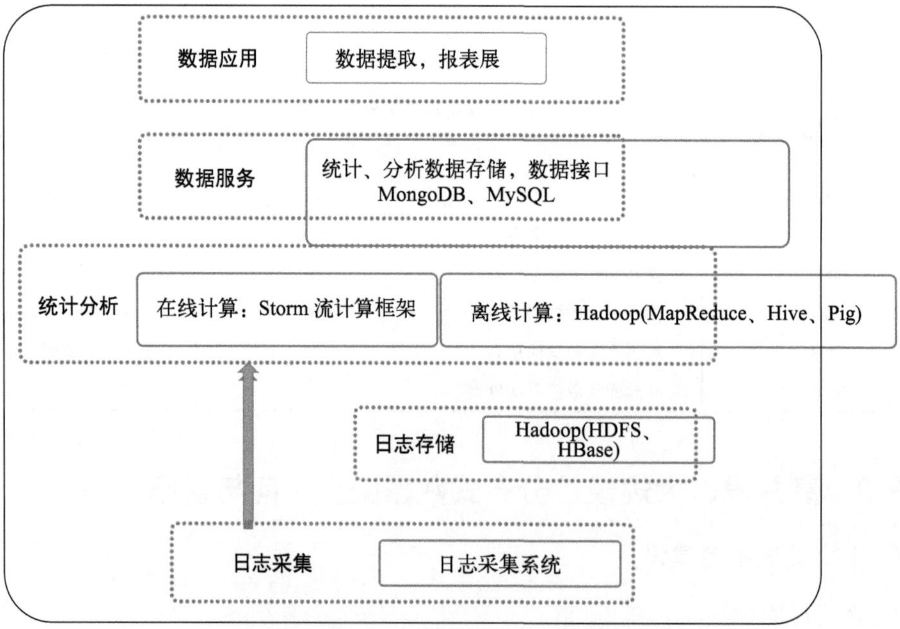

图16-66　大数据运算系统架构图

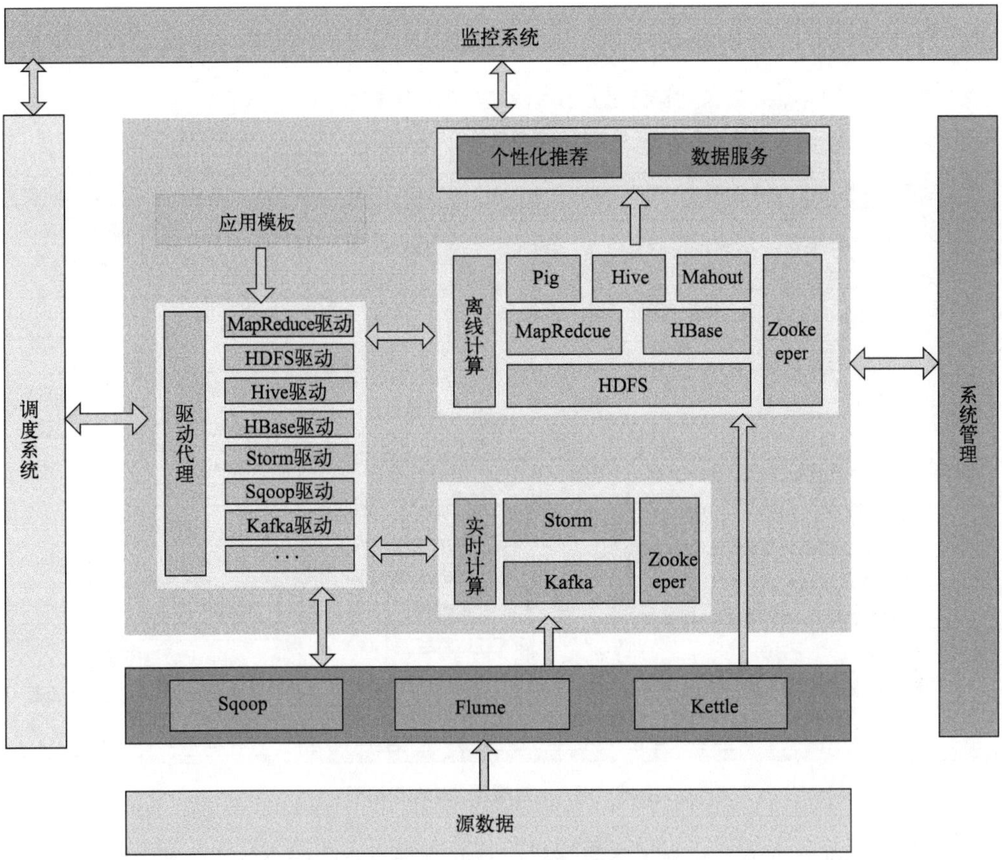

图16-67　大数据平台系统功能图

大数据平台功能结构图说明如下（图 16-68）：

① 大数据平台功能结构主要划分为计算平台、应用平台、系统管理以及监控、配置等相关应用功能。

② 计算平台分为基础运算、模板管理、驱动代理、系统调度。

③ 基础运算分为离线计算与实时计算两种形式。

④ 计算平台基于模板的功能开发，实际应用中做到模板的热插拔，对于功能需求只需要开发相应的模板，并部署上计算平台即可应用。

⑤ 驱动代理程序管理所有的基于大数据运算的相关组件的代理功能，对外提供给调度系统应用，调用模板设置的相应的类型，进行相应类型的驱动操作。

⑥ 调度系统只关心其自身的系统控制能力，不参与具体的业务以及计算功能组件的调用。

（2）信息标准化体系

信息标准化体系包括技术标准、数据标准与业务规范、信息标准管理体系。

① 技术标准是三峡库区水生态环境感知系统及业务化运行平台工作中进行系统设计、建设和运行必须遵循的技术标准。

② 数据标准与业务规范是各类功能实现信息化应用与数据共享交换所遵循的准则。

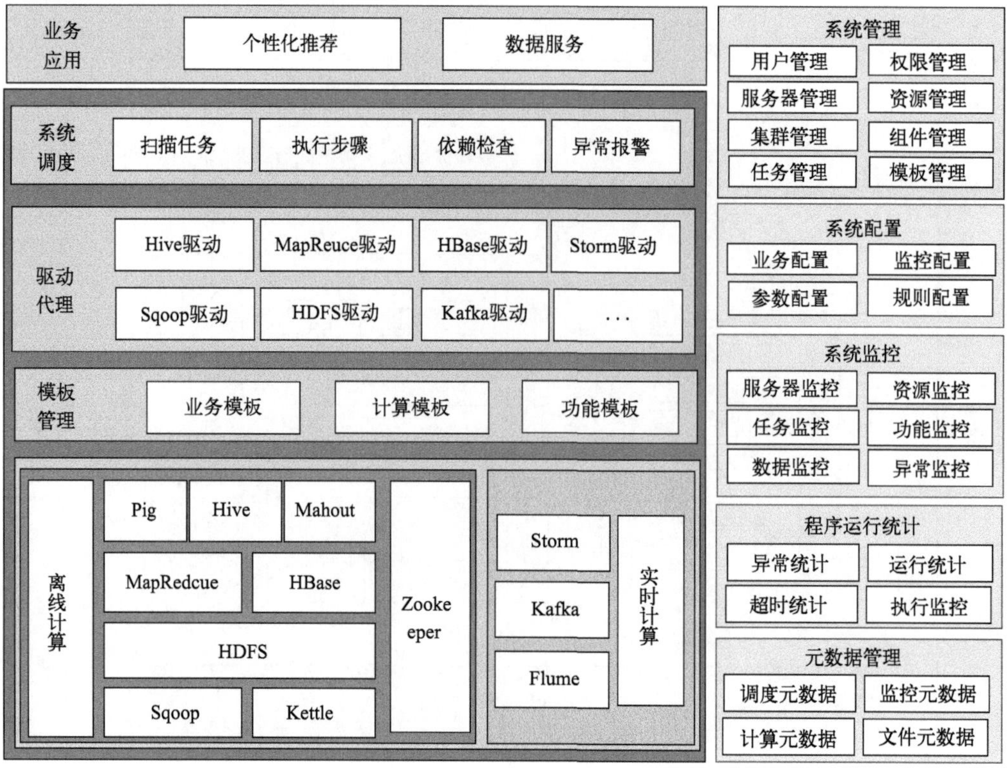

图16-68　大数据平台功能结构图

③ 信息标准管理体系建立了自我建设、自我管理、自我完善的工作机制，为三峡库区水生态环境感知系统及业务化运行平台系统建设提供科学合理的标准理论。

标准体系框架由数据标准、信息安全规范以及管理规范组成，根据（通信协议），对采集信息和上报共享信息数据进行相应规范。

1）数据标准

主要有数据元标准、数据交换标准和数据处理标准。

数据元标准包括数据元的提取、命名、标识、描述、分类等的标准化，分为数据元目录标准和信息资源目录及元数据标准。

数据交换标准包括制定数据采集与加载规范和各数据源之间进行格式转换的标准。

2）信息安全规范

数据使用规范包括三峡库区水生态环境感知系统及业务化运行平台认证、授权和访问控制规范；系统安全规范主要包括软件管理、网络安全管理、主机安全管理、数据备份和恢复、信息安全审计等规范（图 16-69）。

3）管理规范

确保三峡库区水生态环境感知系统及业务化运行平台建设质量、共享服务和系统运行维护所需的有关标准，主要有信息资源库数据管理与维护标准、共享服务管理标准和系统运行与维护标准。数据管理与维护标准及共享服务管理标准包括数据质量控制标准、法人单位信息资源库共享信息分类与编码标准、法人单位信息资源库共享与交换信息管理办法及规范等；系统运行与维护标准包括 IT 服务全过程的管理控制点和人员管理等核心内容，具体包括IT运维管理模式、组织结构与职责、人员岗位与职责、IT运维管理制度、管理流程、实施细则、实施文档、操作指南、配套表单等。

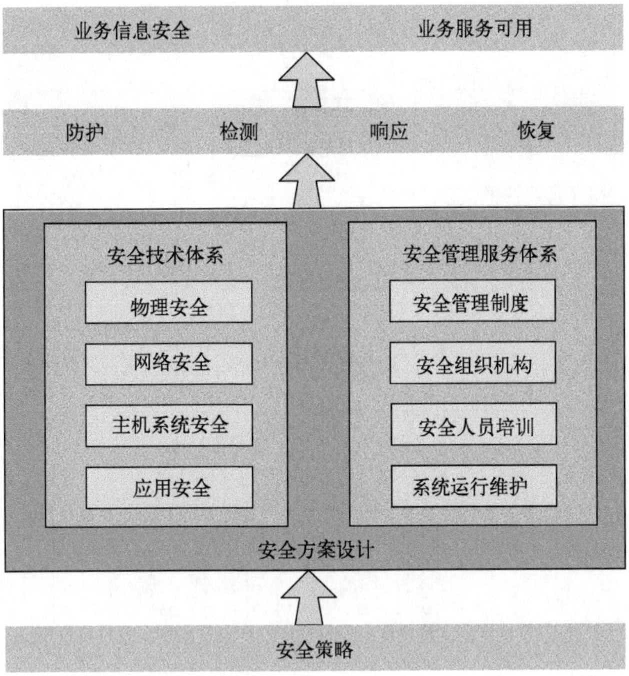

图16-69 信息安全规范

(3) 安全管理体系

严格遵循国家等级保护有关规定和标准规范要求，坚持管理和技术并重的原则，将技术措施和管理措施有机结合，建立信息系统综合防护体系，提高信息系统整体安全保护能力，落实信息安全等级保护、风险评估等网络安全制度，建立数据安全评估体系，切实加强关键信息基础设施安全防护（图16-70）。

三峡库区水生态环境感知系统及业务化运行平台需要确定安全策略，并实施强制性的安全保护，使数据信息免遭非授权的泄露和破坏。

1）安全技术体系

对计算机和网络设备、环境和介质采用较严格的防护措施，确保其为信息系统的安全运行提供硬件支持，防止由于硬件原因造成信息的泄露和破坏。通过对局域计算环境内各组成部分采用网络安全监控、安全审计、数据和设备及系统的备份与恢复、集中统一的病毒监控体系、两种鉴别方式组合实现的强身份鉴别、细粒度的访问控制、满足三级要求的操作系统和数据库、较高强度密码支持的存储和传输数据的加密保护等安全机制，实现对局域计算环境内信息的安全保护和系统安全运行的支持。采用分区域保护和边界防护（如应用级防火墙、网络隔离部件和边界完整性检查等），在不同区域边界统一制定边界访问控制策略，实现不同安全等级区域之间安全操作的较严格控制。按照系统化的要求和层次化结构的方法设计和实现安全子系统，增强各层面的安全防护能力，通过安全管理服务器，在统一安全策略下对系统安全事件集中审计、集中监控和数据分析，并做出响应和处理，从而构建较为全面的动态安全体系。

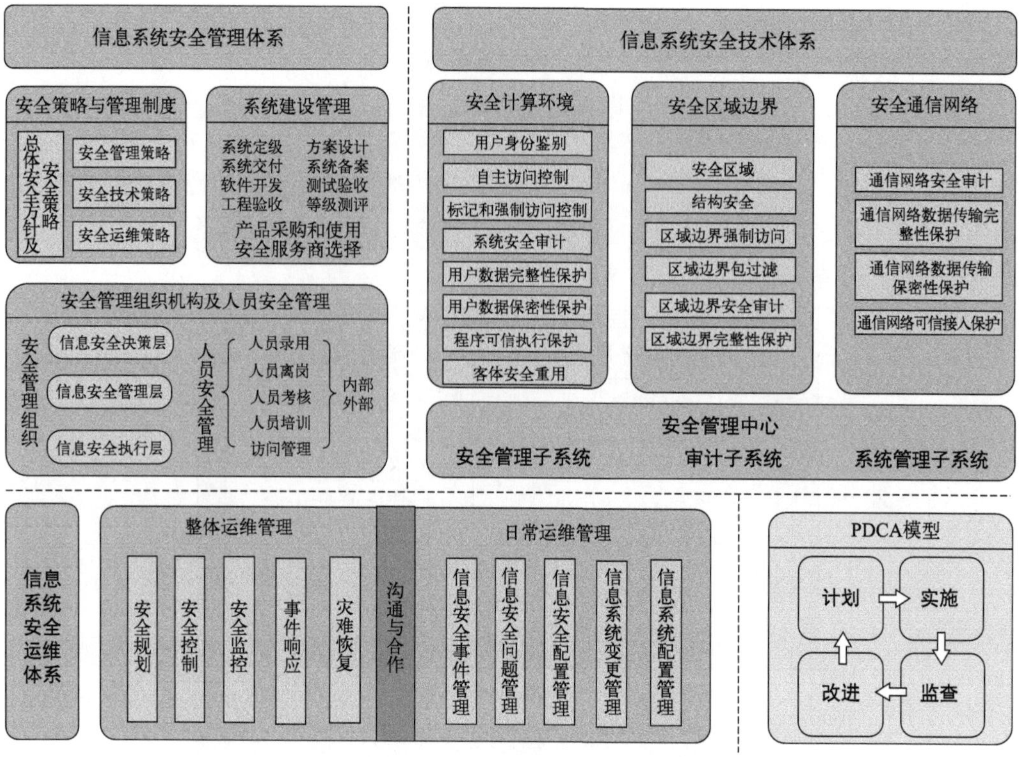

图16-70 三峡库区水生态环境感知系统及业务化运行平台总体安全框架图

2）安全管理体系

“完整的信息系统安全管理体系”是指在信息系统的安全方针和策略的指导下，在策略、组织、人员、风险、工程、运行、应急与安全事件处理等安全管理的各个环节建立相应的管理制度和工作规范。通过建立安全管理机构，配备专职安全管理人员为安全管理提供必要组织保证和人员保证，目的在于落实各级领导及相关人员的责任。各项管理制度明确管理目标、人员职责、关键控制点和管理手段。具备对管理制度执行情况的监督和检查机制，加强集中统一管理，注重引入自动化的管理工具，丰富管理和监督检查手段。

16.3.4 感知与可视化平台设计与建设

（1）总体结构

根据本项目的需求分析，通过 top-down 的设计思想，决定采用 C/S 与 B/S 两种结构对本项目进行设计开发。本项目桌面客户端基于 Windows x64 操作系统，在 Visual Studio2013 环境下采用 C# 编程语言进行开发。基于目前流行的轻客户端设计理念，桌面客户端主要实现五大子系统的 UI 层功能。这五大子系统包括水华暴发预警子系统、污染扩散模拟子系统、生态调度运行子系统、外源污染控制子系统和外源数据通信传输及存储子系统。桌面客户端采用 WPF 框架进行开发，在此框架下集成 GlobeControl 等控件以实现运算结果的 3D 图像显示。采用 LiveCharts 图表控件显示数据库数据。本项目 Web 前端展示遥感数据分发系统。采用 BaiduMap API 实现遥感数据的地图索引。在 Web 前端可以进行遥感数据的上传、下载和相关信息的发布。

本项目服务器由应用服务器、Web 服务器和数据层组成。应用服务器与 Web 服务器包含各自的业务逻辑层和数据访问层。应用服务器需要实时进行外源数据的处理，并存储到数据库。同时，应用服务器接收桌面客户端的控制命令，执行相应的业务处理，并将处理结果返回到桌面客户端。Web 服务器接收网页端的遥感数据分发请求，进行相应处理，同步更新数据层的相关文件和数据库信息，然后返回给 Web 前端。数据层主要包括数据库和大量数据文件，实现数据的存储功能。采用以上设计便于系统的后期扩展，包括实现广域范围内的图形显示，实现其他计算模型的快速集成等。

图 16-71 展示了本项目的软件总体结构设计。

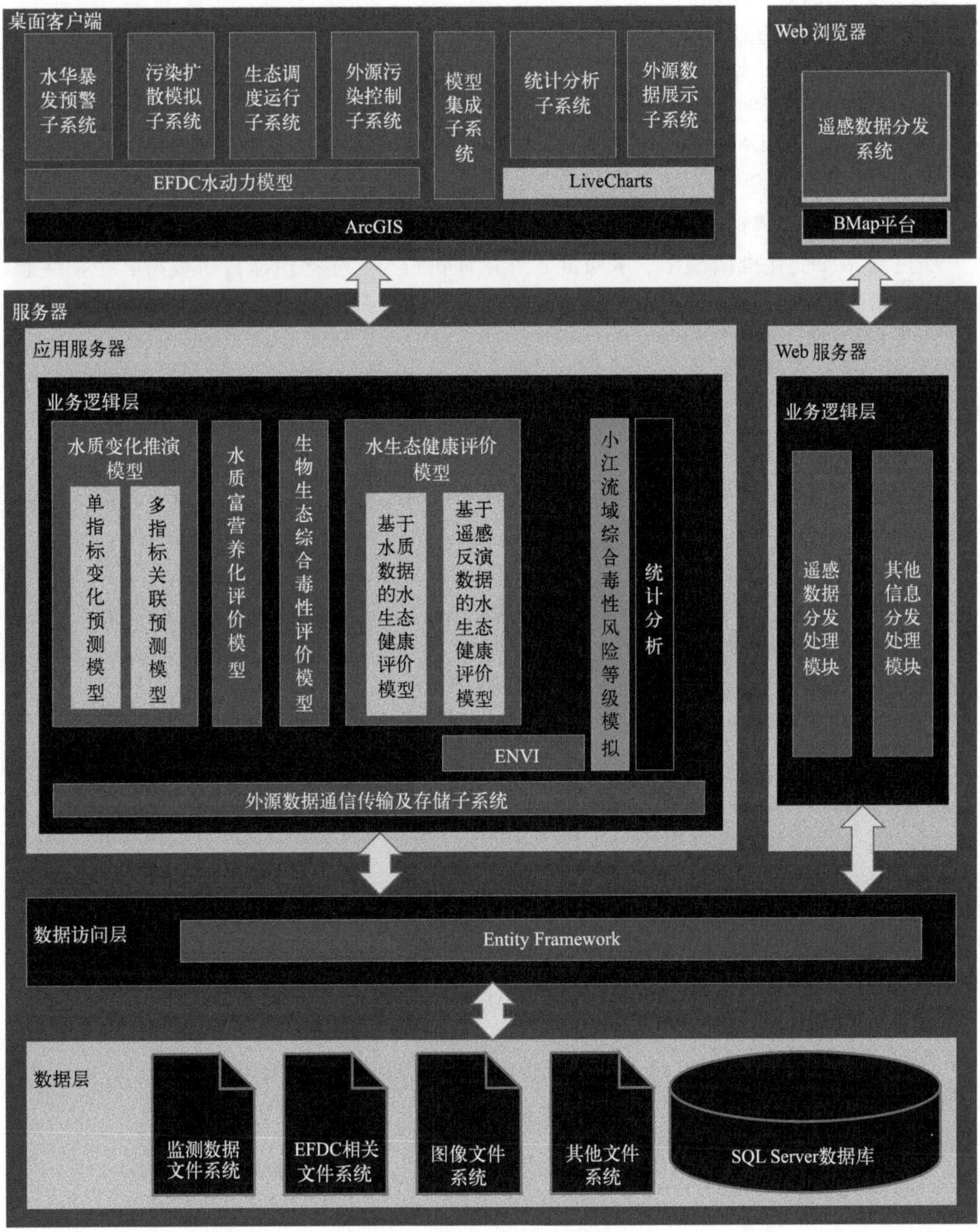

图16-71 系统软件总体结构设计

（2）功能模块

1）桌面客户端视图模块

采用 WPF 框架实现软件界面，采用 ArcGIS MapControl 控件进行数据可视化展示。采用 ArcGIS MapControl 控件进行数据可视化展示。采用 LiveCharts 控件对统计分析结果、外源数据等进行图形化展示。

2）桌面客户端控制模块

实现桌面端各业务子系统的逻辑控制功能，可调用业务相关模块，实现各业务的具体功能。

3）遥感图像处理模块

采用 ENVI 进行遥感图像处理。包括从环境一号星四波段多光谱影像数据反演 Chla、PC。

4）客户端通信模块

实现向服务端发送请求，并能够解析服务端的应答数据。

5）服务端通信控制模块

实现解析客户端请求，并调用相关业务模块完成相应任务，并将结果返回给客户端。

6）生态环境计算模块

通过对水质变化推演模型、水质富营养化评价模型、生态健康评价模型、生物生态综合毒性评价模型进行编程，并设计相应的接口，对相关数据进行计算。

7）EFDC 水动力计算模块

采用 EFDC 计算模型进行定制开发，实现对水华暴发预警子系统、污染扩散模拟子系统、生态调度运行子系统及外源污染物控制子系统进行相关水动力计算。

8）毒性风险等级模块

根据实测数据，计算小江流域综合毒性风险等级。接收外部环境参数，判断出风险等级变化的概率。

9）统计分析计算模块

采用 C# 编程实现对数据库数据的增、删、改、查功能；实现统计报表的分析功能。

10）外源数据实时处理模块

采用 C# 实时进行外源数据解析并存储到数据库。

11）遥感数据前端分发模块

基于 BaiduMap API 实现遥感数据定位显示，并在前端显示数据列表。可进行遥感数据上传、下载操作。

12）遥感数据后台处理模块

对遥感数据信息进行处理，记录到数据库。

13）数据库操作模块

采用 Entity Framework 对 SQLServer 数据库进行操作，实现相关数据的增、删、改、查。

14）文件数据管理模块

采用 C# 编程实现数据文件的读写操作以及相关文件路径的管理。

15）数据模型管理模块

采用 C# 编程实现数据类型的定义。

（3）数据流

数据流设计如图 16-72 所示。

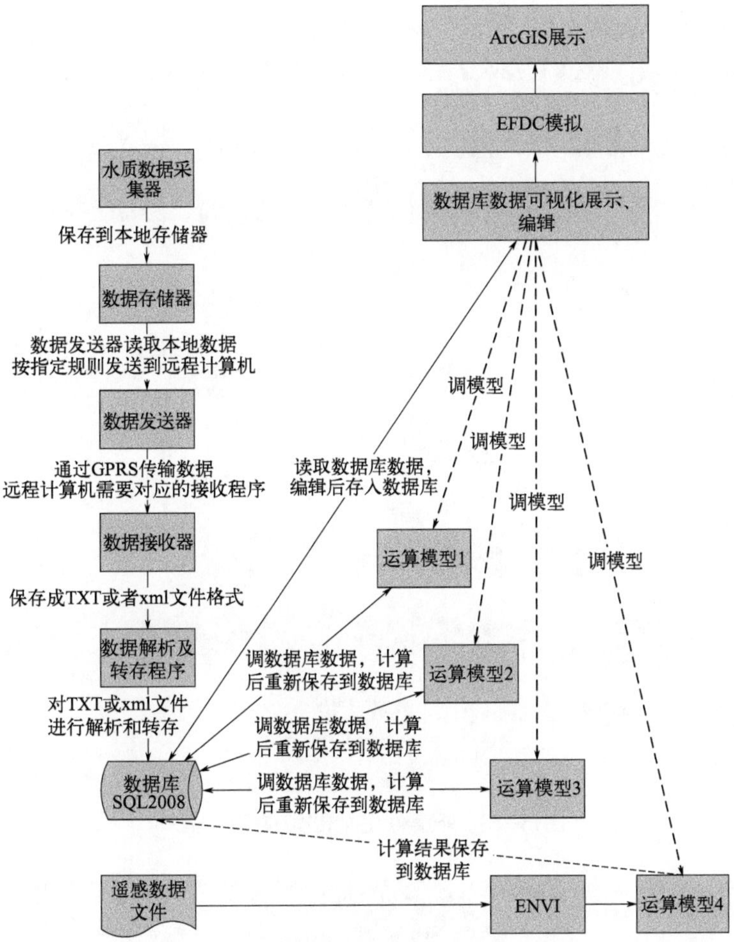

图16-72 系统数据流设计

（4）业务流

1）外源数据通信传输及存储子系统

如图 16-73 所示。

2）统计分析子系统

如图 16-74 所示。

3）水华暴发预警子系统

如图 16-75 所示。

4）污染扩散模拟子系统

如图 16-76 所示。

5）生态调度运行子系统

如图 16-77 所示。

6）外源污染控制子系统

如图 16-78 所示。

7）模型集成子系统

如图 16-79 所示。

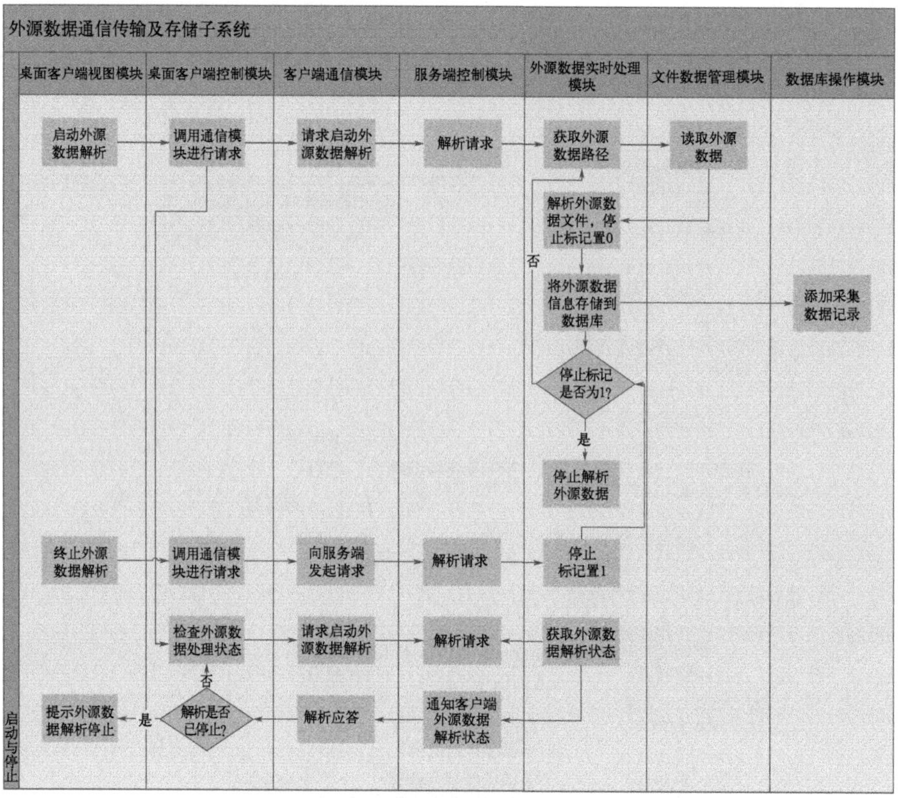

图16-73　外源数据通信传输及存储子系统

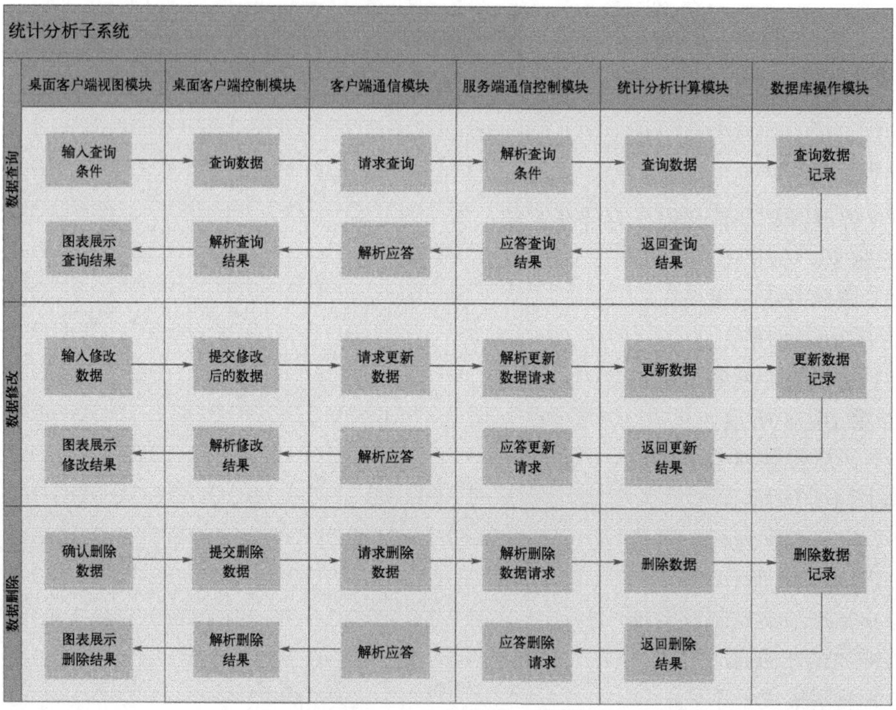

图16-74　统计分析子系统

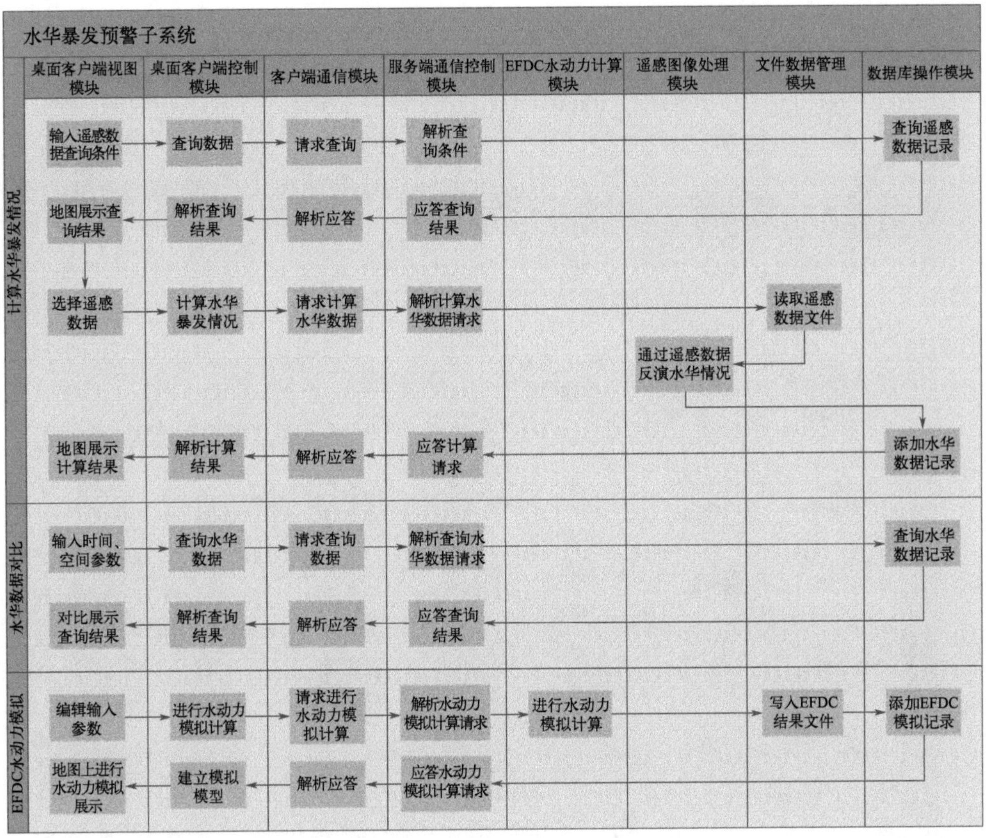

图16-75 水华暴发预警子系统

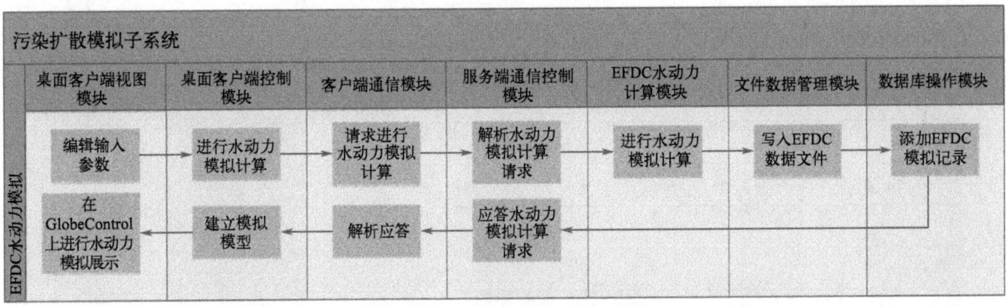

图16-76 污染扩散模拟子系统

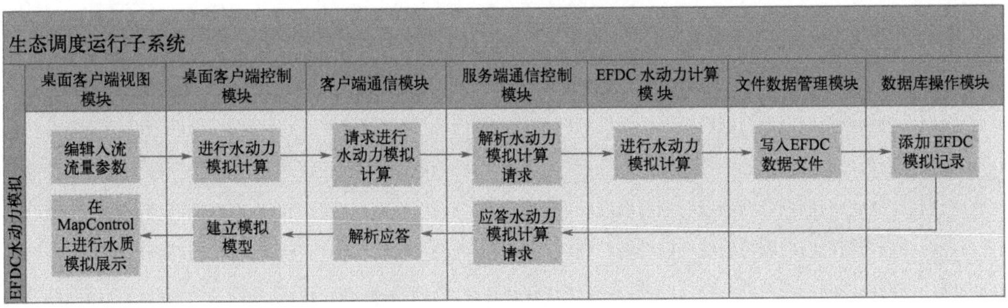

图16-77 生态调度运行子系统

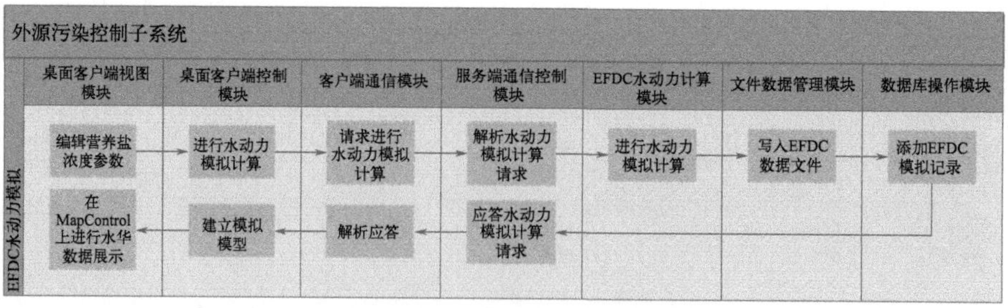

图16-78　外源污染控制子系统

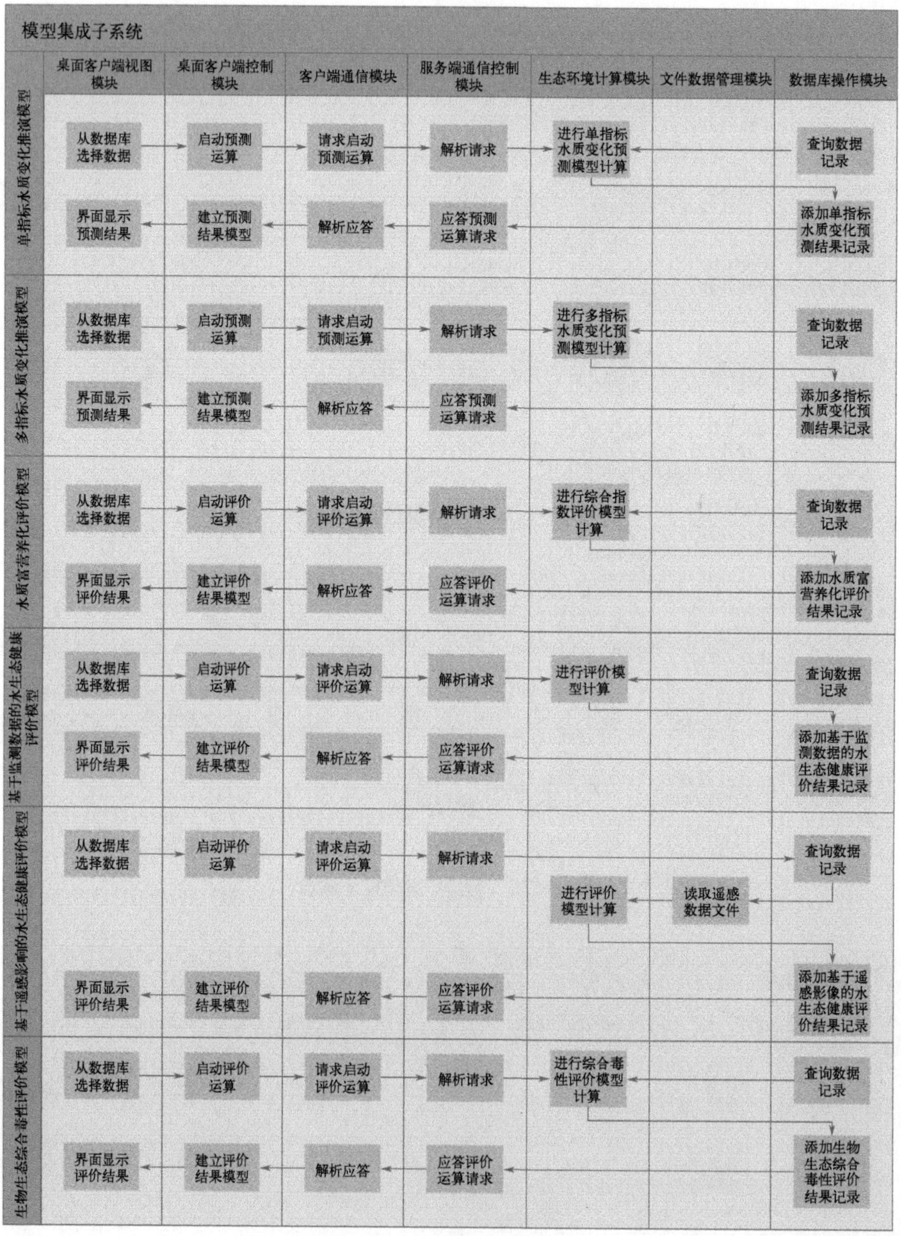

图16-79　模型集成子系统